Hausbuch Medizin & Gesundheit

Autoren und Redaktion
Prof. Dr. med P.A. Heinz, Prof. Dr. H. Jongkind, Prof. Dr. med. H. Krayenbühl, Prof. Dr. med. J. Noseda, Dr. pharm. F. Alltag, Dr. H. Giessen, Apotheker

Unter Mitarbeit von Autoren und Redakteuren der
- Complete Encyclopedia of Medicine & Health (2006)
- Encyclopédie Médecine & Santé (2004)
- De Grote Medische Encyclopedie (2007)

Wissenschaftliche Beratung
Prof. Dr. med. J. Bossy, Prof. Dr. med. F. Derom, Prof. Dr. K. Heinkel, Prof. Dr. med. H. Kakahi, Prof. Dr. med. S. Obrador, Prof. Dr. H. Pletscher, Prof. Dr. med. S. Ullberg

Forschung
Dr. med V. Anderson, Thomas Baumann, N. Duyn, Alessandra Frank, Lara Gaemperli, Dr. H. Houtzager, V. Rsedon Khangsar, Rolf Rueedi

DTP Studio
Joyce Isaak (Chef), Hedi von Banniseht, Harriet Zuidervaart, Peter Lusak

Hausbuch Medizin & Gesundheit

Alle Krankheiten von A–Z
Beschwerden, Ursachen und Therapien
Behandlungsmethoden und Selbstdiagnose
Großer Ratgeberteil „Gesunde Ernährung“

Copyright

ISBN: 978-3-9809310-9-0

Vorwort

- Dieses moderne Nachschlagewerk richtet sich an alle, die sich umfassend zu Fragen der Medizin und Gesundheit informieren möchten.

- In den vier großen Themenbereichen dieses Buchs finden Sie Informationen zur Anatomie und Physiologie sowie zu modernen Untersuchungsmethoden. Im Anschluss werden ausführlich die wichtigsten Krankheiten, ihre Ursachen und Behandlungsmethoden beschrieben, gefolgt von Arzneimitteln zur Selbstmedikation, ihren Anwendungsgebieten, Eigenschaften und Nebenwirkungen. Außerdem finden Sie Anregungen zur Selbstbehandlung mit homöopathischen oder naturheilkundlichen Verfahren sowie mit pflanzlichen Heilmitteln und anthroposophischen Mitteln. Ein umfangreiches Kapitel zum Thema Ernährung, u.a. mit einer umfassenden Tabelle mit mehr als 300 Lebensmitteln, rundet das Buch inhaltlich ab.

- Aufgrund des mit diesem Buch erworbenen Wissen werden Sie mehr und mehr zum Partner des Arztes, statt sich nur als das Objekt oftmals schwer zu verstehender Maßnahmen zu fühlen. Außerdem können Sie nun in der Vorbeugung aktiv werden, die Anweisungen ihres Arztes oder Apothekers besser verstehen und ihnen Folge leisten.

- Dieses Werk wurde von einem internationalen Team hervorragender Mediziner und Wissenschaftler erarbeitet, mit dem Ziel, einen systematischen Überblick über unser derzeitiges medizinisches Wissen zu geben.

- Dieses umfassende Werk behandelt ein breites Spektrum medizinischer Fragestellungen und versteht sich als praktischer Ratgeber im Krankheitsfall und als Nachschlagewerk. Das vorliegende Buch kann und soll den Besuch beim Arzt jedoch keinesfalls ersetzen. Alle darin enthaltenen Diagnose- und Therapiehinweise verstehen sich ausschließlich als sachliche Informationen und nicht als medizinische Ratschläge.

Inhalt

Der Mensch

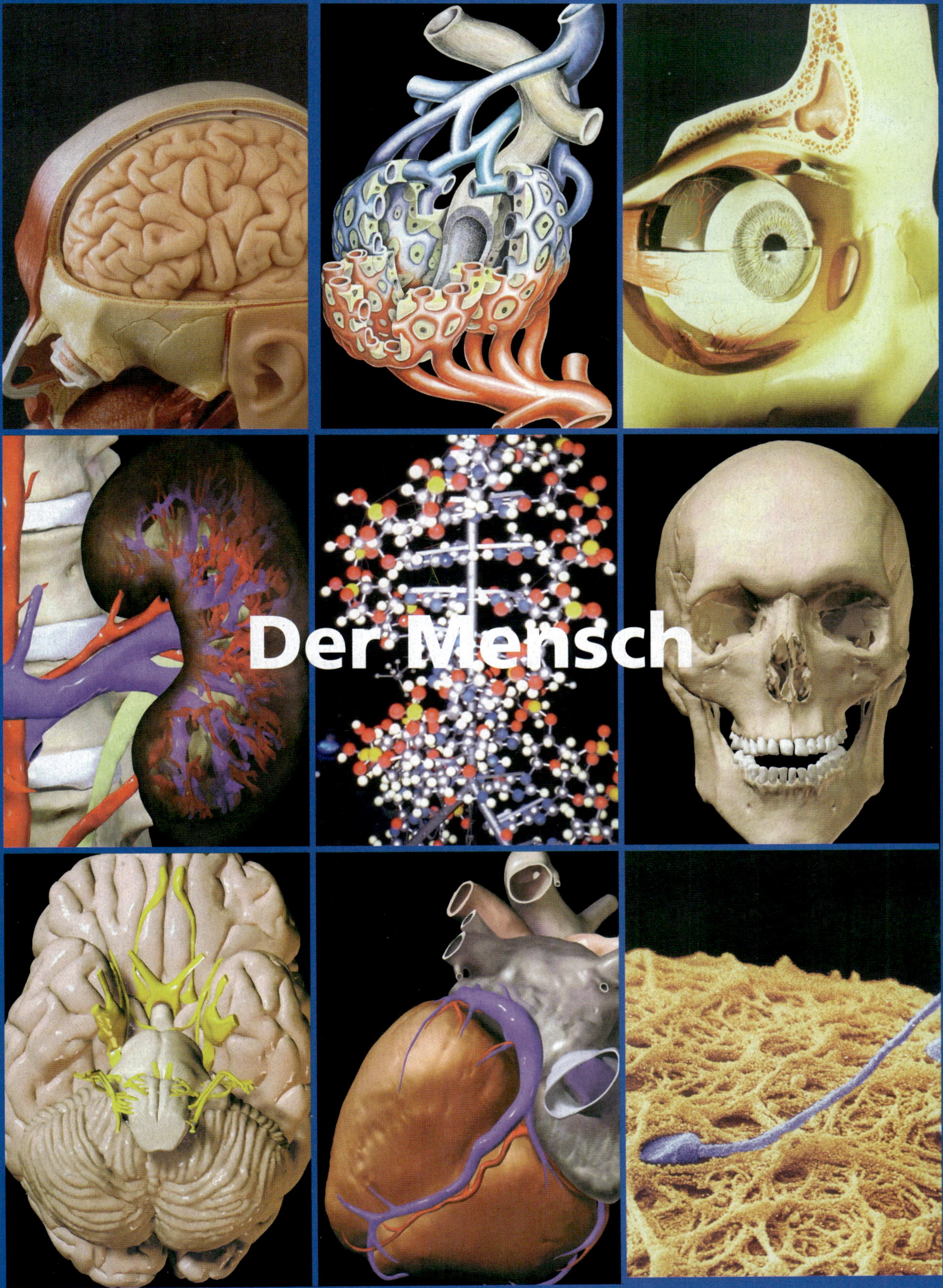

Der Mensch

Der Mensch ist, biologisch betrachtet, das höchstentwickelte Wesen der Natur. Zwar ist er einerseits im Vergleich zu anderen Lebewesen im Nachteil – unbehaart, von Natur aus nicht bewaffnet, lange Zeit nach der Geburt hilfsbedürftig –, hat sich aber andererseits mit Hilfe seines Körperbaus und durch die Entwicklung seines Gehirns einen besonderen Platz unter den Lebewesen erobert.

Der menschliche Körper stellt ein Gesamtkunstwerk von höchster Komplexität dar. Nur das ständige Zusammenspiel der verschiedenen Organsysteme ermöglicht all jene Funktionen, die unser menschliches Dasein kennzeichnen.

Der Mensch besitzt gegenüber allen anderen sozial lebenden Geschöpfen die angeborene Fähigkeit, sprechen und verstehen zu lernen. Ebenso wie die Tiere kann er sich seinen Artgenossen durch Gebärden und Bewegungen (Motorik), Gesichtsausdruck (Mimik) und durch das Ausstoßen von Lauten (Vokalisation) mitteilen. Außer diesen Formen nichtverbaler Kommunikation kann der Mensch mindestens ab dem ersten bis zweiten Lebensjahr und abhängig von der Erziehung, die er erhält, mit seinen Mitmenschen durch Sprache sowie Lesen und Schreiben kommunizieren. Dadurch hat die menschliche Kommunikation, die bei allen anderen Lebewesen auf eine verhältnismäßig geringe Zahl von Signalen oder Lauten beschränkt ist, außerordentliche Anwendungsmöglichkeiten entwickelt.

Im Lauf der menschlichen Geschichte sind vielfältige Variationen an zwischenmenschlichen Beziehungen, Institutionen und Verhaltensweisen entstanden, die wir Kulturen nennen. Die menschliche Gemeinschaft unterscheidet sich also von sozial lebenden Tiergruppen durch eine auf verbaler Verständigung beruhenden zwischenmenschlichen Kultur.

Alles, was wir als höhere oder geistige menschliche Aktivitäten kennen – Wissenschaft, Kunst, Philosophie, Religion –, kann als Ergebnis einer im Lauf der Entwicklung der menschlichen Gemeinschaft erworbenen sprachlichen Kommunikationsfähigkeit betrachtet werden.

Inhalt

1. Zelle und Gewebe

Die Zelle ist die kleinste Einheit, die alle elementaren Lebenseigenschaften wie Stoffwechsel, Reizbarkeit, Fähigkeit zur Vermehrung, Differenzierung und Regeneration besitzt. Stoffwechsel bedeutet Umsetzung bestimmter Stoffe aus der Umgebung in Baustoffe für den Körper. Diese Baustoffe werden abgebaut, um Energie für die Zelle zu liefern. Vermehrung bedeutet, dass sich die meisten mehrzelligen Organismen aus einer Zelle entwickeln, die sich viele Male teilt, bevor schließlich der Organismus entsteht. Dies ist immer mit Wachstum verbunden. Unter Differenzierung versteht man die Fähigkeit, aus einer Form eine andere entstehen zu lassen, während die Regeneration ein Wiederherstellungsprozess ist. Reizbarkeit ist schließlich die Fähigkeit, Reize mit einer bestimmten Reaktion zu beantworten.

Diese Lebensäußerungen der Zelle spielen sich auf mikroskopischer Ebene ab. Mit dem Mikroskop, vor allem aber in den letzten Jahrzehnten mit dem Elektronenmikroskop, hat man die kleinsten Einzelheiten vom Bau der Gewebe und Organe erforschen können. Obwohl Zellen die verschiedensten Formen aufweisen, was davon abhängt, in welche Richtung sie sich spezialisiert haben, liegt doch jeder Zelle ein allgemeiner Bau zu Grunde. Man unterscheidet folgende Komponenten:

- Zellwand
- Zellinhalt (Zytoplasma)
- Zellkern (Nucleus), der mehr oder weniger kugelförmig ist und ein kleines Kernkörperchen (Nucleolus) enthält
- Organellen (geformte Strukturen im Zytoplasma, welchen bestimmte Funktionen zugeschrieben werden)

Die Zellwand (Membran) besteht aus einer sehr dünnen Schicht regelmäßig geschichteter Fett- und Eiweißmoleküle. Manche Stoffe treten leicht durch diese Wand, andere können kaum hindurch gelangen. Der Zellkern ist Träger der

Modellmäßige Darstellung des Innern einer Zelle

1 – Zellkern (Nucleus) mit Chromosomen und Kernkörperchen (Nucleolus); 2 – Endoplasmatisches Retikulum; 3 – Golgi-Körperchen; 4 – Mitochondrien; 5 – Lysosom (eine Art enzymhaltiger Organellen); 6 – Fibrillen (Fasern)

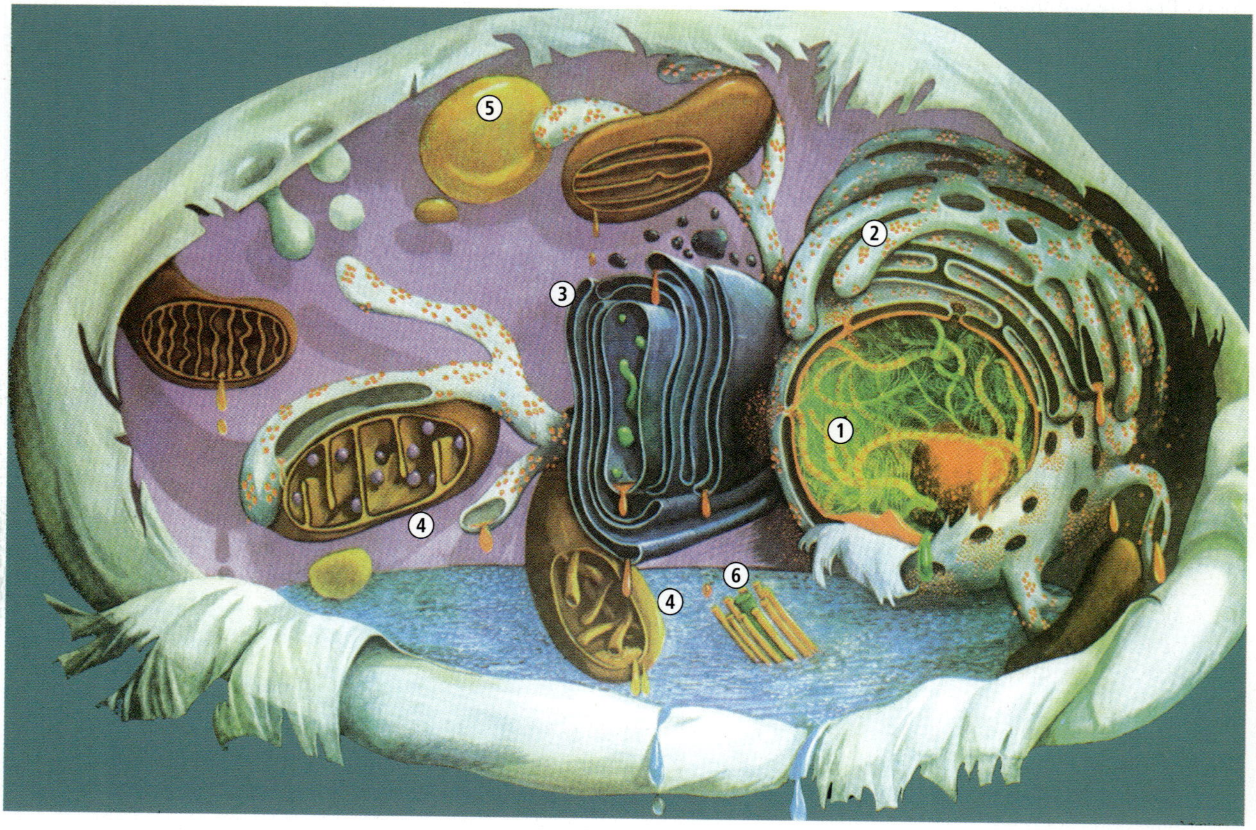

Erbinformationen und spielt während des Bestehens der Zelle eine unentbehrliche und leitende Rolle; ohne ihn wäre die Zelle nicht fähig ihre Funktionen auszuführen. Er enthält eine hohe Konzentration an Nukleinsäuren (Desoxyribonukleinsäure, DNS), in welchen alle Erbinformationen festgelegt sind. Auch das Zytoplasma enthält eine nahe verwandte Nukleinsäure (Ribonukleinsäure, RNS). Beide Nukleinsäuren steuern gemeinsam die Funktionen der Zelle und sind außerdem noch verantwortlich für die Eiweißproduktion in der Zelle.

Von den vielen Organellen im Zytoplasma sind vor allem das endoplasmatische Retikulum, die Mitochondrien und der Golgi-Apparat von Bedeutung. Das endoplasmatische Retikulum besteht aus einem Labyrinth konzentrischer Spalträume, an deren Membranen die Eiweißsynthese stattfindet. Die Mitochondrien sind lang gestreckte Strukturen, die aus einem komplizierten System von Doppelmembranen bestehen. Ihre wichtigste Aufgabe ist die Energieversorgung des Zellhaushalts. Der Golgi-Apparat dient unter anderem als Speicher für das Baumaterial der Zellmembranen. Die runden Lysosomen enthalten Enzyme, die in der Lage sind, zelluläre Bestandteile abbauen zu können.

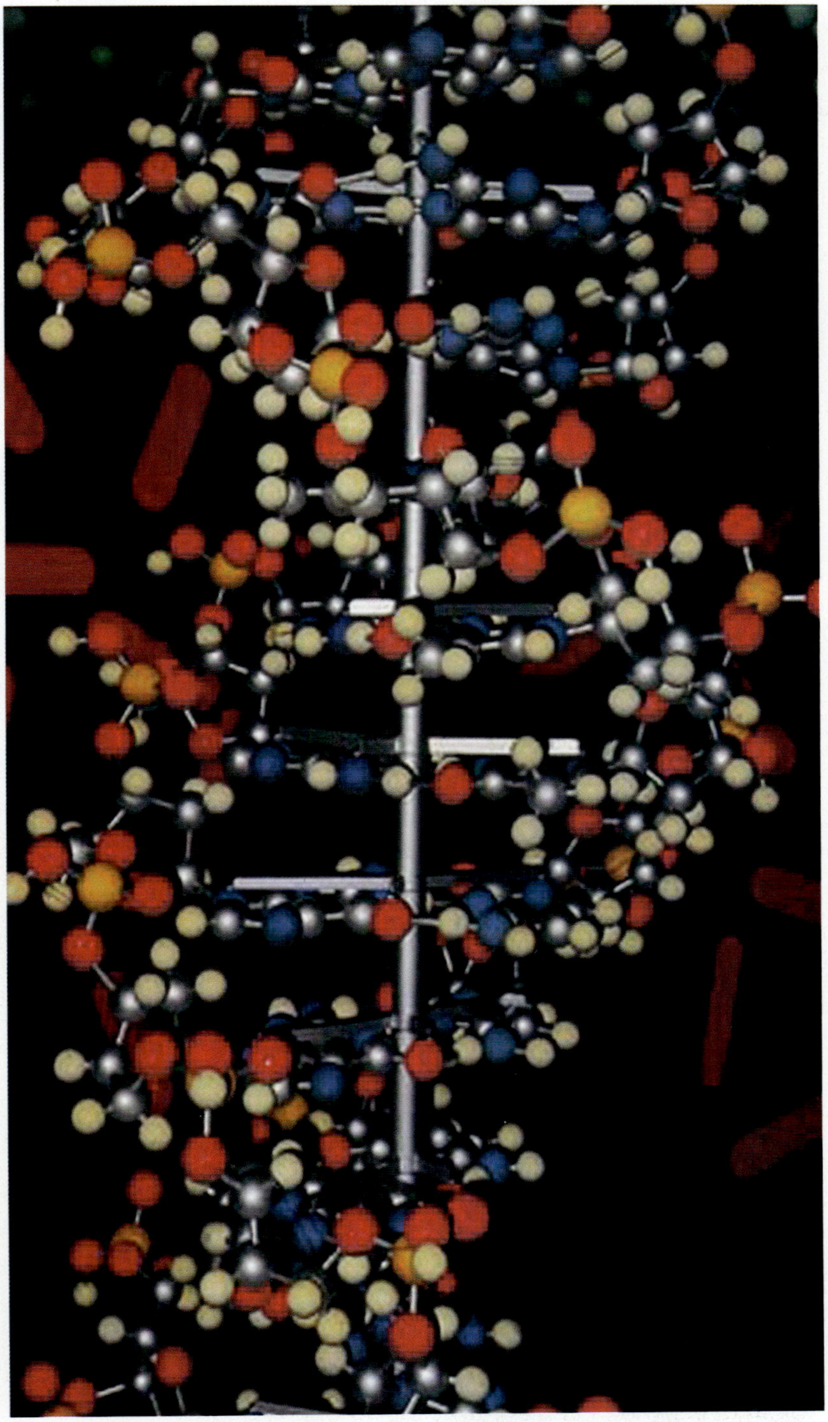
Modell der Desoxyribonukleinsäure (DNS), in der alle Erbinformationen gespeichert sind

Organelle

Im Zellplasma befinden sich die Organellen. Besonders auffällig unter ihnen ist das innerplasmatische Netzwerk (endoplasmatisches Retikulum), ein innerzelluläres, nach allen Seiten verzweigtes Kanalsystem, dessen Membranen sich in Form und Lage ständig verändern, sodass neue Systeme von Hohlräumen und Kanälen entstehen. Sein Innenraum ist mit einer Flüssigkeit ausgefüllt, die sich vom umgebenden Plasma unterscheidet.

Das endoplasmatische Retikulum steht sowohl mit der Kernmembran als auch mit der Außenmembran der Zelle in Verbindung. Auf diese Weise bildet es die Grundlage für den Stofftransport zu allen Stellen der Zelle sowie zur Entsorgung unbrauchbarer Stoffwechselreste, da seine Membranen ihm ermöglichen, Stoffe durchzulassen oder zurückzuhalten.

Zugleich garantiert das endoplasmatische Retikulum eine Vergrößerung der inneren Zelloberfäche, wodurch Stoffwechselvorgänge begünstigt werden. Das endoplasmatische Retikulum übernimmt also innerhalb der Zelle die Aufgabe des Stofftransportes.

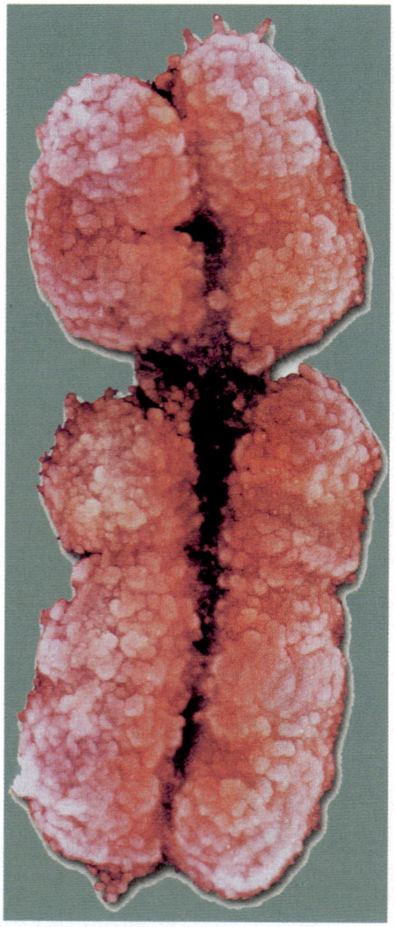

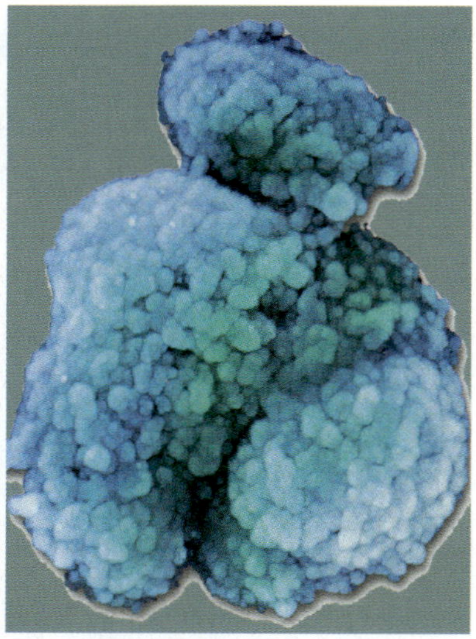

Molekuläre Struktur der Geschlechtschromosomen des Menschen; rechts: Y-Chromosom; links: X-Chromosom

Schematische Darstellung einer Zelle mit DNS-Strähne (Desoxyribonukleinsäure), Eiweißkörper und Organellen

Hauptsächlich an den äußeren Wänden des endoplasmatischen Retikulum treten die Ribosomen auf. Es handelt sich um körnchenähnliche Strukturen, in denen nach Anweisungen aus dem Zellkern Eiweiße aus Aminosäuren zusammengesetzt werden. Sie sind der Ort der Proteinsynthese.

Eine weitere Organellegruppe stellen die Mitochondrien dar. Sie treten gehäuft vor allem in Muskelzellen auf, da in ihnen energiereiche Stoffe unter Zuhilfenahme von Sauerstoff zu energiearmen Stoffen oxidiert werden.

Die dabei freigesetzte Energie wird in der Zelle in Form von Adenosinetriphosphat (ATP) gespeichert und steht dem Körper unter anderem als Bewegungsenergie zur Verfügung.

Mitochondrien können in kugeliger oder auch in stäbchenförmiger Gestalt auftreten. Sie besitzen eine äußere und eine innere Membran. Während die äußere die Organelle zum Zellplasma hin abgrenzt, verläuft die innere zu dieser weitgehend parallel, hat jedoch verschiedene Einstülpungen nach innen. An dieser Innenmembran liegen vor allem die Enzyme der Atmungsketten, mit deren Hilfe die Zellatmung und damit die Freisetzung von Energie gewährleistet ist. Die Mitochondrien kann man daher auch als die „Kraftwerke" der Zelle bezeichnen.

Ähnlich wie das endoplasmatische Retikulum bestehen die Dictyosomen aus großflächigen Biomembranen. Ihre besondere Gestalt verdanken sie ihrer schlüsselähnlichen Form, wobei in der Regel mehrere flache Scheiben übereinander angeordnet auftreten, an deren Rändern sich Bläschen abschnüren, die sich in Richtung Zellmembran bewegen und dort ihren Inhalt nach außen abgeben. Solche Golgi-Körper (genannt nach ihrem

ATP ist aufgebaut aus Adenin, Ribose und 3 Molekülen Phosphorsäure. ATP ist eine Speicherform von Energie in der Zelle: Die beim Abbau der Nahrungsstoffe frei werdende Energie wird für die Bildung von ATP und Adenosindiphosphat (ADP) und anorganischem Phosphat (P) benutzt.
Diese in der geknüpften Phosphatbindung enthaltene Energie steht der Zelle für ihre Arbeit zur Verfügung und kann entweder zur Synthese oder in andere Energieformen umgewandelt werden. Dabei wird ATP wieder hydrolytisch gespalten in ADP und P unter Freisetzung von Energie (20–32 kJ/Mol).

Entdecker Camillo Golgi) treten vor allem in Zellen von Drüsen auf, da durch ihre Abschnürungen produziertes Drüsensekret nach außen gelangt.
Er wird deutlich, dass Zellen nicht nur in der Lage sein müssen, sich selbst am Leben zu halten, sondern zugleich spezielle Aufgaben erfüllen können, die sie als Teil eines Organs oder Gewebes auszeichnen: Muskelzellen, Hautzellen, Nervenzellen oder Zellen von Hormondrüsen übernehmen sehr unterschiedliche Aufgaben zum Wohl des Gesamtorganismus.
Voraussetzung für ihr einwandfreies Funktionieren ist eine präzise Steuerung durch den Zellkern. Darüber hinaus gibt die Erbsubstanz, die Grundlage für alle Steuerungsvorgänge, bei der Teilung der Zelle die Information so an die entstehenden Tochterzellen weiter, dass diese in gleicher Weise gesteuert werden können wie die Mutterzelle.

Zellteilung

Von einer einzigen Zelle der befruchteten Eizelle ausgehend, entwickeln sich durch Teilung Gewebe, Organe und schließlich ganze Organismen. Durch Vermehrung einer Zelle entstehen Tochterzellen, die mit der Mutterzelle identisch sind. Im Kern sind die Erbeigenschaften in einer stark färbbaren Substanz, dem die Chromosomen bildenden Chromatin, gespeichert. In der sich nicht teilenden Zelle sind die Chromosomen lange, durcheinander liegende, deshalb nicht sichtbare

Model der DNS

Fädchen. Die Anzahl der Chromosomen ist charakteristisch für jede Pflanzen- oder Tierart. Der Mensch besitzt 23 Chromosomenpaare, davon sind 22 Paare identisch und ein Paar unterschiedliche Geschlechtschromosomen.

Epithelgewebe

Der gesamte Körper ist aus vier Grundgeweben aufgebaut: Epithelgewebe, Binde- und Stützgewebe, Muskelgewebe und Nervengewebe.
Das Epithel- oder Deckgewebe besteht aus einer oder mehreren Schichten dicht aneinanderliegender Zellverbände. Die Körperoberfläche und die Wände der Körperhohlräume sind mit Epithelgewebe bedeckt. In vielen Fällen wachsen von der Oberfläche Zellstränge nach innen, die sich zu Drüsen entwickeln. Eine ganz besondere Entwicklung hat das Epithel, das zum „Sinnesepithel" heranwächst. Die Zellen des Deckepithelgewebes sind als „Spezialisten" anzusehen, die den Durchgang von Stoffen in der einen oder anderen Richtung fördern oder verhindern (Schrankenfunktion). Ihre besondere Funktion kommt in der Zellform zum Ausdruck. So besteht die Oberhaut aus einem mehrschichtigen Epithel, das gegen schädigende Einflüsse von außen Widerstand leistet und nur für ganz wenige Stoffe nach innen oder außen durchgängig ist. Nur in den untersten Lagen der Haut finden Zellteilungen statt.

Bindegewebe

Dieses Gewebe trägt seinen Namen zu Recht, denn es ist vorzugsweise das verbindende Strukturelement im Körper. Zu dieser Gruppe gehören sehr unterschiedliche Gewebe, wie Fettgewebe, Blut und Knochengewebe.
Alle entstehen aus einer Grundform, die an gemeinsamen Merkmalen erkennbar ist. Diese Gewebe bestehen aus Zellen, die durch eine Zwischensubstanz voneinander getrennt sind. Bei der Zwischensubstanz unterscheidet man eine geformte Komponente (Fasern) und eine ungeformte Komponente (Grundsubstanz). Diese machen den Eindruck einer formlosen, gelartigen Masse mit einer großen Anzahl Zellen und einem kleinen Faseranteil. Reifes Bindegewebe ist in die verschiedensten Richtungen differenziert. Die Fasern kann man in drei Typen unterteilen:

- elastische Fasern
- Retikulinfasern
- Kollagenfasern

Kollagenfasern findet man besonders dicht in der Lederhaut, in Organkapseln, Sehnen und Bändern, in Knochen und im Knorpel, elastische Fasern in speziellen Sehnen und Bändern, in elastischem Knorpel, im lockeren Bindegewebe und in Blutgefäßwänden, Retikulinfasern in lymphatischen Organen, der Darmschleimhaut und im Fettgewebe.
Das lockere Bindegewebe befindet sich vor allem unter der Haut und zwischen den Organen oder Organteilen. Es besteht nur aus wenigen Zellen und wechselnden Mengen elastischer Fasern, Retikulin- und Kollagenfasern. Auch das Fettgewebe ist eine Art lockeres Bindegewebe, dessen Zellen sehr viel Fett enthalten. Der Kern ist an die Zellwand gedrückt, und die Zelle ist mit runden Fettkügelchen gefüllt. Die Fettzellen dienen einerseits als Vorratsspeicher, andererseits haben sie Schutzfunktion (Wärme-Kälte-Isolation) und Stützfunktion.
Blut besteht aus einer flüssigen Zwischensubstanz, in der Zellen schweben und die Fasern sozusagen in gelöster Form vorkommen. Bei der Entwicklung des Bluts aus jungem Bindegewebe machen vor allem die Zellen erhebliche Veränderungen durch. Während einer bestimmten Periode im vorgeburtlichen Leben platten sich die Bindegewebszellen ab und formen eine Art häutigen Schlauch. Dies ist die erste Anlage des Blutgefäßsystems. Die Zellen runden sich ab und die Zwischensubstanz verflüssigt sich. So entstehen die ersten Blutzellen. Die Gefäße finden später untereinander Kontakt und bilden die Herzanlage. Jetzt können die Zellen innerhalb eines Systems bewegt werden. Bei der Blutgerinnung bilden sich Fäden aus Fibrin.

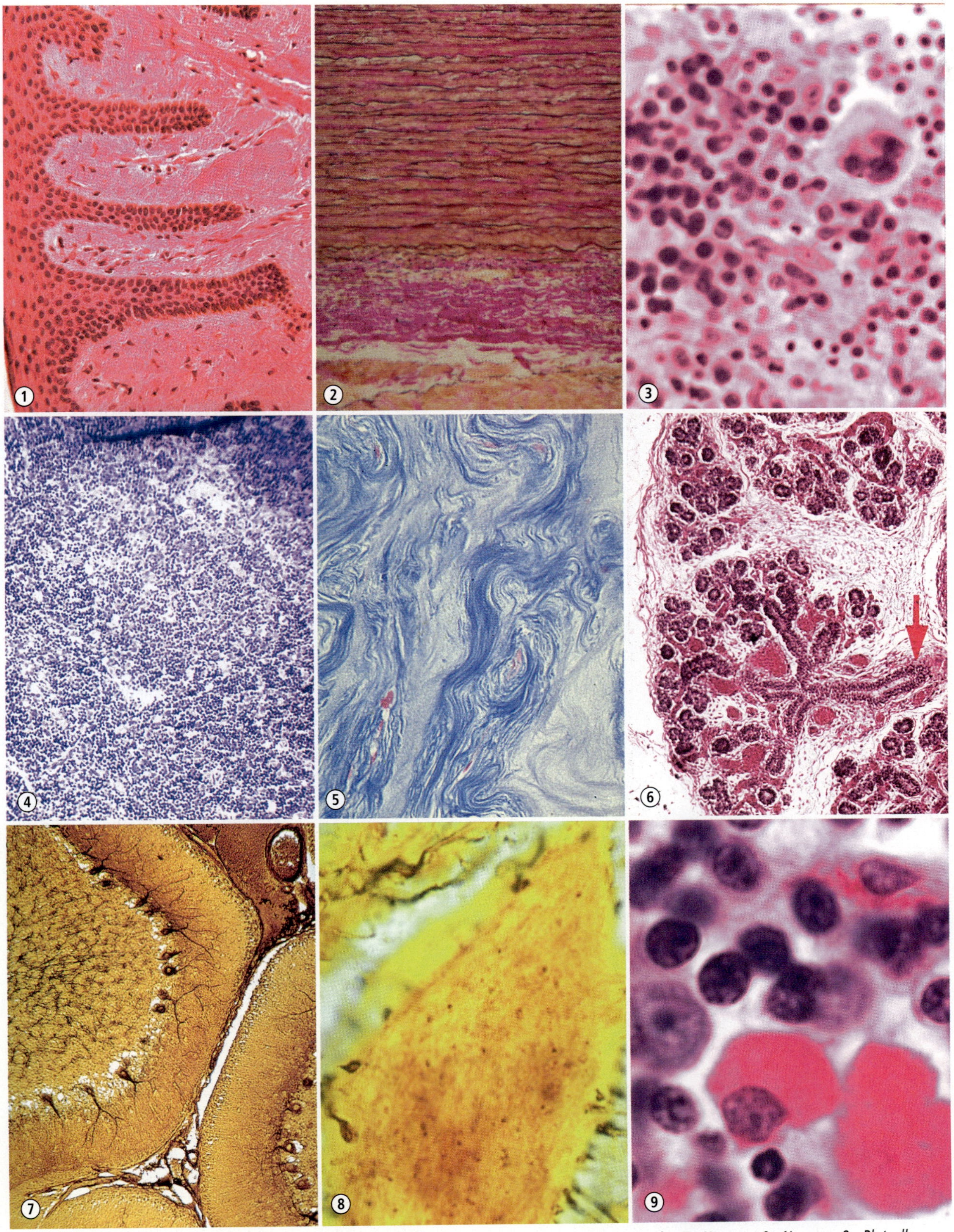

1 – Epithel; 2 – Bindegewebe; 3 – Blutzelle; 4 – Drüsengewebe (Thymus); 5 – Bindegewebe; 6 – Drüsengewebe; 7 – Neurone; 8 – Neurone; 9 – Blutzelle

2. Skelett und Gelenke

Das Skelett gibt unserem Körper die Festigkeit. Die meisten der mehr als 200 Knochen sind durch Gelenke beweglich miteinander verbunden und bilden so zusammen mit den Muskeln den Bewegungsapparat. Die am stärksten gefährdeten Organe, wie Gehirn und Rückenmark, sind völlig von Knochen eingeschlossen. Das Herz und die Lungen werden hinter einer Art von beweglichem Gitter, den Rippen, vor äußeren Einwirkungen geschützt.

Die vielen Teile des Skeletts können als ein Hebelsystem angesehen werden, durch das die Muskeln ihre Wirkung ausüben. Doch besitzt das Skelett nicht nur eine statische Funktion. Es ist auch der Entstehungsort der Blutkörperchen und ein Reservoir für viele anorganische Stoffe. Das Knochengewebe ist kein toter Stoff, es wird dauernd durch Abbau und anschließenden Wiederaufbau von Knochenbälkchen erneuert.

Der Bewegungsapparat, der zur Aufrechthaltung und Bewegung des Körpers dient, besteht aus Knochen, Gelenken und Muskeln. Darüber wird in der Osteologie (Lehre von den Knochen), der Syndesmologie (Lehre von den Verbindungen zwischen Knochen) und der Myologie (Muskellehre) berichtet.

Das Knochengerüst oder Skelett besteht aus über 200 Knochen, wozu noch etwa 12 bis 20 Sesambeine und das Gebiss gerechnet werden müssen. Sesambeine sind kleine Knochenstücke, die in einigen Sehnen der Hand- und Fußmuskeln eingelagert sind.

Man unterscheidet Röhrenknochen, wie die Bein-, Arm- und Fingerknochen, und platte Knochen, wie das Brustbein, das Schulterblatt, die Hüftbeine und die

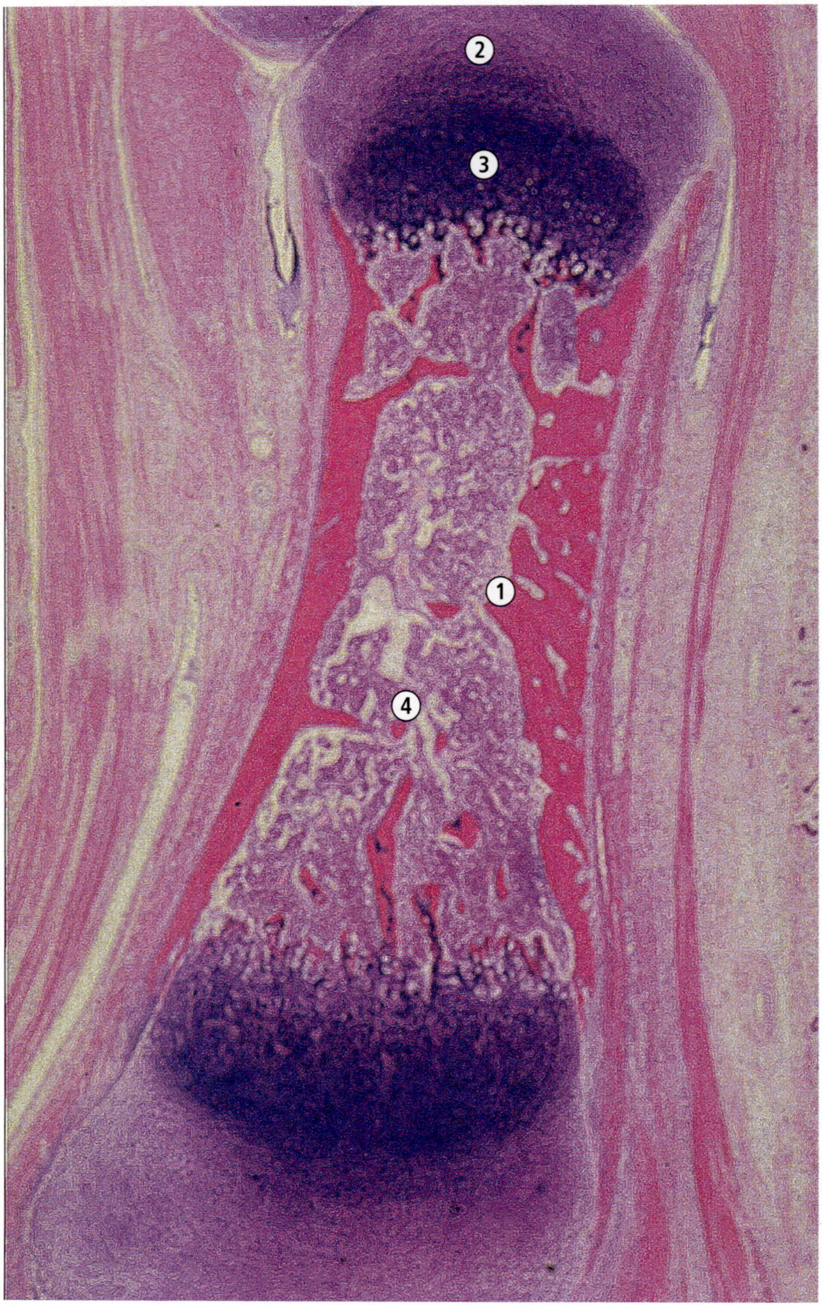

Entwicklung eines Röhrenknochen

Der Entwicklung der Röhrenknochen geht immer ein Knorpelstadium voraus. Knochengewebe wird zuerst an der Oberfläche des Schaftes (Diaphyse) gebildet. Dann dringen Blutgefäße in den Schaft, worauf sich durch Abbau des Knorpels eine Markhöhle bildet. An den Enden der Markhöhle findet ein ständiger Prozess chondraler Ossifikation statt. Diese Zone wird Epiphysenfuge genannt, während der Schaft als Diaphyse und die äußersten Enden selbst als Epiphysen bezeichnet werden.

1 – Schaft (Diaphyse)
2 – Epiphyse
3 – Epiphysenfuge
4 – Knochenmarkhöhle

meisten Schädelknochen. Das Gesamtgewicht des Skeletts beträgt beim Erwachsenen etwa 10 kg, wobei die Oberschenkelknochen mit je etwa 1 kg die schwersten Knochen sind. Die Festigkeit ist sehr groß, denn ein Oberschenkelknochen kann Druck oder Zug von 1700 bis 1800 kg aushalten. Der Knochen ist so konstruiert, dass bei einem Minimum an Gewicht maximale Festigkeit und Stützkraft erreicht wird.

Stamm und Gliedmaße

Mit den Wirbeltieren hat der Mensch die regionale Gliederung seines Körpers in Stamm (bestehend aus Kopf, Hals und Rumpf) und die paarigen oberen und unteren Gliedmaßen, Extremitäten, gemeinsam. Weiteres Wirbeltier-Charakteristikum ist die – beim Menschen allerdings nicht streng verwirklichte – bilaterale Symmetrie, die primär nicht nur in der äußeren Körperform, sondern auch in der embryonalen Anlage der Organe und Organsysteme zu erkennen ist.
Wirbeltierspezifisch sind ebenfalls die Ausbildung eines Achsenskeletts, die knöcherne Wirbelsäule, die Lagebeziehung zwischen Wirbelsäule und Zentralnervensystem, die Entwicklung großer, für die Umweltorientierung bedeutsamer Sinnesorgane und das knöcherne Skelett.
Das Achsenskelett umfasst die 29 Knochen des Schädels, die Wirbelsäule mit 33 Knochen sowie den Brustkorb mit 12 Rippenpaaren und dem Brustbein.
Zum Gliedmaßenskelett gehören an den die oberen Gliedmaßen (Arme, Hände) mit jeweils 32 Knochen auf beiden Seiten anschließen, und der Beckengürtel, von dem die unteren Extremitäten (Beine, Füße) mit jeweils 31 Knochen ausgehen.

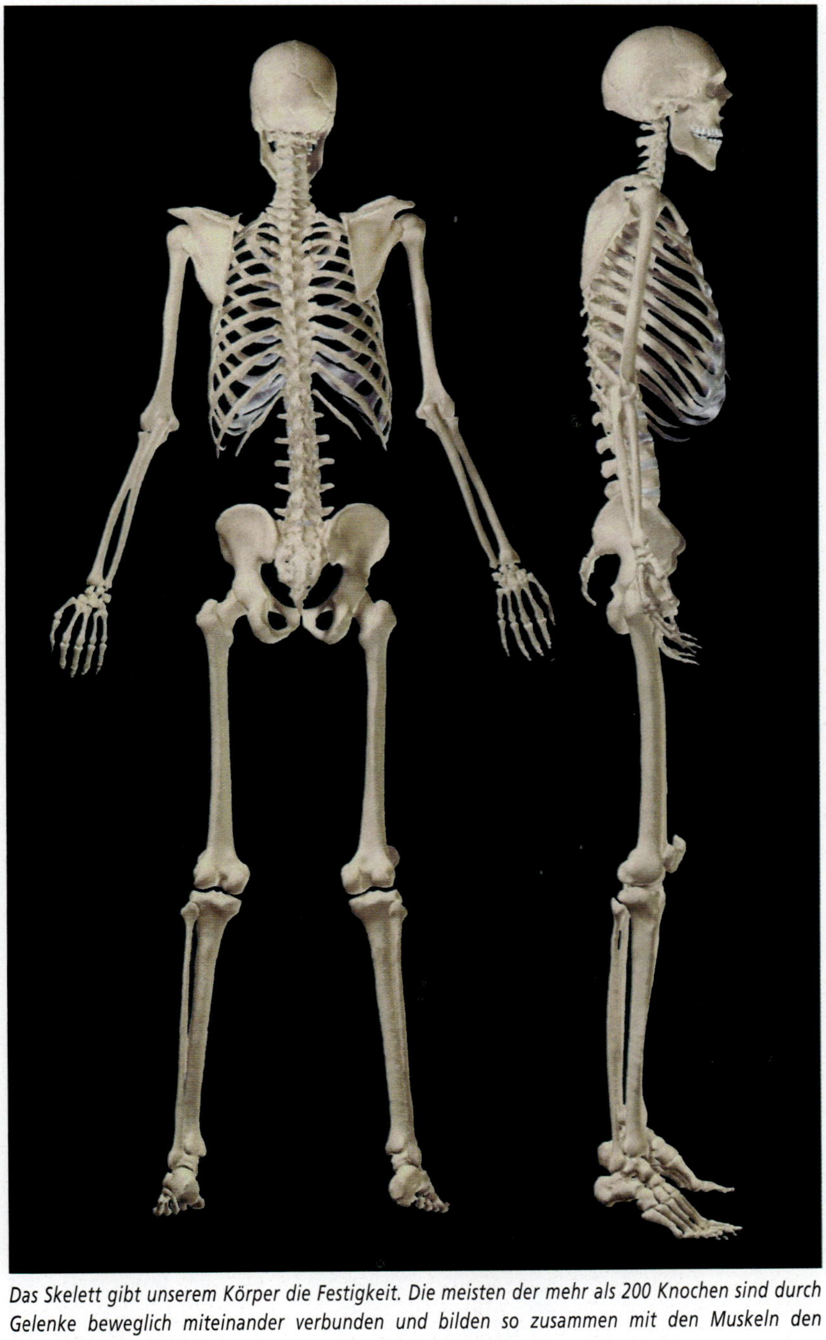

Das Skelett gibt unserem Körper die Festigkeit. Die meisten der mehr als 200 Knochen sind durch Gelenke beweglich miteinander verbunden und bilden so zusammen mit den Muskeln den Bewegungsapparat.
links: Skelett in Rückenansicht.
rechts: Seitenansicht.

Die typischen Abweichungen des menschlichen Körpers vom Bauplan der Wirbel- bzw. Säugetiere sind auf seine aufrechte Haltung zurückzuführen. Durch die Lastenänderung

- nimmt die ursprünglich gerade Wirbelsäule eine doppelt S-förmige Krümmung an;
- laden die Hüftbeine breiter aus und bilden mit dem Kreuzbein einen stabilen, in die Rumpfwand eingelassenen und die Baucheingeweide stützenden Beckenring;
- enthält der Fuß eine visko-elastische Gewölbekonstruktion aus Längs- und Querbogen.

Durch die Abwinklung von Darm- und Sitzbein findet die Gesäßmuskulatur einen besseren Wirkungsgrad, den Stamm auch bei einbeinigem Stand auszubalancieren. Die Beine tragen die Körperlast und bleiben alleinige

Lokomotionorgane, während die obere Extremität zum Greifapparat umgebaut wird. Hierbei ist die Fähigkeit, den Daumen in Oppositionsstellung zu den übrigen Fingern zu bringen, von besonderer Bedeutung.

Erscheinungsbild des Menschen

Das Erscheinungsbild des Menschen wird ganz wesentlich durch die Größenverhältnisse, Proportionen, der einzelnen Körperteile zueinander geprägt. Der erwachsene Mensch ist nicht etwa eine maßstabgetreue Vergrößerung des Kindes.
Proportionsunterschiede kommen durch unterschiedliche Wachstumsgeschwindigkeit von Organen und Körperabschnitte zustande. Wählt man als Maßstab die Kopfhöhe, so lässt sich der Gesamtkörper eines erwachsenen Menschen in acht, eines zehnjährigen Kindes in sechs und eines Neugeborenen in vier Körperhöhen unterteilen. Die Körpermitte eines Erwachsenen liegt etwa in Symphysenhöhe (Schambeinfuge), beim Zehnjährigen zwischen Symphyse und Nabel und beim Neugeborenen in Nabelhöhe.

Geschlechtsmerkmale

Als primäre Geschlechtsmerkmale versteht man die in der Embryonalperiode sich differenzierenden Sexualorgane, wobei primäre Geschlechtsorgane – Hoden bzw. Eierstöcke – und sekundäre Geschlechtsorgane – Ausführungsgangsysteme und äußeres Genitale-unterschieden werden können.
Die sekundären Geschlechtsmerkmale bilden sich unter dem Einfluss der Sexualhormone, deren Synthese und Sekretion während der Pubertät von den Keimdrüsen und der Nebennierenrinde (unter dem Einfluss der Hormone der Hirnanhangdrüse) angeregt werden. So stellt sich u.a. eine unterschiedliche Körperbehaarung ein, bei der Frau entwickeln sich die Brustdrüsen und die typisch feminine Beckenkonfiguration, beim Mann der kräftigere Bau von Skelett und Muskulatur, die stärkere Gesichtsbehaarung und der größere Kehlkopf, der die tiefere Klangfarbe der maskulinen Stimme zur Folge hat.
Die Skelettformen von Männern und Frauen unterscheiden sich nicht wesentlich voneinander. Im Normalfall sind die Knochen der Männer etwas größer und schwerer, während bei den Frauen das Becken breiter und flacher angelegt ist, was den Geburtsvorgang erleichtert.
Das Skelett wird mit seinen Verbindungen als passiver Bewegungsapparat zusammengefasst (aktiver Bewegungsapparat = Skelettmuskulatur). Es bildet das stabile, doch bewegliche Gerüst, auf dem die Muskeln arbeiten können. So bildet es eine Reihe beweglicher Hebel, an denen die Muskeln ziehen und damit einzelne Körperteile bewegen können.
Das Skelett schützt und stützt die Körperorgane, vor allem das Gehirn und das Rückenmark, die vom Schädel und der Wirbelsäule umschlossen sind, sowie Herz und Lunge, die durch die Rippen geschützt sind. Die Rippen ermöglichen das Atmen, einmal indem sie den Brustkorb so formen, dass die Lungen nicht eingeengt werden, zum anderen, indem sie durch ihre Beweglichkeit den Atmungsvorgang selbst unterstützen.
Das Skelett ist als Rahmen jedoch keine tote Materie. Es ist ein aktives Organ; es bildet im Knochenmark Blutzellen, und es dient als Speicher für Minerale wie Kalzium, die jederzeit für den Bedarf durch andere Körperteile abgezogen werden können.

Mikroaufnahme des Knochengewebes. Konzentrisch angeordnete Osteone (Ringstrukturen aus Knochenzellen und Lamellen um einen Gefäßkanal) sind deutlich sichtbar.

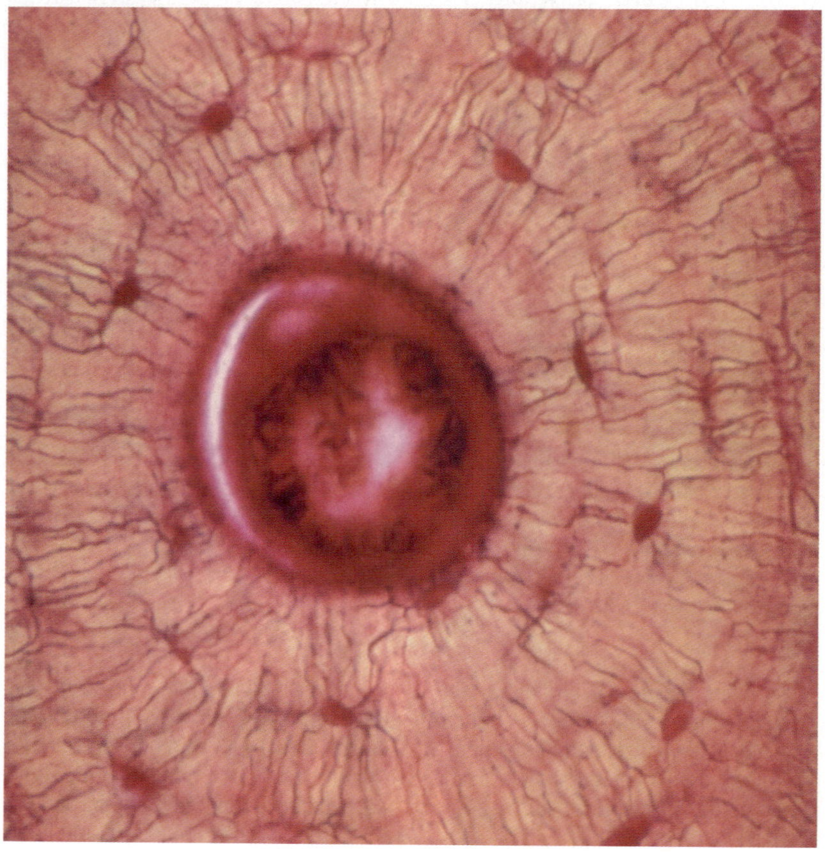

Zellen und Zwischensubstanz

Das Knochengewebe besteht aus Zellen und Zwischensubstanz; Letztere ist aus einer organischen Substanz, dem Ostoid, in das viele kollagene Fasern eingebettet sind, und aus einer

anorganischen Fraktion, vor allem Kalzium und Phosphorverbindungen, aufgebaut. Der Knochen verdankt seine Festigkeit der Zwischensubstanz. Die Härte des Knochens ist auf die eingelagerten Kalksalze zurückzuführen.
Die Grundstruktur des Knochengewebes ist das Osteon: Um einen kleinen Gefäßkanal ist Zwischensubstanz in Schichten oder Lamellen gelagert, in denen die Fasern auf bestimmte Weise angeordnet sind.
Zwischen den Lamellen liegen die Knochenzellen oder Osteocyten. Durchsägt man einen Knochen, sieht man eine äußere feste Rinde (Substantia compacta) und eine innere schwammartige Schicht (Substantia spongiosa).
Im kompakten Knochen liegen die Osteone sehr dicht aneinander und verlaufen parallel. Im spongiösen Knochen bestehen die Bälkchen nicht aus Osteonen, sondern nur aus zusammengelagerten Lamellen.
Es ist auffallend, dass vor allem in den langen Röhrenknochen die Trabekel oder Knochenbälkchen entsprechend den auftretenden Druck- oder Zugkräften, die auf einen solchen Knochen einwirken, ausgerichtet sind. Sie stellen ein Beispiel rationeller architektonischer Struktur dar. Der spongiöse Teil, d.h. das Mark vieler Knochen, hat eine rote Farbe, da sich in den Hohlräumen zwischen den Knochenbälkchen rotes blutbildendes Knochenmark befindet: hier werden u.a. die roten Blutzellen (Erythrozyten) gebildet. Dieses rote Knochenmark wird allerdings im Laufe der Jugend in den Gliedmaßenknochen durch Fettgewebe ersetzt und wird so zu gelbem Knochenmark.

Gelenke

Unter einem Gelenk versteht man die bewegliche Verbindung zwischen zwei oder mehr Skelettteilen (Knorpeln oder Knochen). Die Verbindungen kommen durch Bänder, Sehnen oder Muskeln zustande.
Im allgemeinen hat ein Gelenk zweierlei Funktion:
(1) die Ermöglichung von Bewegungen;
(2) die Bildung einer festen Verbindung zwischen zwei Knochen.

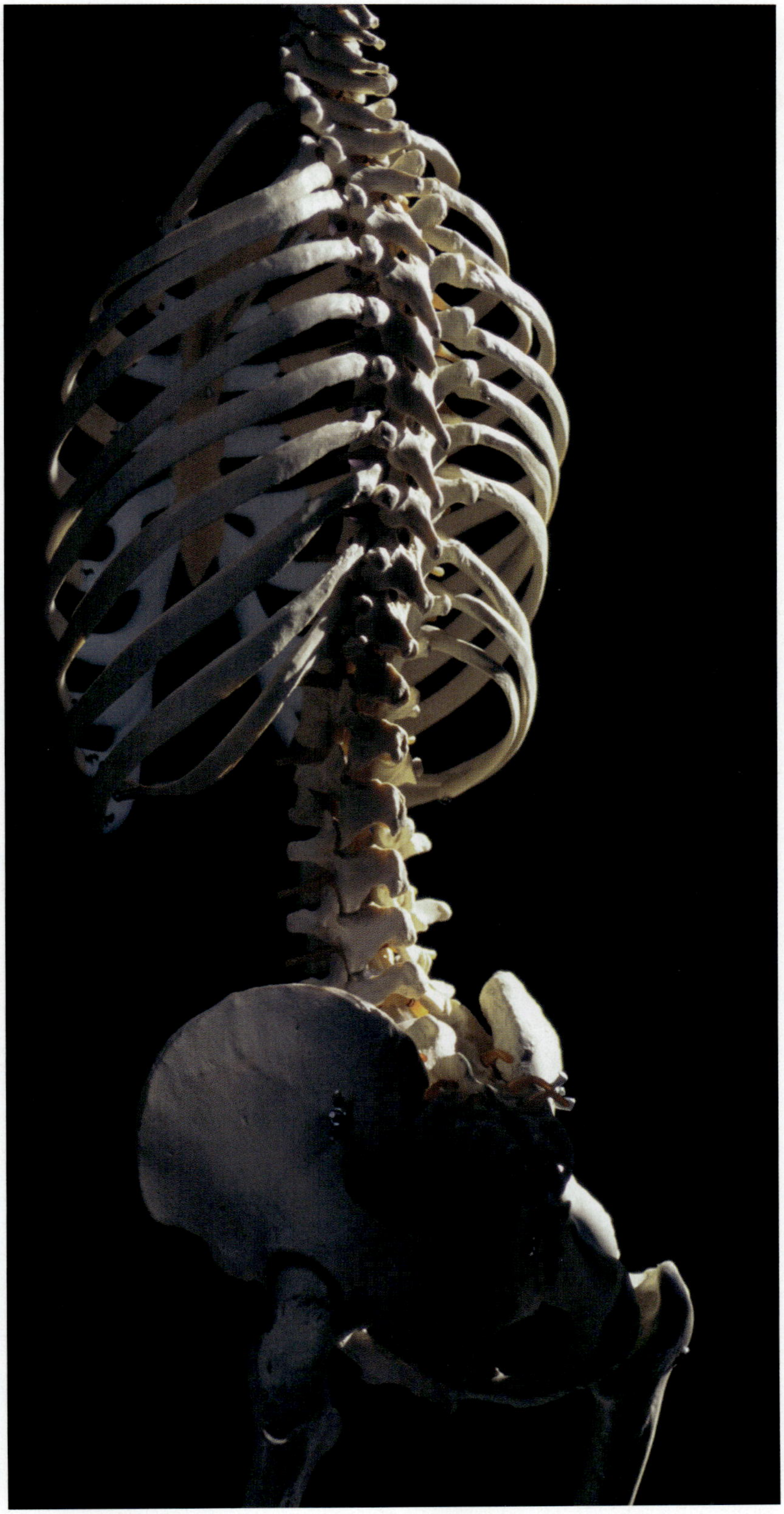

Ansicht des Rumpf-Skeletts
von oben nach unten: Brustkorb, lumbale Wirbelsäule, Beckengürtel

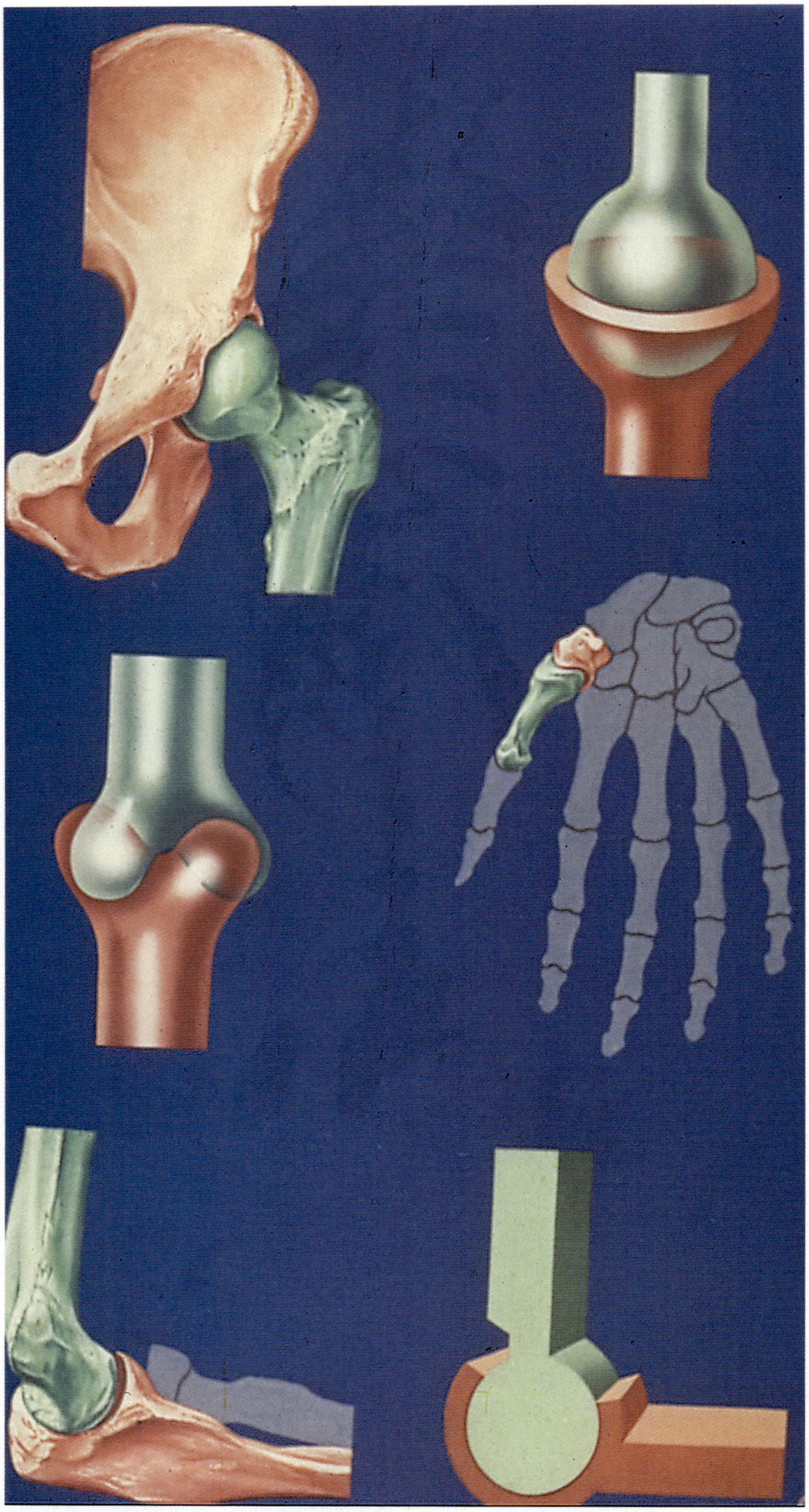

Schematische Darstellung verschiedener Gelenktypen
oben: Hüftgelenk (Kugelgelenk)
mitte: Daumgelenk (Eigelenk)
unten: Ellenbogengelenk (Radgelenk)

Die Bandschaft (Syndesmosis) ist eine Verbindung, die aus Bindegewebe besteht, z.B. die Verbindungen zwischen den Schädelknochen bei Kindern. Die Knorpelhaft (Synchondrosis) besteht aus Knorpel: ein Beispiel ist die Verbindung von Rippen und Brustbein. Hier ist die Möglichkeit einer geringen Bewegung gegeben.

Die Articulatio synovialis ist das, was man üblicherweise als Gelenk bezeichnet. Die zueinander gelegenen Knochenenden sind mit einer Schicht glatten Hyalinknorpels bedeckt. Zwischen ihnen befindet sich Synovia oder Gelenkflüssigkeit. Der Gelenkknorpel dient dazu, die Reibung zu vermindern und den Druck aufzufangen.

Das Ganze ist durch eine allseits geschlossene, aber geräumige Gelenkkapsel abgeschlossen. Die Bewegungsrichtungen in einem Gelenk und das Ausmaß ihrer Ausschläge sind von der Oberflächenform der Gelenkenden, gegebenenfalls zwischengeschalteter Scheiben (Disci) oder Haltscheiben (Menisci) sowie der Lage der Gelenkbänder abhängig.

Die Gelenkhöhle selbst ist nicht viel mehr als ein schmaler Spalt. Die Synovia, die von einer Membran der Gelenkkapsel abgeschieden wird, dient nicht allein dazu, das Gelenk zu schmieren, sondern hat auch die Aufgabe, den Gelenkknorpel durch Diffusion zu ernähren.

Das Gelenk wird meist durch Bänder, die in oder außerhalb der Kapsel liegen, verstärkt. Dadurch können Bewegungen abgebremst werden. Außerdem tragen sie zur Stabilität des Gelenks bei.

Gelenktypen

Die Bewegungsmöglichkeit eines Gelenks beruht auf der Zahl seiner Freiheitsgrade. Unter Freiheitsgraden versteht man die Bewegung um die Anzahl senkrecht aufeinander stehender Achsen.

Die Bewegung in einem Gelenk wird durch die Wirkung eines Kräftepaares um eine ideelle Achse (Gelenkachse) hervorgerufen und führt zur Veränderung der Winkelstellung der beiden an der Gelenkbildung beteiligten Knochenstücke. Man unterscheidet ein-, zwei- und dreiachsige Gelenke.

- Scharniergelenk (Ginglymus), einachsig, ein Freiheitsgrad (z.B. die Gelenke der Finger)
- Radgelenk (Articulatio trochoidea), einachsig, ein Freiheitsgrad (z.B. Pars radioulnaris des Ellenbogengelenks)
- Sattelgelenk (Articulatio sellaris), zweiachsig, zwei Freiheitsgrade (z.B. Handwurzel-Mittelhandgelenk des Daumens)
- Eigelenk (Articulatio ovoidalis), zweiachsig, zwei Freiheitsgrade (z.B. proximales Handgelenk und Atlas-Hinterhauptgelenk)
- Kugelgelenk (Articulatio spheroidea), dreiachsig, drei Freiheitsgrade (z.B. Schultergelenk, Hüftgelenk)

Untersucht man die Tätigkeit der Muskeln in ihrer Beziehung zu den drei Hauptachsen eines freien Gelenks, so ergeben sich die folgenden durch die Funktion bestimmten Muskelgruppen:
- Flexoren oder Beuger
- Extensoren oder Strecker
- Adduktoren oder Anzieher
- Abduktoren oder Abzieher
- Rotatoren oder Dreher (Einwärtsdreher und Auswärtsdreher).

Bei der Hand kann man zwischen ulnarer und radialer Abduktion sowie palmarer und dorsaler Flexion unterscheiden.
Beim Fuß unterscheidet man hingegen zwischen plantarer und dorsaler Flexion sowie Auswärtsdrehung (Supination) und Einwärtsdrehung (Pronation).

Mikroskopische Darstellung von Knochengewebe, aufgenommen mit polarisiertem Licht

Arme und Hände

Die Gelenke und Muskeln der oberen Gliedmaßen verleihen Hand und Arm eine große Beweglichkeit. Das Gelenk zwischen Brustbein und Schlüsselbein, Articulatio sternoclavicularis, ist als funktionelles Kugelgelenk anzusehen. Es besitzt eine Bandscheibe. Zwischen Schulterblatt und Schlüsselbein befinden sich zwei Gelenke: zwischen der Schulterhöhe (Acromion) und dem Schlüsselbein die Articulatio acromioclavicularis und außerdem eine ligamentöse Verbindung zwischen dem hakenförmigen Auswuchs des Schulterblatts (Rabenschnabelfortsatz) und dem Schlüsselbein.

Schultergelenk

Die Articulatio humeri hat eine geräumige Gelenkkapsel, die nur durch wenige Bänder verstärkt wird. Die Beweglichkeit des Armes wird mitbestimmt durch Schulterblatt und Wirbelsäule. Bei fixiertem Schulterblatt ist das Heben des Armes (Abduktion) nur bis 90 Grad möglich. Die Stabilität des Schultergelenks wird u.a. durch die Sehnen des langen Bizeps- und des langen Tricepskopfes sowie die direkt anliegenden Muskeln (M. subscapularis, M. supraspinatus, M. infraspinatus und M. teres minor) bestimmt, die als nahezu einheitliches Band den obersten Teil des Oberarms umgreifen. In diesem Kugelgelenk sind Bewegungen um eine sagittale Achse (Abduktion und Adduktion) möglich, ebenso um eine transversale Achse (Anteflexion und Retroflexion) und um eine vertikale Achse (Innen- und Außenrotation).

Ellenbogengelenk

Die Articulatio cubiti ist zusammengesetzt aus drei einfachen Gelenken: der Articulatio humero-ulnaris, einem Scharniergelenk zwischen Oberarmknochen (Trochlea) und Elle, der Articulatio humeroradialis, einem Kugelgelenk zwischen Oberarmknochen (Capitulum) und Speiche, und der Articulatio radioulnaris proximalis, einem Rollengelenk zwischen den Enden von Elle und Speiche am Ellenbogen. Es gibt auch noch ein distales Radio-Ulnargelenk zwischen den Enden von Elle und

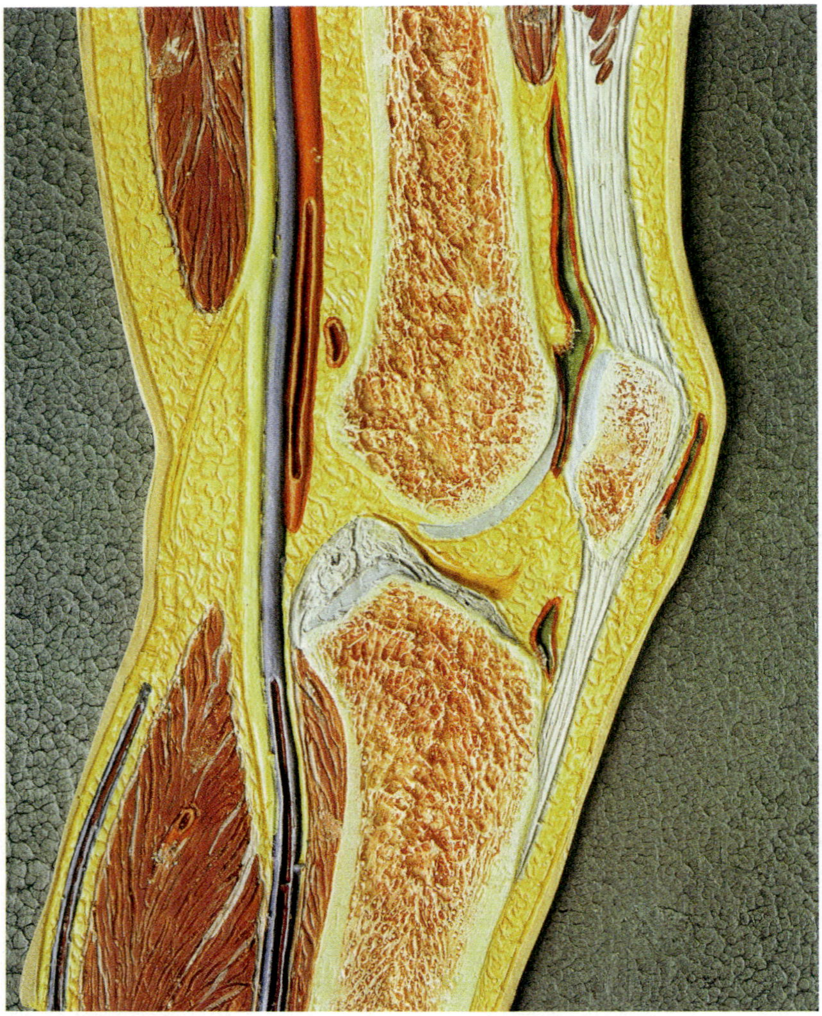

Kniegelenk
Längsschnitt durch das menschliche Kniegelenk

Speiche, an dem sich eine dreieckige fibröse Scheibe als Führungsband befindet. Die Bewegungen in den zwei letzten Gelenken verlaufen gemeinsam, wodurch die Umwendbewegungen des Unterarms und der Hand (Pronation und Supination) möglich werden.
Im Ellenbogengelenk findet Beugung und Streckung des Unterarms gegen den Oberarm statt.

Handgelenke

Die Bewegungen der Hand und der Finger werden durch nicht weniger als 33 Gelenke ermöglicht. Das Gelenk zwischen Unterarm und Hand wird durch die Articulatio radiocarpea gebildet. Die Speiche bildet ein Gelenk mit dem Kahnbein, dem Mondbein und dem Dreiecksbein. Die Hand kann palmare und dorsale Flexion, radiale und ulnare Abduktion gegen den Unterarm ausführen. Für die Greifbewegung der Hand ist es wichtig, dass der Daumen opponierbar ist, da er den anderen Fingern gegenüber gestellt werden kann.

Arme

Die Knochen des Schultergürtels, Schulterblatt und Schlüsselbein, bilden eine gut bewegliche Verbindung zwischen Rumpf und den oberen Extremitäten, womit die Funktion des Armes als Greiforgan erhöht wird. Vom Rumpf zu den Händen wird die Anzahl der Knochen und Gelenke immer größer, wodurch differenzierte Bewegungen ermöglicht werden. Das Skelett der Hand wird in Handwurzel, Mittelhand und Finger unterteilt.

Beine und Füße

Das Becken besteht aus dem Kreuzbein (Os sacrum) und den beiden Hüftbeinen (Ossa coxae). Letztere sind aus Darmbein (Os ilium), Schambein (Os pubis) und Sitzbein (Os ischii) schon in der Kindheit verschmolzen. Die Gelenkflächen des Kreuzbeins und der Hüftbeine sind mit Knorpel bedeckt und durch Kollagenfasern verbunden. Sie sind nur wenig beweglich.
In der Symphyse (Schamfuge), der Verbindung der beiden Schambeine, befindet sich eine Faserknorpelscheibe, die oben und unten noch durch Bänder verstärkt wird.

Hüftgelenk

Die Hüftbeine formen eine tiefe Pfanne, das Acetabulum (Essignäpfchen), in die der Kopf des Oberschenkelknochens hineinpasst (Articulatio coxae). Drei feste Bänder verstärken des Gelenk: das Ligamentum pubofemorale, das Ligamentum ischiofemorale und das Ligamentum iliofemorale. Da der Oberschenkelkopf sehr tief liegt, spricht man von einem Nussgelenk, das einen besonderen Typ des Kugelgelenks darstellt.

Kniegelenk

Die Articulatio genus ist ein Scharnier- und Rotationsgelenk zwischen Oberschenkel und Schienbein, worin sich zwei halbmondförmige Knorpelscheiben, der Meniscus lateralis und medialis, befinden. Oberhalb der Vorderseite des Kniegelenks liegt die Kniescheibe (Patella). Die Menisci werden durch Ligamente in der Kapsel befestigt. Eine Anzahl Bänder an der Vorder-, Seiten- und Rückfläche des Gelenks sorgen gemeinsam mit etlichen Muskeln für große Stabilität.
Bewegung und Streckung des Knies geschieht vor allem in dem Teil des Gelenks, der durch Menisci und der Unterseite des Oberschenkels gebildet

wird. Dabei werden die Menisci etwas verschoben. Außen- und Innenrotation finden vor allem in dem Teil des Gelenks statt, der von Menisci und Schienbein gebildet wird. Die Bänder des Gelenks erlauben keine Rotation bei gestrecktem Knie.

Fußgelenke

Die Gelenke zwischen Unterschenkel und Fuß (oberes Sprunggelenk) und die übrigen Fußgelenke tragen zur Federung des Körpers bei und sorgen für das Abrollen des Fußes beim Laufen. In der Articulatio talocruralis (oberes Sprunggelenk) bilden Wadenbein und Schienbein ein Gelenk mit dem Sprungbein (Talus).
Die beiden erstgenannten umgreifen die Talusrolle (Trochlea tali) wie eine Gabel.
Die Articulatio subtalaris wird vom Sprungbein und Fersenbein gebildet, während das Sprungbein auch noch ein weiteres Gelenk mit dem Fersenbein und dem Kahnbein der Fußwurzel (Os naviculare) bildet.
Diese beiden Gelenke bilden zusammen das einachsige untere Sprunggelenk. Um diese Achse sind Supination und Pronation des Fußes möglich. Von den Knochen des Mittel- und Vorfußes werden noch weitere Gelenke gebildet. Die Knochen, Muskeln und Bänder sind so zusammengefügt, dass die Fußsohle in zwei Richtungen gewölbt ist: in eine Längs- und eine Querwölbung.

Beine

In den Beckenknochen spiegelt sich die Funktion der unteren Extremitäten wider.
Die beiden Hüftbeine (bestehend aus Darm-, Scham- und Sitzbein) und das Kreuzbein sind sehr fest und massiv und auf Stabilität eingerichtet. Das Bein ist in der Hüftgelenkpfanne drehbar, die von Darm-, Scham- und Sitzbein gebildet wird. Am Fuß unterscheidet man Fußwurzel, Mittelfuß und Zehen. Die Form der Fußwölbung trägt besonders zur Abfederung des Körpers bei. Das Zusammenspiel der vielen Gelenke von Oberschenkel, Unterschenkel und Fuß erlaubt so komplizierte Bewegungsabläufe wie Laufen und Abfedern beim Aufsprung.

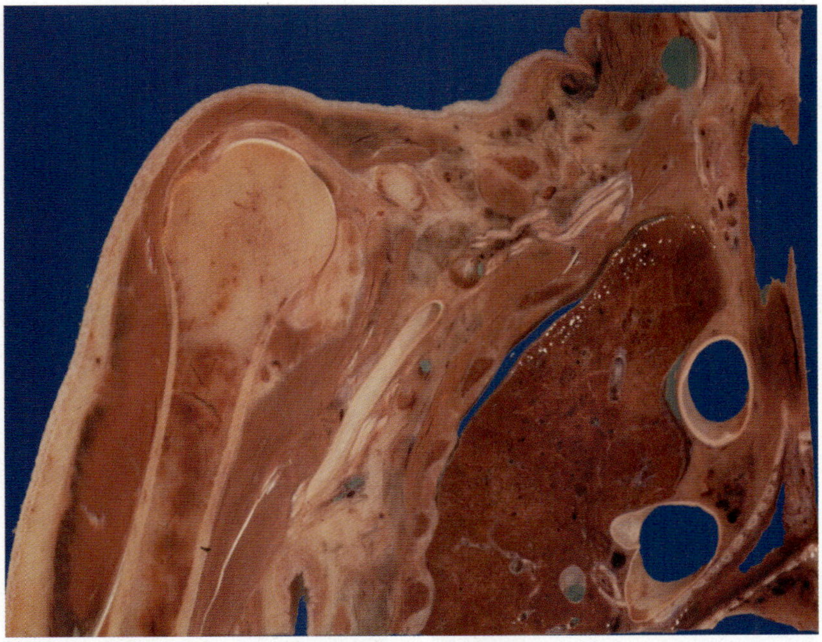

Längsschnitt durch das menschliche Schultergelenk
Der Bandapparat im Schultergelenk ist schwach ausgebildet. Rechts sieht man im Brustkorb Lungengewebe und große Blutgefäße

Ellenbogengelenk
links: Gelenkkapsel und Bänder
rechts: knöcherne Bestandteile des Ellenbogengelenks
1 – Oberarmknochen; 2 – Speiche; 3 – Elle

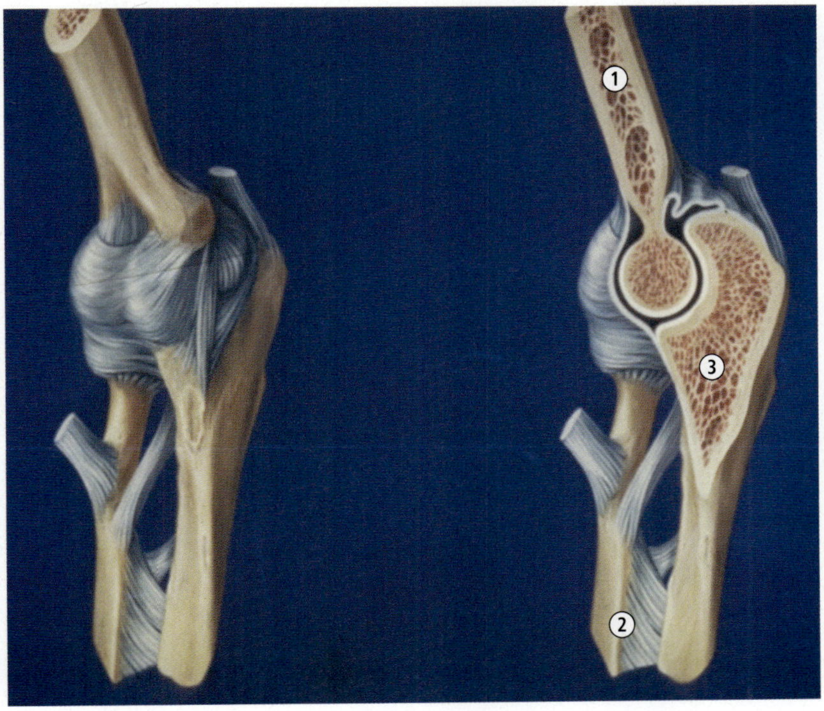

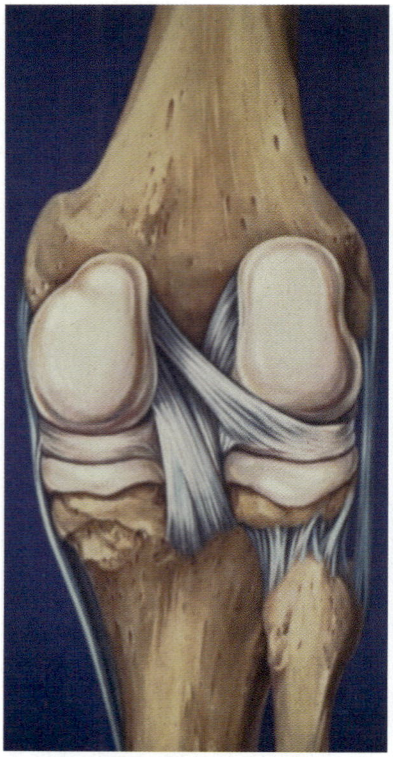

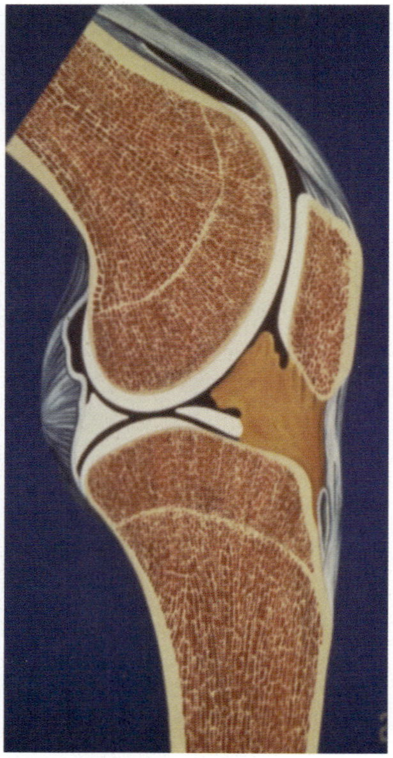

links: Ansicht des Kniegelenks von hinten
Für die Festigkeit des Beugemechanismus sorgen die Kreuzbänder, die die Überstreckung des Gelenks verhindern. In der Beugestellung erschlaffen die Seitenbänder, sodass der Unterschenkel nach innen und nach außen gedreht werden kann.
rechts: Längsschnitt durch das menschliche Kniegelenk
1 – Oberschenkelknochen; 2 – Unterschenkelknochen; 3 – Kniescheibe

Medial. Längsschnitt durch die menschlichen Fußgelenke
1 – Schienbein; 2 – Fersenbein; 3 – Fußwurzel; 4 – Mittelfuß; 5 – Zehen

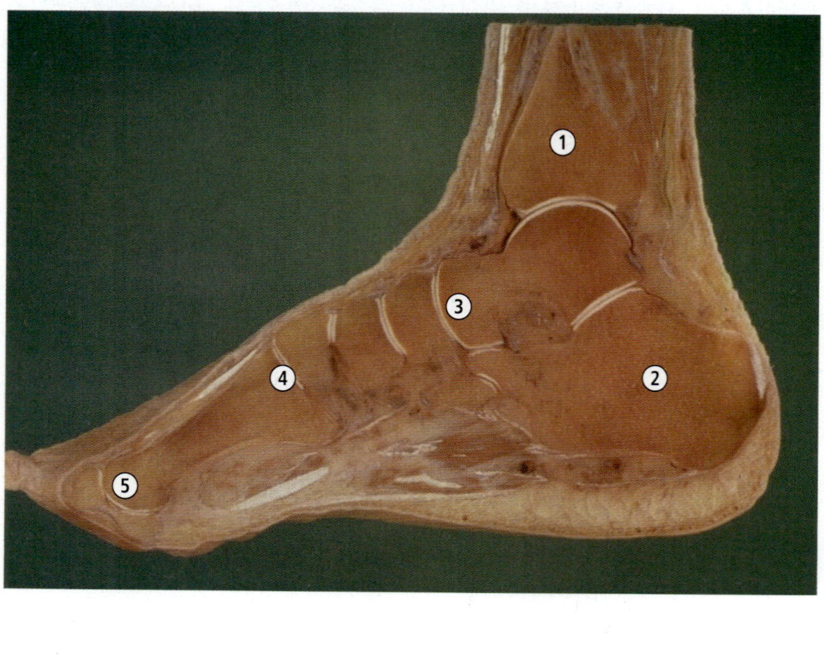

Kiefer

Das Kopfskelett wird in Hirnschädel und Gesichtsschädel eingeteilt. Das Gebiss gehört zum Gesichtsschädel und besteht aus dem Oberkiefer und dem Unterkiefer.

Oberkiefer

Der Oberkiefer setzt sich aus den beiden Oberkieferbeinen zusammen, die die knöcherne Grundlage für das Obergesicht bilden und durch ihre Form, Größe und Stellung im Wesentlichen die Form des ganzen Gesichts bestimmen. Sie tragen die obere Zahnreihe.

Unterkiefer

Der Unterkiefer ist der stärkste aller Gesichtsknochen, zugleich auch der Einzige, der in Form einer gelenkigen Verbindung mit den übrigen Teilen des Gesichtsschädels beweglich verbunden ist. Er ist eine ungefähr parabolisch gekrümmte Knochenplatte, deren hintere Enden zu den Unterkieferästen aufgebogen sind und trägt die untere Zahnreihe. Die Zähne stecken mit ihren Wurzeln in den Zahnfächern am oberen Rand des Unterkieferkörpers.

Zähne

Während der Kindheit besitzt der Mensch nur 20 nicht sehr widerstandsfähige (Milch) Zähne). Sie werden bis zum 14. Lebensjahr durch 32 Dauerzähne ersetzt. Nach Position, Form und Funktion unterscheidet man im Ober- und Unterkiefer jeweils:

- 4 Schneidezähne
- 2 Eckzähne
- 4 Vorderbackenzähne
- 6 Mahlzähne.

Die letzten 4 Mahlzähne (Weisheitszähne) erscheinen verspätet, manchmal auch unvollständig. Häufig müssen sie gezogen werden, da im Kiefer kein ausreichender Platz vorhanden ist.

Die Zähne sitzen in Hohlräumen (Zahnfächern) des Ober- und Unterkieferknochens. Sie bestehen überwiegend aus Dentin, einer harten, knochenartigen Substanz. Der sichtbare Teil des Zahns ist mit einer dünnen Glasur, dem Zahnschmelz, überzogen. Es handelt sich dabei um die härteste Substanz, die der menschliche Organismus zu

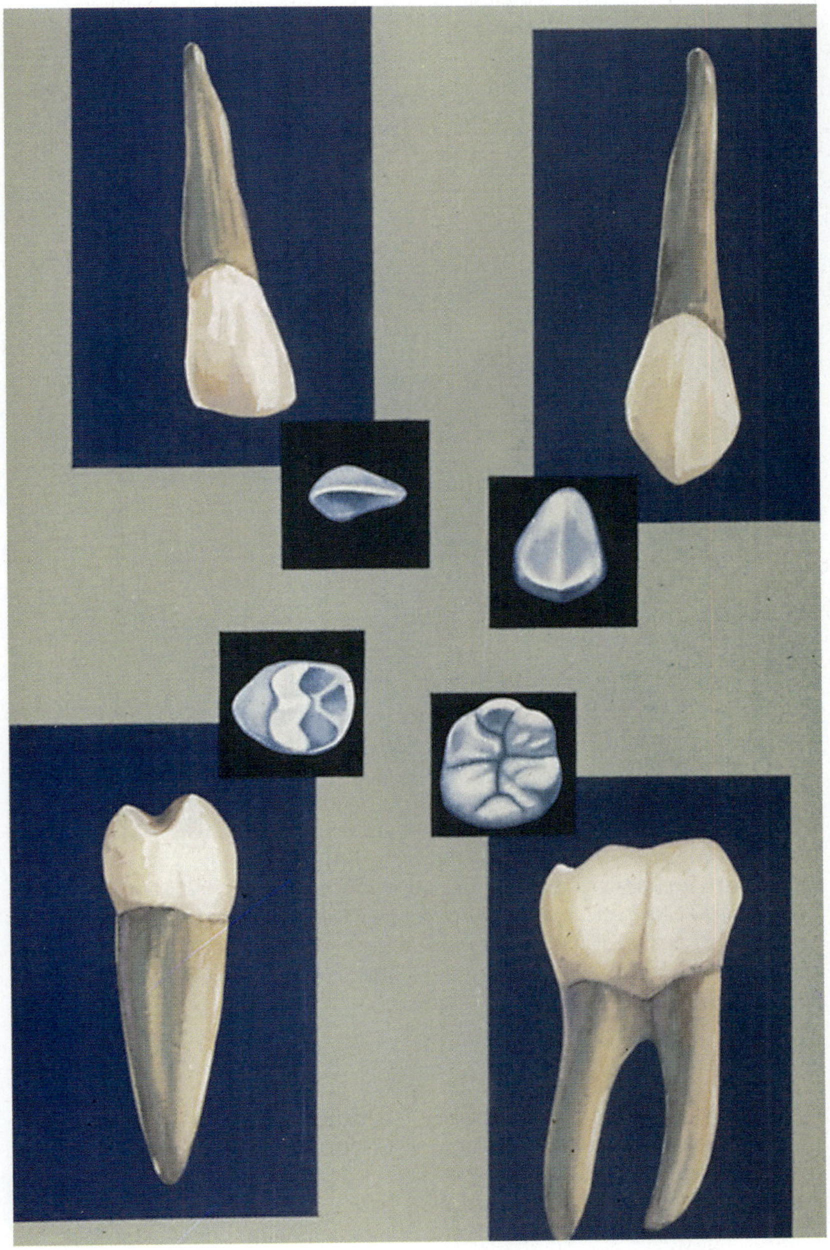

Zähne
links oben: Schneidezahn; rechts oben: Eckzahn; links unten: Vorderbackenzahn; rechts unten: Mahlzahn

erzeugen vermag. Der Zahnschmelz endet am Zahnhals, der sich unterhalb der sichtbaren Zahnkrone, von Zahnfleisch umgeben, anschließt.
Die Wurzel, der unterste Teil des Zahns, steckt – geteilt oder ungeteilt – im Zahnfach des Kiefers. Durch die Achse der Wurzel verläuft ein schmaler Kanal, der sich im Zahn zu einer Höhle erweitert. In diesem Kanal befinden sich Nervenbahnen und feine Blutgefäße. Erstere leiten die Schmerzempfindungen im Zahnbereich zu den Nervenzentren.
Die Blutgefäße versorgen den Zahn mit den notwendigen Mineralien. Im Bereich des Zahnhalses und der Wurzel ist der Zahn statt mit Zahnschmelz mit dem weniger harten Zahnzement umgeben.
Der Zahnschmelz besitzt eine regelmäßige Prismenstruktur aus Kalziumphosphat und Kalziumfluorid. Spuren von Fluor im Trinkwasser oder in der Nahrung fördern deshalb die Härtung des Zahnschmelzes und machen ihn widerstandsfähiger gegen bakterielle Zerstörung. Allerdings ist bei zu hohen Fluordosen auch eine gegenteilige Entwicklung möglich. Auch die Zusammensetzung des Dentins, das Zahnmark bildet, ist nicht unveränderlich. Bei toten Zähnen ist der Stoffaustausch gestört. Sie werden spröde und brechen leicht.
Wie die Zähne unterliegt auch der Kieferknochen, in dem sie verwurzelt sind, einer ständigen Veränderung. Diese Umstellung ist notwendig, weil der Kiefer die nachwachsenden Zähne zunächst durchtreten lassen und dann für einen festen Halt sorgen muss. Mit zunehmendem Alter verschlechtert sich die Stoffbilanz des Austauschs rapide. Die Zähne werden locker und fallen aus.

Skelett des Unterkiefers
Ansicht des Unterkiefers mit Zähnen von innen (links) und von außen (rechts)

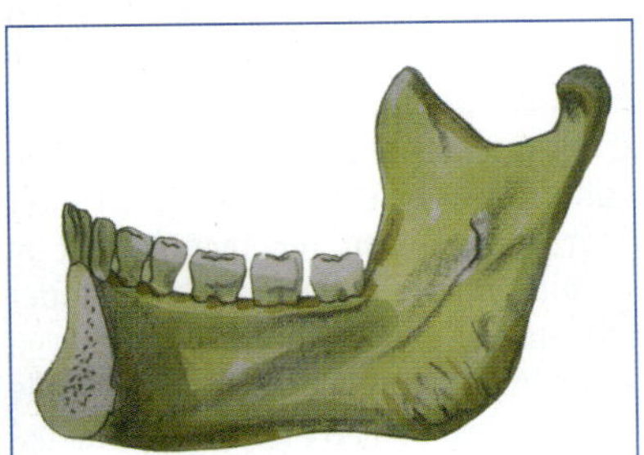

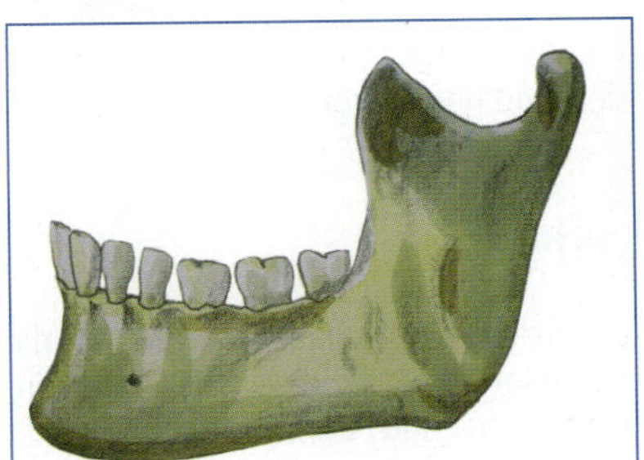

Form und Funktion
Die insgesamt acht oberen und unteren Frontzähne, auch Schneidezähne genannt, haben die Aufgabe, mundgerechte Bissen abzuschneiden, ihre

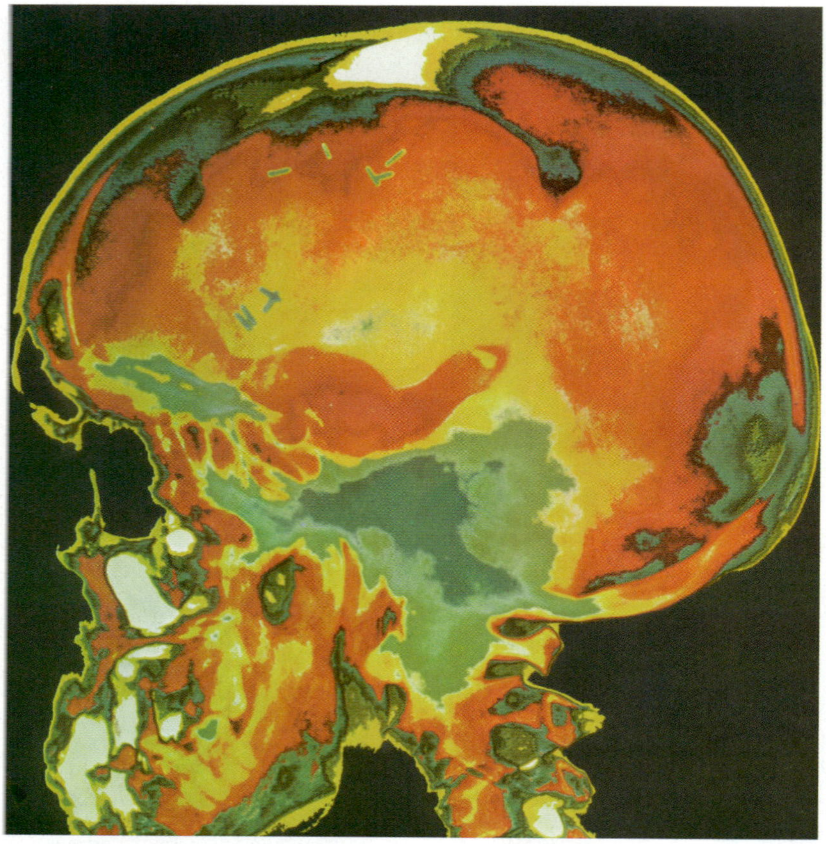

Der menschliche Schädel
Zur besseren Erkennung von Schädelstrukturen und -brüchen werden Röntgenaufnahmen neuerdings nach einem speziellen chemischen Verfahren dargestellt. Dadurch erhält man ein Röntgenbild mit farbigen Dichtenzonen. In den nach Farben getrennten Aufnahmen bezeichnet jede Farbe einen bestimmter Dichtewert. In der Aufnahme sind alle Einzelbilder zusammengelagert. Der weiße Fleck auf der Schädeldecke bezeichnet eine Kopfverletzung.

Form ist die eines scharfkantigen Keils. Die vier Eckzähne entsprechen in Form und Funktion den Reißzähnen eines Raubtieres: Sie halten Nahrungsteile fest, damit man sie besser abbeißen oder abreißen kann. Die Backen- oder Mahlzähne zermahlen und zerquetschen die abgebissene Nahrung. Sie wird dabei mit Speichel vermengt und von der Zunge in die Speiseröhre befördert und heruntergeschluckt.

Schädel

Der Schädel umschließt das Gehirn, die Sinnesorgane (Gleichgewichtsorgan, Hörorgan) und den Anfangsteil von Atem- und Speiseweges. Der Gehirnschädel (Neurocranium) schützt das Gehirn und die Sinnesorgane. Er besteht aus dem Schädeldach und der Schädelbasis. Der Gesichtsschädel (Viscerocranium) umgibt die Anfangsteile des Atemtrakts und der Verdauungswege.
Obwohl aus unterschiedlichen Quellen stammend und funktionell in verschiedene Teilbereiche gliederbar, bildet der Schädel eine architektonische Einheit. Gehirn- und Ohrenkapseln, Orbitatrichter, Nasenhöhlentunnel und zahntragende Teile sind Behälter oder Stützen von zum Teil nicht direkt in unmittelbarem Kontakt miteinander stehenden Organsystemen.
Feste Verstrebungen untereinander, die an manchen Stellen pfeilerartige Gerüste bilden, fangen zum Beispiel solche Belastungen auf, die sich in Form von Zug oder Druck durch den Kauapparat auf das Skelett um Nase, Auge und Schädelbasis auswirken. So steigt aus dem Eckzahnbereich zwischen Nasenöffnung und Augenhöhle ein Nasen-Stirnpfeiler, von den Mahlzähnen ein Jochbogenpfeiler zur Stirn auf. Andererseits leitet das Jochbein Kräfte über den Jochbogen horizontalwärts zum Schläfenbein ab.
Im Ober- und Unterkiefer lässt sich eine Basalbogenkonstruktion ausmachen. Zu Mundhöhle und Rachenregion hin besteht über das Gaumenbein und den Flügelfortsatz des Keilbeins ein Gaumen-Flügel-Pfeiler. Nasen-, Stirn- und Jochbogenpfeiler gehen in den Gewölbebau der Schädelkalotte über, wozu sich Verstärkungsstreben vom Warzenfortsatz und dem kräftigen Rand des Hinterhauptslochs gesellen. Eine weitere Absicherung und Stütze erfahren innere Schädelbasis und -wölbung durch die vielfältigen intrakraniellen Verspannungssysteme der harten Hirnhaut.

Gehirnschädel

Am Aufbau des Gehirnschädels sind beteiligt:
- Hinterhauptsbein (Os occipitale)
- Keilbein (Os sphenoidale)
- Schläfenbein (Os temporale)
- Scheitelbein (Os parietale)
- Stirnbein (Os frontale)

Die ersten Verknöcherungstendenzen bilden sich im Bindegewebsknochen. Von fünf weit auseinanderliegenden Ossifikationszentren strahlen nach allen Richtungen Knochenbälkchen aus, wodurch die Schuppen von Stirn-, Schläfen-, Scheitel- und Hinterhauptsbein entstehen. Diese stroßen an einander zugewandten Stellen (als Erstes die beiden Scheitelbeine) bis auf einen Bindegewebsstreifen zusammen. An Lokalisationen, wo mehrere Schuppen aufeinandertreffen, bleiben mehr oder weniger große, nur von Bindegewebe überbrückte Zwickel (Fontanellen) offen. Dank der nachgiebigen, syndesmotischen Verbindungen sind am kindlichen Schädel unter der Geburt zum Teil beträchtliche Verschiebungen der Schuppen gegeneinander, namentlich in sagittaler

Richtung, ohne bleibende Schädigung möglich. Innerhalb des dritten Lebensjahrs sind die Fontanellen (zuletzt die vordere) verschlossen; die Schädelnähte bilden als Syndesmosen ein typisches Muster. Im Bereich des Gesichtsschädels sind sie äußerst schmal, am Nasenbein treten sie als Sutura plana auf. An der Kalotte sind sie breiter, bilden zwischen den früh miteinander synostotisch verschmelzenden Stirnbeinen und den beiden Scheitelbeinen die Kreuznaht, quer über das Schädeldach. Von hinten stößt die eine Pfeilnaht (Sutura sagittalis) auf die Kreuznaht. An die Pfeilnaht schließt sich dorsal zwischen Scheitelbein und Hinterhauptsschuppe die beidseitig schräg abwärts ziehende Lambdanaht an.
Auch an der Seitenwand des Schädels verbinden die Zachennähe die hier aneinanderliegenden Knochenteile des Neurokraniums.

Gesichtsschädel

Das Gerüst des Gesichtsschädels bilden Nasen- und Kieferskelett. Das Nasenskelett besteht aus:

- Nasenbein (Os nasale)
- Tränenbein (Os lacrimale)
- Siebbein (Os ethmoidale)
- Pflugscharbein (Vomer)

Des Weiteren sind die Nasenknorpel dem Grundgerüst des Gesichtsschädels zuzurechnen.
Der Gesichtsschädel wird im Wesentlichen durch die knöcherne Umrahmung von Augen-, Nasen- und Mundhöhle geprägt. Das Kieferskelett baut sich aus Oberkiefer (Maxilla) und Unterkiefer (Mandibula), sowie dem Gaumenbein (Os palatinum) und Jochbein (Os zygomaticum) auf; ferner zählt hierzu das Zungenbein (Os hyoideum).

Schädelbasis

Die innere Schädelbasis lässt sich in eine mediane Region, beidseits flankiert von einer lateralen Region, einteilen. An der Bodenkonstruktion des medianen Bereichs sind von vorn nach hinten beteiligt:

- Siebbein (Os ethmoidale)
- Keilbein (Os sphenoidale)
- Hinterhauptsbein (Os occipitale)

Die lateralen inneren Schädelbasisregionen sind von vorn nach hinten durch drei deutlich abfallende Stufen gegeneinander abgesetzt und jeweils zur Grube ausgehöhlt: die vordere, mittlere und hintere Schädelgrube.

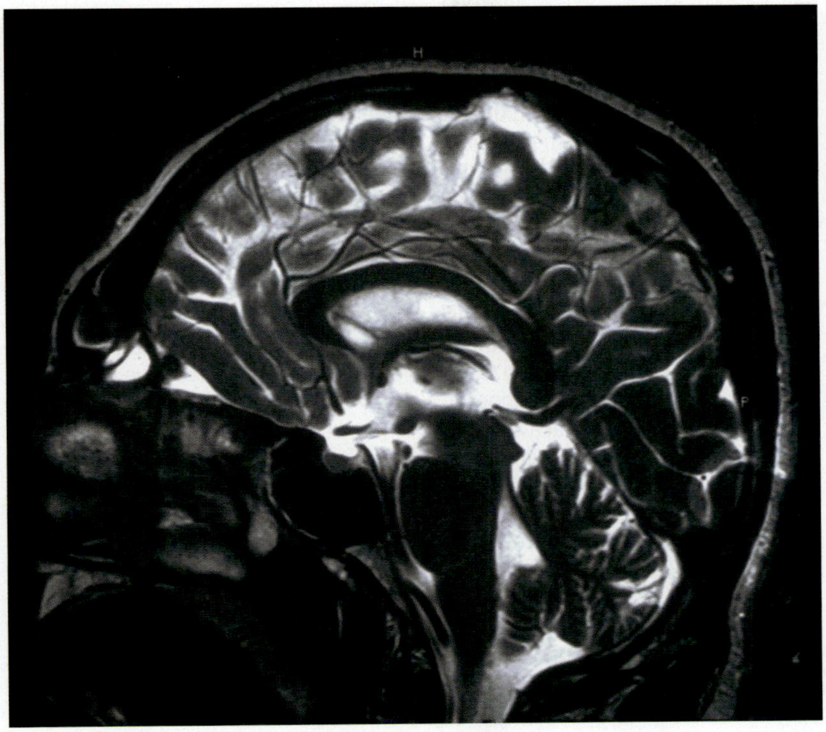

Kernspintomogramm des Skelettschädels mit Gehirn (Sagittalschnitt)

Vordere Schädelgrube

Die vordere Schädelgrube, deren Boden durch die Pars orbitalis des Stirnbeins und den kleinen Keilbeinflügel gebildet wird, beherbergt den Stirnlappen des Großhirns (Lobus frontalis). Das Relief der vorderen seitlichen Schädelbasisregion (die gleichseitig das Dach der Augenhöhle ausmacht) wird durch die Abdrücke der Gehirnwindungen und Gehirnfurchen geprägt.

Mittlere Schädelgrube

Die mittlere Schädelgrube beginnt abrupt an der freien Kante des kleinen Keilbeinflügels. Ihr Boden setzt sich aus dem großen Keilbeinflügel und der vorderen Schläfenbeinpyramide und -schuppe zusammen.

Hintere Schädelgrube

Die hintere Schädelgrube – die tiefste und geräumigste aller drei – beginnt an der Pyramidenkante und dem Sulcus sinus transversi. Ihr Boden ist ventral betrachtet die Hinterfläche der Felsenbeinpyramide, dorsal und lateral gesehen die Hinterhauptschuppe. Die Fossa cranialis birgt das Kleinhirn und wird durch das Kleinhirnzelt von der darüber liegenden Grube für den Hinterhauptslappen des Großhirns (Lobus occipitalis) getrennt.

Die äußere Schädelbasis erstreckt sich in der Länge von der Protuberantia occipitalis externa und der lateral davon befindlichen Linea nuchae superior des Hinterhauptsbeins bis zu den Schneidezähnen des Oberkiefers, in Quer-richtung vom Zahnbogen und Warzenfortsatz der einen Seite zu den gleichen Gebilden der anderen.
So besteht der vordere Teil der äußeren Schädelbasis aus dem Zahnbogen des Oberkiefers und dem harten Gaumen. Am Hinterrand des knöchernen Munddachs blickt man in die hinteren Nasenöffnungen (Choanen), die durch den freien Rand des Pflugscharbeins (Vomer) voneinander getrennt werden. Der mittlere Teil der äußeren Schädelbasis reicht vom hinteren Gaumenrand

bis zum Vorderrand des Foramen magnum, lateral bis zum Warzenfortsatz. Er umfasst damit das nach vorn in die Nasenhöhle übergehende Schlundfeld der Schädelbasis. An seinem komplizierten Bau sind Keilbein, Schläfenbein und Hinterhauptsbein beteiligt. Am Ende des oberen Zahnbogens schließt sich nach unten ragend beidseits der Flügelfortsatz des Keilbeins an.

Der hintere Teil der äußeren Schädelbasis wird von den das Foramen magnum zur Seite und hinten begrenzenden Partes laterales und der Schuppe des Hinterhaupts ausgemacht. Das Hinterhauptsloch wird von den beiden Gelenkfortsätze für den Atlas flankiert.

Wirbelsäule

Die Wirbelsäule (Columna vertebralis) setzt sich aus insgesamt 33–34 Wirbeln zusammen. Wegen einiger ihrer typischen Baumerkmale ist eine Regionengliederung des Achsenskeletts möglich. Es besteht aus:

- ▲ 7 Halswirbeln (Vertebra cervicales, CI-CVII)
- ▲ 12 Brustwirbeln (Vertebrae thoracicae, ThI-ThXII)
- ▲ 5 Lendenwirbeln (Vertebrae lumbales, LI-LV)
- ▲ 5 Kreuzwirbeln (Vertebrae sacrales, SI-SV)
- ▲ 4 Steißwirbeln (Vertebrae coccygeae, CoI-CoIV)

Die Kreuz- und Steißwirbeln sind jeweils zu einem einheitlichen Knochen, Kreuzbein (Os sacrum) und Steißbein (Os coccygis), verschmolzen.

Die Wirbelsäule bildet die bewegliche Achse unseres Körpers. Ihre Doppel-S-Form und die Knorpelhaften der Zwischenwirbelscheiben federn gegen Stöße ab. Die Wirbelsäule umgibt schützend das Rückenmark und trägt frei beweglich den das Gehirn bergenden Schädel. Sie stützt Schulter- und Beckengürtel. Ihr Brustteil trägt die den Brustkorb bildenden Rippen.

Die Beweglichkeit ist im Halsteil der Wirbelsäule am größten. Hier treten auch am frühesten Abnutzungserscheinungen auf. Der Brustteil gestattet vor allem Drehbewegungen. Im Lendenteil ist Vorwärts-, Rückwärts- und Seitenbewegung möglich. Die Konstruktionstypen sind so charakteristisch, dass bereits ein Wirbelteil genügt, um seine Zugehörigkeit zu einem bestimmten Wirbelsäulenabschnitt festzulegen.

Jede Wirbel hat einen Wirbelkörper (Corpus vertebrae), einen Wirbelbogen (Arcus vertebrae), einen Dornfortsatz (Processus spinosus), zwei Querfortsätze (Processus transversi) sowie zwei obere und zwei untere Gelenkfortsätze (Processus articulares). Die Gesamtheit der Wirbellöcher bildet den Wirbelkanal (Canalis vertebralis). Der Ursprung jedes Wirbelbogens zeigt oben und unten eine Eindellung, die zwischen zwei Wirbeln je ein Zwischenwirbelloch (Foramen intervertebrale) bilden, durch das die Rückenmarknerven austreten. Im Zwischenwirbelloch liegen die Spinalganglien. Die Körper und die Querfortsätze der Brustwirbel tragen Gelenkflächen für die Rippen.

■ *Halswirbel*

Der erste (Atlas) und zweite (Axis) Halswirbel nehmen eine Sonderstellung ein. Der Atlas hat die Form eines Ringes, der oben zwei Gelenkflächen für die Gelenkfortsätze des Hinterhauptbeins aufweist. Beide Gelenke bilden zusammen ein Eigelenk, das die Nickbewegungen und die Seitwärtsbewegungen des Kopfes gestattet. Der Ring dreht sich um den Zahn des Axis (Drehbewegungen des Kopfes). Für die Halswirbel (CIII-CVII) sind typisch:

- ▲ ein kleiner, würfelförmiger Körper mit sattelartig gekrümmten Deckplatten; die oberen Flächen seitlich in Erhebungen
- ▲ ein beidseits des Wirbelbogens vor ragender Querfortsatz, der sich aus einer ventralen und dorsalen Spange zusammensetzt; beide umschließen ein Loch, durch das die Wirbelblutgefäße (Vasa vertebralia) ziehen
- ▲ Gelenkfortsätze (Processus articulares), deren überknorpelte Flächen breit und flach ausgebildet sind: die oberen schauen nach dorso-kranial, die unteren nach ventro-kaudal
- ▲ Schlussstücke der Wirbelbögen, die lang und entsprechend den Gelenkflächen geneigt sind
- ▲ ein Dornfortsatz (Processus spinosus), dessen Länge von kranial nach kaudal zunimmt und sich gabelt; der meist einheitliche Dornfortsatz des 7. Halswirbels liegt fast horizontal, überragt die übrigen und kann leicht durch die Rückenhaut getastet werden
- ▲ ein Wirbelloch (Foramen vertebrale), das dreieckig, abgerundet und weiter als diejenigen im Brust- und Lendenbereich ist

■ *Brustwirbel*

Die Brustwirbel haben die folgenden charakteristischen Merkmale:

- ▲ Der Wirbelkörper ist in der Aufsicht dreieckig abgerundet geformt. Die Körper, in kranio-kaudaler Richtung sowohl an Höhe als auch im sagittalen Durchmesser zunehmend, weisen an ihren Seitenflächen überknorpelte Facetten für den gelenkigen Kontakt mit den Rippenköpfen auf
- ▲ Die 2.–9. Brustwirbelkörper bilden am Ober- und Unterrand mit ihren Foveae costales superior und inferior jeweils die Hälfte einer Gelenkpfanne für die Köpfe der 2.–10. Rippen
- ▲ Die von den Wirbelbögen umschlossenen Foramina vertebralia sind nahezu rund und außerdem kleiner als die der Hals- und Lendenwirbel
- ▲ Die Querfortsätze, nach latero-dorsal gerichtet, nehmen bis ThVII an Länge zu, um dann wieder kürzer zu werden. Sie tragen auf der Ventralseite ihrer freien Enden überknorpelte Gelenkflächen für die Rippenhöckerchen
- ▲ Die auf den Gelenkfortsätzen befindlichen Gelenkflächen sind plan und stehen nahezu frontal, wobei die oberen jeweils nach hinten, die unteren nach vorn blicken
- ▲ Die Dornfortsätze sind sehr lang und von ThI bis ThX schräg kaudalwärts gerichtet, sodass sie sich dachziegelartig überlagern

■ *Lendenwirbel*

Die Lendenwirbel sind aufgrund folgender typischer Merkmale bestimmbar:

- ▲ Die Wirbelkörper sind kräftig ausgebildet, ihre Deckplatten quer-oval, fast nierenförmig. Dorsal sind die

Körper etwas flacher als ventral: Dies gilt besonders für LV.

- Zusammen mit dem 1. Sakralwirbel, dessen obere Fläche ebenfalls nach vorn unten geneigt ist, und der Zwischenwirbelscheibe (24. Bewegungssegment) wird so ein Keil gebildet, dessen schmale Kante nach hinten schaut
- Die ventrale Längskante des Lumbosakralsegments bildet beim aufrecht stehenden Erwachsenen mit der Senkrechten einen nach hinten unten offenen Winkel von etwa 40°
- Die Wirbellöcher sind größer und dreieckig
- Der lange, platte Seitenfortsatz ist dem eigentlichen Querfortsatz angelagert, der sich als Höckerchen dahinter befindet
- Die Gelenkfortsätze, dick und stark, sind mit ihren überknorpelten Gelenkflächen mehr senkrecht-sagittal ausgerichtet, wobei die oberen (nach medial blickend und konkav) gegenüber den unteren (nach lateral schauend und konvex) weiter auseinander stehen. Die kaudalen Gelenkflächen eines Wirbels werden somit von den kranialen des darunter liegenden umfasst
- Lediglich die Gelenke zwischen LV und SI haben eine eher frontale Stellung, wodurch ein größerer Spielraum gewährleistet, gleichzeitig aber auch die Gefahr des Abgleitens des keilförmigen untersten Lendenwirbels nach ventral erhöht ist
- Jeder obere Gelenkfortsatz trägt an seine Außenfläche ein Höckerchen, an dem sich Teile der ortsständigen Rückenmuskulatur anheften
- Die Dornfortsätze sind breit, abgeplattet und nach hinten gerichtet. Der Abstand zwischen den einzelnen Processus spinosi ist relativ groß.

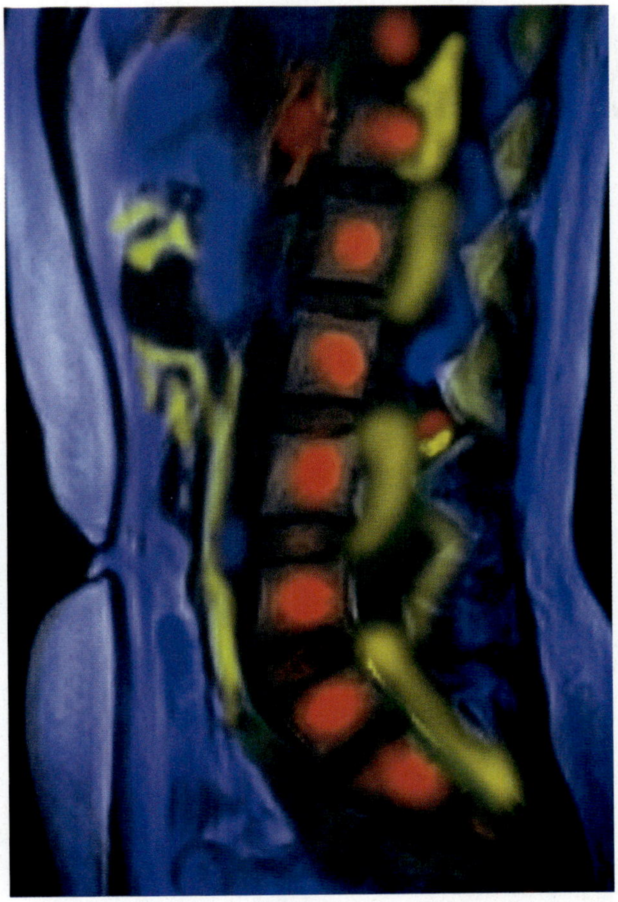

Spezielle Röntgenaufnahme der Wirbelsäule:
- lumbale Wirbelsäule,
- sakrale Wirbelsäule,
- Wirbelkörper.
Die lumbalen Wirbelkörper sind kräftig ausgebildet.

Kreuzbein

Das Kreuzbein (Os sacrum) entsteht durch die postnatale Verschmelzung von in der Regel fünf Kreuzwirbenl. Unter dem Verklammerungseinfluss der Hüftbeine fließen die Kreuzwirbel mit den dazwischen befindlichen Bandscheiben, Gelenken und Bändern zu einem einheitlichen Knochen zusammen.

Auch nach der Verknöcherung lassen sich jedoch noch die einzelnen Sakralwirbelkörper, -bogen, -quer- und gelenkfortsätze sowie die Rippenrudimente ausmachen.

Die in der Ansicht von vorn dreieckige Knochenplatte ist schaufelförmig kyphosiert und steht an der Basis durch eine keilförmige Zwischenwirbelscheibe mit dem Körper von LV in Verbindung.

Der Übergang von der Lendenlordose zur Sakralkyphose erfolgt abrupt durch einen Knick, den der ventral vor ragende Oberrand des Körpers von S1, das sog. Promontorium, bildet. Am kaudalen Ende des Kreuzbeins, der abgestumpften Apex, schließt sich das synchondrotisch, im höheren Alter synostotisch angeheftete Steißbein an.

Steißbein

Das Steißbein (Os coccygis) entsteht aus derselben Anlage wie das Kreuzbein. Der Embryo mit einer Scheitel-Steiß-Länge von 4–12 mm besitzt noch einen segmentierten Schwanz, in den Neuralrohr, Darm und Mesoderm hineinreichen.

Der Schwanz bildet sich sekundär im Verlauf des zweiten Entwicklungsmonats jedoch wieder zurück: Unterschiede im Ausmaß dieser Rückbildung sind der Anlass für die Variabilität des Steißbeins.

Im Mittel baut es sich aus fünf Wirbeln auf, die mit Ausnahme des ersten (der noch Reste der Seit- und Gelenkfortsätze trägt) lediglich aus Wirbelkörpermaterial bestehen und in kaudaler Richtung kleiner werden.

Kreuz- und Steißbein sind synchondrotisch miteinander verbunden, wodurch eine federnde Beweglichkeit erreicht wird und bei der Frau unter der Geburt des kindlichen Kopfes in der Durchtrittsphase ein Ausweichen des Steißbeins nach hinten möglich ist.

3. Muskulatur

Muskeln sind im Prinzip Maschinen zur Umwandlung chemischer Energie in mechanische Arbeit. Sie dienen:

- der Fortbewegung und der Aufrechthaltung der Körperlage (willkürliche, quergestreifte Skelettmuskulatur)
- der Kontraktion des Darmes, der Blase und der Blutgefäße (unwillkürliche, glatte Eingeweidemuskulatur)
- Der Herzmuskel nimmt funktionell und anatomisch eine Mittelstellung zwischen Skelett- und Eingeweidemuskulatur ein.

Trotz mancher Verschiedenheiten ist allen drei Spielarten der Muskulatur die Kontraktilität gemeinsam. Die Muskeln machen insgesamt mehr als 40 Prozent des Körpergewichts aus, enthalten über ein Drittel der Körpereiweiße und verbrauchen schon in Ruhe etwa die Hälfte des eingeatmeten Sauerstoffs.

Muskeln dienen dem Bewegen und Fortbewegen des Körpers. Das Bewegen von Knochen, Organteilen oder Körperteilen geschieht meist durch Zusammenziehen (Kontraktion) einzelner Muskeln. Bei der Fortbewegung spielen große Muskelgruppen eine Rolle, und die einzelnen Bewegungen müssen genau aufeinander abgestimmt sein, da sonst die Fortbewegung auf krampfartige Weise verläuft oder überhaupt nicht zustande kommt.

Rücken- und Schultergürtelmuskel

Muskeltypen

Man unterscheidet quer gestreifte und glatte Muskeln. Zu Ersteren gehören vor allem die Skelettmuskeln und zu Zweiterer die Muskeln der Eingeweide. Der Herzmuskel, obgleich in der Form anders, wird zu den quergestreiften Muskeln gezählt. Teilt man die Muskeln nach der Anordnung der Muskelfasern ein, dann gibt es:

- platte, parallelfaserige Muskeln (die Fasern laufen parallel zueinander, wodurch die Verkürzung gering, die entwickelte Kraft aber groß ist);
- langgestreckte, spiralfaserige Muskeln (die Fasern winden sich um die Längsachse, wodurch bei Entspannung eine starke Verlängerung möglich ist);
- gefiederte Muskeln (die Fasern gehen aus von einer in der Länge

verlaufenden Zwischensehne und breiten sich fächerförmig aus, wodurch eine Fläche gespannt gehalten wird).

Je nach der Lage mit Bezug auf die Gelenke macht man einen Unterschied zwischen Muskeln, die über ein (monoartikulär), über zwei (biartikulär) oder über mehr als zwei Gelenke verlaufen (polyartikulär).
Der Bauch des Muskels befindet sich in der Regel zwischen dem Ursprung und dem ersten Gelenk. Die Wirkung wird meist durch eine lange Sehne übertragen.
Eine Einteilung nach der Wirkung geht von ganz anderen Prinzipien aus, u.a. von dem Gleichgewicht zwischen Muskeln und Muskelgruppen. So gibt es Muskeln, die hauptsächlich eine bestimmte Bewegung zustande bringen (Agonisten), und Muskeln, die eine entgegengesetzte Bewegung zuwege bringen (Antagonist).
Bei der Wirkung der Muskeln unterscheidet man zwischen Muskelzusammenziehungen, denen ein Näherkommen der Befestigungspunkte des Muskels folgt (konzentrische Kontraktion), und Muskelzusammenziehungen, bei denen sich die Befestigungspunkte des Muskels voneinander entfernen (exzentrische Kontraktion). Letzteres ist durch die besondere Lage mancher Muskeln mit Bezug auf die Gelenke (z.B. der viereckige Lendenmuskel) möglich.

Physiologie

Der Muskel bezieht die für seine mechanische Arbeit nötige Energie aus dem Energiegehalt der ihm zuströmenden Nährstoffe. Diese enthalten, wie jede chemische Verbindung, potenzielle Energie. Davon macht der Muskelstoffwechsel beim Substratabbau in einem komplizierten Netzwerk von biochemischen Reaktionen einen Anteil frei, fängt die Energie auf und packt sie mithilfe der anaeroben Substrat- und aeroben Atmungskettenphosphorylierung in verwertbaren Portionen dem Adenosindiphosphat (oder ADT) auf.
Dies geschieht entweder im Verlauf der anaeroben Glykolyse oder während der

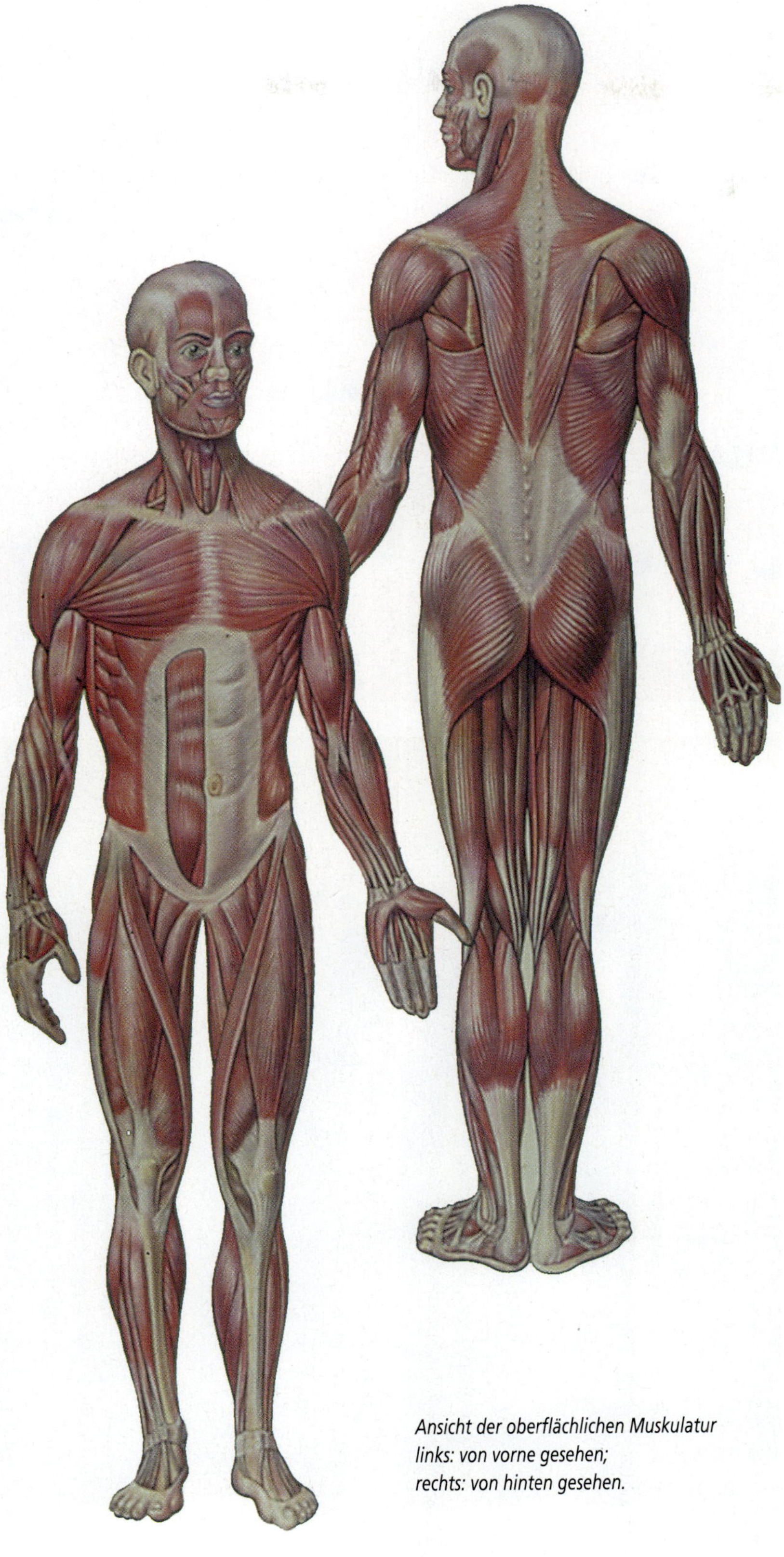

Ansicht der oberflächlichen Muskulatur links: von vorne gesehen; rechts: von hinten gesehen.

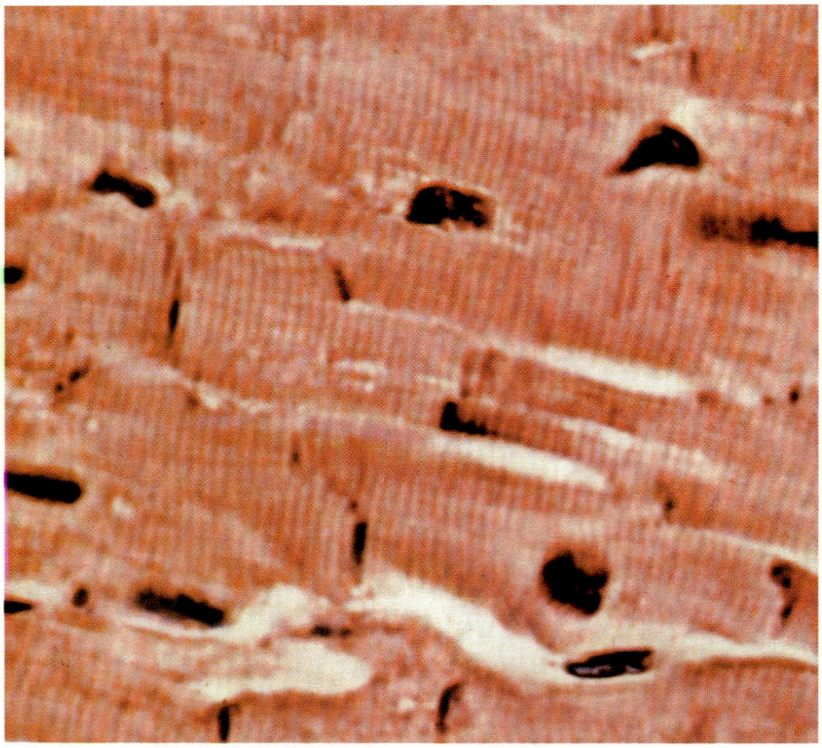

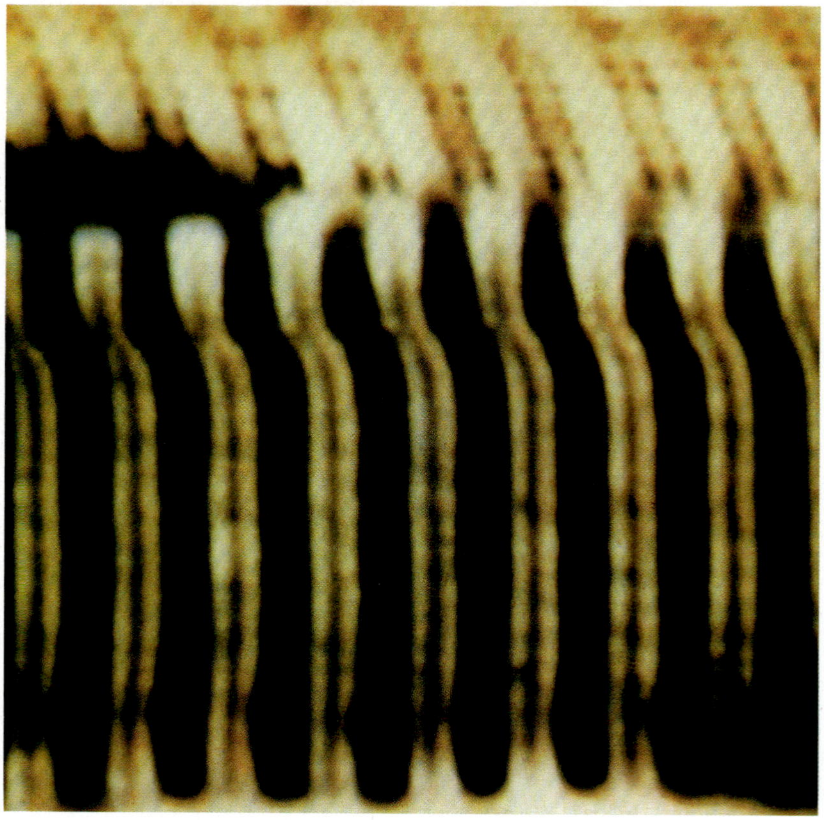

oben: mikroskopisches Bild des Muskelgewebes; quergestreiftes Skelettmuskelgewebe
unten: elektronenmikroskopisches Bild des Muskelgewebes

letzten gemeinsamen Stoffwechselschritte für Kohlehydrate, Eiweiß und Fett im Zitronensäurezyklus und in der Atmungskette.
Das Ergebnis, Adenosintriphosphat (oder ATP), enthält in einer besonderen Bindung zwischen dem neu eingetretenen Phosphatrest und dem ADP, einer sogenannten energiereichen Phosphatbindung, jeden Betrag an Energie, den die vorgeschalteten Abbauvorgänge zur Verfügung stellten. Bei Spaltung von ATP in ADP und P wird diese Energie dann wieder frei und für Kontraktionsarbeit verfügbar.

Kreatininphosphat

Eine unmittelbar verfügbare Energiereserve liegt als Kreatininphosphat vor. Typisch für den Muskelstoffwechsel und wichtig für die Muskelkontraktion ist die folgende Beladungsreaktion: Mit hilfe des Adenylsäuresystems wird das Kreatin in die ebenfalls energiereiche Verbindung Kreatinphosphat umgewandelt. Diese Reaktion ist mit einer relativ geringen Änderung an freier Energie verknüpft und entsprechend leicht umkehrbar.

Kontraktionsmechanismus

Der Kontraktionsmechanismus, das Wie und Wodurch der Fähigkeit von Skelettmuskeln, sich zu kontrahieren, ist heute weitgehend geklärt. Das Problem lässt sich in zwei Abschnitte gliedern:

- Wie kommt es zur Übertragung des motorischen Nervenimpulses auf die Muskelfaser? Es wird sich zeigen, dass die elektrische Erregung (das Aktionspotential) von der zuleitenden Nervenfaser auf die Muskelfaser überspringt – mithilfe besonderer Vorgänge im Bereich der motorischen Endplatte, die als zwischengeschaltete Synapse fungiert.

- Wie kommt es durch das elektrische Signal Aktionsstrom zur mechanischen Tätigkeit des Muskels? Man spricht in diesem Zusammenhang von der elektromechanischen Koppelung.

Die elektromechanische Koppelung bedient sich zweier Schritte:

- Der über die Fasermembran laufende Aktionsstrom löst im Innern der Muskelfaser Stoffwechselvorgänge aus, als deren Folge zerfällt ATP.

- Der ATP-Zerfall, das Freiwerden chemischer Energie, führt zur mechanischen Verkürzung.

Die Endplatte ist eine Synapse und als solche mit den Synapsen des Zentralnervensystems verwandt. Im Unterschied zur Synapse zwischen zwei Nervenzellen ist die Kontaktstelle zwischen der Membran vor der Synapse der Nerven und der Membran hinter der Synapse am Muskel durch Einbuchtungen außerordentlich vergrößert, daher genügt ein Nervenimpuls, um die zugehörige Muskelfaser zu erregen.
Die synaptische Übertragung zwischen Nervenfaser und Muskel geschieht humoral durch den Überträgerstoff Acetylcholin über den synaptischen Spalt hinweg: Im Bereich der nervösen Sohlenplatte finden sich präsynaptische Acetylcholinspeicher, die durch den eintreffenden Nervenimpuls entleert werden.
Acetylcholin diffundiert durch den synaptischen Spalt auf die postsynaptische Membran der Muskelfaser und erzeugt dort ein stehendes lokales Potenzial, das Endplattenpotenzial.
Dieses Endplattenpotenzial ist eine (durch Acetylcholin vermittelte) indirekte Folge des Nervenimpulses und auch mit dem Aktionspotenzial der Muskelfaser noch nicht identisch. Das neue Aktionspozential muss vielmehr erst elektrotonisch erzeugt werden: Das Endplattenpotenzial wirkt als solches wie eine elektrische Reizung der Fasermembran.

Bewegungsregulierung

Die aufrechte Stellung der Tiere und ganz besonders der Menschen ist ausgesprochen labil. Geringe mechanische Einwirkungen, wie Stöße, würden sie umwerfen, wenn nicht augenblicklich Korrekturen der Haltung durch Kontraktion bestimmter Muskeln ausgelöst würden, die den Störungen von außen entgegenwirken. Noch schlimmer wäre es bei den Bewegungen, wie Gehen, Laufen und Springen, bei denen der

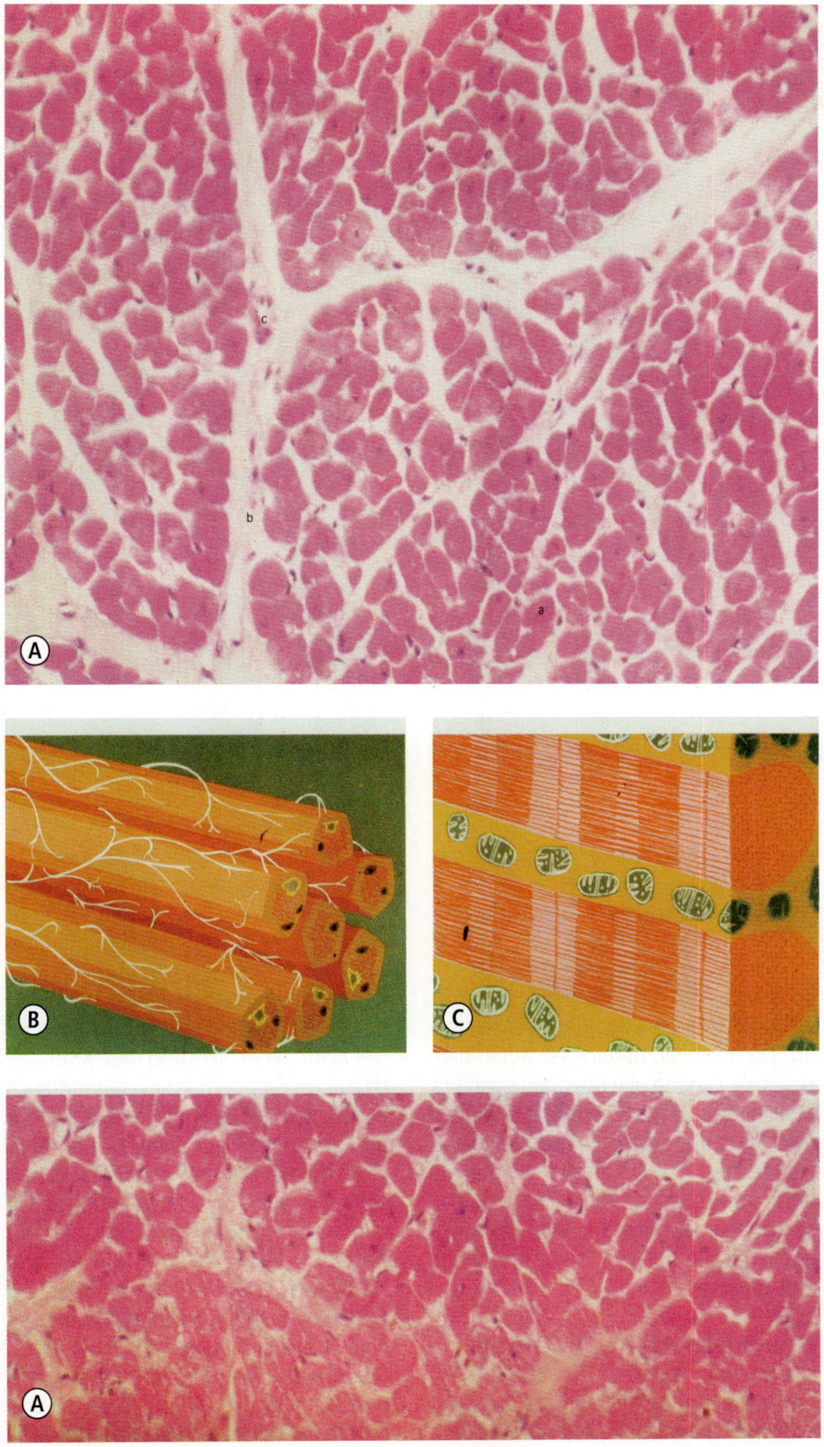

mikroskopisches Bild des Muskelgewebes

A – quergestreiftes Skelettmuskelgewebe; die Faserbündel sind durch Bindegewebe voneinander getrennt

B – schematische Darstellung der Muskelfaserbündel; einzelne Muskelfasern samt den feinen Verzweigungen des versorgenden Nervs

C – die einzelnen Muskelfasern aus der Nähe; hellorange: Myosinmoleküle, dunkelorange: Actinmoleküle, gelb: Bindegewebe, grün: Mitochondrien

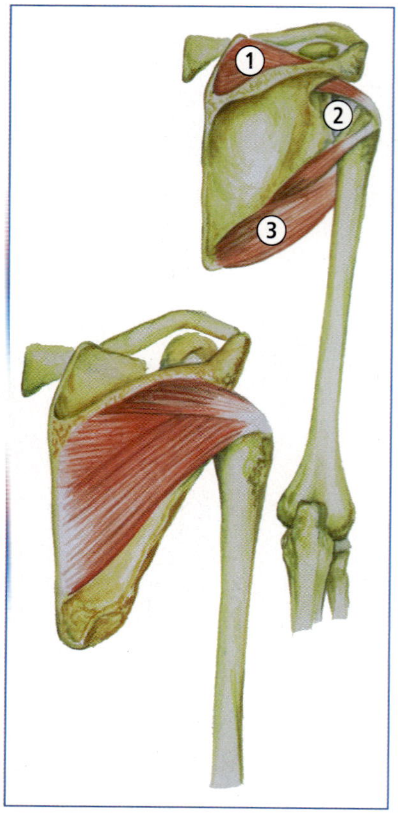

Schultermuskulatur
oben (untere Muskelschicht): 1 – Supraspinatus; 2 – Teres minor; 3 – Teres major
unten (obere Muskelschicht): Infraspinatus

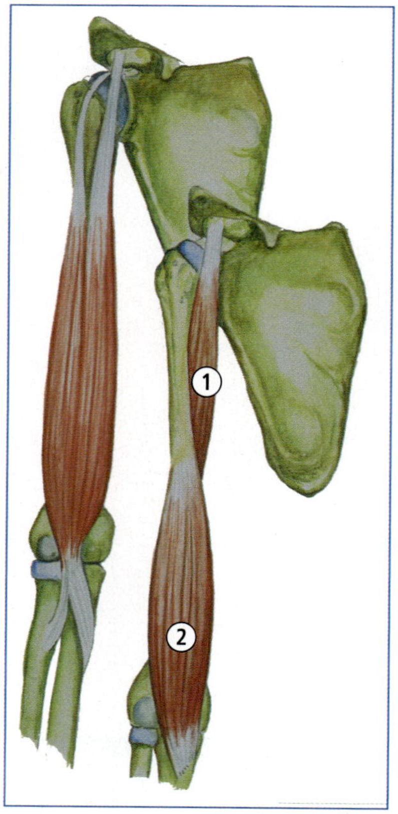

Schulter-/Oberarmmuskulatur
oben (obere Muskelschicht): Biceps brachii
unten (untere Muskelschicht): 1 Coracobrachialis; 2 – Brachialis

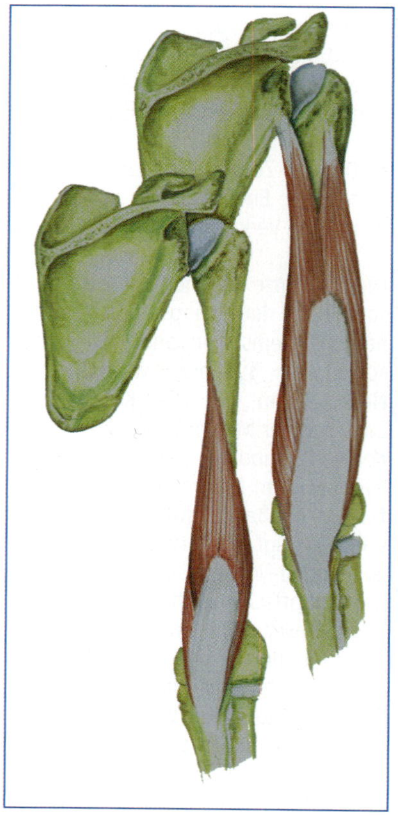

Schulter-/Oberarmmuskulatur
Triceps brachii (oben: obere Muskelschicht, unten: untere Muskelschicht)

Schwerpunkt des Körpers dauernd wechselt. Wie bei allen Regelvorgängen im Organismus bedarf es auch hier sensibler Organe, die über die jeweilige Stellung des Körpers im Raum und über die Stellung seiner einzelnen Teile zueinander Auskunft geben. Vornehmlich sind dies der Gleichgewichtsapparat im Innenohr, das Auge und nicht zuletzt auch Tiefensensibilität und Drucksinn.

Gleichgewichtsempfinden

Im Innenohr befinden sich zwei mit verschiedenen Aufgaben betraute Teile, die Schnecke für die Aufnahme der Schallwellen und der sogenannte Vestibularapparat für das Gleichgewichtsempfinden.
Der Vestibularapparat besteht aus drei Bogengängen und aus dem Vorhof mit den Ohrsteinchen (Statolithen). Die Statolithen sind feine Körperchen mit Kalkeinlagerungen; sie liegen auf feinen Sinneshärchen und erregen sie durch ihr Gewicht. Jeder Wechsel der Kopflage relativ zur Erdoberfläche verändert auch den Druck der Statolithen und damit den Reiz auf die Sinneszellen. Aber nicht nur ein Wechsel der Kopfstellung, sondern auch Beschleunigungen in gerader Richtung, zum Beispiel im Fahrstuhl oder beim Anfahren und Halten in einem Wagen, führen zu Änderungen des Erregungsmusters aus dem Statolithenapparat.
Die Impulse werden über den Vestibularnerv in das Gehirn geleitet und dort in der Weise auf die quer gestreifte Muskulatur umgeschaltet, dass das Gleichgewicht erhalten bleibt.

Auge und Gleichgewicht

Neben dem Innenohr besitzen auch die Sinnesempfindungen aus dem Auge einen maßgebenden Einfluss auf die Regelung der Haltung und Bewegung. Durch das Auge wird die Gleichgewichtseinstellung weiter verbessert. Wie groß der Beitrag des Auges an der Halteregelung ist, lässt sich daran ermessen, dass unser aufrechter Stand bei geschlossenen Augen unsicherer ist als bei geöffneten und dass uns, wenn ein Eisenbahnzug in unmittelbarer Nähe auch nur langsam an uns vorbeifährt und wir nur diesen fixieren, unter Umständen richtig schwindelig wird.

Tiefen- und Drucksensibilität

Der Vestibularapparat und das Auge können aber nicht allein die gestellten Aufgaben erfüllen. Es bedarf dazu einer genauesten Übersicht über die Stellung des Kopfes zum Rumpf und zu den Gliedmassen. Die Meldungen dafür stammen aus den Rezeptoren der Tiefensensibilität und den Druck-

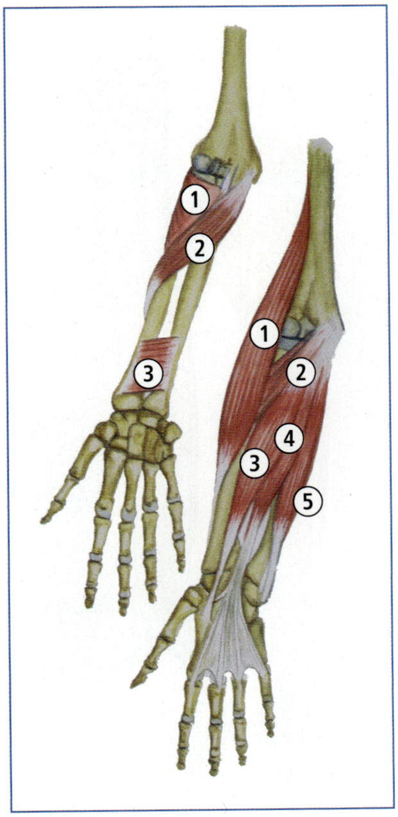

Unterarm-/Handmuskulatur
links (untere Muskelschicht): 1 – Supinator; 2 – Pronator; 3 – Pronator quadratus. rechts (obere Muskelschicht): 1 – Brachioradialis; 2 – Pronator teres; 3 – Flexor carpi radialis; 4 – Palmaris longus; 5 – Flexor carpi ulnaris

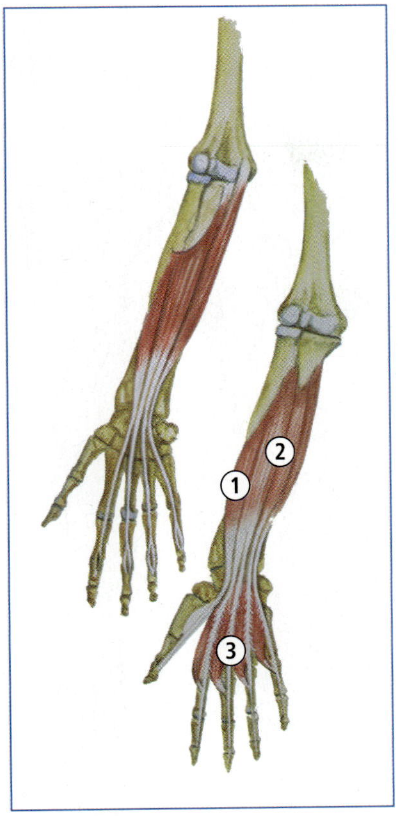

Unterarm-/Handmuskulatur
links (obere Muskelschicht): Flexor digitorum superficialis. rechts (untere Muskelschicht): 1 – Flexor pollicis longus; 2 – Flexor digitorum profundus; 3 – lumbricales

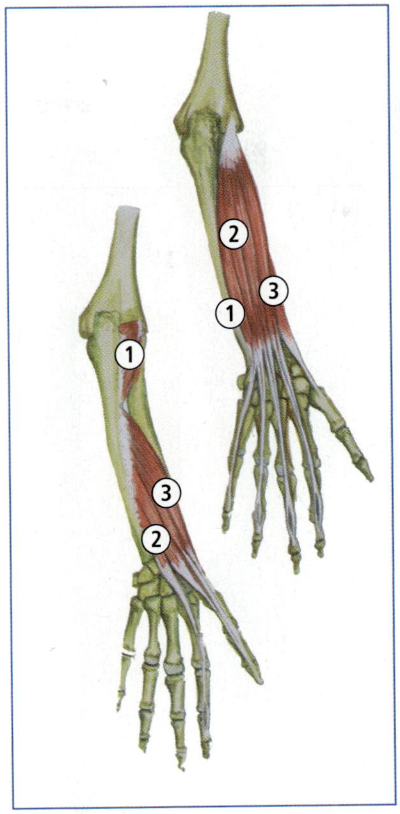

Unterarm-/Handmuskulatur
links (untere Muskelschicht): 1 – Extensor carpi ulnaris; 2 – Extensor digiti minimi; 3 – Abductor pollicis. rechts (obere Muskelschicht): 1 – Extensor indicis; 2 – Extensor pollicis longus; 3 – Abductor pollicis longus

rezeptoren der H aut. Diese Rezeptoren werden durch Spannung und Druck erregt, wobei die Erregungsmuster natürlich abhängig sind von der jeweiligen Rumpf- und Gliederstellung.

Obere Extremität

Schultermuskulatur

Der sichtbarste Muskel der Schulter ist der dreieckige Deltamuskel, der die Schulter dreht. Er entspringt an Schlüsselbein und Schulterblatt und setzt am oberen Teil des Oberarmknochens (Humerus) an. Der Deltamuskel hebt den Arm an und kann ihn seitlich mit einem Winkel von bis zu 90 Grad vom Oberkörper abspreizen.

Das Schulterblatt ist Ansatzfläche für fünf Muskeln, die alle zum Humerus reichen und die Rotatorenmanchette der Schulter bilden. Dazu gehören der Obergrätenmuskel, der Untergrätenmuskel und der große und kleine Rundmuskel. Sie ermöglichen die Bewegung der Schulter in alle Richtungen.

Armmuskulatur

Man unterscheidet am Arm zwei Muskelbogen, eine vordere Loge (Bizeps, Hakenarmmuskel und Armbeuger) und eine hintere Loge (Trizeps), die funktionell paarweise verknüpft sind (Agonist und Antagonist).

Der Bizeps (mit dickem Muskelbauch) setzt mit beiden Sehnen oben am Schulterblatt und unten an der Speiche an. Seine Funktion besteht darin, den Unterarm zum Oberarm heranzuziehen und den Unterarm nach außen zu drehen, sodass die Handfläche nach oben weist. Der Hakenarmmuskel reicht vom Schulterblatt zum Humerus, ist jedoch kleiner als der Bizeps. Durch seine Kontraktion wird der Arm nach vorne und nach oben geführt. Der Armbeuger verbindet den Humerus mit der Elle und beugt den Ellenbogen.

In der hinteren Muskelloge befindet sich der Trizeps, der drei Sehnen aufweist, die am Schulterblatt wie auch oberhalb und unterhalb der Mitte des Humerus ansetzen. Diese drei Muskelköpfe vereinigen sich zu einem Muskelbauch, der den hinteren Teil des Armes formt und am Hakenfortsatz der Elle (Ellenbogen) ansetzt. Er wirkt antagonistisch zum Bizeps: Während der Bizeps sich entspannt, streckt der Trizeps den Unterarm.

Handmuskulatur

Die anatomische Bezugsgröße für die Beschreibung der Handmuskeln und Handhaltung ist die nach oben weisende Handfläche, deren Daumen nach außen zeigt. Die Handmuskeln sind auf der Seite des Daumens

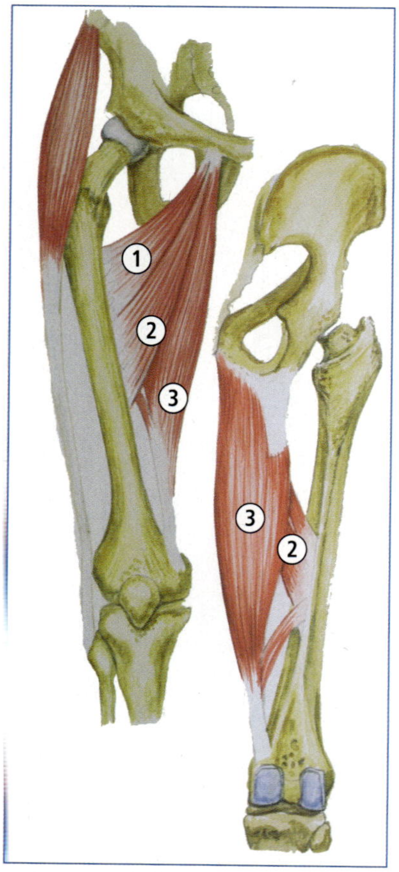

Becken-/Oberschenkelmuskulatur
links: Ansicht von vorne
rechts: Ansicht von hinten
1 – Adductor minimus; 2 – Adductor brevis; 3 – Adductor magnus

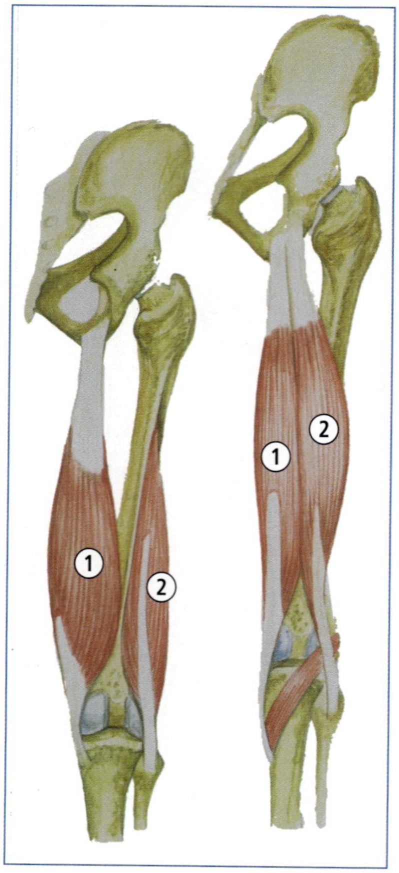

Becken-/Oberschenkelmuskulatur
links (untere Muskelschicht): 1 – Biceps femoris, caput longum; 2 – Biceps femoris, caput breve
rechts (obere Muskelschicht): 1 – Semimembranosus; 2 – Semitendinosus

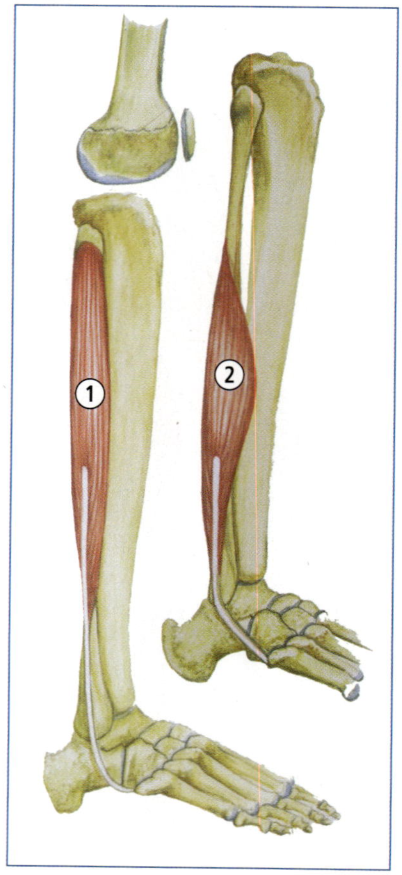

Unterschenkel-/Fußmuskulatur
links: obere Muskelschicht
rechts: untere Muskelschicht
1 – Peroneus longus; 2 – Peroneus brevis

(Daumenballen) und des kleinen Fingers (Kleinfingerballen) besonders kräftig entwickelt.

Zu den Daumenmuskeln gehören der lange Daumenabzieher, der den Daumen nach außen zieht, und der Daumengegensteller, der den Daumen dem kleinen Finger entgegenstellt. Der kurze Daumenabzieher unterstützt die Wirkung des langen Daumenabziehers (Unterarmmuskel). Der Daumenabzieher zieht den Daumen zur Handfläche, und der kurze Daumenbeuger unterstützt den langen Daumenbeuger (des Unterarms) bei der Beugung des Daumens. Der kurze Kleinfingerbeuger, der Kleinfingerabzieher, der den kleinen Finger nach außen zieht, und der Kleinfingergegensteller liegen auf der Seite des Kleinfingerballens. Die dünnen Wurmmuskeln, die den Zeigefinger zur Handfläche beugen und den Mittel- und Ringfinger strecken, gehören zu den Muskeln der Handfläche.

Die Zwischenknochenmuskeln können die Finger zur Handachse hinziehen oder von ihre wegbewegen. Die Finger können so aneinandergelegt oder fächerförmig gespreizt werden.

Rumpfmuskulatur

Das Rumpfskelett besteht aus Wirbelsäule, Rippen und Brustbein. Die Rumpfmuskulatur ist teils eigentliche Rumpfmuskulatur, teils auf den Rumpf übergreifende Gliedmaßenmuskulatur, teils Wandmuskulatur der Körperhöhlen, teils Trennwand zwischen Brustraum und Bauchraum (Zwerchfell), teils Beckenbodenmuskulatur. Die Rumpfbewegungen werden zahlreiche Muskeln zu einer Bewegungskette zusammengeschlossen.

Eigentliche Rückenmuskulatur

Diese Muskeln dienen zur Bewegung der Wirbelsäule. Sie überspringen eine oder mehrere Körpersegmente, wobei die Wirbelfortsätze als Hebelarme benutzt werden.

M. erector spinae umfasst: M. iliospinalis, M. longissimus, M. spinalis. Man kann verschiedene funktionelle Gruppen unterscheiden:

- Longitudinalsystem: M. iliocostalis, M. longissimnus spinalis;
- Transversospinalsystem: M. semispinalis, M. multifidus, Mm. rotatores;
- Interspinalsystem: Mm. interspinales;

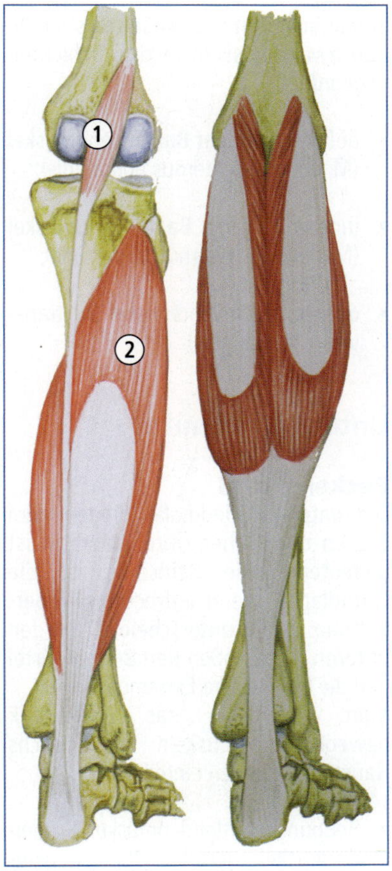

Unterschenkel-/Fußmuskulatur
links (untere Muskelschicht): 1 – Extensor digitorum longus; 2 – Tibialis anterior
rechts (obere Muskelschicht): Hallucis longus

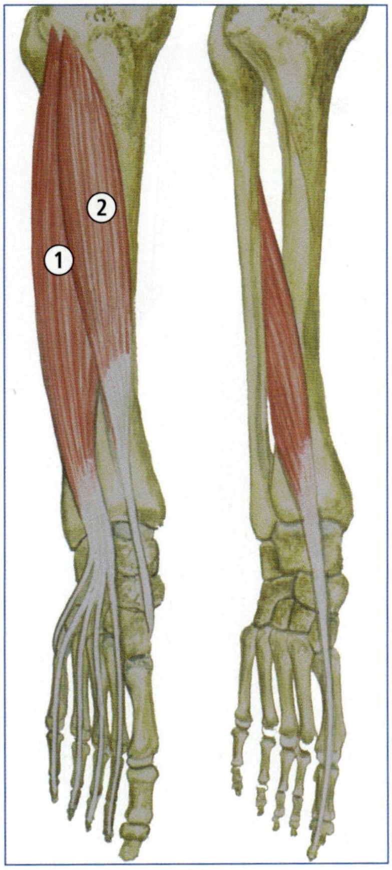

Unterschenkel-/Fußmuskulatur
links (obere Muskelschicht): 1 – Plantaris; 2 – Soleus
rechts (untere Muskelschicht): Gastrocnemius

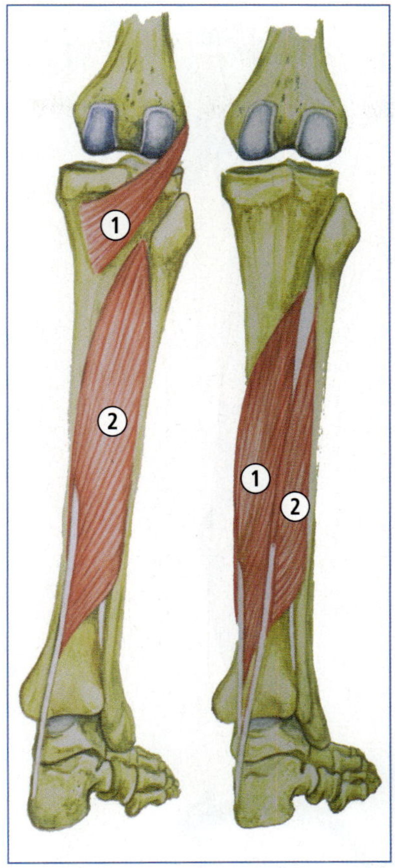

Unterschenkel-/Fußmuskulatur
links (obere Muskelschicht): 1 – Popliteus; 2 – Tibialis posterior.
rechts (untere Muskelschicht): 1 – Flexor digitorum longus; 2 – Flexor hallucis longus

- Intertransversalsystem: Mm. intertransversarri.

Auf den Rumpf übergreifende Gliedmaßenmuskulatur:

- Großer Brustmuskel (M. pectoralis major) – er entspringt von Schlüsselbein, Brustbein und Rippen. Er heftet sich am Oberarmknochen unterhalb des großen Höckers an, ist ein kräftiger Anzieher des Armes und rollt gleichzeitig den Oberarm nach innen.
- Trapezförmiger Muskel (M. trapezius) – er entspringt vom Hinterhaupt und von den Dornfortsätze der Wirbelsäule. Er setzt sich am Schlüsselbein, an der Schulterhöhe und an der Schultergräte fest.
  Er ist einer der wichtigsten Muskeln für die Bewegung des Schulterblattes.
- Vorderer Sägemuskel (M. serratus anterior) – er entspringt mit seinen Zacken von den Rippen und setzt am inneren Rand des Schulterblattes an. Er zieht das Schulterblatt nach vorne und kann dessen unteren Winkel nach vorne drehen, was ermöglicht, den Arm über die Waagrechte zu erheben.
- Kleiner Brustmuskel (M. pectoralis minor) – er entspringt von den Rippen und setzt sich am Rabenschnabelfortsatz an, den er nach unten zieht.
- Rautenförmige Muskeln (Mm. rhomboidei major et minor) – sie entspringen von den Dornfortsätzen und setzen am Innenrand des Schulterblattes an, das sie nach hinten ziehen.
- Breiter Rückenmuskel (M. lattisimus dorsi) – er entspringt hauptsächlich von den Dornfortsätzen und setzt unterhalb des kleinen Höckers am Oberarmknochen an. Er ist ein Adduktor und zieht gleichzeitig den Arm nach hinten.

Wandmuskulatur der Körperhöhlen

Die Brustwand weist drei Muskelschichten auf, welche die Rippen verbinden und den Atembewegungen der Brustwand dienen:

- äußere Zwischenrippenmuskeln (Mm. intercostales externi);
- innere Zwischenrippenmuskeln (Mm. intercostales interni);
- querer Brustwandmuskel (M. transversus thoracis).

Die Bauchwand zeigt in der Mitte die geraden Bauchwandmuskeln (Mm. recti

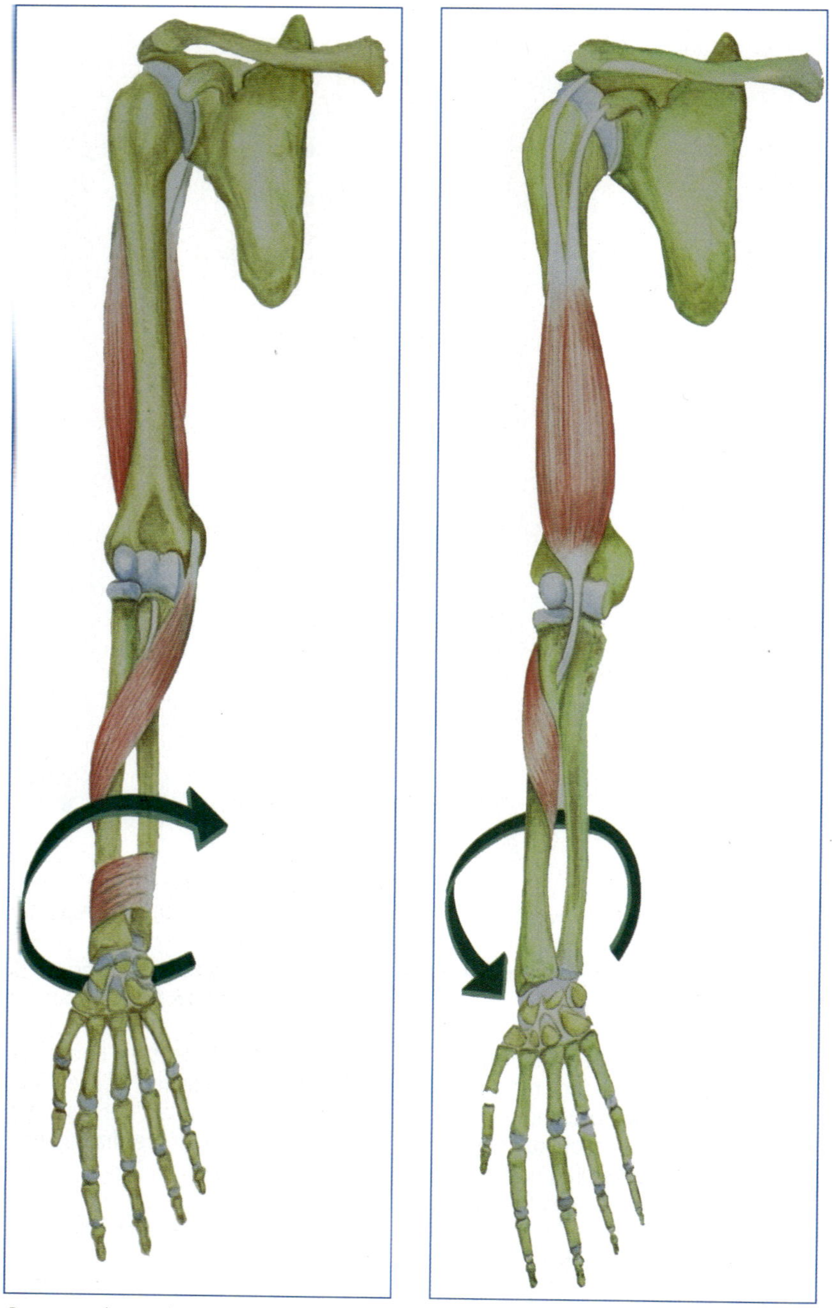

Bewegung der Hand: Supination und Pronation

Supination (links): Auswärtsdrehung; zum Beispiel der Hand und des Vorderarms bzw. Hebung des inneren Fußrands. Pronation (rechts): Einwärtsdrehung; Drehung des Handtellers (bei herabhängendem Arm) nach hinten, wobei der Daumen einwärts gedreht wird.

Bei den Umwendbewegungen der Hand machen die Unterarmmuskeln die Schwenkung des Radius (Speiche) mit: In Supinationsstellung liegen sie parallel; bei Pronation übereinander. Bei der Vorwärtsverwendung bewegt sich der Radius distal um die Ulna (Elle); proximal dreht sich dabei der Radiuskopf in dem Ring aus Incisura und Ligament. Die Längsachsen von Radius und Ulna kreuzen sich, sodass sich das distale Radiusende medial des Caput ulnae legt, der Handrücken nach ventral kommt. In Mittelstellung blickt der Daumen nach vorn, der kleine Finger nach hinten. Diese Ruhestellung nimmt der Arm stets ein, wenn er frei herabhängt; die anatomische Grundhaltung (Supination) kann nur durch Muskelzug erreicht werden.

abdominis). Auf beiden Seiten sind die Bauchwandmuskeln in drei Schichten angeordnet:

- äußerer schräger Bauchwandmuskel (M. obliquus externus abdominis);
- innerer schräger Bauchwandmuskel (M. obliquus internus abdominis);
- querer Bauchwandmuskel (M. transversus abdominis).

Untere Extremität

Beckengürtel

Die unteren Gliedmaße dienen dem Stehen und Gehen; ihre Stabilität ist bedeutend. Die Beinsäule ist die Grundlage unserer aufrechten Körperhaltung. Man unterscheidet an den unteren Gliedmaßen den Beckengürtel und die freie untere Extremität.
Man kann die das Hüftgelenk bewegenden Muskeln nach sechs Hauptbewegungen einteilen:

- Beugung: Hüftlendenmuskel, Schneidermuskel, gerader Oberschenkelmuskel
- Streckung: Großer Gesäßmuskel, Sitzbein-Unterschenkelmuskel
- Abduktion: Mittlere und kleiner Gesäßmuskel
- Adduktion: Gruppe der Schenkelanzieher (Adduktoren)
- Außenrotation: Gruppe der Außenroller am Becken
- Innenrotation: Vorderer Teil des mittleren und kleineren Gesäßmuskels

Die Außendrehung ist viel kräftiger als die Innendrehung. Bei allen Bewegungen der das Hüftgelenk überspringenden Muskeln ist darauf zu achten, ob das Bein gegen die Hüfte (Spielbein) oder die Hüfte gegen das feststehende Bein (Standbein) bewegt wird. Beim Gehen wird das Bein abwechselnd Spielbein und Standbein.

Oberschenkelmuskulatur

Die Muskeln sind am Oberschenkel in drei Gruppen angeordnet. Vorne liegt die Masse des vierköpfigen Oberschenkelmuskels, dessen Endsehne an der Rauhigkeit des Schienbeins ansetzt. Innen befinden sich die Schenkelanzieher, die, vom Beckenrand herkommend, sich an der inneren Lippe der rauhen Linie anheften.

Hinten liegen die am Sitzbeinhöcker entspringenden und zum Unterschenkel ziehenden Muskeln, so genannt, weil sie am Sitzbeinhöcker entspringen und sich am Unterschenkel festheften (zweiköpfiger Oberschenkelmuskel, halbsehniger und halbhautiger Muskel). Sie strecken im Hüftgelenk und beugen im Kniegelenk.

Unterschenkelmuskulatur

Vorne liegen zwischen Schienbein und Wadenbein die Strecker von Fuß und Zehen. Seitlich liegen über dem Wadenbein die Wadenbeinmuskeln zum heben der äußeren Fußkante. Die Beuger liegen hinten und gliedern sich in eine tiefe und eine oberflächliche Schicht.

Die Wadenmuskulatur besteht aus dem Schollenmuskel und den Zwillingsmuskeln. Alle drei Muskeln gehen in die Achillessehne über, die sich am Fersenbeinhöcker festheftet.

Fußmuskulatur

Der kurze Zehenstrecker, der auf dem Fußrücken liegt, zieht die Zehen nach oben. Auf der Fußunterseite befinden sich drei Muskelgruppen.

Zur inneren Gruppe zählen der quer verlaufende Kopf des Großzehenabziehers, der kurze Großzehenbeuger und der Großzehenanzieher. Diese Muskelgruppe bewegt die Großzehe nach außen und unten.

Die mittlere Gruppe besteht aus dem gemeinsamen Zehenbeuger, dem Sohlenviereckmuskel, den Fußpulmuskeln, den Zwischenknochenmuskeln der Fußsohle und den hinteren Zwischenknochenmuskeln. Diese Muskelgruppe arbeitet bei der Beugung aller Zehen mit.

Die seitliche Muskelgruppe bewegt den kleinen Zehen nach außen und nach unten.

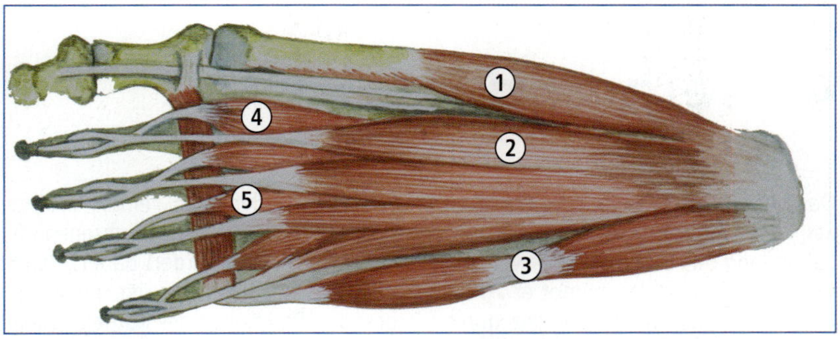

1 – Abductor hallucis; 2 – Flexor digitorum brevis; 3 – Abductor digiti minimi; 4 – Adductor hallucis; 5 – Lumbricales

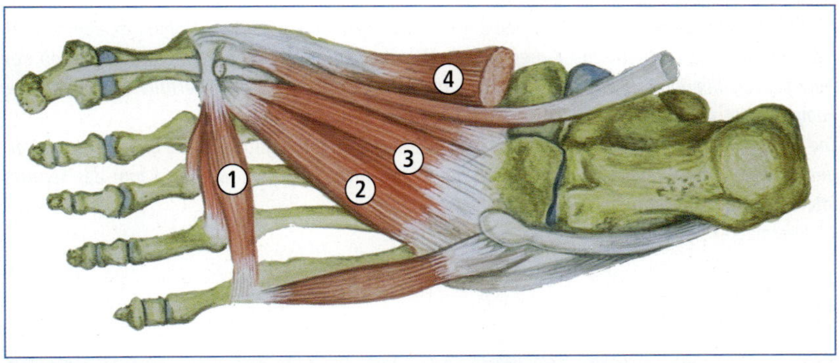

1 und 2 – Adductor hallucis; 3 – Flexor hallucis brevis; 4 – Abductor hallucis

1 – Piriformis; 2 – Gemmelus inferior; 3 – Gemmelus superior

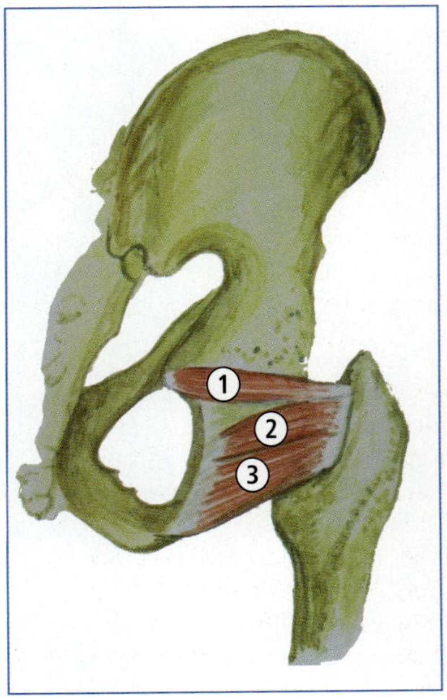

Gluteus maximus (großer Gesäßmuskel). Funktion: Streckung des Oberschenkels; Aufrichtung des Beckens, Adduktion, Außenrotation und Abduktion des Oberschenkels; Streckung des Unterschenkels

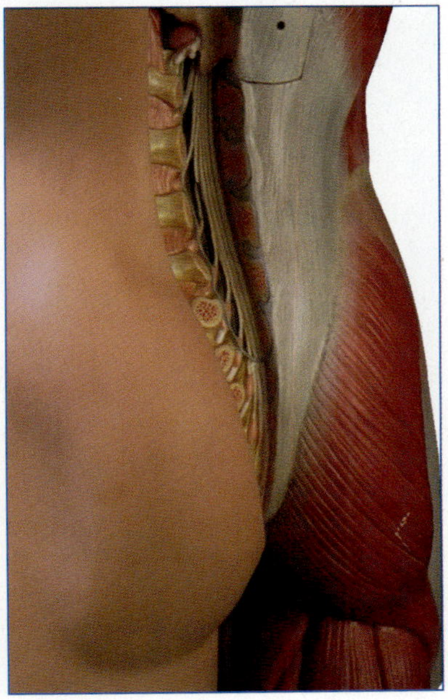

4. Herz und Kreislauf

Das Herz ist ein etwa faustgroßer Muskel, der ununterbrochen das ganze Leben lang das Blut im Körper verteilt. Bei jedem Herzschlag pumpt er 70 bis 80 Kubikzentimeter Flüssigkeit durch die Schlagadern. In einer Minute schlägt das Herz beim Erwachsenen 60- bis 80-mal und befördert dabei etwa 5 bis 6 Liter Blut. Das ist etwa die gesamte Blutmenge des Körpers. Dabei erreicht das Herz eine Pumpleistung von ungefähr 260.000 Liter in einem Monat. Das entspricht dem Inhalt von etwa acht Tanklastwagen.

Der Pumpstoß des Herzens überträgt sich auf die Schlagadern und ist als Puls zum Beispiel an der Schlagader des Handgelenks oder der Halsschlagader zu spüren. Die gesamte Blutmenge fließt in einem Röhrensystem aus Schlagadern und Venen, das den ganzen Körper durchzieht. Es beginnt im Herzen und endet auch hier. Deshalb spricht man vom Blutkreislauf.

Das Gefäßsystem ist beim Menschen geschlossen. Das Blut bewegt sich im Kreislauf vom Herzen weg und anschließend wieder dorthin zurück. Durch das Netz von Hauptschlagadern, Neben- und Verbindungsadern, aus dem unser Kreislaufsystem besteht, fließt das Blut unaufhörlich zu allen Organen, um sie zu versorgen. Nährstoffe aus dem Darm, Sauerstoff aus der Lunge, darüber hinaus auch Wasser, Hormone, Mineralsalze, Vitamine und Abwehrstoffe werden den Zellen durch das Blut zugeführt und zugleich werden Abfallstoffe entsorgt.

Herzanatomie

Längsschnittdarstellung des Herzens. Im oberen Bereich befinden sich die großen Gefäße. Jede Herzhälfte ist zweigeteilt: Der obere Teil besteht aus einem dünnwandigen Hohlraum, dem Vorhof (Atrium), der sich während der Ruhephase der Herzbewegung zwischen zwei Kontraktionen des Herzmuskels mit Blut füllt. Der untere Teil, die Herzkammer (Ventrikel), erfüllt die eigentliche Pumpfunktion und befördert das im Vorhof gesammelte Blut in die Arterien.

Die beiden Herzhälften sind durch die Herzscheidewand (Septum) getrennt, die gleichfalls in zwei, dem Vorhof- und Kammerbereich zugeordnete Abschnitte eingeteilt werden kann: das Septum interatriale und das Septum interventriculare.

1 – Herzmuskel
2 – Herzklappen
3 – Herzvorhöfe
4 – Herzkammern

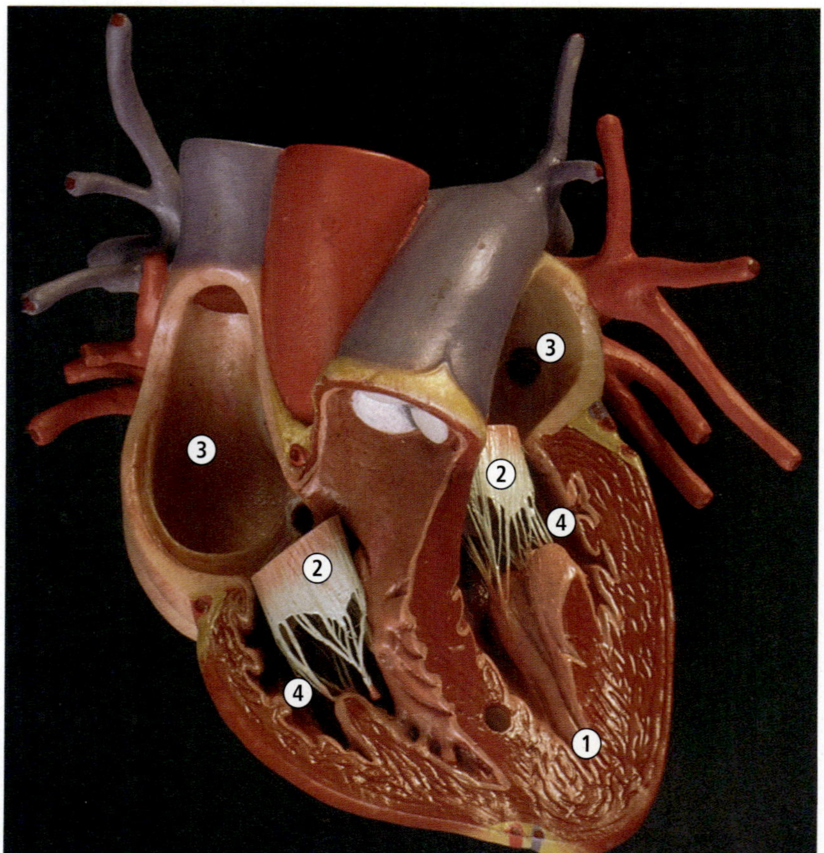

Anatomie des Herzens

Das Herz ist ein Hohlmuskel, der in der Brusthöhle liegt. Es nimmt das Blut aus den Venen auf und pumpt es anschließend in die Arterien weiter.

Das menschliche Herz liegt direkt hinter dem Brustbein über dem Zwerchfell, und es ist viel breiter, als es oft stilisiert gezeichnet wird. Seine Begrenzung ist infolge der Eintrittsstellen der großen Blutgefäße unregelmäßig. Nach unten zu endet es in einer stumpfen Spitze, die links im Körper liegt. Das Herz liegt normalerweise dem Brustbein an und nicht, wie vielfach angenommen wird, in der linken Hälfte der Brust. Auf der rechten Seite breitet sich ein Erwachsenenherz etwa 2,5 Zentimeter rechts vom Brustbein aus. Links liegt der

Herzbegrenzungspunkt hinter dem fünften Zwischenrippenraum, zwischen der fünften und sechsten Rippe, etwa 8 Zentimeter von der Brustbeinmitte entfernt.
Das Herz ist in einen Herzbeutel eingeschlossen, das Perikard. Wird dieses entfernt, werden zwei Trennlinien sichtbar, die das Organ in vier Teile unterteilen. Das Herz ist in der Tat eine Doppelpumpe mit einer linken und einer rechten Hälfte (die linke Herzseite ist auf der Seite des linken Arms). Die linke Herzhälfte pumpt Blut in die Aorta, die große Hauptarterie des Körpers. Von der Aorta zweigen Gefäße ab, die durch den gesamten Körper mit Ausnahme der Lunge verlaufen.
Die Blutversorgung der Lungen (bekannt als der kleine Kreislauf oder Pulmonalkreislauf) kommt aus der rechten Seite des Herzens. Jede Herzhälfte wird aus zwei Abschnitten gebildet:

- Oben liegt eine dünnwandige Kammer, Vorhof genannt, die sich während der Ruhepause zwischen zwei Herzkontraktionen mit Blut füllt.

- Darunter liegt der Ventrikel oder die Herzkammer, die eigentliche Pumpe, die das Blut ansaugt, das sich im Vorhof angesammelt hat, und dann in die Arterie ausstößt.

Die linke und rechte Herzhälfte sind durch eine Wand voneinander getrennt, die sogenannte Herzscheidewand (Septum cordis), die wiederum selbst aus zwei Teilen besteht: Einer Scheidewand zwischen den beiden Vorhöfen (Septum interatriale) und einer zwischen den beiden Herzkammern (Septum interventriculare). Die obere und untere Hohlvene münden in den rechten Vorhof, daher erreicht das gesamte Blut aus den Körperorganen (mit Ausnahme der Lungen) den rechten Vorhof. Die Lungenvenen, deren Aufgabe darin besteht, das sauerstoffreiche Blut aus den Lungen zu sammeln, münden in den linken Vorhof. Die große Schlagader (Aorta) beginnt am linken Ventrikel, und die Lungenarterie (Arteria pulmonalis) entspringt aus dem rechten Ventrikel.

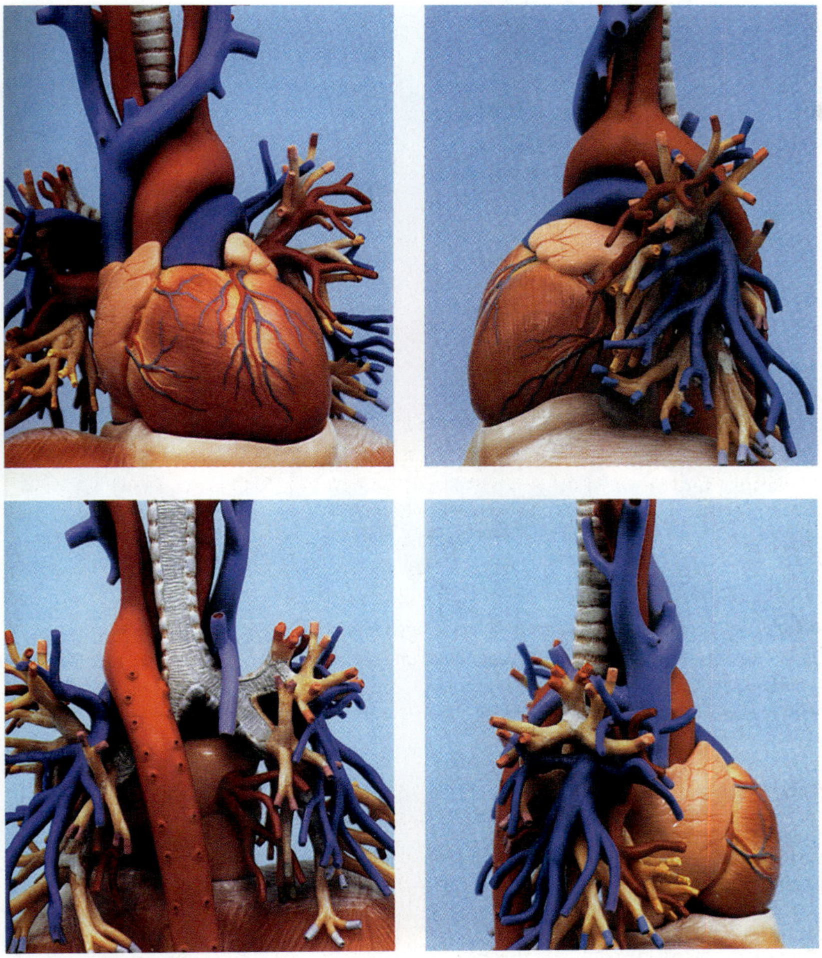

Topographie des Herzens.
oben: Ansicht von vorne (links) und Seitenansicht (rechts)
links: Vorderansicht mit Aorta (rot) und Hohlvene (blau)
rechts: linke Seitenansicht mit Schlagadern (Arterien) und Lungengefäßen
unten: Ansicht von hinten (links) und Seitenansicht (rechts)
links: Hintenansicht mit Aorta und Luftröhre
rechts: rechte Seitenansicht mit Schlagadern (Arterien) und Lungengefäßen

Herzklappen

Zwischen rechtem Vorhof und rechter Kammer befindet sich die dreizipfelige Klappe (Valvula tricuspidalis), deren freie Ränder mittels dünner, sehniger Fäden (Chordae tendineae) an kegelförmigen kleinen Muskeln der Kammerwand befestigt sind. Zwischen dem linken Vorhof und dem linken Ventrikel befindet sich eine Klappe mit zwei Zipfeln (Valvula bicuspidalis), die auch als Mitralklappe bekannt ist. Sie ist wie die Trikuspidalklappe aufgebaut. Zwischen jedem Ventrikel und den großen Arterien liegen die Semilunarklappen (Valvulae semilunares). Sie bestehen aus je drei halbmondförmigen Segeln, die verhindern sollen, dass das Blut von den Arterien in die Kammern zurückfließt. In der Mitte jedes Segels ist ein kleiner Knoten. Dieser Knoten hat eine besondere Form, sodass, wenn die Ränder der Segel durch den Rückstrom des Blutes gegeneinander gepresst werden, kein Blut mehr diese Öffnung passieren kann. Diese drei kleinen Knoten ermöglichen den hermetischen, also absolut dichten Verschluss der Klappenöffnung.

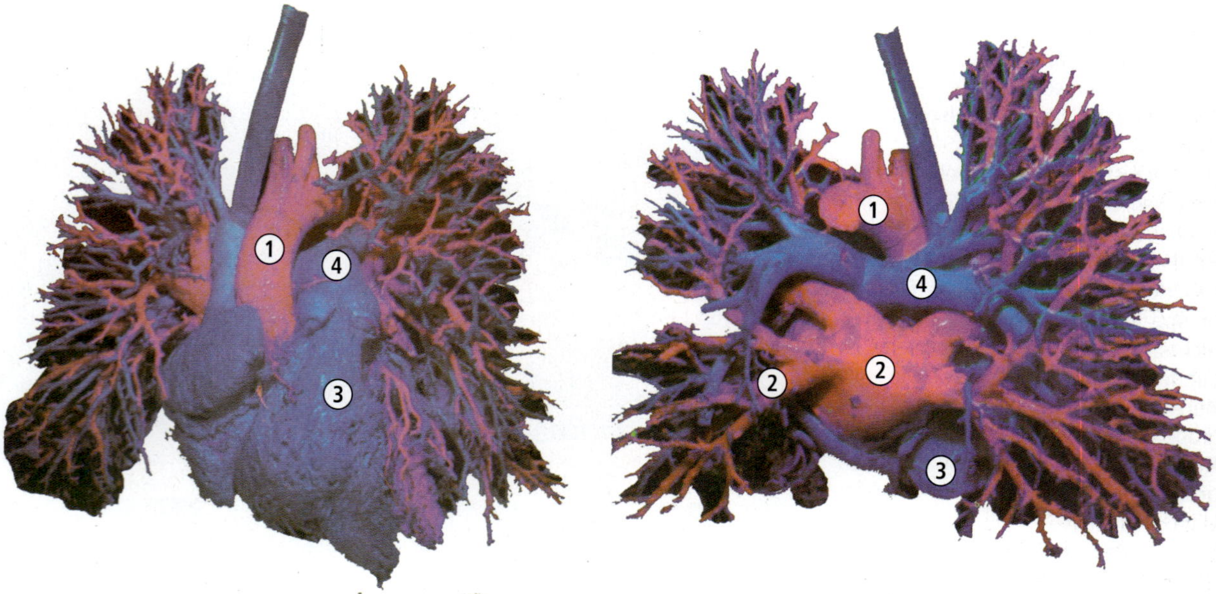

Modell des Gefäßsystems der menschlichen Lungen und des Herzens
links: Vorderansicht; rot – Körperschlagader (1) und die Verzweigungen (2) des Lungenschlagadersystems; blau – das Herz (3) und die Lungenvenen (4) mit ihren Verzweigungen
rechts: Rückansicht

Herzlage

Das Herz liegt mit einer geringen Neigung im Brustkorb. Der rechte Vorhof und der rechte Ventrikel sind nach vorne gedreht, der linke Vorhof liegt hinten und kann von vorn nicht eingesehen werden. Von vorn gesehen ist nur ein kleiner Abschnitt der linken Kammer sichtbar, die diagonal von der dritten zur fünften Rippe verläuft und an der Herzspitze endet. Das Gebiet, von dem aus die großen Arterien abgehen, ist als die Basis des Herzens bekannt. Sie liegt oben, während die Herzspitze nach unten links zeigt.

Das Herzgewicht variiert sehr stark. Ein Erwachsenenherz wiegt 270 bis 370 Gramm beim Mann und 240 bis 325 Gramm bei der Frau. Das Gewicht des Herzens im Vergleich zum Gesamtkörpergewicht ist in der Jugend größer. Bei Neugeborenen ist das Verhältnis von Herzgewicht zum Gesamtgewicht etwa 1:120, es vermindert sich später auf 1:220.

Längsschnittdarstellung des Herzens; Bild einer Segelklappe, die Dreizipfelklappe (Tricuspidalis). Die Segelklappe ist eine Bildung der inneren Herzhaut (Endocard); die Papillarmuskeln (in der Mitte und unten) sind kegelförmige Muskelvorsprünge an der Innenwand der Herzkammern (rechts 3, links 2); ihre Sehnenfäden ziehen zu den Klappen.

Herzschichten

Wird das Herz zum Zweck der Untersuchung seziert, können folgende Schichten, von innen nach außen, unterschieden werden:

- Endokard: innere Gewebeschicht, die aus einer einzelnen Schicht flacher Zellen besteht. Diese Zellen bilden die innerste Herzschicht.
- Myokard: Muskelschicht des Herzens, die man auch als Muskelwand oder Herzwand bezeichnen kann.
- Epikard: äußere Gewebeschicht, die ebenfalls aus einer einzigen Schicht flacher Zellen besteht. An der Basis des Herzens, dem Ausgangspunkt der Blutgefäße, bildet das Epikard eine Falte und geht in das Gewebe des Perikard über.
- Perikard: Dies ist der Herzbeutel. Er besteht aus zähem Bindegewebe und ist vom Herzen durch eine dünne Flüssigkeitsschicht getrennt. An manchen Stellen berührt das Perikard die Innenseite der Brusthöhle und das Zwerchfell. Infolge der Glätte der inneren Perikardoberfläche kann sich das Herz leicht

nach allen Seiten ausdehnen und seine Form ändern.

Das Muskelgewebe des Herzens weist einerseits viele Charakteristika der glatten Muskulatur auf, beispielsweise des Darmwandbereichs, andererseits besitzt es viele Gemeinsamkeiten mit der gestreiften Muskulatur der Skelettmuskeln, den Muskeln der Arme und Beine. Die Muskelzellen im Herzmuskel sind jedoch untereinander verbunden. Sie bilden ein großes Netzwerk, ein Verbundsystem von Bündeln gestreifter Muskelfasern, die große längliche Kerne enthalten. An einigen Stellen des Herzens sind diese Muskelfasern aufgetrieben, die Streifung ist mehr oder weniger verloren gegangen. Dies sind spezialisierte Fasern, die nach ihrem Entdecker, einem tschechischen Arzt, auch Purkinje-Fasern genannt werden. Sie können elektrische Reize leiten und sorgen im Herzmuskel für eine schnellere Fortleitung elektrischer Reize als in anderen Muskelgeweben.

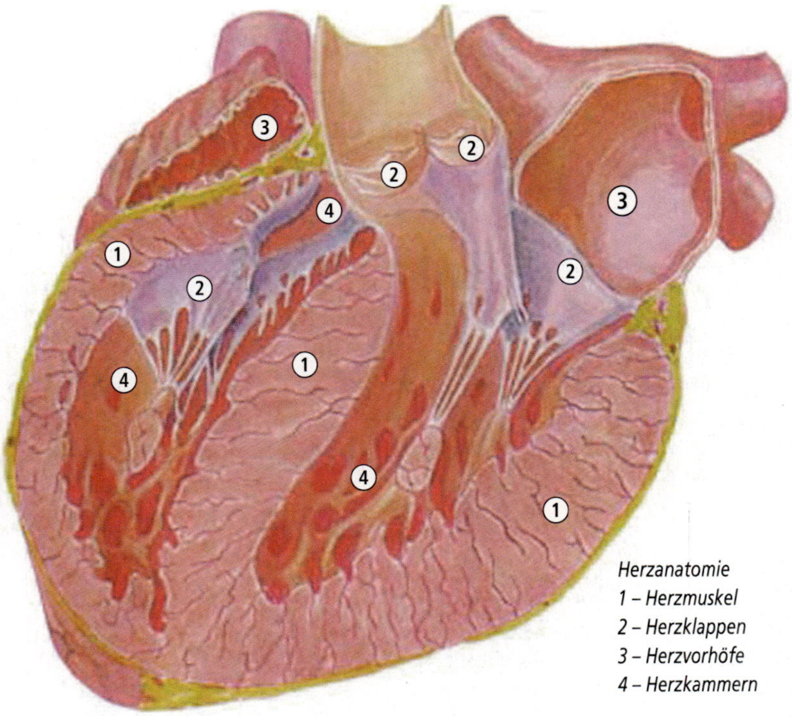

Herzanatomie
1 – Herzmuskel
2 – Herzklappen
3 – Herzvorhöfe
4 – Herzkammern

Herztätigkeit

Erreicht das Blut der Körperorgane das Herz, fließt es durch die obere und untere Hohlvene in den rechten Vorhof und dann in den rechten Ventrikel. Von hier wird das Blut in die Lungenarterien weiterbefördert und durchfließt beide Lungenteile. Das von den Lungen zurückkehrende Blut wird über die beiden Pulmonalvenen in den linken Vorhof geleitet, von hier in den linken Ventrikel, der es wiederum in die Aorta ausstößt. Dann gelangt das Blut in die verschiedenen Organe, verteilt sich in das weitverzweigte System der Haargefäße, sammelt sich wieder in ständig dicker werdenden Venen, durch die es wieder in den rechten Vorhof gelangt und der Kreislauf von Neuem beginnt.

Die linke und rechte Herzhälfte können als in Serie geschaltete Pumpen betrachtet werden: Das Blut strömt durch die eine Herzhälfte, dann durch die andere, dann wieder durch die erste und so fort.

Die Muskeln der Vorhöfe und der Herzkammern ziehen sich rhythmisch mit einer Geschwindigkeit, die von der Kör-

Topographie des Herzens in der Brusthöhle.

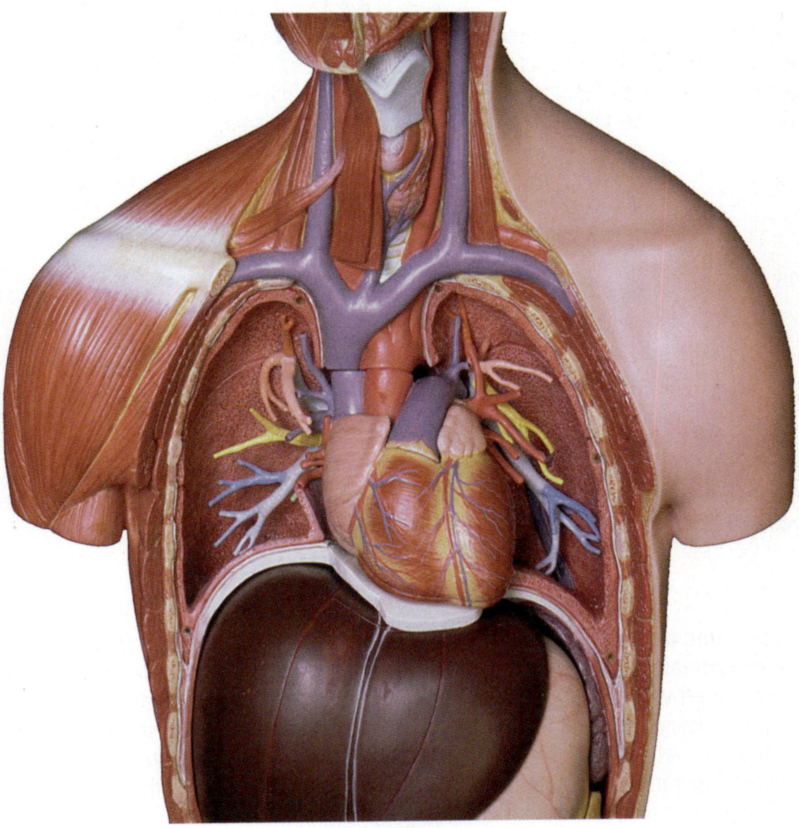

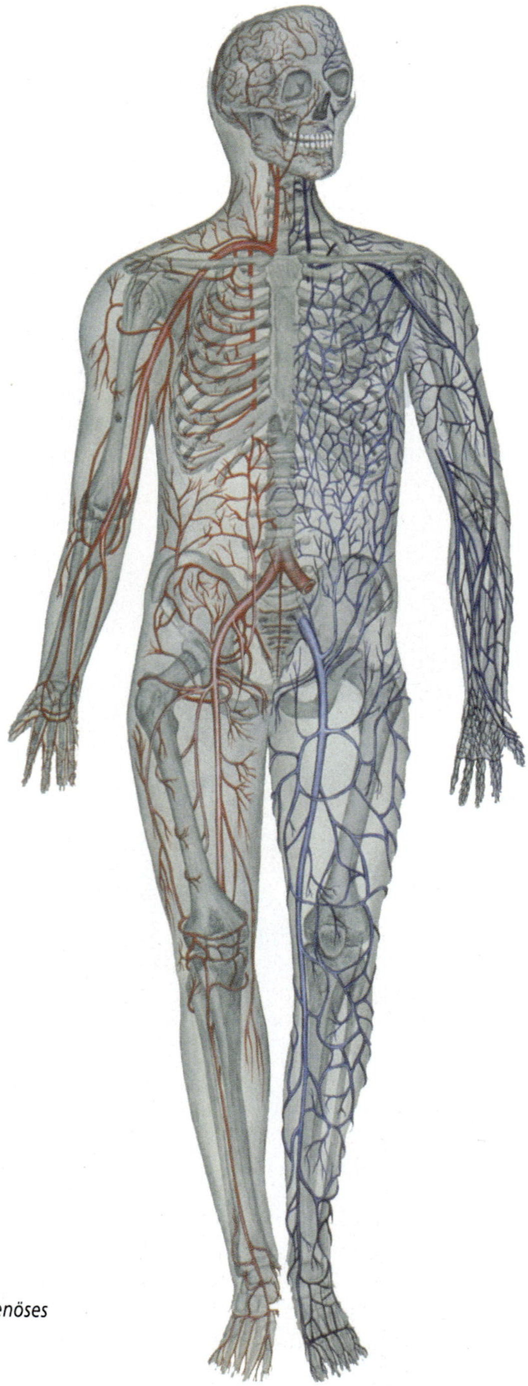

Arterielles (links) und venöses (rechts) Gefäßsystem

peraktivität abhängig ist, zusammen. Unter normalen Umständen erreicht diese Geschwindigkeit, auch Herzfrequenz genannt, etwa 60 bis 80 Schläge pro Minute, steigt jedoch bei starker körperlicher Belastung auf bis zu 200 Schläge pro Minute an. Auf eine Periode der Kontraktion (Systole) folgt jedesmal eine Periode der Erschlaffung (Diastole). Diese Erschlaffungsphase dauert etwa doppelt so lang wie die Kontraktionsphase. Unter normalen Bedingungen dauern die beiden Perioden zusammen etwa eine Sekunde. In jeder Sekunde kontrahiert sich das Herz also 1/3 Sekunden lang und dehnt sich dann wieder 2/3 Sekunden lang aus.

Während der Diastole füllt das Blut, das von den Lungen zurückfließt, den linken Vorhof und die linke Herzkammer. Die Klappen zwischen der Aorta und der Kammer sind dann geschlossen, die zwischen Vorhof und Kammer geöffnet. Am Ende der Erschlaffungsphase zieht sich der Vorhof zuerst zusammen. Der Druck im Vorhof steigt über den der Kammer an, ein Teil des Blutes, das sich im Vorhof angesammelt hat, fließt in die Kammer ein. Da keine Klappen zwischen Vorhof und Lungenvenen vorhanden sind, fließt etwas von dem Blut wieder zurück in die Lungenvenen. Schlägt das Herz mit 60 Schlägen pro Minute, dauert die Vorhofkontraktion etwa 1/10 Sekunde.

Erschlafft der Vorhof, fällt der Druck. Fällt der Druck im Vorhof auf einen niedrigeren Wert als der Druck in der Kammer, beginnt der Blutfluss zurück von der Kammer in den Vorhof. Ein derartiger Rückfluss kann jedoch nur einen Augenblick dauern, da die Bewegung des Blutes die Segel der Mitralklappe schließt. Während nun die Muskulatur die Kammer zusammendrückt, steigt der Druck in der Kammer an. Der Druck in der Aorta misst zu diesem Zeitpunkt etwa 80 mmHg. Da jedoch der Druck im Ventrikel größer ist als in der Aorta, öffnen sich die Aortenklappen, und das Blut in der Kammer wird in die Aorta hinausbefördert. Dies führt zu einem Anstieg des Aortendrucks auf etwa 120 mmHg. Zu diesem Zeitpunkt sind die Druckverhältnisse in der Aorta und im Ventrikel etwa vergleichbar.

Erschlafft der Ventrikel, fällt der Druck unter denjenigen der Aorta und beginnt infolg dessen das Blut aus der Aorta in den Ventrikel wieder zurückzufließen, wodurch anschließend aufgrund des Rückstromdrucks die dazwischen liegenden Klappen (Semilunarklappen) wieder geschlossen werden.

Der Druck in der Aorta fällt nun langsam ab, weil das Blut zu den verschiedenen Organen des Körpers fortströmt, bis durch eine neue Herzkontraktion eine neue Portion Blut in die Aorta gepumpt wird.

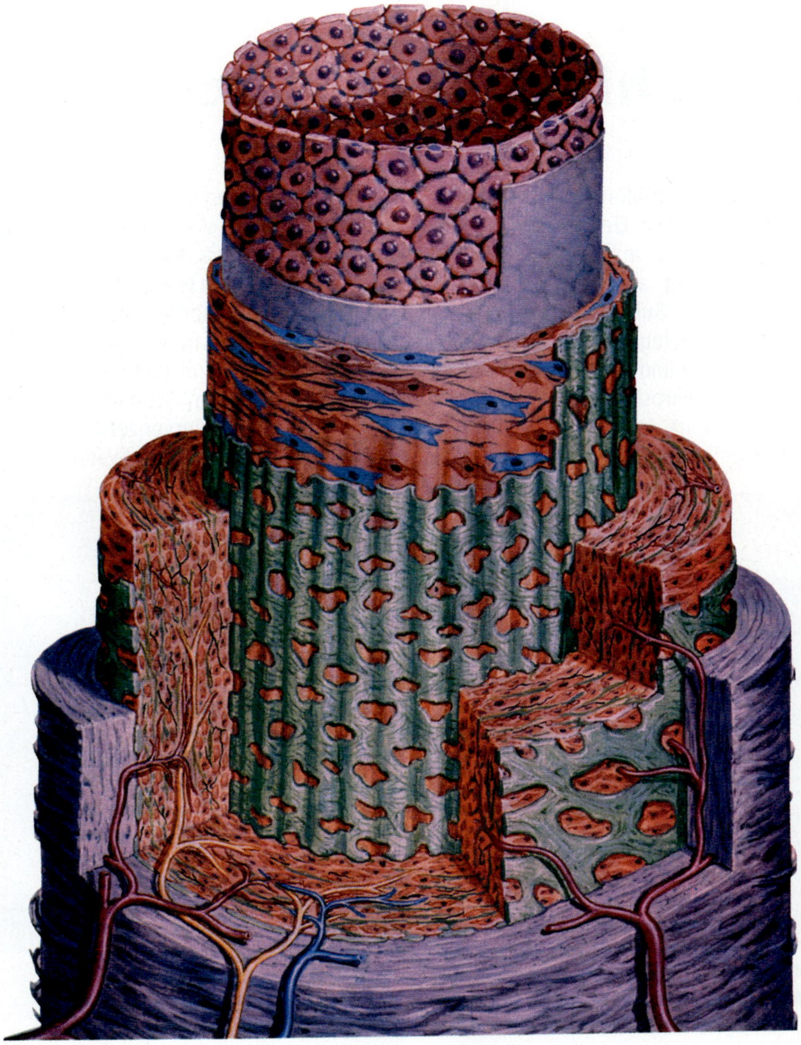

Histologischer Schnitt durch eine dickwandige Arterie von muskulärem Typ von außen nach innen: Arterienlumen; Membrana elastica interna; Tunica media; Tunica adventitia
Die Wand der Schlagadern besteht aus drei Schichten. Die innerste Schicht (Tunica interna) besteht aus Endothelzellen mit einer Schicht feinmaschigen Bindegewebes. Die Tunica media besteht vor allem aus glatter Muskulatur und elastischen Fasern. An der Außenseite befindet sich die Tunica adventitia, die aus Bindegewebe aufgebaut ist.

Bau der Blutgefäße

Die Wand der Schlagadern (Arterien) besteht aus drei Schichten. Die innerste Schicht, die Tunica intima, besteht aus Endothelzellen mit einer Schicht feinmaschigen Bindegewebes. Die Tunica media besteht vor allem aus glatter Muskulatur und elastischen Fasern. An der Außenseite befindet sich die Tunica adventitia, die aus Bindegewebe aufgebaut ist. Die Haargefäße werden nur von einer Endothelschicht mit etwas Bindegewebe ausgekleidet.
Venen haben eine viel dünnere Wand und sind auch viel weiter. Das liegt an der sehr dünnen Tunica media.

Körperschlagadern

Die Aorta, die große Körperschlagader, hat einen Durchmesser von drei Zentimetern und besteht aus folgende Teilen:
- aufsteigende Körperschlagader (Pars ascendens aortae)
- Aortenbogen (Arcus aortae)
- absteigende Körperschlagader (Pars descendens aortae)
- Brustabschnitt der Aorta (Pars thoracica aortae)
- Bauchabschnitt der Aorta (Pars abdominalis aortae)

Die Aorta verteilt das Blut über die abzweigenden Arterien in die verschiedenen Körperregionen, Hals und Kopf, obere und untere Extremitäten sowie die inneren Organe.
Aus dem Aortenbogen entspringen die großen Schlagadern für das Gebiet von Hals und Kopf. An der rechten Körperseite zweigt von ihm die Arm-Hals-Schlagader (Truncus brachiocephalicus) ab, aus dem die Aorta carotis communis dextra, die gemeinsame rechte Kopfschlagader und die Aorta subclavia dextra, die rechte Schlüsselbeinschlagader, entspringen.
Diese beiden Schlagadern haben auf der linken Seite einen gesonderten Ursprung aus dem Aortenbogen: die Aorta carotis communis sinistra und die Aorta subclavia sinistra. Die Schlüsselbeinschlagader läuft unter dem Schlüsselbein zum Achselstrang und versorgt mit ihren Zweigen die obere Extremität und Teile der Brust und des Halses. Die gemeinsame Kopfschlagader verläuft neben der Luftröhre und der Speiseröhre nach oben und teilt sich in Höhe des Zungenbeins in eine äußere und eine innere Kopfschlagader auf (Aorta carotis externa und Aorta carotis interna). Die Aorta carotis externa versorgt vor allem den Hals und die Außenseite des Schädels, während die Aorta carotis interna hauptsächlich den Schädelinhalt mit Blut versieht. Die äußere Kopfschlagader teilt sich in eine Anzahl von Ästen, etwa für Schilddrüse und Kehlkopf (Aorta thyroidea superior), die Zunge (Aorta lingualis), Gesicht (Aorta facialis) und Schläfe (Aorta temporalis).
Das venöse Blut des Gehirns wird durch die innere Halsvene (Vena jugularis interna), in die auch das meiste Blut von Gesicht und Halsgegend fließt, und über die äußere Halsvene (Vena jugularis externa) abgeleitet. Das gesamte Blut wird in der oberen Hohlvene gesammelt, die im rechten Herzen mündet.

5. Gehirn und Nervensystem

Die 80 bis 90 Milliarden Nervenzellen im menschlichen Gehirn und Rückenmark bilden ein außerordentlich komplexes System, anatomisch als weiße und graue Substanz beschrieben, geschützt gelegen im Inneren der Schädelhöhle und des Wirbelkanals. Das Elektronenmikroskop hat uns eine völlig neue Welt im Inneren der einzelnen Nervenzellen erschlossen. Die mit seiner Hilfe gewonnenen Untersuchungsergebnisse sind von großem Wert für das bessere Verständnis der Physiologie und Biochemie des Nervensystems.
Jede einzelne Nervenzelle ist eine strukturelle und funktionelle Einheit (Neuron). Die ultramikroskopische Forschung hat den Schleier über der Feinstruktur der Nervenzelle gelüftet, ein sehr komplexes System von Membranen und Kanälen ist sichtbar geworden.
Dies stellt das morphologische Substrat für eine große Zahl komplizierter Zellfunktionen dar – für die Synthese der Eiweißkörper der Zelle, für die Bildung der Botenstoff-Moleküle (Neurotransmitter-Substanzen), für die Bereitstellung der Enzyme und ihre selektiven Funktionsmechanismen.

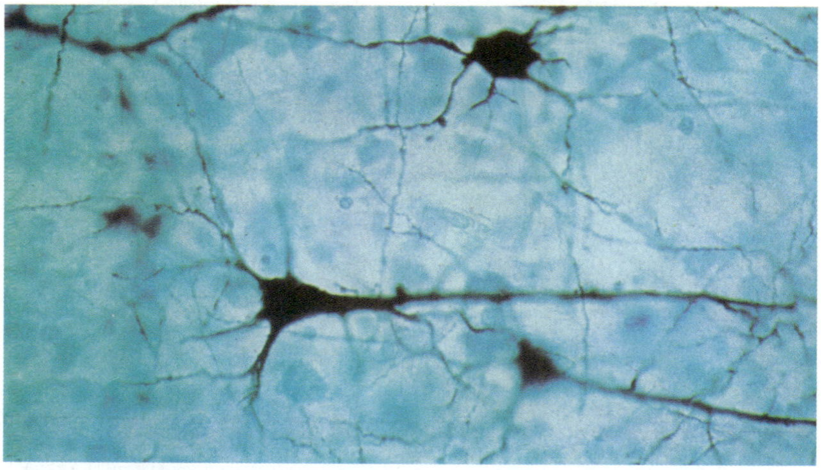

Mikroskopische Aufnahme von Nervenzellen im Gehirn
Nervenzellen haben eine Aufgabe bei der Übertragung von Reizen.

Mikroskopische Aufnahme von Gliazellen im Gehirn
Gliazellen geben nicht nur eine Stütze für das Gewebe ab, sondern erfüllen auch eine wichtige Aufgabe bei der Ernährung der Nervenzellen.

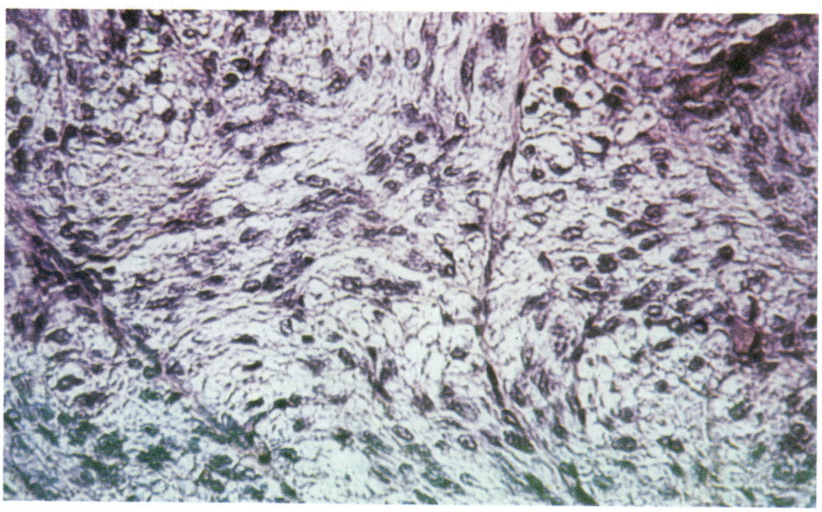

Nervensystem

Das Nervensystem besteht aus einem zentralen Teil, dem Gehirn und dem Rückenmark, und einem peripheren Teil, den im Körper verlaufenden Nerven. Das Ganze ist als ein informationsverarbeitendes System anzusehen. Es empfängt pro Zeiteneinheit Zehntausende von Signalen, verarbeitet diese und gibt Tausende von Signalen an die Wirkorgane (Effektoren) im Körper, Muskeln und Drüsen, ab. Die Hauptfunktionen des Nervensystems betreffen drei Aufgabenbereiche:

- Das Gehirn beeinflusst die Tätigkeit der auf eigene Funktion ausgerichteten Organe. Diese zentralnervöse Kontrolle geschieht auf schnellere Weise als es durch stoffliche Übertragung mittels der Blutgefäße möglich wäre.
- Das Individuum kann durch das Nervensystem gesteuert schnell, koordiniert und zielgerichtet auf Veränderungen in der Umwelt reagieren. Es verteidigt so seine Integrität und trägt zur Arterhaltung bei.
- Bestimmte Teile des menschlichen Nervensystems müssen als der Ort, in dem, auf noch unbegreifliche Weise, eine Verbindung zwischen Geist und Körper besteht, und als submikroskopisches Substrat für Funktionen wie abstraktes Denken oder Bewusstsein angesehen werden.

Nervenzelle

Die strukturelle und funktionelle Einheit des Nervensystems ist die Nervenzelle, auch Neuron genannt. Die Zellen anderer Organe haben einen relativ einfachen Bau im Vergleich zur Nervenzelle. Der deutlichste Unterschied ist die meist große Anzahl von Nervenfortsätzen, die von sehr unterschiedlicher Länge sein können. Diese Fortsätze haben vor allem Bedeutung für die Weitergabe von Impulsen oder Reizen. Das Neuron ist mit zwei Arten von Fortsätzen ausgestattet:

- Dendriten, stark verzweigte Fortsätze, die im Allgemeinen die Impulse aufnehmen
- Neuriten oder Axone, die die Impulse anderen Neuronen oder Zellen ausführender Organe, wie Muskulatur oder Drüsen, weitergeben.

Das Nervensystem steuert alle Vorgänge im menschlichen Körper. Kein Muskel kontrahiert sich und keine Drüse scheidet etwas aus, ohne dass Signale des Nervensystems beteiligt sind. Informationen, die unsere Sinnesorgane von der Umwelt aufnehmen, werden vom Nervensystem weitergeleitet, verarbeitet und bewusst gemacht.

Die Tätigkeiten von Nervensystem, Sinnesorganen und Muskeln finden nicht unabhängig voneinander statt, sondern stehen in enger Beziehung zueinander. Das Nervensystem ermöglicht die harmonische Zusammenarbeit aller Organe. Man kann die Funktion des Nervensystems am kürzesten folgendermaßen beschreiben: Durch das Nervensystem werden alle auf eine eigene Funktion gerichteten Organe und Organsysteme integriert. Es ist daher ein hervorragendes Regel- und Koordinationssystem des Organismus.

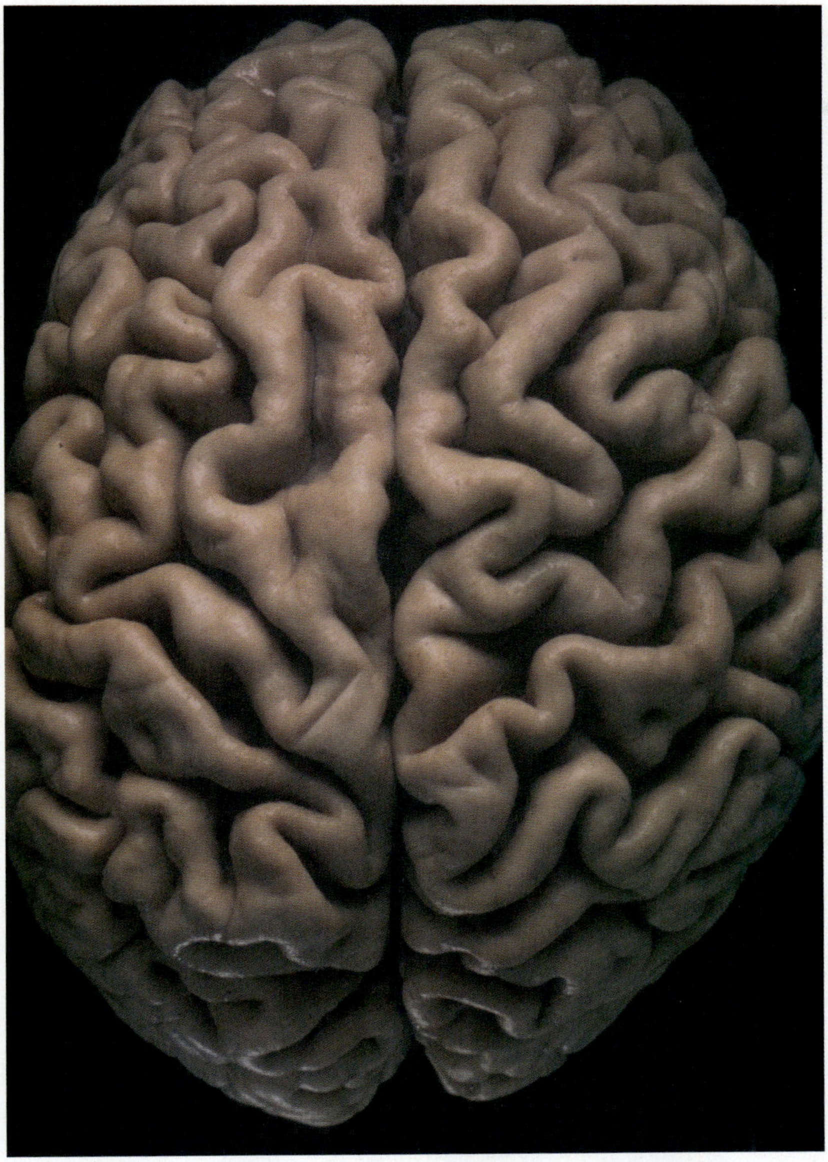

Das Großhirn von oben

Gliazelle

Ein zweiter Zelltyp ist am Aufbau des Nervensystems beteiligt, die Neuroglia, die nach dem griechischen Wort „glia", Leim, benannt ist. Diese Bezeichnung wurde zu einer Zeit eingeführt, als man glaubte, dass die gliöse Substanz eine Art Klebemittel für Nervenzellen sei. Die Gliazellen, die die Neuronen an Zahl übertreffen, dienen dazu, dem Nervensystem Zusammenhalt zu verleihen. Sie sind für den Zellstoffwechsel verantwortlich und sorgen für die Isolierung der informationsleitenden Nervenstränge.

Zentrales und peripheres Nervensystem

Das Nervensystem besteht aus einem zentralen und einem peripheren Teil. Das zentrale Nervensystem wird vollständig von Knochen (Schädel und Wirbelkanal) umschlossen. Es besteht aus Großhirn, Hirnstamm, Kleinhirn und Rückenmark.

Die ersten drei Teile werden unter dem Begriff „Gehirn" zusammengefasst. Das Rückenmark liegt in einer flexiblen knöchernen Röhre, dem Wirbelkanal, der durch aneinander anschließende, große runde Löcher in den Rückenwirbeln gebildet wird.

Das periphere Nervensystem besteht aus zwölf Paar Hirnnerven, die mit dem

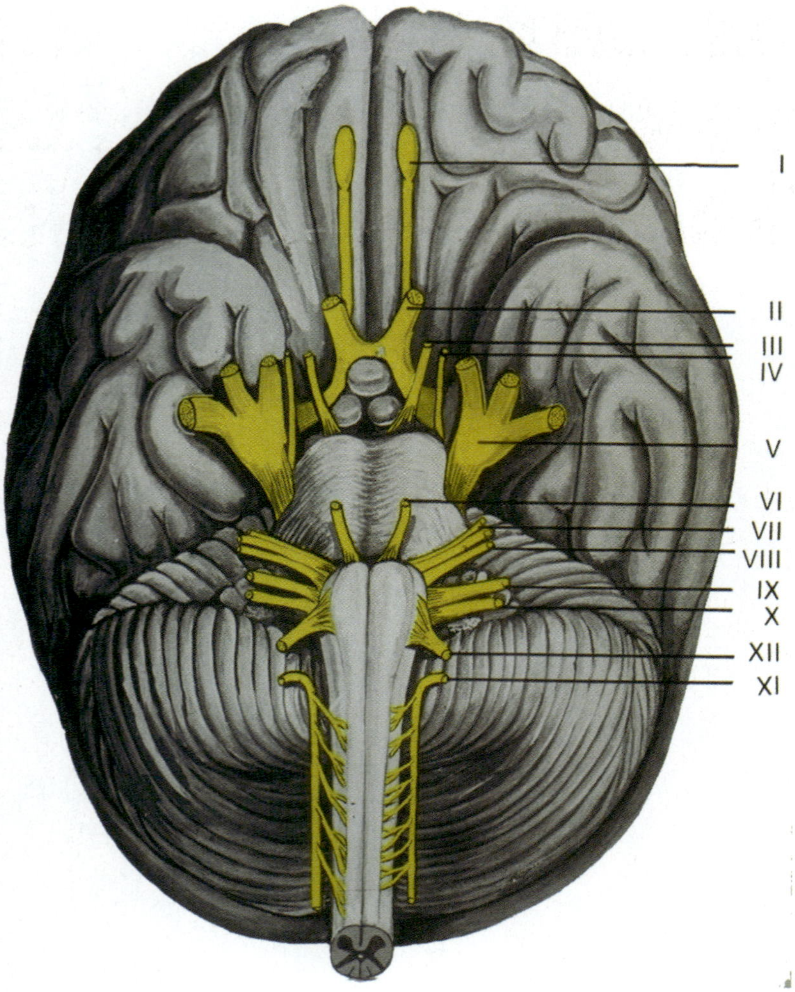

Ansicht des Gehirns von unten mit austretenden Hirnnerven
I Riechnerv
II Sehnerv
III Augenbewegungsnerv
IV Augenrollnerv
V Drillingnerv
VI Abduzensnerv
VII Gesichtsnerv
VIII Hörnerv
IX Zungen-Rachen-Nerv
X Lungen-Magen-Nerv
XI Akzessornerv
XII Unterzungennerv

Gehirn verbunden sind und durch Öffnungen im Schädel in die Peripherie ziehen. Dazu kommen 31 Paar Rückenmarksnerven, die mit dem Rückenmark verbunden sind und den Wirbelkanal durch kleine Öffnungen zwischen den Wirbeln verlassen.
Außerdem wird zwischen somatischem und autonomem Nervensystem unterschieden. Das Erste ist vor allem mit der Verarbeitung von Sinnesreizen und der Innervation der quer gestreiften Skelettmuskeln beschäftigt, während das Zweite die Tätigkeit der inneren Organe und der Blutgefäße steuert.

Gehirn

Das Großhirn besteht aus zwei symmetrischen Hälften, den Hemisphären, die durch eine tiefe, längs verlaufende Furche voneinander getrennt sind. Die linke und rechte Hälfte sind durch ein dickes Faserbündel, den Balken (Corpus callosum), miteinander verbunden. Die Großhirnrinde ist die oberste dünne Schicht der Hemisphären. Sie besteht aus mehreren Schichten dicht übereinander liegender Nervenzellen.

Ansicht des Gehirns von oben
Das Großhirn besteht aus zwei symmetrischen Hälften (in der Fotografie oben und unten), den Hemisphären, die durch eine tiefe, längs verlaufende Furche voneinander getrennt sind. Die linke und rechte Hälfte sind durch ein dickes Faserbündel, den Balken (Corpus callosum), miteinander verbunden.

Schlagadern im Bereich der Schädelbasis
Links ist das Gehirn mit dargestellt, rechts nur der Verlauf der Schlagadern. 1 – Hirnnerv I; 2 – vordere Großhirnschlagader; 3 – mittlere Großhirnschlagader; 4 – hinterer Verbindungsast; 5 und 6 – Kleinhirnarterien; 7 – Ader; 8 – Kleinhirnarterie; 9 – vorderer Verbindungsast; 10 – mittlere Großhirnschlagader; 11 – hintere Großhirnschlagader; 12 – Grundschlagader; 13 – Wirbelschlagader; 14 – Rückenmarkarterie

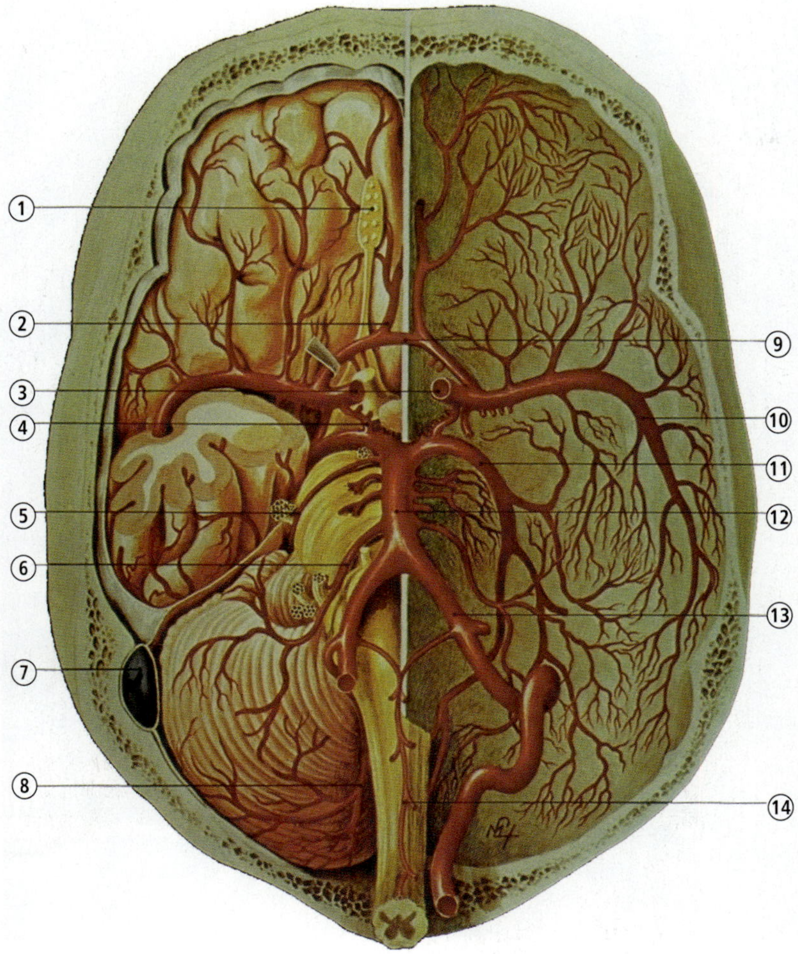

Makroskopisch kann das Großhirn in verschiedene Lappen unterteilt werden:

- Stirnlappen (Lobus frontalis)
- Scheitellappen (Lobus parietalis)
- Hinterhauptlappen (Lobus occipitalis)
- Schläfenlappen (Lobus temporalis)

Die beiden ersten Lappen werden durch die Zentralfurche (Sulcus centralis) getrennt. Im Gebiet des Stirnlappens, der vor der Zentralfurche liegt (vordere Zentralwindung, Gyrus praecentralis) liegen die Zentren für die Steuerung der Willkürbewegungen. In der hinteren Zentralwindung (Gyrus postcentralis), die zum Scheitellappen gehört, kommen verschiedene Sinnesreize, wie Schmerz und Druckreize, zum Bewusstsein. Von vielen anderen Hirngebieten hat man ebenfalls die Funktion feststellen können.

Hirnstamm

Der Hirnstamm nimmt in Bezug auf Großhirn, Kleinhirn und Rückenmark eine zentrale Position ein und ist kom-

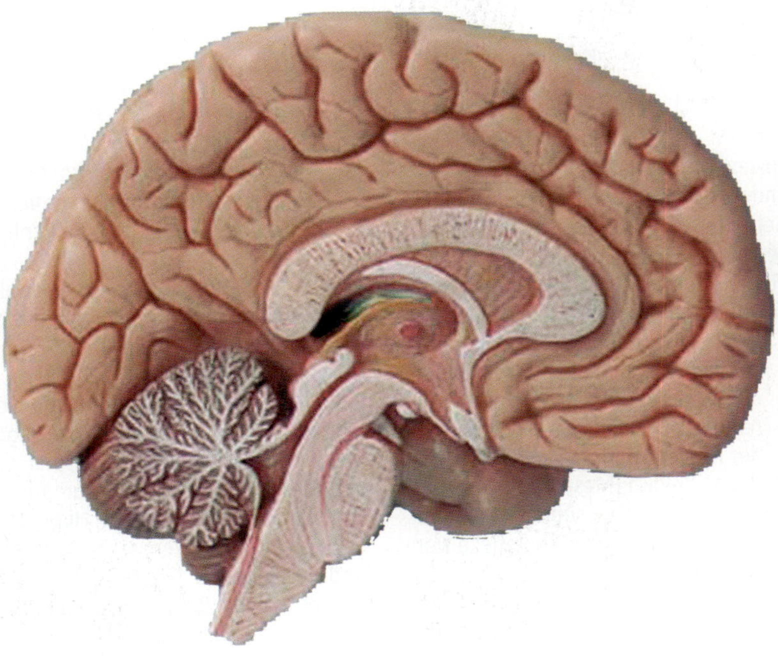

Innerhalb des Gehirns unterscheidet man Hirnstamm, Kleinhirn und Vorderhirn (Zwischenhirn und Endhirn). Das Endhirn setzt sich aus zwei scheinbar symmetrischen Hälften zusammen (fleischfarbenes Gewebe). Jede Hälfte besteht aus einer Außenschicht oder Rinde, die reich an Nervenzellen ist. Die Oberfläche jeder Hirnhemisphäre weist Windungen auf, die durch Furchen voneinander getrennt sind. Der Hirnstamm (kompaktes weißes Gewebe, unten Mitte) steuert hauptsächlich lebenswichtige Funktionen wie Atmung und Kreislauf, das Kleinhirn (fächerblattartiges weißes Gewebe, unten links) steuert die Muskelkoordination, das Gleichgewicht und die Körperhaltung.

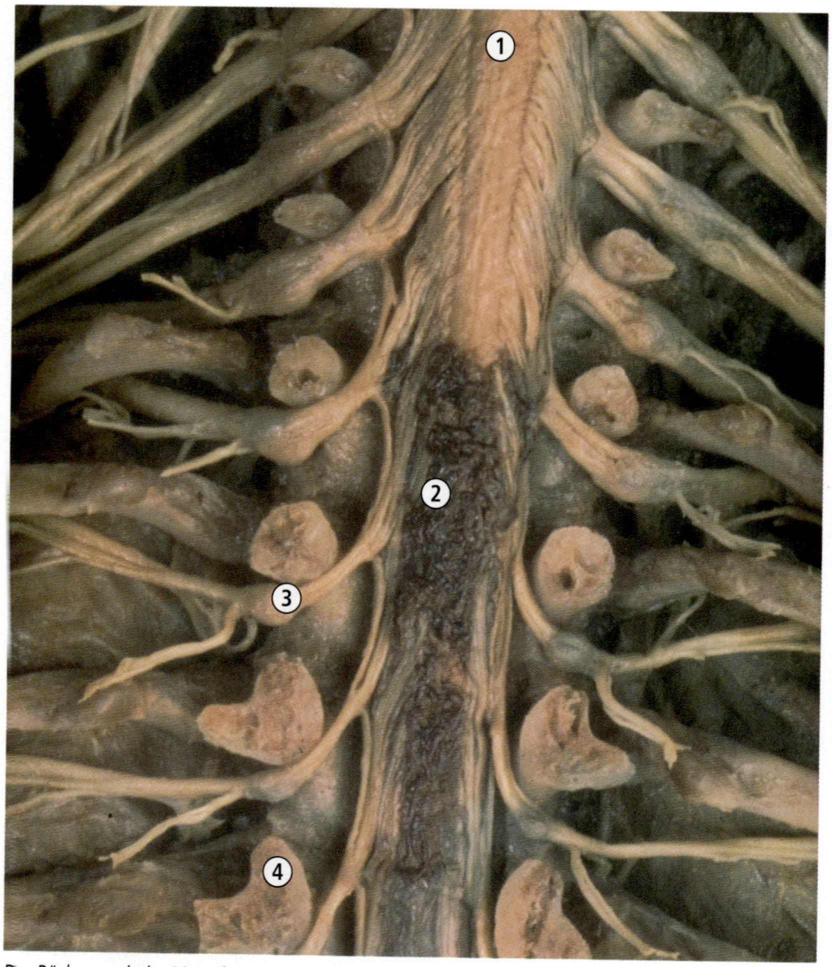

Das Rückenmark des Menschen von hinten gesehen
1 – Halsteil des Rückenmarks
2 – Brustteil des Rückenmarks
3 - austretende Rückenmarknerven
4 - Wirbelsäule

pliziert aufgebaut. An der Außenseite findet man weiße Substanz und innen Gebiete, die aus grauer Substanz bestehen.

Man unterscheidet von vorn oben nach hinten unten (von kranial nach kaudal):

- das Zwischenhirn (Diencephalon) mit seinen wichtigsten Teilen, Thalamus und Hypothalamus, das Koordinationszentrum des autonomen Teils des Nervensystems;
- das Mittelhirn (Mesencephalon), das die Colliculi superiores und inferiores, Zentren für Reflexe von Auge und Ohr, enthält;
- das Hinterhirn (Metencephalon), von dem ein wichtiger Teil durch die Brücke (Pons) gebildet wird, die ein Schaltzentrum für die Nervenfasern ist, die vom Großhirn zum Kleinhirn ziehen;
- das verlängerte Mark (Medulla oblongata, Myelencephalon), das an das Rückenmark grenzt.

Ein großer Teil der Zentren, die von lebenswichtiger Bedeutung sind, liegen im Hirnstamm, wie zum Beispiel das Atemzentrum oder ein Zentrum für die Herztätigkeit. Man findet im Hirnstamm auch viele Hirnnervenkerne. Hinterhirn und verlängertes Mark werden meist als Rautenhirn (Rhombencephalon) zusammengefasst.

Kleinhirn

Das Kleinhirn (Cerebellum), das unter dem Hinterhauptlappen des Großhirns liegt, weist an der Oberfläche zahlreiche parallel verlaufende Furchen auf. Es ist vor allem das Organ, das für die Koordination der Muskelaktivität und Feinmotorik verantwortlich ist.

Rückenmark

Das Rückenmark ist ein zylinderförmiger, fingerdicker Stab, der kranial in den Hirnstamm übergeht und kaudal in Höhe des ersten Lendenwirbels endet. Es liegt im Wirbelkanal, der durch übereinanderliegende Wirbellöcher gebildet wird.

Im Längsschnitt sieht man zwei Verdickungen an den Stellen, wo die Armnerven und Beinnerven austreten (Intumescentia cervicalis und lumbalis). Es endet in einem feinen Faden, der Filum terminale oder Endfaden genannt wird. Das Rückenmark ist kürzer als der Wirbelkanal.

Trotzdem läuft durch jede Öffnung zwischen zwei Wirbeln immer nur ein Nervenbündel.

Die aus den untersten Rückenmarkabschnitten stammenden Nervenbündel laufen daher erst einige Zeit zusammen mit dem Filum terminale weiter, ehe sie durch die für sie bestimmte Öffnung austreten. Das Filum terminale mit den umgebenden Nerven wird als Pferdeschwanz (Cauda equina) bezeichnet.

Rückenmarknerven

Die Rückenmarknerven versorgen bestimmte Körperregionen. Man kann sich den Körper unterhalb des Kopfes aus 31 aufeinandergestapelten Abschnitten aufgebaut vorstellen. Jeder Abschnitt stellt ein neurales Segment dar, dem ein Paar Rückenmarknerven und eine Scheibe des Rückenmarks zugeordnet sind. Die Gliedmaßen mit den Muskelansammlungen und ihren zugehörigen Nervenfasern beeinflussen Form und Größe der Scheiben. Dadurch werden die Körperabschnitte unregelmäßig und undeutlich. Außerdem geht

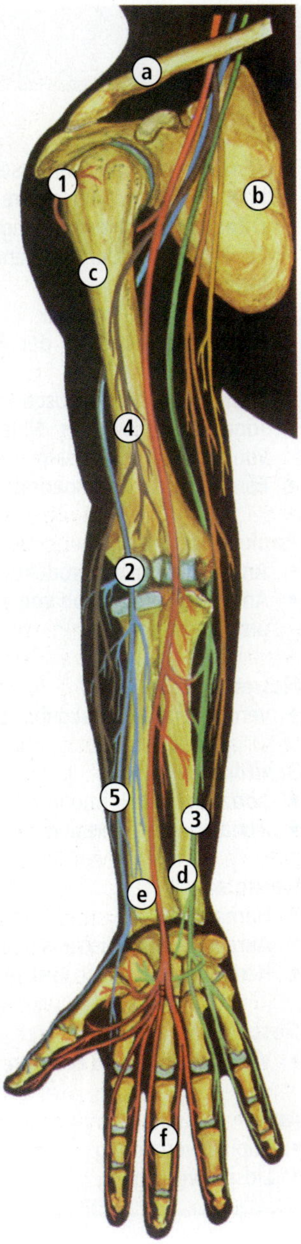

Verlauf der wichtigsten Armnerven, in verschiedenen Farben wiedergegeben
1 – Achselnerv (Nervus axillaris)
2 – Speichenerv (Nervus radialis)
3 – Ellenerv (Nervus ulnaris)
4 – Hautmuskelnerv (Nervus musculocutaneus)
5 – Mittelarmnerv (Nervus medianus)
a – Schlüsselbein; b – Schulterblatt;
c – Oberarmknochen; d – Elle; e – Speiche;
f – Hand

der Mensch aufrecht, wodurch noch eine weitere Unregelmäßigkeit der gedachten Säule mit ihren 31 Scheiben entsteht.

Jeder Rückenmarknerv entspringt aus zwei Wurzeln, von denen jede aus einem Bündel Nervenfasern besteht. Die afferenten oder sensiblen Nervenfasern treten an der Rückenseite (dorsal) ins Rückenmark ein, die dorsale oder Hinterwurzel. Die efferenten oder motorischen Nerven verlassen an der Bauchseite (ventral) das Rückenmark, die ventrale oder Vorderwurzel.

Noch im Wirbelkanal schließen sich beide Wurzeln zu einem gemeinsamen Stamm zusammen. In ihrem Verlauf durch den Körper verzweigen sich diese Nerven mehr oder weniger stark. Alle ihre Äste heißen Nerven und haben einen zusätzlichen Namen, der meist von ihrer Lage oder einer anatomischen Struktur in ihrer Nähe abgeleitet ist.

So spricht man etwa vom Nervus ulnaris, dem Ulnarisnerven, da dieser an der Ulna (Elle) entlang verläuft.

Arm- und Beinnerven

Armnerven

Die Rückenmarknerven des fünften zervikalen bis ersten thorakalen Segments bilden außerhalb des Wirbelkanals ein Geflecht (Plexus), aus dem später die einzelnen Armnerven entspringen.

Der untere Teil dieses Plexus brachialis läuft durch die hintere Skalenuslücke, die vom Musculus scalenus anterior, Musculus scalenus medius und der ersten Rippe gebildet wird. Durch diese Lücke verläuft auch die Arteria subclavia.

Beinnerven

Auch die Nerven der unteren Extremität, die aus dem lumbalen und sakralen Teil des Rückenmarks entspringen, bilden außerhalb des Wirbelkanals zunächst einen Plexus, den Plexus lumbosacralis, aus dem verschiedene Nerven für das Bein abgehen.

Die wichtigsten Nerven, die aus dem lumbalen Teil des Plexus (L1 bis L4) treten, sind für das Bein der Nervus femoralis und der Nervus obturatorius, und aus dem sakralen Teil (L4 bis S4) der Nervus glutaeus superior und inferior und der Nervus ischiadicus.

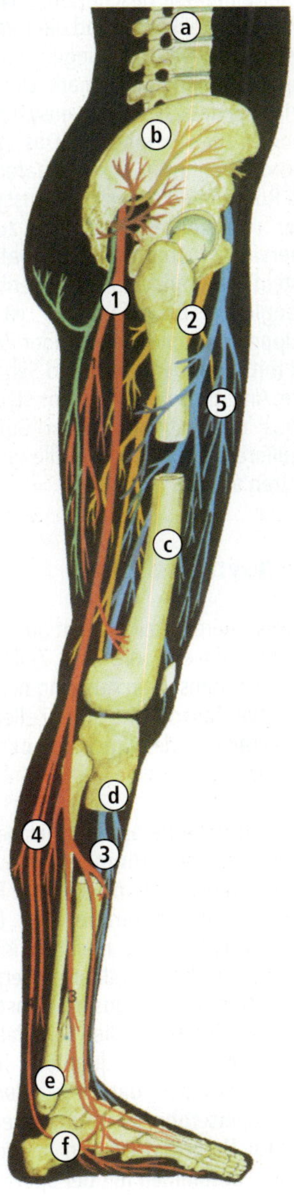

Verlauf der wichtigsten Beinnerven, in verschiedenen Farben wiedergegeben.
1 – Hüftnerv (Nervus ischiadicus)
2 – Hüftlochnerv (Nervus obturatorius)
3 – Schienbeinnerv (Nervus tibialis)
4 – Wadenbeinnerv (Nervus peroneus)
5 – Oberschenkelnerv (Nervus femoralis)
a – Wirbelsäule; b – Becken;
c – Oberschenkel; d – Schienbein;
e – Wadenbein; f – Fuß

Vegetatives Nervensystem

Das vegetative oder unwillkürliche Nervensystem (auch autonomes System genannt) dient besonders zur Regulation der inneren Organe wie des Herzens, der Lungen u.a. Es ist aufgeteilt in zwei anatomisch und funktionell mehr oder weniger getrennte Teile: Das *Parasympathikussystem* und das *Sympathikussystem*, die eine entgegengesetzte Wirkung auf die verschiedenen Organe ausüben.
Der periphere Anteil des autonomen Nervensystems besteht immer aus zwei hinter-einander geschalteten Nervenzellen. Der Zellkörper und die Dendriten des ersten Neurons liegen im Hirnstamm oder im Rückenmark. Die Axone verlassen das Zentralnervensystem und ziehen zur Peripherie. Das zweite Neuron beginnt in unmittelbarer Nähe des Rückenmarks (Sympathikussystem) oder in unmittelbarer Nähe zu dem innervierten Organ (Parasympathikussystem). Hier finden sich Nervenknoten (Ganglien). Ein Ganglion ist eine Gruppe zusammengehörender Zellkörper mit ihren Dendriten und Synapsen. Eine Anzahl von Kernen im Hypothalamus und im Hirnstamm übt eine regulierende Funktion auf die niederen Zentren aus.

Parasympathikus

Der periphere Anteil besteht aus:
- ▲ Nervenfasern, die von Zellen des Hirnstamms ihren Ausgang nehmen;
- ▲ Nervenfasern, die von Zellen des Sakralteils des Rückenmarks ausgehen.

Der wichtigste parasympathische Nerv ist der zehnte Hirnnerv (*N.vagus*). Weiter laufen parasympathische Fasern im III., VII. und IX. Hirnnerv mit. Der N. vagus versorgt die meisten inneren Organe. Die Nervenzellkörper liegen im Kerngebiet des N. vagus im Hirnstamm. Der Nerv verlässt die Schädelhöhle durch das Foramen jugulare in der Schädelbasis, zieht dann durch den Hals an der Speiseröhre entlang, wobei viele Äste für Herz und Lungen abgegeben werden. Zusammen mit der Speiseröhre treten die Nerven durch das Zwerchfell und bilden ein ausgedehntes Netzwerk an der Vorder- und Rückenseite des Magens. Anschließend gehen Äste zu anderen Organen im Bauchraum, so zur Leber, Milz, dem Pankreas und dem größten Teil des Darmes (bis auf den letzten Teil des Dickdarms ab Flexura colica sinistra).
Die Ganglien des parasympathischen Systems liegen nahe bei oder in der Wand der innervierten Organe. Wir sprechen von *juxta-* oder *intramuralen* Ganglien.

Der periphere Teil des autonomen Nervensystems besteht immer aus zwei Nervenzellen, die miteinander Synapsen in den peripheren Ganglien haben. Man nennt das erste Neuron, das zum Ganglion hinläuft, die *praeganglionäre Faser*. Das zweite Neuron dessen Zellkörper in dem peripheren Ganglion liegt, nennt man *postganglionäre Faser*. Als allgemeine Regel gilt, dass beim parasympathischen Nervensystem die praeganglionären Fasern lang sind, die postganglionäre Faser dagegen kurz, sodass die Ganglien immer nahe bei

Parasympathikus

Herz
- Abnahme des Minutenvolumens
- Senkung der Pulsfrequenz
- langsamere Erregungsleitung
- Abschwächung der Kontraktionskraft
- verminderte Erregbarkeit

Blutgefäße
- Verschlechterung der Durchblutung der nichttätigen Muskeln
- Abnahme der Durchblutung von Herz und Lungen
- Verbesserung der Durchblutung von haut und Schleimhäuten

Blut
- Abnahme der Erythrocytenzahl
- Auffüllung der Blutdepots

Atemorgane
- Abnahme der Erregbarkeit des Atemzentrums
- Verengung der Bronchien
- Abnahme des Atemvolumens
- Abnahme der Lungendurchblutung

Stoffwechsel
- Senkung des Grundumsatzes
- Senkung der Körpertemperatur
- Verminderte Eiweißverbrennung
- Abfall des Glukosespiegels im Serum
- Neigung zur Alkalose

Verdauungsorgane
- Zunahme des Speichelflusses
- Kontraktion der Speiseröhre
- Öffnung des Mageneingangs
- Tonusanstieg der Magenmuskulatur
- Förderung der Peristaltik
- Verstärkte Sekretion der Fundusdrüsen
- Öffnung des Magenausgangs
- Tonussteigerung der Muskulatur von Dünn- und Dickdarm
- Förderung der Darmperistaltik

Pankreas
- Anstieg der Insulinproduktion
- Anstieg der Sekretion von Ver-dauungsenzymen

Nebenniere
- verminderte Adrenalinabgabe

Schilddrüse
- Abnahme der Hormonproduktion
- Abnahme der Sekretion

Harnblase
- Harnabgabe
- Anregung des Musculus detrusor
- Hemmung des Musculus sphincter

Geschlechtsorgane
- Vasodilatation und Erektion

Auge
- Pupillenverengung
- Lidspaltverengung

Parasympathikus
Die Ursprungszellen des parasympathischen Nervensystems liegen sowohl in mehreren Kerngebieten des Hirnstamms als auch im Kreuzbeinanteil des Rückenmarks. Diese Gebiete stehen über Nervenbahnen miteinander in Verbindung. Vier Nervenknoten sind in der Schädelregion vorhanden. Mit einigen wenigen Ausnahmen werden alle Körperorgane sowohl durch das sympathische als auch durch das parasympathische Nervensystem versorgt (innerviert). Im Bereich des Brustkorbs werden etwa die Lungen (9) und das Herz (10) versorgt, im Bauchraum Magen (11), Leber (12) und Gallenblase, Milz und Blutgefäße (13), Nieren (14), Dick- und Dünndarm (15), Blase (16) und die weiblichen (17) oder männlichen Geschlechtsorgane.
Die präganglionären Fasern des Grenzstrangs sind durch eine durchgehende Linie, die postganglionären durch eine unterbrochene Linie markiert.
1 – Augenganglion (Ganglion ciliare)
2 – Gaumenganglion (Ganglion pterygopalatinum)
3 – Ohrganglion (Ganglion oticum)
4 – Unterkieferganglion (Ganglion submandibularum). Von diesen Ganglien aus ziehen Nervenfasern zu den Augenmuskeln
5 – Tränendrüsen
6 – Ohrspeicheldrüsen
7 – Drüsen im Ober- und Unterkieferbereich
8 – die übrigen Ganglien (18, 19, 20) liegen im Bauchbereich

Parasympathikus

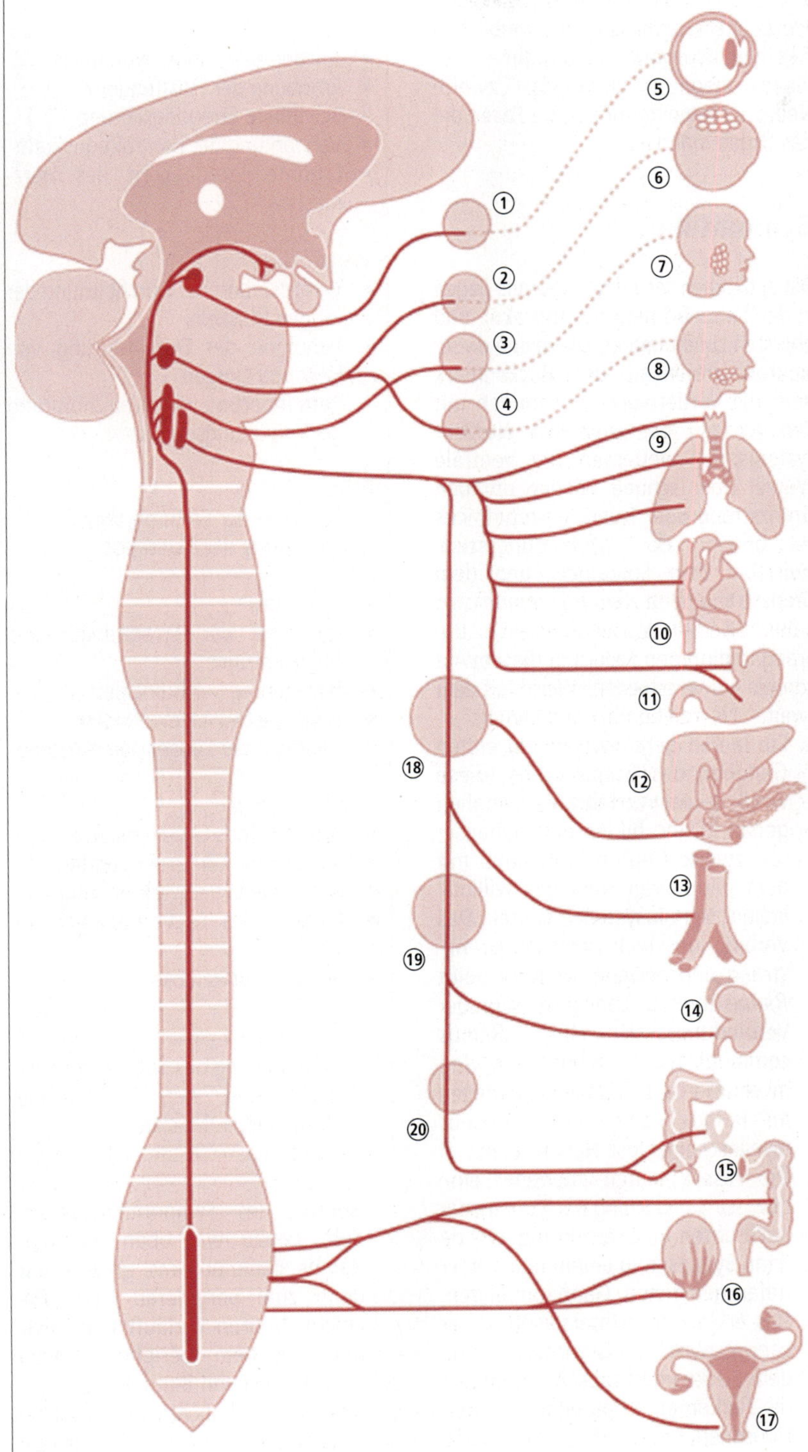

oder in der Wand des Organs liegen, das sie versorgen.
Die anderen parasympathischen Nervenfasern, die aus dem Hirnstamm kommen und mit dem III., VII. und IX. Nerv laufen, dienen vor allem der Innervation der Pupille und verschiedener Drüsengruppen im Kopfgebiet wie der Tränen- und Speicheldrüsen.
Der sakrale Teil des parasympathischen Nervensystems besteht aus einzelnen Ästen, die aus dem zweiten bis vierten sakralen Rückenmarksegment kommen und sich zu einem Nerv (dem *N. pelvicus*) vereinigen, der dann die Beckenorgane innerviert. Dieser Nerv passiert den Grenzstrang und besteht also aus praeganglionären Fasern. Der Nerv läuft weiter bis zu den Organen im

Becken und auch zu einem Teil des Dickdarms (unterhalb der linken Colonflexur). Man kennt hier den *Plexus vesicalis* für die Harnblase und den *Plexus uterovaginalis* für die weiblichen Geschlechtsorgane. Im Ganglion oder Plexus beginnt dann das zweite Neuron, die postganglionäre Faser, die das Organ innerviert.

Sympathikus

Die Zellkörper des ersten Neurons liegen in den Seitenhörnern des Thorakal- und obersten Lumbalmarks. Die Axone dieser Neurone treten aus dem Rückenmark über die Vorderwurzel zusammen mit den Axonen des animalen Nervensystems. Sie verlassen die ventrale Wurzel aber schnell wieder, um den Grenzstrang oder Truncus sympathicus zu bilden. Das Verbindungsstück zwischen dem Spinalnerv und dem Grenzstrang heißt *Ramus communicans* albus (weißer Verbindungsast). Die praeganglionären Fasern in diesem Ast können auf verschiedene Weise mit dem zweiten Neuron Kontakt aufnehmen:

- Sie laufen geradewegs zum ersten Ganglion des Grenzstrangs (diese werden paravertebrale Ganglien genannt) und bilden eine Synapse; das zweite Neuron läuft dann mit dem peripheren Nerv des willkürlichen Nervensystems weiter. Das Verbindungsstück zwischen Grenzstrang und peripherem Nerv heißt *Ramus communicans griseus* (grauer Verbindungsast). Im Ramus communicans albus laufen myelinisierte Nervenfasern, dagegen im Ramus communicans griseus myelinscheidenlose Nervenfasern.
- Die Fasern laufen entweder eine gewisse Strecke lang nach oben oder nach unten im Grenzstrang, wo sie dann Synapsen in einem höher oder tiefer gelegenen Ganglion bilden. Das erklärt den Unterschied in der Länge zwischen Grenzstrang und dem Rückenmarksabschnitt, in dem die Zellkörper der praeganglionären Neuronen liegen. Der Grenzstrang liegt neben und vor der ganzen Wirbelsäule vom Cervical- bis zum Coccygealabschnitt. Das zweite Neuron des Sympathikussystems geht genau wie oben mit dem Ramus communicans griseus und dann zum peripheren Nerv. Das zweite Neuron verläuft aber nicht nur mit dem peripheren Nerv, sondern auch mit Blutgefäßen.
- Eine dritte Möglichkeit ist, dass das erste Neuron durch den Grenzstrang zieht, ohne hier Synapsen zu bilden, und dann erst im praevertebralen Ganglion Kontakt mit den Zellkörpern des zweiten Neurons aufnimmt. Diese praevertebralen Ganglien liegen rund um den Ursprung der großen Schlagadern des Rumpfes und werden auch danach genannt. So kennen wir je ein *Ganglion coeliacum dextrum* und *sinistrum*, die rund um den Ursprung der *Arteria coeliaca* liegen, die den Magen, die Leber und die Milz mit arteriellem Blut versorgt. Das zweite Ganglion liegt auch rund um den

Sympathikus

Herz
- Anstieg des Minutenvolumens
- Erhöhung der Pulsfrequenz
- Schnellere Erregungsleitung
- Verstärkung der Kontraktionskraft
- Erhöhte Erregbarkeit des Herzmuskels

Blutgefäße
- Verbesserung der Durchblutung der tätigen Muskeln
- Zunahme der Durchblutung von Herz und Lungen
- Verminderung der Durchblutung der Verdauungsorgane

Blut
- Zunahme der Erythrocytenzahl
- Entleerung der Blutdepots

Atemorgane
- Zunahme der Erregbarkeit des Atemzentrums
- Erweiterung der Bronchien
- Zunahme des Atemvolumens
- Zunahme der Lungendurchblutung

Stoffwechsel
- Erhöhung des Grundumsatzes
- Anstieg der Körpertemperatur
- vermehrte Eiweißverbrennung
- Anstieg des Glukosespiegels im Serum
- Neigung zur Azidose

Verdauungsorgane
- Verminderung des Speichelflusses
- Erschlaffung der Speiseröhren (Oesophagus-)Muskulatur
- Verschluss des Mageneingangs (Antrums)
- Tonusherabsetzung der Magenmuskulatur
- Hemmung der Peristaltik
- Abnahme der Sekretion der Fundusdrüsen
- Verschluss des Magenausgangs (Pylorus)
- Tonusabnahme der glatten Muskulatur von Dünn- und Dickdarm
- Hemmung der Darmperistaltik

Pankreas
- Abfall der Insulinproduktion
- Abfall der exokrinen Sekretion von Verdauungsenzymen

Nebenniere
- vermehrte Adrenalinabgabe

Schilddrüse
- gesteigerte Produktion und Sekretion von Schilddrüsenhormonen

Harnblase
- Harnretention
- Hemmung des Musculus detrusor
- Anregung des Musculus sphincter

Geschlechtsorgane
- Vasokonstriktion

Auge
- Pupillenerweiterung
- Lidspalterweiterung

Sympathikus
Die Ursprungszellen des parasympathischen Nervensystems liegen sowohl in mehreren Kerngebieten des Hirnstamms als auch im Kreuzbeinanteil des Rückenmarks. Diese Gebiete stehen über Nervenbahnen miteinander in Verbindung. Vier Nervenknoten sind in der Schädelregion vorhanden. Mit einigen wenigen Ausnahmen werden alle Körperorgane sowohl durch das sympathische als auch durch das parasympathische Nervensystem versorgt (innerviert). Im Bereich des Brustkorbs werden etwa die Lungen (9) und das Herz (10) versorgt, im Bauchraum Magen (11), Leber (12) und Gallenblase, Milz und Blutgefäße (13), Nieren (14), Dick- und Dünndarm (15), Blase (16) und die weiblichen (17) oder männlichen Geschlechtsorgane.
Die präganglionären Fasern des Grenzstrangs sind durch eine durchgehende Linie, die postganglionären durch eine unterbrochene Linie markiert.
1 – Augenganglion (Ganglion ciliare)
2 – Gaumenganglion (Ganglion pterygopalatinum)
3 – Ohrganglion (Ganglion oticum)
4 – Unterkieferganglion (Ganglion submandibularum). Von diesen Ganglien aus ziehen Nervenfasern zu den Augenmuskeln
5 – Tränendrüsen
6 – Ohrspeicheldrüsen
7 – Drüsen im Ober- und Unterkieferbereich
8 – die übrigen Ganglien (18, 19, 20) liegen im Bauchbereich

Sympathikus

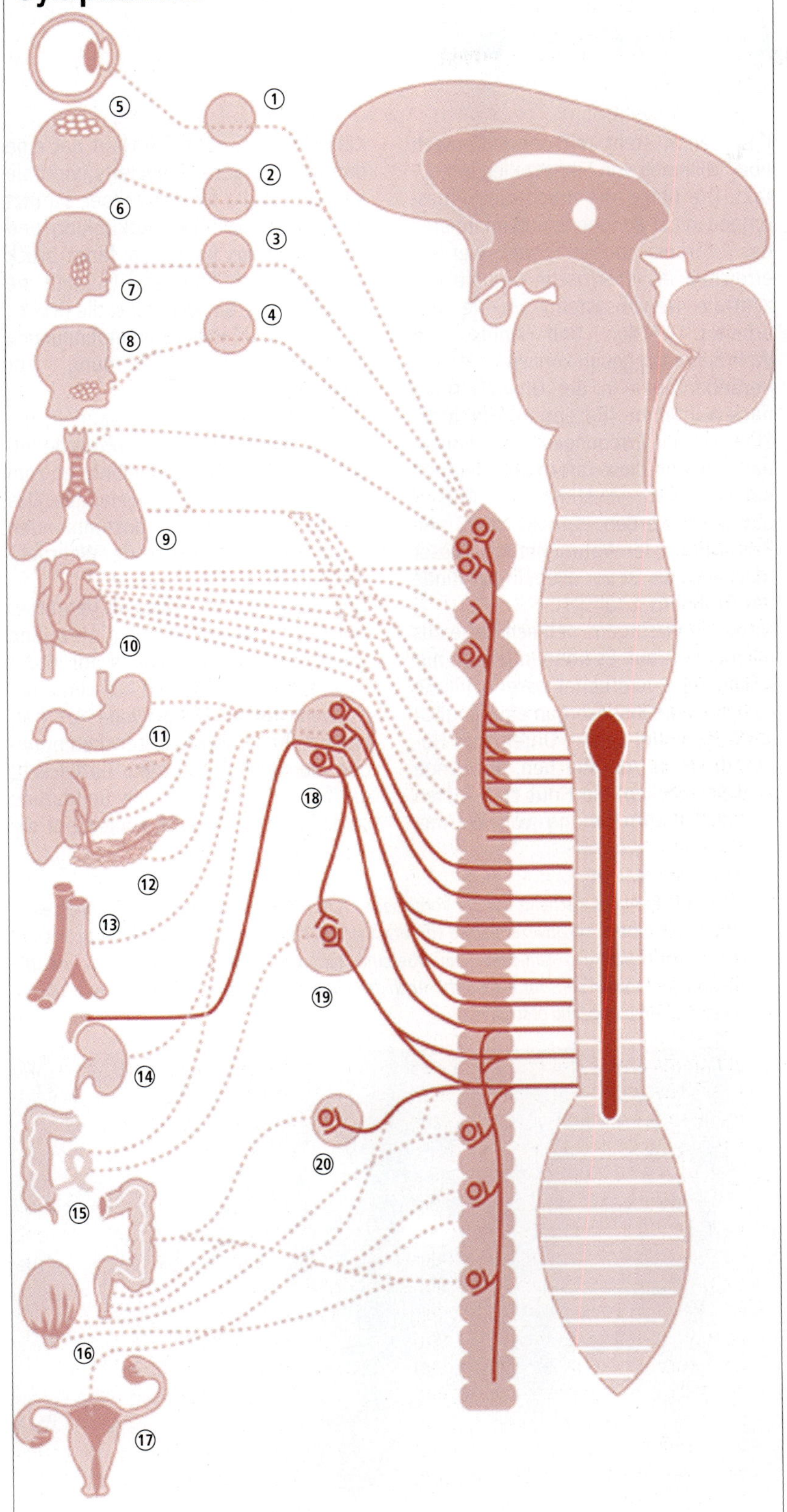

Ursprung der *Arteria mesenterica superior* und heißt dann *Ganglion mesentericum superius*. Das dritte Ganglion liegt rund um den Ursprung der *Arteria mesenterica inferior* und heißt *Ganglion mesentericum inferius*. In diesen Ganglien beginnt das zweite Neuron, die postganglionäre Faser, die mit den genannten Schlagadern läuft und das gleiche Versorgungsgebiet hat.
Für das sympathische Nervensystem gilt im Allgemeinen, dass die praeganglionäre Faser kurz und die postganglionäre Faser lang ist, was dazu führt, dass die Ganglien dicht am Rückenmark gelegen sind. Man spricht von para- und praevertebralen Ganglien.

6. Sinnesorgane

Das Gehirn steht mit der Außenwelt über Millionen von Sinneszellen in Kontakt. Die Reize, die durch die Sinnesorgane in der Peripherie und im Inneren des Körpers aufgefangen werden, erreichen als elektrische Signale das zentrale Nervensystem, wo sie verarbeitet werden und Anlass zur Wahrnehmung geben können.

Veränderungen in der Umwelt rufen nach Aufnahme (Rezeption) durch die Sinnesorgane Erregungen (Sensationen) hervor. Wenn diese Informationsströme nach einem bestimmten Muster geordnet werden, spricht man von Perzeption oder Wahrnehmung. Dieser Mechanismus ist vor allem in der Rinde des Großhirns lokalisiert.

Unsere Sinnesorgane nehmen Reize aus der Umwelt auf. Es können jedoch nur solche Reize verarbeitet werden, für die das jeweilige Sinnesorgan empfänglich ist: Augen zum Sehen, Ohren zum Hören, die Nase zum Riechen, die Zunge zum Schmecken, die Haut zum Tasten und zur Wahrnehmung von Wärme, Kälte und Schmerz. Die Haut hat eine doppelte Aufgabe. Einerseits wirkt sie als Schutzhülle für den Körper, schützt gegen Austrocknung, Abkühlung und Eindringen von Bakterien, fängt Druck und Stoß auf. Andererseits stellt sie durch winzige Sinnesorgane, die Druck-, Schmerz- und Temperaturempfindungen vermitteln, die Verbindung zur Außenwelt her.

Unsere Sinnesorgane verwandeln die ankommenden Reize in elektrische Impulse, die über die Nervenbahnen zum Rückenmark und Gehirn gelangen. Das Gehirn übersetzt die ankommenden Impulse in entsprechende Wahrnehmungen.

Sinnesorgane dienen also als Vermittler zwischen Umwelt und dem einzelnen Lebewesen. Sie sind jedoch nur in der Lage, einen beschränkten Ausschnitt der Umwelt aufzunehmen. Jede Art hat, entsprechend ihren Lebensbedingungen, solche Sinnesorgane entwickelt, die für ihr Überleben von Bedeutung sind. Bestimmte Reize wirken auf die Sinnesorgane. Beim Auge sind es optische Reize. Damit dieses Lichtsinnesorgan stets leistungsfähig bleiben kann, liegen wichtige Teile geschützt im Kopf. Um nahe und entfernte Gegenstände gleich scharf auf der Netzhaut abbilden zu können, kann die Linse ihre Form verändern. In der Netzhaut stehen 130 Millionen Sehsinneszellen dicht beieinander. Nach ihrer Form werden sie als Stäbchen oder Zäpfchen bezeichnet. Die Stäbchen liefern ein schwarz-weißes Bild und ermöglichen das Dämmerungssehen. Mit den Zäpfchen werden die Farben wahrgenommen.

Die Ohren sind in der Lage, Schallwellen aufzunehmen. Der Schall wird durch die drei Gehörknöchelchen verstärkt und auf ein Häutchen übertragen, das das Mittelohr zum Innenohr verschließt. Die Flüssigkeit in der Ohrschnecke wird in Schwingungen versetzt. In der Schnecke sitzen Hörsinneszellen. Sie schicken über den Hörnerv die Impulse zum Gehirn.

Das Gleichgewichtsorgan liegt im Innenohr unmittelbar neben der Schnecke. In ihm befinden sich zwei unterschiedliche Teilorgane: das Dreh- und das Lagesinnesorgan. Ihre Aufgabe ist es, dem Gehirn Informationen über den Bewegungszustand des Körpers und dessen Lage im Raum zu vermitteln und damit zu gewährleisten, dass dieser im Gleichgewicht gehalten wird und Störungen rechtzeitig begegnet werden kann.

Frontalansicht des Auges

Das „Weiße" des Auges erscheint auf der Vorderseite als durchsichtig. Die Augenlinse ähnelt einer beiderseits gewölbten (bikonvexen) Linse von etwa vier Millimetern Dicke und besteht aus einer Reihe von durchsichtigen Lamellen, die übereinanderliegen. Die Lidbewegungen und die Tränenflüssigkeit sorgen stets für klare Sicht durch das Auge. Das sichtbare Teil des Auges wird vom oberen und unteren Augenlid geschützt.

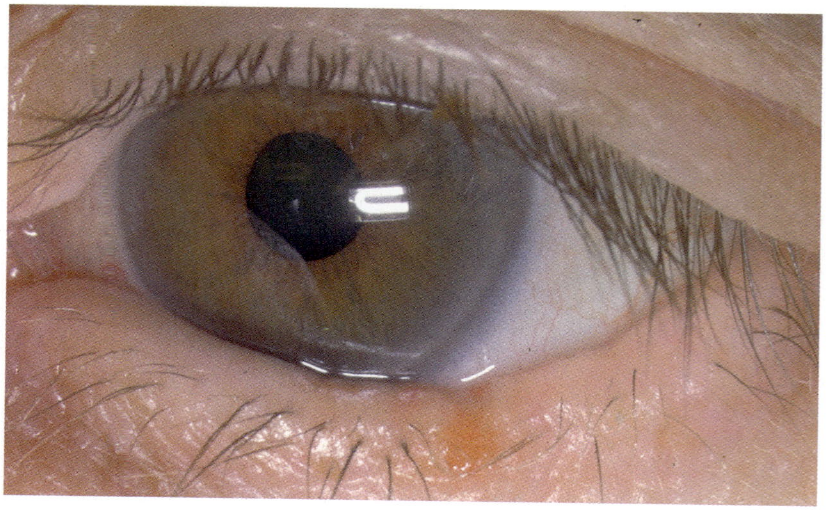

Auge

Die Augen liegen an beiden Seiten der Nase in den Augenhöhlen (Orbita), die vom knöchernen Schädel gebildet werden. Das Auge ist ein komplex gebautes Organ, an dem Augapfel, Nerven und Gefäße sowie einige Hilfsorgane unterschieden werden. Der Augapfel (Bulbus oculi) ist mit einer durchsichtigen Substanz gefüllt und von

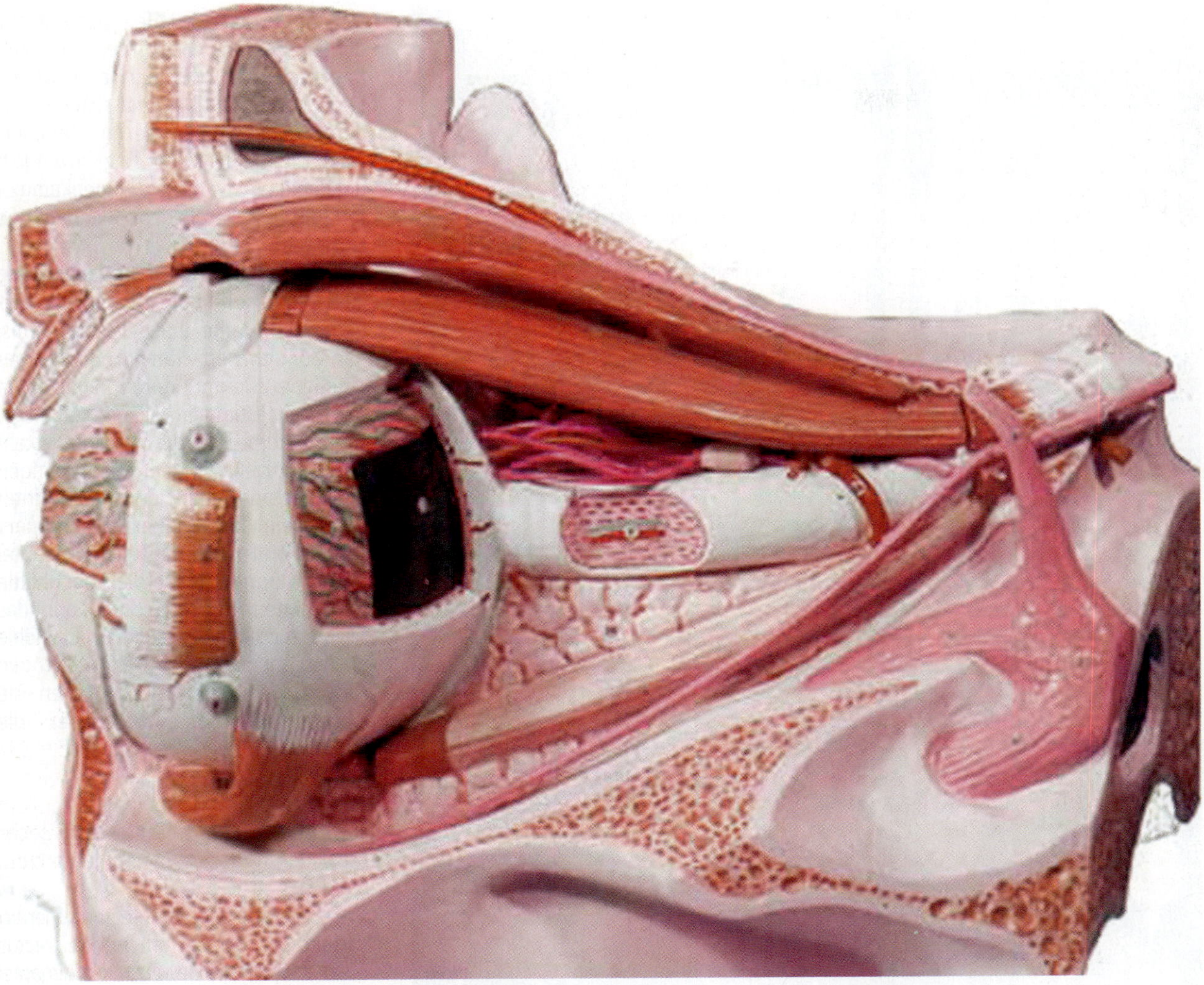

Modell des Auges mit Augenmuskeln (rot) und umgebendem Gewebe und Nerven
Oben befinden sich der obere gerade Augenmuskel (Musculus rectus bulbi superior) und der obere schräge Augenmuskel (Musculus obliquus bulbi superior). Der Augapfel liegt der Innenfläche der Augenhöhle nicht unmittelbar an. Der Zwischenraum ist mit lockerem Fettgewebe gepolstert.

einer Wand umgeben, die auch Augenmantel genannt wird und aus drei Schichten besteht:

- Die äußere Schicht wird von der festen, harten Lederhaut (Sklera), dem Weißen des Auges, gebildet. An ihr sind die Augenmuskeln befestigt. Die Sklera setzt sich nach vorn in der durchsichtigen Hornhaut fort (Cornea), die stärker gekrümmt ist und daher etwas vorsteht.
- Die mittlere Komponente ist die mittlere Augenhaut (Tunica vasculosa bulbi), die die Gefäße für das Auge enthält. Dort, wo die Sklera in die Hornhaut übergeht, geht die Gefäßhaut in die Regenbogenhaut (Iris) über. An der Übergangsstelle ist die Gefäßhaut verdickt. Hier ragt der Ziliarkörper (Corpus ciliare), in dem sich der Ziliarmuskel befindet, nach innen vor. Die Kontraktion dieses Muskels (Musculus ciliaris) bewirkt eine Abrundung der Linse.
Nach vorn geht der Ziliarkörper in die Iris über, in der sich ebenfalls zwei Muskeln befinden, ein Öffner und ein Schließer. Die Iris lässt in der Mitte eine Öffnung frei, die Pupille. Die Regenbogenhaut kann verschiedene Farben haben, von Hellblau bis Dunkelbraun. Hinter dem Ziliarkörper liegt die Aderhaut (Choroidea) als größter Abschnitt der mittleren Augenhaut.
- Die dritte Schicht ist die Netzhaut (Retina), die die lichtempfindlichen Zellen enthält. Dieser innerste Augenmantel reicht von der Stelle, wo der Sehnerv (Nervus opticus) den Augapfel verlässt, bis zur Übergangsstelle der Gefäßhaut in die Regenbogenhaut. Die Fasern des Augennervs bilden die innerste Schicht der Netzhaut. An der Stelle, wo die Nervenfasern in den Augapfel treten, befinden sich keine Sinneszellen in der Retina (Sehnervenpapille, blinder Fleck).

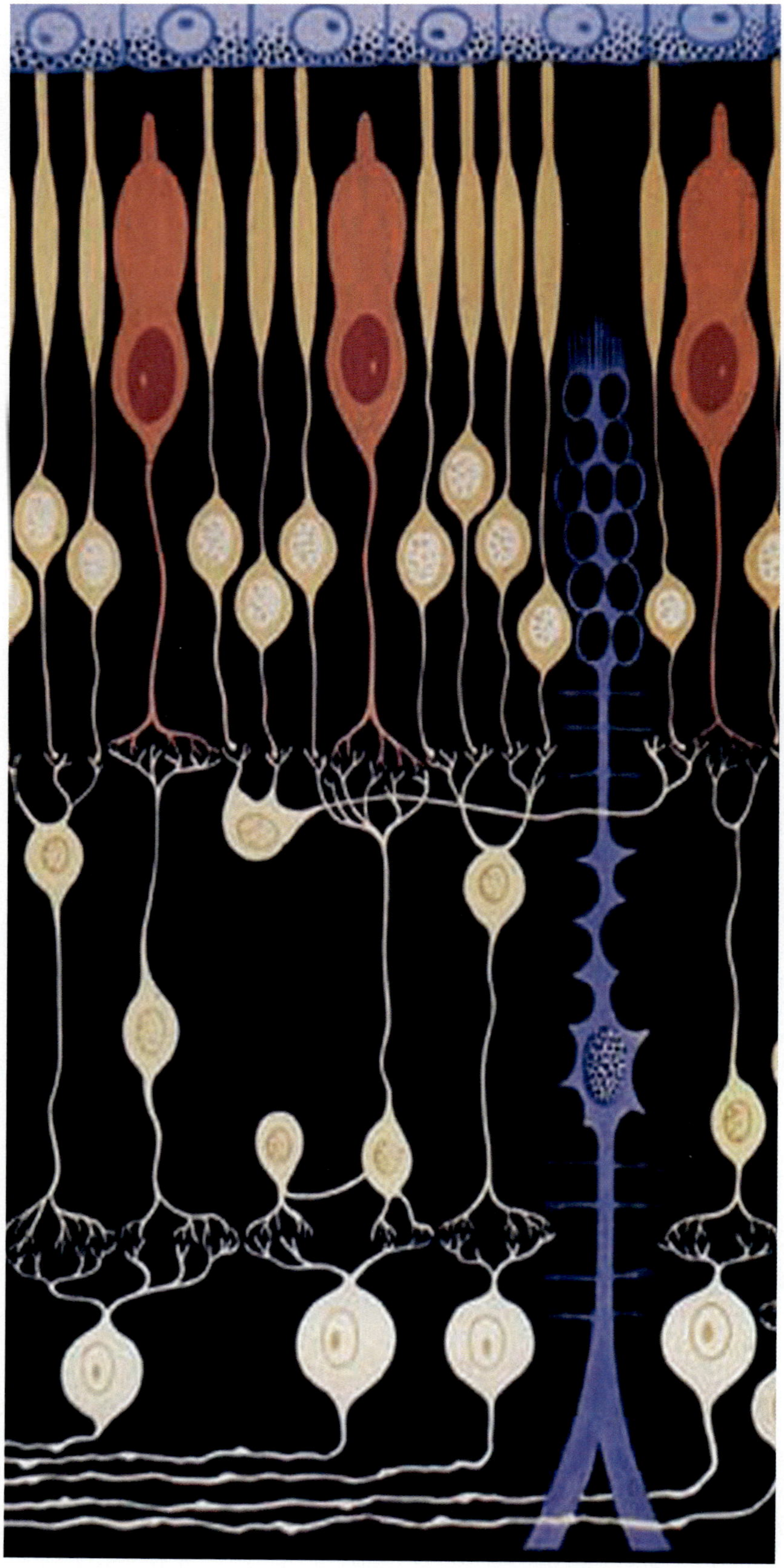

Der Inhalt des Augapfels besteht aus der Linse, dem Glaskörper und dem Kammerwasser. Zwischen Hornhaut und Regenbogenhaut befindet sich die vordere Augenkammer, die mit Kammerwasser gefüllt ist. Diese setzt sich durch die Pupille in die hintere Augenkammer fort, die zwischen Regenbogenhaut und Linse liegt.

Die Linse, die vollkommen durchsichtig ist, ist ringsherum am Ziliarkörper, aufgehängt mithilfe eines Fasersystems, den Zonulafasern. Der im Ziliarkörper gelegene Ziliarmuskel kann die Form der Linse bestimmen (Akkomodation).

Der Glaskörper (Corpus vitreum) besteht aus einer geleeartigen, durchsichtigen Substanz und nimmt den Raum hinter der Linse im Augapfel ein. Der Sehnerv (Nervus opticus) verläuft vom Augapfel leicht gekrümmt durch die Augenhöhle nach hinten. Der Nerv durchbohrt das Keilbein und erreicht so die Schädelhöhle an der Unterseite des Gehirns. Zu den Hilfsorganen des Auges gehören die Augenmuskeln, die Augenlider, die Bindehaut und der Tränenapparat.

Augenmuskulatur

Das Auge kann mithilfe von sechs Muskeln in der Augenhöhle bewegt werden.

- Der gerade obere (M. rectus superior) und der gerade untere (M. rectus inferior) Muskel bewegen den Augapfel horizontal nach rechts und links.
- Der gerade innere (M. rectus internus) und der gerade äußere (M. rectus externus) Muskel sorgen für vertikale Bewegungen nach oben und unten.

Innere Schicht der Netzhaut, die die Sinneszellen enthält. Diese Schicht hat eine sehr komplexe Struktur. Die lichtempfindlichen Zellen (oben), nach ihrer Form Stäbchen und Zäpfchen genannt, liegen der äußeren pigmentierten Schicht eng an. Ihre kurzen, Dendriten genannten Fortsätze, sind einzeln oder gruppenweise über Ganglienzellen mit Nervenzellen verbunden. Jede Nervenzelle hat ein langes Axon, das an der inneren Netzhautoberfläche entlang, zwischen den beiden Schichten verläuft. An einem bestimmten Punkt treffen sich die Axone, um den Sehnerv (Nervus opticus) zu bilden (unten).

- Der obere schräge (M. obliquus superior) und untere schräge (M. obliquus inferior) sind gemeinsam mit den geraden Muskeln für Drehbewegungen verantwortlich.

Der sichtbare Teil des Auges wird vom oberen und unteren Augenlid geschützt. Die Lider werden von einer aus Muskelmembranen bestehenden Falte gebildet, die nach außen von Haut, nach innen von einer Schleimhaut (der Bindehaut) bedeckt wird. Die Augenlider öffnen und schließen sich im Wachzustand automatisch mehrere Male pro Minute, um die Feuchtigkeit des Auges zu erhalten.

Die Augenlider und die Bindehaut

Der Augapfel wird an der Vorderseite von den Augenlidern und der Bindehaut geschützt. Sowohl die Rückseite der Augenlider als auch die Vorderseite des Augapfels sind mit dieser Bindehaut bedeckt, die eine schützende Umhüllung für das Auge darstellt.

Die Augenlider selbst sind Hautfalten und verhindern gemeinsam mit den Wimpern Verletzungen durch Fremdkörper. Bei geschlossenen Augen ist der Spalt zwischen Augenlidern und Augapfel völlig von Bindehaut ausgekleidet, man spricht dann auch von einem Bindehautsack. Die Wimpern dienen vor allem dazu, Staub und Schweiß fernzuhalten. Die Augenbrauen schützen gegen den Schweiß der Stirn.

Der Tränenapparat

In den oberen Bindehautsack münden die Tränendrüsen mit einer Anzahl Kanäle. Die Tränendrüse (Glandula lacrimalis) liegt seitlich oberhalb des Augapfels und scheidet Tränenflüssigkeit in diesen Raum aus.

Die Tränenflüssigkeit strömt über die Hornhaut, wo sie Staubpartikel fortspülen kann, und fließt im inneren Augenwinkel über die Tränen ableitenden Wege ab. Jedes Augenlid enthält einen kleinen Schlauch, durch den Tränenflüssigkeit zum Tränensack abgeleitet wird. Über den Tränen-Nasengang (Ductus nasolacrimalis) fließt die Flüssigkeit zur Nasenhöhle ab. Dieser Gang mündet unter der unteren Nasenmuschel.

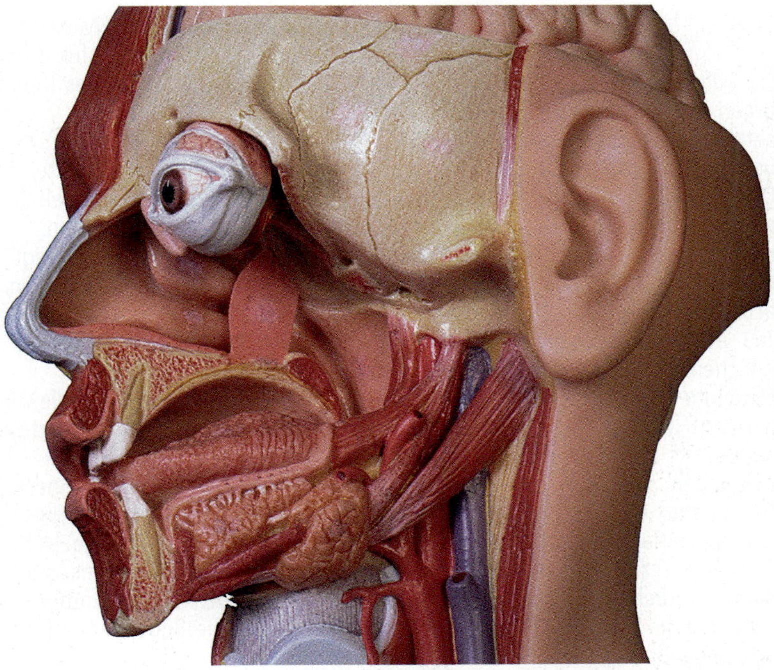

Seitenansicht des Kopfes; Topographie der wichtigsten Sinnesorgane: Auge, Ohr (Gehör und Gleichgewichtsorgan); Nasenschleimhaut (Geruch), Mundschleimhaut (Geschmack, Temperatur- und Tastsinn)

Mikrophotographie der Netzhaut

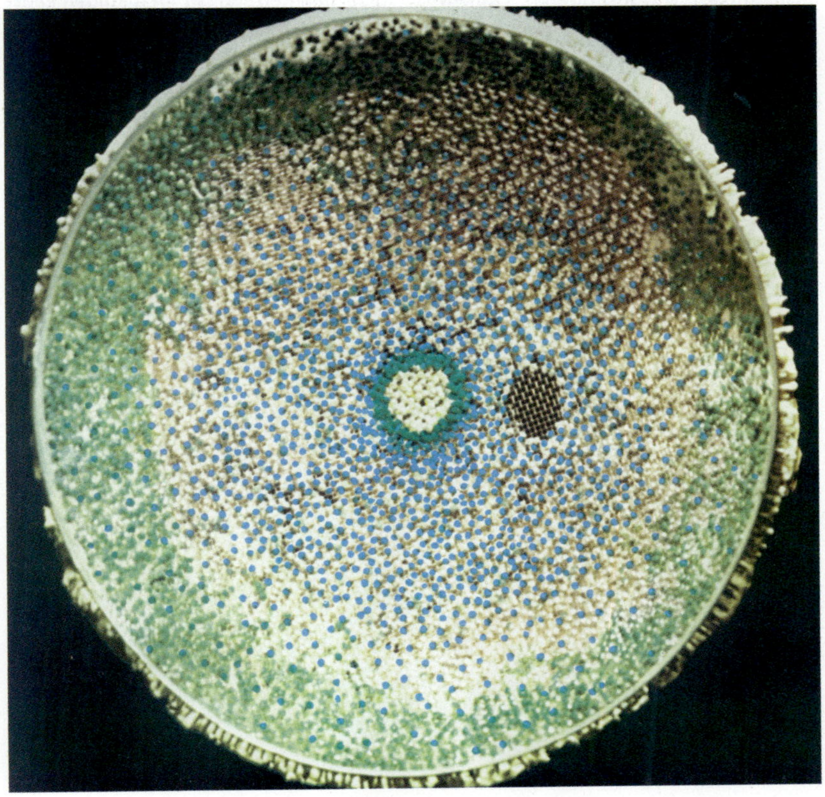

Ohr

Das Ohr, in dessen Inneren sich Hörorgan und Vestibularorgan befinden, setzt sich aus äußerem Ohr, Mittelohr und Innenohr zusammen.
Das äußere Ohr wird von der Ohrmuschel gebildet, einer Hautfalte, in der sich elastischer Knorpel befindet, und vom äußeren Gehörgang (Meatus acusticus externus), dessen Wand zum Teil aus Knorpel und zum Teil aus Knochen besteht. Dieser Teil wird vom Mittelohr durch das Trommelfell getrennt (Membrana tympani). Das äußere Ohr stellt einen Geräusche auffangenden Schalltrichter dar. Der Gehörgang, der zum Teil mit staubfangenden Haaren besetzt ist, leitet die Geräusche zum Trommelfell, einer dünnen, durchscheinenden Membran, die durch diese Geräusche in Schwingungen versetzt wird. Dadurch werden wiederum die Gehörknöchelchen in Bewegung versetzt. Kleine Drüsen produzieren Ohrenschmalz (Cerumen), das das Trommelfell geschmeidig hält.
Das Mittelohr besteht aus der mit Schleimhaut ausgekleideten Paukenhöhle (Cavum tympani), die mit einigen luftgefüllten Hohlräumen im Felsenbein in Verbindung steht. Diese Hohlräume machen einen Teil des Mittelohrs aus. Die Ohrtrompete (Tuba auditiva, Tuba eustachii) verbindet das Mittelohr mit dem Rachen und sorgt dafür, dass der Druck auf beiden Seiten des Trommelfells gleich bleibt.
Die drei Gehörknöchelchen in der Paukenhöhle bilden eine Kette, durch die Schallwellen vom Trommelfell zum Innenohr weitergeleitet werden.

- Der Hammer (Malleus) liegt mit seinem Stiel dem Trommelfell an.
- Der Steigbügel (Stapes) ist über die Fußplatte mit der Membran des ovalen Fensters verbunden.
- Der Amboss (Incus) bildet die Verbindung zwischen Hammer und Steigbügel.

Das Innenohr besteht aus einem System von Hohlräumen (knöchernes Labyrinth), in dem das häutige Labyrinth liegt. Teile des Labyrinths sind die Schnecke (Cochlea), der Vorhof (Vestibulum) und die Bogengänge (Canales semicirculares).
Das häutige und das knöcherne Labyrinth enthalten verschiedene Flüssigkeiten: Das knöcherne Labyrinth die Perilymphe und das häutige Labyrinth die Endolymphe. Schwingungen und Strömungen dieser Flüssigkeiten verursachen Reizung der im häutigen Labyrinth liegenden Sinneszellen.

Hör- und Vestibularorgan

Das Ohr enthält zwei Sinnesorgane, das Hörorgan und das Vestibularorgan.

Modell der Schnecke und Paukentreppe

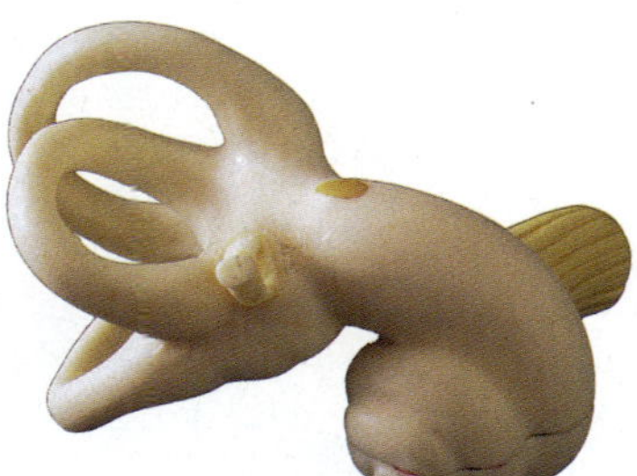

Außen- und Mittelohr sind nur für das Hörorgan von Bedeutung. Das Vestibularorgan ist vollständig von Knochen umgeben und liegt im Felsenbein.
Der Vorhof des knöchernen Labyrinths steht an der Rückseite mit den drei senkrecht aufeinanderstehenden Bogengängen in Verbindung und an der Vorderseite mit der spiralig gewundenen Schnecke. Zwischen Schnecke und Paukenhöhle befindet sich das runde Fenster, das durch eine Membran abgeschlossen wird.
Die drei Kanäle münden an beiden Enden in einem vorn gelegenen Raum, dem Vorhof. Zwei Kanäle münden mit einem gemeinsamen Schenkel in den Vorhof, während der dritte eine eigene Mündung hat.
Das in der Perilymphe des knöchernen Labyrinths eingelagerte häutige Labyrinth besitzt zwei miteinander verbundene Bläschen (Utriculus und Sacculus), die im Vorhof liegen. In ihnen befinden sich Rezeptoren für die Stellung des Kopfes im Raum, das Gleichgewichtssinnesorgan.
Vom vorderen Bläschen (Sacculus) geht ein spiralig gewundener Schlauch mit 2,5 Windungen ab. In der Wand dieses Schlauchs (Cochlea) liegen die Sinneszellen des Hörorgans (Corti-Organ). Die Schnecke besteht aus einer zentralen Säule, um die herum ein knöchernes Schneckenhaus in zwei Teilen liegt: Die Vorhoftreppe (Scala vestibuli) und die darunter gelegene Paukentreppe (Scala tympani).
An der Spitze der Schnecke haben die beiden Treppen miteinander Verbindung. Schwingungen der Flüssigkeit dieser beiden Treppen führen zu einer Reizung der Sinneszellen des Corti-Organs.
Das hintere Bläschen (Utriculus) des Vorhofs steht mit den drei Bogengängen in Verbindung. In der Wand einer Ausbuchtung der drei Bogengänge liegen die Sinneszellen des Drehbewegungssinnesorgans. An der Stelle, wo einer der Schenkel der Bogengänge mit dem Bläschen in Verbindung steht, befindet sich eine Erweiterung, in der Zellen mit Sinneshaaren liegen. Drehbewegungen des Kopfs bringen die Flüssigkeit in diesen Kanälen in Bewegung, wodurch die

Härchen bewegt und die Sinneszellen gereizt werden.
Der achte Hirnnerv (Nervus vestibulocochlearis) besteht aus einem vestibulären Teil, welcher die Erregungen des Vestibularorgans, und einem cochlearen Teil, der die Erregungen des Hörorgans über sensible Bahnen so dem Gehirn zuführt.

Geruchssinn

Im Gegensatz zum Gesichtssinn und zum Gehör ist der Geruchssinn ein „subjektiver" Sinn: Es ist unmöglich, die Qualität von Gerüchen exakt zu bestimmen. Konfrontiert man Menschen mit derselben Geruchssubstanz, reagieren sie sehr unterschiedlich. Manche mögen, was andere widerlich finden. Kulturell bedingte Geruchsvorgaben ergänzen persönliche Vorlieben.
Der Geruchssinn (olfaktorische Wahrnehmung) liegt in der Nasenhöhle, genauer in der Schleimhaut, die die Nasenmuscheln bedeckt und die Sinneszellen umgibt. Die Sinneszellen sind mit Flimmerhaaren übersät und geben die erhaltenen Informationen an das Gehirn weiter. Eine Substanz, die einen olfaktorischen Reiz auslösen kann, muss „flüchtig" sein und sich mit einer gewissen Geschwindigkeit in der Luft auflösen – was den von einem Luftzug ausgelösten Schnüffelreflex erklärt. Die Fähigkeit, Gerüche wahrzunehmen, ist bei jedem Menschen verschieden stark und bei Tieren am stärksten ausgeprägt. Der Geruchssinn kann mit Hilfe des Olfaktometers von Zwaardemaker gemessen werden.

Geschmackssinn

Der Geschmackssinn ermöglicht uns die chemische Zusammensetzung von Substanzen zu erkennen, die wir in unserem Mund haben. Diese Substanzen müssen direkten Kontakt mit den zuständigen Zellen haben. Diese Geschmackspapillen verfügen über eine besondere Empfindlichkeit und liegen an verschiedenen Stellen der Mundschleimhaut, der Zunge, dem Gaumensegel und dem Kehldeckel. Die Geschmacksimpulse werden an den Zungennerv weitergeleitet, der sich mit dem Gesichtsnerv vereinigt. Dieser Nerv führt zu einer bestimmten Stelle der Hirnrinde, wo das Geschmackszentrum sitzt.
Geschmackswahrnehmungen setzen sich aus vier Grundgeschmacksrichtungen zusammen: süß, salzig, sauer und bitter.
Jede Papillengruppe ist für eine dieser Geschmacksrichtungen zuständig, was die Erstellung einer Art Karte über die Geschmacksgeographie der Zunge möglich macht: Die Zungenspitze ist für Süßes empfindlich, der hintere Zungenteil für bittere Substanzen, die Seitenabschnitte nehmen Saures wahr und Teile der Zungenseiten und -spitze reagieren auf Salziges.
Der Geruchssinn liegt in den Nasengruben. Mit dessen Hilfe nehmen wir (abgesehen von den vier Grundgeschmacksrichtungen) alle Feinheiten eines Geschmacks wahr und wir können Nahrungsmittel wiedererkennen.

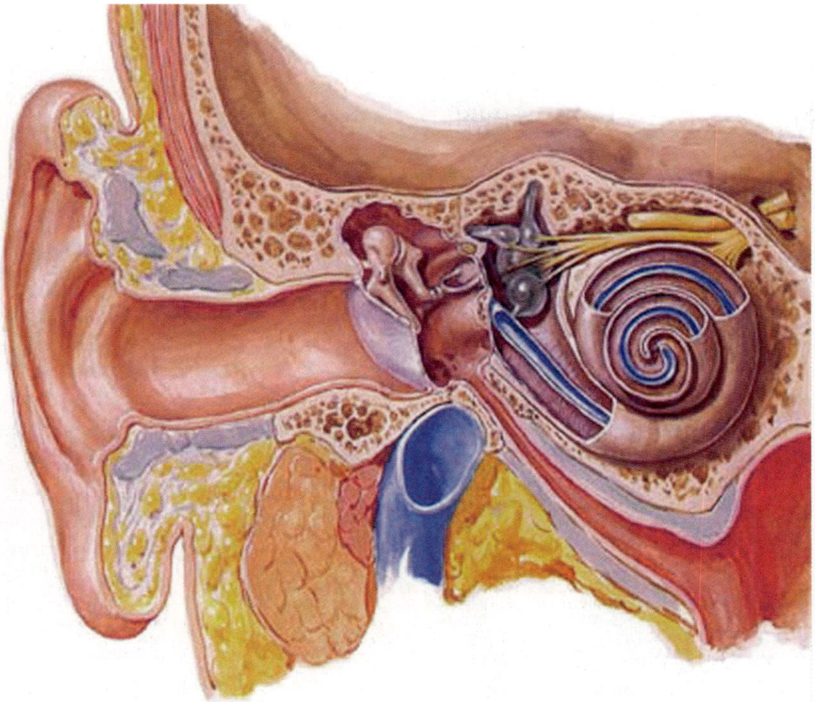

Schnitt durch das rechte Ohr
links: äußerer Gehörgang mit Trommelfell.; Mitte: Mittelohr mit Ohrknöchelchen (Hammer, Amboss, Steigbügel); rechts: Schnecke, darin Vorhoftreppe, Gehörgang mit Corti-Organ und Paukentreppe; rechts oben: Gesichtsnerv, Gleichgewichtsnerv und Hörnerv

Zunge

Die Zunge ist eine von einer derben, stark strukturierten Schleimhaut überzogene Muskelmasse, die erstaunlich beweglich und formbar ist. Die Zunge besteht überwiegend aus quergestreifter Muskulatur. An der Zungenoberfläche unterscheidet man zwei Abschnitte.
Der erste liegt beim stehenden Menschen horizontal und ist beim Öffnen des Mundes zu sehen. Diesen Teil der Zunge bezeichnet man als Zungenrücken. Der zweite, hinten festgewachsene Abschnitt, die Zungenwurzel, liegt beim stehenden Menschen senkrecht, der Wirbelsäule zugewandt und ist nur mit Hilfe eines eingeführten Spiegels zu sehen.
Der Zungenrücken hat in der Mitte eine seichte Längsrinne. Diese dient dem Speichel als dauernde Abflussbahn zum Schlund, während der übrige Teil des Zungenrückens dem Gaumengewölbe anliegt. Die Oberfläche des Zungenrü-

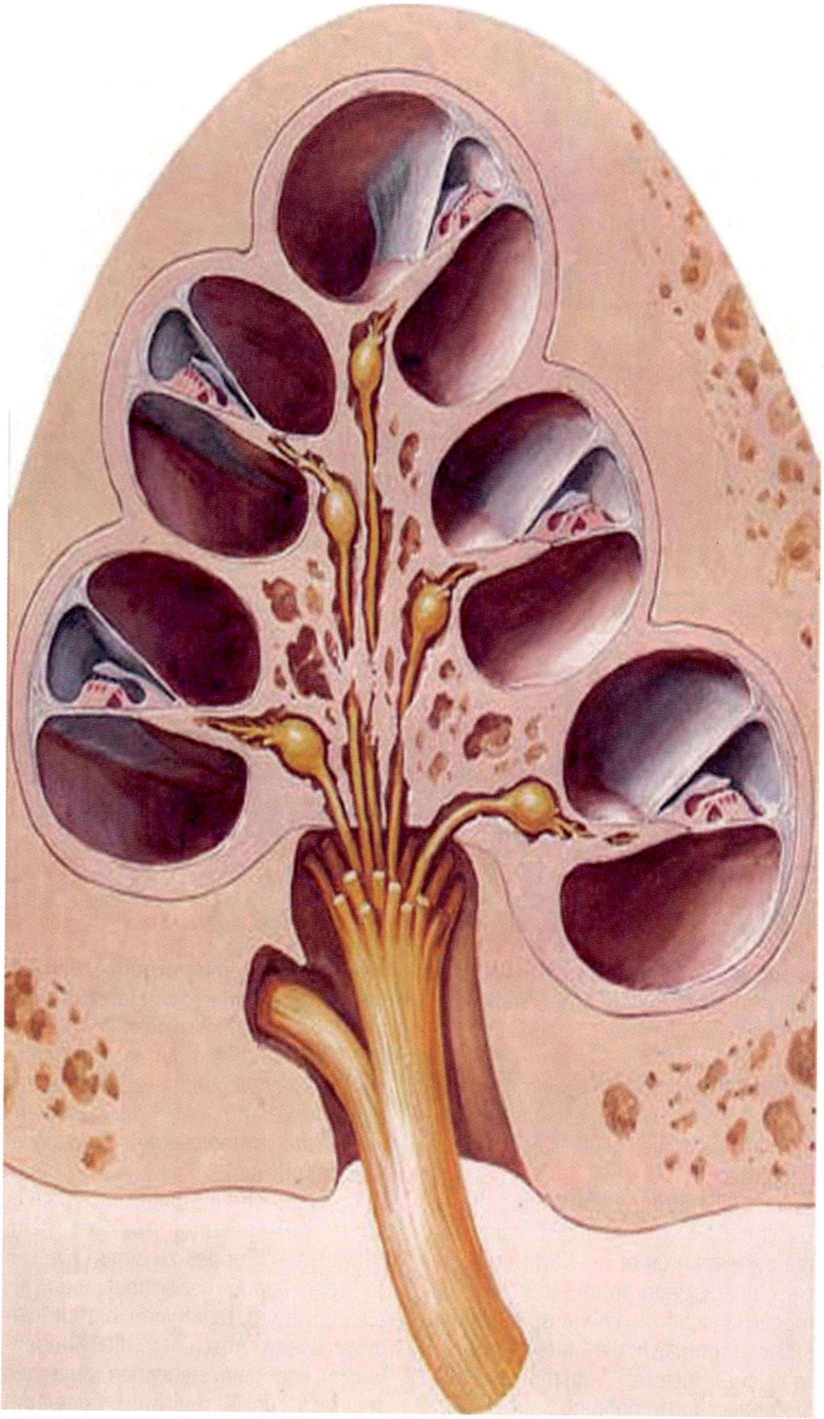

Schnitt durch die Schnecke

Das Innenohr gleicht einem Schneckenhaus, mit nahezu drei Windungen. Diese Windungen sind mit einer Flüssigkeit gefüllt. Der innere Teil der knöchernen Schnecke hat zwei Öffnungen zum Innenohr, die beide mit elastischem Gewebe abgeschlossen sind: das ovale und das runde Fenster. Jeder Abschnitt des Schneckengangs enthält (von oben nach unten) Vorhoftreppe und Gehörgang, gefüllt mit Endolymphe und Paukentreppe. Unten sieht man den Gleichgewichtsnerv (links) und den Hörnerv (rechts).

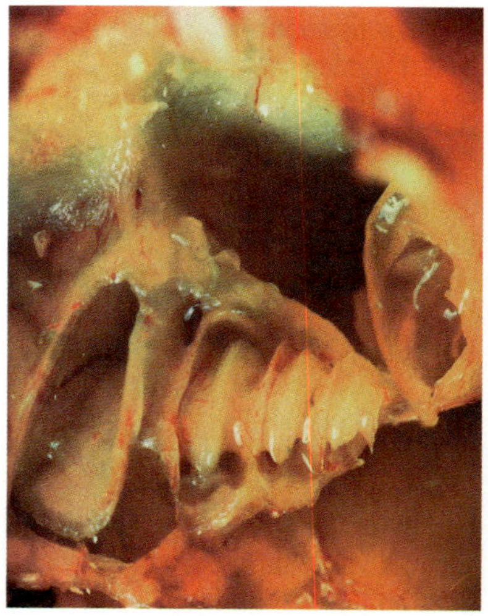

Großansicht der Schnecke

ckens ist rauh, filzig, weißlich, während die der Zungenwurzel rosarot und spiegelnd ist.

Zungenrücken und Zungenwurzel sind durch eine seichte V-förmige Rinne gegeneinander abgegrenzt. Die Oberfläche des Zungenrückens ist reich an sehr verschieden geformten Erhebungen (Papillen). Ihrer Form nach unterscheidet man faden-, pilz-, blatt- und wallförmige Papillen.

Die Fadenpapillen sind in gleicher Dichte über den ganzen Zungenrücken verteilt und geben der Oberfläche das samtartige Aussehen. Sie stehen stets in Kolonien zusammen und tragen feine verhornte, nach hinten gerichtete Spitzen. Die himbeerroten Pilzpapillen sind größer und weniger zahlreich.

Die eigentlichen Träger der Geschmacksempfindungen sind die Geschmacksknospen. Der Form nach sind es tonnenförmige Gebilde, die aus lang gestreckten Zellen aufgebaut sind. Die inneren Zellen sind gerade, die äußeren gebogen. Jede Zelle wird von einer Nervenfaser versorgt, die wahrscheinlich auch in die Zelle eindringt.

Die wichtigste Funktion der Zunge ist die Geschmackswahrnehmung. Zur Auslösung der Geschmacksempfindung bedarf es eines chemischen Reizes, der nur von wasserlöslichen Stoffen ausgelöst wird. Man unterscheidet vier Geschmacksqualitäten: sauer, salzig, bitter und süß.

Haut und Haare

Die Haut ist ein schichtenförmig aufgebautes Organ, das die Körperoberfläche bildet und solcherart den ganzen Körper umhüllt. Die Haut spielt als Organ nicht nur eine bedeckende und beschützende Rolle, sondern ist auch für das Behalten einer konstanten Körpertemperatur von großer Bedeutung, und zugleich ist sie eines der wichtigsten Sinnesorgane.
Die drei Hauptschichten der Haut sind die dünne Oberhaut (Epidermis), die dickere Lederhaut (Dermis oder Corium) und das Unterhaut-Bindegewebe (Hypodermis, Subcutis oder Unterhaut).

■ *Oberhaut*
Die Oberhaut (Epidermis) ist ein mehrschichtiges, verhorntes Deckgewebe mit platten Zellen, dem sogenannten Plattenepithelbelag, bei dem man trotz der geringen Dicke (0,1–0,7 mm) noch fünf Schichten unterscheiden kann.

■ *Lederhaut*
Die Lederhaut besteht aus zwei Schichten und hat gewöhnlich eine Dicke von 1–2 mm, kann aber auf den Fußsohlen und Handinnenflächen bis zu 3 mm dick werden. Die Grenze zwischen Oberhaut und Lederhaut ist auf einem Querschnitt deutlich zu erkennen, der Übergang zum Unterhaut-Bindegewebe ist viel allmählicher.

■ *Unterhaut-Bindegewebe*
Das Unterhaut-Bindegewebe (Unterhaut, Subcutis) wird gebildet durch in alle Richtungen laufende, viel lockerer organisierte kollagene und elastische Fasern, die bis in die netzförmige Schicht der Lederhaut reichen. Abhängig von den Ernährungsgewohnheiten des Individuums entwickeln sich in dieser Schicht Fettzellen, die die Unterhaut-Fettschicht bilden. Diese kann auf dem Bauch 5 cm dick werden. Im Unterhaut-Bindegewebe laufen viele Blutgefäße und Nervenfasern.

Hautdrüsen

Die Hautdrüsen – Talgdrüsen und Schweißdrüsen –, die unter der Oberhaut liegen, können als besondere Wachstumsformen der Oberhaut angesehen werden.

■ *Talgdrüsen*
Die Talgdrüsen bilden sich als Zellklümpchen der Lederhaut, die sich in die Lederhaut einstülpen. Sie haben einen Ausführungsgang, der in den Hals eines Haares mündet. An einigen Stellen des Körpers gibt Talgdrüsen ohne Haare, nämlich in den Lippen, dem männlichen Glied und in den Brustwarzen und kleinen Schamlippen.

■ *Schweißdrüsen*
Die Schweißdrüsen sind längliche, röhrenförmige Drüsen, die gewunden sind und als Einstülpungen der Mutterschicht angesehen werden können. Die Schweißdrüsen liegen in der Lederhaut und haben einen engen Kanal im Zentrum, der in der Hautoberfläche mündet. Es gibt Schweißdrüsen, bei denen die Drüsenzellen andauernd ein wässriges Produkt ausscheiden, ohne dabei selbst Schaden zu erleiden (sogenannte ekkrine Schweißdrüsen), und Schweißdrüsen, deren Zellen ein wachsartiges Produkt ausscheiden und nach der Ausscheidung zugrunde gehen (apokrine Schweißdrüsen).
Letztere Form kommt hauptsächlich in der Achselhöhle und der Schamgegend vor. Bei der Zersetzung des wachsartigen Schweißes durch Hautbakterien entsteht der typische Schweißgeruch.

Hautanhangsgebilde

Als Anhangsorgane der Haut gelten die Talg-, Schweiß- und Duftdrüsen sowie die Haare und die Finger- und Zehennägel. Diese Hautanhangsorgane erfüllen Spezialaufgaben und unterstützen die Hautfunktion.

- Hautdrüsen: Talg-, Schweiß- und Duftdrüsen haben unterschiedliche und spezielle Funktionen.
- Haare: Haare sind kompliziert aufgebaute Gebilde, die aus dem sichtbaren Haarschaft und der unsichtbaren Haarwurzel sowie der Haarzwiebel bestehen und schräg in der Haut stecken. Die Haarzwiebel, der Motor des Haarwachstums, befindet sich in der mittleren Hautschicht, der Lederhaut, und wird von dort durch eine gefäßreiche Papille mit Blut versorgt. Die Haare wachsen täglich 0,2–0,3 Millimeter. Jeder Mensch

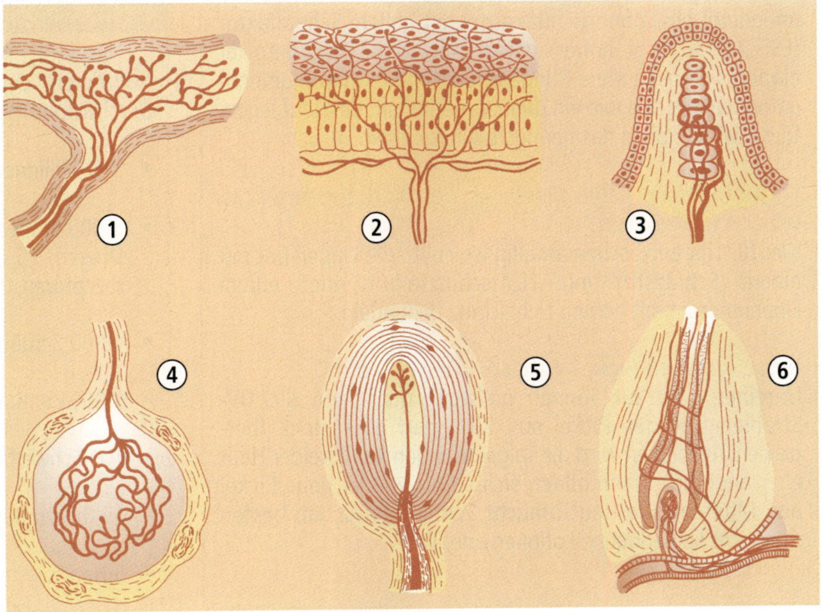

Sinnesorgane der Haut:
1 – Ruffini-Körperchen (Wärmeempfindung)
2 – Schmerzrezeptor
3 – Meißner-Körperchen (Tastempfindung)
4 – Krause-Körperchen (Mechanorezeptor)
5 – Vater-Pacini-Körperchen (Lamellenkörperchen)
6 – Haarrezeptor (Mechanorezeptor)

Wichtige Fragen und Antworten zum Sinnesorgan Haut

Was ist normale Haut?
Normale Haut hat enge Poren und ein feines gleichmäßiges Hautbild. Sie ist elastisch, frei von Mitessern oder erweiterten Poren und meist rosig frisch.

Was ist Mischhaut?
Mischhaut kommt am häufigsten vor. Stumpf und glänzend in der Mittelpartie, meist noch mit erweiterten Poren und Mitessern. Die übrigen Zonen und der Hals sind normal bis trocken. Die Faltenbildung hängt von der Pflege ab.

Was ist trockene Haut?
Trockene Haut ist am empfindlichsten und am anfälligsten für Faltenbildung. Unter dem Einfluss von Sonnenlicht und Heizung trocknet sie rasch aus, wird schuppig, verliert ihre Spannkraft und neigt zu frühzeitiger Alterung. Bei Kälte und Trockenheit wird sie schnell rot und spannt. Sie neigt zu Rosacea, reagiert auf geringste Reizungen, und die Poren sind so eng, dass man sie kaum erkennt. Der Teint wirkt unelastisch, fahl und glanzlos.

Was ist fettige Haut?
Fettige Haut ist dick, glänzend und weist meist Mitesser und Unreinheiten auf. Auch fettige Haut kann unter dem Einfluss übermäßiger Sonnenbestrahlung oder falscher Pflegeprodukte austrocknen. Sie kann sich dann sogar entzünden. Trotzdem ist dieser Hauttyp solide und neigt kaum zur Faltenbildung.

Was lässt sich gegen eine Sonnenallergie und Pigmentflecke tun?
Bei Anfälligkeit für Sonnenallergie und Pigmentflecke sollte unbedingt ein Sonnenschutzmittel mit hohem Schutzfaktor (LSF 20, 30 oder höher) gewählt werden. Für Allergiker eignen sich besonders Pflegeprodukte, die Mikropigmente enthalten, die sich wie ein dünner Mantel auf die Haut legen. Diese Mittel haben das geringste Allergierisiko.

Lippenbläschen: Wie lässt sich bei starker Sonne am besten vorbeugen?
Wer für Lippenbläschen anfällig ist, sollte die Lippen gut mit einem Schutzstift mit Lichtschutzfaktor oder einem Lippenbalsam mit hohem Lichtschutz behandeln.

Verschwinden Pickel durch Sonnenbaden?
Unreiner Haut tut Sonnen meistens gut, denn die UV-Strahlen trocknen Pickel aus. Man darf aber nicht übertreiben. Ansonsten wird die Talgproduktion bei unreiner Haut eher angeregt. Dann bilden sich sofort wieder neue Pickel und Mitesser. Die Haut braucht Sonnenschutz, am besten sind nicht komedogene Lotionen oder Gele.

Welcher Sonnenschutz ist für Sie der richtige?
Als Schutz vor Sonnenbrand, zur Verminderung des Krebsrisikos und zur Vorbeugung gegen vorzeitige Hautalterung muss ein Produkt verwendet werden, das die ganze UV-Bandbreite (UVA und UVB) abdeckt. Wenn Sie Hautprobleme haben, sollten Sie Ihren Apotheker oder Hautarzt konsultieren, um das Produkt zu finden, das genau auf die Bedürfnisse Ihrer Haut und auf die geplante Sonnenexposition abgestimmt ist.

Was versteht man unter Phototyp und Lichtschutzfaktor (LSF)?
Der Phototyp bezeichnet den natürlichen Schutz der Haut ohne Sonnenschutzprodukte, also die Eigenschutzzeit der Haut. Der zusätzliche Schutz durch ein Sonnenschutzmittel wird auf dem Produkt als Lichtschutzfaktor (LSF) angegeben und besagt, um wie viel länger man damit die Haut der Sonne aussetzen kann. Wenn Sie den Lichtschutzfaktor des Schutzproduktes mit Ihrer Eigenschutzzeit multiplizieren, erhalten Sie die Zeit, die Sie an einem Tag insgesamt an der Sonne bleiben dürfen. Mit einem Sonnenschutzprodukt mit LSF 10 können Sie demzufolge zehnmal länger in der Sonne bleiben als ohne Schutzmittel. Der LSF ist aber nur ein Richtwert, denn in der Praxis wird er durch verschiedene Faktoren, wie Baden, Schwitzen und verwendete Produktmenge beeinflusst. Vorsichtshalber sollte man davon ausgehen, dass der tatsächliche Schutz weniger als die Hälfte des angegebenen Lichtschutzfaktors beträgt.

Wunderorgan Haut

Auf einem Quadratzentimeter Haut befinden sich im Durchschnit:

- 3–5 Millionen Zellen insgesamt.
- 5.000 Sinnesorgane: Nervenenden für Blutgefäße und Drüsen, 25 Druck- und Schmerzrezeptoren, 12 Kälterezeptoren, 2 Wärmerezeptoren.
- 4.000 Zentimeter Nervenfasern.
- 1.000 Zentimeter Blutgefäße.
- 100 Schweißdrüsen.
- 15 (bis zu 300) Talgdrüsen.
- 5 Haare.

hat 85.000 bis 140.000 Haare auf dem Kopf. Jedes Haar ist mit einem glatten Muskel ausgestattet (Musculus arrector pili), der am Haarbalg ansetzt und die Stellung des Haars kontrolliert. Haare dienen gleichzeitig als tastende Sinnesorgane, da ihre Wurzeln von feinsten Nerven umgeben sind.

- Nägel: Die harten Finger- und Zehennägel sind Hornplatten und schützen die Endglieder an Händen und Füßen. Sie sind an ihrem Ende in die Nageltasche eingewachsen und besitzen keine eigene Färbung. Die Nagelwurzel erkennt man an dem kleinen Halbmond am unteren Nagelende. Nägel wachsen etwa einen Millimeter pro Woche. Obwohl das Nagelbett mit vielen Nervenenden versehen ist, gehören Nägel nicht zu den Sinnesorganen.

Hautfunktionen

Die Haut dient zum Schutz, spielt eine wichtige Rolle bei der Temperaturregelung des Körpers und enthält zugleich ein ausgebreitetes System von Sinnesorganen.

Die Oberhaut, die eine gut abschließende Trennwand zur Außenwelt bildet, ist eine echte Barriere gegen die vielen Stoffe und Mikroorganismen, mit denen der Körper in Kontakt kommt. Bakterien, Schimmel und große Parasiten wie Flöhe und Läuse haben keine Chancen, in eine unversehrte Oberhaut einzudringen.

Dank der Ausscheidungsprodukte der Talg- und Schweißdrüsen wird auch verhindert, dass Wasser durch die Haut eindringt. Nur bei langanhaltendem Kontakt vor allem mit Salzwasser kann Wasser durch die Haut dringen, wodurch die Hornschicht anschwillt.

Bei der Regelung der Körpertemperatur spielen verschiedene Mechanismen eine Rolle. Die Haut und das Unterhautgewebe sind sowohl imstande, Wärmeverlust zu verhindern als auch für Abkühlung zu sorgen.

Zu diesem Zweck liegen in der Haut Kälte- und Wärmesinneszellen, die für die Übermittlung von Informationen über die Hauttemperatur zum Nervensystem Sorge tragen.

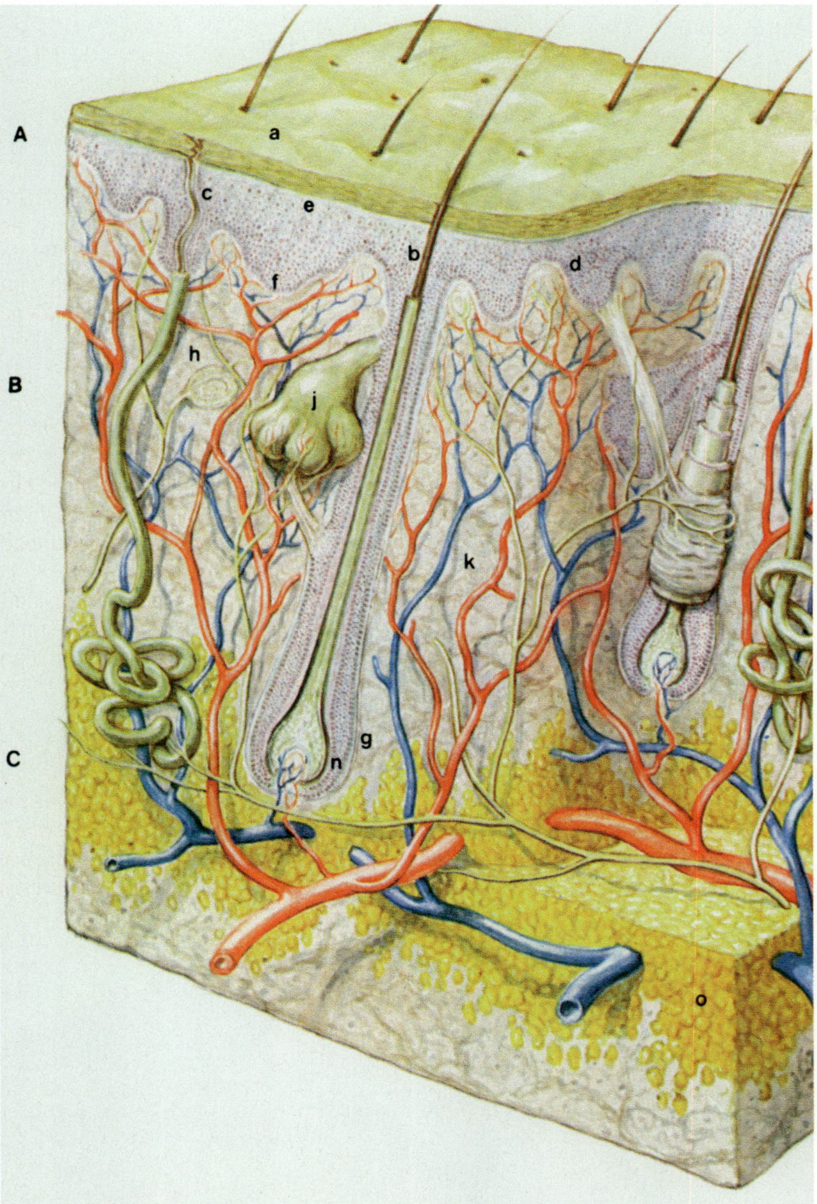

Schematischer Aufbau der Haut:
A – Oberhaut
a – Oberfläche der Haut; b – Haarschaft; c – Ductus oder Gang der Schweißdrüse; d – Papille; f – Hornschicht; g – Keimschicht.

B – Lederhaut
g – Haarwurzel; h – Hautsinnesorgan (Tastorgan); j – Talgdrüse; k – Bindegewebe; n – Haarpapille.

C – Unterhaut
o – Fettgewebe

7. Innere Organe

Der Mensch kann wochenlang fasten und kurzzeitig dursten – aber ohne zu atmen, halten es auch gute Taucher nicht länger als drei Minuten aus. Atmung ist also lebensnotwendig. Der Atemvorgang erscheint so, als würde lediglich Luft eingesogen und wieder ausgestoßen. In Wirklichkeit aber besteht die Atmung aus vielen komplizierten Vorgängen, die nicht nur in den Atmungsorganen, sondern auch in jeder Zelle des Körpers ablaufen.

Gasaustausch

Alle Lungenbläschen sind von einem Netz haarfeiner Blutgefäße (Kapillaren) umgeben. Die dünnen Wände der Lungenbläschen bilden die Kontaktfläche zwischen Atemluft und Blut. Durch sie dringt Sauerstoff aus der Einatemluft in die Blutkapillaren ein. Gleichzeitig wird der bei der Muskelarbeit entstandene Abfallstoff Kohlendioxid aus dem Körper aufgenommen.

- Äußere Atmung: Bei diesem Gasaustausch, der fortwährend stattfindet, gelangt Sauerstoff aus der Lunge ins Blut und Kohlendioxid aus dem Blut in die Lunge. Dieser Vorgang wird als äußere Atmung bezeichnet.
- Innere Atmung: Darüber hinaus läuft eine innere Atmung in den Körperzellen ab. Bei dieser Zellatmung werden die Grundbausteine der aufgenommenen Nährstoffe mithilfe von Sauerstoff in noch kleinere Teile zerlegt, und die in ihnen gespeicherte Energie wird frei, die der Körper für viele Vorgänge (zum Beispiel Muskeln für Bewegung) benötigt.

Die Brusthöhle enthält die Atmungsorgane, die Organe des Blutkreislaufs und Teile anderer Systeme, wie etwa die Speiseröhre. Die Brusthöhle wird durch die Rippen, das Brustbein und einen Teil der Wirbelsäule gebildet und durch eine gewölbte Muskelplatte – das Zwerchfell oder Diaphragma – von der Bauchhöhle getrennt. Gelangen Wasser oder giftige Gase in die Lungen, kann ein lebensbedrohlicher Sauerstoffmangel entstehen oder es droht sogar Tod durch Ersticken. Bei Kreislaufversagen und Bewusstlosigkeit mit Atemstillstand können die Lungen durch Mund-zu-Mund/Nase-Beatmung im Rahmen der Ersten Hilfe mit lebenswichtiger Luft versorgt werden.

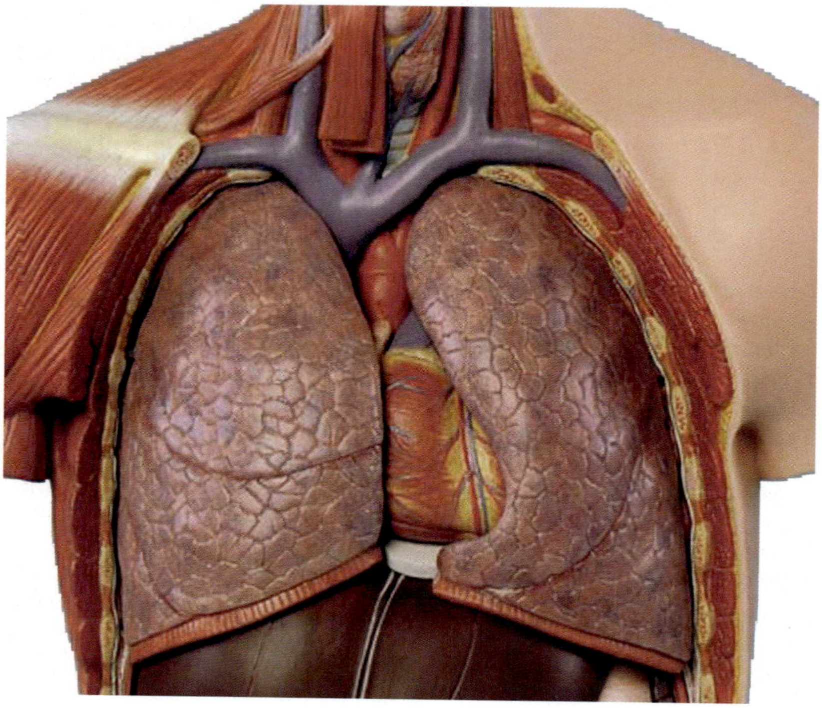

Atemwege

Dieses Organsystem sorgt einerseits für die Sauerstoffaufnahme und andererseits für die Abgabe von Kohlendioxid und Wasserdampf. Die ein- und ausgeatmete Luft besteht aus einer Mischung von Sauerstoff, Stickstoff, Kohlendioxid und Edelgasen mit wechselndem prozentualen Anteil. Der Atemtrakt kann in zwei Bereiche unterteilt werden:

Obere Luftwege:
- Nasenraum
- Rachenraum (Pharynx)
- Kehlkopf (Larynx)
- Luftröhre (Trachea)

Untere Luftwege:
- Bronchien
- Bronchiolen
- Lungenbläschen (Alveolen)

Nasen- und Rachenraum

Die Nasenhöhle wird durch eine Scheidewand in eine linke und eine rechte Hälfte unterteilt. Der vordere Teil enthält Haare sowie Talg- und Schweißdrüsen. An den Seitenwänden befinden sich drei Nasenmuscheln (Conchae), wodurch die Nasenhöhle eingeengt wird. Die Schleimhaut der Nasenhöhle ist sehr gut durchblutet.

Unter den mittleren und oberen Nasenmuscheln münden die Nebenhöhlen der Nase. Unter der untersten Nasenmuschel mündet der Tränenkanal, wodurch Tränenflüssigkeit vom Auge zur Nase abgeleitet werden kann. Diese Flüssigkeit wird beim Einatmen trockener Luft verdampft, um die Feuchtigkeit im Nasen-Rachen-Raum zu erhöhen.

Luftröhre und Lungen

Die Luftröhre (Trachea) ist ein 12 Zentimeter langer Schlauch, der durch 10 bis 20 Knorpelspangen verstärkt wird. Diese Spangen sind an der Rückseite nicht durch Knorpel, sondern durch feste Bindegewebe und Muskulatur miteinander verbunden.
In Höhe des fünften Brustwirbels spaltet sich die Luftröhre (Bifurcatio) in zwei Stammbronchien, die im Lungenhilus in die rechte und in die linke Lunge ziehen.
Am Lungenhilus treten weiterhin die Lungenschlagadern (Arteria pulmonales) in die Lungen ein, während die Lungenvenen (Venae pulmonales) hier die Lungen verlassen.

Alveolen

Die Bronchien gehen in Bronchioli über, die sich aufteilen und statt geschlossener Wände ringsum dünnwandige Ausbuchtungen, die Lungenbläschen (Alveolen), aufweisen.
Insgesamt gibt es etwa 300 Millionen Alveolen, die eine Gesamtoberfläche von etwa 120 bis 150 Quadratmetern besitzen. Die Lungenbläschen sind von einem Kapillarnetz umgeben, das dem Austausch von Sauerstoff und Kohlendioxid dient.

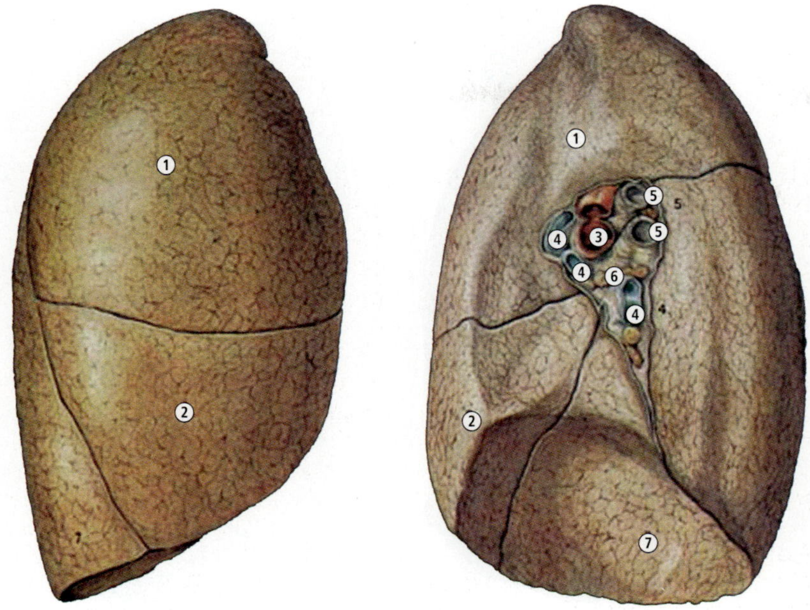

Vorder- (linkes Bild) und Rückansicht (rechtes Bild) des rechten Lungenflügels
1 – rechter Oberlappen, 2 – rechter Mittenlappen, 3 – Lungenschlagader, 4 – Lungenvenen, 5 – Stammbronchien, 6 – Lymphknoten, 7 – rechter Unterlappen

Lungen

Die Lungen und das Herz füllen den größten Teil der Brusthöhle aus. In dem verbleibenden Raum verlaufen viele Gefäße und Nerven. Die rechte Lunge besteht aus drei Lappen: dem unteren, dem mittleren und dem oberen Lappen. Die linke Lunge besteht aus zwei Lappen: dem oberen und dem unteren Lappen. Die Lungen sind ganz von einer eigenen Haut umgeben (Pleura), die aus zwei Blättern besteht.
Das äußere Blatt ist an der Innenseite der Brusthöhle befestigt (Pleura parietalis), das innere Blatt liegt direkt der Lungenoberfläche (Pleura visceralis) an. Im Lungenhilus gehen beide Blätter ineinander über und lassen Platz für Blutgefäße und Bronchien. Zwischen beiden Blättern befindet sich der kapillare Pleuraspalt als Gleitraum für die Lungen bei der Atmung.

Lungenfunktion

Der Austausch von Sauerstoff und Kohlendioxid gehört zu den wichtigsten Aufgaben der 300 Millionen Lungenbläschen. Die Aktivität einer jeden Zelle des Körpers ist vom regelmäßigen Sauerstoffangebot und der ständigen Fortleitung des Kohlendioxids abhängig. Sauerstoff ist für Aufbau und Stoffwechsel eines jeden Organs notwendig, während Kohlendioxid bei den meisten Stoffwechselprozessen als „Abfall" frei wird. Wenn sich zu viel Kohlendioxid im Gewebe ansammelt, werden die Organfunktionen in erheblichem Maß gestört.
Die roten Blutkörperchen sind das wichtigste Transportsystem für beide Gase, die in gelöster Form an den roten Blutfarbstoff (Hämoglobin) gebunden sind. Die Haargefäße der Lungenschlagadern bilden ein fein verzweigtes Netzwerk mit den Haargefäßen der Lungenvenen, die mit den Lungenbläschen in engem Kontakt stehen.
Die kugelförmigen Alveolen liegen so eng zusammen, dass ihre Wände vielfach aneinanderstoßen. In diesem Komplex von Alveolen und Kapillaren wird Kohlendioxid an das Lungengewebe abgegeben und Sauerstoff aufgenommen. Die Schnelligkeit, mit der dies geschieht, hängt in erheblichem Maß von der Geschwindigkeit und der Art der Atmung ab.
Der Kohlendioxidgehalt des Blutes fungiert als Kontrollgröße für die Steuerzentren der Atmung im Gehirn. Die Nervenzellen in diesen Zentren sind besonders empfindlich gegenüber Veränderungen der Kohlendioxidspannung im Blut. Steigt der Kohlendioxidgehalt um mehr als 34 Prozent, so führt dies unmittelbar zur Verdoppelung der Atemfrequenz. Auch eine Verminderung des Sauerstoffgehalts des arteriellen Bluts hat eine Wirkung auf den Atemmechanismus. In der Wand einiger Schlagadern (zum Beispiel des Aortenbogens) befinden sich Sinneszellen (Rezeptoren), die sehr geringfügige Veränderungen des Sauerstoffgehalts registrieren können. Über sensible Nerven sind diese kleinen Kontrollorgane mit dem Hirnstamm verbunden, wo das Atmungszentrum liegt.
Bei einer zu niedrigen Sauerstoffkonzentration werden die Nervenzellen stimuliert, sodass die Atmung durch die Steuerzentren im Gehirn vertieft eingestellt wird. Störungen der Lungen-

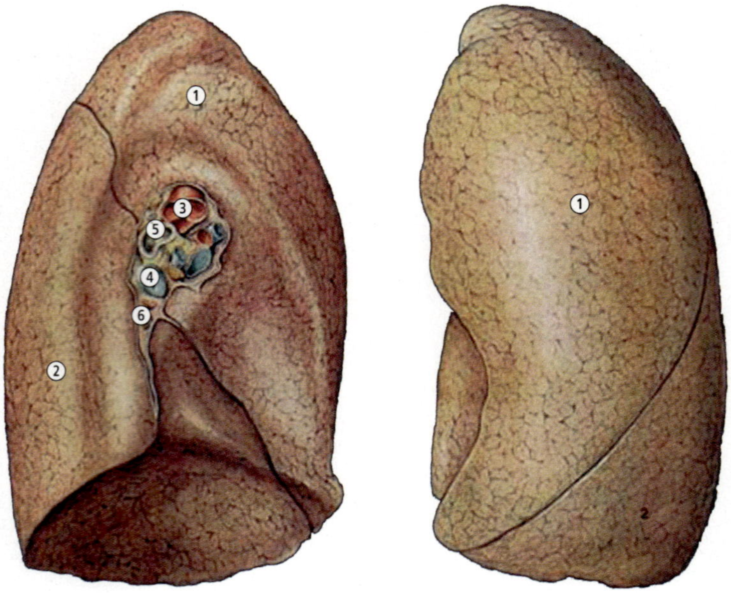

Vorder- (rechtes Bild) und Rückansicht (linkes Bild) des linken Lungenflügels
1 – linker Oberlappen, 2 – linker Mittellappen, 3 – Lungenschlagader, 4 – Lungenvenen, 5 – Stammbronchien, 6 – Lymphknoten

funktion (zum Beispiel Lungenentzündung) oder der Herzfunktion, durch die der Austausch von Kohlendioxid und Sauerstoff beeinträchtigt wird, können die Arbeit der einzelnen Organe des Körpers ernsthaft beeinträchtigen.
Die Lungen können das auftretende Sauerstoffdefizit zum Teil selbst kompensieren. Durch vertiefte Atmung wird der Austausch von Sauerstoff und Kohlendioxid beschleunigt. Zu tiefe und zu schnelle Atmung (Hyperventilation) kann jedoch auch den gegenteiligen Effekt haben.

Verdauungsorgane

Das Organsystem, dessen Aufgabe die Nahrungsaufnahme ist, besteht aus einem besonderen Kanal, der in der Mundhöhle beginnt und mit der Afteröffnung (Anus) endet. Zu diesem Organsystem gehören zahlreiche Organe, die sehr unterschiedliche Funktionen besitzen: Aufnahme der Nahrung, mechanische und chemische Verarbeitung der Nahrung durch Kauen, Transport der Nährstoffe durch die Wand des Magen-Darm-Kanals zur Aufnahme in die Blutbahn und Ausscheidung der Schlackenstoffe. Funktionell besteht das Verdauungssystem aus drei Teilen:

- Im obersten Abschnitt (Mund und Schlund, Magen und Zwölffingerdarm) findet die mechanische und chemische Verarbeitung der Nahrungsbestandteile statt.
- Im mittleren Teil (Dünndarm) findet die Resorption der zerkleinerten und verarbeiteten Nahrung durch die Darmwand statt.
- Im letzten Abschnitt (Dickdarm, Enddarm, Anus) werden unverdauliche Schlackenstoffe gesammelt und ausgeschieden. Hier findet auch der Eindickungsprozess statt, der dem Darminhalt viel Flüssigkeit entzieht.

Der von der Mundhöhle bis zum Anus reichende Verdauungstrakt gliedert sich in folgende Abschnitte:

- Mundhöhle und Schlund (Rachen), mit Zunge, Gaumen, Gebiss und Speicheldrüsen
- Speiseröhre (Ösophagus)
- Magen (Ventriculus, Gaster)
- Dünndarm:
  - Zwölffingerdarm (Duodenum) mit Ausführungsgängen der Leber (Gallenblase) und der Bauchspeicheldrüse (Pankreas)
  - Leerdarm (Jejunum) und Krummdarm (Ileum)
- Dickdarm:
  - Blinddarm (Zökum, früher Coecum oder Caecum) mit Wurmfortsatz (Appendix vermiformis)
  - aufsteigender Grimmdarm (Colon ascendens)
  - querer Grimmdarm (Colon transversum)
  - absteigender Grimmdarm (Colon descendens)
  - S-förmiger Teil des Dickdarms (Colon sigmoideum)
  - Enddarm (Rectum) mit After oder Anus

Verdauungsdrüsen

Zahlreiche Drüsen produzieren Enzyme, die eine katalytische Wirkung auf bestimmte Phasen des Verdauungsprozesses der wichtigsten Nahrungsbestandteile wie Kohlenhydrate, Fette und Eiweiße haben. Ihre Sekrete bestehen aus einer Mischung vieler Enzyme:

- Die Mundspeicheldrüsen produzieren Speichel.
- Drüsen der Magenwand produzieren Magensaft.
- Die Bauchspeicheldrüse produziert Bauchspeichel.
- Die Drüsen in der Darmwand produzieren Darmsäfte.
- Die Leber produziert Galle.

Die Drüsen der Mundhöhle, die Ohrspeicheldrüsen (Glandula parotis), die Unterkieferdrüse (Glandula submandibularis) und die Unterzungendrüse (Glandula sublingualis) produzieren eine Gesamtmenge von einem bis ein halb Liter Speichel pro Tag. Der Speichel besteht aus Schleim und dem Enzym Amylase, das Stärke in Zucker umwandelt. Leber und Bauchspeicheldrüse sind mit dem Verdauungstrakt verbunden, weshalb die in diesen Organen produzierten Sekrete auf den Nahrungsbrei einwirken können.

Mundhöhle

In der Mundhöhle wird die Nahrung mithilfe der Zähne und der Zunge zerkleinert und mit Speichel vermischt. Die Zunge ist aus einem Muskelgeflecht

aufgebaut, dessen Ursprung und Ansatz innerhalb der Zunge liegt. Die äußeren Zungenmuskeln, die ihren Ansatz in und den Ursprung außerhalb der Zunge haben, sorgen für die große Beweglichkeit der Zunge.
Dieses Organ, das von einer Schleimhaut bedeckt ist, dient zum Saugen, Kauen, dem Transport der Nahrung und zum Sprechen.

Speiseröhre
Die Speiseröhre (Ösophagus), die eine Länge von etwa 25 Zentimetern und einen Durchmesser von ungefähr zwei Zentimetern hat, besitzt eine kräftige glatte Muskelwand, die die Nahrung mithilfe peristaltischer Bewegungen zum Magen transportiert.

Magen
Dicht unter dem Zwerchfell mündet die Speiseröhre in den Eingang (Cardia) des Magens. Hier verbleibt die mit Magensaft und Salzsäure durchmischte Nahrung eine Zeit lang. Die aus drei Muskelschichten aufgebaute Magenwand kann sich kräftig kontrahieren, wodurch die Nahrung durch den Pylorus in den Zwölffingerdarm gepresst wird. Die Schleimhaut des ungefüllten Magens ist stark gefaltet. Zwei Paar besonders große, vom Mageneingang zum Magenausgang verlaufende Längsfalten bilden die Magenstraße.
Der Magenausgang (Magenpförtner, Pylorus) besteht aus einem kräftigen Ringmuskel, der während kurzer Perioden erschlafft, um kleine Portionen Speisebrei durchzulassen.

Dünndarm
Der erste Teil des Dünndarms ist der Zwölffingerdarm (Duodenum), ein hufeisenförmig gebogenes Rohr, das mit der Rückwand des Bauchs verwachsen ist und in das die Ausführungsgänge von Leber und Bauchspeicheldrüse gemeinsam münden. Der Dünndarm hat eine Länge von 4 bis 5 Metern.
Um eine möglichst große Oberfläche für die Aufnahme (Resorption) der Nahrungsbestandteile bereitzustellen, ist die Darmwand mit einer großen Anzahl Falten (Kerckring-Falten) versehen. An der Oberfläche befinden sich zahllose

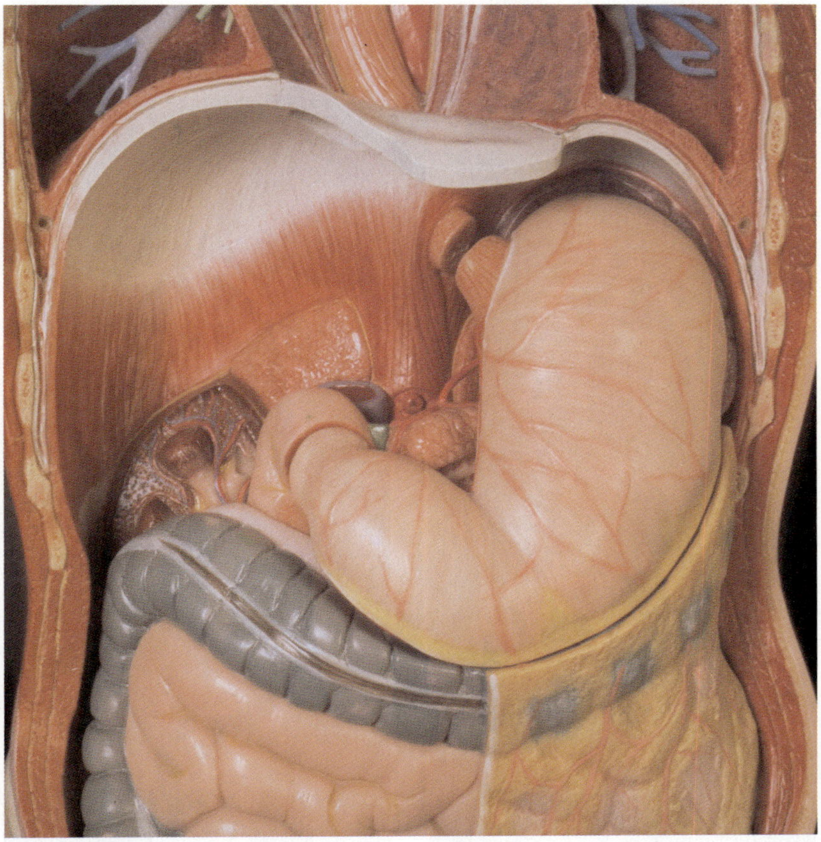
Topographie des Magens im Oberbauch

Darmzotten (Villi), die die Funktion kleiner Pumpen haben, um die resorbierten Nahrungsbestandteile besser abzutransportieren.
Die glatte Muskulatur sorgt sowohl für eine gute Durchmengung des Speisebreis als auch für den Transport mittels peristaltischer Bewegungen. Diese Doppelfunktion wird durch eine Schicht longitudinaler und zirkulärer Muskelzüge bewerkstelligt.
Die Darmwand weist außerdem viele Einsenkungen auf (Lieberkühn-Drüsen oder Krypten), in denen die Darmsäfte produziert werden.
Die Darmwand wird vom autonomen Nervensystem versorgt, das zwischen den einzelnen Wandschichten Geflechte (Plexus) bildet.

Bauchspeicheldrüse
Die Bauchspeicheldrüse (Pankreas) ist ein längliches Organ, das in der hufeisenförmigen Nische des Duodenums an der Rückwand des Bauchs liegt. Diese Drüse gibt durch einen Ausführungsgang den Pankreassaft ab, der von wesentlicher Bedeutung für den Abbau der Eiweiße, Fette und Kohlenhydrate ist. Außerdem produziert die Bauchspeicheldrüse zwei Hormone, das Insulin und das Glukagon. Beide Hormone werden direkt in die Blutbahn abgegeben und spielen eine große Rolle im Kohlenhydratstoffwechsel.

Dickdarm
Der Dünndarm mündet seitlich in den Dickdarm, sodass ein kurzes, blind endendes Stück des Dickdarms, der Blinddarm (Zökum) mit dem Wurmfortsatz (Appendix vermiformis), überhängt. Der Speisebrei bekommt im Dickdarm Kontakt mit Bakterien, die den Verdauungsvorgang unterstützen. Am Übergang vom Dünndarm zum Dickdarm befindet sich eine Klappe, die wie ein Ventil arbeitet und sicherstellt, dass der Dickdarminhalt nicht in den Dünndarm zurückfließen kann. Der

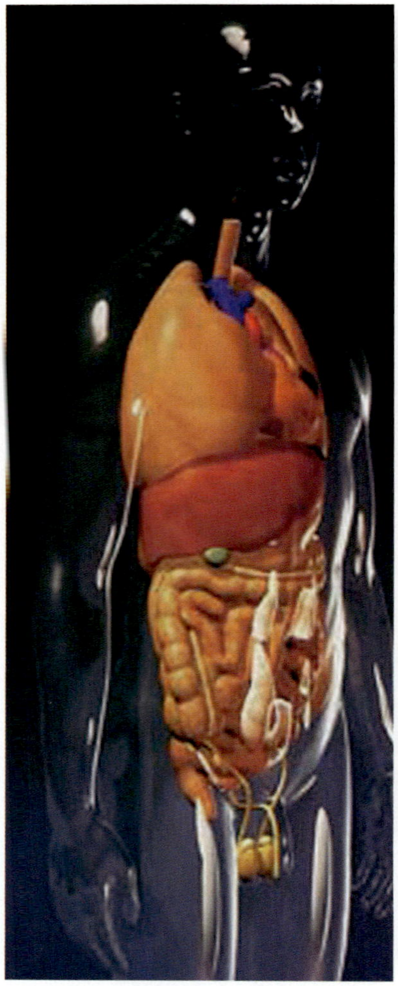

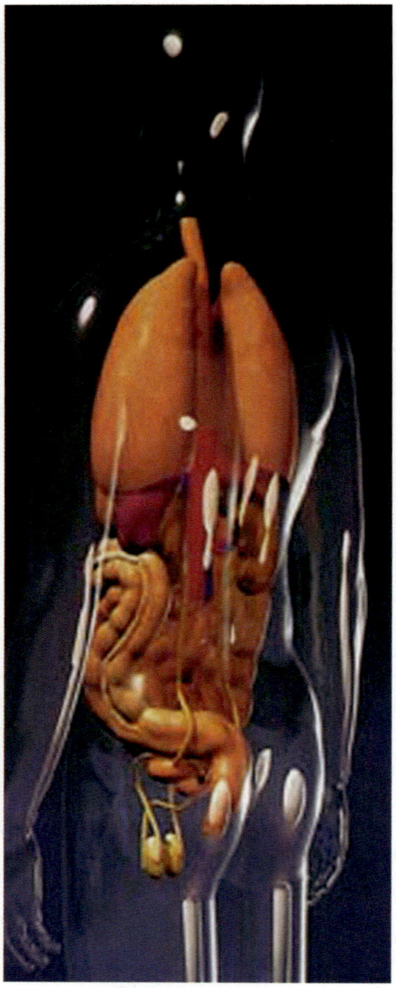

Schematische Darstellung des Rumpfes (Modell nach Computertomographien) von vorne (linkes Bild) und hinten (rechtes Bild)

Brustorgane

Die wichtigsten Brustorgane in der Brusthöhle sind: Herz, Lungen, Speiseröhre, Thymus, Luftröhre und viele große Blutgefäße.

Bauchorgane

Die wichtigsten Bauchorgane in der Bauchhöhle sind: Leber und Gallenblase (grün), Magen, Zwölffingerdarm, Milz und Pankreas, Dünndarm und Dickdarm.

Dickdarm (Colon) zeigt viele Aussackungen und Einschnürungen, hat aber keine Zotten. Hier werden auch keine Enzyme ins Darmlumen abgegeben, wohl aber werden hier von der Darmwand große Mengen Wasser rückresorbiert.

Leber

Betrachtet man die Leber von vorne, von oben oder von hinten, kann man deutlich einen rechten Leberlappen und einen linken Leberlappen unterscheiden. An der flachen Unterseite der Leber sieht man noch zwei kleine Leberlappen: Den vorne gelegenen viereckigen Lappen und den dahinter gelegenen geschwänzten Lappen.

Der rechte Leberlappen reicht mit einer scharfen Vorderkante bis zu einigen Zentimetern unter den rechten Rippenbogen, der linke bis links von der Mitte über dem Magen. Durch die Verbindung mit dem Zwerchfell bewegt sich die Leber mit jedem Atemzug und kann, vor allem bei tiefem Einatmen, im Bauch gefühlt werden. Bei tiefem Ausatmen verschwindet sie zum größten Teil unter dem Rippenbogen.

Zwischen den beiden Leberlappen befindet sich an der vorderen Ober- und Unterseite ein sichelförmiges Band, das durch ein Doppelblatt vom Bauchfell zwischen Bauchwand, Leber und Zwerchfell gebildet wird. An der unteren Seite der Leber befindet sich das runde Leberband, ein Überbleibsel eines Blutgefäßes, das nur vor der Geburt besteht und den Mutterkuchen über den Nabelstrang mit der Leber verbindet.

Rechts vom geschwänzten Leberlappen verläuft vertikal die im Lebergewebe gelegene untere Hohlvene, in die das sauerstoffarme Blut aus den Lebervenen fließt. Die untere Hohlvene liegt manchmal so tief im Lebergewebe, dass sie an der Hinterseite der Leber durch Bindegewebe verdeckt wird und bisweilen sogar von Lebergewebe umgeben ist.

Nieren und Harnwege

Die beiden Nieren (Renes) befinden sich an der Rückseite der Bauchhöhle. Es sind bohnenförmige Organe, die von der elften oder zwölften Rippe bis zum dritten Lendenwirbel reichen. Die linke Niere liegt häufig etwas höher als die rechte. Die nach vorne innen (medial) weisende Seite der Niere ist leicht ausgehöhlt. An dieser Stelle befindet sich der Austritt des Harnleiters (Ureter) und der Nierenvene (Venus renalis) und die Eintrittsstelle der Nierenschlagader (Arteria renalis).

Auf einem Längsschnitt kann man an der Niere Rinde und Mark unterscheiden. In der Rinde liegen Hunderttausende Nierengefäßknäuel (Glomeruli). Hierbei handelt es sich um fein verzweigte Gefäßknäuel, die in engem Kontakt mit dem kelchförmig eingestülpten Teil des Nierenkörperchens (Nephron) stehen. Diese Nierenkörperchen und die anschließenden Nierenkanälchen, die sich haarnadelförmig bis ins Nierenmark erstrecken, ermöglichen die komplizierten Filtrations- und

Resorptionsprozesse der Niere. Im Mark (Medulla) liegen außerdem die ableitenden Harnkanälchen, die alle in das Nierenbecken münden. Hier wird der Urin gesammelt und über den Harnleiter in die Blase (Ureter) weitergeleitet.

Harnleiter

Die Ureteren sind 25 bis 35 Zentimeter lange Schläuche, die im Nierenbecken entspringen, seitlich der Wirbelsäule entlang der hinteren Bauchwand verlaufen und dann, der seitlichen Begrenzung des kleinen Beckens folgend, in schräger Richtung von hinten die Wand der Blase durchbohren. Eine Schicht glatter Muskulatur sorgt durch peristaltische Bewegungen des Harnleiters für den Urintransport.

Harnblase

Die Harnblase (Vesica urinaria) ist ein muskulöses Hohlorgan, das hinter der Verbindung der beiden Schambeine liegt. Die Wand ist aus drei Schichten glatter Muskulatur aufgebaut, wodurch sich das Organ wechselnden Inhaltsmengen leicht anpassen kann. Urin tröpfelt kontinuierlich in die Blase. Bei einer Füllung von etwa 300 Kubikzentimetern werden in der Blasenwand liegende Nerven gereizt, und es kommt zum Harndrang.

Am Übergang von der Blase zur Harnröhre befindet sich ein Schließmuskel (Sphinkter). Dieser Ringmuskel verhindert das Abfließen des Urins aus der Blase. Die Kapazität der Blase, die vom Lebensalter abhängig ist, liegt zwischen 20 und 900 Kubikzentimetern. Eine leere Blase ist etwa so groß wie eine Mandarine. Die Blasenwand ist in entspanntem Zustand sehr dick.

Harnröhre

Die Harnröhre (Urethra) ist bei der Frau kürzer als beim Mann. Die weibliche Urethra verläuft nahezu gerade und mündet in den Scheidenvorhof. Die männliche Urethra besitzt zwei Krümmungen und dient außer dem Harntransport auch dem Transport der Samenzellen. Die Harnröhre muss den Beckenboden, eine muskulo-membranöse Platte, die den Beckenausgang verschließt, durchbohren.

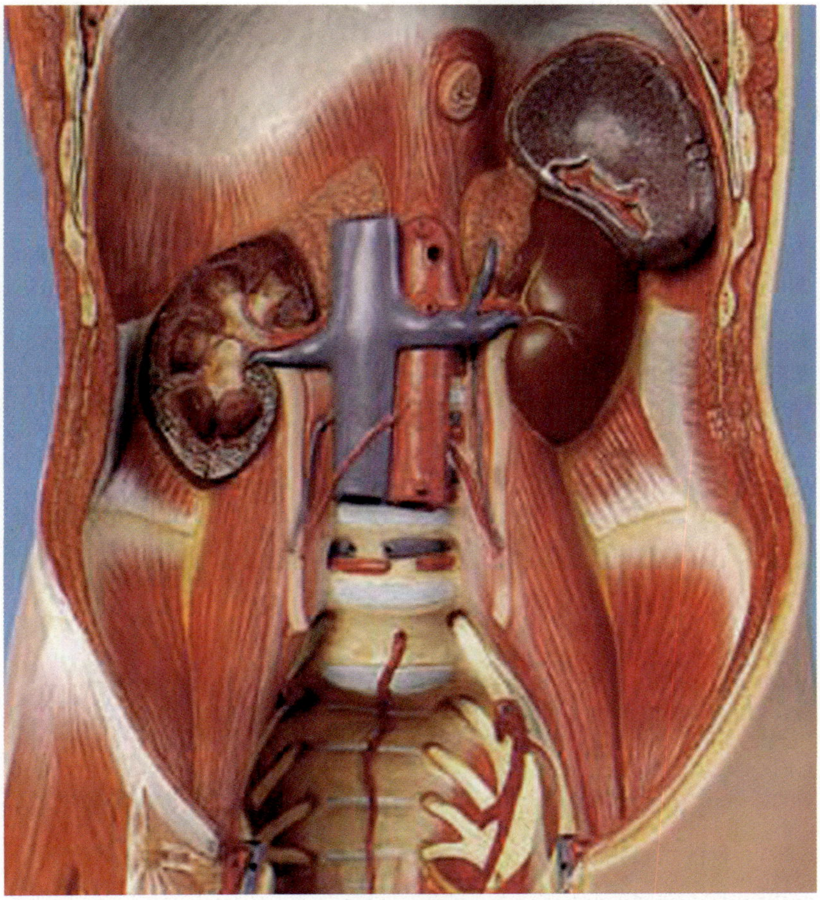

In der Bauchhöhle liegen die Organe zur Nahrungsaufnahme und Ausscheidung (Darm hier nicht dargestellt). Im unteren Bereich liegen die Harnblase, die Nieren und ein Teil des Darmapparates. Die Organe im Oberbauch (Leber, Gallenblase, Pankreas, Milz, Magen) werden zum Teil durch die Rippen geschützt, im Unterbauch durch das knöcherne Becken. In der Mitte sind die großen venösen (blau) und arteriellen (rot) Bauchgefäße sichtbar.

Nierenaufbau

Schneidet man eine Niere der Länge nach auf, so sind zunächst die rotbraune Rinde und das blassrosa Mark zu unterscheiden. Die Rinde weist an der Schnittfläche eine gerade noch mit dem bloßen Auge erkennbare Pünktelung auf. Das Mark besitzt eine streifig zentral orientierte Zeichnung. Es besteht aus zehn bis zwanzig Nierenpyramiden, deren Spitze nach innen, zum Nierenbecken, und deren Basis nach außen zur Rinde gerichtet ist.

Jede Niere besteht aus über einer Million funktionell eigenständiger Untereinheiten, den Nephronen. Nephrone sind gewundene, blind endende Röhrchen von etwa 3 Zentimetern Länge. Das blinde Ende befindet sich in der Nierenrinde. Die Windungen gehen durch das Mark und münden an der Spitze der Nierenpyramiden in einen Sammler, der dann über die Nierenkelche in den Harnleiter führt.

Die Verzweigungen der Nierenschlagader verlaufen zwischen Rinde und Mark in einem Bogen. Aus dem Bogen dringen Seitenäste in die Rinde ein, aus denen weitere Verzweigungen entspringen. An ihren Enden sitzen, wie Trauben an einer Rebe, kleine Kügelchen, die sogenannten Malpighi-Körperchen. Sie sind die Anfangsstücke der Nephrone und Ursache der Pünktelung der Rinde. Aus der Fortführung der hier beginnenden geschlängelten Röhrchen ergibt sich die streifige Maserung des Marks.

8. Drüsen und Hormone

Manche Drüsen scheiden ihre Sekrete nach außen aus, man nennt sie exokrine Drüsen. Im Gegensatz dazu produzieren die endokrinen Drüsen Substanzen, die direkt in den Blutstrom übertreten und weit vom Ort ihres Ursprungs wirksam werden. Solche Substanzen werden Hormone genannt. Gegenwärtig sind nahezu 40 Hormone von 8 verschiedenen Drüsen bekannt, viele davon konnten im Laboratorium bereits künstlich hergestellt werden. Sie sind in sehr kleinen Mengen hochwirksam und dienen als Regulatoren, indem sie Wachstum und Entwicklung, die sexuelle Aktivität, Schwangerschaft und Geburt sowie den Stoffwechsel kontrollieren.
Erst vor 70 Jahren begann man die Hormonwirkung zu verstehen, wenn auch vorher schon die Auswirkungen einer Schädigung der einen oder anderen endokrinen Drüsen bekannt waren: Eine Entfernung der Hoden bewirkt Fettleibigkeit und Impotenz, eine Schädigung der Bauchspeicheldrüse verursacht Diabetes, eine Schrumpfung der Nebennieren führt zur Addisonschen Krankheit usw.

Die Regulierung der Körperprozesse hängt von der Regulierung der Hormonproduktion ab. Einige endokrine Drüsen steuern sich selbst, doch der größte Teil der Hormonsekretion steht unter Kontrolle der Hirnanhangdrüse (Hypophyse), einer kleinen, bohnenförmigen Drüse, die in einer Aushöhlung im Zentrum der Schädelbasis gelegen ist. Die Nebennieren, die Schilddrüse und die Geschlechtsorgane hängen von der Tätigkeit der Hirnanhangdrüse ab. Wird sie geschädigt, so schrumpfen diese (ihr untergeordneten) Drüsen und werden funktionsuntüchtig.

Mikroskopische Aufnahme von Schilddrüsengewebe. In den Bläschen (Follikel) befinden sich Hormone (Pfeil), die an Eiweiß gebunden sind. Die Wände der Follikel bestehen aus einer Lage Deckgewebe.

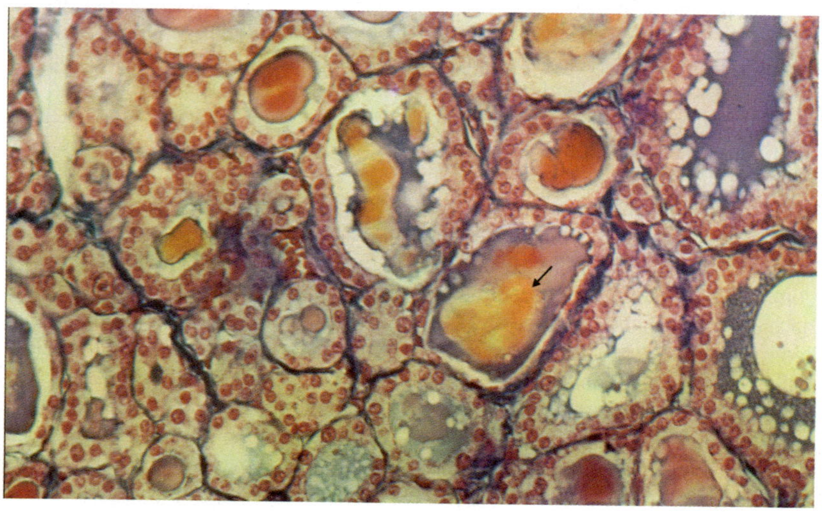

Hirnanhangdrüse

Mikroskopisch besteht der Hypophysenvorderlappen aus kleinen Zellnestern, die durch Blutgefäße und Bindegewebe voneinander getrennt sind. Es gibt drei Arten von Zellen:

- azidophile Zellen: die saure Farbstoffe aufnehmen und sich dadurch anfärben lassen;
- basophile Zellen: die alkalische Farbstoffe aufnehmen;
- chromophobe Zellen: ohne besondere Affinität für Farbstoffe.

Die azidophilen Zellen bilden das Wachstumshormon sowie ein Hormon, das in der Schwangerschaft und im Wochenbett die Milchproduktion anregt.
Die basophilen Zellen produzieren Hormone, die die Schilddrüse, die Nebennieren, die Eierstöcke und die Hoden stimulieren.
Einige chromophobe Zellen bilden ebenfalls Hormone, während die übrigen wahrscheinlich inaktiven Formen der anderen Zelltypen sind.
Der Hypophysenhinterlappen ist ein Anhangsgebilde des Gehirns, im Gegensatz zum Vorderlappen, der sich aus dem Gaumen entwickelt. Er enthält Nervenfasern, Bindegewebe und Blutgefässe.
Es gibt zwei Hinterlappenhormone, das antidiuretische Hormon (ADH) und Oxytocin. ADH stimuliert in den Nierenkanälchen die Rückresorption von Wasser aus dem Urin; bei einer Schädigung des Hypophysenhinterlappens tritt die Wasserharnsucht auf.
Ozytocin bewirkt eine Kontraktion der glatten Eingeweidemuskeln und hat einen speziellen Effekt auf die Gebärmutter; es ist verantwortlich für die Wehentätigkeit bei der Geburt. Außerdem fördert es beim Stillen den Austritt von Muttermilch aus der Brust.

Nebennieren

Sie sind Doppelorgane mit zwei getrennten Abschnitten: der äußeren Rinde und dem inneren Mark. Es gibt zwei Nebennieren; diese gelbbraunen dreieckigen Drüsen liegen unmittelbar am oberen Ende der Nieren und wiegen zusammen etwa 15 g.
Ein mikroskopischer Querschnitt zeigt, dass die Rinde aus hell angefärbten Zellen besteht, die reichlich Fett enthalten, und in drei Zonen angeordnet ist.

Nebennierenmark

Das Nebennierenmark enthält säulenartig angeordnete, große Zellen, die Adrenalin und Noradrenalin produzieren, die die Wirkung des sympathischen Nervensystems ausüben.
Zellen dieses Systems finden sich auch im Hypothalamus und im Rückenmark sowie in einer Kette (dem sog. Grenzstrang), die an den Seiten der Wirbelsäule entlangläuft. Die Nerven, die an ihren Enden Noradrenalin freisetzen, ziehen zum Herzen, zu den Blutgefäßen, zum Darm, zur Blase und wo immer sich glatte Muskulatur befindet. Noradrenalin bewirkt eine Blutdrucksteigerung, eine Pulsbeschleunigung, Blutgefäßverengung, Aktivitätsminderung der Blasen- und Darmmuskulatur, Pupillenerweiterung und Blutzuckersteigerung –, alles zur Vorbereitung auf Belastungssituationen. Die Wirkungen der beiden Hormone weichen voneinander ab. So zum Beispiel hat Adrenalin wesentlich stärkere Heimwirkungen (etwa auf die Blase und den Darm), während Noradrenalin wirksamer ist zur Steigerung des Blutdrucks und zur Verengung der Arteriolen.

Nebennierenrinde

Die Nebennierenrinde bildet eine Reihe lebenswichtiger Hormone, die Glukokortikoide (Kortisol) und die Mineralokortikoiden (Aldosteron). Aldosteron reguliert die Salz- und Wassermenge im Körper; Kortisol (Hydrokortison) regelt den Kohlenhydrat-, Eiweiß- und Fettstoffwechsel und unterstützt die Körperfunktionen in besonderen Belastungssituationen. Eine verminderte Nebennierenfunktion führt zu:

- Schwäche;
- Müdigkeit;
- Gewichtsabnahme (infolge Blutzuckersenkung und fehlender Neubildung von Geweben);
- niedrigem Blutdruck (infolge Salz- und Wassermangels und Verminderung des Blutvolumens);
- Haarausfall am Körper;
- mangelnder Widerstandskraft.

Darüber hinaus kommt es zu einer Pigmentierung der Haut, weil die ACTH-Sekretion der Hypophyse zunimmt, um den niedrigen Blutspiegel der Kortikosteroide auszugleichen, und ACTH gleichzeitig die melaninbildenden Pigmentzellen der Haut stimuliert.

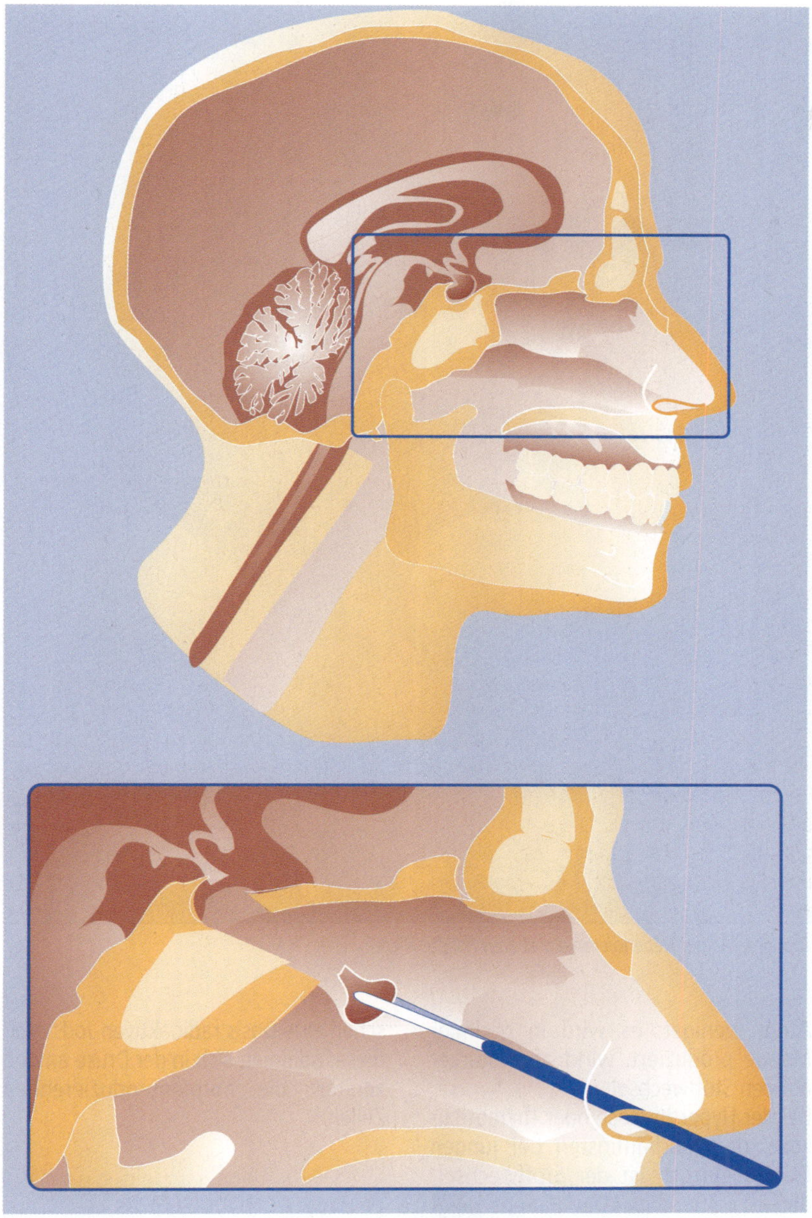

Schematische Darstellung der Lokalisierung der Hypophyse (Abbildung oben) und Entfernung eines Hypophysentumors durch die Nase (Abbildung unten)

Schilddrüse

Sie ist eine fleischige, rosabraune Drüse, die zu beiden Seiten des Kehlkopfes liegt und etwa 30 g wiegt. Der rechte und der linke Lappen sind durch eine schmale Brücke nach vorn hin miteinander verbunden. Mehrere Arterien treten an den oberen und unteren Abschnitten in die Drüse ein; das Schilddrüsengewebe ist also reich mit Blut versorgt.
Das wichtigste Schilddrüsenhormon heißt Thyroxin; jedes Molekül enthält vier Jod-Atome. Trijodthyronin hat ein

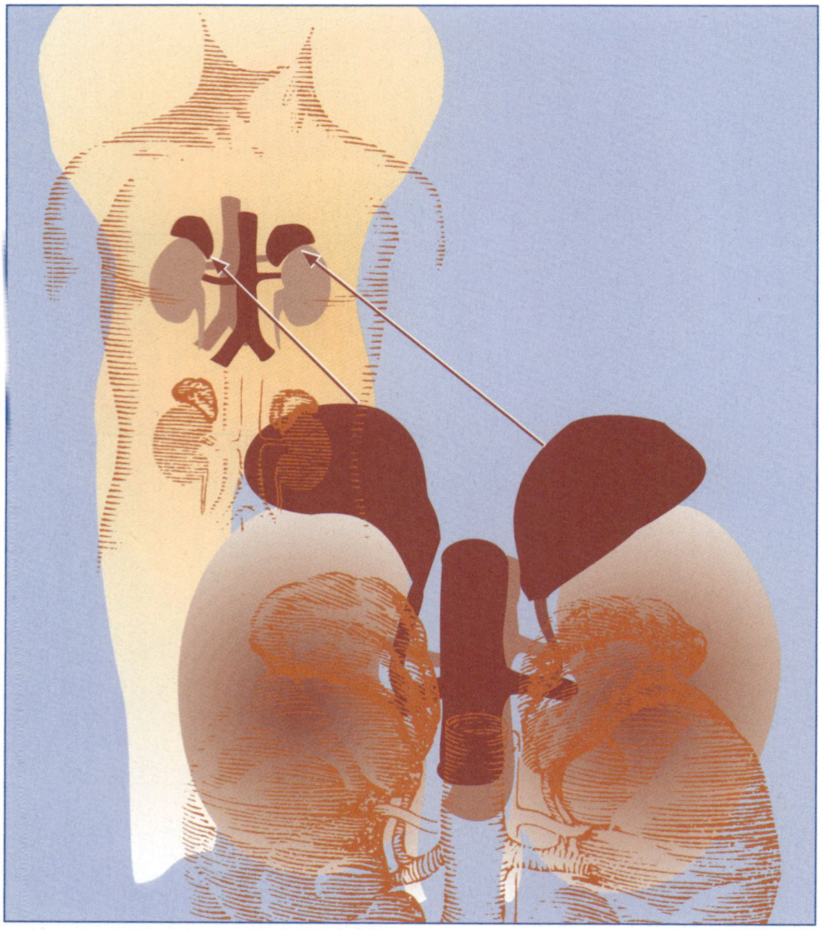

Topographie der Nebennieren am oberen Pol der Nieren

Atom weniger; es wird in geringer Menge produziert, wirkt aber stärker auf den Stoffwechsel.

Bei der Hyperthyreose oder Thyreotoxikose, die am häufigsten bei jungen Frauen auftritt, ist der Stoffwechselumsatz sehr hoch. Der Patient neigt trotz Heißhungers und erheblicher Nahrungszufuhr zur Gewichtsabnahme.

Menschen mit Schilddrüsenüberfunktion fühlen sich heiß und verschwitzt an, haben einen überaktiven Kreislauf und einen schnellen Puls.

Gewöhnlich besteht eine erkennbare Drüsenschwellung, die Augen stehen hervor. Akut wird die Schilddrüsenüberfunktion mit Medikamenten behandelt, die die Schilddrüsenaktivität hemmen. Hält die Erkrankung an, wird bei jungen Menschen der größte Teil der zu stark arbeitenden Schilddrüse operativ entfernt, während man bei älteren Menschen eine Dosis radioaktiven Jods gibt; dieses sammelt sich in der Drüse an und zerstört die hormonproduzierenden Zellen.

Nebenschilddrüsen

Unter dem Mikroskop erkennt man, dass die Nebenschilddrüse aus Zellsträngen besteht, die durch weite Bluträume voneinander getrennt werden. Es gibt zwei Arten von Zellen; die meisten davon besitzen ein klares Zytoplasma und einen schwach ausgeprägten Zellkern, während eine geringere Anzahl aus rot angefärbten Zellen mit deutlich abgegrenztem Zellkern besteht.

Das von diesen Drüsen produzierte Hormon heißt Parathormon. Es regt die Freisetzung von Kalzium aus den Kochen an – indem es die knochenabbauenden Zellen stimuliert –, während gleichzeitig die Ausscheidung von Phosphat durch die Nieren gesteigert wird.

Im Körper besteht eine Wechselwirkung zwischen den Kalzium- und Phosphationen, indem eine Zunahme der einen eine entsprechend starke Abnahme der anderen bewirkt.

Kommt es zu einer Überfunktion der Nebenschilddrüsen, werden die Kalziumphosphatkristalle aus den Knochen freigesetzt. Kalzium und Phosphat wird in den Blutstrom ausgeschüttet, und Phosphat wird selektiv im Urin ausgeschieden. Auch etwas Kalzium geht durch die Nieren verloren, doch der Blutspiegel bleibt hoch.

Infolge des Kalziumphosphatverlustes werden die Knochen weich und spröde und können schon bei kleinsten Belastungen brechen. Diese Knochenveränderung ist jedoch nicht die einzige Folge der Nebenschilddrüsenüberfunktion, denn das freie Kalzium im Blut wird in Geweben abgelagert und beeinträchtigt deren Funktion.

Eine Mangelproduktion an Parathormonen hat den gegenteiligen Effekt: eine Senkung des Blutkalziums. Das wichtigste Symptom ist die Tetanie (spontan auftretende, länger anhaltende Schüttelkrämpfe und Zittern in den Muskeln).

Bauchspeicheldrüse

In der Bauchspeicheldrüse liegen stecknadelgroße Gruppen von besonderen Zellen zwischen den Zellen, die den Pankreassaft in den Ausführungsgang und den Zwölffingerdarm abgeben. Dies sind die Langerhansschen Inseln, die das Hormon Insulin bilden, dessen Mangel für die Zuckerkrankheit verantwortlich ist. Durch geeignete Färbemethoden kann man zwei Arten von Inselzellen sichtbar machen, jede davon mit charakteristischen Körnchen.

Die Alphazellen bilden ein Hormon namens Glukagon, das den Blutzuckerspiegel steigert, indem es den Abbau des Leberglykogens stimuliert. Die Funktion des Glukagons im Körper ist nicht ganz erklärt, ist aber auch im Vergleich zu Insulin von geringerer Bedeutung.

Thymus

Der Thymus übt einen starken Einfluss auf den ganzen Körper aus, insbesondere im Kleinkind- und Kindesalter. Er ist eine fetthaltige, zweilappige Drüse im vorderen Abschnitt der Brusthöhle. Sein äußerer Teil enthält Millionen sich teilender Lymphozyten, während sich in der inneren Zone primitive Zellen und Strukturen befinden. Bei der Geburt ist die Drüse ziemlich groß. Sie wächst bis zur Pubertät und schrumpft dann bis auf Gewebsreste.
Die Thymusdrüse ist wesentlich für die Abwehr des Körpers gegen Infektionen, denn in den ersten Lebenswochen wandern die Lymphozyten, die darin gebildet werden, in den Blutstrom und besiedeln die Lymphozyten.
Die Lymphozyten erzeugen Antikörper und sind daher lebenswichtig für die Immunität. Wenn der Thymus neugeborener Tiere geschädigt wird, erfolgt eine ausgeprägte Wachstumshemmung; die Entwicklung ist verzögert, und es besteht große Empfänglichkeit für Infektionen.

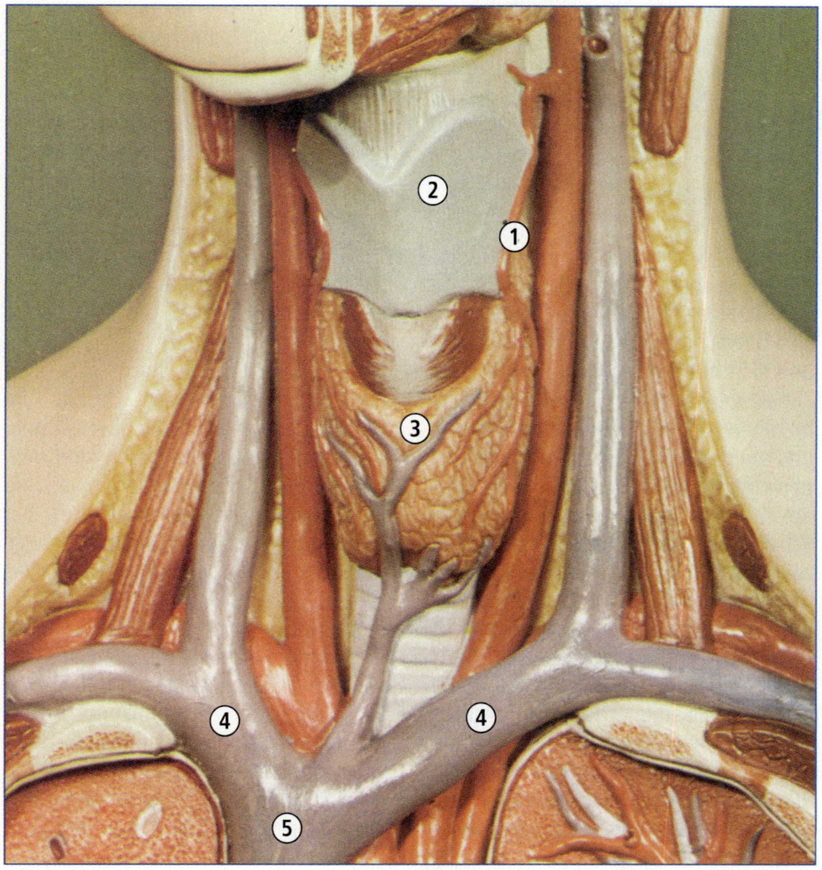

Lage der Schilddrüse
1 – Schilddrüsenarterie; 2 – Kehlkopf; 3 – Schilddrüse; 4 – Schilddrüsenvene; 5 – obere Hohlvene

Keimdrüsen

■ *Eierstöcke*
Sie liegen innerhalb des Beckens, sind etwa pflaumengroß, werden von Bändern gehalten und befinden sich in unmittelbarer Nähe der ausgefransten Enden der Eileiter, in welchen die Eizellen zur Gebärmutter transportiert werden.
Der reifende Eierstockfollikel bildet Oestrogen, das in den Blutstrom gelangt. Die Freigabe der Eizelle aus dem Follikel erfolgt bei den meisten Frauen in der zweiten Woche nach einer Monatsblutung. Nach diese Follikelsprung verdickt sich die Wand des reifen Follikels; seine Zellen vermehren sich und bilden den Gelbkörper, der sowohl Progesteron als auch Oestrogen bildet.
Die Produktion der Eierstockhormone steht unter der Kontrolle der Hypophyse. Eines der Hypophysenhormone (follikelstimulierendes Hormon – FSH) ist während der ersten Zyklushälfte aktiv. Der ansteigende Oestrogenspiegel im Blut unterdrückt aber dessen Wirkung und regt die Hypophyse zur Bildung des luteinisierenden Hormons (LH) an, das den Gelbkörper aktiviert.

■ *Hoden*
Die Hoden werden in der Bauchhöhle angelegt und steigen vor der Geburt in den Hodensack ab. Beim Erwachsenen sind sie etwa 4 cm lang und eiförmig. Mikroskopisch bestehen sie aus vielen langen, dünnen, geschlängelten Kanälchen, die durch dazwischenliegende Zellgruppen getrennt sind.
Die Kanälchen enthalten Schichten von Keimzellen, deren innerste sich in Samenzellen umwandeln. Das männliche Geschlechtshormon Testosteron ist das Produkt der Zwischenzellen.
Von der Pubertät an bleiben diese durch ein Hypophysenhormon in Aktion. Testosteron ist verantwortlich für die Ausbildung der sekundären männlichen Geschlechtsmerkmale.

Zirbeldrüse

Die Zirbeldrüse (Epiphyse, Corpus pineale), die an der hinteren Fläche der Sehhügelregion des Gehirns liegt, nimmt mit dem Alter ständig an Gewicht zu, wobei sie immer mehr in Form konzentrisch geschichteter Körperchen verkalkt.
Bei Ausfall ihrer Funktion kommt es zum klinischen Bild der verfrühten Geschlechtsreife. In jüngster Zeit hat man aus ihr einen Faktor isoliert, das Melatonin, das antagonistisch zum Chromatophor (Hautzellen, die den Farbwechsel im Erscheinungsbild des Organismus ermöglichen) wirkt. Wahrscheinlich handelt es sich hierbei um ein Umwandlungsprodukt des Serotonins; dieses wird in bestimmten Hirngebieten vermehrt nachgewiesen, wo man ihm eine Funktion bei der synaptischen Erregungsübertragung zuschreibt.

9. Fortpflanzung

Befruchtung

Partner, die sich lieben und attraktiv finden, sehnen sich. Mit allen Sinnen erfreuen sie sich aneinander, indem sie sich betrachten, küssen und streicheln und sich mit Worten gegenseitig ihrer Zuneigung versichern. Dabei geraten sie in einen sexuellen Erregungszustand und empfinden das Bedürfnis nach körperlicher Vereinigung. Schließlich führt der Mann sein erigiertes Glied in die Scheide der Frau ein, um ihr noch näher zu sein. Durch Bewegungen in der Vagina lösen gegenseitige Berührungsreize den Höhepunkt ihres Glücks- und Lustgefühls aus (Orgasmus). Dabei kommt es beim Mann zum Samenerguss. Die geringe Menge an Sperma, die dabei in die Scheide der Frau gelangt, enthält ca. 300 Millionen Spermien, die durch ihre Eigenbewegung versuchen, das weibliche Ei zu erreichen. Vergleicht man die Geschlechtsorgane des Mannes mit denen der Frau, so fällt auf, dass die männlichen außerhalb des Körpers erscheinen, während die weiblichen unsichtbar innerhalb des Körpers liegen. Dies ergibt sich aus den Funktionen, die diese Organe im Dienste der Fortpflanzung übernehmen. Die männlichen Keimdrüsen sind deshalb nicht im Körperinnern, weil die Entwicklung der Spermien nur bei Temperaturen ablaufen kann, die etwas unter der des Körperinneren liegen. Das Glied, als Leistungsbahn für die Spermien, muss sich versteifen können, wenn männliche Keimzellen in den weiblichen Körper gelangen sollen.

Die weiblichen Fortpflanzungsorgane hingegen sind der Ort, an dem sich der wachsende Keim über lange Zeit in Ruhe und geschützt von negativen Einflüssen von außen entwickeln können soll. Es erscheint daher sinnvoll, dass sie im Inneren des Leibes angeordnet sind. Ebenso wie die Keimdrüsen des Mannes treten die der Frau paarig auf. Es sind die beiden Eierstöcke, die schon bei der Geburt eines Mädchens zusammen ca. 400.000 Eizellen enthalten, von denen im Leben einer Frau jedoch nur etwa 400 zur Reife kommen.

Mit Beginn der Pubertät reift etwa jeden Monat ein Ei heran, und zwar abwechselnd in jedem Eierstock. Das menschliche Ei, das etwa die Größe eines Stecknadelkopfes hat (0,1 mm), bildet sich im Eibläschen (Follikel), das nach einer Zeit aufplatzt und das reife Ei in einen der beiden Eileiter entlässt (Follikelsprung). Unterstützt durch das rhythmische Schlagen der Flimmerhärchen, mit denen die Innenwände der Eileiter ausgekleidet sind, wird das Ei, das sich nicht aktiv bewegen kann, in Richtung Gebärmutter bewegt, wo es nach vier bis fünf Tagen ankommt. Nach dem Follikelsprung ist die weibliche Eizelle für ca. 24 Stunden befruchtungsfähig, das heißt, ist es einem intakten Spermium zu dieser Zeit gelungen, bis zum Eileiter vorzudringen, dann wird es mit der Eizelle verschmelzen. Das befruchtete Ei nistet sich anschließend in der Gebärmutterschleimhaut ein und eine Schwangerschaft beginnt, die etwa neun Monate dauert. Da es heute jedoch genügend Möglichkeiten gibt, eine Befruchtung zu verhindern, ist dieser Fall die Ausnahme. In der Regel kommt das Ei unbefruchtet in der Gebärmutter an, wo es verdämmert.

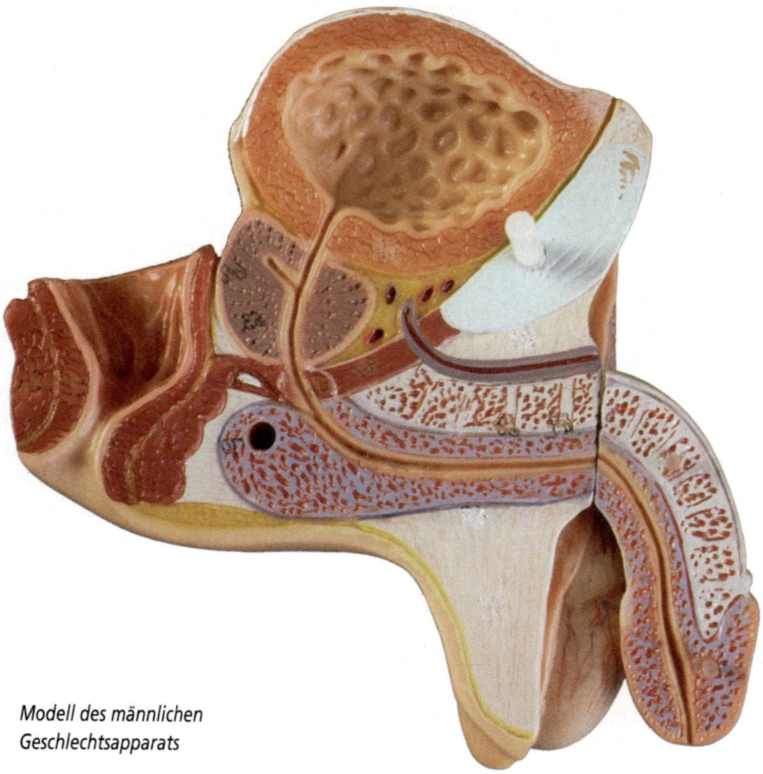

Modell des männlichen Geschlechtsapparats

Der männliche Geschlechtsapparat

Die Geschlechtsorgane des Mannes bestehen aus samenbildenden und samenableitenden Abschnitten. Der Samen wird in zwei eiförmigen Organen, den Hoden (Testes), produziert, die von

mehreren Hüllen umgeben sind. Die Hoden liegen beide im Hodensack (Scrotum). In den Hoden werden nicht nur männliche Geschlechtszellen, sondern auch männliche Geschlechtshormone gebildet.
Der Hoden ist aus einer Anzahl Läppchen aufgebaut, die wiederum aus vielen Samenkanälchen bestehen. Diese vereinigen sich zu einem gekrümmten Abflusskanal, dem Nebenhoden (Epididymis), der dem Hoden anliegt und in dem der Samen aufbewahrt wird. Hoden und Nebenhoden liegen außerhalb der Bauchhöhle, weil in der Bauchhöhle die Temperatur für Samenproduktion und speicherung zu hoch ist.

Samenleiter

Durch kräftige Kontraktionen des Nebenhodens kann der Samen in den Samenleiter (Ductus deferens) abgeleitet werden. Dieser verlässt das Scrotum, bewegt sich nach oben am Oberrand des Schambeins vorbei, um dann über den Leistenkanal in die Bauchhöhle zu gelangen. Seitlich der Harnblase biegen sich die Samenleiter nach hinten unten und münden durch die Vorsteherdrüse (Prostata) in die Rückwand der Harnröhre (Urethra).
Dicht vor dieser Ausmündung befinden sich die Samenbläschen (Vesiculae seminales), die eine Flüssigkeit produzieren, die die Beweglichkeit der Samenzellen fördert.

Prostata

Am Übergang des Samenleiters zur Harnröhre liegt die Vorsteherdrüse (Prostata), die durch eine Anzahl kleiner Ausmündungen Sekrete an die Samenflüssigkeit (Ejakulat) abgeben kann. Das Produkt dieser Drüse ist milchartig trübe.

Das männliche Glied

Das äußere Geschlechtsorgan des Mannes ist das männliche Glied (Penis). Er enthält drei Schwellkörper, schwammartige Gebilde, die reich an Blutgefäßen und Hohlräumen sind. Diese Schwellkörper können auf bestimmte Reize hin mit Blut gefüllt werden, sodass eine Versteifung (Erektion) des Penis eintritt. Die beiden oberen Schwellkörper können sehr hart werden, während der

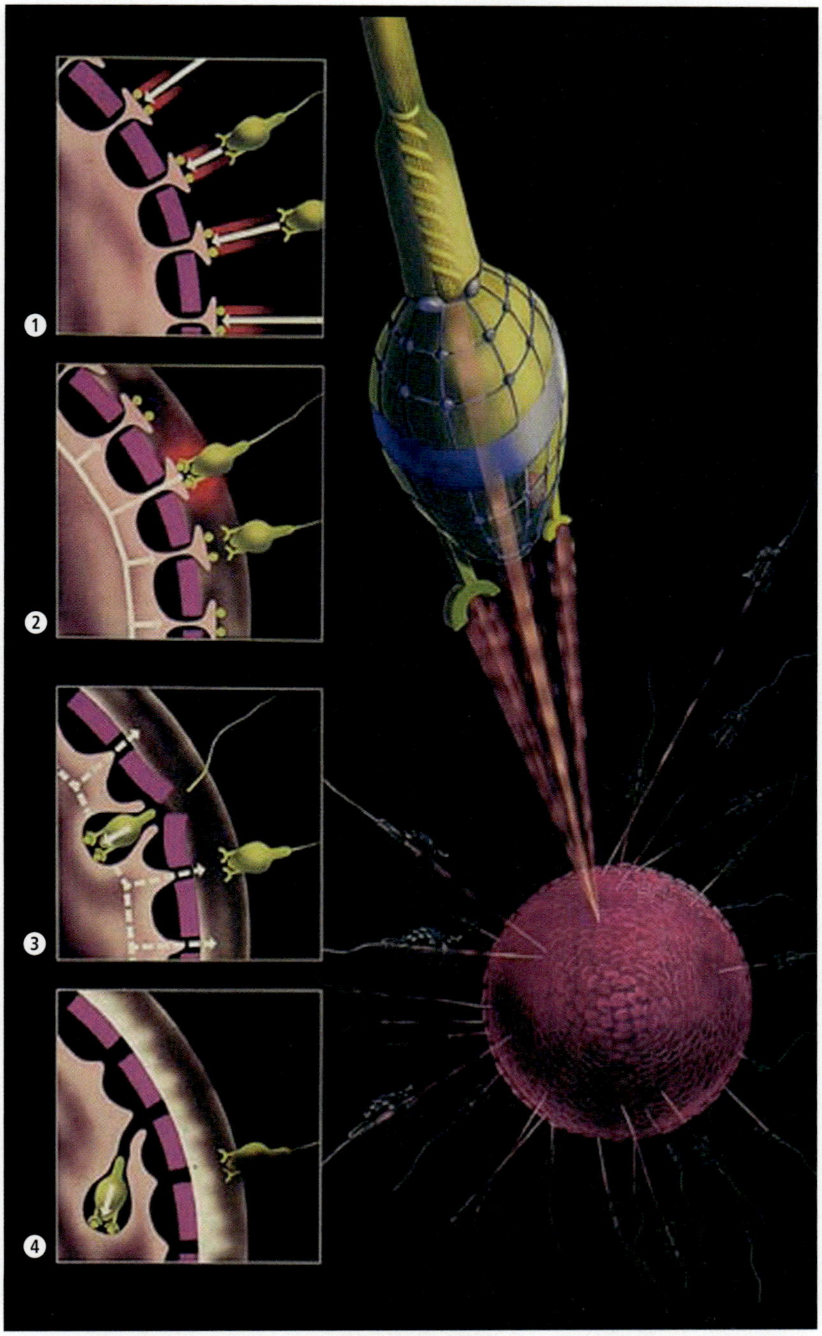

Schematische Darstellung des Befruchtungsvorgangs
Rechts oben ist eine Samenzelle abgebildet, unten eine Eizelle (großes Bild).
Links erkennt man von oben nach unten die schematische Darstellung vom Eindringen der Samenzelle in die Eizelle (kleine Bilder).
1 – Samenzellen nähern sich der Eizelle, die eine gewisse Anziehungskraft auf sie ausübt, hervorgerufen durch einen von ihr abgesonderten chemischen Stoff.
2 – Eizellenmoleküle stellen engen Kontakt mit den Samenzellenmolekülen her. Nach dem Eindringen einer Samenzelle durch die Eimembran wird das Eindringen weiterer Samenzellen verhindert.
3 – Die Samenzelle stößt ihren Schwanz außerhalb der Eimembran ab.
4 – Der Kopf der Samenzelle dringt immer tiefer in die Eizelle ein. Die Membran ist wieder eine geschlossene Wand. Andere Samenzellen außerhalb der Eizelle gehen zugrunde.

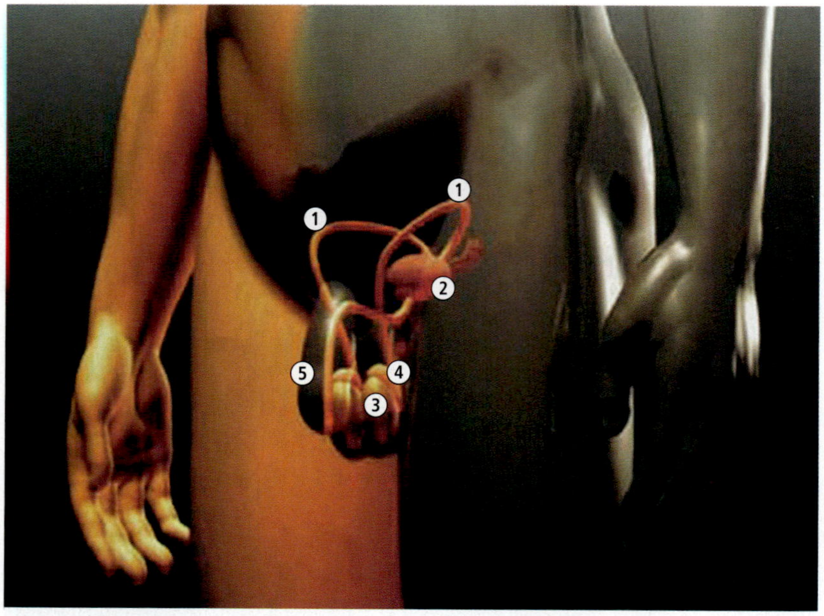

Der männliche Geschlechtsapparat:
1 – Samenleiter 4 – Nebenhoden
2 – Prostata 5 – Penis
3 – Hoden

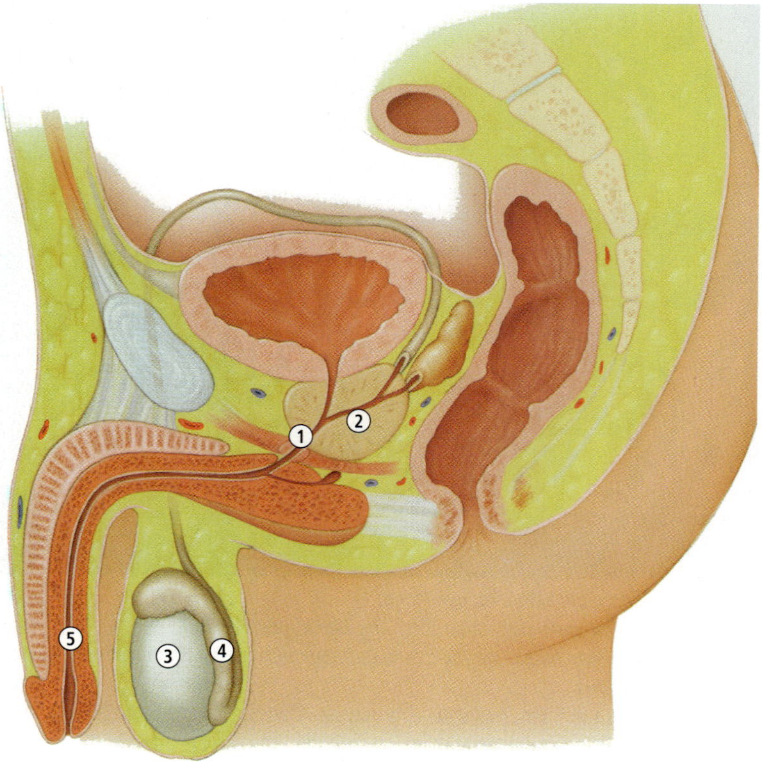

unterste, in dem die Urethra liegt und der in der Eichel (Glans) endigt, weniger steif wird. Die Glans ist von einer Hautfalte (Praeputium) umgeben, die bei der Anschwellung des Penis zurückgleitet. Der Penis hat eine Doppelfunktion. Einerseits wird er zur Ausscheidung des Urins und andererseits zur Beförderung des Samens beim Geschlechtsakt benutzt. Die Menge des Samens eines Ejakulats beträgt ungefähr zwei bis vier Kubikzentimeter, worin sich bis zu 300 Millionen Samenzellen befinden.

Der weibliche Geschlechtsapparat

Die Geschlechtsorgane der Frau bestehen aus den inneren Geschlechtsteilen (Eierstöcke, Eileiter, Gebärmutter und Scheide) und den äußeren Geschlechtsteilen (Schamlippen, Klitoris und Schamhügel).

Eierstöcke

Die Geschlechtsdrüsen (Eierstöcke, Ovaria) sind mandelförmige kleine Organe, die an der Seitenwand des kleinen Beckens liegen und an Falten des Bauchfells aufgehängt sind. Der Inhalt der Eierstöcke besteht außer aus Bindegewebe und Blutgefäßen aus Eizellen in verschiedenen Reifestadien, die daher auch verschieden groß sind.
Die reiferen Eizellen liegen mehr an der Oberfläche des Ovars, wo sich die Graaf-Follikel bilden. Das sind von Zellen umgebene Hohlräume, die mit einer hellen Flüssigkeit gefüllt sind, in der sich die Eizelle befindet. Bei einer geschlechtsreifen Frau platzt etwa alle vier Wochen ein solcher Follikel (Ovulation). Die Eizelle wird danach vom Wimperntrichter des Eileiters aufgefangen und zur Gebärmutter (Uterus) weitertransportiert. Der Zeitpunkt der Ovulation liegt ungefähr in der Mitte zwischen zwei Monatsblutungen.

Eileiter

Der Eileiter (Tuba uterina), ein etwa 10 Zentimeter langes Rohr, leitet die Eizelle zur Gebärmutter. Der Anfang des Eileiters ist trompetenförmig erweitert und mit kleinen Fransen versehen, wodurch das Ei leicht aufgefangen werden kann. Sofern eine Befruchtung des Eies eintritt, geschieht dies in der Regel im Eileiter. Anschließend nistet sich das befruchtete Ei in der Gebärmutter ein.

Gebärmutter

Die befruchtete Eizelle gelangt in der Gebärmutter (Uterus) zur Entwicklung. Der Uterus ist ein birnenförmiges Organ von 6 bis 8 Zentimetern Länge. Er besitzt eine Wand, die im Ruhezustand 1 bis 1,5 Zentimeter dick ist und einen spaltförmigen Hohlraum enthält. Der Uterus liegt im kleinen Becken und ist durch Gewebebänder an den Seitenwänden befestigt. Wenn die befruchtete Eizelle zur Entwicklung gelangt, wird die Gebärmutterwand stark gedehnt. Bei der Geburt wird das Kind durch Kontraktion der Uterusmuskulatur (Wehen) durch die Scheide (Vagina) nach außen getrieben. Nach der Entbindung (Partus) nimmt der Uterus wieder seine ursprüngliche Form an. Wenn es nicht zur Befruchtung kommt, geht die Eizelle zugrunde und wird mit einem Teil der Gebärmutterschleimhaut vom Uterus abgestoßen (Menstruation). Dieser Teil der Gebärmutterschleimhaut (Endometrium) wird anschließend rasch wieder ergänzt.

Scheide

Der schmale unterste Teil der Gebärmutter (Cervix, Hals) mündet in die Scheide (Vagina). Diese ist ein von vorn nach hinten schwach gebogenes 10 bis 13 Zentimeter langes Rohr, das innen mit einer Schleimhaut ausgekleidet ist und dessen Wand aus Muskulatur besteht. Das untere Ende der Vagina mündet in den Scheidenvorhof (Vestibulum), der bei Mädchen durch ein Häutchen (Hymen, Jungfernhäutchen) eingeengt ist.

Äußeren Geschlechtsteile

Von den äußeren Geschlechtsteilen ist nur wenig zu sehen. Der Scheidenvorhof wird an beiden Seiten von Hautfalten, den kleinen Schamlippen (Labia minora), bedeckt. Diese kleinen Schamlippen berühren sich vorn. Hier befindet sich auch eine kleine Erhebung, der Kitzler (Klitoris).
Dicht dahinter liegt der Ausgang der Harnröhre (Urethra). Seitlich der kleinen Schamlippen liegen die großen Schamlippen (Labia majora), die die Schamspalte begrenzen und größtenteils über die Klitoris und kleinen Schamlippen ragen. Bei der geschlechtsreifen Frau sind der Schamhügel (Mons veneris) und die großen Schamlippen behaart.

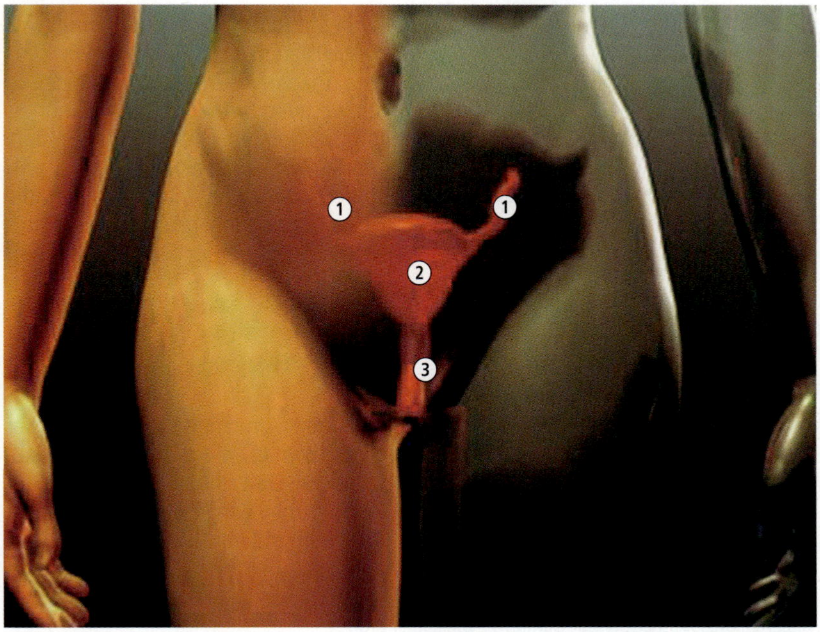

Der weibliche Geschlechtsapparat:
1 – Eileiter
2 – Gebärmutter
3 – Scheide
4 – Eierstock
5 – Blase

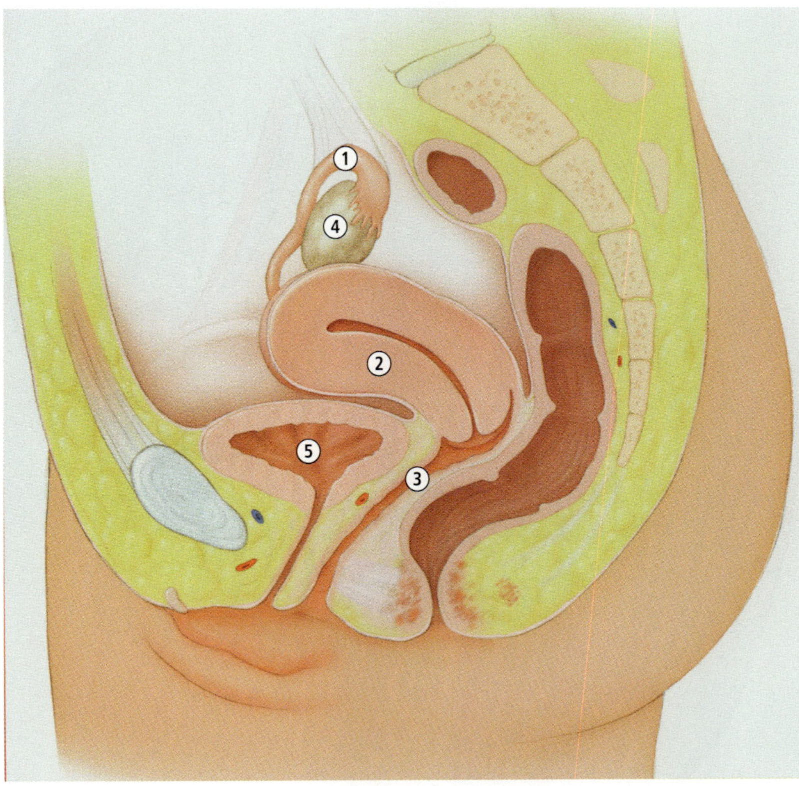

Befruchtung

Die weibliche Eizelle, die bei der Ovulation den Eierstock verlässt, kann auf dem Weg zur Gebärmutter auf eine männliche Samenzelle stoßen. Wenn es zu einer Verschmelzung der beiden Kerne kommt, hat die Befruchtung stattgefunden. Die befruchtete Eizelle entwickelt sich durch Zellteilung. Nach einigen Stunden tritt die erste Teilung ein, der in zunehmendem Tempo weitere Zellteilungen folgen.
Anfangs ist der Embryo noch eine Zusammensetzung einander vollkommen gleichender Zellen, doch sehr bald schon bildet sich eine Höhle in dem Zellklumpen, während jeweils bestimmte Zellgruppen abwandern und sich spezialisieren.
Eine Anzahl der Zellen nimmt nicht an der weiteren Entwicklung des Embryos teil. Sie wandert in das Gebiet, in dem später die Geschlechtsdrüsen entstehen. Diese Teile bilden dann die Geschlechtszellen, aus denen sich später Eizellen oder Samenzellen entwickeln.

Das Leben vor der Geburt

Im ersten Schwangerschaftsmonat hat der Embryo etwa um das Zehntausendfache an Gewicht zugenommen, obwohl seine Länge am Ende dieses Monats nur 2 mm beträgt. Die Frucht gleicht in diesem Stadium weniger einem Menschen, sondern mehr einer Kaulquappe.
Am Ende des zweiten Monats dagegen ist die Frucht wohl als ein Miniaturmensch zu erkennen. Das Individuum ist beinahe 4 cm lang, Arme und Beine können bereits bewegt werden. Im dritten Monat machen die Teile des Bewegungsapparates ein schnelles Wachstum durch, und es findet bereits eine Koordination zwischen Muskeln und Nerven statt. Das Nervensystem beginnt zu funktionieren, wodurch koordinierte Bewegungen möglich werden, auch Reflexe können hervorgerufen werden, und ein großer Teil des Körpers ist tastempfindlich.
Der Fetus kann im dritten Monat bereits schlucken und seinen Kopf drehen; am Ende dieser Phase ist die Frucht vollständig entwickelt. Das bedeutet natürlich nicht, dass das Individuum im 4. Monat bereits lebensfähig ware. Es findet noch eine starke Gewichtszunahme statt. Der Fetus wächst um 12 cm und wird sechsmal so schwer.
Im 5. Monat ist das Gewicht auf ungefähr 500 g gestiegen, und die Bewegungen werden so kräftig, dass sie von der Mutter wahrgenommen werden. Einige Wochen später ist das Stadium erreicht, in dem der Fetus lebensfähig wird, obwohl die Chance, dass eine Frucht von 500 bis 1000 g am Leben bleibt, noch sehr gering ist. Je eher ein Kind vor dem errechneten Termin zur Welt kommt, desto größer ist die Gefahr von Komplikationen und Störungen. Kinder, die zu früh geboren werden, können zu normalen Babys heranwachsen, müssen aber während kürzerer oder längerer Zeit in einem Inkubator (*Brutkasten*) gepflegt werden.

Dieser Embryo ist etwa 28 Tage alt und 4,2 Millimeter groß
A – Nervensystem; B – Adersystem; C – Anlage des Darms; D – Herz und Schlagader; 1 – Anlage des Hirnnervs X; 2 – Amnion; 3 – Ganglion.

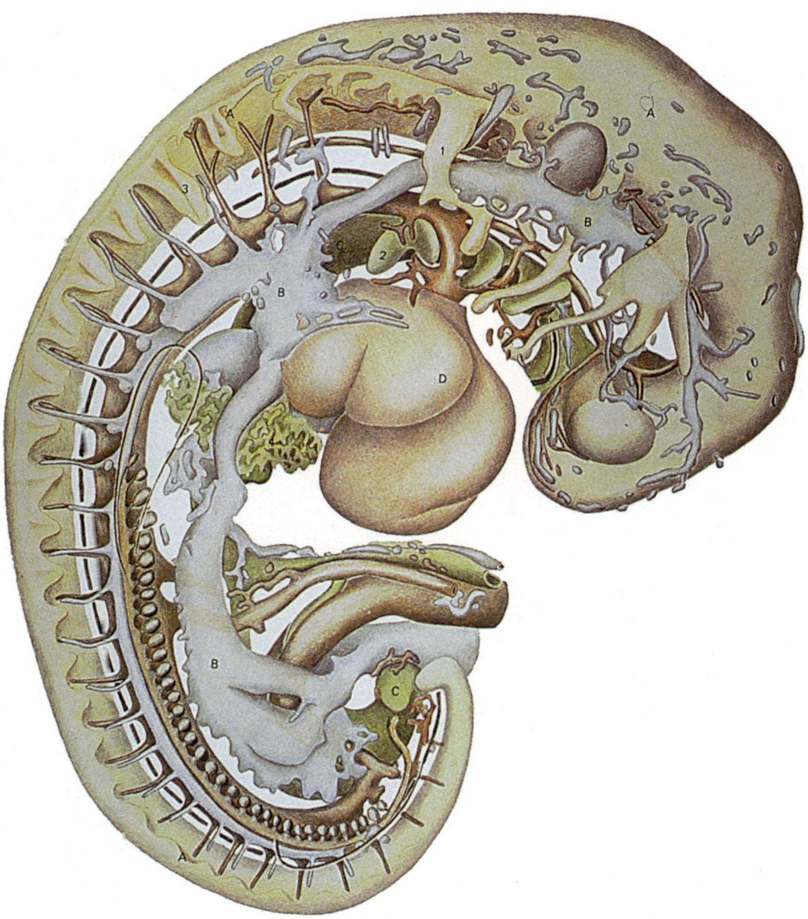

9.–12. Woche

In diesem Monat sind alle Organe angelegt und üben zum Teil schon ihre Funktion aus. Das Herz schlägt schneller und befördert das kindliche Blut durch den Körper. Arme, Beine und das Gesicht haben Gestalt angenommen.
Das neue Leben ist noch extrem verletzlich. In dieser Zeit eines sehr schnellen Zellenwachstums ist es

besonders empfänglich für schädigende Einflüsse.
Acht Wochen nach der Befruchtung beginnt das noch weiche Skelett zu verknöchern. Nun ist alles angelegt: die Organsysteme, Gehirn und Rückenmark, Herz und Blutkreislauf. Das Gesicht hat Augen, Ohren, Nase und Mund, die Arme haben Hände mit Fingern, die Beine haben Füße mit Zehen. Aus dem Embryo ist jetzt ein Fetus geworden.

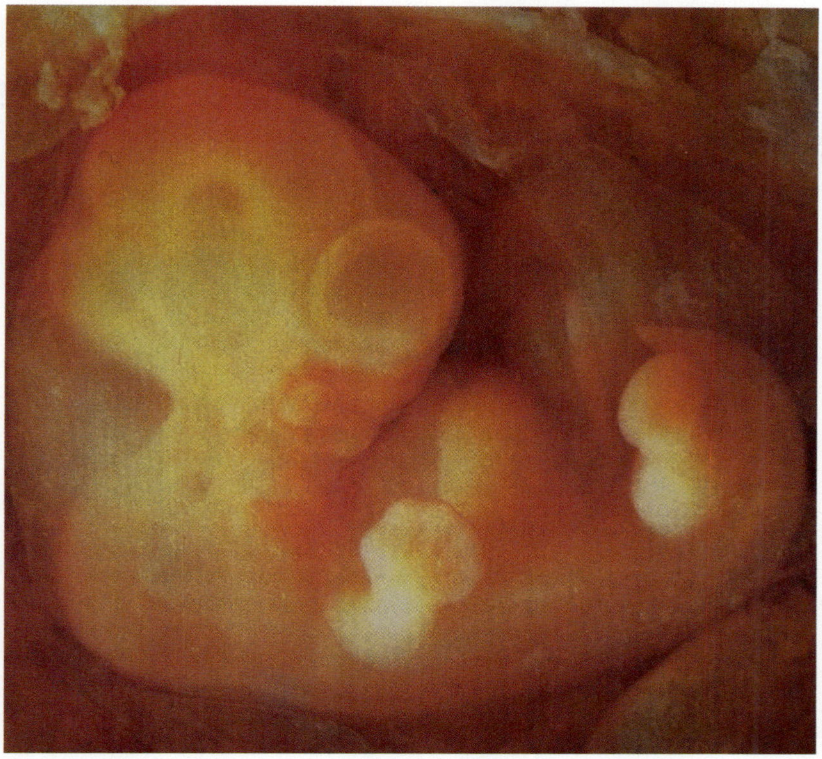

13 mm großer Embryo
Im Vergleich mit einem neugeborenen Baby fällt die starke Entwicklung des Kopfbereiches auf, während das Wachstum der Arme und Beine gerade erst begonnen hat.

13.–16. Woche

Die Phasen der Organbildung, die Organogenese, ist nun zu Ende, jetzt beginnt die Wachstumsperiode. In diesen Wochen lernt das kleine Wesen, seine Muskeln zu gebrauchen. Es kann schon mit den Beinen stoßen, seine Zehen spreizen, die Hand schließen, den Kopf bewegen, ja seinen ganzen Körper drehen.
Es übt damit nicht nur die Funktionen ein, die es gleich nach der Geburt können muss, es schult auch die Wahrnehmungsfähigkeit seiner Sinne. Tast-, Gleichgewichts- und Geschmacksorgane sind bereits gut entwickelt, sie nehmen Reize auf und leiten diese ans Gehirn weiter. Dadurch erhält das Gehirn Impulse für seine Entwicklung, und obwohl es längst noch nicht ausgereift ist, steuert es bereits erste Reaktionen.
Schon der Fetus ist in der Lage, sinnvolle Handlungen auszuführen, beispielsweise seine Position im Uterus zu verändern, wenn die Mutter eine Haltung eingenommen hat, die ihm unbequem ist.
Eingeübt wird auch das Atmen, Schlucken und Saugen, denn dem Neugeborenen bleibt keine Zeit, diese Fähigkeiten erst zu erlernen, es muss sie sofort beherrschen. Mit den Atembewegungen gerät zwar etwas Fruchtwasser in die Lunge, aber der Fetus kann nicht ertrinken. Die Lungenbläschen sind noch nicht entfaltet, die Sauerstoffversorgung erfolgt über die Plazenta.

17.–20. Woche

Das Ungeborene führt nun schon ein recht lebhaftes Eigenleben: Es strampelt und schlägt Purzelbäume in seiner Fruchthülle. Es hat Spaß daran, mit seiner Nabelschnur zu spielen, und manche Feten lutschen gern am Daumen. Irgendwann in diesen Wochen werden die Bewegungen des Kindes so kräftig, dass die werdende Mutter ihr Ungeborenes spürt. Ein zartes Klopfen, mehr ist es anfangs noch nicht, teilt ihr mit: Ich lebe, mir geht es gut.
Erstgebärende erkennen diese Signale etwa in der 20. Woche, Frauen, die schon Kinder haben, bemerken die Bewegungen zirka zwei Wochen früher.
Jetzt schluckt der Fetus zunehmend mehr von seinem Fruchtwasser, er trinkt ungefähr 400 Milliliter pro Tag. Mit dem Urin scheidet er einen Teil der Flüssigkeit wieder aus, dadurch wird das Fruchtwasser aber nicht verunreinigt.

21.–24. Woche

Im 6. Monat öffnet das Kind seine Augen, die bis dahin geschlossen waren. Ein diffuses Dämmerlicht umgibt es, so bleibt das Sehvermögen ungeschult. Anders das Gehör, denn im Mutterleib geht es alles andere als ruhig zu. Da ist das mütterliche Herz mit seinem gleichmäßigen Bum-Bum, das dem Baby später so vertraut ist und ihm Sicherheit und Geborgenheit vermittelt. Da sind die Darmgeräusche, das Magengrummeln, der rauschende Blutstrom, die brodelnde Plazenta. Auch die Außenwelt übermittelt dem Ungeborenen erste Sinneseindrücke. Laute Musik wird als störend empfunden, sanfte Weisen von Mozart dagegen scheinen angenehm zu sein.
Ein heftiger Knall oder ein lauter Streit sind verwirrend, darauf wird mit Protest (heftigem Strampeln) reagiert.
Gelegentlich bemerkt die Mutter ein rhythmisches Pochen, dann hat das Baby Schluckauf. Die Talgdrüsen der Haut produzieren eine fettige, weißliche Substanz, die Frucht- oder Käseschmiere, die die Haut des Ungeborenen überzieht und vor den Einwirkungen des Fruchtwassers schützt.

10. Entwicklung und Wachstum

Der Mensch ist, biologisch gesehen, das höchstentwickelte Wesen in der Natur. Zwar ist er einerseits im Vergleich zu anderen Lebewesen im Nachteil – er ist unbehaart, nicht von Natur aus bewaffnet, lange Zeit nach der Geburt hilfebedürftig –, hat sich aber andererseits mithilfe seines Gehirns einen besonderen Platz unter den Lebewesen erobert. Entsprechend der Einteilung des Tierreichs in Klassen, Familien und Arten gehört der Mensch zur Klasse der Primaten. Dazu zählen alle heute lebenden Halbaffen, Menschaffen und Menschen. Der Mensch wird in dieser Einteilung zur Art Homo sapiens gerechnet und als solcher zur Familie Hominidae.

Homo sapiens

Wohl hat der Mensch sich auf ähnliche Weise wie die Tiere entwickelt, aber das Produkt dieser Entwicklung (Evolution), der Mensch, stellt für unsere Begriffe vom Leben auf der Erde die höchste Stufe dar.

Er ist immerhin nur dann Mensch, wenn er seine Kultur aufbaut und weiterführt, die nicht automatisch durch die Fortpflanzung vererbt wird, sondern erlernt werden muss.

Alle anderen geistigen und körperlichen Merkmale des Menschen sind Produkte aus den verschiedenen Entwicklungsstufen, sind also vom Tier vererbt. In einem bestimmten Maße kommen sie auch bei den Tieren vor, die mit dem Menschen verwandt sind. Das wichtigste und sogar unerlässliche Merkmal des Menschen ist der Besitz eines besonders stark entwickelten Gehirns.

Für einen Vergleich zwischen dem heutigen und den ausgestorbenen Menschen einer früheren Entwicklungsstufe kann man allein den Schädelinhalt (Schädelkapazität) der unterschiedlichen Gruppen heranziehen. Obgleich die Entwicklung des Gehirns auf einfache Weise nur quantitativ auszudrücken ist, darf man die qualitativen und strukturellen Veränderungen nicht außer Acht lassen. Es ist ja in der Hauptsache das Großhirn, das an Volumen zunimmt und innerhalb dessen entwickelten sich vor allem die Assoziationsbereiche, die für das Denken von entscheidender Bedeutung sind.

Im Säuglingsalter ist die Ausbildung der Bewegungsmotorik gut zu beobachten. So kann das Kleinkind in der Regel mit 18 Monaten selbstständig gehen.

Menschwerdung

Die Menschwerdung oder der Homonisationsprozess hat mit dem Aufrechtstehen und Aufrechtgehen begonnen. Man hat die Entwicklung dieses Merkmals in Zusammenhang gebracht:

- mit dem Verschwinden von Bäumen durch Klimaveränderungen;
- mit dem schwachen Geruchssinn und der ausgezeichneten Sehkraft und
- mit der Jagd, die zum Umgang mit den Waffen den freien Gebrauch der Hände erforderlich machte.

Die Folgen des Aufrechtstehens und Aufrechtgehens sind zahlreich:

- Am Schädel schiebt sich das Hinterhauptloch nach vorn.
- Die Wirbelsäule bekommt Krümmungen, die erst in Erscheinung treten, wenn das Kind zu gehen beginnt.
- Das Becken schiebt sich längs der Wirbelsäule nach oben, wird breiter und flacher.
- Der Brustkorb flacht ebenfalls von vorn nach hinten ab.
- Arme und Beine werden ihrer neuen Funktion angepasst.

Als Nachteile der noch nicht vollendeten Anpassung des Menschen an die aufrechte Lebensweise müssen u.a. genannt werden:

- In-Ohnmacht-Fallen nach lang andauerndem Stillstehen;
- Krampfadern;
- Hämorrhoiden;
- Senkung innerer Organe.

Wichtig in ihren Konsequenzen ist auch die Rückentwicklung (Regression) von Kiefer und Gebiss.

Große Menschenaffen: Schimpansen, Orang-Utan, Gorilla

Dies hat zur Veränderung der Gesichtspartie und zur Bildung des Kinns geführt. Man hat die Formung des Kinns auch mit den Anforderungen in Zusammenhang gebracht, die die Kaumuskeln oder die mimischen Muskeln an den Unterkiefer stellen. Vermutlich entstand das Kinn, da sich der Zahnbogen stärker zurückentwickelte als der Kieferbogen.

Die Rückentwicklung des Gebisses ersieht man deutlich aus der Evolution des Weisheitszahns. Beim Neandertaler (prähistorische Menschenform), sind alle vier Weisheitszähne noch vorhanden. Bei den heutigen Menschenaffen fehlen die Weisheitszähne in 1,2 Prozent der Fälle, beim Menschen, der 30.000–5000 v. Chr. lebte, waren es etwa 10 Prozent, und von den jetzt lebenden Menschen fehlen die Weisheitszähne zu 15–30 Prozent.

Die Rückentwicklung des Gebisses macht diesen Apparat als Angriffswaffe ungeeignet.

Bei den höheren Affen wird das Gebiß noch im Kampf benutzt, während dies beim Menschen auch wegen des schwachen Geruchssinns schon immer selten war. Als Angriffs- und Verteidigungswaffe ist das sogenannte Auge-Hand-System anstelle des Nasen-Kiefer-Systems getreten. Die Umstellung auf ein anderes System ist für den Organismus ein Problem.

Das Zusammenspiel von Auge und Hand muss der Mensch noch immer lernen: Der Säugling kann sehen und greifen, aber noch nicht koordinieren.

Sozialisation

Bei der Entwicklung des Menschen hat das Erlernen des Zusammenlebens in Gruppen mit gemeinschaftlichem Daseinsinteresse (Sozialisation) eine wichtige Rolle gespielt.

Der Mensch ist von Natur aus ein in Gruppen (sozial) lebendes Raubtier. Ganz allgemein kann man die Tiere schematisch einteilen in pflanzenfressende, in Gruppen lebende Tiere (Bragalidae) und in einzeln oder höchstens im Familienverband lebende, fleischfressende Raubtiere (Bapacidae).

- Die Individuen der ersten Gruppe leben in großen Räumen ohne feste Behausung, halten sich nicht rein und sind ihrem Leittier gehorsam.
- Individuen der zweiten Gruppe dagegen leben in einem begrenzten Gebiet mit Wegen und Orten, die für bestimmte Zwecke reserviert sind.

Sie haben oft eine Behausung und halten sich rein. Ihre soziale Bindung beschränkt sich meistens (und auch nur für kurze Zeit) auf die Mutter.

Im Menschen leben beide Neigungen, er kennt das Heimweh und den Drang zum Umherschweifen und kann zur Reinlichkeit erzogen werden.

In der Evolution der Menschheit liegt der Nachdruck auf dem Gruppenleben. Die langsame Entwicklung zum Erwachsensein im Rahmen der Familie begünstigt deren Entwicklung. Dieser Einfluss wird durch die Kommunikation mittels Sprache, Gebärde und Schrift noch verstärkt.

Sprache und Kultur

Der Mensch ist gegenüber allen anderen sozial lebenden Geschöpfen dadurch gekennzeichnet, dass er die angeborene Fähigkeit besitzt, sprechen und verstehen zu lernen. Ebenso wie die Tiere kann er sich seinen Artgenossen durch Gebärden und Bewegungen (Motorik), Gesichtsausdruck (Mimik) und durch das Ausstoßen von Lauten (Vokalisation) verständlich machen. Aber außer diesen Formen von nichtverbaler Kommunikation kann der Mensch mindestens vom ersten bis zweiten Lebensjahr ab (und abhängig von der Erziehung, die er erhält) mit seinen Mitmenschen auch mittels Sprechen und Verstehen, Lesen und Schreiben von Wörtern kommunizieren. Dadurch hat die menschliche Verständigung, die bei allen anderen Lebewesen auf eine verhältnismäßig kleine Zahl

Menschenrassen: Gruppen, die sich in der Häufigkeit von Erbmerkmalen von anderen Gruppen unterscheiden. Die Rassenklassifikationen beruhen auf mess- und sichtbaren Merkmalen, seit den 1980-er Jahren werden besonders Merkmale der Blutgruppen berücksichtigt.

von Signalen beschränkt ist, enorme Ausbreitungsmöglichkeiten bekommen. Im Lauf der menschlichen Geschichte sind deshalb reiche Variationen an zwischenmenschlichen Beziehungen, Institutionen und Verhaltensweisen entstanden, die wir Kulturen nennen. Die menschliche Gemeinschaft unterscheidet sich also von sozial lebenden Tiergruppen durch eine aufgrund der verbalen Verständigung ermöglichte zwischenmenschliche Kultur. Alles, was wir als höhere oder geistige menschliche Aktivitäten verstehen – Wissenschaft, Kunst, Philosophie, Religion –, sind im Lauf der Entwicklung der menschlichen Gemeinschaft entstandene verbale Errungenschaften.

Wachstum

Das Wachstum gehört, gemeinsam mit Stoffwechsel, Fortbewegung und Fortpflanzung, zu den vier fundamentalen Eigenschaften des lebenden Organismus. Unter Wachstum wird eine Zunahme an Gewicht und Umfang verstanden, was mit Prozessen der Differenzierung und Reifung einhergeht. Jede Tierart hat ein spezifisches Wachstumsmuster, und dies gilt auch für den Menschen. Wachstum auf makroskopischem Niveau kann auf verschiedene Art festgestellt werden; durch Bestimmung des Gewichts, Messung der Körperlänge oder des Schädelumfangs; auch die Reifung des Skeletts, das Durchbrechen der Zähne usw. geben Hinweise auf das Körperwachstum. Auf mikroskopischem Niveau gelten andere Kriterien, z.B. die Zellgröße, der Gehalt an bestimmten Baustoffen usw. Weniger einfach, aber vom menschlichen Standpunkt viel interessanter ist es, die Entwicklung von Motorik, Lernvermögen, Sprache und Persönlichkeit zu untersuchen. Nach vier Wochen kann ein Säugling seinen Kopf noch nicht hochhalten, kann aber bereits die Augen bewegen. Das Kind schaut, wenn es wach ist, in die Umgebung, während das Gesicht noch wenig Mimik zeigt. Im Alter von 3–4 Monaten beginnt das Kind, mit der Rassel zu spielen und betrachtet diese in der Hand. Das Lernvermögen hat in kurzer Zeit stark zugenommen. Auch die Entwicklung der Persönlichkeit tritt in dieser Periode in eine neue Phase: Das Kind lacht spontan und spielt mit den Händen. Einige Monate später ist es bereits imstande, zwei Spiele zu kombinieren und spricht die ersten Worte – Mama und Papa.

Der Wachstumsprozess wird nicht allein durch die Erbanlagen bestimmt, die Ernährung, z.B. der Eiweißgehalt der Nahrung, spielt ebenfalls eine wichtige Rolle. Auch die mütterliche Sorge sowohl in körperlicher als auch in geistiger und emotionaler Hinsicht ist ein wichtiger Faktor bei der normalen Entwicklung des Kindes. Etwa um das Ende des ersten Lebensjahres wird ein bedeutender Meilenstein in der motorischen Entwicklung erreicht: das Kind läuft an der Hand. Die Geschwindigkeit, mit der es mit seinem Spielzeug umgeht, wird immer größer: Das Kleinkind kann nun einen Würfel oder eine Dose absetzen und versucht, einen Turm aus zwei oder drei Blöcken zu bauen. Die motorische Entwicklung äußert sich z.B. auch darin, dass das Kind versucht, der Mutter zu helfen, wenn es angezogen wird. Das Spielen mit Bauklötzen wird als eines der bedeutendsten Kennzeichen für die Entwicklung der Lernfähigkeit angesehen. Etwa mit 18 Monaten baut das Kleinkind einen Turm aus drei bis vier Bauklötzen und legt sie in eine Reihe.

Ein halbes Jahr später baut es noch höhere Türme, wobei sechs bis zehn Bauklötze verwendet werden. Im Alter von drei Jahren wird das Bauen konstruktiver. Das Kind versucht, ganze Häuser und Burgen zu errichten. Der Gebrauch der Sprache ist die am meisten kennzeichnende Eigenschaft, durch die sich der Mensch von anderen Säugetieren unterscheidet. Tierpsychologen haben darauf hingewiesen, dass die Entwicklung von Mensch und Schimpanse nach der Geburt eine Zeit lang parallel verläuft – bis zu dem Augenblick, in dem das Kleinkind die ersten Wörter spricht. Erst dann tritt eine wesentliche Abweichung in der psychischen und der motorischen Entwicklung auf. In der Periode zwischen dem 9. und dem 12. Monat spricht das Kleinkind im allgemeinen nicht mehr als drei bis fünf Wörter, und mit anderthalb Jahren hat sich der Wortschatz auf etwa zehn Wörter ausgedehnt.

Das Kind beginnt nun die sogenannte Kindersprache zu benutzen. Nach etwa zwei Jahren kann es die ersten Sätze aus zwei oder drei Wörtern bilden und eine Anzahl Dinge benennen.

Ein Jahr später spricht es ganze Sätze, die ein Urteil enthalten, und kennt auch Pronomen und Geschlechter.

Während des Wachstums verändern sich die Proportionen des Körpers ganz erheblich. So nimmt der Kopf beim Neugeborenenen noch ein Viertel der gesamten Körperlänge ein, beim Erwachsenen dagegen nur noch ein Achtel. Das Wachstum verläuft immer gleich schnell und wird etwa zwischen dem 16. und 19. Lebensjahr eingestellt.

Die Altersperioden eines Kindes		
Biologische Entwicklungsperioden	**Alter**	**Chronologische Entwicklungsperioden**
Geburt		
Neugeburtsperiode	bis 28. Tag	
Kleinstkindheit	bis 1 Jahr	Säuglingsalter
Kleinkindheit	bis 3 Jahre	Kindergartenalter
Kindheit	bis 5 Jahre	Vorschulalter
Späte Kindheit	bis 10 Jahre	Frühes Schulalter
Präpubertät	bis 14 Jahre	Mittleres Schulalter
Pubertät	bis 16 Jahre	Spätes Schulalter

Ein und zwei Jahre

■ *Ein Jahr*

Das Kind beginnt selbstständig zu stehen, wobei es anfänglich noch oft hinfällt. Mit etwa 1,5 Jahren lernt es, Treppen hinauf- und herunterzusteigen, muss sich aber noch gut am Geländer festhalten. Es hält jetzt schon beim Stehen und Gehen Spielzeug in einer Hand, kann den Ball mit beiden Händen werfen und sich Mütze, Handschuhe und Strümpfe selbst ausziehen.

Es kritzelt gern auf Papier. Die Orientierungsfähigkeit im Raum ist gut. Das Kind kann Gefühle wie Angst, Ärger, Neid, Sympathie und Anhänglichkeit zeigen. Der Wortschatz beschränkt sich auf wenige Silben und Worte. Dem Kind wird immer bewusster, dass es einen Unterschied zwischen ihm und seinen Eltern gibt und dass es eine eigene Person ist. Es möchte nämlich die Bindung zu den Eltern lösen, sich jedoch gleichzeitig des Schutzes der Eltern versichern. Jetzt wird ihm immer klarer, was es bedeutet, wenn Vater und Mutter seinem Willen ihr „Nein" entgegensetzen. Von der Liebe, Geduld und Toleranz (aber auch Konsequenz) der Eltern hängt es ab, wie das Kind die schwierige Zeit der ersten Konflikte meistert.

Menschenrassen entwickeln sich in gleichem Maße

■ *Zwei Jahre*

Das Kind ist im selbstständigen Gehen so sicher geworden, dass es sich nicht mehr festzuhalten braucht. Es fällt nicht mehr so oft hin und kann auch rückwärts gehen. Spielzeug, das am Boden liegt, wird aus dem Stand aufgehoben. Nun beginnt seine Zeit plötzlich eine Rolle zu spielen: Was gestern geschehen ist, wird heute blumenreich „erzählt". Viele Wörter werden natürlich noch falsch ausgesprochen. Kritik jedoch verunsichert das Kind und bremst seine Sprechfreude. Sie helfen dem Kind am meisten, wenn sie die Sätze lediglich in Antwortform wiederholen: „So, der Hund war also im Garten?" Um das Kind an den Kindergarten bzw. an das Spiel und Verhalten in der Gruppe zu gewöhnen, empfiehlt es sich, Spielnachmittage mit ungefähr Gleichaltrigen aus der Nachbarschaft zu organisieren. Dadurch lernt es von den anderen Kindern und fügt sich im Kindergarten leichter in die Gruppe ein.

Drei und vier Jahre

■ *Drei Jahre*

Die Sicherheit beim Treppensteigen wird immer größer. Es kann mit Leichtigkeit rückwärts gehen und auf einem Bein stehen. Es kann den Ball werfen und auffangen sowie Schuhe ausziehen und sauber mit dem Löffel essen. Auch das Abmalen einfacher Zeichen wie Kreise, Kreuze und Dreiecke gelingt dem Kind schon. Im Kindergarten lernt es jetzt, mit anderen in einer Gruppe zu spielen und auch kleine Enttäuschungen zu ertragen. Dadurch wird die Selbstständigkeit größer.

■ *Vier Jahre*
Das Kind lernt praktisch alles in der Nachahmung beim Spiel. Es läuft, rennt, springt, balanciert, schaukelt, klettert sicher und ohne Angst. Auch das Geschick beim Malen, Bauen, Greifen, Fangen und Werfen, Aus- und Anziehen wird immer größer. Sprechen ist eine Beschäftigung, die den Vierjährigen sehr in Anspruch nimmt. Dadurch entstehen Kontakte zwischen dem Kind und seiner Umwelt. Es fragt nach allen möglichen und unmöglichen Dingen. Für seine körperliche Entwicklung und um Haltungsschäden vorzubeugen ist es nun wichtig, dem Kind ausreichende Gelegenheit zum Turnen, Planschen oder Schwimmen zu geben. Als Anregung für das Kind können solche sportlichen Übungen spielerisch vermittelt werden.

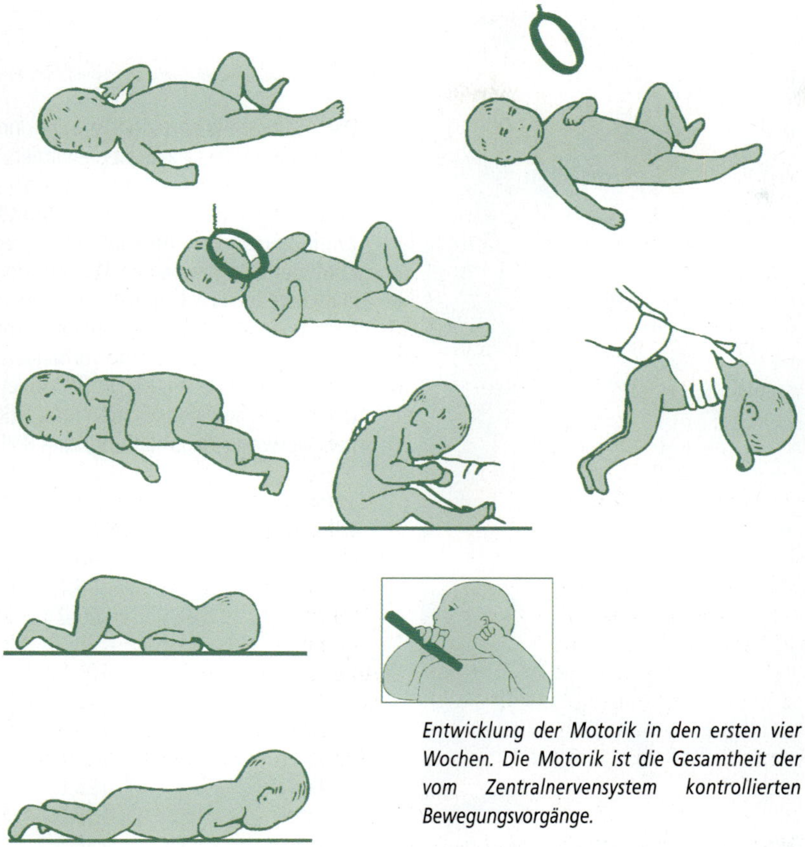

Entwicklung der Motorik in den ersten vier Wochen. Die Motorik ist die Gesamtheit der vom Zentralnervensystem kontrollierten Bewegungsvorgänge.

Fünf und sechs Jahre

■ *Fünf Jahre*
Mit fünf Jahren ist das Kind imstande, kompliziertere Dinge – wie Haare kämmen, Zähne putzen – selbst zu tun. Es zeichnet nun anders als in den vorhergehenden Jahren. Seine Vorstellungen von Häusern, Menschen, Tieren, Bäumen, Gras und Blumen bringt es seiner Fantasie entsprechend zu Papier. Die Fragen, die es stellt, sind von rein informativer Art. Es ist stolz auf seine Leistungen und voll Vertrauen zu sich selbst und zu anderen, aber noch immer sehr abhängig. Der Wortschatz hat sich nun auf rund 2000 Wörter ausgedehnt.

Das Kleinkind untersucht die Welt zuerst mit seinen Händen und mit seinem Mund

■ *Sechs Jahre, Einschulungsalter*
Im Alter von sechs Jahren liegen das geistige und körperliche Wachstum auf gleicher Höhe. Durch die Schule kommt das Kind in eine ganz andere, zugleich auch größere Welt. Die Schule kann dem Kind viel Freude machen, jedoch auch Anlass mancher bitteren Kindertränen sein. Rät in einem solchen Fall der Lehrer nach dem ersten Halbjahr zu einer Zurückstellung, bedeutet das, dass das Kind einfach noch nicht reif für die Schule ist, in der es bis jetzt nur Misserfolge erlebt hat. Gönnen Sie Ihrem Kind die unbeschwerte Zeit im Kindergarten oder in der Vorschule. Die Schwierigkeiten der ersten Einschulung sind

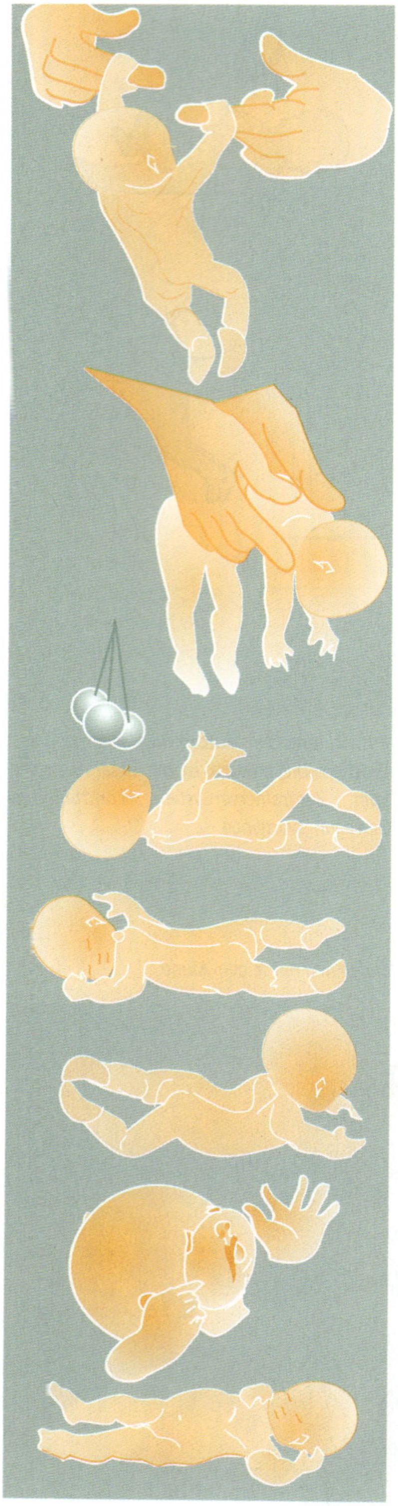

Die ersten vier Wochen: Entwicklung der Motorik.

Körpergröße von Jungen und Mädchen

Die Körpergröße eines Kindes wird durch die Körpergröße von Vater und Mutter mitbestimmt. In der Tabelle ist die mittlere Körpergröße vom 1. bis zum 17. Lebensjahr in Abhängigkeit von der Körperlänge der Eltern, genauer vom arithmetischen Mittel der Körperlängen des Vaters und der Mutter (Länge Vater plus Länge Mutter geteilt durch zwei), angegeben. Als mittlere Körpergröße der Eltern werden 163, 169 und 175 Zentimeter angenommen. Wie aus der Tabelle hervorgeht, bleiben die Unterschiede zwischen den drei Gruppen von Kindern während der gesamten Periode bestehen, es tritt keine Nivellierung ein, und am Ende der Periode sind immer noch charakteristische Unterschiede vorhanden. Es scheint also in der Tat so zu sein, dass aus Ehen großer Eltern auch große Kinder hervorgehen. Die mittlere Körpergröße wird durch erbliche Eigenschaften mitbestimmt, doch spielen auch andere Faktoren, wie beispielsweise die Ernährung, eine Rolle.

Jungen	**gemittelte Körperlänge von Vater und Mutter**		
Lebensjahr	**163 cm**	**169 cm**	**175 cm**
1 Jahr	73,1	75,1	77,1
2 Jahre	85,4	87,4	88,9
3 Jahre	93,2	96,0	98,3
4 Jahre	99,5	103,1	106,3
5 Jahre	105,6	110,0	112,7
6 Jahre	110,9	115,4	118,7
7 Jahre	116,2	121,3	124,6
8 Jahre	121,6	126,8	130,4
9 Jahre	126,9	131,9	136,0
10 Jahre	132,5	137,4	141,5
11 Jahre	138,5	143,0	146,8
12 Jahre	144,7	148,5	152,4
13 Jahre	152,0	154,9	159,6
14 Jahre	158,8	161,6	167,8
15 Jahre	165,8	167,9	174,7
16 Jahre	169,4	172,8	176,6
17 Jahre	170,9	175,4	177,8

Mädchen	**gemittelte Körperlänge von Vater und Mutter**		
Lebensjahr	**163 cm**	**169 cm**	**175 cm**
1 Jahr	73,0	74,0	74,6
2 Jahre	84,0	85,5	88,2
3 Jahre	90,4	93,8	96,5
4 Jahre	96,8	103,9	103,8
5 Jahre	103,5	109,1	111,0
6 Jahre	110,2	115,0	117,3
7 Jahre	116,5	120,2	124,0
8 Jahre	122,4	125,8	130,2
9 Jahre	128,6	131,4	136,6
10 Jahre	135,1	136,9	143,1
11 Jahre	141,6	143,4	149,6
12 Jahre	147,8	150,3	155,8
13 Jahre	154,2	157,0	161,7
14 Jahre	158,8	160,4	165,9
15 Jahre	159,8	162,2	168,4
16 Jahre	160,5	163,4	169,7
17 Jahre	160,8	164,0	170,9

längst vergessen, und auch Ihr Kind hat viel Spaß am Lernen und Wetteifern mit seiner Schulkameraden.

Sieben bis elf Jahre
Die zweite Phase der sich lösenden Bindung zum Elternhaus setzt nun deutlich ein. Die Welt der Schule und die neu gewonnenen Freunde lenken das Interesse vom Familienkreis ab und neuen Gebieten zu. Das Kind wird kritisch gegenüber elterlichen Aussagen (Lehrer und Freunde beeinflussen seine Meinung bedeutend).
Es bilden sich gleichgeschlechtliche Gruppen, und es ist z.B. für ein Mädchen fast unmöglich, in eine Jungenfußballclique einzudringen. Umgekehrt wird sich ein Junge dieses Alters genieren, mit einer Puppe gesehen zu werden – auch wenn es ihm noch so viel Spaß machen würde. Die Rollenverteilung ist also sehr extrem.
Das sich in diesem Entwicklungszeitraum bildende Selbstbewusstsein ist zu Beginn noch sehr geprägt von Angeberei und Großspurigkeit. Stimmungsschwankungen – „himmelhoch jauchzend, zu Tode betrübt" – sind jedoch bei beiden Geschlechtern gleich stark ausgeprägt. Das Ausredenerfinden, auch Lügen und sich aus unangenehmen Situationen herauszuargumentieren ist für diese Phase typisch.
Ab etwa zehn Jahren beginnt das logische Denken, das Kind hat eigene Ansichten, die es auch zum Ausdruck bringt.
Die gute Bindung zum Elternhaus bildet gerade auch jetzt die Basis für das Kind, mit all den Schwierigkeiten und Problemen in diesem Entwicklungsstadium fertig zu werden.

Spielsachen

Man kommt immer mehr zur Einsicht, dass das Kind mit seinen Spielsachen etwas tun muss. Jeder kennt die mechanischen Spielsachen, vom einfachen Aufziehauto und -tier bis zur Autorennbahn, elektrischen Eisenbahn in fertiger Landschaft, wo sich Wagen an- und auskuppeln, Ladung aufnehmen und wieder löschen usw. Sie

Geistig-psychische Entwicklung

Phase	Alter	Funktion
Elementare Kontaktphase	Neugeborenes	Beruhigung durch Streicheln oder Stillen
	6. Woche	Wahrnehmung des menschlichen Gesichtes Verfolgung bewegter Gegenstände
	3. Monat	Anlächeln
Zuwendungsphase Anwendungsphase	8. Monat	Freude über Bekannte Abwehr gegenüber fremden Personen
Entdeckerphase	1. Lebensjahr	räumliche Orientierung zunehmender Bewegungsdrang aktiv egozentrisches Verhalten
Einordnung in soziale Gruppen	3. Lebensjahr	Ich-Du-Orientierung beginnendes Rollenverständnis

Gemeinschaftliches Spielen ist für die Entwicklung des Sozialverhaltens von Kindern sehr wichtig.

Kinder haben viel Phantasie. Sie lieben besonders aktives Spielzeug, mit dem sie kreativ werden können.

bieten ein faszinierendes Schauspiel, und die technische Vernunft, mit der sie konstruiert sind, ist zu bewundern. Doch die einzige aktive Handlung des Kindes dabei ist das In-Bewegung-Setzen; danach bleibt das Kind passiver Zuschauer, der beobachtet, wie das Spielzeug für ihn spielt.
Mit einfachen hölzernen Autos, Zügen, Tieren, Häuschen usw. muss es dagegen selbst die Möglichkeiten ausfindig machen. Es spielt Gesehenes nach oder denkt sich neue Situationen aus. Es muss das Spielzeug mit seiner Fantasie, seiner Einbildungskraft „beseelen". Es baut seine eigene Welt auf, in der es selbst eine Rolle spielt. Bei solchen Spielen ist das Kind aktiv, es kann selbst etwas tun. Es ist unvernünftig, dem Kind vorzuschreiben, was es mit seinem Spielzeug tun soll. Gutes Spielzeug hat, außer der Anregung zu Spielaktivitäten, keinen bestimmten Zweck. Die Spielzeugtabelle soll als Beispiel dienen, welches Spielzeug für ein Kind in verschiedenen Altersklassen (0–13 Jahre) geeignet ist und wie lange in etwa ein bestimmtes Spielzeug in Gebrauch bleibt.
Die Spielsachen des Dreijährigen sind also nicht vollkommen anders als die des Zweijährigen. Für den Vierjährigen ist das Spielzeug, das er als Dreijähriger erhielt, noch immer geeignet. Wenn gut gewählt wurde, ist das Spielzeug, das für das Kleinkind angeschafft wurde, auch noch für das zur Schule gehende Kind von Interesse, was nützlicher und wichtiger ist, als oft angenommen wird. Das Kind wird natürlich auf andere Art damit spielen, es wird andere Möglichkeiten mit und an ihm entdecken und es im Zusammenhang mit seinen Vorstellungen benutzen. Es ist sehr wichtig, dass Spielsachen im richtigen Moment entwicklungsgerecht gegeben werden.

Erziehung

Ein Kind sollte in körperlicher, ethischer, geistiger und sozialer Hinsicht zu einem selbstständigen, ausgeglichenen und anpassungsfähigen erwachsenen Menschen heranwachsen.
Jedes Kind stellt seine Eltern und Erzieher in bestimmten Augenblicken vor Probleme. Diese Probleme sind jedes Mal Anzeichen dafür, dass das Kind in bestimmten Entwicklungsphasen nicht ohne die Hilfe der Eltern und Erzieher zurechtkommt. Diese Anzeichen zu erkennen und richtig einzuschätzen gehört wohl zu den schwersten Aufgaben, vor die sich Eltern, Lehrer und sonstige Vertraute des Kindes gestellt sehen.
Es können körperliche oder seelische Umstände sein, aber auch Situationen, in denen sich das Kind befindet, ebenso unvorhergesehene Ereignisse, die es belasten. Diese Probleme können sich vertiefen oder wandeln, wenn sie nicht ursächlich angegangen und überwunden werden. Ein heranwachsender Mensch, der sich unverstanden fühlt, zu niemandem Vertrauen hat, kann auch mit den Schwierigkeiten, die als Erwachsener auf ihn zukommen, nicht fertig werden.

Sexuelle Aufklärung

Man ist sich heute allgemein darüber einig, dass zur Erziehung des Kindes eine behutsame, dem Alter angepasste Sexualerziehung dazugehört. Jedes gesunde Kind beginnt ab dem Fragealter seine Wissbegierde auch auf die Geschlechtsorgane, den Unterschied zwischen Mädchen und Jungen sowie das „Kinderkriegen" überhaupt zu

Meilensteine der Entwicklung

1 Monat
- Hebt die Hände vor Augen und Mund
- Dreht, auf dem Bauch liegend, den Kopf von einer Seite zur anderen
- Verfolgt einen Gegenstand mit den Augen, der im Abstand von etwa 15 cm bogenförmig vor seinem Gesicht bis zur Mittellinie bewegt wird
- Reagiert auf Geräusche, zum Beispiel indem es aufschreckt, weint oder sich beruhigen lässt
- Wendet sich bekannten Geräuschen und Stimmen zu
- Fixiert Gesichter

3 Monate
- Hebt, auf dem Bauch liegend, den Kopf um 45 Grad (eventuell sogar um 90 Grad)
- Öffnet und schließt die Hände
- Stößt den Fuß nach unten, wenn es auf eine flache Oberfläche gesetzt wird
- Greift oder schlägt nach vor ihm baumelnden Spielsachen
- Folgt mit den Augen einem bogenförmig oberhalb seines Gesichtes von einer Seite zur anderen bewegten Gegenstand
- Betrachtet Gesichter intensiv
- Lächelt, wenn es die Stimme seiner Mutter hört
- Ahmt sprachähnliche Laute nach

5 Monate
- Hält seinen Kopf in aufrechter Position
- Dreht sich auf die andere Seite, meist vom Bauch auf den Rücken
- Greift nach Gegenständen
- Erkennt weiter wegstehende Menschen

- Lauscht intensiv menschlichen Stimmen
- Lächelt spontan
- Quietscht vor Vergnügen

7 Monate
- Sitzt ohne Unterstützung
- Kann, wenn es aufrecht gehalten wird, etwas Gewicht selbst halten
- Wechselt Gegenstände von einer Hand in die andere
- Schaut heruntergefallenen Gegenstände nach
- Reagiert auf seinen eigenen Namen
- Versteht „nein" und reagiert darauf
- Plappert, indem es Vokale und Konsonanten miteinander verbindet
- Spielt Verstecken

9 Monate
- Versucht, Spielzeug außerhalb seiner Reichweite zu erreichen
- Protestiert, wenn ihm Spielzeug weggenomen wird
- Kriecht oder krabbelt auf allen vieren
- Zieht sich selbst hoch
- Steht gehalten oder gestützt
- Sagt zu jedem Mama oder Papa

12 Monate
- Setzt sich aus der Bauchlage auf
- Hangelt sich gehend an Möbeln entlang; geht ein oder zwei Schritte ohne Unterstützung
- Steht minutenlang frei
- Nennt die Eltern Mama und Papa
- Trinkt aus der Tasse
- Klatscht in die Hände und winkt

richten. Dieses Interesse ist nicht speziell auf Sexualität ausgerichtet, sondern gehört zur Neugierde, mit der Fragen auf allen Gebieten gestellt werden. Als solche sollten sie dem Kind auch beantwortet werden. Beim Kleinkind darf bei Erklärungen aller körperlichen Vorgänge niemals vergessen werden, die Liebe zwischen Vater und Mutter (zwischen Mann und Frau) zu erwähnen. Auch wenn die Mutter feststellt, dass das Kind an den Genitalien spielt und dabei sogar sexuelle Empfindungen beobachtet, sollte sie es ihm nicht verbieten. Auch Doktorspiele sind harmlos. Wird Sexualität von den Eltern beim Kind ablehnend dargestellt oder gar verboten, den eigenen Körper zu entdecken, sind ernsthafte Störungen in der Reifung zum Mann oder zur Frau zu befürchten.
Eine ungezwungene Haltung der Eltern wird beim Kind am ehesten zu einer komplexfreien Gestaltung der Sexualität führen.

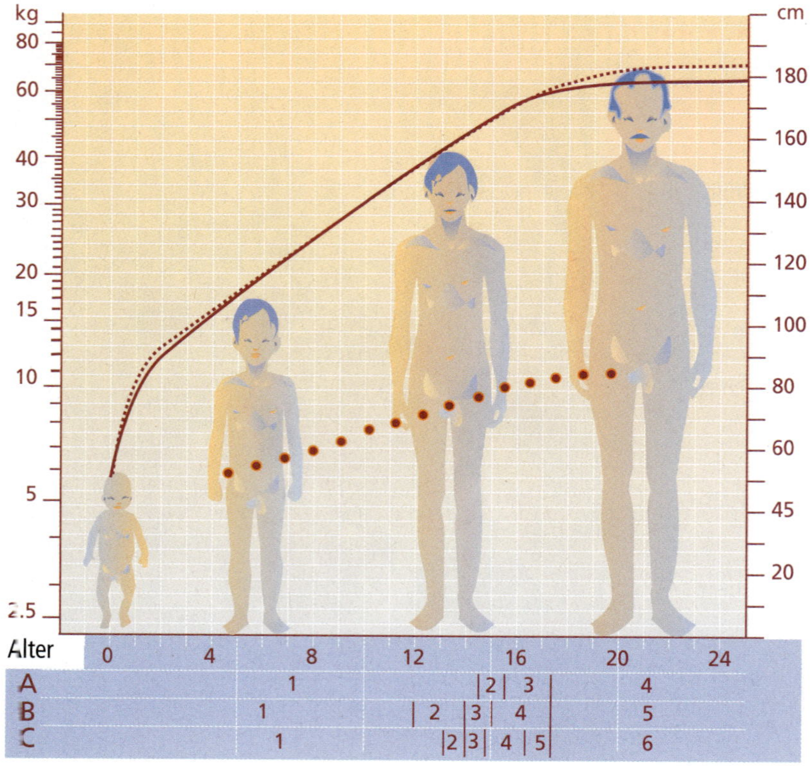

Das Jungen-Wachstumsdiagramm von 0 bis 25 Jahren bezieht sich auf normale Kleinkinder, Schulkinder und Heranwachsende von mittlerem Körperbau.
Die verschiedenen Entwicklungsstadien der sekundären Geschlechtsmerkmale sind in drei Gruppen unterteilt: Achselbehaarung, äußere Geschlechtsorgane und Schambehaarung. Die verschiedenen Stadien sind nummeriert.

A – Achselbehaarung
- *Stadium 1: keine Behaarung (Präadoleszenz)*
- *Stadium 2: spärliche, wenig pigmentierte Behaarung (etwa 14 Jahre)*
- *Stadium 3: pigmentierte Behaarung vom Typ der Erwachsenen, aber auf einer kleineren Oberfläche (etwa 15 Jahre)*
- *Stadium 4: volle, pigmentierte Behaarung (etwa 17 Jahre)*

B – Äußere Geschlechtsorgane
- *Stadium 1: Hoden, Hodensack und männliches Glied sind von derselben Größe und Form wie beim Schulkind (Präadoleszenz)*
- *Stadium 2: Vergrößerung von Hodensack und Hoden, Veränderung der Farbe und Schrumpelung des Hodensacks (etwa 12 Jahre)*
- *Stadium 3: Vergrößerung des männlichen Gliedes und weiteres Wachstum der Hoden mit Ausweitung des Hodensacks (etwa 14 Jahre)*
- *Stadium 4: weiteres Wachstum des männlichen Gliedes, vor allem an der Eichel, zunehmende Pigmentierung des Hodensacks (etwa 15 Jahre)*
- *Stadium 5: Erwachsenenstadium, das männliche Glied reicht bis zum Unterrand des Hodensacks (17–23 Jahre)*

C – Schambehaarung
- *Stadium 1: keine Behaarung (Präadoleszenz)*
- *Stadium 2: spärliche, wenig pigmentierte Behaarung, vor allem an der Basis des männlichen Gliedes (etwa 13 Jahre)*
- *Stadium 3: dunkler, dichter und mehr gekräuselt, rund um die Basis des männlichen Gliedes (etwa 14 Jahre)*
- *Stadium 4: wie vom Typ der Erwachsenen, aber auf kleinerer Oberfläche (etwa 15 Jahre)*
- *Stadium 5: Ausbreitung (etwa 16 Jahre)*
- *Stadium 6: Erwachsenenstadium, weitere Ausbreitung durch laterales Wachstum, bei den meisten Männern steigt die Schambehaarung nach der Adoleszenz noch weiter, der Übergang von Stadium 2 zu Stadium 3 dauert zwei bis sechs Jahre*

Trotzalter

Das Trotzalter liegt zwischen dem zweiten und dritten Lebensjahr. Das bis dahin fröhliche, leicht zu lenkende Kind wird plötzlich unfügsam, widerspenstig, unverträglich und zu einem „Neinsager" aus Prinzip. Es will alles allein und anders machen. Die Bedeutung des eigenen Willens steht in keiner Relation zur Heftigkeit der kindlichen Ausbrüche. Die sich in dieser Zeit lockernde innerliche Bindung zur Mutter und die Entdeckung des eigenen Willens fordern eine neue Eingrenzung geradezu heraus.
Hier beginnt das Kind Pläne zu schmieden, seinem Wollen und Handeln ein Ziel zu setzen. Da die Ausdrucksfähigkeit noch begrenzt ist, versucht es mit seiner oft sehr deutlichen Reaktion anzuzeigen, was es will oder ablehnt.
Die Kraft, mit der sich das Kind äußert, also der „Trotz", ist keine Charaktereigenschaft, sondern eine natürliche Kraft, die in richtige Bahnen gelenkt werden will. Jetzt erweist sich, ob man das Kind lieb hat und seine Ausbrüche mit Geduld und Verständnis erträgt, dass man ihm weder aus eigener

Bequemlichkeit stets seinen Willen lässt noch den Willen des Kindes bricht, sondern ihm den Weg zeigt, der ihm aus dem Trotz heraushilft. Etwa in der Mitte des dritten Lebensjahres lernt das Kind, dass es nicht mehr „nein" sagen muss, um seine Meinung überhaupt zu demonstrieren. Dem Kind sollte man nicht durch unnötige Verbote die Bewegungsfreiheit einschränken. Notwendige Forderungen sollten unbedingt erklärt werden, denn schon aus Haltung und Stimme erkennt das Kind, auch wenn es den Sinn noch nicht voll begreift, dass die Eltern nicht strafen wollen.

Gibt die Mutter mehrere Möglichkeiten zur Entscheidung (z.B.: „Möchtest du zuerst ins Bett gehen, oder sollen wir vorher noch deine Autos in die Garage fahren?" anstatt: „Du musst jetzt ins Bett!"), erleichtert sie es dem Kind, das zu tun, was von ihm verlangt wird. Außerdem freut es sich, selbst eine Entscheidung getroffen und seinen Willen zum Ausdruck gebracht zu haben.

Müssen Entscheidungen gegen den Willen des Kindes getroffen werden, so müssen sich beide Elternteile einig sein und mit Ruhe und Konsequenz auf ihrem Willen beharren.

Auch bei notwendigen Anordnungen sollte man das Kind auf die neue Situation vorbereiten: „Wenn Mutti abgeräumt hat, gehen wir spazieren." So hat das Kind Zeit, sich innerlich darauf einzustellen.

Ein relativ gleichmäßiger Tagesablauf gerade im Trotzalter erspart der Mutter viel Ärger, wenn das Kind beispielsweise schon lange an eine feste Zeit des Schlafengehens gewöhnt ist. Bei Affektausbrüchen dürfen die Eltern keineswegs genauso mit Wut und Zorn gegen das Kind reagieren oder es gar schlagen.

Auch Ermahnungen haben hier keinen oder wenig Sinn, weil das Kind ja gar nicht zuhören will. Innerhalb der Wohnung sollte man ihm Gelegenheit geben, sich zu beruhigen.

Gehen Sie in ein anderes Zimmer, und beachten Sie es gar nicht, wenn sich das Kind auf den Boden wirft oder schreiend gegen die Tür schlägt oder mit den Füßen auf den Boden stampft.

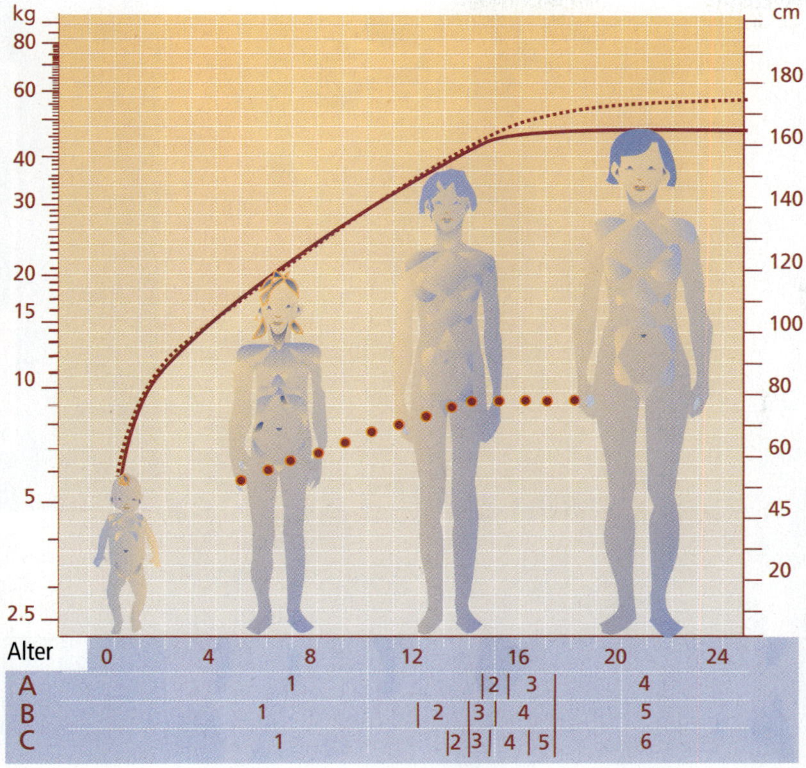

Das Mädchen-Wachstumsdiagramm von 0 bis 25 Jahren bezieht sich auf normale Kleinkinder, Schulkinder und Heranwachsende von mittlerem Körperbau.

Die verschiedenen Entwicklungsstadien der sekundären Geschlechtsmerkmale sind in drei Gruppen unterteilt: Achselbehaarung, äußere Geschlechtsorgane und Schambehaarung. Die verschiedenen Stadien sind nummeriert.

A – Achselbehaarung
- *Stadium 1: keine Behaarung (Präadoleszenz)*
- *Stadium 2: spärliche, wenig pigmentierte Behaarung (etwa 13 Jahre)*
- *Stadium 3: pigmentierte Behaarung vom Typ der Erwachsenen, aber auf kleinerer Oberfläche (etwa 14 Jahre)*
- *Stadium 4: volle pigmentierte Behaarung (16 Jahre)*

B – Brüste
- *Stadium 1: Brustwarze (Papille), wenig hervorgehoben (Präadoleszenz)*
- *Stadium 2: Erhebung der Papille und beginnende Wölbung der Brust (etwa 11 Jahre)*
- *Stadium 3: weitere Vergrößerung der Brust und Verbreiterung des Warzenhofs (Areola) in der Ebene der Brustwölbung (etwa 12 Jahre)*
- *Stadium 4: Areola und Papille erheben sich (prominieren) über die Ebene der Brustwölbung*
- *Stadium 5: Erwachsenenstadium mit deutlich prominierender Papille*

Die Stadien 4 und 5 zeigen einen starken Wechsel.

C – Schambehaarung
- *Stadium 1: keine Behaarung (Präadoleszenz)*
- *Stadium 2: spärliche, wenig pigmentierte Behaarung, vor allem entlang der Schamlippen (etwa 12 Jahre)*
- *Stadium 3: dunklere, dichtere und mehr gekräuselte Behaarung auf den Schamlippen (etwa 12 Jahre)*
- *Stadium 4: nach dem Erwachsenentyp, aber auf kleinerer Oberfläche (etwa 14 Jahre)*
- *Stadium 5: Ausbreitung*
- *Stadium 6: Erwachsenenstadium, weitere Ausbreitung zu den Seiten, in der Regel bleibt die Begrenzung nach oben horizontal*

Die erste Menstruation findet meist im Alter von 13 Jahren statt.

Neugier, Tatendrang, Geltungsbedürfnis und die Lust auf Abenteuer sind im Schulalter besonders ausgeprägt. In dieser Lebensphase lockern sich die elterlichen und familiären Bindungen und werden zunehmend durch andere ergänzt; hierbei spielen altersgleiche Freundschaften die bedeutendste Rolle, die sich dann im jugendlichen Alter auch auf partnerschaftliche Beziehungen mit dem anderen Geschlecht ausweiten.

In der Vergangenheit haben Künstler Männer und Frauen auf sehr unterschiedliche Weise dargestellt.

Bald wird sein Schreien leiser, und es bedarf nur noch der ruhigen Aufforderung: „Komm, sieh dir mal das lustige Bild an", um den Ausbruch zu beenden.

Pubertät und Jugendalter

Unter Pubertät versteht man die biologischen Veränderungen, die mit der körperlichen und sexuellen Reifung verbunden sind. Mit den biologischen Veränderungen sind Wandlungen der Denk- und Verhaltensweise der jungen Menschen verknüpft.
Äußerlich ist die Entwicklungsphase am Wachstumsschub und an der Herausbildung der sekundären Geschlechtsmerkmale zu erkennen. Bei der körperlichen Entwicklung zur Geschlechtsreife gibt es große individuelle und familiäre, auch rassische Unterschiede. Derintensivste Wachstumsschub liegt bei Mädchen zwischen dem 12. und 13. Lebensjahr, bei jungen zwei Jahre später – zwischen dem 14. und 16. Lebensjahr.
Die Schambehaarung ist mit etwa 14 (Mädchen) bis 16 (Jungen) Jahren voll ausgebildet. Die Hoden der Knaben nehmen innerhalb von zwei Jahren auf Erwachsenengröße zu. Mit etwa 14 Jahren kommt es zum Stimmbruch. Die Brüste der Mädchen entwickeln sich innerhalb von drei bis vier Jahren von einer Knopse bis zur vollen Reife. Die Basis für die Ausbildung sekundärer Geschlechtsmerkmale ist die hormonelle Umstellung. In der Hirnanhangdrüse werden die den Keimdrüsen vorgeschalteten Hormone vermehrt gebildet. Sie induzieren und begleiten eine vermehrte Bildung der männliche n(Testosteron) bzw. weiblichen (Östrogene) Sexualhormone. Sichtbare bzw. spürbare Zeichen der Geschlechtsreife sind bei Mädchen die erste Regelblutung (Menarche) und bei Jungen der erste Samenerguss (Pollution).
Die vermehrte Beobachtung der eigenen Körperlichkeit und der Vergleich mit anderen Gleichaltrigen führt häufig zu Über- und Unterbewertungen. Die Überschätzung eigener Kraft wird als Mutprobe in einer Gruppe herausgefordert oder ausgetragen.
Häufiger sind jedoch Minderwertigkeitskomplexe, die zu schweren Angstzuständen und Vereinsamungserlebnissen führen können (Pubertätshypochondrie). Sie werden aber nicht selten überspielt und durch besonders exaltiertes Renommiergehabe ausgeglichen. Jugendliche neigen – oft sehr zum Missfallen ihren erwachsenen und etablierten Umwelt – zu extremen Denk- und Verhaltensweisen.

Mann und Frau

Die geschlechtstypischen Merkmale des erwachsenen Mannes sind nur in Relation mit denen der Frau zu sehen. Die dominierende Stellung des Mannes in der Gesellschaft ist nicht in erster

Linie von der Natur seines Geschlechtes bestimmt.

Das Verhältnis der Geschlechter zueinander, die Beziehungen des Mannes als Vater zu seinen Kindern, sein Status im Beruf, in der politischen Öffentlichkeit usw. werden von den kulturellen Leitwerten oder vom Entwicklungsstand der Produktivkräfte und den natürlichen Grundlagen einer Gesellschaft beeinflusst.

Neben den Chromosomen, dem sog. Geschlechtschromatin, den inneren und äußeren Geschlechtsorganen und den Keimdrüsenhormonen beziehen sich die geschlechtsspezifischen Besonderheiten beim Menschen vor allem auf den Habitus mit seiner (normalen) Variabilität (aber auch Intersexualität).

Da alle Merkmale oder Merkmalskomplexe, die zur Charakterisierung der Konstitution herangezogen werden, Ergebnis einer nicht einfachen Gen-Merkmals-Beziehung sind, ist von vornherein nicht zu erwarten, dass es sich um Alternativmerkmale handelt.

Betrachtet man innerhalb einer Bevölkerung das einzelne Merkmal, z.B. die Körpergröße, so findet man unter den Frauen dieser Population schon eine große Variabilität mit der größten Häufigkeit der mittleren Merkmalsklassen.

Altern

Jedes Wesen altert und durchlebt dabei von der Geburt bis zum Tod deutliche Veränderungen. Keine der Theorien, warum Menschen altern, konnte bisher bewiesen werden. Im Laufe der Zeit nehmen die Zellen immer mehr Schäden, sodass sie nicht mehr richtig arbeiten oder absterben. Dieser Prozeß führt schließlich zum Tod. Die Annahme, dass der normale Alterungsprozess und altersbedingte Krankheiten auf die gleichen Ursachen zurückzuführen sind, wird durch Forschungen über das interessante Phänomen der durch Kalorienbeschränkung bedingten Verlängerung des Lebens erhärtet. Man weiß seit den 1980er Jahren, dass Ratten und Mäuse, die mit weniger Kalorien gefüttert wurden (ohne unterernährt zu werden), um 40 bis 50 Prozent länger leben. Besonders interessant ist in diesem Zusammenhang, dass durch die verringerte Ernährung auch die Entwicklung einer Reihe von altersbedingten Krankheiten verzögert wird. Wissenschaftler wissen heute noch nicht, ob diese Experimente auch auf Menschen angewendet werden können. Einige der neusten Gentechniken werden dazu verwendet, herauszufinden, wie eine reduzierte Kalorienzufuhr die Genexpression eines Tieres beeinflusst. In diesen Experimenten hat sich herausgestellt, was bereits als theoretische Hypothese formuliert worden war. Einige der Gene, die mit molekularen Schäden zu tun haben, wurden durch die Mindererernährung zu einer größeren Aktivität stimuliert. Die Kalorienreduktion sorgt somit dafür, dass die Organe des Tieres nicht so schnell von Schädigungen befallen werden, und verlangsamt damit den Alterungsprozess.

Aufgrund solcher Indizien lässt sich ein direkter Zusammenhang zwischen dem Alterungsprozess und altersbedingten Krankheiten kaum mehr anzweifeln. Wissenschaftler und Mediziner müssen dann lernen, die Alterungsrate jedes

Der Anstieg der durchschnittlichen Lebenserwartung hat kaum etwas an dem Alter geändert, das Menschen maximal erreichen können. Seit es Aufzeichnungen darüber gibt, hat kaum jemand das 120. Lebensjahr überschritten.

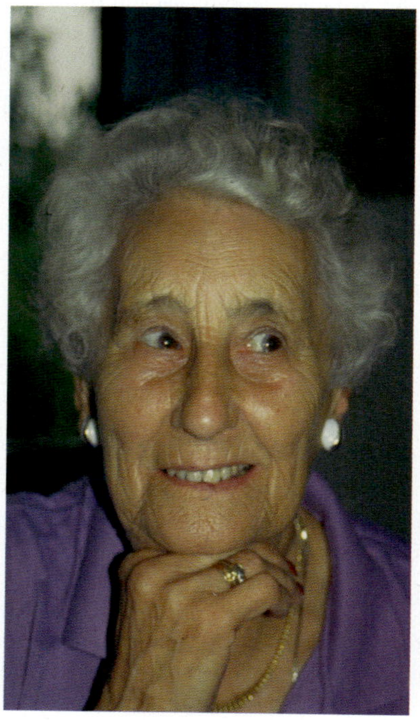

einzelnen Organs zu kontrollieren, und dann entscheiden, welche Konditionen aufgehalten werden müssen, während die nicht betroffenen Organe auf normale Weise altern können. Der menschliche Körper verändert sich auf vielfältige Weise, während er alters. Die auffähigsten körperlichen Veränderungen im Alter sind:

- Nieren, Leber und Gehirn sind weniger gut durchblutet.
- Es dauert länger, bis Nieren Medikamente und Giftstoffe ausgeschieden.
- Es dauert länger, bis die Leber Gifte und die meisten Medikamente abbaut.
- Das Herz schlägt unter Belastung nicht mehr so schnell. Im Ruhezustand ändert sich nichts.
- Die Zuckertoleranz verringert sich.
- Das Lungenvolumen wird geringer.
- Nach dem Ausatmen bleibt mehr Luft in der Lunge zurück.
- Die Infektionsabwehr der Zellen läßt nach.

Die Lebenserwartung ist im Laufe der Jahrzehnte stetig gestiegen. Für einen Mann liegt sie in Deutschland bei 74 Jahren, für eine Frau bei 80 Jahren.

Sinnesorgane

Der Alterungsprozess lässt sich während des Lebens registrieren, und zwar durch die Prüfung verschiedener physiologischer Funktionen. Am einfachsten ist das im Bereich der menschlichen Sinnesorgane zu belegen.

Bekanntlich hören alte Menschen schlechter als junge. Diese Altersschwerhörigkeit, krankhafte Störungen ausgenommen, setzt nicht plötzlich zu einem bestimmten Zeitpunkt ein, sondern entwickelt sich schon im 3. und 4. Lebensjahrzehnte aus einem anfänglich gänzlich unbemerkten, langsam zunehmenden Nachlassen der Hörschärfe. Erst wenn ein erheblicher Grad an Hörbeeinträchtigung erreicht ist, wird der Mensch im eigentlichen Sinne schwerhörig.

Dagegen lässt sich eine Abnahme des Geruchssinnes nicht mit Sicherheit belegen.

Für Störungen oder Änderungen der Geschmacksempfindungen werden von verschiedenen Forschern unterschiedliche Ergebnisse angegeben. Einige Fachleute sprechen davon, dass beim Menschen wie bei den Bienen der Geschmackssinn abnähme und im Alter bespielsweise höhere Zuckerkonzentrationen nötig seien, um den süßen Geschmack zu erkennen.

Alterssichtigkeit und Altersstar

Altersveränderungen am Auge lassen sich auf verschiedene Arten nachweisen. Am bekanntesten ist die Alterssichtigkeit (Presbyopie). Sie beruht auf einer mit dem Alter zunehmenden Verarmung der Akkommodationsbreite das Auges. Mit Akkommodationsvermögen wird die Fähigkeit des Auges bezeichnet, die Brechkraft so zu steigern, dass auch nahe gelegene Gegenstände scharf auf der Netzhaut abgebildet werden. Das Akkommodationsvermögen ist also die Voraussetzung zum Sehen in der Nähe.

Eine weitere typische Alterskrankheit ist der Altersstar des Auges. Bei ihm besteht eine Verhärtung der Linse mit Trübungen, die sich als Folge fortschreitender Veränderungen in der chemischen Struktur der Linsenfasern und Störungen der Durchlässigkeit (Permeabilität) der Linsenkapsel zusätzlich entwickeln können. Trotz der sehr verschiedenartigen Verlaufsformen des Altersstar ist als Grundursache eine unzureichend gewordene Ernährung der Linse anzunehmen.

Gehirn

Das zentrale Nervensystem zeigt auffallende Veränderungen bei fortschreitendem Alter. Unsicherheit besteht noch darüber, wie viel Nervenzellen im Gehirn im Alter verloren gehen. Im Ganzen verliert das Gehirn während des Lebens rund 250 g an Gewicht (physiologischer Hirnschwund). Bei Menschen im Alter von 70 Jahren und älter kommt es in 10–12 Prozent zu einer Alzheimerkrankheit.
Die Gewichtsabnahme wird eingeleitet von einem Wasserverlust. Die Lipoiden (fettähnliche) Substanzen nehmen im Laufe des Lebens im Gehirn um rund 15 Prozent zu. An Mineralstoffen, wie Natrium, Kalium und Magnesium, ist eine Abnahme nachgewiesen worden.

Billard können auch ältere Männer und Frauen spielen.

Im Altershirn fällt eine Verschmelzung der Hirnwindungen auf. Von der Gewichtsabnahme ist das Kleinhirn am meisten betroffen. Inwieweit Veränderungen im Gehirn durch Stoffwechselstörungen oder Verminderungen des Blutzuflusses verursacht werden, lässt sich heute noch nicht mit Sicherheit sagen.
Wahrscheinlich wurden lange Zeit die Folgen einer Mangeldurchblutung im Bereich der Gehirngefäße überbewertet. Störungen im Hirnstoffwechsel beim Sauerstoffverbrauch oder bei der Zuckeraufnahme und Glukoseverbrennung kommen dabei mindestens ebenso häufig vor, wie in neueren Spezialuntersuchungen nachgewiesen werden konnte.

Herz und Blutkreislauf

Neben dem Gehirn nimmt das Herz eine zentrale Stellung ein. Es ist der Motor, der das Blut durch die Schlagadern bewegt. Das Gewicht dieses Organs erreicht beim Mann um das 55. Lebensjahr, bei der Frau erst fünf oder sechs Jahre später, sein Maximum, um danach wieder zu sinken. Insgesamt sind aber die Gewichtsrückgänge im Alter gering. Das Herzgewicht steht mehr in Beziehung zum Körpergewicht als zum Lebensalter. Die Altersveränderungen sind weniger Rückbildungsvorgänge, sondern mehr die Folge einer nachlassenden Funktion.
Dagegen gehören die Veränderungen der Blutgefäße, vor allem der Arterien, zu den eindrucksvollsten Alterserscheinungen. Nicht umsonst ist die Gefäßverkalkung (Arteriosklerose; auch: Atherosklerose) so bekannt.
Die Arterienwand verdickt sich vom 20. bis 50. Lebensjahr um 50 Prozent und verliert dabei entsprechend an Elastizität. Auch das Volumen der Arterienwand nimmt im Laufe des Alters ununterbrochen zu.

Muskeln und Knorpel

Auch das Schwinden der Muskelkraft ist eine der auffälligen Alterserscheinungen. Der Höhepunkt der Muskelkraft liegt zwischen dem 20. und 30. Lebensjahr. Das Abnehmen der Muskelkraft ist für die einzelnen Muskelgruppen verschieden. Mit 70 Jahren ist zum Beispiel die Kraft des Händedrucks auf zwei Drittel des Standes vom dritten Lebensjahrzehnt gesunken.
Am Knorpel lassen sich ebenfalls Alterserscheinungen nachweisen. Es kommt im laufe der 5. Lebensjahrzehnte zu einem Wasserverlust und zu einer Zunahme des Kalziumgehalts. Obgleich der Knochen im Gegensatz zum Knorpel reichlich mit Blutgefäßen ausgestattet ist, kommt es auch in ihm zu Abbauprozessen.
Das Altern des Knochens besteht in einem Rindenschwund und in einer zunehmenden Porosität (Durchlässigkeit, Löchrigkeit), wobei verschiedene andere Knochenbereiche durchaus eine Verdickung aufweisen können.
Infolge dieses alterungsbedingten Umbaus der Knochenstruktur (Osteoporose) brechen einige Knochen im

Schwimmen trainiert den ganzen Körper, ohne dabei Muskeln und Gelenke zu strapazieren. Deshalb wird es häufig Menschen empfohlen, die Muskel- und Gelenkprobleme haben.

Alter leichter, besonders der Schenkelhals und der Unterarm an typischer Stelle. Die Brüche heilen im Alter langsamer.

Hormone

Da den Hormonen eine besondere Bedeutung beim Alterungsprozess zugeschrieben wird, sollen die sie erzeugenden Organe aufgeführt werden. Das Gewicht der Hoden geht im Laufe des 4. bis 8. Lebensjahrzehnts um einige Gramm zurück. Auch das Gewicht des Eierstocks zeigt eine Abnahme seines Gewichts bis zum 60. Lebensjahr.
Ebenfalls verlieren die Nebennieren zwischen dem 20. und 65. Lebensjahr fast 1 g an Gewicht. Die Schilddrüse zeigt Rückbildungserscheinungen, während Größe und Gewicht der Hypophyse (Hirnanhangsdrüse) und der Nebenschilddrüsen absolut unverändert bleiden. Obwohl noch längst nicht alle Zusammenhänge der inneren Sekretion bekannt sind, neigt die überwiegende Mehrheit der Forscher zu der Ansicht, dass die Hormone beim Altern keine ursächliche Rolle spielen und deshalb auch nicht zur Behandlung oder Verzögerung der Alterungsvorgänge beitragen können.

Ältere Menschen erleben eine Krankheit oft anders als junge Menschen.

Hilfsmittel bei Alterskrankheiten

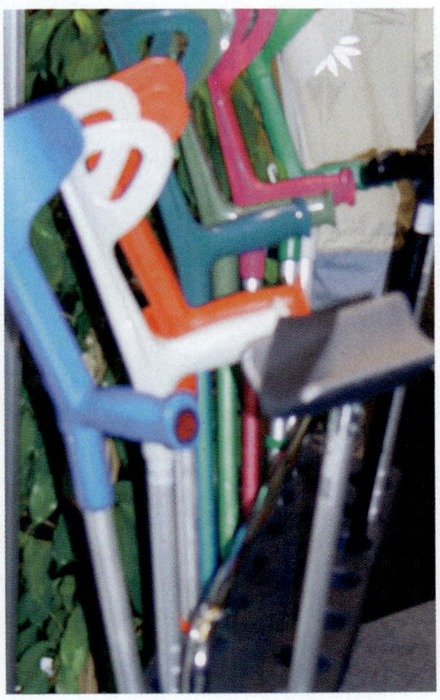

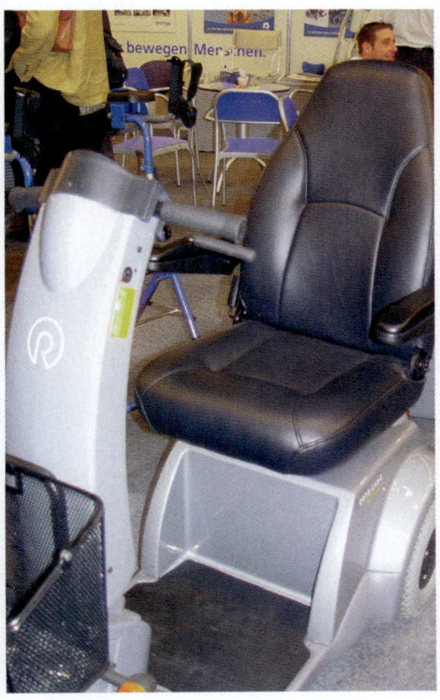

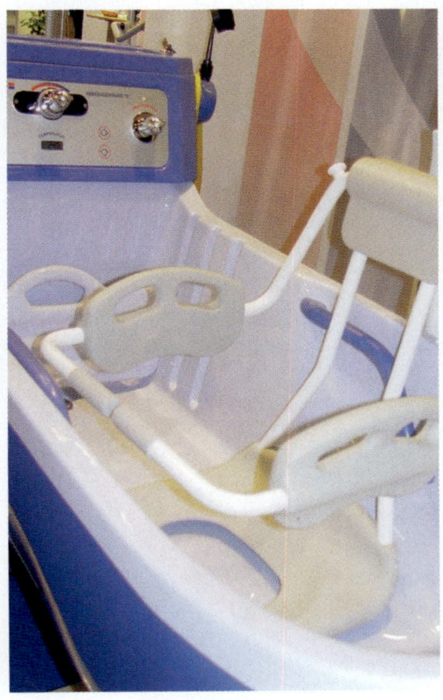

Krankheiten

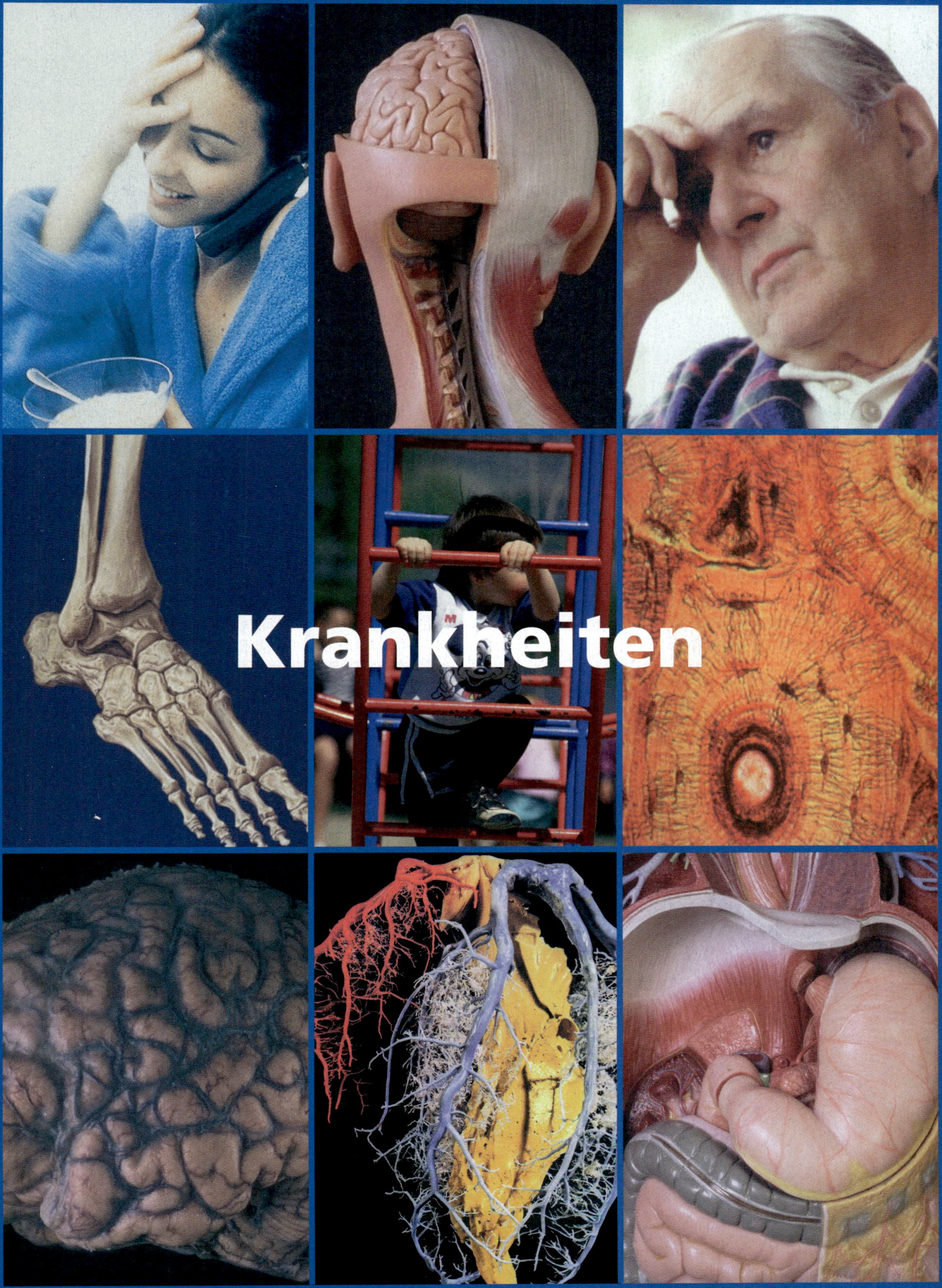

Krankheiten

In unserer komplexen modernen Gesellschaft nehmen Krankheiten einen bedeutenden Platz ein. Sie sind noch immer Ursache von viel menschlichem Elend. Außerdem können sie zu Arbeitsausfall führen und damit für den Einzelnen wie für die Gesellschaft auch ungünstige wirtschaftliche Folgen haben.
In diesem Zusammenhang ist es wichtig, den Begriff „Krankheit" näher zu definieren. Obwohl dabei mancher Aspekt außer Acht bleibt, lässt sich sagen: Krankheit ist ein wesentliches Abweichen vom Zustand der Gesundheit. Diese vereinfachende Definition zeigt bereits wie schwierig es ist, den Begriff Krankheit zu umschreiben, obwohl doch täglich davon gesprochen wird.
Was ist der „Zustand der Gesundheit" und wann kann man von einer wesentlichen Abweichung sprechen? Es wird deutlich, dass hier viele Faktoren eine Rolle spielen. Wenn man den schwierigen Bereich des Übergangs zwischen Gesundheit und Krankheit unberücksichtigt lässt, kann man davon ausgehen, dass Krankheiten an Krankheitserscheinungen (Symptomen) erkennbar sind. Diese werden wieder in subjektive, vom Patienten empfundene, und objektive, durch den Untersucher wahrnehmbare Symptome, unterteilt.

Für eine bedeutende Abweichung vom Gesundheitszustand muss eine Ursache bestehen, obwohl diese längst nicht immer feststellbar ist.

Die Kenntnis der Ursache einer Krankheit ist von Bedeutung, weil sie eine tiefere Einsicht in das Krankheitsgeschehen verschafft und die Behandlung erleichtert, aber auch, weil die Kenntnis der Ursache zur Verhütung der Krankheit beitragen kann.
Man unterscheidet Ursachen, die primär im Körper selbst gesucht werden müssen, und Ursachen, die primär von außen auf den Körper einwirken. Diese beiden Hauptgruppen werden innere (endogene) und äußere (exogene) Krankheitsursachen genannt. Man darf jedoch nicht ohne weiteres folgern, dass eine innere Ursache vorliegen müsse, wenn eine äußere Ursache nicht festzustellen ist.
Bei erbliche Krankheiten, die mit erkennbaren groben Abweichungen des Chromosomensatzes einhergehen, liegt eindeutig eine endogene Ursache vor. Die Erbeigenschaften befinden sich in den Genen. Die Gene können einen dominanten oder einen rezessiven Effekt haben. Das dominante Gen setzt sich beispielsweise durch, das rezessive nur unter bestimmten Bedingungen.
Für gesundheitsbewusste Menschen ist es in jedem Fall sinnvoll und vorteilhaft, über Gesundheitsstörungen, Krankheitszeichen und -prozesse sowie Behandlungs- und Vorbeugemaßnahmen Bescheid zu wissen.

Inhaltsverzeichnis

ADHS

Bei Kindern mit einer Aufmerksamkeitsdefizit-/Hyperaktivitätsstörung ist die Aufmerksamkeit unangemessen, entweder zu schwach oder zu kurz anhaltend; auch die Impulsivität entspricht nicht dem Alter des Kindes. Manche Kinder haben zusätzlich oder statt dessen einen ungewöhnlich hohen Aktivitäts- und Erregungspegel.
Die Prävalenz der Aufmerksamkeitsdefizit-/Hyperaktivitätsstörung bei Schulkindern wird auf 3–4 Prozent geschätzt. Daten über Prävalenzraten bei Jugendlichen und Erwachsenen sind nur begrenzt vorhanden.
Psychiater gehen davon aus, dass in Deutschland etwa 160.000 bis 190.000 Kinder zwischen 6 und 16 Jahren eine mit Hyperaktivität verbundene Aufmerksamkeitsdefizitstörung haben. Jungen sind bis zu achtmal häufiger betroffen als Mädchen.
Die Frage, ob ein bestimmter Aktivitätsspiegel bereits als Hyperaktivität empfunden wird, hängt oft auch von der Toleranzgrenze der „belästigten" Person ab. Einige Kinder sind jedoch eindeutig aktiver als andere, können triezen und gefährden sich und andere durch ihr unkontrolliertes Verhalten. Hyperaktivität kann den Menschen, unter deren Aufsicht diese Kinder stehen, Probleme bereiten.
Mit zunehmendem Alter bildet sich die Hyperaktivität meist zurück, doch können die Unaufmerksamkeit und die damit verbundenen Symptome bis ins Erwachsenenalter bestehen bleiben.

Kinder mit einer Aufmerksamkeitsdefizit-/Hyperaktivitätsstörung können bei Spielen oder in der Gruppe nur schwer abwarten, bis sie an der Reihe sind

Diagnostische Merkmale

Das Hauptmerkmal einer Aufmerksamkeitsdefizit-/Hyperaktivitätsstörung ist ein durchgehendes Muster von Unaufmerksamkeit und/oder Hyperaktivität und Impulsivität, das häufiger und schwerwiegender ist, als es bei Personen auf vergleichbarer Entwicklungsstufe typischerweise beobachtet wird.
Einige Symptome von Hyperaktivität und Impulsivität oder Unaufmerksamkeit, die diese Störung verursachen, treten schon vor dem siebten Lebensjahr auf; bei vielen Personen wird die Diagnose jedoch erst gestellt, nachdem die Symptome schon einige Jahre bestehen. Die Unaufmerksamkeit kann sich in schulischen, beruflichen oder sozialen Situationen zeigen. Die Betroffenen können unfähig sein, Einzelheiten zu beachten. Sie machen Flüchtigkeitsfehler bei Schularbeiten oder anderen Aufgaben.
Die Arbeit ist häufig unordentlich, nachlässig und ohne Umsicht durchgeführt. Die Betroffenen haben oftmals Schwierigkeiten, bei der Durchführung von Aufgaben oder beim Spielen über längere Zeit aufmerksam zu sein und ihre Aufgaben zu Ende zu führen.
Die Hyperaktivität zeigt sich durch Herumzappeln und Herumrutschen auf dem Stuhl. Die Betroffenen bleiben nicht ruhig sitzen, wenn sie es sollen, klettern oder laufen in unpassenden Situationen übermäßig herum, haben Schwierigkeiten zu spielen oder ruhig einer Freizeitbeschäftigung nachzugehen. Die Hyperaktivität kann je nach Alter und Entwicklungsstufe des Betroffenen unterschiedlich ausgeprägt sein. Kleinkinder und Kinder im Vorschulalter mit dieser Störung unterscheiden sich von normal aktiven jüngeren Kindern dadurch, dass sie ständig unterwegs und überall dabei

sind. Impulsivität manifestiert sich als Ungeduld, als Schwierigkeit, Reaktionen zurückzuhalten. Die Betroffenen platzen mit den Antworten heraus, bevor die Frage vollständig gestellt ist.
Die Impulsivität kann zu Unfällen (zum Beispiel Gegenstände umwerfen, in Leute hineinlaufen, eine heiße Pfanne anfassen) sowie zur Beschäftigung mit potenziell gefährlichen Aktivitäten führen, ohne dass die Kinder auf die möglichen Konsequenzen zu achten (zum Beispiel Skateboard fahren auf extrem rauhem Gelände).

Zugehörige Merkmale

Die zugehörigen Merkmale unterscheiden sich je nach Alter und Entwicklungsstand. Hierzu zählen:
- geringe Frustrationstoleranz;
- Wutanfälle;
- Herrschsucht;
- Widerspenstigkeit;
- übermäßiges und häufiges Bestehen auf Erfüllung der eigenen Forderungen;
- Stimmungsschwankungen;
- Demoralisierung;
- Dysphorie;
- Ablehnung durch Gleichaltrige;
- geringes Selbstwertgefühl.

Eine Aufmerksamkeitsdefizit-/Hyperaktivitätsstörung kommt nicht selten auch bei Personen mit einer Tourette-Störung vor. Treten die beiden Störungen gleichzeitig auf, liegt der Beginn der Aufmerksamkeitsdefizit-/Hyperaktivitätsstörung häufig vor dem Beginn der Tourette-Störung.
Es kann eine Vorgeschichte von Kindesmisshandlung oder Vernachlässigung, Unterbringung in verschiedenen Pflegestellen, Aussetzung von Neurotoxinen (zum Beispiel Bleivergiftung), Infektionen (zum Beispiel Enzephalitis), intrauteriner Drogenexposition, niedrigem Geburtsgewicht sowie geistige Behinderung vorliegen.

Verlauf

Die meisten Eltern beobachten übermäßige motorische Aktivität das erste Mal, wenn ihre Kinder noch klein sind

Strategien, die sich bei unruhigen Kindern und ADHS-Kindern bewähren

Konsequenz
ADHS-Kinder brauchen noch mehr als andere Kinder klare Grenzen. Wichtig: Bei gleichen Vergehen immer in gleicher Weise reagieren. Und auch tun, was man ankündigt.

Tagesablauf
Unruhige Kinder, die sich selbst nicht im Griff haben, brauchen Strukturen, die ihnen Sicherheit vermitteln. Immer der gleiche Sitzplatz, der Zahnputzbecher mit dem roten Löwenkopf, jeden Abend das gleiche Lied - so ist die Welt in Ordnung.

Noch wichtiger sind feste Abläufe: regelmäßige Mahlzeiten zu festen Zeiten, der tägliche halbstündige Mittagsschlaf, Nachtruhe ab einer bestimmten Uhrzeit usw.

Auszeiten
Eltern unruhiger Kinder brauchen ab und zu Pausen, um neue Kraft zu schöpfen. Positiver Nebeneffekt: Wenn Mama und Papa gelassener sind, wird auch das Kind ruhiger.

Elterntraining
Mütter und Väter lernen in kleinen Gruppen und anhand von Rollenspielen, Videoaufzeichnungen sowie in Gesprächen mit anderen Eltern, mit ihrem hyperaktiven Kind möglichst konfliktfrei umzugehen. Nicht nur über die Psyche des Kindes, sondern auch über die der Eltern wird gesprochen.

Elterntrainings werden von Erziehungsberatungsstellen und kinderpsychiatrischen Kliniken angeboten. Sind Kliniken bzw. Ärzte die Veranstalter, tragen die Kassen die Kosten. Zu Trainings von Erziehungsberatungsstellen müssen Eltern etwas beisteuern.

Spiel-, Mal-, Musik-, Ergotherapie
Es gibt verschiedene Möglichkeiten, das Kind zu fördern. Egal, für welche Therapie man entscheidet: Am wichtigsten ist, dass sie dem Kind Freude macht. Nur wenn es sich auf die Sache einlässt, kann es ruhiger werden.

Ein zweiter wichtiger Punkt: der Einfluss des Therapeuten. Viele Kinder entwickeln sich allein dadurch positiv, dass sie während einiger Stunden im Monat Zuwendung von dritter „neutraler" Seite erfahren.

Alternative Therapien
Es gibt Eltern, die auf therapeutisches Reiten oder Trommeln schwören. Bekannt ist, dass Reiten den Gleichgewichtssinn und die Körperwahrnehmung verbessert und das Selbstbewusstsein stärkt. Und Trommeln ist sicher ein gutes Mittel, um Aggressionen loszuwerden.

Freizeit
Unruhige Kinder brauchen viel Bewegung, nur so können sie ihren Bewegungsdrang abreagieren. Deshalb: Fernseher abschalten und raus an die frische Luft.

Wichtige Fragen und Antworten zu ADHS

Wie definieren die Ärzte ADHS?
Die Aufmerksamkeit von Kindern mit einer solchen Störung ist unangemessen entweder zu schwach oder zu kurz anhaltend; auch die Impulsivität entspricht nicht dem Alter des Kindes. Manche Kinder haben zusätzlich oder stattdessen einen ungewöhnlich hohen Aktivitäts- und Erregungsspiegel.

Wie viel Kinder haben eine mit Hyperaktivität verbundene Aufmerksamkeitsstörung?
Psychiater gehen davon aus, dass in Deutschland etwa 150.000 Kinder zwischen sechs und 16 Jahren eine mit Hyperaktivität verbundene Aufmerksamkeitsstörung haben. Jungen sind bis zu achtmal häufiger betroffen als Mädchen. Viele Zeichen der Störung fallen oft vor dem fünften und praktisch immer vor dem achten Lebensjahr auf.

Ist ADHS erblich?
ADHS kann erblich sein, aber heute favorisiert man die These, dass die Arbeitsweise der Botenstoffe im Gehirn gestört ist.

Was sind die Zeichen von Unaufmerksamkeit?
Bei einer Aufmerksamkeitsstörung ist das Kind nahezu unfähig, seine Aufmerksamkeit länger einem Gegenstand zuzuwenden.
Wichtige Zeichen sind:
- Das Kind scheint häufig nicht zuzuhören, wenn andere es ansprechen.
- Führt häufig Anweisungen anderer nicht vollständig durch.
- Kann andere Arbeiten oder Pflichten nicht zu Ende bringen.
- Hat häufig Schwierigkeiten, Aufgaben und Aktivitäten zu organisieren.

Was sind die Zeichen von Hyperaktivität?
Wichtige Zeichen sind:
- Das Kind zappelt häufig mit Händen oder Füßen oder hampelt herum.
- Steht in der Klasse oder in Situationen, in denen Sitzenbleiben erwartet wird, häufig auf.
- Läuft herum oder klettert exzessiv.
- Hat häufig Schwierigkeiten, ruhig zu spielen oder sich mit Freizeitaktivitäten zu beschäftigen.

Ernährung als Risikofaktor für ADHS, kann das sein?
Nach heutigen Kenntnisstand spielen Nahrungsbestandteile nur bei einem kleinen Teil der betroffenen Kinder eine Rolle. Manche ADHS-Kinder reagieren offenbar auf bestimmte Nahrungsmittel, weil sie beispielsweise dagegen allergisch sind.

Dürfen Eltern bestimmte Nahrungsmittel vom Speiseplan ihres Kindes streichen?
Jede Form der Diät birgt das Risiko einer Mangelernährung. Deshalb sollten Eltern, die bestimmte Lebensmittel für die Unruhe ihres Kindes verantwortlich machen, diese keinesfalls auf eigene Faust weglassen, sondern erst Rücksprache mit dem Kinderarzt oder einem Ernährungsberater halten.

Sind Phosphate und Zucker noch immer Hauptverursacher des ADHS?
Das ist inzwischen widerlegt. Eine glukose- und phosphatfreie Diät wäre außerdem gar nicht oder nur unter großen Entbehrungen für das Kind durchführbar. Die beiden Stoffen finden sich in fast jedem Nahrungsmittel.

Wie behandelt man ADHS?
Um die Folgen der ADHS aufzufangen und möglichst gering zu halten, sind feste Strukturen, gewohnte Abläufe, ein Interventionsplan von Seiten der Schule sowie verhaltenstherapeutisch geschulte Reaktionen der Eltern erforderlich.

Schreibaby mit ADHS?
Als Schreibaby gelten Säuglinge, die während der ersten Lebensmonate an mehr als drei Tage pro Woche je drei Stunden oder länger schreien. Früher machte man dafür die sogenannten Dreimonatskoliken verantwortlich – Blähungen, die von der Anpassung des Darms an Muttermilch oder Babynahrung herrühren.
Auch heute noch gelten Anpassungsprobleme als Grund für das Dauergeschrei – allerdings mehr psychische als organische. Man vermutet, dass das noch unreife Nervensystem der Babys anfangs die vielen Umweltreize nicht verkraftet.
Ein Schreibaby kann aber auch ein ADHS-Kind sein, bei dem in den ersten Lebensmonaten einfach alles zusammenkommt:
- das unreife Nervensystem,
- die vielen Umweltreize, für die es aufgrund seiner Eigenart besonders empfindlich ist, und
- Blähungen.

Diese bilden sich, wenn das Kind beim Schreien ständig Luft schluckt. Eltern, die ein Schreibaby haben, sollten sich unbedingt Hilfe von außen suchen.

Kinder mit einer Aufmerksamkeitsdefizit-/Hyperaktivitätsstörung haben oftmals Schwierigkeiten aufmerksam zu sein und ihre Aufgaben zu Ende zu führen.

und beginnen, sich selbstständig fortzubewegen. Da jedoch viele überaktive Kleinkinder keine Aufmerksamkeitsdefizit-/Hyperaktivitätsstörung entwickeln, sollte die Diagnosestellung in der frühen Kindheit sehr vorsichtig vorgenommen werden. Gewöhnlich wird die Störung zum ersten Mal in der Grundschule diagnostiziert, wenn die schulische Anpassung gefährdet ist. Bei den meisten Betroffenen werden die Symptome im Verlauf der späten Adoleszenz oder des Erwachsenenalters schwächer.

Behandlung

Eine Behandlung mit psychostimulierenden Medikamenten in Kombination mit einer Verhaltenstherapie hat sich bislang als am effektivsten erwiesen. Feste Strukturen, gewohnte Abläufe und verhaltenstherapeutisch geschulte Reaktionen der Eltern sind oft erforderlich. Kinder mit einer Aufmerksamkeitsstörung entwachen ihrem Problem nur selten. Die Heranwachsenden und jungen Erwachsenen scheitern oft in einer akademischen Ausbildung, haben ein geringes Selbstwertgefühl, Ängste, Depressionen und Schwierigkeiten, sich sozial anzupassen. Personen mit dieser Störung scheinen sich besser an Situationen in der Arbeits- als in der Schulwelt anpassen zu können.

Strategien, die sich bei unruhigen Kindern und ADHS-Kindern bewähren

- Die Aufmerksamkeitsdefizit-/Hyperaktivitätsstörung kommt in verschiedenen Kulturkreisen vor. Allerdings werden unterschiedliche Prävalenzen in den westlichen Staaten berichtet, die wahrscheinlich eher in den verschiedenen Diagnosepraktiken als in Unterschieden im klinischen Auftreten begründet liegen.
- Besonders schwierig ist die Diagnose bei Kindern unter vier oder fünf Jahren zu stellen, da ihr charakteristisches Verhalten viel variabler ist als das älterer Kinder und Merkmale enthalten kann, die den Symptomen der Aufmerksamkeitsdefizit-/Hyperaktivitätsstörung ähnlich sind.
- Ferner sind Symptome von Unaufmerksamkeit bei Klein- und Vorschulkindern nicht ohne Schwierigkeiten zu erkennen, da jüngere Kinder in der Regel selten gefordert sind, über längere Zeit aufmerksam zu sein. Die Aufmerksamkeit von Kleinkindern lässt sich jedoch auch in vielfältigen Situationen über längere Zeit auf etwas lenken (zum Beispiel kann ein durchschnittliches zwei- oder dreijähriges Kind zusammen mit einem Erwachsenen sitzen und Bilderbücher anschauen).
- Jüngere Kinder mit einer Störung bewegen sich im Unterschied dazu übermäßig und sind nur schwer an einem Platz zu halten. Um sicherzustellen, dass das klinische Bild vollständig erfasst wird, kann es hilfreich sein, viele verschiedene Verhaltensweisen eines jüngeren Kindes zu erfragen.
- Mit dem Alter werden die Symptome gewöhnlich weniger auffällig. In der späten Kindheit oder frühen Adoleszenz kommen Anzeichen ausgeprägter motorischer Aktivität (zum Beispiel übermäßiges Klettern, nicht stillsitzen können) seltener vor. Die Symptome der Hyperaktivität können auf Zappeligkeit oder auf ein inneres Gefühl von Aufgeregtsein oder Rastlosigkeit beschränkt sein.

AIDS

Definition

AIDS (Acquired Immune Deficiency Syndrome = erworbene Immunschwäche) ist eine Viruskrankheit, die den Zusammenbruch des körpereigenen Abwehrsystems bewirkt. Durch die Immunschwäche ist ein Aidspatient für eine Vielzahl von Krankheiten äußerst anfällig, die bei einem gesunden Menschen mit funktionierendem Immunsystem problemlos abgewehrt werden. Die sichtbaren Symptome von AIDS zeigen sich erst in der späten Krankheitsphase: Die Betroffenen leiden häufig unter einer sonst seltenen Lungenentzündung oder einer ebenfalls seltenen Form von Hautkrebs, dem Kaposi-Sarkom.

Man unterscheidet zwischen „HIV-Positiven" und „Aidskranken". Personen, die lediglich mit dem Virus infiziert sind, zählen zur ersten Gruppe. Sie sind in der Regel nicht von gesunden Menschen zu unterscheiden. Erst beim Ausbruch der Krankheit spricht man von der AIDS-Phase.

Nicht wenige Menschen, vor allem in Afrika, sterben heute jedoch bereits im jungen Alter an der Immunschwächekrankheit AIDS. Ausgelöst wird das AIDS-Erscheinungsbild von HI-Viren (Human Immunodeficiency Virus), deren Tätigkeit unser Immunsystem lahmlegt, sodass die Betroffenen schließlich den verschiedensten Erregern hilflos ausgeliefert sein können.

Rekonstruktion des Human Immunodeficiency Virus (HIV), der AIDS als Endstadium einer HIV-Infektion verursacht

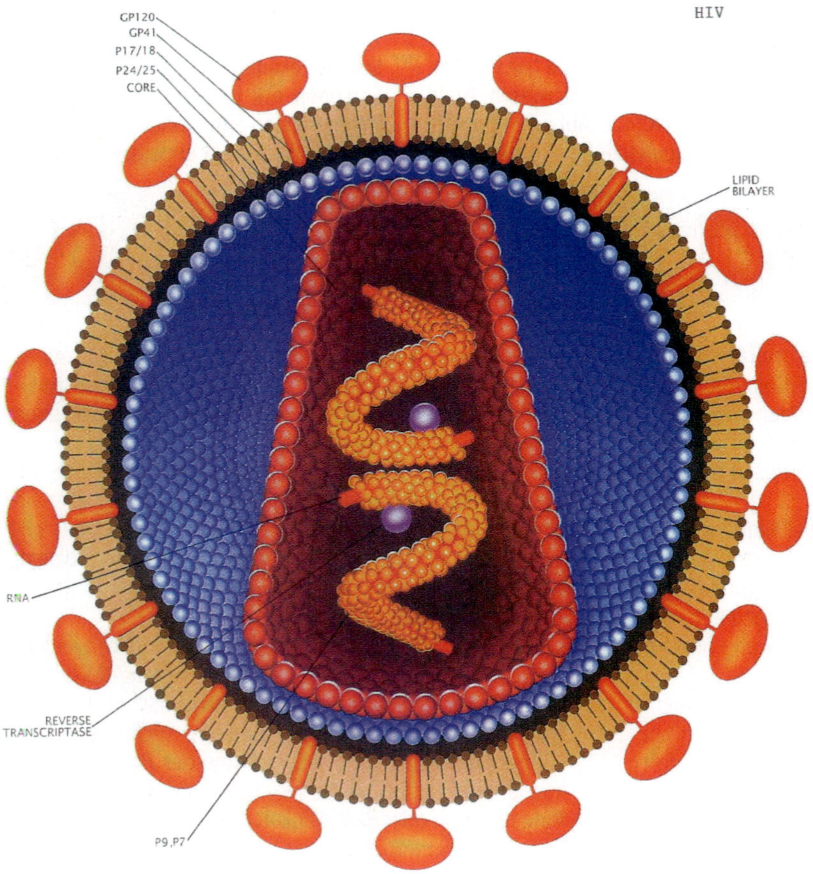

Übertragung

Übertragen wird der Virus über Blutkontakt oder beim Geschlechtsverkehr, da der Erreger auch im Sperma auftreten kann. Das Virus muss direkt in die Blutbahn gelangen, um eine Infektion hervorzurufen. Besonders risikoreich ist der Analverkehr, da es hierbei sehr leicht zu Verletzungen der Darmschleimhaut kommt, durch die das Virus vom Sperma in das Blut eindringen kann.

Nach einer Ansteckung befallen die Viren bevorzugt jene Zellen, die Teil des Immunsystems sind und deren Aufgabe darin besteht, die Abwehr zu mobilisieren. In dem Maße, wie sich die HI-Viren im Körper vermehren und ausbreiten, wird das System geschwächt, weil die Informationskette zwischen den T-Helferzellen und den Makrophagen (Fresszellen) unterbrochen ist, sodass die Abwehr ausgeschaltet wird.

Im Blut des Infizierten ist bereits lange vor Ausbruch der Krankheit nachzuweisen, dass Antikörper gegen die Substanzen aus dem Inneren des Virus gebildet wurden (Aidstest). Zwischen Ansteckung und Erscheinungsbild der Immunschwäche können Monate, aber auch Jahre liegen.

Symptome

Während der Latenzphase zeigen sich keine Symptome. Der Krankheitsausbruch zeigt sich an der Unfähigkeit des Organismus, mit normalen Krankheiten fertig zu werden. Unter anderem treten folgende Symptome auf:

- extreme Müdigkeit, manchmal in Verbindung mit Kopfschmerzen, Schwindelgefühl sowie Verwirrungszustände

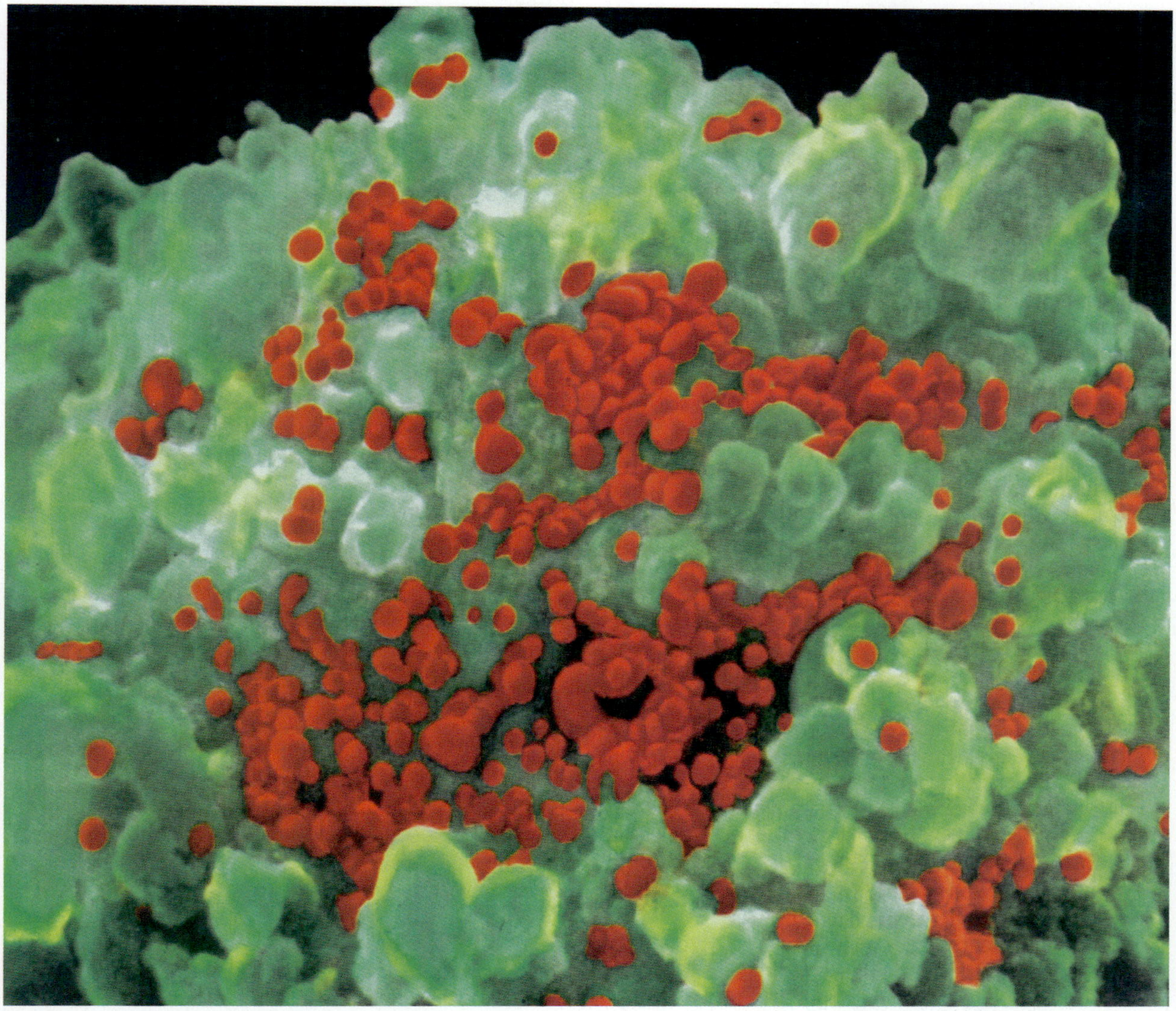

HIV-Viren auf menschlicher T-Zelle

- andauerndes Fieber oder nächtliche Schweißausbrüche
- Gewichtsverlust von mehr als 5 kg, der sich nicht auf Diätkuren oder sportliche Betätigung zurückführen lässt
- Lymphknotenschwellungen in der Halsgegend, in den Achselhöhlen und in der Leistengegend
- rötlicher oder farbloser Ausschlag an der Haut oder an den Schleimhäuten (an Mund, Nase oder After)
- andauernder trockener Husten, der nicht vom Rauchen herrührt und länger anhält als bei normalen Erkältungen
- ständige, heftige Durchfälle
- dicker, weißer Zungenbelag, der sich bis in den Halsbereich hinein ausbreitet und häufig mit Halsschmerzen verbunden sein kann
- unerklärliche Blutungen aus Körperöffnungen oder von Hautausschlägen
- größere und länger sichtbare blaue Flecken nach Prellungen
- zunehmende Kurzatmigkeit

Stadien der Erkrankung

Die Bestimmung des genauen Zeitpunktes der Infektion und des jeweiligen Übertragungsweges ist eine Herausforderung in der AIDS-Forschung. Nur in den seltensten Fällen, wie zum Beispiel bei einer einmaligen Bluttinfusion, die sich nachträglich als HIV-infiziert erwies, oder durch Unfälle mit einer infizierten Injektionsnadel, lässt sich der Infektionsbeginn exakt zurückverfolgen.

Erstes Stadium

Von diesen Fällen weiß man, dass sich die Ansteckung mit dem Aidsvirus durch Symptome äußert, die denen einer leichten Grippe ähneln. So zeigen sich in den ersten Tagen leichtes Fieber, Nachtschweiß, Magen-Darm-Beschwerden und gelegentlich sogar eine

Wichtige Fragen und Antworten zu AIDS

Was ist AIDS?

AIDS ist eine Viruserkrankung (erworbene Immunschwäche), durch die das körpereigene Abwehrsystem lebensbedrohlich geschwächt wird. Durch diese Schwächung erkranken die Betroffenen meist an zahlreichen „opportunistischen Infektione". AIDS ist das letzte Krankheitsstadium nach einer Ansteckung mit HIV.

Woran merke ich es vor allem?

Die HIV-Infektion hat zuerst meist keine wahrgenommenen Anzeichen und ist nur über den Antikörpertest nachweisbar. In der Regel zeigen sich erst nach vielen Jahren Symptome: zum Beispiel

- Lymphknotenschwellungen
- Fieber
- Durchfall

und später:

- Infektionskrankheiten
- Tumore

Wie überträgt sich diese Krankheit?

Durch Sexualkontakte ohne Kondom (Vaginal-, Oral- und Analverkehr) mit infizierten Personen. Erhöhtes Risiko während der Menstruation und bei gleichzeitiger Infektion mit anderen sexuell übertragbaren Erregern. Durch das Mehrfachbenutzen von Nadeln und Spritzen bei infizierten Drogenabhängigen (Blutreste). Jedoch nicht durch Speichel (Küssen, Anhusten), durch Tränen, Kot oder Urin, Mückenstiche.

Wie steckt man sich an?

HIV befindet sich in Blut, Samen und Scheidenflüssigkeit sowie in Muttermilch in einer Menge, die für eine Übertragung ausreicht. Wenn diese stark virushaltigen Körperflüssigkeiten in die Blutbahn eines anderen Menschen eindringen, kann die Infektion weitergegeben werden.
Die Hauptansteckungswege sind:

- Der Geschlechtsverkehr ohne Kondom: besonders riskant ist der Analverkehr (Darmverkehr); sehr riskant der Vaginalverkehr (Scheidenverkehr), riskant auch der Oralverkehr (Mundverkehr), vor allem, wenn Samenflüssigkeit aufgenommen wird.
- Die gemeinsame Benutzung von Spritzen und Nadeln unter Drogenkonsumenten.

Die Ansteckung über Blutprodukte ist in Deutschland bei ordnungsgemäßer Herstellung wegen sorgfältiger Spenderauswahl, der HIV-Tests für Spender und virusabtötender Produktionsverfahren bei Plasmaprodukten ausgeschlossen.
Bei Bluttransfusionen bleibt ein äußerst geringes Restrisiko, denn in den ersten Wochen nach einer Ansteckung sind Antikörper gegen HIV (und damit die HIV-Infektion selbst) nicht nachweisbar.

Kann eine Frau ihr Kind anstecken?

Eine infizierte Frau kann ihr Kind während der Schwangerschaft, bei der Geburt oder beim Stillen anstecken.

Wie verläuft AIDS?

AIDS verläuft in Stadien:

- Ansteckung häufig ohne bemerkte Symptome. Die Latenzzeit kann ohne Behandlung 6–10 Jahre dauern, noch ohne Symptome.
- Krankheitsperiode: Die Lymphknoten schwellen an, Durchfall, Fieber.
- Vollbild AIDS: zahlreiche Infektionskrankheiten, Tumore, Tod.

Was muss ich außerdem beachten?

Bisher keine Schutzimpfung und keine Heilung möglich; spezielle Medikamente können aber die Entwicklung der HIV-Krankheit und den Ausbruch von AIDS verzögern sowie Symptome behandeln oder mildern.

Wie häufig kommt AIDS vor?

In Deutschland leben derzeit etwa 35.000 bis 45.000 HIV-infizierte Menschen, die überwiegende Mehrzahl von ihnen ist im Alter zwischen 20 und 40 Jahren. Jährlich kommt es bei uns zu ca. 2000 Neuinfektionen. In vielen anderen Ländern sind HIV-Infektionen deutlich häufiger als in Deutschland, auch in vielen beliebten Urlaubsregionen (zum Beispiel Karibik, Thailand, Afrika, aber auch in Mittelmeerländern).

Was sind die Folgen?

Die beim Vollbild AIDS auftretenden Infektionen oder auch Tumoren sind heute unterschiedlich gut behandelbar, und es gibt verschiedene Medikamente, die die HIV-Vermehrung im Körper hemmen können. Letztlich verläuft die Erkrankung aber auch nach heutigem Stand des Wissens immer tödlich.

Wie kann man diese Erkrankung vermeiden?

Safer Sex bieten wirksamen Schutz. Darunter versteht man sexuelle Kontakte, bei denen keine Samen- oder Scheidenflüssigkeit oder Blut in den Körper des Partners gelangt. Safer Sex heißt: auf jeden Fall Kondome beim Vaginal, – oder Analverkehr. Oder Sex ohne „Eindringen", zum Beispiel Petting. Kondome sind auch beim Oralverkehr zu empfehlen – oder keine Samenflüssigkeit in den Mund kommen lassen. Safer Sex schützt auch sehr weitgehend vor vielen anderen sexuell übertragbaren Krankheiten.

schwache Gehirnentzündung. Typisch ist ebenfalls eine vorübergehende Schwellung der Lymphknoten. Diese Symptome klingen innerhalb von zwei bis drei Wochen ab. Meistens geben diese Krankheitszeichen dem Betroffenen keinen Anlass zur Sorge, da sie nicht ungewöhnlich sind.
Unklar ist bis heute, wie groß die Menge an übertragenden Viren sein muss, um eine bleibende Infektion auszulösen. Ebenfalls ungeklärt bleibt die Frage, ob es Menschen mit unterschiedlicher Widerstandskraft gegen den Virus gibt. Denkbar wäre darüber hinaus sogar, dass es Menschen gäbe, die gegen AIDS immun sein könnten.
Anfangs reagiert unser Körper auf das Aidsvirus wie auf eine ganz normale Virusinfektion. So antwortet das körpereigene Abwehrsystem zuerst wie bei anderen viralen Erkrankungen. Es werden sogar Antikörper gegen die Aidsviren gebildet. Sie sind nach zirka sechs bis acht Wochen im Blut des Infizierten vorhanden.
Erst nach dieser Zeit lässt sich die Infektion durch den Aidstest sicher nachweisen. Ein großes Rätsel ist, warum diese Antikörper gegen die Viren offenbar nur ungenügend wirksam werden. Der Infizierte ist jedoch bereits kurz nach seiner Ansteckung in der Lage, die Krankheit weiterzugeben.

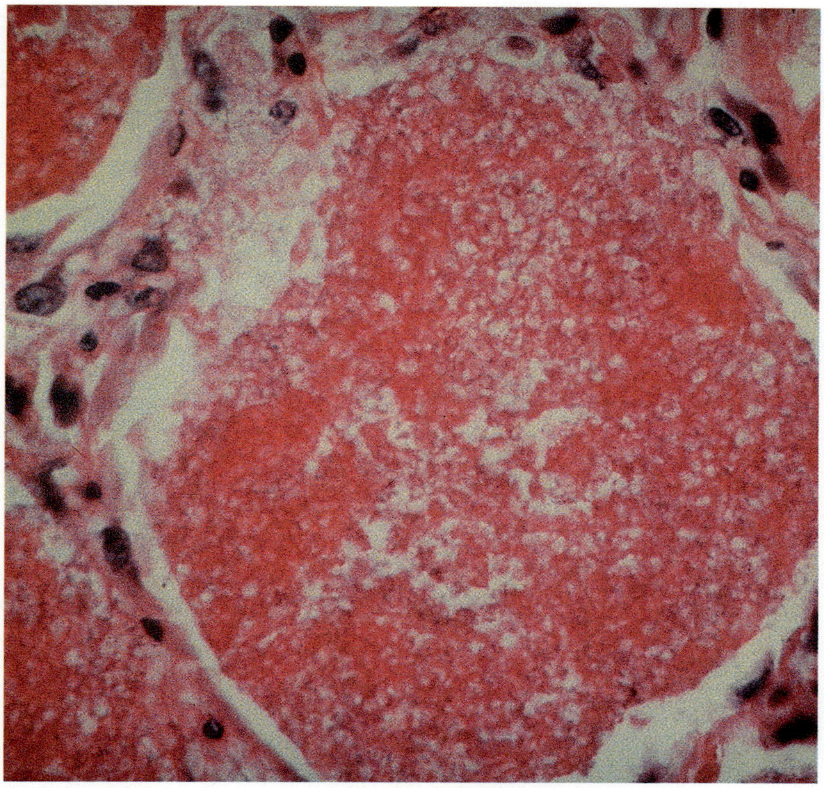

Pneumocystis carinii; Isolat von einem Patienten mit AIDS (Lungenpräparat)

Akute HIV-Infektion; Biopsie eines Lymphknotens

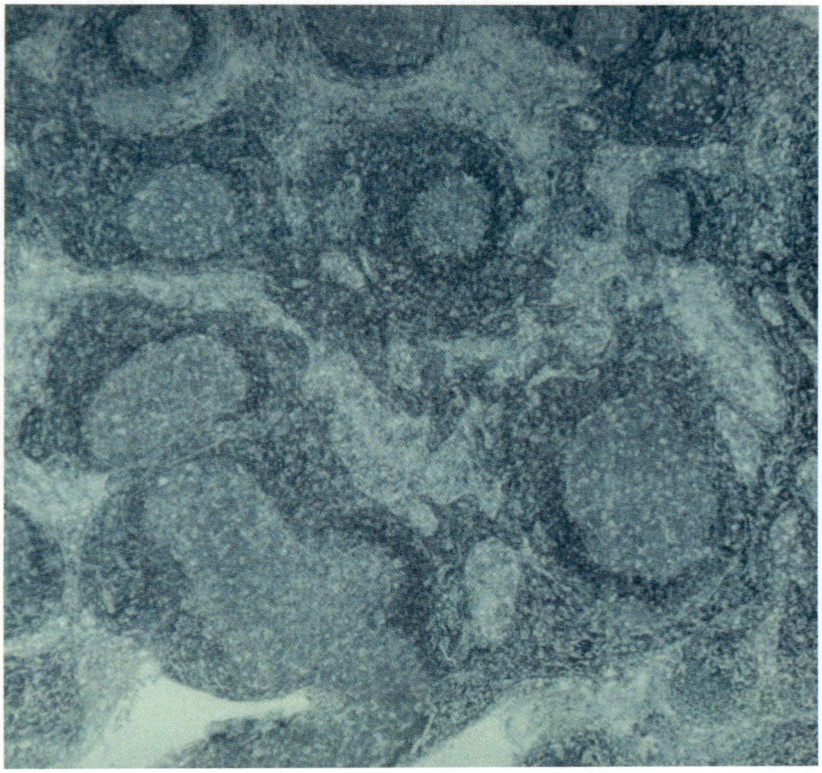

Latenzphase

Nachdem die ersten Symptome abgeklungen sind, schließt sich nun die so genannte Latenzphase an; ein unter Umständen sehr lange andauernder Zeitraum, währenddem die Krankheit gewissermaßen schlummert und verborgen bleibt. Der Betroffene hat keinerlei Beschwerden und ist von einem Gesunden nicht zu unterscheiden. Mit einer Ausnahme: Würde er sich einem Aidstest unterziehen, so wäre das Ergebnis positiv, das heißt, sein Blut enthält Antikörper gegen den verborgenen Erreger.
Bei AIDS kann die Latenzzeit, die mit dem Ausbruch der Krankheit endet, mehrere Jahre andauern. Dies hängt mit dem Erreger zusammen, denn das Aidsvirus gehört zur Familie der sogenannten Lentiviren (lentus = langsam), für die eine besonders lange

Wichtige Fragen und Antworten zu AIDS

Wie kann ich mich am besten schützen?

Einen absoluten Schutz vor Ansteckung mit sexuell übertragbaren Krankheiten gibt es nur bei Enthaltsamkeit oder vollständiger, lebenslanger Treue zwischen nicht infizierten Partnern. Aber nur wenigen Menschen ist es möglich, ihr Leben so zu führen.

Viele Menschen suchen im Laufe ihres Lebens einen neuen Partner oder gehen manchmal auch außerhalb einer bestehenden festen Beziehung Sexualkontakte ein. Dann sollten sie über sexuell übertragbare Krankheiten informiert sein – und Safer Sex machen.

Schützen Kondome wirklich?

Kondome sind ein sehr guter Schutz und bieten eine einzigartige Kombination von Vorzügen:

- Sie verringern das Risiko einer Ansteckung mit den meisten sexuell übertragbaren Erkrankungen und schützen vor ungewollter Schwangerschaft.
- Sie brauchen nur im aktuellen Bedarfsfall angewandt zu werden.
- Sie haben keine schädlichen Neben- und Nachwirkungen.

Was sind die häufigsten opportunistischen Infektionen im Zusammenhang mit AIDS?

Die Symptome einer HIV-Infektion können jahrelang bestehen, ehe sich die für die Krankheit AIDS charakteristischen Symptome, opportunistische Infektionskrankheiten und Tumoren zeigen:

- Hefepilzinfektion der Speiseröhre
- Lungeninfektion hervorgerufen durch Pneumocystis carinii
- Infektion mit dem Parasiten Toxoplasma, der gewöhnlich das Gehirn befällt
- Infektion der Lunge, manchmal auch anderer Organe durch das Tuberkulosebakterium
- Infektionen von Darmtrakt und Lunge mit einem Bakterientyp ähnlich dem Tuberkulosebakterium
- Darminfektion mit dem Parasiten Cryptosporidium
- Infektion der Hirnhäute mit dem Hefepilz Cryptococcus
- Infektion der Augen und des Darmtrakts mit Zytomegalieviren
- Infektion des Gehirns mit Polyomaviren

Wie wird behandelt?

Um eine HIV-Infektion zu behandeln, gibt es drei Klassen von Medikamenten:

- nucleosidische Reverse-Transcriptase-Hemmer:
  - Delarvirdin
  - Efavirenz
  - Nevirapine
- nichtnucleosidische Reverse-Transcriptase-Hemmer:
  - Abacavir
  - Didanosin
  - Lamivudin
  - Stavudin
  - Tenofovir
  - Zalcitabin
  - Zidovudin
- Protease-Hemmer:
  - Amprenavir
  - Indinavir
  - Lopinavir
  - Nelfinavir
  - Ritonavir
  - Saquinavir

Wo kann ich Beratung und Hilfe finden?

Bei Warnhinweisen oder Beschwerden sollten Sie möglichst bald zu einem Arzt Ihres Vertrauens (zum Beispiel zu Ihrem Hausarzt oder auch zum Dermatologen, dem Arzt für Haut- und Geschlechtskrankheiten) gehen, als Frau auch zum Gynäkologen (Arzt für Frauenheilkunde und Geburtshilfe), als Mann auch zum Urologen.

In den Gesundheitsämtern und einigen Kliniken gibt es Beratungsstellen bzw. -angebote, zum Beispiel Spezialsprechstunden für sexuell übertragbare Krankheiten.

Das Gesundheitsamt informiert Sie auch vorbeugend über die Verhütung dieser Krankheiten. Die Beratung ist anonym – Sie brauchen also Ihren Namen nicht zu nennen, wenn Sie dies nicht wollen.

Viele Gesundheitsämter bieten im Rahmen ihrer kostenlosen und anonymen AIDS-Beratung auch den HIV-Test an.

Latenzzeit typisch ist. Aus bisherigen Untersuchungen lässt sich ablesen, dass nach etwa 10 Jahren bei rund der Hälfte der Betroffenen die Krankheit zum Ausbruch kommt.

Lymphadenopathie-Syndrom

Die Ursachen für den abrupten Übergang von der Latenz- in die Krankheitsphase sind bisher weitgehend unbekannt. Man hat jedoch beobachtet, dass plötzliche Belastungen des Immunsystems oftmals dem Ausbruch der Krankheit vorausgehen.

Eine solche Belastung könnte etwa eine (nicht infizierte) Bluttransfusion sein, denn dabei wird das Abwehrsystem schlagartig mit einer größeren Menge von körperfremden Stoffen im Spenderblut konfrontiert.

Ein weiterer auslösender Faktor könnte intensives Sonnenbaden sein, denn Sonnenbrände stellen eine erhebliche Belastung des Abwehrsystems dar. Allgemein steht fest, dass jede normale Infektionskrankheit das Risiko des Ausbruchs von AIDS bei bereits infizier-

ten Personen erhöht. Mit der eigentlichen Krankheitsphase beginnt nun das dritte Stadium.
Die Mediziner bezeichnen diese Phase des Krankheitsverlaufs noch nicht als AIDS, sondern sprechen von dem sogenannten Lymphadenopathie-Syndrom (LAS).
Bei LAS werden folgende Symptome beobachtet: Am häufigsten tritt eine deutliche Schwellung der Lymphknoten auf, die monatelang andauert. Daher auch die Bezeichnung LAS. Die Voraussetzung für LAS ist, dass die Schwellungen nicht nur in der Leistengegend, sondern mindestens noch an zwei weiteren Körperstellen, wie zum Beispiel am Halsbereich oder in den Achselhöhlen, auftreten.
Daneben gibt es noch eine Reihe weiterer Anzeichen, die für das LAS-Stadium typisch sind:

- vermehrter Nachtschweiß
- unerklärliche Fieberschübe
- lang anhaltende Durchfälle
- Gewichtsabnahme von mehr als 5 kg
- chronisches Husten
- auffällige Veränderungen der Schleimhaut
- etwa rötliche Verfärbungen an Nase, Mund und After
- stärker werdende Kurzatmigkeit
- Haarausfall an Kopf, Bart und den Augenbrauen

Diese Symptome können auch kombiniert auftreten. Die Dauer der LAS-Phase kann unterschiedlich lang sein. Bei manchen Menschen bleibt die Krankheit in diesem Zustand über Jahre hinweg stabil. Trotzdem muss mit einer weiteren Verschlechterung jederzeit gerechnet werden. Für die Betroffenen ist es auf jeden Fall ratsam, regelmäßig den betreuenden Arzt aufzusuchen.
Blutuntersuchungen zeigen in diesem Stadium eine deutliche Abnahme der T4-Zellen.
Das körpereigene Abwehrsystem verliert allmählich seine Stärke. Damit wird der Weg frei für sogenannte opportunistische Krankheiten, welche die Schwächung des Immunsystems ausnützen. Beim gesunden Menschen hätten diese Krankheiten keine Chance, doch für Aidspatienten sind sie gefährlich.

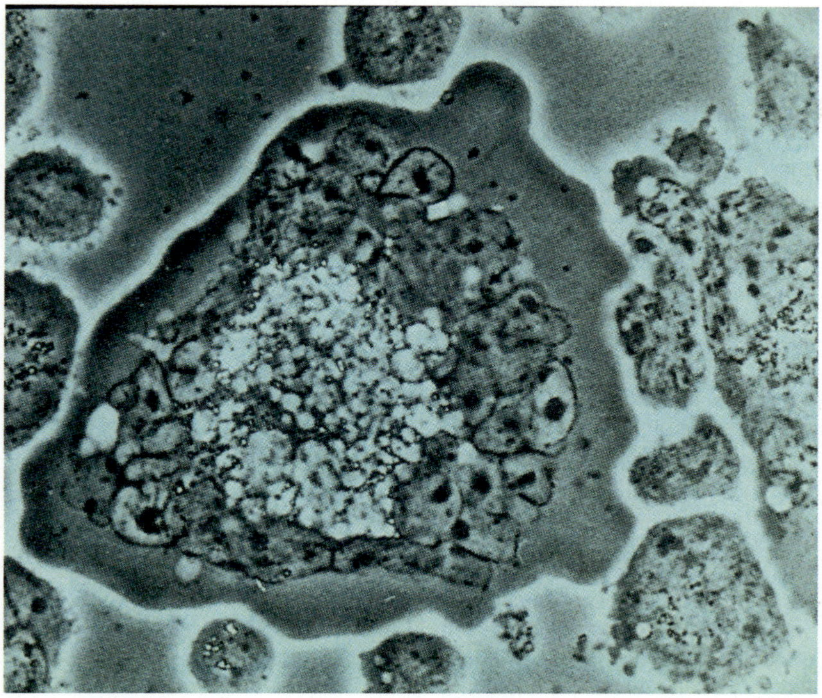

Schädigung einer Riesenzelle durch HIV (AIDS-Virus)

Augenhintergrund: Befund mit Papille und Macula eines Patienten mit AIDS

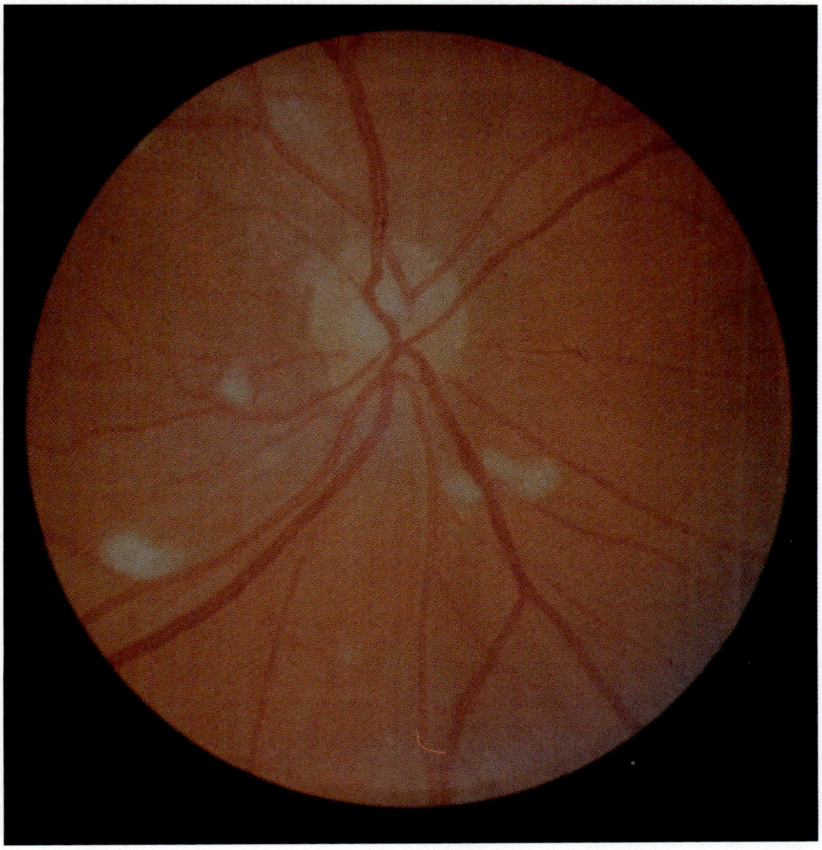

Viertes Stadium

Nun beginnt das vierte und letzte Stadium der Erkrankung: AIDS. Kennzeichnend für dieses Stadium sind Infektionen, die aufgrund der Abwehrschwäche häufig wiederkehren oder andauern und dabei lebensbedrohliche Ausmaße annehmen.

Zwei seltene Krankheiten treffen allein oder gemeinsam 85 Prozent der Aidspatienten: Bei der sogenannten Pneumocystis-Carinii-Lungenentzündung (PCP) handelt es sich um eine parasitäre Infektion der Lungen mit ähnlichen Symptomen wie bei anderen Lungenentzündungen. Sie ist gekennzeichnet durch starke und andauernde Hustenanfälle. Die Diagnose ist schwierig und kann nur von einem erfahrenen Arzt durchgeführt werden.

Neben PCP ist das sogenannte Kaposi-Sarkom die wohl bekannteste Begleiterscheinung. Es handelt sich um eine seltene Krebsform, die sich im Anfangsstadium durch kleine rötliche Flecken auf der Haut bemerkbar macht. Die Flecken, die nach und nach den gesamten Körper bedecken, verfärben jedoch nicht nur die Haut, sondern später auch die inneren Organe des Körpers. Das Kaposi-Sarkom führt selten allein zum Tod, fast immer sind es die begleitenden opportunistischen Infektionen, an denen der Patient stirbt. Schlimmer als die körperlichen Leiden, die diese Krebsform verursacht, sind die psychischen Belastungen durch die sichtbaren Zeichen der Krankheit.

Auch für das Gehirn sind die Folgen von AIDS schwerwiegend. Bereits während der LAS-Phase klagen etwa zehn Prozent der Betroffenen über Vergesslichkeit, Konzentrationsschwächen, leichte Verwirrung und geistige Trägheit. Später verstärken sich die Verwirrungszustände, die Patienten werden unfähig zu sprechen und sind zunehmend auf die Hilfe ihrer Mitmenschen angewiesen, zudem verlieren sie allmählich das Bewusstsein über ihren Krankheitszustand (AIDS-Demenz).

Hinzu kommen Bewegungsprobleme wie etwa Gehstörungen oder zunehmende Schwierigkeiten beim Schreiben. Im Endstadium der AIDS-Erkrankung lassen sich bei allen Betroffenen Gehirnschäden nachweisen.

Diese Tatsache ist ein Beweis dafür, dass das Aidsvirus in der Lage ist, die Blutschranke des Gehirns zu überwinden und dort schwere Störungen zu verursachen.

Einteilung der HIV-Patienten

HIV-Patienten

Heute gilt eine von der WHO (Weltgesundheitsorganisation) vorgeschlagene Einteilung, welche die HIV-Patienten in drei klinische und drei Laborkategorien einteilt.

Einteilung in die klinischen Kategorien:

Kategorie A

Ein HIV-Infizierter zählt zur Kategorie A, wenn er folgende Beschwerden aufweist:

- keine Beschwerden
- dauerhafte Lymphknotenschwellung am gesamten Körper
- grippeähnliche Beschwerden

Kategorie B

Die Einteilung des HIV-positiven Patienten in die Kategorie B erfolgt, wenn folgende Krankheiten auftreten:

- Erkrankungen, die auf eine Störung des Abwehrsystems hinweisen
- immer wiederkehrende bakteriell bedingte Lungenentzündungen
- Pilzbefall der Mundschleimhaut
- Pilzbefall der Rachenschleimhaut
- Pilzbefall der Genitalorgane, welcher über vier Wochen anhält
- geschwürartige Vergrößerungen der Gebärmutter
- Fieber über 38,5 °C
- Durchfall über einen Zeitraum von mehr als vier Wochen
- ungewollter Gewichtsverlust
- Lungentuberkulose
- Nervenerkrankungen
- Herpes-Infektionen (Gürtelrose)
- spezielle Form der Leukozytenkrankheit im Bereich der Mundschleimhaut

Kategorie C

HIV-Patienten, die unter anderem folgende Krankheiten entwickeln, gehören in die Kategorie C.

Diese Krankheiten werden auch als AIDS definierende Krankheiten bezeichnet, da sie das Vollbild AIDS charakterisieren:

- Lungenentzündung, die durch den opportunistischen Erreger Pneumocystis carinii ausgelöst wird
- Gehirnentzündung, die durch den HI-Virus ausgelöst wird
- Pilzbefall der Speiseröhre, Bronchien, Luftröhre und Lunge
- chronische Herpes-Infektion
- Entzündung der Netzhaut durch den Zytomegalie-Virus
- Kaposi-Sarkom
- bösartige Lymphknotenvergrößerungen

Therapie

Dank neuer Medikamente gelang es Ende der 90er Jahre, die Sterberate von Aidspatienten in Europa von 23 Prozent auf 14 Prozent zu senken.

Die durchschnittliche Lebenszeit nach Ausbruch der Krankheit verdoppelte sich auf 28 Monate. Dennoch waren die in der sogenannten Kombinationstherapie eingesetzten, neuen Medikamente (sog. Proteasehemmer) weniger wirksam als erhofft. US-Wissenschaftler fanden heraus, dass das Aidsvirus HI, auch wenn es im Blut nicht mehr nachweisbar ist, im Körper bleibt und sich nach Absetzen der Medikamente wieder vermehren kann. Sie entdeckten das Virus in den Lymphknoten und im Gehirn von Erkrankten, wo es von den Präparaten nicht erreicht wurde.

Resistenz

Ein weiteres Problem der Aidskrankheit ist die rasche Entwicklung von resistenten Viren. Eine Untersuchung an 900 Probanden zeigte Ende 2000, dass nur noch die Hälfte der Probanden auf die Kombinationstherapie ansprach.

Wissenschaftler gingen davon aus, dass bei einigen Probanden Überempfindlichkeit bereits vor der Therapie vorlagen.

Bei vielen Versuchspersonen hatten sich die Resistenzen vermutlich im Verlauf der Behandlung entwickelt, was zum Beispiel auf Fehler bei der minutiös vorgeschriebenen Einnahme von bis zu 60 Tabletten am Tag zurückzuführen ist.

Krebsmittel
Hoffnungen setzten Mediziner und Erkrankte Ende der 90er Jahre auf ein bis dahin als Krebsmittel eingesetztes Medikament (Hydrea). Das Mittel greift die Immunzellen an – weshalb das Aidsvirus keine Resistenz entwickeln kann – und verändert deren Erbgut, das die HIV zur Vermehrung brauchen. Vor allem in Kombination mit den Medikamenten DDI und Indinavir senkte Hydrea die Zahl der Aidsviren bei mehreren Probanden unter die Nachweisbarkeitsgrenze. Auch in den Lymphknoten fanden sich bei einigen Patienten keine Aidsviren mehr. Die Therapie erfolgt unter Berücksichtigung des Krankheitsstadiums. Grundsätzlich wird versucht, den Virus zu beseitigen, indem man den Betroffenen antivirale Medikamente verabreicht.

Impfung
Die Entwicklung eines Impfstoffes, der vor AIDS schützt, ist problematisch, weil die Virustypen HIV 1 und HIV 2 bis zu 2000 zahlreiche Untergruppen gebildet haben. Ein Impfstoff muss gegen alle Virusabwandlungen wirksam sein. Üblicherweise wird mit abgetöteten oder abgeschwächten Erregern geimpft. Das Risiko, dass eine solche Impfung AIDS erst auslöst, ist groß. Bei zu stark abgeschwächten Viren wird keine Immunität erlangt. Im Tierversuch waren in den USA abgeschwächte Viren an Affen getestet worden. 1995 waren die Tiere gesund und zeigten eine Immunität gegen das bei Affen vorkommende SI-Virus, das dem Aids auslösenden HI-Virus verwandt ist. Die amerikanische Gesundheitsbehörde FDA genehmigte im Juni 1999 den ersten großen Test eines Impfstoffs gegen AIDS, an dem 7500 Menschen in den USA, Kanada und Thailand teilnehmen sollten. Den Probanden wurde über einen Zeitraum von mehreren Monaten ein gentechnisch hergestellter Impfstoff injiziert. Bei Tests des Herstellers an 1200 Probanden produzierten 90 Prozent der Teilnehmer Antikörper gegen das Aidsvirus.

Vorbeugung

Eine Vorbeugung der HIV-Erkrankung bzw. der HIV-Infektion ist momentan nur durch Vermeidung des Kontakts mit HIV-infiziertem Blut, Blutprodukten und Sperma möglich. Die Infektiösität von Speichel wird kontrovers diskutiert.
Dies ist durch geschützten Geschlechtsverkehr, Verwendung von Einmalspritzen, HIV-Antikörperkontrolle von Blut-, Plasma- und Organspenden möglich. HIV kann nachweislich nicht übertragen werden durch:
- Händeschütteln
- Umarmen
- alltägliche Kontakte am Arbeitsplatz
- beim Schwimmen
- Benutzung öffentlicher Toiletten
- Verwendung von Geschirr, welches ein HIV-Infizierter benutzt hat

AIDS-Test

Das Testverfahren besteht darin, die Existenz von Antikörpern gegen HIV im Blut nachzuweisen.
Es handelt sich also um eine indirekte Nachweismethode, bei der durch das Vorhandensein von Antikörpern auf die Gegenwart von HIV zurückgeschlossen wird. Das Immunsystem produziert nach dem Kontakt mit dem Virus diese

Häufige opportunistische Infektionen im Zusammenhang mit AIDS

Kryptosporidiose
Darminfektion mit dem Parasiten Cryptosporidium
■ Symptome
- Durchfall
- Fieber
- Bauchschmerzen
- Gewichtsverlust

Kryptokokkenmeningitis
Infektion der Hirnhäute mit dem Hefepilz Cryptococcus
■ Symptome
- Fieber
- Kopfschmerzen
- Verwirrtheit
- Benommenheit

Mycobakterium-avium-Komplex
Infektionen von Darmtrakt und Lunge mit einem Bakterientyp ähnlich dem Tuberkulosebakterium
■ Symptome
- Fieber
- Gewichtsverlust
- Durchfall
- Husten

Pneumocystis-carinii-Pneumonie
Lungeninfektion, hervorgerufen durch Pneumocystis carinii
■ Symptome
- Fieber
- Atemprobleme
- Husten
- Verwirrtheit

Toxoplasmose
Infektion mit dem Parasiten Toxoplasma, der gewöhnlich das Gehirn befällt
■ Symptome
- Kopfschmerzen
- Teilnahmslosigkeit
- Verwirrtheit
- Fieber

Tuberkulose
Infektion der Lunge, manchmal auch anderer Organe, durch das Tuberkulosebakterium
■ Symptome
- Fieber
- Husten
- Gewichtsverlust
- Brustschmerzen

Zytomegalie
Infektion der Augen und des Darmtrakts mit Zytomegaloviren
■ Symptome
- Blindheit
- Fieber
- Durchfall
- Gewichtsverlust

Arzneimittel bei HIV-Infektion (AIDS)

Abacavir
Nukleosidische und nukleotidische Reverse-Transkriptase-Hemmer; wirkt, indem es das HIV-Enzym Reverse Transkriptase behindert, das die virale RNA in DNA umwandelt.
■ Unerwünschte Wirkungen
- Fieber
- Ausschlag
- Übelkeit
- Erbrechen
- Blutbildveränderung
- Laktatazidose
- Leberschäden

Amprenavir
Proteasehemmer
■ Unerwünschte Wirkungen
- Erbrechen
- Übelkeit
- Durchfall
- Bauchbeschwerden
- Fettablagerungen im Bauchbereich
- Hoher Blutzuckerspiegel
- Hoher Cholesterinspiegel
- Leberfunktionsstörungen

Delavirdin
Nichtnukleosidische Reverse-Transkriptase-Hemmer; wirkt, indem es das HIV-Enzyme Reverse Transkriptase behindert, das die virale RNA in DNA umwandelt.
■ Unerwünschte Wirkungen
- Ausschlag
- Kopfschmerzen

Didanosin
Nukleosidische und nukleotidische Reverse-Transkriptase-Hemmer; wirkt, indem es das HIV-Enzym Reverse Transkriptase behindert, das die virale RNA in DNA umwandelt.
■ Unerwünschte Wirkungen
- Erbrechen
- Übelkeit
- Durchfall
- Schädigung der peripheren Nerven
- Pankreatitis
- Kopfschmerzen

Efavirenz
Nichtnukleosidische Reverse-Transkriptade-Hemmer; wirkt, indem es das HIV-Enzym Reverse Transkriptase behindert, das die virale RNA in DNA umwandelt.
■ Unerwünschte Wirkungen
- Benommenheit
- Schläfrigkeit
- Ausschlag
- Kopfschmerzen
- Alpträume
- Verwirrtheit
- Aufgeregtheit
- Vergesslichkeit
- Euforie

Indinavir
Proteasehemmer
■ Unerwünschte Wirkungen
- Erbrechen
- Übelkeit
- Durchfall
- Bauchbeschwerden
- Fettablagerungen im Bauchbereich
- Hoher Blutzuckerspiegel
- Hoher Cholesterinspiegel
- Leberfunktionsstörungen
- Nierensteine

Lamivudin
Nukleosidische und nukleotidische Reverse-Transkriptase-Hemmer; wirkt, indem es das HIV-Enzym Reverse Transkriptase behindert, das die virale RNA in DNA umwandelt.
■ Unerwünschte Wirkungen
- Kopfschmerzen
- Müdigkeit
- Erbrechen
- Übelkeit
- Durchfall
- Bauchbeschwerden

Lopinavir
Proteasehemmer
■ Unerwünschte Wirkungen
- Erbrechen
- Übelkeit
- Durchfall
- Bauchbeschwerden
- Fettablagerungen im Bauchbereich
- Hoher Blutzuckerspiegel
- Hoher Cholesterinspiegel
- Leberfunktionsstörungen
- Kribbeln im Mund
- Veränderter Geschmackssinn

Nelfinavir
Proteasehemmer
■ Unerwünschte Wirkungen
- Erbrechen
- Übelkeit
- Durchfall
- Bauchbeschwerden
- Fettablagerungen im Bauchbereich
- Hoher Blutzuckerspiegel
- Hoher Cholesterinspiegel
- Leberfunktionsstörungen

Nevirapin
Nichtnukleosidische Reverse-Transkriptade-Hemmer; wirkt, indem es das HIV-Enzym Reverse Transkriptase behindert, das die virale RNA in DNA umwandelt.
■ Unerwünschte Wirkungen
- Ausschlag
- Erbrechen
- Übelkeit
- Durchfall
- Leberfunktionsstörungen

Ritonavir
Proteasehemmer
■ Unerwünschte Wirkungen
- Erbrechen
- Übelkeit
- Durchfall
- Bauchbeschwerden
- Fettablagerungen im Bauchbereich
- Hoher Blutzuckerspiegel
- Hoher Cholesterinspiegel
- Leberfunktionsstörungen
- Kribbeln im Mund
- Veränderter Geschmackssinn

Saquinavir
Proteasehemmer
■ Unerwünschte Wirkungen
- Erbrechen
- Übelkeit
- Durchfall
- Bauchbeschwerden
- Fettablagerungen im Bauchbereich
- Hoher Blutzuckerspiegel
- Hoher Cholesterinspiegel
- Leberfunktionsstörungen

Stavudin
Nukleosidische und nukleotidische Reverse-Transkriptase-Hemmer; wirkt, indem es das HIV-Enzym Reverse Transkriptase behindert, das die virale RNA in DNA umwandelt.
■ Unerwünschte Wirkungen
- Schädigung der peripheren Nerven
- Fettverlust im Gesicht
- Erbrechen
- Übelkeit
- Durchfall
- Bauchbeschwerden

Tenoforin
Nukleosidische und nukleotidische Reverse-Transkriptase-Hemmer; wirkt, indem es das HIV-Enzym Reverse Transkriptase behindert, das die virale RNA in DNA umwandelt.
■ Unerwünschte Wirkungen
- Abgehen von Winden
- Erbrechen
- Übelkeit
- Durchfall
- Bauchbeschwerden

Zalcitabin
Nukleosidische und nukleotidische Reverse-Transkriptase-Hemmer; wirkt, indem es das HIV-Enzym Reverse Transkriptase behindert, das die virale RNA in DNA umwandelt.
■ Unerwünschte Wirkungen
- Schädigung der peripheren Nerven
- Mundgeschwüre
- Erbrechen
- Übelkeit
- Durchfall
- Bauchbeschwerden
- Pankreatitis

Zidovudin
Nichtnukleosidische Reverse-Transkriptade-Hemmer; wirkt, indem es das HIV-Enzym Reverse Transkriptase behindert, das die virale RNA in DNA umwandelt.
■ Unerwünschte Wirkungen
- Blutarmut
- Erhöhte Infektionsanfälligkeit
- Erbrechen
- Übelkeit
- Durchfall
- Kopfschmerzen
- Schlaflosigkeit
- Mattigkeit
- Muskelschmerzen

In Deutschland schätzt man die Zahl der Menschen, die sich seit Ausbruch der Epidemie mit HIV infiziert haben, auf 50.000 bis 60.000. Jährlich infizieren sich in Deutschland etwa 2000 Personen neu.

spezifischen Antikörper. Das Virus selbst lässt sich hingegen nur mit großem Aufwand direkt nachweisen. Bei dieser Nachweismethode müsste man spezielle Zellkulturen anlegen, um das Virus in ausreichender Menge zu züchten und es anschließend mithilfe von komplizierten mikrobiologischen oder optischen Methoden zu identifizieren. Der HIV-Antikörpertest kann hingegen in fast jeder Laborarztpraxis durchgeführt werden.

Die Nachweistechnik ist in der Medizin bereits seit mehreren Jahren zu einem Standard geworden.

Dem Patienten wird zunächst eine kleine Menge Blut entnommen. Im Labor werden dann mithilfe einer Zentrifuge die roten Blutkörperchen vom Blutplasma getrennt. Dort befinden sich die gesuchten Antikörper gegen das HIV. Das ganze Verfahren dauert von der Blutentnahme bis zum fertigen Ergebnis zirka zwei Stunden. Ist der Befund „negativ", so wurden keine Antikörper nachgewiesen, das heißt, der Betreffende ist gesund.

Bei einem „positiven" Befund sind HIV-Antikörper im Blut vorhanden, das heißt, der Betreffende ist mit hoher Wahrscheinlichkeit infiziert. In diesen Fällen werden jedoch zusätzliche Tests durchgeführt. Erst wenn diese Messungen ein positives Ergebnis anzeigen, ist bewiesen, dass der Betreffende mit HIV infiziert ist.

Akne

Akne (Acne vulgaris) ist eine Hauterkrankung, die auf Entzündungen der winzigen Poren auf Gesicht, Armen, Brust und Rücken durch eine gestörte Funktion der Talgdrüsen zurückgeht. Sie entsteht wahrscheinlich durch eine anlagebedingte abnorme Reaktion der Haut auf normale Mengen des männlichen Geschlechtshormons Testosteron im Blut. Dieses Hormon ist sowohl im männlichen als auch im weiblichen Organismus in gewissen Mengen vorhanden. Aus noch ungeklärten Gründen reagieren Menschen, die unter Akne leiden, deutlich empfindlicher auf Testosteron.

Akne entsteht durch Verstopfung der Gänge, durch die die Talgdrüsen öliges Sekret absondern. Die harte oberste Hautschicht ist mit einer Schicht abgestorbener, ledriger Hautzellen bedeckt. Bei Aknepatienten sind die Hautporen so weit verengt, dass die Absonderung des öligen Talgs behindert ist. Schwellung, Entzündung und Rötung der Talgdrüsen treten ein und ein Knoten unter der Haut bildet sich. Durch Bakterienbefall können sich leicht Mitesser, Pickel und Pusteln bilden. Gelangen die Bakterien an die Hautoberfläche, können sie andere Talgdrüsen infizieren. Meist kommt die Akne von selbst zum Stillstand und die Haut heilt wieder ab – in manchen Fällen kann der Abheilungsprozess Jahre oder sogar Jahrzehnte dauern.

Beruht die Akne jedoch auf äußeren Ursachen (Arbeitsplatzklima, Hormontherapie, hormonal bedingte Erkrankungen, Arzneimittel-Nebenwirkung, Lebensstil), kann das Krankheitsbild durchaus günstig und erfolgreich beeinflusst werden.

Sinnvolle Hautpflege, gesunde Ernährung, körperliche Bewegung und Geduld können verhindern, dass störende Narben entstehen – drücken oder quetschen Sie auf keinen Fall an Mitessern herum! Symptome der Akne sind Mitesser (Komedo) bevorzugt im Gesicht, auch an Armen, Brust und Rücken, entzündliche Hautknötchen sowie Eiterpickel (Pustel).

Häufigkeit

Akne ist eine sehr verbreitete Krankheit, deren schlimmste Formen bei Männern zehnmal häufiger vorkommen als bei

Aknemittel

Benzoylperoxid
Wirkt antibakteriell und hautschälend (durch hautreizende und entzündungsauslösende Effekte) und hemmt die Zellvermehrung in den Talgdrüsen.

- Aknefug-oxid
- Akneroxid
- Benzaknen
- Cordes BPO
- Klinoxid
- PanOxyl
- Sanoxit
- Scherogel

Clindamycin
Antibiotikum; zerstört Bakterien, die bei der Entstehung der Akne eine Rolle spielen. Clindamycin hat bei der Behandlung von bakteriellen Infektionen eine große Bedeutung.

- Basocin Akne-Gel
- Basocin Akne-Lösung
- Dalacin Lotion
- Dalacin Lösung

Erythromycin
Antibiotikum; zerstört Bakterien, die bei der Entstehung der Akne eine Rolle spielen. Erythromycin hat bei der Behandlung von bakteriellen Infektionen eine große Bedeutung.

- Akne-Cordes
- Aknefug EF
- Aknemycin Salbe
- Aknemycin Lösung
- Eryaknen
- Inderm
- Meromycin
- Stiemycin

Retinoide
Diese Mittel wirken lokal entzündungshemmend und hemmen die Neubildung von Talg und Mitesser. Sie haben außerdem eine Schälwirkung auf die Haut.

- Airol
- Cordes VAS
- Differin
- Eudyna
- Isotrex
- Retin-A
- Vesanoid

Frauen. Bereits zwischen dem 8. und 10. Lebensjahr kann sie erstmals auftreten, zumeist jedoch beginnt sie mit der Pubertät und verschwindet zusehends um das 20. bis spätestens zum 25. Lebensjahr.
Bei Frauen erfolgt sowohl Auftreten als auch Abklingen der Symptome später als bei Männern. Außerdem ist der Verlauf bei weiblichen Patienten deutlich milder.
Oft tritt die Akne auch vermischt mit akneähnlichen Ausschlägen auf, die entweder durch bestimmte Ingredienzen in Kosmetika oder hormonelle Veränderungen in Verbindung mit der Einnahme oder dem Absetzen der Pille (*Pillenpause*) verursacht werden.

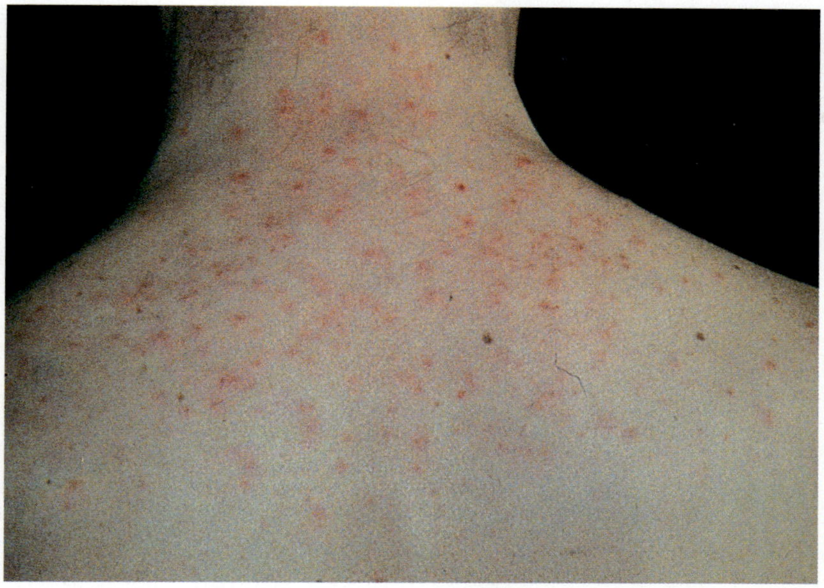

Therapie

Zur Selbstbehandlung von Akne werden Salben und Tinkturen eingesetzt, die auf die erkrankten Hautstellen aufgetragen oder einmassiert werden.
Sie enthalten als wichtigsten Wirkstoff Benzoylperoxid, das keimtötend wirkt und die Bakterienbesiedelung der Haut eindämmt. Die Selbstbehandlung und ärztliche Therapie der Akne erfordern viel Geduld – es kann Wochen oder Monate dauern, bis sich ein Behandlungserfolg einstellt.

- Antibiotika in Form von Salben oder Tinkturen wirken gegen Hautbakterien: Mit niedrig dosierten Antibiotika, die in Tablettenform mehrere Monate lang eingenommen werden, erreicht man eine allmähliche Eindämmung der Keime, die für die Akne verantwortlich sind.
- Für Frauen, die die Pille nehmen, gibt es ein Hormonpräparat, das außer Östrogen auch den Wirkstoff Cyproteronacetat enthält, der die Auswirkungen des Testosterons im Organismus neutralisiert. Wenn eine Frau mit der Pille verhüten möchte und zugleich an Akne leidet, sollte sie sich mit ihrem Hautarzt beraten.
- Darüber hinaus gibt es künstlich hergestelltes Vitamin A (Isotretinoin), das zur Behandlung schwerer Akne mit Zystenbildung und Vernarbungen eingesetzt wird. In diesem Fall ist ein Krankenhausaufenthalt erforderlich, wobei die Behandlung bis zu vier Monate dauern kann. Bei einer Schwangerschaft darf Isotretinoin keinesfalls eingesetzt werden.

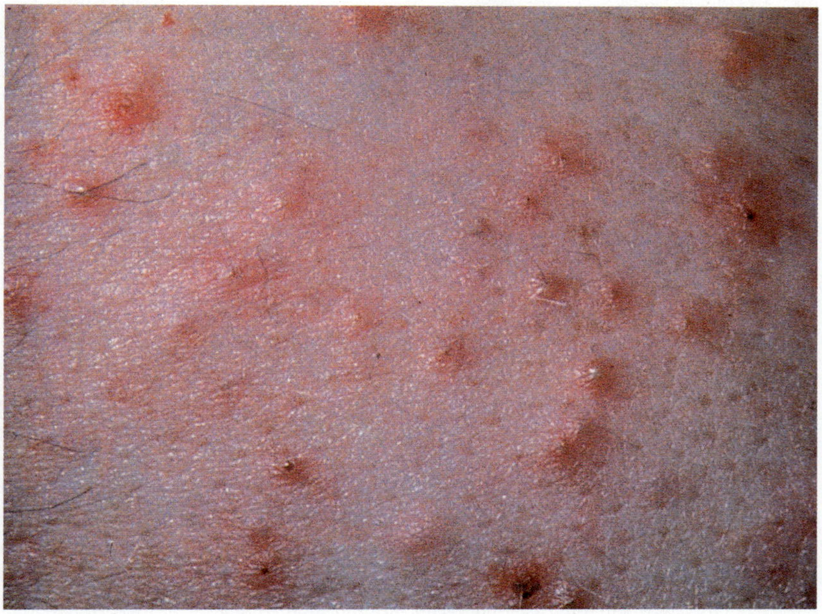

Diffuse bakterielle Entzündung der Haarfollikel

Das Mittel stört auch die Funktion der Leber und verändert den Blutfettspiegel – Übelkeit, Kopfschmerzen und Haarausfall können hinzukommen.

Acne rosacea

Die Leiteffloreszenz ist die stellenweise Hautrötung, begleitet von Teleangiektasien (das sind erweiterte, feine Blutgefäße direkt unter der Hautoberfläche) in der Gesichtsmitte, auf Nase und Wangen.
Oft sieht man auch hier, ähnlich wie bei der Pubertätsakne, Pusten und Papeln,

Aknemittel Benzoylperoxid

Eigenschaften
Was ist Benzoylperoxid?

Benzoylperoxid ist ein Mittel zur äußerlichen Behandlung der Akne. Die Wirkung kommt auf drei Wegen zustande:

- Die in den Talgdrüsenausführungsgängen bei Akne auftretenden Verhornungsstörungen werden positiv beeinflusst.
- Die häufig für die Entstehung der Akne mitverantwortlichen Proprionbakterien werden in ihrem Wachstum gehemmt.
- Der bei der Akne fast stets übermäßig auftretende Hauttalg wird verringert.

Verwendungszweck
Wann wird es angewendet?

Anwendungsgebiete von Benzoylperoxid sind:

- Akne
- Mitesser
- Pickel

Ergänzungen
Was sollte dazu beachtet werden?

Die Heilung verläuft besser, wenn die Haut nicht durch unsachgemäße Behandlung verletzt wird.

Anwendungsbeschränkungen
Wann darf Benzoylperoxid nicht angewendet werden?

Das Präparat darf bei einer bekannten Überempfindlichkeit gegen seinen Wirkstoff Benzoylperoxid nicht angewendet werden. Benzoylperoxid darf auch nicht auf verletzte oder entzündete Haut aufgebracht werden.

Vorsichtsmaßnahmen
Wann ist bei der Anwendung von Benzoylperoxid Vorsicht geboten?

- Benzoylperoxid soll nicht mit den Augen, Augenlidern, Lippen oder mit den Schleimhäuten in Kontakt kommen.
- Bei Anwendung im Mund- und Nasenwinkelbereich ist Vorsicht geboten.
- Bei Patienten mit allergischen Hauterkrankungen in der Vorgeschichte (zum Beispiel atopischem Ekzem) ist bei der Anwendung von Benzoylperoxid Vorsicht geboten, vor allem bei trockener Haut und bei verminderter Talgproduktion.
- Vom gleichzeitigen Gebrauch hautreizender oder austrocknender Mittel (zum Beispiel alkoholhaltige Präparate, stark austrocknende Seifen und Kosmetika) und von intensiver UV-Lichtbestrahlung (Sonnenbad, Solarium) wird abgeraten, da es hierbei zu verstärkten Hautreizungen kommen kann.
- Informieren Sie Ihren Arzt oder Apotheker, wenn Sie an anderen Krankheiten leiden, Allergien haben oder andere Medikamente (auch selbstgekaufte) einnehmen.

Schwangerschaft/Stillzeit
Darf Benzoylperoxid während einer Schwangerschaft oder in der Stillzeit angewendet werden?

Während der Schwangerschaft und Stillzeit darf Benzoylperoxid nur nach Rücksprache mit dem Arzt angewendet werden.

Dosierung/Anwendung
Wie verwenden Sie Benzoylperoxid?

- Soweit nicht anders verordnet, wird das Präparat ein- bis zweimal täglich angewendet.
- In vielen Fällen ist es jedoch angezeigt, zumindest anfangs die Häufigkeit der Anwendung je nach Hautempfindlichkeit individuell anzupassen.
- Bei Patienten mit besonders empfindlicher Haut empfiehlt es sich, das Präparat anfangs nur einmal täglich vor dem Zubettgehen anzuwenden.
- Nach einer Reinigung mit einem geeigneten Waschmittel wird Benzoylperoxid dünn auf die erkrankte Hautpartie aufgetragen.
- Die durchschnittliche Behandlungsdauer beträgt erfahrungsgemäß vier bis zehn Wochen. Ein Behandlungserfolg ist in der Regel nicht vor Ablauf vor vier Wochen zu erwarten.
- Halten Sie sich an die in der Packungsbeilage angegebene oder vom Arzt verschriebene Dosierung. Wenn Sie glauben, das Medikament wirke zu schwach oder zu stark, so sprechen Sie mit Ihrem Arzt oder Apotheker.

Unerwünschte Wirkungen
Welche Nebenwirkungen kann Benzoylperoxid haben?

- Das Einsetzen der Wirkung von Benzoylperoxid kann in den ersten Tagen von Spannungsgefühl und leichter Rötung der Haut begleitet sein.
- Das bei empfindlicher Haut anfangs auftretende leichte Brennen vergeht normalerweise im Laufe der Behandlung.
- Bei Anwendung von Benzoylperoxid kann es gelegentlich zu einer stärkeren Austrocknung der Haut kommen.
- Treten Zeichen einer Überempfindlichkeitsreaktion auf, so ist das Medikament abzusetzen und der Arzt zu konsultieren.
- Bei versehentlichem Kontakt mit der Augen-, Mund- oder Nasenschleimhaut – was zu Rötungen und Brennen führen kann – wird das Abspülen mit Wasser empfohlen.

Allgemeine Hinweise
Was ist ferner zu beachten?

Wegen seiner Bleichwirkung soll Benzoylperoxid nicht in den Augenbrauen, im Bartbereich oder an der Stirnhaargrenze angewendet werden und es darf nicht mit farbigen Textilien in Berührung kommen. Präparat vor Kinderhand geschützt aufbewahren. Weitere Auskünfte erteilt Ihnen Ihr Arzt oder Apotheker, die über ausführliche Fachinformation verfügen.

jedoch keine Mitesser. Hals und Rücken bleiben frei von Läsionen.
Hauptsächlich sind Erwachsene zwischen dem dritten und fünften Lebensjahrzehnt betroffen, selten etwa Zehnjährige oder Sechzigjährige. Rosacea ist häufiger bei Frauen, oft haben die Patientinnen eher fettige Haut (*Seborrhoea oleosa*), die wenigsten von ihnen litten vorher an Pubertätsakne. Der Verlauf ist auch hier chronisch, Perioden der Besserung wechseln mit neuem, oft scheinbar grundlosem Aufflammen der Läsionen ab. Meistens beginnt die Rosacea mit fleckförmigen Rötungen, den sogenannten Kupfer- oder Rotfinnen, und Teleangiektasien. Später treten in Schüben Pusteln und Papeln auf, manchmal auch Hautverdickungen durch Wucherung des Bindegewebes und der Talgdrüsen. Solche polsterartigen Infiltrate sind an der Nase (*Rhinophym*) besonders häufig.
Die einzelnen, knotenförmigen Verdickungen sind durch furchenartige Vertiefungen voneinander getrennt. Die Ätiologie ist weitgehend unklar. Man denkt hauptsächlich an eine Form der Angioneurose, bedingt durch einen Eingeweide-Haut-Reflex und eine Funktionsstörung des Magen-Darm-Traktes. Patienten mit Rosacea leiden oft an Verdauungsbeschwerden, zu wenig Magensäure und niedrigem Blutdruck. Bei Frauen beobachtet man häufig Menstruationsbeschwerden. Auch die Menopause scheint Rosacea zu begünstigen.
Andererseits kann ebenfalls ein kleiner Hautparasit, *Demodex folliculorum*, die Haarbalgmilbe, ganz oder teilweise verantwortlich sein, denn das Weibchen legt seine Eier in den Talgdrüsen ab.
Da man die Ursache noch nicht mit Sicherheit identifiziert hat, beschränkt sich die Therapie auf die Behandlung der Symptome. Es ist wichtig, alle die Rosacea begünstigenden Einflüsse zu meiden, wie extreme Hitze oder Kälte und intensive Sonneneinstrahlung.
Lokal können gute Resultate mit der Kryotherapie (Kältetherapie) durch das Auflegen von Kohlensäureschnee erzielt werden. Besonders in Fällen, wo Hautparasiten involviert sind, haben sich schwefelhaltige Pasten und Cremes bewährt.

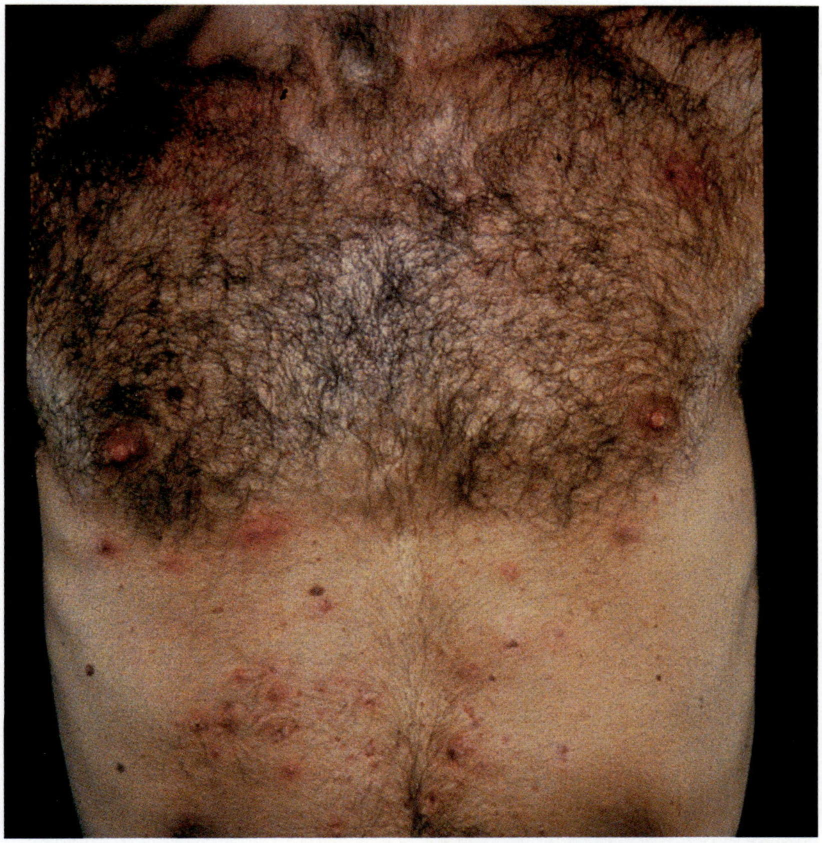

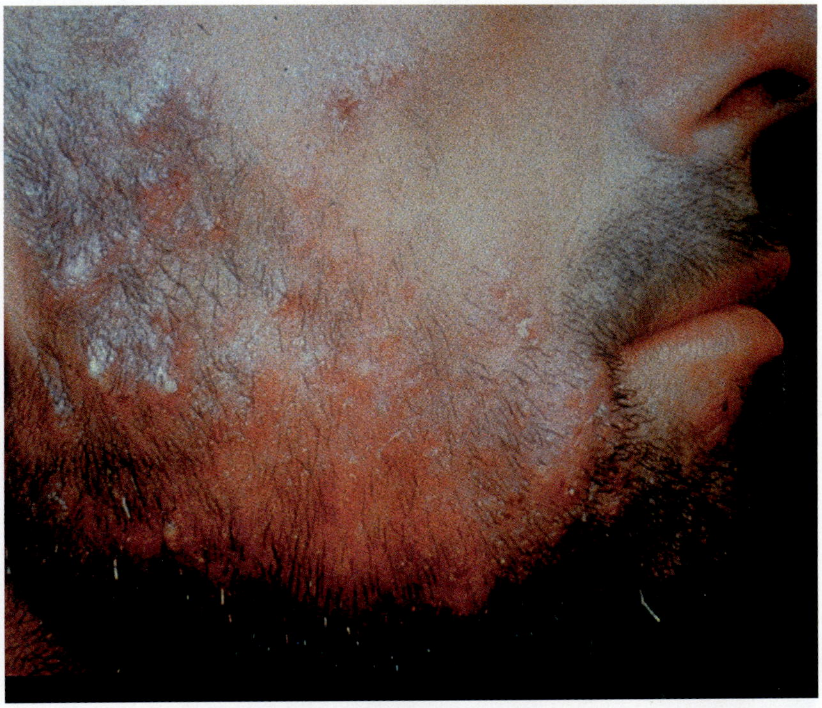

Akne; durch Bakterienbefall können sich leicht Mitesser, Pickel und Pusteln bilden. Gelangen die Bakterien an die Hautoberfläche, können sie andere Talgdrüsen infizieren.

Alkoholismus

Einführung

Alkoholismus oder Alkoholabusus ist die zwanghafte Abhängigkeit von Alkohol, entweder in Form einer Gewöhnung oder bei starker Ausprägung in Form einer Sucht auftretend. Die Meinungsverschiedenheiten über Umstände und Faktoren des Krankheitsbildes finden ihren Ausdruck in einer großen Anzahl Umschreibungen, die in keiner Weise befriedigen, trotzdem aber meist stillschweigend hingenommen werden. Anthropologen, Psychologen, Soziologen und Sozialfürsorger sehen im Alkoholismus eine Anomalie, die das Individuum ebenso wie die Gesellschaft betrifft (psychosoziale Anomalie nach dem Forscher Jellinek). Sie sprechen von Alkoholismus bei denjenigen Trinkern, die in Schwierigkeiten kommen, weil sie mehr Alkohol konsumieren, als in ihren eigenen Kreisen üblich ist.

Ein Alkoholiker, der die Selbstkontrolle verliert, konsumiert mehr als beabsichtigt. Und nicht selten wird er gegen seinen Willen betrunken. Das Heimtückische daran ist, dass es einem Alkoholiker manchmal eine Zeitlang gelingt, „sozial mitzuhalten". Plötzlich trinkt er aber doch wieder unkontrolliert. Er ist, wie man so sagt, „rückfällig" geworden.

Das Entstehen einer psychischen und/ oder körperlichen Alkoholabhängigkeit wird immer von einer Vielzahl von Umständen bestimmt. Der lange Leidensweg eines Alkoholikers lässt sich in Phasen aufteilen, die in ihrer Gesamtheit nahezu ein autonomes (selbstständiges) Krankheitsbild (Syndrom) ergeben.

Der Alkoholsüchtige ist dabei in einen sich immer wiederholenden Teufelskreis des Trinkens hineingeraten.

Die Kenntnis dieser Zusammenhänge kann bei einsichtsvoller Behandlung von großer Wichtigkeit sein.

Sowohl die Persönlichkeitsstruktur als auch die sozialen Faktoren und die Funktion, die der Alkoholgenuss in unserer westlichen Gesellschaft erfüllt, sind beim Entstehen des Krankheitsbildes Alkoholismus von wesentlicher Bedeutung.

Immer handelt es sich um eine verletzliche Persönlichkeitsstruktur, die Zustände wie Gespanntheit (Stress), Angst oder Unlust nicht verkraften kann.

Trinker wird meist, wer nicht imstande ist, diese Gefühle zu ertragen, damit zu leben oder sie unter Kontrolle zu halten.

Phasen des Alkoholismus

Drei Stufen werden unterschieden:

- In der *ersten Phase* greift der Trinker zum Alkohol als Entspannungsmittel, um einer körperlichen Abnormität, eines psychischen Konflikts oder einer Schwierigkeit gesellschaftlicher Art Herr zu werden (symptomatischer oder alpha-Alkoholismus nach Jellinek).
  Eine Behandlung in diesem Stadium erfordert mehr als nur die Bekämpfung des übermäßigen Konsums. Da der Trinker immer größere Mengen Alkohol vertragen kann, sind auch immer größere Quantitäten nötig, um den gewünschten Rauschzustand erleben zu können.

- Die *zweite Phase* wird erreicht, wenn es dem Trinker nicht mehr gelingt, den sich immer wiederholenden (*Circulus vitiosus*) Teufelskreis des Trinkens zu durchbrechen. Viele Trinker sind derart labil und empfindsam Alkohol gegenüber, dass sie fast von Anfang an unkontrolliert trinken. Das maßlose Trinken in diesem Stadium führt zu so vielen zusätzlichen Problemen, dass der eigentliche Anlass ganz in den Hintergrund treten kann.
  Die vertragbare Menge Alkohol (Toleranz) nimmt dabei zu. Es tritt Kontrollverlust auf. Das Leiden steigert sich von psychischer zu körperlicher Alkoholabhängigkeit (gamma-Alkoholismus).

- Die *dritte Phase* beginnt mit einer verminderten Alkoholverträglichkeit. Der Trinker stellt zu seinem Schrecken fest, dass er Alkohol nicht mehr so gut verträgt.
  Organische Leiden können sich entwickeln (Entzündungen der Nervenabzweigungen, Leberschäden usw.). Auch verschiedene Formen geistiger Störungen (Delirium tremens, Alkoholparanoia) sind in diesem Stadium häufig.
  Man spricht in dieser Endphase von chronischem Alkoholismus (beta-Alkoholismus).

Phasen von Jellinek

Die Alkoholiker selbst haben wichtige Beiträge zur besseren Kenntnis dieses Leidens geliefert, das zwischen Gewohnheit auf der einen und Sucht auf der anderen Seite entsteht. So unterscheidet Jellinek vier Phasen:

- eine Phase, in der übliche Trinkgewohnheiten und Trinkbräuche übergehen in regelmäßigen Alkoholkonsum zwecks Entspannung (*präalkoholische Phase*)

- eine Phase, in welcher der Trinker das Trinken verheimlicht, sich zu viel in Gedanken mit dem Trinken beschäftigt, immer schneller trinkt, um zu einem Rausch zu kommen, Gesprächen über das Trinken aus dem Wege geht und an alkoholbedingten Erinnerungslücken leidet (*prodomale Phase*)

- die Phase, in der ein Alkoholiker nicht mehr in der Lage ist, sich selbst beim Trinken Einhalt zu gebieten. Das ist der sogenannte Kontrollverlust (*kritische Phase*). Trinker in diesem Stadium suchen nach Ausreden für ihre Sucht, mit anderen Worten, sie beginnen, das Trinken zu rationalisieren

- die vierte Phase ist gekennzeichnet durch moralischen Verfall, lang andauernde Trunkenheit, geistigen

Wichtige Fragen und Antworten zu Alkoholismus

Welche Typen Alkoholiker unterscheidet man?
Man teilt Alkoholiker in fünf Gruppen ein:

- Alpha-Typ: der sogenannte Konflikttrinker, der den Alkohol zur Bewältigung persönlicher Probleme konsumiert. Ein Verzicht auf Alkohol ist möglich.
- Beta-Typ: der Gelegenheitstrinker, der ohne besonderen Anlass regelmäßig Alkohol konsumiert. Wird in der Gesellschaft als normal akzeptiert. Keine körperliche Abhängigkeit.
- Gamma-Typ: der „echte" Alkoholiker mit psychischer und körperlicher Abhängigkeit. Regelmäßig tritt ein Kontrollverlust ein, wobei Alkohol bis zum Vollrausch getrunken wird.
- Delta-Typ: chronischer Trinker, der den Alkohol über den Tag verteilt trinkt, ohne in einen echten Rausch zu verfallen. Es besteht eine körperliche Abhängigkeit.
- Epsilon-Typ: der sogenannte Quartatrinker, der zwischen wochenlangen Zeiten der Abstinenz über mehrere Tage exzessiv trinkt und einen absoluten Kontrollverlust erleidet.

Was sind die Folgen des Alkoholismus?
Die Folgen des Alkoholismus können gravierend sein. Besonders gefährlich ist die unumkehrbare Schädigung der Leber durch eine Leberzirrhose. Zudem kann es zu Veränderungen in der Persönlichkeit und zu Schäden im Gehirn kommen.
Schwangere Alkoholikerinnen müssen damit rechnen, ihr ungeborenes Kind schwer zu schädigen. Häufig treten Fehl- oder Totgeburten auf, es kann zu schweren körperlichen Missbildungen kommen. Auf jeden Fall entwickelt sich eine Schädigung des kindlichen Gehirns.

Was versteht man unter Alkoholmissbrauch?
Das Hauptmerkmal des Alkoholmissbrauchs ist ein fehlangepasstes Muster von Alkoholgebrauch, das sich in wiederholten und deutlich nachteiligen Konsequenzen infolge des wiederholten Substanzgebrauchs manifestiert. Diese können wiederholtes Versagen bei wichtigen Verpflichtungen, wiederholter Gebrauch auch in Situationen, in denen es zu körperlicher Gefährdung kommen kann, verschiedenste Probleme mit dem Gesetz und immer wieder auftretende soziale und zwischenmenschliche Probleme sein. Die Schul- und Arbeitsleistung kann entweder aufgrund der Nachwirkungen des Trinkens oder aufgrund einer bestehenden Intoxikation leiden. Kindererziehung oder Verantwortlichkeiten im Haushalt werden häufig vernachlässigt.

Was ist das Hauptmerkmal einer Alkoholabhängigkeit?
Das Hauptmerkmal der Alkoholabhängigkeit ist ein charakteristisches Muster kognitiver, verhaltensbezogener und physiologischer Symptome, die anzeigen, dass das Individuum den Alkoholgebrauch trotz einschneidender, alkoholbezogener Probleme fortsetzt. Es liegt ein Muster wiederholter Alkoholanwendung vor, das normalerweise zu Toleranzentwicklung, Entzugserscheinungen und dem unwiderstehlichen Drang zur Alkoholeinnahme führt.

Abbau und Alkoholpsychosen (*chronische Phase*). Chronische Alkoholiker greifen häufig zu Spiritus, vagabundieren herum und ernähren sich unzureichend. Sie leiden an Leberschäden, Entzündungen der peripheren Nerven und dergleichen. Der Alkohol wird zunehmend weniger gut vertragen. Es entwickeln sich Angstzustände und Verfolgungswahn.

Psychosoziale Aspekte des Alkoholismus

Das Alkoholproblem ist nicht beschränkt auf bestimmte Altersgruppen, nicht auf einzelne soziale Schichten und nicht auf besondere Randgruppen der Gesellschaft. Es zeigt ein allgemeines gesellschaftliches Problem an, in dessen Konsequenz immer mehr Menschen Ersatzbefriedigung durch den Konsum von alkoholischen Getränken suchen. Die Gefährdung durch Alkoholmissbrauch ist jedoch bei einzelnen Gruppen unterschiedlich groß. Besonders gefährdet sind junge Menschen, deren Kritikfähigkeit infolge des noch unabgeschlossenen Reifungsprozesses nicht voll ausgebildet ist. Sie erliegen deshalb der Verführung zu alkoholischen Getränken und den damit verbundenen Wirkungen leichter als andere.
In zunehmendem Maße trifft das auch für Frauen zu, deren Leben unausgefüllt ist, weil sie weder in der Familie noch am Arbeitsplatz eine befriedigende Funktionsrolle finden. Enttäuschungen in unbefriedigenden, schlecht bezahlten Positionen und der Mangel an Entfaltungsmöglichkeiten führt aber auch bei den Männern zunehmend zu Alkoholmissbrauch.
Ob jemand Alkoholmissbrauch betreibt, lässt sich nicht allein aus der Häufigkeit des Konsums und der jeweils getrunkenen Menge ablesen, es sei denn, er überschreitet die allgemeine Verträglichkeitsgrenze, die für den gesunden Erwachsenen bei 2 Liter Bier täglich oder 1 Liter Tischwein oder einem 1/8 Liter Branntwein liegt. Für junge Menschen liegt diese Grenze

Alkoholbedingte Folgekrankheiten

- Alkoholbedingte Persönlichkeitsveränderung
- Hirn- und Nervenschäden
- Delirium (Wahnvorstellungen)
- Leberschäden
  Fettleber
  Leberentzündung
  Leberverhärtung
- Entzündung der Bauchspeicheldrüse
- Magen-Darm-Erkrankungen
  Entzündungen
  Gastritis
  Krebs
- Blutarmut
  Blutgerinnungsstörungen
- Störungen der sexuellen Funktion
- Bei einer Schwangerschaft: Schädigung des ungeborenen Kindes

deutlich niedriger. Das gilt auch für viele Menschen, die nur selten alkoholische Getränke zu sich nehmen oder die solchen Getränken gegenüber besonders empfindlich sind.
Ob jemand „süchtig" wird, richtet sich ausschließlich nach dem Grad seiner Empfänglichkeit. Wer alkoholische Getränke nicht verträgt, sie aber dennoch zu sich nimmt, treibt Missbrauch. Wer über die Verträglichkeitsgrenze hinaus zu diesen Getränken greift, treibt Missbrauch. Wer alkoholische Getränke ihrer Wirksamkeit willen zu sich nimmt, um Missstimmungen, Konflikte und Ärgernisse hinwegzuspülen, wer sie trinkt, um in Stimmung zu kommen, wer sich „Mut" antrinkt, kurz: Wer sie ähnlich wie Medizin benutzt, treibt Missbrauch.

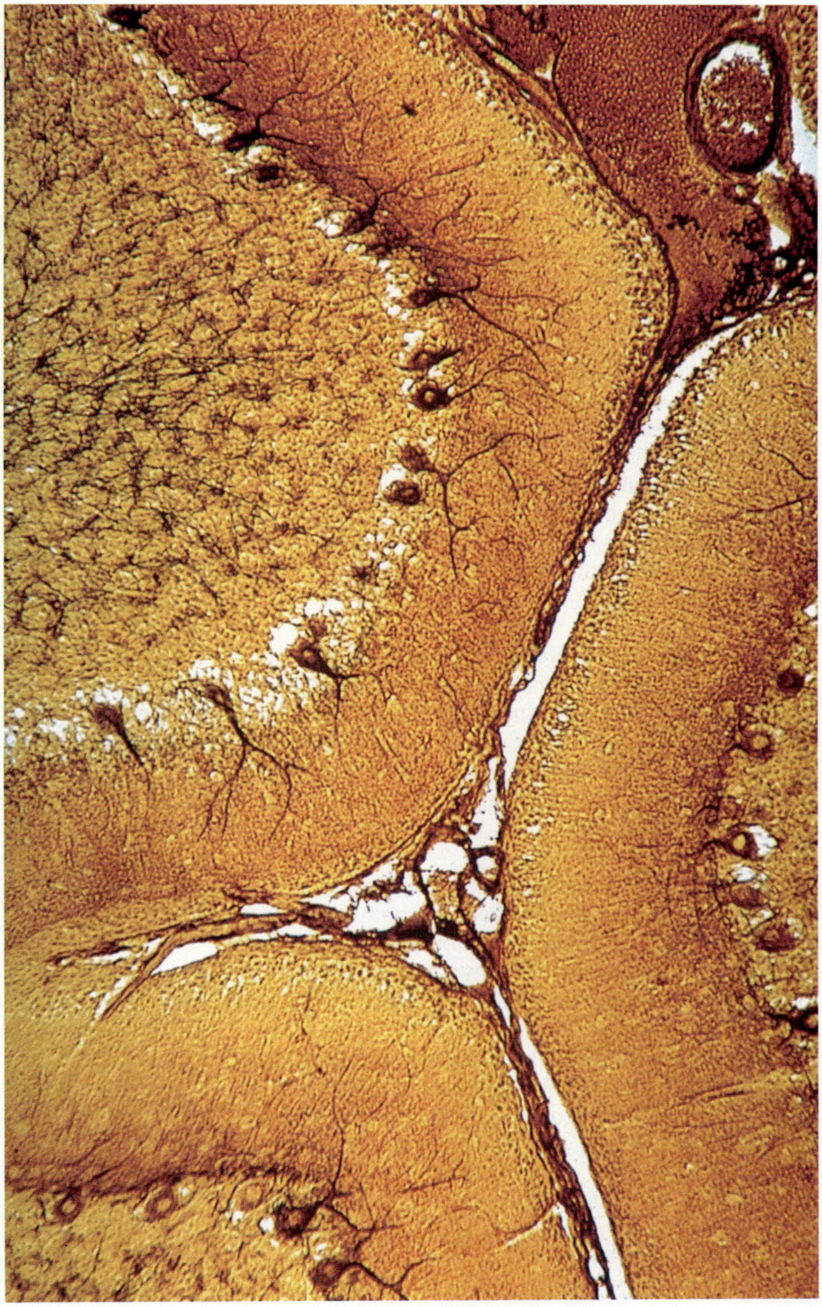

Alkoholabusus (Missbrauch von Alkohol); Schädigung der Zellen des Kleinhirns

Alkoholvergiftung

Normale Alkoholmengen werden durch die Schleimhaut von Magen und Dünndarm resorbiert. Anschließend werden etwa 90 % an Sauerstoff gebunden und zu Wasser und Kohlendioxyd umgesetzt. Die restlichen 10 % werden mit dem Urin, durch die Haut und mit der Ausatmungsluft abgegeben. Bei der Verbrennung des Alkohols wird viel Wärme frei. Das hat zur Folge, dass weniger andere Nahrungsstoffe verbrannt werden. Es kann zu einer Fettsucht kommen.

Eine Alkoholvergiftung (Intoxikation) entsteht durch überreichlichen Alkoholgenuss. Bei experimentellen Untersuchungen an einer Gruppe Freiwilliger ergab sich, dass bei einem Blutalkoholspiegel von 1,0 Promille schon 50 % der Versuchspersonen Vergiftungserscheinungen aufwiesen, bei einem Alkoholspiegel von 2,0 Promille

Wichtige Fragen und Antworten zu Alkoholismus

Können Grand-Mal-Anfälle auftreten?
Grand-Mal-Anfälle treten bei weniger als drei Prozent der Personen mit Alkoholentzugssymptomen auf.

Was ist ein Alkoholentzugsdelir?
Ein Alkoholentzugsdelir beinhaltet Störungen des Bewusstseins und des Denkens und visuelle, taktile oder akustische Halluzinationen („delirium tremens" oder „DT").
Wenn sich ein Alkoholentzugsdelir entwickelt, ist es wahrscheinlich, dass ein klinisch bedeutsamer medizinischer Krankheitsfaktor vorliegt, zum Beispiel:
- Leberschaden
- Pneumonie
- gastrointestinale Blutungen
- Folgeerscheinungen eines Kopftraumas
- Hypoglykämie
- Elektrolytenungleichgewicht
- postoperativer Zustand

Was sind die Symptome einer Alkoholintoxikation?
Klinisch bedeutsame, fehlangepasste Verhaltensänderungen oder psychische Veränderungen sind: Streitsucht, Affektlabilität, kognitive Beeinträchtigungen, Urteilsunfähigkeit.
Diese Symptome werden von verwaschener Sprache, Koordinationsstörungen, unsicherem Gang, Nystagmus, Aufmerksamkeitsstörungen und Gedächtnisstörungen begleitet.

Welche Organe werden durch Alkoholismus am meisten geschädigt?
- Das Nervensystem; die Trunksucht kann zu einer bleibenden Schädigung von Hirnzellen sowie auch von Arm- und Beinnerven führen
- In Speiseröhre, Magen und Zwölffingerdarm kann sich als Folge von chronischem Alkoholismus eine schwere chronische Entzündung oder Geschwürbildung entwickeln
- Eine Leberzirrhose mit Untergang von Leberzellen ist eine geläufige Komplikation des chronischen Alkoholmissbrauchs
- Das Herz; es kann zu einer erheblichen Schwächung der Herzmuskulatur kommen und der arteriosklerotische Prozess wird unter Umständen beschleunigt

Welche Schäden des Nervensystems werden vom Alkoholismus am häufigsten verursacht?
- Verlust der Geisteskräfte und der Intelligenz, wenn der Alkoholismus sehr lange besteht
- Akute Episoden von vernunftwidrigem Verhalten mit Verlust des Wirklichkeitsbezugs, etwa beim Delirium tremens (Alkoholdelir) oder bei der Korsakow-Psychose
- Dauernde Gleichgewichtsstörungen infolge einer Nervenschädigung
- Schmerzen und Gefühllosigkeit in den Armen und Beinen

waren es über 75 % der Testpersonen. Eine Alkoholvergiftung bildet sich in der Regel sehr langsam aus.
Obwohl Störungen in der Funktion des Nervensystems, vor allem des Gehirns, im Vordergrund stehen, sind auch viele andere Körperorgane betroffen. Bei der akuten Alkoholvergiftung ist nur die Hirnfunktion gestört, bei chronischer Vergiftung auch die Funktion anderer Organe. Am Herzen ist eine Verfettung des Muskelgewebes zu beobachten. Die Schleimhaut von Magen und Dünndarm wird ebenfalls geschädigt. Dadurch sinkt die Magensaftsekretion, es kommt zu Appetitlosigkeit und schließlich zu Unterernährung. Auch kann Alkohol die Geschlechtsdrüsen von Mann und Frau schädigen und sich so auf die Nachkommenschaft auswirken. Ferner ist aus eingehenden Untersuchungen bekannt, dass Fehl- und Frühgeburten bei Alkoholikerinnen häufiger auftreten und Erkrankungen wie Diabetes und Gicht durch übermäßigen, stetigen Alkoholgenuss verschlimmert werden.

Leber

Bei der mikroskopischen Untersuchung stellt man nach der Alkoholvergiftung eine Degeneration und Umbildung des Lebergewebes, manchmal auch eine Veränderung der normalen Struktur der Leber fest. Der Untergang von Leberzellen und eine Schrumpfung des Leberbindegewebes sind ebenfalls feststellbar. Die Degeneration des Lebergewebes verläuft unaufhaltsam in mal schnelleren, mal langsameren Schüben und ist nicht rückgängig zu machen (irreversibel). Schon die Oberfläche des Organs lässt die Erkrankung erkennen: Die Leberoberfläche ist mehr oder weniger höckerig, die Leber insgesamt ist meist geschrumpft, zuweilen auch vergrößert.
Der Alkoholismus ist die häufigste Ursache dieser Erkrankung. Die Degeneration führt mit der Zeit zu schweren Leberfunktionsstörungen.

Nervensystem

Lang andauernder Alkoholismus führt zu gesteigertem Bedarf an Vitamin B, welches aber durch die Mangelernährung nur in ungenügenden Mengen zugeführt wird. Folge davon wiederum ist eine Erkrankung der Nervenäste (Polyneuritis oder Polyneuropathie). Derartige Erkrankungen treten nicht nur bei Patienten auf, die zu viel hochprozentige Getränke (Schnaps) zu sich nehmen, sondern auch bei solchen, die über lange Zeit hinweg zu viel Wein trinken. Die Beschwerden treten meist im mittleren Lebensalter in Erscheinung. Anfangs klagt der Patient über ein sonderbares Gefühl in Händen und Füßen, oft auch über Schmerzen. Neben diesen Sensibilitätsstörungen kommt es zu Degenerationserscheinungen an den Nerven, die die Muskeln versorgen. Sie äußern sich in verminderter Muskelspannung, in Lähmungserscheinungen und in der Gewichtsabnahme der Muskeln. Eine gezielte, kausale Therapie besteht in Vitamin-B-Injektionen.

Alkoholpsychosen

Im Gefolge lang anhaltenden Alkoholmissbrauchs können ernste Funktionsstörungen des Gehirns auftreten. Es kann zu zwei verschiedenen Symptomgruppen kommen.
Die erste Gruppe ist gekennzeichnet durch motorische Unruhe, Angst, Schlaflosigkeit, Halluzinationen oder Wahnvorstellungen, wobei der Patient zum Beispiel zahllose kleine farblose Tierchen auf sich eindringen sieht. Das Bewusstsein ist gestört. Eindrücke aus der Außenwelt werden nicht mehr richtig aufgenommen und verwertet. Der Patient kann manchmal mehrere Nächte lang nicht schlafen. Es kann zu einem Zustand körperlicher Erschöpfung kommen, der mit leichten Störungen des Nervensystems einhergeht, etwa mit Sprachschwierigkeiten, Koordinationsstörungen des Bewegungssystems und Zittern (Tremor; diese Symptomgruppe heißt daher *Delirium tremens*. Delirium bedeutet eine erregte Verfassung, tremens = zitternd). Treten solche Erregungszustände wiederholt auf, so können sie zu der zweiten Symptomgruppe (Syndrom) überleiten, die jedoch auch als selbstständiges Krankheitsbild entstehen kann. Hierzu gehören Gedächtnis- und Orientierungsstörungen (vor allem zeitliche Desorientierung; Korsakow-Syndrom). Für dieses Syndrom gibt es keine Therapie. Bei schweren Formen eines derart exzessiven Alkoholmissbrauchs kommt es zu einer Schädigung der Großhirnrinde.

Alkohollebersyndrom: Schädigung der Leber

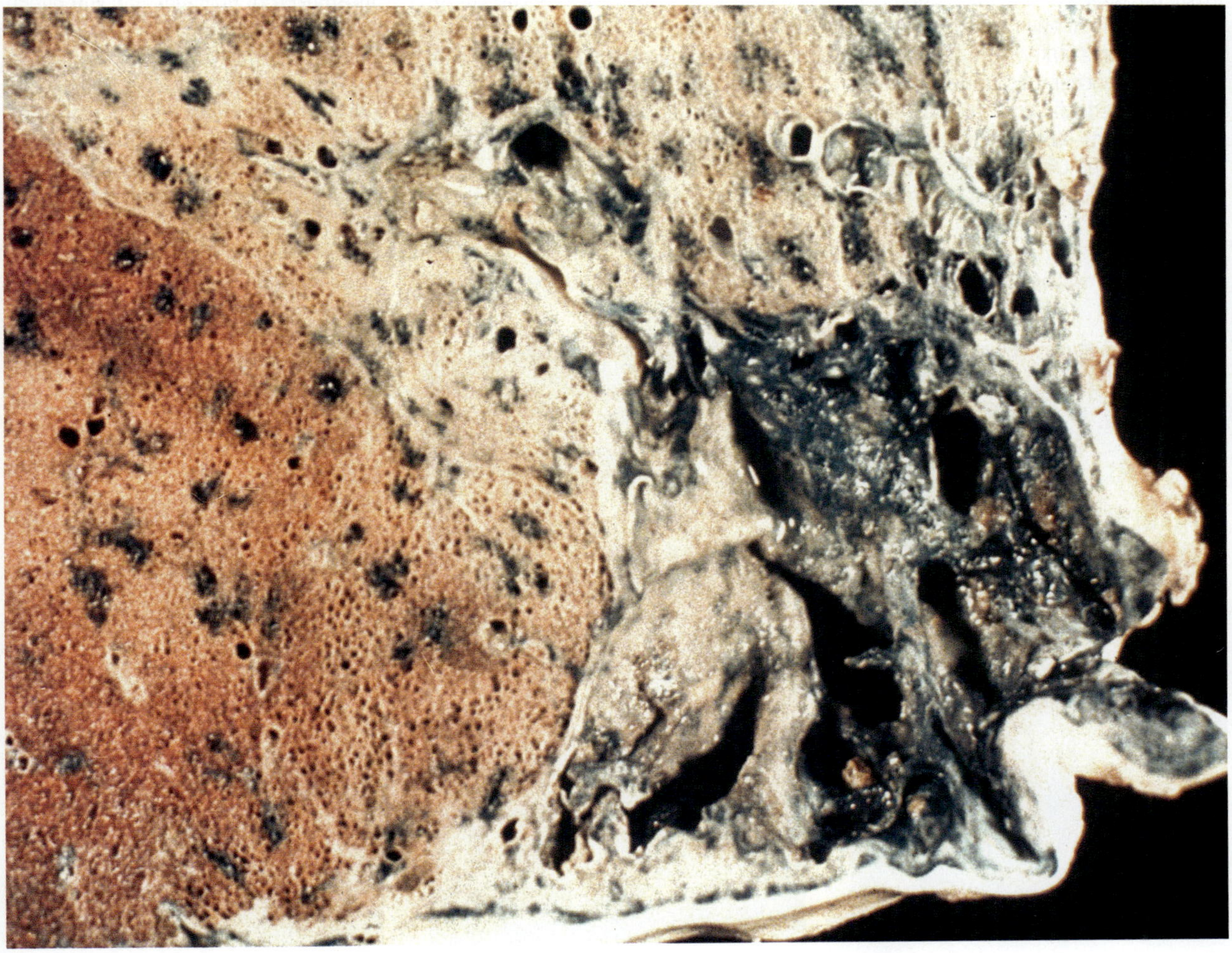

Allergie

Einführung

Allergie ist die Eigenschaft des menschlichen Körpers, auf bestimmte Substanzen bei wiederholtem Kontakt anders zu reagieren als beim ersten Mal (griechisch: allos = anders, ergon = Werk, Arbeit). Dieses „anders" bezieht sich auf einen qualitativen Unterschied in der Reaktionsweise. Ausschlaggebend ist nicht die Natur des Stoffes, der eine Allergie auslöst, sondern die Art der Allergie.
Die Reaktionsweise kann auch quantitativ variieren. Sie kann, immer innerhalb des gleichen Reaktionstyps, schwächer oder stärker sein. So wird etwa die Reizwirkung des Chlors im Wasser eines Schwimmbades von der einen Person stärker, von der anderen Person schwächer empfunden, bemerkt wird sie jedoch von jedem. Diese quantitativen Abweichungen fallen nicht unter den Oberbegriff „Allergie".
Eine Allergie ist nicht angeboren. Einer qualitativ veränderten Reaktionsweise geht immer eine Periode voraus, in welcher der Körper „normal" reagiert (das heißt für gewöhnlich: gar nicht), dabei gleichzeitig jedoch eine Allergie in der Entstehen sein kann. Dieser Vorgang wird Sensibilisierung genannt, das heißt, der Körper wird empfindlich. Exposition ist die Bezeichnung für den Kontakt mit einer Substanz, die eine Allergie auslöst.
Man entwickelt keine Allergie gegen eine Substanz, mit der man nie Kontakt gehabt hat. Manche Substanzen führen fast bei allen Menschen zur Ausbildung einer Allergie. Andere wiederum sensibilisieren nur wenige. In solchen Fällen spielen wahrscheinlich erbliche Faktoren eine Rolle.
Es gibt Familien mit einer großen Zahl allergischer Personen. Dann wird von einer erblichen Allergietendenz (allergische Konstitution) gesprochen. Auch das Ausmaß der allergischen Reaktionen ist unterschiedlich. Manche Menschen werden sehr allergisch, andere nur wenig. Grad, Dauer und Art der Exposition bestimmen zu einem großen Teil, ob sich eine Allergie tatsächlich entwickelt und in welcher Stärke.

Antigen und Antikörper

Der allgemeine Mechanismus, der zumindest einem Teil der allergischen Reaktionen zugrunde liegt, ist die Fähigkeit des menschlichen Körpers (aber auch anderer, tierischer Organismen), Abwehrstoffe (Antikörper oder Immunstoffe) gegen eine Vielzahl von Substanzen zu erzeugen, die von außen in den Körper gelangen.
Sind Antikörper vorhanden, kommt es zu einer biochemischen Reaktion zwischen ihnen und den eingedrungenen Substanzen. Die Bildung von Antikörpern wird in erster Linie durch körperfremde Substanzen (Antigene)

Allergie; Befund am Unterarm nach Kontakt mit Pflanzen

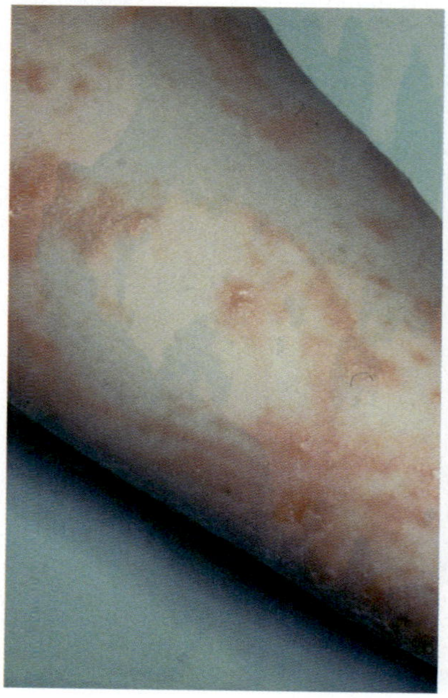

Allergische Dermatitis durch Lichteinwirkung

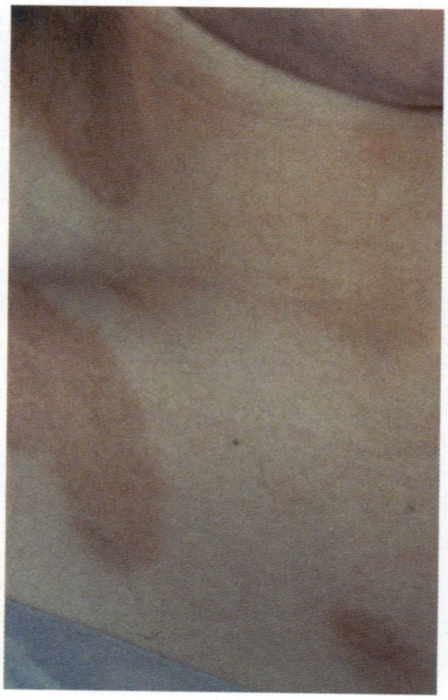

Gewebereaktion auf chronisch-entzündliche Prozesse

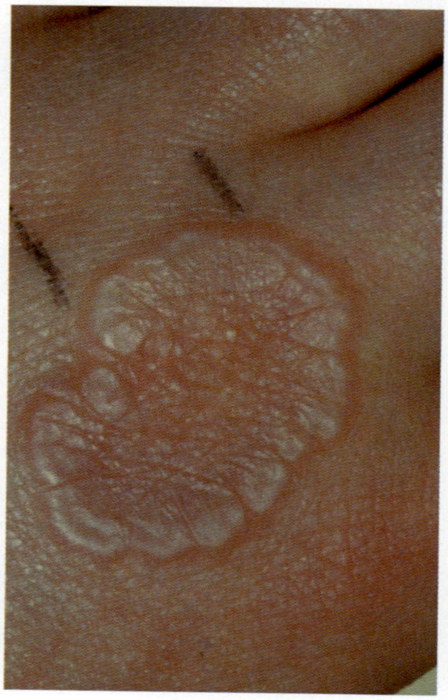

angeregt. Die Antikörperbildung beginnt während oder kurz nach dem Kontakt (Exposition) mit einem bestimmten (antigenen) Stoff und nimmt dann während der Sensibilisierungsperiode ständig zu.
Ist jemand erst einmal sensibilisiert, das heißt, hat die Antikörperproduktion eine gewisse Höhe erreicht, löst die nächste Exposition gegenüber dieser körperfremden Substanz eine biochemische Reaktion zwischen dieser (dem Antigen) und dem im Blut und in den Körperflüssigkeiten befindlichen Abwehrstoff (dem Antikörper) aus. Auf dieser Reaktion zwischen Antigen und Antikörper beruht zum großen Teil auch die erworbene Widerstandsfähigkeit gegen Infektionskrankheiten (Immunität). Hier stellen die pathogenen Keime selbst und/oder ihre Giftstoffe die Antigene dar. Bei der Abwehrreaktion gegen Infektionskrankheiten werden die Erreger oder ihre Giftstoffe durch die Reaktion zwischen Antigenen und Antikörper unschädlich gemacht, sie können also den Keimträger nicht mehr krank machen. Der Betreffende ist unempfindlich (immun) geworden. Immunologie ist der Name für den Wissenschaftszweig, der sich mit der Untersuchung von Antigenen und Antikörpern sowie mit den zwischen diesen beiden ablaufenden Reaktionen befasst.
Im Falle der Allergie wirkt sich nun diese Antigen-Antikörper-Reaktion auf den Betroffenen schädlich aus. Hier bezeichnet man die körperfremden Substanzen (die Antigene) als Allergene.

Allergieformen

Die Symptome der allergischen Reaktion äußern sich an verschiedenen Organen des menschlichen Körpers.

Haut

Die drei häufigsten allergischen Hautreaktionen sind Ekzeme, Nesselfieber (Urticaria) und lokale Schwellungen (Quincke-Ödem).
Ein Ekzem ist eine stark juckende, meist langwierige Hautentzündung, die mit Rötung und geringer Schwellung beginnt und später eine Verdickung und

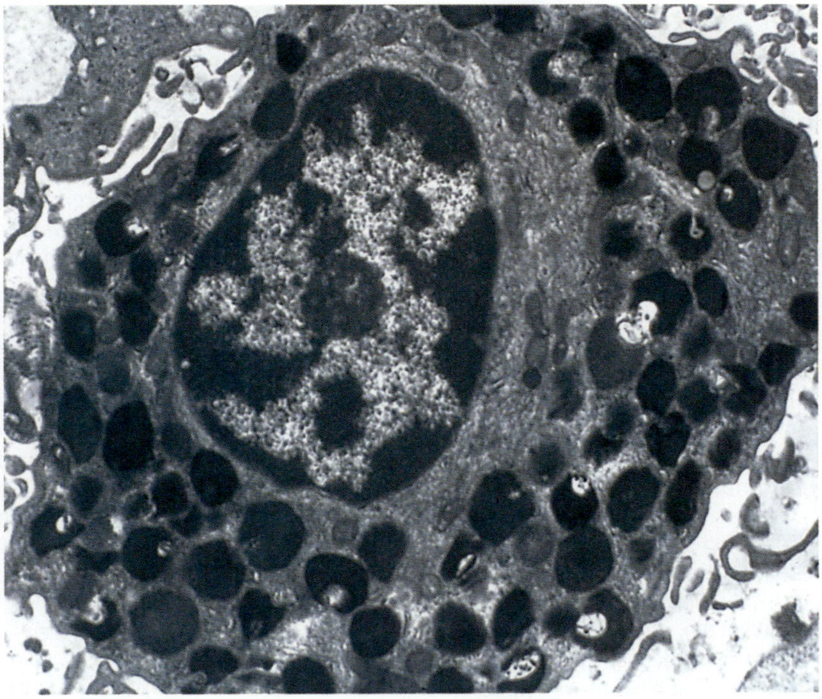

Mikroskopie einer Mastzelle. Mastzellen enthalten im Zytoplasma Granula, die bei der Antigen-Antikörper-Reaktion ausgestoßen werden und Histamin, Serotonin u. a. Mediatoren freisetzen. Im Alter nimmt die Mastzellenzahl ab, damit lässt die Reaktivität der Haut und Schleimhaut nach.

Makrophagen: mikroskopisches Bild bei Allergie

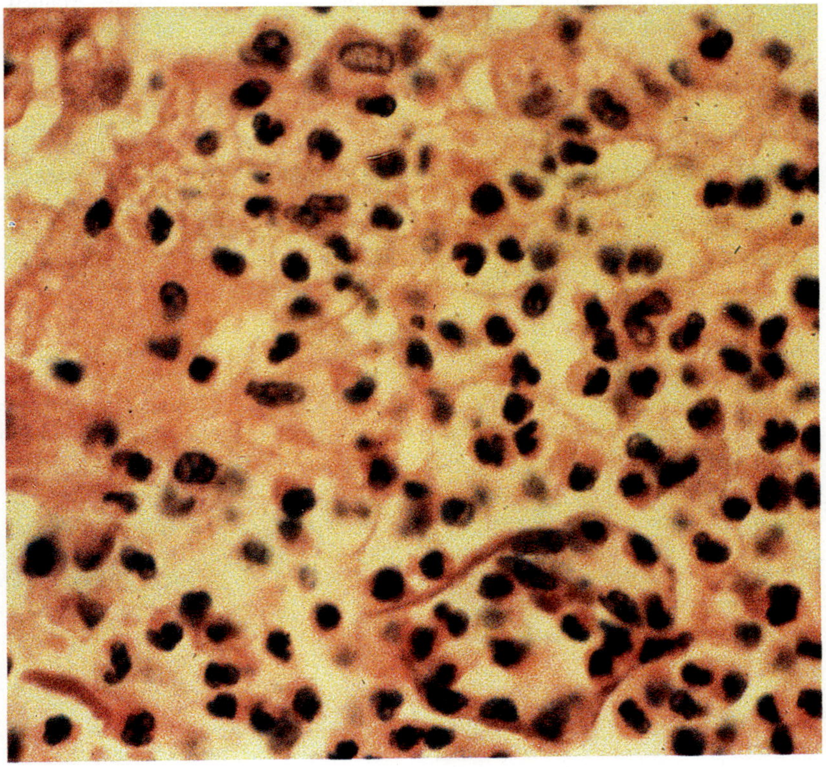

Wichtige Fragen und Antworten zur Allergie

Allergie – was ist das eigentlich?
In einem Satz: Die Allergie ist eine Überempfindlichkeitsreaktion des Körpers. Wir kommen täglich mit vielen unterschiedlichen Schadstoffen unserer Umwelt, zum Beispiel durch Einatmen, über die Nahrung oder durch direkten Hautkontakt in Berührung. Unsere körpereigene Abwehr, das Immunsystem, sorgt dafür, dass alle fremden Stoffe erkannt und gegebenenfalls unschädlich gemacht werden.
Beim Allergiker werden die Abwehrmechanismen allerdings in der Weise wirksam, dass sie auch solche Stoffe angreifen, die normalerweise imn menschlichen Körper keine Reaktion hervorrufen.

Wie wird eine allergische Reaktion ausgelöst?
Unser Immunsystem hat die Aufgabe, den Körper vor möglichen Krankheitserregern, zum Beispiel Bakterien und Viren, zu schützen, die auf die unterschiedlichste Art in ihn eindringen. Wird durch einen solchen Allergenkontakt eine Allergie ausgelöst, so wird eine komplexe Abwehrreaktion gestartet, an der das gesamte Immunsystem beteiligt sein kann.

Was versteht man unter anaphylaktischen Reaktionen?
Die überschießenden Überempfindlichkeitsreaktionen werden in der Fachsprache als anaphylaktische Reaktionen bezeichnet. Diese treten in der Regel ganz plötzlich auf und können unter Umständen auch tödlich verlaufen, wenn keine entsprechende Hilfe geleistet wird.

Sind allergische Krankheiten vererbbar?
Die meisten Allergieforscher sind der Ansicht, dass eher die Bereitschaft zur Erkrankung als die Krankheit selbst vererbbar ist. Das bedeutet, dass ein Kind, dessen Vater oder Mutter Allergiker ist, mit größerer Wahrscheinlichkeit selbst eine allergische Krankheit bekommt als eines, das nicht von Allergikern abstammt.

Bekommen Kinder meist die gleichen allergischen Krankheiten wie ihre Eltern?
Nicht unbedingt. Ein Kind eines Heuschnupfenpatienten kann Asthma, ein Ekzem oder eine andere allergische Krankheit bekommen.

Was sind typische Allergie-Symptome?
Die typischen Allergie-Symptome sind:
- laufende Nase
- tränende und brennende Augen
- juckende Haut
- Asthmaanfälle

Wodurch kann eine Allergie hervorgerufen werden?
Fast alle.s was wir berühren, schlucken oder einatmen, kann eine allergische Reaktion auslösen. Substanzen, die Allergien erzeugen, werden Allergene genannt. Es gibt buchstäblich Hunderte von Allergenen.

Welche Stoffe wirken am häufigsten als Allergene?
Am häufigsten wirken als Allergene:
- Pollen von Bäumen
- Pollen von Gräsern
- Pollen von Getreide
- Schimmelpilzsporen
- Hausstaub
- bestimmte Nahrungsmittel
- Medikamente
- Farbstoffe
- Kosmetika
- Chemikalien

Gibt es auch Allergien gegen Tiere?
Leider sind Allergien gegen Haustiere sehr häufig und können außerdem andere Allergieformen noch verschlimmern. Glaubte man früher, das Fell des Tieres ist das Allergen, so weiß man heute, dass nicht die Haare des Tieres Ursache sind, sondern deren Kot-, Urin- und Speichelreste. Wenn diese auf dem Fell austrocknen und in kleinste Partikel zerfallen, können sie vom Menschen eingeatmet werden und eine Allergie auslösen.

Hat die Psyche einen Effekt auf die Entstehung von Allergien?
Das allgemeine Wohlbefinden und die Psyche haben nachweislich einen Effekt auf die Entstehung von Allergien. Denn durch den Einfluss der Psyche auf den Organismus kann eine erhöhte Allergiebereitschaft entstehen, die den Allergenen die Arbeit erleichtert.

Was ist eine Insektenstich-Allergie?
Besonders Stiche von Bienen und Wespen, aber auch Stechmücken (Moskitos) können am Ort des Einstichs durch ihr Gift allergische Reaktionen auslösen. Dabei kommt es zu mehr oder weniger schmerzhaften, geröteten Schwellungen, die – auch juckend – mehrere Tage dauern können.

Kann es bei einem Insektenstich zu einem anaphylaktischen Schock kommen?
Nur etwa ein Prozent aller Gestochenen reagiert extrem. Bei ihnen kann es zu Nesselsucht, Schwellungen im Gesicht, Durchfall, Erbrechen bis zum Kreislaufkollaps, dem anaphylaktischen Schock, kommen.

Nahrungsmittelallergie. Eine Person mit einer Nahrungsmittelallergie reagiert auf ein bestimmtes Nahrungsmittel allergisch. Ein viel häufigeres Problem jedoch ist die Nahrungsmittelunverträglichkeit – keine wirkliche allergische Reaktion, sondern vielmehr jede unerwünschte Wirkung, die nach dem Genuss eines bestimmten Nahrungsmittels auftritt.
Auch Nahrungsmittelzusätze können Symptome hervorrufen, die entweder auf einer Allergie oder einer Unverträglichkeit beruhen.
Häufige Auslöser von Nahrungsmittelallergien sind Milch, Eier, Schalentiere, Nüsse, Weizen, Erdnüsse, Sojabohnen, Schokolade.

Abschilferung der Haut aufweist. Diese Hauterscheinungen können als Folgen einer noch wenig bekannten allergischen Reaktion, eines atopischen Ekzems, auftreten.
Das Kontaktekzem beruht auf einer allergischen Reaktion (vom verzögerten Typ) in der Haut selbst. Die verantwortlichen Substanzen sind meist kleine Moleküle, die selbst nicht als Antigene aktiv sind und daher auch keine Antikörperbildung veranlassen (induzieren). Zur Allergenwirkung kommt es erst, wenn sie sich mit größeren Molekülen vereinigen, die aus der Haut selbst stammen.
Die Liste der Substanzen, die ein Kontaktekzem auslösen können, ist sehr lang. Die wichtigsten Gruppen sind:
- organische Substanzen (Primeln)
- Medikamente (Chinin, Penicillin)
- Kosmetika (Haarsprays)
- im Haushalt verwendete Materialien
- Industrieprodukte (Kunstharze)
- Metalle (Nickel, Chrom)

Ein Patient mit Nesselsucht (Nesselfieber, Urticaria) sieht tatsächlich so aus, als habe er in Brennnesseln gefasst. Typische Anzeichen sind kleine, juckende, rot umrandete Pickel. Allergische Reaktionen (vom Typ der Serumkrankheit) auf Nahrungsmittel und Medikamente sind die häufigsten Ursachen für das Nesselfieber.
Das Quincke-Ödem unterscheidet sich vom Nesselfieber. Die Schwellungen sind stärker ausgeprägt und liegen tiefer unter der Haut. Der Juckreiz ist weniger heftig. Er tritt vorzugsweise im Gesicht (Augenlider, Lippen) und an den Händen und Füßen auf. Sind Kehlkopf und Kehldeckel auch betroffen, kann es durch Zuschwellen der Luftwege zu lebensgefährlichen Erstickungsanfällen kommen.

Nase

Allergische Erkrankungen der Nase äußern sich durch Prickeln und Niesreiz, Verstopfung und Absonderung eines wässrigen Schleims. Auch die Entwicklung von Nasenpolypen (bleibende, große, oft gestielte Schwellungen der Nasenschleimhaut) hat oft eine allergische Ursache.
Alle diese Symptome sind meist Folgen einer allergischen Reaktion vom Atopietyp auf eingeatmete Allergene aus der Luft. Daneben spielen auch (vor allem bei älteren Menschen) Infektionen und bakteriell-allergische Reaktionen eine große Rolle beim Auftreten von Nasensymptomen.

Tiefe Luftwege

Allergische Erkrankungen der tiefen Luftwege machen sich meist durch Husten, pfeifende Atmung, Erstickungsgefühl und Asthma bemerkbar.

Wichtige Fragen und Antworten zur Allergie

Können allergische Reaktionen gefährlich sein?
Ein unbehandeltes Heufieber kann zum Ausgangspunkt eines Asthmas oder einer Nebenhöhlenentzündung werden.
Wenn das Asthma nicht beherrscht wird, kann es zu dauernder Arbeitsunfähigkeit führen und den Weg für andere schwerwiegende krankhafte Veränderungen der Atmungsorgane bereiten.

Was ist eine allergische Sofortreaktion?
Tritt ein Allergen in Form von Pflanzenpollen mit unserem Körper in Kontakt, so schlägt das Immunsystem Alarm und beginnt sofort mit der Bildung größerer Mengen eines sogenannten Antikörpers, dem Immunglobulin E (IgE). Dieser Antikörper, der in den Blutzellen gebildet wird, hat die Aufgabe, den Eindringling unschädlich zu machen. Bei einer normalen Abwehrreaktion auf Allergene produziert der Körper nur so viele Antikörper, wie zur Vernichtung der Eindringlinge nötig sind. Beim Allergiker werden dagegen zu viel Antikörper gebildet.

Wo lagern sich die Antikörper?
Die Antikörper lagern sich überwiegend an den Oberflächen der Mastzellen an, wodurch diese sensibilisiert, das heißt aktiv gemacht werden. Das gestörte Immunsystem des Allergikers, das nicht mehr in der Lage ist, zwischen schädlichen und unschädlichen Eindringlingen zu unterscheiden, überreagiert bei erneutem Kontakt mit dem Allergen: Allergen-Antigen-Kontakt. Die sensibilisierten Mastzellen setzen jetzt unter anderem den körpereigenen Stoff Histamin frei.

Was sind Mastzellen?
Zellen die reichlich Histamin und andere Mediatoren der Entzündung enthalten oder bilden, welche sie bei der allergischen Reaktion nach erfolgter IG-E Bindung freisetzen, wodurch sie klinische Symptome hervorrufen.
Gewebsmastzellen sind große, ovoide oder runde Zellen mit groben metachromatischen Granula.

Wo befinden sich Mastzellen?
Sie sind nachweisbar im lockeren kollagenen Bindegewebe, zahlreich in Interstitium von Leber und Schilddrüse sowie in der Darm-, Gallenblase- und Gefäßwand.

Wie funktioniert Histamin?
Histamin ist ein Botenstoff und wird in den Mastzellen in kleinen Bläschen gespeichert. Beim Kontakt mit dem Allergen öffnet sich die Mastzelle und setzt das entzündungsverursachende Histamin frei. Damit ist die allergische Reaktion im Körper ausgelöst und es kommt zu den bekannten Beschwerden, wie Niesreiz, Schnupfen etc., die sich innerhalb von wenigen Minuten bis maximal einer Stunde bemerkbar machen.

Welche Beschwerden entstehen durch Histamin?
Durch das freigesetzte Histamin erweitern sich die Blutgefässe, werden durchlässig und Blutplasma kann austreten. Dadurch entstehen die Beschwerden:
- Die Bindehaut der Augen rötet sich, die Augen beginnen zu tränen und jucken.
- Schleimdrüsen sondern vermehrt Schleim ab. Die Nase kribbelt, es kommt zu heftigem Niesreiz und die Nasenschleimhäute schwellen an.

Ausgelöst werden die Symptome vor allem durch Schleimhautschwellungen, Schleimabsonderung und krampfartige Kontraktionen der glatten Muskelfasern, besonders um die kleineren Bronchiolen. Die Folge ist ein erhöhter Widerstand für die ein- und ausströmende Atemluft.
Bei Asthma ist die Einatmung (Inspiration) meist nicht gestört, während sich die Ausatmung (Exspiration) als erheblich erschwert erweist. Daher enthalten die Lungen eines Asthmakranken während eines Anfalls mehr Luft als im Normalzustand. Erklärbar ist dieses Phänomen durch die Tatsache, dass sich bei der Inspiration die Lungen dehnen und die Bronchiolen erweitern.
Bei älteren Menschen überwiegen in der Regel bakteriell-allergische und infektiöse Faktoren. Ein wesentlicher Unterschied zwischen den Entstehungsmechanismen bei der Erkrankung der Nase oder der Lungen ist nur schwer festzustellen. Einer der wichtigsten Unterschiede könnte etwa sein, dass die allergischen Nasenerkrankungen die Folge von Kontakten mit Allergenen sind, die an in der Luft schwebende, größere Teilchen gekoppelt sind (größer als 0,005 mm), während an kleineren Teilchen haftende Allergene tiefer in die Luftwege eindringen und neben Nasenschleimhauterkrankungen auch Asthma hervorrufen.

Magen-Darm-Kanal

Erbrechen, Magenkrämpfe und Durchfall sind die wichtigsten allergischen Symptome des Magen-Darm-Kanals. Sie beruhen meist auf einer Allergie vom Soforttyp (atopische oder anaphylaktische Allergie). In den weitaus häufigsten Fällen ist die Ursache eine Nahrungsmittelallergie.
Allerdings wird oft auch eine Allergie fälschlicherweise für alle möglichen vagen und chronischen Bauchbeschwerden verantwortlich gemacht.

Medizinische Behandlung

Medizinische Behandlung einer Allergie:
- Vermeidung eines Kontaktes mit Allergenen (Expositionsprophylaxe)
- Bekämpfung der schädlichen Auswirkungen der Antigen-Antikörper-Reaktionen

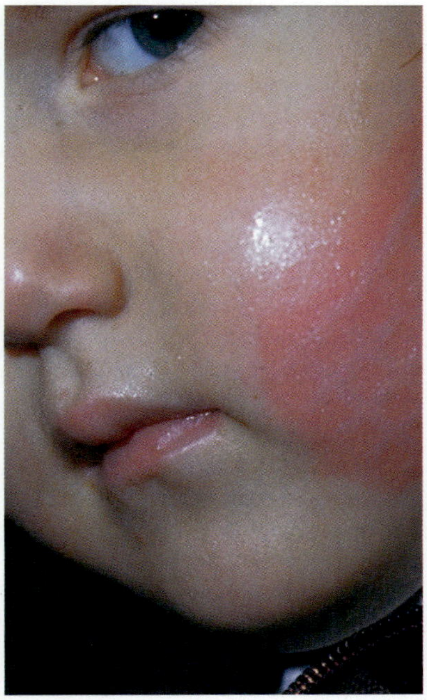

Kratzdermatitis

- Bekämpfung von Atmungsinfektionen
- Künstliche Anregung einer Produktion anderer Antikörper, die mit dem Allergen keine für den Körper schädlichen Reaktionen eingehen

Prävention

Warum müssen denn Ohrringe aus nickelhaltigem Modeschmuck getragen werden, wenn bekannt ist, dass diese hauptsächlich für die Entstehung einer Nickelallergie verantwortlich sind?
Warum kann in Familien mit Allergieneigung nicht auf Haustiere, insbesondere auf Katzen, verzichtet werden, wenn bekannt ist, dass durch Haustiere häufig ein allergisches Asthma ausgelöst wird?
Hier besteht noch Aufklärungsbedarf, damit man Allergien bereits früher besser begegnen kann.

Häufigste Kontaktallergien

Bei den Kontaktallergien der Haut, die zum Ekzem führen, ist die eben erwähnte Nickelallergie sicherlich die häufigste. Bei den Atemwegsallergien kommt der durch Gräserpollen ausgelöste Heuschnupfen am häufigsten vor. Dauerschnupfen und Asthma, die durch Hausstaubmilben ausgelöst werden, sind ebenfalls oft anzutreffende Allergieformen.

Besondere Gefährdungen am Arbeitsplatz und auch im privaten Bereich

Berufsbedingte Allergien sind leider auf dem Vormarsch und haben andere Berufskrankheiten wie Staublungen oder Lärmschwerhörigkeit überholt. Gefährdet sind am Arbeitsplatz vor dem Beruf allem Personen im Friseurberuf, die vor oder außerberuflich eine Metallallergie durch den Ohrlochstich und Modeschmuck erworben haben. Die hierdurch ausgelösten Ekzeme der Hände setzen die Barrierefunktion der Haut so weit herab, dass im Laufe kurzer Zeit Allergien gegen Berufsstoffe wie Dauerwellenflüssigkeiten, Haarfärbemittel und andere Stoffe entstehen. Dies führt häufig zur Berufsaufgabe.
Im privaten Bereich beginnt bei entsprechender, erblicher Neigung zu Allergien die Gefährdung schon bei den Säuglingen, zum Beispiel durch allzu frühes Füttern mit allergenreicher Kost, durch die oben erwähnte Haustierhaltung und durch zu starke Belastung mit Staub, Milben und Zigarettenrauch im häuslichen Milieu. Daher werden möglichst langes Stillen und das Vermeiden von Belastungen der Haut und Schleimhaut mit allergieauslösenden Stoffen empfohlen.

Besondere Allergieanfälligkeit

Es gibt eine Reihe von familiären Erkrankungen wie Milchschorf, Neurodermitis, Asthma oder Heuschnupfen, die auf eine erbliche Neigung zu allergischen Erkrankungen hinweisen und die als Atopie-Syndrom bezeichnet werden. Diesen Personen ist zu raten, besonders allergieauslösende Tätigkeiten zu meiden.

Der eine leidet an Allergien, der andere nicht!

Hauptursache ist die erbliche Veranlagung zu Allergien, die dazu führt, dass in vielen Familien fast alle Mitglieder unter Allergien leiden. Es hängt aber auch von der unterschiedlich starken Wirkung verschiedener allergieauslösender Stoffe, sprich Allergene, ab, ob eine Allergie entsteht oder nicht. Starke Allergene sind zum Beispiel das Penicillin oder Insektengifte wie das Bienen- und Wespengift. Mit diesen Allergenen kann man auch Personen sensibilisieren, das heißt allergisch machen, bei denen keine ausgeprägte familiäre Allergieneigung vorliegt. Allergien gegen schwache Allergene, wie zum Beispiel Pollen und Milben, entstehen oft erst nach längerer Einwirkzeit bei Personen mit familiärer Allergieneigung, manchmal aber auch schon einfach nach infektbedingten Schäden der Schleimhäute. Häufig ist auch eine besonders lange Einwirkzeit erforderlich, bis eine Allergie entsteht, wie zum Beispiel beim durch Chromsalze im zementbedingten Ekzem von Maurerhänden, das erst nach vielen Berufsjahren auftritt.

Alzheimer-Krankheit

Einführung

Die Demenzprävalenzraten unterschiedlicher epidemiologischer Studien variieren je nach Alter der untersuchten Personen. Sie sind abhängig von der Erfassungsmethode des Vorhandenseins, der Schwere und der Art der kognitiven Beeinträchtigung sowie von den in die Untersuchung einbezogenen Regionen oder Ländern.
Studien in der Allgemeinbevölkerung schätzen die prospektive Einjahresprävalenz für schwere, kognitive Beeinträchtigungen im Erwachsenenalter auf fast drei Prozent. Es wird geschätzt, dass 2–4 Prozent der über 65-Jährigen unter einer Demenz vom Alzheimer-Typ leiden, andere Demenzformen sind wesentlich seltener.

Die Prävalenz einer Demenz, vor allem Demenz vom Alzheimer-Typ und vaskuläre Demenz, nimmt mit steigendem Alter zu, besonders nach dem 75. Lebensjahr. Die Prävalenz bei über 85-Jährigen liegt bei zwanzig Prozent oder mehr.
Traditionell unterteilte man die Demenz in eine präsenile Form mit Beginn unter 65 Jahren und eine senile Form, die nach dem 65. Lebensjahr einsetzt. Dies wird heute als willkürliche Einteilung angesehen, obwohl behandelbare Ursachen häufiger in jüngeren Lebensaltern zu finden sind.
Solche Ursachen sind zum Beispiel:
- Kopfverletzungen
- Hirntumore
- Enzephalitis
- Syphilis
- Myxödem
- Alkoholabhängigkeit

Allerdings gehören nur etwa zehn Prozent aller Demenzpatienten zu diesen heilbaren Fällen.
In der Mehrzahl der Fälle ist Demenz eine Folge einer zerebrovaskulären Erkrankung einschließlich des Schlaganfalls oder der Alzheimer-Krankheit.
Eine zerebrovaskuläre Erkrankung wird oft durch verengte oder blockierte Arterien im Gehirn ausgelöst, was manchmal erfolgreich mit Therapie behandelt werden kann. Die Alzheimer-Krankheit mit ihrem individuellen Verlust von Hirnzellen und dem Schrumpfen der Gehirnsubstanz ist gegenwärtig noch völlig unheilbar.

Positronenemissionstomographie des Gehirns
Links oben: Hören; rechts oben: Sprechen;
Links unten: Lesen; rechts unten: Denken

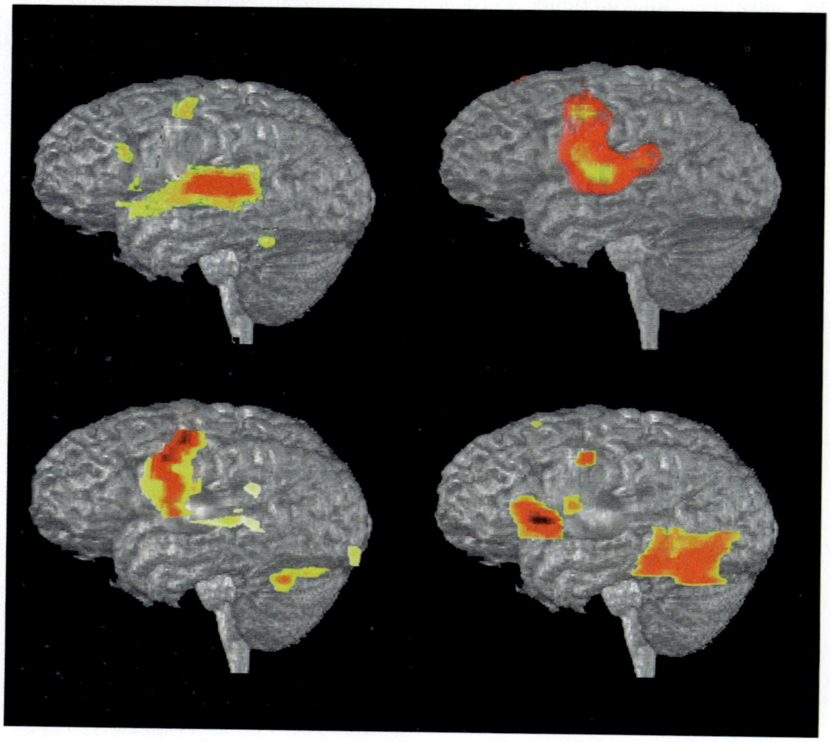

Diagnostische Merkmale

Das Hauptmerkmal einer Demenz ist die Entwicklung multipler kognitiver Defizite, wobei eine Gedächtnisstörung vorhanden sein muss: Aphasie, Apraxie, Agnosie oder eine Beeinträchtigung der Exekutivfunktionen.
Die kognitiven Defizite müssen schwer genug sein, um eine Beeinträchtigung des beruflichen oder sozialen Leistungsniveaus zu verursachen, und müssen eine Verschlechterung gegenüber einem vormals höheren Leistungsniveau darstellen.

Gedächtnisstörungen

Gedächtnisstörungen sind erforderlich, um die Diagnose einer Demenz zu stellen, und sind ein wichtiges Frühsymptom. Personen mit einer Demenz sind in ihrer Fähigkeit, Neues zu erlernen, zunehmend beeinträchtigt oder sie vergessen bereits Gelerntes. Die meisten Demenzkranken leiden an beiden Formen der Gedächtnisstörung.
Im Anfangsstadium der Erkrankung ist jedoch das Vergessen bereits erlernten Materials manchmal nur schwer nachzuweisen. Sie verlieren Wertsachen wie Brieftaschen und Schlüssel, vergessen

auf dem Herd kochende Speisen und verlaufen sich in unbekannten Gegenden. In fortgeschrittenen Stadien der Demenz ist die Gedächtnisstörung so schwer, dass die Personen ihren Beruf, Schulausbildung, Familienmitglieder und manchmal sogar den eigenen Namen vergessen.
Eine formelle Gedächtnisprüfung wird durchgeführt, indem man die Person bittet, Informationen zu lernen, zu speichern, abzurufen und wiederzuerkennen.
Die Fähigkeit, neue Informationen zu lernen, kann geprüft werden, indem man die Person bittet, eine Wortliste zu lernen. Die Personen werden gebeten, die Worte zu wiederholen (Lernphase), nach einigen Minuten die Information wiederzugeben (Speicher- und Abrufphase) und die Worte aus einer größeren Liste herauszufinden. Personen, denen das Erlernen neuer Informationen Schwierigkeiten bereitet, profitieren auch nicht von Hinweisreizen oder Vorgaben, da sie das Material zu Anfang nicht gelernt haben.
Das Langzeitgedächtnis wird mit Fragen nach persönlichen Daten oder vergangenen Ereignissen überprüft, an denen persönliches Interesse bestand (zum Beispiel aus Politik, Sport, Unterhaltung). Es ist auch hilfreich (aufgrund

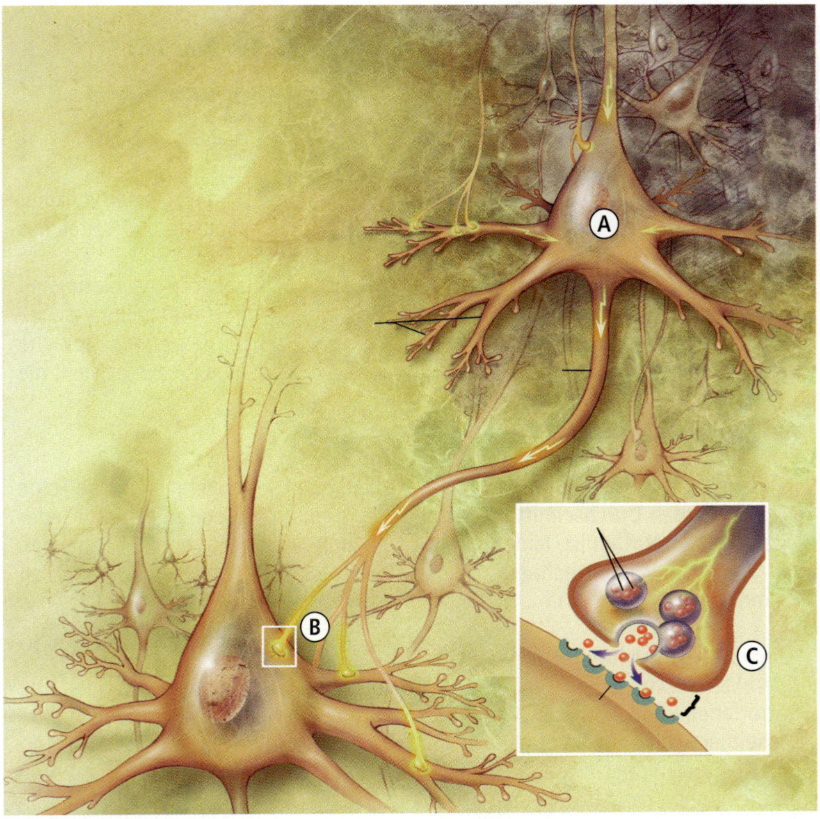

Schematische Darstellung einer Neuronenkette
A: Nervenzelle mit Ausläufer (Axonen und Dendriten). B: Synapse - eine interneurale Verbindung, in der zwei Neuronenanteile verschiedener Nervenzellen miteinander in sehr engen Kontakt treten.
C: Im praesynaptischen Element befinden sich Hunderte von Bläschen, die Neurotransmittersubstanz (Botenstoffe) enthalten, die für die Erregungsübertragung verantwortlich ist

Behandlungsmittel

Alle Mittel, die es derzeit gibt, können den Fortgang der Krankheit nicht stoppen. Gemessen an strengen Studienkriterien ist ein Nutzen in der Regel nicht schlecht belegt. Die Reaktion ist von Patient zu Patient sehr unterschiedlich. Die Nebenwirkungen sind unter Umständen hoch. Bei manchen kann der Fortgang der Demenz sich allerdings durch die Gabe von Acetylcholinesterasehemmern um Wochen bis Monate verzögern.

- Acetylcholinesterasehemmer

Donezepil und Tacrin sollen den Abbau des Botenstoffs Acetylcholin im Gehirn bremsen, von dem Alzheimer-Patienten zu wenig haben. Auch Galantamin, ein neuer Wirkstoff, der ursprünglich aus Schneeglöckchen isoliert wurde, funktioniert nach diesem Prinzip.

- Memantin

Memantin blockiert Rezeptoren für den Botenstoff Glutamat im Gehirn. Dies erhöht nach einigen Studien vorübergehend die geistige Leistungsfähigkeit der Patienten.

- Nootropika

Nootropika wie Piractam und Nomodipin werden bereits seit längerem generell zur Steigerung des Gedächtnisses bei alten Patienten eingesetzt.

- Extrakte von Ginkgo bilboa

Diese Extrakte verbessern die Durchblutung im Gehirn und auch die Abwehr von schädlichen Sauerstoffradikalen. Eine Reihe weiterer Präparate – etwa die Sekalealkaloide – werden ebenfalls zur Verbesserung der Durchblutung im Gehirn eingesetzt.

- Neue Studien

Nichtsteroidale Antirheumatika: Studien deuten an, dass die Einnahme von Mitteln wie Ibuprofen das Risiko für Alzheimer senken könnte. Gleiches gilt für Statine, Mittel zur Senkung des Cholesterinspiegels.

Wichtige Fragen und Antworten zu Alzheimer

Was ist die Alzheimer-Krankheit?
Die Alzheimer-Krankheit ist eine Krankheit, die im Allgemeinen erst im fortgeschrittenen Lebensalter auftritt (ab 50 bis 70 Jahren) und die zu einer vollkommenen Orientierungslosigkeit, Verwirrtheit und einem fast kompletten Ausfall des Gedächtnisses führt.
Alzheimer ist die häufigste Form der Altersdemenz. Allein in Deutschland sind rund 800.000 Menschen erkrankt. Jeden Tag verlieren die Patienten ein bisschen mehr: Gedächtnis und Orientierungssinn, Denk- und Urteilsvermögen, Sprache und Persönlichkeit. Am Ende des jahrelangen, unaufhaltsamen Prozesses steht die völlige Hilflosigkeit und Pflegebedürftigkeit.

Wie entwickelt sich die Alzheimer-Krankheit?
In den nächsten Jahren wird die Zahl der Fälle dramatisch zunehmen – eine Folge des steigenden Durchschnittalters der Bevölkerung: Während mit 65 nur jeder Zwanzigste betroffen ist, leidet bereits jeder fünfte Achtzigjährige an Alzheimer. Bis zum Jahr 2030 rechnen Experten in Deutschland mit zwei Millionen Erkrankten.

Woran erkennt man einen Alzheimer-Kranken?
Charakteristisch im Frühstadium der Krankheit sind Wortfindungsstörungen. Die Betroffenen können plötzlich ihre Sätze nicht mehr beendent. Die Ursachen der Alzheimer-Krankheit sind immer noch unbekannt. Meistens setzt die Krankheit harmlos ein, wobei die ersten Anzeichen häufig als normale Degenerationserscheinungen des Alters gesehen werden. Später geht es dann so weit, dass die Patienten ständig gepflegt werden müssen.

Die Medikamente, die bisher gegen Alzheimer zur Verfügung stehen, können ja nur die Symptome für relativ kurze Zeit lindern. Wird es je eine echte Therapie geben?
In spätestens zehn bis fünfzehn Jahren werden wirklich wirksame Medikamente auf den Markt kommen.

Was sind die sogenannten Alzheimer-Plaques?
Der deutsche Arzt Alois Alzheimer hat sie bereits 1907 beschrieben. Es sind charakteristische Ablagerungen, die sich bei der Autopsie nach dem Tod im Gehirn der Patienten finden. Sie liegen zwischen den Nervenzellen vor allem im Großhirn und im sogenannten Hippocampus. Das sind Hirnregionen, die für die Speicherung von Gedächtnisinhalten unverzichtbar sind. Es gibt Plaques in allen Größenordnungen, solche, die unter dem Mikroskop kaum erkennbar sind, und andere, die man schon mit bloßem Auge in Hirnschnitten sehen kann.
Außerdem finden sich sogenannte Alzheimer-Fibrillen, die sich innerhalb der Nervenzellen anhäufen. Diese Fibrillen entstehen erst durch die Plaques und nicht umgekehrt. Beide zusammen sind aber vermutlich für den katastrophalen Verlust von Nervenzellen verantwortlich.

eigener und fremder Informationen), die Auswirkungen der Gedächtnisstörung auf die individuelle Leistungsfähigkeit zu beurteilen (zum Beispiel die Fähigkeit zu arbeiten, einzukaufen, zu kochen, Rechnungen zu bezahlen, nach Hause zurückzukehren, ohne sich dabei zu verirren).

Sprachfunktion

Einbußen in der Sprachfunktion (Aphasie) können sich in der Schwierigkeit zeigen, Personen und Objekte zu benennen. Die Sprache bei Aphasie kann vage und leer sein, mit langen, umschreibenden Phrasen und häufigem Gebrauch von unbestimmten Begriffen wie „Dings" und „das da".
Das Verstehen von gesprochener und geschriebener Sprache und das Wiederholen von Sprache können ebenfalls beeinträchtigt sein. In fortgeschrittenen Stadien der Demenz können die Personen stumm werden oder sie zeigen ein beeinträchtigtes Sprachmuster mit Echolalie (das bedeutet nachsprechen, was gehört wurde) oder Palilalie (das heißt Klänge oder Wörter ständig zu wiederholen).
Die Sprachfunktion wird überprüft mit der Bitte an die Person, Dinge im Raum (zum Beispiel Krawatte, Kleid, Schreibtisch, Lampe) oder Körperteile (zum Beispiel Nase, Kinn, Schulter) zu benennen, Aufforderungen zu befolgen („Zeigen Sie auf die Tür und dann auf den Tisch") oder Sätze nachzusprechen („Keine Wenns, Unds und Abers").

Apraxie

Personen mit einer Demenz können eine Apraxie aufweisen (das heißt, die Fähigkeit zur Ausführung motorischer Aktivitäten ist beeinträchtigt, obwohl die Motorik, Sensorik und das Aufgabenverständnis unbeeinträchtigt sind). Sie sind in ihrer Fähigkeit beeinträchtigt, den Gebrauch von Objekten nachzuahmen (zum Beispiel Haare kämmen) oder bekannte Bewegungen auszuführen (zum Beispiel Winken beim Abschied). Eine Apraxie kann zu Beeinträchtigung beim Kochen, Anziehen und Zeichnen führen. Eine Störung motorischer Fertigkeiten lässt sich testen, indem man die Person bittet, einzelne Bewegungen aus-

Warnsymptome

Die zehn Warnsymptome der Alzheimer-Krankheit sind:

- Kurzfristig auftretender Gedächtnisverlust, der die beruflichen Fähigkeiten beeinträchtigen kann
- Schwierigkeiten beim Erfüllen der häuslichen Pflichten
- Sprachschwierigkeiten
- Zeitliche und räumliche Orientierungsstörungen
- Schlechtes oder herabgesetztes Urteilsvermögen
- Schwierigkeiten beim abstrakten Denken
- Sachen verlegen
- Stimmungsschwankungen oder Änderung des Verhaltens
- Persönlichkeitsveränderungen.
- Antriebslosigkeit

zuführen (zum Beispiel zeigen, wie man sich die Zähne putzt, sich überschneidende Fünfecke abzeichnen, Klötze zusammensetzen oder Streichhölzer zu bestimmten Figuren legen).

Agnosie

Ebenso können Personen mit Demenz eine Agnosie entwickeln (zum Beispiel Fehler beim Wiedererkennen oder Identifizieren von Objekten, trotz intakter sensorischer Funktionen). Eine Person kann beispielsweise bei normaler Sehschärfe die Fähigkeit zum Erkennen von Gegenständen verlieren, zum Beispiel Stuhl oder Bleistift.

Im Endstadium sind sie möglicherweise nicht mehr in der Lage, Familienmitglieder oder sogar ihr eigenes Spiegelbild zu erkennen. In ähnlicher Weise können sie unfähig sein, Gegenstände, die ihnen in die Hand gelegt werden, nur durch Berührung zu erkennen, obwohl die Empfindung taktiler Reize ungestört ist (zum Beispiel Münze oder Schlüssel).

Desorientierung

Personen mit Demenz können räumlich desorientiert sein und Schwierigkeiten bei räumlichen Aufgaben haben.

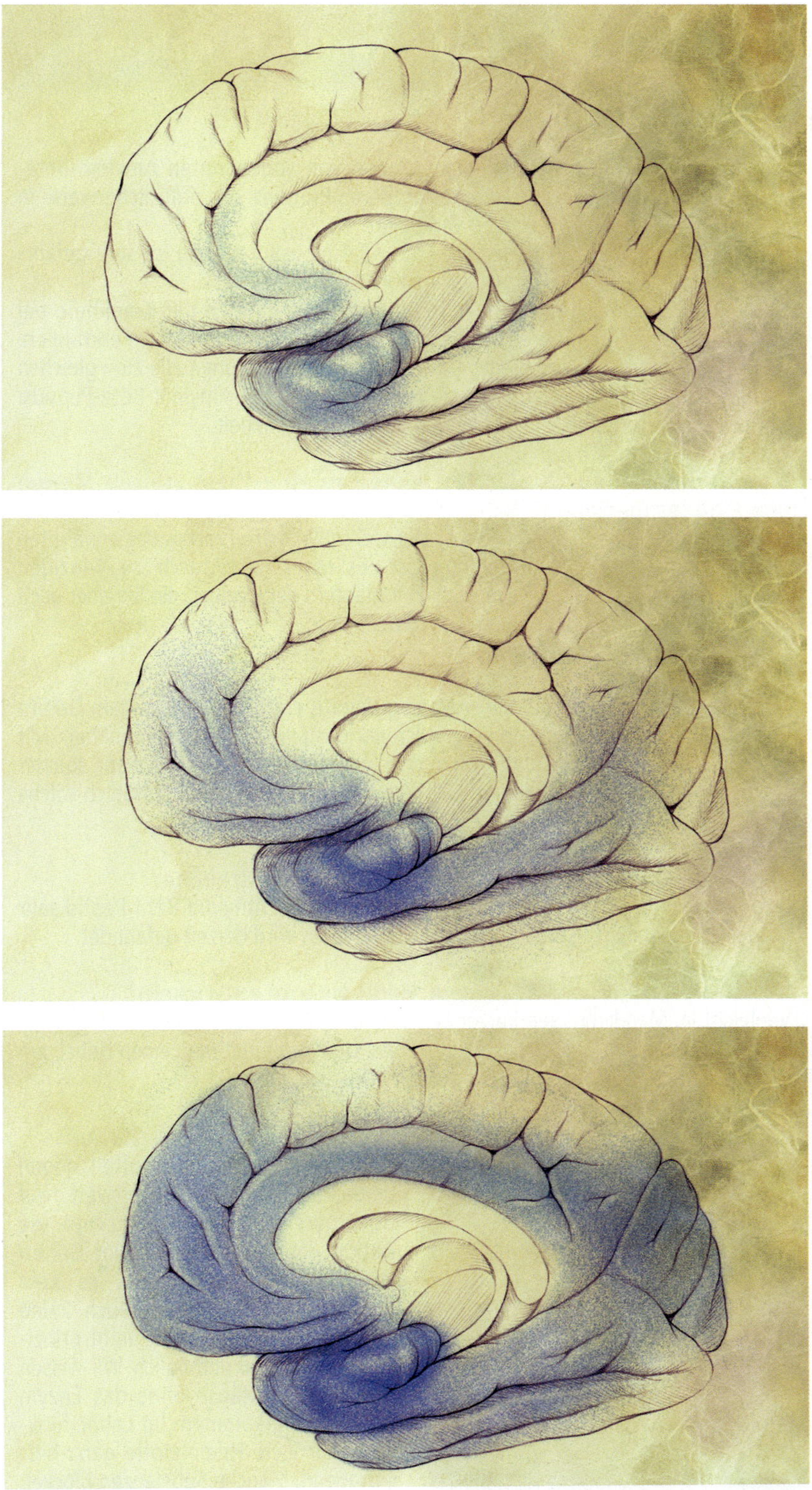

Medialansicht des Gehirns
Oben: leichte Demenz
Mitte: Mittelschwere Demenz
Unten: Schwere Demenz
Die blauen Hirnregionen zeigen strukturelle Abweichungen

Wichtige Fragen und Antworten zu Alzheimer

Woraus bestehen die Plaques?
Im Wesentlichen aus Zusammenlagerungen von sogenannten Amyloid-Beta-Peptiden. Das sind Bruchstücke eines größeren Proteins, das natürlicherweise in den Membranen der Nervenzellen vorkommt.
Vor allem ist eins dieser Bruchstücke, das 42 Aminosäuren lang ist, sehr gefährlich. Dieses 42er-Amyloid-Beta-Lipid zerstört die Nervenzellen.
Das zeigen zum Beispiel jene genetisch bedingten Formen der Krankheit, bei denen die Betroffenen bereits in frühen Jahren, etwa ab 30 Jahren, erkranken. Man kennt heute drei verschiedene Gene, in denen Mutationen alle zum gleichen Effekt führen – zu einer vermehrten Produktion des 42er-Amyloid-Beta-Peptids. Dieses Bruchstück spielt eine Schlüsselrolle bei der Krankheit.

Bekommt ein Mensch also Alzheimer ab einer bestimmten Menge von Plaques im Gehirn?
Man geht heute eher davon aus, dass der viel schlimmere Prozess des erwähnten 42er-Amyloid-Beta-Peptids gelaufen ist. Es lagert sich rasch zu winzigen Miniaggregaten zusammen – vermutlich Vorläufern der Plaques, die Sie aber auch unter dem Mikroskop nicht erkennen würden.

Wie geht es weiter?
Entscheidend ist, wie viele dieser Miniaggregate ein Mensch in seinem Gehirn hat. Die Plaques symbolisieren vermutlich nur das Endstadium der Krankheit. Mit steigendem Alter wächst das Risiko, dass ein Mensch mehr und mehr solcher Ablagerungen im Gehirn bekommt. Übrigens: Jeder von uns hat vermutlich solche Miniaggregate und den einen oder anderen Plaque im Kopf.

Warum erkranken dann nicht alle Menschen an Alzheimer?
Es gibt im Gehirn auch segensreiche Enzyme, die das Amyloid-Beta-Peptid sehr schnell abbauen. Eins ist identifiziert, nach weiteren wird derzeit gefahndet.

Könnte man mit diesen Enzymen Medikamente entwickeln?
Vielleicht ja. Man kennt seit kurzer Zeit jene Enzyme, die aus den kleinen gefährlichen Amyloid-Beta-Bruchstücken entstehen. Und damit hat man einen Hebel, um Medikamente zu suchen.

Was tun die Forscher nun, um eine Waffe gegen Alzheimer zu finden?

Die Suche nach Hemmstoffen gegen beide Enzyme läuft weltweit auf Hochtouren. Wenn die Forscher die Aktion der Beta-Sekretase im Gehirn verhindern könnten, gäbe es kein Amyloid-Beta und damit auch keine Plaques mehr. Und das scheint prinzipiell gar nicht so unmöglich. Wir wissen bereits, dass Mäuse ohne das Enzym ganz gut klarkommen. Im Labor funktionieren viele Hemmstoffe ganz hervorragend. Manche Substanzen blocken im Reagenzglas die Amyloid-Produktion komplett. Ein Hemmstoff gegen die Gamma-Sekretase ist bereits in Phase I der klinischen Prüfung.

Visuell-räumliche Funktionen kann man bei den Patienten erfassen, indem man sie auffordert, Figuren nachzuzeichnen, wie zum Beispiel einen Kreis, sich überschneidende Fünfecke oder einen Würfel.
Ebenfalls häufig bei Demenz ist eine Beeinträchtigung des Urteilsvermögens und der Einsichtsfähigkeit. Der Gedächtnisverlust oder andere kognitive Defizite werden von den Betroffenen nicht oder nur eingeschränkt wahrgenommen. Manchmal schätzen sie ihre Fähigkeiten unrealistisch ein und schmieden Pläne, die angesichts ihrer Defizite und ihrer Prognose nicht adäquat sind (zum Beispiel wird der Einstieg in ein neues Geschäft angestrebt). Sie können Risiken, die mit Handlungen, wie zum Beispiel dem Autofahren, verbunden sind, unterschätzen. Gelegentlich können sie gewalttätig werden und andere verletzen. Im frühen Stadium, wenn der Betroffene Handlungspläne noch eher ausführen kann, kann es zu suizidalen Handlungen kommen.

Gangstörung

Eine Demenz wird manchmal von einer motorischen Gangstörung begleitet, was zu Stürzen führen kann. Manche Personen mit einer Demenz zeigen enthemmtes Verhalten, das heißt, sie erzählen unpassende Witze, vernachlässigen die Körperpflege, begegnen Fremden übermäßig vertraulich oder missachten Konventionen im sozialen Umgang.

Verlauf

Eine Demenz kann progredient verlaufen, auf einem bestimmten Niveau stehen bleiben oder sich zurückbilden. Die Reversibilität einer Demenz ist eine Funktion, die der Erkrankung, der Zugänglichkeit und der rechtzeitigen, wirksamen Behandlung zugrunde liegt. Beginn und Verlauf einer Demenz sind außerdem von der Ätiologie abhängig. Das Ausmaß der Beeinträchtigung im Alltag wird nicht nur vom Schweregrad der kognitiven Einbußen beeinflusst, sondern auch von der Verfügbarkeit sozialer Unterstützung.
Bei einer fortgeschrittenen Demenz kann der Betroffene völlig die Erinne-

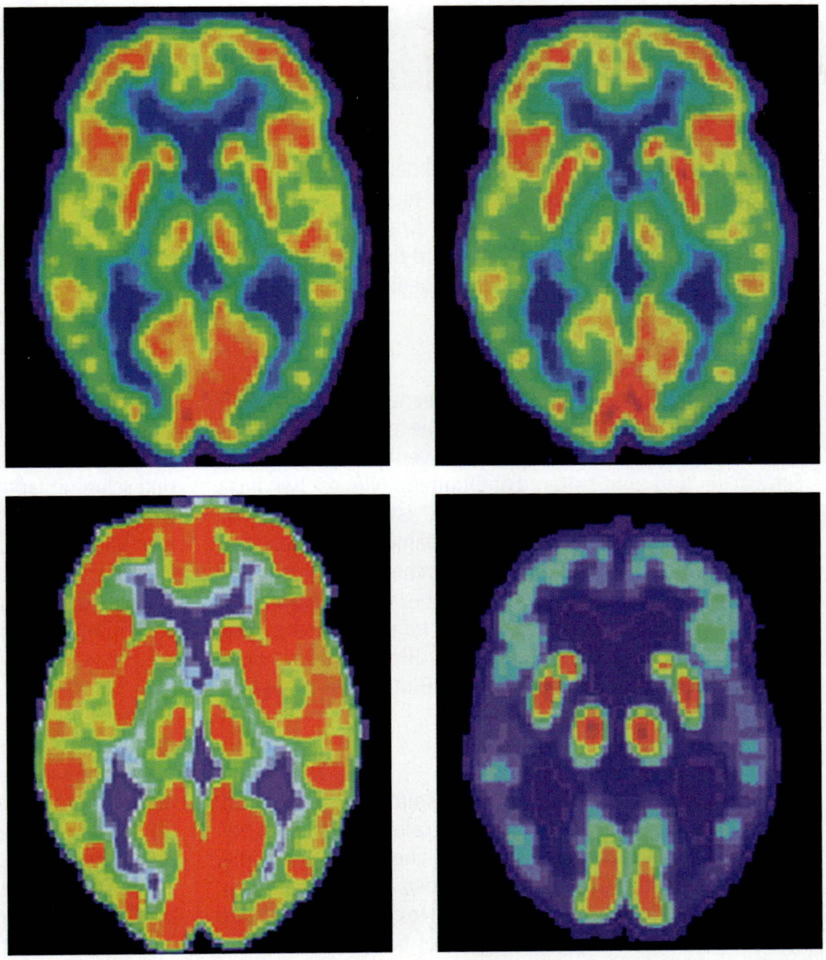

Positronenemissionstomographie (PET-Scan) des Gehirns. Links oben: 20-jähriger Patient; rechts oben: 80-jähriger Patient; links unten: Normaler PET-Scan; rechts unten: Alzheimer-Patient

rung für seine Umgebung verlieren und ständige Pflege benötigen. Personen mit schwerer Demenz neigen zu Unfällen und Infektionserkrankungen, oft mit tödlichem Ausgang.

Warnsymptome

Die ersten Anzeichen von Alzheimer stellen sich schleichend ein. Die Patienten verlieren ihr Kurzzeitgedächtnis. Einfache Arbeiten können sie nicht mehr verrichten und es fällt ihnen schwer, sich im täglichen Leben zu orientieren. Alzheimerkranke erkennen oft die eigenen Angehörigen nicht mehr und lehnen sie sogar ab. Nach Ausbruch und Erkennung der Krankheit ist früher oder später eine Einweisung in ein Heim unumgänglich. Um diesen Schritt so weit als möglich hinauszuzögern, sind die Früherkennung der Symptome durch die Angehörigen, eine schnelle Abklärung beim Arzt und das sofortige Einleiten von essentiellen Behandlungsmaßnahmen außerordentlich wichtig.

Welt der Ziellosigkeit

In der Welt der Ziellosigkeit, also der mittelschweren bis schweren Demenz, werden alle körperlichen Bewegungen, welche die Alzheimerpatienten ausführen, nicht mehr mit Absicht oder Überlegung durchgeführt. Die Betroffenen lassen sich vielmehr durch jedes Detail der Umwelt ablenken und wandern ziellos umher, scheinbar auf der ständigen Suche nach etwas. Wegen der Erkenn- und Orientierungsstörungen wird die altbekannte Umgebung auf kindlich anmutende Weise neu erkundet, werden Räume neu erlaufen, Möbel neu erprobt, altbekannte Gegenstände betastet, gar in den Mund genommen. Sprachliche Kommunikation und soziale Fähigkeiten nehmen ab; dafür können kindliche Gefühle wie ausgelassene Fröhlichkeit und Enthemmung, aber auch Eifersucht und Streitsucht auftreten. Weil der Sinn für Eigentum und Privatsphäre abnimmt, behändigen Alzheimerkranke in dieser mittleren Demenzphase oft fremde Gegenstände oder Kleider, gehen in fremde Zimmer und legen sich in fremde Betten.
Die Bewohner bleiben tagsüber nicht im eigenen Zimmer, sondern wandern am liebsten durch „endlos" ineinander führende Räumlichkeiten ohne Türen oder Absperrungen. Rundwege in einer eingezäunten Außenlage lassen diese Art von Ziellosigkeit zu und schützen vor Weglaufen und Gefährdung im Straßenverkehr.
Helle, freundliche und breite Gänge sowie Rampen statt Treppen ermöglichen, dass die wandernden Bewohner konfliktfrei aneinander vorbeikommen. Häufig verpflegen sie sich „fliegend", mit bereitgestellten Häppchen in den Gängen, da sie weder ruhig am Tisch bleiben noch mit Messer und Gabel essen können. Übergeordnetes Ziel in diese mittleren Demenzphase ist das Zulassen dieser Ziellosigkeit. Bei fortgeschrittener Alzheimer-Krankheit geht die Fähigkeit zu einem bestimmten Zeitpunkt unwideruflich verloren. Das psychische Erleben entwickelt sich „rückwärts": Wahn, unruhiges Wandern, Angst und trotzig-aggressives Verhalten.

Demenzformen - ein Überblick

Demenz des Alzheimer-Typs

Am häufigsten ist die Alzheimer-Krankheit die Ursache der Demenz. Wie sie entsteht, weiß man nicht, aber offenbar spielen Erbfaktoren eine Rolle – die Krankheit kommt in manchen Familien gehäuft vor und wird durch mehrere verschiedene Auffälligkeiten im Erbgut beeinflusst oder ausgelöst.

Vaskuläre Demenz

Die zweithäufigste Ursache der Demenz sind mehrfache Schlaganfälle (vaskuläre Ursache). Die einzelnen Schlaganfälle sind leicht und hinterlassen wenig oder gar keine Schwäche und nur selten Lähmungen, wie es bei ausgedehnten Schlaganfällen der Fall ist. Diese kleinen Schlaganfälle zerstören aber allmählich Hirngewebe. Gewebebereiche, die aufgrund von Durchblutungsstörungen absterben, nennt man Infarkte, daher bezeichnet man diese Form der Demenz auch als Multi-Infarkt-Demenz. Die Mehrzahl der Betroffenen leiden an Bluthochdruck oder Diabetes, beides Krankheiten, die die Blutgefäße im Gehirn schädigen können.

Laborbefunde

Das Ausmaß der mittels CT und Kernspintomografie (MRI) festgestellten Schädigungen des Zentralnervensystems bei einer vaskulären Demenz geht üblicherweise über die Veränderungen des Gehirns bei gesunden älteren Menschen hinaus. Läsionen zeigen sich oft in Strukturen sowohl der weißen als auch der grauen Substanz, einschließlich subkortikaler Gebiete und Kerngebiete. Es können sich sowohl Anzeichen für alte Infarkte (zum Beispiel fokale Atrophie) wie auch für eine kürzer zurückliegende Erkrankung finden lassen. Das EEG (Elektroenzephalogramm) kann fokale Läsionen im Gehirn widerspiegeln.

Verlauf

Eine vaskuläre Demenz beginnt gewöhnlich abrupt, der Verlauf ist schrittweise und fluktuierend mit eher raschen Veränderungen des Leistungsniveaus als langsam fortschreitenden. Die Erkrankung kann jedoch sehr unterschiedlich verlaufen, auch ein schleichender Beginn mit langsamer Verschlechterung wird beobachtet.
Das Muster der Ausfälle ist je nach betroffener Gehirnregion typischerweise „inselförmig". Bestimmte kognitive Funktionen können früh betroffen sein, während andere relativ intakt bleiben. Rechtzeitige Behandlung von Bluthochdruck und Gefäßkrankheiten können ein Fortschreiten verhindern.

Demenz aufgrund anderer medizinischer Krankheitsfaktoren

Nach einer Gehirnverletzung kann ebenfalls eine Demenz auftreten. Andere Ursachen der Demenz sind weniger verbreitet. Die seltene Krankheit von Pick ähnelt der Alzheimer-Krankheit, sie betrifft aber nur einen kleinen Teil des Gehirns und schreitet langsamer voran.
Etwa 15 bis 20 Prozent derjenigen, die an der Parkinson-Krankheit leiden, weisen früher oder später auch eine Demenz auf. Demenz tritt auch by HIV (AIDS) und der Creutzfeldt-Jakobsch-Krankheit auf, einer seltenen, sich rasch verschlimmernden Gehirnerkrankung, die durch ein infektiöses Teilchen, ein sogenanntes Prion, ausgelöst wird.

Demenz aufgrund einer HIV-Erkrankung

Das Hauptmerkmal der Demenz aufgrund einer HIV-Erkrankung ist das Vorliegen einer Demenz, die als direkte pathophysiologische Folge einer Erkrankung durch HIV (AIDS) angesehen wird. Neuropathologische Befunde beinhalten häufig diffuse multifokale Schädigungen der weißen Substanz und subkortikaler Strukturen. Eine Demenz im Zusammenhang mit einer direkten HIV-Infektion des Zentralnervensystems zeigt typischerweise folgende Merkmale:

- Vergesslichkeit, Langsamkeit, Konzentrationsstörungen, Schwierigkeiten bei der Problemlösung.
  Auf der Verhaltensebene finden sich meistens Apathie und sozialer Rückzug, gelegentlich auch:
- Delir, Wahnvorstellungen, Halluzinationen.
  Bei der körperlichen Untersuchung können folgende Symptome beobachtet worden:
- Tremor, Gleichgewichtsstörungen, Ataxie, Hypertonie, generalisierte Hyperreflexie, Anzeichen einer frontalen Enthemmung.

Auch Kinder können eine Demenz aufgrund einer HIV-Erkrankung entwickeln; diese zeigt sich dann typischerweise mit Entwicklungsverzögerung, Hypertonie, Mikrozephalie und Verkalkungen in den Basalganglien.
Eine Demenz in Verbindung mit einer HIV-Erkrankung kann auch durch begleitende Tumore des Zentralnervensystems oder opportunistische Infektionen verursacht werden, wie zum Beispiel:

- Toxoplasmose, Zytomegalie, Kryptokokken, Tuberkulose, Lues.

Demenzformen - ein Überblick

Demenz aufgrund eines Schädel-Hirn-Traumas

Das Hauptmerkmal der Demenz aufgrund eines Schädel-Hirn-Traumas ist das Vorliegen einer Demenz, die als direkte pathophysiologische Folge eines Schädel-Hirn-Traumas eingeschätzt wird.

Art und Schweregrad der kognitiven Beeinträchtigungen oder Verhaltensstörungen sind abhängig vom Ort und Ausmaß der Hirnverletzung. Häufig tritt dabei eine posttraumatische Amnesie auf, die mit einer bleibenden Gedächtnisstörung einhergeht. Eine Vielzahl anderer verhaltensbezogener Symptome können sich zeigen, mit oder ohne motorische oder sensorische Defizite. Diese Symptome beinhalten:

- Aphasie, Aufmerksamkeitsdefizite, Reizbarkeit, Angst, Depression, Affektlabilität, Apathie, gesteigerte Aggression

Eine Intoxikation mit Alkohol oder anderen Substanzen liegt oft bei Personen mit akuten Schädelverletzungen vor, ebenso wie ein begleitender Substanzmissbrauch oder eine Abhängigkeit.

Schädelverletzungen treten am häufigsten bei jungen Männern auf und werden mit risikofreudigem Verhalten in Zusammenhang gebracht. Wenn die Demenz bei Schädel-Hirn-Traumas in Zusammenhang mit einer einzelnen Verletzung auftritt, verschlechtert sie sich normalerweise nicht weiter, aber wiederholte Kopfverletzungen (zum Beispiel beim Boxen) können zu einer progredienten Demenz führen.

Demenz aufgrund einer Parkinson-Erkrankung

Das Hauptmerkmal der Demenz aufgrund einer Parkinson'schen Erkrankung ist das Vorliegen einer Demenz, die als direkte pathophysiologische Folge einer Parkinson-Erkrankung eingeschätzt wird.

Die Parkinson'sche Erkrankung ist eine langsam progrediente neurologische Erkrankung, charakterisiert durch:

- Tremor, Rigor, Bewegungsarmut, Instabilität der Körperhaltung

  Es wird berichtet, dass bei ca. 20–50 Prozent der Personen mit einer Parkinson'schen Erkrankung eine Demenz auftritt, und zwar bevorzugt bei älteren oder Personen mit schwerer oder fortgeschrittenerer Erkrankung. Die mit der Parkinson'schen Erkrankung einhergehende Demenz ist gekennzeichnet durch:
- kognitive Verlangsamung, motorische Verlangsamung, Störung der Handlungsausführung, Einschränkung im Abrufen von Gedächtnisinhalten

Die nachlassende kognitive Leistungsfähigkeit bei Personen mit Parkinson'scher Erkrankung wird häufig durch Depressionen verschlimmert.

Demenz aufgrund einer Creutzfeldt-Jakob'schen Erkrankung

Das Hauptmerkmal der Demenz aufgrund einer Creutzfeldt-Jakob'schen Erkrankung, ist das Vorliegen einer Demenz, die als direkte pathophysiologische Folge einer Creutzfeldt-Jakob'schen Erkrankung eingeschätzt wird.

Die Creutzfeldt-Jakob'sche Erkrankung ist eine der subakuten spongiformen Enzephalopathien, einer Gruppe von Erkrankungen des zentralen Nervensystems, die durch übertragbare, als Prione bekannte Substanzen verursacht werden. Typischerweise zeigen die Betroffenen die klinische Trias von:

- Demenz, unwillkürlichen Bewegungen, periodischer EEG-Aktivität

  Bis zu 25 Prozent der Betroffenen weisen jedoch atypische Verlaufsformen auf. Die Creutzfeldt-Jakob'schen Erkrankung kann in jedem Alter bei Erwachsenen auftreten, aber am häufigsten zwischen dem 40. und 60.Lebensjahr.

  Prodromalsymptome der Creutzfeldt-Jakob'schen Erkrankung sind unter anderem:
- Müdigkeit, Angst, Probleme mit dem Appetit, Sehstörungen

  Die Erkrankung schreitet typischerweise sehr schnell innerhalb weniger Monate fort, obwohl sie sich selten auch über mehrere Jahre hinweg verschlechtern und in ihrem Verlauf dann dem anderer Demenzen gleichen kann.

Persistierende substanzinduzierte Demenz

Es müssen Hinweise aus der Krankengeschichte, der körperlichen Untersuchung oder Laborbefunden vorliegen, dass die Defizite ätiologisch mit den Auswirkungen eines Substanzmissbrauchs (zum Beispiel Droge, Medikament, Exposition gegenüber einem Toxin) zusammenhängen. Die Störung trägt die Bezeichnung „persistierend", weil die Demenz lange über die Auswirkungen einer Substanzintoxikation oder eines Substanzentzuges hinaus bestehen bleibt.

Die Merkmale, die mit einer persistierenden substanzinduzierten Demenz in Verbindung stehen, sind die gleichen, die mit Demenzen im Allgemeinen verbunden sind. Auch bei augenblicklicher Abstinenz von einer Substanzeinnahme zeigen die meisten von dieser Störung Betroffenen in der Vorgeschichte ein typisches Muster mit einer prolongierten und schweren Substanzeinnahme.

Eine persistierende substanzinduzierte Demenz kann in Verbindung mit folgenden Substanzklassen auftreten:

- Alkohol, Inhalantien, Sedativa, Hypnotika, Anxiolytika, Antikonvulsiva

  Toxine, die die Symptome einer Demenz hervorrufen können, sind unter anderem:
- Blei, Quecksilber, Kohlenmonoxid, organophosphathaltige Insektizide, industrielle Lösungsmittel

Angina Pectoris

Es handelt sich um einen organisch bedingten, meist anfallsweise auftretenden Sauerstoffmangelschmerz, überwiegend im Brustbereich. Der Begriff wurde geprägt von William Heberden im 18. Jahrhundert als Beschreibung eines von ihm wiederholt beobachteten Beschwerdebildes, bezüglich dessen Ursache er damals noch nicht an das Herz oder die Herzkranzgefäße dachte. Nach wie vor gilt, dass es sich bei der Angina Pectoris um ein Symptom (in der Regel der koronaren Herzkrankheit) handelt und nicht um eine Diagnose.

Ursachen

Die Angina Pectoris beruht auf einem Missverhältnis zwischen Sauerstoffangebot und -bedarf des Herzmuskels im Sinne einer Koronarinsuffizienz. Der Angina-Pectoris-Schmerz entsteht im Herzmuskel. Es gibt viele Ursachen, die Angina Pectoris auslösen können. Oft ist es das Zusammenwirken mehrerer Faktoren, die dazu führen. Angina Pectoris kommt bei Männern viermal häufiger vor als bei Frauen. Die Betroffenen sind fast immer zwischen 40 und 50 Jahren alt, vor dem dritten Lebensjahrzehnt sind kaum Fälle bekannt.

Es gibt theoretisch drei Möglichkeiten, wie die Koronarinsuffizienz zustandekommt:

- ▲ Insuffizienz ist Ausdruck einer Stenose (Verengung) der Koronararterien. Diese ist auf eine Arteriosklerose zurückzuführen. In diesem Falle lagern sich unter anderem Fette an der Arterienwand und verringern so allmählich den Durchmesser der Gefäße, die Durchflussmenge wird geringer. Das Herz reagiert darauf in Situationen erhöhten Sauerstoffbedarfs (Anstrengung, schwere Arbeit, Aufregung, Kälte usw.) mit Angina Pectoris.
- ▲ Angina Pectoris kann auch die Folge von Krämpfen sein, die die Arterien plötzlich verengen (Koronarspasmen). Die Folge ist, ebenso wie bei Arteriosklerose, ungenügende Sauerstoffzufuhr. Als Ursachen für diese Spasmen sind körperliche Anstrengung, Kälteeinwirkung und emotioneller Stress zu nennen.
- ▲ Eine dritte Möglichkeit ist die überhöhte Produktion gewisser Hormone (Adrenalin und Noradrenalin) im Organismus. Der Körper produziert diese Substanzen bei Stress, bei starker körperlicher Anstrengung oder Aufregung. Werden sie ausgeschüttet, arbeitet das Herz schneller und verbraucht mehr Sauerstoff.

Überproduktion löst in diesem Falle eine Angina Pectoris aus, die nicht auf Koronarinsuffizienz, sondern auf überhöhten Sauerstoffbedarf des Herzens zurückzuführen ist. Die Herzkranzgefäße sind hier gesund, aber dennoch nicht in der Lage, ausreichend Sauerstoff zu transportieren.

Die Ursache für die bekannten großen Intensitätsvarianten von Angina-Pectoris-Beschwerden (die zirkadianen Schwankungen der Schmerzwelle bei dem selben Patienten oder das völlige Fehlen von Angina-Pectoris-Beschwerden trotz nachweislicher Koronarinsuffizienz) dürfte darin begründet sein, dass die psychische Ausgangslage des Patienten als entscheidender Faktor modifizierend in das komplexe Geschehen der Schmerzwahrnehmung eingreift.

Darüber hinaus konnten deutliche interindividuelle Unterschiede in der Ischämie-Toleranz beziehungsweise auch hinsichtlich der Schmerzgrenzen beobachtet werden.

Fortschreitende Blutgefäßverengung, hervorgerufen durch die zunehmende Ablagerung von Lipiden in der Gefäßwand

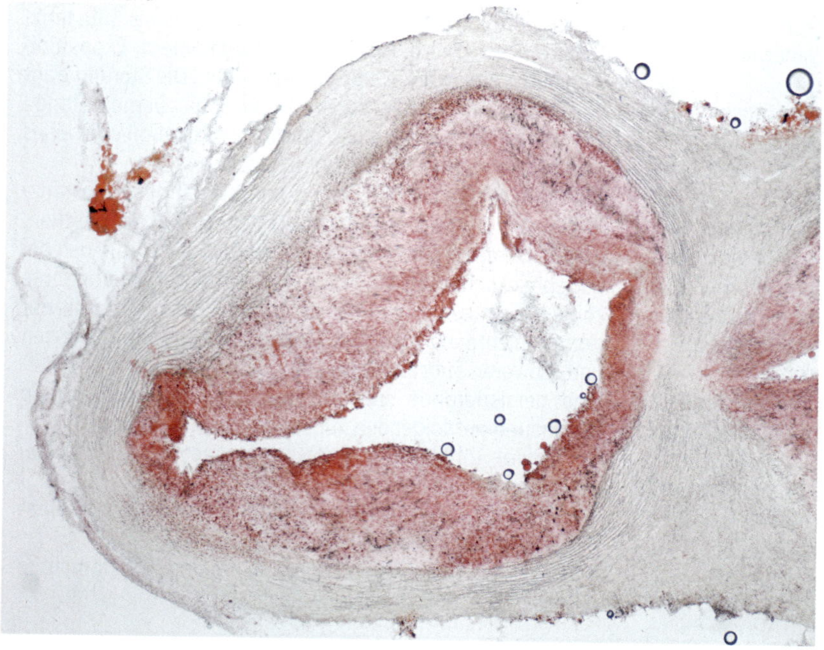

Symptome

Die Angina Pectoris beginnt mit einem plötzlichen, heftigen Stich in der linken

Brusthälfte, dort, wo sich das Herz befindet. Manchmal strahlt der Schmerz in den linken Arm und in die linke Schulter aus. Charakteristisch sind auch Erstickungsgefühl, Schweißausbrüche, schlagartiges Erblassen.

Besonders typisch ist der Griff des Patienten nach dem Herzen, wobei er gleichzeitig in der Bewegung innehält und kein Wort hervorbringt. Doch schon nach kurzer Zeit ist der Anfall vorbei, das Herz schlägt wieder regelmäßig, die Schmerzen verschwinden.

Der erste Anfall trifft den Patienten meist wie ein Blitz aus heiterem Himmel. Er erfreut sich bester Gesundheit, macht vielleicht gerade eine Wanderung, hat eine Besprechung im Büro oder sieht sich einen Film an. Urplötzlich fühlt er diesen Schmerz unter dem Sternum (Brustbein), der in die linke Schulter und in den linken Arm bis zur Hand, seltener auf die rechte Seite zum Unterkiefer hin ausstrahlt.

Gleichzeitig empfindet er ein beklemmendes, gürtelförmiges Engegefühl, er glaubt, ersticken zu müssen. Kalter Schweiß bedeckt seine Stirn, jede Bewegung, jeder Versuch zu sprechen ist einen endlos scheinenden Moment lang blockiert.

Ebenso rasch, wie er gekommen ist, verschwindet der Schmerz. Oft hat der Patient dann für Monate Ruhe, ehe wieder, meist in derselben Situation wie der ersten, ein weiterer Anfall folgt.

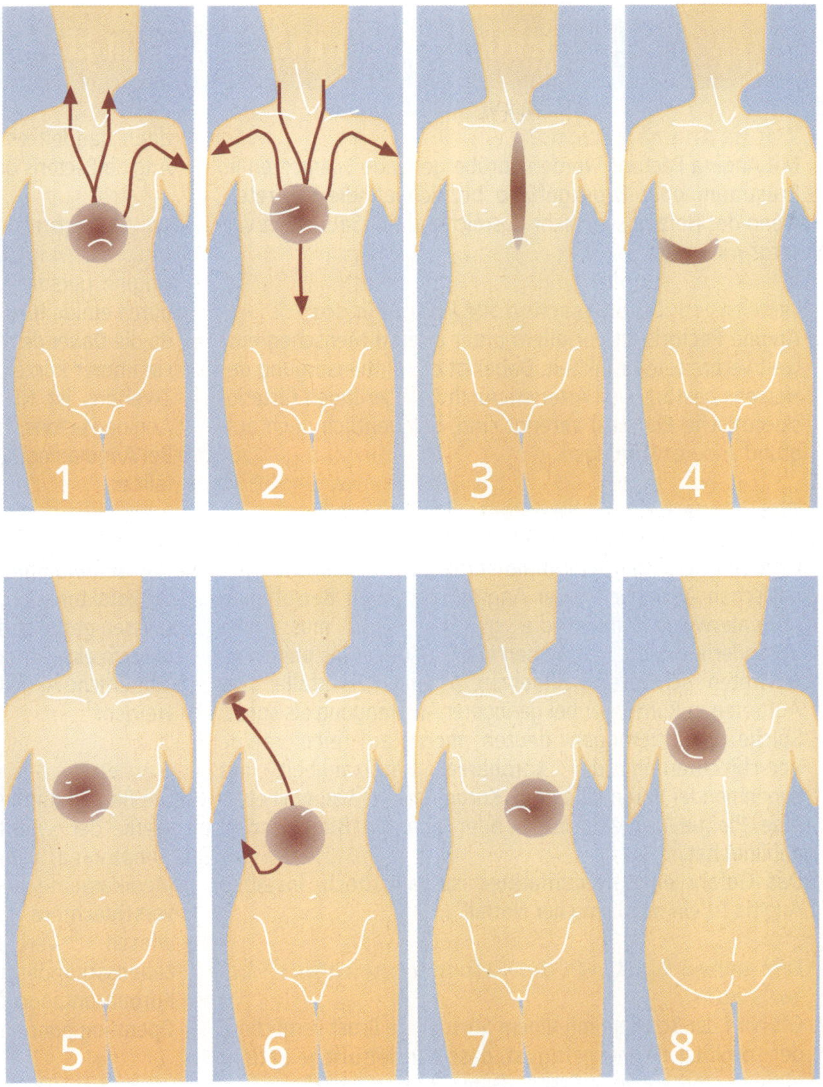

Angina Pectoris oder Brustschmerz. Spezifische Lokalisation von Schmerzanfällen: 1 – Angina Pectoris; 2 – Koronarthrombose; 3 – Sodbrennen; 4 – Herpes zoster; 5 – Lungenentzündung; 6 – Gallenblasenkolik; 7 – Lungenentzündung; 8 – Luftansammlung im Thoraxraum

Schmerzentstehung

Die Schmerzreize werden über afferente, im Sympathikus verlaufende Nervenfasern zunächst dem Plexus cardiacus zugeleitet. Von hier aus werden sie, durch die hoch gelegenen thorakalen sympathischen Ganglien, mittels der Rami communicantes und spinalen Nerven dem Rückenmark zugeführt. Hinzu kommen afferente Fasern des Nervus vagus und des Nervus phrenicus.

Die Projektion der im Herzen entstehenden Schmerzen auf bestimmte Hautregionen findet ihre Erklärung darin, dass afferente, viszerale und somatische Nervenfasern in den gleichen Rezeptorzellen des Tractus spinothalamicus enden. Die entscheidende Rolle für die Schmerzentstehung im Herzmuskel spielt der Sauerstoffmangel der Herzmuskelzelle. Die Entstehung von sauren Metaboliten und die Erniedrigung des myokardialen pH-Wertes sind für die Reizung der afferenten Schmerzfasern verantwortlich.

Behandlung

Angina-Pectoris-Beschwerden können durch Anwendung herzwirksamer Nitrate symptomatisch behandelt werden. Nitrate bringen sofortige Hilfe, weil sie die Herzkranzgefäße rasch erweitern und so den Blut- und Sauerstoffzufluss zum Herzen steigern.

Bei Angina Pectoris kommen noch einige andere Medikamente zur Anwendung, wie Nitrate mit verzögerter Wirkung (auch Pflaster), Betablocker und Kalziumantagonisten. Das Ziel ist, die Koronararterien zu erweitern bzw. ihre Verengung zu verhindern, um stets eine ausreichende Sauerstoffzufuhr zu gewährleisten.

Wichtige Fragen und Antworten zu Angina Pectoris

Was ist Angina Pectoris?

Mit Angina Pectoris werden vorübergehende Schmerzen im Brustraum oder Druckgefühle bezeichnet, die auftreten, wenn der Herzmuskel nicht ausreichend mit Sauerstoff versorgt wird.

Welches sind die Ursachen für Angina Pectoris?

Angina Pectoris ist vor allem unter älteren Menschen eine weit verbreitete Krankheit. Dabei ist die Blutversorgung des Herzens gestört, weil Arterien durch Ablagerungen (arteriosklerotische Plaques) verengt sind, gelegentlich auch aufgrund anderer Störungen.

Was ist instabile Angina Pectoris?

Instabile Angina Pectoris ist eine Form, bei der sich das Grundmunster der Symptome verändert. Da die charakteristischen Anzeichen einer Angina bei einem Betroffenen normalerweise immer die gleichen sind, muss jede Veränderung ernst genommen werden: etwa das plötzliche Auftreten schwerer Schmerzen, häufigere Anfälle, das Auftreten in Ruhe oder bei geringerer Anstrengung als sonst. Solche Veränderungen deuten meist auf eine rapide Verschlechterung der koronaren Herzkrankheit mit zunehmender Verengung einer Koronararterie hin, weil etwa eine Plaque aufgerissen ist oder sich ein Blutgerinnsel gebildet hat.

Das Gefahr eines Herzinfarktes ist dann hoch. Instabile Angina ist ein medizinischer Notfall.

Wie genau fühlt sich der Schmerz bei Angina Pectoris an?

Oft wird der Schmerz mit einem Stich in die Brust verglichen, der so plötzlich und heftig ist, dass der betroffene Patient glaubt, sterben zu müssen. Damit können auch andere Symptome verbunden sein, z.B.

- Schwindelgefühl
- Übelkeit
- Schweißausbrüche
- Bluthochdruck

Was genau bedeutet ein intensiver Schmerz in der Brust, der in die Schulter und in den linken oder rechten Arm ausstrahlt?

Sehr oft ist er Ausdruck einer Läsion des Herzmuskels, einer verminderten Blutzirkulation im Herzen (Ischämie) oder einer teilweisen Gewebezerstörung (Nekrose).

Sind heftige Schweißausbrüche ein Zeichen, dass es sich wahrscheinlich um Angina Pectoris handelt?

Ja, davon kann man ausgehen. Wenn ein Patient außer den Brustschmerzen mit Erstickungsgefühl, Todesangst und Atemnot auch noch einen heftigen Schweißausbruch hat, dann handelt es sich mit höchster Wahrscheinlichkeit um Angina Pectoris oder Herzinfarkt.

Ist der Schmerz bei Angina Pectoris anders als bei einem Herzinfarkt?

Angina pectoris unterscheidet sich von einem Herzinfarkt durch einige fundamentale Charakteristika. Zuallererst wäre da die Dauer des Anfalls zu erwähnen. Bei Angina Pectoris ist sie immer kürzer, bei Herzinfarkt länger als zehn Minuten. Zweitens ist Nitroglyzerin, ein wahres Wundermittel bei Angina Pectoris, bei Herzinfarkt bei weitem nicht so wirksam. Bei Angina Pectoris ist der Blutdruck erhöht, bei Herzinfarkt fällt er.

Wie behandelt der Arzt Angina Pectoris?

Die Behandlung setzt zunächst bei der Verringerung der Risikofaktoren an. Bluthochdruck und hohe Cholesterinwerte müssen gesenkt, das Rauchen eingestellt werden. Empfohlen werden eine fettarme, gesunde Ernährung und angemessene körperliche Aktivität. Wenn nötig, soll das Gewicht reduziert werden.

Gibt es auch Medikamente oder eine Operation?

Die Behandlung der Angina Pectoris hängt zum Teil von der Stärke der Symptome ab. Bei leichten bis mäßig starken Symptomen werden die Risikofaktoren verringert und Medikamente gegeben. Wenn sich die Symptome rasch verschlechtern, wird meist sofort ins Krankenhaus eingewiesen. Verbessert sich der Zustand trotz Lebensstiländerungen nicht nennenswert, kann eine Koronarangiografie Aufschluss geben, ob eine Bypass-Operation oder Ballondilatation erforderlich und möglich ist.

Wie wird eine Angioplastie gemacht?

Der Arzt führt den Katheter mit einem Ballon an der Spitze in eine der großen Arterien ein und schiebt ihn durch die weiterführenden Arterien und die Aorta bis in die verengte Herzkranzarterie. Dann wird der Ballon aufgeblasen, um die arteriosklerotische Plaque gegen die Arterienwand zu pressen und die Arterie wieder durchgängig zu machen. Häufig wird auch ein zusammengefaltetes Drahtröhrchen (Stent) mit dem Katheter eingeführt. Wenn der Katheter an der Engstelle angelangt ist, wird der Ballon aufgeblasen und der Stent faltet sich auf. Er bleibt an Ort und Stelle, um die Arterie offen zu halten.

Formen der Angina Pectoris

- Stabile Angina Pectoris
  Sie ist die häufigste Form. Die Schmerzen erfolgen unmittelbar auf körperliche Anstrengung.
- Instabile Angina Pectoris
  Hier treten die Schmerzen schon bei leichten Anstrengungen und zunehmend auch in Ruhestellung auf. Die Anfälle werden im Laufe der Zeit häufiger.
- Kälteangina
  Die Kälte ist ein starker auslösender Faktor, denn sie wirkt gefäßverengend. Das Zusammenziehen der Herzkranzgefäße hat ungenügende Sauerstoffversorgung des Herzens zur Folge.
- Stress-Angina
  Auch starke Emotionen erhöhen den Sauerstoffbedraf des Herzens. Können die Koronararterien diesen Mehrbedarf nicht decken, kommt es zur Insuffizienz und zum schmerzhaften Anfall.
- Prinzmetal-Angina
  Ihr Charakteristikum sind Anfälle vorzugsweise in Ruhestellung. Diese eher seltene Form wird durch Koronarspasmen verrsacht.
- „Falsche" Angina Pectoris
  Es gibt Schmerzen im Brustbereich, die Angina-Pectoris-Anfällen gleichen, aber von einem anderen Organ ausgehen. Aufgrund der ähnlichen Symptomatik wird manchmal Angina Pectoris vermutet.

■ *Angioplastie*
Ist eine kurzstreckige Koronarstenose Grund für die Angina pectoris, kann eine Dilatationsmethode zur Anwendung kommen, bei welcher die Engstelle durch Dehnung mittels eines über das Gefäßsystem eingeführten Ballonkatheters beseitigt wird.

■ *Bypass-Operation*
Technisch besteht der Eingriff in einer Umgehung der verschlossenen oder verengten Stelle zwischen Aorta (oder auch Arteria mammaria interna) und Koronararterien durch ein Vena-saphena-Transplantat, das vorher dem Patienten aus dem Unterschenkel entnommen wird.
Es wird umgekehrt eingesetzt, damit die Drosselklappen der Blutflussrichtung entsprechen. Da bei Patienten mit schwerer Symptomatik oft zahlreiche Stellen betroffen sind, werden häufig mehrere Venenstücke gleichzeitig eingesetzt. Der Eingriff löst jedoch nicht alle Probleme und führt nicht zu einer Heilung. Es können neue Stenosen oder Verschlüsse in anderen Abschnitten der Koronararterien auftreten.

Prophylaxe

Um die Prognose insgesamt zu verbessern, müssen die Betroffenen ihre Risikofaktoren verändern. Beispielsweise kann das Senken der Cholesterinwerte mit Medikamenten eine Angina Pectoris für sechs Monate oder länger ebenso effektiv verringern wie eine Ballondilatation.

Wichtige Maßnahmen sind:
- ▲ Verbringen Sie Ihr Leben nicht im Sitzen. Spazierengehen oder Fahrradfahren sollte jeden Tag auf Ihrem Programm stehen. Vermeiden Sie jedoch zu anstrengende Touren.
- ▲ Halten Sie Ihr Normalgewicht; Übergewicht erhöht Ihr Risiko.
- ▲ Ihr Speiseplan sollte nicht zu viel Fett, sondern mehr Kohlenhydrate (Nudeln, Gemüse) enthalten. Essen Sie nie zu viel auf einmal, besonders nicht vor anstrengender körperlicher Betätigung oder psychischer Belastung.
- ▲ Vermeiden Sie die Anhäufung von zu viel Arbeit. Organisieren Sie Ihre Aktivitäten und verteilen Sie sie so, dass Sie dabei keinem Stress ausgesetzt sind.
- ▲ Bleiben Sie nicht zu lange auf. Stehen Sie lieber morgens etwas früher auf, wenn Ihnen der Tag zu kurz ist.
- ▲ Gehen Sie Streit und Rivalitätskämpfen aus dem Weg. Vermeiden Sie unkontrollierte Zornesausbrüche.
- ▲ Akzeptieren Sie Ihr Alter und versuchen Sie nicht, physisch um jeden Preis mit der Jugend Schritt zu machen. Es ist nicht sinnvoll, ein Risiko einzugehen, nur um zu beweisen, dass man noch nicht zum alten Eisen gehört.
- ▲ Wenn Sie über 50 Jahre alt sind, gehen Sie einmal jährlich zur Vorsorgeuntersuchung.
- ▲ Wählen Sie ruhige, entspannende Hobbys wie Golf oder Gartenarbeit.

Herzkatheterisierung: Bei diesem Verfahren wird ein dünner Katheter (Schlauch) durch eine Arterie oder Vene – meist in Arm oder Bein – eingeführt und bis in die großen Gefäße und Herzkammern vorgeschoben. Um die rechte Herzseite zu erreichen, wird der Katheter in eine Vene geschoben, für die linke Herzseite in eine Arterie. Die Katheterisierung kann der Diagnose oder der Behandlung des Herzens dienen. An der Spitze des Katheters sitzt oft ein Messinstrument oder ein anderes Gerät.

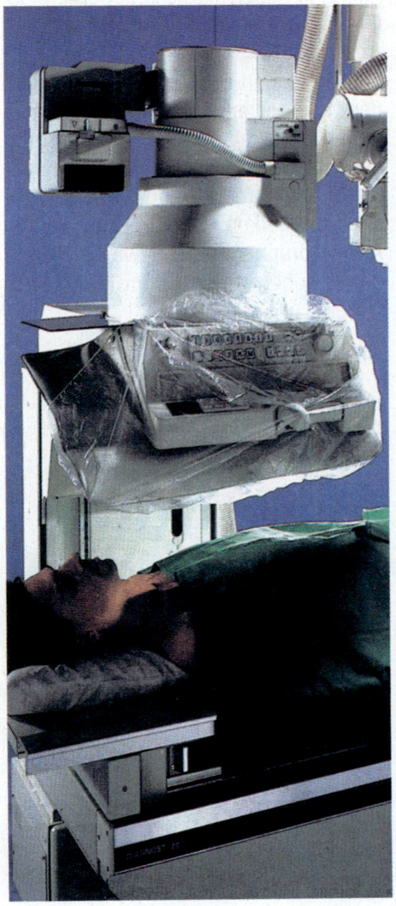

Angststörungen

Eine generalisierte Angststörung sind übertriebene, fast täglich auftretende Ängste und Sorgen (über einen Zeitraum von mehr als sechs Monaten) in Bezug auf eine Vielzahl von Aktivitäten und Ereignisse.

Bei einer generalisierten Angststörung sind die Ängste und Sorgen so ausgeprägt, dass sie kaum noch kontrolliert werden können. Zusätzlich haben die Betroffenen mindestens drei der folgenden Symptome:

- Unruhe
- Ermüdbarkeit
- Konzentrationsschwierigkeiten
- Reizbarkeit
- Muskelverspannungen
- Schlafstörungen

Die Sorgen sind allgemeiner Natur, häufig beziehen sie sich auf Beruf, Geld, Gesundheit, Sicherheit und Hausarbeit. Ausmaß, Häufigkeit und Dauer der Sorgen stehen in keinem Verhältnis zu der tatsächlichen Situation.

In der Allgemeinbevölkerung beträgt die 1-Jahres-Prävalenz für die generalisierte Angststörung ungefähr drei Prozent. In Kliniken mit dem Schwerpunkt Angststörungen haben etwa 12 Prozent der Personen eine generalisierte Angststörung.

Angst als ein Persönlichkeitsmerkmal zeigt einen familiären Zusammenhang. Inkonsistente Befunde liegen über beobachtete familiäre Verteilungsmuster für die generalisierte Angststörung vor, wobei die meisten Studien keine spezifische familiäre Häufung fanden.

Symptome und Zeichen

Die Hauptmerkmale der generalisierten Angststörung sind ausgeprägte, über mindestens sechs Monate in der Mehrzahl der Tage auftretende Angst und Sorge in Bezug auf eine Reihe von Ereignissen oder Tätigkeiten. Die Person empfindet es als schwierig, die Sorgen zu kontrollieren.

Intensität, Dauer oder Häufigkeit der Angst und Sorge sind deutlich übertrieben im Vergleich zu der tatsächlichen Wahrscheinlichkeit oder Auswirkung der gefürchteten Ereignisse. Die Person findet es schwierig zu verhindern, dass die grüberischen Gedanken die Aufmerksamkeit für bevorstehende Aufgaben beeinträchtigen, und hat Schwierigkeiten die Sorgen zu stoppen.

Spezifische Phobien sind die häufigsten Angststörungen. Manche, wie die Furcht vor Tieren, Dunkelheit oder Wasser, beginnen schon in jungen Jahren.

Erwachsenene mit generalisierter Angststörung sorgen sich häufig über alltägliche Lebensumstände wie mögliche berufliche Verpflichtungen, Finanzen, Gesundheit von Familienmitgliedern, schlimme Ereignisse, die ihren Kindern passieren könnten, oder Kleinigkeiten (wie Aufgaben im Haushalt, Autoreparaturen oder Verspätungen bei einer Verabredung). Kinder mit generalisierter Angststörung tendieren zu ausgeprägten Sorgen wegen ihrer Kompetenz oder der Qualität ihrer Leistungen. Im Verlauf der Angststörung kann sich der Inhalt der Sorge verschieben.

Zusammen mit Muskelspannungen können Zittern, Zucken, wacklige Gefühle, Muskelschmerzen und Verspannungen auftreten. Viele Personen mit generalisierter Angststörung erleben auch körperliche Symptome, zum Beispiel:

- kalte, feuchte Hände
- trockener Mund
- Schwitzen
- Übelkeit
- Durchfall
- häufiges Urinieren
- Schwierigkeiten zu schlucken
- übertriebene Schreckreaktion

Die generalisierte Angststörung tritt sehr häufig gemeinsam mit einer affektiven Störung auf (zum Beispiel Depression), mit anderen Angststörungen (zum Beispiel Panikstörung, soziale Phobie) und mit Störungen in Zusammenhang mit psychotropen Substanzen (zum Beispiel Alkohol-, Sedativa-, Schlafmittel-Abhängigkeit oder -Missßbrauch). Andere Krankheitsfaktoren, die mit Stress zusammenhängen können (zum Beispiel Reizkolon, Kopfschmerzen), begleiten häufig die generalisierte Angststörung.

Behandlung

Medikamente sind die Behandlung erster Wahl bei generalisierten Angststörungen. Gewöhnlich werden angstlösende Medikamente, zum Beispiel

Benzodiazepine, verordnet. Da die langfristige Einnahme von Benzodiazepinen aber zu körperlicher Abhängigkeit führen kann, dürfen diese Mittel nicht abrupt wieder abgesetzt werden. Die Erleichterung, die Benzodiazepine verschaffen, wiegt etwaige Nebenwirkungen meist auf. Ein anderes wirkungsvolles Medikament ist Buspiron, das in vielen Fällen von generalisiertre Angststörung geeignet ist.
Das Mittel führt anscheinend nicht zu körperlicher Abhängigkeit. Im Gegensatz zu den Benziodiazepinen, die innerhalb von Minuten wirken, kann es bei Buspiron bis zu zwei Wochen dauern, bis eine Wirkung eintritt.
Eine Verhaltenstherapie ist meist nicht sinnvoll, da die Angst nicht durch eindeutige Situationen ausgelöst wird. Entspannung und Biofeedback können hilfreich sein.
Einer generalisierten Ängststörung können psychische Konflikte zugrunde liegen. Diese Konflikte hängen oft mit Unsicherheit und einer selbstkritischen Haltung zusammen, die den Zustand verschlimmern. Für manche Betroffene kann daher eine Psychotherapie nützlich sein, damit sie sich der psychischen Konflikte bewusst werden und diese lösen können.

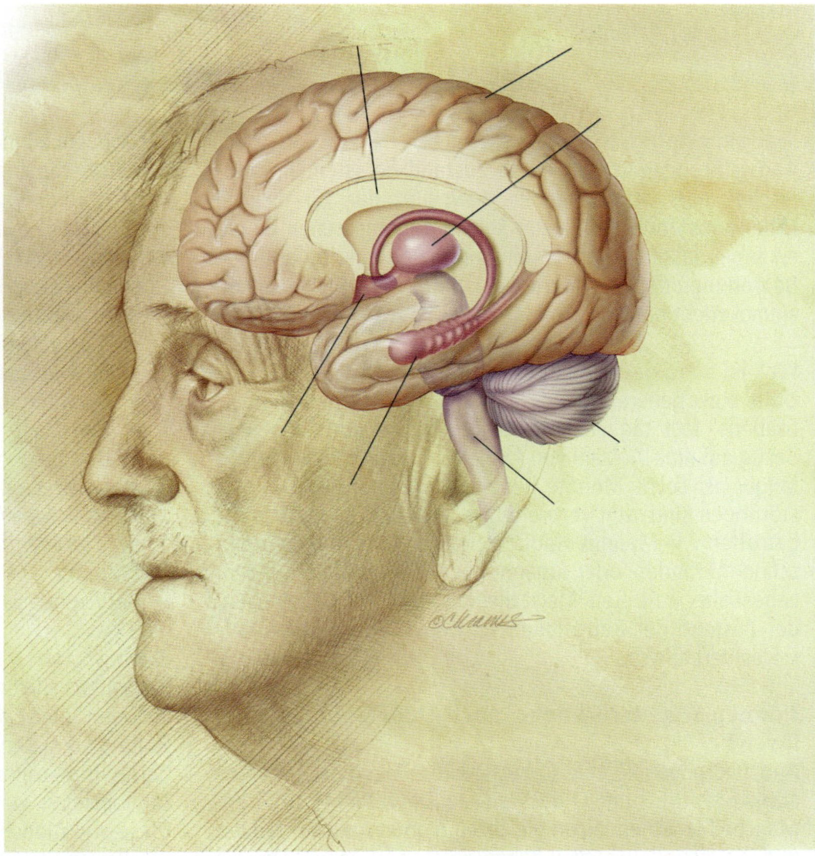

Hirnareale, die sich mit psychoaffektiven Funktionen (zum Beispiel Angst, Emotion) beschäftigen
1 – Corpus callosum; 2 – Cortex; 3 – Thalamus; 4 – Cerebellum; 5 – Hippocampus

Bauarbeiter sollten nicht an Höhenängsten leiden

Wichtige Fragen und Antworten zu Angststörungen

Was sind Angststörungen?
Angststörungen stellen einen Zustand belastender, chronischer, aber schwankender Nervosität dar, für die die Lebensumstände der Person keinen angemessenen Grund erkennen lassen. Angst ist eine normale Reaktion auf eine Bedrohung oder psychische Belastung, wie sie jeder schon einmal erlebt hat.

Was ist eine generalisierte Angststörung?
Unter einer generalisierten Angststörung versteht man übertriebene, fast täglich auftretende Ängste und Sorgen in Bezug auf eine Vielzahl von Aktivitäten und Ereignissen, die länger als sechs Monate bestehen. Generalisierte Angststörungen sind weit verbreitet. Frauen sind doppelt so oft betroffen wie Männer. Häufig zeigt sich eine Angststörung schon im Kindes- oder Jugendalter, sie kann aber in jedem Lebensalter auftreten. Meist bleibt sie viele Jahre bestehen, der Zustand der Betroffenen schwankt, durch Stress verschlechtert er sich.

Können Angststörungen auch Depressionen auslösen?
Angststörungen können so belastend sein und das Leben so stark beeinträchtigen, dass sie zu Depressionen führen. Manche Menschen leiden gleichzeitig unter Angstzuständen und Depressionen, andere haben zuerst eine Depression und entwickeln später Ängste.

Was sind die Ursachen von Angststörungen?
Die Ursachen von Angststörungen sind noch nicht gänzlich verstanden, es spielen sowohl physische als auch psychische Faktoren dabei eine Rolle. Da Angststörungen in manchen Familien gehäuft vorkommen, sind vermutlich erbliche Faktoren beteiligt.
Auch Gesundheitsstörungen und Drogengebrauch können Angststörungen auslösen. Ähnliche Symptome kommen beispielsweise bei Schilddrüsenüberaktivität und dem Konsum von Kokain vor.

Worauf basiert die Diagnose einer Angststörung?
Die Diagnose basiert weitgehend auf den Symptomen. Die Fähigkeit, mit Angst umzugehen, ist individuell verschieden, sodass man nur schwer bestimmen kann, wann die Angst ein normales Maß überschreitet. Eine familiäre Vorgeschichte hinsichtlich einer Angststörung kann für die Diagnose aufschlussreich sein.

Wie behandelt der Arzt eine Angststörung?
Die Behandlung richtet sich nach der Art der Erkrankung. Angststörungen müssen von Angstzuständen unterschieden werden, die bei vielen anderen psychischen Störungen auftreten und für die andere Behandlungsansätze geeignet sind. Je nachdem können Verhaltenstherapien, Medikamente und Psychotherapien, allein oder kombiniert, das Leiden der meisten Betroffenen deutlich lindern.

Was sind angstlösende Arzneimitel?
Es gibt drei Gruppen angstlösende Arzneimittel:
- Benzodiazepine, zum Beispiel
  - Alprazolam
  - Bromazepam
  - Chlordiazepoxid
  - Clobazam
  - Diazepam
  - L:orazepam
  - Medazepam
  - Oxazepam
- Buspiron
- Antidepressiva

Wie entstehen Panikattacken?
Panikattacken können im Rahmen aller Angststörungen vorkommen, meist als Reaktion auf Situationen, die mit den Hauptmerkmalen der Erkrankung zusammenhängen. Beispielsweise kann jemand mit einer Schlangenphobie in Panik geraten, wenn er auf eine Schlange trifft.
Diese situationsbezogene Panik unterscheidet sich jedoch von den spontanen, ohne äußere Veranlassung auftretenden Panikattacken, die typisch für Panikstörungen sind.

Was ist eine Expositionstherapie?
Im Gegensatz zu einer systematischen Desensibilisierung , bei der Entspannung mit allmählich immer stärkerer Konfrontation mit Angst auslösenden Situationen kombiniert wird, erzeugt die Expositionstherapie absichtlich Angst.
Durch wiederholte Konfrontation mit dem gefürchteten Objekt bzw. der gefürchteten Situation, sei es real oder gedanklich, erlebt der Patient die Angst immer wieder, bis der auslösende Reiz schließlich seine Wirkung verliert. Diesen Prozess bezeichnet man als Habituation.

Welche Symptome gehören zu einer Panikattacke?
Zu einer Panikattacke gehört das plötzliche Auftreten von mindestens vier der folgenden Symptome:
- Schmerzen oder Unbehagen in der Brust
- Atemnot
- Benommenheit
- Todesangst
- Angst, verrückt zu werden
- Gefühl der Unwirklichkeit
- Taubheitsgefühl oder Prickeln
- Herzklopfen
- Schwitzen

Angstlösende Medikamente

Anxiolytika (angstlösende Medikamente), auch Beruhigungsmittel oder Tranquilizer genannt, zielen auf die Symptome von Angst. Viele dieser Mittel mindern Muskelspannungen, helfen bei Schlaflosigkeit und lindern zeitweise den Druck, wenn Ängste dazu führen, dass der Betroffene in seiner Lebensführung beeinträchtigt ist. Vor Entdeckung der Benzodiazepine waren Barbiturate die Mittel der Wahl bei Angstzuständen. Bei diesen Mitteln ist das Missbrauchspotential jedoch hoch, häufig treten Entzugsprobleme auf und eine versehentlich oder absichtlich eingenommene Überdosis führt eher zum Tod als bei Benzodiazepinen. Heute gibt es Barbiturate nur noch als Narkosemittel und als Mittel bei Epilepsien.
Manche angstlösenden Medikamente müssen nur einmal am Tag eingenommen werden, andere mehrmals täglich. Die meisten Menschen vertragen die Mittel gut. Patient und Arzt sollten jedoch die Wahl des Mittels und seine Anwendung miteinander besprechen.

Manche Menschen sind von Natur aus schüchtern und schon als Kind ängstlich, woraus später eine Sozialphobie entstehen kann.

■ *Benziodiazepine*
Gegen Angstzustände werden verschiedene Medikamente eingesetzt, am häufigsten die sogenannten Benzodiazepine. Benzodiazepine haben eine allgemein angstlösende Wirkung; sie fordern die geistige und körperliche Entspannung, indem sie die Aktivität des Gehirns verringern. Allerdings können Benzodiazepine zu körperlicher Abhängigkeit führen.
Bei jemandem, der alkoholabhängig war oder ist, sollten sie nur mit Vorsicht angewandt werden. Zu den Benzodiazepinen zählen unter anderem Alprazolam, Chlordiazepoxid, Diazepam, Flurazepam, Lorazepam, Oxazepam, Temazepam und Triazolam.

■ *Buspiron*
Das angstlösende Medikament Buspiron ist weder chemisch noch pharmakologisch mit den Benzodiazepinen oder anderen angstlösenden Mitteln verwandt. Auf welche Weise Buspiron wirkt, ist nicht bekannt, aber es dämpft nicht, und seine Wirkung wird nicht von Alkohol beeinflußt. Bis die angstlösende Wirkung einsetzt, können allerdings mehr als zwei Wochen vergehen, sodass sich Buspiron nur für generalisierte Angststörungen eignet, nicht für periodisch auftretende akute Angstzustände.

■ *Antidepressiva*
Auch Mittel gegen Depressionen (Antidepressiva) werden manchmal bei Angststörungen verschrieben. Dafür kommen verschiedene Arten von Antidepressiva in Frage, unter anderen selektive Serotonin-Wiederaufnahmehemmer (zum Beispiel Fluxetin, Fluvoxamin, Paroxetin), Monoaminoxidasehemmer (zum Beispiel Miclobenid) und trizyklische Antidepressiva (zum Beispiel Amitriptylin, Clomipramin, Imipramin, Nortriptylin). Antidepressiva können wesentliche Merkmale einiger Krankheiten abschwächen, bei Zwangsstörungen zum Beispiel die Zwangsvorstellungen oder die Panik bei Panikattacken.

Anorexie

Im Zusammenspiel von Hunger und Nahrungsaufnahme sind Strukturen und Einflüsse verschiedener körperlicher Ebenen beteiligt, wie zum Beispiel energetische, homorale, psychologische, nervöse. Bewegung, Muskelarbeit, Wärmeabgabe des Körpers und damit jegliche Form des Verhaltens gehen in die Energiebilanz und damit in die Nahrungsaufnahme ein.
Für den Menschen bleibt die Nahrungsaufnahme vom ersten Saugen an der Brust der Mutter an eine kommunikative Handlung zwischen Kind und Mutter, Kind und Familie, Kind und Umwelt. Auch später gehört zum Essen die Tischgemeinschaft und eine Offenheit für die anderen Menschen: Gemeinsames Essen verbindet.
Die Nahrungsaufnahme spielt sich aber nicht nur auf dieser elementaren Ebene psychosomatischer Bedürfnisse und Emotionen ab. Der Appetit ist mehr als bloßer Hunger, die Kultur des Essens ist hoch entwickelt, aber auch störbar. Es gibt ein ausgesprochenes Schamverhalten im Essensbereich, das an das des Sexuellen heranreichen kann. Die Nahrungsaufnahme kann als niedrig, animalisch, triebhaft erscheinen. Sie wird durch Tischsitten verfeinert und menschlich gemacht. Gewohnheitsbildungen und personale Wertsetzungen gewinnen bei der Nahrungsaufnahme an Bedeutung.
Als Anorexia nervosa oder Pubertätsmagersucht bezeichnet man eine beinahe ausschließlich bei Mädchen erstmals in der Pubertät auftretende, seelisch motivierte extreme Gewichtsabnahme, die auf eine Abneigung gegen Nahrungsaufnahme und dem mehr oder weniger bewussten Wunsch, schlank zu bleiben, zurückgeht.
Eine phobische Angstbindung ist an die Vorstellung gekoppelt, an Gewicht zuzunehmen, obgleich die Störung im Ganzen auch darüber hinausreicht. Auf der Basis verdrängter, unbewusster Konflikte besteht eine tief begründete Aversion gegen runde, weibliche Formen im eigenen Erscheinungsbild, gegen Sexuelles und gegen die weibliche Rolle überhaupt.

Die Esssucht ist durch Essanfälle gekennzeichnet, auf die keine Entleerung folgt

Symptome

Charakteristisch und entscheidend für die Diagnose sind vier Merkmale:
- Gewichtsabnahme
- sekundäre Amenorrhö
- Obstipation
- motorische Überaktivität

Gewichtsabnahme

Eine extreme Gewichtsabnahme, die sich gewöhnlich der 30-kg-Grenze nähert, in Extremfällen bis 25 kg geht und auf drei verschiedenen Wegen erreicht werden kann:

- Eine einfache Nahrungsverweigerung bzw. Beschränkung auf kalorienarme Kost ist eigentlich immer zu finden. Es besteht eine Abneigung gegen alles Fette, Süße, bevorzugt werden Zitronen, grüne Äpfel oder Ähnliches. Relativ häufig naschen sie und gehen in der Nacht an den Kühlschrank. Die Ambivalenz dem Essen gegenüber zeigt sich in relativ häufigen Diebstählen von Lebensmitteln. Gewöhnlich wird die Nahrungsverweigerung unterschätzt. Die Patienten sind Künstler darin, beim Tisch oder im Krankenzimmer Essen z.B. in der Serviette oder im Bett verschwinden zu lassen.
- Ein großer Teil der Patientinnen erreicht die Gewichtsabnahme durch Erbrechen. Es geschieht verborgen, meist während oder unmittelbar nach der Mahlzeit. Die Patientinnen gehen unter einem Vorwand zur Toilette und entleeren gewöhnlich den gesamten Mageninhalt, oft mit einer erstaunlichen Leichtigkeit.
- Der dritte Weg des Gewichtsabnahme, der, zum Teil bewusst intendiert, zum Teil durch unerträgliches Völlegefühl im Leib motiviert wird, ist die Einnahme von Abführmitteln. Die Mehrzahl der Patientinnen kommt schon mit großen Mengen von Abführmitteln zur stationären Aufnahme. Bei erheblichem Flüssigkeits- und

Salzverlust besteht häufig eine sekundäre Hypokaliämie.

Sekundäre Amenorrhö
Zur überwiegenden Mehrzahl der Fälle von Anorexia nervosa gehört die sekundäre Amenorrhö (das Ausbleiben der Menstruation). Gewöhnlich tritt diese Störung der Periode ein bis drei Jahre nach der Menarche ein. Die Amenorrhö setzt in vielen Fällen schon vor der Abmagerung ein und überdauert sie nicht selten auch um mehrere Jahre. Es gibt nur vereinzelte Fälle, die nicht amenorrhoisch sind.

Obstipation
Eigentlich findet sich immer eine leichte oder schwere Obstipation. Dabei besteht häufig eine hypochondrische Fixierung an die Darmentleerung. Eine reichliche Stuhlentleerung wird gewöhnlich als erleichternd erlebt, die Patientinnen geben an, dann so angenehm leer, rein, sauber zu sein.

Motorische Hyperaktivität
Als weitere Symptomatik findet sich relativ häufig eine Tendenz zur motorischen Überaktivität. Die Patienten sind schwer im Bett zu halten, obwohl schon extrem abgemagert, machen sie lange Spaziergänge, sind ständig für andere unterwegs. Das geschieht, soweit zu beurteilen ist, nicht bewusst, etwa um auch dadurch die Gewichtsabnahme zu fördern, sondern aus einer inneren Unruhe, Rastlosigkeit. Bei völliger Erschöpfung kann man die Patienten im Bett halten. Aber auch dann sind sie noch übergeschäftig, stricken, lernen für die Schule, studieren.

Krankheitsbewusstsein

Es besteht gewöhnlich kein Krankheitsbewusstsein, kein seelisches Leiden, die meisten können auch keinen Konflikt angeben. Sie äußern höchstens, dass sie entweder das viele Essen oder bestimmte Speisen verabscheuen, sie betonen, dass sie reichlich Nahrung zu sich nehmen. Andere sagen offen, dass ihnen das Gefühl, dick zu sein, voll zu sein, den Bauch voll zu haben, unerträglich sei, dass sie sich selbst lieber schlank und dünn haben wollen, was sie mit geistig oder ätherisch gleichzusetzen scheinen.
Die Mehrzahl verleugnet jedes Problem mit Essen und Gewicht. Auch die extreme Gewichtsabnahme wird offenbar als normal erlebt.
Häufig findet sich jedoch keine einfache Nahrungsablehnung, sondern eine Ambivalenz gegenüber dem Essen: Sie schleichen nachts in die Küche, gehen an den Speise- oder Kühlschrank und nehmen gierig alles, was sie finden, zu sich, um gewöhnlich danach in neue Ängste und Schuldgefühle zu verfallen. Etwa jede dritte oder vierte Patientin neigt zu Diebstählen, sei es in der Küche des Krankenhauses oder in Läden und Kaufhäusern.

Bei Esssucht tragen Essanfälle zu einer übermäßigen Kalorienaufnahme bei

Häufigkeit

Anorexia nervosa soll nach Angaben aus der Schweiz, Dänemark, Großbritannien und Deutschland in einen bis fünf Fällen auf eine Million Einwohner auftreten. Das erscheint sehr wenig, rechnet man aber die Risikopopulation der Mädchen von 15 bis 25 Jahren, dem Manifestationsalter der Magersüchte, so kommen 15 bis 75 Fälle auf hunderttausend Personen. Dabei sind aber wohl auch leichtere Fälle eingeschlossen.
Magersucht kommt in allen Ländern vor. Epidemiologisch ist vor allem auffällig, dass das Geschlechtsverhältnis Frauen zu Männern 20:1 oder 30:1 beträgt.

Erkrankungssituation

Viele Magersüchtige waren vor dem Beginn der Erkrankung sehr rundlich, haben mit 12 bis 14 Jahren eine Periode mit Pubertätsspeck durchgemacht. Banaler Anlass für die Nahrungsbeschränkung können Bemerkungen von Außenstehenden über ihre runden Formen sein oder auch scheinbar spielerische Manipulationen der Nahrungsaufnahme. Sie folgen dem Schlankheitsideal junger Mädchen, verstärken die allgemeine Pubertätsaskese. Intensivere Nachforschung zeigt jedoch, dass in dieser Zeit gewöhnlich auch bestimmte Belastungen zu finden sind.

Wichtige Fragen und Antworten zu Anorexie

Wie teilt man ernste Essstörungen ein?

Ernste Essstörungen werden in drei Kategorien eingeteilt:

- die Weigerung, ein Körpergewicht an der unteren Grenze des Normalen zu halten: Magersucht, Anorexia nervosa;
- Anfälle von Heißhunger mit anschließender Entleerung durch Erbrechen oder Abführen: Ess-Brechsucht, Bulimie;
- Essanfälle ohne anschließende Entleerung.

Bei Essanfällen nehmen die Betroffenen in kurzer Zeit rasch große Mengen kalorienreicher Nahrung zu sich, wobei sie sich nicht mehr kontrollieren können.

Essstörungen sind unter Frauen erheblich mehr verbreitet als unter Männern. Inzwischen sind sogar schon zehn- und zwölfjährige Mädchen als magersüchtig diagnostiziert worden.

Was bedeutet Entleerung?

Entleerung bedeutet, dass die Betroffenen anschließend willentlich Erbrechen herbeiführen oder Abführmittel, Einläufe und harntreibende Medikamente nehmen, um die Nahrung wieder aus dem Körper zu entfernen.

Was ist Magersucht oder Anorexia nervosa?

Unter Magersucht versteht man die Disposition zum Abmagern, wenn sie nicht durch kachektische Krankheiten wie Tuberkulose, Karzinom, Syphilis usw. bedingt ist. Sie ist konstitutionell oder endokrin verursacht.

Wie fängt Magersucht an?

Es beginnt mit einer Diät. Das junge Mädchen – in nur fünf Prozent der Fälle betrifft diese Störung Jungen – findet sich plötzlich hässlich und zu dick. Die Models in den Zeitschriften zeigen der 13- bis 15-jährigen, dass sie von dieser Art auffälliger Schlankheit meilenweit entfernt ist, auch wenn der Schularzt sie gerade als normalgewichtig gelobt hat.

Was sind Warnzeichen einer Magersucht?

Eine Magersucht sollte befürchtet werden

- bei deutlichem Gewichtsverlust, ohne dass eine körperliche Krankheit erkennbar ist;
- bei auffallendem Interesse an Ernährung und Kochen, obwohl bei den Mahlzeiten oft nicht oder nur sehr wenig gegessen wird;
- bei regelmäßigem Aufsuchen der Toilette nach dem Essen;
- bei übertriebener körperlicher Aktivität;
- bei Ausbleiben der vorher regelmäßigen Periode.

Gibt es Therapien für Magersucht?

Die Ärzte, die sich mit dieser Krankheit besonders beschäftigen, haben Therapien ausgearbeitet, die den Betroffenen helfen sollen, sich selbst langsam wieder umzuprogrammieren. Sie können – anfangs in der Klinik, später in ambulanter Behandlung, oft in Gruppen – wieder ein realistisches Körpergefühl entwickeln und gleichzeitig das Selbstbewusstsein, ihre Persönlichkeit durch eine Verhaltenstherapie stärken.

Bevor das möglich ist, muss man die Kranken manchmal erst auf der Intensivstation mit Infusionen und künstlicher Ernährung aus ihrer lebensbedrohlichen Situation retten.

Traurigerweise gelingt es nicht bei allen Magersüchtigen, den Teufelskreis zwischen kranker Seele und krankem Körper zu durchbrechen. Sie bleiben über Jahrzehnte gequälte, gefährdete Menschen. Die Bulimie-Patienten haben eine bessere Aussicht auf Heilung.

Wie behandelt der Arzt Anorexia nervosa?

Die Behandlung besteht in der Regel aus zwei Schritten. Zum einen soll ein normales Körpergewicht erreicht werden, zum anderen eine Psychotherapie durchgeführt werden, um den psychischen Zustand zu verbessern und Rückfälle zu vermeiden. Bei raschem oder dramatischem Gewichtsverlust kann die Behandlung in einer Klinik beginnen.

Was versteht man unter Esssucht?

Die Esssucht ist durch Essanfälle gekennzeichnet, auf die keine Entleerung folgt. Bei dieser Störung sorgen Essanfälle für eine übermäßige Kalorienaufnahme und damit für eine Gewichtszunahme. Die Störung tritt vorwiegend bei Übergewichtigen auf und wird mit zunehmendem Körpergewicht häufiger. Die Betroffenen sind in der Regel älter als die Menschen mit Magersucht und Essbrechsucht, und es sind mehr Männer unter ihnen.

Gewöhnlich gehen ein erster Kontakt mit dem anderen Geschlecht, eine körperliche Berührung, Zärtlichkeiten, die als gefährlich oder bedrohlich abgelehnt werden, der Erkrankung voraus.

Meist kommt es infolge der Hemmungen der Patienten nicht zu sexuellen Beziehungen. Durch solchen naher Kontakt wird aber gewöhnlich der zentrale Konflikt ausgelöst, der in einer tief liegenden Ablehnung der weiblichen Geschlechtsrolle liegt.

Eine Verstärkung der Pubertätsaskese kommt in manchen Fällen durch eine frühzeitige Trennung von den Eltern in Gang. Ebenfalls führen Auslandsaufenthalte in fremden Familien, auswärtige Arbeitsplätze, die es mit sich bringen, dass die Töchter selbst für die Nahrung sorgen müssen, zu solch einem Verhalten.

Als grundlegenden Konflikt findet man eine hochgradige Ambivalenz mit Entwertung, ja sogar Ablehnung gegenüber der weiblichen Geschlechtsrolle und der eigenen leib-seelischen Reifung zur Frau. Die sexuelle Ambivalenz wird

jedoch von der genitalen auf die orale Ebene verschoben.
Die Ängste, die andere Frauen haben, sexuell penetriert oder geschwängert zu werden, bestehen hier gegenüber der Nahrungsaufnahme. In Träumen findet man nicht selten die Wiederbelebung von infantilen Vorstellungen einer oralen Schwängerung, die die sexuelle Ambivalenz deutlich machen.
Die Magersucht ist psychodynamisch als ein Versuch zu interpretieren, sich überhaupt außerhalb jeder menschlichen triebhaften Regung zu stellen. Dem regressiven Zustand entspricht eine asketische, ideale Ich-Bildung, ein fantastisches, idealisiertes und unkörperliches Selbstbild.

Ursachen

So viele Hypothesen und Untersuchungen es zur Ursache der Anorexia nervosa auch gibt, muss man doch feststellen, dass die Mehrzahl der ätiologischen Fragen noch offensteht. Es werden konstitutionelle Einflüsse, neurotische und psychotische Faktoren als Ursachen angenommen. Schließlich wird die Pubertätsmagersucht als Familienneurose beschrieben.
Zur Konstitution ist zu sagen, dass Fettleibigkeit in der Familie von Magersüchtigen gehäuft vorkommen soll. Man fand bei Magersüchtigen im Rückblick ein eher höheres Geburtsgewicht als im Durchschnitt, wenn auch nicht signifikant erhöht gegenüber Kontrollgruppen und den Geschwistern. Signifikant ist aber der um 14 Monate frühere Eintritt der Menarche im Vergleich mit Kontrollgruppen.
Die psychoanalytischen und psychosomatischen Interpretationen zugängliche Psychosomatik weist jedoch sehr auf eine Psychogenese hin. Abnorme Persönlichkeitszüge sind bei Magersüchtigen reichlich zu finden, ohne dass man aber einfach dabei von einer Neurose sprechen kann. Die ursächlichen Konflikte werden in neuerer Zeit vor allem in bestimmten Familienkonstellationen der Magersüchtigen gesucht.
Am häufigsten wird dabei ein absolut dominierender Vater und daneben eine zwar tüchtige, aber ganz in seinem Schatten stehende Mutter genannt. Diese Mutter kann kein ausreichendes Vorbild als Frau geben. Es wird in den Familien eine depressive Grundstimmung mit Ablehnung von Sexualität, Zärtlichkeit und eine ausgesprochene Leistungsideologie gefunden.

Persönlichkeit
Meist handelt es sich bei diesen Patienten um überdurchschnittlich intelligente Menschen. In der Persönlichkeitsstruktur und charakterologisch findet man in leichten und abortiven Fällen meist neurotische, in den schweren Krankheitsfällen oft schizoide Formen. Während bei den Jüngeren infantile und harmlos wirkende Züge überwiegen, ist bei chronifizierten und älteren Patienten das bizarre und eigensinnige Verhalten im Vordergrund.
Trifft man später Patienten, die früher eine Magersucht durchgemacht haben, zum Teil noch untergewichtig sind oder auch ein relativ normales Gewicht haben, so finden sich bei der Mehrzahl weiterhin auffällige Persönlichkeitszüge: Sie neigen zu asketischen Idealen, haben oft fantastische, intellektuelle Zielsetzungen, leben in hingebungsvoller Fürsorge für andere Menschen oder in verstiegenen weltanschaulichen Ideologien.

Prognose

Die Pubertätsmagersucht ist eine schwere und ernst zu nehmende Erkrankung. Die Mortalität infolge Kachexie, Hypokaliämie, Kreislaufinsuffizienz, Pneumonie, sonstigen interkurrenten Infekten, Suizid usw. wird zwischen drei und vier Prozent angesetzt. Unbehandelt chronifizieren etwa 40 Prozent der Fälle. Leichtere Formen können spontan eine Besserung zeigen. Nur ein Teil der Patienten ist in der Lage, in eine psychotherapeutische Behandlung einzuwilligen. Nur wenige erreichen später ein völlig unbefangenes Verhältnis zum Essen und zum Körpergewicht, das ohne Probleme und unauffällig ist.

Etwa 95 Prozent der Magersüchtigen sind weiblich. Meist beginnt die Krankheit bei jugendlichen, manchmal schon früher und nur selten im Erwachsenenalter.

Behandlung

Nur bei leichten, abortiven Fällen ist an eine ambulante Behandlung zu denken. Bei der Mehrzahl der Kranken stößt die ambulante Behandlung auf große Schwierigkeiten, sodass es kaum möglich ist, die Patienten zu einer Mitarbeit zu bringen und man nie sicher sein kann, ob man wahrheitsgemäße Angaben bekommt. Es ist überhaupt schwer, eine Behandlungsbeziehung mit den Kranken anzufangen. Sie wehren gewöhnlich mit allen Mitteln eine Klinikaufnahme ab und verstehen es, ihre Angehörigen unter Druck zu setzen. Es sind verschiedene Behandlungsmethoden bei Anorexia nervosa beschrieben, meist bestimmen aber mehr die Patientinnen selbst, ihr körperlicher Zustand und ihr Verhalten die einzuschlagenden Wege der Therapie und weniger der Willen des Arztes.

Arteriosklerose

Der arteriosklerotische Prozess

Früher oder später erscheinen die Fettablagerungen, die sich mit zunehmendem Alter in allen Blutgefäßen ansammeln, auch in den Arterien. Manche Arterien sind stark, andere dagegen kaum betroffen. Es ist insgesamt ein beinahe launischer Prozess, obwohl eine Bevorzugung bestimmter Gefäße besteht. Zuerst sind es:

- die Körperschlagader (Aorta), und zwar vor allem der Bauch- und dann der Brustabschnitt;
- die Kranzschlagadern, die das Herz versorgen;
- die Gehirnarterien.

In zweiter Linie finden sich Fettablagerungen in den Gefäßen, die die Nieren und Beine mit sauerstoffreichem Blut versorgen.

Viele Fasern der Arterienwand verlieren ihre ursprüngliche Struktur und degenerieren zu minderwertigem Bindegewebe. Das ist die eigentliche Sklerose (wörtlich versteht man unter Sklerose alte, starre Blutgefäße). Die große Gefahr der atheromatösen und körnigen Massen besteht darin, dass sich verschiedene Stücke davon loslösen können oder sich ein Blutgerinnsel bildet, das dann abbricht, mit dem Blutstrom mitschwimmt und schließlich ein engeres Gefäß irgendwo im Kreislaufsystem verstopft.

Mit dem Zusammenbruch der Gefäßwände verändert sich die Elastizität, die von grundlegender Bedeutung für die Funktion der Arterien ist. Die inneren und mittleren Schichten der betroffenen Arterienwand werden dick und hart. Die elastischen Fasern verdicken sich und verlieren ihre charakteristischen Eigenschaften. Das kann Dehnungen der Blutgefäße ergeben, die dabei gelegentlich ein gewundenes Aussehen erhalten. Wenn ein solches Blutgefäß nahe der Körperoberfläche liegt, ist diese Veränderung der Arterienwand sichtbar und sogar zu tasten. Zunehmende Starrheit und der Elastizitätsverlust beeinflussen Bluttransport und Blutdruck, die beide voneinander abhängig sind. Dies trifft besonders bei der Aorta zu.

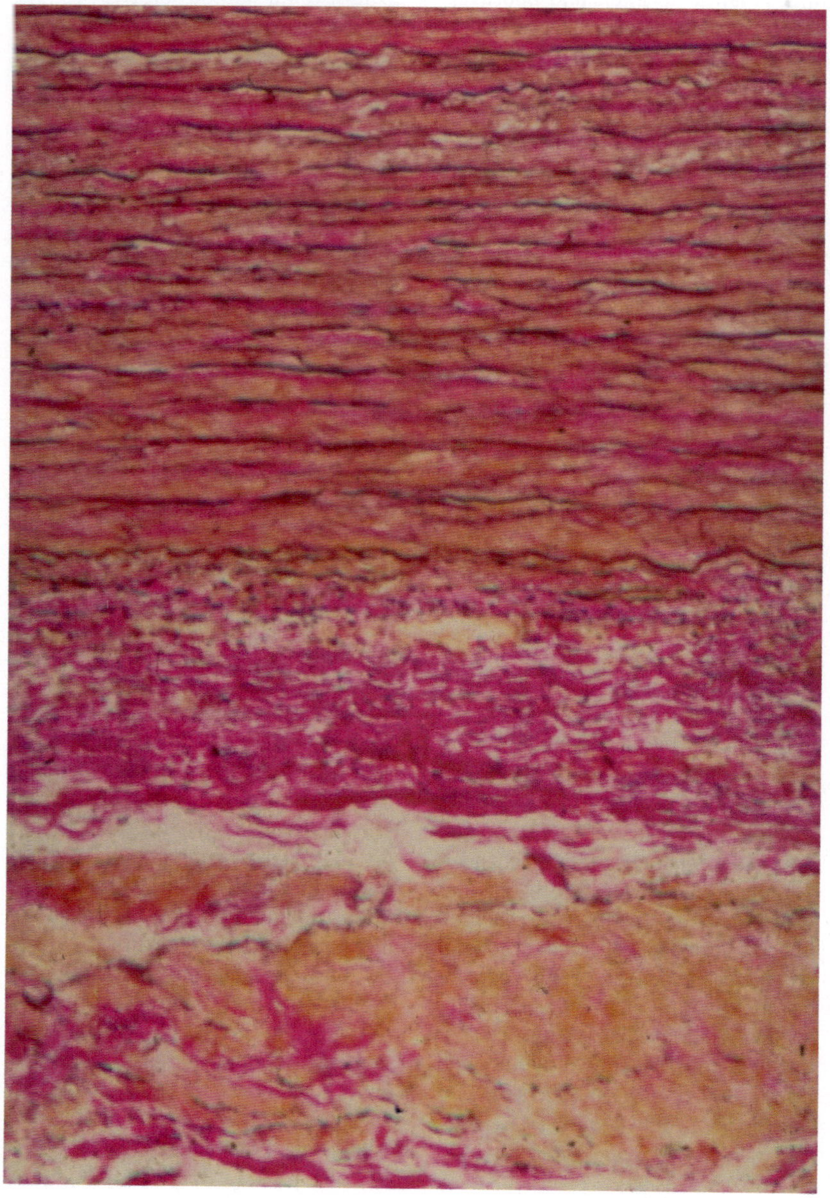

Histologischer Schnitt durch eine Arterie; Veränderungen des Gefäßinhalts bewirken Läsionen des Endothels. Arteriosklerose beginnt, wenn weiße Blutkörperchen, sogenannte Monozyten, aus dem Blut in die Arterienwand eindringen und dort zu Zellen umgebaut werden, die fettige Substanzen aufnehmen. Mit der Zeit bilden sich verdickte Stellen (Plaques) an der inneren Gefäßwand.

Wirkung auf die Organe

Die Sklerose der Blutgefäße hat ernsthafte Folgen für die Organe, die mit sauerstoffreichem Blut versorgt werden müssen. Die Verdickung der Blutgefäßwände verengt die Möglichkeit des Durchgangs. Es strömt weniger Blut zu den betreffenden Organen. Außerdem verstopfen u. U. weggebrochene Stücke der verhärteten Arterienwand oder abgerissene Blutgerinnsel, die sich gebildet haben, die engen Arteriolen.

Wie schon erwähnt, tritt die Sklerose hauptsächlich in den Arterien des Herzens, des Gehirns und in der Aorta auf. Es ist lebenswichtig, dass Herz und Gehirn gut funktionieren. Aber gerade die Blutversorgung dieser Organe erleidet durch die Arteriosklerose den meisten Schaden, besonders im Alter.

Risikofaktoren

Es gibt eine ganze Reihe fördernder, sog. „Risikofaktoren". Die wichtigsten sind: zu hoher Gehalt des Blutes an fettartigen Substanzen (Cholesterinspiegel), zu hoher Blutdruck, psychische Stresssituationen und krankhafte Veränderungen der Blutgerinnungsfähigkeit.

Ein zu hoher Blutfettgehalt ist wohl der ausschlaggebende Faktor und gleichzeitig der am einfachsten zu bekämpfende – wenigstens bis zu einem gewissen Grad. Man sollte bedenken, dass allein in einem Wohlstandsland wie den Vereinigten Staaten in der letzten Zeit jährlich etwa eine Million Menschen an Herz- und Gehirnerkrankungen starben. Die meisten dieser Todesfälle sind auf die Folgen einer Arteriosklerose zurückzuführen.

Eingehende und ausgedehnte Forschungsarbeiten der letzten Jahre lassen deutlich erkennen, dass ein ursächlicher Zusammenhang zwischen einem hohen Anteil bestimmter fettartiger Substanzen in der Nahrung und im Blut einerseits und dem Auftreten einer zur Arteriosklerose führenden Arterienverfettung andererseits besteht. Es wird vielleicht unmöglich sein, die Krankheit gänzlich auszurotten. Die Anzahl der Todesfälle jedoch wäre mit durchgreifenden Vorsorgemaßnahmen durchaus zu verringern. Die Forschungsarbeit auf verschiedenen Gebieten der Wissenschaft lieferte viele wichtige Informationen.

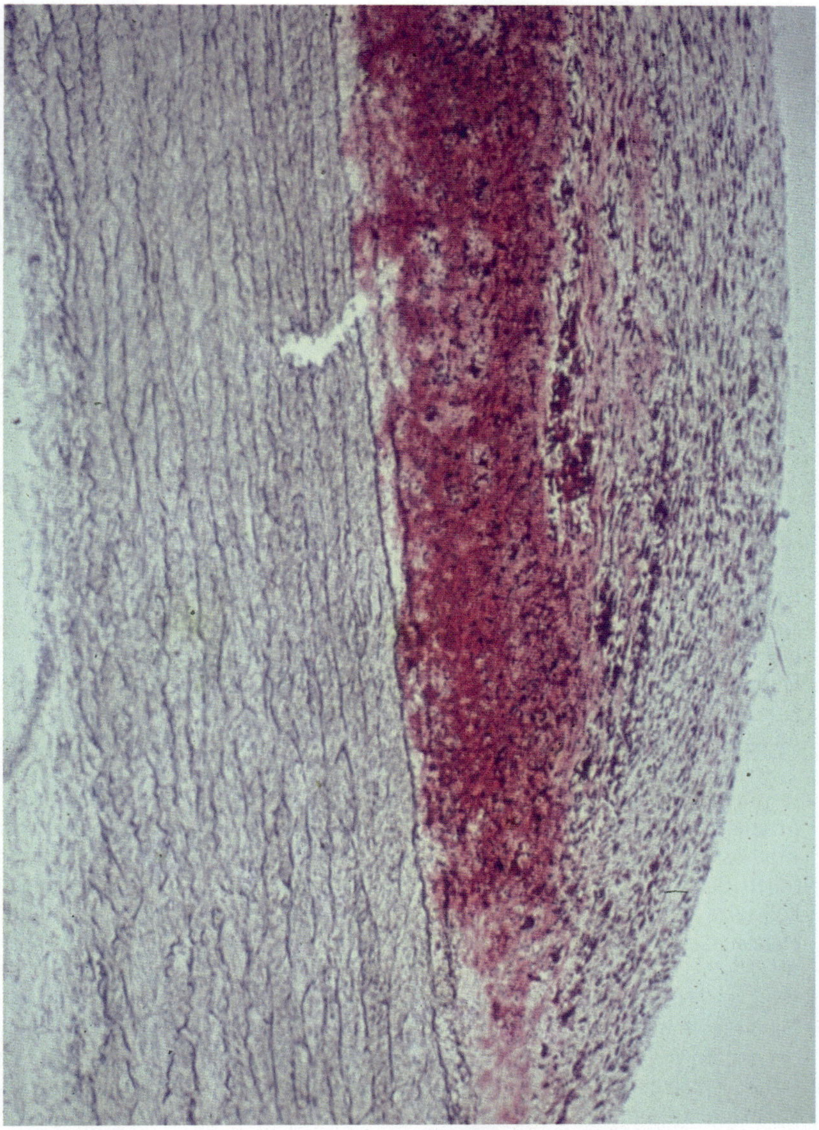

Histologischer Schnitt durch eine Arterie. Fortschreitende Blutgefäßverengung, hervorgerufen durch die zunehmende Ablagerung von Lipiden in der Gefäßwand

Es wurden ausführliche Untersuchungen über den Zusammenhang zwischen dem Vorkommen von Arteriosklerose in bestimmten Bevölkerungsgruppen und ihren Ernährungsgewohnheiten angestellt. Man führte zahllose Tierexperimente durch. Die Krankheitsmanifestationen und -symptome von Patienten, die an den Folgen einer Arteriosklerose gestorben waren, wurden eingehend untersucht, um Art und Ursache der Gefäßveränderung zu identifizieren.

Ernährungsgewohnheiten

Die Arteriosklerose wird mit Recht als Wohlstandskrankheit betrachtet. In armen Ländern ist die Erkrankung nahezu unbekannt. Die Nahrung enthält dort viel weniger Fette und ist auch in

Wichtige Fragen und Antworten zu Arteriosklerose

Wie ist das Kreislaufsystem gebaut?

Das Kreislaufsystem besteht aus hintereinander und parallel geschalteten Gefäßen. Insgesamt sind alle Gefäße zusammen etwa 100.000 km lang. Es gibt verschieden dicke Gefäße; grundsätzlich gilt, dass die Gefäße feiner werden, je weiter sie in das zu versorgende Organ hineinreichen. Das sauerstoffreiche Blut wird über Arterien zu den Organen gebracht und über Venen wieder zum Herzen zurücktransportiert. Die Arterien haben meistens eine dickere Gefäßwand als Venen, da sie höhere Drücke aushalten müssen. Die Venen besitzen sog. Venenklappen, die das Zurückfließen des Blutes in Richtung Schwerkraft verhindern.

Was ist die Arteriosklerose?

Arteriosklerose oder Arteriosklerose ist ein Krankheitsprozess, bei dem zunächst fettartige Substanzen (Lipide), später Kalziumkristalle in der Gefäßwand abgelagert werden. Das führt zu einem Elastizitätsverlust der Arterien durch Verhärtung und Versteifung. Die Folgen dieser Erkrankung hängen davon ab, welche Gefäße betroffen sind: Eine Sklerose der Herzkranzgefäße kommt sehr häufig vor. Angina Pectoris und Herzinfarkt werden dadurch verursacht.

Was versteht man unter Arterienverkalkung?

Arterienverkalkung ist ein volkstümlicher Ausdruck für Arteriosklerose oder Arteriosklerose. In den arteriosklerotischen Bezirken der Gefäßwand können sich tatsächlich Kalksalze ablagern, doch sind sie nicht das wichtigste Element der Veränderungen.

Welche Ursachen hat die Arteriosklerose?

Bei dieser Krankheit, die jedes Jahr Millionen von Opfern in der ganzen Welt fordert, handelt es sich nicht um eine einfache Verkalkung. Es spielen sich dabei eine Reihe von Veränderungen im Blut und in den Gefäßwänden ab. In den zivilisierten Ländern werden mehr als 40 % der Todesfälle im mittleren Lebensalter diesem Zustand und seinen Folgen zugeschrieben. Die alarmierend hohe Zahl veranlasste die Weltgesundheitsorganisation, Herz- und Gefäßkrankheiten an die erste Stelle der Dringlichkeitsliste für weltweite Erforschung zu setzen. Das geschah in der Hoffnung, herauszufinden, wie die Prozentzahl der Todesfälle durch eine Anzahl einfacher Maßnahmen wie Diät, körperliches Training und Vermeiden von seelischen Stresssituationen reduziert werden kann.

Wie kann der Arzt feststellen, wie rasch eine Arteriosklerose fortschreitet?

Mit regelmäßigen Untersuchungen des Patienten und Vergleich der einzelnen Befunde.

Was ist der Entstehungsmechanismus der Krankheit?

Früher oder später erscheinen die Fettablagerungen, die sich mit zunehmendem Alter in allen Blutgefäßen ansammeln, auch in den Arterien. Manche Arterien sind stark, andere dagegen kaum betroffen. Es ist insgesamt ein beinahe launischer Prozess, obwohl eine Bevorzugung bestimmter Gefäße besteht. Zuerst sind es:

- die Körperschlagader (Aorta), und zwar vor allem der Bauch- und dann der Brustabschnitt;
- die Kranzschlagadern, die das Herz versorgen;
- die Gehirnarterien.

Warum tritt die Arteriosklerose bei manchen Menschen schon in einem früheren Alter als bei anderen ein?

Vermutlich gibt es eine angeborene Anlage bei manchen Menschen, die ein frühzeitigeres Auftreten der Arteriosklerose begünstigt. Die Entwicklung der Arteriosklerose scheint von den individuellen Stoffwechselverhältnissen und den Ernährungsgewohnheiten beeinflusst zu werden.

Welche Menschen neigen in höheren Masse dazu, frühzeitig eine Arteriosklerose zu bekommen?

- Zuckerkranke
- Übergewichtige
- Menschen mit hohem Blutdruck
- Menschen mit besonders hohem Fettgehalt des Blutes

Wie entsteht die Sklerose?

Viele Fasern der Arterienwand verlieren ihre ursprüngliche Struktur und degenerieren zu minderwertigem Bindegewebe. Das ist die eigentliche Sklerose (wörtlich versteht man unter Sklerose alte, starre Blutgefäße). Die große Gefahr der atheromatösen und körnigen Massen besteht darin, dass sich verschiedene Stücke davon loslösen können oder sich ein Blutgerinnsel bildet, das dann abbricht, mit dem Blutstrom mitschwimmt und schließlich ein engeres Gefäß irgendwo im Kreislaufsystem verstopft. Mit dem Zusammenbruch der Gefäßwände verändert sich die Elastizität, die von grundlegender Bedeutung für die Funktion der Arterien ist. Die inneren und mittleren Schichten der betroffenen Arterienwand werden dick und hart. Die elastischen Fasern verdicken sich und verlieren ihre charakteristischen Eigenschaften. Das kann Dehnungen der Blutgefäße ergeben, die dabei gelegentlich ein gewundenes Aussehen erhalten. Wenn ein solches Blutgefäß nahe der Körperoberfläche liegt, ist diese Veränderung der Arterienwand sichtbar und sogar zu tasten. Zunehmende Starrheit und der Elastizitätsverlust beeinflussen Bluttransport und Blutdruck, die beide voneinander abhängig sind. Dies trifft besonders bei der Aorta zu.

ihrer sonstigen Zusammensetzung ungefährlicher, was das Auslösen einer Verfettung und Verkalkung der Gefäße betrifft. Die Wohlstandsnatur dieser Krankheit wird noch deutlicher durch die Tatsache illustriert, dass die Anzahl der Arteriosklerosekranken in Westeuropa und Amerika besonders hoch ist. Zu Kriegszeiten und zu Zeiten wirtschaftlicher Not kommt die Arteriosklerose viel seltener vor. Das war auch in den westlichen Ländern während des 2. Weltkriegs festzustellen. Eine Besonderheit der Arterienverkalkung ist also, dass sie nicht wie die meisten anderen Krankheiten durch einen Mangel an irgendeiner Substanz verursacht wird, sondern im Gegenteil durch ein Zuviel. Mit dem Ansteigen des Wohlstands nimmt auch die Arteriosklerose-Morbidität zu. Dass aber nicht allein der Wohlstand, sondern auch bestimmte Ernährungsgewohnheiten eine Rolle spielen, macht die geografische Verbreitung dieser Gefäßerkrankung deutlich. Näher am Äquator, vor allem in den südeuropäischen Ländern und in Nordafrika, ist die Krankheit viel seltener.
Mit zunehmender Entfernung vom Äquator nimmt sie auf der südlichen Hemisphäre – z.B. in Südafrika und Südamerika – wieder zu. Auch dies steht mit den Ernährungsgewohnheiten in Zusammenhang. In den nördlichen Ländern werden mehr Fette, Stärke und Eier gegessen. In den südeuropäischen Ländern besteht dagegen die Nahrung – u. a. aufgrund wirtschaftlicher Umstände – zum größten Teil aus billigerem Fisch, der viel weniger Fett und stärkeähnliche Substanzen, dafür aber mehr Eiweiß enthält.

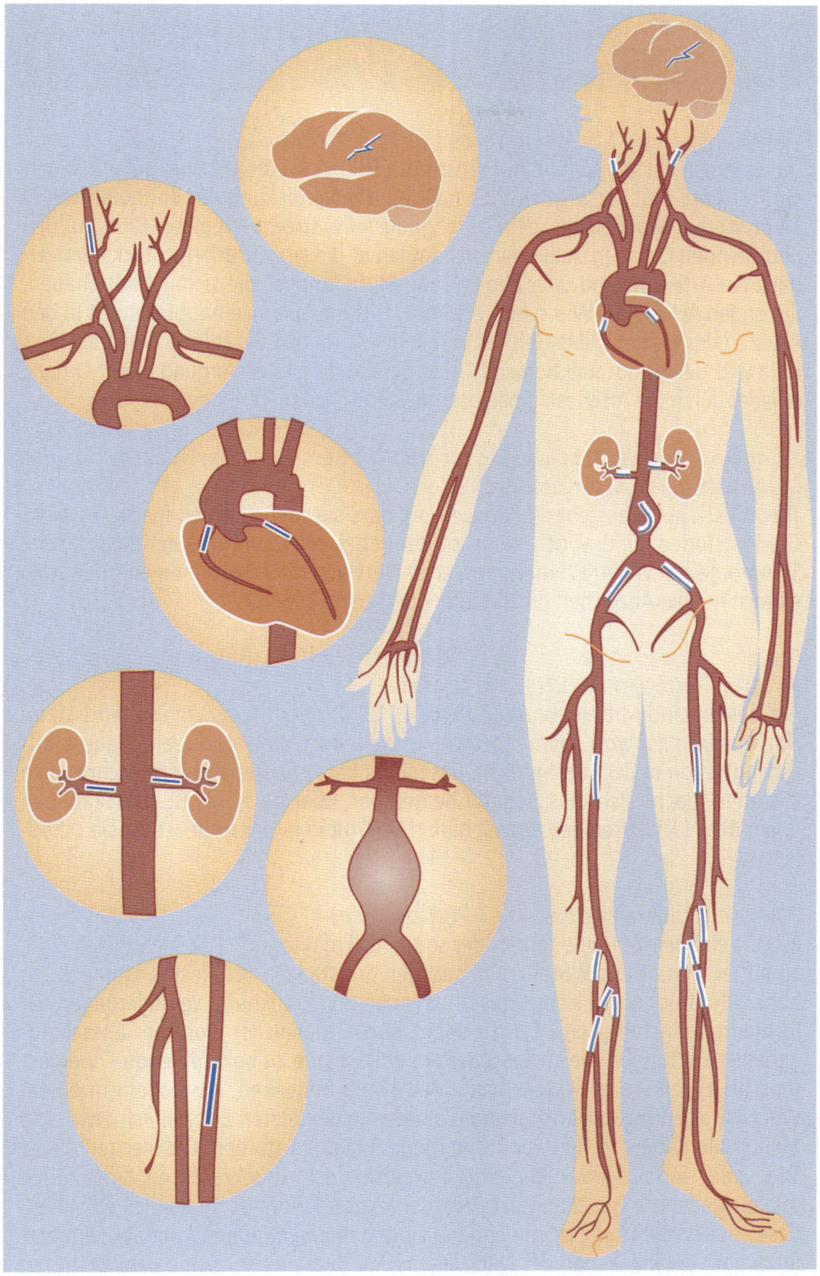

Bevorzugte Gefäßgebiete der Arteriosklerose. Die Sklerose kann schwere Funktionsstörungen von Organen verursachen, die mit sauerstoffreichem Blut versorgt werden müssen. Häufig sind die Arterien des Herzens, der Nieren, des Gehirns sowie die Aorta von Gefäßwandveränderungen bzw. Gefäßverschlüssen betroffen.

Cholesterin

Die meisten Mediziner und Ernährungswissenschaftler sind sich darüber einig, dass der Cholesterinspiegel des Blutes durch die mit der Nahrung aufgenommenen Fettsorten beeinflusst (erhöht oder erniedrigt) werden kann. Speisefette und Öle enthalten drei verschiedene Arten von Fettsäuren: gesättigte, einfach ungesättigte und mehrfach ungesättigte. Sie scheinen den Cholesterinspiegel unterschiedlich zu beeinflussen. Gesättigte Fettsäuren haben die Tendenz, ihn zu erhöhen, mehrfach ungesättigte erniedrigen ihn eher, einfach ungesättigte Fettsäuren bleiben ohne Auswirkung. Die tierischen Hartfette haben einen hohen Anteil an gesättigten Fettsäuren. Die meisten pflanzlichen Öle sind – wie auch die Fischöle – reich an mehrfach ungesättigten Fettsäuren. Flüssige Pflanzenöle, die industriell gehärtet wurden, dann also eine feste Konsistenz haben, verlieren einen großen Teil ihrer ungesättigten

Wichtige Fragen und Antworten zu Arteriosklerose

Welche Wirkung hat die Sklerose auf die Organe?
Die Sklerose der Blutgefäße hat ernsthafte Folgen für die Organe, die mit sauerstoffreichem Blut versorgt werden müssen. Die Verdickung der Blutgefäßwände verengt die Möglichkeit des Durchgangs. Es strömt weniger Blut zu den betreffenden Organen. Außerdem verstopfen u. U. weggebrochene Stücke der verhärteten Arterienwand oder abgerissene Blutgerinnsel, die sich gebildet haben, die engen Arteriolen. Wie schon erwähnt, tritt die Sklerose hauptsächlich in den Arterien des Herzens, des Gehirns und in der Aorta auf. Es ist lebenswichtig, dass Herz und Gehirn gut funktionieren. Aber gerade die Blutversorgung dieser Organe erleidet durch die Arteriosklerose den meisten Schaden, besonders im Alter.

Können Konzentrationsstörungen oder Vergesslichkeit frühe Symptome der Arteriosklerose sein?
Theoretisch ja. Es besteht die Möglichkeit, dass sie ein Anzeichen für Sklerose der Gehirnarterien sind. Doch man sollte dabei nicht vergessen, dass solche Symptome bei vielen Erkrankungen des Nervensystems vorkommen oder auch einfach nur ein Anzeichen für Überarbeitung sein können.

Welche geografischen und klimatischen Bedingungen sind für Arteriosklerosepatienten am besten?
Am besten sind Mittelgebirge (800 bis 1000 m) oder Küste. Vom Aufenthalt im Hochgebirge ist vor allem abzuraten, weil dort eine geringere Sauerstoffkonzentration in der Luft herrscht. Besonders bei Patienten mit fortgeschrittenen Läsionen macht sich dies negativ bemerkbar. Aber auch der Blutdruckanstieg durch das Nachlassen des atmosphärischen Drucks in der Höhe ist für sie schädlich.

Was sind Risikofaktoren für Arteriosklerose?
Es gibt eine ganze Reihe fördernder sog. „Risikofaktoren". Die wichtigsten sind: zu hoher Gehalt des Blutes an fettartigen Substanzen (Cholesterinspiegel), zu hoher Blutdruck, psychische Stresssituationen und krankhafte Veränderungen der Blutgerinnungsfähigkeit. Ein zu hoher Blutfettgehalt ist wohl der ausschlaggebende Faktor und gleichzeitig der am einfachsten zu bekämpfende – wenigstens bis zu einem gewissen Grad. Man sollte bedenken, dass allein in einem Wohlstandsland wie den Vereinigten Staaten in der letzten Zeit jährlich etwa eine Million Menschen an Herz- und Gehirnerkrankungen starben. Die meisten dieser Todesfälle sind auf die Folgen einer Arteriosklerose zurückzuführen. Eingehende und ausgedehnte Forschungsarbeiten der letzten Jahre lassen deutlich erkennen, dass ein ursächlicher Zusammenhang zwischen einem hohen Anteil bestimmter fettartiger Substanzen in der Nahrung und im Blut einerseits und dem Auftreten einer zur Arteriosklerose führenden Arterienverfettung andererseits besteht. Es wird vielleicht unmöglich sein, die Krankheit gänzlich auszurotten. Die Anzahl der Todesfälle jedoch wäre mit durchgreifenden Vorsorgemaßnahmen durchaus zu verringern. Die Forschungsarbeit auf verschiedenen Gebieten der Wissenschaft lieferte viele wichtige Informationen.

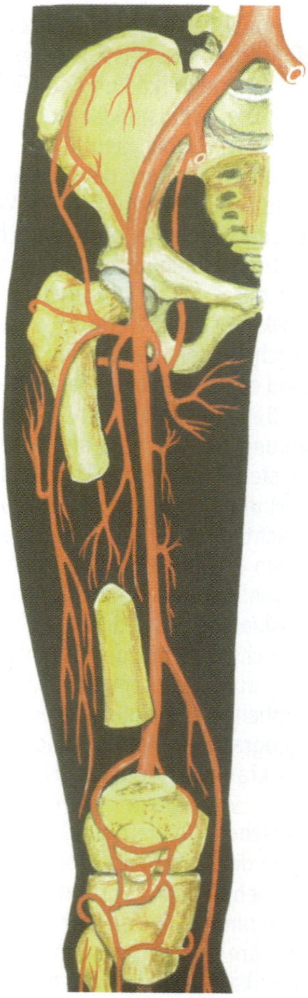

Die wichtigsten Schlagadern der oberen Gliedmaße

Fettsäuren. Manche Margarinearten jedoch werden einer Spezialbehandlung unterzogen, bei der die cholesterinspiegelerniedrigenden Fettsäuren erhalten bleiben. Man kann also nicht einfach sagen, jegliche fettartige Substanz im Blut erhöhe den Cholesterinspiegel.

Prophylaxe

Bei der Prophylaxe der Arteriosklerose, der Empfehlung von Vorsorge- und Verhütungsmaßnahmen, bei der eine ausgewogene Ernährung von grund-

Die wichtigsten Schlagadern des Unterschenkels

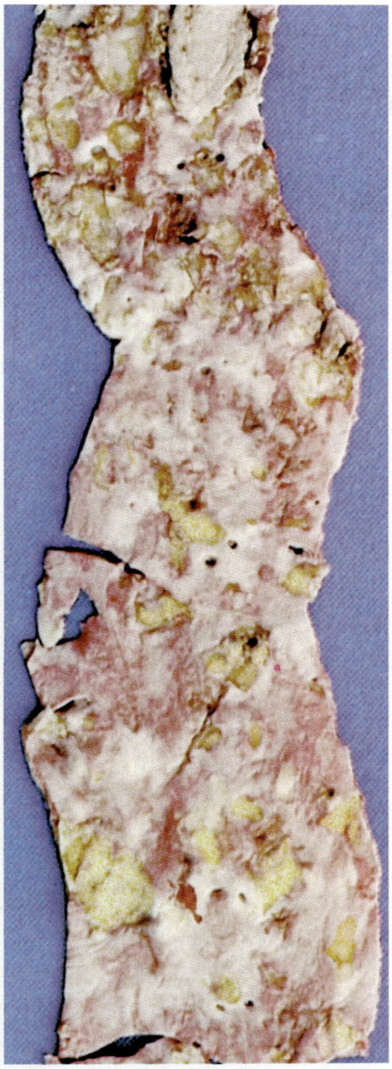

Ulzeröse Plaques und Thromben in den Innenflächen der aufgeschnittenen Aorta abdominalis

legender Bedeutung ist, muss also nicht nur auf eine Einschränkung der cholesterinhaltigen Nahrungsmittel geachtet werden, sondern auch auf ein ausgewogenes Verhältnis der Fette. Bei der Untersuchung möglicher Arterioskleroseursachen nahmen die fettartigen Substanzen in Blut und Nahrung eine zentrale Stellung ein. Es hat sich jedoch herausgestellt, dass es sich um einen sehr komplizierten Prozess handelt, bei dem neben den Gefäßveränderungen auch Blutdruck, Blutgerinnung, psychische Spannungszustände, mangelnde Körperbewegung, ein zu hohes Körpergewicht und noch viele andere Faktoren eine wichtige Rolle spielen.

Es ist deshalb immer daran zu denken, dass am Entstehen einer Arteriosklerose nicht nur ein oder zwei Faktoren, sondern mehr oder weniger stark ausgeprägte Kombinationen beteiligt sind.

Im Grunde sind alle zusammengenommen die auslösenden Ursachen der Arterienverkalkung und damit auch des Herzinfarkts und der Hirnblutungen.

Arthrose

Definition

Arthrosen sind Gelenkerkrankungen, die durch die Verdünnung des Gelenkknorpels und die Entstehung von Knochenwucherungen an den Gelenkrändern (Randosteophyten) gekennzeichnet sind. Arthrose tritt an belasteten und bewegten Gelenken auf, die

- schlecht stehen,
- zu stark oder einseitig belastet werden,
- durch einen Unfall oder eine Entzündung beschädigt worden sind,
- schwach gebaut sind.

Mikroskopische Darstellung von Knochengewebe; bei Arthrose wuchern die Knochen manchmal an den Gelenkenden

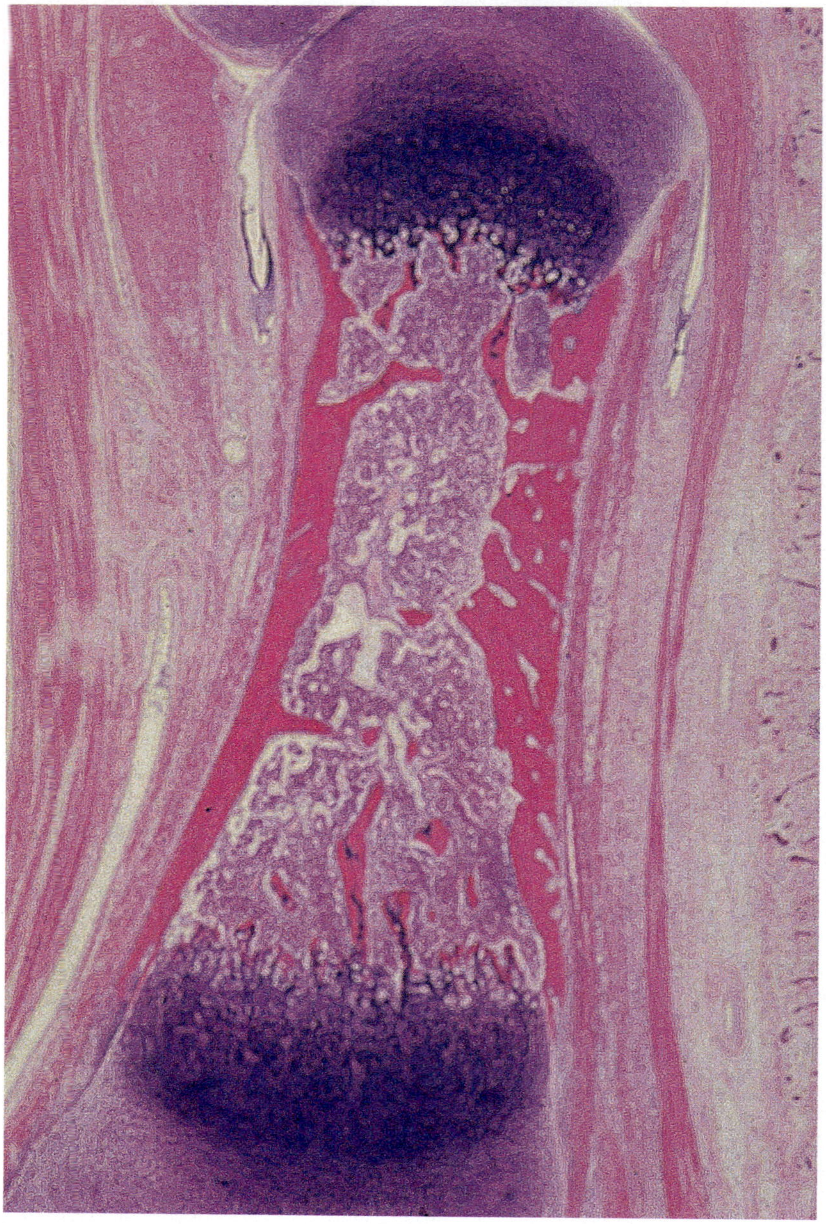

Vorkommen

Im Allgemeinen treten Arthrosen im späteren Lebensalter auf, obwohl die ersten Anzeichen für eine Schädigung des Gelenks bereits bei 20- bis 30-jährigen zu beobachten sind. Die Symptome sind ein feines Knirschen, wie beim Zusammendrücken eines Schneeballs, und Schmerzen. Dieser Schmerz tritt meist bei Beginn der Bewegung ein und wird daher Anfangsschmerz genannt. Später wird das Gelenk lockerer und der Schmerz lässt nach.

Arthrose kann an mehreren Gelenken gleichzeitig auftreten (Polyarthrose).

Meistens zeigt sie sich an einem oder zwei größeren Gelenken: Schultern, Handgelenken, in den Knien, Ellbogen, Hüften oder der Wirbelsäule, außerdem zwischen dem Grundglied des großen Zehs und dem Köpfchen des ersten Mittelfußknochens. Bei Arbeitern, die mit den Armen und Schultern schwere Arbeit verrichten müssen, tritt sie vor allem in den Handgelenken, Ellbogen und Schultern auf. Pressluftbohrer und -hämmer sind in diesem Zusammenhang als hauptsächliche Ursachen bekannt. Hochleistungssport von Berufsfußballspielern zieht unter anderem durch die große Zahl von Unfällen häufig eine Arthrose nach sich. An der Wirbelsäule sind es vor allem die beweglichen Hals- und Lendenabschnitte, die nach dem 50. Lebensjahr häufig von Arthrose betroffen werden.

Beim Patienten zeigt sich Anfangsschmerz, indem die Beweglichkeit des betroffenen schmerzenden Gelenks geringer wird. Bei O-Beinen kommt es

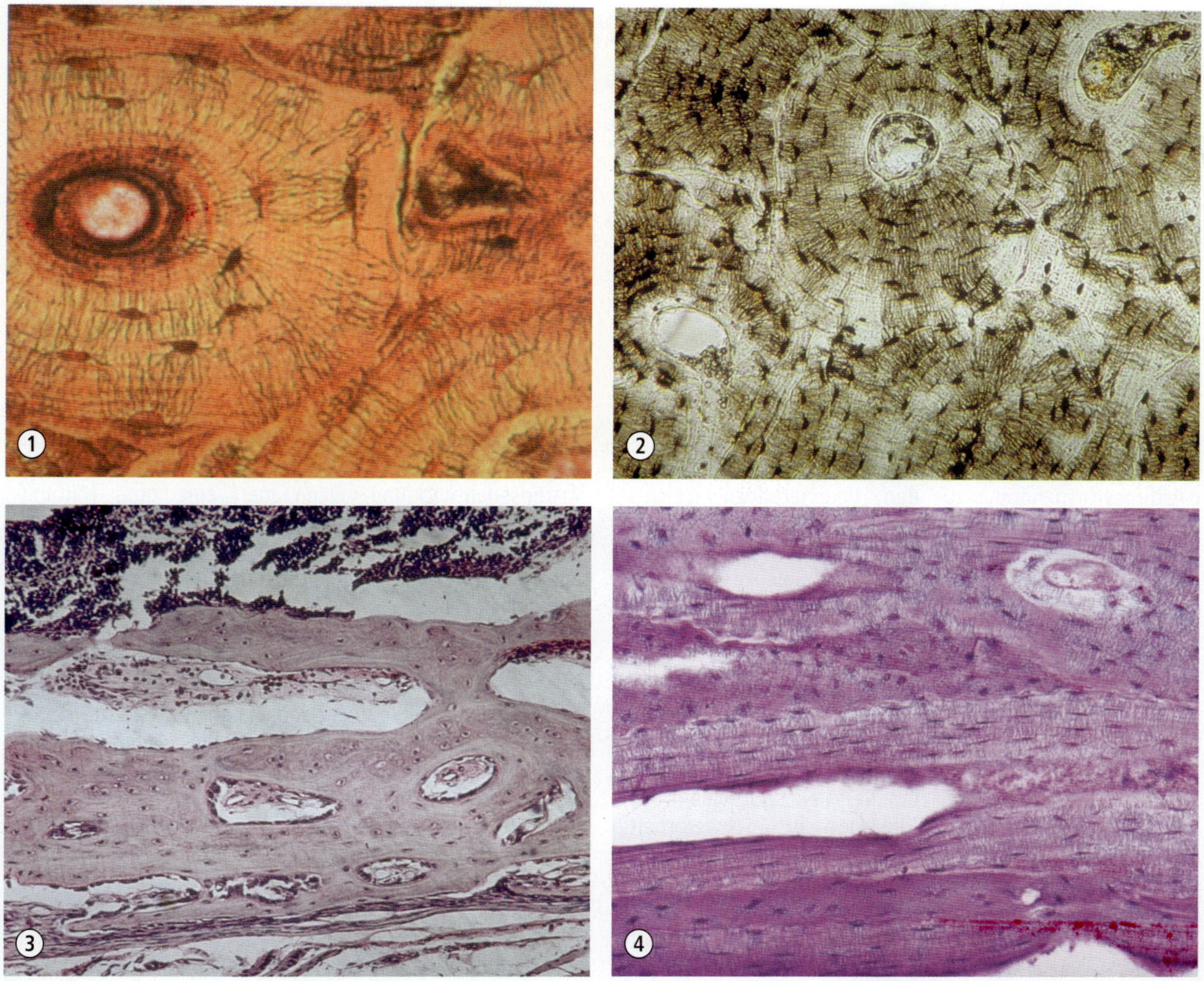

Mikroskopische Darstellung von Knochengewebe; Arthrose beginnt möglicherweise mit einer Veränderung jener Zellen, die die Knorpelbestandteile aufbauen. 1 – normales histologisches Bild; 2, 3 und 4 – Arthrose

zu einer Kniearthrose mit Schmerzen an der Innenseite (medialen Seite), bei X-Beinen an der Außenknieseite (lateralen Seite). An der Hüfte z.B. ist eines der ersten Anzeichen für Arthrose, dass man Schwierigkeiten hat, sich selbst die Zehennägel zu schneiden oder die Schuhe anzuziehen. Man sitzt auch nicht mehr gerne auf niedrigen Stühlen.

Behandlung

Es gibt kein pharmazeutisches oder physikalisches Mittel, das die durch Arthrose angerichteten, Schäden wiedergutmachen könnte. Die degenerativen Veränderungen der Gelenke sind nicht reversibel. Die verschiedenen medikamentösen und physikalischen Therapien zielen darauf ab, den degenerativen Prozess zu verlangsamen. Oft gelingt es auch, die Beschwerden für lange Zeit erheblich zu mildern.

Im Frühstadium besteht die Behandlung aus: Gewichtsabnahme, Wärme- und Bewegungstherapie, schmerzstillende und antirheumatische Mittel, Benutzung eines Gehstocks, die Vermeidung von längerem Stehen und Gehen, Benutzung von Stützapparaten, Ausgleich eventueller Verkürzungen durch Schuhsohlenerhöhung. Früher ging man häufig zu einer operativen Versteifung des angegriffenen Gelenks über (Arthrodese).

Bei sehr steifen, fast völlig zerstörten Hüftgelenken werden diese ganz ersetzt. Hierbei wird nach Entfernung des alten, missgebildeten Kopfes ein rostfreier, stählerner Oberschenkelknochenkopf mit Plastikzement in der Markhöhle des Oberschenkelknochens befestigt. Anschließend wird eine neue, rostfreie, stählerne, plastiküberzogene Pfanne in das Becken eingesetzt. Die Patienten, die jahrelang unter starken Schmerzen gelitten haben, stehen dieser modernen Operationsmethode sehr positiv gegenüber. Das gute Funktionieren der neuen Gelenke hängt von der Heilung des entstandenen Kapselrisses und den Muskeln ab, die durch das langwierige Leiden ungeübt

Wichtige Fragen und Antworten zu Arthrose

Was sind Arthrosen?
Arthrosen sind Gelenkerkrankungen, die durch das Dünnerwerden des Gelenkknorpels und die Entstehung von Knochenwucherungen an den Gelenkrändern (Randosteophyten) gekennzeichnet sind. Arthrose tritt an belasteten und bewegten Gelenken auf, die

- schlecht stehen,
- zu stark oder einseitig belastet werden,
- durch einen Unfall oder eine Entzündung beschädigt worden sind,
- schwach gebaut sind.

Wann entstehen Arthrosen?
Arthrosen gehören zu den degenerativen Gelenkerkrankungen. Sie entstehen, wenn ein Form-Funktions-Problem vorliegt, das heißt ein Missverhältnis zwischen Beschaffenheit und Beanspruchung der Gelenke. Es handelt sich also um eine Abnutzungserscheinung.

Wie teilt man die Arthrosen grundsätzlich ein?
Grundsätzlich werden die Arthrosen eingeteilt in:

- Primäre Formen, die durch direkte oder indirekte Überbeanspruchungsschäden entstehen. Unter direkte Überbeanspruchung fallen zum Beispiel: sportliche Überbelastungen, hohes Körpergewicht, Schwerarbeit. Indirekte Überbelastung besteht bei Alterung und Stoffwechselstörungen.

- Sekundäre Formen dieser Erkrankung entstehen nicht durch Überbeanspruchung, sondern resultieren eher aus anatomischen Baufehlern oder anderen vorangegangenen Gelenkerkrankungen.

Wie häufig treten Arthrosen auf?
Im Allgemeinen treten Arthrosen im späteren Lebensalter auf, obwohl die ersten Anzeichen für eine Schädigung des Gelenks bereits bei 20- bis 30-jährigen zu beobachten sind. Die Symptome sind ein feines Knirschen, wie beim Zusammendrücken eines Schneeballs, und Schmerzen. Dieser Schmerz tritt meist bei Beginn der Bewegung ein und wird daher Anfangsschmerz genannt. Später wird das Gelenk lockerer und der Schmerz lässt nach.
Arthrose kann an mehreren Gelenken gleichzeitig auftreten (Polyarthrose).

Was sind wichtige Symptome einer Arthrose?
Beim Patienten zeigt sich Anfangsschmerz; die Beweglichkeit des betroffenen schmerzenden Gelenks wird geringer. Bei O-Beinen kommt es zu einer Kniearthrose mit Schmerzen an der Innen- (medialen) Seite, bei X-Beinen an der Außen- (lateralen) Knieseite. An der Hüfte z.B. ist eines der ersten Anzeichen für Arthrose, dass man Schwierigkeiten hat, sich selbst die Zehennägel zu schneiden oder die Schuhe anzuziehen, und dass man nicht gerne auf niedrigen Stühlen sitzt.

Wat sind die Aussichten bei der Arthrose?
Die meisten davon betroffenen Patienten brauchen nicht zu befürchten, dass sie bettlägerig, schwerbehindert oder verkrüppelt werden.

Kann man der Arthrose vorbeugen?
Eigentlich nicht. Es trägt jedoch sehr zur Vorbeugung von Abnutzungserscheinungen bei und vermindert die Gefahr der Artrhosenentwicklung, wenn man eine gute Haltung beibehält, Plattfüße und andere orthopädische Defekte korrigieren lässt, nicht fettleibig wird, viel Bewegung hat, sich richtig ernährt, vernünftig lebt und ganz allgemein auf seine Gesundheit achtet.

Kann die Arthrose gebessert oder geheilt werden?
Hilfe bringen können physikalische Behandlung, Gewichtsabnahme, entzündungshemmende Medikamente bei entzündlichen Veränderungen in Gelenken und Anweisungen, die sich auf die Vermeidung einer Belastung der betroffenen Gelenke beziehen. Ferner lassen sich mit Wiederherstellungsoperationen manche Deformierungen, die die Folge des arthrotischen Prozesses sind, beheben.

Was haben die Knoten, die oft an den Endgelenken der Finger zu sehen sind, zu bedeuten?
Es sind arthrotische Knoten, die manchmal Versteifung und Schmerzen verursachen, aber keine schwere Verkrüppelung der Finger zur Folge haben.

Können die Ärzte auch Gelenke ersetzen?
Vor allem Hüft- und Kniegelenk lassen sich durch ein künstliches Gelenk ersetzen. Die Operation ist meist sehr erfolgreich. Beweglichkeit und Funktion des Gelenks werden fast immer unverzüglich besser, und auch die Schmerzen lassen deutlich nach.

Was soll ich selber tun?

- Die betroffenen Gelenke sanft bewegen, vorzugsweise im Schwimmbad.
- Massage des Gelenks und des umgebendes Gewebes durch einen Therapeuten.
- Heizkissen oder feuchtwarmes Tuch auf das Gelenk legen.
- Normalgewicht halten, damit die Gelenke nicht unnötig belastet werden.
- Festes Schuwerk tragen.

sind. Die wichtige Aufgabe des Physiotherapeuten ist hierbei, dem Patienten die nötige passive und aktive Übung zu geben und durch Bewegungs- und Atemübungen Lungenentzündungen, Gelenksteifigkeit und Thrombose der Beingefäße zu verhindern. Der Erfolg der Operation hängt in starkem Maße von der Haltung des Erkrankten ab. Der bereitwillige, aktive Optimist wird schneller und vollständiger genesen als der negativ eingestellte, bereits zu lange an seiner Krankheit leidende Patient.

Die operativen Möglichkeiten zur Behandlung von Arthrosen haben sich in den letzten Jahren stark verbessert. Im Allgemeinen beginnt man jedoch mit nichtoperativen Maßnahmen und führt nur dann eine Operation durch, wenn kein anderer Ausweg mehr bleibt.

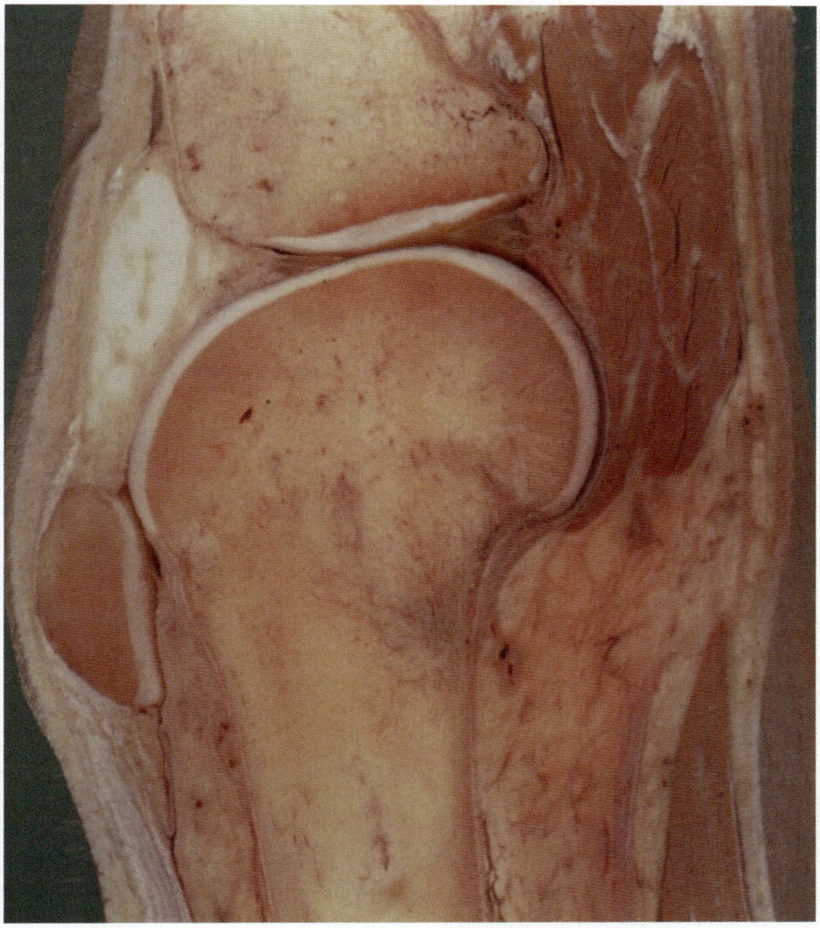

Längsschnitt des menschlichen Kniegelenks; oben: Oberschenkelknochen; unten: Unterschenkelknochen.

Hüftgelenkarthrose

Arthrose der Hüfte kommt vor:

- aufgrund einer angeborenen Anomalie, einer Minderwertigkeit des Hüftgelenks (kongenitale Dysplasie)
- aufgrund einer während der Entwicklung entstandenen Minderwertigkeit
- aufgrund einer früheren Entzündung des Hüftgelenks
- aufgrund einer Beschädigung des Gelenks infolge einer Verletzung
- häufig aus unbekannten Ursachen (idiopathische oder primäre Arthrosis deformans)

Sagittales Kernspintomogramm des Beckens; links: Arthrose des Hüftgelenks.

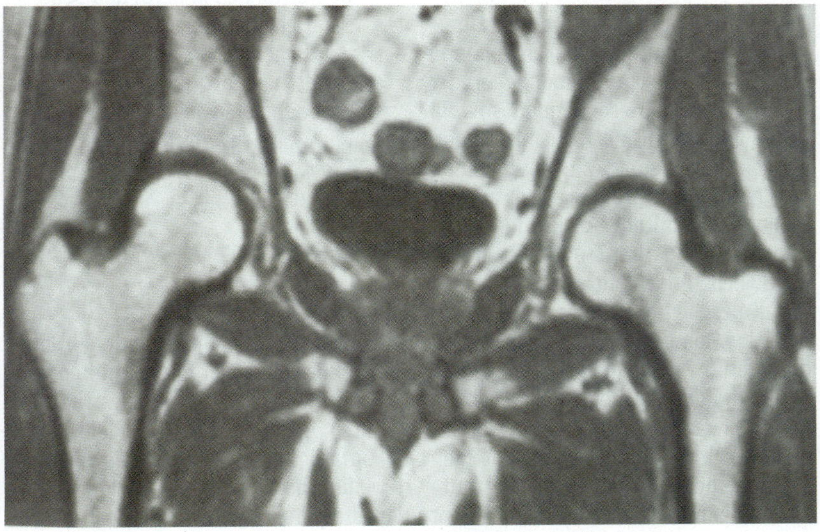

Die Erkrankung tritt zwischen dem 30. und 70. Lebensjahr mit zunehmender Häufigkeit auf, um danach wieder seltener zu werden. Das Alter und die verminderte Tätigkeit der endokrinen Drüsen – vor allem die Frau wird nach den Wechseljahren durch den Ausfall der Eierstöcke an Gewicht zunehmen – spielen zweifellos bei der Entstehung von Hüftgelenkarthrose eine Rolle. Die Ursache ist fast immer ein Missverhältnis zwischen der Beanspruchung und der Leistungsfähigkeit des Gelenkgewebes.

Dieses Krankheitsbild findet sich häufig bei älteren Leuten. Meist ist hierfür keine andere Ursache zu erkennen als

das Alter selbst. Charakteristisch für diese Form der Hüftgelenkarthrose sind das Fehlen von typischen Randwucherungen, die starke Verringerung der Knochenmasse und die große Neigung zur Versteifung. Der Schmerz und die Steifigkeit der Hüfte entwickeln sich sehr langsam. Das Biegen bleibt fast immer uneingeschränkt möglich. Meistens ist die Drehbewegung des Beines nach außen beschränkt. Häufig erkennt man die Erkrankung nur daran, dass beim Liegen und Stehen die Kniescheibe nach außen gedreht ist.
Der Schmerz tritt vor allem morgens auf, der so genannte Anfangsschmerz, und sitzt in der Leiste. Die Hüfte wird allmählich steif, das Anziehen der Schuhe, Fahrradfahren und langes Sitzen bereiten Schwierigkeiten. Falls nicht operiert wird, ist eine enge Zusammenarbeit zwischen Arzt, Patient und Physiotherapeut notwendig. Es muss ein Gleichgewicht zwischen Ruhe und Bewegung gefunden werden. Das Gelenk wird durch die Verwendung eines Gehstocks geschont. Die noch im Hüftgelenk vorhandene Bewegungsfreiheit muss unter Anleitung des Physiotherapeuten erhalten und möglichst erweitert werden.
Die hauptsächliche Indikation für eine Operation ist der starke Schmerz, der dem Patienten manchmal den Schlaf raubt.

Kniegelenkarthrose

Diese entsteht meistens durch Überlastung, bestimmte Anomalien im Stand des Kniegelenks und Unebenheiten der Gelenkflächen. Diese können sowohl angeboren sein als auch nach Beschädigungen durch Verletzung oder Infektion auftreten. Der Knorpel wird an der Stelle des größten Drucks dünn, der Knochen wird hart und es treten Randwucherungen auf.
Die Kniescheibe bekommt hierdurch eine eigentümliche Form. Die Beschwerden sind Schmerzen, Knirschen, Ermüdung und gelegentlich Schwellung des Gelenks. Durch Verlust des Knorpels bilden sich gelegentlich Risse in den Kniescheiben. Auch hier ist eine gute Zusammenarbeit zwischen Arzt, Patient und Physiotherapeut ein wesentlicher Faktor der Behandlung. Vor allem am Anfang stehen Übungen ohne Belastung, Ruhe, Wärme und andere Formen von Physiotherapie im Vordergrund. Der Chirurg kann sich eventuell in einem späteren Stadium zur Entfernung loser Knorpelstückchen und zum Durchschneiden der Nervenenden (zur Beseitigung des Schmerzes) entschließen. Von großer Wichtigkeit ist auch hier, dass übergewichtige Patienten rasch abnehmen.

Arthrose der Wirbelsäule

Die Arthrose der Wirbelsäule (Spondylarthrose) gehört zu den degenerativen (verschleißbedingten) Erkrankungen der Wirbelsäule und beschreibt ein Komplex verschiedener Krankheitszeichen bei fortgeschrittener Abnutzung der kleinen Wirbelgelenke.
Die Spondylarthrose kann entweder als eigenständiges, führendes Krankheitsbild auftreten, dann spricht man von einem Facettensyndrom, oder wiederum Verursacher anderer Krankheitsbilder sein (z.B. Spinalkanalstenose, Wurzelkompressionssyndrom).

Ursache

Die Spondylarthrose ist eine erworbene Alterskrankheit.
Zu den Ursachen ihrer Entstehung gehören:

- Überlastungen in Beruf und Sport
- Bandscheibendegenerationen
- Bandscheibenverschleiß
- Bandscheibenvorfall
- Wirbelsäuleninstabilitäten
- Wirbelsäulenverformungen
- Skoliose
- Hyperlordose
- Hohlkreuz
- Rheuma
- Übergewicht
- Muskelschwäche

Schwere körperliche Arbeit (viel Heben und Bücken) fördert das Auftreten einer Spondylarthrose der Lendenwirbelsäule durch gesteigerten Verschleiß. Überkopfarbeiten, wie beispielsweise bei Malerarbeiten, kann durch die gesteigerte Belastung der Wirbelgelenke bei der Reklination (nach oben schauen, Rückbeugen) zu einer Spondylarthrose der Halswirbelsäule führen.
Instabilitäten und Verkrümmungen der Wirbelgelenke führen zu einem erhöhten Knorpelabrieb durch eine krankhaft erhöhte Gelenkbeweglichkeit oder einer verkrümmungsbedingten Fehlbelastung.
Rheumatische Erkrankungen können sich auch an der Wirbelsäule abspielen und dann zu einem frühzeitigen Wirbelgelenkverschleiß führen.

Symptome

Die Beschwerden, die durch eine Spondylarthrose hervorgerufen können, sind vielfältig und wenig charakteristisch. Das macht die Diagnose einer Spondylarthrose so schwierig. Da es sich um eine degenerative Erkrankung handelt, spielen für das Schmerzgeschehen meistens auch andere Erkrankungen, beispielsweise der Bandscheiben, Muskeln oder Bänder eine Rolle.
Im Gegensatz zu einem Bandscheibenvorfall, der an der gleichen Position auftretend, bei verschiedenen Menschen gleiche, reproduzierbare Beschwerden auslöst (z.B. Reflexausfall, Lähmung, Gefühlsstörungen), kann ein Facettensyndrom, auch wenn es sich um den gleichen Wirbelsäulenabschnitt handelt, bei verschiedenen Menschen unterschiedliche Krankheitszeichen (Symptome) hervorrufen.
Dennoch gibt es einige Charakertistika, die an das Vorliegen einer Spondylarthrose denken lassen. Dazu gehören:

- ▲ Tiefsitzender Rückenschmerz (Lumbago), der v.a. bei Belastung und im Tagesverlauf zunimmt und im Liegen sich bessert. Eine Lumbago muß ist in der Regel ein akutes Ereignis auf der Grundlage einer verschleißbedingten Veränderung der Wirbelsäule.
- ▲ Schlecht zu beschreibender, dumpfer Schmerz.
- ▲ Bewegungseinschränkung der Lendenwirbelsäule (morgentliches Steifheitsgefühl).
- ▲ Rückenschmerzen mit Ausstrahlung in das Gesäß, die Leiste und/oder die Beine, wobei der Schmerz nur selten

bis über die Kniegelenksregion ausstrahlt (pseudoradikuläre Ausstrahlung) und keiner Nervenwurzel zuzuordnen ist (Wurzelsyndrom; radikuläre Ausstrahlung).
- ▲ Rückenschmerzen stärker als Beinschmerzen (im Gegensatz zum Bandscheibenvorfall).
- ▲ Schmerzverstärkung bei Reklination (Rückbeugen) des Rumpfes.
- ▲ Federungsschmerz über den Wirbelgelenken.
- ▲ Rückenschmerzen beim Anheben des gestreckten Beines im liegen.
- ▲ Gefühlsstörungen (Mindergefühl = Hypästhesie) oder Missempfindungsstörungen (Parästhesien) der Beine können vorkommen (z.B. Brennen, Ameisenlaufen, Kältegefühl), sind aber eher seltener anzutreffen.
- ▲ Muskelverspannungen

Alle oben genannten Symptome sind mehr oder weniger typisch und können bei einer Spondylarthrose vorkommen, müssen es aber nicht. Auch können einzelne dieser Symptome ganz im Vordergrund stehen.

Im Frühstadium besteht die Behandlung aus: Gewichtsabnahme, Wärme- und Bewegungstherapie

Diagnostik

Die Krankengeschichte (Anamnese) der Patienten und das beschriebene Beschwerdebild sind Richtung weisend. Auch die körperliche Untersuchung mit Ausschluss einer Wurzelreizsymptomatik, Druckschmerzen über den Wirbelgelenken (Federungsschmerz), Schmerzverstärkung bei Reklination und Bewegungseinschränkung der Lendenwirbelsäule liefert wichtige Hinweise für die Diagnose des Krankheitsbildes. Bildgebende Verfahren helfen hier die Erkrankung und deren Ausmaß zu diagnostizieren.

■ *Röntgen und CT/MRT*

Prinzipiell lässt sich die Röntgenaufnahme der Wirbelsäule als Bild gebende Basisdiagnostik bezeichnen. Über die Röntgenbilder erhält der behandelnde Arzt einen Einblick in die Wirbelsäulenhaltung. Darüber hinaus können knöcherne Veränderungen (Kalksalzminderung, Wirbelsäulenverkrümmungen, ein Wirbelkörperbruch, Wirbelgelenkarthrosen/Spondylarthrose, Wirbelkörperanbauten) und Bandscheibenerniedrigungen erkannt werden.

Nicht zu erkennen ist auf einer Röntgenaufnahme hingegen, inwieweit es durch die Wirbelgelenkarthrose zu einer Bedrängung von Nervenstrukturen kommt.

Hierfür sind Schnittbildverfahren wie CT (Computertomographie) und MRT (Magnetresonanztomographie) notwendig, die durch ihre Schnittführung die Weite des Wirbelkanals und die Spinalnerven in verschiedenen Ansichten darstellen können.

Keines der genannten Verfahren ist hingegen beweisend für eine Spondylarthrose. Selbst bei eindeutigem Nachweis einer Wirbelgelenkarthrose ist nicht gesagt, dass diese Bilddiagnose auch die Beschwerdeursache ist.

Zur weiteren Diagnostik eignen sich deshalb Probeinfektionen in die Wirbelgelenke.

Therapie

Die Therapie der Spondylarthrose ist fast immer konservativ. Da es keine kausale Therapie für eine fortgeschrittene Wirbelgelenkarthrose gibt, steht die Schmerz- und Physiotherapie im Vordergrund der Behandlung.

Hierzu gehören:
- ▲ Medikamentöse Schmerztherapie (NSAR, Opiatderivate etc.).
- ▲ Naturheilmittel, besonders ist hierbei die Teufelskralle zu nennen. Die Teufelskralle kann bei leichten Schmerzen allein und bei stärkeren Schmerzen zur Unterstützung der bestehenden Therapie eingesetzt werden. Die Teufelskralle soll die Symptome der Rückenschmerzen vermindern.
- ▲ Physikalische Schmerztherapie (Stromtherapie, Ultraschall, Wärme etc.).
- ▲ Infiltrationstherapie (Wirbelgelenkinfiltrationen, Nervenblockaden, Periradikuläre Therapie, Triggerpunktinfiltrationen).
- ▲ Koagulationsbehandlung der Wirbelgelenke.
- ▲ Mobilisierende, stabilisiernde Krankengymnastik und Rückenschule.
- ▲ Entlordosierendes Mieder.

Eine genaue Diagnostik, die Auslotung der optimalen Therapie und eine ausreichende Schmerztherapie, sind in fortgeschrittenen Fällen am besten während eines stationären Aufenthaltes möglich.

Den größten, nicht invasiven schmerztherapeutischen Effekt, besitzen Injektionen (Spritzen), die direkt in oder an die kleinen Wirbelgelenke injiziert werden.

Asthma bronchiale

Definition

Asthma oder Bronchialasthma ist eine in Anfällen auftretende Verengung der kleinen Luftröhrenverzweigungen (Bronchien und Bronchiolen), die zu Atemnot und Luftmangel führt. Die Krankheit ist von Arzt und Laien leicht zu diagnostizieren. Frühzeitiges Erkennen ist wichtig, da dann eine gezielte Behandlung bleibende Schäden der Atmungsorgane verhindern kann. Für die Bronchiolenverengung bei Asthma spielen folgende Faktoren eine Rolle:

- Spasmus der kleinen Muskeln der feinsten Luftröhrenverzweigungen
- Schwellung (Ödem) – Flüssigkeit im Gewebe der Schleimhäute – in den Bronchialästchen
- vermehrte Schleimbildung in den Luftwegen

Alle diese Faktoren behindern den Durchgang der Luft in den Atemwegen und verursachen Atemnot.

Asthma-auslösende Faktoren

Wichtige Faktoren sind:

■ *Erbfaktoren*
Asthmaanfälle treten meist in der es mehrere Asthmapatienten gibt.

■ *Allergie*
Unter einem Allergen versteht man jede Substanz, die eine allergische Reaktion auslöst, wenn sie in einen sensibilisierten Organismus gelangt. Viele Asthmakranke sind gegen Stoffe allergisch, die sie einatmen, mit der Nahrung zu sich nehmen oder aber mit denen sie Hautkontakt haben. Beim Asthma sind dies am häufigsten Inhalationsallergene, besonders Pollen anemophiler Pflanzen, Pilzsporen, Tierhaare und Hautparasiten.

■ *Infektion*
Inwieweit Infektionen bei der Asthmaentzündung eine Rolle spielen, ist noch nicht geklärt. Fest steht jedoch, dass sich bei vielen Patienten das Asthma während einer Infektionskrankheit der Luftwege verschlechtert. Meistens handelt es sich dabei um Virusinfektionen.

■ *Berufsbedingte Faktoren*
Besonders Stoffe, die in der chemischen Industrie zur Anwendung kommen, können Asthma auslösen. Theoretisch kann man gegen jede am Arbeitsplatz vorhandene Substanz eine Allergie entwickeln, daher gibt es auch in allen Berufssparten Fälle von professionell bedingtem Asthma.

■ *Elastizitätsverlust der Lungen*
Auf rein mechanischer Grundlage (vor allem bei relativ geringer Einengung der Luftwege) kann besonders körperliche Anstrengung zu einer erheblichen Behinderung der Ausatmung (Exspiration) führen.

■ *Erhöhte Reaktionsbereitschaft der Luftwege*
Bei Asthmakranken gibt es eine erhöhte Reaktionsbereitschaft der Luftwege auf Reize mit Histamin oder Azetylcholin. Dieses Symptom ist mehr oder weniger typisch für Asthma.

■ *Luftverschmutzung*
Im Allgemeinen und besonders in Form von Smog verstärkt Luftverschmutzung eine bestehende Asthmaerkrankung. Rauchen ist die häufigste Art der Luftverschmutzung in den Luftwegen und der Lunge. Manche Patienten bekommen Asthma vom Aufenthalt in Regionen, wo hohe Luftverschmutzung herrscht. Besonders in städtischen Ballungsräumen und Industriegebieten kann das in längeren windstillen Perioden oder bei thermischer Inversionslage der Fall sein.

■ *Körperliche Anstrengung*
Auch intensive körperliche Betätigung kann an einem Asthmaanfall schuld

Die Brusthöhle mit dem Bronchialsystem der Lungen

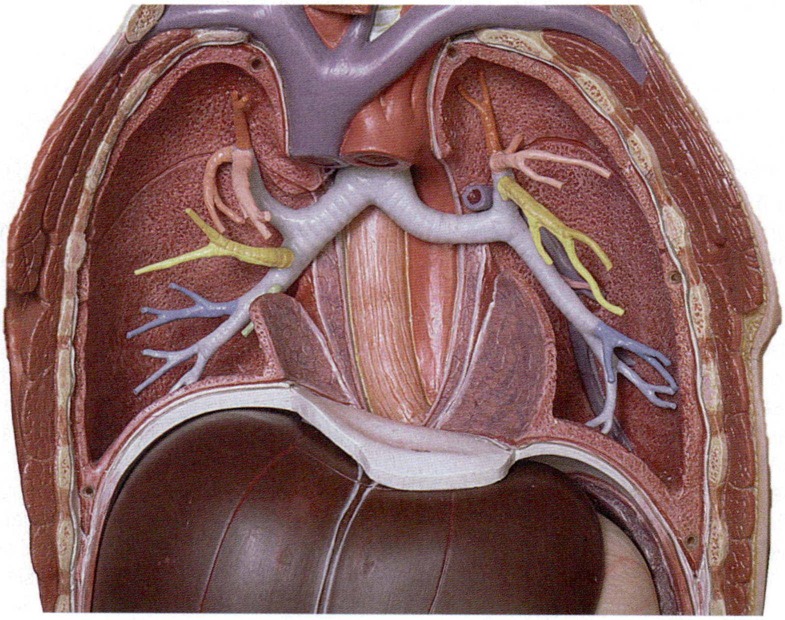

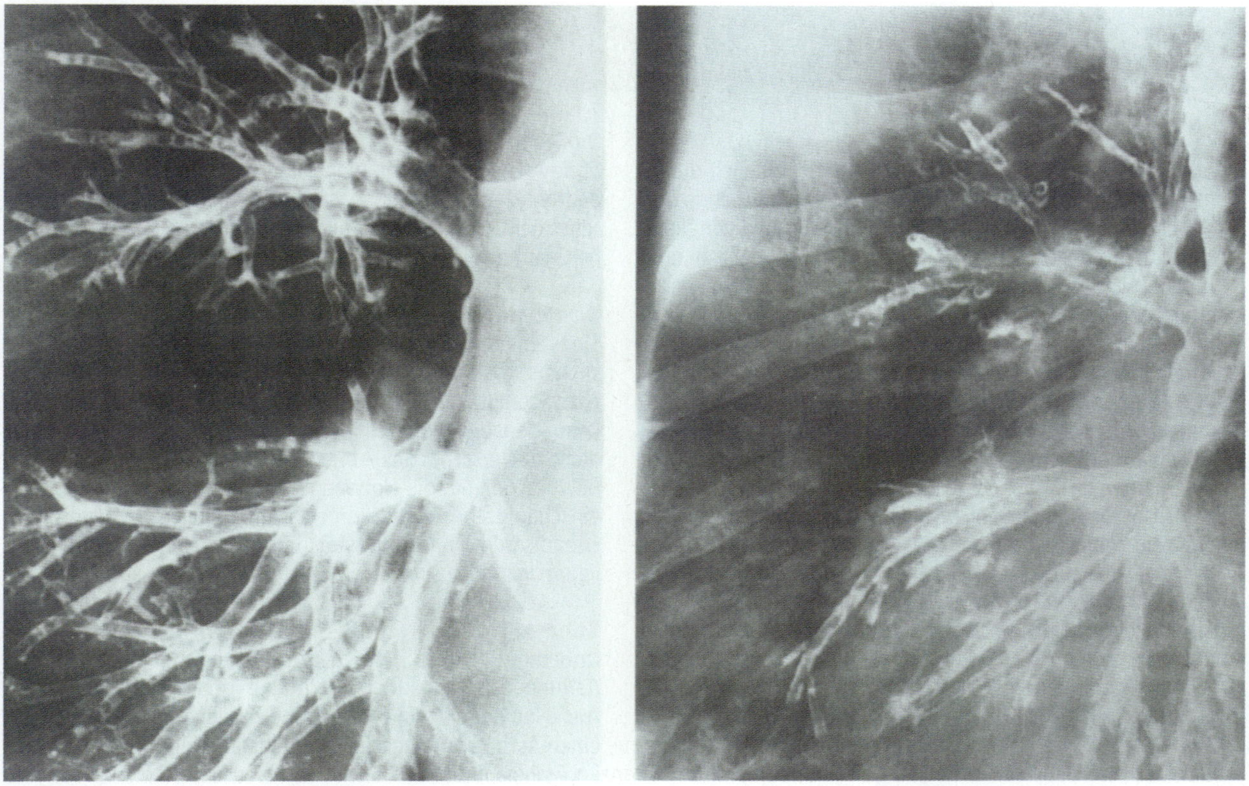

Bronchoskopie bei Asthma; erweiterte Bronchien

sein. Dieses Problem ist besonders schwer bei Patienten im Kindesalter zu behandeln, da man bei ihnen naturgemäß wenig Einsicht vorfindet, wenn man sie bei ihren Aktivitäten (Spiel, Laufen usw.) einschränken will.

■ *Psychische Faktoren*

Dass Gefühle wie Angst oder Wut einen Asthmaanfall auslösen können, ist allgemein bekannt. Man nimmt jedoch an, dass in solchen Fällen schon eine Tendenz zur Asthmaerkrankung vorhanden ist. Man hat noch nicht ausreichend Klarheit darüber erlangt, wie der Zusammenhang zwischen bestimmten Persönlichkeitsmerkmalen, psychischen Traumata und Asthma gelagert ist. Doch ein im Bereich der Psyche liegender Mechanismus wird in zumindest der Hälfte aller Fälle (besonders bei Kindern) vermutet.

■ *Hormonelle Faktoren*

Männer leiden an Asthmaanfällen wesentlich häufiger als Frauen. Asthmakranke Kinder werden während der Pubertät erheblich seltener von Asthmaanfällen heimgesucht. Im Übrigen manifestiert sich Asthma in vielen Fällen erst nach der Pubertät. Weibliche Asthmakranke geben häufig eine Verschlechterung ihres Zustandes kurz vor der Menstruation an, und bei manchen Frauen fallen Asthmabeschwerden und Menstruation regelmäßig zusammen. Asthma tritt vereinzelt auch während einer Schwangerschaft auf und verschwindet mit der Geburt wieder. Manchmal manifestiert sich die Krankheit auch erst in der Menopause (im Klimakterium).

■ *Acetylsalicylsäure und andere Medikamente*

Bei manchen allergischen Patienten kann die Einnahme von Aspirin einen Asthmaanfall auslösen. Allergische Reaktionen auf Medikamente können verschiedene klinische Bilder zeigen, unter anderem Dermatitis, Nesselausschlag mit intensiver Rötung und Juckreiz.

■ *Soziale Faktoren*

Asthma ist nicht an die sozialen Umstände gebunden. Ein Zusammenhang besteht jedoch zwischen Wohnverhältnissen und Erkrankung. Ein altes, feuchtes Haus hat zweifellos einen ungünstigen Einfluss auf ein bestehendes Asthmaleiden.

■ *Klimatische Einflüsse*

Auch Klima und Bodenbeschaffenheit können von Bedeutung sein. Viele Patienten sind beispielsweise in der Schweiz völlig beschwerdefrei. Fast alle Asthmapatienten reagieren auch auf die Luftfeuchtigkeit und Temperatur ihrer Wohnung, das heißt auf ihr Mikroklima.

Verlauf der Asthmaerkrankung

Der klassische Asthmapatient leidet in seinen ersten Lebensjahren an einem nässenden Ekzem. Vom dritten oder

Wichtige Fragen und Antworten zu Asthma bronchiale

Was genau ist Asthma?

Asthma ist eine Erkrankung der Atemwege, die sich durch unterschiedliche Reize rasch verengen können. Der Asthmatiker klagt über Husten, zähen Auswurf und vor allem Atemnot. Während eines Anfalls hört man Giemen und Pfeifen, weil die Atemluft durch die engen Atemwege herausgepresst werden muss.

Vielfach wird angenommen, dass Asthma oder Bronchialasthma immer allergisch bedingt sei, doch in Wahrheit liegt nur bei einem Drittel der Patienten eine Allergie vor. Bei einem weiteren Drittel resultiert die Asthmaerkrankung aus Komplikationen einer anderen Infektion der Atemwege. Diese Konstellation ist besonders bei sehr jungen und sehr alten Menschen häufig. Solche Infektionen können auch eher harmloser Natur sein.

Wie verbreitet ist Asthma?

Asthma gehört weltweit zu den häufigsten Krankheiten und nimmt weiter zu. 7 bis 15 Prozent der Bevölkerung leidet an Asthma, Kinder mehr als Erwachsene.

Wie reagiert die Bronchialschleimhaut bei Kontakt mit dem entsprechenden Allergen?

Die Bronchialschleimhaut von Betroffenen reagiert bei Kontakt mit dem entsprechenden Allergen mit Schwellung, Entzündung und verstärkter Schleimproduktion. Daraus ergibt sich das Hauptsymptom der Asthmaerkrankung: Atemnot- und Hustenanfall.

Was sind die Ursachen?

Allergien auf Pollen, Hausstaub und Haustiere sind die häufigste Ursache. Bei Erwachsenen lässt sich oft kein verantwortliches Allergen finden. Obwohl genetische Veranlagung eine Rolle spielt, sind Umweltfaktoren entscheidend.

Was sind die wichtigsten Symptome?

Das klinische Bild ist fast unverwechselbar: Anfälle von Atemnot überfallen den Patienten mitunter plötzlich, manchmal warnen auch leichtere Beschwerden wie Husten oder ein an eine Erkältung erinnerndes Krankheitsbild den Asthmatiker vor. Niesreiz, Bronchialkatarrh und ein drückendes Engegefühl um die Brust begleiten die Atembeschwerden. Solche Störungen treten immer zu denselben Gelegenheiten auf, wie zum Beispiel beim Betreten gewisser Lokale, bei bestimmten Gerüchen, beim Umgang mit einigen Materialien oder mit Tieren.

Die ersten Symptome des Asthmaanfalls werden vom Patienten im Allgemeinen deutlich bemerkt, er wird unruhig, ängstlich, depressiv und schläft schlecht.

Eines der frühesten Zeichen ist oft der Verlust des Geruchssinns, der erst gegen Ende des Anfalls wiederkehrt.

Die Asthmaattacke selbst beginnt mit trockenem Husten ohne Auswurf, beklemmender Enge um den Brustkorb und bedrohlichem Erstickungsgefühl. Der Patient bekommt dann regelrecht Angst, an Atemnot zu sterben, schnappt immer heftiger nach Luft.

Was genau ist Dyspnoe oder Atemnot?

Sie ist meist der Anlass für den Patienten, ärztliche Hilfe zu suchen. Dyspnoe hat nichts zu tun mit Tachypnoe, beschleunigtem Atmen, oder Hyperpnoe, zu tiefem Atmen.

Dyspnoe ist ein subjektives pathologisches Phänomen, das nicht nur erschwertes Atmen bedeutet, sondern auch das Bewusstsein um die Notwendigkeit, kräftiger zu atmen, mit einschließt. Diese Situation entsteht immer dann, wenn der Organismus mehr Sauerstoff benötigt, als die Lungen zu liefern imstande sind.

Kann auch die Psyche Asthma beeinflussen?

Unbedingt. Stress, Angst und Aufregung beeinflussen Asthma. Sie sind jedoch nicht die Ursache, sondern der Auslöser. Rege ich mich stark und regelmäßig auf, kann ich einen Asthmaanfall erleiden – selbstverständlich nur, wenn ich Asthma habe.

Was bedeutet Atemnot oder Dyspnoe bei Asthma?

Dyspnoe oder Atemnot ist stets Ausdruck einer schwerwiegenden Beeinträchtigung der Atemfunktion und muss daher immer als Alarmzeichen gewertet werden. Diese Atembeschwerden sind Anzeichen für eine mehr oder weniger gravierende Insuffizienz der Atmungsorgane.

Ist die Gefahr groß, an einem Anfall zu sterben?

Ein Asthmaanfall kann leider lebensbedrohlich sein und tödlich enden, obwohl Letzteres sehr selten zutrifft.

Was spielt sich bei einem Asthmaanfall ab?

Die Muskulatur verkrampft sich, dadurch verengen sich die Atemwege stark. Zusätzlich schwillt die Schleimhaut an, es wird vermehrt zähes, schwer lösbares Sekret gebildet. Der Patient spürt ein Engegefühl in der Brust, Atemnot, Angst.

Wie lindert man Anfälle?

Glücklicherweise hat man effiziente Mittel, wie Atemwege erweiternde und Schleimhaut abschwellende Medikamente. Üblicherweise werden sie inhaliert. Bei einem schweren Anfall müssen diese Medikamente in die Haut, die Muskeln oder Venen gespritzt werden, da die Inhalation gar nicht mehr in die Lungen eindringen kann.

vierten bis zum fünfzehnten Lebensjahr treten teilweise sehr schwere Asthmaanfälle auf. Umso bemerkenswerter ist daher, dass in den Jahren zwischen 15 und 21 (also in der Pubertät und der darauf folgenden Zeit) die Asthmaanfälle im Allgemeinen stark zurückgehen oder gänzlich aufhören. Eventuell kommt es noch zu leichteren Fällen. Nach der Pubertät, in der sich tief greifende Veränderungen im Hormonhaushalt abgespielt haben, beginnen die Anfälle von neuem. Auch das Ekzem kann wieder zum Vorschein kommen, jetzt aber in Form trockener, sich schuppender Stellen an Kniekehle und Ellenbogen.

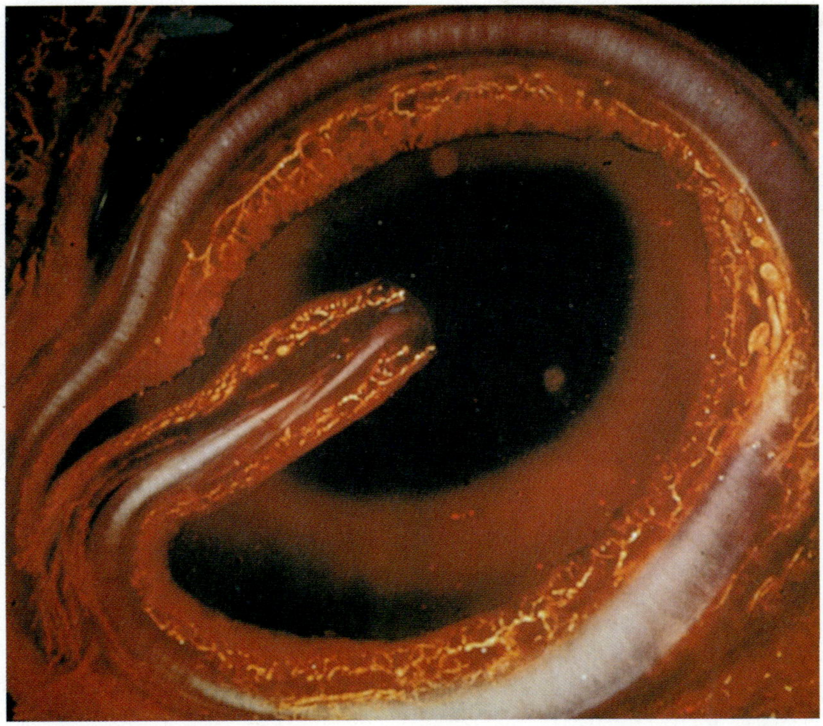

Ein Querschnitt durch die Luftröhre

Asthma als Kinderkrankheit

Wenn den Kleinen die Luft wegbleibt, liegt das in fast allen Fällen an einer allergischen Reaktion auf bestimmte

Psychologisches Profil

Dass psychologische Faktoren bei den Ursachen für Asthmaanfälle eine große Rolle spielen, wird heute weitgehend angenommen. Doch die genauen pathogenetischen Zusammenhänge sind noch nicht gänzlich geklärt. Erste Studien zu diesem Thema haben ein häufigeres Auftreten von Asthma bei hysterischen und zyklothymen Persönlichkeiten ergeben.

Neuere Untersuchungen bestätigen, dass Unterschiede zwischen Asthmatikern und gesunden Personen existieren. Doch die Natur der psychischen Störungen ist in den einzelnen Fällen so verschieden, dass es sehr schwierig ist, ein allgemeingültiges psychologisches Profil zu erstellen. Einige gemeinsame Punkte konnten aber doch gefunden werden und lassen sich in drei Grundcharakteristika zusammenfassen:

- unersättliche Gier
- Aggressivität
- Neigung zu Depressionen

Diesen psychologischen Charakteristika kommt auch maßgebliche Bedeutung in der Beziehung zwischen Arzt und Patienten zu. Will der Arzt den Erfolg der Behandlung positiv beeinflussen, muss er auf den Patienten eingehen und ihm Sicherheit vermitteln. Denn der Asthmatiker sucht in der Regel in seinem Therapeuten eine Stütze, besonders dann, wenn er wieder auf einen Anfall zusteuert. Patienten mit schwerem Asthma können in zwei Gruppen mit jeweils verschiedener Prognose eingeteilt werden.

Ausschlaggebend dabei ist die Einstellung des Asthmatikers zu seiner Krankheit. Die einen kämpfen heftig gegen die Atemnot und versuchen mit aller Kraft, so viel Luft wie möglich über die verengten Atemwege einzusaugen, sie haben eine bessere Prognose. Die anderen ergeben sich in ihr Schicksal. So kann die Art, einem Anfall zu begegnen, bei einem Asthmatiker sehr viel aussagen.

Normalerweise kommen Asthmatiker aus Familien mit Beziehungsproblemen. Oft ist der Patient Sündenbock und Zielscheibe der Aggression für die anderen Familienmitglieder, manchmal jedoch ist er es, der alle anderen unterdrückt und terrorisiert.

Manchmal benutzen Patienten ihre Krankheit, um im Mittelpunkt zu stehen und besonders die Zuwendung der Mutter stets uneingeschränkt zu genießen. Gleichzeitig können sie dabei Opfer einer sehr dominanten und überfürsorglichen Mutterpersönlichkeit werden.

Wichtige Fragen und Antworten zu Asthma bronchiale

Was ist die Prognose?
Die Prognose ist individuell verschieden. Es gibt nur sehr wenige Fälle, die selbst bei längerer intensiver Behandlung gänzlich geheilt werden konnten.
Oft beobachtet man nach einer vermeintlich geheilten Episode in der Kindheit ein Wiederaufflammen der Krankheit im Erwachsenenalter. In jedem Fall aber kann man davon ausgehen, dass, wie dramatisch Asthmaanfälle auch aussehen können, selten eine echte Gefahr für das Leben des Betroffenen besteht.

Was sind die Hauptziele der Therapie?
Die Therapie verfolgt zwei Hauptziele:
- Kontrolle der Anfälle selbst durch Verabreichung von Medikamenten, die dem Krampf der Bronchialmuskulatur und der Schleimhautschwellung entgegenwirken und die Sekretproduktion reduzieren (symptomatische Therapie)
- Ausschaltung der auslösenden Faktoren durch Expositionsprophylaxe, das heißt Schutz vor Allergenen (Staub, Pollen usw.). Desensibilisierung und Psychotherapie in Fällen, in welchen die psychosomatische Komponente als starker Auslöser erscheint (spezifische Therapie)

Bei intrinsischem Asthma mit Bronchialinfektion ist die beste Prävention, die akuten Infektionen jeweils mit Antibiotika zu behandeln. Als Medikamente der Wahl empfehlen sich dabei Breitbandantibiotika, die keine lokale Sensibilisierung hervorrufen können.

Was ist Desensibilisierung?
Desensibilisierung besteht in regelmäßigen Injektionen des betreffenden Allergens in unterschwelligen, steigenden Dosen, bis der Körper nicht mehr sensibel darauf reagiert. Die Behandlung muss allerdings über drei bis vier Jahre erfolgen, um zufriedenstellende Resultate zu erzielen.

Was kann man grundsätzlich bei einem Asthmaanfall tun?
- Der Betroffene sollte an einen Tisch geführt werden, wo er sich mit den Armen abstützen kann. In dieser Stellung können alle Atemhilfsmuskeln beansprucht werden, sodass die Atmung etwas einfacher fällt.
- Fenster öffnen, damit der Betroffene frische Luft bekommt. Frische Luft hat nur einen psychologischen Effekt, die meisten Betroffene empfinden sie als erleichternd.
- Panik- oder Angstzustände vermeiden, da die Betroffenen bereits selber sehr ängstlich sind und Angst den Anfall verstärken kann.
- Medikamente (diese sollte jeder Asthmatiker stets bei sich führen) geben.
- Sollte der Anfall außerordentlich schwer sein, muss sofort der nächste Arzt oder das nächste Krankenhaus aufgesucht werden.
- Die Hälfte aller Asthmakranken entwickeln mit der Zeit Lungenkrankheiten. Mit zunehmendem Alter ist jeder Anfall risikoreicher, da durch den Sauerstoffmangel, der durch die Atemnot entsteht, schwere Folgen auftreten können. Besonders alte, gebrechliche Menschen können sich bei einem Anfall schlecht selber helfen. Sie geraten oft in Panik und ersticken, wenn niemand in der Nähe ist, der helfen kann.

Reizstoffe. Werden zum Beispiel Pollen, Tierhaare, Rauch oder kalte Nebelluft eingeatmet, wehrt sich die Schleimhaut der Bronchien wie bei einer Entzündung. Sie schwillt an und produziert zähen Schleim, der die Bronchien verstopft. Gleichzeitig verkrampft sich die Bronchialwandmuskulatur. Durch diesen Engpass kann das Kind nur schwer ausatmen, es bekommt zu wenig Luft und hat Angst zu ersticken.
Bronchialasthma hat viele Ursachen. Erbliche Veranlagung zählt ebenso dazu wie Passivrauchen, Atemwegsinfektionen, schwere Erkältungen im Säuglings- beziehungsweise Kleinkindalter oder eine allgemeine Anfälligkeit für Allergien. Oft wirken mehrere Faktoren zusammen. Selbst Kinder, deren Lungen tadellos funktionieren, sind durch Umweltbelastungen gefährdet.
Krankheitszeichen sind:
- trockener Reizhusten
- erschwertes Ausatmen mit pfeifendem Geräusch
- Atemnot
- Blaufärbung von Lippen und Zunge möglich

Oft ist ein immer wiederkehrender, trockener Reizhusten, beispielsweise bei körperlicher Anstrengung, erstes Anzeichen einer Asthma-Erkrankung. Wenn es zu einem Asthmaanfall kommt, hat das Kind Atemnot, und häufig ist beim Ausatmen ein pfeifendes Geräusch zu hören. Bei einem schweren Anfall kann eine Blaufärbung der Lippen und Zunge auftreten. Ein Asthmaanfall kann unter Umständen lebensgefährlich sein und ohne Behandlung zum Ersticken führen.
Für chronisches Asthma gibt es derzeit keine Heilung. Die Medizin geht aber von der „Drittel-Regel" aus:
- Bei einem Drittel der Kinder verschwindet das Asthma von selbst bis auf geringe Restsymptome.
- Beim zweiten Drittel bessert sich der Gesundheitszustand signifikant. Das Kind kann oft jahrelang völlig beschwerdenfrei sein und möglicherweise erst im Erwachsenenalter wieder Symptome zeigen.
- Beim letzten Drittel bleibt das Asthma unverändert bestehen. Es kann sich bei falscher oder unzureichender Behandlung verschlechtern.

Davon sollten sich kleine Patienten und ihre Familien nicht erschrecken lassen. Kinder können nämlich auch mit Asthma ein ganz normales Leben führen, wenn sie sich auf eine konsequente Dauertherapie einstellen. Diese wird vom Kinderarzt, Allergologen oder Lungenspezialist nach einem Stufenplan entwickelt.

Behandlung des Asthmas

Die Behandlung durch den Arzt hat drei Hauptziele:

- Ausschaltung der Ursache
- Bekämpfung der Symptome
- die Verhütung von Komplikationen

An erster Stelle sollte der Versuch stehen, die eigentliche Ursache zu behandeln, die durch eine Untersuchung festgestellt werden kann. Handelt es sich dabei um eine Allergie, sind die auslösenden Stoffe aus der Umgebung des Patienten zu entfernen. Ist das nicht möglich (etwa bei Hausstaub oder Pilzsporen), kann der Patient mit einem Extrakt der Substanz behandelt werden, gegen die er allergisch ist. Auf diese Weise wird versucht, einen Rückgang der Symptome zu erzielen. Sind vor allem Infektionen die auslösende Ursache, muss der Kranke mit Antibiotika behandelt werden. Auch die Hormone der Nebennierenrinde (Korticosteroide) haben oft eine günstige Wirkung auf

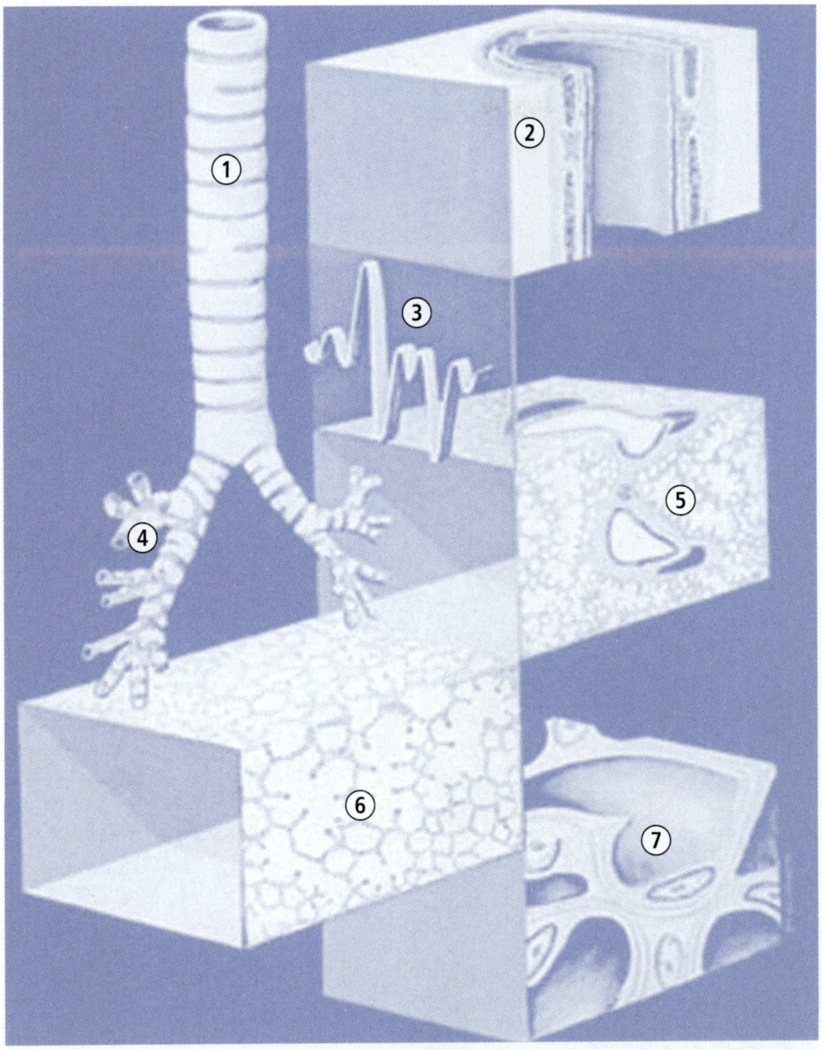

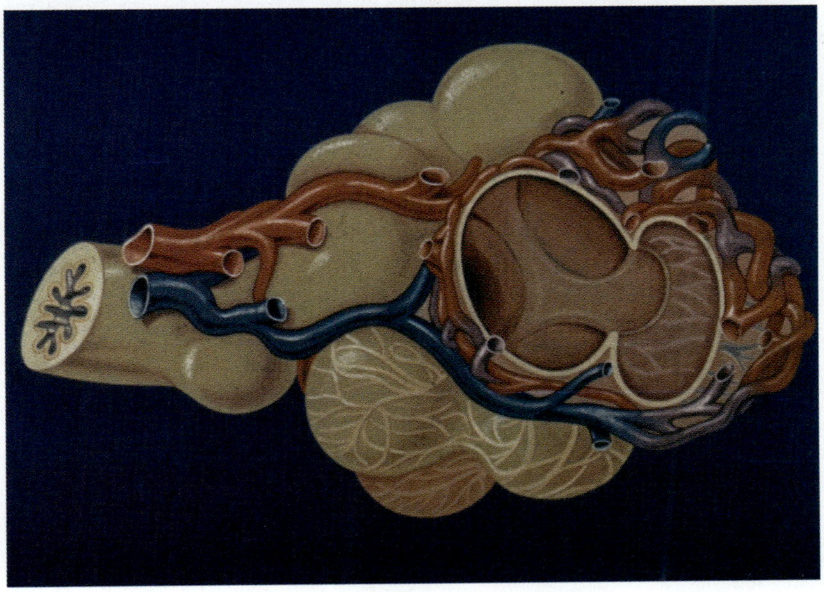

Oben: Schematische Darstellung der wichtigsten Teile des Atmungssystems:
1 – Luftröhre
2 – Mikroskopisch vergrößerter Schnitt durch die Luftröhre
3 – Schematische Darstellung des Luftvolumens
4 – Bronchien
5 – Mikroskopisch vergrößerter Schnitt durch die Bronchien
6 – Lungenbläschen, gering vergrößert
7 – Lungenbläschen, stark vergrößert

Unten: Schematische Darstellung einer Alveole, das dünnwandige, von einschichtigem Plattenepithel mit Zytoplasmaplatten ausgekleidete Lungenbläschen. Alveolen sind der Ort des Gasaustausches zwischen Atemluft und Blut.

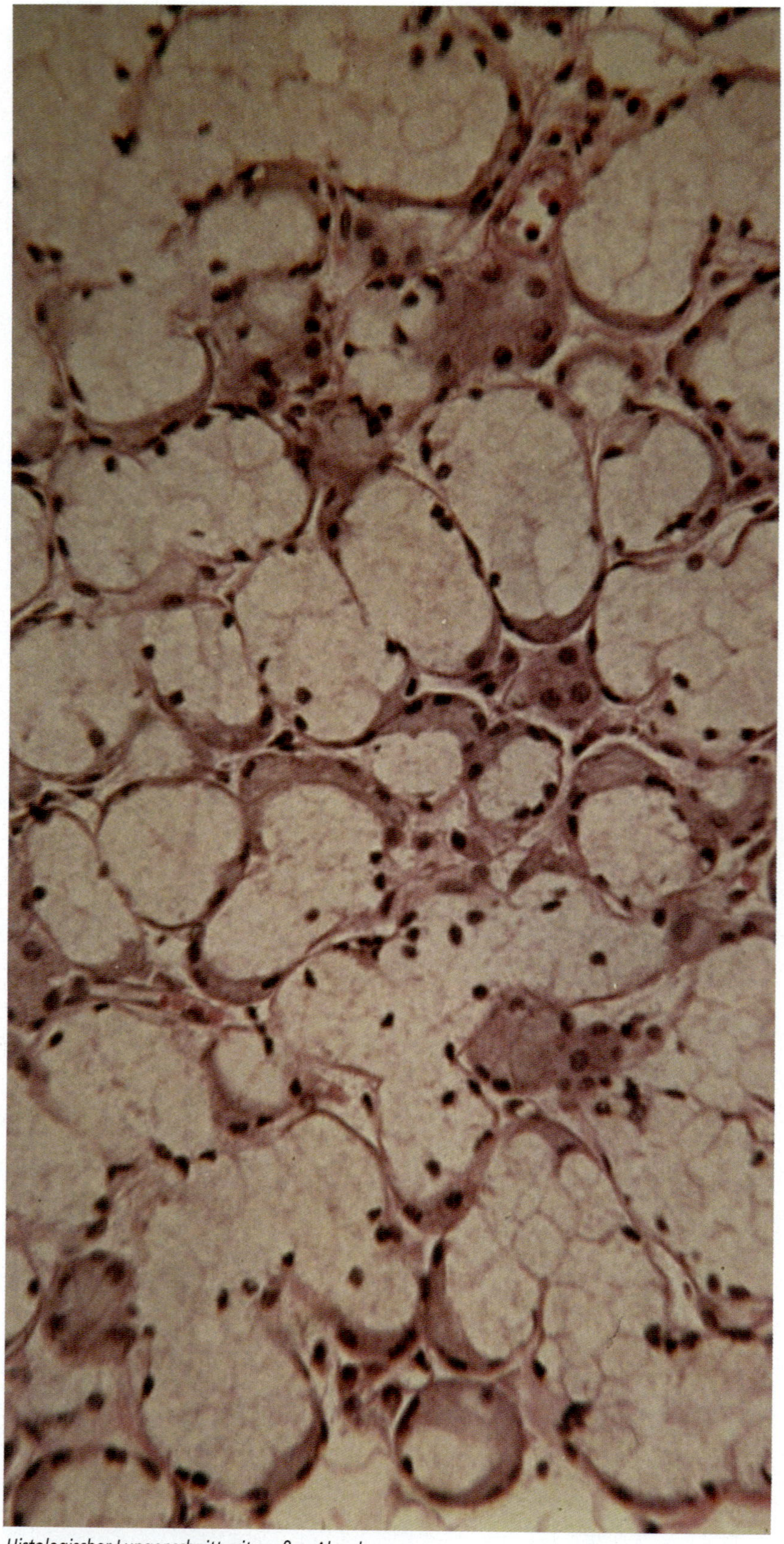

Histologischer Lungenschnitt mit großen Alveolen

das Krankheitsbild. Daneben gibt es viele Medikamente, die zwar nicht die Ursache beseitigen, aber doch die Symptome lindern.
Dazu gehören alle Arzneimittel, die der Schleimhautschwellung oder der übermäßigen Schleimproduktion entgegenwirken. Eine Sonderstellung nehmen physiotherapeutische Behandlungsmethoden ein, die vor allem die Atemtechnik, die für Asthmapatienten ganz besonders wichtig ist, verbessern helfen.

Stufenplan bei Kindern

- Asthma wird in sechs Erkrankungsstufen eingeteilt. In der Vorstufe werden sogenannte Betamimetika verabreicht, die als schnell wirkende Sprays oder Inhalationstropfen die Bronchien erweitern und den Schleim lösen.
- Auf Stufe eins steht Dinatriumcromoglycat, ein vorbeugendes Medikament, das die chronische Entzündung hemmt und die Überempfindlichkeit der Schleimhäute senkt.
- Die zweite Stufe sieht das Inhalieren von Kortikoid vor. Dabei haben die Ärzte besonders mit den landläufigen Bedenken gegen das Hormon und seine Nebenwirkungen zu kämpfen. Inhalative Steroide gelten heute auch bei Kindern als die wichtigsten Medikamente für die Asthma-Langzeittherapie, wobei es darauf ankommt, dass man sie in der richtigen Dosis anwendet: so wenig wie möglich, so viel wie nötig.
- Auf Stufe drei steht eine Wirkstoffkombination aus Betamimetika und langsam wirkenden Theophyllinpräparaten, die in Tablettenform eine langfristige Bronchienerweiterung gewährleisten sollen.
- Stufe vier heißt: eine erhöhte Dosis inhalatives Kortikoid.
- Stufe fünf: erneut Kortikosteroid, diesmal in Tablettenform mit individueller Dosis. In Einzelfällen raten Ärzte zur Hyposensibilisierung, einer Impfung mit dem Allergie auslösenden Stoff, die drei Jahre hintereinander verabreicht wird. Damit kann die Empfindlichkeit gegen das Allergen beseitigt werden.

Querschnitt durch Brustkasten und Brusthöhle in Höhe des achten Brustwirbels.
Oben: Speiseröhre; Herz; Brustbein; Lymphknoten; Herzbeutel.
Links und rechts: Lunge;
Unten: Rückenmuskel; Brustwirbel; Rückenmarkkanal; Wirbelkörper

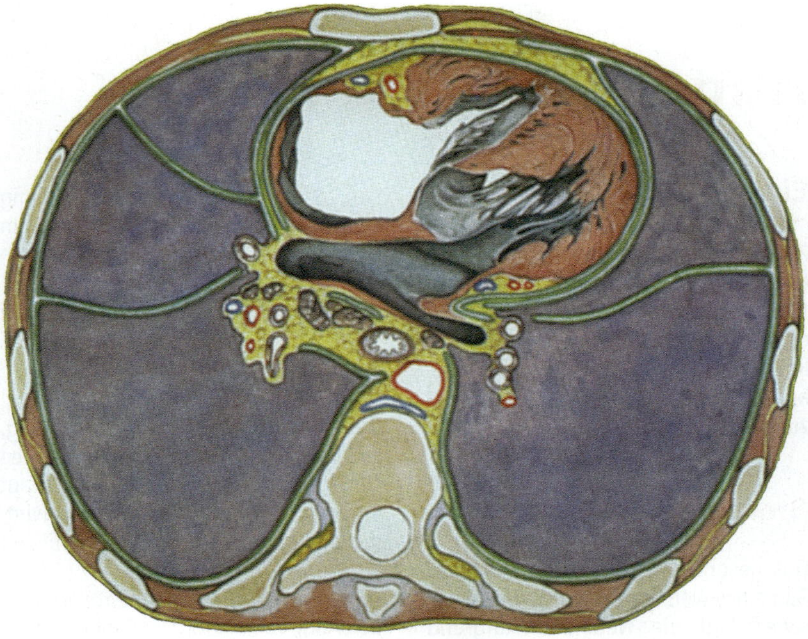

Mindestens ebenso wichtig wie die medizinische Therapie sind für junge Asthmatiker aber auch Aufmerksamkeit und Rückhalt in der Familie. Das beginnt schon im Säuglingsalter. Eltern, die sich wegen der Hustenanfälle ihres Babys sorgen, sollten einen Arzt und Allergologen aufsuchen. Kinder, die bis zum Ende des vierten Lebensmonats ausschließlich gestillt wurden, sind seltener von Asthma betroffen.

Grundsätzlich sollten alle Reiz auslösenden Allergene aus der Wohnung verbannt werden. Also Schluss mit Zigaretten, raus mit Hund, Katze oder Hamster und auch mit dem Teppichboden (zumindest im Kinderzimmer), um es den allgegenwärtigen Hausstaubmilben schwer zu machen. Bei größeren Asthmakindern gilt: Wissen ist Macht – auch im Kampf gegen Asthma. Die langweilige Inhalation und strikte Disziplin bei der Medikamenteneinnahme fallen leichter, wenn die Kinder wissen, was die Substanzen bewirken.

Was tun bei Atemnot?

- Keine Panik! Bleiben Sie ruhig und gelassen.
- Versuchen Sie, bewusst und kontrolliert zu atmen.
- Sorgen Sie für frische Luft.
- Vermeiden Sie Anstrengungen und unnötiges Reden.
- Wenden Sie Ihr schnell wirksames, Bronchien erweiterndes Arzneimittel an.
- Rufen Sie den Arzt oder Notarzt.
- Setzen Sie sich auf einen Stuhl oder eine Bank, wo Sie sich mit den Händen abstützen können.
- Unterstützen Sie einen Arzt, der Sie noch nicht kennt, mit allen notwendigen Informationen.
- Sagen Sie ihm, welches Arzneimittel Ihnen erfahrungsgemäß hilft.
- Wehren Sie sich nicht gegen eine Klinikbehandlung, wenn Ihr Arzt sie empfiehlt.

Schweres Asthma: Die normalen Größenverhältnisse der Bronchien gehen verloren, die Atemwege dehnen sich sackförmig aus

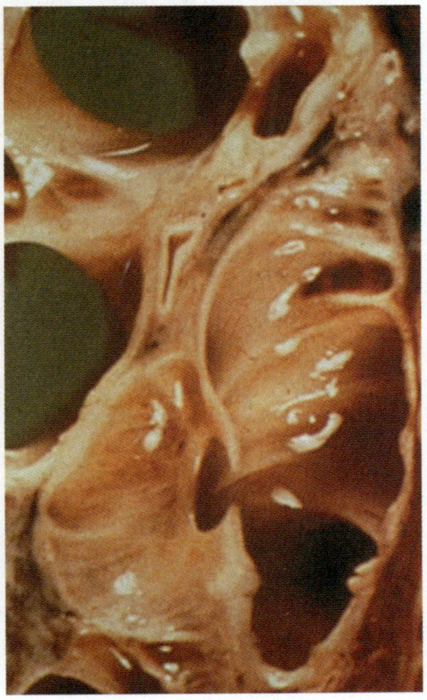

Augenerkrankungen

Einführung

Zu den Augenerkrankungen zählen Brechungsfehler (Refraktionsanomalitäten), Kurz- oder Weitsichtigkeit ebenso wie Erkrankungen der Augenlider, des Tränenapparats, des Augapfels, der Augenhöhle und Verletzungen.

Brechungsfehler

Das gesunde Auge wirft in Ruhe das Bild eines weit entfernten Gegenstands scharf auf die Netzhaut. Aufgrund seiner Akkommodationsfähigkeit ist es jedoch auch imstande, nahe Gegenstände scharf zu sehen: Die Linse wird dann der Kugelform angenähert. Häufig allerdings ist das Auge nicht fähig, im Ruhezustand weit entfernte Gegenstände scharf wahrzunehmen.
Die häufigsten Refraktionsanomalien sind:

■ *Kurzsichtigkeit (Myopie)*
Das myope Auge ist abnorm lang, sodass das scharfe Bild eines entfernten Gegenstands schon vor der Netzhaut entsteht. Entfernte Objekte verschwimmen, nahe werden scharf gesehen.

■ *Weitsichtigkeit (Hypermetropie)*
Das Auge ist zu kurz. Der Punkt, an dem ein scharfes Bild entstehen würde, liegt hinter der Netzhaut. Weitsichtige sehen, unabhängig von der Entfernung, alles verschwommen.
Wollen sie scharf sehen, müssen sie eine bewusste Akkommodationsanstrengung machen.

■ *Astigmatismus*
Die Refraktionsflächen (Brechungsflächen) des Auges sind keine gleichmäßig gekrümmten Kugelausschnitte. Die abnorme Krümmung ist meist in der oberflächlichen Hornhautschicht vorhanden.
Ein astigmatisches Auge sieht einen Punkt nicht als Punkt, sondern als Oval oder als Strich. Die Sicht eines Astigmatikers ist stets verschwommen.

■ *Verlust der Akkommodationsfähigkeit oder Presbyopie*
Dabei handelt es sich um eine natürliche Alterserscheinung, die sowohl beim gesunden als auch beim fehlsichtigen Auge auftritt.
Die Rückbildung beginnt etwa um das 40. Lebensjahr. Der Betroffene merkt es daran, dass der nächste Punkt scharfen Sehens außerhalb der sog. Arbeitsdistanz liegt (etwa die Entfernung, aus der man kleine Buchstaben liest: annähernd 33 cm). Für Feinarbeiten bei kurzem Augenabstand ist dann eine Lesebrille erforderlich.

Seitenansicht des Schädels (ein Teil des Hirnschädels ist weggenommen). Oben: Seitenansicht der Orbita mit Augapfel. Unten: Mundhöhle und Zunge

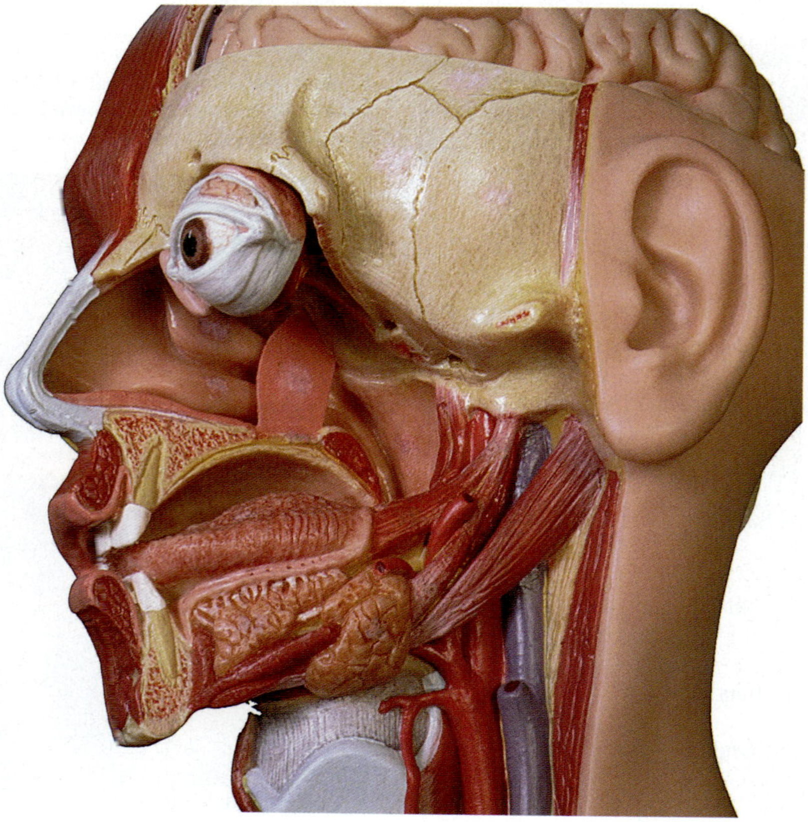

Augenlider

Eine Entzündung der Augenlider (Blepharitis) ist mit Brennen und Jucken der Lider verbunden. Der freie Lidrand ist gerötet und von weißen Schüppchen bedeckt. Ursache kann eine unbehandelte Refraktionsanomalie oder eine Pilzinfektion sein. Sind Bakterien – vor allem Staphylokokken – die Urheber, ist der Lidrand gerötet und geschwollen und trägt auf geschwürig verändertem Grund gelbliche Eiterkrusten (Blepharitis ulcerosa). Augenwimpern fallen aus. Unregelmäßig geformte Lidränder können u. a. bleibende Folgen dieser Erkrankung sein. Jede Augenwimper besitzt ihre eigene, ein Gleitmittel produzierende Drüse. Wenn sie verstopft, entsteht eine eitrige Schwellung (Hordeolum, Gerstenkorn), die als rötliches Knötchen am freien Lidrand auffällt (imponiert). Nach einigen Tagen bildet sich ein gelblicher Pfropfen, der Abszess platzt und der Schmerz schwindet. Antibiotika können Abhilfe schaffen. Bei besonders viel Eiter ist manchmal ein kleiner Schnitt erforderlich.

In den Augenlidern befinden sich außerdem noch nach dem Arzt Heinrich Meibom (1638–1700) benannte längliche, ebenfalls ein Gleitmittel produzierende Drüsen (Glandulae tarsales). Ihre Aufgaben bestehen darin, den Lidrand einzufetten. Entzündet sich eine Meibom-Drüse, entsteht eine tiefe Zyste an der Innenseite des Augenlids, das sich dadurch nach außen vorwölbt (Chalazion, Hagelkorn). Wird die Lidschleimhaut umgestülpt, fällt in manchen Fällen ein erweitertes Blutgefäß an der betroffenen Stelle auf. Das ist ein Hinweis auf eine schon länger bestehende Entzündung. Im Allgemeinen bereiten diese Zysten keine Beschwerden. Medikamente sind wenig sinnvoll. Eine operative Entfernung der Zysten geschieht meist aus ästhetischen Gründen.

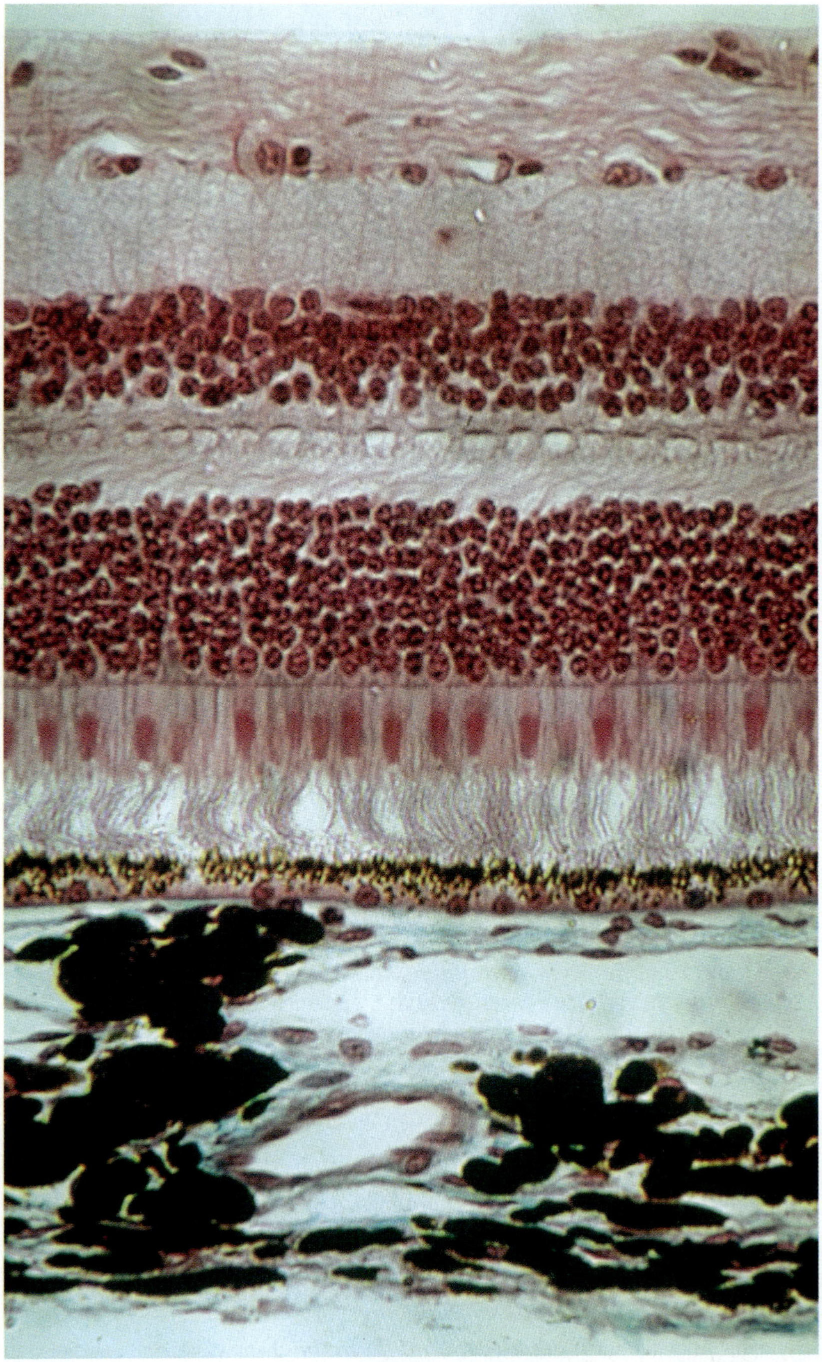

Mikroskopische Darstellung der Netzhaut. Die Netzhaut enthält die Sinnes-, Ganglien- und Stützzellen und ist als vorgelagerter Hirnteil anzusehen.

Ektropium und Entropium

Das Augenlid – überwiegend das untere – kann spontan umklappen (Ektropion). Die Bindehaut ist dann nach außen gestülpt und chronisch entzündet. Das Auge tränt. Auf die Dauer entsteht ein Ekzem der Wange.

Dieses Umklappen kann bei Narbenzug, aber auch bei einem Krampf oder einer Lähmung des Lidringmuskels auftreten. Altersbedingte Erschlaffung des Bindegewebes ist eine weitere Ursache. Dagegen hilft nur ein chirurgischer Eingriff.

Im umgekehrten Fall rollt sich das Augenlid auch nach innen ein (Entropion). Dann fegen die Augenwimpern ständig über die Hornhaut und reizen sie u. U. bis zu einer Entzündung. Auch das Entropion kann die Folge von Narbenzug oder eines Ringmuskelkrampfs sein. Eine Operation ist in diesen Fällen ebenfalls die einzig mögliche Behandlung.

Die Augenwimpern stehen im Allgemeinen in zwei oder drei Reihen entlang dem Lidrand. Wenn sie unregelmäßig angeordnet sind (Trichiasis), reiben sie gegen die Schleimhaut des Augenlids und gegen die Hornhaut. Dabei verursachen sie Irritationen, Reizungen und u. U. Entzündungen.

Wichtige Fragen und Antworten zu Augenerkrankungen

Wie funktioniert der Sehapparat?
Die durch das Sehloch (die Pupille) einfallenden Lichtstrahlen werden im normalen Auge durch die Linse so gebrochen, dass sie sich auf der Netzhaut im Augenhintergrund zu einem scharfen Bild vereinigen. Von den lichtempfindlichen Sinneszellen der Netzhaut werden die Impulse über die Sehbahn dem Gehirn übermittelt und treten als Sehwahrnehmung ins Bewusstsein.

Wie definiert man Visus?
Der Visus bezeichnet das optische Auflösungsvermögen. Er ist definiert als der kleinste Winkel, unter dem zwei Punkte noch als getrennt wahrgenommen werden. Kann eine Person eine genormte Lücke in dem sog. Landolt-Ring (ein C, dessen Öffnung nach oben, unten, rechts oder links zeigen kann) aus fünf Metern Entfernung noch erkennen, so ist der Visus 1,0 oder 100 Prozent. Muss sich dieselbe Person dem Landolt-Ring auf einen Meter annähern, so beträgt der Visus lediglich ein Fünftel bzw. 0,2 oder 20 Prozent.

Was ist die Brechkraft der Augen?
Die Brechkraft der Augen wird in Dioptrien gemessen. Sie ist umgekehrt proportional der Brennweite f des optischen Systems in Metern. Je kleiner also die Brennweite, das heißt der Abstand des Brennpunktes vom brechenden Medium, desto größer die Brechkraft.

Wie kann man Farbensehen?
Auf der Netzhaut befinden sich zwei Typen von Photorezeptoren, Zapfen und Stäbchen. Dienen die Zapfen (6–7 Min.) mit ihrer Anordnung in der Fovea centralis vorwiegend dem Farbsehen, so übernehmen die Stäbchen (110–120 Mio.) über die gesamte Netzhaut verteilt die Aufgabe des Nachtsehens.

Was kann zu einer Überanstrengung der Augen führen?
Zu einer Überanstrengung können folgende Situationen führen:
- Sehfehler, die der Korrektur durch Brillen oder Linsen bedürfen;
- Lesen bei schlechtem Licht
- falsche, das heißt nicht aufrecht sitzende Haltung beim Lesen
- übermäßig langes Lesen ohne Ruhepause für die Augen

Wie zeigt sich eine Überanstrengung der Augen?
Mit verschwommenem Sehen, Schmerzen und Brennen der Augen, leichtem Tränen und Kopfschmerzen.

Kann durch eine Überanstrengung der Augen ein bleibender Augenschaden entstehen?
Nein; die Augen erholen sich wieder, wenn sie entsprechend behandelt werden.

Eine von der Norm abweichende Anordnung der Augenwimpern ist meist die Folge einer früheren Entzündung, einer Brandwunde oder sonstigen Verletzung des Lidrands. Sind nur einige wenige Wimpern falsch gewachsen, genügt eine Wärmebehandlung der Haarbälge, die die Fettausscheidung (Exkretion) steigert und das Haarwachstum beschleunigt.
In schweren Fällen müssen die unregelmäßigen Wimpern operativ entfernt werden. Gelegentlich kann das obere Augenlid nicht geöffnet oder offengehalten werden (Ptosis). Ursache ist ein Defekt der nervösen Versorgung des Augenlids. Eine Ptosis kann ein- oder beidseitig auftreten. Verdeckt das hängende Augenlid die Pupille, ist eine Operation unumgänglich. Bei einem Krampf des Ringmuskels (Blepharospasmus) bleiben häufig die Augenlider fest zusammengekniffen. Die möglichen Ursachen: eine Entzündung oder auch ein nervöser Tic. Außerdem kann dieses Symptom Begleiterscheinung eines Gesichtsspasmus sein und auch aus völlig unbekannter Ursache auftreten.

Augenhöhle (Orbita)

Orbitaprobleme machen sich entweder durch eine Verschiebung des Augapfels oder durch eine gestörte Augenfunktion bemerkbar. Manchmal auch durch beides. Ein Vortreten des Augapfels (Exophthalmus) ist die häufigste Verschiebung (Dislokation). Sie kann ein- oder beidseitig auftreten. Die doppelseitige Form ist meist Zeichen einer Schilddrüsenüberfunktion, die aber auch einen einseitigen Exophthalmus verursachen kann. Andere Ursachen eines einseitigen Exophthalmus sind Tumoren der Augenhöhle (Orbita), Entzündungen, erweiterte Venen (Varizen, Gefäßwandrisse (Hämatome) oder andere Gefäßschäden, wie Erweiterungen (Aneurysmen) oder Thrombosen in einer natürlichen Sammelstelle des Venenblutes aus dem Gehirn, im Sinus cavernosus. Wenn das Auge sehr weit nach vorne tritt, ist die Beweglichkeit behindert und ein dichter Lidschluss unmöglich. Die Hornhaut kann sich dann entzünden (Lagophtalmus).

Schielen (Strabismus)

Etwa drei Prozent der Bevölkerung schielen. Die Augenachsen eines schielenden Kindes verlaufen nicht parallel: Eines der Augen weicht ab, und zwar meist nach innen (konvergenter Strabismus), seltener nach außen (divergenter Strabismus). Es kommt auch vor, dass beide Augen abwechselnd abweichen (alternierender Strabismus). Beim schielenden Auge ist die Raumwahrnehmung beeinträchtigt. Für die visuellen Eindrücke von Tiefe, Entfernung, Raum und Plastizität ist aber die intakte Koordination beider Augen unerlässlich. Hinzu kommt noch die verminderte Sehschärfe durch Nichtgebrauch des abweichenden Auges (Amblyopie ex anopsia).
Schielende sind deshalb für viele Berufe ungeeignet. Aber noch schlimmer ist es, wenn sie ihr gesundes Auge durch eine Krankheit oder einen Unfall verlieren. Das bedeutet Invalidität.
Kinder unter sechs Monaten können ihre Augenbewegungen noch nicht gut koordinieren. Gelegentliches Schielen bis zu diesem Alter ist also nichts Besonderes. Schielt der Säugling jedoch nach dem sechsten Monat noch weiter, kann es sich um einen angeborenen Augenfehler handeln, der entweder Folge einer Geburtsverletzung oder einer angeborenen Augenerkrankung ist.
Der konvergente Strabismus – die häufigste Art des Schielens – macht sich bei sehr weitsichtigen Kindern meist im Alter zwischen ein und vier Jahren bemerkbar. Wenn ein solches Kind scharf sehen will (selbst auf große Entfernungen), muss es seine Augen in einer bewussten Anstrengung akkommodieren. Da die Augen zu kurz (nicht tief genug) sind, entsteht das Bild sonst hinter der Netzhaut. Zunächst schielt das Kind nur gelegentlich, wenn es müde ist oder seine Augen stark beansprucht hat. Später wird das Schielen zu einem Dauerzustand.

Augenlähmung

Bei der Augenlähmung sind Bewegungen der Augen in einer oder mehreren Richtungen nicht mehr möglich. Bei einer partiellen Lähmung (Parese) ist die Augenbeweglichkeit nur eingeschränkt. Eine Augenlähmung geht so gut wie immer mit dem Sehen von Doppelbildern einher.
Das kann zu Übelkeit führen, selten jedoch zu Erbrechen. Die genaue Natur des Defekts kann durch eine Prüfung der Augenbewegungen festgestellt werden.

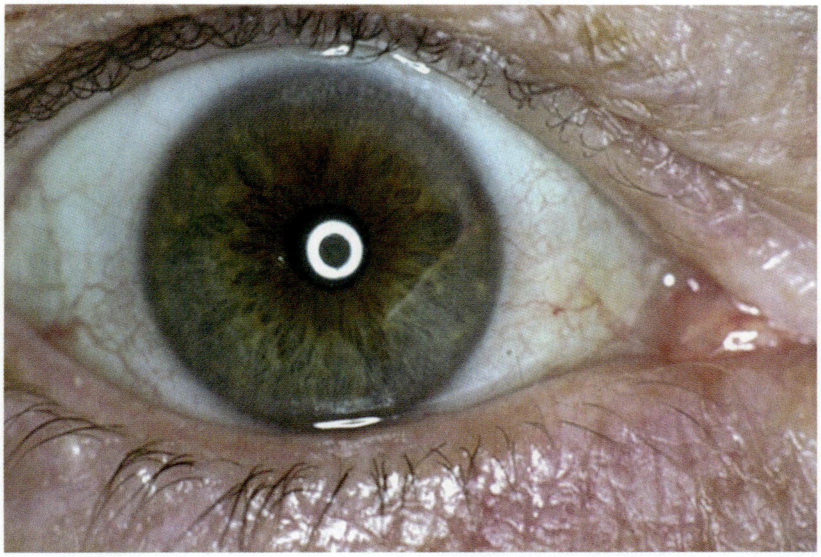

Alterserscheinungen des Auges

Sklera (Lederhaut)

Entzündungen des sog. „Weißen" im Auge (Skleritis, Episkleritis) manifestieren sich als größere oder kleinere, leicht geschwollene und gerötete Stellen. Die oberflächliche Entzündung (Episkleritis) ist schmerzlos und heilt innerhalb einiger Tage aus. Eine tiefe Skleritis ist eine schmerzhafte Erkrankung. Sie dauert länger und hinterlässt oft eine

Gerontotoxon; ringförmige, weißliche Trübung der Hornhautperipherie durch Lipid- und Kalklagerung.

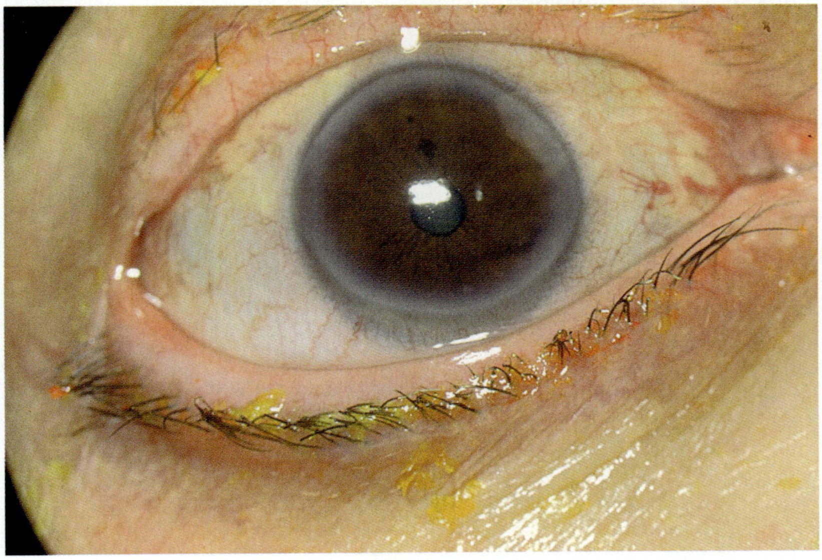

Wichtige Fragen und Antworten zu Augenerkrankungen

Welche Augenerkrankungen kann man unterscheiden?
Zu den Augenerkrankungen zählen Brechungsfehler (Refraktionsanomalitäten), Kurz- oder Weitsichtigkeit, ebenso die Erkrankungen der Augenlider, des Tränenapparats, des Augapfels, der Augenhöhle, Verletzungen, Infektionen, Degenerationen, Tumoren usw.

Was versteht man unter Normalsichtigkeit oder Emmetropie?
Stehen Achsenlänge und Brechkraft des Auges im richtigen Verhältnis zueinander, sodass die aus dem Unendlichen parallel ins Auge einfallenden Strahlen in einem auf der Netzhaut liegenden Brennpunkt vereinigt werden, so wird von Normalsichtigkeit gesprochen.

Wie funktioniert der Akkommodationsmechanismus?
Wird ein sich in der Nähe befindlicher Gegenstand betrachtet, so würden sich die von diesem Gegenstand ausgehenden Strahlen hinter der Netzhaut zu einem scharfen Bild bündeln. Wir könnten diese Gegenstände nicht mehr deutlich erkennen. Hier greift der Akkommodationsmechanismus ein.
Die Akkommodation bezeichnet im eigentlichen Sinne die Verformbarkeit bzw. Anpassungsfähigkeit der Linse, die über einen komplexen Halte- und Spannapparat erreicht wird. Die Linse neigt (vor allem im jugendlichen Alter) dazu sich abzukugeln, sobald ein nahe gelegener Gegenstand betrachtet wird.

Was sind die Folgen der Akkommodation?
Durch die durch Akkommodation erreichte Formveränderung wird die Brechkraft der Linse erhöht, der Brennpunkt, in dem sich in der Nähe der Augen einfallende Strahlen bündeln, wird dadurch weiter nach „vornen" gerückt, sodass sich das scharfe Bild nun auf der Netzhaut befindet und der nahe gelegene Gegenstand deutlich gesehen werden kann. Man spricht hierbei von Nahakkommodation.
Andererseits ist die Linse in der Lage sich abzuflachen, sobald das Augenmerk auf einen entfernt gelegenen Gegenstand gerichtet wird, was als Fernakkommodation bezeichnet wird.

Was sind Fehlsichtigkeiten?
Stehen Achsenlänge und Brechkraft des Auges in einem Verhältnis zueinander, sodass die aus dem Unendlichen parallel ins Auge einfallenden Strahlen in einem vor oder hinter der Netzhaut liegenden Brennpunkt vereinigt werden, so wird von Fehlsichtigkeit oder Brechungsfehler gesprochen.

Was sind die häufigsten Brechungsfehler oder Fehlsichtigkeiten?
Die häufigsten Brechungsfehler sind:
- Kurzsichtigkeit;
- Weitsichtigkeit;
- Stabsichtigkeit;
- Alterssichtigkeit;
- Schwachsichtigkeit.

Narbe in Gestalt eines purpurroten Flecks an der Stelle, wo die Sklera dünner geworden ist und die Aderhaut durchscheinen lässt. Durch den inneren Augendruck kann sich diese Narbe nach außen vorwölben (Staphylom). Die Ursache einer Skleritis ist in den meisten Fällen nicht festzustellen.

Bindehaut

Eine Bindehautentzündung (Konjunktivitis) entsteht meist durch bakterielle oder Virusinfektionen oder bei Allergien. Der Patient klagt über Brennen und Jucken der Augenlider, als sei ihm Sand in die Augen gekommen. Die Sehkraft ist nie beeinträchtigt.
Drei Symptome sind ganz typisch:

- *Vermehrte Gefäßdurchblutung der Bindehaut*

Dies ist deutlich erkennbar an den geröteten, „blutunterlaufenen" Augen. Besonders stark reagieren die Gefäße in der Lidschleimhaut. Die Gefäße des Bindehautsacks oder der Bindehautfalte, die über den Augapfel ziehen, sind weniger betroffen, sodass die Rötung zur Hornhaut hin abnimmt.

- *Vermehrte Sekretion*

Von der Krankheitsursache hängt es ab, ob es wässrige Flüssigkeit, wässriger Eiter oder reiner Eiter ist. So wird bei einer bakteriellen Konjunktivitis ein eitriges Sekret, bei der allergischen höchstens eine eiweißhaltige Flüssigkeit ausgeschieden. Selbst eine verhältnismäßig geringe Sekretion ist morgens ganz deutlich zu bemerken. Die Lidränder sind durch das Sekret, das sich während der Nacht zwischen den geschlossenen Augenlidern angesammelt hat, verklebt.

- *Schwellung der Bindehaut*

Eine Schwellung der Bindehaut, die dann nicht mehr glatt, sondern samtartig aufgeraut ist. Eine Bindehautentzündung (Konjunktivitis) kann akut oder schleichend verlaufen. Zu Beginn sind die Symptome sehr ausgeprägt. Die Augenlider sind geschwollen. Häufig finden sich punktförmige Blutungen der Bindehaut. Eine akute Konjunktivitis dauert etwa drei Wochen. Die Symptome der chronischen Bindehautentzündung sind nicht so ausgeprägt.

Hornhaut (Cornea)

Eine Entzündung der Hornhaut (Keratitis) kann sich auf die oberflächlichen Hornhautschichten beschränken, aber auch die tieferen Schichten einbeziehen (oberflächliche bzw. tiefe Keratitis).

Das Hornhautgeschwür (Ulcus corneae) ist eine häufig vorkommende, oberflächliche Keratitisform. Das Auge schmerzt und empfindlich gegen Licht. Weitere Symptome sind Tränenfluss, krampfhafter Lidschluss und eine Verschlechterung des Sehvermögens. Die normalerweise klare und durchsichtige Hornhaut zeigt einen umgrenzten trüben und grauen Fleck, der an jeder beliebigen Stelle ihrer Oberfläche liegen kann. Die obersten Hornhautschichten werden abgestoßen, die Gewebsschädigung führt zu einer Geschwürbildung.

Der Virus des Herpes simplex verursacht ein oberflächliches, baumkronenartig verzweigtes Geschwür. Ebenfalls typisch für das Herpesgeschwür ist das Fehlen von Schmerzen. Diese Erkrankung neigt zu Rückfällen.

Zur Behandlung des sehr oberflächlichen Geschwürs genügt meist eine Abtragung der obersten Hornhautschicht.

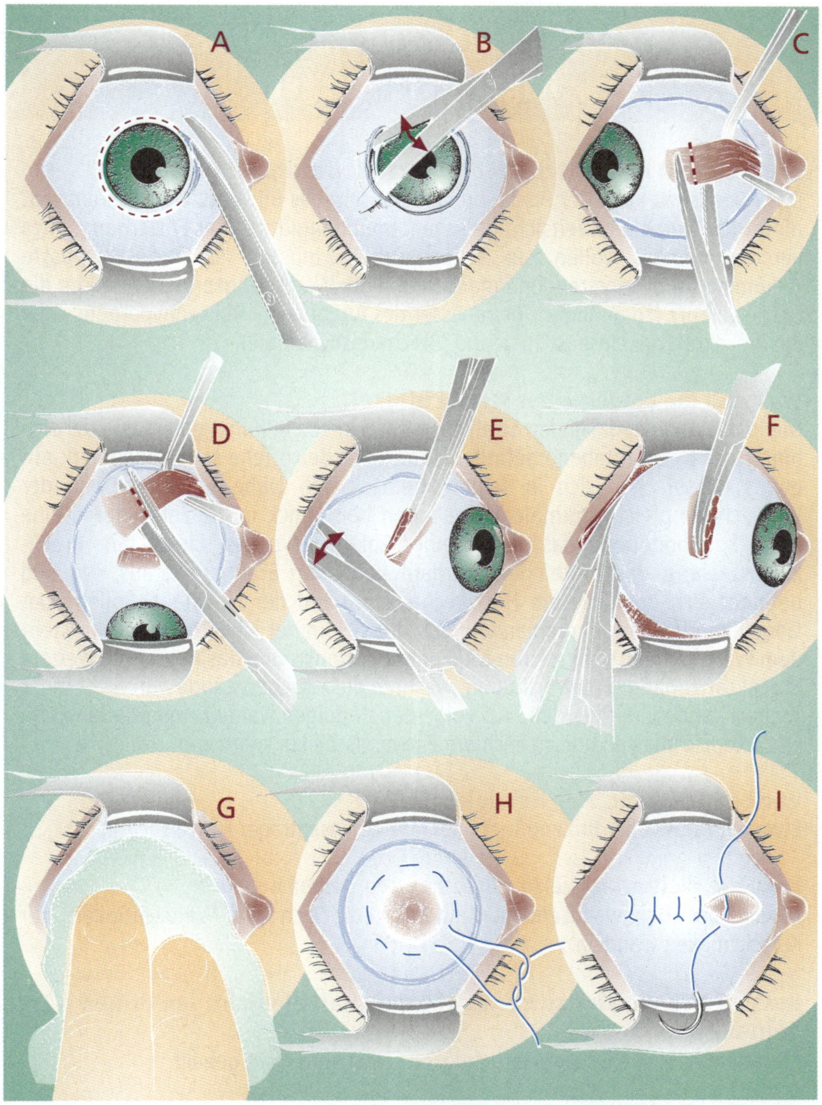

Nur selten bilden sich in den Geweben hinter dem Auge bösartige Tumoren; allerdings können sich dort Metastasen aus anderen Körperregionen ansiedeln. Infrage kommt eine operative Entfernung des Tumors und des Auges (Bilder A-I).
Gewöhnlich muss eine Biopsie vorgenommen werden, um zu entscheiden, um welche Art von Tumor es sich handelt, und die Behandlung hängt vom Ergebnis dieser Untersuchung ab.

Ziliarkörper und Iris

Eine Entzündung der Iris (Iritis) geht meist mit einer Entzündung des Ziliarkörpers (Zyklitis) einher. Beides zusammen heißt Iridozyklitis.

Der Patient klagt über Schmerz und Überempfindlichkeit gegen Helligkeit (Lichtscheu), Tränenfluss und verschwommenes Sehen. Häufig ist das Auge druckschmerzhaft. Der Ziliarkörper ist blutunterlaufen. Um die Hornhaut ist ein roter Ring sichtbar. Die Farbe der Iris wird stumpf und schmutziggrau, die Pupille eng und unregelmäßig in der Form. Durch Einträufeln von Atropin ins Auge kann man demonstrieren, dass sie sich nicht gleichmäßig erweitert, sondern stellenweise an der Linsenoberfläche hinter der Iris haften bleibt. Werden diese angehefteten Stellen (Synechien) durch eine besonders starke Gefäßerweiterung abgerissen, bleiben auf der Linse gefärbte Stellen zurück. Häufig ist das Kammerwasser der vorderen Augenkammer durch das Exsudat getrübt, das sich in der unteren Hälfte der hinteren Hornhautfläche in Form weißer Pünktchen absetzt. Besteht eine sehr starke Exsudation (Ausschwitzen von Flüssigkeit bei Entzündungen), dann können große Eiterflocken in der vorderen Augenkammer umherschwimmen oder sich in Form einer weißlich gelben Sichel am Grund absetzen (Hypopyon). Manchmal enthält die vordere Augenkammer auch Blut, das sich ebenfalls am Grund absetzt (Hyphaema). Der innere Augendruck (der Flüssigkeit in den Augenkammern) ist entweder erhöht oder vermindert.

Wichtige Fragen und Antworten zu Augenerkrankungen

Was versteht man unter Über- oder Weitsichtigkeit (Hyperopie)?
Das Auge ist zu kurz. Der Punkt, an dem ein scharfes Bild entstehen würde, liegt hinter der Netzhaut. Weitsichtige sehen, unabhängig von der Entfernung, alles verschwommen. Wollen sie scharf sehen, müssen sie eine bewusste Akkommodationsanstrengung machen. Bei der Weitsichtigkeit ist entweder die Achse zu kurz (zu geringer Durchmesser des Augapfels – Achsenhyperopie) oder die Brechkraft der Linse ist zu gering (Brechungshyperopie).

Was sind die Folgen einer Weitsichtigkeit?
Die in das Auge einfallenden Strahlen werden in einem Punkt gebündelt, der sich hinter der Netzhautebene befindet, sofern der Betroffene sein Augenmerk auf etwas richtet, was sich in seiner unmittelbaren Nähe befindet. Denn der Weitsichtige gleicht normalerweise schon beim Blick in die Ferne durch eine Nahakkommodation, das heißt eine Abkugelung der Linse mit Brechkraftzunahme, den hinter der Netzhaut liegenden Brennpunkt aus, das Bild befindet sich dank diesem Hilfsmechanismus auf der Netzhaut. Sollen aber Gegenstände wahrgenommen werden, die sich in der Nähe befinden, so steht dem Weitsichtigen kein weiterer Akkommodationsraum, das heißt eine weitere Brechkraftzunahme zur Verfügung, weshalb diese Gegenstände nun nicht mehr „scharf" abgebildet werden. Als Folge der ständigen Nahakkommodation kann es zu Kopfschmerzen und zu leichtem Einwärtsschielen kommen.

Wie häufig ist die Weitsichtigkeit?
Etwa ein Drittel aller Brillenträger oder Kontaktlinsenträger ist weitsichtig.

Wird die Weitsichtigkeit manchmal von selbst besser?
Nein, aber bei wachsenden Kindern kann sich die Weitsichtigkeit zur Kurzsichtigkeit wandeln.

Bessert sich die Weitsichtigkeit, wenn man die richtigen Brillen oder Kontaktlinsen trägt?
Man sieht besser, aber die Weitsichtigkeit selbst wird nicht geheilt.

Wann werden bei Weitsichtigkeit Kontaktlinsen empfohlen?
Wenn die Weitsichtigkeit das Sehvermögen so weit beeinträchtigt, dass ein ständiges Tragen von Gläsern nötig ist, und wenn es aus kosmetischen, beruflichen oder sportlichen Gründen wünschenswert ist, keine Brille zu tragen.

Was versteht man unter Stabsichtigkeit oder Astigmatismus?
Wörtlich übersetzt bedeutet Astigmatismus Brennpunktlosigkeit. Die Refraktionsflächen (Brechungsflächen) des Auges sind keine gleichmäßig gekrümmten Kugelausschnitte. Die abnorme Krümmung ist meist in der oberflächlichen Hornhautschicht vorhanden. Ein astigmatisches Auge sieht einen Punkt nicht als Punkt, sondern als Oval oder als Strich. Die Sicht eines Astigmatikers ist stets verschwommen.

Linse

Normalerweise ist die Linse klar und durchsichtig. Trübt sie sich, entsteht ein Star (Katarakt). Vom Ausmaß der Linsentrübung hängt es ab, ob es sich um einen partiellen (teilweisen) oder einen kompletten (vollständigen) Star handelt. Entsprechend der Lage und der Form der getrübten Stelle werden verschiedene Typen des partiellen Stars unterschieden. Beim Kernstar ist z.B. lediglich das Zentrum der Linse getrübt, beim Rindenstar umgibt ein trüber, peripherer Ring die Linse.
Alle Stararten schwächen das Sehvermögen. Die Sehkraftminderung ist umso größer, je zentraler die getrübte Stelle liegt und je stärker die Trübung ausgeprägt ist. Manchmal kann nur noch Hell und Dunkel unterschieden werden. Eine Linsentrübung kann einseitig oder doppelseitig, angeboren oder erworben sein. Eine angeborene Linsentrübung ist für das Erlernen des scharfen und des koordinierten, binokulären, räumlichen Sehens eine schwere Behinderung. Sie führt häufig zum Schielen. Die einzige wirksame Behandlung bei Linsentrübung ist die Entfernung der Linse.

Netzhauterkrankungen

Retinale Störungen oder Netzhauterkrankungen sind allgemeine Erkrankungen wie Bluthochdruck, Zuckerkrankheit, Nierenerkrankungen, Arterienverkalkung und Blutkrankheiten, sie können sich auf die Netzhaut bis zur totalen Erblindung auswirken.

■ *Beeinträchtigung der Blutversorgung*
Eine Verstopfung der zur Netzhaut führenden Blutgefäße durch ein Gerinnsel (Embolie) kann das Sehvermögen erheblich beeinträchtigen.

■ *Netzhautentzündung*
Die Infektion beschränkt sich meist nicht auf die Netzhaut, sondern befällt auch die umliegenden Gefäße. Die Entzündung der Netzhaut ist mit der Zurückdrängung ehemals weitverbreiteter Infektionskrankheiten wie Tuberkulose und Syphilis sehr selten geworden.

■ *Degeneration des Netzhautgewebes*
Als Folge des Diabetes eine der häufigsten Ursachen für Blindheit in der westlichen Welt.
Bei jedem fünften Patienten verschlechtert sich nach 18 Jahren Zuckerkrankheit das Sehvermögen. Neuerdings wird versucht, die Netzhaut mit Laserstrahlen zu verschweißen, um eine weitere Ablösung zu verhindern.

■ *Netzhautgeschwülste*
Sie sind in der Struktur den Gehirngeschwülsten ähnlich. Die rosettenförmigen Wucherungen werden hauptsächlich bei Kleinkindern beobachtet und sind sehr ernsthafter Art.

■ *Koagulation der Netzhaut*
Nach jeder Sonnenfinsternis werden einige Fälle von Eklipsblindheit gemeldet. Es handelt sich um Patienten, die versucht haben, mit ungeschützten Augen die Sonnenfinsternis zu beobachten. Die parallel einfallenden Sonnenstrahlen werden vom Auge gebündelt.
In der Nähe des gelben Flecks entsteht eine Abbildung der Sonnenscheibe. Dadurch wird die Temperatur in diesem Teil der Netzhaut so stark erhöht, dass sich das Eiweiß zusammenballt (koaguliert). Das Resultat ist eine örtliche Verbrennung im wichtigsten Teil der Netzhaut.

■ *Netzhautablösung*
Oft unfallbedingt nach Einreißen der Netzhaut. Entzündungen, Geschwülste oder eine zu starke Biegung des Augapfels sind als Ursachen seltener. Bei Beginn der Ablösung bemerkt der Patient zunächst nur ein paar merkwürdige Lichtreflexe. Später beginnt sich die Randzone des Blickfelds einzutrüben.
Diese Zone wird allmählich immer größer, bis zum Schluss nur noch ein schmaler Sehschlitz übrig bleibt. Die Ablösung der Netzhaut verläuft ohne jeden Schmerz.
Sie kann auch sehr schnell verlaufen, sodass ein großer Teil des Blickfelds schon nach einer halben Stunde verschwunden ist. Die Ablösung kann durch Koagulation mit Laserstrahlen gestoppt werden.

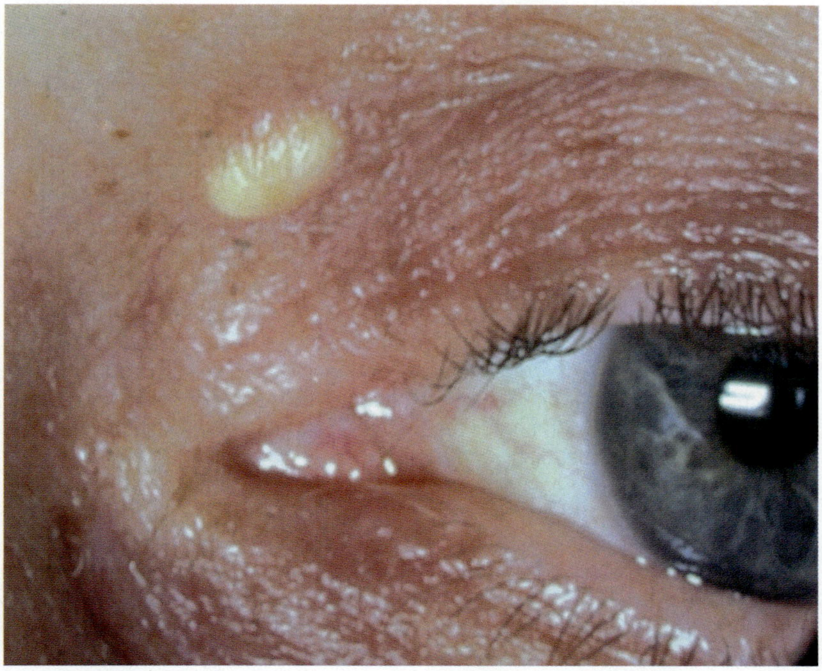
Xanthelasma der Augenlider

Grauer Star

Entzündungen, Verletzungen und andere Augenerkrankungen können Anlass zur Bildung eines Stars (grauen Stars) geben. Es ist eine normalerweise im höheren Lebensalter auftretende Erscheinung, die eng mit dem Stoffwechsel des Kerns der Linse zusammenhängt. Aber auch in jüngerem Alter kann ein Star vorkommen. So wird ein angeborener Star manchmal bei Kindern gefunden, deren Mütter während der Schwangerschaft Infektionskrankheiten durchgemacht haben: Vor allem die Röteln sind für diese Wirkung bekannt. Das Sehvermögen kann in einigen Jahren stark abnehmen.
Außer den oben genannten Ursachen (Entzündungen, Verletzungen, Augenerkrankungen) können auch Stoffwechselerkrankungen Anlass zu einer Linsentrübung geben; Zuckerkrankheit und Tetanie gehören dazu.

Einteilung und Symptome

■ *Angeborene Katarakt*
Die angeborene Form ist vererbt oder durch eine Erkrankung der Mutter während der Schwangerschaft (zum Beispiel bei Röteln bedingt). Sie kann als völlige Trübung, als Teiltrübung wie Kapselstar (vorderer und hinterer Polstar), als Schichtstar, als Nachtstar, als Kernstar oder als umschriebene Trübung von unterschiedlichen Ausmaßen in verschiedenen Schichten der Linse auftreten.

■ *Juvenile Katarakt*
Die jugendliche Form der Katarakt tritt meist als Kranzstar mit bläulichen Punkttrübungen auf. Bei jugendlichen Diabetikern beobachtet man stets doppelseitig zu Beginn subkapsuläre Vakuolen, weiße Punkttrübungen im Verlauf des leicht durch Wasserspalten klaffenden Nahtsystems. Im weiteren Verlauf treten die charakteristischen, radiär gestellten, schneeflockenartigen Trübungen im gesamten Rindenbereich auf.

■ *Alterskatarakt*
Bei erworbener Linsentrübung der Rinde handelt sich um eine Kombination eines Rindenstars mit einem Kernstar. Bei älteren Diabetikern jenseits des 60. Lebensjahres beobachtet man gegenüber gleichaltrigen Stoff-

Laserchirurgie für Augen

Radiale Keratomie
Pionier der chirurgischen Behandlung von Kurzsichtigkeit war der russische Augenchirurg Swjatoslaw Fjodorow. Schon in den siebziger Jahren begann er, mit der Technik der radikalen Keratomie Patienten zu behandeln. Mit einem Diamantskalpell werden dabei vier bis acht radiale Schnitte durch die Hornhaut gezogen. Dabei flacht sich die Hornhautwölbung ab, und die Licht brechende Wirkung der Hornhaut verringert sich. Die Operation wird bei geringer bis mittlerer Kurzsichtigkeit (-1 bis -5 Dioptrien) eingesetzt. Bis heute gilt das Verfahren jedoch als unausgereift. Viele Patienten klagen nach der Operation über Sehstörungen oder instabile Sehschärfe; häufig flacht sich die Hornhaut später über das erwünschte Maß hinaus ab, sodass die Patienten weitsichtig werden. Zudem bleibt die Hornhaut labil und kann platzen.

Photoablative refraktive Keratektomie
Diese Methode war das erste Verfahren zur Beseitigung von Kurzsichtigkeit durch Laserchirurgie. Dabei wird die Hornhaut mit extrem kurzen, energiereichen Blitzen aus einem Ultraviolett-Eximer-Laser beschossen. Mithilfe ausgeklügelter Steuerungssoftware kann der Chirurg die Hornhaut mit großer Präzision bearbeiten: Jeder Schuss aus der Laserkanone lässt weniger als ein zehntausendstel Millimeter der Hornhaut kalt verdampfen. Dabei wird die Hornhaut kreisförmig von außen nach innen abgeflacht, bis die verringerte Brechkraft wieder scharfes Sehen ermöglicht, zugleich kann bei der Operation auch eine Hornhautverkrümmung beseitigt werden. Höchstens ein Fünftel der Hornhautdicke kann nach Meinung der Experten gefahrlos abgetragen werden – damit kann Kurzsichtigkeit bis maximal -12 Dioptrien behandelt werden. Die Erfolgsquote bei der Behandlung von Kurzsichtigkeit bis -8 Dioptrien liegt bei rund 90 Prozent; nach den bisherigen Erfahrungen ist die Korrektur dauerhaft.

Laser-in-situ-Keratomileusis Lasik
Diese Methode ist eine neue Variante der photoablativen refraktiven Keratektomie. Dabei wird erst parallel zur Oberfläche der Hornhaut ein sehr dünner Schnitt geführt und die obere Hornhautschicht zur Seite geklappt. Dann kann die Laserkorrektur der Hornhautdicke im Inneren der Hornhaut vorgenommen werden. Nach der Laserbehandlung wird die äußere Hornhautschicht wieder auf die Wunde gelegt. Mit dieser Methode können auch schwer Kurzsichtige behandelt werden. Nach ersten Erfahrungen sind die Erfolgsquoten nicht schlechter als bei der photoablativen refraktiven Keratektomie.

Laserthermokeratoplastik
Hoffnung für Weitsichtige verspricht die Laserthermokeratoplastik. Dabei werden die Kollagenfasern, aus denen die Hornhaut aufgebaut ist, mit einem Holmium-Yag-Laser erhitzt. Die Kollagenfasern schrumpfen zusammen, und die Brechkraft der Hornhaut erhöht sich. Das Verfahren wird noch erprobt; Erfolge gab es bislang nur bei gering weitsichtigen Patienten.

Intracorneale Ring-Implantation
Bei der Intracornealen Ring-Implantation wird den Patienten ein steifer dünner Kunststoffring in die Hornhaut implantiert, um die Wölbung und damit die Brechkraft der Hornhaut zu regulieren. Bei den neuesten Implantationsmethoden wird statt des Kunststoffrings ein Gel verwendet. Das Verfahren befindet sich noch in der Erprobungsphase. Die ersten Berichte lassen hohe Erfolgsraten vermuten.

wechselgesunden etwa 3- bis 4-mal häufiger eine Alterskatarakt, ohne dass sich die Trübungen von der reinen senilen Form unterscheiden.

Weiterhin kann Katarakt vorkommen bei Stoffwechselerkrankungen (Diabetes, Myotonia, Hypothyroidea), bei Hauterkrankungen, nach Augapfelperforation, nach Einwirkung elektromagnetischer Energie bzw. als Strahlenkatarakt sowie nach Kortikosteroidbehandlung.
Durch die Trübung der Linse kommt es zu einem zunehmenden Blendungsgefühl und einer allmählichen Abnahme der Sehschärfe. Folgt dieser Veränderung die Aufnahme der Flüssigkeit in die Linse, so kann sich die Eintrübung, zum sogenannten reifen Star, bei dem nur noch Helligkeitsunterschiede wahrnehmbar sind, weiterentwickeln.
Es ist jedoch auch eine kurzfristig wieder zunehmende Sehfähigkeit infolge Schrumpfung einer reifen Katarakt möglich.

Zu verhindern ist ein Grauer Star lediglich durch aktive Vermeidung folgender Expositionen:
- lange Kortikosteroidbehandlung; nach Absetzen der Medikamente Verschwinden der Trübung;
- UV-B-Strahlung; Tragen einer Sonnenbrille mit UV-Schutz bei Aktivitäten im Freien;
- Blitz- oder Feuereinwirkung;
- Röntgenstrahlen;
- Prellung, Verletzung oder Entzündung des Auges.

Durch Quellung der Linse kann die Entwicklung eines Glaukoms ausgelöst werden, da es durch die Quellung zu einer Abflussbehinderung des Kammerwassers mit nachfolgendem Anstieg des Augeninnendruckes kommt. Des Weiteren kann durch Freisetzung von degeneriertem Linseneiweiß in das Kammerwasser eine intraokulare Entzündung verursacht werden.

Behandlung
Es ist noch nicht möglich, die Linsentrübung mit Medikamenten zu bekämpfen. Der Verlust des Brechungs-

vermögens der Linse dagegen kann auf verschiedene Weise ausgeglichen werden (durch stark positive Brillen oder Kontaktlinsen). Auch ist es manchmal möglich, eine Plastiklinse in das Auge einzusetzen.

Kataraktoperation

Die Operation eines Patienten mit einem Katarakt oder Star hat in den meisten Fällen einen günstigen Verlauf, und oft bekommt der Patient sein Sehvermögen zurück. Bei Kindern ist es im Allgemeinen ausreichend, die Linse mit einer Nadel mehrere Male anzustechen. Hierdurch schwillt die Linse, und die Trübung löst sich schließlich auf. Es gibt verschiedene Verfahren, denen jedoch die vollständige oder teilweise Entfernung der durch Katarakt getrübten Augenlinse eine Gemeinsamkeit ist.

■ *Extrakapsuläre Kataraktextraktion*
Extrakapsuläre Staroperation unter Belassung der hinteren Linsenkapsel. Hierbei werden die weichen Rindenanteile im Saug-Spülverfahren nach Expression des harten Kerns oder Zertrümmerung durch Ultraschall entfernt. Eine Faltlinie wird unter der Operation eingesetzt, was das normale Sehen schon kurz nach der Operation ermöglicht. Bei diesem Verfahren kommt es häufig zur Ausbildung eines Nachtstars, da es bei den verbliebenen Anteilen der Hinterkapsel zu einer Wiedereintrübung kommen kann.

■ *Intrakapsuläre Kataraktextraktion*
Intrakapsuläre Staroperation nach enzymatischer Zonulolyse. Hierbei wird die Linse samt Kapsel mittels Kälteapplikation (Kryostab) oder einer Pinzette entfernt. Die Entwicklung eines Nachtstars ist bei diesem Verfahren ausgeschlossen, da alle Linsenanteile entfernt werden. Da jedoch nur eine Implantation von Vorderkammerlinsen möglich ist, können sich gehäuft Spätkomplikationen durch die Art der verwendeten Linsen entwickeln.

■ *Lentektomie*
Ausschneiden der gesamten Linse mit einem Vitrektomiegerät (Gerät zur Entfernung des Glaskörpers) am Limbus. Anwendung vor allem bei angeborenen, kindlichen, traumatischen bzw. komplizierten Katarakten.

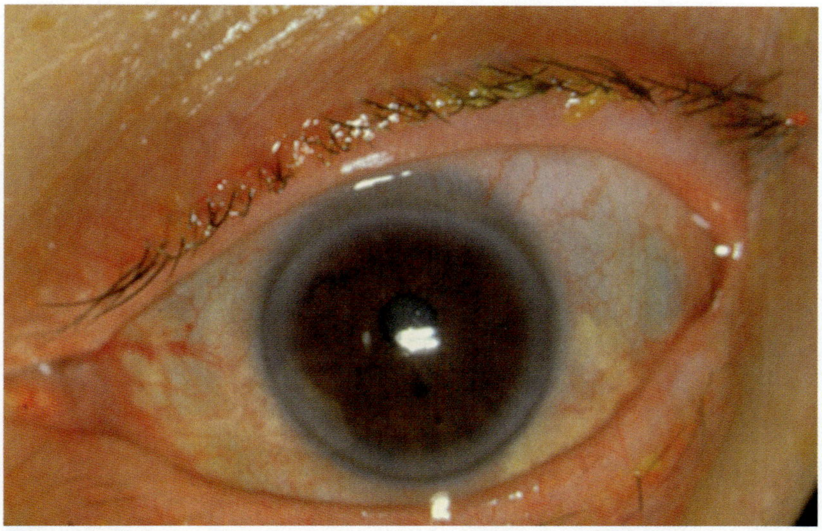

Altersveränderung der Cornea (Hornhaut)

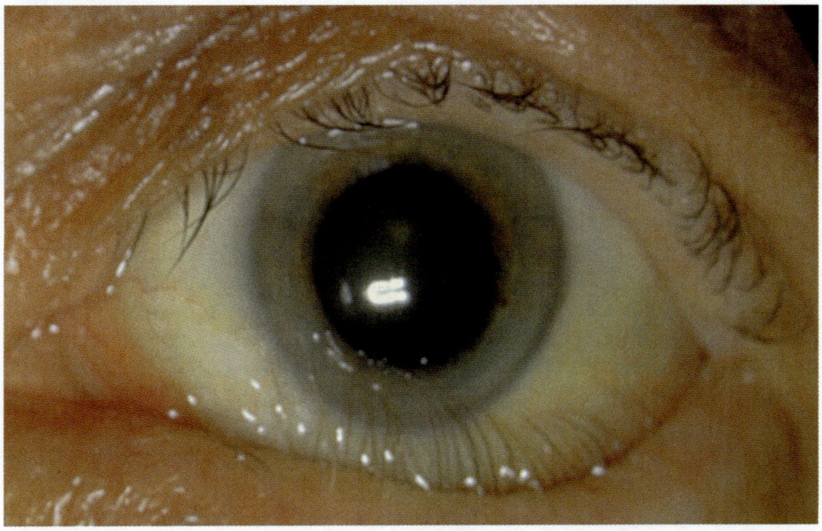

Entropium; Einwärtskehrung der Lidränder

Grüner Star (Glaukom)

Um das Krankheitsbild Glaukom ganz allgemein zu definieren, kann man sagen, dass jede Drucksteigerung auf einem Missverhältnis zwischen Zu- und Abfluss beruhen muss. Die Ursachen dieser Zu- und Abflussstörung können mannigfacher Art sein.
Das Glaukom ist eine schwere Erkrankung des Auges. Der erhöhte Druck kann zu einer Atrophie des Sehnervs führen. Eine Erblindung ist unvermeidlich, wenn die Erkrankung nicht rechtzeitig entdeckt und behandelt wird.
Man unterscheidet in diesem Zusammenhang ein primäres und ein sekundäres Glaukom, wobei als sekundäres jenes bezeichnet wird, das als erkennbare Folge der Abflussbehinderung des Kammerwassers durch eine Augenerkrankung (Trauma, Entzündung, Tumor usw.) auftritt.
Das primäre Glaukom findet sich bei etwa drei Prozent der Altersklassen über 50 Jahre. Einen wesentlichen Schritt zur Frühdiagnose bilden die

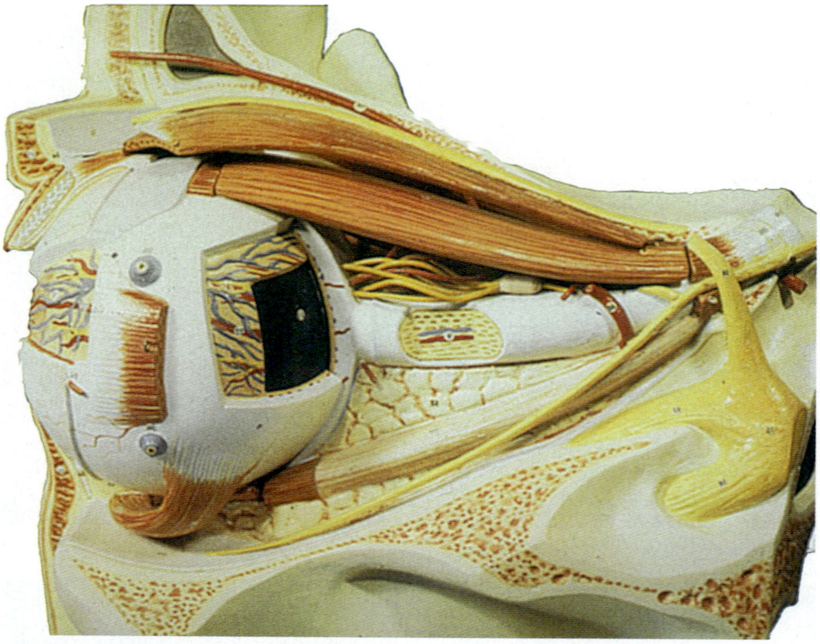

Modell des Auges mit Augenmuskeln

Messung des Augeninnendrucks und die Spiegelung der Pupille durch den Augenarzt anlässlich der ersten Presbyopenbrille und jeder späteren Verordnung. Anders verhält sich das Glaukomauge. Bei ihm liegt eine allgemeine Niveauerhöhung vor, die auf einer Abflussbehinderung des Kammerwassers durch die im Alter zunehmende Verfilzung des Trabekelwerkes beruht. Darüber hinaus geht auch die Konstanz des Druckniveaus verloren: Er treten höhere Druckschwankungen auf (über 4 mm Hg), die offenbar auf einer Insuffizienz der gegenregulatorischen Kräfte beruhen.

Hornhautentzündung des Auges mit Einwanderung von Entzündungszellen aus den hyperämischen Gefäßen des Limbus und aus der Tränenflüssigkeit

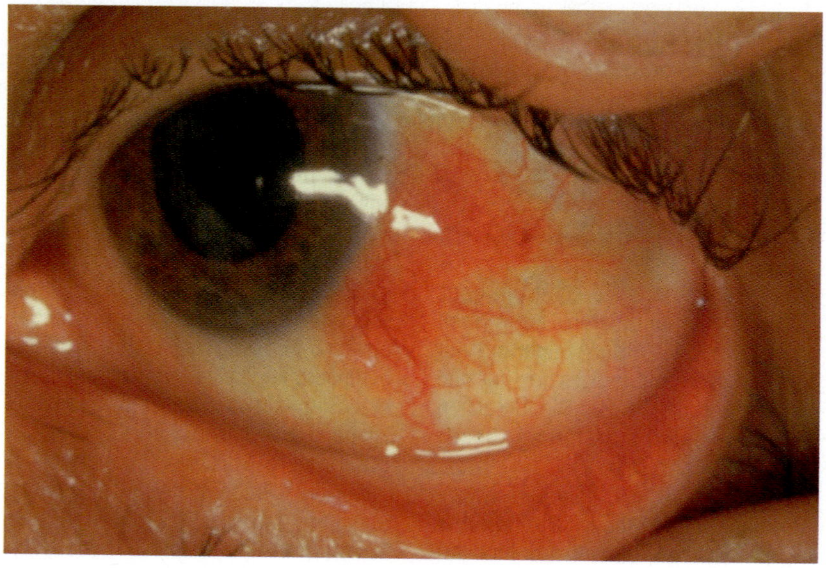

Primäres Glaukom

Beim primären Glaukom handelt es sich um eine heterogene Kollektion von Augenleiden. Es ist nicht wie das sekundäre Glaukom lediglich eine „zweite Krankheit", das heißt eine klinisch klar erkennbare Folgeerscheinung vorausgegangener oder bestehender krankhafter Veränderungen im Augapfel. In der Pathogenese des primären Glaukoms ist noch vieles ungeklärt. Auch das klinische Bild wird dem Verständnis gewisse Schwierigkeiten bereiten, da die Symptomatik vielfach individuelle Unterschiede und Übergänge zeigen kann.

■ *Einteilung des primären Glaukoms*
- akutes Glaukom (Glaukoma acutum congestivum, Winkelblockglaukom, Engwinkelglaukom);
- chronisches Glaukom (Glaucoma chronicum simplex – Weitwinkelglaukom –, Glaukoma chronicum congestivum – chronisches Winkelblockglaukom, chronisches Engwinkelglaukom).

■ *Einteilung des sekundären Glaukoms*

Zahlreiche Grundkrankheiten führen zum Sekundärglaukom. Die Augeninnendrucksteigerung entsteht durch Behinderung der Zirkulation des Kammerwassers beim Durchtritt durch die Pupille oder beim Abfluss in den Schlemm-Kanal.

In Frage kommen:
- intraokulare Entzündungen;
- perforierende Verletzungen;
- Ausbildung vorderer Synechien;
- Quellung der Linse;
- Luxation der Linse;
- Gefäßerkrankungen;
- Diabetes;
- intraokulare Tumoren;
- retrolentale Fibroplasie usw.

Akutes Glaukom

Das akute Glaukom beginnt mit einem plötzlich einsetzenden, schneidenden, in die Umgebung ausstrahlenden Schmerz im Auge. Dem Patienten ist dabei übel, oft muss er sich auch erbrechen. Das Sehvermögen nimmt sehr schnell ab. Das Auge ist dunkelrot. Die Hornhaut sieht trüb und leblos aus. Die Pupille ist erweitert und unbeweg-

lich, die vordere Augenkammer verengt. Das Hauptsymptom ist der hohe Augeninnendruck. Das Auge fühlt sich beim Betasten hart an. Genaue Messungen mit einem Druckmesser ergeben Werte von 50 mm Hg und mehr.
Akute Anfälle durch erhöhten Augeninnendruck treten in der Regel erst in der zweiten Lebenshälfte in Erscheinung. Die Ursache ist ein Verschluss des Kammerwinkels durch die Iris, wodurch der Abfluss des Kammerwassers behindert wird. Wie dieser Verschluss zustande kommt, ist nicht bekannt. Häufig geht ein leichterer Anfall dem akuten voraus. Während des leichten Anfalls ist die Sicht vorübergehend verschwommen. Der Patient sieht farbige Ringe (Halo) um Lichtquellen.

Chronisches Glaukom

Das chronische Glaukom beginnt langsam, ohne äußerlich sichtbare Anzeichen. Es tritt nur nach dem 45. Lebensjahr auf und befällt in der Regel beide Augen. Der Patient fühlt höchstens Spannung oder Schmerz über dem Auge. Ein erhöhter Druck kann lange Zeit das einzige Symptom sein. Besteht er schon längere Zeit, sind mit dem Augenspiegel typische Veränderungen an der Papilla nervi optici, am blinden Fleck, festzustellen: zur Seite gedrängte Gefäße und Weißfärbung des sonst rosa-gelblichen Sehnervs. Das Gesichtsfeld zeigt „Löcher" (Ausfälle).

Die Netzhaut ist die innerste Schicht des Augapfels und liegt zwischen Glaskörper und Aderhaut

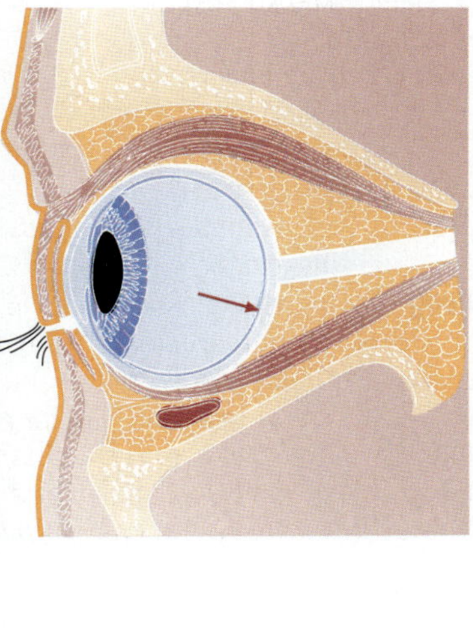

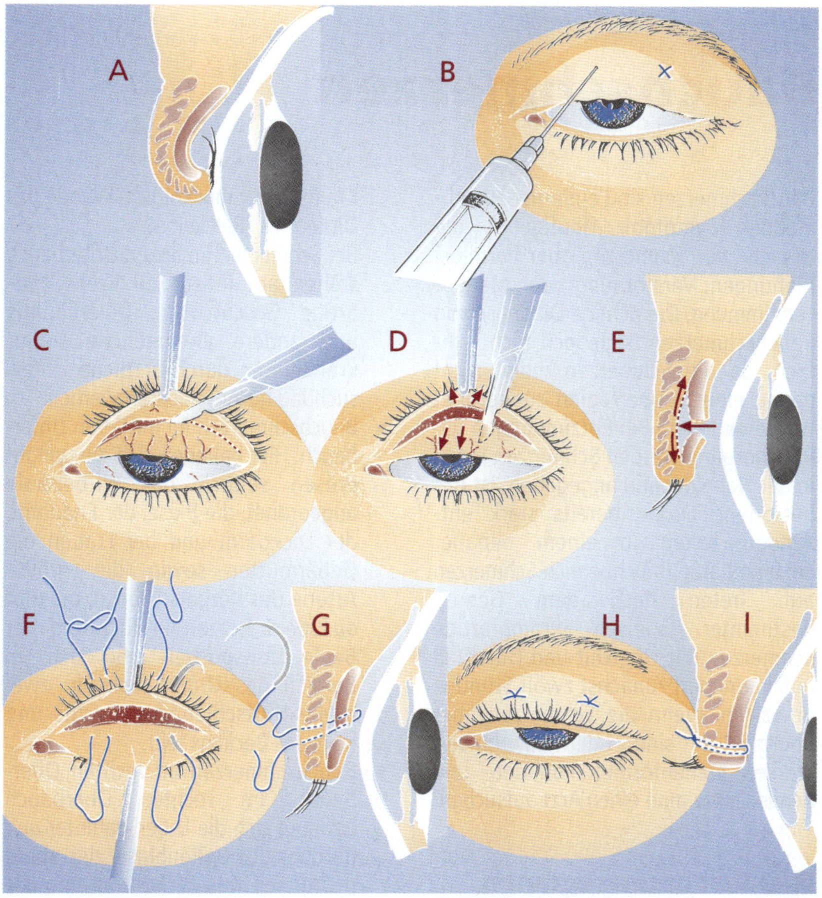

Entropium: Einwärtskehrung der Augenlider; organisch bedingt (zum Beispiel narbig) oder spastisch (zum Beispiel bei Blepharospasmus im Alter). Operative Korrektur (Bilder A-I)

Der blinde Fleck blasst ab, atrophiert und sinkt immer tiefer in die Netzhaut ein, bis er schließlich aussieht wie eine tiefe Schale mit überhängendem Rand. Das Gesichtsfeld schrumpft zunächst an der nasalen Seite. Schließlich geht auch die zentrale Sehschärfe zurück. Die allmählich fortschreitende Degeneration endet in Erblindung. Die Behandlung erfolgt mit drucksenkenden Medikamenten. Bleibt der Druck hoch, ist eine Operation unumgänglich.

Angeborenes Glaukom

Hiervon spricht man, wenn sich durch Augeninnendrucksteigerung der noch wachsende Augapfel vergrößert. Das angeborene Glaukom ist daher vorwiegend eine Erkrankung des 1. Lebensjahres. Es tritt ein-, häufiger doppelseitig auf. Zumeist ist der Augapfel schon kurz nach der Geburt vergrößert. In der Regel besteht rezessiver Erbgang.

Die Erkrankung beruht auf einer Fehlanlage des Trabekelsystems bzw. Schlemm-Kanals.

■ *Symptome*
- Vergrößerung des Hornhautdurchmessers;
- Verdünnung der Hornhaut;
- Verdünnung der Lederhaut;
- Trübung der Hornhaut je nach der Druckhöhe wechselnd; Vertiefung der Vorderkammer;
- blaue Farbe der Iris durch atrophische Verdünnung der Regenbogenhaut.

Absolutes Glaukom

Damit bezeichnet man ein Auge, das am grünen Star erblindet ist. Es ist dabei gleichgültig, ob ein primäres oder sekundäres Glaukom dazu geführt hat. Erblindung durch akuten Anfall oder sekundäre Drucksteigerung verursacht oft erhebliche Schmerzen.

Bauchschmerzen

Bauchschmerzen sind ein ernst zu nehmendes Symptom. Häufig ist die Ursache der Schmerzen aber harmlos: Blähungen, Verstopfung oder Magenverstimmung. Die richtige Diagnose von Bauchschmerzen ist jedoch nicht einfach, da die Schmerzen meist nicht genau einer Körperregion zugeordnet werden können. Bei Entzündungen der Bauchorgane werden Schmerzen meist in der Nabelgegend angegeben. Ist das betroffene Organ bereits stark entzündet, treten in einem genauer bestimmbaren Bauchbereich Schmerzen auf. Treten nach dem Genuss bestimmter Speisen krampfartige Schmerzen mit Übelkeit und Durchfall auf, kann man zunächst zwölf Stunden abwarten. Wenn die Schmerzen aber unerträglich sind oder zunehmend stärker wellenförmig kommen und gehen, sollte man einen Arzt aufsuchen.

Bauchschmerzregionen

Auch Ärzte haben oft Schwierigkeiten, den genauen Ursprung von Bauchschmerzen und ihre Bedeutung festzustellen. Deshalb ist es besonders wichtig, zu erfahren, um welche Art Schmerzen es sich handelt, an welcher Stelle sie sitzen und welche sonstigen Beschwerden damit verbunden sind. Es ist vorteilhaft, die genaue Lage der verschiedenen Organe und Gewebe im Bauchraum zu kennen. In folgenden Regionen des Bauches können Schmerzen lokalisiert werden:

- Bauchschmerzen im linken Oberbauch. Am häufigsten sind folgende Organe betroffen: Magen, Zwerchfell, Milz, Bauchspeicheldrüse (Pankreas) und Dickdarm (Colon).
- Bauchschmerzen im linken Unterbauch. Die Schmerzen können von denselben Organen ausgehen wie auf der rechten Seite des Bauches – mit Ausnahme des Wurmfortsatzes. Die häufigste Schmerzursache sind Krämpfe der muskulösen Wände des Dickdarms (Reizkolon).
  Bei Schmerzen im linken Unterbauch sollten auf jeden Fall Krebs, gutartige Geschwülste, Divertikulitis und andere entzündliche Darmkrankheiten durch ärztliche Untersuchung ausgeschlossen werden.
- Bauchschmerzen im mittleren Unterbauch. Hier befinden sich die Lymphdrüsen seitlich der Wirbelsäule angeordnet, die Blase, der Enddarm, der Dickdarm und bei Frauen die Gebärmutter sowie die größte Arterie des Körpers (Aorta), die Blut aus dem Herzen in Richtung der Beine transportiert und sich im Bereich des Unterbauchs in zwei große Hüftschlagadern rechts und links des Beckens teilt.
- Bauchschmerzen im rechten Oberbauch. Im rechten Oberbauch befindet sich die Leber, dahinter und darüber die Gallenblase, der obere rechte Teil des Dickdarms und die Bauchspeicheldrüse. Jede Beeinträchtigung dieser Organe kann Schmerzen verursachen, die sich vor allem in der rechten oberen Ecke des Bauchs und unter dem Brustkorb bemerkbar machen.
- Bauchschmerzen im rechten Unterbauch. Das aus anatomischer Sicht wichtigste Organ in diesem Bereich ist der Wurmfortsatz (Appendix). Im rechten Unterbauch befinden sich der Darm, der rechte Harnleiter, der rechte Eierstock und der rechte Eileiter. Der Darmabschnitt in der Nähe des Wurmfortsatzes kann von verschiedenen Störungen betroffen sein. Dumpfe, kolikartige Schmerzen, die schubweise kommen und gehen, sind vorherrschend.
- Bauchschmerzen seitlich am Rumpf. Schmerzen an der Seite oder den Flanken sind seltener und gehen im Vergleich zu Bauchschmerzen an der Rumpfvorderseite nur auf wenige Ursachen zurück. Vor allem ver-

Was hinter Bauchschmerzen stecken kann

- Plötzlich auftretende Bauchschmerzen
  - Dreimonatskolik
  - Magen-Darm-Kolik
  - Leistenbruch
  - Darmverschluss
  - Darmlähmung
  - Blinddarmentzündung
  - Lungenentzündung
  - Harnwegsinfektion
- Chronische Bauchschmerzen
  - Psychisch bedingte Bauchschmerzen
  - Nahrungsmittelallergie
  - Crohn's Krankheit
  - Wurmerkrankung
- Chronische Bauchschmerzen mit Verstopfung
  - Chronische Verstopfung
  - Darmlähmung
- Chronische Bauchschmerzen mit Erbrechen
  - Darmverschluss

ursachen die Nieren häufig Schmerzen im Lendenbereich, zwischen den Schulterblättern und an der Oberseite des Beckens – aber auch Schmerzen an den Bauchseiten.

Säuglingskoliken

Bauchschmerzen, die Säuglinge bis etwa zum vierten Lebensmonat betreffen, beruhen in der Regel auf krampfartiger Darmtätigkeit, sogenannten Koliken (Dreimonatskoliken). Während des Tages sind Säuglinge meist beschwerdefrei, in den frühen Abendstunden beginnt der Säugling jedoch häufig zu schreien – manchmal ununterbrochen zwei bis drei Stunden. Auf die Eltern wirkt dieses Phänomen besorgniserregend. Häufiger sind davon Kinder betroffen, die mit dem Fläschchen ernährt werden oder vor Ablauf des ersten Lebensjahres Kuhmilch bekommen haben oder deren Mütter rauchen. Man nimmt an, dass bei Kindern in diesem Alter die Darmfunktion noch nicht ausgereift ist und deshalb die Muskelkontraktionen der Darmwand beim Kleinkind noch nicht richtig koordiniert sind, wobei der Darminhalt nicht wirksam transportiert wird. Wenn Luft im Darm eingeschlossen ist, dehnen sich die Darmwände aus, und schmerzhafte Krämpfe (Spasmen) entstehen. Solche Koliken verschwinden normalerweise nach dem dritten Lebensmonat.

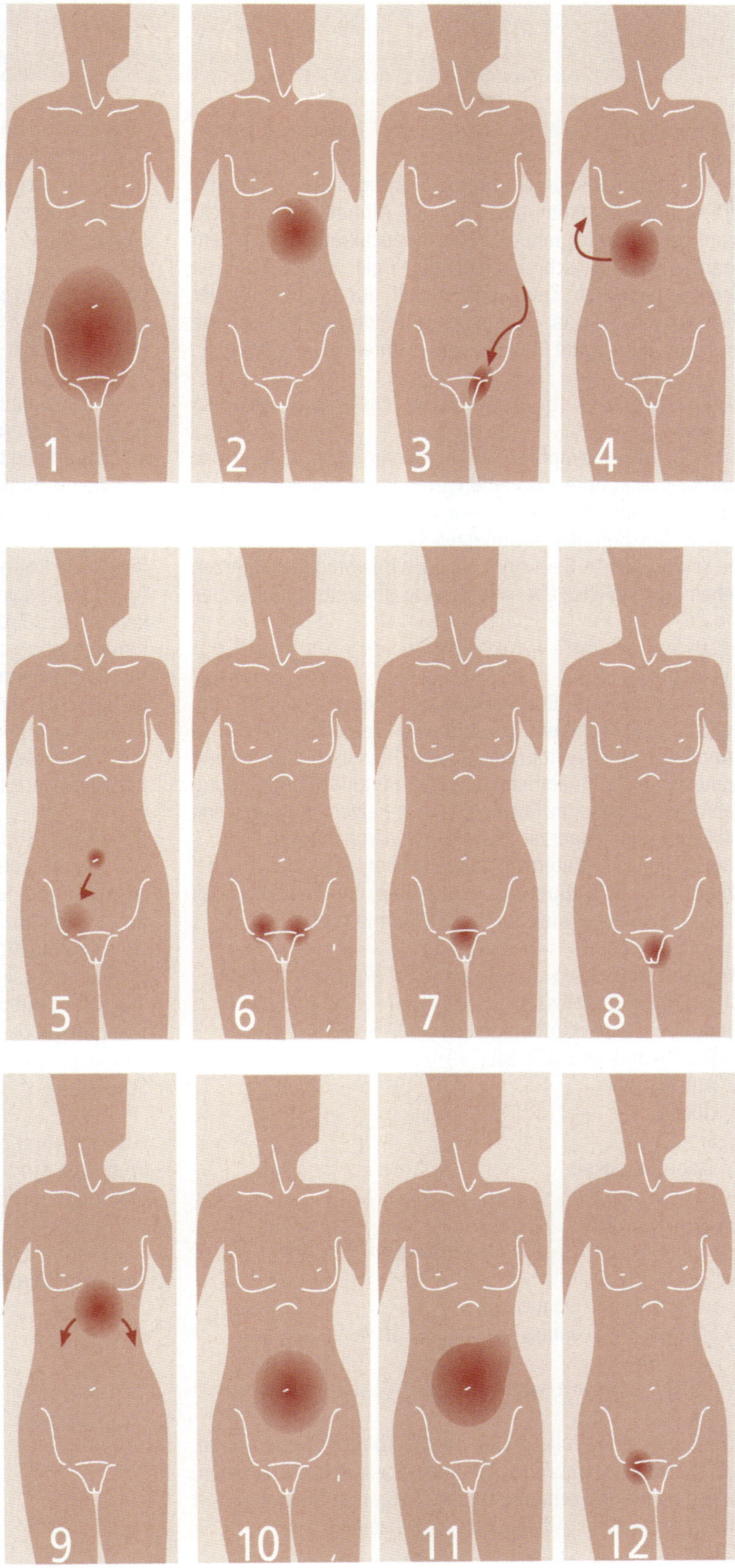

Bauchschmerzen bei der Frau: Die Schmerzlokalisation im Bauchbereich (Abdomen) kann wichtige diagnostische Hinweise bei vorliegenden Störungen geben.
1 – Dünndarmkolik
2 – Akute Verdauungsstörung
3 – Nierenkolik
4 – Gallensteine
5 – Blinddarmentzündung
6 – Peritonitis (Bauchfellentzündung)
7 – Darmobstruktion
8 – Darmverschluss
9 – Perforation eines Magenulkus
10 – Abdominalgravidität
11 – Abort
12 – Blasenentzündung

Wichtige Fragen und Antworten zu Bauchschmerzen

Wann kommen Bauchschmerzen bei Säuglingen vor?
Viele Säuglinge – Jungen fünfmal häufiger als Mädchen – leiden in den ersten drei bis vier Monaten an Bauchschmerzen, die sich mitunter bis zu Bauchkrämpfen steigern können. Das Baby schreit, zieht seine Beinchen an und lässt sich weder durch Zuwendung noch durch Füttern oder Wickeln beruhigen. Ursache für diese sogenannte Dreimonatskolik sind Blähungen und Unreife des Darms.

Wie äußern sich Bauchschmerzen bei größen Kinder?
Bei Koliken – krampfartigen Bauchschmerzen – liegt das Kind gestreckt oder zusammengezogen da, mit den Händen auf den Bauch gepresst, und versucht sich möglichst nicht zu rühren. Bei Blinddarmschmerzen fällt auf, dass zusätzlich meist das rechte Bein angezogen wird, Magenschmerzen gehen ohne Koliken, aber mit starkem Übelkeitsgefühl einher.

Akut auftretende Bauchschmerzen – was sind die Ursachen?
Akut auftretende Bauchschmerzen können durch eine Vielzahl von Krankheiten verursacht werden – von Darmgrippe bis zur Verstopfung. Akute Bauchschmerzen sind immer ernst zu nehmen, da eine Blinddarmentzündung dahinterstecken kann. Suchen Sie daher einen Arzt auf, wenn die Schmerzen länger als sechs Stunden anhalten.
Bauchschmerzen treten außerdem als Begleiterscheinung bei Erkältung und Grippe oder Lungenentzündung sowie bei Kinderkrankheiten wie zum Beispiel Mumps auf.

Wie äußern sich Störungen im Magen oder Zwölffingerdarm zumeist?
Die wichtigsten Symptome sind:
- Bauchschmerzen (Oberbauch)
- Aufstoßen
- Übelkeit
- Erbrechen
- Appetitlosigkeit
- Gewichtsverlust

Wann soll man bei Bauchschmerzen den Arzt holen?
Auf jeden Fall bei:
- unerträglichen Schmerzen;
- Schmerzen, die länger als ein paar Stunden anhalten.

Welche Symptome zeigen sich bei der chronischen Gastritis?
Schmerzen und Völlegefühl im Oberbauch, Sodbrennen, Appetitlosigkeit, Gewichtsabnahme, Übelkeit und Erbrechen. Bei bestimmten Formen können Blutungen auftreten, mit Bluterbrechen oder Abgang von schwarzem Stuhl.

Was ist der Bauchraum?
Der Bauchraum setzt sich aus der Bauchhöhle und dem dahinter gelegenen Retroperitonealraum zusammen. Dieser enthält unter anderem die Nieren und die großen Gefäßstämme.

Welche Symptome finden sich bei der Bauchfellentzündung?
Die wichtigsten Symptome sind:
- Schmerzen im Bauch
- Druckempfindlichkeit der Bauchorgane
- Bauchdeckenspannung
- Auftreibung des Darmes
- Appetitlosigkeit, Übelkeit und Erbrechen
- Erhöhung der Körpertemperatur

Woran erkennt man eine Blinddarmentzündung?
Am Auftreten von Krämpfen im ganzen Bauch, die mit Übelkeit oder Erbrechen verbunden sind, und an der Konzentration des Schmerzes auf den rechten Unterbauch. Diese Beschwerden halten stundenlang an und werden eher immer schlimmer. Außerdem ist gelegentlich die Temperatur leicht erhöht, und der Puls geht schneller. Appetitlosigkeit und Verstopfung sind ebenfalls häufige Befunde bei einer Blinddarmentzündung.

Können Kinder Bauchschmerzen genau lokalisieren?
Wenn Kinder unter sieben Jahren Schmerzen haben, klagen sie meist über Kopf- oder Bauchschmerzen – selbst wenn es in einem ganz anderen Körperteil weh tut. Kleinkinder können Schmerzen noch nicht genau lokalisieren. Versuchen Sie daher vorsichtig, den Bauch abzutasten und zu prüfen: Zuckt Ihr Kind an bestimmten Stellen mehr als an anderen zusammen oder verzieht es das Gesicht? Ab dem Schulalter geben Kinder in der Regel genauere Auskunft über ihre Schmerzen.

Gibt es auch „seelische" Bauchschmerzen?
Wenn Ihr Kind wiederholt über Wochen und Monaten an (chronischem) Bauchweh leidet, haben in rund 80 Prozent der Fälle seelische Probleme „auf den Magen geschlagen". Die Schmerzen werden durch einen warmen Bauchwickel oder eine Wärmflasche gelindert.

Bauchschmerzen beim Mann: Die Schmerzlokalisation im Bauchbereich (Abdomen) kann wichtige diagnostische Hinweise bei vorliegenden Störungen geben.

1 – Dünndarmkolik
2 – Akute Verdauungsstörung
3 – Nierenkolik

4 – Gallensteine
5 – Blinddarmentzündung
6 – Peritonitis (Bauchfellentzündung)

7 – Darmobstruktion
8 – Darmverschluss
9 – Durchbruch (Perforation) eines Magengeschwürs (Magenulkus)

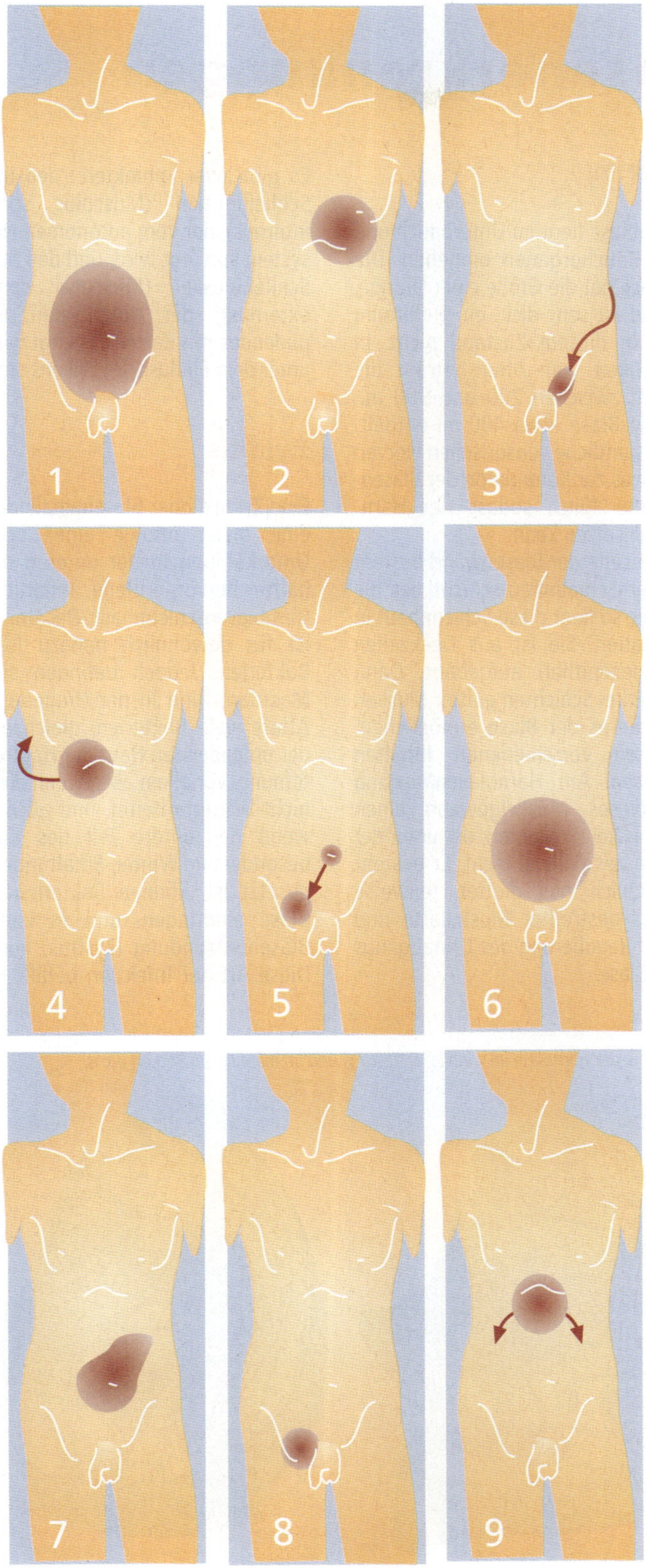

Blasenerkrankungen

Einführung

Die Harnblase liegt im Unterbauch und ist von Bauchorganen umgeben. Die leere Blase hat die Größe einer Orange, die Wand ist sehr dick, ein Hohlraum besteht in diesem Zustand nicht. In Abhängigkeit vom Alter beträgt die Kapazität zwischen 200 und 900 ml. Wenn die Blase etwa 400 ml enthält, werden sämtliche sensorischen Nerven gereizt, was zur Kontraktion der Blasenmuskulatur führt, sodass der Harnabfluss einsetzen kann.
Die Innenseite der Blasenwand besteht aus einer Schleimhautschicht; ist die Blase leer, so liegt diese Schleimhaut in vielen Falten. Sie ist aus Deckzellen (Übergangsepithel) aufgebaut. Dann kommen drei Schichten glatter Muskelfasern, die es der Blase ermöglichen, sich ihren verschiedenen Inhalten anzupassen. Am Harnblasenausgang bildet dieses Muskelgewebe einen Schließmuskel (Sphinkter), der unter der Kontrolle des Willens steht. Er besteht hauptsächlich aus glatter, teilweise auch aus gestreifter Muskulatur und dient zur Regulierung des Urinabgangs aus der Blase.

Topographie der Harnblase im weiblichen (rechts) und im männlichen Becken (links)

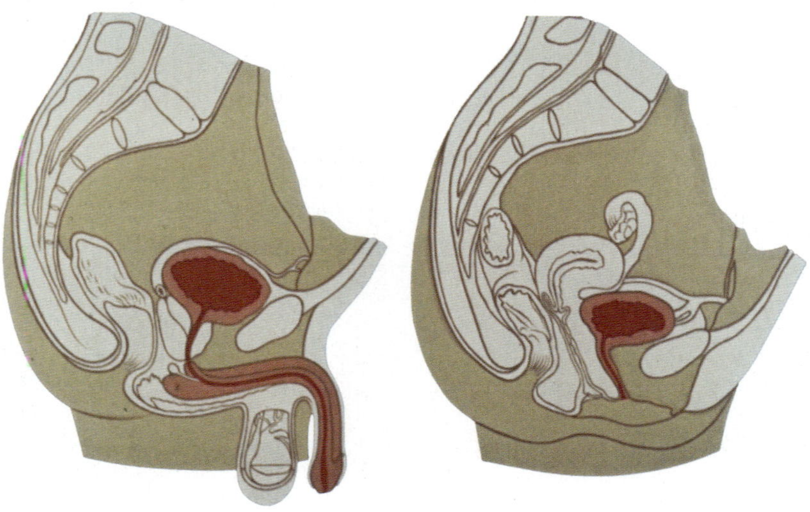

Es gibt zwei Sphinktere: den inneren Schließmuskel (Musculus sphincter internus), der vom autonomen Nervensystem versorgt wird, und den äußeren Schließmuskel (Musculus sphincter externus), der durch den Nervus pudendus mit Reizen versorgt wird, der unter dem Einfluss des Willens steht.

Zystitis

Eine Zystitis oder Blasenentzündung ist eine meist infolge einer örtlichen Unterkühlung in der unteren Körperhälfte hervorgerufene Infektion der Harnblasenschleimhaut. Der Urin selbst ist für gewöhnlich nahezu frei von Bakterien. Jedoch befinden sich im Mastdarm und in der Umgebung des Afters viele Bakterien, gleichzeitig in der umgebenden Haut der Harnröhrenöffnung. Vor allem aber, wenn die Blase nicht richtig arbeitet, und auch dann, wenn der untere Teil des Körpers, besonders im Winter, Erkältungen ausgesetzt ist, können Bakterien in die Blase eindringen, und es kann zur Blasenentzündung (Zystitis) kommen. Diese Art der Infektion befällt Frauen häufiger als Männer, nicht nur wegen der Lokalisation der Harnröhrenöffnung, sondern auch wegen der verschiedenen Art der Bekleidung. Die Entzündung kann sich auch auf die Harnleiter (Pyelitis) und auf die Nieren und das Nierengewebe (Pyelonephritis) ausdehnen. Eine Blasenentzündung kann sich entweder plötzlich als akute Infektion oder schrittweise entwickeln.
Die akute Form ist charakterisiert durch schmerzhafte Harnabsonderungen, wobei jeweils nur geringe Mengen abgegeben werden. Die Schmerzen treten sowohl vor als auch nach dem Wasserlassen auf, oft treten gegen Ende auch einige Blutstropfen mit aus. Eine Blaseninfektion allein führt nicht zu Fieber. Fieber weist daher auf zusätzliche andere Erkrankungen hin. Zumeist sind dann die Harnleiter, die Vorsteherdrüse (Prostata), die Eileiter oder die Harnröhre entzündet. In Abhängigkeit vom jeweils vorherrschenden Bakterientyp wird ein Sulfonamid, ein Penizillin oder ein Furadantin verabreicht.
Gelegentlich kommen auch Tuberkelbazillen vor, wobei dann eine spezifische Behandlung erforderlich ist.
Ein schleichender, lang andauernder Typ von Blasenentzündung kann z.B. infolge eines Blasensteines entstehen, durch einen Tumor oder eine Verlegung der Harnröhre. In einem solchen Fall sollte stets ein Urologe zurate gezogen werden.

Blasenkrebs

In den westlichen Industrieländern ist in den letzten zwanzig Jahren die Zahl tumoraler Erkrankungen der Harnblase stetig gestiegen. Sie machen heute bereits 70 Prozent der malignen Harnwegstumoren und drei Prozent aller Tumorarten aus.
Blasentumoren treten vorwiegend bei Männern (Verhältnis männlich-weiblich = 3:1) sowie im höheren Lebensalter (50 bis 70 Jahre) auf, wobei ihre Häufigkeit mit dem Alter steigt:

2,5 Prozent bei den 59- bis 69-jährigen,
10,3 Prozent bei den 75- bis 70-jährigen.

Ursachen

Die genauen Ursachen sind noch unbekannt. Zahlreiche Versuche sowie epidemiologische und pathologische Untersuchungen haben gezeigt, dass karzinogene Anilinderivate, wie beta-Naphthylamin, Benzidin, 4-Aminodiphenyl und 4-Nitrodiphenyl Blasenkrebs hervorrufen können, der durch eine besonders lange Latenzzeit gekennzeichnet ist: Zwischen Einwirken der giftigen Substanzen und Auftreten erkennbarer Symptome können sechs bis 20, in Extremfällen sogar bis zu 45 Jahre vergehen.

Vor allem Arbeiter in lederverarbeitenden Betrieben sowie in der Kunst- und Farbstoffindustrie sind besonders gefährdet. Ebenso dürfte das Personal klinischer Labors, in denen Blut im Stuhl mit Benzidin nachgewiesen wird, der Risikogruppe angehören. Weitere auslösende Faktoren sind:

- Nikotin
- übermäßiger Koffeingenuss
- Bilharziose
- eine parasitär ausgelöste Infektionskrankheit

Rauchen ist der wichtigste einzelne Risikofaktor für Blasenkrebs und die Ursache für mindestens die Hälfte aller Neuerkrankungen.

Symptome

Als Leitsymptom gilt plötzlich auftretende, massive Hämaturie (Blut im Harn), die oft am Ende des Urinierens stärker wird und mit der Ausscheidung kleiner Blutgerinnsel einhergehen kann. Nach einiger Zeit wird der Harndrang häufiger und das Urinieren schmerzhaft, während der Patient ein Druckgefühl in der Unterbauchgegend hat. Im fortgeschrittenen Stadium kann der Tumor die Harnleiteröffnungen infiltrieren und dadurch die Nierenfunktion beeinträchtigen.

In Abhängigkeit von der Größe und der Lokalisation des Tumors sowie der Blutgerinnsel treten auch sekundäre Symptome wie Schmerzen auf. Ab diesem Zeitpunkt machen sich folgende Symptome bemerkbar:

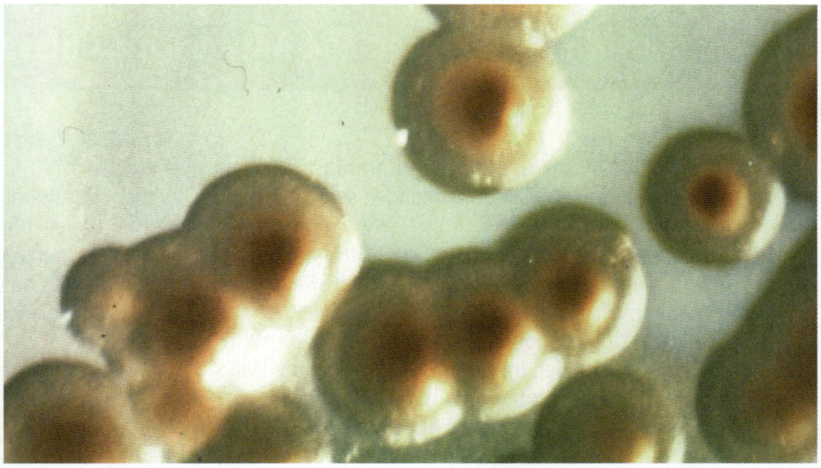

Bakterium Aerobacter aerogines

- intermittierende Hämaturie (*Blut im Urin*) 78 Prozent
- Polliakisurie (*häufiger Harndrang*) 71 Prozent
- Dysurie (*Schwierigkeiten beim Harnlassen*) 41 Prozent
- stärker werdende Schmerzen 34 Prozent

Werden die Einmündungen der Harnleiter in die Harnblase durch den Tumor verlegt, können in der Folge Nierenkoliken auftreten. In späteren Stadien äußert sich Blasenkrebs in Form von Druck auf den Mastdarm, Schmerzen in der Lendengegend aufgrund der Kompression von Nervenbahnen und Ödemen in den unteren Gliedmaßen infolge von Metastasen in den Lymph- und Blutgefäßen.

Diagnose

Sobald man Blut im Harn feststellt, sollte man sich einer klinischen Untersuchung unterziehen. Alle diagnostischen Maßnahmen haben zwei Ziele: Zum einen sollen sie den Verdacht auf eine Krebserkrankung bestätigen oder ausräumen. Wenn sich der Verdacht bestätigt, müssen die behandelnden Ärzte zum anderen genaue Kenntnis über Größe, Sitz, feingeweblichen Aufbau und eventuelle Tochtergeschwülste des Tumors haben.

Besteht der Verdacht, dass Sie an Blasenkrebs erkrankt sind, wird Ihr Arzt mit Ihnen über die Untersuchungen sprechen, die notwendig sind, um die Diagnose zu sichern. Im Folgenden stellen die Ärzte Ihnen eine Reihe der gängigsten Untersuchungsverfahren und ihre Bedeutung vor.

Aufgrund der Ergebnisse dieser Untersuchungen und Ihrer persönlichen Gesamtsituation werden Sie dann gemeinsam mit den behandelnden Ärzten entscheiden, welche Behandlung für Sie am geeignetsten ist.

■ *Anamnese*

In einem ausführlichen Gespräch wird der Arzt sich mit Ihnen über Ihre aktuellen Beschwerden, über Vorerkrankungen und eventuelle Risikofaktoren unterhalten. Für eine spätere Therapieplanung ist es auch wichtig, eventuell vorliegende Begleiterkrankungen zu kennen. Schildern Sie Ihrem Arzt all Ihre Beschwerden und Vorerkrankungen. Jedes Ihnen noch so unwichtig erscheinende Detail kann für Ihren Arzt eine wichtige Information sein.

■ *Körperliche Untersuchung*

Eine gründliche körperliche Untersuchung soll dem Arzt helfen, die Ursache Ihrer Beschwerden zu erkennen und die richtige Diagnose zu stellen.

■ *Laboruntersuchungen*

Bei der Urinuntersuchung lässt sich in der Mehrzahl der Fälle Blut im Urin nachweisen. Darüber hinaus können Blutuntersuchungen Aufschluss über die Funktion einzelner Organe wie Nieren und Leber geben. So enthält der

Wichtige Fragen und Antworten zu Blasenerkrankungen

Was ist eine Zystitis?
Eine Zystitis ist eine Entzündung der Harnblase, die oft Anzeichen für andere Harnwegserkrankungen sein kann.

Was sind Ursachen einer Blasenentzündung?
In der großen Mehrheit der Fälle sind die Ursache Keime, die aus dem Verdauungstrakt stammen.
Wenn die Entzündung längere Zeit nicht behandelt wird, können sich diese Bakterien im Organismus verändern. Dann lösen neue Stämme die für die Entzündung primär verantwortlichen ab, manchmal existieren auch mehrere Stämme gleichzeitig. Besonders bei den chronischen Formen der Blasenentzündung ist dies häufig der Fall.

Wie entsteht eine Harnblasenentzündung zumeist?
Durch bakterielle Infektion mit folgenden Krankheitserregern:
- Koli-Bakterien;
- Proteus-Bakterien;
- Streptokokken.

Wie kommen die Erreger der Blasenentzündung in die Harnblase?
Die Erreger können auf unterschiedliche Weise in die Blase gelangen:
- aufsteigend von außen, durch den Urethra;
- absteigend aus Nieren und Harnleiter;
- durch die Lymphe aus den anderen Infektionsherden (Kolitis, Spendizitis, Prostata beim Mann, Geschlechtsorgane bei der Frau).

Die Keime in der Blase stellen zwar ein notwendiges Element für die Entwicklung einer Zystitis dar, reichen dazu jedoch allein nicht aus. Es müssen noch andere Faktoren beteiligt sein, wie zum Beispiel:
- Harnstau durch Blasenlähmung;
- Prostatahypertrophie;
- Harnabflussbehinderungen durch Verlegung der Hohlräume im Beckenraum bei Schwangerschaft;
- Menstruation;
- Kälte;
- Gebärmuttervorfall;
- traumatische Läsionen;
- Harnsteine.

Wie häufig kommt die Zystitis vor?
Die Zystitis kommt vor allem bei Frauen vor. Da beim weiblichen Geschlecht die Urethra (Harnröhre) kürzer ist und akute und chronische Entzündungen der Genitalien häufig auftreten, leiden 10 Prozent aller Frauen zumindest einmal in ihrem Leben an einer solchen Harnblasenentzündung. Schon in der Kindheit und in frühester Jugend sind Vulvovaginitis, akute Zystitis und auch Pyeloneophritis keine Seltenheit.

Ist die Zystitis nun eine Krankheit oder ein Symptom?
Viele Erkrankungen der Harnwege äußern sich in dieser Form, daher bleibt die Zystitis ein Symptom, das sich Blasenschmerzen nennt, bis entweder alle anderen Harnwegsinfekte ausgeschlossen sind oder sich die Blase zweifelsfrei als Sitz der Infektion herauskristallisiert hat.

Wie tritt eine akute Harnblasenentzündung in Erscheinung?
Die Krankheit setzt in der Regel plötzlich ein und ist durch häufiges, schmerzhaftes Harnlassen und nicht selten durch das Auftreten von Eiter und Blut im Harn gekennzeichnet.

Wie lange hält eine akute Harnblasenentzündung gewöhnlich an?
Wenn sie rasch und zweckentsprechend behandelt wird, können die akuten Krankheitserscheinungen innerhalb weniger Tage zurückgehen. Restbeschwerden können ein bis zwei Wochen bestehen bleiben. Ebenso lange dauert es unter Umständen, bis der Harn wieder klar wird.

Welche Symptome ruft die chronische Harnblasenentzündung hervor?
Im Wesentlichen die gleichen wie die akute Harnblasenentzündung, abgesehen davon, dass die Krankheitszeichen oft nicht so schwer sind, länger anhalten und zu Rückfällen neigen. Wer an einer chronischen Harnblasenentzündung leidet, hat meist eine Begleiterkrankung in anderen Teilen des Harntrakts.

Kann auch Tripper (Gonorrhö) eine Zystitis verursachen?
Ja, denn die Urethritis gonorrhoica (durch Gonokokken hervorgerufen) führt, wenn sie nicht behandelt wird und längere Zeit andauert, zu einer Verengung der Harnröhre, wodurch der Harnabfluss behindert ist. Ebenso können dadurch Divertikel entstehen.

Welche krankhaften Veränderungen im Harntrakt können eine Harnblasenentzündung erzeugen?
- Eine bakterielle Entzündung der Niere;
- ein Stein oder Tumor in der Harnblase;
- jede harnabflussbehindernde Veränderung im Harntrakt, wie:
  - eine Vergrößerung der Vorsteherdrüse;
  - eine Zystozele;
  - Harnröhrenverengung.

behandelnde Arzt Informationen, die auch im Hinblick auf eine Narkose von Bedeutung sind.

Legt die Blasenspiegelung den Verdacht auf eine Krebserkrankung nahe, werden im Urin bösartig veränderte Zellen gesucht. Die Urinzytologie ist auch geeignet, Personen mit erhöhtem Erkrankungsrisiko zu überwachen.

■ *Röntgenuntersuchung*

Wurde im Urin Blut nachgewiesen, erfolgt als nächster Schritt die Röntgenuntersuchung der Harnwege. Das so genannte Ausscheidungsurogramm gibt einen Überblick über den gesamten Harntrakt.

Zur Vorbereitung der Aufnahmen wird Ihnen ein jodhaltiges Röntgenkontrastmittel in die Vene gespritzt, das von den Nieren ausgeschieden wird und die Harnwege füllt. Bereits nach drei Minuten ist der erste ausgeschiedene Kontrastharn sichtbar. Im Abstand von einigen Minuten erfolgen dann mehrere Röntgenaufnahmen.

■ *Ultraschalluntersuchung*

Die Ultraschalluntersuchung des Bauches macht innere Organe wie Leber, Nieren, Nebennieren, Milz und Lymphknoten sichtbar. Manche Veränderungen lassen indirekt auf das Vorhandensein von Tumoren schließen.

Die Sonografie der Leber kann Tochtergeschwülste (*Metastasen*) des Tumors nachweisen. Lymphknoten, die wegen der Einwanderung von Krebszellen oder aufgrund einer Entzündung vergrößert sind, können mit diesem Verfahren ebenfalls gut erfasst werden.

Die Ultraschalluntersuchung hat den Vorteil, dass sie den Patienten nicht mit Strahlen belastet.

■ *Blasenspiegelung*

Bei der Blasenspiegelung (*Zystoskopie*) wird ein dünner, weicher und biegsamer Schlauch (*Endoskop*) vorsichtig durch die Harnröhre bis in die Blase eingeführt.

In diesem Schlauch steckt ein optisches System („Spiegel"), das mit einer Lichtquelle verbunden ist. Die Untersuchung erfolgt unter örtlicher Betäubung, sodass sie für Sie weitgehend schmerzfrei ist.

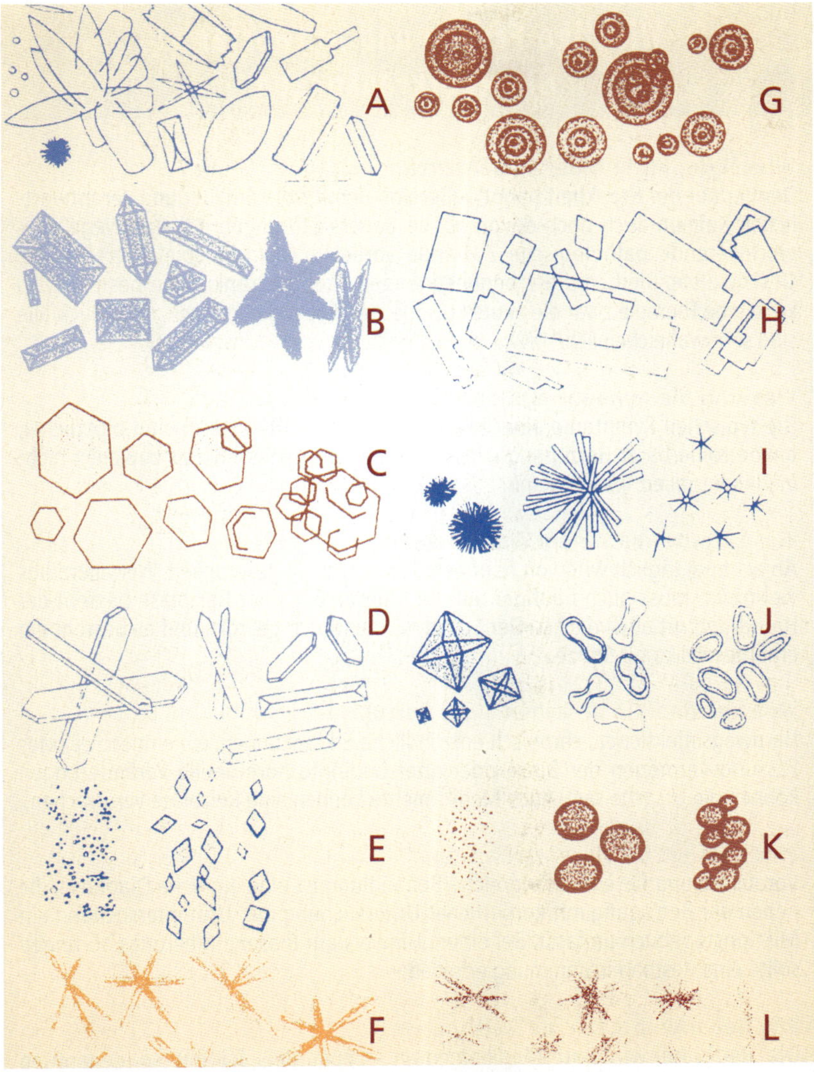

Harnsediment; amorphe und kristalline Bestandteile im Harnsediment.
A - Harnsäure; B - Ammonium-Magnesium-Phosphat; C - Cystin; D - Hippursäure; E - Bilirubin; F - Tyrosin; G - Leucin; H - Cholesterin; I - Kalziumoxalat; J - Kalziumphosphat; K - Harnsäure-Salze; L - Sulfonamide

Durch das Endoskop kann der Arzt die Schleimhaut der Blase wie mit einer Lupe systematisch nach verdächtigen Stellen absuchen und diese beurteilen.

Mit einer kleinen Zange, die über einen Kanal im Inneren des Schlauches vorgeschoben wird, kann der Arzt gleichzeitig Gewebeproben (*Biopsien*) entnehmen, falls dese notwendig erscheinen. Diese Gewebeproben werden von einem Gewebespezialisten (*Pathologen*) unter dem Mikroskop feingeweblich untersucht. In vielen Fällen ist eine Biopsie die einzige zuverlässige Methode, ein Blasenkarzinom zweifelsfrei festzustellen oder auszuschließen.

Die Biopsie ist ein ungefährliches Untersuchungsverfahren. Die zuweilen geäußerte Befürchtung, bei der Entnahme könnten Tumorzellen „ausgeschwemmt" werden, die dann Metastasen bilden, ist unbegründet.

■ *Computertomografie*

Die Computertomografie (CT) ist eine spezielle Röntgenuntersuchung, bei der sämtliche inneren Organe im Bauch- und Brustraum dargestellt werden

Wichtige Fragen und Antworten zu Blasenerkrankungen

Wie ist der Verlauf der Blasenentzündung?
Der Verlauf der Krankheit hängt außer von den für die Entzündung verantwortlichen Keimen auch noch davon ab, ob andere Störungen der Harnwege oder erschwerende pathologische Zustände vorliegen, zum Beispiel Nierensteine, Geschwülste. Bleiben diese begünstigenden Grunderkrankungen bestehen, so kann eine Therapie zwar die akute Episode zum Abklingen bringen, doch Rückfälle sind sehr wahrscheinlich.

Was sind die genauen Symptome einer Reizblase?
Die typischen Symptome einer hyperaktiven Blase (Reizblase) sind plötzlicher, unkontrollierbarer Harndrang sowie häufiges Wasserlassen, das zuweilen nicht mehr kontrolliert werden kann.

Was ist unter häufigem Wasserlassen zu verstehen?
Ab achtmal täglich wird von häufigem Toilettengang gesprochen. Wer allerdings viel trinkt, muss auch häufiger auf die Toilette. Bei einer Reizblase besteht der Harndrang oft auch nachts. Der Schlaf wird dadurch gestört, und es besteht ein erhöhtes Risiko für Stürze.

Welches sind die Ursachen einer Reizblase?
Harnwegsinfektionen, chronisch entzündliche Erkrankungen, ein eingeschränktes Fassungsvermögen der Blase oder altersbedingte hormonelle Veränderungen können die Ursache sein. Auch Medikamente können eine Reizblase verursachen.

Was passiert bei der Untersuchung?
Voraussetzung für eine erfolgreiche Behandlung ist eine einfache Diagnose, die neben der Befragung mit körperlicher Untersuchung und Urinuntersuchung ein Miktionstagebuch umfasst. Bei einem Hinweis auf Blasenentleerungsstörungen sollte eine Restharnbestimmung erfolgen.

Wie behandelt man eine Reizblase?
Die Reizblase wird mit Medikamenten – zum Beispiel mit so genannten Anticholinergica – behandelt. Moderne Medikamente sind gut verträglich und müssen nur einmal pro Tag eingenommen werden. Mit Blasentraining und geändertem Trinkverhalten kann die Wirkung unterstützt werden.

Gibt es auch eine Therapie ohne Medikamente?
Es gibt alternative Methoden – so beispielsweise auch das Beckenbodentraining –, die unterstützend wirken. Doch helfen bei einer Reizblase Medikamente am besten. Medikamente können die Symptome rasch lindern und verursachen zudem nur geringe Nebenwirkungen.

können. Anders als das normale Röntgenbild zeigen sie den Körper im Querschnitt und geben Informationen über Sitz und Größe eines Tumors. Dieses Verfahren kann bei Harnblasenkarzinomen in seltenen Fällen als Ergänzung zu den anderen Verfahren angewendet werden.

■ *Kernspintomografie*
Die Kernspintomografie (auch Magnet-Resonanz-Tomografie, MRT genannt) ist ein auf Magnetwirkung beruhendes Untersuchungsverfahren, mit dem ähnlich wie bei der Computertomografie Schnittbilder angefertigt werden. Allerdings „fährt" der Patient bei dieser Untersuchungsmethode langsam in einen relativ engen Tunnel, was manche als beklemmend empfinden. Auch dieses Verfahren wird bei der Untersuchung auf ein Blasenkarzinom nur selten als Ergänzung eingesetzt.

■ *Skelettszintigrafie*
Mit dem Skelettszintigramm lassen sich Tumorabsiedlungen in den Knochen darstellen. Dafür wird dem Patienten ein schwach radioaktives Kontrastmittel gespritzt, das sich auf charakteristische Weise in den Knochen anreichert. In Ergänzung mit Röntgenaufnahmen kann dann entschieden werden, ob etwaige Metastasen operiert oder bestrahlt werden müssen, um einem Knochenbruch vorzubeugen.

Behandlung

Blasenkrebs ist heute bei rechtzeitiger Erkennung und Behandlung mit hoher Wahrscheinlichkeit heilbar. Wurde bei Ihnen die Diagnose Blasenkrebs gestellt, sprechen Sie mit Ihrem Arzt über den Befund und die Heilungschance (*Prognose*) Ihrer Erkrankung.
Lassen Sie sich die vorgesehenen Behandlungsschritte und eventuell vorhandene therapeutische Alternativen genau erläutern. Wenn Sie etwas nicht verstanden haben, fragen Sie ruhig nach.
In jedem Einzelfall müssen alle an der Behandlung beteiligten Ärzte gemeinsam mit Ihnen die für Sie am besten geeignete Behandlungsstrategie festsetzen.
Das Hauptziel jeglicher Therapie ist es, den Tumor – und wenn Tochtergeschwülste vorliegen, möglichst auch diese – vollständig zu entfernen oder zu vernichten. Als Therapiemöglichkeiten stehen dafür heutzutage zur Verfügung:
- die endoskopische, „örtliche Entfernung" des Tumors,
- die offene Operation,
- die Strahlenbehandlung,
- die Chemotherapie,
- eine Kombination dieser Verfahren.

Endoskopische Operation
Kleine und noch vollständig auf die Schleimhautschicht der Blase begrenzte Tumoren und so genannte Tumor-

vorstufen können sehr schonend mithilfe eines Endoskops entfernt werden (transurethrale Resektion, TUR).
Wie bei der Blasenspiegelung erfolgt der Eingriff durch die Harnröhre.
Dazu müssen alle vorausgegangenen Untersuchungen gleichermaßen ergeben haben, dass der Tumor noch nicht weit fortgeschritten ist. Etwa 70 Prozent aller bösartigen Blasengeschwülste können auf diese Weise vollständig beseitigt werden.
Die TUR erfolgt unter Narkose. Der Tumor wird durch eine Hochfrequenzstrom führende Schlinge abgetragen, der Urologe kann den Eingriff mithilfe einer winzigen im Schlauch befindlichen Kamera beobachten. Nach der Operation kann anhand einer feingeweblichen Untersuchung festgestellt werden, ob der Tumor vollständig entfernt wurde.

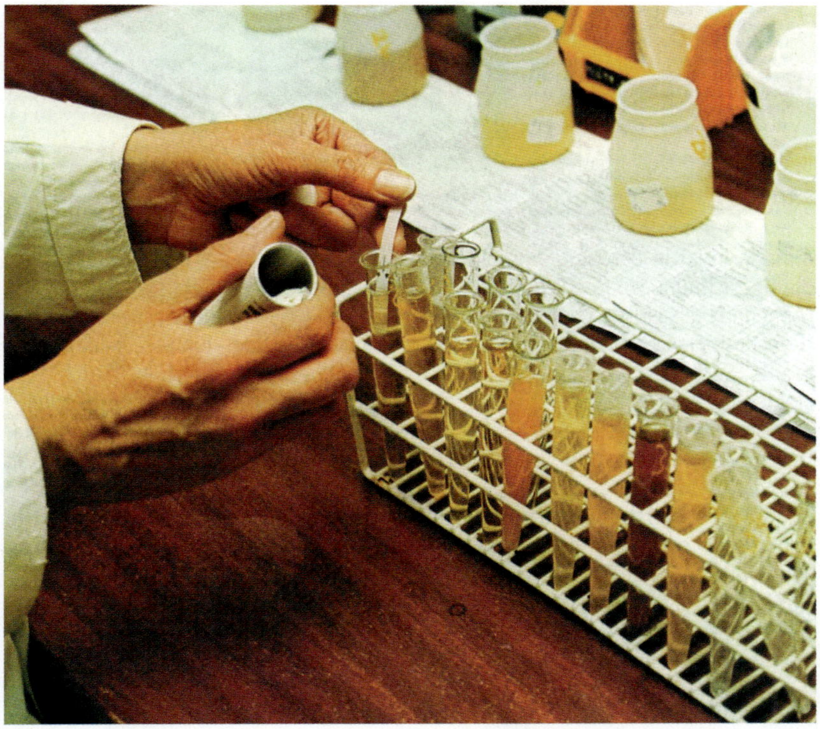
Harn; Laboruntersuchung

Offene Operation
Ist die zuvor beschriebene endoskopische Behandlung nicht ausreichend, dann ist ein erweiterter chirurgischer Eingriff erforderlich. Dies ist beispielsweise der Fall, wenn der Krebs in die Muskelwand der Blase eingedrungen ist oder auf benachbarte Organe übergegriffen hat.

Blasenschwäche

Als Harninkontinenz beziehungsweise Blasenschwäche wird das unbeabsichtigte Wasserlassen bezeichnet. Dabei kann es sich um ein paar Tröpfchen oder um beträchtliche Mengen handeln. Man unterscheidet zwei Hauptformen der Harninkontinenz:

- Bei der Stressinkontinenz führt der erhöhte Druck im Bauchraum, etwa beim schweren Heben, Husten, Lachen oder Niesen, zum unwillkürlichen Harnabgang. Die Ursache der Stressinkontinenz ist oft eine Gebärmuttersenkung oder eine Schwäche der Beckenbodenmuskulatur. Der Verschlussmechanismus der Harnblase, zu dem die Muskelplatte des Beckenbodens einen wichtigen Beitrag leistet, hält einem erhöhten Druck nicht stand. Oft ist auch Übergewicht im Spiel.
- Bei der sogenannten Dranginkontinenz entsteht relativ plötzlich ein starker, unabweisbarer Harndrang. Die zum Wasserlassen führende Muskeltätigkeit der Harnblase, die sonst willkürlich kontrollierbar ist, beginnt unkontrolliert. Der Weg bis zur nächsten Toilette ist dann oft zu lang. Ursachen der Dranginkontinenz sind Nervenstörungen infolge einer Arteriosklerose des Gehirns (Zerebralsklerose), bei Frauen ein Östrogenmangel und bei Männern eine Prostatavergrößerung.

Die meisten älteren Menschen mit Harninkontinenz leiden unter einer Mischform aus Stress- und Dranginkontinenz. Der unwillkürliche Abgang von Urin beim schweren Heben, Husten, Lachen oder Niesen bzw. infolge eines plötzlichen, starken Harndranges führt oft zur Unsicherheit und zum sozialen Rückzug. Durch das häufige Einnässen können auch Entzündungen an den äußeren Geschlechtsorganen mit Schmerzen und Juckreiz entstehen.

- Viele Frauen können durch gezieltes Beckenbodentraining eine Verschlimmerung der Harninkontinenz oder eine Operation der Gebärmuttersenkung vermeiden.
- Vor allem bei der Stressinkontinenz ist es sinnvoll, Übergewicht abzubauen.
- Krampflösende Arzneimittel, die den übermäßigen Harndrang dämpfen, sind vor allem gegen die Dranginkontinenz wirksam.
- Östrogenmangel nach den Wechseljahren kann durch eine rechtzeitige Hormonersatzbehandlung vermieden werden.

Behandlung
Bei einer akuten Blasenentzündung sind auf jeden Fall entzündungshemmende Medikamente oder Antibiotika (zum Beispiel Amoxicillin oder Cotrimoxasol) für die Harnwege indiziert. Oft besorgt sie sich der Patient selbst, noch bevor er zum Arzt geht. Meist hilft das auch, doch sollte man nicht vergessen, dass die Untersuchung einer Urinprobe und ein Antibiogramm die einzigen Wege sind, das wirklich geeignete Medikament mit Sicherheit herauszufinden.

Blinddarmentzündung

Einführung

Blinddarm ist in der Umgangssprache die Bezeichnung für den Wurmfortsatz (Appendix) des eigentlichen Blinddarms (Coecum). Das Coecum ist der kurze, breite Sack am Anfang des aufsteigenden Astes des Dickdarms. Einige Menschen besitzen gar keine Appendix. Deren Länge variiert stark von Mensch zu Mensch und liegt etwa zwischen 2,5 und 24 cm. Sie ist etwa einen halben Zentimeter dick. Die Appendixwand zeigt die gleiche Struktur wie der Dünndarm, jedoch mit dem Unterschied, dass sich mehr Lymphgewebe in der innersten Schicht befindet. Die zweite, mittlere Schicht besteht aus kreisförmiger Muskulatur, während die Längsschichten aus glatter Muskulatur bestehen. Die äußerste Schicht ist Gewebe, das in diesem Falle mit dem Bauchfell eine Einheit bildet. Das Lymphgewebe ändert sich nicht mit dem Alter, wie es sonst im Körper üblich ist, sondern bleibt immer in gleicher Weise vorhanden. Es ist nicht eindeutig festgestellt, was überhaupt die Aufgabe der Appendix ist, jedoch führt sie oft zu Entzündungen, die einen medizinischen Eingriff erforderlich machen.
Die Appendix ist das blinde Anhängsel des Dickdarms und ist beim Menschen und bei verschiedenen Tierarten zu finden. Durch die starke Entwicklung des Lymphgewebes ist die Wand verdickt, sodass eine ununterbrochene Schicht von kleinen und größeren Lymphdrüsen zu erkennen ist. Wird sie aufgeschnitten, so ist der Innenraum deutlich zu erkennen. Dieser hat einen dreieckigen Querschnitt. Manchmal füllt sich dieses Lumen mit toten Zellen und mit Abfallprodukten und anderen Materialien. Manchmal wachsen die beiden Wände aneinander und das Lumen verschließt sich. Der Innenraum wird begrenzt von Schleimdrüsen der Schleimhautschicht. Darauf folgen Lymphdrüsen und darum herum liegt eine Schicht Bindegewebe. Ganz außen liegt die Muskelschicht.
Die Appendix kann an verschiedenen Orten lokalisiert sein. Eine normale Appendix ist frei beweglich und wird nur von einem kleinen Häutchen am Darm festgehalten. Verliert sie die Beweglichkeit, kann es zu kritischen Entzündungen kommen, die den Blinddarm und das umgebende Gewebe erfassen. Mögliche Lokalisationen für die Appendix sind:

Topographie des Blinddarms in der Bauchhöhle

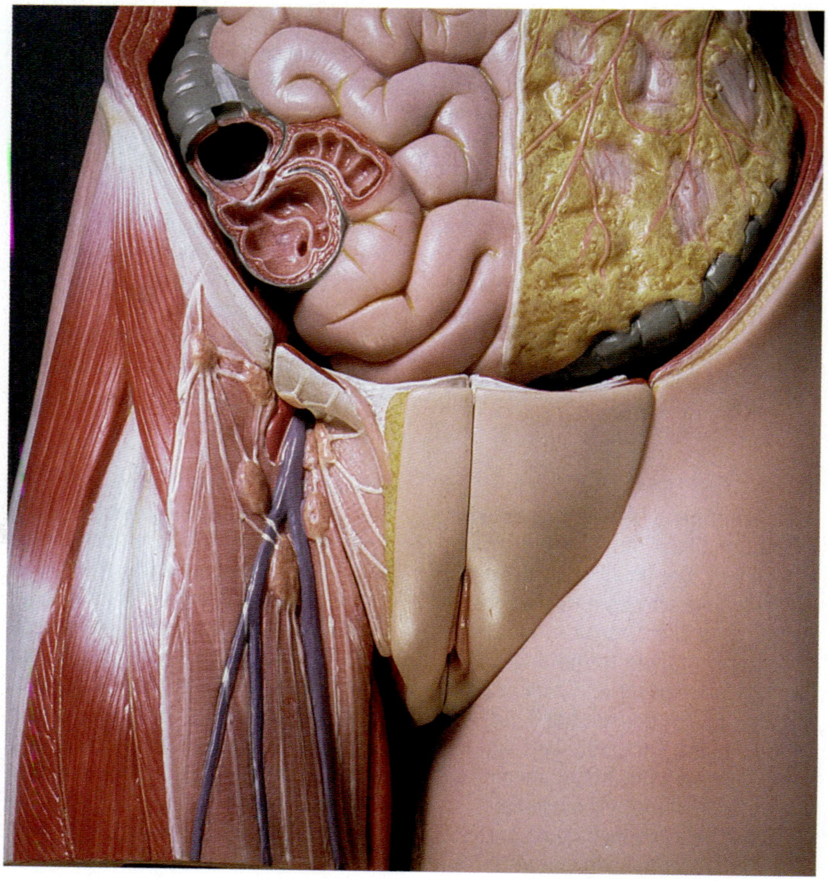

■ *Freihängend*
Der Wurmfortsatz hängt frei herunter und kann, in Abhängigkeit von seiner jeweiligen Länge, den Lendenmuskel überkreuzen, ja sogar noch weiter hinab zum Unterbauch reichen, sodass er bei Frauen in der Nähe der Eierstöcke liegen kann.

■ *Mitte*
Die Appendix kann in der Mitte des Bauches liegen, zwischen den Dünndarmschlingen, normalerweise hinter der ersten Ileumschlinge (zweiter Dünndarmabschnitt).

■ *Rückseite*
Die Appendix verläuft hinter dem Coecum (eigentlicher Blinddarm) und liegt in dem Raum dahinter. Die Appendix kann nur dann diese Lage einnehmen, wenn das Coecum selbst

nicht den gesamten Raum beansprucht. Für den Arzt ist die Lage dann wichtig, wenn sich der Blinddarm entzündet hat. Manchmal ist das Coecum nicht fest, sondern frei beweglich, es kann dann an allen möglichen Orten angetroffen werden. Deshalb kann auch die Appendix noch an anderen Orten zu finden sein, obgleich dies selten ist. Es ist für den Arzt wichtig, genau zu wissen, wo hinter den Bauchdecken die Appendix liegt. Berührt er diesen Bereich, kann er damit im Falle einer Entzündung einen Schmerz auslösen. Man kann nie von vornherein die genaue Lage angeben, doch gibt es bevorzugte oder häufige Lagen. Gerade zwei Punkte sind typisch und wichtig: der Lanz-Punkt und der McBurney-Punkt. Der Lanz-Punkt liegt auf der Verbindungslinie des rechten und linken Darmbeinhöckers (Spina iliaca anterior superior), Beckenkammlinie genannt. Wird diese Verbindungslinie in drei gleiche Teile geteilt, so liegt der Lanz-Punkt am Ende des ersten Drittels von rechts. Der McBurney-Punkt liegt auf der Verbindungslinie zwischen dem rechten Darmbeinhöcker und dem Nabel.

Bis heute konnte der Appendix – wie bereits gesagt – keine definitive Aufgabe zugeordnet werden. Jeder kann ohne den Blinddarm ausgezeichnet leben. Weil er so viele Lymphdrüsen enthält, hat man ihn auch schon als die Tonsille (Mandel) des Darmes bezeichnet.

Akute Blinddarmentzündung

Blinddarmentzündung (Appendizitis) ist eine plötzlich auftretende, wiederkehrende und schließlich andauernde Entzündung des Wurmfortsatzes (Appendix). Ursache sind meist Streptokokken und Staphylokokken.
Der Krankheitsverlauf kann sehr unterschiedlich sein. Oft kommt es nach einer ersten leichteren Erkrankungsform zur Ausheilung. Ist jedoch die erste

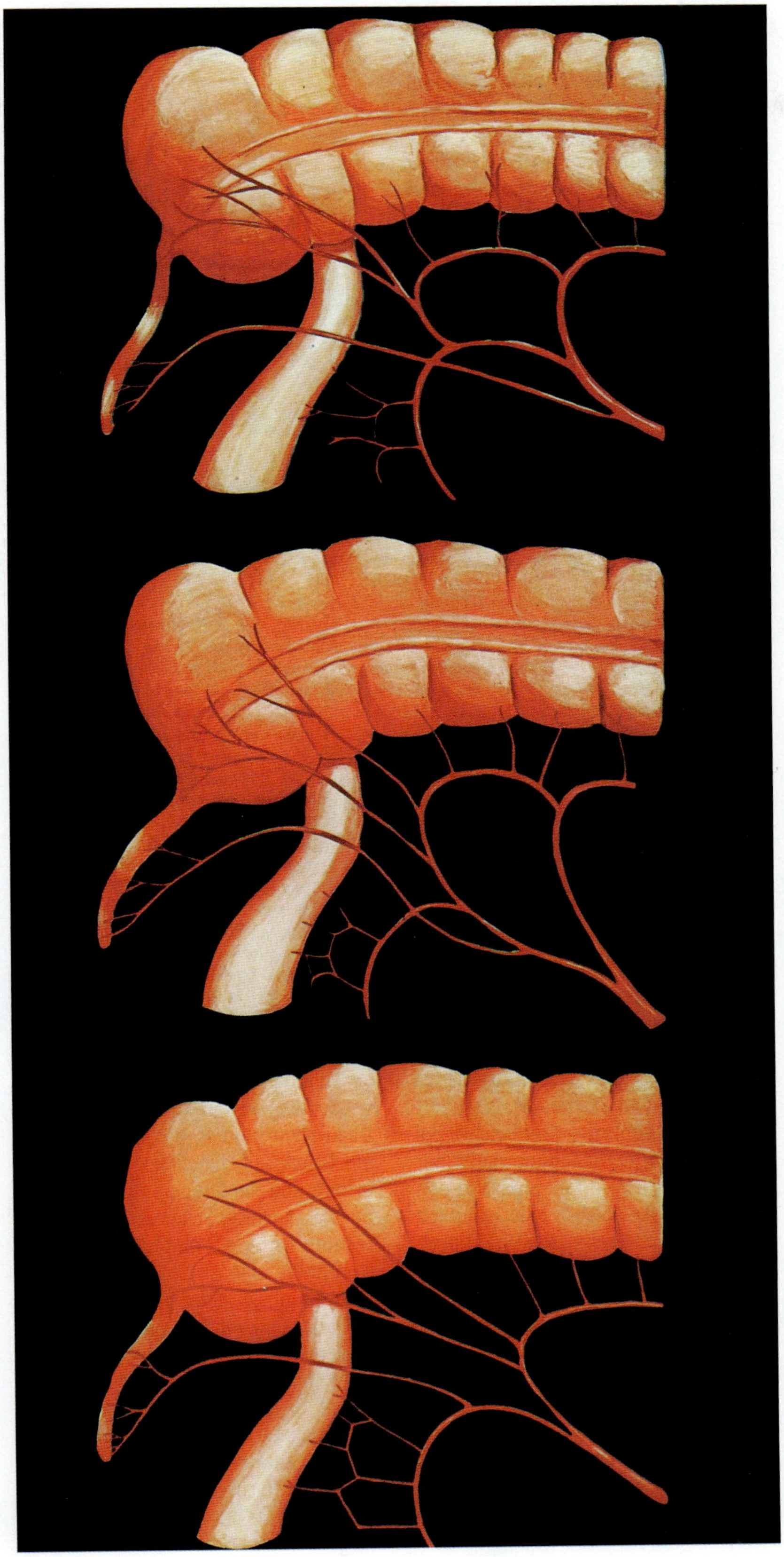

Gefäßversorgung des Blinddarms; es gibt mehrere Variationen

Erkrankung ernsterer Natur und wird sie rechtzeitig einem Chirurgen überwiesen, so kann eine schnelle Operation sofortige Hilfe bringen.
Wird keine Operation ausgeführt, kann die Infektion entweder wieder zurückgehen oder sich weiter ausbreiten, und es kann zu schweren Komplikationen, wie Abszessen oder Bauchfelleiterung, kommen. Die Symptome einer plötzlichen Entzündung können sehr unterschiedlich sein. Derartige Erkrankungen kommen in jedem Alter vor, jedoch sind Jugendliche häufiger betroffen. Das wichtigste Anzeichen ist dabei der Schmerz. Dieser wird zumeist im rechten Unterbauch gespürt, obwohl er oft auch im Magenbereich oder um den Nabel herum auftritt. Es kann zum Erbrechen, manchmal nur zu Übelkeit oder Appetitmangel kommen. Oft können Durchfälle auftreten.

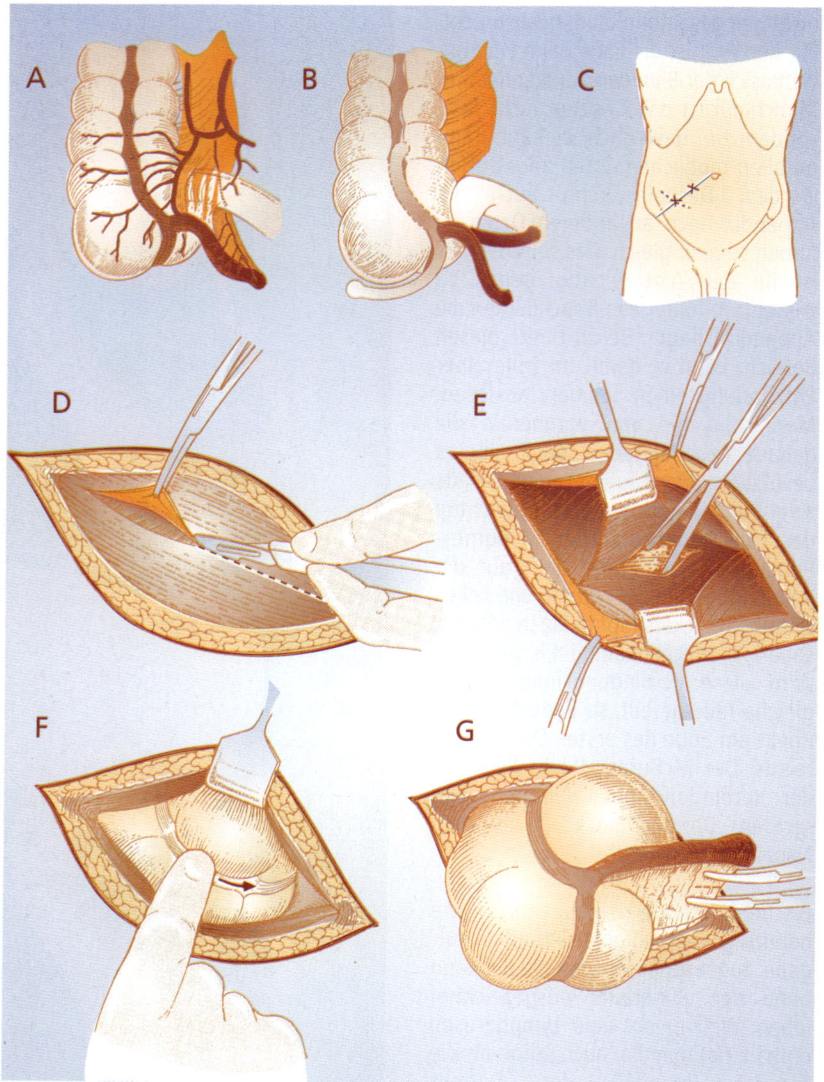

Chronische Blinddarmentzündung

Eine chronische Blinddarmentzündung kann oft zu nicht typischen Bauchschmerzen führen, die jedoch immer zu einem gewissen Grad mit der Blinddarmgegend in Zusammenhang stehen. Während der Untersuchung eines Patienten kann vom Arzt oft beobachtet werden, dass die normalen Atembewegungen von Schmerzen im rechten Unterbauch begleitet sind. Die Haut ist normalerweise übersensibel. Gelegentliche Bewegungen des Dünndarms können mit dem Stethoskop abgehört werden, obwohl die Geräusche bei einer Blinddarmentzündung meist nur abgeschwächt zu hören sind. Werden die Bauchdecken untersucht, so fühlen sie sich bis auf den rechten Unterbauch weich an. Hier ist der vordere Bauchmuskel verhärtet, man spricht von einer muskulären Abwehrspannung. Die angespannten Muskeln schützen sozusagen das entzündlich veränderte Gebiet gegen den Schmerz, der durch den Druck des Untersuchenden ausgelöst wird. Die Druckempfindlichkeit besteht darüber hinaus am McBurney- und am Lanz-Punkt. Oft treten auch Schmerzen auf, wenn die Bauchvorderseite plötzlich nach einem Eindrücken wieder losgelassen wird.
Dazu kommt noch ein Schmerz, wenn ein Druck auf den linken Unterbauch erfolgt und der Druck plötzlich wieder nachlässt. Dieser Schmerz wird aber im rechten Unterleib empfunden. Kommt es infolge der Entzündung zu einer Schwellung an einer Stelle im rechten Unterbauch, kann eine gewisse Härte in diesem Bereich getastet werden. Eine Untersuchung des Enddarms mit dem Finger zeigt oft eine druckschmerzempfindliche Gegend im Mastdarm, die so stark sein kann, dass die Patienten oft laut aufschreien, wenn der Finger gegen diese bestimmte Stelle stößt (sog. Douglas-Schmerz). Bei akuten Entzündungen steigt der Puls rasch an, die Temperatur ist ebenfalls zum Fieber erhöht. Blutuntersuchungen zeigen eine größere Senkungsgeschwindigkeit der roten Blutkörperchen (Erythrozyten) als gewöhnlich, die Anzahl der weißen Blutkörperchen pro Kubikmillimeter Blut ist ebenfalls erhöht (sog. Leukozytose: mehr als 9000 weiße Blutkörperchen pro Kubikmillimeter Blut).

Komplikationen

Folgende Komplikationen können dabei auftreten:

- Allgemeine Bauchfellentzündung (Peritonitis). Der Patient wird schwer

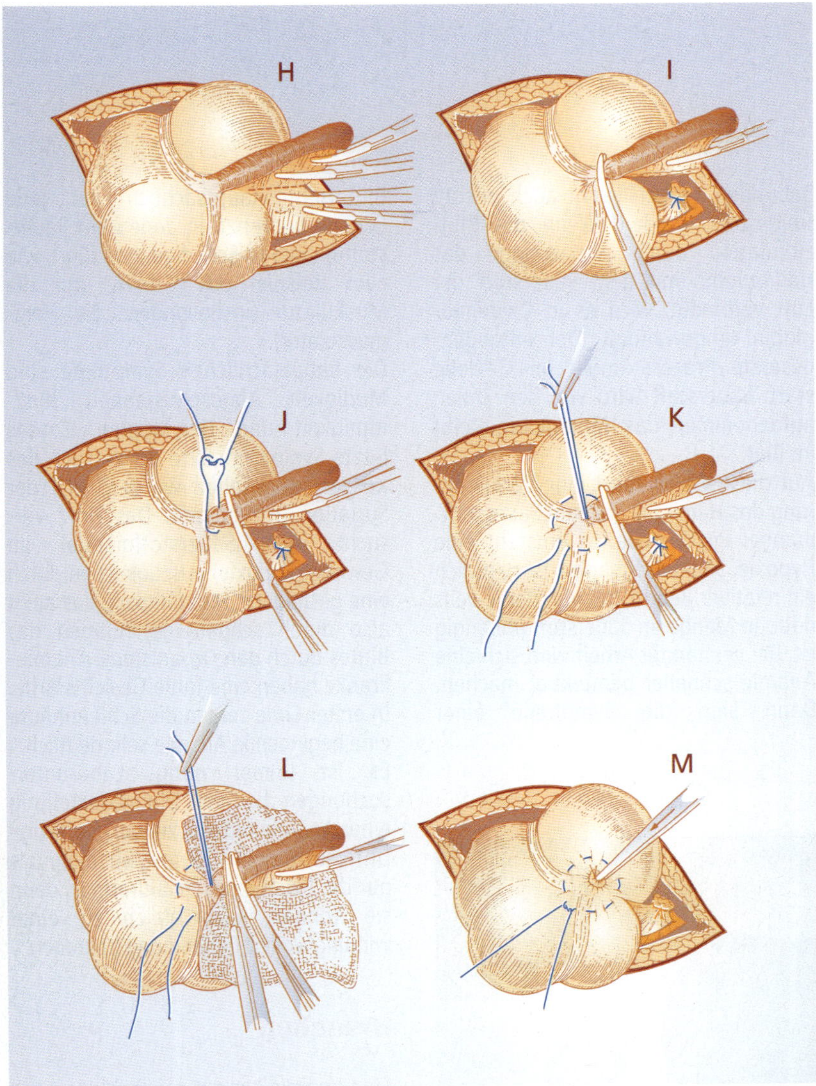

Blinddarmentzündung
Operative Entfernung des Blinddarms (Appendix):
A – Anatomie des Blinddarms
B – Mögliche Variationen in der Topographie
C – Festlegung der Stelle des Einschnitts (Inzision)
D, E – Schnitt in die Muskelwand
F – Aufsuchen des Appendix
G, H, I, J, K, L, M – Mehrere Schritte beim Lösen und Entfernen des Appendix

krank: Er hat hohes Fieber und zeigt auch alle anderen Zeichen einer Bauchfellentzündung. Eine Peritonitis tritt nach dem Durchbruch (Perforation) eines entzündlich veränderten Blinddarms auf, sodass dessen Inhalt in die freie Bauchhöhle abfließen kann. Daraufhin können sich überall im Bauchraum Abszesse bilden.

- Lokale Infektion des Bauchfells, durch die ein Abszess nahe dem Blinddarm entsteht.
- Verschleppung der Bakterien in die Leber. Eine derartige Streuung kann auftreten, da das venöse Blut vom Blinddarm durch die Leber strömt, bevor es das Herz erreicht. Durch Leberabszesse können ernste Leberschäden auftreten.
- Ausbreitung der Infektion in die Umgebung des Blinddarms, mit Verwachsungen und Verklebungen des Dünndarms. Dies tritt meist nur bei chronischen Entzündungen mit längerem Verlauf auf.

Ursache

Die Ursache der Appendizitis ist nicht genau bekannt, es bestehen viele Theorien. Die erste Theorie besagt, dass sich Nahrungsmittelstückchen und Überreste der Verdauung in der Appendix niedersetzen und Anlass zur Entzündung geben. Eine derartige Ablagerung tritt jedoch normalerweise nicht auf, da der Blinddarm auch an den peristaltischen Bewegungsabläufen (Darmbewegungen) teilnimmt und sich so der Inhalt immer wieder ändert. Wenn aber die Gerlach-Klappe – man sollte sie sich vorstellen als eine Art Schleimhautfalte am Eingang der Appendix – nicht exakt arbeitet, kann sich Verschiedenes in dem Wurmfortsatz anhäufen. Unter gewissen Bedingungen ist diese Klappe zwischen der Appendix und dem Coecum geschlossen, sodass der Inhalt der Appendix zurückgehalten wird.
Eine andere Meinung geht dahin, dass Infektionen über den Blutstrom herantransportiert werden. Dann gibt es noch die Möglichkeit der Lähmung oder der Blockade des Lymphsystems. Weiter kann eine Infektion auch durch allergisch bedingte Infektionen ausgelöst werden.

Schwangerschaft

Eine Blinddarmentzündung kann krampfartige Schmerzen verursachen, die Gebärmutterkontraktionen ähneln. Eine erhöhte Leukozytenanzahl hat keine Aussagekraft, da bei schwangeren Frauen die Leukozytenanzahl normalerweise etwas erhöht ist. Außerdem wird der Blinddarm mit Fortschreiten der Schwangerschaft höher in den Bauchraum gedrückt, sodass Schmerzen im rechten Unterbauch – dem üblichen Ort von Blinddarmschmerzen – in der Schwangerschaft nicht zwangsläufig auf eine Blinddarmentzündung hinweisen müssen.

Blutarmut

Einführung

Blutarmut oder Anämie ist die Bezeichnung für eine Krankheit, bei der sich zu wenig Blutfarbstoff (Hämoglobin) im Blut befindet. Hämoglobin ist ein eisenhaltiger Eiweißstoff in den roten Blutkörperchen. Unter normalen Bedingungen enthalten 100 ml Blut etwa 15 g Hämoglobin. Frauen haben normalerweise weniger Blutfarbstoff als Männer. Die Anämie ist zumeist mit einer Verminderung der Gesamtzahl der roten Blutkörperchen verbunden.

Die Wirkungen der Anämie auf den Organismus werden aus den Aufgaben deutlich, die das Hämoglobin und die roten Blutkörperchen zu erfüllen haben. Sauerstoff kann an das Hämoglobin gebunden, jedoch leicht auch wieder freigesetzt werden. Wenn die Blutzirkulation durch die Lungen das Hämoglobin mit dem Sauerstoff der Luft verbindet, wird es in Oxyhämoglobin umgewandelt. Der entgegengesetzte Prozess findet im Gewebe statt: Sauerstoff wird von den Zellen aufgenommen, das Hämoglobin bleibt im Blut.

Auf diese Weise führt eine Verminderung des Hämoglobins zum Sauerstoffmangel im Gewebe: Es entsteht eine Hypoxie. Sauerstoffmangel ist natürlich ein relativer Begriff, der von der jeweils nötigen Menge an Sauerstoff abhängig ist. Bei verstärkter Arbeit wird sich eine Anämie schneller bemerkbar machen. Dann sind die Symptome einer Blutarmut hauptsächlich auf jene Organe begrenzt, in denen ein Sauerstoffmangel zu Schädigungen führt, wie zum Beispiel das Gehirn und die Muskulatur (insbesondere die Herzmuskulatur).

Die hauptsächlichen Symptome sind Müdigkeit, Abgeschlagenheit, Kurzatmigkeit und Herzklopfen. Dieses letzte Symptom sollte als Versuch des Körpers angesehen werden, sich der Situation anzupassen: Das Herz versucht, den Sauerstoffmangel im Gewebe (Hypoxie) auszugleichen durch eine gesteigerte Herztätigkeit, das heißt also durch schnelleres Pumpen des Blutes durch den Organismus. Anämiekranke haben eine fahle Gesichtsfarbe. In erster Linie zeigen die Schleimhäute eine beginnende Anämie sehr deutlich.

Es ist immer nötig, Laboruntersuchungen bei der Diagnosestellung einer Anämie hinzuzuziehen. Derartige Untersuchungen überprüfen mehr als nur die Existenz einer Blutarmut, denn sie können auch gleich zu einer wirkungsvollen Behandlung beitragen.

Blutarmut: Laboruntersuchung

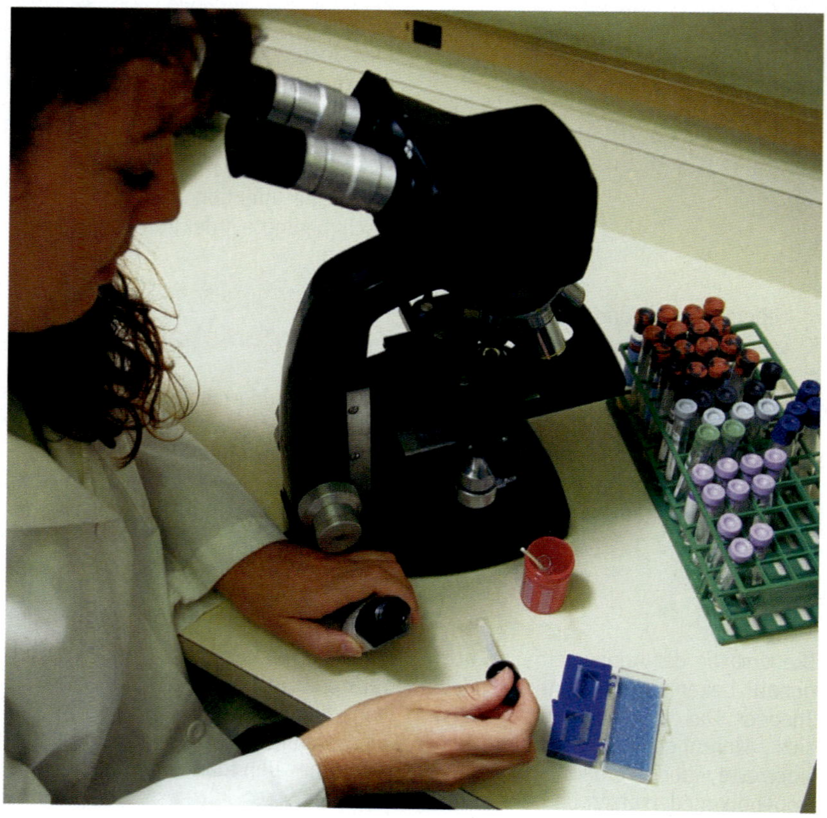

Ursachen

Eine Anämie kann die verschiedensten Ursachen haben:

- Durch einen großen Blutverlust, zum Beispiel nach einem Unfall, einer Operation oder einer chronischen inneren Blutung. Unter Umständen wird eine Bluttransfusion durchgeführt.
- Durch einen Eisenmangel aufgrund von Unterernährung oder einseitiger Kost. Eisen ist unbedingt notwendig, um das Hämoglobin aufzubauen. Aber Vorsicht: Zu viel Eisen ist auch nicht gesund.
- Durch den Mangel an Vitaminen (Vitamin B_{12} und Folsäure). Beide Vitamine sind unerlässlich zur Produktion der roten Blutkörperchen. Die perniziöse Anämie ist eine Erbkrankheit, deren Träger

nicht in der Lage sind, das Vitamin B_{12} aufzunehmen.

- Durch vorzeitigen Abbau der roten Blutkörperchen kann es ebenfalls zu einer Anämie kommen (hämolytische Anämie). Normalerweise überleben die roten Blutkörperchen etwa 120 Tage. Werden sie vorzeitig aufgelöst, wird das Gleichgewicht gestört. Die Ursachen dafür können sehr vielfältig sein.
- Augrund angeborener Störungen in der Herstellung von Hämoglobin oder den roten Blutkörperchen. Das sind zum Beispiel Sichelzellenanämie, eine in Afrika weitverbreitete Krankheit, die Thalassämie, die gehäuft bei Mittelmeeranrainern auftritt, oder die Kugelzellanämie.

Eisenmangelanämie

Der Körper des Erwachsenen enthält 4–5 g Eisen, 65–70 Prozent als Hämoglobineisen, 12–15 Prozent als funktionelles Gewebseisen (Myoglobin, Enzyme, Plasma) und 15–20 Prozent als Reserve- oder Speichereisen (Ferritin, Hämosiderin).

Die Eisenresorption erfolgt überwiegend im oberen Dünndarm (Duodenum und Jejunum). Die starke Azidität des Darminhaltes in diesen Abschnitten löst das im Magen aus den Nahrungsmitteln freigesetzte Eisen.

Vom Nahrungsmitteleisen werden durchschnittlich 8,5 Prozent resorbiert, das ist bei normal zusammengesetzter Nahrung 0,5–1 mg täglich. Die Resorption ist abhängig vom Eisenbedarf des Organismus. Im Plasma wird das Eisen vom Trägerprotein Transferrin, einem Globulin transportiert. Die Plasmaeisenkonzentration beträgt bei Männern, 120 Mikrogramm/100 ml und bei Frauen 110 Mikrogramm/100 ml.

Das beim Abbau des Hämoglobins freiwerdende Eisen steht einer erneuten Synthese wieder zur Verfügung. Über abgeschilferte Darmepithelien, Urin, Galle und Schweiß werden täglich 0,5–1 mg Eisen ausgeschieden. Bei geschlechtsreifen Frauen ist der Eisenverlust doppelt so hoch, denn pro Menstruation gehen 15–30 mg oder pro Zyklustag 0,5–1 mg zusätzlich verloren.

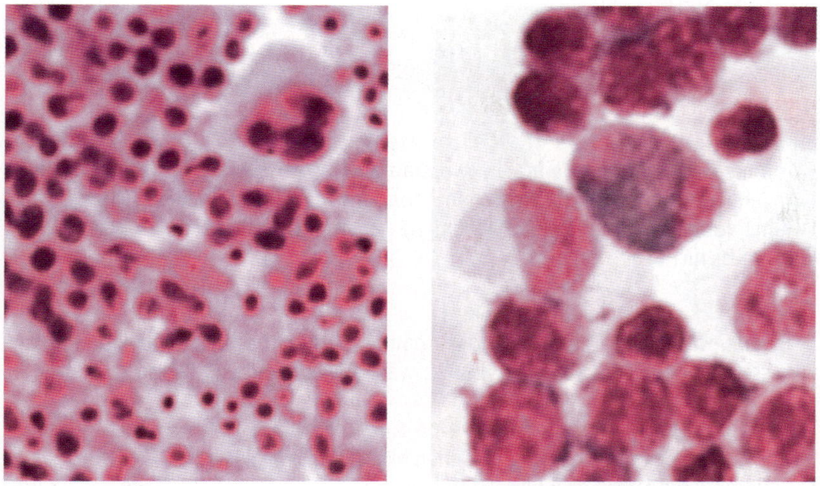

Blutarmut bei Thalassämie; autosomal-rezessiv erbliche hämolytische Anämie, die bei Homozygoten der Anlage einen schweren Verlauf (Thalassaemia major) nimmt und bei heterozygoten Merkmalträgern in einer milden Form (Thalassaemia minor) auftritt. Thalassämie ist besonders verbreitet bei der Bevölkerung des Mittelmeerraums.

Links oben: Knochenmarkausstrich
Rechts oben: Knochenmarkausstrich mit Normoblasten (junge Erythrozyten)
Links unten: Histiozyten mit basophilen, polymorphen Zellen
Rechts unten: Normoblasten

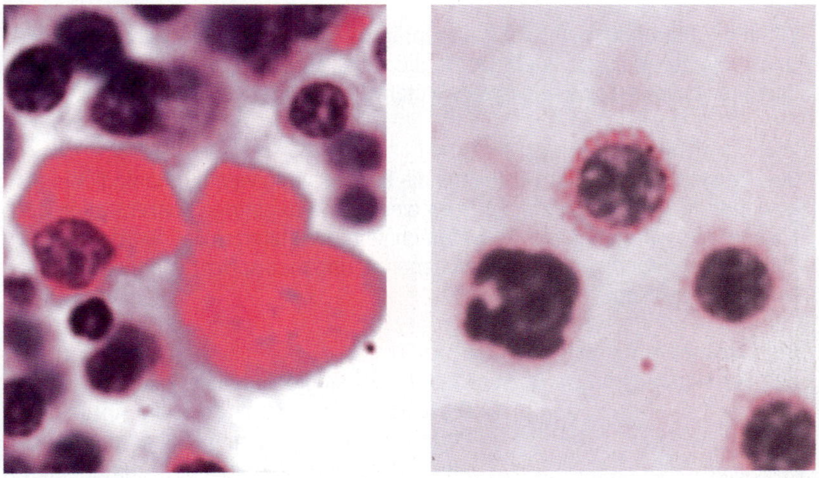

Eisenmangel

Dauerhafter Eisenmangel führt schließlich zu einer Anämie. Es mangelt dem Körper an mit Eisen bestückten roten Blutkörperchen, sodass nicht genug Sauerstoff zu den Verbrauchern transportiert wird. Hauptursache ist der permanente Mangel an Eisen in der Nahrung. Andererseits ist die Eisenmangelanämie bei Frauen häufig durch eine starke Monatsblutung bedingt, sodass der monatliche Blutverlust nicht kompensiert werden kann. Aber auch andere unentdeckte Blutungen können zu einer Anämie führen, insbesondere im Bereich des Magen-Darm-Traktes.

Bei Schwangeren entsteht ein Eisenmangel häufig aufgrund des erhöhten Bedarfs, der nicht gedeckt werden kann. Es gibt aber Annahmen, dass ein geringer Eisenmangel möglicherweise vom Körper als ein Schutzfaktor gegenüber Infektionen eingesetzt wird.

Man sollte deshalb erst bei einem größeren Defizit zu Eisenpräparaten greifen.

Wichtige Fragen und Antworten zu Blutarmut

Was bedeutet Anämie oder Blutarmut?
Anämie bedeutet nicht einfach, wie man annehmen könnte, Verringerung der Anzahl der roten Blutkörperchen, sondern eine verminderte Menge an Hämoglobin im Körper. Beide Phänomene gehen nicht selten Hand in Hand, doch das muss nicht sein.

Wie wirkt sich eine Anämie aus?
Die Hauptfolge der Blutarmut oder Anämie ist die verschlechterte Sauerstoffversorgung der Gewebe. Sie bewirkt Schwäche, Mattigkeit und Blässe.

Welche Mechanismen können eine Anämie auslösen?
Drei verschiedene Mechanismen können eine Anämie auslösen:
- Verringerung der Anzahl der Erythrozyten;
- Verringerung ihres Volumen;
- Verringerung des Hämoglobingehaltes in den Erythrozyten.

In allen drei Fällen ist das Endresultat eine Verringerung des Gesamtgehaltes an zirkulierendem Hämoglobin im Blut. Die drei angeführten Mechanismen können einzeln oder kombiniert auftreten und definieren so verschiedene Typen der Anämie. Man unterscheidet im Wesentlichen drei. Man spricht von hypochromer, normochromer und hyperchromer Anämie.

Kann man immer nach der Hautfarbe beurteilen, ob jemand blutarm ist?
Wenn die Blutarmut nicht sehr ausgeprägt ist, ist es nicht möglich, sie an der Hautfarbe zu erkennen. Viele Leute, die blass aussehen, haben normale rote Blutkörperchen und sind keineswegs blutarm.

Was ist eine hypochrome Anämie?
Bei der hypochromen Form enthalten die Erythrozytren weniger Hämoglobin als gewöhnlich. Der Grund dafür kann entweder eine zu geringe Konzentration der Lösung oder ein geringeres Zellvolumen sein. In letzterem Fall werden die zu kleinen Blutkörperchen Mikrozyten genannt, und man spricht von mikrozytärer hypochromer Anämie

Was ist eine normochrome Anämie?
Bei der normochromen Anämie ist der Hämoglobingehalt jedes einzelnen Blutkörperchen normal, doch die Anzahl der Erythrozyten ist zu gering. Daher sinkt auch hier der Hämoglobinanteil unter den Normalwert.

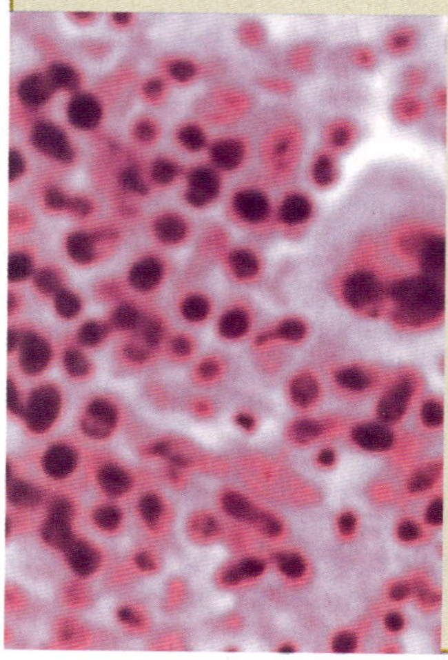

Was ist eine hyperchrome Anämie?
Die hypochrome Anämie ist ein Fall für sich. Hier sind die roten Blutkörperchen größer als gewöhnlich, und auch ihre Hämoglobinkonzentration ist höher, doch gleichzeitig sinkt ihre Anzahl so drastisch, dass dennoch insgesamt zu wenig Blutfarbstoff vorhanden ist. So zirkuliert im Körper zu wenig Hämoglobin, obwohl jedes einzelne rote Blutkörperchen mehr als genug davon beinhaltet.

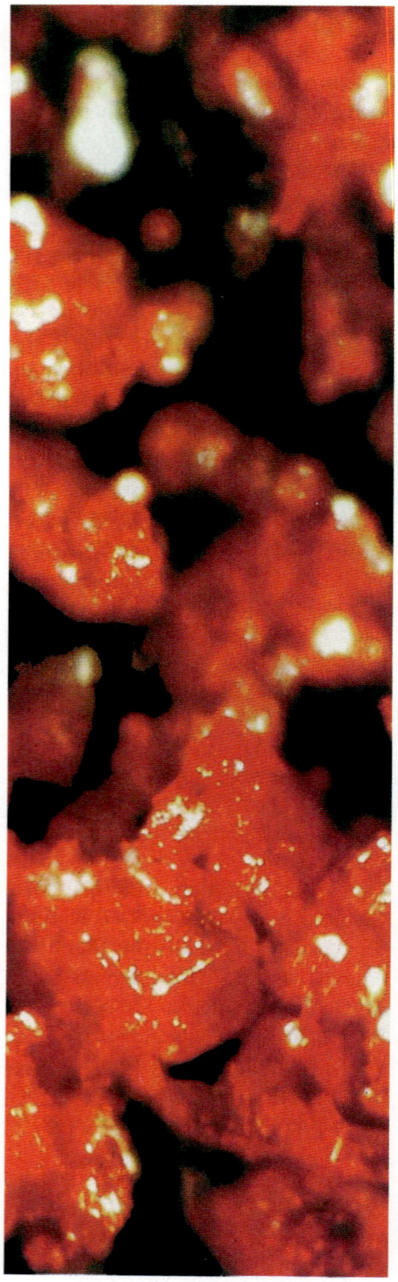

Perniziöse Anämie; Behandlung mit Vitamin B_{12}

Symptome
Zeichen des Eisenmangels sind:
- eine trockene und rissige Haut
- Nagelveränderungen
- Störungen des Haarwachstums
- Mundwinkelrhagaden
- Atrophie der Mundschleimhaut
- Glossitis mit Zungenbrennen
- retrosternale Schmerzen
- Dysphagie

- Temperaturerhöhungen (Eisenmangelfieber)
- allgemeine Schwäche

Der Serumeisenspiegel ist unter 60 Mikrogramm/100 ml gesunken, die latente und totale Eisenbindungskapazität erhöht.

Therapie
Ausschalten der Ursachen des Eisenmangels, Berechnung des Eisendefizits und Substitution. Als therapeutische Dosis ist die tägliche Zufuhr von 200–300 Eisen (Fe) erforderlich. Diese Menge ist in 800 mg Eisensulfat enthalten. Es muss berücksichtigt werden, dass hiervon bei einer Resorptionsquote von 20 Prozent lediglich 40 Prozent täglich vom Organismus aufgenommen werden. Für die Eisentherapie eignen sich neben dem Eisensulfat auch Verbindungen mit Bernsteinsäure, Milchsäure und Glutaminsäure.

Perniziöse Anämie

Perniziöse Anämie ist eine durch das Fehlen des Vitamin B_{12} bedingte Blutarmut. In den meisten Fällen ist daran nicht Mangel an Vitamin B_{12}, sondern das Fehlen des sogenannten „Intrinsic Factor" verantwortlich. Dieser wird von der Magenschleimhaut gebildet und bindet das Vitamin B_{12} an sich, sodass es anschließend im Dünndarm aufgenommen werden kann.
Der Grund, warum dieser Faktor fehlt, ist selten eindeutig herauszubekommen. Häufig ist eine krankhafte Veränderung der Magenschleimhaut dafür verantwortlich, in vielen Fällen vermutet man auch eine Autoimmunkrankheit als Ursache.
In der Regel tritt diese Erkrankung erst nach dem 45. Lebensjahr auf. Die seltene angeborene perniziöse Anämie ist dagegen auch schon bei Kindern festzustellen. Zur Blutarmut kommt es, da das Vitamin B_{12} für die Blutbildung unverzichtbar ist.

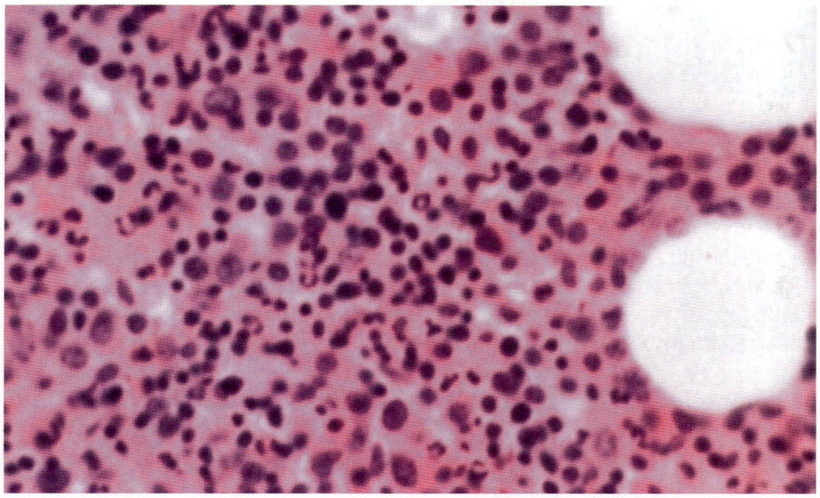

Blutarmut durch Eisenmangel. Bei der hypochromen Anämie ist zumeist Eisenmangel die Ursache. Dieser kann entstehen, wenn die Nahrung zu wenig Eisen enthält (zum Beispiel zu wenig grünes Gemüse oder zu wenig Fleisch), infolge einer Störung der Resorption der Nahrungsstoffe im Darmbereich oder auch infolge eines Blutverlustes.
Oben: typischer Befund (peripheres Blut)
Links unten: Knochenmarkausstrich
Rechts unten: Knochenmarkausstrich (Eisenfärbung)

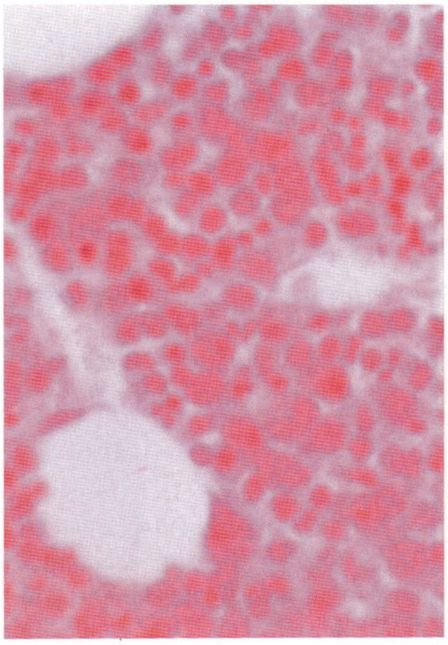

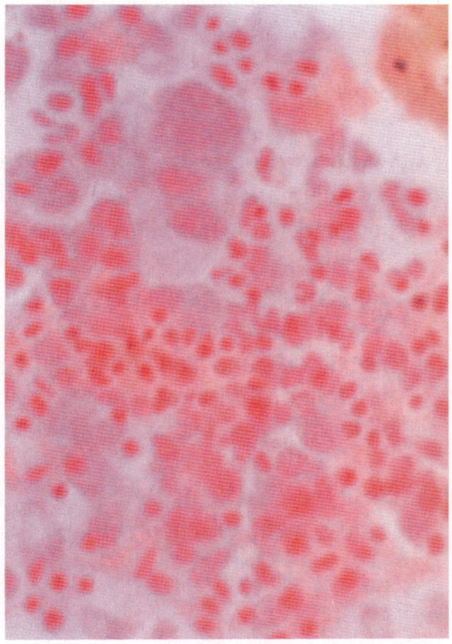

Symptome
Die perniziöse Anämie ist eine Erkrankung älterer Menschen. Sie kommt häufiger in der gemäßigten Zone und bei Angehörigen der weißen Rasse vor, kann familiär gehäuft auftreten und betrifft Frauen und Männer in nahezu gleichem Ausmaß. Die Krankheit entwickelt sich schleichend. Neben allgemeinen Anämiesymptomen findet man Störungen des Magen-Darm-Traktes:
- ein Völlegefühl im Oberbauch
- Appetitlosigkeit
- Aufstoßen
- Durchfälle

Sehr häufig wird über Zungenbrennen geklagt. Die Zunge ist glatt und rot, die Magensaftuntersuchung ergibt eine histaminrefraktäre Anazidität. Leber und Milz können mäßig vergrößert sein. Neurologische Symptome sind für diese Krankheit charakteristisch, sie können den übrigen Beschwerden jahrelang vorausgehen. Besonders charakteristisch ist eine Abnahme des Vibrationsempfindens. Diese Sensibilitätsstörung, fehlende Reflexe, eine Hypotonie der

Wichtige Fragen und Antworten zu Blutarmut

Was sind der Anämie zugrunde liegende Auslösermechanismen?
Es gibt eigentlich nur drei mögliche Ursachen:
- Ungenügende Produktion roter Blutkörperchen im Knochenmark;
- Verlust roter Blutkörperchen durch Hämorrhagie (Blutung);
- Übermäßige periphere Zerstörung roter Blutkörperchen (Hämolyse).

Ist das Hämoglobin einmal aus dem durch Hämolyse zerstörten roten Blutkörperchen ausgetreten, ist es verloren. So kann es seine Aufgabe, den Sauerstofftransport, nicht mehr erfüllen.

Gibt es einen Zusammenhang zwischen Ernährung und Blutarmut?
Eine einseitige Ernährung ist eine der häufigsten Ursachen der einfachen Blutarmut.

Welchen Einfluss hat ein Vitaminmangel auf die Entstehung einer Blutarmut?
Ein Mangel an Vitamin B, Vitamin C und Folsäure kann schwere Anämien verursachen. Geringgradigere Vitaminmangelzustände können als Teilfaktor zu einer Blutarmut beitragen.

Was ist eine Mangelanämie?
Das ist eine Blutarmut, deren Ursache der Mangel einer für die Blutbildung notwendigen Substanz ist.

Welche Mangelanämien kommen häufiger vor und was fehlt dabei im Blut?
- Einfache ernährungsbedingte Anämien sind zumeist die Folge eines ungenügenden Eisen- oder Vitamingehaltes der Kost. Sie finden sich oft bei Säuglingen, die nur Milch bekommen, oder bei Erwachsenen, die sich einseitig ernähren.
- Die perniziöse Anämie entsteht durch einen Vitamin-B_{12}-Mangel bei Personen, die nicht imstande sind, dieses Vitamin aus dem Darm aufzunehmen.
- Eisenmangelanämien können durch einen akuten oder chronischen Blutverlust entstehen. Blutungsanämien können mit Bluttransfusionen oder mit blutbildungsfördernden Eisenpräparaten behandelt werden.

Ist Anämie häufiger bei Frauen oder bei Männern?
Hier muss man zwischen den einzelnen Typen deutlich unterscheiden. Manche Arten der Anämie, die dazu tendieren, chronische Formen anzunehmen, sind häufiger bei Frauen. Das weibliche Geschlecht ist aus physiologischen Gründen öfters höherem Blutverlust ausgesetzt, denken wir an die Monatsblutung. Andere Formen, besonders jene, die erblich sind, trifft man bei Männern häufiger an. Was an andere pathologische Konditionen gebundene oder akut auftretende Anämien betrifft, so kann keinerlei Unterschied in Bezug auf das Geschlecht der betroffenen Patienten festgestellt werden.

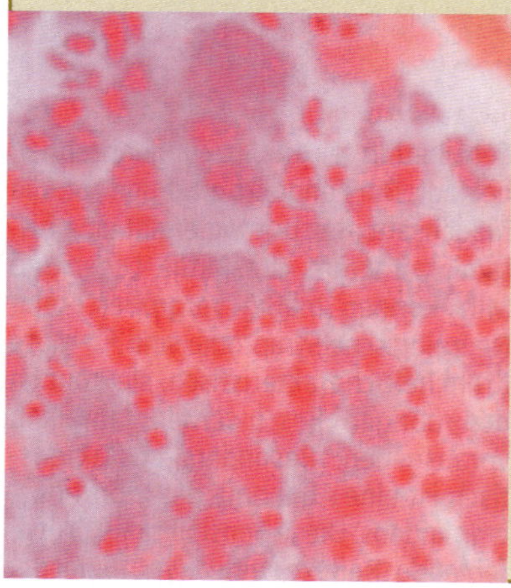

Muskulatur, Gang- und Koordinationsstörungen sind Folge einer Degeneration der Hinterstränge des Rückenmarkes.
Die neurologische Symptomatik wechselt unter den einzelnen Patienten und kann sich im Verlaufe der Erkrankung mehrfach ändern. Psychische Störungen können sich in Merkschwierigkeiten, Nervosität und psychotischen Bildern äußern.

Therapie
Die kausale Therapie der perniziösen Anämie mit Vitamin B_{12} hat die früher infauste Prognose, der diese Krankheit ihren Namen verdankt, entscheidend verbessert.

Hämolytische Anämie

Hämolytische Anämie ist eine Form der Blutarmut, die dadurch gekennzeichnet ist, dass weniger rote Blutkörperchen nachgebildet als abgebaut werden. Das kann zum Beispiel bei krankhaft veränderten roten Blutkörperchen vorkommen, bei Infektionen, die sich schädigend auf die roten Blutkörperchen auswirken (zum Beispiel Malaria), infolge einer Vergiftung oder bei einer Autoimmunkrankheit, bei der sich die eigenen Antikörper gegen die eigenen roten Blutkörperchen richten.

Sichelzellenanämie

Sichelzellenanämie ist eine angeborene Deformation der roten Blutkörperchen, die fast nur bei dunkelhäutigen Menschen vorkommt und außerdem fast nur in Gegenden, in denen die Malaria weit verbreitet ist. Die roten Blutkörperchen haben äußerlich nicht mehr die typische runde, sondern eine sichelartige Form.
Dabei kommt es zu einer chronischen Blutarmut mit einigermaßen unspezifischen Organschäden und zum Teil Schmerzen im Bauchraum, in den Gelenken und Muskeln und häufig auch Schmerzen nach größeren Anstrengungen oder Krankheiten.
Die Krankheit tritt nur auf, wenn man von beiden Elternteilen das ent-

Kräutertee gegen Blutarmut

- Arnikablätter (Arnika montan) 10 g
- Bärentraubenblüten (Arctostaphylos uva-ursi) 10 g
- Eichenrinde (Quercus pedunculata) 10 g
- Eisenkraut (Verbena officinalis) 10 g
- Johannisbeere (Ribes nigrum) 10 g
- Filzige Klette (Arctium tomentosum) 10 g
- Zusammenmischen
- Aufguss: ein Esslöffel mit einer Tasse siedendem Wasser überbrühen, zugedeckt zehn Minuten ziehen lassen, abseihen
- Anwendung: vor jeder Mahlzeit eine Tasse, nach Belieben mit Honig gesüßt, schluckweise trinken

Arnika

sprechende Gen mitbekommen hat. Die Sichelzellenanämie bietet Schutz vor der Malaria und man ist auch dann gegenüber der Malaria resistent, wenn man nur ein Sichelzellgen (zum Beispiel nur von der Mutter, aber nicht vom Vater) mitbekommen hat und daher die Krankheit gar nicht ausbricht.
Aus diesem Grund ist diese Erbkrankheit in malariaverseuchten Gebieten relativ weit verbreitet (zum Teil 30 Prozent der Bevölkerung und mehr).

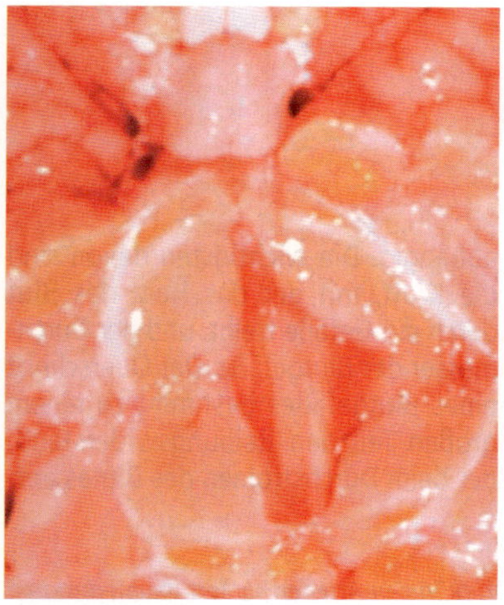
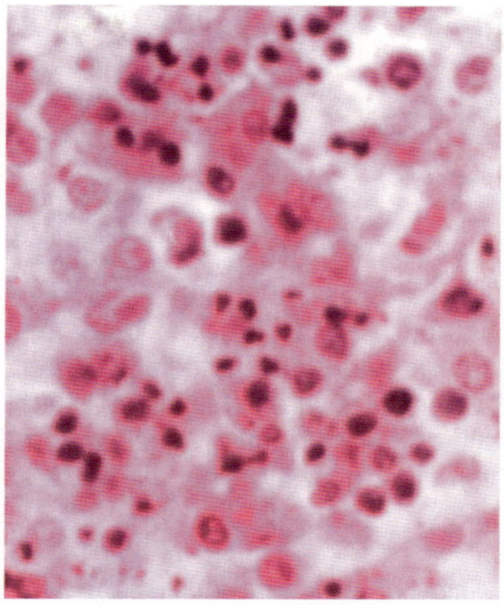

Hämolytische Anämie
Bei einer hämolytischen Anämie, bei der die Blutzellen zu schnell abgebaut werden, handelt es sich zumeist um einen Geburtsfehler (zum Beispiel infolge der Unverträglichkeit von Blutgruppen) oder um Erbkrankheiten.
Links oben: Leberpräparat (Neugeborene)
Rechts oben: Makroskopische Aufnahme des Gehirns (Kernikterus: Einlagerung von Bilirubin in Ganglienzellen des Stammhirns bei Neugeborenen)
Links unten: Leberpräparat (Hämosiderose: vermehrte Eisenablagerung)
Rechts unten: Leberpräparat (Fibrose)

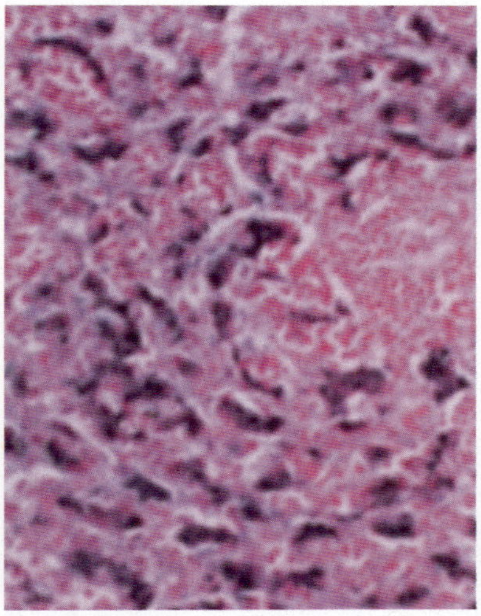
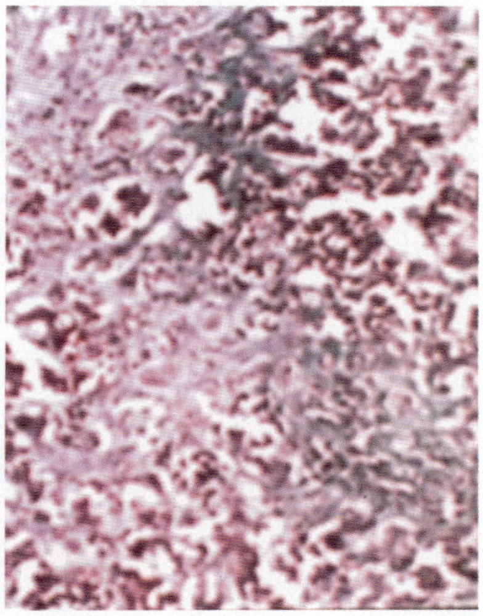

Thalassämie

Thalassämie oder die sogenannte Mittelmeeranämie, ist eine Erbkrankheit, die vor allem bei den Anwohnern des Mittelmeers und in Vorderasien vorkommt. Man unterscheidet eine schwere und eine leichte Form, je nachdem ob von beiden Elternteilen oder nur von einem ein entsprechendes Gen weitergegeben wurde.
Die Anämie entsteht durch die verminderte Bildung bestimmter Proteine, die zur Bildung funktionsfähiger roter Blutkörperchen notwendig sind.
Zur Behandlung führt man, wenn möglich, eine Knochenmarktransplantation durch. Unbehandelt sterben die schwer Erkrankten im frühen Erwachsenalter, die leichte Form der Thalassämie bedarf keiner Behandlung.
Wie die Sichelzellenanämie bietet die Thalassämie einen Schutz gegenüber Malaria, sodass sich diese Erbkrankheit in der Bevölkerung trotz aller Nachteile halten kann.

Bluthochdruck

Definition

Blutdruck ist der Druck, den das Blut auf die Wand der Blutgefäße ausübt. Dieser Druck wird in Millimeter Quecksilbersäule (mm Hg) angegeben. Er ist von einer ganzen Reihe von Faktoren abhängig. Die wichtigsten davon sind die Kraft, mit der das Herz das Blut durch die Gefäße treibt, und der Durchmesser der Blutgefäße. Der Querschnitt eines Blutgefäßes bestimmt zu einem großen Teil den Reibungswiderstand, der beim Durchströmen des Blutes entsteht. Man kann nicht allgemein über den Blutdruck sprechen: Der Druck in den Gefäßen des großen Kreislaufs (Rumpf, Kopf, Arme und Beine) ist größer als der im kleinen Kreislauf (den Lungen); der Druck in den Arterien ist höher als in den Kapillaren und in den

Blutdruckmessung mit der Druckmanschette. Der Druck in den Arterien variiert ununterbrochen infolge der Herztätigkeit. Um den Blutdruck zu messen, wird die Druckmanschette um den Arm gelegt und mit einer Pumpe aufgepumpt. Durch Abhören mit dem Stethoskop kann man angeben, wann der Druck in der Arterie hoch genug ist, dass sie vollständig zugedrückt wird. Wird dann der Druck in der Manschette langsam abgelassen, beginnt eine geringe Menge Blut zu fließen, was mit dem Stethoskop zu hören ist. Der höchste Druck oder systolische Druck kann jetzt vom Manometer abgelesen werden. Wenn der Druck weiter vermindert wird, hört man zuerst ein leicht pfeifendes Geräusch, dann ein rhythmisches Klopfen im Takt des Herzschlags. Dann ist der niedrigste Druck oder der diastolische Druck erreicht.

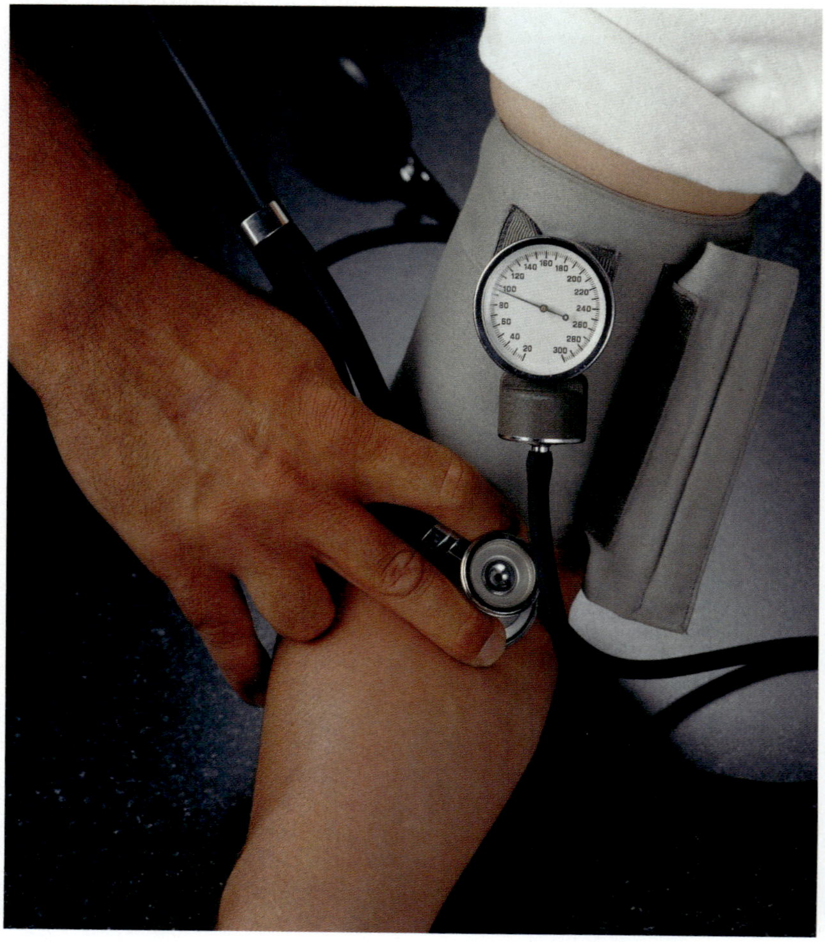

Kräutertee gegen Bluthochdruck

- Gänsefingerkraut (Potentilla anserina) 10 g
- Mistel (Viscum album) 20 g
- Zitronenmelisse (Melissa officinalis) 20 g
- Rautenblätter (Ruta graveolens) 20 g
- Rauwolfiawurzel (Rauwolfia officinalis) 10 g
- Zusammenmischen
- Aufguss: ein Teelöffel auf eine Tasse kochendes Wasser
- Anwendung: zweimal täglich eine Tasse

Gänsefingerkraut

Venen. Nichtsdestoweniger sind wir daran gewöhnt, ganz allgemein von dem Blutdruck zu sprechen. Es soll hier unter „Blutdruck" der Druck in den mittleren Arterien verstanden werden. So ist es auch üblich (jedoch nicht notwendig), den Blutdruck in der Arterie des Oberarms zu messen.

Messmethode

Hierzu wird eine indirekte Messmethode angewandt: Eine aufblasbare Manschette wird um den Oberarm herumgelegt und langsam aufgeblasen. Bei einem gewissen Punkt ist der Druck in der Manschette annähernd der gleiche wie in der Arterie. Bei einem geringfügig erhöhten Druck wird die Arterie zusammengedrückt, und der Puls, der durch den Herzschlag entsteht, verschwindet. Mit einem angeschlossenen Manometer kann auf diese Weise der Druck in einer mittelgroßen Arterie des Armes oder auch eines Beines gemessen werden. Diese Methode kann durch ein Stethoskop verfeinert werden. Mit seiner Hilfe hört der Arzt genau, wenn der Druck in der Manschette die Arterie abdrückt.

Systolischer und diastolischer Blutdruck

Genau genommen sind zwei Werte des Blutdrucks zu unterscheiden: einer, der bei der Kontraktionsphase des Herzens auftritt, der systolische Blutdruck, und jener, der in der Dehnungsphase des Herzens gemessen wird, der diastolische Blutdruck. Dies sind die beiden Werte, die normalerweise den Blutdruck wiedergeben. Sie sind von verschiedenen Faktoren wie Berufstätigkeit, Alter u. a. abhängig.

Der Blutdruck eines jungen, ausgeruhten Erwachsenen ist etwa 120/80 mm Hg (d. h. der höhere, systolische Druck beträgt 120 mm Hg und der niedrigerer diastolische Druck 80 mm Hg).

Der Blutdruck steigt mit zunehmendem Alter an. Dies hat seine Ursache in der verminderten Elastizität der Blutgefäße im Gefolge einer Arteriosklerose oder Atherosklerose. Auch kann sich der Druck durch verschiedene Krankheiten bleibend erhöhen (Hypertension). Eine Blutdruckerniedrigung (Hypotension)

Blutdruckmessen

Die Selbstmessung des Blutdrucks erfolgt heute durch Halb- oder Vollautomaten mithilfe der Oszillometrie. Bei der Messung des Blutdrucks am Oberarm treten besonders bei der älteren Bevölkerung immer wieder Schwierigkeiten auf. Zum einen muss der Oberarm für die Blutdruckmessung immer entkleidet werden und darüber hinaus sollte die Manschettengröße an den Umfang des Oberarms angepasst werden. Bei der Handgelenkmessung ist das Verfahren viel einfacher. Der Handgelenkumfang variiert nicht so stark wie der des Oberarms. Deshalb sind die Blutdruckmessgeräte für die Handgelenkmessung auf einen Umfang von 14 cm bis 19,5 cm eingestellt.

Praktische Blutdruckmessung im Alltag

Bei der Selbstmessung sollte der Blutdruck einmal morgens, vor der Tabletteneinnahme, sowie abends gemessen werden. Der morgendlich gemessene Wert entspricht etwa der Langzeitwirkung der Tablettenmedikation vom Vortag. Wenn die Medikation noch eine deutliche Wirkung erzielt, dann ist das Messergebnis optimal.

Die Messung am Abend sollte zwischen 18 und 22 Uhr erfolgen. Langzeitmessergebnisse haben ergeben, dass abends ein hohes Blutdruckniveau auftreten kann. Die Selbstmessung des Blutdrucks mittels der Blutdruckuhr hat den Vorteil, dass bei auftretenden Beschwerden, wie Kopfdruck, Unwohlsein oder Schwindel, der Blutdruck sofort und ohne Umstände gemessen werden kann. Das Anlegen einer Manschette entfällt, die Werte können sofort ermittelt und gegebenenfalls gespeichert werden.

Blutdruck „richtig" messen

Zum Blutdruckmessen braucht man Ruhe. Nach zwei bis drei Minuten entspanntem Sitzen kann das Messen erfolgen. Das Handgelenksmessgerät sollte bei der Messung unbedingt in Herzhöhe gehalten werden. Hierzu reicht die bequeme Lage des Armes auf einem Tisch. Der große Vorteil der Blutdruckuhr ist, dass zum Ablesen der Messergebnisse die Uhr nicht umgedreht werden muss wie viele andere Blutdruckgeräte, die das Display auf der Armunterseite haben. Das Ablesen der Messergebnisse bereitete bisher insbesondere vielen älteren Leuten erhebliche Schwierigkeiten.

Der Blutdruck kann eine erhebliche Schwankungsbreite haben. Deshalb ist es von Vorteil, wenn die Messergebnisse registriert werden, wie es bei der Blutdruckuhr der Fall ist. Die einzelne Messung des Blutdrucks stellt nur eine Momentaufnahme dar. Vielfach ist die Schwankungsbreite enorm. Die Patienten sollten dahin unterwiesen und geschult werden, dass sie ihren Blutdruck zu bestimmten Zeiten messen. Entscheidend für den Blutdruck sind die unterschiedlichen Ereignisse über den Tag verteilt: wie Anstrengungen, Stress, Aufregung usw. Gerade bei den stark abweichenden systolischen Spitzenwerten des Blutdrucks ist eine regelmäßige Kontrolle des Blutdrucks sehr empfehlenswert. Die Messung sollte in Absprache mit dem behandelnden Arzt immer zu bestimmten Zeiten erfolgen.

Entscheidend für die Gesundheit des Patienten sind seine gemessenen Spitzenwerte. Wenn die Werte dem behandelnden Arzt beim nächsten Besuch vorgelegt werden, kann dieser optimal Rückschlüsse auf eine notwendige Behandlung ziehen.

Wichtige Fragen und Antworten zu Bluthochdruck

Was ist der normale Blutdruck?
Der „normale" Blutdruck unterliegt individuellen, leistungsabhängigen und tageszeitlichen Schwankungen. In der Regel wird ein Wert von zirka 120 mm Hg systolisch und 70 mm Hg diastolisch als normal angesehen.

Was ist Bluthochdruck oder Hypertonie?
Beim arteriellen Bluthochdruck ist der systolische (obere) Wert größer oder gleich 160 mm Hg und der diastolische (untere) mindestens 95 mm Hg. Diese Werte sind ziemlich willkürlich angesetzt, entsprechen aber der Tatsache, dass oberhalb dieser Werte häufiger Gefäßkrankheiten im Bereich der Nieren, des Herzens und Gehirns nachweisbar sind sowie im Allgemeinen die Lebenserwartung bei normalem Blutdruck größer ist.

Wie erfolgt die Blutdruckmessung?
Die Blutdruckmessung erfolgt durch eine Manschette, die an den Oberarm angelegt und aufgepumpt wird. Das Aufpumpen führt dazu, dass durch die Schlagader kein Blut mehr hindurchfließt. Dann wird die Luft langsam abgelassen und an der Ellenbeuge ein bestimmtes Geräusch mit einem Stethoskop abgehört, das entsteht, wenn das Blut wieder durch die Armarterie durchfließt.

Was ist die Bedeutung der Geräusche?
Der Druck, bei dem das erste Geräusch zu hören ist, wird als systolischer Wert bezeichnet. Das Geräusch entsteht, wenn sich das Herz zusammenzieht und eine Blutwelle durch das zusammengepresste Gefäß gedrückt wird.
Der Druck, bei dem dieses Geräusch merklich leiser wird bzw. verschwindet, wird als diastolischer Wert bezeichnet. Er entsteht, wenn das Herz wieder erschlafft und sich wieder mit Blut füllt.

Welche Beschwerden sind beim Bluthochdruck bemerkbar?
Beschwerden wie Kopfschmerzen, Herzklopfen und allgemeines Unwohlsein treten meistens nur auf, wenn der Blutdruck sehr hoch ist. Aus diesem Grunde wird ein erhöhter Blutdruck häufig im Rahmen einer Untersuchung zufällig festgestellt.

Was versteht man unter primärem oder essentiellem Bluthochdruck?
So wird jener Bluthochdruck bezeichnet, dessen Ursache nicht bekannt ist. Diese Art des Bluthochdrucks umfasst den Großteil der Bluthochdruckpatienten (85 bis 90 Prozent). Er ist begünstigt durch familiär-erbliche Disposition. Dennoch können Faktoren der Umwelt, neurogener Natur, des Gemütswesens oder der Gefäße in verschiedener Weise einwirken. Als Ursache gelten verschiedene Faktoren, von denen keiner jedoch als die Hauptursache ermittelt werden konnte. Von diesen sind übermäßiger Salzkonsum, emotioneller Stress und Fettleibigkeit zu nennen. Diese Faktoren scheinen maßgeblich bei einem Menschen, der dazu veranlagt ist, einen Zustand von Bluthochdruck eher auszulösen oder einen bereits bestehenden Bluthochdruck zu verschlechtern als ihn zu verursachen.

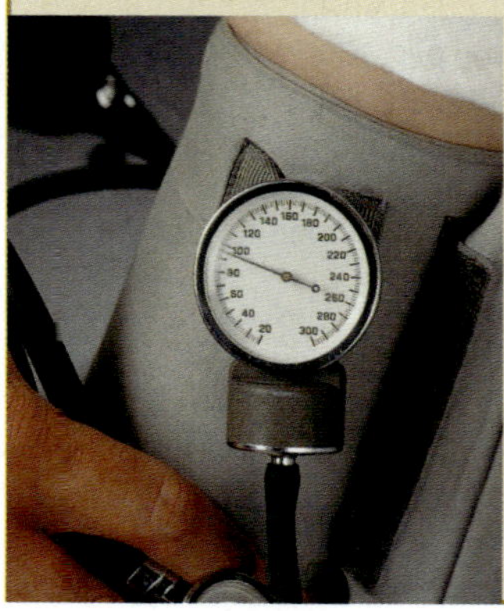

tritt weniger häufig auf als die Hypertension.

Ursache

Bei den meisten Personen mit einem erhöhten Blutdruck ist keine direkte Ursache festzustellen (90 Prozent aller Fälle). Häufig liegt der hohe Blutdruck „in der Familie".
Allerdings kann ein hoher Blutdruck auch ein Hinweis zum Beispiel auf eine Nierenerkrankung sein, was auf jeden Fall geprüft werden muss. Bei fünf bis zehn Prozent der Patientinnen und Patienten liegt dem zu hohen Blutdruck eine klar diagnostizierbare Ursache zugrunde, wie etwa die Einengung einer Nierenarterie, eine angeborene Verengung der großen Körperschlagader oder ein hormonproduzierender Tumor.
Wird keine organische Ursache festgestellt, dann stehen mehrere Behandlungswege zur Auswahl. Das Mittel der Wahl ist dabei eine vermehrte körperliche Bewegung, insbesondere Ausdauersportarten.

Erkrankungsrisiko

Jeder siebte Erwachsene in Deutschland leidet an erhöhtem Blutdruck. Die Statistik zeigt auf, dass bei den über 65-Jährigen mindestens die Hälfte an Hypertonie oder Bluthochdruck leidet. Mit zunehmendem Alter vergrößert sich das Risiko.
Bis zum Alter um die fünfzig sind Männer öfter betroffen als Frauen, was sich aber nach dem Klimakterium ändert. Fallen die weiblichen Hormone weg, die einen gewissen Schutz vor Bluthochdruck und Herz-Kreislauf-Erkrankungen bieten, ist die Krankheit bei Frauen häufiger.

Vorbeugungsmaßnahmen

Glücklicherweise hat die Mehrzahl der Betroffenen eine milde Form von Bluthochdruck, die auch ohne Medikamente gut in den Griff zu bekommen ist.

Übergewicht
Nach heutigen Erkenntnissen hat dies den größten Einfluss auf den Blutdruck.

Ernährung und Bewegung
Gesunde Ernährung und viel Bewegung sind sinnvoll. Das Mittel der Wahl ist dabei eine vermehrte körperliche Bewegung, insbesondere mit Ausdauersportarten (Laufen, Radfahren usw). Speisen, die überwiegend gesättigte Fettsäuren enthalten, sind für Hypertoniker ungünstig.

Kalium
Zu wenig wird berücksichtigt, dass auch Kaliummangel eine Ursache für den Bluthochdruck sein kann. Effektiver als kochsalzarme Kost ist jede, die zugleich natriumarm und kaliumreich ist, sie senkt den Blutdruck.

Alkoholkonsum und Nikotin
Nach Reduzierung des Alkoholkonsums oder völliger Abstinenz fällt der erhöhte Blutdruck ab und wird sogar wieder normal. Raucher haben nicht unbedingt häufiger hohe Blutdruckwerte als Nichtraucher, doch wirkt Nikotin als Gefäßgift.

Stress
Stress als Überforderung äußert sich in verschiedenen Beschwerden. Ein Symptom, das meist nicht wahrgenommen wird, ist der belastende Überdruck in den Gefäßen. Der Stress in Beruf oder Privatleben sollte auf ein erträgliches Maß reduziert werden.
Das Vermeiden von Stresssituationen und ausreichende Entspannung tragen selbstverständlich zum Wohlbefinden bei. Sophrologie oder autogenes Training beispielsweise sind in gewissen Fällen außerordentlich wirksam.

Medikamente
Rheumamittel und manche Schmerzmittel können auf Dauer den Blutdruck steigern. Frauen über 30, die rauchen und die Pille nehmen, haben ein erhöhtes Risiko für Gefäßerkrankungen.

Kontrolle

Um Folgeschäden zu vermeiden, sollte ein erhöhter Blutdruck möglichst früh-

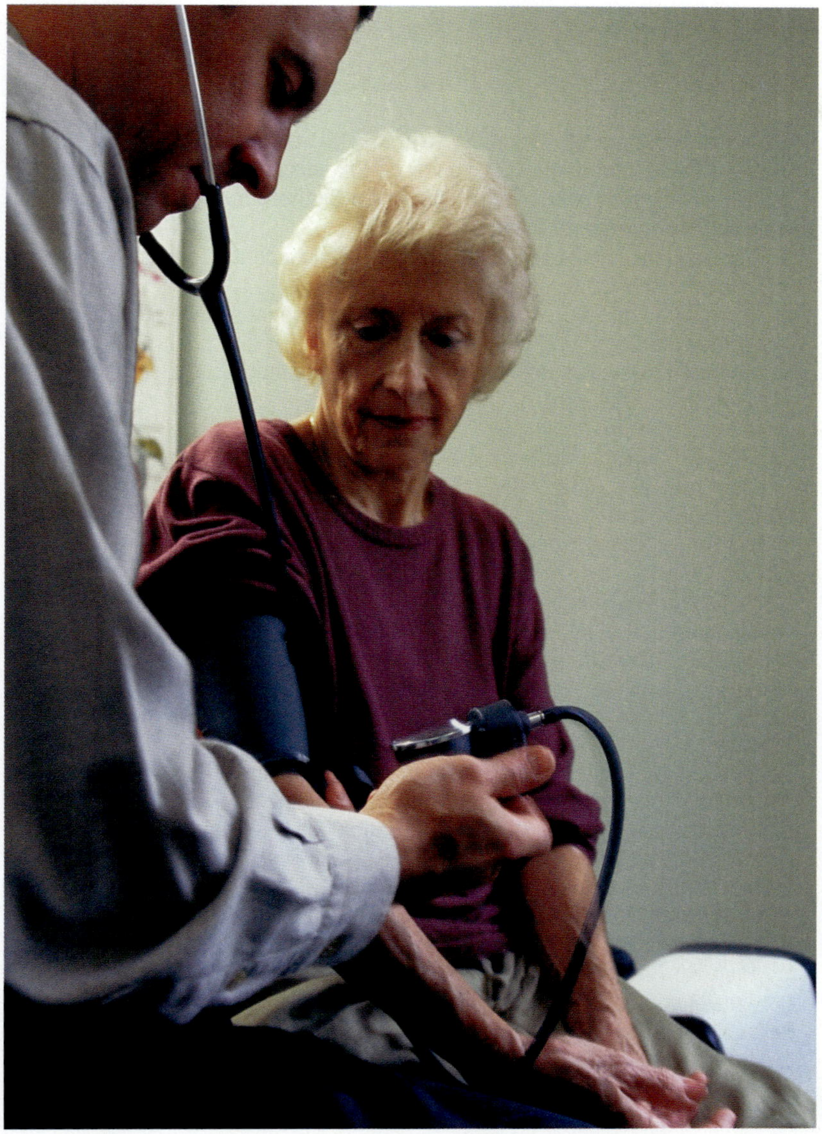

Messung des Blutdruckes mit der Druckmanschette. Durch die Herztätigkeit variiert der Druck in den Arterien ununterbrochen. Um den Blutdruck zu messen, wird die Druckmanschette um den Arm gelegt und mit einer Pumpe aufgepumpt. Durch Abhören mit dem Stethoskop kann der systolische und diastolische Druck vom Manometer abgelesen werden.

Maßnahmen bei Bluthochdruck

- Lassen Sie mindestens einmal im Jahr Ihren Blutdruck messen.
- Bauen Sie Übergewicht ab, wenn Sie an Bluthochdruck leiden.
- Zu viel Kochsalz in der Nahrung begünstigt bei manchen Menschen Bluthochdruck.
- Meiden Sie gepökeltes Fleisch, Kasseler Rippchen, Geräuchertes.
- Essen Sie weniger Fett und Fleisch und mehr Rohkost und Steinobst.
- Trinken Sie natriumarmes Mineralwasser und Alkohol nur in Maßen.
- Geben Sie das Rauchen auf und bewegen Sie sich körperlich viel.

Wichtige Fragen und Antworten zu Bluthochdruck

Was versteht man unter sekundärem Bluthochdruck?
Der sekundäre Bluthochdruck wird durch die Erkrankung eines Organs ausgelöst. Er stellt einen relativ geringen Prozentsatz der Bluthochdruckfälle dar. Folgende Krankheiten können dazu führen:

- Nierenerkrankungen und Infektionen (Glomerulonephritis, Pyelonephritis);
- Endokrine Krankheiten (Schilddrüse, Nebenniere)
- Neurogene Krankheiten; Gehirntumoren und andere seltene Erkrankungen könnten Bluthochdruck hervorrufen.
- Atherosklerose kann nicht nur eine Folge des Bluthochdrucks, sie kann auch die Ursache dafür sein.

Wie häufig kommt Bluthochdruck vor?
Genaue Angaben über die Zahl der Menschen, die unter arteriellem Bluthochdruck leiden, sind nicht erhältlich, da erstens niemals alle Fälle von Bluthochdruck diagnostiziert werden und zweitens die Bewertungskriterien nicht einheitlich sind. Die sozialen Dimensionen des Phänomens sind dennoch abschätzbar, wenn man bedenkt, dass 25 Prozent der erwachsenen Bevölkerung, die einen Arzt besucht, einen Bluthochdruck aufweist, der in diesen Fällen bei mindestens 90 Prozent der Fälle primärer Natur ist.

Kann man sich bei Bluthochdruck niedergeschlagen und traurig fühlen?
Sich niedergeschlagen und traurig zu fühlen, stellt kein typisches Merkmal für Patienten mit arteriellem Bluthochdruck dar, außer es sind Sehstörungen, Ohrensausen und Herz-Kreislauf-Kompensation damit verbunden, wodurch eine normale Aktivität unmöglich gemacht wird. Es gibt einige Formen des arteriellen Bluthochdrucks, beispielsweise die Cushing-Krankheit, bei der zum hohen Blutdruck emotionelle Instabilität und Neigung zu Depressionen kommen.

Was ist der Entstehungsmechanismus der Krankheit?
Der Entstehungsmechanismus der Krankheit ist in den meisten Fällen ungeklärt. Bekannte Ursachen des Blutdrucks sind:

- Nierenkrankheiten können Bluthochdruck auslösen, wenn die Ausscheidung beeinträchtigt ist. Denn dadurch kommt es zu einer Volumenbelastung des Körpers.

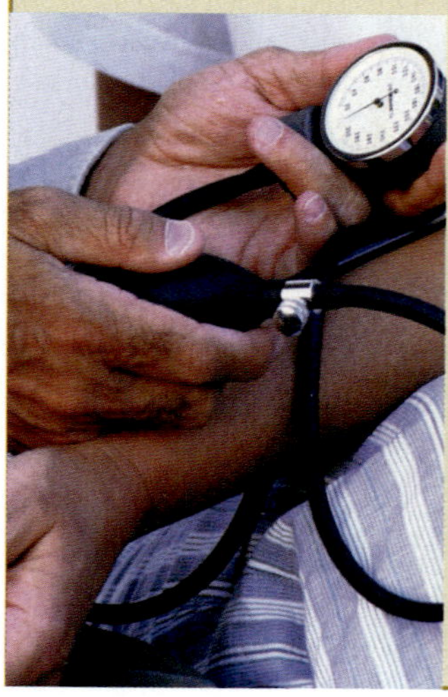

- Drüsenkrankheiten können auch Auslöser sein. Der Blutdruck wird unter anderem durch Hormone reguliert, sodass Erkrankungen von bestimmten Drüsen zu veränderten Hormonkonzentrationen und damit Blutdruckänderungen führen.
- Herzkrankheiten können durch eine veränderte Pumpfrequenz den Blutdruck erhöhen.
- Medikamente mit dem Wirkstoff Phenylpropanol.
- Koffeinhaltige Aufputschmittel.
- Seelische Belastungen und ein mangelndes Gleichgewicht von Spannung und Entspannung können auch Bluthochdruck verursachen.

Statistik des Bluthochdruckes

- 1/3 der Männer und 1/5 der Frauen wissen nichts von ihrer Erkrankung.
- Jeder 4. Betroffene verzichtet auf die Behandlung.
- Nur frühzeitige Erkennung und konsequente Behandlung schützen vor Folge-Erkrankungen.
- Bluthochdruck schädigt Gehirn, Herz, Nieren und Blutgefäße. Arterien verkalken, der Blutstrom wird behindert.
- Die Organe werden nicht mehr ausreichend versorgt, was zu einem Funktionsverlust führen kann.
- Bluthochdruck ist eine tückische Erkrankung, die oft jahrelang unbemerkt verläuft, da der Patient keine oder nur schwache Symptome verspürt und sich auch ansonsten nicht in seinem Wohlbefinden eingeschränkt fühlt.

zeitig behandelt werden. Ob dieser erhöht ist, zeigen Messungen in der Arztpraxis oder in der Apotheke. Es ist überlegenswert, ob man sich ein Gerät zur Selbstmessung anschafft. Bei Menschen, die ihren hohen Blutdruck mit Medikamenten senken, hilft die Selbstmessung, die Behandlung zu kontrollieren. Keinesfalls sollte die Dosis der eingenommenen Medikamente eigenmächtig verändert werden. Im Laufe der Jahre verlieren die Gefäße an Geschmeidigkeit und verhärten sich – deshalb steigt der Blutdruck mit dem Alter an.

Das frühzeitige Erkennen von eventuell bestehendem Bluthochdruck ist deshalb wichtig, um ihn überwachen und behandeln zu können. Jährlich ein bis zwei Kontrollen beim Arzt sind daher ab 40, 45 Jahren zu empfehlen.

Natriumarme (salzarme) Diät

Die natriumarme Diät enthält ungefähr 400 Milligramm Natrium pro 2.000 Kalorien.

Verboten
- Küchensalz, natriumhaltige Ersatzsalze
- Natriumhaltige Medikamente
- normaler Senf
- Englische Sauce, Piccalilli, Selleriesalz
- Silberzwiebeln oder andere saure Gemüse, Bouillonwürfel, Mayonnaise (keine salzarme)
- Normales Brot, normaler Zwieback, normales Gebäck (kein salzarmes)
- Gemüse, die von Natur aus viel Salz enthalten wie Rote Bete, Sellerie, Möhren
- Konserviertes Gemüse wie Sauerkohl
- Melonen, getrocknete Früchte oder Früchte als Marmelade, gekaufte Fruchtsalate
- Gesalzene Nüsse, Kokosnüsse
- Mehr als 1/4 Liter Bier, Cola-Getränke, Limonade oder Wein pro Tag

Erlaubt
- Natriumfreies Ersatzsalz, natriumfreie Süßmittel
- Salzarmes Brot, salzarmer Zwieback
- Salzarmes Gebäck, Mehlspeisen wie Makkaroni oder Spaghetti
- Ungesalzene Butter, salzarme Margarine, Öl
- Ungeschmolzenes Rinder- oder Schweinefett
- Maximal drei Eier pro Woche, Quark, salzarmer Hartkäse, salzarmer Schmierkäse
- Kartoffeln ohne Salz, frisches Fleisch ohne Salz Maximal 100 g pro Tag salzarme Fleischkonserven, Hähnchen
- Frischer Fluss- oder Seefisch, ohne Salz zubereitet Maximal 100 g pro Tag (an Stelle von Fleisch)
- Alle frischen Gemüse, außer den verbotenen Arten, Tiefkühlgemüse ohne Salz
- Frisches Obst, Tiefkühlfrüchte ohne Salz
- Eingemachtes Obst, salzarme Obstsalate
- 1/4 Liter normale Vollmilch oder Magermilch, Buttermilch oder Joghurt (bei einem höheren Milchverbrauch eine salzarme Sorte)
- Normales Wasser, salzarmes Mineralwasser

Bei noch strengerer Salzeinschränkung von ungefähr 220 Milligramm Natrium pro 2000 Kalorien, sind Eier verboten. Die erlaubte Menge Milch wird durch salzarme Milch ersetzt. Bei weniger strenger Salzeinschränkung von 1000 Milligramm Natrium pro 2000 Kalorien darf man 1,5 Gramm Kochsalz (abgewogene Menge) pro Tag nach Wahl den Speisen zufügen.

Die Nahrung bei Bluthochdruck sollte kochsalz- und eiweißarm und vitaminreich sein und nur einen geringen Kaloriengehalt aufweisen; eine rohkostreiche Milch-Pflanzen-Kost senkt den Blutdruck.

Bronchitis

Einführung

Die Bronchien sind im Wesentlichen verzweigte Fortsätze, deren Stamm die Luftröhre bildet. Deshalb wird auch häufig der passende Begriff „Bronchialbaum" verwendet. Je weiter die Aufzweigung ist, desto feiner und zarter werden die Bronchialgänge.
Ihre Schleimhaut produziert fortlaufend einen Schleim, der zum einen die zarten Bronchialwände vor Schad- und Reizstoffen schützen soll und zum anderen Staubpartikel, Pollen und Bakterien, die durch die Nase nicht weggefiltert wurden, abfängt. Die Schleimhaut besitzt weiterhin sogenannte Flimmerhärchen, die den gebildeten Schleim samt eingefangenen Partikeln ständig zum Rachen transportieren. So üben die Bronchien mit ihren Flimmerhärchen eine wichtige Reinigungsfunktion aus. Eine Beeinträchtigung dieser Reinigungsfunktion durch Zerstörung der Flimmerhärchen hat einen bedeutenden Krankheitswert, denn mit jedem Atemzug atmet der Mensch unzählig viele Schad- und Reizstoffe ein, die in den Lungengeweben erhebliche Schäden anrichten können. Mit Schäden sind nicht nur die an den Atemwegen direkt gemeint, sondern auch die aus einer eingeschränkten Lungenfunktion resultierenden Folgen, die besonders das gesamte Kreislauf- und Organsystem betreffen.
Bronchitis ist eine Erkrankung der Bronchien und ihrer Verzweigungen, die durch Kurzatmigkeit und das Aushusten von Schleim charakterisiert ist, wobei jedoch noch andere Symptome auftreten können. Dauern die Symptome länger als drei Monate, so wird die Bezeichnung chronische Bronchitis gebraucht. Die Beschwerden der Bronchitis verschlimmern sich durch Infektionen der Luftwege, durch klimatische Einflüsse, durch plötzliche Temperaturveränderungen und durch Einatmen von verschmutzter Luft (Zigarettenrauch eingeschlossen).

Bronchialepithel mit Flimmerzellen

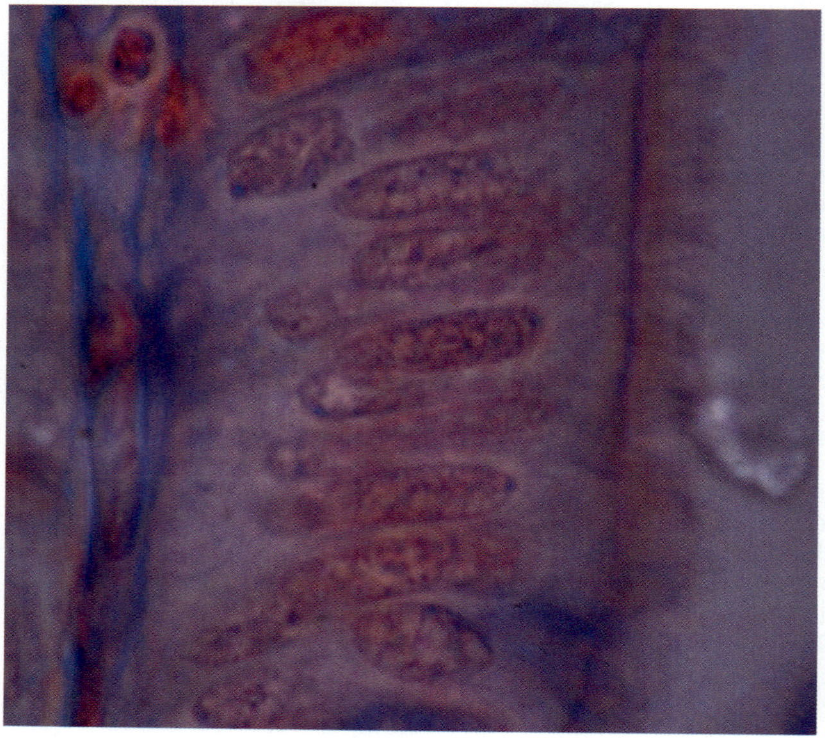

Akute Bronchitis

Akute Bronchitis und chronische Bronchitis sind wahre Prüfungen, die von den Menschen ertragen werden müssen. Sie führen zu großen Umstellungen, selten jedoch zu einer ernsthaften Erkrankung, die zur Aufgabe der Berufsarbeit zwingt. Die Bronchitis beginnt oft mit einer Ansteckung durch Bakterien des Keuchhustens, der Lungenentzündung oder der Grippe. Der Patient leidet unter fortwährenden Hustenattacken, es bildet sich sehr viel Schleim, und bei jeder Kälte- oder Grippewelle bricht die Bronchitis neu auf. Gesunde Menschen bilden etwa einen Viertelliter Schleim in ihren Luftwegen innerhalb von 24 Stunden. Er wird von den Schleimdrüsen und den Becherzellen erzeugt. Dieser Schleim bildet normalerweise einen Überzug über die Schleimhaut der Luftwege, bewirkt keinen Husten und wird schrittweise an den Wänden der Luftwege durch kleine Härchen zur Kehle hin befördert und geschluckt.
Die Schleimbildung ist bei der Bronchitis gesteigert, bei der chronischen Bronchitis ist auch die Zahl der Becherzellen vermehrt. Obwohl es noch unbekannt ist, wie viel zusätzlicher Schleim bis zum Abhusten gebildet wird, kann man annehmen, dass diese Schleimüberproduktion mit der Funktion der Zilien in Zusammenhang steht. Die kleinsten Luftwege können durch Schleimklumpen verstopft werden, wodurch es unweigerlich zur Infektion kommt. Nach Zerstörung der Zilien-

Bronchitis? – Wann Sie zum Arzt gehen sollten

- Immer dann, wenn sich Komplikationen wie Fieber, Halsweh und Schluckbeschwerden nicht innerhalb von drei Tagen bessern.
- Wenn die Bronchitis mit Husten verbunden ist: bei hohem Fieber und Atembeschwerden, Atemschmerzen sowie bei blutigem Auswurf oder wochenlanger Heiserkeit und Verdacht auf Keuchhusten.
- Wenn die Bronchitis mit Schnupfen verbunden ist: bei zusätzlichem Auftreten von hohem Fieber, Ohrenschmerzen, starken Kopf- und Druckschmerzen im Nasenwurzel-Bereich oder bei blutigem Nasensekret.
- Wenn die Bronchitis mit Fieber verbunden ist, mit gleichzeitigem Auftreten von Nackensteifigkeit, heftigem Erbrechen oder Benommenheit, oder wenn hohes Fieber (über 39,5 Grad Celsius) auftritt.
- Wenn die Bronchitis mit Halsschmerzen verbunden ist: wenn zusätzlich hohes Fieber und Atemnot oder Ohrenschmerzen und länger dauernde Heiserkeit auftreten oder die Halsschmerzen von starkem, fauligem Mundgeruch begleitet sind.

zellen, zum Beispiel als Ergebnis einer Virusinfektion, haben die Bakterien die Möglichkeit, sich in den Windungen der Luftwege festzusetzen. So kommt es zu einer Dysfunktion der Schleimhaut und zu einer nachfolgenden gesteigerten Schleimbildung, noch bevor die Bronchitis selbst in Erscheinung tritt. Die akute Bronchitis ist meistens eine Begleiterscheinung von Erkältungen. Betroffene leiden an einem schmerzhaften Husten, bei dem oft gelblicher Schleim abgehustet wird. In den meisten Fällen tritt außerdem Fieber auf.

In der Regel bessern sich diese Beschwerden, sobald auch die Erkäl-

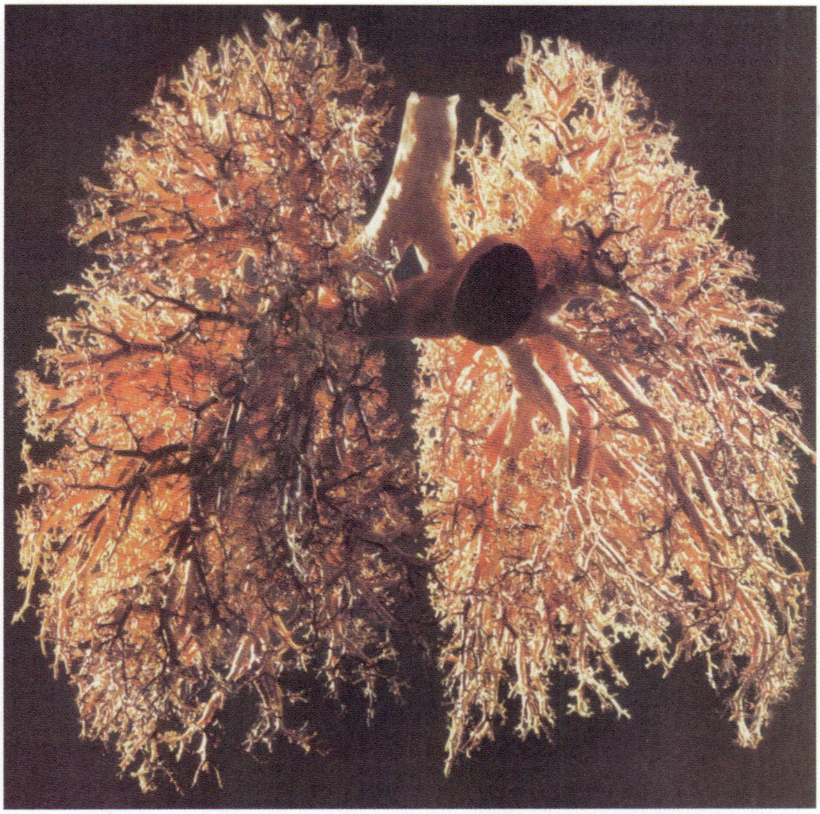

Bronchialbaum; Bronchien sind im Wesentlichen verzweigte Fortsätze, deren Stamm die Luftröhre bildet

Chronische Bronchitis kombiniert mit Lungenentzündung.

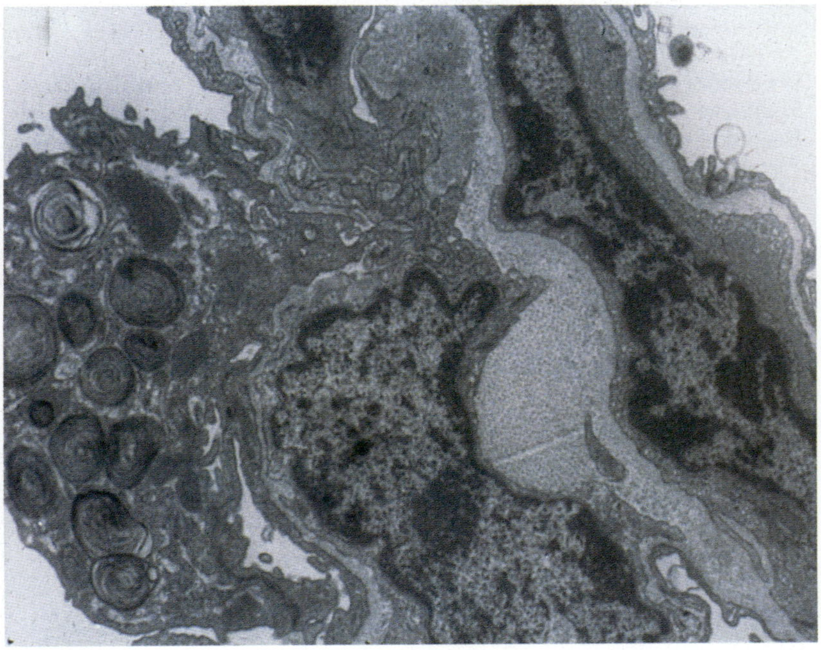

Wichtige Fragen und Antworten zu Bronchitis

Worin besteht der Unterschied zwischen Husten und Bronchitis?
Husten ist die Antwort des Körpers auf einen Fremdkörperreiz – also ein normaler Mechanismus, um etwas aus den Atemwegen zu entfernen, das dort nicht hingehört. Das kann ein Fremdkörper sein, wenn Sie sich verschlucken, oder Schleim, wenn die Bronchien entzündet sind. Eine Bronchitis ist eine eigenständige Erkrankung, bei der die unteren Atemwege entzündet sind.

Woran erkenne ich eine akute Bronchitis?
Die ersten Anzeichen tauchen gewöhnlich nach einer Erkältung auf. Der Patient bekommt plötzlich Fieber (37,5° bis 38,5°C) und Husten. Manchmal fühlt er auch Schmerzen unter dem Brustbein, die beim Husten intensiver werden. In diesem Fall ist die Luftröhre ebenfalls entzündet. Die Schmerzen können sich mitunter auf den ganzen Brustbereich ausdehnen. Grund dafür ist die vom ständigen Husten und der erhöhten Atemfrequenz überanstrengte Atemmuskulatur.
Das Husten ist das Hauptsymptom der Bronchitis. Die Bildung des Sekrets und des Exsudats ist Folge eines zweiten Symptoms: Bronchialkatarrh mit Expektoration. Am Anfang kommt noch wenig Sputum, das sehr zäh ist, mit der Zeit wird er ergiebiger und flüssiger. In seltenen Fällen wurden Expektorationen bis zu einem halben, ja sogar einem Liter pro Tag beschrieben.

Woran erkenne ich eine chronische Bronchitis?
Wenn Sie in einem Zeitraum von zwei Jahren insgesamt länger als drei Monate unter Husten und Auswurf leiden, besteht der Verdacht, dass Ihre Bronchitis chronisch ist. Hauptsymptom ist der Husten, der von Katarrh begleitet sein kann oder auch nicht. Hier sei angemerkt, dass das Sputum aus den Lungen nicht immer unbedingt nach außen gelangen muss. Oft wird es gleich, wenn es in den Rachen kommt, verschluckt. Fieber hat der Patient meistens nicht, höchstens manchmal ein wenig erhöhte Temperatur. Dafür klagt er über massive Atembeschwerden. Das Luftholen ist mühsam, bei körperlicher Anstrengung wird es so anstrengend, dass der Kranke oft seine Arbeits- und Freizeitaktivitäten erheblich einschränken muss.

Wie verläuft eine chronische Bronchitis?
Die chronische Bronchitis tendiert dazu, mit der Zeit schlimmer zu werden. Diese Progression kann mehr oder weniger schnell erfolgen, je nachdem, welche Gegenmaßnahmen ergriffen werden und ob man die der Krankheit zuträglichen Faktoren (Rauchen, Dämpfe) ausschalten kann oder nicht.
Charakteristisch sind mehr oder minder häufige Episoden bakterieller Infektion mit dem klinischen Bild der Bronchopneumonie. Gelingt es nicht, das Fortschreiten der Bronchitis rechtzeitig aufzuhalten, sind die unvermeidlichen Folgen Lungenemphysem, das heißt der irreversible Elastizitätsverlust des Lungengewebes mit daraus resultierender Atmungsinsuffizienz und in der Folge Cor pulmonale, eine chronische Herzinsuffizienz, die aus der Beeinträchtigung der Lungenfunktion resultiert.

tung abgeklungen ist. In seltenen Fällen ist die Ursache der akuten Bronchitis aber eine bakterielle Infektion. Aus diesem Grunde sollte immer ein Arzt oder eine Ärztin aufgesucht werden, wenn die Beschwerden nach einigen Tagen nicht von selbst verschwinden, oder wenn im abgehusteten Schleim Blutspuren erkennbar sind.

■ *Risiko*

Das Risiko, eine akute Bronchitis zu erleiden, steigt, wenn die Bronchialschleimhaut bereits vorgeschädigt ist. Dies ist bei Rauchern und bei Personen, die in besonders luftverschmutzten Gebieten leben, der Fall. Ferner leiden besonders Kinder öfters an dieser Krankheit. Solange jedoch keine erkennbare ernste Ursache dahintersteckt, ist diese Tatsache nicht weiter beunruhigend, da Kinder generell häufiger an Infektionen oder Erkältungen leiden als Erwachsene. Eine weitere Risikogruppe bilden Patienten, die bereits an anderen Erkrankungen der Atemwege leiden (z.B. Asthma, Lungenüberblähung).

Chronische Bronchitis

Es muss zwischen der akuten und der chronischen Bronchitis unterschieden werden. Die vorherrschenden Symptome beider sind Husten, übermäßige Schleimproduktion und das Gefühl der Beengtheit sowie Brustschmerzen. Nur jene Fälle von akuter Bronchitis, die trotz Behandlung länger als drei Monate dauern, werden als chronische Bronchitis bezeichnet.
Die chronische Bronchitis äußert sich durch die gleichen Symptome wie die akute Bronchitis. Die Beschwerden treten immer häufiger auf, bis sie gar nicht mehr verschwinden. Besonders Raucherinnen schieben den am Morgen besonders stark auftretenden Husten auf das Rauchen und gehen nie zum Arzt oder zur Ärztin. Dabei müssen besonders Patienten, die an chronischen Bronchienerkrankungen leiden, regelmäßig ärztlich kontrolliert werden, da die Gefahr besteht, dass sich ein Bronchialkarzinom oder andere Lungenerkrankungen entwickeln.

Die chronische Bronchitis ist normalerweise charakterisiert durch die ständige Anwesenheit pathologischer Keime in den Luftwegen. Dies sind gewöhnliche Grippeviren und Grippebakterien (Haemophilus influenzae und Pneumokokken). Da es besonders schwierig ist, das Bakterium Haemophilus influenzae aus dem Lungengewebe zu entfernen (es konnte gezeigt werden, dass einige immer tief in oder unter der Schleimhaut der Luftwege verbleiben), ist es verständlich, dass die immer wiederkehrenden Attacken zu einer dauernden Veränderung der Luftwege (Bronchiektasen) und der Lungen (Emphysem) führen.

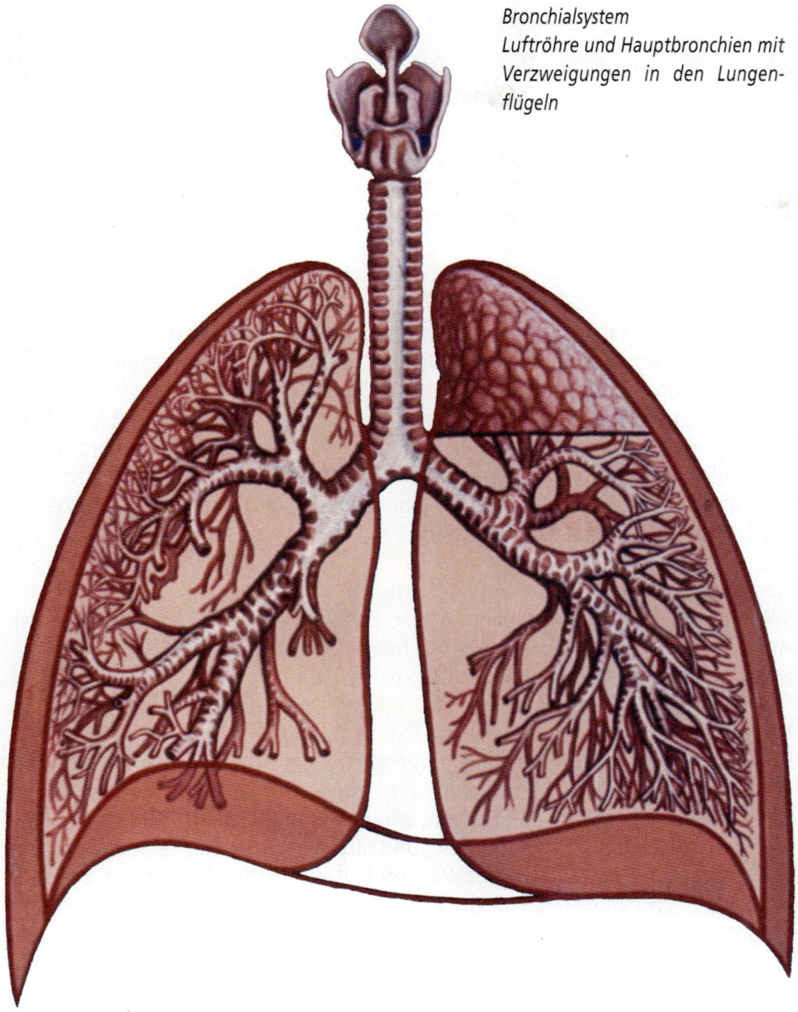

Bronchialsystem
Luftröhre und Hauptbronchien mit Verzweigungen in den Lungenflügeln

Bronchiolitis

Bronchiolitis ist die Entzündung der Bronchiolen (die knorpellosen Zweige der Segmentbronchien, ausgestattet mit glatter Muskulatur und mit Flimmerepithel). Es ist eine Erkrankung, die vor allem im Kindes- und Greisenalter (bei Masern, Pettussis, Grippe), aber auch allgemein, zum Beispiel nach Einwirkung von Gasen oder Stäuben, auftritt. Bronchiolitis ist eine akute Viruskrankheit, die vor allem bei Säuglingen und Kleinkindern vorkommt und bei der sich die Bronchiolen entzünden.

Die häufigste Ursache der Bronchiolitis ist RS-Virus, doch können auch andere Viren Auslöser sein. Bei Erwachsenen kann Bronchiolitis im Anschluss an eine Bronchitis auftreten, die von einem Influenza-Virus hervorgerufen wurde.

Die wichtigsten Symptome der Bronchiolitis sind:

- Husten
- beschleunigter Atem
- Fieber
- eine bläuliche Gesichtsfarbe, die durch Sauerstoffmangel entsteht

Beim Abhören der Lunge mit dem Stethoskop sind häufig Blubbergeräusche zu hören.

Bronchopneumonie

Herdenpneumonie ist eine herdförmige, ohne Bezug zu anatomischen Lungengrenzen ablaufende Bronchien- und Lungenentzündung. Die für die Bronchopneumonie verantwortlichen Keime können Streptokokken, Staphylokokken, Pneumokokken, Friedländer-Pneumoniebakterien oder mehrere der genannten zusammen sein. In der überwiegenden Mehrheit der Fälle entstehen die Erkrankungen sekundär nach einer viralen oder bakteriellen Infektion der oberen Atemwege (Pharyngitis, Laryngitis). Bronchopneumonie ist relativ häufig und stellt oft eine Komplikation einer anderen Krankheit dar. Bei Kindern kann das Grippe, Keuchhusten, Masern oder Diphtherie sein, bei Erwachsenen schwere Infektionskrankheiten wie Typhus, Brucellose, Sepsis, Herzinsuffizienz, Vergiftungen, Immunsuppression nach Operationen, also alles Umstände, bei welchen die Immunabwehr des Organismus geschwächt ist. Am Anfang ähnelt die Symptomatik Katarrhen der oberen Atemwege und einigen anderen Erkrankungen. Der Allgemeinzustand verschlechtert sich, leichtes Fieber, Schwächegefühl und Müdigkeit stellen sich ein. Der Kranke hustet, das Expektorat kann etwas Blut enthalten. Puls- und Atemfrequenz sind erhöht. Bei manchen Patienten kann diese Symptomatik sehr stark und von heftigen Kopfschmerzen, geistiger Verwirrung oder Zuständen, die einem Delirium ähneln, begleitet sein. Bei anderen sind die Symptome wieder so mild, dass sie mitunter gar nicht bemerkt werden. In typischen Fällen ist es nicht schwer, eine Bronchopneumonie zu diagnostizieren:

Wichtige Fragen und Antworten zu Bronchitis

Ist Husten auch ein Hinweis auf Asthma?
Husten und Luftnot können Symptome von Asthma sein. Wie bei der chronischen Bronchitis verengen sich bei Asthma die Atemwege, und der Schleim verdickt sich. Im Unterschied zur chronischen Bronchitis tritt die Luftnot bei Asthma anfallsartig auf.

Muss ich mit jedem Husten zum Arzt?
Husten, der im Rahmen einer akuten Bronchitis auftritt, verschwindet in den meisten Fällen nach zwei Wochen wieder. Viele Patienten gewöhnen sich über Jahre aber an den Husten und halten ihn dann für normal – das ist aber eine Fehleinschätzung. Husten und Auswurf sind nicht normal, sondern Leitsymptome der chronischen Bronchitis. Husten kann auch bei Herzerkrankungen auftreten und außerdem ein Hinweis auf eine bösartige Veränderung der Bronchien oder der Lunge sein. Deshalb sollten Sie jeden Husten, der länger als vier Wochen anhält, von einem Arzt abklären lassen.

Kann ich Husten auch selbst behandeln?
Wenn Ihr Husten noch nicht lange besteht, können Sie ihn mit Wirkstoffen aus der Apotheke lösen oder dämpfen, je nachdem, ob Sie eher einen verschleimten Husten oder einen trockenen Reizhusten haben.

Wann sind Hustenblocker sinnvoll?
Wenn ein trockener Husten sehr quälend ist und Sie deshalb nicht schlafen können, sollten Sie den Hustenreiz unterdrücken. Pflanzliche Wirkstoffe aus Efeublättern und Sonnentaukraut wirken krampflösend. Wirkstoffe aus Spitzwegerich, Eibisch, Huflattich und Isländisch Moos überziehen die Schleimhaut mit einer Schutzschicht und lindern den Hustenreiz. Bei starkem Hustenreiz sind manchmal auch Mittel mit Clobutinol oder rezeptpflichtige Präparate erforderlich, zum Beispiel mit Codein, das das Hustenzentrum im Gehirn dämpft. Hustenblocker sollten Sie nur über kurze Zeit und nicht bei verschleimtem Husten einnehmen.

Was hilft gegen verschleimten Husten?
Wird der Hustenreiz durch festsitzenden Schleim ausgelöst, sollte man mit Husten lösenden Mitteln behandeln, die in verschiedenen Zubereitungen erhältlich sind.
Bei den pflanzlichen Wirkstoffen haben sich zum Beispiel Extrakte aus Primelwurzel und Süßholzwurzel bewährt. Die beiden chemischen Wirkstoffe Acetylcystein und Ambroxol verdünnen den Schleim, sodass er leichter abzuhusten ist. Achten Sie auch darauf genügend zu trinken. Sieht der Urin hell aus, nehmen Sie ausreichend Flüssigkeit zu sich.

Ist das Thoraxröntgen für die Diagnose bei akuter Bronchitis wichtig?
Nein, denn bei akuter Bronchitis liegen meist keine so großen Schädigungen des Lungengewebes vor, dass diese auf dem Röntgenschirm sichtbar würden.

- Fieberanstieg nach einer Atemwegserkrankung
- Husten mit Katarrh
- Merkliche Verschlechterung des Allgemeinzustandes

Manchmal ist die Bronchopneumonie in einer Woche ausgeheilt, manchmal kann sie sich sehr lange hinziehen, mit Perioden der Besserung und Rückschritten, bei welchen neue Entzündungsherde entstehen. Die am schwersten zu kurierenden Fälle sind jene, wo mehrere Erreger, wie zum Beispiel ein Grippevirus in Kombination mit Bakterien (Staphylokokken, Streptokokken usw.), zusammenwirken. Durch Behandlung mit Antibiotika erreicht man gewöhnlich nach ein oder zwei Tagen bereits eine deutliche Besserung mit Rückgang des Fiebers.

Behandlung

Außer bei einer bakteriellen Ursache bedarf eine einfache Bronchitis in der Regel keiner Medikamente. Kopfschmerzen oder Fieber können durch einfache Schmerzmittel wie Parazetamol, Ibuprofen oder Aspirin gelindert werden.
Bei einer Behandlung der Bronchitis im Anfangsstadium ist hundertprozentige Heilung zu erzielen. Deshalb sagen die Ärzte auch immer wieder: Bitte bei den ersten Anzeichen sofort zur Untersuchung kommen, damit die richtigen Maßnahmen rechtzeitig ergriffen werden können. Wer an Bronchitis leidet, weil er täglich an seinem Arbeitsplatz bestimmte Dämpfe einatmet, muss unter Umständen seinen Beruf wechseln, um wieder gesunde Bronchien zu erhalten. Vielleicht genügt es aber auch, dass er mit dem Rauchen aufhört und sich in seiner Freizeit viel in der frischen Luft aufhält. Auch Antibiotika helfen bei Bronchitis.

■ *Husten*
Gegen den Husten sollten zunächst Hustentees angewendet werden, denn die meisten Hustenmedikamente enthalten Wirkstoffe, die den Hustenreiz unterdrücken (z.B. Kodein). Da aber der Husten ein körpereigener Mechanismus ist, mit dem Fremdpartikel und

Bakterien hinausbefördert werden, ist eine Unterdrückung des Hustenreizes nicht sinnvoll für den Heilungsprozess. Einige Hustenmedikamente dagegen enthalten Wirkstoffe, die den Bronchialschleim verflüssigen und das Abhusten fördern und erleichtern. Derartige Medikamente sind sinnvoller, haben allerdings wie alle pharmazeutischen Produkte auch Nebenwirkungen, sodass in erster Linie Hustentees auf pflanzlicher Basis versucht werden sollten.
Des Weiteren können folgende Maßnahmen die Beschwerden einer akuten Bronchitis lindern:
- verrauchte, überheizte Räume meiden
- Rauchen und Alkoholkonsum einstellen
- Raumluft befeuchten
- Ruhe, Schlaf und Entspannung, damit das körpereigene Abwehrsystem gestärkt wird
- reichliche Zufuhr von Flüssigkeiten, damit der Schleim nicht zähflüssig wird
- Wadenwickel zur Fiebersenkung

■ *Chronische Bronchitis*
Bei der chronischen Bronchitis produzieren die Bronchien übermäßig viel Schleim, der wegen zerstörter Flimmerhärchen schwer abgehustet werden kann. Die Behandlung der chronischen Bronchitis kann den eigentlichen Defekt nicht beheben. Es kann nur versucht werden, das Fortschreiten der Krankheit einzudämmen und die Beschwerden zu lindern.
Dazu werden schleimlösende Medikamente verwendet. Ist die chronische Bronchitis bereits so weit fortgeschritten, dass Atembeschwerden auftreten, können Medikamente, welche die Bronchien erweitern, eingenommen werden. In besonders schweren Fällen werden sogar kortisonhaltige Sprays verschrieben.
Das Kortison schwächt allerdings die Infektionsabwehr im Mundbereich ab, sodass Betroffene häufiger an Infektionen im Mundbereich (z.B. Soor) leiden. Um derartigen Infektionen vorzubeugen, sollte nach jeder Spray-Anwendung der Mund gründlich ausgespült werden, um Sprayreste zu entfernen.

Wirkstoffe bei chronischer Bronchitis

Acetylcystein	N-Acetylcystein kann äußerlich angewendet werden und verflüssigt zähes Bronchialsekret dadurch, dass die Schwefelbindungen (Disulfid-Bindungen) der Schleimstoffe aufgebrochen werden.
Ätherische Öle	Ätherische Öle, wie Anis-, Campher-, Eucalyptus-, Pfefferminz-, Fenchelfrüchte- und Thymianöl, sind bei Erkältungskrankheiten und Atemwegsentzündungen zur unterstützenden Behandlung geeignet. Wirkstoffe, wie Menthol, Cineol oder Thymol, wirken kühlend und antibakteriell in den Atemwegen.
Ambroxol	Ambroxol wird innerlich angewendet, verflüssigt Bronchialschleim und fördert dadurch die Entfernung des Bronchialsekrets aus den Atemwegen.
Bromhexin	Bromhexinhydrochlorid wird innerlich angewendet, kann Bronchialschleim verflüssigen und die Entfernung des Bronchialsekrets aus den Atemwegen fördern.
Clobutinol	Clobutinolhydrochlorid ist ein wirksamer Hustenstiller bei erkältungsbedingtem Reizhusten.
Dextromethorphan	Dextrometorphanhydrobromid ist eine mit Morphin verwandte Substanz (Isomer von Metorphan beziehungsweise Levorphanol-ähnlich) und kann als Hustenstiller bei unproduktivem Reizhusten eingesetzt werden. Dextrometorphan hemmt die Erregbarkeit des Hustenzentrums im Gehirn.
Grindeliakraut	Grindeliakraut (Grindelia robusta) enthält bestimmte Wirkstoffe (Saponine), die reflektorisch die Bronchialsekretion aktivieren und die Abhustung von Schleim fördern.
Isländisches Moos	Isländisches Moos (Lichen islandicus) wirkt hustenstillend, schwach antibakteriell und ist gut verträglich.
Lindenblüten	Lindenblüten (Tilia cordata) wirken schleimlösend und sind zur unterstützenden Behandlung bei Erkältungskrankheiten und Husten geeignet. Lindenblüten sind gut verträglich.
Schlüsselblume	Schlüsselblumen (Primula) enthalten Saponine, die reflektorisch die Bronchialsekretion aktivieren und die Abhustung von Schleim fördern.
Seifenwurzel	Seifenwurzel (weiße) (Saponaria officinalis) enthält bestimmte Wirkstoffe (Saponine), die reflektorisch die Bronchialsekretion aktivieren und die Abhustung von Schleim fördern.
Thymian	Thymian (Thymus vulgaris) wirkt als Hustenlöser. Das ätherische Öl von Thymiankrautflüssigextrakt enthält den antientzündlichen Wirkstoff Thymol und wirkt desinfizierend (antiseptisch).

Thymus vulgaris

Brustkrebs

Einführung

In Deutschland ist der Brustkrebs der häufigste bösartige Tumor bei Frauen. 2002 erkrankten nach Schätzungen des Robert-Koch-Instituts Berlin ca. 46.000 Frauen neu daran. Dabei ist zu beobachten, dass zunehmend auch jüngere Frauen betroffen sind. Auch in der Statistik über krebsbedingte, organbezogene Todesursachen rangiert Brustkrebs bei Frauen an erster Stelle.
Diese Tatsachen machen es notwendig, über Faktoren aufzuklären, welche die Entstehung von Brustkrebs begünstigen können. Sie gelten als Risikofaktoren für Brustkrebs. Wenn man sie kennt, können sie wenigstens teilweise vermieden werden. Ebenso wichtig ist aber die Darstellung von Warnzeichen, die möglicherweise auf eine Krebserkrankung hinweisen können, denn die Heilungschancen sind gut, wenn sie rechtzeitig erkannt und behandelt wird. Aus diesem Grunde hat der Gesetzgeber auch für Frauen die jährliche kostenlose Früherkennungsuntersuchung auf Brustkrebs geschaffen, die von allen gesetzlich versicherten Frauen ab dem 30. Lebensjahr in Anspruch genommen werden sollte.
Auch durch die regelmäßige Beobachtung des eigenen Körpers lässt sich Brustkrebs oftmals im Frühstadium entdecken und durch die eingeleitete Behandlung heilen.

Modell der weiblichen Brust. Die Brust besteht aus Brustdrüsen, die in Fett- und Bindegewebe eingebettet sind. Die von diesen Drüsen produzierte Milch fließt durch die Milchgänge zur Brustwarze. Die gerunzelte pigmentierte Umgebung der Brustwarze wird Warzenhof genannt.

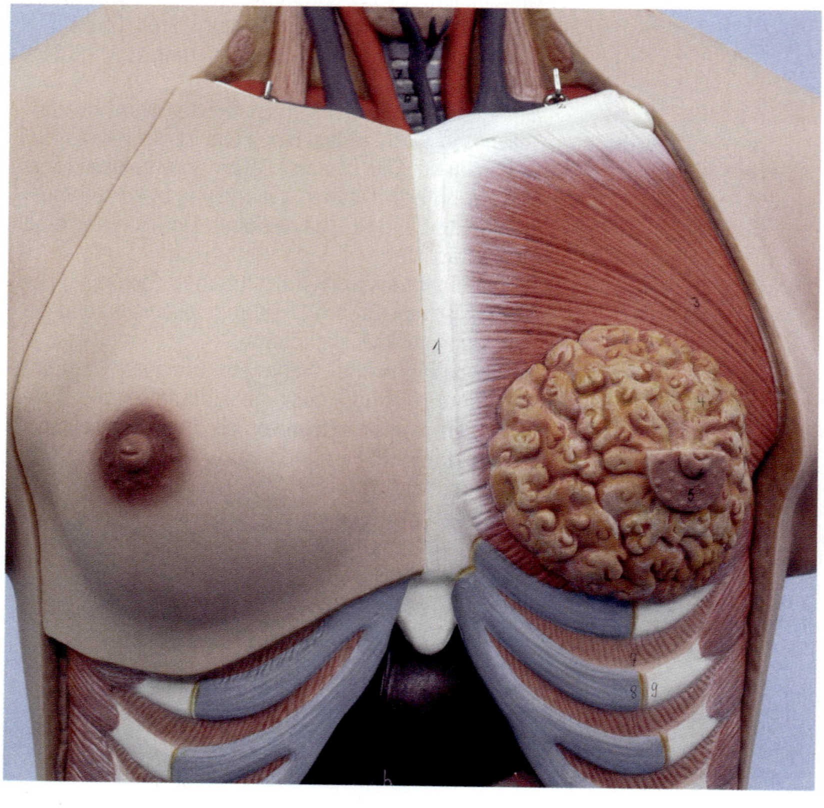

Krebstyp und Zelltyp

Prinzipiell gibt es zwei große Klassen von Brustkrebs. Zum einen spricht man von den sogenannten nicht infiltrierenden, epithelialen Tumoren oder auch Carcinoma in situ. Als solche werden grundsätzlich nur Vorstadien bezeichnet (abgekürzt DCIS bzw. CLIS).
Die meisten Fälle von Brustkrebs beginnen in den Oberflächenzellen (Epithelien) der Milchgänge, manchmal auch in den Drüsenläppchen selbst. Solange sich die Ausdehnung eines Brustkrebses auf das Gebiet eines Drüsenläppchen beschränkt, spricht man von einem Carcinoma in situ, ein einstweilen nichtinvasiven Frühstadium, dass vor einer Metastasierung unter Umständen über Jahre ruhen kann.
In diesem ruhenden Stadium ist die Erkrankung zu nahezu neunzig Prozent durch eine chirurgische Entfernung des Tumors (eventuell ergänzt mit einer Strahlentherapie) heilbar. Eine Chemotherapie ist nicht notwendig.
Zum anderen gibt es die große Klasse der sogenannten infiltrierenden, epithelialen Tumoren, die sich wiederum in verschiedene Typen untergliedern. Bei diesen Tumoren haben die Tumorzellen die Wand der Drüsenläppchen oder die Milchgänge durchbrochen und wachsen, je nach Zelltyp, mit sehr unterschiedlicher Geschwindigkeit in das umgebende Fettgewebe der Brust ein.

Ursache

Die Ursachen des Brustkrebses – wie die Krebskrankheiten überhaupt – sind noch weitgehend unerforscht. Aus statistischen Erhebungen lassen sich jedoch bestimmte Risikofaktoren ableiten, die die Gefahr einer Brustkrebserkrankung erhöhen.
Dies bedeutet nicht, dass jede Frau, auf die ein oder sogar mehrere Risiken zutreffen, zwangsläufig erkranken muss.

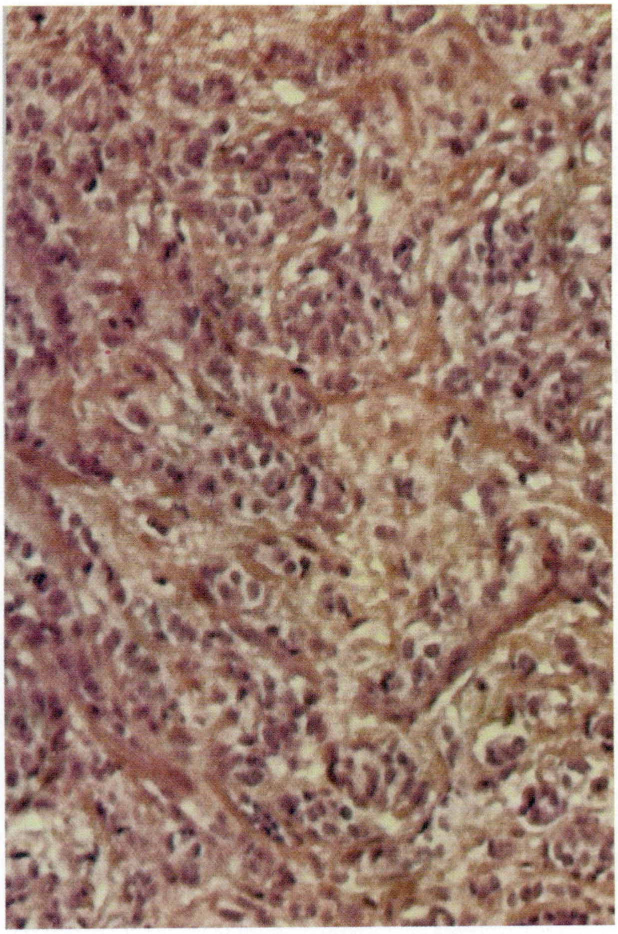

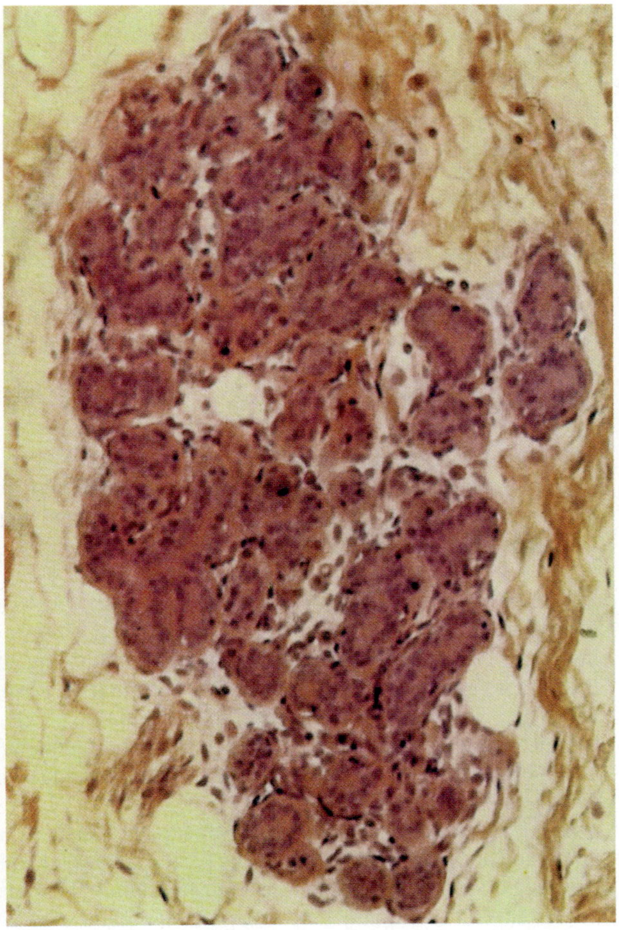

Mikroskopische Aufnahme von Brustgewebe; pathologischer Befund (Krebs)

Aber trifft auch nur einer dieser Faktoren auf Sie zu, sollten Sie sich – zusätzlich zur monatlichen Selbstuntersuchung – unbedingt regelmäßig von Ihrem Arzt untersuchen lassen.

Früherkennung

Wie bei vielen anderen Karzinomen sind die Symptome bei Brustkrebs zu Beginn der Erkrankung häufig uncharakteristisch und könnten auch eine völlig andere Ursache haben.
Die wichtigste Rolle und die größte Chance im Kampf gegen den Brustkrebs spielt nach wie vor die Früherkennung.
Die gesetzlichen Krankenkassen gewähren den bei ihren versicherten Frauen ab dem 30. Lebensjahr einmal im Jahr eine kostenlose Früherkennungsuntersuchung auf Brustkrebs, bei der der Arzt Ihres Vertrauens Ihre Brüste und die Achselhöhle gründlich abtastet.
Diese Untersuchungen sollten von allen Frauen regelmäßig in Anspruch genommen werden, ganz besonders aber von solchen, die erhöhte Risiken haben.
Bei der regelmäßigen Kontrolle besteht die Chance, dass eine sich heranbildende Geschwulst rechtzeitig erkannt wird und die Erkrankung geheilt werden kann, bevor sie sich ausbreitet und lebensbedrohlich wird.
Nach übereinstimmenden Ergebnissen internationaler Untersuchungen haben Frauen, bei denen der Tumor in einem Frühstadium entdeckt worden war, eine Überlebensrate über 98 Prozent von mehr als fünf Jahren nach der Operation.
Studien haben ergeben, dass sich durch eine Mammografie-Screening-Untersuchung bei Frauen zwischen 50 und 69 Jahren die Brustkrebssterblichkeit um bis zu 30 Prozent senken lässt.
Frauen dieser Altersgruppe sollten sich alle zwei Jahre mammografieren lassen. Frauen, bei denen ein erhöhtes Risiko für Brustkrebs besteht, sollten mit ihrem betreuenden Arzt besprechen, ab welchem Alter und in welchem Rhythmus sie Mammografie-Untersuchungen vornehmen lassen sollten.
Mit der Mammografie lassen sich in mehr als 90 Prozent der Fälle Vorstadien von Brustkrebs oder die Erkrankung im Frühstadium erkennen. Nur bei einem kleinen Prozentsatz zeichnen sich Tumoren nicht mammografisch ab oder können sich im dichten Drüsengewebe verstecken und bleiben auch für die Mammografie eine Zeit lang unerkennbar. In manchen Fällen kann die Ultraschalluntersuchung weiterhelfen.

Wichtige Fragen und Antworten zu Brustkrebs

Jede achte bis zehnte Frau erkrankt derzeit an Brustkrebs. Die Angst davor grenzt schon fast an Panik. Ist das berechtigt?
Statistisch gesehen ist das Risiko, an einer Herz-Kreislauf-Erkrankung zu sterben, nach wie vor viel größer als die Wahrscheinlichkeit eines tödlichen Brustkrebses. Dennoch ist die Angst vor Letzterem viel präsenter als die Angst vor anderen Erkrankungen.
Das liegt sicher daran, dass die Brust in unserer Gesellschaft ein ganz besonderes Sinnbild ist: Sie steht für Weiblichkeit, Fruchtbarkeit und Sexualität und ist entsprechend mit so starken Emotionen behaftet, dass sie auch in den Medien ein beliebtes Thema darstellt.

Wie groß ist die Wahrscheinlichkeit, an Brustkrebs zu erkranken?
Die Wahrscheinlichkeit, dass jede achte Frau an Brustkrebs erkrankt, bezieht sich auf die Spanne eines gesamten Lebens von achzig Jahren. Bei Frauen um fünfzig trifft es so gesehen nur gerade jede fünfzigste Frau.

Die Zahl der Brustkrebserkrankungen nimmt real zu. Was weiß man über die Gründe?
Viele verschiedene Faktoren scheinen einen Einfluss auf die Entstehung von Brustkrebs zu haben. Ganz besonders wichtig ist unser veränderter hormoneller Lebenslauf. Die Frauen bekommen früher ihre erste Periode, haben später und seltener Kinder und tendenziell auch später einsetzende Wechseljahre. Hinzu kommen diverse Umwelteinflüsse. Alles Faktoren, die man in der Regel wenig beeinflussen kann.
Andererseits wirken sich Alkohol und Übergewicht negativ, eine ausgewogene Ernährung und ausreichende Bewegung positiv auf das Erkrankungsrisiko aus.
Die Zunahme der registrierten Brustkrebsfälle beruht übrigens auch auf der verbesserten Früherkennung durch die Mammografie, das Bruströntgen. Diese ermöglicht eine Verbesserung der Prognose.

Welchen Einfluss hat die Vererbung?
Viele Frauen, in deren Familie jemand an Brustkrebs erkrankt ist, fühlen sich enorm belastet. Vor allem wenn gerade mehrere Familienmitglieder ersten Grades, also Mutter, Schwester oder Tante, betroffen sind. Allerdings sind nur fünf bis zehn Prozent aller Brustkrebserkrankungen genetisch determiniert.

Welche Rolle spielt die Psyche bei der Entstehung von Krebs?
Immer wieder gibt es Frauen, die glauben, sie hätten ihren Krebs selber verschuldet. Sie hätten sich in ihrem Leben nicht genügend gewehrt oder die Dinge in sich hineingefressen. Auch das Umfeld macht die Betroffenen oft selbst verantwortlich für ihre Krankheit.
Das finden die meisten Mediziner ungerecht. Es gibt bis heute keinen Nachweis für den Einfluss psychischer Faktoren auf die Krebsentstehung. Anders sieht es allerdings bei der Heilung aus. Die positive Wirkung von günstigen psychischen Umständen auf die Genesung ist belegt.

Danüber hinaus sollte jede Frau einmal im Monat ihre Brüste selbst auf Knoten und Veränderungen hin untersuchen. Der beste Zeitpunkt ist innerhalb der ersten zehn Tage nach der Periode, am besten beim Baden, Duschen oder Eincremen (die nasse beziehungsweise eingecremte Haut erleichtert das Abtasten).
Die bei der Selbstuntersuchung entdeckten Knoten sind bei jungen Frauen in achtzig Prozent der Fälle gutartige Veränderungen. Dennoch ist eine Klärung durch eine Untersuchung beim Frauenarzt unerlässlich.

Erbliche Brustkrebserkrankungen

Zu den Krebsarten, die in Familien gehäuft vorkommen können, gehört der familiäre Brustkrebs. Wissenschaftler haben nachgewiesen, dass Frauen, bei denen die Abschnitte der Erbsubstanz BRCA-1 und BRCA-2 verändert sind, ein deutlich erhöhtes Brustkrebsrisiko haben. Dank moderner molekularbiologischer Methoden lässt sich heute eine solche Krebsveranlagung bei gefährdeten Frauen entdecken, bevor sich ein Krebs entwickelt. In intensiven Beratungsgesprächen wird das tatsächliche Risiko der jeweiligen Frau unter Berücksichtigung ihrer familiären Krankengeschichte abgeschätzt. Danach folgt bei Bedarf die sehr aufwendige Untersuchung zum Nachweis, ob die Frau tatsächlich Trägerin der veränderten Brustkrebsgene ist.
Bestätigt sich der Verdacht, schließen sich weitere Untersuchungen und Gespräche bzw. engmaschige Früherkennungsuntersuchungen an, die durch ein umfassendes Beratungskonzept ergänzt werden. Eine psychologische Begleitung der Betroffenen soll dabei helfen, die Angst zu bewältigen und positive Lebensstrategien zu entwickeln, denn das Wissen um eine erbliche Krebsveranlagung stellt eine erhebliche seelische Belastung dar.
Wenn Sie glauben, zu einer Hochrisikofamilie zu gehören, weil Ihre Großmutter, Mutter, Tante und/oder Schwester(n) schon an Brustkrebs erkrankt

sind, wenden Sie sich an ein Brustkrebs-Zentrum in Ihrer Nähe.

Diagnostik

Viele Menschen befürchten, bei der Verdachtdiagnose „Krebs" in die medizinische „Mühle" zu geraten, und meiden den Arztbesuch aus Angst davor. Denken Sie aber bitte daran, dass die Untersuchungen notwendig sind, um folgende Fragen zu klären:

1. Handelt es sich wirklich um einen Tumor?
2. Um welche Krebsart handelt es sich?
3. Wo sitzt der Tumor?
4. Wie ist der Allgemeinzustand des Patienten?
5. Wie weit ist die Krebserkrankung fortgeschritten?
6. Hat sie sich auf Lymphknoten ausgedehnt?
7. Gibt es weitere Metastasen?
8. Welche Behandlung wird den größten Erfolg bringen?

Besteht der Verdacht, dass Sie an Brustkrebs erkrankt sind, wird Ihr Arzt mit Ihnen über die Untersuchungen sprechen, die notwendig sind, um die Diagnose zu sichern. Nur eine gründliche Diagnose ermöglicht eine sinnvolle Therapieplanung.

Der Verlauf und die Wahl der Untersuchungen hängen zum einen von den Symptomen ab, über die Sie klagen, und zum anderen von den zwischenzeitlich erhobenen Befunden. Auch die feingeweblichen (histologischen) Eigenschaften, die sich nach der Probeentnahme aus dem Tumor erst unter dem Mikroskop darstellen lassen, können den weiteren Untersuchungsgang mitbestimmen.

Aufgrund der Ergebnisse dieser Untersuchungen und Ihrer persönlichen Gesamtsituation werden Sie dann gemeinsam mit den behandelnden Ärzten entscheiden, welche Behandlung für Sie am geeignetsten ist.

Untersuchungen

Im Folgenden stellen wir Ihnen eine Reihe der häufigsten Untersuchungsverfahren und ihre Bedeutung dar.

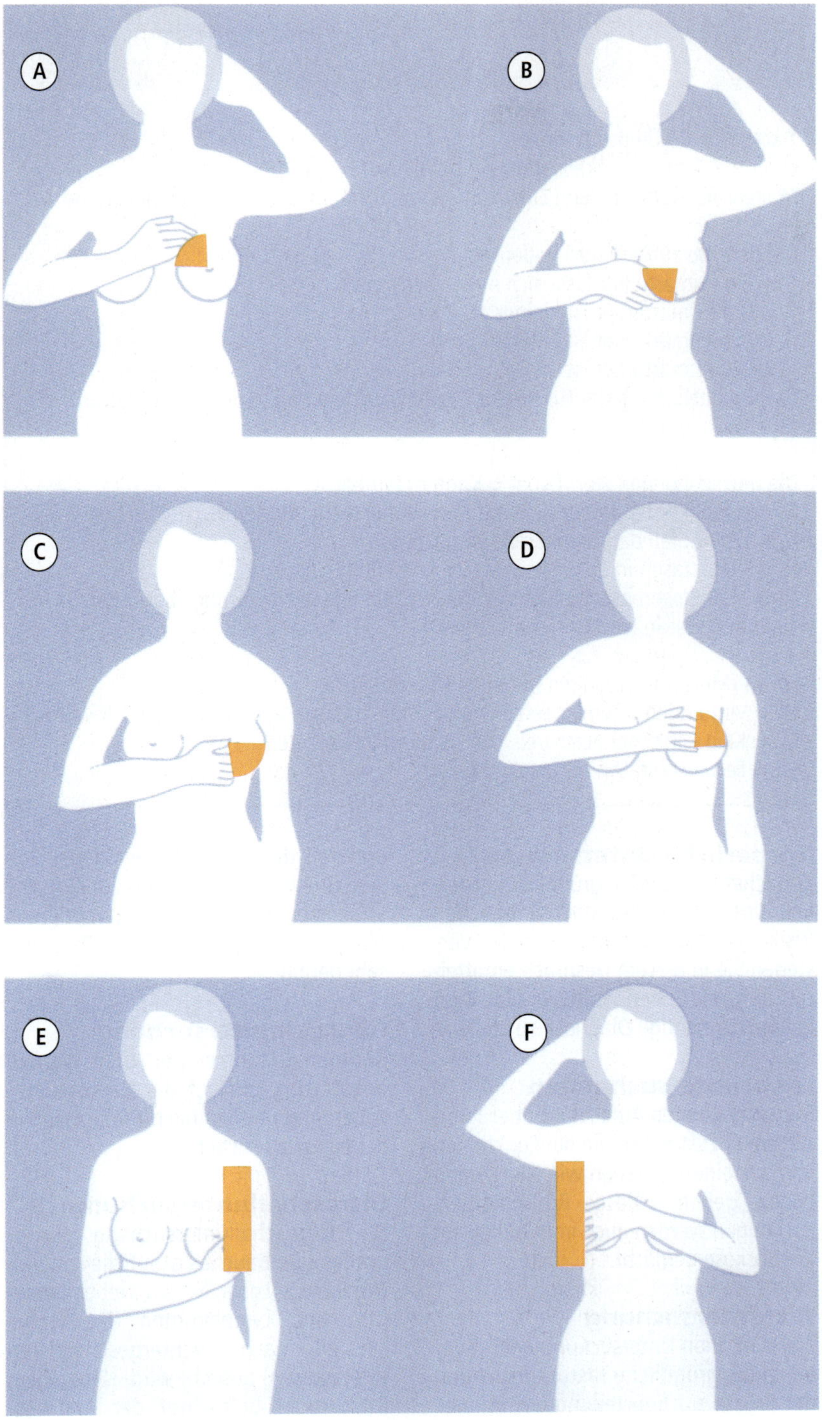

Selbstuntersuchung der Brust, um knotige Veränderungen frühzeitig entdecken zu können. Jede Frau über zwanzig sollte regelmäßig ihre Brüste abtasten.
A-D – Die rechte Hand wird flach auf die linke Brust gelegt und die ganze Brust mit der flachen Hand abgetastet.
E – Anschließend wird auch die Achselhöhle betastet.
F – Dann wird in der gleichen Reihenfolge die rechte Brust mit der linken Hand untersucht und die Untersuchung wieder mit dem Abtasten der Achselhöhle abgeschlossen.

TNM-Klassifikation des Brustkrebses

T steht für Größe des Tumors
N für die Zahl und Lokalisation der befallenen Lymphknoten
M steht für Auftreten und Lokalisation von Fernmetastasen in andere Organe

Die Begriffe zu T (Tumor) bedeuten:
T_0 = Ein Primärtumor lässt sich nicht nachweisen
T_1 = Der Primärtumor ist kleiner als 2 cm
T_2 = Der Primärtumor ist 2–5 cm groß
T_3 = Der Primärtumor ist größer als 5 cm
T_4 = Primärtumor jeder Größe mit direkter Ausdehnung in der Nachbarschaft (Brustwand oder Haut)

Die Bezeichnungen zu N (Nodi = Knoten) lauten:
N_x = Lymphknoten lassen sich auf Krebsbefall nicht beurteilen
N_0 = Kein Befall der regionären Lymphknoten
N_1 = Metastasen in Lymphknoten der Achselhöhle nachweisbar
N_2 = Metastasen in Lymphknoten der Achselhöhle nachweisbar, aber untereinander oder in Nachbarschaft fixiert

Für M (Metastasen) gelten folgende Unterbegriffe:
M_x = Vorhandensein oder Fehlen von Fernmetastasen kann nicht beurteilt werden
M_0 = Kein klinischer Nachweis von Tochtergeschwülsten
M_1 = Fernmetastasen nachweisbar

Körperliche Untersuchung
Zunächst müssen Sie gründlich körperlich untersucht und nach möglichen Risikofaktoren gefragt werden. Verstehen Sie in diesem Gespräch ermittelten Informationen sollten dem Arzt helfen, die richtige Diagnose zu stellen.

Laboruntersuchungen
Bluttests können Aufschluss über Ihren Allgemeinzustand sowie die Funktionen von einzelnen Organen wie Nieren und Leber geben. Diese Routineuntersuchungen werden auch im Hinblick auf die Narkose gemacht.

Tastuntersuchung
Zur klinischen Untersuchung gehört vor allem die gründliche Tastuntersuchung der Brüste zur Beurteilung des Primärtumors. Auch die Achselhöhlen werden auf möglicherweise vorhandenen Lymphknotenmetastasen hin abgetastet.

Mammografie
Die Mammografie ist eine spezielle röntgenologische Brustuntersuchung und soll dem Arzt Klarheit geben, ob eine Brustkrebserkrankung vorliegt. Die Strahlenbelastung ist bei den modernen Mammografiegeräten für die Patientin sehr gering.

Röntgenuntersuchung
Röntgenaufnahmen der Lunge werden angefertigt, um auf die Narkose vorzubereiten und um nach Metastasen in der Lunge zu suchen.

Ultraschalluntersuchung
Die Ultraschalluntersuchung (Sonografie) des Bauches stellt die inneren Organe wie Leber, Nieren, Nebennieren, Milz und Lymphknoten dar, wobei speziell nach Tochtergeschwülsten (Metastasen) gesucht wird. Neben dem Bauchraum betrachtet der Arzt insbesondere auch den Hals mit Ultraschall. Hat bei einer Patientin die Mammografie noch keine eindeutige Diagnose ergeben, kann die Ultraschalluntersuchung der Brust zu Hilfe genommen werden.
Die Untersuchung mit Ultraschall hat den Vorteil, dass sie beliebig oft wiederholt werden kann, da sie den Patienten keiner Strahlenbelastung aussetzt.

Magnet-Resonanz-Tomografie
Die Magnet-Resonanz-Tomografie, auch Kernspintomografie genannt, kommt gegenwärtig gezielt ergänzend zum Einsatz, wenn die vorhergehenden, routinemäßigen Untersuchungen keinen klaren Befund ergeben haben.

Skelettszintigramm
Mit dem Skelettszintigramm lassen sich Tumorabsiedlungen in den Knochen (Knochenmetastasen) darstellen. Dafür wird dem Patienten ein schwach radioaktives Kontrastmittel gespritzt, das sich auf charakteristische Weise in den Knochen anreichert.
In Ergänzung mit Röntgenaufnahmen kann dann entschieden werden, ob die Metastasen operiert oder bestrahlt werden müssen, um einem Knochenbruch (Fraktur) vorzubeugen.

Biopsie
Wenn die zuvor beschriebenen Verfahren keine Diagnose erbracht haben, kann es erforderlich sein, eine Feinnadel- bzw. eine Stanzbiopsie des Brustknotens durchzuführen.
Dabei entnimmt der Arzt nach örtlicher Betäubung mit einer feinen Nadel Zellen aus dem verdächtigen Bezirk, die dann unter dem Mikroskop untersucht werden (Zytologie bzw. Histologie).
Die endgültige Sicherung der Diagnose in jedem Verdachtsfall kann nur durch

Reihe der häufigsten Untersuchungsverfahren

- Körperliche Untersuchung
- Tastuntersuchung
- Laboruntersuchungen
- Mammografie
- Gewebeentnahme (Biopsie)
- Röntgenaufnahme
- Ultraschalluntersuchung (Sonografie)
- Computertomografie (CT)
- Magnet-Resonanz-Tomografie (MRT)
- Skelettszintigramm

eine Gewebeentnahme (Biopsie) mit anschließender mikroskopischer Gewebeuntersuchung des Brustknotens erfolgen: Der operativ entfernte Knoten wird im sogenannten Schnellschicht auf seine Bösartigkeit hin untersucht. Von diesem Ergebnis hängen alle weiteren Behandlungsschnitte ab.
Die Biopsie ist ein ungefährliches Untersuchungsverfahren. Die zuweilen geäußerte Befürchtung, bei der Entnahme könnten Tumorzellen „ausgeschwemmt" werden, die dann Metastasen bilden, ist unbegründet.

Klassifikation des Tumors

Ein wichtiges Kriterium bei der Wahl der für den Patienten am besten geeigneten Behandlungsmethode ist die Feststellung, wie weit sich der Krebs ausgebreitet hat. Fachleute verwenden dafür verschiedene Begriffe wie Stadieneinteilung oder Staging. Die anatomische Tumorausbreitung wird nach den Regeln der internationalen Krebsgesellschaft bestimmt und in der sogenannten TNM-Formel zusammengefasst (siehe Tabelle).

Behandlung von Brustkrebs

Wurde bei Ihnen die Diagnose Brustkrebs gestellt, sprechen Sie mit Ihrem Arzt und einem auf diesem Gebiet erfahrenen Spezialisten ausführlich über den Befund und die Heilungschance (Prognose) Ihrer Erkrankung. Lassen Sie sich die vorgesehenen Behandlungsschritte und eventuell vorhandene weitere therapeutische Möglichkeiten genau erläutern.
Wie bei anderen Krebsarten lassen sich auch beim Brustkrebs verschiedene Formen unterscheiden. Zunächst wird er durch den generellen Krebstyp und dann genauer durch seinen speziellen Zelltyp gekennzeichnet. Die Feststellung des genauen Zelltypus ist deswegen besonders wichtig, weil die verschiedenen Typen unterschiedlich schnell wachsen und metastasieren. Sobald geklärt ist, wie weit sich der Tumor ausgedehnt hat und zu welchem Typ er gehört, kommt deshalb vor Beginn Ihrer Behandlung dem fachübergreifenden Gespräch der Ärzte besondere Bedeutung zu.
Die Behandlung selbst erfolgt nach international akzeptierten Strategien, die in den vergangenen Jahren in sogenannten Leitlinien der wissenschaftlichen Fachgesellschaften zusammengefasst wurden.

Operation

Wenn die Diagnose zweifelsfrei ergeben hat, dass Brustkrebs vorliegt, ist ein chirurgischer Eingriff in den meisten Fällen notwendig.
Die operative Entfernung der Brust war weltweit für Jahrzehnte die Standardbehandlung bei Brustkrebs, meist in Form der Entfernung der gesamten Brust (radikale Mastektomie), bei der neben dem Brustgewebe auch die Brustwandmuskulatur und weitgehend die Lymphknoten der Achselhöhle entfernt wurden. Später kamen schonendere Operationstechniken hinzu.
Heute kann auf die von vielen Frauen besonders gefürchtete Amputation der Brust in vielen Fällen verzichtet werden. Der Anteil der sogenannten brusterhaltenden Operationen ist in den letzten Jahren beachtlich gesteigert worden. Das bedeutet: Bei vielen operierten Frauen bleibt jetzt die Brust erhalten, nur die Geschwulst, ihre unmittelbare Umgebung sowie die Achsellymphknoten werden entfernt.

Brusterhaltende Operation

In den letzten Jahren ist man dazu übergegangen, statt der Amputation der weiblichen Brust Teilentfernungen (Teilresektionen) durchzuführen. Dies bedeutet für die meisten betroffenen Frauen eine sehr große, vor allem psychologische Erleichterung.
Bei dem operativen Eingriff bestehen folgende Möglichkeiten:

- Quadrantenresektion: Das die Geschwulst tragende Viertel der Brust wird entfernt.
- Segmentresektion: Nur das befallene Segment wird entfernt.
- Tumorektomie: Nur die Geschwulst selbst wird mit oder ohne Sicherheitssaum entfernt.

In letzter Zeit hat die Entfernung des Krebsknotens im gesunden Gewebe

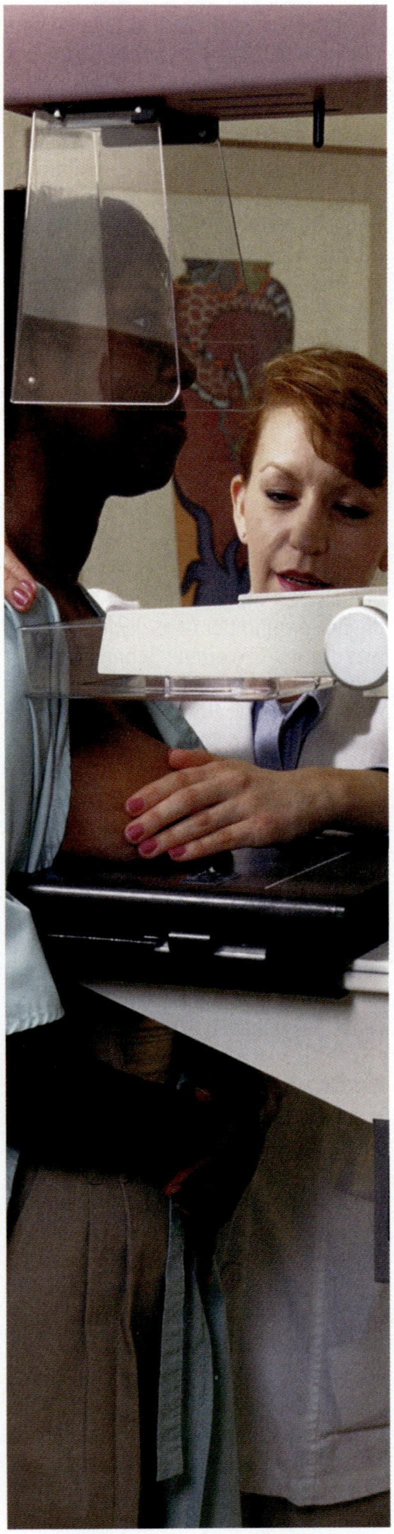

Mammografie, Röntgenuntersuchung der weiblichen Brust; eine der effektivsten Untersuchungsmethoden, um Brustkrebs im Frühstadium nachzuweisen

immer mehr an Bedeutung gewonnen. Große Untersuchungen haben ergeben, dass dieses schonende Operationsverfahren auf die Dauer gesehen vergleichbare Ergebnisse liefert wie die Radikaloperation an der weiblichen Brust. Zweck und Sinn dieser Operationsmethode ist es natürlich, so viel Brustgewebe wie möglich zu erhalten.
Voraussetzung für eine Brust erhaltende Operationsmethode ist, dass der Durchmesser des Tumors nicht zu groß ist, außerdem dürfen weder Haut noch Brustwand befallen sein.
In Ausnahmefällen können auch Tumoren mit einem größeren Durchmesser Brust erhaltend entfernt werden. Wichtig ist, dass der Tumor im gesunden Gewebe entfernt wird.
Die Operation selbst umfasst nicht nur den Eingriff an der Brust, sondern auch die Entfernung der Achsellymphknoten, was einen zweiten Schnitt in der Achselhöhle erfordert. Natürlich werden auch hier, so wie bei jeder Operation, kosmetische Aspekte berücksichtigt.
Natürlich kommt die brusterhaltende Operationsmethode den Wünschen der Patientinnen entgegen, doch muss man die endgültige Entscheidung, ob brusterhaltend operiert werden kann oder nicht, dem behandelnden Arzt überlassen. Nur er kann die Gefährlichkeit des Tumors richtig einschätzen und demzufolge die richtige Behandlungsweise auswählen.

Radikale Brustoperation

Nur bei einer Minderheit der Patientinnen mit Brustkrebs ist aufgrund verschiedener Tumoreigenschaften eine brusterhaltende Operationsweise nicht möglich. Auch gibt es Grenzen für eine brusterhaltende Operation, beispielsweise ein ungünstiges Größenverhältnis von Tumor und Brustgewebe. Hier empfiehlt der Arzt auch heute noch im Interesse der Patientin die Entfernung der Brust.
Nach der Operation werden unter die Brusthaut für drei bis vier Tage Saugschläuche eingelegt, die eine Nachblutung in die Wunde oder die Ansammlung von Gewebswasser verhindern sollen.
Am achten bis zehnten Tag nach der Operation werden die Fäden entfernt, nach rund drei bis vier Wochen ist die Wunde verheilt. Die Narbe reicht bis zur Achselhöhle. Am Übergang zur Achsel kann sich gelegentlich ein kleines Fettpolster bilden, das jedoch nicht mit einem Tumor verwechselt werden darf.

Hormontherapie bei Brustkrebs

Formen der Hormontherapie bei Brustkrebs sind:

- Ausschaltung der Funktion der Eierstöcke: Dieses Ziel erreicht die moderne Medizin nicht mehr durch eine Operation (Ovarektomie), sondern durch Gabe entsprechender Medikamente, der sogenannten GnRH-Analoga (synthetisch hergestellte Wirkstoffe, die dem hypophysären Gonadotropin-Releasing-Hormon gleichen, das die Östrogenproduktion der Eierstöcke regelt).
- Antiöstrogenbehandlung: Bestimmte Tumorzellen haben Empfangsstellen (Rezeptoren), die das Vorhandensein von Östrogenen registrieren; die Zelle reagiert mit Wachstum. Antiöstrogene hemmen diese Empfänger in ihrer Funktion, und die Wachstumsstimulation der Tumorzelle bleibt aus.
- Gabe von Aromatasehemmern: Diese Medikamente führen zu einer verminderten Synthese von Östrogenen.
- Gabe von Gestagenen: Sie helfen, die Östrogenspiegel im Blut zu senken, und hemmen zusätzlich die Östrogenrezeptoren in ihrer Funktion.

Chemotherapie

Eventuell noch im Körper vorhandene Tumorzellen können gezielt durch bestimmte chemotherapeutische Medikamente im Wachstum gehemmt werden.
Im Rahmen der Chemotherapie werden Medikamente eingesetzt, die als Zellgifte vor allem auf sich teilende Zellen wirken. Tumorzellen werden vor allem deswegen geschädigt, weil sie sich ständig vermehren. Leider ist es bisher nicht gelungen, Substanzen zu entwickeln, die nur die Krebszellen schädigen, die gesunden Zellen des Körpers aber nicht beeinflussen. Deshalb wird auch normales Gewebe, das sich relativ oft erneuert, in Mitleidenschaft bezogen. Hier sind beispielsweise die Darmschleimhaut, die Haarwurzeln oder die Blut bildenden Zellen des Knochenmarks zu nennen.
Dementsprechend zielt die vorbeugende (adjuvante) Chemotherapie vorrangig darauf ab, das Entstehen von Tochtergeschwülsten (Metastasen) im Körper zu verhindern und somit die Lebenserwartung deutlich zu erhöhen.
Die adjuvante Chemotherapie schließt sich – ebenso wie die Strahlentherapie – an die brusterhaltende Operation an. Es gibt Hinweise, dass das metastasenfreie Intervall von Patientinnen mit Brustkrebs durch eine unterstützende Chemotherapie um durchschnittlich 35 Prozent verlängert werden kann.
Ob und wie chemotherapeutisch behandelt wird, hängt von verschiedenen Faktoren ab, wie zum Beispiel vom Alter der Patientin, ihrem Allgemeinzustand, von ihrem sogenannten Rezeptorstatus, ob die Lymphknoten der Achselhöhle bereits befallen sind oder nicht, sowie vom Grad der Bösartigkeit der Tumorzellen (Malignitätsgrad).
Wie verschiedene Untersuchungen ergeben haben, profitieren Frauen unter 50 Jahren, also Frauen vor Eintritt in die Wechseljahre, am besten von einer Chemotherapie.
Bei Frauen nach Eintritt in die Wechseljahre mit positivem Rezeptorbefund, also Frauen über 50, verbessert sich die Überlebenschance durch eine Chemotherapie nicht so deutlich (um rund 10 Prozent). Hier ist eine Hormontherapie bei entsprechender Hormonabhängigkeit des Tumors zu empfehlen.

Strahlentherapie

Ziel einer jeden Strahlenbehandlung (Radiotherapie) ist es, Krebszellen zu vernichten. Ionisierende Strahlen führen zu Veränderungen im Erbgut der Zellen, die von normalen, gesunden Zellen in der Regel wieder repariert werden. Krebszellen haben hingegen ein

weniger gut funktionierendes Reparatursystem, sodass die durch die Bestrahlung verursachten Einwirkungen nicht behoben werden können: Die Krebszelle stirbt ab.
Bei jeder Strahlenbehandlung soll im zu bestrahlenden Gebiet eine möglichst hohe Strahlenkonzentration erreicht und dabei gleichzeitig das umgebende gesunde Gewebe so weit wie möglich geschont werden.
Die Strahlenbehandlung gehört seit rund 80 Jahren neben der Operation zu der am häufigsten ausgeübten Therapieform des Brustkrebses. In den letzten Jahren hat die Strahlentherapie große Fortschritte gemacht. Neue Bestrahlungsgeräte stehen zur Verfügung, die es ermöglichen, diese Therapie wirksam und trotzdem schonend einzusetzen.
Die Strahlentherapie ist immer angesagt: erstens bei Brust erhaltender Therapie, zweitens wenn Tumorgewebe operativ nicht vollständig entfernt werden konnte, und drittens bei bestimmten Metastasen.
Aufgrund de, in den letzten Jahren immer häufiger angewandten Brust erhaltenden Operationsweise, die immer mit einer sich an die Operation anschließenden Strahlenbehandlung gekoppelt ist, wird die Strahlentherapie heute hauptsächlich unterstützend eingesetzt. Aber auch der heilende (kurative) und der lindernde (palliative) Effekt der Strahlenbehandlung werden genutzt.
Bei der adjuvanten Strahlentherapie soll vor allem das Risiko verringert werden, dass sich im unmittelbaren Bereich der operierten Brust eine neue Geschwulst (Lokalrezidiv) bildet.
Im Allgemeinen beginnt man frühestens drei Wochen nach dem chirurgischen Eingriff mit der Bestrahlung. Wichtigstes Kriterium, nach dem der Zeitpunkt festgesetzt wird, ist die Heilung der Operationswunde.
Sie sollte weitgehend abgeschlossen sein, bevor das Gewebe durch die Strahlen erneut belastet wird. Auch der Allgemeinzustand der Patientin, die Radikalität des Eingriffs sowie die Zielsetzung der Bestrahlung sind mitbestimmend.

Was Frauen mit Brustkrebs beachten sollten

- Halten Sie ein normales Körpergewicht oder streben Sie dieses an, falls Sie über- oder untergewichtig sind.
- Nutzen Sie bei der Ernährung das breite Angebot der unterschiedlichsten Nahrungsmittel.
- Spezielle (kostspielige) Diäten (Krebsdiäten) bringen Ihnen in Bezug auf Ihre Brustkrebserkrankung meist keinen Vorteil.
- Halten Sie die Kontakte mit Familie, Gesellschaft und Arbeitsplatz aufrecht.
- Gehen Sie bei der Einschätzung Ihrer eigenen Gesundheit davon aus, dass viele Frauen mit Brustkrebs durch die Operation geheilt sind. Sie haben eine gute Chance, dass das auch bei Ihnen der Fall ist.

Hormontherapie

Wissenschaftler haben nachgewiesen, dass die meisten Tumoren der weiblichen Brust östrogenabhängig sind, das heißt, dass bei diesen Tumoren die Regulation des Wachstums durch Hormone und Antihormone beeinflusst werden kann.
Mit anderen Worten: Verändert man zum Beispiel den Hormonhaushalt der Frau auf ganz bestimmte Weise, besteht die Chance, die Entstehung von Metastasen zu verhindern beziehungsweise bei metastasierenden Brustkrebserkrankungen einen Rückgang der Erkrankung zu erreichen.
Welche Behandlung für die Patientin in Frage kommt, muss der Arzt in jedem Einzelfall entscheiden. Dies hängt davon ab, ob die Patientin vor oder nach Eintritt der Wechseljahre an Brustkrebs erkrankt ist.
Vor Eintritt der Wechseljahre (Prämenopause) steht die Ausschaltung der Eierstockfunktion an erster Stelle, bei einem Tumorrezidiv zusätzlich eine Antiöstrogenbehandlung.
Nach Eintritt der Wechseljahre (Postmenopause) erfolgt die Gabe von Antiöstrogenen (zum Beispiel Tamoxifen). Diese Medikamente sind ausgezeichnet verträglich.
Da es unter Einsatz von Tamoxifen zu Wucherungen der Gebärmutterschleimhaut kommen kann, ist eine gynäkologische Kontrolle zweimal jährlich zu empfehlen.
Die Hormontherapie hat im Vergleich zur Chemotherapie verhältnismäßig wenige Nebenwirkungen.

Wiederaufbau der Brust

Heute gehört der plastisch-operative Wiederaufbau (Rekonstruktion) der Brust entweder mit gefüllten Plastiken (zum Beispiel Silikon) oder mittels einer Schwenklappenplastik ebenso zum gynäkologisch-operativen Standard wie die Rekonstruktion der Brustwarzen.
Trotzdem unterziehen sich nur rund 3 Prozent der betroffenen Frauen einer solchen zweiten Operation. Die Ursachen sind Unwissen, Ängste und Fehlinformationen bei Ärzten und Patienten.
Ob und wann eine Rekonstruktion der Brust ratsam erscheint, sollte in jedem einzelnen Fall mit dem behandelnden Arzt besprochen werden. Die Tendenz geht dahin, dass bei begrenztem Tumorwachstum ein plastischer Eingriff schon relativ bald angeraten wird.
Im Regelfall kann bereits bei der Entfernung der Brust ein Platzhalter für den Wiederaufbau eingesetzt werden. Dieser wird dann in einer zweiten Operation nach ca. sechs Monaten durch die endgültige Prothese ersetzt.
Die Prothesen bestehen aus einer Silikonhülle und haben unterschiedliche Füllungen, beispielsweise Silikone oder kochsalzhaltige Flüssigkeiten.

CF – Mukoviszidose

Der Name *Cystische Fibrose* stammt von den hohlraumartigen (cystischen) und bindegewebigen (fibrotischen) Veränderungen in der Bauchspeicheldrüse. Der zweite – Mukoviszidose - ist aus den lateinischen Worten *mucus* = Schleim und *viscosus* = zähflüssig, klebrig zusammengesetzt.
Die Erkrankung kann schon unmittelbar nach der Geburt in Erscheinung treten oder auch erst zu einem späteren Zeitpunkt diagnostiziert werden, je nachdem wie stark das Krankheitsbild ausgeprägt ist oder wie rechtzeitig die variablen Symptome erkannt werden.
Für Betroffene und deren Eltern bedeutet die cystische Fibrose eine ungeheure lebenslange Belastung. Die Kenntnis dieser Erkrankung ermöglicht es dem Lehrer und den Mitschülern, Verständnis für die belastenden Probleme und Einschränkungen aufzubringen und damit in angemessener Weise umzugehen.

Häufigkeit

Die cystische Fibrose ist eine der häufigsten und dennoch wenig bekannten Erbkrankheiten der weißen Bevölkerung. Diese sehr ernste Erkrankung ist angeboren und tritt bei einem vor cirka 2500 Neugeborenen auf. Die Stoffwechselstörung wird als rezessive Anlage vererbt, das heißt sie tritt bei den die Anlage vererbenden Eltern nicht in Erscheinung.

Vererbung

Beide Eltern sind Träger eines CF-Gens. Nur das Kind erkrankt, das jeweils von beiden Eltern das CF-Gen mitbekommen hat. Ungefähr fünf Prozent der Bevölkerung sind heterozygote (gesunde) Erbträger. Die Krankheit ist nach dem gegenwärtigen Stand der Forschung nicht heilbar.

Funktionsstörungen

Bei der cystischen Fibrose besteht eine Funktionsstörung der schleim- und schweißproduzierenden Drüsen. Der für die Störungen verantwortliche Defekt wurde im Jahre 1989 auf dem Chromosom 7 lokalisiert. Bis heute sind weit über 700 Mutationen bekannt.
Durch Veränderungen des Elektrolyt- und Wassergehaltes ist die Viskosität der Sekrete dieser Drüsen abnorm. Der daraus resultierende Sekretstau verändert vor allem die Lunge und Bauchspeicheldrüse.
In der Lunge sammelt sich vermehrt abnorm veränderter Schleim an, der nur unvollständig abgehustet werden kann. Der zurückbleibende Schleim ist ein guter Nährboden für Bakterien, die sich regelmäßig darin ansiedeln und zu entzündlichen Veränderungen in Lunge und Bronchien führen.
Die schwer zu beeinflussende Infektion und Entzündung führt fortschreitend zum Untergang von Lungengewebe und zunehmender Beeinträchtigung des Gasaustausches der O_2-Aufnahme und der CO_2-Abgabe.
In der Bauchspeicheldrüse verhindert das abnorme Sekret den Abfluss der für die Verdauung notwendigen Enzyme aus diesem Organ. Vor allem die Fettverdauung ist gestört und führt zu massigen, übelriechenden Stühlen. Ungenügende Fettresorption aus dem Darm und dadurch mangelnde Kalorienaufnahme sind Ursache für Gedeihstörungen mit Untergewicht.

Diagnose

Die Diagnose wird durch die Untersuchung des Schweißes gesichert, der einen erhöhten Gehalt von Natrium und Chlor aufweist. Vermehrt wird heute, vor allem auch pränatal, eine DNA-Analyse durchgeführt, da die Mutationen größenteils bekannt sind.

Symptome

Einige der charakteristischen Symptome der cystischen Fibrose sind hierunter aufgeführt. Aus nicht erklärbaren Gründen ist die Krankheit sehr unterschiedlich stark ausgeprägt. Einerseits können schon Säuglinge schwere Lungenveränderungen aufweisen, andererseits gibt es – wenn auch selten – Erwachsene, die kaum Beschwerden haben. Dazwischen liegen alle Schweregrade der Lungen- und Bauchspeicheldrüsenveränderungen.
Die häufigsten Symptome bei cystischer Fibrose sind:

- chronischer Husten
- Gedeihstörung
- massige, übelriechende Stühle
- körperlicher Entwicklungsrückstand
- körperliche Leistungseinschränkung

Die Atemwege sind immer betroffen und Husten ist ein auffallendes Symptom. Selbst bei stärkerer Lungenveränderung, im fortgeschrittenen Stadium, kann das Aussehen des Schülers normal erscheinen, im Sportunterricht fallen dann aber ein starrer Brustkorb und dünne Arme und Beine auf.
Verdickte, leicht bläulich verfärbte Fingerspitzen (Trommelschlegelfinger) weisen auf den eingeschränkten Gasaustausch in der Lunge hin. Die körperliche Leistung dieser Kinder ist eingeschränkt, sie können mit ihren Kameraden nicht mithalten.
Lebensqualität und Lebenserwartung der von cystischer Fibrose Betroffenen wird bestimmt von:

- ▲ dem individuellen Schweregrad vorwiegend der Lungenerkrankung;
- ▲ Qualität und Intensität der täglichen Behandlung.

Krankheitsbild

Die bislang unheilbare Erkrankung cystische Fibrose bedeutet für die Erkrankten und ihre Eltern eine schwere

Bürde. Körperliche Versehrtheit und psychische Belastung kreisen ständig umeinander. Dahinein wirkt die ständige Sorge der Eltern bei Infekten, die außerhalb des häuslichen Bereichs erworben werden könnten und zur Verschlechterung der Lungen führen würden.

■ *Sekretentfernung*
Husten ist ein Charakteristikum der Betroffenen. Er tritt um so weniger auf, je besser der Zustand der Lunge ist und je gründlicher die krankengymnastische Atemtherapie zur Schleimentfernung durchgeführt wurde.
Manchem Kind ist das lästige Husten nicht mehr bewusst. Aus Angst, aufzufallen, kann es den Husten auch unterdrücken. Schleimansammlungen in den Bronchien sollten jedoch nicht zurückgehalten werden.

■ *Ansteckungsgefahr*
Lehrer und Mitschüler sollten wissen, dass das Abhusten des Schleims eines Betroffenen mit cystischer Fibrose nicht zur Ansteckung anderer Personen führt, die Mitschüler also nicht gefährdet.

■ *Raumklima*
Schulräume sollten immer gut gelüftet sein, nicht nur während der Pausen. Zu trockene Luft ist besonders für die Atemwege eines Betroffenen mit cystischer Fibrose schädlich. Eine gute Belüftung in den Pausen mit Frischluft ist unerlässlich.

■ *Körperliche Leisungsfähigkeit*
Körperliche Aktivität ist für die Betroffenen grundsätzlich von großem Wert. Bewegung, Spiel und Sport fördern die Schleimlösung und deren Entfernung aus den Bronchien. Sie helfen ihnen somit, die Atemwege frei zu halten. Deshalb sollte im Allgemeinen ein Schüler mit cystischer Fibrose am Schulsport teilnehmen.
Individuell dosier- und in der Leistung steigerungsfähige Ausdauersportarten haben bei Betroffenen Therapiewert und sollten gefördert werden, zum Beispiel:

- Laufen
- Schwimmen
- Radfahren
- Skilanglaufen
- Reiten
- Tanzen
- Trampolinspringen

Dabei können die Betroffenen die Grenzen ihrer Leistungsfähigkeit selbst ausloten, um festzustellen, was ihrem körperlichen Wohlbefinden dienlich ist.
Diese Empfehlungen einschließlich der Teilnahme an Mannschafts- und Wettkampfsport gelten nur für Betroffene mit leichter Krankheitsausprägung und geringen Beschwerden vonseiten der Lunge.

Therapie

Vorrangiges Ziel der lebenslangen Behandlung ist die Freihaltung der Atemwege von dem abnormen, viskösen Schleim, um die Lungen funktionsfähig zu halten und den Bakterien den Nährboden zu entziehen. Da eine ursächliche Therapie der Erkrankung bis heute nicht möglich ist, müssen sich die Patienten täglich einer zeitaufwendigen symptomatischen Behandlung unterziehen.
Diese besteht in speziellen krankengymnastischen Atemtechniken, mit denen die Betroffenen den Schleim lösen und aus den Bronchien entfernen können. Zusätzliche Übungen sollen den Brustkorb beweglich halten. Die den Behandlungen vorausgehende Medikamenteneinnahme und Inhalation hat zum Ziel, den Schleim zu verflüssigen.
Zur Erhaltung einer guten Lungenfunktion müssen alle Therapiemaßnahmen mehrmals täglich durchgeführt werden. Sie dauern in der Regel jeweils zwischen einer halben und einer Stunde. Ein Schüler mit cystischer Fibrose muss früher aufstehen als seine Mitschüler, um sich morgens von dem in der Nacht angesammelten Schleim zu befreien. Die Bronchialreinigung wird im Bedarfsfall mittags nach der Schule und abends vor dem Schlafengehen wiederholt.
Körperliche Bewegung und sportliche Betätigung (Bewegungstherapie) sollen - soweit es der Zustand des Patienten zulässt - die täglichen Behandlungen ergänzen.

Die Verdauungsstörung erfordert eine regelmäßige Einnahme von Pankreasenzymen (in Kapselform) zu allen fetthaltigen Mahlzeiten sowie eine ausreichende und hochkalorische Kost.
Der erhöhte Salzverlust durch Schwitzen (bei warmer Witterung und durch körperliche Bewegung) muss durch zusätzliche Einnahme von Salz ausgeglichen werden.

Eine stärkere Funktionsstörung der Atemwege mit Beeinträchtigung des Sauerstoffaustausches kann zu Konzentrationsschwäche führen

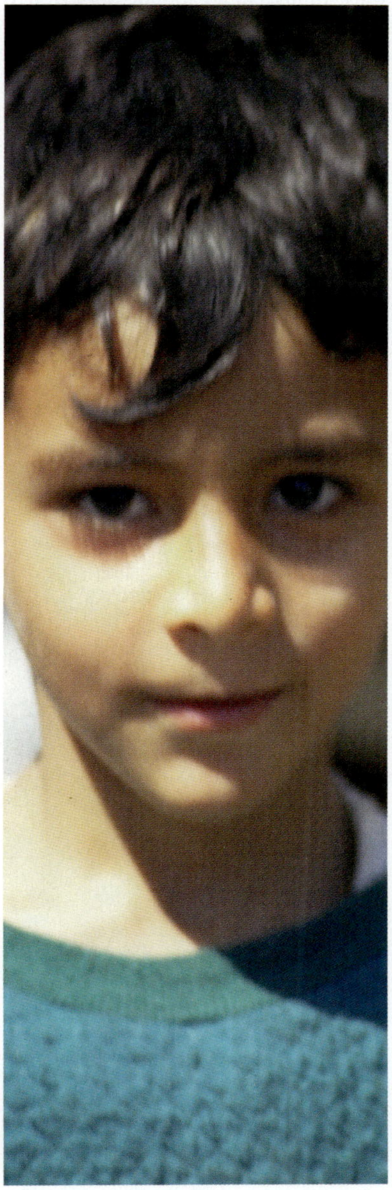

Darmkrankheiten

Bauchhöhle

Die Bauchhöhle wird vorne und seitlich von der Bauchdecke umschlossen. Die Vorderseite setzt sich hauptsächlich aus geraden Bauchmuskeln zusammen. Schräg verlaufende Bauchmuskeln bilden die Seiten der Bauchdecke. Nach hinten schließt die Wirbelsäule mit den Rückenmuskeln ab. Infolge der Zwerchfellkrümmung ragt die Bauchhöhle bis in den unteren Teil der Brusthöhle hinein. Im Allgemeinen rechnet man das große Becken zur Bauchhöhle. Das kleine Becken unterscheidet sich vom großen dadurch, dass die sich in ihm befindlichen Organe, wie Blase und Enddarm, außerhalb des Bauchfells liegen. Streng genommen gehört jedoch das kleine Becken ebenfalls zur Bauchhöhle.

Schematischer Schnitt durch den Darm.
1 - Lymphknoten
2 - Krypten (Einsenkungen)
3 - Längsmuskulatur
4 - Darmzotten (Ausstülpungen)
5 - Ringmuskulatur

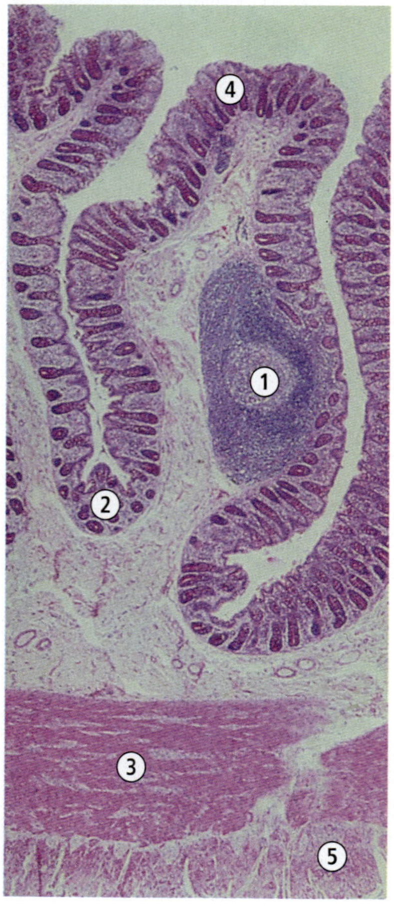

Eingeweide

Der größte Teil der Eingeweide liegt in einer sackförmigen Membran, dem Bauchfell (Peritoneum). Da aber auch einige Eingeweide außerhalb des Bauchfells liegen, unterteilt man die gesamte Bauchhöhle in die Bauchfellhöhle (Cavum peritonaei) und den Raum außerhalb des Bauchfells (Spatium extraperitoneale). Das Bauchfell besteht aus zwei serösen Häuten, den sog. Blättern. Das äußere, wandbeständige Blatt des Bauchfells kleidet die Bauchfellhöhle aus (Peritoneum parietale). Ein bindegewebiger Teil, dem die untere Bauchfellseite anhaftet, bildet den Übergang zu dem außerhalb des Bauchfells gelegenen Raum. Das Bindegewebe ist an verschiedenen Stellen ziemlich dick, beispielsweise an der Rückseite (Spatium oder Cavum retroperitoneale), an der vorderen Seite (Spatium oder cavum praeperitoneale) und an der unteren Seite (Spatium oder cavum subperitoneale) im kleinen Becken.

An einigen Stellen sind die Eingeweide mit dem äußeren Bauchfellblatt mithilfe eines Doppelblatts, dem Mesenterium, verbunden. Der Darm selbst wird von dem faltenreichen inneren Bauchfellblatt überzogen. Die Organe in der Bauchhöhle lassen sich durch ihre unterschiedliche Lage in Bezug auf das Bauchfell und seine Blätter voneinander unterscheiden. Die meisten Organe liegen innerhalb des Bauchfells (intraperitoneal), d. h., sie sind vollständig vom inneren Bauchfellblatt überzogen (Magen, Zwölffingerdarm, Krummdarm, Leerdarm, Dickdarm, Leber, Gallenblase, Milz und Bauchspeicheldrüse). Die anderen Organe liegen hinter dem Bauchfell (retroperitoneal): ein Abschnitt des Zwölffingerdarms, die Nieren und Nebennieren, ein Teil des Dickdarms, die Bauchschlagader und die untere Hohlvene.

Die unterschiedliche Organlage spielt bei krankhaften Veränderungen eine wichtige Rolle. Sind Organe betroffen, die innerhalb des Bauchfells liegen, können Komplikationen auftreten, etwa in Form einer Bauchfellentzündung.

Blähungen und Flatulenz

Blähungen entstehen durch vermehrten Gasgehalt des Magen-Darm-Kanals. Flatulenz heißt das vermehrte Abgeben von Winden. Meist entsteht Flatulenz durch übermäßiges Verschlucken von

Mikroskopische Aufnahme der Schleimhaut (Mucosa) des Dickdarms

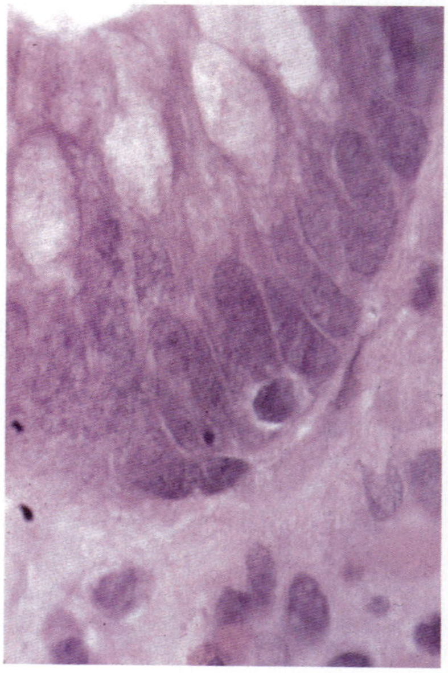

Luft. Daneben spielen aber auch Fäulnis- und Gärungsprozesse im Darm eine Rolle und schließlich die Geschwindigkeit, mit der Darmgase ins Blut aufgenommen, und die Leichtigkeit, mit der sie als Winde abgeführt werden.
Verschluckte Luft kann schon nach einer halben Stunde wieder durch den After ausgestoßen werden. Störend oder gar quälend wird das verschluckte Gas, wenn seine Darmpassage durch Krämpfe gestört und die Aufnahme der Darmgase ins Blut durch mangelhafte Darmdurchblutung vermindert ist.
Vermehrter Gasgehalt dehnt und reizt den Darm, der gasgedehnte Darm zieht sich krampfartig zusammen und verursacht kolikartige Schmerzen.

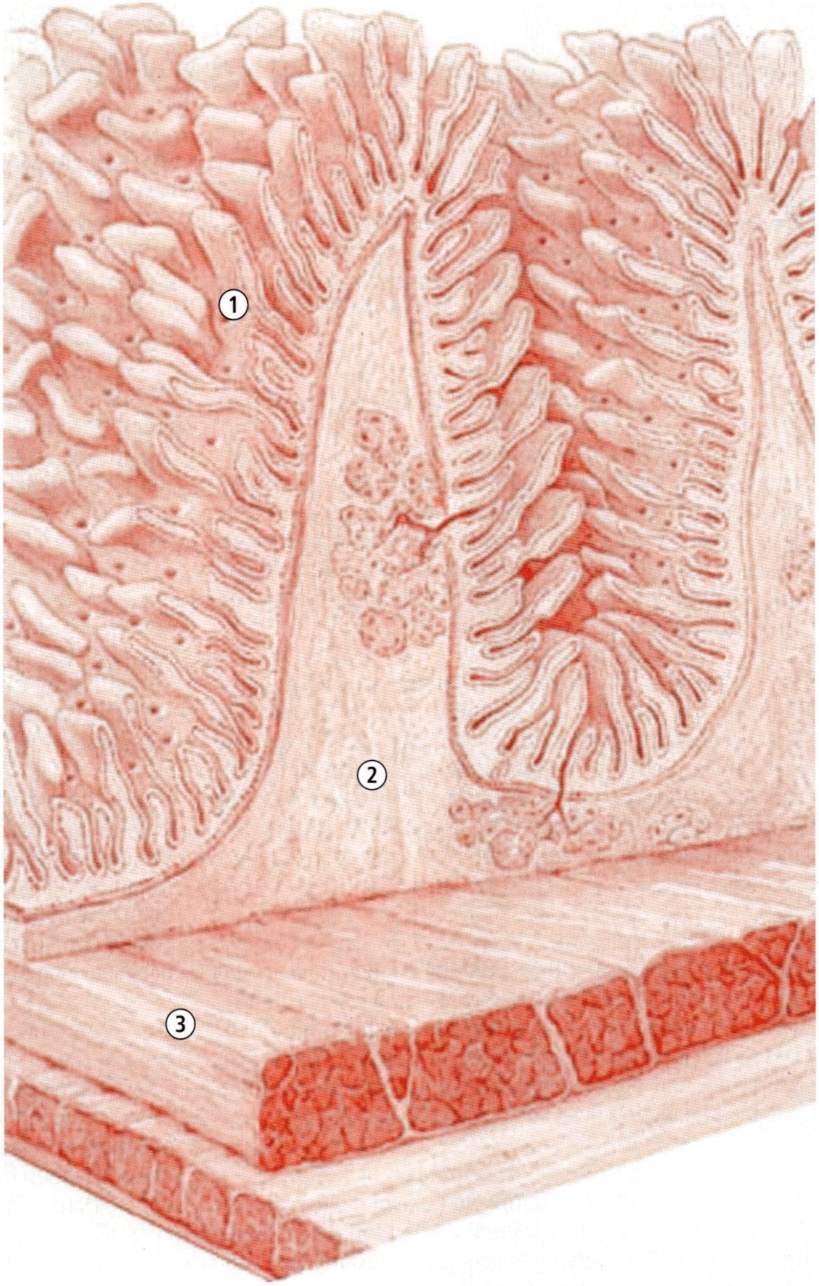

Modell der Wand des Dünndarms. Von oben nach unten:
1 – Schleimhaut
2 – Bindegewebeschicht
3 – Muskelschicht

Bauchweh

Bei allgemeinen Bauchschmerzen handelt es sich meist um entsprechend weit ausgedehnte Krankheitsprozesse, so bei der Bauchfellentzündung mit und ohne Durchbruch von Hohlorganen, bei allgemeinen Darmerkrankungen, bei Wurmkrankheiten oder Blähungen.
Ausstrahlende Schmerzen können den ganzen Bauchraum von kleinen Erkrankungsherden her erreichen, ja selbst vom Brustraum aus, wie zum Beispiel beim Herzinfarkt.
Andere Schmerzen sind enger umschrieben, und Magenschmerzen z.B. sind oft auf den mittleren Oberbauch, Dünndarmschmerzen auf den Mittelbauch und Dickdarmschmerzen auf den mittleren Unterbauch beschränkt. Kleineren Krankheitsherden können noch engere Schmerzgebiete zugeordnet sein.
Erkrankungen einzelner Organe lassen sich manchmal nicht nur am Sitz, sondern auch an der Eigenart der Schmerzen erkennen. Die Schmerzen des Magen- und Zwölffingerdarmgeschwürs werden als bohrend beschrieben; oft bestehen schmerzfreie Intervalle und zeitliche Beziehungen zu den Mahlzeiten.
Darmschmerzen sind meist kolikartig, sie kommen und gehen in Form heftiger Schmerzanfälle. Anfallsartig treten auch die Schmerzen der Gallenkolik auf; sie sitzen im rechten Oberbauch und strahlen entlang dem unteren Rippenrande bis in die rechte Schulter aus. Gallenkolik und Nierenkolik machen die Patienten ruhelos, im Gegensatz zu Schmerzen, die vom Bauchfell ausgehen wie bei Wurmfortsatzentzündung oder Bauchhöhlendurchbruch. Während der Kranke sich bei Gallen- oder Nierenkolik windet und umherwirft, liegt er bei einer Bauchfellentzündung still, um die Schmerzen nicht noch zu vermehren.

Wichtige Fragen und Antworten zu Darmkrankheiten

Was sind die Ursachen einer Darmeinstülpung?
Die Ursache dafür können Viren, Polypen oder auch Tumoren sein. In vielen Fällen ist sie aber unklar. Bei einer Darmeinstülpung schiebt sich in den häufigsten Fällen das letzte Stück des Dünndarms in den nächsten Darmabschnitt. In zwei Dritteln der Fälle sind die Kinder noch Säuglinge, oft gut gedeihende Brustkinder. Jungen sind weitaus häufiger betroffen als Mädchen.

Was sind die Symptome einer Darmeinstülpung bei Kindern?
Ohne vorherige Krankheitszeichen, manchmal auch nach einem Infekt, wird das Kind plötzlich von heftigen Schmerzen befallen und zeigt Schocksymptome. Es wird blass, der Puls lässt sich nicht mehr fühlen, und es wirkt teilnahmslos. Dem Schock erfolgt Erbrechen und Koliken, kurz darauf zeigen sich keine Symptome mehr. Das macht die Diagnose für den Arzt nicht einfach.

Wie behandelt der Arzt eine Darmeinstülpung?
Bringen Sie Ihr Kind unverzüglich zum Arzt oder ins Krankenhaus. Wenn die Darmeinstülpung nicht länger als 12 Stunden gedauert hat, versucht der Arzt sie mit einem Einlauf wieder zurückzubringen. Er kontrolliert das mit Ultraschall oder Röntgenbild. Wenn dies nicht gelingt oder die Darmeinstülpung länger her ist, muss sofort operiert werden.

Was versteht man unter Ileus oder Darmverschluss?
Ein Knick im Darm, Druck von außen oder auch eine Lähmung führen zum Darmverschluss. Nach jeder Bauchoperation kann eine vorübergehende Lähmung eintreten. Das Kind hat keinen Stuhlgang mehr, es leidet an Blähbauch, Erbrechen und Bauchschmerzen. Es hat Schocksymptome wie Blässe, kalten Schweiß und einen schwachen Puls.

Was versteht man unter einem Subileus?
Dies ist jener Zustand im Darm, wo Gase und Flüssigkeiten noch durchkommen, aber keinerlei feste Stoffe mehr. Beim mechanischen Darmverschluss geht dieser Zustand dem vollständigen Verschluss unmittelbar voraus.

Was sind Ursachen eines Darmverschlusses?
Als Ursachen eines Darmverschlusses werden diskutiert:
- toxische Faktoren
- Tumoren
- Fremdkörper
- Gallensteine, die in den Darm durchgebrochen sind
- Darmverschlingungen

Was sind Symptome eines Darmverschlusses?
Wichtige Symptome sind:
- Übelkeit
- Erbrechen
- Fieber
- starke Schmerzen im rechten unteren Bauchbereich sowie im Mittelbauch
- gespannte Bauchdecke

Welche Untersuchungen können gemacht werden, um einen Darmverschluss zu diagnostizieren?
Die grundlegende Untersuchung beim Darmverschluss ist die Röntgenaufnahme ohne Kontrastmittel, die stehend von vorne und hinten und liegend seitlich links und rechts erfolgt.

Welche Blutuntersuchungen werden angewandt und was sagen sie aus?
Als nützlich hat sich der Hämatokrit erwiesen, der das Verhältnis der roten Blutkörperchen im Blutplasma angibt. Weiter ist die Bestimmung von Kalium, Natrium, Chlor und Bikarbonat im Blut aussagekräftig.

Wie behandelt der Arzt den Darmverschluss?
Geben Sie Ihrem Kind nichts zu essen oder zu trinken. Bringen Sie Ihr Kind sofort in die Klinik. Wenn der Arzt die Diagnose mit Ultraschalluntersuchungen und Röntgenaufnahmen gestellt hat, muss rasch operiert werden.
Für die Zeit nach der Operation besprechen Sie mit dem behandelnden Arzt, wie die Ernährung weiter aussehen soll.

Aus welchem Grund wird ein ständiges Absaugen bei Darmverschluss praktiziert?
Das ständige Absaugen mittels einer Sonde, die durch die Nase eingeführt wird, dient dazu, die Darmwindungen zu entspannen, indem das toxisch-elektrolytische Ungleichgewicht abgeschwächt, die dystrophischen Auswirkungen auf die Darmwand vermindert und so der Schmerz gelindert wird.

Was ist eine Stenose des Darmes?
Wird die Darmverengung nicht behandelt, kann aus ihr ein totaler Verschluss (Stenose) entstehen, der durch folgende Symptome gekennzeichnet ist:
- extreme Gasbildung, dadurch aufgetriebener Bauch
- spärliche bis keine Darmgeräusche
- kolikartige Bauchschmerzen
- Erbrechen von Mageninhalt, Galle, manchmal sogar Kot

Darmverschluss

Das Darmrohr kann auf sehr verschiedene Weise verlegt werden. Häufigste Ursachen des Darmverschlusses sind:

- entzündliche Verklebungen und Verwachsungen;
- Darmgeschwülste, Fremdkörper, die sich durch Kot vergrößern;
- Gallensteine, die stecken bleiben;
- zusammengeballte Spulwürmer;
- Darmverschlingungen;
- Darmeinstülpungen, oft als Folge von Darmpolypen;
- Brucheinklemmungen und angeborene Missbildungen.

Die Erscheinungen einer Darmverlegung können verschieden sein, je nachdem, wo das Hindernis sitzt, ob es sich nur um eine Verengung oder einen Verschluss des Darmrohres handelt und ob nur der Durchgang von Kot oder auch die Darmdurchblutung gestört ist.
Ist der Darm nicht gelähmt, so versucht er, das Hindernis durch vermehrte Tätigkeit zu überwinden. Man hört Darmgeräusche und die wellenförmigen, kolikartig schmerzhaften Darmsteifungen sind durch die Bauchdecken hindurch zu spüren. Auch wenn der Darm bloß verengt, d. h. nur unvollständig verschlossen ist, kommt es trotz der vermehrten Anstrengung zur Verstopfung, manchmal mit plattgedrücktem, bleistiftdünnem Kot. Die gestauten Darmgase blähen den Leib auf. Ist der Darm völlig verschlossen, entsteht neben dem Blähbauch naturgemäß auch eine Stuhlverhaltung. Bei längerem Verschluss treibt die verstärkte Darmtätigkeit schließlich kotähnliche Massen, die zuletzt auch erbrochen werden, rückläufig in den Magen.

Bauchfellentzündung

(Peritonitis) Eine ernst zu nehmende, häufig auftretende Krankheit, die von unterschiedlicher Art sein kann. Die plötzlich auftretende Bauchfellentzündung bezeichnet man als akute Peritonitis, die sich allmählich entwickelnde dagegen als chronische Peritonitis.

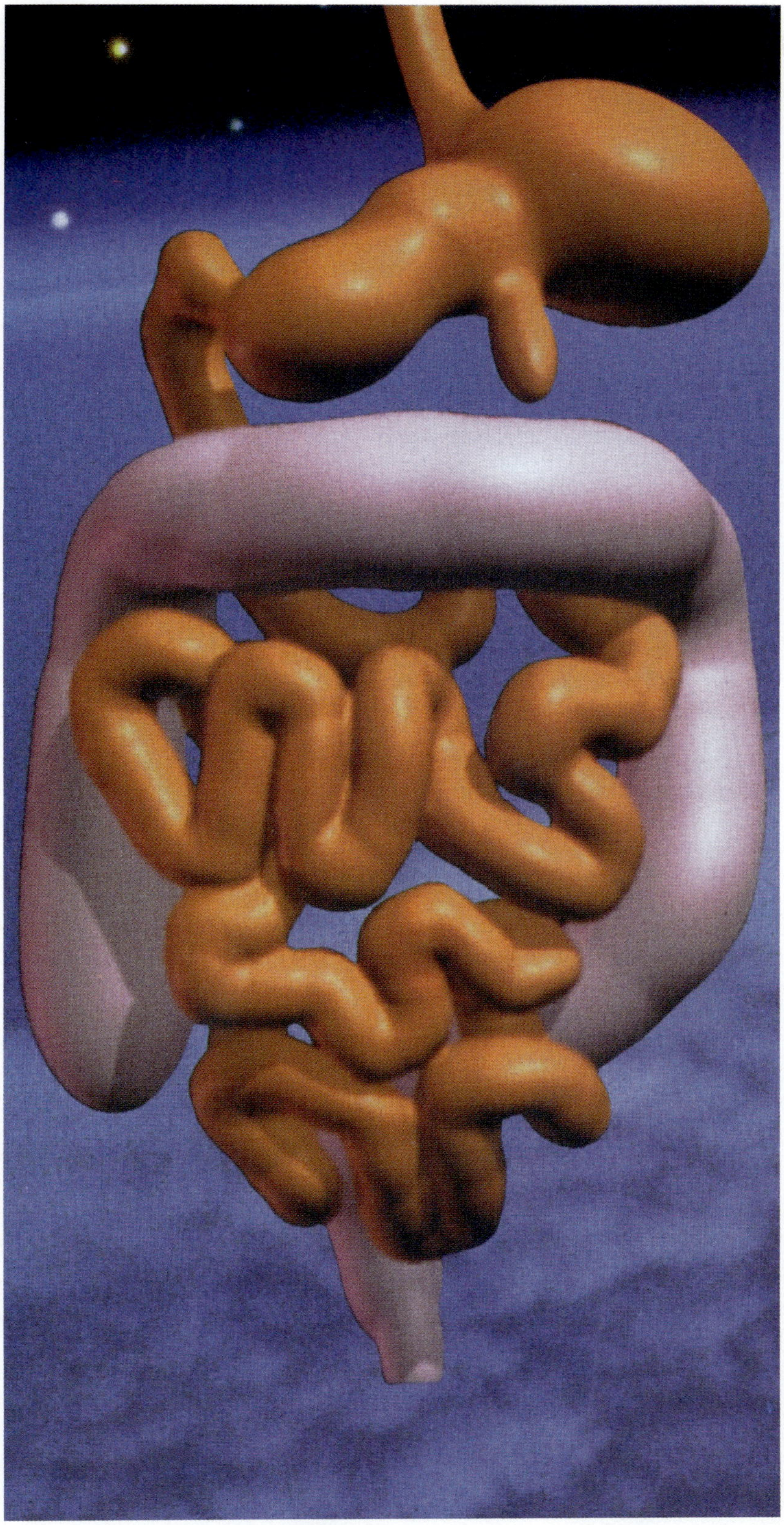

Computerrekonstruktion der Bauchorgane.
Der Dickdarm umschließt den Dünndarm wie ein Rahmen.

Wichtige Fragen und Antworten zu Darmkrankheiten

Was ist eine Kolitis?
An den Dünndarm anschließender Teil des Verdauungstraktes.

Welche Krankheitserreger erzeugen eine Ruhr-Kolitis?
Das Krankheitsbild der Ruhr (Dysenterie) kann entweder durch Bakterien (Bakterienruhr) oder durch parasitäre Amöben (Amöbenruhr) hervorgerufen werden.

Wie bekommt man die Ruhr?
Durch den Genuss von Speisen oder Wasser, die mit den spezifischen Krankheitserregern (Shigellenbakterien bzw. Entamoeba histolytica) verunreinigt sind.

Wie kann man einer Erkrankung an Ruhr vorbeugen?
Man meide bei Auslandsreisen Speisen, die nicht einwandfrei sind, und minderwertige Restaurants, wo das hygienische Verhalten des Personals nicht ausreichend überwacht wird.

Gibt es eine wirksame Behandlung gegen die Ruhr?
Ja. Spezifisch wirkende Medikamente können die Krankheit heilen, vorausgesetzt, dass sie frühzeitig im Krankheitsverlauf eingesetzt werden.

Was versteht man unter Reizkolon?
Für diese Krankheit gibt es mehrere Bezeichnungen, wie zum Beispiel spastisches Kolon, nervöse Diarrhöe und irritables Kolon. Alle diese Namen beschreiben dasselbe klinische Bild, das von den Patienten und manchen Ärzten auch als Dickdarmentzündung oder Kolitis bezeichnet wird.

Was sind die Ursachen des Reizkolons?
Die Faktoren, die das Auftreten und vor allem die chronische Entwicklung dieser Krankheit bedingen, sind zahlreich. Der Darm ist der letzte Abschnitt des Verdauungstraktes und trägt so alle Unregelmäßigkeiten mit, auch jene, die in den vorangehenden Sektionen der Verdauungsorgane entstehen. Durch ein mangelhaftes Gebiss, nachlässige Zahnhygiene oder die Angewohnheit, Speisen fast unzerkaut zu schlucken, gelangt die Nahrung nun unzureichend zerkleinert in den Magen. Der Dünndarm bekommt in der Folge schlecht vorverdauten Nahrungsbrei, welcher Reizungen und auch richtige Entzündungen hervorrufen kann.

Wie verläuft diese Krankheit gewöhnlich?
Die Erkrankung kann einige Wochen lang andauern und dann zurückgehen, um zu späterer Zeit in den folgenden Monaten oder Jahren wiederzukehren. Im Allgemeinen ist Kolitis eine chronische, wiederkehrende Krankheit, die in manchen Fällen das ganze Leben, in anderen nur einen bestimmten Abschnitt betrifft. Spontanremissionen sind nicht selten, die Beschwerden klingen einfach ab und verschwinden. Auch mit einer adäquaten Therapie erreicht man dies oft. Der Verlauf ist nicht besonders gravierend, allerdings kann die Erkrankung das Leben beeinträchtigen.

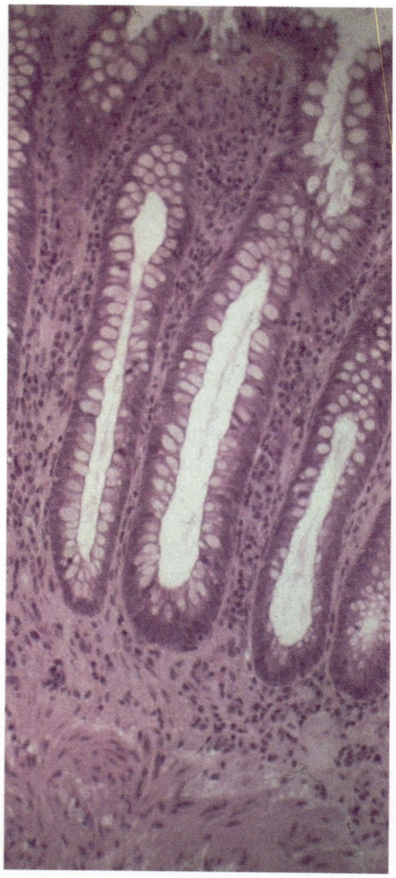

Kolitis; mikroskopische Aufnahme des Dickdarms

Sie kann unterschiedlich lokalisiert sein, d. h., die Entzündung kann örtlich oder ausgebreitet auftreten. Schließlich vermag man genau zu unterscheiden, ob die Entzündung direkt vom Bauchfell herrührt oder von anderen Organen hervorgerufen wird. Die Ursachen für eine Bauchfellentzündung können unmittelbar vom Bauchraum herrühren. Zum Beispiel können während einer Operation durch tief eindringende scharfe oder stumpfe Gegenstände Rissverletzungen auftreten.
Bei der akuten Bauchfellentzündung treten typische Krankheitszeichen auf, die besonders dann leicht zu diagnostizieren sind, wenn das gesamte Bauchfell betroffen ist. Der Patient sieht blass aus, seine Nase tritt spitz aus dem eingefallenen Gesicht hervor, die Stirn ist feucht, und der Kranke klagt über anhaltende Leibschmerzen. Bei jeder Bewegung verschlimmert sich der

Schmerz. Deshalb liegt der Patient meist bewegungslos im Bett. Selbst eine Erschütterung am Bett verursacht Schmerzen. Es gibt eine Vielzahl von möglichen Ursachen für eine Bauchfellentzündung. Der Durchbruch irgendeines Bauchorgans wird von den typischen Symptomen begleitet. Bei einem Durchbruch des Magens, der Eingeweide, des Enddarms und der Gallenblase tritt der jeweilige Inhalt des Organs in die Bauchhöhle ein. Das gleiche Krankheitsbild entsteht bei einer Entzündung der Bauchspeicheldrüse oder beim Platzen einer Geschwulst (speziell einer Eileitergeschwulst) der inneren Geschlechtsorgane.

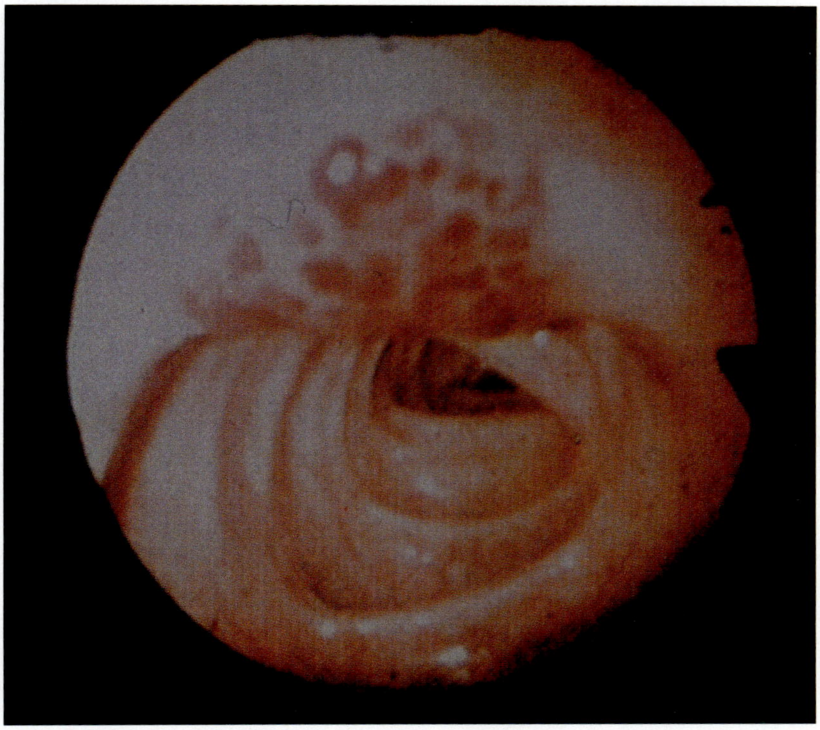

Sarkom im Dickdarm; endoskopische Aufnahme

Colitis ulcerosa

Diese Erkrankung beruht auf chronischen, immer wiederkehrenden Entzündungen. Betroffen ist zu 90 Prozent der Dickdarm. Laut Statistik erkranken mehr Frauen als Männer.
Ferner tritt diese Krankheit bei Weißen häufiger auf als bei Nichtweißen. Die Krankheit weist zwei Krankheitsgipfel aus: einmal zwischen dem 20. und 30. Lebensjahr und häufig auch nach dem 50. Lebensjahr.
Wie bei der Crohn-Krankheit ist auch hier die Ursache der Erkrankung nicht klar. Vermutet werden immunologische Mechanismen zur Krankheitsentstehung. Fest steht allerdings, dass die Krankheit höchstwahrscheinlich erblich übertragbar ist.

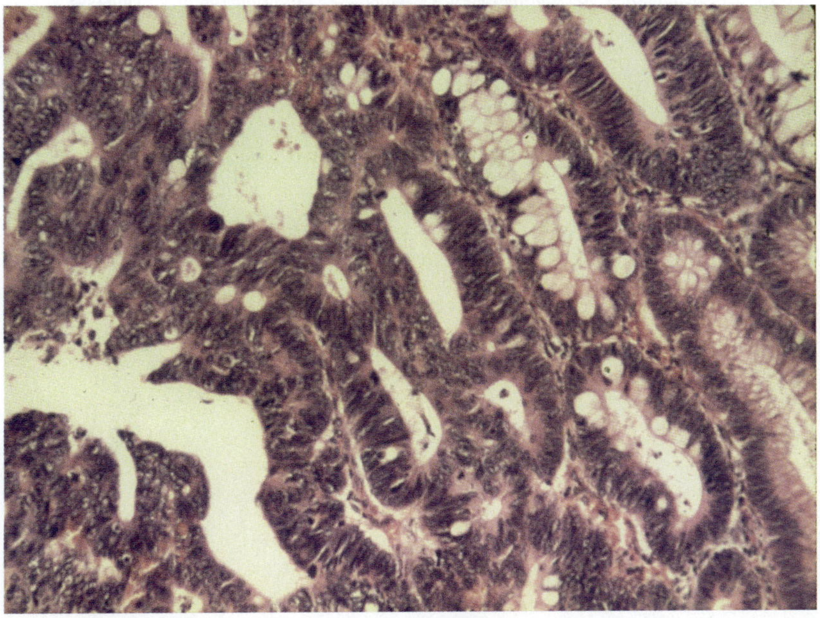

Mikroskopische Aufnahme von Polypen

Symptome

Symptome der Colitis ulcerosa sind:

- blutig-schleimige Durchfälle (bis zu 20-mal pro Tag);
- manchmal aber auch Verstopfung;
- meist keine Bauchschmerzen, aber dafür Krämpfe in der Becken- und Analgegend während und nach der Stuhlentleerung;
- Fieber;
- Appetitlosigkeit;
- Gewichtsabnahme;
- Übelkeit.

Der Krankheit beginnt meist schleichend und weist im weiteren Verlauf immer mal wieder akute Phasen und Phasen der Ruhe auf. Der Krankheitsverlauf ist durch viele Komplikationen belastet. Als besonders gefährliche Komplikation ist das toxische Megakolon zu nennen. Dieses Krankheitsbild verläuft zu 20 Prozent tödlich.
Das Risiko, einen bösartigen Tumor zu entwickeln, steigt mit jedem Lebensjahrzehnt um 20 Prozent.

Wichtige Maßnahmen bei Strahlentherapie

- Günstig ist eine leichte, möglichst wenig blähende Kost. Meiden Sie rohes Obst oder Gemüse und Salate während der Bestrahlungswochen, ebenso fette, scharf gebratene oder gewürzte Speisen. Besser sind hingegen gekochtes Gemüse, Kartoffeln, Teigwaren und Reis.
- Wenn Durchfall auftritt, ist es wichtig, dass Sie ausreichend trinken und eventuell Spurenelemente zu sich nehmen.
- Kleidungs- und Wäschestücke, die drücken oder reiben, sollten Sie vermeiden. Am günstigsten sind weit geschnittene Baumwollunterhosen ohne stramme oder gar einschneidende Gummizüge. Ungünstig sind Synthetikstoffe, die zu vermehrtem Schwitzen führen.
- Sitzbäder – zum Beispiel mit Kamillenlösung – können sinnvoll sein; Sie sollten dies mit Ihrem Strahlentherapeuten besprechen.
- Träger eines künstlichen Darmausganges sollten sich ausführlich über die Stomapflege beraten lassen.

Topographie der Darmabschnitte.
1 – Blinddarm im rechten Unterbauch (links in der Abbildung); 2 – Appendix im rechten Unterbauch (links in der Abbildung); 3 – Dickdarm (Kolon); 4 – Sigmoid; 5 – Zwölffingerdarm; 6 – Pankreas.

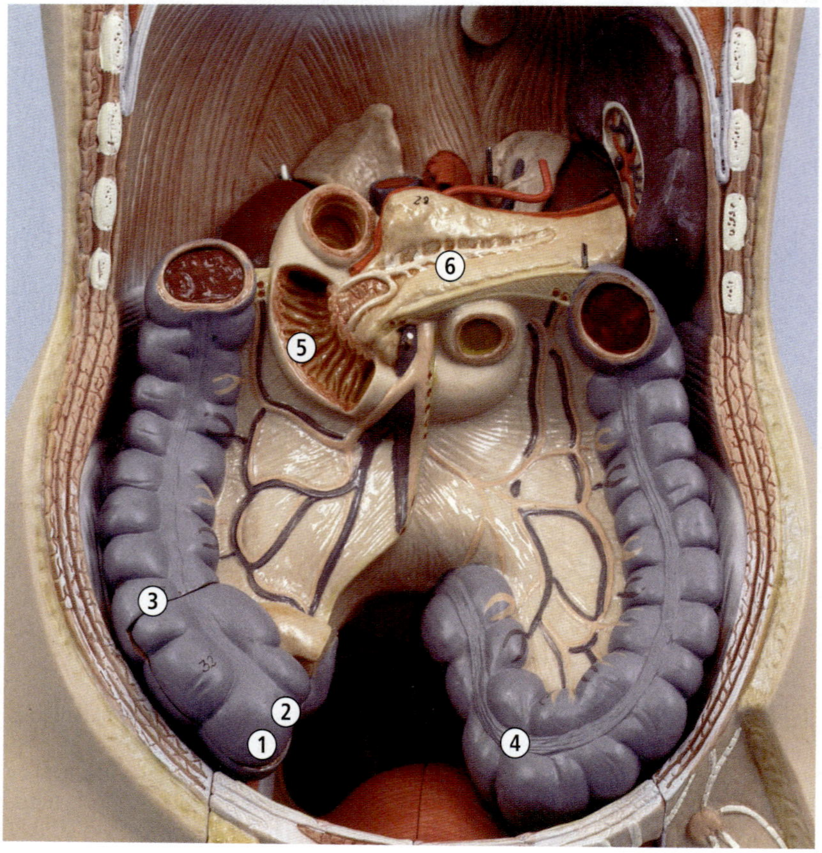

Diagnose

Es ist nicht ganz leicht, eine Dickdarmentzündung zu erkennen. Das klinische Bild gleicht in vielem anderen Erkrankungen des Verdauungsapparates oder auch allgemeiner Natur. Bevor eine definitive Diagnose gestellt werden kann, muss daher jede andere wichtige Erkrankung ausgeschlossen sein.
Bei Verdacht auf Kolitis sind die indizierten Untersuchungen erstens die Feststellung, ob der Stuhl okkultes Blut, Parasiten, deren Eier oder andere Bakterien und Keime enthält, wozu im Labor Kulturen angelegt werden; zweitens eine Röntgenuntersuchung mit Kontrastmitteln, wobei beobachtet wird, ob der Nahrungsbrei beschleunigt oder normal transportiert wird. Nur in Fällen, wo nachher immer noch Zweifel bestehen, greift man auf die Kolposkopie (Dickdarmspiegelung) zurück.

Behandlung

Die Behandlung der Colitis ulcerosa setzt sich zusammen aus:
- Medikamenten;
- Ernährung durch eine Infusion;
- Substitution von Wasser, Elektrolyten, Blut.

In einer akuten Krankheitsphase helfen:
- Kortisonhaltige Medikamente, die meist als Einlauf verabreicht werden;
- Sulfazalazinhaltige Medikamente.

Diese Medikamente weisen folgende Nebenwirkungen auf:
- Hautausschläge;
- Juckreiz;
- lebensbedrohliche Blutveränderungen.

Manchmal ist ein operativer Eingriff nicht zu vermeiden. Dies betrifft meist die bei dieser Krankheit auftretenden Komplikationen wie toxisches Megakolon, Darmverschluss, Fisteln etc. Die Prognose für diese Erkrankung ist in Anbetracht der nötigen intensivmedizinischen Maßnahmen und Schwere der Symptome und Komplikationen schlecht, obwohl sicherlich die durchschnittliche Lebenserwartung der Betroffenen durch die modernen Diagnostikmethoden und Therapiemöglichkeiten gesteigert worden ist.

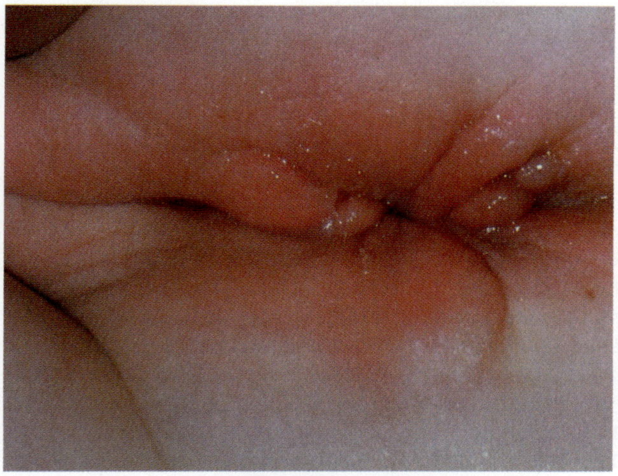

Crohn-Krankheit; chronisch entzündliche, meist in Schüben verlaufende Erkrankung, die alle Abschnitte des Verdauungstrakts erfassen kann

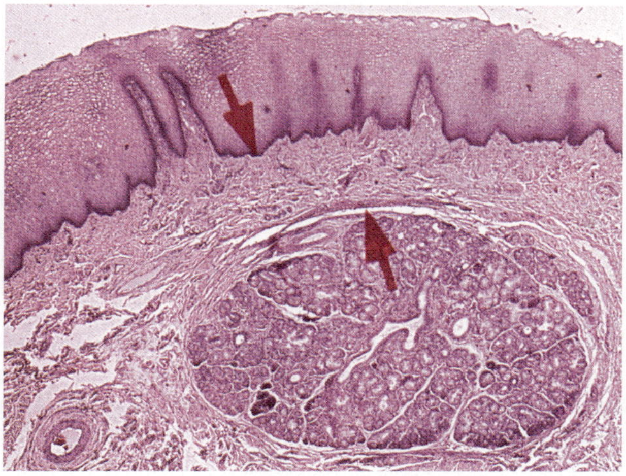

Schleimhaut und Lymphknoten des Dickdarms; Entzündungsreaktionen (Kolitis)

Crohn-Krankheit

Man unterscheidet zwei Formen chronisch-entzündlicher Darmerkrankungen, Morbus Crohn und Colitis ulcerosa. Bei der Crohn-Krankheit können im gesammten Magen-Darm-Trakt Abschnitte mit entzündlich veränderter Schleimhaut auftreten, die von gesunden Abschnitten umgeben sind.
Crohn-Krankheit befällt oft auch tiefere Wandschichten des Darmes, sodass die gesamte Darmwand durchbrochen werden kann, wodurch künstliche Verbindungen (Fisteln) zu anderen Organen entstehen. Die Ursachen der chronisch-entzündlichen Darmerkrankungen sind noch nicht bekannt, allerdings scheinen Stress und Belastung einen wesentlichen Einfluss auszuüben.

Symptome

Die Erkrankung macht sich durch Bauchschmerzen und teilweise blutige Durchfälle bemerkbar. Das Allgemeinbefinden der Betroffenen ist schlecht, sie haben keinen Appetit, erbrechen oft und nehmen an Gewicht ab. Auch Fieber kann auftreten.
Sowohl Patienten mit Colitis ulcerosa als auch mit Crohn-Krankheit haben in etwa einem Viertel der Fälle zusätzliche Symptome außerhalb des Magen-Darm-Trakt, vor allem:

- Gelenkbeschwerden
- Augenentzündungen
- Hauterkrankungen

Manchmal beginnen die chronisch-entzündlichen Darmerkrankungen mit solchen Symptomen. Beide Erkrankungen können entweder langsam oder in Schüben verlaufen.

Diagnose

Der Verdacht auf Crohn-Krankheit besteht, wenn immer wieder krampfartige Bauchschmerzen und Durchfall auftreten, vor allem wenn Crohn-Krankheit in der Familie vorkommt oder Probleme in der Aftergegend auftreten. Im rechten Unterbauch ist meistens eine verhärtung tastbar.
Eine Untersuchung des Dickdarms mit einem schlauchförmigen optische Instrument (Koloskopie) und die Entnahme einer Gewebeprobe zur mikroskopischen Untersuchung (Biopsie) folgen meist auf die körperliche Untersuchung und die Bluttests.

Behandlung

Bei Crohn-Krankheit kann es erforderlich sein, erkrankte Dickdarm- oder Dünndarmabschnitte zu entfernen oder entstandene Fisteln operativ zu verschließen.
Die bei Crohn-Krankheit gelegentlich entstehenden ringförmigen Einengungen des Darmes (Stenosen) müssen entweder komplett entfernt oder bei kurzen Stenosen wieder operativ geöffnet werden.
Bei günstiger Lage können kurzstreckige Stenosen eventuell auch bei der Darmspiegelung ohne Operation aufgedehnt werden.

■ *Medikamentöse Therapie*

Mit Sulfasalazin, Mesalazin und Olsalazin werden die Entzündungen eingedämmt. Diese Medikamente können die Symptome unterdrücken und vor allem im Dickdarm die Entzündung verringern. Mesalazin ist zur Vorbeugung von Schüben einigermaßen wirksam. Bei starken Schüben helfen diese Medikamente weniger.
Kortison kann Fieber und Durchfall deutlich bessern, Schmerzen und Empfindlichkeit im Bauch lindern sowie den Appetit und das Allgemeinbefinden positiv beeinflussen. Eine Langzeitbehandlung mit Kortisonen verbindet sich allerdings mit teils ernsten unerwünsten Wirkungen.
Medikamenten, wie zum Beispiel Azathioprin und Mercaptopurin, dämpfen das Immunsystem und werden bei Patienten mit Crohn-Krankheit eingesetzt, die sich auf andere Medikamente ansprechen. Sie sind besonders wirksam um lange Phasen der Krankheitsruhe zu erhalten. Diese Medikamente verbessern das Allgemeinbefinden erheblich, verringern den Bedarf an Kortison und lassen Fisteln oft abheilen.

Darmkrebs

Einleitung

In der Bundesrepublik Deutschland gehört der Dickdarmkrebs zu den häufigsten bösartigen Erkrankungen. Jedes Jahr müssen mehr als 50.000 Menschen mit der Tatsache fertig werden, dass bei ihnen eine solche Diagnose gestellt wird.

Ursache

Die Ursachen für die Entstehung von Darmkrebs sind bisher nicht eindeutig geklärt. Man kennt jedoch bestimmte Faktoren, die das Erkrankungsrisiko erhöhen. So scheint eine gewisse erbliche Veranlagung zu bestehen.
Darüber hinaus kann auch die Ernährungsweise Einfluss auf die Entstehung von Darmkrebs haben: Eine ballaststoffarme, fett- und fleischreiche Kost erhöht das Risiko, an Krebs zu erkranken. Sie ist deshalb so schädlich, weil die Verweildauer der Nahrung im Darm ungleich länger ist als bei faserreicher und fettarmer Kost und weil bei der Verdauung Giftstoffe entstehen, die Krebs auslösen können. Wichtig ist auch zu wissen, dass Darmkrebs im Alter häufiger auftritt.
Außerdem vermutet man, dass bestimmte andere Faktoren die Entstehung von Darmkrebs fördern können. Die Veranlagung für Dickdarmkrebs innerhalb von Familien kan vererbbar sein.
Dieses trifft insbesondere dann zu, wenn mehrere Verwandte ersten oder zweiten Grades (zum Beispiel Eltern/Geschwister/Onkel/Tante) an Dickdarmkrebs erkrankt sind, und das insbesondere in jüngeren Lebensabschnitten unter dem 45. Lebensjahr.

Trifft auf Sie auch nur einer der oben genannten Risikofaktoren zu, bedeutet dies nicht zwangsläufig, dass Sie erkranken müssen. Aber Sie sollten sich unbedingt regelmäßig von Ihrem Arzt untersuchen lassen.
Angesichts des Risikos, an Dickdarmkrebs zu erkranken, ist es naheliegend, nach Möglichkeiten zu suchen, wie sich die Entstehung dieser Erkrankung verhindern lässt. Eine Vielzahl wissenschaftlicher Anstrengungen zu diesem Thema hat bislang verschiedene Möglichkeiten untersucht – allerdings ohne einen hundertprozentigen Beweis für die Wirksamkeit der einen oder anderen Maßnahme. Dennoch lassen sich einige Erkenntnisse verwerten.
Ein Faktor, der Einfluss auf die Entstehung von Krebs haben kann, ist die Ernährung. Angesichts der Häufigkeit ernährungsbedingter Krankheiten einschließlich bestimmter Krebsarten ist es

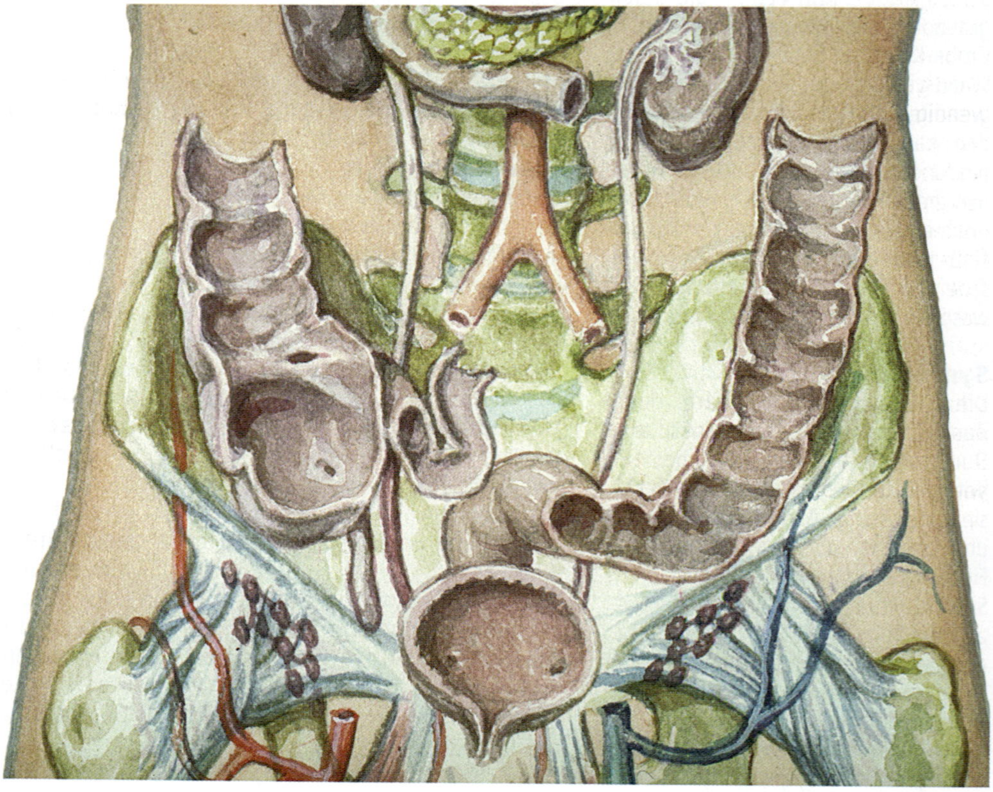

Dickdarm; der senkrecht nach oben aufsteigende Dickdarm (Colon ascendens) setzt beim Blinddarm an (links); der senkrecht nach unten absteigende Dickdarm wird Colon descendens genannt (rechts). In der Darmbeingrube erreicht dieser das Becken und wird Sigmoid (Colon sigmoideum) genannt. Der Dickdarm umschließt den Dünndarm wie ein Rahmen.

gerechtfertigt, einzelne Lebensmittel als „gesund" beziehungsweise gesundheitsfördernd und andere als „ungesund" zu beurteilen, wobei es immer auch eine Rolle spielt, wie oft und in welcher Menge sie verzehrt werden.

Weil Dickdarmkrebs in den westlichen Ländern zu den häufigsten Krebserkrankungen zählt, wurden zahlreiche Studien durchgeführt, um Zusammenhänge zwischen dieser Tumorart und den Ernährungsgewohnheiten herauszufinden. Dabei zeigte sich, dass ein hoher Fettkonsum von 100 –160 g Fett pro Tag sowie die gesättigten Fettsäuren des Schlachtfettes (Wurst und Fleisch) für ein erhöhtes Dickdarmkrebsrisiko mit verantwortlich gemacht werden können: Zur Verdauung des Fettes werden reichlich Verdauungssäfte und Galle in den Darm ausgeschüttet.

Die Gallensäuren können je nach Zusammensetzung der Speisereste zu Substanzen abgebaut werden, die Darmkrebs fördern. Auch Abbauprodukte des Cholesterins werden verdächtigt, das Krebsrisiko zu erhöhen.

Während in unserer „zivilisierten" Ernährung Fleisch, Fett und Genussmittel überwiegen, werden solche Bestandteile zurückgedrängt, die für wichtige Funktionen im Körper notwendig sind. Im Zusammenhang mit der hohen Dickdarmkrebsrate wird der Mangel an Ballaststoffen in der üblichen, verfeinerten Nahrung gesehen.

Ballaststoffe sind pflanzliche Faser- und Quellstoffe, die nicht verdaut werden, die Stuhlmenge erhöhen und für eine kürzere Verweildauer im Darm sorgen. So werden auch schädliche Stoffe schneller ausgeschieden. Darüber hinaus gibt es Erkenntnisse, dass eine Reihe von Vitaminen, Mineralstoffen wie Kalzium, Spurenelementen und sogenannten sekundären Pflanzenstoffen – hierzu gehören zum Beispiel pflanzliche Farb-, Duft- und Aromastoffe – auf verschiedene Weise vor bösartigen Wucherungen schützen können.

Ergänzend zur Ernährung kann sich eine auch ansonsten gesunde Lebensweise verringernd auf das Dickdarmkrebsrisiko auswirken: Hier sind vor allem ausreichend Bewegung und der Verzicht auf das Zigarettenrauchen zu nennen. Wissenschaftliche Studien haben im Übrigen einen gewissen Schutz vor Dickdarmkrebs durch den Medikamentenstoff Acetylsalicylsäure (ASS) ergeben. Genaueres dazu kann Ihnen Ihr Arzt erklären.

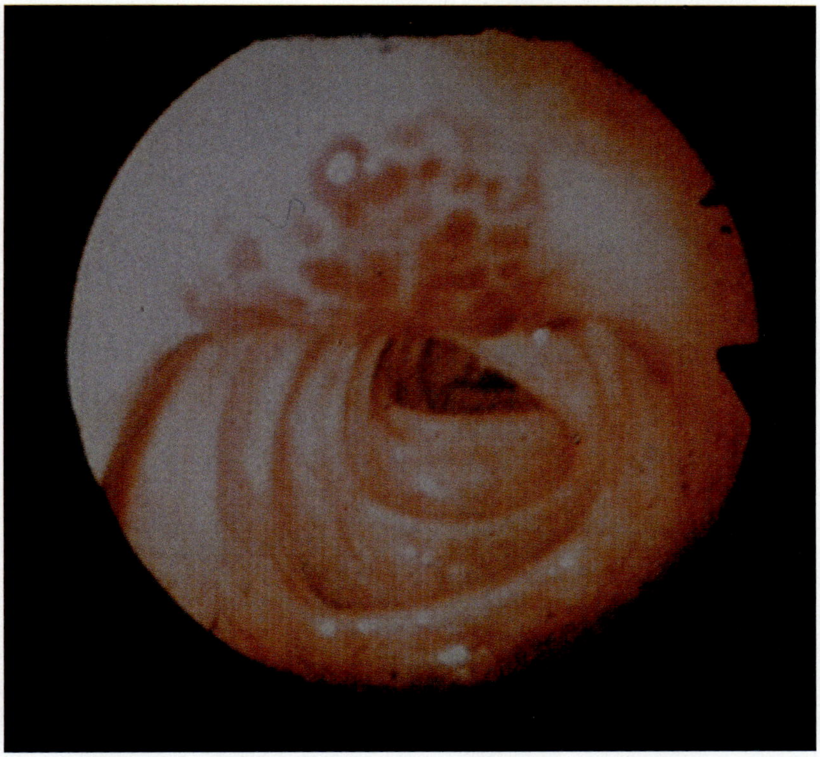

Sarkom im Dickdarm; endoskopische Aufnahme

Wichtig ist jedoch, dass viele diser Aspekte bislang noch in der wissenschaftlichen Überprüfung sind. Sie ersetzen in keiner Weise die eindringliche Empfehlung, an der regelmäßigen Krebsfrüherkennungsuntersuchung teilzunehmen.

Früherkennung

Die wichtigste Rolle im Kampf gegen den Darmkrebs spielt nach wie vor die Früherkennung. Aufgrund der Häufigkeit der Erkrankung und weil Darmkrebs, wenn er frühzeitig erkannt und behandelt wird, vollständig heilbar ist, wurde vom Gesetzgeber für alle gesetzlich Versicherten ab dem 45. Lebensjahr die Möglichkeit der jährlichen Früherkennungsuntersuchung geschaffen. Sie sollte von allen Berechtigten regelmäßig in Anspruch genommen werden, ganz besonders aber von Menschen, die erhöhte Risiken haben.

Zu der für alle (gesetzlich) Versicherten durch die Krankenkassen finanzierten Früherkennungsuntersuchung gehört eine Fingertastuntersuchung (Palpation) des End-/Mastdarms. Immerhin werden allein durch diese Untersuchung mehr als fünfzig Prozent aller Mastdarmtumoren entdeckt.

Durch Testbriefchen kann zusätzlich festgestellt werden, ob sich Blut im Stuhl befindet (Hämocculttest: hämo = Blut; occult = verborgen, das heißt mit dem bloßen Auge nicht sichtbar).

Bei dieser Untersuchung sollen aus drei unterschiedlichen Stuhlmengen je zwei Proben auf die vorgegebenen Testfelder (= sechs Testfelder insgesamt) gegeben werden. Eine besondere chemische Reaktion kann verborgene Blutbeimengungen im Stuhl sichtbar machen.

Allerdings sollten Sie wissen, dass nicht nur Blut aus der Darmschleimhaut zu einer Färbung des Testfeldes führen kann, sondern Sie sollten zum Beispiel

Wichtige Fragen und Antworten zu Darmkrebs

Wo liegen die meisten Geschwülste des Darmtraktes?
Überwiegend im Dickdarm. Im Vergleich dazu sind Dünndarmtumoren selten.

Welche Geschwulstformen gibt es im Darmtrakt?
- Gutartige, nicht krebsige Geschwülste, wie etwa Polypen oder Muskelgewebsgeschwülste;
- bösartige Geschwülste – Darmkrebs, Lymphome, Sarkome.

Welche Geschwulstformen gibt es im Grimmdarm oder Kolon?
Bei den Tumoren des Grimmdarms (Kolon), der den Hauptteil des Dickdarms ausmacht, unterscheidet man die verhältnismäßig seltenen gutartigen und die leider wesentlich häufigeren, bösartigen Wucherungen. Diese Neoplasien (Neubildung von Gewebe) sind nach Magen- und Mastdarmtumoren, aber noch vor Speiseröhrenkrebs und Tumoren der übrigen Verdauungsorgane die häufigste Krebsart des Verdauungstraktes. Kolontumoren entstehen in erster Linie im mittleren und höheren Alter und treten bevorzugt bei Frauen auf.

Spielen Umwelteinflüsse eine Rolle bei Kolonkrebs?
Man vermutet, dass gewisse Umweltfaktoren die Wirkung anderer karzinogener Stoffe potenzieren können. Zur Bevölkerungsgruppe mit erhöhtem Krebsrisiko zählen Arbeiter in Asbestfabriken, Stahlwerken und in der Textilindustrie sowie in Teppichknüpf, in denen synthetische Fasern verarbeitet werden. Umstritten ist auch die Rolle des Selens. Bei Kolontumorpatienten ist die im Blut enthaltene Menge an Selen sehr niedrig. Die Sterblichkeit infolge kolorektaler Tumoren ist in Gebieten mit hoher Selenkonzentration im Wasser und im Boden geringer.

Spielt Vererbung eine Rolle bei Kolonkrebs?
Genetische Faktoren scheinen eine wichtige Rolle zu spielen:
- In den Familien von Darmkrebspatienten ist das Krebsrisiko gegenüber der übrigen Bevölkerung deutlich erhöht.
- Es sind zumindest zwei Erbkrankheiten bekannt, die familiäre Polyposis und das Gardner-Syndrom, die in den meisten Fällen zusammen mit Kolonkarzinomen auftreten.
- Die Zahl von Kolontumoren ist in der Verwandtschaft von Patienten mit Mamma-, Uterus- oder Ovarialtumoren deutlich höher.
- In manchen Familien scheint es eine besonders starke Veranlagung für Kolontumoren zu geben. In diesen Fällen handelt es sich fast immer um:
  - junge Patienten;
  - Tumoren des rechten Kolonastes;
  - multiple Tumoren.

Kolontumoren treten außerdem sehr oft zusammen mit Tumoren anderer Organe wie zum Beispiel der Brust oder der Gebärmutter auf.

Begünstigt cholesterinreiche Kost Darmkrebs?
In Industriegebieten dürfte Darmkrebs sehr wahrscheinlich durch kanzerogene Einflüsse aus der verschmutzten Umwelt ausgelöst werden. Tierversuche und bevölkerungsstatistische Studien lassen jedoch vermuten, dass er auch durch Cholesterin begünstigt wird. Die Japaner, ein Volk mit hochentwickelter Industrie, das sich vorwiegend von Gemüse ernährt, zeichnen sich durch eine sehr niedrige Darmkrebsrate aus.
In Südafrika ist der prozentuale Unterschied der Krebserkrankungen zwischen den Weißen, die eine sehr cholesterinreiche Kost haben, und den Schwarzen ebenso signifikant. In ein und demselben Industriegebiet tritt Darmkrebs bei Menschen, die sich nicht vegetarisch ernähren, doppelt so häufig wie bei reinen Vegetariern auf.

Was versteht man unter carzinoembryonalem Antigen (CEA)?
Das karzinoembryonale Antigen ist ein Glykogen, das bei der Mehrheit der Patienten mit Kolon- und Rektaltumoren (80 Prozent) im Blut enthalten ist.
Der Normalwert, der mittels Radioimmuno-Test festgestellt werden kann, beträgt bis 2,5 ng/ml Serum. Das CEA ist ein empfindlicher, jedoch nicht spezifischer Tumormarker bei Kolon- oder Rektaltumoren, da dieses Antigen auch bei Patienten mit Magen-, Pankreas- und Lungenkrebs, mit chronischer Pankreatitis, Magengeschwüren, ulzeröser Kolitis oder Schilddrüsentumoren nachgewiesen werden kann.

Woran kann man erkennen, ob man eine Geschwulst im Darm hat?
Blutabgang aus dem Mastdarm und die Beobachtung, dass der Stuhlgang anders ist als üblich, sind die beiden verlässlichsten Warnzeichen.

Welche Darmtumoren kommen häufiger vor?
Die am häufigsten anzutreffende Geschwulstform ist der gutartige Polyp.

auch bestimmte Ernährungsvorschriften einhalten, auf die in der Anleitung der Testbriefchen hingewiesen wird.
Sollte ein Hämocculttest positiv ausfallen, also den Verdacht ergeben, dass sich wirklich verborgenes Blut in Ihrem Stuhl befindet, wird Ihr Arzt eine genaue Untersuchung des Darmes vornehmen beziehungsweise einleiten.
Diese Maßnahme ist in jedem Fall notwendig, da verborgene Blutbeimengungen verschiedene Ursachen haben können. Hierzu gehören zum einen Dickdarmkrebserkrankungen, aber auch die noch gutartigen Krebsvorläufer (Polypen) und letztendlich auch Hämorrhoiden. Auch wenn die beiden zuletzt genannten gutartigen Ursachen bei einem positiven Hämocculttest überwiegen, ist bereits beim ersten positiven Ergebnis in jedem Fall eine Dickdarmspiegelung notwendig.
Sollte sich bei der Spiegelung herausstellen, dass Polypen – und damit mögliche Vorläufer eines Dickdarmkrebses – für das positive Testergebnis verantwortlich sind, können diese ohne großen Aufwand endoskopisch entfernt und somit zu einhundert Prozent geheilt werden.
Das Gleiche gilt für Karzinome, die auf diesem Wege in frühen Stadien erkannt und hier zu neunzig Prozent durch eine rechtzeitige Operation und überwiegend ohne künstlichen Darmausgang geheilt werden können, während bei fortgeschrittenen Karzinomen die Heilungsrate auf dreißig bis fünfzig Prozent beziehungsweise in den Spätstadien der Dickdarmkrebserkrankung auf weniger als fünf Prozent fällt.
Regelmäßige Früherkennung mit Hämocculttest und bei positivem Ergebnis mit anschließender Dickdarmspiegelung, das heißt kompletter Koloskopie, kann das Risiko, an Dickdarmkrebs zu erkranken, deutlich verbessern.

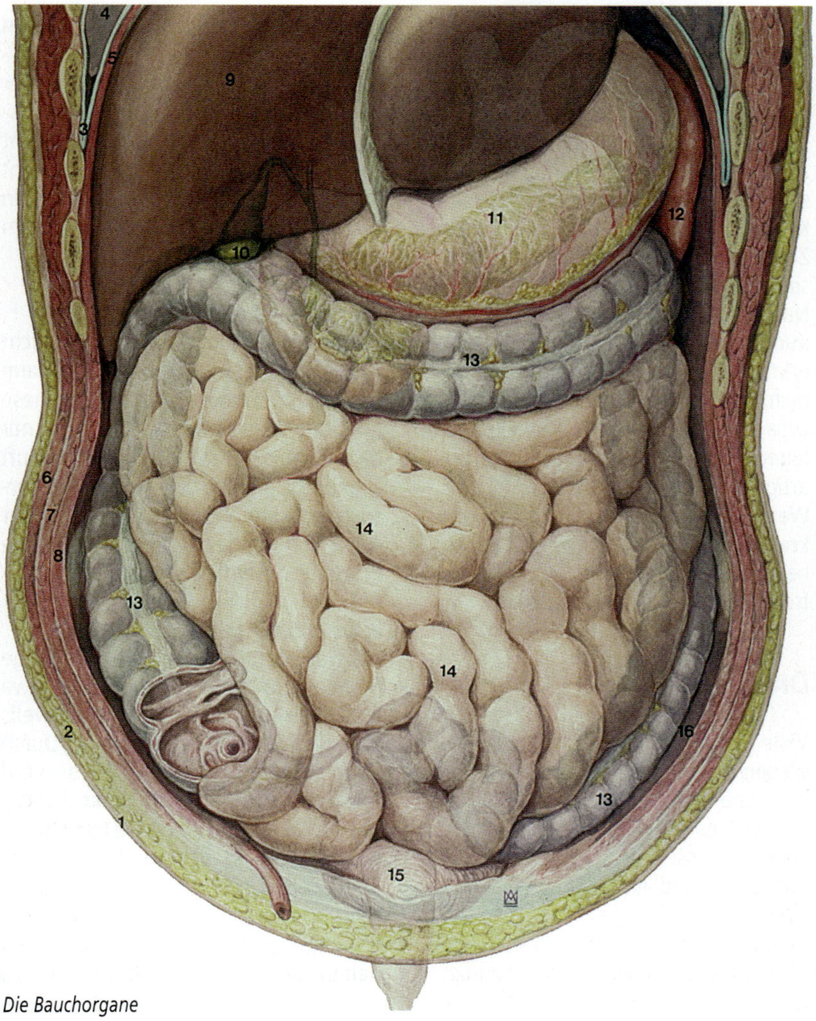

Die Bauchorgane
1 – Haut
2 – Unterhautsgewebe
3 – Pleura
4 – Rechte Lunge
5 – Zwerchfell
6 – Äußerer schräger Bauchmuskel
7 – Innerer schräger Bauchmuskel
8 – Querer Bauchmuskel
9 – Leber
10 – Gallenblase
11 – Magen
12 – Milz
13 – Dickdarm
14 – Dünndarm
15 – Harnblase
16 – Bauchfell

Alarmsignale

Die Zeichen, die für das Vorliegen eines Darmkarzinoms sprechen, lassen sich aus der Funktion des Dickdarms ableiten. So kann eine Geschwulst (Tumor) den Darm „verstopfen" und damit die Passage des Darminhaltes behindern beziehungsweise den Darm komplett verschließen. Es kommt zu zum Teil erheblichen Schmerzen.

Die entzündliche oder bösartig veränderte Darmschleimhaut blutet leicht. Die entsprechende Blutbeimengung im Stuhl kann jedoch manchmal nur im

Labor durch den sogenannten Hämocculttest entdeckt werden.
Um den Kot weiter zu transportieren, produziert die Darmschleimhaut sozusagen als Gleitmittel Schleim, der als Ablagerung auf abgesetztem Stuhl sichtbar ist. Zusätzlich bilden manche Karzinome, die aus schleimbildenden Zellen des Darmepithels entstanden sind, vermehrt Schleim.
Natürlich treten derartige Symptome auch bei anderen gutartigen Darmerkrankungen auf. Solange sie jedoch nicht eindeutig auf eine harmlose Ursache zurückgeführt werden können, legen sie den Verdacht auf eine bösartige Erkrankung nahe.
Werden die Warnzeichen beim Darmkrebs rechtzeitig beachtet, können heute bis zu 85 Prozent der auftretenden Fälle geheilt werden.

Diagnostik

Viele Menschen meiden den Arztbesuch wegen der medizinischen „Mühle", in die man bei der Verdachtsdiagnose „Krebs" geraten kann. Sie vergessen dabei, dass die Untersuchungen notwendig sind, um folgende Fragen zu klären:

1. Handelt es sich wirklich um einen Tumor?
2. Um welche Krebsart handelt es sich?
3. Wo sitzt der Tumor?
4. Wie ist der Allgemeinzustand des Patienten?
5. Wie weit ist die Erkrankung fortgeschritten?
6. Hat sie sich auf die Lymphknoten ausgedehnt?
7. Gibt es Metastasen?
8. Welche Behandlung wird den größten Erfolg bringen?

Nur eine gründliche Diagnostik ermöglicht eine sinnvolle Therapieplanung. Besteht der Verdacht auf einen Darmtumor, werden die notwendigen Untersuchungen eingeleitet. Im Folgenden sind eine Reihe der gängsten Untersuchungsverfahren und ihre Bedeutung beschrieben.
Unter Berücksichtigung der durch sie erhaltenen Ergebnisse und ihrer Gesamtsituation wird dann gemeinsam von allen Beteiligten entschieden, welche therapeutischen Maßnahmen Ihnen am besten helfen.
Schon zu diesem Zeitpunkt, wo bisher nur der Verdacht auf eine Krebserkrankung besteht, und erst recht später, wenn sich vielleicht der Verdacht bestätigt hat, ist es wichtig, dass Sie ein vertrauensvolles Verhältnis zu Ihrem Arzt entwickeln.

Körperliche Untersuchung

Zuerst müssen Sie gründlich untersucht werden, wobei der Arzt Ihren Mastdarm mit dem Finger austastet. Diese „digitale Exploration" verursacht nur dann Schmerzen, wenn Sie verkrampft sind. Entspannung während der Untersuchung und genaues Befolgen der Anweisungen des Arztes können diese Prozedur wesentlich erleichtern/

Hämocculttest

Der Hämocculttest weist schon geringe Mengen Blut im Stuhl nach. Eine etwa erbsengroße Stuhlprobe wird jeweils auf die Testfelder gegeben. Durch Zugabe von chemischen Stoffen wird bei Vorhandensein von Blut in der Stuhlprobe das Testfeld blau gefärbt.
Wichtig ist, dass nicht nur Blut zu einer Blaufärbung führen kann. Vor Durchführung eines Hämocculttests sind bestimmte Nahrungsvorschriften einzuhalten, um das Testergebnis nicht zu verfälschen. So dürfen beispielsweise weder hochdosiertes Vitamin C (mehr als 500 mg) noch größere Mengen Fleisch beziehungsweise Wurst gegessen werden. Und selbst wenn Blut im Stuhl vorhanden ist, muss es nicht immer von einem Tumor stammen: Gutartige Dickdarmpolypen, Hämorrhoiden oder harmlose Verletzungen der Afterschleimhaut sind ebenfalls häufige Blutungsquellen. Um die Blutungsursache festzustellen, muss bei jedem positiven Hämocculttest eine komplette Dickdarmspiegelung erfolgen.

Darmspiegelung

Voraussetzung für eine Dickdarmspiegelung ist eine gründliche Reinigung des Darmes. Nur wenn der Darm nicht mehr mit Stuhl verunreinigt ist, kann er durch ein biegsames weiches Rohr, das mit einer Lichtquelle ausgestattet ist (Endoskop), ausgeleuchtet und beurteilt werden. Die Vorbereitung auf die Dickdarmspiegelung ist entweder durch die Einnahme von abführenden Medikamenten am Vortage oder durch die Einnahme einer Trinkspüllösung am Morgen des Untersuchungstages möglich.
Damit die Darmreinigung für Sie möglichst wenig belastend ist, können Sie die Art der Vorbereitung (Abführmaßnahmen am Vortag oder Trinkspüllösung am Untersuchungstag) im Vorfeld mit Ihrem Arzt besprechen.
Die Darmspiegelung ist in unterschiedlichem Umfang möglich: Untersuchung nur des Mastdarms (Rektoskopie), des höher gelegenen Dickdarmabschnitts (Sigmoidoskopie) oder des gesamten Dickdarms (Kolonoskopie).

Gewebeentnahme

Während der Darmspiegelung wird vom After her ein Endoskop in den Darm eingeführt, mit dem die Darmschleimhaut auf Unregelmäßigkeiten hin ausgeleuchtet werden kann. Dank der Lichtquelle des Endoskops kann die Darmschleimhaut ausgeleuchtet und mit Lupenvergrößerung betrachtet werden.
Während des gleichen Untersuchungsganges ist die Entnahme von verdächtigem Gewebe (Biopsie) möglich. Mit einer durch das Endoskop eingeführten Untersuchungszange lässt sich – für den Patienten schmerzfrei – ein etwa stecknadelkopfgroßes Gewebeteil fassen, das anschließend durch den zuständigen Facharzt für Gewebeuntersuchungen mikroskopisch beurteilt werden kann.

Kolonkontrast-Einlauf

Beim Kolonkontrast-Einlauf wird der Darm mit einem Kontrastmittel (meist Bariumsulfat) gefüllt. Kontrastmittel sind Substanzen, die von Röntgenstrahlen nicht so gut durchdrungen werden wie die menschlichen Organe. Daher werden beispielsweise mit Kontrastmittel angefüllte Hohlräume sichtbar.
Im Fall des Kolonkontrast-Einlaufs wird das Kontrastmittel vom After her verabreicht. So werden insbesondere Wandunregelmäßigkeiten gut sichtbar.

Einengungen oder Aussparungen deuten auf einen Tumor hin, werden aber manchmal auch durch gutartige Schleimhautwucherungen verursacht.
Die Notwendigkeit für einen Kolonkontrast-Einlauf ergibt sich nur dann, wenn die komplette Dickdarmspiegelung nicht möglich ist, zum Beispiel nach Operationen beziehungsweise bei Verwachsungen.

Ultraschalluntersuchung

Die Sonografie (Ultraschalluntersuchung) macht innere Organe sichtbar. Manche Veränderungen lassen indirekt auf das Vorhandensein von Tumoren schließen. Die Ultraschalluntersuchung der Leber kann Tochtergeschwülste (Metastasen) des Tumors sichtbar machen. Lymphknoten, die wegen der Einwanderung von Krebszellen oder aufgrund einer Entzündung vergrößert sind, können sonografisch ebenfalls gut erfasst werden.
Die Untersuchung mit Ultraschall hat den Vorteil, dass sie wiederholt werden kann, da die Patienten keiner schädlichen Strahlenbelastung ausgesetzt sind.

Computertomografie

Die Computertomografie ist ein Verfahren, mit dem Schnittbilder von allen Körperregionen hergestellt werden können. Dieses Verfahren wird angewendet, um zusätzliche Informationen zu erhalten.
Im Computertomogramm können die Ausdehnung des Tumors und seine Beziehung zu den Organen beziehungsweise Strukturen in der Nachbarschaft dargestellt werden.
Der Chirurg erhält dadurch wichtige Hinweise darüber, ob der Tumor operativ entfernt werden kann und wie umfangreich die Operation sein wird. Metastasen und vergrößerte Lymphknoten werden durch die Computertomografie ebenfalls dargestellt.

Magnet-Resonanz-Tomografie

Die Magnet-Resonanz-Tomografie (MRT) – auch Kernspintomografie genannt – ist ein wenig belastendes, sicheres, nichtinvasives bildgebendes Verfahren, das mit Magnetfeldern arbeitet. Bei der MR-Kolonografie handelt es sich um die Darstellung des Dickdarms mit dieser Technik.

Laboruntersuchungen

Bluttests können Aufschluss über den Allgemeinzustand sowie die Funktionen von einzelnen Organen wie Nieren und Leber geben. Außerdem werden manchmal die sogenannten Tumormarker bestimmt. Es handelt sich hierbei um Stoffe, die vom Tumor selbst stammen und vom menschlichen Körper als fremd erkannt werden.
Tumormarker sind jedoch nicht bei allen Darmkrebspatienten vorhanden und können auch beim Gesunden vorkommen. Daher eignen sie sich nur für die Kontrolle des Krankheitsverlaufes und nicht für die Diagnose. Sie ersetzen nicht die anderen notwendigen Maßnahmen wie Hämoccultest und Dickdarmspiegelung.

Therapie

Wurde bei Ihnen die Diagnose Darmkrebs gestellt, so werden Sie mit Ihrem Arzt ausführlich über den Befund und die Prognose Ihrer Erkrankung sprechen. Lassen Sie sich die vorgesehenen Behandlungsschritte und eventuell vorhandene andere therapeutische Möglichkeiten genau erläutern.
Das Hauptziel jeglicher Therapie ist es, den Tumor und, wenn möglich, etwaige Tochtergeschwülste durch eine Operation vollständig zu entfernen.

Operation

Wenn der Tumor zu einem Darmverschluss geführt hat, stellt die Operation die Darmpassage wieder her. Die quälenden Schmerzen und anderen Symptome eines Darmverschlusses lassen nach. Die operative Entfernung einer Krebsgeschwulst ist das einzige auf Dauer heilende Behandlungsverfahren. Die Operation ist umso erfolgreicher, je früher der Krebs erkannt wird.
Zwei Drittel der Dickdarmkrebserkrankungen befinden sich oberhalb des Mastdarms/Enddarms und können unter Beibehandlung des normalen Stuhlgangs entfernt werden. In bestimmten kritischen Situationen, zum Beispiel bei akutem Darmverschluss oder sehr schlechtem Allgemeinzustand des Patienten, kann es allerdings notwendig sein, dass der Chirurg nach Entfernung eines Dickdarmtumors die entstehenden Darmenden nicht sofort miteinander vernäht, da das Risiko einer Nahtschwäche und eitrigen Bauchfellentzündung besteht.
Hier wird zeitlich befristet, so lange bis der Patient sich erholt hat, ein vorübergehender Darmausgang in der Bauchhaut geschaffen. Sobald der Gesundheitszustand des Patienten es gestattet, wird dieser künstliche Ausgang zurückverlegt:
Der Chirurg verbindet die beiden durch die Operation entstandenen Darmenden miteinander.
Bei einem Drittel der Dickdarmkrebserkrankungen liegt der Tumor im Mastdarm/Enddarm. Auch hier ist durch modernste Operationstechniken in etwa 85 Prozent eine Operation mit natürlichem Darmausgang (kontinenzerhaltende Operation) möglich.
Liegt die Geschwulst jedoch so nah am Darmausgang, dass der Schließmuskel mit entfernt werden muss, um eine radikale, das heißt gründliche Tumorentfernung sicherzustellen, muss der gesamte Enddarm wegoperiert und ein endgültiger künstlicher Darmausgang (Stoma) angelegt werden.
Für den Betroffenen ist die Umstellung auf einen solchen künstlichen Darmausgang eine neue und zunächst belastende Situation, auch wenn die heutigen Operationstechniken und medizinischen Hilfsmittel helfen, die Situation zu verbessern.
Geruchsbelästigungen oder Reizungen der Bauchhaut gehören der Vergangenheit an. Viele Krankenhäuser haben eine speziell ausgebildete Stomaschwester, die den Patienten bereits unmittelbar nach der Operation die entsprechenden Kenntnisse sachkundig vermitteln kann.
Die Operation bietet echte Heilungschancen.
Diese sind beim Dickdarm- und Mastdarmkrebs besonders günstig, wenn im Frühstadium operiert wird, und betragen dann bis zu neunzig Prozent.

Depression

Einführung

Eine weitverbreitete Krankheit, die sich in extremen Stimmungs- und Energieschwankungen äußert. Sie beruht auf einem Ungleichgewicht der Funktionen des Zentralnervensystems und des Gehirns. Der Schweregrad und die Dauer der Erkrankung hängen mit den Ursachen und der Behandlung zusammen, Frauen sind häufiger betroffen als Männer. Etwa jede vierte kennt das Gefühl der plötzlichen Traurigkeit, der unerklärlichen Abgeschlagenheit.

Menschen, die an einer Depression erkranken, sind oft völlig aus der Bahn geworfen, sie können ernsthafte Selbstmordgedanken hegen und müssen in vielen Fällen stationär behandelt werden.

Die Depressiven leiden unter einer gedrückten Grundstimmung, die zu einer pessimistischen Betrachtung des Lebens und der Welt führt. Alles, was sie tun und denken, ist von einer gewissen Welt- und Lebensangst durchdrungen, die sie nicht abwerfen können.

Sie sind nicht in der Lage, sich unbeschwert über etwas zu freuen, sondern sehen auch in freudigen Ereignissen nur Vorboten des Unglücks. Sie neigen sehr zu Grübeleien und hypochondrischer Selbstbeobachtung, zweifeln ständig an sich selbst und am Sinn des Lebens und sind insgesamt von Kummer, Not und Sorgen gezeichnet. Auch unter den Depressiven gibt es zahlreiche Varianten, mehr schwermütige Menschen, die in ihrem Wesen zaghaft, weich und leicht mutlos wirken, und mehr missmutige, bei denen Reizbarkeit, Misstrauen und eine mürrische, bisweilen sogar boshafte Art im Vordergrund stehen.

Wichtige Symptome

Eine Depression ist charakterisiert durch eine düstere Gemütsstimmung, Begleiterscheinung der verschiedensten physischen und psychischen Störungen. Die Symptome sind:

- negativer Gefühlstonus und Antriebshemmung;
- Angstzustände, die zu Selbstmord führen können.

■ *Negativer Gefühlstonus*

Ein medizinischer Begriff für das, was der Laie „sich elend fühlen" nennt; ein Zustand, in dem der depressive Patient nicht weiß, was er mit sich selbst anfangen soll, in dem er sich hilflos, verzweifelt und von allen verlassen vorkommt. Auf dem Tiefpunkt der Depression meint der Betroffene regelmäßig, nicht mehr weiter zu können.

■ *Antriebshemmung*

Dies kann sich in allen physischen und psychischen Äußerungen bemerkbar machen. Der Patient klagt über eine Blockierung seiner geistigen Fähigkeiten („Herr Doktor, mein Kopf ist voller Spinnweben"), über mangelnde Empfindungsstärke („Es ist, als wäre ich gar nicht da"), über eine Blockierung seiner Aktivität („Ich fühle mich, als wäre ich an meinem Stuhl festgebunden!") und über Entschlusslosigkeit („Was soll ich nur tun, ich kann überhaupt nichts mehr zu Ende führen!").

■ *Angstzustände*

Diese können ein Ausdruck der Sorge um den eigenen Körper sein, aber auch aus sonstiger Unsicherheit heraus entstehen. Die Ursache ist oft unbestimmt. Der Patient steigert sich in einen emotionalen Stresszustand hinein, er verliert jeden Zeitbegriff, ist des Lebens überdrüssig und sehnt sich danach, tot zu sein. Ein solcher Zustand kann gerade in der tiefsten Depression als starke Antriebshemmung den Patienten vor einem Selbstmord bewahren. Sobald sich die Depression aufhellt, steigt das Suizidrisiko.

Depressionen beginnen typischerweise zwischen dem 20. und 50. Lebensjahr

Diagnose

Diagnosekriterien einer Depression

Mindestens fünf der folgenden Symptome bestehen während derselben Zwei-Wochen-Periode und stellen eine Änderung gegenüber der vorher bestehenden Leistungsfähigkeit dar; mindestens eines der Symptome ist entweder depressive Verstimmung oder Verlust an Interesse oder Freude.

- Depressive Verstimmung an fast allen Tagen, für die meiste Zeit des Tages, vom Betroffenen selbst berichtet (zum Beispiel fühlt sich traurig oder leer) oder von anderen beobachtet (zum Beispiel erscheint den Tränen nahe).
- Deutlich vermindertes Interesse oder Freude an allen oder fast allen Aktivitäten, an fast allen Tagen, für die meiste Zeit des Tages (entweder nach subjektivem Ermessen oder von anderen beobachtet).
- Deutlicher Gewichtsverlust ohne Diät; oder Gewichtszunahme (mehr als 5 Prozent des Körpergewichtes in einem Monat); oder verminderter oder gesteigerter Appetit an fast allen Tagen.
- Schlaflosigkeit oder vermehrter Schlaf an fast allen Tagen.
- Psychomotorische Unruhe oder Verlangsamung an fast allen Tagen (durch andere beobachtbar, nicht nur das subjektive Gefühl von Rastlosigkeit oder Verlangsamung).
- Müdigkeit oder Energieverlust an fast allen Tagen.
- Gefühle von Wertlosigkeit oder übermäßige oder unangemessene Schuldgefühle (die auch wahnhaftes Ausmaß annehmen können) an fast allen Tagen (nicht nur Selbstvorwürfe oder Schuldgefühle wegen des Krankseins).
- Verminderte Fähigkeit zu denken oder sich zu konzentrieren oder verringerte Entscheidungsfähigkeit an fast allen Tagen (entweder nach subjektivem Ermessen oder von anderen beobachtet).
- Wiederkehrende Gedanken an den Tod (nicht nur Angst vor dem Sterben), wiederkehrende Suizidvorstellungen ohne genauen Plan, tatsächlicher Suizidversuch oder genaue Planung eines Suizids.

Nach Angst ist die Depression die zweithäufigste psychiatrische Erkrankung. Schätzungsweise zehn Prozent aller Menschen, die aufgrund vermeintlicher körperlicher Probleme schon einen Arzt aufsuchen, leiden in Wirklichkeit an einer Depression.

Das wesentliche Merkmal einer Episode einer Depression ist eine mindestens zweiwöchige Zeitspanne mit entweder depressiver Stimmung oder Verlust des Interesses oder der Freude an fast allen Aktivitäten.

Bei Kindern und Heranwachsenden ist der Affekt mitunter eher reizbar als traurig. Außerdem müssen mindestens vier zusätzliche Symptome aus einer Kriterienliste bestehen:

- Veränderungen in Appetit oder Gewicht;
- Veränderungen in Schlaf und psychomotorischer Aktivität;
- Energiemangel;
- Gefühle von Wertlosigkeit oder Schuld;
- Schwierigkeiten beim Denken, bei der Konzentration oder der Entscheidungsfindung;
- wiederkehrende Gedanken an den Tod bzw. Suizidabsichten, Suizidpläne oder Suizidversuche.

Die Diagnose der Episode einer Depression (Major Depression) erfordert, dass ein Symptom entweder neu aufgetreten ist oder sich im Vergleich zu dem der

Wichtige Fragen und Antworten zu Depression

Was sind wichtige Merkmale einer Depression?
Die Depressiven leiden unter einer gedrückten Grundstimmung, die zu einer pessimistischen Betrachtung des Lebens und der Welt führt. Alles, was sie tun und denken, ist von einer gewissen Welt- und Lebensangst durchdrungen, die sie nicht abwerfen können. Sie sind nicht in der Lage, sich unbeschwert über etwas zu freuen, sondern sehen auch in freudigen Ereignissen nur Vorboten des Unglücks. Sie neigen sehr zu Grübeleien und hypochondrischer Selbstbeobachtung, zweifeln ständig an sich selbst und am Sinn des Lebens und sind insgesamt von Kummer, Not und Sorgen gezeichnet.
Auch unter den Depressiven gibt es zahlreiche Varianten, mehr schwermütige Menschen, die in ihrem Wesen zaghaft, weich und leicht mutlos wirken, und mehr missmutige, bei denen Reizbarkeit, Misstrauen und eine mürrische, bisweilen sogar boshafte Art im Vordergrund stehen.

Ist eine Depression erblich bedingt?
Die Patienten sind Menschen, in deren Lebensgeschichten und Persönlichkeitsstrukturen die Bereitschaft zu einer depressiven Erkrankung oder Angststörung angelegt ist. Die Krankheit müsste aber nicht ausbrechen, wenn nicht belastende Lebensfaktoren dazukämen, die sich schließlich zu chronischer Überlastung steigern.

Was ist das wesentliche Merkmal einer Episode einer Depression?
Das wesentliche Merkmal einer Episode einer Depression ist eine mindestens zweiwöchige Zeitspanne mit entweder depressiver Stimmung oder Verlust des Interesses oder der Freude an fast allen Aktivitäten. Bei Kindern und Heranwachsenden ist der Affekt mitunter eher reizbar als traurig. Außerdem müssen mindestens vier zusätzliche Symptome aus einer Kriterienliste bestehen:
- Veränderungen in Appetit oder Gewicht;
- Veränderungen in Schlaf und psychomotorischer Aktivität;
- Energiemangel;
- Gefühle von Wertlosigkeit oder Schuld;
- Schwierigkeiten beim Denken, bei der Konzentration oder der Entscheidungsfindung;
- wiederkehrende Gedanken an den Tod bzw. Suizidabsichten, Suizidpläne oder Suizidversuche.

Wie diagnostiziert der Arzt die Episode der Depression?
Die Diagnose der Episode einer Depression (Major Depression) erfordert, dass ein Symptom entweder neu aufgetreten ist oder sich im Vergleich zu dem der Episode vorhergehenden Befinden deutlich verschlechtert hat.
Die Symptome müssen über einen Zeitraum von mindestens zwei aufeinanderfolgenden Wochen an fast jedem Tag die meiste Zeit des Tages anhalten. Außerdem muss die Episode mit klinisch bedeutsamen Leiden oder Beeinträchtigungen in sozialen, beruflichen oder sonstigen wichtigen Funktionsbereichen einhergehen. Bei leichteren Episoden mag die Funktion noch normal erscheinen, erfordert aber deutlich vermehrte Anstrengung.

Wie ist die Stimmung bei der depressiven Episode charakterisiert?
Die Stimmung bei der Episode einer Depression wird von den Betroffenen gewöhnlich als depressiv, traurig, hoffnungslos, entmutigt oder niedergeschlagen beschrieben. In manchen Fällen wird die Traurigkeit zuerst geleugnet, kann dann aber in der Exploration nach und nach zu Tage treten (zum Beispiel wenn man die Person darauf hinweist, dass sie aussieht, als wolle sie gleich anfangen zu weinen). Bei manchen Menschen, die darüber klagen, sich abgeschlagen zu fühlen, keine Gefühle mehr empfinden zu können oder sich ängstlich zu fühlen, kann eine depressive Verstimmung auch dem Gesichtsausdruck und Verhalten entnommen werden. Einige Menschen betonen somatische Beschwerden (zum Beispiel körperliche Schmerzen) mehr als Gefühle der Traurigkeit. Oft zeigt sich auch vermehrte Reizbarkeit (zum Beispiel in Form von ständiger Ärgerlichkeit, einer Tendenz zu Jähzorn oder Schuldzuweisungen oder eine verringerte Frustrationstoleranz bei unwesentlichen Ereignissen). Bei Kindern und Heranwachsenden entwickelt sich mitunter eher eine reizbare oder übellaunige Stimmung als eine traurige oder niedergeschlagene Gemütslage. Dieses Verfahren ist abzugrenzen von Frustrations- und Trotzreaktionen, wie etwa ein „verzogenes" Kind sie zeigt.

Warum tritt ein Verlust von Interesse auf?
Ein Verlust von Interesse oder Freude in einem gewissen Grad ist fast immer vorhanden. Entsprechend wird meist Interessenverminderung in Bezug auf Hobbys oder allgemeines Desinteresse berichtet oder Mangel an Freude bei Aktivitäten, die früher als erfreulich empfunden wurden. Die Familienmitglieder bemerken häufig sozialen Rückzug oder Vernachlässigung der Freizeitaktivitäten bei den Betroffenen (ein vormals passionierter Golfer, der nicht mehr spielt; ein Kind, das früher gern Fußball gespielt hat, findet Ausreden, um nicht spielen zu müssen). Bei einigen kommt es zu einer deutlichen Abnahme von sexuellem Interesse oder Begehren.

Welche verschiedenen Formen der Depression gibt es?
Über die Einordnung der verschiedenen Depressionstypen sind die Fachleute geteilter Meinung. In der medizinischen Praxis unterscheidet man zwischen organischen und nichtorganischen Depressionen, obgleich diese Einteilung den Erkenntnissen der modernen Psychiatrie nicht mehr ent-

Episode vorhergehenden Befinden deutlich verschlechtert hat.
Die Symptome müssen über einen Zeitraum von mindestens zwei aufeinanderfolgenden Wochen an fast jedem Tag die meiste Zeit des Tages anhalten. Außerdem muss die Episode mit klinisch bedeutsamen Leiden oder Beeinträchtigungen in sozialen, beruflichen oder sonstigen wichtigen Funktionsbereichen einhergehen.
Bei leichteren Episoden mag die Funktion noch normal erscheinen, erfordert aber deutlich vermehrte Anstrengung.

Stimmung

Die Stimmung bei der Episode einer Depression wird von den Betroffenen gewöhnlich als depressiv, traurig, hoffnungslos, entmutigt oder niedergeschlagen beschrieben. In manchen Fällen wird die Traurigkeit zuerst geleugnet, kann dann aber in der Exploration nach und nach zu Tage treten (zum Beispiel wenn man die Person darauf hinweist, dass sie aussieht, als wolle sie gleich anfangen zu weinen). Bei manchen Menschen, die darüber klagen, sich abgeschlagen zu fühlen, keine Gefühle mehr empfinden zu können oder sich ängstlich zu fühlen, kann eine depressive Verstimmung auch dem Gesichtsausdruck und Verhalten entnommen werden.
Einige Menschen betonen somatische Beschwerden (zum Beispiel körperliche Schmerzen) mehr als Gefühle der Traurigkeit. Oft zeigt sich auch vermehrte Reizbarkeit (zum Beispiel in Form von ständiger Ärgerlichkeit, einer Tendenz zu Jähzorn oder Schuldzuweisungen oder einer verringerten Frustrationstoleranz bei unwesentlichen Ereignissen).
Bei Kindern und Heranwachsenden entwickelt sich mitunter eher eine reizbare oder übellaunige Stimmung als eine traurige oder niedergeschlagene Gemütslage. Dieses Verfahren ist abzugrenzen von Frustrations- und Trotzreaktionen, wie etwa ein „verzogenes" Kind sie zeigt.

Verlust von Interesse

Ein Verlust von Interesse oder Freude in einem gewissen Grad ist fast immer vorhanden. Entsprechend wird meist Interessenverminderung in Bezug auf Hobbys oder allgemeines Desinteresse berichtet oder Mangel an Freude bei Aktivitäten, die früher als erfreulich empfunden wurden. Die Familienmitglieder bemerken häufig sozialen Rückzug oder Vernachlässigung der Freizeitaktivitäten bei den Betroffenen (ein vormals passionierter Golfer, der nicht mehr spielt; ein Kind, das früher gern Fußball gespielt hat, findet Ausreden, um nicht spielen zu müssen). Bei einigen kommt es zu einer deutlichen Abnahme von sexuellem Interesse oder Begehren.

Appetit

Der Appetit ist normalerweise vermindert, die Betroffenen müssen sich oft zum Essen regelrecht zwingen. In anderen Fällen, insbesondere bei Patienten in ambulanter Behandlung, tritt vermehrter Appetit auf und Heißhunger auf bestimmte Nahrungsmittel (z.B. Süßigkeiten oder andere Kohlehydrate). Wenn solche Veränderungen des Appetits stark ausgeprägt sind, kann es zu erhebliche Gewichtsverlust bzw. zu erheblicher Gewichtszunahme kommen. Bei Kindern kann eine Diskrepanz zur erwarteten Gewichtszunahme auftreten.

Schlafstörung

Die häufigste Schlafstörung bei einer Episode einer Depression ist die Schlaflosigkeit. Typischerweise haben die Betroffenen Durchschlafstörungen (das heißt Aufwachen während der Nacht und Schwierigkeiten, wieder einzuschlafen) oder leiden unter Früherwachen (das heißt verfrühtes Aufwachen und Unfähigkeit, wieder einzuschlafen). Einschlafschwierigkeiten können ebenso auftreten. Weniger häufig ist vermehrter Schlaf in Form von verlängertem Nachtschlaf oder vermehrtem Schlaf am Tag. Manchmal kommt der Betroffene nur aufgrund der Schlafstörungen zur Behandlung.

Psychomotorische Veränderungen

Zu den psychomotorischen Veränderungen gehören Unruhe und Agitiertheit (was sich zum Beispiel zeigen kann als Unfähigkeit, stillzusitzen, ständiges Auf- und Abgehen, Reiben oder Zupfen an Haut, Kleidung oder anderen Dingen) oder auch psychomotorische Verlangsamung (die sich zum Beispiel zeigt in Verlangsamung der Sprache, des Denkens und der Bewegungen, verlängerter Antwortlatenz, leiser und monotoner Sprache, verringertem Sprachumfang und Sprachausdruck oder Mutismus). Die psychomotorische Unruhe oder Verlangsamung darf nicht nur die rein subjektiven Empfindungen der Person widerspiegeln, sondern müssen schwer genug sein, um von anderen bemerkt zu werden.

Energieniveau

Vermindertes Energieniveau, Müdigkeit und Ermattung sind meist vorhanden. Die Betroffenen schildern beispielsweise Mattigkeit auch bei Fehlen körperlicher Belastungen. Selbst kleinste Aufgaben scheinen nur mit enormer Anstrengung möglich, dauern meist länger als normal und sind dennoch nur ineffizient zu bewältigen. Die Personen beklagen sich zum Beispiel, dass das morgendliche Waschen und Anziehen sie erschöpft und doppelt so lange wie sonst dauert.

Arten von Depressionen

Über die Einordnung der verschiedenen Depressionstypen sind die Fachleute geteilter Meinung. In der medizinischen Praxis unterscheidet man zwischen organischen und nichtorganischen Depressionen, obgleich diese Einteilung den Erkenntnissen der modernen Psychiatrie nicht mehr entspricht.
Als organische Depression bezeichnet man jene gedrückte Gemütsstimmung, die als Begleiterscheinung organischer Krankheiten wie Grippe, Magengeschwüre oder Bluterkrankungen auftritt. Die Liste könnte beliebig erweitert werden. Daran sieht man, wie wichtig es ist, dass jeder Depressive einer gründlichen körperlichen Untersuchung unterzogen wird, um festzustellen, ob die Depression nicht auf irgendeiner organischen Krankheit beruht.

Wichtige Fragen und Antworten zu Depression

Was ist eine Depression?
Depression ist eine Störung im Fühlen, Denken, Verhalten und in der körperlichen Befindlichkeit. Weil die Symptome so vielschichtig sind, ist es schwer sicher und schnell zu diagnostizieren – erst recht bei Kindern. Denn oft können sie nicht ausdrücken, was sie quält.

Wie zeigt sich eine Depression bei Kleinkindern?
Je jünger ein Kind ist, desto unspezifischer sind die Symptome. Anzeichen für eine Depression bei Klein- und Vorschulkindern sind:
- häufige Wein- und Schreikrämpfe
- motorische Unruhe
- Bauchschmerzen
- Kopfschmerzen, die keine organische Ursache haben

Viele Kinder kränkeln, schlafen schlecht und sind schlechte Esser. Depressive Kinder wirken gehemmt, oft verstimmt, wehleidig. Sie haben auch mit vier, fünf Jahre noch Trennungsängste. Sie sind lustlos, spielen wenig, tagträumen oft. Im Kindergarten spielen diese Kinder meist allein. Sie gelten als unauffällig und pflegeleicht. Manche depressive Kinder reagieren aber auch mit Wut. Sie sind gereizt, lassen sich schnell ablenken, bringen angefangene Dinge nicht zu Ende, rasten wegen Lappalien aus.

Wie entwickeln sich depressive Symptome?
Alle Symptome können sich allmählich (über Wochen und Monate) oder sehr rasch (in Tagen oder sogar Stunden) entwickeln. Aufmerksam werden sollte man vor allem bei zyklischen Verläufen. Im Unterschied zu Aufmerksamkeitsstörungen verlaufen depressive Störungen oft in Phasen.
Alle genannten Merkmale können vorübergehend auch bei nicht depressiven Kindern auftreten. Jedes Symptom für sich genommen sagt also noch nicht aus, ob tatsächlich eine depressive Störung vorliegt.

Wie entstehen Depressionen?
Man kann Depressionen als Folge einer schweren Erschöpfung betrachten, ähnlich wie einen Nervenzusammenbruch. Auslöser sind meist Schwellensituationen:
- Eintritt in den Kindergarten
- Geburt eines Geschwisters
- Umzug
- Trennung der Eltern
- Tod eines Elternteils
- Misshandlung usw

Manche Depressionen haben körperliche Ursachen – etwa eine chronische Krankheit. Auch Überbehütung durch allzu ängstliche Eltern kann Depressionen auslösen.

Sind Depressionen vererbbar?
Bei etwa einem Viertel der kleinen Patienten, so das Ergebnis von Studien, leidet mindestens ein Elternteil ebenfalls an depressiven Verstimmungen. Sind beide Eltern depressiv, steigt das Erkrankungsrisiko des Kindes auf 60 Prozent. Ob dafür ausschließlich die Gene verantwortlich sind oder nur die Atmosphäre, in die das Kind hineinwächst, oder beide Faktoren – ist noch nicht klar.

Erkranken mehr Jungen als Mädchen?
Im Kindesalter erkranken deutlich mehr Jungen als Mädchen an einer Depression. Ab dem zwölften Lebensjahr, mit Einsetzen der Pubertät, dreht sich dieses Geschlechtsverhältnis um.

Wer kann helfen?
Wenden Sie sich zunächst an einen Arzt, der Ihr Kind schon länger kennt. Er wird Sie an einen Experten überweisen. Wichtig ist die richtige Diagnose. Sie ist nicht einfach und erfordert Erfahrung. Ein Kinderpsychiater ist in der Regel der beste Ansprechpartner. Es wird sich ein genaues Bild machen.

Wie wird geholfen?
Weil kleine Kinder so schwer beschreiben können, wie sie sich fühlen, behandeln Kindertherapeuten Depressionen im frühen Kindesalter meist im Rahmen einer Spieltherapie: Die Kinder lernen, ihre Konflikte im Spiel symbolisch auszudrücken, und bekommen Anregungen, wie sie die Konflikte lösen können. Häufig ist eine Familientherapie notwendig. Der Therapeut schaut, wie die Familienmitglieder miteinander kommunizieren, wie die Rollen verteilt sind. Oft kann er dem kranken Kind nur helfen, wenn die Eltern und Geschwister ihr Verhalten ändern.

Was können Eltern tun?
Vor allem: mit Ärzte und Therapeuten zusammenarbeiten. Wichtig ist, dass das Kind seine Ohnmachtsgefühle verliert und wieder einen positiven Blick bekommt. Eltern können ihm Sicherheit geben, indem sie zeigen, dass sie seine Gefühle akzeptieren.

Wie können Eltern die Psyche ihrer Kinder stärken?
- Loben Sie alle Bemühungen, auch wenn sie nicht erfolgreich sind: Übersehen Sie das falsch geknöpfte Hemd, honorieren Sie stattdessen, dass ihr Kind versucht, sich selbst anzuziehen.
- Geben Sie Ihrem Kind kleine Aufgaben und bitten Sie es um Hilfe. So zeigen Sie Vertrauen und fördern Selbständigkeit.
- Fragen Sie nach seinen Gedanken und Gefühlen, Ängsten und Hoffnungen.
- Sprechen Sie positiv über sich selbst. Und fragen Sie Ihr Kind, was es selbst gut an sich findet, was es an sich besonders mag.
- Heben Sie positive Erfahrungen und Erlebnisse hervor: z.B abends beim Zubettgehen sagen, was Sie am Tag besonders schön fanden, welche Erlebnisse gut waren.

Sobald feststeht, dass die Depression keine organische Ursache hat, muss geprüft werden, ob das Gehirn von einer Psychose oder Neurose in Mitleidenschaft gezogen worden ist. Als dritte Möglichkeit muss erwogen werden, ob es sich bei dem Zustand um eine normale Reaktion auf einen abnormen Affekt handeln kann, etwa um eine Depression nach einer nichtbestandenen Prüfung oder nach dem Tod eines geliebten Menschen.
Verhältnismäßig häufig sind Depressionszustände in solchen Lebensabschnitten, die durch körperliche und damit einhergehende psychische Veränderungen gekennzeichnet sind, z.B. wenn das Kind zum Erwachsenen heranwächst und -reift (pubertäre Depression), während der Menopause der Frau, die bei ihr ein Gefühl der Nutzlosigkeit und des körperlichen Verfalls auslösen kann (Involutionsdepression). Eine Insuffizienz (Schwäche) oder Störung der vitalen Funktionen (Nahrungsaufnahme, Schlaf, Urinausscheidung, Defäkation) kann ebenfalls Ursache einer schweren Depression sein (endogene Depression, entsprechend den vitalen Funktionen).

Therapie der Depression

Während einer Depression ist nicht nur die Seele beteiligt. Es gibt viele typische Veränderungen im Körper, speziell zwischen den Nervenzellen des Gehirns. Verschiedene Botenstoffe, sog. Neurotransmitter, die die Impulse zwischen den Nervenzellen übertragen, verhalten sich in einer depressiven Phase anders als sonst oder kommen in anderen Konzentrationen vor. Die wichtigsten sind Serotonin, Noradrenalin und Dopamin.
Alle antidepressiv wirkenden Medikamente greifen in den Kreislauf dieser Botenstoffe ein. Sie können aufgrund ihrer Zusammensetzung unterschiedliche Wirkungen haben: entspannend, stimulierend, stimmungsaufhellend, angstlösend. Für den Arzt ist es deshalb nicht immer auf Anhieb möglich, das individuell beste Medikament zu verschreiben. Antidepressiva brauchen außerdem Zeit, um zu wirken. Bis erste Resultate da sind, müssen sie während mindestens zwei bis vier Wochen eingenommen werden. Je nach Schwere der Depression sind aber Behandlungszeiten von mehreren Monaten üblich. Eine körperliche Abhängigkeit von den Medikamenten ist im Gegensatz zu rein spannungslösenden Substanzen, wie Tranquilizern oder Schlafmitteln, dennoch nicht zu befürchten.
Begleitend zur medikamentösen Therapie, die die biochemischen Vorgänge im Körper beeinflusst, sollte immer auch eine Psychotherapie stattfinden. In der häufig angewandten Verhaltenstherapie lernt der Depressionspatient, seine unangepassten Verhaltensmuster aufzubrechen und mit neuem Verhalten Rückfällen vorzubeugen.

Medikamentöse Therapie

Antidepressiva sind bei zwei von drei Patienten wirksam, unabhängig davon, welcher Wirkstoff verwendet wird. Warum Medikamente bei einem Drittel aller Patienten versagen, weiß man nicht. Falls nach etwa zwei Wochen keine antidepressive Wirkung auftritt, sollte der behandelnde Arzt überprüfen, ob das Medikament wie vorgeschrieben eingenommen wurde, ob die Dosierung vielleicht zu niedrig war, ob ein Medikament mit einer anderen Wirkungsweise besser ist usw. Die derzeit am häufigsten verwendeten Wirkstoffgruppen gegen Depressionen sind:

- Trizyklische Antidepressiva – das sind seit langem bewährte Medikamente bei schweren Depressionen.
- Selektive Serotonin-Wiederaufnahmehemmer – diese Mittel werden erst seit wenigen Jahren breit verwendet.
- Selektive Noradrenalin-Wiederaufnahmehemmer (auch tetrazyklische Antidepressiva genannt).
- MAO-Hemmer.
- Lithium.

Verhaltenstherapie

Die Verhaltungstherapie befasst sich mit der direkten Beeinflussung des Verhaltens. „Direkt" heißt, dass das vorliegende Krankheitssymptom ohne Umwege über seine verschiedenen Entstehungsbedingungen gezielt angegangen wird. Die Grundlagen der Verhaltenstherapie sind die Lerntheorien. Der Begriff Lerntheorie umfasst viel mehr als das, was man im täglichen Sprachgebrauch als Lernen bezeichnet. Wenn man in der Umgangssprache von Lernen spricht, so meint man vorwiegend das schulische oder an die Schule gebundene Lernen.
Lernen im weiteren Sinne umfasst aber nahezu alles menschliche Verhalten. Ob es sich um die Reinlichkeitserziehung der Kinder, das Spielen auf einem Musikinstrument oder um Autofahren handelt, immer sind Lernprobleme entscheidend beteiligt. Diese Lernprozesse kann man nun allgemeingültig, das heißt unabhängig vom speziellen Einzelfall, in Form der Lerngesetze darstellen.
Die Lerngesetze wurden zum größten Teil in Tierexperimenten gefunden, gelten aber im Prinzip auch für den Menschen. Jede Erziehung benützt in mehr oder weniger deutlicher Form diese Gesetzmäßigkeiten.

Eine Schwäche oder Störung der vitalen Funktionen kann Ursache einer schweren Depression sein

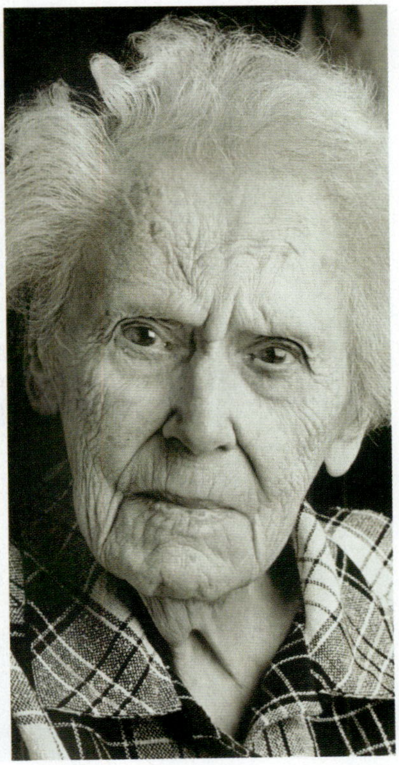

Diabetes

Definition

Unter der Bezeichnung „Diabetes mellitus" werden Störungen des Glukosestoffwechsels zusammengefasst, die sich durch eine dauerhafte Erhöhung der Zuckerkonzentration im Blut (= Hyperglykämie) auszeichnen. Die Ursachen für eine solche Hyperglykämie sind vielfältig:

- ▲ Beim Typ-1-Diabetes wird kein eigenes Insulin mehr gebildet (absoluter Insulinmangel).
- ▲ Beim Typ-2-Diabetes dagegen kann das an sich genügend vorhandene Insulin entweder nicht in ausreichender Menge freigesetzt werden oder an den Körperzellen nicht seine volle Wirksamkeit entfalten (relativer Insulinmangel).

Das Hormon Insulin wird in der Bauchspeicheldrüse (= Pankreas) gebildet. Es handelt sich dabei um ein kleines, drüsiges Organ im Oberbauch des Menschen, das zwei sehr unterschiedliche Funktionen erfüllt. Zum einen bildet das Pankreas als Drüse des Verdauungskanals ein Sekret, das Enzyme für die Eiweiß-, Kohlenhydrat- und Fettverdauung enthält. Dieser so genannte Bauchspeichel, etwa 0,5–1,5 l täglich, wird in den Dünndarm abgegeben. Dort bewirken seine Enzyme, dass die Eiweiße, Kohlenhydrate und Fette der aufgenommenen Nahrung so aufgespalten werden, dass sie in den Blutkreislauf gelangen und für den Körper verwertet werden können. Gleichzeitig ist das Pankreas aber auch eine sogenannte Hormondrüse. Steigt nach einer Mahlzeit der Blutzucker an, produziert sie Insulin und gibt dieses direkt ins Blut ab. Es besteht also eine direkte Beziehung zwischen dem Blutzuckerwert und der Insulinproduktion.

Die Zellen, in denen das Insulin gebildet wird, sind die sogenannten Langerhans'schen Inseln (nach ihrem Entdecker Paul Langerhans) oder B-Zellen. Sie liegen inselartig gruppiert über die gesamte Bauchspeicheldrüse verteilt. Besonders reichlich sind sie im Schwanz des Pankreas zu finden. Ein gesunder Erwachsener hat ca. 1 Million solcher Inselzellen.

Das Insulinmolekül ist ein Eiweiß, das aus zwei Aminosäureketten besteht. Es nimmt eine zentrale Rolle in der Regulation des gesamten menschlichen Stoffwechsels ein. Seine Bedeutung für den Glukosestoffwechsel ist dabei an erster Stelle zu nennen. Wie bereits beschrieben, wird bei einem Anstieg des Blutzuckerspiegels, z.B. nach einer kohlenhydratreichen Mahlzeit, Insulin vom Pankreas gebildet und ins Blut abgegeben.

Die Bauchspeicheldrüse gibt durch einen Ausführungsgang den Pankreassaft ab, der von wesentlicher Bedeutung für den Abbau der Eiweiße, Fette und Kohlenhydrate ist. Außerdem produziert die Bauchspeicheldrüse zwei Hormone, das Insulin und das Glucagon; beide werden direkt an die Blutbahn abgegeben.

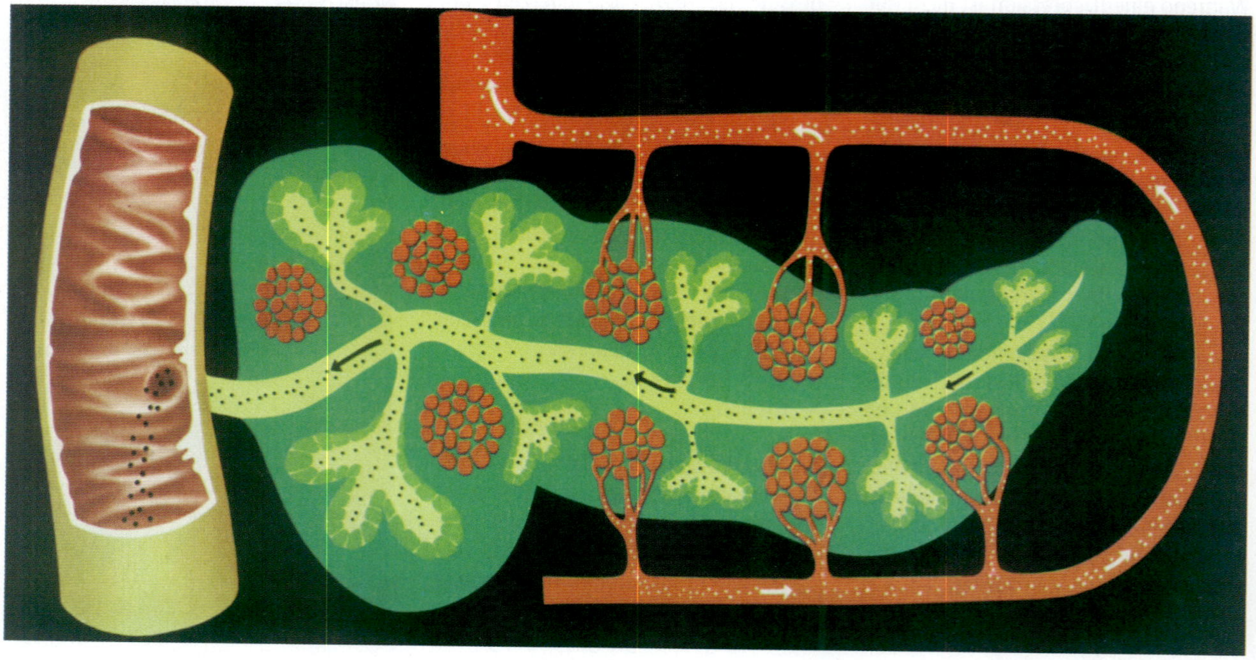

Dieses Insulin wirkt an so genannten Insulinrezeptoren (= Empfänger) bestimmter Körperzellen, vor allem im Muskel- und Fettgewebe, und sorgt dafür, dass diese Körperzellen Glukose aus dem Blut aufnehmen und verwerten können. Das geschieht durch eine Erhöhung der Durchlässigkeit (Permeabilität) für Glukose an der Membran dieser Zellen. Es handelt sich dabei um einen selektiven Prozess, der nicht für alle Körperzellen stattfindet, weshalb auch nicht alle Zellen Glukose aus dem Blut aufnehmen können. Glukose ist für viele Körperzellen ein wichtiger Energielieferant. Nur mit Hilfe dieser Energie sind z.B. Muskelzellen in der Lage, ihre Aufgaben wie die Muskelarbeit zu verrichten. Neben seiner großen Bedeutung für die Verwertung der Glukose aus der aufgenommenen Nahrung zeigt das Hormon Insulin auch Wirkung auf den Fettstoffwechsel und die Verwertung von Aminosäuren, die die Bausteine der Eiweiße sind.

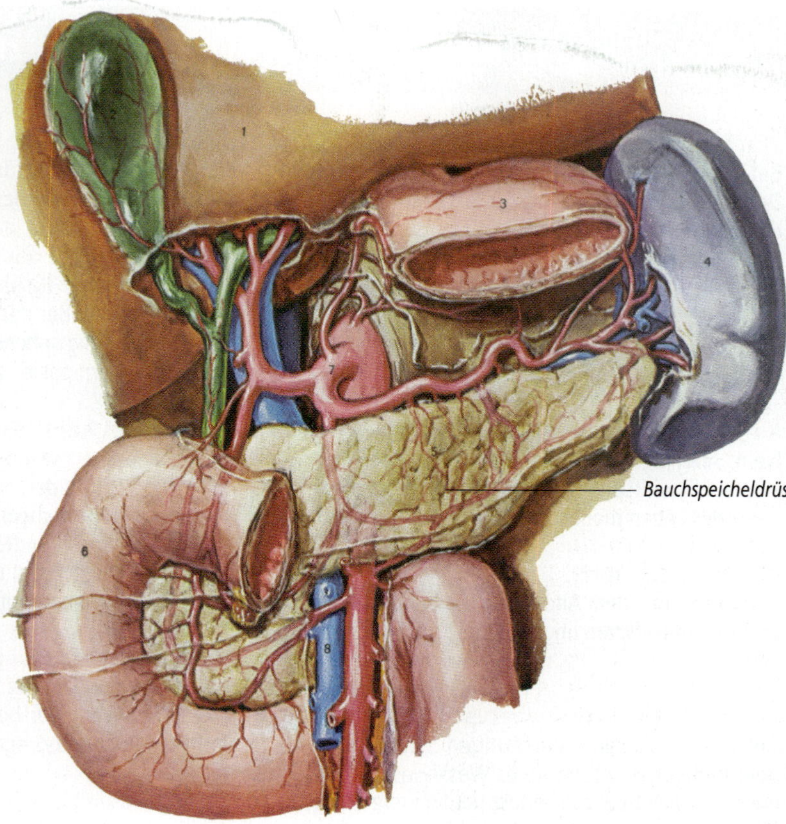

Die Bauchspeicheldrüse ist ein längliches Organ, das in der hufeisenförmigen Nische des Zwölffingerdarmes an der Rückwand des Bauches liegt.

Häufigkeit

Es wird davon ausgegangen, dass in Mitteleuropa etwa 0,3 % der Bevölkerung an einem Diabetes mellitus vom Typ 1 leiden. Dabei sind beide Geschlechter in etwa der gleichen Häufigkeit von der Erkrankung betroffen. Bezüglich des Typ-2-Diabetes werden für Europa 2–6 % Erkrankte gemessen an der Gesamtbevölkerung angenommen. Mit zunehmendem Lebensalter steigt die Erkrankungshäufigkeit für diesen Typ. Frauen erkranken außerdem deutlich häufiger an einem Diabetes vom Typ 2 als Männer. In Deutschland leben ca. 150.000–200.000 Typ-1-Diabetiker und etwa 5 Millionen Typ-2-Diabetiker.

Ursachen

Die beiden Typen des Diabetes mellitus sind von ihrer Entstehung her ganz unterschiedliche Erkrankungen. Beide sind jedoch durch eine Erhöhung des Blutzuckerspiegels gekennzeichnet, die wiederum für die auftretenden typischen Begleiterkrankungen des Diabetes verantwortlich ist.

Typ-1-Diabetes

Da der Typ-1-Diabetes in der Regel in einem jugendlichen Alter beginnt, wurde er früher auch als juveniler (= jugendlicher) Diabetes bezeichnet. Heute wird davon ausgegangen, dass es sich dabei um eine Art Autoimmunerkrankung handelt, die durch bestimmte Erbfaktoren und durchgemachte Virusinfektionen begünstigt wird. Bis auf wenige Ausnahmen tragen alle Typ-1-Diabetes-Patienten spezielle Antigene auf ihren weißen Blutkörperchen (HLA DR 3 und DR 4). Deshalb wird eine genetische Veranlagung (= Prädisposition) für die Erkrankung angenommen. Die vererbbaren Merkmale befinden sich auf dem kurzen Arm des Chromosoms Nr. 6. Allerdings gibt es viele Menschen, die diese Erbinformationen tragen und dennoch nicht an einem Diabetes erkranken. Es wird deshalb davon ausgegangen, dass zusätzlich zu den Erbanlagen auch bestimmte Virusinfektionen zum Ausbruch der Krankheit beitragen. Als auslösende Viren kommen vor allem Masern-, Mumps- und Grippeviren in Betracht. Ein solcher Virusinfekt kann bei bestimmten Personen eine sogenannte Autoimmunreaktion auslösen, bei der Antikörper gegen körpereigenes Gewebe, in diesem Fall gegen die Inselzellen des Pankreas, gebildet werden. Diese Inselzellantikörper (= ICA) führen schließlich zu einer vollständigen Zerstörung der insulinbildenden Zellen. Erst nachdem etwa 80% dieser Zellen zerstört sind, tritt die Erkrankung mit ihren typischen Symptomen wie quälendem Durst, häufigem Wasserlassen, Gewichtsabnahme und Abgeschlagenheit in Erscheinung. Zwischen dem Beginn der Erkrankung und dem Auftreten der ersten Symp-

Wichtige Fragen und Antworten zu Diabetes

Was ist Diabetes?
Bei Diabetes produziert der Körper nicht genügend Insulin. Der Zuckerstoffwechsel ist gestört und der Körper kann aus der Nahrung nicht die benötigte Energie aufnehmen.

Ist Diabetes eine ernste Krankheit?
Ja. Diabetes hat man sein Leben lang. Ohne die richtige Behandlung kann Diabetes zu Herz- und Nierenerkrankungen, Blindheit und Amputation führen.

Kann man Diabetes heilen?
Nein. Aber bei guter ärztlicher Betreuung kann man den Diabetes wirksam behandeln, damit ein aktives und gesundes Leben möglich ist.

Wer ist gefährdet?
Jeder kann in jedem Alter Diabetes bekommen. Übergewicht und Diabeteserkrankungen in der Familie können das Risiko erhöhen.

Woran erkenne ich Diabetes?
Auch wenn es keine eindeutigen Symptome gibt, so sind übermäßiger Durst, häufiges Wasserlassen, Müdigkeit und unerklärlicher Gewichtsverlust häufig erste Anzeichen.

Welche Faktoren begünstigen die Entwicklung einer Zuckerkrankheit oder Diabetes?
Die eigentliche Ursache des Leidens ist zwar unbekannt, doch weiß man, dass eine Zuckerkrankheit viel häufiger bei Menschen mit familiärer Diabetes-Vorbelastung und bei Übergewichtigen auftritt. Eine größere Häufigkeit der Krankheit findet man außerdem bei Personen mit Funktionsstörungen von Bauchspeicheldrüse, Leber, Nebenniere, Hypophyse oder anderen, mit diesen Drüsen in Beziehung stehenden Organen.

Wie häufig ist die Zuckerkrankheit oder Diabetes?
Schätzungsweise sind etwa zwei bis vier Prozent der Gesamtbevölkerung zuckerkrank. Viele dieser Patienten wissen gar nichts von ihrer Krankheit.

Gibt es bei der Zuckerkrankheit oder Diabetes ein familiäres Auftreten oder eine Erblichkeit?
Vererbt wird nicht die Zuckerkrankheit direkt, sondern nur die Bereitschaft zur Erkrankung. In etwa einem Viertel der Fälle liegt eine einschlägige Familienvorgeschichte vor.

Kann ein Infekt zur Zuckerkrankheit führen?
Nicht direkt, aber es ist bekannt, dass ein Infekt eine bereits bestehende Zuckerkrankheit verschlimmern oder verstärken oder die Krankheit deutlicher zum Vorschein bringen kann. Die einzige Form einer Infektion, die eine Zuckerkrankheit direkt auslöst, ist ein Abszess oder eine Entzündung der Bauchspeicheldrüse, durch die ein großer Teil der Drüse zerstört wurde. Dies kommt aber nur selten vor.

Bedeutet das Auftreten von Zucker im Harn immer, dass der Patient zuckerkrank ist?
Nein. Außer der Zuckerkrankheit gibt es eine Reihe verhältnismäßig seltener Zustandsbilder, bei denen die Zuckerprobe im Harn positiv ausfällt.

Wie kann Zuckerkrankheit mit Sicherheit festgestellt werden?
- Durch den Nachweis eines erhöhten Blutzuckerspiegels bei der chemischen Analyse des Blutes.
- Durch den Nachweis von Zucker im Harn.
- Durch den Befund eines charakteristischen Blutzuckerkurvenverlaufs beim Glukosetoleranztest (Glukosebelastung).

Kann man auch zuckerkrank sein, wenn der Harn zuckerfrei ist?
Ja. Wenn der Harn keinen Zucker enthält, kann dennoch der Blutzuckerspiegel erhöht sein.

Was ist ein Glukosetoleranztest?
Der Patient bekommt eine bekannte Menge Zucker verabreicht. Dann werden in bestimmten Abständen Blutproben abgenommen und Harnproben gesammelt. Hierauf wird die Zuckerkonzentration sowohl im Blut als auch im Harn bestimmt. Bei Zuckerkranken ergeben sich charakteristische Befunde.

Was ist Insulin?
Insulin ist ein Hormon, das normalerweise von bestimmten Zellen der Bauchspeicheldrüse in die Blutbahn abgegeben wird. Insulin ist für die richtige Verwertung und Steuerung des Zuckers im Organismus lebenswichtig. Wenn es in ungenügenden Mengen ausgeschieden wird, kommt es zur Zuckerkrankheit.

Müssen alle Zuckerkranken Insulin bekommen?
Nein. Ob eine Insulinbehandlung notwendig ist, hängt von der Schwere der Erkrankung ab. Bei vielen Patienten kann die Zuckerkrankheit nur mit Diät allein oder mit Antidiabetika unter Kontrolle gebracht werden.

Kann man auf irgendeine Weise verhindern, dass man zuckerkrank wird?
Bei einer nur leichten diabetischen Tendenz kann man den Ausbruch der Zuckerkrankheit verhüten, wenn man eine ausgewogene Diät mit verhältnismäßig niedriger Zuckerzufuhr einhält und das Körpergewicht in normalen Grenzen hält.

tome können Wochen, Monate oder auch Jahre vergehen. Häufig kommt es, nachdem der Patient die ersten Symptome verspürt hat, zu einer vermeintlichen Besserung des Zustandes. Der Patient befindet sich dann in der sogenannten Remissionsphase, die allerdings nur einen kurzen Stillstand der Krankheit bedeutet. Tatsächlich schreitet der Krankheitsprozess fort, bis schließlich alle Inselzellen zerstört sind und kein Eigeninsulin mehr gebildet wird. Beim Typ-1-Diabetes liegt also von Anfang an ein echter (absoluter) Insulinmangel vor. Daher ist die Insulingabe die einzige Therapie, die zu einer Besserung der Symptome führt.

Der Typ-1-Diabetes mellitus wird mit einer Wahrscheinlichkeit von 3–5 % von der Mutter oder dem Vater auf die nachfolgende Generation vererbt. Sind beide Eltern Typ-1-Diabetiker, steigt das Risiko auf etwa 10–25 %. Geschwister von diabetischen Kindern haben ein eigenes Erkrankungsrisiko von mindestens 10 %.

Eine wirkliche Heilung des Typ-1-Diabetes ist bis heute nicht möglich, die Erkrankung kann nur symptomatisch behandelt werden.

Typ-2-Diabetes

Die Ursache des Diabetes mellitus vom Typ 2 liegt in der angeborenen oder erworbenen Unempfindlichkeit gegenüber Insulin (= Insulinresistenz). Eine solche Insulinresistenz kann die Folge einer dauerhaft überreichen Nahrungszufuhr sein, die zu einem vermehrten Glukoseangebot führt. Die hohe Konzentration an Glukose im Blut lässt den Insulinspiegel steigen. Durch das chronische Überangebot an Glukose und den ständig erhöhten Insulinspiegel sinken Sensibilität und Anzahl der Insulinrezeptoren an den Körperzellen. Das freigesetzte Insulin reicht somit nicht mehr aus, um den Glukoseüberschuss abzubauen, d. h. der Körper leidet unter einem relativen Insulinmangel, und neues Insulin muss freigesetzt werden. Die Inselzellen werden über längere Zeit vermehrt beansprucht, was schließlich zu ihrer Erschöpfung und damit zu einem Diabetes mellitus führt.

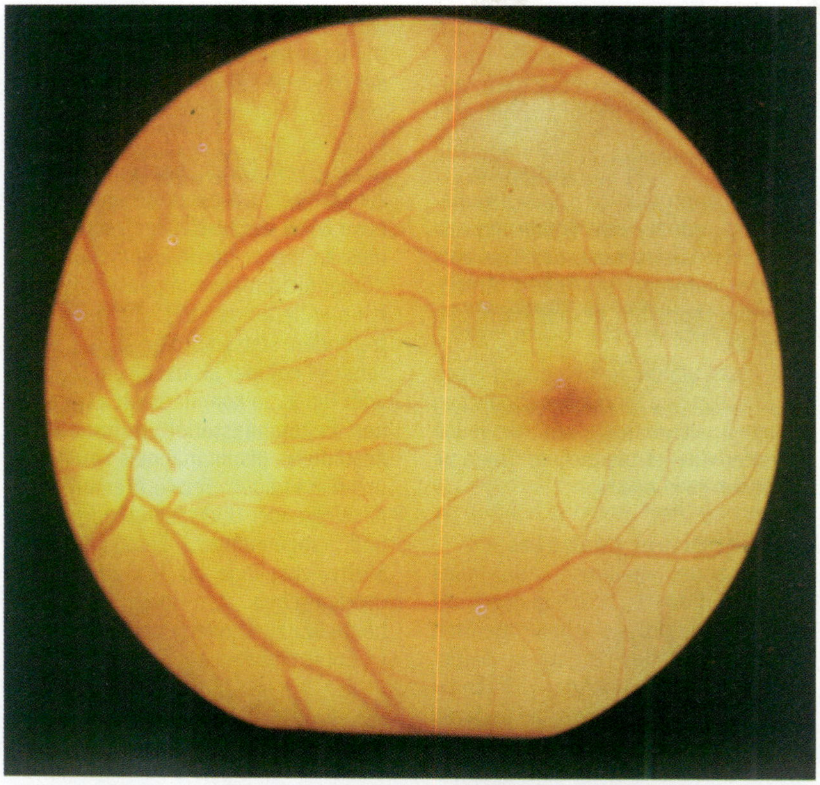

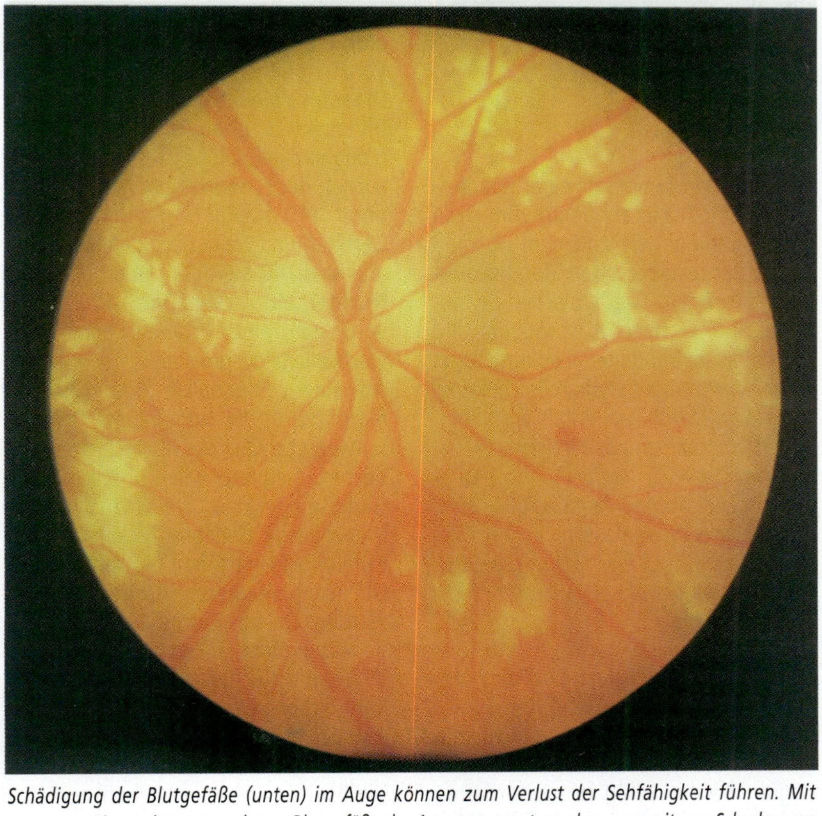

Schädigung der Blutgefäße (unten) im Auge können zum Verlust der Sehfähigkeit führen. Mit Laseroperationen können verletzte Blutgefäße des Auges versorgt werden, um weiteren Schaden von der Netzhaut abzuwenden.

Beim Typ-2-Diabetes muss der sogenannte Typ-2a, der schlanke Typ 2-Diabetiker mit einem tatsächlich vorhandenen relativen Insulinmangel, vom Typ-2b unterschieden werden. Letzterer entwickelt bei ausreichender Insulineigenproduktion eine Insulinresistenz durch Überernährung. In Europa ist diese Form des Diabetes mellitus aufgrund schlechter Ernährungsgewohnheiten besonders häufig geworden.

Das Wissen um die verschiedenen Typen des Diabetes und ihre unterschiedlichen Ursachen ist wichtig, um für jeden Patienten die erfolgreichste Therapie anwenden zu können.

Pankreopriver Diabetes

Ein Diabetes mellitus kann auch sekundär durch eine Schädigung der Bauchspeicheldrüse hervorgerufen werden. Fällt das Organ in seiner Funktion teilweise oder gar vollständig aus, kommt es zu einem sekundären Mangel an Insulin und damit zu einer diabetischen Stoffwechsellage. In einem solchen Fall ist eine Therapie mit Insulin unumgänglich.

Symptome

Die klinischen Symptome eines manifesten Diabetes sind abhängig vom Grad des Insulinmangels und dem Ausmaß der daraus resultierenden Stoffwechselveränderungen. Die typischen Symptome, die je nach Ausprägung und Dauer des vorhandenen Insulinmangels mehr oder weniger stark in Erscheinung treten und sowohl isoliert als auch kombiniert vorkommen können, sind:

– starker Durst	67–91%
– Mattigkeit, Abgeschlagenheit	64–80%
– vermehrtes Wasserlassen	40–75%
– Juckreiz	20–50%
– Heißhunger	25%
– Sehstörungen	25%
– Infektanfälligkeit	10–15%

Des Weiteren muss auch bezüglich der Krankheitssymptome zwischen Typ-1- und Typ-2-Diabetes unterschieden werden. Der Typ-2-Diabetes verläuft zu Beginn häufig völlig beschwerdefrei, sodass er oftmals nur „zufällig" bei Routineuntersuchungen diagnostiziert wird. 30–50 % der Patienten mit Typ-2-Diabetes haben so geringe Beschwerden, dass sie keine Veranlassung sehen, einen Arzt aufzusuchen. Auch bei einem Diabetes vom Typ 1 vergehen oft Monate vom Beginn der Erkrankung bis zum Auftreten der ersten Symptome, da etwa 80 % der Inselzellen zerstört sein müssen, bevor der Insulinmangel vom Körper nicht mehr kompensiert werden kann. Allerdings sind die dann auftretenden Erstsymptome in der Regel sehr viel heftiger als bei einem Diabetes vom Typ 2. So kommt es oft bereits bei der Erstmanifestation aufgrund des absoluten Insulinmangels zu einer unvollständigen Fettverbrennung mit nachfolgender Übersäuerung des Blutes und sogenannter ketoazidotischer Stoffwechsellage bis hin zum hyperglykämischen, also durch stark überhöhte Blutzuckerwerte bedingten Koma (= Coma diabeticum).

Diagnose

Legen die Beschwerden des Patienten und die klinische Symptomatik den Verdacht nahe, es könne sich um einen Diabetes mellitus handeln, müssen Blutzucker- und Urinzuckerbestimmungen durchgeführt werden. Der Blutzucker liegt normalerweise nüchtern unter 110 mg/dl (= Milligramm pro Deziliter) und steigt nach dem Essen auf maximal 140 mg/dl an. Oberhalb eines Nüchternblutzuckers von 126 mg/dl wird von einer diabetischen Stoffwechsellage gesprochen.

Ab einem Blutzucker von 160–180 mg/dl wird die sogenannte Nierenschwelle für Glukose überschritten, der Körper beginnt, die überschüssige Glukose über den Urin auszuscheiden. Dieser ausgeschiedene Zucker kann mit Hilfe von Teststreifen, die sensibel auf Glukose reagieren, nachgewiesen werden. Da das Hormon Insulin auch Bedeutung für den Fettstoffwechsel hat, deutet der Nachweis von sogenannten Ketonkörpern im Urin (hierbei handelt es sich um Abbauprodukte, die bei einem gestörten Kohlenhydratstoffwechsel der Leber entstehen) auf eine beginnende allgemeine Stoffwechselentgleisung hin (= Ketonurie).

Nach der WHO-Empfehlung liegt ein manifester Diabetes mellitus vor, wenn der Nüchternblutzucker über 120 mg/dl und der so genannte postprandiale (= nach der Mahlzeit) Blutzucker über 180 mg/dl liegen. Werden bei der ersten Kontrolle Blutzuckerwerte im Grenzbereich festgestellt, ist zur weiterführenden Diagnostik ein oraler Glukosetoleranztest (= oGTT) zu empfehlen.

Bei einem solchen oGTT erhält der Patient morgens nüchtern nach der ersten Blutentnahme 75 g Glucose in 300 ml Wasser gelöst. Diese Lösung muss er innerhalb von 10 Minuten langsam trinken. 60 bzw. 120 Minuten nachdem der Patient mit dem Trinken begonnen hat, folgen weitere Blutentnahmen.

Ein Diabetes mellitus liegt vor, wenn die Werte für den Nüchternblutzucker über 120 mg/dl und den 2-Stunden-Blutzucker über 200 mg/dl im kapillaren Vollblut (Blut aus der Fingerkuppe) betragen.

Von einer sogenannten Glukosetoleranz mit Krankheitswert (= pathologische Glukosetoleranz) wird gesprochen, wenn der Nüchternblutzucker unter 120 mg/dl und der 2-Stunden-Blutzucker zwischen 140 und <200 mg/dl liegen. Sind dagegen der Nüchternblutzuckerwert unter 120 mg/dl und der 2-Stunden-Blutzuckerwert unter 140 mg/dl, besteht kein Nachweis für eine Glukoseverwertungsstörung.

Wenn ein Diabetes mellitus nachgewiesen wurde, muss der Blutzucker in der Folge regelmäßig gemessen werden.

Für die Kontrolle der Effektivität einer eingeleiteten Therapie eignet sich daneben ein anderer Wert, der über eine Blutentnahme gewonnen wird: der sogenannte HbA1c-Wert. Dieser gibt den Prozentanteil des mit Glukose verbundenen roten Blutfarbstoffes an, der normalerweise bei 4–6 % liegt und direkt vom Blutzucker abhängt. Mit dem HbA1c-Wert lässt sich eine Aussage über die Blutzuckereinstellung der letzten acht bis zehn Wochen treffen. Für eine optimal verlaufende Therapie sollte der HbA1c immer unter 7 % liegen.

Behandlung

Diabetesgerechte Ernährung

Eine gesunde Ernährung ist für alle Patienten mit Diabetes mellitus von großer Bedeutung. Besonders Diabetiker vom Typ 2 können davon profitieren. Häufig ist Übergewicht eine Ursache für das Auftreten des Typ-2-Diabetes. Mithilfe einer ausgewogenen Ernährung und regelmäßiger Bewegung kann das Körpergewicht gesenkt werden, was zu einer Verbesserung der Zuckerwerte im Blut beiträgt. Viele Patienten können auf diese Weise ihren Tabletten- bzw. Insulinbedarf deutlich reduzieren.

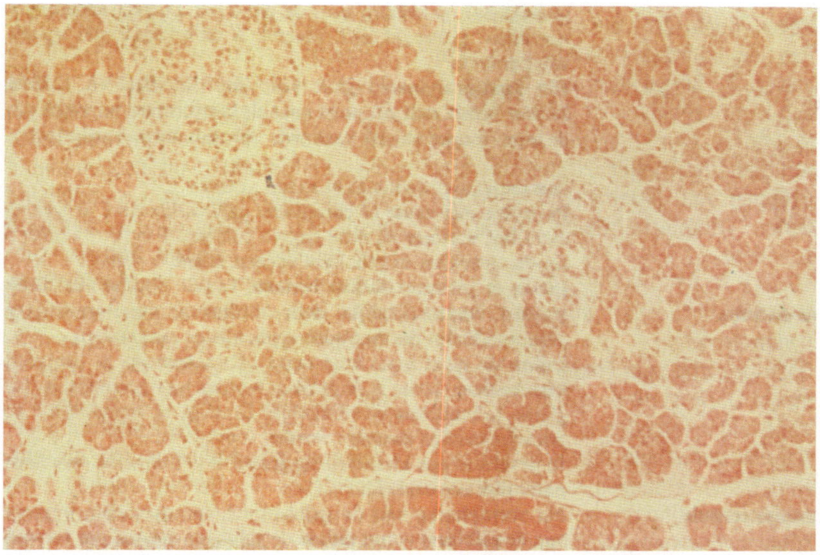

Mikroskopische Aufnahme der Bauchspeicheldrüse; Insulin produzierende Zellen

Diät

Diabetesgerechte Ernährung bedeutet durchaus nicht automatisch eine strenge Diät. So muss ein Diabetiker nicht zwangsläufig auf Süßigkeiten oder Alkohol verzichten. Wichtig ist eine ausgewogene Ernährung, wie sie auch für Stoffwechselgesunde empfohlen wird. Um in Beruf und Freizeit leistungsfähig zu sein, benötigt ein Diabetiker genauso wie ein Stoffwechselgesunder eine Kalorienzufuhr, die der körperlichen Tätigkeit angemessen ist. Wichtig ist, dass die mit der Nahrung zugeführten Kalorien vom Körper auch verwertet werden können und Kohlenhydrate nicht als Harnzucker wieder ausgeschieden werden. Mehrere kleine Mahlzeiten (fünf bis sechs) am Tag sind besser als wenige große, weil der Insulinbedarf dann geringeren tageszeitlichen Schwankungen unterliegt. Als günstig hat sich eine fettarme Kost in Verbindung mit viel Obst und Gemüse erwiesen. Vollkornprodukte führen zu einer langsameren Freisetzung von Kohlenhydraten und tragen auf diese Weise dazu bei, einen gleichmäßigeren Blutzuckerspiegel zu gewährleisten. Nahrungsmittel, die leicht resorbierbare Kohlenhydrate wie reine Glukose oder Kochzucker enthalten, sind dagegen eher zu meiden, da sie zu einem raschen Anstieg des Blutzuckerspiegels führen. Allerdings muss auf sie keinesfalls gänzlich verzichtet werden. Um eine gute Nierendurchspülung zu gewährleisten, sollten Diabetiker wie Stoffwechselgesunde auch auf eine ausreichende Trinkmenge (mindestens 1,5 Liter täglich) achten. Kaffee und schwarzer bzw. grüner Tee eignen sich jedoch nicht, um den Flüssigkeitsbedarf zu decken, da sie vor allem harntreibend wirken und den Körper somit „austrocknen", was gleich bedeutend mit erhöhten Konzentrationen schädlicher Substanzen ist.

Bewegung

Bewegung ist vor allem für den Typ-2-Diabetiker neben einer gesunden Ernährung die zweite gute Möglichkeit, aktiv etwas gegen die Erkrankung zu tun. Muskelarbeit steigert den Energieverbrauch, verbessert die Empfindlichkeit der Zellen für Insulin und führt so zu einer Senkung des Blutzuckers. Eine regelmäßige aktive Bewegung wie tägliche längere Spaziergänge (mindestens 45 Minuten) ist daher nur zu empfehlen. Allerdings sollte die körperliche Betätigung nicht übertrieben werden. Plötzliche sportliche Höchstbelastungen bei sonst eher geringer körperlicher Aktivität können der Blutzuckereinstellung sogar eher schaden als nutzen und unter Umständen zu einer Entgleisung des Gesamtstoffwechsels führen.

Allgemein ist zu sagen: Jedes Kilo Übergewicht, das abgenommen wird, verbessert die Einstellung des Diabetes.

Medikamentöse Diabetesbehandlung

Beim Typ-1-Diabetes liegt ein absoluter Insulinmangel vor. Die Insulinbehandlung muss daher unmittelbar im Anschluss an die Diagnosestellung beginnen. Eine Behandlung mit oralen Antidiabetika wäre unsinnig und schädlich, da sie auf eine gezieltere Insulinausschüttung der Inselzellen abhebt, die beim Typ-1-Diabetes jedoch ihre Funktion bereits verloren haben. Hinweise dafür, dass eine frühzeitige konsequente Stoffwechselnormalisierung unter Insulin die Dauer und das Ausmaß der bereits erwähnten Remissionsphase günstig beeinflusst, ist Grund genug, bei Typ-1-Diabetes mit dem Beginn der Insulinbehandlung nicht zu zögern.

Anders ist die Situation beim Patienten mit einem Diabetes vom Typ 2, der primär an einer Störung der Insulinwirkung und nicht an einem absoluten Insulinmangel leidet.

Häufig liegt der Erkrankung eine ungesunde Ernährungsweise verbunden mit Fettleibigkeit zugrunde. Von daher wäre es falsch, ihn vom Tag der Diagnosestellung an mit oralen Medikamenten oder Insulin zu behandeln, wenn die Möglichkeiten, durch eine Umstellung der Ernährungsgewohnheiten das Körpergewicht zu reduzieren, noch nicht ausgeschöpft sind. Reichen diätetische Maßnahmen nicht aus, den Blutzuckerspiegel entscheidend zu senken, ist beim Typ-2-Diabetiker eine Therapie mit oralen Antidiabetika möglich. Dabei sind drei Gruppen mit grundlegend verschiedenen Wirkmechanismen zu unterscheiden:

■ *Stoffe zur Verzögerung der Kohlenhydratresorption*
Dazu gehören zum einen Substanzen, die im Darm stark aufquellen und ein Völlegefühl erzeugen, wodurch die Nahrungsaufnahme allgemein begrenzt wird. Damit verbunden ist eine automatische Reduktion der aufgenommenen Kohlenhydratmenge. Zum anderen gibt es Medikamente, die verhindern, dass im Darm bestimmte chemische Reaktionen an den Glukosemolekülen der Nahrung ablaufen. Auf diese Weise wird die Aufnahme der Glukose durch den Darm verringert.

■ *Sulfonylharnstoffe*
Sulfonylharnstoffe erhöhen die Sensibilität der Inselzellen für den Blutglukoseanstieg und bewirken somit eine verstärkte Insulinausschüttung. Häufig sprechen Typ-2-Diabetes-Patienten zunächst gut auf eine Therapie mit Sulfonylharnstoffen an. Mit fortschreitender Erkrankung, wenn die Inselzellen der Bauchspeicheldrüse durch die Belastung einer dauerhaft erhöhten Insulinproduktion erschöpft sind, lässt die Wirkung der Medikamente in der Regel jedoch nach, und eine Therapie mit Insulin wird unvermeidbar, um die Stoffwechsellage zu normalisieren.

■ *Biguanide*
Biguanide erhöhen die Glukoseverwertung in der Peripherie, z.B. in der Muskulatur. Zusätzlich hemmen sie die so genannte Glukoneogenese, d. h. die Herstellung von Glukose aus anderen Stoffwechselprodukten wie den Proteinen.

Insulin

Die erste Behandlung mit Insulin erfolgte im Januar 1922. Zunächst standen nur kurz wirkende „Normal-(Alt-)Insuline" zur Verfügung. Insulin muss gespritzt werden, weil das Protein im Magen und Darm zerstört wird, falls man es in Tablettenform verabreicht. Ab 1930 wurde die Insulintherapie durch die Einführung von sogenannten Verzögerungsinsulinen grundlegend verändert. Solche Insuline werden nach der Injektion langsam aus der subkutanen (= unter der Haut) Injektionsstelle in den Körper abgegeben, sodass sie über einen längeren Zeitraum wirksam sind. Waren vorher 3–4 Injektionen am Tag nötig, reichten jetzt 1–2 tägliche Insulindosen aus. Die Einführung der Verzögerungsinsuline wurde als entscheidende Verbesserung der Lebensqualität eines Diabetikers angesehen. Die Erfahrungen der letzten Jahrzehnte ergaben jedoch, dass die daraus entwickelte konventionelle Insulintherapie mit 1–2 Injektionen am Tag unphysiologisch ist und nicht den Anforderungen der Abstimmung von Nahrungsaufnahme, Insulinbehandlung und körperlicher Bewegung entspricht. Eine Insulintherapie mit Verzögerungsinsulinen ohne Zugabe von Normal-(Alt-)Insulin führt zu einem unerwünschten chronischen Hyperinsulinismus, der eine exakte Einstellung der Insulindosierung seitens des Patienten schwer möglich macht.
Die Weiterentwicklung von Insulinpräparaten und Insulinapplikationsformen in den letzten Jahren ermöglichte die Einführung der sogenannten intensivierten Insulintherapie, bei der der Patient die Insulindosis ständig dem aktuellen Blutzuckerwert anpasst. Voraussetzung dafür ist die regelmäßige Bestimmung des Blutzuckerspiegels. Die subkutanen Insulininjektionen können mithilfe von „Pens" erfolgen. Dabei handelt es sich um füllhalterähnliche Injektionsgeräte, die das Insulin in vorgefertigten Patronen enthalten und aus denen die gewünschte Insulindosis per Knopfdruck gespritzt werden kann. Eine kontinuierliche Insulinzufuhr ist dagegen möglich durch die Benutzung sogenannter Insulinpumpen. Diese mit Insulin gefüllten Dosiergeräte von der Größe einer Zigarettenschachtel werden ständig von dem Patienten am Körper getragen und geben über eine unter der Haut liegende Kanüle regelmäßig eine bestimmte vorprogrammierte Insulinmenge ab. Darüber hinaus erlauben sie es, vor den Mahlzeiten eine Extradosis Insulin abzurufen. Allerdings haben die Insulinpumpen noch keinen Sensor, der ihnen erlauben würde, den Blutzuckerspiegel selbständig zu regulieren und dem Diabetes-Patienten auf diese Weise nahezu völlige Unabhängigkeit von seiner Erkrankung zu verschaffen.
Bei aller Verbesserung der Therapieformen ist es auch heute noch nicht möglich, die Glukosespitzen, die nach dem Essen auftreten, durch die Gabe von Insulin vollständig zu vermeiden. Dies liegt daran, dass eine gewisse Zeit vergeht, bis das subkutan gespritzte Insulin überhaupt ins Blut gelangt und dort seine Wirkung entfalten kann.

Spätfolgen des Diabetes

Chronisch erhöhte Blutzuckerwerte führen zu Strukturveränderungen an den kleinen Blutgefäßen (= diabetische Mikroangiopathie). Dabei kommt es zum einen zu einer erhöhten Durchlässigkeit der Gefäßwände, in deren Folge Blutungen auftreten können. Zum anderen entstehen an den Gefäßwänden Verdickungen, die Gefäßverschlüsse mit entsprechenden Durchblutungsstörungen verursachen können. Die diabetische Mikroangiopathie ist vor allem an der Netzhaut des Auges (= Retina) und an den Nieren zu beobachten und hat schwerwiegende Erkrankungen zur Folge:

Diabetische Retinopathie

Aufgrund der diabetischen Gefäßveränderungen kommt es zu Durchblutungsstörungen der Netzhaut. Die Folge davon sind Veränderungen des Augenhintergrundes mit Narbenbildungen, die zu Sehstörungen bis hin zur Erblindung führen können. In Europa und den USA ist die diabetische Retinopathie die häufigste Erblindungsursache bei Menschen zwischen dem 20. und 65. Lebensjahr. Die optimale Blutzuckereinstellung ist der beste Schutz vor dieser Erkrankung. Eine medikamentöse Behandlung der diabetischen Retinopathie gibt es bisher nicht, aber ein Fortschreiten der

Erkrankung kann durch Lasertherapie in vielen Fällen verhindert werden.

Diabetische Nephropathie

Auch die Nieren werden durch die diabetische Mikroangiopathie und die damit verbundenen Durchblutungsstörungen geschädigt. Diese Nierenschädigung kann zu einem chronischen Nierenversagen führen und eine regelmäßige künstliche Blutwäsche (= Dialyse) notwendig werden lassen. Des Weiteren bewirkt die Schädigung der Nieren einen hohen Blutdruck (= Hypertonus), der in der Regel medikamentös behandelt werden muss. Die sogenannten ACE-Hemmer spielen bei der Therapie eine große Rolle, weil sie neben der Blutdrucksenkung auch eine positive Wirkung auf die Nierendurchblutung haben. Ansonsten gilt jedoch auch bei der diabetischen Nephropathie wieder: Eine gute Blutzuckereinstellung ist die beste Prophylaxe.

Diabetische Neuropathie

Dauerhaft erhöhte Blutzuckerwerte führen vor allem in den peripheren Nerven zu Schädigungen, die mit Sensibilitätsstörungen verbunden sind. Häufig klagen die Patienten über brennende Schmerzen in den Füßen (= burning feet syndrome). Auch die Temperaturwahrnehmung ist oft gestört, sodass die Patienten angeben, unter kalten Füßen zu leiden.

Diabetischer Fuß

Die verminderte Durchblutung und die Schädigung der Nerven verbunden mit Gefühlsstörungen in den Füßen führen zu offenen, schlecht heilenden Wunden und Geschwüren (=diabetische Gangrän), die auch heute noch Amputationen notwendig machen können. Vorbeugende Maßnahmen und eine entsprechende Aufklärung der Patienten über die richtige Fußpflege (regelmäßiges Waschen der Füße mit lauwarmem Seifenwasser und gründliches Abtrocknen, Vermeidung von Verletzungen bei der Pediküre) und das geeignete Schuhwerk sind absolut unumgänglich.

Weitere Folgeschäden

Beim Diabetes mellitus treten auch Veränderungen an den großen Blutgefäßen auf (= diabetische Makroangiopathie). Hierbei handelt es sich um Arteriosklerose. Vor allem in Verbindung mit erhöhten Blutfettwerten, hohem Blutdruck, Übergewicht und Nikotingenuss sind chronisch erhöhte Blutzuckerwerte ein wesentlicher Risikofaktor für Herzinfarkt und Schlaganfall. Weitere schwerwiegende Folgen eines Diabetes mellitus können Störungen der Libido und Erektionsprobleme sein.

Prognose

Die Prognose hängt für beide Diabetes-Typen sehr stark von einer guten Einstellung des Blutzuckerspiegels und damit von der Mitwirkung des Patienten ab. Beim Typ-1-Diabetes ist die Prognose auch vom Alter, in dem die Erkrankung beginnt, abhängig. Manifestiert sich der Diabetes um das 10. Lebensjahr, kann es zu einer Lebensverkürzung von durchschnittlich 15–18 Jahren kommen. Haupttodesursache sind bei Typ-1-Diabetikern die chronischen Nierenschädigungen, auf die deshalb bezüglich einer Prophylaxe besonderes Augenmerk gerichtet werden muss.

Beim Typ-2-Diabetes wird der Verlauf der Erkrankung hauptsächlich durch die Folgen der Gefäßschäden bestimmt. Etwa drei Viertel der Patienten sterben an solchen sogenannten vaskulären Komplikationen. Die Prognose der Typ-2-Diabetiker kann entscheidend verbessert werden, wenn es gelingt, durch Umstellung der Ernährungsweise und gezielte Bewegungstherapie ein optimales Körpergewicht für den Patienten zu erreichen.

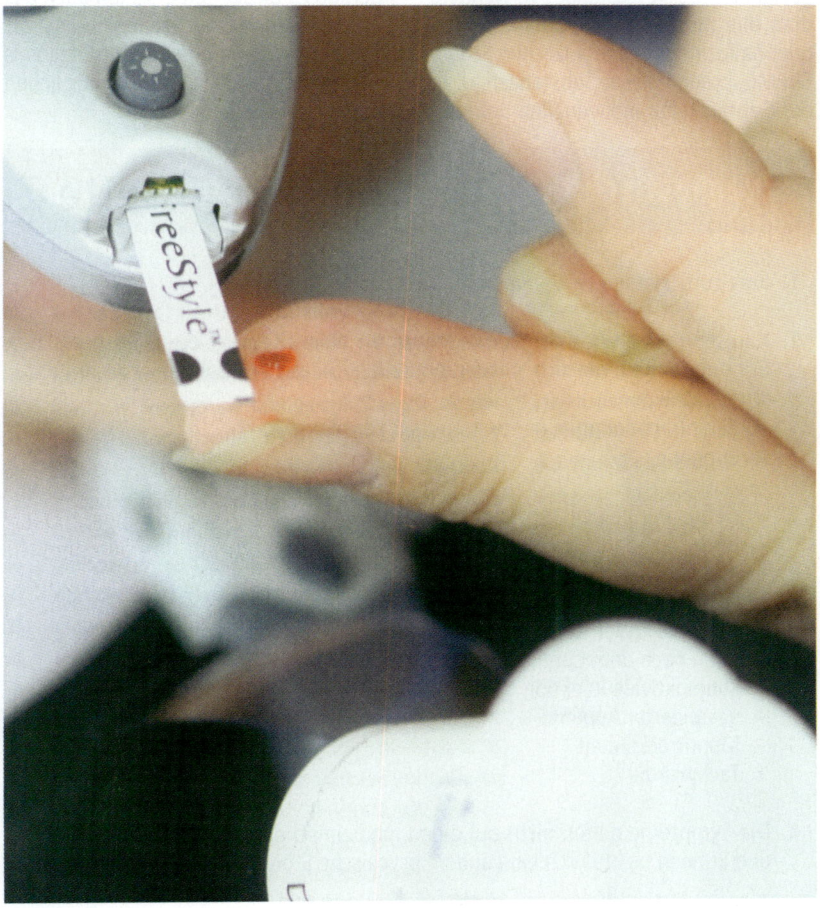

Bei Diabetes geschieht die Zuckerbestimmung mit einem Messgerät aus einem Bluttropfen, der durch den Stich einer winzigen Lanzette in die Fingerkuppe gewonnen wird.

Drogen

Einführung

Drogen oder Rauschgifte sind als Stimulanzien verwendete Substanzen mit berauschendem Effekt; sie dämpfen entweder das Zentralnervensystem (Narkotika), stimulieren es (Aufputschmittel, Anregungsmittel) oder verzerren es (Halluzinogene). Seit eh und je lebt der Mensch in einem tiefverwurzelten Konflikt mit und oft in Angst vor seiner Umwelt. Immer wieder im Laufe der Geschichte stößt man auf Menschen, die den Versuch unternahmen, ihrer Welt zu entrinnen, sie zu ändern oder sie sich anzupassen. Solche Versuche fanden ursprünglich vor allem in magisch-religiösen Kultgruppen statt. Als Hilfsmittel zur Herbeiführung eines geeigneten Geisteszustandes verwendete man alle möglichen euphorisierenden oder halluzinogenen pflanzlichen Stoffe. Ein Missbrauch dieser Substanzen, d. h. der Gebrauch zur individuellen Befriedigung an Stelle der sozial gerechtfertigten Anwendung (zum Nutzen der Gemeinschaft oder zu ärztlichen Zwecken) ist in einzelnen Fällen ohne Zweifel schon zu allen Zeiten vorgekommen. Missbrauch in großem Maßstab ist gewöhnlich eine Begleiterscheinung von umwälzenden Veränderungen in der Sozialstruktur einer Gesellschaft, wie sie sich beispielsweise in jüngster Vergangenheit in der westlichen Welt vollzogen hat. Obwohl der Alkoholismus schon immer eine gewichtige Rolle in unserer Gesellschaft spielte und ein individueller Missbrauch nicht selten war, trat jedoch der „soziale Alkoholismus" erst zu Beginn des 19. Jahrhunderts in Westeuropa in Erscheinung.

Gerade zu dieser Zeit erschien auch das Opium auf der Szene, teils als Alkoholersatz, häufiger aber einfach als Hausmittel gegen alle möglichen Schmerzen.

Definitionen

1969 definierte die Weltgesundheitsorganisation (WHO) den Begriff „Droge" folgendermaßen: „Jede Substanz, die, in den lebenden Organismus aufgenommen, imstande ist, eine oder mehrere Funktionen zu beeinflussen." Die medizinische Bezeichnung für solche Substanzen ist Pharmakon (Mz. Pharmaka), ein altgriechisches Wort, das ursprünglich Arznei und auch Gift bedeutet. Die Definition der WHO ist allerdings für eine praktische Anwendung viel zu weit gefasst, denn sie trifft, genau genommen, für jeden bekannten Stoff zu, sei es nun Trinkwasser, Sauerstoff oder Rattengift. Daher verstehen Ärzte und Chemiker unter Pharmaka heute nur Medikamente, d. h. Substanzen, die, im richtigen Augenblick in der richtigen Form, Menge und Weise verabreicht, einen günstigen Einfluss auf die Funktion des Organismus ausüben.

Diagnostische Kriterien für Cannabisintoxikation

1. Kurz zurückliegender Cannabiskonsum.
2. Klinisch bedeutsame unangepasste Verhaltens- oder psychische Veränderungen, die sich während oder kurz nach dem Cannabiskonsum entwickeln, z.B.:
   - Beeinträchtigungen der motorischen Koordination
   - Euphorie
   - Angst
   - Gefühl der Zeitverlangsamung
   - beeinträchtigtes Urteilsvermögen
   - sozialer Rückzug
3. Mindestens zwei der folgenden Symptome, die sich innerhalb von zwei Stunden nach dem Cannabiskonsum entwickeln:
   - konjunktivale Injektion
   - gesteigerter Appetit
   - Mundtrockenheit
   - Tachykardie
4. Die Symptome gehen nicht auf einen medizinischen Krankheitsfaktor zurück und können nicht durch eine andere psychische Störung besser erklärt werden.

Cannabis sativa; indischer Hanf

Das Wort Droge (englisch drug, französisch drogue) bedeutet eigentlich „trocken" und bezog sich ursprünglich auf getrocknete Heilkräuter: Damals verstand man unter Drogen einfach Heilmittel. Im angloamerikanischen Sprachgebrauch wird das Wort Drogen auch heute noch in diesem Sinne angewandt. Daneben jedoch hat das Wort Droge (drugs) – und nicht nur in der englischsprechenden Welt – eine zweite Bedeutung erhalten: Es bezeichnet eine Gruppe von Substanzen, die trotz ihrer sehr unterschiedlichen Herkunft, Form und Wirkung doch einiges gemeinsam haben:

- Abgesehen von der möglichen therapeutischen Anwendung werden sie vom Konsumenten aus eigener Initiative zu nicht ausschließlich medizinischen Zwecken verwendet.
- Neben therapeutischen Eigenschaften besitzen die Substanzen eine Wirkung, die vor allem einen Einfluss auf das Bewusstsein ausübt; diese Wirkung ist es vor allem, die von den Konsumenten angestrebt wird.
- Sie fallen aus den Konventionen der westlich orientierten Welt heraus.

Im Zusammenhang mit dem letzten Punkt ist erwähnenswert, dass einige Stoffe, die medizinisch als Drogen angesehen werden müssen (z.B. das Nikotin des Tabaks, der Alkohol und sogar die Barbiturate und andere Schlafmittel), gesellschaftlich anerkannt sind, wohingegen andere, neuere und daher weniger gebräuchliche und vertraute Substanzen (z.B. Marihuana, Ecstasy, Crack und LSD) von der Gesellschaft verworfen werden.
Die Unterscheidung zwischen „weichen Drogen" die als nicht gesundheitsschädlich gelten, – und „harten Drogen" – schädliche Stoffe – ist wissenschaftlich nicht haltbar, solange ihre Wirkungsweise nicht restlos geklärt ist. Zur richtigen medizinisch-biologischen Einschätzung der Drogen sollte man daher besser nur die beiden ersten Punkte in Erwägung ziehen. Drogen sind demnach – vernachlässigt man die therapeutischen Indikationen – Substanzen, die nicht als Heilmittel, sondern einzig und allein wegen ihrer Wirkung auf das Bewusstsein genommen werden.

Bestimmung von Drogen im Harn und im Blut

Sucht, Abhängigkeit, Gewöhnung

Diese Begriffe werden häufig miteinander verwechselt; sie werden aufs Geratewohl gebraucht, ohne auf die genaue Bedeutung zu achten. Gewöhnung bedeutet in der Regel ein bestimmtes Verhalten – in diesem Fall den regelmäßigen Konsum einer Droge –, das ohne größere Schwierigkeiten durchbrochen werden kann, d. h., die Drogenabhängigkeit ist nur gering. Erfordert es dagegen eine größere Anstrengung, sich von der Gewöhnung zu befreien, spricht man von Sucht.
In der englischen Literatur wird habit oder habituation (Gewöhnung, Gewohnheit) jedoch tatsächlich im Sinne von Sucht gebraucht.

Diagnostische Kriterien für Kokainintoxikation

1. Kurz zurückliegender Kokainkonsum.

2. Klinisch bedeutsame unangepasste Verhaltens- oder psychische Veränderungen, die sich während oder kurz nach dem Kokainkonsum entwickeln, zum Beispiel:
   - Affektive Verflachung;
   - Euphorie;
   - Veränderungen im Sozialverhalten;
   - Hypervigilanz;
   - zwischenmenschliche Empfindlichkeit;
   - Angst;
   - Anspannung;
   - stereotype Verhaltensweisen;
   - beeinträchtigtes Urteilsvermögen;
   - Beeinträchtigungen im sozialen oder beruflichen Bereich.

3. Mindestens drei der folgenden Symptome, die sich während oder kurz nach dem Kokainkonsum entwickeln:
   - Tachykardie;
   - Bradykardie;
   - Pupillenerweiterung;
   - erhöhter Blutdruck;
   - erniedrigter Blutdruck;
   - Schwitzen;
   - Schüttelfrost;
   - Übelkeit;
   - Erbrechen;
   - Gewichtsverlust;
   - Agitiertheit;
   - psychomotorische Verlangsamung;
   - Muskelschwäche;
   - flache Atmung;
   - Brustschmerzen;
   - kardiale Arrhythmie;
   - Verwirrung;
   - Anfälle;
   - Dyskinesien;
   - Dystonie;
   - Koma.

Sucht bedeutete ursprünglich den zwanghaften Konsum von Alkohol und Opiaten. Einige typische Merkmale dieses Zustandes sind:

- Abhängigkeit von der Droge.
- Veränderung des Verhaltens des Süchtigen bezüglich seiner selbst und seiner Umwelt, also eine Persönlichkeitsveränderung.
- Zunehmende Drogentoleranz, d. h., zur Erzielung der gleichen Wirkung sind immer höhere Dosen der Droge erforderlich.
- Entziehungssymptome bei Entzug oder Unerreichbarkeit der Droge.

Im Prinzip können diese Symptome auch psychologischer oder sozialer Natur sein; hier soll jedoch hauptsächlich von dem körperlichen Entzugssyndrom die Rede sein. Toleranz und Entziehungssymptome sind Folgeerscheinungen der Gewöhnung, d. h. der Anpassung des Körpers an die Droge; dabei finden oft Veränderungen in der Biochemie des Organismus statt: so ändert sich etwa die Konzentration der Bioamine wie Noradrenalin und Adrenalin. Abhängigkeit ist eine geistige und zuweilen auch körperliche Verfassung, die infolge der Wechselwirkung eines lebenden Organismus mit einem Pharmakon eintritt; sie ist charakterisiert durch Reaktionen und Verhaltensweisen und insbesondere durch den Drang nach ständiger oder regelmäßiger Einnahme der Droge, mit dem Ziel, ihre Wirkung zu spüren oder auch den unangenehmen Auswirkungen ihrer Abwesenheit zu entgehen. Es kann zu einer Toleranz kommen.

Eine Person kann von mehr als einer einzigen Droge abhängig sein. Charakteristisch für den Zustand der Drogenabhängigkeit ist das ununterdrückbare Verlangen nach der Droge, die Sucht, die es dem Betroffenen unmöglich macht, normal zu funktionieren, wenn nicht vorher seine Sucht befriedigt worden ist. Selbst wenn keine körperlichen Entziehungserscheinungen auftreten, kann eine fehlende Befriedigung der Sucht zu abnormen Symptomen oder Verhaltensweisen führen: der Raucher, der gerade das Rauchen aufgegeben hat, ist nervös und reizbar, und viele Menschen sind erst nach der gewohnten Tasse Kaffee in der Lage, mit ihrer Arbeit zu beginnen. Diese Symptome gehören zum psychischen oder sozialen Entzugssyndrom.

Die Entdeckung, dass auch solche Symptome auftreten können, hatte zur Folge, dass man jetzt zwischen physischer und psychischer Abhängigkeit unterscheidet, entsprechend der Unterscheidung zwischen „harten Drogen" einerseits, die Gewöhnung, Toleranz und körperliche Entziehungserscheinungen nach sich ziehen, und den „weichen Drogen" andererseits, die eine psychische (seelische), aber keine physische (körperliche) Abhängigkeit zur Folge haben. (Genau genommen ist eine solche Unterscheidung nicht streng möglich, denn eine physische Abhängigkeit ist gleichzeitig mit einer starken Sucht verbunden, und körperliche Entziehungserscheinungen sind immer mit psychischen und sozialen Problemen gepaart und umgekehrt.) Die physische Abhängigkeit wird oft auch als pharmakologische Abhängigkeit beschrieben – im Hinblick auf die Einwirkung von außen zugeführter Substanzen auf den Körper – oder als physiologische Abhängigkeit, womit die Auswirkungen auf die Körperfunktionen angesprochen sind. Sie beruht vermutlich auf der Anpassung des Körperstoffwechsels an das Vorhandensein der Droge. Im Einzelnen nimmt man an, dass diese Anpassung durch bestimmte Enzyme zustande kommt, deren Wirkung eine Einbeziehung der Droge in den Stoffwechsel ermöglicht. Solche Enzyme können beispielsweise vermehrt vom Körper produziert werden. Offenbar versucht der Organismus durch eine solche Anpassung dem Drogeneffekt entgegenzuwirken. Wird eine Droge nach längerem Gebrauch plötzlich abgesetzt, ist der Stoffwechsel noch an ihr Vorhandensein angepasst: Es kommt zu Entziehungserscheinungen, die als überschäumende Reaktion in die entgegengesetzte Richtung angesehen werden können; die dann auftretenden körperlichen Symptome sind dem ursprünglich angestrebten Drogeneffekt entgegengesetzt.

Aus diesem Mechanismus geht hervor, dass keine Droge, auch nicht die härteste und im Gewöhnungsfall unbedingt suchterzeugende, zu einer physischen Gewöhnung mit Entziehungserscheinungen und Abhängigkeit führt, solange sie nur hin und wieder eingenommen wird. Zur Gewöhnung ist ein ständiger Konsum über ein bestimmtes zeitliches Minimum hinweg erforderlich. Geht man davon aus, kommt man zu einem besseren Verständnis der Wechselwirkung zwischen physischer und psychischer Abhängigkeit. Zusammen mit der Umstellung des Körperstoffwechsels kommt es ja auch zu einer Beeinflussung der Reaktionen, die für eine normale geistige Funktion ausschlaggebend sind. Auf diese Weise entsteht ein sich selbst ständig verstärkender Prozess, das Abhängigkeitssyndrom: physische Gewöhnung führt zum Bedürfnis nach immer höheren Dosen, und die zunehmende Anomalität verschiedener Hirnfunktionen schwächt die Widerstandskraft des Süchtigen gegen seine Sucht und gegen die psychosozialen Spannungen, die mit dem Konsum gesellschaftlich nicht anerkannter Drogen auftreten. Entsprechend könnten auch die Symptome beim Entzug „weicher Drogen" möglicherweise auf physiologischen Prozessen (Veränderung der Körperfunktionen) beruhen. Diesbezügliche Untersuchungen sind noch im Gang.

Kokain kann geschluckt, als Pulver in die Nase eingezogen oder gespritzt werden

Substanzmissbrauch

Das Hauptmerkmal des Substanzmissbrauchs ist ein fehlangepasstes Muster von Substanzgebrauch, das sich in wiederholten und deutlich nachteiligen Konsequenzen infolge des wiederholten Substanzgebrauchs manifestiert. Diese können wiederholtes Versagen bei wichtigen Verpflichtungen, wiederholter Gebrauch auch in Situationen, in denen es zu körperlicher Gefährdung kommen kann, verschiedenste Probleme mit dem Gesetz und immer wieder auftretende soziale und zwischenmenschliche Probleme sein.

Diese Probleme müssen wiederholt während derselben 12-Monatsperiode auftreten. Im Vordergrund der Kriterien stehen also nur die schädlichen Konsequenzen wiederholten Substanzgebrauchs. Die Diagnose Substanzmissbrauch wird durch die Diagnose Substanzabhängigkeit ersetzt, wenn das Muster des Substanzgebrauchs die Kriterien einer Abhängigkeit für die Klasse von Substanzen erfüllt. Obwohl die Diagnose Substanzmissbrauch wahrscheinlicher für Personen gilt, die erst kürzlich begonnen haben, eine Substanz einzunehmen, gibt es auch Personen, bei denen über einen langen Zeitraum hinweg kontinuierlich ungünstige soziale Konsequenzen im Zusammenhang mit der Substanz vorliegen, ohne dass bei ihnen eine evidente Substanzabhängigkeit besteht. Ein unangepasstes Muster von Substanzgebrauch führt in klinisch bedeutsamer Weise zu Beeinträchtigungen oder Leiden, wobei sich mindestens eines der folgenden Kriterien innerhalb desselben 12-Monats-Zeitraums manifestiert.

- Wiederholter Substanzgebrauch, der zu einem Versagen bei der Erfüllung wichtiger Verpflichtungen bei der Arbeit, in der Schule oder zu Hause führt (zum Beispiel wiederholtes Fernbleiben von der Arbeit und schlechte Arbeitsleistungen in Zusammenhang mit dem Substanzgebrauch, Schulschwänzen, Einstellen des Schulbesuchs oder Ausschluss von der Schule in Zusammenhang mit Substanzgebrauch, Vernachlässigung von Kindern und Haushalt).
- Wiederholter Substanzgebrauch in Situationen, in denen es aufgrund des Konsums zu einer körperlichen Gefährdung kommen kann.
- Wiederkehrende Probleme mit dem Gesetz im Zusammenhang mit dem Substanzgebrauch (Verhaftungen aufgrund ungebührlichen Betragens in Zusammenhang mit dem Substanzgebrauch).
- Fortgesetzter Substanzgebrauch trotz ständiger oder wiederholter sozialer oder zwischenmenschlicher

Risiken des Drogenkonsums

Gefahren
Auch wenn man die Tatsache, dass Drogenkonsum zu Abhängigkeit und Sucht führen kann, einmal ganz außer Acht lässt, gibt es Gefahren, die jeglichen Rauschgiftgebrauch begleiten.

Dosierungsunsicherheit
Die Qualität des Stoffes ist unklar. Enthält er wenig Wirkstoff, kommt es zu einem schlechten Rausch. Steigert man die Dosis und hat zufällig einen stärkeren Stoff erwischt, können Angsträusche, Vergiftungen, eventuell sogar mit Todesfolge eintreten.

Verstärkungseffekte
Rauscherlebnisse sind schwer berechenbar. Plötzlich und unerwartet kann der Konsument mit derselben Menge einen doppelt starken Rausch bekommen. Derselbe Effekt tritt ein, wenn verschiedene Drogen gleichzeitig genommen werden oder Alkohol dazu getrunken wird. Unerwartete Verstärkungseffekte zeigen sich vor allem dann, wenn bestimmte Arzneimittel und Rauschdrogen gleichzeitig eingenommen werden.

Flashback
Ohne neue Einnahme von Drogen ist es bei den Rauschdrogen, die Sinnestäuschungen (Halluzinationen) auslösen, möglich, von einem Nachrausch überfallen zu werden, der in seiner Intensität und Dauer dem bewusst herbeigeführten Rausch gleichkommen kann. Die Auswirkungen eines solchen Echorausches können besonders schockierend sein. Nicht selten kommt es zu panischen Angstzuständen, weil man glaubt, geisteskrank zu werden. Fehlhandlungen und Verzweiflungsakte sind nicht selten Folge eines Nachrausches.

Psychische Erkrankung
Manche Menschen haben eine Anlage (Disposition) zu psychischen Erkrankungen, die nur dann zum Durchbruch kommt, wenn besondere Ereignisse eintreten. Es ist jedoch sicher, dass selbst leichte Rauschmittel solche „Auslöser" sein können.

Kriminalisierung
Jeder Drogenbenutzer trifft irgendwann mit einem Händler (Dealer) zusammen. Wegen der hohen Strafandrohung und aus Profitgier sind Händler oft daran interessiert, Verteiler (Minidealer) anzuwerben, die den besonders risikoreichen Absatz beim Endverbraucher übernehmen. Wer sich darauf einlässt, ist besonders gefährdet. Auch für den Kleinhändler gilt dieselbe hohe Strafandrohung des Rauschgiftgesetzes. Da die meisten Händler alle Rauschdrogen anbieten und der Minidealer im Ruf steht, ein erfahrener Drogenkonsument zu sein, werden viele verleitet, auch die „harten Stoffe" zu probieren. Suchtgefährdung und Kriminalisierung – in dieser Schere befinden sich die meisten Mitläufer.

Viele Kakteen enthalten Meskalin. Zu den Halluzinogenen gehören LSD und Meskalin; die erzeugen im Allgemeinen keine echten Halluzinationen, von denen man dann spricht, wenn jemand glaubt, dass die seltsamen Dingen die er sieht und hört, tatsächlich passieren. Die Konsumenten von Halluzinogenen wissen dagegen, dass ihre ungewöhnlichen Wahrnehmungen durch die Droge verursacht werden und nicht Wirklichkeit sind.

Probleme, die durch die Auswirkungen der psychotropen Substanz verursacht oder verstärkt werden (zum Beispiel mit dem Ehegatten über die Folgen der Intoxikationen, körperliche Auseinandersetzungen).

Substanzintoxikation

Das Hauptmerkmal einer Drogenintoxikation ist die Entwicklung eines reversiblen substanzspezifischen Syndroms, das auf die vorherige Einnahme (bzw. den Einfluss) einer Substanz zurückkehrt.

Klinisch bedeutsame fehlangepasste Verhaltensänderungen oder psychische Veränderungen, die mit der Intoxikation einhergehen (zum Beispiel Streitsucht, Affektlabilität, kognitive Beeinträchtigungen, beeinträchtigte Urteilsfähigkeit oder Beeinträchtigung der sozialen oder beruflichen Rollenerfüllung), sind unmittelbar auf die körperliche Wirkung der Substanz auf das zentrale Nervensystem zurückzuführen und entwickeln sich während oder kurz nach dem Gebrauch der Substanz. Substanzintoxikation geht oftmals mit Substanzmissbrauch oder Substanzabhängigkeit einher.

Hinweis auf die kürzliche Einnahme der Substanz kann aus der Vorgeschichte, der körperlichen Untersuchung oder einer toxikologischen Analyse der Körperflüssigkeiten abgeleitet werden.

Die am häufigsten auftretenden Veränderungen betreffen Störungen der Wahrnehmung, Wachheit, Aufmerksamkeit, Urteilsfähigkeit, Psychomotorik, zwischenmenschliches Verhalten.

Das spezifische klinische Bild der Substanzintoxikation unterscheidet sich dramatisch in Abhängigkeit von den betreffenden Personen und hängt ferner von der Substanz, Dosis, den Erwartungen der Person hinsichtlich des Substanzeffektes und der Umgebung ab, in der die Substanz eingenommen wird.

Kurzdauernde oder akute Intoxikationen können mit anderen Merkmalen und Symptomen als anhaltende oder chronische Intoxikationen einhergehen. Beispielsweise können geringe Dosen von Kokain anfänglich zu einer Steigerung der Geselligkeit führen, wogegen die gleiche Dosis bei häufiger Einnahme über Tage und Wochen hinweg sozialen Rückschritt bewirken kann.

Amphetamininduzierte Malerei

Verschiedenartige Substanzen (manchmal nach verschiedenartigen Substanzklassen) können identische Symptome erzeugen. Beispielsweise kann eine Amphetamin- ebenso wie eine Kokainintoxikation mit hochtrabendem und hyperaktivem Verhalten, begleitet von Tachykardien, Pupillendilatation, erhöhtem Blutdruck und Schweißausbrüchen oder Kälteschauern, einhergehen.

Substanzentzug

Das Hauptmerkmal des Substanzentzugs ist die Entwicklung substanzspezifischer fehlangepasster Verhaltensweisen mit physiologischen und kognitiven Begleiterscheinungen, die auf die Beendigung oder Reduktion eines schweren und langdauernden Substanzgebrauchs zurückzuführen sind. Das substanzspezifische Syndrom verursacht in klinisch bedeutsamer Weise Leiden oder Beeinträchtigungen in sozialen, beruflichen oder anderen wichtigen Funktionsbereichen.

Die Symptome gehen nicht auf einen medizinischen Krankheitsfaktor zurück und können nicht durch eine andere psychische Störung besser erklärt werden.

Entzugssymptome gehen in der Regel, jedoch nicht immer, mit Substanzabhängigkeit einher. Die meisten (vielleicht alle) Personen mit Entzugserscheinungen haben den unwiderstehlichen Drang, die Substanz wieder einzunehmen, um die Entzugssymptome abzumildern.

Durchfall und Verstopfung

Symptome wie Durchfall, Verstopfung, Blutungen im Verdauungstrakt, Regurgitation und Schluckbeschwerden weisen in der Regel auf eine Erkrankung des Verdauungssystems hin. Nicht so spezifische Symptome, wie zum Beispiel Bauchschmerzen, Blähungen, Appetitlosigkeit und Übelkeit, können auf verschiedenen Erkrankungen beruhen.

Bei Durchfall geht oft ungeformter Stuhl ab. Die Stuhlbeschaffenheit kann von weich über breiig bis wässerig reichen. Vor und während des Stuhlgangs kann es zu Krämpfen kommen.

Durchfall

Eine Infektion mit dem Typhusbazillus (elektronenmikroskopische Aufnahme) kann schwere Durchfälle verursachen

Verstopfung ist seltener Stuhlgang. Fast immer hat der Betroffene harten Stuhl, der Beschwerden macht. Es kann auch das Gefühl entstehen, dass der Mastdarm nicht völlig entleert wurde.

Durchfall

Durchfall (Diarrhö) ist die natürliche Reaktion des Körpers, um sich schädlicher Erreger zu entledigen. In den meisten akuten Fällen liegt eine einfache Lebensmittelvergiftung vor, die durch kontaminierte Speisen oder Getränke verursacht wurde. Auf dieses Risiko sollte man besonders bei schlechten hygienischen Verhältnissen, beispielsweise in Ländern der Dritten Welt oder in den Tropen, achten. Auch Virusinfektionen können für Durchfall verantwortlich sein. Lebensmittelvergiftung und Magen-Darm-Entzündungen (Gastroenteritis) als Folge einer Virusinfektion betreffen häufig viele Personen gleichzeitig und weisen auf eine gemeinsame Ursache hin. Bei empfindlichen Menschen kann auch übermäßiger Alkoholgenuss zu Durchfall führen. In solchen akuten Fällen ist eine Behandlung selten nötig – Magen und Darm beruhigen sich meist von selbst wieder.

Arzneimittel gegen Durchfall sind häufig nicht sinnvoll, da die Krankheitskeime dann nicht ausgeschieden werden können und länger im Körper bleiben. Wenn der Durchfall nicht zu stark ist und kein Blut im Stuhl auftritt, ist es am besten, einfach abzuwarten, bis die Beschwerden von selbst verschwinden. Bei chronischem Durchfall können jedoch Schwächegefühl, Austrocknung und Erschöpfung auftreten. Im besten Fall ist Durchfall nur ein unangenehmes Symptom – im schlimmsten Fall kann Durchfall Anzeichen einer ernsthaften Störung im Darmbereich sein.

- Als Gastroenteritis wird eine Infektion von Magen und Darm bezeichnet, die in der Regel zu Durchfall und Erbrechen führt. Erreger sind meist Viren, die auf ähnliche Weise übertragen werden wie Keime, die Erkältungen auslösen.
- Eine Lebensmittelvergiftung macht sich im Allgemeinen, aber nicht immer, durch plötzliche Übelkeit und Durchfall einige Stunden nach Einnahme der verdorbenen Speisen bemerkbar. Abhängig vom verursachenden Erreger kann es zwei bis drei Stunden dauern, in manchen Fällen sogar bis zu vierundzwanzig Stunden, bevor es zum Durchfall kommt. Der Durchfall ist dann meist mit starker Übelkeit und Erbrechen, in manchen Fällen mit Bauchschmerzen und Schweißausbrüchen verbunden.
- Wenn Durchfall und Verstopfung abwechselnd auftreten, handelt es sich wahrscheinlich um die typischen Symptome des nervösen Darms (Reizkolon). Oft begünstigen Stress, Anspannung und Angstzustände die Durchfallerkrankung.

Einige pathogene Viren

- Coxsackiviren
- Enteroviren
- Enzephalomyokarditis-Virus
- Gelbfieber-Virus
- Herpesviren
- HCV (Hepatitis-C-Viren)
- HIV (AIDS-Viren)
- HPV (Warzen-Viren)
- Influenzaviren
- Masern-Virus
- Mumps-Virus
- Polio-Virus
- Rhinoviren
- Röteln-Virus
- Tollwut-Virus
- Varicella-Virus
- Variola-Virus

Abführmittel

Abführmittel sollten immer nur kurzfristig (höchstens 14 Tage) eingesetzt werden – und zwar möglichst nur dann, wenn Vorbeugungsmaßnahmen unzureichend oder nicht wirksam waren.

- Bisacodyl, ein synthetisches Abführmittel, kann kurzfristig bei Verstopfung eingesetzt werden. Gelegentlich verursacht die Substanz allergische Erscheinungen oder auch Magenbeschwerden.
- Glyzerin wirkt stuhlaufweichend und abführend, in der Regel als Zäpfchen oder Darmeinlauf.
- Lactulose wirkt als nicht resorbierbarer Zucker im Dickdarm zwei bis zehn Stunden nach der Einnahme abführend. Gelegentlich verursacht die Substanz Bauchschmerzen, Übelkeit und Blähungen.
- Magnesiumsulfat (Bittersalz) wirkt wasserbindend (osmotisch) und darf nur mit zusätzlich reichlich Flüssigkeit eingenommen werden.
- Natriumpicosulfat ist ein synthetisches Abführmittel und kann kurzfristig bei Verstopfung eingesetzt werden. Gelegentlich verursacht die Substanz allergische Erscheinungen oder Magenbeschwerden.
- Phenolphthalein wirkt insbesondere im Dickdarm sechs bis acht Stunden nach Einnahme abführend.
- Sorbit(ol) wirkt wasserbindend (osmotisch) und darf nur mit zusätzlich reichlich Flüssigkeit eingenommen werden oder es wird für Darmeinläufe benutzt.
- Aloe (Aloe barbadensis und ferox) wirkt anregend auf die Flüssigkeitssekretion und die Darmaktivität. Aloe enthält Anthranoide (Anthrachinone), die möglicherweise erbgutverändernd wirken – eine Rotfärbung des Harns kann auftreten. Der Wirkstoff kann die Stuhlentleerung erleichtern, etwa vor diagnostischen Eingriffen, und darf nicht bei Darmverschluss, Hämorrhoiden, entzündlichen Darmerkrankungen, Kindern unter zwölf Jahren, während der Menstruation, Stillzeit und Schwangerschaft eingesetzt werden. Zu hohe Dosierung und Langzeitanwendung müssen unbedingt vermieden werden!
- Flohsamen, indischer (Plantago ovata, isphagola, psyllium, indica) wirkt regulierend auf die Darmtätigkeit bei verschlepptem Stuhldrang oder Reizdarmbeschwerden und muss mit viel Flüssigkeit eingenommen werden. Der Quellstoff quillt mit Wasser auf das zehnfache Volumen auf, wobei die unverdaulichen Samen bis in die tieferen Darmabschnitte gelangen. Gelegentlich können Überempfindlichkeitsreaktionen auftreten – auf keinen Fall bei Verengungen der Speiseröhre oder des Magen-Darm-Systems einnehmen!
- Leinsamen (Linum usitatissimum) wirkt durch Quellung anregend auf die Darmtätigkeit und schützt die Schleimhaut, etwa bei entzündlichen Dickdarmerkrankungen. Leinsamen ist ein Quell- und Ballaststoff, der mit viel Flüssigkeit eingenommen werden sollte.
- Quell- und Ballaststoffe, Nahrungs- oder Nahrungsergänzungsmittel, die Quell- und Ballaststoffe enthalten, sind die gesündeste Art, eine Verstopfung zu behandeln. Empfehlenswert sind Pflanzenfasern aus Obst, Gemüse und Vollkornprodukten oder zusätzliche Gaben von Weizenkleie oder Leinsamen (in Wasser eingelegt vorquellen lassen).
- Sennesblätter, Sennesfrüchte (Cassia senna und angus-tifolia) wirken anregend auf die Flüssigkeitssekretion und die Darmaktivität. Sennes enthält Anthranoide (Anthrachinone), die möglicherweise erbgutverändernd wirken, eine Rotfärbung des Harns kann auftreten. Der Wirkstoff kann die Stuhlentleerung erleichtern und darf nicht bei Darmverschluss, Hämorrhoiden, entzündlichen Darmerkrankungen, Kindern unter 12 Jahren, während der Menstruation, Stillzeit und Schwangerschaft eingesetzt werden. Zu hohe Dosierung und Langzeitanwendung müssen unbedingt vermieden werden!

- Durchfall ist eine der häufigsten Nebenwirkungen von Arzneimitteln.
- Zahlreiche Infektionskrankheiten wie Ruhr, Giardiasis und Salmonelleninfektionen führen zu einer vorübergehenden Entzündung der Darmschleimhaut. Es kommt zum Durchfall, da zu viel Flüssigkeit aus dem Kreislauf durch die Darmwand in das Darminnere einsickert. Bei Durchfall in Kombination mit erhöhter Temperatur sollten Stuhlproben im Labor untersucht werden, um die Erreger oder Parasiten zu identifizieren und eine geeignete Behandlung einleiten zu können.
- Manche Menschen reagieren mit Unverträglichkeit oder Allergien auf bestimmte Nahrungsmittel. Muscheln und Erdbeeren werden häufig besonders schlecht vertragen. Bei entsprechender Veranlagung kann im Prinzip jedes Nahrungsmittel eine allergische Reaktion auslösen.
- Chronische entzündliche Erkrankungen des Darmtrakts (Morbus Crohn, Colitis ulcerosa) beginnen häufig mit Durchfall, Bauchschmerzen und Gewichtsabnahme. Gelegentlich wird Eiter im Stuhl beobachtet.
- Bei über Fünfzigjährigen, die Veränderungen der Stuhlgewohnheiten bemerkt haben, beispielsweise häufigeren Stuhldrang, weicheren oder anders gefärbten Stuhl, Abgang von Schleim mit dem Stuhl länger als eine Woche, besteht bis zum Beweis des Gegenteils Verdacht auf eine Krebserkrankung.

Verstopfung

Was als Verstopfung (Obstipation) zu betrachten ist, hängt von der betroffenen Person ab. Manche Menschen

Wichtige Fragen und Antworten zu Durchfall und Verstopfung

Was versteht man unter Durchfall oder Diarrhoe?
Von Durchfall spricht man, wenn gehäuft dünne, ungeformte Stühle abgehen.

Gibt es einen bestimmten Typ, der besonders zu Durchfällen neigt?
Der nervöse, überempfindliche Mensch scheint besonders leicht auf aufregende oder spannungsgeladene Situationen mit Durchfall zu reagieren.

Wann soll man den Arzt wegen eines Durchfalls zu Rate ziehen?
- Wenn der Durchfall länger als ein paar Tage unvermindert anhält.
- Wenn er von anderen Krankheitszeichen, etwa von hohem Fieber, Gliederschmerzen und einem allgemeinen Krankheitsgefühl, begleitet wird.
- Wenn sich Blut im Stuhl befindet.

Was ist zumeist Ursache des Durchfalls?
- Meist ist es einfach eine Gastroenteritis, die durch den Genuss von verdorbenen oder keimhaltigen Speisen oder solchen, gegen die man allergisch ist, ausgelöst wurde.
- Häufig handelt es sich um sog. Durchfallskrankheiten, zu denen Ruhr, Colitis ulcerosa, Enteritis regionalis, Divertikulitis usw. gehören.
- Einige Infektionskrankheiten, zum Beispiel Typhus und Cholera, rufen schwere Durchfälle hervor.
- Die Einnahme von Abführmittel in hohen Dosen führt zu einem vorübergehenden Durchfall.
- Durchfälle finden sich oft als funktionelle Störung bei nervös verkrampften, neurotischen Personen.

Was versteht man unter Obstipation oder Verstopfung?
Von Obstipation oder Verstopfung spricht man, wenn man mit der Stuhlentleerung Schwierigkeiten hat oder wenn der Stuhlgang unregelmäßig und zu selten ist.

Wie oft sollte man normalerweise Stuhlgang haben?
Der Rhythmus der Darmentleerungen ist recht unterschiedlich. Manche Menschen haben ein- oder zweimal täglich Stuhlgang, andere jeden zweiten oder dritten Tag. Solange der Stuhlgang regelmäßig ist, spielt das keine Rolle.

Hilft ein Magenbitter nach zu fettem Essen?
Nein. Alkohol kombiniert mit Kräutern erleichtert die Verdauung nicht. Lieber Tee mit Schafgarbe und Wermutkraut trinken, der regt die Verdauung an.

Helfen Bewegung und viel trinken gegen Verstopfung?
Ja. Wichtig sind mindestens zwei Liter Flüssigkeit am Tag und mäßige, aber regelmäßige Bewegung. Außerdem sollten täglich reichlich Ballaststoffe aus Vollkornprodukten, Gemüse, getrocknetem und frischem Obst auf dem Speisezettel stehen. Möglichst schon morgens zum Frühstück.

Beeinflusst Alkohol die Verdauung?
Ja. Alkohol in Maßen, also ein Viertelliter Rotwein täglich, kann die Produktion der Magensäfte anregen und sich positiv auf die Verdauung auswirken. Zu viel und regelmäßiger Konsum belastet jedoch Leber und Bauchspeicheldrüse. Folge: Wichtige Verdauungsfermente und Eiweiße werden nicht mehr produziert, es kommt zu Durchfall.

Stimmt es, dass täglich ein Glas Apfelsaft die Verdauung fördert?
Ja. Um bei Durchfall verlorene Flüssigkeit und ausgeschwemmte Mineralien zu ersetzen, sind zimmerwarme Cola, leicht gesalzener Orangensaft oder schwarzer Tee bewährte Hausmittel. In der Apotheke gibt es auch fertige Elektrolyt-Lösungen.

Kann ein Steak „schwer im Magen liegen"?
Eigentlich nicht. Ein gesunder Magen kann (fast) alles verdauen. Trotzdem ist es möglich, dass manche Menschen „empfindlicher" auf ein Stück Fleisch reagieren. Sie haben dann einfach einen sensibleren Magen. Bei Gastritis zum Beispiel kann ein Steak aber tatsächlich den gereizten Magen überfordern. Dann empfiehlt sich leichtere Kost.

Fördern Artischockenkapsel die Verdauung?
Ja. Bei leichten Verdauungsbeschwerden können sie Linderung bringen. Bei stärkeren Beschwerden gilt grundsätzlich: vom Arzt abklären lassen.

Machen Abführmittel abhängig?
Ja. Sie leeren den gesamten Dickdarm und sogar Teile des Dünndarms. Dadurch vergeht bis zum nächsten natürlichen Stuhlgangreflex mehr Zeit als gewohnt. Aus Ungeduld greifen viele erneut zum Abführmittel, was zwar den gewünschten Erfolg bringt, aber auch einen Teufelskreis in Gang setzt: Durch den verstärkten Flüssigkeitsverlust fehlen dem Körper Mineralien, vor allem Kalium. Das wiederum macht den Darm träge und verstopft. Wenn schon Abführmittel nötig sind, dann Milchzucker verwenden.

haben täglich Stuhlgang, andere erleichtern sich bis zu dreimal pro Tag, wieder andere haben offensichtlich eine langsamere Verdauung geerbt und entleeren ihren Darm nur einmal pro Woche oder sogar nur alle zehn Tage. Problematisch wird es erst dann, wenn sich der normale Rhythmus ändert, verzögert oder einige Zeit zum Stillstand kommt. Häufig kommen dann Schmerzen, Unwohlsein, Völlegefühl, Blähungen und Pressen beim Stuhlgang hinzu.
Wenn solche Symptome auftreten, kann es sinnvoll sein, etwas gegen die Verstopfung zu unternehmen.

Ursachen

Wenn bei sonst gesunden Menschen hartnäckige Verstopfung auftritt, sind am häufigsten folgende Ursachen für die Darmträgheit verantwortlich:

- Ernährungsfehler: Meistens kommt es zu chronischer Verstopfung bei ballaststoffarmer Ernährung, unzureichender Flüssigkeitszufuhr und chronischem Missbrauch von Abführmitteln, die die Muskulatur der Dickdarmwand lähmen können.
- Bewegungsmangel: Bewegung ist ein besonders wirksamer Regelmechanismus für die Darmtätigkeit. Menschen, die sich viel bewegen und sich gesund und fit fühlen, haben in der Regel kaum Verdauungsprobleme. Da durch Bewegung und Sport Flüssigkeit verloren geht, sollten Sie immer viel trinken, wenn Sie sportlich aktiv sind. Wird der Flüssigkeitsverlust nicht ersetzt, kann der Körper austrocknen und möglicherweise eine Verstopfung verursacht werden.
- Psychische Probleme: Private und berufliche Konflikte sowie depressive Verstimmungen und echte Depressionen können Verdauungsstörungen verursachen, da die Verdauungsfunktion auch vom vegetativen Nervensystem beeinflusst wird.
- Weitere Ursachen: Es gibt viele Arzneimittel, die eine Verstopfung verursachen können. Der Eindruck, dass Sie nach dem Stuhlgang das Gefühl der unvollständigen Darmentleerung haben, könnte auf ein Reizkolon zurückgehen – wenn der Darm durch chronische Verstopfung überdehnt ist oder bestimmte Darmtumoren vorliegen. Schmerzen beim Stuhlgang werden meist durch Hämorrhoiden oder Risse in der empfindlichen Oberfläche des Anus verursacht.

Dies kann ein willentliches Zurückhalten des Stuhls und damit eine Verstopfung begünstigen. Verstopfung bei gleichzeitiger Gewichtszunahme könnte auf eine Schilddrüsenunterfunktion (Hypothyreose) zurückgehen. Bei Abmagerungskuren wird oft das Frühstück oder eine andere Mahlzeit durch kalorienarme Nahrung mit geringem Ballaststoffgehalt ersetzt, wobei durch den Mangel an Ballaststoffen im Darm der Gastrokolonreflex nicht auslöst wird – häufig kommt es dann zur Verstopfung. Verschiedene Bakterien oder Keime im Trinkwasser und in fremden ungewohnten Speisen können bei Auslandsaufenthalten oft Verstopfung hervorrufen.

Verstopfung bei Kindern

Übertriebene Hygienevorgaben, sexualfeindliche Erziehung, familiäres Angstklima und ungelöste psychische Konflikte können bei Kindern Verstopfung verursachen – sie machen sozusagen „dicht". Sorgen Sie für ein vertrauens- und liebevolles familiäres Umfeld.

Verstopfung bei Schwangeren

Vorübergehend kann es während der Schwangerschaft zu Darmträgheit kommen – in der Regel reicht eine ballaststoffreiche Ernährungsumstellung, um den Darm wieder in Schwung zu bringen.

Verstopfung bei Älteren

Ältere Menschen ernähren sich häufig falsch, unregelmäßig und mangelhaft, trinken zu wenig, bewegen sich zu wenig oder kauen die Nahrung unzureichend (Gebissprothesen). Bei über 50-Jährigen ist darüber hinaus das Risiko für Darmtumoren erhöht - bei unerklärlichen, schwerwiegenden oder anhaltenden Darmfunktionsstörungen sollte umgehend ein Arzt aufgesucht werden.

Durchfall – Hilfe im akuten Fall

Durchfall selbst ist keine Krankheit, sondern Symptom. Dementsprechend wird man versuchen, in erster Linie den Auslösern auf die Spur zu kommen. Behandelt man die zugrunde liegende Krankheit oder eliminiert man die Verursacher, kann oft schon Abhilfe geschaffen werden.

- Wenn die Gefahr einer Dehydration besteht, sollte hauptsächlich auf die Notwendigkeit der Wasser- und Elektrolytsubstitution hingewiesen werden. Hilfreich sind die im Handel erhältlichen Elektrolytpräparate, die Glucose, Kalium, Natrium und Chlorid im richtigen Verhältnis enthalten.
- Schonkost wie Reisschleim, Zwieback oder Äpfel können den Verlauf des Durchfalls positiv beeinflussen.
- Präparate mit Milchsäurebakterien oder mit medizinischer Hefe bauen die geschädigte Darmflora wieder auf. Sie werden häufig auch bei Antibiotikatherapien eingesetzt.
- Medizinalkohle dient vor allem dazu, Giftstoffe bei Intoxikationen zu binden.
- Bei stärkerem Durchfall kann rein symptomatisch der Wirkstoff Loperamid empfohlen werden. Er hemmt die Darmmotorik und stoppt somit den Durchfall, allerdings wird die Ausscheidung von Erregern bei einer Infektion auch gehemmt. Die Anwendung von Loperamid sollte auf wenige Tage beschränkt werden.

Eileiter / Eierstock

Einführung

Die weibliche Keimdrüse (Ovarium), in der sich die Eier entwickeln, ist ein kleines paarig angelegtes, bohnenförmiges Organ im kleinen Becken zu beiden Seiten der Gebärmutter. Die beiden Eierstöcke sind jeweils 3–4 cm lang und 1–2 cm breit. Ovarien, Uterus (Gebärmutter) und Tuben (Eileiter) sind die inneren weiblichen Geschlechtsorgane; durch die Scheide besteht eine Verbindung zur Außenwelt. Die Eierstöcke sind nicht unmittelbar mit den Geschlechtsorganen verbunden; sie hängen jedoch nicht frei in der Bauchhöhle, sondern werden durch breite Sehnenbänder gehalten. Diese Bänder verlaufen beiderseits von der Beckenwand zu den Uterusseiten.
In diesen doppelt gefalteten Bändern befinden sich auch die Blutgefäße und Nerven, die die Geschlechtsorgane versorgen.

Funktionen

Im Gegensatz zu den Hohlorganen Uterus und Tuben sind die Ovarien massive Organe, bei denen man eine äußere Schicht, die sogenannte Rinde, und eine innere Schicht, das Mark, unterscheidet.

Weibliche Geschlechtsorgane im Becken (von vorn gesehen):
1 - Eierstock; 2 - Eileiter; 3 - Gebärmutter; 4 - Vagina

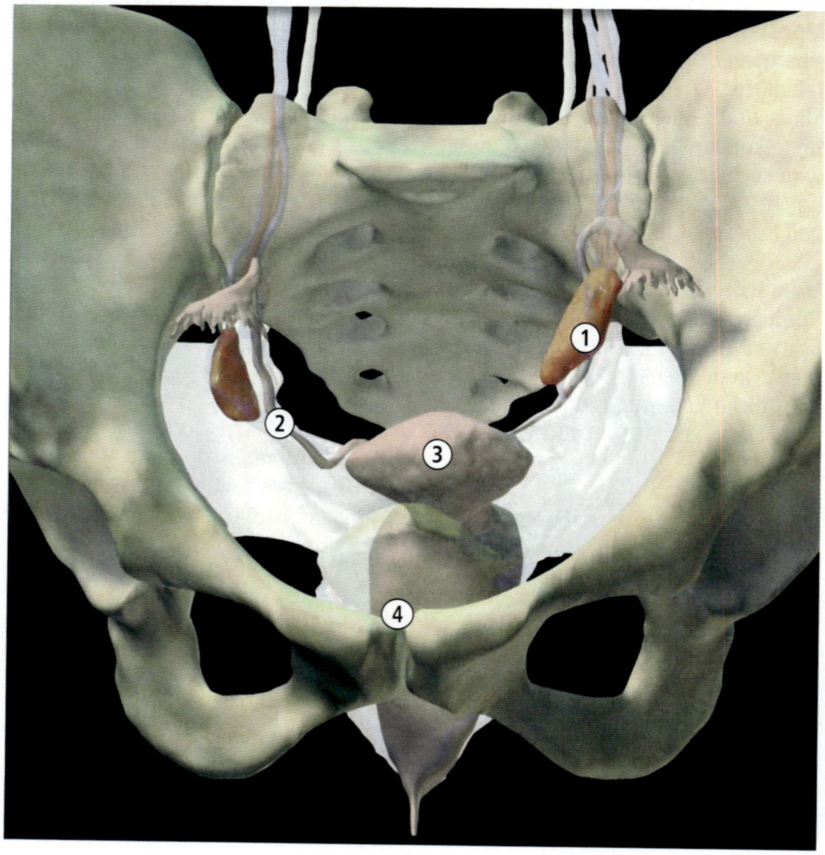

Die Ovarien haben eine zweifache Aufgabe:
- Sie produzieren eine Reihe von Hormonen;
- sie sind Ort der Eireifung.

Schon bei der Geburt eines Mädchens befinden sich in der Rinde eines jeden seiner Ovarien mehrere hunderttausend Eier. Nach der Geburt werden keine neuen Eier mehr gebildet. Jedes Ei ist von einer dünnen Zellschicht umgeben, in der das Hormon Östrogen produziert wird.
Bis zur Pubertät, der Geschlechtsreife, machen Ei und umgebende Zellschicht (Primärfollikel) keine Veränderungen durch, die Hormonbildung ist minimal. Nach dem Eintritt der Pubertät kommt es zu verschiedenen Umbauprozessen, die durch Hypophysenhormone (Hirnanhangdrüse) ausgelöst werden.
Die eine Eizelle umgebenden Zellen werden zu Wachstum und Hormonproduktion angeregt, und der Follikel insgesamt vergrößert sich deutlich und bildet nach Ablauf etwa einer Woche eine Vorwölbung der Eierstockoberfläche.
Das Ei wird einer Reihe signifikanter Veränderungen in einer Periode von Zehn bis 14 Tagen unterworfen, wonach dann das Ei aus dem Eierstock ausgestoßen wird (Ovulation). Die aus der Hypophyse abgegebenen Geschlechtshormone und die Sexualhormone aus den Ovarien spielen bei der Ovulation eine bedeutende Rolle. Ohne die Hormone der Hirnanhangdrüse und der Ovarien kann kein Ei entwickelt werden.

Tumoren

Im höheren Alter können in den Ovarien Tumoren entstehen. Sie kommen entweder als mit Flüssigkeit gefüllte Geschwülste (Zysten) oder als feste Tumoren vor. Erstere treten häufiger auf, sind dünnwandig und mit einer schleimigen Flüssigkeit gefüllt. Sie

kommen oft gleichzeitig in beiden Ovarien vor und können enorme Ausmaße einnehmen. Gelegentlich ist eine derartige Tumorhöhle auch mit Fett und Haaren gefüllt (Dermoidzyste). Die meisten blasenähnlichen Tumoren wachsen langsam, es kommt zu gesteigertem Druck und zu Schmerzen im Bauchraum und zu Funktionsstörungen von Harnblase und Enddarm. Gewöhnlich ist die Menstruation nicht gestört, es sei denn, die Tumoren werden hormonell tätig. Oft ist das Wachstum eines Ovarialtumors derart groß, dass er durch die Bauchdecke zu tasten ist. Zuweilen wächst eine Geschwulst vom Eierstock so weit aus, dass sie nur durch einen Stiel mit dem Ursprungsgewebe verbunden ist.
Wenn sich diese Stiele um die eigene Achse drehen, kann es zur Abschnürung der Blutversorgung kommen, was zu Übelkeit, Erbrechen, Temperaturanstieg und Schmerzen führen kann. Dann muss unverzüglich operiert werden. Auch müssen alle Eierstockzysten entfernt werden, da sie bösartig entarten können. Massive Tumoren können entweder bösartig oder gutartig sein. Auch diese festen Geschwülste können gelegentlich weibliche Sexualhormone bilden, die die Menstruation stören. Manchmal bildet ein Tumor männliche Geschlechtshormone, wobei es dann zur Unterbrechung der Menstruation und zur Ausbildung von vermännlichenden Eigenschaften und Merkmalen kommen kann.

Metastatische Tumoren

Das Ovar ist häufig Sitz von Metastasen, sodass zirka Zehn Prozent der Ovarialtumoren Sekundärtumoren sind. Die Karzinome des Uterus, der Brust, des Magens und des Kolons sind die häufigsten Tumoren, die Metastasen an den Ovarien verursachen. Viel seltener sind Ovarialmetastasen durch Hautmelanome (18 Prozent), durch Lungenkarzinome (10 Prozent), durch Nierenkarzinome (1 Prozent) oder durch ein Karzinom des Krummdarms oder Blinddarm.
Nur in ganz wenigen Ausnahmefällen kommen die Metastasen von einem Gallenblasenkarzinom von Knochen-

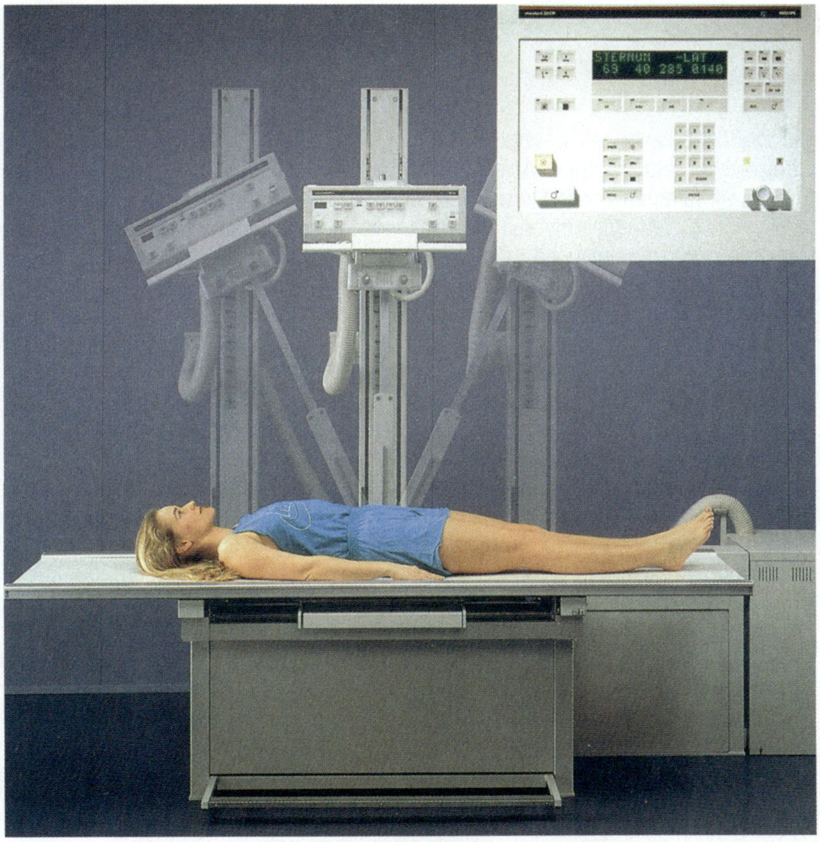

Röntgenaufnahmen zur Diagnostik von Ovarialerkrankungen

Ovarialkrebs (mikroskopische Aufnahme)

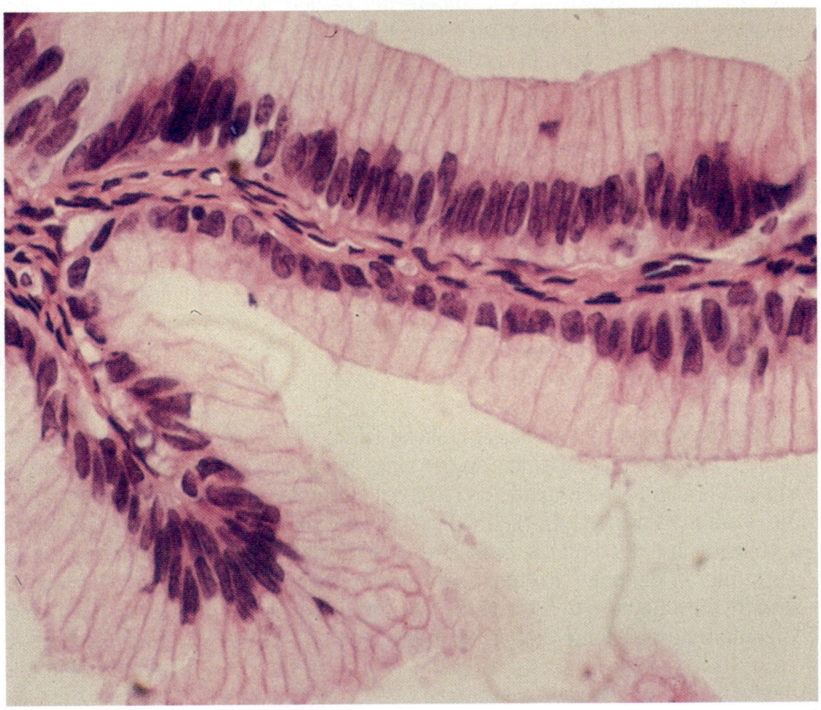

Wichtige Fragen und Antworten zu Eierstockerkrankungen

Was sind Ovarialfollikelzysten?
Bei diesen sehr häufigen Arten handelt es sich nicht um Tumoren im eigentlichen Sinne, sondern um Erweiterungen der Höhlen, die sich im Inneren des Organs befinden und mit einer Flüssigkeit gefüllt sind.
Die einfachen Follikelzysten kommen von Follikeln, die, anstatt sich normal zu entwickeln, vermehrt Follikelflüssigkeit ansammeln.

Wie entsteht eine Follikelzyste?
Wie das genau vor sich geht, ist nicht völlig geklärt. Man vermutet eine Verdickung der Wand, die das Rotieren des Follikels verhindert. Eine weitere Möglichkeit wäre eine Überproduktion von follikelstimulierenden Hormonen durch die Hypophyse. Dadurch würde das Follikel immer größer, ohne eine Rotation auszulösen.

Wie groß sind die Follikelzysten?
Normalerweise werden diese Zysten nicht sehr groß, ihr Durchmesser beträgt im Schnitt 1 bis 2 cm. Ihre Wand ist glatt, dünn, und sie ragen oft über die Oberfläche des Ovars hervor; die Flüssigkeit im Inneren der Zyste ist wässrig und klar.

Was sind Ovarialkystome?
Die Kystadenome oder Ovarialkystome sind die häufigsten gutartigen Ovarialtumoren. Man unterscheidet dabei zwei Arten: das pseudomuzinöse und das seröse Kystadenom.
Das pseudomuzinöse ist das häufigere der beiden Kystadenome (nach einigen Statistiken macht es zirka 70 Prozent aller Ovarialtumoren aus). Es befällt im Allgemeinen Frauen im fruchtbaren Alter und stammt vom Epithel, das das Ovar auskleidet.
Im Gegensatz dazu besteht das seröse Kystadenom meist nur aus einer Ausbuchtung, ist kleiner und tendiert dazu, sich an beiden Eierstöcken festzusetzen. Im Inneren der Zyste sammelt sich eine durchsichtige, seröse Flüssigkeit, die im Gegensatz zum vorher genannten Tumor nicht schleimig ist.

Was sind Dermoid- und Teratomzysten?
Diese Tumoren bestehen aus Gewebearten (Epithelgewebe, Knorpelgewebe, Muskelgewebe usw.), die im Ovar nicht zu finden sind.
Die Dermoidzysten haben eine rundliche Form, die Größe variiert von der einer Erbse bis zu der eines Erwachsenenkopfes. Die Oberfläche ist glatt, die Farbe perlmutterartig.
Die Teratome sind wesentlich komplexer als der Dermoide, auch wenn ihre Herkunft mit ziemlicher Gewissheit dieselbe ist. In diesen befindet sich aber nicht nur Epithelgewebe, sondern auch Gewebe in Form embryonaler Anlagen, das die Strukturen verschiedener Organe widerspiegelt.

Was ist eine Parovarialzyste?
Zu den Ovarialtumoren gehören auch die Parovarialtumoren, die ihren Ursprung in Restbildungen der embryonalen Entwicklung haben, sich normalerweise selbständig zurückbilden und fast völlig verschwinden. In einigen Fällen bilden sich aus diesen Resten im Erwachsenenalter Zysten, die sich sehr nahe beim Ovar befinden. Diese Zysten haben unterschiedliche Größen und sind vom Bauchfell bedeckt. Der Inhalt einer solchen Zyste ist wässrig und klar. Der Eierstock, der sich am Rand des Tumors befindet, ist vollkommen intakt.

Sind zystische Tumoren gutartig oder bösartig?
Die zystischen Tumoren sind ursprünglich alle gutartig. Sie können oft sehr plötzliche und schwere Komplikationen auslösen, die die Patientin sogar in Lebensgefahr bringen können. Dies gilt besonders, wenn der Tumor eine bestimmte Größe erreicht hat. Im Allgemeinen wird eine Zyste gefährlich, wenn sie einen Durchmesser von 5 cm erreicht hat.

Wann tritt das Ovarialkarzinom auf?
Das Ovarialkarzinom ist häufig; es macht 15 Prozent aller Ovarialtumoren und 5 Prozent aller bösartigen Tumoren, die bei Frauen auftreten können, aus. In zirka 30 Prozent der Fälle sind beide Eierstöcke betroffen.
Das Ovarialkarzinom tritt erst nach der Geschlechtsreife auf, wird ab dem 40. Lebensjahr häufiger und hat seinen Höhepunkt zwischen dem 50. und 60. Lebensjahr.

Was ist das Risiko, an einem Ovarialkarzinom zu erkranken?
Das Risiko, an einem Ovarialkarzinom zu erkranken, ist umgekehrt proportional zur Anzahl der Schwangerschaften; das höchste Risiko besteht bei Frauen, die nie schwanger waren, die Häufigkeit verringert sich mit der Anzahl an Schwangerschaften. Schließlich ist auch eine gewisse familiäre Häufigkeit zu beobachten. Tritt kein Eisprung ein oder ist die Zahl der Ovulationen reduziert, so ist auch das Risiko eines Ovarialtumors geringer.

Was ist die Behandlung beim Ovarialkarzxinom?
Die Behandlung beim Ovarialkarzinom besteht in der operativen Entfernung der Eierstöcke und gegebenfalls weiterer nahe gelegener Strukturen. Bei dieser Operation wird auch festgestellt, wie weit sich der Krebs ausgebreitet hat (Stadium). Das Ausmaß der Operation richtet sich nach der Art des Karzinoms und dem Stadium. Ist der Krebs auf den Eierstock begrenzt, kann es ausreichen, nur den erkrankten Eierstock und den sich anschließenden Eileiter herauszunehmen. Wenn der Krebs über den Eierstock hinausgewachsen ist, werden beide Eierstöcke, die Eileiter und die Gebärmutter entfernt, außerdem die nahen Lymphknoten und das umliegende Gewebe, da dieser Krebs

karzinomen, oder Karzinomen der Weichteile.

Das Sekundärkarzinom ist in 90 Prozent der Fälle beidseitig, die einseitigen Metastasen kommen ausnahmlos von einem Karzinom der Brust oder des Darmtraktes. Eine Ovarialmetastase eines Brustkarzinoms oder eines Melanoms kann auch lange nach Behandlung des Primärtumors (15 bis 18 Jahre) auftreten; Ovarialmetastasen eines Nierenkarzinoms können von Beginn der Krankheit an vorhanden sein.

Syndrom der polyzystischen Ovarien

Die Eierstöcke sind vergrößert und sind mit Flüssigkeit gefüllte Hohlräume (Zysten). Die Konzentration an männlichen Geschlechtshormonen kann erhöht sein, sodass sich männliche Geschlechtsmerkmale entwickeln.

Die Symptome treten typischerweise während der Pubertät auf, wenn die erste Regelblutung einsetzt bzw. ausbleibt. Mögliche Symptome sind Übergewicht und eine verstärkte Körperbehaarung nach dem Muster, wie es für Männer typisch ist, zum Beispiel auf der Brust und im Gesicht.

Eine ideale Therapie gibt es nicht. Die Wahl der Behandlung richtet sich nach Art und Schweregrad der Symptome, nach dem Alter der Frau und auch danach, ob sie Kinder bekommen möchte.

Eine Frau ohne übermäßige Körperbehaarung kann Antiandrogene oder eine „Pille" mit Antiandrogen einnehmen – vorausgesetzt sie will nicht schwanger werden, ist noch nicht in den Wechseljahren und weist keine schwerwiegenden Risikofaktoren für Herz-Kreislauf-Erkrankungen auf.

Frauen, die schwanger werden möchten, können mit Clomifen behandelt werden, einem Wirkstoff, der den Eisprung anregt. Genügt das nicht, kommen andere Hormone infrage: follikelstimulierendes Hormon, um die Eierstöcke anzuregen, GnRH-Analoga, um die Freisetzung von follikelstimulierendem Hormon anzuregen, und humanes Choriongonadotropin, um den Eisprung auszulösen.

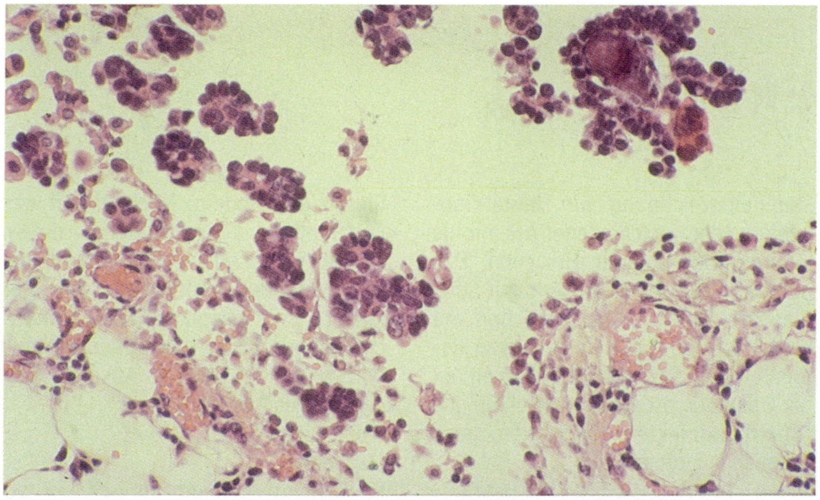

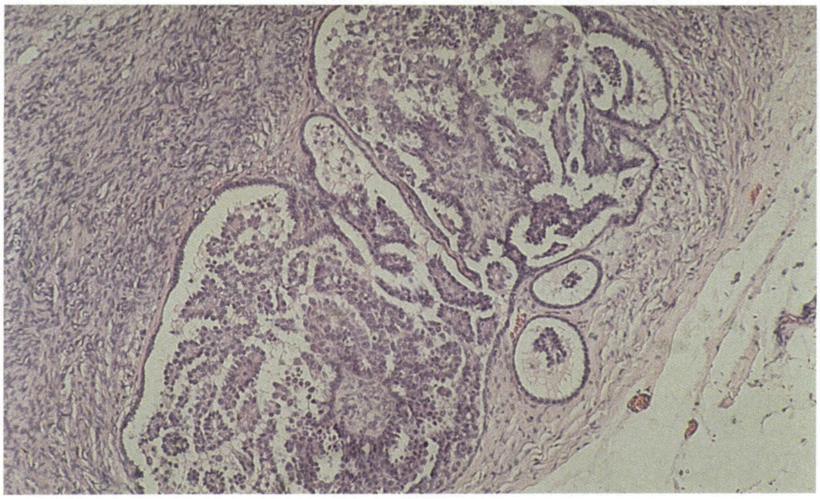

Ovarialkrebs (mikroskopische Aufnahme)

Ovarialteratom; von pluripotenten Zellen ausgehende und daher aus verschiedenen Geweben bestehende Geschwulst

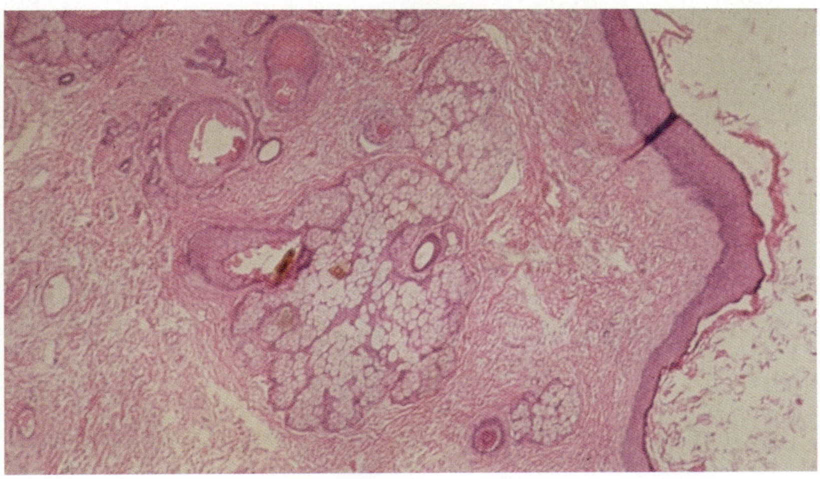

Ekzem

Sammelbezeichnung für Hauterkrankungen sehr verschiedener Art infolge innerer oder äußerer Ursachen. Das äußere Erscheinungsbild kann mit Röte, Bläschen, Papeln, Schuppen, Schorf, mit Kratzeffekt oder mit Narben usw. verbunden sein. Besonders die Blasen auf der Oberhaut, oft mit Hautdefekten und Unterhautdefekten verbunden, sind wichtige Symptome.

Eczema vulgare

Häufigste Reaktionsform des Hautorgans. Kann sowohl durch eine mehr oder wenige obligate Abnutzung als auch durch Sensibilisierung entstehen. Schubweise auftretende Hauterscheinungen als Ausdruck einer Entzündung der Epidermis und des Koriums. Beginn mit unscharf begrenzter Rötung und Schwellung, lichter oder dichter gestreuter Knötchen, die sich unter Schuppung zurückbinden oder zu Bläschen bzw. zu punktförmigen und Bluten umwandeln. Nach Ablauf der Entzündung kann Bildung dicker Hornschichten einsetzen eventuell mit schmerzhaften bis tiefen Einrissen. Bei langer Bestandsdauer flächenhafte chagrinlederartige Vergröberung mit Verdickung der Haut als Ausdruck des chronisches Reizzustandes.

Ursache

Pathogenetisch und klinisch ist zu unterscheiden zwischen dem Ekzem als Folge mehr oder weniger obligater Schädigung, z.B. Alkali, Fettlösungsmittel oder auch nur allein durch ständige Wassereinwirkung. Unterschiedliche Nomenklatur:
- Degeneratives Ekzem (Schreus);
- Abnutzungsdermatose (Bering);
- Traumiteratives Ekzem (Hagermann);
- Empfindlichkeitsekzem (Carrié);

Entscheidend sind nicht unbedingt hochkonzentrierte Stoffe, sondern häufige oder wiederholte Einwirkung unterschwelliger Reize.

Bei der Dermatitis (Ekzem) sind die oberflächlichen Hautschichten entzündet. Es treten Bläschen, Rötung, Schwellung, Sekretabsonderung, Krusten und Schuppenbildung und gewöhnlich auch Juckreiz auf.

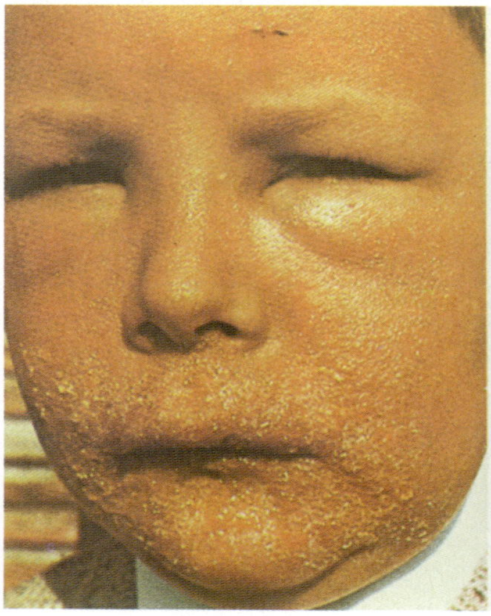

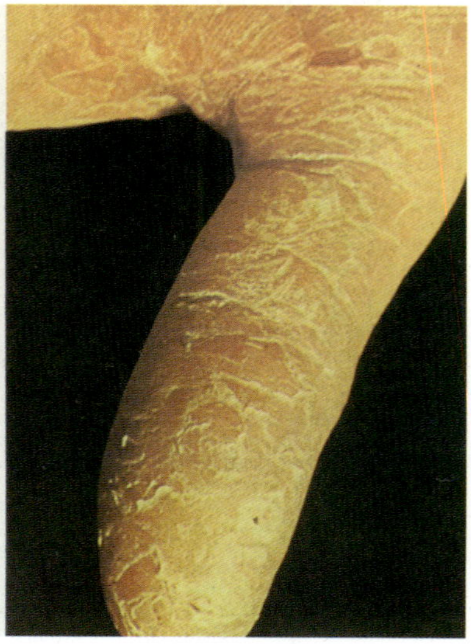

Kontaktekzem

Hierzu gehören verschiedene Typen, die nach ihrer Ursache unterschieden worden. Das können u.a. Beizmittel, Allergie, Licht, Ansteckung sein.

Beizmittel, Fixiermittel

Die Haut schüzt den Körper vor äußeren Einflüssen, jedoch ist dieser Schutz nicht immer vollständig. Die erste Abwehr wird durch eine Lage aus Hautfett mit Schweißdrüsen und Hornhaut übernommen. Diese Lage kann jedoch leicht mit Seife und Waschmitteln entfernt werden, und dabei wird auch das Wasser aus der unteren Hornschicht entzogen.
So kann zu intensiver Gebrauch von Waschmitteln die Ursache für eine Erkrankung sein. Die Flexibilität der Hornschicht ist von ihrer Dicke wiederum beeinflusst auch die Dehnbarkeit und die Spannkraft, also die Elastizität dieser Schicht. Eine Lauge kann zur Zerstörung der Hornschicht führen, es kommt zu Schwellungen und kleinen Einrissen.
Anfangs tritt die Hautschädigung durch Beizmittel nur an der direkt betroffenen Stelle auf. Faktoren, die hier eine Rolle spielen, sind in erster Linie die Eigenschaften der schädlichen Substanzen (zum Beispiel stark oder schwach beizend), jedoch nach der Grund der Aussetzung, die Sensibilität und Immunität der Haut und äußere Faktoren wie Temperatur und Feuchtigkeit, und dazu kommt nach die Art der Anwendung der Substanz oder des Mittels. Wasser, Seifen, Reinigungsmittel, Säuren, Salze und Laugen jeder Stärke können Ekzeme hervorrufen.
Eine andere Gefahr ist eine mögliche Hypersensibilität (Überempfindlichkeit). Wird nach dem Heilungsprozess der Kontakt mit der pathoigen Substanz vermieden, kommt es kaum zu einem erneuten Aufflackern der Erkrankung.
Bei fortwärender Aussetzung der Haut kann sich in einzelnen Fällen jedoch

eine here Resistenz (Widerstandsfähigkeit) entwickeln. Dabei kommt es zur Verdickung der Epidermis und zu Veränderungen bei der Fett- und Schweißausscheidung.

Allergie

Die Hautreaktion tritt manchmal erst 24 oder mehr Stunden nach dem Kontakt mit einer pathogenen Substanz auf. Diese Art der Allergie wird durch Lymphozyten ausgelöst (Siehe Allergie).

Lichteinflüsse

In den letzten Jahren haben krankhafte Hautreaktionen durch Sonnenbestrahlung stark zugenommen, nicht nur aufgrund der zunehmenden Popularität des Sonnenbadens, sondern auch durch den Gebrauch von Substanzen, die die Hypersensibilität der Haut in bezug auf Licht ansteigen ließen.

Das UV-Licht hat nur dann Einfluss auf die Haut, wenn es zur lebenden Schicht durchdringt, die sich unter der Hornschicht befindet, welche als Filter dient. Zwanzig Prozent der Strahlungsenergie erreichen die lebendigen Anteile der Epidermis, zehn Prozent die der Lederhaut.

Diese fototoxischen Hautreaktionen können jedermann befallen; sie führen zum bekannten Sonnenbrand mit Rötung, Schwellung, Blasenbildung sowie Hautabschälung und späterer Bräunung (*Pigmentation*). Bei gegenüber dem Sonnenlicht überempfindlichen Menschen können sich fotoallergische Reaktionen ausbilden, die zur Nesselsucht oder zum Ekzem führen.

Infektionen

Bei der Entstehung eines bakteriellen Ekzems spielt immer die Hautflora eine wichtige Rolle. Die Flora der Haut solcher Patienten unterscheidet sich nur quantitativ von der Flora einer normalen, gesunden Haut: Sie enthält mehr Bakterien, als das normal der Fall ist.

Pflasterproben mit von der ekzematösen Haut stammenden Mikroorganismen, die auf gesunde Hautteile von Patienten mit einem bakteriellen Ekzem aufgebracht wurden, ergaben erheblich mehr Reaktionen als bei Menschen mit ganz gesunder Haut.

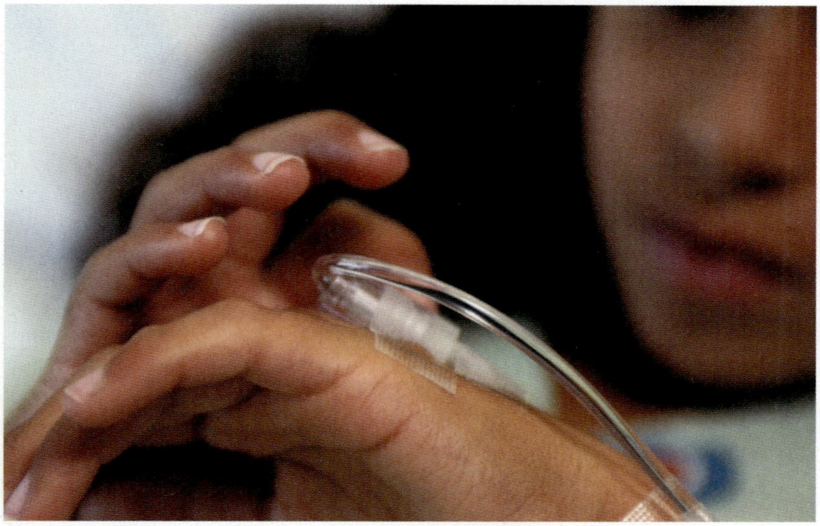

Chronisches Ekzem; intravenöse Behandlung mit Kortikosteroiden.

Daraus kann abgeleitet werden, dass sich die betroffene Haut insgesamt in ihrer Empfindlichkeit geändert hat. Diese Art des Ekzems wird häufig um Wundränder und Geschwüre herum beobachtet, in den Falten der Achselhöhlen und der Leistenbeuge, unter den Brüsten und besonders hinter den Ohren, wo sie die Einrissen (*Fissuren*) führen.

Fissuren oder rissige Gebiete werden auch zwischen den Zehen, besonders bei Schweißfüßen und beim Tragen von Gummistiefeln, angestroffen; sie können auch um den After herum auftreten, wobei dieser Ekzemtyp noch durch Wormerkrankungen und Ausbreitung auf den unterem Teil des Dickdarmes verstärkt werden kann.

Infektionen mit Kopfläusen oder Läusen in der Schambehaarung können ebenfalls zu Ekzemen am Nacken bzw. in der Schamregion führen. Auch kann es am Unterschenkel zu Geschwüren kommen, die durch Krampfadern bedingt sind. Eine zureichende Durchblutung infolge der Krampfadern kann ebenfalls zu einem Ekzem führen.

Atopisches Ekzem

Bei diesem durch innere Einflüsse bedingten, auf ererbter Anlage beruhendem Ekzem können drei Altersphasen unterschieden werden.

- Der Befall kann im 2. oder 3.Lebensmonat eintreten. Dabei ist das Ekzem manchmal feucht, sodass sich keinerlei Krusten bilden. Es befindet sich oft an der Kopfhaut und im Gesicht. Diese Phase dauert bis zum 2.Lebensjahr.
- Zwischen 2 und 12 Jahren finden sich derartige ekzematöse Flecken häufig in den Kniekehlen und in den Ellenbeugen. Die Haut erscheint verdickt und hat eine rauhe Oberfläche.
- Im Alter von mehr als 12 Jahren kann sich der Befall dann stärker ausdehnen.

Ein wichtiges Symptom ist der akute Juckreiz, oftmals verbunden met Asthma, Heufieber und trockener Haut infolge eines verminderten Wachstums der Hornschicht.

Das hier beschriebene Krankheitsbild kommt selten in allen Lebensabschnitten vor, häufig nur bei Babys und Kindern. Die Erkrankung hat die Tendenz, im Sommer besser zu werden und sich im Winter zu verschlimmern.

Man nimmt an, dass es sich hier um eine sogenannte atopische Allergie handelt, die meist infolge einer erblichen Störung auftritt und dann zum Ausbruch kommt, wenn in Zusammenhang mit den Allergien verschiedene Erkrankungen auftreten.

Wichtige Fragen und Antworten zu Ekzemen

Was ist ein Ekzem?
Ekzem heißt wörtlich Ausschlag. Dieser allgemeine Ausdruck wird zur Beschreibung von Hauterkrankungen sehr verschiedener Art infolge innerer oder äußerer Ursachen, gebraucht. Das äußere Erscheinungsbild kann mit Röte, Bläschen, Papeln, Schuppen, Schorf, mit Kratzeffekt oder mit Narben usw. verbunden sein. Besonders die Blasen auf der Oberhaut, oft mit Hautdefekten und Unterhautdefekten verbunden, sind wichtige Symptome.

Wo finden sich Ekzeme am häufigsten?
An den Händen und Armen; es können aber auch andere Körpergegenden befallen werden. Bei Kindern ist am häufigsten das Gesicht betroffen.

Was ist ein Hausfrauenekzem?
Das sogenannte Hausfrauenekzem entsteht durch wiederholte Reizung der Haut an den Händen infolge zu häufigen oder sorglosen Umgangs mit Waschmitteln und anderen Chemikalien, die bei der Hausarbeit verwendet werden. Bei kaltem Wetter tritt es häufiger auf.

Bekommen sehr viele Frauen ein Ekzem von Waschmitteln?
Nein. In den meisten Fällen ist die Haut gegen die Reizwirkung der üblichen Waschmittel widerstandsfähig.

Was ist Eczema vulgare?
Eczema vulgare ist die häufigste Reaktionsform des Hautorgans. Kann sowohl durch eine mehr oder wenige obligate Abnutzung als auch durch Sensibilisierung entstehen. Schubweise auftretende Hauterscheinungen als Ausdruck einer Entzündung der Epidermis und des Koriums. Beginn mit unscharf begrenzter Rötung und Schwellung, lichter oder dichter gestreuter Knötchen, die sich unter Schuppung zurückbinden oder zu Bläschen bzw. zu punktförmigen und Bluten umwandeln.
Nach Ablauf der Entzündung kann Bildung dicker Hornschichten einsetzen eventuell mit schmerzhaften bis tiefen Einrissen. Bei langer Bestandsdauer flächenhafte chagrinlederartige Vergröberung mit Verdickung der Haut als Ausdruck des chronischen Reizzustandes.

Was sind die Ursache eines Eczema vulgare?
Pathogenetisch und klinisch ist zu unterscheiden zwischen dem Ekzem als Folge mehr oder weniger obligater Schädigung, z.B. Alkali, Fettlösungsmittel oder auch nur allein durch ständige Wassereinwirkung. Unterschiedliche Nomenklatur:
- Degeneratives Ekzem (Schreus);
- Abnutzungsdermatose (Bering);
- Traumiteratives Ekzem (Hagermann);
- Empfindlichkeitsekzem (Carrié);

Entscheidend sind nicht unbedingt hochkonzentrierte Stoffe, sondern häufige oder wiederholte Einwirkung unterschwelliger Reize.

Was ist Neurodermitis?
Der Wortbestandteil „Neuro" steht für Nerven und „Dermitis" für Hautentzündung. Bei der chronischen, nervlich bedingten Krankheit entstehen entzündete Stellen, sogenannte nässende Ekzeme, die heftig jucken. Kratzt sich der Betroffene, geraten Bakterien in die Wunde, und der Zustand der Haut verschlimmert sich. Trocknen die betroffenen Partien nach dem Schub ab, bleibt die Haut an der Stellen schuppig und ledrig.

Wie reagieren die körpereigenen Abwehrkräfte?
Die körpereigenen Abwehrkräfte sind in ständiger Alarmbereitschaft und reagieren selbst auf harmlose Umweltreize extrem überempfindlich.

Woran erkennt man die Krankheit?
Erste Anzeichen treten oft schon bei Babys auf: Hautstellen können mit einer gelblich-braunen Kruste bedeckt sein, die an verbrannte Milch erinnert – vor allem im Gesicht, an Hals, Armen und Beinen; am Kopf bilden sich fettig schuppende Stellen. Es handelt sich um sogenannten Milchschorf.

Wie entwickelt sich die Erkrankung?
Milchschorf klingt meist nach dem ersten Lebensjahr ab und ist zwar ein Hinweis auf eine höheres Risiko für Neurodermitis, führt aber nicht zwangsläufig dazu. Halten die Milchschorf-Symptome aber bis zum zweiten oder dritten Lebensjahr an, kann das ein Zeichen für eine sich entwickelnde Neurodermitis sein.

Was löst Neurodermitis aus?
Es gibt eine Veranlagung, an Neurodermitis zu erkranken. Etwa 20 verschiedene Gene stehen im Verdacht, dabei eine Rolle zu spielen. Wer der Neigung zur Überempfindlichkeit seiner Immunabwehr geerbt hat, leidet oft an extrem trockener Haut, denn deren natürliche Barriere, der Säureschutzmantel ist gestört. Die Körperhülle verliert Feuchtigkeit, wird spröde und kann sich nicht mehr ausreichend von Umwelteinflüsen schützen.

Wenn bricht Neurodermitis aus?
Die Neurodermitis bricht nur aus, wenn zusätzlich zur genetischen Veranlagung, Einflüsse von außen kommen. Das können ganz unterschiedliche Reize sein, etwa Allergene (bestimmte Nahrungsmittel, Blütenpollen, Tierhaaren, Kot von Hausstaubmilben), Schadstoffe (Nikotin, Parfüm, Konservieringsstoffe, Umweltgifte) oder Stress.

Hier lauern die Ekzeme

Kontaktekzeme und was dahinter stecken kann

Behaarter Kopf
Dauerwellmittel
Färbemittel

Stirn
Kosmetik-Inhaltsstoffe
Stirnband

Augenlider
Pflegemittel für Kontaktlinsen
Kosmetika

Ohren
Brille
Schmuck

Gesicht
Sonnenschutzmittel
Kosmetika
Über die Luft übertragene Pflanzenstoffe

Hals
Schmuck
Kleidungsstücke

Hände
Berufsstoffe
Gummihilfsstoffe
Kosmetika
Schmuck
Hautpflegemittel
Reinigungsmittel

Füße
Schuhmaterialien
Gummi
Klebstoffe
Farbstoffe in Strümpfen

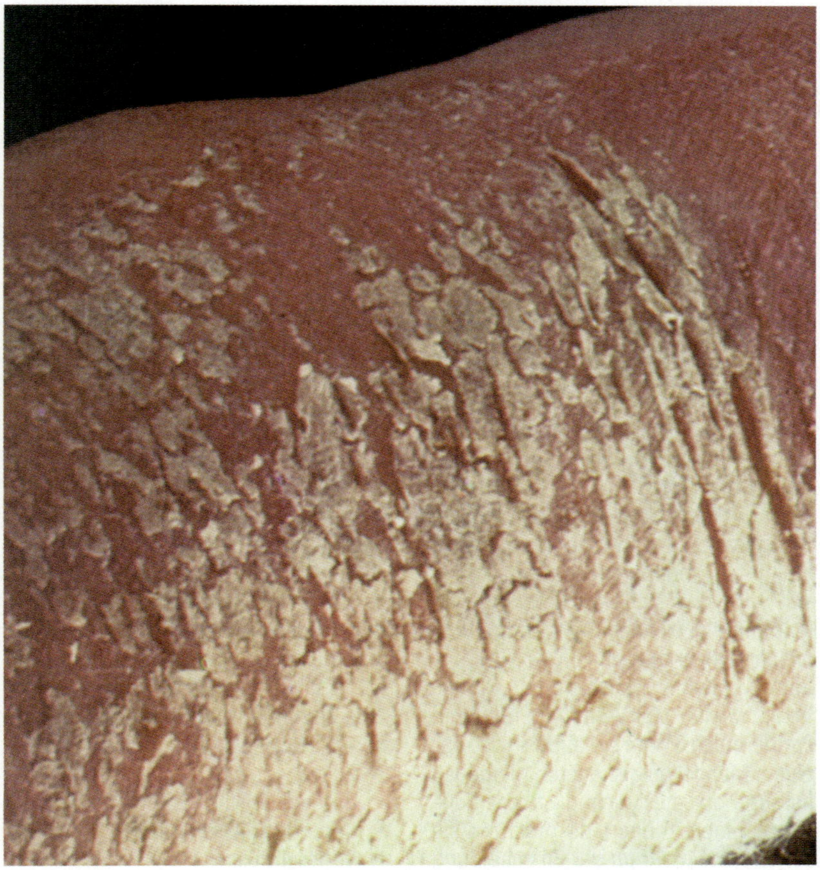

Kontaktekzem; durch direkten Kontakt mit bestimmten Substanzen hervorgerufen. Der sehr stark juckende Ausschlag bleibt auf einen umschriebenen Hautbereich beschränkt.

Neurodermitis

Bei der chronischen, nervlich bedingten Krankheit entstehen enzündete Stellen, sogenannte nässende Ekzeme, die heftig jucken. Die Neurodermitis zeigt sich als roter, schuppig-trockener Hautausschlag, meist in Form von Flecken, der kommt und geht. Die Ursache ist unbekannt. Meist tritt diese Hauterkrankung familiär gehäuft auf, wahrscheinlich ist sie allergischen Ursprungs. Die meisten Kinder entwachsen der Neurodermitis, die Übrigen leiden aber ein Leben lang daran. In besonders schwer befallenen Hautbereichen kann sich eine bakterielle Infektion festsetzen.

Rolle der Psyche

Haut und Nerven eines Embryos bilden sich aus einem gemeinsamen Ursprung: Bereits vor dem dritten Schwangerschaftsmonat entwickeln sich Haut und Gehirn und kommunizieren über die gleichen Botenstoffe. Das könnte erklären, warum viele Betroffene die Erfahrung machen, dass sich bei ihnen Stress und Seelenschmerz über die Haut äußern. Bei etwa 30 Prozent der Neurodermitis-Patienten lösen innere Anspannung, Angst oder Hoffnungslosigkeit neue Schübe aus. Hält die belastende Lebenssituation an und wird der psychische Druck zu groß, schüttet der Körper vermehrt Stresshormone aus.

Das ohnehin angeschlagene Immunsystem reagiert extrem empfindlich: Immunzellen werden verstärkt aktiviert, und die körpereigene Abwehr schlägt wild un sich. Folge: die Haut entzündet sich, und der Juckreiz quält.

Mitunter bricht ein neuer Schub auch erst nach gemeisterter Stressphase aus, wie etwa nach einer bestandenen Prüfung. Nicht selten litten Menschen mit starken Ausschlägen unter einem „Nähe-Distanz-Konflikt". Dadurch kann sich im Erwachsenenalter ein innerer Konflikt entwickeln; Es fällt dem Betroffenen in einer Liebesbeziehung schwer, der zärtlichen Berührung seines Partners offen zu begegnen.

Empfängnisverhütung

Empfängnisverhütung ist die Verhinderung einer Befruchtung des Eies der Frau durch eine männliche Samenzelle beim Geschlechtsverkehr. Für Frauen hat sich durch die modernen Möglichkeiten der Schwangerschaftsverhütung viel geändert. Sie können unabhängiger und freier planen, berufliche Perspektiven ebenso verwirklichen und eigenständig gestalten wie Partnerschaft, Familie und Kinder.

Auch dass durch Empfängnisschutz ein weitgehend angstfreier und unverkrampfter Umgang mit Sexualität möglich wird und sich von Zeugung und Empfängnis trennen läst, mag wohl niemand mehr missen.

Immer mehr Männer teilen die Verantwortung für Verhütung mit ihren Partnerinnen. Wenn sie auch – u. a. aus einem Mangel an geeigneten Methoden heraus – oft selbst nicht die aktive Rolle übernehmen können, so möchten sie zunehmend mehr an der Entscheidung beteiligt sein.

Doch ist die Empfängnisverhütung natürlich nicht immer unproblematisch. Das wird allein schon an der Tatsache deutlich, dass die Zeit, in der eine Frau verhüten kann, rund 35 Jahre beträgt; für Männer ist diese zeugungsfähige Zeit noch wesentlich länger.

Das ist eine lange Zeit, in der sich vieles ändert. Im Leben jedes Menschen treten deshalb immer wieder Phasen auf, in denen er eine andere Verhütungsmethode zum Beispiel aus gesundheitlichen Gründen ausprobieren muss oder möchte.

Wahl einer empfängnisregelnden Methode

Obwohl es heute sichere Methoden zur Empfängnisverhütung gibt, kommt es doch immer wieder zu ungewollten Schwangerschaften. Viele Frauen werden zu einem Zeitpunkt schwanger, zu dem sie für ein Baby aus verschiedenen Gründen noch nicht bereit sind.

Dabei ist die Wahl einer Methode, zu der eine Frau und ihr Partner wirklich stehen können, gar nicht allzu schwer zu treffen. Ihr Arzt/Ihre Ärztin wird Ihnen bei der Auswahl behilflich sein und Sie zu den geeigneten Methoden (siehe Tabelle) beraten.

Eine Verhütungsberatung sollte folgende Gesichtspunkte beinhalten:

- Zuverlässigkeit
- gesundheitliche Risiken
- gesundheitlicher Nutzen
- Verträglichkeit
- Informationen zu sexuell übertragbaren Erkrankungen

▲ Höchste *Zuverlässigkeit* muss eine Methode bieten, wenn die persönliche Situation der Frau eine Schwangerschaft nicht zulässt oder sie aus gesundheitlichen Gründen zu vermeiden ist. Auch nach abgeschlossener Familienplanung ohne weiteren Kinderwunsch ist eine hohe Sicherheit erforderlich. Ansprüche an die Zuverlässigkeit sind geringer, wenn es zum Beispiel eher darum geht, zeitliche Abstände zwischen erwünschten Schwangerschaften einzuhalten.

▲ *Gesundheitliche Risiken* betreffen Erkrankungen, die unter Anwendung der Methode häufiger auftreten als ohne. Solche Risiken sind zum Beispiel Thrombosen unter der Pille oder Unterleibsentzündungen unter der Kupferspirale.

▲ *Gesundheitlich Nutzen* bezieht sich auf positive Wirkungen der Methoden, die über die Schwangerschaftsverhütung hinausgehen, zum Beispiel die Reduktion von Blutungen und Periodenschmerzen unter der Pille oder der Schutz von sexuell übertragbaren Krankheiten durch das Kondom.

▲ Bezüglich der *Verträglichkeit* einer Methode muss beachtet werden, dass bei den verschiedenen Verhütungsmethoden unterschiedliche unerwünschte Wirkungen mit einer jeweils anderen Häufigkeit auftreten können wie zum Beispiel Fremdkörpergefühl, allergische Reaktionen oder Thrombosen.

Entscheidend für die Akzeptanz ist auch, ob eine Frau oder ein Mann bestimmte Nebenwirkungen oder Vorbereitungen zum Verkehr akzeptiert oder nicht; beispielsweise das Wärmegefühl nach dem Einführen eines Scheidenzäpfchens oder das Überstreifen eines Kondoms. Dazu gehört auch, ob die Methode das sexuelle Empfinden stört oder ob moralische oder religiöse Bedenken bestehen.

Ring-Diaphragma

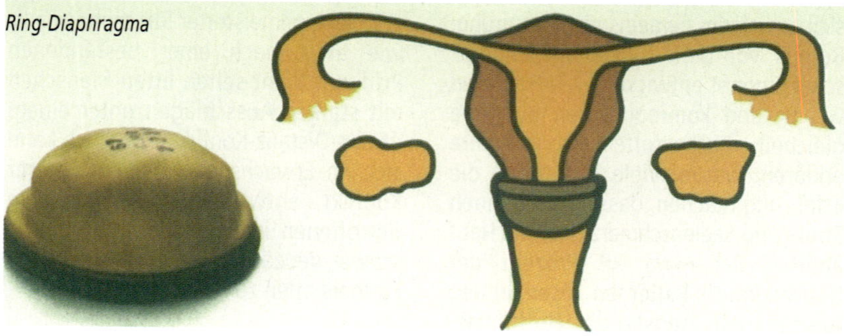

Versagerquote

Im Zusammenhang mit Sicherheit und Zuverlässigkeit wird eine Methode nach der „Versagerquote", auch „Pearl-Index" genannt beurteilt. Das heißt, wenn 100 Frauen eine Methode zwölf Monate lang anwenden, entspricht die Zahl der ungewollten Schwangerschaften dem Pearl-Index.

Hierfür ein Beispiel: Wenn 100 Paare ein Jahr lang Kondome als empfängnisverhütende Methode anwenden und in dieser Zeit vier Schwangerschaften eintreten, hat das Kondom eine Versagerquote (oder einen Pearl-Index) von 4.
Dabei werden nicht nur die Versager gezählt, die durch das direkte „Versagen" der Methode zustande kommen, sondern auch solche, die auf fehlerhafte Anwendung zurückzuführen sind. Dadurch gibt es in verschiedenen Statistiken für die gleiche Methode unterschiedlich hohe Werte. Eine Orientierungshilfe ist die folgende Tabelle.

Methode	**Pearl-Index**
Mikropille	0,2 – 0,5
Minipille	0,3 – 3,0
Temperaturmethode	1 – 3
Dreimonatsspritze	0,3 – 3,6
Spirale	1,5 – 3,0
Diaphragma	2,0 – 3,0
Kondom	3 – 7
Spermienabtötende Mittel	> 5
Coitus interruptus	25

Pille

Die Kombinationspille (Östrogene und Progesteron) kombiniert nicht nur verschiedene Wirkstoffe, sondern verhindert die Schwangerschaft gleich auf dreierlei Art:

- sie unterbindet den Eisprung;
- verhindert die volle Ausreifung der Gebärmutter und
- macht den Schleimpfropf im Gebärmuttermund für Samenzellen unpassierbar.

Fällt eine der drei Wirkungen einmal aus, so bleiben immer noch die beiden anderen, um eine Schwangerschaft zu verhindern.
Frauen mit einer Neigung zu Thrombosenbildung sollten die Pille nicht nehmen, da der Verdacht besteht, dass sie die Entstehung der Erkrankung fördert. Rechnet man die Zahl der thrombosebedingten Todesfälle gegen die Müttersterblichkeit während der Schwangerschaft auf, so ergibt sich, dass 6–12 Jahre Pille für eine Frau so gefährlich sind wie eine Geburt.

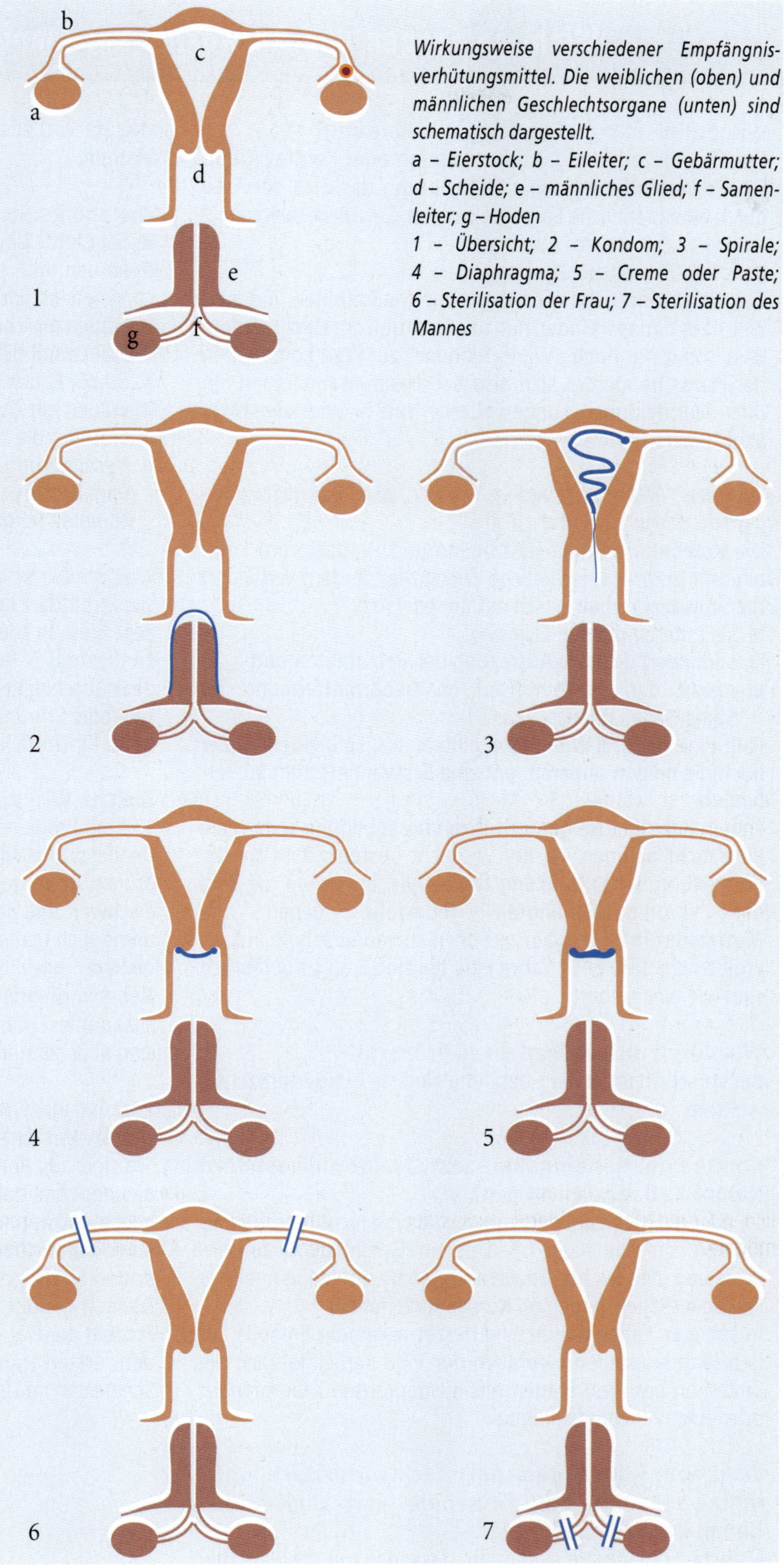

Wirkungsweise verschiedener Empfängnisverhütungsmittel. Die weiblichen (oben) und männlichen Geschlechtsorgane (unten) sind schematisch dargestellt.
a – Eierstock; b – Eileiter; c – Gebärmutter; d – Scheide; e – männliches Glied; f – Samenleiter; g – Hoden
1 – Übersicht; 2 – Kondom; 3 – Spirale; 4 – Diaphragma; 5 – Creme oder Paste; 6 – Sterilisation der Frau; 7 – Sterilisation des Mannes

Wichtige Fragen und Antworten zur Empfängnisverhütung

Wie definiert man Empfängnisverhütung?

Empfängnisverhütung, Antikonzeption oder Kontrazeption ist die Verhinderung einer Befruchtung des Eies der Frau durch eine männliche Samenzelle beim Geschlechtsverkehr.

Was ist Geburtenregelung?

Zur Geburtenregelung gehören alle Maßnahmen, die zum Ziel haben, dass Kinder nur beabsichtigt gezeugt werden, dass somit nur noch „Wunschkinder" zur Welt kommen; in der Praxis handelt es sich also bei diesen Maßnahmen um die Vermeidung ungewollter und unerwünschter Schwangerschaften.

Welche Wirkungsweise hat die sogenannte „Antibabypille" oder „Pille"?

Die Kombinationspille (Östrogene und Progesteron) kombiniert nicht nur verschiedene Wirkstoffe, sondern verhindert die Schwangerschaft gleich auf dreierlei Art:

- sie unterbindet den Eisprung;
- verhindert die volle Ausreifung der Gebärmutter und
- macht den Schleimpfropf im Gebärmuttermund für Samenzellen unpassierbar.

Fällt eine der drei Wirkungen einmal aus, so bleiben immer noch die beiden anderen, um eine Schwangerschaft zu verhindern.

Frauen mit einer Neigung zu Thrombosenbildung sollten die Pille nicht nehmen, da der Verdacht besteht, dass sie die Entstehung der Erkrankung fördert. Rechnet man die Zahl der thrombosebedingten Todesfälle gegen die Muttersterblichkeit während der Schwangerschaft auf, so ergibt sich, dass 6–12 Jahre Pille für eine Frau so gefährlich sind wie eine Geburt.

Wie verlässlich wirken diese Präparate?

Bei vorschriftsmäßiger Einnahme sind sie hundertprozentig wirksam.

Können bei der Einnahme von Ovulationshemmern Komplikationen eintreten?

Ja, aber die Mehrzahl der Frauen ist davon nicht betroffen. Es können Kopfschmerzen, Übelkeit, ein Gefühl des Gedunsenseins und eine leichte Gewichtszunahme infolge vermehrter Flüssigkeitsspeicherung im Körper vorkommen.

In seltenen Fällen wurde eine Herzattacke oder Embolie auf den langdauernden Gebrauch der Pille zurückgeführt; die Embolien betrafen Frauen mit ausgeprägten Krampfadern oder einer Venenentzündung.

Wird eine Schwangerschaft noch verhindert, nachdem man mit der Einnahme von Ovulationshemmern aufgehört hat?

Manche Frauenärzte sind dafür, dass man mit der Pille drei Monate vorher aufhört, bevor man eine Schwangerschaft anstrebt.

Wer soll keine „Pille" einnehmen?

- Sehr fettleibige Frauen.
- Frauen mit starken Krampfadern oder Zeichen einer Venenentzündung.
- Frauen mit chronischem Bluthochdruck.
- Frauen mit bekannten Leberleiden.
- Starke Raucherinnen, besonders ältere.
- Frauen mit Gebärmuttermyomen.
- Frauen, die einen Brusttumor hatten oder zystische Veränderungen der Brustdrüse aufweisen und in deren Familie Brustdrüsenerkrankungen oder Brustdrüsentumoren vorgekommen sind.

Was ist die sogenannte „Pille danach"?

Sie verhindert durch hohe Östrogen-Dosen eine Einnistung des Eies in der Gebärmutter. Die Behandlung dauert mindestens 5 Tage und muss spätestens 48 Stunden nach dem Geschlechtsakt einsetzen. Nebenwirkungen sind Übelkeit und Störungen des Monatszyklus. Die „Pille danach' sollte für Notfälle (z.B. Vergewaltigung) reserviert bleiben.

Welche Wirkungsweise hat die Dreimonats-Spritze?

150 mg Progesteron-Azetat werden intramuskulär gespritzt. Der Eisprung wird für die Dauer von drei Monaten unterdrückt. Außerdem wird die Einnistung in der Gebärmutter erschwert und das Eindringen der Samenzellen in den Uterus unmöglich gemacht. Die Sicherheit ist demzufolge etwa die gleiche wie bei der Pille. Es treten nur geringe Nebenwirkungen auf. Allerdings bricht der Zyklus völlig zusammen. Häufig auftretende, unregelmäßige Blutungen sind aber sehr unwillkommen.

Was ist eine Intrauterinschlinge oder -spirale (Intra-Uterin-Pessar)?

Sie sind aus Polyäthylen, dem man ein Kontrastmittel beigemengt hat, damit man die Pessare auf dem Röntgenschirm erkennen kann. Da die Spiralen vor allem in der Anfangszeit leicht ausgestoßen werden, ist nach der ersten und nach der dritten Menstruation eine Kontrolluntersuchung erforderlich. Danach genügt eine Kontrolle alle 6 Monate. Bei etwa 10 Prozent der Frauen, die einen Pessar tragen, treten – meist in den ersten Monaten – unregelmäßige Blutungen und Schmerzen im Unterbauch auf.

Besondere Methoden

Folgende Methoden können der Pille in Zukunft Konkurrenz machen:

- Hormonsystem Mirena;
- hormonhaltiger Vaginalring;
- Verhütungssystem Persona;
- gefühlsintensive Kondome Avanti;
- Methode Lea Contraceptivum;
- hormonelle Blockade der Spermienentwicklung beim Mann.

■ *Hormonsystem Mirena*
Einmal in die Gebärmutter eingelegt, gibt dieses Intra-Uterin-System fünf Jahre lang winzige Mengen eines Gestagenhormons ab. Es verhütet genauso sicher wie die Pille. Allerdings müssen die Anwenderinnen in den ersten Monaten nach der Einlage mit Zwischenblutungen und Schmierblutungen rechnen.
Danach wird die Monatsblutung weniger schmerzhaft, kürzer und immer schwächer und hört bei 20 bis 25 Prozent der Frauen völlig auf. Das wird von manchen Frauen nur ungern in Kauf genommen, während andere Frauen das Ausbleiben der Blutung sogar für eine besonders positive Nebenwirkung halten.

■ *Hormonhaltiger Vaginalring*
Mit der Einführung weiterer Trägersysteme für Hormone wird innerhalb der nächsten drei bis fünf Jahre gerechnet.
So befindet sich ein hormonhaltiger Vaginalring in der Entwicklung. Er kann nach einer Anleitung durch den Frauenarzt von der Benutzerin selbst eingelegt und jederzeit wieder entfernt werden. Auch dieses System verspricht eine hohe Verhütungssicherheit.

■ *Verhütungssystem Persona*
Bereits verfügbar ist das Verhütungssystem Persona für die Anhänger der natürlichen Familienplanung. Dieses Hightechgerät enthält ein Minilabor, das die fruchtbaren Tage mithilfe von Urinteststreifen ermittelt.
Andere Verhütungscomputer messen mit einem Fühler die Körpertemperatur, speichern die Daten und errechnen daraus den Termin des Eisprungs. Auch die natürliche Familienplanung bietet

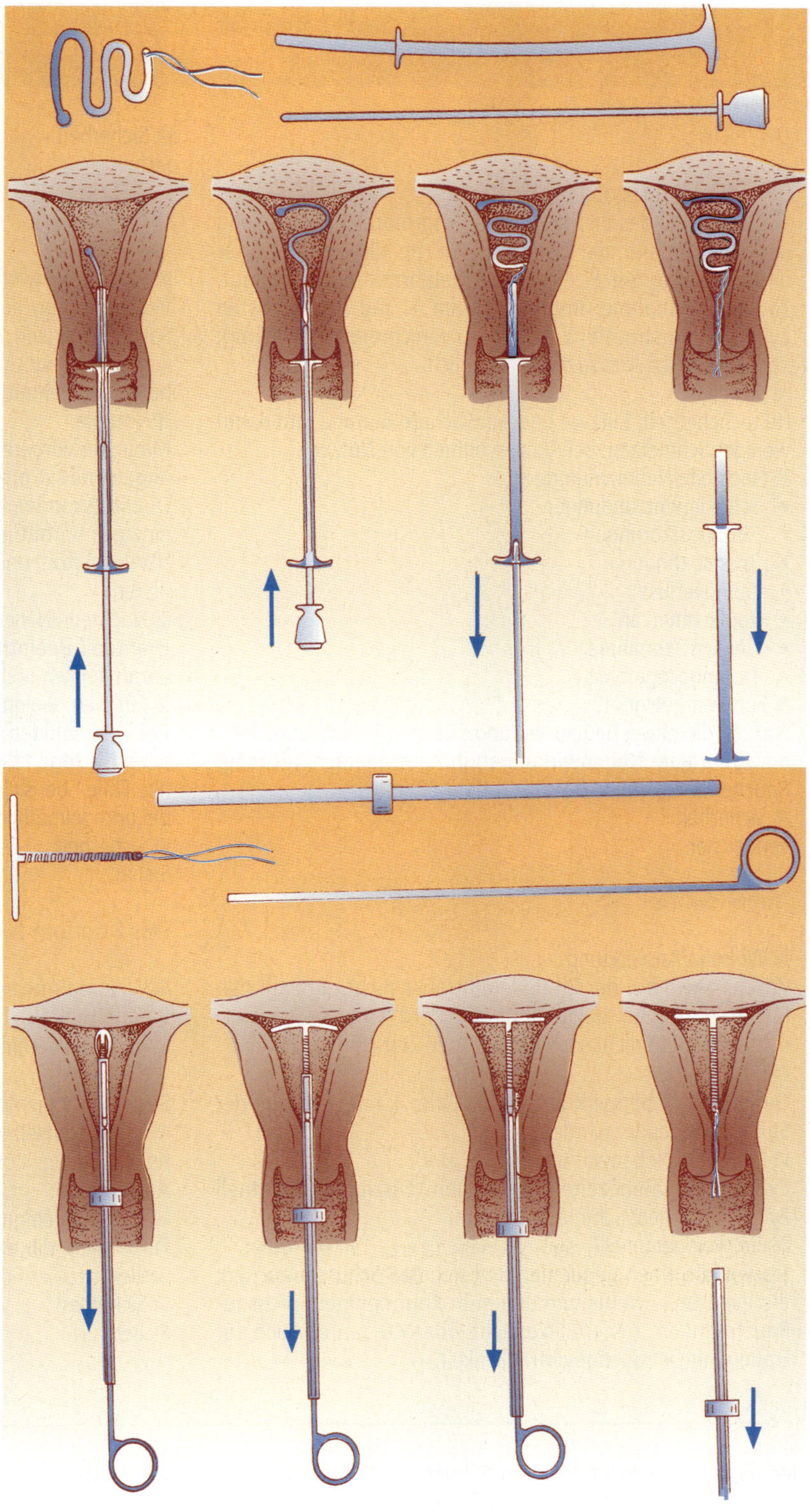

Intrauterinpessar (IUP, Spirale), verschiedene Typen und Applikationsmethoden

Verhütungsmethoden

Die Pille

■ Wirkung/Anwendung
Verhinderung des Eisprungs durch Hormone, Verhinderung des Eindringens der Samenzellen in die Gebärmutter undEinnistung der Eizelle in die Gebärmutterschleimhaut. Tägliche Einnahme; Beginn nur am 1. Tag des nächsten Zyklus (Menstruation) möglich; verschreibungspflichtig; Kontrolle durch Arzt/Ärztin erforderlich.
■ Vorteile
Hohe Sicherheit, kürzere und schwächere Blutung und damit weniger Schmerzen; bei Akne eventuell von Nutzen.
■ Nachteile/Nebenwirkungen
- Scheidenentzündungen
- Blutungsstörungen
- Brustspannen
- Libidoverlust
- Kopfschmerzen
- Gewichtszunahme
- Thrombosegefahr

■ Für wen geeignet?
Frauen, die einen bequemen und sicheren Schutz brauchen; die eventuelle Nebenwirkungen in Kauf nehmen; nicht für Raucherinnen; generell Vorsicht über 40 Jahre.
■ Sicherheit
Sehr sicher.

Die Minipille

■ Wirkung/Anwendung
Wirkung wie bei der Pille; hemmt aber nicht generell den Eisprung, da nur gestagenhaltig. Wird ohne Pillenpause durchgängig täglich exakt zur gleichen Zeit eingenommen.
■ Vorteile
Geringere Nebenwirkungen als Pille; kann auch in der Stillzeit verwendet werden,
■ Nachteile/Nebenwirkungen
Exakte Einnahmezeiten verlangen Disziplin; eventuell Zyklusstörungen; Schmierblutungen.
■ Für wen geeignet?
Frauen, die einen bequemen und sicheren Schutz brauchen; die eventuelle Nebenwirkungen in Kauf nehmen; nicht für Raucherinnen, generell Vorsicht über 40 Jahre. Auch für Frauen mit Östrogenunverträglichkeit.
■ Sicherheit
Sicher.

Das Kondom

■ Wirkung/Anwendung
Verhinderung einer Befruchtung durch Auffangen von Samenflüssigkeit; einfach durch beide Partner zu handhaben; keine Anwendung mit Vaseline oder fett- bzw. paraffinhaltigem Gleitmittel.
■ Vorteile
Minimale Vorbereitung; keine Wartezeit; wird nur bei Bedarf angewendet; preiswert; leicht verfügbar; bei modernen Qualitätskondomen kaum gefühlsmäßige Beeinträchtigung; einziges Verhütungsmittel für den Mann; Schutz vor einer HIV-Infektion und anderen sexuell übertragbaren Krankheiten.
■ Nachteile/Nebenwirkungen
Eventuell Beeinträchtigung durch Unterbrechung des Sex; daran denken und es anwenden ist erforderlich.
■ Für wen geeignet?
Bei wechselnden Partnern als Infektionsschutz unerlässlich; auch für Jugendliche gut geeignet; jeder/jede kann es „für alle Fälle" bei sich haben; geeignet während der Stillzeit und bei unregelmäßigem Zyklus.
■ Sicherheit
Sicher.

Das Kondom für die Frau

■ Wirkung/Anwendung
Vaginalschlauch, der das Zusammentreffen von Eizelle und Samenzelle verhindert.
■ Vorteile
Schutz vor einer HIV-Infektion auch für Frau möglich.
■ Nachteile/Nebenwirkungen
Kein Bezug ohne Bestellung möglich; schwierige Anwendung.
■ Für wen geeignet?
Für Frauen, die eigenverantwortlich einen Infektionsschutz wollen.
■ Sicherheit
Sicher.

nur dann einen recht sicheren Schutz vor Schwangerschaften, wenn sich das Paar genau an die Regeln hält und an den acht bis neun Tagen konsequent auf ungeschützten Geschlechtsverkehr verzichtet.

■ *Gefühlsintensive Kondome Avanti*
Verhütung ohne ärztliche Hilfe ermöglichen die auch auf der Innenseite befeuchteten und deshalb gefühlsintensiven Kondome Avanti ohne Latex, die seit Anfang 1999 auf dem Markt sind.

■ *Methode Lea Contraceptivum*
Ebenfalls Schutz ohne Hormone, aber mehr Zuverlässigkeit und sexuelle Spontaneität als Kondome und Diaphragmen verspricht die neue mechanische Methode Lea Contraceptivum.

Verhütungsmethoden

Die Spirale

■ Wirkung/Anwendung
Dauerreizung der Gebärmutter und damit Verhinderung der Einnistung eines befruchtetes Eis, Einsetzen nur durch Frauenarzt/Frauenärztin; kann bis zu fünf Jahre liegen bleiben.
■ Vorteile
Kaum Beschäftigung mit Thema Verhütung erforderlich.
■ Nachteile/Nebenwirkungen
- Regelschmerzen
- Blutung
- Blutungsstörungen
- Eileiterentzündungen, vor allem bei jungen Frauen
- mögliche Unfruchtbarkeit
- Eileiterschwangerschaften
- Fehlgeburten

■ Für wen geeignet?
Ältere Frauen mit Kindern bzw. Frauen, deren Familienplanung abgeschlossen ist.
■ Sicherheit
Sicher.

Die Hormonspirale

■ Wirkung/Anwendung
Verhindert Aufbau der Gebärmutterschleimhaut durch gestagenhaltige Hormone; verursacht zähflüssigen Zervixschleim. Wird vom Frauenarzt/von der Frauenärztin eingesetzt, mindestens fünf Jahre wirksam.
■ Vorteile
Kaum Beschäftigung mit Thema Verhütung erforderlich; schwächere und weniger schmerzhafte Perioden.
■ Nachteile/Nebenwirkungen
Anfänglich können auftreten:
- depressive Verstimmungen
- Gewichtsveränderungen
- Brustspannen
- Kopfschmerzen
- Übelkeit
- unregelmäßige Blutungen

■ Für wen geeignet?
Ältere Frauen mit Kindern bzw. Frauen, deren Familienplanung abgeschlossen ist. Soll auch für junge Frauen geeignet sein. Falls sie noch keine Kinder haben, kann das Einsetzen durch eine Weitung des Gebärmutterhalses erschwert sein.
■ Sicherheit
Sicher.

Das Hormonimplantat

■ Wirkung/Anwendung
Verhindert den Eisprung; verfestigt die Gebärmutterschleimhaut für die Spermien, Hormonstäbchen wird vom Arzt/von der Ärztin in den Oberarm eingepflanzt; drei Jahre wirksam.
■ Vorteile
Keine regelmäßige Einnahme bzw. Verwendung nötig; hohe Sicherheit; langanhaltender Verhütungsschutz.
■ Nachteile/Nebenwirkungen
Nebenwirkung ähnlich der Pille; bei vorzeitiger Entfernung ein teures Präparat.
■ Für wen geeignet?
Frauen, deren hohe Sicherheit wichtig ist; die mit regelmäßiger Einnahme Schwierigkeiten haben; Frauen, die sich für drei Jahre auf eine Verhütungsmethode festlegen können bzw. so lange verhüten wollen.
■ Sicherheit
Sehr sicher.

Die Dreimonatsspritze

■ Wirkung/Anwendung
Verhindert in erster Linie den Eisporung. Muss alle drei Monate vom Arzt/von der Ärztin gespritzt werden.
■ Vorteile
Sicherheit, ohne daran denken zu müssen.
■ Nachteile/Nebenwirkungen
Schlechte Verträglichkeit bei vielen Frauen; bei Unverträglichkeit müssen die drei Monate durchgehalten werden.
■ Für wen geeignet?
Für Frauen, die einen regelmäßigen Zyklusverlauf haben und andere Methoden nicht vertragen.
■ Sicherheit
Sicher.

Lea ist eine Portiokappe aus weichem, absolut verträglichem Silikon, die wie ein Tampon eingeführt wird. Beim Einsetzen in die Vagina entsteht durch das eingebettete Ventil eine Sogwirkung, die Lea an den Muttermund ansaugt und dort in Position hält. Durch das Ventil können Spermien nicht aufsteigen, normale Scheidensekretion und Menstruationsflüssigkeit aber abfließen: Lea kann bis zu 48 Stunden getragen werden und bietet annähernd den gleichen Schutz wie eine Minipille. Mittels einer Kontrollschlaufe lässt sich die Portiokappe wieder entfernen und kann nach gründlicher Reinigung mit Wasser und Seife sofort wieder verwendet werden.

Verhütungsmethoden

Das Diaphragma

■ Wirkung/Anwendung
Verhinderung einer Befruchtung, indem der Zugang zur Gebärmutter durch eine Gummikappe versperrt wird. Anwendung mit samenabtötendem Gel oder Creme; für Frauen unabhängig vom Partner einzusetzen (aber auch mit oder durch den Partner); muss individuell angepasst werden; Anleitung und Übung notwendig; bei erneutem Geschlechtsverkehr zusätzliches Gel oder Creme nachgeben.
■ Vorteile
Relativ einfach; situative Anwendung, wenn nötig; kein Eingriff ins Körpergeschehen.
■ Nachteile/Nebenwirkungen
Übung erforderlich; eventuell Einschränkung sexueller Spontaneität; die spermaabtötenden Cremes/Gels können Reizungen am Penis hervorrufen.
■ Für wen geeignet?
Frauen, die keine Scheu haben, sich selbst zu berühren, eine nebenwirkungsarme Methode suchen.
■ Sicherheit
Sicher.

Das lea contraceptivum

■ Wirkung/Anwendung
Wirkung wie beim Diaphragma. Zusätzliche Schlaufe zum Entfernen und Abflussventil für Zervixsekrete und Menstruationsblut; erhöhte Sicherheit durch zusätzliche samenabtötende Cremes oder Gels.
■ Vorteile
Kann 24 Stunden in der Scheide bleiben; damit wird höhere Spontaneität möglich als bei anderen Barrieremethoden.
■ Nachteile/Nebenwirkungen
Übung erforderlich; Austausch nach 6–9 Monaten; dadurch teuer.
■ Für wen geeignet?
Frauen, die keine Scheu haben, sich selbst zu berühren, eine nebenwirkungsarme Methode suchen.
■ Sicherheit
Sicher.

Die Portiokappe

■ Wirkung/Anwendung
Wirkung wie beim Diaphragma. Zusätzlicher Schutz durch samenabtötende Cremes oder Gels.
■ Vorteile
Situatives, nicht gesundheitsschädigendes Mittel der Verhütung.
■ Nachteile/Nebenwirkungen
Kann abrutschen; erfordert viel Geschick im Einsetzen.
■ Für wen geeignet?
Als Alternative für Frauen, die zum Beispiel das Diaphragma nicht benutzen können.
■ Sicherheit
Nicht sehr sicher.

Natürliche Methoden der Familienplanung

■ Wirkung/Anwendung
Ermittlung der fruchtbaren bzw. unfruchtbaren Tage. Bestehend aus Temperaturmessung und Schleimbeobachtung; Analyse der Daten; Interpretation muss erlernt werden (Kurse, Beratungsstellen, Bücher); täglich Temperaturmessen und Schleimbeobachtung.
■ Vorteile
Kein Eingriff in das Körpergeschehen; Möglichkeit zur Selbsterfahrung und Körperbeobachtung.
■ Nachteile/Nebenwirkungen
Nicht ganz einfach; erfordert Disziplin; regelmäßig längere Enthaltsamkeit oder anderes Verhütungsmittel erforderlich.
■ Für wen geeignet?
Frauen, die eine natürliche Alternative suchen; Lust haben, ihren Körper kennen zu lernen; mit geregeltem Lebensrhythmus; die auf Spontaneität verzichten können; bei denen der Partner mitverantwortlich ist.
■ Sicherheit
Relativ sicher.

Technische Hilfsmittel zur Eisprungberechnung

■ Wirkung/Anwendung
Fruchtbare bzw. unfruchtbare Tage im Zyklus werden mit Computern berechnet, ausgewertet und angezeigt.
■ Vorteile
Hilfsmittel, um durch gezielten Geschlechtsverkehr an fruchtbaren Tagen schwanger zu werden.
■ Nachteile/Nebenwirkungen
Keine sichere und teure Verhütungsmethode.
■ Für wen geeignet?
Für Frauen, die schwanger werden wollen, für Frauen, die ohne Nebenwirkungen verhüten wollen, aber dafür mangelnde Sicherheit in Kauf nehmen.
■ Sicherheit
Nicht sehr sicher.

Verhütungsmethoden

Die chemischen Methoden

■ Wirkung/Anwendung
Cremes, Gels, Zäpfchen bilden zähen Schleim von Muttermund; zehn Minuten Wartezeit. Studieren der Packungsbeilage besonders wichtig.
■ Vorteile
Einfache Anwendung; rezeptfrei; situative Anwendung, wenn nötig.
■ Nachteile/Nebenwirkungen
Wärmegefühl und/oder Brennen in der Scheide und am Glied; kann sich verflüssigen und auslaufen; in Kombination mit Kondomen kann Gummi durch manche Präparate angegriffen werden.
■ Für wen geeignet?
Allein nicht zu empfehlen.
■ Sicherheit
Unsicher.

Die Sterilisation

■ Wirkung/Anwendung
Unterbricht Ei- bzw. Samenleiter. Operativer Eingriff erforderlich; bei Frau meist stationär in Narkose; beim Mann ambulant mit örtlicher Betäubung.
■ Vorteile
Nach erfolgreichem Eingriff keine Angst vor ungewollter Schwangerschaft haben zu müssen; keine Beschäftigung mit Verhütung.
■ Nachteile/Nebenwirkungen
Vorübergehend Wundschmerzen; endgültige Entscheidung, die kaum rückgängig gemacht werden kann.
■ Für wen geeignet?
Frauen und Männer ohne weiteren Kinderwunsch; feste Beziehung; am besten über 35; keine Partnerschaftsprobleme.
■ Sicherheit
Sehr sicher.

Die „Pille danach"

■ Wirkung/Anwendung
Einnistung eines eventuell befruchteten Eis wird verhindert. Lediglich eine Notfallmaßnahme; verschreibungspflichtig; „Pille danach" muss bis 48 Std. (bzw. 72 Std.) nach dem ungeschützten Verkehr eingenommen werden.
■ Vorteile
Notfallmöglichkeit, eine ungewollte Schwangerschaft zu verhindern.
■ Nachteile/Nebenwirkungen
Übelkeit; Unregelmäßigkeiten im Zyklusverlauf; hohe Hormondosis (gestagenhaltige „Pille danach" ist verträglicher).
■ Für wen geeignet?
Nur für Notfall bei Verhütungspannen und Nichtgebrauch von Verhütungsmitteln.
■ Sicherheit
Relativ sicher.

Die „Spirale danach"

■ Wirkung/Anwendung
Einnistung eines eventuell befruchteten Eis wird verhindert. Lediglich eine Notfallmaßnahme. Eine herkömmliche Spirale wird bis fünf Tage nach einem ungeschützten Geschlechtsverkehr eingesetzt.
■ Vorteile
Notfallmöglichkeit, eine ungewollte Schwangerschaft zu verhindern.
■ Nachteile/Nebenwirkungen
Regelschmerzen; verstärkte Blutung; Blutungsstörungen; Eileiterentzündung vor allem bei jungen Frauen; mögliche Unfruchtbarkeit.
■ Für wen geeignet?
Nur für Notfall bei Verhütungspannen und Nichtgebrauch von Verhütungsmitteln.
■ Sicherheit
Relativ sicher.

■ *Hormonelle Blockade der Spermienentwicklung beim Mann*
Auch die hormonelle Blockade der Spermienentwicklung beim Mann ist in greifbare Nähe gerückt. Allerdings wird die erhoffte „Pille für den Mann" vermutlich keine Pille sein. Die Substanz zur Blockierung der Spermienproduktion in den Hoden muss entweder als Spritze verabreicht oder als Kunststoffimplantat unter die Haut des Mannes gepflanzt werden.

Denkbar sind auch Hormonpflaster ähnlich denen, die bei der Behandlung klimakterischer Beschwerden bei Frauen heute schon Verwendung finden.

Das große Problem bei der hormonellen Verhütung des Mannes: Damit die Potenz nicht leidet, muss zusätzlich das männliche Geschlechtshormon Testosteron verabreicht werden (entweder als Tablette, Spritze oder Implantat).

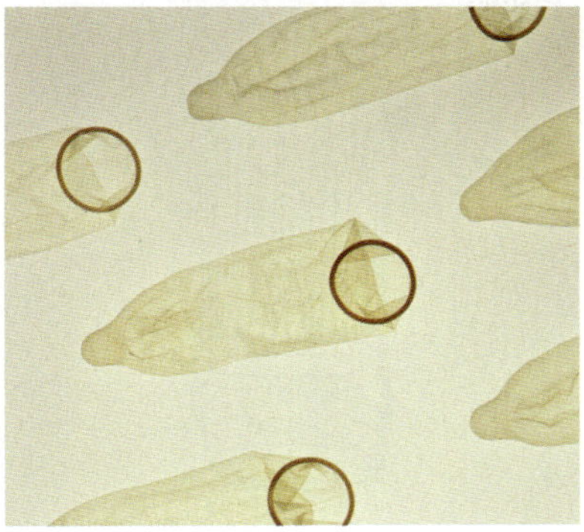

Endokrine Drüsen

Siehe auch:
- Diabetes
- Nebenniere
- Schilddrüse

Nebenschilddrüsen

Unter dem Mikroskop erkennt man, dass die Nebenschilddrüse aus Zellsträngen besteht, die durch weite Bluträume voneinander getrennt werden. Es gibt zwei Arten von Zellen; die meisten davon besitzen ein klares Zytoplasma und einen schwach ausgeprägten Zellkern, während eine geringere Anzahl aus rot angefärbten Zellen mit deutlich abgegrenztem Zellkern besteht.
Das von diesen Drüsen produzierte Hormon heißt Parathormon. Es regt die Freisetzung von Kalzium aus den Kochen an – indem es die knochenabbauenden Zellen stimuliert –, während gleichzeitig die Ausscheidung von Phosphat durch die Nieren gesteigert wird.

Die vier Nebenschilddrüsen befinden sich auf der Rückseite der Schilddrüse.
1 – Speiseröhre
2 – Schilddrüse
3 – Nebenschilddrüse
4 – Luftröhre

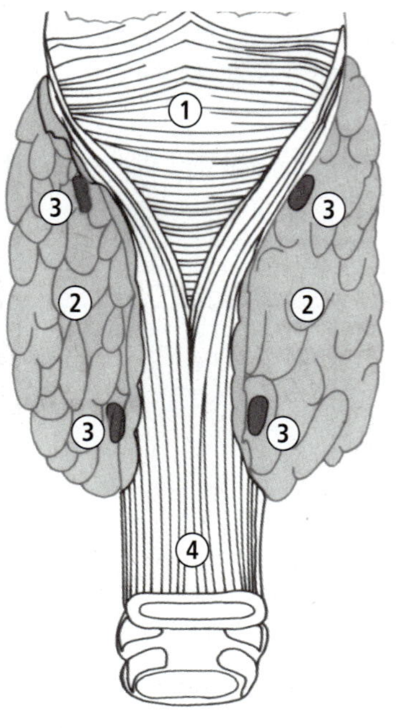

Im Körper besteht eine Wechselwirkung zwischen den Kalzium- und Phosphationen, indem eine Zunahme der einen eine entsprechend starke Abnahme der anderen bewirkt.
Kommt es zu einer Überfunktion der Nebenschilddrüsen, werden die Kalziumphosphatkristallen aus den Knochen freigesetzt. Kalzium und Phosphat wird in den Blutstrom ausgeschüttet, und Phosphat wird selektiv im Urin ausgeschieden. Auch etwas Kalzium geht durch die Nieren verloren, doch der Blutspiegel bleibt hoch.
Infolge des Kalziumphosphatverlustes werden die Knochen weich und spröde und können schon bei kleinsten Belastungen brechen. Diese Knochenveränderung ist jedoch nicht die einzige Folge der Nebenschilddrüsenüberfunktion, denn das freie Kalzium im Blut wird in Geweben abgelagert und beeinträchtigt deren Funktion.
Eine Mangelproduktion an Parathormonen hat den gegenteiligen Effekt: eine Senkung des Blutkalziums. Das wichtigste Symptom ist die Tetanie (spontan auftretende, länger anhaltende Schüttelkrämpfe und Zittern in den Muskeln).

Bauchspeicheldrüse

In der Bauchspeicheldrüse liegen stecknadelgroße Gruppen von besonderen Zellen zwischen den Zellen, die den Pankreassaft in den Ausführungsgang und den Zwölffingerdarm abgeben. Dies sind die Langerhans'schen Inseln, die das Hormon Insulin bilden, dessen Mangel für die Zuckerkrankheit verantwortlich ist. Durch geeignete Färbemethoden kann man zwei Arten von Inselzellen sichtbar machen, jede davon mit charakteristischen Körnchen.
Die Alphazellen bilden ein Hormon namens Glukagon, welches den Blutzuckerspiegel steigert, indem es den Abbau des Leberglykogens stimuliert. Die Funktion des Glukagons im Körper ist nicht ganz erklärt, ist aber auch im Vergleich zu Insulin von geringerer Bedeutung.

Funktionen

■ Sekretausscheidung in den Darm
Das gelappte Pankreasdrüsengewebe produziert den Pankreassaft („Bauchspeichel"), eine enzymhaltige, alkalische Flüssigkeit. Die Enzyme für den Eiweißabbau sind noch nicht aktiv. Sie liegen im Pankreassaft als inaktive Vorstufen der Stoffwechselfermente vor und entfalten erst nach ihrer Aktivierung im Zwölffingerdarm ihre Wirkung. Daneben besteht der Pankreassaft aus Wasser, Natriumbikarbonat und den Fermenten für den Zucker- (Amylase, Maltase), Fett- (Lipasen) und Eiweißabbau (Trypsinogen, Chymotrypsinogen).

■ Endokrine Funktion
Die endokrine Funktion der Bauchspeicheldrüse steht im Dienste des Zucker-(Kohlenhydrat-)haushalts des Körpers. Zu diesem Zweck produziert die Bauchspeicheldrüse in den Langerhansschen Inseln zwei Hormone mit entgegengesetzter (antagonistischer) Wirkung. Die Alphazellen produzieren das Hormon Glukagon, das durch vermehrten Abbau tierischer Stärke (Glykogen) einen Anstieg des Blutzuckerspiegels bewirkt. In den Betazellen entsteht das Insulin. Das Insulin hat auf den Blutzuckerspiegel einen stark dämpfenden Effekt.

Krebs

Tumorerkrankungen der Bauchspeicheldrüse (Pankreas) sind verhältnismäßig häufig, wobei man gutartige und bösartige Formen unterscheidet. Die ersteren treten seltener auf und sind aus klinischer Sicht weniger bedeutend.
Man unterscheidet bei den malignen Formen primäre und sekundäre Tumoren, die auf verschiedene Ursachen zurückzuführen sind. Die sekundären Tumoren entstehen durch Metastasierung, z.B. von Magen-, Darm- oder

Gallengangskarzinomen. Primäre Tumoren sind hingegen originäre Neoplasien der Bauchspeicheldrüse. Im fortgeschrittenen Stadium sind beide Formen oft nicht einmal mehr bei der Autopsie klar voneinander zu unterscheiden.

Auf das Pankreaskarzinom entfallen zwei Prozent aller Sterbefälle an Karzinomen. In ca. 60 Prozent ist das Karzinom im Pankreaskopfteil lokalisiert, 30 Prozent verteilen sich auf Korpus und Schwanzteil und 10 Prozent wachsen diffus.

Symptome

Bösartige Tumoren der Bauchspeicheldrüse sind meist gefürchtet, da sie häufig erst sehr spät entdeckt werden. Beschwerden, die bei Bauchspeicheldrüsenkrebs häufig auftreten, sind:

- Oberbauchbeschwerden;
- Appetitlosigkeit;
- Übelkeit;
- Fettstühle;
- Diabetes;
- Erbrechen;
- Meteorismus;
- Obstipation;
- Gewichtsabnahme.

Die Beschwerden sind oft sehr uncharakteristisch und treten meist sehr spät auf. Aber auch schon bei kleinen, früh entdeckten Karzinomen ist die Prognose meist sehr schlecht. Ca. 50 Prozent der Patienten sterben bereits innerhalb von sechs Monaten nach Auftreten der ersten Symptome. Oft ist der Schmerz stetig und von bohrendem Charakter, gelegentlich bei aufrechter Haltung. Daneben bestehen aber auch kolikartige Schmerzen mit Ausstrahlung nach rechts oder auch plötzlich einsetzende Schmerzen in der Umbilikalgegend. Beim Pankreaskopfkarzinom tritt in einem Drittel der Fälle als erstes Symptom ein Verschlussikterus (Gelbsucht) auf, in fortgeschrittenen Stadien sind 60–80 Prozent der Patienten ikterisch. Bei bis zu 50 Prozent der Patienten mit Pankreaskopfkarzinom wird Diabetes beobachtet.

Komplikationen

Das Pankreaskarzinom metastasiert sehr schnell. Anfangs werden die gesunden Pankreasteile sowie

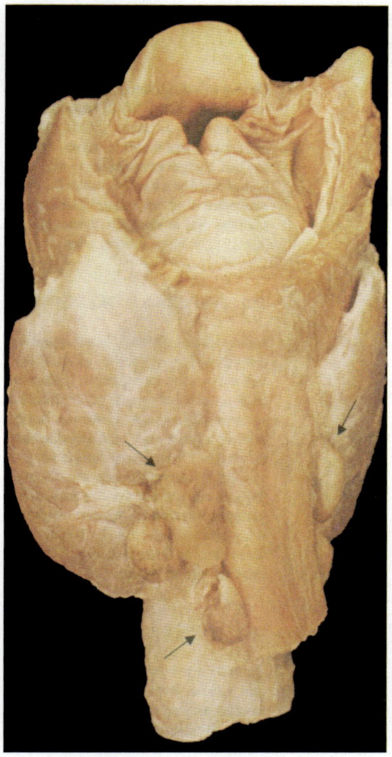

Topografie der Nebenschilddrüsen.

umliegende Organe infiltriert, später wandern Tumorzellen lymphogen in die Lymphknoten des Pankreas und des Leberhilus.

Die Krebszellen können auch rasch über die Blutbahnen, im Fall der Bauchspeicheldrüsentumoren insbesondere über die Leberpfortader, in die Leber gelangen, wo sich alsbald zahlreiche Metastasen in Form weißlich-grauer Knötchen bilden, die die gesamte Oberfläche und das Gewebe der Leber durchsetzen.

Behandlung

Ein Bauchspeicheldrüsenkrebs kann nur durch die operative Entnahme des betroffenen Organabschnitts behandelt werden. Diese Operationen sind kompliziert und verlängern meist die Lebenszeit nur wenig. Die chirurgische Intervention ist so früh wie möglich anzustreben (partielle oder totale Pankreatektomie). Die Radikaloperation ist jedoch noch in wenigen Prozent der Fälle möglich. Die totale Pankreatektomie ist ein großer Eingriff mit entsprechend hoher Mortalität (bis zu 20 Prozent). Konservative Therapie ist rein palliativ. Eine relativ gute Prognose hat das Papillenkarzinom, das postoperativ eine Fünfjahresüberlebenszeit von über 30 Prozent besitzt.

Thymus

Der Thymus übt einen starken Einfluss auf den ganzen Körper aus, insbesondere im Kleinkind- und Kindesalter. Er ist eine fetthaltige, zweilappige Drüse im vorderen Abschnitt der Brusthöhle. Sein äußerer Teil enthält Millionen sich teilender Lymphozyten, während sich in der inneren Zone primitive Zellen und Strukturen befinden. Bei der Geburt ist die Drüse ziemlich groß. Sie wächst bis zur Pubertät und schrumpft dann bis auf Gewebsreste.

Die Thymusdrüse ist wesentlich für die Abwehr des Körpers gegen Infektionen, denn in den ersten Lebenswochen wandern die Lymphozyten, die darin gebildet werden, in den Blutstrom und besiedeln die Lymphozyten.

Die Lymphozyten erzeugen Antikörper und sind daher lebenswichtig für die Immunität. Wenn der Thymus neugeborener Tiere geschädigt wird, erfolgt eine ausgeprägte Wachstumshemmung; die Entwicklung ist verzögert, und es besteht große Empfänglichkeit für Infektionen.

Keimdrüsen

■ Eierstöcke

Sie liegen innerhalb des Beckens, sind etwa pflaumengroß, werden von Bändern gehalten und befinden sich in unmittelbarer Nähe der ausgefransten Enden der Eileiter, in welchen die Eizellen zur Gebärmutter transportiert werden.

Der reifende Eierstockfollikel bildet Östrogen, welches in den Blutstrom gelangt. Die Freigabe der Eizelle aus dem Follikel erfolgt bei den meisten Frauen in der zweiten Woche nach einer Monatsblutung.

Nach diesen Follikelsprung verdickt sich die Wand des reifen Follikels; seine

Hormone

Aldosteron
Entstehungsort: Nebennieren
Funktion: Hilft, den Salz-Wasser-Haushalt zu regulieren, indem es Natrium und Wasser zurückhält und Kalium ausscheidet

Antidiuretisches Hormon (Vasopressin)
Entstehungsort: Hirnanhangdrüse
Funktion: Veranlasst die Nieren, Wasser zurückzuhalten, und hilft, mit Aldosteron den Blutdruck zu steuern

Kortikoide
Entstehungsort: Nebennieren
Funktion: Vielfältige Wirkung im ganzen Körper; wirken entzündungshemmend, halten Blutzucker, Blutdruck und Muskelkraft aufrecht; helfen beim Ausgleich des Salz-Wasser-Haushalts

ACTH
Entstehungsort: Hirnanhangdrüse
Funktion: Steuert die Produktion und Ausscheidung von Hormonen der Nebennierenrinde

Erythropoetin
Entstehungsort: Nieren
Funktion: Regt die Bildung von roten Blutkörperchen an

Östrogen
Entstehungsort: Eierstöcke
Funktion: Steuert die Entwicklung der weiblichen Geschlechtsmerkmale und der Sexualorgane

Testosteron
Entstehungsort: Hoden
Funktion: Steuert die Entwicklung der weiblichen Geschlechtsmerkmale und der Sexualfunktionen

Glukagon
Entstehungsort: Bauchspeicheldrüse
Funktion: Hebt den Blutzuckerspiegel

Wachstumshormon
Entstehungsort: Hirnanhangdrüse
Funktion: Steuert Wachstum und Entwicklung, födert die Eiweißproduktion

Insulin
Entstehungsort: Bauchspeicheldrüse
Funktion: Senkt den Blutzuckerspiegel; beeinflußt Glukose-, Eiweiß- und Fettstoffwechsel im gesamten Körper

Luteinisierendes Hormon (LH) und follikelstimulierendes Hormon (FSH)
Entstehungsort: Hirnanhangdrüse
Funktion: Steuerung der Fortpflanzung einschließlich Samenproduktion, Eireifung und Menstruationszyklus; Steuerung der männlichen und weiblichen Geschlechtsmerkmale (einschließlich Behaarung, Muskelbildung, Hautstruktur und - dicke, Stimme und vielleicht sogar der Persönlichkeit)

Oxytozin
Entstehungsort: Hirnanhangdrüse
Funktion: Veranlasst das Zusammenziehen der Gebärmuttermuskeln und der Milchgänge in der Brust

Nebenschilddrüsenhormon
Entstehungsort: Nebenschilddrüsen
Funktion: Steuert die Knochenbildung und das Ausscheiden von Kalzium und Phosphor

Progesteron
Entstehungsort: Eierstöcke
Funktion: Bereitet die Gebärmutterschleimhaut auf das Einnisten des Eies vor

Prolaktin
Entstehungsort: Hirnanhangdrüse
Funktion: Sorgt für Beginn und Fortsetzung der Milchproduktion in den Brustdrüsen

Renin und Angiotensin
Entstehungsort: Nieren
Funktion: Kontrollieren den Blutdruck

Schilddrüsenhormone
Entstehungsort: Schilddrüse
Funktion: Steuern Wachstum, Reife und Stoffwechselgeschwindigkeit

Thyreoideastimulierendes Hormon
Entstehungsort: Hirnanhangdrüse
Funktion: Regt die Produktion und Abgabe der Hormone in der Schilddrüse an

Zellen vermehren sich und bilden den Gelbkörper, der sowohl Progesteron als auch Östrogen bildet.
Die Produktion der Eierstockhormone steht unter der Kontrolle der Hypophyse. Eines der Hypophysenhormone (follikelstimulierendes Hormon – FSH) ist während der ersten Zyklushälfte aktiv. Der ansteigende Östrogenspiegel im Blut unterdrückt aber dessen Wirkung und regt die Hypophyse zur Bildung des luteinisierenden Hormons (LH) an, das den Gelbkörper aktiviert.

■ Hoden
Die Hoden werden in der Bauchhöhle angelegt und steigen vor der Geburt in den Hodensack ab. Beim Erwachsenen sind sie etwa 4 cm lang und eiförmig. Mikroskopisch bestehen sie aus vielen langen, dünnen, geschlängelten Kanälchen, die durch dazwischenliegende Zellgruppen getrennt sind.
Die Kanälchen enthalten Schichten von Keimzellen, deren innerste sich in Samenzellen umwandeln. Das männliche Geschlechtshormon Testosteron ist das Produkt der Zwischenzellen.
Von der Pubertät an bleiben diese durch ein Hypophysenhormon in Aktion. Testosteron ist verantwortlich für die Ausbildung der sekundären männlichen Geschlechtsmerkmale.

Zirbeldrüse

Die Zirbeldrüse (Epiphyse, Corpus pineale), die an der hinteren Fläche der Sehhügelregion des Gehirns liegt, nimmt mit dem Alter ständig an Gewicht zu, wobei sie immer mehr in Form konzentrisch geschichteter Körperchen verkalkt.
Bei Ausfall ihrer Funktion kommt es zum klinischen Bild der verfrühten Geschlechtsreife. In jüngster Zeit hat man aus ihr einen Faktor isoliert, das Melatonin, das antagonistisch zum Chromatophor (Hautzellen, die den Farbwechsel im Erscheinungsbild des Organismus ermöglichen) wirkt. Wahrscheinlich handelt es sich hierbei um ein Umwandlungsprodukt des Serotonins; dieses wird in bestimmten Hirngebieten vermehrt nachgewiesen, wo man ihm eine Funktion bei der synaptischen Erregungsübertragung zuschreibt. Je nach dem einfallenden Licht entsendet die Zirbeldrüse also mehr oder weniger große Mengen von Botenstoffen in den Körper. Damit wird dieses von den wechselnden Lichtverhältnissen des Tag- und Nachtrhythmus beeinflusste Organ ein wirksamer Bestandteil der biologischen Uhr unseres Körpers, die innersekretorische Vorgänge nicht nur im jahreszeitlichen, sondern auch im tageszeitlichen Rhythmus zu beeinflussen.

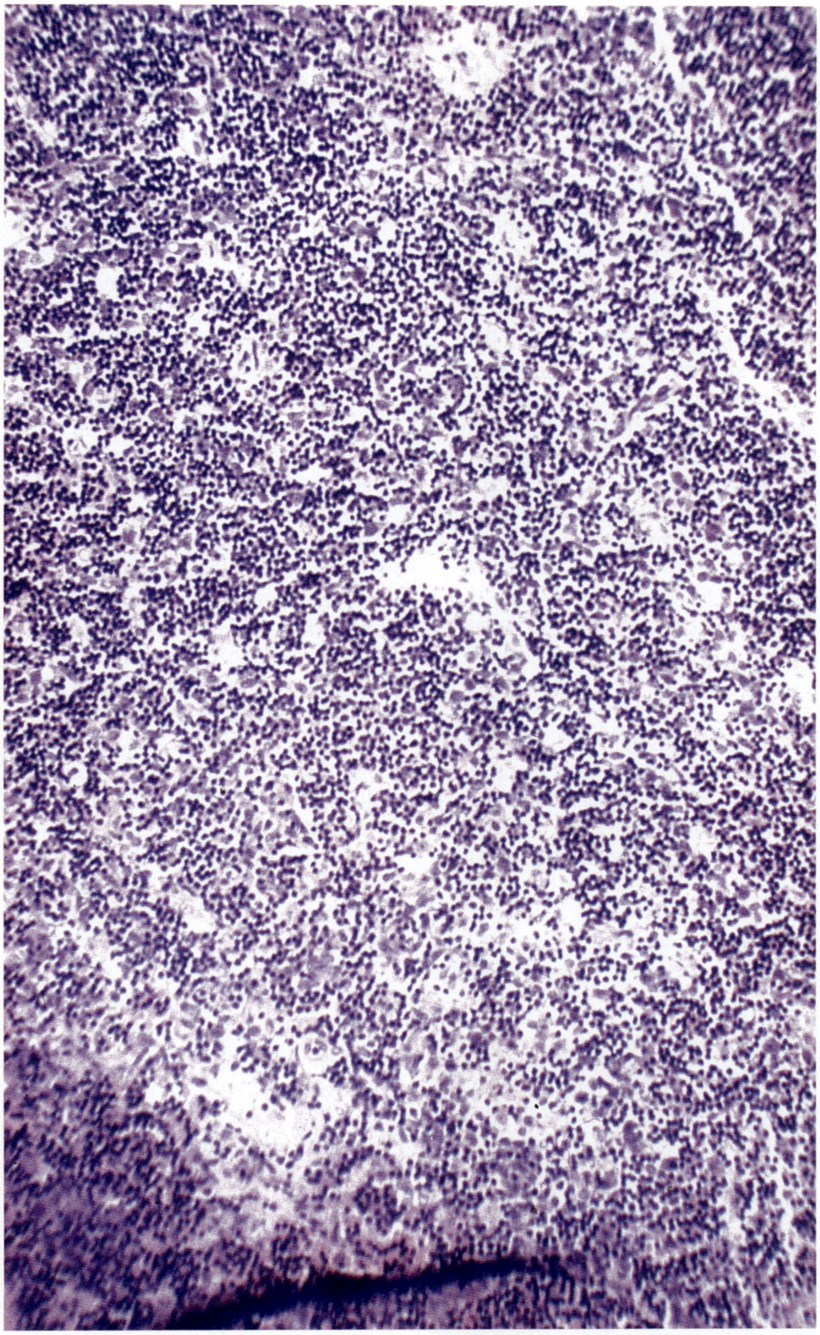

Mikroskopische Aufnahme eines Thymoms

Entwicklungsstörungen

Entwicklungsstörungen oder angeborene Missbildungen sind Abweichungen vom normalen Körperbau, die bei der Geburt oder bei einer Schnitt festgestellt werden können. Nicht immer sind Entwicklungsstörungen mit dem bloßen Auge sichtbar, oft ist eine mikroskopische Untersuchung erforderlich; denn es kann sich um Stoffwechselstörungen oder um Missbildungen handeln; das heißt erst später zutage treten. In etwa zwei von fünf Fällen ist die Ursache nicht feststellbar.

Entstehungsweise und Ursachen

Die Entstehungsweise ist jedoch verständlich, wenn man weiß, wie sich die normale Entwicklung der menschlichen Frucht vollzieht. Meist ist die Ursache eine Entwicklungshemmung, zum Beispiel, wenn Knochenteile, die eigentlich hätten zusammenwachsen müssen, dies nicht getan haben und getrennt bleiben. Auf diese Weise entstehen Hasenscharten, Gaumenspalten oder ein offener Wirkelkanal (Spina bifida). Bei vielen dieser Entwicklungsstörungen brauchen die Eltern aber nicht zu befürchten, dass ein weiteres Kind ebenfalls eine solche Missbildung aufweist.

Hydrozephalus; zentralnervöse Ausfallerscheinungen: Spastik, Nystagnus, geistige Behinderung.

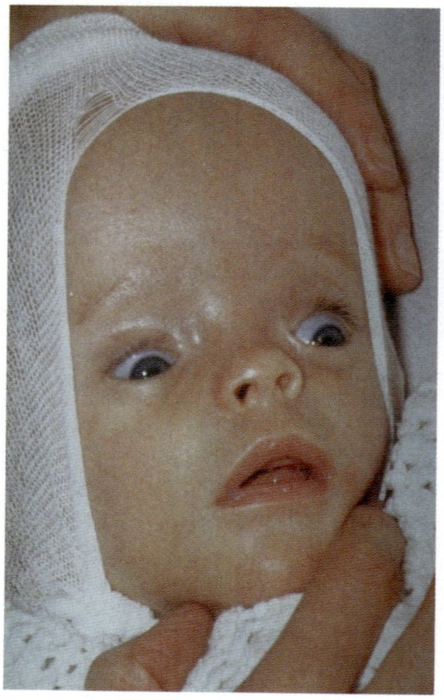

Bei der Forschung nach den Ursachen angeborener Missbildungen oder Entwicklungsstörungen trat übrigens noch ein anderer wichtiger Faktor zutage. In der Vergangenheit nahm man an, die Gebärmutter sei der einzige vollständig sichere Platz, sozusagen ein Elfenbeinturm, den der Mensch während seines ganzen Lebens kennt. Das würde bedeuten, dass viele schädliche und unschädliche Substanzen aus dem Blutkreislauf der Mutter nicht in die Plazenta (Mutterkuchen) eindringen könnten. Die Thalidomidkatastrophe, die die sogenannte Contergan-Missbildungen verursachte, widerlegte diese Vorstellung.

Die Ursachen angeborener Mißbildungen oder Entwicklungsstörungen künnen schematisch folgendermaßen unterteilt werden:

■ *Milieufaktoren (exogene Faktoren)*
Hierzu zählen Medikamente, Bestrahlungen (bekannt für Entwicklungsstörungen sind vor allem Röntgenstrahlen), Alkoholmissbrauch, Nikotin, Vergiftungen und Infektionskrankheiten wie Röteln, Toxoplasmose (meist durch Kontakt von Tieren auf Menschen übertragbare, anzeigepflichtige Infektionskrankheiten) und Lues (Syphilis).

■ *Erbfaktoren (genetische Faktoren)*
Beispiele hierfür sind Verwachsungen von Fingern (Syndaktylie) und eine Entwicklungsstörung des Knorpels (Achondroplasie), bei der sich Rumpf und Kopf normal entwickeln, die langen Röhrenknochen jedoch kurz bleiben.

■ *Erbfaktoren chromosomaler Art*
Erbfaktoren, die auf Chromosomenaberrationen beruhen, zum Beispiel beim Down-Syndrom (Mongolismus). Der Patient hat nicht die normale Chromosomen-Anzahl von 46, sondern besitzt 47. Der Patient besitzt das Chromosom 21 in sein Zellen dreifach statt wie gewöhnlich zweifach (Trisomie 21).

■ *Unbekannte Ursachen*
Hierzu zählen sämtliche Entwicklungsstörungen, deren Ursache nicht feststellbar ist. Das sind etwa 35–40 Prozent der Entwicklungsstörungen insgesamt.

Bei der Entstehung von Entwicklungsstörungen durch Medikamenteneinwirkung und Drogen können viele Faktoren eine Rolle spielen. So ist etwa die spezifische Organ- oder Gewebewirksamkeit eines Medikaments oder von Drogen von Bedeutung. Die zugeführte Menge, die Sensibilität des Fetus und die Durchlässigkeit der Plazenta spielen ebenfalls eine Rolle. Die Substanz kann im mütterlichen Gewebe angreifen, an der Plazenta oder am Embryo selbst.

Angeborene Gehirn- und Rückenmarksmissbildungen

Anenzephalie

Anenzaphalie ist eine angeborene Missbildung oder Entwicklungsstörung des Gehirns und medizinisch verwandt mit Spina bifida. Sie sind die beiden häufigsten Formen des sogenannten Neuralrohrdefekts. Das Neuralrohr ist ein Teil des Zentralnervensystems, aus dem sich bei einem gesunden Fetus Gehirn, Schädel und Wirbelsäule entwickeln. Bei einem Defekt ist dieser Ablauf gestört und das Neuralrohr schließt sich nicht.

Bei Anenzephalie ist dessen oberes Ende betroffen. Schädel und der größte Teil des Gehirns fehlen. Vorhandene Gehirngewebe liegt frei. Viele anenzephale Babys sterben bei der Geburt. Wenn sie überleben, haben sie eine Lebenserwartung von wenigen Stunden bis Tagen. Anenzephalie tritt bei jeder tausendsten Schwangerschaft auf. Weibliche Feten sind dabei viermal mehr betroffen als männliche.

Spina bifida

Schließt sich der untere Teil des Neuralrohrs nicht richtig, kommen die betroffenen Kinder mit Spina bifida (auch: offener Rücken) zur Welt.
Je nach Lage des Defekts muss mit mehr oder minder schweren, lebenslangen Behinderungen wie Inkontinenz und Lähmungen gerechnet werden. Man findet Spina bifida bei drei von tausend lebendgeborenen Kindern.
Neurochirurgische und orthopädische Eingriffe können in günstig gelagerten Fällen zu einer erheblichen Besserung führen. Krankengymnastische Therapie ist zur Nachbehandlung unentbehrlich.
Diese Entwicklungsstörung der Wirbelsäule besteht meistens in einem unvollständigen Verschluß des unteren Teils besonders der unteren Lenden- und der oberen Sakralwirbel. Häufig ist das Rückenmark in die Entwicklungsstörung einbezogen. Nach dem Ausmaß der Entwicklungsstörung können folgende Formen unterschieden worden:

■ *Spina bifida aperta (aperta = offen)*
Es wird zwischen zwei Formen unterschieden:

■ *Meningomyelozele*
Hier sind die Wirbelbogen und der Durasack nicht geschlossen (Dura ist die harte Rückenmarkshaut).
Unter am Rücken findet man ein sackförmiges Gebilde, das Rückenmarksflüssigkeit, weiche Hirnhäute, Rückenmarksgewebe und eine Anzahl von Spinalnerven enthält.

■ *Meningozele*
Auch hier handelt es sich um eine Spaltbildung in den Wirbelbögen, vor allem im unteren Lenden- und im oberen Kreuzwirbelbereich. In die hier vorliegende Sackbildung ist das Rückenmark nicht einbezogen. Das Gebilde enthält Flüssigkeit, die Wand besteht aus den beiden weichen Rückenmarkshäuten Arachnoidea und Pia sowie der Körperhaut.

■ *Spina bifida occulta*
Auch hier liegt eine Wirbelsäulenmissbildung vor, aber die vorhandene Dura verhindert ein Austreten von Rückenmark und weichen Rückenmarkshäuten.
Die Meningomyelozele ist durch ein Syndrom gekennzeichnet, bei dem vor allem in den unteren Beinen schlaffe Lähmungen und Atrophien gefunden werden.
Auch andere Beinmuskeln sind teilgelähmt, es besteht eine Sensibilitätsstörung. Außerdem liegt eine Störung des Sphinkters (Schließmuskels) vor, sodass die Harnblasenfunktion beeinträchtigt ist. Manchmal besteht eine Klumpfussbildung.
Bei der Meningozele findet man kurz nach der Geburt meistens keine Störungen; erst im späteren Leben werden gelegentlich geringfügige neurologische Ausfallerscheinungen sichtbar. Der Achillessehnenreflex oder der Kniesehnenreflex fehlt manchmal; auch kann es zu einer Herabsetzung der Schmerzempfindung kommen.
Die Symptome der Spina bifida occulta äußern sich meistens nicht vor dem 15. bis 20.Lebensjahr. Auch hier kann es zu einem Fehlen des Achillessehnenreflexes kommen, zusätzlich können leichte bis mäßige Teillähmungen bestehen. Ferner können die Füße kalt und zyanotisch sein (blaurote Verfärbung). Die letztgenannten zwei Symptome sind auch charakteristisch für die Meningozele, die oft bestimmte Störungen beim Harnlassen mit sich führt.

Angeborene Herzmissbildungen

Von tausend Kindern kommen drei bis vier mit Herzmissbildungen zur Welt, weniger als 0,4 Prozent aller Geburten. Trotzdem bedeutet dies, dass jährlich

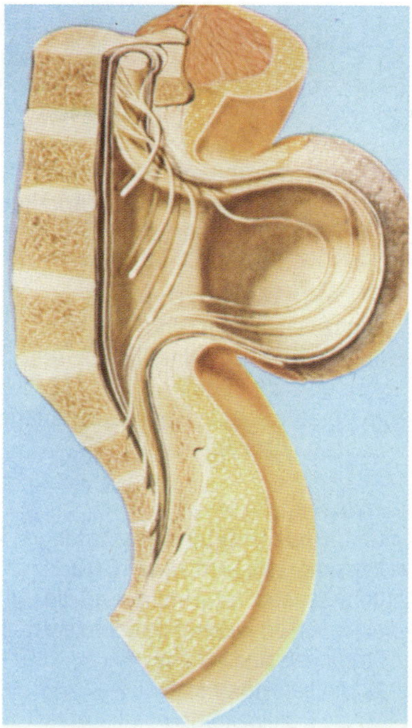

Spina bifida (Meningozele); die Wirbelkörper sind nicht völlig verschlossen. Bei der schwersten Ausprägungsform tritt das Rückenmark hervor.

weltweit einige hunderttausend Kinder mit Herzfehlern geboren werden. Dank der modernen Chirurgie und Therapie können viele von ihnen gerettet werden.
Bei einem jungen Embryo entsteht das Herz während der ersten beiden Entwicklungsmonate. Zunächst ist dieses Zentralorgan des Kreislaufs ein einfaches gerades Rohr. Doch schon sehr bald entwickelt sich seine typische Form mit den beiden Vorhöfen und Kammern sowie zahlreichen Herzklappen, wie sie vom Erwachsenen bekannt ist. So ist beispielsweise nachgewiesen, dass bei einer Erkrankung der Mutter an Röteln das Virus den Embryo schwer schädigen kann. Die angeborenen Fehlbildungen des Herzens werden gewöhnlich in zwei Gruppen eingeteilt:

- die Gruppe der Fehlbildungen ohne Zyanose (griech.: Cyanosis = Blauverfärbung);
- die Gruppe mit Zyanose.

Letztere ist die der sogenannten „blue babies". Die Blaufärbung der Haut beruht auf Sauerstoffmangel. Ebenso

Entwicklungsstörungen - ein Überblick

Obwohl die Mehrzahl der Personen mit Entwicklungsstörungen schon in der Kindheit oder Adoleszenz klinisch auffällig sind, werden die Störungen manchmal erst im Erwachsenenalter diagnostiziert.

Geistige Behinderung

Kennzeichen der Störung sind eine deutlich unterdurchschnittliche Intelligenz (ein IQ von ca. 70 oder weniger) mit Beginn vor dem 18. Lebensjahr sowie gleichzeitig auftretende Beeinträchtigungen bzw. Defizite in der Anpassungsfähigkeit.

Lernstörungen

Charakteristisch für diese Störungen ist, dass die schulische Leistungsfähigkeit unter Berücksichtigung des Alters, der gemessenen Intelligenz und der altersgemäßen Bildung einer Person wesentlich geringer ist als erwartet. Spezifische Störungen sind:

- die Lesestörung;
- die Rechenstörung;
- die Störung des schriftlichen Ausdrucks.

Störung der motorischen Fertigkeiten

Hierzu gehört die entwicklungsbezogene Koordinationsstörung mit dem charakteristischen Merkmal, dass die motorische Koordination unter Berücksichtigung des Alters und der gemessenen Intelligenz wesentlich geringer ist als erwartet.

Kommunikationsstörungen

Diese Störungen sind durch Sprach- oder Sprechschwierigkeiten gekennzeichnet. Hierzu gehören:

- expressive Sprachstörung;
- kombinierte rezeptiv-expressive Sprachstörung;
- phonologische Störung;
- Stottern.

Tiefgreifende Entwicklungsstörungen

Schwerwiegende Defizite und umfassende Beeinträchtigungen in mehreren Entwicklungsbereiche sind für diese Störungen charakteristisch. Hierzu gehören dieBeeinträchtigung der sozialen Interaktion und der Kommunikation sowie das Auftreten von stereotypen Verhaltensweisen, Interessen und Aktivitäten. Hierzu gehören:

- autistische Störung;
- Rett-Störung;
- desintegrative Störung;
- Asperger-Störung.

Störungen der Aufmerksamkeit, der Aktivität und des Sozialverhaltens

Die Aufmerksamkeitsdefizit-/Hyperaktivitätsstörung ist durch deutliche Symptome der Unaufmerksamkeit und/oder Hyperaktivität und Impulsivität gekennzeichnet.

Fütter- und Essstörungen im Säuglings- und Kleinkinderalter

Diese Störungen sind charakteristisch durch kontinuierliche Störungen beim Füttern und Essen. Die einzelnen Störungen sind:

- Pica;
- Rumination;
- Fütterstörung.

Ticstörungen

Charakteristisch für diese Störungen sind vokale und/oder motorische Tics. Hierzu gehören:

- Tourette-Störung;
- chronische motorische Ticstörung;
- chronische vokale Ticstörung;
- vorübergehende Ticstörung.

Störungen der Ausscheidung

Hierzu gehören Enkopresis, das wiederholte Entleeren des Darmes an ungeeigneten Stellen und Enuresis, das wiederholte Entleeren von Urin an ungeeigneten Stellen.

wie Röteln können auch andere Infektionen, Vergiftungen, Alkoholmissbrauch oder eine Mangelernährung während der ersten zwei Schwangerschaftsmonate zu den Entwicklungsstörungen führen.

Da am Ende des zweiten Schwangerschaftsmonats das Herz bereits weitgehend entwickelt ist, können keine schweren Herzmissbildungen während der nun folgenden Schwangerschaft mehr auftreten.

Die häufigsten Symptome angeborener Herzfehler sind bei Säuglingen:

- Schwierigkeiten beim Füttern;
- Gewichtsstillstand;
- Kurzatmigkeit;
- Blaufärbung;
- Pulsfrequenz über 200 in der Minute;
- Herzgeräusche.

Hinzu kommen akute Sauerstoffmangelerscheinungen und häufige Infektionen der Atemwege. Bei Kleinkindern weisen folgende Symptome deutlich auf abnorme Verhältnisse des Herzens hin: Kurzatmigkeit und Zyanose.

Die Kinder bleiben in ihrer körperlichen Entwicklung zurück und zeigen eine verminderte körperliche Leistungsfähigkeit. Sie nehmen oft eine Hockstellung ein. Die Blutverhältnisse sind abnormal und Atemwegsinfektionen – wie bei Säuglingen – häufig.

Links-rechts-Asymmetrie

Bei den meisten Menschen ist die Asymmetrie der inneren Organe gleich: Die Herzspitze zeigt nach links, die Leber sitzt mehr rechts; die linke Lunge hat zwei Lappen, die rechte drei; der Dickdarm zieht von rechts nach links. Bei einer vollständigen Links-rechts-Asymmetrie (Situs inversus) sitzen sämtliche inneren Organe spiegelsymmetrisch zur normalen Anordnung, gewöhnlich ohne dass dies Beschwerden verursacht. Komplikationen treten hingegen auf, wenn zwei rechte oder zwei linke Körperseiten ausgebildet sind.

Die Entwicklungsbiologen haben einige von den Molekülen identifiziert, die Lage, Gestalt und Orientierung der inneren Organe bestimmen. Die Ergebnisse zeigen, daß vielfältige Krankheitsbilder auftreten können, wenn diese Moleküle fehlen oder am falschen Ort gebildet werden. Wenn Wissenschaftler die Funktionsweise dieser Faktoren genau verstehen, ließen sich Wege finden, solche Entwicklungsstörungen zu behandeln oder ihnen vorbeugen.

Bei manchen Menschen liegen die inneren Organe auf der falschen Seite, ohne dass ihre Funktion beeinträchtigt wäre. Einer von etwa 8.000 bis 25.000 Menschen wird mit sogenannte Links-rechts-Asymmetrie (Situs inversus) geboren; die Organe liegen dann nicht nur seitenverkehrt, sondern sind auch spiegelbildlich zur normalen Lage gebaut, also Herz und Magen spiegelbildlich rechts, die Leber links und so weiter.

Die Betroffenen sind gewöhnlich völlig gesund. Offenbar ist nur die Ausrichtung der Organe zueinander wichtig: Es scheint, dass im Grunde nur eine bestimmte innere Logik eingehalten sein muss.

Schlechter sieht es hingegen aus, wenn die an ungewohnter Stelle sitzenden Organe nicht spiegelbildlich zur normalen Anordnung ausgebildet sind. Solche Menschen sterben oft früh an Lungen- oder Herzkomplikationen. Beim Isomerismus hat der Körper gewissermaßen nur zwei linke oder nur zwei rechte Hälften, zum Beispiel entweder überhaupt keine Milz oder gleich zwei. Das Herz ist dann völlig symmetrisch. Die Krankheitsbilder sind komplex und können ganz verschieden ausfallen.

Durch Beobachtungen an Herzen früher Embryonalstadien – hauptsächlich von Tieren – konnten manche der Mechanismen aufgeklärt werden, die die Links-rechts-Asymmetrie steuern. Alle asymmetrischen Organismen fangen als symmetrische Embryonen an. Nach allem, was man weiß, sind sämtliche Wirbeltiere in ihren frühesten Entwicklungsstadien vollständig bilateral-symmetrisch. Ihre linke Seite ist anfangs augenscheinlich ein perfektes Spiegelbild der rechten.

Doch in einer bestimmten frühen Phase geschieht der Bruch – das Ebenmaß geht verloren. Das erste sichtliche Anzeichen dafür ist ein besonderer Vorgang in den Anfangsstadien der Herzdifferenzierung. Das Herz entsteht aus zwei symmetrischen Zellgruppen, den beiden Herzfeldern. Diese wachsen zusammen und bilden den zunächst noch symmetrischen Herzschlauch. Und jetzt erfolgt der entscheidende Schritt: Der Schlauch krümmt sich nach rechts, bildet also eine Schleife. Dieser Vorgang gehört zu den Schlüsselereignissen in der Herzentwicklung, denn mit ihm fällt die Entscheidung über den inneren Aufbau der beiden Pumpensysteme. Wissenschaftler haben einen der Stoffe, welche die Schleifenbildung des wachsenden Herzschlauches induzieren, identifiziert: ein Protein. An der asymmetrischen Lage und Gestalt der anderen Organe ist ein Gen beteiligt (Pitx2).

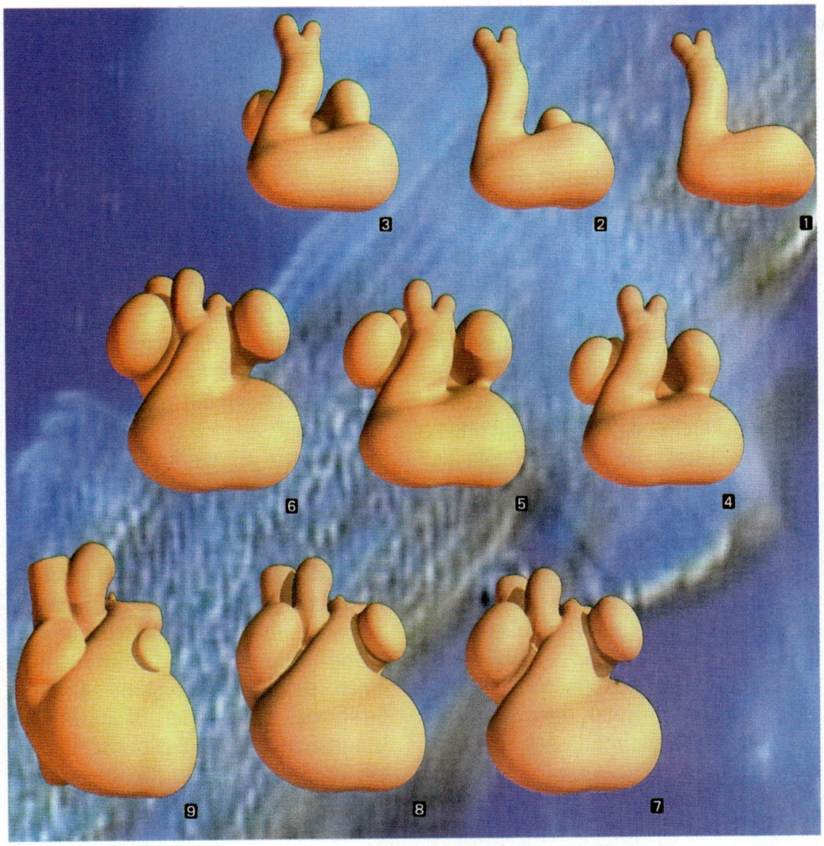

Bildung des Herzens. Ein Rohr, entstanden aus dem Mesoderm, faltet sich in Windungen, die miteinander verkleben. Durch das teilweise Wegfallen aller Scheidewände und die Neubildung von anderen entsteht ein System von Hohlräumen. Die Umwandlung eines primitiven Rohres in ein derart kompliziertes Organ, wie es das Herz ist, läuft nicht immer ohne Störungen ab, besonders wenn äußere Prozesse wie Infektionskrankheiten, Vergiftungen usw. die Fetalentwicklung beeinträchtigen.

Epilepsie

Einführung

Unter Epilepsien (hirnorganische Anfallsleiden, früher auch Fallsucht genannt) wird das wiederholte Auftreten von Anfällen bestimmter Typen verstanden. Zwischen den Anfällen zeigt der Kranke keine wesentlichen Krankheitserscheinungen. Man bezeichnet diese Anfälle auch als Iktus oder Krampfanfälle.
Es handelt sich um eine häufig vorkommende Erkrankung des Nervensystems; man schätzt, dass ungefähr 0,5 Prozent der Bevölkerung an dieser Krankheit leidet. Die Häufigkeit der Krampfanfälle kann in erheblichem Maße wechseln: Sie können viele Male an einem Tag auftreten oder auch nur einige Male während des ganzen Lebens.

Diagnostische Hauptkriterien sind:

- plötzlicher Beginn von anfallartig auftretenden, dann abklingenden, aber rezidivierenden Hirnfunktionsstörungen, gewöhnlich mit einer Bewusstseinsstörung verbunden;
- die Erscheinungen reichen von Verhaltensstörungen oder leichten Bewusstseinstrübungen bis zu generalisierten und langdauernden Muskelzuckungen mit völliger Bewusstlosigkeit;
- sichtbare Hirnveränderungen können zugrunde liegen;
- solche Anfälle können in Familien gehäuft auftreten.

Ein epileptischer Anfall wird dadurch verursacht, dass ein Teil des Zentralnervensystems (gelegentlich nur eine kleine Gruppe von Nervenzellen) in einen synchronen Zustand erhöhter Erregung gerät, der sich in die Umgebung fortpflanzt, bis schließlich ein größerer Teil des Gehirns davon betroffen ist.
Die Epilepsie ist kein scharf umrissenes Krankheitsbild – epileptische Anfälle können als ein Symptom bei vielen Erkrankungen vorkommen. Die Elektroenzephalographie (EEG) hat wesentlich zur Diagnostik der Epilepsie beigetragen; andererseits hat auch die Entwicklung von modernen Antiepileptika (Antikonvulsiva) einen großen therapeutischen Fortschritt gebracht.

Gehirnuntersuchung (CT-Scan) eines Epileptiker

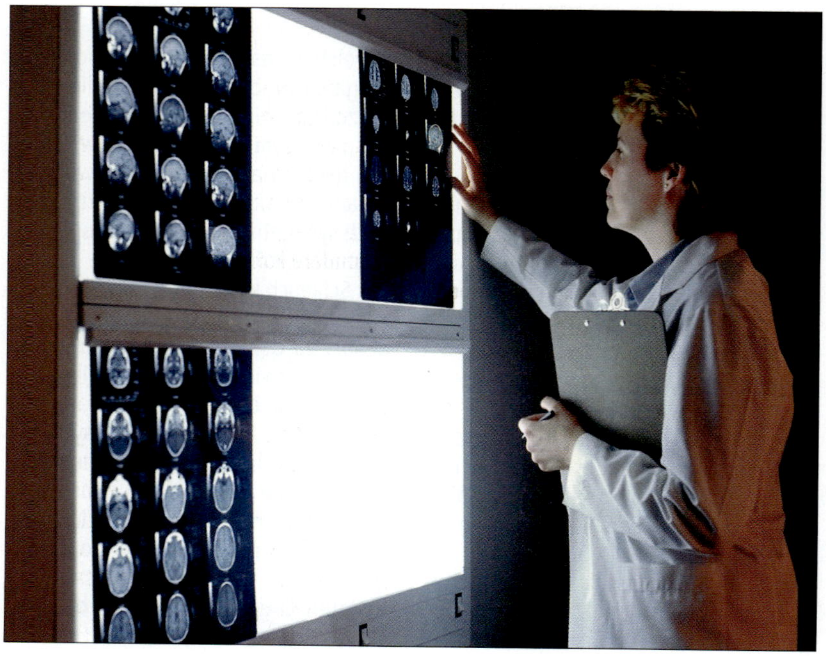

Ursachen

Prinzipiell können bei jedem Menschen unter besonderen Bedingungen (z.B. Elektrokrampftherapie) epileptische Anfälle ausgelöst werden. Die eigentlichen, eigengesetzlich fortschreitenden hirnorganischen Anfallsleiden können eingeteilt werden in:

- die genuine oder idiopathische Epilepsie;
- die symptomatischen Epilepsien und
- die kryptogenetischen Epilepsien.

Die erste Gruppe umfasst die Formen, bei denen keine nachweisbare Ursache – wie eine Hirnschädigung oder eine Stoffwechselstörung – vorliegt. Man vermutet, dass eine angeborene, manchmal deutlich erbliche Disposition zu epileptischen Anfällen eine überragende Rolle spielt. Kindheit, Pubertät, Gravidität und Menopause werden auch als epileptogene Lebensphasen bezeichnet. Hier tritt die idiopathische Epilepsie besonders häufig auf.
Bei den symptomatischen Anfallsleiden wird dagegen eine organische Ursache gefunden, obwohl es auch in dieser Gruppe Kranke gibt, die offenbar eine besondere Disposition zur Epilepsie haben. Durch die Verfeinerung unserer Diagnostik (vor allem mithilfe der Elektroenzephalographie und MRI-scan) tritt zunehmend eine Verschiebung in der Diagnose von den idiopathischen zu den symptomatischen Formen hin auf.
Von kryptogenetischen Epilepsien spricht man dann, wenn die Ursache unbekannt ist, aber auch nicht die Voraussetzungen für die Annahme einer idiopathischen Epilepsie vorliegen.

- Die genuine Epilepsie tritt mit Vorliebe in den Kinderjahren, der Pubertät, einer Gravidität und der Menopause auf.
- Zu den Ursachen der symptomatischen Epilepsie werden gerechnet:
  - organische Hirnerkrankungen;
  - Schädeltraumen;
  - akute Infektionskrankheiten;
  - Stoffwechselstörungen;
  - Intoxikationen.
- Organische Hirnerkrankungen wie Hirntumoren, Hirnarteriosklerose, Lues cerebri, Hirnabszesse, degenerative Hirnerkrankungen.
- Schädeltraumen. Organische Krampfanfälle können infolge von Hämatomen oder einer Kompressionsfraktur schon sehr früh auftreten. Meist entwickelt sich kein echtes Anfallsleiden daraus. Häufiger ist die erst nach längerer Zeit, manchmal einige Jahre später, entstehende traumatische Spätepilepsie infolge lokaler Dura- oder Glianarbenbildung; nach frühkindlichen Hirntraumen.
- Akute Infektionskrankheiten. Hier können, vor allem bei Kindern, epileptische Anfälle auftreten, zuerst durch das Fieber und den Einfluss von Mikroorganismen. Diese Anfälle sind im Allgemeinen als harmlos zu bewerten. Eine Enzephalitis führt zu ernster zu nehmenden Erscheinungen.
- Stoffwechselstörungen wie eine Hypoglykämie und Urämie, manche seltene angeborene Stoffwechselstörung; als Folge einer frühkindlichen Anoxie.
- Intoxikationen (Alkohol, Bier, die Gabe von hohen Dosen Cardiazol oder bestimmter Thymoleptika).

Eine epileptische Wesensänderung kann den Anfällen vorhergehen, ist aber häufiger Folge vieler Anfälle. Es gibt eine Anzahl von Faktoren, die das Auftreten von epileptischen Krampfanfällen provozieren, so Hyperventilation. Auch Störungen im Wasser- und Elektrolythaushalt sind von großer Bedeutung. Daneben spielen hormonelle Faktoren eine Rolle, wobei vor allem auf den Menstruationszyklus hingewiesen werden muss.

Ganz allgemein erniedrigen Schlafentzug, Übermüdung und übermäßiger Alkoholgenuss die Krampfschwelle und begünstigen das Auftreten von hirnorganischen Anfällen.

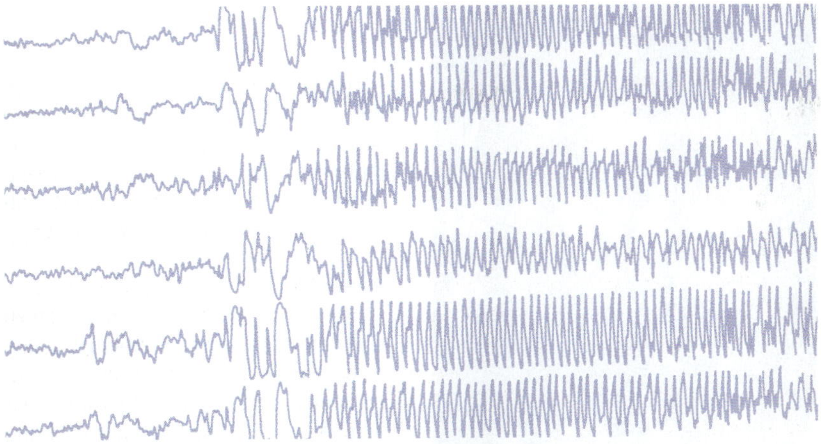
Elektroenzephalogramm (EEG) der Grand-Mal-Epilepsie

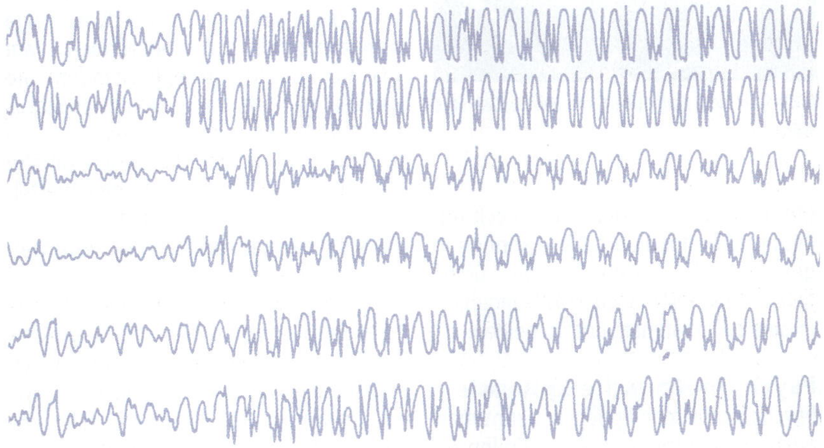
Elektroenzephalogramm (EEG) der Petit-Mal-Epilepsie

Symptome

Im Allgemeinen werden zwei Gruppen unterschieden:

- die generalisierten Anfälle; hier handelt es sich um Anfälle ohne Betonung einer bestimmten Seite oder eines bestimmten Körperteils;
- fokale Anfälle, die meist an einer umschriebenen Stelle beginnen. Sie weisen auf das Vorliegen eines Hirnherdes hin.

Die generalisierten Anfälle kommen häufiger bei der genuinen als bei der symptomatischen Epilepsie vor, während die fokalen Anfälle auf der Schädigung eines bestimmten Hirnteils beruhen (nur bei sehr lang bestehender genuiner Epilepsie gibt es als Zeichen einer zusätzlichen lokalen Hirnschädigung fokale Anfälle, sog. sekundäre Fokalisierung).

Fokale Anfälle

Die fokalen Anfälle gehen meist von einer lokalen Hirnschädigung, dem Krampfherd, aus. Manchmal bleibt die Ursache unbekannt. Ein derartiger Anfall beginnt meist mit einer Aura, die für den betroffenen Hirnteil charakteristisch ist. Wir sprechen von einer optischen und einer Geruchsaura, wenn der Anfall in der optischen Hirnrinde

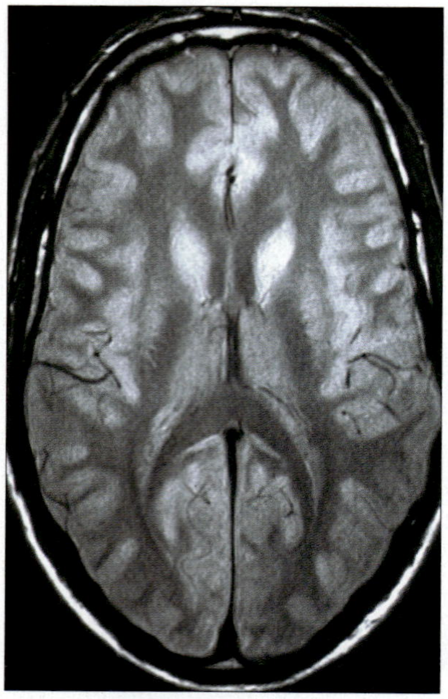

NMR-Scan eines Epileptikers; nur leichte vaskuläre Störungen

(Regio optica) oder im Riechhirn beginnt. Die fokalen Anfälle können in generalisierte Krampfanfälle übergehen. Man kann nach dem Hirngebiet, in dem sie entstehen, unterscheiden.

Psychomotorische Epilepsie

Psychomotorische Epilepsie nennt man auch komplex-partielle Epilepsie. Meistens beginnt der Krampfanfall im Temporallappen; häufig tritt kurz vorher eine abdominelle oder Geruchsaura auf. Es handelt sich um Anfälle von stark wechselnder Dauer; meistens dauern sie länger als die Absencen, gelegentlich stundenlang.
Ein derartiger temporaler Anfall (Dämmerattacke, dreamy state) wird dadurch gekennzeichnet, dass der Kranke automatisch irgendwelche Handlungen verrichtet, sich z.B. wäscht, Schmatz- und Schluckbewegungen macht.
Es kann zu einem Verziehen des Kopfes oder einem Verdrehen der Augen kommen. Hinterher kann sich der Kranke daran nicht mehr erinnern; es liegt eine Amnesie vor. Diese Anfälle beginnen häufig im frühen Erwachsenenalter. Rund ein Viertel aller Anfallskranken haben eine derartige Form der Epilepsie.

Generalisierte Anfälle

Hierunter fallen zwei Gruppen, nämlich die eigentlichen Krampfanfälle und Anfälle ohne gröbere motorische Entladungen. Die letztgenannten Anfälle werden auch Absence genannt, ein Beispiel dafür ist der Petit-Mal-Anfall.

Petit Mal

(Absencen) Hier kommt es lediglich zu einer kurzdauernden Bewusstseinstrübung, bei der der Patient im Allgemeinen kurz in seiner Beschäftigung innehält. Die Bewusstseinstrübung dauert eine Sekunde bis ungefähr eine Minute und sie fällt so wenig auf, dass die Umgebung sie oft nicht bemerkt.
Man sieht diese Anfälle, bei denen keine anatomischen Veränderungen am Gehirn zu finden sind, bei Kindern. Sie treten gehäuft beim Petit Mal-Status auf. Hier können die Bewusstseinsstörungen und die einzelnen Anfälle ineinander übergehen und eine Viertelstunde bis einige Tage dauern.
Die Kinder können sich bei Petit-Mal-Anfällen nach vorne neigen (Propulsiv-Anfälle; BNS-Krämpfe), nach hinten beugen (Retropulsiv-Anfälle) oder plötzlich zusammenzucken (Impulsiv-Anfälle). Absencen hinterlassen keine ernsteren Folgen. Kleinere Unfälle, wie das Fallenlassen von Gegenständen, sind häufiger zu beobachten.
Die BNS-Anfälle (= Blitz-Nick-Salaam-Anfälle nach den dabei auftretenden eigenartigen Bewegungen) treten vor allem in den beiden ersten Lebensjahren auf.

Grand Mal

Der zweite wichtige Anfallstyp ist der Grand-Mal-Anfall, der große generalisierte Krampfanfall.
Der Anfall selbst lässt mehrere Phasen erkennen:

- die tonische Phase;
- die klonische Phase;
- vollständige Erschlaffung;
- die Phase der Wiederherstellung.

■ *Die tonische Phase*

Dauer 15–25 sec. Die gesamte Muskulatur erfährt eine hochgradige Tonuserhöhung, der Patient fällt mit dem schrillen epileptischen Schrei nach hinten. Alle Körpermuskeln spannen sich an, der Patient hat einen Streckkrampf und wird bewusstlos.
Bei einem derartigen Sturz kann der Kranke sich ernsthaft verletzen. Die tonische Phase geht allmählich über in eine Phase mit rhythmischen Zuckungen. Durch das Anhalten der Atmung wird der Kranke oft cyanotisch.

■ *Die klonische Phase*

Dauer 30–50 sec. Nun treten sehr heftige Muskelzuckungen auf, die sich mit einer fast vollständigen Muskelerschlaffung abwechseln. Die Beine werden gestreckt, die Arme angebeugt gehalten.
Diese ganze Phase verläuft äußerst charakteristisch, weil die Zwischenzeiten zwischen den Zuckungen immer größer werden und die Zuckungen selbst an Intensität verlieren. In diesem Stadium tritt schaumiger Speichel auf, eine Harnentleerung und es kommt zum Zungenbiss.

■ *Vollständige Erschlaffung*

Dauer ungefähr eine Minute. Der Patient befindet sich jetzt in einem tiefen Koma. Die Atmung kehrt zurück auf das Ausgangsniveau und der Kranke zeigt wieder seine frühere Farbe.
Infolge der muskulären Atemstörung, die zu einem Sauerstoffmangel geführt hatte, war die Hautfarbe des Kranken anfangs dunkelrot bis violett. Die Pupillen sind weit, reagieren nicht auf Licht. Corneal- und Muskeleigenreflexe fehlen, das Babinski'sche Zeichen kann nachweisbar sein.

■ *Die Phase der Wiederherstellung*

Diese dauert sehr unterschiedlich lang; der Patient klagt im Allgemeinen über heftige Kopfschmerzen und Benommenheit und fällt häufig in einen Nachschlaf.
Er ist vorübergehend desorientiert. Beim Erwachen klagt der Kranke über Muskelschmerzen (wie Muskelkater).
Neben der Bewusstlosigkeit und den motorischen Äußerungen seien noch einmal besonders hervorgehoben eine Anzahl von vegetativen Phänomenen, wie – am Beginn der tonischen Phase – ein Blutdruckabfall und eine Apnoe und später – während des Anfalls – eine

Blutdrucksteigerung, Absonderung zähflüssigen Speichels und Schweißausbrüche.
Infolge einer Sphinktererschlaffung kommt es manchmal zu einer Incontinentia urinae und sehr selten alvi mit unwillkürlicher Urin- bzw. Stuhlentleerung. Zusammenfassend kann man sagen, dass der große hirnorganische Krampfanfall in einer Anzahl von Stadien verläuft, die durch motorische, vegetative und Bewusstseinsstörungen gekennzeichnet sind.
Gefährlich ist der Status epilepticus. Man versteht hierunter das schnelle Aufeinanderfolgen von Krampfanfällen, zwischen denen der Patient bewusstlos bleibt.
Es kann zur Hyperthermie kommen. Dabei handelt es sich um einen lebensgefährlichen Zustand, der schnell behandelt werden muss (Valium oder Rivotril) und danach Phenhydan intravenös, Hirnödembekämpfung).

Diagnose

Besonders große Bedeutung besitzt die Elektroenzephalographie zur Erkennung einer Epilepsie. Bei den Grand-Mal-Anfällen ist im Intervall das EEG oft unauffällig, bei den Absencen findet man aber typische Aneinanderreihungen von Spitzen und Wellen im 3/sec-Rhythmus und für Impulsiv-Anfälle sind Mehrfachspitzen charakteristisch.
Man versucht bei der EEG-Ableitung auch Anfälle zu provozieren – etwa mithilfe von Flackerlicht oder Hyperventilation. Die größte Bedeutung für die Diagnose hat aber die vom Kranken selbst und seinen Angehörigen erhobene Anamnese, ganz besonders die genaue Anfallschilderung.

Therapie

Ziel der Behandlung ist die vollständige Anfallsfreiheit, die nicht immer erreicht werden kann. Die Kranken benötigen die Medikamente viele Jahre lang. Erst nach einer anfallsfreien Zeit von 3–5 Jahren kann man die Medikation beenden, langsam ausschleichen.

Antiepileptika sind zwar sehr wirksam, haben aber auch Nebenwirkungen. Viele verursachen Schläfrigkeit. So sollten Epileptiker beispielsweise keinen Alkohol trinken. Außerdem dürfen sie nur dann Auto oder Motorrad fahren, wenn sie das Fahrzeug sicher führen können.

Heutzutage stehen sehr viele gute Antikonvulsiva (Antiepileptika) zur Verfügung.
Sie dienen in erster Linie zur Herabsetzung der erhöhten Erregbarkeit der Nervenzellen. Die einzelnen Präparate haben jeweils eine etwas andere Indikation. Ethosuximid z.B. hilft bei Petit-Mal-Anfällen, Valproinat bei generalisierten Anfallsformen, am universellsten ist wohl Carbamazepin einzusetzen. Empfohlen werden weiter das Verbot von Alkohol und die Einhaltung eines möglichst gleichmäßigen Lebens mit ausreichend Schlaf.
Man soll aber im Allgemeinen die Anfallskranken, die ohnedies zur Hypochondrie neigen, in ihrer Lebensführung nicht zu sehr gängeln. Psychologisch ist die Erfüllung eines regelmäßigen Arbeitspensums von großer Bedeutung.
Patienten mit Epilepsie können nur unter bestimmten Voraussetzungen und Auflagen nach einer gründlichen neurologischen und psychiatrischen Untersuchung einen Führerschein erhalten.
Gewisse Sportarten, bei denen sich der Kranke nicht gefährden kann, sich nicht zu sehr verausgabt und im Fall eines Anfalls Hilfe zur Verfügung steht, sind wünschenswert.
Neuerdings bemüht man sich bei fokalen Anfallsleiden mit Erfolg wieder um eine operative Ausschaltung eines Krampfherdes.

Erbkrankheiten

Einführung

Erbkrankheiten oder genetische Krankheiten können familiär gehäuft oder durch spontane Neumutation in einer durch genetische Krankheiten bisher unbelasteten Familie auftreten.

Bestimmte Merkmale und Eigenschaften können mit dem Erbmaterial der Eltern an die Nachkommen weitergegeben werden. Von besonderer Bedeutung ist dabei, ob der Erbgang des Merkmals dominant oder rezessiv ist. Allerdings kann das abweichende Merkmal in den Körperzellen doppelt, einfach oder überhaupt nicht vertreten sein.

Ist die Merkmalsabweichung dominant, kann dies schon bei einfachem Vorhandensein zur Ausprägung des Merkmals führen. Rezessiv vererbte Abweichungen können erst dann zur Ausprägung gelangen, wenn sie bei beiden Eltern vorhanden sind.

- Bei einer rezessiv vererbten Abweichung kann eine Anomalie bei einem Kind auftreten, obwohl beide Eltern scheinbar gesund sind. Dies tritt dann ein, wenn das abweichende Merkmal bei beiden Eltern nur in einem Genanteil auftritt und bei den Eltern selbst nie zu einer Ausprägung geführt hat.
- Andererseits besteht bei dominant vererbter Abweichung die Möglichkeit (obwohl bei beiden Elternteilen die Abweichung nur einfach vorhanden ist), dass das Kind zweier genetisch abnormer Eltern normal ist.
- Eine geschlechtsgebundene Vererbung (wie sie etwa bei bestimmten Formen der Farbenblindheit vorliegt) zeigt die Eigenart, dass die Krankheit an sich bei Frauen selten vorkommt und bei Männern häufiger auftritt und dass sie durch scheinbar gesunde Frauen vererbt werden kann.

Formen von Erbkrankheiten

1. Chromosomal bedingte genetische Krankheiten mit numerischen oder strukturellen Abweichungen (Chromosomopathien), die zum Teil mit dem Alter der Mutter zunehmen.
2. Einfach (monogen) ererbte genetische Krankheiten, die theoretisch den Mendelgesetzen entsprechend vererbt werden und einen geschlechtsgebundenen oder autosomal-dominanten bzw. autosomal-rezessiven Erbgang aufweisen können.
3. Multifaktoriell ausgelöste genetische Krankheiten, die durch abnorme Gene und Umweltfaktoren verursacht werden.

Symptome

Genetische Krankheiten manifestieren sich als körperliche, geistige oder kombinierte Anomalien, die phänomenologisch nicht immer von intrauterin erworbenen Defekten unterschieden werden können. Bei monogen vererbten genetischen Krankheiten sind heute häufig die zugrundeliegenden biochemischen Defekte (veränderte Proteinsynthese) nachweisbar. Potenzielle Veränderungen, die nicht unbedingt zu Krankheiten führen, sind wahrscheinlich sehr viel häufiger; sie können unter Umständen erst durch hinzutretende äußere Einflüsse (zum Beispiel Medikamente, Infektionen, alimentäre Faktoren) induziert und klinisch manifest werden.

Oft beruhen genetische Krankheiten auf dem Ausfall oder der Veränderung eines Enzyms im intermediären Stoffwechsel; die Manifestation kann sehr früh oder auch erst in fortgeschrittenem Lebensalter erfolgen.

Diploider Chromosomensatz der Frau (links) und des Mannes (rechts)

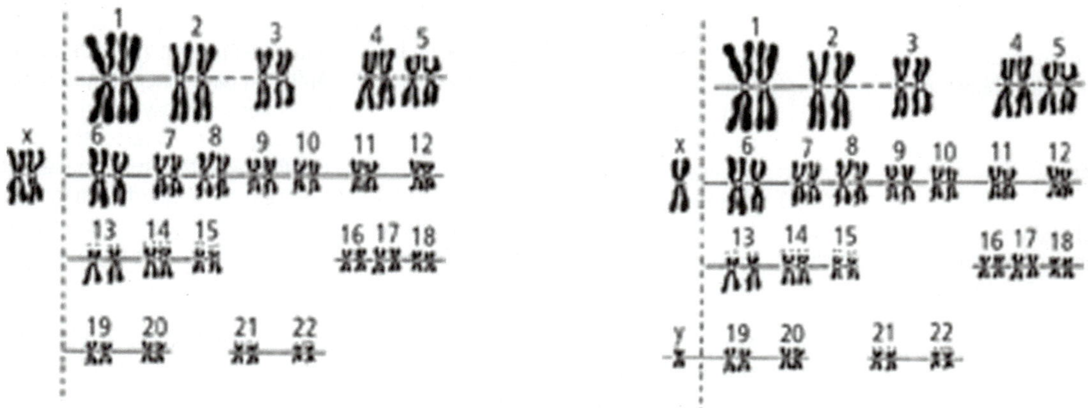

Vererbungsschema einer rezessiven Eigenschaft. Die Eigenschaft wird erst sichtbar, wenn sie zweifach vorhanden ist. Eine erblich bedingte Krankheit kommt bei rezessiver Anlage unerwartet, da beide Elternteile scheinbar gesund sind.

1a – Chromosom mit gesunder Anlage (schwarz)
1b – Chromosom mit krankhafter Anlage (rot)
1c – Männliches Chromosom
1d – Einfach vorhandene krankhafte Anlage
1e – Zweifach vorhandene krankhafte Anlage
1f – Keine krankhafte Anlage in der Keimzelle
2 – Keiner der vier Nachkommen erkrankt, doch können zwei davon die Krankheit weiter vererben.
3 – Beide Eltern tragen unsichtbar die Anlage zur Krankheit. Die Wahrscheinlichkeit, dass eines der vier Kinder erkrankt, ist damit gegeben. Zwei weitere Kinder übernehmen die Krankheit unsichtbar ins Erbgut. Nur ein Kind bleibt vom genetischen Erbe der Eltern vollständig verschont.
4 – Ein Elternteil ist sichtbar von der Krankheit befallen. Sie wird rezessiv auf alle Kinder übertragen.
5 – Ein Elternteil trägt die Krankheit sichtbar, der andere unsichtbar. Die Hälfte der Kinder erkrankt, die andere Hälfte trägt die Krankheit im Verborgenen.
6 – Beide Elternteile sind sichtbar erkrankt. Alle Kinder erkranken ebenfalls.

Nach dem hier dargestellten Vererbungsschema werden unter anderem Albinismus, neurologische Erkrankungen und verschiedene Stoffwechselkrankheiten vererbt.

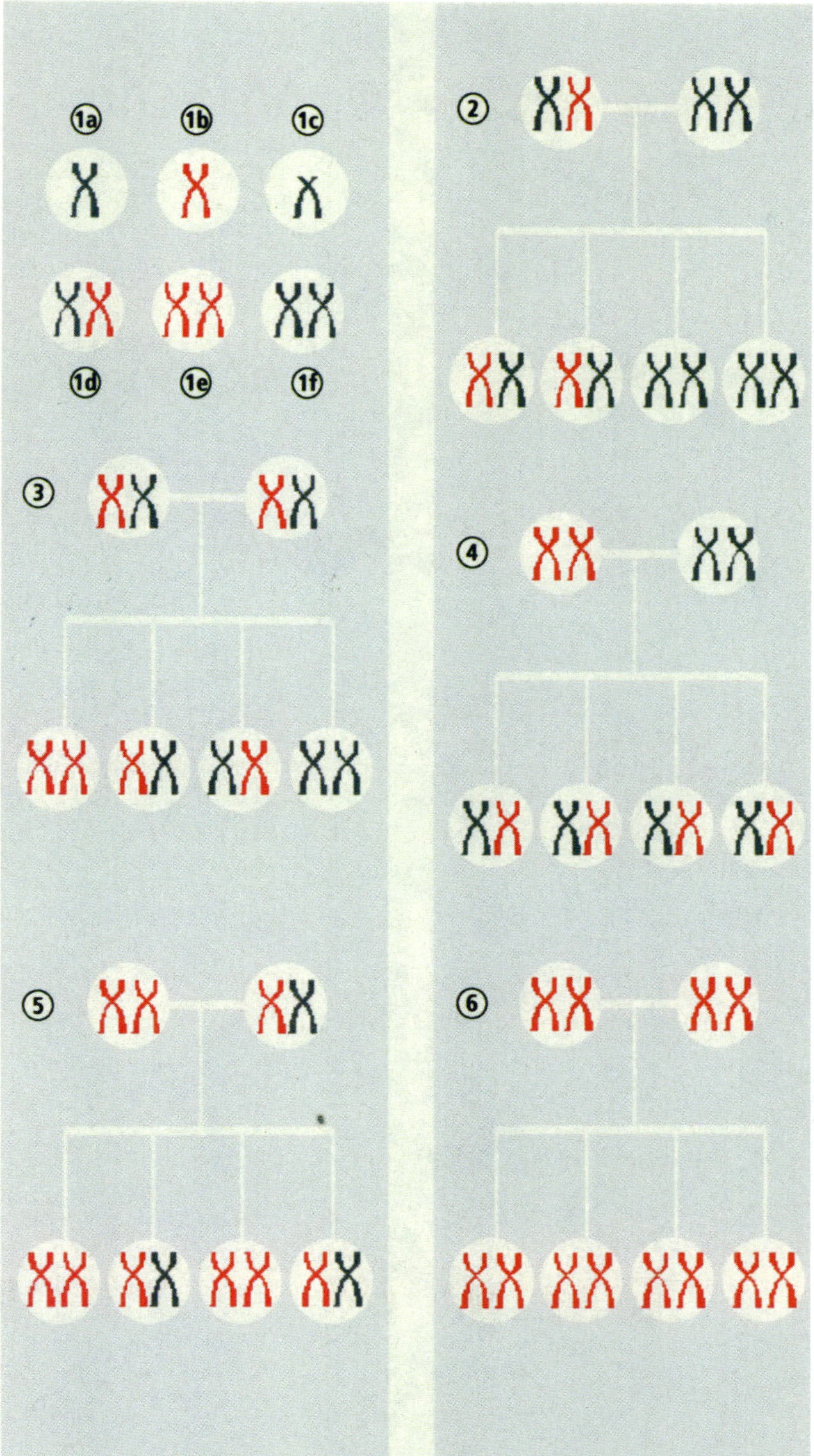

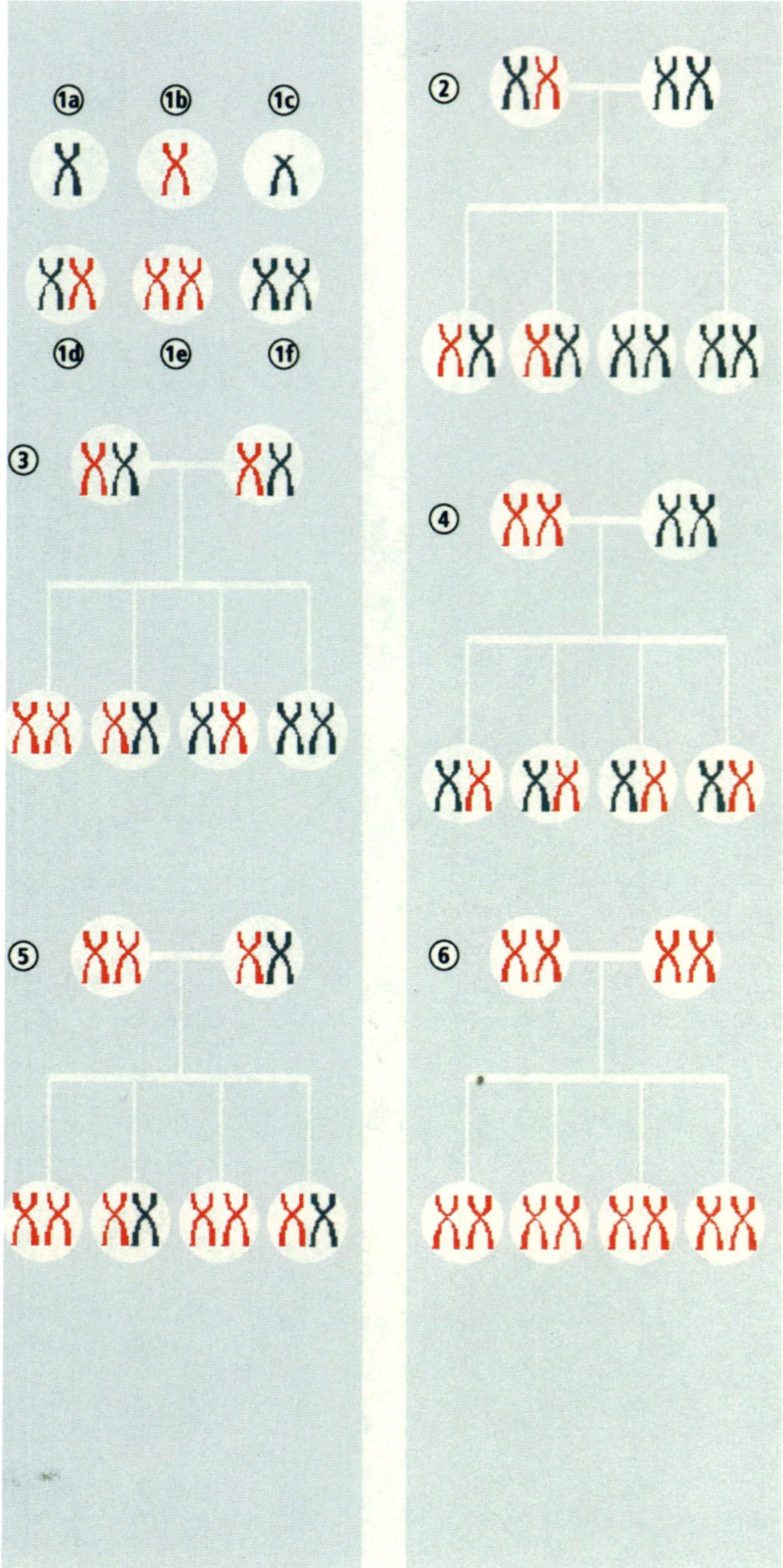

Vererbungsschema einer dominanten Eigenschaft. Die Eigenschaft wird sichtbar, wenn sie einfach vorhanden ist.

1a – Chromosom mit gesunder Anlage (schwarz)
1b – Chromosom mit krankhafter Anlage (rot)
1c – Männliches Chromosom
1d – Zweifach vorhandene krankhafte Anlage
1e – Einfach vorhandene krankhafte Anlage
1f – Keine krankhafte Anlage in der Keimzelle
2 – Zwei der vier Nachkommen erkranken und können auch die Krankheit weitervererben.
3 – Beide Eltern tragen die Anlage zur Krankheit jeweils einfach. Drei Kinder tragen die Anlage zur Krankheit, zwei Kinder einfach, ein Kind zweifach.
4 – Ein Elternteil ist sichtbar von der Krankheit befallen (zweifach vorhandene krankhafte Anlage). Alle Kinder tragen die Anlage zur Krankheit.
5 – Ein Elternteil trägt die Krankheit (zweifach vorhandene krankhafte Anlage), der andere Elternteil zu 50 Prozent. Die Hälfte der Kinder trägt die Anlage zweifach, 50 Prozent nur einfach.
6 – Beide Elternteile tragen die Krankheit (zweifach vorhandene krankhafte Anlage), alle Kinder tragen auch die Krankheit (zweifach vorhandene krankhafte Anlage).

Nach dem hier dargestellten Vererbungsschema werden unter anderem die Blutgruppen A, B, AB und O und neurologische Erkrankungen vererbt.

Vererbungsschema für einen geschlechtsgebundenen Erbfaktor. Die pathogene Anlage sitzt in diesem Fall auf dem X-Chromosom.

1a – Chromosom mit gesunder Anlage
1b – Chromosom mit krankhafter Anlage
1c – männliches geschlechtsbestimmendes Chromosom
1d – einfach vorhandene krankhafte Anlage
1e – zweifach vorhandene krankhafte Anlage
1f – keine krankhafte Anlage in der Keimzelle
2 – Der Träger des krankmachenden Chromosoms ist die Mutter. Ein Sohn erkrankt, eine Tochter trägt die Krankheit latent.
3 – Der Träger des krankmachenden Chromosoms ist der Vater. Niemand erkrankt sichtbar, doch kann die Krankheit durch die Töchter weitervererbt werden.
4 – Beide Elternteile besitzen das krankmachende Chromosom, aber nur der Vater ist sichtbar erkrankt. Ein Junge und ein Mädchen erkranken. Das andere Mädchen kann die Krankheit weitervererben. Nur der zweite Junge ist völlig gesund.
5 – Die Mutter ist erkrankt. Die Söhne bekommen die Krankheit ebenfalls. Die Töchter werden lediglich Überträgerinnen.
6 – Beide Eltern sind erkrankt. Alle Nachkommen erkranken ebenfalls.

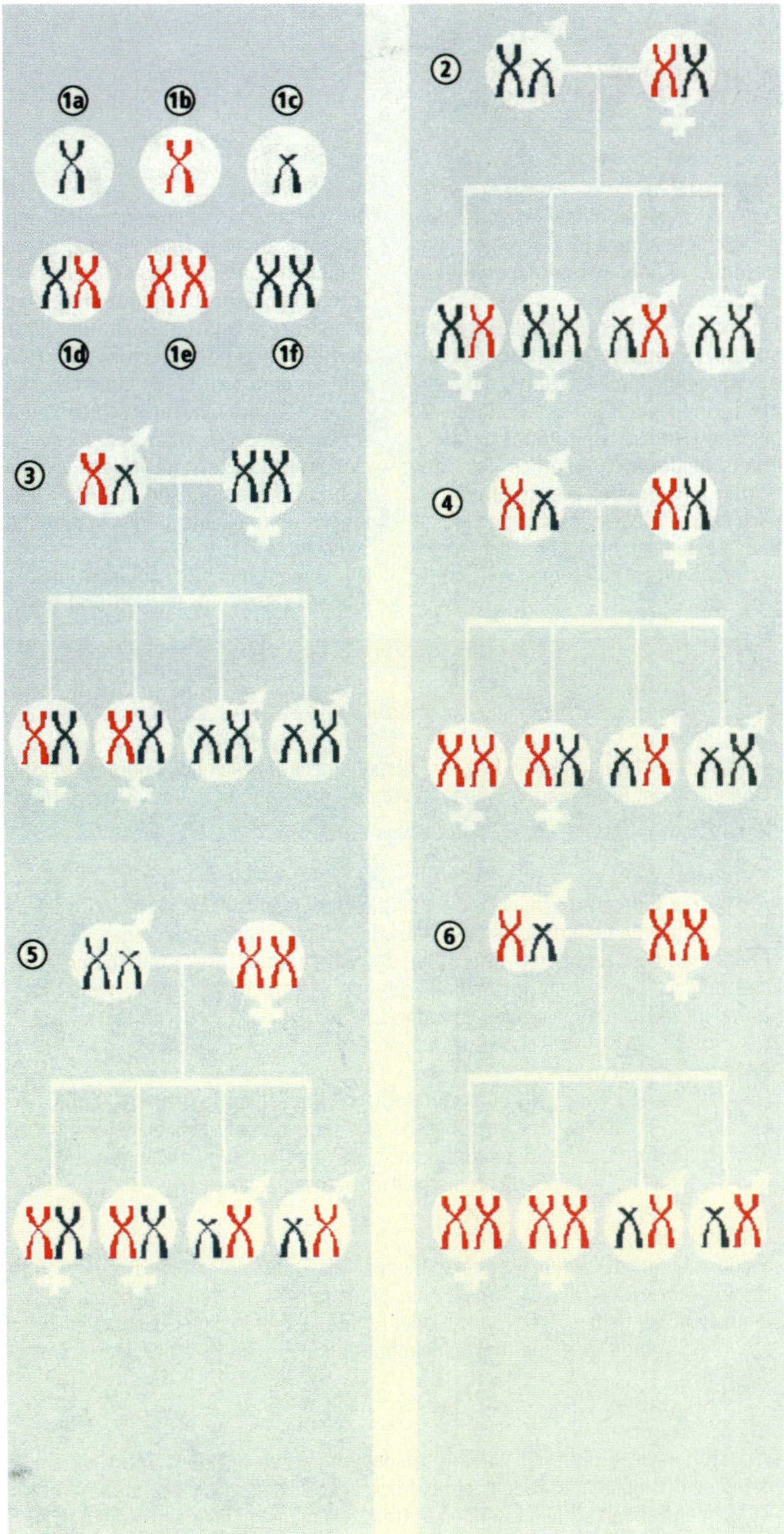

Darstellung der Chromosomen des Menschen. Rechts unten die Geschlechtschromosomen (XY).

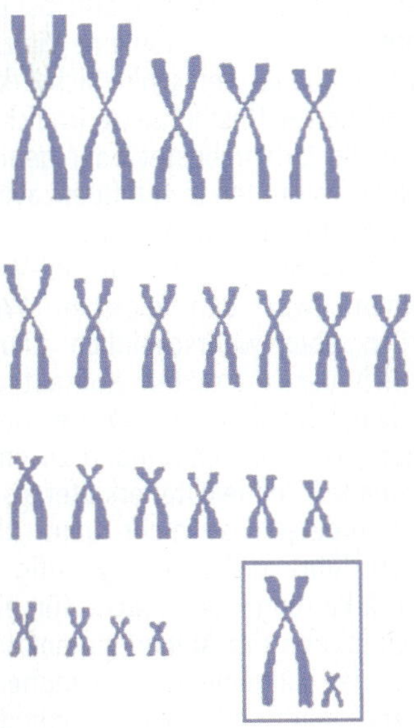

Erkältung

Einführung

Eine Erkältung ist eine virale Infektion der Schleimhäute in der Nase, der Nasennebenhöhlen, im Rachen und in den Atemwegen.
Als grippaler Infekt (Erkältung) werden alle ansteckenden (infektiösen) Erkältungskrankheiten bezeichnet, die nicht durch Grippeviren (Influenzaviren) verursacht werden. Der grippale Infekt unterscheidet sich deutlich von der echten Virusgrippe: Die Erkältung ist nach ein paar Tagen überstanden – eine Virusgrippe kann hingegen wochenlang bestehen und den Körper gefährlich schwächen.

■ *Schleimhäute*

Die gesamten Atemwege sind mit Schleimhaut tapeziert. Darin sitzen Millionen von Schleimzellen, die zwei Sorten von Schleim produzieren: eine dünnflüssige und eine zähe Variante. Der dünnflüssige Schleim bildet einen Film, in dem sich die Flimmerhärchen auf der Oberfläche der Schleimhautzellen bewegen können. Darüber liegt eine Schicht aus zähem Schleim, in dem sich unliebsame Eindringlinge verfangen – Krankheitserreger, Staub- und Schmutzpartikel.
Die Flimmerhärchen schlagen im Takt immer in Richtung Rachen und transportieren sämtliche „Fremdkörper" – einem Förderband gleich – mit dem zähen Schleim bis zum Mund. Dort werden sie ausgeworfen oder schlicht verschluckt und von den Verdauungssäften außer Kraft gesetzt.
Daneben hat die Schleimhaut aber noch weitere Aufgaben. Sie sorgt dafür, dass die Luft angenehm erwärmt und befeuchtet wird. Wie wichtig das ist, können Sie selbst feststellen, wenn Sie einmal kurz und kräftig durch den Mund einatmen: Die Luft, die dann durch den Hals streicht, ist viel kälter, als wenn Sie durch die Nase atmen – geradezu unangenehm kalt.
Störung der Schutzfunktion der Schleimhaut wird verursacht durch:

- Kälte
- Austrocknung
- Tabakrauch
- Schadstoffe
- Umweltgifte
- Immunschwäche

■ *Erkältungserreger*

Viele verschiedene Viren können Erkältungen hervorrufen. Picornaviren, darunter die Rhinoviren, verursachen die meisten Frühjahrs-, Sommer- und Herbsterkältungen. Influenza- und RS-Viren, die regelmäßig im Spätherbst und Winter auftauchen, rufen eine Vielzahl von Krankheiten, einschließlich Erkältungen, hervor. Über infizierte Tröpfchen, die in die Luft gehustet oder geniest werden, verbreiten sich Influenzaviren leicht von Mensch zu Mensch.
Die Rhinoviren und die RS-Viren nehmen zwar den gleichen Weg, werden aber wahrscheinlich hauptsächlich durch direkten Kontakt der Hände mit virushaltigen Sekreten übertragen. Warum sich jemand zu einer bestimmten Zeit leichter erkältet als zu einer anderen, ist nicht ganz klar. Frieren führt nicht zwangsläufig zu einer Erkältung oder macht für eine Virusinfektion der Atemwege anfällig. Auch der allgemeine Gesundheitszustand und die Essgewohnheiten

Mittel gegen Husten

Altbewährte Naturstoffe wie Salz und Honig, ätherische Öle und Pflanzenextrakte sind ideal, um Bronchien und Lungen von Schadstoffen, Viren und Bakterien zu befreien.

Befeuchter
Am besten für die Bronchien sind salzhaltige Inhalationslösungen (zum Beispiel Emser Salz). Sie helfen, Schadstoffe aus den Lungenbläschen zu fegen, lindern Entzündungsprozesse und erleichten das Durchatmen. Bei Kindern mit der Neigung zu spastischem Husten kann der Arzt zusätzlich Bronchien erweiternde Mittel für die Inhalationslösung verordnen.

Entzündungshemmer
Hier hält Mutter Natur ein paar wunderbare Pflanzenstoffe bereit: Kamille als Extrakt zum Inhalieren lässt entzündliche Vorgänge in der Bronchien-Schleimhaut abklingen. Umckaloabo, der südafrikanische Wurzelknollen-Extrakt, tötet Viren und Bakterien ab, verhindert chronische Atemwegsentzündungen.

Schleimlöser
Top-Arznei aus der Natur-Apotheke: Thymian als Saft, Tropfen oder Dragees und Honig. Ätherische Öle als Kapsel zum Einnehmen kann man auch ins heiße Inhalierwasser geben. Acetylcystein oder Ambroxol helfen dem Husten chemisch auf die Sprünge. Sie spalten Schleimhautmoleküle und verflüssigen zähen Schleim.

Husten-Bremser
Wirkstoffe wie Clobutinol wirken auf das vegetative Nervensystem ein und dämpfen den Hustenreiz. Geeignet bei trockenem Husten, vor allem für die Nacht. Auf keinen Fall mit schleimlösenden Mitteln zusammen einnehmen – der gelöste Schleim wird nicht abgehustet, staut sich in den Bronchien.

scheinen keinen nennenswerten Einfluss zu haben. Ebenso wenig spielen Veränderungen der Nase oder des Rachens wie vergrößerte Mandeln oder Drüsen eine Rolle.
Allerdings sind Menschen infektionsanfälliger, wenn sie übermüdet oder unglücklich sind oder Allergien im Bereich der Nase oder des Rachens haben; dasselbe gilt für Frauen in der Mitte zwischen den Perioden.

Symptome

Die Viren setzen sich in den Schleimhäuten von Nase, Mund und Atemwegen fest und verursachen typische Beschwerden. Die Symptome einer Erkältung beginnen ein bis drei Tage nach der Ansteckung. Gewöhnlich fängt es mit Beschwerden in der Nase oder im Rachen an. Später folgt Niesen, eine rinnende Nase, man fühlt sich ein wenig krank. Meistens entwickelt sich kein oder nur zu Beginn mildes Fieber.
Die Nasensekrete sind wässrig und klar und können während der ersten ein, zwei Tage reichlich fließen. Später werden die Sekrete dickflüssiger, trübe, gelbgrün und fließen weniger reichlich. Der Geruchs- und Geschmackhssinn sind eingeschränkt. Die Infektion fördert die Schleimbildung. Husten ist deshalb eine Reaktion auf die Reizung, aber auch ein Abwehrvorgang, mit dem Keime unschädlich gemacht und entfernt werden sollen.
Im weiteren Verlauf der Erkältung kommt es meist am dritten und vierten Tag zu Kopfdruck (Nasennebenhöhlen, Stirn), Kopfschmerzen und Abgeschlagenheit. Ein schmerzhaftes Druckgefühl in der Brust kann zusätzlich auftreten. Etwa am vierten oder fünften Tag sind die Beschwerden am stärksten und man schwitzt viel.
Die Symptome verschwinden normalerweise nach fünf bis acht Tagen, jedoch kann der Husten mit oder ohne Auswurf oft bis in die zweite Woche andauern.

Die Symptome einer Erkältung beginnen ein bis drei Tage nach der Ansteckung. Gewöhnlich fängt es mit Beschwerden in Nase und Rachen an. Später folgen Niesen, laufende Nase, und man fühlt sich ein wenig krank.

Diagnose und Behandlung

Die meisten Erkältungen können ohne weiteres anhand der typischen Anzeichen diagnostiziert werden. Allerdings können Bakterieninfektionen, Allergien und andere Erkrankungen ähnliche Symptome verursachen. Die Viren, die eine Erkältung hervorrufen, können auch grippeähnliche Symptome hervorrufen. Hohes Fieber lässt immer vermuten, dass es sich bei der Infektion nicht um eine einfache Erkältung handelt.

■ *Behandlung*
Wer eine Erkältung hat, sollte sich warm halten und sich schonen; außerdem sollte er versuchen, die Infektion nicht auf andere Personen zu übertragen. Jeder Kranke mit Fieber oder ernsten Symptomen sollte nach Möglichkeit zu Hause bleiben. Reichliches Trinken trägt dazu bei, dass die Sekrete flüssig bleiben und sich leichter lösen. Wenn bei einem Kind oder Jugendlichen medikamentös Schmerzen gelindert oder Fieber gesenkt werden soll, eignet sich Parazetamol.
Gefäßverengende Schnupfenmittel erleichtern den Zustand nur vorübergehend ein wenig. Antihistaminika können helfen, das Laufen der Nase zu stoppen, wenn es auf einer Allergie beruht, doch die Mittel machen schläfrig und haben noch weitere Nebenwirkungen, vor allem bei älteren Menschen.
Manche Menschen inhalieren Wasserdampf oder Nebel aus einem Zerstäuber, damit sich die Sekrete leichter lösen und die Beklemmung im Brustbereich nachlässt, andere spülen die Nase mit isotonischer Salzlösung,

Behandlungsvorschlag bei leichter Erkältung

■ 1. Tag morgens
Ganzwaschung, gut trockenreiben, bis man sich warm fühlt, dann gründliches Trockenbürsten des Rückens.

■ 1. Tag abends
Wechselwarmes Fußbad mit 1 Tasse Salz im Wasser, bei kalten Füßen temperaturansteigendes Fußbad.

■ 2. Tag morgens
Trockenbürsten des Rückens und wechselwarmer Armguss.

■ 2. Tag abends
Wechselwarmer Knieguss und Kopfdampf mit Fichtennadelöl.

■ 3. Tag morgens
Trockenbürsten des Rückens und wechselwarmer Knieguss.

■ 3. Tag abends
Vollbad (von 36 auf 39 °C ansteigend) mit Heublumenabkochung. Danach nur leicht abtrocknen, in vorgewärmtes Laken einwickeln, im Bett 15 Minuten schwitzen, dann kühle Ganzwaschung mit anschließendem Trockenfrottieren.

■ 4. Tag morgens
Trockenbürsten des Rückens und wechselwarmer Armguss.

■ 4. Tag abends
Wechselwarmes Fußbad; 1 Tasse Salz ins Wasser geben.

■ 5. Tag morgens
Trockenbürsten des Rückens und wechselwarmer Schenkelguss.

■ 5. Tag abends
Kopfdampf mit Kamillenabsud oder Fichtennadelöl (5 Tropfen in 1 Liter heißes Wasser), dann kalter Gesichtsguss.

■ 6. Tag morgens
Wechselwarme Dusche (heiß von unten nach oben duschen, dann 10–15 Sekunden kalt abduschen).

um den zähen Schleim loszuwerden. Husten ist manchmal der einzige Weg, während einer Virusinfektion die Atemwege von Sekreten und Abbaustoffen zu befreien, deshalb ist es ratsam, den Husten nicht zu unterdrücken.

Sinusitis

Nebenhöhlenentzündungen oder Sinusitiden sind fast immer Folge eines Schnupfen bzw. einer Erkältungskrankheit. Am Anfang steht meist eine virale Infektion, die die Nasenschleimhäute anschwellen lässt. Dadurch am Abfluss gehindert, staut sich Sekret in den Nebenhöhlen und wird zum Tunnelplatz ebenfalls von Viren, aber auch von Bakterien oder seltenen Pilzen. Zwei Drittel der Erkrankungen verlaufen akut und heilen dann aus, das restliche Drittel geht in eine chronische Sinusitis über.

■ *Ist die akute Nebenhöhlenentzündung gefährlich?*
Wenn es dabei bleibt, ganz klar nein. Man fühlt sich aber elend und abgeschlagen, bei jedem Bücken schmerzt das Gesicht, auf dem Schädel lastet ein dumpfer Druckschmerz, als sei der Kopf ausgestopft. Man kann nicht richtig schlafen, nicht denken, nicht arbeiten, mag nichts essen – lauter lästige Symptome, die einem den Tag vergällen. Aber bedrohlich sind sie nicht.

Akute Sinusitis

Die akute Sinusitis – sie wird in 80 Prozent der Fälle durch Viren verursacht – kann jedoch Komplikationen nach sich ziehen, mit denen nicht zu spaßen ist und die im schlimmsten Fall sogar lebensgefährlich werden können. Außerdem kann sie chronisch werden, und dann erfordert die Behandlung wesentlich mehr Aufwand. In vielen Fällen muss sogar operiert werden, um die chronische Entzündung zu kurieren.
Prinzipiell kann alles, was die Belüftung der Nebenhöhlen stört, eine Sinusitis begünstigen. Dazu gehören:

- Erkältungen, aber auch Mandelentzündungen
- Entzündungen im Mittelohr
- Allergische Erkrankungen wie Asthma und Heuschnupfen
- Zahnerkrankungen, vor allem im Oberkiefer
- Anatomische Abweichungen, große Mandeln, verbogene Nasenscheidewand, Nasenpolypen
- Rauchen (schädigt die Flimmerhärchen)
- Veränderungen des Luftdrucks, etwa beim Tauchen, Bergsteigen oder bei Flugreisen

Wenn die Infektion auf die Nebenhöhlen übergreift, merkt man dies deutlich: Plötzlich ist alles dicht, schon morgens beim Aufwachen tun Schädel und Gesicht weh, und die Schmerzen werden im Laufe des Tages immer schlimmer – drückend, stechend, bohrend, pulsierend.
Ein typisches Zeichen für eine Nebenhöhlenentzündung ist es, wenn der Kopfdruck und die Kopfschmerzen beim Bücken oder Niesen noch stärker werden. Durch die Nase zu atmen wird immer schwieriger. Der Geruchssinn ist

fast verschwunden und mit ihm Geschmackssinn und Appetit. Sie fühlen sich abgeschlagen, unwohl und sind oft fiebrig.
Die Nase läuft immer noch (oder wieder, denn der Schnupfen, Wurzel des Übels, kann zu diesem Zeitpunkt schon auf dem Rückzug sein). Aber im Unterschied zu vorher ist das Sekret jetzt weißlich oder grün-gelb und dickflüssig und kann sehr zäh sein. Vor allem am Morgen fühlt sich der Rachen an, als liefe im Hals etwas Klebriges herunter.

Schmerz und Entzündung

Oft lässt sich schon am Ort der Schmerzen ablesen, welche Nebenhöhle Opfer der Entzündung ist. Schmerzen in Höhe des Wangenknochens deuten auf eine Kieferhöhlenentzündung hin; diese Nebenhöhle zieht der Schnupfen am häufigsten in Mitleidenschaft.
Die Stirnhöhle ist am zweithäufigsten betroffen und meldet sich mit Schmerzen über den Augenbrauen. Eine Entzündung in den kleinen Höhlen des Siebbeins macht sich durch Druck und Schmerz am inneren Augenwinkel oder über der Nasenwurzel bemerkbar. Und ist die Keilbeinhöhle betroffen, spüren Sie den Schmerz oben mitten am Schädel, an den Schläfen oder auch mal im Nacken.
Übrigens kann mehr als eine Nebenhöhle an der Entzündung beteiligt sein. Sind sie alle dabei, sprechen die Mediziner von einer Pansinusitis.

Behandlung

Eine unkomplizierte Sinusitis kann mit Unterstützung von Wärme und schleimlösenden Mitteln von selbst ausheilen.
Reichliches Trinken ist – wie immer bei Infektionen – wichtig für den kämpfenden Organismus. Doch oft reicht eine hohe Flüssigkeitszufuhr allein nicht aus, um das Sekret ausreichend zu verdünnen und zum Abfließen zu bringen.
Es gibt auch pflanzliche Wirkstoffe, die schleimlösend und entzündungshemmend zugleich wirken.

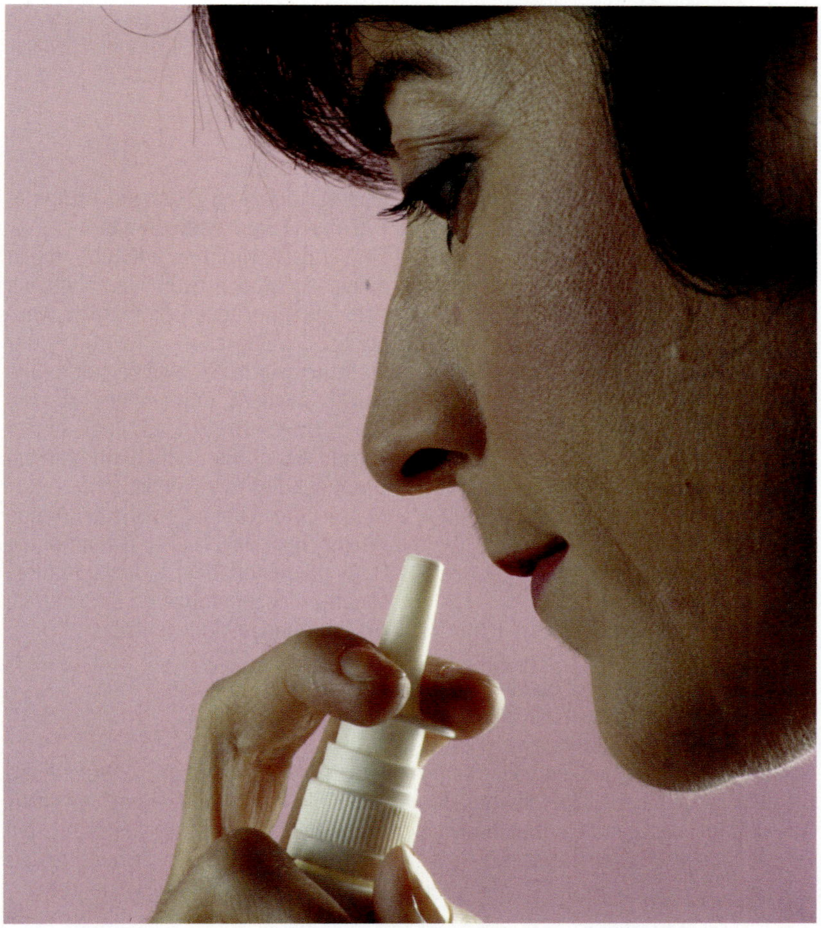

Antihistaminika können helfen, das Laufen der Nase zu stoppen, wenn es auf einer Allergie beruht

Selbsttest Sinusitis

Wenn Sie eine der folgenden Fragen mit „Ja" beantworten, könnte sich bei Ihnen eine Sinusitis anbahnen.

■ Leiden Sie an einem hartnäckigen Schnupfen, der schon länger als 3 bis 5 Tage besteht?	ja	nein
■ Ist Ihre Nase häufig verstopft?	ja	nein
■ Ist das Sekret aus der Nase entweder weißlich, gelblich oder grünlich verfärbt und dickflüssig?	ja	nein
■ Spüren Sie einen drückenden Schmerz hinter den Wangenknochen, an der Nasenwurzel oder über den Brauen, der beim Bücken zunimmt?	ja	nein

Frakturen

Eine Fraktur oder ein Knochenbruch ist die Trennung des Zusammenhalts eines über seine Elastizitätsgrenze hinaus belasteten Knochens unter Bildung zweier oder mehrer Bruchstücke (Fragmente) mit oder ohne deren Verschiebung. Als sichere Zeichen gelten:

- abnorme Beweglichkeit;
- Reibegeräusche bei Bewegung;
- Achsenfehlstellungen;
- ein anfänglicher Muskelstupor sowie die entsprechenden Röntgenbefunde;
- Schmerz;
- Funktionsstörung.

Knochenbrüche unterscheidet man nach der Art und Weise ihrer Entstehung. Es gibt den reinen Dehnungsbruch, bei dem ein Knochen (meist ein Röhrenknochen) zu stark gebogen wird und bricht. Typisch dabei ist der sog. Biegungskeil, ein dreieckiger Splitter als Aussparung zwischen den Bruchenden. Ein Torsionsbruch entsteht z.B. als Skiunfall direkt am Skistiefel, wenn der Fuß extrem stark verdreht wird.

Eine Abscherfraktur entsteht durch einen sehr starken Stoß von außen, bei dem ein Knochenstück einfach wegbricht (abgeschert wird). Der Stauchungsbruch ist eine Zersplitterung eines Knochens durch einen starken senkrechten Druck, z.B. bei einem Sprung aus großen Höhen mit starkem Druck auf die Wirbelkörper.

Man unterscheidet zudem offene Brüche, bei denen ein Knochenteil die Haut durchstoßen hat, von geschlossenen Brüchen, wobei die Knochen im Gewebe eingeschlossen bleiben.

Frakturheilung

Frakturheilung ist die Verfestigung (Konsolidierung) eines Knochenbruchs bis zu voller Belastungsfähigkeit, bei Röhrenknochen unter Wiederherstellung der Markhöhle.

1.–5.Tag Hämatomkallus

- Perifraktuelles Hämatom mit Gerinnungsvorgängen;
- fibrinöse Verspannung der Fragmente;
- klinisch: Fraktur mobile.

5.–10.Tag Wundleimkallus

- Gelatinöse Masse mit Anbaustoffen;
- Einwanderung von Fibroblasten und Kapillaren in die Gerinnsel;
- Umwandlung des Hämatoms in unreifes Bindegewebe
- klinisch: Fraktur noch mobil;
- verschmälerter Bruchspalt durch verstärkten Muskeltonus.

10.–15.Tag Granulationskallus

- Zelldifferenzierung mit Proliferation von Fibrioblasten, Osteoblasten und Chondroblasten;
- Bildung von interzellulären Fasersystemen;
- klinisch; Fraktur zieht an.

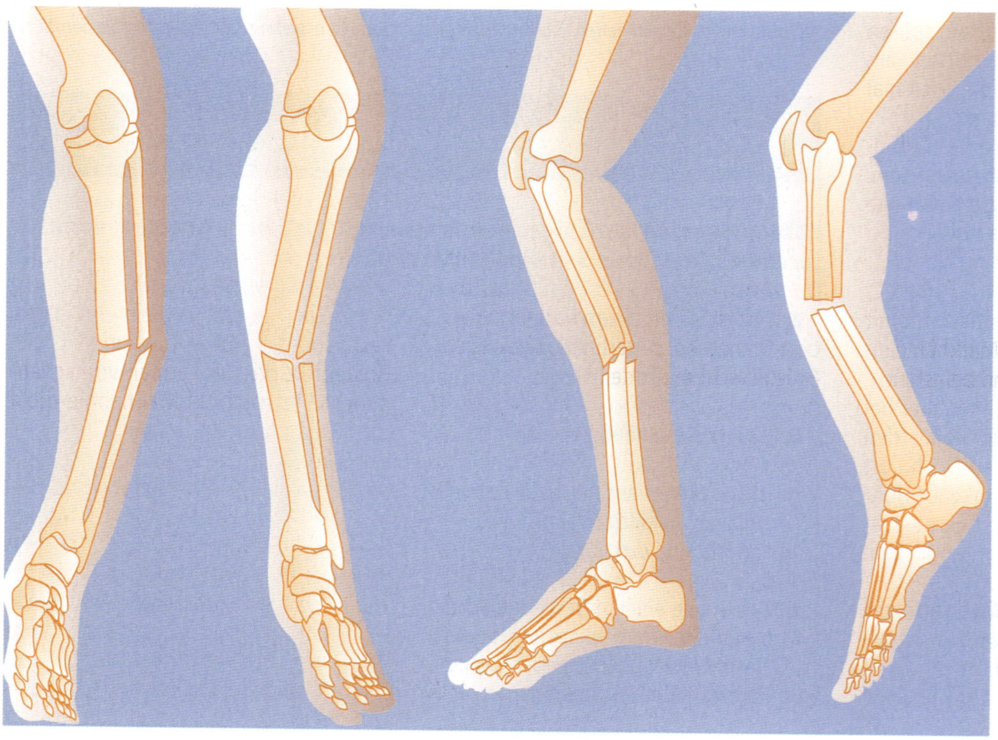

Verschiedene Arten von Frakturen des Schienbeins und des Wadenbeins (Tibia und Fibula).
Von links nach rechts: Varusstellung; Valgusstellung, Rekurvation, Antekurvation

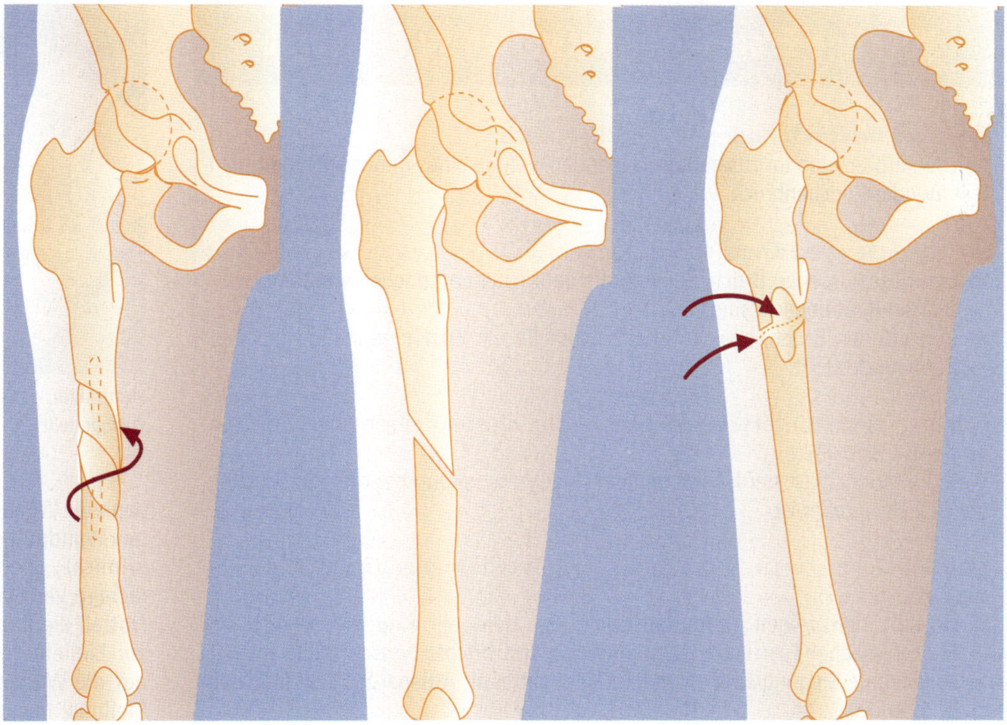

Verschiedene Arten von Frakturen des Oberschenkels (Femur).
links: Spiralfraktur
Mitte: Schrägfraktur
rechts: Quer-Fraktur mit Hämatom

15.–21.Tag Provisorischer Kallus
- Osteoklastentätigkeit;
- Ersatz nekrotischen Knochens an den Fragmentstümpfen durch Resorption und Neubildung;
- Umwandlung von Kallus und Osteoid in verkalkte Knochentrabekel;
- klinisch: Fraktur federt und ist unter Umständen bewegungsstabil;
- Verschwinden der Schmerzen.

21.–60.Tag Endgültiger Kallus
- Konsolidierung der neu gebildeten Knochenmassen;
- Ersatz des Fasermarks durch Fettmark;
- Wiederherstellung der Markhöhle;
- klinisch: Fraktur fest und belastungsstabil;
- abgeschlossene Rekalzination.

Behandlung

In den meisten Fällen wird ein Bruch chirurgisch versorgt und gegebenenfalls mithilfe am Knochen selbst festgeschraubter Schienen eingerichtet. Auch bei komplizierten Brüchen mit vielen Bruchstücken lassen sich dabei heute gute Erfolge bei der Wiederherstellung der Funktionsfähigkeit des Gliedes erzielen.

Erste Hilfe

Als Erste-Hilfe-Maßnahmen sind angezeigt: Ruhigstellung des betroffenen Körperteils, Wundbedeckung bei offenen Brüchen, gegebenenfalls Schockbekämpfung. Der Helfer sollte bei allen Maßnahmen bedenken, dass andere Organe mit verletzt sein können: z.B. Gehirn, Auge, Ohr, Rückenmark, Herz, Lunge, Blutgefäße, Nerven oder Sehnen. Also: „den betroffenen Körperteil wenig bewegen, Brüche nicht einrichten" usw.

Ruhigstellen

Brüche des Oberarms, des Unterarms und der Hand sowie Schultergürtelbrüche (Schlüsselbeinbruch, Schulterblattbruch, Schultergelenk- und Oberarmkopfbruch) können durch Anlegen eines Armtragetuchs ruhiggestellt werden: Man legt ein Ende des Dreiecktuchs auf die Schulter der betroffenen Seite und um den Nacken herum bis zur gesunden Schulter (die Spitze des Tuches zeigt zum Ellbogen); das andere Ende wird über den angewinkelten Unterarm zur gesunden Schulter hochgeschlagen und dort verknotet. Mit zwei Krawatten, die um Oberarm und Brustkorb geschlungen werden – die erste dicht über dem Unterarm, die zweite in Achselhöhe –, kann man das Tragetuch zusätzlich befestigen. Auch Rippenbrüche (Anzeichen: flache Atmung, Schmerzen bei jedem Atemzug) können mit einem Dreiecktuch ruhiggestellt werden. Das Tuch wird zur Krawatte gefaltet, in Höhe des unteren Rippenrandes fest um den Brustkorb gezogen und sicher verknotet. Der Verletzte muss während des Festziehens voll ausatmen. Bei Hustenreiz oder Ausatmen von schaumigem Blut darf die Maßnahme nicht angewandt werden.
Unmittelbare Lebensgefahr besteht, wenn der Brustkorb so weitgehend verletzt ist, dass von außen Luft in die Lunge dringt. Man hört pfeifende und schlürfende Geräusche an der Wunde. Der Verletzte leidet zunehmend unter Atemnot: Die Lunge kann ihre Aufgabe nicht mehr erfüllen. Die Wunde muss so schnell wie möglich geschlossen werden. Sofort ein Tuch daraufpressen,

Wichtige Fragen und Antworten zu Frakturen

Was ist eine Fraktur oder ein Knochenbruch?
Jede Unterbrechung im zusammenhängenden Gefüge eines Knochens nennt man Fraktur oder Knochenbruch.

Welche Arten von Knochenbrüchen gibt es?
- Den geschlossenen Bruch, bei dem die gebrochenen Knochen von der unversehrten Haut bedeckt sind.
- Den offenen Bruch, bei dem die Bruchstelle ein Zusammenhang mit einer Hautwunde steht.

Warum hat die Unterscheidung zwischen diesen beiden Bruchformen so große Bedeutung?
Weil die Möglichkeit der Infektion und schlechten Heilung bei offenen Brüchen um so vieles größer ist.

Nach welchen weiteren Merkmalen werden die Knochenbrüche eingeteilt?
- Es gibt den reinen Dehnungsbruch, bei dem ein Knochen (meist ein Röhrenknochen) zu stark gebogen wird und bricht. Typisch dabei ist der sogenannte Biegungskeil, ein dreieckiger Splitter als Aussparung zwischen den Bruchenden.
- Ein Torsionsbruch entsteht zum Beispiel als Skiunfall direkt am Skistiefel, wenn der Fuß extrem stark verdreht wird.
- Eine Abscherfraktur entsteht durch einen sehr starken Stoß von außen, bei dem ein Knochenstück einfach wegbricht (abgeschert wird).
- Der Stauungsbruch ist eine Zersplitterung eines Knochens durch einen starken senkrechten Druck, zum Beispiel bei einem Sprung aus großen Höhen mit starkem Druck auf die Wirbelkörper.

Wie kann man einen Knochenbruch erkennen?
Ein Knochenbruch ist an der Schwellung und Schmerzfähigkeit besonders bei Bewegungen, an der falschen Form und Stellung der Gliedmaße und an der Beweglichkeit am falschen Ort zu erkennen. Bei einem offenen Bruch ist unter Umständen der gebrochene Knochen in der Wunde sichtbar.

Was sind die wichtigsten Symptome einer Fraktur?
- Heftiger Schmerz, mehr oder weniger beschränkt auf die Bruchstelle des Knochens, verbunden mit Gebrauchsunfähigkeit des Gliedes.
- Abnorme Beweglichkeit an der Bruchstelle, an der sich bald eine Schwellung, meist durch einen Bluterguss, entwickelt.
- Nach einiger Zeit Blauverfärbung über der Bruchstelle.

Kann der Arzt auch ohne Röntgenbild erkennen, ob ein Knochen gebrochen ist?
Ja, in den allermeisten Fällen, doch sollte die Diagnose immer durch eine Röntgenaufnahme gestützt werden, damit die Art des Bruchs genau bestimmt werden kann.

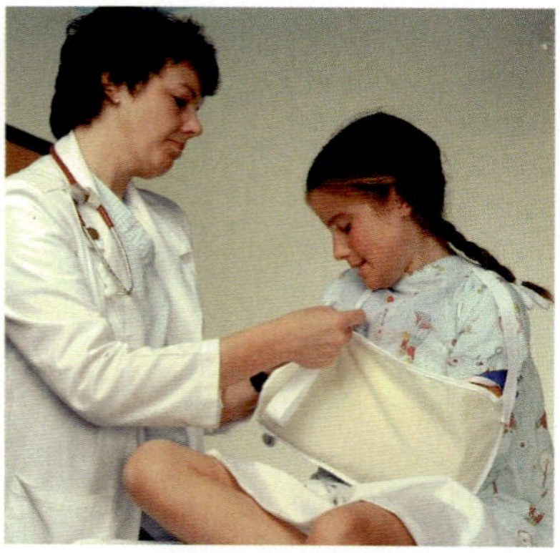

Armfraktur; der Arm der verletzten Seite wird ruhiggestellt.

dann die Wunde keimfrei bedecken und die Wundauflage mit Pflasterstreifen luftdicht überkleben. Auf den luftdichten Verband ein feuchtes Tuch (im Notfall die flache Hand) legen und bis zur Einlieferung ins Krankenhaus fest auf die Wunde drücken. Halbsitzende Stellung mit zurückgestellten Armen erleichtert dem Verletzten die Atmung.
Brüche des Oberschenkels, des Unterschenkels und des Fußes werden durch Schienen ruhiggestellt. Dabei ist darauf zu achten, dass die Schiene (Stock, Brett usw.) durch Kleidungsstücke gepolstert ist. Bei Brüchen des Oberschenkels drei Schienen verwenden: eine untere vom Fuß bis zum Gesäß, eine außen vom Fuß bis zur Achselhöhle, eine innen vom Fuß bis zur Leiste. Bei Unterschenkel und Fußbrüchen wird eine Schiene vom Fuß bis zum Gesäß und eine Außenschiene vom Fuß bis zur Hüfte angelegt. Nach Möglichkeit den Verletzten nicht selbst transportieren, sondern auf Krankenwagen warten.
Wirbelbrüche können vorliegen, wenn der Verletzte über Schmerzen im Rücken, Kribbeln oder Gefühllosigkeit in Armen oder Beinen klagt, ebenso bei Bewegungsunfähigkeit der Wirbelsäule. Bei Wirbelbrüchen (wie auch bei Wirbelverrenkungen) besteht Lebensgefahr. Der Verletzte darf sich nicht bewegen und darf nicht bewegt werden. Nur bei lebensbedrohender Zusatzgefahr (z.B. Lage neben einem brennenden Auto) den Verletzten vorsichtig wegtragen, dabei jede Veränderung der Kopfstellung vermeiden; Krankentransport alarmieren.

Bei Beckenbruch (Anzeichen: Schmerzen im Unterbauch, der Verletzte kann sich nicht aufrichten) ist Rückenlage mit angezogenen Knien (Knierolle unterlegen) angezeigt.
Im Übrigen Bewegungsverbot wie bei Wirbelbrüchen. Krankentransport alarmieren.
Unmittelbare Lebensgefahr besteht für den Verletzten dann, wenn der Brustkorb so stark verletzt ist, dass von außen Luft in die Lunge eindringt. Man hört pfeifende und schlürfende Geräusche an der Wunde und der Verletzte leidet zunehmend unter Atemnot. Die Lunge kann ihre Aufgabe dann nicht mehr erfüllen.

Wundbedeckung bei offenen Brüchen

Die Wunde muss so schnell wie möglich geschlossen werden. Pressen Sie sofort ein Tuch auf die Wunde, bedecken Sie die Wunde dann keimfrei und überkleben Sie die Wundauflage mit Pflasterstreifen luftdicht. Legen Sie auf den luftdichten Verband ein feuchtes Tuch (im Notfall die flache Hand) und drücken Sie dieses bis zur Einlieferung ins Krankenhaus fest auf die Wunde. Eine halb sitzende Stellung mit zurückgestellten Armen erleichtert dem Verletzten die Atmung.
Brüche des Oberschenkels, des Unterschenkels und des Fußes werden durch Schienen ruhiggestellt. Dabei ist darauf zu achten, dass die Schiene (Stock, Brett) durch Kleidungsstücke abgepolstert ist.

- Bei Brüchen des Oberschenkels sollten drei Schienen verwendet werden: eine untere vom Fuß bis zum Gesäß, eine außen vom Fuß bis zur Achselhöhle, eine innen vom Fuß bis zur Leiste.
- Bei Unterschenkel und Fußbrüchen wird eine Schiene vom Fuß bis zum Gesäß und eine Außenschiene vom Fuß bis zur Hüfte angelegt. Transportieren Sie nach Möglichkeit den Verletzten nicht selbst, sondern warten Sie auf einen Krankenwagen.
- Wirbelbrüche können vorliegen, wenn der Verletzte über Schmerzen im Rücken, Kribbeln oder Gefühllosigkeit in Armen oder Beinen klagt, ebenso bei Bewegungsunfähigkeit der Wirbelsäule. Bei Wirbelbrüchen (wie auch bei Wirbelverrenkungen) besteht in der Regel Lebensgefahr! Der Verletzte darf sich nicht bewegen und darf auch nicht bewegt werden. Nur bei Lebensgefahr (zum Beispiel neben einem brennenden Auto) sollten Sie den Verletzten vorsichtig wegtragen und dabei jede Veränderung der Körperstellung vermeiden. Rufen Sie in jedem Fall einen Notarzt!
- Bei einem Beckenbruch (Schmerzen im Unterbauch, der Verletzte kann sich nicht aufrichten) ist die Rückenlage mit angezogenen Knien (Knierolle) sinnvoll. Im Übrigen gilt auch hier absolutes Bewegungsverbot wie bei Wirbelbrüchen. Rufen Sie in jedem Fall einen Notarzt!

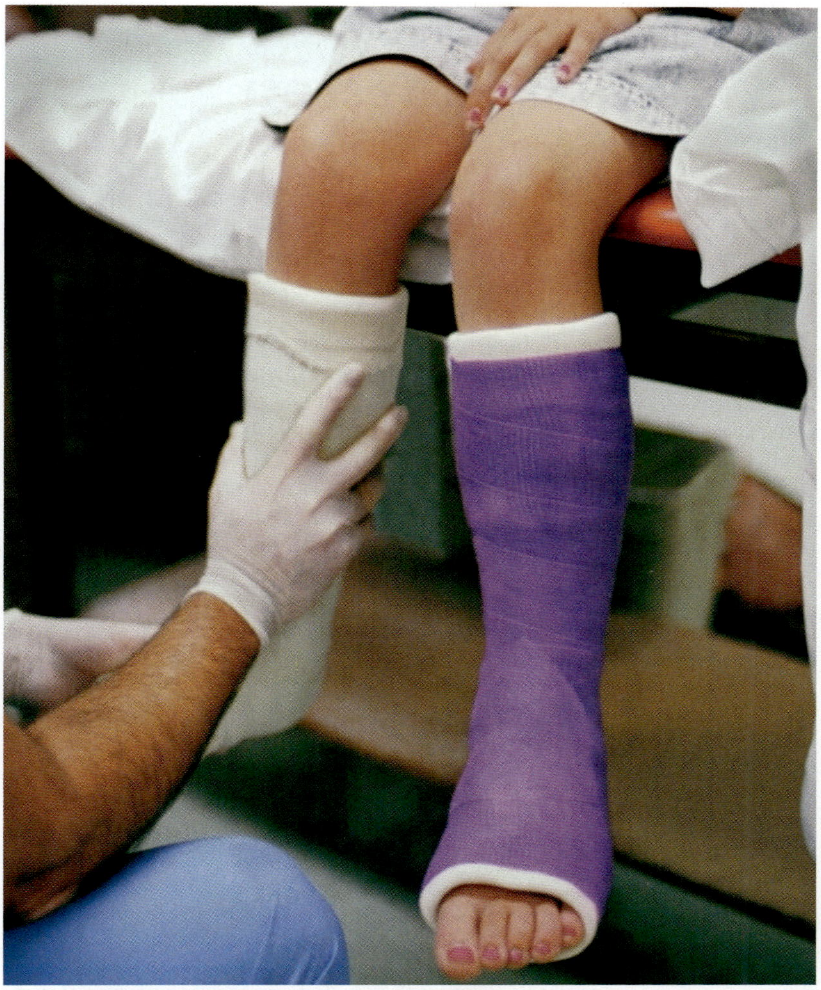

Beinbruch; Retention und Ruhigstellung durch Gipsverband.

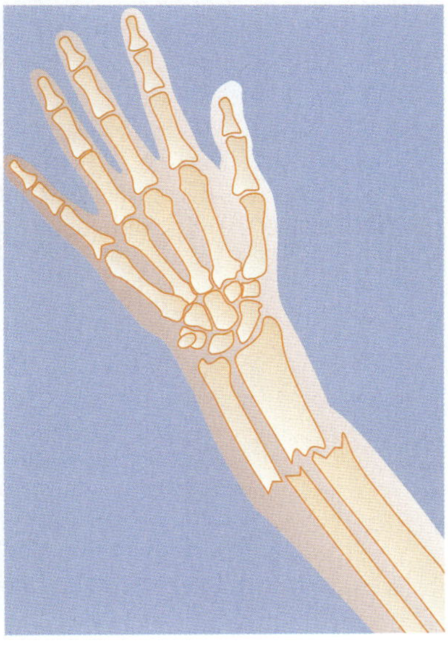

Frauenkrankheiten

Siehe auch:
- Eileiter/Eierstock
- Empfängnisverhütung
- Gebärmuttererkrankungen
- Gebärmutterkrebs
- Sexuell übertragbare Krankheiten

Einführung

Die inneren Geschlechtsorgane der Frau bestehen aus dem Eierstock (Ovarium), einem paarig angelegten Organ, den dazugehörigen Eileitern (Tuben), der Gebärmutter (Uterus) und dem Gebärmutterhals (Zervix) mit äußerem und innerem Muttermund.
Zu den äußeren Geschlechtsorganen zählen die Scheide (Vagina), der Kitzler (Klitoris) und die Vulva mit den großen und den kleinen Schamlippen, der Schamspalte und dem Scheidenvorhof.

Das Becken (Pelvis) ist das Teil des Beckengürtels, der sich aus Kreuzbein (Os sacrum) und den beiden Hüftbeinen (Ossa coxae) zusammensetzt. Das Becken verbindet Rumpf und Beine miteinander. Beim Menschen und bei vielen Säugetieren beherbergt das Becken wie ein Trichter einen Teil der Eingeweide. An einer Fuge (Symphyse) sind die beiden Schambeinknochen durch Faserknorpel miteinander verbunden. Dadurch sind die beiden Beckenhälften gegeneinander leicht beweglich. Dies zeigt sich ganz besonders bei der Frau während der zweiten Schwangerschaftshälfte. An der Grenze von Sitz- und Schambein befindet sich eine Öffnung (Foramen obturatum), die von einer Membran verschlossen ist. Man spricht deshalb von einer sog. versteckten Öffnung.
Das große und kleine Becken trennt eine bogenförmig verlaufende Grenzlinie. Das große Becken beherbergt die Bauchorgane, das kleine die Beckenorgane. Deshalb liegen im kleinen Becken auch Beckeneingang bzw. Beckenausgang. Der weibliche Beckengürtel ist breiter als der männliche. Bei der Frau dient das kleine Becken als Geburtskanal. Je früher der Arzt zu Beginn einer Schwangerschaft die Beckenmaße der Frau kennt, desto sicherer weiß er, ob eine normale Geburt zu erwarten ist.

Zu den äußeren Geschlechtsorganen der Frau zählen die Scheide (Vagina), der Kitzler (Klitoris) und die Vulva mit den großen und kleinen Schamlippen.

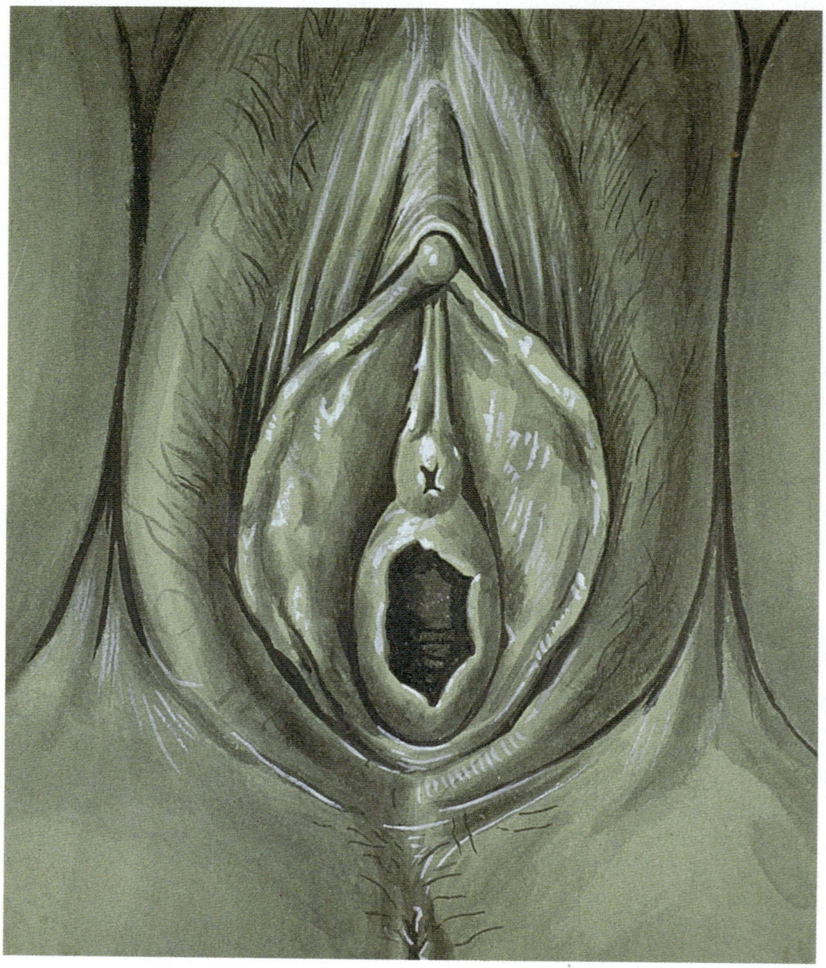

Beckenboden

Der Geburtskanal, durch den das Kind austritt, setzt sich aus einem knöchernen und einem weichen Teil zusammen. Im weichen Teil befinden sich die Gebärmutter, die Scheide und der Beckenboden. Den männlichen und weiblichen Beckenboden bildet eine Muskelgruppe, die die Verlängerung des knöchernen Beckens darstellt.
Bei der Frau formen diese Muskeln den unteren Abschnitt des Geburtskanals und die hintere und seitliche Wand des weichen Teils des Geburtskanals. Der wichtigste Muskel des Beckenbodens ist der Afterhebemuskel, der von dem Sehnenbogen an der Beckeninnenseite zum After zieht. Zusammen mit einigen anderen Muskeln und Sehnen bildet dieser Hebemuskel eine Platte. Durch den Beckenboden der Frau ziehen von vorn nach hinten die Harnröhre, die Scheide und der Mastdarm. Während der Austreibungsperiode einer Geburt dehnt sich der Beckenboden nach unten aus und wird gewissermaßen ausgebuchtet.

Brustkrebs

Brustkrebs oder Mammakarzinom ist der häufigste bösartige Tumor bei Frauen (kann allerdings, wenn auch sehr selten, auch bei Männern vorkommen). Der Brustkrebs tritt hauptsächlich bei Frauen in den Wechseljahren (Menopause) oder in den nachfolgenden zehn Jahren auf. Brustkrebs verursacht über 15 Prozent der Krebstodesfälle bei Frauen. Auch Männer können an Brustkrebs erkranken, ebenso junge Mädchen, die die Pubertät hinter sich haben. Bei jungen Menschen schreitet die Krankheit oft rascher voran als bei älteren. Der Prozentsatz der an Brustkrebs Erkrankten ist in den meisten Ländern etwa gleich hoch.

Eierstockerkrankungen

Die weibliche Keimdrüse, in der sich die Eier entwickeln, ist ein kleines, paarig angelegtes, bohnenförmiges Organ im kleinen Becken zu beiden Seiten der Gebärmutter. Die beiden Eierstöcke sind jeweils 3–4 cm lang und 1–2 cm breit. Ovarien, Uterus (Gebärmutter) und Tuben (Eileiter) sind die inneren weiblichen Geschlechtsorgane; durch die Scheide besteht eine Verbindung zur Außenwelt. Die Eierstöcke sind nicht unmittelbar mit den Geschlechtsorganen verbunden; sie hängen jedoch nicht frei in der Bauchhöhle, sondern werden durch breite Sehnenbänder gehalten. Diese Bänder verlaufen beiderseits von der Beckenwand zu den Uterusseiten. In diesen doppelt gefalteten Bändern befinden sich auch die Blutgefäße und Nerven, die die Geschlechtsorgane versorgen.

Funktionen

Im Gegensatz zu den Hohlorganen Uterus und Tuben sind die Ovarien massive Organe, bei denen man eine äußere Schicht, die sog. Rinde, und eine innere Schicht, das Mark, unterscheidet. Die Ovarien haben eine zweifache Aufgabe: Sie produzieren eine Reihe von Hormonen und sind Ort der Eireifung. Schon bei der Geburt eines Mädchens befinden sich in der Rinde eines jeden seiner Ovarien mehrere hunderttausend Eier. Nach der Geburt werden keine neuen Eier mehr gebildet. Jedes Ei ist von einer dünnen Zellschicht umgeben, in der das Hormon Östrogen produziert wird. Bis zur Pubertät, der Geschlechtsreife, machen Ei und umgebende Zellschicht (Primärfollikel) keine Veränderungen durch, die Hormonbildung ist minimal. Nach dem Eintritt der Pubertät kommt es zu verschiedenen Umbauprozessen, die durch Hypophysenhormone (Hypophyse = Hirnanhangdrüse) ausgelöst werden.

Die eine Eizelle umgebenden Zellen werden zu Wachstum und Hormonproduktion angeregt, und der Follikel insgesamt vergrößert sich deutlich und

Wichtige Fragen und Antworten zu den weiblichen Geschlechtsorganen

Woraus bestehen die inneren Geschlechtsorgane der Frau?
Die inneren Geschlechtsorgane der Frau bestehen aus dem Eierstock (Ovarium), einem paarig angelegten Organ, den dazugehörigen Eileitern (Tuben), der Gebärmutter (Uterus) und dem Gebärmutterhals (Zervix) mit äußerem und innerem Muttermund.

Woraus bestehen die äußeren Geschlechtsorgane der Frau?
Zu den äußeren Geschlechtsorganen zählen die Scheide (Vagina), der Kitzler (Klitoris) und die Vulva mit den großen und den kleinen Schamlippen, der Schamspalte und dem Scheidenvorhof.

Wie definiert man den Geburtskanal?
Der Geburtskanal, durch den das Kind austritt, setzt sich aus einem knöchernen und einem weichen Teil zusammen. Im weichen Teil befinden sich die Gebärmutter, die Scheide und der Beckenboden. Den männlichen und weiblichen Beckenboden bildet eine Muskelgruppe, die die Verlängerung des knöchernen Beckens darstellt.
Bei der Frau formen diese Muskeln den unteren Abschnitt des Geburtskanals und die hintere und seitliche Wand des weichen Teils des Geburtskanals. Der wichtigste Muskel des Beckenbodens ist der Afterhebemuskel, der von dem Sehnenbogen an der Beckeninnenseite zum After zieht. Zusammen mit einigen anderen Muskeln und Sehnen bildet dieser Hebemuskel eine Platte. Durch den Beckenboden der Frau ziehen von vorn nach hinten die Harnröhre, die Scheide und der Mastdarm. Während der Austreibungsperiode einer Geburt dehnt sich der Beckenboden nach unten aus und wird gewissermaßen ausgebuchtet.

Was ist die Vulva?
Die Vulva oder weibliche Scham wird von den großen Schamlippen und den kleinen Schamlippen mit dem Kitzler, die den Scheidenvorhof umschließen, gebildet. Der Scheidenvorhof enthält die Harnröhrenöffnung, den Scheideneingang und die Bartholini'schen Drüsen.

Was ist der Kitzler?
Mit Kitzler oder Klitoris bezeichnet man das kleine, knötchenartige Gebilde, das vorn im Scheidenvorhof, dort wo die kleinen Schamlippen zusammenlaufen, liegt.

Welche Funktion kommt dem Kitzler zu?
Für die sexuelle Erregnung stellt der Kitzler einen Brennpunkt dar, er spielt daher beim Geschlechtsverkehr eine wichtige Rolle. Die Gewebestruktur des Kitzlers ist der des männlichen Glieds ganz ähnlich.

Was sind die Bartholini'sche Drüsen?
Es handelt sich um zwei kleine knollenartige Gebilde, die im hinteren Drittel der Schamlippen zu beiden Seiten des Scheideneingangs liegen. Sie münden durch einen engen Ausführungsgang in den Scheidenvorhof.

bildet nach Ablauf etwa einer Woche eine Vorwölbung der Eierstockoberfläche. Das Ei wird einer Reihe signifikanter Veränderungen in einer Periode von 10 bis 14 Tagen unterworfen, wonach dann das Ei aus dem Eierstock ausgestoßen wird (Ovulation). Die aus der Hypophyse abgegebenen Geschlechtshormone und die Sexualhormone aus den Ovarien spielen bei der Ovulation eine bedeutende Rolle. Ohne die Hormone der Hirnanhangdrüse und der Ovarien kann kein Ei entwickelt werden.

Tumoren

Im hohen Alter können in den Ovarien Tumoren entstehen. Sie kommen entweder als mit Flüssigkeit gefüllte Geschwülste (Zysten) oder als feste Tumoren vor. Erstere treten häufiger auf, sind dünnwandig und mit einer schleimigen Flüssigkeit gefüllt. Sie kommen oft gleichzeitig in beiden Ovarien vor und können enorme Ausmaße annehmen. Gelegentlich ist eine derartige Tumorhöhle auch mit Fett und Haaren gefüllt (Dermoidzyste, kommt von Derma = Haut).
Die meisten blasenähnlichen Tumoren wachsen langsam, es kommt zu gesteigertem Druck und zu Schmerzen im Bauchraum und zu Funktionsstörungen von Harnblase und Enddarm. Gewöhnlich ist die Menstruation nicht gestört, es sei denn, die Tumoren werden hormonell tätig. Oft ist das Wachstum eines Ovarialtumors derart groß, daß er durch die Bauchdecke zu tasten ist. Zuweilen wächst eine Geschwulst vom Eierstock so weit aus, dass sie nur durch einen Stiel mit dem Ursprungsgewebe verbunden ist. Wenn sich diese Stiele um die eigene Achse drehen, kann es zur Abschnürung der Blutversorgung kommen, was zu Übelkeit, Erbrechen, Temperaturanstieg und Schmerzen führen kann. Dann muss unverzüglich operiert werden. Auch müssen alle Eierstockzysten entfernt werden, da sie bösartig entarten können.
Massive Tumoren können entweder bösartig oder gutartig sein. Auch diese festen Geschwülste können gelegentlich weibliche Sexualhormone bilden, die die Menstruation stören.

Manchmal bildet ein Tumor männliche Geschlechtshormone, wobei es dann zur Unterbrechung der Menstruation und zur Ausbildung von vermännlichenden Eigenschaften und Merkmalen kommen kann.

Metastatische Tumoren

- Das Ovar ist häufig Sitz von Metastasen, sodass zirka 10 Prozent der Ovarialtumoren Sekundärtumoren sind. Die Karzinome des Uterus, der Brust, des Magens und des Kolons (Grimmdarm) sind die häufigsten Tumoren, die Metastasen an den Ovarien verursachen.

- Viel seltener sind Ovarialmetastasen durch Hautmelanome (18 Prozent), durch Lungenkarzinome (10 Prozent), durch Nierenkarzinome (1 Prozent) oder durch ein Karzinom der Gedärme (Krummdarm, Blinddarm, Wurmfortsatz).

- Nur in ganz wenigen Ausnahmefällen kommen die Metastasen von einem Gallenblasenkarzinom, einem Blasenkarzinom, von Knochenkarzinomen oder Karzinomen der Weichteile.

- Der Sekundärkarzinom ist in 90 Prozent der Fälle beidseitig, die einseitigen Metastasen kommen ausnahmslos von einem Karzinom der Brust oder des Darmtraktes.

- Eine Ovarialmetastase eines Brustkarzinoms oder eines Melanoms kann auch lange nach Behandlung des Primärtumors (15 bis 18 Jahre) auftreten; Ovarialmetastasen eines Nierenkarzinoms können von Beginn der Krankheit an vorhanden sein.

Eileiterkrankheiten

Zwei dünne Röhren ziehen von den beiden Eierstöcken zu den oberen Ecken der Gebärmutter. Diese dünnwandigen Tuben sind etwa 8–13 cm lang. In der Nähe der Eierstöcke beginnen die Eileiter mit trichterförmigen, gefransten Öffnungen (Fimbrien), die das Ei aufnehmen, wenn es aus dem Follikel springt. Die Schleimhaut der Tube besteht aus längsgerichteten Schleimhautfalten mit Flimmerhärchenbesatz (Zilienepithel). Die pulsierende Bewegung der Zilien gegen die Gebärmutterhöhle transportiert das Ei weiter. Die Tuben sind sehr beweglich. Ist der Eisack im Eierstock kurz vor dem Aufbrechen, biegt sich der Eileiter über die Stelle, an der das Ei freigelassen wird. Die Befruchtung, die Vereinigung der männlichen und der weiblichen Samenzellen, findet in der Tube statt, die erste Zellteilung ebenfalls. Das so befruchtete Ei wird dann weiter in Richtung Gebärmutter transportiert.
Obwohl der Eileiter weiter keine Bedeutung bei der Fortpflanzung besitzt, gehen doch viele Fortpflanzungshindernisse auf Erkrankungen der Tuben zurück. Aus vielen Gründen kann der Eileiter verschlossen sein, wodurch dann der Transport des befruchteten Eies vom Eierstock zum Uterus behindert wird.

Eileiterentzündungen

Infektionen der Eileiter treten fast ebenso häufig auf wie Infektionen der Scheide; Entzündungen der Eierstöcke und der Gebärmutter sind wesentlich seltener. Bakterien können – auch von anderen Körperinfektionen ausgehend – über die Scheide und die Gebärmutter die Eileiter befallen. Besonders während der fruchtbaren Zeit ist die Infektionsgefahr der Geschlechtsorgane erhöht. Während der Menstruation, nach einer Fehlgeburt oder einer nicht ganz sauber durchgeführten inneren Untersuchung, aber auch bei mangelhafter Hygiene können Bakterien leicht in den Körper eindringen, da sich in den die Scheide umgebenden Bereichen (umgebende Haut und After) ständig Bakterien befinden. Üblicherweise schützt ein Schleimpfropf in dem Gebärmutterhals die inneren Geschlechtsorgane vor eindringenden Mikroorganismen. Bei den genannten Fällen fehlt dieser Schleimpfropf im Muttermund (Cervix) meist. Eine Eileiterentzündung wird von Reizungen des Zwerchfells begleitet. Die Patientin klagt über Schwindel, Magenschmerzen und Abwehrspannung der Bauchwand. Während einer inneren Untersuchung durch den Arzt schmerzt das die Gebärmutter umgebende Gewebe. Oft treten auch die Symptome einer Blinddarmentzündung auf (besonders wenn der Eileiter auf der rechten Körperhälfte betroffen ist) oder die einer Nieren- oder Beckenentzündung. Treten Infektionen bald nach einer Menstruation auf, ist eine Eileiterinfektion sehr wahr-

Candida albicans, der Soorpilz. Vaginale Hefepilzinfektionen werden meist durch den Pilz Candida albicans hervorgerufen. Candida albicans besiedelt normalerweise die Haut und den Darm und kann sich von dort aus auf die Scheide ausbreiten.

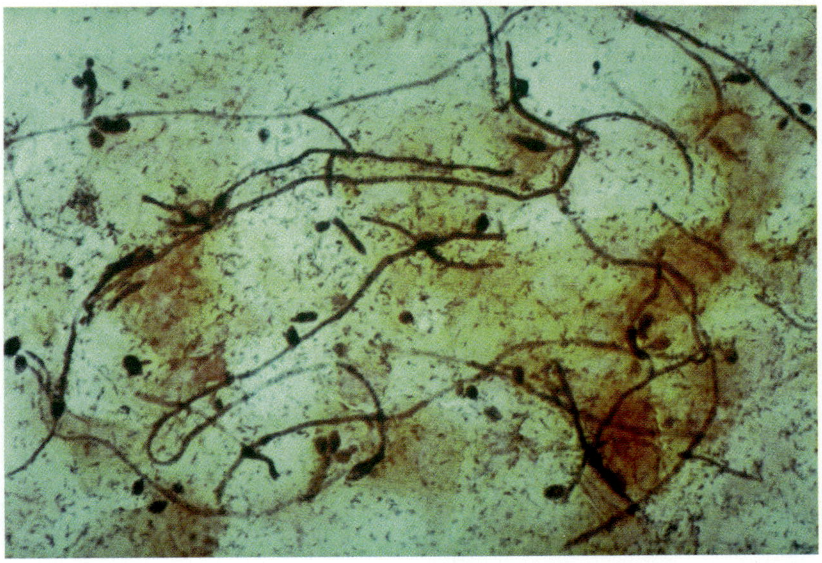

Wichtige Fragen und Antworten zu Frauenkrankheiten

Wozu dient die Krebsvorsorgeuntersuchung bei Frauen?
Die Krebsvorsorgeuntersuchung dient der Früherkennung von Tumoren der weiblichen Genitalorgane und wird für alle Patientinnen ab dem 18. Lebensjahr kostenlos durchgeführt. Besonders ein Gebärmutterhalskrebs kann durch eine regelmäßige Vorsorgeuntersuchung frühzeitig erkannt und behandelt werden. Leider sind aber Entdeckungen von Eierstock-, Brust- und Gebärmuttermuskelkrebs im Frühstadium trotzdem recht selten.

Was beinhaltet das Vorsorgeprogramm?
Das Vorsorgeprogramm beinhaltet:
- Untersuchung der Haut;
- Befragung der Patientin nach Risikofaktoren, die einen Tumor im Genitalbereich fördern können;
- Untersuchung der äußeren Genitalorgane;
- Untersuchung der inneren Genitalorgane;
- Abstrich mit anschließender mikroskopischer Untersuchung;
- rektale Untersuchung;
- Untersuchung der Brust;
- Blutdruckmessung;
- Urinuntersuchung;
- Kotuntersuchung.

Was ist eine Kürettage?
Mit Kürettage oder Auskratzung bezeichnet man einen operativen Eingriff an der Gebärmutterhöhle, der von der Scheide aus vorgenommen wird. Er besteht in der Abschabung oder Auskratzung der Gebärmutterschleimhaut.

Auf welchen Gründen wird eine Kürettage gemacht?
- Zu diagnostischen Zwecken;
- zu therapeutischen Zwecken.

Oft dient die Kürettage der Diagnose und Behandlung zugleich, zum Beispiel bei einer Schleimhauthyperplasie oder bei Polypen der Gebärmutter.

Wann macht man eine diagnostische Kürettage?
- In Fällen ungeklärter Gebärmutterblutungen.
- Bei Verdacht auf einen Polypen der Gebärmutterhöhle.
- Bei Verdacht auf einen Krebs des Gebärmutterkörpers.

Wann macht man eine therapeutische Kürettage?
- Wenn bereits eine krankhafte Veränderung der Gebärmutterschleimhaut, etwa ein Polyp, diagnostiziert ist, kann er mit einer Kürettage entfernt werden.
- Wenn eine Wucherung der Gebärmutterschleimhaut diagnostiziert ist, bringt eine Kürettage oft Heilung.

scheinlich. Im ersten Stadium werden Antibiotika zur raschen Verhütung einer weiteren Ausbreitung verabreicht, während später eine gründliche medizinische Untersuchung vorgenommen werden sollte, um festzuhalten, ob eine Infektion oder ein anderer Prozess vorliegt.

Endometriose

So nennt man das Auftreten von Gewebe der Gebärmutterschleimhaut (Endometrium). Dabei unterliegt dieses Gewebe den gleichen zyklusabhängigen Veränderungen wie die Gebärmutterschleimhaut selbst, die zunächst anschwillt und dann während der Menstruation zum Teil ausgestoßen wird.
Die Ursachen dieser Erkrankung sind nicht genau bekannt. Vermutlich ist sie Folge eines kontinuierlich stattfindenden, krankhaften Wachstums oder Folge einer Verschleppung von menstruell abgestoßener Schleimhaut.
Bemerkbar macht sich eine Endometriose durch das Auftreten von Schmerzen im Rhythmus der monatlichen Periode. Wichtige Symptome sind:
- Menstruationszyklusstörungen mit starken Schmerzen von zunehmender Intensität;
- bei Verwachsungen eventuell Dauerschmerzen;
- Kreuzschmerzen;
- Schmerzen beim Geschlechtsverkehr.

Die Behandlung richtet sich danach, ob das Gewebe an wenigen Stellen isoliert vorkommt und entfernt werden kann. Ist das nicht der Fall, dann erfolgt eine hormonelle Behandlung.

Endometritis

Endometritis ist eine Entzündung der Gebärmutterschleimhaut, die durch eine Entzündung des Muttermundes oder durch eine Entzündung der Eierstöcke hervorgerufen wird, wenn sich die Erreger entweder nach „oben" oder nach „unten" ausbreiten. Eine alleinige Entzündung der Gebärmutterschleimhaut ist recht selten, da sie bei Frauen

im gebärfähigen Alter regelmäßig während der Menstruation abgestoßen wird.
Dabei werden kleine entzündliche Herde ausgetrieben, sodass eine Ausdehnung von entzündlichen Prozessen in der Regel nicht stattfinden kann.
Zu einer Ausbreitung der Erreger aus anderen entzündlichen Gebieten kommt es meistens durch einen Mangel an Hormonen, denn dadurch kommt es zu einer Einschränkung der Aktivität der Döderleinbakterien und somit zu einer Verschiebung der Scheiden-pH. Unter solchen Umständen kann es leicht zum Eindringen von Bakterien in den Genitaltrakt und somit zu einer Entzündung kommen. Eine Endometritis ist außerdem häufig eine Begleiterkrankung von Gebärmuttertumoren.

Fluor vaginalis
Weißlicher, d.h. kein Blut enthaltender Ausfluss aus der Scheide. Kann infektiöse Ursachen haben (Trichomonaden, Pilze, Gonorrhö) oder physiologisch bedingt sein. Bei blutigem Fluor besteht Krebsverdacht.
Das normale Scheidensekret der geschlechtsreifen Frau ist das Endprodukt einer Funktionskette, die sich aus folgenden Gliedern zusammensetzt: Östrogenspiegel des Gewebes – Glykogen – Vaginalbakterien – Milchsäurebildung – Keimarmut. Durch diese Selbstreinigung wird die Vagina, die normalerweise dauernden Bakterieninvasionen ausgesetzt ist, weitgehend von Bakterien freigehalten.
Für diese Selbstreinigung spielt die saure Reaktion des Scheideninhalts eine wesentliche Rolle. Daher sollten Scheidenspülungen nicht aus hygienischen Gründen mit irgendwelchen Zusätzen vorgenommen werden. Erlaubt ist allenfalls die Verwendung 0,5-prozentiger Milchsäure. Jede Störung der beschriebenen Funktionskette zieht alle anderen Glieder in Mitleidenschaft – das Ergebnis ist dann immer ein pathologischer Fluor.

Frigidität

Unvermögen der Frau, durch den Partner in sexuelle Erregung zu geraten.

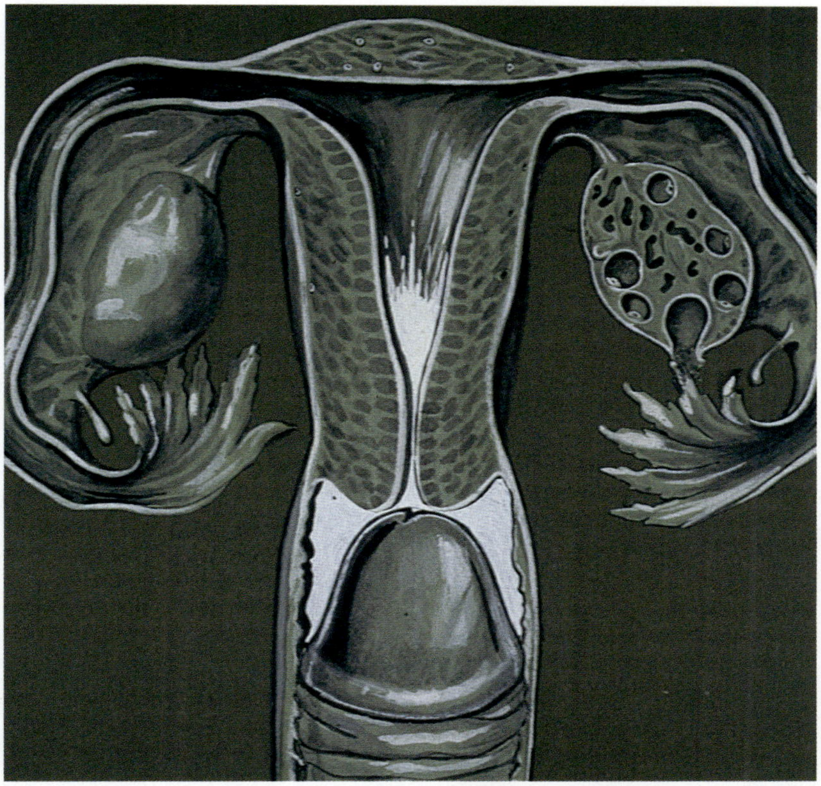

Zu den inneren Geschlechtsorganen der Frau zählen die Eierstöcke, die Eileiter, die Gebärmutter und die Scheide

Nur selten handelt es sich um eine organische Störung. Meistens ist das Verhalten umweltbedingt. So kann z.B. mangelnde Attraktivität oder Zuwendung des Partners Ursache für frigides Verhalten sein. Frigidität kann auch eine Folge der unbewussten Unterdrückung sexueller Wünsche während der Kindheit sein. Man nennt diese Erscheinungsform der Frigidität sexuelle Amnesie (Erinnerungsverlust).
Ein sexualfeindliches Elternhaus, gesellschaftlich bedingte Identitätskrisen der Frau, Depressionen oder latente lesbische Neigungen können ebenfalls Frigidität erzeugen.
Erfahrungsgemäß stellt sich bei Frauen die sexuelle Erregbarkeit nicht automatisch mit der körperlichen Reife ein. Der amerikanische Sexualforscher Kinsey ermittelte 1962, dass die meisten Frauen erst nach mehreren Ehejahren bzw. nach dem 30. Lebensjahr ihre Frigidität ablegen. Eine Veränderung des Zeitgeistes hat mittlerweile zu einer erheblichen Senkung dieser Altersschwelle beigetragen. Das Problem jedoch ist geblieben.

Menstruationsstörungen

Menstruation ist die monatliche Regelblutung der Frau, bei der ein Teil der Gebärmutterschleimhaut mitsamt Blut aus der Scheide ausgestoßen wird. Die Zählung der Tage einer monatlichen Periode beginnt immer mit dem ersten Tag der Menstruation. Im Durchschnitt dauert ein Menstruationszyklus 28 Tage, mit großen individuellen Unterschieden, wobei aber bei einer Person die Länge des Zyklus zumeist ziemlich konstant bleibt.
Der Ablauf wird hormonell gesteuert: Auslöser sind Hormone aus der Hypophyse (Gonadotropine), die in den Eierstöcken dafür sorgen, dass eine Eizelle heranreift. Dabei werden von den Eierstöcken gleichzeitig die Östrogene gebildet, die ihrerseits die Gebärmutterschleimhaut anschwellen

Wichtige Fragen und Antworten zu Frauenkrankheiten

Was sind Gebärmuttermyome?
Myome sind gutartige Geschwülste, die aus Muskelgewebe bestehen. Sie stellen gewöhnlich rundliche, derbe Knoten dar.

Wie häufig finden sich Myome?
Ungefähr 25 Prozent aller Frauen haben Gebärmuttermyome. Diese Gewächse bleiben in der Mehrzahl symptomlos und bedürfen keiner Behandlung.

Woran merkt eine Frau, dass sie ein Myom hat?
Sie merkt es nur, wenn die Myome Beschwerden hervorrufen. Wenn Myome größer werden, können sie beispielsweise auf Nachbarorgane wie Blase und Darm drücken und dort Schmerzen oder andere Störungen auslösen. Häufig sind Myome auch die Ursache für starke, unregelmäßige Blutungen.

Warum können Myome Blutungen auslösen?
Das betrifft meist solche Myome, die in der Gebärmutterhöhle oder innerhalb der Gebärmutterwand wachsen. Dadurch verändert sich die Schleimhaut, ihre Oberfläche vergrößert sich, Blutungen entstehen.

Gibt es noch andere Symptome?
Ja. Myome können dafür verantwortlich sein, dass eine Frau nicht schwanger wird, obwohl sie es möchte.
Auf der anderen Seite ist es möglich, dass Myome in der Gebärmutterhöhle die Funktion einer Spirale beeinträchtigen. Frauen können also trotz Spirale schwanger werden. Deshalb sollte ein Frauenarzt in diesen Fällen immer an Myome denken.

Müssen Myome immer operiert werden?
Nein. Myome sollte man nur operativ entfernen, wenn sie schnell wachsen und rasch größer werden oder wenn sie Beschwerden hervorrufen.

Muss dazu die ganze Gebärmutter herausgenommen werden?
Ebenfalls nein. Das ist ein ganz wichtiger Punkt. Leider hat sich diese Erkenntnis noch viel zu wenig durchgesetzt. 98 Prozent aller Myome kann man mithilfe moderner Operationsverfahren entfernen, ohne die Gebärmutter herauszunehmen. Das bringt der Patientin viele Vorteile.

Welche Vorteile sind das?
Der Beckenboden bleibt intakt. Er besteht aus Muskeln und starkem Bindegewebe und hält dem Druck aller Organe des Bauchraums stand.
Jede Entfernung der Gebärmutter zerstört wichtige Strukturen im Beckenboden, Blutgefäße, Nerven, Verbindungen zu Blase und Darm werden gekappt.
Es kann in der Folge zu Senkungsprobleme, Stimmungsschwankungen oder Depressionen kommen.

und wachsen lassen. Nach dem Eisprung, etwa um den 12. Tag des Zyklus herum, bildet sich in den Eierstöcken das sog. Gelbkörperchen heraus, von dem aus die gleichnamigen Hormone (Gestagene = Gelbkörperchenhormone) gebildet werden.
Diese sorgen zunächst für eine gute Durchblutung der gewachsenen Gebärmutterschleimhaut.
Tritt eine Befruchtung ein, bleibt der Gelbkörper noch eine ganze Zeit lang aktiv und verhindert, dass die Gebärmutterschleimhaut abgestoßen wird. Tritt dagegen keine Befruchtung ein, dann wird die Gebärmutterschleimhaut immer lockerer und wird schließlich abgestoßen, was ungefähr vier Tage dauert. Der Zyklus beginnt von Neuem. Die Menstruationsblutungen können verschiedene Beeinträchtigungen erfahren:

- Verzögerte oder im späteren Verlauf ausbleibende Menstruation.
- Ausgesprochen schwache Blutungen.
- Sehr intensive Blutungen.
- Unregelmäßige Perioden-Intervalle von unter 21 bzw. über 30 Tagen gelten als behandlungsbedürftig.
- Starke, durch die Schleimhautablösung verursachte Schmerzen.
- Kolikartige Unterleibskrämpfe.

Menorrhagie

Übermäßige starke und verlängerte Monatsblutungen. Sie werden zumeist durch infektiöse Erkrankungen der Gebärmutter oder hormonelle Störungen ausgelöst. In seltenen Fällen kann dies auch ein Hinweis auf Tumoren sowohl gutartiger als auch bösartiger Natur sein.
Früher wurde höchstens hinter vorgehaltener Hand über die Menstruation geredet. Das ist heute anders. Normalerweise spricht man offen und unverkrampft über die Weiblichkeit der Jugendlichen.
Und diese werden ebenso offen und unverkrampft an ihre eigene Weiblichkeit herangeführt.
Denn von dem Verhalten hängt vieles ab – die Einstellung zur Menstruation lernt die Tochter normalerweise von ihrer Mutter. Oft lehren Mutter oder nahe Verwandte die Einstellung zur Menstruation.

Myome

Gebärmuttermyome sind gutartige Tumoren aus faserigem Muskelgewebe. Sie entstehen selten vor dem 25. Lebensjahr und niemals nach der Menopause. 20 Prozent aller Frauen über 35 haben Myome. Die Geschwülste erreichen manchmal nur die Größe eines Stecknadelkopfs, manchmal sind sie größer als ein Fußball. Wodurch Myome entstehen, ist noch nicht geklärt.

Da Myome sich nur während der sexuellen Reife bilden, wird ein Einfluss der Sexualhormone vermutet. Die Annahme wird gestützt durch die Beobachtung, dass Myome oftmals wieder schrumpfen, nachdem die Eierstöcke ihre Tätigkeit eingestellt haben. Myome treten häufiger bei kinderlosen Frauen auf. Ob sie aber die Ursache für Kinderlosigkeit sind oder Kinderlosigkeit gar die Ursache der Myome, konnte noch nicht geklärt werden.

Bedingt durch Größe und Sitz der Geschwülste sind die Beschwerden zahlreich. Andere Organe können unter Schmerzen gedrückt oder verschoben werden. Meist tritt durch Myome eine stärkere Blutung auf. Bei Geburten oder Fehlgeburten können die Myome verletzt werden.

Eindringende Bakterien verursachen fiebrige Infektionen und neue Wucherungen. Die Myome selbst schmerzen nur selten. Interessanterweise verzögern sie den Beginn der Menopause.

Die Behandlung kann medikamentös oder chirurgisch erfolgen. Entscheidend dafür, welcher Weg beschritten wird, ist das Alter der Patientin, das Ausmaß des Blutverlusts und ein eventueller Wunsch nach Kindern.

Scheidenentzündung

Die Scheide oder Vagina ist ein 8–10 cm langes Hohlorgan, das die Gebärmutter mit den äußeren Geschlechtsteilen verbindet.

Nach außen wird die Scheide durch das Jungfernhäutchen abgeschlossen, das beim ersten Geschlechtsverkehr einreißt. Als Begattungsorgan dient die Scheide der Aufnahme des männlichen Gliedes. Bei der Geburt tritt das Kind durch die Scheide, die einen Teil des Geburtskanals bildet, nach außen. Die Scheide ist von einer drüsenlosen Schleimhautschicht ausgekleidet. Die Scheidenflüssigkeit wird von den Döderlein-Stäbchen – in der Scheide anwesende Milchsäurebakterien – durch Umbau von Glykogen (Stärke) in Milchsäure gebildet. Dadurch entsteht ein saures Milieu, das einen wirkungsvollen Schutz gegen eindringende Krankheitskeime darstellt.

Vaginitis

Scheidenentzündung oder Vaginitis ist eine durch innere Ursachen (Unterfunktion der Eierstöcke) begünstigte oder durch Einwanderung von Entzündungskeimen hervorgerufene Entzündung der Vagina. Anzeichen ist ein häufig mit Brennen, Stechen und einem Schweregefühl im Unterleib verbundener Ausfluss aus der Scheide. Die Erreger sind Streptokokken, Staphylokokken oder Kolibakterien. Manchmal kommt es außerdem zu Pilzinfektionen. Zur Behandlung werden Vaginaltabletten, pilztötende Tabletten oder Salben verwendet. Nach der auf die Behandlung folgenden Menstruation sollten die Mittel noch einmal verabreicht werden, da durch die Veränderung der Scheidenflüssigkeit während der Menstruation ein Rückfall droht. Es besteht die Gefahr, dass die Entzündungskeime in die inneren Geschlechtsorgane der Frau aufsteigen und einen Gebärmutterkatarrh oder eine Eileiterentzündung verursachen.

Unfruchtbarkeit

Es gibt weibliche und männliche Sterilität. Wenn ein Ehepaar sich ver-

Gutartige muzinöse Tumoren des Ovariums (mikroskopische Aufnahme).

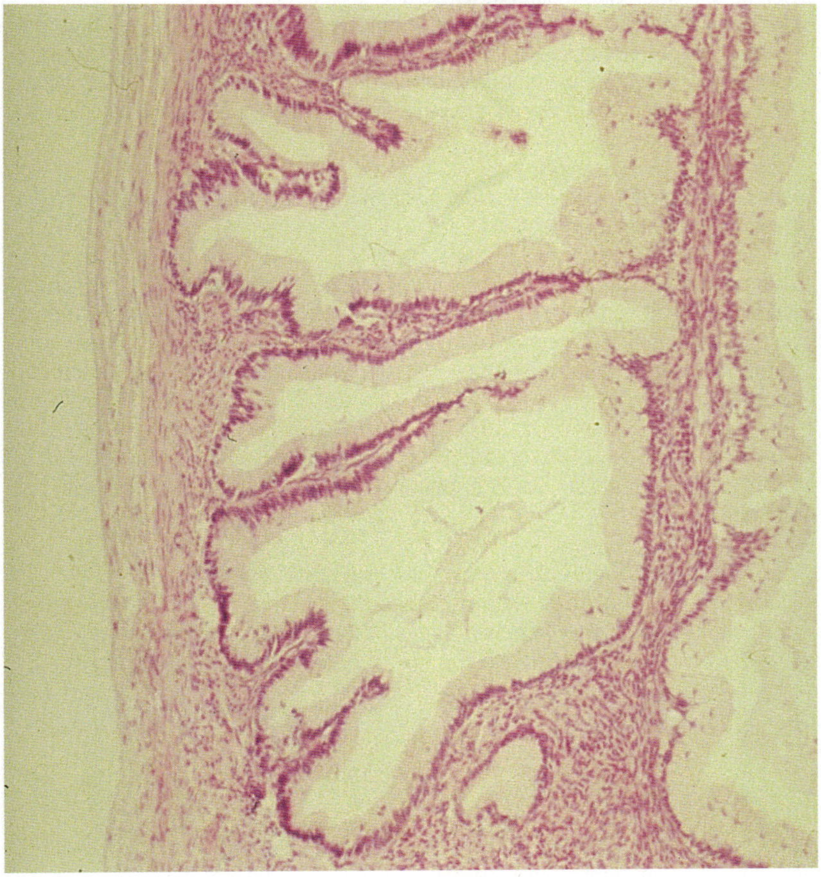

Wichtige Fragen und Antworten zu Frauenkrankheiten

Was sind Zervixpolypen?
Zervixpolypen sind rundliche, tumoröse Bildungen. Sie sind gestielt (selten fixiert) und haben verschiedene Größen. Gewöhnlich sind sie kleiner als eine Erbse, können aber auch größer sein, sodass sie sogar aus der Vagina heraustreten. Sie treten einzeln oder mehrfach, speziell zwischen dem 40. und 50. Lebensjahr auf.

Welche Symptome der Zervixpolypen kann man beobachten?
Die Symptome sind verschieden: oft treten geringfügige Schmierblutungen auf, die spontan sein können oder von kleinen Verletzungen (Traumata) stammen.

Wie diagnostiziert der Arzt Zervixpolypen?
Durch eine Untersuchung mit dem Spiegel kann man die makroskopischen Merkmale erkennen, die dann durch das Kolposkop überprüft werden.

Wie ist die Prognose der Zervixpolypen?
Handelt es sich um gutartige Formen, ist die Prognose sehr günstig.

Wie wird ein Zervixpolyp behandelt?
Sehr kleine Zervixpolypen können durch eine Hochfrequenz-Wärmetherapie zurückgehen. Sobald sie etwas größer sind, werden sie mit einer Zange mittels Drehbewegung entfernt. Dadurch wird ein Zurück- oder Zusammenziehen der Gefäße erleichtert und es kommt nur selten zu Blutungen.
Um eine Nachbildung von Polypen zu verhindern, kann man auch eine Kürettage durchführen. Gleichzeitig sollte die Kürettage auch am Inneren der Gebärmutter durchgeführt werden, weil hier oft gleichzeitig Polypen entstehen. Alle Polypen werden unter dem Mikroskop untersucht, um ihre Bösartigkeit auszuschließen.

Was ist ein Korpuskarzinom?
Eine Geschwulst (Krebs), das von der Gebärmutterschleimhaut ausgeht und in die Gebärmutterhöhle hineinragt.

Wie häufig ist der Krebs des Gebärmutterkörpers?
Nach Häufigkeit gereiht, ist dieses Karzinom zurzeit in den okzidentalen Ländern an zweiter Stelle, nach dem Brustkrebs. Das Verhältnis des Zervizkarzinoms zum Korpuskarzinom betrug zu Beginn desletzten Jahrhunderts liegt10:1 und beträgt heute 1:1.

Wer bekommt am ehesten ein Korpuskarzinom?
Es tritt später auf als der Gebärmutterhalskrebs und findet sich vorwiegend bei Frauen über 50.

Was sind mögliche Ursachen eines Korpuskarzinoms?
Eine Ursache für das Korpuskarzinom liegt in Veränderungen des Hormonhaushalts, zu denen sich allmählich auch konstitutionelle und stoffwechselbedingte Faktoren gesellen.

gebens ein Baby wünscht, dann versucht der Arzt zu klären:

- Findet bei der Frau in der Mitte des Monatszyklus ein Eisprung statt? Ohne Eisprung (Ovulation) gibt es keine Eizelle, ohne Eizelle keine Befruchtung.
- Kommt es nach dem Eisprung zur Bildung eines normal funktionierenden Gelbkörpers? Der Gelbkörper bildet sich nach dem Eisprung aus dem gesprungenen Eibläschen im Eierstock. Er produziert neben anderen Hormonen das Gelbkörperhormon, das für die Vorbereitung der Gebärmutterschleimhaut zur Einnistung des befruchteten Eis unbedingt nötig ist.
- Sind die Eileiter durchgängig und funktionsfähig?
- Können die Samenfäden in die Gebärmutter eindringen?
- Ist der Ehemann zeugungsfähig?

Eine einfache und verlässliche Methode zur Bestimmung des Ovulationstermins ist die Messung der Basal- oder Aufwachtemperatur. Sie wird morgens, nach mindestens sechs Stunden Schlaf, vor dem Aufstehen im After oder im Mund gemessen. Dazu kann jedes normale Fieberthermometer benutzt werden oder ein Basalthermometer, dessen auseinandergezogene Skala das Ablesen erleichtert.
Der Arzt kann dann auch eine Eileiterdurchblasung (Pertubation bzw. Insufflation) durchführen. Dabei wird Kohlendioxydgas in die Gebärmutter geblasen. Es gelangt dann in die Eileiter. Wenn sie durchgängig sind, entweicht das Gas durch das offene Ende der Eileiter in die Bauchhöhle, was der Arzt mit einem Druckmessgerät feststellen kann. Wenn sich die Patientin nach der Untersuchung wieder aufsetzt, steigt das Gas hoch und sammelt sich unter dem Zwerchfell, was oft zu stichartigen Schmerzen in der Schultergegend führt, ein eindeutiger Beweis, dass die Eileiter durchgängig sind.

Uterus-Erkrankungen

Die schwerwiegendsten Erkrankungen des Uterus sind Infektionen, Tumoren und Lageabweichungen.

Infektionen

Das wichtigste Symptom einer Infektion ist die Abscheidung einer weißlichen, häufig übel riechenden Flüssigkeit. Im Falle einer höher aufsteigenden Infektion ist auch das in unmittelbarer Nähe liegende Bauchfell mitentzündet. Dies verursacht starke Schmerzen und daneben weitere Symptome einer Bauchfellentzündung wie etwa eine Abwehrspannung der Bauchmuskeln. Nach Bestimmung der Erregerart wird das speziell gegen diese Bakterien wirksame Antibiotikum verordnet.

Tumoren

Nach der Brustdrüse wird von allen Organen des weiblichen Körpers am häufigsten die Gebärmutter von Tumoren befallen. In der überwiegenden Mehrzahl der Fälle handelt es sich um Gewebswucherungen, um gutartige Geschwülste des Muskel- und Bindegewebes. Diese können an jeder beliebigen Stelle des Uterus entstehen, sie können sehr klein sein, jedoch auch zu enormen Gewebsmassen heranwachsen, die die gesamte Bauchhöhle ausfüllen.

Muskelgeschwülste (Myome) liegen meist gleichzeitig in größerer Zahl vor. Abhängig von Größe und Lage in der Uteruswand sind sie Anlass von Menstruationsstörungen oder anderen Beschwerden, die durch den Druck auf Nachbarorgane zustande kommen. Die Therapie richtet sich nach dem Grad der Beschwerden und nach dem Alter der Frau. Die bloße Anwesenheit eines oder mehrerer Myome ist, wenn sie keine Schmerzen verursachen, kein zwingender Grund für eine medikamentöse oder chirurgische Behandlung.

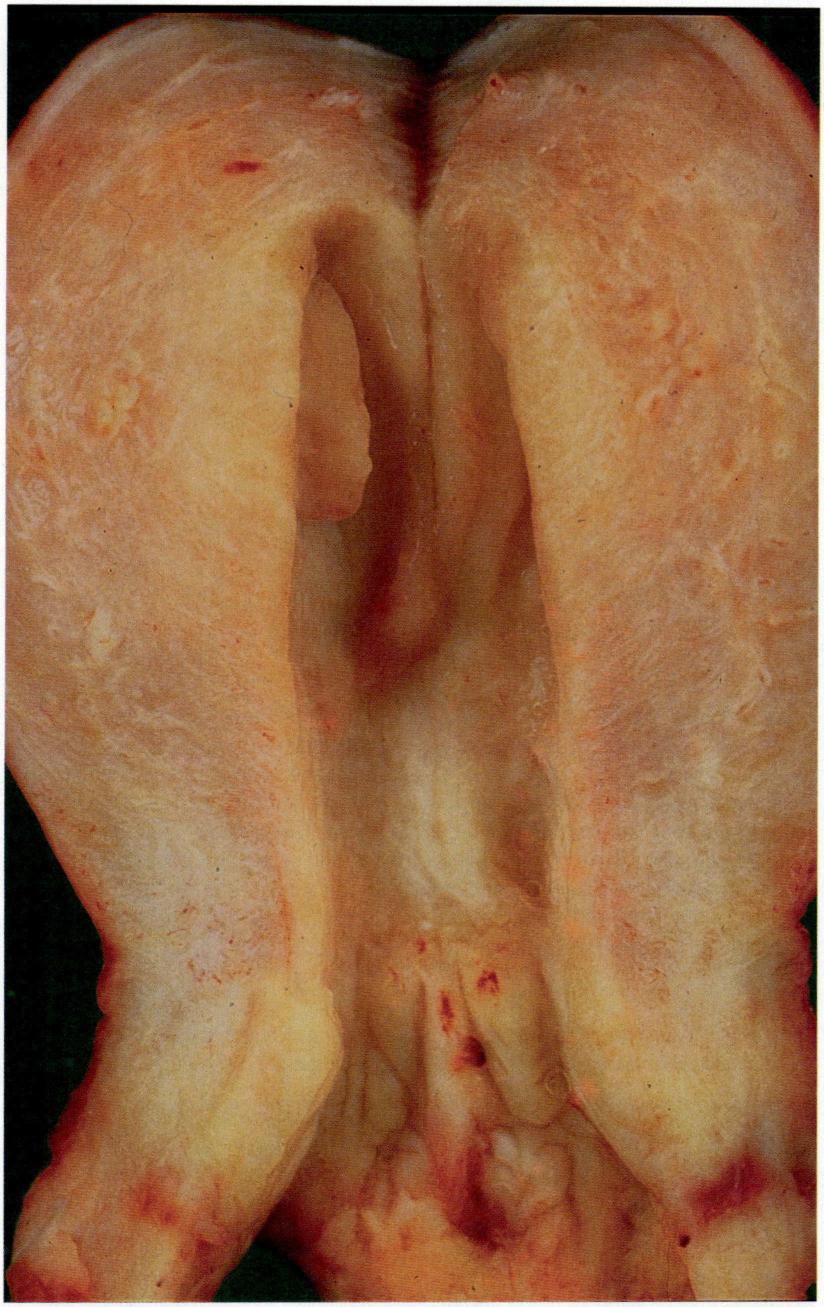

Polyp der Gebärmutterschleimhaut. Die Behandlung hängt von den Symptomen und vom Alter der Frau, einer eventuell geplanten Schwangerschaft sowie vom Ausmaß der Erkrankung ab.

Lageabweichungen

Die inneren Geschlechtsorgane liegen in dem von Knochen des Beckengürtels umgebenen Raum, die Gebärmutter befindet sich genau in der Mittellinie. In den umgebenden Geweben verlaufen einige Sehnenbänder, die für die richtige Lage und Befestigung des Uterus von Bedeutung sind. Das wichtigste dieser Bänder ist das runde Mutterband, das von der Vorderseite der Gebärmutter zur vorderen Bauchwand verläuft, außerdem zieht ein kräftiger Bindegewebsstrang von der Stelle, wo der Uterushals in den Uteruskörper übergeht, seitlich zum Becken. Dieser Strang bildet eine Art Achse, um die der Uterus sich nach vorn und hinten verkanten kann.

Die vom Uterus zur Beckenwand verlaufenden Bänder sind elastisch. Vor dem Uterus liegt die Blase, dahinter der Enddarm. So kann also, je nach Zustand der Blasen- und Darmfüllung, die Gebärmutter ihre Position durch Vorwärts- bzw. Rückwärtskippen verändern. Ist das oben beschriebene Bindegewebe nur schwach oder unvollkommen entwickelt, so ist der Uterus seiner wichtigsten Stütze beraubt und kann nach unten absinken (Prolaps), er

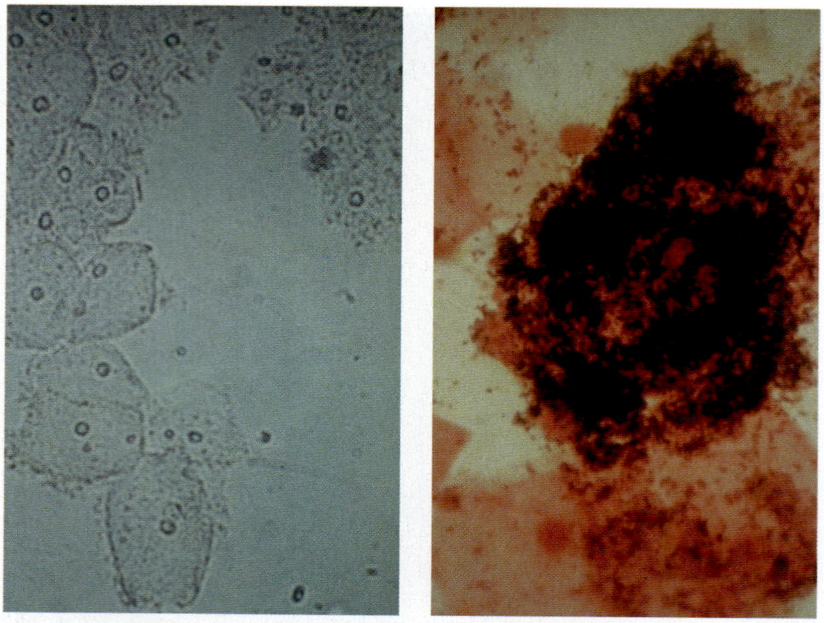

Gardnerella vaginalis; zartes, fast kokkoides gramnegatives Kurzstäbchen.

rutscht immer tiefer in die Scheide hinein, bis endlich der Muttermund in der Vulva sichtbar wird.
Die Längsachse des Uterus befindet sich nicht in gleicher Linie mit der Scheide, sondern bildet mit dieser einen Winkel, wobei die obere Uteruskante nach vorn gegen die Beckenwand gerichtet ist. Nicht selten liegt nun der Uterus nach hinten gekantet, sozusagen mit der Unterseite nach oben.
Abgesehen von der Lage bezüglich der Scheide kann der Uterus auch durch andere Faktoren aus einer regelrechten Position in der Beckenmitte gedrängt werden, z.B. wenn er durch den Druck von Nachbarorganen oder Tumoren oder durch den Zug geschrumpfter Bindegewebsstränge beiseitegeschoben bzw. -gezogen wird.
Lageabweichungen des Uterus sind nur dann von Bedeutung, wenn sie Ursache von unerwünschter Kinderlosigkeit, Menstruations- oder Harnentleerungsstörungen, verminderter Darmtätigkeit oder Rückenschmerzen sind.

Wechseljahre

Bei der Frau die Zeit von den ersten unregelmäßigen Blutungen bis zum endgültigen Ende aller Monatsblutungen. Fast die Hälfte aller Frauen leidet in dieser Zeit unter Beschwerden, dem sogenannten Menopausensyndrom.
Die drei klassischen Symptome sind:
- Hitzewallungen;
- Schwindel;
- Schweißausbrüche.

Dazu kommen häufig seelische Probleme, die sich in Reizbarkeit, Lustlosigkeit, einem allgemeinen Leistungsabfall und Schlafstörungen äußern können. Vielfach werden die betroffenen Frauen übergewichtig; ein großes Problem ist auch die Osteoporose. Die Behandlung mit Östrogenen kann den Problemen entgegenwirken, insbesondere auch der Osteoporose. Sie ist allerdings umstritten, denn vermutlich erhöht sich durch diese Behandlung das Krebsrisiko.
Die Wechseljahre sind beim Mann die Zeit des Rückganges der Androgenproduktion etwa zwischen dem 45. und 60. Lebensjahr. Die Wechseljahre des Mannes sind in der Regel nicht so stark ausgeprägt, und nur ein Teil der Männer bekommt von diesen Vorgängen überhaupt etwas mit. Die Symptome liegen vor allem in der Verminderung des Geschlechtstriebes und der sexuellen Aktivität. Es besteht eine Neigung zu Depressionen, und es kann zu einem Nachlassen der Leistungsfähigkeit kommen.
Die Wechseljahre sind manchmal mit unangenehmen Beschwerden verbunden.

Zervix-Erkrankungen

Die Zervix oder der Gebärmutterhals ist der schmale untere Teil der Gebär-

Mastodynie; häufiger prämenstruell als kontinuierlich empfundenes Spannungs- und Schwellungsgefühl meist mit diffusen oder umschriebenen Schmerzen in den Brüsten.

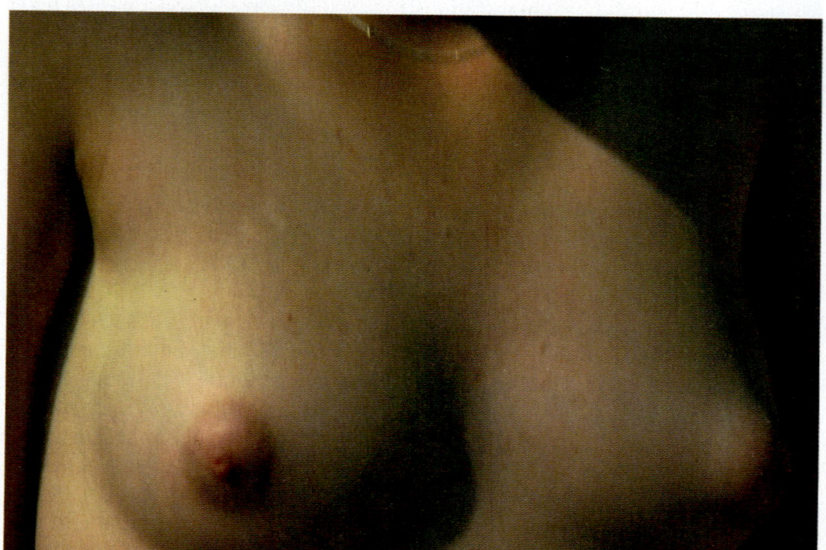

mutter. Der über der Vagina befindliche Zervixanteil ist nach vorn zu bindegewebig mit der Harnblase verbunden. Die Verbindung zwischen dem spaltförmigen dreieckigen Hohlraum des Uterus (Gebärmutter) und der Vagina (Scheide) wird vom spindelförmigen Zervixkanal hergestellt. Seine untere Engstelle ist der äußere Muttermund. Er ist grübchenartig bei einer Frau, die noch nicht geboren hat; ein richtiger Mund mit vorderer und hinterer Lippe findet sich erst nach einer Entbindung, wenn es rechts und links zu kleinen Einrissen gekommen ist.

Die Zervix enthält kaum noch Muskulatur, sie besteht – besonders in ihren unteren Teilen – nur noch aus elastischem Gewebe und Bindegewebe. Die obere Engstelle des Zervixkanals ist der innere Muttermund. Er stellt auch gleichzeitig die obere Grenze des Isthmus dar, der als oberster Teil der Zervix eine etwa 0,5 cm dicke Scheibe bildet, die vom Zervixkanal durchbohrt wird.

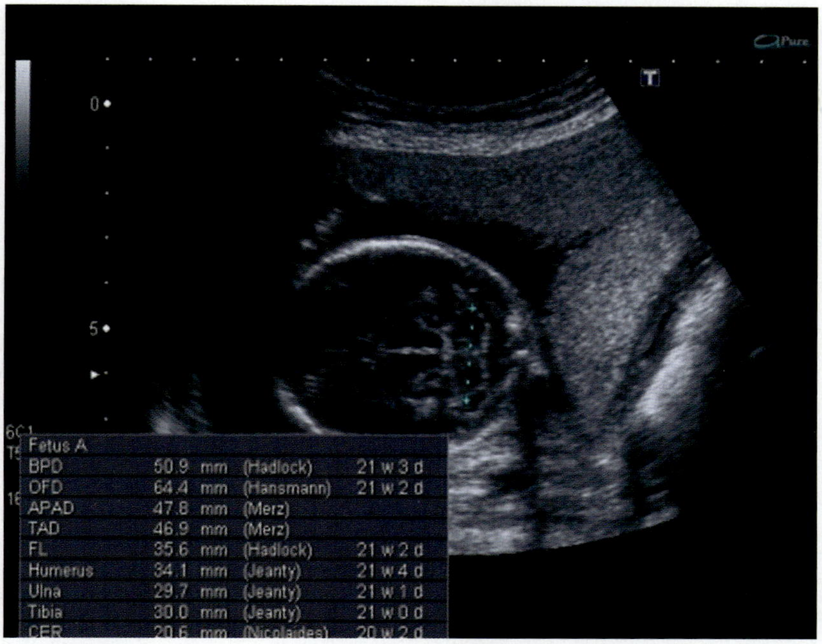

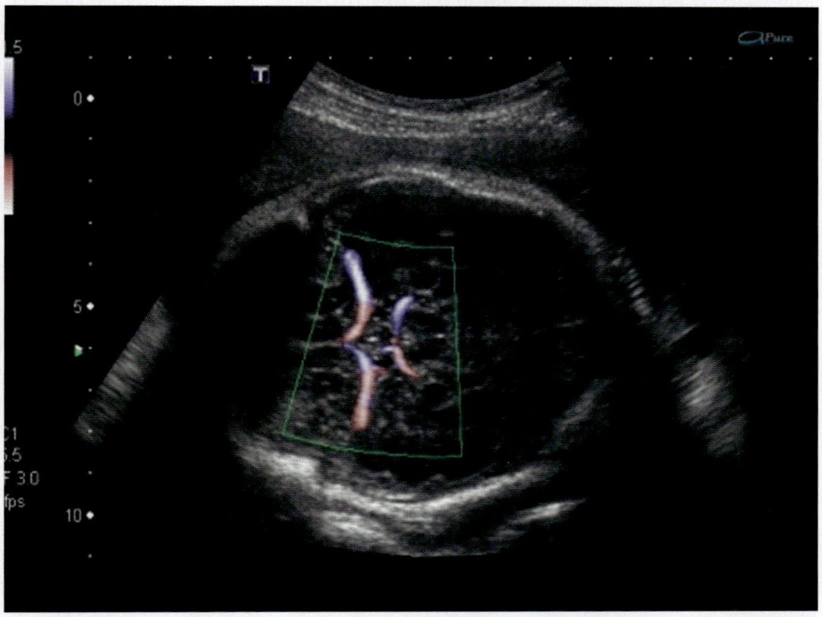

Ultraschalluntersuchungen gynäkologischer Erkrankungen dienen der Entdeckung von Tumoren, Zysten und anderen Erkrankungen der Bauchhöhle und auch der Entdeckung einer Eileiter- oder Bauchhöhlenschwangerschaft.

Zervizitis

Die Symptome einer Zervizitis (Zervixentzündung) gleichen denen einer Scheidenentzündung. Eine solche Infektion macht eine Schwangerschaft unmöglich, da sie das Eindringen der Spermien in den Uterus (Gebärmutter) verhindert. Besonders leicht kommt es zu Infektionen in diesem Gebiet, wenn der Muttermund anlässlich der Geburt eines Kindes eingerissen ist und die zarte Zervixschleimhaut an dieser Stelle freiliegt.

Der Krebs der weiblichen Geschlechtsorgane tritt in den meisten Fällen als Zervixkarzinom auf. Glücklicherweise können Veränderungen der Gewebe in diesem Gebiet aufgrund unregelmäßiger oder Kontaktblutungen frühzeitig festgestellt werden. Besteht heute der Verdacht auf ein Karzinom, so werden verschiedene Untersuchungen durchgeführt, darunter eine mikroskopische Untersuchung des Scheideninhaltes auf bestimmte Zellarten, deren abweichende Form und Färbung mit großer Wahrscheinlichkeit auf das Vorliegen eines malignen Prozesses schließen lassen. Man kann nicht nachdrücklich genug darauf hinweisen, wie wichtig es ist, dass solche Krebsarten in einem möglichst frühen Stadium entdeckt werden; alle Chancen einer Heilung nach Operation oder Bestrahlung hängen davon ab.

Die Untersuchung ist sehr einfach und ganz schmerzlos, da der Uterus selbst schmerzunempfindlich ist. Mit einem durch die Scheide eingeführten Instrument wird der Muttermund nach vorne gezogen. Bemerkt man eine verdächtig aussehende Stelle, so entnimmt man eine Gewebeprobe zur Untersuchung. Dies ist die einzige Methode, eine absolut sichere Diagnose zu stellen.

In der Schleimhaut sind häufig Polypen zu beobachten, die jedoch fast immer harmlos sind.

317

Gynäkologische Diagnoseverfahren

Biopsie
Eine Biopsie des Gebärmutterhalses und der Scheide wird meist mithillfe der Kolposkopie durchgeführt. So können die Gewebeproben gezielt aus den Bereichen entnommen werden, die besonders ausfällig sind. Eine kleine Gewebeprobe aus der Vulva kann unter örtlicher Betäubung ambulant in der gynäkologischen Praxis entnommen werden. Eine Zervixbiopsie kann meist ohne Betäubung durchgeführt werden. Bei Krebsverdacht werden weniger als 6 mm Gewebe zur anschließenden mikroskopischen Untersuchung entnommen.

Endometriumbiopsie
Ein schmales Metall – oder Kunststoffrots wird durch den Gebärmutterhals in die Gebärmutterhöhle geschoben. Das Rohr wird dann vor- und zurück – und rundherumbewegt. Dabei wird vom anderen Ende angesaugt, um Zellmaterial aus der Gebärmutterschleimhaut zu gewinnen. Das Gewebe wird ins Labor geschickt, um – das ist der häufigste Grund – die Ursache für Blutungsstörungen festzustellen. Die Endometriumbiopsie kann in der ärtzlichen Praxis ambulant und ohne Narkose vorgenommen werden – die Frau spürt Schmerzen wie bei Menstruationskrämpfen.

Endozervikale Kürettage
Mithilfe eines kleinen, in den Gebärmutterhalskanal eingeführten Instruments werden zur anschließenden mikroskopischen Untersuchung Zellen aus dem inneren Anteil des Gebärmutterhalses abgeschabt. Dieses Verfahren wird in Allgemeinen im Rahmen einer Kolposkopie durchgeführt.

Erweiterung und Ausschabung
Der Gebärmutterhals wird erweitert (Dilatation), sodass ein löffelartiges Instrument, die Kürette, eingeführt werden kann, um Gewebeproben aus der Gebärmutterschleimhaut zu schaben (Kürretage). Auf diese Weise können Biopsiebefunde, die auf Schleimhautveränderungen hindeuten, beseitigt werden, oder es können die Gewebereste nach einer unvollständigen Fehlgeburt entfernt werden.

Hysterosalpingographie
Früher war dieses Verfahren gebräuchlich, das von Gebärmutter und Eileiter Röntgenkontrastaufnahmen lieferte. Heute ist es abgelöst worden durch die Chromopertubation, bei der ihm Rahmen einer Laparoskopie eine Farbstofflösung in die Eileiter hineingespritzt wird, um festzustellen, ob diese durchgängig sind. Mit diesen Verfahren wird nach den Ursachen von Unfruchtbarkeit gesucht.

Hysteroskopie
Ein etwa 9 mm dickes Rohr wird durch den Gebärmutterhals in die Gebärmutterhöhle geschoben. Das Rohr ist mit einer Glasfaseroptik ausgestattet, das Licht in die dunkle Höhle bringt, um sie zu betrachten, und enthält manchmal noch zusätzlich ein Biopsie- oder Elektrokauterisationsinstrument.

Kolposkopie
Die beidäuige Lupenbetrachtung des Gebärmutterhalses in zehnfacher Vergrößerung, um nach Anzeichen für Krebs zu suchen – oft in Anschluss an einen verdächtigen Pap-Befund. Die Kolposkopie ist schmerzlos und wird ohne Betäubung durchgeführt. Sie dauert nur ein paar Minuten.

Konisation der Zervix (Konusbiopsie)
Ein kegelförmiges Gewebestück von etwa 1,3 bis 2,5 cm Länge und 2 cm Durchmesser wird aus dem Gebärmutterhals entfernt. Das Gewebe wird mit Laser, Hitze (Elektrokauterisation) oder Skalpell unter Vollnarkose entfernt. Eine Konisation wird manchmal gemacht, um nach einer verdächtigen Biopsie die Diagnose zu sichern oder um verändertes Gewebe zu entfernen.

Laparoskopie
Ein dünnes Rohr mit Glasfaseroptik wird durch einen kleinen Einschnitt in der Nähe des Nabels in die Bauchhöhle eingeführt. Es wird Kohlendioxid in den Bauch eingeleitet, damit sich die Beckenorgane voneinander trennen und besser sichtbar werden. Oft wird die Laparoskopie eingesetzt, um die Ursache für Beckenschmerzen, Unfruchtbarkeit und andere gynäkologische Störungen herauszufinden.

Papanicolaou-Abstrich (Pap-Abstrich)
Von der Oberfläche des Gebärmutterhalses werden Zellen abgeschabt und auf Krebs untersucht. Der Test sollte ab dem 18. Lebensjahr bwz. nach dem ersten Geschlechtsverkehr jährlich durchgeführt werden. Das Verfahren ist sicher und dauert nur einige Sekunden.

Ultraschall (Sonographie)
Schwallwellen (mit einer für menschliche Ohren nicht wahrnehmbaren Frequenz) werden durch die Bauchwand oder Scheide gesandt. Die reflektierten Echoimpulse werden in elekrische Impulse verwandelt, verstärkt, auf einem Monitor dargestellt und ergeben ein Bild von den inneren Strukturen. Auf diese Weise kann man schon das Ungeborene auf Größe, Zustand und Fehlbildungen hin untersuchen. Im Rahmen der Schwangerenvorsorge lässt sich eine Mehrlings- oder Eileiterschwangerschaft nachweisen. Per Ultraschall sind Tumore, Zysten oder andere Veränderungen der Beckenorgane erkannbar. Das Ultraschallverfahren ist schmerzlos. Es wird auch eingesetzt, wenn zur vorgeburtlichen Untersuchung Fruchtwasser entnommen wird (Aminozentese).

Wirkstoffe bei Wechseljahrebeschwerden

Milchsäure
Lactobacillus- beziehungsweise Milchsäure-Präparate können bei Wechseljahrebeschwerden eingesetzt werden. Lactobazillen gehören zur normalen Scheidenflora der Frau und sorgen für das saure Scheidenmilieu, das vor dem Eindringen schädlicher Keime schützt. Milchsäure und Laktobazillen beeinflussen ein gestörtes Scheidenmilieu günstig, sind nicht krankheitserregend und verursachen keine Nebenwirkungen. Das Mittel ist bei Scheidenausfluss vor allem bei jüngeren Frauen sowie zur unterstützenden Behandlung bei einer Hormontherapie während der Wechseljahre, bei Scheidenentzündungen und nach einer Antibiotikatherapie geeignet.

Paraffin
Paraffin kann bei trockener Scheide als Gleitmittel benutzt werden. Das Mittel ist weitgehend nebenwirkungsfrei. Die Sicherheit von Kondomen kann durch Paraffin ungünstig beeinflusst werden.

Soja
Sojabohnenkeime enthalten Substanzen (Isoflavone), die gegen Krebs wirksam sind und antioxidative Eigenschaften aufweisen. Insbesondere das Isoflavon Genistein beeinflusst den Östrogenrezeptor so, dass das Wachstum von Brustkrebszellen gehemmt wird. Sojawirkstoffe können insbesondere nach den Wechseljahren (Menopause) das Brustkrebsrisiko von Frauen günstig beeinflussen. Experten sind der Ansicht, dass die geringe Brustkrebshäufigkeit asiatischer Frauen auf der sojabasierten Ernährungsweise beruht.

Traubensilberkerze
Inhaltsstoffe des Wurzelstocks der Traubensilberkerze (Cimicifuga racemosa) wirken östrogenartig (Phytoöstrogene) und lindern Menstruationsbeschwerden, prämenstruelle und neurovegetative Beschwerden der Wechseljahre (Menopause). Phytoöstrogene von Traubensilberkerzen-Wurzelstock sind Gegenspieler von luteinisierendem Hormon (LH), das als Ursache von Hitzewallungen während der Wechseljahre gilt. Mit Traubensilberkerzen-Extrakt können zahlreiche Wechseljahresymptome, wie Hitzewallungen, Kopfschmerzen, Nervosität, Schwindel, Schlafstörungen und Depressionen, nach sechs- bis achtwöchiger Therapie bei den meisten Frauen vollständig beseitigt werden.

Vitex agnus castus
Die Früchte von Vitex agnus castus (Keuschlamm beziehungsweise Mönchspfeffer), ein Verbenengewächs (Verbenaceae) des Mittelmeerraumes, enthalten östrogenähnliche Substanzen (Phytoöstrogene sowie Öle und Flavonoide), die bei Regelblutungsstörungen, prämenstruellem Syndrom, Wechseljahrebeschwerden und spannungs- und Schwellungszuständen der Brüste (Mastodynie) wirksam sind.

Vitex agnus castus

Fußerkrankungen

Einleitung

Der Fuß setzt sich wie die Hand aus drei aufeinanderfolgenden Abschnitten zusammen:

- der Fußwurzel, Tarsus;
- dem Mittelfuß, Metatarsus;
- den Zehen; Digiti pedis.

Die Tragfähigkeit des Fußes wird dadurch begünstigt, dass sich die Skelettelemente im Rückfußbereich übereinanderschichten (die medialen über die lateralen), die Köpfe der Metatarsalknochen jedoch nebeneinander liegen bleiben (Gewölbekonstruktion). Als Anpassungsmerkmale an die Bipedie findet man beim menschlichen Fuß:

- eine in Adduktionsstellung befindliche Großzehe;
- die Großzehe liegt mit den übrigen Zehen in einer Ebene und erreicht nicht die Länge der zweiten Zehe;
- die Ausbildung eines Fußgewölbes;
- die Gelenkkonstruktion kommt zustande durch Anhebung der Fußwurzel (besonders des Fersenbeins), wodurch sich das Längswölbungssystem entwickelt.

Durch die Übertragung der Körperlast von dem Fersenbeinhöcker und den metatarsalen Köpfchen auf das Gewölbesystem wird der Fuß zu einer großen, kippsicheren Standfläche. Ein kräftiger Bandapparat stützt (zusammen mit der Muskulatur) das Gewölbe und sichert die Gelenke. Zugleich schränken die straffen Bänder die Beweglichkeit des Fußes aber auch erheblich ein.
Insgesamt bietet der menschliche Fuß die folgenden Besonderheiten:

- Adduktionsstellung des 1. Strahls;
- Verkürzung der Zehen;
- Ausbildung einer medialen Stütze;
- Einbau eines phylogenetisch neuen Längsgewölbes unter Einbeziehung des alten Quergewölbes.

Skelett des Unterschenkels und des Fußes.
1 – Wadenbein; 2 – Schienbein; 3 – Fußwurzel (Tarsus); 4 – Mittelfuß (Metatarsus); 5 – Zehen.

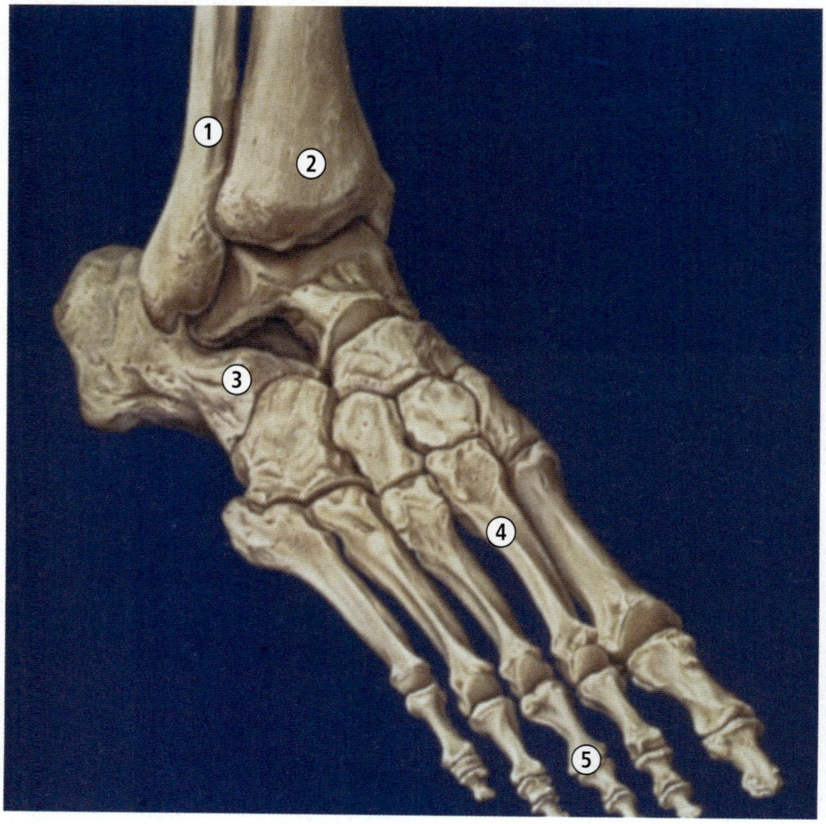

Skelett

Am Fuß unterscheidet man Fußwurzel, Mittelfuß und Zehen. Auf der inneren Seite liegen Sprungbein (Talus), Kahnbein (Os naviculare) und die drei Keilbeine (Ossa cuneiformia). Außen liegen das Fersenbein (Calcaneus) und das Würfelbein. Jeder der fünf Mittelfußknochen hat vorne ein Köpfchen und hinten einen breiten Teil. Sie sind mit den Fußwurzelknochen durch federnde Amphiarthrosen verbunden. Die Köpfchen sind mit den Grundgliedern der Zehen gelenkig verbunden. Die Großzehe weist zwei, die übrigen Zehen drei Glieder auf.
Der normale Fuß weist innen ein Längsgewölbe und im Gebiet der Mittelfußknochen ein Quergewölbe auf. Die Gewölbe sind durch die Knochenform bedingt. Sie werden durch Bänder zusammengehalten und durch Muskelzug gespannt.

Gelenke

Die Gelenke zwischen Unterschenkel und Fuß (oberes Sprunggelenk) und die übrigen Fußgelenke tragen zur Federung des Körpers bei und sorgen für das Abrollen des Fußes beim Laufen. In der Articulatio talocruralis (oberes Sprunggelenk) bilden Wadenbein und Schienbein ein Gelenk mit dem Sprungbein. Die beiden erstgenannten

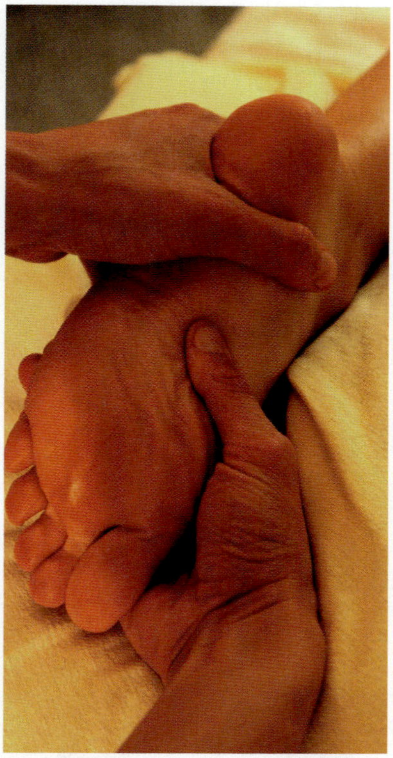

Fußverletzung; Massage zur Entspannung der Muskulatur.

umgreifen die Talusrolle wie eine Gabel. Die Articulatio subtalaris wird vom Sprungbein und Fersenbein gebildet. Diese beiden Gelenke bilden zusammen das einachsige untere Sprunggelenk. Von den Knochen des Mittel- und Vorfußes werden noch weitere Gelenke gebildet. Die Grenze zwischen Rück- und Mittelfuß wird von zwei stets voneinander getrennten Gelenken gebildet: ein medial zwischen Sprung- und Kahnbein (Articulatio talonaviculare), das andere lateral zwischen Fersen- und Würfelbein (Articulatio calcaneocuboidea). Beide Gelenke, deren quer zur Längsachse des Fußes gelegener Spalt in Verfolgung S-förmig verläuft, werden gewöhnlich als queres Fußgelenk, in der Klinik als Chopart-Gelenk, zusammengefaßt. Die Gelenke zwischen Mittel- und Vorfuß sind ebenso wie die Gelenke zwischen Kahn- und Würfelbein sowie diejenigen zwischen den Basen der Mittelfußknochen straffe Amphiarthrosen; sie werden als Lisfranc-Gelenk zusammengefaßt. Am Patienten benuzt man zur Orientierung die leicht tastbaren medialen und lateralen Rauhigkeiten des 5. Mittelfußknochen und des Kahnbeins: Die Lisfranc-Gelenklinie beginnt am inneren Fußrand und erreicht am 2. Strahl winklig abknickend, etwa zwei Querfinger hinter der Rauhigkeit (Tuberositas), den äußeren Fußrand.

Muskulatur

Der kurze Zehenstrecker, der auf dem Fußrücken liegt, zieht die Zehen nach oben. Auf der Fußunterseite befinden sich drei Muskelgruppen:

- Zur inneren Gruppe zählen der quer verlaufende Kopf des Großzehenabziehers, der kurze Großzehenbeuger und der Großzehenanzieher. Diese Muskelgruppe bewegt die Großzehe nach außen und unten.
- Die mittlere Gruppe besteht aus dem gemeinsamen Zehenbeuger, dem Sohlenviereckmuskel, den Fußspulmuskeln, den Zwischenknochenmuskeln der Fußsohle und den hinteren Zwischenknochenmuskeln. Diese Muskelgruppe arbeitet bei der Beugung aller Zehen mit.
- Die seitliche Muskelgruppe bewegt den kleinen Zeh nach außen und nach unten.

Fußdeformitäten

Fußdeformitäten können Folgezustand von übermäßig hoher Dauerbelastung, von Bindegewebsschwäche, aber auch von Lähmungen sein. Meist beruhen die Verformungen auf einer Veränderung des Fußskeletts und des Verspannungssystem des Fußgewölbes.

Hackenfuß

Bei Ausfall der oberflächigen und tiefen Beuger überwiegen die Dorsalextensoren des Unterschenkels. Die Ferse steht nach unten, die Fußspitze nach oben.

Senkfuß

Kahnbein und Sprungbeinkopf treten nach medial und plantar vor, das Längsgewölbe flacht ab, das Fersenbein steht nach außen in Valgusstellung; ein reiner Knickfuß (Erhaltung des Fußlängsgewölbes) bzw. Plattfuß (Einsenkung des Längsgewölbes) ist selten. Beim Senkfuß unterscheidet man eine angeborene Form, den Knickplattfuß des Kinderalters, die Adoleszenten- und die Erwachsenenform. Häufig entsteht aus einen anfänglichen Haltungs- ein Stellungsfehler, langes Stehen ist schmerzhafter als längeres Gehen. Beim Senkfuß kann die Plattfußkomponente überwiegen.

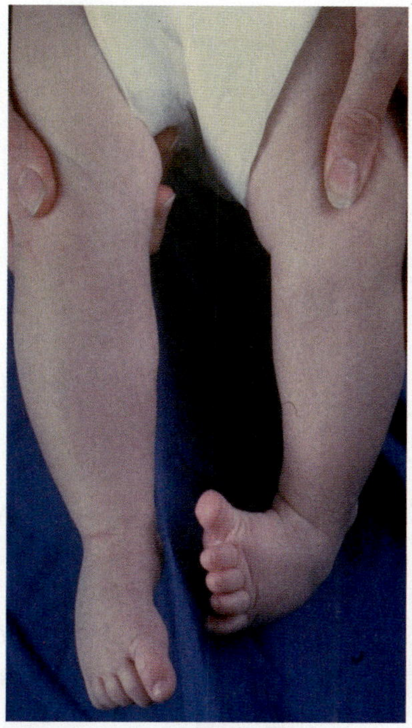

Viele Fußprobleme bei Säuglinge und kleinen Kindern vergehen von selbst wieder. Manche Fehlbildungen und -stellungen entstehen durch die Lage der kindlichen Beine in der Gebärmutter. Eine Behandlung ist nur selten erforderlich.

Klumpfuß

Der Fuß befindet sich in Varusstellung, die laterale Fußkante zeigt nach unten, die mediale nach oben. Beim Klumpfuß unterscheidet man eine angeborene und eine erworbene Form (bei Neugeborenen steht der Fuß normalerweise in Supinationsstellung).

Spreizfuß

Das Quergewölbe ist abgeflacht, der Abstand zwischen den Köpfen der

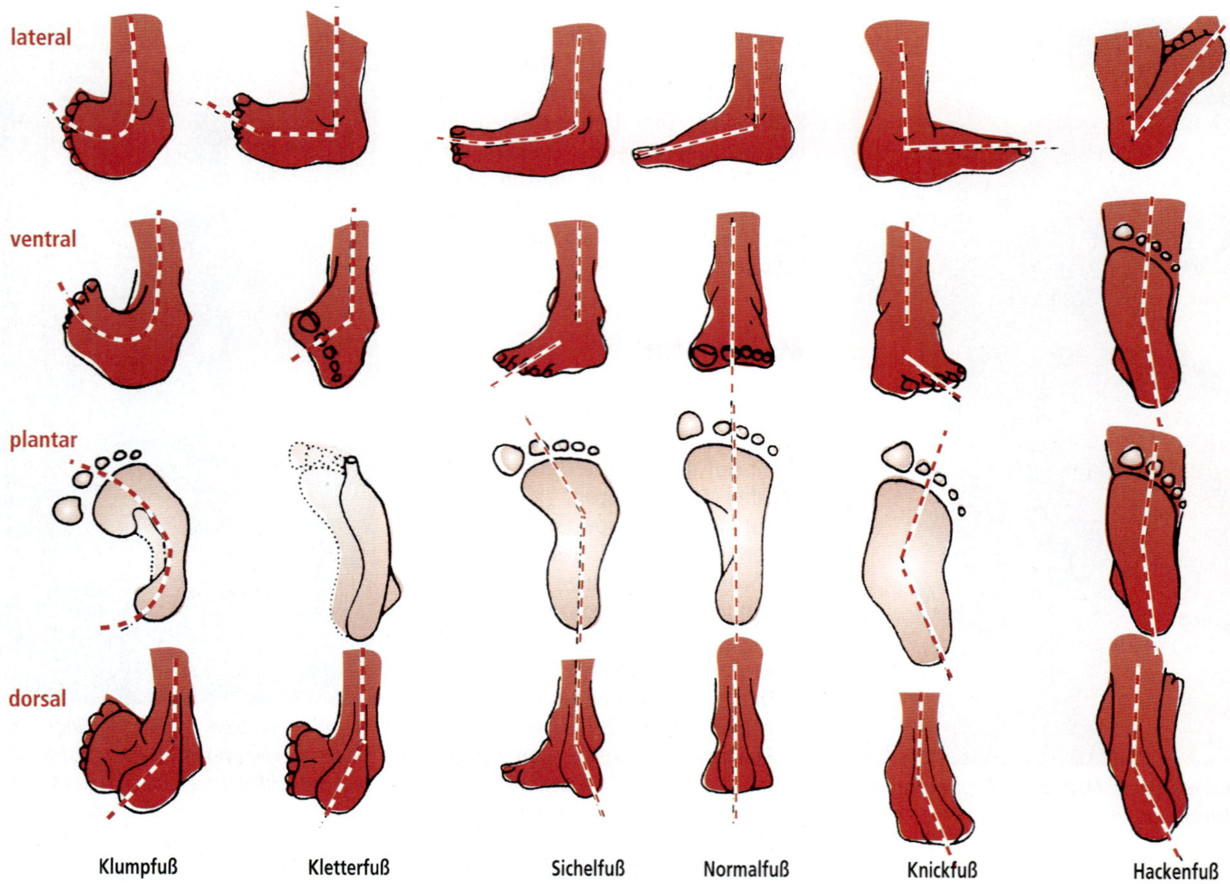

Die häufigsten Fußdeformationen.

Mittelfußknochen vergrößert. Der Spreizfuß ist häufig kombiniert mit einem Hallux valgus.

Hallux valgus

Der Großzehe ist zu der durch dens Mittelfußknochen und die 2. Zehe verlaufenden Längsachse des Fußes abgewinkelt. Lateralabweichungen über 15° werden in Mitteleuropa in der Mehrzahl deutlich überschritten. Dabei kann die Großzehe im Grundgelenk subluxiert sein.

Schmerzen im Fußballen

Schmerzen im Fußballen werden gewöhnlich durch geschädigte Nerven verursacht, die zwischen den Zehen entlanglaufen oder zu den Gelenken zwischen Zehen und Fuß führen.

Die Frühstadien verursachen nur leichte Schmerzen im Bereich der vierten Zehe, manchmal von einem brennenden oder stechenden Gefühl begleitet. Bei bestimmten Schuharten treten die Symptome stärker auf. Unabhängig von den Schuhen kann im weiteren Krankheitsverlauf ein andauerndes brennendes Gefühl bis in die Zehen ausstrahlen.

Manche Menschen haben ein Gefühl, als hätten sie einen kleinen Stein im Fußballen. Die Diagnose wird aufgrund der Krankheitsgeschichte und der Untersuchung des Fußes gestellt. Mit Röntgenbildern, Kernspintomographie oder Ultraschallaufnahmen ist keine genaue Diagnose möglich.

Die Symptome lassen sich lindern, indem man Einlagen trägt und eine Mischung aus Kortison und einem Mittel zur örtlichen Betäubung in den Fuß spritzt. Die Spritzen müssen möglicherweise zwei- der dreimal im Abstand von je einer oder zwei Wochen wiederholt werden. Schlägt diese Behandlung nicht an, kann das Neurom operativ entfernt werden; das beseitigt die Schmerzen zwar meist komplett, doch kann dadurch ein dauerhaftes Taubheitsgefühl in diesem Bereich entstehen.

Fußpilz

Fußpilz (Tinea pedis) ist eine Erkrankung, die durch Hautpilze (Dermatomykose) hervorgerufen wird. Wenn die Hautveränderungen länger bestehen und sich verstärken, kann auch die Nagelplatte vom Pilz befallen werden. Hautpilze vermehren sich bevorzugt im feuchtwarmen Milieu und finden sich häufig dort, wo viele Menschen zusammenkommen: im Schwimmbad, im Fitnessstudio oder der Sauna. Chronisch Kranke, zum Beispiel Diabetiker oder Menschen mit Immunschwäche, sind für Hautpilzerkrankungen besonders anfällig. Hautpilzerkrankungen werden durch feucht-

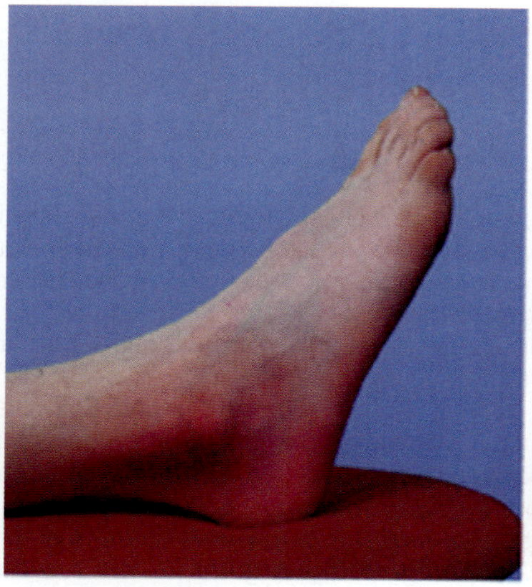

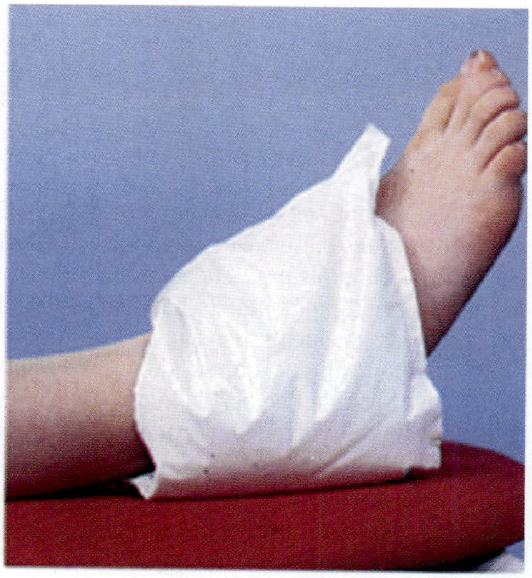

Fußverletzung
Eine Knöchelverstauchung kann durch Zerrung der Gelenkbänder oder durch Überdehnung infolge übermäßiger Bewegung des Fußes, oft begleitet von Bänderrissen, verursacht werden. Auch die Kapsel, die das Gelenk umschließt, kann dabei geschädigt werden. Eine Knöchelverstauchung führt zur Schwellung des Sprunggelenks, das sich nur noch unter großen Schmerzen bewegen lässt.

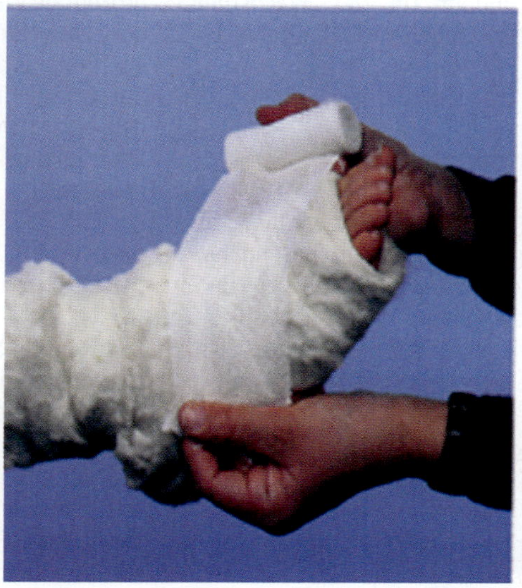

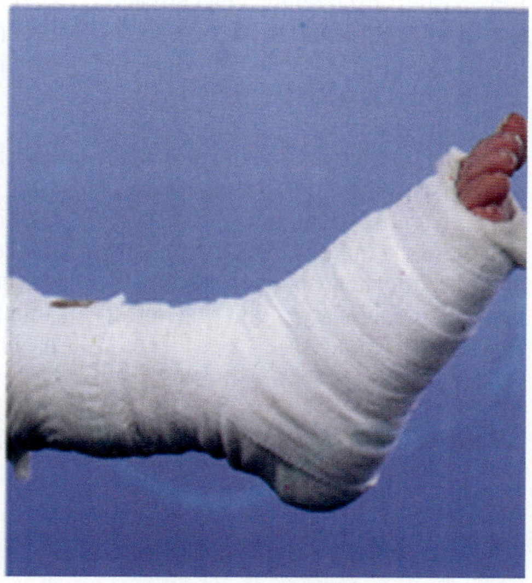

Kühlung
Eispackungen werden auf das Gelenk gelegt, um das Abklingen der Schwellung zu fördern.

Fußverband
Das Gelenk wird mit einem Druckverband versehen und erhöht gelagert, bis die Schmerzen nachlassen und die Schwellung zurückgeht.

warme Klimabedingungen begünstigt – Gummistiefel oder Turnschuhe bieten ideale Lebensbedingungen für Pilze, die fast allgegenwärtig sind: in Sportstätten, Duschkabinen, Toiletten oder in Teppichböden von Räumen mit Publikumsverkehr (Hotelzimmer). Vor allem Sportler sind für Fußpilz anfällig, da durch häufiges Duschen und Baden sowie körperliche Anstrengung die Haut an den Füßen oft feucht und warm ist. Dies bietet ideale Wachstumsbedingungen für Pilze. Deshalb kann man sich im Schwimmbad und beim Duschen besonders leicht mit Fußpilz anstecken.

Die Erkrankung verläuft zunächst ohne Beschwerden. Wenn sich Hautverfärbungen und Juckreiz einstellen, ist die Erkrankung in der Regel schon weiter fortgeschritten. Eine Pilzinfektion kann über die Hände von den Füßen bis zum Kopf übertragen werden. Vor allem drei Pilzarten verursachen Hauterscheinungen:

- Fadenpilze (Dermatophyten) sind für vier Fünftel aller Hautpilzerkrankungen – auch der Kopfhaut – verantwortlich.
- Hefepilze befallen in der Regel Menschen mit nicht voll ausgebildetem (Säuglinge, Kleinkinder) oder geschwächtem Immunsystem (Diabetiker, AIDS-Kranke). Der ganze Organismus kann von der Pilzinfektion betroffen sein.
- Schimmelpilze verursachen etwa ein Zehntel aller Hautpilzerkrankungen. Insbesondere vorgeschädigte Haut wird von Schimmelpilzen bevorzugt, überwiegend Haut und Lungen – seltener die Nägel.

Nicht jeder Kontakt mit Hautpilzen führt zu einer Erkrankung, kleine Hautverletzungen und -einrisse erleichtern jedoch das Eindringen der Pilze. Darüber hinaus fördern bestimmte Faktoren die Entstehung von Fuß- und Nagelpilzerkrankungen. Im höheren Lebensalter nimmt das Fußpilzrisiko zu, da häufig die Abwehrfunktion nachlässt, die Beweglichkeit eingeschränkt ist und Ältere häufiger geschwächt oder chronisch krank sind.

Gallenblasenerkrankungen

Die Galle stammt aus der Gallenblase. Beim Austritt aus diesem Organ enthält sie Mucin, Mineralsalze, Cholesterin, Gallensalze und Pigmente. Es handelt sich also nicht im eigentlichen Sinne um eine Verdauungsflüssigkeit, da die zur chemischen Veränderung der Nahrungssubstanzen notwendigen Fermente nicht enthalten sind.
Galle erfüllt dennoch eine wichtige Funktion: Sie emulgiert die Fette und bereitet diese dadurch auf die Verdauung durch die in der Darm- und Pankreasflüssigkeit enthaltenen Enzyme vor. Dicke Fetttropfen teilen sich durch die Wirkung der Galle in kleinere Tropfen, die wesentlich besser von den Enzymen angegriffen werden können. Wenn die Fette verdaut sind – also nach der Aufspaltung ihrer Bestandteile in Glycerin und Fettsäuren –, verbindet sich die Galle mit den Fettsäuren, denn in dieser Form können die Fette von den Zellen aufgenommen und verwertet werden.

Unteransicht der Leber nach Entfernung der sie umgebenden Organe im Bauch. Links: Gallenblase

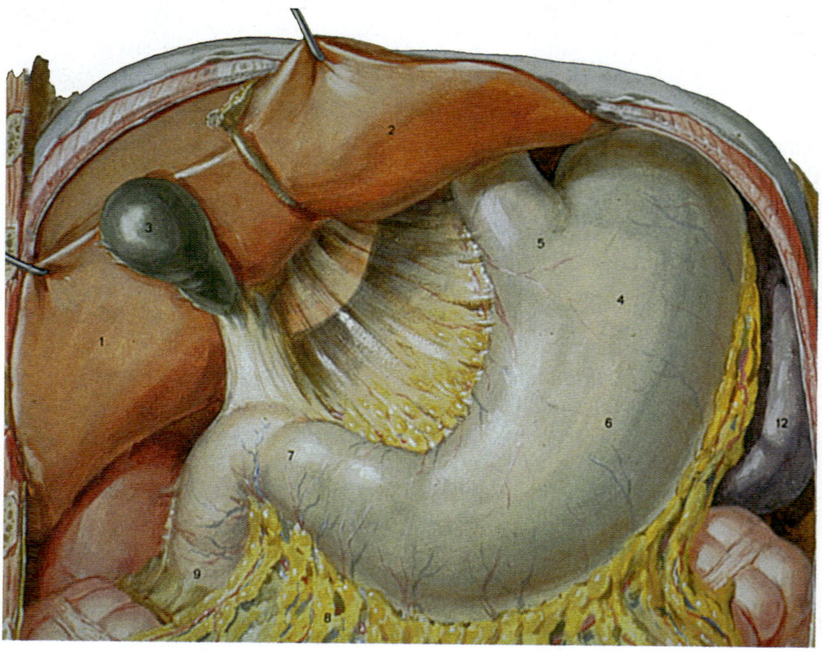

Die Galle erfüllt eine weitere wichtige Funktion: Die Säure des Speisebreis, der aus dem Magen kommt, wird im Zwölffingerdarm neutralisiert. Darmenzyme können nur in einem basischen Milieu reagieren. Die Verdauung im Darm könnte ohne basische Umgebungsbedingungen gar nicht stattfinden. Ferner erleichtert die Galle die Absorption von Kalzium, verstärkt die peristaltischen Bewegungen des Darmes und sorgt für ein gutes Gleichgewicht der Bakterienflora des Darmes, indem sie das Wachstum bestimmter schädlicher Bakterienarten hemmt.

Gallenblase

Die Galle fließt über den Lebergang aus der Leber herab, steigt den Blasengang, der eine doppelte Funktion als zu- und ableitender Kanal der Gallenblase erfüllt, wieder hinauf und sammelt sich in der Gallenblase, die einer kleinen, birnenförmigen Tasche ähnelt, deren Wände extrem dehnbar sind. Es lassen sich drei Teile unterscheiden: der Boden, der Körper und der Hals der Gallenblase.
Die Gallenblasenwände bestehen aus glatten Muskelfasern (längs und ringförmig angeordnet). Innen sind die Wände mit einer Schleimhaut ausgekleidet. In der Gallenblase wird die Galle nicht nur gespeichert, sondern vor allem konzentriert. Der neunzigprozentige Wasseranteil, der in der aus der Leber stammenden Galle enthalten ist, wird in der Gallenblase wieder absorbiert – mit anderen Worten: Von dem täglich von der Leber produzierten Liter Galle gelangt nur ein kleiner Teil in den Darm.

Gallenblasenentzündung

Durch Infektion kann eine Gallenblasenentzündung (Cholezystitis) verursacht werden – häufig sind zusätzlich Gallensteine nachweisbar. Die Krankheit kann akut und plötzlich auftreten oder chronisch sein. In beiden Fällen ist die normale Fettverdauung gestört. Die rechte Seite des Oberbauchs schmerzt und ist druckempfindlich. Bei chronischen Infektionen ist dann die Grundfunktion der Gallenblase möglicherweise eingeschränkt – jede Art Fett wird dann schlecht vertragen. Die Gallenblase ist in dieser Situation funktionell nutzlos, kann jedoch immer wieder Beschwerden verursachen. Bei einer chronischen Gallenblasenentzündung gehen übel riechende, blasse und schaumige Stühle ab. Fetthaltige Mahlzeiten führen zu Schmerzen im rechten Oberbauch. Ist der Abfluss der Gallenflüssigkeit aus der Leber behindert, kann Gallefarbstoff in das Blut gelangen und eine Gelbfärbung (Ikterus) der Haut und der Augenbindehaut verursachen – die sogenannte Gelbsucht.

Am häufigsten treten folgende Beschwerden auf: Druckschmerz im rechten Oberbauch (kann bis in die Schulter ausstrahlen), Blähungen, Schweißausbrüche, Erbrechen, Appetitlosigkeit, Übelkeit, allgemeines Krankheitsgefühl, leichte Temperatur, blasser übel riechender Stuhl, Gelbsucht (Ikterus). Liegen entzündliche bakterielle Infektionen der Gallenwege vor, müssen Antibiotika eingesetzt werden.

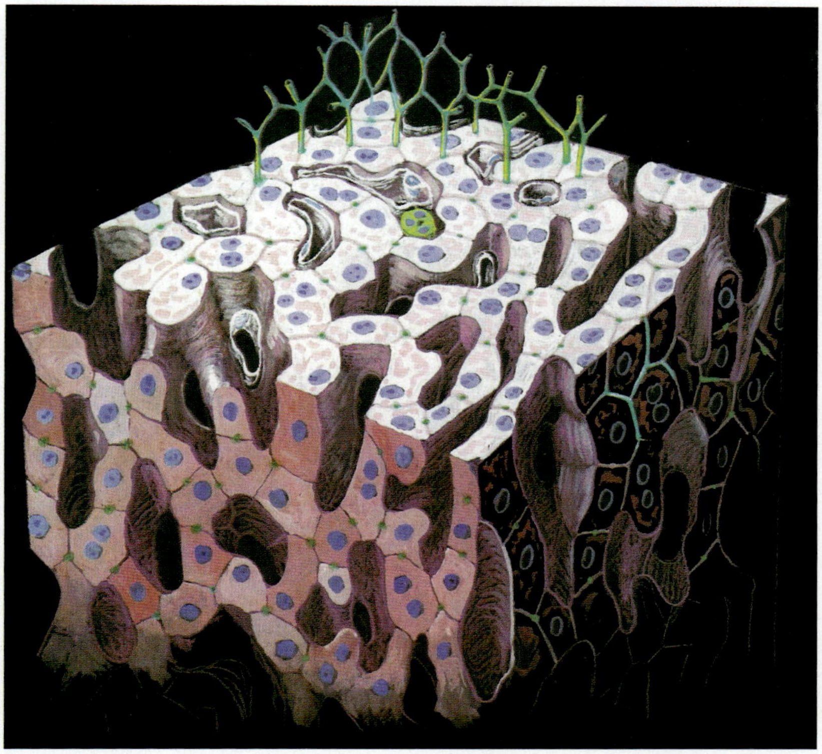

Rekonstruktion des Lebergewebes. Rosa: die Leberzellen; blau: die Kerne der Leberzellen; grün: das System der Gallengänge

Gallenblasenkrebs

Symptomschwacher, meist bösartiger Tumor der Gallenblase. Die Erkrankung tritt bei Frauen fünfmal häufiger auf als bei Männern. Da in 80 % der Fälle Gallensteine gefunden werden, wird angenommen, dass sie die Krebsentstehung fördern. Der bösartige Tumor verursacht anhaltende dumpfe Schmerzen im Bereich der Gallenblase.
Meist ist er von einer leicht erhöhten Temperatur begleitet. Langsame Gewichtsabnahme und eine schwache bis ausgeprägte Gelbsucht deuten auf ein Gallenblasen-Karzinom hin. Zu einer Gelbsucht kommt es nur, wenn die Geschwulst in der Blase den Abfluss der Galle behindert. Da die Gefahr einer Ausdehnung des Tumors in die Leber besteht, ist die operative Entfernung der Gallenblase die einzig mögliche Behandlung.

Innenseite eines der wichtigsten Gallengänge (Ductus choledochus)

Gallensteine

Gallensteine (Cholelithiasis) entstehen durch eine veränderte Zusammensetzung der Gallenflüssigkeit in der Gallenblase. Je nachdem, ob sich die Steine in der Gallenblase oder im Gallengang befinden, sind die Krankheitszeichen und die Behandlung verschieden. Die beiden häufigsten Typen von Gallensteinen sind Cholesterin- und Pigmentsteine.

- Cholesterinsteine entstehen, wenn der Cholesteringehalt der Gallenflüssigkeit so hoch ist, dass Cholesterin auskristallisiert. Diese Gefahr besteht vor allem bei Überernährung, Hypercholesterinämie (zu hohe Cholesterinkonzentration im

Wirkstoffe bei Leber- und Gallebeschwerden

Artischocke
Die Artischocke (Cynara scolymus) ist eine Pflanze aus der Familie der Korbblütler (Asteraceae) und enthält vor allem das Zimtsäure-Derivat Cynarin, das chemisch dem Nervenbotenstoff Dopamin gleicht. Cynarin fördert die rasche Ausscheidung von Gallensäuren und Gallenfarbstoff (Bilirubin) aus dem Blut, aktiviert den Leberstoffwechsel und wirkt entgiftend (fördert die Ammoniak-Ausscheidung).

Boldoblätter
Die getrockneten Blätter des chilenischen Immergrünstrauchs Peumus boldus enthalten ätherisches Öl und ein Apomorphin-Alkaloid (Boldin), das schwach hypnotisch sowie entspannend auf die Darmmuskulatur wirkt und kolikartige Gallebeschwerden günstig beeinflussen kann.

Gelbwurz
Javanische Gelbwurz (Curcuma xanthorrhizae rhizoma) gehört zur Familie der Ingwergewächse (Zingiberaceae) und wurde von den Malayen zur Behandlung von tropischen Leberleiden und malariabedingten Leberschäden benutzt. Gelbwurz enthält vor allem ein antibakteriell wirksames Sesquiterpenphenol (Xanthorrhizol) und antientzündlich wirsames Curcumin. Die Wirkstoffe sind besonders zur Behandlung von entzündlichen Erkrankungen der Gallenwege und der Gallenblase geeignet.

Löwenzahn
Inhaltsstoffe von Kraut und Wurzel des Löwenzahns (Taraxacum officinalis) sind Bioflavonoide, Biotin, Cholin, Mineralstoffe und Spurenelemente, Vitamine, Fett- und Eiweißstoffe sowie Pottasche. Löwenzahn fördert den Gallefluss, die Galleproduktion und die Urinausscheidung und kann Lebererkrankungen und -entzündungen günstig beeinflussen.

Mariendistel
Silymarin ist eine Bezeichnung für Inhaltsstoffe der Früchte der Mariendistel (Silybum marianum), die bei Verdauungsbeschwerden lindernd und bei entzündlichen Lebererkrankungen unterstützend wirksam sein können. Insbesondere eine Knollenblätterpilz-Vergiftung, die die Leber schädigt, kann mit Silymarin behandelt werden.

Pfefferminze
Die Blätter der Pfefferminze (Mentha piperita), ein Lippenblütler (Lamiaceae), enthalten unter anderem ätherisches Öl, Menthol, Menthon, Methylacetat, Tanninsäure, Terpene und Vitamin C. Pfefferminzwirkstoffe wirken entspannend auf die glatte Muskulatur und fördern den Gallefluss. Pfefferminze kann bei krampfartigen Schmerzen in der Gallenblase und den Gallenwegen eingesetzt werden.

Schöllkraut
Schöllkraut (Chelidonium majus) gehört zur Familie der Mohngewächse (Papaveraceae) und enthält hauptsächlich das Alkaloid Chelidonin, das am Magen-Darm-Trakt muskelentkrampfend (spasmolytisch) wirkt. Schöllkraut kann bei Magen- und Darmkoliken eingesetzt werden.

Gallensteine. Nach den möglichen Bestandteilen werden unterschieden:
– Cholesterinsteine; vor allem Cholesterinpigmentsteine, in ca. 10 Prozent reine Cholesterinsteine;
– Pigmentsteine; vor allem Bilirubinsteine oft mit Kalkeinlagerungen;
– Calciumbilirubinatsteine.

Blut), Zuckerkrankheit und in der Schwangerschaft.

- Pigmentsteine enthalten vor allem den Gallenfarbstoff Bilirubin, darüber hinaus Kalzium und Cholesterin. Sie entstehen bei verstärktem Blutabbau (Hämolyse), bei Infektionen der Gallenblase und bei Lebererkrankungen.

Gallensteine kommen sehr häufig vor: Etwa jede vierte Frau und jeder achte Mann hat irgendwann vor dem 60. Lebensjahr Gallensteine. Nur ein Teil der Gallensteinträger hat Beschwerden. Die Art der Beschwerden hängt vom Sitz der Gallensteine ab. Steine in der Gallenblase können zu Oberbauchschmerzen nach dem Essen führen, wenn sich die krankhaft veränderte Gallenblase zusammenzieht, um die Gallenflüssigkeit zu entleeren. Dabei kann ein Gallenstein im Hals der Gallenblase stecken bleiben.

Haben sich Steine im Gallengang gebildet oder festgesetzt, verstopfen sie den Abfluss der Gallenflüssigkeit in den Darm. Es kommt zu Schmerzen im Oberbauch und Fieber. Die gestaute Gallenflüssigkeit tritt ins Blut über, wodurch eine Gelbsucht entstehen kann. Der Urin verfärbt sich bräunlich, der Stuhlgang wird nicht mehr durch die Abbauprodukte des Gallenfarbstoffs gefärbt und sieht lehmhell aus.

Wenn ein Gallenstein im Hals der Gallenblase oder in den Gallenwegen eingeklemmt ist, kann eine heftige Oberbauchkolik entstehen. Die im Verlauf von Minuten oder wenigen Stunden zunehmenden Schmerzen unter dem rechten Rippenbogen strahlen in die rechte Schulter und in den Rücken aus. Sie werden häufig von Erbrechen begleitet und können innerhalb kurzer Zeit wieder verschwinden.

Therapie

- Bei einer Gallenkolik werden in der Regel schnell wirksame Mittel zur Linderung der Oberbauchkrämpfe (Spasmolytika) und starke Schmerzmittel eingesetzt.
- Die operative Entfernung der Gallensteine mitsamt der Gallenblase ist bei regelmäßig auftretenden Koliken und immer bei Auftreten einer Gelbsucht erforderlich.

Das alleinige Entfernen der Steine genügt nicht, da sich in der Gallenblase bald wieder neue Steine bilden würden. Das Fehlen der erkrankten Gallenblase hat im Grunde keine nachteiligen Folgen, im Gegenteil: Speisen, die vor der Operation wegen Unverträglichkeit gemieden wurden, werden anschließend oft wieder vertragen.

Es gibt zwei Varianten der Gallensteinoperation, die offene und die laparoskopische Entfernung der Gallenblase:

- Ein weit unten im Gallengang, kurz vor der Einmündung in den Zwölffingerdarm eingeklemmter Gallenstein kann mithilfe eines Endoskops entfernt werden. Die Mündung des Gallenganges in den Zwölffingerdarm wird sondiert, etwas erweitert und der eingeklemmte Gallenstein mit einem kleinen Körbchen in den Darm hineingezogen.

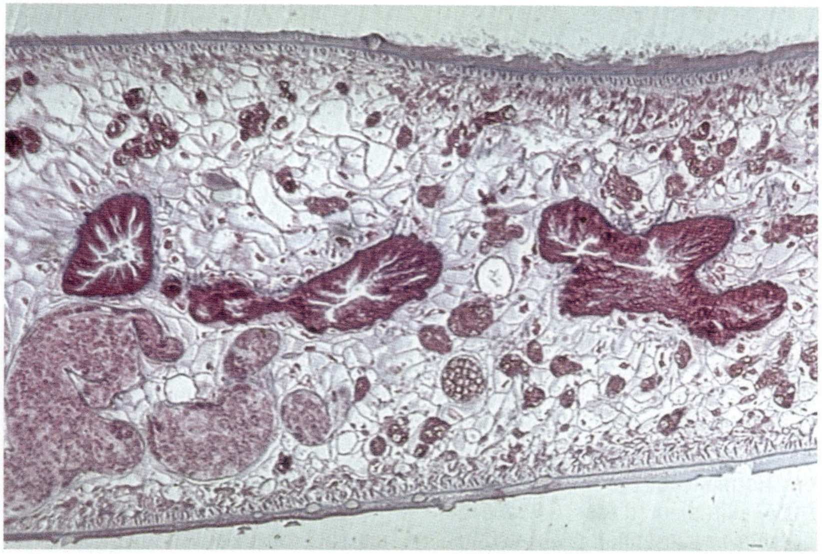

Fasciolata hepatica; Gallengangsparasit bei Säugern und beim Menschen; 2-3 cm lang, 8-13 mm breit; Zwischenwirte sind Süßwasserschnecken

- Die Behandlung der Gallensteine ohne Operation mit Arzneimitteln, die die Steine auflösen sollen (orale Litholyse), oder mithilfe von Geräten, welche die Gallensteine durch Stoßwellen zertrümmern sollen (extrakorporale Stoßwellenlithotripsie), kann nur bei einem kleinen Teil der Gallensteinträger erfolgreich durchgeführt werden. Da bei diesen Verfahren in der Regel ein längerer Behandlungszeitraum erforderlich ist, kommen sie bei Patienten mit häufigen Koliken nicht in Betracht.

Topographie der Leber und der Gallenblase (von unten gesehen).
1 – Leber; 2 – Gallenblase; 3 – Gefäßversorgung der Leber; 4 – Hohlvene (Vena cava inferior).

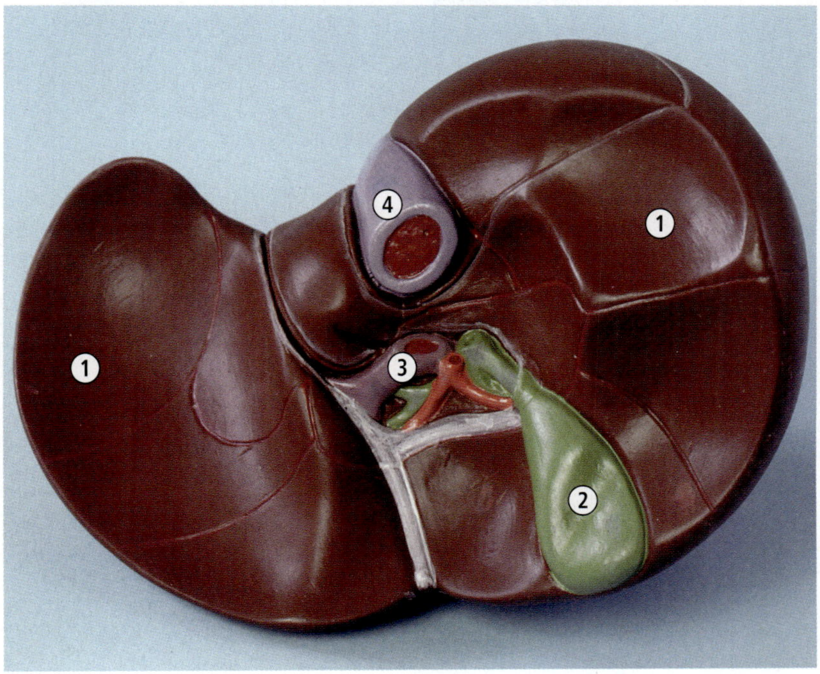

Gebärmuttererkrankungen

Endometriose

Endometriose nennt man das Auftreten von Gewebe der Gebärmutterschleimhaut (*Endometrium*) außerhalb der Gebärmutterhöhle. Die am falschen Ort angesiedelten Zellinseln reagieren auf die Hormone des weiblichen Zyklus. Dabei unterliegt dieses Gewebe den gleichen zyklusabhängigen Veränderungen wie die Gebärmutterschleimhaut selbst, die während der Menstruation zum Teil ausgestoßen wird. Wie die Zellen der Gebärmutterschleimhaut trägt auch die Endometriumzelle Rezeptoren für Östrogene und Progesteron auf ihrer Oberfläche. Deshalb reagiert sie auf die hormonellen Veränderungen während des Monatszyklus. Die Schleimhaut blutet nach 28 Tagen ab, wenn das Ei nicht befruchtet wird – die Frau menstruiert. Aus den Endometrioseherden kann das Blut nicht über die Scheide abfließen, sondern muss sich stattdessen einen Weg ins Körperinnere suchen. Das verursacht Schmerzen.

Ursachen und Entstehung

Die Ursachen dieser Erkrankung sind nicht genau bekannt.

Weibliche Geschlechtsorganre (Seitenansicht).
1 – Schambeinfuge; 2 – Blase; 3 – Harnröhre; 4 – Eierstock; 5 – Eileiter; 6 – Gebärmutter; 7 – Scheide; 8 – Rektum.

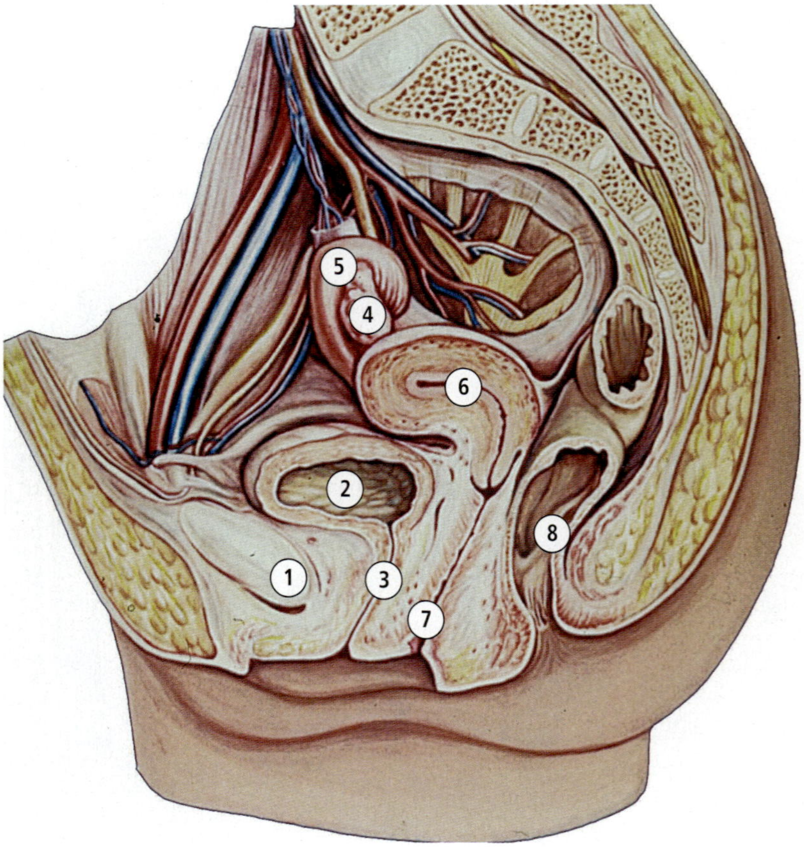

Vermutlich ist sie Folge eines kontinulierlich stattfindenden, krankhaften Wachstums oder Folge einer Verschleppung von menstruell abgestoßener Schleimhaut. Es gibt drei Erklärungsversuche für die Entstehung:

■ *Transplantationstheorie*
Die Theorie geht davon aus, dass Zellen der Gebärmutterschleimhaut rückwärts durch die Eileiter in das kleine Becken fließen, wo sie sich einnisten. Endometrioseherde außerhalb des Bauchraums können durch Verschleppung der Zellen über Lymph- und Blutgefäße entstehen.

■ *Metaplasie-Theorie*
Die Theorie der Metaplasie (Zellumwandlung) geht davon aus, dass embryonal noch undifferenzierte Zellen sich zu endometrialem Gewebe entwickeln können, wenn sie durch Infektionen oder ein hormonelles Ungleichgewicht wiederholt in ihrer Entwicklung gestört werden.

■ *Immunologische Theorie*
Wissenschaftler diskutieren auch, ob die verschleppten Zellen nur dann in andere Organe einwachsen, wenn das Immunsystem gestört ist. Diese Theorie geht davon aus, dass fehlerhaft arbeitende Abwehrzellen und Antikörper verantwortlich dafür sind, dass sich Endometriumzellen außerhalb der Gebärmutter festsetzen.

Symptome

Bemerkbar macht sich eine Endometriose durch das Auftreten von Schmerzen im Rhythmus der monatlichen Periode.
Wichtige Symptome sind:
- Menstruationszyklusstörungen mit starken Schmerzen von zunehmender Intensität;
- bei Verwachsungen eventuell Dauerschmerzen;
- Kreuzschmerzen;
- Schmerzen beim Geschlechtsverkehr.

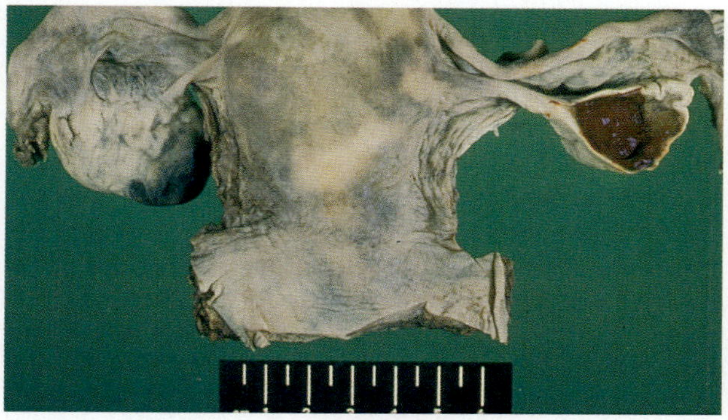

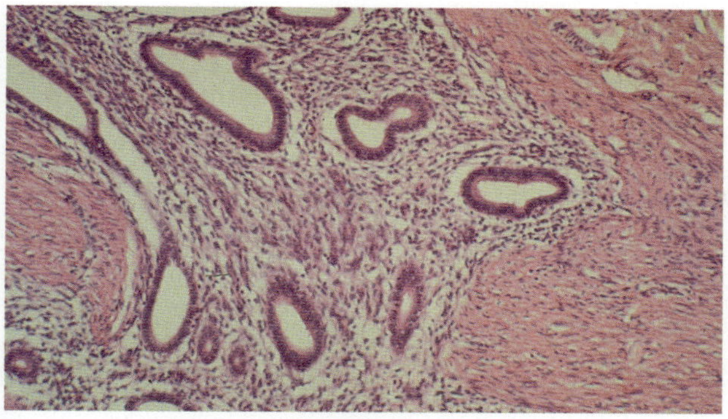

Endometriose: Vorkommen von endometriumähnlichem Gewebe außerhalb der Schleimhautbekleidung der Uterushöhle. Links: Ovarium; rechts: Sigmoid.

Meist beginnen die Qualen ein oder zwei Tage vor der Monatsblutung, können länger anhalten und sogar chronisch werden. Drei von vier Frauen, die ständig oder wiederkehrend über Unterleibsschmerzen klagen, haben Endometriose.

Beinahe jede siebte Frau vor den Wechseljahren hat eine Endometriose. Jede Zweite davon bekommt dadurch heftige Bauchschmerzen. Lösen die inneren Blutungen eine Dauerentzündung aus, können sie auch unabhängig vom Monatszyklus auftreten.

Eierstöcke, Dickdarm und Gebärmutter können miteinander verkleben und verwachsen. Bestimmte Bewegungen, beispielsweise beim Geschlechtsverkehr, sind dann besonders unangenehm. Befindet sich die Endometriose an Blase oder Darm, wird möglicherweise jeder Toilettengang zur Tortur. Häufig führt die Krankheit auch zur Unfruchtbarkeit.

Behandlung

Die Behandlung hängt von den Symptomen und vom Alter der Frau, einer eventuell geplanten Schwangerschaft sowie vom Ausmaß der Erkrankung ab. Die Aktivität der Eierstöcke lässt sich medikamentös unterdrücken. Dadurch wird das Wachstum des falsch angesiedelten Gewebes gehemmt; Blutungen und Schmerzen verringern sich.

Als Arzneimittel kommen Östrogen-Gestagen-Präparate, Gestagene (zum Beispiel Lynestrenol, Medroxyprogesteron), Danazol (ein Antigonadotropin) und GnRH-Analoga (zum Beispiel Goserelin, Leuprorelin) infrage. GnRH-Analoge wirken wie natürliches Gonadotropin-Releasing-Hormon, nur stärker und länger. Sie verhindern das Signal des Gehirns an die Eierstöcke, Östrogen und Progesteron auszuschütteln, wodurch die Produktion dieser Hormone zurückgeht.

Die Schmerzen können durch nichtsteroidale Entzündungshemmer (zum Beispiel Azetylsalizylsäure, Celecoxib, Valdecoxib, Diclofenac, Ketoprofen, Naproxen) gelindert werden. Bei anhaltenden Schmerzen kommt eine chirurgische Entfernung des versprengten Gewebes in Betracht. Häufig geschieht das bereits während der laparoskopischen Untersuchung. Bei mäßiger bis schwerer Endometriose ist vielleicht eine größere Operation mit Bauchschnitt erforderlich.

Alternative Heilmethoden können die Behandlung unterstützen. Yoga, autogenes Training oder Qigong ermöglichen Entspannung trotz starker Schmerzen. Therapeuten aus der traditionellen chinesischen Medizin berichten von Erfolgen mit Akupunktur und Kräutern.

Myome

Ein Myom ist ein gutartiger Tumor (kein Krebs), der aus Muskel- und Bindegewebefasern besteht. Myome werden auch als Fibroide, Fibromyome, Fibrome, Myofibrome und Leiomyome bezeich-

Formen der Endometriose

Je nach Lage der deplatzierten Zellen unterscheiden Experten drei verschiedene Formen der Erkrankung:

- Innere genitale Endometriose
  Bei dieser Form sind die Endometrioseherde an Stellen, die mit der Gebärmutterschleimhaut in Verbindung stehen, zum Beispiel in der Muskulatur der Gabärmutter oder in den Eileitern.
- Äußere genitale Endometriose
  Die Endometrioseinseln befinden sich im Bereich der weiblichen Genitalien, jedoch gibt es keine direkte Verbindung zur Gebärmutterschleimhaut. Häufig betroffen sind die Eierstöcke oder der Douglas-Raum. Auch die Außenseite der Gebärmutter, der sie stützende Bandapparat oder die Scheide können betroffen sein.
- Extragenitale Endometriose
  In seltenen Fällen tritt Endometriosegewebe außerhalb des Genitalbereiches auf, beispielsweise in der Blase, im Dick- oder Dünndarm. Vereinzelt kommen Herde an der Bauchhaut oder in der Lunge vor.

Wichtige Fragen und Antworten zu Gebärmuttererkrankungen

Was sind Gebärmuttermyome?
Myome sind gutartige Geschwülste, die aus Muskelgewebe bestehen. Sie stellen gewöhnlich rundliche, derbe Knoten dar.

Wie häufig finden sich Myome?
Ungefähr 25 Prozent aller Frauen haben Gebärmuttermyome. Diese Gewächse bleiben in der Mehrzahl symptomlos und bedürfen keiner Behandlung.

Woran merkt eine Frau, dass sie ein Myom hat?
Sie merkt es nur, wenn die Myome Beschwerden hervorrufen. Wenn Myome größer werden, können sie beispielsweise auf Nachbarorgane wie Blase und Darm drücken und dort Schmerzen oder andere Störungen auslösen. Häufig sind Myome auch die Ursache für starke, unregelmäßige Blutungen.

Warum können Myome Blutungen auslösen?
Das betrifft meist solche Myome, die in der Gebärmutterhöhle oder innerhalb der Gebärmutterwand wachsen. Dadurch verändert sich die Schleimhaut, ihre Oberfläche vergrößert sich, Blutungen entstehen.

Gibt es noch andere Symptome?
Ja. Myome können dafür verantwortlich sein, dass eine Frau nicht schwanger wird, obwohl sie es möchte.
Auf der anderen Seite ist es möglich, dass Myome in der Gebärmutterhöhle die Funktion einer Spirale beeinträchtigen. Frauen können also trotz Spirale schwanger werden. Deshalb sollte ein Frauenarzt in diesen Fällen immer an Myome denken.

Müssen Myome immer operiert werden?
Nein. Myome sollte man nur operativ entfernen, wenn sie schnell wachsen und rasch größer werden oder wenn sie Beschwerden hervorrufen.

Muss dazu die ganze Gebärmutter herausgenommen werden?
Ebenfalls nein. Das ist ein ganz wichtiger Punkt. Leider hat sich diese Erkenntnis noch viel zu wenig durchgesetzt. 98 Prozent aller Myome kann man mithilfe moderner Operationsverfahren entfernen, ohne die Gebärmutter herauszunehmen. Das bringt der Patientin viele Vorteile.

Welche Vorteile sind das?
Der Beckenboden bleibt intakt. Er besteht aus Muskeln und starkem Bindegewebe und hält dem Druck aller Organe des Bauchraums stand.
Jede Entfernung der Gebärmutter zerstört wichtige Strukturen im Beckenboden, Blutgefäße, Nerven, Verbindungen zu Blase und Darm werden gekappt.
Es kann in der Folge zu Senkungsprobleme, Stimmungsschwankungen oder Depressionen kommen.

Was ist eine Endometriose?
Eine Erkrankung, bei der sich Zellen der Gebärmutterschleimhaut – Endometriumzellen – an Stellen finden, wo sie nicht hingehören. Sie können tief in der Gebärmutterwand, an der Außenhülle der Gebärmutter, an Eileitern, Eierstöcken, Scheide, Gebärmutterbändern, Darm, Harnblase oder andernorts in der Bauchhöhle angetroffen werden.

Wie können diese Endometriumzellen in ihrer abnormen Lage existieren?
Sie pflanzen sich auf der Oberfläche anderer Organe ein und bilden kleine Zellnester. Oft bilden sie Zysten, die eine Flüssigkeit von schokoladenartigen Aussehen enthalten.

Welche krankhaften Veränderungen werden von diesen Endometriumnestern hervorgerufen?
Sie können feste Verwachsungen zwischen den Eileitern und Eierstöcken oder Harnblase, dem Darm oder der Gebärmutter verursachen. Sie können Zysten bilden, die sich unter Umständen um ihren Stiel drehen und platzen und damit Erscheinungen einer akuten schmerzhaften Baucherkrankung auslösen.

Funktionieren diese Endometriumzellnester wie normale Gebärmutterschleimhautzellen?
Ja. Vor jeder Monatsblutung kommt es zur Vergrößerung und Blutanschoppung und gleichzeitig mit der Menstruation zur Blutung.

Welche Krankheitserscheinungen können bei einer Endometriose vorkommen?
- Manchmal erzeugt sie überhaupt keine Symptome und ist ein Zufallsbefund bei einer Operation aus anderen Gründen.
- Vor und während der Menstruation können starke Schmerzen auftreten.
- Die Entleerung von Harn und Stuhl oder der Geschlechtsverkehr sind oft sehr schmerzhaft.
- Die Monatsblutung kann erheblich verstärkt sein.
- Unfruchtbarkeit ist eine häufige Komplikation einer ausgedehnten Endometriose.

net. Das Gebärmuttermyom ist der häufigste gutartige Tumor der weiblichen Sexualorgane. Das Myom tritt fast ausschließlich im fruchtbaren Alter, vorwiegend zwischen 35 und 50 Jahren, und bei Frauen die nicht oder noch nicht geboren haben auf.

Die Krankheit beginnt mit kleinen Knötchen, die sehr langsam wachsen. Diese befinden sich fast immer im Uteruskörper (in 95 Prozent der Fälle); viel seltener treten sie im Gebärmutterhals auf.

Arten der Myome

Entsprechend ihrem Sitz in oder an der Gebärmutterwand unterscheidet man verschiedene Arten:

- Befinden sich die Knötchen in der Muskelwand, so spricht man von einem intramuralen Myom (dies ist der häufigste Fall);
- liegen sie unter der Schleimhaut, spricht man von einem submukösen Myom;
- wenn sie sich schließlich unter dem Bauchfell (das die äußere Oberfläche der Gebärmutter auskleidet) befinden, nennt man dies subseröses Myom.

Sowohl das submuköse wie auch das subseröse Myom kann nach einer gewissen Zeit immer weiter in Richtung der äußeren Oberfläche der Gebärmutter oder in die Höhle reichen und ist nur durch einen dünnen Stiel mit dem Organ verbunden: in diesem Fall spricht man von einem Pendukulusmyom. Wenn sich ein Knoten zwischen den beiden Blättern des Ligamentum (Band, das von den Seitenkanten des Uterus zur seitlichen Beckenwand reicht) befindet, spricht man vom intraligamentären Myom.

Entstehung und Entwicklung

Während seiner langsamen Entwicklung verändert das Myom die Form der Gebärmutter. Dabei handelt es sich um ein sehr wichtiges Symptom, das gemeinsam mit den anderen eine Diagnose erleichtert. Das Volumen des Myoms ist, wie man durch die gynäkologische Untersuchung oder am Operationstisch feststellen kann, sehr unterschiedlich. Das hängt vor allem vom Alter des Knötchens ab: je älter es ist, desto größer ist es, und umso mehr ist die Gebärmutter verformt. Manchmal kann das Knötchen eine beachtliche Größe erlangen. Genauso variiert das Aussehen je nach Alter: junge Myome sind rötlich gefärbt und etwas härter als die umliegende Muskulatur.

Mit der Zeit wird ein Teil des Muskelgewebes, aus dem sie gebildet sind, zerstört und durch Bindegewebe ersetzt, das der Geschwulst eine perlmuttartige Farbe und eine viel festere Konsistenz verleiht.

Betrachtet man das Myom unter dem Mikroskop, sieht man glatte Muskelzellen, die eng miteinander verflochten sind. An diese schließen die Bindegewebszellen an, die die zerstörten Muskelzellen allmählich ersetzen.

Warum ein Myom entsteht, ist noch nicht geklärt. Es sind aber einige der Nebenursachen festgestellt worden, die seine Entwicklung begünstigen. In erster Linie ist bewiesen, dass eine gewisse Anfälligkeit erblich bedingt ist. Weiteren besteht vermutlich eine Verbindung zwischen Myom und übermäßiger Östrogenproduktion bzw. allgemeiner Unausgeglichenheit des Hormonhaushaltes der Ovarien. Diese Hypothese wird durch die Tatsache bestätigt, dass der Tumor oft mit dem Eintritt der Menopause zurückgeht, also zu dem Zeitpunkt, wenn die Ovarien keine Hormone mehr produzieren.

Symptome

Da sich das Myom sehr langsam entwickelt, kann es lange Zeit unbemerkt bleiben. Auch die Symptome treten erst allmählich und sehr langsam auf. Die offensichtlichen und häufigsten sind Menstruationsstörungen: Die Monatsblutungen sind häufiger und verlängern sich um acht bis zehn Tage. Außerdem sind die Blutungen außergewöhnlich stark.

Wenn das Myom schon sehr groß ist, kann es die naheliegenden Organe zusammendrücken:

- die Blase (das Harnlassen wird verschwert);
- die Gedärme (es komt zu Verstopfung);
- die Beckenvenen (es treten Schwellungen und Krampfadern an den unteren Gliedmaßen auf);
- die Nervenstränge des Plexus sacralis (Kreuzflecht), wodruch es zu Neuralgien kommt.

Nach der Menopause hält das Wachstum des Myoms an und die Symptome gehen zumindest teilweise zurück.

Behandlung

Die Behandlung erfolgt meist medikamentös und/oder chirurgisch. Bei Frauen über dem 40. Lebensjahr ist eine medikamantöse Behandlung meist ausreichend. Die besten Resultate werden mit einer Operation erzielt: Dabei wird das Myom entweder allein entfernt oder, wenn das nicht möglich ist, gemeinsam mit der Gebärmutter.

Die Myolyse ist eine Behandlungsform, welche die Myome eher zerstört als entfernt. Dabei wird im Rahmen einer Laparoskopie eine Nadel, die elektrischen Strom überträgt, in das Myom geschoben. Der Strom zerstört den Kernbereich des Myoms und leitet einen Schrumpfprozess ein.

Endometritis

Endometritis ist eine Entzündung der Gebärmutterschleimhaut, die durch eine Entzündung des Muttermundes oder durch eine Entzündung der Eierstöcke hervorgerufen werden, wenn sich die Erreger entweder nach „oben" oder nach „unten" ausbreiten. Eine alleinige Entzündung der Gebärmutterschleimhaut ist recht selten, da sie bei Frauen im gebärfähigen Alter regelmäßig während der Menstruation abgestoßen wird. Dabei werden kleine entzündliche Herde ausgetrieben, sodass eine Ausdehnung von entzündlichen Prozessen in der Regel nicht stattfinden kann. Zu einer Ausbreitung der Erreger aus anderen entzündlichen Gebieten kommt es meistens durch einen Mangel an Hormonen, denn dadurch kommt es zu einer Einschränkung der Aktivität der Döderleinbakterien und somit zu einer Verschiebung der Scheiden-pH. Unter solchen Umständen kann es leicht zum Eindringen von Bakterien in den Genitaltrakt und somit zu einer Entzündung kommen. Eine Endometritis ist außerdem häufig eine Begleiterkrankung von Gebärmuttertumoren.

Gebärmutterkrebs

Alle weiblichen Geschlechtsorgane können an Krebs erkranken – Vulva, Scheide, Gebärmutterhals, Gebärmutterkörper. Eileiter und Eierstöcke. Ein gynäkologisches Karzinom kann direkt in umliegende Gewebe und Organe einwachsen und sich über Lymphgefäße Lymphknoten und Blutgefäße in entfernte Teile des Körpers verbreiten.

Es gibt zwei Arten von Tumoren der Gebärmutter: solche des Gebärmutterhalses und solche des Gebärmutterkörpers.

Eine genaue Bestimmung der Häufigkeit ist allerdings sehr schwierig durchzuführen, da der Krebs bei lebenden Personen nicht immer entdeckt wird. Auch das Autoposiematerial ist nicht ausreichend dokumentiert, da es sich oft um sehr alte Personen handelt und die Geschlechtsorgane sich bereits zurückgebildet haben.

Gebärmutterkörperkrebs: mikroskopische Aufnahme der bösartigen Zellen

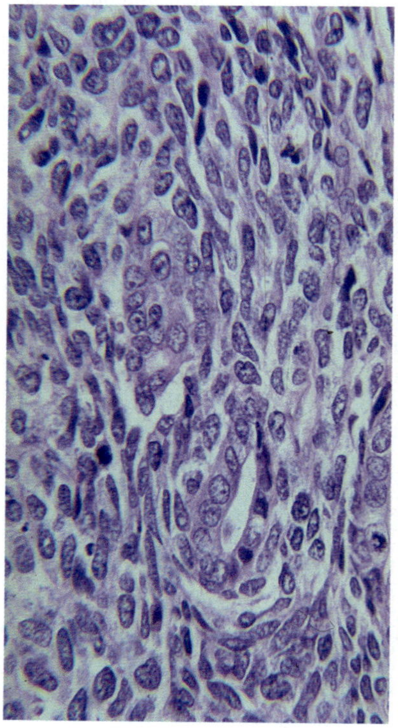

Gebärmutterhalskrebs

Gebärmutterhalstumoren treten in jedem Lebensalter auf und können bei regelmäßigen gynäkologischen Früherkennungsuntersuchungen frühzeitig entdeckt werden.

Ursachen

Auslöser des Gebärmutterhalskrebs ist fast immer eine Infektion mit humanen Papilloma-Virus (HPV), die durch Sexualkontakte übertragen werden. Oft bemerken die Betroffenen gar nichts von ihrer Infektion, trotzdem können die Erreger Jahre später Krebs auslösen. HPV sind auch für die Entstehung von Genitalwarzen verantwortlich. Die neue Impfstoff, dessen Zulassung in der EU bereits beantragt ist, bot in klinischen Studien den behandelten Frauen nahezu 100-prozentigen Schutz.

Aus einem an sich harmlosen Protein der Viren entwickelt, löst er die Produktion von Antikörpern aus. Diese binden sich bei einer Infektion mit HPV an die Viren. So wird verhindert, dass die Viren ihr genetisches Material in die Schleimhautzellen einschleusen und dort bösartiges Zellwachstum auslösen.

Symptome

Der Krebs des Gebärmutterhalses zeigt in seiner Anfangsphase nur sehr selten und sehr uncharakteristische Symptome. Aus diesem Grund kann eine Diagnose nur durch Laboruntersuchungen rechtzeitig (also in einer noch heilbaren Phase) erstellt werden.

Zu Beginn treten seröse oder seromuköse Ausflüsse auf, die allmählich stärker werden und eine rötliche Farbe enthalten. Nach einigen Monaten treten schließlich wirkliche, aber geringfügige Blutungen auf. Sie entsprechen nicht den monatlichen Regelblutungen und treten nach Gabärmutterhalskontraktionen jeglicher Art (Geschlechtsverkehr, vaginale Untersuchungen, Scheidenspülungen) oder als Folge von körperlicher Anstrengung auf.

Diagnose

Im Anfangsstadium ist der Krebs des Gebärmutterhalses eine heilbare Krank-

Risikofaktoren für Gebärmutterkörperkrebs

Zu den Risikofaktoren für Gebärmutterkörperkrebs zählen:

- Alter: Die Anfälligkeit für das Karzinom steigert sich nach dem 50. und geht nach dem 70. Lebensjahr wieder zurück.
- Schwangerschaften: Die Anfälligkeit ist höher bei Frauen, die nicht geboren haben.
- Menarche (frühes Einsetzen der Menstruation): Die Anfälligkeit ist höher bei Frauen mit frühzeitiger Menarche (vor dem 10. Lebensjahr).
- Menopause (spätes Einsetzen der Wechseljahre): Ein Auftreten des Tumors nach der Menopause ist fast auszuschließen. Der Krebs ist häufiger bei Frauen mit verspäteter Menopause.
- Stoffwechselsyndrome: Der Krebs tritt häufig in Begleitung mit Diabetes, Fettsucht (erbliches Übergewicht) auf.
- Vorangegangene Strahlentherapie im Beckenraum.
- Syndrom der polyzystischen Ovarien.
- Östrogenbehandlung ohne Gestagenzusatz.

heit; die Früherkennung ist überaus wichtig. Obwohl die Symptome zu Beginn nicht ausgeprägt sind, kann man durch einige Laboruntersuchungen (Pap-Test, Vaginalabstrich) den Krebs auch im Anfangsstadium erkennen.
Die Tumorzellen haben von Beginn an eine starke Tendenz, sich von der Masse loszulösen und sich mit anderen Zellen zu vermischen. Nimmt man eine Probe des Vaginalsekrets, streicht diese auf das Glas eines Mikroskops und versieht sie gleichzeitig mit einer Farbe, so kann man unter den normalen Zellen auch Zellen mit monstruösem Aussehen, das für die Tumorzellen typisch ist, erkennen.

Behandlung
Wenn möglich, werden Tumoren des Gebärmutterhalses operiert. Ist eine Operation aufgrund der Tumorausdehnung nicht erfolgversprechend, so bietet die alleinige Strahlentherapie noch eine realistische Heilungschance. Dies gilt auch für Patientinnen, bei denen aus allgemein-medizinischen Gründen eine Narkose oder Operation nicht möglich ist.

Gebärmutterkörperkrebs

Tumoren der Gebärmutterkörpers sind meist Erkrankungen des fortgeschrittenen Lebensalters; zwei Drittel der betroffenen Frauen haben die Wechseljahre bereits hinter sich. Der Gebärmutterkörperkrebs ist der gynäkologische Tumor mit der besten Prognose, obwohl die Häufigkeit in den letzten vier Dekaden in vielen Ländern stark gestiegen ist.

Ursachen
Eine Ursache für den Gebärmutterkörperkrebs liegt in Veränderungen des Hormonhaushalts, zu denen sich allmählich auch konstitutionelle und stoffwechselbedingte Faktoren gesellen. Das klassische Bild einer Patientin mit Gebärmutterkörperkrebs ist jenes einer Frau postmenopausal, stark übergewichtig, mit Hängebauch, Diabetikerin, Nullipara (hat nicht geboren), frühzeitige Menarchie und verspätete Menopause.

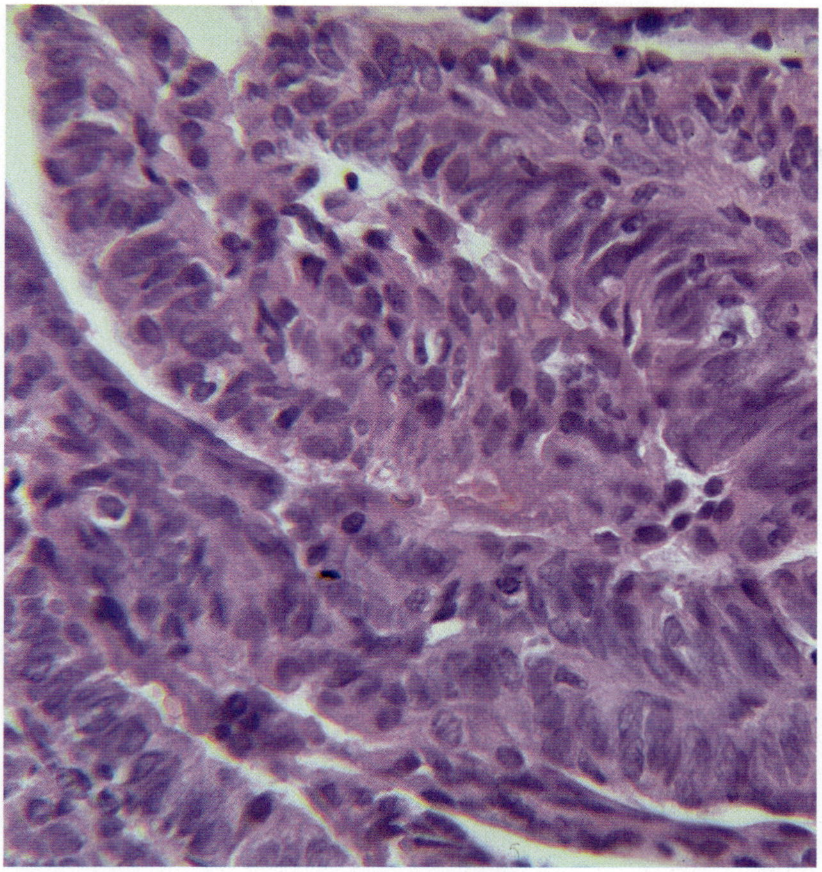

Gebärmutterkörperkrebs: mikroskopische Aufnahme der Krebszellen

Risikofaktoren für Gebärmutterhalskrebs

- Bedeutende Faktoren
  - Papilloma-Virus-Infektion (HPV)
  - Alter: Die Häufigkeit des invasiven Karzinoms erhöht sich nach dem 30.Lebensjahr, erreicht ihren Höhepunkt zwischen 40 und 50 Jahren und geht dann zurück.
  - Schwangerschaften: Die Häufigkeit des invasiven Karzinoms steigert sich mit der Anzahl der Schwangerschaften.
  - Zeitpunkt des ersten Geschlechtsverkehr: Die Häufigkeit des invasiven Karzinoms ist größer bei Frauen mit einem frühzeitig begonnenen Sexualleben.
  - Beschneidigung: Die Häufigkeit des Karzinoms ist größer bei Frauen mit nichtbeschnittenen Partnern.
  - Präkanzeröse Läsionen: Eine Verformung bzw. Zonen einer Gewebe oder Organverlagerung können die Bildung eines Karzinoms begünstigen.

- Unbedeutende Faktoren
  - Sozioökonomischer Status
  - Intrauterine Empfängnisverhütung
  - Hormonelle Empfängnisverhütung
  - Trichomonas und Chlamydia Infektionen

Wichtige Fragen und Antworten zum Gebärmutterkörperkrebs

Wie häufig ist der Krebs des Gebärmutterkörpers?
Der Krebs des Gebärmutterkörpers, oder besser der Gebärmutterhöhle, das sogenannte Korpuskarzinom, ist der zweithäufigste Krebs des weiblichen Geschlechtstrakts.

Welche Rolle spielt Östrogen bei Gebärmutterkörperkrebs?
Östrogen fördert das Gewebewachstum und eine rasche Zellteilung in der Gebärmutterschleimhaut. Da der Östrogenspiegel in bestimmten Phasen des Menstruationszyklus steigt, kann das Risiko für Gebärmutterkrebs steigen, wenn eine Frau viele Menstruationen erlebt hat.
Tamoxifen wird zur Brustkrebsbehandlung eingesetzt. In der Brust blockiert es die Wirkung von Östrogen, in der Gebärmutter hingegen wirkt es wie Östrogen. Daher kann dieser Wirkstoff das Risiko für einen Krebs der Gebärmutterschleimhaut erhöhen.

Was ist der Unterschied zwischen einem Karzinom und einem Sarkom des Gebärmutterkörpers?
Das Karzinom geht von der Gebärmutterschleimhaut aus, während das Sarkom, eine ebenso bösartige Geschwulst, seinen Ursprung in der Muskelschicht der Gebärmutter hat.

Was bedeutet Stadium 2 oder 3 bei Gebärmutterkörperkrebs?
Stadium 2 bedeutet: Ausbreitung des Krebses auf den Gebärmutterhals; Stadium 3 bedeutet: Ausbreitung auf umliegendes Gewebe, aber noch auf das Becken begrenzt.

Wie wird der Gebärmutterkörperkrebs diagnostiziert?
Mit einer diagnostischen Kürretage. Jede Blutung bei einer Frau nach der Menopause muss als verdächtig angesehen und mit einer Kürettage zum Ausschluss eines Krebses geklärt werden.

Ist es möglich, einem Gebärmutterkörperkrebs vorzubeugen?
Er kann nicht verhütet werden, aber er kann früher entdeckt werden, wenn die Frau den Arzt umgehend aufsucht, sobald sie eine abnorme Blutung aus der Scheide bemerkt.

Welche Art der Hysterektomie unterscheidet der Gynäkologe?
- Bei der subtotalen Hysterektomie wird der obere Teil der Gebärmutter ohne den Gebärmutterhals entfernt. Eileiter und Eierstöcke können belassen werden.
- Bei der totalen Hysterektomie wird die gesamte Gebärmutter einschließlich der Zervix (Gebärmutterhals) entfernt.
- Bei der radikalen Hysterektomie werden neben der gesamten Gebärmutter auch das umliegende Gewebe, die Bänder und die Lymphknoten herausgenommen. Eileiter und Eierstöcke werden bei Frauen über 45 oft mit entfernt.

Symptome
Die ersten Symptome treten viel früher auf als beim Gebärmutterhalskrebs. Dadurch werden die Patientinnen rechtzeitig alarmiert, und in vielen Fällen wird ein rascher Eingriff möglich. In 80 Prozent der Fälle ist das erste Symptom das Auftreten von Blutungen. Weil dieser Tumor in erster Linie Frauen nach dem Klimakterium befällt, ist dieses Symptom noch anfälliger. Ein weiteres frühzeitiges Symptom sind seröse Ausflüsse, die später rötlich bis rot gefärbt sind, weil Blutmengen im Ausfluss enthalten sind. Diese Symptome sind nicht nur für ein Gebärmutterkörperkarzinom typisch, sie können auch durch andere Krankheiten verursacht werden. Größere Bedeutung haben die Symptome, die der Arzt im Laufe der gynäkologischen Untersuchung feststellen kann.

Behandlung
Die Therapie der ersten Wahl ist auch hier, wie bei Gebärmutterhalskrebs, die Operation. Bei Tumoren, die eine bestimmte Größe überschritten haben, kann eine Nachbestrahlung sinnvoll sein.
Ist eine Operation wegen der Tumorausdehnung oder aufgrund des Allgemeinzustandes nicht möglich, so kann auch eine alleinige Bestrahlung ähnlich günstige Heilungsaussichten bieten wie die Operation.

■ *Bestrahlung*
Das Bestrahlungsfeld umfasst nicht nur die Tumorregion selbst, sondern auch das Lymphabflussgebiet. Es muss deshalb das gesamte kleine Becken bestrahlt werden.
Bei alleiniger Bestrahlung kann eine Kombination aus Bestrahlung von außen, und Nachladetherapie (*Afterloading*) zur Anwendung kommen.
Bei der Bestrahlung von innen wird eine Metallhülse in den Gebärmutterhals eingebracht. Nachdem deren Position mittels Durchleuchtung kontrolliert wurde, wird eine Strahlenquelle für einen genau berechneten Zeitraum in die Hülse eingefahren.
Diese Quelle strahlt nur über eine sehr kurze Entfernung, sodass eine hohe Dosis am Tumor – bei geringer

Test Gebärmutterkrebs

Je früher eine Krankheit entdeckt wird, desto größer sind die Chancen, ihr beizukommen. Mit einfachen medizinischen Untersuchungen lassen sich zum Beispiel Herz-Kreislauf-Erkrankungen, Diabetes oder gewisse Krebsarten diagnostizieren. Zögern Sie also nicht, Iheren Arzt aufzusuchen – er wird mit Ihnen zusammen den für Sie geeigneten Test bestimmen. Sollte dieser positiv ausfallen, wird der Hausarzt das Resultat vielleicht durch weitere Untersuchungen absichern oder mit Spezialisten absprechen, welche Behandlungsmethoden in Frage kommen.

■ Wer ist besonders gefährdet?
Alle Frauen zwischen zwanzig und siebzig Jahren.

■ Warum?
Zwar haben die regelmäßigen gynäkologischen Vorsorgeuntersuchungen, wie sie seit 1971 üblich sind, die Zahl der neuen Fällen auf jährlich 12.000 reduziert (Gebärmutterhals rund 4000 Fälle pro Jahr, ganze Gebärmutter etwa 8000 pro Jahr). Doch ist diese Zahl immer noch viel zu hoch, da es heute möglich ist das Zervikalkarzinom frühzeitig zu erkennen und zu behandeln.

■ Was und wie wird untersucht?
Alljährlicher Vaginalabstrich. Man geht allerdings davon aus, dass ein Abstrich alle drei Jahre genügt, wenn er vorher zwei oder drei Jahre hintereinander normal ausgefallen ist.

■ Wenn der Befund positiv ist
Je nach Fall wird der Arzt sich für eine Kolposkopie oder eine Gewebeentnahme entscheiden. Gewebeveränderungen kann man leicht mit Laser oder mittels Knipsbiopsie (Entfernung eines kleinen Teils des Gebärmutterhalses) behandeln.

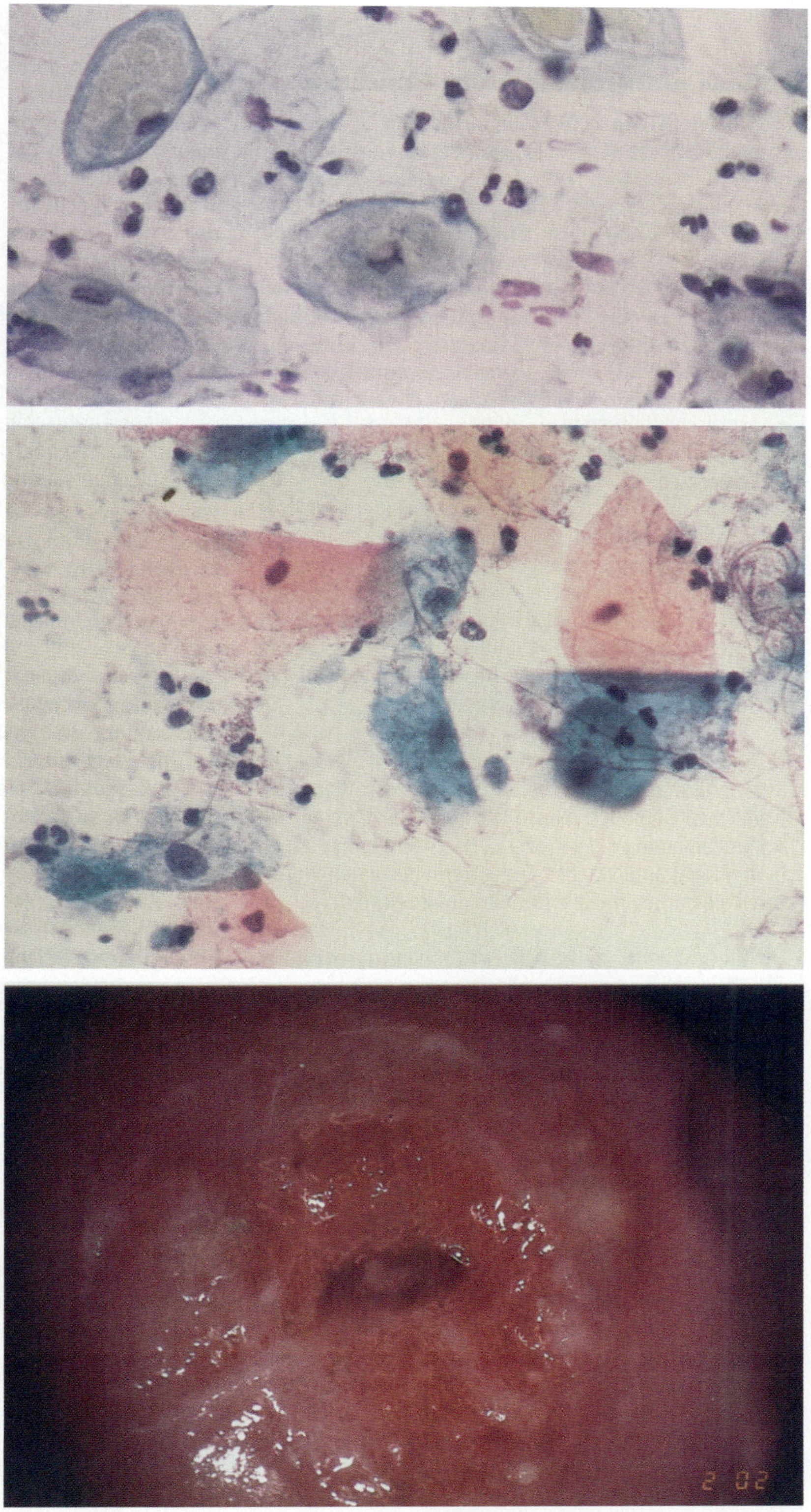

Gebärmutterkörperkrebs: Bei Verdacht auf ein Gebärmutterkarzinom oder bei auffälligem Pap-Test (oben und Mitte) wird eine Endometriumbiopsie durchgeführt. Damit kann Krebs in der Gebärmutterschleimhaut zumeist diagnostiziert werden.
Unten: normale Zervix.

Wichtige Fragen und Antworten zum Gebärmutterhalskrebs

Wie definiert man Gebärmutterhalskrebs oder Zervixkarzinom?
Bösartige Geschwulst im Bereich des Gebärmutterhalses an der Grenze zwischen Platten- und Zylinderepithel (Transformationszone).

Welche Symptome kann die Frau bei Gebärmutterhalskrebs beobachten?
Wichtige Symptome sind:
- fleischwasserfarbener Ausfluss
- azyklische Blutungen
- Kontaktblutungen
- Schmerzen

Im Frühstadium bleibt Gebärmutterhalskrebs gewöhnlich symptomfrei. Es können Schmier- und Zwischenblutungen auftreten, Blutungen nach dem Verkehr und ungewöhnlich starke Perioden.
In späteren Stadien sind solche Blutungen häufig. Andere Symptome sind Schmerzen im Bereich des Beckens und der Lendenwirbelsäule und ein Abschwellen der Beine. Die Harnwege können blockiert werden.

Wie häufig kommt Gebärmutterhalskrebs vor?
Der Gebärmutterhalskrebs ist das häufigste Karzinom des weiblichen Genitales; meist Plattenepithelkarzinom, seltener Adenokarzinom (5–15 Prozent), das nach außen oder innen in den Halskanal wächst. Frühe Veränderungen werden als zervikale intraepitheliale Neoplasien bezeichnet.

Im welchem Alter wird der Gebärmutterhalskrebs gewöhnlich angetroffen?
Er kann in jedem Alter auftreten, wird aber am häufigsten bei Frauen zwischen 30 und 60 Jahren beobachtet.

Was bedeutet Stadium 2 oder 3 bei Gebärmutterhalskrebs?
Stadium 2 bedeutet: Ausbreitung des Krebses auf umliegendes Gewebes, aber noch auf das Becken begrenzt. Stadium 3 bedeutet: Ausbreitung außerhalb der Beckens, mitunter mit Blockierung der Harnleiter.

Was ist die Ursache des Gebärmutterhalskrebses?
Der Krebs wird durch das humane Papilloma-Virus (HPV) verursacht, das beim Geschlechtsverkehr übertragen wird. Das Virus ruft auch Warzen im Genitalbereich hervor. Je jünger eine Frau beim ersten Geschlechtsverkehr war und je mehr Sexualpartner sie hatte, desto höher ist ihr Risiko für Gebärmutterhalskrebs.

Was ist ein nichtinvasiver Gebärmutterhalskrebs?
Bei dieser Veränderung, die auch Carcinoma in situ genannt wird, ist der Krebs auf die oberflächlichen Zellschichten beschränkt und greift nicht auf tiefer gelegene Gewebe über. Man gebraucht diesen Ausdruck, um ihn vom invasiven Krebs abzugrenzern, bei dem der Krebs über die oberflächlichen Zellschichten hinaus in die tieferen Gewebe vorgedrungen ist und Lymphkanäle und Blutbahn erreicht hat.

Was ist eine Konisation?
Eine Konisation ist eine Behandlungsmethode für Gebärmutterhalskrebs, wobei aus dem Gebärmutterhals ein kegelförmiges Stück Gewebe entnommen wird. Das kann mit einer Drahtschlinge geschehen (Schlingenexzision) oder mittels Laser. Beide Verfahren können ambulant bei örtlicher Betäubung stattfinden.

Kann eine Pap-Test Krebserkrankungen des Gebärmutterhalses entdecken?
Der Pap-Test kann bis zu 90 Prozent der Krebserkrankungen des Gebärmutterhalses entdecken, bevor sich Symptome zeigen. Seit 1971 in Deutschland im Rahmen der von den Krankenkassen jährlich empfohlenen gynäkologischen Früherkennungsuntersuchung ein Zervikalabstrich durchgeführt wird, ist die Erkennungsrate an Gebärmutterhalskrebs um 60 Prozent gestiegen. Allen Frauen ab 20 Jahre wird geraten, diese Untersuchung einmal jährlich durchführen zu lassen.

Was ist die Prognose oder die Fünfjahresüberlebenszeit bei Gebärmutterhalskrebs?
Die Prognose hängt im Allgemeinen von einer Reihe von Faktoren ab. Sehr wichtig sind das klinische Stadium und das eventuelle Vorhandensein von Metastasen an den Lymphwegen. Weitere wichtige Faktoren sind das klinische Aussehen, die Größe des Tumors und möglicherweise auch das Alter der Patientin. Das Alter ist deshalb von Bedeutung, weil bei jüngeren Patientinnen aggressive Tumoren häufiger sind. Weltweit betrachtet liegt die Fünfjahrensüberlebenszeit bei Gebärmutterhalskrebs:
- Stadium 0 100%
- Stadium 1 85 bis 98%
- Stadium 2 60%
- Stadium 3 30%
- Stadium 4 7 %

Belastung der Nachbarorgane – möglich ist. Einlagen in das Gebärmutterinnere können schmerzhaft sein. Deswegen werden entsprechende Medikamente beziehungsweise eine Kurznarkose verabreicht.
Bei einer Einlage in der Scheide liegt die Hülse in einem Zylinder. Diese Einlagen sind schmerzlos (etwa wie das Einführen eines Tampons). Bei Tumoren des Gebärmutterhalses kommt neuerdings in bestimmten Fällen auch eine kombinierte Radio-Chemotherapie in betracht.

■ *Nebenwirkungen*
Häufig kommt es unter der Bestrahlung zu Symptomen, die einer Darmgrippe ähnlich sind, also zu Durchfällen, manchmal auch verbunden mit Bauchschmerzen.
Da ein Teil der Blase im Bestrahlungsfeld liegt, kann es vorübergehend zu Brennen und Schmerzen beim Wasserlassen kommen. In der Regel sind diese Nebenwirkungen problemlos medikamentös zu behandeln. Teilen Sie deshalb solche Beschwerden unverzüglich Ihrem Arzt mit, damit er eine entsprechende Behandlung einleiten kann.
Hautreaktionen können vor allem im Dammbereich auftreten. Ihr Arzt wird Ihnen mit den richtigen Hinweisen zur Hautpflege helfen.
Gelegentlich treden im Bestrahlungsfeld leichte Verfärbungen der Haut sowie Verhärtungen des Unterhautfettgewebes auf.
Entzündliche Veränderrungen des Darmes können zu Durchfall, vermehrtem Stuhldrang oder Blähungen führen. Sehr selten entstehen Verengungen beziehungsweise Verklebungen von Darmschlingen oder Geschwüre, die eine Operation notwendig machen.
Noch seltener kommt es zu Fistelbildungen. Das Risiko der genannten Nebenwirkungen liegt bei Anwendung moderner Bestrahlungstechniken jedoch unter fünf Prozent.
Bei Frauen im geschlechtsreifen Alter kann durch die Bestrahlung die Funktion der Eierstöcke beeinträchtigt werden, was im Falle einer dauerhaften Schädigung zu Unfurchtbarkeit führt.

Stadieneinteilung bei Gebärmutterhalskrebs

Bei einem diagnostizierten Krebs muss das Stadium durch bestimmte Verfahren näher bestimmt werden. Es richtet sich nach der Größe und Ausbreitung des Karzinoms.

Zu den häufig genutzten Verfahren gehören Ultraschall, Computertomographie, Röntgenaufnahmen des Brustkorbs und Knochen- und Leberszintigraphie.

Oft wird das Stadium erst bestimmt, nachdem das Karzinom entfernt wurde und Biopsien des umliegenden Gewebes einschließlich der Lymphknoten vorliegen.

Stadium 0
Nur auf der Oberfläche des Zervix (Gebärmutterhals)

Stadium 1
Nur in der Zervix (Gebärmutterhals)

Stadium 2
Ausbreitung auf umliegendes Gewebe, aber noch auf das Becken begrenzt

Stadium 3
Ausbreitung außerhalb des Beckens, mitunter mit Blockierung der Harnleiter

Stadium 4
A: Ausbreitung auf Blase oder Mastdarm
B: Ausbreitung auf entferntere Organe

Stadieneinteilung bei Gebärmutterkörperkrebs

Bei einem diagnostizierten Krebs muss das Stadium durch bestimmte Verfahren näher bestimmt werden. Es richtet sich nach der Größe und Ausbreitung des Karzinoms. Zu den häufig genutzten Verfahren gehören Ultraschall, Computertomographie, Röntgenaufnahmen des Brustkorbs und Knochen- und Leberszintigraphie.

Oft wird das Stadium erst bestimmt, nachdem das Karzinom entfernt wurde und Biopsien des umliegenden Gewebes einschließlich der Lymphknoten vorliegen.

Stadium 1
Nur im oberen Bereich der Gebärmutter, ohne Gebärmutterhals

Stadium 2
Ausbreitung auf den Gebärmutterhals

Stadium 3
Ausbreitung auf umliegendes Gewebe, aber noch auf das Becken begrenzt

Stadium 4
A: Ausbreitung auf Blase oder Mastdarm
B: Ausbreitung auf entferntere Organe

Gehirnschädigung

Frühkindliche Hirnschäden

Unter der Sammelbezeichnung frühkindliche Hirnschäden oder zerebrale Kinderlähmung wird eine Anzahl von Syndromen zusammengefasst, die auf eine Hirnschädigung während der frühen Kindheit zurückzuführen sind. Vor allem sind es prae-, peri- oder postnatale Sauerstoffmangelzustände, die zu einer Hirnschädigung führen und charakteristische Defektsymptome hinterlassen.
Man nahm früher an, dass motorische Störungen unterschiedlicher Art im Vordergrund stehen. Tatsächlich sind die Veränderungen am Bewegungsapparat nur ein Teilbereich eines größeren Symptomenkomplexes, oft nicht einmal der wichtigste. Intellektuelle Veränderungen, Sprach-, Seh- und Hörstörungen sind häufig. Koordinations- und sensible Störungen können hinzutreten.
Wegen der vorherrschenden Symptome nennt man die Kranken auch Spastiker.

Gelegentlich werden noch die Bezeichnungen Diplegia spastica infantilis (Little'sche Krankheit), atonisch-astatisches Syndrom (Foerster) und Choreoathetose für charakteristische Sonderformen der zerebralen Kinderlähmung gebraucht.

Ursache

Sauerstoffmangel in der perinatalen Entwicklungsphase ist in den meisten Fällen der wichtigste ätiologische Faktor. Bei Sturzgeburten, zu langer Wehendauer und geburtshilflichen Eingriffen (wie Zangenanwendung u. a.) ist mit Sauerstoffmangelzuständen zu rechnen.
Andere Ursachen sind:
- Frühgeburt,
- kleine und größere intrazerebrale Blutungen,
- angeborene Stoffwechseldefekte,
- Enzephalitis,
- Meningitis,
- Kernikterus bei hämatolytischer Anämie infolge Blutgruppenunverträglichkeit zwischen Kind und Mutter.

Je nach der Lokalisation der Hirnschäden findet man motorische Störungen, teilweise einhergehend mit Intelligenzdefekten, Sprach-, Seh- und Hörstörungen.

Symptome

Die Diagnose „zerebrale Kinderlähmung" sollte früh gestellt werden, damit man so schnell als möglich eine Behandlung der abnormen Bewegungsabläufe und eine Vorbeugung von Kontrakturen einleiten kann. Schwere Fälle von zerebraler Kinderlähmung sind leicht zu erkennen; bei Kindern mit leichteren Formen bleibt diese Erkrankung oft jahrelang unerkannt. Manchmal ist die Abgrenzung gegen bloße genetische Varianten nicht leicht. Zahlreiche Symptome können aber bereits früh auf eine Schädigung des Zentralnervensystems hindeuten: Manchmal fällt eine abnorme Haltung des Kindes auf, das mit hochgeschlagenen Armen auf dem Rücken liegt. In anderen Fällen beobachtet die Mutter beim Baden eine stärkere Muskelverspannung. Einige Säuglinge wirken apathisch, ungewöhnlich still und ruhig, andere sind überaktiv und übererregbar.
Auch ist diagnostisch wichtig, auf Verkrampfungen, Stöhnen, schrille Schreie, Erbrechen, eigenartige Augenbewegungen, einen ängstlichen Gesichtsausdruck und einen übermäßigen Speichelfluss zu achten. Vor allem sind eine Hypotonie der Muskulatur und Hypomotilität ein wichtiges Zeichen.
Die Kombination bestimmter Symptome gibt wertvolle Hinweise. Kinder, die die oben genannten Erscheinungen aufweisen, müssen genau beobachtet werden; bei einer Anzahl dieser Kinder liegt eine zerebrale Kinderlähmung vor,

Medianschnitt durch das Gehirn

die Mehrheit kann sich allerdings vollkommen normal weiterentwickeln.

■ *Motorische Störungen*

Die spastische Parese ist das auffallendste Symptom. Bei der Spastik handelt es sich um eine Tonuserhöhung eines Muskels oder einer Muskelgruppe. Die Muskeln reagieren zu stark auf normale Reize. Das statische und dynamische Gleichgewicht zwischen Agonisten und Antagonisten ist gestört, so kommt es nicht oder kaum zu einer Entspannung der Muskeln.

Die Antagonisten werden bei der Anspannung der Agonisten ebenfalls gereizt. Die richtige Ausführung einer Bewegung ist deshalb unmöglich: Der betroffene Körperteil befindet sich in einer Art von Krampfzustand, der eine gezielte Bewegung verhindert.

Je nach der Lokalisation der Ausfälle spricht man von einer Diplegia spastica (wenn vor allem die Beine betroffen sind), von einer Hemiplegia spastica (wenn eine Körperhälfte betroffen ist) und einer Monoplegie (wenn nur eine Extremität gelähmt ist).

Durch die Schädigung des zentralen motorischen Neurons kommt es zu einer Hyperreflexie. Man kann aber neben der Spastik gelegentlich auch eine bemerkenswerte Hypotonie der

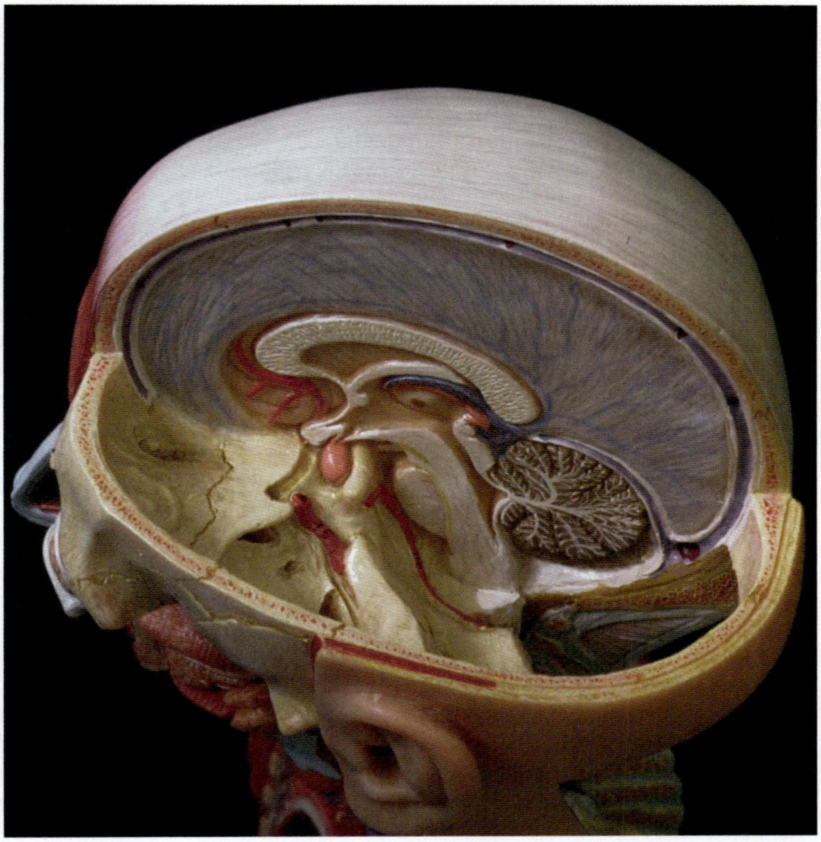

Medianschnitt durch den Kopf und das zentrale Nervensystem (Gehirn). Das Skelett des Kopfes wird in Gesichtsschädel und Hirnschädel unterteilt. Der Gesichtsschädel umschließt die Mundhöhle und außerdem einen Teil der Nasen- und Augenhöhle, während der Hirnschädel das Gehirn und das Hörorgan enthält.

Hirntrauma

Bei Verletzungen des Kopfes (Schädeltraumata), die vielfach die Folge von Verkehrsunfällen sind, kann das Gehirn auf ernste Weise geschädigt sein. Bei offenen Schädelverletzungen werden sowohl die Haut als auch der Knochen des Schädels und auch das Gehirn mit seinen umgebenden Häuten beschädigt. Bei geschlossenen Schädeltraumata tritt keine direkte, sondern meist eine indirekte Schädigung von außen am Gehirn oder Rückenmark auf.

Patienten mit einer Schädelverletzung, deren Folge eine Gehirnerschütterung (Commotio cerebri) oder eine Hirnquetschung (Contusio cerebri) ist, zeigen folgende grundlegende Symptome:

■ Bewusstlosigkeit

Kurz- oder langzeitig meist direkt im Anschluss an den Unfall. Bei sehr schweren Unfällen kann diese Bewusstlosigkeit manchmal Tage bis Wochen andauern.

■ Übelkeit und Erbrechen

Vielfach tritt das Erbrechen sogleich nach dem Unfall auf. Im Allgemeinen hängen beide Symptome mit dem Schweregrad des Unfalls zusammen. Übelkeit und Erbrechen sind jedoch wenig spezifische Erscheinungen.

■ Retrograde Amnesie

Nach dem Unfall besteht bei dem Patienten eine Gedächtnislücke. Er weiß daher nicht oder nur sehr vage, wie sich der Unfall zugetragen hat. Manchmal besteht auch ein Gedächtnisverlust für die Periode direkt vor dem Unfall und die auf den Bewusstseinsverlust folgende Periode.

Diese drei grundsätzlichen Symptome können sowohl quantitativ als auch qualitativ von Patient zu Patient verschieden sein. Sie können aber auch bei einer Anzahl anderer Erkrankungen auftreten, wie Gehirnblutungen und Epilepsie.

Wichtige Fragen und Antworten zur Gehirnschädigung

Wie kann das Gehirn Ausfälle kompensieren?
Drei Eigenschaften des Gehirns tragen zu seiner Fähigkeit bei, Ausfälle zu kompensieren und sich nach einer Schädigung zu erholen:
- Redundanz – viele Hirnfunktionen können von mehr als einem Gehirnbereich übernommen werden.
- Adaptation – Bereiche mit überlappenden Funktionen können manchmal Funktionsverluste ausgleichen.
- Plastizität – gewisse Bereiche können ihre Funktion wechseln.

Infolgedessen übernehmen ungeschädigte Hirnbereiche manchmal Funktionen einer geschädigten Region und tragen damit zur Wiederherstellung bei.

Was ist eine Aphasie?
Die Aphasie ist eine Sprachstörung, bei der durch eine Schädigung des Sprachzentrums im Gehirn die Fähigkeit, zu sprechen oder Sprache zu verstehen, teilweise oder völlig verloren gegangen ist.
Menschen, die an Aphasie leiden, sind nicht oder nur bedingt in der Lage, Worte auszusprechen oder zu verstehen.
- Bei Broca-Aphasie werden Fragen zögernd, aber richtig beantwortet.
- Bei Wernicke-Aphasie werden Fragen flüssig beantwortet, aber die Antwort ergibt keinen Sinn.

Was versteht man unter Leistungsaphasie?
Sprache wird verstanden, und das spontane Sprechen ist nicht betroffen, aber Sätze, die von anderen gesprochen oder geschrieben werden, können nicht wiederholt werden.

Was ist eine Dysarthrie?
Die Dysathrie ist eine Artikulationsstörung, das heißt, die Worte werden nicht richtig ausgesprochen. Bei Dysarthrie handelt sich zwar anscheinend um eine Sprachstörung, eigentlich ist es aber ein motorisches Problem. Dysarthrie kann von einer Schädigung des Hirnstamms oder der Nervenfasern hervorgerufen werden, die die Großhirnrinde mit dem Hirnstamm verbinden.

Was ist die Ursache einer Agnosie?
Bei Agnosie können die Betroffenen Gegenstände zwar sehen oder ertasten, erkennen aber deren Aufgabe oder Funktion nicht. Die Ursache sind Fehlfunktionen in den Scheitel-, Schläfen- oder Hinterhauptlappen, wo die Erinnerungen über Verwendung und Bedeutung vertrauter Objekte, Anblicke und Geräusche gespeichert werden.

Was ist eine Apraxie?
Apraxie bezeichnet die Unfähigkeit, Aufgaben zu bewältigen, für die Bewegungsmuster oder -abläufe aus dem Gedächtnis abgerufen werden müssen. Die Apraxie ist eine seltene Behinderung, die gewöhnlich auf Defekten an den Scheitel- oder Schläfenlappen beruht.

Wie kommt es zu einer Amnesie?
Amnesie bezeichnet die völlige oder teilweise Unfähigkeit, sich an kurz oder länger zurückliegende Ereignissen zu erinnern. Wie es zu einer Amnesie kommt, ist nur Teilweise bekannt. Verletzungen des Gehirns können zum Verlust der Erinnerungen an die Ereignisse unmittelbar vor (retrograde Amnesie) oder direkt nach der Verletzung (posttraumatische oder anterograde Amnesie) führen. Je nach Schwere der Verletzung hält die Gedächtnisstörung wenige Minuten oder Stunden an und verschwindet ohne Behandlung. Bei schweren Gehirnschäden kann die Amnesie von Dauer sein.

Was versteht man unter Verwirrtheit?
Verwirrtheit kann verschiedene Bedeutungen haben. Mediziner beschreiben mit dem Begriff einen Zustand, bei dem Menschen Information nicht normal vorarbeiten können. Verwirrte Menschen sind nicht in der Lage:
- einer Unterhaltung zu folgen;
- Fragen vernünftig zu beantworten;
- zu verstehen, wo sie sich befinden;
- zu entscheiden, ob etwas für sie sich ist oder nicht;
- sich an wichtige Tatsachen zu erinnern.

Was sind die Gründe für Verwirrtheit?
Verwirrheit kann viele Gründe haben, darunter die Einnahme gewisser Medikamenten oder Drogen sowie ein großes Spektrum von Erkrankungen. Delirium und Demenz können, obwohl es sehr unterschiedliche Störungen sind, zu Verwirrtheit führen.

Wie kann man eine schwere Kopfverletzung erkennen?
Eine schwere Kopfverletzung lässt sich anhand gewisser Symptome erkennen, die anzeigen, dass sich die Gehirnfunktion verschlechtert. Wenn bei einem Erwachsenen oder einem Kind solche Symptome auftreten, sollte sofort ärztlicher Rat eingeholt werden.
- Erbrechen, Blässe, Reizbarkeit oder Benommenheit ohne Bewusstlosigkeit, die länger als sechs Stunden andauert.
- Bewusstlosigkeit.
- Unfähigkeit, bestimmte Körperteile zu bewegen oder zu spüren.
- Gleichgewichtsstörungen.
- Seh- und Sprachprobleme (z.B. verschwommene Sicht und undeutliches Sprechen).
- Austritt einer klaren Flüssigkeit (Gehirn-Rückenmark-Flüssigkeit) aus Mund oder Nase.
- Starke Kopfschmerzen.

Muskeln beobachten. Diese findet man vor allem bei sehr jungen Kindern. Man muss dabei bedenken, dass die schlaffe Muskulatur später spastisch werden kann. Bemerkenswert ist auch der Rigor der Muskulatur, der zu steifen und mühsamen Bewegungsabläufen führt.

■ *Dyskinesien*

Diese Störungen beruhen auf Schäden der Pyramidenbahn im weiteren Sinne, der extrapyramidalen Zentren und Bahnen. Sie entstehen aus dem gestörten Zusammenspiel zwischen Agonisten, Synergisten und Antagonisten, wodurch abnorme unwillkürliche Bewegungen auftreten und Tonusstörungen zustande kommen. In vielen Fällen stehen nicht so sehr die pyramidalen als die extrapyramidalen Störungen des Krankheitsbildes im Vordergrund. Man spricht dann von einer Choreoathetose. Die choreiformen Bewegungsabläufe äußern sich in plötzlichen unwillkürlichen und zuckenden Bewegungen der Muskeln der Gliedmaßen und des Gesichtes.

Die Athetose ist durch langsame, ebenfalls unwillkürliche schraubenförmige und gespreizte sinnlose Bewegungen an den Enden der Extremitäten und im Gesicht gekennzeichnet. Nicht selten kann man auch einen Tremor und eine gewisse Ataxie finden. Andere Kranke zeigen eine langsame Drehbewegung um die eigene Körperachse, die als Torsionsdystonie bezeichnet wird.

Die oben genannten motorischen Ausfälle und Symptome kommen oft kombiniert vor, sodass wir von einem Mischbild sprechen können.

■ *Störungen der Intelligenz*

Rund 50 Prozent dieser Kinder haben eine normale Intelligenz. Die anderen sind schwach begabt oder sogar deutlich psychisch gestört. Intelligenzstörungen finden sich vor allem bei der Gruppe von Kranken, bei denen die Hirnrinde stärker beschädigt ist (den eigentlichen Spastikern), und seltener bei Schäden, die mehr das extrapyramidale System (Choreoathetose) betreffen. Die letztgenannte Gruppe macht jedoch durch die sonderbaren Bewegungsabläufe einen viel beunruhigenderen Eindruck auf den Außenstehenden.

Sehr leichte Hirnschädigung, Behandlung mithilfe von Spieltherapie.

Die Intelligenzstörungen können sich mehr auf den sprachlichen oder auch auf den nichtsprachlichen Bereich beziehen. Sie sind durch Testverfahren (etwa den Hamburg-Wechsler-Test) in gewisser Weise quantitativ zu erfassen. Die früher übliche grobe Unterscheidung in 3 Grade intellektueller Minderkapazität (frühe Debilität – Imbezillität – Idiotie) wurde mit anderen Bezeichnungen beibehalten.

Bei leichter intellektueller Minderkapazität sind die Kinder gut, bei mittelgradiger eben sonderschulfähig. Bei schwerer intellektueller Minderkapazität besteht keinerlei Schulungsfähigkeit. Der eigentliche Fortschritt besteht darin, dass man die intellektuelle Minderkapazität besser differenzieren kann.

Auch hat man gelernt, die nicht seltenen Formen abzugrenzen, bei denen eine intellektuelle Minderkapazität nur vorgetäuscht wird, tatsächlich aber Persönlichkeits- oder Milieuschäden vorliegen.

Die meisten Kinder werden weiterhin durch affektive Störungen, Verhaltensstörungen u. a. behindert. Das spastische Kind ist meistens introvertiert, ängstlich und schreckhaft – während das athetotische Kind demgegenüber eher extravertiert und aufgeweckt ist.

In 30–40 Prozent der Fälle kommt es zu epileptischen Anfällen, die aber mit entsprechender medikamentöser Behandlung oft zu beseitigen sind. Ein Teil der Intelligenzstörungen kann darauf zurückgeführt werden, dass diese Kinder sich sehr schlecht konzentrieren können, stark ablenkbar sind und durch erhöhte Ermüdbarkeit wenig leisten. Eine erhebliche ständige Bewegungsunruhe („hyperkinetische Kinder") ist häufig zu beobachten.

Zustände, die mit Bewusstseinsstörungen einhergehen

Blutzuckerspiegelschwankung
Ein ungewöhnlich niedriger Blutzuckerspiegel (Hypoglykämie) kann ein Koma auslösen. Wird umgehend Glukose über einen Tropf zugeführt, lassen sich bleibende Gehirnschäden verhindern. Ein ungewöhnlich hoher Blutzuckerspiegel (Hyperglykämie) kann ebenfalls zum Koma führen, dies ist jedoch seltener und nicht so schwerwiegend wie bei einer Unterzuckerung.

Epileptischer Anfall
Nur selten folgt auf einen Anfall ein Koma und wenn, dauert es gewöhnlich nur wenige Minuten.

Gehirnentzündung
Gehirninfektionen oder schwere Infektionen außerhalb des Gehirns, die hohes Fieber auslösen, Giftstoffe im Blut und niedriger Blutdruck können die Funktion des Gehirns beeinträchtigen und zum Koma führen.

Gehirnerschütterung
Nach einer Kopfverletzung kann der Betroffene sofort oder allmählich innerhalb mehrerer Stunden ins Koma fallen. Das Koma kann direkt durch Verletzung des Gehirns oder durch Blutungen innerhalb des Schädels ausgelöst werden.

Giftige Wirkung von Medikamenten, Drogen oder Alkohol
Eine Alkoholvergiftung kann zu Bewusstseinsstörungen oder Koma führen, vor allem wenn der Alkoholspiegel im Blut über 2,0 Promille liegt. Viele Medikamente und Drogen können ein Koma verursachen.

Hirnhautentzündung
Schwere Infektionen außerhalb des Gehirns, die hohes Fieber auslösen, Giftstoffe im Blut und niedriger Blutdruck können die Funktion des Gehirns beeinträchtigen und zum Koma führen.

Kohlenmonoxidvergiftung
Kohlenmonoxid lagert sich an das Hämoglobin der roten Blutkörperchen an und hindert es, Sauerstoff zu transportieren. Eine schwere Kohlenmonoxidvergiftung kann aufgrund des Sauerstoffmangels zum Koma führen oder irreversible Hirnschäden verursachen.

Körpertemperatur
Sehr hohes Fieber (über 42 Celsius) kann Gehirnschäden und Koma auslösen. Bei einer Körpertemperatur unter 32 Celsius sind die Gehirnfunktionen auf ein dem Koma ähnliches Maß verlangsamt.

Leber- oder Nierenversagen
Ein Koma ist ein gefürchtetes Zeichen für Leberversagen, wie bei akuter Hepatitis. Nierenversgen führt nur seltem zum Koma, da das Blut durch eine Dialyse gereinigt werden kann.

Ohnmacht
Bei einer Ohnmacht dauert der Bewusstseinsverlust nur wenige Sekunden, es sei denn, der Betroffene verletzt sich beim Sturz am Kopf.

Sauerstoffmangel
Nach nur wenigen Minuten ohne Sauerstoff kommt es zu irreversiblen Schäden im Gehirn. Ein Sauerstoffmangel tritt am häufigsten bei akutem Herzstillstand auf, seltener bei schweren Lungenerkrankungen.

Schlaganfall
Nach einem Schlaganfall kann der Betroffene entweder plötzlich oder allmählich innerhalb mehrerer Stunden ins Koma fallen.

■ *Sprach- und Sinnesstörungen*
Eine schwere Sprachstörung lässt vielfach eine niedrige Intelligenz vermuten, obwohl das aber keineswegs immer der Fall ist. Hör- und Sehstörungen kommen in vielen Abstufungen vor; sie können die Beziehungen zur Umwelt weiter erschweren. Diese Störungen sind auch häufig der Grund für eine mangelhafte Ausführung von Aufträgen und das Ausstoßen fremdartig klingender Laute. Sie machen es schwierig, einen Eindruck vom intellektuellen Niveau des Kindes zu gewinnen. Dies kann eine intellektuelle Minderkapazität vortäuschen.

■ *Ataxie*
Dabei ist vor allem die Koordination und auch das Gleichgewicht gestört. Meistens beruht dies auf einer Schädigung des Kleinhirns oder der Verbindungen des Kleinhirns zum Zentralnervensystem. Störungen der Tiefensensibilität und des Gleichgewichts, Hypotonie der Muskulatur sowie eine Reihe anderer typischer neurologischer Symptome wie Gangabweichung, Dyssynergie, Adiadochokinese und Astereognosie kennzeichnen das klinische Bild. Die Frühdiagnostik ataktischer Zeichen ist oft schwer, weil die Phänomene, die wir beim Erwachsenen kennen, durch eine allgemeine motorische Reifungsstörung überlagert werden. Auffallend sind kleinschlägige Schüttelbewegungen, wenn das Kind gehalten wird. Wenn das Kind geht, kann es kaum einen Moment stillstehen, weil es durch ständige Bewegungen bestrebt ist, sein Gleichgewicht zu halten.

Therapie

Die Vielfältigkeit dieser Erkrankungsgruppe und die Vielgestaltigkeit der

Symptomatik machen eine Zusammenarbeit verschiedener Fachrichtungen notwendig. Neurologen, Orthopäden und Pädagogen, aber auch Krankengymnastinnen, Logopäden, Fürsorgerinnen und vor allem die Eltern müssen mithelfen, um gute Ergebnisse zu erzielen.
Die Behandlung dieser Patienten in speziellen Rehabilitationszentren (Schulen für Körperbehinderte u.a.) ist ein wichtiger Schritt in dieser Richtung. Hinsichtlich der Einzelheiten muss auf die Spezialliteratur verwiesen werden. Eine grundlegende Hilfe für die Kranken mit zerebraler Kinderlähmung stellt die Physiotherapie dar. Nachfolgend sei eine kurze Übersicht einiger angewandter Methoden gegeben.

Kongenitale Missbildungen

Kongenitale Missbildungen der Wirbelsäule, des Schädels und des Zentralnervensystems sind meistens mit erheblichen Funktionsstörungen verbunden. Obwohl die Ätiologie der meisten Entwicklungsstörungen des Gehirns unzureichend bekannt ist, können doch Schäden während der Schwangerschaft (wie beispielsweise Strahlenwirkungen, Sauerstoffmangel, Virusinfektionen, Toxoplasmose, Drogen, Alkohol und andere „teratogene" Substanzen) benannt werden, die zu einer abnormen Entwicklung von Gehirn und Rückenmark des Fötus führen.
Bei einigen Krankheitsbildern liegen genetische Faktoren vor. Häufig dürfte es sich um eine multifaktorielle Genese handeln.
Die Spina bifida und der Hydrozephalus sind zwei häufige Vertreter dieser Gruppe.

■ *Spina bifida*
Die Spina bifida (eine Spaltbildung in einem oder mehreren Wirbelbögen) kommt dadurch zustande, dass sich bei der embryonalen Entwicklung der Wirbelkanal nur unvollständig schließt. Viele der schwereren Fälle entwickeln nach neurochirurgischen Eingriffen einen Hydrozephalus.

Eine Gehirnentzündung oder Hirnhautentzündung kann ein Kind in seiner Entwicklung schwer stören.

■ *Hydrozephalus*
Beim Hydrozephalus sind die Liquorräume im Schädel stark erweitert. Unter Hydrocephalus internus versteht man eine Erweiterung des Ventrikelsystems, unter Hydrocephalus externus eine Vergrößerung der Zisternen und allgemein des Subarachnoidalraums. Im üblichen Sprachgebrauch versteht man unter der Bezeichnung Hydrozephalus im Allgemeinen den Hydrocephalus internus.
Die modernen bildgebenden Verfahren, vor allem die Computertomographie des Schädels, lassen einen Liquoraufstau bzw. einen Hydrocephalus schon früh erkennen, jedenfalls bereits in einem Stadium, in denen noch keine irreversiblen Hirnschäden vorliegen. Die Spina bifida ist oft mittels Kernspintomographie erkennbar.
Moderne neurochirurgische Verfahren, bei denen der Liquorraum mittels eines Katheters mit den extrakraniellen Venen verbunden wird, haben viel zur Behandlung des Hydrozephalus beigetragen. Das Anlegen einer derartigen Verbindung zwischen den Seitenventrikeln und der Vena jugularis interna ist aber keine kausale Therapie.
Es handelt sich nur um einen symptomatischen Eingriff, der eine Ableitung übermäßig gebildeten Liquors erlaubt, wodurch eine zunehmende Druck-

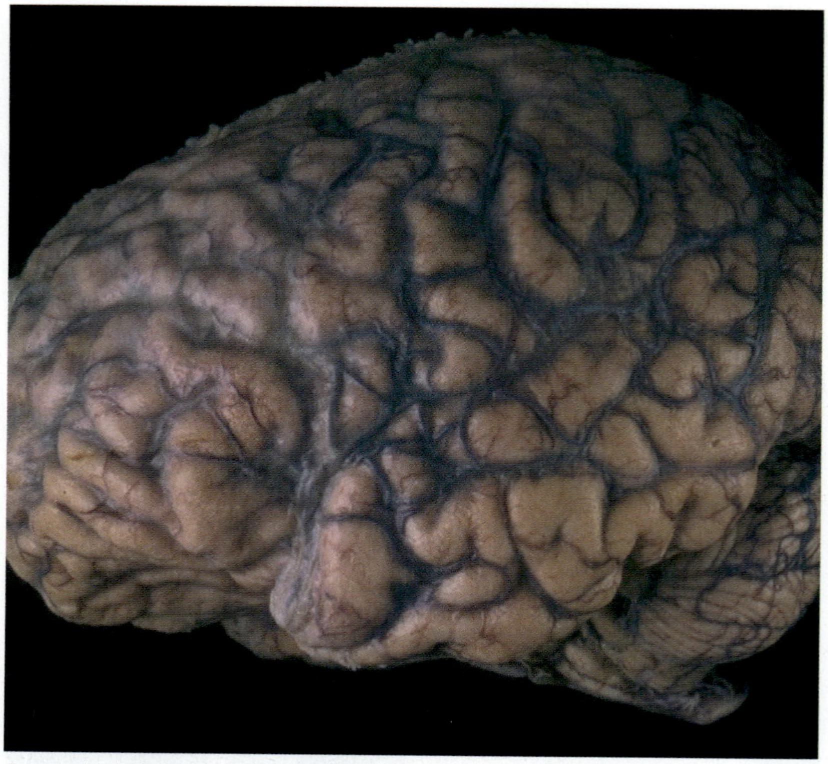

Extrazerebrale Blutversorgung des Gehirns. Das Gehirn wird durch die beiden Halsschlagadern und die beiden Wirbelschlagadern mit Blut versorgt.

schädigung des Gehirns vermieden wird. Obwohl immer noch viele Komplikationen das Ergebnis dieser Operation nachteilig beeinflussen können, ist die Prognose für Kinder, die an dieser Störung leiden, merklich besser geworden.

■ *Andersartige Missbildungen*

Beim Arnold-Chiari-Syndrom handelt es sich um eine Fehlbildung mit Rückwärts-(Kaudal-)Verlagerung der Medulla oblongata mit zungenartigen Kleinhirnfortsätzen. Häufig besteht eine Missbildung des atlanto-zervikalen Übergangs. Der Dens kann dann nach oben in das Foramen occipitale magnum verlagert sein. Kleinhirnsymptome, Pyramidenbahnzeichen u. a. Nachbarschaftssymptome können auftreten.

Beim Dandy-Walker-Syndrom, das durch einen tiefen Verschluss der ableitenden Liquorwege zustandekommt, ist vor allem auch der IV. Ventrikel erweitert. Im Übrigen liegt ein typischer Hydrocephalus internus vor. Im Kleinhirn liegt eine Wurmagenesie vor.

Es gibt zahlreiche andersartige Missbildungen von Gehirn und Rückenmark. Sie treten in der Bedeutung und vor allem auch in der Häufigkeit des Vorkommens gegenüber Spina bifida und Hydrozephalus ganz zurück.

Stoffwechselstörungen

Stoffwechselstörungen können bestimmten neurologischen Krankheiten zugrundeliegen oder doch zumindest die Rolle einer Teilursache spielen.

Der (seltene) Mangel an Vitamin B1 (Thiamin) für Polyneuritiden, der B12 (Cyanocobalamin)Mangel für die funikuläre Myelose, Dopamin-Mangel in den Stammganglien für das Parkinsonsyndrom, GABA-Mangel im Striatum für die Chorea Huntington und anderes mehr.

Tatsächlich kennen wir heute zahlreiche Stoffwechselstörungen, die durch angeborenen Enzymmangel verursacht werden und schwere Stoffwechselschäden zur Folge haben. Diese betreffen aber fast immer zahlreiche Organe, nicht nur das Nervensystem.

Darüber hinaus sind die genau nachgewiesenen Krankheitsbilder meist recht selten. In der praktischen Arbeit hat man nur wenig mit ihnen zu tun. Dabei muss weiter einschränkend gesagt werden, dass die Diagnostik zum exakten Nachweis dieser Krankheitsbilder sehr mühsam und kostspielig ist.

Schließlich handelt es sich meist um Krankheitsbilder, die bereits im Kindesalter auftreten und – da sie viele Organe betreffen – vorzugsweise in der Pädiatrie behandelt werden. Selbstverständlich kann auch eine Vielzahl internistischer Erkrankungen, zum Beispiel des Pankreas, der Nieren, der Leber, der Schilddrüse, des Darmes etc., das Nervensystem mit einbeziehen.

Es ist also unmöglich, hier auch nur mehr als eine Andeutung über diese Erkrankungen zu machen. Viele machen sich durch ein wenig charakteristisches Nachlassen der intellektuellen Funktionen und eine emotionale Störung, später auch teilweise durch Pyramidenbahnsymptome (Spastik), epileptische Anfälle und Störungen der Koordination, schließlich nicht selten durch ein vollständiges Enthirnungsbild bemerkbar.

■ *Kohlenhydratstoffwechsel*

Das Fehlen eines Enzyms kann dabei bewirken, dass, wenn ein wesentlicher Stoffwechselweg verschlossen ist, sich hier (wie bei anderen Enzymdefekten) Stoffwechselprodukte in Zellen anhäufen, die nicht mehr weiterverarbeitet werden können. Früher sprach man dann von Speicherkrankheiten. Bei Enzymdefekten des Kohlenhydratstoffwechsels trifft man Glykogenosen an, von denen man inzwischen 15 Typen unterscheiden kann. Dabei gibt es erst mühsame erste therapeutische Ansätze, durch Substitution des fehlenden Enzyms einzugreifen.

■ *Lipidstoffwechselstörungen*

Erwähnt seien:

- die Gaucher'sche Krankheit mit Einlagerung eines veränderten Zerebrosids;

- die Gangliosidosen (mit der amaurotischen Idiotie nach Tay-Sachs);
- die Niemann-Pick'sche Krankheit mit Sphingomyelineinlagerung;
- die Refsum'sche Krankheit mit einer Störung des Phytansäurestoffwechsels;
- das Bassen-Kornzweig-Syndrom (A-BetaLipoproteinämie).

■ *Störungen des Eiweißstoffwechsels*
Hier ist die häufige Brenztraubensäureerkrankung (Phenylketonurie), die Ahornsirupkrankheit und die Hartnup'sche Krankheit anzuführen.

■ *Mitochondriale Erkrankungen*
Die Gruppe der mitochondrialen Enzephalomyelopathien hat durch interessante Forschungsergebnisse in den letzten Jahren größere Bedeutung erlangt. Die Leiden sind etwas häufiger als früher angenommen. Ihnen liegt ein pathobiochemischer Defekt bestimmter Komplexe der Atmungskette zugrunde. Als Folge davon kann es zur Muskelschwäche, zu Enzephalopathie mit Demenz, Augenbewegungsstörungen, Dystonie, Opticusatrophie, Hörstörung, Ataxie, Myoklonie und Epilepsie kommen.

All diese und andere erbliche Stoffwechselerkrankungen sind sehr selten und besitzen von einigen Ausnahmen abgesehen (Phenylketonurie: 1 Kranker auf 14000 Einwohner, Therapie mit phenylalaninarmer Kost möglich) mehr akademisches Interesse.
Die Abklärung solcher Fälle ist aber nicht nur für einzelne Menschen bedeutsam, sondern möglicherweise der Einstieg zu einem besseren Verständnis häufiger unaufgeklärter Erkrankungen des Nervensystems.
Meist liegt eine erbliche Störung vor – wobei allerdings viele Individuen bereits im Kleinkindalter oder doch Kindesalter sterben.

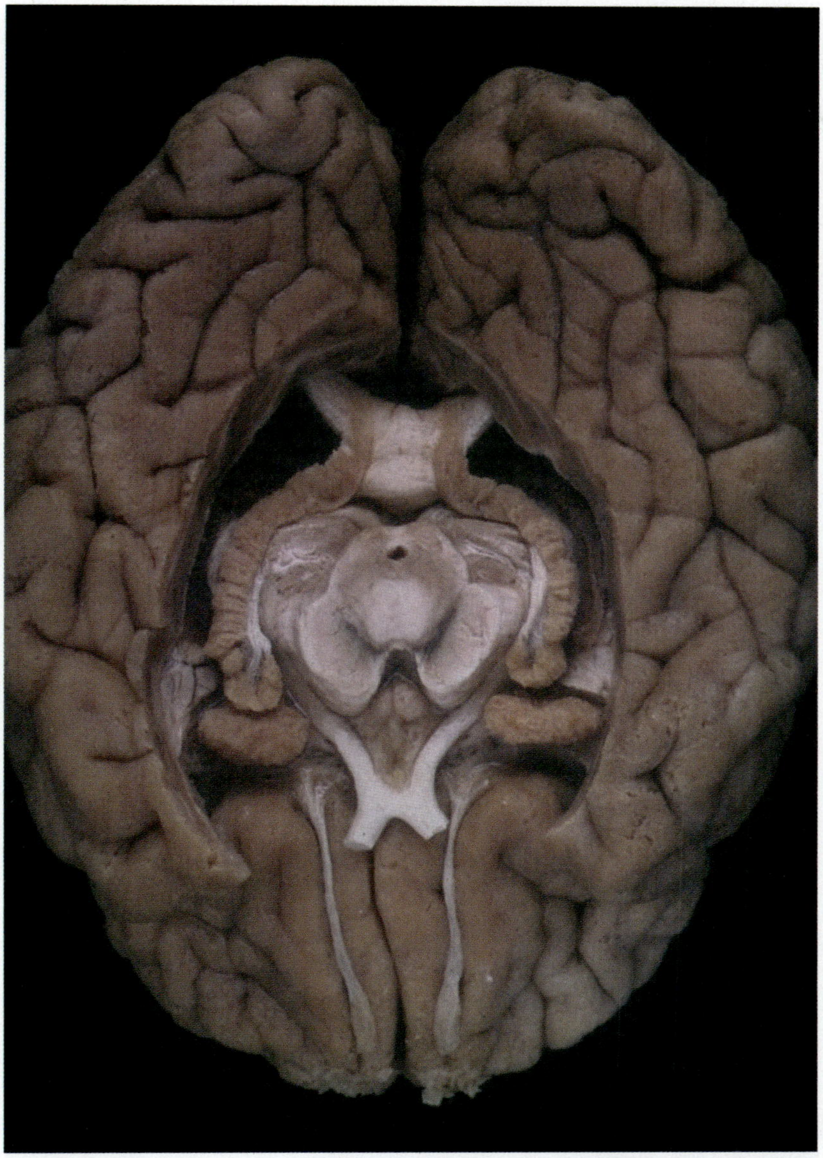

Unteransicht des Gehirns. Das Großhirn besteht aus zwei symmetrischen Hälften, den Hemisphären, die durch eine tiefe, längsverlaufende Furche voneinander getrennt sind.

Creutzfeldt-Jakob-Krankheit

Es handelt sich um eine bislang seltene Erkrankung des zentralen Nervensystems, mit tödlichem Ausgang meist innerhalb von Jahren. Die Krankheit beginnt mit Reizbarkeit und Kopfschmerzen, führt schließlich zu Gedächtnisstörungen und später zu Lähmungen, Schwachsinn, Krämpfen und Bewusstlosigkeit.
Die Ursache ist identifiziert, es handelt sich um ein sogenanntes Prion, ein Eiweißkörper, der zu Veränderungen im zentralen Nervensystem führt. Eine Therapie gibt es heute noch nicht. Die Creutzfeldt-Jakob-Krankheit ist der BSE (bovine spongiform encephalopathy) bei Rindern verwandt.
Prionenkrankheiten treten bei Schafen, Ziegen, Rindern und anderen Tieren auf, wie Nerzen und Elchen. Wie Menschen mit Creutzfeldt-Jakob-Krankheit, verlieren die erkrankten Tiere allmählich die Kontrolle über ihre Muskulatur und werden dement.
Es gilt als wahrscheinlich, dass BSE auch auf Menschen übertragen werden kann, möglicherweise durch den Verzehr von infiziertem Rindfleisch.

Gehirntumoren

Tumoren von Hirn und Rückenmark werden üblicherweise in biologisch gutartige und bösartige (maligne) Neoplasien eingeteilt. Auch biologisch gutartige Tumoren können aber durch ihre Lokalisation im knöchernen Schädel oder Wirbelkanal Anlass zu gefährlichen Entwicklungen geben, weil das Zentralnervensystem nur geringe Ausweichmöglichkeiten hat.
Jeder intrakranielle raumfordernde Prozess ist gefährlich, da sein Wachstum auf Kosten einer Kompression des Nervengewebes geht. Lediglich bei kleinen Kindern besteht die Möglichkeit einer Ausdehnung des Schädels. Es kommt hier zu einer Dehiszenz (Lockerung) und Klaffen der Schädelnähte.
Im Endstadium der Hirntumoren stehen die unspezifischen Zeichen einer intrakraniellen Druckerhöhung ganz im Vordergrund.

- Die primären Hirntumoren gehen zumeist von den Neurogliazellen (Gliome), den Hirn- und Rückenmarkshäuten (Meningiome) und der Hypophyse (Adenome) aus.
- Die sekundären Tumoren des Nervensystems kann man in zwei Gruppen einteilen:

Geschwülste, die vom knöchernen Schädel oder knöchernen Wirbelkanal ausgehen, und metastatische Tumoren (besonders häufig bei Bronchialkarzinom, aber auch beim Mamma-Karzinom, Magenkarzinom, Hypernephrom, Prostatakarzinom und Gebärmutter-Karzinom sowie beim Melanosarkom u. a. Die moderne apparativneurologische Untersuchung (Elektroenzephalographie, Hirnarteriographie, Szintigraphie, MRI, Kernspintomographie und Computer-Tomographie) hat zur Frühdiagnostik von Tumoren des Zentralnervensystems wesentlich beigetragen. Neurochirurgische Eingriffe, zytostatische Chemotherapie und Strahlenbehandlung haben zu einer Verminderung der Mortalität und längerer Lebensdauer geführt.

Kernspintomogramm des Gehirns

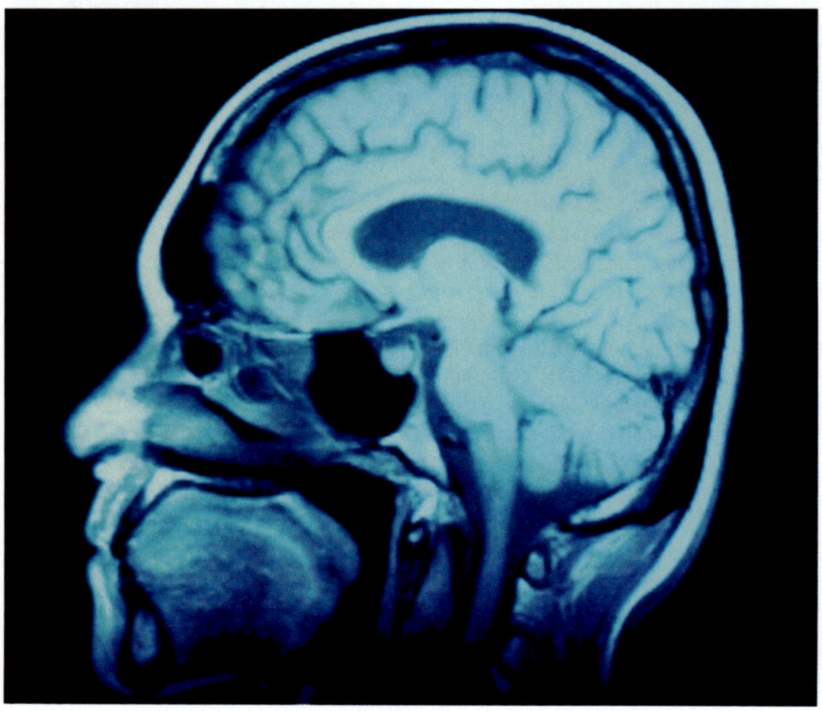

Gliome

Gliome sind Tumoren, die von den Neurogliazellen ausgehen. Sie haben häufig die Neigung, infiltrierend zu wachsen. Ihre zahlreichen Fortsätze machen eine vollständige operative Entfernung schwierig und oft unmöglich.
Es gibt verschiedene Unterformen von Gliomen: schnell wachsende und langsamer wachsende Formen. Man unterscheidet folgende Gliome:

- das Astrozytom;
- das Oligodendrogliom;,
- das Medulloblastom;
- das Glioblastom;
- das Ependymom;
- das Spongioblastom und andere seltenere Formen.

■ *Astrozytom*
Ein erheblicher Prozentsatz der Hirntumoren (ca. 15 Prozent) besteht aus Astrozytomen. Man findet diese Geschwülste in verschiedenen Altersgruppen und in verschiedenen Gehirnregionen, vor allem im Großhirn (frontal, temporal und parietal). Das Astrozytom bevorzugt das mittlere Lebensalter (30 bis 40 Jahre). Häufig kommt es zu einem kleinzystischen Zerfall.
Frühsymptom ist oft ein fokaler Anfall. Das Astrozytom gilt als verhältnismäßig gutartige Geschwulst; es kann jedoch maligne entarten, zwischen gutartigen und malignen gibt es häufig Übergangsformen.

■ *Oligodendrogliom*
(Ca. 5 Prozent). Diese Tumoren kommen vor allem zwischen dem 35. und 45. Lebensjahr vor. Sie wachsen sehr

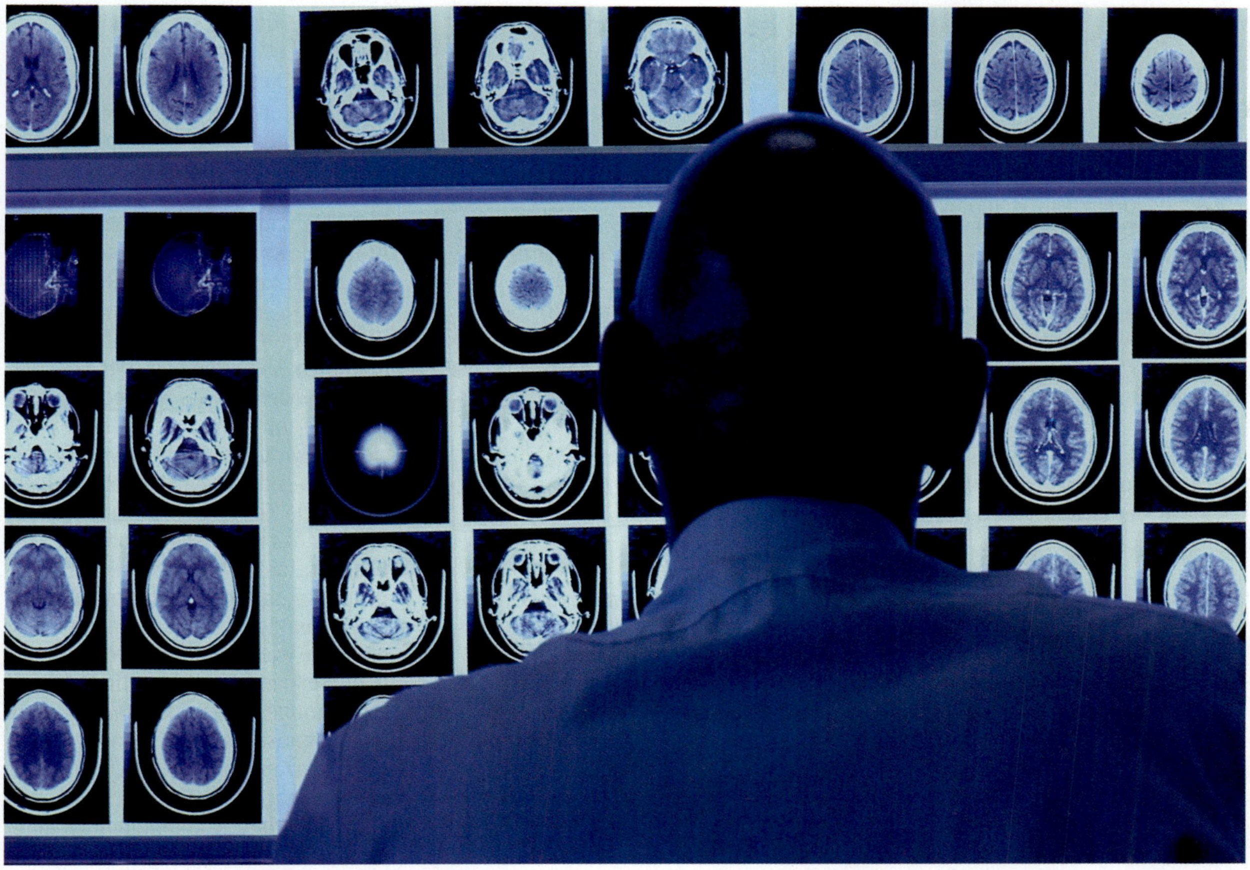

Gehirntumor-Diagnostik mithilfe von Kernspintomographie.

langsam. Man findet sie besonders im Großhirn; die klinischen Symptome ähneln denen der Astrozytome.
Auf den Röntgenaufnahmen des Schädels findet man oft kleine Verkalkungen. Die Überlebensdauer nach einer Operation ist meistens lange: von zwei bis zu zwanzig Jahren und mehr.

■ *Medulloblastom*
Diese Geschwülste (ca. 5 Prozent der Hirntumoren) kommen vor allem bei Kindern zwischen dem 7. und 12. Lebensjahr vor. Sie sind meist im mittleren Teil des Kleinhirns lokalisiert, breiten sich aber auch in den Liquorräumen und gelegentlich in die Hemisphären aus. Charakteristische Symptome sind: Erbrechen, Kopfschmerzen, Benommenheit und Gangunsicherheit.
Die Prognose ist im Allgemeinen ungünstig. Jedoch sind Überlebenszeiten nach Operationen und vor allem nach Röntgenbestrahlung manchmal von sieben bis acht Jahren bekannt; meist allerdings dauert die Überlebenszeit viel kürzer. Diese Geschwulst kann Abtropfmetastasen setzen.

■ *Glioblastom*
Das Glioblastoma multiforme ist ein stark infiltrierender und schnell wachsender Tumor mit einer sehr schlechten Prognose. Es tritt verhältnismäßig häufig in der zweiten Lebenshälfte auf (ca. 15 Prozent aller Hirngeschwülste). Seine biologische Bösartigkeit zeigt sich auch an seinem ganz unregelmäßigen Aufbau, der Neigung zu Nekrosen und Blutungen.
Letztere können zu einer ganz akuten Symptomatik führen und eine rein gefäßbedingte Hirnblutung vortäuschen.
Der Krankheitsprozess führt meist nach Monaten zum Tode.

■ *Ependymom*
Seltenere Gliome sind die von den Ependymzellen ausgehenden Ependymome und das Spongioblastom. Letztere Geschwulst, die vor allem im Jugendalter auftritt, wird von manchen Autoren auch zu den Astrozytomen gerechnet. Man findet Spongioblastome im Kleinhirn und in in der Mittellinie gelegenen Hirnstrukturen. Ihre rechtzeitige Erkennung ist besonders wichtig. Kleinhirnspongioblastome (ca. 7 Prozent) sind operativ gut zu behandeln und die Betroffenen haben dann eine lange Überlebenszeit.

Meningiome

Ungefähr 15 Prozent. Diese Tumoren kommen in allen Altersgruppen vor, jedoch besonders häufig zwischen dem 40. und 50. Lebensjahr. Sie sind biologisch gutartig und wachsen lang-

Wichtige Fragen und Antworten zu Gehirntumoren

Was sind intrakranielle Tumoren?

Tumoren von Gehirn werden üblicherweise in biologisch gutartige und bösartige (maligne) Neoplasien eingeteilt. Auch biologisch gutartige Tumoren können aber durch ihre Lokalisation im knöchernen Schädel oder Wirbelkanal Anlass zu gefährlichen Entwicklungen geben, weil das Zentralnervensystem nur geringe Ausweichmöglichkeiten hat.
Jeder intrakranielle raumfordernde Prozess ist gefährlich, da sein Wachstum auf Kosten einer Kompression des Nervengewebes geht. Lediglich bei kleinen Kindern besteht die Möglichkeit einer Ausdehnung des Schädels. Es kommt hier zu einer Dehiszenz (Lockerung) und Klaffen der Schädelnähte.

Welche Arten von Gehirntumoren kann man unterscheiden?

- Die primären Hirntumoren gehen zumeist von den Neurogliazellen (Gliome), den Hirn- und Rückenmarkshäuten (Meningiome) und der Hypophyse (Adenome) aus.

- Die sekundären Tumoren des Nervensystems kann man in zwei Gruppen einteilen:

Geschwülste, die vom knöchernen Schädel oder knöchernen Wirbelkanal ausgehen, und metastatische Tumoren (besonders häufig bei Bronchialkarzinom, aber auch beim Mamma-Karzinom, Magenkarzinom, Hypernephrom, Prostatakarzinom und Gebärmutter-Karzinom sowie beim Melanosarkom u. a.

Wie häufig kommen Gehirntumoren vor?

Die Angaben über die Häufigkeit von Hirntumoren schwanken zwischen 3,5 und 4,5 Neuerkrankungen pro 100.0000 Einwohner. Rund 2,7 Prozent aller tödlich verlaufenden Krebserkrankungen sind Hirntumoren, wobei im Schnitt 3,4 Männer und 2,3 Frauen pro 100.000 Einwohner an Hirntumoren sterben.
Neurochirurgische Eingriffe, zytostatische Chemotherapie und Strahlenbehandlung haben zu einer Verminderung der Mortalität und längerer Lebensdauer geführt.

Wie diagnostiziert der Arzt ein Gehirntumor?

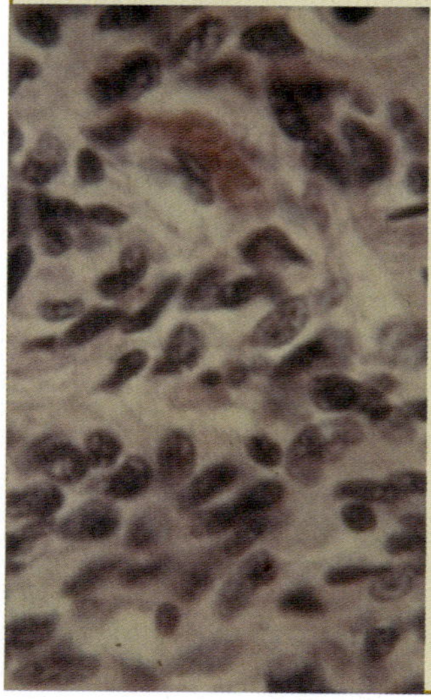

Die moderne apparativ-neurologische Untersuchung (Elektroenzephalographie, Hirnarteriographie, Szintigraphie, MRI (Kernspintomographie) und Computer-Tomographie) hat zur Frühdiagnostik von Tumoren des Zentralnervensystems wesentlich beigetragen.

Welche möglichen Ursachen der Gehirntumoren sind bekannt?

Trotz intensiver Bemühungen, pathogene Faktoren wie Traumata, Viren, familiäre Vorbelastung u.ä. zu finden, kann die Wissenschaft noch keine Antwort auf die Frage nach den Ursachen von Hirntumoren geben. Manche der kanzerogenen Faktoren gelten als angeboren, andere wiederum dürften erst später im Leben erworben werden.

sam; so können sie jahrelang vorhanden sein, ohne Symptome zu verursachen. Diese Neoplasien können bis apfelgroß werden; je nach ihrer Lokalisation verursachen sie dann typische neurologische Reiz- und Ausfallserscheinungen.
Die Meningiome gehen von der Arachnoidea aus, sie schieben bei weiterem Wachstum das Hirngewebe vor sich her („expansives Wachstum"). Vereinzelt trifft man auch Patienten mit multiplen Meningiomen. Der Schädelknochen oberhalb des Meningioms wird entweder atrophisch – durch den hier sich entwickelnden intensiven Tumorkreislauf – oder es entsteht eine osteosklerotische Reaktion mit einer typischen Struktur des Knochens in Form von vertikal gerichteten Knochenbälkchen.
Die neurologischen Reiz- und Ausfallserscheinungen sind prinzipiell die gleichen, wie sie auch bei den anderen herdförmigen Prozessen auftreten.
Die Prognose ist gut, wenn eine Frühdiagnose gelingt und eine totale Tumorausräumung möglich ist. Es bleiben natürlich Resterscheinungen zurück, wenn das Meningiom zu einer umschriebenen Rindenatrophie oder einer anderen Hirndruckschädigung geführt hat. Nicht ganz selten kommt es dadurch nach einer Meningiomoperation zu fokalen epileptischen Anfällen.

Neurinome

Neurinome (5–10 Prozent) sind im Allgemeinen gutartige Tumoren, die von den Schwann'schen Zellen der Hirnnerven (und auch peripheren Nerven) ausgehen. Sie können also an verschiedenen Stellen des zentralen und peripheren Nervensystems vorkommen. Die meisten Neurinome trifft man zwischen dem 35. und 45. Lebensjahr an; gefürchtet ist die Lokalisation im Kleinhirnbrückenwinkel. Hier handelt es sich meist um einen Tumor des achten Hirnnervs (und zwar meist des Nervus vestibularis), der gelegentlich auch einmal beidseitig vorkommt. Die Geschwulst entwickelt sich in der Nähe des Meatus acusticus internus und gibt

Anlass zu einer Anzahl charakteristischer Symptome.
Sie führt zu einer einseitigen Innenohrertaubung, zu Schwindelanfällen, Nystagmus und zerebellaren Erscheinungen. Wenn diese Tumoren früh genug entdeckt werden und eine vollständige operative Entfernung möglich ist, ist die Prognose günstig. Zur Früherkennung hilft die Untersuchung der akustisch evozierten Potenziale.

Sekundäre Hirntumoren

Diese Gruppe betrifft Tumoren, die von den knöchernen Höhlen ausgehen, sowie vor allem metastatische Tumoren.

■ *Tumoren des knöchernen Schädels*
Hierzu gehört das Osteom und das Chondrom. Sie verursachen meistens lange Zeit hindurch wenig Beschwerden.
Manchmal können diese Geschwülste sich zum Schädelinneren hin ausbreiten und zu einer gewissen Kompression des Gehirns führen.
Vereinzelt entwickelt sich auch ein Karzinom oder Sarkom vom Rachen- und Nebenhöhlenraum her und infiltriert dann den Schädelknochen. Klinisch finden sich vor allem Hirnnervenausfälle, die vom II. bis XII. Hirnnerv reichen können, meistens aber den II. bis VI. oder den IX. bis XII. betreffen.

■ *Metastatische Tumoren*
Bösartige Geschwülste verschiedener Körperorgane können zur Metastasenabsiedlung im Gehirn führen. Manche Karzinome (vor allem Bronchuskarzinome) metastasieren häufig dorthin.
Weitere Beispiele sind: das Karzinom des Magen-Darm-Kanals, das Mamma-Karzinom, das Nierenkarzinom, das Melanosarkom u. a.
Es ist nicht immer genau zu erkennen, wie die Metastasierung zustande kam. Man vermutet, dass sie überwiegend hämatogen erfolgt, aber gelegentlich wohl auch über die Lymphwege im Halsbereich.
Metastatische Tumoren haben meistens eine scharfe Grenze gegen das umgebende Gewebe und in ihrem Zentrum eine Nekrose. Um die Metastase herum kommt es allerdings zu einer ausgedehnten Ödemzone.

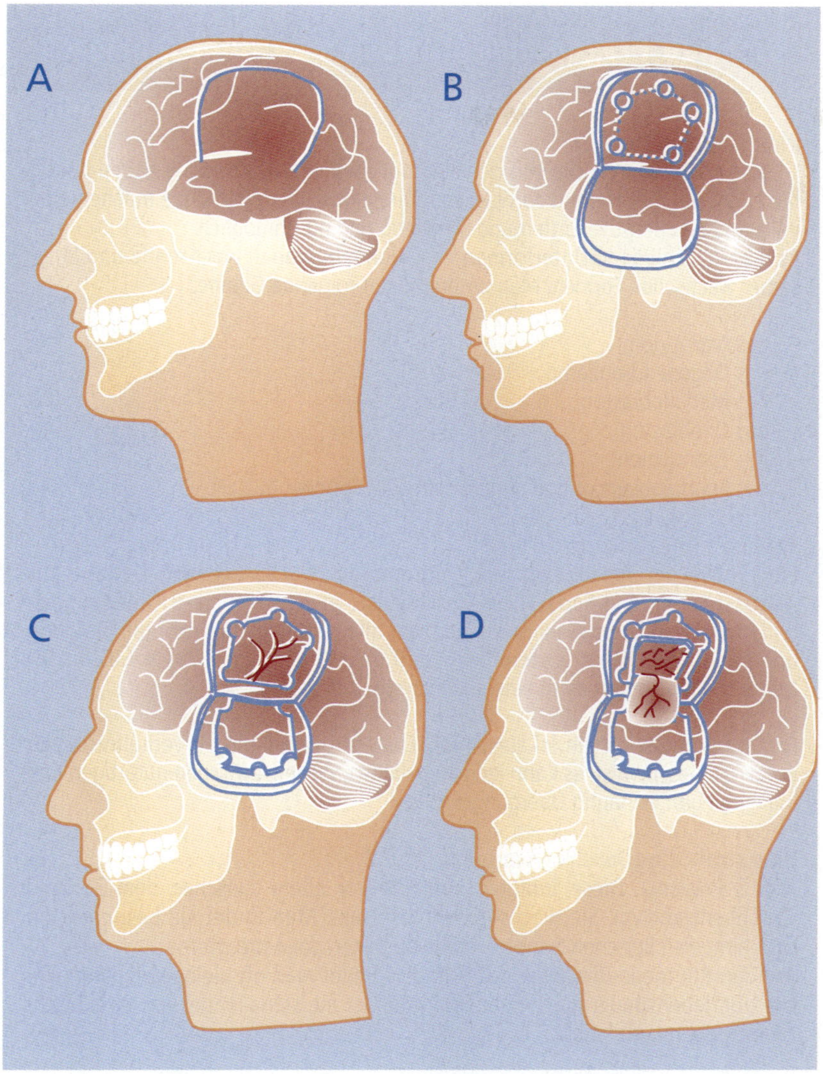

Schema einer Hirnoperation zur Entfernung einer Geschwulst im Scheitellappen des Großhirns.
A – Hautschnitt; B – Aufklappen der Haut und Bohren von Löchern; D – Umklappen des Knochenstücks; D – Lösen und Aufklappen der harten Hirnhaut. Das Gehirn liegt nun offen, sodass die Geschwulst entfernt werden kann.

Symptome

Bei allen intrakraniellen Tumoren lassen sich zwei Gruppen von Symptomen unterscheiden:
- Symptome der intrakraniellen Drucksteigerung;
- Lokalsymptome.

■ *Symptome der intrakraniellen Drucksteigerung*
Die intrakranielle Drucksteigerung tritt auf, wenn der wachsende Tumor sich im Schädelinneren ausbreitet und keine Ausweichmöglichkeiten bestehen. Das Syndrom der intrakraniellen Drucksteigerung besteht aus:
- Plötzlich auftretendem explosionsartigem Erbrechen, vor allem bei brüsken Bewegungen des Kopfes.
- Kopfschmerzen, meistens am frühen Morgen; vor allem als Kopfdruck.
- Pulsverlangsamung.

Wichtige Fragen und Antworten zu Gehirntumoren

Was sind Gliome?
Gliome sind Tumoren, die von den Neurogliazellen ausgehen. Sie haben häufig die Neigung, infiltrierend zu wachsen. Ihre zahlreichen Fortsätze machen eine vollständige operative Entfernung schwierig und oft unmöglich.
Es gibt verschiedene Unterformen von Gliomen: schnell wachsende und langsamer wachsende Formen. Man unterscheidet folgende Gliome:

- das Astrozytom;
- das Oligodendrogliom;
- das Medulloblastom;
- das Glioblastom;
- das Ependymom;
- das Spongioblastom und andere seltenere Formen.

Was ist ein Astrozytom?
Ein erheblicher Prozentsatz der Hirntumoren (ca. 15 Prozent) besteht aus Astrozytomen. Man findet diese Geschwülste in verschiedenen Altersgruppen und in verschiedenen Gehirnregionen, vor allem im Großhirn (frontal, temporal und parietal). Das Astrozytom bevorzugt das mittlere Lebensalter (30 bis 40 Jahre). Häufig kommt es zu einem kleinzystischen Zerfall.

Frühsymptom ist oft ein fokaler Anfall. Das Astrozytom gilt als verhältnismäßig gutartige Geschwulst; es kann jedoch maligne entarten, zwischen gutartigen und malignen gibt es häufig Übergangsformen.

Was sind Oligodendrogliome?
(Ca. 5 Prozent). Diese Tumoren kommen vor allem zwischen dem 35. und 45. Lebensjahr vor. Sie wachsen sehr langsam. Man findet sie besonders im Großhirn; die klinischen Symptome ähneln denen der Astrozytome.
Auf den Röntgenaufnahmen des Schädels findet man oft kleine Verkalkungen. Die Überlebensdauer nach einer Operation ist meistens lange: von zwei bis zu zwanzig Jahren und mehr.

Was sind Medulloblastome?
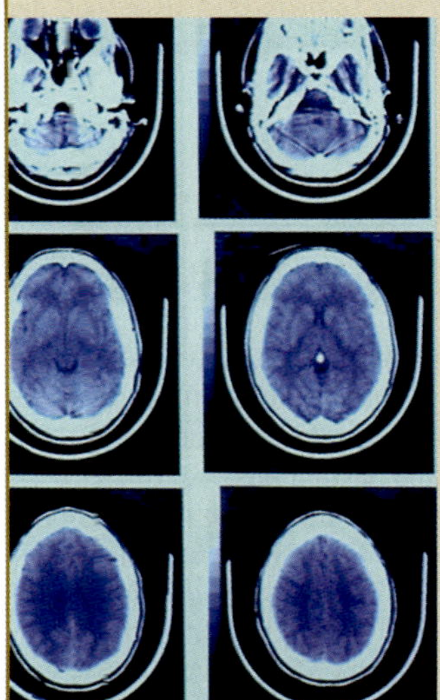

Diese Geschwülste (ca. 5 Prozent der Hirntumoren) kommen vor allem bei Kindern zwischen dem 7. und 12. Lebensjahr vor. Sie sind meist im mittleren Teil des Kleinhirns lokalisiert, breiten sich aber auch in den Liquorräumen und gelegentlich in die Hemisphären aus. Charakteristische Symptome sind: Erbrechen, Kopfschmerzen, Benommenheit und Gangunsicherheit.

Die Prognose ist im Allgemeinen ungünstig. Jedoch sind Überlebenszeiten nach Operationen und vor allem nach Röntgenbestrahlung manchmal von sieben bis acht Jahren bekannt; meist allerdings dauert die Überlebenszeit viel kürzer. Diese Geschwulst kann Abtropfmetastasen setzen.

- Nachlassen der psychischen Spannkraft.
- Verlangsamung, Benommenheit, Schläfrigkeit, Wesensänderung im weiteren Sinne.
- Stauungspapillen.
- Im EEG Allgemeinveränderung mit Frequenzverlangsamung.

Lokalsymptome

Ein Tumor führt nicht nur zu einem Ausfall von Funktionen in bestimmten Hirngebieten, sondern zunächst zu Reizerscheinungen.
Schon kleine Tumoren in der motorischen Hirnrinde können zu Krampfanfällen führen. Bei langanhaltendem Druck kann das Gewebe in der Nachbarschaft eines Tumors allerdings derartig geschädigt werden, dass es nicht mehr erregungsfähig ist und ein vollständiger Funktionsausfall eintritt.
Zu den wichtigsten Reizerscheinungen gehört also das Auftreten fokaler epileptischer Anfälle. Die meist später folgenden Ausfallserscheinungen sind recht mannigfach; so kann es zu motorischen Ausfällen auf der Gegenseite (kontralaterale Paralysen), aber auch zu sensiblen oder sensorischen Ausfällen (Störungen der Hautempfindung, Gesichtsfeldausfällen, Hörstörungen u. a.) kommen.
Nach der Lokalisation des Tumors kann man charakteristische Symptome feststellen. Aber auch plötzlich auftretende Lokalsymptome sind bekannt. Sie lassen sich auf Blutungen in dem Tumor, Gefäßabklemmungen oder die Einklemmung von Hirnteilen zurückführen.

Frontallappen
Typisch sind die motorischen Störungen (Hemiparesen), Ataxie und Fallneigung zur kontralateralen Seite nach hinten, Krampfanfälle, meistens ohne fokale Zeichen, manchmal jedoch durch eine Drehung des Kopfes oder Rumpfes von der Herdseite weg, eingeleitet.
Psychische Erscheinungen: Manchmal Euphorie, verbunden mit einer gewissen motorischen Enthemmung, wobei unpassende Äußerungen und Handlungen vorkommen; weiter Kritik- und

Gehirntumore, die ihren Ursprung im Nervensystem haben

Astrozytom

Ursprung	Stützzellen des Gehirns – Astrozyten
Grad der Bösartigkeit	Bösartig oder relativ gutartig
Anteil an allen Hirntumoren	65 Prozent (alle Gliome)
Betroffene	Kinder und Erwachsene (je nach Art)

Chordom

Ursprung	Nervenzellen in der Wirbelsäule
Grad der Bösartigkeit	Gutartig, aber invasiv
Anteil an allen Hirntumoren	Weniger als 1 Prozent
Betroffene	Erwachsene

Gliom (Glioblastoma multiforme)

Ursprung	Stützzellen des Gehirns, einschließlich Astrozyten und Oligodendrozyten
Grad der Bösartigkeit	Bösartig oder relativ gutartig
Anteil an allen Hirntumoren	65 Prozent (alle Gliome)
Betroffene	Kinder und Erwachsene (je nach Art)

Hämangioblastom

Ursprung	Blutgefäße
Grad der Bösartigkeit	Gutartig
Anteil an allen Hirntumoren	1 bis 2 Prozent
Betroffene	Kinder und Erwachsene

Hirnanhangdrüse-Tumor

Ursprung	Zellen der Wände der Hirnanhangdrüse
Grad der Bösartigkeit	Gutartig
Anteil an allen Hirntumoren	2 Prozent
Betroffene	Kinder und Erwachsene

Keimzelltumor

Ursprung	Embryonalzellen
Grad der Bösartigkeit	Bös- oder gutartig
Anteil an allen Hirntumoren	1 Prozent
Betroffene	Kinder

Medulloblastom

Ursprung	Embryonalzellen
Grad der Bösartigkeit	Bösartig
Anteil an allen Hirntumoren	Entfällt
Betroffene	Kinder

Meningiom

Ursprung	Zellen der Hirnhäute
Grad der Bösartigkeit	Gutartig
Anteil an allen Hirntumoren	20 Prozent
Betroffene	Erwachsene

Osteom

Ursprung	Schädelknochen
Grad der Bösartigkeit	Gutartig
Anteil an allen Hirntumoren	2 Prozent
Betroffene	Kinder und Erwachsene

Osteosarkom

Ursprung	Schädelknochen
Grad der Bösartigkeit	Bösartig
Anteil an allen Hirntumoren	Weniger als 1 Prozent
Betroffene	Kinder und Erwachsene

Pinealom

Ursprung	Zellen der Zirbeldrüse
Grad der Bösartigkeit	Gutartig
Anteil an allen Hirntumoren	1 Prozent
Betroffene	Kinder

Schwannom

Ursprung	Schwann'sche Zellen, die Nervenzellen umhüllen
Grad der Bösartigkeit	Gutartig
Anteil an allen Hirntumoren	3 Prozent
Betroffene	Erwachsene

Glioblastom im Gehirn; maligner neuroektodermaler Tumor starken

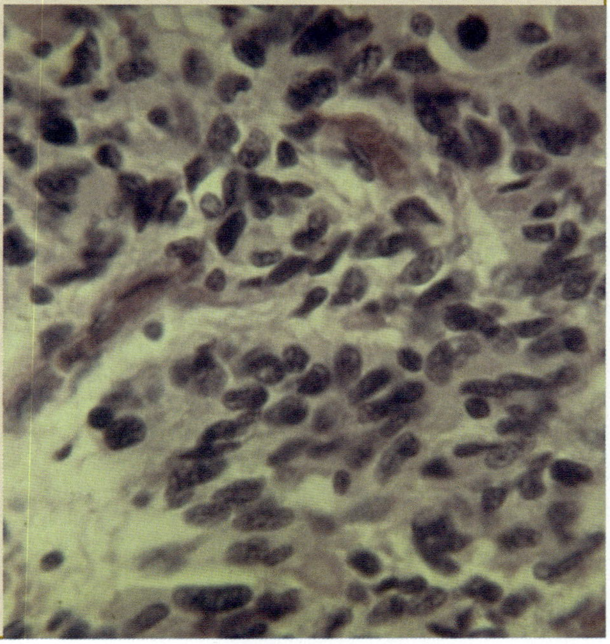

Wichtige Fragen und Antworten zu Gehirntumoren

Was ist ein Gliobastom?

Das Glioblastom multiforme ist ein stark infiltrierender und schnell wachsender Tumor mit einer sehr schlechten Prognose. Es tritt verhältnismäßig häufig in der zweiten Lebenshälfte auf (ca. 15 Prozent aller Hirngeschwülste). Seine biologische Bösartigkeit zeigt sich auch an seinem ganz unregelmäßigen Aufbau, der Neigung zu Nekrosen und Blutungen. Letztere können zu einer ganz akuten Symptomatik führen und eine rein gefäßbedingte Hirnblutung vortäuschen. Der Krankheitsprozess führt meist nach Monaten zum Tode.

Was sind Meningiome?

Diese Tumoren (ungefähr 15 Prozent) kommen in allen Altersgruppen vor, jedoch besonders häufig zwischen dem 40. und 50. Lebensjahr. Sie sind biologisch gutartig und wachsen langsam; so können sie jahrelang vorhanden sein, ohne Symptome zu verursachen. Diese Neoplasien können bis apfelgroß werden; je nach ihrer Lokalisation verursachen sie dann typische neurologische Reiz- und Ausfallserscheinungen. Die Meningiome gehen von der Arachnoidea aus, sie schieben bei weiterem Wachstum das Hirngewebe vor sich her („expansives Wachstum"). Vereinzelt trifft man auch Patienten mit multiplen Meningiomen. Der Schädelknochen oberhalb des Meningioms wird entweder atrophisch – durch den hier sich entwickelnden intensiven Tumorkreislauf – oder es entsteht eine osteosklerotische Reaktion mit einer typischen Struktur des Knochens in Form von vertikal gerichteten Knochenbälkchen.

Wie ist die Prognose der Meningiomen?

Die Prognose ist gut, wenn eine Frühdiagnose gelingt und eine totale Tumorausräumung möglich ist. Es bleiben natürlich Resterscheinungen zurück, wenn das Meningiom zu einer umschriebenen Rindenatrophie oder einer anderen Hirndruckschädigung geführt hat. Nicht ganz selten kommt es dadurch nach einer Meningiomoperation zu fokalen epileptischen Anfällen.

Was sind Neurinome?

Neurinome (5–10 Prozent) sind im Allgemeinen gutartige Tumoren, die von den Schwann'schen Zellen der Hirnnerven (und auch peripheren Nerven) ausgehen.
Sie können also an verschiedenen Stellen des zentralen und peripheren Nervensystems vorkommen. Die meisten Neurinome trifft man zwischen dem 35. und 45. Lebensjahr an; gefürchtet ist die Lokalisation im Kleinhirnbrückenwinkel. Hier handelt es sich meist um einen Tumor des achten Hirnnervs (und zwar meist des Nervus vestibularis), der gelegentlich auch einmal beidseitig vorkommt. Die Geschwulst entwickelt sich in der Nähe des Meatus acusticus internus und gibt Anlass zu einer Anzahl charakteristischer Symptome. Sie führt zu einer einseitigen Innenohrertaubung, zu Schwindelanfällen, Nystagmus und zerebellaren Erscheinungen. Wenn diese Tumoren früh genug entdeckt werden und eine vollständige operative Entfernung möglich ist, ist die Prognose günstig. Zur Früherkennung hilft die Untersuchung der akustisch evozierten Potenziale.

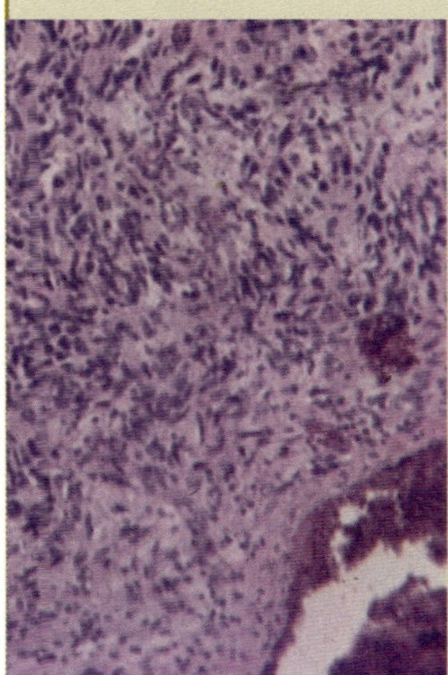

Urteilsschwäche und Antriebsstörungen bis hin zur vollkommenen Apathie.

Temporallappen

Motorische Störungen: Hemiparese und eine gewisse Ataxie.
Die Krampfanfälle sind meist durch das Fehlen von fokalen Erscheinungen gekennzeichnet, mitunter findet sich jedoch als Aura das Wahrnehmen eines unangenehmen Geruchs oder Geschmacks (sogenannte Uncinatuskrisen, da sie vor allem bei Prozessen in Gegend des Gyrus uncinatus vorkommen). Eine plötzlich auftretende, sehr intensive homolaterale Symptomatik lässt an einen Schläfenlappenvorfall mit Einklemmung im Tentoriumschlitz denken (Temporallappenhernie).
Psychische Störungen: Manchmal anfallsweise auftretende psychische Veränderungen, bei denen der Erkrankte desorientiert ist und gelegentlich angstvoll getrieben wirkt; er kann dabei das Empfinden haben, sich in einer bereits wohlbekannten Situation zu befinden.
Der Patient erscheint wie in einer Art Traumzustand. Man spricht von psychomotorischen Anfällen. Bei Erkrankungen der sprachdominanten Hemisphäre kommt es zur Aphasie.
Sie ist bei langsam wachsenden Tumoren zumal Jugendlicher allerdings wegen der Plastizität der Hirnfunktion oft überraschend gering ausgeprägt.
Offenbar werden dann sprachliche Funktionen von anderen Hirnteilen übernommen.

Parietallappen

Typisch sind fokale Krampfanfälle, oft vom Jackson-Typ, sowie eine kontralaterale Hemihypaesthesie, die vor allem die epikritische Sensibilität betrifft, während psychische Störungen selten auftreten.
Bei einer Erkrankung der dominanten Hemisphäre kann man Schreib-, Lese- und Rechenstörungen, Agnosien und Apraxien beobachten.
Beim Betroffensein der nichtdominaten Hemisphäre fallen eine eigenartige Krankheitsuneinsichtigkeit (Anosognosie) und räumliche Orientierungsstörungen sowie eine besondere Vernachlässigung der Gegenseite auf.

Okzipitallappen
Kontralaterale homonyme Hemianopsie und Krampfanfälle, denen optische Phänomene wie das Wahrnehmen von Lichtblitzen vorausgehen. Auch hier sind psychische Störungen selten. Sie können einhergehen mit optischen Halluzinationen.

Kleinhirntumoren

Die engen Verhältnisse in der hinteren Schädelgrube bringen es mit sich, dass allgemeine Tumorerscheinungen schon früh im Vordergrund stehen: Es kommt zu Kopfschmerzen und Erbrechen.
Der Patient macht durch das häufige Erbrechen einen schwerkranken Eindruck. Als Lokalsymptom müssen eine gewisse Nackensteifigkeit und eine Zwangshaltung des Kopfes nach vorne angesehen werden, wobei das Kinn zur Seite des Tumors hin gedreht sein kann.
Im Falle einer Einklemmung im Foramen magnum wird die Liquorzirkulation unterbrochen, wodurch heftige Kopfschmerzen und Bradykardie auftreten.
Es kann auch zu einem akuten Atemstillstand kommen. Weiter finden sich, abhängig von der Lokalisation, typische zerebellare Symptome wie eine Rumpfataxie oder eine Hemiataxie und andere zerebellare Zeichen.

Hirnstammtumoren

Hirnstammtumoren sind seltener; sie geben weniger Anlass zu einem intrakraniellen Druckanstieg. Als typische Erscheinungen eines Hirnstammsyndroms sieht man: die Hemiplegia alternans und die Hemianaesthesia alternans sowie Hirnnervenausfälle.
Als wichtigste psychische Störung ist die häufige Bewusstseinstrübung zu registrieren. Alle Symptome zeigen hier eine langsame, aber stetige Progredienz ein Hinweis auf die „ölfleckartige" Ausbreitung des Tumors.

Hirndrucksteigerung oder Hirntumor?

- Die gutartige Hirndrucksteigerung (auch gutartiger intrakranieller Hockdruck oder Pseudotumor cerebri genannt) ist eine Erkrankung, bei der Druck im Schädel ansteigt, ohne dass Anzeichen für einen Tumor, eine Infektion, eine Abflussstörung der Hirnflüssigkeit oder einen anderen Grund vorliegen. Manchmal wird diese Krankheit für einen Gehirntumor gehalten. Am häufigsten sind Frauen zwischen 20 und 50 Jahren betroffen, vor allem Übergewichtige.
- In den meisten Fällen lässt sich weder der Beginn noch der Rückgang der Drucksteigerung mit einem bestimmten Ereignis in Zusammenhang bringen. Bei Kindern tritt die Krankheit manchmal auf, nachdem Kortison abgesetzt worden ist oder das Kind übermäßig viel Vitamin A oder das Antibiotikum Tetrazyklin eingenommen hat.
- Eine gutartige Gehirndrucksteigerung macht sich anfangs meist durch leichte, manchmal aber auch starke Kopfschmerzen bemerkbar. Im weiteren Verlauf der Krankheit verlieren etwa fünf Prozent der Betroffenen vorübergehend das Sehvermögen, entweder teilweise oder vollständig, auf einem oder beiden Augen. Am Augenhintergrund können Schwellungen auftreten, was als Stauungspapille bezeichnet wird.
- Andere mögliche, behandelbare Ursachen für einen erhöhten Gehirndruck sollten vom Arzt ausgeschlossen werden. Eine Computertomographie (CT) ergibt meist ein normales Ergebnis, lediglich die luft- und flüssigkeitsgefüllten Hohlräume im Gehirn sind bei der gutartigen Gehirndrucksteigerung manchmal leicht zusammengedrückt. Eine Lumbalpunktion zeigt in der Regel eine Druckerhöhung in der Gehirn-Rückenmark-Flüssigkeit an, die Zusammensetzung der Flüssigkeit ist jedoch normal.
- Oft gibt sich eine gutartige Gehirndrucksteigerung innerhalb eines halben Jahres von selbst. Eine Behandelung ist nicht erforderlich, Übergewichtige sollten jedoch abnehmen. Gegen die Kopfschmerzen kann man Aspirin oder Parazetamol einnehmen. Ist der Gehirndruck nach einigen Wochen immer noch erhöht, verschreibt der Artz möglicherweise das Medikament Azetazolamid.
- Etwas 10 bis 20 Prozent der Betroffenen bekommen einen Rückfall, und bei einem kleinen Prozentsatz verschlimmert sich der Zustand zunehmend, bis sie schließlich erblinden. Das Sehvermögen kehrt unter Umständen auch dann nicht zürück, wenn der Schädeldruck abnimmt. Manchmal wird bei einer Operation ein Ventil eingesetzt, durch das die Gehirnflüssigkeit ablaufen kann.

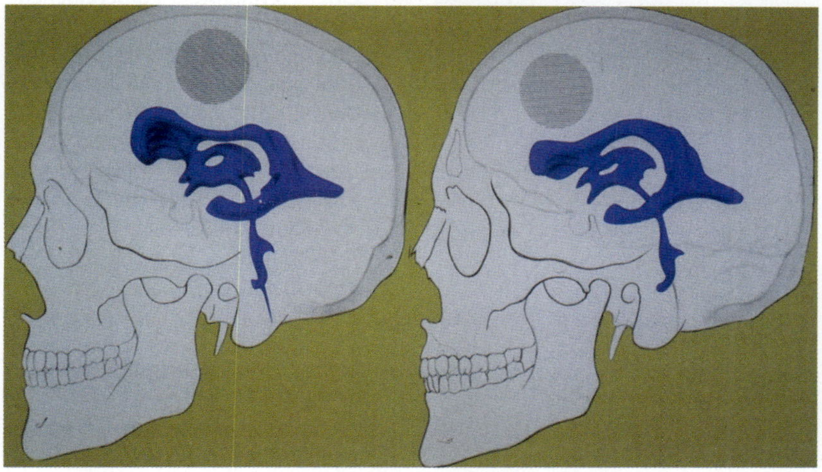

Verformung der Hirnkammer (blau) durch die Anwesenheit einer Geschwulst (schraffiert), links im Scheitellappen, rechts im Stirnlappen des Großhirns.

Gicht

Unter Gicht versteht man eine Stoffwechselkrankheit, bei der es infolge zu hoher Harnsäurekonzentration im Blut zu Anlagerungen von Harnsäurekristallen (Natriumuraat) in Gelenken und Geweben kommt.

Wenn der Anteil der Harnsäure mehr als 6,5 mg/dl beträgt, spricht man von Hyperurikämie (zu viel Harnsäure im Blut). In den Industrieländern haben heute 30 Prozent alter Männer und 3 Porzent der Frauen erhöhte Harnsäurewerte. Bei Frauen steigen die Werte nach den Wechseljahren an.

Allerdings entwickelt nur jeder zehnte Patient mit Hyperurikämie tatsächlicht eine Gicht. Die Wahrscheinlichkeit eines Gichtanfalles (*Arthritis urica*) steigt mit der Höhe der Harnsäurekonzentration im Blut. Bei Werten zwischen 6,5 und 7 mg/dl beträgt die Chance, innerhalb der nächsten ein bis anderthalb Jahre einen Gichtanfall zu erleiden, weiniger als 2 Prozent. Das entsprechende Risiko erhöht sich jedoch deutlich, und zwar auf 40 Prozent, wenn die Werte bei 8 mg liegen. Wenn die Werte über den Betrag von 9 mg/dl hiunaus gehen, liegt es bei nahezu 100 Prozent.

Schädigung des Knorpels bei Gicht

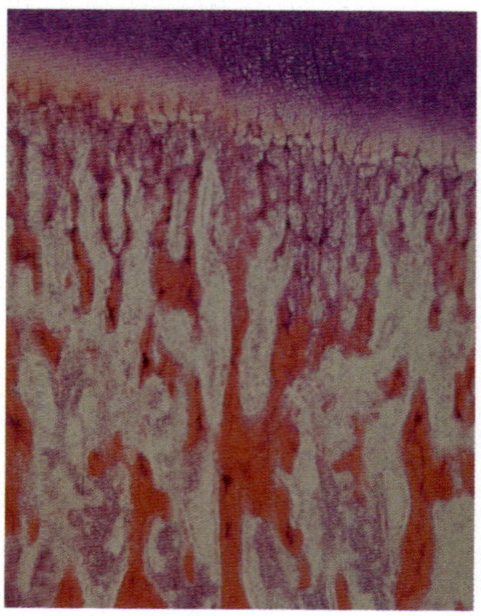

Harnsäureproduktion

Harnsäure ist ein Endprodukt des Purinstoffwechsels; Purine sind Zellbestandteile, die in allen menschlichen und tierischen Organismen vorkommen.

Die Harnsäure setzt sich aus zwei Anteilen zusammen: den Endprodukten des endogenen, also körpereigenen Zellstoffwechsels und den Abbauprodukten der mit der Nahrung zugeführten, also exogenen, purinhaltigen Substanzen.

Wenn die gesamte Harnsäureproduktion, sei sie endogen oder exogen, die Harnsäureausscheidung übertrifft, spricht man von einer positiven Harnsäurebilanz. Es kommt zu einer Vergrößerung des sogenannten Harnsäurepools. Das führt dann im Laufe der Zeit zu einem Harnsäurerückstau im Organismus.

Die Ursachen dieser Fehlfunktion können recht unterschiedlicher Natur sein. Man unterscheidet in diesem Zusammenhang zwischen primärer und sekundärer Hyperurikämie.

▲ Von einer *primären Erkrankung* spricht man, wenn aufgrund einer genetischen Veranlagerung eine Störung der Harnsäureausscheidung über die Nieren zugGrunde liegt. In seltenen Fällen ist es auch möglich, dass aufgrund von Enzymdefekten eine vermehrte körpereigenene Harnsäurebildung auftritt.

▲ Die *sekundäre Erkrankung* kommt als Folge anderer Krankheiten vor, die mit einer erhöhten Harnsäureproduktion verbunden sind. Dazu gehören:
  - Nierenerkrankungen;
  - Tumorerkrankungen;
  - Blutarmut;
  - Diabetes.

Verlauf und Symptome

Wenn man die Erkrankung nicht durch geeignete therapeutische Maßnahmen entgegenwirkt, verläuft sie in der Regel in vier Phasen:
- asymptomatische Phase;
- Phase der Erstmanifestation;
- interkritische Phase;
- chronische Gicht.

■ *Asymptomatische Phase*

Die asymptomatische Phase zeignet sich durch die Akkumulation der Harnsäure im Organismus aus. Sie verläuft völlig symptomlos und kann Jahre bis Jahrzehnte umfassen.

■ *Phase der Erstmanifestation*

Nun hat der Harnsäurerückstau ein Ausmaß erreicht, das zum ersten Gichtanfall führt. Auslöser sind rasche Änderungen des Harnsäurespiegels, zum Beispiel nach einem purinreichen Essen, Alkoholkonsum oder auch einer Hungerkur. Der Anfall kann von Fieber begleitet sein und betrifft meistens das Großzehengrundgelenk, was man auch als Podagra bezeichnet. Das betroffenen Gelenk ist stark entzündet, verfärbt sich hochrot und schwillt an. Jede Berührung ist mit heftigen Schmerzen verbunden. Die Patienten können mit dem betroffenen Fuß nur auf der Ferse auftreten und zeigen einen typischen humpelnd-hüpfenden Gang. Hin und wieder werden auch das Daumengrundgelenk und in ganz seltenen Fällen Knie- und Sprunggelenk befallen.

■ *Interkritische Phase*

Damit ist der Zeitraum bis zum nächsten Gichtanfall gemeint. Diese Phase ist wiederum völlig symptomfrei. Es kann Monate und Jahre dauern, bis ein erneuter Gichtanfall erfolgt. Diese symptomfreie Zeit verkürzt sich jedoch nach jedem Anfall immer mehr, bis schließlich das letzte Krankheitsstadium eintritt.

■ *Chronische Gicht*

Jetzt werden die Schmerzen praktisch zum Dauerzustand. Darüber hinaus entstehen bleibende Gelenkveränderungen. An den gelenknahen Sehnenansätzen bilden sich Gichtknoten, die sogenannten Gichttophi. Dabei handelt es sich um schmerzloze, derbe Knötchen, die unmittelbar unter der Haut liegen und maximal einen Zentimeter groß werden können. Bei Patienten mit langjähriger Gicht besteht häufig eine Einschränkung der Nierenfunktion.

Behandlung und Vorbeugung

Mithilfe einer konsequenten Therapie lassen sich die Auswirkungen der Erkrankung bis zur völligen Beschwerdenfreiheit mildern. Wichtig ist vor allem eine purinarme Ernährung. Eine dauerhafte medikamentöse Therapie kommt darüber hinaus immer dann in Frage, wenn der Harnsäureanteil 9 mg/dl übersteigt.
Zu diesem Zweck eignen sich u. a. der Enzymhemmer Allopurinol sowie das die Ausscheidung von Harnsäure fördernde Benzbromaron. Liegen die Werte unterhalb dieses kritischen Grenzbereichs, sollten Sie vor allem auf einen gesunden Speiseplan achten.
Als Ziel ist die Senkung des Harnsäureanteils auf etwa 5,5 mg/dl ins Auge zu fassen. Dazu ist es erforderlich, die Purinzufuhr und die daraus resultierende Bildung von Harnsäureäquivalent einzuschränken. Sorgen Sie dafür, dass die Zufuhr von Harnsäureäquivalenten den Betrag von 500 mg pro Tag nicht überschreitet.
Zu diesem Zweck sollten Sie den Verzehr von Fleisch, Fisch und Wurst auf 100 g pro Tag begrenzen. Innereien enthalten den höchsten Puringehalt und sind deshalb ganz zu meiden. Auch purinreiche pflanzliche nahrungsmittel wie beispielsweise Hülsenfrüchte, Spargel, Kohl oder Rosenkohl sind nur mit äußerster Vorsicht zu geniessen. Das Gleiche gilt auch für Alkohol.
Das Speiseplan soll hauptsächlich bestehen aus purinarmen Lebensmitteln. Dazu zählen beispielsweise Kartoffeln, Reis und Milchprodukte. Da beim Kochen von Lebensmitteln ein Teil der wasserlöslichen Purine aus den Lebensmitteln herausgespült wird und ins Kochwasser übergeht, empfiehlt es sich statt zu braten lieber zu kochen. Voraussetzung ist natürlich, dass das Kochwasser nicht weiterverwendet wird.

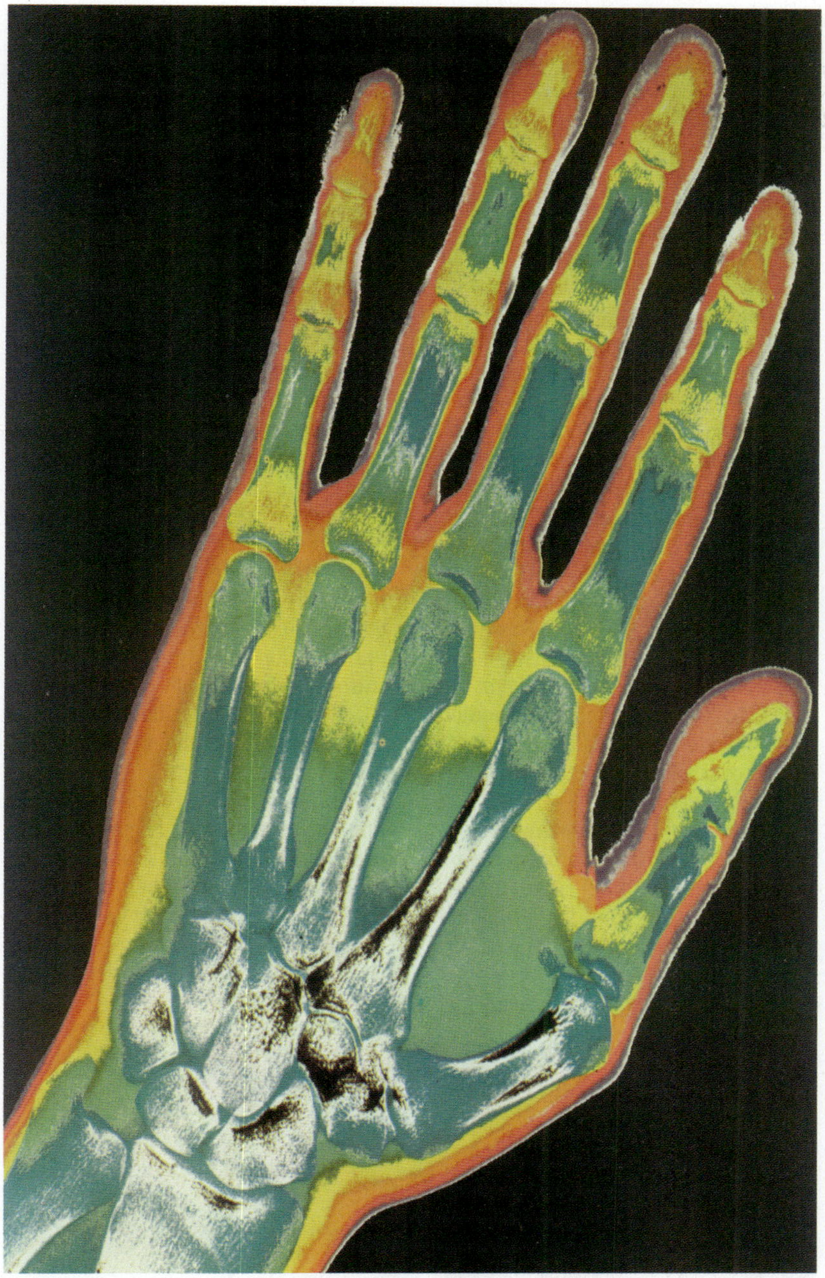

Ablagerung von Harnsäurekristallen an den Handgelenken

Durch hohe Harnsäurekonzentrationen im Blut und im Gewebe können sich bei der Gicht Harnsäurekristalle bilden, die sich an den Gelenken (zum Beispiel große Zehe) ablagern und dort zu Beschwerden führen.

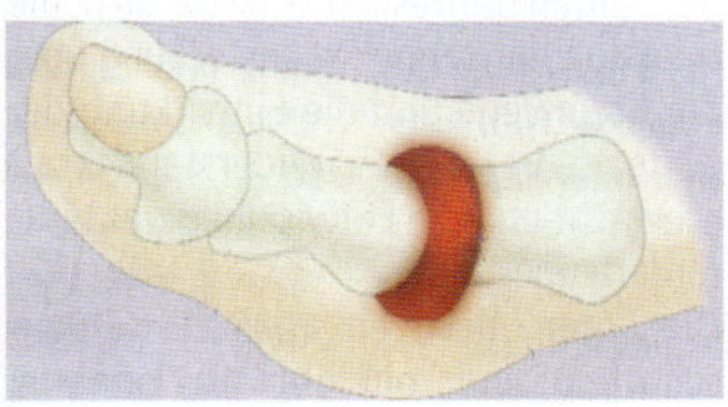

Grippe

Bei der Grippe handelt es sich um eine Virusinfektion, die Fieber, eine rinnende Nase, Husten, Kopfschmerzen, ein allgemeines Kankheitsgefühl und eine Entzündung der Schleimhäute in der Nase und den Atemwege verursacht.
Im allgemeinen Sprachgebrauch werden mit der Begriff Grippe eine Reihe von Krankheiten bezeichnet, die vorwiegend, aber nicht ausschließlich die Atemwege betreffen und häufig in der kalten Jahreszeit auftreten. In Wirklichkeit ist die Grippe eine genau definierte Krankheit epidemischer Natur, die seit dem 16. Jahrhundert beschrieben wird. Sie tritt in Form einer Entzündung der Luftröhrenschleimhaut (*Tracheitis*) und fiebrigen Bronchitis auf, die sich zu einer Lungenentzündung (selten) oder bakteriellen Komplikationen der Bronchien (häufig) entwickeln können.
Mit dem Begriff Influenza (lateinish *influere* = einfließen) verband man in der Vergangenheit zwei Eigenschaften: Einfluss der Kälte, um die Verbindung zur Erkältung und kalten Jahreszeit zu unterstreichen, und *coeli influencia* (himmlicher Einfluss), um bei einem unvorhergesehenen Ausbruch und einer raschen Verbreitung in der Bevölkerung, wie bei allen nicht wissenschaftlich erklärten Ereignissen, eine Verbindung zum Himmel herzustellen.
Der Zusammenhang von jährlichen Epidemien und der kalten Jahreszeit sowie die weitaus gefährlicheren Pandemien (rasche Verbreitung der Infektion auf der ganzen Welt) sind charakteristisch für die Grippe (insbesondere für die Pandemie) und stellen auch heute noch ein großes Problem der Volksgesundheit dar. Die saisonale Grippe beim Menschen wird von Viren verursacht, die bereits in der Bevökerung zirkuliren und sich lediglich leicht verändert haben.
Die Grippe an sich ist keine gefährliche Krankheit, kann aber zu Komplikationen des Herzens und des Atemapparates führen, wenn sie nicht behandelt wird. Für eine völlige Heilung ist vor allem die Ernährung wichtig, die den durch das Schwitzen entstandenen Flüssigkeitsverlust ausgleichen soll und außerdem kräftend sein muss.

Schleimhautentzündung verursacht durch Grippeviren

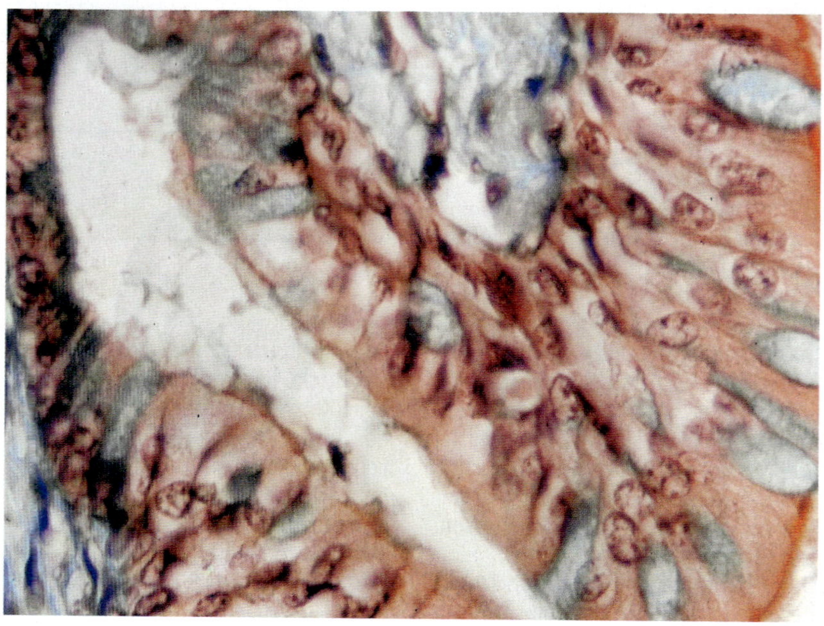

Ursachen

Die Grippe wird durch ein Virus ausgelöst, das in drei Typen (A, B und C) unterteilt wird. Diese bestehen ihrerseits wieder aus Subtypen.
Vom Standpunkt der Epidemie aus ist der Typ A die wichtigste Form. Er ist verantwortlich für die großen Epidemien, die weltweit die Bevölkerung betreffen können. Der Typ C ist nur von ungeordneter Bedeutung. Das Virus B ist auf sporadische Erkrankungen beschränkt.
Die starke Verbreitung der Grippe beruht einerseits auf der leichten Übertragbarkeit des Virus sowie vor allem auf dem ständigen Wechsel seiner Antigenmuster (jener Strukturen, die die Bildung von Antikörpern hervorrufen). Dadurch ist die Bevölkerung vor allem jenen Grippeviren ausgesetzt, gegen die siie noch nicht immun ist.
Ein Hauptmerkmal des Grippevirus besteht nämlich darin, dass es von seinem Wesen her nicht stabil ist. Es bilden sich immer neue Grippeviren mit unterschiedlichen Eigenschaften, die neue Epidemien hervorrufen und folglich immer neue Impfungen erfordern.
Grippeepidemien sind immer mit einem Auftreten eines neuen Subtypus oder Virusstocks verbunden, die von infizierten Personen von einem Land in das andere gebracht werden und so die nicht immune (rezeptive) Bevölkerung befallen.
Grippeepidemien treten bevorzugt in der kalten Jahreszeit auf, da sich die Infektion durch direkte Ansteckung über die Atemwege und die Einwirkung der Kälte, die die Widerstandskraft schwächt und die Entwicklung des Virus fördert, überträgt.
Die Viren besitzen toxische Eigenschaften und obwohl es keinerlei

Anzeichen gibt, dass sie sich über den Atemapparat hinaus verbreiten, zeigt das klinische Bild zahlreiche Symptome, dass andere Organe auch betroffen sind.
Auch bei Patienten, die vorher unter keinerlei kardiovaskulären Erkrankungen zu leiden hatten, kann es zu Zyanose (bläuliche Verfärbung der Schleimhäute), einer deutlichen Erhöhung der Herzfrequyenz, Unregelmäßigkeit des Pulses (kardiale Arrhythmie) und niedrigen Blutdruck kommen.
Die Ursache der Symptome des Atemapparates liegt hingegen im Befall und der Zerstörung der auf der Schleimhaut des Rachens, der Luftröhre und Bronchien befindlichen Zilien durch die Viren. Aus diesem Grund kommt es häufig am Ende der Fieberphase zu einer Tracheobronchitis, die sich mit einem Brennen hinter dem Brustbein und andauerndem Reizhusten zeigt.
Das Nachwachsen der Zilien auf der Schleimhaut der Atemwege, die durch den Grippevirus zerstört wurden, dauert mindestens zwei bis drei Wochen. Daher kann der starke Reizhusten auch noch Wochen nach der akuten Phase der Grippe und dem Abklingen des Fiebers andauern.

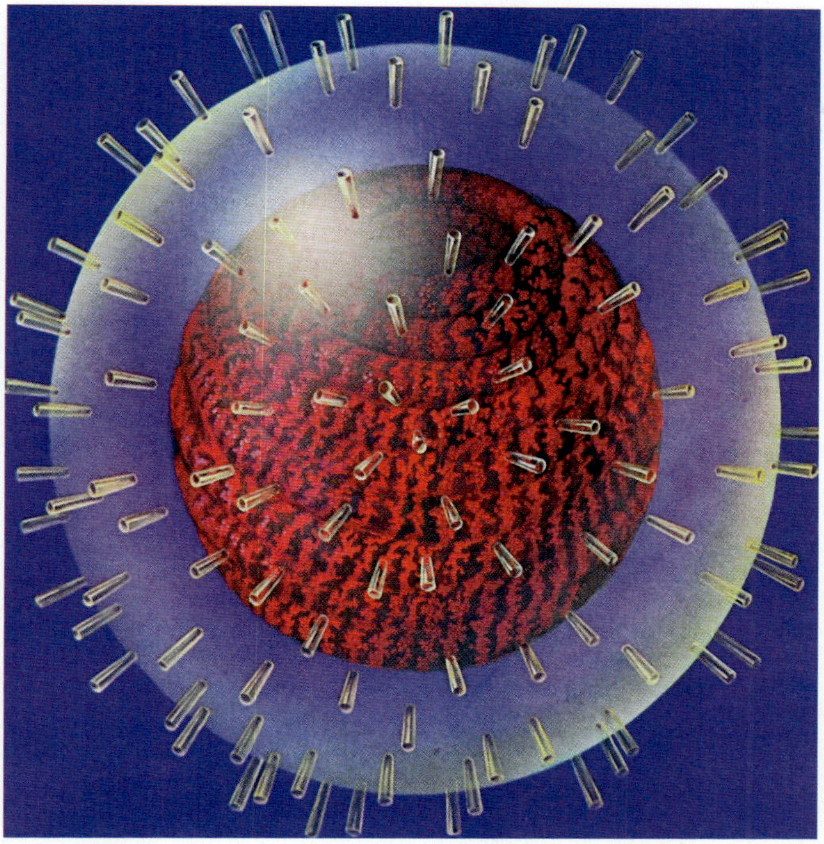

Modell eines Grippevirus

Symptome

Das klinische Bild der Grippe zeigt drei bestimmte Phasen:

- ▲ Die Inkubationszeit, die ein bis drei Tage dauern kann und üblicherweise keine besonderen Symptome zeigt.
- ▲ Die eigentliche Krankheit, die zwei bis vier Tage dauern kann, mit Fieber, Herzjagen, Kopfweh und Schmerzen am ganzen Körper.
- ▲ Die Dritte Phase ist die Rekonvaleszenz.

Die Grippe zeigt sich als Störung der Atemwege (Nase, Rachen, Kehlkopf, Luftröhre, Bronchien) und durch allgemeine Symptome.
Die Kranklheit hat eine äußerst kurze Inkubationszeit von ein bis drei Tagen, häufig auch kürzer als 24 Stunden ab Kontakt mit einem Erkrankten. Prompt stellen sich folgende Symptome ein:

- Schüttelfrost;
- Übelkeit;
- Schwindel;
- Kopfweh;
- Augenschmerzen durch Licht;
- Gefühl des Zerschlagenseins;
- Schmerzen am ganzen Körper;
- Schmerzen an den Muskeln, Gelenken und Knochen;
- Hohes Fieber (39 bis 40 °C).

Nach wenigen Stunden fühlt sich der Patient äußerst müde, ist entkräftet und körperlich vollkommen zerschlagen. Häufig kommt es während der ersten zwei bis drei Tage zu Erbrechen und absoluter Appetitlosigkeit.
Bei der typischen Grippe tritt jetzt eine katarrhalische Entzündung ein. Der Rachen ist gerötet und man verspürt ein brennendes Gefühl, das sich über den Kehlkopf zur Luftröhre hinab ausbreitet. Die Nase und die Augen rinnen, die Stimme ist rauh, der Husten trocken und hart.
Die Brust schmerzt, und der ständige Husten verschlimmert dies noch. Dieser Zustand dauert zwei bis drei Tage, manchmal auch länger – bis zu einer Woche, Dann sinkt das Fieber praktisch über Nacht, während die Schmerzen (Kopfweh, schmerzende Knochen und Muskeln), Erbrechen, Appetitlosigkeit usw. nachlassen.
Der Kranke ist jedoch immer noch sehr müde, zerschlagen und kommt nur langsam wieder zu Kräften. Der Husten hält noch eine gewisse Zeit an, stets verbunden mit einem mehr oder weniger starken Schleimauswurf, der ab und zu auch leicht blutig ist.
Diese reine Formen der Grippe haben größtenteils einen gutartigen Verlauf und heilen komplett aus. Einzig ein gewisses Gefühl der Müdigkeit kann noch über einen Monat hinaus andauern. Auch bei Epidemien gibt es leichte und sehr leichte Fälle, die auskuriert werden können, ohne im Bett liegen zu müssen.

Wichtige Fragen und Antworten zur Grippe

Was ist die Grippe?
Bei der Grippe handelt es sich um eine Virusinfektion, die Fieber, eine rinnende Nase, Husten, Kopfschmerzen, ein allgemeines Krankheitsgefühl und eine Entzündung der Schleimhäute in der Nase und in den Atemwegen verursacht.

Wenn kommt eine Grippeepidemie vor?
Jedes Jahr im Spätherbst und zu Beginn des Winters treten Epidemien von Atemwegserkrankungen durch Grippeviren auf. Dieser Krankheit kommt auf der ganzen Welt vor.

Kennt man die Ursache der Grippe genau?
Obwohl viele verschiedene Viren die Symptome einer Grippe hervorrufen können, sind gewöhnlich nur die Influenza-A- und -B-Viren für die Epidemien in der genannten Zeit verantwortlich.

Wie infizieren Grippeviren die Menschen?
Die Viren werden durch Einatmen infizierter Tröpfchen, die ein Kranker ausgehustet oder ausgeniest hat, oder durch direkten Kontakt mit den Sekreten einer infizierten Person übertragen. Manchmal ist der Umgang mit infizierten Gebrauchsgegenständen die Ursache einer Ansteckung.

Welches sind die Ursachen, die eine Ansteckung und Verbreitung der Grippe fördern?
Dazu gehören vor allem rasche Temperaturveränderungen. Besonders gefährlich ist der Wechsel von geheizten oder überheizten Räumen (Haus, Büro, Schule, Transportmittel) ins Freie bei tiefen Temperaturen.

Welches Alter ist am häufigsten betroffen?
Alle Altersstufen sind gleich betroffen, wobei jedoch Kinder zwischen zwei und vier Jahren bei kinderreichen Familien und zwischen fünf und sechs Jahren bei Schulanfängern am häufigsten darunter leiden. Die Häufigkeit sinkt rapide nach dem siebenten Lebensalter und steigt erst wieder um 40 herum an.

Welche Unterscheidungsmerkmale bestehen zwischen einer banalen Erkältung und einer Grippe?
Bei Grippe sind die Krankheitserscheinungen schwerer als bei einer gewöhnlichen Erkältung, und es gehören noch Kopfschmerzen, Appetitlosigkeit, Abgeschlagenheit und höheres Fieber (bis zu 39 °C oder 40 °C) dazu.

Wie lange dauert die Grippe in der Regel?
Die akute fieberhafte Phase dauert von 4–5 bis zu 8 oder 10 Tagen, oft folgt eine manchmal wochenlange Periode der Schwäche.

Was hat es zu sagen, wenn das Fieber länger als 4–5 Tage dauert?
Das bedeutet wahrscheinlich, dass es zu einer Überlagerung der Virusinfektion mit einer bakteriellen Infektion gekommen ist.

Was sind die Hauptkomplikationen der Grippe?
Lungenentzündung und Bronchitis (Bronchopneumonie).

Bei einer Epidemie können sehr ernste Fälle – mit starken Atem- und Kreislaufproblemen, Husten, hohem, kaum wahrnehmbarem Puls – auftreten, oft mit tödlichem Ausgang. Vor allem ältere Leute mit Herz- oder Lungenleiden oder anderen schweren Erkrankungen sind davon betroffen.

Komplikationen

Obwohl die Grippe eine schwere Erkrankung ist, fühlen sich gesunde Menschen meist nach sieben bis zehn Tagen wieder wohl. Komplikationen können die Krankheit allerdings verschlimmern. Sehr junge und sehr alte Menschen sowie solche mit Herz- oder Lungenkrankheit oder mit einer Krankheit des Nervensystems haben ein besonders großes Risiko, Komplikationen bei der Grippe zu erleiden – bis hin zum tödlichen Ausgang.

Die wesentlichen Komplikationen ergeben sich aus der Infektion, die durch Keime verursacht wird, wie den Pneumokokken, Staphylokokken, Streptokokken usw., die normalerweise als Saprophyten auf der Schleimhaut der Atemwege zu finden sind und durch die Einwirkung des Grippevirus auf den Organismus virulent werden.

Es kommt in der Regel zu hohem Fieber, Atemnot, hartnäckigem Husten mit schleimigem oder schäumendem Katarrh. Häufig handelt es sich um echte Herde einer Bronchopneumonie, die fast immer etwas später auftreten, manchmal auch während der Rekonvaleszens. Meist sind sie die Folge mangelnder Vorsicht des Rekonvaleszenten.

Wesentlich gefährlicher und meist rasch verlaufend ist die Lungenentzündung, die zu Beginn der Grippe auftreten kann. Sie kann entweder direkt vom selben Grippevirus verursacht werden (primäre grippale Lungenentzündung) oder durch eine bakterielle Infektion, die mit der viralen gemeinsam auftritt (sekundäre infektiöse Lungenentzündung) und deren rasche Ausdehnung durch die bereits bestehenden viralen Verletzungen des Bronchialbaums und das Exsudat (Katarrh), das die Entwicklung von Bakterien fördert, unterstützt wird. Bei diesen Formen kann das hohe

Fieber, das für die Gruppe typisch ist, die Lungenentzündung verdecken und eine korrekte Diagnose mit entsprechender Behandlung verzögern.

Der Verdacht auf Lungenentzündung im Anfangsstadium der Grippe erhärtet sich, wenn verstärkt Atemprobleme und Brustschmerzen auftreten, verbunden mit Husten mit eitrigem, leicht blutigem Katarrh.

Bei geschwächten Personen (alte Menschen, bereits bestehende chronische Krankheiten usw.) breiten sich die Bronchopneumonieherde auf beide Lungenflügel aus, und es kommt zu einem typisch asphyktischen (pulslosem) Krankheitsbild.

Der Patient ist bettlägerig, bleich, ängstlich, fahl, mit kaltem Schweiß bedeckt und von ständigem Husten geplagt. Auch bei diesen Fällen kann der Ausgang tödlich sein.

Bei den gutartigeren Formen geht nach zwei oder drei wechselhaften Wochen das Fieber zurück, der Puls bleibt schnell und die Müdigkeit weiterhin aufrecht.

Der Verlauf ist monoton und es scheint, als ob der Tag der Heilung niemals kommt. Andererseits führt ein frühzeitiges Aufstehen oder zu rasche Wiederaufname der Arbeit leicht zu einem Rückfall.

Zu den Komplikationen der Grippe gehören auch:

- Ohrenentzündungen;
- Stirnhöhlenentzündung;
- Kieferhöhlenentzündung;
- Nierenentzündung;
- Eitrige Arthritis.

Das Herz ist häufig von der Krankheit betroffen, wobei der Umfang von sekundärer Insuffizienz (Versagen) bis zu schweren Entzündungen des Herzmuskels (Myokarditis) reicht.

Grippeviren sind nur sehr selten an Entzündungen von Gehirn (Enzephalitis) oder Muskeln (Myositis) beteiligt. Eine Enzephalitis kann den Betroffenen schläfrig, verwirrt oder sogar ohnmächtig werden lassen.

Das Reye-Syndrom ist eine ernste und möglicherweise tödliche Komplikation, die meistens bei Kindern auftritt, die mit Grippeviren aus der Gruppe B (Influenza Typ B) infiziert sind und Acetylsalicylsäure bekommen.

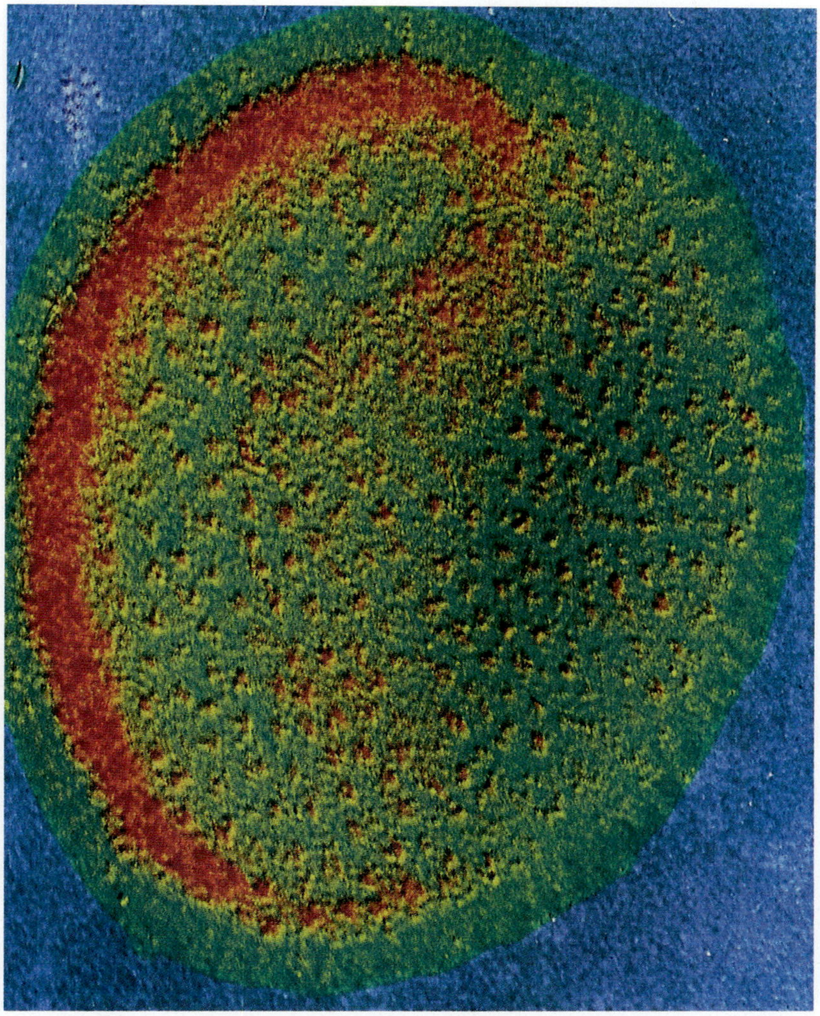

Elektronenmikroskopische Aufnahme eines Grippevirus

Diagnose

Diese ist leicht zu stellen, wenn sich die Grippe epidemieartig ausbreitet und in ihrer klassischen Form und typischen Entwicklung zeigt. Nur bei diesen Fällen dürfte man streng genommen von Grippe sprechen.

Bei sporadischen Fällen und katarrhalischen, fiebrigen Erkrankungen, die häufig im Winter auftreten, ist es schwierig, wenn nicht unmöglich, mit absoluter Sicherheit die Erkrankung genau zu bestimmen.

Der Name Grippe ist hier meist irreführend, da es sich fast immer um eine Infektion der Atemwege durch Viren handelt, die mit dem Grippevirus nicht verwandt sind.

Eine Grippeinfektion lässt sich zwar durch einen Bluttest erkennen; allerdings ist dieser nicht immer nötig oder durchführbar. Um die Diagnose zu sichern, ist es besser, das Grippevirus in einer Kultur aus den Atemwegesekreten zu kultivieren.

Therapie

Absolute Ruhe und eine leichte Diät mit Halbflüssignahrung sind für einen positiven und komplikationsfreien Verlauf notwendig. Sehr häufig werden auch Medikamente gegen Fieber und

Wichtige Fragen und Antworten zur Grippe

Kann Grippe auch tödlich sein?
Jährlich sterben einige wenige Menschen an Grippe. Es kann jedoch auch zu richtigen Epidemien mit zahlreichen Toten kommen. Dies war der Fall bei der asiatischen Grippe im Jahre 1957 oder der Hongkong-Grippe 1968, die Tausende von Todesfällen zur Folge hatten (man spricht von 40.000 bis 50.000 Toten pro Epidemie). Noch dramatischer war die sogenannte spanische Grippe (1918/1919), als 25 Millionen Menschen daran starben.

Gibt es eine Schutzimpfung gegen Grippe?
Gegen Grippe können Sie sich impfen lassen. Doch weil sich Influenzaviren immer wieder verändern, hält eine Impfung nur für die laufende Saison und muss jedes Jahr wieder mit den aktuellen Impfstoffen erneuert werden.

Wie oft sind diese Impfungen zu wiederholen?
Etwa einmal jährlich.

Spielen Antibiotika für die Grippebehandlung eine Rolle?
Ja, aber nur in einem gewissen Ausmaß. Ihre Wirkung besteht nicht in der Heilung der grippalen Virusinfektion, sondern mehr in der Vorbeugung einer Sekundärinfektion (bakterielle Infektion). Es wird daher weniger leicht zu Komplikationen – Nebenhöhlenentzündung, Bronchitis, Lungenentzündung usw. – kommen, wenn Antibiotika gegeben werden.

Gibt es spezielle Nachweisverfahren zur Diagnose der Grippe?
Während einer Grippeepidemie, die alle paar Jahre auftritt, ist die Diagnose leicht. Außerdem können bestimmte Blutuntersuchungen und der Virusnachweis die Diagnose sichern.

Wie lange dauert die Inkubationszeit bei Grippe?
Ein bis drei Tage.

Hinterlässt die Grippe eine Immunität?
Ja, aber sie hält nur ein paar Monate an.

Wie lange soll man mit einer Grippe im Bett bleiben?
Mindestens 48 Stunden nachdem das Fieber heruntergegangen ist und alle Medikamente abgesetzt worden sind. Wenn starker Husten im Vordergrund steht, muss man sich noch längere Zeit schonen.

Wie bald nach einer Grippe kann man wieder voll arbeiten?
Erst wenn alle Krankheitserscheinungen – auch Müdigkeit, Schwäche und Schwindel – geschwunden sind. Eine zu frühe Arbeitsaufnahme kann zu einem Rückfall führen

Bedeutet es unbedigt, dass eine Lungenentzündung eingetreten ist, wenn während eine Grippe Husten auftritt?
Nein. Eine Reizung in jedem Abschnitt des Atemtrakts kann zum Husten führen.

Wann soll man sich bei einer Erkrankung der Atemwege entschließen, einen Arzt zu holen?
Man soll den Arzt rufen, wenn die Temperatur länger als 24 Stunden erhöht bleibt.

Schmerzen eingesetzt, um die gröbsten Symptome zu lindern.
Diese verändern zwar den Verlauf der Krankheit nicht, verschaffen aber dem Patienten eine gewisse Erleichterung.
Antibiotika und Sulfonamide sind nur dann einzunehmen, wenn sie vom Arzt bei bakteriellen Komplikationen verschrieben werden. Vitamin C scheint eher eine leicht vorbeugende als heilende Wirkung zu besitzen.
Als sehr nützlich für die Linderung der Beschwerden haben sich Gurgelwasser und Inhalationen mit leichten desinfizierenden oder entzündungshemmenden Substanzen, Naseneinträufelungen mit Ölen, hustenlindernde Mittel sowie anregende Mittel gegen die allgemeine Nervendepression und Herzschwäche erwiesen.
Andere Komplikationen und Symptome (Erbrechen, Durchfall usw.) werden je nach Symptom mit den jeweilig entsprechenden Mitteln behandelt.
Während der Rekonvaleszenz sollte man sich gut erholen und durch einen reichen und nahrhaften Speiseplan wieder zu Kräften kommen, um einen Rückfall oder Spätfolgen zu vermeiden.

■ *Virustatica*
Es gibt heutzutage verschiedene Virustatika, Medikamente, die Viren inaktivieren, zum Beispiel Tamiflu und Relenza. Dieses Medikament gehört zur Arzneimittelgruppe der sogenannten Neuraminidasehemmer. Es wirkt dadurch, dass es die Fähigkeit des Virus, sich im Körper zu verbreiten, verringert. Infolgedessen entwickelt sich die Grippe nicht zum akuten Stadium weiter, und Komplikationen lassen sich vermeiden. Das heißt, dass Sie mit diesem Medikament rascher von der Krankheit genesen und sich früher wieder besser fühlen.

■ *Amantadin*
Amantadin, ein antivirales Arzneimittel, kann vor den Grippeviren A, nicht aber vor den Grippeviren B schützen. Die Medikamente können bei einer Influenza-A-Epidemie jene Menschen schützen, die engen Kontakt zu infizierten Personen haben müssen auch Menschen mit einem hohen Infektionsrisiko, die nicht geimpft sind,

Häufiger Hände waschen

- Regelmäßige Händehygiene hilft, die Grippeansteckung zu vermeiden.
- Ausgiebig und mit Seife gilt für viele Hygieniker immer noch als eine der einfachsten Schutzmaßnahmen gegen lauernde Keime in U-Bahnen, an Schulbänken oder Türklinken.
- Denn die eigenen – von einem ganzen Erregerzoo – kontaminierten Hände, mit denen man sich ständig über Augen, Nase und Mund reibt, sind die Infektionsquelle Nummer eins.
- Am besten ins Taschentuch niesen und gleich wegwerfen.

können das Medikament einnehmen. Die Mittel können zwei bis drei Wochen nach einer Impfung wieder abgesetzt werden.
Falls nicht geimpft werden kann, kann man Amantadin während des gesamten Zeitraums einer Epidemie einnehmen, gewöhnlich sechs bis acht Wochen lang.

Vorbeugung

Allgemein vorbeugende Maßnahmen helfen nicht viel, da die Grippe stark ansteckend ist. Die Übertragung erfolgt durch Tröpfchen, die durch Husten und Niesen in die Luft gelangen. Diesen sind wir alle ausgesetzt, sei es in Geschäften und öffentlichen Verkehrsmitteln, in der Schule, am Arbeitsplatz oder auch zu Hause.
Dennoch empfiehlt es sich, auf die Umweltbedingungen zu achten:

- ▲ Schutz vor Kälte (aber nicht übertrieben, damit man nicht ins Schwitzen kommt);
- ▲ keine Anstrengung;
- ▲ vitaminreiche Ernährung (kein Alkohol);
- ▲ vernünftige Raumtemperatur, damit beim Verlassen der Wohnung keine großen Temperaturunterschiede auftreten;
- ▲ häufiges Lüften der Räume, um genügend Luftfeuchtigkeit zu gewährleisten.

Während Epidemien sind Menschenansammlungen zu meiden (öffentliche Veranstaltungen, Unterhaltungen usw.). Wer einen Kranken pflegt, sollte sich gut waschen, vor allem Gesicht und Hände, und auch Mund und Rachen mit lauwarmem Salzwasser, wenn möglich, spülen.

Impfung

Die einzige wirksame Vorbeugung sind Impfungen mit Impfstoffe, die den für die Epidemie verantwortlichen Virenstamm enthalten. Jährlich veröffentlicht das Gesundheitsministerium auf Empfehlung der WHO (Weltgesundheitsorganisation) einen Bericht über den Stand der Grippeepidemien und den Grippevirustypus, der für die nächste Epidemie verantwortlich sein soll.
Aufgrund dieser Empfehlungen werden von den Pharmaunternehmen Impfstoffe hergestellt, die aus toten Viren bestehen. Die Verabreichung erfolgt intramuskulär oder subkutan in einer einzigen Dosis bei Erwachsenen und in zwei Dosen, im Abstand von einem Monat, bei Kindern unter zwölf Jahren oder Personen, die noch nie geimpft wurden. Zwei Impfungen empfehlen sich immer dann, wenn der Virustyp völlig neu ist.
Der Impfstoff gegen die saisonale Grippe wirkt gegen zwei spezielle Influenza-A-Stämme und einen Influenza-B-Stamm. Der Prozentsatz, der nach einer Impfung immun ist, liegt zwischen 80 und 85 Prozent. Der Schutz hört nach fünf Monaten auf.
Außerdem gilt der Schutz nur gegen Grippe und nicht gegen andere Erkrankungen der Atemwege. Auch wenn eine Schutzimpfung gesetzlich nicht vorgeschrieben ist, empfiehlt sie sich vor allem für Personen, die einem erhöhten Risiko ausgesetzt sind. Dies sind:

- ▲ alle Personen über 65 Jahre, vor allem solche in Krankenhäusern oder Altenwohnheimen;
- ▲ Personen mit Herz-Kreislauf-Störungen oder Bronchopneumonie, vor allem bei Herz-Atem-Insuffizienz;
- ▲ Personen mit Diabetes, Tumoren, chronischen Nieren- oder Lebererkrankungen;
- ▲ Rekonvaleszente im Krankenhaus während einer Intensivtherapie;
- ▲ öffentliche Angestellte;
- ▲ Personen, die in großen Gemeinschaften leben (Schulen, Heime, Kasernen usw.).

Die unerwünschten Nebenwirkungen der Impfung sind meist leichtere lokale Reaktionen (Rötung, Schwellung und Schmerzen), die häufig auftreten (30 bis 50 Prozent).
Seltener kommt es zu allgemeinen Reaktionen (Fieber, Übelkeit, Hautausschläge oder Nesselsucht). Die Schutzimpfung führt bei Personen mit akuten Krankheiten und Eiweißallergie zu Kontraindikationen.

Modell des Grippevirus H5N1

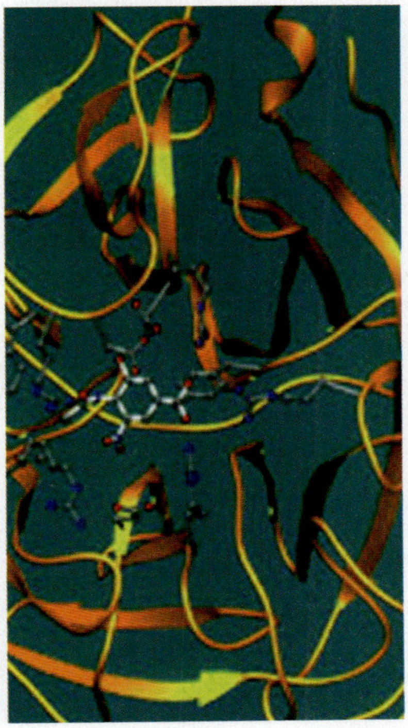

Hämorrhoiden

Definition

Hämorrhoiden oder Enddarm-Krampfadern sind lokale Erweiterungen von Venen, die in der Wand des untersten Abschnitts des Dickdarms und des Afters liegen. In Analogie zu ähnlichen Venenerweiterungen an den Beinen spricht man auch von Krampfadern im Enddarm.
Nach ihrer Lage unterscheidet man zwischen inneren und äußeren Hämorrhoiden. Erstere liegen oberhalb des analen Sphinkters (des Schließmuskels) unter der Schleimhautschicht, sind von außen nicht sichtbar, können jedoch bei hartem Pressen oder während des Stuhlgangs austreten.
Äußere Hämorrhoiden liegen in Höhe des Schließmuskels unter der Haut. Normalerweise heben sie sich vom After als blaurote Knoten ab. Meistens sind sie weich, fühlen sich jedoch bei Blutpfropfenbildung hart und fest an. Oftmals kommen sie mit den Krampfadern der Beine kombiniert vor. Sie treten wesentlich häufiger in Wohlstandsländern als in armen Entwicklungsgebieten auf. Die geschätzte Häufigkeit liegt bei etwa 10 % unserer erwachsenen Bevölkerung. Bei jugendlichen Menschen sind sie selten, nehmen jedoch mit dem Alter zu und erreichen um die 50 ihre größte Verbreitung.

Verschiedene Formen

Vom klinischen Standpunkt her lassen sich zwei verschiedene Formen unterscheiden: äußere und innere Hämorrhoiden. Erstere entwickeln sich aufgrund einer Ausdehnung der Venae rectales, das sind die Venen im Bereich unterhalb des Analsphinkters (Schließmuskel des Anus). Daher sind sie leicht zu sehen. Innere Hämorrhoiden hingegen betreffen die Gefäße oberhalb des Schließmuskels. Sie sind folglich nicht sichtbar, da sie innerhalb des Rektums liegen. Anatomisch gibt es jedoch keine Unterschiede zwischen den beiden Fällen. Es handelt sich um bläulich rote, weiche Knötchen, die sich auf Fingerdruck zurückziehen. Meist kommen äußere Hämorrhoiden zusammen mit inneren vor. Isoliert trifft man häufiger den inneren Typus an.
Sie werden durch den ständig vorbeiströmenden Kot bei der Darmentleerung nach außen gedrückt und in die Länge gezogen, sodass sie durch den Sphinkter herausragen können.

Schleimhaut des Enddarms (Rektum). Die Wand des Enddarms besteht aus glänzend orange-rotem Gewebe, das ähnlich wie die ganze Darmwand Schleimdrüsen enthält.

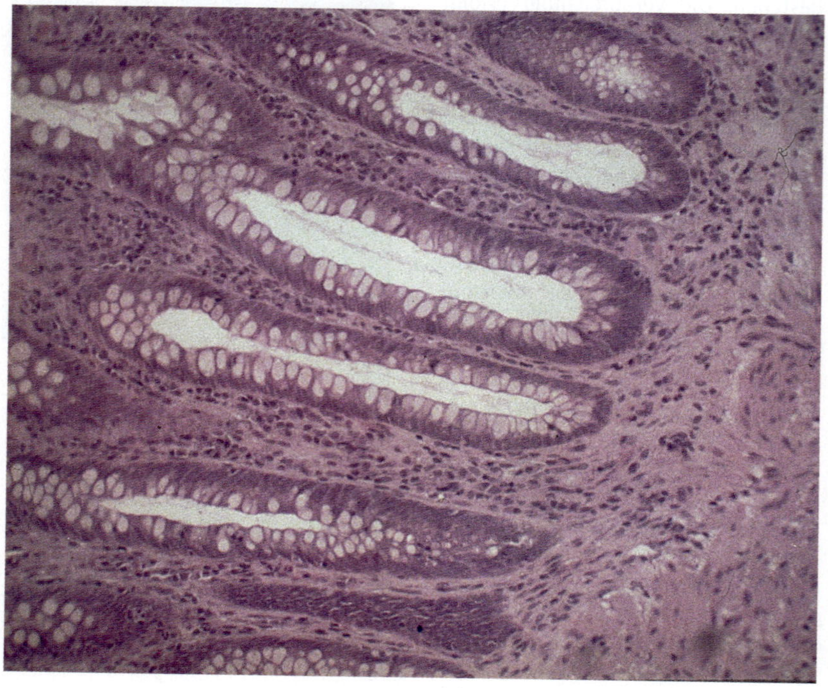

Ursachen

Viele Ursachen können zur Entwicklung der Hämorrhoiden beitragen. Zunächst ist eine Tendenz der Venen im untersten Dickdarmabschnitt zu erwähnen, sich durch den Druck des Blutes während kürzerer oder längerer Perioden zu erweitern. Der Blutfluss verlangsamt sich dabei, und es können sich Thromben (Blutpfropfen) bilden. Der dabei ausgeübte Druck kann gering sein, jedoch dauert er meist über einen längeren Zeitraum, oft infolge einer Fettleibigkeit, einer chronischen Verstopfung, eines Dauerhustens und anderem mehr.

Symptome

Nicht selten verursachen Hämorrhoiden keine Beschwerden; man spricht dann von „stummen Hämorrhoiden". Oft vermitteln sie das Gefühl einer Schwere um den After herum; sie können Juckreiz verursachen, brennen oder sehr heftig schmerzen, besonders bei Entzündungserscheinungen. Diese Symptome verschlimmern sich bei der Stuhlentleerung. Während der Öffnung des Afters kann es zu Blutungen kommen, auf dem Stuhl finden sich dann hellrote Blutauflagerungen.

Komplikationen

Blutungen sind die häufigsten Komplikationen bei Hämorrhoiden. Oft sind sie es, die den Patienten veranlassen, zu einem Arzt zu gehen, speziell dann, wenn andere Symptome fehlen. Doch es gibt noch zahlreiche weitere Komplikationen bei Hämorrhoiden.
In erster Linie handelt es sich um entzündliche Prozesse, die in den Knötchen stattfinden, also Entzündungen der ausgedehnten Blutgefäße. In diesem Fall werden die Hämorrhoiden hart, angespannt und gerötet, schwellen an und verursachen große Schmerzen.
Außerdem empfindet der Patient ständig unmotivierten Stuhldrang. Bei der Defäkation werden die Schmerzen heftiger, auch Fieber tritt zuweilen auf. Diese Komplikation kann sich in zweierlei Richtungen entwickeln: Entweder klingt die Entzündung innerhalb einer Woche wieder ab, um dann zu einem späteren Zeitpunkt neuerlich akut zu werden, oder sie schreitet weiter fort, bis sich mit Blut und Eiter gefüllte Abszesse bilden.
Eine andere Komplikation ist Anämie, die durch den ständigen Blut- und damit auch Eisenverlust entsteht. Allerdings sind auf diese Weise zustande gekommene Anämien nie besonders schwer.

Behandlung

Im frühen Stadium ist die örtliche Behandlung der Hämorrhoiden von Bedeutung. Analhygiene, kalte Sitzbäder und die Regulierung des Stuhlgangs zur Verhütung von Verstopfung sind wichtig. Bei stärkeren Hämorrhoiden helfen Salben, die zur Schrumpfung der Hämorrhoiden führen können. Dies ist auch durch Injektionen zum Beispiel mit Phenol zu erreichen oder auch mit elektrischer Abtragung oder Verödung. Große und breite Hämorrhoiden müssen chirurgisch entfernt werden.

Medikamentöse Behandlung

Bei Verstopfung greift man zu geringen Mengen von Paraffinöl und meidet andere orale Laxantia, denn die meisten

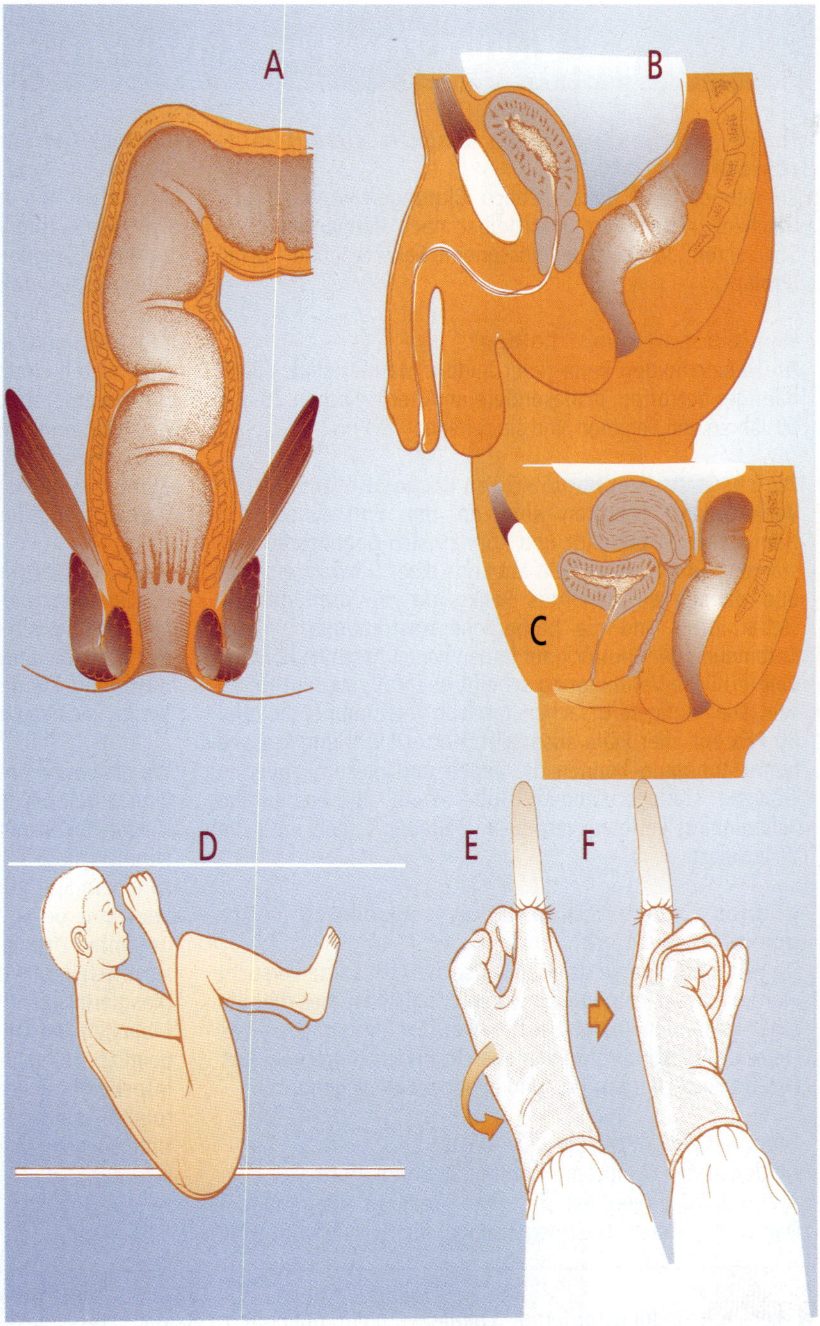

Um Erkrankungen des Afters und des Enddarms zu diagnostizieren, sucht der Arzt die Haut am After nach auffälligen Stellen ab. Bei Männern führt er einen behandschuhten Finger in den Enddarm ein; bei Frauen werden gleichzeitig Enddarm und Scheide abgetastet.
A - Längsschnitt des Afters und des Enddarms;
B - Männliche Geschlechtsorgane (Seitenansicht);
C - Weibliche Geschlechtsorgane (Seitenansicht);
D - Haltung des Patienten;
E - Behandschuhte Finger.
Als nächstes betrachtet der Arzt After und Enddarm mit einem kurzen, starren optischen Instrument (Proktoskop). Ein etwa 30 Zentimeter langes Sichtgerät (Rektoskop) kann ebenfalls zum Einsatz kommen.

Wichtige Fragen und Antworten zu Hämorrhoiden

Durch welche Symptome machen sich Hämorrhoiden bemerkbar?
Zu nennen sind hauptsächlich Blutungen (Abgang von frischem, rotem Blut unmittelbar nach dem Stuhlgang), Schmerzen, Juckreiz bei nässenden Sekreten und Vorfall (Prolaps).

Wer leidet an Hämorrhoiden?
An Hämorrhoiden kann jeder leiden. Männer sind jedoch häufiger betroffen, insbesondere im Alter zwischen 20 und 60 Jahren. Bei Senioren sind sie seltener.

Welche Ursachen begünstigen Hämorrhoiden?
Verschiedene Faktoren sind an der Entstehung von Hämorrhoiden beteiligt und können sich gegenseitig verstärken. Für Frauen besteht am Ende einer Schwangerschaft und danach ein erhöhtes Risiko, da die prall gefüllte Gebärmutter und die körperliche Anstrengung bei der Entbindung den Blutrücklauf in den Venen hemmen können. Eine erbliche Veranlagung scheint ebenfalls wesentlich zu sein. Die häufigste Ursache ist jedoch Verstopfung, die rund 60 Prozent aller Fälle ausmacht. Harter Stuhl und Pressen beim Stuhlgang können die Venen und die umliegenden Gewebe stark schädigen. Dabei kann die entzündete Schleimhaut verletzt werden. In seltenen Fällen reißt die Vene selbst.

Können Hämorrhoidalleiden vermieden oder gemildert werden?
Da Verstopfung eine der Hauptursachen ist, sollte versucht werden, dieser entgegenzuwirken. Möglich ist dies mithilfe einer gesunden, ballaststoffreichen Ernährung (Gemüse, Getreide, Vollkornbrot), einer ausreichenden Getränkezufuhr (1,5 bis zwei Liter pro Tag) und genügend Bewegung.

Wann ist der Arzt hinzuzuziehen?
Ab den ersten Symptomen sollten Sie Ihren Apotheker oder Arzt um Rat fragen, der Sie, wenn nötig, an einen Magen-Darm-Spezialisten (Gastroenterologe) überweisen wird. Eine Behandlung erspart unnütze Schmerzen und Komplikationen. Außerdem sind einige Hämorrhoiden-Symptome den Anzeichen von ernsteren Erkrankungen wie Polypen oder Darmkrebs zum Verwechseln ähnlich. Eine möglichst frühzeitige Diagnose und Behandlung sind für den Behandlungserfolg von entscheidender Bedeutung.

Worauf stützt sich die ärztliche Diagnose?
Die ersten Indizien liegen in der Beschreibung der Beschwerden und in den Antworten des Patienten bei der Anamneseerhebung: Erscheinungsumstände der Blutungen, Zusammenhang mit dem Stuhlgang, Menge und Farbe des Bluts. Die genauere Diagnose erfordert ein Abtasten des Darmausgangs und eine Anuskopie.

Sind Rückfälle möglich?
Bei Ligaturen und Verödung sind Rückfälle relativ häufig. Die Behandlung muss deshalb nicht selten wiederholt werden. Nur ein gelungener chirurgischer Eingriff führt zur definitiven Besserung. Für die meisten Patienten stellt jedoch eine gute Verdauungsregelung die beste Prophylaxe dar.

Was ist eine Proktoskopie?
Eine Proktoskopie (Enddarmspiegelung) gehört zum Untersuchungsprogramm der Analregion. Manche Hausärzte nehmen diese selbst vor, andere überweisen ihre Patienten zu einem Spezialisten. Wenn sich die Blutungsquelle nicht eindeutig orten lässt, muss ein Spezialist eventuell den gesamten Dickdarm mit einem Kolposkop spiegeln. Nur so lässt sich vermeiden, dass etwa bösartige Geschwülste des Mastdarms oder des übrigen Dickdarms unentdeckt bleiben. Manchen Patienten sind die Untersuchungen des Darms peinlich. Sie sollten sich jedoch vor Augen halten, dass die Inspektion mit dem Finger und die Darmspiegelung für Ärzte routine sind. Zu bedenken ist außerdem: Ohne die Untersuchungen ist auch keine wirkungsvolle Therapie möglich.

wirken entzündungsfördernd. Lokale Schmerzen können mit warmen Umschlägen, Sitzbädern oder leicht abführenden Suppositorien gelindert werden.

Kryochirurgie

Sie besteht in einer Entfernung der Hämorrhoiden durch Kälteverödung. Dabei wird flüssiger Stickstoff oder andere Gase mit sehr niedrigen Temperaturen verwendet. Hierbei darf nicht unerwähnt bleiben, dass diese Methode, die bei den Patienten naturgemäß sehr gefragt ist, da sie keine Schmerzen verursacht und keinen Krankenhausaufenthalt erfordert, nicht bei allen Hämorrhoiden möglich ist.

Hämorrhoidektomie

Sind die medikamentösen und hygienischen Maßnahmen nicht erfolgreich, die Beschwerden besonders intensiv (Schmerzen, Brennen, Blutungen), und ist die Kryochirurgie nicht geeignet, bleibt nur noch die operative Entfernung der Hämorrhoiden, die Hämorrhoidektomie. Im Gegensatz zur Kryochirurgie muss der Kranke hier mit einem Spitalaufenthalt rechnen. Andererseits ist diese Operation die einzige Möglichkeit, alle Formen von Hämorrhoiden mit Sicherheit zu beseitigen.

Wirkstoffe bei Hämorrhoiden

Benzocain
Benzocain wirkt örtlich betäubend (Oberflächenanästhetikum) bei Schmerz und Juckreiz.

Hefe-Extrakt
Aus Hefekulturen hergestellter Hefe-Extrakt ist reich an B-Vitaminen und hochwertigem Eiweiß. Hefe-Dickextrakt kann als Inhaltsstoff für Wundsalben bei Hämorrhoiden genutzt werden.

Bismut
Wismutverbindungen (Bismut) wirken äußerlich angewendet zusammenziehend (adstringierend), schwach blutstillend und entzündungshemmend.

Bufexamac
Bufexamac lindert Entzündungs- und Hautreizung bei Analausschlägen, gilt als Kortison-Ersatzmittel und darf nur äußerlich angewendet werden.

Butoxycain
Butoxycain wirkt örtlich betäubend (Oberflächenanästhetikum) bei Schmerz und Juckreiz.

Eiche
Rindeninhaltsstoffe (Gerbstoffe) der Eiche (Quercus robur) wirken zusammenziehend (adstringierend), entzündungshemmend und blutstillend. Eichenrinde kann bei leichten Entzündungen im Anal- und Genitalbereich eingesetzt werden.

Haifischleberöl
Haifischleberöl wird aus der Leber von Haifischen gewonnen. Haifischlebertran enthält unter anderem Squalene, Weichmacher natürlichen Ursprungs und Vorläuferprodukte von Cholesterin und ist als Inhaltsstoff für Wundsalben wirksam.

Hamamelis
Hamamelis (Hamamelis virginiana) ist ein strauchartiges nordamerikanisches Holzgewächs. Hamamelisblätter- und -rinden-Extrakt wirkt zusammenziehend (adstringierend), örtlich blutstillend und entzündungshemmend. Hamamelis-wirkstoffe (Flavonoide, Gallussäure, Tannine) können als Badezusatz bei leichten Entzündungen im Anal- und Genitalbereich benutzt werden.

Kamille
Kamille (Chamomilla recutita) gehört zur Familie der Korbblütler (Asteraceae) und ist in Europa und Westasien verbreitet. Getrocknete Kamillenblüten enthalten ätherisches Öl, dessen Hauptbestandteile Sesquiterpenalkohol (Alpha-Bisabolol), -kohlenwasserstoff (blaues Chamazulen) und zahlreiche Flavonoide sind. Kamillenblütenextrakt wirkt äußerlich angewendet (Salbe, Zusatz zu Sitzbädern) desinfizierend und antientzündlich bei Schleimhautentzündungen im Analbereich.

Lidocain
Lidocain wirkt örtlich betäubend (Oberflächenanästhetikum) bei Schmerz und Juckreiz.

Polidocanol
Polidocanol wirkt örtlich betäubend (Oberflächenanästhetikum) bei Schmerz und Juckreiz und ist sehr gut verträglich.

Titandioxid
Titandioxid (Titan-(IV)-oxid) ist Farb- und Trägerstoff für Arzneimittel.

Zinkoxid
Zinkoxid wirkt entzündungshemmend und zusammenziehend (adstringierend), schützt Hautwunden, saugt Wundsekret auf und fördert die Abheilung.

Hamamelis

Kamille

Hauterkrankungen

Siehe auch:
- Akne
- Ekzem
- Herpes
- Hautkrebs
- Psoriasis

Obwohl die Haut sich an der Oberfläche des Körpers befindet, können Hauterkrankungen nicht nur durch äußere, sondern auch durch innere Faktoren verursacht werden. Es ist möglich, dass sich eine Krankheit der inneren Organe an der Haut offenbart. Nicht selten ist eine Veränderung der Haut ein erstes Anzeichen einer ernsthaften inneren Erkrankung. So deutet eine gelbe Verfärbung der Haut auf eine Erkrankung der Leber oder der Gallenblase hin.
Hauterkrankungen offenbaren sich in einer beschränkten Anzahl sichtbarer Veränderungen.
Diese äußerlichen Erscheinungen können als das Alphabet des Hautarztes aufgefasst werden.

Ein systematischer Unterschied wird gemacht zwischen:
- Veränderungen, die das Niveau der Haut nicht beeinflussen;
- Veränderungen, die über das Niveau der Haut hervorragen;
- Veränderungen, die unter dem normalen Niveau der Haut liegen (Narben, Risse und dergleichen).

Kombinationen dieser drei Erscheinungen sind möglich. Außerdem ist die Begrenzung der Veränderung (haarscharf, unscharf und wechselnd haarscharf und unscharf) von Wichtigkeit, ebenso deren Ausbreitung über die Oberfläche.

Akne: Durch Bakterienbefall können sich leicht Mitesser, Pickel und Pusteln bilden. Gelangen die Bakterien an die Hautoberfläche, können sie andere Talgdrüse infizieren.

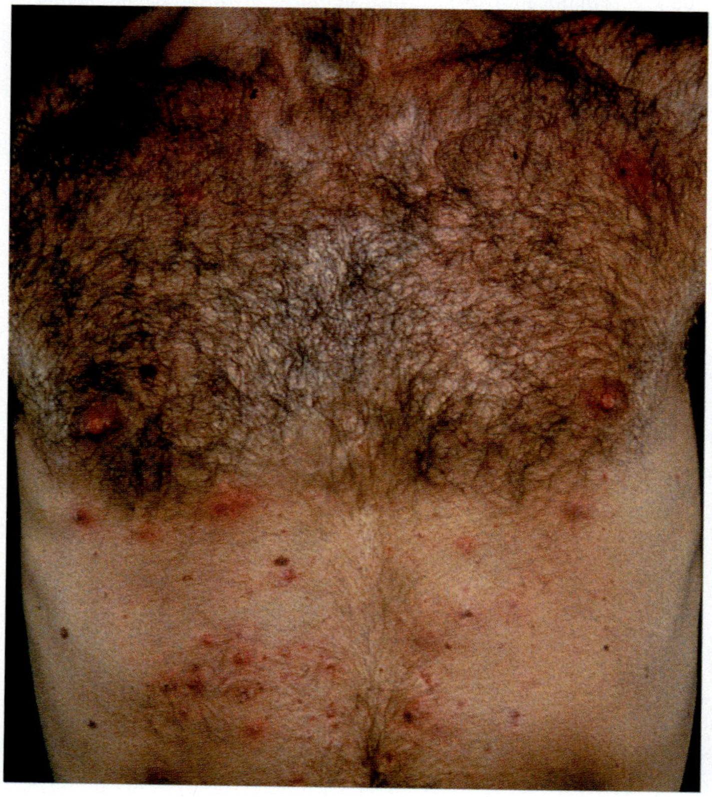

Acrodermatitis chronica atrophicans

Chronische Allgemeinkrankheit meist des reifen Alters, Frauen und Landbevölkerung bevorzugt. Beginn an den Akren mit proximaler Ausbreitung, unscharf begrenzten, fleckigen oder flächenhaften Erythemen, gelegentlich mit entzündlich ödematöser Note, meist der Streckseiten der Extremitäten. Die Veränderungen finden sich zunächst an Hand- und Fußrücken, Ellenbogen und Knien. Charakteristisch ist häufig der sich am Unterschenkel findende Fibularstreifen und am Arm der sich vom Ellenbogen zur Hand hinziehende, die Krankheitsherde verbindende Ulnarstreifen.

Ursache
Wahrscheinlich ist eine Spirochäte die Ursache, die bei der nordamerikanischen Lime-Erkrankung nachgewiesen wurde. Der in unseren Breiten isolierte Spirochäte ist mit dem Erreger der Lime-Krankheit verwandt, jedoch nicht identisch.

Therapie
Penicillin bringt die entzündlich-ödematösen Veränderungen zur Rückbildung. Die anfänglich bläulich-livide Note wird durch eine inflammatorische Röte abgelöst, der dann die mehr oder weniger vollständige Rückbildung folgt, wobei jedoch die bisher schon eingetretene Atrophie bestehen bleibt. Eventuell muss eine zweite Penicillin-Behandlung angeschlossen werden. Man sollte jedoch ein halbes Jahr warten, da der Erfolg bis zu diesem Zeitpunkt noch voll eintreten kann.

Akrozyanose

Hauptsächlich bei Frauen vorkommende zyanotische Verfärbung bei herabgesetzter Hauttemperatur der Akren, oft

von Hyperhidrose begleitet, zuweilen teigige Anschwellung, in der Kälte Parästhesien und Taubheitsgefühl.
Durch Fingerdruck entsteht auf den Herden ein zunächst heller anämischer Fleck, der sich langsam vom Rand her wieder schließt. Beginnt oft in der Pubertät und schwindet später meist von selbst.

Ursache

Dysregulation der Mikrozirkulation, vegetativ-nervös, eventuell familiär. Oft auch vergesellschaftet mit Cutis marmorata.

Therapie

Keine spezifische Therapie. Kälteschutz, entsprechende Kleidung, Wärme, Wechselbäder, Massage, Sauna, hyperämisierende Lokaltherapeutika.

Clavus

Hühnerauge, eine scharf umschriebene Hyperkeratose (Verhornung) mit einer quer durch die Haut stechenden Hornspitze. Umschriebene Hyperkeratosen an Druckstellen, dorsal an Zehengelenken, in Zwischenzehenräumen und an Fußsohlen. Oft schmerzhaft, besonders an feuchtwarmen Tagen.

Therapie

Prophylaxe durch gut sitzendes Schuhwerk. Weiche Einlagen, Gummischwamm, Schaumgummi, Gummiringe, die Druckstellen freilassend. Zur Auflockerung heiße Seifenbäder, Salizyl-Seifen-Pflaster, Guttaplast, Collomach-Lösung, Verrucid-Lösung. Danach Abtragen mit Messer, scharfem Löffel oder Fräse.
Beseitigung der Ursache nicht immer möglich, operative Entfernung ungeeignet wegen zusätzlicher Narbenbildung.

Dermatitis solaris

Sonnenbrand; phototraumatische Reaktion mit scharf auf die Lichteinwirkung beschränkter Rötung und Schwellung (Follikelschwellung) mit nachfolgender Pigmentierung, Schmerzen und Brennen, eventuell Blasenbildung.

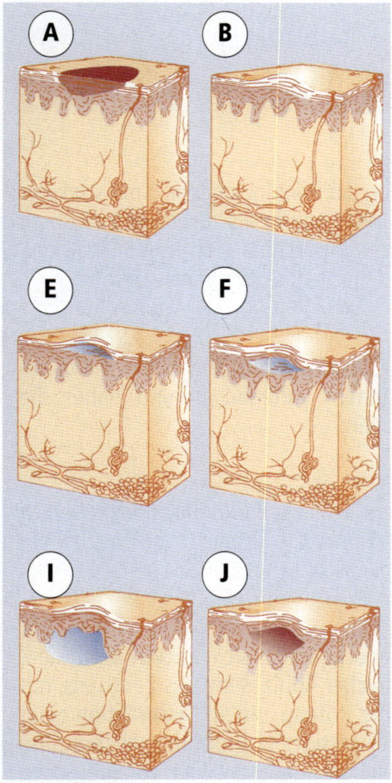

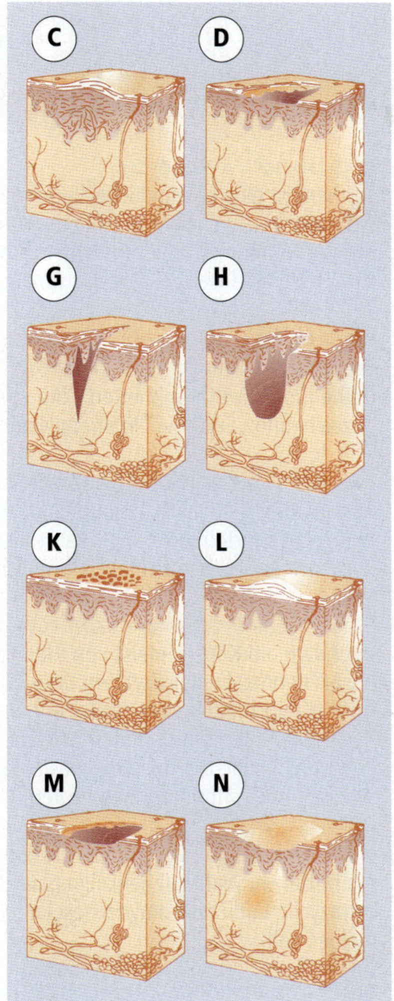

Unterschiedliche Formen von Hautausschlägen (Effloreszenzen)
A – Fleck (Macula); B – Quaddel (Urtica); C – Knötchen (Papula); D – Erosion (Erosion); E – Subkorneales Bläschen (Vesicula); F – Intraepidermales Bläschen (Vesicula); G – Rhagade; H – Geschwür (Ulkus); I – Subepidermales Bläschen (Vesicula); J – Pustel (Pustula); K – Schuppen (Squamae); L – Keratose; M – Kruste (Crusta); N – Narbe (Cicatrix).

Therapie

Prophylaktisch Lichtschutz und langsame Anpassung. Ausbildung der Lichtschwiele nach Miescher, das heißt Verdickung der Hornschicht, Akanthose und Vermehrung von Melanin. Als Lichtschutzpräparate wurden ua. Tannin, Chininsalze, Sulfonamidabkömmlinge verwendet.
Gegen UV-A und UV-B Contralum ultra, Ilrido Sortiment, Spectraban, Eclipse, Solabar, ASAB UV bis Lichtschutzfaktor 22. Sonst auch Umschläge,
Kühlsalben, Antihistamine lokal und auch innerlich. Kortikosteroide in Salben, Cremes oder als Lotio eventuell auch innerlich.

Dermatomyositis

Entzündliche Reaktionen im Bereich der Muskulatur und der Haut. Wird den sogenannten Kollagenosen, aber auch Autoimmunkrankheiten zugerechnet. Polysymptomatische Systemerkrankung mit Beteiligung von Haut, Muskulatur, inneren Organen und Gefäßbindegewebe.
Haut:
- weinerlicher, leidender Gesichtsausdruck;
- fleckige weinrote Erytheme mit Begleitödem;
- bis zur Poikilodermie;
- vom Gesicht leperinartig auf Brust und Rücken überfließend;

Wichtige Fragen und Antworten zu Hauterkrankungen

Was ist das Erythem(a)?
Erythem ist eine entzündliche, fleckige Rötung der Haut, gelegentlich mit stärkerer Exsudation. Psychisch (Erythema pudoris) oder häufig als toxisches Exanthem durch Medikamente verursacht. Grundformen verschiedener Krankheitsbilder, zum Beispiel Masern, Scharlach, Röteln, Erythema solare, Erythema migrans.

Was ist die Ursache eines Erythems?
Die Ursache dafür ist meist in der Psyche zu suchen. Es gibt aber auch eine ganze Reihe von Hautkrankheiten, die ein Erythem verursachen und daher die Bezeichnung „Erythma" in ihrem Namen tragen.

Wie wird das Erythem behandelt?
Je nach Ursache. Bei Arzneimittelausschlägen Absetzen der Medikation; äußerlich Puder, Schüttelmixturen, spirituöse Lösungen, Cremes oder Salben, Kortikosteroide, eventuell auch innerlich.

Was ist das Erythema chronicum migrans?
Irgendwo am Körper, meist von Kleidung bedeckt, findet sich ein sich zentrifugal ausbreitendes livides Erythem unter allmählicher Abblassung des Zentrums, mit noch oft vorhandener zentraler entzündlicher Rötung, die als Bissreaktion einer Zecke (Ixodes rizinus) gedeutet wird. Unter stetiger ringförmiger Ausbreitung erfolgt allmähliches Ablassen, was eine scheinbare Spontanheilung vorzutäuschen scheint. Auf Spätfolgen ist zu achten.

Wie wird das Erythema chronicum migrans behandelt?
Als Mittel der Wahl gilt Penizillin parenteral, günstige Ergebnisse werden auch mit Tetrazyclin und Erythromycin beschrieben, wobei Tetrazyclin sogar Spätfolgen vermeiden soll.

Was ist das Erythema infectiosum acutum?
Diese Infektion ist auch unter der Bezeichnung Ringelröteln bei Kindern und Jugendlichen zwischen dem 6. und 15. Lebensjahr bekannt. Es handelt sich dabei um eine Virusinfektion, die einen girlandenförmigen Ausschlag am ganzen Körper bildet. Eine harmlose Kinderkrankheit, die meist innerhalb weniger Tage verschwindet.

Was ist das Erythema exsudativum multiforme?
Rote bis rotviolette, papulöse bzw. papulovesikulöse Effloreszenzen, meist in scheiben- oder kokardenartige Anordnung, bis münzgroß, sehr polymorph, in Schüben auftretend. Vorwiegend an den Streckseiten der Hände und Handgelenke sowie im Nacken und an den seitlichen Halsanteilen lokalisiert. Vorwiegend Stellen, die dem Licht ausgesetzt und symmetrisch sind.
Saisonkrankheit mit Frühjahr- und Herbstgipfel. Leichtere Verlaufsform mit Abheilung kommt ohne Residuen vor.

– hyperkeratotischer, beim Zurückstreifen schmerzhafter Nagelfalz;
– Gefäßatrophien.

Therapie
Kortikosteroide, Breitbandantibiotika, Zytostatika, Immunsuppressiva; Klinikbehandlung.

Ehlers-Danlos-Syndrom

Fragilität der Hautgefäße (besonders Knie und Ellenbogen) mit Neigung zu Hämorrhagien. Bildung von Pseudotumoren, Hyperelastizität der Haut, Hyperflexibilität der Gelenke und subkutane Noduli. In früher Jugend beginnend; vererbbare Fehlbildung.

Ephiliden

Sommersprossen; bei unveränderter Oberhaut bis linsengroße, in der Haut liegende, braune Pigmentflecken, meist im Gesicht, vorwiegend bei Rötlichblonden, nach Besonnung stärker hervortretend, vermutlich dominant vererblich.

Therapie
Undankbar und laufend notwendig. Prophylaktisch Lichtschutzpräparate, vor Einsetzen der Frühjahrssonne. Ansonsten Bleichmittel oder Depigman bzw. Depigman forte, die die Melaninsynthese hemmen.

Epidermolysis bullosa hereditaria

Blasenbildung auf Druck bzw. an Druck- und Stoßstellen; meist familiär auftretend. Beteiligung der Schleimhäute und dystrophische Veränderungen an den Zehen.

Therapie
In erster Linie die Sekundärinfektion bekämpfen und jungen Leuten einen geeigneten Beruf sowie geeignetes Schuhwerk empfehlen. Lokal Heparinoidsalben, eventuell zusätzlich Vitamin E, Resochin und gefäßabdichtende

Mittel. Kortikosteroid äußerlich und innerlich; Immunsuppressiva in schweren Fällen.

Epidermophytie

Pilzerkrankung der Haut. Befällt im Gegensatz zur Trichophytie keine Anhangsgebilde, in Ausnahmefällen lediglich die Nägel. Bevorzugt werden feuchte, mazerierte Hautstellen. Lokalisation inguinal, interdigital, submammär, Handteller und Fußsohlen, daher Erkrankungen vorwiegend in den heißen Sommermonaten.

Therapie
Lokal antimykotische antibiotische Therapeutika. Bei mykotischen Ekzemen oder ekzemartisierten Dermatomykosen, wenn Aufflackern einer Mykose unterbunden werden soll, Antimykotika mit Kortikosteroid-Zusatz. Innerlich Griseofulvin oder Ketokonazol erforderlich.

Erysipel

Wundrose; mit hohem Fieber und Schüttelfrost beginnende Streptokokkeninfektion der Haut und des Unterhautzellgewebes, charakterisiert durch schmerzhafte, scharf begrenzte, glänzende Rötung und Schwellung mit lokalem Hitzegefühl der Haut.

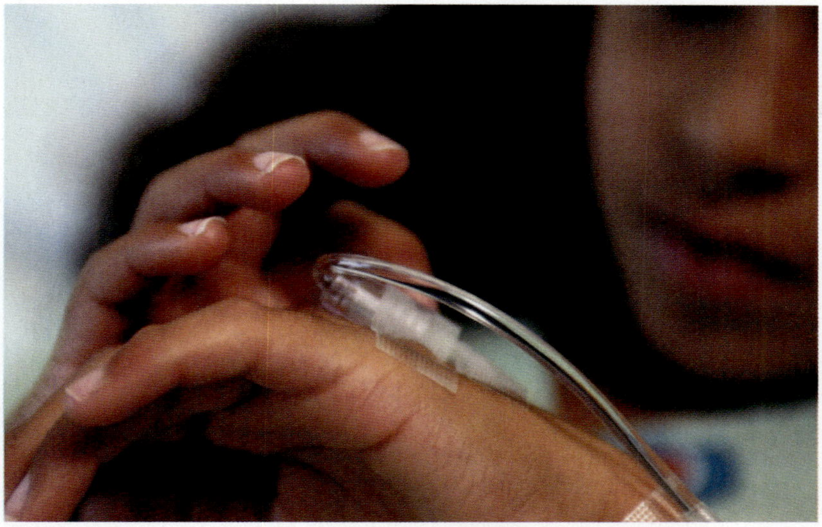
Chronisches Ekzem; intravenöse Behandlung mit Kortikosteroiden.

Bakterielle Hautentzündung (Dermatitis durch Pyoceaneus-Bakterien).

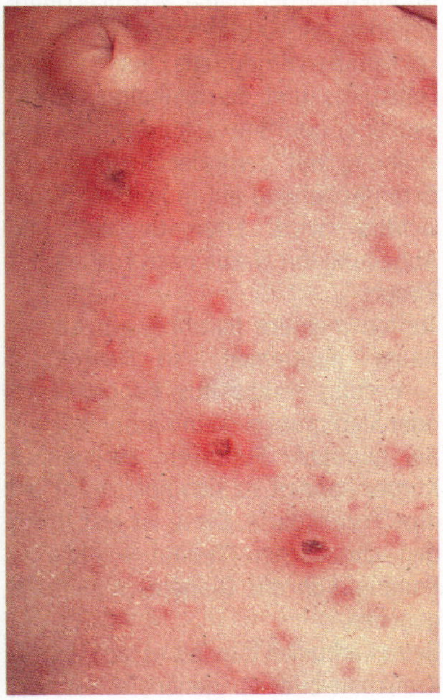

Erysipeloid

Hautentzündung durch Kontakt verletzter Haut mit Schweinen, Fischen oder tierischen Produkten, verursacht durch Rotlaufbakterien. Proximal langsam fortschreitendes, juckendes, bläulich-rotes Erythem mit leicht erhabenen Rändern und blasserem Zentrum, scharf abgegrenzt. Meist akute Infektion infolge Spießverletzungen durch Knochen oder Fischgräten an den Fingern lokalisiert. Keine wesentlichen Allgemeinerscheinungen, gelegentlich lokale Knochenschmerzen.

Therapie
Merfenanstrich, Antibiotika (Penicillin, Erythromycin, Tetracyclin).

Erythem(a)

Fleckige Rötung der Haut, gelegentlich mit stärkerer Exsudation. Psychisch (Erythema pudoris) oder häufig als toxisches Exanthem durch Medikamente verursacht. Grundformen verschiedener Krankheitsbilder, zum Beispiel Masern, Scharlach, Röteln, Erythema solare, Erythema migrans.

Therapie
Je nach Ursache. Bei Arzneimittelausschlägen Absetzen der Medikation; äußerlich Puder, Schüttelmixturen, spirituöse Lösungen, Cremes oder Salben, Kortikosteroide, eventuell auch innerlich.

Erythrasma

Pilzerkrankung der Haut. Kupferrote, braun rote bis braune Flächen an der Innenseite der Oberschenkel mit scharfer, bogenförmiger Begrenzung und flachem Rand; Neigung zu Rezidiven.

Therapie
Lokal: 2–10%iger Salizyl-Spiritus oder Salizyl-Schwefel-Spiritus.
Günstig Gentamycin-Creme, aber geeigneter spezifische antimykotische Lösungen.

Erythrodermie

Stärkste Hautrötung und Schuppung, generalisiert bzw. universell, ohne bzw. fast ohne Aussparung exfolierend. Wichtige Symptome: Haarausfall, Nagelveränderungen, Fieber, Lymphknotenschwellung.

Wichtige Fragen und Antworten zu Hauterkrankungen

Was ist ein Molluscum contagiosum?
Einzeln oder in Gruppen stehende halbkugelige „genabelte" bis linsengroße, selten größere weißliche Knötchen in der Oberhaut, besonders an Ellbeugen, Kniekehlen, Gesicht, Genitale und Rumpf, häufig an Kratzstellen bei Kindern oder nach lokaler Kortikosteroid-Anwendung.
Ursache: DNS-Virus, Quadervirus; Inkubation bis zu Monaten.

Wie behandelt der Arzt Molluscum contagiosum?
Ausquetschen nach Anritzen mit dem Starmesser bzw. Abschaben mit dem scharfen Löffel, aber möglichst nicht bei Mädchen wegen eventueller Narbenbildung. Eventuell auch Versuch mit Warzenpflaster oder Vitamin-A-Säure-Präparaten. Elektrokoagulation mit der Kugel und antibiotische Salbennachbehandlung.

Was ist Prurigo?
Aus völliger Gesundheit oder im Anschluss an Verdauungsstörungen auftretende kleine Papeln auf dem Boden einer unregelmäßig begrenzten, juckenden, bald verschwindenden Quaddel. Häufig zentrales Bläschen, das krustös wird. Durch Kratzen sekundär Impetiginasation; entweder vereinzelt oder exanthematisch, gelegentlich schubweise über Monate bei Kindern.

Wie wird die Prurigo behandelt?
Antihistamine äußerlich und innerlich, Kalzium, Stuhlregulierung, Schwefel in Bädern und lokal als Lotion, eventuell zusätzlich mit juckreizlindernden Zusätzen. Auch Kortikosteroide lokal und innerlich.

Was ist Pruritus?
Hautjucken. Juckreiz kann umschrieben oder generalisiert auftreten, ist lästig, stört unter Umständen den Schlaf, zwingt zum Kratzen, führt zu Kratzeffekten, unter Umständen bis zum Hautbluten und zur Sekundärinfektion und Pigmentierung der Haut.

Wie behandelt der Arzt Prurigo?
Feststellung und Ausschaltung anderer Krankheiten wie Diabetes, Leber-Darm-Nieren-Krankheiten, Leukämie, Lymphogranulomatose, Klimakterium, Neurasthenie, Prostathypertrophie und Karzinom. Juckreiz kann auch vorkommen durch Medikamente.

- Allgemeine Maßnahmen
  Diät und Stuhlregulierung, richtige, nicht übertriebene Körperpflege, Hydrotherapie, zB. lauwarme bis heiße Duschen oder Bäder, Milieuwechsel, Psychotherapie und Beseitigung seelischer Konflikte.
- Intern
  Antihistamine, besonders sedierende oder Sedativa und auch Psychopharmaka.
- Lokal
  Antipruriginöse spirituöse Einreibungen mit Thymol, Thesit unter Zusatz von Glyzerin. Salbenbehandlung, vor allem bei trockener Haut auch kortikosteroidhaltige.

Therapie
Durch die Verlagerung großer Blutmassen in die Peripherie sehr empfindlich gegen Abkühlung, daher stets warmhalten. Indifferente Lokalbehandlung mit Puder, Schüttelmixturen, Zinköl, Zinkwismutcreme; Behandlung der Grundkrankheit. Kortikosteroide lokal oder innerlich in hoher Dosierung bei bakterieller Note zusätzlich Antibiotikaschutz.

Favus

Pilzerkrankung der Haut. Schwelgelbe, trockene, bröcklige, kreisrunde Schildchen auf dem behaarten Kopf, seltener am übrigen Körper. Erst die nachfolgende Atrophie ist mit lokalem Haarverlust verbunden. Die gelbe Farbe kommt nach Betupfen mit Alkohol stärker heraus.

Therapie
Wird am besten innerlich mit dem fungostatischen Mittel Griseofulvin oder mit anderen antimyokotischen Antibiotika durchgeführt.

Furunkel, Furunkulose, Karbunkel

An allen Körperstellen, wo sich Haare befinden, nach Juckreiz durch Staphylokokken hervorgerufene tief gehende Follikulitis und Perifollikulitis. Flachkegelige, gerötete, schmerzhafte Vorwölbung mit zentraler Pustel, nach deren Abhebung ein grünlicher Pfropf sichtbar wird. Eiterentleerung und Abheilung mit Narbe nach Lösung des Pfropfs.
Treffen mehrere Furunkel auf engem Raum zusammen, so liegt ein Furunculus compositus, Konglomerat- oder Siebfurunkel (kein Karbunkel) vor. Bei multiplen Furunkeln am ganzen Körper handelt es sich noch nicht um eine Furunkulose. Diese ist erst durch den chronischen Verlauf – etwa in Kombination mit Diabetes mellitus – gegeben.
Beim Karbunkel handelt es sich um ein Krankheitsbild sui generis. Meist bei

Männern jenseits des 40. Lebensjahres am Nacken und Rücken lokalisiert, weniger eitrige Einschmelzung als nekrotisierende, tiefgehende Zerstörungen und hochgradige Entzündung im Bereich zahlreicher Follikel. Schwerste Allgemeinerscheinungen mit hohem Fieber (40 bis 41°C) und regionaler Lymphknotenverschwellung sind möglich.

Therapie
Ausschaltung einer Grundkrankheit, wie Diabetes, Fokus, Anämie, Obstipation, Skabies, Pruritus usw. Abtragung der zentralen Pustel, eventuell Lösung des Pfropfs (wenn möglich) und Eiterentleerung. Abdeckung mit Ichthyolum purum und Schutz der Umgebung mit einer Paste. Weiterhin lokal antibiotische Salben. Schmerzlindernd und entspannend wirken die Heparinoidsalben. Jede Manipulation, besonders Drücken und Quetschen, sind zu unterlassen. Bei schwerem Verlauf kann chirurgisches Vorgehen angezeigt sein.

Gefäßnävi

Nävi sind seit Geburt oder danach im Kindes- oder Erwachsenenalter entstanden. Später relativ konstant bleibende, umschriebene Veränderungen im Sinne des Naevus pigmentosus, Naevus naevocellularis, Naevus depigmentosus, etc.

■ *Naevus flammeus*
Blutgefäßnävi sind häufige Gefäßfehlbildungen. Sie kommen entweder solitär oder in Kombination mit Entwicklungsstörungen an anderen Organen vor. Blutgefäßnävi sind meist bei der Geburt schon vorhanden. Im Bereich embryonaler Verschlussstellen finden sie sich bevorzugt im Gesicht, Stirnmitte, Nasenflügeln, Nackenmitte als Storchenbiss, an Gliedmaßen oder in der Kreuzbeingegend.

Therapie
Eine wirksame Therapie ist nicht bekannt. Kryotherapie wird wegen kosmetisch schlechter Ergebnisse kaum noch empfohlen. Chirurgisches Vorgehen nur bei kleinen Herden durch Excision, wenn Wundnaht möglich. Bessere Resultate werden nach Argon-Laser berichtet.

■ *Naevus araneus*
Eine arterielle Gefäßneubildung, eine Hämangiektasie mit zentral senkrecht aufsteigendem, ampullär erweitertem Hauptgefäß mit sternförmigen feinen Gefäßverzweigungen. Im Kindesalter gehäuft, aber in allen Altersstufen möglich.

Ursache
Häufig nach Mückenstich, aber auch Symptom bei Störungen und Erkrankungen innerer Organe (hepatosen).

Therapie
Kann lokales Problem darstellen, da häufig rezidivierend. Elektrokoagulation des Zentralgefäßes.
Gute Erfahrungen werden nach Laserbehandlung berichtet.

Erythem; entzündliche Rötung der Haut, bedingt durch Hyperämie.

Granuloma annulare

Elfenbeinartige, glänzende, blasse bis hellrote, ringförmige angeordnete, sich eventuell peripher ausbreitende, hirse- bis hanfkorn-große und größere feste Knötchen mit glatter Oberfläche, normale Hautpartien einschließend. Beschwerdelos, solitär oder disseminiert, keine Narbenbildung, chronischer Verlauf. Bevorzugte Lokalisation:
- Hand- und Fingerrücken;
- Ellenbogen;
- Nacken;
- Fußrücken.

Ursache
Unbekannt. Früher fragliche Tbc-Reaktion, heute hyperergische Reaktionslage.

Therapie
Oft bereits nach Probeexzision oder Heftpflasterabdeckung spontan abheilend. Unterspritzung mit Novocain oder Kortikosteroid-Kristallsuspension.
Lokalkortikosteroide unter Folienabdeckung oder Kortikosteroid-Pflaster. Bei disseminierten Herden auch Kostikosteroide innerlich.

Hyperhidrosis

Vermehrte Schweißbildung allgemein oder örtlich (Hände, Achselhöhlen, Kopf, Brust, Perianalbereich) durch Hyperfunktion ekkriner Schweißdrüsen.

Hauterkrankungen durch Viren und Bakterien

Krankheiten	Ursache	Symptome	Prophylaxe	Behandlung
Fieberbläschen (Herpes labialis) Genitalherpes	• Herpes-simplex-Virus. • Erster Kontakt mit dem Virus oder Primärinfektion. • Das Virus besteht inaktiv in den Lymphknoten fort. • Zehn Prozent der Erkrankten erleiden Rückfälle.	• Primärinfektion: Manchmal grippeähnliche Phase mit Geschwürbildung im Mund. • Ansteckungsgefahr während der Schübe am höchsten. • Herpes labialis: Zuerst ein Jucken, dann Bildung einer Bläschengruppe. • Genitalherpes: Mit Flüssigkeit gefüllte Bläschen. Schmerzhaft.	• Mutter-Kind-Übertragung: Kaiserschnitt und Schub zur Geburtszeit. • Fieberbläschen: Wenn möglich, keine Besuche in einer Geburtsabteilung. • Sexuelle Übertragung: Während der Schübe Kondome benutzen.	• Aciclovir (als Creme oder Tabletten), einziges antivirales Medikament, sollte bei einem Schub möglichst früh eingesetzt werden. • Sunblocker verwenden, da das Sonnenlicht Herpes verstärkt. • Ein Impfstoff gegen Windpocken, der auch gegen Herpes schützen sollte, ist noch in der Entwicklungsphase.
Gürtelrose/ Windpocken	• Das Windpockenvirus gehört zur Familie der Herpesviren. • Die Windpocken entsprechen der Primärinfektion, während Gürtelrose bei einer Neuaktivierung dieses Virus nach einer Latenzphase entsteht.	• Windpocken: Leichtes Fieber, gefolgt von Bläschen, die rasch trocknen und Krusten bilden. Starker Juckreiz. • Gürtelrose: Einer Nervenbahn entlang (Gesicht, Brustbereich) angeordnete Bläschengruppen und auf gerötetem Grund. Schmerzhaft. • Selten: Nach überstandener Gürtelrose können an den betroffenen Stellen neuralgische Schmerzen fortbestehen.	• Nicht kratzen, da sonst zusätzliche Infektionen auftreten können. • Möglichst Kontakt zu schwangeren Frauen und immungeschwächten Personen meiden.	• Windpocken: Sanftes Desinfektionsmittel zur Dämpfung des Juckreizes und zur Bläschentrocknung, Antiallergika in Tabletten- oder Cremeform. • Fingernägel sehr kurz und Hände sauber halten. • Gürtelrose: lokale Antiseptika und Schmerzmittel. • Gürtelrose-Neuralgien: Antiepileptika und Antidepressiva.
Akne	• In der Pubertät wird Akne durch Hormone erstmals angeregt. • Mitbeteiligt sind Talgüberschuss, verstopfte Haarfollikel und Entzündung.	• Mitesser (Komedonen) und Mikrozysten (geschlossene Komedonen), anschließend rote Papeln und Pusteln (vereiterte Pickel).	• Nicht komedogene Kosmetika verwenden. • Hautreinigung mit Produkten für fettige Haut. • Befallene Stellen möglichst nicht berühren, um zusätzliche Infektionen zu vermeiden.	• Lokal: Vitamin-A-Säure, Ammoniumlaktat und Salicylsäure, lokale Antibiotika, Hautreinigung. • Systemisch: Antibiotika, Isotretinoin für Talgdrüsen, Hormonbehandlung.
Impetigo	• Sehr ansteckende, oberflächliche Infektion. • Auslösende Keime: Staphylococcus aureus und Streptococcus pyogenes der Gruppe A.	• Blasen, die anschließend platzen. • Die abgesonderte Flüssigkeit bildet beim Trocknen honigfarbene Krusten. • Starker Juckreiz.	• Nicht kratzen. • Nägel und Hände sauber halten. • Waschlappen und Handtuch mit niemandem teilen.	• Lokal: Befallene Stellen mit Seife oder einem Antiseptikum gut waschen, Antibiotika-Creme. • Systemisch: Orale Antibiotika.

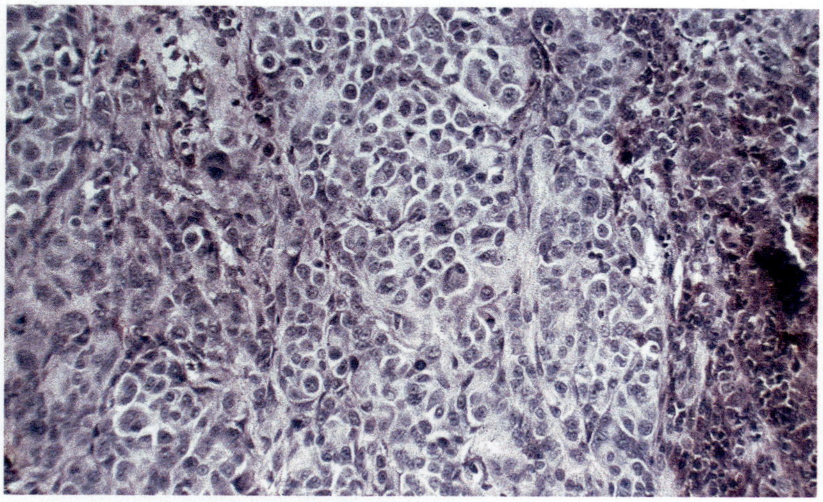

Mikroskopische Aufnahme von Hautkrebs (Melanom).

Symptomatisch bei endokrinologischen (Hypophyse, Schilddrüse, Diabetes) oder neurologischen Erkrankungen (Tabes, Hemiplegie, Syringomyelie), bei Tbc und Rachitis. Physiologisch bei Hitze, im Klimakterium, bei großer Anstrengung, Schwächezuständen, Adipositas.
Wichtige Folgen sind:
- oft Mazeration der Haut;
- Intertrigo;
- Pyodermien;
- Mykosen;
- Pityriasis versicolor;
- Warzen.

Therapie
Behandlung lokal und allgemein. Häufiges Waschen mit Sundets; luftdurchlässige, schweißaufsaugende Bekleidung, Lederschuhe und Ledersohle, Puder, spirituöse Lösungen mit Formaldehyd, Metallsalzen, Bäder mit Kalium permanganat, Eichenrinde. Gegen Achselschweiß häufiges Waschen und Salizyl-Spiritus 2%ig oder Aluminiumchlorid-Hexahydrat 10–20%ig in Alkohol gelöst bei täglicher Anwendung. Hautirritationen sprechen auf Lokalkortikoide an.

Ichthyose

Feine schuppenförmige Hornlamellen bis zur Bildung mächtiger Hornplatten von gelbbrauner bis schmutzig grauschwarzer Farbe, die der normalen Haut mit aufgehobenen Rändern aufsitzen (Schlangenhaut, Fischhaut). Verschlimmerung im Winter, in höherem Alter und nach Bädern.

Therapie
Nur bei fortgesetzter örtlicher Pflege bzw. Behandlung erfolgreich. Symptomatisch: Seifenbäder, Bürstenbäder nach Einölen, Kochsalzbäder, Sonnen- und leichte Höhensonnenbestrahlung. Wirksam ist Vitamin A in Dosen von 100.000–300.000. Lokal kann der antikeratinisierende Effekt der angesättigten Substanzen, wie Fettsäuren und Vitamin A bzw. Vitamin-A-Säure ausgenützt werden.

Impetigo

Zunächst Blasen, später nässende Flächen mit wenig dünner und lackfarbener Krustenbildung, deutlich erhaltenem Blasenrand, Abheilung mit Rötung und Pigmentierung.

Therapie
Bei Impetigo contagiosa streptogenes: Ablösen der Krusten, touchieren mit 2–3%iger Argentum-nitricum-Lösung. Dann Schüttelmixturen, antibiotische Salben, Cremes oder Pasten. Häufig waschen und baden, aber mehr spülen und tupfen als reiben, entsprechend auch beim Abtrocknen. Bei Impetigo contagiosa staphylogenes: Ablösen der Krusten, touchieren mit 2–3%iger Argentum-nitricum-Lösung.
Dann Schüttelmixturen, antibiotische Salben, Cremes oder Pasten. Vor Einleitung dieser Behandlung und später laufend die Blasenränder, unter denen die Infektion weiterkriecht, mit Schere und Pinzette abtragen.
Häufig waschen und baden, aber mehr spülen und tupfen als reiben, entsprechend auch beim Abtrocknen.

Keloid

Derbe, bindegewebige, strangartige Neubildungen mit krebsscherenartigen Ausläufern und glatter Oberfläche. Nach Akne, Verletzungen, Verbrennungen, Verätzungen oder ohne erkennbare Ursache. Gelegentlich bei Männern vergesellschaftet mit Dupuytren'scher Fingerkontraktur. Individuelle und regionär verschiedene Disposition. Vorwiegend befallen Kinder und dunkle Rassen. Gelegentlich Juckreiz, Schmerzen und Bewegungseinschränkung bei Sitz an Gelenken und Hautfalten.

Therapie
Chirurgische und medikamentöse Therapie wenig aussichtsreich. Bei keloidartigen hypertrophischen Narben und kleinen Keloiden lokal Contractubex compositum. Günstig Röntgenweichstrahlenbehandlung und Laserbehandlung im ersten halben Jahr. Injektionen mit Kortikosteroid-Kristallsuspension intraläsional. Angeblich besonders günstig mit nachfolgendem Druckverband mit Schaumgummi oder Pelotte.

Keratoakanthom

Knotiger Tumor, vom Haarfollikel ausgehend, zentral kraterförmig, eingesunken, Randanteile einen Hornpfropf umschließend, auf unveränderter Haut. Sitz: unbedeckte, lichtexponierte Hautbereiche, bevorzugt Gesicht und Handrücken.

Therapie
Da nach Spontanheilung unschöne Narben und nach Übergang in

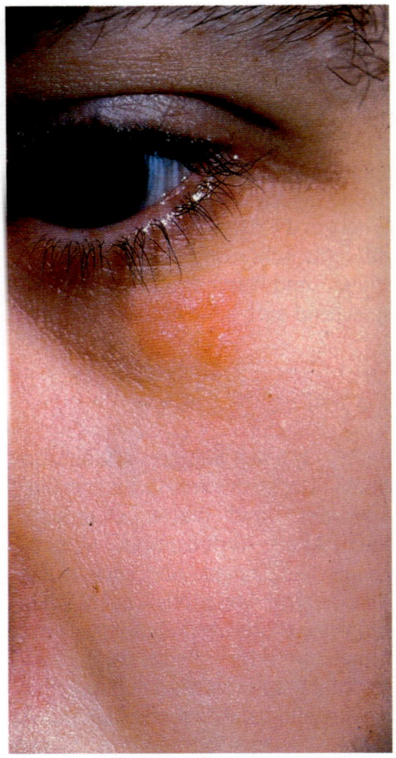

Herpes zoster (Gürtelrose); Viruskrankheit durch Reaktivierung des in den Gliazellen der Spinalganglien persistierenden Varicella-Zoster-Virus bei Resistenzminderung des Organismus.

Karzinom möglich, Exzision. Nachbeobachtung erforderlich; Rezidivneigung. Röntgenweichstrahlentherapie oder Laserbehandlung, aber auch Therapie mit Kortikosteroid-Kristallsuspension.
Kleine Herde können nach Lokalanästhesie auch mit dem scharfen Löffel kürettiert werden.

Keratoma senilis

Flache, schmutzig graue Hyper- und Parakeratosen mit harter, warziger Oberfläche, meist im Gesicht (Stirn, Schläfen) und Handrücken alter Leute (Landbevölkerung, Landmannshaut), auf dem Boden der kolloiden Degeneration durch chronische Lichteinwirkung.

Therapie

2–3%ige Salizylsalbe, Diathermiekoagulation oder Exzision in Lokalanästhesie. 5-Fluoro-uracil-Salbe oder Lösung auch bei multiplen Herden.

Lichen ruber planus

Flache, derbe, oberflächliche, polygonal begrenzte und zentral leicht gedellte, braun- bis braunrote, glänzende Papeln mit feinem, silberweißem, diagnostisch verwertbarem Netzwerk. Meist gruppiert und symmetrisch angeordnet, Neigung zu anulären und strichförmigen Bildungen. Lieblingslokalisationen:
- Handgelenke;
- Sakralgegend;
- Glans penis;
- Unterschenkel.

In der Mundhöhle weißliches, zartes, filigranartiges Netz, seltener blasig. An den Unterschenkeln bei langem Bestand und Varizes verruköse bzw. hypertrophische Formen.

Therapie

Gegen den Juckreiz Betupfen mit Spiritus oder Allgemeinmedikamenten mit Antihistaminika oder kräftige Höhensonnenbestrahlungen, Duschen von 35 °C (1–3 Minuten lang) mit nachfolgendem, kaltem Guss. Bei hartnäckigen und besonders bullösen Formen sollten PUVA und Retinoide oder Retininsäure günstige Wirkung zeigen.

Lichen simplex chronicus

Beginn mit starkem Juckreiz, glatte, blasse bis gelbliche, runde Knötchen, im Zentrum zu lichenifizierten, graubraunen Plaques zusammenfließend, die von einer mittleren Zone frischer Knötchen mit einer äußeren Zone mäßig pigmentierter Haut umgeben sind. Sitz häufig unilokulär am Nacken, den seitlichen Halsanteilen, der Genital- und Analregion und an den angrenzenden Oberschenkelinnenseiten. Immer Allgemeinstörungen nachweisbar, oft vonseiten des Magen-Darm-Kanals oder der Leber, ferner Diabetes.

Therapie

Beseitigung innerer Ursachen, Einstellung der Magenazidität, Diät. Lokal Teer; nach Teerbehandlung Salizyl-Diachylion, vor allem Lokalkortikosteroide als Creme, Salbe, Pflaster. Gegen den Juckreiz Antihistamine innerlich. Röntgenweichstrahlentherapie nur bei mangelnder Abheilungstendenz. Bei umschriebenen Herden auch schlagartige Besserung durch Unterspritzung mit Kortikosteroid-Kristallsuspension und Laserbehandlung.

Lichtdermatosen

Hauterkrankungen, die durch Licht als einzige, überwiegende Noxe hervorgerufen werden.

■ *Phototraumatisch*
Hohe UV-Dosis bei normaler Empfindlichkeit. Langjährige Lichtexposition ruft Landsmanns- oder Seemannshaut hervor, führt zu aktinischen Keratosen.

■ *Phototoxisch*
Photosensibilisierung durch Teer, Acridine, Eosin, Furocumarin und nach Anwendung von Kosmetika mit Bergamottöl.

■ *Photoallergisch*
Steigerung der Lichtempfindlichkeit durch Sulfonamide, Phenothiazine, optische Aufheller u. a.

■ *Photoanaphylaktisch*
Echte chronische idiopathische Erhöhung der Hautempfindlichkeit gegenüber normalen Strahlendosen:
- Photourtikariell (Lichturtikaria);
- Frühlingslichtdermatose bei Kindern (Rötung, Knötchen, Bläschen der Ohrränder);
- Lichtekzem (Summer prurigo);
- Prurigo aestivalis.

Therapie

Lichtschutz; wichtig ist der Lichtschutzfaktor zB. 3 bis 22, der angibt, um wie viel mal länger man sich mit dem betreffenden Präparat der Sonne aussetzen kann, bei gleichem Rötungsgrad. Bei Lichtdermatosen genügt dieser kosmetische Lichtschutz gegen UV-B nicht, sondern nur der absolute schattengebende Lichtschutz durch Pigmente, z.B. in Pasten oder Cremes. Ausschaltung der Noxen, Kortikosteoid-Lotionen, eventuell Gewöhnung.

Lupus erythematodes

Kratzempfindliche, hyperästhetische, meist elevierte scheibenförmige, scharf begrenzte Erytheme mit Auflagerung, fest haftender, in die Follikelmündung hineinragender Hornschuppen. Zentrale Abheilung mit Einsinken infolge Atrophie. Peripheres Fortschreiten mit Erythem. Sitz:
- Gesicht und Ohren;
- Fingerrücken mit Heuck-Gottron-Zeichen;
- Kopf (bleibender Haarausfall);
- Brustausschnitt;
- Schleimhaut.

Lupus erythematosus wird durch Licht und Kälte provoziert. Verlauf meist chronisch über Jahre.

Ursache
Ungeklärt, eventuell allergisch-hyperergisch oder toxisch. Es gibt auch exogene Provokationsformen. Autoimmunerkrankung und Immunschwäche wird diskutiert.

Therapie
Schutz gegen Licht und Kälte. Dennoch lokal Kryotherapie und Lokalkortikosteroide. Bei mangelnder Wirkung der lokalen und oralen Therapie, Unverträglichkeit oder bei Kontraindikationen Unterspritzung mit Kortikoid-Kristallsuspension oder Kortikosteroide innerlich. Eventuell auch ACTH, Immunsuppressiva und/oder Zytostatika nur der Klinik in schweren Fällen vorbehalten.

Lupus vulgaris

Selten geworden, aber noch häufigste Form der Hauttuberkulose. Scharf begrenzte polygonale, rotbraune, schuppende Flecke bzw. Knötchen, die auf Glasspateldruck, eine gelblich apfelgeleeartige Eigenfarbe aufweisen. Gelegentlich fehlt die begleitende Hyperämie, sodass die Eigenfarbe des Infiltrats primär in Erscheinung tritt.
Der Lupus vulgaris kann im Niveau der Haut liegen oder dieses beträchtlich überragen. Im weiteren Verlauf langsame Ausbreitung, über Jahre eventuell Exulzeration mit teilweise stärkerer Zerstörung in der Tiefe. Bei längerem Bestand starke Verstümmelung mit Verlust beispielsweise von Nase und Ohrmuscheln. Rezidive in Narben. Lokalisation meist an freigetragenen Körperstellen und Mundschleimhaut.

Therapie
Allgemein und örtlich. INH (Isonikotinsäurehydracid) ist in fast allen Fällen erfolgreich und ausreichend. Bei frischen, kleinen Einzelherden ist Exzision im Gesunden mit Ovalärschnitt möglich.

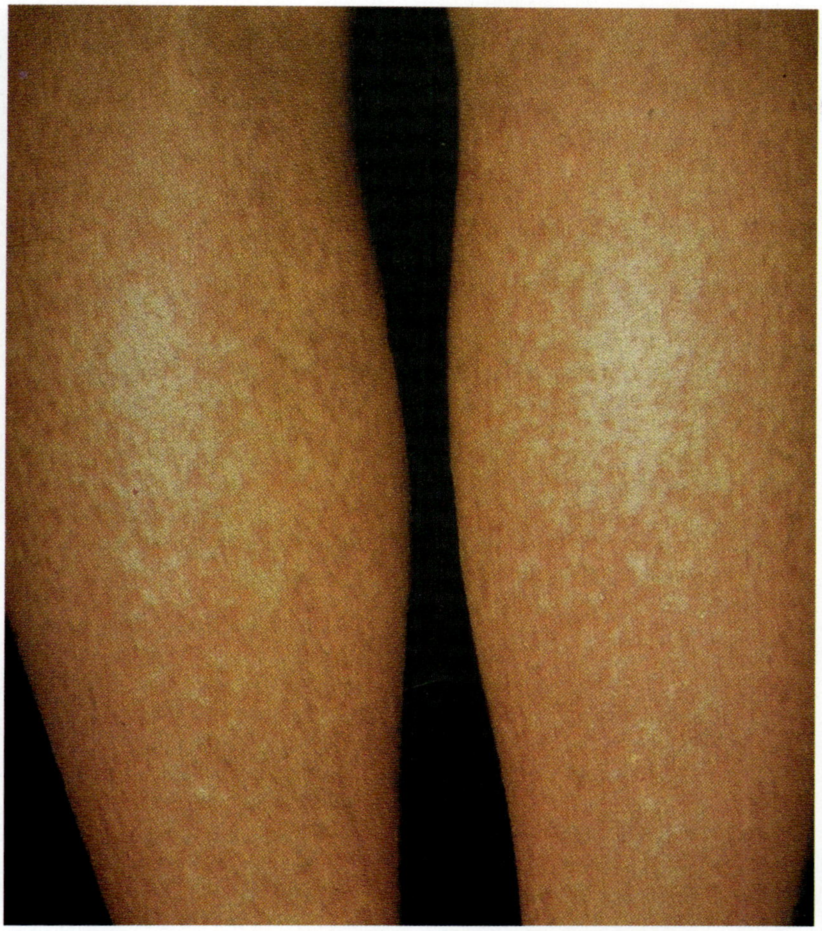
Exanthem: entzündliche, virusbedingte Hautveränderung auf großen Bereichen der äußeren Haut.

Mikrosporie

Pilzerkrankung der Haut, vorwiegend auf dem behaarten Kinderkopf. Scheibenförmige, meist kreisrunde Bezirke mit feiner Schuppung (wie mit Mehlstaub oder Asche bestreut) und gleichmäßig über dem Follikelausgang abgebrochenen Haaren. Auf lanugobehaarter Haut trichophytieähnliche Entzündungsherde.
Die typischen humanen Formen sind völlig frei von Entzündungserscheinungen. Häufig Epidemien bei den heutigen Bevölkerungsverschiebungen, gefürchtet in Schulen, Internaten und Waisenhäusern.

Therapie
Die Behandlung mit dem fungistatischen Antibiotikum Griseofulvin ist Methode der Wahl, bei gleichzeitiger antimykotischer Lokalbehandlung.

Molluscum contagiosum

Einzeln oder in Gruppen stehende halbkugelige „genabelte" bis linsengroße, selten größere weißliche Knötchen in der Oberhaut, besonders an Ellbeugen, Kniekehlen, Gesicht, Genitale und Rumpf, häufig an Kratzstellen bei Kindern oder nach lokaler Kortikosteroid-Anwendung.

Ursache
DNS-Virus, Quadervirus; Inkubation bis zu Monaten.

Therapie
Ausquetschen nach Anritzen mit dem Starmesser bzw. Abschaben mit dem scharfen Löffel, aber möglichst nicht bei Mädchen wegen eventueller Narbenbildung.
Eventuell auch Versuch mit Warzenpflaster oder Vitamin-A-Säure-Präparaten. Elektrokoagulation mit der Kugel und antibiotische Salbennachbehandlung.

Mycosis fungoides

Chronisch progressiv verlaufende Wucherung des retikulohistiozytären Gewebes. Wird zu den Non-Hodgkin-Lymphomen, kutanen malignen Lymphomen gerechnet. Verläuft in drei Stadien ohne nennenswertes Krankheitsgefühl. Ursache unbekannt.

- Das prämykotische I. Stadium zeigt zunächst unter Juckreiz ekzemähnliche, umschriebene, flächenhafte bzw. erythrodermieartige Veränderungen von braunroter Farbe, die sich aber durch ihre Sättigung und die Mächtigkeit des Infiltrates von Ekzem, Seborrhoid, Psoriasis, Pemphigus und ähnlichen Veränderungen abgrenzen lassen.
- Die prämykotische Haut umschließt häufig stehen gebliebene Inseln gesunder Haut. Später als II. Stadium entzündlich rote plattenartige Infiltrate, meist exsudativ.
- III. Stadium der Tumoren mit braun- bis blauroten Knoten, die an gekerbte italienische Tomaten erinnern. Gelegentlich Lymphknotenschwellung und Befall innerer Organe.

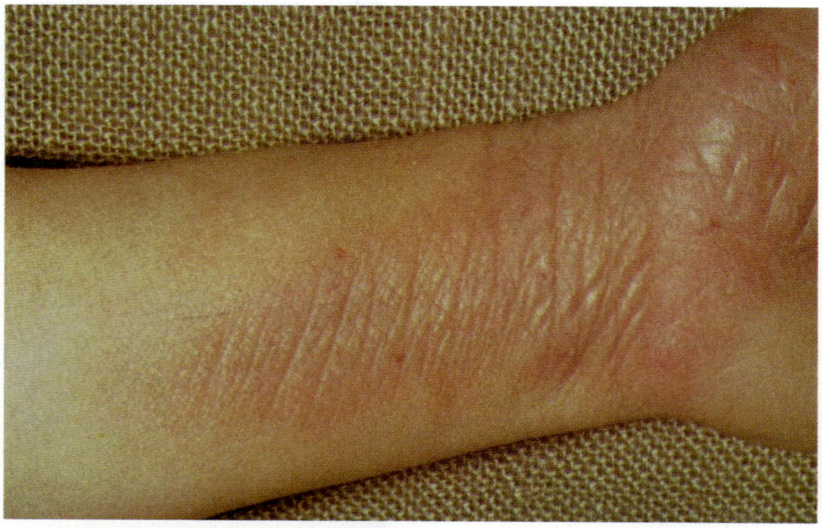

Lichenifikation; flächenhafte Infiltration der Haut mit Vergrößerung der Hautfelderung.

Therapie
Klinische Behandlung mit Kortikosteroiden in Kombination mit Chloroquin und Zytostatika. Bei der außerordentlichen Radiosensibilität des mykotischen Gewebes, insbesondere der Tumoren, kommt die Röntgenweichstrahlenbehandlung mit stets minimalen therapeutischen Dosen trotz aller Fortschritte der lokalen Chemotherapie nach wie vor als erfolgreichste Therapie in Frage.

Nävi

Nävi sind seit Geburt oder danach im Kindes- oder Erwachsenenalter entstanden. Später relativ konstant bleibende, umschriebene Veränderungen im Sinne des Naevus pigmentosus, Naevus naevocellularis, Naevus depigmentosus, etc. Aber man sieht auch größere, ausgedehnte, flächenhafte Nävi mit Pigmentierung und vermehrter Haaranlage, die als Tierfellnävi bezeichnet werden.

Therapie
Pigmentnävi dürfen niemals aus kosmetischen Gründen geätzt werden wegen Gefahr der Melanomentwicklung. Wenn Entfernung verlangt wird oder aus anderen Gründen notwendig erscheint, Exzision bzw. Elektrokoagulation mit der Wucherpfennig'schen histologischen Untersuchung.

Neurodermitis

Zu den Ekzemen zählende chronische Hautentzündung unklarer Ursache mit:
- Bläschenbildung;
- Juckreiz;
- Hautrötung;
- Nässen;
- Vergröberung der Hautfelderung.

Die Neurodermitis (atopisches Ekzem, atopische Dermatitis) zeigt sich als roter, schuppig-trockener Hautausschlag, meist in Form von Flecken, der kommt und geht. Meist tritt diese Hauterkrankung familiär gehäuft auf; wahrscheinlich ist sie allergischen Ursprungs. Die meisten Kinder entwachsen der Neurodermitis, die Übrigen leiden aber ein Leben lang daran. In besonders schwer befallenen Hautbereichen kann sich eine bakterielle Infektion festsetzen.
Schon auf kleinste und für gesunde Menschen harmlose Irritationen, zum Beispiel durch Blütenpollen, reagiert

das Immunsystem von Neurodermitikern stark. Es produziert eine große Zahl von Antikörpern. Diese heften sich an die Oberfläche von Mastzellen, einer Art von Abwehrzellen. Treffen Antigene auf die Antikörper, setzen die Mastzellen die Nervenbotenstoffe Histamin und Acetylcholin frei. Diese Substanzen reizen die Nervenfasern in der Haut und verursachen Juckreiz. Kratzen bewirkt, dass die Mastzellen weitere Botenstoffe ausschütten, sodass es immer stärker juckt.

Außerdem werden allein durch Kratzen Nervenenden in der oberen Hautschicht stimuliert. Die reagieren sehr empfindlich, sodass der Juckreiz weiter steigert. Wird die Juck-Kratz-Spirale nicht durch Medikamente unterbunden, wächst die Gefahr, dass der Betroffene seine Haut so heftig malträtiert, dass sie schließlich blutet. Die Stelle entzündet sich. Auch das Histamin aus den Mastzellen ruft eine Entzündungsreaktion hervor: Die kleinen Blutgefäße in der Haut erweitern sich und werden für Abwehrzellen (Leukozyten) und Antikörper durchlässig. Diese wandern zum Entzündungsherd an der Hautoberfläche, die sich rötet und anschwillt. Die Folge: Schadstoffe und harmlose Hautbakterien dringen nun leichter über die bereits wunden, juckenden Stellen ein, bis die aufgekratzte Haut schließlich mit Antibiotika behandelt werden muss.

Therapie

Feuchtigkeitscremes, milde Seifen, Antibiotika, kortisonhaltige Cremes und juckreizstillende Medikamente sind Bausteine der Behandlung. Gelegentlich hilft es, die Hausstaubmilben-Exposition zu verringern und weitere Auslöser der kindlichen Allergien zu meiden.

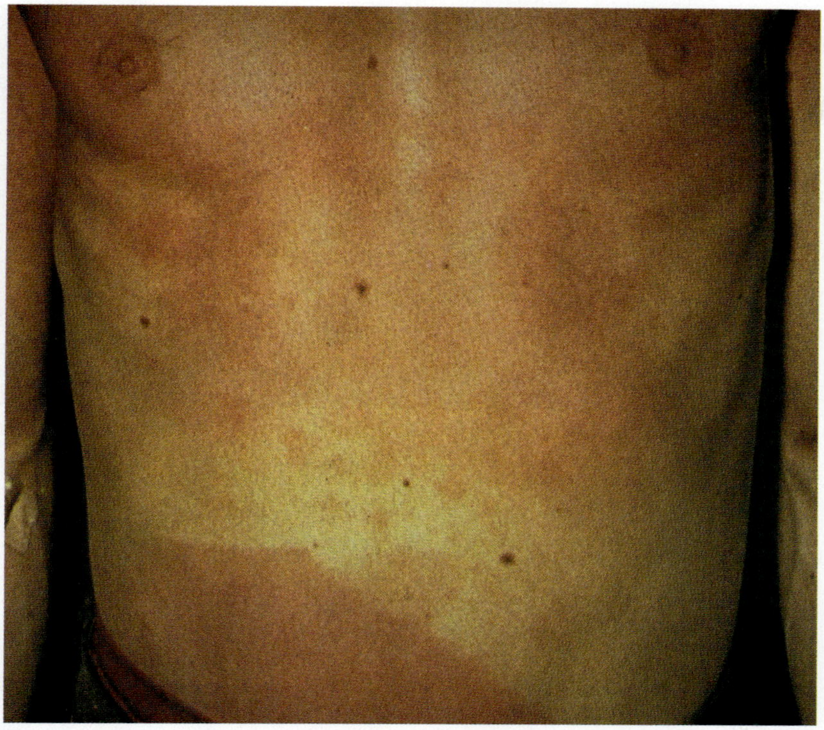

Lichtdermatose: Veränderungen der Haut infolge von Lichteinwirkung, besonders Ultraviolettstrahlung. Phototraumatische Reaktion bei normaler Lichtempfindlichkeit durch Überdosierung von UV-Licht.

Pemphigus vulgaris

Eine mit Blasenbildung einhergehende Hautkrankheit. Auf nicht entzündlicher Haut und Schleimhaut erbsen- bis walnussgroße, mit gelblich klebrigem Inhalt gefüllte Blasen, die sich in Schüben entwickeln. Verschieben einer Blase nach der gesunden Haut mit der Fingerkuppe zeigt Bereitschaft zur akantholytischen Blasenbildung und hierdurch Eiweißverlust. Früher oder später mehr oder weniger Allgemeinerscheinungen, besonders bei Mundschleimhautbefall durch Behinderung der Nahrungsaufnahme. Ursache unbekannt; Autoimmunkrankheit wird angenommen.

Therapie

Angebracht sind roborierende Maßnahmen: Eisen, Vitamine, kalorien- und eiweißreiche Nahrung und ausreichende Flüssigkeitszufuhr. Methode der Wahl sind Kortikosteroide, eventuell auch synthetisches ACTH gleichzeitig oder im Wechsel bzw. mit immunsuppressiven Mitteln. Lokalbehandlung soll Sekundärinfektionen verhüten und die Abheilung der Erosionen fördern.

Pemphigus vegetans

Eine mit Blasenbildung einhergehende Hautkrankheit. Warzenartige, drusig-papilläre Wucherungen, häufig mit Pusteln am Rand. Sitz: intertriginöse Stellen (Haut auf Haut, Feuchtigkeit) wie Genitale, After, Mund, submammär, inguinal.

Therapie

Angebracht sind roborierende Maßnahmen: Eisen, Vitamine, kalorien- und eiweißreiche Nahrung und ausreichende Flüssigkeitszufuhr. Methode der Wahl sind Kortikosteroide, eventuell auch synthetisches ACTH gleichzeitig oder im Wechsel bzw. mit immunsuppressiven Mitteln. Lokalbehandlung soll Sekundärinfektionen verhüten und die Abheilung der Erosionen fördern. Kombinationen von Kortikosteroid- und antibiotischen Salben auf fettarmer Basis erweisen sich als günstig.

Perniones

Nach längerer Einwirkung, meist feuchter Kälte über 0 Grad, umschriebene, intensiv rote bis blaurote teigige Gewebsverdichtungen, deren

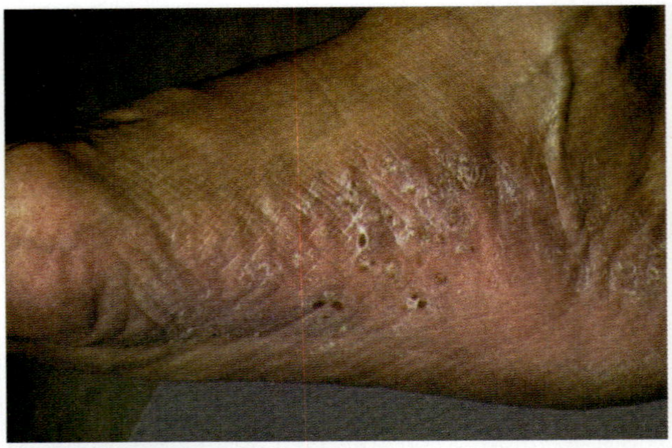

Alte Hautpilzerkrankung (Mykose).

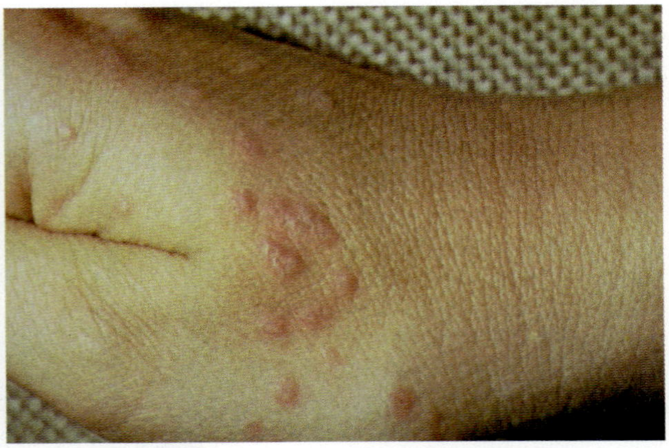

Papel: über dem Hautniveau liegendes, bis erbsgroßes Knötchen.

Rand hell, Mitte dunkel verfärbt sind, die in der Wärme hellrot anlaufen, heftig jucken und brennen, eventuell exulzerieren. Sitz besonders an Finger- und Zehenrücken, Knieinnenseiten, Erythema-nodosum-artig auch an den Unterschenkeln.

Ursache
Mangelnde Anpassungsfähigkeit an wechselnde Klimafaktoren.

Therapie
Innerlich Eisen, Vitamin E forte und gefäßerweiternde Mittel, ferner Mineralkortikosteroide. Lokal Kälteschutz und Wärmeanwendung. Tragen wollener Handschuhe, wollener Strümpfe und bequeme Schuhe und einreiben oder Verbände mit hyperämisierenden Lokaltherapeutika.

Pityriasis rosea

Pilzerkrankung der Haut. Kleine runde bis längsovale, in der Spaltrichtung der Haut gelegene medaillonartige, schuppende Erytheme am Rumpf, eventuell Hals, seltener Arme und Oberschenkel, gelegentlich mit urtikarieller Note. Zentrum blassgelblich, von einer halskrausenartigen, zarten Schuppung und einem peripheren, roten Hof umgeben.

Therapie
Antibiotische Arzneimitteln wie Breitspektrum-Antimykotika, antimykotische Chemotherapeutika oder kortikosteroidhaltige Antimykotika. Lokal: 5%igem Salizyl-Spiritus oder Salizyl-Schwefel-Salbe. Bei Irritationen Kortikosteroid-Cremes in Mite-Form und zusätzlich Zinktrockenpinselung.

Pityriasis versicolor

Pilzerkrankung der Haut. Gelblich braune bis leicht rötliche, kleienförmig schuppende Flecke, vorwiegend am Rumpf. Kommt häufig bei Nachtschweiß vor. Nicht selten, insbesondere auf sonnengebräunter Haut, eventuell aber auch durch Mikroorganismen selbst weißfleckig, teils mit, teils ohne Pilzbefall.

Therapie
Antibiotische Arzneimittel wie breitspektrum-Antimykotika, antimykotische Chemotherapeutika oder kortikosteroidhaltige Antimykotika.
Lokal: Einreiben mit 5%igem Salizyl-Spiritus 3-mal täglich. Luftdurchlässige Kunstfaserwäsche meiden.

Prurigo

Aus völliger Gesundheit oder im Anschluss an Verdauungsstörungen auftretende kleine Papeln auf dem Boden einer unregelmäßig begrenzten, juckenden, bald verschwindenden Quaddel. Häufig zentrales Bläschen, das krustös wird. Durch Kratzen sekundär Impetiginasation; entweder vereinzelt oder exanthematisch, gelegentlich schubweise über Monate bei Kindern.

Therapie
Antihistamine äußerlich und innerlich, Kalzium, Stuhlregulierung, Schwefel in Bädern und Lokal als Lotion, eventuell zusätzlich mit juckreizlindernden Zusätzen. Auch Kortikosteroide lokal und innerlich.

Pruritus

Hautjucken. Juckreiz kann umschrieben oder generalisiert auftreten, ist lästig, stört unter Umständen den Schlaf, zwingt zum Kratzen, führt zu Kratzeffekten, unter Umständen bis zum Hautbluten und zur Sekundärinfektion und Pigmentierung der Haut.

Therapie
Feststellung und Ausschaltung anderer Krankheiten wie Diabetes, Leber-Darm-Nieren-Krankheiten, Leukämie, Lymphogranulomatose, Klimakterium, Neurasthenie, Prostatahypertrophie und Karzinom. Juckreiz kann auch vorkommen durch Medikamente.

■ *Allgemeine Maßnahmen*
Diät und Stuhlregulierung, richtige, nicht übertriebene Körperpflege, Hydrotherapie, z.B. lauwarme bis heiße Duschen oder Bäder, Milieuwechsel, Psychotherapie und Beseitigung seelischer Konflikte.

■ *Intern*
Antihistamine, besonders sedierende oder Sedativa und auch Psychopharmaka.

■ *Lokal*
Antipruriginöse spirituöse Einreibungen mit Thymol, Thesit unter Zusatz von Glyzerin. Salbenbehandlung vor allem bei trockener Haut, auch kortikosteroidhaltige.

Rosacea

Erworbene, häufige, schubweise auftretende Erkrankung der Gesichtshaut älterer Menschen. Entwicklung von flachen, akneartigen Knötchen, Erythem und vor allem besenreiserartigen Telangiektasien im Bereich von Nase, Wangen, Kinn, Stirn und Glabella. Häufig sekundäre Pustelbildung und nach längerer Dauer stark erweiterte Follikelöffnungen mit Talgretention und nach jahrelangem Verlauf durch Bindegewebs- und durch Talgdrüsenhyperplasien Entwicklung von Verdickungen, die zum Rhinophym (Pfundnase) führen und vorwiegend auf das männliche Geschlecht beschränkt bleiben. Bei Frauen weist Kinnbeteiligung auf ovarielle Störungen hin.

Therapie
Behandlung des Grundleidens, z.B.:
- Seborrhoe;
- Zirkulationsstörungen;
- Klimakterium;
- Fokus;
- Myome;
- Adipositas;
- Verdauungsstörungen.

Innerlich: Hormonaltherapie und eventuell Kortikosteroide. Bessere Ergebnisse mit Tetracyclin in niedriger Dosierung und auch Retinsäure oder Isotretionin. Lokal: Im akuten Zustand feuchte Umschläge, Kamillendämpfe oder warme Waschungen mit Syndets, Pasten, Salben, Cremes, Schütternmixturen, die je nach Verträglichkeit Schwefel enthalten können und nichtfluorierte Lokalkortikoide auch mit bakterizidem, antibiotischem Zusatz.
Plastische Chirurgie: Wucherungen des Rhinophyms können mit dem Skalpell, mit einer Einmalklinge, weniger mit der elektrischen Schlinge nach dem Vorbild eines früheren Fotos des Kranken mit gutem kosmetischen Erfolg abgetragen werden.

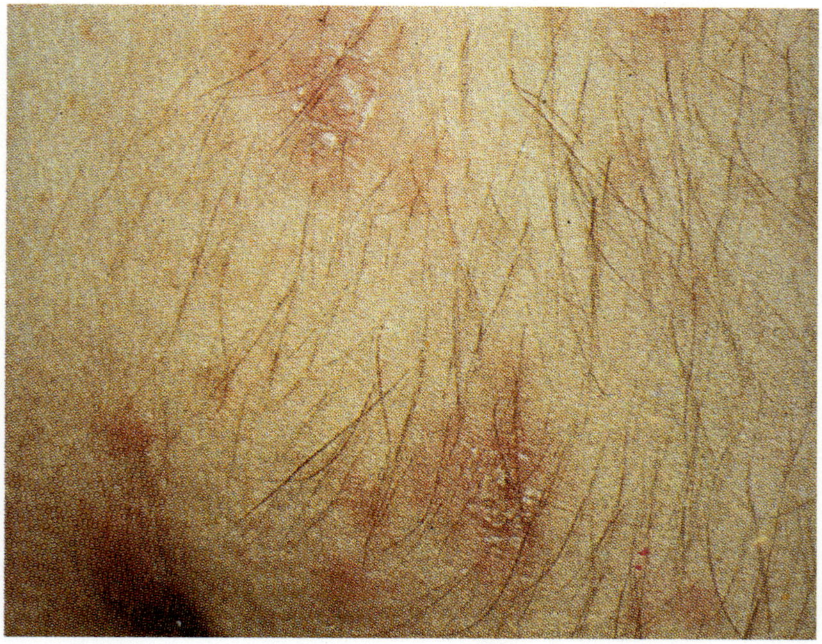

Pityriasis: feine kleieförmige Schuppung.

Seborrhoe

Beeinflussbare, konstitutionelle, vermehrte Talgsekretion an talgdrüsenreichen Regionen unter Bevorzugung des Haarbodens. auch Gesicht, besonders Nasolabialfalten, vordere und hintere Schweißrinne

■ *Seborrhoea oleosa*
Haut ist mit fettigen Auflagerungen überzogen, glänzt, besonders auf dem Kopf lässt sich die Fettschicht abschaben, das Haar wirkt fettig und strähnig und verliert die Fasson. Durch Aufdrücken von Zigarettenpapier bleibt auf diesem ein Fettfleck.

■ *Seborrhoea sicca*
Bevorzugt auf der Kopfhaut mit kleieförmiger Schuppung, verbunden mit Juckreiz. Auch auf das Gesicht sowie vordere und hintere Schweißrinne übergreifend mit Rötungen, die angedeutete Randbegrenzung aufweisen können.

Therapie
Nicht zu häufiges Waschen, am besten mit Syndets. Selensulfidhaltige Präparate sind bei der Sicca-Form angebracht. Bei der Sicca-Form und vorhandenem Juckreiz auch kortikosteroidhaltige Präparate und bei Frauen auch östrogenhaltige.
Günstig wirkt auch Vitamin-A-Säure, besonders intensiv die 13-cis-Retinsäure, eventuell als Lösung oder Creme. Frauen können zusätzlich Kontrazeptiva innerlich nehmen, falls ein Kontrazeptivum gewünscht wird. Im Klimakterium, falls noch androgenetische Alopezie hinzukommt, Antiandrogen, allerdings in beiden Fällen Langzeitbehandlung notwendig und bei letzterem Nebenwirkungen abwägen.

Skelerodermie

Fortschreitende Hautveränderung, wobei die Haut ohne Entzündung hart und steif wird. Häufig kommt es zur Verwachsung der Haut mit der Unterlage, wodurch Gelenke versteifen können.

■ *Sclerodermia circumscripta*
Nach entzündlicher Phase kommt es an umschriebenen Hautbezirken zur Sklerose, bei günstiger Prognose unter Bevorzugung des weiblichen Geschlechtes. Die umschriebene straffe Atrophie, die nach einer entzündlichen Rötung

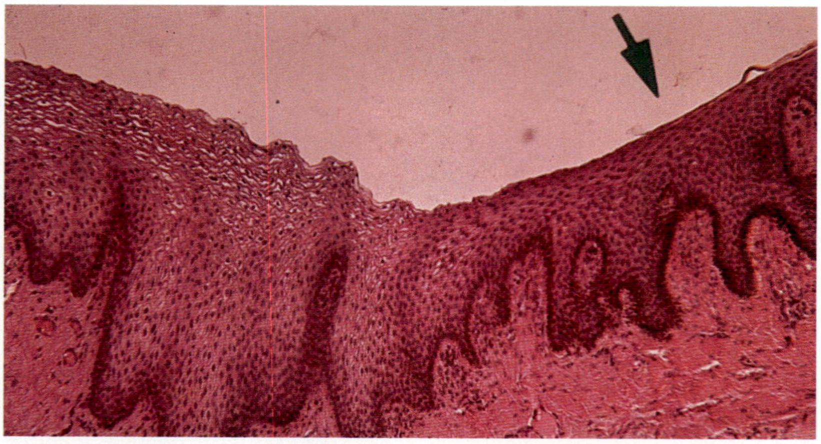

Histologischer Schnitt der Haut; Verhornungsstörung der Epidermis (Pfeil).

mit Umwandlung aus dem Zentrum heraus in eine harte Platte übergeht, ist von einem blauroten bis violetten Saum umgeben.

Therapie
Wegen unklarer Genese keine gezielte Behandlung möglich. Es werden empfohlen Bäder, Massage und Ultraschall in Kombination mit Vitamin E. Penizillin-Behandlung und Kortikosteroid-Salben oder Injektion von Kortikosteroid-Kristallsuspension. Auch ist physikalisch-mechanische Therapie wirksam.

■ *Sclerodermia progressiva*
Schwere, chronisch deletär verlaufende Systemerkrankung des Gefäß- und Bindegewebsapparates, betroffen vor allem Frauen mittleren Alters. Mit Verdickung und Verhärtung der Haut und Unterhaut einhergehend, schließlich zur straffen Atrophie führend mit Störung der Beweglichkeit in den Gelenken. In ausgeprägten Fällen ist die Haut hart, gespannt, sodass sich keine Falten abheben lassen, glänzend braunroter bis alabasterfarbiger Farbton. Bevorzugter Sitz besonders im Beginn Gesicht und Hände. Zugespitztes Gesicht mit mimischer Starre wirkt maskenhaft bzw. mumieartig, mit Lippenverschmälerung.
Mundverkleinerung mit radiärer perioraler Fältelung. Durch Schrumpfung der Zunge und des Zungenbändchens kann Zunge nicht herausgestreckt werden. An den Fingern zeigt sich dem Raynaud-Syndrom ähnliches Bild mit Zuspitzung und oft Krallenstellung und rattenbissartige Nekrosen der Fingerkuppen. Bei weiterem Fortschreiten verhärten Muskeln, Sehnen und Faszien.

Therapie
Wegen unklarer Genese keine gezielte Behandlung möglich. Es werden empfohlen Bäder, Moorbäder, Massage und Ultraschall in Kombination mit Vitamin E. Penizillin-Behandlung und Kortikosteroid-Salben oder Injektion von Kortikosteroid-Kristallsuspension, innerlich Antiphlogistika, Zytostatika oder Immunsuppressiva. Hautpflege mit fetthaltigen, erweichenden Salben. Wirksam Kälteschutz, Verhütung von Traumatisierung. Auch ist physikalisch-mechanische Therapie wirksam. Neuraltherapie mit Novocain bzw. Procain.

Trichophytia

Pilzerkrankung der Haut. Beginnt mit braunroten, scharf begrenzten, leicht erhabenen, juckenden Scheiben, die später Knötchen, Bläschen und Schuppen bilden. Oft Abheilung im Zentrum und Bildung von Ringformen; bei Nachschüben im Zentrum bilden sich konzentrische Kreise.

Therapie
Antibiotische Arzneimitteln wie breitspektrum-Antimykotika, antimykotische Chemotherapeutika oder kortikosteroidhaltige Antimykotika.

Urticaria

Nesselsucht. Tritt unter verschiedenen klinischen Bildern auf. Charakteristisch ist die rasch entstehende, flüchtige, juckende Quaddel, von unterschiedlicher Größe, die nicht zerkratzt wird. Farbe wechselt von meist rot bis weiß infolge Druck auf die Kapillaren. Je nach Sitz der befallenen Gefäße ist die Urtikaria oberflächlich oder tief. Mit der Haut (ödematöse Schwellung im Gesicht) oder auch für sich allein können Schleimhäute befallen sein.
Akute Urtikaria tritt plötzlich auf, eventuell mit Fieber, Diarrhö, Gelenkbeschwerden oder Erbrechen. Chronische Urtikaria oder chronisch rezidivierende Urtikaria ist charakterisiert durch fast täglichen Ausbruch und Schwierigkeit der theurapeutischen Beeinflussung.

Ursache
- Nahrungsmittel-Urtikartia meist Diagnose leicht, da Allergene bekannt sind: Erdbeeren, Fisch, Eier usw.
- Insektenstich-Urtikartia kann neben urtikarieller Stichreaktion zu generalisierter Allgemeinreaktion führen, die mit Urtikaria beginnt und mit Schock endet, eventuell nur unter Befall innerer Organe.
- Häufig ähnlich auch die Pennicilin-Urtikartia, die neben der Spätreaktion vom Typ der Serumkrankheit mit Gelenkbeschwerden durch Schwellung der Synovia auch nicht selten den Soforttyp aufweist.
- Reaktionen vom Soforttyp finden sich auch bei der physikalischen Urtikaria, Badetod bei der Kälte-Urtikaria.

Kontakt-Urtikaria ist auf Ort der Einwirkung beschränkt: Kälte, Druck, Licht.
- Reflex-Urtikaria, die generalisiertes kleinfleckiges Exanthem, keine Figurierung zeigt, ohne Juckreiz und nicht auf Kortikosteroide anspricht, als cholinergische Wärme-Urtikaria.

Therapie
- Allgemeine Maßnahmen
  - reizlose Kost;
  - Stuhlregulierung;

  - Apfelsafttage oder Milchtage;
  - Ausschaltungsdiät.
- Medikamentöse Behandlung.
- Bei Kälte-Urtikaria: Penicillin.
- Bei chronische Urtikaria: Antibiotika, Antihistaminika auch kurzzeitig als Kortikosteroid-Kombinationen.
- Bei Licht-Urtikaria: Resochin und Lichtschutz.
- Kortikosteroide bei Druck-Urtikaria.

Vitiligo

Weißfleckenkrankheit. Meist erst im Laufe des Lebens erworbener, umschriebener, herdförmiger Pigmentverlust infolge funktioneller Störung oder Untergang von Melanozyten mit Neigung zu verstärkter Pigmentierung in Randgebieten und zur Ausdehnung. Bevorzugt ist das weibliche Geschlecht in jüngeren Jahren.
Weiße Herde sind scharf umschrieben, polyzyklisch begrenzt, zunächst multiple kleine, später durch Konfluieren größere und große Herden, die dann kosmetisch stören, wenn es zu verstärkter Pigmentierung der Ränder kommt.

Wundliegen

Bei Wundliegen oder Dekubitus handelt es sich um einen Hautdefekt, der meist durch den Druck des eigenen Körpergewichts entsteht. Deshalb wird auch von einem Druckgeschwür gesprochen.
Es gibt die Regel: ohne Druck kein Wundliegen.
Das Augenmerk sollte bei den Betroffenen stets auf bleibende Rötung, Erwärmung und Verhärtung der Hautstellen gerichtet werden. Denn gerade weil diese Frühzeichen oft kleine oder nur wenig Beschwerden machen, kann sich daraus eine tiefe Wunde entwickeln.
Die Schweregrade 1 bis 4 unterscheiden sich wie folgt:

■ *1. Stadium*
Hautrötung, die auch nach Entlastung nicht mehr verschwindet, und Verhärtung und gegebenfalls Erwärmung der Haut.

■ *2. Stadium*
Die oberflächlichen Schichten der Haut sind bereits geschädigt. Man sieht eine Blase, eine Hautabschürfung oder eine oberflächliche Wunde.

■ *3. Stadium*
Alle Hautschichten und große Teile des unter der Haut liegenden Bindegewebes sind zerstört. Man sieht eine tiefe Wunde, Muskel- und Knochengewebe sind aber noch intakt.

■ *4. Stadium*
Die Wunde ist schon so tief, dass Muskelgewebe oder sogar Knochen freiliegen.
Diabetiker und Rückenmarkverletzte sind für Dekubitus besonders gefährdet, da die Nerven meist nicht mehr richtig arbeiten, um Signale auszusenden, wenn auf einer Körperstelle zu viel Druck lastet. Der Körper antwortet nämlich im Normalfall mit Bewegungen, die zur Druckentlastung führen. Aber diese Bewegungen bleiben aus, wenn bestimmte Medikamente (starke Schmerz- oder Betäubungsmittel) eingenommen wurden oder wenn jemand an einer Krankheit leidet, die das Nervensystem beeinflusst.
Auf gar keinen Fall darf zum Trocknen der Haut ein Föhn verwendet werden, weil es aufgrund der oftmals vorhandenen Nervenschädigung zu Verbrennungen kommen könnte, da der Schmerz nicht wahrgenommen wird.
Auch das Lebensalter spielt eine Rolle. Untersuchungen haben gezeigt, dass Menschen, die über 65 Jahre alt sind, oder kleine Kinder unter fünf Jahren schneller einen Dekubitus entwickeln.

Behandlung

Die Behandlung solcher Wunden ist nicht einfach. Umso wichtiger ist es, sie erst gar nicht entstehen lassen. Die Behandlungsdauer hängt vom Ausmaß der Schädigung ab. Bei einem ausgedehnten und tiefen Defekt kann die Heilung einen sehr langen Zeitraum in Anspruch nehmen.
Gerade ältere und kranke Menschen, deren Beweglichkeit dauerhaft eingeschränkt ist, können aufgrund ihrer Druckgeschwüre zum Dauerpflegefall werden. Bei ausgedehnten Druckgeschwüren ist der Gesamtzustand des Patienten oftmals so schlecht, dass ein Krankenhausaufenthalt notwendig wird.
Denn Druckgeschwüre haben eine starke Tendenz, sich in die Tiefe des Gewebes auszubreiten. Werden sie nicht rechtzeitig konsequent behandelt, stirbt das Gewebe ab und der Patient muss operiert werden.
Die chirurgische Versorgung des Dekubitus findet ebenfalls im Krankenhaus statt, besonders bei solch tiefen Geschwüren, bei denen nicht selten auch abgestorbene Zellverbände, sogenannte Nekrosen, entfernt werden müssen. Da sich in dem geschädigten Gewebe bevorzugt Krankheitserreger ansammeln, besteht bei jedem Dekubitus die Gefahr einer bakteriellen Infektion.

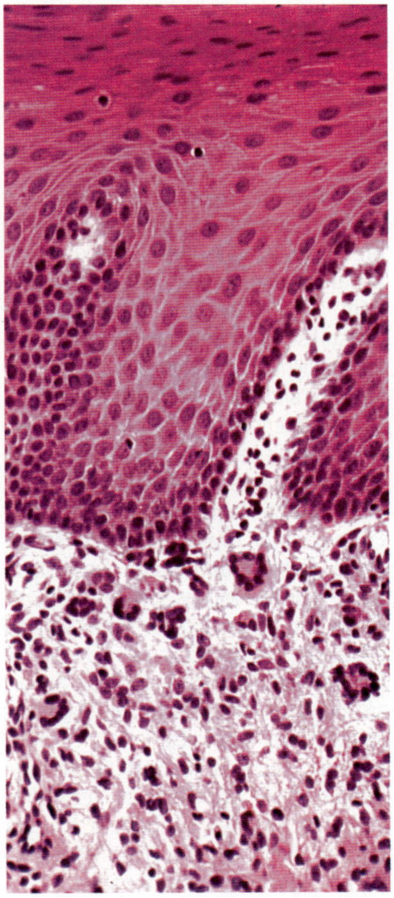

Xanthogranulom (mikroskopische Aufnahme); isoliert oder multipel auftretende gelbe Knötchen, zuweilen Knoten, dem Dermatofibrom ähnlich.

Hautkrebs

Hautkrebs ist ein bösartiger Tumor, der häufiger auftritt. Die am weitesten verbreiteten Arten von Hautkrebs – Basalzellkarzinomen, Plattenzellkarzinom und Melanom – entstehen meistens in Bereichen, die von Sonnenlicht beschienen werden.

Pro Jahr erkranken in Deutschland zirka 94.000 Menschen neu an Hautkrebs. Davon sind etwa 6.400 Neuerkrankungen an einem malignen Melanom. In den letzten Jahren hat die Zahl dieser Erkrankungen drastisch zugenommen. Diese Entwicklung sollte uns umso mehr alarmieren, als sich das Hauptrisiko, an eben dieser Krebsart zu erkranken, oft genug vermmeiden ließe: Übermäßige Sonnenbestrahlung gehört zu den Risikofaktoren für die Entstehung von Hautkrebs.

Darüber hiunaus können vielfältige Einflüsse die Wirksamkeit der ultravioletten Strahlen steigern – so zum Beispiel Teer oder Zusätze in Parfums beziehungsweise Gesichtswässern.

Einflüsse der Sonne

Man kennt von der Sonne vielfältige günstige Einflüsse auf den menschlichen Körper: Sie fördert zum Beispiel die Bildung von Vitamin-D, das die Knochen hart macht. Und auch der psychischen Stabilität tut die Sonne gut.

UV-Strahlung

Als ultraviolette (UV-)Strahlen werden elektromagnetische Wellen mit Wellenlängen von 100 bis 400 Nanometer bezeichnet. Die UV-Strahlen sind im Sonnenlicht enthalten; sie sind für das menschliche Auge unsichtbar und energiereicher als die Strahlen des für uns sichtbaren Lichtes.

Die ultravioletten Strahlen werden in Abhängigkeit von ihren Wellenlängen in drei Gruppen eingeteilt:

- UVC-Strahlen – 100–280 nm
- UVB-Strahlen – 280–320 nm
- UVA-Strahlen – 320–400 nm

Dabei ist die Wirksamkeit der kurzwelligen Strahlen höher als die der langwelligen. Sie ereicht ihr Maximum bei Wellenlängen unterhalb von 300 nm.

Von den drei Strahlengruppen werden die UVC-Strahlen nahezu vollständig, die UVB-Strahlen bis auf einen geringen Rest und die UVA-Strahlen bis auf knapp vier Prozent von der Ozonschicht absorbiert.

Die ultravioletten Strahlen entfalten an der Haut unterschiedliche Wirkungen, von denen die augenfälligste Reaktion relativ rasch beobachtet werden kann: die Bräunung der Haut. Dabei wird die Pigmentzelle, der Melanozyt, durch die UV-Bestrahlung angeregt, über einen komplizierten Prozess braunen Farbstoff, das sogenannte Pigment, zu bilden.

Die Bräunung der Haut ist, ebenso wie die Hautverdickung, die als „Lichtschwiele" nach einer längeren UV-Bestrahlung mit UVB-Anteil auftritt, ein Schutzmechanismus der Haut.

Überschreitet die Betrahlung einen gewissen, von Mensch zu Mensch unterschiedlich hohen Grenbzwert (die sogenannte Erythemschwelle), so treten akute Hautschäden auf.

Mit einer Zeitverzögerung von mehreren Stunden kommt es zur Rötung und Schwellung der bestrahlten Haut, dass heißt zum Sonnenbrand. Wird die bereits überstrapazierte Haut weiter den UV-Strahlen ausgesetzt, entstehen Blasen, und bei noch weiteter Bestrahlung gehen schließlich die oberflächlichen Hautanteile zugrunde: Das Gewebe stirbt ab.

Wer sich regelmäßig, vielleicht sogar täglich dieser UVB-Bestrahlung aussetzt, läuft Gefahr, dass er das Erbgut einzelner Hautzellen intensiv schädigt – selbst dann, wenn kein Sonnenbrand entsteht. Diese Zellen können als „Keimzellen" für die Entstehung von Hauttumoren angesehen werden.

Denn so entsteht Hautkrebs: Durch die Aufnahme von UVB-Strahlen wird das Erbgut in den Zellkernen der Haut erheblich beschädigt. Entweder sterben die betroffenen Zellen ab oder sie werden durch den zelleigenen Reparaturdienst instandgesetzt. Kommt die Haut allerdings mit der Heilung nicht

Warnsignale für ein malignes Melanom – die ABCDE-Regel

A wie Asymmetrie: Melanomverdächtige Hautveränderungen sind häufig asymmetrisch.

B wie Begrenzung: Der Fleck oder das Muttermal hat häufig einen unregelmäßigen oder unscharf begrenzten Rand.

C wie Color (Farbe): Melanome sind oft ungleichmäßig gefärbt. Als Farben kommen Schwarz, Braun, Grau, Rot bis Hautfarben vor.

D wie Durchmesser: Ein pigmentierter (vor allem schwarzer oder dunkelbrauner) Fleck oder Muttermalfleck wird größer und erreicht mehr als fünf Millimeter.

E wie Erhabenheit: Melanome liegen teilweise im Hautniveau, teilweise sind sie erhaben.

mehr nach, können sich die angegriffenen Zellen zu Krebs verändern.

Hautkrebsarten

Die Entstehung von Hautkrebs ist die schwerwiegendste Spätfolge der UV-Bestrahlung. Nach ihren Entstehungsorten werden folgende Hautkrebse unterschieden:

- Basalzellkarzinom
- Stachelzellkrebs
- malignes Melanom

Bei allen Hautkrebsarten hat in den letzten Jahren die Neuerkrankungsrate stark zugenommen. Beim Basalzellkarzinom und dem Stachelzellkarzinom wird die krebserregende Wirkung der UV-Strahlung dadurch deutlich, dass diese Hautkrebsarten vornehmlich in den Körperregionen entstehen, die dem Licht ausgesetzt sind.

Derselbe klare Zusammenhang zwischen häufiger UV-Bestrahlung und Entstehung eines Hautkrebses besteht auch beim sogenannten *Lentigo maligna Melanom*, einer speziellen Form des schwarzen Hautkrebses, das nur dort auftritt, wo eine langjährige chronische UV-Bestrahlung stattfand.

Die malignen Melanome treten sonst häufig auch an bedeckten Körperstellen auf.

Strahlungsempfindliche Menschen haben ein dreifach höheres Risiko, ein Melanom zu entwickeln; das Melanomrisiko bei hellhäutigen Menschen nimmt mit der Intensität der UV-Strahlen zu; diese Intensität hängt ab vom Einfallswinkel der Strahlen, von der geographischen Lage, der Jahres- und Tageszeit und der Körperhaltung. Melanonpatienten haben in der Vorgeschichte häufiger Sonnenbrände gehabt, insbesondere als Kind.

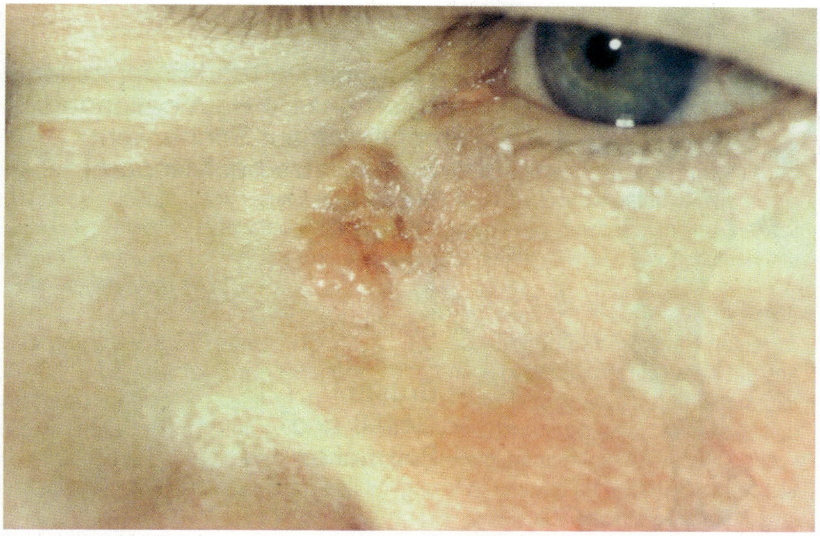

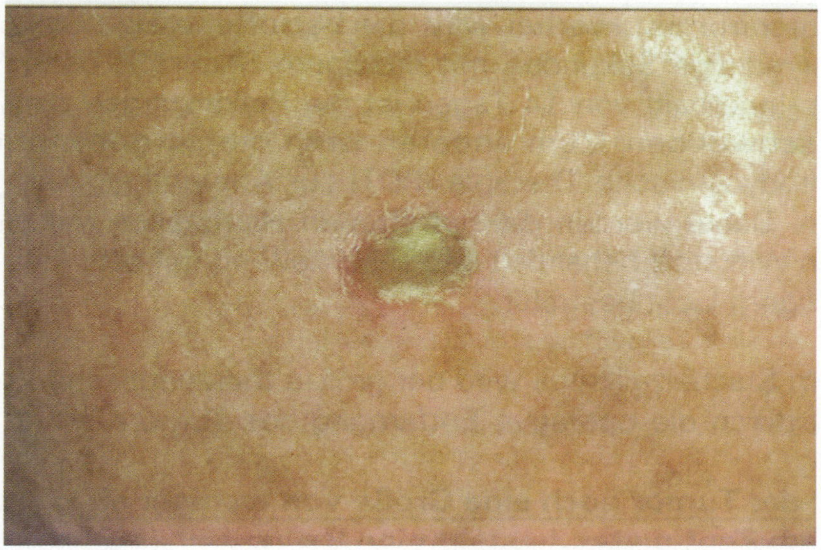

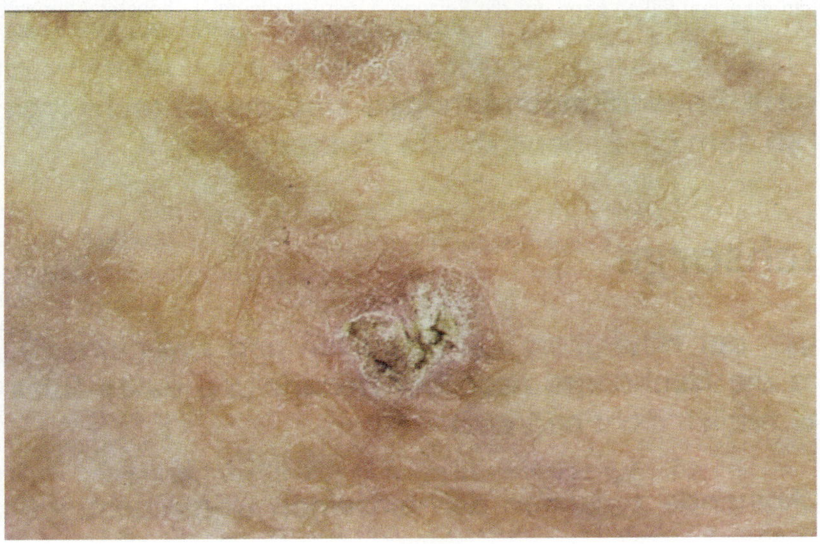

Oben: Der Basalzellkrebs

Mitte: Festhaftende Hornkruste

Unten: Solare Keratose, die Vorstufe des Stachelzellkrebses

Wichtige Fragen und Antworten zum Hautkrebs

Wie entsteht Hautkrebs?
Nach einem Sonnenbrand z.B. regeneriert sich die Haut mithilfe eigener Reparatursysteme über Nacht. Folgt aber über Jahre ein Sonnenbrand dem anderen, versagt das System. Die Zelle entartet und Hautbrebs entsteht. Nicht selten erst Jahrzehnte später.

Was gehört zu den Frühzeichen des Hautkrebses?
An einen Hautkrebs sollte man denken, wenn ein bereits bestehendes Muttermal dunkler und/oder erhabener wird, leicht zur Blutung neigt oder geschwürig zerfällt. In allen diese Fällen sollte man zur weiteren Abklärung den Arzt aufsuchen. Außerdem sollte man immer dann zum Arzt gehen, wenn sich geschwürige Hautveränderungen bilden, die nicht innerhalb eines Monats abheilen.

Gibt es noch andere Krebsauslöser als die Sonne?
Ja, die humanen Papilomaviren (HPV) können bei Patienten mit geschwächtem Immunsystem, zum Beispiel bei Dialysepatienten, eine Rolle spielen. Außerdem gibt es einige bisher unbekannte Auslöser. Lichteinstrahlung ist aber bei weitem der wichtigste.

Ist Sonnenbrand ein Warnsignal für Hautkrebs?
Ja, aber kein sehr zuverlässiges. Hautzellen können schon lange vor eine Hautrötung so stark geschädigt sein, dass sich die Erbsubstanz nachhaltig verändern kann. Das heißt: Auch wer nie Sonnenbrand hatte, kann Hautkrebs bekommen.

Wie viel Sonne ist gesund?
Die Krebshilfe empfiehlt, die Anzahl der Sonnenbäder auf 50 pro Jahr zu begrenzen, dazu zählen zum Beispiel auch Rasenmähen ohne Hemd und Solarienbesuche.

Kennt man auch chemische Ursachen des Hautkrebses?
In manchen Fällen kann auf die Reizung durch Petroleum oder Petroleumprodukte, Phosphor oder andere Substanzem, die mit der Haut der Hände jahrelang ständig in Kontakt gekommen sind, zurückgehen.

Was bringt Kleidung mit UV-Schutz?
Langzeitergebnisse fehlen. Deshalb sind die Ansichten widersprüchlich. Fest steht: Jeder Art von Kleidung schützt, man sollte sich aber nicht allein darauf verlassen.

Wie kann ich meine Haut sonst noch schützen?
Durch gesunde Lebensweise und ein intaktes Immunsytstem: Viel Gemüse und Obst essen hilft. Lycopin in Tomaten und Karotin in Möhren zum Beispiel erhöhen den Zellschutz.

Wo kommt Hautkrebs am häufigsten vor?
An den freiliegenden Hautflächen um Nase und Augen oder am Handrücken.

Was ist „heller Hautkrebs"?
Heller Hautkrebs – das Basalzellkarzinom und der Stachelzellkrebs – mit jährlich 120.000 Betroffenen, ist die häufigste Krebsart. Fast jeder kann bei Früherkennung geheilt werden.

Wie behandelt man Hautbrebs?
Der Schwarze Hautkrebs, das maligne Melanom, ist am gefährlichsten, wird immer operiert. Je tiefer ein Melanom in die Haut eingedrungrn ist, umso größer das Risiko, dass sich bösartige Zellen in den Organismus abgesiedelt haben. Dann ist dauerhafte Heilung nur selten noch möglich.

Können Altersflecken auch bösartig werden?
Nein. Das sind Pigmentierungen durch chronische Lichteinwirkung vor allem auf Handrücken und Gesicht.

Sind Leberfecken gefährlich?
Nein. Aber mehr als 40 Leberflecken im Laufe seines Lebens bekommt, hat ein etwa achtmal höheres Risiko, ein Melanom zu entwicklen. Sehr große Leberflecken, meist angeboren, sollten vorsorglich entfernt werden.

Bei vielen Menschen bräunen bestimmte Hautstellen nicht, bleiben weiß.
Das ist eine Autoimmunkrankheit, Weißfleckenkrankheit genannt, die mit Krebs nicht zu tun hat: Der Körper stößt Pigmentzellen ab.

Was versteht man unter Epitheliom?
Diesen Ausdruck verwendet man zur Bezeichnung einer besonderen Geschwulstform, die sich durch verhältnismäßig geringe Bösartigkeit auszeichnet und vorwiegend im höheren Alter auftritt.

Ist Paget-Krankheit eine Art von Hautkrebs oder eine Stoffwechselerkrankung?
Paget-Krankheit ist eine seltene Art von Hautkrebs, die ihren Ursprung hat in Drüsen in oder unter der Haut. Denselben Namen trägt eine Stoffwechselerkrankung der Knochen, die mit der Hautkrankheit nichts zu tun hat. Da die Paget-Krankheit ihren Ursprung normalerweise in einem Karzinom der Ausführungsgänge der Milchdrüsen hat, tritt die ekzemartige Veränderung meist um die Brustwarze herum auf. Männer und Frauen sind gleichermaßen betroffen.
Auf der Haut bildet sich ein roter, nässender, verkrustender Ausschlag, der meist juckt und schmerzt. Da die Symptome sehr an eine gewöhnliche Hautentzündung erinnern, ist eine Biopsie nötig, um die Diagnose abzusichern. Die Paget-Krankheit im Bereich der Brustwarzen wird wie andere Brustkrebsformen behandelt.

Früherkennung

Die größte Rolle im Kampf gegen den Hautkrebs spielt nach der Vorbeugung zweifelsohne die Früherkennung. Hautkrebsvorstufen und der Hautkrebs selbst sind, im Gegensatz zu anderen Krebsarten, ohne technische Hilfsmittel und Eingriffe sicht- und fühlbar.
Gerade bei bösartigen Erkrankungen der Haut, die sich äußerlich sichtbar entwickeln, bietet die regelmäßige Selbstbeobachtung eine große Chance, Krebs bereits in einem so frühen Stadium zu entdecken, dass er geheilt werden kann, bevor er sich ausbreitet und lebensbedrohlich wird.

Diagnostik

Viele Menschen befürchten, bei der Verdachtsdiagnose „Krebs" in die medizinische „Mühle" zu geraten, und meiden den Arztbesuch aus Angst davor. Denken Sie aber bitte daran, dass die Untersuchungen notwendig sind, um folgende Fragen zu klären:

- ▲ Wie ist der Allgemeinzustand des Patienten?
- ▲ Handelt es sich wirklich um einen Tumor?
- ▲ Wie sitzt der Tumor?
- ▲ Um welche Krebsart handelt es sich?
- ▲ Wie weit ist die Erkrankung fortgeschritten?
- ▲ Welche Behandlung wird den größten Erfolg haben?

Eine sinnvolle Therapieplanung ist nur möglich, wenn eine gründliche Diagnostik vorausgegangen ist.

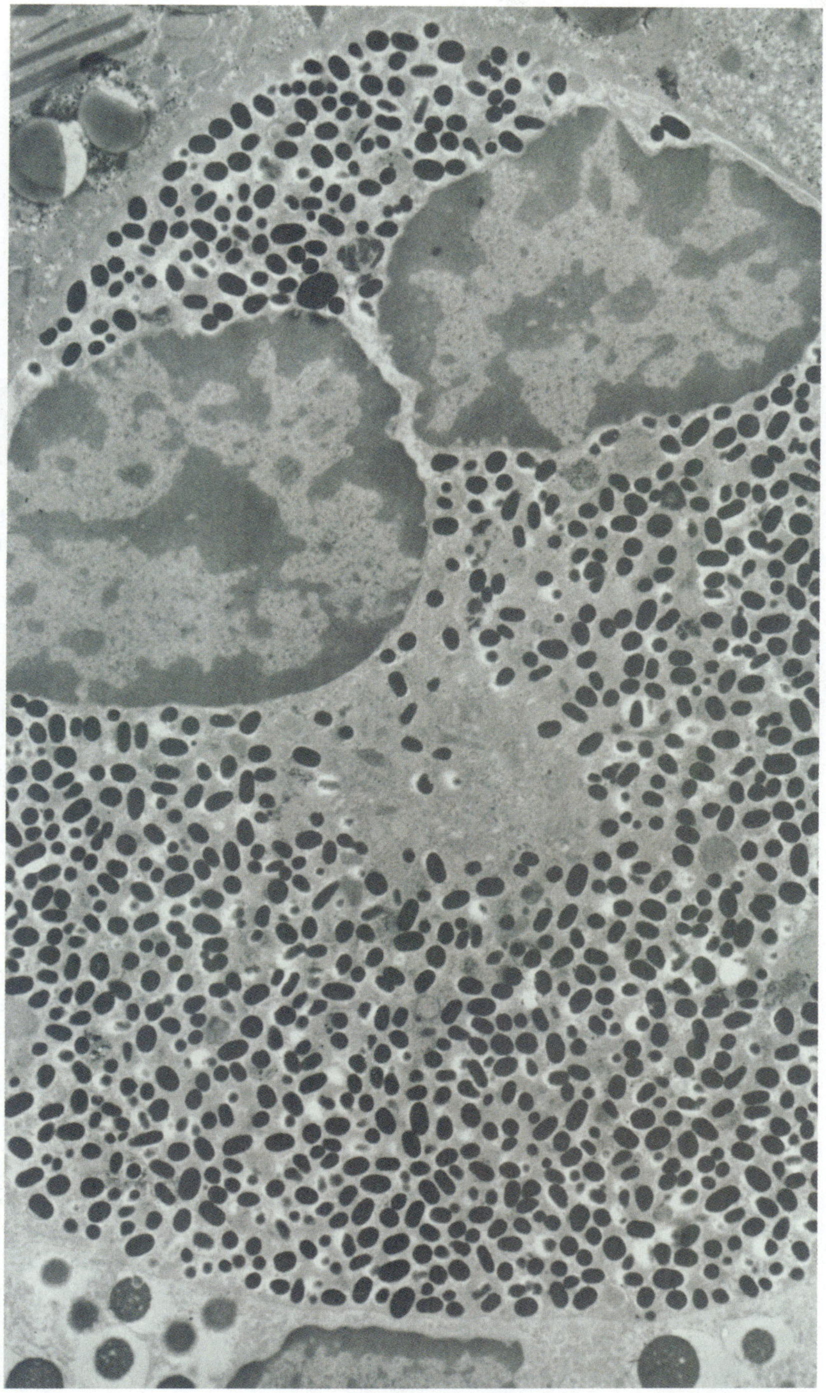

Mikroskopische Aufnahme von Pigmentzellen; die durch UV-Bestrahlung angeregt sind

Therapie

Wurde bei Ihnen die Diagnose Hautkrebs gestellt, sprechen Sie mit Ihrem Arzt ausführlich über den Befund und die Heilungschancen Ihrer Erkrankung. Das Hauptziel jeglicher Therapie ist es, den Tumor vollständig zu entfernen. Dabei gilt als wirksamste Maßnahme die Operation, bei der das Tumorgewebe mit einem gewissen Sicherheitsabstand entfernt wird. Bei weit fortgeschrittenen Tumoren, das heißt bei vom Umfang her großen Geschwülsten, können sich unter Umständen kosmetische Probleme ergeben, da sich die Operationswunde nicht einfach verschließen lässt, sondern zum Beispiel eine Hautübertragung vorgenommen werden muss. Inwieweit eine Strahlenbehandlung erforderlich und sinnvoll ist, hängt von der Art der Erkrankung und vom jeweiligen Einzelfall ab.

Hepatitis

Hepatitis ist eine Entzündung der Leber. Hepatitis ist häufig die Folge einer Virusinfektion, vor allem mit einem der fünf Hepatitisviren: A, B, C, D und E. Seltener ist Hepatitis die Folge anderer Virusinfektionen wie Pfeiffer'sches Drüsenfieber, Gelbfieber oder Zytomegalieinfektion. Die wichtigsten nichtviralen Ursachen von Hpatitis sind Alkoholismus und Arzneimittel wie Isoniazid. Eine Hepatitis kann akut oder chronisch verlaufen.

Hepatitis A

Die Hepatitis A ist die am wenigsten gefährliche Form der Leberentzündungen. Das Hepatitis-A-Virus wird meistens durch verunreinigte Lebens-

Impfempfehlungen Hepatitis B (HB)

- Indikationsimpfung für Risikogruppen bei individuell (nicht beruflich) erhöhtem Espositions-, Erkrankungs- oder Komplikationsrisiko sowie auch zum Schutz Dritter.
  - Homosexuell aktive Männer.
  - Personen mit substitutionspflichtiger Hämophilie
  - Personen in psychiatrischen Einrichtungen oder vergleichbaren Fürsorgeeinrichtungen für Zerebralgeschädigte oder Verhaltensgestörte.
  - Personen, die an einer chronischen Leberkrankheit einschließlich chronischer Krankheiten mit Leberbeteiligung leiden und keine HAV-Antikörper besitzen.
- Impfungen aufgrund eines erhöhten beruflichen Risikos, zum beispiel nach Gefährdungsbeurteilung entsprechend der Risikoverordnung.
  - Patienten mit chronischer Nierenkrankheit, Dialysepatienten, Patienten mit häufiger Übertragung von Blut oder Blutbestandteilen (zum Beispiel Hämophilie).
  - Patienten vor ausgedehnten chirurgischen Eingriffen (zum Beispiel vor Operationen unter Verwendung der Herz-Lungen-Maschine. Entscheidend sind die Dringlichkeit des Eingriffes sowie der Wunsch des Patienten nach einen Impfschutz).
  - Personen mit chronischer Leberkrankheit einschließlich chronischer Krankheiten mit Leberbeteiligung sowie HIV-Positive ohne HBV-Marker.
  - Durch Kontakt mit HBsAg-Trägern in der Familie oder in einer Wohngemeinschaft mit gefährdeten Personen, Sexualpartner von HBsAg-Trägern.
  - Personal in psychiatrischen Einrichtungen oder vergleichbaren Fürsorgeeinrichtungen für Zerebralgeschädigte oder Verhaltensgestörte.
  - Besondere Risikogruppen, wie zum Beispiel homosexuell aktive Männer, Drogenabhängige Prostituierte, länger einsitzende Strafgefangene.
  - Durch Kontakt mit HBsAg-Trägern in einer Gemeinschaft (Kindergärten, Kinderheime, Pflegestätten, Schulklassen, Spielgemeinschaften).
- Postexpositionelle Prophylaxe/Riegelungsimpfungen bzw. andere Maßnahmen der spezifischen Prophylaxe (Immunglobulingabe oder Chemoprophylaxe) bei Kontaktpersonen in Familie und Gemeinschaft.
  - Personen nach Verletzungen mit möglicherweise erregerhaltigen Gegenständen, zum Beispiel Nadelstichexposition.
  - Neugeborene HBsAg-positiver Mütter oder von Müttern mit unbekannten HBsAg-Status (unabhängig vom Geburtsgewicht).
- Impfungen aufgrund von Reisen.

Reisende in Regionen mit hoher Hepatitis-B-Prävalenz bei längerem Aufenthalt oder beim erwartendem engen Kontakten zur einheimischen Bevölkerung.

Entsprechend den Mutterschafts-Richtlinien ist bei allen Schwangeren nach der 32. Schwangerschaftswoche, möglichst nahe am Geburtstermin, das Serum auf HbsAg zu untersuchen. Ist das Ergebnis positiv, dann ist bei dem Neugeborenen unmittelbar post partum, das heißt innerhalb von 12 Stunden, mit der Immunisierung gegen Hepatitis B zu beginnen.
Dabei werden simultan die erste Dosis HB-Impfstoff und HB-Immunglobulin verabreicht. Die begonnene HB-Grundimmunisierung wird einen Monat nach der 1. Impfung durch eine 2. und sechs Monate nach der 1. Impfung durch eine 3. Impfung vervollständigt.
Bei Neugeborenen inklusive Frühgeborenen von Müttern, deren HBsAg-Status nicht bekannt ist und bei denen noch vor bzw. sofort nach der Geburt die serologische Kontrolle nicht möglich ist, wird unabhängig vom Geburtsgewicht ebenfalls unmittelbar post partum die Grundimmunisierung mit HB-Impfstoff begonnen.
Bei nachträglicher Feststellung einer HBsAg-Positivität der Mutter kann beim Neugeborenen innerhalb von 7 Tagen postnatal die possive Immunisierung nachgeholt wreden. Nach Abschluss der Grundimmunisierung von Neugeborenen ist eine serologische Kontrolle erforderlich.

Oben: Mikroskopische Aufnahme der Leber; akute Virushepatitis
Unten: Mikroskopische Aufnahme der Leber; chronische Virushepatitis
Chronische Hepatitis tritt viel seltener auf als akute Hepatitis und kann Jahre und Jahrzehnte dauern. Bei manchen schädigt die ständige Entzündung langsam die Leber und führt schließlich zu Leberzirrhose, Leberversagen und manchmal auch zu Leberkrebs.

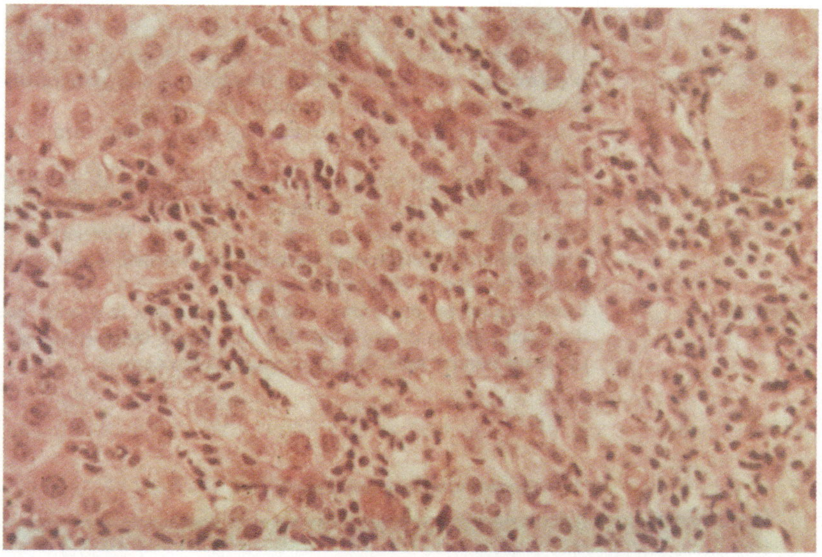

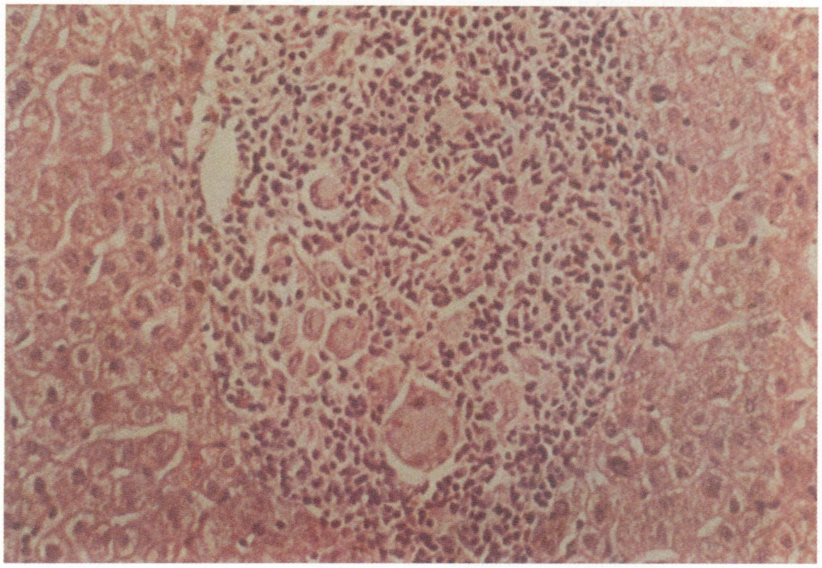

mittel (Muscheln, Salat), verunreinigtes Trinkwasser oder Schmierinfektion übertragen. Das Opfer der Ansteckung nimmt mit der Nahrung oder aus Versehen winzige Kotpartikelchen (Fäzes) eines bereits infizierten Menschen über den Mund (oral) auf. Das Hepatitis-A-Virus wird nur in seltenen Fällen durch Geschlechtsverkehr oder Blutkontakt übertragen.
In Gegenden mit niedrigem Hygienestandard sind große Teile der Bevölkerung mit dem Hepatitis-A-Virus infiziert. Die Erkrankung bricht besonders häufig in Notzeiten aus, wenn die einfachsten hygienischen Maßnahmen nicht mehr eingehalten werden. Gefährdet sind Reisende, die in bestimmten Teilen Südeuropas, Süd- oder Mittelamerikas, Afrikas oder in den unterentwickelten Ländern Asiens rohen Salat oder halb gare Meerestiere essen oder Wasser dubioser Herkunft trinken. Es ist daher zu empfehlen, sich gegen Hepatitis A impfen zu lassen, wenn man in gefährdete Länder reisen will.
Die Hepatitis A erzeugt lebenslange Immunität, heilt in der Regel folgenlos aus und führt im Gegensatz zu den beiden anderen Hepatitiden B und C nicht zu einer chronischen Leberentzündung. Bei älteren Menschen sind jedoch schwere akute Verläufe möglich.
Die Hepatitisformen A/B/C können in Bezug auf die Beschwerden nicht unterschieden werden. Meist ist die akute Phase nach wenigen Monaten überstanden.

Hepatitis B

In Europa gehört die Hepatitis B zu den wichtigsten Viruserkrankungen des Menschen. Man rechnet in Deutschland mit etwa 20.000 Neuinfektionen jährlich. Die Hepatitis B wird durch Blut und Blutprodukte übertragen, Missbrauch intravenöser Drogen (Fixer) birgt ein hohes Infektionsrisiko.
Da das Hepatitis-B-Virus nicht nur im Blut, sondern auch in anderen Körpersekreten (Speichel, Sperma, Muttermilch) vorkommt, wird es auch beim Geschlechtsverkehr übertragen. Infektionen durch Fixerinnen und Fixer, die Prostitution betreiben, sind keine Seltenheit.
Man kann sich heute gegen Hepatitis B impfen lassen. Dies ist allen Personen zu empfehlen, die häufig mit dem Blut anderer Menschen umgehen, also in erster Linie Arzthelferinnen, Krankenschwestern und Ärzten.
Die Hepatitis B heilt in der Regel aus oder verläuft chronisch, wobei etwa ein Drittel der Kranken mit chronischem Verlauf eine Leberzirrhose entwickelt. Patienten mit Hepatitis B können sehr lange ansteckend sein.

Hepatitis C

Das Hepatitis-C-Virus ist seit 1991 bekannt. Bis zu seiner Identifizierung ist es häufig bei Transfusionen durch Blut und Blutprodukte übertragen worden. Heute kann es in Blutkonserven sicher

Wichtige Fragen und Antworten zur Hepatitis

Welche Behandlungsmöglichkeiten der Hepatitis gibt es?
Zur Behandlung der akuten Hepatitis stehen keine Medikamente zur Verfügung, die die Heilungschancen verbessern. Die Wirksamkeit von sogenannten Leberschutzpräparaten ist nicht nachgewiesen. Das bedeutet, dass die erkrankte Person abwarten muss, ob das Abwehrsystem des Körpers die Viren aus eigener Kraft zu beseitigen vermag. Bis dahin bleiben die Körperflüssigkeiten (Blut, Sperma- und Scheidenflüssigkeit, Speichel) ansteckend.

- Im Falle einer chronischen Hepatitis C kann eine Therapie mit Interferon alpha durchgeführt werden, falls sich das Virus vermehrt und die Leberwerte erhöht sind. Interferone sind körpereigene Substanzen, die eine Stimulierung des Abwehrsystems bewirken. Sie helfen dem Körper, die Virusinfektion zu bekämpfen.
- Nun steht auch die hochwirksame Impfung gegen Hepatitis B zur Verfügung. Seit 1999 ist in Deutschland der weltweit erste kombinierte Impfstoff gegen Hepatitis A und Hepatitis B im Handel. Nach dreimaliger Einspritzung des Impfstoffs sind 98 Prozent der Geimpften geschützt. Bei über 90 Prozent der Geimpften hält der Schutz mindestens zehn Jahre, möglicherweise sogar das ganze Leben.
- Die Impfung gegen Hepatitis B kann in jeder Arztpraxis durchgeführt werden. Für einen ausreichenden Schutz werden drei Impfungen innerhalb von sechs Monaten empfohlen. Bei Erwachsenen wird mittels einer Spritze in den Oberarmmuskel, bei Kleinkindern am Oberschenkel geimpft.

Besteht Ansteckungsgefahr, wenn ein Familienmitglied an Hepatitis B leidet?
Ja, es besteht eine erhebliche Ansteckungsgefahr. Diese wird umso größer, je enger der Körperkontakt ist. Die anderen Familienmitglieder sollten sich auf jeden Fall gegen Hepatitis B impfen lassen.

Wann sollte man sich nicht gegen Hepatitis B impfen lassen?
Alle gesunden Personen können sich impfen lassen. Während der Schwangerschaft oder bei chronischen Krankheiten sollten Sie sich hingegen von Ihrem Arzt beraten lassen.

Bemerken Träger von Hepatitis-B-Viren sofort, dass sie diese Krankheit haben?
Nein, viele akute und chronische Träger wissen nicht, dass sie das Virus in sich tragen und andere Personen anstecken können. Nur ein Bluttest erlaubt eine sichere Diagnose.

Wie lange dauert es nach der Ansteckung, bis erste Krankheitszeichen auftreten?
Symptome einer akuten Hepatitis B treten zwischen sechs Wochen und einigen Monaten nach der Ansteckung auf. Es kommt aber häufig vor, dass gar keine Krankheitszeichen auftreten und die Krankheit erst bemerkt wird, wenn Jahre später die Komplikationen der chronischen Hepatitis eintreten (Leberzirrhose, eventuell Leberkrebs).

nachgewiesen werden. Enges Zusammenleben und Geschlechtsverkehr mit Patienten, die an Hepatitis C erkrankt sind, führen offenbar nicht ohne Weiteres zur Ansteckung.
Die Hepatitis C führt in etwa einem Drittel der Fälle zu einer Leberzirrhose. Es können allerdings zwischen dem Zeitpunkt der Infektion und der schweren Leberschädigung Jahrzehnte vergehen. Für viele Patienten im fortgeschrittenen Stadium der Leberzirrhose kommt als Rettung nur noch eine Lebertransplantation in Frage. Diese technisch sehr aufwendige Organübertragung ist aber nicht immer erfolgreich, da die Infektion mit dem Hepatitis-C-Virus auch nach dem Leberaustausch weiter besteht und in etwa einem Drittel der Fälle erneut zur chronischen Hepatitis C führt. Eine Impfung gegen Hepatitis C gibt es noch nicht. Zur Behandlung der Hepatitis C werden erfolgreich Interferone eingesetzt.

Hepatitis D

Die Hepatitis D tritt nur in Verbindung oder nach einer HDV-Infektion auf und ist entsprechend ansteckend und gefährlich. Im Mittleren Osten, Mittelmeerraum und im Amazonasbecken kommen HDV-Infektionen häufiger vor. Eine Impfung ist möglich (HB-Immunglobulin).

Hepatitis E

Der Übertragungsweg, die Gefährlichkeit und Verbreitung der Hepatitis E ähnelt der Hepatitis-A-Infektion. Mithilfe serologischer Laborverfahren kann eine Hepatitis-E-Infektion nachgewiesen werden, insbesondere durch Nachweis von Antikörpern und Nukleinsäuren.

Impfempfehlungen Hepatitis A (HA)

- Indikationsimpfung für Risikogruppen bei individuell (nicht beruflich) erhöhtem Espositions-, Erkrankungs- oder Komplikationsrisiko sowie auch zum Schutz Dritter.
  - Homosexuell aktive Männer.
  - Personen mit substitutionspflichtiger Hämophilie
  - Personen in psychiatrischen Einrichtungen oder vergleichbaren Fürsorgeeinrichtungen für Zerebralgeschädigte oder Verhaltensgestörte.
  - Personen, die an einer chronischen Leberkrankheit einschließlich chronischer Krankheiten mit Leberbeteiligung leiden und keine HAV-Antikörper besitzen.
- Impfungen aufgrund eines erhöhten beruflichen Risikos, zum beispiel nach Gefährdungsbeurteilung entsprechend der Risikoverordnung.
  - HA-gefährdetes Personal im Gesundheitsdienst, zum Beispiel Pädiatrie und Infektionsmedizin.
  - HA-gefährdetes Personal in Laboratorien, zum Beispiel Stuhluntersuchungen.
  - Personal in Kindertagesstätten, Kinderheimen u. ä.
  - Personal in psychiatrischen Einrichtungen oder vergleichbaren Fürsorgeeinrichtungen für Zerebralgeschädigte oder Verhaltensgestörte.
  - Kanalisations- und Klärwerksarbeiter mit direktem Kontakt zu Abwasser.
- Postexpositionelle Prophylaxe/Riegelungsimpfungen bzw. andere Maßnahmen der spezifischen Prophylaxe (Immunglobulingabe oder Chemoprophylaxe) bei Kontaktpersonen in Familie und Gemeinschaft.
  - Kontaktpersonen zu an Hepatitis A Erkrankten (Riegelungsimpfung; vor allem in Gemeinschaftseinrichtungen und Schulen).
  - Bei einer aktuellen Exposition von Personen, für die eine Hepatitis A ein besonderes Risiko darstellt, kann zeitgleich mit der ersten Impfung ein Immunglobulin-Präparat gegeben werden.
- Impfungen aufgrund von Reisen. Reisende in Regionen mit hoher Hepatitis-A-Prävalenz.

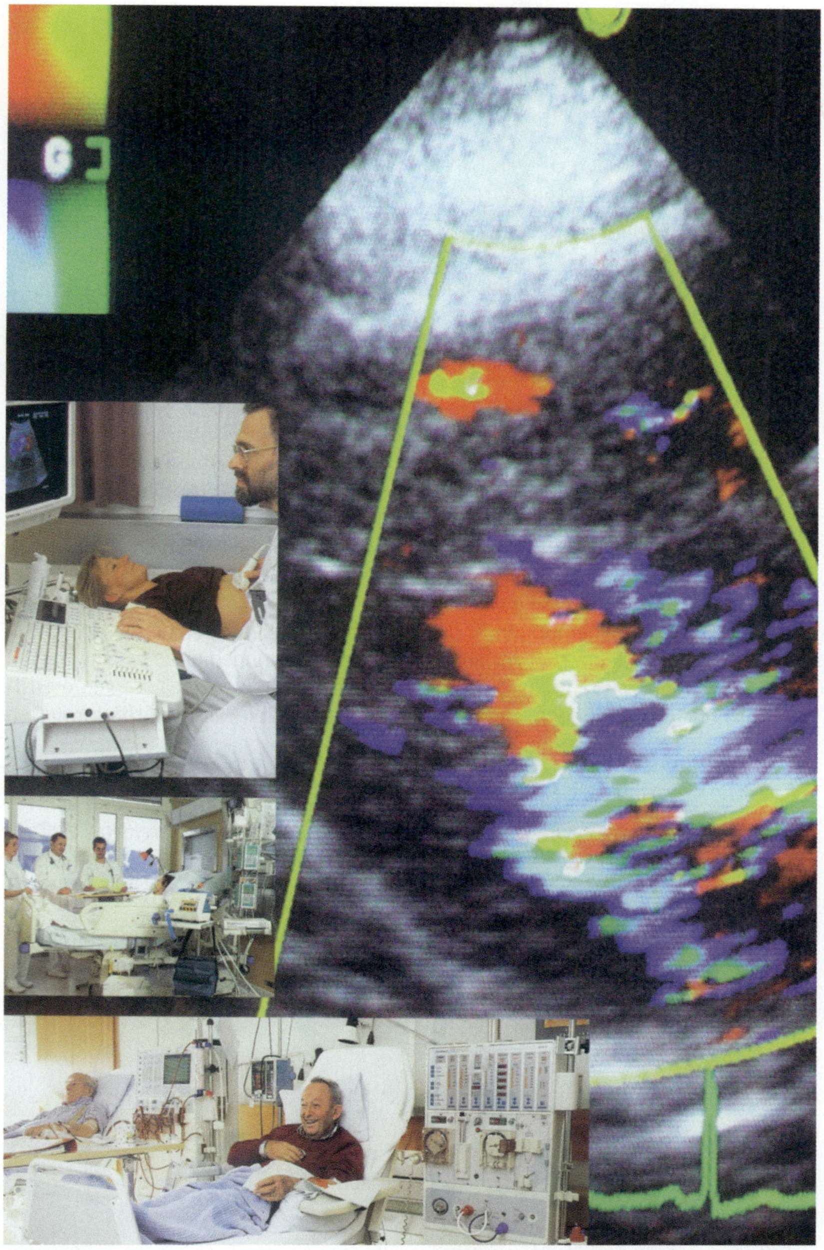

Eine Ultraschallaufnahme liefert mittels Schallwellen Bilder von der Leber, der Gallenblase und dem Gallengangsystem. Das Verfahren eignet sich gut, um strukturelle Abweichungen zu erkennen.

Herpes

Herpes-Infektionen werden durch Viren, genauer gesagt den Herpes-simplex-Virus, verursacht.
Man unterscheidet zwei Typen von Herpes-simplex-Infektionen:

- Fieberbläschen im Mundbereich (Herpes labialis), bevorzugt an den Lippen (Typ I).
- Hautbläschen im Genitalbereich (Herpes genitalis, Typ II): Genitalherpes ist eine sexuell übertragbare Erkrankung.

Die Erkrankung führt zu unangenehmen, schmerzhaften und häufig wiederkehrenden Hauterscheinungen. Zur Selbstbehandlung eignet sich vor allem die Lippenherpes-Erkrankung. Zu gefährlichen Komplikationen kommt es insbesondere bei einer Herpes-Virusinfektion der Augen.

Virusinfektionen

Herpes ist ein mit Bläschenbildung einhergehender Hautausschlag, i. e. S. die mit diesem Hauptsymptom einhergehenden viralen Krankheiten, der Herpes zoster, Herpes simplex, Herpes genitalis.
Viren sind kleine infektiösen Organismen – viel kleiner als Pilze und Bakterien –, die sich nur in lebenden Zellen vermehren können. Viren heften sich an die Zellen und dringen in sie ein. Im Inneren der Zellen setzen die Viren ihre DNA oder RNA frei, die die Erbinformation enthält, die nötig ist, um neue Viren zu bilden. Sie übernehmen die Kontrolle über gewisse Mechanismen im Zellstoffwechsel und bewirken, dass die Zellen neue Viren produzieren.
Die meisten Virusinfektionen betreffen Nase, Hals und Atemwege. Zu diesen Krankheiten zahlen:

- Erkältungen
- Grippe
- Nebenhöhlenentzündungen
- Halsentzündungen
- Krupp bei Kleinkindern
- Entzündung der Luftröhre
- Bronchiolitis
- Bronchitis

Andere verbreitete Virusinfektionen beruhen auf Herpesviren, von denen acht Typen den Menschen infizieren können. Drei davon – Herpes-simplex-Virus Typ 1 und Typ 2 und Herpes-zoster-Virus – führen zu Bläschenbildung auf der Haut.
Das Epstein-Bar-virus löst das Pfeiffer'sche Drüsenfieber aus. Das Zytomnagalievirus löst bei Neugeborenen und Menschen mit geschwächtem Immunsystem schwere Infektionen aus; bei Menschen mit intaktem Immunsystem kann es eine Infektion bedingen, die vom Pfeiffer'schen Drüsenfieber nicht klar zu unterscheiden ist.
Die humanen Herpesviren 6 und 7 rufen bei Kindern das Dreitagefieber hervor. In einigen Studien wurde das humane Herpes-Virus 8 als Verursacher des bei AIDS-Kranken häufigen Kaposi-Sarkom genannt.

Schematische Darstellung eines Herpesvirus. Viren sind potenziell pathogen (krankheitserregend) und weisen eine hochentwickelte Wirtsspezialität auf.

Allgemeine Merknale

Herpes ist eine weit verbreitete Infektion. „Herpesbläschen" sind wohl den meisten Menschen gut bekannt. Bei der Ersterkrankung treten 5 bis 10 Tage nach der Ansteckung meist sehr schmerzhafte, eventuell mit Fieber und Lymphknotenschwellungen verbundene Hauterscheinungen auf:

- Kribbeln der Haut

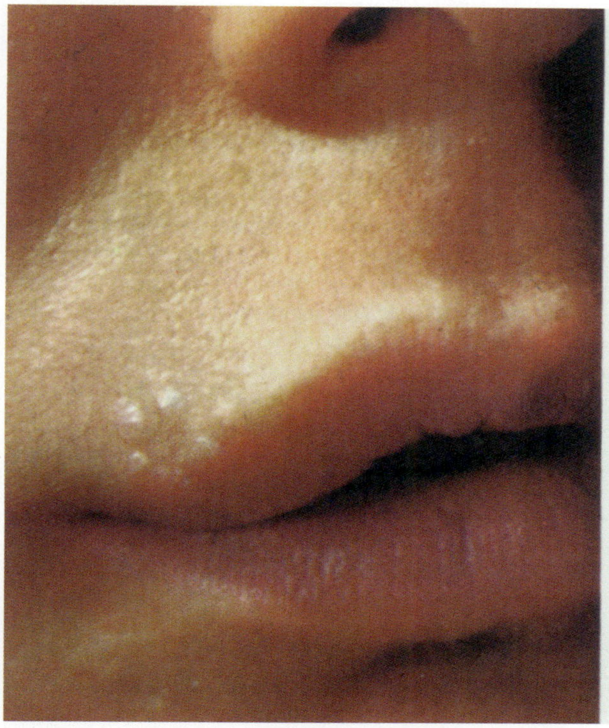

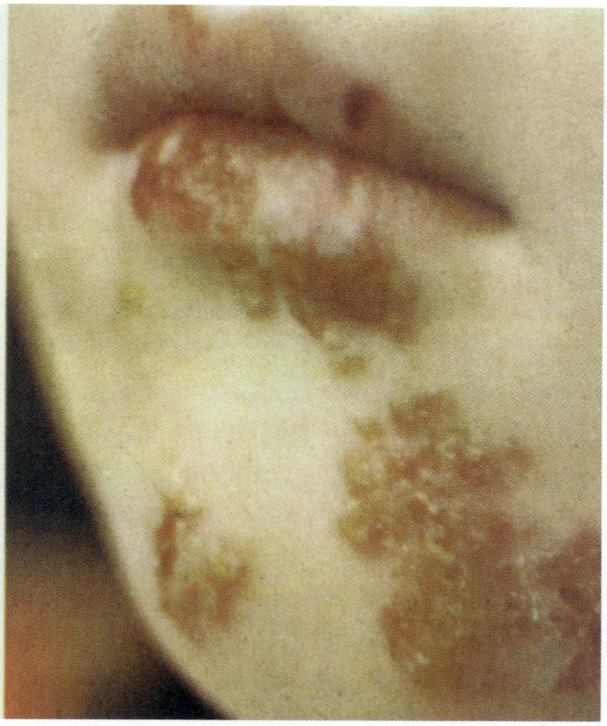

Primäre Herpesinfektion im Mundbereich; eine Erstinfektion mit Herpes-simplex-Viren. Sie verursacht schnell wachsende, schmerzhafte Entzündungen im Zahnfleisch und an anderen Teilen des Mundes. Die sekundäre Herpesinfektion (rezidivierender Herpes labialis) ist eine örtliche Reaktivierung des Virus und löst Fieberbläschen aus.

- Jucken
- Rötung
- Bläschenbildung.

Auch kann man die Bildung von kleinen Geschwüren beobachten, die innerhalb von 2 bis 4 Wochen wieder abheilen. Die Flüssigkeit in den juckenden, offenen Bläschen ist höchst ansteckend. Wer sich einmal mit dem Herpesvirus angesteckt hat, bleibt sein Leben lang Virusträger.

Herpes simplex und Herpes genitalis

Für die Bläschen im Bereich der Geschlechtsorgane wurde früher meist ein anderer Virustyp verantwortlich gemacht als für die Lippenbläschen. Beide Virustypen können jedoch grundsätzlich jede Körperregion infizieren, zum Beispiel beim Mundverkehr.
In Deutschland liegen keine verlässlichen Zahlen zur Häufigkeit von Infektionen mit genitalem Herpes vor, es dürfte sich

Arzneimittel gegen Viren

Aciclovir
- Herpes simplex
- Herpes zoster
- Varicella

Amantadin
- Influenza A

Cidofovir
- Zytomegalie

Famiciclovir
- Herpes simplex
- Herpes zoster
- Varicella

Foscarnet
- Herpes simplex
- Zytomegalie

Interferon alpha
- Hepatitis B
- Hepatitis C

Oseltamivir
- Influenza A
- Influenza B

Penciclovir
- Herpes labialis

Ribavirin
- Hepatitis C

Valaciclovir
- Herpes simplex
- Herpes zoster
- Varicella

Valganciclovir
- Zytomegalie

Zanamivir
- Influenza A
- Influenza B

Wichtige Fragen und Antworten zu Herpes

Was sind Viren?
Viren sind kleine infektiöse Organismen – viel kleiner als Pilze und Bakterien –, die sich nur in lebenden Zellen vermehren können. Viren heften sich an die Zellen und dringen in sie ein. Im Inneren der Zellen setzen die Viren ihre DNA oder RNA frei, die die Erbinformation enthält, die nötig ist, um neue Viren zu bilden. Sie übernehmen die Kontrolle über gewisse Mechanismen im Zellstoffwechsel und bewirken, dass die Zelle neue Viren produziert.

Wie kann man eine Herpes-simplex-Erkrankung (HSV) diagnostizieren?
Eine Herpes-simplex-Erkrankung ist üblicherweise leicht zu erkennen. Bei Zweifeln kann ein Abstrich von den Bläschen im Labor untersucht werden. Bluttests auf einen erhöhten Antikörperspiegel sowie Gewebeproben können die Diagnose bestätigen. Ein neuer Bluttest erlaubt die Unterscheidung zwischen einer HSV-1 und einer HSV-2-Infektion.

Herpes genitalis: Woran bemerke ich es vor allem?
Kribbeln oder Jucken der Haut, Rötung, schmerzhaftes Wasserlassen, Brennen, Ausfluss, Bläschen, die erst jucken, dann aufplatzen und Geschwüre bilden.

Wie verläuft diese Krankheit?
Durch sexuellen Kontakt ohne Kondom.

Wie überträgt sich diese Krankheit?
Bei Frauen und Männern gleich: Bläschen treten ca. 3–8 Tage nach der Ansteckung auf. Aufgeplatzte Bläschen können Entzündungen mit Fieber auslösen.

Wie wirken Virustatika?
Arzneimittel, die eine virale Infektion bekämpfen, nennt man Virustatika. Sie stören die Virusvermehrung. Da Viren so klein sind und sich im Inneren von Zellen mithilfe des zelleigenen Stoffwechsels vervielfältigen, kann sich ein Virenmittel nur gegen eine begrenzte Anzahl von Stoffwechselfunktionen richten.

Helfen Antibiotika bei Vireninfektionen?
Antibiotika helfen nicht bei Virusinfektionen. Nur wenn eine Bakterien- und Virusinfektion gleichzeitig vorliegen, kann ein Antibiotikum sinnvoll sein.

Kann jemand nach geheilter Gürtelrose noch einmal davon betroffen werden?
Nein, die Infektion führt zu einer ständigen Immunität. Aus diesem Grund gibt es im Allgemeinen keine Rückfälle. In einigen seltenen Fällen kann es in anderen Bereichen der äußeren Haut bei einem neuerlichen Rückgang der Antikörperzahl zu Rückfällen kommen.

Gibt es eine Beziehung zwischen Herpes simplex und Herpes zoster?
Auch wenn die beiden Krankheiten von einem morphologisch identischen Virus ausgelöst werden, gibt es sonst keine Beziehung zueinander. Bei Patienten mit Herpes simplex kommt es zu einem Ansteigen der Antikörper gegen das Varicella-Zoster-Virus, da sich in beiden Viren gruppenspezifisch gemeinsame Antigene befinden.

Ist das Herpes-simplex-Virus auch verantwortlich für Gehirnkrankheiten?
Das Herpes-simplex-Virus ist für mindestens zwei Gehirnkrankheiten verantwortlich: der aseptischen gutartigen Meningitis (Hirnhautentzündung) und der akuten Enzephalitis.

Welche Herpes-Vireninfektionen kann man mit Arzneimitteln behandeln?
Die wichtigsten Arzneimittel gegen Viren sind:

Aciclovir
- Herpes simplex
- Gürtelrose
- Windpocken

Famciclovir
- Genitalherpes
- Gürtelrose
- Windpocken

Foscarnet
- Herpes simplex

Penciclovir
- Lippenherpes

Valaciclovir
- Genitalherpes
- Gürtelrose
- Windpocken

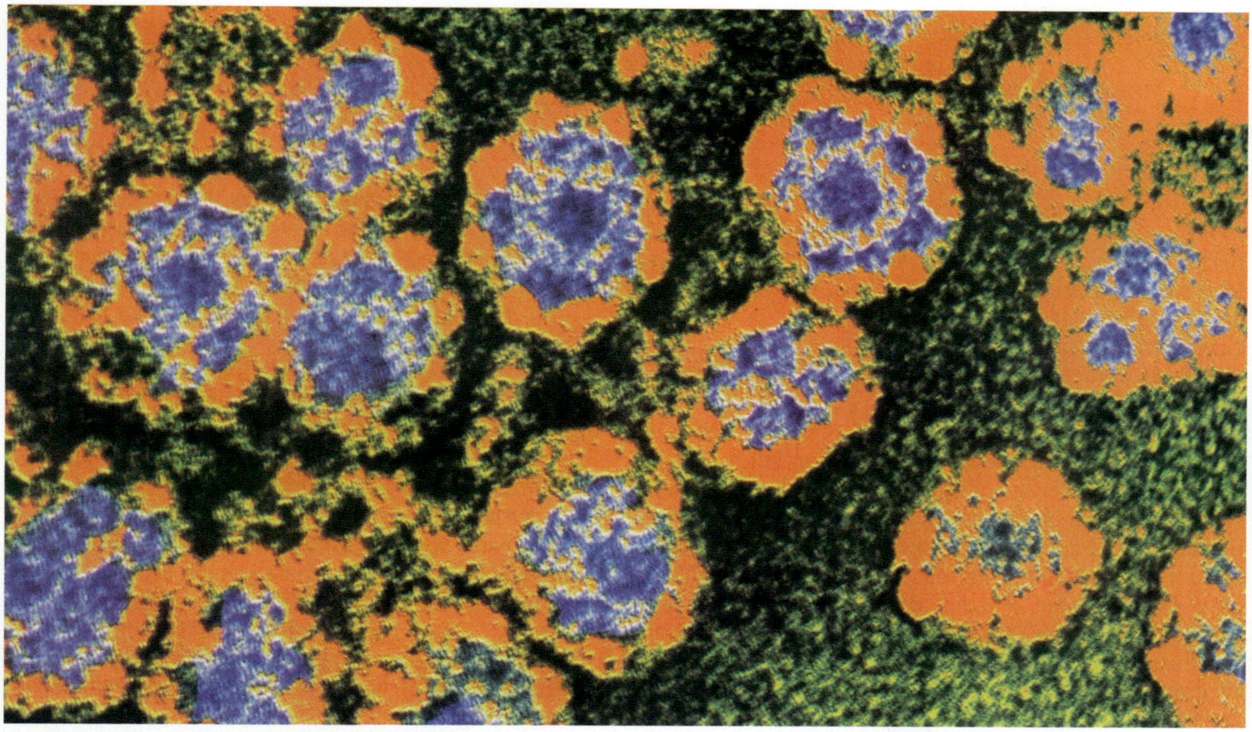

Elektronenmikroskopische Aufnahme von Herpes-simplex-Viren

aber um die häufigste sexuell übertragbare Infektion handeln (in den USA soll zum Beispiel etwa jeder 4. im sexuell aktiven Alter mit genitalen Herpesviren infiziert sein).
Bei Personen mit einem geschwächten Immunsystem, zum Beispiel nach Operationen, durch Stress oder schwerwiegende andere Krankheiten, kann sich das Virus im ganzen Körper ausbreiten und lebensbedrohliche Krankheitsbilder auslösen.
Die enge ärztliche Betreuung während der Schwangerschaft ist für eine herpesinfizierte Frau daher dringend erforderlich. Infektionen während der Geburt können beim Neugeborenen ebenfalls sehr schwere Krankheiten verursachen, zum Beispiel Hirnentzündung oder allgemeine Blutvergiftung. Herpes-Infektionen gelten bei Frauen auch als Risikofaktor für späteren Gebärmutterhalskrebs.

Ansteckungsgefahr

Jede Form des intimen Kontakts (auch Küssen) kann zur Ansteckung führen. Genitaler herpes wird häufig oder sogar meistens durch Viurusausscheider übertragen, die keine Herpersbläschen aufweisen. Die Ausscheidung von Herpesviren kann lebenslang bestehen bleiben. Infizierte sind meist nicht erkennbar. Der Partner muss gefragt werden. Vor allem kein Kontakt bei vorhandenen Bläschen. Kondome sind ein guter Schutz bei oralem, vaginalem oder analem Verkehr. Infizierte können ihre Partner auch bei oralem Sex anstecken (vor allem, wenn die Scheidenschleimhaut vorgeschädigt ist).

Behandlung

Es gibt heute virushemmende Medikamente, die umso wirksamer sind, je früher sie eingesetzt werden. Das Wiederauftreten von Bläschen und die Ausscheidung von Viren mit den Körpersekreten könnnen sie aber nicht dauerhaft verhindern.

Herpes zoster

Herpes zoster (Gürtelrose) ist eine sporadisch auftretende akute Infektionskrankheit, die durch Schmerzen und einen zunächst makulopapulösen, später bläschenförmigen Ausschlag im Segmentbereich eines oder mehrerer sensibler Nerven gekennzeichnet ist. Männer sind etwas häufiger betroffen als Frauen. Die Sterblichkeit an Herpes zoster ist gering.
Nach einer Inkubationszeit von 7 bis 14 Tagen kommt es unter leichtem Fieberanstieg und allgemeinem Krankheitsgefühl zu sehr heftigen Schmerzen, die dem Verlauf eines oder mehrerer sensibler Nerven entsprechen.
Gleichzeitig oder auch einige Zeit danach tritt die Zostereruption auf, die band- oder streifenförmig angeordnet zunächst makulopapulös ist, dann aber rasch vesikulär (bläschenbildend) wird. Zwischen den Bläschen besteht häufig eine Hypästhesie (Unterempfindlichkeit für Berührungsreize).
In manchen Fällen kann es zu Komplikationen kommen, insbesondere zu Lähmungserscheinungen, die von den betroffenen Nerven ausgehen. Seltener sind eine Gehirn- oder Gehirnhautentzündung im Gefolge einer Gürtelrose. Die Therapie ist symptomatisch.

Herzinfarkt

Definition

Herzinfarkt: Absterben (Nekrose) eines Stücks Herzmuskelgewebe, das durch den Verschluss einer Verzweigung von einer oder mehreren Kranzschlagadern verursacht wird (lat. infarcio = verstopfen).
Durch den Verschluss entsteht an dieser Stelle ein Sauerstoff-Defizit, wodurch unter anderem Nervenenden gereizt werden, was sich als Schmerz äußert. Die Blockierung der Verzweigung einer Kranzarterie entsteht meist dadurch, dass irgendwo am Anfang dieses Gefäßes ein Stück der verkalkten Gefäßwand abbricht, was weiter oben zu einer Verstopfung führt, weil der Querschnitt der Gefäßverzweigungen dem Ende zu immer kleiner wird. Durch den Verschluss eines der Zweige der Kranzschlagadern entsteht plötzlich ein Gebiet absterbenden Gewebes.

Entstehung

Das Entstehen eines Herzinfarktes ist unlöslich mit Verkalkungsprozessen (Atherosklerose) der Herzkranzarterien verbunden. Man spricht auch von Koronarsklerose (Arteria coronaria = Herzkranzschlagader, Sklerose = Verhärtung) oder von Koronarthrombose (Thrombus = Pfropf). Der Herzinfarkt entsteht bisweilen plötzlich – der Laie spricht dann oft von einem Herzanfall – mit typischen heftigen Schmerzen in der Herzgegend, das heißt in der unteren Hälfte des Brustkorbs, die oft nach der linken Schulter und dem linken Arm ausstrahlen.
Doch kann sich der Infarkt auch mehr oder weniger schleichend entwickeln. Im letzteren Fall ist die Erkrankung gekennzeichnet durch eine plötzliche Verschlechterung des Allgemeinzustandes, verbunden mit Ermüdungserscheinungen, manchmal ähnlich einem Grippeanfall.
Ein drittes Muster, das beim Entstehen von Herzinfarkten oft beobachtet wird, ist die allmähliche Zunahme der Häufigkeit von Anfällen mit Beklemmung in der Brust (Angina pectoris). Ein derartiger Anfall ist gekennzeichnet durch Schmerz in der Herzgegend oder

Blutversorgung des Herzens. Ein System von Arterien (rot) und Venen (blau), versorgt den Herzmuskel mit sauerstoffreichem Blut und leitet das sauerstoffarme Blut zum rechten Vorhof.

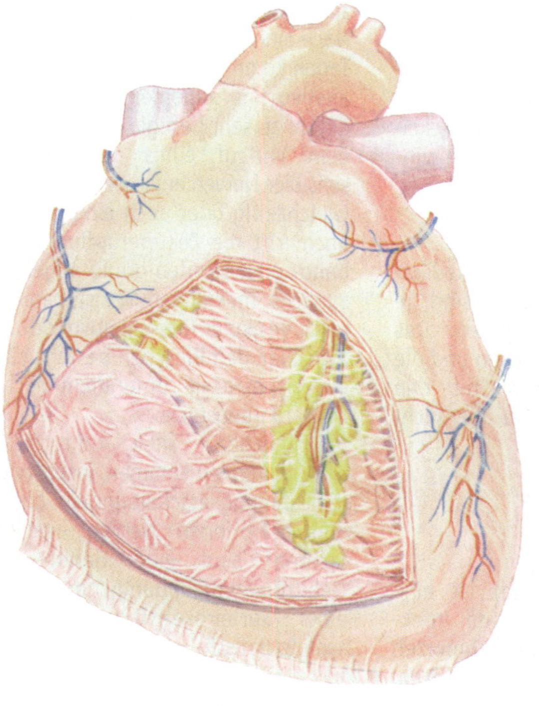

Arterielle Blutversorgung des Herzens (Koronarzirkulation). Venöse (blau) Blutgefäße des Herzens.

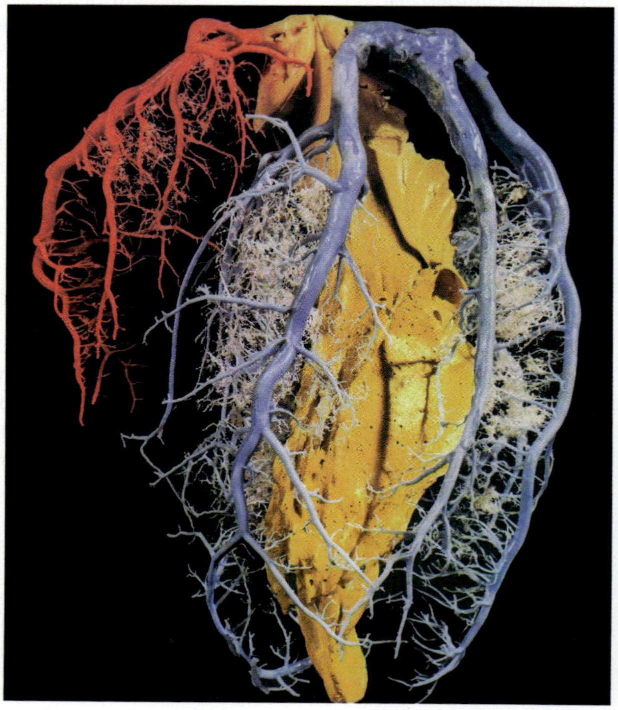

ein beängstigendes Druckgefühl, das nach der Schulter, dem Rücken und dem linken Arm ausstrahlen kann.

Diagnose

In sehr seltenen Fällen werden die Symptome eines Herzinfarktes überhaupt nicht bemerkt, manchmal sind zwar Symptome spürbar, werden aber nicht als Herzinfarkt gedeutet, und erst im nachhinein wird bei einem EKG festgestellt, dass ein Herzinfarkt vorgekommen ist. Meistens aber sind die Symptome eindeutig: ein starker Brustschmerz mit einem Druckgefühl in der Brust, wobei die Schmerzen auf die Schultern und den linken Arm ausstrahlen können (ähnlich bei Angina pectoris). Die Schmerzen halten über eine viertel bis halbe Stunde an. Besonders charakteristisch ist das gleichzeitig eintretende Todesangstgefühl. Darüber hinaus kann es zu einem Blutdruckabfall und einem erniedrigten Pulsschlag kommen.
Nach ein bis zwei Tagen, falls nicht direkt der Tod eingetreten ist, kommt es in manchen Fällen zu einem Fieberanstieg und einer Entzündung des Herzbeutels.

Rehabilitation

An den Klinikaufenthalt schließt sich bei Infarktpatienten in der Regel eine längere Rehabilitationsphase an. Am wichtigsten ist es, dass sich betroffene Patienten an einen weniger risikoreichen und gesünderen Lebensstil gewöhnen. Vor allem Herz-Kreislauf-Risikofaktoren sollten während dieser Zeit behandelt werden: Abbau von Übergewicht, Normalisierung zu hoher Blutfettwerte, Nikotinabstinenz, Entspannung und Stressbewältigung sowie eine langfristige Bewegungstherapie und konsequentes Konditionstraining.

Reparatur des Herzmuskels

Durch den Verschluss eines Zweigs der Kranzschlagader stirbt Gewebe ab, es entsteht also eine Wunde. Diese Wunde heilt, und in dieser Hinsicht ist der Herzinfarkt mit einem Schnitt in den Finger zu vergleichen. Nach einer bestimmten Zeit ist die Heilung eine Tatsache, ob es sich nun um einen Finger oder um ein Stück Herzmuskel handelt. Am Ende der Reparaturphase entsteht eine Narbe. Ebenso wenig wie wegen einer Narbe am Finger braucht man wegen einer Narbe am Herzmuskel

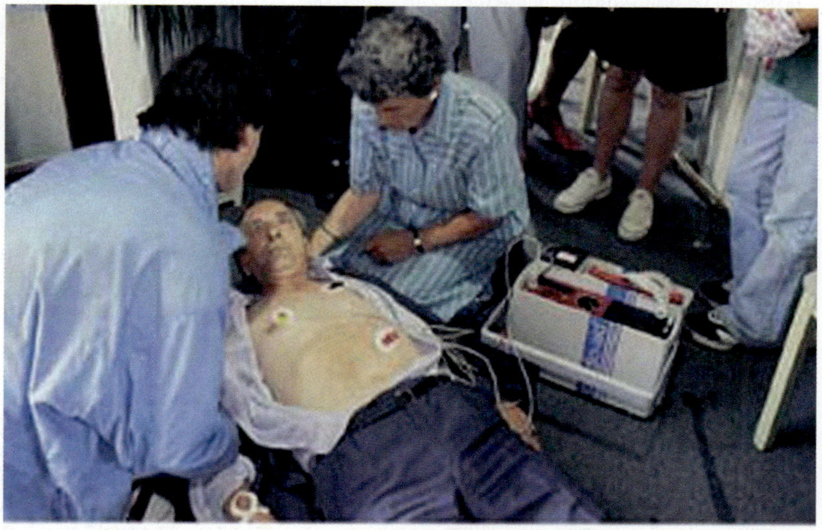

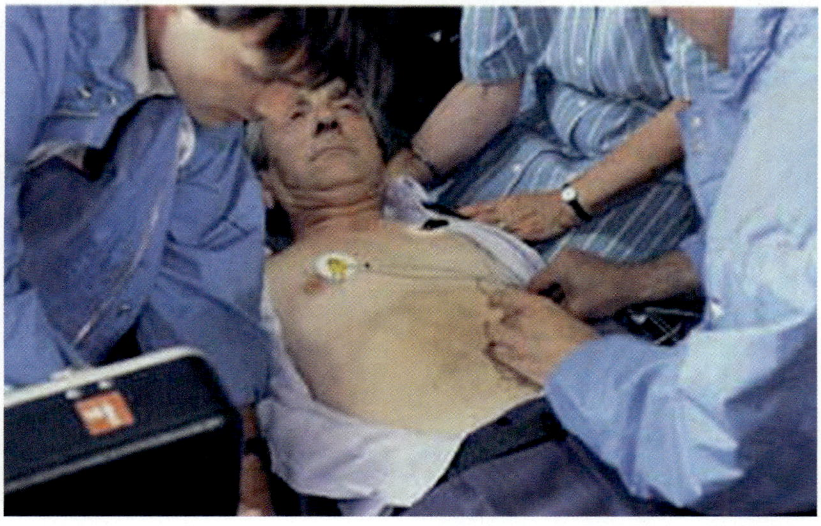

Die Bildsequenz zeigt den auf dem Rücken gelagerten Herzinfarktpatienten. Ein Arzt befestigt die Elektroden eines tragbaren Elektrokardiographiegerätes an der Brust des Patienten. Die Aufzeichnung des Elektrokardiogramms (EKG) erlaubt die Beurteilung der Herzfunktion.
Beim Herzinfarkt besteht unmittelbar Lebensgefahr, das heißt, der Arzt muss so schnell wie möglich zum Patienten gerufen werden. Bis zu seinem Eintreffen soll der Kranke bequem, mit angehobenem Oberkörper gelagert und beruhigt werden. Mithilfe eines Elektrokardiographen (EKG) kann der Arzt den Zustand und die Funktion des Herzens beurteilen.
Bei anhaltend ungenügender Durchblutung oder gar bei Ausfall derselben durch plötzlichen Verschluss von krankhaft veränderten Herzkranzgefäßen fällt die Tätigkeit des Herzmuskels im betroffenen Bezirk aus und es kommt entsprechend der Ausdehnung und Lage des Infarkts akut zu einer unterschiedlich schweren Kreislaufstörung.

Wichtige Fragen und Antworten zum Herzinfarkt

Was versteht man unter Koronarerkrankungen?
Alle Störungen der den Herzmuskel versorgenden Blutgefäße, die die Durchblutung des Herzmuskels, der bei seiner unausgesetzten Arbeit enorme Energiemengen verbraucht und daher verständlicherweise ausreichend mit Blut versorgt werden muss, beeinträchtigen.

Was ist die häufigste Ursache einer Herzkranzgefäßerkrankung?
Atherosklerose, die sogenannte Arterienverkalkung.

Was versteht man unter Koronarinsuffizienz und Angina pectoris?
Wenn wesentlich weniger Blut durch die Herzkranzgefäße fließt als normal, kann das Herz nicht mehr voller Kraft arbeiten. Es gibt dann sozusagen ein Notsignal, das sich als Beklemmungsgefühl, Schmerz, Brennen oder einen Druck auf der Brust (meist unter dem Brustbein) äußert. Der Schmerz kann aber auch in andere entferntere Körperteile ausstrahlen, z.B. in den Rücken, die Arme, den Kiefer und den Oberbauch. Diese Schmerzen, die bei Belastung und auch unter normalen Gegebenheiten auftreten können, nennt man Angina pectoris. Sie klingen ab, wenn der Patient ruht und jede körperliche Anstrengung meidet.

Was versteht man unter Koronararterienverschluss?
Mit Koronararterienverschluss bezeichnet man die vollständige Unterbrechung des Blutstromes in einem Ast der Herzkranzgefäße. Dadurch kommt es in jenem Teil des Herzmuskels, der nun nicht mehr ernährt wird, zum Untergang von Muskelgewebe: Man spricht dann von einem Myokardinfarkt (Herzmuskelinfarkt oder Herzinfarkt).

Was entscheidet das Schicksal eines Patienten mit einem Herzinfarkt?
- Das Ausmaß eines früheren Herzschadens.
- Die Größe des durch den Koronarverschluss geschädigten Herzmuskelanteils.
- Das Ausmaß des verbleibenden normalen Herzmuskels.
- Die Möglichkeit einer Ausbreitung des Koronarverschlusses auf andere Äste der Herzkranzgefäße.
- Das Auftreten von Rhythmusstörungen des Herzens.
- Die Bildung von Blutgerinnseln an der Innenwand des Herzens, die abreißen und in andere Körperteile geschwemmt werden können.
- Ein eventuelles Einreißen der geschwächten Herzwand.

Herzinfarkt: Wie wichtig ist das erhöhte Cholesterin?
Cholesterin hat seit zwei, drei Jahren enorm an Bedeutung gewonnen. Studien haben gezeigt, dass Personen mit erhöhtem Cholesterin tatsächlich mehr Herzinfarkte erleiden. Aber dass die Senkung des Cholesterins Leben retten kann, das ist erst seit Kurzem bekannt. Man kann sagen, dass durch eine Senkung die Lebensdauer verlängert wird, weniger Angina-pectoris-Fälle auftreten, weniger Dilatationen und Bypass-Operationen durchgeführt werden müssen.

Kann man Herzkranzgefäßerkrankungen chirurgisch behandeln?
Ja. In zahlreichen Fällen wurden mit einer Koronar-Bypass-Operation gute Erfolge bei Koronarerkrankungen erzielt. Außerdem ist eine Operation erfolgversprechend, bei der die Durchgängigkeit einer verlegten Koronararterie durch Ausräumung der arteriosklerotischen Plaques wiederhergestellt wird.

Ist das Risiko eines Herzinfarktes für Frauen heute tatsächlich ebenso hoch wie für Männer?
Schon seit geraumer Zeit tragen Frauen das gleiche Risiko wie Männer, nur trifft es sie in einem anderen Lebensabschnitt – meist gut zehn Jahre später als männliche Infarktpatienten.

Kann sich die Frau gar nicht mehr auf die Hormone als Infarkt-Schutz verlassen?
Nicht absolut, aber Östrogene haben zweifelsohne eine Schutzfunktion – freilich nur bis zu den Wechseljahren. Einige neue wichtige Forschungsergebnisse machen den Frauen jedoch begründete Hoffnung, dass künstliches Östrogen die Möglichkeit koronarer Herzerkrankungen wesentlich verringert. Man muss jedoch dazusagen, das die Untersuchungen noch nicht abgeschlossen sind.

Stellt nicht die Pille eine besondere Gefahr für die Frauen dar?
Diese Gefährdung betrifft mehr die Venen, nicht die für die Frage des Herzinfarktes wichtigen Arterien. Hier bewirken Anti-Baby-Pillen herkömmlicher Art nur einen leichten Anstieg des LDL-Cholesterins und der Triglyceride, bei den Minipillen ist selbst das nicht mehr von Bedeutung.

ängstlich zu sein. Der Herzinfarkt ist normalerweise nach ungefähr sechs Wochen ausgeheilt. Dabei ist es wichtig, sich zu vergegenwärtigen, dass nach der Ausheilung des Infarkts der Patient auf gleicher Ebene mit Menschen steht, die keinen Infarkt gehabt haben. Der Infarktpatient hat jedoch eine deutliche Warnung erhalten. Er weiß, dass die Blutversorgung seines Herzens beeinträchtigt ist, und wird seine Lebensweise darauf abstimmen. Es ist jedoch auch für den gesunden Menschen wichtig, alles nur mögliche zu tun, um einem zukünftigen Herzinfarkt vorzubeugen.

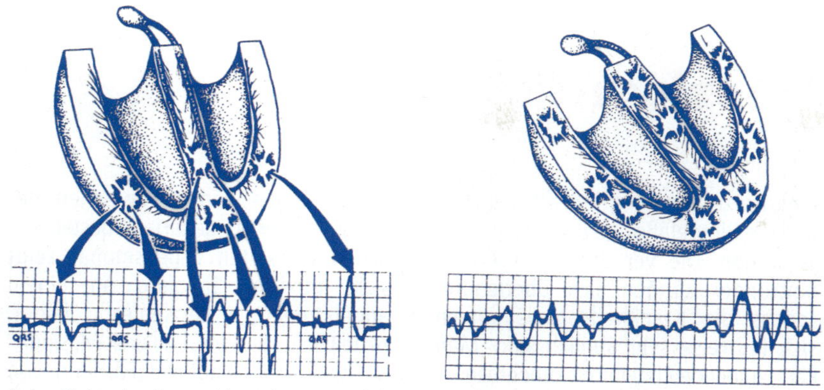

links: Elektrokardiographie; Abnormes Elektrokardiogramm (EKG): Ektopische Herde in der Herzkammer.
rechts: Elektrokardiographie; Abnormes Elektrokardiogramm (EKG): Kammerflattern.

Lebensregeln nach einem Herzinfarkt

Wer einen Herzinfarkt durchgemacht hat, muss einige Dinge wissen, beispielsweise: was ein Herzinfarkt ist, wie er ausheilt, wie man nachher leben und arbeiten muss. Im Zentrum hat dabei zu stehen, dass Angst ein schlechter Ratgeber ist – sicher für den Herzpatienten – und zu Auffassungen führt, die unverantwortlich sind. Beispiele dieser Art von Missverständnissen sind: Wer nach seinem Herzanfall aus dem Krankenhaus entlassen wird, kann seine berufliche Stellung abschreiben; wer nach einem Herzinfarkt nach Hause kommt, muss geschont werden, soll sich vor allem nicht anstrengen oder aufregen, muss Ruhe bewahren, wird in Watte gepackt. Wer so verhätschelt wird, verliert jedoch sein Eigenwert-Gefühl völlig, fühlt sich unnütz und ärgert sich maßlos und wird sich und seiner Familie zur Last. Was muss man da tun?

Tägliche Aktivität
Wichtig ist dass die Bewegungsarmut bekämpft wird. Nach einem Herzinfarkt muss wohl während vier bis fünf Monaten große körperliche Anstrengung vermieden werden, doch Wandern und Radfahren, vor allem bei gutem Wetter, helfen der Genesung ganz beträchtlich. Wer Beklemmung in der Brust (Angina pectoris) bekommt, wird durch den Schmerz von selbst gewarnt, dass er zu weit geht.

Wirkungskreis
Man versuche so schnell wie möglich wieder an die Arbeit zu gehen, sei es im Haushalt, sei es im Beruf, notfalls für halbe Tage, wenn das möglich ist. Man meide zu Anfang ausgedehnte Mahlzeiten und auch das lange, ermüdende Reisen.

Sexualleben
Nach etlichen Monaten ein möglichst normaler Geschlechtsverkehr. In diesem Punkt soll aus der Ehe keine künstliche und zu Spannungen Anlass gebende Angelegenheit gemacht werden. Wer spürt, dass er sich zu sehr anstrengt, soll sich mäßigen. Es ist unvernünftig, wegen eines sexuellen Erlebnisses vorher oder nachher eine Anti-Angina-pectoris-Tablette zu nehmen.

Alkohol
Ein Glas Wein oder ein Gläschen Schnaps (Kognak, Whisky usw.) ist sicher nicht verboten. Mäßigkeit ist jedoch sehr wichtig. Drei oder vier Gläschen Schnaps, wodurch der Blutalkoholgehalt in die Gegend von 0,5 Promille kommt, sind schlecht für die Arbeit des Herzmuskels.

Diät
Jeder übergewichtige Patient muss dafür sorgen, so schnell wie möglich ein vertretbares – mittleres – Körpergewicht zu erreichen. Auch für den nicht zu schweren Patienten gilt äußerste Enthaltsamkeit bei Fett, vor allem bei hohen Cholesterin-Werten im Blut, und ferner Einschränkung bei Zucker und Stärkemehl.

Rauchen
Da Nikotin die Blutgefäße verengt, ist es angebracht, dass jeder Herzpatient das Zigarettenrauchen lässt. Das Rauchen einer einzigen Zigarette oder einer Pfeife hat jedoch keinen erheblichen Einfluss auf die Verengung der Blutgefäße.

Medikamente
Die Vorschriften des Arztes hinsichtlich des Gebrauchs der Anti-Angina-pectoris-Mittel und der Anti-Gerinnungsmittel müssen genau befolgt werden.
Auf keinen Fall soll auf eigene Initiative die eingenommene Menge erhöht oder vermindert werden. Stärkstens abzuraten ist von der Einnahme nicht verschriebener Medikamente, wie gut sich diese bei anderen Patienten auch immer bewähren mögen.

Rehabilitation
Im Krankenhaus erfährt der Patient unter der Anleitung eines Physiotherapeuten eine ausgedehnte Anweisung zu Übungen, die der Verbesserung des Zustands des Herzmuskels dienen. Dieses Übungsprogramm muss auch zu Hause fortgesetzt werden. Auch nach völliger Genesung bleibt körperliche Aktivität wichtig.

Herzkrankheiten

Eine Herzerkrankung betrifft das Herz und die Blutgefäße, die den Herzmuskel versorgen. Die verschiedenen Krankheitsbilder können sich überlagern, sodass die Krankheitserscheinungen sich teilweise sehr ähnlich sind. Man kann folgende Einteilung vornehmen:

- angeborene Herzfehler
- Angina pectoris
- Herzklappenfehler
- Rhythmusfehler des Herzens
- entzündliche Erkrankungen
- Herzinfarkt
- Herzversagen oder Herzschwäche
- Kardiomyopathie
- Herztumoren

Angeborene Herzfehler

Während der Embryonalentwicklung kann es bei der Entwicklung des Herzens zu Fehlbildungen kommen. Zwischen den verschiedenen Herzabschnitten können Öffnungen bestehen bleiben, do dass zum Beispiel Blut vom rechten Vorhof direkt in den linken Vorhof gelangt (*Vorhofseptumdefekte*).

Öffnungen, die zwischen den Herzkammern bestehen bleiben (*Ventrikelseptumdefekte*), führen dazu, dass Blut aus der rechten Herzkammer direkt in die linke Herzkammer übertritt, Verbindungen können zwischen der Aorta und der Lungenarterie bestehen.

Schon im ersten Lebensmonat zeigt sich, ob der Säugling an einem angeborenen Herzfehler leidet. Anzeichen, die darauf hinweisen, sind:

▲ Zyanose – bläuliche Färbung von Haut und Schleimhäuten,
▲ Dyspnoe – Atemnot,
▲ Herzinsuffizienz – Herzversagen,
▲ Tachykardie – beschleunigter Herzschlag,
▲ pathologische Herzgeräusche.

Viele Herzfehler können heute operativ korrigiert werden, doch nicht jeder Defekt am Herzen muss operiert werden. In vielen Fällen bilden sich Septumdefekte von selbst zurück.

Angeborene Herzmissbildungen.
A – Normales Herz; B, C – Herzmissbildungen

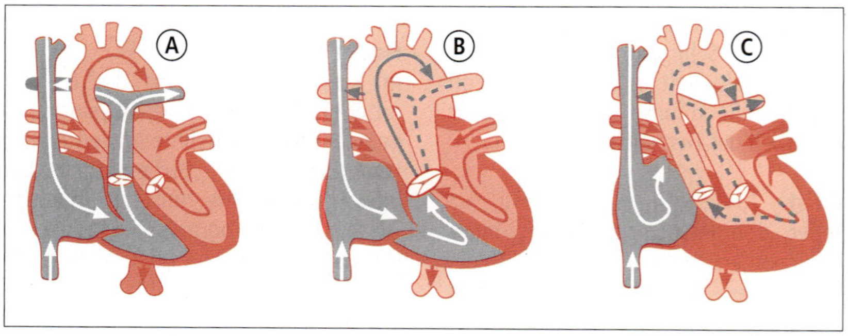

Angina pectoris

Mit Angina pectoris werden vorübergehende Schmerzen im Brustraum oder Druckgefühle bezeichnet, die auftreten, wenn der Herzmuskel nicht ausreichend mit Sauerstoff versorgt wird. Angina pectoris ist vor allem unter älteren Menschen eine weit verbreitete Krankheit. Dabei ist die Blutversorgung gestört, weil Arterien durch Ablagerungen (arteriosklerotische Plaques) verengt sind, gelegentlich auch aufgrund anderer Störungen.

Es gibt viele Ursachen, die Angina pectoris auslösen können. Oft ist es das Zusammenwirken mehrerer Faktoren, die dazu führen. Angina perctoris kommt bei Männern viermal häufiger vor als bei Frauen. Aus den Statistiken geht hervor, dass der Beruf eine große Rolle spielt.

Unternehmer und Geschäftsleute scheinen sehr gefährdet, sie sind unter den Patienten mit Angina pectoris zahlreich vertreten. Das gilt ebenso für starke Raucher. Übermäßige körperliche Anstrengung, Kälteeinwirkung und emotioneller Stress haben sich als gleichermaßen wichtig erwiesen.

Schon lange gibt es ein wahres „Wundermittel" gegen diese Anfälle, das Nitroglyzerin. Es bringt sofortige Hilfe, weil es die Herzkranzgefäße rasch erweitert und so den Blut- und Sauerstoffzufluss zum Herzen steigert. Bei Angina pectoris kommen noch einige andere Medikamente zur Anwendung, wie Nitrate mit verzögerter Wirkung, Betablocker und Kalziumantagonisten.

Mit einer Ballondilatation wird das Innere der Koronararterie aufgedehnt Es ist ein weniger invasives Verfahren als die Bypass-Operation. Die Angioplastie ist mit gewissen Risiken verbunden, unter anderem können während des Eingriffs Herzinfarkt und Schock eintreten.

Herzklappenfehler

Bei allen Herzklappenfehlern kommt es zu Beschränkungen in der Leistungsfähigkeit des Herzens, da die Strömungsverhältnisse gestört sind. Die Krankheitserscheinungen entsprechen daher in etwa denen der Herzschwäche. Es wird heute folgende Einteilung für Herzklappenfehler vorgenommen:

▲ Bei Erkrankungen des Schweregrades 1 treten keine Krankheitszeichen auf. Die Leistung ist nicht eingeschränkt.

- Beim Schweregrad 2 kommt es zu einer Leistungseinschränkung bei Belastung des Patienten. Schwächezeichen machen sich zum Beispiel beim Treppensteigen bemerkbar.
- Beim Schweregrad 3 ist die Leistung bereits bei geringer Belastung, zum Beispiel beim Gehen auf ebener Strecke, eingeschränkt. Der Patient muss öfter Pausen einlegen.
- Beim Schweregrad 4 liegt eine hochgradige Einschränkung der Leistungsfähigkeit vor, wobei es bereits zu Zeichen der Herzschwäche in Ruhe kommt.

Viele Herzklappenfehler können heute operativ korrigiert werden; eine Herzklappenoperation kann in Form einer Herzklappenplastik erfolgen.

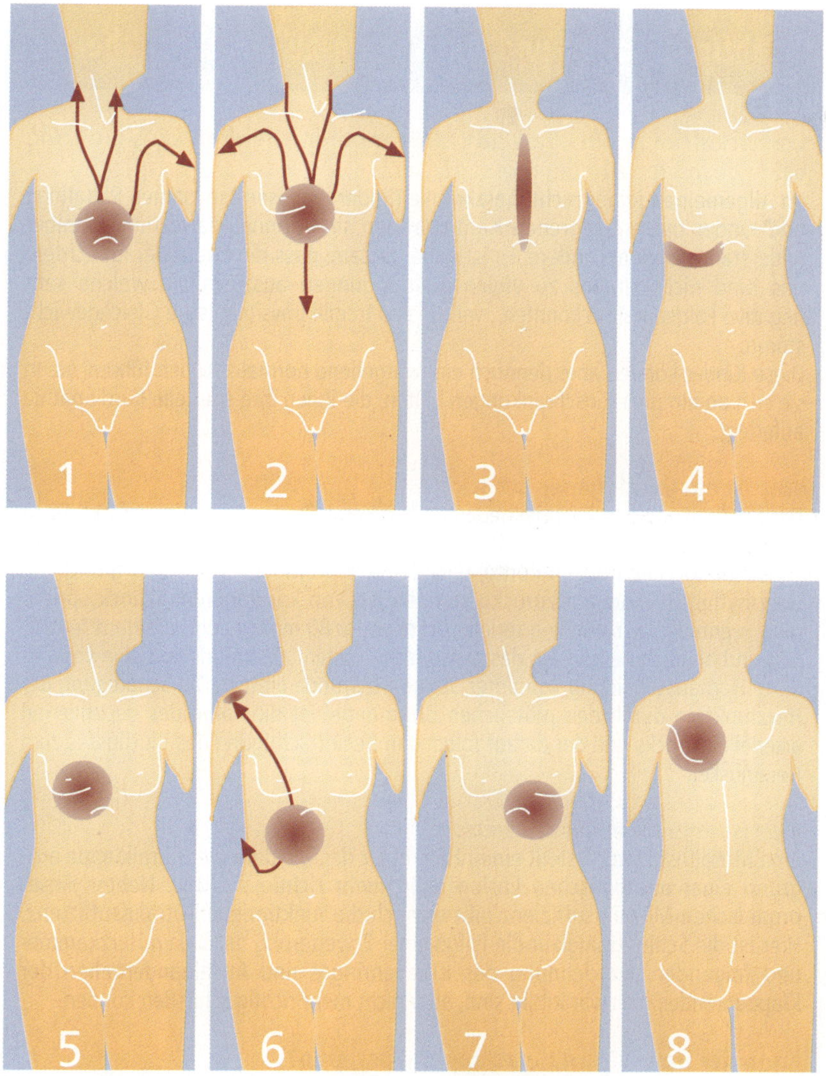

Angina pectoris oder Brustschmerz. Spezifische Lokalisation von Schmerzanfällen:
1 – Angina pectoris; 2 – Koronarthrombose; 3 – Sodbrennen; 4 – Herpes zoster; 5 – Lungenentzündung; 6 – Gallenblasenkolik; 7 – Lungenentzündung; 8 – Luftansammlung im Thoraxraum.

Herzrhythmusstörungen

Der elektrische Impuls, der jeden Herzschlag begleitet, entwickelt sich bei einem normalen Herzen im rechten Vorhof (SA-Knoten). Tritt der Impuls an irgendeiner anderen Stelle auf, so liegt eine Störung des Herzrhythmus vor.

Wird ein Teil der Kammerwand gereizt (zum Beispiel durch einen elektrischen Strom) und geschieht dies während der Ruhepause des Herzens (*Diastole*), können eine oder mehrere Zellen an der Herzspitze entladen werden. Diese Depolarisation kann über die Muskelzellen in den Herzkammern ablaufen, es kommt zu Kontraktionen dieser Herzkammern (*ventrikuläre Extrasystole*).

Es handelt sich also um einen Herzschlag während der Systole (wenn sich das Herz zusammenzieht), der sich vorzeitig an nicht normaler Stelle ereignet hat; in den Herzkammern anstelle im SA-Knoten im rechten Vorhof.

Eine arhythmische Kontraktion der Herzkammer kann im EKG als Absinken des Schreifstiftes festgestellt werden. Diese Art der Rhythmusstörung kann jedoch auch bei einem gesunden Menschen auftreten und ist nicht gefährlich. Nach einen Herzanfall (*Infarkt*) treten oft viele Extrasystolen hintereinander auf, sodass die Blutmenge, die aus dem Herzen ausgestoßen wird, abnimmt, was zum Tode führen kann.

Eine Extrasystole ist ein frühzeitiger und vorzeitiger Herzschlag, wobei die Herzkammern nicht genug Zeit haben, sich mit Blut zu füllen, und aus diesem Grunde auch keinerlei normale Blutmenge in den Körperkreislauf ausstoßen können.

Tritt eine ganze Reihe dieser vorzeitigen Kontraktionen, die sich immer wieder neben dem normalen Herzschlag wiederholen, auf, so spricht man von *ventrikulären Tachykardie*. Eine derartige Störung kann, falls sie rechtzeitig erkannt wurde, durch einen Elektroshock, also eine Anwendung von elektrischem Strom, der plötzlich durch den Körper gejagt wird, behandelt werden (*Defibrillation*), wonach sich dann ein normaler Herzrhythmus wieder einstellt.

In den ersten Tagen nach einem Herzinfarkt, wenn die Gefahr einer Rhythmusstörung am größten ist, werden die Patienten auf einer Wachstation ständig durch einen Elektrokardiographen oder ein Monitorsystem überwacht. Mögliche Herzrhythmusstörungen können dann direkt beobachtet und auch behandelt werden.

Wichtige Fragen und Antworten zu Herzkrankheiten

Entwickelt sich ein Kind mit angeborenem Herzfehler gleich wie seine gesunden Altersgenossen?
Im Allgemeinen leider nicht, herzkranke Kinder wachsen langsamer, Säuglinge und Kinder mit angeborenen Kardiopathien sind dünner, zarter und weniger widerstandsfähig als andere. Es ist dabei ratsam, dass die Eltern darauf achten, das Kind nicht sinnlos zu vielen Anstrengungen auszusetzen, welche sehr negative Folgen haben könnten, weil sie das fragile physiologische Gleichgewicht stören.
Diese Kinder können aber dennoch ein weitgehend normales Leben führen, wenn sie sich an ein paar Einschränkungen halten, die ihnen ihre spezielle Kardiopathie auferlegt.

Was ist ein kardiogener Schock?
Der kardiogene Schock ist die bedeutendste Komplikation beim Herzinfarkt. Dazu kommt es bei rund 20 Prozent der Infarktpatienten, und zumindest 50 Prozent der Todesfälle gehen auf sein Konto, nachdem die Sterblichkeitsrate aufgrund von Herzrhythmusstörungen zurückgegangen ist. Von kardiogenen Schock spricht man, wenn der systolische arterielle Druck unter 80 mmHg liegt, die Haut feucht, kalt und bläulich gefärbt ist, das sensorische System abstumpft und eine verminderte Harnausscheidung von unter 30 ml pro Stunde eintritt. Die Schädigung der Herzfunktion durch den plötzlichen Blutmangel ist die Folge des gesunkenen arteriellen Drucks und der darauf folgenden Beeinträchtigung des Blutflusses zum Herzmuskel.

Was ist eine Mitralinsuffizienz?
Eine Mitralinsuffizienz stellt einen Herzfehler dar, bei dem die Mitralklappe aufgrund einer anatomischen Läsion nicht mehr richtig schließt. Neben dieser organischen Mitralinsuffizienz gibt es noch die funktionelle Mitralinsuffizienz. Hier ist die Schlussfähigkeit die Folge einer Erweiterung der linken Herzkammer und folgender Überdehnung des Klappenringes und Auseinandergehen der Klappenränder, die zwar intakt sind, aber nicht mehr richtig schließen können.

Kann der Herzchirurg Herzklappen operieren?
Dieses kann in Form einer Herzklappenplastik erfolgen. Sollte jedoch der Klappenapparat zu stark verletzt sein oder erhalten werden können, empfiehlt sich ein Klappenaustausch. Die Herzklappenplastik sowie die Kommisurotomie bei einer Stenose finden nur bei einer Insuffizienz Anwendung, insbesondere bei einer Mitral- oder Trikuspidalinsuffizienz.
Die chirurgische Eingriffe sind vielfältig und für jede Art der Schädigung angepasst:
- als Naht der abnormen Spalten der Segelklappen;
- Verkleinerung der erweiterten Klappenringe;
- Verkleinerung von Kommisuröffnungen;
- Eingriffe an den Sehnenfäden.

Die starren oder flexiblen Ringprothesen erleichtern eine regelmäßige Verkleinerung der erweiterten Ringe.

■ *Sinustachykardie*
Sinustachykardie ist ein physiologisches Phänomen, das bei jedem von uns mehrmals täglich vorkommt, ohne dass wir auch nur das Geringste davon bemerken. Unser Organismus hat die höchst lebensnotwendige Eigenschaft, sich den Erfordernissen der jeweiligen Situation optimal anpassen zu können. Dazu setzt er häufig die Tachykardie als Mittel ein.
Dessen werden wir uns schnell bewusst, wenn wir nur einmal daran denken, wie rasch der Pulsschlag steigt, wenn wir irgendeine Arbeit verrichten, die mit erhöhter Muskelanstrengung verbunden ist.

■ *Paroxysmale Tachykardie*
Diese gehört bereits zu den pathologischen Tachykardien. Die paroxysmale Tachykardie ist ein abnormales Phänomen, dem manchmal eine Herzerkrankung zugrundeliegt. Doch das muss nicht imnmer so sein, häufig findet man sie auch bei ansonsten völlig gesunden Personen. Ohne ersichtlichen Grund schnellt plötzlich die Herzfrequenz in die Höhe. Der Puls steigt sprungartig auf 160 bis 180, manchmal sogar 200 Schläge in der Minute an.
Ist dies erst einmal geschehen, ändert sich daran auch nichts, egal, ob der Patient Anstrengungen unternimmt oder zuvor unternommene Arbeit unterlässt. Der Anfall dauert ein paar Minuten bis Stunden und endet ebenso plötzlich und unvermitelt, wie er begonnen hat.
Die Unterschiede zur Sinustachykardie sind offensichtlich. Die Frequenz steigt plötzlich und nicht graduell, sie kommt auch in Situationen völliger geistiger und körperlicher Ruhe vor, und während des Anfalls ist sie nicht beeinflussbar.

■ *Kammerflimmern*
Das sind die schwersten Herzrhythmusstörungen. Werden sie nicht augenblicklich behandelt, stirbt der Patient nach wenigen Minuten. In gewissem Sinne sind sie mit dem Vorhofflimmern und -flattern zu vergleichen, denn sie haben dieselbe Grundursache und dieselben elektrischen Charakteristika. Sie unterscheiden sich jedoch wesent-

lich im hämodynamischen Effekt: Bei zu raschen (Flattern-Tachykardie) oder unkoordinierten (Kammerflimmern) Kontraktionen der Ventrikel stören sie die Herzfunktion derartig, dass sich ein Zustand einstellt, der im plötzlichen Herz-Kreislauf-Stillstand kulminiert. Diesen kann man nur mit folgenden Mitteln zu beheben versuchen:

- ▲ künstliche Beatmung,
- ▲ Hertzdruckmassage,
- ▲ Defibrillation mithilfe von Elektroden uder geeigneten Medikamenten.

Die beiden ersten Maßnahmen müssen umgehend in Angriff genommen werden, denn bereits nach zwei bis drei Minuten sind Schäden durch unzureichende Sauerstoffversorgung des Gehirns sehr wahrscheinlich.

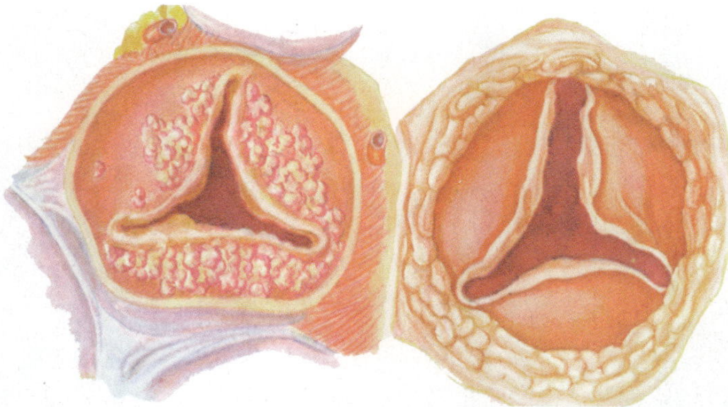

Links: Aortenklappeninsuffizienz; hierbei gelangt jedes Mal, wenn sich die linke Herzkammer entspannt, etwas Blut durch die Aortenklappe.
Rechts: Aortenklappestenose

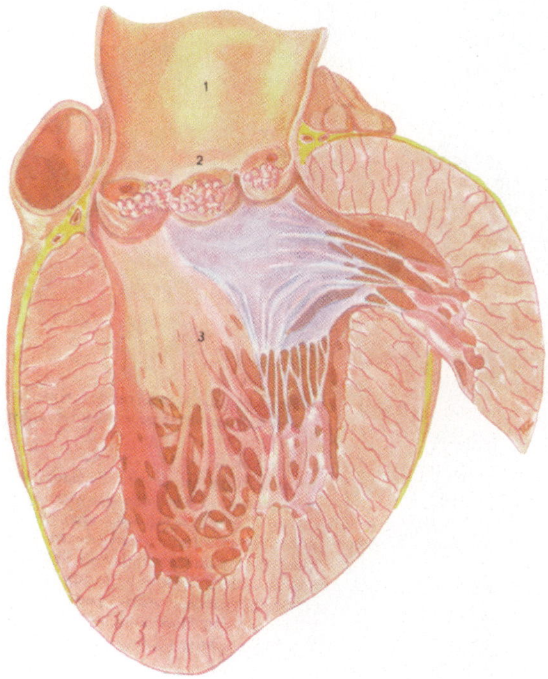

Sklerotische Veränderungen der Herzklappen. 1 - Aorta; 2 - linker Ventrikel; 3 - Mitralklappe

■ *Vorhofflattern*

Beim Vorhofflattern variieren die vom neuen Zentrum ausgesandten Impulse zwischen 200 und 400 pro Minute. Sie breiten sich mit gewisser Regelmäßigkeit in der Vorhofmuskulatur aus und lösen dort wegen ihrer hohen Frequenz eine durchgehende Vibration aus, eine Art Wellenbewegung, über die sie auch den Atrioventrikularknoten erreichen.
Zum großen Glück des Patienten wirkt dieser hier als Hemmschwelle. Er blockiert die pathologische Reise teilweise. Gelangten sie alle in die Kammern, so würde das Vorhofflattern in Kammerflattern übergehen und das Herz so schnell zu schlagen beginnen dass kaum je genügend Blut in die Kammern zurückfließen konnte. Der Organismus würde dann so schlecht mit Sauerstoff versorgt, dass der Tod des Patienten droht.
Diese Herzrhythmusstörung kann nicht durch einfaches Ertasten des Pulses festgestellt werden. Es muss ein EKG angefertigt werden.

■ *Vorhofflimmern*

Beim Vorhofflimmern treten die Impulse, die vom ektopischen (von seiner normalen Stelle verlagerten) Zentrum ausgehen, in noch höherer Frequenz auf, von 300 bis 400 pro Minute, und sind auch in ihrer Intensität sehr verschieden. Die Artien können sich dadurch nicht regulär zusammenziehen und führen nur noch unregelmäßige Wellenbewegungen aus. Dadurch kann das Blut aus den Vorhöfen nicht effizient in die Ventrikel gepumpt werden. Diese werden ihrerseits ebenfalls ganz unregelmäßig stimuliert.
Manchmal regt ein einzelner Impuls die Kontraktion des Ventrikels an, ein anderes Mal sind es akkumulierte Impulse, die einzeln nicht in der Lage waren, den Atrioventrikulären Knoten zu stimulieren, zusammen jedoch eine besonders starke Kontraktion hervorrufen. Der Empfang dieser manchmal schwachen, manchmal übermäßig starken Reize führt nicht nur zu Unregelmäßigkeit beim Rhythmus der Kontraktionen, sondern auch bei ihrer Intensität.

■ *Sinusbradykardie*

Von Sinusbradykardie spricht man, wenn die Herzfrequenz unter 50 Schläge pro Minute sinkt. Dies kann

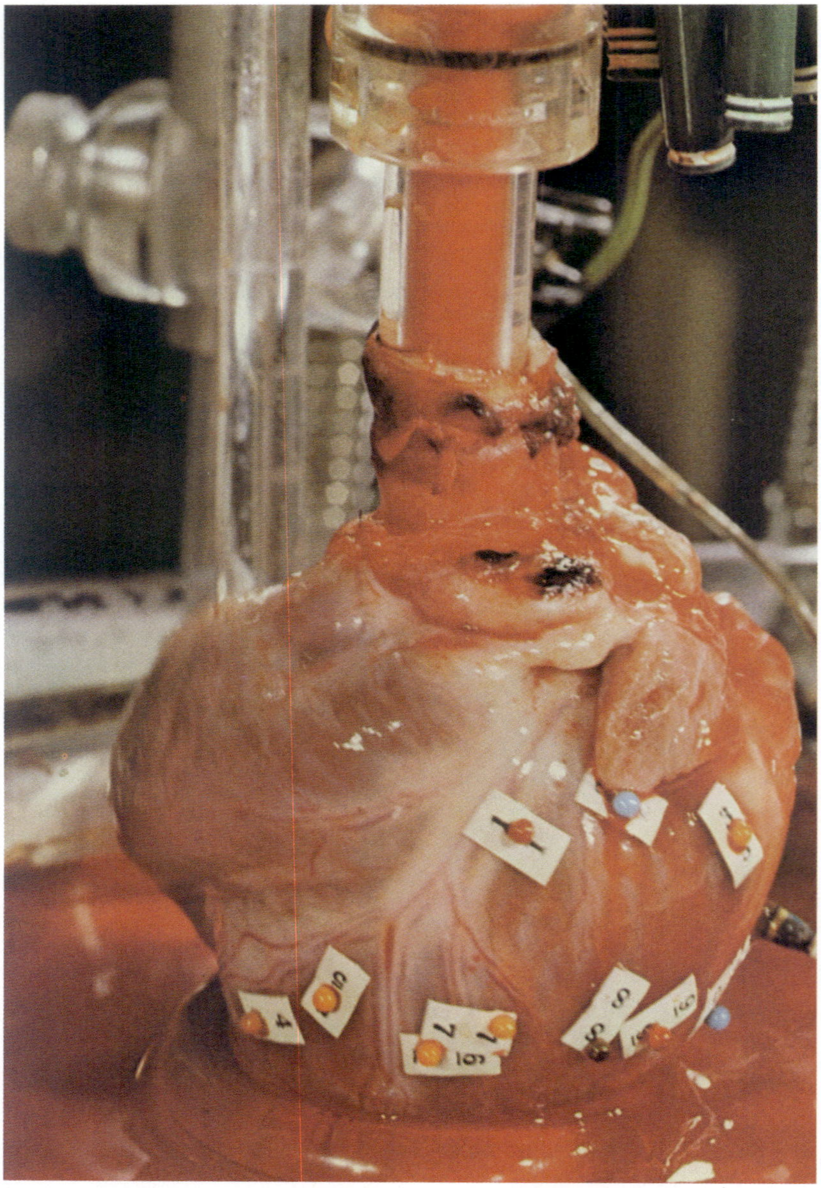

Experimentelle Herzuntersuchung. Die Kontraktion der Muskelfasern im Herzen ist sehr gut gesteuert und kontrolliert. Rhythmische elektrische Impulse durchfließen das Herz auf genau vorgegebenen Pfaden mit exakt kontrollierter Geschwindigkeit.

auch oft physiologisch sein, wie zum Beispiel bei durchtrainierten Menschen, die viel Sport betreiben. In manchen Fällen kann dabei die Steigerung der Spannung der Nervus vagus zu Übelkeit, Erbrechen oder auch Angstzuständen und Schock führen. Doch wenn der arterielle Blutdruck normal ist und der Patient auch über keine sonstigen Symptome klagt, ist keine Therapie vonnöten.

Herzleitungsstörungen

Tritt die Depolarisation der Herzmuskelzellen zu einem normalen Zeitpunkt ein, ist aber der Impuls nicht entlang den normalen Pfaden im Herz weitergeleitet worden, kann eine Störung der Herzleitung entstehen. Eine derartige Erkrankung kann zum Beispiel dann auftreten, wenn der Impuls aus dem atrioventrikulären Knoten, zwischen den Vorhöfen und den Kammern, nicht über das His-Bündel, verläuft. Man spricht dann von einem atrioventrikulären Block. Die Vorhöfe werden wie gewöhnlich gereizt, sie kontrahieren sich im normalen Rhythmus.

Die Impulsreizung der Kammern kommt jedoch nicht aus den Vorhöfen, die sich ja spontan zusammenziehen. Genau wie die Zellen im SA-Knoten entladen sich auch die Zellen im His-Bündel und in den Purkinje-Fäden. Der Rhythmus, in dem sich die Kammern kontrahieren, ist viel langsamer, als es normalerweise der Fall wäre.

Er beträgt dann 30–40 statt 70–80 Schläge pro Minute. Die P-Zacken im EKG erscheinen mit einer normalen Frequenz von 60–90 statt von 70–80 Schlägen pro Minute. Der QRS-Komplex und die T-Zacken treten zwischen den T-Zacken auf, haben jedoch keinerlei Beziehung zu ihnen.

Der Herzblock kann durch einen sogenannten Herzschrittmacher behandelt werden, ein kleines Gerät, durch das die Kammern elektrisch gereizt werden und durch einen Impuls wieder zu einem normalen Rhythmus kommen. Der Herzschrittmacher kann direkt unter der Hautoberfläche der Brust oder des Bauchraumes implantiert werden, sodass seine Anwesenheit praktisch kaum Problemen für den Patienten aufwirft.

Der elektrische Impuls eines Herzschrittmachers erreicht das Herz über einen Katheter, eine sogenannte konduktive Röhre, die in den rechten Vorhof über die Jugularisvene eingebracht wird, oder direkt an der Herzoberfläche.

Herzentzündung

Als Entzündungen am Herzen kommen die Entzündung der Herzinnenwand (Endokarditis), der Herzmuskulatur (Myokarditis) und des Herzbeutels (Perikarditis) vor.

- Eine Endokarditis tritt entweder als bakterielle Entzündung oder als allergische Reaktion nach einem Streptokokkeninfekt im Rahmen des rheumatischen Fiebers oder nach einer Mandelentzündung auf. Die

akute bakterielle Entzündung ist eine sehr schwere Erkrankung mit Abgeschlagenheit, Fieber und Gelenkschmerzen.
Gefürchtet ist die Gerinnselbildung, die in vielen Organen zu kleineren und auch größeren Embolien (Gefäßverschlüsse) führen kann. Sie muss mit Antibiotika behandelt werden. Das Hauptrisiko der allergisch bedingten Endokarditis ist die Vernarbung der entzündeten Herzklappen, was zu Herzfehlern führen kann. Die Vorbeugung durch eine ausreichende Antibiotikabehandlung des Streptokokkeninfektes ist daher wichtig.

- Eine Myokarditis tritt meistens im Rahmen von Virusinfekten auf. Sie kann zu einer Herzschwäche führen, die dann entsprechend behandelt werden muss.
- Die Entzündung des Herzbeutels, der das ganze Herz und die Abgänge der großen Gefäße umgibt (Perikarditis), beruht immer auf einer Grunderkrankung.
  Dazu gehören virale oder bakterielle Infektionen, Tumoren oder Durchblutungsstörungen. Sie führt zu Brustschmerzen, die sich nach einer Nitratanwendung nicht bessern. Wenn sich aufgrund der Entzündung ein Herzbeutelerguss bildet, kann die Herztätigkeit stark behindert sein. Der Arzt behandelt die Grunderkrankung und entlastet das Herz durch Absaugen des Herzbeutelergusses.

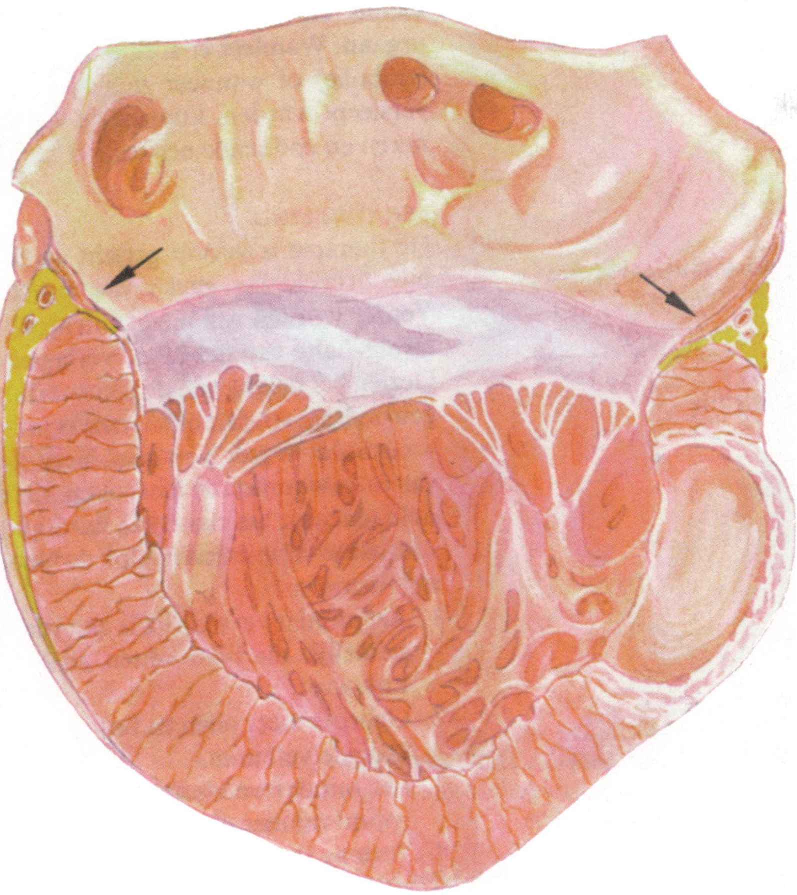

Ernsthafter Herzklappenfehler (Pfeil); bei starkem Rückfluss des Blutes ist der Blutstrom nach vorwärts so weit reduziert, dass sich eine Herzschwäche entwickeln kann.

Endokarditis

Bei einer infektiösen Herzinnenhautentzündung (*Endokarditis*) sind die Herzinnenhaut (*Endokard*) und gewöhnlich auch die Herzklappen betroffen. Bei angeborenen Herzfehlern bestehen in vielen Fällen im Bereich des Defekts turbulente Blutströmungen, die Verletzungen der Klappenoberfläche oder der Herz- und Gefäßinnenhaut hervorrufen. Auf diesen Bezirken entwickeln sich Auflagerungen, an die sich bestimmte Bakterien, die eine besonders gute Anlagerungsfähigkeit an die Baustoffe von Herz- und Gefäßwand besitzen, anheften können.

Dringen solche Bakterien in hoher Keimzahl in die Blutbahn ein, entsteht dort eine sogenannte *endokarditische Vegetation*, das heißt ein von Bakterien und Entzündungszellen durchsetztes Blutgerinnsel (Thrombus), das einem Abszess in der Blutbahn gleichkommt. Bei den Bakterien handeltes sich in fast der Hälfte der Fälle um die als Mitbewohner des Mund- und Rachenraums vorkommenden, vergrünend wachsenden Streptokokken. Im Kindesalter kommen bakterielle Endokarditiden fast ausschließlich bei angeborenem Herzfehler vor, herzgesunde Kinder erkranken nur sehr selten.

Symptome

Die klinischen Symptome der Erkrankung sind bei vielen Erregern, speziell den vergrünend wachsenden Streptokokken, in der Anfangsphase oft sehr unspezifisch: zum Beispiel Leistungsabfall und Appetitlosigkeit. Ausnahmslos besteht Fieber, das allerdings außer bei der durch Staphylokokken verursachten Endokarditis vielfach nicht sehr hoch ist oder nur vorübergehend auftritt. Der Arzt hört in knapp 40% der Fälle ein neues Herzgeräusch als Hinweis auf eine Klappenundichtigkeit, die Folge der Klappenzerstörung durch die Bakterien ist.

Diagnose

Die Laborbefunde sind Ausdruck des schweren, zum Teil lang anhaltenden Entzündungsprozesses. Die Zahl der weißen Blutkörperchen ist vermehrt. Die Blutsenkungsgeschwindigkeit (BSG) ist bei dem größten Teil der Patienten beschleunigt. Aussagekräftiger ist aber

Ersatz einer Herzklappe; eine geschädigte Herzklappe kann durch eine mechanische Klappe aus Plastik und Metall ersetzt werden.

die Bestimmung eines speziellen, auf eine bakterielle Entzündung hinweisenden Eiweißstoffs, des sogenannten C-reaktiven Proteins (CRP). Liegt kein erhöhter CRP-Wert vor, ist eine Endokarditis mit großer Sicherheit auszuschließen. Lässt sich bei erhöhtem CRP ein Infektionsherd nicht sicher lokalisieren, dann muss an eine Endokarditis gedacht werden. Die Echokardiographie ist bei positivem Befund, das heißt Erkennung endokarditischer Vegetationen speziell im Bereich der Herzklappen, ein wesentlicher Pfeiler der Diagnose „Endokarditis".

Komplikationen und Folgeschäden

Bei etwa der Hälfte der Patienten mit bakterieller Endokarditis kommt es zu Komplikationen und Folgeschäden: In 25% handelt es sich um Embolien von Anteilen der Vegetationen in den Körper- und Lungenkreislauf. Im Körperkreislauf handelt es sich um Embolien in das Gehirn oder andere Körperregionen, zum Beispiel in die Arme und Beine. Die Lungenembolien haben zwar meist keine schweren Auswirkungen auf das Herzkreislaufsystem, können allerdings die Diagnose der bakteriellen Endokarditis erschweren, da verständlicherweise zunächst an eine Lungenentzündung gedacht wird. Eine Klappenzerstörung mit der Folge einer Undichtigkeit der Klappe entwickelt sich bei mehr als einem Drittel der Patienten. Meistens handelt es sich um die Aorten- oder Mitralklappe bzw. beide Klappen.

Behandlung

Die antibiotische Behandlung der bakteriellen Endokarditis muss gezielt gegen den nachgewiesenen Erreger gerichtet sein. Ziel ist die schnellstmögliche Abtötung der Bakterien. Hierfür ist der Einsatz geeigneter Antibiotika in höchster und damit sicher keimabtötender Dosis erforderlich. Die Therapie ist nur auf intravenösem Wege möglich, eine Tabletteneinnahme ist unzureichend. Ihre Dauer beträgt bei Streptokokken-Endokarditis vier Wochen, bei Staphylokokken-Endokarditis im Regelfall sechs Wochen. Einige Tage nach Abschluss der Therapie werden erneut Blutkulturen abgenommen und die laborchemischen Entzündungszeichen überprüft, um zu beweisen, dass keine Erreger mehr im Körper sind.

Vorbeugung

Angesichts der ernsten Prognose der bakteriellen Endokarditis sind alle Maßnahmen zur Senkung der Häufigkeit ihres Auftretens zu ergreifen. Dabei sind drei Aspekte von Bedeutung:

- Korrigierende Operationen können dank der großen Fortschritte auf herzchirurgischem und intensivmedizinischem Sektor heute bereits im Säuglings- und Kleinkindesalter durchgeführt werden.
- Größte Bedeutung hat bei allen gefährdeten Kindern eine gute Mund- und Zahnhygiene, da der Mund-Rachen-Raum als eine Haupteintrittspforte der Endokarditis-Erreger anzusehen ist. Regelmäßige zahnärztliche Kontrollen sind zu empfehlen.
- Der dritte Punkt betrifft den Sektor, für den der Begriff „Endokarditis-Prophylaxe" im eigentlichen Sinne verwendet wird bzw. verwendet werden sollte. Verschiedene medizinische und zahnmedizinische Eingriffe bergen ein beträchtliches Risiko der Auslösung einer Bakterienausschwemmung in die Blutbahn.
  Diese ist für einen herzgesunden Patienten in der Regel belanglos, für das herzkranke Kind jedoch gefährlich, da es zu einer bakteriellen Besiedelung der infolge des Herzfehlers vorhandenen
  Verletzungen der Klappenoberfläche sowie Herz- und Gefäßinnenhaut kommen kann. Um dies zu verhindern, muss zum Zeitpunkt des Auftretens der Bakterienausschwemmung eine ausreichende Konzentration eines geeigneten Antibiotikums vorliegen, weswegen kurz vor dem Eingriff ein für das zu erwartende Erregerspektrum geeignetes Antibiotikum verabreicht werden muss. Hierin besteht der Sinn der Durchführung der Endokarditis-Prophylaxe.

Wirkstoffe bei Herz- und Kreislaufschwäche

Campher
Campher wird aus dem Holz des Kampferbaumes (Cinnamonum camphora) gewonnen und kann als Riechmittel oder Salbe (Herzsalbe, Herzbalsam) bei Herz-Kreislauf-Beschwerden, etwa durch niedrigen Blutdruck, äußerlich angewendet werden. Campher-Wirkstoffe regen die Herz- und Kreislaufaktivität durch reflektorische Stimulation an.

Coffein
Coffein kann als kurz und schwach wirksames Mittel zur Erhöhung des Blutdrucks eingesetzt werden. Eine große Tasse Kaffee enthält etwa 0,1 Gramm Coffein. Die Coffeinwirkung kann individuell unterschiedlich sein: anregend oder einschläfernd. In der Regel führt zu viel Coffein zu Schlaflosigkeit, Herzjagen, innerer Unruhe oder Magen-Darm-Beschwerden.

Etilefrin
Etilefrin, ein direktes Sympathomimetikum (N-Ethyl-Analogon von Phenylephrin), wirkt gefäßverengend (Vasokonstriktion) beziehungsweise blutdrucksteigernd, erhöht die Herzschlaghäufigkeit und die Herzkraft. Die Substanz ist zur kurzfristigen Behandlung von Kreislaufschwäche durch niedrigen Blutdruck (Hypotonie, Orthostase-Syndrom) geeignet und bei oraler Anwendung gut wirksam.

Fingerhut
Die Blätter des roten Fingerhuts (Digitalis purpurea) enthalten etwa 100 Wirkstoffe, darunter mehr als 30 herzwirksame Glykoside (Digitalisglykoside). Digitalisglykoside wie Digitoxin wirken herzkraftstärkend (positiv inotrop). Fingerhut-Wirkstoffe werden vor allem bei fortgeschrittener Herzschwäche (Herzinsuffizienz) unter ärztlicher Kontrolle eingesetzt.

Digitalis purpurea

Crataegus

Rosmarin
Rosmarinöl ist ein ätherisches Öl, das aus den Blättern des Rosmarinstrauches (Rosmarinus officinalis) gewonnen wird. Rosmarin-Inhaltsstoffe (Cineol, Borneol, Borneolacetat, Campher, Terpen) wirken durchblutungsfördernd und herzkraftstärkend bei äußerlicher Anwendung. Bei Herz- und Kreislaufbeschwerden oder niedrigem Blutdruck kann eine unterstützende Therapie mit Rosmarin als Bad oder Einreibung wirksam sein.

Weißdorn
Das europäische Ziergehölz Weißdorn (Crataegus) gehört zur Familie der Rosengewächse (Rosaceae). Die Inhaltsstoffe von Weißdorn-Extrakten (Flavonoide, Catechine, oligomere Procyanidine) wirken kontraktionskraftsteigernd und erweiternd auf die Herzkranzgefäße. Darüber hinaus können Weißdorn-Wirkstoffe den Herzrhythmus stabilisieren. Weißdorn-Extrakte sind gut verträglich und vor allem zur Behandlung nachlassender Herzleistung, bei Altersherz, Brustbeklemmungen oder bei Druckgefühl in der Herzgegend sowie bei Herzrhythmusstörungen durch ein zu langsam schlagendes Herz geeignet. Weißdorn ist eines der am besten wirksamen, unspezifisch die Herzfunktion günstig beeinflussendes Mittel.

Herzversagen

Definition

Es handelt sich nicht um eine spezifische Krankheit, sondern um die Folge aller Erkrankungen, die die Leistungsfähigkeit des Herzens herabsetzen. Herzversagen sind natürlich sowohl aufgrund ihrer weiten Verbreitung als auch ihrer Auswirkungen medizinisch von größter Bedeutung.

Linksherzinsuffizienz: Eine Herzschwäche, die sich auf die linke Herzhälfte erstreckt. Da von hier aus der Körper mit sauerstoffreichem Blut versorgt wird, hat eine Funktionsschwäche in diesem Bereich direkte Auswirkungen auf die Organe und die Muskulatur. Außerdem staut sich das Blut in der Lunge, da es nicht so schnell vom Herz abtransportiert werden kann, wie es von der rechten Herzseite in die Lunge gepumpt wird, was zu Lungenschäden, (z.B. Lungenödemen) führt.

Rechtsherzinsuffizienz: Eine unzureichende Leistung der rechten Herzhälfte, die das Blut in den kleinen Kreislauf der Lunge pumpt. Dabei kommt es zu einem Blutstau in den Körpervenen, weil das Blut nicht so schnell weitergepumpt werden kann, wie es aus dem Körper zurückfließt. Die Symptome sind daher Ödeme vor allem in den Beinen, eine Blutstauung und Vergrößerung der Leber mit dem Austritt von Wasser in den Bauchraum und Verdauungsstörungen infolge des Blutstaus in den Verdauungsorganen.

Röntgenologische Untersuchung der Blutgefäße.

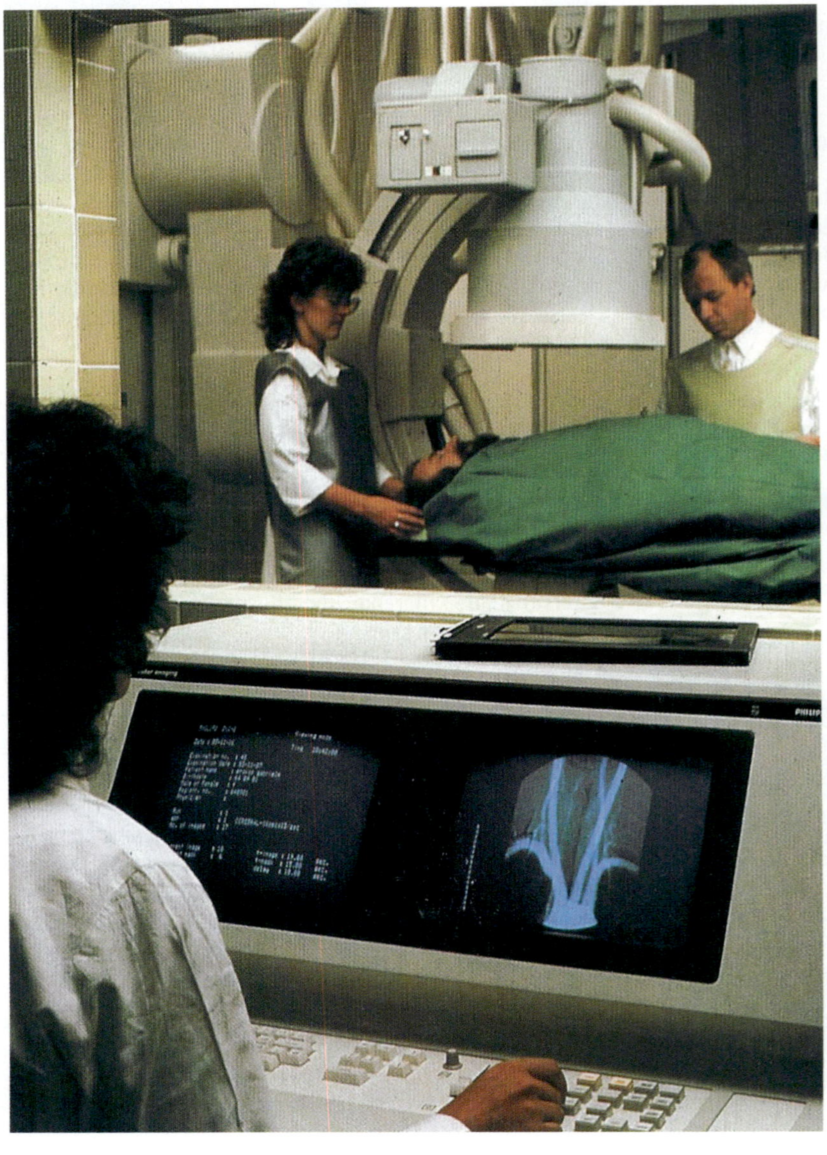

Kompensatorische Mechanismen

Trotz Erkrankung des Herzmuskels muss es aber nicht unbedingt zu einem Herzversagen kommen, da eventuell auftretende Funktionsstörungen, die durch eine Krankheit hervorgerufen werden, durch mehrere Kompensationsmechanismen ausgeglichen, kompensiert werden können.

Ein derartiger Kompensationsmechanismus besteht in der Beschleunigung der Herzfrequenz. Ist das Herz nicht mehr in der Lage, bei jeder Kontraktion (Systole) die für die ausreichende Sauerstoffversorgung in den Körper zu pumpen, zieht sich der Herzmuskel öfter zusammen, um so eine Unterversorgung zu vermeiden.

Ein weiterer kompensatorischer Mechanismus ist die sogenannte Herzdilatation oder Herzvergrößerung, bei der es zu einer leichten Erweiterung der Herzinnenräume kommt, sodass bei jeder Kontraktion eine größere Blutmenge ausgestoßen wird.

Wenn das Herz nun schon die normale Füllmenge nicht in den Körper zu pumpen vermag, wie kann es dann möglich sein, die gleiche Aufgabe mit einer größeren Blutmenge zu bewältigen? Zur Beantwortung dieser Frage müssen zwei physiologische Grundsätze näher erläutert werden. Zum einen steigt die Kontraktionskraft der Herzmuskelfasern mit ihrer Dehnung, sodass erst bei einer Erweiterung des Herzmuskels die gesamte kontraktile Kraft seiner Fasern genützt wird.

Zum anderen kommt es bei einer Überbeanspruchung zu einer Vergrößerung der Herzmuskelfasern, die gleichzeitig auch kräftiger werden. Mag eine Hypertrophierung des Herzmuskels auf diese Weise einer Funktionsstörung des Herzens entgegenwirken, so sind damit aber auch zahlreiche negative Folgen verbunden, weshalb die Effizienz dieses Mechanismus angezweifelt wird.

Eine weitere Kompensationsmöglichkeit besteht in einer Blutumverteilung unter Bevorzugung der lebenswichtigen Organe wie Herz und Gehirn. Die Steuerungszentren, denen Rezeptoren eine unzureichende Durchblutung dieser Organe melden, bewirken, dass der periphere Gefäßwiderstand steigt, wodurch diese Regionen schwächer durchblutet werden.

Gleichzeitig erhöht sich aber damit auch die Leistung, die das Herz vollbringen muss. In manchen Fällen kann auch die in den stark durchbluteten Organen (Leber, Milz usw.) vorhandene Blutmenge verringert werden, sodass die roten Blutkörperchen, die sich für gewöhnlich in diesen mit einem dichten Kapillarnetz durchzogenen Organen befinden, vermehrt dem Blutkreislauf zugeführt werden.

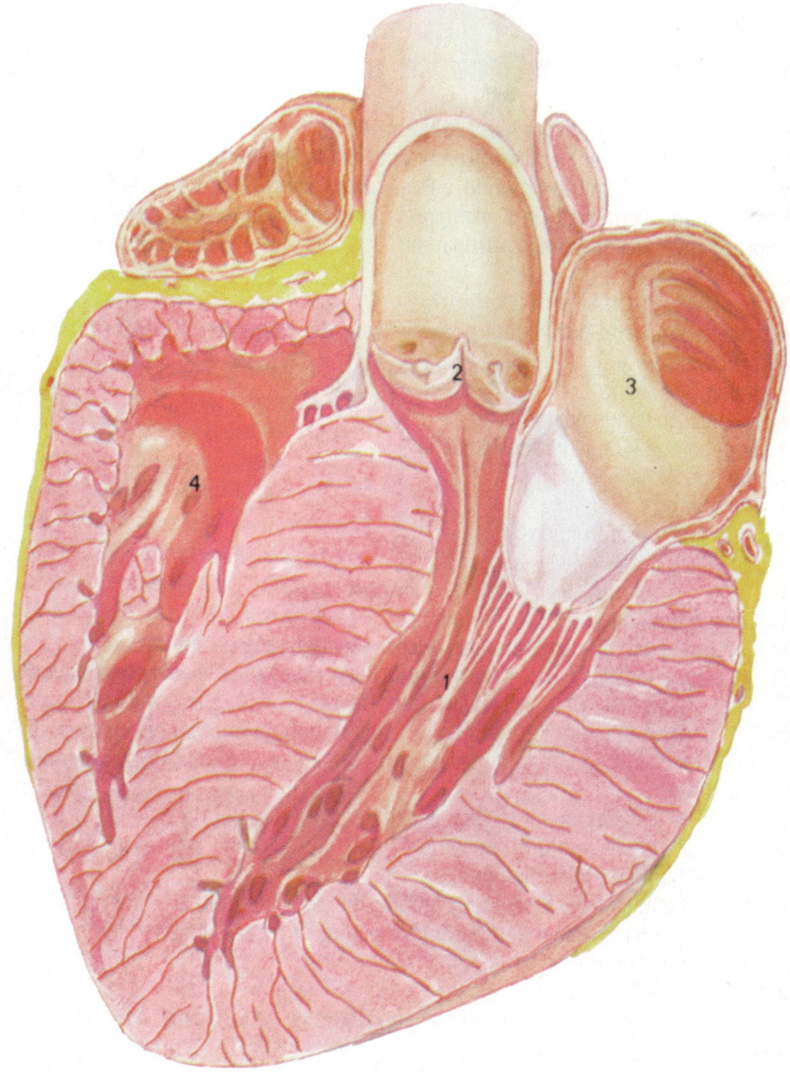

Bei Herzschwäche durch systolische Fehlfunktion kann sich das Herz gewöhnlich nicht mehr richtig zusammenziehen. Es füllt sich zwar mit Blut, kann aber wegen der Schwäche des Herzmuskels nicht mehr die gesamte Menge herauspumpen.
1 – linker Ventrikel; 2 – Aortaklappe; 3 – linker Vorhof; 4 – rechter Ventrikel

Klinisches Bild

Unter den Grundkrankheiten der Herzinsuffizienz finden sich:

- kardiale und extrakardiale Erkrankungen;
- koronare Herzkrankheit mit und ohne Herzinfarkt;
- Hochdruckkrankheit;
- Herzklappenfehler;
- angeborene Kardiopathie;
- Lungenembolie;
- alle Formen der Myokarditis;
- schwere Adipositas (Übergewicht);
- exsudative und konstriktive Perikarditis;
- primäre Lungenerkrankungen;
- innersekretorische Störungen;
- Mineralstoffwechselstörungen;
- chronischer Alkoholismus;
- Amyloidose;
- Sarkoidose.

Eine geringgradige Herzinsuffizienz ist im Ruhestand nicht bemerkbar und kommt erst unter Belastungen wie körperliche Anstrengung, Infekt, Operation zum Vorschein.

Eine Herzinsuffizienz liegt dann vor, wenn bei einem Patienten infolge einer Herzerkrankung Symptome oder Beschwerden bestehen, welche sich durch therapeutische Maßnahmen bezüglich der Lebensführung, der Diätetik, durch medikamentöse oder gar chirurgische Eingriffe überwiegend wahrscheinlich bessern lassen. Man unterscheidet Stadium I bis Stadium IV.

Wichtige Fragen und Antworten zum Herzversagen

Was versteht man unter Herzversagen?

Das Herz ist bei einer Herzinsuffizienz oder eines Herzversagens nicht mehr in der Lage, seine Pumpfunktionen ausreichend zu erfüllen. Von Herzversagen spricht man, wenn das Herz nicht mehr in der Lage ist, sich den normalen Erfordernissen des Kreislaufs anzupassen.

Wie entsteht das Herzversagen?

Herzversagen kann durch eine oder mehrere der folgenden Krankheiten verursacht werden:

- hoher Blutdruck
- chronische Lungenkrankheiten
- angeborene (kongenitale) Herzfehler
- rheumatische Fieber
- Herzinfarkt
- Herzrhythmusstörungen

Welche Symptome begleiten ein Herzversagen?

- Leichte Ermüdbarheit;
- Kurzatmigkeit, die sich schon bei leichter Anstrengung verstärkt;
- Anschwellen der Füße, Knöchel und Beine; dies wird in der Regel gegen Abend schlimmer und bessert sich über Nacht;
- Unfähigkeit flach im Bett zu liegen, ohne dabei Atemnot zu bekommen; die Kranken brauchen daher immer mehrere Kissen, um Kof und Oberkörper aufzurichten;
- bläuliche Verfärbung der Lippen, der Fingernägel und der Haut;
- Flüssigkeitsansammlung im Brust- und Bauchraum sowie in anderen tieferliegenden Körperregionen;
- plötzliche nächtliche Erstickungsanfälle, die den Patienten zwingen, sich aufzusetzen oder aus dem Bett zu steigen und nach Luft zu ringen;
- Halsvenenstauung.

Wie lange dauert es, bis ein geschädigtes bzw. überlastetes Herz versagt?

Das schwankt stark von Fall bis Fall. Das Herz ist in erstaunlichem Maße fähig, seine Arbeit viele Jahre lang unter großen Schwierigkeiten zu leisten, und versagt erst, wenn die Schwierigkeiten unüberwindlich werden.

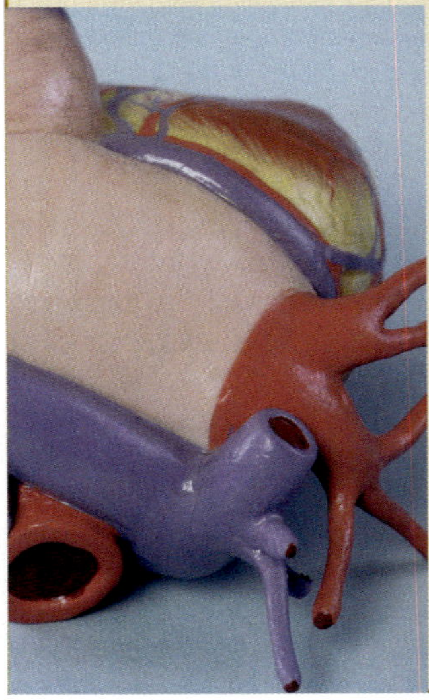

Muss man sterben, wenn das Herz einmal zu versagen beginnt?

Nein. Mit entsprechenden Betreuungsmaßnahmen, etwa einer Einschräkung der körperlichen Tätigkeit, salzarmer Kost, Behandlung mit spezifischen Medikamenten, Einnahme von Diuretika (das sind Medikamente, die die Wasser- und Salzausscheidung über die Niere anregen) und im gegebenen Fall durch chirurgische Eingriffe lässt sich ein versagendes Herz viele Jahre lang stützen.

Stadium I

Patienten mit einer Herzkrankheit, aus der sich aber keine Begrenzung der physikalischen Belastbarkeit ergibt. Normale Aktivität führt nicht zu Müdigkeit, Atemnot, Angina pectoris oder Herzklopfen.

Allgemeine Therapie:
- Begrenzung der körperlichen Aktivität
- in frühen Phasen Festlegung der Leistungsfähigkeit
- Beratung

Stadium II

Patienten mit einer Herzkrankheit und einer leichten Beschränkung der körperlichen Leistungsfähigkeit. In Ruhe besteht Wohlbefinden, normale Aktivitäten führen nicht zu Ermüdung, Herzklopfen, Atemnot oder Angina pectoris.

Allgemeine Therapie:
- kein Kampfsport
- Waldlauf in Gruppe
- Heben mit Pressatmung

Stadium III

Patienten mit einer Herzkrankheit und einer deutlichen Begrenzung ihrer körperlichen Belastbarkeit. In Ruhe sind die Patienten beschwerdefrei, geringere als normale körperliche Belastung, führen zu Müdigkeit Herzklopfen, Atemnot oder Angina pectoris.

Allgemeine Therapie:
- langsames Treppensteigen
- Verbot der Überkopfarbeit
- nur sitzende Berufsausübung

Stadium IV

Patienten mit einer Herzkrankheit, die unfähig sind, irgendeine körperliche Belastung ohne Beschwerden auszuhalten; die Symptome können auch in Ruhe bestehen, bei der geringsten Anstrengung kommt es zu Beschwerden.

Allgemeine Therapie:
- Lehnstuhlbehandlung
- nur langsam Umhergehen
- koronare Trainingsgruppen

Es kann sich um eine Ruhe- oder Belastungsinsuffizienz handeln. Bei Absinken der Förderleistung steigt die Sauerstoffausnutzung in der Peripherie ab, sodass unter Vergrößerung der

Tipps zur Entlastung Ihres Herzens

- Geben Sie sich und Ihrem Herzen einen Stoß. Durch regelmäßige Bewegung, zum Beispiel Ausdauersportarten wie Schwimmen, Rad fahren, Wandern oder Walken, lässt sich das Herz kräftigen. Dreimal wöchentlich 30 Minuten leichte sportliche Betätigung reicht bereits aus, um die Belastbarkeit des Herzens zu erhöhen und die Sauerstoffaufnahme zu verbessern.
- Alkohol und Nikotin gehen aufs Herz: versuchen Sie, darauf weitestgehend zu verzichten.
- Machen Sie Ihrem Herzen Luft: Achten Sie auf Ihr Gewicht. Zu viel überflüssige Pfunde belasten den Kreislauf. Vermeiden Sie jedoch beim Abnehmen jede radikale Diät.
- Legen Sie sich eine gesunde Ernährung ans Herz: Essen Sie mehrmals täglich frisches Obst und Gemüse und bevorzugen Sie eine ballaststoffreiche und fettarme Kost.
- Auch Medikamente stärken Sie in Herzangelegenheiten: Die Wirkstoffkombination der Thruw Gold Herztabletten aus bewährten homöopathischen Arzneipflanzen kann Ihr Altersherz stärken und fit machen – sanft und natürlich.

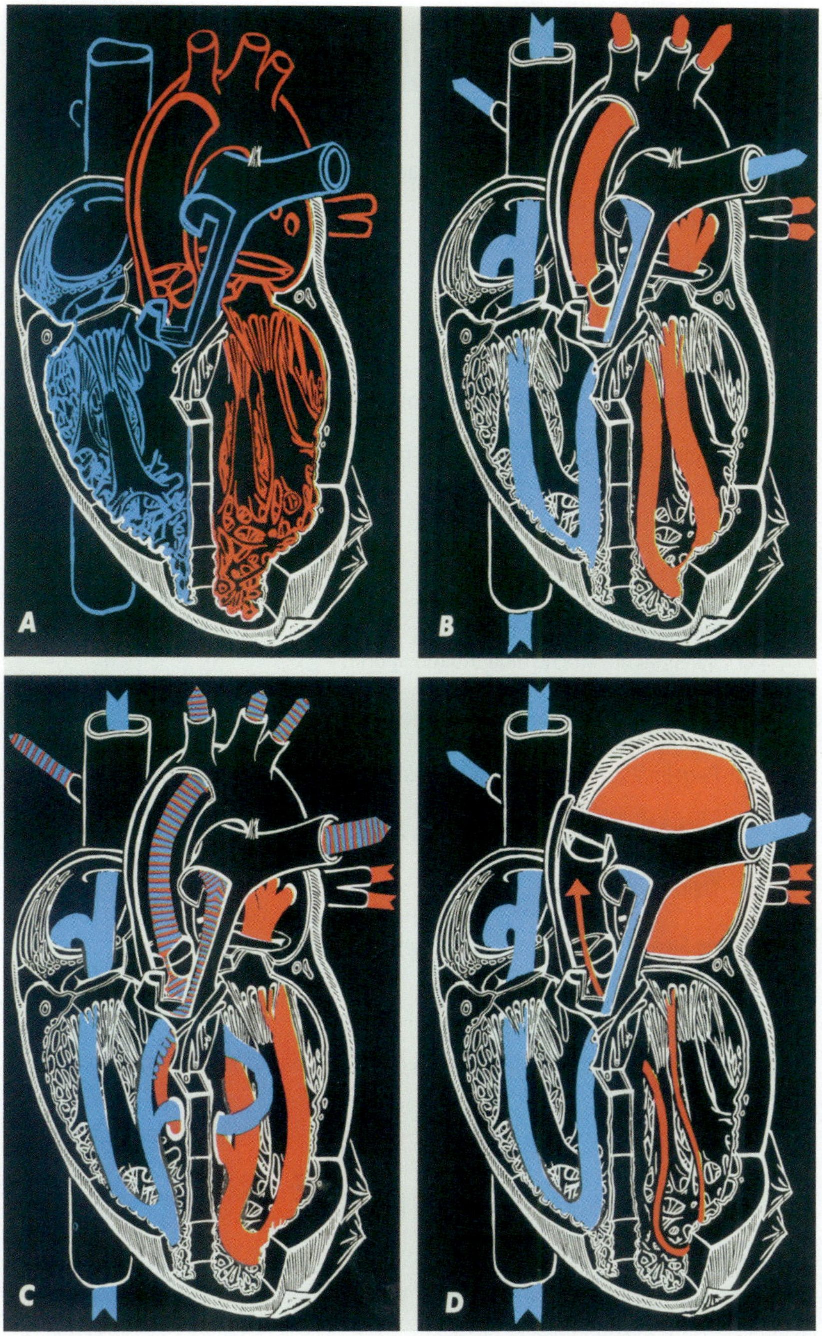

Probleme beim Pumpen und Füllen. A: die Ventrikel füllen sich normal mit Blut; B: systolische Fehlfunktion; die vergrößerten Ventrikel füllen sich mit Blut; C: die unelastischen Ventrikel füllen sich mit weniger Blut als normal; D: die Ventrikel pumpen weniger als 40 bis 50 Prozent des Blutes heraus.

arteriovenösen Sauerstoffdifferenz eine periphere Zyanose entsteht. Bei körperliche Behinderung (z.B. Koxarthrose) kann die Klage für Atemnot fehlen.

Herzform und Herzgröße: In der Regel ist das insuffizierte Herz perkutorisch und röntgenologisch vergrößert; bei Linksherzinsuffizienz nach links. Im seitlichen Strahlengang besteht eine Einengung des Herzinnenraumes durch Dilatation des linken Vorhofs und linken Ventrikels. Je nach dem Grad der Linksherzinsuffizienz ist die Lungengefäßzeichnung vermehrt. Bei Rechtsherzinsuffizienz Verbreitung der Herzsilhouette nach rechts und vorn.

Test: Ist Ihr Herz fit?

1. Rauchen Sie?
   - Weniger als eine Zigarette pro Tag — 4
   - Mehr als eine Zigarette pro Tag — 0

2. Haben Sie Übergewicht?
   - BMI unter 25 — 3
   - BMI zwischen 25–30 — 1
   - BMI über 30 — 0

   BMI = Body-Mass-Index = Körpergewicht (in kg) geteilt durch Körpergröße (in Metern) im Quadrat

3. Kontrollieren Sie Ihre Blutwerte und Blutdruck?
   - Blutdruck — 2
   - Cholesterin — 2
   - Blutzucker — 2
   - Keines — 0

4. Bewegen Sie sich regelmäßig?
   - Zweimal die Woche eine Stunde Sport — 4
   - Einmal wöchentlich Sport — 2
   - Täglich ein flotter Spaziergang von einer halben Stunde — 2
   - Regelmäßiger Sonntagsspaziergang — 1

   1

5. Kommen Sie leicht außer Atem, zum Beispiel beim Treppensteigen?
   - Ja — 0
   - Nein — 3

6. Haben Sie Wadenschmerzen beim Gehen?
   - Ja — 0
   - Nein — 3

7. Hatten Ihre Eltern oder Geschwister vor dem 60. Lebensjahr bereits einen Herzinfarkt oder Schlaganfall?
   - Ja — 0
   - Nein — 3

8. Beansprucht Ihr Beruf oder Ihre Familie Sie sehr?
   - Ja — 0
   - Nein — 3

9. Nehmen Sie sich wenig Zeit zum Essen?
   - Ja — 0
   - Nein — 2

10. Ist Ihnen Ihre Ernährung wichtig?
    - Ja — 2
    - Nein — 0

Das Ergebnis

Zählen Sie die Punktzahl der angekreuzten Fragen zusammen. Das Ergebnis finden Sie hier.

25–33 Punkte

- Herzfitness steht für Sie ganz oben.
- Vorsicht jedoch bei Frage 5 und 6. Wadenschmerzen und Atemlosigkeit können erste Anzeichen einer Herzstörung sein.
- Gehen Sie in diesem Fall trotz ausgezeichneter Punktzahl zum Arzt.
- Ansonsten steht einem aktiven Leben bis ins hohe Alter nichts im Wege.
- Wenn Sie noch mehr für Ihre Gesundheit tun wollen, achten Sie auf ausreichend Magnesium und Vitamin E.

16–24 Punkte

- Viele Risikofaktoren haben Sie bereits vermieden.
- Aber wie steht es mit der Ernährung oder der Bewegung?
- Auf keinen Fall sollten Sie Frage 5 oder 6 bejaht haben, sonst wird es höchste Zeit für einen Arztbesuch.

0–15 Punkte

- Vorsicht, einige Fragen deuten auf Risikofaktoren hin.
- Besonders gravierend sind Rauchen, Stress und familiäre Vorbelastungen. Haben Sie auch Frage 5 und 6 bejaht, dann lassen Sie sich von einem Arzt untersuchen.
- Er kontrolliert auch Blutdruck, Cholesterin und Blutzucker.
- Versäumen Sie keine vorbeugenden Maßnahmen.
- Vorsicht jedoch bei Frage 5 und 6

Linksherzinsuffizienz

Lungenödem: Das Lungenödem ist ein meist akutes, seltener subakutes oder chronisches Krankheitsbild. Akute Form: Plötzlich rasch zunehmende Atemnot mit Zyanose und anfangs fein-, später mittel- und grobblasigen Rasselgeräuschen über allen Lungenabschnitten. Das Lungenödem stellt die schwerste Form der Lungenstauung dar und zeigt die ausgeprägte Linksherzinsuffizienz an.

Dyspnoe: Die venöse Lungenstauung bei akuter oder chronischer Linksherzinsuffizienz führt zu Veränderungen der Atmung mit Atemnot und Tachypnoe. Schwere Linksherzinsuffizienz führt zur Unfähigkeit, flach zu liegen. Die Patienten mit schwerer Lungenstauung sitzen auch während der Nacht aufrecht oder wenigstens in Schrägelage.

Stauungsbronchitis: Die stauungsbedingten reaktiven Veränderungen des Bronchialsystems bestehen in Hyperämie, Schleimhautschwellung, vermehrter Sekretion und Bronchospastik. Sie macht sich klinisch durch chronischen Hustenreiz und die Auskultationsbefunde der Bronchitis bemerkbar.

Rechtsherzinsuffizienz

Akute und chronische Rechtsherzinsuffizienz führt zum Anstieg des venösen Drucks im großen Kreislauf mit Venenstauung.

Stauungsleber: Die schwere akute Rechtsherzinsuffizienz etwa als Folge einer Lungenembolie führt zur raschen schmerzhaften Leberschwellung. Die chronische Rechtsherzinsuffizienz führt über die einfache chronische Stauungsleber mit Vergrößerung des Organs zur Stauungsfibrose und schließlich zur Stauungszirrhose.

Aszites: Die venöse Stauung im Bauchraum und besonders der portale Hockdruck bei einer Stauungsfibrose oder Stauungszirrhose der Leber führen zu Völlegefühl, Flatulenz und Obstipa-

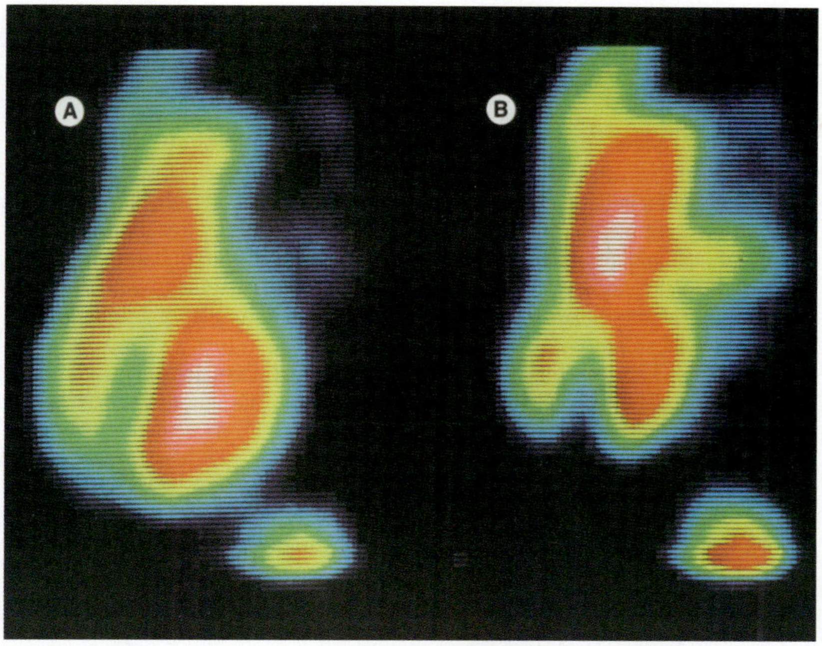

Kernspintomographie: A: systolische Funktion des Herzens; B: diastolische Funktion des Herzens

Kernspintomographie: Netzwerk von Arterien und Venen des Herzens

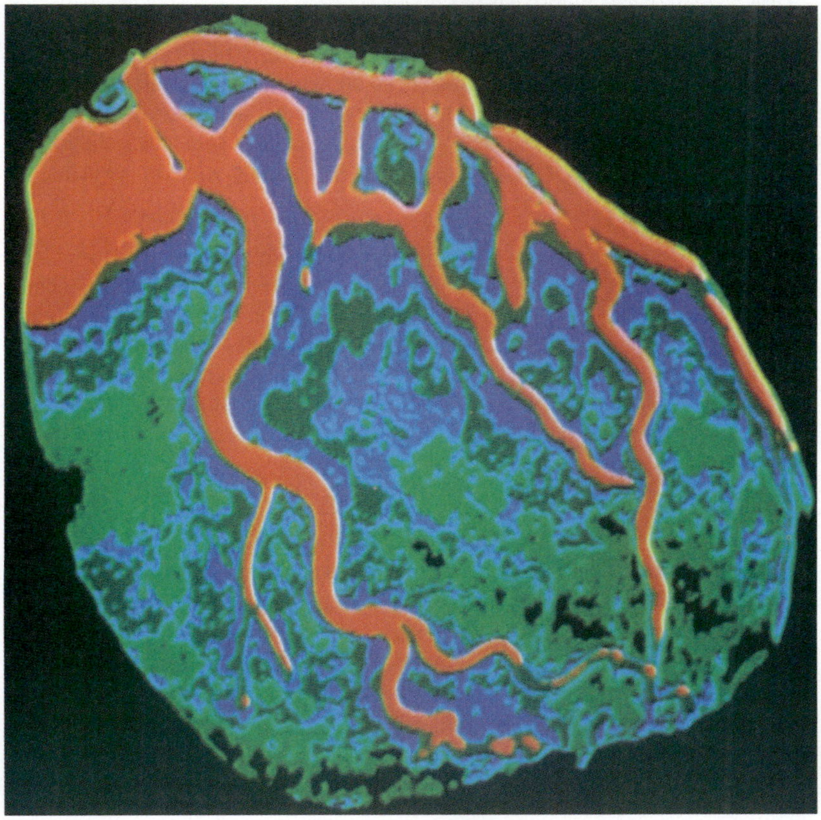

Wichtige Fragen und Antworten zum Herzversagen

Entwickelt sich ein Kind mit angeborenem Herzfehler gleich wie seine gesunden Altersgenossen?
Im Allgemeinen leider nicht, herzkranke Kinder wachsen langsamer, Säuglinge und Kinder mit angeborenen Kardiopathien sind dünner, zarter und weniger widerstandsfähig als andere. Es ist dabei ratsam, dass die Eltern darauf achten, das Kind nicht sinnlos zu vielen Anstrengungen auszusetzen, welche sehr negative Folgen haben könnten, weil sie das fragile physiologische Gleichgewicht stören.
Diese Kinder können aber dennoch ein weitgehend normales Leben führen, wenn sie sich an ein paar Einschränkungen halten, die ihnen ihre spezielle Kardiopathie auferlegt.

Was ist ein kardiogener Schock?
Der kardiogene Schock ist die bedeutendste Komplikation beim Herzinfarkt. Dazu kommt es bei rund 20 Prozent der Infarktpatienten, und zumindest 50 Prozent der Todesfälle gehen auf sein Konto, nachdem die Sterblichkeitsrate aufgrund von Herzrhythmusstörungen zurückgegangen ist. Von kardiogenen Schock spricht man, wenn der systolische arterielle Druck unter 80 mmHg liegt, die Haut feucht, kalt und bläulich gefärbt ist, das sensorische System abstumpft und eine verminderte Harnausscheidung von unter 30 ml pro Stunde eintritt. Die Schädigung der Herzfunktion durch den plötzlichen Blutmangel ist die Folge des gesunkenen arteriellen Drucks und der darauf folgenden Beeinträchtigung des Blutflusses zum Herzmuskel.

Was ist eine Mitralinsuffizienz?
Eine Mitralinsuffizienz stellt einen Herzfehler dar, bei dem die Mitralklappe aufgrund einer anatomischen Läsion nicht mehr richtig schließt. Neben dieser organischen Mitralinsuffizienz gibt es noch die funktionelle Mitralinsuffizienz. Hier ist die Schlussfähigkeit die Folge einer Erweiterung der linken Herzkammer und folgender Überdehnung des Klappenringes und Auseinandergehen der Klappenränder, die zwar intakt sind, aber nicht mehr richtig schließen können.

Kann der Herzchirurg Herzklappen operieren?
Dieses kann in Form einer Herzklappenplastik erfolgen. Sollte jedoch der Klappenapparat zu stark verletzt sein oder erhalten werden können, empfiehlt sich ein Klappenaustausch. Die Herzklappenplastik sowie die Kommisurotomie bei einer Stenose finden nur bei einer Insuffizienz Anwendung, insbesondere bei einer Mitral- oder Trikuspidalinsuffizienz.

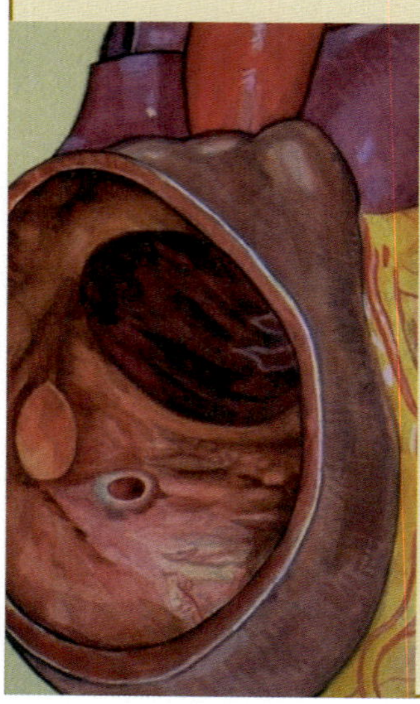

Die chirurgische Eingriffe sind vielfältig und für jede Art der Schädigung angepasst:
- als Naht der abnormen Spalten der Segelklappen;
- Verkleinerung der erweiterten Klappenringe;
- Verkleinerung von Kommisuröffnungen;
- Eingriffe an den Sehnenfäden.

Die starren oder flexiblen Ringprothesen erleichtern eine regelmäßige Verkleinerung der erweiterten Ringe.

tion. Zunehmende Stauung und Aszites sind bereits im Anfangsstadium an der Flankendämpfung erkennbar.

Stauungsniere: Die venöse Stauung führt zu Funktionsstörungen der Niere mit Abnahme der Harnmenge, Zunahme der Harnkonzentration und ödemauslösender Natriumretention.
Wasseransammlung: Die chronische Rechtsherzinsuffizienz bewirkt eine zunehmende Wasseransammlung in den abhängigen Partien. Von den Füßen aufsteigend entwickeln sich Knöchelödeme und schließlich Oberschenkelödeme. Bei leichter Rechtsinsuffizienz Wasseransammlung unter Belastung tagsüber.

Therapie
Verzichten Sie in jedem Fall auf Substanzen, die das Herz schädigen, insbesondere auf Alkohol und Nikotin. Bauen Sie Übergewicht ab, um dem Herzen seine Arbeit zu erleichtern. Wenn die Beine dicker werden oder die Luftnot sich verschlimmert, suchen Sie sofort Ihren Arzt auf.

- Herzglykoside, die unter dem Namen „Digitalis" bekannt sind, kommen in verschiedenen Pflanzen vor, z.B. in Fingerhut (Digitalis), Maiglöckchen, Adoniskraut und Meerzwiebeln. In der Regel werden heute nicht die Pflanzenauszüge, sondern daraus gewonnene und zum Teil chemisch veränderte Einzelstoffe angewendet. Ein Nachteil dieser Substanzgruppe ist, dass der (therapeutische) Dosisbereich, in dem eine Herzschwäche gebessert wird, und der (toxische) Dosisbereich, in dem bereits Vergiftungserscheinungen auftreten, sehr eng sind.

- Bei Gewebeschwellungen (Ödemen) werden häufig wassertreibende Substanzen (Diuretika) zum Ausschwemmen der Flüssigkeit angewendet. Zur Herzentlastung sind die sogenannten ACE-Hemmer besonders geeignet, die dauerhaft angewendet werden müssen.

- Am häufigsten kommen Patienten mit einer Herzmuskelschädigung

Tipps zum Schutz des Herzens

- Jeden Tag 3 Äpfel und eine große Portion Gemüse (ca. 300 Gramm) senken das Infarkt-Risiko um 60 Prozent. Dagegen: 100 Gramm Fleisch und Wurst erhöhen die Gefahr um 150 Prozent.
- Ab 40 Jahren einmal im Jahr zum Cholesterin-Check. Ideal: Gesamtcholesterin bis 200 mg/dl, normal: bis 220 mg/dl. LDL nicht höher als 160 mg/dl, HDH höher als 55 mg/dl.
- Ab 36 Jahren alle zwei Jahre zum Blutzucker-Check. Normalwert: 70–100 mg/dl.
- Ab 40 Jahren einmal im Monat den Blutdruck messen. Er sollte dauerhaft unter 135/85 mm Hg sein.
- Ab 45 Jahren einmal im Jahr ein Belastungs-EKG machen lassen.

unbekannter Ursache und solche mit einer schweren koronaren Herzerkrankung für eine Herztransplantation in Frage. Inzwischen sind weltweit mehr als 35.000 Herzverpflanzungen durchgeführt worden, mit hoher Überlebensrate.

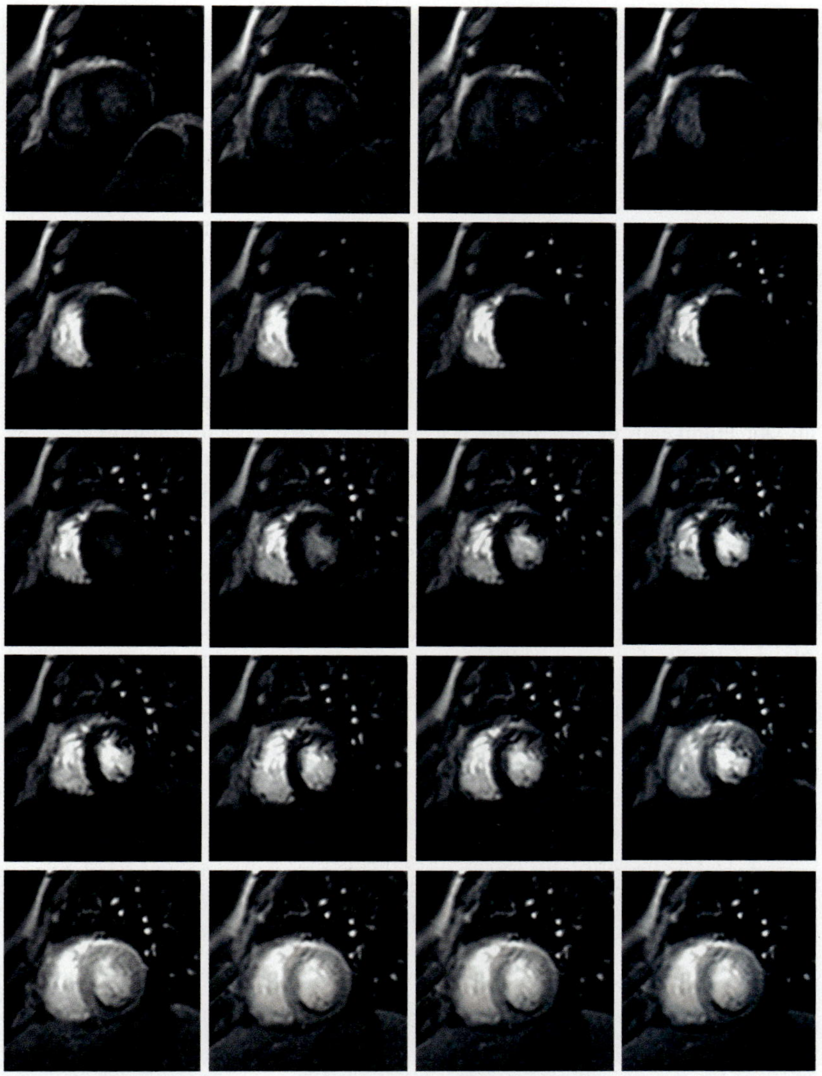

Kernspintomographie: aufeinanderfolgende Aufnahmen der Systole des Herzens

Schrittmacher gegen Herzschwäche

- Das neueste Herzschrittmacher-Modell ist ein komplexes System zur Behandlung der Herzschwäche. Von diesem Krankheitsbild sind in Deutschland etwa 1,3 Millionen Menschen betroffen.
- Bei der Herzschwäche, auch als Herzinsuffizienz bezeichnet, ist das Herz nicht mehr in der Lage, ausreichend Blut durch den Körper zu pumpen.
- Die Leistungsfähigkeit und auch die Belastbarkeit nehmen deutlich ab. Im Endstadium dieser Krankheit bleibt oft nur die Herztransplantation.
- Zu den Ursachen der Herzschwäche gehören der Herzinfarkt, ein nicht oder nur schlecht behandelter Bluthochdruck, Übergewicht sowie übermäßiger Nikotin- oder Alkoholkonsum.
- Etwa 15 Prozent aller Betroffenen können von der neuen Schrittmachertherapie profitieren, indem durch eine elektrische Stimulation der Herzschlag wieder koordiniert und damit die Pumpleistung verbessert wird. Man spricht dabei auch von der kardialen Resynchronisationstherapie.

Hörschädigung

Das Tückische bei Hörschädigungen ist, dass sie meist langsam und unbemerkt verlaufen. Die Auswirkungen treten häufig erst in einer späteren Lebensphase zum Vorschein und sind nicht rückgängig zu machen. Wer nach Schallüberlastung schon einmal ein Pfeifen, Rauschen oder dampfes Gefühl im Ohr erlebt hat, dessen Gehör war bereits vorübergehend geschädigt (zeitweiliger Tinnitus). Die geschädigten Zellen im Innenohr konnen sich jedoch in Ruhepausen (10–12 Stunden) zu nächst erholen – wenn man ihnen die Zeit dazu lässt. Nach fortgesetzter oder häufiger Überlastung droht chronisches Ohrenpfeifen oder sogar bleibende Schwerhörigkeit.
Bereits bei einem Viertel aller Jugendlichen und jungen Erwachsenen werden Hörschädigungen festgestellt. Sie hören bereits so schlecht wie um Jahrzehnte ältere Menschen.

Hörorgan

Das komplexe System des Innenohrs hat zwei Hauptbestandteile: die Schnecke, das eigentliche Hörorgan und den Vestibularapparat, das Gleichgewichtsorgan. Die Schnecke ist ein gedrehter Gang. Sie enthält eine Flüssigkeit und das Corti-Organ, zu dem über 20.000 spezialisierte Zellen, die Haarzellen, gehören. Diese haben winzige, haarartige Fortsätze (Zilien) welche in die Flüssigkeit in der Schnecke hineinragen. Wenn die Gehörknochen im Mittelohr Schallschwellen zum ovalen Fenster des Innenohrs transportieren, beginnen Flüssigkeit und Zilien zu schwingen. Die Haarzellen in unterschiedlichen Bereichen der Schnecke reagieren auf jeweils unterschiedliche Schallfrequenzen und wandeln diese Schwingungen in Nervenimpulse um.
Spitzenleistungen des Gehörs sind:

- Kurze zeitliche Vorgänge hören wir besser als wir sie sehen. Das Gehör ist von allen Sinnen derjenige, der die Zeit am feinsten auflöst.
- Unsere Ohren decken einen enormen Bereich eintreffender Energie ab, die von der Hörschwelle (0 Dezibel) bis zur Schmerzgrenze (130 Dezibel) um zwölf Zehnerpotenzen variieren kann.

Eine Kettensäge produziert mehr als 100 Dezibel

- Der Frequenzumfang des menschlichen Gehörs umfasst eine Spanne von etwa 20 bis 20.000 Hertz (Schwingungen pro Sekunde) vom tiefsten Bass bis zu den höchsten Tonen. Ab dem 40. Lebensjahr büßen wir jährlich etwa 160, später bis zu 300 Hertz an Hörleistung ein.
- Das Ohr nimmt nicht nur leisestes Blätterrauschen wahr, sondern schützt auch vor Lärm. Schon Geräusche von nur etwa 20 Dezibel werden bis zum Innenohr übertragen. Wird es aber laut, zum Beispiel bei eine Rockkonzert, ziehen sich zwei kleine Muskeln reflexartig zusammen, die an den Gehörknöchelchen Hammer und Steigbügel angreifen. Dadurch vermindern sie die Energie des weitergeleiteten Schalls um bis zu ein Drittel.
- Das Gehör kann die Richtung beurteilen, in der Schall seinen Ursprung hat.
- Schon in der 28. Schwangerschaftswoche besteht eine Verdrahtung zwischen dem Innenohr und dem Gehirn. Damit ist die Sinneswahrnehmung im Mutterleib durchaus vielfältig. Spätestens ab dem siebten Schwangerschaftsmonat findet man bei allen Föten Reaktionen auf äußere Reize.

Unterricht an Kindern mit Verlust des Hörvermögens.

Schwerhörigkeit

Die meisten vom Innenohr ausgehenden Hörstörungen (Innenohrschwerhörigkeit) entstehen durch Lärmeinwirkung (Lärmschwerhörigkeit). Ein lauter Knall (Knalltrauma) löst mit einer plötzlichen Druckwelle im Innenohr eine starke Verbiegung der Sinneszellen aus. Oft werden sie dadurch so stark geschädigt, dass sie ihre Funktion sofort einschränken oder ganz einstellen.
Aber auch eine kurz- bis langfristige Lärmeinwirkung kann das Innenohr schädigen. Gefährdet sind Sie beispielsweise, wenn Sie sich in einer Diskothek in der Nähe des Lautsprechers aufhalten, wenn Sie mit einem Schlagbohrer ohne Gehörschutz arbeiten, oder wenn an Ihrem Arbeitsplatz (Flughafen, Gießerei, Metallverarbeitung, Flaschenabfüllung) ständig starker Lärm herrscht.
Sowohl die Dauer der Lärmeinwirkung als auch die Lautstärke sind für die Entstehung einer Lärmschwerhörigkeit maßgeblich. Ständige Schalldruckpegel über 85 Dezibel (dB) werden von den Berufsgenossenschaften als gehörschädigend eingestuft.
Meiden Sie unnötige Lärmbelastungen und tragen Sie beim Aufenthalt in einem Lärmbereich immer einen Gehörschutz. Dies gilt auch für Heimwerker, die mit einem Schlagbohrer arbeiten – und eventuell für deren Nachbarn. Auch bei jungen Menschen erholt sich das lärmgeschädigte Innenohr nicht immer von selbst. Manchmal ist eine Behandlung mit durchblutungsfördernden Infusionen erforderlich. Nach starker Lärmeinwirkung kann eine besondere Empfindlichkeit der Sinneszellen zurückbleiben. Bei erneuter Lärmbeschallung können sie dann unwiderruflichen Schaden nehmen. Dauerhafte, quälende Ohrgeräusche sind die Folge.

- Im Alter hören viele Menschen schlecht, vor allem die hohen Töne (Türklingel, Telefon). Es handelt sich dabei um eine Innenohrschwerhörigkeit: die Sinneszellen im Innenohr lassen in ihrer Funktion allmählich nach.
- Wenn die werdende Mutter im 2. oder 3. Schwangerschaftsmonat an Röteln erkrankt, während der Schwangerschaft bestimmte Arzneimittel (Aminoglykosid-Antibiotika) einnimmt oder unter schlecht eingestellten Stoffwechselerkrankungen (Zuckerkrankheit oder Unterfunktion der Schilddrüse) leidet, kann beim ungeborenen Kind eine Innenohrschwerhörigkeit entstehen. Auch Sauerstoffmangel während der Geburt oder eine schwere Gelbsucht

Wichtige Fragen und Antworten zur Hörschädigung

Was ist Taubheit?
Taubheit ist der vollständige Verlust der Hörfähigkeit. Bei angeborener Taubheit entwickelt sich ohne ein spezielles Training auch Stummheit (Taubstummheit), da die Kinder nichts hören können, das die Kontrolle der eigenen Lautbildung ermöglichen würde.

Was ist eine Schallleitungsschwerhörigkeit?
Bei der Schallleitungsschwerhörigkeit kommt es zu Übertragungsstörungen im äußeren Gehörgang (z.B. durch einen Ohrenschmalzpropf), im Mittelohr (z.B. bei einer Mittelohrentzündung) und am ovalen Fenster.

Welche Ursachen können einer Mittelohrschwerhörigheit zugrunde liegen?
- Verlegung des äußeren Gehörgang mit Ohrenschmalz
- Fremdkörper im äußeren Gehörgang
- Flüssigkeit oder Eiter im Gehörgang
- Entzündliche Schwellung der Haut des Gehörgangs, die eine Verengung bewirkt
- Geschwülste im äußeren Gehörgang
- Löcher im Trommelfell
- Mittelohrentzündung
- Geschwulst im Mittelohr
- Unbeweglichkeit des Steigbügels im Mittelohr durch Entzündungsfolgen oder Verwachsung
- Verlegung der Ohrtrompete
- Otosklerose (degenerative Ohrerkrankung)

Ist bei Taubheit oder Schwerhörigkeit Hilfe möglich?
- Wenn der Hörverlust durch eine Krankheit wie Mumps entstanden ist, kann über die Verwendung von Hörgeräten hinaus nichts zur Besserung des Gehörs getan werden.
- Wenn die Schwerhörigkeit durch Arzneimittel hervorgerufen wurde und die Mittel abgesetzt werden, bevor es zu einer bleibenden Schädigung gekommen ist, bessert sich das Gehör meist von selbst.
- War die Schwerhörigkeit durch die Einwirkung lauter Geräusche oder Explosionen verursacht (Knalltrauma), so kann mit der Zeit eine Besserung eintreten.
- Eine Schwerhörigkeit, die die Folge eines Schläfenbeinbruchs oder einer Blutung ist, kann sich mit der Zeit zurückbilden.
- Eine Schwerhörigkeit oder Taubheit, die durch Geschwülste des Hörnervs bedingt ist, kann sich nach der operativen Entfernung der Geschwulst bessern.

Was ist Audimetrie?
Bei der Audiometrie trägt die Testperson Kopfhörer, in die jeweils auf einem Ohr Töne unterschiedlicher Frequenz (Tonhöhe) und Lautstärke eingespielt werden. Wenn die Testperson einen Ton hört, hebt sie die Hand auf der Seite, wo sie den Ton bemerkt hat. Auf diese Weise wird für jede Frequenz festgestellt, ab welcher Lautstärke die Testperson sie hört.

Was ist Sprachaudiometrie?
Bei der Sprachaudiometrie wird festgestellt, ab welcher Lautstärke der Betroffene Worte verstehen kann. Hierbei lauscht die Testperson zweisilbigen Worten mit ähnlicher Betonung, die in unterschiedlicher Lautstärke vorgespielt werden. Die Lautstärke, ab welcher die Testperson die Hälfte der Worte korrekt wiederholen kann, wird notiert.

Was ist Typanometrie?
Die Tympanometrie prüft, wie gut ein Ton durch Trommelfell und Mittelohr gelangt. Dieses Verfahren erfordert keine aktive Mitarbeit des Getesteten und wird gern bei Kindern angewendet. Man setzt ein Gerät mit einem Mikrofon und einer Schallquelle in die Gehörgang ein. Wenn das Gerät den Druck im Gehörgang verändert, werden die Schallwellen vom Trommelfell zurückgeworfen. Auffällige Ergebnissen bei der Tympanometrie weisen auf Probleme bei der Schallleitung hin.

Können Autoimmunerkrankungen Hörverlust verursachen?
Von Schwerhörigkeit aufgrund einer Autoimmunerkrankung sind zum Beispiel Menschen betroffen mit:
- rheumatoider Arthritis
- systemischem Lupus erythematodes
- Paget-Krankheit
- Polyarthritis nodosa

Dann können beide Ohren zeitweise scherhörig werden, eventuell auch fortschreitend. Die Ursache ist ein Angriff des Immunsystems auf die Zellen in der Schnecke.

Was sind Ursachen für Hörverlust bei Schallenempfindungsschwerhörigkeit?
Der wichtigsten Ursachen sind:
- Alterungserscheinung
- Gehirntumoren
- Medikamente
- Mumps
- Hirnhautentzündung
- Angeborene Abweichungen
- Genetische Ursachen
- Lärm
- Menière-Krankheit
- Virusinfektionen des Innenohrs

Menschen mit hochgradiger Schwerhörigkeit oder Taubheit kommunizieren häufig über Gebärdensprache, die je nach Muttersprache unterschiedlich sein kann.

des Neugeborenen bei Rhesus-Unverträglichkeit zwischen Mutter und Kind können zur Innenohrschädigung führen.

- Die Entzündung der Hirnhäute ist auch heute noch die häufigste Ursache für eine frühkindliche Taubheit. Oft ist zum Glück nur ein Ohr betroffen. Auch Viruserkrankungen wie Masern und Mumps können als Komplikation eine Innenohrschwerhörigkeit verursachen. Dagegen gibt es immer noch keine wirksame Behandlung.
- Ohrenschmalz kann den Gehörgang verstopfen und so eine Schwerhörigkeit verursachen. Wenn das Ohrenschmalz lange im Gehörgang liegt, kann sich zudem die Haut des Gehörgangs entzünden, sodass eine schmerzhafte Rötung und eine Schwellung entstehen.

Taubheit

Taubheit ist definiert als angeborener oder erworbener, völliger oder teilweiser Verlust des Hörvermögens. Absolute Taubheit besteht bei einem Hörverlust für alle Schallreize, praktische Taubheit bei Einschränkung des Hörvermögens auf sehr laute Geräusche von mehr als 70 dB.
Bei angeborener Taubheit bleibt die normale Sprachentwicklung aus, und es kommt ebenso wie bei Verlust des Hörvermögens vor dem achten Lebensjahr zur Taubstummheit.

Hypophyse

Hypophyse oder Hirnanhangdrüse ist ein kirschgroßes Gebilde im sog. Türkensattel des Gehirns (Sella turcica), ist durch das Infundibulum (Stiel) direkt mit dem Zwischenhirn (Hypothalamus) verbunden und stellt mit diesem eine morphologische und funktionelle Einheit dar. Besteht aus zwei genetisch, morphologisch und funktionell verschiedenen Hauptteilen: Vorderlappen und Hinterlappen.
Der Hypophysenkörper ist das Zentrum des gesamten endokrinen Drüsensystems des Menschen, die Hormone werden vom Vorder- und Hinterlappen gebildet und über den Kreislauf zu anderen Drüsen mit innerer Sekretion transportiert, deren Funktion dadurch beeinflusst wird. Die Funktion der verschiedenen Hormone, die vom Vorderlappen gebildet werden, und von zwei Hormonen, die vom Hinterlappen gebildet werden, sind ausreichend bekannt, jedoch ist die Bedeutung des Zwischenlappens noch nicht völlig klar.
Ihrerseits wird die Hormonproduktion der Hypophyse über zwei Mechanismen gesteuert: einerseits durch die Regelkreise des Stoffwechsels (ist bereits viel von einem Hormon da, dann wirkt das Hormon selbst hemmend auf seine weitere Produktion), andererseits findet eine Steuerung über sogenannte Releasinghormone statt, die vom Hypothalamus ausgeschüttet werden und die Hormonproduktion anregen.

Hypothalamus

Vom Hypothalamus gehen die wesentlichen Impulse zur Steuerung des vegetativen Nervensystems und der wichtigsten Regulationen des Stoffwechsels aus.

Frontalschnitt des Gehirns. Lokalisierung des Hypothalamus (Pfeil).

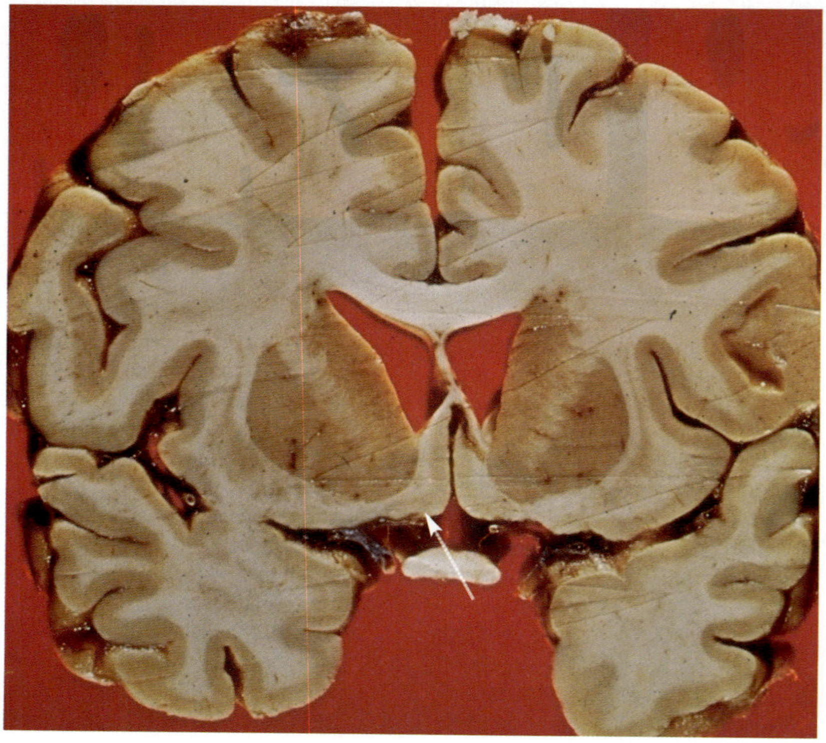

Es werden zum Beispiel die Wärmeregulation, der Wach- und Schlafrhythmus, die Blutbeschaffenheit, der Wasserhaushalt, die Nahrungsaufnahme und die Sexualfunktionen vom Hypothalamus aus geregelt. Ein Teil der Steuerung verläuft indirekt über die Hypophyse, die vom Hypothalamus spezielle Hormone (Releasinghormone) gesteuert wird. Vieles verläuft über die entsprechenden Nervenbahnen, z.B. zum vegetativen Nervensystem. Wie diese Systeme im Einzelnen zusammenarbeiten und wie psychische Faktoren hier hineinspielen, ist noch keineswegs geklärt.

Unterfunktion des Vorderlappens

Die im Vorderlappen produzierten Hormone stimulieren verschiedene Hormondrüsen. Welche Symptome bei dieser Erkrankung auftreten, hängt also davon ab, von welchen Vorderlappenhormonen zu wenig produziert wird und welche Drüsen demzufolge nicht ausreichend stimuliert werden. Zwar kann es zu einem plötzlichen, dramatischen Auftreten verschiedener Symptome kommen; normalerweise entwickelt sich das Krankheitsbild jedoch langsam und bleibt häufig lange Zeit unentdeckt.
Es kann zu einem Mangel an einem, mehreren oder allen Hormonen kommen, die im Vorderlappen der Hirnanhangdrüse produziert werden. Eine Unterversorgung mit Gonadotropinen (LH und FSH) verusacht bei Frauen vor der Menopause:
- Ausbleiben der Blutung;
- Unfruchtbarkeit;
- Trockenheit der Scheide;
- Verlust einiger weiblicher Merkmale.

Bei Männern führt der Gonadotropinmangel zu:
- Impotenz;
- Hodenschrumpfung;

– verringerter Samenproduktion mit folgender Unfruchtbarkeit;
– Verlust einiger männlicher Merkmale wie dem Verlust von Gesichts- und Körperhaaren.

Ein Gonadotropinmangel tritt zudem beim Kallmann-Syndrom auf. Die davon Betroffenen sind möglicherweise zusätzlich farbenblind, haben keinen Geruchssinn und eine Lippen- oder Gaumenspalte.

Ein Mangel an Wachstumshormonen verursacht bei Erwachsenen gewöhnlich wenig oder keine Symptome. Bei Kindern führt er jedoch zu verzögertem Wachstum, manchmal sogar zum Zwergswuchs.

Zuwenig schilddrüsenstimulierendes Hormon (TSH) führt zu einer Unterfunktion der Schilddrüse.

Dabei entstehen Symptome wie: Verwirrung, Kälteempfindlichkeit, Gewichtszunahme, Verstopfung, trockene Haut.

ACTH-Mangel kommt nur selten allein vor, er führt zu einer Unterfunktion der Nebennieren und damit zu Müdigkeit, niedrigem Blutdruck, niedrigem Blutzuckerspiegel und einer herabgesetzten Stresstoleranz (zum Beispiel bei Verletzungen, Operationen oder Infektionen).

Behandlung

Bei der Behandlung ersetzt man nicht die Hormone der Hirnanhangdrüse, sondern die fehlenden Hormone der Zielorgane. Liegt zum Beispiel ein Mangel an schilddrüsenstimulierendem Hormon vor, bekommt der Patient Schilddrüsenhormone; fehlt ACTH, werden Nebennierenrindenhormone verordnet.

Überfunktion des Vorderlappens

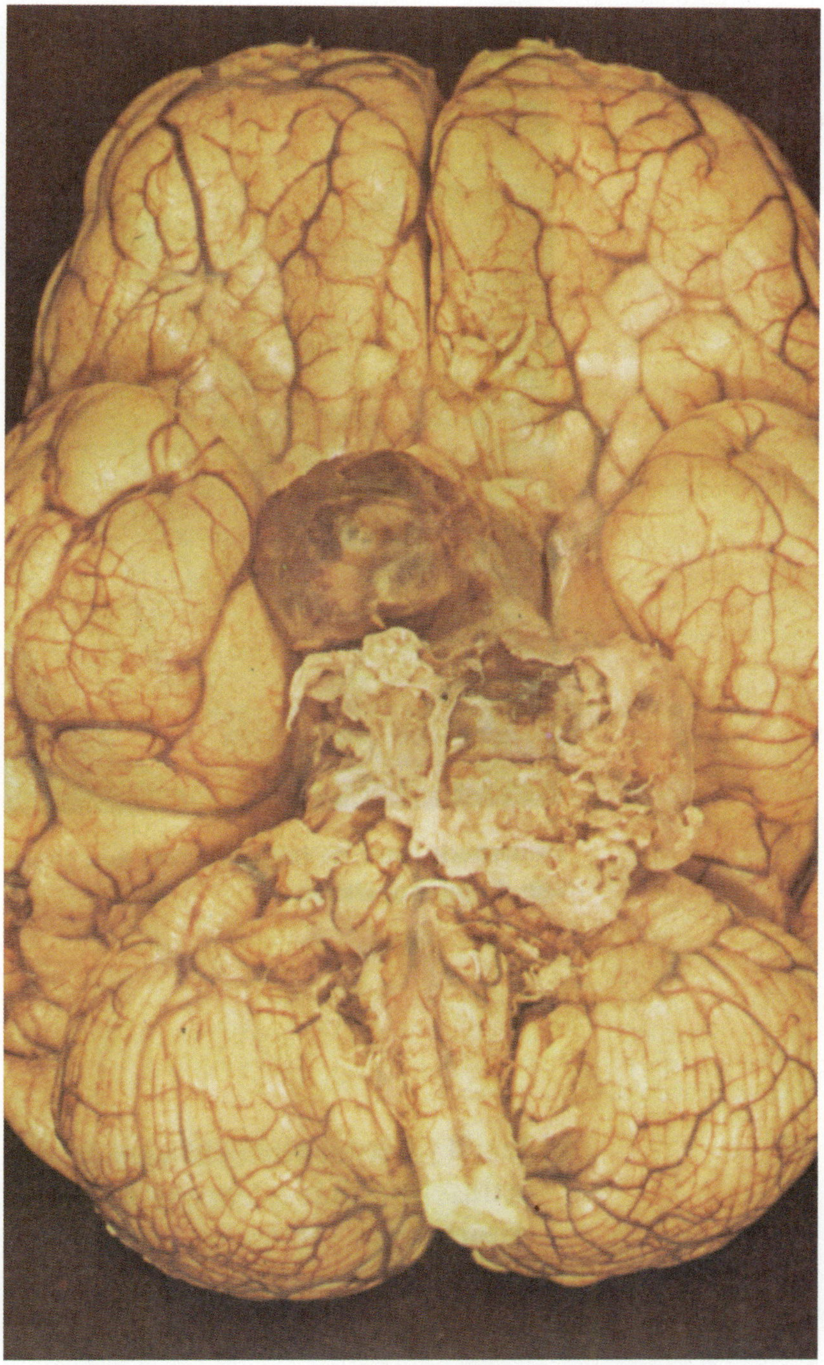

Unteransicht des Gehirns, Hypophysentumor. Ein Hypophysentumor wird gewöhnlich chirurgisch entfernt, damit vergehen die durch Druck entstandenen Symptome und die Einschränkung des Gesichtsfelds. Sehr große Tumoren ausgenommen, kann die Operation meist durch die Nase erfolgen.

Die Überfunktion von Wachstumshormon ist fast immer durch einen gutartigen Tumor der Hirnanhangdrüse (Adenom) bedingt. Akromegalie nennt man extremes Wachstum bei Erwachsenen durch einen Überschuss an Wachstumshormon. Das auffälligste Zeichen, an dem man die Kranklheit auf ersten Blick erkennen kann, ist die überproportionale Vergrößerung der Akren, das sind die am weitesten von der Körpermitte entfernten Teile des Körpers, wie Hände, Füße, Finger, Zehen, Nase usw.

Hände und Füße sind übergroß, das letzte Glied der langen Finger ist spatelförmig verbreitet. Die Gesichtszüge erscheinen durch die unverhältnismäßige Größe von Nase, Ohren, Joch-

Wichtige Fragen und Antworten zur Hypophyse

Was sind die Lage, Größe und Form der Hypophyse?
Die Hypophyse oder Hirnanhangdrüse ist etwa bohnengroß, liegt im Türkensattel der Schädelbasis (Keilbein) und wiegt etwa 0,5 g. Der Hypophysenhinterlappen steht durch den Hypophysenstiel mit dem Hypothalamus in direkter Verbindung. Der Hypophysenvorderlappen steht durch ein kleines verästeltes Gefäßsystem (Pfortadersystem der Hypophyse) mit dem Hypothalamus in indirektem Kontakt.

Welche Hormone bildet der Hypophysenhinterlappen und welche Funktionen haben diese?
Der Hypophysenhinterlappen produziert Hormone, die regulieren, in welchem Ausmaß Wasser von den Nieren ausgeschieden oder im Körper zurückgehalten wird. Er erzeugt auch das Hormon Oxytozin, das die Zusammenziehung der Gebärmuttermuskulatur anregt.

Welche Hormone bildet der Hypophysenvorderlappen und welche Funktionen haben diese?
Der Hypophysenvorderlappen erzeugt mehrere Hormone, die die Tätigkeit endokriner Drüsen – der Schilddrüse, der Nebennieren, der Eierstöcke, der Hoden, der Brustdrüsen und der Bauchspeicheldrüse – beeinflussen. Die Tätigkeit der genannten Drüsen wird von den Sekreten des Hypophysenvorderlappens gesteuert, einmal gefördert und dann wieder gehemmt. Dazu gehören beispielsweise das ACTH, das die Hormonproduktion der Nebenrinde steuert, das TSH, mit dem die Schilddrüse zur Hormonproduktion angeregt wird, das Gonadotropine, die das Wachstum der männlichen und weiblichen Keimdrüsen fördern, und nicht zuletzt das Prolaktin, das die Milchdrüsenproduktion anregt. Sekrete vom Hypophysenvorderlappen steuern auch Wachstumsmechanismen mit dem Wachstumshormon STH.

Wie kann es zur Zerstörung des Hypophysenvorderlappens kommen?
Der Hypophysenvorderlappen kann zerstört werden:
- durch den Druck eines wachsenden Tumors;
- durch Nekrose;
- nach Blutung oder nach Thrombose;
- eventuell durch Entzündung.

Welche Krankheitserscheinungen treten durch das Wachstumshormon bei sezernierenden Hypophysentumoren auf?
Wenn die Geschwulst vor der Pubertät auftritt, kann ein Riesenwachstum des Kindes eintreten. Bei den meisten Menschen, die über 2,20 m groß sind, war ein solcher Tumor die Ursache des übermäßigen Längenwachstums.
Wenn der Tumor bei einem Erwachsenen aktiv wird, entwickelt sich eine sog. Akromegalie. Dabei kommt es zu Auswüchsen bestimmter Knochenpartien im Gesicht und an Händen und Füßen, zu Muskelschwäche, Zuckerkrankheit, Bluthochdruck und vorzeitiger Arteriosklerose, wenn die Geschwulst nicht entsprechend behandelt wird.

bein und Brauenbögen sowie den vorstehenden und ebenfalls vergrößerten Unterkiefer ungewöhnlich grob, ein Eindruck, der durch die gleichzeitige Zunahme der Hautdicke noch verstärkt wird. Das Gesicht erscheint länger und, da besonders der untere Teil (Kinn, Unterkiefer, Unterlippe) vom Großwuchs betroffen ist, dementsprechend disproportioniert.
Der Verlauf ist immer chronisch. Wie schwer die Krankheit verläuft, ist von Patient zu Patient unterschiedlich und hängt von verschiedenen Kofaktoren ab.
Im Allgemeinen wachsen Hypophysenadenome nicht besonders schnell. Vorerst äußert sich klinischer Hypopituitarismus (gesteigerte Produktion der Hypophysenhormone). Erst später können die Auswirkungen des Drucks durch den Tumor auch röntgenologisch festgestellt werden. Breitet sich der Tumor unbehandelt aus, kann dieser degenerieren, zu zerebrovaskulären Komplikationen wie zum Beispiel einer Hämorrhagie (Blutung) und sogar zum Tod führen.
Die eigentliche Ursache der Akromegalie ist eine Überfunction des Hypophysenvorderlappens; genauer gesagt wird zu viel Somatotropin produziert, ein Wachstumshormon, das für die charakteristischen Manifestationen der Krankheit verantwortlich ist. Der Überschuss an somatotropem Hormon verursacht ein abnormes Wachstum des Knochen- und Bindegewebes, der Muskeln, Blutgefäße und Organe.

Behandlung

Die Therapie, die die Prognose um vieles verbessert, kann entweder chirurgisch, radiotherapeutisch oder/und pharmakologisch erfolgen.
Sobald Sehstörungen auftreten und/oder der Hypophysentumor über die Sella hinausgeht, ist ein chirurgischer Eingriff zweifelsfrei angezeigt. In anderen Fällen, das heißt wenn der Tumor noch im intrasellaren Bereich (Vergrößerung der Sella, jedoch kein Hinweis auf Ausdehnung des Tumors über das Dorsum sellae oder in eine andere Richtung) oder innerhalb der Hypophyse angesiedelt ist, ist der chirurgische Eingriff noch umstritten.

Heutzutage sind die Entfernung des Adenoms oder die Hypophysektomie, wenn sie von erfahrenen Neurochirurgen durchgeführt werden, bereits eine so gut erprobte Technik, dass diese Art der Therapie durchaus in Erwägung gezogen werden sollte, wenn es um die Bekämpfung des Tumors selbst oder des endokrinen Syndroms geht.

Diabetes insipidus

Diabetes insipidus ist eine Krankheit, bei der es an antidiuretischem Hormon mangelt. Dadurch entsteht ein extremes Durstgefühl, und es werden große Mengen stark verdünnten Urins gebildet. Diabetes insipidus entsteht durch eine verringerte Produktion von antidiuretischem Hormon (Vasopressin). Dieses Hormon bewahrt den Körper normalerweise davor, zu viel Urin zu produzieren. Es wird im Hypothalamus gebildet, von der Hirnanhangdrüse gespeichert und ins Blut freigesetzt. Die Krankheit kann auch auftreten, wenn zwar genug Hormon produziert wird, die Nieren aber nicht normal darauf reagieren.

Eine mögliche Ursache für Diabetes insipidus ist eine Fehlfunktion des Hypothalamus, bei der zu wenig ADL produziert wird. Es ist auch möglich, dass die Hirnanhangdrüse das Hormon nicht ins Blut abgibt. Zu den anderen möglichen Ursachen zählen die Verletzung der Hirnanhangdrüse, eine Gehirnverletzung – vor allem ein Schädelbasisbruch –, ein Tumor, eine Sarkoidose oder Tuberkulose, ein Aneurysma oder eine Blockierung der Arterien.

Behandlung

Wenn möglich sollte die eigentliche Ursache des Diabetes insipidus behandelt werden.

Vasopressin oder Desmopressin, modifizierte Formen des antidiuretischen Hormons, werden als Nasenspray mehrmals täglich angewandt, um die Urinproduktion zu normalisieren. Zu häufige Anwendung dieser Medikamente kann zu Flüssigkeitseinlagerung, Schwellungen und anderen Nebenwirkungen führen.

Hormone der Hypophyse

Hormone des Hypophysenvorderlappens

- Somatotropin (STH oder GH) beziehungsweise Wachstumshormon.
- Thyreotropin (TSH), das die Schilddrüse zur Hormonproduktion anregt.
- Adrenokortikotropes Hormon (ACTH), das die Nebennieren zur Hormonproduktion anregt.
- Luteotropin (LH), das zur Aktivierung des Eisprungs benötigt wird und beim Mann die Testosteron-Produktion stimuliert.
- Follikelreifungshormon (FSH), das bei der Frau die Entwicklung der Eierstöcke und beim Mann die Samenzellentwicklung beeinflusst.
- Prolaktin, das die Milchproduktion in der weiblichen Brustdrüse stimuliert und die Funktion der Geschlechtsorgane beeinflusst.

Hormone des Hypophysenzwischenlappens

- Melanotropes Hormon (MSH), das den Aufbau (Synthese) von Melanin stimuliert und zur Hautpigmentierung beiträgt.

Hormone des Hypophysenhinterlappens

- Antidiuretisches Hormon (ADH) oder Vasopressin, das den Spannungszustand (Tonus) der Gefäße durch eine gefäßzusammenziehende Wirkung erhöht und die Harnausscheidung kontrolliert.
- Oxytozin, das für die Kontraktion der Gebärmutter verantwortlich ist und eine wichtige Rolle beim Geburtsvorgang spielt.

Hypophysenhormone und ihre Zielorgane

- STH (GH): Knochen(wachstum)
- ACTH: Nebenniere, Nebennieren-Hormone
- TSH: Schilddrüse, Schilddrüsen-Hormone
- FSH/LH: Hoden, männliches Geschlechtshormon
- FSH/LH/Prolaktin: Eierstöcke, weibliche Geschlechtshormone
- Prolaktin: Brustdrüse, Milchproduktion

Mikroskopische Aufnahme der Hirnanhangdrüse.

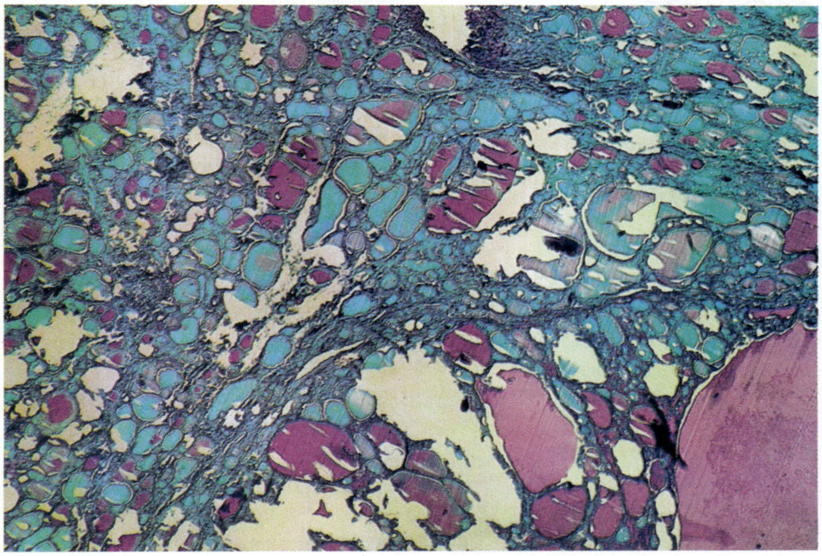

Ischialgie

Unter Ischialgie oder *Ischias* werden neuralgische Schmerzen verstanden, die vom unteren Teil des Rückens über die Gesäßgegend, die Hinterseite des Oberschenkels und die Außenseite des Unterschenkels bis zum Knöchel ausstrahlen.
Die häufigste Ursache der Ischialgie ist der Bandscheibenvorfall (*Hernia nuclei pulposi*), vor allem zwischen den Wirbeln LWK4 und LWK5 oder LWK5 und Sacrum 1. Sie tritt dann als Wurzelsyndrom L 5 bzw. S 1 in Erscheinung.

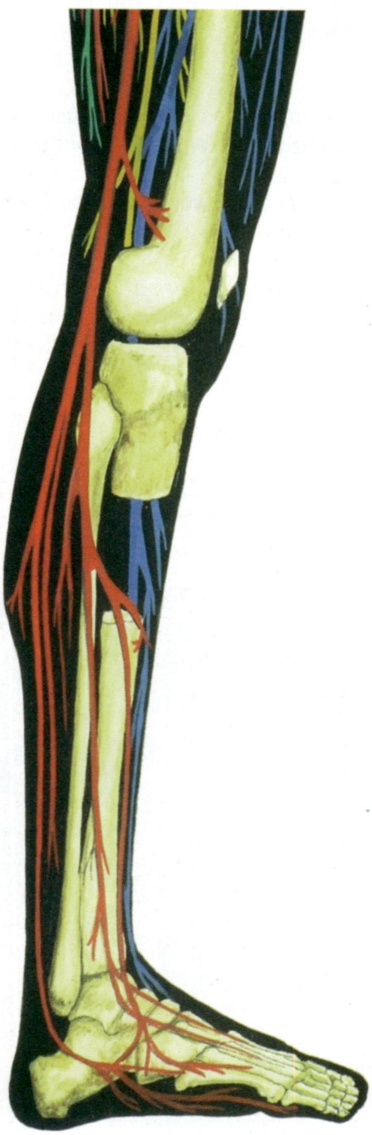

Nervus ischiadicus
Er ist der dickste Nerv des Körpers, und er verlässt das Becken durch die Pars infrapiriformis des Foramen ischiadicum majus. Der Nerv gabelt sich im untersten Bereich des Femurs in wechselnder Höhe oberhaupt der Fossa poplitea in den N. tibialis und den N. peronaeus communis, die meistens bereits im Becken als zwei getrennte Faserbündel innerhalb des Ischiadicusstamms zu erkennen sind.

Bandscheibenvorfall

Die Bandscheibe (*Discus intervertebralis*) besteht aus einem fasrigen Knorpel und ist aufgebaut aus dem ringförmigen Anulus fibrosus, in dem sich der Nucleus pulposus befindet. Der Anulus fibrosus ist an der Hinterseite mit dem Ligamentum longitudinale posterius verbunden. Der sehr kräftige Anulus fibrosus umgibt den weichen, verformbaren Nucleus und gibt diesem dadurch ein großes Federungsvermögen.
Dem Bandscheibenvorfall können degenerative Veränderungen, selten ein Trauma zugrunde liegen, wobei der Nucleus pulposus sich zur Peripherie hin verlagert. Durch die Mikrotraumen des täglichen Lebens kommt es zu einer Art Materialverschleiß der Zwischenwirbelscheibe und vor allem des Anulus fibrosus.
Man spricht von einer *Protrusio* der Bandscheibe, wenn der Anulus fibrosus sich örtlich ausdehnt und die Bandscheibe sich vorwölbt; man spricht von einem *Diskusprolaps*, wenn ein Einriss zustande kommt und die unter Druck stehende Bandscheibe weiter hervorquillt; man spricht von einer *Ruptur*, wenn sich ein Stück der Bandscheibe löst und in den Wirbelkanal gerät.

Man spricht von einem lateralen Bandscheibenvorfall, wobei meistens eine Rückenmarkswurzel komprimiert wird – sowie von einem medialen Bandscheibenvorfall, wobei beide Wurzeln – bei sehr hohem Sitz auch das Rückenmark selbst komprimiert werden können. Daneben gibt es einen mediolateralen Bandscheibenvorfall.

Ursachen

Hinsichtlich des Auftretens von Bandscheibenvorfällen müssen folgende ätiologische Faktoren besonders beachtet werden:

- ▲ Eine gewisse Anlageschwäche der Zwischenwirbelscheiben und vor allem die im Lauf des Lebens stets eintretende Abnutzung des Bandapparates. Häufig wiederkehrende starke Belastungen (auch beruflicher Art) können sich auswirken.
- ▲ Die Einwirkung eines erheblichen Traumas, die allerdings zahlenmäßig ganz zurücktritt und in Gutachten mit Vorsicht zu diskutieren ist.

Symptome

Allgemeine Nervenwurzelsymptome sind:

- ▲ Schmerzen im Verlaufsgebiet des N.ischiadicus, die durch Husten, Niesen und Pressen verstärkt werden können;
- ▲ das Lasègue'sche Zeichen - Schmerzen, die bei Anheben des gestreckten Beins auftreten; sie entstehen durch den Zug an den Nervenwurzeln, die von dem vortretenden Discus komprimiert werden; bei Beugung des Fußes nimmt der Schmerz zu.
- ▲ Schmerzempfindlichkeit der peripheren Nervendruckpunkte. Bei schwereren Fällen sieht man daneben noch Ausfallserscheinungen wie:

Wichtige Fragen und Antworten zu Ischialgien

Was ist eine Ischialgie?

Ischialgie wird ebenso wie Hexenschuss oder Lumbago häufig als Sammelbegriff für Nervenschmerzen im Bereich der Beine verwendet. Streng genommen bezeichnet Ischialgie jedoch nur Schmerzen durch Reizung des Ischiasnervs (Nervus ischiadicus).

Wie kommt es zu dieser Erkrankung?

Der Ischiasnerv hat folgende Aufgaben:

- Weiterleitung von Empfindungen des Beins an das Rückenmark.
- Weiterleitung von Befehlen über das Rückenmark an die Muskulatur des Beins, vor allem des Unterschenkels.

Der Ischiasnerv setzt sich – wie alle peripheren Nerven – aus mehreren Nervenwurzeln zusammen, die das Rückenmark auf verschiedenen Höhen verlassen. Diese Wurzeln treten durch kleine Öffnungen an der Seite der Wirbelsäule aus, verweben sich ineinander und bilden zunächst ein Geflecht von Nervenfasern, das sogenannte Plexus. Aus dem Geflecht gehen unterschiedliche Nerven hervor, unter anderen der Ischiasnerv. Druck oder Entzündung können die Nervenfasern irgendwo auf diesem Weg reizen. Dadurch entstehen Schmerzen, die typischerweise in das Bein ausstrahlen.

Welche Erkrankungen können zu Schmerzen durch Reizung des Ischiasnervs führen?

- Bandscheibenvorfälle: Die Bandscheiben liegen zwischen den einzelnen Wirbelkörpern. Sie bestehen in ihrem Inneren aus einer gelartigen Substanz und sind von einem festen Band umgeben. Sie dienen als Stoßdämpfer der Wirbelsäule. Durch den Alterungsprozess kann das abdichtende Band spröde werden und vor allem bei Belastung einreißen. Das Innere der Bandscheiben kann so austreten und die Nervenwurzeln im knöchernen Wirbelsäulenkanal zusammendrücken.
- Lyme-Borreliose.
- Gürtelrose (Herpes zoster).
- Tumore oder Metastasen.
- Abszesse des Wirbelsäulenkanals.

Was sind die Symptome beim Bandscheibenvorfall?

- Ziehende oder reißende Schmerzen.
- In das Bein ausstrahlende Schmerzen, die Husten oder Pressen verstärken.
- Störungen wie Taubheitsgefühle oder "Ameisenlaufen" in Teilabschnitten des Beins.
- Lähmungen einzelner Muskelgruppen. So ist es beispielsweise möglich, dass der Patient nicht mehr auf den Zehenspitzen stehen kann.
- In schweren Fällen Blasen- oder Mastdarmentleerungsstörungen

Nicht alle Bandscheibenvorfälle verursachen Schmerzen. Bei vielen älteren Menschen lassen sich im CT (Computertomographie) Bandscheibenvorfälle nachweisen, die offensichtlich unbemerkt passiert sind (asymptomatische Bandscheibenvorfälle).

- ▲ Fehlen des Achillessehnenreflexes (Triceps-surae-Reflexes);
- ▲ sensible Störungen in segmentaler Anordnung, vor allem als Hypalgesie;.
- ▲ motorische Ausfälle – wie eine Beugeschwäche der Zehen, eine Streckschwäche von Fuß und Zehen in den der Wurzelschädigung zugeordneten motorischen Segmenten.

Therapie

Die Behandlung ist zunächst konservativ (Bettruhe, schmerzstillende Medikamente, Stufenbettlagerung, Übungstherapie mit Haltungskorrektur, orthopädische Hilfen), in besonderen Fällen operativ.

Eine bestimmte Zeit der Bettruhe ist notwendig. Übungsbehandlung zur Vermeidung von Kontrakturen und Atrophien sowie zur Verbesserung der Durchblutung ist wichtig; sie können als isometrische Übungen erfolgen. Schmerzlindernde, muskelentspannende und psychisch sedierende Medikamente, oft in Kombination, sind meist nicht zu entbehren. Traktionsbehandlung wird gelegentlich angewandt.

Allerdings ist nicht zu erwarten, dass die Bandscheibe dadurch gewissermaßen auf ihren eigentlichen Platz zurückkehrt. Man kann aber die Lordose beeinflussen und die Muskelverkrampfungen vermindern.

Operation

Für operative Eingriffe nimmt man im Allgemeinen folgende Indikationen an:

- ▲ eine dringliche Indikation liegt vor, wenn Harnblasen- und Darmfunktion beeinträchtigt sind und Sensibilitätsstörungen im Gebiet um den Anus auftreten;
- ▲ eine Indikation zum operativen Eingriff ist gegeben, wenn nach wiederholtem Auftreten einer Ischialgie Ausfälle im Bereich einer Wurzel auftreten, die sich nach Behandlung nicht schnell zurückbilden;
- ▲ bei anhaltenden Schmerzen im Rücken mit ausgesprochener Zwangshaltung, verbunden mit Wurzelreizsymptomen, die nach ausgiebiger Bettruhe und Physiotherapie nicht verschwinden, nimmt man eine relative Indikation zum operativen Eingriff an.

Der operative Eingriff ist das letzte Mittel: Er gibt keine Garantie für eine Beseitigung von Paresen und dass kein Rezidiv auftritt.

Kehlkopferkrankungen

Der Kehlkopf (Larynx) ist ein Knorpelgang, dessen Innenseite vollständig von Schleimhäuten bedeckt ist. Zum Kehlkopf gehören auch die Vibrationsorgane, die Stimmbänder. Oberhalb des Kehlkopfs befindet sich der Schlund, unterhalb die Luftröhre. Der Kehlkopf misst bei einem Erwachsenen vier bis fünf Zentimeter und hat drei Funktionen: Er lässt Luft durch, die zu und aus den Lungen fließt, er schützt mithilfe des Kehldeckels, der während des Schluckvorgangs seine obere Öffnung verschließt, die unteren Atemwege und er ist das Organ der Stimmbildung.

Kehlkopfentzündung

Rauchen und chronischer Alkoholgenuss können zur Entstehung einer Kehlkopfentzündung (Laryngitis) beitragen. Durch allergische und entzündliche Reaktionen auf schadstoffhaltigen Zigarettenrauch verdicken sich die Stimmbänder. Scharfe Magensäure, die aufgrund der Alkoholzufuhr vermehrt aufgestoßen wird, kann den Kehlkopf angreifen und die Beschwerden verstärken. Wenn Sie auf Alkohol und Zigaretten verzichten, lässt die Heiserkeit wahrscheinlich nach einiger Zeit nach.
Heiserkeit ist auch ein spezielles Problem bei Sängern und „Vielsprechern", wie Markthändlern, Kommentatoren und Auktionatoren, da die Stimme und Sprachwerkzeuge ständig bis an ihre Grenzen beansprucht werden. Selbst Startenöre müssen gelegentlich eine Pause für die Stimme einlegen. Professionelles Stimmbildungstraining verringert das Heiserkeitsrisiko. Darüber hinaus ist Heiserkeit eine häufige Begleiterscheinung grippaler Infekte – vor allem dann, wenn zusätzlich Halsschmerzen auftreten.

Kehlkopfknorpel

Die Klangfarbe der Stimme hängt von der Form des Kehlkopfes ab, der vorwiegend aus Knorpeln besteht, die untereinander durch Bänder und Häute (Membranen) verbunden sind. Innen liegende Muskeln bewegen Knorpel, die an der Wortbildung mitwirken. Vorne befindet sich der Schildknorpel, unten der Ringknorpel und auf den Seiten die beiden Kehlkopfstellknorpel.
Der größte dieser Knorpel heißt Schildknorpel, weil er mit der Schilddrüse in Verbindung steht. Er besteht aus zwei vierseitigen Platten, die vorne zusammentreffen und den Adamsapfel durch eine Schildknorpelvorwölbung (Prominentia laryngea) bilden. Über dem Schildknorpel befindet sich eine kleine ovale Platte – der dünne und elastische Kehldeckelknorpel, der sich auf den Kehlkopf legen und diesen vollständig

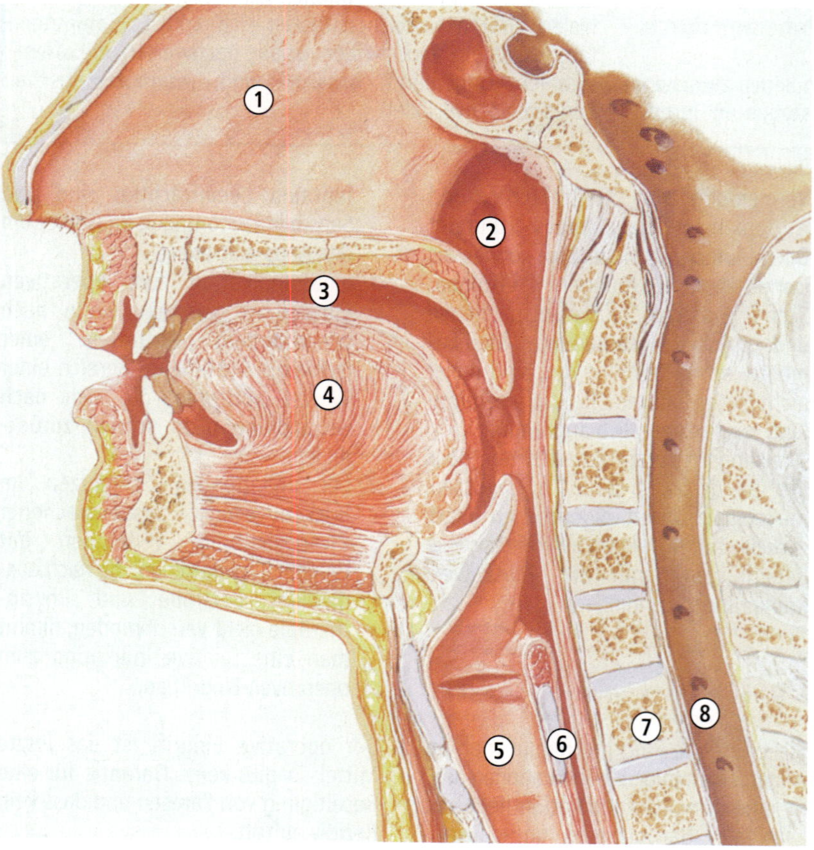

Seitenansicht des Kopfes und des Halses
1 - Nasenhöhle; 2 - Rachenhöhle; 3 - Mundhöhle; 4 - Zunge; 5 - Luftröhre; 6 - Speiseröhre; 7 - Halswirbel; 8 - Wirbelkanal

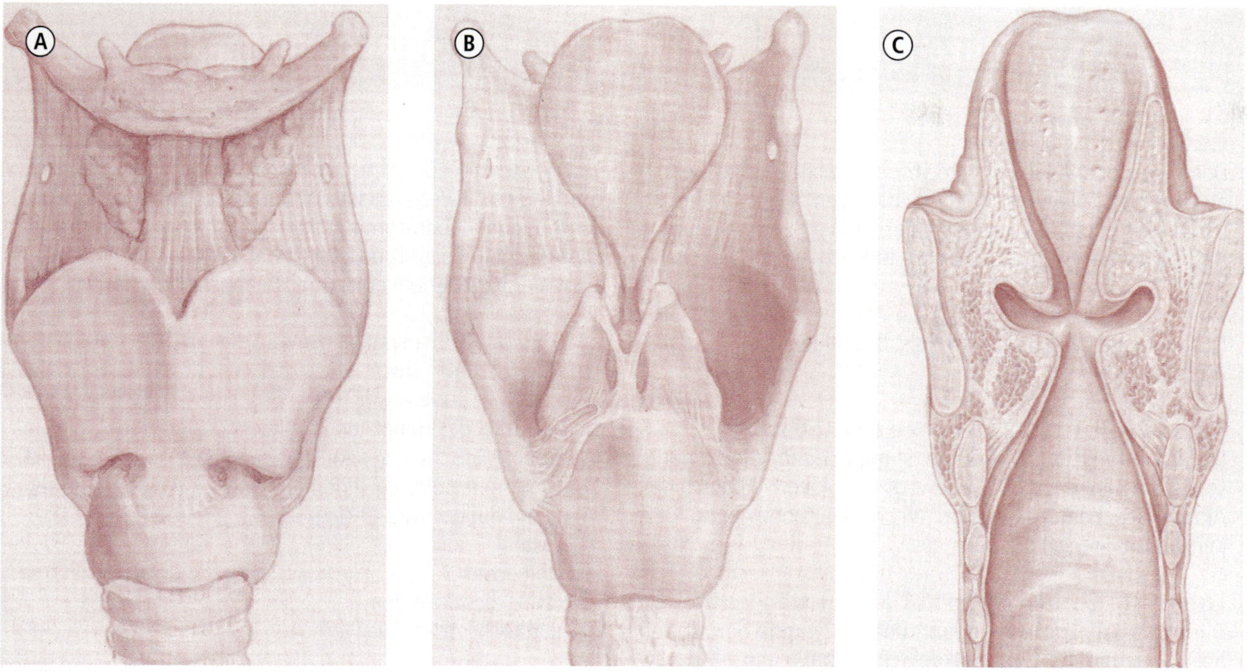

Kehlkopf
A – Vorderansicht; B – Rückansicht; C – Querschnitt

abschließen kann. Dieser Vorgang findet im Augenblick des Schluckvorgangs automatisch statt, damit die Nahrung nicht in die Atemwege gelangt, sondern in die Speiseröhre rutscht. Nach dem Schluckvorgang hebt sich der Kehldeckel, damit der Kehlkopf wieder luftdurchlässig wird.

Kehlkopfkrebs

Der Kehlkopfkrebs ist die häufigste Krebserkrankung im Hals-Nasen-Ohren-Bereich. In den meisten Fällen handelt es sich dabei um ein Pflasterzellkarzinom. Starke Raucher und Menschen, die regelmäßig größere Mengen Alkohol trinken, sind besonders gefährdet, einen Kehlkopfkrebs zu bekommen.
Kehlkopfkrebs macht zunächst durch Heiserkeit auf sich aufmerksam. Im Frühstadium treten keine Schmerzen und keine Schluckbeschwerden auf. Viele der betroffenen Patienten haben sich als langjährige Raucher mit chronischer Kehlkopfentzündung schon an ihre raue Stimme gewöhnt und schenken einer Zunahme ihrer Heiserkeit daher meistens keine Beachtung oder vermuten einen akuten Infekt. So wird das einzige Frühsymptom oft übergangen und der Krebs entwickelt sich ungehindert weiter. Er wächst in den Kehlkopf hinein und füllt ihn teilweise aus, sodass der Patient eines Tages Luftnot bekommt und zum Arzt geht. Dann ist der Krebs aber in der Regel schon so weit fortgeschritten, dass große Teile des Kehlkopfes oder sogar der gesamte Kehlkopf entfernt werden müssen, um den Krebs vollkommen zu beseitigen.
Die Kehlkopfspiegelung mit dem Laryngoskop bestätigt den Verdacht und ermöglicht die Probeentnahme von krebsverdächtigem Gewebe. Wird eine Leukoplakie als mögliche Krebsvorstufe entdeckt, entnimmt man eine Gewebeprobe. Kehlkopfpapillome, die zu Kehlkopfkrebs führen können, werden ganz entfernt.

Therapie

- Je nach Lage, Ausdehnung und Ausbreitung des Kehlkopfkrebses wird der Tumor operativ (mit Skalpell oder Laser) entfernt oder verkleinert oder mit Röntgenstrahlen bestrahlt (Strahlentherapie). Diese Verfahren können auch nacheinander eingesetzt werden. Solange der Tumor klein und auf die Stimmlippen beschränkt ist, sind die Heilungschancen sehr gut.
- Bei einem kleinen Krebs des Kehldeckels kann, sofern keine Lymphknoten im Hals nachgewiesen werden, die Entfernung des Kehldeckels ausreichend sein. Diese Operation kann mit dem Laser durchgeführt werden.
- Sitzt der Krebs auf einer Stimmlippe, kann (je nach Lage des Tumors) entweder die gesamte Stimmlippe vom Mund aus oder ein Teil des Kehlkopfes entfernt werden. Dabei bleibt die Stimme erhalten, klingt hinterher aber meist rauchig und hört sich schwächer an.
- Bei großen Tumoren des Kehlkopfes, die eine gesamte Seite des Kehlkopfes erfassen oder auf beiden Seiten vorgewachsen sind, bleibt häufig nur noch die totale Entfernung des Kehlkopfes. Dieser Operation müssen sich in Deutsch-

Wichtige Fragen und Antworten zu Kehlkopferkrankungen

Was ist der Larynx?
Der Larynx oder Kehlkopf wird von einem halbstarren Gerüst aus Knorpeln, die durch Bänder verbunden sind, gebildet. Er ist mit Schleimhaut ausgekleidet, die sich oben in den Rachen und unten in die Luftröhre fortsetzt.

Wo liegt der Kehlkopf?
Er bildet einen Vorsprung am Hals, den allgemein bekannten Adamsapfel.

Was sind die Hauptfunktionen des Kehlkopfs?
Die Hauptfunktionen sind die Stimmbildung, die Atmung sowie die Trennung des Speisewegs vom Atemweg durch die Aktion des Kehldeckels und die Aufwärtsbewegung des Kehlkopfs beim Schlucken.

Wie zeigt sich eine akute Kehlkopfentzündung?
Die akute Kehlkopfentzündung oder Laryngitis beruht auf einer Entzündung der Kehlkopfschleimhaut und ist durch Heiserheit, Schmerzen und Schwellung in der Kehlkopfgegend gekennzeichnet. Sie kann plötzlich beginnen oder weniger akut verlaufen.

Welche Krankheitserreger können akute Infekte des Kehlkopfs veursachen?
Alle Krankheitserreger, die sonst im Körper Infektionen hervorrufen können.

Welche Krankheitserscheinungen finden sich bei einer akuten Kehlkopfentzündung im Allgemeinen?
- Leichtes bis mäßiges Fieber
- Heiserkeit oder vorübergehender völliger Stimmverlust
- Halsschmerzen
- trockener Reizhusten

Kommen Geschwülste des Kehlkopfs sehr häufig vor?
Ja, man findet sie sehr oft. Zum Glück sind die Veränderungen an den Stimmbändern in den meisten Fällen keine echten Geschwülste und gutartig.

Welche gutartige Kehlkopfgeschwulst findet sich am häufigsten?
Ein Papillom am Stimmband.

Wie wird die Diagnose einer Kehlkopfgeschwulst gestellt?
Der Arzt untersucht den Kehlkopf mit der direkten oder indirekten Laryngoskopie. Gewöhnlich kann er aus dem Aussehen und der Lage des Prozesses schon erkennen, ob er gutartig ist oder nicht.

Wie lässt sich die Art der krankhaften Veränderung mit Sicherheit bestimmen?
Ein kleines Gewebestück wird durch das Larynkoskop entfernt und im Laboratorium mikroskopisch untersucht. Diese Biopsie gibt Auskunft darüber, ob es sich um eine gutartige Veränderung oder um einen Krebs handelt.

Welche Krankheitserscheinungen finden sich bei Geschwülsten und anderen Veränderungen im Bereich des Kehlkopfs?
Heiserkeit ist das Haupt- und vielleicht das einzige Symptom. Wenn eine Geschwulst sehr groß wird, was eher selten ist, kann sie den Luftweg einengen und zu Atemnot führen. Weniger häufiger wird geklagt uber
- Husten
- Schmerzen
- Schluckbeschwerden
- blutdurchsetzten Auswurf

Wie werden gutartige Kehlkopfgeschwülste behandelt?
Sie müssen operativ entfernt werden. Dieser Eingriff kann oft in der Sprechstunde unter örtlicher Betäubung durch das Laryngoskop vorgenommen werden.
Gelegentlich ist ein Krankenhausaufenthalt zur Entfernung der krankhaften Veränderung unter örtlicher Betäubung oder Allgemeinnarkose erforderlich. Der Eingriff kann zwar unangenehm sein, ist aber nicht schmerzhaft oder gefährlich.

Hat die operative Entfernung gutartiger Veränderungen Erfolg?
Ja, die Operationsergebnisse sind sehr gut. In den meisten Fällen hadelt es sich um Knötchen oder Polypen; manche haben die Neigung, nach der Operation wiederzukehren; dann muss nochmals operiart werden.

Wie häufig ist der Kehlkopfkrebs?
Er ist eine verhältnismäßig seltene Krankheit, die hauptsächlich bei Männern über 50 Jahren zu beobachten ist.

Was sind die Symptome des Kehlkopfkrebses?
Dieser Krebs entsteht gewöhnlich an den Stimmlippen oder in deren Umgebung und verursacht häufig Heiserkeit. Ein Krebstumor an anderen Teilen des Kehlkopfs verursacht Schmerzen und häufig auch Schluckbeschwerden. Mitunter fällt als erstes Anzeichen ein geschwollener Lymphknoten am Hals auf.
Die Diagnose wird gestellt, indem der Arzt den Kehlkopf durch ein Laryngoskop betrachtet, das einen direkten Blick auf den Kehlkopf gestattet, und eine Gewebeprobe zur mikroskopischen Untersuchung entnimmt (Biopsie).

Chlorhexamed - Lösung zum Gurgeln gegen Kehlkopfweh

Was ist Chlorhexamed und wann wird es angewendet?
Chlorhexamed-Lösung ist ein gebrauchsfertiges Mund- und Rachenantiseptikum. Sie dient der Behandlung und Vorbeugung bakterieller Entzündungen im Mund und Rachenraum, zum Beispiel:
- Zahnfleischentzündung
- Mundschleimhautentzündung
- Rachenschleimhautentzündung
- Zungenentzündung
- Aphthen
- Pilzerkrankungen
- Mandelentzündung

Was sollte dazu beachtet werden?
Chlorhexamed ersetzt nicht die mechanische Zahnreinigung, kann sie jedoch unterstützen.

Wann darf Chlorhexamed nicht angewendet werden?
Bei Überempfindlichkeit gegen einen der Inhaltsstoffe. Patienten mit Überempfindlichkeitsreaktionen gegenüber Azofarbstoffe, Acetylsäuresalicylsäure und andere Schmerz- und Rheumamittel.

Wann ist beim Gurgeln mit Chlorhexamed Vorsicht geboten?
Vorsicht ist geboten im Falle einer Wurzelhautentzündung. Informieren Sie Ihren Arzt, Apotheker oder Drogist, wenn Sie an anderen Krankheiten leiden, Allergie haben oder andere Medikamente (auch selbstgekaufte) einnehmen.
Während oder vor einer geplanten Schwangerschaft sowie in der Stillzeit sollte vorsichtshalber möglichst auf Medikamente verzichtet und Chlorhexamed nur angewendet werden, wenn es dringend nötig ist.

Kehlkopfknorpel
Lokalisierung des Adamsapfels in der Halsgegend.

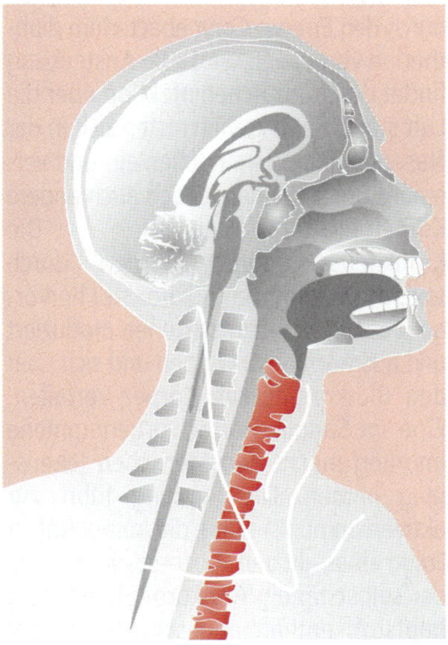

land etwa 1.000 Menschen jährlich unterziehen.
- Diese kehlkopflosen Menschen können eine Ersatzsprache, die sogenannte Speiseröhrensprache, erlernen oder sich über ein Sprechventil aus Kunststoff verständigen, das während der Operation eingenäht wird.

Rachenmandelentzündung; bakterielle Entzündungen verlaufen meist schwer. Bei eiternden Rachenmandeln (T) sieht man eine deutliche Ansammlung weißer Flecken auf der Oberfläche der Drüse. Allgemeines schweres Krankheitsgefühl und Fieber können hinzukommen. In solchen Fällen können Antibiotika sinnvoll sein.

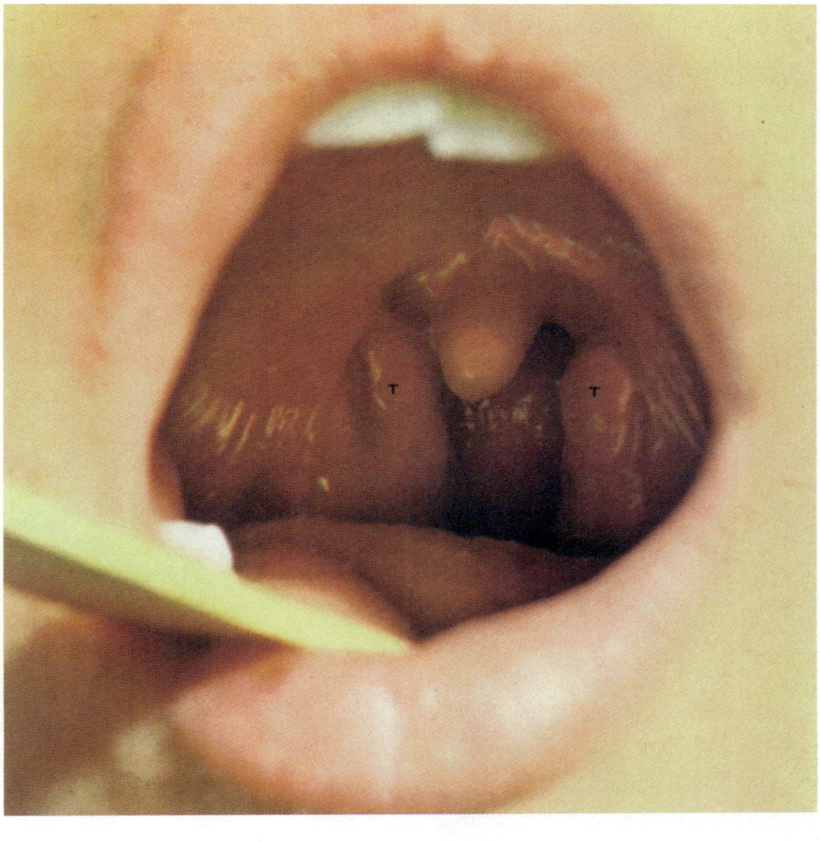

Kinderkrankheiten

Röteln, Masern, Mumps, Scharlach und Windpocken gehören zu den „klassischen" Kinderkrankheiten. Sie ziehen den gesamten Körper in Mitleidenschaft; die Ärzte sprechen von systemischen Erkrankungen. Einige dieser Infektionen, die von Viren und Bakterien verursacht werden, treten regelrecht in Wellen auf, denn sie sind so ansteckend, dass fast alle nichtgeimpften Kinder und auch Erwachsene, die als Kinder verschont blieben, daran erkranken.
Durch den Kontakt mit den Krankheitserregern bilden sich während der Erkrankung Antikörper, die das Kind entweder für immer oder zumindest eine Zeitlang von einer erneuten Infektion schützen. Bevor es Impfungen und Antibiotika gab, starben viele Kinder an diesen Krankheiten oder trugen bleibende Schäden davon. Wird zum Beispiel Scharlach nicht behandelt, kann es zu Herzmuskelentzündungen und chronischen Nierenentzündungen kommen, hoher Blutdruck und ein schwaches Herz sind die Folgen.
Viele Kinderkrankheiten beginnen mit den untypischen Symptomen einer banalen Erkältung. Bereits in diesem Stadium oder sogar noch bevor das Kind die ersten Symptome zeigt, kann es andere anstecken. Einige der typischen Kinderkrankheiten haben eins gemeinsam: Die Haut reagiert mit einem Ausschlag. Es ist nicht immer leicht zu unterscheiden, ob sich ein Kind Röteln oder Masern eingefangen hat – lassen Sie daher immer den Arzt die Diagnose stellen. Bei Virusinfektionen ist auch die moderne Medizin machtlos – vor einigen Erkrankungen können Sie Ihr Kind durch eine Impfung schützen. Bei bakteriellen Kinderkrankheiten helfen Antibiotika, die die Erreger abtöten. Sie müssen unbedingt über den verordneten Zeitraum eingenommen werden, denn häufig verschwinden die Krankheitssymptome, lange bevor die Erkrankung ausgeheilt ist.

Auf den folgenden Seiten finden Sie die typischen Kinderkrankheiten in alphabetischer Reihenfolge.

Hat mein Kind Fieber? Beim jüngeren Kind sollten Sie zunächst mit dem Thermometer messen, ob es Fieber hat.

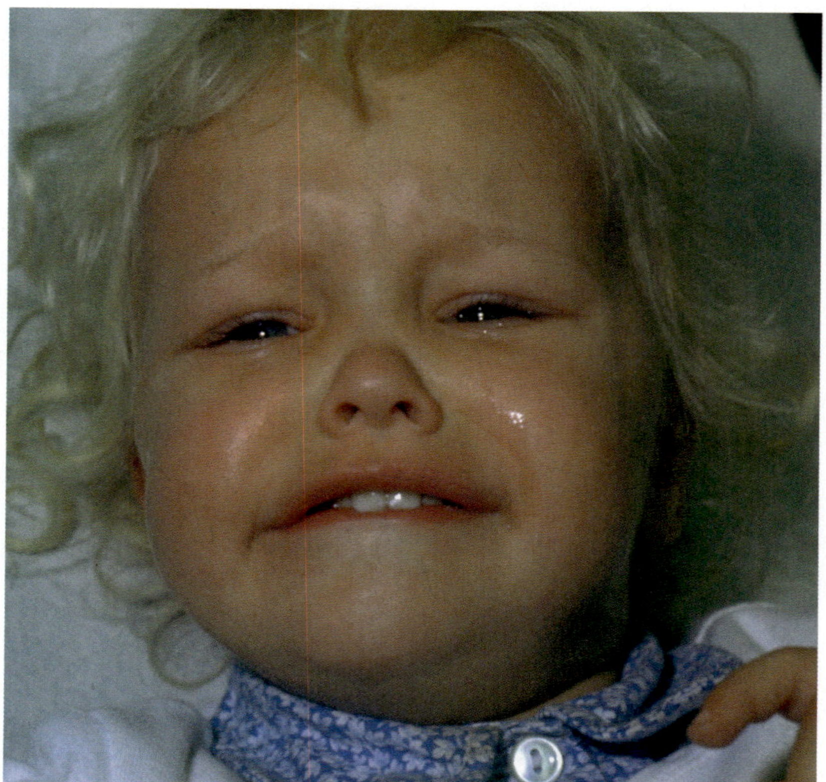

Diphtherie

Die Diphtherie ist eine akute Infektionskrankheit vor allem im Kindesalter, die durch den Erreger Corynebacterium diphtheriae verursacht wird. Die Ansteckung findet durch Tröpfcheninfektion über die Luft statt. Die Bakterien nisten sich in der Nasenhöhle und im Rachen ein und vermehren sich, können jedoch auch andere Körperteile befallen. Die Krankheitssymptome werden durch toxische Substanzen (Exotoxine) hervorgerufen, die von den Bakterien produziert und ausgeschieden werden und sich über den Blutkreislauf im Körper verteilen. Eine im Säuglingsalter vorgenommene Impfung macht den Menschen lebenslang immun. Die Impfung führt zur aktiven Immunisierung, die Immunität ist Folge eines aktiven Prozesses im Körper, der selbstständig Antikörper bildet. Der Impfstoff enthält abgeschwächte oder abgetötete Erreger. Ein Impfung kann keine Erkrankung hervorrufen, jedoch den Körper zu einer Antikörperbildung anregen.

Dreitagefieber

Das Dreitagefieber (*Exanthema subitum*) ist eine sehr häufige, hoch-

ansteckende Virusinfektion, die durch Tröpfchen übertragen wird und meist schon in der zweiten Hälfte des ersten Lebensjahr oder im Kleinkindern auftritt. Die Erreger stammt aus der Familie der Herpesviren. Nach Kontakt mit dem Virus dauert es etwa 7 bis 17 Tage, bis die ersten Krankheitszeichen auftreten.
Das Dreitagefieber beginnt mit plötzlich einsetzendem hohem Fieber von 39 bis 40 °C, dabei ist das Allgemeinbefinden des Kindes nur wenig beeinträchtigt. Nach drei bis vier Tagen verschwindet das Fieber innerhalb von Stunden. Zur gleichen Zeit erscheint ein fleckiger, roter, Masern- oder Röteln-ähnlicher Ausschlag, der den ganzen Körper überzieht und nach etwa zwei Tagen wieder verschwindet. Tritt der Ausschlag auf, ist die Ansteckungsgefahr vorüber.
Die häufigsten Symptome sind:

- Plötzlich einsetzendes hohes Fieber
- Nach etwa drei Tagen Abklingen des Fiebers
- Kleinfleckiger roter Hautausschlag

Mit drei Jahren hat Ihr Kind zu 95 Prozent das Dreitagefieber schon durchgemacht und ist sein Leben lang vor einer Wiederansteckung geschützt.

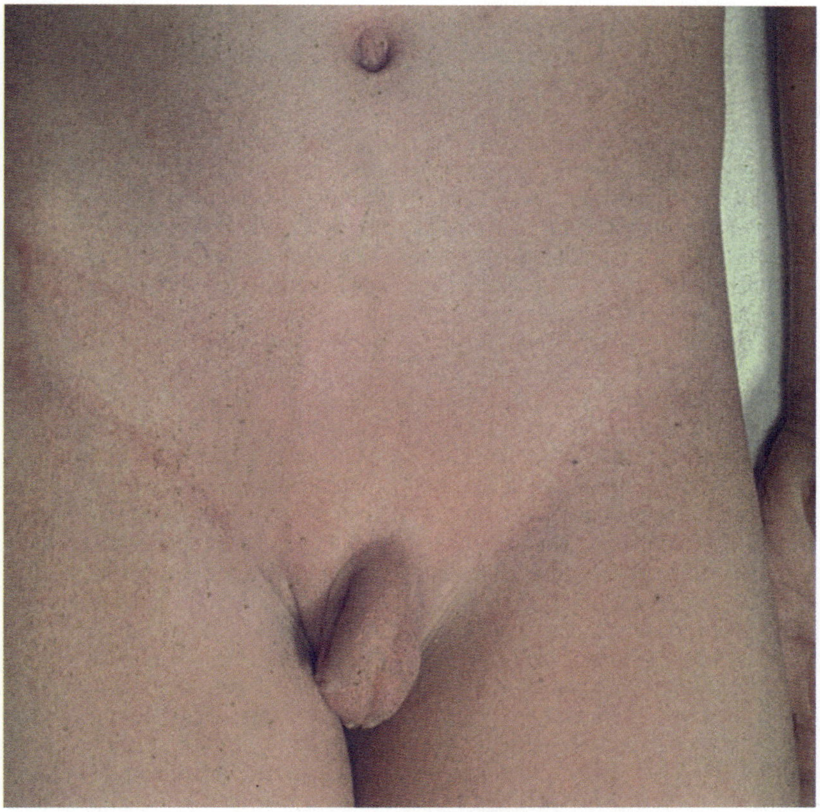

Scharlach; kleinfleckiger Hautausschlag, der den ganzen Körper befallen kann

Masern

Masern sind eine in der Regel im Kindesalter auftretende, sehr ansteckende Infektion mit dem Masernvirus, die zu einem charakteristischen Hautausschlag am ganzen Körper führt. Die Masernerkrankungen sind in Ländern mit hohem Lebensstandard und Masernschutzimpfung selten geworden, weltweit aber ein großes Gesundheitsproblem.
Masern werden durch Tröpfcheninfektion übertragen und hinterlassen nach einmaliger Erkrankung eine lebenslange Immunität. Die Zeit zwischen der Ansteckung und dem Krankheitsausbruch (Inkubationszeit) beträgt vierzehn Tage. Doch schon vier bis fünf Tage vor Erscheinen des typischen Hautausschlages sind die Kinder ansteckend und bleiben es so lange, bis der Ausschlag abgeklungen ist. Eine Impfung gegen Masern ist empfehlenswert.

Symptome

Masern beginnen mit starken Erkältungssymptomen wie hohem Fieber, Schnupfen, Halsschmerzen, Husten, einer Bindehautentzündung und für die Erkrankung typischer Lichtscheu. Meist klingt das Fieber zusammen mit diesen Erscheinungen wieder ab, während auf der Wangenschleimhaut die für Masern charakteristischen blassroten Flecke (Koplik-Flecken) sichtbar werden. Das Fieber steigt häufig wieder an und der Masernausschlag tritt erneut auf. Hinter den Ohren und im Gesicht erscheinen hellrote Flecke, die sich über den ganzen Körper ausbreiten und oft zusammenfließen. Dieser Ausschlag bleibt bis zu einer Woche lang. Anschließend verschwindet auch das Fieber.
Komplikationen von Masern durch bakterielle Zweitentzündung sind die Mittelohrentzündung, die Kehlkopfentzündung mit Atemnot (Masernkrupp), eine Lungenentzündung und in seltenen Fällen auch die Entzündung der Hirnhäute und des Gehirns.

Therapie

Wenn der Verdacht besteht, dass ein Kind Masern hat, sollte immer ein Arzt hinzugezogen werden, der das Kind regelmäßig untersucht und mögliche Komplikationen frühzeitig erkennt. Die Therapie komplikationsloser Masern ist nur symptomlindernd. Eine bakterielle Zweitinfektion wird mit Antibiotika behandelt. Die wichtigste und empfohlene Maßnahme zur Vorbeugung gegen Masern ist die Masernschutzimpfung. Kurz nach der Ansteckung kann auch eine passive Immunisierung vorbeugend wirken.

Mumps

Mumps ist eine in der Regel im Kindesalter auftretende, sehr ansteckende Infektion mit dem Mumpsvirus, die durch Tröpfcheninfektion übertragen und häufig zu einer Schwellung der Ohrspeicheldrüse (Parotitis) und der übrigen Speicheldrüsen führt. Von der Ansteckung bis zum Krankheitsausbruch vergehen 14 bis 24 Tage. Die Kinder sind eine Woche vor bis zwei Wochen nach dem Krankheitsausbruch ansteckend. Mumps hinterlässt in der Regel eine lebenslange Immunität.

Der typischen schmerzhaften Schwellung der Ohrspeicheldrüsen können uncharakteristische Beschwerden mit Kopf- und Halsschmerzen vorausgehen. Die Drüsenschwellung, die von leichtem Fieber begleitet sein kann, beginnt meist auf einer Seite und behindert das Kauen und Bewegungen des Kopfes. Durch ödembedingtes Abstehen der Ohrläppchen kommt es zum typischen Bild des „Ziegenpeter".

Bei Mumps während oder nach der Pubertät können Hodenentzündungen entstehen, diese Komplikation kann Unfruchtbarkeit verursachen. Nicht selten ist auch die Bauchspeicheldrüse entzündet und mit Oberbauchschmerzen, Erbrechen und Fettstuhl verbunden. Zu den gefürchteten Komplikationen zählt eine Hirnhautentzündung (Meningitis) mit Kopfschmerzen, Nackensteife, Schläfrigkeit und Krämpfen. Wegen dieser Komplikationen wurde die Mumpsimpfung eingeführt.

Wenn ein Kind oder ein Jugendlicher Mumps hat, sollte immer ein Arzt hinzugezogen werden, der Komplikationen frühzeitig erkennt. Die wichtigste und empfohlene Maßnahme zur Vorbeugung ist die Mumpsschutzimpfung. Sie sollte vor allem bei Jungen wegen der möglichen Orchitiskomplikation (Hodenentzündung) durchgeführt werden.

Poliomyelitis

Die Kinderlähmung (Poliomyelitis) ist eine Kinderkrankheit, die durch Poliomyelitisviren verursacht wird und bei schwerem Verlauf zu bleibenden Lähmungen führen kann. Seit Einführung der Schluckimpfung tritt die Kinderlähmung in Europa kaum mehr auf. Im Gegensatz zu den meisten anderen Viruserkrankungen des Kindesalters werden Poliomyelitisviren nicht durch Tröpfchen-, sondern durch Schmierinfektion übertragen, durch Kotspuren, die in den Mund gelangen. Da kleine Kinder alles in den Mund stecken, kommen Kinder aus Regionen mit geringem hygienischen Standard meist frühzeitig mit Polioviren in Kontakt. Polioviren können sich in Nervenzellen vermehren und die Wirtszelle zerstören. Auf diese Weise entstehen Ausfallerscheinungen bzw. Lähmungen.

In den meisten Fällen verläuft die Infektion unbemerkt. In anderen Fällen entsteht eine Art Erkältungskrankheit mit geringer Temperaturerhöhung sowie Kopf- und Halsschmerzen, die nach ein bis drei Tagen abklingt.

In seltenen Fällen aber beginnt etwa zehn Tage nach der Ansteckung eine erste Krankheitsphase mit Fieber, Kopf- und Muskelschmerzen, Erbrechen und Durchfällen sowie Nackensteifigkeit. Anschließend verschwindet das Fieber etwa drei Tage lang und steigt dann erneut an.

Schwere Kopfschmerzen und Lähmungen treten auf. Manche Kinder sterben an Atemlähmung, bei anderen bleiben Lähmungen zurück. Mit der Polioschutzimpfung wird ab dem dritten Lebensmonat begonnen.

Ringelröteln

Die Ringelröteln sind eine seltene und leicht verlaufende Viruserkrankung mit charakteristischem Hautausschlag.

Ringelröteln treten meist bei Schulkindern auf und sind kaum ansteckend. Von der Ansteckung bis zur Erkrankung vergehen eine bis vier Wochen. Im Gesicht zeigt sich ein schmetterlingsförmiger, juckender Ausschlag, der bald auch auf Bauch und Rücken sowie auf die Streckseiten von Armen und Beinen übergreift. Er verändert sich nach einigen Tagen zu einem girlandenförmigen Ausschlag und klingt nach 10 bis 14 Tagen folgenlos ab. Schwangere sollten den Kontakt mit erkrankten Kindern beziehungsweise eine Infektion mit Ringelröteln strikt vermeiden, da das ungeborene Kind geschädigt werden kann.

Röteln

Röteln (*Rubeolae*) sind eine leicht verlaufende Infektion mit dem Rubeola-Virus, die zu einem typischen Ausschlag und Lymphknotenschwellungen führt. Die Übertragung des Rubeola-Virus erfolgt durch Tröpfcheninfektion. Von der Ansteckung bis zum Beginn der Erkrankung vergehen zwei bis drei Wochen. Eine Ansteckung ist eine Woche vor bis etwa zehn Tage nach Erscheinen des Ausschlages möglich. Häufig verläuft eine Infektion mit dem Rubeola-Virus ohne Krankheitszeichen.

Eine gefürchtete Komplikation ist die Röteln-Embryopathie.

Besonders gefährdet sind Schwangere in der Frühschwangerschaft (6. bis 10. Schwangerschaftswoche), da die Infektion der Schwangeren mit Röteln beim Embryo und Fetus zu schweren Störungen und Fehlbildungen führen kann (Trübung der Augenlinse, Schwerhörigkeit, Herzfehler, geistige Behinderung). Seit die Röteln-Schutzimpfung allgemein durchgeführt wird, tritt eine Röteln-Embryopathie nur noch selten auf.

Die Erkrankung beginnt mit Erkältungssymptomen und mit leichtem Fieber. Dann folgt der Hautausschlag mit kleinen, hellroten Flecke, hinter den Ohren beginnend, auf Gesicht, Hals und dem übrigen Körper. Typisch ist die Lymphknotenschwellung am Hinterkopf. Eine sichere Vorbeugung ermöglicht die Röteln-Schutzimpfung. Wegen der Gefahr einer Rötelnerkrankung in der Schwangerschaft mit schwerer Schädigung des Embryos sollten alle Kinder geimpft werden.

Scharlach

Scharlach ist die häufigste Kinderkrankheit, die durch Bakterien (Streptokokken) verursacht wird. Die Erkrankung verläuft mit Fieber, Halsschmerzen und Hautausschlag. Da Scharlach durch mehrere Streptokokkentypen hervorgerufen wird, hinterlässt die Infektion keine Immunität. Die Übertragung erfolgt durch Tröpfcheninfektion. Zwei bis vier Tage nach der Ansteckung beginnen die Beschwerden. Scharlach beginnt meist mit ausgeprägtem Krankheitsgefühl, Fieber und Halsschmerzen, gelegentlich auch mit Bauchschmerzen. Der Rachen des Kindes ist flammend rot beziehungsweise scharlachrot, die Mandeln können eitrig belegt sein. Die Zunge ist anfangs weißlich belegt und verändert sich am vierten oder fünften Tag himbeerfarben.

Am zweiten Tag der Erkrankung wird oft ein feinfleckiger Hautausschlag sichtbar, der den ganzen Körper befallen kann. Nur die Mundpartie bleibt immer blass. Am Ende der Erkrankung kann die Haut abschuppen. In der Regel sieht man heute das Vollbild der Erkrankung nicht mehr, da sie sofort mit Antibiotika behandelt wird, um die ernsten Komplikationen des Scharlachs (Entzündung von Herz und Nieren) zu verhindern.

Die Kinder erhalten mindestens zehn Tage lang ein wirksames Antibiotikum (Penicillin, Erythromycin). Gurgeln mit warmem Kamillentee lindert Halsschmerzen. Nach der dritten Krankheitswoche werden die Kinder nachuntersucht, um Komplikationen frühzeitig zu entdecken. Geschwister und Kontaktpersonen Erkrankter erhalten fünf Tage lang vorbeugend ein Antibiotikum, das den Ausbruch der Erkrankung meist verhindern kann.

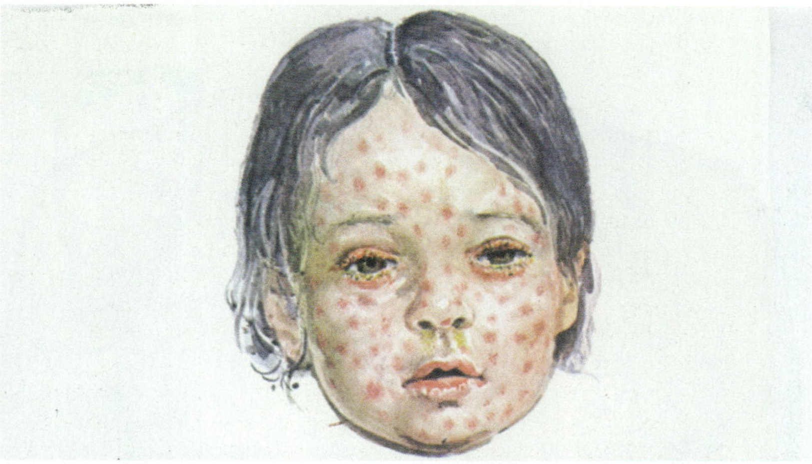

Masern; die Symptome beginnen etwa sieben bis 14 Tage nach der Infektion mit Fieber, Schnupfen, Halsentzündung, Husten und geröteten Augen. Winzig kleine, weiße Flecken erscheinen zwei bis vier Tage später auf der Mundschleimhaut. Ein leicht juckender Ausschlag tritt drei bis fünf Tage nach Beginn der Symptome auf.

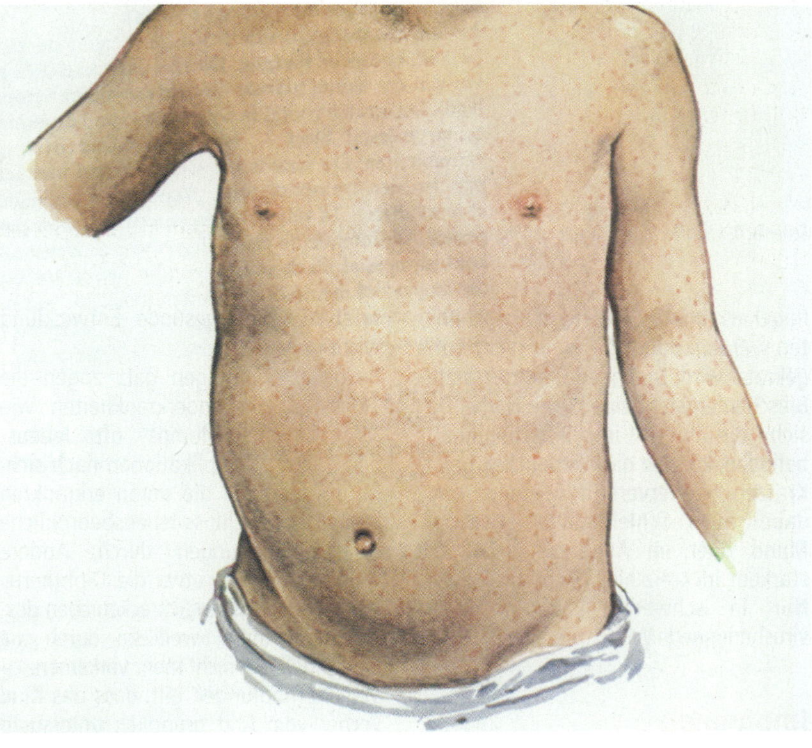

Windpocken

Windpocken (*Varizellen*) sind eine in der Regel im Kindesalter auftretende Infektion mit dem Varizella-Zoster-Virus, die zu einem Hautausschlag am ganzen Körper führt. Das Varizella-Zoster-Virus, das die Windpocken und auch die Gürtelrose verursacht, gehört zur Familie der Herpes-Viren.

Varizellen sind äußerst ansteckend. Das Virus wird durch Tröpfcheninfektion übertragen. Die Zeit von der Ansteckung bis zum Ausbruch der Erkrankung (Inkubationszeit) beträgt zwei bis drei Wochen. Die Kinder können aber schon ein bis zwei Tage vor Erscheinen des Hautausschlags andere Kinder anstecken. Windpocken hinterlassen lebenslange Immunität, ein Kind erkrankt in der Regel nur einmal an Windpocken. Die Erkrankung beginnt meist harmlos mit leichten Erkältungssymptomen und Fieber. Anschließend entwickelt sich der typische Hautausschlag, zunächst mit kleinen, roten Knötchen, die sich schnell zu Bläschen entwickeln und verkrusten. Dieser Ausschlag erscheint in mehreren (meist drei) Schüben im Abstand von zwei bis drei Tagen. Knötchen, Bläschen und Krusten können nebeneinander bestehen und das typische Bild einer „Sternenkarte" zeigen. Der juckende Ausschlag beginnt meist am Bauch oder Rücken und breitet sich auf den gesamten Körper aus.

Therapie

Am schlimmsten ist der ausgeprägte Juckreiz. Deshalb sollten die Finger-

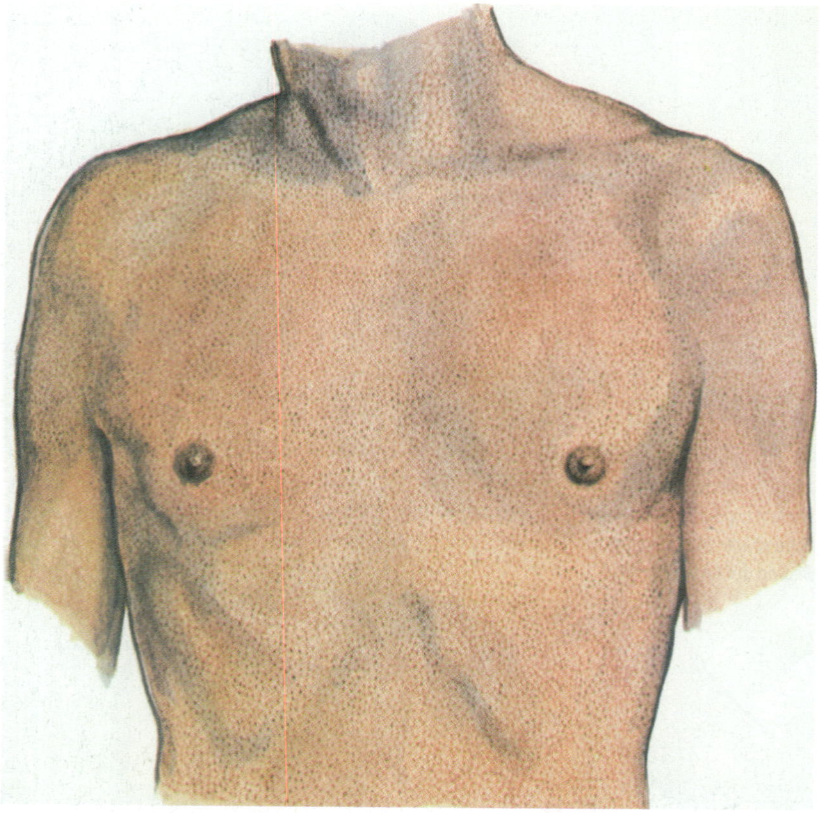

Scharlach; kleinfleckiger Hautausschlag, der den ganzen Körper befallen kann

Nägel erkrankter Kinder kurz geschnitten werden, damit die Haut nicht aufgekratzt wird. Durch jedes aufgekratzte Bläschen entsteht eine kleine Narbe. Da sich die Viren im Bläscheninhalt befinden, können die Windpocken beim Kratzen weiterverteilt werden und dabei auch Schleimhäute etwa im Mund oder im Auge befallen. Bei starkem Juckreiz hilft leichte Kühlung. Nur in schweren Fällen werden virushemmende Wirkstoffe eingesetzt.

Impfungen

Impfungen sind die besten Maßnahmen der Krankheitsvorbeugung. Sie sind bisher die einzige Möglichkeit, Viruserkrankungen zu verhindern, die sich bei einem Ausbruch nicht behandeln ließen. Ein gutes Beispiel dafür ist die Kinderlähmung (Poliomyelitis), die verkrüppelte Gliedmaßen zur Folge hat. Aber auch für andere Kinderkrankheiten gilt: Es ist gefährlich zu glauben, sie seien für eine gesunde Entwicklung wichtig.

Bevor es Impfungen gab. zogen die „klassischen" Kinderkrankheiten wie Masern und Mumps oft lebensbedrohliche Komplikationen nach sich. Häufig machten die daran erkrankten Kinder im Anschluss lebensbedrohliche Gehirnentzündungen durch. Andere Krankheiten, wie etwa die Diphtherie, haben bei uns ihren Schrecken eben deswegen verloren, weil sie durch die Impfungen fast nicht mehr vorkamen.

Vor alle Impfungen gilt, dass das Kind vorher vom Arzt gründlich untersucht werden soll. Es darf zu diesem Zeitpunkt keinen akuten Infekt haben und sollte auch nicht garade in der Erholungsphase von einer Erkrankung sein.

Mit Ausnahme der Tetanus-Impfung sollte auch nicht nach Unfällen und kurz vor oder nach einer Operation geimpft werden. Beobachten Sie Ihr Kind in den drei Tagen nach der Impfung sorgfältig, ob Sie Nebenwirkungen bemerken. Holen Sie sich in diesem Fall bei Ihrem Arzt Rat.

Impfungen sind freiwillig. Aber sie haben auch etwas mit sozialer Verantwortung zu tun. Je mehr Kinder geimpft sind, umso größer ist die Chance, dass bestimmte Krankheiten nahezu aussterben und somit auch keine Gefahr mehr darstellen.

Europäische Nachbarländer und die USA haben durch ihre hohe Impfbeteiligung einen besseren Standard. Aber die ganze Welt ist mobil. Schon Babys fliegen heute in Länder, wo noch jede Art der Ansteckung möglich ist.

Zum Aufbau eines zuverlässigen Impfschutzes sind mehrere Impfungen notwendig. Die sogenannte Grundimmunisierung sollte spätestens zum Ende des zweiten Lebensjahres abgeschlossen sein. Die Impftermine wurden mit den Terminen zur Früherkennungs-Untersuchung zusammengelegt. Ihr Kinderarzt hat somit Gelegenheit, Sie jeweils gut zu informieren und Ihr Kind gleichzeitig zu impfen.

Impfungen, die von der Ständigen Impfkommission des Robert-Koch-Instituts (STIKO) empfohlen werden und die der Kinder- oder Hausarzt durchführt, werden im Regelfall von der Krankenkasse bezahlt.

Sprechen Sie mit dem Kinderarzt oder Hausarzt, der Ihr Kind betreut, über das Impfprogramm oder, falls Ihr Kind schon älter ist, über eventuelle Impflücken bei Ihrem Kind. Die Impfung erfolgt in den ersten Jahren meist im Rahmen der Früherkennungs-Untersuchungen U 2 bis U 9. Das ist für Sie besonders günstig, weil Sie so nur einen Weg machen müssen, aber zwei wichtige Termine gleichzeitig wahrnehmen können – den Termin für die Früherkennungs-Untersuchung und den Impftermin.

Die Wiederholung oder Auffrischung einer Impfung ist vor allem empfohlen, um ganz sicher zu sein, dass ein positiver Impfschutz erreicht wird. Denn bei einigen Impfstoffen braucht der Körper mehrere Anstöße in bestimmten zeitlichen Abständen, um genügend Abwehrstoffe gegen die Krankheitserreger zu bilden. Auch eine andere Infektionskrankheit, die ein Kind zum Impfzeitpunkt gerade durchmacht, könnte den Impferfolg beeinträchtigen. Dann sollte gegebenfalls der Impftermin verschoben werden.

■ *Impfreaktionen*
Die meisten Impfungen sind gut verträglich. Manchmal kommt es an den Impfstellen zu Rötungen, Schwellungen und Schmerzen oder auch zu grippeähnlichen Symptomen. Wenn Sie eine Impfreaktion vermuten, fragen Sie Ihren Arzt um Rat. Kühle Umschläge mit Alkohol oder Auftragen von Insekten-Gel bringen oft Linderung.
Die teilweise erheblichen Nebenwirkungen, von denen früher in der Presse berichtet wurde, treten heute so gut wie nicht mehr auf. Moderne Impfstoffe sind sehr gut verträglich. Kombinierte 6-fach-Wirkstoffe reduzieren außerdem die Belastung durch wenige Impftermine. Es gibt dabei keinen Grund, einem gesunden Kind den wichtigen Impfschutz zu verweigern.

BCG-Impfung

Nach dem 2.Weltkrieg hat die Zahl der Tbc-Erkrankungen stark abgenommen. Tuberkulose ist aber nicht immer eine gefährliche Krankheit und nicht ausgerottet. Das Für und Wieder einer Tbc-Impfung wird unter Ärzten heftig diskutiert.

■ *Einige Argumente gegen die Tbc-Impfung*

- In den Niederlanden wurde die Tbc mit sehr gutem Erfolg bekämpft, obwohl nie geimpft wurde.
- Der Impfschutz beträgt nur etwa 80 Prozent und hält nur 8–10 Jahre an.
- In sehr seltenen Fällen (1:1–2 Millionen) kann die Tbc-Impfung bei einer angeborenen Immunkrankheit zum Tod führen.

■ *Einige Argumente für die Tbc-Impfung*

- Vorbeugen ist besser als behandeln.
- In vielen Reiseländern ist die Tbc noch sehr weit verbreitet.
- Die Zahl der Tbc-Neuerkrankungen ist bei den in Deutschland lebenden Ausländern viermal so hoch wie unter den Deutschen.
- Auch wenn der Impfschutz nicht vollständig ist, verhindert er doch schwere Verlaufsformen.
- Deswegen sind viele Kinderärzte inzwischen wieder für eine allgemeine Empfehlung der BCG-Schutzimpfung.

Diphtherie, Keuchhusten, Tetanus (DPaT)

■ *Diphtherie*
Schwere Diphtherie ist wegen nicht ausreichender Impfvorsorge in letzter Zeit immer wieder in kleinen Epidemien aufgetreten. Deshalb sollte Ihr Kind dagegen durch eine Impfung geschützt sein. Sie wird als Kombinationsschutz mit Keuchhusten (Pertussis) und Tetanus (Wundstarrkrampf) geimpft (DPT).
Die Diphtherie beginnt meistens mit Halsweh. In Nase und Hals bilden sich Beläge, welche die Atmung behindern und zum Erstickungstod führen können. Diese Impfung schützt in 75–85 Prozent vor Erkrankungen und zwar nach der ersten Grundimmunisierung ungefähr fünf Jahre. Sie muss aufgefrischt werden, wenn die Kinder in die Schule kommen.

■ *Keuchhusten (Pertussis)*
Bis vor einigen Jahren fürchtete man Nebenwirkungen der Keuchhusten-Impfung. Inzwischen gibt es einen neuen, verbesserten Impfstoff, der ab der achten Lebenswoche als Kombinationsimpfung gegeben werden kann.
Keuchhusten ist sehr ansteckend und verursacht lang andauernde, heftige Hustenanfälle, die zu schweren Erstickungsanfällen führen können. Komplkationen sind Lungenentzündung, Krämpfe und gelegentlich bleibende Schädigungen des Gehirns. Keuchhusten gefährdet vor allem Säuglinge, die selten daran sterben können. Heute erkranken bei uns noch bis zu 100.000 Kinder jährlich an Keuchhusten, oft mit bleibenden Schäden. Die Keuchhusten-Impfung schützt in etwa 80 Prozent der Fälle für 3 bis 5 Jahre. Danach sinkt der Impfschutz rasch ab. Säuglinge unter acht Wochen sind besonders gefährdet durch Keuchhusten und können nicht geimpft werden. Sie müssen mit Antibiotika geschützt werden, wenn sie Kontakt mit einem an Keuchhusten erkrankten Kind hatten. Nicht geimpft werden dürfen Kinder mit fieberhaften Infekten und Erkrankungen des Nervensystems.
Die Impfung gilt als sehr gut verträglich für Babys und Kleinkinder. Die Impfung wird heute mit „azellulärem" Pertussis-Impfstoff bzw. Toxoiden durchgeführt. Diese enthalten im Gegensatz zu früheren „Ganzkeim"-Impfstoffen nur noch Einzelbestandteile des Erregers, die zum Aufbau eines Schutzes notwendig sind. Die Verträglichkeit wurde dadurch bedeutend verbessert. Rötungen und Schwellungen an der Impfstelle und vor allem hohes Fieber treten nur noch sehr selten auf.

■ *Starrkrampf (Tetanus)*
Die Gefahr lauert überall: Jede kleine Verletzung durch einen Holzsplitter, einen Kratzer oder Stich kann eine Infektion mit dem Erreger des Wundstarrkrampfes nach sich siehen.
Die Starrkrampfbakterien finden sich überall, im Boden, im Staub, in der Erde etc. Sie dringen durch Verletzungen in den Körper ein.
Ihr Gift reizt das Nervensystem und löst äußerst schmerzhafte Muskelkrämpfe aus. Trotz intensivmedizinischer Behandlung sterben bei einer Starrkrampfinfektion auch heute noch bis zu einem Viertel der Erkrankten.
Deswegen soll Ihr Kind nach der Grundimmunisierung alle 10 Jahre eine Auffrischimpfung erhalten.

FSME

FSME (Frühjahr-Sommer-Meningo-Enzephalitis) ist eine durch Viren verursachte Erkrankung des Gehirns und des Rückenmarks, die durch einen Zeckenbiss übertragen werden kann. Die Schutzimpfung wird dann empfohlen, wenn Sie in einem gefährdeten Gebiet wohnen und dort Ferien machen wollen. Da sehr kleine Kinder kaum an FSME erkranken, müssen sie vor dem dritten Lebensjahr nicht dagegen geimpft werden.
Die Impfung ist gut verträglich, darf jedoch nicht erfolgen, wenn Sie wissen, dass eine Allergie gegen Hühnereiweiß vorliegt, ebenso bei einer akuten Erkrankung des Nervensystems.

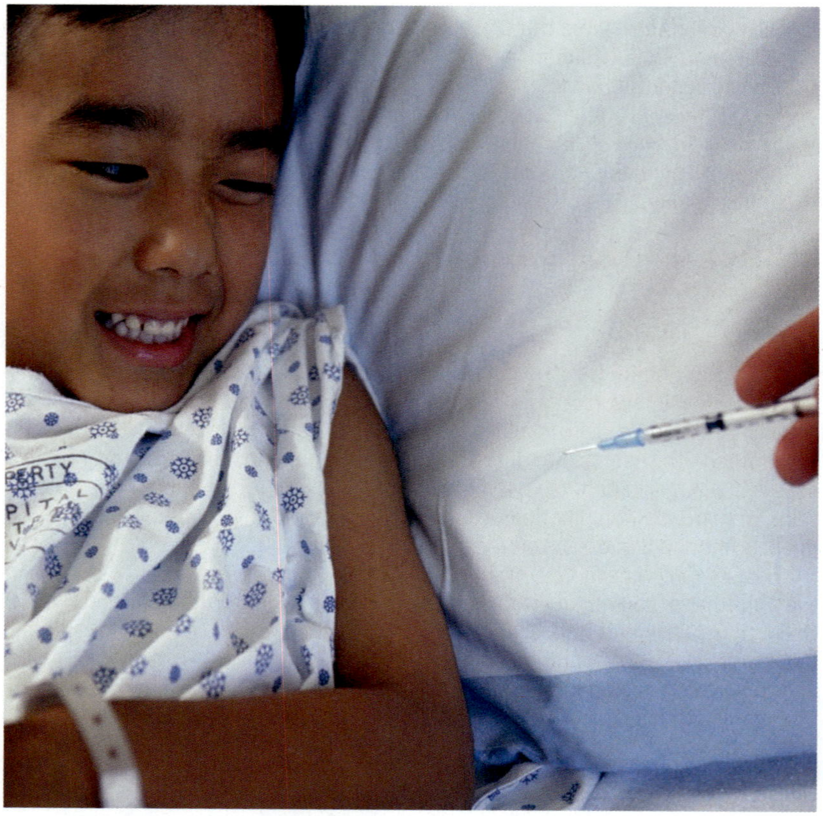

Intramuskuläre Behandlung mit Antibiotika.

Wenn Ihr Kind von einer Zecke gebissen wurde und Sie wissen, dass in dieser Gegend bereits FSME aufgetreten ist, kann es mit Anti-FSME-Immunglobulin immunisiert werden. Das muss innerhalb der ersten vier Tage nach dem Zeckenbiss erfolgen. Die Impfung schützt aber nicht vor der Borreliose.

Haemophilus influenzae b (HIb)

Dieser Erreger ist besonders gefährlich für Säuglinge und Kleinkinder. Bis zum 18. Lebensmonat können die Kinder schlecht Antikörper gegen diese Bakterien bilden. Daher kann eine Infektion schwere bakterielle Krankheiten verursachen wie

- Hirnhautentzündung
- Blutvergiftung
- Arthritis
- Otitis
- Kehlkopfentzündung
- Lungenentzündung

Selbst bei frühzeitige Antibiotikatherapie sterben etwa 2–5 Prozent der an Meningitis erkrankten Kinder. Bei 15 bis 20 Prozent bleiben Schäden am Gehirn oder am Gehör zurück.
Deshalb empfehlen die Kinderärzte uneingeschränkt für alle Kinder bis zum 5. Lebensjahr die Impfung. Es gibt jetzt auch Kombinations-Impfstoffe HIB und Diphtherie-Keuchhusten-Tetanus (DTP).
Die Impfung ist sehr gut verträglich. Manchmal rötet sich die Injektionsstelle, schmerzt, und das Kind hat kurze Zeit Fieber. Seit die Impfung durchgeführt wird, ist es zu keinen schweren Komplikationen gekommen. Sie schützt in mehr als 96 Prozent vor Erkrankungen mit dem HIB-Erreger.
Die Impfung ist sehr gut verträglich. Nur selten tritt Unwohlsein oder leichtes Fieber auf.

Hepatitis-B

Diese ernsthafte Infektionskrankheit wird durch ein Virus verursacht, das gezielt die Leber angreift. Eine Folge der geschädigten Leber kann die gelbe Hautfarbe sein, weshalb die Hepatitis auch Gelbsucht genannt wird. Seit Oktober 1995 wird die Hepatitis-B-Impfung zur Grundimmunisierung aller Säuglinge empfohlen. Alle Babys sollen ab dem 3. Lebensmonat zweimal im Abstand von 8 Wochen geimpft werden. Für den vollen Impfschutz ist eine dritte Impfung im 2. Lebensjahr notwendig. Die Impfung muss alle 10 Jahre aufgefrischt werden.
Als Reiseimpfung wird die Hepatitis-A-Impfung empfohlen, wenn Sie mit Ihrem Kind in südliche oder tropische Länder reisen möchten.
Beide Impfungen können dazu führen, dass die Impfstellen anschwellen, sich röten und auch schmerzen. In seltenen Fällen kommt es zu grippeähnlichen Krankheitszeichen.

Influenza (Grippeimpfung)

Das Problem bei der Grippeschutzimpfung ist, dass die Grippeviren sich sehr rasch verändern und die Impfung jeweils nur gegen einen Typ Virus wirksam ist. Sobald ein neuer Erreger auftaucht, hilft sie nicht mehr. Der Impfstoff muss dem neuen Virus erst angepasst werden.
Kinderärzte empfehlen eine Grippeimpfung nur dann, wenn ein Kind an einer chronischen Herz-, Lungen- oder Stoffwechselerkrankung leidet.
Bei einer Überempfindlichkeit gegen Hühnereiweiß darf gar nicht geimpft werden.
Die Influenzaschutzimpfung wirkt nur bei der echten Grippe, aber nicht bei den „normalen" Erkältungskrankheiten der oberen und unteren Luftwege.

Kinderlähmung

Die Kinderlähmung (Poliomyelitis) ist durch die Schutzimpfung in den westlichen Industrieländern ausgerottet. Um diesen Schutz zu erhalten, müssen alle Kinder ab dem 3. Lebensmonat geimpft werden.
Nach der Polioimpfung soll sich Ihr Kind eine Woche lang schonen. Es kann unter Fieber, Kopf-, Hals- und Gliederschmerzen leiden, sich abgeschlagen fühlen oder Durchfall bekommen. Auch Menschen mit einer Abwehrstörung können geimpft werden. Hier muss jedoch der Impferfolg kontrolliert werden.

Masern

Masern gehören zu den gefährlichsten Kinderkrankheiten. Die Masern sind außerordentlich ansteckend und beginnen als Erkältung, gefolgt von Fieber und einem Hautausschlag. Obwohl Masern häufig ohne Komplikationen verlaufen, kann diese Krankheit gefährlicher sein, als viele Menschen annehmen.

Lungenentzündungen, Krämpfe oder eine Entzündung des Gehirns können die Folge der Erkrankung sein.

Ihr Kind sollte unbedingt dagegen geimpft werden, weil so akute und spätere Komplikationen verhindert werden.

Im ersten Lebensjahr sind die Kinder noch durch den Nestschutz vor einer Ansteckung sicher. Deshalb impft sie der Arzt nach dem 15. Lebensmonat. Auch chronisch kranke Kinder sollen mit einer Impfung gegen Masern geschützt werden. Sie kann entweder allein oder in Kombination mit dem Masern-Mumps- und Masern-Mumps-Röteln-impfstoff erfolgen.

Die Spritze wird unter die Haut gegeben. In manchen Fällen kann Ihr Kind zwischen dem 5. und 12. Tag nach der Impfung einen leichten Hautausschlag, einen leichten Schnupfen, kurzzeitiges Fieber und Kopfschmerzen bekommen. Es ist in dieser Zeit nicht ansteckend für andere.

Mumps

Von dieser Krankheit sind hauptsächlich die Speicheldrüsen, aber auch die Bauchspeicheldrüse oder die Hoden betroffen. Nach einer Infektion mit dem Mumpsvirus treten in 5 bis 15 Prozent der Fälle Hirnhautentzündungen auf, die häufig eine Krankenhauseinweisung nötig machen. Selten kann eine Taubheit die Folge sein.

Die Impfung schützt davor und wird deswegen für alle Kinder nach dem 15. Lebensmonat empfohlen. Sie ist sehr gut verträglich und zeigt nur in sehr seltenen Fällen Nebenwirkungen. Die Immunität hält wahrscheinlich lebenslang an.

Röteln

Symptome sind leichtes Fieber, Schwellung der Lymphdrüsen im Nacken, Schmerzen in den Gelenken und ein Hautausschlag mit kleinen, hellroten Flecken. Röteln allein sind meistens eine harmlose Erkrankung.

Sie sind aber bei schwangeren Frauen sehr gefährlich, da sie den Fötus abtöten oder beim Kind während der ersten drei Monate der Schwangerschaft schwere Missbildungen am Herzen und Gehirn verursachen und es blind und taub machen können.

Ungeschützte Schwangere werden häufig durch ihre eigenen Kinder oder ihren Partner angesteckt.

Tollwut

Wenn die Tollwut ausbricht, führt sie zum Tod. Sie muss deswegen durch rechtzeitige Impfung unbedingt verhindert werden. Das Tollwut-Virus wird von Wild- und Haustieren übertragen, bei uns sind das hauptsächlich Füchse, Hunde und Katzen.

Der Arzt wird gegen Tollwut impfen, wenn ein tollwutkrankes oder – verdächtiges Tier ein Kind oder einen Erwachsenen gebissen oder gekratzt hat. Auch der Speichel von tollwutkranken Tieren kann die gefährliche Krankheit übertragen. Ebenso sind tote Tiere noch ansteckend. Beim geringsten Verdacht auf Kontakt mit einem tollwutkranken Tier muss geimpft werden.

Windpocken

Impfung gegen das Windpockenvirus Varicella zoster ist seit Sommer 2004 möglich. Die Gründe für ärztliche Empfehlung: hohe Erkrankungszahlen (circa 750 000 pro jahr), zum Teil ernste Komplikationen (bei rund 7½ Prozent der Patienten) sowie hohe Kosten für Arbeitsunfähigkeitstage der Eltern, die ihre Kranken Kinder betreuen müssen.

Wasserpocken oder Windpocken; eine in der Regel im Kindesalter auftretende Infektion mit dem Varizella-Zoster-Virus, die zu einem Hautausschlag am ganzen Körper führt.

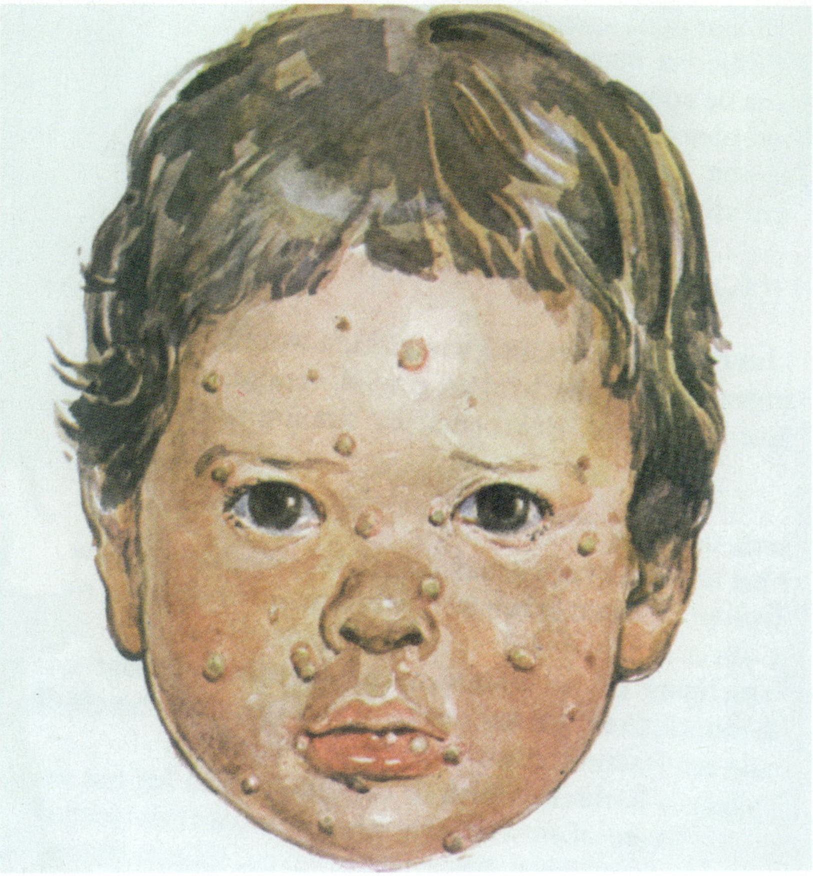

Knieerkrankungen

Einführung

Das Knie gehört zu den Wunderwerken des menschlichen Körpers. Ein kompliziertes Gerüst aus Bändern, Sehnen und Knorpelscheiben (Menisken) schützt und stabilisiert das Gelenk. Eine ausgeklügelte Mechanik sorgt dafür, dass wir die Knie nicht nur beugen und strecken, sondern damit auch den Unterschenkel drehen können. Obendrein ist das Gelenk belastbar wie kein anderes: Kurzfristig trägt es bis zu einer Tonne Gewicht – und das meistens anstandslos: „Im Unterschied zum Hüftgelenk macht ein verschlissenes Knie erst sehr spät Schmerzen"; weiß Privatdozent Dr. Thomas Horstmann, Orthopäde am Sportmedizinischen Institut der Universität Tübingen.

Knie des Menschen (Sagittalschnitt).
1 – Kniescheibe (Patella)
2 – Oberschenkelknochen (Femur)
3 – Unterschenkelknochen (Tibia)
4 – Gelenkfläche mit Knorpel
5 – Sehne
6 – Muskel

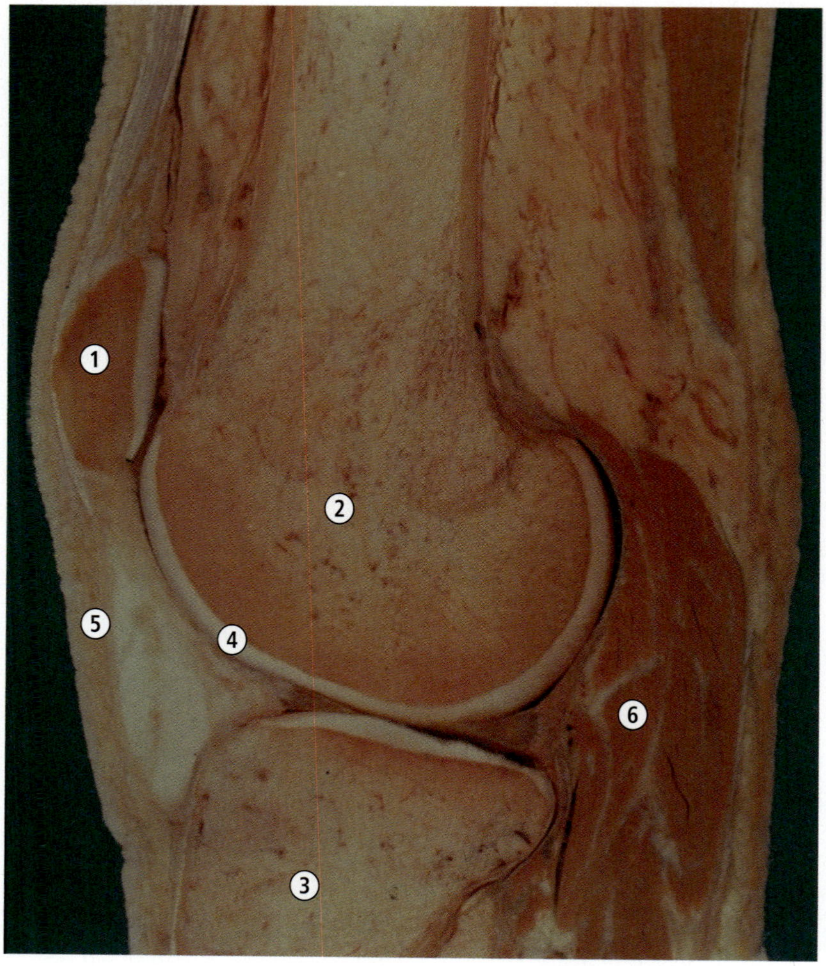

Doch die geringe Schmerzempfindlichkeit ist trügerisch. Denn gerade seine komplizierte Konstruktion macht das Knie besonders verschleißanfällig. Weil dem Gelenk eine stabile knöcherne Führung (wie bei der Hüfte) fehlt, gleitet der Oberschenkel beim Anbeugen auf dem Schienbein – dadurch entstehen bei jedem Schritt starke Dreh-, Gleit- und Scherkräfte. Die werden zwar durch den Bandapparat kontrolliert, auch puffern die Menisken einen Gutteil der Belastung ab, dennoch kommt es bei den meisten Menschen im Laufe des Lebens zu einem Abrieb der Knorpelschicht, die die Gelenkknochen schützt. Schreitet der Verschleiß fort, lässt sich das Knie irgendwann nicht mehr ohne Schmerzen bewegen. „Typisch sind Beschwerden beim Anlaufen und beim Treppabgehen", erläutert Dr. Jan Hülsemann, Oberarzt der rheumatologischen Abteilung an der Medizinischen Hochschule Hannover, die ersten Symptome der Knie-Arthrose. Mediziner schätzen, dass jeder dritte Deutsche über 60 betroffen ist.
Dennoch ist Arthrose kein Schicksal. Wer Belastungsfaktoren ausschaltet, verzögert den Verschleiß und bleibt länger beweglich. Wir sagen Ihnen, was die häufigsten „Kniekiller" sind und wie Sie ihnen Paroli bieten können.

Falsche Belastungen vermeiden

Ihr Knie verträgt einiges, doch dauernde ungünstige Belastungen setzen auch ihm zu. „Das gilt generell für alle Tätigkeiten, die mit häufigem Knien oder Rutschen auf den Knien verbunden sind", weiß Orthopäde Horstmann. Ein besonders hohes Risiko haben Bergleute und Fliesenleger. Prof. Dr. Joachim Grifka, Direktor der Orthopädischen Uniklinik Regensburg im Rheuma-Zentrum Bad Abbach, kennt ein weiteres Beispiel: Nonnen. „Sie knien oft und haben daher häufig eine ausgeprägte Arthrose." Meist werden zuerst die Menisken geschädigt, die die Stöße auf das Gelenk abfangen. Auch wer viel im Garten arbeitet, sollte vorsichtig sein: Setzen Sie sich zum Arbeiten auf einen Schemel; wenn Sie knien müssen, tragen Sie gut gepolsterte Knieschützer

Ebenso knieschädlich kann sportlicher Übereifer sein. Neben schwerlastigen Sportvarianten wie Gewichtheben belasten vor allem Fußball, Handball, Rugby und andere Ballsportarten durch das abrupte Wechselspiel von Stopps und Spurts das Gelenk. Körperkontakte mit dem Gegner – etwa beim Fußball – bringen obendrein eine hohe Knieverletzungsgefahr mit sich. Sportmediziner Horstmann, der auch Vereinsarzt des Bundesligisten VfB Stuttgart ist, schildert die Folge: „Profi-Kicker haben gegenüber der Normalbevölkerung ein bis zu 5fach erhöhtes Knie-Arthroserisiko."

Auch Tennis und Alpinski belasten das Knie. Der wichtigste Rat, um Knieverschleiß durch Sport vorzubeugen: „Starten Sie nur mit gut aufgewärmter, kontrollierter Muskulatur, denn die stützt das Kniegelenk", so Horstmann. Wer joggt, sollte gut gepolsterte Laufschuhe benutzen und möglichst nur auf weichem Boden laufen.

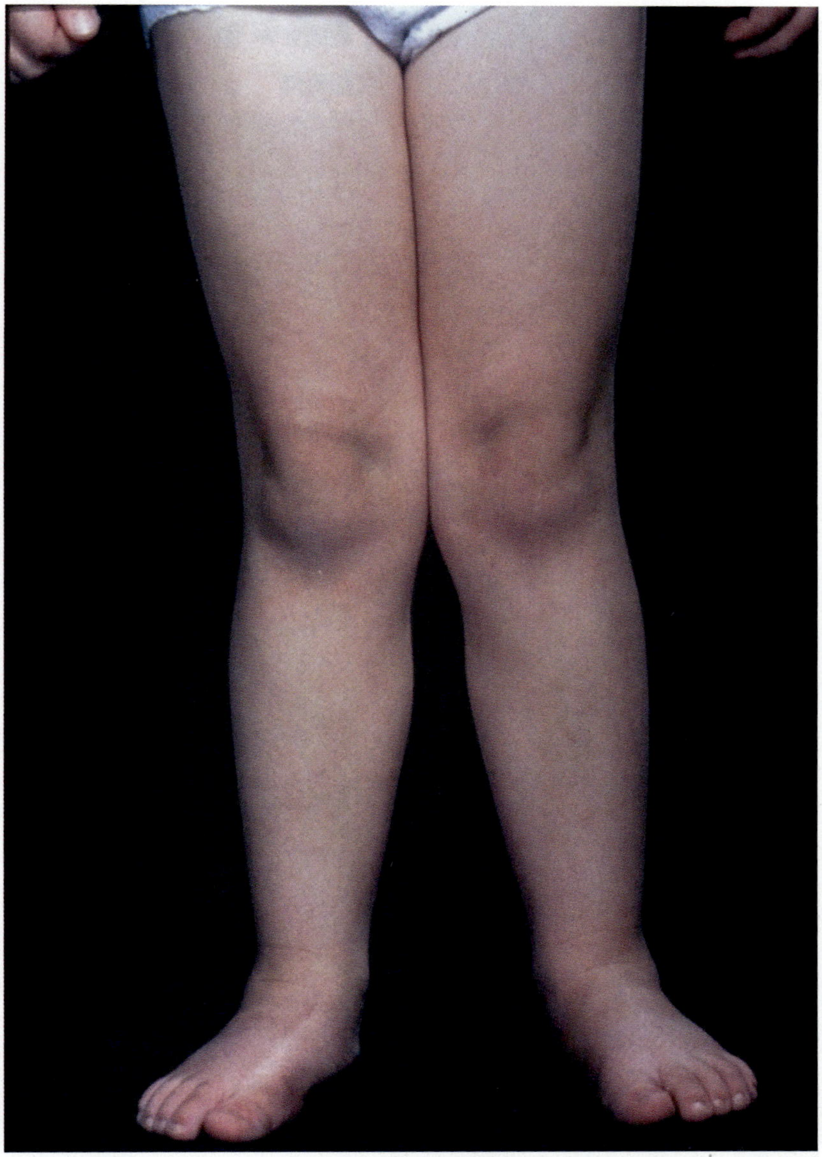

X-Bein (Genu valgum). Ursache: angeboren (einseitig als Hinweis auf eine angeborene Hüftgelenkluxation), bei Rachitis, Knochendysplasien, Myopathien, nach Hüftadduktionskontraktur, Paralysen; kompensatorisch bei Knick-Senk-Fuß; auch einseitig nach Traumen und infolge Fehlwachstum bei epipyhysären Störungen.

Übergewicht konsequent abbauen

Arthrose betrifft typischerweise Knie und Hüftgelenke. Verschleiß an Arm und Schultergelenken tritt seltener auf. Der einfache Grund: Knie und Hüftgelenke „tragen" das Körpergewicht. Wer zu viel auf die Waage bringt, sollte daher sein Gewicht reduzieren. Dazu sollten Sie nicht nur an den Kalorien sparen, sondern auch Ihr Bewegungspensum steigern, am besten ab sofort. Warum, lesen Sie im nächsten Abschnitt.

Bewegungsmangel

Es klingt paradox: Auch wer sein Knie zu wenig bewegt, leistet dem Verschleiß Vorschub. Der Gelenkknorpel hat nämlich keine Blutgefäße und wird über die Gelenkflüssigkeit ernährt, was aber nur bei ausreichender Bewegung des Gelenks funktioniert. Nur durch Bewegung wird verbrauchte Gelenkflüssigkeit durch frische ersetzt. Wer z. B. im Büro lange Zeit sitzt, riskiert eine „Mangelernährung" des Knorpels und begünstigt indirekt Arthrose. Deshalb: Legen Sie Pausen ein, in denen Sie sich bewegen, variieren Sie Ihre Arbeitshaltung – zum Beispiel durch abwechselndes Arbeiten an Schreibtisch und Stehpult.

Die meisten Menschen haben leichte O-Beine. „Bei Männern sind sie in der Regel etwas stärker ausgeprägt", weiß

Wichtige Fragen und Antworten zu Knieerkrankungen

Welche Hilfen gibt es gegen die Verschleißfolgen im Knie?
Ihr Apotheker hält eine Reihe von Medikamenten und Hilfsmitteln bereit, die Arthrose-Beschwerden lindern. Bei akuten Schmerzen wird Ihnen der Arzt unter Umständen zusätzlich entzündungshemmende Präparate verschreiben. Bei fortgeschrittener Arthrose kann auch eine Operation helfen. Knieprothesen – sie kommen vor allem für ältere Patienten ab 60 in Betracht – sind nur eine Möglichkeit. Denn heute kann der Orthopäde oftmals auch das bestehende Gelenk durch einen Eingriff funktionstüchtig erhalten. Ein Beispiel dafür ist die Knorpelzelltransplantation: Dem Patienten wird eine geringe Menge Knorpelzellen entnommen, die dann in einem speziellen Labor vermehrt und anschließend ins kranke Gelenk eingepflanzt werden. Das Verfahren kommt jedoch nur bei punktuellen Knorpeldefekten (vor allem nach Verletzungen) in Frage.

Sollte ein Patient mit Kniearthrose sein Gelenk schonen?
Das wäre der größte Fehler, den er machen kann. Das Gelenk darf nicht ruhig gestellt werden, weil sonst das Muskelkorsett geschwächt wird: Das Knie wird nicht genügend stabilisiert, die Arthrose kann sich verschlimmern. Zum anderen fördert Bewegung die Ernährung des Gelenks.

Welche Sportarten kommen in Frage?
Geeignet sind alle Sportarten, die mit fließenden, gleitenden Bewegungen verbunden sind. Beispiel: Schwimmen, Radfahren, Skilanglauf. Auch Inline-Skaten ist eine gute Alternative, allerdings nur zu empfehlen, wenn man auch die Technik richtig beherrscht. Beim Wandern sollte man Gefälle möglichst vermeiden, weil hier das Kniegelenk stark belastet wird.

Führt Sport nicht zu zusätzlichen Schmerzen?
Wenn man sich an die erwähnten Sportarten hält und die Dosis stimmt, ist sogar das Gegenteil der Fall. In einer Studie konnten wir zeigen: Patienten, die ein adaptiertes Krafttraining durchlaufen hatten – ein Übungsgerät stellt dabei etwas weniger Kraft entgegen, als die Patienten aufbringen können –, hatten nach vier Wochen deutlich weniger Schmerzen und geringere Gelenkschwellungen als Patienten, die kein Training absolvierten. Auch Treppabgehen fiel den trainierten Patienten leichter, darüber hinaus brauchten sie weniger Medikamente.

Worauf sollten Patienten im Sport achten?
Zwischen Aktivierung der Arthrose und ausreichendem Reiz für die Muskulatur ist manchmal nur ein schmaler Grat. Deshalb sollten Patienten das Bewegungsprogramm mit ihrem Arzt absprechen.
Ein gezieltes Krafttraining kann nur durch Krankengymnasten oder Sporttherapeuten durchgeführt werde. Ein idealer Rahmen sind betreute Gelenksportgruppen, die es aber bislang nur in wenigen deutschen Städten gibt. Patienten sollten am besten ihren Orthopäden fragen, ob es eine solche Möglichkeit in der Nähe ihres Wohnortes gibt.

Orthopäde Dr. Frieder Mauch von der Sportklinik Stuttgart. Ungleichmäßig abgelaufene Schuhsohlen können ein Hinweis auf eine ausgeprägtere Fehlstellung sein.
Das Problem: Durch die Fehlstellung wird der Gelenkknorpel an der Innenseite des Knies permanent überlastet, was zur Arthrose führen kann. Deshalb sollte man die Fehlstellung korrigieren lassen. Manchmal gelingt das mit orthopädischen Spezialschuhen, die einen erhöhten Außenrand haben.
Falls das nicht reicht, kommt eine Umstellungsoperation des Knochens in Frage, bei der die Fehlstellung durch einen herbeigeführten Bruch und neue Fixierung des Knochens ausgeglichen wird. Auch X-Beine können eine Arthrose begünstigen.

Verletzungen möglichst vorbeugen

Eine Knieverletzung ist ein doppelter Angriff auf den empfindlichen Gelenkknorpel. Sind die Bänder geschädigt, geht dem Knie die nötige Stabilität verloren – der Knorpel wird ungleichmäßig belastet, der Gelenkverschleiß beschleunigt. Oft nimmt der Knorpel durch die Verletzung aber auch direkt Schaden. Gefährlich wirkt sich hier eine Verletzung der stoßdämpfenden Menisken aus. Bei größeren Kniegelenksverletzungen treten oft mehrere Schäden gemeinsam auf: „Typisch ist eine Dreierkombination: Das vordere Kreuzband, das Innenband und der innere Meniskus sind zusammen lädiert", berichtet Mauch.
Besonders häufig sind Knieverletzungen im Sport: Hier ist das Kniegelenk bei jedem dritten Unfall beteiligt. Riskant sind alle Sportarten, bei denen sich das Knie verdrehen kann oder eine hohe Sturzgefahr besteht. Beides gilt zum Beispiel für Fußball und Alpin-Ski. Die wichtigsten Regeln, um Knieverletzungen im Sport vorzubeugen:

- *Die richtige Sportart wählen*

„Geringe Verletzungsgefahr für das Knie haben alle Sportarten mit gleich bleibender Belastung, also ohne schnelle Stoß- und Drehbewegungen", so Orthopäde Mauch. Beispiele dafür sind Walking, Schwimmen, Radfahren.

- *Muskulatur aufwärmen und dehnen (Stretching)*

Denn mit gut vorbereiteter Muskulatur ist auch das Verletzungsrisiko niedriger. Empfehlung zum Stretching: Dehnen Sie jede Muskelgruppe zweimal für jeweils 20 Sekunden – bis zu dem Punkt, an dem Sie die Dehnung spüren.

- *Die richtige Ausrüstung benutzen*

Bei sturzträchtigen Sportarten wie Inline-Skating sollten Sie Knieschoner verwenden. Generell wichtig ist angepasstes Schuhwerk (abhängig von der jeweiligen Sportart).

- *Nicht bei Dunkelheit oder im übermüdeten Zustand trainieren*

Haben Sie sich doch einmal eine Verletzung zugezogen, lautet die pauschale Empfehlung: Zum Arzt gehen und Verletzung konsequent auskurieren. „Bei Muskelverletzungen heißt das: mindestens zehn Tage pausieren", so erläutert Mauch. Unterstützen Sie in der Anfangszeit das Gelenk mit funktionellen Bandagen oder Tapes, die Sie in der Apotheke erhalten.

- *Wichtig bei Arthrose: Viel bewegen, wenig belasten*

Wenn Ihnen der Knieverschleiß Probleme macht, heißt die Faustregel: Viel bewegen, wenig belasten. Zu wenig Bewegung schadet dem arthrotischen Gelenk. Überlastung birgt dagegen die Gefahr, dass eine Arthrose fortschreitet oder sich das Gelenk sogar entzündet (so genannte „aktivierte Arthrose").
Erster Schritt: Schalten Sie die oben genannten „Kniekiller" so weit wie möglich aus. Darüber hinaus sollten Sie Ihr Knie bei alltäglichen Arbeiten – z. B. im Haushalt -schützen. „Grundregel: Das Knie nicht mehr als 90 Grad beugen", rät Prof. Grifka, „also zum Beispiel nicht tief in die Hocke gehen."

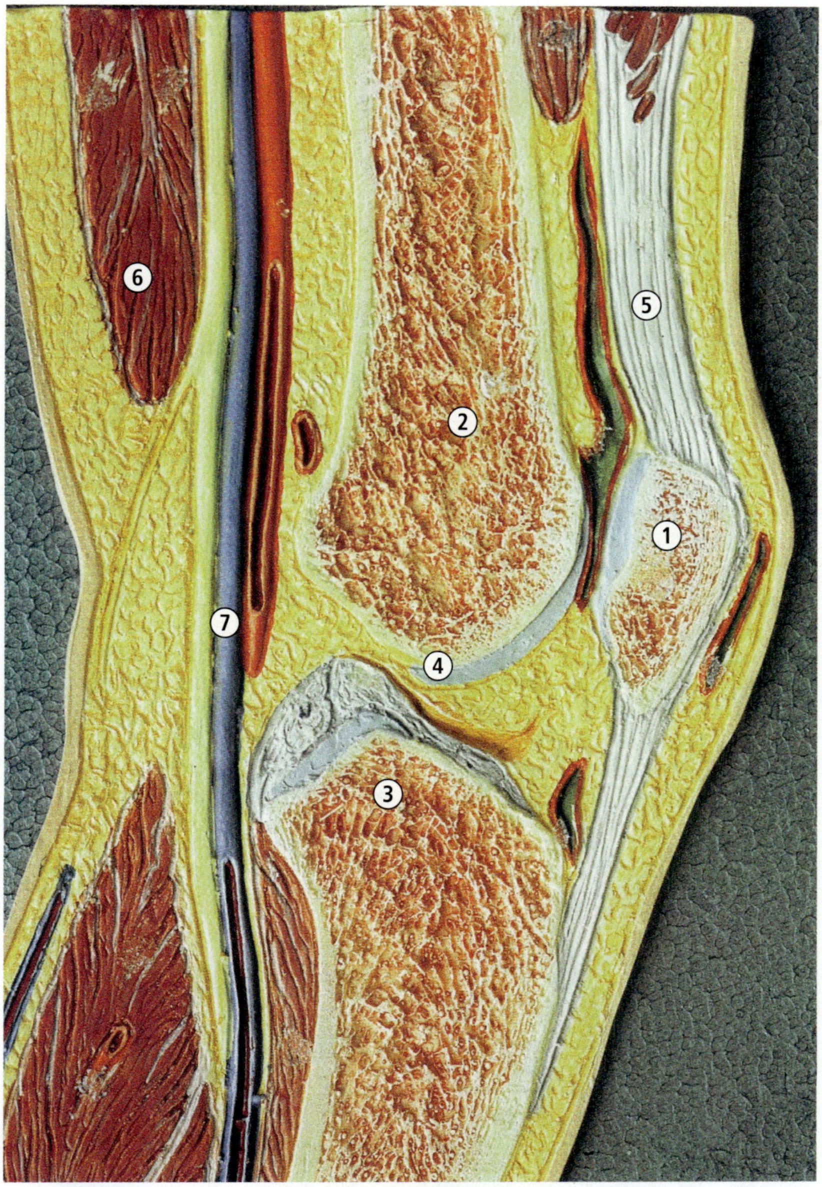

Längsschnitt durch das menschliche Kniegelenk.
1 - Kniescheibe (Patella)
2 - Oberschenkelknochen (Femur)
3 - Unterschenkelknochen (Tibia)
4 - Gelenkfläche mit Knorpel
5 - Sehne
6 - Muskel
7 - Blutgefäße

Weitere Tipps für Betroffene:

- Beim Stehen auf lotrechte Haltung achten. So vermeiden Sie eine Mehrbelastung des gesunden Beins.
- Bei längerem Stehen (etwa beim Bügeln) Stehhilfe benutzen.
- Volle Kniestreckung erhalten. Legen Sie im Bett auf keinen Fall eine Rolle oder ein Kissen unter die Knie. Geeignete Schuhe tragen. Kriterien sind: gute seitliche Abstützung, normale Absatzhöhen (keine Stöckelschuhe!) und rutschfeste Sohlen, die auch Stöße abfangen.
- Beim Treppabsteigen rückwärts gehen – das reduziert Schmerzen.

Kopfschmerzen

Einführung

Kopfschmerzen haben sehr unterschiedliche Ursachen. In den meisten Fällen sind sie harmlos und deuten nicht auf ein schwerwiegendes, fortschreitendes oder gar tumoröses Hirnleiden hin. Es gibt aber auch Kopfschmerzen bei intrakraniellen Drucksteigerungen, Hirnhautentzündungen, intrazerebralen oder Subarachnoidalblutungen. Deshalb ist es wichtig, dass der Kopfschmerztyp genau erfasst und auch immer eine neurologische Untersuchung durchgeführt wird. Kopfschmerzen können auch durch (entzündliche) Veränderungen des Schädels selbst oder seiner Hohlräume, durch internistische Leiden (Bluthochdruck) oder Gefäßerkrankungen (Arteriitis temporalis) zustande kommen. Dann kann die Einschaltung eines Hals-Nasen-Ohrenarztes, eines Augenarztes oder Internisten geboten sein.

Vasomotorische Kopfschmerzformen

Die Migräne (vasomotorische Kopfschmerzform) ist eine konstitutionelle, oft erbliche, ihrem Wortsinn nach halbseitige, manchmal aber auch beidseitige, rezidivierend-remittierend auftretende und vor allem Frauen betreffende Kopfschmerzform, die sich durch rasch, aber nicht plötzlich, oft morgens auftretende und Stunden bis Tage anhaltende, drückende bis hämmernde Kopfschmerzen auszeichnet, die von Übelkeit und Erbrechen, Sehstörung (Flimmerskotome), Licht- und Geräuschempfindlichkeit begleitet sein können.

Als Ursache vermutet man eine Labilität des vaso-vegetativen Systems, die spontan, aber auch durch äußere (Wetterwechsel) oder innere (Menstruation) Vorgänge angestoßen werden kann.

Die Kranken sind oft sehr behindert, ziehen sich zurück, legen sich in ein abgedunkeltes Zimmer, vermeiden körperliche Belastungen oder versuchen sich durch Kälteanwendungen (Eisbeutel) Linderung zu verschaffen.

Treten zentrale Ausfallserscheinungen, Halbseitenlähmung oder Sprachstörungen hinzu, spricht man von einer „Migraine accompagnée" oder komplizierten Migräne (nach neuer Nomenklatur auch Migräne mit Aura).

Die ausschließliche oder Dauereinnahme von Schmerzmitteln hilft meist wenig, kann aber, vor allem bei koffeinhaltigen Mischpräparaten, zu einem schließlich chronifizierten, dumpfen analgetika-induzierten Kopfschmerz führen („verwilderte Migräne"). Man gibt heute zur Dauerbehandlung gerne Beta-Blocker, Kalziumantagonisten oder Thymoleptika, zur Anfallskupierung Mutterkornalkaloide, peripher wirksame Schmerzmittel oder einen Serotonin-Agonisten.

Die Übelkeit kann meist durch Antiemetika erfolgreich bekämpft werden und erst die Voraussetzung für eine orale Therapie schaffen.

Unter vasomotorischen Kopfschmerzen wird entweder die Gesamtheit von Migräne, Erythroprosopalgie und ähnlicher symptomatischer Kopfschmerzformen oder aber nur die letztgenannte Gruppe verstanden.

Diese beobachtet man bei Menschen, die, manchmal als Ausdruck ihrer Lebensführung, mehr oder weniger

Migräne liegt bei plötzlich auftretenden, einseitig lokalisierten Schmerzen im Schläfenbereich vor, insbesondere wenn Übelkeit, Erbrechen und Lichtempfindlichkeit hinzukommen.

deutliche allgemeine vegetative Zeichen (feiner Tremor, feucht-kühle Extremitäten) aufweisen, zum Abusus (Alkohol, Nikotin) neigen und psychisch eher selbstunsicher, unstet und leicht agitiert sind. Nur fallweise auftretende Kopfschmerzen ähnlicher Prägung bezeichnet man je nach Auslösemodus als Katerkopfweh, Ice cream headache, Chinese restaurant syndrome, Anstrengungskopfschmerz etc.
Hier soll Wert auf die Vermeidung auslösender Noxen, auf eine geregelte Lebensführung und leichtes Ausdauertraining gelegt werden.

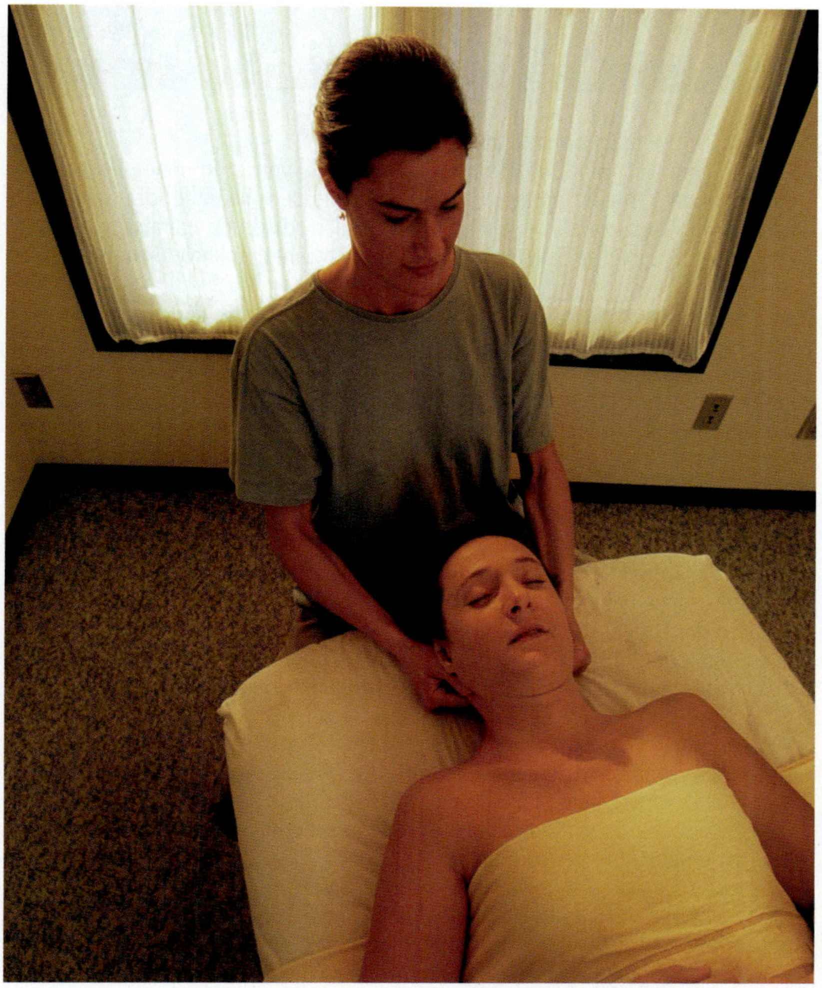

Behandlung von Kopfschmerzen: Klassische manuelle Massage durch Druck- und Zugreize bewirkt Tonusveränderungen der Muskeln.

Spannungskopfschmerz

Von einem Spannungskopfschmerz, der übrigens nicht selten mit einer Migräne gemeinsam vorkommt, spricht man dann, wenn es sich um occipito-nuchale oder von dort ausstrahlende, gleichmäßig drückende Kopfschmerzen ohne Übelkeit, Erbrechen oder visuelle Reizerscheinungen handelt.
Als deren eigentliche Ursache stellt man sich eine oft unbewusste, durch Stress, Anspannung und psychische Einflussfaktoren hervorgerufene Verhärtung der Schulter-, Nacken- und Halsmuskulatur vor, die man manchmal auch tasten kann (Myogelosen). Auch berufsbedingte Fehlhaltungen oder -belastungen können eine Rolle spielen. Die Beschwerden nehmen oft gegen Abend zu und werden bei Entspannung und im Urlaub besser. Die Therapie stützt sich vor allem auf entspannende Maßnahmen (Physio- und Balneotherapie, autogenes Training oder konzentrative Selbstentspannung, auch Biofeedback oder Psychotherapie) und kann medikamentös (Thymoleptika, Muskelrelaxantien) unterstützt werden.
Manche Autoren empfehlen auch Akupunktur oder chiropraktische Maßnahmen (Cave Vertebralis-Läsionen und Bandscheibenvorfälle, besonders bei vorgeschädigter Wirbelsäule).

Cluster-Kopfschmerz

Der klassische Cluster-Kopfschmerz beginnt mit rasch zunehmenden, äußerst intensiven, vor allem nächtlichen Schmerzen einer Gesichtshälfte (periorbital), die sich dabei, ebenso wie das Auge, rötet, und hält ca. 1 bis 2 Stunden an.
Anders als bei der Migräne sind mehr Männer als Frauen betroffen, die betroffene Seite wechselt nicht, die Patienten sind eher unruhig und aggressiv als ruhebedürftig.
Die Attacken können mehrmals täglich auftreten und ereignen sich oft fahrplanmäßig zur gleichen Tages- oder Nachtzeit an aufeinanderfolgenden Tagen, bevor ein mitunter monatelanges freies Intervall eintritt.
Diese Bündelung der Attacken hat auch zur Bezeichnung Cluster-headache geführt. Kennzeichnend sind auch ein Nasen- oder Tränenfluss im Anfall, die Lidspalte kann verengt sein.
Eine eindeutige Ursache ist nicht bekannt, Erblichkeit nicht gegeben. Die Klinik weist aber auf eine Fehlsteuerung eines umschriebenen Anteils des autonomen Systems hin, die vielleicht hypothalamisch gesteuert werden könnte.
Als Behandlung kommen Isoptin, Deseril, Cortison, Dihydergot oder Lithium in Frage. Auch Indometacin oder Beta-Blocker können helfen.
Die Attacken sprechen häufig auf Aspirin, Ergotamin, Sauerstoffinhalation oder die Injektion von Lokalanästhetika an. Die chronische paroxysmale Hemikranie (ohne freie Intervalle) ist eine Variante der Erkrankung.

Wichtige Fragen und Antworten zu Kopfschmerzen

Wie definiert man Kopfschmerz?
Kopfschmerz ist ein Symptom einer Unzahl von zugrunde liegenden Erkrankungen. Die möglichen Ursachen umfassen beinahe die gesamte Pathologie. Ebenso oft, wie diese Beschwerden Ausdruck banaler, vorübergehender Störungen sind, können sie auf eine schwere Krankheit hinweisen.

Welche Typen von Kopfschmerzen unterscheidet man?
Der Arzt unterscheidet in der Praxis drei Typen von Kopfschmerzen, die sich auch oft überschneiden. Da wären die Kopfschmerzen in eigentlichen Sinne, die mehr im Inneren des Schädels lokalisiert sind und den ganzen Kopf betreffen, weiters die oberflächlicheren, die dem Verlauf eines Nervenstrangs folgen, die sogenannten Cephalgien, und schließlich die Migräne, wo der Schmerz meist nur eine der beiden Kopfhälften betrifft und von allgemeinen Symptomen wie Sehstörungen, Depressionen, Übelkeit und Erbrechen begleitet ist.

Was ist chronischer essentieller Kopfschmerz?
In diese Gruppe gehören ca. 50 Prozent aller essentiellen Kopfschmerzen. Dabei verspürt der Patient die Schmerzen kontinuierlich oder täglich. Dazu zählen vor allem jene, die durch chronische Entzündungen innerhalb des Schädels oder durch neuromuskuläre Verspannungen hervorgerufen werden.

Was versteht man unter den symptomatischen Kopfschmerzen?
Unter den symptomatischen Kopfschmerzen, die sekundär durch organische Krankheiten entstehen, sind die meisten auf Erkrankungen der Augen oder Zähne zurückzuführen. Kopfschmerzen durch Zahnerkrankungen liegen im vom zweiten Trigeminusast versorgten Schädelbereich.

Können Entzündungen der Nasennebenhöhlen Kopfschmerzen verursachen?
Eine der häufigsten Ursachen für Kopfschmerz sind Affektionen der Nasennebenhöhlen. Eine Entzündung dieser um die Nase angeordneten Hohlräume ist so gut wie immer von einem dumpfen Kopfschmerz begleitet, der manchmal pulsierend, aber auch drückend sein kann. Normalerweise ist der Schmerz morgens am intensivsten und verschwindet tagsüber, je länger sich der Patient in aufrechter Haltung befindet. Der Schmerz liegt bei frontaler Sinusitis oberhalb der Brauenbögen, bei sphenoidaler oder ethmoidaler Sinusitis ist die Schädelmitte und der Bereich um die Augenhöhlen betroffen, während bei Entzündung des Sinuis maxillaris der Schmerz in den vorderen Gesichtsschädel, speziell entlang des Unterkiefers, ausstrahlt.

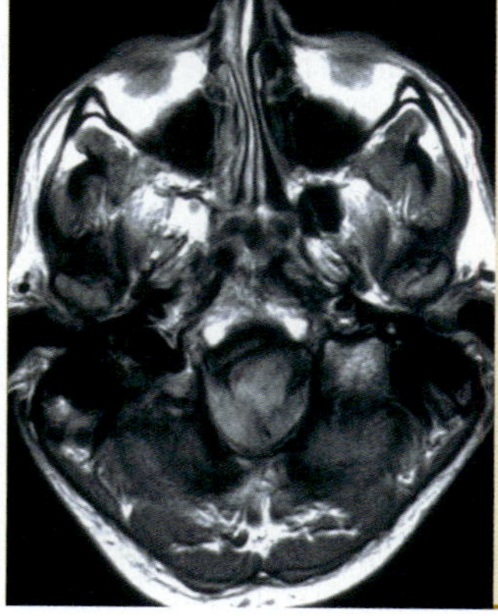

Gibt es bei Kopfschmerzen auch Komplikationen?
Die häufigsten Komplikationen betreffen das Nervensystem und die Sinnesorgane, die eng mit intellektuellen und emotionellen Mechanismen zusammenhängen. Kopfschmerzen können sicherlich zu emotionellen Krisen führen, sind sie chronisch, hat die dauernde Belastung Auswirkungen auf den Gemütszustand.

Horton-Syndrom

Bei älteren Menschen sieht man manchmal eine stark hervortretende verdickte und druckschmerzhafte Schläfenarterie, die im Sinne einer (immunologisch verursachten) Riesenzellarteriitis verändert ist, was sich mit einer Biopsie nachweisen lässt.
Bei jedem Verdacht muss sofort die Blutsenkungsgeschwindigkeit bestimmt werden, die sehr stark erhöht ist. Außerdem sind die Alpha-2-Globuline der Serum-Eiweiß-Elektrophorese erhöht.
Bei entsprechenden Anhaltspunkten gibt man unverzüglich Kortikosteroide, um eine drohende Erblindung durch Beteiligung intrazerebraler und retinaler Arterien abzuwenden.
Die Therapie muss oft lange, mitunter über Jahre fortgeführt werden, da es sonst zu einem Rückfall kommen kann.

Behandlung

Bei einem so komplexen Krankheitsgeschehen wie Migräne oder häufigen Kopfschmerzen, das in der Regel durch mehrere körperliche und psychische Faktoren entsteht, darf sich die Therapie natürlich nicht mit bloßer Linderung der Symptomatik begnügen.
Der betroffene Patient leidet ja nicht nur unter seinen Schmerzen, die meist gut durch chemische Schmerzmittel unterdrückt werden können. Er wird durch den immer wiederkehrenden Schmerz allmählich zermürbt, depressiv, gereizt und überempfindlich, verliert jede Lebensfreude und zieht sich oft in die soziale Isolierung zurück.
Deshalb benötigt er eine umfassende Behandlung, die ihn als Einheit von Körper, Geist und Seele erfasst. Sie muss auch gut verträglich sein, damit die Schmerzzustände nicht noch durch Nebenwirkungen der Arzneimittel kompliziert werden.
Diesen Anforderungen kann nur eine naturmedizinische Behandlung gerecht werden, bei der die Patienten aktiv mitarbeiten. Das schließt nicht aus, dass bei starken Schmerzen auch chemische Medikamenten angewendet werden, um unnötige Leiden zu vermeiden.

Pflanzliche Heilmittel

Heilpflanzen können leichtere Kopfschmerzen bald beseitigen, bei stärkeren Schmerzen ergänzen sie die anderen Heilverfahren. Zur Selbsthilfe kommen sie vor allem bei vorübergehenden Schmerzen durch seelisch-nervöse Ursachen in Frage. Grundsätzlich empfiehlt es sich, fertige pflanzliche Arzneimittel aus der Apotheke zu verwenden, die einen stets gleichbleibenden Wirkstoffgehalt aufweisen und genau dosierbar sind; das ist beim Kräutertee nicht so gut möglich, weil sein Wirkstoffanteil natürlichen Schwankungen unterliegt.

Baldrian

Baldrian wirkt teils direkt auf die Großhirnrinde, teils auf das vegetative Nervensystem. Er wird hauptsächlich bei nervösem Kopfschmerz zur Beruhigung und Entspannung verwendet, bei Migräne kann er andere Medikamente ergänzen. Die in der Gebrauchsanweisung genannte Dosierung muss genau eingehalten werden, denn überdosiert kann Baldrian Kopfschmerzen und Übelkeit hervorrufen. Verstärkt wird die Wirkung zum Teil noch durch Zusatz von Hopfen.

Johanniskraut

Johanniskraut eignet sich bei Kopfschmerzen, die mit Funktionsstörungen des vegetativen Nervensystems in Beziehung stehen, vor allem aber bei Schmerzzuständen durch Depressionen, denn die Heilpflanze wirkt deutlich antidepressiv. Sie soll kurzmäßig mindestens 30 Tage lang verabreicht werden.

Kümmel

Kümmel wendet die Volksmedizin seit langem für einen „klaren Kopf" äußerlich an. Man gibt dazu 1–2 Esslöffel Kümmel in einen Mörser, zerstößt ihn fein und verrührt ihn mit heißem Wasser zu einem Brei, der auf ein Leintuch gestrichen wird. Dieses legt man dann auf die Stirn und befestigt es mit einem trockenen Leintuch, das um den Kopf herumgeführt wird. Diese Auflage bleibt auf der Stirn, bis die Kopfschmerzen verschwunden sind, längstens 90 Minuten. Bei Bedarf kann die Anwendung 2- bis 3-mal täglich wiederholt werden. Sie hilft bei Kopfschmerzen verschiedener Ursachen oft sehr gut.

Johanniskraut

Melisse

Melisse

Melisse wird innerlich zur Beruhigung bei nervösen Kopfschmerzen verabreicht, bei Migräne kann sie außerdem die begleitende Übelkeit bessern. Verbessert wird die Wirkung, wenn man Melissengeist oder Melissenspiritus auf die Stirn und hinter die Ohren tupft, bei Bedarf in Abständen von 1–2 Stunden.

Pfefferminze

Pfefferminze wirkt entspannend, krampflösend und mild anregend, kann also Kopfschmerzen und teilweise auch Migräne günstig beeinflussen. Die Heilpflanze ist auch angezeigt, wenn Kopfschmerzen in Zusammenhang mit der Monatsblutung auftreten. Wie Melisse gebraucht man sie innerlich und tupft zusätzlich Pfefferminzöl auf Stirn, Schläfen und hinter die Ohren. Länger als 2–3 Wochen darf Pfefferminze nicht ununterbrochen gebraucht werden, dann legt man eine Pause von mindestens 2 Wochen ein.

Rosmarin

Rosmarin normalisiert die Spannung und Weite der Blutgefässe, hauptsächlich wird er deshalb bei Kopfschmerzen durch niedrigen Blutdruck eingenommen. Bei regelmäßigem Gebrauch über längere Zeit kann Blutunterdruck dauerhaft gebessert werden. Die anregende Wirkung stört unter Umständen den Schlaf, wenn Rosmarin am Abend angewendet wird, die letzte Dosis deshalb nicht nach 17 Uhr verabreichen.

Tipps und Tricks gegen Kopfschmerzen

Wer häufiger unter Kopfschmerzen leidet, sollte als Erstes zum Arzt gehen, um die genaue Art der Kopfschmerzen festzustellen. Eventuell kann der Arzt eine Ursache dafür finden, die sich beheben lässt. Hierzu zählt zum Beispiel hoher Blutdruck. In den meisten Fällen wird die Diagnose allerdings „Spannungskopfschmerz" oder „Migräne" lauten. Dies bedeutet, dass der Betroffene sich darauf einstellen muss, geraume Zeit mit wiederholt auftretenden Kopfschmerzen zu leben. Dabei ist es allerdings nicht immer nötig, gleich zu Medikamente zu greifen. Mit den folgenden Tipps lassen sich Kopfschmerzen oft schon im Vorfeld abfangen.

- Wenn Sie immer wieder an Kopfschmerzen leiden, legen Sie ein Schmerztagebuch an. Es hilft Ihnen, die Situationen im Voraus zu erkennen, in denen der Schmerz auftritt.
- Spannungskopfschmerzen sind nicht immer Folge von messbarer Muskelverspannung. Dennoch helfen Entspannungsverfahren gegen diesen Kopfschmerztyp. Erlernen Sie die „Progressive Muskelentspannung nach Jacobson" oder autogenes Training. Entspannungsübungen nach Jacobson werden auch bei Migräne favorisiert.
- Kälte auf der Stirn oder an den Schläfen vertreibt beginnende Kopfschmerzen. Anstelle des feuchtkalten Waschlappens eignen sich auch Kryokompressen und -brillen. Preiswerter ist es, eine breite elastische Binde ins Eisfach zu legen und bei Bedarf um den Kopf zu wickeln. Zerkleinertes Eis, das in einen Plastikbeutel gefüllt wird, erfüllt denselben Zweck.
- Bei spürbarer Verspannung der Nackenmuskulatur hilft hingegen oft eher Wärme. Ein nasses, warmes Handtuch in den Nacken legen oder – wenn ein Partner assistiert – mit einer heißen Rolle aus Handtüchern den Nacken und die Schultern mit sanftem Druck massieren.
- Wechselwarme Fußbäder (eine Wanne mit 38 Grad heißem, eine mit 12 bis 18 Grad kaltem Wasser) kurbeln den Kreislauf an und lindern bzw. verhüten Kopfschmerzen.
- Ob die Sauna Kopfschmerzen bessert, muss jeder selbst herausfinden. Während einige Menschen in der Sauna ihre Spannungskopfschmerzen loswerden, können Migräne-Attacken durch den Saunabesuch ausgelöst werden. Also: ausprobieren!
- Massage wendet man fast automatisch an, sobald Kopfschmerzen einsetzen. Meist reibt und drückt man jedoch nicht lange genug. So ist es richtig: Mindestens fünf Minuten lang mit den Spitzen von Zeige- und Mittelfinger unter leichtem Druck mit kreisenden Bewegungen die Schläfen massieren.
- Akupressur macht sich die Akupunkturpunkte zunutze und wird mit den Fingerspitzen durchgeführt. Die Behandlungszeit, während der man auf die entsprechenden Punkte drückt, beträgt je nach Einzelfall 30 Sekunden bis fünf Minuten. Akupressur sollte unter fachkundiger Anleitung erlernt werden.

Spezielle Tipps gegen Migräne

- Finden Sie Ihre individuellen Migräneauslöser mithilfe eines Schmerztagebuchs heraus.
- Andauernde und als übermäßig empfundene Belastungen gelten als wichtiger Auslöser von Migräne-Attacken. Finden Sie heraus, was Sie „stresst", und organisieren Sie Ihren Tagesablauf um.
- Körperliche Aktivität vermindert „Stress", weil die dabei vermehrt ausgeschütteten Hormone rascher abgebaut werden. Gehen Sie zügig „eine Runde um den Block", machen Sie Kniebeugen oder steigen Sie Treppen, wenn die Anspannung zu groß wird.
- Versuchen Sie, einen möglichst gleichmäßigen Tagesablauf herzustellen. Schlafen Sie am Wochenende nicht länger als werktags und gehen Sie auch nicht wesentlich später ins Bett.
- Weiter häufig genannte Auslöser für Migräne-Attacken sind Hunger, gleißendes Licht, intensive Gerüche, Tabakqualm, Alkohol, dröhnende Musik und starker Lärm. Wetterwechsel und Nahrungsmittel werden hingegen als Auslöser meist überschätzt.
- Regelmäßig betriebener Ausdauersport ist ein gutes Vorbeugungsmittel gegen Migräne; harter Kampfsport und körperliche Überlastungen können hingegen Attacken auslösen.

Zu den vornehmlichsten Aufgaben der Medizin gehört die Bekämpfung von Schmerzen. Die wirksame Linderung der Schmerzzustände ist keine Errungenschaft unserer Zeit, man versucht sie seit Jahrzehnten mit Opium oder Akupunktur.
Der modernen Medizin stehen inzwischen aber wirksamere, genauer dosierbare Schmerzmittel zur Verfügung, die den individuellen Bedürfnissen des einzelnen Patienten besser angepasst werden können. Aber auch für diese neuen Medikamente gilt grundsätzlich: Unterdrückung von Schmerzen bedeutet keine ursächliche Therapie, denn die Schmerzmittel können im Allgemeinen nicht die Ursachen heilen. Sicher können akute Kopfschmerzen durch ein Medikament so beeinflusst werden, dass sie nicht wiederkehren, aber dieser therapeutische Effekt wäre dann vermutlich auch ohne Schmerzmittel durch die Selbstheilungsregulationen des Körpers eingetreten. Vor allem die Patienten, die häufig oder chronisch an Kopfschmerzen oder Migräne leiden, erfahren die eingeschränkte Wirkung der Schmerzmittel sehr deutlich.

Die Symptome kehren zurück, sobald die Wirkung des Medikaments abgeklungen ist – und dann muss erneut zum Arzneimittel gegriffen werden.
Darin besteht eines der Hauptrisiken der Schmerztherapie, die lediglich die Symptomatik unterdrückt.
Natürlich ist sich die Schulmedizin bewusst, dass Schmerzmittel keine Heilung bewirken. Man nimmt den Schmerz zunächst schon als mögliches Warnzeichen einer Krankheit ernst und versucht, seine Ursachen zu diagnostizieren.
Aber sie lassen sich bei Kopfschmerzen oft nicht ermitteln und sind bei Migräne noch nicht ausreichend bekannt. Nach einigen vergeblichen diagnostischen Versuchen verfährt man dann eben doch nach dem Motto:
Wenn keine Ursachen festzustellen sind, können nur die Symptome unterdrückt werden.

Naturmedizin

Die Naturmedizin gibt sich damit nicht zufrieden. Da sie die Ursachen von Krankheiten zum Teil anders als die offizielle Medizin beurteilt, kann sie durchaus Krankheitsfaktoren ermitteln und behandeln, die von der Schulmedizin ignoriert werden.
Und selbst wenn auch solche Ursachen nicht nachweisbar sind, gilt der Schmerz in der Naturheilkunde immer noch als Warnzeichen. Es mag eine psychische Störung darin zum Ausdruck kommen, die von der Ganzheitsmedizin geduldig wieder bewusst gemacht und verarbeitet wird. Manchmal muss sich allerdings auch die Naturmedizin damit abfinden, dass die Botschaft der Schmerzen nicht verstanden werden kann.
Aus den obigen Überlegungen ergibt sich, dass gerade bei chronischen Kopfschmerzen und Migräne Naturheilkunde und Schulmedizin sich nicht ausschließen dürfen, sondern ergänzen sollen. Der unbestreitbare Vorteil der schulmedizinischen Therapie besteht in der raschen Schmerzlinderung, während die Naturmedizin sich hauptsächlich gegen die Schmerzursachen richtet.

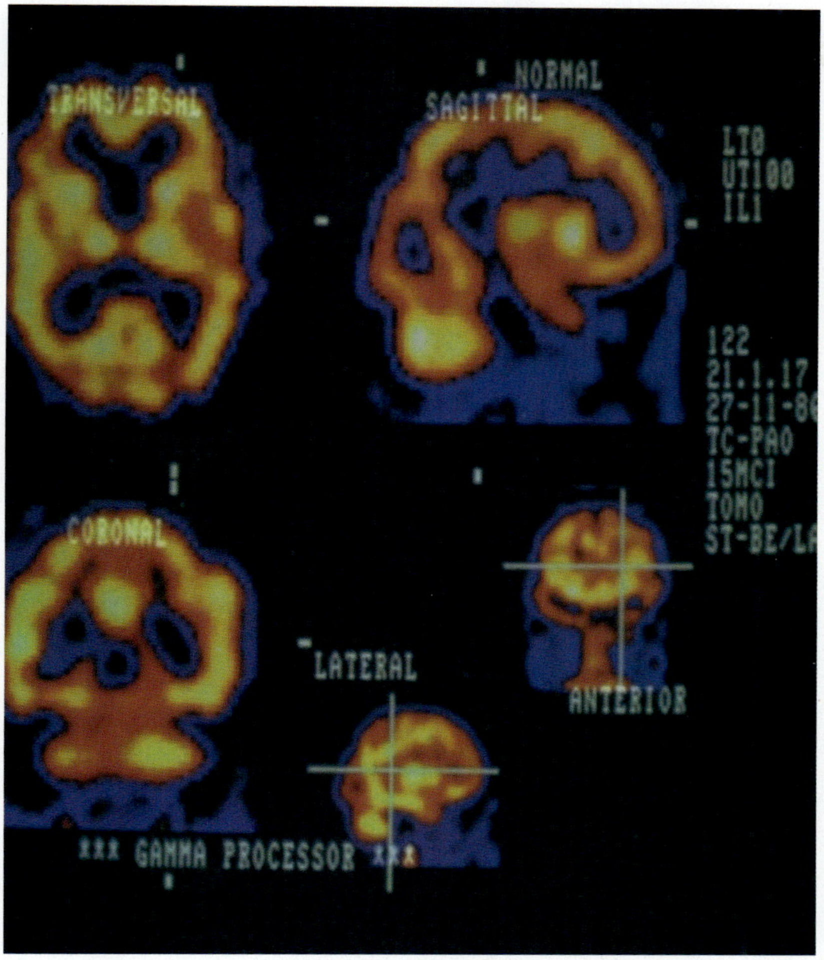

Ernste Kopfschmerzen; Kopfverletzung mit anschließend subduralem Hämatom (Bluterguss) kann Bewusstlosigkeit verursachen: Ein Bluterguss unter der harten Hirnhaut ist meist traumatisch bedingt und kann auch nach scheinbar geringfügigen Verletzungen auftreten. Die Diagnose von Hirnverletzungen kann mit der Computertomographie gesichert werden.

Medikamentöse Therapie

Kopfschmerzen mit Tabletten zu unterdrücken und sich damit Freiheit von Schmerzen zu verschaffen, ist längst ein selbstverständlicher Teil des Lebensstil in den Industrieländern geworden – allerdings ein gefahrvoller. Ab und zu eine Schmerztablette einzunehmen schadet sicher nicht. Oft entstehen Kopfschmerzen gerade durch die Einnahme von Schmerzmitteln.
Schmerzspezialisten kritisieren, dass Ärzte anderer Fachrichtungen Kopfschmerzen oft jahrelang falsch behandeln. Haben sich Kopfschmerzen bereits zu einer eigenen Krankheit verselbstständigt, sollte man unbedingt herausfinden, ob es sich um Spannungskopfschmerz, um Migräne oder um eine Mischform handelt.
Dies ist notwendig für eine sinnvolle Therapie.
Hilfreich zur Diagnoseerstellung ist in jedem Fall ein sogenanntes Schmerztagebuch, in dem alle Einzelheiten eingetragen werden: Wann die Anfälle kommen, wie lange sie dauern, wie häufig die Schmerzen sind, ob gleichzeitig noch andere Beschwerden auftreten, welche Medikamente dagegen eingenommen werden, was als Ursache verdächtigt wird und anderes.

Krebs

Tumor

Ein Tumor ist ein örtlich beschränktes, exzessives Gewebewachstum. Die meisten Gewebe behalten, auch nachdem der Körper seine Erwachsenengröße erreicht und aufgehört hat zu wachsen, ein latentes Wachstumsvermögen, sodass es unter den verschiedensten Bedingungen zu schneller Zellteilung und zu Gewebewachstum kommen kann.
Dieses Phänomen ist nicht notwendigerweise auf pathologische Zustände beschränkt, sondern auch bei voller Gesundheit zu beobachten; vor allem bei Frauen tritt es regelmäßig in Erscheinung, so etwa im Menstruationszyklus, in dessen Verlauf sich die Fortpflanzungsorgane periodisch verändern, oder in der Schwangerschaft, bei der sich die Gebärmutter vergrößert. Der Ruhezustand der Gewebe beim Erwachsenen ist also nur ein scheinbarer; in Wirklichkeit halten bis jetzt noch wenig erforschte Mechanismen das Gewebewachstum im Gleichgewicht. Dieses Gleichgewicht nun ist bei einer großen Gruppe von Gewebeerkrankungen gestört – bei den Geschwulstkrankheiten.

Unterteilung

Die Tumoren können in zwei Gruppen unterteilt werden. Die erste Gruppe stellen die benignen (gutartigen) Tumoren dar; sie sind im Allgemeinen nicht generalisiert, bleiben also lokal begrenzt, und wachsen langsam und stetig.
Abgesehen von dem beschleunigten Wachstum ist die Gewebestruktur normal; der Tumor kann zwar durch Druck auf die Nachbarorgane Schäden verursachen, wächst jedoch nicht in andere Gewebe ein und verbreitet sich auch nicht in andere Körperteile. Ein Beispiel für einen solchen benignen Tumor ist das Myom, eine Muskelgeschwulst der Uteruswand. Die zweite, gefürchtete Gruppe der Tumoren bilden die malignen (bösartigen) Geschwülste oder Krebserkrankungen (Karzinome, Sarkome). Hier ist weniger die Zellstruktur selbst als vielmehr die Gewebestruktur als Ganzes gestört. Maligne Tumoren wachsen ausgesprochen schnell. Sie machen nicht an den Grenzen der benachbarten Gewebe halt, sondern wachsen in diese ein.
Die Tendenz solcher Zellen zu ungezügelter Wucherung ist die Ursache dafür, dass nach einer unvollständigen chirurgischen Entfernung einer malignen Geschwulst der zurückbleibende Rest, und sei er auch noch so klein, weiterwächst, häufig noch schneller als vorher. Auch die Entstehung von Tochtergeschwülsten (Metastasen), zu denen es kommen kann, wenn sich kleine Tumorteilchen oder auch nur einzelne Zellen losreißen und über Blut- und Lymphgefäße in andere Körperteile verschleppt werden, hat ihren Grund in der Wucherungstendenz der Tumorzellen.
So stellen die malignen Tumoren, im Gegensatz zu den benignen, die nur gelegentlich aufgrund ihrer Lage gefährlich werden, durch ihre Bösartigkeit eine ständige Bedrohung des Lebens dar. Innerhalb der Gruppe der malignen Tumoren unterscheidet man gewöhnlich Tumoren der oberflächlichen Gewebeschicht (epitheliale Tumoren) und solche des Binde- und Stützgewebes (mesenchymale Tumoren). In der medizinischen Terminologie trennt man zwischen gut- und bösartigen Tumoren; ein benigner Tumor des Fettgewebes z.B. heißt Lipom, ein maligner Tumor des gleichen Gewebes wird als Liposarkom bezeichnet. Die Tumoren des Stützgewebes nehmen eine besondere Stellung ein: eine Geschwulstbildung geht hier in der Regel vom Stützgewebe des Nervensystems aus.
Sieht man einmal von den Tumoren des Nervensystems ab, so kann man die allgemeine Regel aufstellen, dass bös-

Operative Entfernung einer Bauchgeschwulst. Der Chirurg erklärt die Narkose.

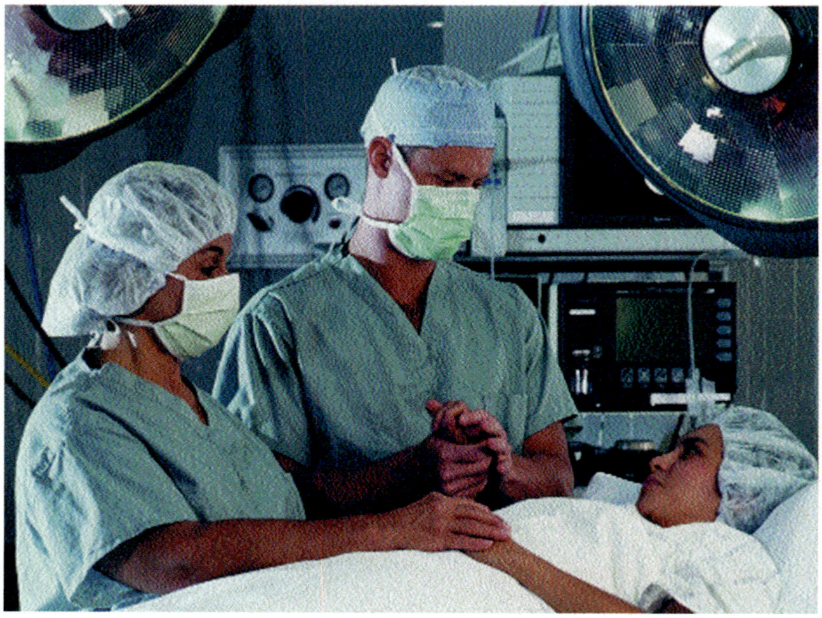

artige Geschwülste der epithelialen Gewebe vor allem im mittleren Lebensalter auftreten; solche des Stützgewebes – die im Übrigen viel seltener sind – können dagegen in jedem Alter vorkommen, auch in Kindheit und Jugend. Maligne Tumoren der epithelialen Gewebe wachsen, wenn sie im frühen Alter auftreten, ziemlich schnell und sind meist sehr bösartig, während sie beim älteren Menschen wesentlich langsamer wachsen und vergleichsweise gutartig sind.

Allgemeine Symptome

Die Symptome, die ein maligner Tumor hervorruft, hängen naturgemäß in hohem Maße von seiner Lage ab. Man sollte sich darüber im Klaren sein, dass Schmerz nicht üblicherweise zu den Frühsymptomen gehört und dass daher Schmerzlosigkeit einen Tumor durchaus nicht ausschließt. Es liegt auf der Hand, dass ein Tumor in Speiseröhre oder Magen zu ernstlichen Ernährungsstörungen Anlass geben kann; abgesehen davon jedoch wird ein Tumorkranker in der Regel zunehmend schwächer und magerer, der Allgemeinzustand wird immer schlechter. Der Tumor gedeiht auf Kosten des Körpers, in dem er wächst. Im Grunde ist der Mechanismus, der zu dieser deutlichen Störung von Allgemeinzustand und Wohlbefinden führt, noch ziemlich unklar. Jeder schnelle Gewichtsverlust ohne sonstige, lokale Symptome bei einem Patienten in fortgeschrittenem Lebensalter sollte Anlass zu einer eingehenden körperlichen Untersuchung sein.

Tumoren und Herz-Kreislauf-Erkrankungen gehören heute zu den häufigsten Todesursachen. So paradox das auch klingen mag, so sollte man dies doch als günstiges Zeichen ansehen, denn sowohl Tumoren als auch Erkrankungen des Herzens und des Gefäßsystems sind Erkrankungen des höheren und mittleren Lebensalters, und eine relative Häufigkeit dieser Todesursachen findet man nur in solchen Ländern, in denen die Kindersterblichkeit und der Tod an Infektionskrankheiten im früheren Lebensalter stark zurückgegangen sind. Die Zahl der

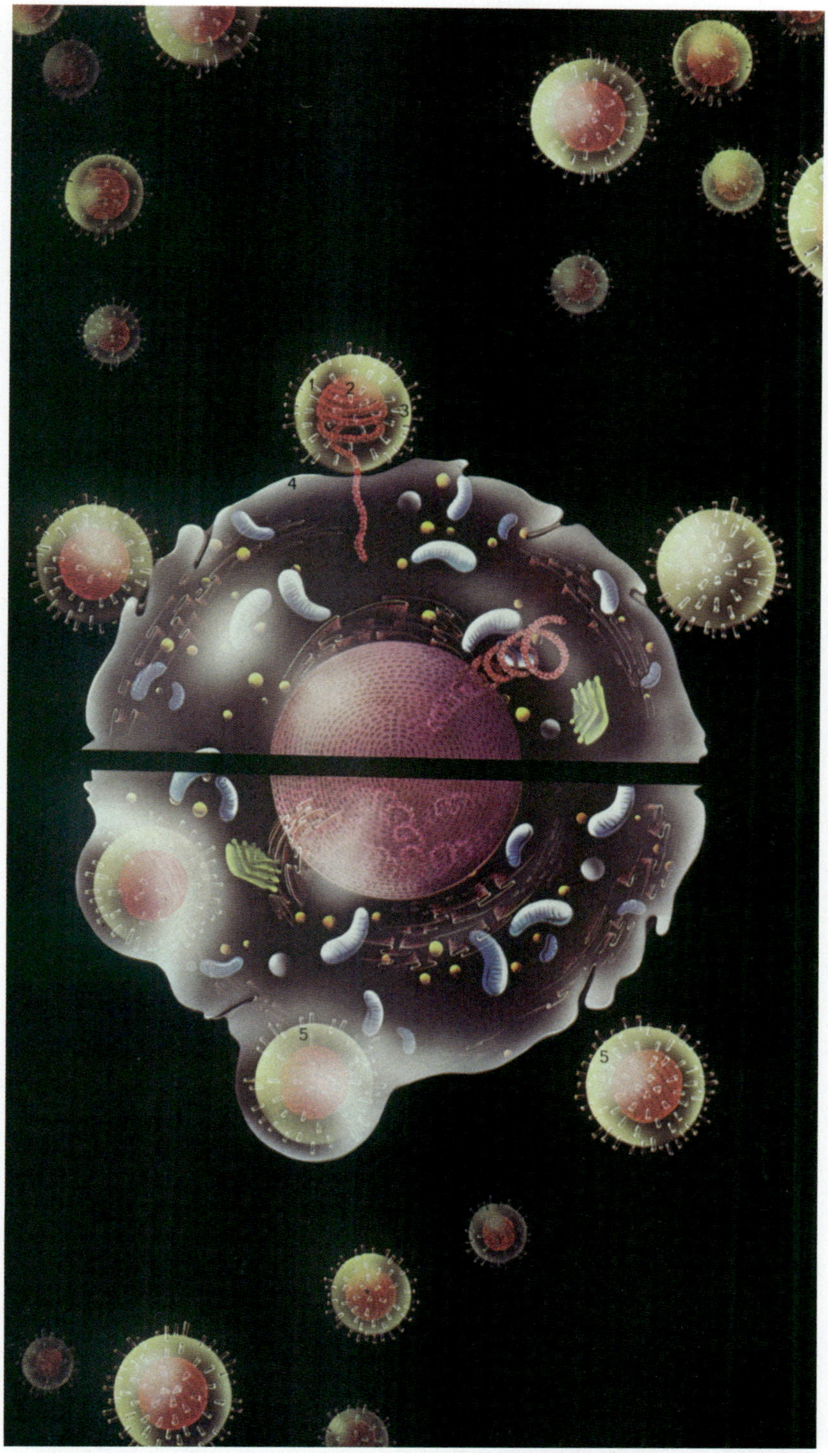

Schematische Darstellung eines möglichen Zusammenhanges zwischen Virus und Krebs. Den Mechanismus des Entstehens stellt man sich folgendermaßen vor: Das Virus (1) besteht aus einem Kern von Nukleinsäuren RNA (2), der von einem Mantel von Eiweißen und Fetten umgeben ist (3). Das Virus heftet sich an die Zellwand (4) und ergießt seine Nukleinsäure in die Zelle. Das Virus entwickelt sich in der Zelle und verlässt sie dann (5), um den gleichen Prozess in anderen Zellen zu wiederholen. Die betroffenen Zellen verändern sich in Form und Wirkung. Sie teilen sich, erzeugen immer weitere veränderte Zellen und bilden auf diese Art eine Geschwulst.

Wichtige Fragen und Antworten zum Krebs

Was ist Krebs?
Krebs ist eine ungeordnete, wilde Wucherung von Gewebszellen. Wenn dieser Prozess fortschreitet, wird der normale Aufbau und die Funktion des befallenen Organs zerstört. Krebszellen könnte man mit Unkraut in einem gepflegten Garten vergleichen, das nicht mehr in Schranken gehalten werden kann und die Blumen überwuchert und umbringt. Wenn das Unkraut nicht ausgerottet wird, zerstört es schließlich den ganzen Garten.

Wie viel Personen sterben an Krebs?
Krebs ist eine der Haupttodesursachen in den meisten (entwickelten) Ländern, in Deutschland stirbt etwa jeder Fünfte an einer Krebserkrankung.

Gibt es Organe, die vom Krebs verschont bleiben?
Nein. Jedes Organ kann von Krebs oder einem krebsartigen Gewächs befallen werden.

Wie häufig sind Krebserkrankungen heute?
Schätzungsweise bekommt jeder vierte Mensch irgendwann einen Krebs, und jeder sechste Mensch stirbt an Krebs.

Ist Krebs ansteckend?
Nein, aber manche Untersucher glauben, dass bestimmte Krebsformen mit den Eindringen von Viren verbunden sind. Man könnte sich daher eine Übertragung vorstellen.

Ist jeder Tumor ein Krebs?
Nein. Es gibt gutartige (benigne) Tumoren oder Geschwülste und bösartige (maligne). Nur ein bösartiger Tumor ist ein Krebs; auch der Ausdruck „bösartige Neubildung" ist dafür gebräuchlich.

Gibt es krebserregende Faktoren?
Man kennt einige Faktoren, die als sicher krebserregend eingestuft werden konnten: Das sind an der Spitze das Rauchen (zirka 30 Prozent aller Krebsfälle) und dahinter sehr viele krebserregende Stoffe, die wir täglich mit der Nahrung aufnehmen. Es gibt aber auch sehr viele Erkrankungen, die der Entstehung eines Krebses Vorschub leisten. Dies sind insbesondere virale Infektionen, aber auch Entzündungen der inneren Organe, die zu Schäden bzw. Entartungen des Gewebes führen können. Abgesehen von den „äußeren" Faktoren spielen auch erbliche Veranlagungen eine Rolle. Dies sind keineswegs nur die in den letzten Jahren gefundenen Brustkrebsgene, sondern auch offenbar eine ganz allgemeine Veranlagung, die sich in familiären Häufungen bei Krebserkrankungen zeigt. Wenn ein Onkel oder ein Tante und die Mutter oder der Vater zum Beispiel Darmkrebs hatten, dann sollte man rechtzeitig und regelmäßig die Vorsorgeuntersuchungen durchführen lassen.

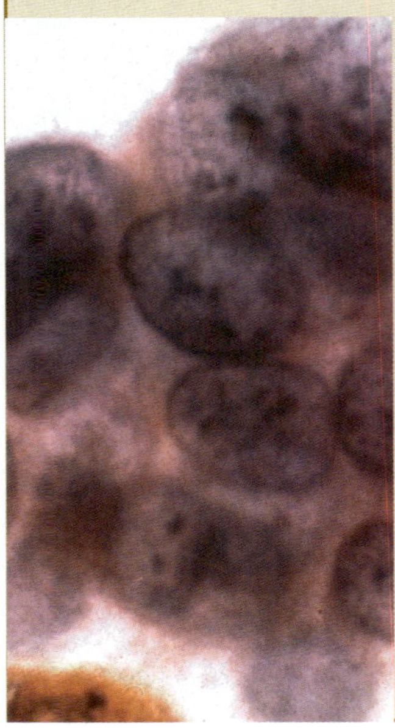

Tumorfälle absolut gesehen ist nicht etwa so stark angestiegen, sondern es leben einfach mehr Menschen lange genug, um noch an solchen Leiden erkranken zu können. Daher ist auch dieser statistische Anstieg kein Grund zur Unruhe, sollte jedoch für jedermann eine Mahnung zu ständiger Wachsamkeit bleiben. Denn solange die Grundursache dieser Erkrankung unentdeckt ist, bleibt man bei der Behandlung auf die drastischen Methoden der Tumorzerstörung angewiesen: auf Operation, Cytostatika, Immuntherapie und Bestrahlung. Die Erfolgsaussichten einer solchen Behandlung sind umso größer, je eher die Therapie einsetzt.

Entstehung eines Tumors

Wenn man auch nur wenig gegen eine Tumorentstehung unternehmen kann, so gibt es doch eine ganze Reihe von Maßnahmen, die man ergreifen kann, um eine etwa im Körper latent vorhandene Tendenz zu unterdrücken (gute Mundhygiene zur Vermeidung von Mundkrebs, wirksame Behandlung aller chronischen Entzündungszustände und Magengeschwüre, Aufgeben des Zigarettenrauchens zur Verhütung von Lungenkrebs). Unter bestimmten Umständen können auch benigne, also gutartige Tumoren schwere Symptome hervorrufen oder sogar das Leben bedrohen. Das beste Beispiel hierfür liefern Tumoren in der Schädelhöhle, das heißt Tumoren des Stützgewebes im Gehirn. Das Gehirn kann zusammen mit den umgebenden und in ihm enthaltenen Flüssigkeitsräumen (Ventrikel) als flüssiger Körper angesehen werden, der nur eine minimale Kompression erlaubt und allseits von der Schädelkapsel umschlossen liegt. Daher verursachen sämtliche Hirntumoren, auch die als gutartig angesehenen, Symptome eines erhöhten Druckes innerhalb der Schädelkapsel.

Von der Krebszelle zum Tumor

Zwischen der Entstehung einer Krebszelle und dem Zeitpunkt, wo aus der

Zelle eine diagnostizierbare Geschwulst entsteht, vergehen mehrere Jahre. Dieser Zeitraum wird Latenzperiode genannt. Dass eine Latenzperiode besteht, ist sicher: Es konnte in Tierexperimenten festgestellt werden, und auch beim Menschen ist eine Latenzperiode manchmal nachweisbar.

Man kann z.B. beobachten, in welchem Zeitraum ein Lungenkarzinom seine Größe verdoppelt. Die so errechnete Wachstumsgeschwindigkeit lässt Rückschlüsse auf den Zeitpunkt zu, an dem die Krebszelle entstanden ist.

Eine andere Möglichkeit, Hinweise auf die Dauer der Latenzperiode zu gewinnen, bietet das Auftreten berufsbedingter Krebserkrankungen. Wenn z.B. ein Bronchialkarzinom bei einem ehemaligen Asbestarbeiter auftritt, so dürfte die Latenzperiode spätestens zu dem Zeitpunkt begonnen haben, als der Betroffene seinen Beruf aufgab.

Chromosomale Abweichungen

In Krebszellen werden häufig chromosomale Veränderungen gefunden, sowohl in der Form als auch in der Anzahl der Chromosomen.

Manche Wissenschaftler glauben hieraus schließen zu können, dass der Krebs im Wesen eine chromosomale Mutation (Veränderung im Erbgefüge der Zelle) ist. In der Tatsache, dass bei manchen Krankheiten, deren Entstehung mit Sicherheit auf eine chromosomale Mutation zurückzuführen ist (z.B. mongoloide Idiotie und Leukämie), bösartige Erkrankungen häufiger auftreten als beim Durchschnitt der Bevölkerung, sehen sie eine Bekräftigung ihrer Auffassung.

Da jedoch auch in normalen Zellen Chromosomenveränderungen gefunden wurden – vor allem bei älteren Menschen – und umgekehrt nicht alle malignen Zellen Chromosomenveränderungen aufweisen, bleibt die Frage vorläufig noch offen. Im Allgemeinen geht die Mutation von einer normalen Zelle zur Krebsgeschwulst mit einer Dedifferenzierung einher, d.h. die Zelle verliert die Kennzeichen ihrer Spezialisierung.

Neben Metastasen (Tochtergeschwülsten) z.B., in denen man noch deutlich

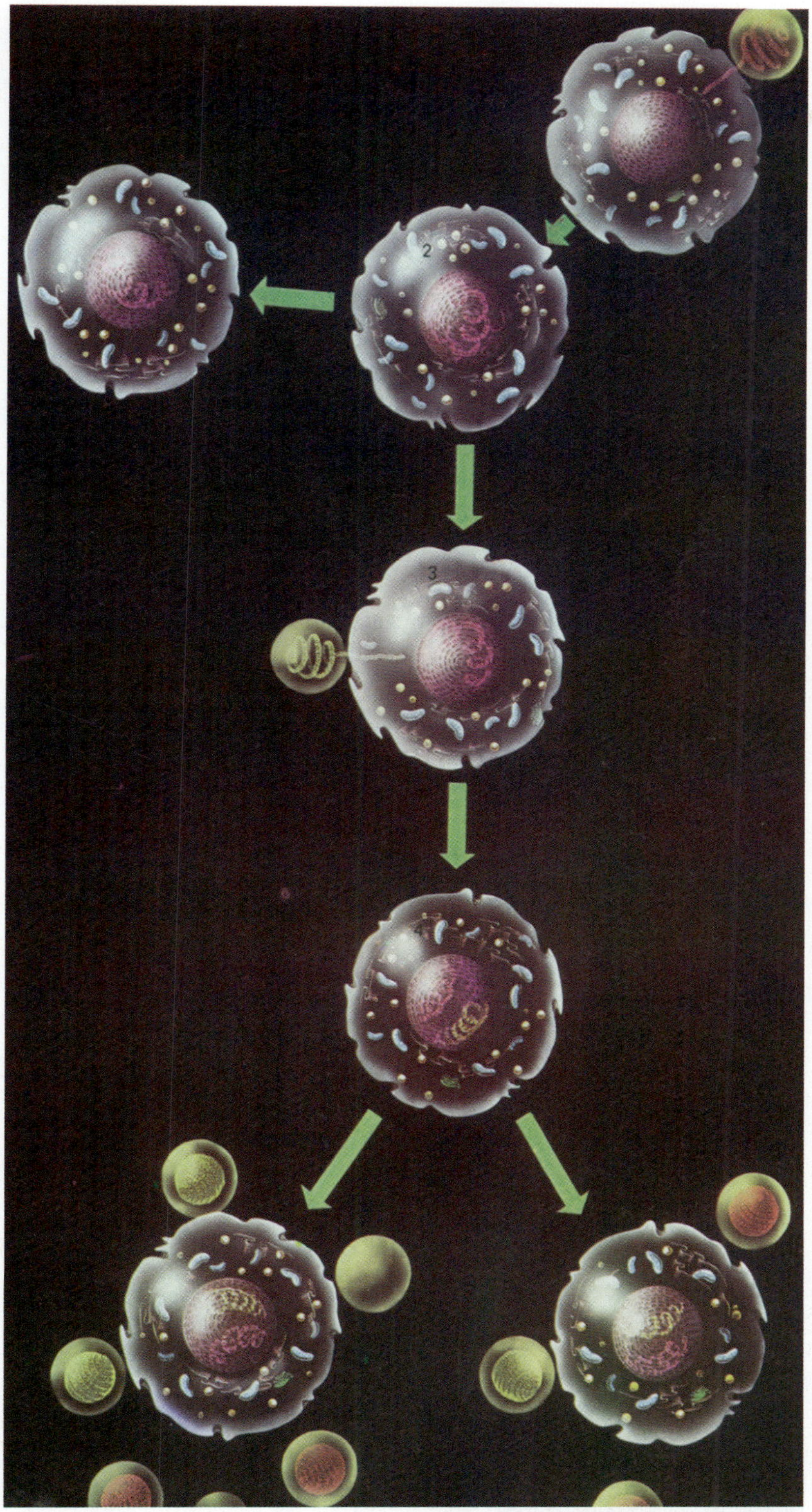

Ist eine Zelle einmal mit einem Virus infiziert, dann wird sie sehr empfindlich und kann leicht durch andere Virusarten angesteckt werden. 1 – Ansteckung mit einem Virus; 2 – Krebszelle, die sich vermehrt; 3 – Infektion mit einem anderen Virus; 4 – Erzeugung von Virusteilchen und Krebszellen. Die Krebsgeschwülste (Sarkome), in denen diese Prozesse stattfinden, wachsen sehr schnell.

Wichtige Fragen und Antworten zum Krebs

Was sind die eigentlichen Ursachen des Krebses?

Die eigentlichen Ursachen des Krebses sind noch immer unbekannt. Es gibt aber eine ganze Reihe von Hinweisen: Man nimmt an, dass einem Krebs immer eine Veränderung in den Erbanlagen (den Genen bzw. den Chromosomen) vorangegangen ist.
Diese Gene (sogenannte Onkogene) werden durch einen Fremdreiz, zum Beispiel durch eine krebserregende Substanz, so verändert, dass sie die Zelle, in dessen Zellkern sie liegen, von ihrer Umgebung abkoppeln und sozusagen „autark" machen. Das bedeutet, dass diese Zelle plötzlich beginnen kann, sich zu teilen und zu vermehren, bis eine echte Geschwulst aus Krebszellen entsteht.
Allerdings kann man feststellen, dass die Veränderung der Gene allein nicht ausreicht: Es muss außerdem noch der Informationsaustausch zwischen den Zellen gestört sein, und nicht zuletzt muss das Immunsystem geschwächt sein. Ein starkes Immunsystem ist der beste Schutz gegenüber dem Krebs, da es eben nicht nur fremde Krankheitserreger, sondern auch entartete eigene Zellen entdeckt und bekämpft.
Man kann im Prinzip davon ausgehen, dass in unserem Stoffwechsel ständig Krebszellen entstehen und vom Immunsystem zerstört werden.
Ein weithin ungeklärtes Problem ist es, warum ein Krebs häufig so viele Jahre braucht, bis er sich bemerkbar macht, und dann plötzlich mit aller Macht den Körper durchsetzen und zerstören kann.

Was sind Karzinome und Sarkome?

Die Krebsarten werden in Karzinome und Sarkome eingeteilt, je nachdem, von welchen Zellarten sie ausgehen. Die bei weitem häufigsten Krebse (die Karzinome) entstehen auf die Oberfläche der Organe aus dem sogenannten Epithel oder im Drüsengewebe (zum Beispiel der Brustkrebs aus Brustdrüse). Die Sarkome sind seltener und gehen hauptsächlich von Bindegewebs- oder Muskelzellen aus.

Woran misst man die Bösartigkeit eines Krebses?

Die Bösartigkeit eines Krebses wird daran gemessen, wie früh, also in welchem Stadium des Krebses, und wie schnell er Metastasen bildet, und daran, wie schnell er wächst und sich zerstörerisch in umliegendes Gewebe ausbreitet. Es gibt sogenannte semimaligne Tumoren, die zwar zerstörerisch in Körpergewebe eindringen, aber eine geschlossene Geschwulst bleiben und keine Metastasen absiedeln.

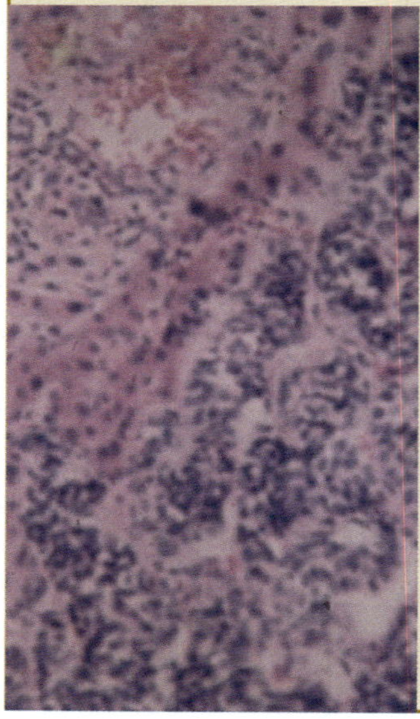

Nimmt die Krebshäufigkeit zu?

Allem Anschein nach sind Krebserkrankungen in Zunahme begriffen. Diese Zunahme kann aber zu einem guten Teil durch die Tatsache erklärt werden, dass die Menschen heutzutage länger leben und deshalb die späteren Lebensjahrzehnte, in denen der Krebs weit häufiger auftritt, erreichen.
Auch die zunehmende Verunreinigung unserer Umwelt mit gefährlichen Karzinogenen (d.h. krebserregenden Substanzen) kann die größere Krebshäufigkeit erklären.

die Herkunft der Krebszellen an ihrem Bau und ihrer Form erkennen kann – manchmal sogar noch an ihrer Funktion (Schilddrüsenmetastasen) –, werden auch Metastasen angetroffen, in denen die Zellen dermaßen dedifferenziert sind, dass ihre Herkunft nicht mehr zu erkennen ist.

Ursachen

Der erste Krebs, von dem festgestellt wurde, dass er mit einem Umweltfaktor in engem Zusammenhang steht, war der Skrotumkrebs, ein Krebs der Haut des Unterbauches bei Schornsteinfegern. Als der Beginn der Lehrzeit für Schornsteinfeger um einige Jahre verschoben wurde, trat auch dieser Hautkrebs ebenso viele Jahre später auf (Beweis für das Bestehen einer Latenzperiode). Danach sind zahlreiche Ursachen, die Krebs hervorrufen können, bekannt geworden:

- Einflüsse chemischer Art (zB. Teer);
- hormonaler Art (Östrogen, ein weibliches Hormon);
- physikalischer Art (Röntgenstrahlen, UV-Strahlen);
- immunologischer Art;
- aber auch Viren (bei manchen Tieren Leukämie).

Um einen bestimmten Stoff oder Faktor als karzinogen (krebsverursachend) nachzuweisen, sind Tierexperimente notwendig. Im Allgemeinen beruht die Suche nach karzinogenen Faktoren auf der Feststellung des Zusammenhanges (Korrelation) zwischen Krebsform und Umweltfaktor (eine heute auftretende Krebsform und ein Umweltfaktor, der vor 10 bis 20 Jahren wirksam war).

Prävention

Die Tatsache, dass die Ursachen des Krebses zum weitaus größten Teil in der Umwelt liegen, erhöht die Chancen der Prävention (Vorbeugung). Die Schwierigkeit liegt darin, dass einerseits unsere Kenntnis über die Ätiologie (Krankheitsursache) noch begrenzt ist, und andererseits diese Ursachen offenbar auf unser ganzes Zusammenleben bezogen sind. Vorbeugen ist jedenfalls

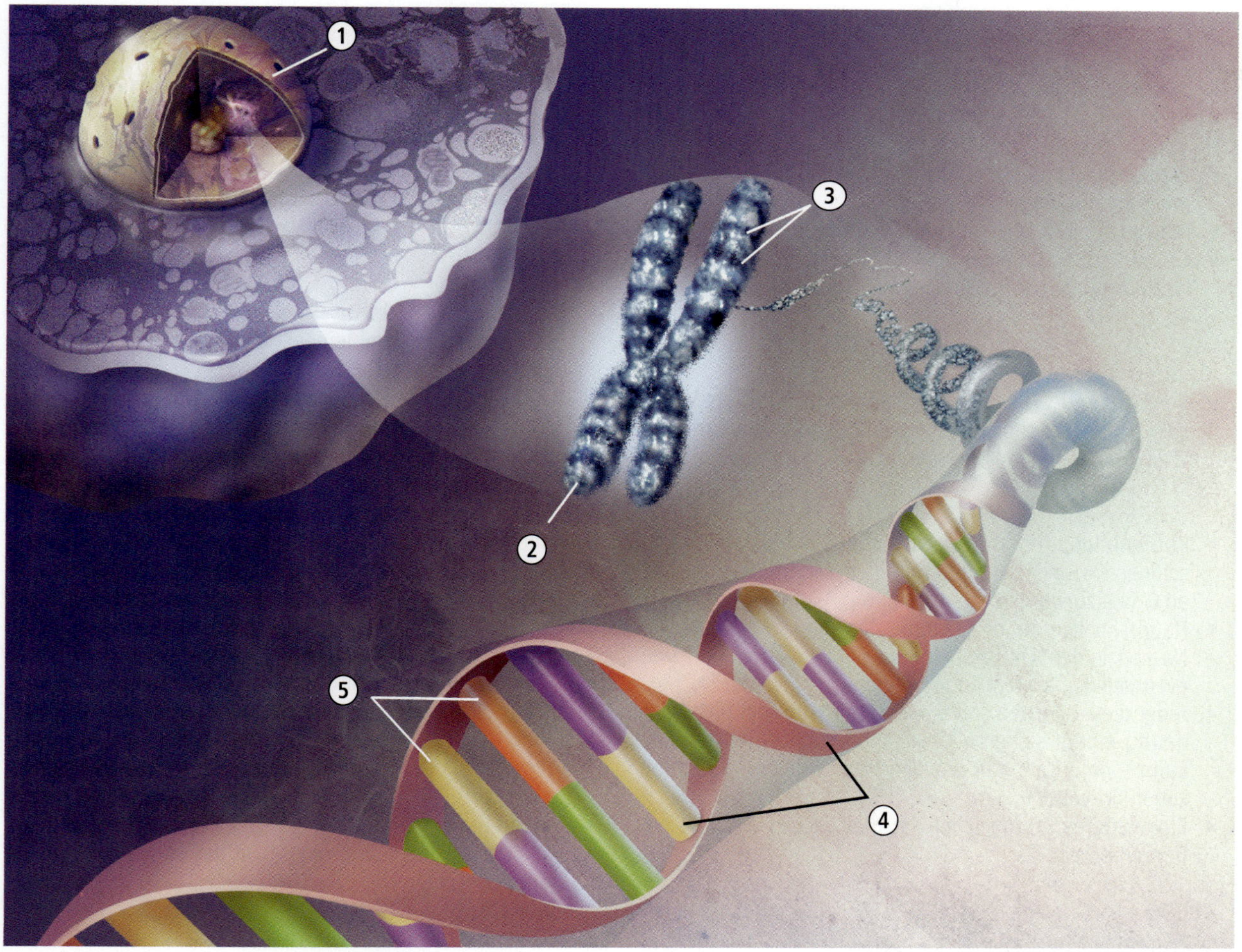

Krebs fängt immer in Zellen an. Eine Zelle besteht aus einem Kern (1) und aus Zytoplasma. Der Zellkern enthält die Chromosomen (2), das genetische Material der Zelle; die Chromosomen enthalten die Gene (3). Die Gene bestehen aus DNA (4). Das DNA-Molekül ist eine lange, gewundene Doppelhelix. Die Stufen der Leiter sind aus je zwei von vier sogenannten Basen (5) aufgebaut.

besser als heilen, sicher auch im Hinblick auf den Krebs, und das umso mehr, als die therapeutischen Ergebnisse der Krebsbehandlung noch kaum zufriedenstellend sind – besonders was den sehr häufigen Lungen- und den Magenkrebs betrifft.

Therapie

In der Hauptsache gibt es drei therapeutische Möglichkeiten: Chirurgie, Bestrahlung, Medikamente (auch Immuntherapie), jeweils allein oder in Kombination angewandt. Die Therapie kann kurativer Art sein, d.h. angewandt in der Erwartung, dass der Patient vollkommen geheilt wird, oder palliativer Art, d.h. angewandt zur Verlängerung

Zehn Regeln gegen den Krebs

1 Rauchen Sie nicht!
2 Verringern Sie Ihren Alkoholkonsum.
3 Vermeiden Sie starke Sonnenbestrahlung.
4 Halten Sie die Gesundheits- und Sicherheitsvorschriften insbesondere am Arbeitsplatz ein.
5 Essen Sie häufig frisches Obst und Gemüse sowie Getreideprodukte mit hohem Fasergehalt.
6 Vermeiden Sie Übergewicht.
7 Gehen Sie zum Arzt, wenn Sie eine ungewöhnliche Schwellung bemerken, eine Veränderung an einem Hautmal oder eine abnorme Blutung.
8 Gehen Sie zum Arzt, wenn Sie andauernde Beschwerden haben.
9 Gehen Sie einmal im Jahr zur Krebsfrüherkennungsuntersuchung. Die Krankenkassen übernehmen die Kosten bei Frauen ab dem 20. und bei Männern ab dem 45. Lebensjahr.
10 Für Frauen gilt: Untersuchen Sie regelmäßig Ihre Brust.

Anzeichen für die mögliche Entwicklung bösartigen Wachstums

Haut
- Pigmentflecken von schwarzbrauner Färbung (eventuell mit Behaarung) werden größer.
- Warzen nehmen an Größe und Umfang zu.
- Geschwüre sind hartnäckig und heilen – besonders an wetterexponierten Stellen (Händen, Gesicht) – nur schwer ab.

Mundschleimhaut
- Verdickung und eventuell mosaikartig veränderte weißliche Oberflächenbezirke, zuweilen von warzenartigem Charakter, sogenannte Leukoplakie.

Lymphdrüsen
- Knotenbildungen, die meist zufällig entdeckt werden, schmerzlos sind, sich derb anfühlen und im Lauf der Zeit an Größe zunehmen.
- Hauptsächlich in der Unterkieferregion, am Hals, im Nacken, in der Schlüsselbeingrube, in der Achselhöhle und eventuell der Leistenbeuge.
- Jeder dieser Knoten sollte – wenn er vom Arzt nicht eindeutig einem sicheren Geschehen zugeordnet werden kann – innerhalb von drei Wochen der Probeentnahme zugeführt werden.
- Ein weiteres Warnzeichen ist gleichzeitig Juckreiz am ganzen Körper.

Kehlkopf
- Heisere Stimme.
- Druckgefühl im Kehlkopfbereich.
- Schluckbeschwerden.

Hals
- Zunahme des Halsumfanges.
- Verdickung im Bereich der Schilddrüse.
- Verhärtung im Bereich der Schilddrüse.

Augen
- Auffälliges Nachlassen der Sehkraft, vor allem wenn es einseitig oder mit Doppelbildern verbunden ist.

Atmungsorgane
- Hartnäckiger Husten, der nicht unbedingt mit anderen Zeichen einer Erkältung verbunden ist, besonders dann, wenn etwas Auswurf mit kleinen rostbraunen oder eindeutig blutigen Sputum gekoppelt ist.
- Einseitig blutiger Schnupfen.
- Blutiges Sekret aus der Nase.

Brustdrüsen
- Erziehen oder Höherstehen einer Brustwarze.
- Fältelung der Haut.
- Blutige Absonderung aus der Brustwarze.
- Knotenbildung, auch schmerzhaft.
- Nässende Stellen vornehmlich im Bereich des Warzenvorhofes.

Speiseröhre
- Erschwertes Schlucken.
- Gefühl des Steckenbleibens der Speisen hinter dem Brustbein.
- Schmerzen im Rücken.

Magen
- Appetitlosigkeit.
- Völlegefühl.
- Abneigung gegen schwere Speisen – vor allem Fleisch.
- Fauliges Aufstoßen.

Darm
- Wechsel von leichter und erschwerter Darmentleerung.
- „Bleistiftstuhl" – bei tiefsitzender Darmgasentleerung.
- Schleim, vor allem aber Blut in und auf dem Stuhl.
- Hämorrhoiden sind selten bösartig.

Harnwege
- Blut im Harn.
- Besonders wenn kein Schmerz mit der Entleerung dieses Harns verbunden ist.

Geschlechtsorgane der Frau
- Jede Blutung außerhalb des Zyklus.
- Jede neuerliche Blutung, wenn die Regelblutung bereits erloschen war.
- Blutungen nach dem Geschlechtsverkehr, auch wenn es nur geringe Beimengungen zum Sekret sind.
- Fleischwasserfarbener Ausfluss.

Geschlechtsorgane des Mannes
- Häufiges erschwertes Wasserlassen und spontaner Harndrang.
- Verhärtung im Bereich des Hodens.
- Einseitige Größenzunahme eines Hodens.
- Blutiges Ejakulat.
- Jedes am Glied auftretende Geschwür.

Blut und blutbildende Organe
- Müdigkeit, die mit Blässe der Haut und der Schleimhäute verbunden ist.
- Auffällige Neigung zu banalen Infekten.
- Das Nichtfertigwerden mit sonst üblichen Infekten.
- Neigung zu blauen Flecken, die nicht mit einem auslösenden Trauma zu erklären sind.

des Lebens und zur Linderung der Leiden, ohne dass eine Heilung möglich ist. Eine neue therapeutische Möglichkeit scheint heute Erfolg zu versprechen: Es hat sich erwiesen, dass der Körper Maßnahmen gegen seine eigenen Krebszellen einleitet, und zwar über den immunologischen Apparat. Wie der Körper gegen Eindringlinge von außen durch die Bildung von Antikörpern reagiert, so tut er dies – in gewissem Sinne – auch gegen seine Krebszellen, die er als Fremde ansieht.

Entsprechend der Anwendung von Seren und Vakzinen bei Infektionskrankheiten könnte eines Tages auch die Entwicklung von Impfstoffen gegen Krebs gelingen. Auch bei der Krebsvorbeugung wäre dies sicherlich eine gewichtige Waffe. Jährlich erkranken in Deutschland fast 350.000 Menschen an Krebs. Die zwar leichte, aber stetige Zunahme beruht vor allem auf der veränderten Altersstruktur: Unsere Lebenserwartung steigt ständig – und damit natürlich auch das Krebsrisiko. Die meisten Tumorpatienten sind älter als 60 Jahre. Aber Krebs nimmt nicht nur aus Altersgründen zu: Bei Männern häufen sich besonders Darmkrebs und Prostatakrebs, und bei Frauen zeigen Brustkrebs und Lungenkrebs auffällige Steigerungsraten. Die Ursachen dafür sind meist noch weitgehend unbekannt.

Hilfe bei Krebsschmerzen

Etwa 50 Prozent der Krebspatienten können heute geheilt werden. Aber auch, wenn keine dauerhafte Heilung erreicht wird, bedeutet dies nicht das Ende der Therapie: Im Vordergrund steht dann neben lebensverlängernden Therapien die Linderung von krankheitsbedingten Symptomen mit dem Ziel, die Lebensqualität zu erhalten.

Gute Lebensqualität bedeutet für die Patienten in erster Linie Schmerzfreiheit. Viele Menschen glauben immer noch, dass Schmerzen zu einer Krebserkrankung gehören und dass man dies so hinnehmen und aushalten müsste. Dies ist falsch: Man schätzt zwar, dass etwa 60 Prozent aller Krebskranken zu irgendeinem Zeitpunkt Schmerzen verspüren, die Schmerztherapie ist jedoch heute in der Lage, den meisten Patienten eine befriedigende Schmerzlinderung zu verschaffen, in vielen Fällen sogar eine völlige Schmerzfreiheit

Dennoch leiden in Deutschland immer noch zahlreiche krebskranke Menschen unnötig an ihren Schmerzen. Einen Beitrag zur Verbesserung der Situation dieser Patienten leistet der telefonische Informationsdienst Krebsschmerz im Deutschen Krebsforschungszentrum in Heidelberg (06221–422000).

Hier können sich Patienten oder ihre Angehörigen über die Möglichkeiten der Schmerztherapie informieren. Sie erfahren, wie eine qualifizierte Therapie aufgebaut wird, und bekommen auf Wunsch Adressen von möglichen Ansprechpartnern sowie schriftliches Informationsmaterial.

Wichtige Themen am Telefon sind die Gründe, die dazu führen, dass eine medikamentöse Behandlung nicht ausreichend wirkt oder dass Therapien unnötig abgebrochen werden.

Das Krebsrisiko mindern

Die folgenden Empfehlungen beruhen auf der Veröffentlichung der Europäischen Union, Programm "Europa gegen Krebs": Der Europäische Kodex zur Krebsbekämpfung.

- Rauchen Sie nicht
- Verringern Sie Ihren Alkoholkonsum (Bier, Wein, Spirituosen)
- Essen Sie viel frisches Obst, Gemüse und ballaststoffreiche Getreideprodukte
- Vermeiden Sie Übergewicht; bewegen Sie sich mehr körperlich und begrenzen Sie den Verzehr fettreicher Speisen
- Vermeiden Sie übermäßige Sonnenbestrahlung und Sonnenbrand. Dieses gilt besonders für Kinder
- Halten Sie unter anderem am Arbeitsplatz Vorschriften genauestens ein, durch die Sie vor einem Kontakt mit Krebs erregenden Stoffen geschützt werden sollen. Folgen Sie genau den Gesundheits- und Sicherheitsvorschriften über Substanzen, die Krebs verursachen können
- Gehen Sie zum Arzt, wenn Sie eine ungewöhnliche Schwellung bemerken, eine Wunde (auch im Mund), die nicht abheilt, eine Veränderung der Form, Größe und Farbe an einem Hautmal oder eine ungewöhnliche Blutung
- Gehen Sie zum Arzt, wenn Sie andauernde Beschwerden haben, wie chronischen Husten, oder anhaltende Heiserkeit, eine Veränderung beim Stuhlgang oder Wasserlassen feststellen und wenn Sie unerklärlichen Gewichtsverlust bemerken
- Frauen: Lassen Sie regelmäßig einen Abstrich vom Gebärmutterhals machen. Nutzen sie die Früherkennungsuntersuchungen
- Frauen: Untersuchen Sie regelmäßig Ihre Bruste. Nutzen sie die Früherkennungsuntersuchungen.

Lebererkrankungen

Einführung

Die Leber (Hepar) ist eine Drüse, und zwar die größte des gesamten Organismus. Diese Drüse hat zahlreiche Funktionen, darunter Galle, die für die Verdauung unabdingbar ist, auszuschütten, Zucker (Glukose) zu speichern und diesen nach und nach in das Blut abzugeben und vom Darm aufgenommene Giftstoffe (Toxine) abzubauen.

Die Leber füllt die ganze rechte, unter den Rippenknorpeln liegende Körperregion (Hypochondrium) und einen Teil der Magengrube aus und reicht bis ins linke Hypochondrium. Die Leber liegt unter dem Zwerchfell, oberhalb des Magens und der Gedärme. Die Leber wird von zahlreichen Bändern, die an der unteren Hohlvene verwachsen sind, in ihrer Position gehalten. Die Leber folgt den Bewegungen des Zwerchfells, mit der sie über die Hohlvene verbunden ist. Bei der Einatmung schiebt sich die Leber über die Ebene der letzten Rippen hinaus und sinkt nach unten ab.

Wenn ein Arzt die Leber eines Patienten abtasten will, bittet er deshalb den Patienten, tief einzuatmen.

Die Leber ist braunrot und ihre Konsistenz recht fest. Sie lässt sich aber eindrücken, das heißt, die Leber hat auf ihrer Unterseite Abdrücke der angrenzenden Organe, vor allem der Niere, des Magens und des Dickdarms. Die Leber lässt sich in zwei Teile gliedern: eine gewölbte Oberseite, die mit dem Zwerchfell verbunden ist, und eine Unterseite, die besonders wichtig ist, weil sie zahlreiche Gefäße aufnimmt. Auf dieser Seite befinden sich auch drei Furchen, die der Form des Buchstabens „H" entsprechen: Zwei Furchen verlaufen längs, von vorne nach hinten, die letzte quer, von oben nach unten.

- Eine der Längsfurchen ist von der Gallenblase ausgefüllt, in der die Galle gespeichert wird. Die Hohlvene verläuft am Grund dieser Furche.
- Die Querfurche wird Leberhilus oder Leberpforte genannt. Hier münden zwei dicke Blutgefäße in das Organ – die Leberarterie und die Pfortader – und es entspringt der Lebergang, in dem die Galle transportiert wird. Die Leberarterie schafft das für die Ernährung der Leber notwendige Blut heran. Die Pfortader bringt das vom Darm kommende Blut, das mit Verdauungsprodukten gesättigt ist, die von der Leber verarbeitet werden müssen. Das gesamte Blut, das in diesen dicken Gefäßen ankommt, verteilt sich im ganzen Organ über ein feines Kapillarnetz und fließt über die Lebervenen, die in die untere Hohlvene münden, ab.

Topographische Lage der Leber im Bauchraum.

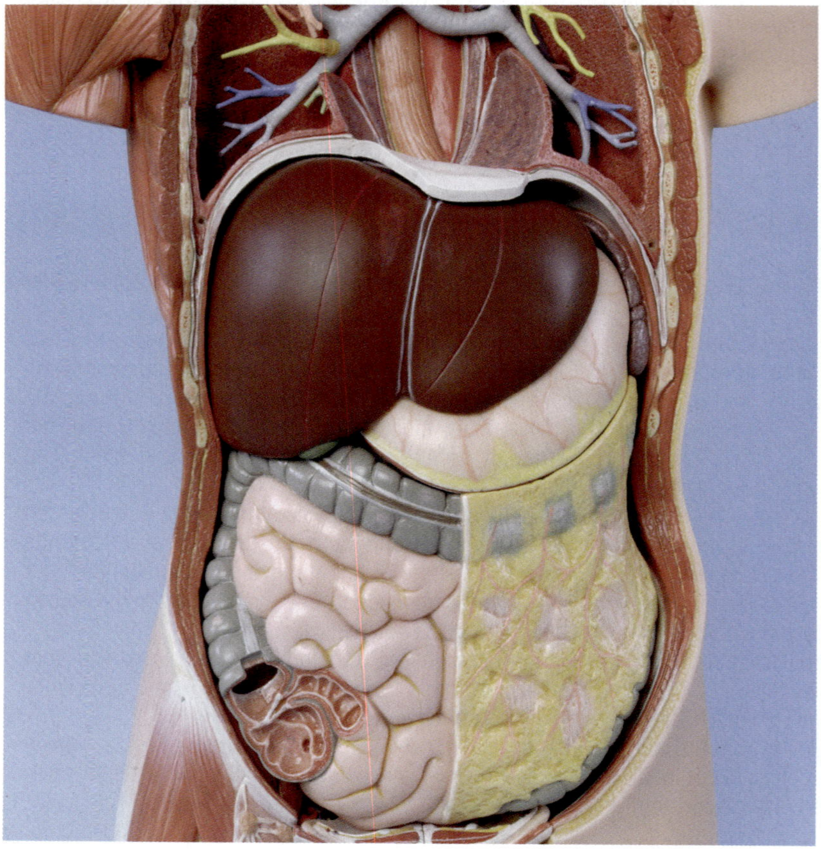

Lebergewebe

Die Leber setzt sich aus zahlreichen hirsekorngroßen Körperchen zusammen, den Leberläppchen. Die Läppchen sind durch Zwischenräume voneinander getrennt, die Glisson-Felder oder Periportalfelder heißen. In diesen Feldern verlaufen die Gefäße, die von der Leberarterie und der Pfortader kommen. Sie dringen in die Leberläppchen ein und verästeln sich dort um die Zellen herum, die entlang der Achse des Läppchens strahlenförmig angeordnet sind. Nachdem das Blut durch das

Modell der menschlichen Leber. Gelb: Verzweigungen der Gallengänge; blau: Verzweigungen des Pfortadersystems.

Kapillarnetz zwischen den Zellen hindurchgeflossen ist, tritt es über die zentrale Vene eines jeden Läppchens, die seine Achse bildet, aus. Alle Leberläppchenzentralvenen münden in zunehmend dickere Gefäße, bis hin zu den Lebervenen, die die Leber verlassen. Außerdem verlaufen zwischen den Zellen, in umgekehrter Richtung zu den Gefäßen, die Gallengänge, die die von den Zellen produzierte Galle aufnehmen. Die Kanälchen vereinigen sich, bilden immer dickere Gallengänge und verlassen die Leber über einen Kanal, der Lebergang genannt wird.

Krankheitsbilder

Da die Leber an zahlreichen Enzymfunktionen beteiligt ist, spielen die Laborwerte der Leberenzyme eine besondere Rolle bei Erkrankungen der Leber. Die Leber wird vor allem durch chronische Giftwirkungen, Infektionen und Entzündungen geschädigt.

- Gelbsucht (Ikterus): Die für Gelbsucht typische gelbliche Verfärbung der Haut und der Augen wird durch die Einlagerung von braungelben Gallenpigmenten in der Haut hervorgerufen. Die Gallenpigmente können auch die Haut reizen und dadurch Juckreiz verursachen. Viele Arzneimittel können Gelbsucht dadurch auslösen, dass entweder rote Blutzellen zu früh abgebaut werden oder die Leberfunktion gestört wird. Auch die Kanäle, durch die der Gallenfarbstoff Bilirubin die Leber verlässt, können blockiert oder durch Entzündungen in ihrer Funktion gestört sein.
- Galleabflussstörung (Cholestase): Wenn der Abfluss der Galle gestört ist, treten vermehrt gallenpflichtige Stoffe (Bilirubin, Gallensäuren, Cholesterin, Gallenenzyme) im Serum auf.
- Leberschwäche (akute Leberinsuffizienz): Es handelt sich um eine lebensbedrohliche, akute schwere Leberfunktionsstörung, bei der die Giftstoffe nicht mehr aus dem Blut entfernt werden können und deshalb innerhalb von drei Wochen schwere Störungen des zentralen Nervensystems (hepatische Enzephalopathie) ausgelöst werden.
- Leberentzündungen (Hepatitis): Leberentzündungen können akut oder chronisch auftreten. Chronische Leberentzündungen dauern mindestens sechs Monate und können vielfältige Beschwerden verursachen.

Wichtige Fragen und Antworten zu Lebererkrankungen

Wie ist die Leber gebaut?
Die Leber ist die größte Drüse des menschlichen Körpers und wird auch als chemisches Kraftwerk des Körpers bezeichnet. Die Leber (Gewicht zirka 1½ Kg) liegt rechts im Oberbauch direkt unter dem Zwerchfell. Dieses Galle produzierende Organ ist aus verschiedenen Lappen aufgebaut, die in unzählige millimetergroße Leberläppchen unterteilt und untereinander durch Bindegewebe verbunden sind. Eine jede dieser Einheiten besitzt ein Kapillarnetz, das von der Vena portae gespeist wird.

Welche Funktionen übt die Leber aus?
Dieses größte Organ der Bauchhöhle übt verschiedene Funktionen aus:

■ Blutkreislauf
Die Leber überprüft die Blutzellen auf Alter und Funktionsfähigkeit. Alte, nicht brauchbare Blutzellen werden von bestimmten Leberzellen aussortiert und abgebaut.
■ Stoffwechsel
Der Leber wird durch die Pfortader das nährstoffreiche Blut aus dem Verdauungstrakt zugeführt. Aus den Nährstoffen stellt sie Zucker her und speichert es. Das Eiweiß, welches aus der Nahrung gewonnen wurde, wird in körpereigenes Eiweiß umgewandelt.
Die Leber produziert Ausgangsstoffe für den Aufbau von Sexualhormonen und Fetten.
■ Entgiftung
Die Leber verfügt über spezielle Reaktionsmöglichkeiten, mit denen sie Gifte, die mit der Nahrung aufgenommen wurden, unschädlich machen kann. Diese Leistung der Leber wird in der Medizin als Biotransformation bezeichnet.
■ Verdauung
Die Leber produziert den Gallensaft, der über die Gallengänge in die Gallenblase abgegeben und dort gespeichert wird. Die in dem Gallensaft enthaltenen Gallensäuren sind unentbehrlich für die Fettverdauung.

Wie groß ist die Regenerationsfähigkeit der Leber?
Aus den vielfältigen Funktionen der Leber ist ersichtlich, dass die Rolle der Leber für den gesamten Körper beachtlich ist. Die unentbehrlichen Leistungen der Leber haben eine hohe Regenerationsfähigkeit der Leber zur Folge; selbst wenn 2/3 der Leber entfernt werden, ist der Rest noch in der Lage, alle Aufgaben des Organs zu meistern.

Was sind die wichtigsten Symptome bei Lebererkrankungen?
Die Symptome der Lebererkrankungen können Leberzellschädigungen, Verengungen der Gallengänge und Zeichen des Pfortaderhochdruckes wiederspiegeln. Die wichtigsten Symptome bei Lebererkrankungen sind:
– Gelbsucht;
– helle Stühle;
– dunkler Urin.

Was versteht man unter Leberdiagnostik?
Sammelbezeichnung für Untersuchungen, die zur Erkennung von Lebererkrankungen notwendig sind. Die Untersuchung des Blutes liefert wichtige Aussagen zur Leistung der Leber, durch die Ultraschalluntersuchung oder die Computertomographie lässt sie sich abbilden. Die Leberbiopsie ist eine der wichtigsten Untersuchungsmethoden.

Was ist Gelbsucht?
Die Gelbsucht ist ein Hauptsymptom von Lebererkrankungen und nicht eine Lebererkrankung an sich. Gekennzeichnet ist dieses Symptom durch gelbliche Verfärbung von Haut, Schleimhaut und Körperflüssigkeiten. Bei schwerer Gelbsucht verfärbt sich auch die weiße, derbe Lederhaut des Auges. Grund für diese Gelbfärbung ist ein Anstieg des Farbstoffs Bilirubin im Blut.

Wie entsteht ein Anstieg des Farbstoffs Bilirubin im Blut?
Bilirubin entsteht als Zwischenprodukt beim Abbau des Blutfarbstoffes Hämoglobin. Der Abbau dieses Blutfarbstoffes geschieht nicht nur in der Leber, sondern auch in vielen anderen Organen. Das schlecht wasserlösliche Bilirubin wird über den Blutweg der Leber zugeführt, die durch bestimmte Reaktionen die Wasserlöslichkeit des Bilirubins erhöht. So kann Bilirubin in die Gallekanälchen abgegeben werden und bildet so einen Bestandteil des Gallensaftes und gelangt in den Darm. Das meiste Bilirubin wird von den Darmzellen wieder gespalten, aufgenommen und über die Pfortader wieder der Leber zugeführt.

Wodurch entsteht Gelbsucht?
Es gibt folgende Mechanismen, wie eine Gelbsucht entstehen kann:
■ gesteigerter Abbau der roten Blutkörperchen;
■ Leberzellschädigung;
■ Gallengangverschluss;
■ Arzneimittelgelbsucht;
■ Schwangerschaftsgelbsucht. Der Grund für diese Gelbsucht ist ungeklärt. Die Gelbsucht verschwindet kurz nach der Geburt.

Akute Leberentzündungen gehen häufig auf Virusinfektionen zurück. Die unterschiedlichen Viren, die Hepatitis A, B, C, D und E verursachen, können durch eine gezielte Hepatitis-Serologie identifiziert werden.

- Lebervergiftung (toxische Lebererkrankung): Leberschädigungen können durch die Wirkung zahlreicher Arzneimittel, durch Umwelt- und Industriegifte (Nitroverbindungen, aromatische oder Halogen-Kohlenwasserstoffe, Tetrachlorkohlenstoff und Schwermetalle) und durch Leberverfettung entstehen. Alkoholismus kann zum bindegewebigen Umbau von Lebergewebe mit Funktionsverlust (Leberzirrhose) führen.
- Lebertumoren: Das Lebergewebe selbst ist seltener von einer Krebserkrankung betroffen, häufiger finden sich in der Leber Tochtergeschwülste (Lebermetastasen), die von Krebserkrankungen aus anderen Körperregionen stammen.

Leberentzündung

Sind die Haut und das Weiße in den Augen gelblich verfärbt, kann es sich um ein Hinweiszeichen auf eine Gelbsucht (Ikterus) handeln. Darüber hinaus können Druckschmerz im rechten Oberbauch, Abgeschlagenheit, Müdigkeit, Appetitlosigkeit, Übelkeit, leichte Erhöhung der Körpertemperatur, Durchfall und Gelenkbeschwerden auftreten. Wenn der Harn dunkler als normal ist, könnte sich die Leber entzündet haben (Hepatitis). Mögliche Ursachen sind Infektionen, Gallensteine und Krebsgeschwulste (Lebermetastasen), die aus anderen Körperregionen stammen.

- Hepatitis A: Die infektiöse Hepatitis (Hepatitis A) kann durch kontaminierte Speisen oder Getränke übertragen werden. Die meisten Ansteckungen kommen bei Reisen in Länder mit niedrigem Hygienestandard vor. Die Erkrankung dauert etwa sechs Wochen und verursacht Lethargie, Schwäche, Unverträglichkeit von Zigarettenrauch und Alkohol sowie ausgeprägten Appetitmangel. Die kranke Leber kann anschwellen und druckempfindlich werden, heilt jedoch in der Regel spontan ab.
- Hepatitis B: Vor allem Drogensüchtige, die Injektionsnadeln, gemeinsam verwenden, oder durch verunreinigte Bluttransfusionen kann es zu einer infektiösen Serumhepatitis (Hepatitis B) kommen – die Erkrankung verläuft schwerer als Hepatitis A und kann für Betroffene lebensbedrohlich werden. Das Erregervirus ist im Blut und kann direkt übertragen werden. Hepatitis B tritt besonders bei Drogensüchtigen häufig auf.
- Andere Formen einer Virushepatitis können ähnliche Symptome hervorrufen und auch durch kontaminierte Bluttransfusionen oder schmutzige Nadeln übertragen werden.
- Pfeiffersches Drüsenfieber (infektiöse Mononukleose) kann auch auf die Leber übergreifen. Die Leber ist dann zusätzlich druckempfindlich und geschwollen.

Leberkrebs

Leberkrebs kann als primärer Leberkrebs von den Leberzellen selbst ausgehen. Weitaus häufiger aber siedeln sich Metastasen (Tochtergeschwülste) anderer bösartiger Tumoren in der Leber an. Die Leber ist das am häufigsten von Krebsmetastasen befallene Organ. Vor allem Primärtumoren des Magens, der Bauchspeicheldrüse, der Gallenblase, des Darmes, der Brust und der Nieren metastasieren in die Leber.
In anderen Teilen der Welt (Asien, Afrika) ist Leberkrebs weit (bis zu hundertfach) häufiger als in der westlichen Welt. Die Ursache dafür liegt vor

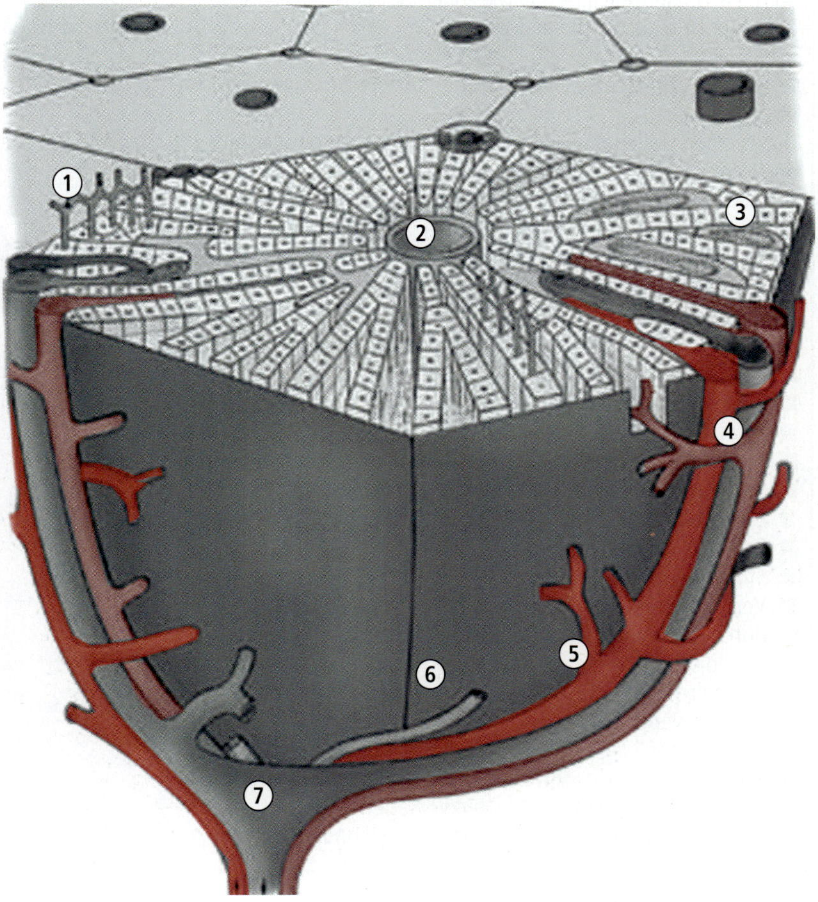

Schematischer Aufbau eines Leberläppchens.
1 – Gallenkapillaren; 2 – Zentralvene;
3 – Leberzelle; 4 – Gallengang; 5 – Leberarterie;
6 – Lymphgefäß; 7 – Pfortader.

Wichtige Fragen und Antworten zu Lebererkrankungen

Wodurch entsteht Gelbsucht bei gesteigertem Abbau der roten Blutkörperchen?
Die normale Lebensdauer eines roten Blutkörperchen beträgt 120 Tage. Ist die Lebenszeit aufgrund bestimmter Erkrankungen verkürzt, wird wesentlich mehr Blutfarbstoff abgebaut, sodass die Leber nicht mehr alles Bilirubin aufzunehmen vermag. Die Konzentration des Bilirubins im Blut steigt folglich an und eine Gelbsucht entwickelt sich.

Was ist Leberkrebs?
Von der Leber selbst ausgehende Krebserkrankungen sind selten, sie treten meist infolge einer Leberzirrhose oder aufgrund von Vergiftungen durch Schimmelpilzgifte (Aflatoxine) auf. Dagegen siedeln sich Metastasen anderer Krebse sehr häufig in der Leber an.

Wodurch entsteht Gelbsucht bei Leberzellschädigung?
Bei Schädigung der Leberzellen kann das wasserlöslich gemachte Bilirubin nicht in die Gallenkanälchen abgegeben werden, sodass es zu einem Bilirubinstau kommt. Das angehäufte Bilirubin tritt in das Blut über. Da diese Form des Bilirubin wasserlöslich ist, kann es über die Nieren als dunkel gefärbter Urin ausgeschieden werden.

Wodurch entsteht Gelbsucht bei Gallengangsverschluss?
Durch einen Gallengangsverschluss kommt es zum Rückstau der kontinuierlich gebildeten Galle. Als Konsequenz tritt wasserlösliches Bilirubin ins Blut über und wird als dunkel gefärbter Urin ausgeschieden. Ferner ist bei einem kompletten Gallengangenverschluss der Stuhl entfärbt, da kein Gallenfarbstoff in den Darm gelangt.

Welche Ursachen kann eine Leberfunktionsstörung haben?
- Infektion der Leber.
- Parasitenbefall der Leber.
- Krebsbefall.
- Vergiftung der Leber nach Einnahme von Giften.
- Längerdauernder Verschluss der Gallenwege
- Schwere Unterernährung.
- Störung ihrer Blutversorgung.
- Verdrängung ihrer lebenswichtigen Gewebestrukturen durch abnormerweise gebildete Substanzen wie etwa Amyloid.
- Leberzirrhose (Ersatz des Lebergewebes durch Bindegewebe).

Können sich Herzleiden auf die Leber auswirken?
Ja. Bei Herzschwäche oder Herzversagen kann es zur Vergrößerung und Blutstauung der Leber kommen. Wenn dieser Zustand längere Zeit anhält, kann ein bleibender Leberschaden die Folge sein.

Was ist die Leberbiopsie?
Es handelt sich um die Entnahme von Lebergewebe mittels bestimmter Techniken, die dann eingefärbt und unter dem Mikroskop betrachtet werden.

Wie wird diese Biopsie durchgeführt?
Der Patient darf mindestens 12 Stunden lang nichts essen. Es folgt eine lokale Anästhesie an der rechten Brustkorbseite auf der Höhe der Leber, wobei der Patient auf der linken Seite liegt. Dann wird eine spezielle Biopsienadel eingeführt und eine Stück Lebergewebe entfernt.

Ist die Leberbiopsie gefährlich?
Das Risiko, an einer korrekt durchgeführten Biopsie zu sterben, bei der sämtliche Vorsichtsmaßnahmen eingehalten wurden, ist extrem niedrig (zirka 0,01 Prozent). In den seltenen Fällen, wo Probleme auftreten, handelt es sich um Komplikationen, die nicht tödlich sind und in kurzer Zeit behoben werden können.

Leberinfektion durch Amöben.

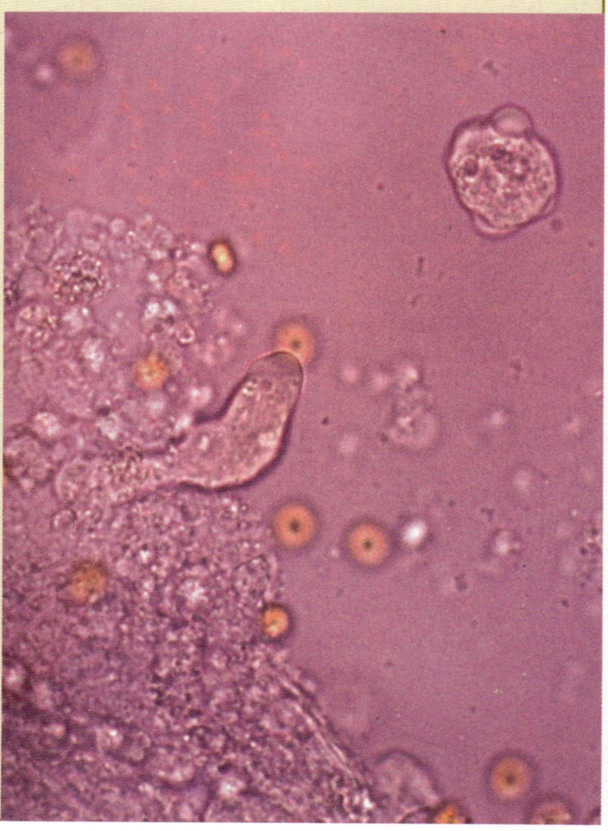

allem im häufigeren Vorkommen der Hepatitis B, die als chronische Leberentzündung im Laufe von Jahren zur Entstehung von Leberkrebs führen kann.

Die Leberzirrhose geht nicht selten in einen Leberkrebs über. Bestimmte Schimmelpilzgifte, vor allem das Aflatoxin, das in verschimmeltem Brot oder verschimmelten Nüssen vorkommt, können die Entstehung von Leberkrebs begünstigen. Auch bei erblicher Eisenspeichererkrankung (Hämosiderose) ist das Leberkrebsrisiko erhöht. Seltene Ursachen sind Gifte wie Arsen und Chemikalien wie Vinylchlorid, das bei der Herstellung von PVC benötigt wird.

Die Beschwerden sind oft sehr uncharakteristisch und auch nicht immer vorhanden: zunehmende Schwäche und Müdigkeit, Appetitlosigkeit, Völlegefühl mit Leibschmerzen oder allgemeine Missempfindungen im Bauch. Ein aufgetriebener Leib oder gar eine Gelbsucht sind meist späte Zeichen der Krankheit.

Therapie

- Bei einer kleinen Krebsgeschwulst muss nur ein Teil der Leber entfernt werden.
- Bei größeren Tumoren reicht eine Teilentfernung der Leber oft nicht aus. Die dann notwendige Entfernung der ganzen Leber ist aber nur möglich, wenn gleichzeitig eine Lebertransplantation durchgeführt wird. Dies geschieht jedoch nur selten und ist nur beim primären Leberkarzinom angezeigt.
- Andere Therapien können das Fortschreiten der Krebserkrankung zumindest aufhalten: regionale Chemotherapie oder Chemoembolisation. Dabei wird ein krebshemmendes Arzneimittel in das Blutgefäß eingespritzt, das den Lebertumor versorgt. Bei der Chemoembolisation werden neben Arzneimitteln Stoffe eingespritzt, die die Blutzufuhr zu der Geschwulst durch Verstopfung kleiner Blutgefäße ganz

Leber-Galle-Diät

- Die Leber-Galle-Diät muss 30-40 g Eiweiß pro Tag enthalten. Milcheiweiß in Form gesäuerter Milchprodukte, z. B. Quark, ist zu bevorzugen. Fettes Fleisch und fetter Fisch sind verboten. Eier nur von Fall zu Fall gestattet.
- Die Fettzufuhr beträgt 50–60 g täglich. Es sollen nur ungehärtete Fette mit einem hohen Anteil an hochungesättigten Fettsäuren (Linolsäuren) und Vitamin E Verwendung finden. Empfehlenswert ist Vitaminöl, ein Gemisch aus Maiskeimöl und Weizenkeimöl.
- Fruchtzucker ist nicht nur ein leberspezifischer Zucker und physiologischer Energiespender, sondern das wichtigste Kohlenhydrat der Leberdiät. Frisches Brot ist zu meiden, abgelagertes Grahambrot oder Knäckebrot zu bevorzugen. Gemüse kann in fein zerkleinerter Form auch als Rohkost gegeben werden. Verboten sind jedoch alle Kohlsorten Hülsenfrüchte, Zwiebeln, Pilze. Obst kann, je nach Verträglichkeit, roh zubereitet werden. Verboten sind unreifes Obst, Trockenobst, rohes Steinobst, Nüsse, Mandeln.
- Alle Vitamine, besonders die des B-Komplexes sowie Vitamin A und E, sind wichtig. Natürliche Vitaminzusatzpräparate: Keimdiät-Weizenkeime, Weizenkeime, -Vollextrakt-Kapseln.
- An Getränken kommen Kräutertee, Gemüse- und Fruchtsäfte, gesüßt mit Topigran, in Frage. Verboten sind alkoholische Getränke, Bohnenkaffee sowie Cola und stark kohlensäurehaltige Mineralwasser.
- Ein speziell auf den Leber- und Nervenstoffwechsel ausgerichtetes Diätetikum ist Molat (aus warenzeichenrechtlichen Gründen in der Apotheke jetzt als Bonolat bezeichnet). Molat-Kurtage können 1-mal wöchentlich als Schalttage durchgeführt werden.
- Bei Gärungs- und Fäulniserscheinungen des Darmes oder bei Darmträgheit ist Biorogg, aus Roggensauer und Mannit hergestellt, eine geeignete diätetische Verdauungshilfe.
- Die Haut Leber-Galle-Kanker ist oft trocken und spröde. Daher ist eine intensive Hautpflege als äußere Diät, als Hautdiät, notwendig, z.B. tägliche Bürstenmassage des ganzen Körpers und anschließend Einölen mit Hautdiät-Öl angebracht.

Modell der menschlichen Leber. Rot: Verzweigungen der arteriellen Blutgefäße.

Wirkstoffe bei Leber- und Gallebeschwerden

Chelidonium majus

Artischocke
Die Artischocke (Cynara scolymus) ist eine Pflanze aus der Familie der Korbblütler (Asteraceae) und enthält vor allem das Zimtsäure-Derivat Cynarin, das chemisch dem Nervenbotenstoff Dopamin gleicht. Cynarin fördert die rasche Ausscheidung von Gallensäuren und Gallenfarbstoff (Bilirubin) aus dem Blut, aktiviert den Leberstoffwechsel und wirkt entgiftend (fördert die Ammoniak-Ausscheidung).

Boldoblätter
Die getrockneten Blätter des chilenischen Immergrünstrauchs Peumus boldus enthalten ätherisches Öl und ein Apomorphin-Alkaloid (Boldin), das schwach hypnotisch sowie entspannend auf die Darmmuskulatur wirkt und kolikartige Gallebeschwerden günstig beeinflussen kann.

Gelbwurz
Javanische Gelbwurz (Curcuma xanthorrhizae rhizoma) gehört zur Familie der Ingwergewächse (Zingiberaceae) und wurde von den Malayen zur Behandlung von tropischen Leberleiden und malariabedingten Leberschäden benutzt. Gelbwurz enthält vor allem ein antibakteriell wirksames Sesquiterpenphenol (Xanthorrhizol) und antientzündlich wirsames Curcumin. Die Wirkstoffe sind besonders zur Behandlung von entzündlichen Erkrankungen der Gallenwege und der Gallenblase geeignet.

Löwenzahn
Inhaltsstoffe von Kraut und Wurzel des Löwenzahns (Taraxacum officinalis) sind Bioflavonoide, Biotin, Cholin, Mineralstoffe und Spurenelemente, Vitamine, Fett- und Eiweißstoffe sowie Pottasche. Löwenzahn fördert den Gallefluss, die Galleproduktion und die Urinausscheidung und kann Lebererkrankungen und -entzündungen günstig beeinflussen.

Taraxacum officinalis

Mariendistel
Silymarin ist eine Bezeichnung für Inhaltsstoffe der Früchte der Mariendistel (Silybum marianum), die bei Verdauungsbeschwerden lindernd und bei entzündlichen Lebererkrankungen unterstützend wirksam sein können. Insbesondere eine Knollenblätterpilz-Vergiftung, die die Leber schädigt, kann mit Silymarin behandelt werden.

Pfefferminze
Die Blätter der Pfefferminze (Mentha piperita), ein Lippenblütler (Lamiaceae), enthalten unter anderem ätherisches Öl, Menthol, Menthon, Methylacetat, Tanninsäure, Terpene und Vitamin C. Pfefferminzwirkstoffe wirken entspannend auf die glatte Muskulatur und fördern den Gallefluss. Pfefferminze kann bei krampfartigen Schmerzen in der Gallenblase und den Gallenwegen eingesetzt werden.

Schöllkraut
Schöllkraut (Chelidonium majus) gehört zur Familie der Mohngewächse (Papaveraceae) und enthält hauptsächlich das Alkaloid Chelidonin, das am Magen-Darm-Trakt muskelentkrampfend (spasmolytisch) wirkt. Schöllkraut kann bei Magen- und Darmkoliken eingesetzt werden.

unterbinden sollen, damit der Tumor das Wachstum einstellt oder abstirbt.

- Bei kleineren Geschwülsten wird versucht, unter Ultraschallkontrolle konzentrierten Alkohol direkt in den Tumor einzuspritzen, um ihn so zum Absterben zu bringen. Insgesamt sind diese Maßnahmen im Allgemeinen aber nur begrenzt erfolgreich.

Leberverfettung

Die Verfettung von Lebergewebe (Fettleber) ist häufig ernährungsbedingt und kann Ursache einer Leberentzündung sein. Leberverfettung kann bei Fettsucht (Adipositas), aber auch bei Mangelernährung vorkommen. Darüber hinaus reagiert die Leber auch bei Alkoholmissbrauch und Giftwirkungen durch Arzneimittel oder Chemikalien mit zunehmender Verfettung sowie bei Fettstoffwechselstörungen oder Zuckerkrankheit (Diabetes mellitus). Auch während der Schwangerschaft kann es zur Leberverfettung kommen. Wird die krankmachende Ursache beseitigt, normalisiert sich in der Regel das Lebergewebe wieder.
Am häufigsten treten Bauchschmerzen, Gelbsucht, Müdigkeit, Appetitlosigkeit und Übelkeit auf.

Leberzirrhose

Eine häufige Folge des chronischen Alkoholmissbrauchs ist die Leberschrumpfung (Leberzirrhose). Die Alkoholmenge, die die Leberzirrhose verursacht, kann individuell unterschiedlich groß sein. Eine der Aufgaben der Leber ist die Entgiftung des Blutstroms. Bei chronischem Alkoholismus oder Arzneimittelmissbrauch werden jedoch ständig Giftstoffe in den Körper gebracht, mit denen die Leber fertig werden muss. Bleibende Leberschäden können durch eine solche Giftüberlastung der Leber entstehen. Die Leberzellen werden geschädigt und das ganze Organ schwillt an.

Symptome und Merkmale einer Lebererkrankung

Die wichtigsten klinischen Merkmale
- Gelbsucht
- Vergrößerte Leber
- Flüssigkeitsansammlung im Bauch (Aszitis)
- Verwirrung durch Enzephalopathie
- Blutung aus Krampfadern der Speiseröhre
- (Ösohaghusvarizen)
- Pfortaderhochdruck

Haut
- Spinnenartige Blutgefäße
- Rote Handflächen
- Leichtrote Hautfarbe
- Juckreiz

Blut
- Verringerte Anzahl roter Blutkörperchen (Anämie)
- Verringerte Anzahl weißer Blutkörperchen (Leukopenie)
- Verringerte Anzahl von Blutplättchen (Thrombozytopenie)
- Blutungsneigung (Koagulopathie)

Hormone
- Hoher Insulinspiegel, aber wenig Reaktion darauf
- Bei Frauen: Ausbleiben der Menstruation und verringerte Fruchtbarkeit
- Bei Männern: Impotenz und Feminisierung

Herz und Blutgefäße
- Gesteigerte Herzfrequenz und Menge des gepumpten Blutes
- Niedriger Blutdruck

Allgemein
- Müdigkeit
- Schwäche
- Gewichtsverlust
- Appetitlosigkeit
- Fieber

Abgestorbenes Lebergewebe wird dann zu funktionslosem Bindegewebe umgebaut.
Das charakteristische Symptom ist in diesem Fall die Schmerzempfindung unter der rechten Hälfte des Brustkorbs. Am häufigsten treten Bauchschmerzen, Gelbsucht, Müdigkeit, Appetitlosigkeit, Übelkeit und unterschiedliche Organfunktionsstörungen (Herz, Gehirn) auf.

Darüber hinaus führt die Leberzirrhose zu zahlreichen Organschäden (Blutgefäßsystem, Gallenwege, Krampfadern in der Speiseröhre, Wasseransammlung im Bauchraum) – insbesondere deshalb, weil die Eiweißproduktion gestört ist. Die Leberzirrhose kann oft nur schwer behandelt werden, eine Heilung ist nicht möglich.

Legionärskrankheit

Die sogenannte Legionärskrankheit wurde im Jahr 1976 erstmals bei amerikanischen Kriegsveteranen nach einem Treffen in einem großen Hotel beobachtet. Bei den Betroffenen kam es zu schweren untypischen Lungenentzündungen. Die Erreger der Krankheit werden Legionellen genannt – Bakterien vom Typ Legionella pneumophilia, die im Wasser in geringer Konzentration natürlich vorkommen. Die Bakterien nisten sich bei bestimmten Temperaturen bevorzugt in Klimaanlagen ein. In Warmwassersystemen vermehren sie sich bevorzugt bei Temperaturen von 30 bis 45 Grad Celsius – bei mehr als 55 Grad Celsius sterben die Keime schnell ab. Legionellen können über feinste Wassertröpfchen eingeatmet werden und fieberhafte Atemwegsinfektionen oder Lungenentzündungen verursachen. Vor allem für ältere Menschen und Menschen mit einem geschwächten Abwehrsystem sind die Keime lebensbedrohlich. Eine Legionellen-Infektion kann mit bestimmten Antibiotika wirksam behandelt werden. Es ist jedoch ungefährlich, Wasser mit Legionellen zu trinken.

Gesundheitsexperten raten dazu, in weitverzweigten Warmwassersystemen die Speichertemperatur auf 60 Grad Celsius zu erhöhen, damit die Keime absterben. Vor allem in Großgebäuden wie Krankenhäusern, Hotels und Bürogebäuden können Legionellen eine Gesundheitsgefahr darstellen. In Privathaushalten werden nur selten gesundheitsschädliche Konzentrationen von Legionellen nachgewiesen. Hohe Wassertemperaturen im gesamten Warmwassersystem schützen wirksam vor Legionellen. In vielen Fällen halten Dichtungen und Duschschläuche solche Temperaturen jedoch nicht aus. Für Privathaushalte wird eine Temperatur von 50 Grad Celsius als ausreichende Schutzmaßnahme betrachtet, da noch höhere Temperaturen den Kalkausfall im Warmwassersystem fördern.

Wichtige Fragen und Antworten zur Legionärskrankheit

Was ist Legionärskrankheit?

Diese Art von Lungenentzündung wird durch Bakterien des Typs Legionella pneumophilia und andere Legionellen ausgelöst. Diese Bakterien leben im Wasser. Die Legionärskrankheit trifft am häufigsten ältere Personen.

Wie kommt es zu Masseninfektionen?

Masseninfektionen hat es vorwiegend in Hotels und Krankenhäusern gegeben, wo sich die Bakterien über Klimaanlagen und Warmwasserleitungen, etwa über Duschen, verbreiten konnten. Bisher ist nicht bekannt, dass eine Person eine andere angesteckt hätte.

Für wen besteht ein erhöhtes Risiko?

Ein erhöhtes Risiko besteht für:

- Menschen, die rauchen,
- die Kortison einnehmen,
- an einer chronischen Nierenkrankheit leiden,
- sich einer Organtransplantation unterziehen mussten.

Die Legionärskrankheit kann lebensbedrohlich werden.

Welche Symptome treten auf?

Die ersten Symptome treten zwei bis zehn Tagen nach der Infektion auf:

- Müdigkeit
- Fieber
- Kopfschmerzen
- Muskelschmerzen
- Husten

Personen mit schwerer Infektion können unter starker Atemnot leiden und zusätzlich Durchfälle oder geistige Störungen entwickeln.

Worauf stützt sich die ärztliche Diagnose?

Im Labor werden Sputum, Blut und Urin untersucht. Anikörpertests können aber erst positiv sein, wenn sich die Lungenentzündung voll ausgebildet hat.

Wie behandelt der Arzt die Legionärskrankheit?

Zur Behandlung dienen Antibiotika:

- Chinolone
- Erythromyzin
- Azithromnyzin

Erythromycin - Medikament gegen Legionärskrankheit

Eigenschaften
Was ist Erythromycin?

Erythromycin ist ein Antibiotikum, das zur Gruppe der sogenannten Makrolide gehört und der Behandlung von Infektionen durch Erreger dient, die gegen Erythromycin empfindlich sein.

Verwendungszweck
Wann wird Erythromycin angewendet?

Erythromycin darf nur auf ärztliche Verordnung zur Behandlung folgender Infektionen verwendet werden:

- Infektionen der Nase, der Nasennebenhöhle, und des Halses, wie zum Beispiel Hals- oder Mandelentzündung, Diphterie und Scharlach
- Infektionen im Ohrenbereich
- Atemwegsinfektionen (Bronchien und Lunge)
- Infektionen der Niere, Harnblase und Harnwege
- Infektionen der Gallenwege
- Infektionen der männlichen und weiblichen Geschlechtsorgane

Ergänzungen
Was sollte dazu beachtet werden?

Erythromycin wurde Ihnen von Ihrem Arzt zur Behandlung Ihrer gegenwärtigen Erkrankung verschrieben. Das in Erythromycin enthaltene Antibiotikum wirkt nicht gegen alle Mikroorganismen, welche Infektionskrankheiten verursachen. Die Anwendung eines falsch gewählten oder nicht richtig dosierten Antibiotikums kann zu Komplikationen führen. Deshalb sollten Sie Erythromycin nie von sich aus für die Behandlung anderer Infektionen oder anderer Personen anwenden.

Die Krankheitssymptome verschwinden häufig vor der vollständigen Abheilung der Infektion. Die Behandlung darf deshalb nicht vorzeitig abgebrochen werden, auch wenn Sie sich besser fühlen. Je nachdem kann die Behandlung bis zu zwei Wochen oder länger dauern, entsprechend den Anweisungen Ihres Arztes.

Anwendungsbeschränkungen
Wann darf Erythromycin nicht angewendet werden?

- Wenn sie wissen, dass Sie auf den Wirkstoff Erythromycin oder auf andere Makrolid-Antibiotika, überempfindlich (allergisch) reagieren, oder wenn Sie eine schwere Leberkrankheit haben, sollten Sie Erythromycin nicht einnehmen und Ihren Arzt davon in Kenntnis setzen, damit er eine andere Behandlung für Sie findet.
  Eine Überempfindlichkeit äußert sich zum Beispiel durch Asthma, Atemnot, Kreislaufbeschwerden, Schwellungen der Haut und Schleimhäute oder Hautausschläge.

Vorsichtsmaßnahmen
Wann ist bei der Einnahme von Erythromycin Vorsicht geboten?

- Sie müssen Ihren Arzt informieren, falls Sie ein Leber- oder Nierenleiden haben, unter Porphyrie leiden oder andere Medikamente einnehmen.
- Bei längerdauernder Behandlung wird Ihr Arzt hin und wieder eine Kontrolle vernehmen. Halten Sie diese Termine genau ein.
- Erythromycin sollen nicht gleichzeitig mit Mitteln zur Förderung der Magen-Darm-Tätigkeit (Wirkstoff: Cisaprid), Medikamenten mit den antiallergisch wirkenden Stoffen Terfenadin und Astemizol oder Präparaten gegen Stimmungsschwankungen (Wirkstoff: Pimocid) eingenommen werden.
- Ihr Arzt muss die Dosierung überprüfen, wenn Sie bereits folgende Medikamente anwenden:
  - Asthmapräparate mit dem Wirkstoff Theophyllin
  - Präparate gegen Epilepsie mit den Wirkstoffen Carbamazepin, Phenytoin oder Valproinsäure
  - Präparate mit den Wirkstoffen Ciclosporin oder Tacrolimus
  - Präparate mit den Wirkstoffen Omeprazol oder Cimetidin
  - Präparate gegen Infektionen, die das Antibiotikum Lincomycin enthalten
- Informieren Sie Ihren Arzt oder Apotheker, wenn Sie an anderen Krankheiten leiden, Allergien haben oder andere Medikamente (auch selbstgekaufte) einnehmen.

Schwangerschaft/Stillzeit
Darf Erythromycin während einer Schwangerschaft oder in der Stillzeit eingenommen werden?

Erythromycin darf einer Schwangeren oder während der Stillzeit nur mit ausdrücklicher Erlaubnis des behandelnden Arztes oder Apothekers verabreicht werden.

Informieren Sie auf jeden Fall Ihren Arzt oder Apotheker, wenn Sie schwanger sind oder stillen möchten. Sie sind die einzigen Personen, die entscheiden können, ob Sie während dieser Zeit Erythromycin einnehmen können.

Unerwünschte Wirkungen
Welche Nebenwirkungen kann Erythromycin haben?

- Hin und wieder kommen Störungen des Magen-Darm-Systems wie Übelkeit, Erbrechen, Appetitlosigkeit, Magenschmerzen oder Durchfall vor.
- Im Verlauf einer Behandlung mit Erythromycin wurden vereinzelt allergische Erscheinungen an der Haut beobachtet; bei Anzeichen von Hautrötung, Schwellungen der Lippen, Jucken oder Hautausschlag sollten Sie unverzüglich Ihren Arzt oder Apotheker informieren.

Leukämie

Akute Leukämien

Die akute Leukämie ist in gewisser Weise eine krebsartige Erkrankung des Blutes und wird deshalb auch Blutkrebs genannt. Es kommt zu einer starken Vermehrung weißer Blutkörperchen, die zumeist nicht ausgereift sind und daher ihre normalen Funktionen (Immunabwehr) nicht ausüben können. Sie verdrängen die roten Blutkörperchen,und das Blut nimmt eine hellere Farbe an, woher auch der Name dieser Erkrankung stammt: Leukämie = Weißblütigkeit. Sie ist die häufigste bösartige Erkrankung bei Kindern, und es kommt jedes Jahr in Deutschland im Durchschnitt zu insgesamt 4000 Neuerkrankungen. Die Ursache ist unbekannt, obwohl einige Risikofaktoren diskutiert werden. Bei akuter Leukämie ist die Zahl der weißen Blutkörperchen nur in der Hälfte der Fälle erhöht, bei 25 Prozent ist sie normal, bei weiteren 25 Prozent sogar erniedrigt.
Allerdings kommt es zu einer Reifungsstörung der Blutkörperchen, das heißt, dass die vorhandenen ihre Funktion nicht erfüllen können. Sie verläuft bei fehlender Behandlung innerhalb weniger Wochen bis Monate tödlich. Die meisten Leukämiefälle bei Kindern entfallen auf diese Form. Die Erkrankten sind besonders anfällig für Infektionen, es kommt zu einer allgemeinen Ermüdung und einer abfallenden körperlichen und geistigen Leistungsfähigkeit, es treten Gelenkschmerzen und Blutungen auf, und die Haut zeigt eine ungewohnte, fast durchscheinende Blässe.

Leukämie: Ultraschalluntersuchung der Leber. Eine Ultraschallaufnahme liefert mittels Schallwellen Bilder von Leber, Gallenblase und den Gallenwegen. Diese Untersuchung ist eher geeignet, um strukturelle Abweichungen, wie Tumore, zu erkennen, als diffuse Veränderungen wie Leberzirrhose aufzuspüren.

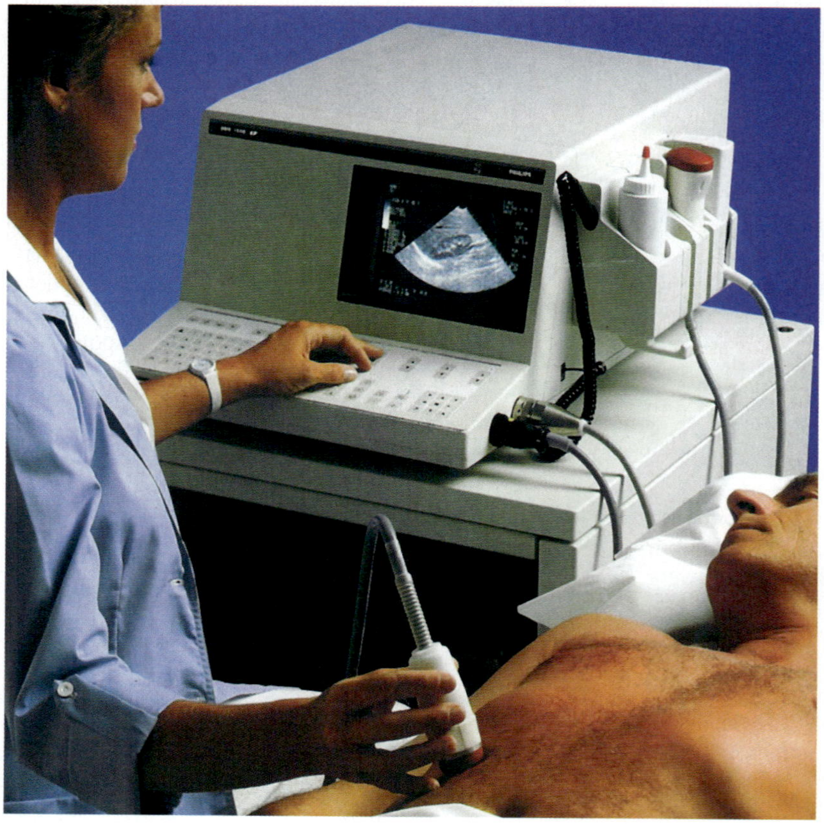

Klinisches Bild

Schleichender oder plötzlicher Beginn mit:
- allgemeiner Schwäche;
- Kopfschmerzen;
- Schwitzneigung;
- rheumatischen Beschwerden;
- Knochenschmerzen;
- Infektneigung;
- gangräneszierenden Entzündungen;
- mäßig ausgeprägte Schwellung von Lymphknoten;
- Schwellung von Leber und Milz.

Therapie

Bei Kindern ist eine Heilung durch eine intensive Behandlung mit Chemotherapeutika möglich, bei Erwachsenen kann man auf diese Weise immerhin die Überlebenszeit verlängern. Allgemeines Prinzip ist eine Induktionsphase mit einer aggressiven zytostatischen Kombinationsbehandlung bis zur Vollemission, gefolgt von einer remissionserhaltenden Konsolidierungsphase mit Unterbrechung durch Reinduktionszyklen. Diese Behandlung bleibt speziell eingerichteten klinischen Zentren vorbehalten. Gute Erfolge zeigen Knochenmarkstransplantationen, insbesondere bei Kindern, deren Einsatz allerdings dadurch begrenzt wird, dass nur sehr wenige Personen als Spender in Frage kommen.

Chronische Leukämien

Die chronische Leukämie ist in gewisser Weise eine krebsartige Erkrankung des Blutes und wird deshalb auch Blutkrebs genannt. Es kommt zu einer starken

Die Haupttypen der Leukämie

Insgesamt werden vier Haupttypen von Leukämie unterschieden. Ihre Beziehungen drücken vor allem aus, wie schnell sich die Krankheit entwickelt und welche Art von weißen Blutzellen jeweils betroffen ist. Akute Leukämien schreiten sehr rasch voran. Die chronische Leukämien dagegen entwickeln sich nur langsam. Die chronische, lymphatische Leukämie betrifft die Lymphozyten, während die chronische myeloische Leukämien die Knochenmarkzellen (Myelozyten) betrifft; in diesem Fall verändern sich die Myelozyten zu Granulozyten, ein anderer Begriff für neutrophile Blutzellen.
Eine Leukämie entsteht, wenn der Reifeprozess von der Stammzellen im Knochenmark zum weißen Blutkörperchen misslingt und stattdessen Krebszellen als Fehlbildungen entstehen.
Bei diesem Prozess werden Teile der Chromosomen, also der vielfältigen Erbinformationen der Zellen, verändert und teilweise umgeschrieben. Solche Chromosomenveränderungen stören die normale Zellteilung. Sie bewirken, dass sich die Zellen unkontrolliert vermehren, wie es etwa für Krebszellen typisch ist.

- Akute lymphozytische (lymphoblastische) Leukämie
  Krankheitsverlauf: Schnell
  Betroffene Zellen: Lymphozyten
- Akute myeloische Leukämie
  Krankheitsverlauf: Schnell
  Betroffene Zellen: Myelozyten
- Chronisch-lymphatische Leukämie
  Krankheitsverlauf: Langsam
  Betroffene Zellen: Lymphozyten
- Chronisch-myelozytische (granulozytische) Leukämie
  Krankheitsverlauf: Langsam
  Betroffene Zellen: Myelozyten

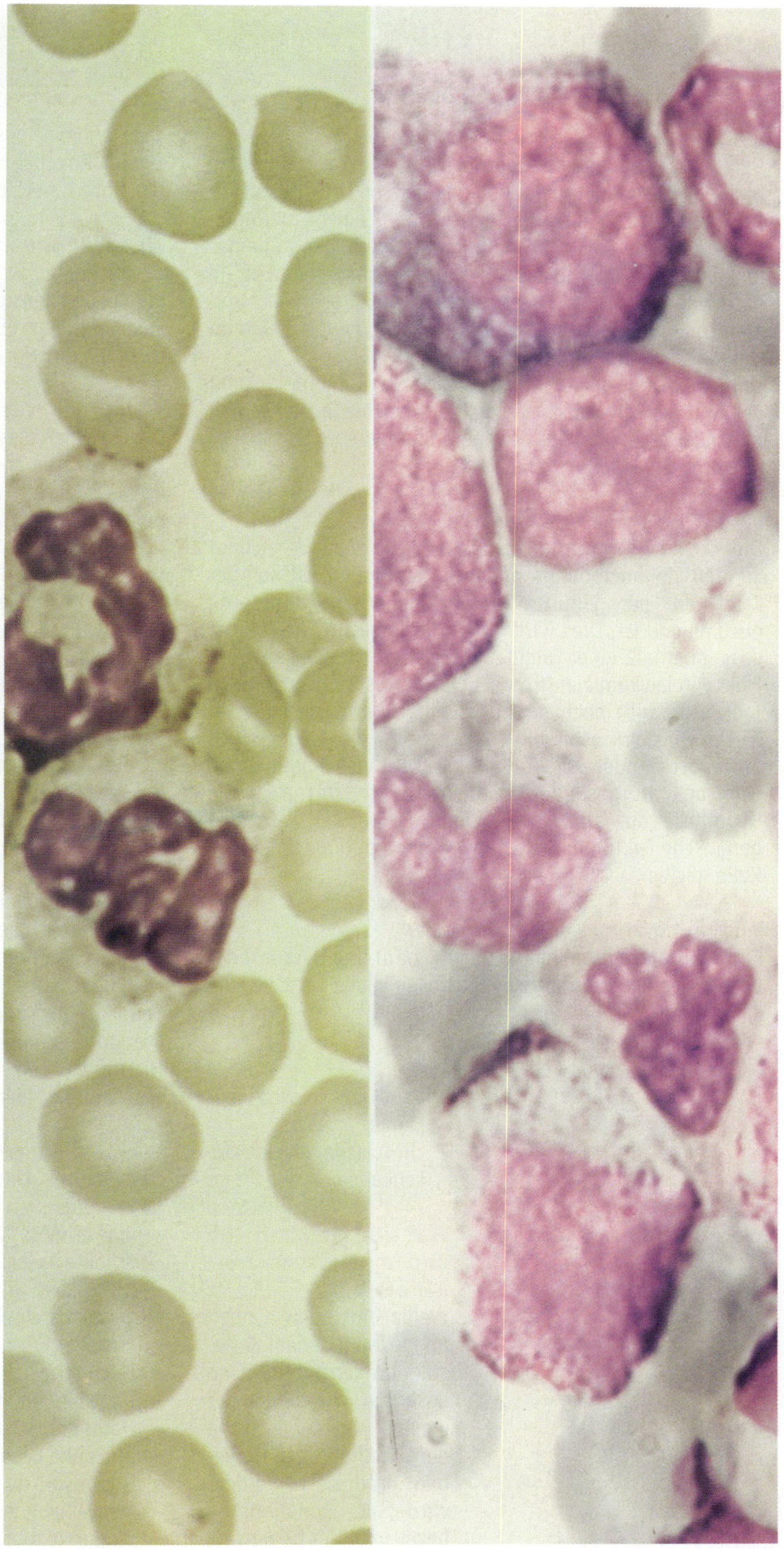

Links: Normales Blut; rechts: Leukämie

Wichtige Fragen und Antworten zur Leukämie

Was bedeutet der Begriff Leukämie?

Der Begriff Leukämie bedeutet nichts anderes als weißes Blut, das heißt Blut mit einer hohen Zahl an Leukozyten. Ein solcher Befund betrifft jedoch nur einen geringen Prozentsatz der Fälle, weshalb man heute lieber von einer leukämischen oder aleukämischen Leukämie spricht, je nachdem ob die Anzahl der Leukozyten steigt oder sinkt und mehr oder weniger unreife und atypische weiße Zellen im Umlauf sind.

Unter Leukämie versteht man folglich eine Tumorerkankung der Matrix (Keimschicht) einer der verschiedenen weißen Blutzellarten, wobei das periphere Blutbild ebenfalls beeinträchtigt sein kann.

Ist die Leukämie vererblich?

Die Leukämie kann nicht als Erbkrankheit bezeichnet werden, dennoch nimmt man an, dass beim Auslösen der Krankheit der Einfluss einiger genetischer Faktoren bestimmend ist. Dies wird durch die Tatsache unterstützt, dass innerhalb einer Familie nicht selten ein oder mehrere Fälle von Leukämie auftreten, auch im Abstand von einigen Jahren. Es gibt noch eindrucksvollere Beobachtungen in dieser Hinsicht. Mongoloide Patienten, die Träger eines Chromosomendefekts sind, erkranken viel häufiger an Leukämie als gesunde Personen. Dies wertet auch die Hypothese auf, dass bei einigen Fällen der Leukämie genetische Faktoren, die eine Vererbung ermöglichen, eine Rolle spielen.

Wie teilt man die Leukämien ein?

Man teilt diese Krankheit je nach Verlauf und Herkunft der bösartig veränderten weissen Blutzellen in vier verschiedene Arten ein:

- akute lymphatische Leukämie;
- chronische lymphatische Leukämie;
- akute myeloische Leukämie;
- chronische myeloische Leukämie.

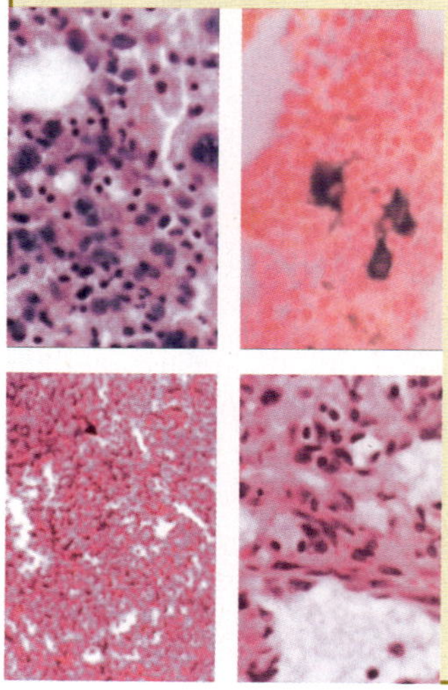

Was sind lymphatische und myeloische Leukämien?

Weiße Blutzellen können im Prinzip in jedem Reifestadium entarten. Eine bösartige Veränderung der weißen Blutzellen, die in den lymphatischen Geweben produziert werden, wird als lymphatische bezeichnet. Im Gegensatz dazu wird eine bösartige Veränderung der weißen Blutzellen, die im Knochenmark produziert werden, als myeloische Leukämie bezeichnet.

Wo beginnt die Leukämie gewöhnlich?

Wahrscheinlich im Knochenmark, wo die weißen Blutkörperchen gebildet werden. Sie kann klinisch zuerst durch eine Vergrößerung der Lymphknoten, der Milz oder der Leber in Erscheinung treten.

Welche Ursachen einer Leukämie sind bekannt?

Die Ursachen dieser Erkrankung sind zum einen genetische Faktoren, zum anderen aber auch chemische und physikalische Einflüsse, wie zum Beispiel radioaktive Strahlung, Benzol oder Benzindämpfe.

Welche Symptome erzeugt die Leukämie?

Starke Blässe, Gewichtsverlust und Appetitverlust, außerordentliche Schwäche und Mattigkeit. Oft bestehen eine Blutarmut und leichtes Fieber, es können auch starke Blutungen nach geringfügigen Verletzungen auftreten.

Hat die Anzahl der weißen Blutkörperchen im Blut direkten Einfluss auf den Verlauf der Erkrankung?

Bei der chronischen Leukämie vertragen die Patienten eine starke Erhöhung der Blutkörperchenzahl über lange Zeit.

Wann tritt eine akute Leukämie auf?

Die akute Leukämie tritt eher bei Kindern auf und kann unbehandelt innerhalb von Wochen bis wenigen Monaten tödlich verlaufen. Bei rechtzeitiger Erkennung beträgt die Heilungschance bei Kindern zirka 70 Prozent und bei Erwachsenen immerhin noch zirka 30 Prozent. Für die Diagnose ist eine Knochenmarksuntersuchung notwendig. Hierfür wird mit einer langen Nadel das Brustbein punktiert und dann Knochenmark abgesaugt.

Was sind die Beschwerden einer akuten Leukämie?

Die akute Leukämie äußert sich durch folgende Beschwerden:

- eine erhöhte Zahl der weißen Blutzellen;
- erhöhte Anfälligkeit für Infektionen;
- Müdigkeit;
- Leistungsschwäche;
- Fieber;
- Nachtschweiß;
- Knochen- und Gelenkschmerzen;
- Haut- und Schleimhautblutungen;
- Milz- und Lebervergrößerungen;
- Geschwüre an Lippen und Mund;
- Schwellung der Lymphknoten;
- Blasse Hautfarbe.

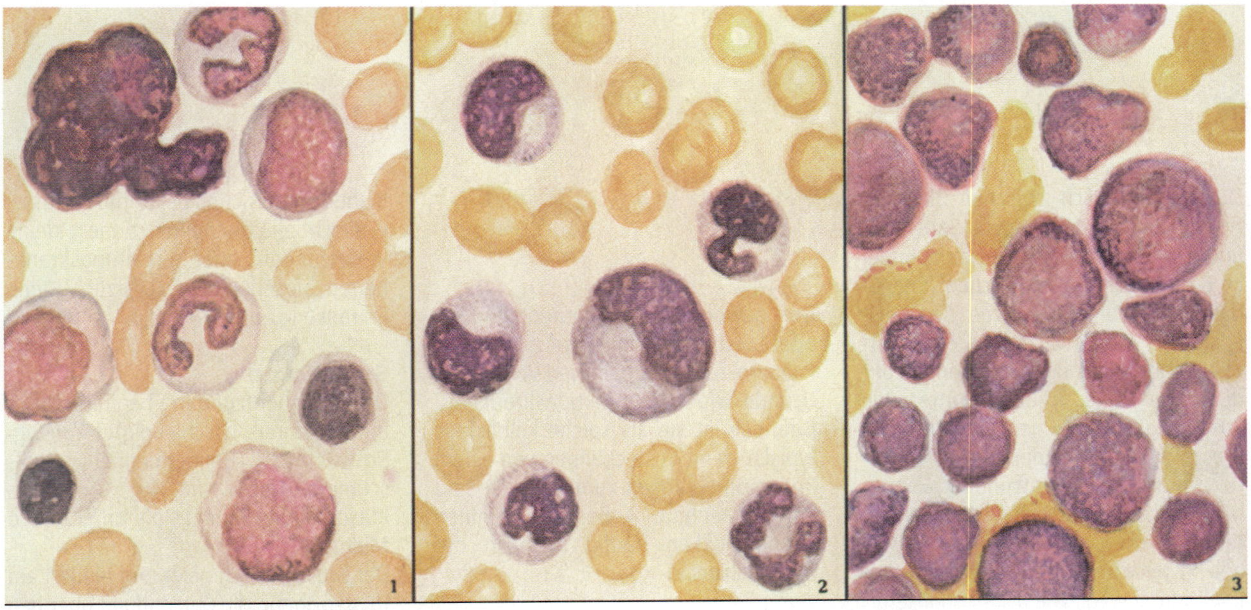

Links: myeloische Leukämie (Stadium 1); Mitte: myeloische Leukämie (Stadium 2); rechts: lymphatische Leukämie.

Vermehrung weißer Blutkörperchen, die zumeist nicht ausgereift sind und daher ihre normalen Funktionen (Immunabwehr) nicht ausüben können.
Bei chronischer Leukämie kommt es zu einer massiven Vermehrung von weißen Blutkörperchen. Der Verlauf kann sehr unterschiedlich sein, wobei die Überlebenszeiten zwischen wenigen Monaten bis zu 20 Jahren schwanken können. Die äußerlichen Symptome sind denen der akuten Leukämie sehr ähnlich. Es ist die Hauptform bei Erwachsenen, und sie wird mit Chemotherapie und Strahlentherapie behandelt.

Klinisches Bild

Meist schleichender Beginn mit uncharakteristischen Beschwerden:

- körperliche Schwäche;
- Leistungsknick;
- subfebrile Temperaturen;
- Schwitzneigung;
- Druckgefühl im linken Oberbauch infolge Milzschwellung. Nicht selten akute linksseitige abdominelle Schmerzen, als erstes Krankheitszeichen; erhebliche Vergrößerung der Milz und Größenzunahme der Leber im weiteren Krankheitsverlauf. In fortgeschrittenen Krankheitsfällen leukämisch-myeloische Infiltrate in zahlreichen Organen.

Therapie

Zytostatika bis zum Abfall der Leukozyten, dann Therapieabbruch bis zum Rezidiv oder Langzeittherapie. Bei unter 40-jährigen Patienten in der chronischen Krankheitsphase eventuell Knochenmarkstransplantation.

Blutuntersuchung im Krankenhauslabor.

Lungenerkrankungen

Der Gasaustausch zwischen Blut und Atemluft, die Aufnahme von Sauerstoff und die Abgabe von Kohlensäure, findet im Bereich der Lungenbläschen statt. Zu den Erkrankungen, welche den Gasaustausch wesentlich behindern, gehört die Lungenentzündung. Lungenentzündung ist eine häufig auftretende Spätkomplikation jeder ernsteren Erkrankung und fordert jährlich zahlreiche Tote. Lungenentzündung kommt häufiger bei Männern vor, besonders im Kindesalter und im hohen Alter, sowie bei Menschen mit verminderter Infektionsabwehr, wie bei Alkoholikern.

Behandlung einer viralen Pneumonie im Krankenhaus.

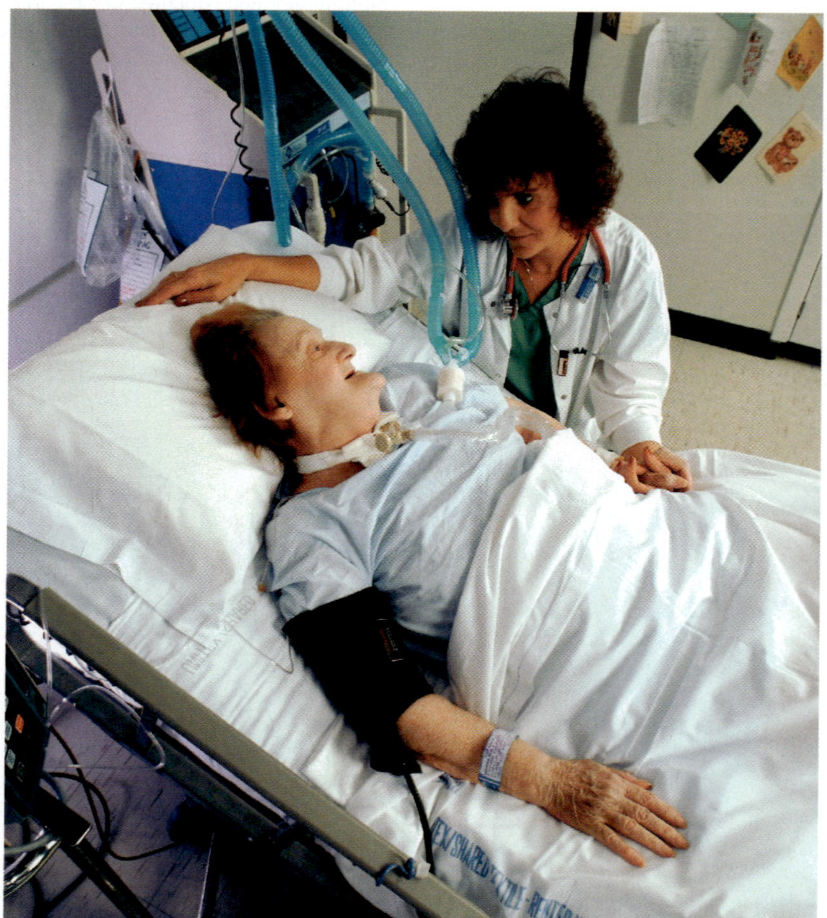

Bakterielle Lungenentzündung

Die gewöhnliche Lungenentzündung oder Lobärpneumonie wird zwar durch Pneumokokken erzeugt und verläuft im Grunde wie eine Infektionskrankheit. Dennoch ist sie als solche keinesfalls typisch, denn Ansteckungen von einem Pneumoniekranken zum anderen sind eine Seltenheit. Außerdem kommen Pneumokokken häufig auch in der Mundhöhle vor.

Bisher nicht sicher bekannte Anlässe, vielleicht allergische Reaktionen, kleine Verletzungen oder Erkältungskrankheiten lösen dann plötzlich eine Erkrankung aus.

Symptome

Die Lungenentzündung beginnt heftig, mit Hustenreiz, beschleunigter Atmung, Schüttelfrost, Benommenheit, Kopfschmerz, Fieber um 40 °C, Fieberbläschen und einem Puls um 120 pro Minute.

Der Brustkorb schmerzt und hindert am Husten, wenn die Entzündung über den befallenen Lungenlappen schließlich das Brustfell erreicht. Am zweiten Tag erscheint bluthaltig-rostbrauner, zähflüssiger Auswurf. In schweren Fällen ist der Gasaustausch so stark behindert, dass Blausucht auftritt.

Diagnose

Der Arzt findet durch Abhorchen, Beklopfen oder vor dem Röntgenschirm einen weniger lufthaltigen, „dichteren" Lungenlappen vor. Ohne Behandlung sinkt die Temperatur nach einer Woche unter Schweißausbrüchen mehr oder weniger rasch auf normale Werte ab.

Die feingewebliche Untersuchung ergibt, dass die Lungengefäße am 1. und 2. Krankheitstag durch Bakteriengifte gelähmt und blutüberfüllt sind; Blutflüssigkeit, aber auch rote Blutköperchen und Gerinnungsstoffe treten in die Lungenbläschen aus; daher der rostbraune Auswurf, die Kurzatmigkeit und Blausucht. Durch den verminderten Luftgehalt sieht das Lungengewebe leberartig aus.

Behandlung

Penizillin und andere Antibiotika (auch Breitbandantibiotika) verkürzen und mildern die Erkrankung wesentlich. Die Lobärpneumonie wird daher meist nur noch Säuglingen und Greisen gefährlich. Auch Komplikationen, wie eitrige Brustfellergüsse oder Lungenvereiterungen sind wesentlich seltener geworden. Unzureichende Behandlung mit Antibiotika führt allerdings zu Rückfällen.

Bronchopneumonie

Bei der herdförmigen Lungenentzündung oder Bronchopneumonie erkrankt nicht ein ganzer Lungenlappen schlagartig; vielmehr treten, meist in beiden Lungen, rings um die Bronchien herum viele kleine Entzündungsherde auf. Die herdförmige Lungenentzündung beginnt daher nicht so plötzlich wie die Lappenpneumonie, auch fehlen die Schmerzen der Brustfellbeteiligung.
Das Fieber schwankt, der Auswurf ist eitrig-schleimig. Herdförmige Lungenentzündungen treten meist als Komplikationen anderer Krankheiten, vor allem der Bronchitis, oder als Begleitkrankheit auf, wie bei Masern und Keuchhusten.

Ursache

Ursächlich spielt oft die Verstopfung kleiner Bronchien eine Rolle, deren Lungenläppchen luftleer und so zum Ausgangspunkt der Entzündung werden. Säuglinge und ältere Menschen erkranken bevorzugt an herdförmiger Lungenentzündung. Die Erkrankung kann bei Greisen recht schwer verlaufen, weil das zusätzlich belastete rechte Herz bei ihnen besonders leicht versagt.

Diffuse virale Lungenentzündung (virale Pneumonie)

Virale Lungenentzündung

Virale Lungenentzündungen werden von bestimmten Viren ausgelöst und unterscheiden sich hinsichtlich ihrer Symptome von den bereits länger bekannten bakteriellen Formen. Bei primären viralen Lungenentzündungen ist die durch die Erkrankung der Lunge hervorgerufene Krankheitssymptomatik gegenüber den Beschwerden, die auf Erkrankungen anderer Organe, speziell aber der oberen Atemwege (Nasenschleimhaut, Rachen, Kehlkopf), zurückzuführen sind, deutlich stärker ausgeprägt.
Viele Lungenentzündungen können durch unterschiedliche Virusarten hervorgerufen werden. Die häufigsten Erreger sind die Grippeviren, die zu den Myxoviren gehören, die Parainfluenzaviren, die zur Gruppe der Paramyxoviren gezählt werden, sowie verschiedene Rhinoviren, Enteroviren und Adenoviren.
Wie bei anderen viralen Erkrankungen der Atemwege dürfte in diesem Fall die Übertragung durch die Inhalation von bronchialen Sekrettropfen, die von den erkrankten Personen beim Husten, Niesen oder einfach beim Sprechen an die Umwelt abgegeben werden, erfolgen.
Diese Form der Ansteckung wird vor allem beim epidemieartigen Auftreten von Bronchopneumonien im schulischen und militärischen Bereich sehr wahrscheinlich. Grundsätzlich kann jeder Mensch mehrmals an einer Bronchopneumonie erkranken, da sie von verschiedenen Virusarten ausgelöst wird.

Symptome

Die anfänglichen Symptome gleichen denen einer gewöhnlichen Grippe, auch wenn sie stärker ausgeprägt sind. Der Patient klagt über Abgeschlagenheit, die wie das allgemeine Unwohlsein in der Regel einer entzündlichen Erkrankung der oberen Atemwege (Schnupfen, Rachenentzündung, Angina), die sich fast immer ausbildet, zuzuschreiben ist.
Meist verschlechtert sich der Zustand des Patienten sehr rasch. Er verliert den Appetit, wirkt müde und lustlos, während sich anfallsartiger, unproduktiver Husten einstellt, der an Keuchhusten erinnert. Das Fieber, das bereits zu Beginn der Krankheit erhöht war, steigt weiter auf 39 bis 40 °C. Auch die für Lungenerkrankungen typischen veränderten Schallzeichen, die der Arzt bei der Untersuchung des Brustkorbs durch Abklopfen und Auskultation feststellen kann, sind sehr schwach und werden

Irreversible Vergrößerung des Luftraums distal der Bronchioli terminales durch Zerstörung von Alveolen und Lungensepten.

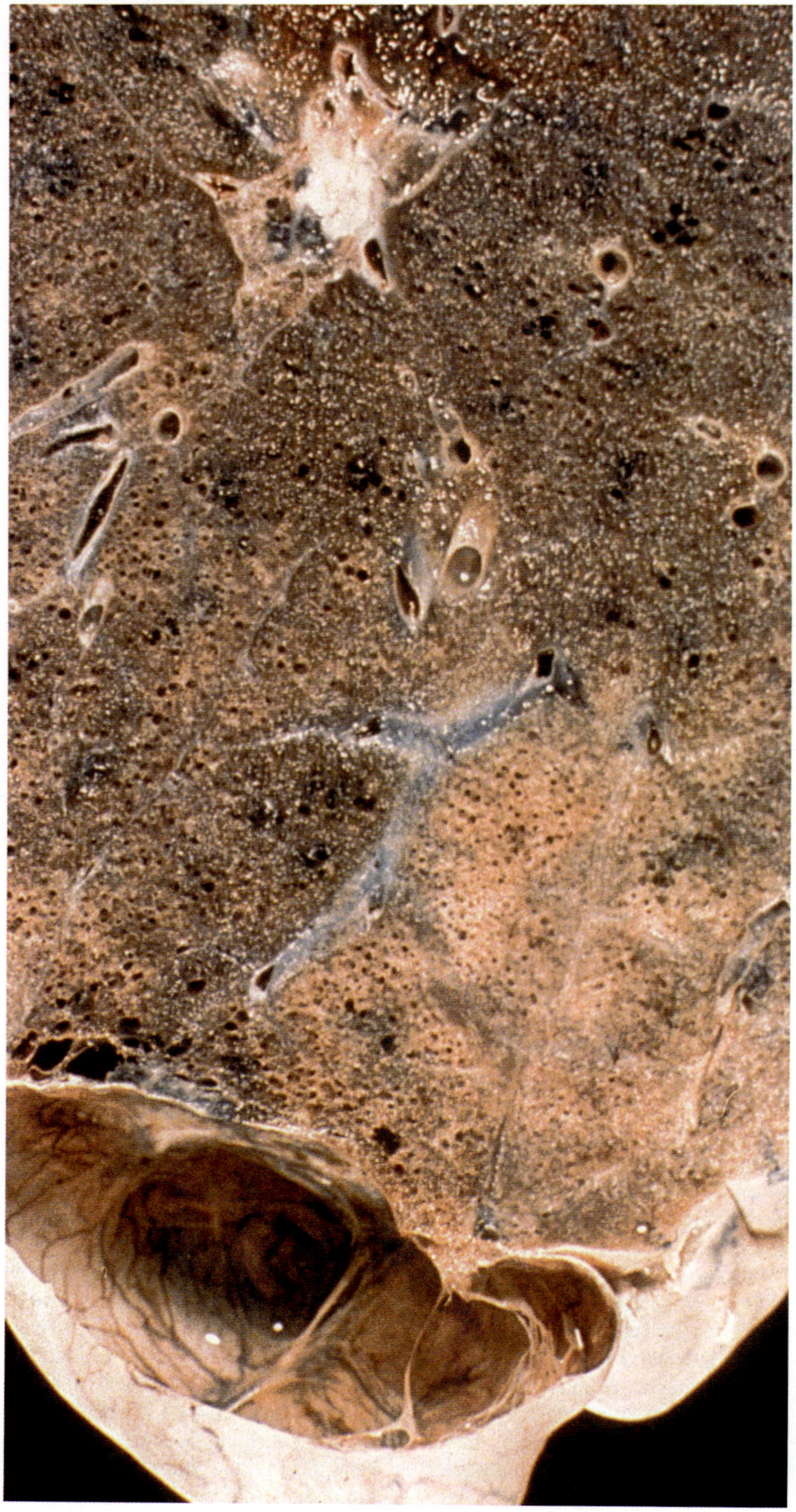

erst beim Husten an bestimmten Stellen des Brustkorbs in Form des charakteristischen Knisterrasselns wahrnehmbar.

Behandlung

Bis heute gibt es keine absolut zuverlässigen Medikamente, weshalb der Organismus bei der Bekämpfung viraler Lungenentzündungen weitgehend auf seine eigenen Abwehrkräfte angewiesen ist. Mithilfe von Chemotherapeutika und Antibiotika ist es nur möglich, etwaige bakterielle Superinfektionen zu verhindern oder zu behandeln. Dennoch ist die Prognose für diese Krankheit eher günstig.

Lungentuberkulose

Im Volksmund auch Schwindsucht, Tb und Tbc genannt – wurde früher als Volkskrankheit angesehen, kommt jedoch jetzt nur noch sporadisch vor. Sie ist eine Infektionskrankheit, die durch Tuberkelbazillen hervorgerufen wird. Der Befall innerer Organe kann über die Luftwege oder über den Verdauungskanal zustande kommen.

Es entsteht eine Entzündung, entweder im Lungengewebe oder in der Darmwand, während zugleich die regionalen Lymphknoten befallen werden. Diese Primärinfektion verläuft im Allgemeinen unbemerkt, hinterlässt aber eine Immunität, die mit der Tuberkulinprobe nach von Pirquet nachgewiesen werden kann.

Nach der Primärinfektion kann entweder der lokale Prozess ausheilen, sich zu einer echten Lungentuberkulose ausbreiten oder über die Blutbahn andere Organe infizieren. Der alte Herd kann aber auch nach einiger Zeit, wenn die Widerstandskraft verringert ist, wieder aufflackern und Anlass zu einer ernsten Erkrankung geben.

Symptome

Die Lungentuberkulose beginnt meist in den Lungenspitzen, um sich von dort aus auszubreiten. Langsam oder auch schnell entstehen Hohlräume im Lungengewebe (Kavernen) und führen zu einem sehr ernsten Zustand. Die ersten Krankheitserscheinungen verlaufen häufig unbemerkt. Durch intensive Tuberkulosebekämpfung werden die meisten Patienten sehr schnell aufgespürt. Schulkinder werden einer Tuberkulinprobe unterzogen, und die Bevölkerung wird in vielen Ländern regelmäßig durchleuchtet.

Behandlung

Auch was die Tuberkulosetherapie betrifft sind nach dem Zweiten Weltkrieg wichtige Fortschritte gemacht worden. Im Vordergrund steht die Behandlung mit tuberkulostatischen Medikamenten.
Die Primärtuberkulose wird meist mit zwei, eventuell auch mit drei tuberkulostatischen Mitteln über lange Zeit (oft länger als ein Jahr) behandelt. Die Lungentuberkulose, die mit Kavernenbildung verläuft, behandelt man ebenso – manchmal zwei bis drei Jahre – mit der Kombination verschiedener Medikamente. Jedoch wird in vielen Fällen die Entfernung eines Lungenlappens oder eines Lungensegmentes, in dem sich die Kaverne befindet, in Erwägung gezogen.

Mehrere Lungenabszesse; Komplikation einer Pneumonie.

Lungenemphysem

Lungenemphysem oder Lungenblähung nennt man eine Überdehnung des inneren Lungengewebes; irreversible Erweiterung der alveolentragenden Räume in der Lunge. Dadurch kommt es an vielen Stellen zur Verdünnung und schließlich zum Verschwinden der Lungenbläschenwand. Die Folge ist eine Abnahme der Lungenbelüftung, eine Verkleinerung der inneren Lungenoberfläche und eine Störung der Lungendurchblutung durch den Untergang von Blutkapillaren. Dies alles zusammen führt dann auch zu einer Verminderung des lebenswichtigen Gasaustauschs in der Lunge.
Den schweren diffusen Emphysemen liegt wahrscheinlich lokal ein Missverhältnis zwischen Proteasenaktivität und Proteaseninhibition zugrunde. Proteasen werden aus zerfallenden weißen Blutkörperchen, z.B. als Elastase, frei. Bei homozygoten Merkmalträgern, besonders bei stärkerer Belastung des Lungengewebes durch Staub oder auch sportlicher Betätigung, kommt es in jugendlichen Jahren zu schweren Emphysemen.

Ursachen

Lungenblähung ist recht häufig und heute Ursache von 20 bis 25 Prozent aller bescheinigten Fällen von Arbeitsuntauglichkeit. Eine Form von Lungenblähung entsteht durch Alterung des elastischen Lungengewebes mehr oder weniger zwangsläufig vom 4. Lebensjahrzehnt. Von diesem Zeitraum an verschwinden die Faserstrukturen: Die Lunge bleibt indessen „gebläht" im Brustraum ausgespannt.
Lungenblähung kann aber auch unabhängig vom Alter entstehen, wenn die kleinen Bronchien sich krampfartig verengen, wie bei Bronchialasthma; dabei führen die im Vergleich zur Ausatmungsmuskulatur stärkeren Einatmungsmuskeln zu einer akuten Lungenblähung, die anfangs noch voll rückbildungsfähig ist. Erst später kommt es zum Schwund der Lungenbläschenwand mit allen ihren Folgen. Lungenblähung entsteht auch dann, wenn ein Teil der Lunge narbig zusammenschrumpft (Narbenemphysem bei Lungentuberkulose) oder entfernt wird (wie z.B. bei Lungenkrebs oder Bronchialkarzinom). Dann muss das geblähte restliche Lungengewebe den Brustkorb ersatzweise ausfüllen.

Symptome und Klinik

Die Blähung der Alterslunge macht zunächst keine Krankheitserscheinungen, es sei denn, der Gasaustausch wird darüber hinaus noch weiter beeinträchtigt, z.B. durch eine Lungenentzündung. Durch die ständig angeschwollenen Bronchien lastet auf den zart gebauten Lungenbläschen ein erheblicher Druck, dem sie nach einer gewissen Zeit nicht mehr standhalten können.
Beim krampfhaften Verschluss kleiner Bronchiolen macht sich die Lungenblähung durch verminderten Gasaustausch und Kurzatmigkeit bemerkbar.
Der Prozess der Lungenbläschenzerstörung läuft sehr langsam ab. Die Symptome entwickeln sich über Monate oder Jahre, sodass häufig die Krankheit erst sehr spät diagnostiziert wird. Die Beschwerden, die durch diese Lungenerkrankung verursacht werden, sind zum Teil recht unspezifisch. Im Allgemeinen bemerken Betroffene einen Leistungsabfall. Bei sportlichen

Betätigungen kommen sie früher außer Atem und die Belastbarkeit insgesamt ist verringert.
Oft bestehen Kopfschmerzen, trockener Husten und Schwindelgefühl beim Husten oder Bücken.
Weniger bezeichnend sind Allgemeinerscheinungen wie:

- Schwäche;
- Schlaflosigkeit;
- mangelnder Appetit;
- Stuhlverstopfung.

Die mehr oder weniger starke Kurzatmigkeit und Blausucht ist nicht immer eine Folge der verminderten Gasaustauschfläche; sie kann auch durch zunehmendes Versagen des rechten Herzens bedingt sein, das durch die Einengung der Lungenstrombahn zusätzlich belastet wird. Hinzu kommt, dass der starre und große Brustkorb nur den Austausch einer ungenügenden Luftmenge gestattet.

Der Arzt findet nämlich einen erweiterten und versteiften, in Einatmungsstellung verharrenden, wenig beweglichen Brustkorb und einen Rundrücken vor. Manchmal kann sich der Brustkorb zur Einatmung überhaupt nicht mehr erweitern. Dann muss die Atmung allein vom Zwerchfell bestritten werden. Dem großen Luftgehalt der Lungen entspricht der laute tiefe Klopfschall und die gute Röntgendurchsichtigkeit des Brustkorbs.

Untersuchungen

Die Dyspnoe oder Atemnot wird bestimmt durch das Ausmaß der Atemreserven. Die Atemreserven sind eingeengt durch die naheliegende inspiratorische Grenze der Totalkapazität und durch das expiratorisch frühe Ansteigen der Strömungswiderstände. Der Thorax ist fassförmig. Bei schweren Formen besteht Zwerchfell-Thoraxwand-Antagonismus: inspiratorisches Einziehen der Thoraxwand in ihrem kaudalen Bereich.

■ *Perkutorisch*
Hypersonorer Klopfschall, Lungengrenzen tiefstehend, wenig verschließlich.

■ *Auskultatorisch*
Atemgeräusch abgeschwächt; Herztöne leise. Beim Auftreten von Giemen, Pfeifen und Brummen liegt meist gleichzeitig eine Infektobstruktion vor.

■ *Röntgenologisch*
Horizontaler Rippenverlauf, Verbreiterung der Interkostalräume, tiefstehende Zwerchfelle, abgeflachte Zwerchfellkuppen, helle Lungenfelder im Verhältnis zu dichten Hilli.

Behandlung

Die Behandlung ist nicht imstande, die Veränderungen der Lungenbläschen

Schweres Asthma und Emphysem; Untersuchung eines Patienten.

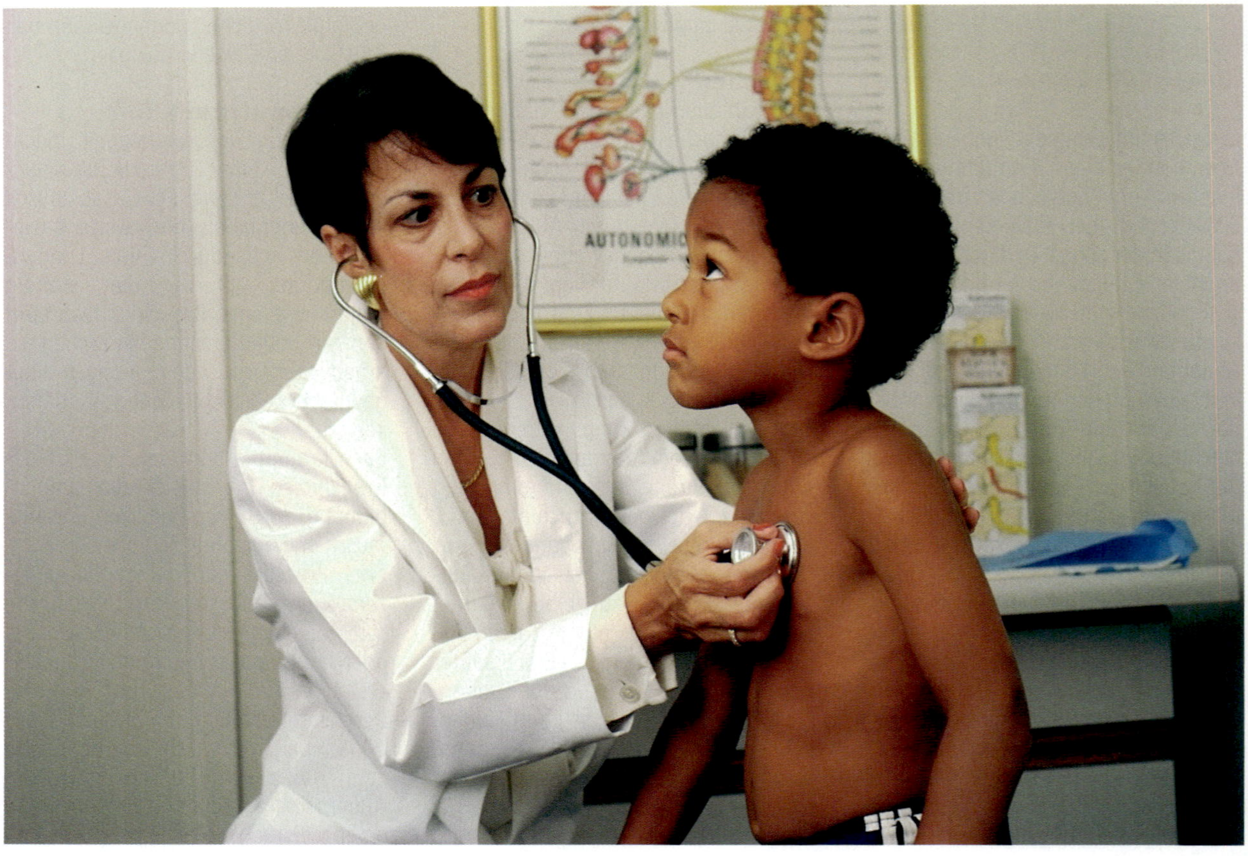

rückgängig zu machen. Daher spielen Atemgymnastik und Vorsorge gegen Bronchitiden die Hauptrolle. Allergisch bedingte (asthmatische) Bronchialkrämpfe können mit Kostikosteroiden behandelt werden. Zur medikamentösen Therapie stehen Medikamente zur Schleimverdünnung und Bronchienerweiterung zur Verfügung. Ferner müssen alle Infektionen der Lunge oder Bronchien mit Antibiotika behandelt werden. Da die Atmung mechanisch unzureichend ist, dürfen, aus welchem Grunde auch immer, keine atemeinschränkenden Mittel gegeben werden (Morphin, hohe Dosen von Schlafmittel). Versagt das rechte Herz, muss es mit Digitalispräparaten behandelt werden.

Neben der medikamentösen Behandlung, die im Prinzip nur die Beschwerden lindert, muss der Betroffene folgende Dinge beachten:

- absolutes Rauchverbot;
- nicht in verrauchten Räumen arbeiten;
- Arbeitseinsatzlenkung;
- Orte mit hoher Schadstoffbelastung der Luft meiden;
- Erkältungen vorbeugen, da eine Erkältung für Emphysem-Patienten lebensbedrohlich werden kann;
- Vermeidung übermäßiger Anstrengungen.

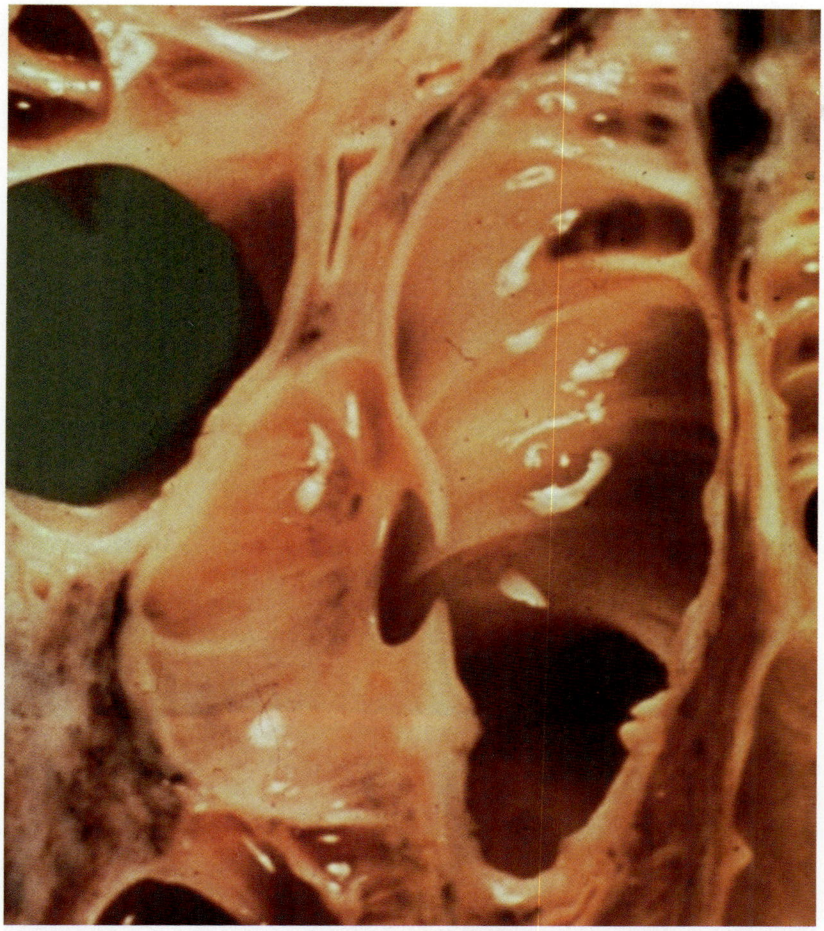

Durch Zerstörung von Alveolen und Lungensepten wurde der Luftraum der Bronchioli terminales unwiderruflich vergrößert.

Verschiedene Stadien eines Lungenemphysem.

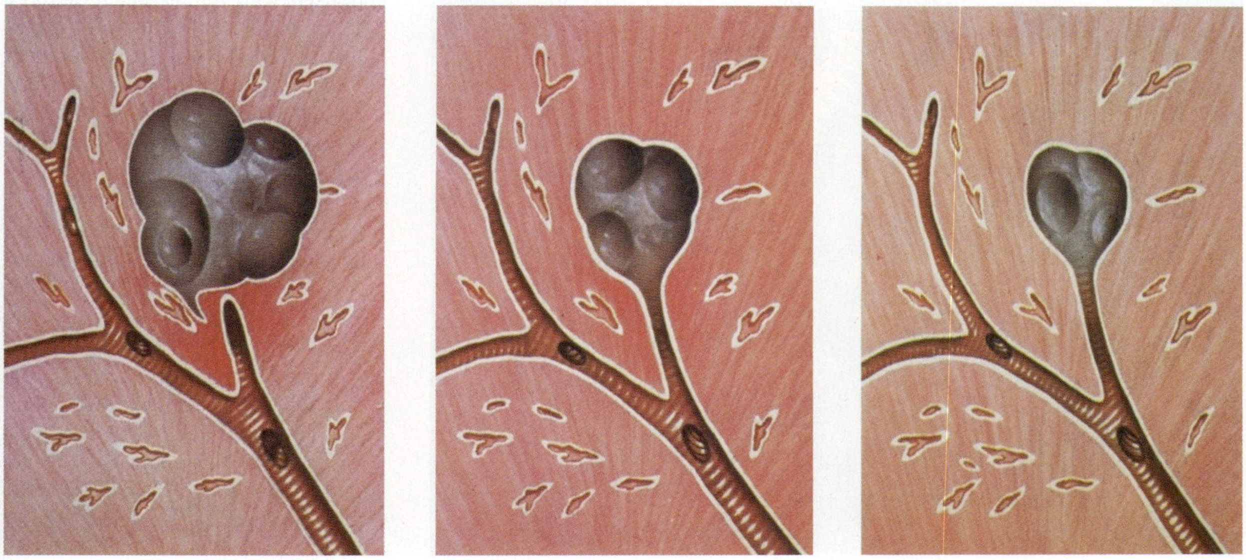

Lungenkrebs

Einführung

In Deutschland ist der Lungenkrebs die häufigste tumorbedingte Todesursache beim Mann und der dritthäufigste (nach Brust- und Dickdarmkrebs) bei der Frau. Leider nimmt der Anteil der Frauen aufgrund der veränderten Rauchgewohnheiten stetig zu. Aktuell muss mit knapp 28.200 neu erkrankten Männern und etwas 8.900 neu erkrankten Frauen pro Jahr gerechnet werden.
Der Lungenkrebs tritt in Städten etwas häufiger als in ländlichen Regionen auf. Je älter die Menschen werden, desto mehr erkranken an dieser Krebsart. Am häufigsten ist die Altersgruppe der 60- bis 70-Jährigen betroffen, das Durchschnitttsalter liegt bei 61 Jahren.
Bei den Betroffenen in dies insofern von Bedeutung, als Menschen in diesem Alter gleichzeitig auch andere Krankheiten haben können, die die Behandlungsmöglichkeiten des Lungenkrebses erheblich einschränken können.

Ursache

Intensive weltweite Untersuchungen haben einwandfrei bewiesen, dass als wichtigste Ursache für den Lungenkrebs der Zigarettenkonsum anzunehmen ist. Im Zigarettenrauch sind zahlreiche krebserregende (karzinogene) Substanzen enthalten, die sich teilweise erst nach Verbrennung bilden.
85 Prozent aller durch Lungenkrebs verursachten Todesfällen muss man auf das Tabakrauchen zurückführen. Andere Faktoren spielen demgegenüber nur eine untergeordnete Rolle. Darüber hinaus ist Tabakrauch auch für einen erheblichen Teil der Krebserkrankungen der Bauchspeicheldrüsen, der Blase und der Nieren verantwortlich. Etwa zehn Prozent aller Leukämiefälle bei Erwachsenen werden mit dem Rauchen in Zusammenhang gebracht, und es stellt auch einen Risikofaktor für Gebärmutterkrebs dar.
Das Inhalieren von Tabaksrauch ist aber nicht nur für den weitaus größten Teil aller Lungenkrebse verantwortlich, sondern auch die Ursache für 80 bis 90 Prozent der chronischen Atemwegserkrankungen und 25 bis 45 Prozent aller Erkrankungen der Herzkransgefäße. Leiden Krebsbetroffene an solchen zusätzlichen Krankheiten, bedeutet dies leider, dass der Nikotinmissbrauch den Körper so stark geschädigt hat, dass die Möglichkeiten der Krebsbehandlung eingeschränkt sind.
Das Risiko, an Lungenkrebs zu erkranken, wird von mehreren Faktoren beeinflusst. Es nimmt deutlich zu, je mehr Zigaretten pro Tag geraucht werden, je früher mit dem Rauchen begonnen wurde, je länger geraucht wurde, je stärker der Betroffene inhaliert hat, und er hängt auch vom Typ der gerauchten Zigaretten ab.
Hingegen nimmt das Krebsrisiko von Menschen, die mit dem Rauchen aufgehört haben, stetig ab. Es verringert

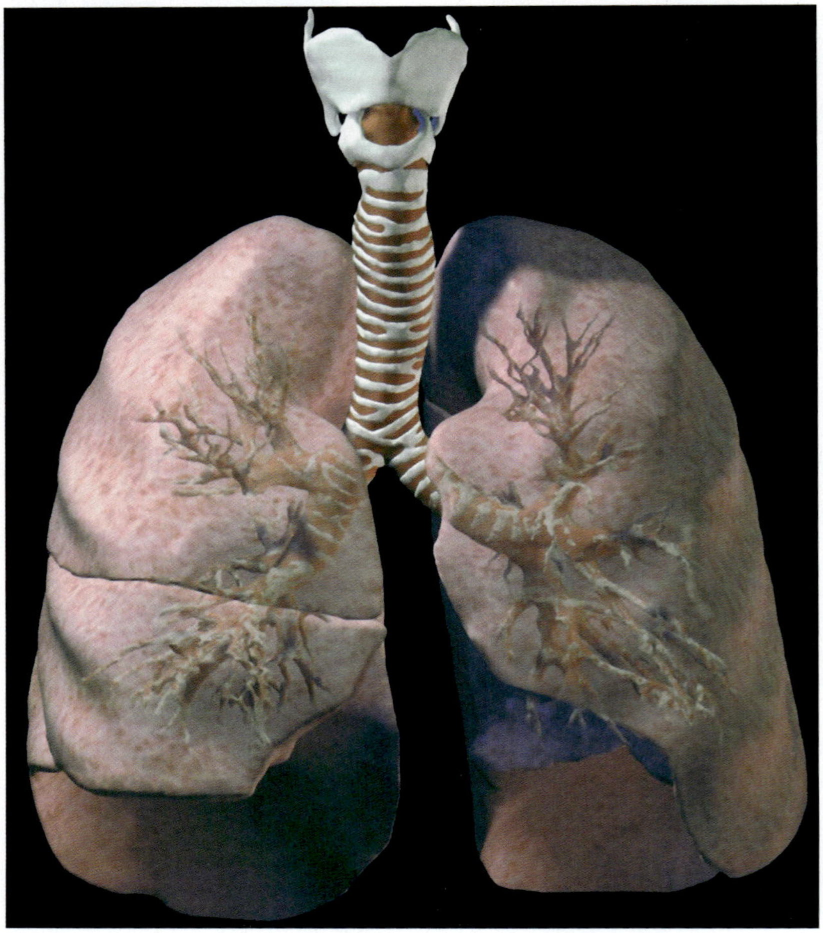

Die Lunge als größter Teil des Atemtraktes gleicht zwei riesigen rosa Schwämmen, die fast den ganzen Brustraum ausfüllen. Der größte der Atemwege ist die Luftröhre (oben), die sich in zwei kleinere Röhren (Hauptbronchien) verzweigt, die die beiden Lungenflügel mit Luft versorgen.

sich beim Lungenkrebs nach fünf Jahren um 60 Prozent und nach 15 bis 20 Jahren sogar um bis zu 90 Prozent. Jedoch bleibt ein Restrisiko gegenüber Menschen, die nie geraucht haben, bestehen.

Immer wieder wird das Argument ins Feld geführt, dass es Menschen gibt, die trotz jahrzehntelangem Tabakkonsum ein hohes Lebensalter bei guter Gesundheit erreichen. Dafür mögen zusätzliche, bisher nur unvollständig verstandene erbliche Faktoren verantwortlich sein.

Die etwa 50 eindeutig als krebserregend identifizierten Stoffe im Tabakrauch unterliegen im Körper nach Inhalation unterschiedlichen Auf- und Abbauvorgängen, die vielleicht erklären können, warum einige Personen an Krebs erkranken und vorzeitig sterben, während andere bei gleichem Tabakkonsum ein normales Lebensalter erreichen. Wissenschaftler arbeiten zurzeit intensiv daran, diese Vorgänge zu untersuchen und aufzuklären.

Über 80 Prozent der Nichtraucher haben täglich einen gewissen Kontakt mit Tabakrauch. Diese Passivraucher sind zwar einer geringeren Rauchkonzentration und auch weniger giftigen Chemikalien ausgesetzt als die aktiven Raucher, aber das ungewollte Einatmen von Tabakrauch bedeutet für sie keineswegs nur eine Belästung, sondern eine echte Gefährdung. Wissenschaftler errechneten, dass in der Bundesrepublik Deutschland etwa 400 Menschen pro Jahr infolge Passivrauchens an Lungenkrebs sterben.

Aber nicht nur das Zigarettenrauchen, sondern auch das Zigarren- und Pfeifenrauchen erhöhen das Lungenkrebsrisiko. Es bestehen hier keine qualitativen, sondern lediglich quantitative Unterschiede. Andere Ursachen spielen eine deutlich geringere Rolle, im Einzelfall können sie zusätzlich von Bedeutung sein. Hierzu zählen Umweltseinflüsse und eine erbliche Veranlagerung. Ist zum Beispiel ein Raucher krebserregenden Einflüssen aus der Umwelt oder am Arbeitsplatz ausgesetzt, so kann sich sein ohnehin bereits erhöhtes Risiko weiter verstärken. Zu den Schadstoffen, die im beruflichen Umfeld auftreten und das

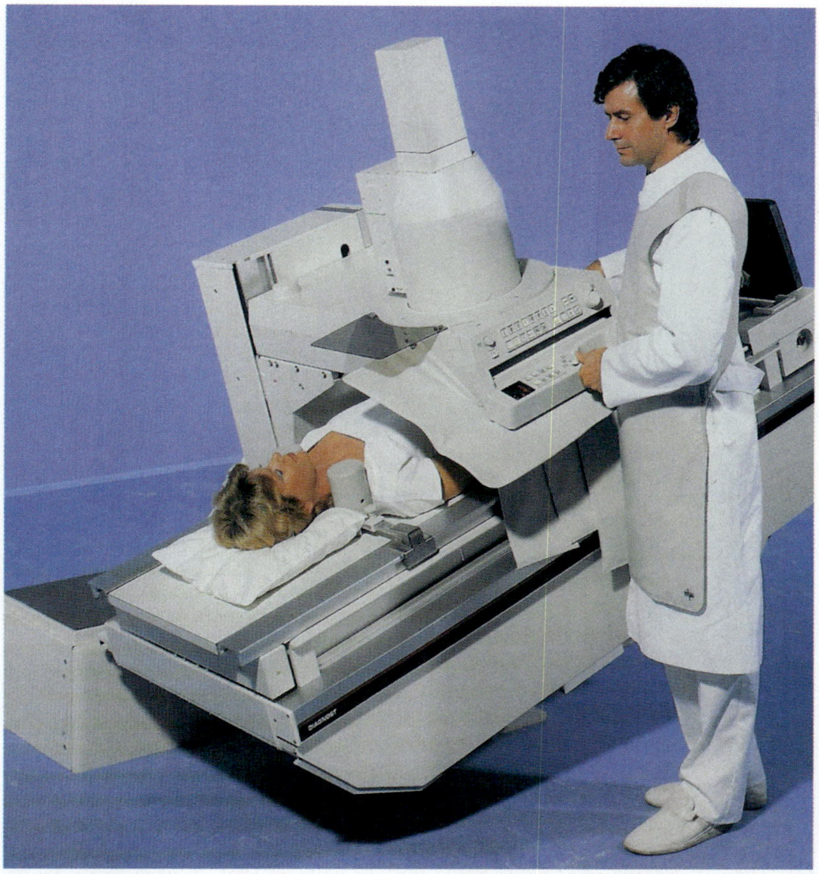

Röntgenbilder von Brust und Bauch zeigen klare Konturen vom Herzen, den großen Blutgefäßen und Bauchorganen.

Lungenkrebsrisiko erhöhen können, zählen das radioaktive Gas Radon, ferner Arsen, Asbest, Kadmium, Chrom, Nickel und polyzyklische aromatische Kohlenwasserstoffe, die nicht nur bei der Verbrennung von Tabak frei werden, sondern auch unter bestimmten Bedingungen in der Metallverarbeitung an Hochöfen sowie bei Gaswerken entstehen. Die berufsbedingten Krebsrisiken wurden in den letzten Jahren durch die gezetzlichen Bestimmungen des Arbeitsschutzes wesentlich reduziert.

Früherkennung

Wie bei vielen anderen Karzinomen sind die Symptome bei Lungenkrebs zu Beginn der Erkrankung häufig uncharakteristisch und können auch eine völlig andere Ursache haben. Lungenkrebs verursacht keine typischen Frühsymptome, und deshalb wird die Diagnose in der Regel auch erst mit beträchtlicher Verzögerung gestellt.

Um einem Lungenkarzinom frühzeitig auf die Spur zu kommen, standen in der Vergangenheit besonders die Röntgenreihenuntersuchung und die Untersuchung von abgehustetem Bronchialschleim (Sputum) auf Krebszellen (zytologische Untersuchung) zur Verfügung. Mit diesen Verfahren wurden in großen internationalen Studien in den 1970–1980er Jahren über 70.000 Männer untersucht.

Diese Studien zeichneten sich durch einen hohen technisch-methodischen Aufwand aus. In ihrem Verlauf wurde allerdings nur bei einer sehr geringen Zahl von Patienten ein Lungenkrebs so früh entdeckt, dass er mit der Aussicht auf Heilung operiert werden konnte. Auch der Wert der zytologischen Unter-

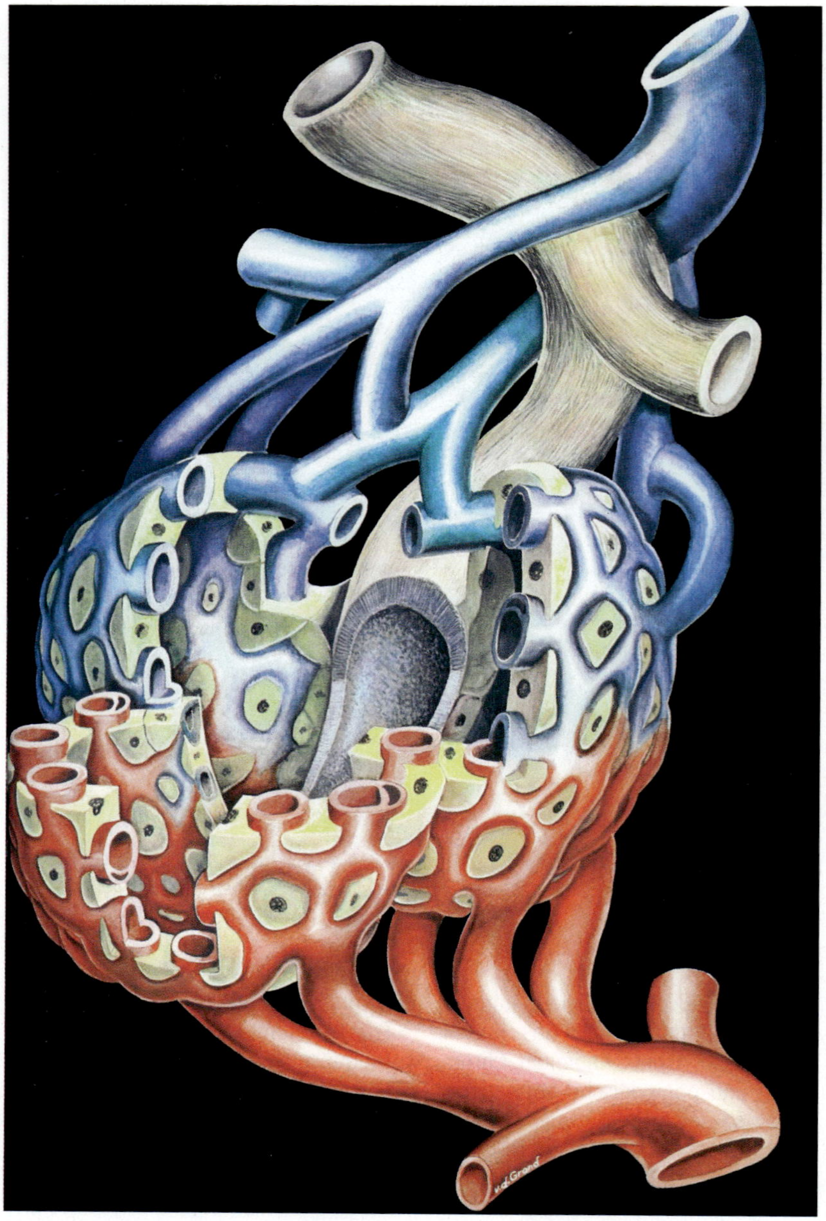

Die Hauptaufgabe des Atmungssystems besteht im Austausch zweier Gase: Sauerstoff und Kohlendioxid. Der Austausch vollzieht sich zwischen den Millionen von Lungenbläschen in der Lunge und den Kapillargefäßen, die sie umgeben. Die blauen Adern entsprechen venösen Gefäßen und Blutkapillaren, die dem Lungenbläschen sauerstoffarmes, mit Kohlendioxid beladenes Blut zuführen. Die roten Adern entsprechen arteriellen Gefäßen und Kapillaren mit Blut, das den mit der Einatmung in das Lungenbläschen gelangten Sauerstoff aufgenommen hat.

suchung wurde bei diesen Studien sehr zurückhaltend beurteilt.

Dennoch bewiesen diese Studien, dass eine Früherkennung des Lungenkrebses prinzipiell möglich ist – wenn auch weniger für die allgemeine Bevölkerung. Vielmehr können Menschen, die bestimmten Risiken ausgesetzt sind – dazu gehören etwa Rauchgewohnheiten, berufliche Belastung mit krebserregenden Substanzen, vorangegangene Lungenerkrankungen und eine familiäre Veranlagung – festgelegten Risikogruppen zugeordnet werden.

Ärzte und Wissenschaftler prüfen gegenwärtig, ob sich mit modernen Techniken wie etwa der Computertomographie der Lunge, der photodynamischen Diagnostik und durch molekularbiologische Methoden Verfahren entwickeln lassen, die für allgemeine Früherkennungsprogramme wertvoll sind.

Schon heute steht allerdings fest, dass es wichtiger ist, Tabakrauch erst gar nicht einzuatmen. Diese sogenannte primäre Prävention ist für jeden Einzelnen von wesentlich größerem Nutzen als der ausgeklügelte Einsatz modernster Technik bei der Früherkennung (sekundäre Prävention) von Lungenkrebs.

Diagnostik

Viele Menschen befürchten, bei der Verdachtdiagnose „Krebs" in die medizinische „Mühle" zu geraten, und meiden den Arztbesuch aus Angst davor. Denken Sie aber bitte daran, dass die Untersuchungen notwendig sind, um folgende Fragen zu klären:

1. Handelt es sich wirklich um einen Tumor?
2. Um welche Krebsart handelt es sich?
3. Wo sitzt der Tumor?
4. Wie ist der Allgemeinzustand des Patienten?
5. Wie weit ist die Krebserkrankung fortgeschritten?
6. Gibt es Metastasen?
7. Wie groß ist die Leistungsreserve der Lunge?
8. Welche Behandlung wird den größten Erfolg bringen?

Besteht der Verdacht, dass Sie an Lungenkrebs erkrankt sind, wird Ihr Arzt mit Ihnen über die Untersuchungen sprechen, die notwendig sind, um die Diagnose zu sichern. Zum Teil können diese Untersuchungen auch ambulant erfolgen. Nur eine gründliche Diagnose ermöglicht eine sinnvolle Therapieplanung.

Der Verlauf und die Wahl der Untersuchungen hängt zum einen von den Symptomen ab, über die Sie klagen, und zum anderen von den zwischenzeitlich

erhobenen Befunden. Auch die feingeweblichen (histologischen) Eigenschaften, die sich nach der Probeentnahme aus dem Tumor erst unter dem Mikroskop darstellen lassen, können den weiteren Untersuchungsgang mitbestimmen.
Aufgrund der Ergebnisse dieser Untersuchungen und Ihrer persönlichen Gesamtsituation werden Sie dann gemeinsam mit den behandelnden Ärzten entscheiden, welche Behandlung für Sie am geeignetsten ist.

Diagnostik und Stadieneinteilung

Diagnostik und Stadieneinteilung (Staging) des Lungenkrebses erfordern häufig ein außerordentlich umfangreiches Untersuchungsprogramm.
Dieses muss sich für jeden einzelnen Patienten individuell danach richten, inwieweit er subjektiv und objektiv belastbar ist.
Die einzelnen Untersuchungen sichern die Diagnose und geben Aufschluss darüber, wie weit sich der Tumor ausgedehnt hat. Darüber hinaus kann der Arzt anhand der Ergebnisse auch beurteilen, welchen Belastungen der Betroffenene bei der Behandlung ausgesetzt werden kann und welche Therapieverfahren somit in Frage kommen.
Dabei wird der Arzt dem jeweiligen Patienten selbstverständlich nur die Untersuchungen „zumuten", die im Hinblick auf die möglichen Behandlungsmethoden erforderlich sind. So wird zum Beispiel ein Betroffener, bei dem der Tumor in einem frühen Stadium entdeckt wurde und der mit Aussicht auf Heilung operiert werden kann, ein sehr ausgedehntes Untersuchungsprogramm absolvieren müssen.
Stellt sich bei einem anderen heraus, dass die Behandlungsmöglichkeiten eingeschränkt sind, kann und sollte sich die Diagnostik auf das Notwendigste beschränken.
Dies gilt sinngemäß auch für Patienten, denen man in frühen Tumorstadien eine Chemo- oder Strahlentherapie anbieten will. Sonst ist zu erklären, dass das diagnostische Programm immer auf den einzelnen Patienten abgestimmt wird.

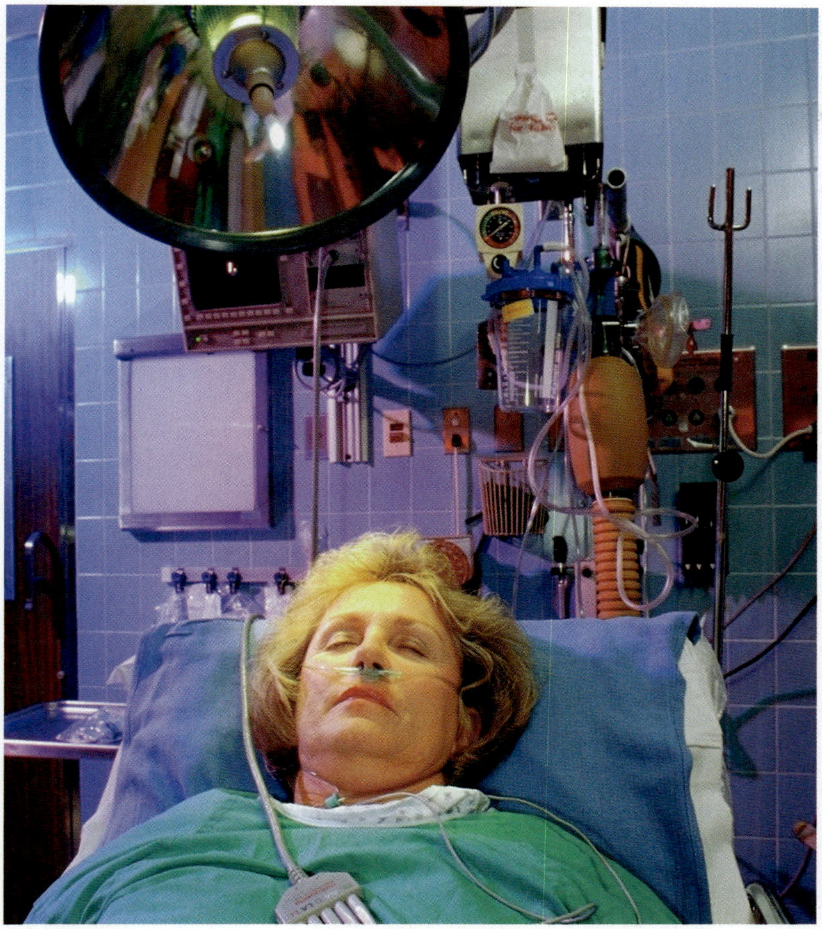

Lungenkrebs-Operation

Metastasierungswege des Lungenkrebses

Durch das fortschreitende bösartige Wachstum des Tumors werden die Lymphbahnen und feinen Blutgefäße eröffnet. Die Zellen der ursprünglichen Krebsgeschwulst (Primärtumor) können dann über die Lymphbahnen und die Blutgefäße in alle Organe des Körpers ausgeschwemmt werden und dort Tochtergeschwülste (Metastasen) bilden.
Die ersten Metastasenstationen sind die dem Primärtumor benachbarten (regionären) Lymphknoten, die eine Abwehrfunktion nicht nur gegenüber Infektionen, sondern auch gegenüber Krebszellen haben.
Wenn diese Lymphknotenstationen überwunden sind, strömen die Krebszellen weiter in das Blut. Fernmetastasen eines Lungenkrebses finden sich besonders häufig in der Leber, im Skelett und im Gehirn, aber auch in anderen Abschnitten der Lunge und in fernliegenden Lymphknotenstationen.
Einige der zum Einsatz kommenden Untersuchungen dienen deshalb auch dazu, diese Organe gezielt daraufhin zu kontrollieren, ob sich Metastasen gebildet haben.

Untersuchungen

Im Folgenden stellen wir Ihnen eine Reihe der häufigsten Untersuchungsverfahren und ihre Bedeutung dar.

Körperliche Untersuchung

Zunächst müssen Sie gründlich körperlich untersucht und nach möglichen Risikofaktoren gefragt werden. Verstehen Sie die Fragen nach Ihren per-

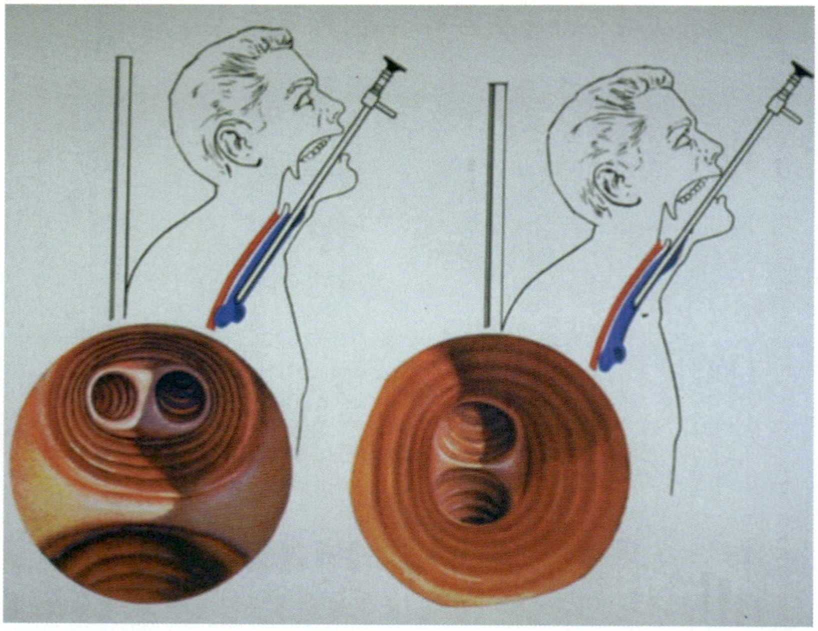

Bronchoskopie; bei modernen Lungenuntersuchungen bedient sich der Arzt eines optischen Instruments, des Bronchoskops, mit dem sich die Verästlungen der Luftwege (Bronchien) direkt betrachten lassen.

sönlichen Risikofaktoren aber keinesfalls als Vorwurf bezüglich Ihrer Lebensführung. Vielmehr sollen Ihre Informationen dem Arzt helfen, die richtige Diagnose zu stellen.

Laboruntersuchungen

Bluttests können Aufschluss über Ihren Allgemeinzustand sowie die Funktionen von einzelnen Organen wie Nieren und Leber geben. Außerdem werden manchmal die sogenannten Tumormarker bestimmt. Es handelt sich hierbei um Stoffe, die vom Tumor selbst stammen und in Abhängigkeit von Wachstumsverhalten des Tumors und der Tumormasse in die Blutbahn abgegeben werden können.

Auch Lungenkrebs produziert gelegentlich Tumormarker, die sich dann im Blut nachweisen lassen. Sie werden bezeichnet mit:

- CEA – carcinoembryonales Antigen;
- NSE – neuronenspezifische Enolase;
- SCC – squamous cell carcinoma.

Tumormarker sind jedoch nicht bei allen Betroffenen mit Lungenkrebs vorhanden und können auch bei gesunden Menschen vorkommen. Ihr Vorhandensein kann die Diagnose also allenfalls ergänzen – ihre Abwesenheit im Blut kann umgekehrt ein Karzinom keinesfalls ausschließen.

In diesem Zusammenhang ist der Hinweis sehr wichtig, dass gerade bei einer fortgeschrittenen Erkrankung ein Anstieg des Tumormarkers nicht zwingend eine Verschlechterung der Situation bedeuten muss.

Vielmehr kann ein kurzfristiger Anstieg der Tumormarker auch ein Zeichen für das sehr gute Wirken einer Therapie sein, bei der viele Tumorzellen zugrunde gehen und ihre Bestandteile auf dem Weg zum weiteren Abbau in die Blutbahn abgeben. Eine verlässliche Information kann nur die Beobachtung der Tumormerkerwerte in Kombination mit anderen Befunden geben.

Bei der Untersuchung von Bronchialschleim, der durch tiefes Abhusten insbesondere morgens nach dem Aufwachen gewonnen wird (Sputum), können eventuell Krebszellen gefunden werden, die die Verdachtdiagnose erhärten.

Spiegelung der Bronchien

Bei Verdacht auf Lungenkrebs gehört heute die Spiegelung der Bronchien (Bronchoskopie) zur wichtigen Standarddiagnostik. Sie erhalten bei dieser Untersuchung eine örtliche Betäubung (Lokalanästhesie), und der Arzt schiebt vorsichtig einen biegsamen Schlauch durch die Nase oder Mundhöhle in die Luftröhre bis in die Bronchien vor. Dieser Schlauch enthält eine Lichtquelle und ein optisches System aus Glasfasern, sodass der Arzt die Schleimhäute genau in Augenschein nehmen kann. Gelegentlich wird diese Untersuchung auch in Vollnarkose mit einem starren Rohr durchgeführt. Dies ist besonders dann erforderlich, wenn Einengungen der zentralen Atemwege oder größere Blutungen bestehen, die behandelt werden müssen.

Gewebeentnahme

Während der Untersuchung (Bronchoskopie) kann der Arzt mit einer kleinen Zange, die über einen Kanal im Inneren des Schlauches vorgeschoben wird, Gewebeproben (Biopsien) entnehmen, die dann unter dem Mikroskop feingeweblich (histologisch) auf Tumorzellen hin untersucht werden. Etwa 80 Prozent aller Lungenkrebse werden mit dieser Methode zweifelsfrei festgestellt.

Im gleichen Untersuchungsgang kann der Arzt auch Sekret aus tiefen Bronchialabschnitten absaugen und ähnlich wie Sputum unter dem Mikorskop auf Krebszellen untersuchen.

Die Biopsie ist ein ungefährliches Untersuchungsverfahren. Die zuweilen geäußerte Befürchtung, bei der Entnahme könnten Tumorzellen „ausgeschwemmt" werden, die dann Metastasen bilden, ist unbegründet.

Röntgenaufnahme

Auf Röntgenaufnahmen des Brustkorbs lassen sich oft schon verdächtigen Bezirke feststellen. Im Rahmen der Metastasenuntersuchung können weitere Aufnahmen von anderen Körperregionen notwendig werden.

Ultraschalluntersuchung

Die Ultraschalluntersuchung (Sonographie) des Bauches stellt die inneren Organe wie Leber, Nieren, Nebennieren, Milz und Lymphknoten dar, wobei speziell nach Tochtergeschwülsten (Metastasen) gesucht wird. Neben dem

Bauchraum betrachtet der Arzt insbesondere auch den Hals mit Ultraschall. Die Sonographie des Herzens kann Aufschluss über die Leistungsfähigkeit des Herzmuskels geben, denn der Zigarettenkonsum kann die Herzkranzgefäße verengt haben, was eine geminderte Herzleistung zur Folge hat. Die Untersuchung mit Ultraschall hat den Vorteil, dass sie beliebig oft wiederholt werden kann, da sie den Patienten keiner Strahlenbelastung aussetzt.

Computertomographie
Die Computertomographie ist ein aufwändiges Verfahren, mit dem Schnittbilder von allen Körperregionen hergestellt werden können. Anders als das normale Röntgenbild zeigen sie den Körper im Querschnitt und geben Informationen über den genauen Sitz und die Größe des Tumors. Dieses Verfahren ist darüber hinaus besonders hilfreich, um Metastasen im Kopfbereich, aber auch im Brust- und Bauchbereich auszuschließen.
Im Computertomogramm können die Ausdehnungen des Tumors und seine Beziehung zu den Organen beziehungsweise Strukturen in der Nachbarschaft dargestellt werden.
Der Chirurg erhält dadurch wichtige Hinweise darüber, ob der Tumor operativ entfernt werden kann, ob bereits lebenswichtige Organe von der Krankheit erfasst worden sind und wie umfangreich die Operation sein wird.
Metastasen und vergrößerter Lymphknoten lassen sich durch die Computertomographie ebenfalls genau darstellen. Der Arzt kann so zum Beispiel genau verfolgen, wie gut der Patient auf die Strahlen- oder Chemotherapie anspricht.
Vereinzelt kann es sinnvoll sein, den Tumor unter computertomographischer Sicht zu punktieren. Dies gilt besonders dann, wenn die Geschwulst nicht zentral in der Nähe der großen Bronchien liegt, die am besten durch eine Bronchoskopie zugänglich sind. Bei guten Untersuchungsbedingungen kann der Radiologe eine Biopsienadel unter indirekter Sicht durch das Computertomogramm auf den Zentimeter genau platzieren.

Magnetresonanztomographie
Die Magnetresonanztomographie, auch Kernspintomographie genannt, kommt gegenwärtig gezielt ergänzend zum Einsatz, wenn die Computertomographie nicht genügend Aufschluss darüber gibt, wie weit sich der Tumor insbesondere in die herz- und gefäßnahen Bezirke der Lunge ausgedeht hat.

Klassifikation des Tumors

Die feingewebliche Einteilung der Lungenkrebse erfolgt nach einem Vorschlag der Weltgesundheitsorganisation. Grundsätzlich unterscheidet man zwischen den kleinzelligen und den nichtkleinzelligen Lungentumoren, wobei diese Einteilung sich tatsächlich von der Größe der verschiedenen vorgefundenen Krebszellen ableitet.
Ein wichtiges Kriterium bei der Wahl der für den Patienten am besten geeigneten Behandlungsmethode ist darüber hinaus die Feststellung, wie weit sich der Krebs ausgebreitet hat. Fachleute verwenden dafür verschiedene Begriffe wie Stadieneinteilung oder Staging. Die anatomische Tumorausbreitung wird nach den Regeln der internationalen Krebsgesellschaft bestimmt und in der sogenannten TNM-Formel zusammengefasst (siehe Tabelle).

Behandlung von Lungenkrebs

Wurde bei Ihnen die Diagnose Lungenkrebs gestellt, sprechen Sie mit Ihrem Arzt und einem auf diesem Gebiet erfahrenen Spezialisten ausführlich über den Befund und die Heilungschance (Prognose) Ihrer Erkrankung. Lassen Sie sich die vorgesehenen Behandlungsschritte und eventuell vorhandene weitere therapeutische Möglichkeiten genau erläutern. Welche Therapie für Sie in Frage kommt und wie intensiv sie erfolgen kann, hängt zum einen von Ihrem Leistungsvermögen ab, zum anderen vom feingeweblichen Typ. Die drei Behandlungsverfahren Operation, Strahlentherapie und Chemotherapie haben bei den großen Tumorgruppen – den kleinzelligen beziehungsweise den nichtkleinzelligen Lungenkarzinomen – ein unterschiedliches Gewicht.
Sobald also geklärt ist, wie weit sich der Tumor ausgedehnt hat und zu welchem

Destruktion von Zellen und chronische Entzündungsprozesse.

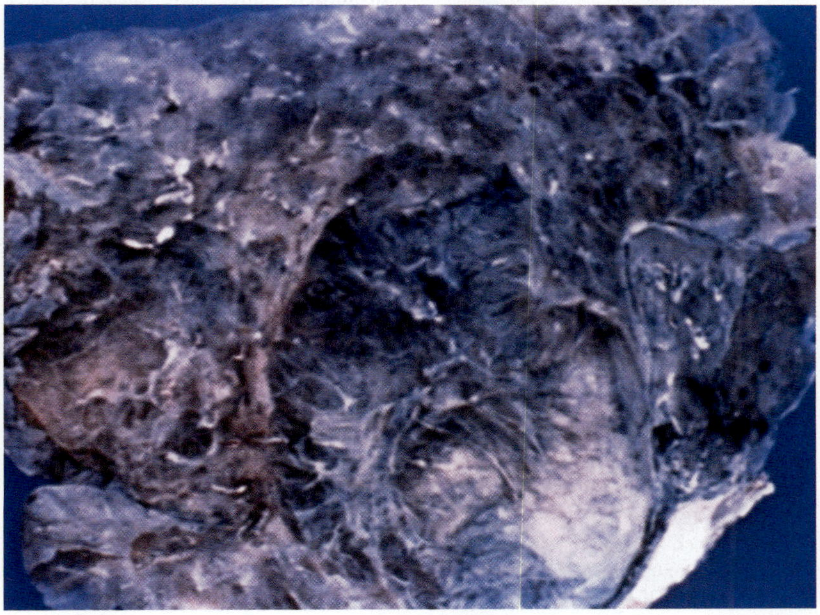

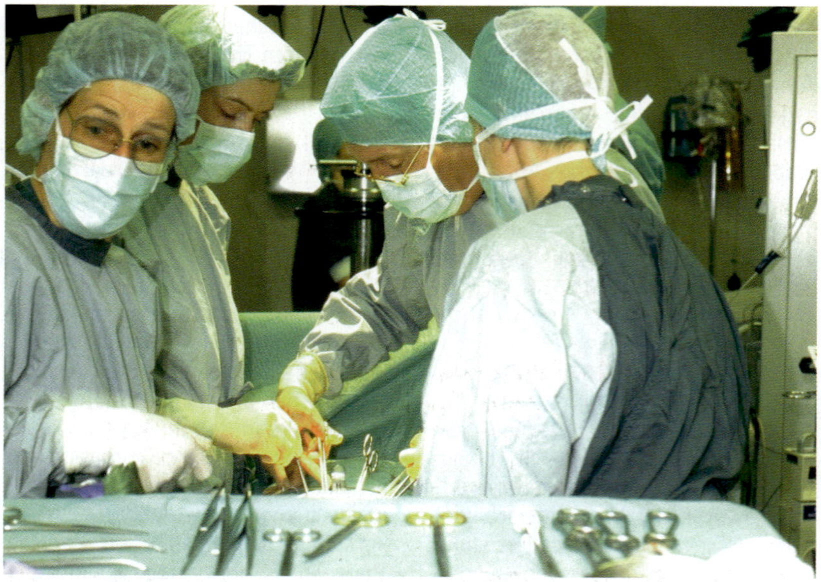

Abgesehen vom kleinzelligen Karzinom kann ein Lungenkrebs, der sich noch nicht über das Organ ausgebreitet hat, manchmal operiert werden. Zehn bis 35 Prozent der Krebsgeschwülste lassen sich operativ entfernen.

Typ er gehört, kommt deshalb vor Beginn Ihrer Behandlung dem fachübergreifenden Gespräch der Ärzte besondere Bedeutung zu.
Die Behandlung selbst erfolgt nach international akzeptierten Strategien, die in den vergangenen Jahren in sogenannten Leitlinien der wissenschaftlichen Fachgesellschaften zusammengefasst wurden.

Endoskopische Therapie

Die Bronchoskopie nimmt gegenwärtig nicht nur bei der Diagnosestellung eine zentrale Stellung ein, der Arzt kann mit diesem Verfahren auch den Erfolg seiner Behandlung kontrollieren. Darüber hinaus bietet diese Methode aber auch therapeutische Ansätze, wobei je nach Art und Lage der Befunde unterschiedliche endoskopische Verfahren zur Verfügung stehen.
Die endoskopische Behandlung kann zum Einsatz kommen, wenn der Betroffene durch Absonderungen (Sekret) oder Gewebeneubildungen in den Atemwegen schlecht atmen kann oder wenn bei ihm Blutungen auftreten. Solches Sekret kann gegebenfalls über einen Schlauch abgesaugt werden.
Blutungen lassen sich durch Druck auf die blutende Stelle (mechanische Kompression) oder durch den Einsatz eines Lasers stoppen. Gewebeneubildungen werden entweder mit mechanischen Instrumenten wie Scheren und Zangen abgetragen oder durch Kältesonden beziehungsweise Lasertherapie zerstört.

Symptomatische Therapie

Lungenkrebs entwickelt sich in der Regel nicht in einer vollständig gesunden Lunge. Die diesen Tumor meistens auslösende Ursache – der Tabakrauch – hat vielmehr auch das gesamte Bronchialsystem und Lungengewebe beeinträchtigt.
Aus diesem Grund leiden viele Patienten an einer chronischen Bronchitis und Lungenüberblähung (Emphysem.) Diese Begleiterkrankungen können den Allgemeinzustand des Patienten erheblich mindern und dazu führen, dass der Betroffene nicht operiert werden kann. Manchmal verschlechtern sich sogar die Möglichkeiten einer Strahlenbehandlung. Bei den meisten Patienten müssen diese Zusatzerkrankungen behandelt werden: durch Atemgymnastik, sekret- oder krampflösende Medikamente, eventuell sogar mit Antibiotika. Viele Krebspatienten leiden auch an peripheren Gefäßerkrankungen und an einer Erkrankung der Herzkransgefäße mit Herzrhythmusstörungen. Auch diese Krankheiten erfordern eine spezielle Therapie.

Therapie des kleinzelligen Lungenkarzinoms

Das kleinzellige Lungenkarzinom ist eine besonders aggressive Krebsart: Der Tumor wächst sehr rasch, und es bilden sich sehr frühzeitig Tochtergeschwülste. Aufgrund dieser biologischen Eigenschaften haben Patienten, die an dieser Form von Lungenkrebs leiden, eine entsprechend schlechte Prognose.
Allerdings – und darin besteht eine gewisse Chance – sind diese Krebszellen aufgrund der hohen Zellteilungsrate auch besonders empfindlich und durch Chemo- und Strahlentherapie angreifbar. In den vergangenen Jahren hat sich durch den Einsatz der Chemotherapie die durchschnittliche Überlebungsdauer der Betroffenen verfünffacht, und zunehmend mehr von ihnen leben drei Jahre nach der Diagnose und Behandlung noch ohne Zeichen einer Tumorerkrankung.

Chemotherapie

Die Chemotherapie stellt das Rückgrat der Behandlung des kleinzelligen Lungenkarzinoms dar. Im Rahmen der Chemotherapie werden Medikamente eingesetzt, die als Zellgifte vor allem auf sich teilende Zellen wirken. Tumorzellen werden vor allem deswegen geschädigt, weil sie sich ständig vermehren. Leider ist es bisher nicht gelungen, Substanzen zu entwickeln, die nur die Krebszellen schädigen, die gesunden Zellen des Körpers aber nicht beeinflussen. Deshalb wird auch normales Gewebe, das sich relativ oft erneuert, in Mitleidenschaft bezogen. Hier sind beispielsweise die Darmschleimhaut, die Haarwurzeln oder die blutbildenden Zellen des Knochenmarks zu nennen.
Die Behandlung erfolgt über bestimmte Zeiträume (Zyklen), zwischen denen Pausen (Intervalle) liegen, damit der Patient sich erholen kann. Beim kleinzelligen Lungenkarzinomen werden in der Regel vier bis sechs derartige Behandlungszyklen eingesetzt.

Strahlentherapie

Ziel einer jeden Strahlenbehandlung (Radiotherapie) ist es, Krebszellen zu vernichten. Ionisierende Strahlen führen zu Veränderungen im Erbgut der Zellen, die von normalen, gesunden Zellen in der Regel wieder repariert werden. Krebszellen haben hingegen ein weniger gut funktionierendes Reparatursystem, sodass die durch die Bestrahlung verursachten Einwirkungen nicht behoben werden können: Die Krebszelle stirbt ab.

Bei jeder Strahlenbehandlung soll im zu bestrahlenden Gebiet eine möglichst hohe Strahlenkonzentration erreicht und dabei gleichzeitig das umgebende gesunde Gewebe so weit wie möglich geschont werden.

Die Tumorzellen des kleinzelligen Lungenkarzinoms sind Strahlen gegenüber besonders empfindlich. In den letzten Jahren hat sich gezeigt, dass die Bestrahlung bestimmter Lungenkrebspatienten ein wichtige ergänzende (konsolidierende) Behandlungsmaßnahme ist. Dies trifft auf diejenigen Patienten zu, deren Erkrankung als begrenztes Stadium eingestuft wurde und die sich nach erfolgreicher Chemotherapie in kompletter oder teilweiser Remission befinden.

Die Strahlentherapie nimmt mehrere Wochen in Anspruch, wobei jeden Tag nur wenige Minuten lang bestrahlt wird. Der Erfolg einer solchen langfristigen Behandlung beruht darauf, dass durch eine Aufteilung der Strahlendosis in zahlreiche kleine Einzeldosen die Tumorzellen erfolgreich bekämpft und gleichzeitig die umgebenden gesunden Zellen besser geschont werden.

Operation

Eine Operation erfolgt beim kleinzelligen Lungenkarzinom nur in den sehr seltenen frühen Stadien I und II. Nur weniger als zehn Prozent aller Patienten mit diesem Tumor erfüllen die Voraussetzungen für eine Operation.

Es kann auch passieren, dass ein kleiner Lungentumor operativ behandelt wird und erst durch diesen Eingriff die Untersuchung des entnommenen Krebsgewebes die genaue Diagnose kleinzelligen Lungenkarzinoms ergibt.

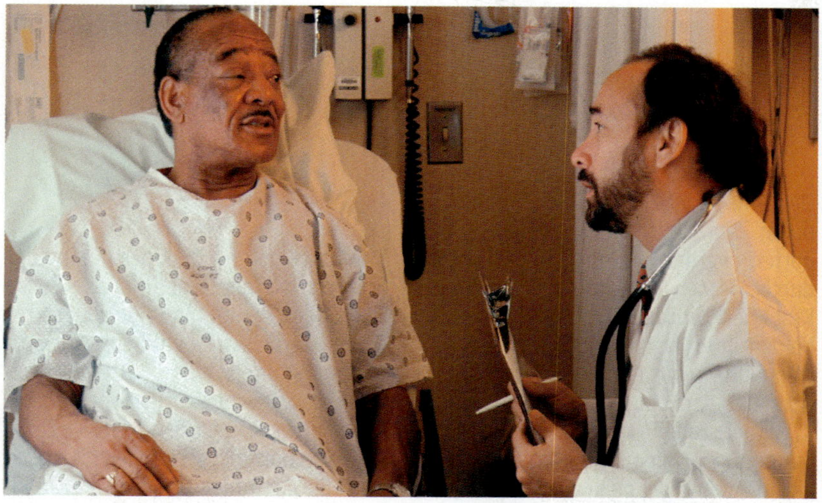

Lungenkrebs ist bei Männern in Deutschland die häufigste Krebsart. Die Symptome des Lungenkrebses hängen von seiner Art ab, seinem Sitz und davon, wie er sich ausbreitet. Das Hauptmerkmal ist gewöhnlich ein hartnäckiger Husten

In diesem Fall erfolgen anschließend zur Sicherkeit einige Zyklen Chemotherapie und meistens auch eine Strahlentherapie.

Therapie des nichtkleinzelligen Lungenkarzinoms

Die Behandlung dieser Form des Lungenkrebses hängt von dem Stadium ab, in dem die Erkrankung festgstellt wurde: Bei 25 bis 30 Prozent aller Patienten ist die Operation die Therapie ersten Wahl. In den fortgeschrittenen Stadien IIIA und IIIB kommt bevorzugt die Strahlenbehandlung zum Einsatz; aber selbst in diesen Fällen kann noch operiert werden, wenn die Vorasussetzungen günstig sind.

Im weit fortgeschrittenen Stadium IV mit Fernmetastasen wird die Chemotherapie, zum Teil ergänzt durch die Strahlenbehandlung, eingesetzt.

Operation

Die – möglichst vollständige – operative Entfernung der Geschwulst bietet die höchste Heilungschance und gilt daher beim operablen nichtkleinzelligen Lungenkrebs bis hin zum Stadium T3 N1 M0 als Therapie der ersten Wahl. In diesen Stadien ist die Operation allen anderen Therapieverfahren überlegen.

Bei der Operation folgt der Chirurg dem Prinzip „so radikal wie nötig, so funktionsschonend wie möglich", das heißt er ist bestrebt, den Tumor möglichst vollständig zu entfernen und dabei die Funktion der Lunge so gut wie möglich zu erhalten.

Strahlentherapie

Die Bestrahlung spielt in der Behandlung des nichtkleinzelligen Lungenkarzinoms eine maßgebliche Rolle. Sie kommt zum Einsatz, wenn selbst in frühen Stadien der Erkrankung nicht operiert werden kann (primäre Radiotherapie), wenn nach der Operation eventuell verbliebene Tumorzellen zerstört werden sollen (sekundäre Radiotherapie) oder wenn in fortgeschrittenen Stadien der Erkrankung einzelne Metastasen behandelt werden müssen.

Chemotherapie

Patienten mit einem schon relativ fortgeschrittenen Lungenkrebs, der aber noch operabel erscheint, erhalten vor der Operation eine Chemotherapie. Diese vorgeschaltete Chemotherapie soll den Tumor verkleinern und damit für den Chirurgen günstigere Voraussetzungen schaffen.

Gleichzeitig sollen eventuell vorhandene, aber noch nicht nachweisbare kleinste Fernmetastasen zerstört werden.

Lyme-Borreliose

Die Lyme- oder Zecken-Borreliose wird durch Spirochätenart Borrelia burgdorferi verursacht, die gewöhnlich durch Zecken übertragen wird. Die Krankheit wurde 1975 entdeckt und bekam ihren Namen nach der kleinen Gemeinde Lyme im US-Staat Connecticut, in der eine ganze Reihe von Krankheitsfällen aufgetreten war. Seitdem ist die Lyme-Borreliose in vielen Staaten gut bekannt.
Inzwischen weiß man, dass die Zecken-Borreliose auf sämtlichen Kontinenten (außer in der Antarktis) vorkommt. Allein in den USA wurden im letzten Jahr schätzungsweise 8000 Fälle gemeldet, die sich über fast alle Bundesstaaten verteilten.

Ansteckung

Voraussetzung für die Übertragung des Erregers ist, dass eine infizierte Zecke sich lange genug in die Haut ihres Opfers verbeisst. Sobald sie Blut aufnimmt, beginnen sich in ihrem Mitteldarm die Spirochäten zu vermehren; sie treten in die Körperflüssigkeit der Zecke über, von dort in die Speicheldrüsen und schließlich mit dem Speichel in das Blut des Opfers.
Um eine infektiöse Dosis an Erregern zu übertragen, muss der Blutsauger 36 bis 48 Stunden lang in der Haut steckenbleiben. Weil er jedoch auch eine schmerzstillende Substanz absondert, macht der Biss selbst keine Beschwerden. Eine simple und effektive Vorbeugungsmaßnahme in gefährdeten Gegenden ist darum, den Körper nach einem Aufenthalt im Freien sorgfältig nach Zecken abzusuchen.

Symptome

Wenn es zur Infektion kommt, entwickeln sich verschiedene Symptome, keines aber durchgängig in jedem Fall. Drei Tage bis einen Monat nach dem Zeckenbiss bemerken etwa 60 Prozent der Infizierten eine kreisrunde Rötung an der Bissstelle.
Diese sogenannte Wanderröte, die weder juckt noch schmerzt, breitet sich

Mikroskopische Aufnahme der Spirochäte Borrelia burgdorferi

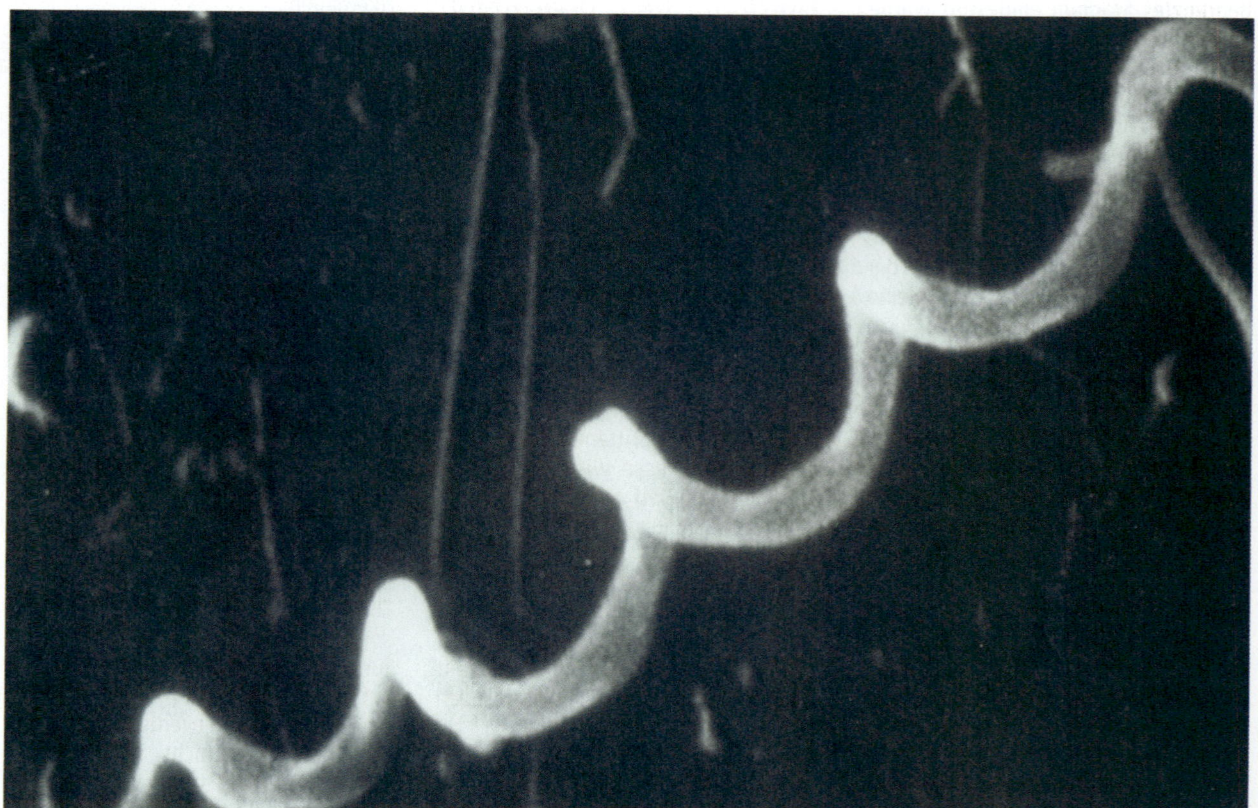

mit der Zeit aus und kann Durchmesser von zehn Zentimetern und mehr erreichen, wobei die Färbung im Zentrum typischerweise verblasst und der Ausschlag ringförmig wird.

Da einige Betroffene das Erythem vermutlich gar nicht bemerken, insbesondere wenn es am Rücken, an der Sitzfläche oder in der Gesäßfalte auftritt, könnten durchaus mehr Infizierte dieses Frühsymptom haben. Es verschwindet von selbst nach einigen Wochen, manchmal schon nach wenigen Tagen.

Ebenfalls recht früh können weitere Symptome auftreten, die nun nicht mehr auf den infizierten Hautbereich beschränkt sind, wohl weil sich die Erreger inzwischen über den Blutkreislauf in viele Gewebe ausgebreitet haben.

Eine häufige Folge – Tage oder Wochen nach dem Biss – sind grippeähnliche Beschwerden wie:

- Schüttelfrost
- Fieber
- Müdigkeit
- Gelenkschmerzen
- Muskelschmerzen
- Appetitlosigkeit

Immerhin ungefähr 20 Prozent der unbehandelten Patienten bekommen neurale Komplikationen. Dazu gehören wochen- bis monatelange Lähmungen der paarig vorhandenen Fazialisnerven und somit der davon innervierten Gesichtsmuskulatur auf einer oder beiden Seiten ferner Hirnhautentzündungen, die sich durch Kopfschmerzen, Nackensteife, Lichtempfindlichkeit ankündigen, Hirnentzündungen, die mit Schlafsucht, Gedächtnisverlust und Stimmungsschwankungen einhergehen können, oder Reizungen der Nervenwurzeln am Rückenmark.

Auch das Herz kann in den ersten Wochen in Mitleidenschaft gezogen werden; am häufigsten – nachgewiesen bei fünf bis zehn Prozent der unbehandelten Infizierten – sind Rhythmusstörungen infolge einer beeinträchtigten Erregungsleitung zwischen Vorhof und Kammer.

Schließlich kann auch der Bewegungsapparat in der frühen Phase der Infektion angegriffen werden.

Es treten diffuse, wandernde Schmerzen (zunächst ohne Schwellungen) im Muskeln, Sehnen und Gelenken auf, vielfach im Kiefergelenk. Auch diese Symptome verschwinden im allgemeinen nach einigen Wochen oder Monaten von selbst.

In etwa zehn Prozent der unbehandelten Fälle entwickelt sich eine sogenannte Pergamenthaut; die betroffenen Bereiche röten sich und werden dünn und knitterig wie Zigarettenpapier.

Die Beschwerden könnnen Jahre, manchmal sogar Jahrzehnte bestehen bleiben.

Ab einem gewissen Stadium kann eine Reihe weiterer Krankheitserscheinungen auftreten. Die Borrellien, weil sie sich im ganzen Organismus ausbreiten, können praktisch jedes Organ in Mitleidenschaft ziehen, allerdings Haut, Herz, Gelenke und Nervensystem besonders häufig.

Die als Gemeiner Holzbock bekannte Zecke Ixodes ricinus, der Hauptüberträger der Lyme-Borreliose

Behandlung

Eine Lyme-Borreliose spricht zwar in jedem Stadium gut auf Antibiotika an, doch eine möglichst frühe Behandlung trägt dazu bei, jeder Art von Komplikationen vorzubeugen. Ein Antibiotikum, wie Doxyzyclin, Amoxizillin, Penizillin oder Erythromyzin, kann im Frühstadium der Krankheit eingenommen werden. Intravenös werden Antibiotika nur im späteren Stadium, bei schwerem und hartnäckigem Verlauf gegeben, insbesondere wenn das Gehirn infiziert ist. Die Behandlung dauert drei bis vier Wochen.

Magenerkrankungen

Magengeschwür

Magengeschwür (Ulcus pepticum): scharf begrenzte Beschädigung in der Magenwand, manchmal oberflächlich, d.h. nur in der Schleimhaut, manchmal tiefer liegend, sich durch alle Schichten der Magenwand hindurch ausbreitend (Perforation). Die Erkrankung, auch Ulkuskrankheit (oder peptisches Ulkus) genannt, ist häufig anzutreffen, schätzungsweise bei rund 5 Prozent der Erwachsenen in den entwickelten Ländern. Das Magengeschwür kommt in jedem Alter vor, selten bei Säuglingen und Kindern, meistens bei Männern zwischen dem 30. und 50. Lebensjahr und viermal so oft bei Männern wie bei Frauen. In bestimmten Familien kommen häufig Magengeschwüre vor, manchmal in sehr hohem Alter. Oft kann eine starke erbliche Veranlagung zu Magengeschwüren nachgewiesen werden. Auch gewisse Bakterien (Helicobacter pylori) spielen eine wichtige Rolle. Der Helicobacter Pylori ist ein Bakterium mit einer spiralförmigen Gestalt. Das Bakterium ist nur wenige tausendstel Millimeter groß und besitzt an seiner Oberfläche lange fadenförmige Geißeln, die ihm eine gute Beweglichkeit verleihen.

Ursache

Für die Entstehung des Magengeschwürs ist keine eindeutige Ursache bekannt. Wahrscheinlich spielen mehrere Faktoren (seelische Faktoren, Magensaft, Bakterien) eine Rolle, wie es z.B. auch beim Herzinfarkt (Gewebeschädigung des Herzmuskels durch Verschluss der versorgenden Kranzschlagadern) der Fall ist. Der Herzinfarkt hat viele ursächliche Faktoren mit dem Magengeschwür gemeinsam.

Topographie des Magens im Oberbauch.
1 - Magen; 2 - Zwölffingerdarm; 3 - Zwerchfell; 4 Dickdarm; 5 - Dünndarm; 6 - Omentum majus (großes Netz).

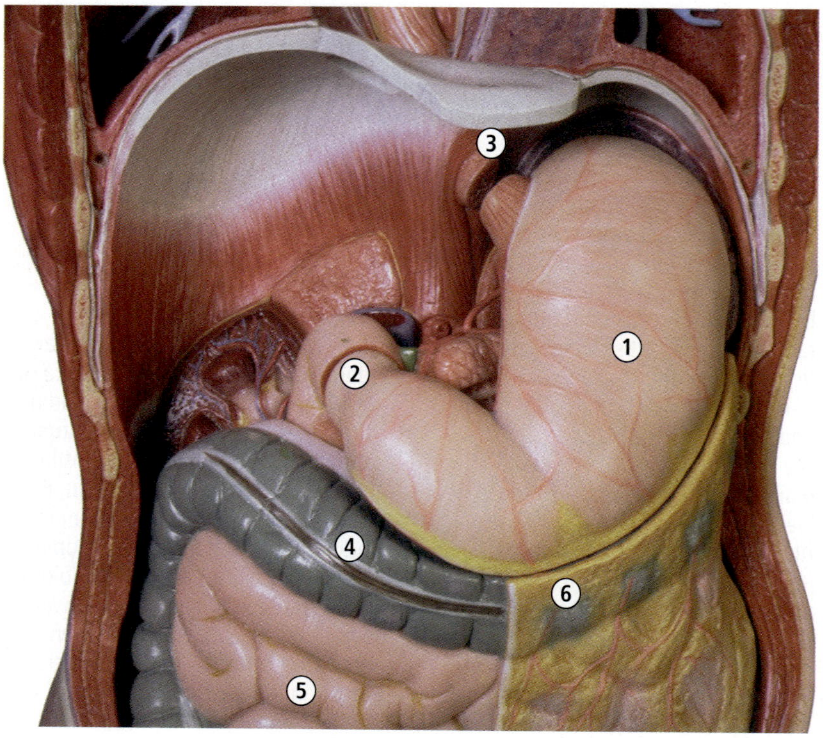

Krankheitserscheinungen

Die wichtigste Beschwerde ist Schmerz von bohrendem oder nagendem Charakter in der Magenwand und im rechten oberen Bauch, oft nach dem Rücken und der Brust zu ausstrahlend. Der Schmerz ist schwer zu beschreiben, manchmal ist er heftig, oft steht er in Verbindung mit der Art der Nahrung und dem Zeitpunkt, zu dem diese eingenommen wurde.
Der Schmerz tritt meist 1–2 Stunden nach der Mahlzeit auf. Schmerzen gibt es auch oft in den späten Abendstunden und in der Nacht, dagegen selten beim Erwachen und vor dem Frühstück. Die Schmerzen verringern sich nach dem Einnehmen von alkalischen Medikamenten (Anti-Magensäuretabletten) und nach Genuss von warmer Milch (einer schwach alkalischen Flüssigkeit). Die anderen Beschwerden sind: ein aufgeblähtes Gefühl in der Magengegend, Aufstoßen, Sodbrennen, Übelkeit, Erbrechen der Nahrung (manchmal nur von Flüssigkeit), Angst vor Nahrungsaufnahme und dadurch Abmagerung.

Diagnose

Am wichtigsten für eine Diagnose ist die Röntgenuntersuchung. Das sicherste Anzeichen eines Geschwürs ist die sogenannte „Niche“, die aber nicht immer zu erkennen ist.
Eine Untersuchungsmethode, die ebenfalls große Bedeutung erlangt hat, ist die Gastroduodenoskopie mit einem flexiblen Spezialendoskop. Durch dieses flexible Glasfasergerät mit einem

Durchmesser von 1 cm ist es möglich, den Zustand der Schleimhaut und eventuelle Verletzungen direkt zu untersuchen.
Die modernen Endoskope sind mit einem Bildschirm verbunden, auf dem man Magen und Gedärme genau sehen kann. Das Endoskop ist mit einer Linse ausgestattet, die als Objektiv fungiert und das beleuchtete Bild auf einen Mikroprozessor projiziert. Dieser überträgt das Bild dann auf den Bildschirm. So hat der Arzt den Vorteil, das Organ auf dem Bildschirm zu sehen.
Durch das Nützen der Farbkontraste wird die Diagnose enorm erleichtert. Mit dem Videoskop können einige der Defekte des flexiblen Spezialendoskop (Vergilben durch die X-Strahlen, Austreten von dunklen Punkte, wenn eine der optischen Fibern kaputt ist) ausgeglichen und die Wahl der Behandlungsmethode erleichtert werden.

Behandlung

Die Behandlung besteht anfänglich aus einer speziellen Magendiät (viele kleine Mahlzeiten, eventuell Bettruhe und Medikamenten (z.B. Zantac)). Der Zweck dieser Diät ist es, die Salzsäureabscheidung so wenig wie möglich anzureizen. Über die Diät bestehen verschiedene Auffassungen.

■ *Triple-Therapie*
Bei dieser Sieben-Tage-Behandlung werden drei Medikamente kombiniert: zwei Antibiotika, die den Helicobacter pylori abtöten, und ein Säureblocker, der die Produktion der Magensäure hemmt. Der Erfolg der Triple-Therapie spricht für sich: 95 Prozent aller Patienten werden innerhalb einer Woche vom Helicobacter-pylori-Bakterium befreit.

Komplikationen

Die meisten Geschwüre lassen sich behandeln, ohne dass es zu Komplikationen kommt. Manchmal treten allerdings potentiell lebensbedroliche Komplikationen auf wie Durchtritt, Durchbruch, Blutungen und Verengungen.

Reizmagen – Wie Sie sich selber helfen können

Als Reizmagen wird eine Kombination von Symptomen im Oberbauch bezeichnet:
- Bauchschmerzen
- Sodbrennen
- Druckgefühl
- Völlegefühl
- Aufstoßen
- Appetitlosigkeit
- Übelkeit
- Erbrechen

In der Regel handelt es sich um eine gestörte Magenbeweglichkeit (Mobilitätsstörung) ohne organische Ursache. Meist bleibt die Nahrung länger als drei Stunden im Magen, wodurch Druck- und Völlegefühl entstehen können. Wer unter einem Reizmagen leidet, sollte seinen Lebensstil auf den Prüfstand stellen.

■ Genussgifte wie Alkohol, Nikotin und Koffein reizen den Magen. Also besser darauf verzichten oder den Konsum einschränken.

■ Reduzieren Sie Stress im Alltag: durch besseres Zeitmanagement, indem Sie Prioritäten setzen usw.

■ Hilfreich sind Enspannungstechniken wie Yoga oder Progressive Muskelrelaxation nach Jacobson – bei regelmäßiger Praxis.

■ Verzichten Sie auf üppige, fettreiche Mahlzeiten, verteilen Sie lieber mehrere kleine Snacks über den Tag.

■ Hausmittel: Präparate mit Kümmel, Anis und Fenchel. Versuchen Sie es aber auch mit Tee.

■ Präparate auf Basis der Schleifenblume (etwa Iberogast) fördern die Peristaltik des Darms. Das ist sinnvoll, denn wird der Transport der Nahrung verzögert, liegt das Essen schwer im Magen.

■ Bei starken Schmerzen kann der Einsatz krampflösender Mittel (Wirkstoff Butylscopolamin, zum Beispiel Buscopan) Erleichterung verschaffen. Auch die Anwendung von Heilerde empfinden viele als beruhigend und schmerzlindernd.

■ Wann zum Arzt?
Menschen mit einem Reizmagen haben kein erhöhtes Risiko, eine entzündliche oder bösartige Ekrankung zu entwicklen. Klingen die Beschwerden unter den beschriebenen Maßnahmen jedoch nicht ab, sollte ein Arzt nach etwaigen anderen Ursachen suchen.

Wichtige Fragen und Antworten zu Magenerkrankungen

Was sind die häufigsten Magenerkrankungen?

- Magenverstimmung, „verdorbener Magen";
- Hyperchlorhydrie (zu viel Magensäure);
- akute Schleimhautentzündung (Gastritis);
- chronische Schleimhautentzündung (Gastritis);
- Magengeschwür;
- Pylorusstenose (Einengung des Magenausgangs);
- Zwerchfellhernie (Hiatusgleithernie);
- gutartige Geschwülste;
- bösartige Geschwülste (Krebs).

Wie äußern sich Störungen im Magen zumeist?

Die wichtigsten Symptome sind:

- Sodbrennen;
- Aufstoßen (Rülpsen);
- Übelkeit;
- Erbrechen;
- Schmerzen im Oberbauch;
- Appetitlosigkeit;
- Gewichtsverlust.

Was sind die Ursachen eines Magengeschwürs?

Nur wenige andere Krankheiten haben in so kurzer Zeit so viele Veränderungen sowohl in Bezug auf die Ursachen als auch auf die Behandlungsmethoden erfahren. Unter den Ursachen haben die genetischen einen Bedeutungszuwachs erfahren: Bei Verwandten ersten Grads ist die Wahrscheinlichkeit, diese Krankheit zu entwickeln, dreimal so groß.

Die Konstitution der Person, die durch Jahre hindurch sehr wichtig erschien, wird heute eher als Folge denn als Ursache für diese Krankheit gesehen.

Ein weiterer wichtiger Faktor für das Entstehen des Magen- und Zwölffingerdarmgeschwürs ist das Rauchen, da dadurch die Heilung des Geschwürs verhindert bzw. eine neuerliche Bildung des Geschwürs begünstigt wird. Zu beachten ist also die Infektion mit Helicobacter pylori.

Welche Erkrankungen kann das Bakterium Helicobacter pylori auslösen?

Es ist für bestimmte Krebserkrankungen verantwortlich. Darunter die sog. MALT-Lymphome, eine bösartige Erkrankung des Lymphsystems. Außerdem sind über 90 Frozent aller Magenkrebserkrankungen darauf zurückzuführen. Weil die meisten anderen Bakterien in der Magensäure nicht überleben können, hat Helicobacter pylori einen Mechanismus entwickelt, der ihn vor der aggressiven Säure schützt. Die Bakterien nisten sich in der obersten Schleimhautschicht ein und können dort eine Magenschleimhautentzündung auslösen.

Worauf deuten Magenschmerzen?

Magenüberfüllung und Verdauungsstörungen führen meist zu dumpfem Magendrücken, Magen- und Zwölffingerdarmgeschwüre zu heftigen bohrenden oder stechenden Schmerzen.

Durchtritt

Ein Geschwür kann in die Muskelwand des Magens bzw. Zwölffingerdarms eindringen und weiter in die sich in der Nähe befindlichen Organe, also Leber oder Bauchspeicheldrüse. Dieses verursacht heftige, anhaltende, stechende Schmerzen, unter Umständen auch außerhalb des betroffenen Gebiets – beispielweise kann der Rücken wehtun, wenn ein Zwölffingerdarmgeschwür in die Bauchspeicheldrüse eindringt. Die Schmerzen können zunehmen, wenn der Betroffene seine Lage verändert. Wenn das Geschwür durch Medikamente nicht abheilt, ist möglicherweise eine Operation erforderlich.

Durchbruch

Geschwüre an der Vorderwand des Zwölffingerdarms oder seltenen des Magens können die Wand durchbrechen, sodass sich das Organ zum Bauchraum hin öffnet. Daraufhin setzen plötzlich heftige und anhaltende Schmerzen ein, die sich auf den ganzen Bauch ausbreiten. Die Schmerzen strahlen bis in eine oder beide Schultern aus und verstärken sich bei tiefer Atmung. Eine Lageveränderung verschlimmert die Schmerzen, daher versuchen die Betroffenen oft, ganz ruhig zu liegen. Der Bauch ist berührungsempfindlich; diese Empfindlichkeit wird stärker, wenn der Arzt tief in den Bauch drückt und dann plötzlich loslässt (Loslassschmerz oder Blumbergzeichen). Bei ältern oder schwerkranken Menschen sowie Personen, die mit Kortison behandelt werden, sind die Symptome möglicherweise weniger ausgeprägt. Fieber weist auf eine Infektion im Bauchraum hin. Wenn diese Zustand nicht behandelt wird, kann es zu einem Shock kommen. Dies ist ein Notfall und erfordert eine sofortige Operation sowie Antibiotikainfusionen.

Blutungen

Blutungen sind eine häufige Komplikation bei Geschwüren, sogar wenn sie keine Schmerzen verursachen. Wenn hellrotes Blut oder rotbraune Klumpen von teilweise verdautem Blut, die wie Kaffeesatz aussehen, erbrochen werden und der Stuhl schwarz oder blutig ist,

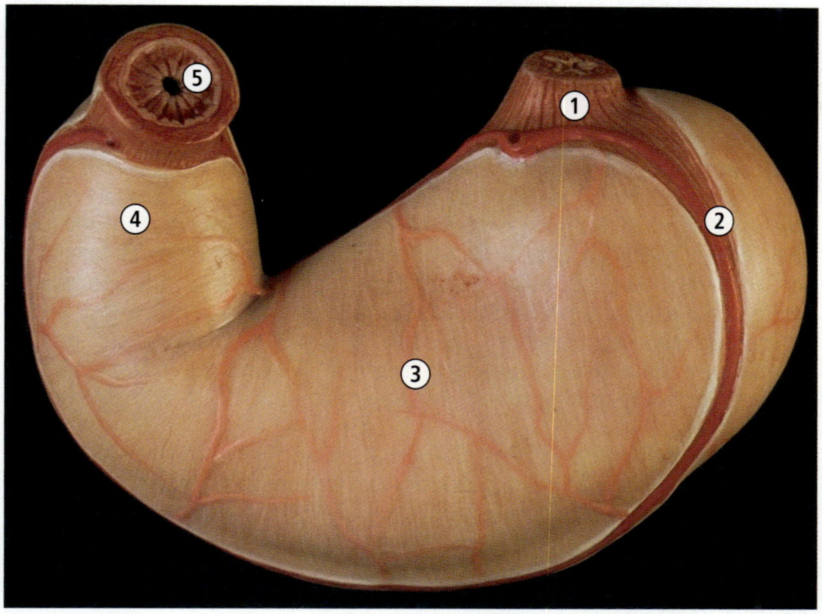

Der Magen ist ein großes, bohnenförmiges, muskuläres Hohlorgan, das in mehrere Bereiche unterteilt wird:
1 – die Einmündung der Speiseröhre (Kardia);
2 – die Magenkuppel, die das Einmündungsgebiet der Speiseröhre überragt (Fundus);
3 – der Magenkörper (Korpus);
4 – die Erweiterung vor dem Magenausgang (Antrum);
5 – der Übergang zum Zwölffingerdarm (Pylorus).

kann dies auf ein blutendes Geschwür hindeuten.
Solche Blutungen können auch von anderen Magen-Darmkrankheiten ausgehen, aber der Arzt sucht zunächst im Magen und Zwölffingerdarm nach der Ursache. Immer wird eine Endoskopie (Untersuchung mit einen schlauchförmigen optischen Gerät) durchgeführt. Wenn dabei ein Geschwür entdeckt wird, kann die Blutung mithilfe des Endoskops gestillt werden. Ist die Blutung nicht so stark, verabreicht man zur Behandlung u.a. Mittel gegen Geschwüre, z.B. H2-Blocker und Antazida. Außerdem erhalten die Betroffenen Flüssigkeit über einen Tropf und dürfen nichts essen oder trinken, damit sich der Magen-Darm-Trakt erholen kann. Wenn diese Maßnahmen nicht anschlagen, ist eine Operation erforderlich.

Verengung

Angeschwollenes entzündetes Gewebe am Rand eines Geschwürs oder Narben von einem früheren Geschwür können den Magenausgang oder den Zwölffingerdarm einengen.
Bei derartigen Verengungen kommt es oft zu wiederholtem Erbrechen, wobei oft große Mengen von Nahrung hochkommen, die Stunden zuvor gegessen wurde. Eine übermäßiges Völlegefühl nach dem Essen, ein aufgeblähter Bauch und Appetitlosigkeit sind häufige Symptome einer Verengung. Mit der Zeit kann das Erbrechen zu Gewichtsabnahme, Austrocknung und einer

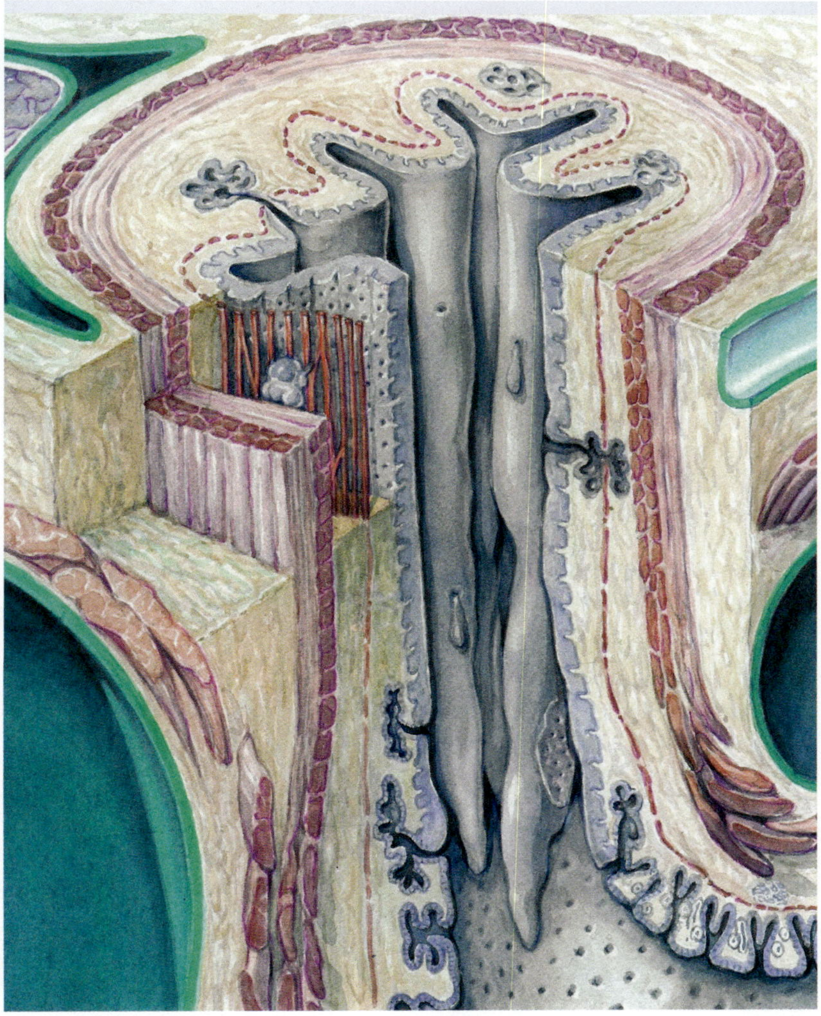

Modell der Wand der Speiseröhre; von innen nach außen: Schleimhaut, Bindegewebeschicht und Muskelschicht.

Wichtige Fragen und Antworten zu Magenerkrankungen

Wie entstehen Magenbeschwerden bei Kindern?
Auch Kinder können an einer Magenschleimhautentzündung oder einem Magengeschwür leiden. Jungen haben häufiger Magenprobleme als Mädchen.
Bei Stress und Aufregung regen die sehr sensiblen Magennerven die Schleimhaut zu verstärkter Magensaftbildung an. Schleimhaut, Magen- und Darmwand werden zunächst nur gereizt und dann sogar angedaut. Daraus entsteht eine Magenschleimhautentzündung, die sich später zu einem Magen- oder Zwölffingerdarmgeschwür auswachsen kann. Auch Bakterien (Helicobacter pylori) können Geschwüre im Magen-Darm-Bereich auslösen.

Wie äußern sich Magenbeschwerden bei Kindern?
Die Bandbreite der Beschwerden ist groß: vom unbestimmten Magendrücken bis zu Übelkeit, Erbrechen, Sodbrennen und nagenden Schmerzen im Oberbauch und im Bereich des Nabels. Die Schmerzen können urplötzlich als Kolik einsetzen oder länger anhalten und den Patienten nachts aus dem Schlaf reißen.

Was können Eltern für ihr Kind tun?
Ruhe und eine stressfreie Zeit sind für den Magen-Patienten jetzt am wichtigsten. Lassen Sie Ihr Kind mit einer akuten Entzündung im Magen-Darm-Bereich bis zu drei Wochen das Bett hüten, auf jeden Fall aber solange es noch Schmerzen hat.
Bei der Frage, ob eine spezielle Diät notwendig ist, sind sich die Ärzte nicht einig. Während manche sagen, häufige und kleine Mahlzeiten seien ausreichend, eine besondere Diät nicht notwendig, empfehlen andere eine eiweißreiche Kost mit viel Milchprodukten und wenig Kohlenhydraten.

Wann treten bei Kindern Oberbauchbeschwerden auf?
Kinderärzte kennen eine ganz besondere Erscheinung. Das Kind hat heftige wehenartige Schmerzen, es ist ihm übel, und der Oberbauch ist vorgewölbt. Die Röntgenaufnahme bringt es an den Tag: Es hat sich „überfressen", oft an mangelhaft gekauten Speisen, nachdem es zuvor längere Zeit wenig oder nichts zu sich genommen hat. Zu diesen typischen Beschwerden kann es auch kommen, wenn übermäßig Obst direkt vom Baum oder Strauch gegessen wurde. Der Verdauungsapparat kämpft heftig mit den Massen, und der Magen sondert massenhaft Magensaft ab.

Was versteht man unter akutes Abdomen?
Mit heftigen Schmerzen und Beschwerden einhergehende Erkrankung des Bauchraums. Es ist immer ein Notfall und erfordert nach genauer Abklärung meist eine Operation.

Wie definiert man Gastroenteritis?
Gastroenteritis umschreibt eine Gruppe von Erkrankungen, die meistens durch eine Infektion mit einem Mikroorganismus oder durch Aufnahme von Giftstoffen verursacht wird. Bei einer Gastroenteritis tritt in der Regel leichter bis schwerer Durchfall auf, der begleitet wird von: Appetitlosigkeit, Übelkeit, Erbrechen, Krämpfen, Bauchschmerzen.
Normalerweise verursacht eine Gastroenteritis lediglich Unannehmlichkeiten und Beschwerden, bei schwer kranken, sehr jungen und sehr alten Menschen kann sie jedoch zu einer Austrocknung und einer Elektrolytstörung führen.
Art und Schweregrad der Symptome hängen von der Art und Menge des aufgenommenen Mikroorganismus oder Giftstoffs ab.

Störung im Mineralstoffhaushalt führen.
Wenn die Geschwüre behandelt werden, bessert sich in der Regel auch die Verengung, aber in schweren Fällen kann eine endoskopische oder chirurgische Operation nötig sein.

Akute Gastritis

Magenkatarrh (Magenentzündung) oder Gastritis ist eine Entzündung der Magenwand, vor allem der Schleimhaut, entstanden durch vielerlei Sachen wie zB. verdorbene Nahrung, reizausübende Stoffe, Alkohol, Bakterien, Arzneien und Gifte. Oft ist die Erkrankung auch nervöser Art (psychogene Gastritis), d.h., dass seelische Spannungen durch Überreizung des parasympathischen Nervensystems Anlass zu einer erhöhten Säureabscheidung geben.
Die hauptsächlichsten Krankheitssymptome sind ein Schweregefühl in der Magengegend, sich verschlechternd nach Nahrungsaufnahme, Übelkeit, Appetitlosigkeit, Erbrechen.
Die Behandlung geschieht teils mit Medikamenten, teils mit dem Ruhigstellen des Patienten, Verbesserung seiner sozialen Verhältnisse und mit dem Versuch, mögliche Konflikte in der Familie oder am Arbeitsplatz zu beseitigen.

Chronische Gastritis

Die Ursachen dafür sind sehr mannigfaltig, wodurch auch die Häufigkeit erklärt wird, mit der sie auftreten. Die Krankheit betrifft hauptsächlich Personen, die vielfach emotionellen Stress ausgesetzt sind und über ein instabiles neurovegetatives System verfügen. Daneben zählen falsche oder zu scharfe Speisen, Medikamenten- und Alkoholmissbrauch, schlechte Zähne, zu kalte Getränke, Erkrankungen wie Gicht, Diabetes, Überfunktion der Schilddrüse, Niereninsuffizienz, bakterielle Darmerkrankungen oder Gallenblasenentzündung zu den zahlreiche Ursachen für eine Gastroduodenitis oder Gastritis.

Patient mit Magengeschwür, auch Ulkuskrankheit genannt. Die Erkrankung ist häufig anzutreffen, schätzungsweise bei rund 5 Prozent der Erwachsenen. Das Magengeschwür kommt in jedem Alter vor, selten bei Säuglingen und Kindern, meistens bei Männern zwischen dem 35. und 55. Lebensjahr, und viermal so oft bei Männern wie bei Frauen.

Gastritis und Sodbrennen

Sodbrennen ist zu einer weitverbreiteten Wohlstandskrankheit in den Industrienationen geworden. Hierzulande hat nahezu jeder zehnte Bundesbürger derartige Beschwerden, jeder siebte klagt mindestens einmal in der Woche darüber.

Viele der Betroffenen messen den unangenehmen, aber vermeintlich harmlosen Symptomen keine Bedeutung bei – zu Unrecht. Denn die ständigen Säureattacken führen zu einer Entzündung der Speiseröhre und können langfristig zu Geschwüren bis hin zu Speiseröhrenkrebs führen.

Sodbrennen entsteht dadurch, dass saurer Mageninhalt in die Speiseröhre zurückfließt. Durch diese Säureattacken kommt es zu einer Entzündung der Schleimhaut, Experten sprechen dann von einer Reflux-Oesophagitis. Unbehandelt können sich daraus Geschwüre entwickeln in der Speiseröhre, die langfristig „entarten" – das heißt, zu einer Krebserkrankung führen.

Magensäure, die sogar bis zum Kehlkopf gelangt, kann in den Atmungsapparat eindringen und hier Husten, Heiserkeit und Atembeschwerden auslösen – ein Zusammenhang, der oftmals nicht erkannt wird.

Wer unter ständigem Sodbrennen leidet, sollte unbedingt einen Arzt aufsuchen, denn Sodbrennen lässt sich heute gut therapieren. In leichten Fällen helfen Medikamente, die überflüssige Magensäure binden. In gravierenden Fällen werden Arzneimittel eingesetzt, die ganz gezielt die Produktion der Magensäure hemmen.

Wichtig ist vor allem, dass Patienten mit immer wiederkehrendem Sodbrennen in Intervallen endoskopiert werden, um die Diagnose zu sichern und das Risiko einer Krebsentwicklung zu minimieren.

Omentum majus des Magens; großes Netz; schürzenförmige Bauchfellfalte, die an der großen Kurvatur des Magens und am Colon transversum angeheftet und normalerweise über die Dünndarmschlingen ausgebreitet ist.

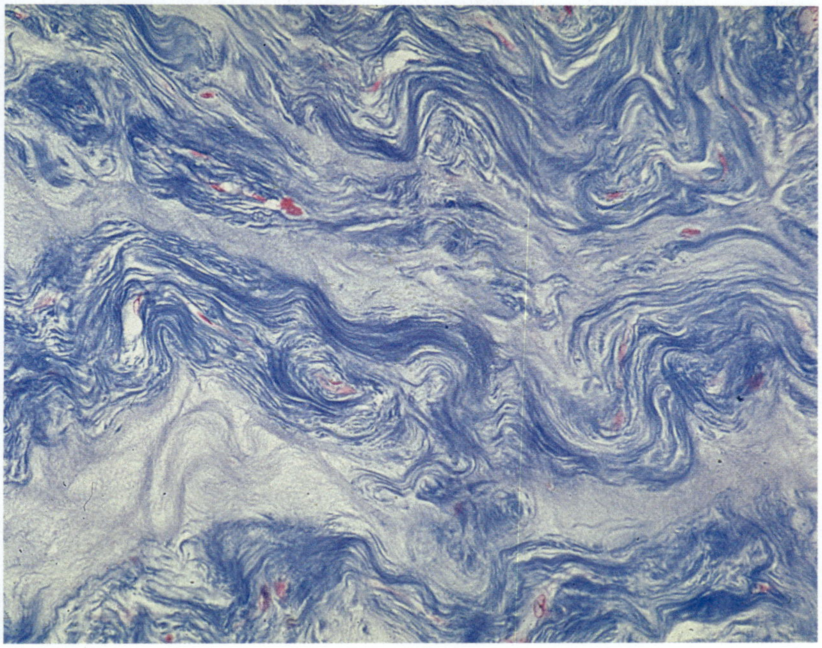

Magenkrebs

Einführung

Krankheiten des Magens, wozu man oft auch Affektionen des unteren Endes der Speiseröhre rechnet, und Störungen im Ansatz des Zwölffingerdarms kommen häufig vor. Es gibt angeborene Abweichungen, wie Verschluss des Magenausgangs (Pylorus), verursacht durch eine erhöhte Spannung im Ausgangsmuskel und verbunden mit unaufhörlichem Erbrechen (Pylorostenose).
Auch kann ein übermäßiges Wachstum des Muskelgewebes auftreten (hypertrophischer Pylorospasmus), was hauptsächlich bei Jungen vorkommt und meistens um den 10. bis 12. Tag in Erscheinung tritt. Diese Erkrankung erfordert operatives Eingreifen, da der Säugling unfähig ist, die Nahrung zu verarbeiten, als Folge des schlechten Faltungsvermögens der Magenwand, um die sich ein knorpelähnlicher Panzer gebildet haben kann.
Weiterhin kommen häufig vor: Entzündung der Schleimhaut und eventuell der darunterliegenden Gewebe (Magenkatarrh, Gastritis), Ausstülpungen der Wand (Divertikel), gutartige und bösartige Geschwülste, nervöse Störungen und Geschwüre.

Ursache

Magenkrebs ist von den bösartigen Geschwülsten eine der gefährlichsten und ist oft tödlich. Die Erkrankung tritt ungefähr zweimal so häufig bei Männern wie bei Frauen auf und besonders nach dem 40. Lebensjahr.
Wie bei allen bösartigen Geschwülsten ist auch die Ursache des Magenkrebses noch unklar. Indessen sind einige krebsunterstützende Faktoren bekannt. So tritt Magenkrebs bei schrumpfender Schleimhautentzündung des Magens gehäuft auf; besonders und bis zu 15 Prozent gefährdet sind Patienten mit perniziöser Anämie, ebenso können chronische Magengeschwüre einem Magenkrebs vorausgehen. 10 Prozent der Magengeschwüre sollen später entarten und umgekehrt etwa 17 Prozent aller Magenkrebse im Bereich chronischer Magengeschwüre entstehen.

Magenkrebs-Operation; Blutuntersuchung vor der Operation.

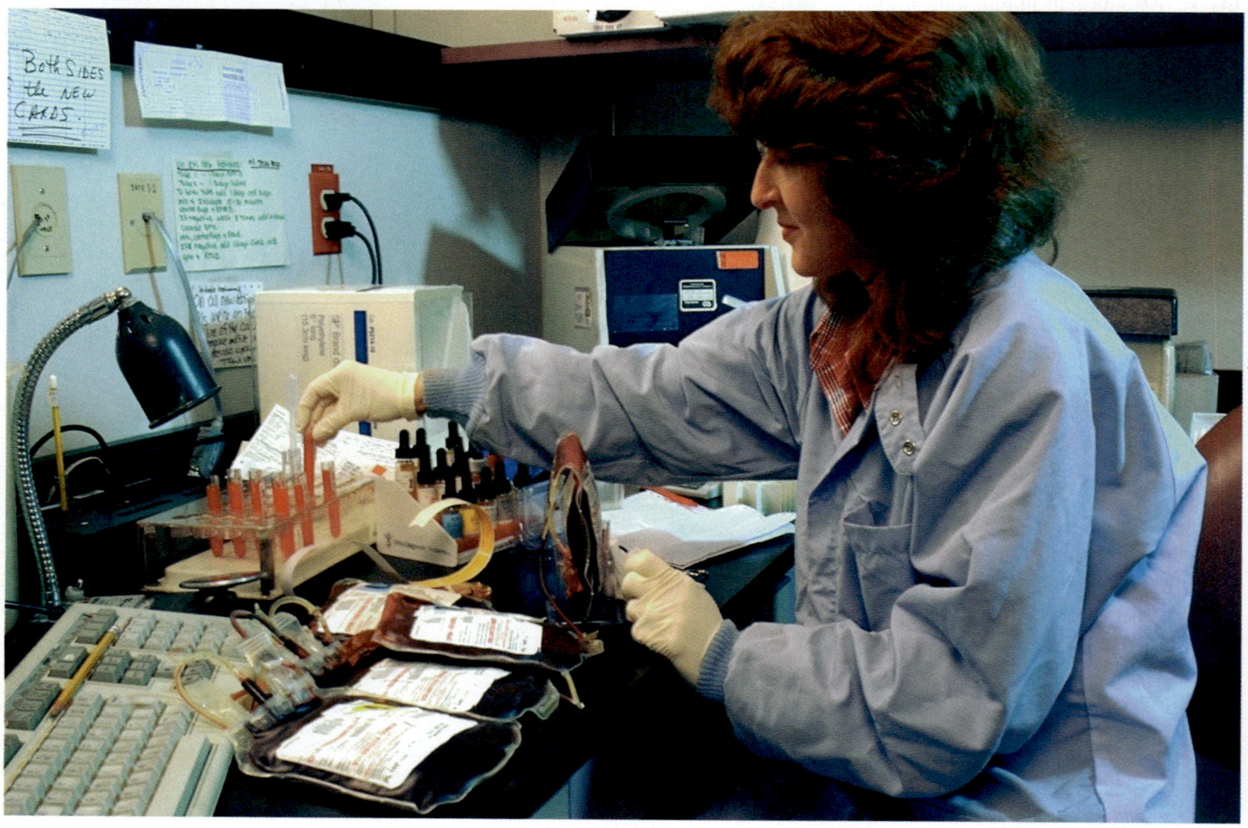

Die Hauptursache des tödlichen Verlaufs ist in vielen Fällen die Tatsache, dass der Magenkrebs oft jahrelang bestehen kann, ehe zu spät mit der Behandlung begonnen wird.

Symptome

Die für eine frühzeitige Diagnose notwendigen anfänglichen Symptome fehlen. Erst wenn die Tumormasse eine gewisse Größe erreicht hat, macht sie sich durch Störungen bemerkbar, die den Patienten veranlassen, sich von einem Arzt untersuchen zu lassen.
Der Patient, der bis dahin noch mit viel Appetit gegessen und dabei eher abgenommen hat, wird ab einem gewissen Zeitpunkt den Appetit verlieren und sogar eine regelrechte Abscheu gegenüber Fleisch und Fett entwickeln.
Häufig kommt es auch vor, dass sich selbst eingefleischte Raucher vor Tabak ekeln. Darüber hinaus treten Verdauungsstörungen wie Völlegefühl nach den Mahlzeiten, Verdauungsprobleme, Übelkeit und Erbrechen auf. Der Patient leidet oft, selbst wenn er nichts gegessen hat, unter Schmerzen in der Magenregion.
Ein weiteres Symptom, das aber erst im fortgeschrittenen Stadium auftritt, ist Bluterbrechen, das auf Blutungen im Bereich des Tumorgewebes zurückzuführen ist. In manchen Fällen klagen die an Magenkrebs erkrankten Patienten über Störungen des Verdauungstraktes:
- kontinuierlicher Gewichtsverlust;
- gelbliche Hautfarbe;
- Fieber;
- Anämie.

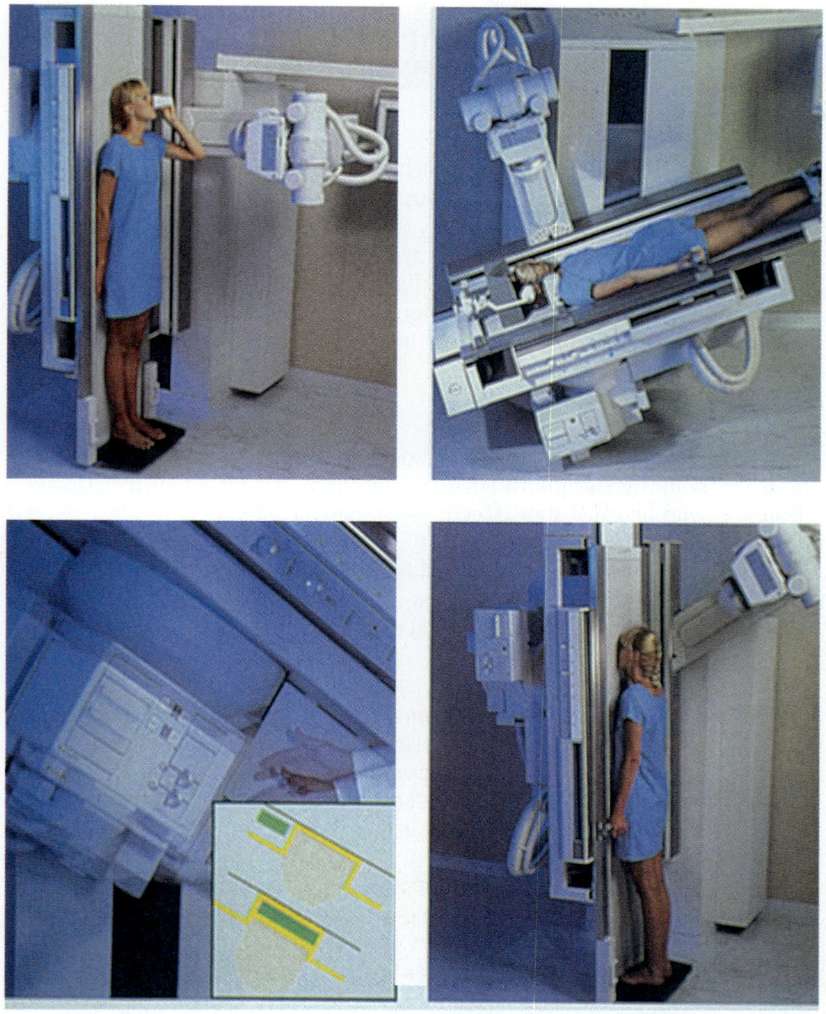

Um Verdauungsstörungen und Krebs zu untersuchen, wird oft geröntgt. Auf eine Bauchübersichtsaufnahme, eine Standardröntgenaufnahme des Bauchraums ohne Kontrastmittel, braucht sich der Patient nicht besonders vorzubereiten.
Röntgenkontrastaufnahmen liefern oft mehr Informationen. Vor der Untersuchung trinkt der Patient (links oben) einen Kontrastmittelbrei (Bariumsulfat). Das Bariumsulfat erscheint auf dem Röntgenbild weiß und zeichnet die Konturen und Wände von Speiseröhre, Magen und Dünndarm nach. Es sammelt sich an verdächtigen Stellen und zeigt so Geschwüre, Tumoren, Wunden und Krampfadern.

Untersuchungen

Die Symptomatik lässt lediglich auf eine Magenstörung, nicht aber auf die genaue Art der Erkrankung schließen. Ein Magentumor kann, vor allem bei älteren Patienten, lediglich vermutet werden.
Eine definitive Diagnose lässt sich also erst mithilfe von labortechnischen Untersuchungen erstellen. Sehr wichtig ist dabei die radiologische Unter-

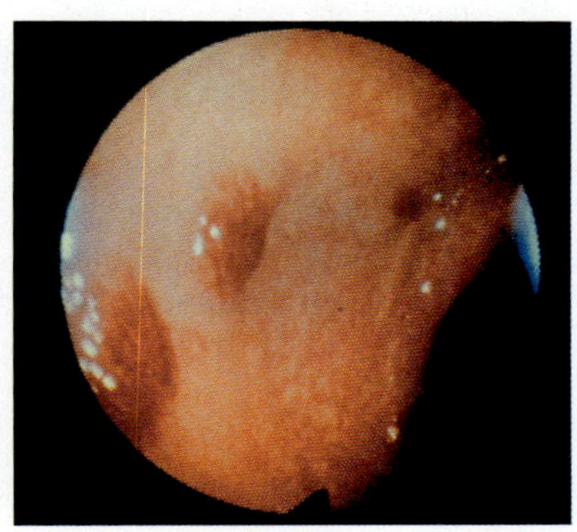

Bei der Untersuchung des Magens wird oft von der Technik der Endoskopie (Gastroskopie) Gebrauch gemacht; darunter versteht man den Einblick in tiefergelegene Organe mit einem speziell dafür konstruierten optischen Instrument. Durch ein solches System kann nicht nur das Innere des Magens betrachtet werden, sondern es können auch Fotos von der Schleimhaut gemacht werden. In der Mitte zeigt sich ein Magenkrebs.

Wichtige Fragen und Antworten zum Magenkrebs

Wodurch entsteht Magenkrebs?
In den meisten Fällen ist die Ursache unbekannt. Von manchen Krebsgeschwülsten nimmt man an, dass sie aus Magengeschwüren stammen.

Gibt es eine genetische Prädisposition?
Blutverwandte Patienten tragen ein fünfmal so hohes Krebsrisiko. Magenkarzinome bei Menschen mit der Blutgruppe A treten vermehrt auf, während Menschen mit der Blutgruppe 0 sehr häufig an Zwölffingerdarmgeschwüren leiden.

Ist jeder Magentumor ein Krebs?
Es gibt Tumoren der Magenschleimhaut oder der Muskelwand, die nicht bösartig sind. Die häufigsten nichtbösartigen Tumoren sind Schleimhautpolypen, Lipome (Fettgeschwülste) und Myome (Muskelgewebsgeschwülste).

Sind gutartige Geschwülste des Magens heilbar?
Ja, sie können operativ entfernt werden, entweder durch örtliche Ausscheidung oder durch Entfernung des Magenteils, in dem sie wachsen.

Wie häufig ist der Magenkrebs?
Der Magen ist zweifellos eines der Organe, in denen Tumoren am häufigsten entstehen. Wie aus den Statistiken klar ersichtlich wird, sind Magentumoren nach Lungentumoren die zweithäufigste Krebsart bei Männern. Bei Frauen tritt er nach Tumoren der Gebärmutter und der Brust am dritthäufigsten auf. Magentumoren bilden sich bevorzugt zwischen dem 40. und 60. Lebensjahr aus.

Welche Altersgruppen sind am meisten vom Magenkrebs getroffen?
Er kommt am häufigsten im mittleren und höheren Lebensalter vor.

Wie wird die Diagnose eines Magenkrebses gestellt?
Durch die Röntgenuntersuchung, Endoskopie (Gastroskopie) und feingewebliche Untersuchung. Bei der Endoskopie kann der untersuchende Arzt einen Tumor direkt sehen.

Wie wird ein Magenkrebs behandelt?
Nach einer positiven Tumordiagnose darf man keine Zeit verlieren. Das betroffene Organ und die regionären Lymphknoten müssen sofort entfernt werden, was natürlich nur möglich ist, solange sich der Tumor nicht zu stark auf die benachbarten Organe ausgebreitet hat. In diesem Fall ist leider auch eine Operation nicht mehr zielführend.

In den meisten Fällen trifft der Chirurg die Entscheidung, ob operiert wird oder nicht, erst nachdem er die Bauchhöhle eröffnet hat und die tumorale Ausdehnung bewerten konnte.

Bei rechtzeitiger Entfernung des Tumors (Magenresektion) sind der Operation sehr gute Erfolgschancen beschieden, wobei ein verhältnismäßig hoher Prozentsatz der Patienten die ersten fünf bis zehn Jahre nach dem Eingriff überlebt.

suchung nach Verabreichung eines Kontrastmittels (Barium).
Bei Untersuchung des Mageninhalts mittels eines durch den Schlund eingeführten Schlauchs wird oft ein Mangel an Salzsäure festgestellt. Im Stuhl werden meistens Blutreste angetroffen.
Erkennung im Frühstadium ist von großer Wichtigkeit.
Darum soll immer bei den genannten Beschwerden eine vollständige Untersuchung erfolgen, eventuell wiederholt, mit sorgfältiger Röntgen- oder Scanuntersuchung. Im Zweifelsfall soll man in der Magenhöhle (Magenspiegelung oder Gastroskopie) oder in der Bauchhöhle durch einen kleinen Einschnitt in der Bauchwand (Laparotomie) den Zustand des Magens von innen bzw. von außen betrachten.

Behandlung

Die Behandlung ist immer operativ. Nach einer positiven Tumordiagnose darf man keine Zeit verlieren. Das betroffene Organ und die regionären Lymphknoten müssen sofort entfernt werden, was natürlich nur möglich ist, solange sich der Tumor noch nicht zu stark auf die benachbarten Organe ausgebreitet hat.
In diesem Fall ist leider auch eine Operation nicht mehr zielführend. In den meisten Fällen trifft der Chirurg die Entscheidung, ob operiert wird oder nicht, erst nachdem er die Bauchhöhle eröffnet hat und die tumorale Ausdehnung in situ bewerten konnte. Je nach Sitz und Ausdehnung der Krebsgeschwulst werden verschiedene und verschieden große Anteile des Magens entfernt.
Bei rechtzeitiger Entfernung des Tumors (Magenresektion) sind der Operation sehr gute Erfolgschancen beschieden, wobei ein verhältnismäßig hoher Prozentsatz der Patienten die ersten fünf bis zehn Jahre nach dem Eingriff überlebt.
Bei der Gastrektomie wird der Magen zur Gänze oder teilweise entnommen und der verbleibende Rest mit dem Jejunum verbunden.

Magenschmerzen

Bei manchen Menschen tauchen Verdauungsstörungen gelegentlich (nach einer schnell heruntergeschluckten Mahlzeit) auf, andere leiden chronisch daran. Magenschmerzen können auch andere Ursachen haben.

Es kann sich um Sodbrennen handeln: Der Mageninhalt fließt in die Speiseröhre zurück, wodurch eine Reizung entsteht. Der Hauptgrund ist die Erschlaffung des inneren Speiseröhrenschließmuskels, der zwischen Speiseröhre und Magen liegt. Erfüllt er seine Funktion ungenügend, fließt der Mageninhalt in die Speiseröhre zurück.

Eine weitere Ursache sind Magengeschwüre. Sie zeichnen sich durch angegriffene Magenschleimhäute aus. Lange Zeit glaubte man, die angegriffenen Schleimhäute würden zu viel Säure absondern. Heute ist jedoch bekannt, dass auch ein Bakterium, der sogenannte Helicobacter pylori, verantwortlich sein kann.

Was man selbst tun kann

Bei Schmerzen folgende Maßnahmen ergreifen:

- Speise gut kauen.
- Genügend Flüssigkeit zu sich nehmen (rund 2 Liter pro Tag). Kartoffelsaft neutralisiert die Magensäure.
- Auf fettreiche und stark gewürzte Speisen verzichten.
- Alkohol-, Kaffee- und Nikotinkonsum einschränken.
- Regelmäßig Sport treiben.
- Keine eng anliegende Kleider tragen.
- Rohkost zusammen mit Brot essen; es saugt die Säure auf.

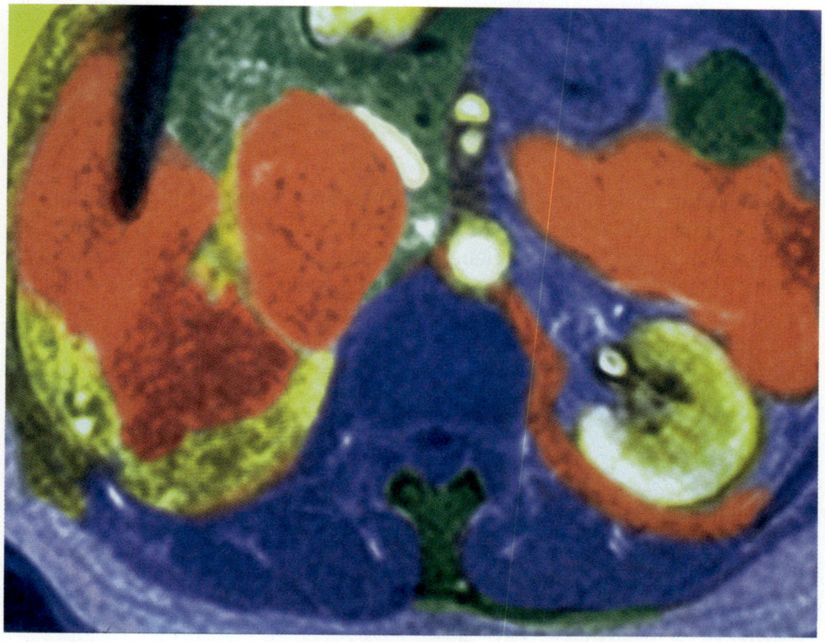

Farbkodierter CT-Transversalschnitt des Oberbauches.

Operative Behandlung von Magenkrebs in fortgeschrittenen Stadien. A, B – Billroth-I-Operation; C, D – Billroth-II-Operation.

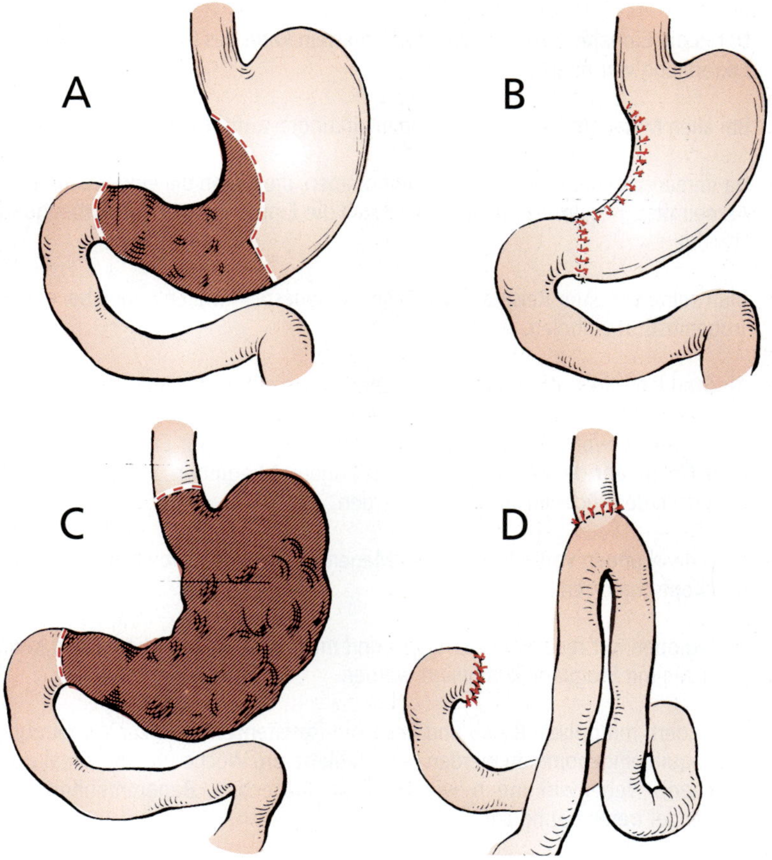

Malaria

Malaria ist eine in den Tropen vorkommende Infektionskrankheit, die vor allem durch wiederkehrende Fieberanfälle gekennzeichnet ist. Sie wird durch einzellige Organismen verursacht, die durch Moskitos (Stechmücken) übertragen werden.

Symptome

Die Inkubationszeit zwischen dem Insektenstich und dem Auftreten der ersten Symptome liegt zwischen 10 und 14 Tagen bei den Formen der Malaria tertiana und zwischen 18 Tagen und mehreren Wochen bei der Malaria quartana. Das wichtigste Symptom einer Malariainfektion sind die Fieberanfälle, die im Allgemeinen erst nach einigen Tagen unregelmäßigen Fiebers eine gewisse Regelmäßigkeit entwickeln. Zum Anfall gesellt sich heftige Schüttelfrost und ein Gefühl der Kälte.

Diese dauern ein bis zwei Stunden, wobei das Fieber rasch hochsteigen kann (40 bis 41 °C). Dann beginnt der Körper sich heiß anzufühlen. Dieses Stadium dauert drei bis vier Stunden. Es folgt ein abrupter Fieberabfall, der mit starken Schweißausbrüchen verbunden ist.

Malaria-Prophylaxe

- Durch die Einnahme von Malaria-Arzneimitteln kann das Risiko einer Malaria-Erkrankung verringert werden.
- Bei allen Malariamitteln können Nebenwirkungen auftreten.
- Da immer häufiger Malariaerreger vorkommen, die gegen die eingenommenen Arzneimittel resistent sind, verändern sich die Empfehlungen zur Vorbeugung ständig.
- Man sollte vor einer Reise auf alle Fälle die neuesten Empfehlungen bei einem Tropeninstitut einholen.
- Als Standardwirkstoff für die Malaria-Prophylaxe gilt nach wie vor Resochin.
- Die Einnahme von zwei Tabletten Resochin pro Woche für Erwachsene muss eine Woche vor dem Aufenthalt im Risikogebiet beginnen und vier Wochen lang nach der Rückkehr fortgesetzt werden.
- Nebenwirkungen von Resochin sind Magenbeschwerden, Übelkeit, Schwindel und Kopfschmerzen.
- In Regionen mit resistenten Erregern und mittelgroßem Infektionsrisiko kann Resochin mit Proguanil kombiniert werden.
- In Ländern mit hohem Risiko und Resochin-Resistenzen kann zur Vorbeugung Mefloquin eingenommen werden (eine Tablette pro Woche über maximal acht Wochen). Nebenwirkungen wie Übelkeit, Erbrechen, Benommenheit und Schwindel treten häufig auf.

■ *Malaria tertiana*
Bei der Malaria tertiana treten die Fieberranfälle alle 48 Stunden auf (jeden dritten Tag). Wenn sich jedoch im Blut zwei Generationen von Parasiten befinden, deren „Phase" um 24 Stunden verschoben ist, so kommt es täglich zu Fieberanfällen (doppelte Tertiana).

■ *Malaria quartana*
Bei der Malaria quartana entwickeln sich nur alle vier Tage Fieberanfälle. Befinden sich zwei Generationen im Blut, hält es zwei Tage lang an, worauf zwei fieberfreie Tage folgen (doppelte Quartana). Bei drei Generationen von Plasmodien im Blut ist täglich ein Fieberanfall zu verzeichnen (dreifaches Quartana).

■ *Malaria tropica*
Bei der Malaria tropica oder dem Tropenfieber, der schwersten Form der Malaria, die unbehandelt in kurzer Zeit zum Tod führen kann, erfolgen die Fieberanfälle unregelmäßig und der Allgemeinzustand ist bereits frühzeitig schwer beeinträchtigt.
Je nach Plasmodiumart neigen sämtliche Malariainfektionen dazu, nach einer gewissen Zeit ihre Intensität zu verlieren oder gänzlich abzuklingen, auch wenn sie nicht behandelt werden. Später entwickelt sich sogar eine Teilimmunität. Menschen, die in Malariagebieten leben, sind ständig der Gefahr einer erneuten Infektion ausgesetzt.

Behandlung

Die Behandlung richtet sich nach dem Malariatyp und der Resistenzlage der Parasiten im Infektionsgebiet. Bei einem akuten Anfall von Malaria tropica in einer Region, in der es viele chloroquinresistente Plasmodiumstämme gibt, kann mit Mefloquin, Chinin oder

anderen Malariamedikamenten behandelt werden.
Bei der anderen Arten von Malaria besteht seltener eine Resistenz gegen Chloroquin, deshalb kann gewöhnlich mit diesem Mittel behandelt werden. Primaquin wird in Kombination mit Chloroquin gegeben, um Parasiten in der Leber von Malariakranken zu töten, die mit Plasmodium vivax oder Plasmodium ovale infiziert sind.

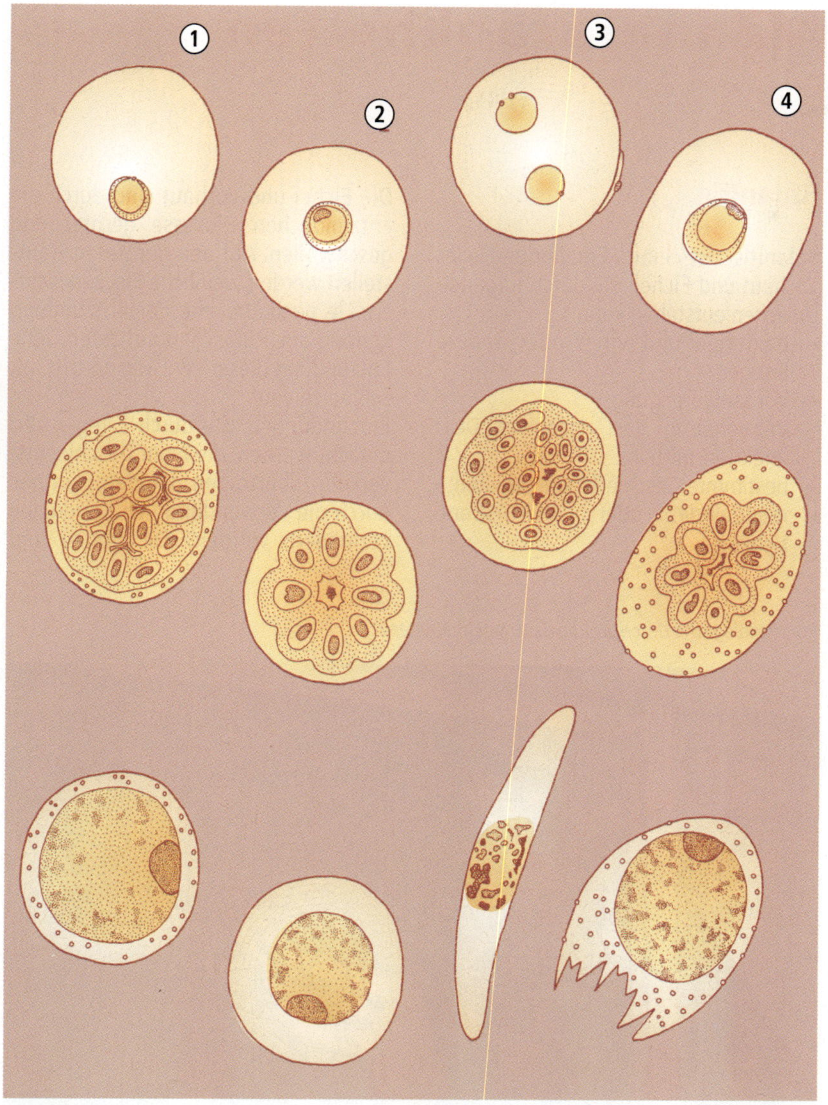

Malariaparasiten.
1 - Plasmodium vivax; 2 - Plasmodium malariae; 3 - Plasmodium falciparum; 4 - Plasmodium ovale.
Die Darstellungen unten zeigen die Vermehrung der Parasiten in Blutzellen.

Chloroquin - Malaria-Medikament

Was ist Chloroquin?

Chloroquin ist ein Mittel zur Vorbeugung und Behandlung der Malaria. Malaria-Anfälle treten ca. 1 Woche bis mehrere Monate nach dem ansteckenden Mückenstich auf. Zeichen eines Malaria-Anfalles sind:

- starke Kopfschmerzen
- Fieber
- Schüttelfrost
- gelegentlich Erbrechen
- Durchfall
- Kollaps

Durch den Wirkstoff von Chloroquin werden im Blut vorhandene, auf Chloroquin empfindliche Erreger abgetötet und die Krankheit ist an ihrem Ausbruch gehindert.

Wann wird Chloroquin angewendet?

Vorbeugung und Behandlung der Malaria. Chloroquin kann auch zur Basistherapie der chronischen Polyarthritis sowie zur Behandlung von Lupus erythematodes eingesetzt werden.

Was sollte dazu beachtet werden?

■ *Malaria-Prophylaxe*

Die Ansteckung erfolgt bei jeder Malariaform, wenn weibliche Anopheles-Mücken durch ihren Stich Malariaerreger (Plasmodien) auf den Menschen übertragen. Der beste Schutz gegen Malaria ist das Vermeiden von Mückenstichen. Anopheles-Mücken stechen vor allem vom Einbruch der Dämmerung an bis zum Tagenanfang.
Beachten Sie deshalb sorgfältig folgende Punkte:

- ■ Tragen Sie während der kritischen Zeit möglichst den ganzen Körper bedeckende, helle Kleider;
- ■ Benutzen Sie Mückenschutzmittel auf Kleidern und auf der ungedeckten Haut;
- ■ Verwenden Sie in Schlafräumen, die nicht vor Mücken geschützt sind, ein intaktes Moskitonetz. Insektensprays und elektrische Mückenabwehrmittel können zusätzlich nützlich sein.

Denken Sie daran, dass Chloroquin nicht wahllos gegen alle Malariaerreger und in jedem Malariagebiet anwendbar ist. Die Anwendung eines falsch gewählten oder nicht richtig dosierten Malariamittels kann Komplikationen verursachen.

Männerkrankheiten

Siehe auch:
- Prostataerkrankungen

Balanitis

Balanitis ist eine Entzündung der Vorhaut und Eichel, die durch folgende Ursachen entstehen kann:
- Bakterien und Viren oder andere Erreger;
- Vorhautverengung;
- Verwendung von reizenden Desinfektionsmitteln;
- bestimmte Geschlechtskrankheiten;
- mangelnde oder übertriebene Hygiene.

Die Eichel und Vorhaut sind durch die entzündlichen Prozesse gerötet und geschwollen. Auf den geröteten Hautstellen werden weißliche Flecken sichtbar. Je nach Ursache der Entzündung können auch Bläschen auftreten. Jede Entzündung dieser Penisregion tritt mit Schmerzen auf.
Entzündungen, die durch Erreger verursacht werden, die beim Geschlechtsverkehr übertragen werden, können durch die Verwendung von Kondomen verhindert werden. Da immer mit Ansteckungsgefahr gerechnet werden muss, sollte bei den ersten Veränderungen des Penis sofort ein Arzt aufgesucht werden.
Die Behandlung der Entzündung richtet sich nach der Krankheitsursache. Unter Umständen muss auch die Geschlechtspartnerin mitbehandelt werden.

Röntgenologische Untersuchung des Urogenitalsystems.

Hodenfunktionsstörungen

Das Hodenhormon Testosteron wird unter dem Antrieb der Hirnanhangdrüse freigesetzt. Während der Pubertät bewirkt es die endgültige Ausprägung der männlichen Geschlechtsorgane und Geschlechtsmerkmale. Fehlt Testosteron im Pubertätsalter, so kommt es zum Eunuchentum. Seine späteren Wirkungen lassen sich am besten aus den Folgen einer Hodenentfernung oder Hodenzerstörung nach Beendigung der Pubertät ableiten. Am Erscheinungsbild solcher sogenannten Kastraten zeigt sich, dass manche geschlechtseigentümlichen Erwerbungen der Pubertät auch nach Ausfall der Keimdrüsen erhalten bleiben, so die allgemeinen Körperformen, die postpubäre Penis, die tiefe Stimme und der Bartwuchs.
Libido, das geschlechtliche Verlangen, und die männliche Potenz dagegen bleiben nur bei andauerndem Testosteronnachschub intakt und sind sonst – trotz bemerkenswerter Ausnahmen – meist sehr deutlich vermindert.
Hinzu kommt, dass nach einer Kastration auch Prostata und Samenbläschen sich zurückbilden und die Samenproduktion bis zum völligen Versiegen vermindert wird.
Gleich nach einer Kastration, wie sie bei bösartigen Hodentumoren erforderlich werden kann, finden sich außerdem Erscheinungen der „männlichen Wechseljahre" wie:
- Hitzewallungen;
- Verstimmungen;
- Angstzustände;
- seelische Labilität.

Oft sind dabei allerdings die seelischen Folgen des Kastrationserlebnisses schwer von den Auswirkungen des Hodenverlustes abzutrennen. Außer einer direkten Beeinträchtigung der Hodenfunktion durch Entfernung, Zerstörung, Entzündung, Rückbildung oder Entartung können ganz ähnliche Ausfallserscheinungen auch durch Versagen des übergeordneten Antriebs von der Hirnanhangsdrüse her entstehen.

Vorkommen
Insgesamt schätzt man, dass Hodenfunktionsstörungen bei 5 Prozent aller Männer vorkommen. Meist führt Kinderlosigkeit nach der Ehefrau auch den Ehemann zum Arzt. Dabei zeigt sich, dass eheliche Kinderlosigkeit in 40–50 Prozent der Fälle ursächlich auf den Mann zurückzuführen ist.
Nach sorgfältiger Diagnose können leichtere Störungen der männlichen Zeugungsfähigkeit unter Umständen durch eine Hormonbehandlung beseitigt werden.
Bei Hodenkrampfadern kommt eine Operation in Frage, ebenso beim Verschluss der ableitenden Samenwege. Die Beischlaffähigkeit ist hormonell naturgemäß leichter wiederherzustellen als die Zeugungsfähigkeit.

Hodentorsion

Unter einer Hodentorsion versteht man die Drehung des Hodens und des Samenstrangs um die Längsachse. Eine solche Drehung erfolgt durch abnorme Beweglichkeit der Hoden. 90 Prozent aller Hodentorsionen treten bei Kindern und Jugendlichen auf.
Wichtige Symptome einer Hodentorsion sind:
- plötzlich auftretender, heftiger Schmerz, der in den Unterbauch ausstrahlen kann;
- Hodenschmerz, der bei Anhebung des Hodens stärker wird;
- Schwellung des Hodensackes;
- Rötung;
- Übelkeit;
- eventuell Fieber.

Die Replatzierung des Hodens muss innerhalb von 6 Stunden erfolgen,

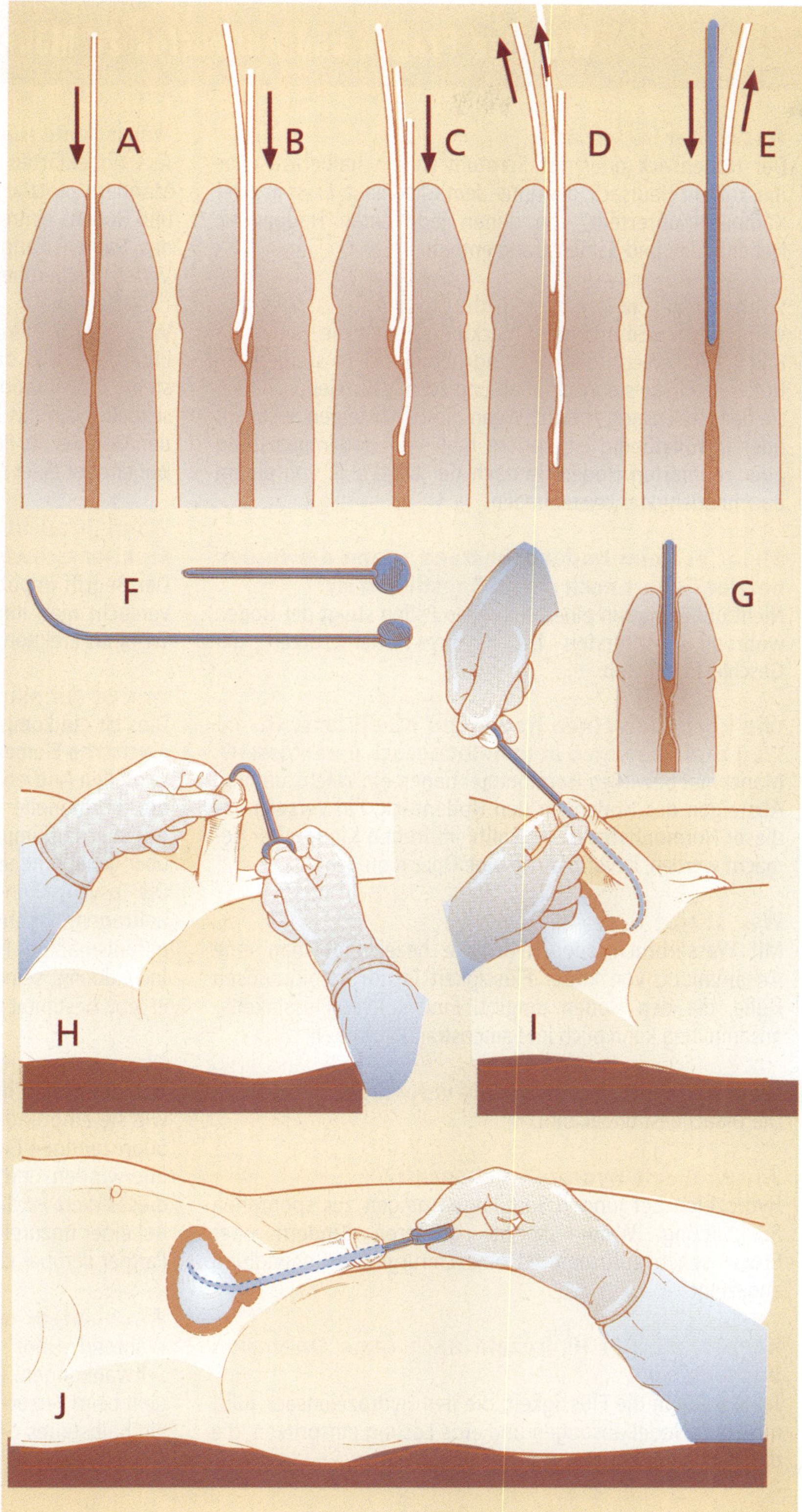

Dilatation der Harnröhre im Penis; A-E – progressive Dilatation mit einem Katheter; F-J – Der Arzt appliziert eine gerade oder gekrümmte, starre oder flexible stabförmige, eventuell geknöpfte Dehnsonde verschiedener Dicke (Diameter).

Wichtige Fragen und Antworten zu Männerkrankheiten

Was ist der Hodensack?
Der Hodensack oder das Scrotum ist ein halbelastischer muskulöser Hautsack, der unter dem Glied liegt. Er ist in zwei Kammern unterteilt, von denen jede einen Hoden mit Nebenhoden und Samenstrang enthält.

Was versteht man unter Hodenhochstand?
Während der Embryonalentwicklung liegen die Hoden im Bauchraum. Wenn der Keimling heranwächst, steigen die Hoden in die Leistengegend ab und zurzeit der Geburt haben sie den Hodensack erreicht. Wenn dieses Absteigen ausbleibt oder unvollständig ist, spricht man von Hodenhochstand oder retinierten Hoden, je nach der Lage, z.B. von einem Bauchhoden oder Leistenhoden.

Bleibt es beim Hodenhochstand, wenn der Hoden bei der Geburt noch nicht abgestiegen ist?
Nicht unbedingt. In einer Reihe von Fällen steigt der Hoden während des ersten Lebensjahres oder zurzeit der Geschlechtsreife ab.

Wie kann man einen Hoden auf medikamentösem Weg zum Absteigen in den Hodensack veranlassen?
Manchmal bewirken Hormoninjektionen ein Wachstum und Absteigen des Hodens in den Hodensack. Ein Versuch mit dieser Hormonbehandlung sollte im frühen Kindesalter gemacht werden, bevor man an eine Operation geht.

Was ist eine Hydrozele?
Mit Wasserbruch oder Hydrozele bezeichnet man eine Ansammlung von klarer Flüssigkeit in der membranösen Hülle, die den Hoden umgibt. Eine solche Flüssigkeitsansammlung kann auch im Samenstrang auftreten.

Wodurch wird eine Hydrozele verursacht?
Die Ursache ist unbekannt.

Wie wird eine Hydrozele behandelt?
Hydrozelen bei jungen Säuglingen neigen zur spontanen Rückbildung. Wenn sie bei größeren Kindern oder Erwachsenen auftreten, ist eine chirurgische Behandlung angezeigt.

Kann man eine Hydrozele auch ohne Operation behandeln?
Ja. Man kann die Flüssigkeit, die den Hydrozelensack füllt, mit einer Nadel absaugen und eine Lösung einspritzen, die die Wände des Sackes zum Verkleben bringt.

Was ist eine Hodentorsion?
Aus ungeklärten Gründen kann bei Knaben und jungen Männern plötzlich eine Achsendrehung des Samenstrangs und Hodens eintreten. Das kann auf einer besonderen Länge des Samenstrangs, einem Entwicklungsfehler oder einer Verletzung beruhen.

Wie definiert man Impotenz?
Impotenz wird definiert als eine Erektionsschwäche und stellt eine Situation dar, bei der trotz bestehender Libido der sexuelle Stimulus keinen erhöhten Blutandrang (Kongestion) der Gefäße im Penis bewirkt. Dadurch kommt es zu gar keiner oder einer nur unzureichenden Erektion.

Wann braucht man den Begriff Impotent oder Erektionsschwäche?
Der Begriff impotent klingt wie eine Beleidigung, deshalb versucht man ihn im Bereich der Wissenschaft durch den Terminus Erektionsschwäche zu ersetzen.

Was ist der männliche sexuelle Antrieb?
Dies ist ein komplexes Phänomen, zu dem organische und psychische Elemente gehören. Zum organischen Bereich des sexuellen Antriebs zählen Elemente wie die Nervenbahnen, die hormonelle Ausschüttung, der Blutkreislauf. Diese organische Komponente wird „Trieb" genannt und verfügt über genetische und anlagebedingte Eigenschaften.
Die psychischen Elemente, die zum sexuellen Antrieb beitragen, sind hingegen psychologische, emotionelle und gefühlsmäßige Faktoren, die durch die Geschichte des Individuums, seine Kultur, dem spezifischen Moment, in dem er lebt, bestimmt werden.

Was ist eine unzureichende Erektion?
Der Einfachheit halber teilt man die Intensität der Erektion, wie sie empfunden wird, von 0 bis 10 ein. Es bedarf einer 50prozentigen Erektion (5/10), um den Scheideneingang zu überwinden und in die Scheide einzudringen. Unterhalb dieses Wert ist der Penis zu weich. Es passiert häufig, dass bei einer unzureichenden Erektion der Betroffene und sein Partner darüber klagen, dass sich der Penis kalt einfühlt.

Was versteht man unter instabiler Erektion?
Während des Liebesaktes unterliegt der Penis Schwankungen. Eine gute Erektion während des Vorspiels geht beim Versuch des Einführens zurück. Daneben kann sich ein halbsteifes Glied nach vollzogener Penetratio ganz versteifen.

damit eine Organschädigung ausgeschlossen werden kann. Die Replatzierung erfolgt entweder mit der Hand oder durch eine Operation.
Eine Hodenverdrehung kann gefährlich werden, da durch die Drehung die Blutversorgung abgeschnürt wird. Aus diesem Grunde sollte bei Hodenschmerzen sofort ein Arzt aufgesucht werden, denn wird die Behandlung zu spät durchgeführt, können Teile des Hodengewebes absterben, was zu einer völligen Hodenentfernung führt.

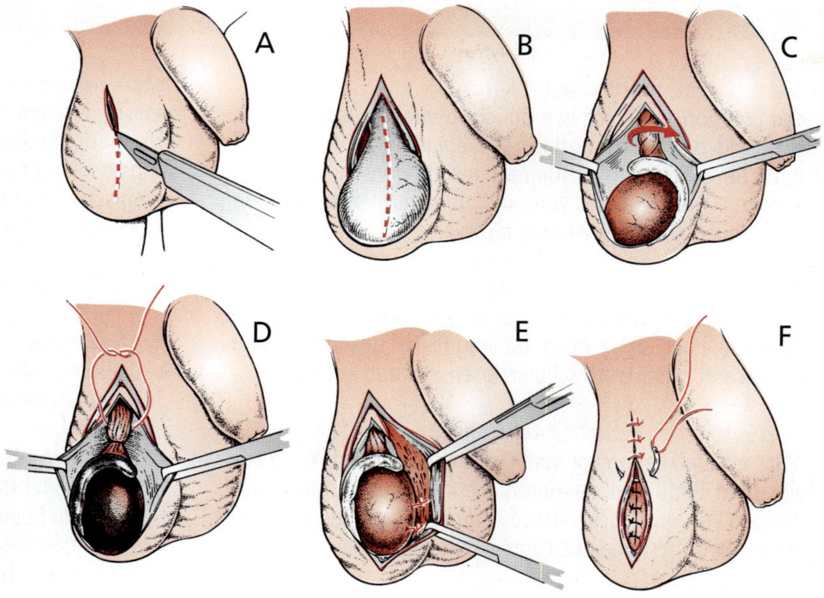

Operative Behandlung einer Hodentorsion.
A – Einschnitt (Inzision); B – Öffnung des Hodensacks; C – Verdrehter Samenstrang; D, E – Behandlung der Torsion; F – Verschluss des Hodensacks

Hodenentzündung

Hodenentzündungen (Orchitis) können einen oder beide Hoden betreffen. Sie treten selten isoliert auf. In der Regel sind sie Ausdruck einer allgemein vorliegenden Entzündung. In der Pubertät beobachtet man häufig, dass Entzündungen der Ohrspeicheldrüse auch Entzündungen der Hoden auslösen. Bislang gibt es für diesen Zusammenhang keine plausible Erklärung.
Bei einer Hodenentzündung werden meistens die Nebenhoden mitbetroffen, bzw. Entzündungen der Nebenhoden können auch auf die Hoden übergreifen. Eine andere Ursache für die Entstehung dieser Erkrankung sind traumatische Schäden.

Symptome

Wichtige Symptome sind:
- plötzlich einsetzende Schmerzen;
- Schwellung;
- hohes Fieber;
- Rötung der Haut des Hodensackes.

Hodenentzündungen werden durch Antibiotika behandelt. In sehr seltenen Fällen können sich Abszesse bilden, die unter Umständen zu einer operativen Entfernung des Hodens führen können.

Hodenhochstand

Während der Embryonalentwicklung werden die Hoden im Bauchraum angelegt. Diese Hodenanlagen gleiten unter der Wirkung des in dieser Phase vermehrt produzierten Testosterons in den Hodensack hinab. Unter Hodenhochstand oder Maldescensus testis versteht man ein Ausbleiben der regelrechten Wanderung des Hodens in den Hodensack während des 3.–10. Embryonalmonats. Dieses Phänomen tritt bei zirka 3 Prozent aller männlichen Neugeborenen auf. Bei einem Teil der Kinder wandert die Hoden in den ersten Lebensmonaten noch spontan in den Hodensack, sodass am Ende des 1. Lebensjahr nur noch bei 0,8 Prozent aller Jungen ein Hodenhochstand beobachtet wird.

Ursachen

Ursachen eines Hodenhochstandes sind:
- Fehler im Erbgut;
- Störung der Testosteronsynthese;
- verminderte LH-Produktion des Jungen oder der Mutter (LH stimuliert bei Jungen die Testosteronproduktion).

Durch den Hodenhochstand werden die Hoden einem vermehrten Druck und einer erhöhten Temperatur ausgesetzt, die zu einem Schwund von Spermien produzierenden Zellen führt. Werden die Hoden nicht innerhalb der ersten zwei Lebensjahre künstlich aus dem Bauchraum in die Hodensäcke verlegt, ist jegliche Spermienproduktion nicht mehr möglich, sodass die betroffenen Jungen unfruchtbar werden. Zusätzlich besteht ein erhöhtes Risiko für Hodenkrebs.

Behandlung

Die Therapie erfolgt durch die Gabe von Gonadorelin. Gonadorelin ist ein künstlich hergestelltes Hormon, welches die Testosteronproduktion in den Hoden anregen soll.
Ist diese Therapieform erfolglos, müssen die Hoden operativ aus dem Bauchraum entfernt und in die Hodensäcke eingepflanzt werden.

Hodentumoren

Gutartige Hodentumoren sind sehr selten. Häufiger kommen bösartige Tumoren vor, die bei jüngeren Männern die häufigsten bösartigen Tumoren überhaupt sind (bezogen auf die Gesamtzahl aller Tumoren in allen Altersstufen ist Hodenkrebs allerdings eher selten).

Wichtige Fragen und Antworten zu Männerkrankheiten

Was ist eine launische Erektion?
Die Erektion zeigt sich wie üblich sowohl spontan als auch während der Masturbation. In Gegenwart eines Partners kann aber nicht von vornherein gesagt werden, ob es dazu kommt. Dies hängt von individuellen oder äußeren Umständen, dem Partner usw. ab.

Wann tritt eine schmerzhafte Erektion auf?
Sie ist normalerweise die Folge einer Erkrankung (Infektion, Neuritis), kann sich jedoch auf lange Sicht gesehen zu einer launischen, wenn auch schmerzlosen Erektion entwickeln.

Wann tritt eine verfrühte Ejakulation auf?
Wird als Ejakulation vor dem Orgasmus definiert. Kann auch vor dem Einführen passieren, geschieht aber meist nach einigen Vor- und Rückwärtsbewegungen (weniger als zehn), da der Betroffene sie nicht zurückhalten kann.

Wie äußert sich eine verzögerte Ejakulation?
Die Unmöglichkeit, während des Beischlafs in der Scheide, trotz zahlreicher Vor- und Rückwärtsbewegungen, zum Orgasmus zu kommen. Der Samenerguss erfolgt erst durch eine gleichzeitige oder nachfolgende Masturbation oder als nächtliche Pollution.

Was versteht man unter retrograde Ejakulation?
In Richtung Harnblase. Dazu kommt es nach einem operativen Eingriff (Entfernung einer Geschwulst, Resektion des Blasenhalses) oder als Folge neurologischer Komplikationen (zum Beispiel Neuropathie durch Diabetes).

Wann tritt eine fehlende Ejakulation auf?
Der Orgasmus findet zwar statt, aber es kommt zu keinem Samenerguss, nur etwas „Harnröhrenflüssigkeit" tritt aus. Diese Störung kann lange Zeit unentdeckt bleiben, solange kein Spermatogramm erstellt wird.

Was sind die Ursachen der Erektionsstörungen?
Bis vor einigen Jahren war man der Meinung, dass 90 Prozent der Erektionsstörungen psychologischer Natur seien. Jüngste neurophysiologische, hämodynamische und pharmakologische Studien jedoch bewiesen, dass bei 30 bis 50 Prozent der Fälle einer Impotenz eine organische Ursache vorliegt, die zu einer offensichtlichen Erkrankung oder auch nur lokalen Verletzung führen kann.

Welche metabolische Ursachen sind bekannt?
- Diabetes: Dies ist die klassische Ursache für Impotenz und Frigidität, die sich wesentlich auf die Blutgefäße im Penis auswirkt.
- Störungen des Fettstoffwechsels: Erhöhter Fettgehalt im Blut (zu viel Triglyzeride oder Cholesterin) und Fettsucht führen zu Impotenz.
- Störungen des Stickstoffwechsels: Es handelt sich dabei um einen zu hohen Gehalt an Stickstoff oder Harnsäure im Blut oder um chronische Albuminurie. Patienten, die sich einer regelmäßigen Dialyse unterziehen müssen, sind in der Regel impotent.

Welche urologischen Ursachen sind bekannt?
Zu dieser Kategorie gehören:
- Tumoren im Bereich des Harn- und Geschlechtsapparates;
- Infektionen des Geschlechtsapparates (Nebenhodenentzündung, Entzündung der Prostata, Harnröhrenentzündung usw.), die zu schmerzhafter Erektion und teilweise Impotenz durch Gefäßverschluss führen. Bei Patienten mit verfrühter Ejakulation ist häufig das Vorhautbändchen stark verkürzt.

Problematisch am bösartigen Hodentumor ist, dass er relativ symptomarm wächst und bereits in einem frühen Stadium Metastasen absiedelt.

Die Ursachen sind bis heute ungeklärt. Wissenschaftler vermuten allerdings, dass Störungen des Hormonsystems eine Rolle spielen könnte, da sich die meisten Hodentumoren von bösartigen Veränderungen der Spermien bildenden Zellen ableiten.

In der Regel treten im Frühstadium keine Schmerzen auf, es kommt nur zu einer leichten Vergrößerung des Hodens und zu einer größeren Schmerzempfindlichkeit bei äußerem Druck. Daher muss bei jeder erkannten Schwellung des Hodens unverzüglich der Arzt aufgesucht werden. Wichtige Symptome eines Hodenkrebs sind:
- schmerzlose Hodenvergrößerung;
- Schweregefühl der Hoden;
- eventuell Gynäkomastie;
- eventuell Pubertas Praecox.

Unter Gynäkomastie versteht man eine Verweiblichung des Mannes, die sich besonders durch ein- oder beidseitige Vergrößerung der männlichen Brustdrüsen bemerkbar macht. Ursachen dieser Veränderung sind:
- ein Überwiegen von weiblichen Geschlechtshormonen gegenüber der Testosteronkonzentration;
- gesteigerte Ansprechbarkeit der Hormonrezeptoren der Brustdrüse auf weibliche Geschlechtshormone.

Die Diagnose eines Hodenkrebses erfolgt durch Ultraschalldiagnostik und/oder Computertomographie und den Nachweis von speziellen Geschlechtshormonen im Urin. Der erkrankte Hoden wird samt Nebenhoden operativ entfernt. Anschließend ist meistens eine Therapie mit Krebsmitteln notwendig. Zur Verhinderung von kosmetischen Problemen können Hodenprothesen eingesetzt werden.

Peniskrebs

Der Peniskrebs weist einen Häufigkeitsgipfel zwischen dem 50. und 60. Lebensjahr auf. Meistens ist er im Bereich des Eichelkranzes lokalisiert. Mögliche Ursachen des Peniskrebses sind:
- Vorhautverengung, die zu einer chronischen Entzündung der Vorhaut und Eichel führt;
- Ansammlung von Absonderungen der Eichel- und Vorhautdrüsen (Smegma), die durch mangelnde Hygiene zu Entzündungen führen;
- Schleimhautveränderungen.

Die ersten Anzeichen des Peniskrebses sind:
- klarer oder blutiger Ausfluss;
- Schwellung der Eichel und der Vorhaut;
- Kontaktblutung.

Im fortgeschrittenen Stadium können unter Umständen Geschwüre sichtbar werden.

Behandlung
Je nachdem, in welchem Stadium der Krebs entdeckt wird, muss die Behandlung durch eine Teiloperation (mithilfe der Lasertechnik) oder durch eine vollständige Penisamputation und Lymphknotenentfernung erfolgen. Im Abschluss an die Operation finden in der Regel Bestrahlungen statt. In schweren Fällen müssen zusätzlich Krebsmittel eingenommen werden.

Impotenz

Im Allgemeinen wird der Ausdruck Impotenz für Erektionsstörungen im weitesten Sinne verwendet, also die Unfähigkeit, den Geschlechtsakt zu vollziehen. Sind aber z.B. keine befruchtungsfähigen Spermien vorhanden, dann spricht man von Zeugungsunfähigkeit.
Die Ursachen einer (dauernden) Impotenz können sowohl körperlicher als auch seelischer Natur sein. Wichtige Ursachen sind:

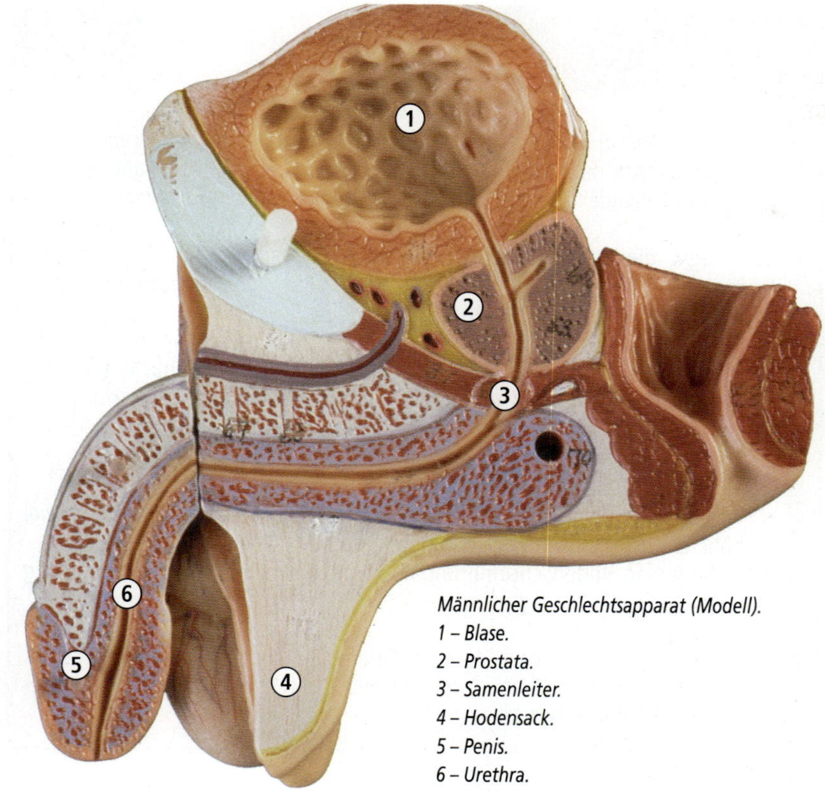

Männlicher Geschlechtsapparat (Modell).
1 – Blase.
2 – Prostata.
3 – Samenleiter.
4 – Hodensack.
5 – Penis.
6 – Urethra.

- Zuckerkrankheit (gefäßbedingte, neurologische und psychische Ursachen).
- Folge eines chirurgischen Eingriffs im Beckenbereich.
- Angegriffenes Nervensystem (etwa durch Alkoholsucht).
- Hormonelle Ursachen, die das sexuelle Verlangen beeinträchtigen (etwa nach einem Tumor).
- Gefäßbedingte Ursachen (besonders als Folge starken Nikotinkonsums, der die Blutgefäße verstopft hat).
- Medikamentöse Ursachen: bestimmte Tranquilizer, Antidepressiva, blutdrucksenkende Mittel, Medikamente gegen Magengeschwüre etc.
- Psychische Ursachen: Leistungsdruck, Beziehungskonflikte, traumatische Erfahrungen als Kind, Angst vor sexuell übertragbaren Krankheiten etc.

Vor allen weiteren Maßnahmen sollten jedoch alle in Frage kommenden körperlichen Ursachen ausgeschlossen werden. Seit einiger Zeit gibt es auch eine medikamentöse Behandlung (Viagra).

Erektionsstörungen

Auslöser für eine Erektion, die Aufrichtung des männlichen Gliedes (Penis), ist das sexuelle Verlangen. Durch höhere Gehirnzentren werden Nerven aktiviert, die an die Blutgefäße im Penis das Signal geben, sich zu öffnen und das schwammartige Gewebe der Schwellkörper mit Blut zu füllen. Gleichzeitig ziehen sich feine Muskeln um andere Blutgefäße zusammen und schnüren die Venen zu, die normalerweise das Blut ableiten. Die Erektion kann auf diese Weise aufrechterhalten werden. Auch das männliche Sexualhormon Testosteron, das in den Hoden produziert wird, spielt dabei eine wichtige Rolle. Befindet sich aus irgendeinen Grund zu wenig Testosteron im Blutstrom, kann die sexuelle Lust vermindert sein und Erektionsprobleme treten auf.
Eine Erektion beruht auf einer komplizierten Folge von Vorgängen, die genau aufeinander abgestimmt sein müssen, gewissermaßen wie bei einem Orchesterwerk. Das Zentralnervensystem übt dabei sozusagen die Rolle

Hodenkrebs

- Mehr als 4.300 junge Männer erkranken jährlich in der Bundesrepublik an Hodenkrebs. Am häufigsten zwischen dem 20. und 35. Lebenjahr. Wird er rechtzeitig behandelt, beträgt die Heilungsrate heute über 90 Prozent.

- Die Tragik dieser Krebsform: Aus falscher Scham kommt jeder zweite Hodenkrebskranke erst dann zum Arzt, wenn der Hodentumor schon Tochtergeschwülste gebildet hat.

- Dabei ist die Früherkennung einfach: Männer brauchen sich nur regelmäßig selbst abzutasten und auf Verdickungen oder Verhärtungen der Hoden zu achten.

- Ein Risiko an Hodenkrebs zu erkranken besteht:
  - wenn Sie an Hodenhochstand litten. Solche Männer sind mit einem achtmal höheren Risiko belastet als Männer mit normal gelagerten Hoden;.
  - wenn Sie an Hodenschrumpfung nach einer Entzündung oder Verletzung leiden.

- Die Warnzeichen beim Hodenbkrebs ähnelt in ihren Symptome oft denen eines Wasserbruchs. Nur der Arzt kann entscheiden, ob es sich um eine gut- oder bösartige Erkrankung handelt.

des Dirigenten aus. Selbst damit der Penis seine Ruhe hat, muss das Zentralnervensystem arbeiten. Dafür, dass er bei fehlender Erregung schlaff bleibt, sorgen bestimmten Teile des sympathischen Nervenstems, eines Astes des sogenannten vegetativen oder autonomen Nervensystems: Sie beschränken dann aktiv den Blutfluss zu dem Organ ein.

Sexualreaktion

Die Sexualreaktion beruht auf einem dynamischen Gleichgewicht zwischen erregenden und hemmenden Einflüssen im Penis wie in den Instanzen des Nervensystems. Während das sympathische Nervensystem eine Erektion eher verhindert, bildet der parasympathische Zweig des autononen Nervensystems einen von mehreren wichtigen erregenden Schaltwegen. Ob die sexuelle Erregung nun durch physische Stimulation der Geschlechtsorgane oder psychisch ausgelöst wird, etwa durch einen Geruch oder den Anblick eines Menschen, vielleicht nur durch den Gedanken an jemand – die erregenden Nervenfasern im Penis reagieren dabei, indem sie sogenannte proerektile neuronale Botenstoffe (Neurotransmitter) freisetzen. Zu ihnen gehört Stickstoffmonoxid und Acetylcholin.

Botenstoffe im Penis

Bei einer Erektion bewirken diese Botenstoffe, dass die Muskulatur der Penisarterien erschlafft. Dadurch weiten sich die Arterien, und in die schwammartigen Gewebe der Schwellkörper des Penis fließt vermehrt Blut ein. Dabei füllen sich kleine Blutkammern prall.
Die Ausdehnung drückt die Venen zusammen, über die das Blut sonst abfließen würde, bis sie fast verschlossen sind und das Blut in sich staut. Sildenafil, der Wirkstoff der Potenzpille Viagra, verlangsamt den Abbau eines der Moleküle, welche die Entspannung der Arterienmuskulatur aufrechterhalten; dadurch bleiden diese Gefäße länger geweitet.
Während einer Erektion sendet das Zentralnervensystem nicht nur Nervensignale zum Penis. Sondern es erhält auch solche von ihm. Werden die speziellen Berührungsrezeptoren gereizt, die das Glied in besonders hoher Dichte besitzt, gelangen diese Signale zu Rückenmark und Gehirn. So beeinflusst der Penis seinerseits die Befehle der höheren Zentren. Auch wenn er also nicht selbstständig zu denken vermag, hält er das Zentralnervensystem doch sehr wohl über seine Gefühle informiert. Nach dem,Orgasmus beziehungsweise wenn die Erregung abklingt, geht die Erektion schnell zurück und das sympathische Nervensystem begrenzt wieder den Bluteinstrom.
Eine übermäßige Aktivierung des sympathischen Nervensystems, etwa durch Stress oder Kälte, kann bewirken, dass das Glied vorübergehend stärker erschlaft und schrumpft.
Umgekehrt treten Erektionen vermehrt auf, wenn die sympathische Aktivität abgeschaltet ist, wie bei den Erektionen im Schlaf.

Erektionsstörungen

Das Hauptmerkmal einer Erektionsstörung beim Mann ist eine anhaltende oder wiederkehrende Unfähigkeit, eine adäquate Erektion zu erreichen oder bis zur Beendigung der sexuellen Aktivität aufrechtzuerhalten. Es gibt verschiedene Formen von Erektionsstörungen. Manche Personen berichten, dass die Unfähigkeit, eine Erektion zu erlangen, bereits zu Beginn eines sexuelles Kontaktes auftritt. Andere wiederum beklagen, daß nach anfänglich vollständigen Erektion die Tumeszenz zurückgehe, wenn sie eine Penetration versuchen würden. Wieder andere geben an, dass die Erektion zunächst für die Penetration ausreiche, die Tumeszenz dann aber vor oder während der Aufnahme koitaler Stoßbewegungen zurückgehe.
Manche Männer berichten, dass sie eine Erektion nur während der Selbstbefriedigung oder beim Aufwachen erreichen können. Auch durch Masturbation erzeugte Erektionen können zurückgehen, aber dies ist nicht häufig.

Zugehörige Merkmale

Die Erektionsschwierigkeiten beim Mann sind häufig verbunden mit sexueller Angst, Versagensangst, Sorgen hinsichtlich der sexuellen Interaktion sowie mit einem abnehmenden subjektiven Gefühl sexueller Befriedigung und Lust. Eine Erektionsstörung kann zum Scheitern bestehender ehelicher oder sexueller Beziehungen führen und der Grund für Nicht-Vollzug der Ehe und Infertilität sein. Diese Störung kann mit einer Störung mit verminderter sexueller Appetenz sowie mit einer Ejaculatio praecox einhergehen. Personen mit affektiven Störungen und Störungen im Zusammenhang mit Psychotropen Substanzen berichten häufig über Probleme mit der sexuellen Erregung.

Einfluss von Medikamenten

Die Kontrolle von Erektionen untersteht Gehirn und Rückenmark. Die meiste Zeit unterdrückt das sympathische Nervensystem die sexuelle Erregung. Werden die sympathischen Neuronen im Locus coeruleus abgeschaltet, treten Spontanreaktionen auf. Zentral hemmend wirkt auch der Nucleus paragigantocellularis (PGN, lokalisiert im Hinterhirn). Das parasympathische Nervensystem aktiviert dagagen die Erektion.

Die Nervenendugungen der PGN-Neuronen setzen dort den Botenstoff Serotonin frei. Das Serotonin verhindert Erektionen, indem es die Wirkung von erektilen neuronalen Botenstoffen aufhebt.

Diese Situation ist wichtig für die Behandlung von Patienten, die beispielsweise bei einer Depression Medikamente erhalten, welche unter anderem das Angebot an Serotonin im Gehirn erhöhen.

Dazu gehören Antidepressiva wie Prozac (Fluctin) und Prazil, sogenannte selektive Serotonin-Wiederaufnahme-Hemmer. Eine häufige Nebenwirkung der Behandlung sind sexuelle Störungen, insbesondere eine verzögerte oder blockierte Ejakulation bei Männern und geringes sexuelles Interesse und Orgasmusschwierigkeiten bei Frauen. Offenbar kann die medikamentöse Steigerung des Serotoninspiegels im Zentralnervensystem die natürlichen Hemm-Mechanismen für bestimmte sexuelle Funktionen verstärken.

Andere Patienten mit sexuellen Problemen hingegen ziehen aus dieser Medikamentenwirkung gerade Nutzen. Bei Männern mit zu frühem Samenerguss zögert sich dadurch der Orgasmus hinaus.

Geschlechtsverkehr, Kamasutra (ältestes Lehrbuch der Erotik aus Indien; im 4. Jahrhundert von Mallanaga Vatsyayana verfasst).

Multiple Sklerose

Einführung

Die multiple Sklerose (Enzephalomyelitis disseminata) ist eine häufig chronisch fortschreitende Erkrankung des Zentralnervensystems, bei der sich viele Herde (sogenannte sklerotische Plaques) in Hirn und Rückenmark bilden. Sie ist eine der häufigsten Erkrankungen des Nervensystems (in der Bundesrepublik leben etwa 75.000 derartige Kranke). Die Ursache ist unbekannt. Die Forschung nach der Ätiologie der Encephalomyelitis disseminata ging in viele Richtungen.

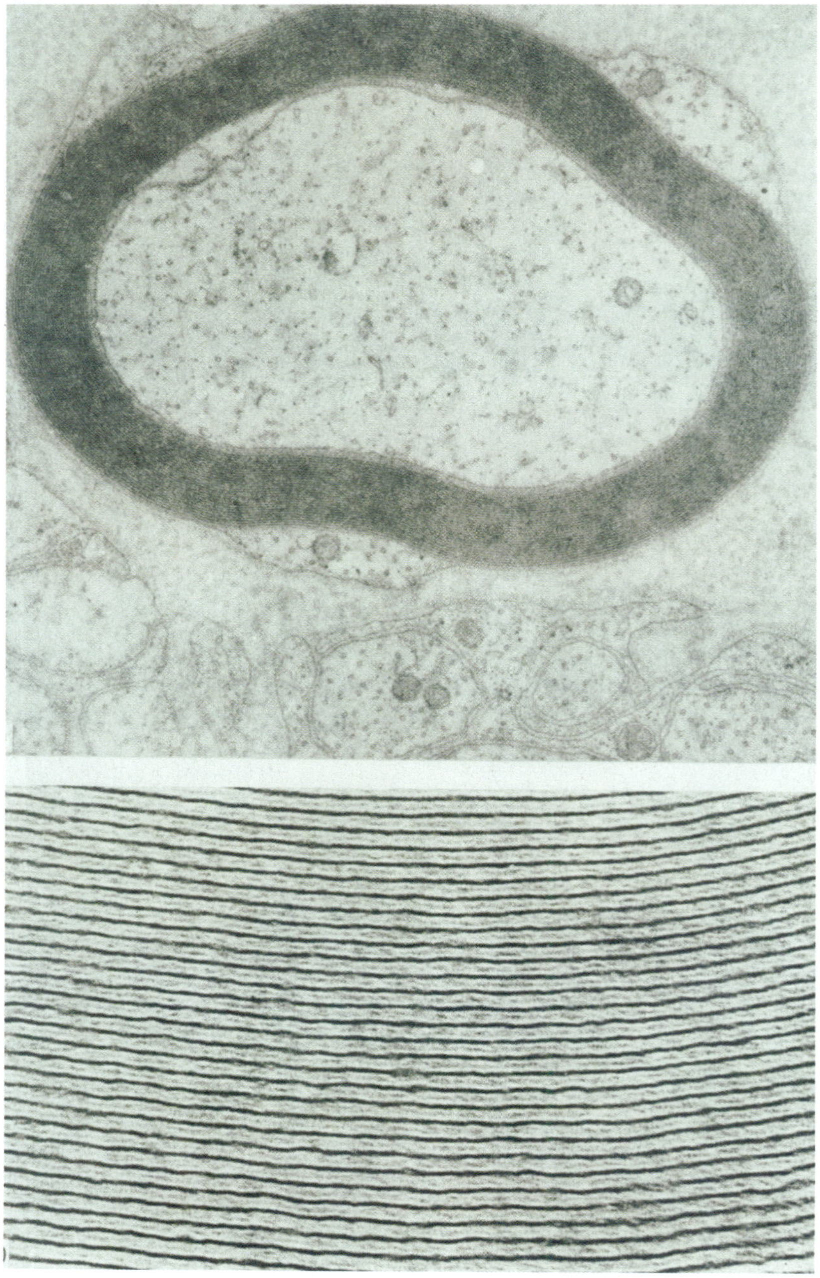

Die Ursache der multiplen Sklerose ist zwar unbekannt, man vermutet aber, dass ein Virus oder ein unbekanntes Antigen bereits in der Kindheit eine Autoimmunreaktion auslöst. Das Immunsystem produziert daraufhin aus irgendeinem Grund Antikörper gegen das körpereigene Myelin, und diese Antikörper führen zu einer Entzündung und einer Schädigung der Myelinscheide sowie der darunterliegenden Nervenfaser.

Das wichtigste Kennzeichen dieser Erkrankung ist die Demyelinisation. Die Myelinscheide zerfällt, das Myelin wird abgebaut. Mithilfe des Elektronenmikroskops konnte man feststellen, dass der Abstand zwischen den Myelinlamellen zunächst weiter wird, bevor sie zerfallen.

Da die Zerfallsherde in motorischen, zerebellaren, optischen und sensiblen Bahnen lokalisiert sein können – ohne charakteristische Verteilung –, kommt es im Allgemeinen zu einem sehr bunten Symptomenbild.

Störungen in der Zusammensetzung der Lipide und im Lipidstoffwechsel kommen auch bei einer Anzahl anderer Erkrankungen des zentralen und peripheren Nervensystems vor.

Meistens führen sie zu einer Dysmyelinisation (wie bei den Leukodystrophien und Lipoidosen): Es kommt zu einer Desorganisation der Myelinscheiden infolge einer gestörten Lipoidsynthese.

Für die Diagnosestellung ist entscheidend, dass die klinischen Symptome auf mehr als einen Herd hindeuten, Exazerbationen und Remissionen abwechseln, die Erkrankung in einem bestimmten Lebensalter auftritt,

Mikroskopische Aufnahme einer Nervenfaser mit Myelinscheide; oben: intakte Myelinscheide; unten: defekte Myelinscheide

sowie im Liquor cerebrospinalis gewisse Veränderungen erkennbar sind.
Traumen, Schwangerschaft, körperliche oder seelische Belastungen sowie Infektionen können sich auf den Verlauf der Erkrankung kaum auswirken.
Genetische Faktoren könnten eine gewisse Rolle spielen. Spezifische Außenfaktoren müssen jedoch hinzukommen, so auch klimatische Einflüsse, eine Bindung an gewisse Wohnorte, ein infektiöses Agens.
Die Erkrankung tritt in einem deutlichen Nord-Süd-Gefälle auf: In Großbritannien, Schweden und Finnland kommen über 100 Fälle auf 100.000 Einwohner vor, in Südeuropa 30 – 60.

Pathologische Anatomie

Makroskopisch findet man an vielen Stellen, vor allem in der Pons, gräuliche Flecken. Die Nervenfasern haben hier ihre Markscheide verloren, der Achsenzylinder bleibt zunächst erhalten.
Auf die Demyelinisation folgt eine Proliferation des Gliagewebes. Man findet gewisse Beziehungen zum Gefäßsystem; perivaskuläre Infiltrate, bestehend aus Lymphozyten und Plasmazellen, sind immer wieder zu beobachten. Die Glia formt eine Art von Narbengewebe.
Das Vollbild der Encephalomyelitis disseminata ist das Ergebnis einer Summation von wiederholten Schüben. Immer wieder kommt es zum Auftreten von neuen Herden, jeder der vorangegangenen Schübe hinterlässt gewisse Resterscheinungen.
Das erklärt die vielfältige Symptomatik und den Verlauf der Erkrankung, die im Übrigen immer wieder eine gewisse Bevorzugung bestimmter Gegenden zeigt, so etwa der weißen Substanz des Rückenmarks, des Hirnstammes, des Großhirns – vor allem um die Ventrikel herum und der Nervi.optici. Viele dieser Herde lassen sich vor allem mit der Kernspintomographie gut darstellen.

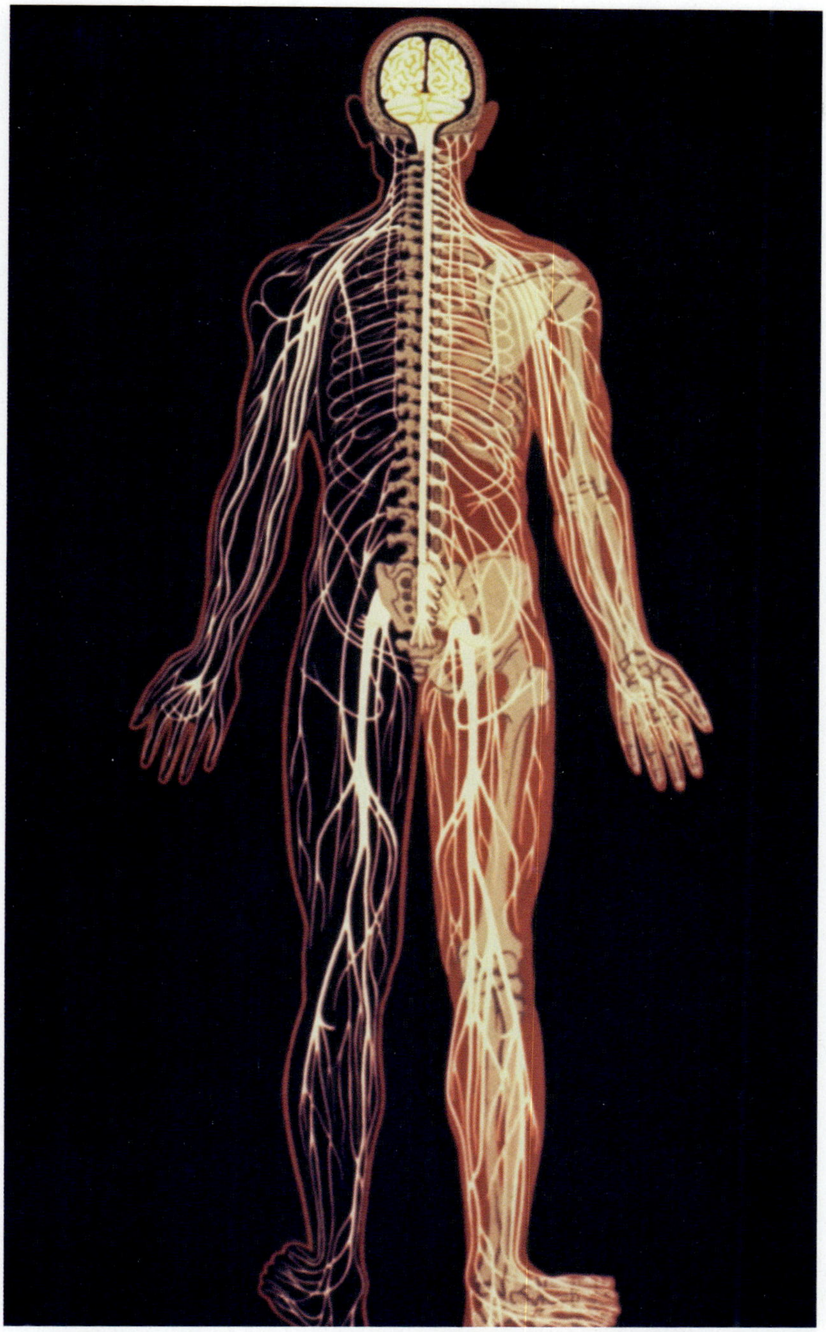

Die Nervenfasern innerhalb und außerhalb des Gehirns sind von einer vielschichtigen Isolierung umhüllt, die als Myelin- oder Markscheide bezeichnet wird. Ähnlich der Isolierung eines Elektrokabels ermöglicht es die Myelinscheide, elektrische Impulse schnell und exakt entlang der Nervenfasern weiterzuleiten. Ist die Myelinscheide defekt, können die Nerven Impulse nicht richtig weiterleiten.

Symptome

Die Erkrankung beginnt vielfach zwischen dem 15. und 30. Lebensjahr, sie kann jedoch auch erst zwischen dem 40. und 50. Lebensjahr erstmals auftreten. Frauen sind bevorzugt betroffen (Verhältnis 12:10 bis 2:1).

Prodromalstadium

Das Prodromalstadium ist gekennzeichnet durch vielfältige Klagen, depressive Verstimmung, leichte Kopf-

Wichtige Fragen und Antworten zur Multiplen Sklerose

Wie definiert man Multiple Sklerose?
Die Multiple Sklerose (Enzephalomyelitis disseminata) ist eine häufig chronisch fortschreitende Erkrankung des Zentralnervensystems, bei der sich viele Herde (sogenannte sklerotische Plaques) in Hirn und Rückenmark bilden.

Wie häufig kommt Multiple Sklerose vor?
Sie ist eine der häufigsten Erkrankungen des Nervensystems (in der Bundesrepublik leben etwa 75.000 derartige Kranke).

Welche Ursachen von Multipler Sklerose kennt man?
Die Forschung nach der Ätiologie dieser Erkrankung ging in viele Richtungen. Man suchte nach Mikroorganismen, etwa eine besondere Art von Spirochäten oder – vor allem in den letzten Jahren – nach Viren, dachte an eine Autoimmunerkrankung, aber auch an eine Störung des Phospholipidstoffwechsels im Gehirn. In letzterem Fall könnte der Encephalomyelitis disseminata ein „inborn error" des Fettsäurestoffwechsels zugrunde liegen.
Man hat tatsächlich deutliche Veränderungen im Fettsäuregehalt des Gehirns und des Blutes nachweisen können. Der Markscheidenzerfall (Demyelinisation) käme dann also durch einen – bisher nur vermuteten – Enzymdefekt zustande. Insgesamt wird jedoch die neuroallergische Hypothese bevorzugt.

Was ist das Hauptmerkmal dieser Erkrankung?
Das wichtigste Kennzeichen dieser Erkrankung ist die Demyelinisation. Die Myelinscheide zerfällt, das Myelin wird abgebaut. mithilfe des Elektronenmikroskops konnte man feststellen, dass der Abstand zwischen den Myelinlamellen zunächst weiter wird, bevor sie zerfallen. Da die Zerfallsherde in motorischen, zerebellaren, optischen und sensiblen Bahnen lokalisiert sein können – ohne charakteristische Verteilung –, kommt es im Allgemeinen zu einem sehr bunten Symptomenbild. Störungen in der Zusammensetzung der Lipide und im Lipidstoffwechsel kommen auch bei einer Anzahl anderer Erkrankungen des zentralen und peripheren Nervensystems vor. Meistens führen sie zu einer Dysmyelinisation (wie bei den Leukodystrophien und Lipoidosen): Es kommt zu einer Desorganisation der Myelinscheiden infolge einer gestörten Lipoidsynthese.
Für die Diagnosestellung ist entscheidend, dass die klinischen Symptome auf mehr als einen Herd hindeuten, Exazerbationen und Remissionen abwechseln, die Erkrankung in einem bestimmten Lebensalter auftritt sowie im Liquor cerebrospinalis gewisse Veränderungen erkennbar sind.

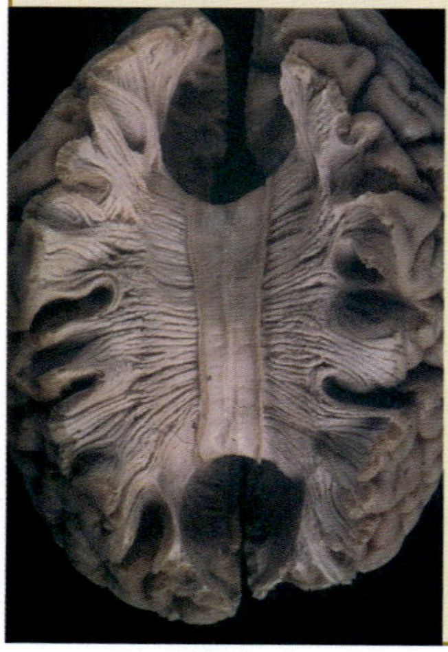

Ist Multiple Sklerose erblich bedingt?
Genetische Faktoren könnten eine gewisse Rolle spielen. Spezifische Außenfaktoren müssen jedoch hinzukommen, so auch klimatische Einflüsse, eine Bindung an gewisse Wohnorte, ein infektiöses Agens.
Die Erkrankung tritt in einem deutlichen Nord-Süd-Gefälle auf: in Großbritannien, Schweden und Finnland kommen über 100 Fälle auf 100.000 Einwohner vor, in Südeuropa 30–60.

schmerzen und Missempfindungen am Körper.
An weiteren psychischen Störungen finden sich ein Nachlassen des Gedächtnisses, eine gewisse Euphorie und eine Verminderung des Verantwortungsbewusstsein.
Auch wird häufig eine abnorme Ermüdbarkeit angegeben. In diesem Anfangsstadium wird gelegentlich eine vorübergehende Schwäche in einem Bein beobachtet; auch werden Paraesthesien einer der Extremitäten, die als Kribbel- und Taubheitsgefühl beschrieben werden, angegeben.
Bei nahezu der Hälfte der Kranken treten an den Beinen eine verstärkte Ermüdbarkeit und Paraesthesien auf. Letztere werden aber auch im Brust- und Bauchgebiet wahrgenommen.
Meistens ist es hier noch schwierig, zwischen objektiven Störungen und bloßen subjektiven Missempfindungen zu unterscheiden.
Diese Gruppe von noch recht undeutlichen Symptomen wird von anderen Erscheinungen abgelöst, die charakteristischer und objektivierbar sind.

Motorische Störungen
Motorische Ausfälle werden durch Plaques in den kortikospinalen Bahnen verursacht. Die Störungen beginnen schleichend, sind asymmetrisch lokalisiert und betreffen in der Hälfte der Fälle meistens zunächst nur eines der Beine.
Nach Ablauf einer bestimmten Zeit entwickelt sich eine spastische Parese beider Beine; die gleichen Störungen können, meist in geringerem Maße, in den Armen nachfolgen.
Es liegt keine Muskelatrophie vor; jedoch sind die pathologischen Reflexe (Pyramidenzeichen) nachweisbar. Das Babinski'sche Zeichen und verwandte Phänomene sind oft auslösbar.

Störungen der Harnentleerung
Bei drei von vier Patienten kommt es auch zu Störungen der Harnentleerung. Es kann zu imperativen Harnentleerungen, zur Harnverhaltung, aber auch zur ungesteuerten Harnblase kommen.

Zerebellare Störungen
Gangataxie und Intentionstremor sind schwerwiegende Klagen, die vor allem Herden im Kleinhirn zugeschrieben werden müssen. Der Intentionstremor kann Kopf und Gliedmaßen betreffen und kommt sowohl einseitig als beidseitig vor (Wackeltremor, Haltetremor).

Hirnstammsymptome
Eine große Gruppe wechselnder Störungen wird durch Herde im Hirnstamm verursacht. Nystagmus in vielerlei Formen (vertikal, horizontal u.a.) ist häufig.
Störungen einer oder mehrerer Hirnnerven (besonders eine Abduzensparese) kommen vielfach vor. Eine charakteristische Störung ist die Dysarthrie, die zur skandierenden Sprache führt.
Wörter und Sätze werden langsam und schlecht artikuliert ausgesprochen. Das führt zu einer holprigen Aussprache von kurzen Bruchstücken von Sätzen. (Zum Teil wohl auch zerebellären Ursprungs.)

Sehstörungen, Hörstörungen
Eine Neuritis retrobulbaris ist nicht nur häufig, sondern sogar meistens eines der frühesten Symptome. Der einseitigen Sehkraftverminderung können Schmerzen in der Augengegend vorausgehen. Nach zwei oder drei Monaten kommt es zu einer manchmal vollständigen Wiederherstellung des Sehvermögens.
Eine Neuritis optici kann aber auch durch andere Ursachen entstehen. Im Augenhintergrund findet sich eine oft temporal betonte Blässe der Papillen als Restsymptom.
Gelegentlich kommt es im Verlauf vieler Jahre auch zur Ertaubung. Eine Störung im Bereich des optischen Systems lässt sich oft durch eine Untersuchung der visuellen evozierten Potentiale nachweisen.
Morphologische Ausfälle betreffen u.a. das papillomakuläre Bündel des Nervus opticus.

Sensible Störungen
Diese haben einen stark wechselnden Charakter. Störungen sowohl der epikritischen als auch der protopathischen Sensibilität und Paraesthesien werden beschrieben. Vollständige Sensibilitätsausfälle sind selten. Im Trigeminusbereich können diese Störungen mit kurzdauernden Schmerzen verbunden sein.

Euphorie
Die auftretende Euphorie wird manchmal von Verstimmungszuständen (Dysphorie) unterbrochen, Intelligenzdefekte (Demenz) können deutlich werden.

Liquorveränderungen
Bei einem hohen Prozentsatz der Kranken mit Multiple Sklerose werden Liquorveränderungen gefunden. Es kommt zu einer Lymphozytose (25–300 Zellen im mm^3), zu einer geringen Eiweißvermehrung und zu tiefen Ausfällen in den Kolloidkurven (z.B. Normomastixkurve). Die Kombination von nur leichter Eiweißvermehrung und schweren Kolloidkurvenänderungen wird albuminokolloidale Dissoziation genannt. Erhöhung der Immun-Gamma-Globuline und Auftreten oligoklonaler Banden. Es finden sich „immunkompetente" Zellen.
Das akute Stadium dieser Erkrankung kann wenige Stunden bis Wochen dauern. Dann bleiben die Symptome etwa drei bis sieben Wochen bestehen.
In der Zeit von der achten bis zur sechzehnten Woche schreitet dann die Erkrankung weiter fort oder es kommt zu einer weitgehenden Wiederherstellung.
Das klassische Krankheitsbild wird durch die Charcot'sche Trias gekennzeichnet:
- die skandierende Sprache,
- den Intentionstremor
- sowie einen Rucknystagmus.

Schon relativ früh im Laufe der MS lässt sich eine Atrophie des Corpus callosum (Pfeil) beobachten. Diese Patienten zeigen häufiger Anzeichen einer gestörten interhemisphärischen Kommunikation in Form von Leistungsbeeinträchtigungen in laterisalisierten Aufgaben.

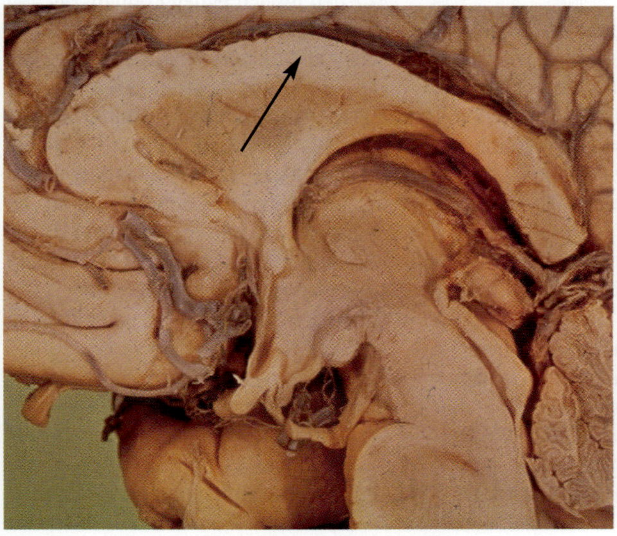

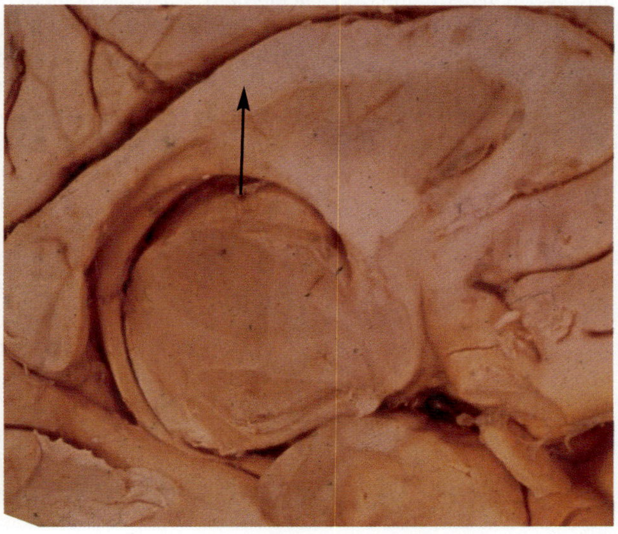

Wichtige Fragen und Antworten zur Multiplen Sklerose

Was findet der Arzt makroskopisch und mikroskopisch?

Makroskopisch findet man an vielen Stellen, vor allem in der Pons, gräuliche Flecken. Die Nervenfasern haben hier ihre Markscheide verloren, der Achsenzylinder bleibt zunächst erhalten.
Auf die Demyelinisation folgt eine Proliferation des Gliagewebes. Man findet gewisse Beziehungen zum Gefäßsystem; perivaskuläre Infiltrate, bestehend aus Lymphozyten und Plasmazellen, sind immer wieder zu beobachten. Die Glia formt eine Art von Narbengewebe. Das Vollbild der Encephalomyelitis disseminata ist das Ergebnis einer Summation von wiederholten Schüben. Immer wieder kommt es zum Auftreten von neuen Herden, jeder der vorangegangenen Schübe hinterlässt gewisse Resterscheinungen. Das erklärt die vielfältige Symptomatik und den Verlauf der Erkrankung, die im Übrigen immer wieder eine gewisse Bevorzugung bestimmter Gegenden zeigt, so etwa der weißen Substanz des Rückenmarks, des Hirnstammes, des Großhirns – vor allem um die Ventrikel herum – und der Nervi.optici. Viele dieser Herde lassen sich vor allem mit der Kernspintomographie gut darstellen.

Wie verläuft Multiple Sklerose?

Die Erkrankung beginnt vielfach zwischen dem 15. und 30. Lebensjahr, sie kann jedoch auch erst zwischen dem 40. und 50. Lebensjahr erstmals auftreten. Frauen sind bevorzugt betroffen (Verhältnis 12:10 bis 2:1).
Hinsichtlich ihres Verlaufs ist einer der charakteristischen Aspekte der Multiplen Sklerose die Variabilität der Symptome, die Schwankung ihrer Intensität sowie ihre Rückbildung und ihr plötzliches Wiederauftreten. Die Krankheit kann mit einer mehr oder weniger typischen Symptomatik oder einzelnen Beschwerden beginnen, die sich akut manifestieren und nach wenigen Tagen abklingen und verschwinden. Erst später, manchmal erst nach Jahren, treten sie erneut auf oder werden durch andere Symptome ersetzt, bis das klinische Krankheitsbild alle jene Charakteristika aufweist, die eine Diagnose ermöglichen.

Was sind Merkmale der motorischen Störungen?

Motorische Ausfälle werden durch Plaques in den kortikospinalen Bahnen verursacht. Die Störungen beginnen schleichend, sind asymmetrisch lokalisiert und betreffen in der Hälfte der Fälle meistens zunächst nur eines der Beine.
Nach Ablauf einer bestimmten Zeit entwickelt sich eine spastische Parese beider Beine; die gleichen Störungen können, meist in geringerem Maße, in den Armen nachfolgen.
Es liegt keine Muskelatrophie vor; jedoch sind die pathologischen Reflexe (Pyramidenzeichen) nachweisbar. Das Babinski'sche Zeichen und verwandte Phänomene sind oft auslösbar.

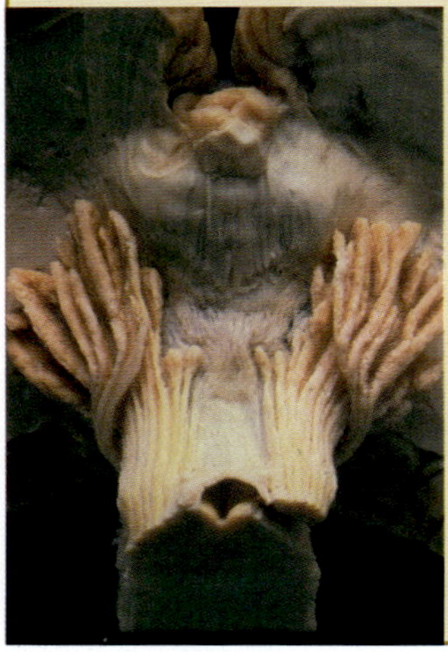

Was sind Merkmale der zerebellaren Störungen?

Gangataxie und Intentionstremor sind schwerwiegende Klagen, die vor allem Herden im Kleinhirn zugeschrieben werden müssen.
Der Intentionstremor kann Kopf und Gliedmaßen betreffen und kommt sowohl einseitig als beidseitig vor (Wackeltremor, Haltetremor).

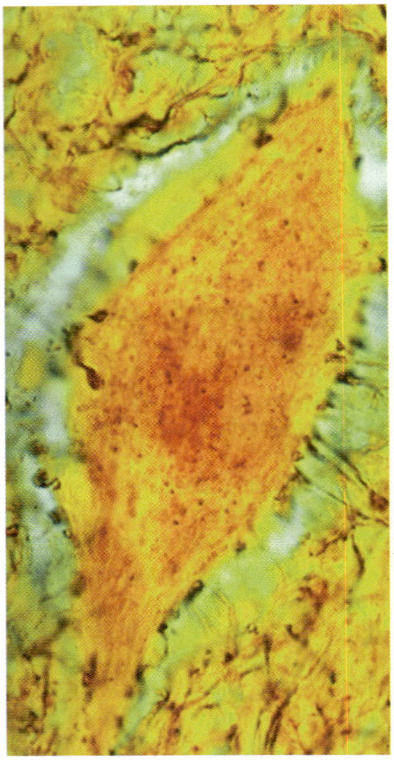

Zerebelläre Degeneration von Nervenzellen.

Man sieht aber auch chronisch fortschreitende Verläufe.

Prognose

Sie ist im Allgemeinen umso schlechter, je jünger der Kranke ist. Es gibt sehr selten akute Formen, die in einigen Wochen tödlich enden können. Bei den meisten Fällen sieht man allerdings viele Jahre hindurch nur leichte Zeichen. Die mittlere Verlaufsdauer der Enzephalomyelitis disseminata liegt zwischen 15 und 30 Jahren.
Die Hälfte der Kranken bleibt etwa acht bis fünfzehn Jahre lang gehfähig, ist aber etwa die halbe Zeit bis ein Drittel der Zeit arbeitsunfähig. Die mittlere Lebenserwartung nach dem 15. Lebensjahr ist um rund zwanzig Jahre verkürzt.
Gefährlich sind vor allem die Komplikationen:
- Zystopyelitis, Schrumpfniere und
- Dekubitus mit späterer Dekubitalsepsis.

Hier kann man aber mit vorbeugenden Maßnahmen und Antibiotika Wesentliches erreichen.

Rehabilitationszentrum für Patienten mit Multipler Sklerose

Basistherapie

Bei der schubförmig verlaufenden Autoimmunkrankheit MS ist eine immunmodulatorische Behandlung unverzichtbar. Sie bekämpft nicht nur die Symptome, sondern auch die Ursachen der Erkrankung.

In Deutschland richten sich die meisten Ärzte nach den Empfehlungen der MS-Therapie-Konsensus-Gruppe (MSTKG). Die Leitlinien sehen vor, akute Schübe der MS mit Kortison zu behandeln. Zusätzlich wird eine langfristige immunmodulatorische Basistherapie empfohlen. Sie sollte möglichst früh beginnen. Immunmodulatoren beeinflussen das Entzündungsgeschehen günstig, während immunsuppressive Substanzen das Immunsystem insgesamt dämpfen. Zur immunmodulatorische Basistherapie gehören Interferon-beta oder Glatirameracetat, die auf ganz unterschiedliche Weise im Körper wirkren:

- Es reduziert die Aktivierung der angreifgenden T-Zellen und ihre Vermehrung.
- Es vermindert die Ausschüttung von entzündungsauslösenden Botenstoffe im Blut und im Zentralnervensystem (ZNS).
- Es hindert die Entzündungszellen daran, die Blut-Hirn-Schranke zu überwinden und in das ZNS zu wandern.
- Es verringert die Anzahl der Immunzellen im ZNS.

Interferon-beta hat den Vorteil, dass es auf mehrere Arten an verschiedenen Stellen gleichzeitig in das Entzündungsgeschehen eingreift. So kann es das ZNS der Patienten wirkungsvoll von weiteren Schäden schützen. Das ist von Anfang an wichtig. Denn wenn die Entzündungszellen des Immunsystems die Myelinhülle der Nervenfaser so weit zerstört haben, dass eine Reparatur nicht mehr möglich ist, nimmt auch die Nervensubstanz selbst Schaden.

Dann ist diese Nervenfaser unwiederbringlich zerstört. Ziel muss es also sein, Anzahl und Größe der Entzündungsherde möglichst klein zu halten, um das Fortschreiten der MS mit weiteren Schüben und bleibenden Behinderungen zu bremsen.

Je seltener und je kleiner die anfänglichen Schädigungen im Gehirn sind und je langsamer sich die Behinderung in den ersten fünf Jahren verschlechtert, desto besser ist die langfristige Prognose. Die Wirksamkeit der Behandlung mit Interferon-beta zeigt sich in den drei Schlüsselbereichen der MS:

- Die Ausbreitung der Nervenschäden im Gehirn wird gebremst.
- Die Anzahl und Schwere der Schübe verringert sich und die Abstände dazwischen werden größer.
- Das Fortschreiten der Behinderung wird verzögert.

Muskelerkrankungen

Unter einer Myopathie (Muskelkrankheit) versteht man eine Erkrankung oder ein Syndrom, dessen Symptome durch anatomische, biochemische und neurophysiologisch nachweisbare Veränderungen an den Muskelfasern oder im interstitiellen Bindegewebe der quergestreiften Muskulatur verursacht werden.
Die Symptome sind also nicht die Folge einer Funktionsstörung des peripheren oder zentralen Nervensystems.
Muskelerkrankungen sind relativ selten. In Deutschland mögen etwa 35.000 Kranke mit Muskeldystrophien, 4500 mit Myasthenien, 5000 mit dystrophischer Myotonie und 350 mit Myotonie leben.
Inzwischen sind über 250 verschiedene Muskelerkrankungen bekannt geworden Die exakte Diagnostik ist schwierig und bedarf des Einsatzes einer Gruppe von Spezialisten. Sie hat erbbiologische, therapeutische und soziale Konsequenzen. Zweckmäßigerweise wird die endgültige Diagnose in speziellen Zentren gestellt, an denen multidisziplinäre Arbeitsgruppen bestehen.

Myoblastoma; benigner Tumor aus großen myoblastenähnlichen, glykogen- und lipoidreichen granulierten Zellen, die von der quergestreiften Muskulatur oder vom Nervengewebe ausgehen.

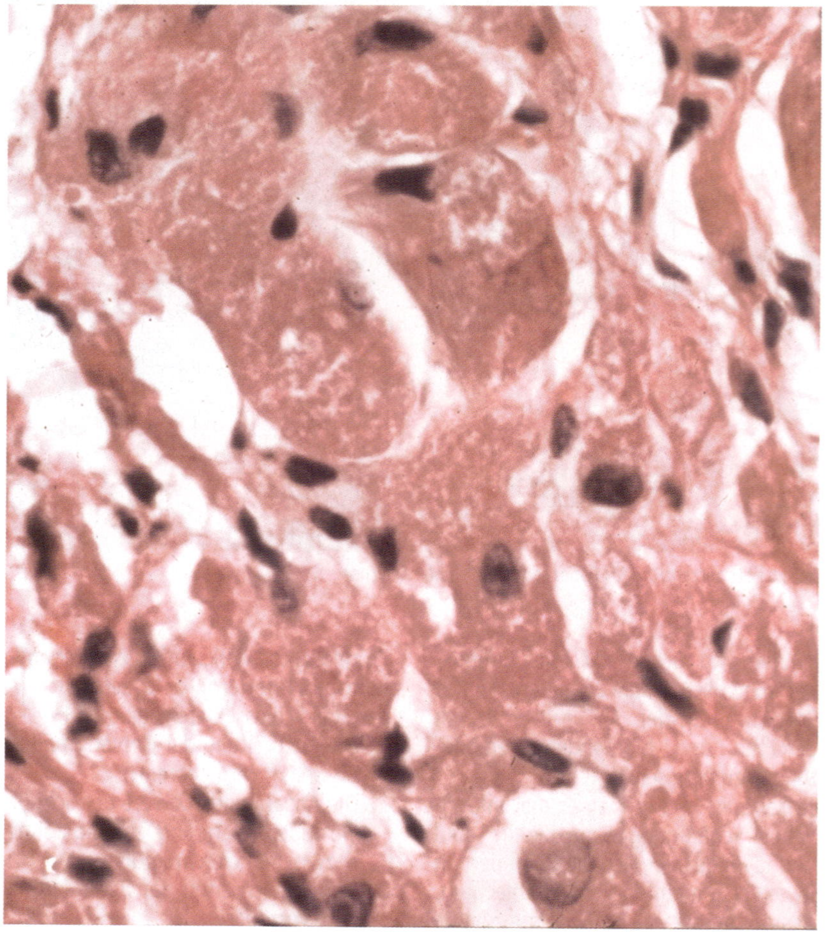

Einteilung

Muskelerkrankungen kann man unterteilen in:
- Progressive Muskeldystrophien
- Myotonien
- Myasthenie-Syndrome
- Myositis-Polymyositis
- Stoffwechselmyopathien
- endokrinbedingte Myopathien
- kongenitale Myopathien

Bei Tetanus und Tetanie handelt es sich nicht um echte Myopathien; aber diese Erkrankungen werden hier erwähnt, da sie sich in abnormen Muskelverkrampfungen äußern, obwohl die eigentliche Störung im peripheren motorischen Neuron lokalisiert ist.
Viele neue Untersuchungsmethoden des Muskelsystems haben in den letzten Jahren Eingang in die Klinik genommen. Die Muskelbiopsie gibt dem Neurologen Gelegenheit, auch biochemische und submikroskopische Veränderungen der Muskulatur zu untersuchen. Da viele Erkrankungen des Muskelsystems erblich sind, hat auch die moderne Genetik wichtige Beiträge zur Diagnostik der Myopathien erbringen können.

Progressive Muskeldystrophien

Über die allgemeinen Symptome von Myopathien hinaus haben die Muskeldystrophien eine Reihe von Merkmalen gemeinsam, deren wichtigstes die fortschreitende Degeneration einzelner Muskelfasern ist.
Im histologischen Querschnittsbild des betroffenen Muskels findet man ein willkürliches Nebeneinander an hypertrophischen Fasern, normalen Fasern, Muskelfasern, die im Zerfall begriffen sind, und Resten von untergegangenen Muskelfasern mit erhaltenen Kernen. Zwischen den Muskelfasern liegt relativ viel Fettgewebe. Die zerfallenden

Muskelfasern sind durch die Einwanderung von Kernen zwischen die Myofibrillen gekennzeichnet. Einzelne Muskeln sind nahezu vollständig zu Fettgewebe umgebaut. Die proximalen Muskeln der Arme und Beine sind anfangs stärker betroffen als die distalen. Im späteren Verlauf bleibt kaum ein Muskel ausgespart. Selten sind die distalen Muskeldystrophien in einzelnen Sippen.

Man kennt eine Anzahl von Unterformen, die durch das Lebensalter des Auftretens, den Vererbungstyp und das Verteilungsmuster an der Körpermuskulatur unterschieden werden können.

Die wichtigsten Unterformen sind:
- die pseudohypertrophische Beckengürtelform;
- die Schultergürtelform.

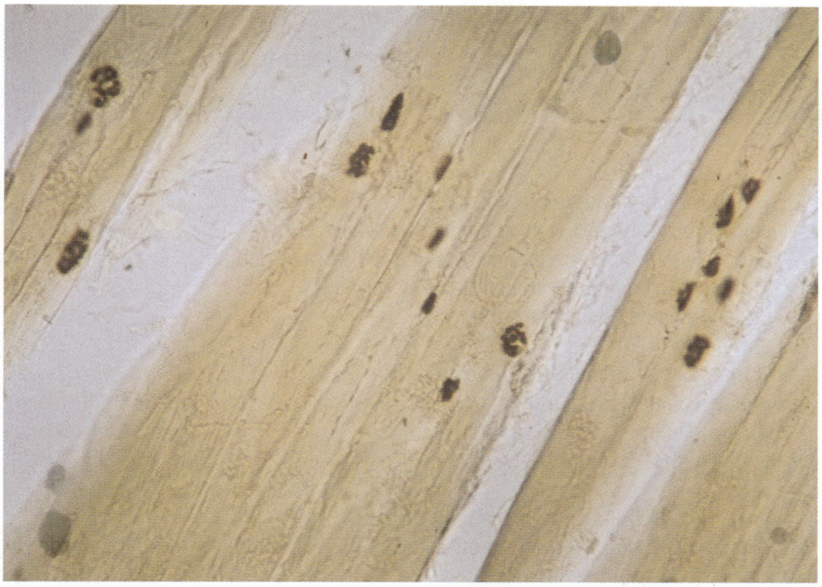

Mikroskopische Aufnahme von Acetylcholinesterase; Enzym, das spezifisch die sehr schnelle Hydrolyse von Acetylcholin in das viel weniger wirksame Cholin und Acetat katalysiert

Pseudohypertrophische Beckengürtelform (Typ Duchenne)

Hier handelt es sich um eine relativ häufig vorkommende X-chromosomale (geschlechtsgebundene) rezessiv erbliche Erkrankung, die im Kindesalter auftritt. Sie betrifft nur Knaben. Im Vordergrund steht eine zunehmende Atrophie und Schwäche der Beckengürtelmuskeln. Die Erkrankung schreitet schnell fort.

Symptome

Betroffen ist vor allem die rumpfnahe Muskulatur. Die distalen Muskeln sowie die Schultergürtel- und Halsmuskeln werden erst im späteren Verlauf in den Krankheitsprozess einbezogen.

Zugrunde liegt ein völliger Mangel – oder doch eine hochgradige Verminderung der Substanz Dystrophin.

- Aufgrund des zunehmenden Verlusts der groben Kraft können die Patienten sich nur langsam bewegen, wobei sie ihre eigenen Knochen als Hebel benutzen. Beim Aufstehen aus sitzender Stellung klettern sie gewissermaßen an sich selbst hoch (Gowers'sches Zeichen).
- Die Schwäche der Beckenmuskulatur führt zu einem watschelnden Gang (Entengang). Beim Stehen auf einem Bein sinkt das Becken zur ungestützten Seite hin ab (Trendelenburg'sches Zeichen positiv).
- Die Schwäche der Rumpfmuskulatur führt zu einer erheblichen Lordose.
- Schreitet die Erkrankung nach oben fort, so kann die Scapula nicht mehr am Rumpf fixiert werden: Scapula alata.
- Einige dystrophische Muskeln werden durch erhebliche Fetteinlagerung pseudohypertrophisch, vor allem die Wadenmuskeln („Gnomenwaden").

Schultergürtelform (Typ Erb, Typ Landouzy-Déjérine)

Die beim männlichen und weiblichen Geschlecht annähernd gleich häufige Schultergürtelform ist dominant vererblich. Sie beginnt um die Pubertät herum und später. Betroffen sind vorwiegend der Musculus trapezius, Musculus serratus anterior, die Musculi rhomboidei, der Musculus pectoralis major sowie der Musculus latissimus dorsi.

Die übrigen Schulter- und Oberarmmuskeln sowie die Gesichtsmuskulatur werden nach einiger Zeit auch in den Krankheitsprozess einbezogen. Erst recht spät schreitet die Erkrankung auf andere Muskelgruppen fort. Die Erkrankung beginnt oft unbemerkt und dauert jahrzehntelang. Neben diesen beiden Hauptformen kennt man relativ gutartige autosomalrezessiv erbliche sogenannte Gliedgürtelformen, die um die Pubertät herum, aber auch noch bis ins mittlere Lebensalter hinein, auftreten können.

Diagnose

Es liegt eine fast symmetrisch auftretende Muskelschwäche bei lang erhaltenen Sehnenreflexen, ungestörter Sensibilität und normalem Verhalten bei elektrischer Reizung (keine Entartungsreaktion, Rheobase und Chronaxie ungestört, Nervenleitgeschwindigkeit nicht beeinträchtigt) vor. Im EMG sieht man kleine und niedrige Potenziale. Bei schneller fortschreitenden Formen findet man im Serum gewisse Enzyme (vor allem die Kreatinphosphokinase = CPK) erhöht.

Im Urin wird vermehrt Kreatin, vermindert Kreatinin ausgeschieden. Eine letzte Sicherung der Diagnose erlauben der bioptische Befund und die biochemische Untersuchung des entnommenen Muskelstücks.

Prognose und Therapie

Eine kausale medikamentöse Therapie dieser Erbleiden ist nicht bekannt. Die immer wieder diskutierten und versuchten Kuren mit verschiedenen Medikamenten lassen sich nicht aus-

Wichtige Fragen und Antworten zu Muskelerkrankungen

Wie entstehen Muskelkrämpfe?
Ursachen für einen Muskelkrampf sind:
- verminderte Durchblutung in kleinen Muskelbereichen;
- durch Nerven hervorgerufene Erhöhung der Muskelspannung;
- Stoffwechselveränderungen in den Muskelzellen;
- ungenügende Flüssigkeitszufuhr;
- abführende Mittel;
- starke schweißtreibende Betätigung;
- unausgewogene Ernährung;
- Überanstrengung der Muskeln;
- ungeeignetes Schuhwerk.

Wie wird der Muskelkrampf behandelt?
Muskelkrämpfe sind normalerweise harmlos und können verhindert werden, wenn einige Regeln befolgt werden:
- Es sollte auf eine ausgewogene Ernährung geachtet werden, damit der Körper ausreichend mit Mineralstoffen versorgt wird.
- Regelmäßige Bewegung trainiert die Muskeln. Aber es sollten nie die Warnsignale des Körpers überhört werden. Bei jedem Training werden Muskelfasern verletzt. Werden die Muskeln durch exzessives Training überbeansprucht, ist es klar, dass sie anschließend schmerzen.
- Muskelkrämpfe sprechen meist gut auf Wärme an. Ein warmes Bad oder ein Saunabesuch kann die Schmerzen stark lindern.
- Ruhepausen sind für krampfende Muskeln wichtig. Auf keinen Fall sollten schmerzende Muskeln weiter schwer beansprucht werden, da die Regeneration von verletzten Muskelfasern im Durchschnitt 48 Stunden dauert.
- Massagen bringen erfahrungsgemäß Linderung bei Muskelkrämpfen oder Zerrungen. Die zu massierenden Muskelbereiche sollten vorher durch eine Infrarotlampe erwärmt werden.

Was hilft bei einem Wadenkrampf?
Bei einem Wadenkrampf können folgende Übungen helfen:

- Stellen Sie sich 0,5–1 m von einer Wand entfernt auf. Beugen Sie sich nach vorne, aber nur so weit, dass die Stirn die Wand nicht berührt. Die Füße bleiben fest auf den Boden gedrückt. Nun zirka 30 Sekunden halten und ausschütteln. Wiederholen Sie diese Übung mehrmals.

- Setzen Sie sich auf den Boden und strecken Sie die Beine von sich. Berühren Sie mit den Händen Ihre Zehen und halten Sie diese Stellung 30 Sekunden ein. Mehrmals wiederholen.

- Massieren Sie den krampfenden Muskel in Herzrichtung.

Wenn Muskelkrämpfe häufig ohne ersichtlichen Grund auftreten, sollte ein Arzt aufgesucht werden.

reichend begründen. Wesentlich ist die krankengymnastische Behandlung (isometrische Muskelübungen): Sie sollte zu einer Hypertrophie der erhaltenen Muskeln beitragen, den Kranken mit den verbliebenen Muskeln beweglich halten und Folgeschäden (Kontrakturen u. a.) vermeiden helfen. Gezielte orthopädische Maßnahmen können die krankengymnastischen Bemühungen wesentlich fördern.
Die kindliche Beckengürtelform hat einen ausgesprochen bösartigen Verlauf: Die Kranken erliegen meist Komplikationen (Bronchopneumonie) vor Ende der Pubertät. Die anderen Unterformen der Muskeldystrophie dauern jahrzehntelang und lassen zumeist nur ein sehr langsames Fortschreiten erkennen.

Myotone Syndrome

Die hier zusammengefassten Erkrankungen werden durch das Phänomen der Myotonie gekennzeichnet. Dabei handelt es sich um eine erhöhte Erregbarkeit der quergestreiften Muskeln.
Diese kommen nach bestimmten Bewegungen durch Nachkontraktionen nicht zur Entspannung und es bedarf wiederholter Versuche, bis sie erschlaffen. Die Kranken kommen nur mit Mühe in Gang.
Es handelt sich um erbliche Erkrankungen, wobei es sich meist um eine autosomaldominante Erblichkeit handelt. Rund 50 Prozent der Kinder von Kranken haben die gleichen Symptome.
Im Allgemeinen lässt sich von der Geburt an eine Verspannung der Muskulatur nachweisen. Die Myotonie-Syndrome können als genaues Gegenteil der Myasthenie-Syndrome angesehen werden, bei denen eine abnorme Ermüdbarkeit der Muskeln vorliegt.
Chinin beeinflusst die Myotonie günstig und verschlechtert die Myasthenie; Prostigmin verstärkt die Myotonie, hebt aber vorübergehend die Myasthenie auf. Die wichtigsten Erkrankungen sind:
- die Myotonia congenita (Thomsen'sche Krankheit);
- die dystrophische Myotonie (Curschmann-Steinert).

Myotonia congenita

Die Erkrankung zeigt sich bereits in der Kindheit. Wird ein ruhender Muskel bewegt, so tritt eine Nachkontraktion ein. Die Kranken können die Augen nicht schnell öffnen und schließen. Bei Beklopfen des Muskels, vor allem auch der Zunge, kommt es zur tonischen Nachkontraktion.
Diese macht sich in Form eines Wulstes oder einer Delle bemerkbar. Der Kranke kann die einmal geschlossene Hand nicht öffnen. Bei der elektrischen Untersuchung der Muskeln zeigen sich myotone Entladungen, die spontan und bei willentlicher Anspannung auftreten.
Die Erscheinungen verstärken sich in Kälte, bei Emotionen und nach längerer Ruhe, sie werden geringer nach Einnahme von Alkohol. Es kommt nicht zu einer Muskelatrophie; die Kranken haben im Gegenteil einen athletischen Körperbau mit einer Muskelhypertrophie (Herkulesgestalt).
Die Prognose ist nicht ungünstig: Eine deutliche Verkürzung der Lebensdauer ist nicht erkennbar und manchmal lassen die Symptome im mittleren Alter nach. Abgesehen von rein körperlichen Arbeiten bleiben die Betroffenen arbeitsfähig.

Dystrophische Myotonie

Dieses dominant erbliche Krankheitsbild betrifft stets mehrere Angehörige einer Familie. Die Erkrankung beginnt in der Pubertät oder im mittleren Lebensalter und kann zu einer gewissen Verkürzung der Lebensdauer führen.
Typisch ist die Kombination einer Myotonie mit den Zeichen einer Muskeldystrophie.
Die dystrophischen Zeichen sind am deutlichsten im Gesicht und am Hals, wobei besonders der Musculus sternocleidomastoideus betroffen ist; man findet sie weiter an Unterarmen und Händen, dagegen nur in geringerem Maße an Rumpf und Beinen.
Das vollständige Krankheitsbild mit schlaff atrophischen Muskeln entwickelt sich im Laufe von Jahren. Das Gesicht ist dabei ausdruckslos (myopathisches Maskengesicht), der Kranke macht einen hinfälligen Eindruck (Elendsgestalt). Die myotonischen Symptome treten oftmals ganz zurück.

Weitere typische Erscheinungen sind:

- das Auftreten von Katarakten an beiden Augen
- eine ausgeprägte Stirnglatzenbildung
- eine Atrophie der Hoden bzw. Ovarien

Die Erkrankung ist bei Männern etwas häufiger als bei Frauen. Sie führt zur Invalidität. Nach 15 – 25 Jahren – vom Krankheitsbild an gerechnet – kommt es hier im Allgemeinen zur Invalidität. Die dystrophischen Veränderungen sind therapeutisch nicht beeinflussbar.

Myasthenien

Die Myasthenia gravis ist das bekannteste Beispiel dieser Krankheitsgruppe. Das Syndrom ist gekennzeichnet durch eine abnorme Ermüdbarkeit der Muskulatur, wobei sogar Lähmungen auftreten können.
Die Erkrankung verläuft chronisch, vielfach ist sie durch ein Kommen und Gehen von Symptomen gekennzeichnet. Im stark wechselnden Verlauf können mehrere weitgehende Remissionen auftreten; die Erkrankung kann auf eine bestimmte Gruppe von Muskeln beschränkt bleiben – vor allem handelt es sich um Muskeln des Kopfes.

Ätiologie

Bei dieser Erkrankung besteht eine Störung der Überleitung in die neuromuskulären Synapsen. Dafür spricht, dass ihre Symptome zeitweilig durch die Gabe von Prostigmin (Neostigmin) oder anderer Cholinesterasehemmer beseitigt werden können.
Ursache ist ein Autoimmunprozess, bei dem Antikörper gegen die Acetylcholinrezeptoren nachweisbar sind. Das Krankheitsbild kann in jedem Lebensjahr auftreten.
Die Erkrankung beginnt bei Frauen oft zwischen dem 20. und 30., bei Männern zwischen dem 40. und 60. Lebensjahr, doch kommt sie auch in der Kindheit und im Greisenalter zur Beobachtung.

Pathologische Anatomie

Pathologisch-anatomisch findet sich ein ziemlich wechselndes Bild. Nur

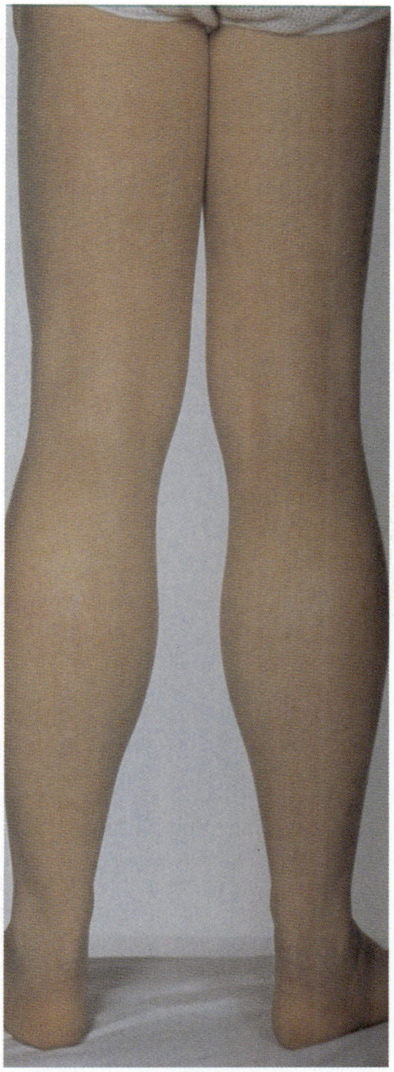

Duchenne-Aran-Krankheit; Form der spinalen Muskelatrophie

gelegentlich sieht man eine gewisse Muskelatrophie; etwas häufiger findet man erhebliche Lymphozyteninfiltrate in der Muskulatur.
Recht oft ist der Thymus vergrößert, vereinzelt handelt es sich um echte Thymustumoren, meist um eine Thymushyperplasie.

Symptome

Diese sieht man vor allem in der Gesichtsmuskulatur; die Ptosis eines Augenlides ist häufig das erste Symptom. Als Folge der Lähmung eines oder mehrerer Augenmuskeln kommt es zum Doppeltsehen (Diplopie). Letzteres

Wichtige Fragen und Antworten zu Muskelerkrankungen

Wann spricht man von einer Muskelzerrung?
Von einer Muskelzerrung spricht man, wenn einzelne Muskelfasern kleine Risse aufweisen. Ein Muskelfaserriss ist die komplette Durchtrennung einer oder mehrerer Muskelfasern. Ein vollständiger Riss eines Muskels kommt selten vor.

Wie entstehen Muskelrisse?
Muskelfaserrisse oder Muskelzerrungen entstehen entweder durch passive Gewalteinwirkung oder übermäßige Muskelbeanspruchung durch Sport (besonders Training mit Gewichten).

Wie äußern sich diese Verletzungen?
Diese Verletzungen äußern sich durch: Druckschmerz; Bluterguss; Schwellung; Funktionseinschränkung.

Wie wird eine Muskelzerrung behandelt?
Die Behandlung einer Muskelzerrung erfolgt durch Ruhigstellung des betroffenen Körperabschnitts, damit die Regeneration des Muskelgewebes erfolgen kann. Erfahrungsgemäß dauert die Heilung je nach Ausmaß zirka 4 Wochen.

Was kann man bei einem Muskelfaserriss tun?
Die erste Maßnahme bei einem Muskelfaserriss ist die Hochlagerung des betroffenen Organs. So kann das Blut gut abfließen und die Gefahr eines Blutergusses wird gering gehalten. Dann sollte 24 Stunden lang eine Kältebehandlung mit Eis oder kalten Umschlägen erfolgen, um die doch aufgetretene Schwellung zurückgehen zu lassen.
Erst wenn die Schwellung verschwunden ist, kann eine Wärmebehandlung mit warmen Bädern oder Saunabesuchen erfolgen. Zur Behandlung aufgetretener Blutergüsse können Wickelkuren mit Quark oder Schrot hilfreich sein. Ferner können Salben mit Heparin oder Blutegelextrakten helfen, die Blutergüsse schnell kurieren.

Wie lange braucht ein Muskelfaserriss um abzuheilen?
Ein Muskelfaserriss braucht zirka 6 Wochen um abzuheilen. Bis der Muskel jedoch wieder voll belastbar ist, können allerdings drei Monate vergehen. Komplizierte oder schwere Muskelrisse müssen manchmal operativ zusammengenäht werden. Bei Verdacht auf einen Muskelriss sollte daher der Arzt aufgesucht werden.
Stützstrümpfe oder Stützverbände können während des Heilungsprozeßs die Schmerzen verringern. Derartige Entlastungs- und Druckverbände sollten allerdings von einer gelernten Person angelegt werden.

Wie entsteht eine Muskelquetschung?
Durch Stoß, Schlag oder Druck können Quetschungen des Muskels (Prellung) entstehen, und aufgeplatzte Blutgefässe bewirken eine Einblutung in die Unterhaut, welche als blauer Fleck (Bluterguss) sichtbar wird. Der Bluterguss tritt häufig erst Tage nach der Verletzung auf.

zeigt sich vor allem bei Ermüdung. Auch die mimische Muskulatur ist betroffen. Der Patient kann Sprachstörungen (die Sprache ist tonlos und schlecht artikuliert), Störungen beim Essen (Schluckstörungen) und Kaustörungen (Verminderung der Kaukraft) angeben. In schweren Fällen sieht man auch eine Schwäche der Nackenmuskulatur, der Rumpf- und Extremitätenmuskeln; die Schwäche der Interkostalmuskeln kann zu Atemstörungen führen.
Kennzeichnend ist immer die abnorme Ermüdbarkeit: Die Muskelschwäche nimmt nach längerem Muskelgebrauch zu. Nicht selten sieht man – zumeist als Reaktion auf die stark wechselnden Symptome – psychische Auffälligkeiten.

Prognose
Die Krankheit verläuft ziemlich unterschiedlich. Wir sehen volle Remissionen, aber auch sehr ernste Zustandsbilder, bei denen der Kranke bettlägerig und weitgehend gelähmt ist.
Atemstörungen führen zu akuter Lebensgefahr; der Kranke muss dann künstlich beatmet werden. Viele Kranke können bei guter ärztlicher Führung und Medikation aber ein normales Leben führen.

Therapie
Zur Behandlung bieten sich Medikamente in Tablettenform an, die den Azetylcholinspiegel erhöhen, zum Beispiel Pyridostigmin oder Neostigmin. Verschlimmern sich die Symptome plötzlich, kann der Arzt die Dosis heraufsetzen. Wenn die Schwäche oder die Schluckstörungen morgens besonders schwer sind, kann man vor dem Zubettgehen länger wirksame Kapseln einnehmen. Pyridostigmin und Neostigmin verursachen häufig Bauchkrämpfe und Durchfall, sodass zusätzlich Medikamente gegen diese Nebenwirkungen eingenommen werden müssen.

Myositis-Polymyositis

Bei den Myositiden handelt es sich um eine Entzündung der Muskulatur. Bei

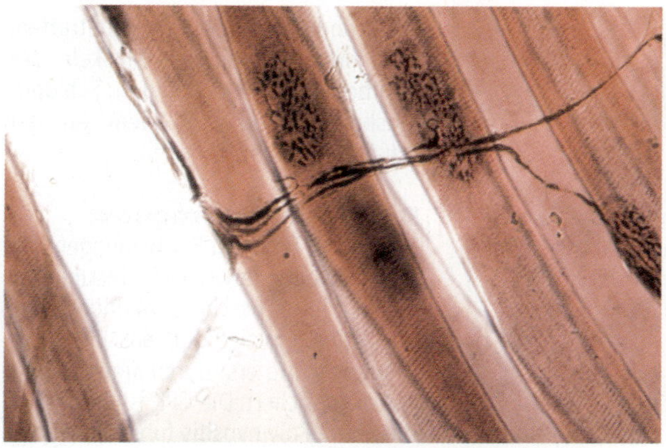

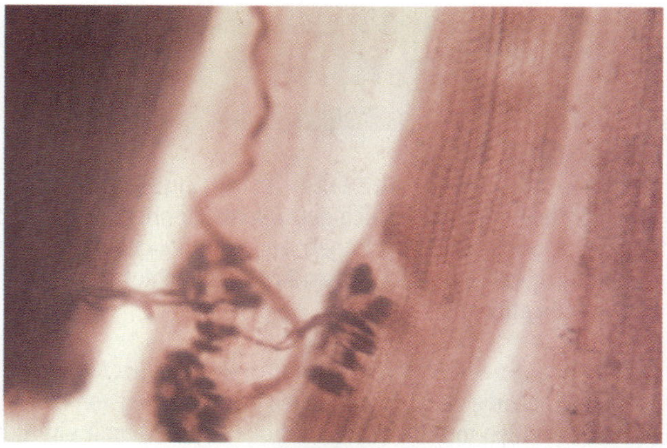

Einzelne Muskelfasern samt den feinen Verzweigungen des versorgenden Nervs. Motorische Endplatte; die Verbindung zwischen Nervenfasern und quergestreiften Muskelfasern.

manchen inneren Erkrankungen kann es zu einer Begleitmyositis kommen.

Myositis rheumatica

Hierunter werden sehr unterschiedliche Krankheitsbilder zusammengefasst. Erwähnenswert sind der sogenannte Hexenschuss und entsprechend auftretende Nackenschmerzen. Kennzeichnend ist, dass nur einige Muskeln betroffen sind. Wahrscheinlich spielen Veränderungen in den Kolloidsubstanzen der Muskeln, die dann verhärtet und druckempfindlich sind, eine Rolle.

Symptome

Die wichtigsten Symptome sind:

- Lokale Schmerzen; sie verstärken sich bei Bewegungen, nehmen aber bei Ruhe deutlich ab.
- Örtliche Muskelverspannungen, die wahrscheinlich reflektorisch zustande kommen.
- Verdickungen und Verhärtungen der Muskulatur (Myogelosen).
- Es kommt nicht zur Atrophie, die Muskeln befinden sich in einem guten Ernährungszustand.

Lokalisation

Bevorzugt betroffen sind:

- Der untere Teil des Nackens, wobei die Schmerzen in Schulter und Oberarm ausstrahlen.
- Die Gegend zwischen den Rippen und ganz allgemein am Brustkorb; hier kann der Schmerz zur Bauchwandmuskulatur übergreifen.
- Die untere Rückengegend; der Schmerz ist hier meist beidseitig und nur bei längerem Bestehen einseitig (Hexenschuss).

Therapie

Angewandt wird meist eine Palliativbehandlung: Bettruhe, Wärmeanwendungen (heiße Bäder haben oft eine gute Wirkung), medikamentös Salizylate, physiotherapeutische Maßnahmen.

Myositis ossificans

Diese Erkrankung kommt sowohl lokal als allgemein vor. Wie der Name andeutet, kommt es im Laufe dieser Krankheit zu einer Verknöcherung von bestimmten Muskeln oder Muskelteilen. Als Ursache werden örtliche Traumen und übermäßiger Muskelgebrauch (wie bei bestimmten Sportarten, etwa auch Tanzen) angeschuldigt. Es liegt ein charakteristischer pathologisch-anatomischer Befund vor: Muskelfasern und Periost sind vom Trauma betroffen. Es kommt zur Bindegewebs- und Knochenbildung. Die knöchernen Strukturen in den Muskeln lassen sich oft deutlich als dünne Linien auf Röntgenaufnahmen nachweisen.

Polymyositis

Betroffen sind mehrere Muskeln oder Muskelgruppen. Zwischen akut und chronisch verlaufenden Fällen gibt es alle Übergänge. Man findet sie idiopathisch und bei malignen Tumoren. Ein Autoimmunprozess ist anzunehmen.

Pathologisch-anatomisch sieht man eine Infiltration vorwiegend von Lymphozyten und eine Degeneration (mit Fragmentation) der Muskelfasern. An den untergehenden Muskelfasern kommt es zu einer lebhaften Phagozytose. Ist die Haut in den Prozess einbezogen – wie in vielen Fällen –, so spricht man von einer Dermatomyositis. Die Haut kann dabei gerötet und oedematös aussehen. Neben einer Zunahme des kollagenen Bindegewebes findet man häufig Infiltrate unter der Epidermis und rund um die Blutgefäße.
Bei chronischerem Verlauf sieht man Muskelfasern mit Vakuolen und einer größeren Anzahl von weitgehend geschrumpften Kernen. Das Bindegewebe ist vermehrt.

Symptome

Beim akuten Krankheitsbild findet man Fieber, eine Schwellung und Schmerzhaftigkeit der Muskulatur sowie ein Ödem des subkutanen Bindegewebes und der Haut oberhalb der erkrankten Muskeln.
Bei den erkrankten Muskeln sind die Eigenreflexe nicht mehr auslösbar. Klingt die Schwellung ab, sieht man schlaffatrophische Muskeln, die meistens infolge der Bindegewebsvermehrung etwas verkürzt sind. Bei der chronischen Form stehen mehr oder weniger ausgeprägte Paresen von schlaffatrophischen Muskeln im Vordergrund.
Die Polymyositis kann ganz wechselnd einmal mehr die Arm- und Beinmuskeln

Wichtige Fragen und Antworten zu Muskelerkrankungen

Was sind die Symptome einer Muskelquetschung?
Starke Prellungen im Bereich der Gelenke können Funktionsbeeinträchtigungen mit sich bringen. Verletzungen an empfindlichen Bereichen wie Kopf- oder Genitalgegend sollten von einem Arzt begutachtet werden, da hier Möglichkeiten zu Komplikationen besteht.

Wie wird eine Muskelquetschung behandelt?
Maßnahmen, die zu einem schnellen Verschwinden von Blutergüssen führen, sind:
- Gliedmaßen mit Blutergüssen hoch lagern, damit ein Blutabfluss erleichtert wird.
- In den ersten 24 Stunden den Bluterguss mit Kälte behandeln. Anschließend mit warmen Bädern Linderung schaffen.
- Quarkwickel: Eine 1 cm dicke Quarkschicht zu einem dicken Brei kochen, so heiß wie möglich auf die verletzte Stelle legen, umwickeln und mit Plastikfolie umwickeln.
- Medikamente: Salben, die Heparin oder Blutegelextrakte enthalten, können das Verschwinden von blauen Flecken unterstützen.

Wie entsteht eine Muskelentzündung?
Die Muskelentzündung oder Myositis ist eine selten auftretende Erkrankung. Wenn sie auftritt, manifestiert sie sich entweder im Kinderalter oder ab dem 50. Lebensjahr. Frauen sind zweimal so häufig betroffen wie Männer.

Was sind Ursachen einer Muskelentzündung?
Die Ursache der Krankheit ist noch nicht hinreichend geklärt. Man vermutet, dass Infektionen mit Bakterien oder Viren eine Rolle spielen. Ferner vermutet man, dass es durch immunologische Prozesse zu einer entzündlichen Selbstversorgung der Muskelzellen kommt.

Was sind Zeichen einer Muskelentzündung?
Die Krankheit beginnt immer schleichend. Zeichen einer Muskelentzündung bei Erwachsenen sind:
- Schmerzlose Schwächung der Hüftmuskulatur. Den Betroffenen fällt es schwer, sich aus der sitzenden Position aufzurichten. Auch das Treppensteigen ist erschwert.
- Schwächung der Nacken- und Schultermuskulatur sowie der Muskeln der Speiseröhre. Die Betroffenen klagen über Schluckbeschwerden.
- Bläulich-lilafarbene Verfärbung der Augenlider, die sich über die Nasenrücken und Wangen ausbreiten kann.
- Wasseransammlungen im Augen- und Mundbereich.
- Schuppige Hautveränderungen an Ellenbogen, Knie und Fingergelenke.
- Entzündungen der Lungen. Die Betroffenen klagen häufig über Reizhusten und Kurzatmigkeit.

– besonders rumpfnahe – betreffen. Man findet sie an den Muskeln des Kopfbereiches, so an der Schlundmuskulatur und vor allem an der Schultermuskulatur.

Diagnose und Prognose
Neben den örtlichen Erscheinungen fällt meistens eine gewisse Beschleunigung der Blutkörperchensenkung auf. Wichtige Hinweise gibt das EMG. Die Diagnose wird erst durch eine Muskelbiopsie gesichert. Die CPK ist erhöht.
Die akute Polymyositis führt manchmal in wenigen Monaten zum Tode. Bei den chronischen Formen, bei denen ziemlich viele Remissionen auftreten, ist in einer Anzahl von Jahren eine völlige Wiederherstellung möglich.

Therapie
Häufig hilft es, bei starker Entzündung die körperlichen Aktivitäten einzuschränken. Gewöhnlich wird hochdosiertes Prednison gegeben, durch das die Schwellungen und die Schmerzen langsam abklingen. Nach vier bis sechs Wochen, wenn der Muskelenzymspiegel wieder normal und die Muskelschwäche vergangen ist, wird die Dosis nach und nach verringert.
Die meisten Erwachsenen müssen jahrelang oder sogar ihr Leben lang geringe Mengen Prednison einnehmen, um Rückfälle zu verhindern.
Kinder können das Arzneimittel manchmal nach einem Jahr absetzen und bleiben symptomfrei. Gelegentlich ist Prednison nicht besonders wirksam oder verschlimmert die Erkrankung sogar noch. Dann werden zusätzlich oder statt des Kortisons Immunsuppressiva verabreicht. Wenn andere Arzneimittel nicht wirken, kann Gammaglobulin, das große Mengen vieler Antikörper enthält, gespritzt werden.
Tritt die Polymyositis in Verbindung mit Krebs auf, spricht sie die Prednison meist nicht gut an. Wird der Krebs erfolgreich behandelt, bessert sich gewöhnlich auch die Polymyositis.
Bei Erwachsenen mit einer schweren, fortschreitenden Form der Krankheit können Schluckbeschwerden, Mangelernährung, Lungenentzündung oder Ateminsuffizienz zum Tod führen.

Ursachen für Muskelschwäche

Hirnschäden
Beispiel
- Schlaganfall
- Tumor

Wichtigste Folgen
- Schwäche oder Lähmung auf der Körperseite, die der geschädigten Gehirnhälfte gegenüberliegt;
- Sprache, Schlucken, Persönlichkeit und Denkvermögen können beeinträchtigt sein.

Rückenmarkschäden
Beispiel
- Verletzungen im Nacken oder Rücken
- Rückenmarktumore
- Verengungen des Rückenmarkkanals
- Querschnittmyelitis

Wichtigste Folgen
- Schwäche oder Lähmung der Arme und Beine unterhalb der Schadenstelle;
- Zunehmender Verlust der Empfindung unterhalb der Schadenstelle;
- Rückenschmerzen;
- Darm, Blase und sexuelle Funktionen können gestört sein.

Degeneration von Nerven im Rückenmark
Beispiel
- Amyotrophische Lateralsklerose

Wichtigste Folgen
- Zunehmender Verlust von Muskelmasse;
- Verlust von Muskelkraft;
- Keine Empfindungsstörungen.

Schäden an Spinalwurzeln
Beispiel
- Bandscheibenvorfall im Nacken oder unteren Rückgrat

Wichtigste Folgen
- Nackenschmerzen;
- Schwäche und Taubheit in einem Arm;
- Schmerzen im unteren Rücken, die bis ins Bein schießen (Ischias);
- Schwäche in den Beinen.

Schäden an einem einzelnen Nerv (Mononeuropathie)
Beispiel
- Diabetische Neuropathie
- Wörtlicher Druck

Wichtigste Folgen
- Schwäche von Muskeln;
- Lähmung von Muskeln;
- Empfindungsstörungen in dem von dem verletzten Nerv versorgten Gebiet.

Schäden an mehreren Nerven (Polyneuropathie)
Beispiel
- Diabetes;
- Guillain-Barré-Syndrom;
- Folsäuremangel;
- Alkoholsucht;
- verschiedene Stoffwechselerkrankungen.

Wichtigste Folgen
- Schwäche von Muskeln;
- Lähmung von Muskeln;
- Empfindungsstörungen in den von den betroffenen Nerven versorgten Gebieten.

Elektrolytstörungen
Beispiel
- Zu wenig Kalium durch Diuretikaeinnahme

Wichtigste Folgen
- Muskelschwäche;
- Verstopfung.

Hormonstörung
Beispiel
- Zu hoher Kortisolspiegel durch Cushing-Erkrankung;
- zu hoher Schilddrüsenhormonspiegel bei Schilddrüsenüberfunktion.

Wichtigste Folgen
- Muskelschwäche.

Störung an den neuromuskulären Verbindungen
Beispiel
- Myasthenia gravis;
- Pfeilgifte (Curare);
- Lambert-Eaton-Syndrom;
- Insektizidevergiftung.

Wichtigste Folgen
- Lähmung vieler Muskeln;
- Schwäche vieler Muskeln.

Muskelerkrankung
Beispiel
- Duchenne-Muskeldystrophie;
- Infektionen oder Entzündungen;
- akute virale Myositis;
- Polymyositis.

Wichtigste Folgen
- Fortschreitende Muskelschwäche im ganzen Körper;
- Muskeln schmerzen oder sind empfindlich und schwach.

Psychische Störungen
Beispiel
- Depression;
- eingebildete Symptome;
- Hysterie (Konversionsreaktion);
- Fibromyalgie.

Wichtigste Folgen
- Klagen über körperliche Schwäche, Lähmung ohne Anzeichen für Nervenschäden.

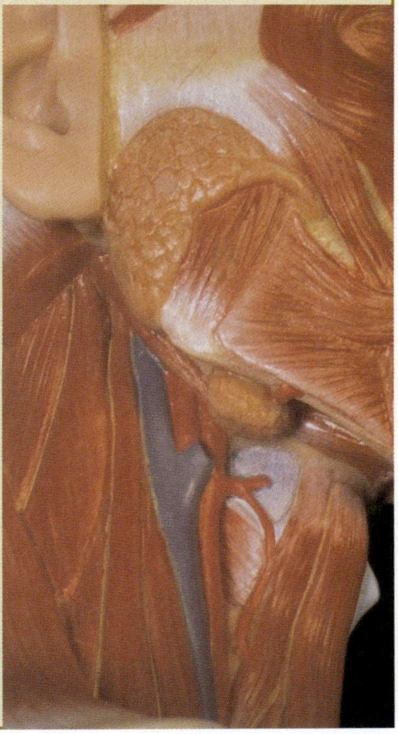

Nebenniere

Anatomische Aspekte

Nebennieren sind flache, unterschiedlich geformte Organe am oberen Pol der Nieren, meist eingebettet in deren Fettschicht. Die rechte Nebenniere ist dreieckig, die linke hat eher die Form eines Halbmonds. Bemerkenswert ist die außerordentlich gute Blutversorgung der Nebennieren.
Nicht weniger als drei Arterien führen sauerstoffreiches Blut zu. Die Nebennieren bestehen aus Rinde und Mark. Beide Bestandteile sind in Herkunft und Funktion so unterschiedlich, dass sie als verschiedene Organe aufgefasst werden müssen.

Nebennierenmark

Die Zellen des weichen dunklen Nebennierenmarks besitzen eine starke Verwandtschaft mit den Zellen des sympathischen Nervensystems. In den Markzellen werden die Hormone Adrenalin und Noradrenalin gebildet. Bei einer Reizung vom Rückenmark ausgehender Nervenfasern verstärkt sich die Ausschüttung der beiden Hormone beträchtlich. Adrenalin fördert den Abbau von Stärke zu Zucker (Glukose).
Dabei steigt der Blutzuckerspiegel und der Grundumsatz des Stoffwechsels erhöht sich. In dieser Hinsicht wirkt Adrenalin dem Insulin entgegen. Da die meisten Nerven über das Rückenmark laufen, muss eine Reizung, die zu einer Adrenalinausschüttung führt, nicht notwendigerweise vom Rückenmark ausgehen.
Eine Minderfunktion des Nebennierenmarks lässt sich leicht medikamentös behandeln. Problematischer ist eine Überfunktion, wie sie zB. durch einen Nebennierentumor (selten) hervorgerufen wird.
Die Folge ist ein starker Blutdruckanstieg, verbunden mit schweren Kopfschmerzen, Blässe, Herzklopfen und starken Schweißausbrüchen.
Durch hochdruckbedingte Gehirnblutungen führen die Anfälle manchmal zum Tod.
Soll dies verhütet werden, ist bei Auftreten der genannten Symptome eine chirurgische Entfernung der Nebennieren meist unumgänglich.

Computermodell der Bauchorgane; Topographie der Nebennieren am oberen Pol der Nieren.
1 - Nieren; 2 - Nebennieren; 3 - Aorta; 4 - Hohlvene (Vena cana inferior); 5 - Ureter; 6 - Leber; 7 - Milz.

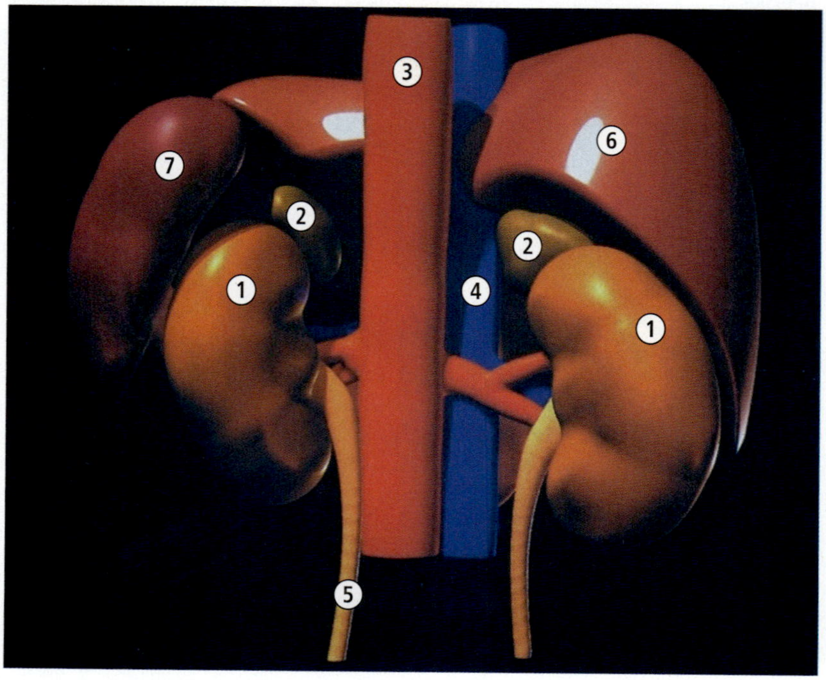

Nebennierenrinde

Durch ihren hohen Gehalt an Fettstoffen hat sie ein goldgelbes Äußeres. Die von der Nebennierenrinde erzeugten Hormone werden als Kortikosteroide bezeichnet.
Sie werden unterteilt in Mineralokortikosteroide (Hauptvertreter Aldosteron), Glukokortikoide (Hauptvertreter Kortisol) und Geschlechtshormone.
Sie spielen eine entscheidende Rolle bei der körpereigenen Abwehr gegen Infektionen, beim Zuckerstoffwechsel, beim Wasser- und Salzhaushalt und beim Wachstum und der Funktion der Geschlechtsorgane.
Die Funktion der Nebennierenrinde deutet sich darin an, dass bereits geringe Belastungen im Sinne von Anstrengung, Hunger oder Infektion zur Hypertrophie des Organs führen. Solche abwehrerregenden Reize werden alle unter der Bezeichnung „Stress" zusammengefasst. In sogenannten Stresssituationen haben die Nebennierenrindenhormone überragende Bedeutung.
Die Mineralokortikoide regeln den Salz- und Wasserhaushalt.
Zu ihnen gehört vor allem Aldosteron, das das Natrium-Kalium-Gleichgewichts unseres Körpers aufrecht hält und über dieses wesentlich auf das zirkulierende Flüssigkeitsvolumen Einfluss nimmt.

Glukokortikoide

Das wichtigste von der Nebennierenrinde gebildete Glukokortikoid ist das Kortisol. Neben einer Mineralokortikoidwirkung übt es seine Hauptwirkung auf den Eiweiß- und Kohlenhydratstoffwechsel aus (Glukogenablagerung in der Leber, Aufbau von Zuckern aus Eiweiß).
Hierbei ist noch nicht sicher, ob durch die Glukokortikoide der Eiweißabbau herabgesetzt (antianabole Wirkung) oder der Eiweißabbau gefördert wird (katabole Wirkung).
Bei erhöhter Glukokortikoidausscheidung durch die Nebennierenrinde oder Zufuhr von außen kann es zum sogenannten Cushing-Syndrom kommen, in dessen Verlauf unter anderem eine Atrophie der Knochenmatrix, eine sogenannte Osteoporose, beobachtet wird.
Neben der Glukokortikoidwirkung auf den Stoffwechsel ist die Wirkung bei Abwehrvorgängen von besonderer Bedeutung. Glukokortikoide hemmen das lymphoide Gewebe und vermindern die Durchlässigkeit der Kapillaren.
Diese Hemmung der Kapillarpermeabilität verhindert pathologische Flüssigkeits- und Elektrolytverschiebungen, wie sie bei Entzündungen und allergischen Reaktionen auftreten. Allerdings wird gleichzeitig der Abtransport eventueller Giftstoffe vom Ort der Entzündung verlangsamt.
Es kommt hinzu, dass mit den allgemeinen und lokalen Anwehrreaktionen auch die Antikörperbildung gehemmt ist. Dadurch kann eine Ausbreitung zunächst begrenzter Infektionen auf den Gesamtkörper begünstigt werden.
Dies ist wichtig, wenn die Glukokortikoide zum besseren Angehen von Transplantaten verabfolgt werden, da sie gleichzeitig auch die Infektionsabwehr erheblich stören.
Daher werden die operierten Empfänger in möglichst sterilen Räumen untergebracht.
Die Wirkung der Glukokortikoide wird damit erklärt, dass sie die Bildung von Antikörper blockieren und so der allgemeinen Abwehrreaktion entgegenwirken.

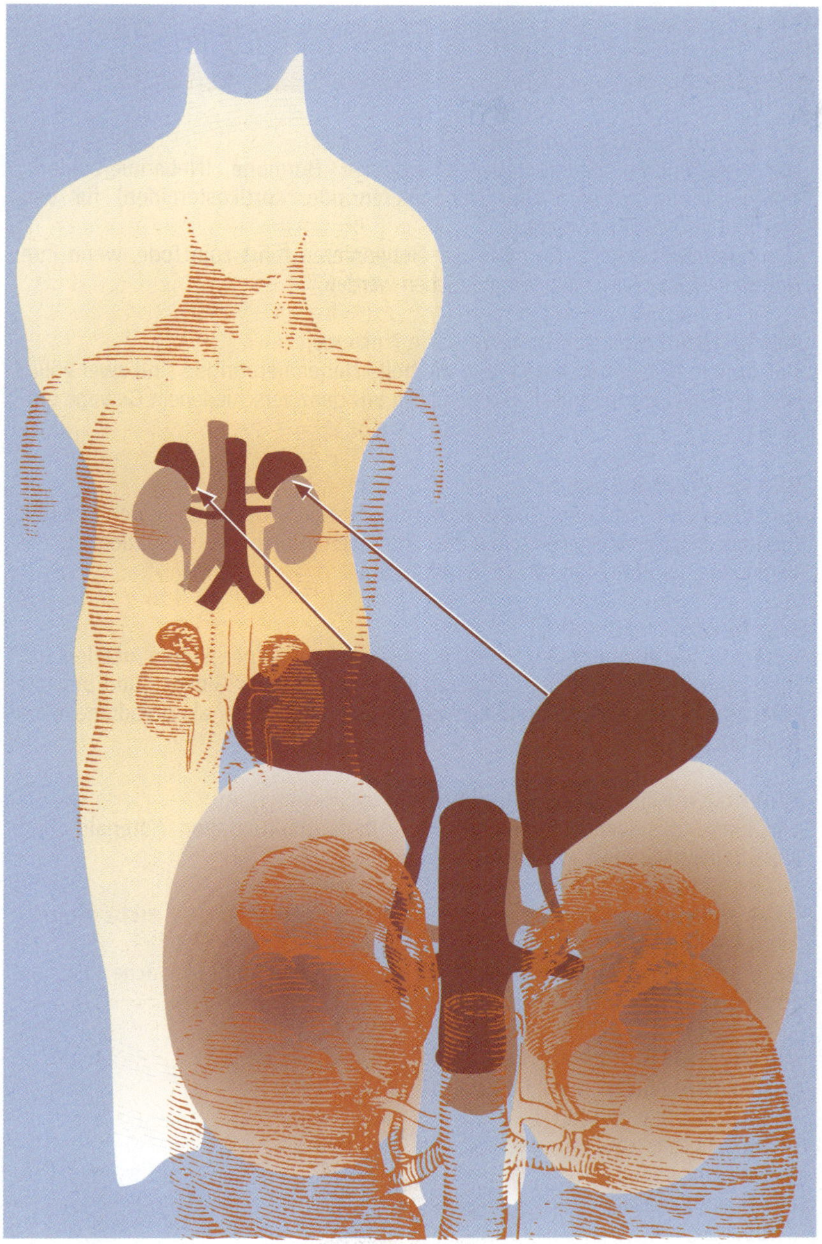

Topographie der Nebennieren am oberen Pol der Nieren

Cushing-Syndrom

Dieses Krankheitsbild ist durch eine vorwiegende Erhöhung von Kortisol im Plasma gekennzeichnet.
Ursachen dieser Krankheit können sein:

- Fehler im System der Releasinghormone des Gehirns.
- Störung der Regulation der Glukokortikoidkonzentration durch eine krankhaft erhöhte Konzentration von ACTH. Dies führt zu einer Vergrößerung der Nebennierenrinde und somit zu einer verstärkten Produktion des Kortisols.
- ACTH-produzierender Tumor im Gehirn: Dieser führt zu einer Vergrößerung der Nebennierenrinde und somit zu einem Anstieg der Kortisolkonzentration im Blut.
- Tumoren der Nebennierenrinde.

Wichtige Fragen und Antworten zur Nebenniere

Welche Bedeutung haben die Nebennieren?
Die Nebennieren bilden lebensnotwendige Hormone (Nebennierenmark: Adrenalin und Noradrenalin; Nebennierenrinde: Kortikosteroiden) für den Kreislauf und den Stoffwechsel.
Die Zerstörung oder Entfernung der Nebennieren führt zum Tode, wenn ihre Hormone nicht als Medikamente gegeben werden.

Aus welchen Anteilen bestehen die Nebennieren?
Das dunkle Nebennierenmark und die helle Nebennierenrinde sind zwei völlig verschiedene Hormondrüsen, die sich auch aus ganz verschiedenem Gewebe entwickeln.

Wie wirkt Noradrenalin?
Noradrenalin bewirkt eine Kontraktion der glatten Muskulatur in den Arterien (besonders in den kleinen Arterien oder Arteriolen). Durch die Kontraktion und die Verengung der Blutgefäße steigt der Blutdruck.

Was bewirkt Adrenalin?
Adrenalin beschleunigt den Herzschlag. Es verengt die peripheren Arterien und führt zum Blutdruckanstieg. Es verwandelt Glykogen in Glukose und bewirkt einen Blutzuckeranstieg. Adrenalin wirkt rascher, aber kürzer als Noradrenalin, es ist ein Notfallhormon.

Welche Krankheit des Nebennierenmarks kommt vor?
Ein Tumor des Nebennierenmarks mit Überproduktion von Adrenalin und Noradrenalin wird Phäochromozytom genannt.

Gibt es Krankheiten, bei denen die Nebennierenrinde nicht richtig arbeitet?
Bei der Addison-Krankheit liegt eine chronische Funktionsschwäche bzw. ein Funktionsausfall der Nebennierenrinde vor.

Welche Symptome ruft die Addison-Krankheit hervor?
Es kommt in zunehmendem Maße zu:
- leichter Ermüdbarkeit;
- Hinfälligkeit;
- Gewichtsverlust;
- Appetitmangel;
- Übelkeit;
- Erbrechen;
- seelischer Labilität.

Ferner tritt eine eigentümliche Verfärbung und Pigmentierung von Haut und Schleimhäuten auf.

Gibt es noch andere Krankheiten der Nebennierenrinde?
Ja, die Cushing-Krankheit. Dieses Krankheitsbild wird durch eine Überproduktion von Nebennierenrindenhormonen verursacht.

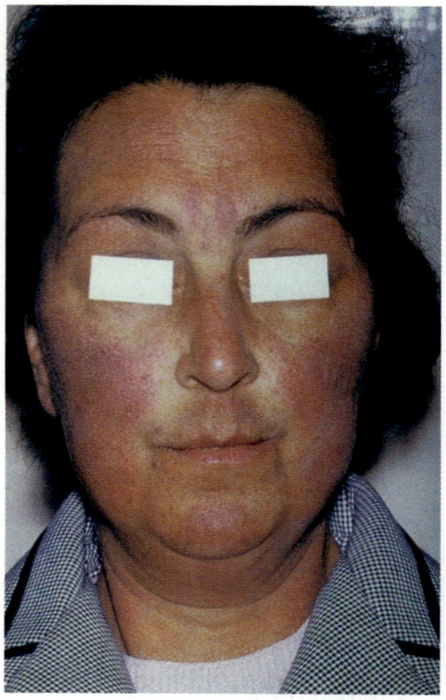

Cushing-Syndrom; durch Nebennierenrinde-Überfunktion hervorgerufene Erkrankung, die zahlreiche Beschwerden verursacht, zum Beispiel Vollmondgesicht, Stammfettsucht, Bluthochdruck, Leistungsminderung, Osteoporose, Impotenz. Das auffallendste Kennzeichen des Syndroms ist die strangartige oberflächliche, niemals tiefe und strikt einseitige Venenentzündung der Brustwand.

- Tumoren, die ACTH oder Kortisol produzieren (zum Beispiel Bronchialtumor).
- Überdosierung von Medikamenten, die Kortikosteroide enthalten (zum Beispiel Kortisonpräparate).

Das Cushing-Syndrom tritt bei Frauen etwa 4- bis 5-mal häufiger auf als bei Männern. Die Erkrankung tritt in den meisten Fällen zwischen dem 3. und 4. Lebensjahrzehnt auf.

Symptome

Das Beschwerdenbild setzt sich aus folgenden Symptomen zusammen:
- Vollmondgesicht;
- Fettleibigkeit (besonders betroffen hiervon ist der Körperrumpf);
- Stiernacken;
- verstärkter männlicher Behaarungstyp, der besonders bei Frauen auffällt (Hirsutismus);
- Bluthochdruck;
- rote Streifen auf der Haut;
- Knochenschwund;

- Muskelschwäche;
- Neigung zu Diabetes;
- bei Kindern Wachstumshemmung;
- bei Frauen häufig Ausbleiben der Monatsblutung;
- bei Männern Potenzstörungen;
- pergamentartige Haut.

Addison-Krankheit

Die Addison-Krankheit entsteht durch ein chronisches Funktionsversagen der Nebennierenrinde. Ursache hierfür können sein:
- autoimmunologische Prozesse;
- Tuberkulose;
- Nebennierenrindentumor;
- strukturelle Veränderungen;
- Veränderungen des Gehirns, die eine Verminderung der ACTH-Produktion bewirken.

Symptome
Wichtige Symptome eines Nebennierenversagens können sein:
- allgemeine Müdigkeit;
- Schwäche;
- Übelkeit;
- Erbrechen;
- Gewichtsverlust;
- Verfärbungen von Haut und Schleimhäuten;
- Entstehung von weißen Flecken auf der Haut;
- Blutdruckabfall mit Neigung zur Ohnmacht;
- Erhöhung der Herzfrequenz;
- Muskelkrämpfe;
- Lähmungserscheinungen;
- Atemstörungen;
- Verwirrtheit;
- Halluzinationen;
- Muskelschwund;
- beim Mann Impotenz;
- bei der Frau Ausbleiben der Monatsblutung;
- Bauchschmerzen;
- Salzhunger;
- Durchfall oder Verstopfung.

Behandlung
Die Therapie einer Nebenniereninsuffizienz kann nur durch die Gabe von Nebennierenhormonen erfolgen. Außerdem muss darauf geachtet werden, dass eine ausreichende Menge an Flüssigkeit und Mineralien zugeführt wird.

Mineralokortikoide

Mineralokortikoide sind Hormone der Nebennierenrinde (zum Beispiel Aldosteron), die regulierend in den Mineralstoffhaushalt eingreifen. Sie sorgen insbesondere dafür, dass in der Niere das Natrium zurückgehalten und Kalium ausgeschieden wird.

Verstärkte Produktion von Mineralokortikoiden

Diese Erkrankung der Nebennierenrinde kann entstehen, wenn ein Tumor der Nebennierenrinde vorliegt, welcher zu einer Vergrößerung der Drüse und zu einer Verstärkung ihrer Aktivität führt. Außerdem können Veränderungen im Gehirn, die eine Erhöhung des ACTH im Blut bedingen, eine verstärkte Produktion von Mineralokortikoiden verursachen. Die typischen Symptome dieser Krankheit sind:
- Blutdrucksteigerung durch die verstärkte Wasseraufnahme aus dem Primärharn;
- Muskelschwäche;
- vermehrter Harndrang;
- verminderte Kalziumkonzentration im Blut;

Behandlungsmöglichkeiten sind entweder operative Entfernung des Tumors oder Gabe von Medikamenten, welche die Wirkung des Aldosterons aufheben, indem sie die Aldosteronrezeptoren an der Niere besetzen.
Nebenwirkungen dieser Präparate sind:
- starke Erhöhung der Kalziumkonzentration;
- allergische Reaktionen;
- Magen-Darm-Beschwerden.

Verminderte Produktion von Mineralokortikoiden

Eine verminderte Produktion von Mineralokortikoiden kann durch folgende Faktoren verursacht werden:

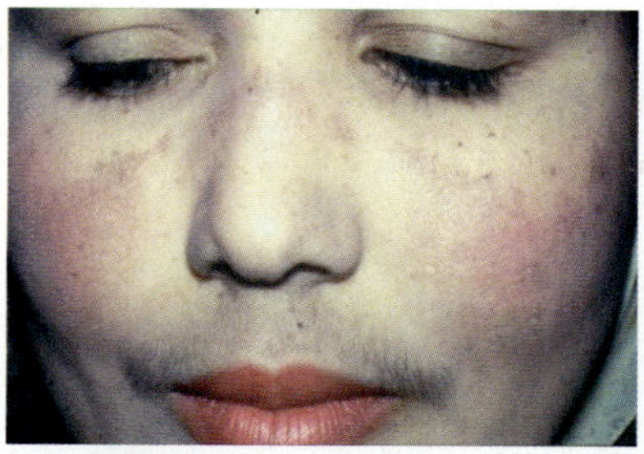

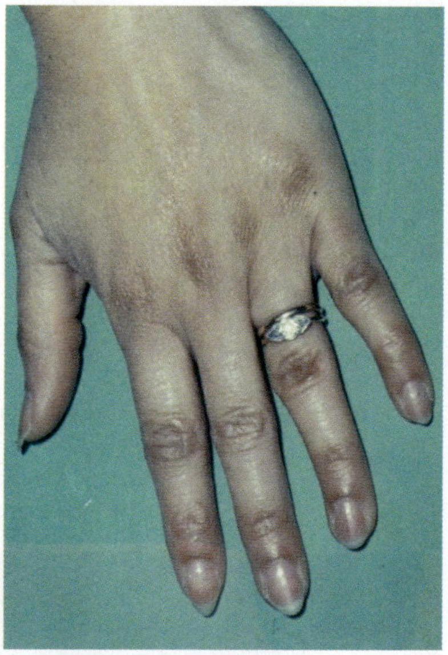

Addison-Syndrom. Durch eine Nebennierenrinde-Schwäche kann es zu zahlreichen Beschwerden kommen: Muskelschwäche, Muskelschmerzen, Abmagerung, bräunliche Haut- und Schleimhautverfärbung, Blutdruck-, Herzschlag- und Körpertemperaturstörungen und außerdem Blutveränderungen.

- erhöhte Konzentration von Renin im Blut (Hemmung der Aldosteronfreisetzung);
- Einnahme von Mineralokortikoiden in Form von Medikamenten;
- langzeitige Einnahme von Heparin oder ACE-Hemmern.

Durch den Aldosteronmangel kommt es zu folgenden Beschwerden:
- niedriger Blutdruck, da die Wiederaufnahme des Wassers aus dem Primärharn kaum stattfindet;
- hoher Natriumverlust;
- erhöhte Konzentration von Kalium;
- Austrocknung des Körpers.

Die Therapie dieser Erkrankung erfolgt durch die Gabe von Mineralokortikoiden in Tablettenform.

Nierenerkrankungen

Einführung

Die Nieren liegen zu beiden Seiten der Wirbelsäule in der Bauchhöhle. Sie liegen zwischen dem zwölften Brustwirbel, an dem die letzte Rippe ansetzt, und dem dritten Lendenwirbel. Rechts stehen sie mit dem aufsteigenden, links mit dem absteigenden Dickdarmschenkel in Verbindung.
Die bohnenförmigen Nieren bestehen aus widerstandsfähigem Gewebe und sind dunkelrot. Sie sind etwa 12 Zentimeter lang, sechs Zentimeter breit und drei Zentimeter dick und wiegen jeweils etwa 125 Gramm bei Frauen und 145 Gramm bei Männern. Häufig ist die rechte Niere größer als die linke, die ein wenig weiter oben liegt.
Jede Niere hat zwei Ränder: einen äußeren konvexen und einen inneren konkaven Rand mit einer Vertiefung, wo die Gefäße einmünden und austreten, sowie zwei Oberflächen und zwei Pole. Die oberen Pole sind von Organen bedeckt, die die Form kleiner zerknautschter Kissen haben: den Nebennierendrüsen.

Schematische Darstellung der Harnwege und Geschlechtsorgane beim Mann (links) und bei der Frau (rechts).
1 – Niere; 2 – Harnleiter; 3 – Eierstock und Eileiter; 4 –Harnblase; 5 – Harnröhre; 6 – Samenleiter; 7 – Prostata; 8 – Penis; 9 – Hoden und Hodensack; 10 – Gebärmutter; 11 – Vagina.

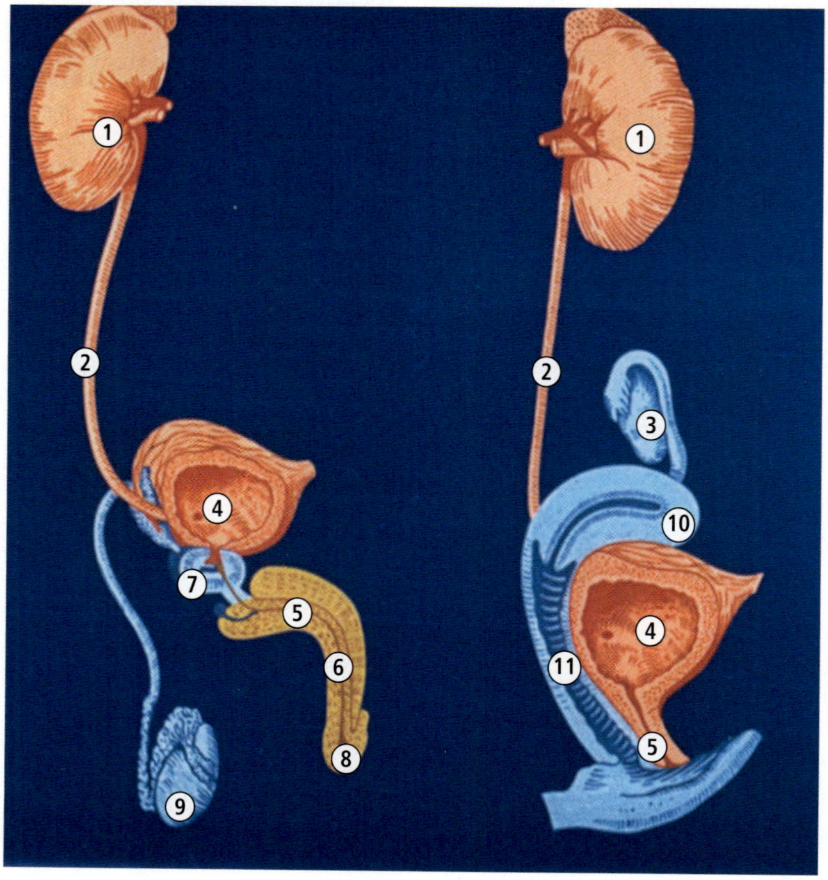

Die Nieren sind von einer fetthaltigen Bindegewebsschicht umhüllt. Diese Stützgewebe sind jedoch nicht sehr solide, weshalb die Nieren in bestimmten Situationen nach unten gleiten können. Man kann bei den Nieren wie auch bei anderen Organen angeborene Anomalien beobachten: Eine Niere kann fehlen, es kann eine dritte vorhanden sein, oder die Nieren haben eine ungewöhnliche Form oder Lage.
Die Nieren sind der eigentliche Blutfilter des Organismus. Anatomisch bestehen sie aus einer äußeren Zone, die dunkler und kompakter ist (Nierenrinde), und einer inneren Zone, die heller und weniger kompakt ist (Nierenmark). Die Marksubstanz ist durch eine bestimmte Anzahl von Malpighi-Nierenpyramiden unterteilt. Die abgerundeten Spitzen dieser Pyramiden bilden die Nierenpapillen. Der Harn fließt tropfenweise aus den Papillen und wird von Nierenkelchen gesammelt, die genau unter den Nierenpapillen liegen.
Diese kleinen Nierenkelche münden in größere Nierenkelche, die ihrerseits in einen größeren Hohlraum münden: das Nierenbecken.
Auf mikroskopischer Ebene bestehen die Malpighi-Nierenpyramiden aus „Nierenknäueln", den eigentlichen Blutfiltern. Ein Nierenknäuel besteht aus einem Kapillargefäß, das um sich selbst zu einem Knäuel gewickelt und von der Bowman-Kapsel umgeben ist. Die Substanzen, die von den Kapillaren und den Kapseln aus dem Blut gefiltert wurden, fließen in ein Kanälchen, das sich mit anderen vereinigt und den Papillenkanal bildet. Dieser Kanal mündet in die Spitze der in jedem Nierenkelch enthaltenen Papille. Die Kapillargefäße der Nierenknäuel bestehen aus mikroskopischen Arteriolen, die sich verzweigen, um die Oberfläche zu vergrößern, auf der der Filtervorgang stattfindet. Diese Arteriolen gehen aus Verästelungen der Nierenarterie hervor. Die Venen, die das gereinigte Blut wegführen, vereinigen sich in

zwei Nierenvenen, die das Organ auf der konkaven Seite neben der Nierenarterie verlassen und in die untere Hohlvene münden. Der von den Nieren produzierte Harn wird über die Harnwege (Nierenbecken, Harnleiter, Blase und Harnröhre) ausgeschieden.
Die Nierenkelche treffen zusammen und bilden das Nierenbecken. Es hat die Form eines Trichters und nimmt den aus den Kelchen fließenden Harn auf. Die Wände enthalten eine Muskelschicht, die sich aufsteigend in den Kelchen und Papillen fortsetzt. Hier wird die Muskelschicht dicker und bildet den Papillenschließmuskel. Der schmalere Teil des Nierenbeckens geht in den Harnleiter über.

Untersuchung

Die Kernspinresonanz-Methode und Röntgenaufnahmen mit und ohne Kontrastmittel sind die wichtigsten Methoden bei Bluthochdruck, gestörter Herztätigkeit, Neoplasien, Infektionen, Schwierigkeiten beim Wasserlassen oder Feuchtigkeitsansammlungen im Bindegewebe.
Die Kernspin(resonanz)-Tomographie (NMR- oder MR-Tomographie) ist ein nichtinvasives bildgebendes, als topographische MR-Spektroskopie aufzufassendes Diagnoseverfahren unter Nutzung eines Magnetfeldes hoher Feldstärke sowie von in gepulster Form eingestrahlten Radiowellen im Megaherz-Band von geringer Intensität. Hierdurch werden Protonen der Wasser- und Fettbestandteile im Organismus zur Kernspinresonanz angeregt. Die MR-Tomographie kommt zur Anwendung als Ganzkörperuntersuchung, zB. des Zentralnervensystems, von Leber, Niere, Pankreas, Harnblase und Auge sowie des Herz- und Kreislaufsystems.
Sie ermöglicht durch die dargestellten Wasserstoffdichte- und Relaxationszeitunterschiede die scharfe Abgrenzung von Geschwulstbildungen (Neoplasien), Ödemen, Blutungen oder Nekrosen gegenüber der gesunden Umgebung.
Zur Prüfung der Nierenfunktion werden folgende Untersuchungen durchgeführt:

- Quantitative Bestimmung des innerhalb von 24 Stunden abgeschiedenen Urins und Bestimmung des spezifischen Gewichts.

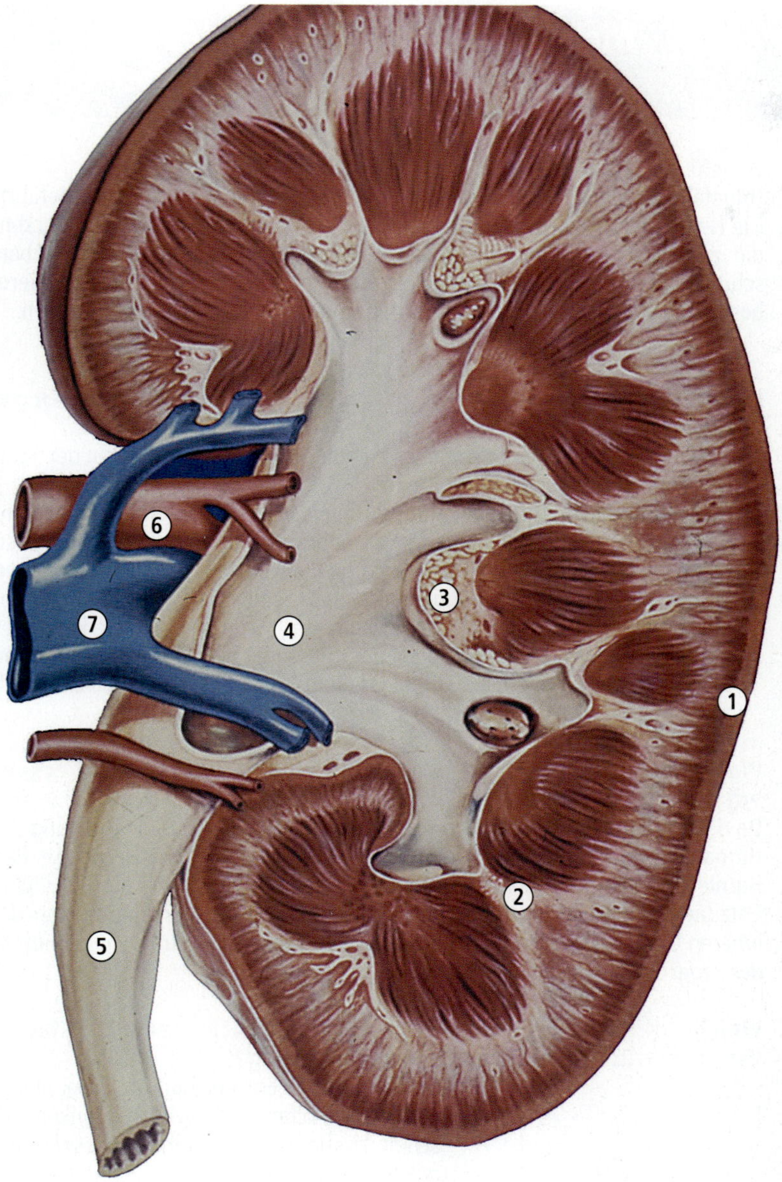

Schnitt durch eine Niere. Darstellung mit angeschnittenem Nierenbecken, in dem die Blutgefäße zu erkennen sind. 1 – Rinde; 2 – Mark; 3 – Nierenkegel oder -pyramiden; 4 – Nierenbecken; 5 – Harnleiter; 6 – Arterie; 7 – Vene.

- Prüfung der Farbe des Urins und Untersuchung auf eventuell vorhandene Blutspuren.
- Untersuchung des Urins auf Zucker und Eiweiß.
- Bestimmung des Salzgehalts.
- Untersuchung des Urins auf Enzyme.
- Prüfung des Urins auf Mikroorganismen und Blutkörperchen.

Falls nach Durchführung der Laboruntersuchungen noch Zweifel über eine eventuelle Erkrankung der Nieren besteht, wird ein Dursttest angeordnet. Der Patient bekommt 24 Stunden lang nichts zu trinken. Arbeitet die Niere normal, resultiert daraus ein stark konzentrierter Urin mit einem höheren spezifischen Gewicht. Die Filtrationsleistung der Nieren wird unter dem Begriff

Wichtige Fragen und Antworten zu Nierenerkrankungen

Welche Hauptaufgaben haben die Nieren?
Ungefähr ein Viertel vom Blutausstoß des Herzens wird den Nieren zugeführt. Die Nephrone entziehen dem Blut, das sie durchströmt, Stoffwechselschlacken, die zur Ausscheidung bestimmt sind, giftige chemische Substanzen, überschüssige Mineralien und Wasser. Es gehört auch zur Funktion der Niere, bestimmte, für den Körper nötige Substanzen nicht aus dem Blut zu entfernen.

Was geschieht, wenn die Nierenfunktion gestört ist?

- Es kommt zu einer übermäßigen Ansammlung von Stoffwechselschlacken und Giften im Blut.
- Es treten zu viele lebenswichtige chemische Substanzen vom Blut in den Harn über und gehen dadurch verloren.
- Die Körpergewebe werden mit Blut versorgt, das infolge der Nierenfunktionsstörung eine krankhaft veränderte Zusammensetzung aufweist. Wenn bei zunehmendem Nierenversagen die Fähigkeit der Niere, Schlacken auszuscheiden, immer geringer wird und damit die Ansammlung harnpflichtiger Substanzen im Blut ein bestimmtes Maß überschreitet, kommt es zu einer Vergiftung des Körpers mit diesen Stoffen, die mit schweren Störungen im Stoffwechsel und Mineralhaushalt einhergeht und schließlich zum Tode führt.

Was versteht man unter einer Pyelonephritis oder Nierenbeckenentzündung?
Da das Nierenbecken sozusagen die Ausgangsstelle der Niere in Richtung der Harnableitungssysteme ist, kommen Bakterien, die von der Harnblase den Harnleiter hinaufsteigen, auch immer zuerst im Nierenbecken an. Eine Entzündung dieses Bereiches ist daher eine der häufigsten Infektionen der inneren Organe, die besonders häufig bei Schwangeren auftritt. Sie verläuft in der Regel unter Beteiligung der Nieren.

Welche Krankheitserscheinungen finden sich bei der akuten Pyelonephritis oder Nierenbeckenentzündung?

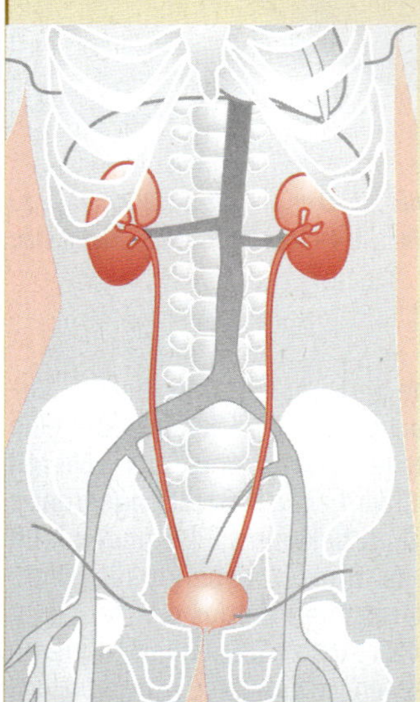

Bei einer akuten Entzündung tritt Fieber auf, es kommt zu Schmerzen in den Flanken, zu schmerzhaftem, sehr häufigem Wasserlassen mit sehr geringen Harnmengen. Wird die akute Nierenbeckenentzündung frühzeitig erkannt und behandelt, bestehen gute Heilungsaussichten.

Welche Krankheitserscheinungen finden sich bei der chronischen Pyelonephritis oder Nierenbeckenentzündung?
Eine chronische Entzündung zeigt eher uncharakteristische Symptome, wie eine allgemeine Abgeschlagenheit, Appetitlosigkeit, manchmal Durst und eine übergroße Harnmenge. Die chronische Erkrankung kann, vor allem wenn sie längere Zeit unentdeckt bleibt, bis zu einem kompletten Nierenversagen führen.

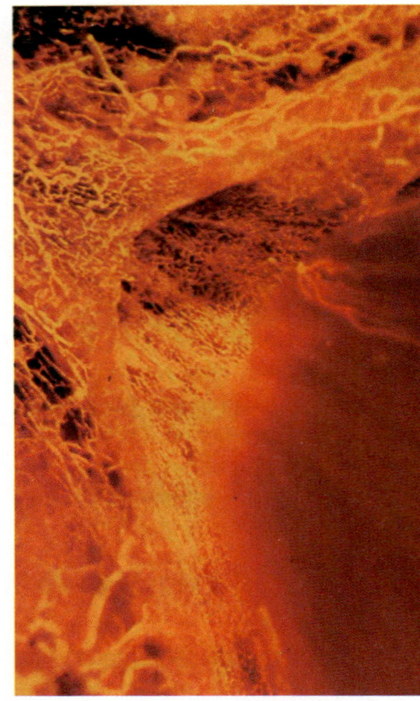

Nierenbecken, durch den Harnleiter betrachtet. Die feinen Blutgefäße wurden durch eine Silikoninjektion sichtbar gemacht.

„Klärung" (Clearance) zusammengefasst. Man versteht darunter die Menge des pro Zeiteinheit von einem Stoff gereinigten Bluts. Zur Bestimmung wird das Blut mit Phenolrot angefärbt. Der Farbstoff muss vollständig mit dem Harn ausgeschieden werden. Ein Farbvergleich zweier in zeitlichem Abstand genommener Urinproben gibt Aufschluss über die Geschwindigkeit der Ausscheidung. In welchem Maß die körpereigenen Abbauprodukte durch die Nieren ausgeschieden werden, lässt sich durch einen Vergleich der Harnstoff- und Kreatininkonzentration im Blut und im Urin ermitteln.

Harn

Harn oder Urin ist die von den Nieren durch Harnwege abgesonderte Flüssigkeit – beim Erwachsenen pro Tag 1–1,5 Liter. Die Harnbildung beginnt im Nierenkörperchen (Glomerulus): Der Blutdruck presst einen Teil des Blutplasmas durch die Kapillarmembran in die Kapsel des Nierenkörperchens. Die etwa 1 Million Glomeruli nehmen täglich rund 180 Liter dieses sog. Vorurins auf. Der Vorurin wird zu mehr als 99 % von den Nierenkanälchen (Tubuli) zurückresorbiert. Die Nierenkanälchen – die Arbeitsbienen der Niere – verteilen diese Arbeit auf die gesamte Länge des Leitungssystems. Im ersten Teil findet aktive Rückresorption statt, vor allem der für den Körper notwendigen Stoffe, wie Glukose und Aminosäuren, während auch Wasser, aber dann passiv, bis zu ungefähr 150 Liter zurückresorbiert wird. Die 30 Liter, die übrigbleiben, haben nun eine ganz andere Zusammensetzung, vor allem, da die schädlichen Stoffe nun in viel stärkerer Konzentration vorkommen.

Der U-förmige Teil des einzelnen Nierenkanälchens, die sog. Henle-Schleife, spielt eine bedeutende Rolle bei der Regulierung des Wasser- und Salzgehalts. Der absteigende Teil des „U" hat eine dünne Wand, die leicht Wasser durchlässt, der aufsteigende Teil hat eine viel dickere Wand, die kein Wasser durchlässt. Die Zellen dieser Wand können jedoch Natriumionen austauschen. Hierbei spielen eine Anzahl komplizierter Prozesse eine Rolle, die unter dem Namen „Gegenstromprinzip" zusammengefasst werden. Wesentlich ist, dass nur eine kleine Menge Flüssigkeit aus dem Röhrensystem verschwindet (2–4 Liter), aber die Salzzusammensetzung wesentlichen Veränderungen unterzogen wird.

Der zweite Teil des Kanälchensystems hat eine noch genialere Funktion als der erste und wird dabei aus der Entfernung durch die Nebennieren und den Hypophysenhinterlappen, der das antidiuretische Hormon (ADH) produziert, gesteuert. Übermäßiger Wasserverlust führt unmittelbar zur Ausscheidung einer geringen Menge ADH, wodurch der Wasserverlust beschränkt bleibt.

Krankheitsbilder

Erkrankungen der Nieren und der ableitenden Harnwege machen sich nicht immer durch Schmerzen bemerkbar. Aus diesem Grund ist bei dem

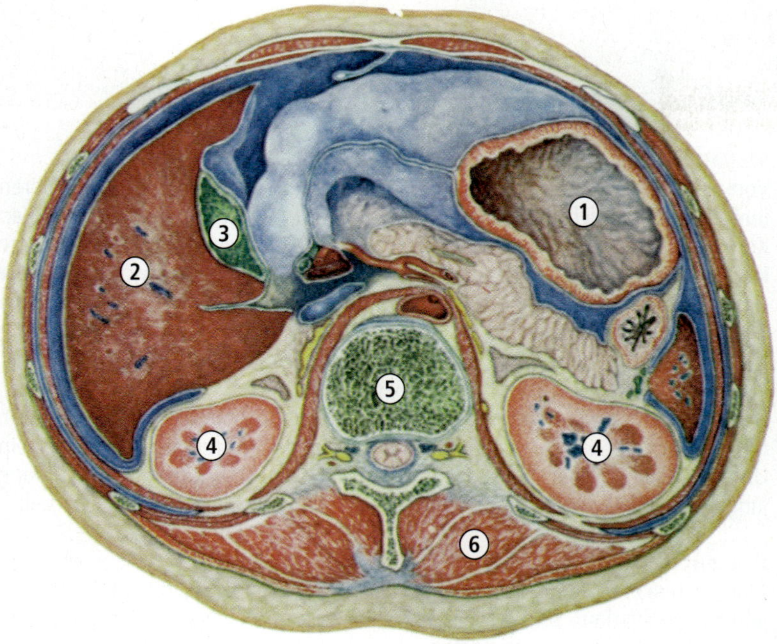

Transversalschnitt der Bauchhöhle.
1 – Magen; 2 – Leber; 3 – Gallenblase; 4 – Niere; 5 – Wirbelsäule und Rückenmark; 6 – Rückenmuskel.

Nierenkörperchen mit zuführenden (links) und abführenden (rechts) Blutgefäßen

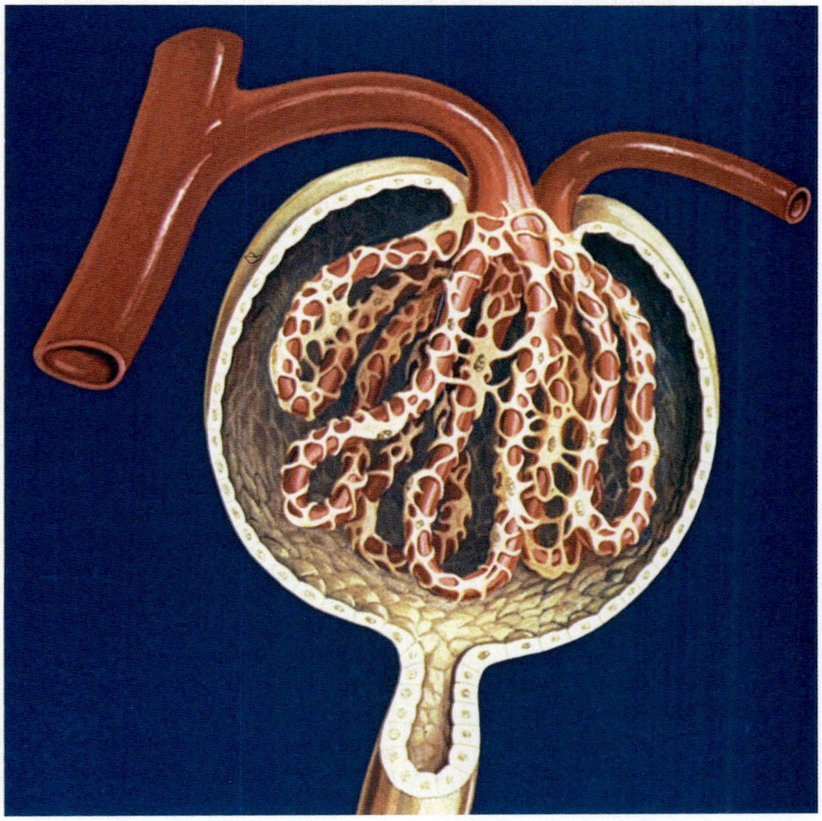

Wichtige Fragen und Antworten zu Nierenerkrankungen

Was ist Nierenversagen oder Niereninsuffizienz?
Von akutem oder chronischem Nierenversagen spricht man, wenn die Nieren ihren Aufgaben nicht mehr gewachsen sind. Die Arbeit der Nieren ist für den Körper lebenswichtig. Sie scheiden über den Urin Stoffwechselschlacken aus wie Harnstoff, Harnsäure und Kreatinin. Sie sorgen für ein Gleichgewicht im Wasser und Salzhaushalt. Sie sind am Vitamin-D-Stoffwechsel beteiligt und fördern die Blutbildung im Knochenmark.

Wie entsteht ein akutes Nierenversagen?
Ein Schock mit anhaltendem Blutdruckabfall kann zu akutem Nierenversagen führen. Das kann nach einer Operation eintreten, bei Verbrennungen, nach einem Unfall mit Blutverlust, bei Austrocknung und auch bei langer Unterkühlung junger Säuglinge. Auch eine Erkrankung der Niere selbst kann die Ursache sein.

Wie entsteht ein chronisches Nierenversagen?
Meist gehen eine Reihe unterschiedlicher Nierenerkrankungen voraus, oft nach jahrelangem Verlauf. Solche Nierenerkrankungen sind entweder angeboren oder auch später erworben. Das Endstadium ist dann das chronische Nierenversagen.

Wie behandelt der Arzt ein Nierenversagen im Kindesalter?
Wenn kein chronisches, sondern ein schockbedingtes Nierenversagen vorliegt, wird den Kindern im Krankenhaus mit einer Infusionsbehandlung und künstlicher Ernährung akut geholfen.
In allen anderen Fällen führt der Weg zur künstlichen Niere (Hämodialyse, Peritonealdialyse). Zunächst kommt das Kind in eine Spezialklinik, ein Kindernephrotisches Zentrum. Dabei ist ein Ziel, dass die Blutwäsche mit der künstlichen Niere schließlich auch zu Hause, meist dreimal wöchentlich, durchgeführt werden kann. Für fast alle Fälle gilt, dass eine Organverpflanzung angestrebt wird.

Was sind die Zeichen einer Nierenschwäche?
Die Zeichen einer Nierenschwäche beginnen zunächst uncharakteristisch (häufiges Wasserlassen in der Nacht, wobei der Harn sehr wässrig ist) und schleichend. Häufig wird eine Nierenschwäche erst diagnostiziert, wenn sie bereits in ein Nierenversagen übergangen ist.

Was sind die Symptome einer Nierenschwäche?

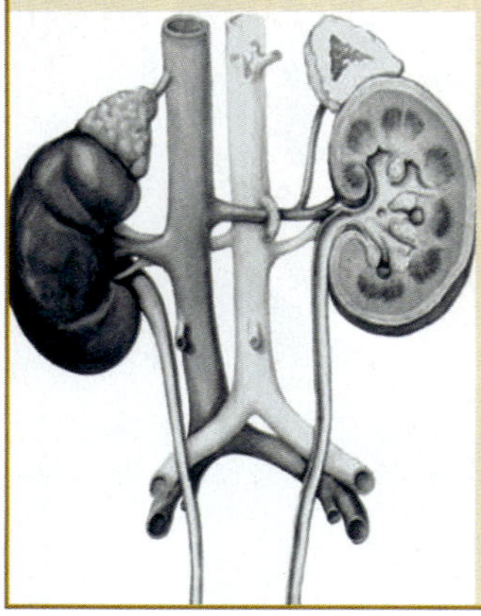

Symptome des Nierenversagens, welches sich aus einer chronischen Nierenschwäche entwickelt hat, sind:
- Übelkeit;
- Erbrechen;
- Durchfall;
- erhöhte Konzentration von Stoffwechselprodukte,;
- Blutarmut;
- Blutungsneigung;
- Bluthochdruck;
- Wasseransammlungen;
- Flüssigkeitseinlagerungen;
- Krämpfe.

Verdacht auf Nierenerkrankungen eine Untersuchung der Laborwerte, die Auskunft über bestimmte Aspekte der Nieren- und Harnableitungsfunktion geben können, sinnvoll.

- Glomerulonephritis: Entzündliche Veränderungen betreffen vorwiegend die Nierenkörperchen (Glomerula), die Blutfiltereinheit der Nieren. Es gibt zahlreiche und unterschiedliche Formen einer Glomerulonephritis.
- Nephrosklerose: Bei unbehandeltem schweren Bluthochdruck (Hypertonie) kommt es zu Gewebeschäden und Funktionsveränderungen der Nieren.
- Interstitielle Nephritis: Diese Nierenerkrankung beruht auf einer chronischen Entzündung von Nierengewebe aufgrund unterschiedlicher Ursachen. Häufig verursachen Antibiotika, Schmerzmittelmissbrauch oder immer wiederkehrende Harnwegsinfektionen eine Erkrankung der Nieren, die schleichend und meist ohne große Beschwerden verläuft.
- Nierentuberkulose: Diese Nierenerkrankung wird durch Infektion mit dem Tuberkulosebakterium (Mycobacterium tuberculosis) verursacht. Die Nieren sind neben den Lungen Hauptort der Tuberkuloseerkrankung.
- Harnabflussbehinderung der Niere: Wenn der Harn aus den Nieren nicht abfließen kann, erhöht sich der Druck auf das Nierengewebe, wobei es zu Organschäden kommen kann, die sich nach vier bis sechs Wochen nicht mehr zurückbilden.
- Nierensteinleiden: Nierensteinleiden (Nephrolithiasis, Urolithiasis) betreffen bevorzugt das männliche Geschlecht und können zahlreiche Beschwerden verursachen – etwa eine Nierenkolik durch Verschluss der ableitenden Harnwege durch Nierensteine. Die Steine entstehen durch Zusammenballung kristallisierter Urinbestandteile.
- Nieren- und Harnwegstumoren: Tumoren wie das Nierenzellkarzinom erweisen sich nach Gewebeuntersuchungen oft als gutartig – bösartiger Nierenkrebs mit Bildung von

Tochtergeschwülsten (Metastasen) kann jedoch vorkommen. Tumormarker können derzeit nur sehr ungenau auf Nierenkrebs hinweisen.

- Nierenvergiftung: Die Nierenfunktion kann durch chemische Giftstoffe (Toxine) akut oder chronisch schwer gestört werden. Zahlreiche Arzneimittel wirken nierenschädlich, darüber hinaus auch Industrie- und Umweltgifte.
- Chronische Nierenschwäche: Die Nierenschwäche (Niereninsuffizienz) führt zu Ausfällen der Stoffwechsel- und Ausscheidungsfunktionen der Nieren, die wiederum Störungen aller Organsysteme des Körpers verursachen können. Wenn giftige Abfallstoffe des Körperstoffwechsels nicht mehr ausgeschieden werden, kann sich eine lebensbedrohliche Niereninsuffizienz (Urämie) entwickeln. Ist die Nierenfunktion chronisch stark eingeschränkt, muss häufig regelmäßig eine künstliche Blutwäsche (Dialyse) durchgeführt werden.

Nierenentzündung

Ausweitung insbesondere fiebriger Infektionskrankheiten auf die Nieren. Häufig ist eine Störung der körpereigenen Abwehr (Immundefekt) die Ursache. Schädigend auf die Haargefäße der Nierenkörperchen wirken nicht die Bakterien selbst (etwa drei Wochen nach dem allgemeinen Befall), sondern ihre Stoffwechselprodukte. Als Folge der Infektion reduziert sich die Harnabscheidung. Der Harn ist dunkel und enthält manchmal Blut. Im Bindegewebe unter der Haut sammelt sich Feuchtigkeit an. Das Gesicht wirkt aufgedunsen. Besonders im Bereich der Augen treten Schwellungen auf. Der Patient ist bleich, lustlos und wird von Übelkeit geplagt. Enthält der Urin Eiweiß oder Blut, muss auf eine ernsthafte Schädigung der Nieren geschlossen werden.
In einem solchen Fall ist anzunehmen, dass die Wände der Haargefäße und die blinden Enden der Nierenröhrchen stark geschwollen sind. Dies vermindert die

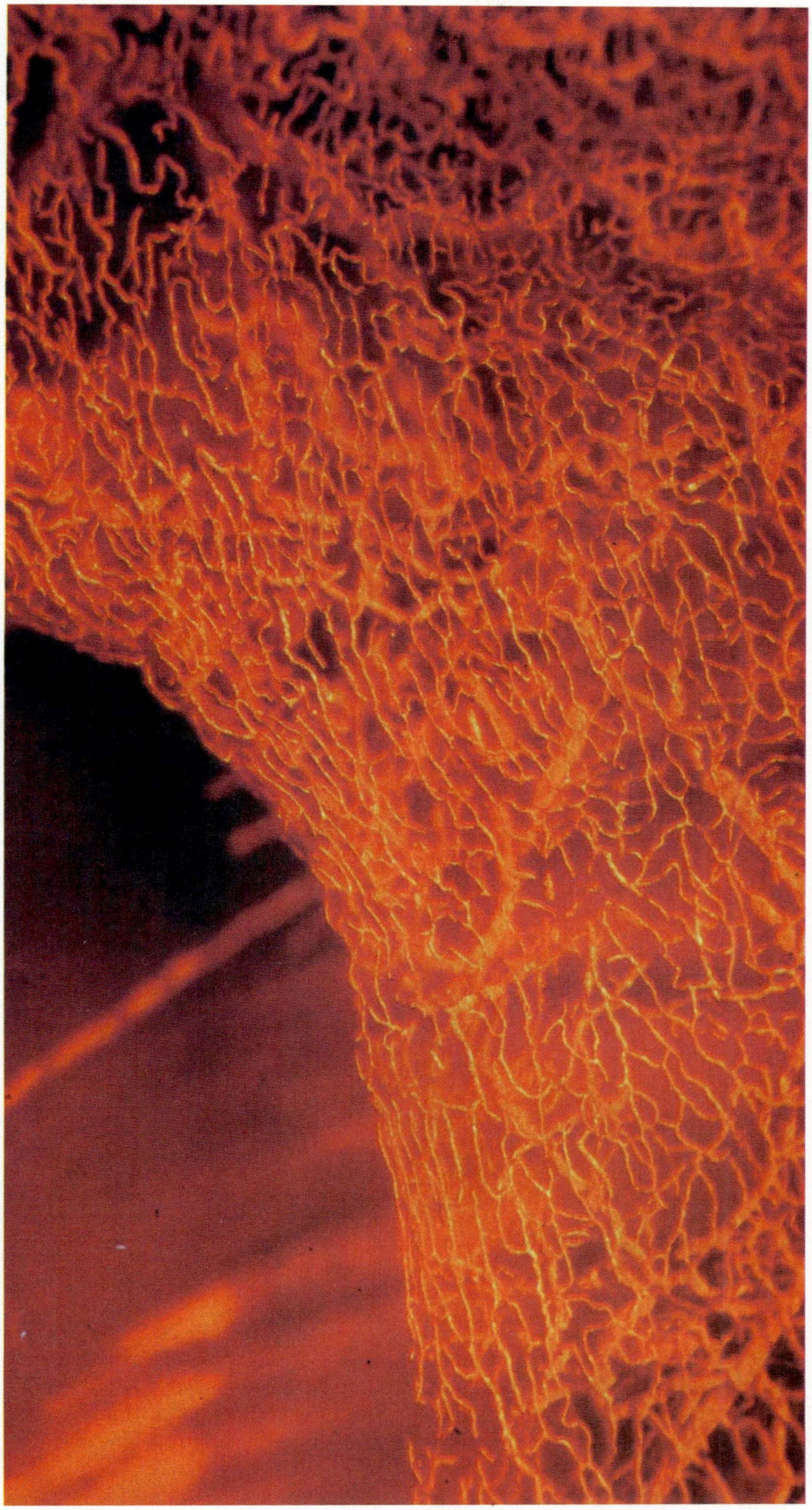

Diese außergewöhnliche Aufnahme der Haargefäße im Nierenbecken entstand nach einer Silikoninjektion.

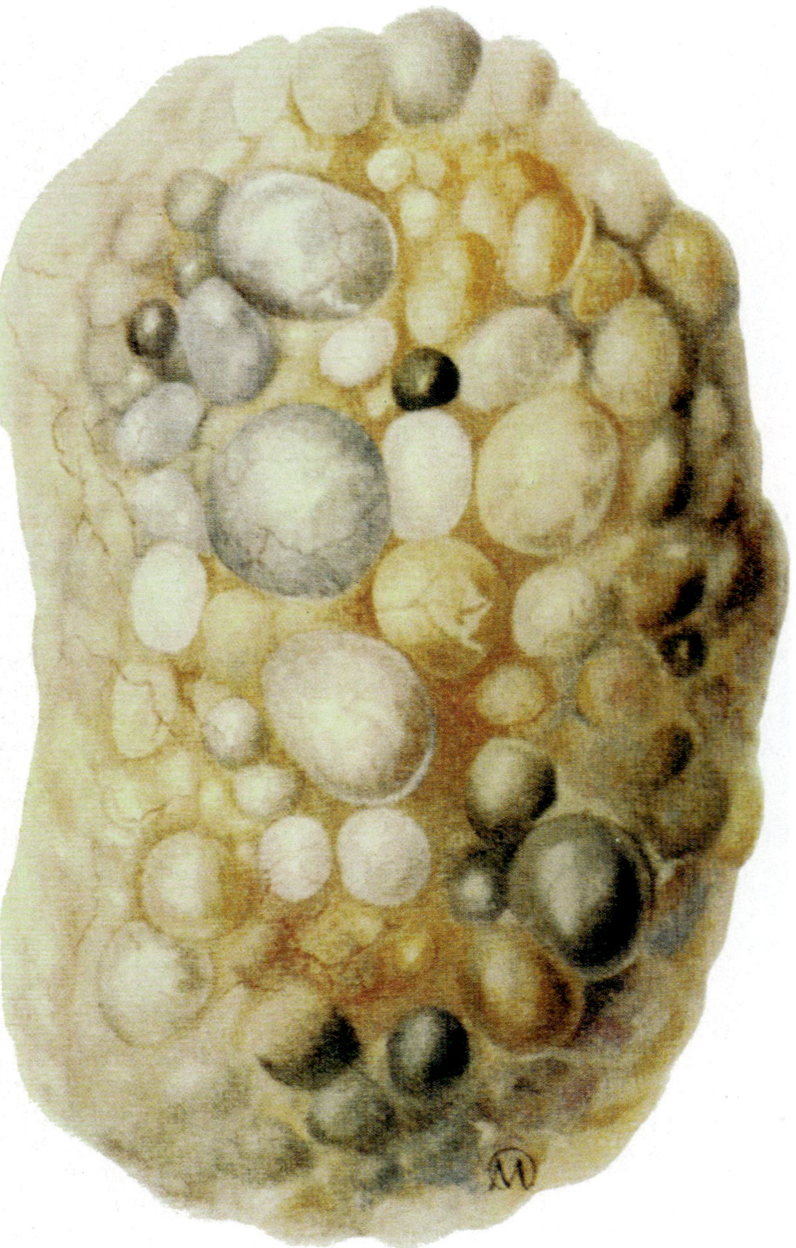

Polyzystische Niere

Durchblutung und die Filtrationsleistung. Wasser und Salze bleiben im Körper zurück, aber auch giftige Abbauprodukte des Eiweißstoffwechsels.

Die geschädigten Gefäße werden für Eiweiß durchlässig. Werden bei einem Patienten im Anschluss an eine Halsentzündung oder Röteln die geschilderten Symptome festgestellt, so sollte er das Bett hüten und eine Unterkühlung vermeiden.

Die Harnstoffmenge im Urin lässt auf die Filtrationsfähigkeit des Systems schließen.

Eine Messung der Urinmenge und eine Berechnung des pro Zeiteinheit gereinigten Blutserums liefern eine zusätzliche wichtige Information.

Nierenbeckenentzündung

Die Beschwerden einer Nierenbeckenentzündung (Pyelitis) umfassen Flankenschmerzen, Rückenschmerzen, Bauchschmerzen, Nieren-Klopfschmerz, Fieber, Schüttelfrost, Harndrang, Blut im Urin, Abgeschlagenheit. Die Nieren befinden sich links und rechts von der Wirbelsäule und filtern Abbauprodukte und Giftstoffe aus dem Blut. Diese Stoffe werden dann durch die Harnleiter zur Blase transportiert und ausgeschieden. Schmerzen, die von der rechten Niere ausgehen, werden manchmal irrtümlich anderen Organen in diesem Teil des Bauchs zugeschrieben. Meistens spürt man Nierenschmerzen an der Seite oder im Rücken. Infektionen, Abszesse, Blutgerinnsel oder Nierensteine können Bauchschmerzen verursachen. Heftiges Frösteln und Zittern wird durch hohe Temperaturspitzen ausgelöst und weist oft auf eine akute bakterielle Infektion der Nieren im Zusammenhang mit einer Blasenentzündung (Zystitis) hin. Während bei Nierenkoliken die Schmerzen plötzlich auftreten und wieder nachlassen, deuten anhaltende Schmerzen auf eine Infektion oder Entzündung der Niere hin. Meist spürt man einen dumpfen hartnäckigen Rückenschmerz.

Auch bei Autoimmunerkrankungen wie einer Periarteriitis nodosa oder Lupus erythematodes kann es zu einem Nierenschaden kommen, der Blutungen und Funktionsstörungen auslöst. Bei Verdacht auf eine Niereninfektion oder akute beziehungsweise chronische Nierenbeckenentzündung sollte so schnell wie möglich ein Arzt aufgesucht und eine geeignete Behandlung eingeleitet werden. Eine sinnvolle Selbstbehandlung von Nierenerkrankungen ist nicht möglich.

Nierensteine

Durch Kristallbildung verschiedener Salze im Harn (Kalziumoxalat oder Kalziumphosphat) können Nierensteine (Nephrolithiasis) entstehen, die an den einzelnen Nierenkelchen sitzen oder das Nierenbecken ausfüllen. Neben den kalziumhaltigen Steinen, die zwei

Drittel aller Nierensteine ausmachen, kommen auch Harnsäuresteine, Zystinsteine und sogenannte Infektsteine vor, die bei chronischen Nierenbeckeninfektionen entstehen. Das Risiko der Steinbildung nimmt zu, wenn die steinbildenden Stoffe im Urin in erhöhter Konzentration vorliegen, im Urin kleine Fremdkörper sind, die als Kern einer Steinbildung dienen, der Säure- oder Basengehalt des Urins die Steinbildung erleichtert und wenn der Urin gestaut ist und nicht frei abfließen kann.
Nierensteine, die ruhig in den Nierenkelchen oder im Nierenbecken liegen, verursachen normalerweise keine Beschwerden. Gerät ein Nierenstein in Bewegung und gelangt aus dem Nierenbecken in den Harnleiter, so versucht dieser mit krampfhaften, wellenförmigen Anspannungen den Stein abzutransportieren. Dabei treten kolikartige Schmerzen in der Nierengegend auf, die zu den schlimmsten Schmerzen überhaupt gehören. Der im engen Harnleiter „gefangene" Nierenstein gerät im günstigsten Fall in die Blase und von dort mit dem Urin nach außen.

- Die weibliche Harnröhre, die viel kürzer und weniger eng ist als die männliche, passiert der Stein im Allgemeinen komplikationsfrei und schmerzarm.

- Beim Mann kann auch der Durchgang des Steines durch die Harnröhre noch Beschwerden verursachen. Oft ist der Urin bei Steinabgängen blutig verfärbt, weil spitze Kanten des Steines die Schleimhaut ritzen.

Nierenkrebs

In den westlichen Industrieländern ist in den letzten zwanzig Jahren die Zahl tumoraler Erkrankungen der Niere stetig gestiegen. Nierentumoren treten einhalb mal häufiger bei Männern auf. Die meisten soliden Tumore sind krebsartig. Nierenzysten (hohle, mit Flüssigkeit gefüllte Gewächse) dagegen normalerweise nicht.

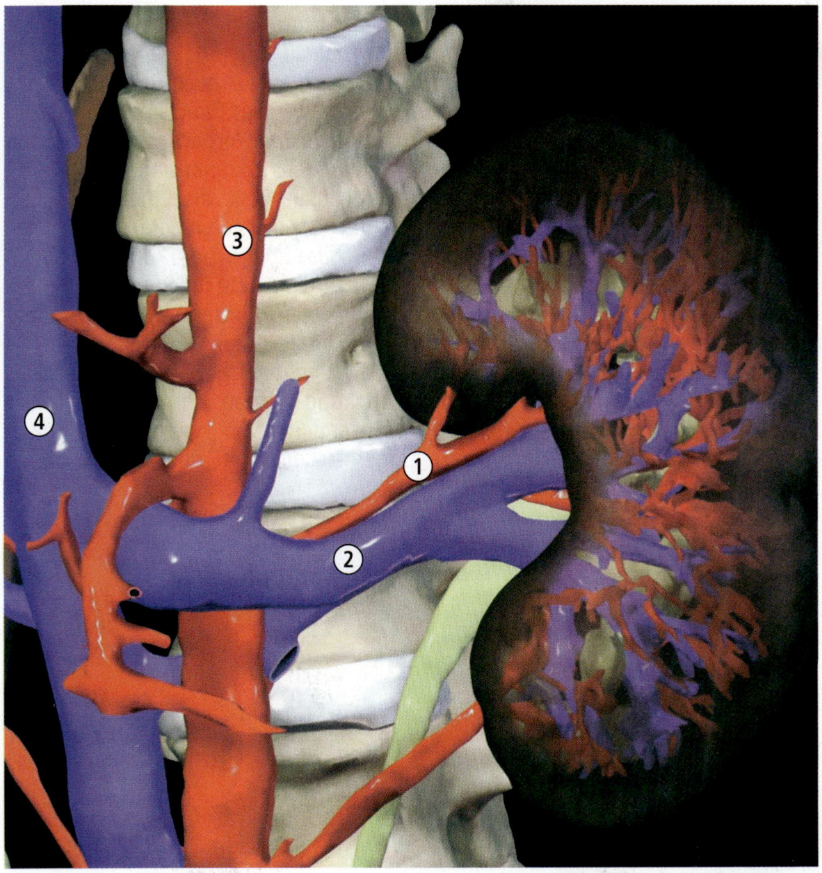

Blutversorgung der Nieren.
1 – Nierenaterie (Arterie renalis); 2 – Nierenvene (Vena renalis); 3 – Aorta; 4 – Hohlvene (Vena cava inferior).

Ursachen

Die genauen Ursachen sind noch unbekannt. Zahlreiche Versuche sowie epidemiologische und pathologische Untersuchungen haben gezeigt, dass karzinogene Gifte wie Nikotin (direkte Wirkung des Dimethylnitrosamins), Phenacetin, Thorotrast, Blei, Kadmium usw. möglicherweise Krebsverursacher sind. Eine besondere Eigenheit des Nierentumors ist es, dass sich Metastasen spontan zurückbilden können. Es gibt allerdings für den Großteil der beschriebenen Fälle keinen histopathologischen Beweis.

Symptome

Als Leitsymptom gilt plötzlich auftretende, massive Hämaturie (Blut im Harn), die oft am Ende des Urinierens stärker wird und mit der Ausscheidung kleiner Blutgerinnsel einhergehen kann. Nach einiger Zeit wird der Harndrang häufiger und das Urinieren schmerzhaft, während der Patient ein Druckgefühl in der Unterbauchgegend spürt.
Weitere, sehr häufig auftretende Symptome sind Schmerzen in der Seite und Fieber. Manchmal wird ein Nierentumor entdeckt, wenn der Arzt eine Vergrößerung oder eine Geschwulst im Unterleib ertastet. Ein Tumor kann zufällig entdeckt werden, wenn man ein anderes Problem abklärt, zum Beispiel hohen Blutdruck. Wenn nämlich ein Teil oder die ganze Niere unzureichend durchblutet ist, werden chemische Botenstoffe freigesetzt, die den Blutdruck erhöhen. Auch die Zahl der roten Blutkörperchen kann enorm ansteigen. Dies führt zu einer sekundären Poly-

zythämie. Dieses beruht darauf, dass die erkrankte Niere sehr viel von dem Hormon Erythropoetin produziert, welches das Knochenmark verstärkt zur Bildung von roten Blutkörperchen anregt.

Diagnose

Sobald man Blut im Harn feststellt, sollte man sich einer klinischen Untersuchung unterziehen. Alle diagnostischen Maßnahmen haben zwei Ziele: Zum einen sollen sie den Verdacht auf eine Krebserkrankung bestätigen oder ausräumen. Wenn sich der Verdacht bestätigt, müssen die behandelnden Ärzte zum anderen genaue Kenntnis über Größe, Sitz, feingeweblichen Aufbau und eventuelle Tochtergeschwülste des Tumors haben

Besteht der Verdacht, dass Sie an Nierenkrebs erkrankt sind, wird Ihr Arzt mit Ihnen über die Untersuchungen sprechen, die notwendig sind, um die Diagnose zu sichern. Im Folgenden stellen die Ärzte Ihnen eine Reihe der gängigsten Untersuchungsverfahren und ihre Bedeutung vor.

Aufgrund der Ergebnisse dieser Untersuchungen und Ihrer persönlichen Gesamtsituation werden Sie dann gemeinsam mit den behandelnden Ärzten entscheiden, welche Behandlung für Sie am geeignetsten ist.

Das Ausscheidungsurogramm gibt einen Überblick über den gesamten Harntrakt

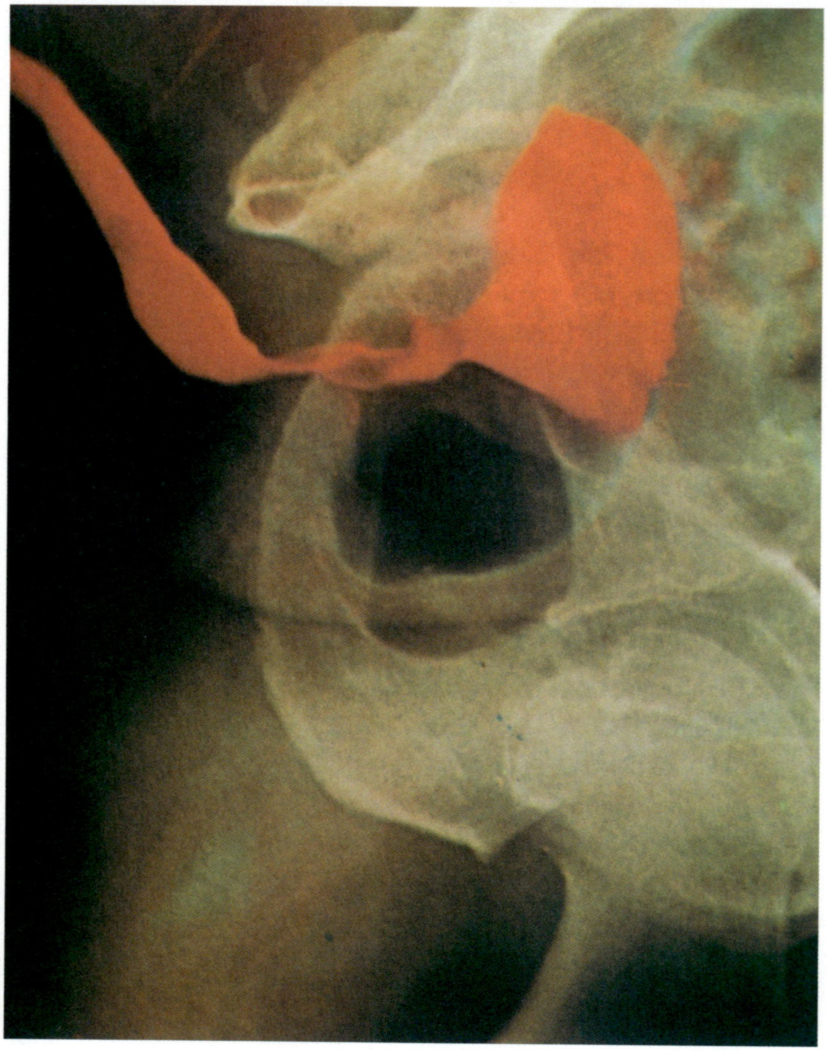

■ *Anamnese*

In einem ausführlichen Gespräch wird der Arzt sich mit Ihnen über Ihre aktuelle Beschwerden, über Vorerkrankungen und eventuelle Risikofaktoren unterhalten. Für eine spätere Therapieplanung ist es auch wichtig, eventuell vorliegende Begleiterkrankungen zu kennen.

Schildern Sie Ihrem Arzt all Ihre Beschwerden und Vorerkrankungen. Jedes ihnen noch so unwichtig erscheinende Detail kann für Ihren Arzt eine wichtige Information sein.

■ *Körperliche Untersuchung*

Eine gründliche körperliche Untersuchung soll dem Arzt helfen, die Ursache Ihrer Beschwerden zu erkennen und die richtige Diagnose zu stellen.

■ *Laboruntersuchungen*

Bei der Urinuntersuchung lässt sich in der Mehrzahl der Fälle Blut im Urin nachweisen. Darüber hinaus können Blutuntersuchungen Aufschluss über die Funktion einzelner Organe wie Lungen und Leber geben. So enthält der behandelnde Arzt Informationen, die auch im Hinblick auf eine Narkose von Bedeutung sind.

Liegt den Verdacht auf eine Krebserkrankung nahe, werden im Urin bösartig veränderte Zellen gesucht. Die Urinzytologie ist auch geeignet, Personen mit erhöhtem Erkrankungsrisiko zu überwachen.

■ *Röntgenuntersuchung*

Wurde im Urin Blut nachgewiesen, erfolgt als nächster Schritt die Röntgenuntersuchung der Harnwege. Das so genannte Ausscheidungsurogramm gibt einen Überblick über den gesamten Harntrakt. Zur Vorbereitung der Aufnahmen wird Ihnen ein jodhaltiges Röntgenkontrastmittel in die Vene gespritzt, das von den Nieren ausgeschieden wird und die Harnwege füllt. Bereits nach drei Minuten ist der erste ausgeschiedene Kontrastharn sichtbar. Im Abstand von einigen Minuten erfolgen dann mehrere Röntgenaufnahmen.

■ *Ultraschalluntersuchung*
Die Ultraschalluntersuchung (Echographie) des Bauches macht innere Organe wie Leber, Nieren, Nebennieren, Milz und Lymphknoten sichtbar. Manche Veränderungen lassen indirekt auf das Vorhandensein von Tumoren schließen. Durch die Echographie ist es möglich, einen soliden Tumor von einer Zyste zu unterscheiden. Zeigt das echographische Bild eine Zyste, so können Nadelaspiration und zytologische Untersuchung der gewonnenen Flüssigkeit wichtige Informationen liefern.
Die Echographie der Leber kann Tochtergeschwülste (*Metastasen*) des Tumors nachweisen. Lymphknoten, die wegen der Einwanderung von Krebszellen oder aufgrund einer Entzündung vergrößert sind, können mit diesem Verfahren ebenfalls gut erfasst werden. Die Ultraschalluntersuchung hat den Vorteil, dass sie den Patienten nicht mit Strahlen belastet.

■ *Nadelbiopsie*
Die Nadelbiopsie wird bei einer Ausdehnung auf das umliegende Gewebe oder bei entfernten Metastasen angewandt. Die Aspirationsbiopsie hat bei gutartigen Nierenzysten eine diagnostische Genauigkeit von annähnd 100 Prozent.

■ *Angiographie*
Die Angiographie ist zurzeit eine der besten diagnostischen Untersuchungsmethoden, um die genaue Lage, die Umrisse, die Vaskularisation (Gefäßbildung, Gefäßversorgung, Neubildung von Gefäßen) des Tumors und einen eventuell vorhandenen Tumor auf der zweiten Niere festzustellen.

■ *Computertomographie*
Die Computertomographie (CT) ist eine spezielle Röntgenuntersuchung, bei der sämtliche inneren Organe im Bauch- und Brustraum dargestellt werden können. Anders als das normale Röntgenbild zeigen sie den Körper im Querschnitt und geben Informationen über Sitz und Größe eines Tumors.
Dieses Verfahren kann bei Nierenkarzinomen als Ergänzung zu den anderen Verfahren angewendet werden.

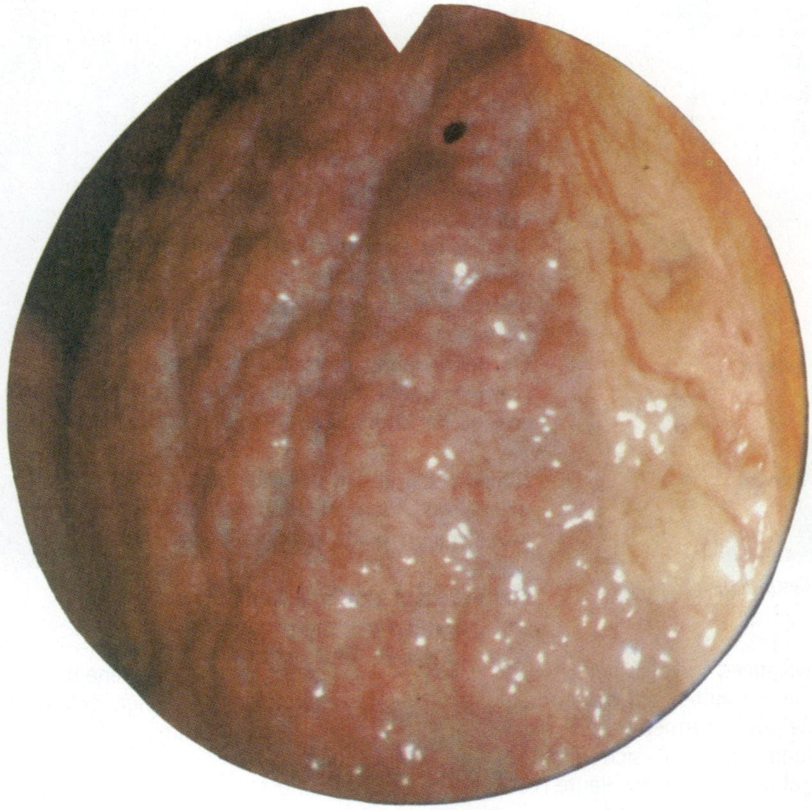

Zystoskopie der Harnblase

■ *Kernspintomographie*
Die Kernspintomographie (auch Magnet-Resonanz-Tomographie, MRT genannt) ist ein auf Magnetwirkung beruhendes Untersuchungsverfahren, mit dem ähnlich wie bei der Computertomographie Schnittbilder angefertigt werden. Allerdings „fährt" der Patient bei dieser Untersuchungsmethode langsam in einen relativ engen Tunnel, was manche als beklemmend empfinden.

■ *Skelettszintigraphie*
Mit dem Skelettszintigramm lassen sich Tumorabsiedlungen in den Knochen darstellen. Dafür wird dem Patienten ein schwach radioaktives Kontrastmittel gespritzt, das sich auf charakteristische Weise in den Knochen anreichert. In Ergänzung mit Röntgenaufnahmen kann dann entschieden werden, ob etwaige Metastasen operiert oder bestrahlt werden müssen, um einem Knochenbruch vorzubeugen.

Tumor-Klassifikation

Der Körper eines Menschen besteht aus sehr vielen unterschiedlichen Geweben und Zellen. Dementsprechend unterschiedlich fällt auch das bösartige Wachstum einer Krebsgeschwulst aus. Es gibt nicht nur eine Form von Nierekrebs, sondern ganz verschiedene Arten. Im Laufe der Diagnostik stellen die Ärzte sozusagen den „Steckbrief" des Tumors zusammen: zu welchem Zelltyp der Krebs gehört, wie bösartig er ist, wie schnell er wächst und wie weit er sich im Körper ausgebreitet hat.
Für den Verlauf Ihrer Erkrankung und für Ihre Behandlung ist es sehr wichtig zu wissen, um welche Art von Nierenkrebs es sich bei Ihnen handelt. Ein

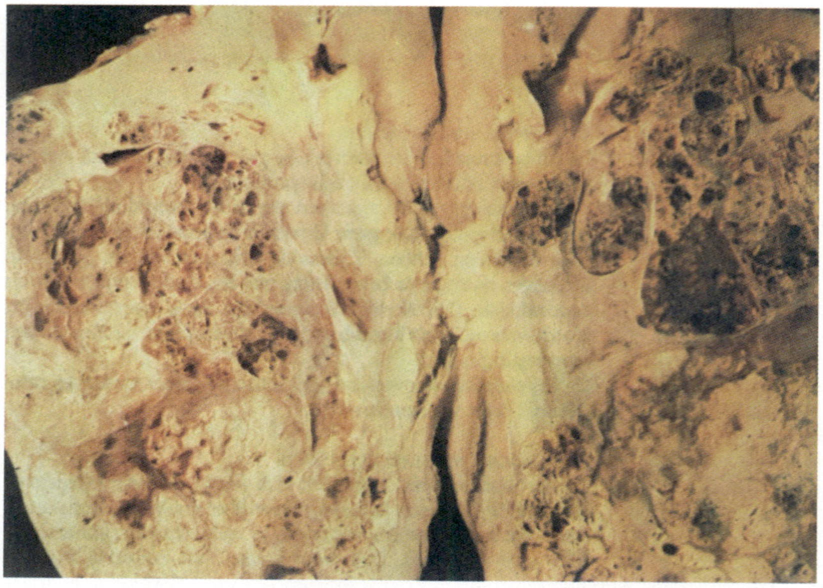

Geschwulstbildung in der Niere mit weitgehender Zerstörung von Nierengewebe

wichtiges Kriterium bei der Wahl der für den Patienten am besten geeigneten Behandlungsmethode ist die Feststellung, wie weit sich der Krebs ausgebreitet hat. Fachleute verwenden dafür den Begriff Stadieneinteilung oder Staging.

Dafür werden die eben beschriebenen Untersuchungsverfahren eingesetzt. Für die Stadieneinteilung sind hauptsächlich drei Gesichtspunkte maßgebend:

T steht für die Größe des Tumors,

N steht für die Zahl und Lokalisation der befallenen Lymphknoten,

M steht für Auftreten und Lokalisation von Fernmetastasen in andere Organe.

Man verwendet deshalb auch den Begriff TNM-Klassifikation.

Verlauf und Komplikationen

Der Tumor kann sich auf verschiedenen Wegen verbreiten. Per continuitatem überschreitet er die Kapsel und wächst in das perirenale Gewebe, in die Nebenniere, die Bauchspeicheldrüse oder in den Darm ein.

Die zweite Möglichkeit ist eine Verbreitung auf dem Lymphweg; noch häufiger ist die Metastasierung über die Blutbahn. Das Nierenkarzinom kann sich in das Venensystem einwachsen und über die untere Hohlvene bis zum Herzen und in die Lunge gelangen. Durch hämatogene Streuung bilden sich Fernmetastasen.

Die häufigsten Sitze von Metastasen sind:

- Lunge ca. 55 Prozent
- Leber ca. 35 Prozent
- Nebenniere ca. 20 Prozent
- andere Niere ca. 10 Prozent

Zu den häufigsten Komplikationen zählen Bluthochdruck, der normalerweise nach dem Entfernen der Niere zurückgeht.

Prognose

Zahlreiche Faktoren beeinflussen die Prognose eines Nierenkarzinoms, das zum Zeitpunkt der Diagnose noch keine Metastasen gebildet hat:

- Größe des Tumors,
- lokale Ausbreitung,
- Grad der Bösartigkeit,
- Allgemeinbefinden,
- das Alter des Patienten.

Wenn man diese Umstände in Betracht zieht, stellt sich die Überlebenszeit von 10 Jahren nach einer radikalen Nephrektomie folgendermaßen dar:

- 70–75 Prozent in den Fällen, in denen der Tumor auf die Niere beschränkt ist;
- ca. 60 Prozent in den Fällen, in denen bereits das umliegende Fettgewebe befallen ist;
- ca. 40 Prozent beim Befall des Venensystems,
- ca. 35 Prozent, wenn bereits die Lymphknoten befallen sind.

Beschränkt sich der Krebs ausschließlich auf die Niere, sind die Heilungsaussichten relativ gut, wenn die betroffene Niere und die Lymphknoten entfernt werden. Hat der Tumor bereits die Nierenvene und sogar die Hohlvene erreicht, sich jedoch nicht auf entfernter liegende Bereiche ausgebreitet, bietet eine Operation immer noch eine gewisse Heilungschance. Allerdings metastasiert Nierenkrebs frühzeitig, insbesondere in die Lunge.

Hat sich der Krebs auf entlegenere Gewebe ausgebreitet, ist die Prognose schlecht, da er weder durch Bestrahlung noch durch eine Chemotherapie oder Hormone behandelt werden kann.

Behandlung

Wurde bei Ihnen die Diagnose Nierenkrebs gestellt, sprechen Sie mit Ihrem Arzt über den Befund und die Heilungschance (*Prognose*) Ihrer Erkrankung. Lassen Sie sich die vorgesehenen Behandlungsschritte und eventuell vorhandene therapeutische Alternativen genau erläutern. Wenn Sie etwas nicht verstanden haben, fragen Sie ruhig nach.

In jedem Einzelfall müssen alle an der Behandlung beteiligten Ärzte gemeinsam mit Ihnen die für Sie am besten geeignete Behandlungsstrategie festsetzen.

Das Hauptziel jeglicher Therapie ist es, den Tumor – und wenn Tochtergeschwülste vorliegen, möglichst auch diese – vollständig zu entfernen oder zu vernichten. Als Therapiemöglichkeiten stehen dafür heutzutage zur Verfügung:

- Chirurgie,
- Strahlentherapie,
- Chemotherapie,
- eine Kombination dieser Verfahren.

Eine Behandlung, bei der das Immunsystem so gestärkt wird, dass es den Tumor angreift, veranlasst manche Krebsarten zum Schrumpfen und verlängert somit die Lebensdauer einiger Patienten. Für die Behandlung von Nierentumoren wird Interleukin-2 empfohlen; darüber hinaus werden zurzeit Kombinationen von Interleukin-2 und anderen biologischen Wirkstoffen untersucht.

Nur selten (das heißt bei weniger als einem Prozent der Patienten) führt die Entfernung der erkrankten Niere dazu, dass die Tumore schrumpfen, die zu anderen Stellen des Körpers gewandert sind; allerdings ist eine solche Rückentwicklung allein kein ausreichender Grund, eine vom Krebs befallene Niere zu entfernen, wenn sich der Krebs bereits ausgebreitet hat.

Chirurgie

Obwohl noch zahlreiche Aspekte beim Verlauf des Tumors zu klären sind (Möglichkeit einer plötzlichen Rückbildung, Rückgang der Metastasen nach Entfernen des primären Tumor), erscheint die Heilung eines begrenzten Tumors nur mithilfe eines radikalen chirurgischen Eingriffes möglich.

Die Operation wird vereinfacht durch eine präoperative vaskuläre Embolisation, wodurch während der Operation sowohl die Blutung reduziert als auch eine Verbreitung des Tumors vermieden wird.

Der radikale operative Eingriff umfasst das Entfernen der vom Tumor befallenen Niere einschließlich der Nebennierendrüse und des umliegenden Fettgewebes; ebenso werden die regionalen Lymphknoten entfernt.

Chemotherapie

Die Chemotherapie basiert auf dem Prinzip, dass sie Krebszellen eher angreift als normales Gewebe. Bei den Medikamenten (*Zytostatika*), die bei einer Chemotherapie zum Einsatz kommen, handelt es sich um Wirkstoffe, die das Wachstum der Zellen blockieren, indem sie in die Zellteilung eingreifen.

Da Tumorzellen sich ständig vermehren, werden vor allem diese geschädigt. Allerdings werden bis zu einem gewissen Ausmaß auch gesunde Gewebezellen angegriffen. Dies führt zu Nebenwirkungen. Fragen Sie Ihren Arzt, womit Sie rechnen müssen und was gegen die Nebenwirkungen getan werden kann. Von allen verfügbaren antiproliferativen Substanzen ist nur ein geringer Teil untersucht worden. Die Chemotherapie scheint beim Nierentumor jedoch nur geringe Wirkung zu zeigen. Ebenso enttäuschende Resultate wurden mit der kombinierten Chemo-Hormontherapie erreicht.

Am häufigsten wird eine Zytostatikatherapie durchgeführt, wenn Tochtergeschwülste in verschiedenen Organen gleichzeitig vorhanden sind. Die Chemotherapie verteilt die Zellgifte über den Blutweg in alle Organe. So lassen sich die Tumorerkrankung zurückdrängen, die Schmerzen lindern und die Lebensqualität auch im fortgeschrittenen Stadium der Krankheit verbessern.

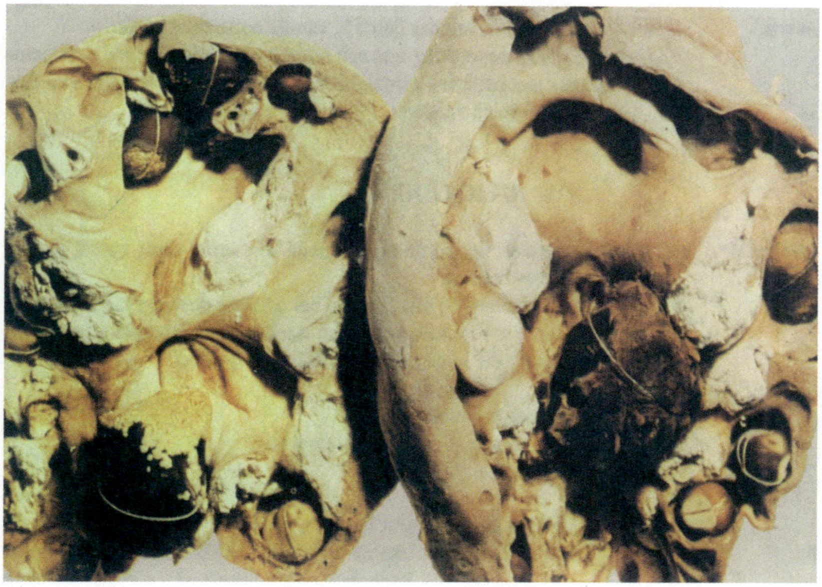

Starke Steinbildung in den Hohlräumen der Nieren

Strahlentherapie

Ziel einer jeden Strahlenbehandlung ist es, Krebszellen zu vernichten. Ionisierende Strahlen führen zu Veränderungen im Erbgut, die von normalen, gesunden Zellen in der Regel wieder repariert werden. Krebszellen haben hingegen ein weniger gut funktionierendes Reparatursystem, sodass die durch die Bestrahlung verursachten Einwirkungen nicht behoben werden können: Die Krebszelle stirbt ab.

Die Strahlen, die dabei zum Einsatz kommen, sind denjenigen vergleichbar, mit denen auch Röntgenuntersuchungen durchgeführt werden. Sie haben jedoch eine um ein Vielfaches höhere Energie und dringen dadurch besser in das Gewebe ein.

Die Behandlung erfolgt durch einen speziell hierfür ausgebildeten Arzt – den Strahlentherapeuten oder Radioonkologen, der Sie gemeinsam mit anderen Spezialisten durch diese Zeit begleiten wird.

Die Strahlentherapie wurde sowohl in der prä- als postoperativen Phase angewandt. Trotzdem bleiben viele Fragen über den wirklichen Wert dieser Behandlungsmethode bei einem resezierbaren Karzinom offen.

Symptomatologie

Lokale Symptome

Blut im Harn	ca. 55 Prozent
Schmerzen	ca. 45 Prozent
Tastbare Geschwulst	ca. 10 Prozent

Generelle Symptome

Kraftlosigkeit	ca. 50 Prozent
Gewichtsverlust	ca. 45 Prozent
Fieber	ca. 15 Prozent
Bluthochdruck	ca. 15 Prozent

Nierenversagen

Beim Nierenversagen ist die Nierenfunktion derart gestört, dass die Nieren nicht in der Lage sind, giftige Substanzen hinreichend auszuscheiden. Nierenversagen kann viele Ursachen haben; einige von ihnen lassen die Nierenfunktion schnell zusammenbrechen (*akutes Nierenversagen*), wohingegen andere zu einem allmählichen Niedergang der Nierenfunktion (*chronisches Nierenversagen*) führen.

Akutes Nierenversagen (Niereninsuffizienz)

Bei akutem Nierenversagen verschlechtert sich die Fähigkeit der Nieren, das Blut von Giftstoffen zu reinigen, zunehmend schneller. Dadurch sammelt sich Stoffwechselendprodukte, wie Harnstoff, im Blut an. Die akute Niereninsuffizienz ist durch eine abrupte Verminderung der Harnabsonderung gekennzeichnet, einen krankhaften Zustand, der eine Veränderung des Volumens und der Zusammensetzung der organischen Flüssigkeiten bedingt.

Zu Beginn zeigen sich keinerlei Symptome, die direkt durch die Niereninsuffizienz hervorgerufen werden. In dieser anfänglichen Phase fällt einzig und allein eine starke Verringerung der Harnausscheidung auf.

Bei den schweren Formen beginnt der Patient innerhalb weniger Tage oder auch Stunden, über eine allgemeine Übelkeit, ausgeprägte Schwäche, Appetitlosigkeit usw. zu klagen. Die Symptome nehmen rascher zu, wenn keine rechtzeitige Behandlung erfolgt.

Es kommt zu quälendem Juckreiz und Konzentrationsschwäche. Der Kranke ist nervös und reizbar und die geringste Anstrengung führt zu Atemproblemen.

Die Erkrankung, die zum Nierenschaden geführt hat, ruft oft schwere Symptome hervor, die mit den Nieren in keinerlei Zusammenhang stehen. Hohes Fieber, Schock, Herz- und Leberversagen können vor dem Nierenversagen auftreten und schlimmer sein als eines der Symptome des Nierenversagens.

Diagnose

Labortests können helfen, Ursache und Grad des Nierenversagens genau zu bestimmen. Zuerst wird der Urin gründlich untersucht. Beruht das Nierenversagen auf einer ungenügenden Blutversorgung oder Blockade der Harnwege, erscheint der Urin üblicherweise normal.

Hat aber ein Problem in der Niere zum Versagen geführt, kann der Urin Blut oder zusammengeballte rote und weiße Blutkörperchen enthalten. Der Urin kann auch viel Eiweiß oder Eiweißarten, die normalerweise nicht im Harn vorhanden sind, aufweisen.

Bluttests decken üblicherweise ungewöhnlich hohe Harnstoff- oder Kreatininwerte auf und Stoffwechselstörungen, wie einen zu hohen Säuregehalt (*Azidose*), einen hohen Kalium- (*Hyperkalämie*) und einen geringen Natriumspiegel (*Hyponaträmie*).

Die Untersuchung der Nieren mit Ultraschall (*Echographie*) oder Computertomographie (CT) ist hilfreich. Röntgenaufnahmen der Nierenarterien oder Venen (*Angiographie*) können eingesetzt werden, wenn blockierte Blutgefäße vermutet werden.

Geschwulstbildung in der Harnblase; zystoskopische Aufnahme

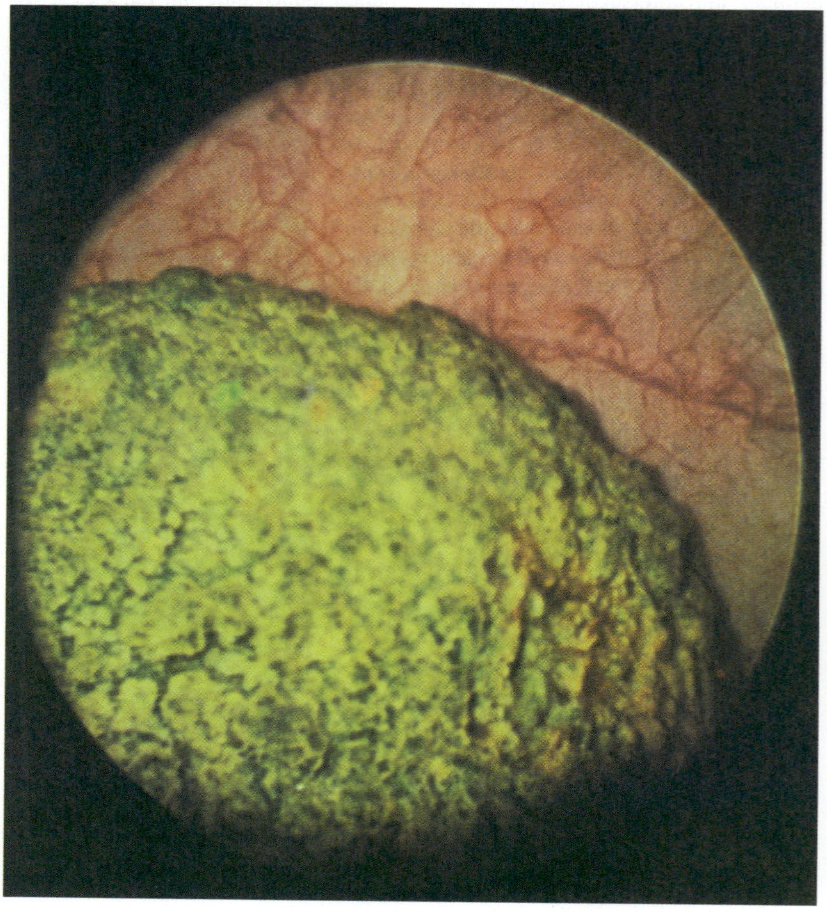

Wichtigste Ursachen chronischen Nierenversagens

- Hoher Blutdruck
- Blockade der Harnwege
- Nierenfehlbildungen
- Diabetes
- Autoimmunerkrankungen

Wichtigste Ursachen akuten Nierenversagens

Unzureichende Blutversorgung
- Nicht genug Blut wegen eines Blutverlusts
- Das Herz pumpt zu schwach
- Extrem niedriger Blutdruck
- Leberversagen
- Falsche Bluttransfusionen
- Thrombose der Nierenarterie

Harnstauung
- Vergrößerte Prostata
- Tumor, der auf die Harnwege drückt
- Verschluss der Harnleiter

Verletzungen
- Akute Hepatitis
- Allergische Reaktionen
- Giftige Substanzen
- Erkrankung der Nephrone
- Infektionen
- Verbrennungen
- Verstopfte Arterien
- Verstopfte Venen
- Kristalle in den Nieren
- Eiweiß in den Nieren

Nierengifte
- Quecksilber
- Tetrachlorkohlenstoff
- Phosphor

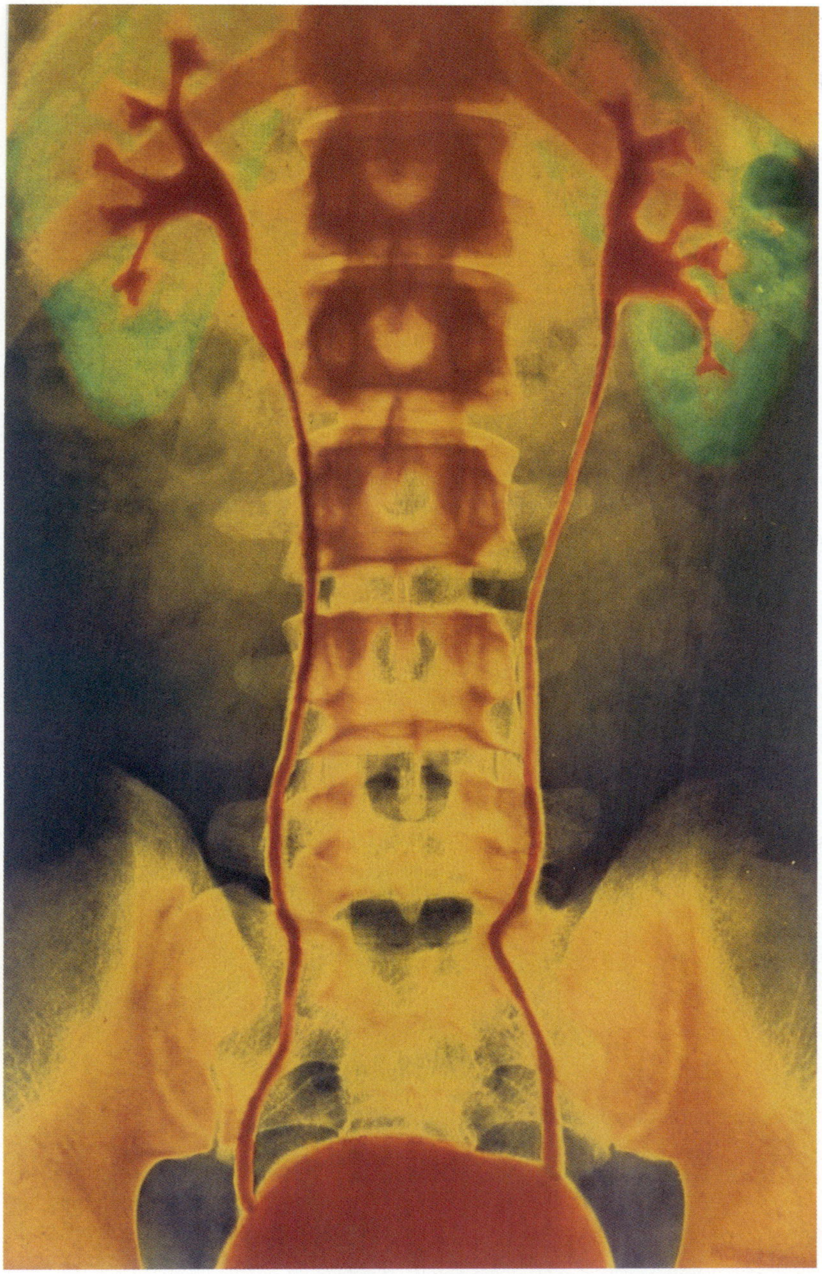

Röntgenaufnahme der Unterleibregion. Der Ausscheidungsapparat erscheint in der Aufnahme gelb-orange

Eine Kernspintomographie kann durchgeführt werden, wenn man die Röntgenkontrastmittel für zu gefährlich hält. Decken diese Untersuchungen die Ursache des Nierenversagens nicht auf, kann eine Biopsie notwendig sein.

Behandlung

Akutes Nierenversagen und seine unmittelbaren Komplikationen können oft erfolgreich behandelt werden. Oft genügt eine zwar einfache, aber äußerst gewissenhafte Behandlung, damit sich die Nieren selbst heilen können. Die Trinkmenge wird auf die Menge beschränkt, die verlorengegangen ist. Zusätzlich zu Glukose oder hochkonzentrierten Kohlenhydratnahrungen werden oral oder intravenös Aminosäuren (Bausteine von Eiweißen) gegeben, um entsprechende Eiweißspiegel aufrechtzuerhalten. Die Anwendung aller Substanzen, die durch die Nieren ausgeschieden werden, muss streng beschränkt werden.

Das Nierenversagen kann so schwer sein, dass eine Dialyse notwendig ist, um schwere Schäden an anderen Organen zu verhindern und die Symptome einzudämmen.

Dann wird mit der Dialyse so schnell wie möglich nach der Diagnose begonnen.

Eine Dialyse kann auch nötig sein, um das Leben zu retten, bis die Nieren nach einigen Tagen bis Wochen ihre Funktion wiedererlangt haben.

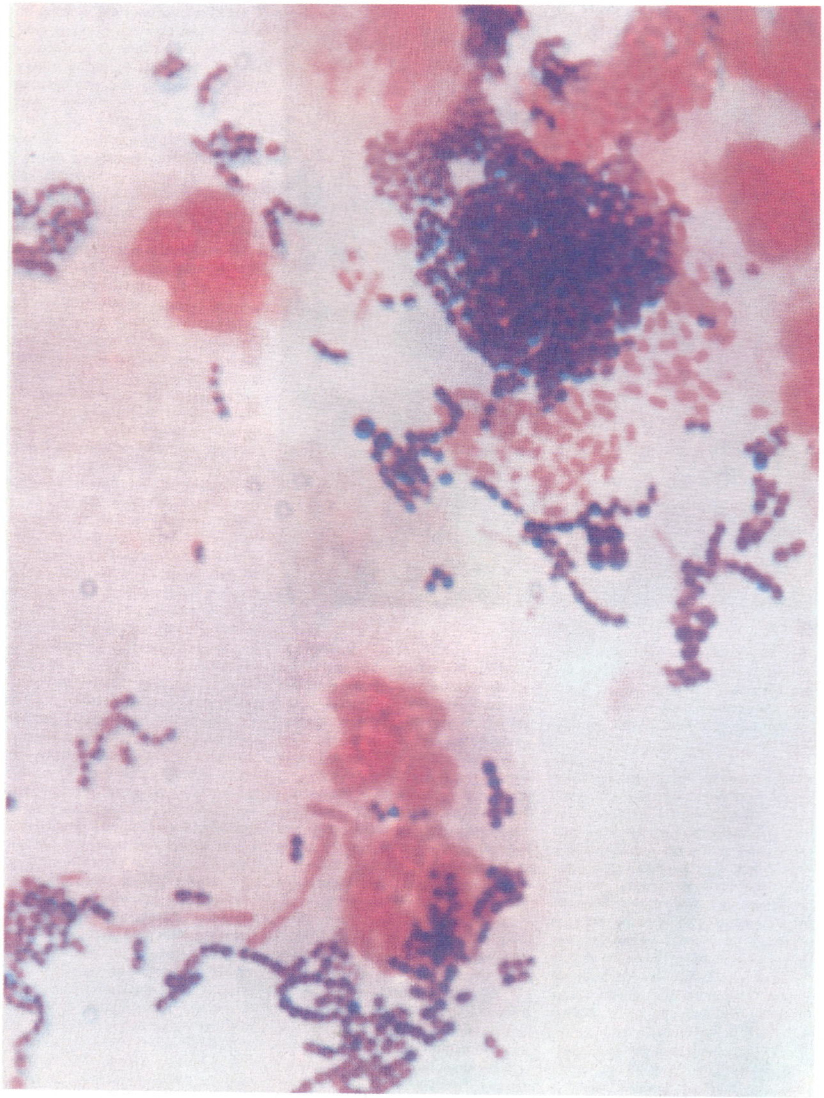

Mikroskopie von Bakterien im Urin

Folgen des Nierenversagens

Wasserhaushalt
Die Niere kann den Urin nicht mehr konzentrieren oder verdünnen. Bei den Patienten kommt es leicht zu einem Entzug von Wasser oder einer Wasservergiftung.

Elektrolythaushalt
Der Gehalt des Blutserums an Phosphaten, Sulfaten, Magnesium und Kalium ist erhöht. In der Endphase kommt es zu einer Übersäuerung und Verminderung der Bicarbonatwerte im Blutserum.

Stickstoffretention
Der Gehalt des Harnstoffs, des Kreatinins und der Harnsäure im Blutserum steigt.

Bluthochdruck
Die Produktion des Renins in der schlecht durchbluteten und beschädigten Niere steigt an. Das Renin-Angiotensin-Aldosteron-System wird aktiviert und der Blutdruck dadurch erhöht.

Chronisches Nierenversagen (Niereninsuffizienz)

Chronisches Nierenversagen ist eine langsam fortschreitende Abnahme der Nierenfunktion, bei der sich Stoffwechselabbauprodukte im Blut anreichern. Eine Verletzung der Nieren durch viele Krankheiten kann irreversible Schäden anrichten.
Die chronische Niereninsuffizienz stellt das Endstadium vieler Nierenerkrankungen mit progressivem Verlauf dar. Die irreversiblen Läsionen des Großteils der Funktionseinheiten der Niere (*Nephrone*) führen zu einer chronischen Unfähigkeit, eine Reihe von Abfallprodukten über die Nieren auszuscheiden: Harnstoff, Harnsäure, Kreatinin, Sulfate usw.
Diese sammeln sich folglich im Organismus an. Der Harnstoff, Endprodukt des Proteinkatabolismus, ist an und für sich jedoch Bezugssubstanz zur Beurteilung der Niereninsuffizienz dar.
Aus diesem Grund spricht man von einer Harnvergiftung oder Urämie, um das endgültige Filialstadium zu bezeichnen, wenn sich bereits ein Komplex von Symptomen, die sich aus der Niereninsuffizienz ergeben, gebildet hat.

Diagnose

Chronisches Nierenversagen wird mit Bluttests diagnostiziert. Typisch ist, dass das Blut mäßig sauer reagiert (*Azidose*). Die beiden Stoffwechselabbauprodukte Harnstoff und Kreatinin, die die Nieren normalerweise herausfiltern, reichern sich im Blut an. Der Kaliumspiegel sinkt, der Phosphatspiegel steigt an.
Das Harnvolume bleibt in der Regel annähernd gleich – ein bis drei Liter pro Tag – unabhängig von der Trinkmenge. Meistens hat der Patient eine mittelgradige Blutarmut. Eine Urinuntersuchung kann viele Störungen, wie veränderte Zellen und Salzkonzentrationen, aufdecken.

Behandlung

Das Hauptziel der Therapie der chronischen Niereninsuffizienz liegt darin, so weit wie möglich die funktionelle Integrität der restlichen Nephronen zu

Therapeutische Maßnahmen bei Nierenversagen

Diät
Bei der Diät ist vor allem die Eiweißzufuhr zu begrenzen, während jedoch auf eine angemessene Kalorienmenge zu achten ist. Zusätzlich ist die Verabreichung von Vitaminen und Folinsäure notwendig. Aminosäuren (Bausteine der Eiweißen) werden gegeben, um entsprechende Eiweißspiegel aufrechtzuerhalten.

Flüssigkeitszufuhr
Die Flüssigkeitsmenge muss ausreichend sein, um die Nierenfunktion aufrechtzuhalten, ohne eine Wasserretention zu bewirken.

Aufrechterhaltung des Elektrolytgleichgewichts
Der Natriumverlust muss ausgeglichen werden. Zu den Mahlzeiten sind zwei- bis dreimal täglich 1 bis 2 g Natriumchlorid und Natriumbicarbonat zu sich zu nehmen.

Transfusionen
Sind nur erforderlich, wenn die Anämie zu Symptomen wie Herzjagen oder Atemproblemen führt. Wenn sie notwendig sind, sollten sie besser in Form von Erythrozytenkonzentration als von Vollblut erfolgen.

Allgemeine Maßnahmen
Gewisse Medikamente helfen gegen Übelkeit und Erbrechen. Der Bluthochdruck muss mit entsprechenden Mitteln korrigiert werden.

Dialyse und Transplantation
Dies sind die therapeutischen Mittel, die bei Nierenversagen ein langjähriges Überleben ermöglichen.

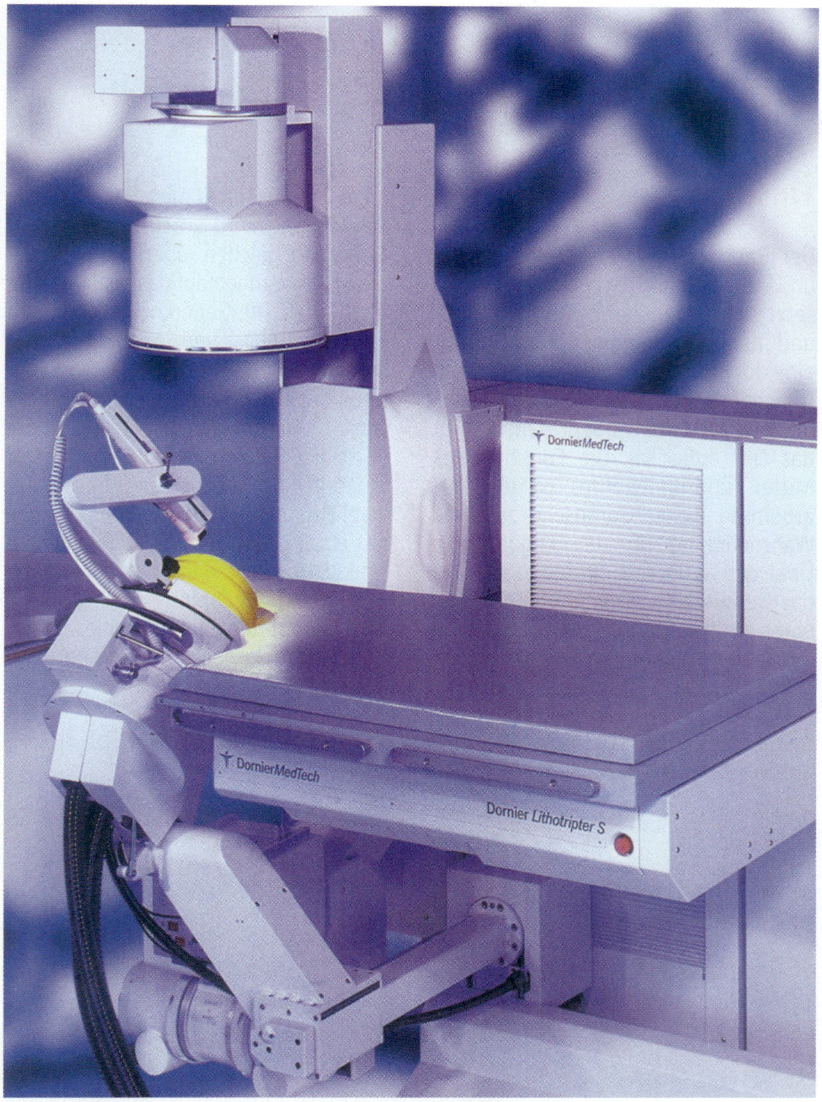

Lithotripsie; Steinzertrümmerung mit Schallwellen in der Blase und Nieren

gewährleisten. Dabei wird berücksichtigt, dass bei dieser Krankheit ein relativ beschwerdefreies Überleben so lange möglich ist, solange die Glemerulusfiltration nicht unterhalb von 10 ml/min sinkt. Es ist sehr wichtig, dass diese Patienten überzeugt werden können, ihr Leben normal weiterzuführen. Dabei stehen ihnen vor allem die zahlreichen therapeutischen Möglichkeiten zur Verfügung, die die moderne Medizin bei der Niereninsuffizienz anbietet. Erkrankungen, die Nierenversagen auslösen oder verschlimmern, müssen so schnell wie möglich behandelt werden. Zu diesen Maßnahmen gehören:

- der Ausgleich von Natrium, Wasser und des Säure-Basen-Ungleichgewichts,
- die Entfernung von für die Niere giftigen Substanzen,
- die Behandlung von Herzversagen,
- die Behandlung von Bluthochdruck,
- die Behandlung von Infektionen,
- das Senken hoher Kalium- oder Kalziumwerte,
- die Beseitigung jeder Harnabflussbehinderung.

Wenn die anfänglichen Behandlungen das Nierenversagen nicht mehr aufhalten, wird eine Dialyse oder eine Transplantation erwogen.

Ohrenerkrankungen

Einführung

Der Raum, in dem sich Gehörorgane und Gleichgewichtsorgane befinden, setzt sich aus äußerem Ohr, Mittelohr und Innenohr zusammen. Das Ohr hat eine doppelte Funktion: Gehörsinn und Gleichgewichtssinn. Mit der Ohrmuschel als Visitenkarte präsentiert sich das Ohr äußerlich. Die Funktion des Mittel- und Innenohres ist die Verarbeitung dieser Geräusche zu einer Wahrnehmung für den Organismus. Über den äußeren Gehörgang erreicht das Geräusch das Trommelfell. Dies ist eine straffgespannte Membran, die durch ihre Spannung mit allen ihr angebotenen Tönen mitschwingt. Diese Schwingung wird durch die Kette der Gehörknöchelchen übernommen, die die Schwingungen auf das ovale Fenster übertragen. Die Gehörknöchelchen sind Hammer, Amboss und Steigbügel.

Das Innenohr gleicht einem Schneckenhaus mit nicht ganz drei Windungen. Diese Windungen sind mit einer Flüssigkeit gefüllt, der Perilymphe. Der innere Teil der knöchernen Schnecke hat zwei Öffnungen zum Innenohr, die jede mit elastischem Gewebe abgeschlossen sind: das ovale und das runde Fenster.

In die Gewebeplatte des ovalen Fensters ist die Fußplatte des Steigbügels eingelassen. Wenn dieser Steigbügel schwingt, schwingt die Flüssigkeit im Innenohr mit. Dank der flexiblen Ausweichmöglichkeit des runden Fensters kann die Flüssigkeit des Innenohres die Schwingung vom Steigbügel übernehmen.

Die Flüssigkeit im Innenohr lässt eine sehr dünne Membran, die Reissner-Membran, mitschwingen, die die Schwingungen auf die Endolymphe des Gehörgangs überträgt, in dem sich das eigentliche Hörorgan befindet: das Corti-Organ.

Viele Tausende Härchen auf diesem Organ sind imstande, die Schwingung wahrzunehmen und in Nervenimpulse umzusetzen. Die Haarzellen haben jeweils eine spezifische Empfindlichkeit für bestimmte Tonhöhen. Das gute Unterscheidungsvermögen des Gehörorgans auch für nur geringfügig verschiedene Töne kann damit erklärt werden.

Otoskopie; direkte Untersuchung des äußeren Gehörgangs und des Trommelfells mittels Otoskop (mit Griff zum Einführen eines Ohrtrichters, Beleuchtungsquelle und Lupe)

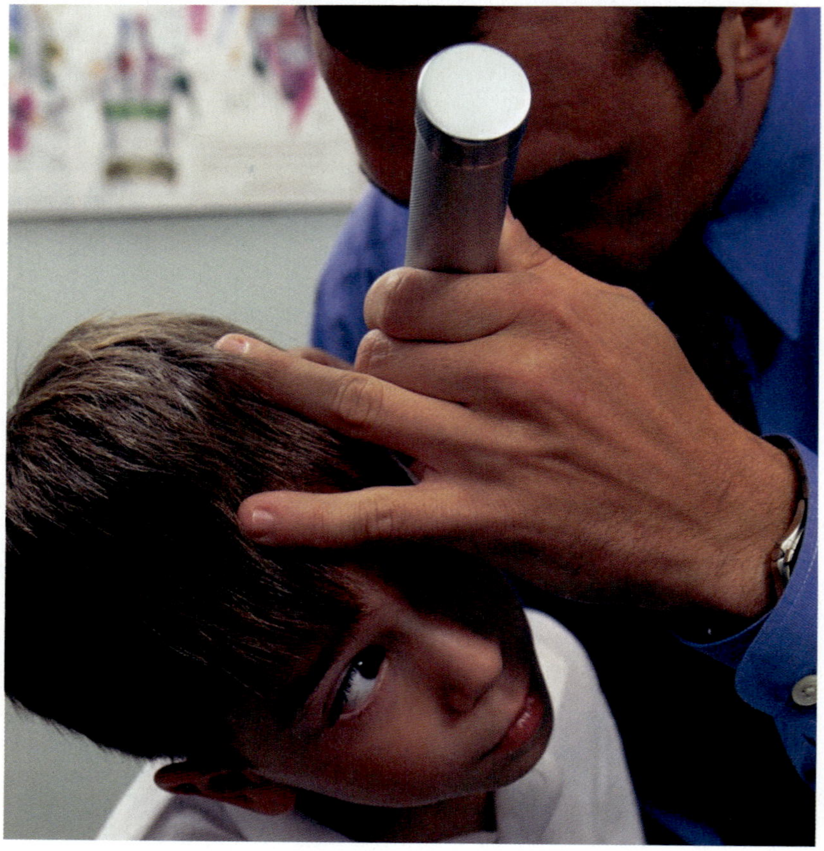

Ohrensausen

Die Wahrnehmung von Geräuschen verschiedenster Art kann vom Ohr selbst, von benachbarten Organen, aber auch vom Zentralnervensystem herrühren. Es wird zwischen objektiven und subjektiven Geräuschen unterschieden. Die objektiven Geräusche lassen sich vom Untersucher selbst wahrnehmen durch Auflegung des Stethoskops oder durch den Hörschlauch. Sie sind meist verursacht durch Gefäßanomalie oder durch Störungen der Innervation der Gaumenmuskulatur oder durch Funktionsstörungen der Eustachi-Röhre. Akuter und chronischer Missbrauch von Alkohol, Koffein, Nikotin, vor allem aber hohe Dosen Chinin und Salizylpräparate führen oft zu vorübergehendem Ohrensausen. Recht häufig tritt Ohrensausen mit oder ohne Störung des Gehörs als Folge von Durchblutungsstörungen verschiedenster Ursache auf. Hoher Blutdruck und Arteriosklerose sind häufige Ursachen eines Ohrensausens.

Ohrenschmerzen

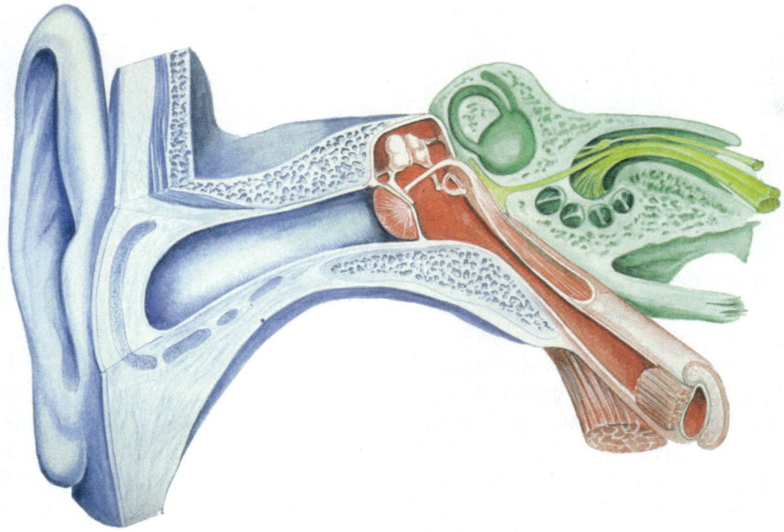

Schnitt durch das rechte Ohr.

Blau: Äußeres Ohr mit Gehörgang und Trommelfell; rot: Mittelohr mit Paukenhöhle und Gehörknöchelchen; grün: Innenohr mit Labyrinth, Bogengang und Schnecke

Bei jeder heftigen Entzündung sind auch die lufthaltigen Zellen des Warzenfortsatzes (Processus mastoideus) des Felsenbeins an der Exsudatbildung beteiligt. Bei Weitergreifen der Entzündung werden auch die knöchernen Zwischenwände dieser Zellen aufgezehrt. Diese Komplikation tritt am häufigsten in der zweiten und dritten Woche unter Wiederanstieg des Fiebers und der Schmerzen auf.

Die Eiterung aus dem Gehörgang kann zu diesem Zeitpunkt reichlich sein, kann aber auch zurückgehen, wenn der Abfluss verlegt ist. Fast immer ist die hintere obere Gehörgangswand am Übergang zum Trommelfell angeschwollen. Durchbruch des Eiters nach außen kann an verschiedenen Stellen erfolgen. Meist zeigt sich zuerst Druckschmerz und Schwellung, die bei Zunahme zum Abstehen der Ohrmuschel führt. Bei ungenügender antibiotischer Behandlung kann sich die Mastoiditis weiter entwickeln. Dann fehlen die alarmierenden Zeichen wie Fieber und Schmerzen. Eiterdurchbruch nach außen und innen kann verspätet überraschend erfolgen.

Eine andere Erkrankung des äußeren Gehörgangs ist die Otitis externa. Bei der akuten Form dieser Erkrankung ist die Wand des Gehörgangs stark geschwollen und sehr schmerzhaft, sowohl spontan als auch bei Berührung. Es kommt zur Abscheidung von Flüssigkeit oder Eiter.

Die akute Otitis externa ist vielfach eine schmerzhafte Angelegenheit, die mit hohem Fieber verläuft.

Eine konservative Behandlung mit Tampons mit Borwasser oder Alkohol ist jedoch meist erfolgreich. Eine Otitis externa neigt zu Rückfällen.

Mittelohrentzündung

Ursache einer akuten Mittelohrentzündung ist meist eine über die Tube

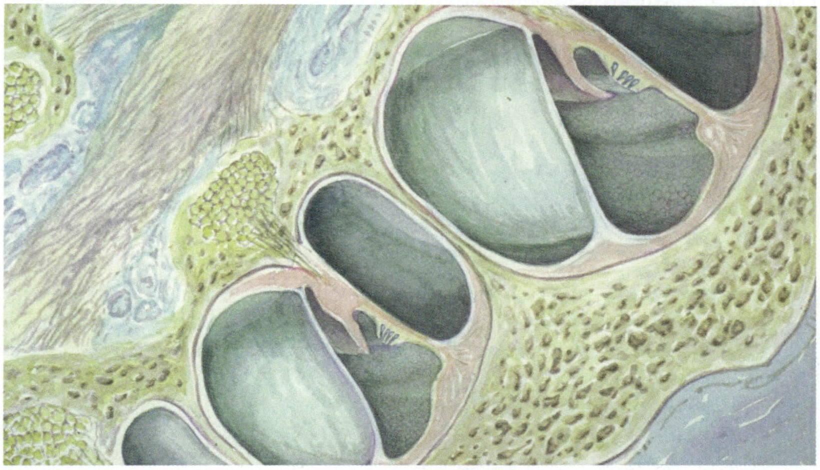

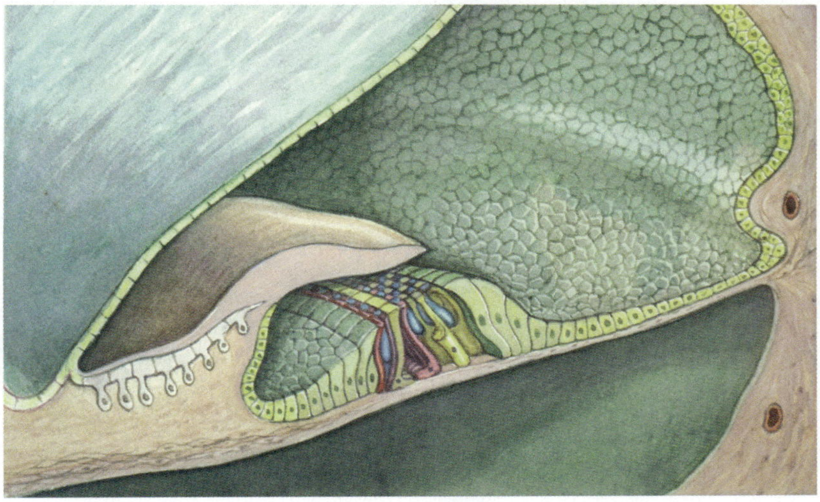

Oben: Schnitt durch die „Schnecke".

Unten: Starke Vergrößerung (schematisch) des Corti-Organs.

Wichtige Fragen und Antworten zu Ohrenerkrankungen

Wie kann man genau feststellen, wie gut man hört?

Genaue Messungen können mit einem Instrument, dem sogenannten Audiometer, vorgenommen werden. Mit dieser Hörprüfung lässt sich der Umfang des Gehörs in jedem Ohr genau bestimmen und so die Empfindlichkeit oder der Verlust des Gehörs nachweisen.

Wie entsteht Ohrensausen?

Die Wahrnehmung von Geräuschen verschiedenster Art kann vom Ohr selbst, von benachbarten Organen, aber auch vom Zentralnervensystem herrühren. Es wird zwischen objektiven und subjektiven Geräuschen unterschieden. Die objektiven Geräusche lassen sich vom Untersucher selbst wahrnehmen durch Auflegung des Stethoskops oder durch den Hörschlauch. Sie sind meist verursacht durch Gefäßanomalie oder durch Störungen der Innervation der Gaumenmuskulatur oder durch Funktionsstörungen der Eustachi-Röhre.

Akuter und chronischer Missbrauch von Alkohol, Koffein, Nikotin, vor allem aber hohe Dosen Chinin und Salizylpräparate führen oft zu vorübergehendem Ohrensausen. Recht häufig tritt Ohrensausen mit oder ohne Störung des Gehörs als Folge von Durchblutungsstörungen verschiedenster Ursache auf. Hoher Blutdruck und Arteriosklerose sind häufige Ursachen eines Ohrensausens.

Welche Ursachen haben Schmerzen im Gehörgang?

Sie sind gewöhnlich entzündlichen Ursprungs und können durch Pusteln, Furunkel, Ekzeme, Verletzungen oder einen Fremdkörper, der in den Gehörgang gelangt ist, hervorgerufen werden.

Welche Komplikationen kann man beobachten?

Bei jeder heftigen Entzündung sind auch die lufthaltigen Zellen des Warzen-fortsatzes (Processus mastoideus) des Felsenbeins an der Exsudatbildung beteiligt. Bei Weitergreifen der Entzündung werden auch die knöchernen Zwischenwände dieser Zellen aufgezehrt. Diese Komplikation tritt am häufigsten in der zweiten und dritten Woche unter Wiederanstieg des Fiebers und der Schmerzen auf.

Die Eiterung aus dem Gehörgang kann zu diesem Zeitpunkt reichlich sein, kann aber auch zurückgehen, wenn der Abfluss verlegt ist. Fast immer ist die hintere obere Gehörgangswand am Übergang zum Trommelfell angeschwollen. Durchbruch des Eiters nach außen kann an verschiedenen Stellen erfolgen.

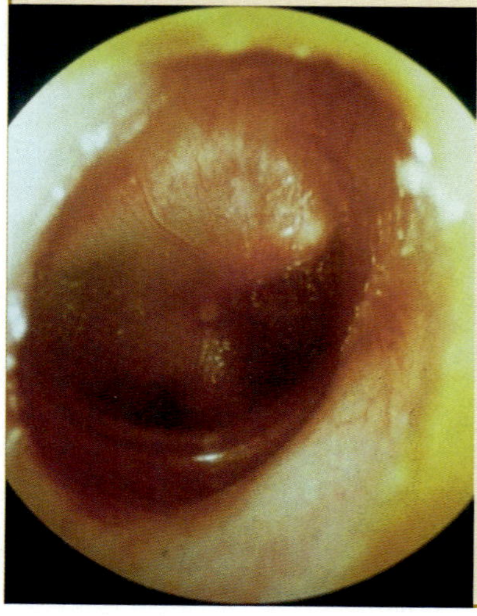

Welche Symptome sind bemerkbar?

Meist zeigt sich zuerst Druckschmerz und Schwellung, die bei Zunahme zum Abstehen der Ohrmuschel führt. Bei ungenügender antibiotischer Behandlung kann sich die Mastoiditis weiterentwickeln. Dann fehlen die alarmierenden Zeichen wie Fieber und Schmerzen. Eiterdurchbruch nach außen und innen kann verspätet überraschend erfolgen.

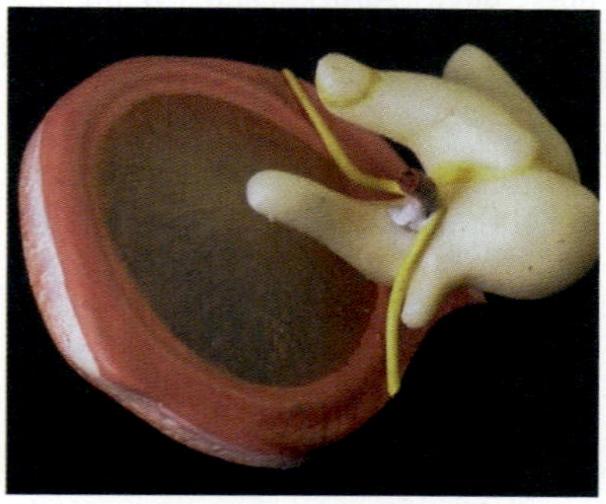

Das Trommelfell (oben: Außenansicht; unten: Innenansicht)

aufsteigende Infektion aus dem Nasen-Rachenraum (vor allem durch Streptokokken, Staphylokokken, Pneumokokken und Haemophilus influenzae). Sie wird im Kindesalter durch eine kurze, weite Tuba begünstigt. Auftreten kann die Mittelohrentzündung auch nach Trommelfellruptur (vor allem bei Kindern) über den Blutweg in der Folge einer Blutvergiftung.

Weitere mögliche Ursachen sind:

- Nekrose der Gehörknöchelchen;
- Osteomyelitis;
- Masern-otitis infolge bakterieller Sekundärinfektion mit eitriger Mastoiditis;
- Grippe-otitis mit Bildung zu Blutungen neigender Bläschen auf dem Trommelfell.

Gekennzeichnet ist eine akute Mittelohrentzündung durch folgendes:

- Fieber;
- Ohrenschmerzen;
- Ohrgeräusche;
- Schwerhörigkeit;
- druckschmerzhafter Mastoid.

Prüfen Sie, ob Ihr Kind richtig hört

- Erschrickt Ihr Säugling in der vierten bis sechsten Lebenswoche bei plötzlichen lauten Geräuschen wie Türknallen?
- Bewegt Ihr Kind mit drei bis vier Monaten die Augen in Richtung der Schallquelle?
- Plappert Ihr Kind im sechsten bis siebten Monat zweisilbige Laute?
- Reagiert Ihr Kind im Alter von zehn bis zwölf Monaten auf leises Ansprechen aus einem Meter Entfernung und versteht Verbote wie „Nein, Nein"?
- Ist Ihr Kind stiller als seine Altersgenossen und bleibt seine sprachliche Entwicklung deutlich zurück?

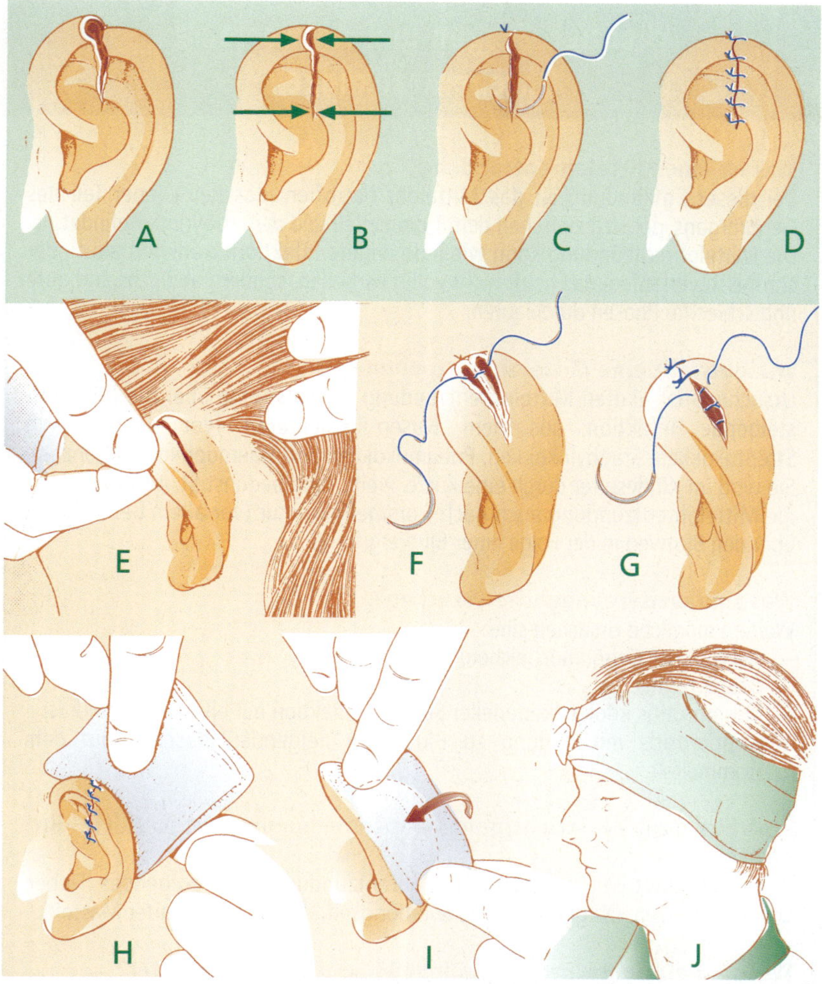

Operativer Eingriff für einen Riss im Außenohr (A-D); Ansicht von hinten (E-G); Verbandmull (H-J).

Im Säuglings- und Kleinkindesalter stehen häufig unspezifische Symptome wie Dyspepsie mit Erbrechen und Gedeihstörungen und Zeichen eines meningealen Syndroms im Vordergrund. Im Rahmen einer akuten Mittelohrentzündung ist vor allem bei Kleinkindern auf lautstarke Äußerungen zu achten, die ein Unwohlsein ausdrücken können. So klagen Kinder über starke Ohrenschmerzen. Diese Hinweise sollten von den Eltern ernst genommen werden, denn sobald diese ersten Anzeichen einer akuten Mittelohrentzündung abgeklungen sind, kommt es meist zu einer Perforation des Trommelfells, bei der sich ein eitriger und blutiger Ausfluss aus dem betroffenen Ohr ergießt.

Die Ausheilung erfolgt meist innerhalb von 2–4 Wochen mit einen Spontanverschluss des Defekts. Es können sich jedoch im ungünstigen Fall eine chro-

Unterricht an Kindern mit Verlust des Hörvermögens

Wichtige Fragen und Antworten zu Ohrenerkrankungen

Was ist eine Mittelohrentzündung?
Bei dieser Entzündung ist das Mittelohr betroffen, das heißt jener Teil des Gehörorgans, der sich zwischen dem Trommelfell und dem Labyrinth befindet.
Die Mittelohrentzündung kann wie jede andere Infektionskrankheit akut oder chronisch verlaufen, das heißt nicht völlig verheilen, sondern abwechselnd gute und schlechte Phasen durchlaufen.

Wie entsteht eine Mittelohrentzündung?
Ursache einer akuten Mittelohrentzündung ist meist eine über die Tube aufsteigende Infektion aus dem Nasen-Rachenraum (vor allem durch Streptokokken, Staphylokokken, Pneumokokken und Haemophilus influenzae). Sie wird im Kindesalter durch eine kurze, weite Tuba begünstigt. Auftreten kann die Mittelohrentzündung auch nach Trommelfellruptur (vor allem bei Kindern) über den Blutweg in der Folge einer Blutvergiftung.

Was sind weitere mögliche Ursachen?
Weitere mögliche Ursachen sind:
- Nekrose der Gehörknöchelchen;
- Osteomyelitis;
- Masern-otitis infolge bakterieller Sekundärinfektion mit eitriger Mastoiditis;
- Grippe-otitis mit Bildung zu Blutungen neigender Bläschen auf dem Trommelfell.

Welches sind die wichtigen Symptome einer akuten Mittelohrentzündung?
Gekennzeichnet ist eine akute Mittelohrentzündung durch Folgendes: Fieber, Ohrenschmerzen, Ohrgeräusche, Schwerhörigkeit, druckschmerzhafter Mastoid.

Was sind die Symptome im Säuglings- und Kleinkindesalter?
Im Säuglings- und Kleinkindesalter stehen häufig unspezifische Symptome wie Dyspepsie mit Erbrechen und Gedeihstörungen und Zeichen eines meningealen Syndroms im Vordergrund.
Im Rahmen einer akuten Mittelohrentzündung ist vor allem bei Kleinkindern auf lautstarke Äußerungen zu achten, die ein Unwohlsein ausdrücken können. So klagen Kinder über starke Ohrenschmerzen. Diese Hinweise sollten von den Eltern ernst genommen werden, denn sobald diese ersten Anzeichen einer akuten Mittelohrentzündung abgeklungen sind, kommt es meist zu einer Perforation des Trommelfells, bei der sich ein eitriger und blutiger Ausfluss aus dem betroffenen Ohr ergießt.

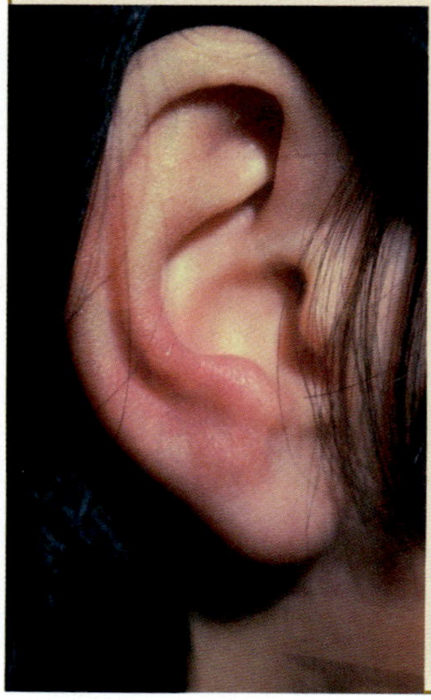

Was ist eine Otitis externa?
Otitis externa ist eine Erkrankung des äußeren Gehörgangs. Bei der akuten Form dieser Erkrankung ist die Wand des Gehörgangs stark geschwollen und sehr schmerzhaft, sowohl spontan als auch bei Berührung. Es kommt zur Anscheidung von Flüssigkeit oder Eiter.

nische Mittelohrentzündung oder Trommelfelldefekte, die eine gestörte Sprachentwicklung bedingen können, entwickeln.
Die möglichen Komplikationen einer akuten Mittelohrentzündung sind:
- Innenohrbeteiligung;
- Mastoiditis;
- Fazialislähmung;
- Meningitis;
- Hirnabszess;
- otitischer Hydrozephalus;
- chronische Mittelohrentzündung.

Zur Behandlung sollen schleimhautabschwellende Nasentropfen und Antibiotika verabreicht werden. Bei starker Trommelfellvorwölbung und persistierendem Fieber sollte zur Entlassung des Trommelfells ein kleiner Einschnitt vorgenommen werden, eventuell sollte eine Paukendrainage in Betracht gezogen werden.

Chronische Mittelohrentzündung
Die chronische Mittelohrentzündung kann Folge einer Entzündung der Nasenschleimhaut oder der Rachenschleimhaut sein.
Die Behandlung besteht in einer Reinigung und Austrocknung des äußeren Gehörgangs. Bei akuter eitriger Entzündung sollten Antibiotika gegeben werden. Chirurgisch kann eine Entfernung vereiterter Anteile des Warzenfortsatzes des Schläfenbeins oder eine Wiederherstellung des Trommelfells notwendig werden.

Ohrschmalzpfropfen

Das gelblich-bräunliche Sekret der Talg- und Schweißdrüsen des äußeren Gehörgangs, der sogenannte Ohrenschmalz, hat die Aufgabe, abgeschilferte Epithelien, Haare und Schmutzpartikel einzuhüllen und nach außen zum Gehöreingang zu transportieren.
Ansammlungen dieses Ohrenschmalzes werden häufig erst beim Reinigungsversuch in die Tiefe des Gehörgangs geschoben und können dort als Zeruminalpfropf durch Quellen (zum Beispiel beim Baden) den Gehörgang völlig verlegen. In der Folge kommt es zu Beeinträchtigungen des Hörens.

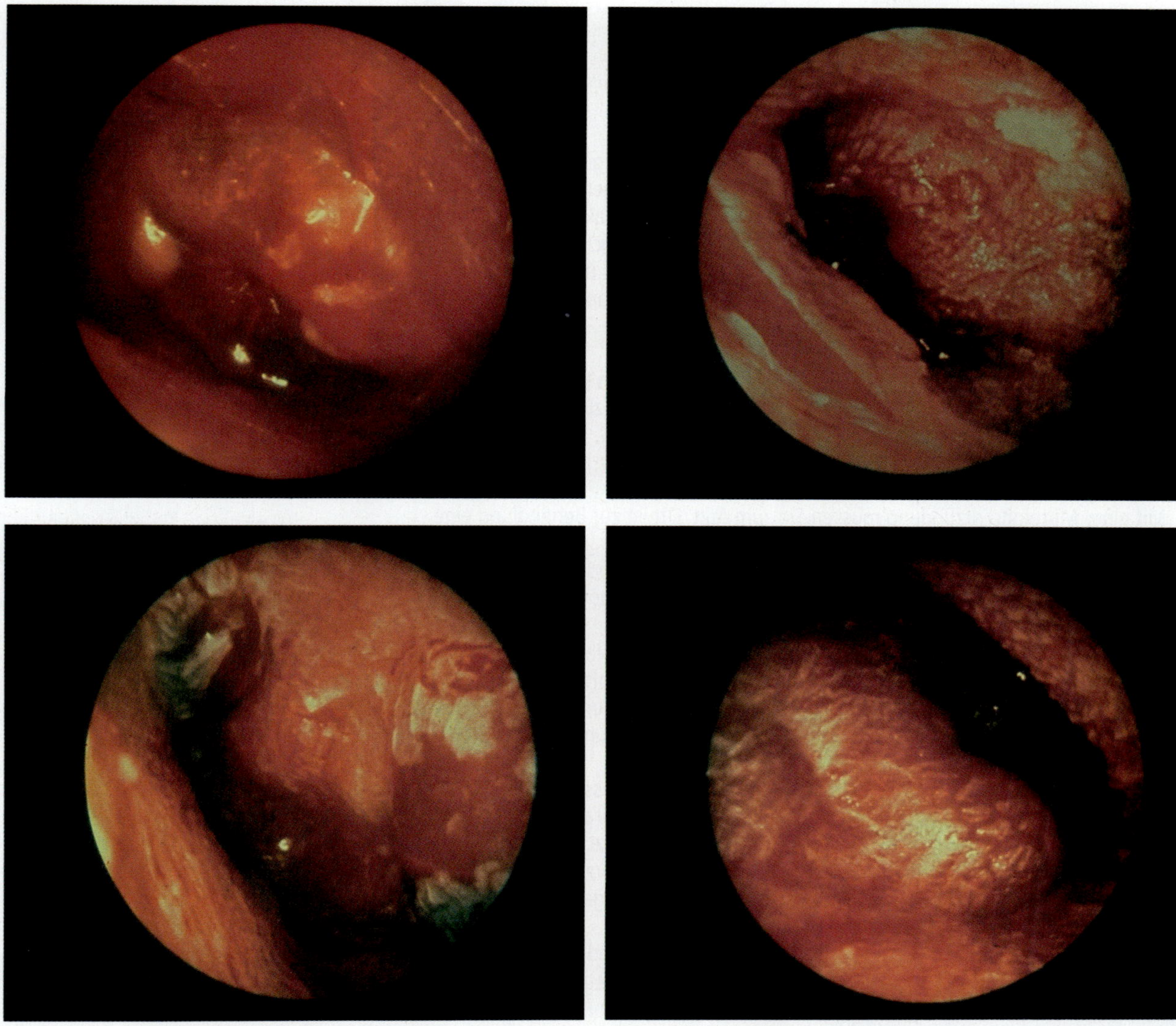

Otoskopie des Trommelfells: Trommelfellentzündung meist in Zusammenhang mit einer Mittelohrentzündung

Wichtige Symptome sind:
- dumpfes Gefühl im Ohr;
- Schwerhörigkeit.

Bei intaktem Trommelfell sollte eine Spülung des äußeren Gehörgangs mit 37 °C warmem Wasser erfolgen. Ansonsten wird eine instrumentelle Reinigung unter Sicht notwendig.

Fremdkörper

Sollte sich ein Fremdkörper in dem äußeren Gehörgang befinden, so ist dieser bei intaktem Trommelfell durch Spülung zu entfernen. Eine Manipulation mit Häkchen oder Pinzette ist wegen der Gefahr der Verletzung des Trommelfells nur durch Geübte durchzuführen.

Bei Kindern ist unter Umständen eine Narkose notwendig, um Trommelfellverletzungen durch ruckhafte Bewegungen bei der teilweise recht unangenehmen Fremdkörperentfernung zu vermeiden.

Möglicherweise hat auch ein Insekt den Weg in den äußeren Gehörgang gefunden. Hier hilft meist das Einträufeln von Tropfen Öl, durch die das Insekt ruhig gestellt bzw. getötet wird. Anschließend kann es durch einen Arzt entfernt werden. Zum Abschwellen eines geschwollenen Gehörgangs eignen sich Alkoholstreifen. Hierdurch werden weitere Eingriffe am Gehörgang erleichtert.

Trommelfellverletzung

Als Ursachen einer Trommelfellverletzung kommen in Betracht:

Direkte Verletzungen mit perforierenden Gegenständen

- Streichholz;
- Stricknadeln;
- Wattestäbchen;
- Einsprengung von heißen Metalltropfen beim Schweißen;

Ohrenschmerzen

Die häufigsten Ursachen von Ohrenschmerzen

- Entzündungen des äußeren Ohres, weil durch falsche Reinigungsmaßnahmen oder beim Schwimmen Bakterien oder Viren ins Ohr gelangen.
- Eine Mittelohrentzündung – oft als Folge einer Erkältung. Bakterien oder Viren breiten sich von der Nasen – oder Rachenschleimhaut in Richtung Ohren aus. Besonders häufig sind Kinder zwischen drei und acht Jahren betroffen.
- Entzündung und allfälliger Verschluss der Ohrtrompete, häufig als Begleiterscheinung einer Erkältung.
- Ohrenschmalz, das den Gehörgang verstopft.
- Zahnschmerzen, die bis ins Ohr ziehen (auch bei zahnenden Kleinkindern).
- Äussere Einflüsse wie Fremdkörper, die ins Ohr gelangen (zB. Insekten), oder Erfrierungen an der Ohrmuschel (Wintersport).

Was man selbst tun kann

Mit einer Mittelohrentzündung müssen Sie zum Arzt. Oft ist zur Behandlung eine Antibiotikatherapie nötig.

- Bei Entzündungen des äusseren Ohres werden desinfizierende Tropfen ins Ohr geträufelt. Sie enthalten häufig Glyzerin, Alkohol und möglicherweise ein Lokalanästhetikum, wie Lidocain.
- Bei Ohrtrompetenentzündungen helfen abschwellende Nasentropfen oder Sprays. Wenn eine Erkältung vorliegt, sollte der Schleim mit Wirkstoffen wie Acetylcystein, Carbocystein oder anderen schleimverdünnenden Substanzen gelöst werden. Die Inhalation von ätherischen Ölen öffnet und desinfiziert die Nebenhöhlen.
- Anschließend mithilfe einer Birnenspritze und warmem Wasser herausspülen. Beides erhalten Sie in der Apotheke, wo Sie auch einen Spray finden, der zur Schmalzentfernung mit sanftem Druck Wasser ins Ohr spritzt.

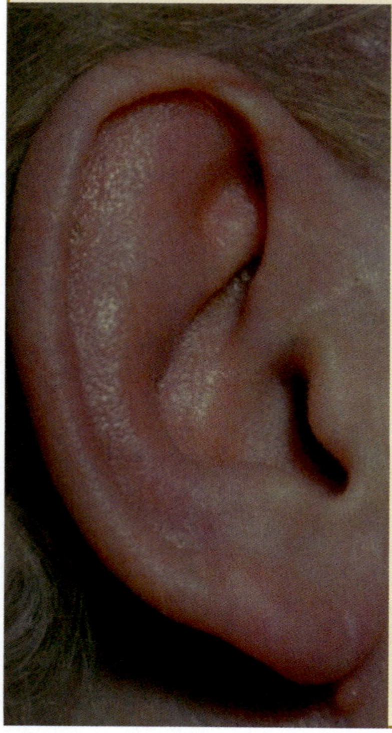

- Bei Ohrenschmerzen durch Luftdruckveränderungen hält man bei geschlossenem Mund beide Nasenflügel zu und atmet vorsichtig durch die Nase gegen diesen Druck aus. Wer erkältet ist und trotzdem fliegen muss oder ins Gebirge geht, sollte mit einem abschwellenden Mittel den Schleim lösen. Aufs Tauchen sollten Sie bei Erkältungen ganz verzichten, weil der Druckausgleich im Ohr nicht einwandfrei funktioniert.
- Bei Erfrierungen an den Ohren erwärmt man diese mit warmen Händen oder (warmen, aber nicht heißen) Tüchern.
- Bei zahnenden Kindern strahlen die Schmerzen oft bis in die Ohren aus, was Eltern problemlos daran erkennen, dass ihr Kind die Hand ans Ohr drückt oder sich das Ohr reibt. Das homöopathische Chamomillae D30 hilft hier schnell und wirksam.

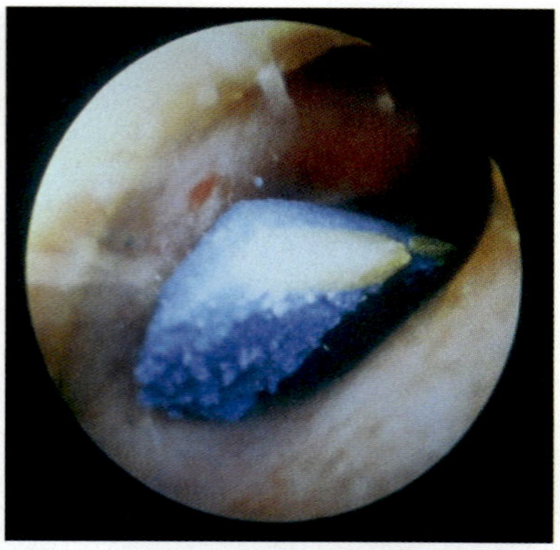

Kinder können sich alle möglichen Gegenstände in den Gehörgang stecken, besonders gerne Perlen, Radiergummi oder Bohnen. Diese Fremdkörper werden meist mit einem stumpfen Haken entfernt.

- Einreißen von Trommelfellnarben bei Ohrspülungen oder Tieftauchen;
- Verbrennungen des Trommelfells;
- Verätzungen des Trommelfells.

Indirekte Verletzungen

- Überdruckrupturen;
- Explosionen;
- Schlag aufs Ohr mit der flachen Hand;
- Aufschlagen aufs Wasser;
- Aufprall eines Balles aufs Ohr.

Wichtige Symptome einer Trommelfellverletzung sind:

- stechender Schmerz vor allem bei direkten Verletzungen;
- leichte Blutungen;
- bei Verbrennungen: langdauernde Mittelohreiterungen;
- bei Innenohreröffnungen:
  - Schwindel
  - Spontannystagmus
  - Schallempfindungsschwerhörigkeit
  - Taubheit auf dem betroffenen Ohr.

Schlitzförmige Perforationen heilen bei sterilem Abdecken des Ohres von selbst und bedürfen keiner weiteren Behandlung. Umgeklappte Trommelfellanteile müssen jedoch unter dem Mikroskop aufgerichtet werden, mögliche Fremdkörper sollten entfernt werden. Im Anschluss daran sollte die operativ versorgte Trommelfellverletzung mit Silikonfolie abgedeckt werden.

Schädigung des Ohres

Eine Innenohrschwerhörigkeit kann zu verschiedenen Zeitpunkten durch unterschiedliche Ursachen entstehen: im Rahmen der Schwangerschaft (pränatal), während der Geburt (perinatal) und nach der Geburt (postnatal).

Risikofaktoren im Rahmen der Schwangerschaft

- Vererbung
- Chromosomendefekt
- Erkrankungen der Mutter: Röteln, Toxoplasmose oder HIV
- Medikamentenmissbrauch der Mutter
- Alkoholmissbrauch der Mutter

Risikofaktoren für das Kind während der Geburt

- Frühgeburt
- Sauerstoffmangel
- Unterzucker
- Neugeborenengelbsucht
- Infektionen durch Ansteckung im Geburtskanal
- Medikamente

Risikofaktoren nach der Geburt

- Infektionen
  - Mittelohrentzündung
  - Blutvergiftung
  - Hirnhautentzündung
  - Mumps
  - Masern
- Ohrgiftige Medikamente
- Unfälle
  - Schädel-Hirn-Trauma
  - Misshandlungen
  - Lärm-Trauma

Wirkstoffe bei Ohrenbeschwerden

Cholinsalicylat
Salicylsäurederivate wie Cholinsalicylat (Cholinsalz der Salicylsäure) wirken fiebersenkend, entzündungshemmend und schmerzstillend. Mit Ohrentropfen, die Cholinsalicylat enthalten, können Ohrenbeschwerden auf Grund schmerzhafter und entzündlicher Prozesse im äußeren Gehörgang gebessert werden.

Dequaliniumchlorid
Dequaliniumchlorid gehört zur Substanzgruppe quaternärer Ammonium- und Phosphoniumbasen. Dequaliniumchlorid wirkt äußerlich angewendet desinfizierend (antiseptisch), gegen Bakterien (antimikrobiell) und gegen Pilze (antimykotisch). Bei schmerzhaften Entzündungen oder Furunkeln im äußeren Gehörgang können Ohrenbeschwerden mit dequaliniumhaltigen Ohrentropfen gebessert werden.

Docusatnatrium
Docusatnatrium (Natriumdioctylsulfosuccinat) wird industriell zur Produktion von Emulsionen benutzt. Die emulgierenden Eigenschaften von Docusatnatrium können auch verhärtetes Ohrenschmalz (Cerumen) im Gehörgang aufweichen. Störende Ohrenschmalzpfropfe können mit Docusatnatrium selbst behandelt werden.

Glycerin
Glycerol (Glycerin) ist ein medizinisch vielfach genutztes Lösungsmittel, das Wasser ziehend (osmotisch) und bei Schwellungen, etwa bei Furunkeln im Gehörgang, druckentlastend wirkt. Darüber hinaus besitzt Glycerin auch günstige antientzündliche Eigenschaften. Kombiniert mit schmerzhemmenden Wirkstoffen können schmerzhafte Ohrenbeschwerden mit glycerinhaltigen Ohrentropfen gelindert werden.

Lidocain
Lidocain blockiert die Weiterleitung von Nervenimpulsen und wirkt örtlich betäubend (Oberflächenanästhetikum) bei Schmerz und Juckreiz. Bei schmerzhaften Ohrenbeschwerden kann Lidocain schmerzlindernd wirken.

Ölsäure-Polypeptid-Kondensat
Ölsäure-Polypeptid-Kondensat ist eine ölige Substanz, die Ohrenschmalz (Cerumen) aufweichen kann. Ohrenschmalzpfropfen können mit Ölsäure-Polypeptidkondensat aufgeweicht, gelöst und entfernt werden.

Phenazon
Der Wirkstoff Phenazon besitzt ähnlich schmerzhemmende, antientzündliche und fiebersenkende Eigenschaften wie Acetylsalicylsäure. Ohrentropfen, die Phenazon enthalten, können bei schmerzhaften Ohrenbeschwerden schmerzlindernd wirken.

Procain
Procain blockiert die Weiterleitung von Nervenimpulsen und wirkt örtlich betäubend (Oberflächenanästhetikum) bei Schmerz und Juckreiz. Bei schmerzhaften Ohrenbeschwerden kann Procain schmerzlindernd wirken.

Osteoporose

Definition

Der Begriff „Osteoporose" ist aus den Wortstämmen osteo (= Knochen) und poro (= Durchgang, Weg) zusammengesetzt. Die Osteoporose ist eine Erkrankung des gesamten knöchernen Skeletts, bei der sich die Knochenmasse verringert und die mikroarchitektonische Qualität des Knochengewebes verschlechtert. Die Medizin bezeichnet die Osteoporose auch als „systemische Skeletterkrankung". Die Knochen werden dadurch spröder und das Risiko, dass Knochen brechen, nimmt zu. Die Knochensubstanz, das heißt die Zusammensetzung des Knochens aus Mineralstoffen und anderem Knochenbaumaterial, selbst bleibt unverändert normal.

Durch richtiges Aufstehen Rückenschmerzen infolge Osteoporose vermeiden.
A – Ziehen Sie die Knie an den Körper.
B – Drehen Sie sich auf die Seite.
C – Stemmen Sie sich mit geradem Rücken hoch.

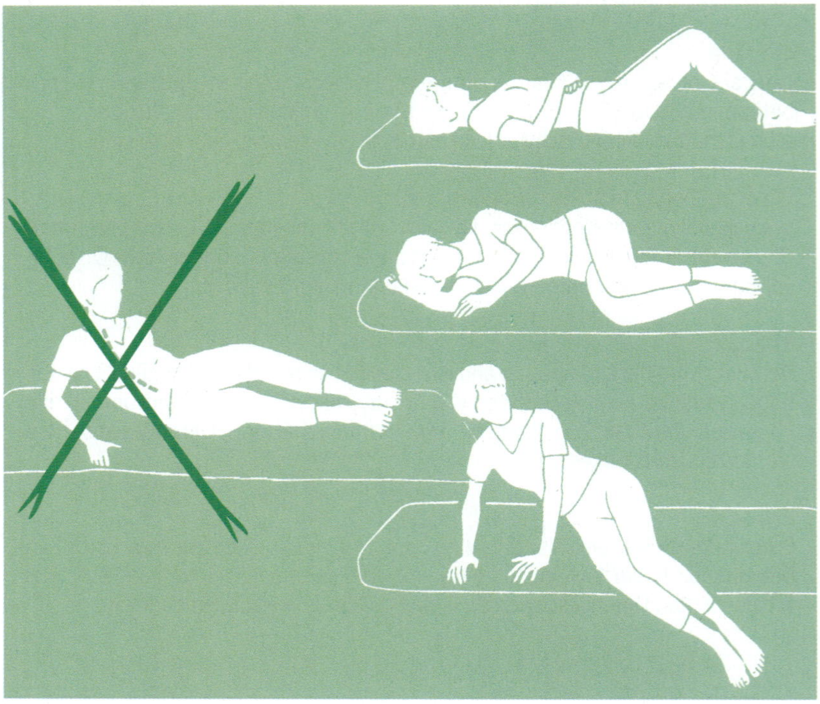

Die Osteoporose wird nach unterschiedlichen medizinischen Gesichtspunkten eingeteilt. Die Einteilungsgesichtspunkte orientieren sich am Schweregrad der Osteoporose, möglichen Ursachen der Osteoporose, an der Aktivität des Knochenumbaus, am Lebensalter, an medizinischen Untersuchungsbefunden (klinische Merkmale) und an der Aktivität der Osteoporose. Darüber hinaus wird die Osteoporose des Mannes gesondert unterschieden.
Die Osteoporose kann als eigenständige Erkrankung (primär) oder als Folge einer anderen Erkrankung oder Störung (sekundär) auftreten:

- Primäre Osteoporose: Die Ursache der Osteoporose ist unbekannt (idiopathisch) beziehungsweise sie geht auf das Zusammenwirken vieler Faktoren (multifaktoriell) zurück.
- Sekundäre Osteoporose: Die Osteoporose tritt als Folge anderer Erkrankungen oder Schädigungen des knöchernen Skeletts auf (Drüsenfunktionsstörungen, Arzneimittel, Magen-Darm-, Nieren-, Lebererkrankungen, Bewegungsmangel, erbliche Bindegewebserkrankungen, bösartige Tumoren, Mangelernährung).

Je nachdem, in welchem Lebensalter oder in welcher Lebensphase die Osteoporose erstmals auftritt – man spricht dann von einer manifesten Osteoporose –, werden vier Osteoporose-Formen unterschieden:

- Idiopathische juvenile Osteoporose: Die Osteoporose tritt als seltene erbliche Erkrankung vor der Pubertät auf und heilt nach zwei bis fünf Jahren spontan ab.
- Idiopathische Osteoporose im frühen Erwachsenenalter: Die Osteoporose tritt bis zum 50. Lebensjahr auf.
- Postmenopausale Osteoporose: Die Osteoporose tritt bei Frauen nach Beginn der Wechseljahre (Menopause) im 50. bis 70. Lebensjahr auf.
- Senile Osteoporose: Die „Altersosteoporose" tritt bei beiden Geschlechtern nach dem 70. Lebensjahr auf.

Jede fünfte Osteoporosediagnose wird bei einem Mann gestellt. Etwa die Hälfte der Osteoporosen, die bei Männern beobachtet werden, sind keine eigenständigen Osteoporosen, sondern Folge anderer Erkrankungen oder Störungen (sekundäre Osteoporose).
Hauptursachen sind Kortison-Therapie, exzessiver Alkoholkonsum, starkes Rauchen, Sexualhormonstörungen, Kalziumverluste mit dem Urin (Hyperkalziurie), Lebererkrankungen, entzündliche Darmerkrankungen (Crohn-

Bin ich gefährdet?

- Entscheidend für die Entwicklung einer Osteoporose ist vor allem, wie viel Knochensubstanz im ersten Lebensdrittel gebildet wurde.
- Bis zum 30. Lebensjahr wird mehr Calcium in das Skelett eingebaut als abgebaut. Je dichter die Knochensubstanz zu diesem Zeitpunkt ist, desto weniger kann der altersbedingte Verlust den Knochen etwas anhaben, da man rechtzeitig für ein gutes Reservoir gesorgt hat.
- Versäumnisse aus der Jugendzeit lassen sich später kaum noch aufholen. Faktoren, die den Aufbau der Knochen in Kindheit und Jugend beeinträchtigen, wie eine zu geringe Aufnahme von Calcium durch die Nahrung und zu wenig Bewegung, können im Alter die Entwicklung einer Osteoporose begünstigen.
- Achten Sie daher bereits bei Ihren Kindern auf eine ausreichende Aufnahme von Calcium in Form von Milch und Milchprodukten und auf genügend sportliche Betätigung.

So können Sie Ihren täglichen Calciumbedarf decken, zum Beispiel:
- 0,5 Liter Milch +
- 200 g Yoghurt +
- zwei Scheiben Käse (60 g)

oder

- 50 g körniger Frischkäse +
- 1 Yoghurt +
- 50 g Käse +
- 200 ml Buttermilch

oder

- 0,5 Liter Milch +
- 60 g Käse +
- 250 g Grünkohl.

Verlust bzw. Verminderung von Knochensubstanz und Knochenstruktur. Mikroskopische Darstellung von Knochengewebe, aufgenommen mit polarisiertem Licht.

Krankheit, Colitis ulcerosa) und ernährungsbedingter Kalziummangel.

Therapie

Der bislang einzige kausale Therapieansatz der Osteoporose sind Bisphosphonate, die fortschreitenden Knochensubstanzabbau wirksam blockieren können. Darüber hinaus können Kalzium und Vitamin D zur Behandlung und Vorbeugung der Osteoporose benutzt werden und physikalische Behandlung. Weitere Arzneistoffe zur Osteoporosetherapie sind Fluoride, Vitamin-D-Metaboliten, Kalzitonin, selektive Östrogen-Rezeptor-Modulatoren (SERM) und Sexualhormone.
Die Wirksamkeit und der Anwendungsbereich dieser Substanzen sind jedoch entweder begrenzt oder noch nicht ausreichend belegt.

Calciumgehalt in verschiedenen Lebensmitteln

Milch und Milchprodukte	in mg/Liter
Frischmilch, 3,5 % Fett	1200 mg
Frischmilch, 1,5 % Fett	1230 mg
H-Milch, 3,5 % Fett	1200 mg
Buttermilch	1090 mg
Yoghurt, 3,5 % Fett	1200 mg
Kefir, 3,5 % Fett	1200 mg
Saure Sahne 10 % Fett	1100 mg

Verschiedene Käsesorten	in mg/100 g
Emmentaler, 45 % Fett	1020 mg
Parmesan, 35 % Fett	1290 mg
Gouda, 45 % Fett	820 mg
Camembert, 45 % Fett	570 mg
Camembert, 60 % Fett	400 mg
Limburger Käse, 40 % Fett	534 mg
Doppelrahmfrischkäse, 60 % Fett	79 mg
Körniger Frischkäse, 20 % Fett	95 mg
Speisequark, 20 % Fett	85 mg
Speisequark, mager	92 mg

Verschiedene Obstsorten	in mg/100 g
Apfel	7 mg
Banane	8 mg
Birne	9 mg
Himbeeren	40 mg
Kiwi	40 mg
Sanddornbeeren	42 mg
Mandarinen	37 mg
Erdbeeren	24 mg

Verschiedene Gemüsesorten	in mg/100 g
Fenchel, roh	109 mg
Grünkohl, roh	230 mg
Mangold, roh	103 mg
Meerrettich, roh	105 mg
Petersilie, roh	245 mg
Spinat, roh	126 mg
Kohlrabi	68 mg
Schnittbohnen	56 mg
Brokkoli, roh	113 mg

Getreide und Getreideprodukten	in mg/100 g
Haferflocken	65 mg
Reis	23 mg
Roggenmischbrot	23 mg
Roggenvollkornbrot	43 mg
Weizenvollkornbrot	63 mg
Weizenmischbrot	17 mg

Fleisch/Wurst	in mg/100 g
Rinderhackfleisch	18 mg
Corned Beef	33 mg
Schweinekotelett	11 mg
Fleischwurst	14 mg
Salami	35 mg

Fisch	in mg/100 g
Hering	34 mg
Sardine	85 mg
Kabeljau	24 mg
Rotbarsch	22 mg

Vorbeugung

Eine Vorbeugung gegen Osteoporose ist in jedem Lebensalter möglich und sinnvoll. Ausgewogene Ernährung, die vor allem Milchprodukte enthalten sollte, und regelmäßige, aber nicht übertriebene körperliche Aktivität sind die wirksamsten Schutzmaßnahmen gegen Knochenmasseverluste und Osteoporose.

Der Aufbau und Erhalt des knöchernen Skeletts beim Menschen wird wesentlich von Sexualhormonen beeinflusst. Mit dem Beginn der Pubertät wird der Knochenstoffwechsel so beschleunigt, dass etwa zwischen dem 15. und 20. Lebensjahr die höchste Knochendichte erreicht wird (Spitzenknochenmasse) – obwohl meist das Alter von 30 bis 35 Jahren als Phase der maximalen Knochendichte angegeben wird. Mit weiter fortschreitender Alterung des Organismus nimmt die Knochendichte dann langsam ab. Frauen im höheren Lebensalter sind durch den mit den Wechseljahren eintretenden Östrogenmangel für Knochenmasseverluste besonders gefährdet, da der Knochenabbau beschleunigt ist und das Knochenbruchrisiko ansteigt, wenn keine Osteoporosevorbeugung oder Behandlung durchgeführt wird.

Die wirksamsten Maßnahmen, um Knochenmasseverlusten, Osteoporose und erhöhter Knochenbruchgefahr vorzubeugen, sind eine bewusst knochenfreundliche Ernährung, die vor allem eine ausreichende Kalziumversorgung gewährleistet, ein Bewegungsprogramm mit regelmäßiger ausreichender körperlicher Aktivität, die Vermeidung knochenschädlicher Risiken und der Schutz vor Knochenbrüchen durch Sturzprophylaxe. Bei rasch fortschreitendem Knochenmasseverlust, bei Frauen nach den Wechseljahren, bei bereits eingetretener Osteoporose, bei Menschen mit hohem Osteoporoserisiko und in hohem Lebensalter kann eine zusätzliche Therapie der Osteoporose sinnvoll sein:

- Jugendalter (10–35 Jahre): Die Osteoporosevorbeugung sollte bereits bei Heranwachsenden durch bestmögliche Förderung des Knochenaufbaues einsetzen. Vitamin- und kalziumreiche Ernährung, insbesondere Kalzium und Vitamin D, sowie ausreichende kör-

perliche Bewegung unter freiem Himmel oder sportliche Aktivität stimulieren den Knochenstoffwechsel und sind starke Anreize, um die maximale Knochenmasse zu erreichen.
Je mehr Knochenmasse während der jugendlichen Reifephase gebildet wird, desto geringer ist die Osteoporosegefahr im späteren Leben.

- Erwachsenenalter (30–50 Jahre): Im Erwachsenenalter nimmt bei beiden Geschlechtern die Knochenmasse langsam ab, da im Knochenstoffwechsel der Knochensubstanzabbau größer ist als der Knochenaufbau. Ausgewogene Ernährung und regelmäßige körperliche Bewegung sowie ein risikoarmer Lebensstil ohne Stress- oder Genussgiftexzesse tragen wesentlich dazu bei, den Knochenmassebestand zu erhalten und abnormem Knochenabbau oder Osteoporose vorzubeugen.
- Wechseljahre der Frau (40–50 Jahre): Mit dem Beginn und vor allem nach den Wechseljahren sind Frauen für einen beschleunigten Knochenabbau besonders gefährdet. Der Östrogenmangel verschlechtert die Knochenstoffwechselbilanz bei postmenopausalen Frauen deutlich und kann zu einem erhöhten Knochenbruchrisiko beitragen. Die optimal ausgewogene und maximal ausreichende Nährstoffzufuhr sowie körperliche Bewegung können beschleunigten Knochenabbau abbremsen und den Zeitpunkt für ein erhöhtes Knochenbruchrisiko hinauszögern.
- Höheres Lebensalter (50–80 Jahre): Mit zunehmendem Alter langsam fortschreitende Knochenmasseverluste und zunehmende Knochenbrüchigkeit sind auf normalen biologischen Stoffwechselprozessen beruhende Vorgänge. Möglicherweise war in der Entwicklungsgeschichte nicht vorgesehen, dass Menschen älter als 50 Jahre werden. Fortschritte der Medizin und die deutlich verlängerte Lebenserwartung haben die Altersosteoporose zu einem Gesundheitsproblem mit dem Charakter einer Volkskrankheit werden lassen. Ausgewogene Ernährung, Nahrungsergänzungsmittel und genügend körperliche Aktivität können bis in das höchste Lebensalter übermäßigem Knochenschwund vorbeugen. Darüber hinaus kommt in diesem Lebensabschnitt der Sturzprophylaxe und Vermeidung von Knochenbrüchen größte Bedeutung zu.

Osteoporose bei Frauen

Die European Foundation for Osteoporosis and Bone Disease, die National Osteoporosis Foundation in den USA und die WHO unterscheiden übereinstimmend folgende Stadien der Osteoporose bei erwachsenen Frauen:

- Normalbefund: Als normal gilt eine Knochendichte (BMD) beziehungsweise ein Knochenmineralgehalt (BMC), der bis zu 1 SD (Standardabweichung) unter dem Durchschnittswert junger erwachsener Frauen liegt.
- Osteopenie: Der Begriff Osteopenie bedeutet, dass die Knochenmasse vermindert ist. Von Osteopenie wird dann gesprochen, wenn die Knochendichte (BMD) beziehungsweise der Mineralgehalt von Knochensubstanz (BMC) mehr als 1 SD (Standardabweichung) und nicht mehr als 2,5 SD unter dem Durchschnittswert junger erwachsener Frauen liegt.
- Osteoporose: Die Knochendichte (BMD) beziehungsweise der Knochenmineralgehalt (BMC) liegen mehr als 2,5 SD unter dem Durchschnittswert junger erwachsener Frauen.
- Schwere Osteoporose: Eine schwere Osteoporose liegt dann vor, wenn die Knochendichte (BMD) beziehungsweise der Knochenmineralgehalt (BMC) mehr als 2,5 SD unter dem Durchschnittswert junger erwachsener Frauen liegt und bereits mindestens ein Knochenbruch (Fraktur) vorgekommen ist.

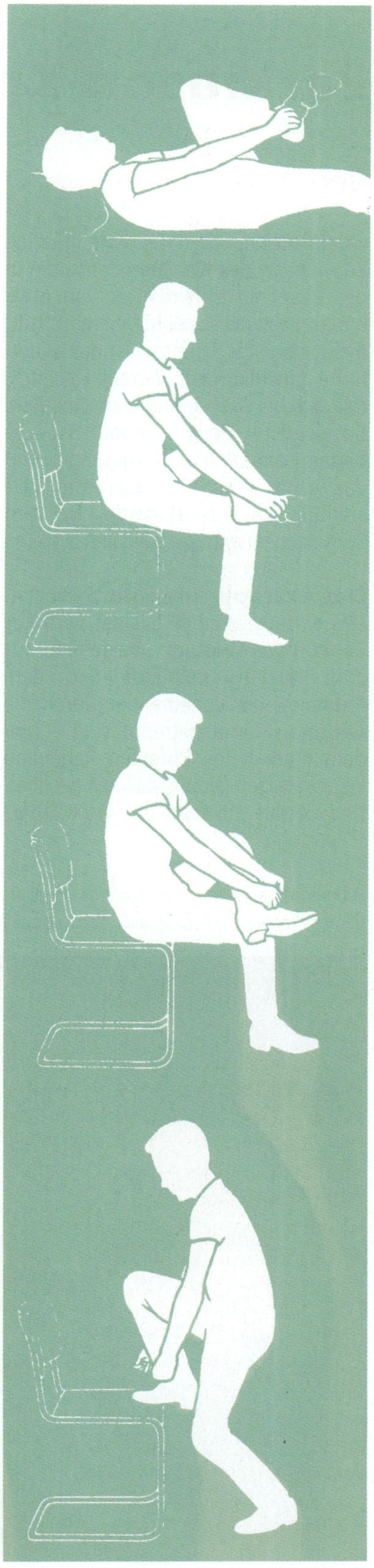

Vermeiden von Schmerzen infolge Osteoporose durch richtiges Anziehen von Socken und Schuhen

Parkinson-Krankheit

Definition

Parkinson-Krankheit ist eine häufige Erkrankung des Nervensystems, die in der Regel ab einem Alter von etwa 60 Jahren zumeist bei Männern auftritt. Ihr sichtbarstes Symptom ist das dauerhafte unwillkürliche Zittern (Tremor), das sich bei Bewegungen abschwächt. Das zweite Hauptsymptom ist die Verlangsamung aller Bewegungen und das dritte eine zT. dauerhafte Versteifung der Muskulatur. Es gibt Störungen im extrapyramidalen System.

Das extrapyramidale System

Das extrapyramidale System wird aus dem Corpus striatum – bestehend aus dem Nucleus caudatus und dem Putamen, die voneinander durch die Capsula interna getrennt sind – und dem medial des Putamen liegenden kegelförmigen Globus pallidus gebildet. Das Corpus striatum hat viele Faserverbindungen: Afferente Fasern kommen von der Großhirnrinde; viele efferente Axone laufen über den Globus pallidus zur Substantia nigra. Auch diese stellt mit einer Anzahl von Zwischenhirnkernen einen Teil des extrapyramidalen Systems dar. Vom Globus pallidus gehen viele Bahnen zum Zwischenhirn.

Das Corpus striatum hat eine Anzahl wichtiger Verbindungen zu Zentren im Hirnstamm, wie den Nucleus ruber, die Substantia nigra, dem Formatio reticularis und die Kerne der Olive. Von diesen Zentren aus zieht eine Anzahl von Bahnen zum Rückenmark (Tractus rubrospinalis, Tractus reticulospinalis und Tractus olivospinalis), um hier die Aktivität der motorischen Vorderhornzellen und der Gammaneuronen zu beeinflussen.

Man hat die Funktionen des extrapyramidalen Systems mit ihren Verbindungen im Hirnstamm zusammenfassend als das Regelsystem des unbewussten, Massenbewegungen ermöglichenden, automatisierten Teils der Motorik bezeichnet. Bei der Erkrankung des einen oder anderen Bereichs des extrapyramidalen Systems kommt es zu den verschiedenen extrapyramidalen Störungen. Durch die Einführung stereotaktischer Operationen und die Anwendung einer Anzahl neuer Medikamente können viele extrapyramidale Störungen jetzt sinnvoll behandelt werden.

Beeinträchtigungen des extrapyramidalen Systems, die vornehmlich durch degenerative Prozesse verursacht werden, sind wie folgt gekennzeichnet:

- Es kommt zu einer Störung der allgemeinen motorischen Bewegungsabläufe, wobei entweder eine Hypokinesie (Bewegungsverarmung) oder eine Hyperkinesie (überschießende Bewegungen und Mitbewegungen) auftreten können.
- Man findet Veränderungen im Muskeltonus, die sich in einer Hypertonie (Tonuserhöhung), einer Hypotonie (Tonuserniedrigung) oder einem sogenannten Spasmus mobilis (wechselnder Tonus) zeigen.

Parkinson-Krankheit entsteht infolge Degeneration dopaminerger Neurone in der Substantia nigra, die auf cholinerge Neurone im Corpus striatum hemmend einwirken.

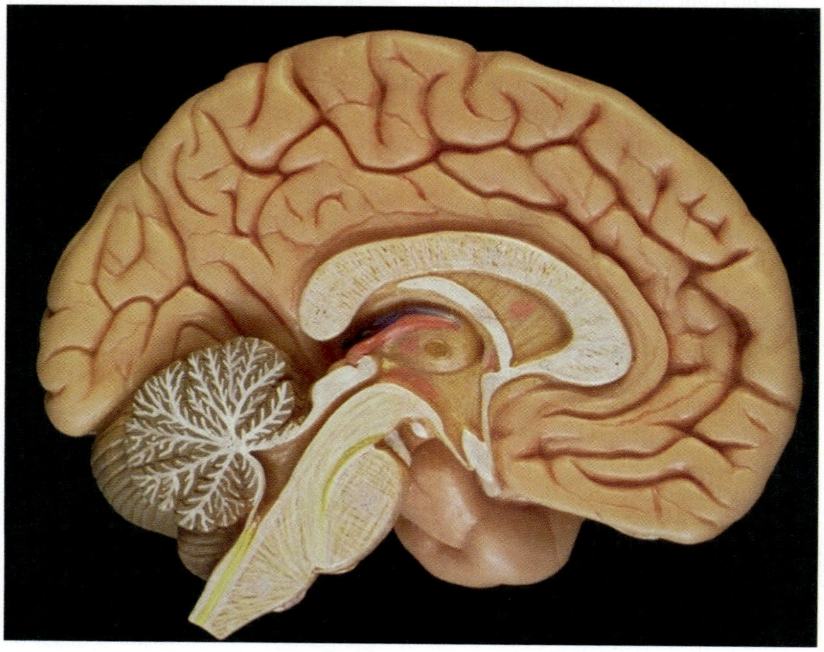

Syndrome

Die zwei wichtigsten Syndrome sind:

- das hypokinetisch-rigide Syndrome bei dem sich Bewegungsverarmung und Hypertonie der Muskulatur kombinieren. Man findet es vor allem bei der Parkinson-Krankheit;
- hyperkinetisch-dystone Syndrome, bei denen sich eine Dystonie der Muskulatur mit unwillkürlichen abnormen oder Nebenbewegungen verbindet.

Entwicklung

Die Parkinson-Krankheit und das Parkinson-Syndrom sind meist langsam fortschreitende Erkrankungen des Zentralnervensystems, gekennzeichnet durch Störungen der Motorik und der Haltung, von gewissen psychischen Störungen sowie Änderungen in der Funktion des autonomen Systems. Bewegungsverarmung (Hypokinesie) und Hypertonie der Muskulatur (Rigor) stehen im Vordergrund.

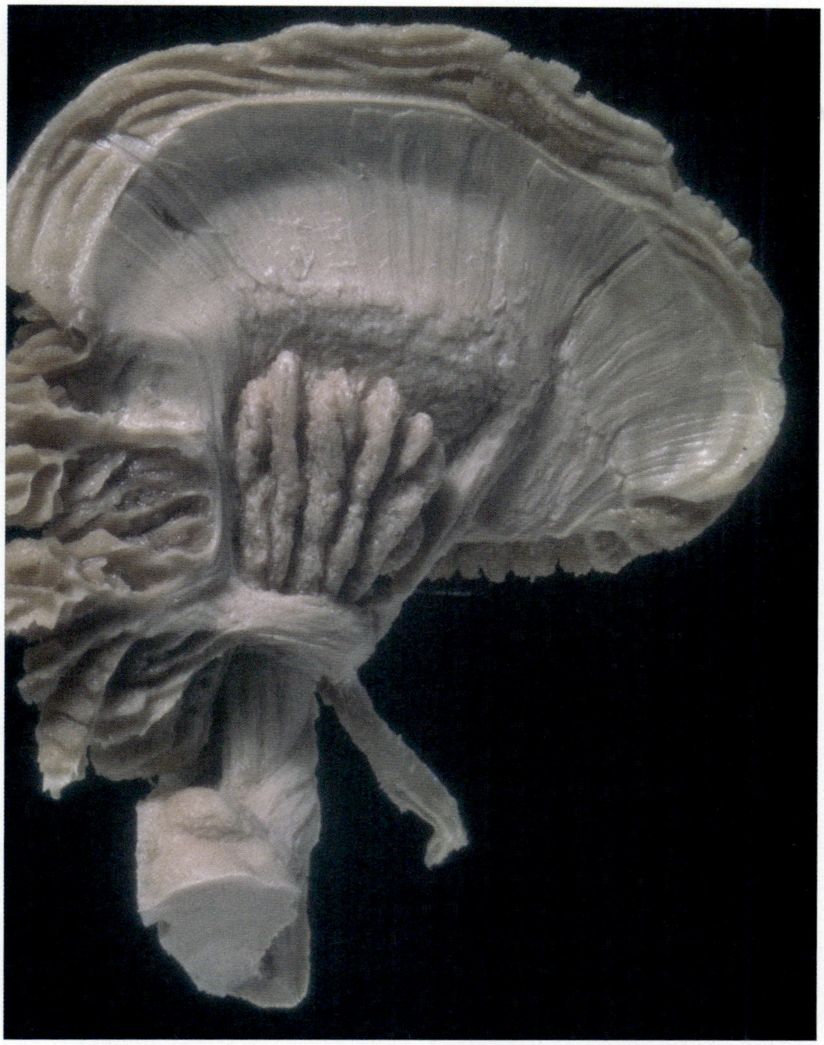

Bei der Parkinson-Krankheit ist vor allem das System der basalen Ganglien und Substantia nigra gestört

Vorkommen

Die Störung beginnt bei 8 Prozent zwischen dem 35. und 40., bei 20 Prozent zwischen dem 40. und 50., bei mehr als 70 Prozent nach dem 50. Lebensjahr.
Bei etwa 1 von 20 Kranken besitzen Erbfaktoren Bedeutung. Ein postenzephalitisches Parkinson-Syndrom trat als Spätfolge der Enzephalitis-epidemica-Infektion 1918 auf. Die Krankheit kommt vor allem bei älteren Menschen häufig vor. Man schätzt, dass in der Bundesrepublik 100.000 bis 200.000 daran leiden.

Pathologische Anatomie

Zugrunde liegen degenerative Veränderungen des Striatum, vor allem des Globus pallidus und der Substantia nigra. Man kann dort die Lewyschen Einschlusskörperchen finden.
In den erwähnten Hirnkernen findet man eine Degeneration der Nervenzellen und eine Gliawucherung; es kommt auch zu degenerativen Veränderungen an den Axonen der zugehörigen Bahnsysteme.
Die Substantia nigra ist geschwunden. Senil-atrophische Veränderungen sind auch in der Hirnrinde (Stirnhirn) nachweisbar.

Symptome

Es kommt zu verlangsamten Bewegungen, fehlenden Mitbewegungen, kleinschrittigem Gang, Beugehaltung im Rumpf, Zittern, Starre der Extremitäten, salbenartigem Gesicht, Mimikarmut, monotoner Sprache sowie psychisch-depressiven Veränderungen.

Vorstadium

Dem Parkinson-Syndrom geht häufig ein pseudoneurasthenisches Vorstadium voraus, das durch ein allgemeines Unbehagen, Paraesthesien, eine erhöhte Reizbarkeit und Schmerzen in den Extremitäten gekennzeichnet sein kann.

Hypokinesie

Es folgt die Hypokinesie, die meistens zunächst an einer Extremität auftritt, später erst an beiden. Durch die Bewegungsarmut erweckt der Kranke den Eindruck, als ob er sich so wenig wie möglich bewegt. Auch scheint es, als ob er sich nicht entspannen kann oder will.
Es kann zu einem statuarischen Bild mit einem Maskengesicht kommen, die Bewegungen werden in einer Art Zeitlupentempo vollzogen. Neben der Bewegungsarmut bei den großen Bewegungsabläufen fällt auch eine Verlangsamung der umschriebenen zweckgerichteten Motorik auf.

Muskelhypertonie

Auch Rigidität oder Muskelsteifheit genannt. Diese extrapyramidale Hypertonie unterscheidet sich in vieler Hinsicht von der Spastizität. Die extra-

Wichtige Fragen und Antworten zur Parkinson-Krankheit

Was ist Paralysis agitans oder Parkinson-Krankheit?
Auch bekannt als Schüttellähmung: Erkrankung des extrapyramidalen Systems mit amyostatischen Symptomen (Zittererscheinungen bei Bewegungsarmut und Muskelstarre).

Was ist das extrapyramidale System?
Darunter versteht man alle motorischen Kerngebiete im Gehirn und den zugehörigen absteigenden Nervenbahnen, die von diesen entspringen. Sie sind für die Durchführung der automatischen oder halbwillkürlichen Bewegungen verantwortlich, die die willkürlichen Bewegungen begleiten. Letztere werden von den Bahnen und spinalen Fortsätzen des pyramidalen Systems gesteuert.

Welche Störungen kennzeichnen die Veränderungen des extrapyramidalen Systems?
Die wichtigsten Störungen, die mit dem extrapyramidalen System zusammenhängen sind: Veränderungen des Muskeltonus, Hyperkinese, Veränderungen der Statik und der Körperhaltung und schließlich Veränderungen der instinktiven Bewegungen.

Was sind die ersten Anzeichen?
Das Zittern, von dem man allgemein annimmt, dass es typisch für Parkinson sei und das auch den Namen „Schüttellähmung" geprägt hat, ist nur in circa 50 Prozent der Fälle das erste Symptom. Bei 15 Prozent fehlt es völlig. Deshalb ist die Bezeichnung „Schüttellähmung" irreführend. Die Anzeichen können nämlich ganz verschieden und uncharakteristisch sein: zB. eine Schulter-Nacken-Verspannung, Ungeschicklichkeit – etwa Fallenlassen von Gegenständen –, Antriebsverlangsamung, aber auch psychische Veränderungen, wie Depressionen. Wenn das Zittern allerdings eines der ersten Symptome ist, tritt es fast ausschließlich asymmetrisch auf, das heißt nur auf einer Körperseite, zB. in einer Hand oder in einem Arm.

Ist die Parkinson-Krankheit erblich bedingt?
Laut epidemiologischer Studien besteht bei 10 bis 15 Prozent der Fälle ein familiärer Zusammenhang, wobei bei einigen Statistiken Spitzenwerte von bis zu 30 Prozent erreicht werden. Diese epidemiologischen Daten sind jedoch für sich nicht signifikant. Wahrscheinlich spielt bei der Entwicklung der Krankheit die Veranlagung eine wesentliche Rolle, auch wenn beim Großteil der Patienten keinerlei spezifische genetische Ursachen beobachtet werden konnten.

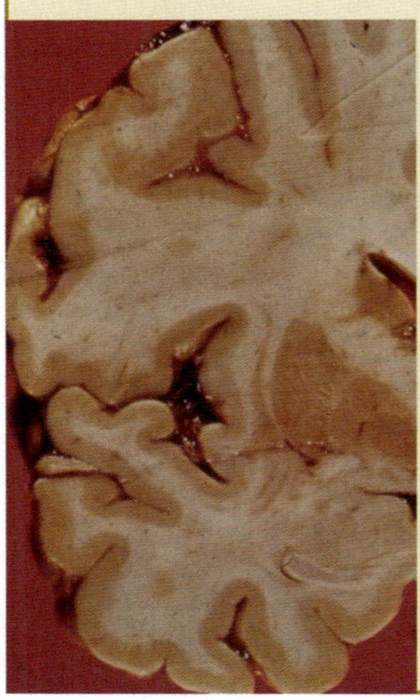

Wie definiert man Parkinsonismus?
Sammelbegriff für die Symptomatik der Parkinson-Krankheit bei Zerebralsklerose, Syphilis, nach Trauma, Intoxikationen (zum Beispiel CO), Infektionskrankheiten (insbesondere Encephalitis epidemica), seltener medikamentös.

pyramidale Hypertonie hat folgende Kennzeichen:

- Es liegt keine Bevorzugung bestimmter Bewegungen vor, sodass es auch nicht auf die Dauer zu Kontrakturen kommt.
- Bei der spastischen Tonuserhöhung muss am Anfang der Bewegung ein Widerstand überwunden werden (das sogenannte „Taschenmesserphänomen").
- Der Rigor oder die Rigidität ist dagegen dadurch gekennzeichnet, dass während der ganzen Bewegung ein gleichmäßiger Widerstand durch die Hypertonie der Antagonisten und Agonisten fühlbar ist.
- Auch ist der Ruhetonus erhöht. Bewegt man ein Glied des Parkinsonkranken, so schießen immer wieder flüchtige Impulse ein, die den Ablauf der passiven Bewegung ruckartig bremsen („Zahnradphänomen").

Tremor

Nur bei einer gewissen Anzahl von Patienten findet sich ein ausgeprägter Tremor.

Hier handelt es sich um langsame, rhythmische Bewegungen mit 4–6 Schlägen in der Sekunde, die im Allgemeinen im Schlaf verschwinden, sich aber bei Emotionen verstärken. Dieser Tremor unterscheidet sich deutlich von anderen abnormen Bewegungen und Tremorformen wie der Myoklonie (unregelmäßige plötzliche Muskelzuckungen) und der Basedow'schen Krankheit (feinschlägiger Tremor mit ca. 10 Schlägen pro Sekunde).

Er zeigt sich vor allem in den Extremitäten – etwa zunächst einem Arm. An der Hand erinnert dieser Tremor an die Bewegungen des Geldzählens oder Pillendrehens. Bei gezielten Bewegungen bildet sich der Tremor zurück.

Typische Bewegungsabläufe

Durch die drei genannten Symptome haben die Bewegungsabläufe einen sehr typischen Charakter.

Die Patienten gehen schlurfend und kleinschrittig, die Füße werden nicht am Boden abgerollt. Die Arme werden kaum oder nicht bewegt, die typischen

Drehbewegungen des Rumpfes unterbleiben.
Es kommt vor, dass der Patient seine Bewegungen nicht mehr bremsen kann und weitergeht, bis ihn jemand aufhält (Propulsion).
Dieses Symptom kann auch nach hinten (Retropulsion) und seitwärts (Lateropulsion) auftreten. Man findet eine Beugehaltung in vielen Gelenken und eine stärkere Beugung des Rückens; der Kopf wird nach vorne gebeugt gehalten.

Sprache
Oft ist die Sprache gestört: Eine Art von Dysarthrie ist auf die Bradykinesie zurückzuführen.
Die Sprache ist oft flüsternd und leise. Die Stimmmodulation geht verloren, oft werden einzelne Silben oder kürzere Worte mehrfach wiederholt (Palilalie). Zeitweilig kann es zu einem gewissen Mutismus kommen.

Vegetative Störungen
Weiter kommt es zu Störungen von Funktionen des autonomen Nervensystems, abnormer Schweißsekretion und einem abnormen Speichelfluss. Die Pupillenreaktionen können abgeschwächt sein.
Gelegentlich kommt es zu einer stärkeren Talgabsonderung, zumal im Gesicht („Salbengesicht").
Der Blutdruck ist oft niedrig, es kommt zu orthostatischen Regulationsstörungen.
In den Extremitäten können Durchblutungsstörungen auftreten; es kann zu leichten Ödemen und vermehrter Schweißsekretion kommen.

Psyche
Die psychischen Veränderungen werden vor allem durch eine Depression geprägt; die Kranken reagieren emotional lang anhaltend.
Dabei liegen sowohl eine reaktive wie auch eine organische Komponente vor. Die Kranken sind vielfach egozentrisch und in sich gekehrt.
Aber auch primär können diese Menschen etwas zwanghaft-perfektionistisch sein.
Häufig ist eine Bradyphrenie (= geistige Verlangsamung).

Übungen für den Rumpf.
1 – Nach vorn beugen und wieder aufrichten.
2 – Seitwärts beugen.
3 – Kreisförmige Bewegungen .

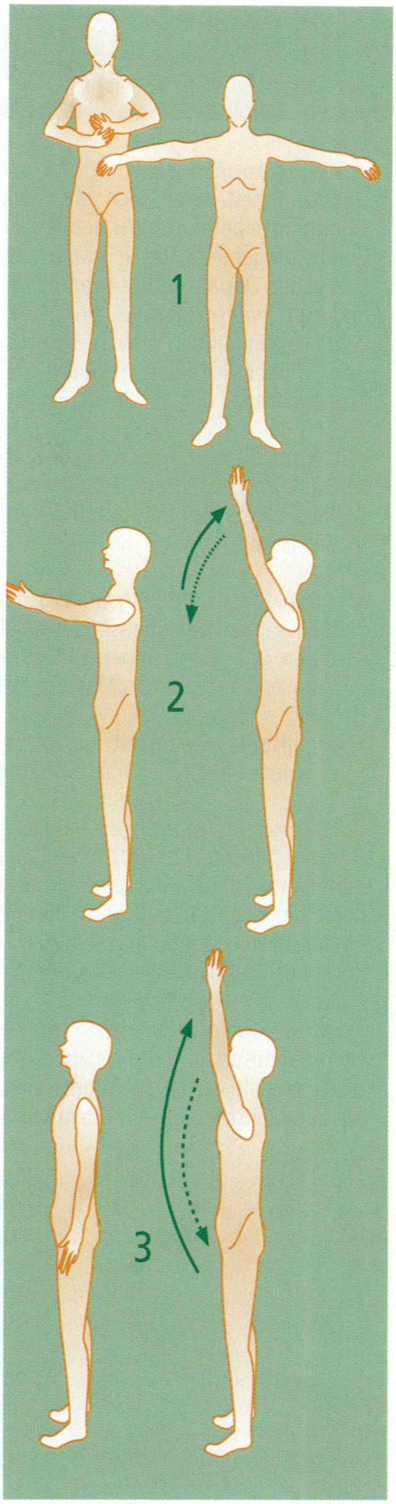

Übungen für die Arme.
1 – Unterarme beugen, dann zur Seite strecken.
2 – Ausstrecken der Arme nach vorn und nach oben, dann
3 – Bewegungen von oben nach unten.

Wichtige Fragen und Antworten zur Parkinson-Krankheit

Woher kommt die Krankheit?
Die Krankheit spielt sich in Nervenzentren ab, die sich ziemlich in der Gehirnmitte befinden. Wir nennen sie die „schwarze Substanz". Dort wird ein Botenstoff gebildet, der Neurotransmitter Dopamin. Wie viele andere Überträgerstoffe hat Dopamin die Aufgabe, Nervenimpulse von einer Nervenzelle zur anderen weiterzuleiten. Bei Parkinson-Patienten kommt es zu einem Zelluntergang in der schwarzen Substanz (Substantia nigra). Dopamin wird deshalb immer weniger gebildet, und das empfindliche Gleichgewicht im Zusammenspiel der verschiedenen Transmitter gerät aus den Fugen.

Was sind die wichtigsten Symptome der Parkinson-Krankheit?

- Das typische Zittern, Ruhetremor genannt. Es tritt bei einer bestimmten Muskelentspannung auf und hört nach einigen willkürlichen Bewegungen wieder auf.

- Die Akinesie (Verlangsamung der Bewegungen) stellt das grundlegende Element des Krankheitsbildes dar. Der Patient muss jede seiner Gesten beurteilen und überdenken. Die eingeschränkte Gesichtsmimik verleiht dem Kranken das typische „Maskengesicht".

- Hypertonie (Steifigkeit) der Muskeln tritt mit der Bewegung auf und verschwindet fast völlig. Als Folge kommt es zur gebückten Körperhaltung.

Was versteht man unter Muskeltonus?
Der Muskeltonus ist der Zustand einer leichten und ständigen Spannung, der normalerweise alle Muskeln in Ruhestellung kennzeichnet. Dieser Zustand wird durch die Integrität der Nerven, ihrer zentralen Verbindungen und die komplexen Eigenschaften der Muskeln, wie die Elastizität, die Fähigkeit der Zusammenziehbarkeit, der Streckung und der Dehnbarkeit, aufrechterhalten.

Trifft Parkinson nur ältere Menschen?
Nein, Parkinson gilt zwar als Alterskrankheit, weil die meisten im Alter von 50 bis 60 Jahren die ersten Symptome entwickeln. In fünf bis zehn Prozent der Fälle werden Menschen aber vor dem 40. Geburtstag von der Krankheit heimgesucht.

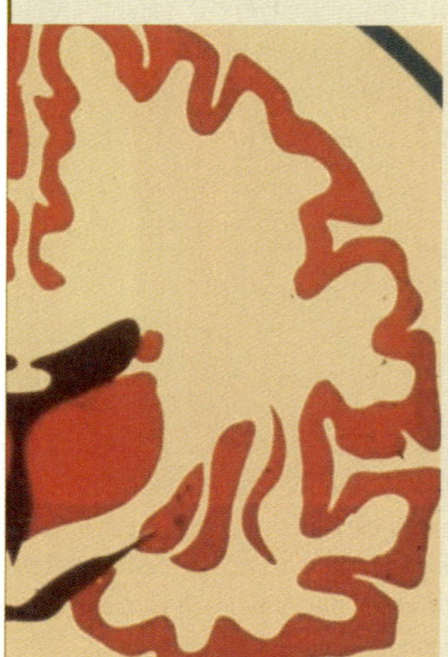

Wie sieht die Parkinson-Therapie aus?
Die Grundlage jeder Therapie ist der Ersatz des fehlenden Dopamins. Dazu können Medikamente gegeben werden. Weil das Dopamin aber bei Einnahme gar nicht bis zum Ort seiner Wirkung im Gehirn gelangt, muss man eine Vorstufe des Botenstoffs verwenden, das L-Dopa. Dieser Stoff wird vom Gehirn aufgenommen und in den Nervenzellen zu Dopamin umgebaut. Das allein reicht jedoch meistens nicht aus. Es gibt neue Medikamente, die den Abbau von Dopamin hemmen, Dopamin-Rezeptoren stimulieren oder das Zusammenspiel der verschiedenen Neurotransmitter regulieren.

Prognose

Die Krankheit schreitet langsam fort. Immer wieder aber kommt es auch zu Stadien ohne erkennbare Progredienz. Der Kranke verstirbt im Allgemeinen an einem interkurrenten Infekt oder einem Unfall, der infolge seiner schlechten Beweglichkeit eintritt. Eine Anzahl neuer Medikamente und neurochirurgische Eingriffe vermochten die Prognose in den letzten Jahren aber wesentlich günstiger zu gestalten.

Therapie

Da die wichtigste erkennbare biochemische Ursache der Erkrankung die Verarmung verschiedener Hirnbereiche (vor allem der Substantia nigra) an Dopamin ist, bedeutete die Einführung der Vorstufe von Dopamin einen großen Fortschritt in der Behandlung dieser Krankheit. Direkt verantwortlich für die Störungen ist eine verminderte Produktion des Neurotransmitters Dopamin, der normalerweise zur Informationsübermittlung zwischen bestimmten Nervenzellen gebraucht wird. Dadurch sterben Nervenzellen ab, die auf das Dopamin als Botenstoff angewiesen sind (dopaminerge Nervenzellen). Durch die Gabe von Dopamin bzw. anderen die Dopamin-Rezeptoren anregenden Substanzen lässt sich meist ein Aufschub des im Prinzip unaufhaltsam fortschreitenden Krankheitsverlaufs erreichen. Es handelt sich um das L-Dopa, das oral gegeben werden kann und eine Art von Substitutionsbehandlung erlaubt.

Bewegungstherapie

Physiotherapie und Ergotherapie zur flüssigen Bewegungsgestaltung. Wichtigste Aufgabe ist es, den Kranken so lange wie möglich beweglich zu halten. Man hat dazu eine Anzahl von Übungsschemata entworfen, bei denen Entspannungsübungen, mobilisierende Übungen und Übungen zur Haltungskorrektur mit Atem- und Gleichgewichtsübungen kombiniert sind. Eine wesentliche Hilfe können für den Kranken auch Lauf- und Koordinationsübungen bringen. Selbst mentales Training ist sinnvoll.

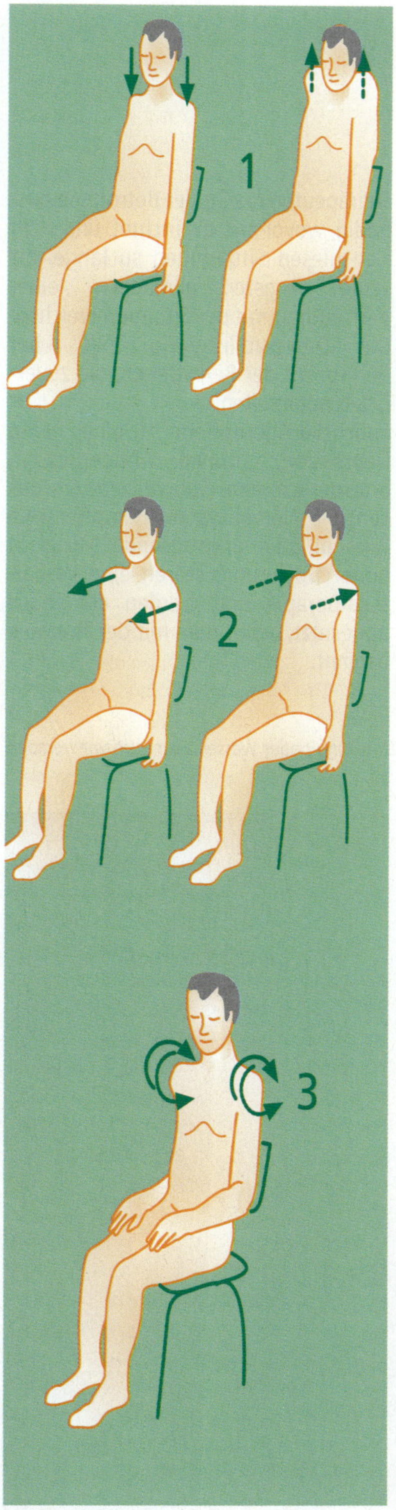

Übungen für die Schultern.
1 – Erst senken, dann heben.
2 – Dann nach vorn und nach hinten ziehen.
3 – Zum Schluss kreisförmige Bewegungen machen.

Medikamente zur Behandlung der Parkinson-Krankheit

Levodopa (zusammen mit Cardidopa oder Bensarazid)

Anwendung
Das wichtigste Mittel bei Parkinson-Krankheit. Die Kombination erhöht die Wirksamheit und verringert Nebenwirkungen. Allmähliche Steigerung der Dosis, bis sich die größte Wirkung zeigt.

Anmerkungen
Nach einigen Jahren lässt die Wirkung nach.

Bromocriptin oder Pergolid

Anwendung
Werden zu Beginn der Behandlung oft zusätzlich zu Levodopa gegeten, um dessen Wirkung zu verstärken, oder eingesetzt, wenn die Nebenwirkungen von Levodopa problematisch werden.

Anmerkungen
Werden nur selten als alleinige Mittel gegeben.

Selegilin

Anwendung
Wird oft zusätzlich zu Levodopa gegeben.

Anmerkungen
Zeigt bestenfalls eine mäßige Wirkung. Kann die Wirkung von Levodopa im Gehirn verstärken.

Anticholinergika: Benzastropin und Trihexyphenidyl, bestimmte Antidepressiva, Antihistaminika wie Diphenhydramin

Anwendung
Werden zu Beginn der Behandlung möglicherweise allein eingesetzt, später kombiniert mit Levodopa. Anfangs gering dosiert.

Anmerkungen
Können eine Reihe von Nebenwirkungen auslösen.

Amantadin

Anwendung
In frühen Krankheitsstadien bei leichten Formen wirksam, später zur Verstärkung der Levodopawirkung.

Anmerkungen
Kann nach einigen Monaten an Wirksamheit verlieren, wenn es als alleiniges Mittel eingesetzt wird.

Phobien

Phobien sind anhaltende irrationale, extreme Ängste vor bestimmten Situationen, zum Beispiel Höhenangst oder Angst vor kleinen Hunden. Menschen, die an einer Phobie leiden, meiden Situationen, die bei ihnen Angst auslösen, oder sie ertragen diese unter großen Qualen.
Sie erkennen allerdings, dass ihre Angst übertrieben ist, und wissen, dass sie ein Problem haben.

Agoraphobie

Agoraphobie heißt wörtlich übersetzt Angst vor dem Marktplatz oder vor weiten Plätzen, aber genau genommen ist es die Furcht davor, in einer Situation gelangen zu sein, aus der es keinen eleganten und einfachen Ausweg gibt, falls Ängste einsetzen. Zu den Situationen, die Phobikern typischerweise Schwierigkeiten bereiten, zählen, im Supermarkt oder in der Bank anzusetzen, im Theater oder Klassenzimmer in der Mitte einer langen Stuhlreihe zu sitzen oder mit dem Bus oder dem Flugzeug zu reisen.

Behandlung

Die beste Behandlung bei Agoraphobie ist die Desensibilisierung, eine Art Verhaltenstherapie. mithilfe eines Therapeuten macht der Betroffene ausfindig, wovor er sich fürchtet, und stellt sich diesen Situationen so lange, bis seine Ängste allmählich einer Vertrautheit mit der Situation weichen. Die Desensibilisierung hilft über 90 Prozent der Betroffenen, die zuverlässig mitarbeiten.
Führt die Agoraphobie zu einer tiefen Depression, können Antidepressiva erforderlich sein. Substanzen, die das zentrale Nervensystem dämpfen, wie Alkohol oder angstlösende Mittel in hoher Dosierung, stören eine Verhaltenstherapie und werden allmählich abgesetzt, bevor man mit der Therapie beginnt.

Spezifische Phobien sind die häufigsten Angststörungen. Manche, wie die Furcht vor großen Tieren, vor Dunkelheit oder Wasser, aber auch vor fremden Spielzeugen beginnen schon in jungen Jahren.

Spezifische Phobien

Spezifische Phobien sind die häufigsten Angststörungen. Manche, wie die Furcht vor großen Tieren, vor Dunkelheit oder Fremden, beginnen schon in jungen Jahren. Das Hauptmerkmal der spezifischen Phobie ist eine ausgeprägte und anhaltende Angst vor klar erkennbaren, eng umschriebenen Objekten oder Situationen. Die Konfrontation mit dem phobischen Stimulus ruft fast immer eine unmittelbare Angstreaktion hervor. Diese Reaktion kann die Form einer situationsgebundenen oder eine situationsbegünstigten Panikattacke annehmen. Obwohl Jugendliche und Erwachsene mit dieser Störung ihre Angst als übertrieben und unbegründet einschätzen, muss dies bei Kindern nicht der Fall sein. In den meisten Fällen wird der phobische Stimulus vermieden, manchmal wird er jedoch unter starker Angst ertragen.

Der Inhalt der Angst kann ein erwarteter Schaden aufgrund bestimmter Aspekte des Objekts oder der Situation sein, zum Beispiel:

- eine Person fürchtet zu fliegen, da sie sich wegen eines Flugzeugabsturzes sorgt;
- fürchtet Hunde aus Angst, gebissen zu werden;
- fürchtet Autofahren aus Angst, von anderen Autos auf der Straße angefahren zu werden.

Angst vor umschriebenen Objekten oder Situationen ist weit verbreitet, insbesondere bei Kindern. In vielen Fällen ist jedoch das Ausmaß der Beeinträchtigungen durch die Phobie nicht ausgeprägt genug, um die Diagnose zu rechtfertigen. Falls die Phobie die Funktionsfähigkeit nicht deutlich beeinträchtigt oder keine starke Belastung für die Person darstellt, sollte die Diagnose nicht gestellt werden. Zum Beispiel würde eine Person, die Angst vor Schlangen äußert, wenn sie mit Schlangen direkt konfrontiert wird, nicht die Diagnose spezifische Phobie erhalten, wenn sie in einer Gegend lebt, in der keine Schlangen excistieren, wenn sie durch die Angst vor Schlangen nicht in ihren Aktivitäten eingeschränkt wird und sich durch die Angst vor Schlangen nicht beeinträchtigt fühlt.

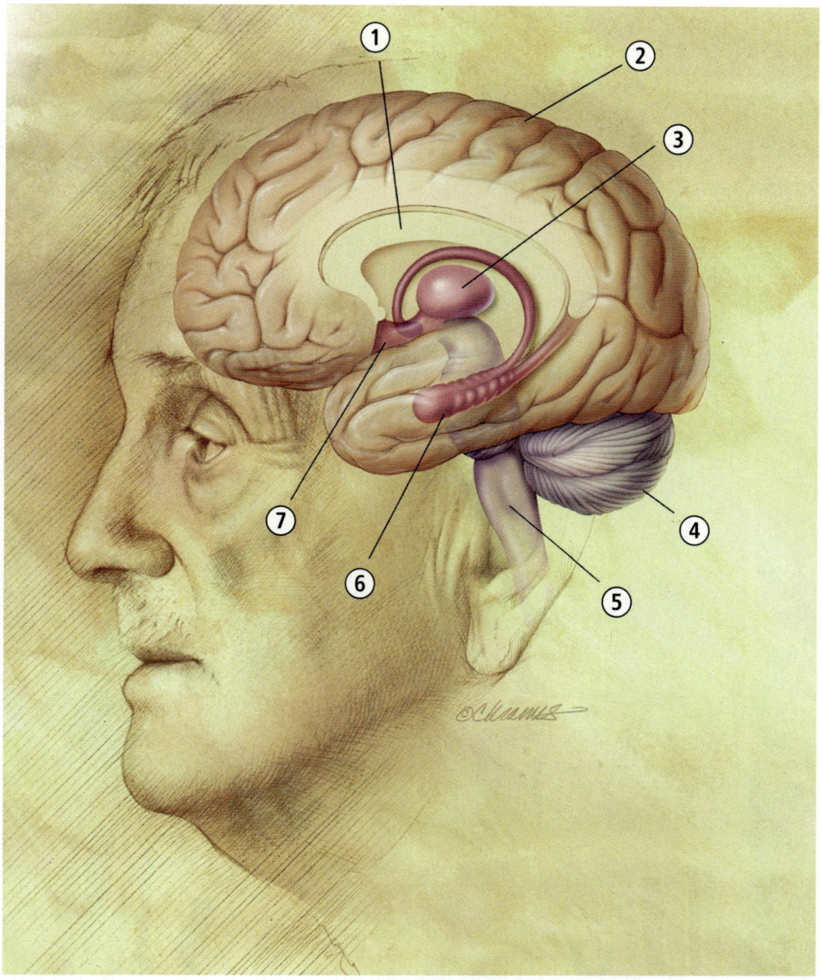

Seitenansicht des Gehirns. Hirnareale mit psychoaffektiven Funktionen: 1 – Corpous callosum; 2 – Cortex cerebri; 3 – Thalamus; 4 – Cerebellum; 5 – Hirnstamm; 6 – Hippocampus; 7 – Hypothalamus

Typen

Die folgenden Typen kann man unterscheiden:

- Tier-Typus: Die Angst wird durch Tiere oder Insekten ausgelöst. Dieser Typus beginnt im Allgemeinen im Kindesalter.
- Umwelt-Typus: Die Angst wird durch natürliche Umweltphänomene wie beispielsweise Stürme, Höhen oder Wasser ausgelöst. Dieser Typus beginnt im Allgemeinen im Kindesalter.
- Blut-Spritzen-Verletzungs-Typus: Die Angst wird durch den Anblick von Blut oder einer Verletzung oder durch eine Injektion oder eine andere invasive medizinische Prozedur ausgelöst.
- Situativer Typus: Die Angst wird durch spezifische Situationen wie öffentliche Verkehrsmittel, Tunnel, Brücken, Fahrstühle, Fliegen, Autofahren oder eingeschlossene Räume ausgelöst.

Zugehörige Merkmale und Störungen

Die spezifische Phobie kann je nach Art der Phobie zur Einschränkung der normalen Lebensführung oder Beeinträchtigung bestimmter beruflicher Aufgaben führen. Zum Beispiel kann die berufliche Weiterentwicklung durch die Vermeidung von Flugreisen gefährdet sein oder soziale Aktivitäten können aus Angst vor überfüllten oder eingeschlossenen Plätzen eingeschränkt werden.

Behandlung
Oft kommen die Betroffenen mit der Phobie zurecht, indem sie das gefürchtete Objekt oder die Situation meiden. Die Desensibilisierung, eine Art Verhaltenstherapie, bei der man sich langsam an die gefürchteten Situationen herantastet, ist die beste Behandlung für spezifische Phobien. Ein Therapeut kann sicherstellen, dass die Therapie richtig durchgeführt wird, es geht aber auch ohne Hilfe.
Medikamente sind bei Phobien nicht besonders wirkungsvoll. Benzodiazepine (angstlösende Mittel) können jedoch vorübergehend von einer Phobie, zum Beispiel von Flugangst, befreien.

Soziale Phobie

Die Fähigkeit eines Menschen, sich im Umgang mit anderen wohl zu fühlen, wirkt sich auf viele Lebensbereiche aus, einschließlich familiärer Beziehungen.
Bis zu einem gewissen Grad sind Ängste in geselligen Situationen zwar normal, bei einer Phobie sind sie jedoch so ausgeprägt, dass die Betroffene solche Situationen entweder ganz vermeiden oder nur unter großen Qualen durchstehen.
Das Hauptmerkmal der sozialen Phobie ist eine ausgeprägte und anhaltende Angst vor sozialen oder Leistungssituationen, in denen Peinlichkeiten auftreten können. Die Konfrontation mit der sozialen oder Leistungssituationen ruft fast immer eine unmittelbare Angstreaktion hervor. Bei Personen unter 18 Jahren müssen die Symptome mindestens sechs Monate angehalten haben, bevor eine soziale Phobie diagnostiziert wird.
In den gefürchteten sozialen oder Leistungssituationen entwickeln Personen mit sozialer Phobie Angst, sich zu blamieren, und befürchten, dass andere sie als ängstlich, schwach, „verrückt" oder dumm beurteilen.
Sie können öffentliches Sprechen fürchten, da sie sich sorgen, dass andere das Zittern ihrer Hände oder Stimme bemerken könnten, oder sie können extreme Angst entwickeln, wenn sie sich mit anderen unterhalten, da sie befürchten, nicht wortgewandt zu wirken.
Sie können Essen, Trinken oder Schreiben in der Öffentlichkeit vermeiden, aus Angst, sich zu blamieren, wenn andere sehen, daß ihre Hand zittert.
Personen mit sozialer Phobie nehmen fast immer Angstsymptome wahr in den gefürchteten sozialen Situationen, zum Beispiel:
– Herzklopfen;
– Zittern;
– Schwitzen;
– Magen-Darm-Beschwerden;
– Durchfall;

Primitive Darstellung einer spezifischen Phobie; Die Angst wird durch natürliche Umweltphänomene ausgelöst

- Muskelverspannungen;
- Erröten.

Zugehörige Merkmale und Störungen

Merkmale, die häufig mit sozialer Phobie einhergehen, sind:
- Überempfindlichkeit gegenüber Kritik;
- negativer Bewertung;
- Schwierigkeiten, sich selbst zu behaupten;
- geringes Selbstbewusstsein;
- Minderwertigkeitsgefühle.

Personen mit sozialer Phobie schneiden in der Schule wegen der Prüfungsangst oder Vermeidung der Teilnahme am Unterricht häufig schlechter ab. Sie erbringen möglicherweise schlechtere Leistungen bei der Arbeit aufgrund der Angst vor oder der Vermeidung von Sprechen vor anderen oder in der Öffentlichkeit oder mit Autoritätspersonen und Kollegen.

Manche Menschen sind von Natur aus schüchtern und schon als Kind ängstlich, waraus später eine Sozialphobie entsteht

Prävalenz

Epidemiologische und Bevölkerungsstudien berichten für die soziale Phobie Lebenszeitprävalenzen, die zwischen 3 Prozent und 12 Prozent liegen. Die berichteten Prävalenzen hängen möglicherweise von der Schwelle, die für die Bestimmung der Belastung und Beeinträchtigung festgelegt wird, und der Anzahl der Arten von sozialen Situationen, die jeweils untersucht wurde, ab.

In der Allgemeinbevölkerung fürchten die meisten Personen mit sozialer Phobie öffentliches Sprechen, während etwas weniger als die Hälfte Angst vor dem Sprechen mit Fremden oder Angst, neue Menschen kennenzulernen, angibt.

Verlauf

Die soziale Phobie beginnt typischerweise im Alter von ungefähr 15 Jahren, manchmal entwickelt sie sich aus einer Krankengeschichte sozialer Hemmung oder Schüchternheit in der Kindheit. Manche Personen berichten über einen Beginn in der frühen Kindheit. Der Beginn kann sofort im Anschluss an ein belastendes oder peinliches Erlebnis oder schleichend sein.

Der Verlauf der sozialen Phobie ist meist kontinuierlich. Die Dauer ist häufig lebenslang, obwohl während der Adoleszenz der Schweregrad abnehmen oder die Störung remittieren kann.

Behandlung

Die Desensibilisierung, eine Art Verhaltenstherapie, bei der man sich langsam an die gefürchteten Situationen herantastet, ist die beste Behandlung für soziale Phobien. Ein Therapeut kann sicherstellen, dass die Therapie richtig durchgeführt wird, es geht aber auch ohne Hilfe. Es kann aber recht schwierig sein, eine ausreichend lange Konfrontation mit der angstauslösenden Situation zu arrangieren, um eine Gewöhnung zu erreichen.

Medikamente sind bei Phobien nicht besonders wirkungsvoll. Benzodiazepine (angstlösende Mittel) können jedoch hilfen. Eine Psychotherapie, bei der man mit einem Therapeuten spricht, um innere Konflikte besser zu verstehen, ist vor allem für diejenigen sinnvoll, die ihr eigenes Verhalten analysieren und ihre Einstellung und ihre Reaktion auf bestimmte Situationen verändern können.

Prostataerkrankungen

In der Bundesrepublik Deutschland ist der Krebs der Vorsteherdrüse (Prostatakrebs) die häufigste Krebserkrankung beim Mann. Nach Schätzungen des Robert-Koch-Instituts Berlin erkranken jährlich etwa 32.000 Männer neu daran. Das beste Mittel im Kampf gegen diese Krebsart ist die Früherkennung. Leider ist die gesetzliche Früherkennungsuntersuchung – vorgesehen für Männer ab dem 45. Lebensjahr – nicht ausreichend.

Besonderheiten

Zwei Eigentümlichkeiten des Prostatakrebses sind wichtig. Zum einen sind es jene Karzinome, die in der Übergangszone entstehen, also in dem Bereich des Organs, der sich mit zunehmendem Alter zur gutartigen Prostatavergrößerung (benigne Prostatahyperplasie) umwandelt. Karzinome dieser Übergangszone werden zufällig bei der Operation der gutartigen Vergrößerung entdeckt und dementsprechend auch als Zufallskarzinom bezeichnet.

Zum anderen gibt es das so genannte stumme Prostatakarzinom, das dem Mann zu Lebzeiten keinerlei Beschwerden verursacht und auch nicht gesundheitsgefährdend ist.
Durch systematische Untersuchungen der Vorsteherdrüsen verstorbener Männer stellte man fest, dass etwa 30 Prozent der über 50-Jährigen ein solches stummes Prostatakarzinom in sich tragen. Mit steigendem Alter nimmt dessen Häufigkeit zu.

Ursache

Warum Proatakrebs entsteht, darüber herrscht noch weitgehend Ungewissheit. Man weiß jedoch, dass ohne das männliche Geschlechtshormon Testosteron kaum ein Prostatakrebs entstehen kann. So erkranken beispielsweise Männer, die in jungen Jahren, das heißt vor oder unmittelbar nach der Pubertät, beide Hoden verloren haben, nicht an Prostatakrebs. Auch ließ sich nachweisen, dass Testosteron das Wachstum eines bereits entstandenen Prostatakrebs fördert.
Die Beziehung zwischen einer Entzündung der Vorsteherdrüse (Prostatitis) und Prostatakrebs konnte nicht erhärtet werden, ebenso wenig die Beziehung zu häufigem Geschlechtsverkehr.
Genveränderungen auf dem ersten Chromosom können den Ausbruch der Krankheit begünstigen. Prostatakrebs ist demnach erblich. Wenn der Vater – oder sogar mehrere Vorfahren – daran erkrankte(n), besteht für den Sohn ein erhöhtes Risiko, und zwar in einem früheren Lebensalter zu erkranken. Auch wenn weibliche Vorfahren wiederholt an Brustkrebs erkrankt sind, steigt für den männlichen Nachfahren das Prostatakrebs-Risiko.
Akzeptiert ist ferner das steigende Alter als Risikofaktor. Daraus leitet sich aber auch das eigentümliche Problem dieses häufigen Tumors ab: Schon in den Vorsteherdrüsen beim jüngeren Mann gibt es mikroskopisch kleine Krebsherde, die auch mit fortschreitendem Alter im Ruhestand (Latenzstadium) verharren. Lediglich bei einer vergleichsweise geringen Zahl von Männern entsteht aus diesem latenten Stadium ein Prostatakarzinom, das behandelt werden muss.
Die epidemiologische und molekularbiologische Forschung wies nach, dass die Art der Ernährung eine wichtige Rolle spielt: Eine fettreiche, faserarme Kost mit einem hohen Anteil an rotem Fleisch fördert, eine fettarme, faserreiche (vegetarische) Kost senkt die Krebsentstehung in der Vorsteherdrüse.
Durch mehrere neue Studien, in denen zahlreiche Männer über einige Jahre hinweg beobachtet wurden, hat sich bestätigt, dass ein hoher Konsum an tierischen Fetten das Auftreten von Prostatakrebs fördert. Weniger Fett aus Fleisch und Wurst zu verzehren, gilt als wichtige vorbeugende Maßnahme gegen diese Krebsart. Bemerkenswert ist der Schutzeffekt bioaktiver

Vorbereitung des Partienten auf die Prostata-Operation

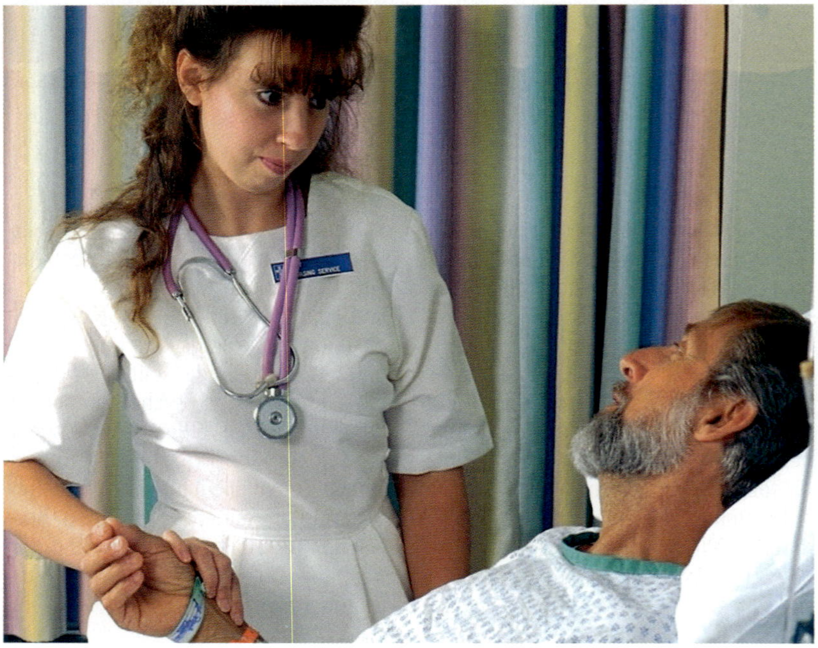

sekundärer Pflanzstoffe, besonders wirksam sind die körpereigenen Abbauprodukte der tropischen Hülsenfrucht Soja (Isoflavonoide) und des Leinsamens (Lignane).
Möglicherweise erkranken Japaner, die regelmäßig Soja verzehren (Tofu, Miso-Suppe), und Vegetarier seltener an Prostatakrebs.
Versuche, diese Erkenntnisse zur Verhütung des Prostatakrebses einzusetzen (sogenannte diätische Prävention), werden unter der Leitung des National Cancer Institute (USA) untersucht.

Früherkennung

Wird ein Prostatakarzinom frühzeitig entdeckt, sind die Heilungschancen hoch – Fachleute rechnen bei optimaler Behandlung mit einer normalen Lebenserwartung der Betroffenen. Bedauerlicherweise nutzen immer noch viel zu wenig Männer diese Chance.
Die gesetzlichen Krankenkassen gewähren den bei ihnen versicherten Männern ab dem 45. Lebensjahr einmal im Jahr eine Früherkennungsuntersuchung auf Prostatakrebs. Dabei tastet der Urologe die Prostata durch den Mastdarm ab (digitale-rektale Tastuntersuchung).
Allerdings halten Fachleute diese Untersuchung für nicht ausreichend. Für sie ist die wichtigste Maßnahme im Rahmen der Früherkennung des Prostatakarzinoms die Bestimmung des prostataspezifischen Antigens, des PSA. PSA kommt nur in der Prostata vor, sonst in keinem anderen Organ des Menschen; deshalb ist bei Frauen auch kein PSA im Blut nachweisbar.
Weil das Gewebe eines Prostatakrebses mehr PSA produziert als gutartiges Prostatagewebe, legt jede PSA-Erhöhung den Verdacht auf ein Karzinom nahe. Der Grenzwert wird heute mit 4 ng/ml angegeben. Liegt der PSA-Wert über 4, besteht ein Risiko von 20 Prozent, dass der betreffende Mann an einem Prostatakarzinom erkrankt ist. Da aber auch andere Ursachen dafür verantwortlich sein können, dass der PSA-Wert erhöht ist – zum Beispiel eine Entzündung der Prostata (Prostatitis) –, sollte sich jeder Mann, bei dem der Wert über 4 liegt, einer Gewebeentnahme aus der Prostata (Biopsie) unterziehen.
Das gilt auch dann, wenn der Tastbefund vom Mastdarm aus unauffällig ist. Mehr als 90 Prozent aller Prostatakarzinome werden durch ein erhöhtes PSA, nur wenige durch die Tastuntersuchung gefunden. Das heißt: Die Tastuntersuchung ist nur eine ergänzende Zusatzuntersuchung.
Die PSA-gestützte Entdeckung von Prostatakarzinomen auch von denen, die noch nicht zu tasten sind, führt dazu, dass heute dieser Tumor in überwiegendem Maße im heilbaren Frühstadium erkannt wird.
Der Meinung der Experten nach sollten alle Männer ab dem 50. Lebensjahr regelmäßig zur PSA-gestützten Früherkennung gehen. Sind in Ihrer Familie jedoch bereits Prostatafälle aufgetreten, sollte die Untersuchung mit dem 45. Lebensjahr beginnen.

Alarmsignale

In seinem Anfangsstadium verursacht das Prostatakarzinom keine Beschwerden, sondern erst dann, wenn die Geschwulst eine kritische Größe überschritten oder aber Absiedlungen (Metastasen) in Lymphknoten oder Knochen gestreut hat. Gerade weil beim Prostatakarzinom typische Symptome fehlen, ist es für Männer so wichtig, an den Früherkennungsuntersuchungen teilzunehmen.
Aufmerksamkeit ist geboten, wenn Beschwerden bei der Blasenentleerung aufttreten. Bei neun von zehn Männern mit abgeschwächtem Harnstrahl, regelmäßig gehäufter Blasenentleerung in der Nacht besteht eine gutartige Prostataerkrankung, die in der Übergangszone entsteht.

Diagnostik

Viele Menschen befürchteten, bei der Verdachtdiagnose „Krebs" in die medizinische „Mühle" zu geraten, und meiden den Arztbesuch aus Angst davor. Denken Sie aber bitte daran, dass

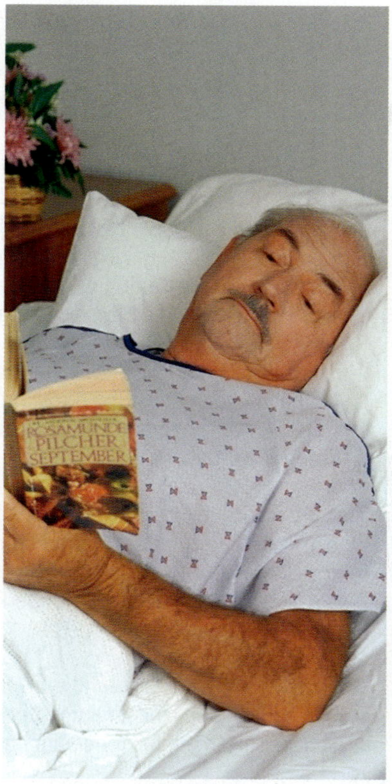

Prostatakrebs-Operation. Bereits nach zwei Tagen scheint sich der Patient wieder so weit erholt zu haben, dass er ein Buch lesen kann.

die Untersuchungen notwendig sind, um folgende Fragen zu klären:

1. Handelt es sich wirklich um einen Tumor?
2. Um welche Krebsart handelt es sich?
3. Wo sitzt der Tumor?
4. Wie ist der Allgemeinzustand des Patienten?
5. Wie weit ist die Krebserkrankung fortgeschritten?
6. Gibt es Metastasen?
7. Welche Behandlung wird den größten Erfolg bringen?

Besteht der Verdacht, dass Sie an Prostatakrebs erkrankt sind, wird Ihr Arzt mit Ihnen über die Untersuchungen sprechen, die notwendig sind, um die Diagnose zu sichern.
Aufgrund der Ergebnisse dieser Untersuchungen und Ihrer persönlichen Gesamtsituation werden Sie dann gemeinsam mit den behandelnden Ärzten entscheiden, welche Behandlung für Sie am geeignetsten ist.

Wichtige Fragen und Antworten zu Prostataerkrankungen

Wo liegt die Vorsteherdrüse oder Prostata und welche Funktion hat sie?
Die Vorsteherdrüse oder Prostata ist Teil des männlichen Geschlechtsapparats und liegt am Blasenausgang, wo sie den Anfangsteil der Harnröhre umgibt. Sie hat die Größe einer Rosskastanie und ihre Hauptaufgabe besteht in der Ausscheidung einer Flüssigkeit, die die Masse des Samenergusses ausmacht.

Was sind die häufigsten Erkrankungen der Vorsteherdrüse?
- Infektion und Entzündung (Prostatitis)
- Gutartige Vergrößerung des Drüsenkörpers (BPH, Prostatahyperplasie)
- Krebs (Prostatakarzinom)

Wie wird die Vorsteherdrüse untersucht?
Wegen der Nähe zum Mastdarm kann der untersuchende Arzt durch die Austastung des Mastdarms mit dem Finger viele Erkenntnisse über den Zustand der Prostata erhalten. Weitere Befunde können durch die Untersuchung mit dem Blasenspiegel gewonnen werden.

Auf welchem Weg erreicht eine Infektion die Vorsteherdrüse?
- Von außen kann eine Infektion direkt durch die Harnröhre aufsteigen.
- Seltener gelangen Bakterien auf dem Blutweg zur Prostata.

Welche Krankheitserscheinungen können auf eine Prostataentzündung hinweisen?
- Blutiger Harn
- Eitriger Harn
- Fieber
- Häufiger Harndrang
- Schmerzen beim Harnlassen
- Schmerzen im unteren Teil des Rückens

Wie werden Entzündungen der Vorsteherdrüse behandelt?
- Bakterielle Infektion: Antibiotika
- Beruhigende und schmerzstillende Mittel
- Entspannungsmaßnahmen
- Enzyme
- Heiße Sitzbäder
- Meiden alkoholischer Getränke
- Meiden scharf gewürzter Speisen
- Reichliche Flüssigkeitszufuhr
- Vorübergehende Sexualabstinenz

Was ist eine chronische Prostatitis?
Eine chronische Prostatitis ist eine leichte chronische Entzündung, die sich in Kreuzschmerzen, Störungen beim Harnlassen und beim Geschlechtsverkehr äußern kann.

Untersuchungen

Im Folgenden stellen wir Ihnen eine Reihe der häufigsten Untersuchungsverfahren und ihre Bedeutung dar. Aufgrund der Ergebnisse dieser Untersuchungen und Ihrer persönlichen Gesamtsituation werden Sie dann gemeinsam mit den behandelnden Ärzten entscheiden, welche Behandlung für Sie am geeignetsten ist.

Gewebeentnahme

Der erste Schritt zur endgültigen Diagnosesicherung ist in jedem Verdachtsfall eine Gewebeentnahme (Biopsie). Das heißt: Jeder Mann, bei dem der PSA-Wert über 4 ng/ml liegt oder bei dem die Tastuntersuchung einen auffälligen Befund ergeben hat, sollte sich zur Biopsie entschließen.
Besonders verbreitet sind gegenwärtig die sogenannten Biopsiepistolen. Dabei handelt es sich um federgetriebene Hohlnadeln, die in den verdächtigen Bezirk „eingeschossen" werden und dem Arzt „Stanzzylinder" liefern.
Dieses Verfahren hat den Vorteil, dass der eigentliche „Schlussvorgang" sehr schnell erfolgt und der Stich dem Patienten praktisch keinen oder nur geringen Schmerz verursacht. Die Entnahme des Gewebes erfolgt ultraschallgesteuert, und es sollten mindestens sechs Proben entnommen werden. Die Biopsie ist ein ungefährliches Untersuchungsverfahren. Die zuweilen geäußerte Befürchtung, bei der Entnahme könnten Tumorzellen „ausgeschwemmt" werden, die dann Metastasen bilden, ist unbegründet.
Um einer Entzündung der Prostata vorzubeugen, werden Sie für einige Tage ein Antibiotikum einnehmen müssen.
Das durch den oder die Stanzzylinder gewonnene Gewebe wird eingefärbt und mikroskopisch untersucht (histologische, das heißt feingewebliche Untersuchung). Dabei wird nicht nur nachgewiesen, ob ein Prostatakarzinom vorliegt, sondern es wird auch der Grad der Bösartigkeit der Geschwulst festgestellt.
Je unreifer das Prostatakarzinom, desto wahrscheinlicher handelt es sich um einen rasch wachsenden und damit um einen besonders gefährlichen Tumor.

Wie groß die Geschwulst ist, kann der Pathologe beispielsweise daran erkennen, wie viele der Stanzzylinder Krebsgewebe enthalten und wie das Verhältnis gut- zu bösartig in jedem einzelnen Zylinder ist. Findet sich in fünf der sechs Stanzzylinder Tumorgewebe, dann ist der Prostatakrebs groß, und Absiedlungen in den Lymphknoten sind zu befürchten. Lassen sich bei der Untersuchung des Gewebes keine Krebszellen nachweisen, dann gibt es folgende Gründe, innerhalb von sechs Monaten die Biopsie zu wiederholen: Der PSA-Wert bleibt erhöht, und eine Behandlung mit Antibiotika, die erfolgt, um die Erhöhung des PSA-Wertes durch eine Entzündung auszuschließen, führt nicht zum PSA-Abfall.

Tastuntersuchung

Die Abtastung der Vorsteherdrüse vom Mastdarm (rektal) aus gestattet eine grobe Feststellung, wie weit sich der Tumor in die Prostata selbst ausgedehnt ist. Je erfahrener der untersuchende Urologe, umso zuverlässliger wird er die Ausdehnung und damit auch die Masse der Geschwulst abschätzen können.

Röntgenaufnahme

Röntgenverfahren wie die Darstellung des Nierenbeckens oder Harnröhre sind selten notwendig, so zum Beispiel nur, wenn Blut im Urin nachgewiesen wird. Im Rahmen der Metastasenuntersuchung können weitere Aufnahmen von anderen Körperregionen notwendig werden.

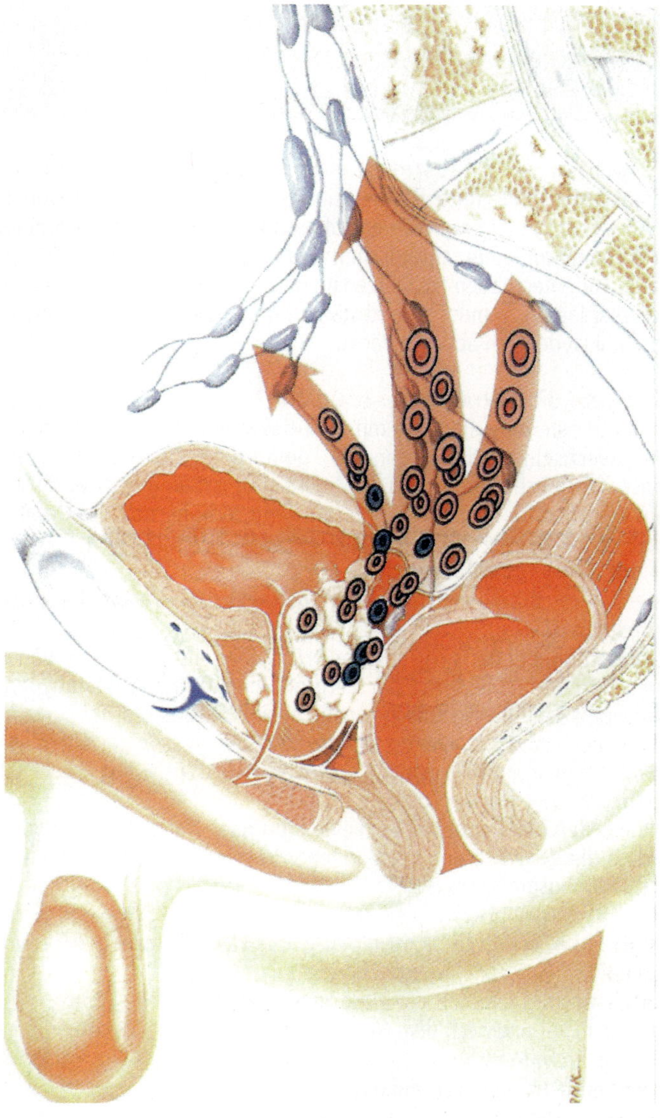

Primärtumor infiltriert benachbarte Strukturen: Blasenhals, Rektum, Beckenwand

Ultraschalluntersuchung

Die Ultraschalluntersuchung (Sonographie) des Bauches stellt die inneren Organe wie Leber, Nieren, Nebennieren, Milz und Lymphknoten dar. Wird die Prostata mithilfe einer Ultraschallsonde, die durch den Mastdarm an die Prostata herangeführt wird, untersucht, lässt sich eine Ausdehnung des Tumors über das eigentliche Organ hinaus genauer feststellen als mit dem tastenden Finger allein. Ergänzend kann eine normale Ultraschalluntersuchung erfolgen, bei der nach Tochtergeschwülsten (Metastasen) in Lymphknoten und Leber gesucht wird. Die Untersuchung mit Ultraschall hat den Vorteil, dass sie beliebig oft wiederholt werden kann, da sie den Patienten keiner Strahlenbelastung aussetzt.

Computertomographie

Die Computertomographie ist ein aufwändiges Verfahren, mit dem Schnittbilder von allen Körperregionen hergestellt werden können. Anders als das normale Röntgenbild zeigen sie den Körper im Querschnitt und geben Informationen über den genauen Sitz und die Größe des Tumors. Bei Patienten mit einem Prostatakarzinom ist diese Untersuchung wegen fehlender Treffsicherheit entbehrlich.

Magnetresonanztomographie

Die Magnetresonanztomographie, auch Kernspintomographie genannt, kommt gegenwärtig gezielt ergänzend zum Einsatz, wenn die Computertomographie nicht genügend Aufschluss darüber gibt, wie weit sich der Tumor ausgedehnt hat. Leider ist jedoch die Treffsicherheit dieses Verfahrens ebenfalls unzureichend.

Wichtige Fragen und Antworten zu Prostataerkrankungen

Ist die Erkrankung der Prostata das Männerproblem Nummer eins?
Die Erkrankung der Prostata ist die häufigste Erkrankung des Mannes über vierzig. Aber es gibt nicht nur die Vergrößerung der Prostata. Vor allem jüngere Männer können an einer chronischen Entzündung (Prostatitis) leiden. Die betroffenen Patienten haben Schmerzen im gesamten Genitalbereich, das Gefühl, immer Wasser lassen zu müssen, und ständig tröpfelt etwas Urin ungewollt aus. Der Urinstrahl ist deutlich abgeschwächt.

Woher kommt diese Prostataentzündung?
Durch Infektionen, zum Beispiel mit Coli-Bakterien. Männer, die häufig die Partnerin wechseln, sind besonders gefährdet. Zinkmangel kann die Infektionsgefahr noch verstärken. Der Mineralstoff hat eine stark antibakterielle Wirkung. Wenn es im Sekret der Prostata fehlt, erhöht sich die Gefahr einer Prostatitis.

Was versteht man unter einer gutartigen Vergrößerung der Vorsteherdrüse?
Eine Veränderung, bei der sich Teile der Drüse über einen Zeitraum von Jahren langsam vergrößern. Diese Art der Vergrößerung (BPH, Prostatahyperplasie, Prostatadenom) kann therapeutisch günstig beeinflusst werden.

Verursacht die Vergrößerung der Vorsteherdrüse bei jedem Mann Beschwerden?
Nein. Die meisten Männer bemerken keine Störungen. Man muss sich vor Augen halten, dass die Vergrößerung der Vorsteherdrüse eine Begleiterscheinung des normalen Alterungsprozesses ist.

Welche Krankheitszeichen sind bei einer Prostatavergrößerung am häufigsten?
- Bedürfnis, nachts mehrmals die Blase zu entleeren
- Harnträufeln vor und nach dem Harnlassen
- Brennen beim Harnlassen
- Verzögerter Beginn des Harnabflusses
- Blutung beim Harnlassen
- Unmöglichkeit der Blasenentleerung
- Häufiger Harndrang tagsüber

Gibt es Arzneimittel gegen die Prostatavergrößerung?
Mehr als ein Drittel der Prostata besteht aus dem Drüsenanteil. Dessen Vergrößerung können 5-Alpha-Reduktase-Hemmer blockieren. Fast alle Patienten bekommen dadurch Potenzprobleme, denn es wird das männliche Sexualhormon ausgeschaltet, das für die Vergrößerung des Gewebes verantwortlich ist. Ein bei Prostatavergrößerung besonders gut wirksamer pflanzlicher Stoff ist in den Früchten der Sägepalme (Serenoa repens, Sabal) enthalten.

Skelettszintigramm
Bei dieser Suchmethode können Tumorabsiedlungen in den Knochen (Knochenmetastasen) dargestellt werden. Hierbei handelt es sich um ein schonendes Suchverfahren, bei dem der Patient eine schwach radioaktive Substanz in die Ellenbeugenvene gespritzt bekommt. Diese Substanz reichert sich vorzugsweise in krebsbefallenen Knochen an; der Nachweis erfolgt mithilfe eines speziellen bildgebenden Verfahrens.

Laboruntersuchungen
Bluttests können Aufschluss über den Allgemeinzustand des Betroffenen sowie über die Funktionen einzelner Organe geben. So erhält der behandelnde Arzt Informationen, die auch im Hinblick auf eine Narkose von Bedeutung sind.
Insbesondere wird die Bestimmung des PSA-Spiegels bei gesicherter Diagnose genutzt, um – im Zusammenwirken mit anderen Verfahren – die Ausdehnung der Krebserkrankung zu bestimmen.
Zwischen der Höhe des PSA-Spiegels im Blut und der Ausdehnung des Prostatakrebses besteht nämlich folgende Beziehung: Liegt der Wert unter 10 ng/ml (Nanogramm pro Milliliter), befindet sich der Krebs noch innerhalb der Prostatakapsel, die Lymphknoten sind sehr selten und die Knochen fast nie befallen (= heilbares Stadium). Das bedeutet, dass bei diesen Männern weitergehende Untersuchungen zur Tumorausdehnung nicht nötig sind.

Behandlung

Wurde bei Ihnen die Diagnose Prostatakrebs gestellt, so sollten Sie mit Ihrem Arzt ausführlich über den Befund und die Heilungschance (Prognose) Ihrer Erkrankung sprechen. Lassen Sie sich die vorgesehenen Behandlungsschritte und eventuell vorhandene andere therapeutische Möglichkeiten genau erläutern.

Operation
Grundsätzlich ist bei vielen Krebsarten die sicherste Behandlungsmethode, wenn das Tumorgewebe möglichst vollständig entfernt wird. Beim Prostatakrebs ist dies gleichbedeutend

mit der Entfernung der Prostata. Allerdings kommt nur bei denjenigen Patienten eine radikale Operation (totale Prostatektomie) in Frage, bei denen der Tumor die Organgrenzen (= Kapsel der Prostata) noch nicht überschritten hat. Das ist der Fall, wenn die Untersuchung der herausoperierten Prostata zeigt, dass die sogenannten Schnittränder des Organs keine Krebszellen enthalten. Dieses Ergebnis ist zu erwarten, wenn der PSA-Spiegel unter 10 ng/ml lag und die feingewebliche Untersuchung der Gewebeproben (Biopsie) einen günstigen Reifegrad ergab. Ergebnisse klinischer Studien haben inzwischen ergeben, dass es lange dauert, bis Prostatakrebs wieder auftritt beziehungsweise weiterwächst: Sogar wenn bei der Untersuchung der entfernten Prostata in den Schnitträndern Tumorzellen gefunden werden und/oder Lymphknoten befallen sind, vergehen zumeist fünf bis zwölf Jahre, bis zum Wiederauftreten.

Entscheiden sich Arzt und Patient für die Prostatektomie, dann werden die gesamte Prostata mit Samenbläschen und Samenleitern, ein Teil des Blasenhalses sowie die benachbarten Lymphknoten, wenn notwendig, entfernt.

Vorgangiges Ziel dieses Eingriffs ist, den betroffenen Mann zu heilen. Die Chancen dafür sind sehr gut, wenn der Tumor bei der Untersuchung der entfernten Prostata weder die Kapsel durchsetzt noch das anhängende Gewebe erreicht hat und wenn die entnommenen Lymphknoten nicht befallen waren. Der operative Eingriff über die Harnröhre, die sogenannte transurethrale Resektion der Prostata (TUR-P), bleibt der Behandlung der gutartigen Prostatavergrößerung (benigne Prostatahyperplasie) vorbehalten.

Dabei wird ein Endoskop in die Harnröhre eingeführt und die Geschwulst mittels einer elektrischen Schlinge abgetragen. Beim Prostatakarzinom muss jedoch die Vorsteherdrüse mitsamt der Kapsel wegoperiert werden, was auf endoskopischem Weg nicht zu erreichen ist.

Wärme- und Kälteanwendungen

Bei einigen neuen Verfahren wird derzeit geprüft, ob sie zur wirksamen Entfernung eines Tumors in der Prostata geeignet sind: hochintensiver, fokussierter Ultraschall, das Abtragen der Geschwulst durch Kälte und der Lasereinsatz. Allerdings soll nicht der Hinweis fehlen, dass diese Behandlungsmethoden zwar bereits als Alternative zur radikalen Prostataentfernung gepriesen werden, ihre Wirksamkeit aber noch nicht bewiesen ist.

Strahlentherapie

Ziel einer jeden Strahlenbehandlung (Radiotherapie) ist es, Krebszellen zu vernichten. Ionisierende Strahlen führen zu Veränderungen im Erbgut der Zellen, die von normalen, gesunden Zellen in der Regel wieder repariert werden. Krebszellen haben hingegen ein weniger gut funktionierendes Reparatursystem, sodass die durch die Bestrahlung verursachten Einwirkungen nicht behoben werden können: Die Krebszelle stirbt ab.

Bei jeder Strahlenbehandlung soll im zu bestrahlenden Gebiet eine möglichst hohe Strahlenkonzentration erreicht und dabei gleichzeitig das umgebende gesunde Gewebe so weit wie möglich geschont werden. Eine Bestrahlung stellt heute eine echte Alternative zur Operation dar. Sie kommt in Betracht, wenn der behandelnde Arzt oder der Betroffene eine Operation und die damit verbundenen Risiken beziehungsweise Nebenwirkungen scheut.

Dies kann zum Beispiel der Fall sein, wenn der Allgemeinzustand des Patienten zu schlecht ist oder wenn der Tumor die Kapsel der Prostata überschritten hat. Auch bei Männern höheren Alters kann die äußere Strahlentherapie anstelle des operativen Eingriffs in Frage kommen.

In Einzelfällen kann auch nach einer Entfernung der Prostata eine zusätzliche Bestrahlung sinnvoll sein, wenn Tumoren eine bestimmte Größe überschritten haben oder bei der Operation das Tumorgewebe nicht restlos entfernt werden konnte. Bei lokal fortgeschrittenen Prostatakarzinomen scheint die Kombination aus Strahlentherapie und Hormontherapie gut wirksam zu sein. Die Strahlentherapie selbst nimmt mehrere Wochen in Anspruch, wobei jedes Mal nur wenige Minuten bestrahlt wird. Die Therapie lässt sich oft ambulant durchführen, das heißt Sie brauchen nur zur Bestrahlung in die Klinik zu kommen und können anschließend wieder nach Hause gehen.

Die Behandlung erfolgt meistens von Montag bis Freitag; die Wochenenden sind als Ruhepausen vorgesehen.

Chemotherapie

Die Chemotherapie basiert wie die Strahlentherapie auf dem Prinzip, dass sie Krebszellen eher angreift als normales Gewebe. Bei den Medikamenten (Zytostatika), die bei einer Chemotherapie zu Einsatz kommen, handelt es sich um Zellgifte, die vor allem auf sich teilende Zellen wirken. Da Tumorzellen sich praktisch ständig vermehren, werden vor allem diese geschädigt. Aber auch gesundes Gewebe, das sich relativ oft erneuert, wird in Mitleidenschaft gezogen.

In der Behandlung des Prostatakrebses spielt die Chemotherapie eine untergeordnete Rolle. Sie kann dann angewendet werden, wenn der Tumor trotz Hormon- und/oder Strahlentherapie nicht unter Kontrolle gebracht werden kann. Für diesen Fall stehen heute gut verträgliche Chemotherapeutika zur Verfügung.

Bei der Chemotherapie des Prostatakrebses wurden typische Begleiterscheinungen wie Übelkeit, Erbrechen und Haarausfall nicht oder nur sehr selten betrachtet.

Hormontherapie

Die Hormontherapie (endokrine Therapie) hemmt die Bildung beziehungsweise Wirkung des männlichen Geschlechtshormon Testosteron – also des Hormons, das das Wachstum eines bereits vorhandenen Prostatakrebses fördert.

Werden einem Mann weibliche Geschlechtshormone (Östrogene) verabreicht, beeinflussen diese hauptsächlich die Rückkopplung zur Hirnanhangdrüse und blockieren so die Testosteronproduktion im Hoden.

Die Östrogenbehandlung kann Nebenwirkungen auf Herzkreislauf und Blutgerinnung haben, sodass sie selten angewendet wird.

Psoriasis

Schuppenflechte, eine in Europa weit verbreitete Hautkrankheit. Dabei treten auf der Haut ziemlich scharf umgrenzte rote, etwas erhabene Flecken auf, die bald in ihrer Oberfläche von silberweißen Schuppen bedeckt sind. Häufige und hartnäckige, rezidivierende, scharf umschriebene sattbraunrote Erytheme mit geschichteter silbergrauer bis schmutziggrauer Schuppung, die sich beim Abkratzen leicht abbröckeln lässt wie geronnener Talg und nach ihrer Entfernung punktförmige Blutungen hinterlässt.

Hauptlokalisationen:

- Streckseiten der Extremitäten (Ellenbogen, unterhalb des Knies);
- Rumpf;
- behaarter Kopf;
- eventuell Penis;
- Nägel (Tüpfel, Rillen).

Die Schuppenflechte tritt zumeist durch erbliche Veranlagung ab etwa dem 10. bis 20. Lebensjahr auf. In Fällen ohne Veranlagung tritt sie meist erst ab etwa 50 Jahren auf.

Pityriasis; feine kleieförmige Schuppung

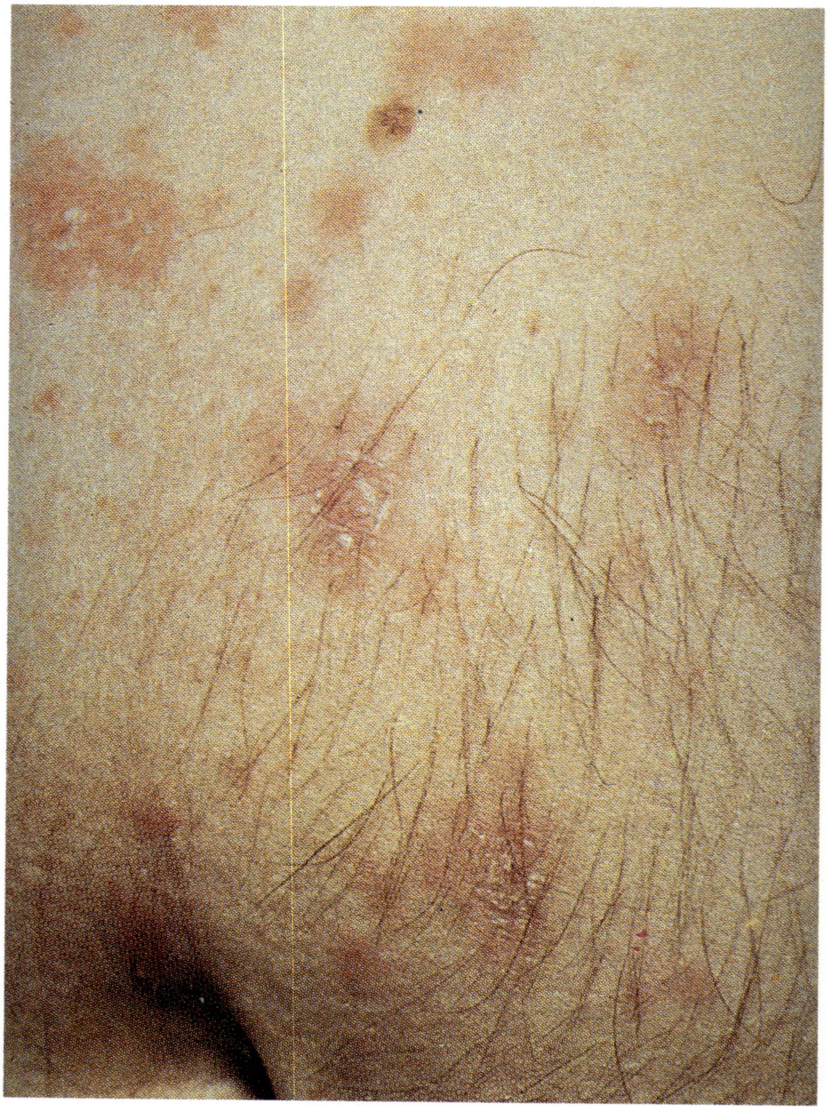

Laser bei Psoriasis und Vitiligo

- Laserstrahlen kommen in der Dermatologie seit mehreren Jahren zum Einsatz. Erst seit kurzer Zeit können jedoch auch Psoriasis und Vitiligo mit Laser behandelt werden.
- Den entscheidenden Durchbruch in der Laserbehandlung brachte die Entwicklung eines Xenon-Chlorid Excimer Lasers, der Strahlen im Bereich von 308 nm aussendet.
- Bereits die erste therapeutische Anwendung dieses Lasers bei Psoriasis war ein großer Erfolg. Dabei waren durchschnittlich nur gerade 8,6 Bestrahlungen nötig, um die vollständige Abheilung einer Psoriasisplaque zu erreichen.
- Besonders bemerkenswert ist zudem die lange Beschwerdenfreiheit. So waren acht von zehn behandelten Psoriasispatienten zwei Jahre nach der Behandlung noch immer symptomfrei.
- Eine Laserbehandlung bietet gegenüber einer herkömmlichen Lichttherapie wesentliche Vorteile. So bleibt die umliegende Haut von der Strahlenbehandlung verschont und die Gefahr von Hautkrebs wird absolut minimal.

Psoriasis (Schuppenflechte), bei hellhäutigen Menschen häufige Hauterkrankung (Morbidität ca. 1–2 Prozent) mit polygener Vererbung und multifaktorieller Auslösung; überstürzte Epidermisbildung, hyperparakeratose, Akanthose, Papillomatose

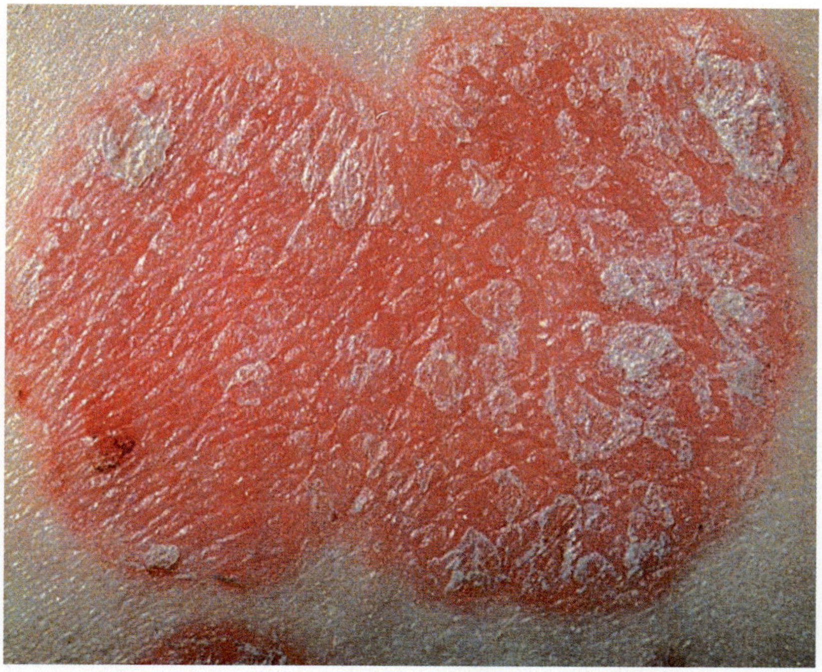

Therapie

Auch heute gibt es noch kein sicheres Therapeutikum, sodass bei der Auswahl der Medikation große Erfahrung erforderlich ist. Lokalbehandlung mit Teerpräparaten, vor allem aber fluorierte Kortikosteroid-Salben, eventuell mit Salizyl.
Bei kleinen Herden auch Unterspritzung mit Kortikosteroid-Kristallsuspension. PUVA-Behandlung in Kombination mit speziellen Medikamenten (zB. Psoralon).

Wichtige Fragen und Antworten zu Psoriasis

Was ist Schuppenflechte oder Psoriasis?

Schuppenflechte oder Psoriasis ist eine chronische Hauterkrankung. Bei dieser Erkrankung sitzen silberweiß schuppende, rote Papeln und Plaques (erhabene Hautflecken) unterschiedlicher Größe herdartig zwischen gesunden Hautbereichen.

Ist bei Psoriasis allein die Haut betroffen?

Von einer Psoriasis ist in erster Linie die Haut betroffen, aber sie kann auch Nägel und Gelenke befallen. 95 Prozent der Psoriatiker leiden an der gewöhnlichen Schuppenflechte, Psoriasis vulgaris. Die am häufigsten befallenen Stellen sind Ellenbogen, Knie und Kopfhaut, doch kann der ganze Körper befallen sein.
Bei knapp zwei Drittel aller Betroffenen tritt zusätslich Nagelpsoriasis auf. Finger- und Zehennägel bekommen kleine Dellen, werden dicker oder verformen sich.
Und etwa 30 Prozent leiden unter der schmerzhaften Psoriasis-Arthritis, die zu Gelenkbeschwerden bis hin zu Deformationen der Gelenke und Arbeitsunfähigkeit führen kann.

Wie weit verbreitet ist Psoriasis?

Psoriasis ist weltweit verbreitet und betrifft schätzungsweise zwei Prozent der Gesamtbevölkerung. Die Krankheit ist nicht ansteckend, sondern genetisch bedingt, aber vererbt wird lediglich die Veranlagung.
Damit die Krankheit wirklich ausbricht, müssen weitere Faktoren hinzukommen. Einige dieser möglichen Auslöser sind identifiziert. Zu ihnen gehören:

- Streptokokken
- gewisse Viren
- Hefepilze
- Medikamente, wie Betablocker

Wie behandeln Ärzte Psoriasis?

Bei Psoriasis bewährt sich Salizylsäure, Cignolinsalben und Teerpräparate, die entschuppend oder entzündungshemmend wirken. Ausgezeichnet werden auch Bestrahlungstherapien oder Heilbehandlungen am Toten Meer.
Für schwerste Formen der Psoriasis gibt es diverse innere, medikamentöse Behandlungen mit zum Teil allerdings gravierenden Nebenwirkungen. Wohl am häufigsten angewandt wird nach wie vor Kortison in Salben-, aber auch Tabletten- oder Spritzenform.

Wie wirkt Kortison?

Allerdings weiß man heute, dass Kortison lediglich die Symptome unterdrückt, die Oberhaut dünner werden lässt, die Infektionsanfälligkeit erhöht und die Krankheit so letztlich verschlimmert. Eine Alternative sind Salben, Cremes oder Lotions mit Vitamin-D-Abkömmlingen. Diese Präparate wirken ähnlich und können auch längere Zeit angewendet werden.

Psychosen

Psychose ist eine sehr allgemeine Bezeichnung für seelische Erkrankungen, bei denen es zu Störungen im Bezug auf die Realität kommt (zB. Schizophrenie, Manie).

Der Begriff psychotisch hat historisch eine Vielzahl unterschiedlicher Definitionen erfahren, von denen keine übereinstimmend anerkannt wurde. Die engste Definition von psychotisch beschränkt sich auf Wahnphänomene oder ausgeprägte Halluzinationen, wobei keine Einsicht in ihren pathologischen Charakter besteht. Eine etwas weniger enggefasste Definition würde auch solche ausgeprägten Halluzinationen einbeziehen, die die Person als halluzinatorische Erfahrungen erkennt.

Eine noch weitere Definition schließt auch andere positive Schizophreniesymptome ein (zum Beispiel desorganisierte Sprachäußerungen, grob desorganisiertes oder katatones Verhalten).

Wichtige psychotische Störungen sind folgende:

- Schizophrenie ist ein Störungsbild, das mindestens 6 Monate dauert und mindestens 1 Monat andauernde Symptome der floriden Phase beinhaltet; das heißt mindestens zwei der folgenden:
  - Wahnphänomene;
  - Halluzinationen;
  - desorganisierte Sprachäußerungen;
  - grob desorganisiertes Verhalten;
  - katatones Verhalten;
  - negative Symptome.
- Die schizophreniforme Störung ist gekennzeichnet durch ein Symptomenbild, das der Schizophrenie entspricht, abgesehen von der Dauer (das heißt, die Störung dauert von 1 bis 6 Monaten) sowie von der fehlenden Voraussetzung, dass es zu einem Funktionsabfall kommt.
- Die schizoaffektive Störung ist ein Störungsbild, bei dem eine affektive Episode und floride Schizophreniesymptome gemeinsam aufgetreten und mindestens zwei Wochen lang Wahnphänomene oder Halluzinationen ohne vorherrschende affektive Symptome vorausgegangen oder nachgefolgt sind.
- Die wahnhafte Störung ist gekennzeichnet durch mindestens einen Monat anhaltende nicht-bizarre Wahnphänomene ohne weitere floride Symptome der Schizophrenie.
- Die kurze psychotische Störung ist ein psychotisches Störungsbild, das länger als einen Tag anhält und sich innerhalb eines Monats zurückbildet.
- Die gemeinsame psychotische Störung ist ein Störungsbild, das sich bei einer Person entwickelt, die von einer anderen Person beeinflusst wird, bei der ein Wahn ähnlichen Inhaltes manifest ist.
- Bei der psychotischen Störung aufgrund eines medizinischen Krankheitsfaktor werden die psychotischen Symptome als direkte körperliche Folge eines medizinischen Krankheitsfaktors aufgefasst.
- Bei der substanzinduzierten psychotischen Störung werden die psychotischen Symptome als auf die direkte körperliche Wirkung einer Droge, eines Medikamentes oder einer Exposition gegenüber einem Toxin zurückzuführen angesehen.

Der Begriff psychotisch

Der Begriff psychotisch hat historisch eine Vielzahl unterschiedlicher Definitionen erfahren, von denen keine übereinstimmend anerkannt wurde.

- Die engste Definition von psychotisch beschränkt sich auf Wahnphänomene oder ausgeprägte Halluzinationen, wobei keine Einsicht in ihren pathologischen Charakter besteht.
- Eine etwas weniger enggefasste Definition würde auch solche ausgeprägten Halluzinationen einbeziehen, die die Person als halluzinatorische Erfahrungen erkennt.
- Eine noch weitere Definition schließt auch andere positive Schizophreniesymptome ein, zum Beispiel
  - desorganisierte Sprachäußerungen;
  - grob desorganisiertes oder katatones Verhalten.
- Schließlich ist der Begriff konzeptuell als ein Verlust der Ich-Grenzen oder als eine weitgehende Beeinträchtigung der Realitätskontrolle definiert worden.
- Bei Schizophrenie, schizophreniforme Störung, schizoaffektiver Störung und kurzer psychotischer Störung bezieht sich der Begriff psychotisch auf Wahnphänomene, alle ausgeprägten Halluzinationen, desorganisierte Sprachäußerungen oder desorganisiertes oder katatones Verhalten.

Ursache

Der Mannigfaltigkeit der Ursachen entspricht keineswegs eine ebensolche Vielfältigkeit der Erscheinungsformen des Irreseins. Vielmehr hat unser Organismus nur eine verhältnismäßig beschränkte Zahl von Reaktionsformen bereit, die sich aufgrund der verschiedensten Ursachen in annähernd der gleichen Weise zeigen. Dabei besteht eine deutliche Beziehung bestimmter Reaktionsformen zu bestimmten Gruppen von Ursachen. Andererseits sind spezifische Anlagen dafür verantwortlich, dass beim Einzelnen ganz bestimmte Reaktionsformen durch die allerverschiedensten Ursachen hervorgerufen werden. So kommt es etwa bei manchen Menschen mit epileptischem Erbgut zu Bewusstseinstrübungen nicht nur bei Infektionskrankheiten und Allgemeinleiden kommen, sondern auch, wenn die Betroffenen an der manisch-depressiven Krankheit leiden, in den Phasen dieser Krankheit oder im Verlaufe schizophrener Prozesse. Und bei Schizoiden nehmen alle Seelenstörungen gern ein schizophrenes Gepräge an.

Schizophrenie

Schizophrenie umfasst eine Anzahl von Krankheitsbildern – man spricht auch von einer Gruppe von Schizophrenien –, die sich in der Regel schon früh im Leben offenbaren (etwa um das 20. Lebensjahr) und zu einer totalen Veränderung der Persönlichkeit führen. Über die Ursachen der Schizophrenie bestehen mehrere Theorien. Man denkt einerseits an eine vorwiegend psychogene Ursache – zB. eine sehr frühe emotionelle Verwahrlosung –, andererseits an Veränderungen im Stoffwechsel des Gehirns.
Bei der Schizophrenie besteht kein Abbau der intellektuellen Fähigkeiten, wohl aber der emotionellen Kontakte zur Umgebung. Der Patient lebt in einer Welt, in die er sich schließlich einschließt oder in der er abgeschlossen ist. Er ist unveränderbar, kontaktlos, ohne Humor, ohne spielerische Impulse, gefühlsarm.
Diese Beschreibung vermittelt jedoch nur den Eindruck der Umwelt über den mangelnden Kontakt mit dem Schizophrenen. Der Kranke selbst erlebt oft heftige Emotionen, die sich vielfach in einem Verhalten äußern, das zwar nicht nachvollziehbar ist, aber doch auf Aggressions- oder Angstgefühle hinweist. Häufig sind zB. Gehörhalluzinationen, dh. Stimmen, die zu dem Patienten sprechen und ihn zu scheinbar unmotivierten Handlungen veranlassen.
Der Kranke fürchtet vor allem Stimmen, die er selbst als befremdend empfindet, die ihn zB. beschimpfen oder ihn durch bestimmte Mitteilungen seiner Umwelt entfremden. So kapselt er sich immer mehr ab, wird autistisch. Dabei lebt er in einer manchmal dichtbevölkerten Welt, zu der kein Zugang zu finden ist. Man spricht von Uneinfühlsamkeit, während zB. eine Depression und auch ein hypomanischer Zustand durchaus nachvollziehbar sind.

Viren

Schizophrenie ist eine Krankheit mit einer Vielzahl unterschiedlicher Symptome, sodass sich das Erscheinungsbild des Leidens von Patient zu Patient unterscheidet. Entsprechend schwierig ist es, mögliche Ursachen für diese Erkrankung zu finden.
Aus Zwillings- und Familienstudien weiß man, dass es eine genetische Prädisposition für Schizophrenie gibt. Bis heute hat man jedoch keine klare Korrelation zwischen bestimmten Genen und dem Auftreten von Schizophrenie gefunden.
Zusätzlich scheint auch eine Reihe von Umgebungsfaktoren das Risiko für dieses Leiden zu erhöhen. Unter anderem wird in letzter Zeit darüber diskutiert, ob auch Viren an der

Höhere psychische Funktionen

Diese Funktionen zeigen sich in besonderer Weise in der Hirnrinde lokalisiert. Einige werden überwiegend der rechten, andere der linken Hemisphäre zugeschrieben. Das bahnbrechende Werk von R. Sperry verhalf hier zu neuen Einsichten. (Sperry wurde 1981 für seine Arbeiten der Nobelpreis verliehen.)

Nachfolgende Übersicht der Lokalisation der wichtigsten höheren Funktionen stützt sich auf die Darstellung des Leidener Neuropsychologen Welman, der ein sehr umfangreiches Krankengut berücksichtigt hat.

In den meisten Fällen erhält man diese Informationen durch gründliche Untersuchung von Kranken mit Hirnrindenschäden. Die Störungen (wie Aphasien, Apraxien, Agnosien und Alexien) sind im Allgemeinen besser bekannt als die Begriffsbeschreibungen der normalen psychischen Mechanismen; sie beziehen sich vor allem auf Handlungen, Sinneswahrnehmungen und den Umgang mit der Sprache.

Unter Aphasie versteht man eine durch Hirnschädigung aufgetretene Störung im Umgang mit der Sprache bei Erwachsenen, die vorher die Sprache gut beherrschten und deren Denkvermögen formal und inhaltlich ungestört ist.

Man unterscheidet eine mehr expressive (motorische) Aphasie, bei der Kranke nur wenig mit falschen Buchstaben, Silben und Wörtern spricht und eine rezeptive (sensorische) Aphasie, bei der das Sprachverständnis verloren gegangen ist und der Kranke viel, aber unkontrolliert „Wortsalat" spricht. Kombinationen sind häufig.

Eine Apraxie ist eine Störung in den Bewegungen, die es unmöglich macht, die einzelnen Körperteile im Hinblick auf die gestellte Aufgabe zu bewegen. Der Kranke kann seine Glieder bewegen, aber nicht gebrauchen.
Eine Agnosie ist eine Störung des Erkennens; Objekte werden wahrgenommen, aber nicht erkannt. Die Agnosien werden danach eingeteilt, welche Sinnesbereiche davon betroffen sind.
Der Begriff setzt aber voraus, dass die Wahrnehmung an sich ungestört ist. Optische Agnosien treten auf bei Schäden im Lobus occipitalis und sind dadurch gekennzeichnet, dass der Kranke außerstande ist, wahrgenommene Objekte zu erkennen. Auditive Agnosien sind durch eine Störung des Erkennens bekannter Geräusche gekennzeichnet.

Eigenartig sind die Störungen der Wahrnehmung des eigenen Körpers, bei denen infolge einer Beeinträchtigung des Körperschemas der eigene Körper oder Teile davon nicht wahrgenommen oder als solche nicht erkannt werden.

Bei der partiellen oder vollständigen Asomatognosie wird der eigene Körper nicht wahrgenommen oder erkannt, bei der Autoagnosie ist die Funktion des Körperschemas in der Weise gestört, dass beispielsweise eine Unterscheidung zwischen rechts und links nicht möglich ist oder Berührungen falsch interpretiert werden.

Mit dem Begriff Alexie wird eine Lesestörung bezeichnet, vor allem in dem Sinn, dass das Gelesene nicht begriffen werden kann.

Das expressive Sprachvermögen ist links viel größer. Auch kann die linke Hirnhälfte viel besser rechnen, schreiben, logisch argumentieren und abstrahieren.

Die rechte Hirnhälfte ist dagegen deutlich besser im Zeichnen und bei komplexen Aufgaben, die eine gute Raumbeherrschung voraussetzen.

Es gibt eine gewisse Fähigkeit, gesprochene und geschriebene Worte zu verstehen, aber viel geringer als auf der Gegenseite. Man vermutet, dass die Hirnhälften unterschiedliche Strategien oder Taktiken vollziehen. Die linke Hirnhälfte arbeitet mehr analytisch, verbal und linear, die rechte synthetisch und ganzheitlich (holistisch).

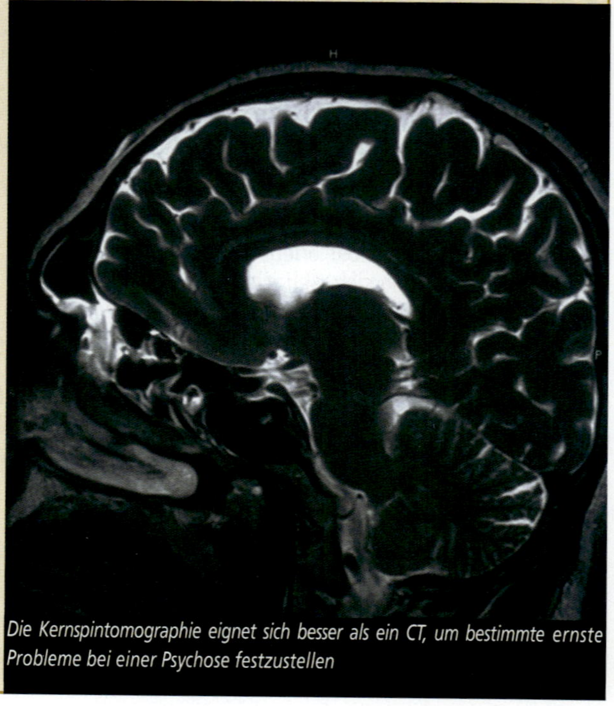

Die Kernspintomographie eignet sich besser als ein CT, um bestimmte ernste Probleme bei einer Psychose festzustellen

Entstehung der Krankheit mitbeteiligt sein könnten.
Forscher aus der USA und Deutschland haben nun in der Gehirnflüssigkeit von Schizophrenie-Patienten nach Spuren von Viren gefahndet – und sind tatsächlich fündig geworden. Bei knapp einem Drittel der Personen mit einer erst kürzlich diagnostizierten Schizophrenie konnten die Wissenschaftler genetisches Material von Viren nachweisen. Hingegen war bei Patienten mit anderen, nichtentzündlichen Gehirnerkrankungen sowie gesunden Probanden keinerlei Virus-DNA nachweisbar.
Zusätzlich zu den Untersuchungen der Gehirnflüssigkeit analysierten die Wissenschaftler auch Gehirngewebe von fünf verstorbenen Schizophrenie-Patienten. Auch hier fanden sich in einer bestimmten Region des Großhirns, die eine große Ähnlichkeit mit endogener Virus-DNA aufwiesen.
Die Autoren halten es auf Grund dieser Befunde für möglich, dass zumindest ein Teil der Schizophrenie-Erkrankungen durch Viren ausgelöst oder in der Anfangsphase vorangetrieben wird.

Manisch-depressive Psychose

Diese Psychose wird auch vitale Depression genannt, da man annimmt, dass ein Teil der Verarbeitungskapazität des zentralen psychischen Apparates ausfällt, wodurch der Patient ohne Anlass oder Ursache depressiv wird, wobei neben der niedergeschlagenen Stimmung – die bei allen Depressionen vorkommt – auch körperliche Symptome auftreten.
Die zwei Phasen der zyklischen Psychose können zugleich vorkommen, wobei sowohl Symptome der einen Phase als auch der anderen wahrnehmbar sind: gehemmte Manie und agitierte Depression.
Manie ist ein abnorm heiter-erregter, affektiver Zustand einer Psychose, die besonders durch Enthemmung bzw. Antriebssteigerung und Selbstüberschätzung gekennzeichnet ist und oft in Phasen auftritt. Nicht selten bezieht sich die Manie nur auf einen einzigen Gegenstands- oder Vorstellungskomplex. Besondere Formen sind: Kleptomanie (Stehltrieb), Dipsomanie (periodische Trunksucht), Pyromanie (Brandstiftungstrieb), Nymphomanie (Mannstollheit). Hier besteht das Vorherrschen einer Idee unter Ausschaltung des normalen relativierenden Denkablaufs.
Der Erkrankte leidet unter einem stark übersteigerten Selbstbewusstsein, das ihn dazu führt, sich kritiklos auf Unternehmungen einzulassen, die seine Fähigkeiten und Möglichkeiten weit übersteigen.
Dabei ist er zugleich ständig in einer übertrieben guten Stimmung, weil alle ernsten, kritischen Eindrücke an ihm abprallen oder von ihm gar nicht verstanden und gewertet werden.

Rauchen

Es bedarf heute keines Beweises mehr, dass Rauchen Organe und Gewebe unseres Körpers schädigt. Die Zahl der Todesfälle von starken Rauchern in allen Altersgruppen liegt deutlich über derjenigen der Nichtraucher. In den jüngeren und mittleren Altersgruppen zwischen 35 und 54 Jahren übersteigt die Sterberate von starken Rauchern die der Nichtraucher um das 2- bis 3fache.

Für einen 30-jährigen Raucher mit einem durchschnittlichen Tageskonsum von ein bis zwei Päckchen Zigaretten liegt die Lebenserwartung um durchschnittlich 6 Jahre unter der eines Nichtrauchers. Aber auch im fortgeschrittenen Alter ist noch ein deutliches, nach der Zahl der täglich gerauchten Zigaretten abgestuftes Risiko zu sehen.

In Deutschland schätzt man die Zahl der vorzeitig verstorbenen Raucher auf über 150.000. Dies entspricht der Bevölkerungszahl einer mittleren Stadt. Die doppelte Anzahl erkrankt jährlich an Leiden, die durch Rauchen verursacht oder begünstigt werden. Die Häufigkeit aller durch Rauchen verursachten Krankheiten ist streng abhängig

- von der Menge der täglich gerauchten Zigaretten,
- von der Dauer des Rauchens,
- von der Inhalationstiefe und
- von dem Nikotin- und Teergehalt im Zigarettenrauch.

Die wichtigsten Erkrankungen sind:

- Lungenkrebs;
- Raucherkatarrh;
- Herzstörungen (Tabakherz);
- Mundschleimhautkrebs.

Raucherkatarrh (mikroskopische Aufnahme von Auswurf).

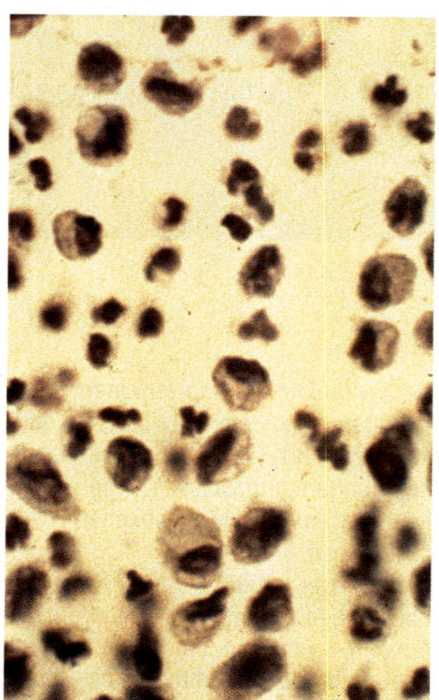

Verlauf

Rauchen beginnt gewöhnlich in der frühen Jugend. Wie schnell sich Abhängigkeit entwickelt, ist unklar. Von denjenigen, die über das zwanzigste Lebensjahr hinaus rauchen, werden 95 Prozent zu regelmäßigen Rauchern.

Von denjenigen, die erfolgreich mit dem Rauchen aufhören wollen, erleben drei bis vier Rückschläge, bevor sie das Rauchen endgültig einstellen können.

In den USA hören 45 Prozent derjenigen, die jemals geraucht haben, schließlich mit dem Rauchen auf. Entzugssymptome können innerhalb weniger Stunden nach dem Aufhören beginnen, haben in der Regel nach ein bis vier Tagen ihren Höhepunkt und dauern 3 bis 4 Wochen an. Depressive Symptome nach dem Aufhören stehen mit dem Rückfälligwerden in Zusammenhang.

Ob andere Nikotinentzugssymptome bei Rückfällen eine größere Rolle spielen, ist fraglich. Gesteigerter Appetit und Gewichtszunahme dauern oft mindestens 6 Monate an. 6 Monate nach dem Aufhören geben 50 Prozent der Personen, die mit dem Rauchen aufgehört haben, an, dass sie ein Verlangen nach einer Zigarette in den letzten 24 Stunden verspürten.

Nikotinabhängigkeit

Nikotinabhängigkeit und Nikotinentzug können durch alle Formen von Tabak (Zigaretten, Kautabak, Schnupftabak, Pfeife und Zigarren) und durch rezeptpflichtige Medikamente (Nikotinkaugummi oder Nikotinpflaster) entstehen. Wie stark diese Produkte Abhängigkeit erzeugen oder Entzug induzieren, hängt ab von der Schnelligkeit der Absorption der jeweiligen Einnahmeart (rauchen schneller als oral schneller als transdermal) und dem Nikotingehalt des jeweiligen Produkts.

Das Hauptmerkmal der Substanzabhängigkeit ist ein charakteristisches Muster kognitiver, verhaltensbezogener und physiologischer Symptome, die anzeigen, dass das Individuum den Substanzgebrauch trotz einschneidender substanzbezogener Probleme fortsetzt.

Es liegt ein Muster wiederholter Substanzanwendung vor, das normalerweise zu Toleranzentwicklung, Entzugserscheinungen und dem unwiderstehlichen Drang zur Substanzeinnahme führt.

Einige der allgemeinen Abhängigkeitskriterien scheinen auf Nikotin nicht anwendbar zu sein, wohingegen andere einer näheren Erläuterung bedürfen.

Bei der Nikotintoleranz bleiben Übelkeit, Schwindel und andere charakteristische Symptome aus, obwohl eine erhebliche Menge Nikotin konsumiert wird oder eine geringere Wirkung bei fortgesetztem Konsum der gleichen Menge nikotinhaltiger Substanzen beobachtet wurde.

Viele Menschen, die Nikotin brauchen, konsumieren es, um Entzugssymptome zu lindern oder zu vermeiden, so zum Beispiel wenn sie morgens aufwachen oder wenn sie in Situationen sind, in denen der Nikotinkonsum untersagt ist (wie etwa bei der Arbeit).

Leute, die rauchen oder Nikotin konsumieren, stellen häufig fest, dass sie ihre Zigarettenvorräte oder andere

nikotinhaltige Substanzen früher als beabsichtigt aufbrauchen. Obwohl 80 Prozent der Raucher den Wunsch äußern, mit dem Rauchen aufzuhören und es 30 Prozent jedes Jahr versuchen, schaffen es nur weniger als 5 Prozent ohne Hilfe. Kettenrauchen ist ein gutes Beispiel dafür, viel Zeit mit dem Substanzgebrauch zu verbringen.
Da Nikotin ohne Schwierigkeiten und legal erhältlich ist, dürfte es eher selten sein, dass viel Zeit damit verbracht wird, Nikotin zu beschaffen. Das Aufgeben wichtiger sozialer, beruflicher und Freizeitaktivitäten kann auftreten, wenn eine Person auf Aktivitäten verzichtet, die in Nichtraucherzonen stattfinden.
Fortgesetzter Konsum trotz des Wissens um ein medizinisches Problem in Zusammenhang mit Rauchen ist ein besonders erhebliches gesundheitliches Risiko (zum Beispiel eine Person raucht trotz eines tabakinduzierten medizinischen Krankheitsfaktors wie einer Bronchitis oder eines chronischen obstruktiven Lungenleidens weiter).

Nikotinentzug

Das Hauptmerkmal des Nikotinentzugs ist das Vorhandensein eines charakteristischen Entzugssyndroms, das sich nach der plötzlichen Beendigung oder der Reduktion von langandauerndem (mindestens mehrere Wochen), täglichem Nikotinkonsum entwickelt.
Das Entzugssyndrom schließt mindestens vier der folgenden Symptome ein:
- dysphorische Stimmung;
- depressive Stimmung;
- Schlaflosigkeit;
- Ablenkbarkeit;
- Enttäuschung;
- Ärger;
- Angst;
- Konzentrationsschwierigkeiten;
- Unruhe;
- verminderte Herzfrequenz;
- gesteigerter Appetit;
- Gewichtszunahme.

Die Entzugssymptome verursachen in klinisch bedeutsamer Weise Leiden oder Beeinträchtigungen in sozialen, beruflichen oder anderen wichtigen Funktionsbereichen.

Nikotindeprivation

Die Symptome sind zum Großteil auf Nikotindeprivation zurückzuführen und sind in der Regel bei Zigarettenrauchern intensiver als bei Leuten, die andere nikotinhaltige Produkte konsumieren. Die schneller einsetzende Wirkung von Nikotin beim Zigarettenrauchen führt zu einer intensiveren Gewohnheitsbildung, die aufgrund der Häufigkeit und Unmittelbarkeit der Verstärkung und der größeren körperlichen Abhängigkeit schwieriger aufzugeben ist.
Bei Zigarettenrauchern sinkt die Herzfrequenz um 5 bis 12 Schläge pro Minute in den ersten Tagen, nachdem das Rauchen aufgegeben wurde, und das Gewicht nimmt im Durchschnitt innerhalb des ersten Jahr nach Beendigung des Rauchens um 2 bis 3 kg zu.
Leichte Entzugssymptome können auftreten, nachdem auf Zigaretten mit niedrigen Kondensat- und Nikotinwerten übergangen wurde und nachdem der Gebrauch von rauchfreiem (Kau-)Tabak, Nikotinkaugummi oder Nikotinpflaster beendet wurde.

Laboruntersuchungen

Entzugssymptome gehen mit einer Verlangsamung im EEG, einer Abnahme der Katecholamin- und Kortisolwerte, REM-Schlaf-Veränderungen, Beeinträchtigungen bei neuropsychologischen Tests und eingeschränktem Stoffwechsel einher.
Rauch verstärkt die Metabolisierung vieler Medikamente, die für die Behandlung von psychischen Störungen und von Abhängigkeit von anderen Substanzen verschrieben werden.
Infolgedessen können die Blutkonzentrationen dieser Medikamente und anderer Substanzen manchmal bis zu einem klinisch bedeutsamen Ausmaß zunehmen, wenn mit dem Rauchen aufgehört wird.
Dieser Effekt scheint nicht auf Nikotin, sondern eher auf andere Verbindungen im Tabak zurückzuführen zu sein. Nikotin und sein Metabolit Kotinin können im Blut, Speichel und Urin gemessen werden. Raucher haben oft bei Lungenfunktionstests verminderte Werte und ein erhöhtes Erythrozyteneinzelvolumen.

Das Verlangen nach der Zigarette wird in erster Linie durch das im Tabakrauch enthaltene Nikotin verursacht. Ohne rauchen zu müssen, können bereits durch die alleinige Verabreichung dieses Genussgiftes die erwarteten Vorstellungen erfüllt werden.

Rauchen ist besonders für jene Menschen gefährlich, die schon ein erhöhtes Risiko für eine Herzerkrankung haben

Rauchstopp

Einem Teil der Raucher gelingt es, allein mit Willenskraft das Rauchen aufzugeben. Für die anderen haben sich Raucherentwöhnungsprogramme als am erfolgreichsten herausgestellt, die drei Elemente kombinieren:

- professionelle Beratung;
- umfassendes Training nach verhaltenstherapeutischen Gesichtspunkten;
- eine vorübergehende Nikotinersatztherapie mit Nikotinpflastern, -kaugummi oder -spray.

Meist ist es besser, das Rauchen abrupt aufzugeben, statt den Zigarettenkonsum langsam zu verringern. Dabei kann die Wahl des Datums hilfreich sein, wenn man zum Beispiel einen Feiertag oder Geburtstag wählt. Eine stressbelastete Zeit, in der man unter Termindruck steht, ist jedoch kein guter Zeitpunkt, um zu versuchen, mit dem Rauchen aufzuhören.

Tipps vor dem Rauchstopp

- **Setzen Sie Ihren Rauchstopp-Tag fest.** Wählen Sie dafür den bestmöglichen Zeitpunkt, zum Beispiel einen arbeitsfreien Tag, einen Besuch in fremder Umgebung, in der Sie für Ungewohntes ohnehin empfänglicher sind. Planen Sie Ihren Rauchstopp-Tag mindestens zehn Tage im Voraus.
- **Beobachten Sie Ihr Rauchverhalten und notieren** Sie jeweils vor dem Rauchen, was Sie gerade tun, in welcher Stimmung Sie im Augenblick sind, wie wichtig das Rauchen im Moment für Sie ist, was Sie statt zu rauchen tun könnten ....
- **Überlegen Sie sich, welche Tätigkeiten das Rauchen ersetzen könnten** und welche „verfüherischen" Situationen gemieden werden müssen.
- **Notieren Sie Ihre persönlichen Gründe** für und gegen das Rauchen. Überdenken und überarbeiten Sie diese Liste regelmäßig.
- **Überlisten Sie Ihre Rauchgewohnheiten** und versuchen Sie täglich, das Anzünden der ersten Zigarette länger hinauszuschieben, oder lassen Sie gelegentlich eine der unwichtigen Zigaretten weg. So reduzieren Sie schon Ihren Zigarettenkonsum.
- **Wenn Sie Lust auf Zigaretten haben,** warten Sie drei Minuten .... Vielleicht schaffen Sie es schon bald länger.
- **Zünden Sie sich Zigaretten an,** ohne es zu merken? Dann tragen Sie weder Streichhölzer noch Feuerzeug mit sich herum. Das stete Fragen nach Feuer macht Ihnen den unwillkürlichen Griff zur Zigarette bewusst.
- **Kaufen Sie erst ein neues Zigarettenpäckchen,** wenn das alte leer ist. Halten Sie keinen Vorrat! Wechseln Sie die Zigarettenmarke bei jedem Kauf. Dies macht Ihnen die Abhängigkeit erst recht bewusst und die „neuen" werden Ihnen weniger schmecken.
- **Suchen Sie Unterstützung.** Gemeinsam mit jemandem aufzuhören oder sich durch Freunde und Familie motivieren zu lassen, erleichtert den Rauchstopp.
- **Halten Sie sich an den festgesetzten Rauchstopp-Tag** und bereiten Sie sich und Ihre Umgebung gut darauf vor.
- **Informieren Sie sich** über verschiedene Rauchstoppmethoden und Ausstiegshilfen.

Tipps nach dem Rauchstopp

- **Geben Sie dem Rauchstopp-Tag eine große Bedeutung** und organisieren Sie alles so, dass Sie keine Ausreden fürs Scheitern finden.
- **Werfen Sie alle Zigaretten** und Rauchutensilien wie Aschenbecher und Feuerzeug fort.
- **Meiden Sie Orte und Situationen,** wo die Versuchtung, wieder zu rauchen, groß ist.
- **Sorgen Sie für eine rauchfreie Umgebung** – am Arbeitsplatz, in Ihrer Wohnung, an den Orten, wo Sie Ihre Freizeit verbringen.
- **Lenken Sie sich während des ersten Tags ohne Zigarette ab:** Tun Sie alles, um Ihre Gedanken und Ihre Hände vor der Zigarette zu lösen: Kauen Sie zuckerfreien Kaugummi, spielen Sie mit einem Bleistift.
- **Atmen Sie immer wieder tief durch** und entspannen Sie sich. Lernen Sie, ohne Rauchen mit Stress umzugehen.
- **Bewegen Sie sich ...**
- **Belohnen Sie sich immer wieder für Ihren gelungenen Rauchstopp.** Sie können das gesparte Zigaretten-Geld in eine Rauchstopp-Prämie umsetzen.
- **Beachten Sie, dass in der dritten Woche eine Krise auftreten** kann, die Ihnen mehr Probleme als in den ersten zwei Wochen bereitet.
- **Bleiben Sie beim Nichtrauchen.** Für immer. Den Meisten wird die erste Zigarette nach dem Rauchstopp zum Verhängnis – vermeiden Sie also diese erste Zigarette, auch wenn Sie in rauchender Gesellschaft sind oder unter Stress stehen.
- **Tritt ein Rückfall ein, verzweifeln Sie nicht,** sondern legen Sie gleich den neuen Rauchstopp-Tag fest; am besten den nächsten Tag bei.
- **Fühlen Sie sich bei Ihrem Rauchstopp noch unsicher** oder befürchten Sie einen Rückfall, dann suchen Sie zusätzliche Unterstützung bei einer Fachperson oder rufen Sie die Rauchstopp-Linie.

Körperliche Untersuchungsbefunde

Nikotinentzug kann mit trockenem oder produktivem Husten, verminderter Herzfrequenz, gesteigertem Appetit oder Gewichtszunahme und eingeschränktem orthostatischen Ansprechen in Verbindung stehen. Die häufigsten Anzeichen für Nikotinabhängigkeit sind Tabakgeruch, Husten, Nachweis eines chronischen obstruktiven Lungenleidens und starke Hautfalten.

Tabakkonsum kann das Risiko von Lungen-, Mund- und anderen Krebsarten, kardiovaskulären und zerebrovaskulären Erkrankungen, chronischen obstruktiven und anderen Lungenleiden, Geschwüren, Komplikationen bei der Mutter und beim Fötus und anderen Erkrankungen deutlich erhöhen.

Obwohl es scheint, dass die meisten Probleme eher durch Karzinogene und Kohlenmonoxid im Tabakrauch als durch Nikotin an sich verursacht werden, kann Nikotin das Risiko kardiovaskulärer Folgen erhöhen.

Nichtraucher, die ständig Tabakrauch ausgesetzt sind, scheinen ein erhöhtes Risiko für Erkrankungen wie Lungenkrebs und Herzerkrankungen zu haben.

Psychische Störungen

„Craving" ist ein wichtiges Merkmal des Nikotinentzugs und kann die Schwierigkeiten erklären, die Personen beim Beenden des Konsums von nikotinhaltigen Produkten haben.

Andere Symptome, die mit Nikotinentzug in Verbindung stehen, sind ein Verlangen nach Süßigkeiten und eine beeinträchtigte Leistung bei Vigilanzaufgaben. Verschiedene Merkmale in Zusammenhang mit Nikotinabhängigkeit wie Rauchen kurz nach dem Aufwachen, Rauchen bei Krankheit, Schwierigkeiten, sich des Rauchens zu enthalten, die Angabe, dass die erste Zigarette diejenige ist, auf die am schwersten verzichtet werden kann, und ein stärkeres Rauchen am Vor- als am Nachmittag scheinen größere Schwierigkeiten mit dem Beenden des Nikotinkonsums vorherzusagen. Die Anzahl der pro Tag gerauchten Päckchen hängt ebenso mit der Wahrscheinlichkeit zusammen, mit der die Person das Rauchen einschränkt.

Nikotinabhängigkeit ist bei Personen mit anderen psychischen Störungen häufiger. In den untersuchten Populationen rauchen 50–99 Prozent der Personen mit anderen psychischen Störungen im Vergleich zu 30 Prozent in der Allgemeinbevölkerung.

Affektive, Angst- und andere Störungen im Zusammenhang mit psychotropen Substanzen sind bei Rauchern wahrscheinlich häufiger als bei ehemaligen Rauchern und Nichtrauchern.

Nikotinersatztherapie mit Nikotinpflastern, -kaugummi oder -spray

Schritt 1
Beginn der Reduktion – 0–6 Wochen

- Setzen Sie sich eine Anzahl Zigaretten als Ziel und ein Datum, bis wann Sie es erreichen möchten.
- Eine Mindestreduzierung der Zigarettenanzahl von 50 % ist empfohlen, um beste Ergebnisse zu erreichen.
- Wenn Sie gewohnt sind, 15 oder 16 Zigaretten am Tag zu rauchen, setzen Sie sich auch als Ziel, 8 dieser Zigaretten durch Kaugummi oder -spray zu ersetzen.

Schritt 2
Weiterführende Reduktion – 8 Wochen bis 6 Monate

- Reduzieren Sie weiterhin die Anzahl Ihrer Zigaretten.
- Kontrollieren Sie mit Nikotinersatztherapie Ihr Rauchverlangen, so wie Sie es für nötig halten.
- Verzichten Sie auf Zigaretten, sobald Sie sich dazu in der Lage fühlen.
- Nachdem Sie weiter erfolgreich Ihren Zigarettenkonsum zum Beispiel von 8 auf 4 reduziert haben, sollten Sie jetzt bereit sein, auf Ihre Zigaretten zu verzichten.
- Denn durch den reduzierten Zigarettenkonsum sollte sich Ihr Rauchverlangen ebenfalls reduzieren.

Schritt 3
Rauchstopp – Innerhalb von 9 Monaten

- Sie verzichten vollständig auf Zigaretten.
- Kontrollieren Sie weiterhin Ihr Rauchverlangen mit Nikotinersatztherapie, so wie Sie es für nötig halten.
- Den Entschluss zu fassen, ganz auf Zigaretten zu verzichten, war schwierig. Aber denken Sie daran: Nikotinpflaster, - Kaugummi oder -Spray sind da, wenn Sie es brauchen.

Schritt 4
Nikotinersatztherapie absetzen – innerhalb von 12 Monaten

- Die Anwendung von Nikotinpflaster, -kaugummi oder spray wird innerhalb von 3 Monaten nach dem Rauchstopp eingeschränkt und schließlich ganz eingestellt.
- Sie haben erfolgreich Ihren Zigarettenverbrauch reduziert und ganz aufgehört. Nun müssen Sie dasselbe mit Nikotinpflaster, -Kaugummi oder - Spray machen.
- Es lohnt sich, die übrig gebliebenen Produkte lange aufzubewahren.

Rheuma

Einführung

Rheuma oder Rheumatismus ist ein Oberbegriff für eine Vielzahl von Erkrankungen. Rheuma ist eine Erkrankung des Bindegewebes, die sich vor allem in den Gelenken und in den Muskeln durch Schmerzen und durch Versteifung bemerkbar macht.
Dabei kann es auch zur Beteiligung des Bindegewebes innerer Organe kommen, das heißt zur Beteiligung von Herz, Gefäßsystem, Lunge, Leber usw. Es gibt mehrere Möglichkeiten, die rheumatischen Erkrankungen zu klassifizieren. Die praktikabelste Unterscheidung betrifft sowohl die Ursachen als auch die betroffenen Gewebe.

Entzündlicher Rheumatismus
Hierbei stehen die entzündlichen Reaktionen des Immunsystems im Vordergrund, die zum Teil als Autoimmunkrankheiten anzusehen sind. Betroffen sind alle Bindegewebe (im gesamten Organismus) und die Muskulatur.

Degenerativer Rheumatismus
Bei dieser Gruppe von Erkrankungen kommt es in der Hauptsache zu zerstörerischen Abbauprozessen in den Gelenken und der Wirbelsäule. Dabei ist vor allem das Knorpelgewebe betroffen.

Weichteil-Rheumatismus
Darunter werden sozusagen alle anderen rheumatischen Erkrankungen zusammengefasst, die teils entzündlich, teils degenerativ, außerhalb der Gelenke, vor allem in den Muskeln, aber auch im Unterhautfettgewebe ablaufen können.

Außerhalb spricht man auch von Erkrankungen des rheumatischen Formenkreisen, da die einzelnen Ausprägungen des „Rheumas" sehr unterschiedlich sein können.
Über die Ursachen wird weithin gerätselt und geforscht. Gemeinhin wird in den meisten Fällen eine Autoimmunkrankheit hinter den rheumatischen Symptomen vermutet.
Bei Autoimmunkrankheiten bildet das Immunsystem Antikörper gegen eigenes Körpergewebe (Autoantikörper). Aus welchen Ursachen heraus es zu solchen Reaktionen kommt, ist bis heute ungeklärt. Viel spricht für eine erbliche Veranlagung (zum Beispiel familiäre Häufungen).
Bei Erkrankungen des rheumatischen Formenkreises kommt es nach der Reaktion (Agglutination) des Autoantikörpers mit eigenem Gewebe zu Ablagerungen vor allem in den Gelenken, aber auch in anderen Organen.
Allerdings dürften indirekt als Auslöser bakterielle und virale Infektionen eine Rolle spielen, die unter Umständen dem Ausbruch der Krankheit vorausgegangen sind. Auch hormonelle Faktoren werden nicht ausgeschlossen.

Chronischer Gelenkrheumatismus
Der chronische Gelenkrheumatismus oder die rheumatische Arthritis beginnt normalerweise mit einer Entzündung der Gelenkkapsel. Der Bereich um die Kapsel rötet sich, es treten Schmerzen auf, und vor allem der konkave Teil des

Rheumatische Gelenkdeformationen an den Händen

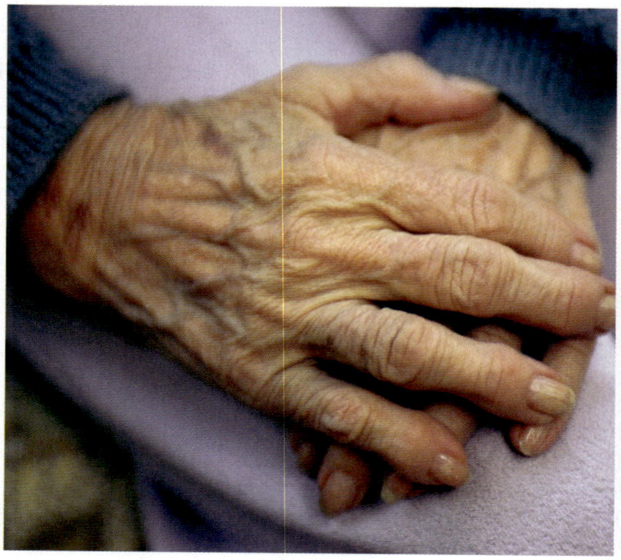

Gelenks schwillt an. Die Schwellung reduziert die Beweglichkeit des Gelenks auf ein Minimum.
Da meist der ganze Körper in Mitleidenschaft gezogen wird, spricht man bei chronischem Rheuma von einer systemischen Krankheit. Betroffen sind neben den Gelenken oft auch die Muskeln, Sehnen und Knochen.

Gelenke

Das Gelenk ist jede Verbindungsstelle zweier oder mehrerer Skelettknochen. Im engeren Sinn des Wortes – vor allem im alltäglichen Sprachgebrauch – bezeichnet das Wort lediglich die Verbindungsstelle zwischen zwei gegeneinander gut beweglichen Knochen.
„Gelenke" befinden sich jedoch auch an Stellen, wo zwei Knochen miteinander verwachsen sind, selbst wenn sie sich dann kaum oder gar nicht mehr voneinander trennen lassen. Der menschliche Schädel besteht zum Beispiel aus einer Anzahl paariger Knochenplatten, die schließlich zu einer Einheit zusammenwachsen.
Die ursprünglich vorhandenen „Gelenke" sind nur noch an den deutlich gekerbten oder gezähnten Rändern erkennbar. Beispiele für nur geringfügig bewegliche Gelenke bieten solche Knochenteile, die knorpelig miteinander verbunden sind, wie etwa die Rippen mit den Wirbeln, aber auch die Wirbel untereinander, die durch Knorpelscheiben voneinander getrennt sind.
Die Beweglichkeit eines Gelenkes hängt davon ab, auf welche Art die Knochen miteinander verbunden sind; umgekehrt üben die Bewegungen, die ein Gelenk tatsächlich ausführt, einen Einfluss auf seine Beweglichkeit aus.
Wird ein Gelenk für längere Zeit stillgelegt (nach einem Knochenbruch), so können Veränderungen im Knochengewebe die Beweglichkeit des Gelenkes einschränken.
Alle direkten Verbindungen erlauben nur geringfügige Bewegungen; ist eine größere Beweglichkeit erforderlich, so findet sich ein „echtes" Gelenk. Dann ist der Spaltraum zwischen den Knochenenden weiter (Gelenkspalt), die

Moderne Verfahren erleichtern die Diagnostik

- In den letzten Jahren hat es nicht an Versuchen gefehlt, strahlungsärmere Methoden und Verfahren, mit denen auch Veränderungen in den Weichteilen besser dargestellt werden können, zu entwickeln.
- Eine dieser Methoden ist die Kernspintomographie (MRT oder NMR), eine völlig strahlungsfreie Untersuchungsmethode.
- Dabei werden durch ein starkes Magnetfeld Körperzellen – je nach Wassergehalt – unterschiedlich in Schwingung gebracht. Diese Schwingungen werden gemessen und durch eine spezielle Computertechnik aufgearbeitet. Das MRT kann vor allem auch in frühen Stadien der Erkrankung wichtige Informationen liefern.
- Zu den Methoden, die völlig ohne Strahlenbelastung auskommen, zählt auch ein relativ neues Verfahren, mit dem feinste funktionelle Veränderungen und Dysbalancen der Wirbelsäule sehr frühzeitig nachgewiesen werden können.
- Bei dieser so genannten 3D-Wirbelsäulenvermessung werden mithilfe von Lichtwellen Gitterlinien auf den Rücken der Patienten projiziert. Anhand von bestimmten Fixpunkten und mithilfe eines Rechnerprogrammes können innerhalb von wenigen Minuten zum Beispiel Schiefstände im Schulter- oder Beckenbereich festgestellt werden. Oft schon mit verblüffend einfachen Maßnahmen lassen sich mögliche Fehlhaltungen korrigieren.

Havers-Kanal; den Knochen in Längsrichtung durchlaufende Gefäßkanälchen, die von konzentrischen Knochenlamellen umgeben sind

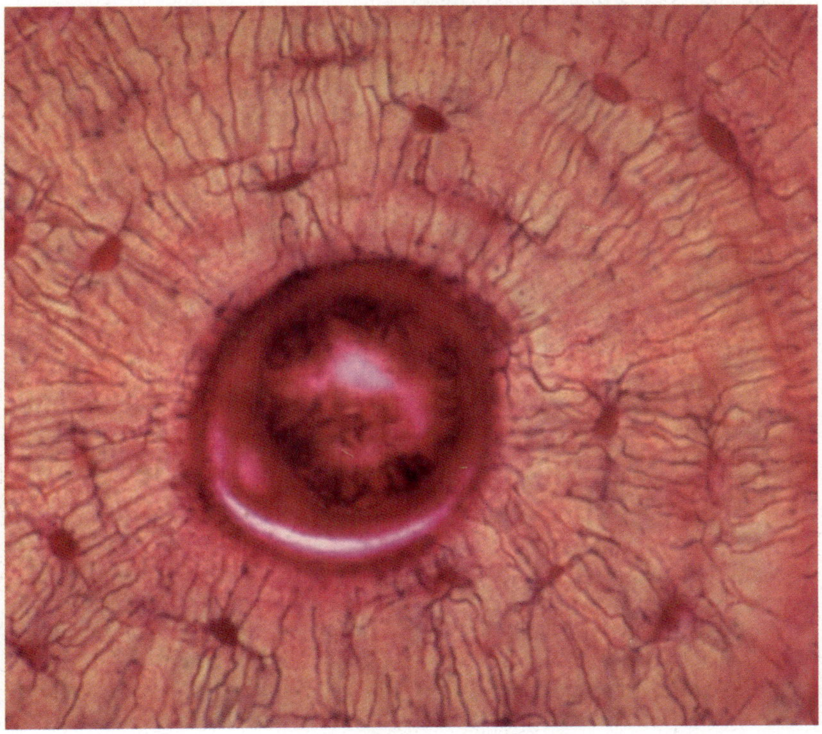

Wichtige Fragen und Antworten zu Rheuma

Was ist Rheuma?
„Rheuma" oder korrekt rheumatische Erkrankung kennzeichnet unterschiedliche Erkrankungen des Bewegungsapparates, insbesondere der Gelenke und der sie umgebenden Weichteile. Als gemeinsames Symptom dieser Erkrankungen ist in erster Linie der Schmerz zu nennen, verbunden mit einer mehr oder weniger starken Bewegungseinschränkung. Der Arzt zählt zu den rheumatischen Krankheiten insbesondere eine Gruppe entzündlicher Erkrankungen:

- Rheumatisches Fieber
- Chronische Polyarthritis
- Spondylitis ankylopoetica

Darüber hinaus zählt auch eine Gruppe degenerativer Erkrankungen der Gelenke (Arthrose), der Wirbelsäule (Spondylose) und anderer Teile des Bewegungsapparats und des Bindegewebes zu den Erkrankungen des rheumatischen Formenkreises.

Was sind die Ursachen von nicht entzündlichen rheumatischen Erkrankungen?
Die Ursachen sind vielfältig. Sie können das Resultat einer Fehlhaltung oder einer Fehlbelastung (Übergewicht) sein. Am häufigsten zeigen sich Veränderungen an der Wirbelsäule.

Gibt es eine medikamentöse Therapie?
Arzneimittel gegen Gelenk- und Wirbelsäulenerkrankungen gehören zur Gruppe der Antirheumatika und besitzen antientzündliche und schmerzstillende Wirkung. Da die meisten gelenk- und wirbelsäulenrheumatischen Krankheiten chronischer Natur sind, müssen diese Arzneimittel oft über längere Zeiträume hinweg eingenommen werden. Kortisonfreie (nicht stroidale) Antirheumatika (NSAR) stellen die wichtigste Arzneimittelgruppe dar. Sie lindern Schmerzen, hemmen Entzündungen und vermindern Schwellungen.

Was sind die Erscheinungsformen von Weichteilrheuma?
Von Weichteilrheuma, weichteilrheumatischen Erkrankungen oder auch extraartikulärem Rheumatismus spricht man, wenn schmerzhafte Veränderungen das Bindegewebe und Fettgewebe, die Muskulatur, die Sehnen, Band- und Sehnenansätze, die Muskelhüllen, die Sehnenscheiden und die Schleimbeutel betreffen. Hierzu gehören auch der bekannte Tennisellenbogen, der Hexenschuss, die Schleimbeutelentzündung oder die schmerzhafte Schulter, der steife Hals und viele Arten von Kreuzschmerzen.

Hilft ein Klimawechsel bei rheumatischen Krankheiten?
Manche Patienten mit chronischen Gelenkleiden fühlen sich in einem warmen, trockenen Klima wohler.

Was ist rheumatoide Arthritis?
Rheumatoide Arthritis ist eine entzündliche Gelenkerkrankung, bei der die Gelenke - darunter meist Hand- und Fußgelenke - entzündet sind. Dadurch entstehen Schwellungen und Schmerzen, häufig gefolgt vor der Zerstörung des Gelenks. Frauen erkranken deutlich häufiger als Männer an rheumatoider Arthritis. Die Krankheit kann in jedem Lebensalter auftreten, beginnt aber meist zwischen dem 25. und 50.Lebensjahr.

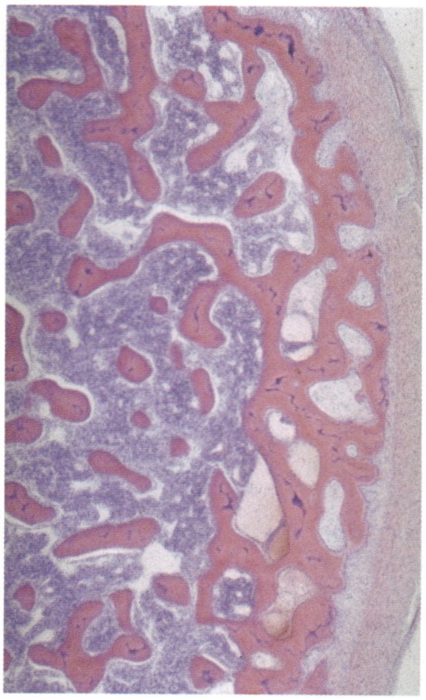

Die degenerativ-rheumatischen Erkrankungen sind gekennzeichnet durch primär regressive Veränderungen des Knorpels bzw. der Zwischenwirbelscheiben (mikroskopische Aufnahme).

Knochenenden selbst sind glatt und von einer Knorpelschicht überzogen. Bei den meisten Gelenken bildet das eine Knorpelende einen Kopf, das andere eine Pfanne. Das Kopfende des einen Endes passt genau in die Pfanne des anderen, sodass beide in einer oder mehreren Richtungen gegeneinander drehbar (Schulter, Hüfte) oder biegbar (Ellbogen) sind.

Strukturen

Da Gelenke im Grunde einen schwachen Punkt innerhalb des starken Skelettgerüstes darstellen, müssen besondere Vorrichtungen dafür sorgen, dass die beiden Enden sich nicht voneinander lösen können (Dislokation).
Eine Kapsel aus Sehnen und Bändern aus Bindegewebe umgibt daher das Gelenk. Die Innenseite der Kapsel trägt eine Schicht von Zellen, die ein Schmiermittel (Synovia) ausscheiden, das die Gelenkflächen gleitfähig erhält. Die Kapsel besteht aus verdickter Knochenhaut (Periost), die sich von einem Knochen zum anderen zieht; sie wird verstärkt durch gleichlaufende

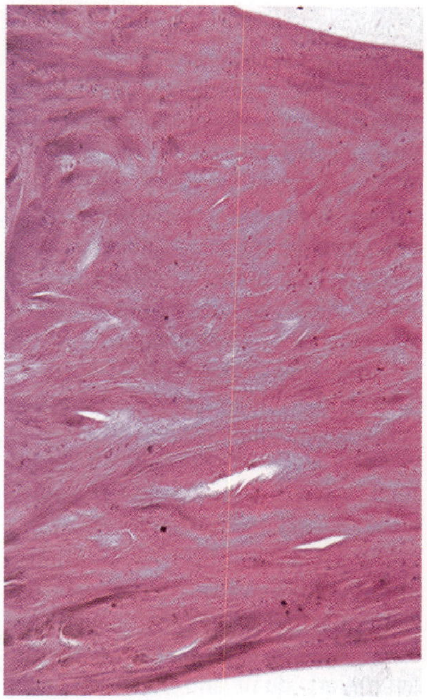

Rheumatische Erkrankung (mikroskopische Aufnahme).

Rheuma hat viele Ursachen

Häufige Erkrankung der
- Gelenke (Fuß, Knie, Hüfte, Schulter, Ellenbogen, Hand, Finger)
- Wirbelsäule
- Weichteile (Muskeln, Sehnen, Sehnenscheiden, Bänder)
- Knochen

Schmerzen durch Überbelastung
- Abnutzung der Gelenke
- Akute und chronische Zerrungen
- Am Arbeitsplatz oder bei einseitiger Sportbetätigung
- Arthrose (Gelenkknorpelabnutzung)
- Bandscheibenschäden (z. B. Diskushernie)
- Eingeklemmter Nerv
- Ermüdungsbruch
- Hexenschuss
- Ischias
- Nacken-, Rücken-, Kreuzschmerzen
- Muskelverspannung
- Sehnenscheidenentzündungen
- Schultersteife
- Tennisellenbogen
- Unfallfolgen
- Verstauchungen
- Wachstumsstörungen (akute Phasen können von Entzündungen begleitet sein)

Schmerzen durch Entzündung
- Arthritis (z. B. Polyarthritis)
- Arthritis nach Zeckenbiss
- Bechterew-Krankheit mit Versteifung
- Fehlgeleitete immunologische Abwehrreaktionen
- Bakterielle oder virale Infektion

Schmerzen durch Stoffwechselstörungen
- Ablagerung von Harnsäure oder Kalk im Gewebe
- Gicht
- Knochenentkalkung (akute Phasen können von Entzündungen begleitet sein)
- Osteoporose (Knochenschwund)
- Sehnenverkalkungen (vor allem Schulter)

Fasern aus Bindegewebe sowie durch Sehnen und Bänder (Ligamente), die je nach der Bewegungsrichtung des Gelenkes angeordnet sind.

Die wichtigste Voraussetzung für eine Beibehaltung der regelrechten Lage zweier Knochen ist deren exaktes Aneinanderschließen: Selbst bei aufgeschnittener Gelenkkapsel bleibt eine feste Verbindung bestehen, und bei starkem Zug an einem Scharniergelenk entsteht ein luftleerer Raum.

Aufgrund der großen Beweglichkeit des Armes ist die Schulter das für das Verrenken anfälligste Gelenk. Der Oberarmkopf kann sich nach außen verschieben, da er nicht gänzlich von der Pfanne umschlossen ist; die Oberfläche der Schultergelenkpfanne ist nur halb so groß wie die des Kopfes.

Der Oberschenkelkopf dagegen ist zu einem viel größeren Teil von der Gelenkpfanne umschlossen. Wie der Arm ist auch das Bein in jede Richtung beweglich, jedoch in weit geringerem Ausmaß. Das Kugelgelenk ist ein dreiachsiges Gelenk; es kann vorwärts, rückwärts und seitwärts gebeugt sowie, zum Beispiel beim Bein, auch nach innen und außen gedreht werden, die große Zehe kann nach innen oder nach außen bewegt werden. An dieser Drehung nehmen auch alle anderen Beingelenke teil.

Einige Scharniergelenke – im Prinzip einachsige Gelenke – sind in Wirklichkeit nach zwei Richtungen beweglich, so etwa das Handgelenk, da die Gelenkflächen der Unterarmknochen elliptisch geformt sind. Die Hand kann aufwärts und abwärts gebeugt sowie nach links und rechts bewegt werden. Eine Abart dieses Gelenks ist das Sattelgelenk, zum Beispiel das Gelenk zwischen dem Handwurzelknochen und dem Daumen. Ähnlich den ellipsenförmigen Gelenkflächen des Handgelenks finden sich auch hier Gelenkflächen, die zwei verschiedene, lotrecht aufeinanderstehende Krümmungsebenen aufweisen. Allerdings ist beim Daumen die eine dieser Krümmungen

Wichtige Fragen und Antworten zu Rheuma

Wie wirken Kuren in Badeorten bei rheumatischen Krankheiten?
Eine Heilbehandlung kommt nur für Gelenkerkrankungen in Betracht, bei denen keine oder nur mäßige entzündliche Prozesse vorliegen. Badekuren bringen keine Heilung des Leidens. Die Besserung, die viele Kurgäste spüren, ist auf eine Häufung von verschiedenen Faktoren wie Ruhe, Erholung, physikalische Therapie und Milieuwechsel zurückzuführen.

Was ist eine Arthrose?
Als Arthrose bezeichnet man Gelenkveränderungen, die durch Abnutzungs- und Abbauprozesse entstehen.

Helfen Antibiotika bei Gelenkerkrankungen?
Nur bei bakteriell bedingten Gelenkentzündungen, zum Beispiel bei Gonokokken- oder Streptokokkeninfektionen.

Was ist rheumatisches Fieber?
Das rheumatische Fieber ist eine spezielle Krankheit vermutlich bakteriellen Ursprungs. Es ist durch Fieberschübe gekennzeichnet, die einige Wochen bis zu mehreren Monaten anhalten können und oft über Jahre immer wieder aufflammen. Außerdem können dabei Entzündungsvorgänge in vielen Geweben und Organen wie Herz, Gelenke, Haut, Lunge und Nerven auftreten. Da oft die Gelenkbeteiligung im Vordergrund steht, bezeichnet man die Krankheit auch als akuten Gelenkrheumatismus.

Welche Auswirkungen hat das rheumatische Fieber auf die Gelenke?
Im akuten Krankheitsstadium können die Gelenke in ganz verschiedenem Ausmaß befallen sein. Die Gelenkbeteiligung schwankt von unbestimmten Beschwerden in den Gliedmaßen bis zu starken Schmerzen in einem oder mehreren Gelenken mit Schwellung, Rötung, Hitze und außerordentlicher Berührungs- und Bewegungsempfindlichkeit.

Verursacht das rheumatische Fieber bleibende Gelenkschäden oder Behinderung?
Nein. Sobald die akute Krankheit schwindet, normalisiert sich der Zustand der Gelenke wieder, ohne dass eine Schädigung zurückbleibt. Sogar wiederholte Schübe eines rheumatischen Fiebers verursachen keine Dauerschäden an den Gelenken.

Was ist die chronische Polyarthritis?
Es handelt sich um eine besondere Form der Gelenkentzündungen, die oft schon bei jüngeren Erwachsenen auftritt und bei Frauen etwa dreimal häufiger vorkommt als bei Männern. Kennzeichnend ist ein oft symmetrischer Gelenkbefall und Zerstörung der Gelenkgewebe. Der Verlauf der Krankheit ist chronisch, es können sich Ruhephasen mit Phasen akuter Entzündungsaktivität abwechseln.

konkav, die andere konvex, sodass das Ganze einem Pferdesattel gleicht.
Ein echtes Scharniergelenk stellt sich als zylinderförmiger Gelenkkopf dar, der in einer gleichgeformten Pfanne eingebettet liegt. Solche Scharniergelenke finden sich vor allem zwischen den Phalangen, den einzelnen Fingerknochen. Der Mensch hat seine im Vergleich mit vielen anderen Lebewesen außerordentliche Beweglichkeit und Geschmeidigkeit den Gelenken zu verdanken, die die vielen Skelettknochen miteinander verbinden.

Vorkommen

In manchen Landstrichen erreicht der Anteil der rheumageplagten Bevölkerung 10 Prozent. Die Krankheit deformiert, quält und behindert, aber sie tötet nicht.
Auch ist die Zahl der Rheuma-Invaliden gering im Verhältnis zur Zahl derer, die sich noch irgendwie mit ihrer Krankheit arrangieren können.
Bei Männern sind rheumatische Rückenschmerzen häufiger, bei Frauen zeigen sich die Symptome der Krankheit bevorzugt in den Fingergelenken, in den Armen und im Genick.

Symptome

Bei den meisten Patienten wechseln Perioden, in denen die Krankheit aktiv ist, mit solchen ab, in denen sie sich kaum bemerkbar macht. In der aktiven Phase sind die Gelenke stärker gerötet und geschwollen, haben eine erhöhte Temperatur und bereiten große Schmerzen.
Manche Patienten sind während einer solchen Periode sehr krank, sie magern ab, haben Fieber und leiden unter Blutarmut. Nach einiger Zeit klingen die Symptome ab, und die Krankheit geht in ihre latente Phase.
Nur in dieser Phase lässt sich das Ausmaß des bleibenden Schadens abschätzen, denn es gibt durchaus Patienten, die aus einer relativ intensiven rheumatischen Periode kaum Dauerschäden davontragen.

Behandlungszentrum für älteren Patienten

Behandlung

Die ganzheitliche Behandlung besteht aus folgenden Maßnahmen:
- Förderung des allgemeinen Gesundheitszustands.
- Lokale Behandlung der erkrankten Gelenke.
- Medikamentöse Behandlung.
- Chirurgische Behandlung.

Förderung des allgemeinen Gesundheitszustands

Da es sich um eine Erkrankung handelt, die das ganze System „Mensch" betrifft, kann eine Verbesserung des Krankheitsbilds über eine Förderung des allgemeinen Gesundheitszustands erreicht werden. Vor allem ist Ruhe sehr wichtig. Wenn nicht ohnehin völlige Bettruhe verordnet wurde, sollte versucht werden, wenigstens zehn Stunden am Tag zu liegen. Eine zu starke Ausdehnung der Liegeperioden ist nicht anzuraten, da sich sonst die Muskel- und Gelenkversteifung verschlimmern kann. Wenn während eines Anfalls völlige Bettruhe erforderlich ist, muss durch Bettübungen eine irreversible Versteifung der Gelenke verhindert werden. Die Einhaltung einer Diät ist nicht erforderlich, doch sollte die Nahrung ausgewogen sein und keinesfalls zu Übergewicht führen, damit die Gelenke nicht noch mehr belastet werden. Eine Gewichtsreduzierung während dieser Zeit sollte nur unter ärztlicher Überwachung durchgeführt werden. Das Raumklima sollte warm und trocken sein. Lässt es sich nicht beeinflussen, muss die Kleidung für die nötige Wärme sorgen.

Lokale Behandlung der erkrankten Gelenke

Rheumatische Gelenke sollten so viel wie möglich bewegt werden. Während eines Anfalls können gymnastische

Wichtige Fragen und Antworten zu Rheuma

Welche Gelenke sind von der Arthrosis deformans am häufigsten befallen?
Die Gelenke, die das Körpergewicht zu tragen haben, also Knie- und Hüftgelenke sowie die Wirbelsäule und Fingerendgelenke.

Was ist eine Gicht-Arthritis?
Eine Entzündung in einem oder mehreren Gelenken, die mit der Ablagerung von Uratkristallen in Zusammenhang steht. Diese Entzündung führt häufig zu heftigen Schmerzen, die meist anfallsweise auftreten. Die klassische Stelle ist das Großzehengrundgelenk.

Kann eine Gicht-Arthritis wirksam behandelt werden?
Ja. Es gibt spezielle Arzneimittel, die einen akuten Anfall lindern. Andere Arzneimittel beeinflussen den Harnsäurestoffwechsel und verringern das Ausmaß der Harnsäureablagerung in Gelenken und anderen Organen. Durch regelmäßige Einnahme bestimmter Arzneimittel oder Arzneimittelkombinationen lässt sich in den meisten Fällen das Auftreten von Anfällen verhindern.

Was versteht man unter Kinderrheuma?
Kinderrheuma (auch juvenile rheumatoide Arthritis genannt) ist eine Form der Arthritis, die im Kindesalter auftritt: systemische Form der primär-chronischen Polyarthritis mit starker Eingeweidebeteiligung. Mädchen sind häufiger betroffen als Jungen. Die Krankheit beginnt im Allgemeinen in der frühen Kindheit zwischen dem zweiten und vierten Lebensjahr oder beim Eintritt in die Pubertät.

Welche Symptome sind bemerkbar?
Die Krankheit beginnt mit folgenden Symptomen: Fieber, Hautrötungen, geschwollenen Lymphknoten, Bauchschmerzen, Gewichtsverlust.
Diese Symptome dauern über einen Zeitraum von mehreren Wochen an, wobei die Gelenkschmerzen, die Schwellung und die Steifheit erst später im Verlauf der Krankheit nach einigen Monaten auftreten. Zur Diagnose sind Symptome und Zeichen anderer Erkrankungen, die bei Kindern Gelenkbeschwerden verursachen können, auszuschließen. Die Ursache der Arthritis kann anhand von Blutuntersuchungen bestimmt werden.

Wie diagnostiziert der Arzt eine juvenile rheumatoide Arthritis?
Die Diagnose einer juvenilen rheumatoiden Arthritis wird nur dann erstellt, wenn die Beschwerden länger als drei Monate andauern.
Zu den möglichen Komplikationen gehören folgende Erkrankungen: Kleinwüchsigkeit, Anämie (Blutarmut), Entzündung des Herzbeutels, Vergrößerung der Milz, Vergrößerung der Leber.

Was ist die Prognose der juvenilen rheumatoiden Arthritis?
In den meisten Fällen verschwindet die Krankheit nach einigen Jahren wieder. Bei einigen bleiben jedoch Dauerschäden an den Gelenken zurück.

Übungen sehr schmerzhaft werden. Warme Bäder, warme Umschläge und Infrarotbestrahlung lindern für gewöhnlich die Schmerzen und ermöglichen die Durchführung eines minimalen Bewegungsprogramms.
Damit eine unvorhersehbare Versteifung den Patienten nicht in einer ungünstigen Position erwischt, ist anzuraten, bei der Ruhestellung auf eine funktionelle Haltung zu achten.

Medikamentöse Behandlung

Zur Verfügung stehen infektionsmindernde und schmerzlindernde Mittel.
Sie werden entweder eingenommen oder durch Injektionen verabreicht. Die Tabletten werden am besten mit einem Glas Milch eingenommen, da sie Magenschmerzen und Darmstörungen verursachen können. Bei der Einnahme von Kortikosteroiden ist die vom Arzt verordnete Dosis unter allen Umständen genau einzuhalten. Ungewöhnliche Nebenwirkungen wie Grippe, Furunkel und Magenschmerzen sind sofort dem behandelnden Arzt zu melden.

Chirurgische Behandlung

Bei ernsthafter Schädigung der Gelenke kann eine Operation zur Korrektur des Gelenkstands oder zur Verbesserung der Beweglichkeit angezeigt sein. In letzter Zeit geht man immer häufiger dazu über, bei drohender Versteifung vorbeugend zu operieren.

Rheumatoide arthritis

Arthritis ist eine Gelenkentzündung, die in der Regel nicht Folge einer bakteriellen Infektion ist. Früher wurde als Ursache vieler Gelenkerkrankungen eine bakterielle Infektion angenommen, weil die Gelenktuberkulose damals noch eine weitverbreitete Krankheit war. Zu den Arthritisformen wurde auch der Gelenkrheumatismus gezählt, ein schweres Krankheitsbild, das aufgrund seines häufigen Vorkommens zu Recht eine Volkskrankheit genannt wird. Bakterien spielen jedoch auch in diesem Fall keine wesentliche Rolle. Immerhin wurde doch die Bezeichnung „rheumatische Gelenkentzündung" (rheuma-

toide Arthritis) für die im Volksmund „Rheuma" genannte Krankheit beibehalten. Zum rheumatischen Formenkreis jedoch zählen noch viele andere Krankheiten. Hier sollen vor allem die durch Mikroorganismen verursachten Gelenkentzündungen und die wesentlichen Aspekte der rheumatoiden Arthritis besprochen werden.
Durch Infektion mit Mikroorganismen verursachte Entzündungen des Bewegungsapparats können sich sowohl in den Knochen selbst als auch in den Gelenken kundtun (manifestieren). Plötzlich auftretende und sich schnell entwickelnde Infektionen der Skelettknochen (Osteomylitis) nahmen in früheren Zeiten oft einen sehr bösartigen Verlauf. Dank der antibiotischen Medikamente sind sie heute viel besser zu beherrschen.
Eher chronische und sich langsam entwickelnde Gelenkentzündungen sind bei den Geschlechtskrankheiten Syphilis und Gonorrhö sowie bei der Tuberkulose zu beobachten. Letztere tritt vor allem bei Kindern auf. Die Tuberkelbazillen gelangen mit dem Blutstrom in die Gelenke. Die Erkrankung bildet sich nur langsam aus. Sie macht sich am Anfang lediglich durch ein schwaches, allgemeines Krankheitsgefühl bemerkbar: Der kleine Patient ist blass und unlustig. Vor allem bei Anstrengung kommt es gelegentlich zu leichten Gelenkschwellungen. Die betroffenen Kapseln können etwas verdickt sein. Auch die Gelenkfunktion ist in diesem Stadium geringfügig gestört. Die darüberliegende Haut fühlt sich warm an. Auf der Röntgenaufnahme ist häufig ein unscharf begrenzter Entzündungsherd zu sehen.

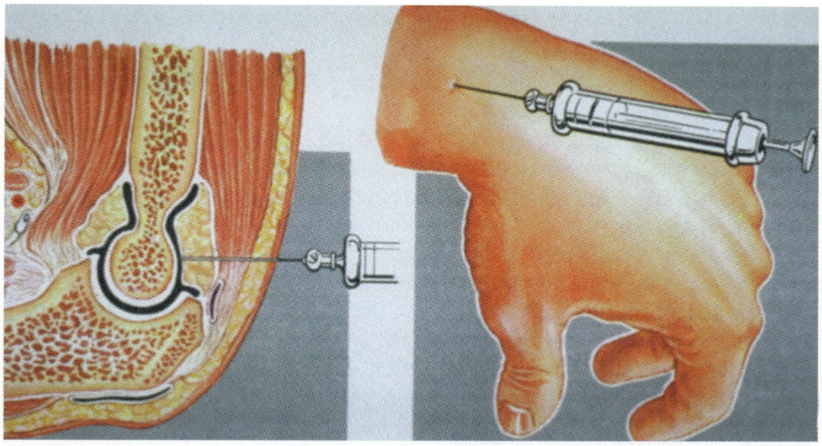

Medikamentöse Behandlung. Zur Verfügung stehen infektionsmindernde und schmerzlindernde Mittel. Sie werden entweder eingenommen oder durch Injektionen verabreicht.

Das Übungsprogramm sollte von einem Arzt oder von einem Physiotherapeuten festgelegt werden.

Symptomatik

Nur wenige Menschen sterben an rheumatischer Gelenkentzündung. Aber es gibt wohl kaum eine andere Krankheit, die so vielen Menschen so lang anhaltende und so schwere Schmerzen zufügt. Im Grunde handelt es sich um eine Systemerkrankung, die vor allem das Bindegewebe befällt. Es sind wohl auch an anderen Stellen des Körpers Abweichungen festzustellen. Die Gelenksymptome jedoch stehen eindeutig im Vordergrund. Der Krankheitsbeginn ist schleichend. Anfänglich ist oft nur ein einziges Gelenk befallen, später kommen weitere hinzu.
Der Prozess betrifft vor allem die kleinen Handgelenke. Die Gelenkflächen gehen zugrunde.
Durch zunehmenden Muskel- und Knochenschwund wird die Beweglichkeit immer mehr eingeschränkt.
Die Haut über dem allmählich immer schwerer deformierten Gelenk wird glatt und glänzend. Zunächst sind meist die Gelenke der Mittelhand und der Fingerknochen befallen. Die Gelenkschmiere verändert sich entzündlich, die Gelenkkapsel ist gerötet und geschwollen.

Pathologie

Es bildet sich ein schwammiges (Granulations-)Gewebe, das sich über die Knorpelflächen ausbreitet. An der Kapselinnenseite entstehen kleine Blutungen und Gewebsnekrosen. Dazu kommen noch Veränderungen des Gelenkknorpels. Dieser wird gelblich und schrundig; er fällt lamellenartig auseinander. In den untersten Knorpelschichten treten knochenabbauende Zellen (Osteoklasten) und neue Blutgefäße auf. Der Knorpel wird angegriffen und dann Schritt für Schritt durch Bindegewebe ersetzt. Die Schwere der Symptome ist sehr unterschiedlich. In den meisten Fällen

Wichtige Fragen und Antworten zu Rheuma

Wie entsteht die Schleimbeutelentzündung?
Das Schultergelenk ist besonders reich an Schleimbeuteln, wobei aber die Bursa subdeltoidea und Bursa subacromialis am häufigsten bei einer Sehnenentzündung betroffen sind.
Die beiden Schleimbeutel befinden sich unter dem Deltamuskel und dem Akromion. Es gibt keine länger andauernde Sehnenentzündung, bei der nicht die Bursa subdeltoidea ebenfalls betroffen ist. Die Wände dieses Schleimbeutels entzünden sich chronisch und verschmelzen mit den benachbarten Geweben.
Die Folge ist ein Verlust der Gleitfunktion, die die wesentliche Aufgabe der Schleimbeutel darstellt. Klinisch gesehen breitet sich der Schmerz durch die Entzündung über den Deltamuskel entlang des Arms aus.

Wie entsteht die fibröse Schultersteife?
Diese Form der Periarthritis ist zu Beginn von einem tiefen und ständigen Schmerz geprägt. Die Schulter wird steif und aktive und passive Bewegungen sind nur mehr beschränkt möglich. Es entwickelt sich jenes klinische Bild, das unter dem Namen „frozen shoulder" bekannt ist.
Der Schmerz lässt nach, aber die Schultersteife wird immer ausgeprägter und die Bewegungen des Schultergelenks sind fast unmöglich. Teilweise verschiebt sich dabei das Schulterblatt in Richtung Brustwand. Ein Muskelschwund, vor allem beim Deltamuskel, ist nicht selten zu beobachten.

Was ist die Therapie bei einer akuten Periarthritis?
Die Therapie bei einer akuten Periarthritis ist zu Beginn konservativ: Das Gelenk wird ruhiggestellt, und es werden Mittel gegen die Schmerzen und die Entzündung verabreicht.
Wenn eine Besserung der Symptome eintritt, kann man frühzeitig beginnen, die Schulter zu bewegen. Unmittelbar vor der passiven Bewegung kann mittels Hochfrequenzwärmetherapie oder anderer physikalischer kurzwelliger Methoden die Schulter erwärmt werden. Sollte die anfängliche Therapie keine Wirkung zeigen, so ist die lokale Injektion eines Hydrokortisons gemeinsam mit einem Anästhetikum notwendig.

Wie behandelt der Arzt die fibröse Schultersteife?
Bei der fibrösen Schultersteife stellt die einzige wirksame Behandlung die Prävention dar. Bei jedem Auftreten von Schmerzen oder während chronischer Krankheiten, bei denen die Schulter ruhiggestellt ist, muss daher eine frühzeitige Bewegung erfolgen. Sollte die fibröse Schultersteife bereits völlig ausgebildet sein, können passive Bewegungsübungen über mehrere Monate hinweg, lokale Injektionen von Kortison und Schmerzmitteln sowie Wärmebehandlungen die Beweglichkeit zurückbringen.

Was ist ein Schulter-Hand-Syndrom?
Das Schulter-Hand-Syndrom ist eine Form des Südeck-Syndroms, bei der es im Arm zu Schmerzen und Bewegungseinschränkungen der Schulter und Hand kommt.
Ursache kann eine Verletzung sein (Sturz auf die Hand, Bruch des Handgelenks), Herzanfall, Schlaganfall und möglicherweise auch die Einnahme bestimmter Medikamente. Wie sich die Krankheit entwickelt, ist unbekannt.
Wird die Erkrankung rechtzeitig diagnostiziert, kann der dauerhaften Verkrümmung der Finger durch Übungen entgegengewirkt werden. Gewöhnlich sind auch regelmäßige Injektionen eines Mittels zur örtlichen Betäubung erforderlich, um bestimmte Nerven zu blockieren.

klagen die Betroffenen zunächst über vage Schmerzen und Steifheit in einem Gelenk oder mehreren Gelenken, später über Rötungen und Schwellungen. Die Erkrankung kann sich an nur einigen Gelenken äußern und nur spärliche Symptome verursachen, sie kann sich aber auch an vielen Gelenken gleichzeitig manifestieren und mit schweren Schmerzen und starken Schwellungen einhergehen. In wenigen Fällen wird der Krankheitsprozess von hohem Fieber und schwerer Anämie begleitet.
Jedes Gelenk im Körper kann von der rheumatischen Gelenkentzündung befallen werden.

Behandlung

Ziemlich viele Patienten (25–45 Prozent) gehen mit ihren Beschwerden nicht zum Hausarzt, weil die Symptome ihnen nicht allzu ernsthaft zu sein scheinen. Dabei verfügt die Medizin heute über eine ganze Skala therapeutischer Maßnahmen, die allerdings nur dann zu einer Heilung führen können, wenn noch kein Gewebsuntergang eingetreten ist. Häufig jedoch können die Beschwerden auch in solchen Fällen noch auf ein erträgliches Maß zurückgeführt werden. Der Schmerz wird mit schmerzlindernden, modernen Medikamenten (Analgetika) behandelt. Auch Kortikosteroide werden angewendet – mit wechselndem Erfolg. Man kann diese Medikamente in die Gelenkhöhle selbst injizieren. Jedoch stellt sich hauptsächlich nur bei den größeren Gelenken ein gewisser Erfolg ein.
Von großer Bedeutung ist weiterhin die Physiotherapie, die durch Massagen, Bewegungsübungen und Bestrahlungen die Beweglichkeit der Gelenke fördert und die Muskelsteife mindert.
In den letzten Jahren wird – häufig mit gutem Erfolg – eine Operation durchgeführt, um eine weitere Degeneration der Gelenke zu verhindern. Dabei entfernt man die Gelenkflüssigkeit sowie das neugebildete Binde- und Fettgewebe innerhalb der Gelenkkapsel. Die Gelenkkapselinnenschicht, die Gelenkschmiere abscheidet, regeneriert sich dann im Laufe von etwa zwei bis drei Monaten.

Wirkstoffe bei rheumatischen Beschwerden

Arnika

Arnika
Extrakt von Arnikablüten (Arnica flos) wirkt äußerlich angewendet schmerz- und entzündungshemmend sowie keimabtötend. Arnikainhaltsstoffe sind Sesquiterpenlactone, Flavonoide, Cumarine, Phenolcarbonsäuren und ätherische Öle.

Cayennepfeffer
Der Hauptinhaltsstoff (Capsaicin) von Paprikafrüchten beziehungsweise Cayennepfeffer (Capsicum annuum, frutescens) wirkt hautreizend und -erwärmend. Bei rheumatischen Beschwerden können Paprikawirkstoffe äußerlich als Salbe oder Pflaster eingesetzt werden. Capsaicin reizt die Hautnerven, verursacht zunächst schmerzhaftes Hautbrennen und dann eine leichte Schmerzhemmung.

Diclofenac
Diclofenac gehört zur Gruppe der Phenyl- und Heteroarylessigsäuren und ist eine der wirksamsten schmerzhemmenden (analgetisch) und antientzündlichen (antiphlogistisch) Substanzen. Diclofenac wird bevorzugt bei Schmerzzuständen auf Grund entzündlich-rheumatischer Erkrankungen eingesetzt. Diclofenac kann innerlich oder äußerlich als Salbe zur Behandlung von schmerzhaften rheumatischen Beschwerden verwendet werden.

Enzyme
Enzyme sind Eiweißstoffe, die als Katalysatoren Stoffwechselvorgänge und Reaktionen im Körper erleichtern und beschleunigen können. Man benutzt Enzymgemische oder pflanzliche Einzelenzyme (Bromelain, Papain) und tierische Enzyme (Chymotrypsin, Trypsin, Pankreatin), wodurch sich die erwünschte Heilwirkung verstärkt. Bromelain wird aus dem Presssaft der reifen Ananas (Ananas comusus var. Cayenne) gewonnen. Enzyme wirken entzündungs- und schmerzhemmend sowie durchblutungsfördernd, insbesondere bei Verletzungen sowie bei allen akuten und chronischen Entzündungsprozessen.

Ibuprofen
Ibuprofen ist ein so genanntes peripher wirksames Schmerzmittel (Analgetikum), das zur Substanzgruppe der Profene (Alpha-Arylpropionsäuren) gehört. Ibuprofen wirkt schmerzlindernd, fiebersenkend und entzündungshemmend. Bei akuten Schmerzen ist innerhalb von zwei Stunden eine wirksame Schmerzkontrolle zu erwarten. Ibuprofen ist gut verträglich und kann innerlich oder äußerlich als Creme zur Behandlung von schmerzhaften rheumatischen Beschwerden eingesetzt werden.

Nikotinsäure
Nikotinsäurederivate, wie Benzyl-, Methyl- oder Propylnicotinat, wirken erweiternd auf die Hautgefäße und fördern die Durchblutung bei äußerlicher Anwendung. Der Wirkstoff verursacht Hautrötung und Wärmegefühl.

Salicylsäure
Salicylsäurederivate, wie Bornyl-, Isobornyl-, Methyl-, Diethylamin- oder Hydroxyethylsalicylat, wirken schmerz- und entzündungshemmend bei äußerlicher Anwendung.

Rückenmarkerkrankungen

Einführung

Das Rückenmark hat vielerlei Aufgaben. Es ermöglicht eine große Anzahl von Reflexen an Rumpf und Gliedmaßen (Reflexfunktion). Auch leitet es die Erregungen von den Sinnesorganen und Gliedmaßen zum Gehirn und von dieser Zentrale wieder zurück zur Peripherie (Leitungsfunktion).

Amyotrophe Lateralsklerose

Hier kombinieren sich eine Seitenstrangdegeneration, eine spinale Muskelatrophie und eine chronisch progressive Bulbärparalyse; betroffen sind also sowohl das zentrale als auch das periphere motorische Neuron. Die Erkrankung kommt bei Männern häufiger vor als bei Frauen (ungefähr im Verhältnis 2:1); sie beginnt meistens zwischen dem 40. und 60. Lebensjahr, nur in seltenen Fällen bereits um das 30. Lebensjahr. Eine sichere Ursache ist nicht erkennbar; in einer Anzahl von Fällen konnte man Erbfaktoren nachweisen.

Pathologische Anatomie

Die degenerativen Veränderungen finden sich in den motorischen Vorderhornzellen, den motorischen Kernen des Hirnstamms und den kortikospinalen Bahnen.

- Degeneration des Rückenmarks und des peripheren motorischen Neurons: Die degenerativen Veränderungen der motorischen Vorderhornzellen werden vor allem im Halsmark angetroffen. Dazu kommt eine Degeneration der weißen Substanz: Die langen Bahnen im Rückenmark, vor allem der Tractus corticospinalis lateralis, sind davon betroffen.
- Degeneration der motorischen Zellen im Hirnstamm:
  Diese betrifft vor allem den motorischen Trigeminuskern, den Nucleus ambiguus und die Kerne des N. hypoglossus.
- Bei der bioptischen Untersuchung der Muskulatur findet man neben atrophischen auch hypertrophische Muskelfasern, was man als Belastungs-(Ausgleichs-)Hypertrophie deuten kann. Die atrophischen Muskelfasern gehören zu bestimmten motorischen Einheiten. Eine deutliche Gruppierung nach Fasergröße ist erkennbar.

Modell des Rückenmarks und der Wirbelsäule (Ansicht von hinten)

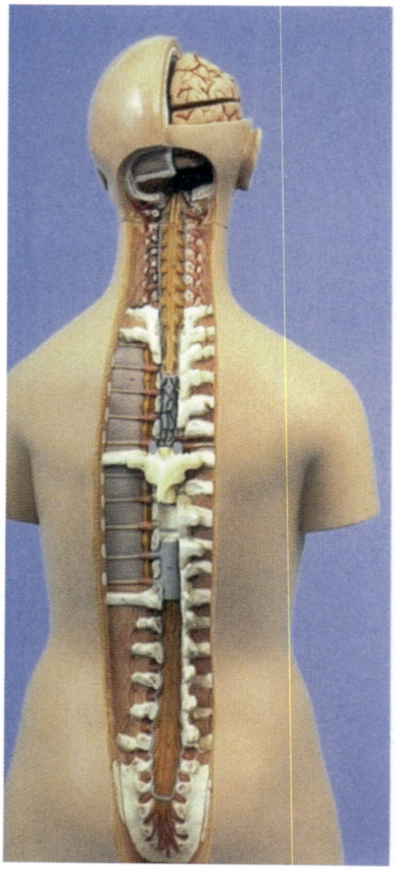

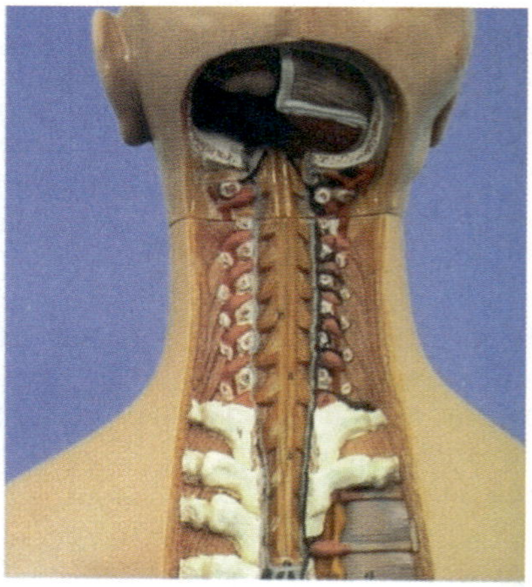

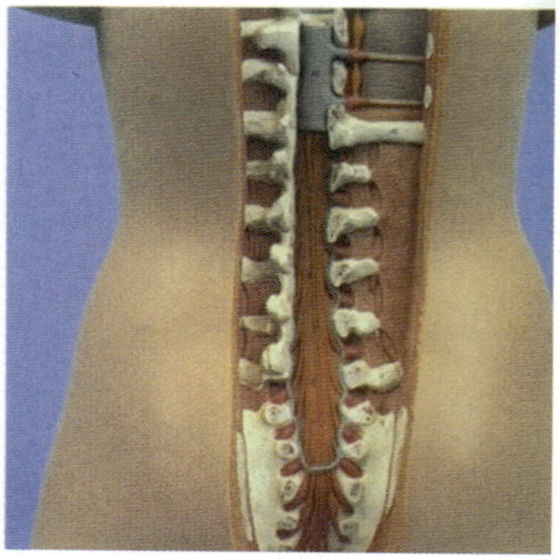

Symptome

Zu Beginn findet sich meist eine progressive Muskelatrophie, vor allem im Handbereich. Die Finger werden schwach, die Hand- und Unterarmmuskulatur schwindet; besonders häufig sind die Musculi interossei (Fingerspreizer) betroffen. Später werden auch die Versorgungsbereiche von Bein- und Hirnnerven in den Prozess einbezogen. Es kommt zu faszikulären Zuckungen.
Man kann drei Typen unterscheiden:

■ *Der Armtyp*

Dieser kommt sowohl symmetrisch als asymmetrisch vor. Bei einer Anzahl von Fällen ist der eine Arm viel mehr betroffen als der andere. Wir stellen dann eine Schwäche der Fingermuskulatur und eine Atrophie der kleinen Handmuskeln fest. Die Sensibilität ist intakt. Die Muskeleigenreflexe sind gesteigert, es können auch pathologische Reflexe auftreten.

■ *Der Beintyp*
Hier steht vor allem eine Peronaeuslähmung im Vordergrund; auch hier findet man neben der Muskelatrophie pathologische Reflexe, eine Hyperreflexie und eine gewisse Tonuserhöhung der Muskulatur.

■ *Der Bulbärtyp*
Hier kommt es zu einer langsam progressiven Bulbärparalyse. Die Muskeln von Zunge und Rachen sind am stärksten von diesem Prozess betroffen. Häufig sind Artikulationsstörungen ein erstes Symptom; die Kranken haben auch Schwierigkeiten, feste Speisen zu schlucken. Später bereitet das Abhusten Schwierigkeiten.

Prognose
Die Erkrankung dauert meist nicht länger als zwei oder drei Jahre. Eine gezielte Behandlung ist nicht möglich; man bemüht sich lediglich, eine Anzahl von Einzelsymptomen (Spastik, Pflegeschäden u.a.) zu bekämpfen. Überanstrengung und Aufenthalt in Kälte sollen vermieden werden. Die betroffenen Muskeln dürfen nicht galvanisiert werden.

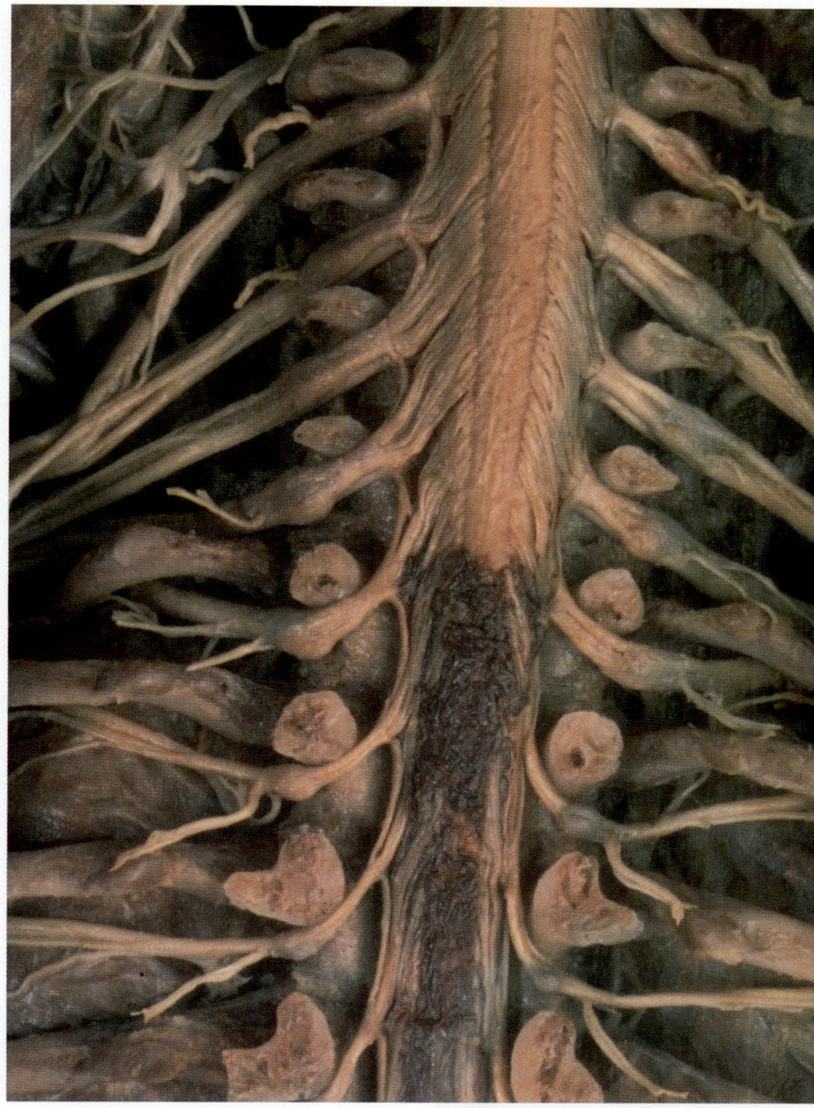

Brust- und Lendensegmente des Rückenmarks

Lateralsklerose

Bei dieser Erkrankung sind ausschließlich die kortikospinalen Bahnen betroffen, was zu einer spastischen Parese der Extremitäten – besonders der Beine – führt. Der Prozess schreitet viel langsamer voran als die amyotrophische Lateralsklerose. Durch Behandlungsmaßnahmen lässt sich die Prognose verbessern. Vor allem länger dauernde physiotherapeutische Kuren wirken sich günstig aus. Das Krankheitsbild kann dominant, aber auch rezessiv vererbt werden.

Die wichtigsten Symptome sind:
- Hypertonie der Muskulatur, Hyperreflexie; Auftreten pathologischer Reflexe der Babinski- und Rossolimogruppe.
- Die Erkrankung führt zu einem hölzernen und steifen Gang (Adduktorenspastik). Die Füße werden nachgezogen.
- Es kommt zu Muskelatrophie, Bulbärparalyse oder diskreten Sensibilitätsstörungen.

Therapie
Lockerungsübungen, Massagen. In einigen Fällen ist eine günstige Wirkung von Curare-Präparaten behauptet worden; Antispastika können helfen. Reizstrombehandlung ist nicht indiziert, sie könnte zur Zunahme der Spastik führen.

Spinale Muskelatrophien

Diese haben eine gewisse Verwandtschaft mit der amyotrophen Lateralsklerose. Bei der meist rezessiv vererblichen spinalen Muskelatrophie sind aber ausschließlich die motorischen Vorderhornzellen erkrankt. Klinisch erkennt man sie an einer zunehmenden Parese der Extremitäten, die langsam fortschreitet und von Muskelatrophien begleitet wird. Wir finden dann in dem betroffenen Gebiet eine Hypotonie, Areflexie und die elektrischen Zeichen einer Schädigung des 2. motorischen (peripheren) Neurons.

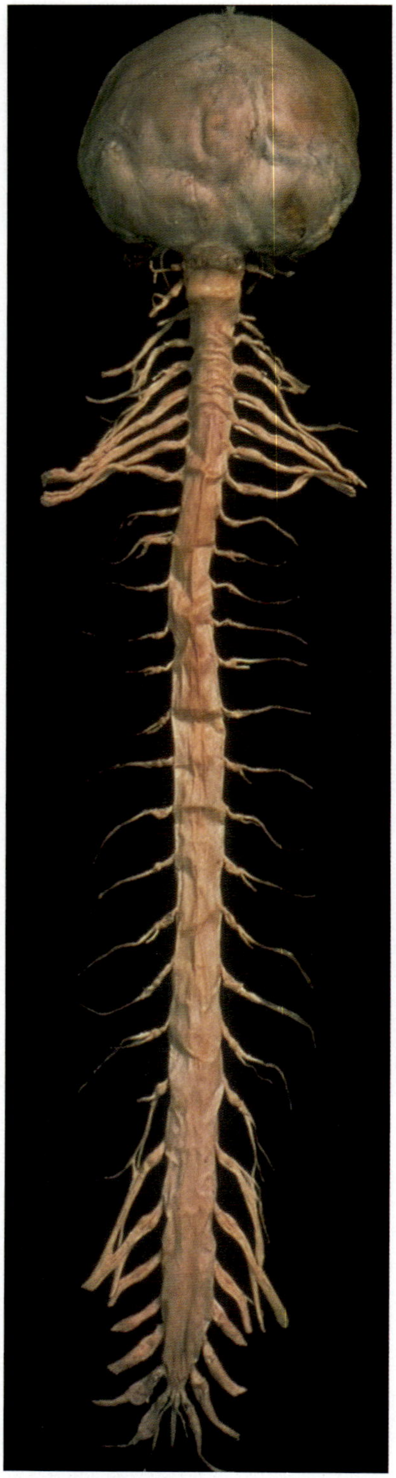

Das Rückenmark endet in Höhe des ersten Lendenwirbels. Während der embryonalen Entwicklung nimmt das Rückenmark langsamer an Länge zu als die Wirbelsäule, so dass das Rückenmark sozusagen im Wirbelkanal aufsteigt.

Es gibt eine infantile Form (Werdnig-Hoffmann), die in den Füßen beginnt, autosomal rezessiv ist mit meist schnellem Verlauf.
Eine nicht erbliche Erwachsenen-Form (Duchenne-Aran) beginnt im dritten oder vierten Lebensjahrzehnt und betrifft vor allem die Hand- und Armmuskeln.
Die Krankheit schreitet oft nur sehr langsam fort und kann zum Stillstand kommen. Der Typ Kugelberg-Welander ist autosomal-rezessiv vererblich, beginnt zwischen dem 10. und 20. Lebensjahr und betrifft vor allem die Beckenmuskulatur. Die Erkrankung ist langsam progredient.

Prognose

Im Gegensatz zu der amyotrophen Lateralsklerose, die schnell voranschreitet, und zur essentiellen spastischen Spinalparalyse, die sich sehr langsam entwickelt, ist bei der spinalen Muskelatrophie die Prognose schwer zu beurteilen. In der Kindheit findet man schnelle Verläufe, später manchmal auffallend langsame; gelegentlich bleibt das Zustandsbild weitgehend stationär.

Therapie

Bewegungsübungen, isometrisches Muskeltraining, leichte Massagen.

Spinozerebellare Degenerationen

Unter dieser Bezeichnung wird eine Gruppe eng verwandter Krankheitsbilder eingeordnet, die meist rezessiv-hereditär sind und durch eine Degeneration folgender Teile des Zentralnervensystems gekennzeichnet werden:
- eine Anzahl von langen Bahnen im Rückenmark;
- der Nn. optici (optische oder visuelle Nerven);
- bestimmte Teile des Kleinhirns;
- der Kerne der Olive.

Die bekannteste spinozerebellare Erkrankung ist die Friedreich'sche Ataxie. Eine Anzahl weiterer Krankheitsbilder ist mit ihr eng verwandt.

Pathologische Anatomie

- Das Rückenmark ist im Querschnitt verhältnismäßig klein.

- Die dorsalen und lateralen Bereiche des Rückenmarks zeigen degenerative Veränderungen. Vorab müssen die Veränderungen in den Fasciculi graciles und cuneati erwähnt werden, an zweiter Stelle die der dorsalen spinozerebellaren Bahnen. Gelegentlich finden sich auch geringe degenerative Veränderungen in den seitlichen Pyramidenbahnen.

- Die Degeneration des Kleinhirns führt zu einer manchmal auffälligen Ataxie.
  Hinsichtlich der Art der Degeneration ist auszuführen: Die Ganglienzellen und ihre Fortsätze werden atrophisch, eine Gefäßreaktion und Wucherung der Glia ist meist nicht nachweisbar.

Symptome

Die ersten Symptome werden meistens schon zwischen dem 5. und 15. Lebensjahr wahrgenommen:
- eine Ataxie, die vor allem zu Gehstörungen führt;
- in einer späteren Phase werden die Arme ataktisch. Man kann auch einen Intentionstremor beobachten;
- anschließend tritt eine Dysarthrie auf;
- das Verschwinden der Achilles- und Kniesehnenreflexe ist ebenfalls kennzeichnend; dagegen tritt etwa das Babinskische Zeichen auf;
- die Sensibilitätsstörungen betreffen vorwiegend den Lagesinn, das Vibrationsempfinden und die 2-Punkt-Disikrimination. Die Schmerzempfindung ist unbeeinträchtigt, es sei denn, es tritt eine neurale Muskelatrophie hinzu;
- daneben finden sich Störungen an Fuß und Rücken. Ein Hohlfuß mit einem hohen Fußrücken und eine Kyphoskoliose werden häufig als degenerative Stigmata angesehen. Der Hohlfuß wird oft auch bei anderen Angehörigen der Familie gefunden, bei denen sonst keine neurologischen Störungen festzustellen sind.

Prognose
Es handelt sich um eine langsam fortschreitende Erkrankung.

Therapie
Den Kranken lässt sich durch eine systematische Übungsbehandlung (Zielübungen, Gangübungen, Bewegungsübungen) helfen. Die Veränderungen an Fuß und Rücken machen manchmal orthopädische Maßnahmen notwendig.

Olivopontozerebellare Atrophien

Wie der Name schon andeutet, degenerieren bei diesen Erkrankungen die Oliven, die Brücke und das Kleinhirn. Meistens tritt das Leiden sporadisch auf und beginnt jenseits des 35. Lebensjahres. Bei erblichen Fällen kann man auch Degenerationen von Hintersträngen und spinozerebellaren Bahnen beobachten.
Die wichtigsten Symptome sind:

- Kleinhirnataxie von Rumpf, Extremitäten und Sprechorganen (Dysarthrie), manchmal verbunden mit Störungen des oculomotorischen Systems.
- Die Eigenreflexe sind anfangs erhalten oder gesteigert, können später aber ausfallen. Gelegentlich sieht man Pyramidenbahnzeichen.
- Eine beeinträchtigte Hinterstrangsensibilität findet sich nur bei einigen erblichen Fällen.
- Autonome Störungen, vor allem der Blase, sind häufig.
- Es kann ein (atypisches) Parkinson-Syndrom auftreten.
- Eine leichte Demenz kommt sowohl bei erblichen wie sporadischen Fällen vor.

Therapie
Im Vordergrund stehen Krankengymnastik, Bewegungsübungen und andere Formen der Physiotherapie. Bei Rigor und Akinese hilft manchmal L-Dopa; auch Dopaminagonisten können versucht werden.

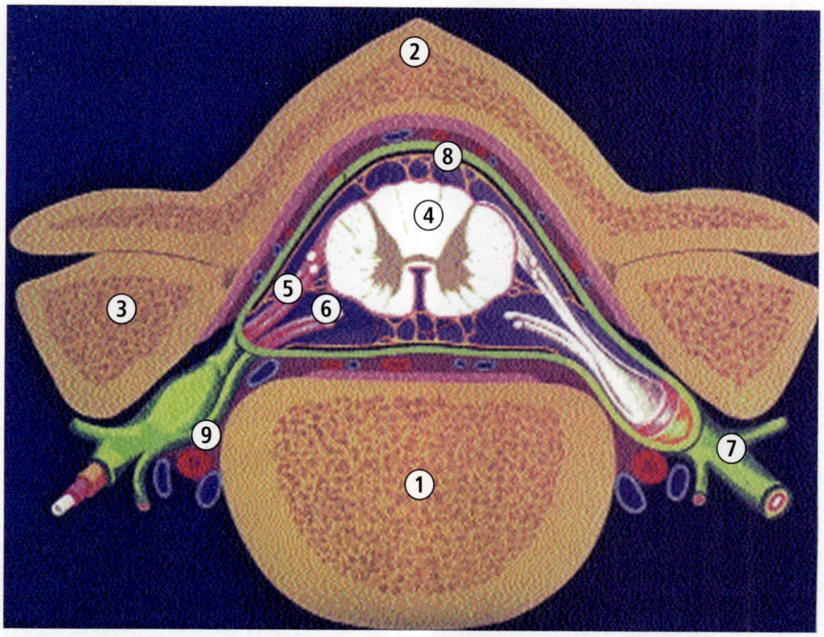

Modell eines Querschnitts durch Wirbelsäule und Rückenmark
1 – Wirbelkörper; 2 – Wirbelbogen; 3 – Querfortsatz; 4 – Rückenmark; 5 – Hintere Wurzel; 6 – Vordere Wurzel; 7 – Rückenmarknerven; 8 – Rückenmarkhülle; 9 – Blutgefäße

Syringomyelie und Syringobulbie

Die Syringomyelie ist eine degenerative Erkrankung, die auf einer schweren Veränderung des Rückenmarks beruht; es liegt eine Entwicklungsstörung in der Bildung des Zentralkanals des Rückenmarks zugrunde. Die Erkrankung wird bei Personen im Alter von 15 bis 30 Jahren erstmals beobachtet; häufig sieht man auch hier gleichzeitig andere degenerative Stigmata wie eine Skoliose, Hohlfußbildung und eine Spina bifida. Bei der Syringobulbie liegt die Störung in der Medulla oblongata (dem verlängerten Rückenmark); dabei ist besonders der N. trigeminus betroffen.
Die Hohlraumbildung findet sich vor allem im Halsmark und im oberen Teil des Thorakalmarks. Sie ist umgeben von Gliazellen. Das Rückenmark erweist sich im Querschnitt insgesamt vergrößert, kann aber nach einer Entleerung der Syrinx auch atrophisch aussehen. Mittels der Kernspintomographie lässt sich die Höhlenbildung gut darstellen. Sie stellt mit zunehmender Anwendung dieser Methode gelegentlich einen Überraschungsbefund bei relativ geringer klinischer Symptomatik dar.
Mechanische Faktoren (Erschütterung) mögen das Auftreten der Syringomyelie begünstigen, etwa infolge einer traumatischen Hämatomyelie (Einblutung in das Rückenmarkszentrum).
Die wichtigsten Symptome sind:

- Dissoziierte Sensibilitätsstörungen. In den betroffenen Segmenten liegt eine Störung der Schmerz- und Temperaturempfindung vor; sie kommt zustande durch eine Schädigung der Fasern, die von den Hinterwurzeln zum gegenseitigen Tractus spinothalamicus ziehen. Der Berührungssinn bleibt meistens erhalten. Die dissoziierte Empfindungsstörung hat also häufig einen segmentalen Charakter. Oft ist zuerst die Ulnarseite der Hand und des Unterarmes betroffen, dann breitet sich die Störung zur radialen Seite und anschließend zum Nacken und zum Brustkorb hin aus. Die Symptome können sehr lange Zeit

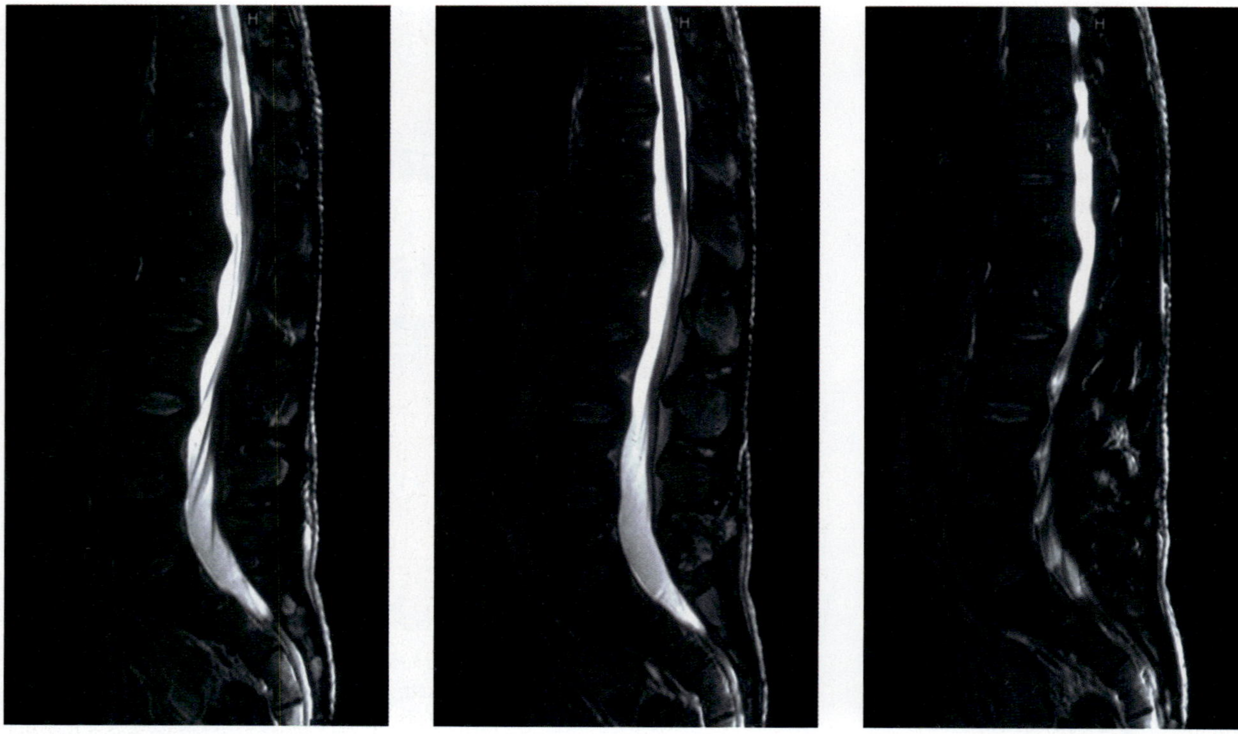

Kernspintomographie des Rückenmarks

bestehen und später auch die andere Extremität einbeziehen. Verletzungen sind häufig, der Nachweis von Hautnarben die Regel.

- Areflexie der Arme. Hier handelt es sich meistens um ein relativ frühes Symptom.

- Vasomotorische Störungen infolge einer Schädigung der Seitenhörner im Rückenmark: Es kommt:
  - zu einer blauroten Verfärbung der Hände;
  - zu einem Handödem;
  - zu einer gewissen Vergrößerung der Hand;
  - zu einer Störung der Schweißsekretion.
  - Häufig trifft man eine Ptosis, kleine Pupillen und ein tatsächliches oder scheinbares Zurücktreten des Auges (Enophthalmus). Treten diese drei Symptome zusammen auf, so spricht man von der Hornerschen Trias.

- Spontan auftretende Frakturen und Arthropathien. Bei der Arthropathie findet man vor allem erhebliche Gelenkdeformationen, obwohl keine Schmerzen bestehen und die Gelenkfunktion nicht grob beeinträchtigt ist. Bei der Tabes dorsalis findet man diese Arthropathie mehr an den Beinen, bei der Syringomyelie an den Armen – vor allem im Schulter- und Ellbogengelenk.

- Vor allem bei fortgeschrittenen Prozessen sieht man erhebliche Muskelatrophien in den betroffenen Segmenten.

- Häufig sind die langen Bahnen (die gleichseitige seitliche Pyramidenbahn und der sensible Vorderseitenstrang, der zur Gegenseite zieht) betroffen.
  Man findet an der Seite der Hohlraumbildung eine Reflexsteigerung, spastische Parese und ein positives Babinskisches Zeichen. An der Gegenseite treffen wir mehr oder weniger ausgeprägt eine Störung der Schmerz-, Kälte- und Wärmeempfindung.

Therapie

In manchen Fällen wird eine Röntgenbestrahlung des Rückenmarks in der Höhe der Hohlraumbildung angewandt. Sie ist allerdings von fraglichem Wert. Bei allen therapeutischen Maßnahmen muss sehr darauf geachtet werden, dass sich die Patienten infolge des Ausfalls der Schmerz- und Temperaturempfindung nicht verletzen oder verbrennen. Krankengymnastische Behandlung zur Besserung der Beweglichkeit ist ratsam. Operative Drainagen des Hohlraums im Rückenmark werden vorgeschlagen und können erfolgreich sein.

Prognose

Die Erkrankung kann besonders lange dauern, vor allem wenn die möglicherweise auftretenden Infektionen adäquat behandelt werden. Sogar zwanzig Jahre nach Beginn der Erkrankung braucht der Patient nicht vollkommen invalide zu werden.
Durch die trophischen Störungen im Bereich der Finger ist gelegentlich einmal eine Amputation notwendig; auch führt die Arthropathie des

Schultergelenks häufig zu einer gewissen Dislokation. Mittels der Kernspintomographie lässt sich die Höhlenbildung gut darstellen. Sie stellt mit zunehmender Anwendung dieser Methode gelegentlich einen Überraschungsbefund bei relativ geringer klinischer Symptomatik dar.

Rückenmarktraumen

Rückenmarktraumen können in Zusammenhang mit Wirbelbrüchen auftreten, aber auch entstehen, ohne dass man eine Wirbelfraktur sieht.
Im Halsmarkbereich trifft man Rückenmarksverletzungen oft mit einer Schädigung einer oder mehrer Nervenwurzeln ohne dass Wirbelfrakturen vorliegen.
In schweren Fällen kommt es zum Nervenwurzelausriss, der nicht mehr reparabel ist. Auch beim „Schleudertrauma" – wie es bei Auffahrunfällen auftritt – kann es gelegentlich zu mehr oder weniger intensiven Halsmarkschäden mit Wurzelreizung und Wurzelläsion kommen.
Wirbelfrakturen mit Dislokation können in jeder Höhe auftreten und zu schwersten Rückenmarkschäden führen.
Die Rückenmarkkontusion ohne Wirbelfraktur tritt meistens bei einem Sturz nach vorne auf, vereinzelt dadurch, dass ein schwerer Gegenstand auf den Nacken fällt. In günstig gelegenen Fällen klagt der Patient nur über heftige Schmerzen und eine Hyperpathie in einigen Segmenten. Die Prognose ist im Allgemeinen gut. Vorübergehend (Stunden bis allenfalls Tage) kann es zu Rückenmarkssymptomen kommen.
Viel bedenklicher sind prognostisch epidurale oder spinale Blutungen, die nicht selten zu Querschnittslähmungen führen.
Kompressionsfrakturen der Wirbel (Vorzugssitz Th12 und L1) haben als schwerste Komplikation eine Querschnittslähmung zur Folge, die unter anderem zur Lähmung der Beine, Harn- und Stuhlverhaltung führt. Manche bleiben allerdings klinisch nahezu symptomlos.

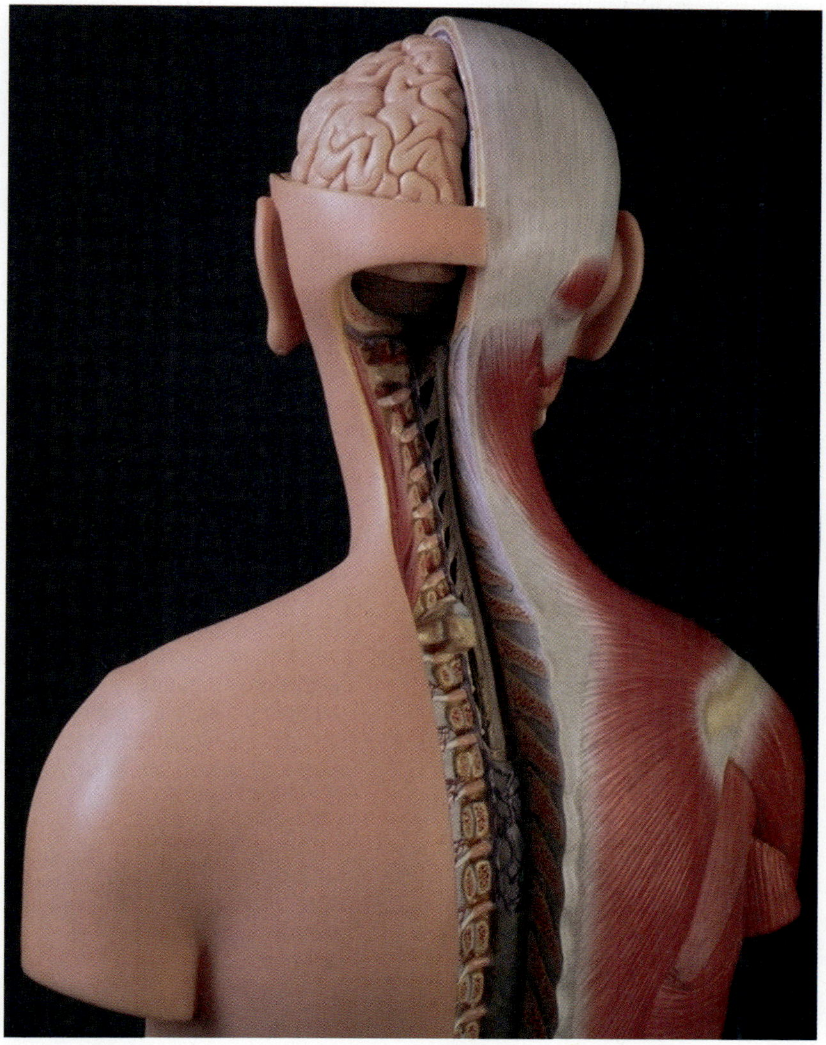

Modell des Rückenmarks und der Wirbelsäule (von hinten gesehen).

Querschnittslähmung

Bei der vollständigen Querschnittslähmung ist das Rückenmark in seiner Kontinuität unterbrochen, sodass die Reizleitung ganz und gar gestört ist. Neben vollständigen Querschnittslähmungen gibt es

- unvollständige, bei denen noch gewisse, vor allem sensible Restsymptome erhalten sind,
- Vorderstrangsyndrome, bei denen die Sensibilität weitgehend erhalten, die Motorik aber gestört ist,
- zentrale Läsionen. Treten sie im Halsmark auf, so kann es etwa zum Ausfall der Armfunktionen bei erhaltener Beinfunktion kommen,
- Hemiplegien, das Syndrom von Brown-Séquard mit gleichseitigem Ausfall der Motorik, des Tastsinns und Tiefenempfindung, während kontralatetal die Schmerz- und Temperaturempfindung gestört ist,
- sowie Konus-Caudaschäden mit Blasen-Mastdarmstörungen.

Ursachen
Rund drei Viertel der Querschnittslähmungen haben ein Trauma zur Ursache; meistens liegt eine Fraktur mit Dislokation eines oder mehrerer Wirbel vor.
Querschnittslähmungen können aber auch durch andere Ursachen, nämlich Tumoren, Myelitis, Rückenmarksabszess,

medialen Bandscheibenvorfall, Kreislaufstörungen, Blutungen, Syringomyelie und Strahlenspätschäden entstehen.
In den letztgenannten Fällen entsteht die Querschnittslähmung oft subakut; man findet einen chronisch fortschreitenden Verlauf des Querschnittsbildes, das reversibel ist, wenn die Rückenmarkkompression (etwa durch einen Tumor, eine Bandscheibe, einen Abszess) operativ beseitigt wird, bevor es zur bleibenden Rückenmarkschädigung gekommen ist. Den Strahlenspätschäden liegt ein progressiver Verschluss spinaler Gefäße zugrunde.

Prognose

Die Prognose des Krankheitsbildes hängt wesentlich von der Höhe der Rückenmarkschädigung ab. Liegt die Querschnittslähmung oberhalb C4 ist die Prognose sehr ungünstig: Die Innervation der Atemmuskulatur ist gestört.
Bei einer Schädigung im Bereich von C5 und Th1 drohen auch Komplikationen seitens der Atemwege. Zwar ist das Zwerchfell intakt, nicht aber die Interkostalmuskulatur.
Bei einer Rückenmarkschädigung im Thorakalbereich bleibt die Arminnervation erhalten, aber selbstverständlich ist die Funktion der Becken- und Beinmuskulatur ausgefallen.
Eine Lendenmarkschädigung führt zum vollständigen Ausfall der Beinmuskeln; liegt die Störung in L3 und oberhalb davon, kann der Kranke nicht mehr gehen und stehen.
Eine Schädigung des Sakralmarkes (Konus) führt nicht zu Rumpf- oder Extremitätenmuskel-Lähmungen, aber zu Ausfällen im Bereich von Blase, Enddarm und Geschlechtsorganen.
Bei der unvollständigen Querschnittslähmung kommt es mitunter zu einer bemerkenswert guten Rückbildung. Unvollständige Läsionen kommen oft im Zervikalbereich des Rückenmarks vor; die meisten vollständigen Querschnittslähmungen sieht man dagegen im Thorakalbereich, weil hier die Dislokation eines Wirbels infolge der Wirkung des Brustkorbs eine besonders große Krafteinwirkung voraussetzte.
Im Bereich des Rückenmarks gibt es keine Regeneration. Eine Nervenfaserregeneration wird aber an der Cauda equina beobachtet. Cauda-equina-Verletzungen haben deshalb auch eine etwas bessere Prognose.

Phasen der Querschnittslähmung

■ Akute Anfangsphase

Diese Phase wird bei allen akuten Querschnittslähmungen gesehen, die eine traumatische Ursache haben. Wesentliche Kennzeichen sind:

1. Areflexie und Atonie der Muskeln, die vom Rückenmarkbereich unterhalb der geschädigten Stelle innerviert werden. Diese Symptome sind ein Teil des spinalen Schocks; er entsteht einerseits durch den Ausfall aller Impulse, die über die absteigenden Bahnen geleitet werden, andererseits dadurch, dass die longitudinale Blutversorgung ganz oder teilweise ausgeschaltet wird. Das Blut strömt im Wirbelkanal zumeist, aber nicht immer kranial nach kaudal.
2. Blasen und Mastdarmstörungen (Retentio urinae et alvi), zusammen mit Störungen elementarer sexueller Funktionen.
3. Vasodilatation und eine Trockenheit der Haut, verursacht durch Ausfall der vasomotorischen und sudomotorischen Sympathikusimpulse.

Die Dauer der akuten Anfangsphase kann einige Wochen bis Monate (in seltenen Fällen Tage) währen und ist bis auf die Höhe ein guter Hinweis für die Prognose. Bei stumpfen Traumen dauert dieses Stadium im Allgemeinen länger, da Rückenmark und Blutgefäße über einen ausgedehnteren Bereich geschädigt sind.

■ *Frühe chronische Phase*

Der Übergang von der akuten in die frühe chronische Phase vollzieht sich nach und nach und wird an der Rückkehr der Muskeleigenreflexe und zum Teil auch des Muskeltonus bemerkt.

1. Die Willkürmotorik und die Sensibilität bleiben selbstverständlich aufgehoben.
2. Quadriceps- (PSR) und Triceps surae (ASR)-Reflex kehren zurück und zeigen sich nach einiger Zeit in verstärkter Form (Hyperreflexie).
   Dabei kann es, vor allem am Knie und Fuß, zu Nachzuckungen (Kloni) kommen. Das Reflexmuster ist gekennzeichnet durch die Anwesenheit pathologischer Reflexe (der Babinski- und Rossolimo-Gruppe), während der Bauchhautreflex nicht oder kaum auslösbar ist.
3. Es kommt zu reflektorischen Beugesynergien. Reizt man die Fußsohle, so kommt es zur Dorsalflexion von Zehen und Fuß, verbunden mit einer Beugung im Knie- und Hüftgelenk.
   Man spricht von einem Abwehrreflex (reflexe de défense). Besondere Kennzeichen sind: Der Reflex vollzieht sich langsam, es folgt eine schnelle Erschlaffung.
   Der Reflex ist auf verschiedene Art auszulösen, er ist gelegentlich auch an der Gegenseite erkennbar, gelegentlich springt auch die Bauch- und Beckenmuskulatur (Anhebung und Verkantung des Beckens!) mit an.
4. Die Blasenfunktion erfolgt automatisch und auch der Mastdarm kann sich in regelmäßigen Zeitabständen entleeren. Reize über das vegetative System, etwa von der Fußsohle oder von der Bauchdecke können sich auswirken und etwa zu einer Entleerung der Harnblase führen.
5. Die Haut erhält wieder die normale Konsistenz und auch die Vasodilatation verschwindet nach und nach.

■ *Späte chronische Phase*

Nach wechselnd langer Zeit (von 3 Monaten bis zu einem Jahr) geht die frühe chronische Phase in die späte chronische Phase über, wobei sich das Reflexmuster wieder ändert.

1. Auftreten von kombinierten Streckreflexen: Bei Reiz am Fuß tritt eine Plantarflexion von Zehen und Fuß, verbunden mit einer Streckung im Knie- und Hüftgelenk auf.
   Sie können neben dem kombinierten Beugereflex vorkommen, treten aber schneller als dieser auf; die

Muskelerschlaffung erfolgt im Allgemeinen langsamer.
Dieselben Reize können kombinierte Beuge- und Streckreflexe auslösen. Der Unterschied wird bedingt durch den jeweiligen Stand der verschiedenen Teilabläufe in ihrer Einwirkung aufeinander.
Ist das Bein gestreckt, wenn der Reiz einwirkt, so folgt im Allgemeinen die kombinierte reflektorische Beugesynergie, ist es gebeugt, so folgt die Strecksynergie.
Nach einiger Zeit ist wegen des Vorherrschens der Streckmechanismen die Beugesynergie nicht mehr möglich.
Es kommt zu einer ausgeprägten Muskelhypertonie, weil die meisten Reflexaktivitäten nicht mehr durch zerebrale Mechanismen gehemmt werden.
Gelegentlich kommt es aber auch zu einer bleibenden hypotonen Lähmung, bei der Beuge- und Streckreflexe nur noch angedeutet auftreten.

2. Drei Arten von Schmerz können auftreten: Segmentale Schmerzen im Übergangsbereich zwischen ungestörtem und vollständig anästhetischem Gebiet, wohl durch eine örtliche Wurzelschädigung.
   Schmerz in den Grenzzonen sowie Phantomschmerzen im Bereich der vollständig ausgefallenen Sensibilität. Die Schmerzen verstärken sich bei Inaktivität, so auch nachts. Sie können sich anfallsweise steigern und vermindern.

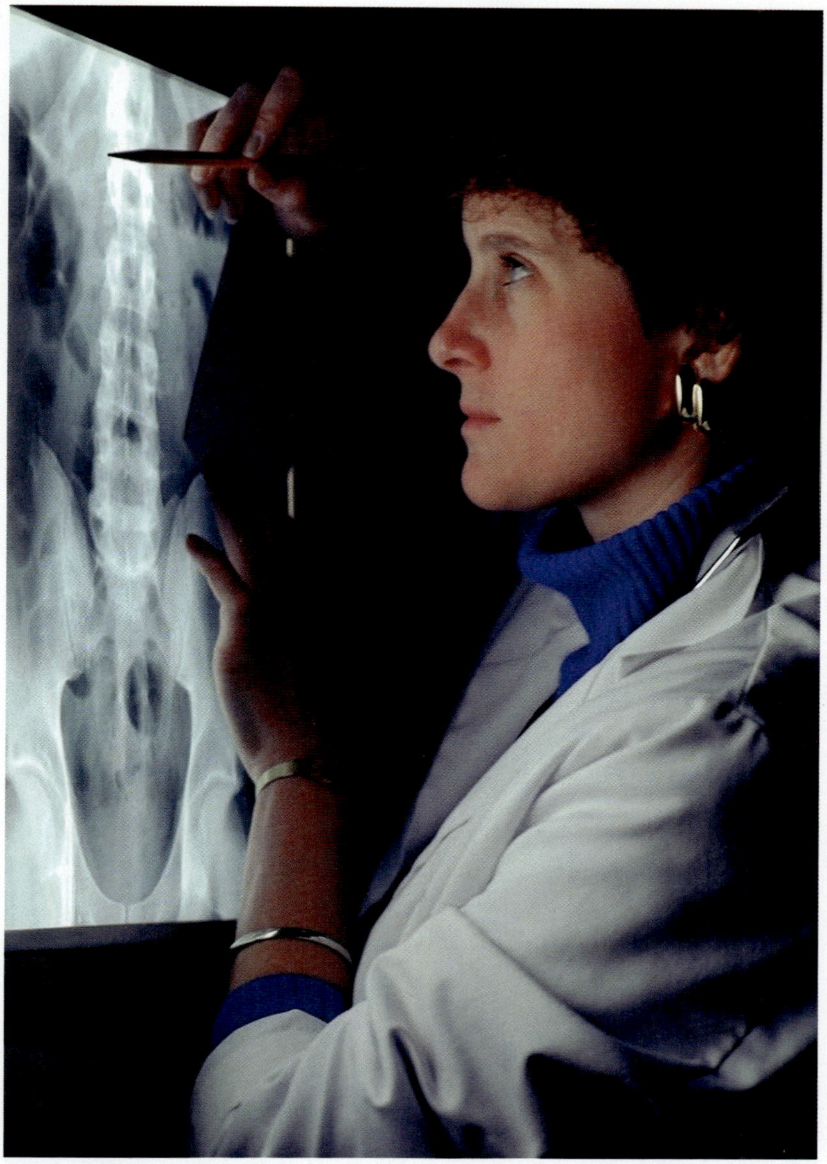

Röntgenaufnahme der Wirbelsäule

Blasen- und Mastdarmfunktion

Die Reflexzentren für die Regelung der Blasen- und Mastdarmfunktion liegen im Sakralmark, wo die präganglionären Fasern des parasympathischen Systems ihren Ausgang nehmen.
Querschnittslähmungen oberhalb des Sakralmarks bewirken einen Fortfall der kortikalen und subkortikalen Steuerung der Neuronen im Konus; der hier lokalisierte Reflexbogen bleibt aber erhalten.
Eine Schädigung der Cauda equina führt wegen des Ausfalls der Nervi pelvici zur Harnverhaltung: man spricht von einer Überlaufblase, weil der Musculus detrusor vesicae erschlafft, der Musculus sphincter internus kontrahiert bleibt.
Nach einiger Zeit bildet sich eine automatische Blase aus, die durch den Plexus vesicalis vor allem gesteuert wird.
In der akuten Phase der Querschnittslähmung ist sowohl der Musculus sphincter ani internus als auch externus gelähmt. Im Allgemeinen kommt es während der chronischen Phase zur Wiederaufnahme der Funktion. Die Kranken können erlernen durch äußere Reize (Druck auf die Harnblase) eine gewisse Steuerung der Harnblasenfunktion der automatischen Blase auszuüben.
Wichtige Komplikationen: Dekubitus, Harnwegsinfektionen mit späterer Pyelonephritis und Niereninsuffizienz. Kontrakturen, gelegentlich auch einmal ein paralytischer Ileus. Es kann zum Knochenumbau im Bereich von Gelenkkontrakturen kommen. Eine Dysregulation des autonomen Systems tritt ein.

Rückenschmerzen

Nach neuesten Zahlen leidet fast jeder 4. Bürger in Deutschland unter Rückenschmerzen. Sie werden allmählich zum häufigsten Grund für Klinikeinweisungen. Immer mehr Menschen leiden unter Dauerschmerzen und fühlen sich unwohl.
Die Wirbelsäule ist die biegsame und dennoch feste Achse des Körpers. Sie besteht aus übereinandergeschichteten Wirbeln, die einerseits im Dienste der Wirbelsäulenbeweglichkeit gegeneinander dreh- und verkantbar sein müssen, die andererseits aber auch das Gewicht der oberen Körperhälfte zu tragen haben.
Diese doppelte Aufgabe kann mithilfe intakter Zwischenwirbelscheiben erfüllt werden. Diese Zwischenwirbelscheiben bestehen aus einem flachen Faserring, dessen Mitte der sog. Gallertkern einnimmt.
Der Gallertkern ist normalerweise gut verformbar. Er kann daher bei Gewichtsbelastung der Wirbelsäule die Funktion eines Druckauffängers und Druckverteilers übernehmen.

Modell des Rückenmarks und der Wirbelsäule

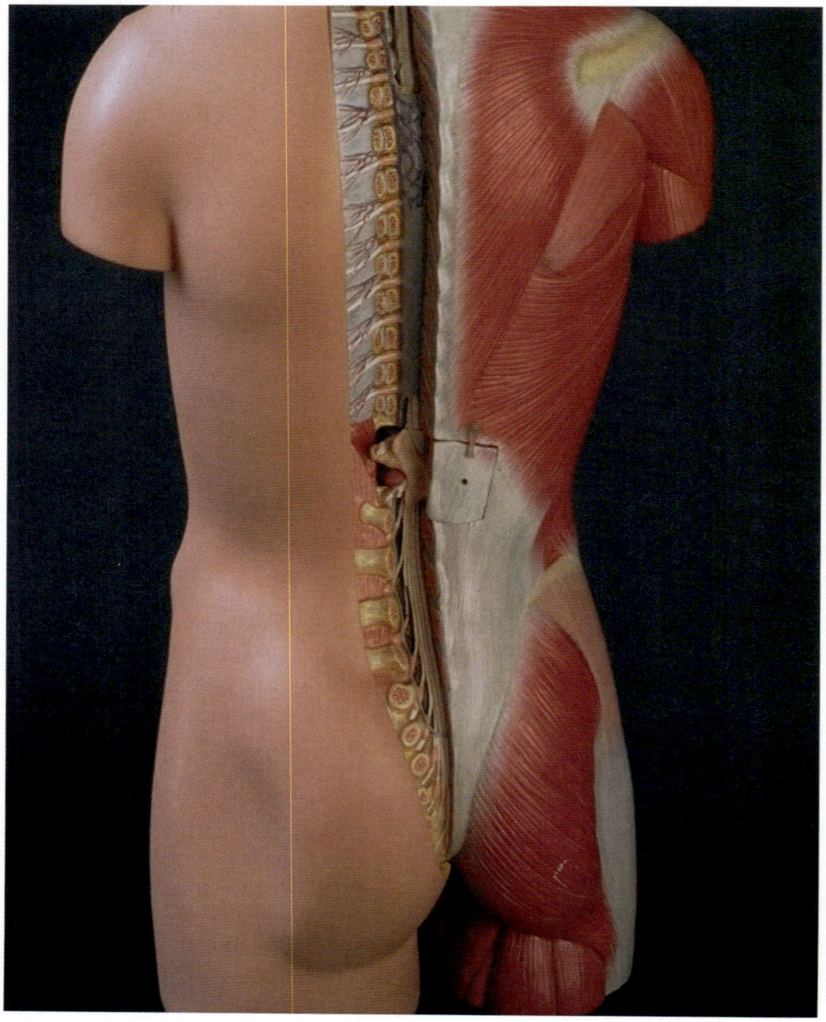

Verständlich, dass die Beweglichkeit der Wirbelsäule bei Bandscheibenentartung, das heißt beim Ausfall dieser mechanischen Pufferwirkung, leidet. Verlagerungen des Gallertkerns können außerdem zu Druckschäden an den umliegenden Strukturen, nämlich Rückenmark und Rückenmarksnerven führen.
Rückenschmerzen sind durch krankhafte Veränderungen der Wirbelsäule, des Rückenmarks oder der benachbarten Weichteile verursachte Schmerzen. Zu den häufigsten Ursachen von Rückenschmerzen zählen Bandscheibenschäden. Drücken Bandscheibenteile auf Nervenwurzeln, kann das zu sehr heftigen Schmerzen, zu Empfindungsstörungen oder sogar Lähmungen im Bereich der betroffenen Nerven führen.
Schmerzen seitlich der Lendenwirbelsäule rühren oft von Erkrankungen der Nieren her, und auch andere Erkrankungen innerer Organe führen häufig zu Rückenschmerzen. So z.B. Gallenblasen- und Zwölffingerdarm-Erkrankungen. Mastdarmerkrankungen äußern sich durch Schmerzen in der Steißbeingegend.
Natürlich führen auch Überanstrengung der Rückenmuskulatur und überstarke Belastungen der Wirbelsäule zu Rückenschmerzen, aber beispielsweise auch länger andauerndes Tragen von Schuhen mit überhohen Absätzen.

Ursachen

Der Begriff „Rückenschmerzen" oder auch „Kreuzschmerzen" ist ungenau und verwirrend, weil er zu viel Verschiedenes zusammenfasst. Bei manchen Menschen sind Bandscheiben und Bandscheibenschäden die Ursache, andere sprechen von Rheuma oder Hexenschuss, oder sie sehen die

Ursachen für Rückenschmerzen

Bandscheibenvorfall
Bauch- oder Beckentumoren
Bauchspeicheldrüsenentzündung
Bechterew-Krankheit
Bewegungsmangel
Bluterguss im rückwärtigen Bauchraum
Erhöhte allgemeine Schmerzwahrnehmung
Erkrankungen im Bauch-, Becken-, Brustbereich
Falsche Belastung
Gynäkologische Erkrankungen
Haltungsschäden
Herzinfarkt
Infektionen im Bereich der Wirbelsäule
Knochenschwund (Osteoporose)
Krebsgeschwülste
Lebensweise (häufigste Ursache)
Magen-Darm-Geschwür
Nierenerkrankungen
Nieren- oder Gallensteine
Osteoporose der Wirbelsäule
Paget-Krankheit
Psychische Störungen (psychosomatischer Rückenschmerz)
Rheumatoide Arthritis
Weichteilrheuma (Muskelschmerzen)
Wirbelbruch
Wirbelsäulenarthrose (Spondylose)
Wirbelsäulenverkrümmung (Skoliose)
Wirbelgelenkentzündung (Spondylitis)
Wirbelsäulentumoren
Wirbelverrenkung

Schmerzen als Unfallfolgen an, wenn nicht gar die Nerven dafür verantwortlich gemacht werden. Versucht man deshalb, eine gewisse Ordnung in die Schmerzursachen zu bringen, so ergibt sich folgende Einteilung:

- Es handelt sich um Veränderungen an der Wirbelsäule selbst. Das sind Haltungsfehler, Rundrücken, Hohlkreuz, Flachrücken oder seitliche Verbiegungen.

Rückenschmerzen vermeiden durch richtiges Heben von Lasten. Schäden und Verletzungen an der knöchernen Wirbelsäule kann durch richtiges Tragen und Heben vorgebeugt werden. Links ist der falsche (durchkreuzt) und rechts der richtige Bewegungsablauf dargestellt.
Die Abbildungen zeigen jeweils richtiges und falsches Tragen und Heben sowie die richtige und falsche Körperhaltung. Man sollte immer mit geradem Rücken und mit angewinkelten Knien heben.

Rückenschmerzen vermeiden durch richtiges Heben von Lasten

- Es liegen angeborene Wirbelveränderungen, Wachstumsstörungen, Entzündungen, Geschwülste oder Stoffwechselerkrankungen vor.
- Man hat es mit Spätfolgen von Unfällen (Wirbelfrakturen) sowie Verschleißerscheinungen der Wirbelgelenke und Bandscheiben zu tun.
- Daneben können Rückenschmerzen durch Veränderungen entstehen, die weitab von der Wirbelsäule liegen. Dies sind zum Beispiel Beckenschiefstand, Fußfehler, unterschiedliche Beinlängen, überhöhtes Körpergewicht und vieles andere mehr. Auch Erkrankungen der Bauchregion oder des gynäkologischen Bereichs können Rückenschmerzen hervorrufen.

Rückenschmerzen entstehen, wenn die Muskulatur des Rückens verspannt ist. Diese Verspannungen resultieren meist aus einer Minderversorgung der Rückenmuskulatur mit Sauerstoff, die durch falsche Körperhaltung oder anstrengende Tätigkeiten entstehen. Durch die Schmerzen, die Muskelverspannungen mit sich bringen, nimmt der Betroffene automatisch eine angespannte Haltung ein, die wiederum die Rückenschmerzen verstärkt, da durch die anatomisch nicht korrekte Haltung Wirbelkörper nicht mehr richtig gegeneinander gleiten können.

Diese Funktionsstörung der Wirbelsäule versuchen die Rückenmuskeln durch noch stärkere Anspannung auszugleichen. Es entsteht also ein Teufelskreis, der so lange besteht, bis grundlegende Änderungen der Körperhaltung und Muskelspannung eingeführt werden.

Das Risiko von Muskelverspannungen im Rücken- und Lendenbereich besteht darin, dass auf die Dauer Bandscheiben geschädigt werden und auf Nerven drücken. Ferner kann die fehlerhafte Funktionsweise der Wirbelkörper zu schnellen Abnutzungen führen, sodass Wirbelgelenkentzündungen oder Wirbelgelenkdeformationen resultieren können.

Die mit den Rücken- und Lendenmuskeln eng verbundenen Sehnen, Blutgefäße und vor allem Nerven können die Schmerzen auf andere Körperregionen oder innere Organe übertragen.

Bandscheibenschäden

Die meisten Bandscheibenschäden hängen mit der außerordentlich weiten Verbreitung von Abnutzungserscheinungen im Bereich der Wirbelsäule zusammen. Sie sind altersabhängig und werden vom siebenten Lebensjahrzehnt an bei 80–90 Prozent aller Menschen angetroffen.

Diese Abnutzungserscheinungen werden erst durch Schmerzen und ernstliche Bewegungsbehinderung zu einer Krankheit. Am Anfang steht, wie in vielen alternden Geweben, ein Wasserverlust aus dem Gallertkern.

Die Abnutzungserscheinungen werden begünstigt durch:

- angeborene Bindegewebeschwäche;
- Haltungsfehler;
- starke Druckbelastung der Wirbelsäule;
- schweres Heben und Tragen;
- Fettleibigkeit
- Rheumatismus;
- chronische Erkrankungen.

Der Flüssigkeitsverlust führt zur Abflachung der Bandscheiben, die Abflachung zur Bewegungseinschränkung. Oft wird die Wirbelsäulenbeweglichkeit schließlich durch Erkrankungen der anliegenden Wirbelkörper noch weiter vermindert.

Vor allem werden nun auch die Zwischenwirbellöcher zum Schaden der durchtretenden Rückenmarksnerven oder Nervenwurzeln eingeengt. Chronischer Nervendruck führt zu Über-

empfindlichkeit und Schmerzen im jeweiligen Ausbreitungsgebiet. Bandscheibenschäden im Bereich der Halswirbelsäule können zu ausstrahlenden Kopfschmerzen, Schwindel und Brechreiz, zu Kribbeln und Schmerzen in Armen und Händen führen.
Besonders häufig sind Bandscheibenschäden der stärker belasteten Lendenwirbelsäule, wo vor allem die letzte Bandscheibe vor dem Kreuzbeinknochen bedroht ist. Da hier Beinnerven austreten, kommt es durch Einengung dieser Zwischenwirbellöcher zu ischiasähnlichen Schmerzen bis in die große Zehe.
Nervenwurzeln können durch den anhaltenden Druckreiz chronischer Bandscheibenschäden offenbar überempfindlich werden. Dann führen unter Umständen schon geringe Prellungen, eine jähe Bewegung und vor allem das Verheben, bei Zugluft, Feuchtigkeit und Kälte zu mehr oder weniger umschriebenen Schmerzen, die durch reflektorische Muskelverspannung verstärkt und über den augenblicklichen Anlass hinaus wesentlich verlängert werden können.

Patient mit Rückenschmerzen; Besprechung des Röntgenfotos

Bandscheibenvorfall

Vom vierten Lebensjahrzehnt an kommt es zu alters- und belastungsbedingten Abnutzungserscheinungen, die vor allem mit einer Abflachung der Bandscheibe durch Wasserverlust einhergehen und gelegentlich zur Bewegungseinschränkung, auch zu Nervendruckschmerzen führen.
Abnutzung und Alterung können außerdem die Reiß- und Splitterfähigkeit des Faserrings verstärken. Die Folge ist dann unter Umständen ein Ausweichen des belasteten Gallertkerns in die Nachbarschaft, ein sog. Bandscheibenvorfall, der selten einmal auch durch plötzliche Druckbelastung normaler Bandscheiben entsteht.
Der Gallertkern kann an sich nach jeder Seite ausweichen. Vor allem zu nennen ist der Bandscheibenvorfall nach oben oder unten in den anliegenden Wirbelkörper, weil dadurch Bewegungseinschränkungen entstehen, und vor allem der Bandscheibenvorfall nach hinten (in den Wirbelkanal) oder seitlich hinten (gegen das Zwischenwirbelloch), weil er zur Druckschädigung des Rückenmarks und seiner Nervenwurzel führt. Besonders häufig kommen Bandscheibenvorfälle im Bereich der am stärksten belasteten unteren Lendenwirbelsäule vor.
Bandscheibenvorfall nach oben oder unten, in den angrenzenden Wirbelkörper, setzt im Allgemeinen einen – oft anlagemäßigen – Defekt der Wirbelknorpelplatte voraus. Der eingedrungene Gallertkern führt erst zum örtlichen Knochenabbau im Wirbelkörper, dann wird das eingedrungene Fremdmaterial verknorpelt und schließlich verkalkt. Solche Knorpelknötchen sollten in mehr als 30 Prozent aller Wirbelsäulen, vor allem älterer Männer, vorkommen. Knorpelknötchen können frühzeitig zur Abflachung und Verhärtung von Bandscheiben und damit auch zur Bewegungseinschränkung und Verkrümmung der Wirbelsäule führen. Mitunter sind auch Schmerzen durch Lockerung der Wirbelgelenke festzustellen.
Beim vorderen Bandscheibenvorfall trifft der vortretende Gallertkern in der Mittellinie auf das Rückenmark oder, was häufiger ist, seitlich auf die Nervenwurzeln und führt so zu mehr oder weniger starken, vorübergehenden oder lang dauernden Druckschädigungen.

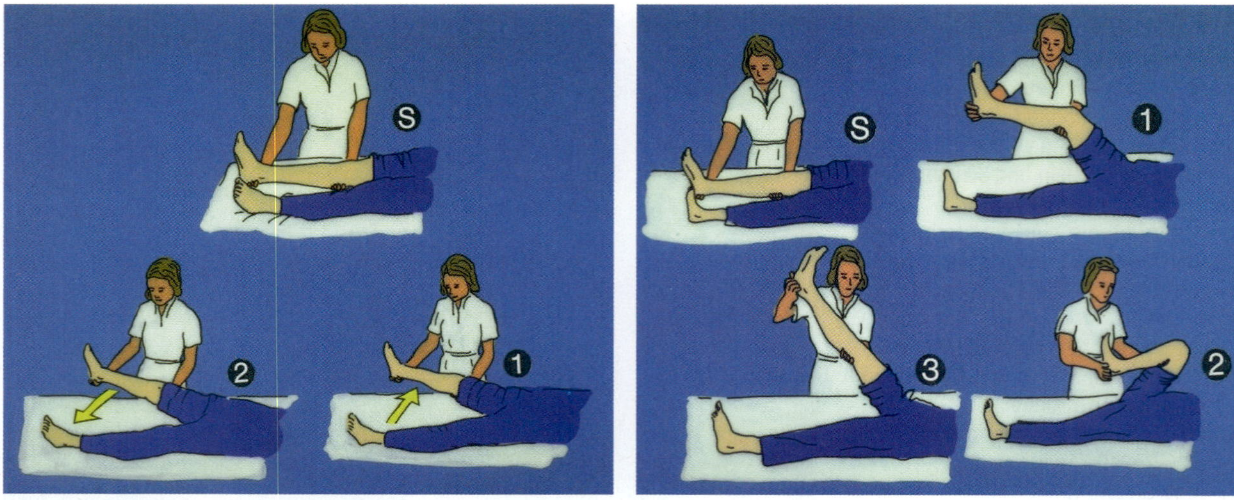

Krankengymnastische Übungen für Rückenschmerzen

Druck auf das Rückenmark führt zu Schmerzen, die in allen unteren Körperregionen empfunden werden, aus denen die gehirnwärts ziehenden Nervenleitungen kommen. Gelegentlich werden Lähmungserscheinungen der Beine, des Mastdarmes und der Harnblase festgestellt.

Entzündlich bedingte Krankheiten

Lokale Rückenschmerzen sind oft das charakteristische Merkmal von bakteriellen Erkrankungen. In einem bestimmten Segment bestehen in der Regel deutliche Druck- und Klopfschmerzen, begleitet von Zuständen der Muskelverhärtung und -spannung sowie einer stark eingeschränkten Beweglichkeit.
Bakterien können in allen Teilen der Wirbelsäule Schmerzen verursachen. Im Röntgenbild ist in den Anfangsphasen dieser Erkrankungen häufig keine Verschlechterung festzustellen. Veränderungen der Wirbelkörper und Grundplatten treten oft erst nach mehreren Monaten auf. Typisch für diese bakteriellen Erkrankungen sind Abszesse, die rechts und links der Wirbelsäule auftreten. Allgemeinreaktionen wie Fieber und Veränderungen der Blutsenkungsgeschwindigkeit sowie des Blutbildes kommen vor.

Entzündliche Veränderungen im Rahmen einer chronischen Polyarthritis – einer an mehreren Gelenken auftretenden Entzündung – treten bei bis zu 80 Prozent der Patienten des rheumatischen Formenkreises auf. Betroffen ist in erster Linie die Halswirbelsäule. Die Patienten klagen besonders über Nackenschmerzen mit Ausstrahlungen zum Hinterkopf, gelegentlich auch über Kopfschmerzen. Diese Erkrankungen kann man in einer Klinik relativ gut mit den vorhandenen Möglichkeiten diagnostizieren, z.B. Blutbild, Röntgenuntersuchungen und Computertomographie.

Was kann man bei Rückenschmerzen selbst tun?

- Für eine gesunde Wirbelsäule und einen gesunden Rücken ist es wichtig, gut ausgebildete Bauch- und Rückenmuskeln zu haben, da sie eine entlastende Funktion ausüben. Ferner kann man durch Übungen, die die Gleichgewichtsfähigkeit trainieren, zur Stärkung der Wirbelsäule unterstützenden Muskulatur beitragen.
- Ebenso sind richtige Sitz- und Tischhöhen bei allen Arten von Arbeiten unbedingt erforderlich.
- Da bei den häufigsten Haltungen im alltäglichen Leben der Rücken eher gebeugt wird, sollte so oft wie möglich eine entgegengesetzte Belastung ausgeübt werden (zum Beispiel Lesen in Bauchlage).
- Regelmäßige Entspannungsübungen entlasten den Rücken und vermeiden Muskelverspannungen.
- Beim Tragen von Lasten sollte die Last gleichmäßig auf beide Arme verteilt werden, damit die Belastung für die Wirbelsäule so gering wie nur möglich bleibt.
- Auch Massagen sind oft sehr hilfreich bei Rückenbeschwerden. Hierzu zählen nicht nur die herkömmlichen Massagen, sondern auch Massagen durch Wasserdruck oder Bewegungen im Wasser (Schwimmen, Rückengymnastik).
- Bei chronischen Rückenschmerzen sollte das Bett als möglicher Verursacher untersucht werden. Häufig sind zu weiche Matratzen Schuld an Verspannungen.

Übungen für Rückenschmerzen

Um die Verschlimmerung von Rückenbeschwerden zu vermeiden, sind Übungen sehr wichtig. Die folgenden Übungen werden vor allem vorgeschrieben, wenn eine langsame Versteifung des Rückens vorliegt. Diese Übungen müssen (bis zu zehnmal hintereinander) wiederholt werden. Man muss regelmäßig üben, mindestens einmal am Tag.

Übungen in Rückenlage

- Rechtes Knie beugen und zur Nase hochziehen, wieder strecken und niederlegen; dann das linke Knie.
- Dieselbe Übung, aber jetzt mit beiden Beinen zugleich.
- Man beugt die Knie und setzt die Füße flach auf die Unterlage. Nun werden die Knie gespreizt und wieder geschlossen.
- Rechtes Bein gestreckt bis zur Senkrechten hochheben und langsam wieder niederlegen. Danach linkes Bein.
- Knie wieder beugen und Füße auf den Boden setzen. Die Hände werden unter dem Kopf gefaltet, die Ellbogen werden niedergedrückt. Die Knie werden beieinander gehalten und fallen zusammen erst nach links und dann nach rechts. Die Hüften dürfen mitdrehen, die Schultern aber müssen flach auf der Unterlage liegen bleiben.
- Das Knie ist noch gebeugt, und die Füße stehen noch auf der Unterlage. Die Hüften werden nun so weit wie möglich hochgehoben und danach wieder langsam niedergelegt.

Übungen in Bauchlage

- Die Hände greifen hinter dem Rücken ineinander, der Kopf wird hochgehoben, auch Schultern und Brustkorb werden so weit wie möglich hochgezogen, und danach wird alles wieder langsam niedergelegt.
- Wenn Kopf und Schultern hochgehoben sind, werden Kopf und Oberkörper nach links gezogen, dann nach rechts.
- Man beginnt wieder so wie bei der vorigen Übung, aber nun wird der Oberkörper umgekippt. Erst ist die linke Schulter auf der Unterlage, die rechte Schulter geht nach oben und dreht, dann die rechte Schulter auf die Unterlage, die linke nach oben und drehen.
- Die Hände werden neben den Körper gelegt. Das linke Bein wird gestreckt hochgehoben, danach das rechte Bein.
- Knie beugen und erst das linke Bein und danach das rechte Bein hochheben.

Übungen sitzend

- Die Arme hängen locker nach unten. Die Schultern werden nun so weit wie möglich hochgezogen und dann so weit wie möglich nach unten gedrückt.
- Die Arme wieder locker hängen lassen, dann die Schultern kreisen.
- Die Hände werden im Nacken gefaltet, die Ellbogen nach vorn gebracht, danach werden die Ellbogen so weit wie möglich nach hinten gedrückt.
- Die Arme hängen nach unten. Sie werden nun gestreckt nach vorn und nach oben gebracht und dann auch nach hinten.

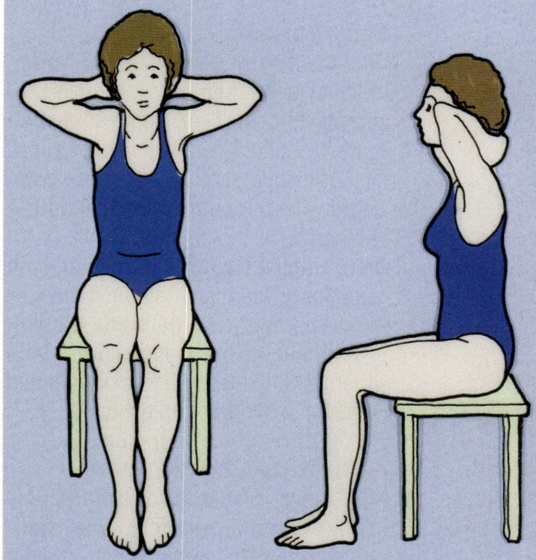

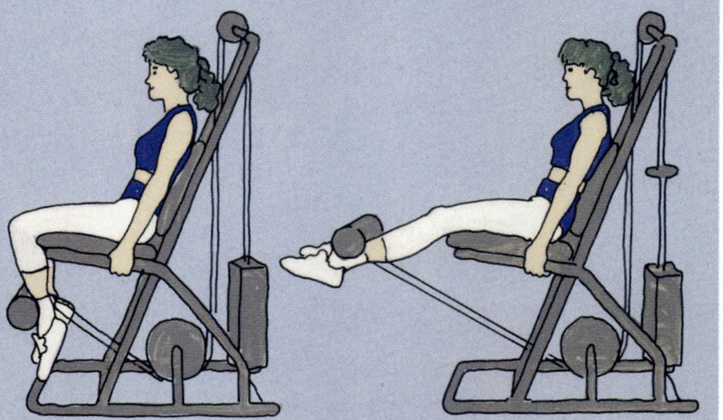

Bewegung hält den Rücken fit. Ideal für den Rücken: Tägliche Gymnastik.

Schilddrüse

Einführung

Die Schilddrüse eines Gesunden wiegt etwa 20 Gramm. Sie hat die Form eines Schmetterlings und liegt auf dem Schildknorpel des Kehlkopfs.
Die Schilddrüse bildet zwei Hormone: Pro Tag setzt die Schilddrüse etwa 100 Mikrogramm Tetrajodthyronin (T4) und 10 Mikrogramm Trijodthyronin (T3) frei. In den Körperorganen wird T4 in T3 umgewandelt, das die eigentliche Wirkform darstellt. Zur Produktion der beiden Hormone T3 und T4 braucht die Schilddrüse Jod, das sie aus der Blutbahn entnimmt und in ihre Zellen einschleust.
T3 steigert vor allem den Energieumsatz und die Wärmebildung. T3 und T4 erhöhen indirekt den Blutzuckerspiegel, greifen in den Proteinstoffwechsel ein, haben (wichtig für Kinder) wachstumsfördernde Eigenschaften und erhöhen die Wirksamkeit des Adrenalins.
Die Regulation der Hormonproduktion erfolgt über die Hypophyse bzw. indirekt über den Hypothalamus (Zwischenhirn).
Deshalb arbeitet der Organismus bei einer Überfunktion auf Hochtouren, bei einer Unterfunktion auf Sparflamme. Das Arbeiten auf Hochtouren bei einer Überfunktion bedeutet aber keineswegs, dass die Patienten besonders fit oder leistungsfähig wären. Weil alle Organe ohne Unterbrechung powern müssen, sind die Betroffenen fahrig, überaktiv und schnell ermüdbar.
Im Gegensatz dazu fehlt bei einer Unterfunktion den Organen die Stoffwechselenergie, um optimal zu funktionieren. Leistungsschwäche, Konzentrationsprobleme bis hin zur Demenz sind die möglichen Folgen.

Lokalisierung der Schilddrüse im Halsbereich.

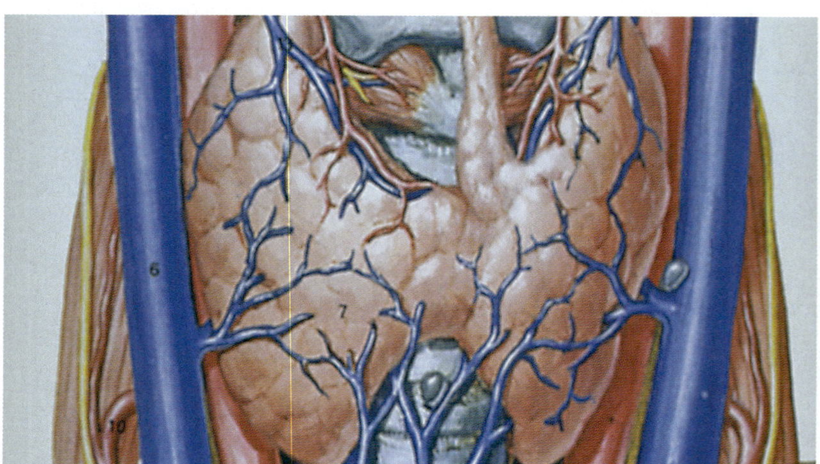

Untersuchungen

Befragung
Wenn der Arzt den Verdacht hat, dass ihre Beschwerden durch ein Schilddrüsenproblem ausgelöst sind, wird er weitere Fragen stellen. Dabei können ihn auch Sachen interessieren, die auf den ersten Blick wenig mit der Schilddrüse zu tun haben, zum Beispiel ob Sie keine Rollkragenpullover mögen, sich gerne luftig kleiden oder ob sich die Lust auf Sex geändert hat. Damit fragt er nach versteckten Zeichen eines Kropfes oder einer Schilddrüsenfehlfunktion.

Körperliche Untersuchung
Durch eine Tastuntersuchung stellt der Arzt Größe und Beschaffenheit der Schilddrüse fest. Er betrachtet die Schilddrüse sehr genau: Wie bewegt sie sich beim Schlucken, sind die Blutgefäße gefüllt oder gestaut. Außerdem misst der Arzt den Blutdruck, fühlt den Puls, hört Herz und Lunge ab. Schließlich fühlt er die Temperatur der Haut und prüft Aussehen und Beschaffenheit der Augen.

Ultraschall
Mit einer Ultraschall-Untersuchung kann der Arzt Beschaffenheit und Größe der Schilddrüse prüfen und knotige Veränderungen der Schilddrüse erkennen.

Blutuntersuchungen
Durch regelmäßige Blutuntersuchungen stellt der Arzt fest, ob die Funktion der Schilddrüse richtig reguliert ist. So kann er beurteilen, ob die Beschwerden des Patienten von einer Fehlfunktion herrühren und ob eine verborgene Über- oder Unterfunktion vorliegt. Dazu bestimmt der Arzt die Konzentration der Schilddrüsenhormone.

Szintigraphie
Der Arzt spritzt dem Patienten radioaktives Technitium, das sich wie Jod verhält und sich in den funktionierenden Schilddrüsenzellen anreichert. Ein Strahlendetektor macht sichtbar, wo sich das Technetium in der Schilddrüse ablagert.
Diese Untersuchung zeigt dem Arzt, ob es in der Schilddrüse Regionen mit verminderter oder erhöhter Aktivität gibt. In Verbindung mit der Ultraschall-Untersuchung lassen sich so Größe und Form der Schilddrüse erkennen.

Aktivitäts-Check
Mit einer Schilddrüsenszintigraphie kann der Arzt ermitteln, wie stoffwechselaktiv die einzelnen Bereiche der Schilddrüse sind.

Feinnadelpunktion
Wenn Veränderungen der Schilddrüse im Ultraschallbild oder im Szintigramm sichtbar werden, kann eine Gewebeprobe (Biopsie) helfen, die Ursache herauszufinden. Dazu saugt der Arzt mit einer feinen Nadel etwas Schilddrüsengewebe an, um es unter dem Mikroskop zu untersuchen. Der Eingriff ist nicht schmerzhafter als eine Blutentnahme oder eine Injektion.

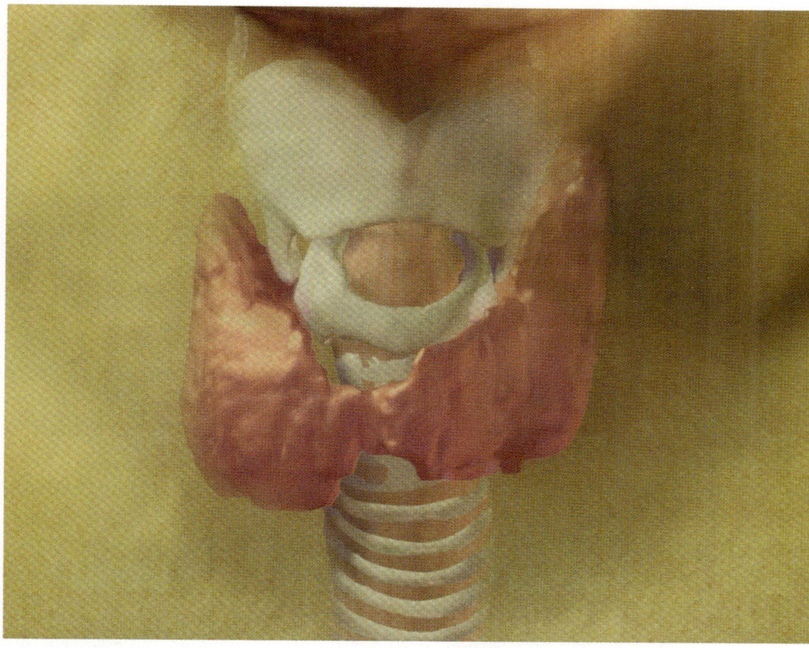
Lokalisierung der Schilddrüse im Halsbereich (Vorderansicht) vor der Luftröhre

Kropf

Ein Kropf ist eine Vergrößerung der Schilddrüse, die weder entzündlich noch bösartig verändert ist.
Von der normalen zur verminderten Tätigkeit der Schilddrüse bis zur echten Hypothyreose gibt es gleitende Übergänge. Man weiß seit langem, dass eine mangelnde Versorgung des Organismus mit dem Schilddrüsenhormon-Baustein Jod ein wesentlicher Faktor bei der Entstehung der Struma ist; denn die Schilddrüsenhormone sind die einzigen Substanzen des menschlichen Körpers, die Jod enthalten und damit auf das Vorhandensein von Jod angewiesen sind.
Jod wird mit dem Wasser und der Nahrung aufgenommen. Der tägliche Jodbedarf der Schilddrüse liegt zwischen l00 und 150 Millionstel Gramm. Das mit der Nahrung bzw. dem Wasser aufgenommene Jod wird als Jodid sehr rasch über den Magen-Darm-Kanal in das Blut aufgenommen, mit dem es in die Zellen der Schilddrüse gelangt.
Bei der Struma handelt es sich um eine sogenannte Anpassungs-Hyperplasie (Hyperplasie = Vergrößerung eines Organs durch Zellvermehrung) als Ausdruck eines Missverhältnisses zwischen Hormonangebot und Hormonnachfrage.
Das klinische Erscheinungsbild des Kropfes ist nicht einheitlich. Zunächst kommt es zu einer eben tastbaren Schilddrüsenvergrößerung (Struma Grad I). Bei Bildung eines Knotens, der nur bei zurückgebeugtem Kopf tastbar oder schon bei normaler Kopfhaltung sichtbar ist, spricht man von einer Struma Grad II. Häufig ist die Struma in den Stadien I und II für den Betroffenen, abgesehen von einer äußeren Entstellung, scheinbar ganz ohne praktische Bedeutung. Erst bei starker Vergrößerung des Kropfes (Grad III) nach unten hin tritt eine Einklemmung zwischen Brustbein und Luftröhre ein, sodass Atemnot und Schluckstörungen entstehen können.
Die Verkleinerung eines Kropfes kann medikamentös, operativ und strahlentherapeutisch erfolgen. Die Basisbehandlung aller gewöhnlichen Strumen ist eine Langzeitbehandlung mit Schilddrüsenhormonen, unabhängig davon, ob zusätzlich eine Operation oder eine Radiojodtherapie vorgesehen sind.

Hypothyreose

Hypothyreose ist charakterisiert bei Unterfunktion der Schilddrüse. Die Hypothyreose kann angeboren oder erworben sein. Nach ihrer Entstehung werden die Hypothyreosen folgendermaßen unterteilt.

- Eine primäre Hypothyreose ist durch ein Unvermögen der Schilddrüsenzellen, Schilddrüsenhormone in ausreichenden Mengen zu produzieren, charakterisiert.
- Bei der sekundären Hypothyreose ist die Stimulierung der Schilddrüse durch TSH ungenügend. Tumoren des Hypophysenvorderlappens können Ursache einer mangelnden TSH-Sekretion sein.

Bei Kindern führt eine verminderte Funktion der Schilddrüse, z.B. durch Jodmangel oder durch Veranlagung, zu einer bestimmten Form von Zwergwuchs, dem Kretinismus.
Beim Erwachsenen führt dies zu dem sogenannten Myxödem. Eine derartige ernste Form der Hypothyreose wird durch viele Symptome gekennzeichnet, von denen folgende im Vordergrund stehen:

- der Metabolismus (Stoffwechsel) sinkt bis zu 30–50 Prozent unter die Norm;
- die Herzaktivität wird langsamer;
- die Esslust nimmt ab;
- die Wärmeregulierung ist gestört;
- es entstehen Hautveränderungen;
- das Nervensystem ist weniger reizbar.
- Fühlen Sie sich schwach, müde und lustlos?
- Vertragen Sie keine Kälte und suchen immer die Wärme?
- Ist ihre Haut rau oder trocken?
- Haben Sie oft Kopfschmerzen?

Wichtige Fragen und Antworten zur Schilddrüse

Was bewirkt Jod?
Die Schilddrüse braucht es zur Bildung des Schilddrüsenhormons, das die Entwicklung des Körpers während des Wachstums regelt und den Energiehaushalt des Menschen im Gleichgewicht hält. Schon für die Entwicklung des Kindes im Mutterleib ist Jod notwendig.

Hat sich die Jodversorgung in Deutschland verbessert?
Allerdings. Wir nehmen heute ungefähr doppelt so viel Jod auf wie vor 20 Jahren. Das ist ein Fortschritt. Wir brauchen aber noch etwas ein Drittel mehr.

Welche Krankheiten treten durch die verbesserte Situation heute seltener auf?
Neugeborene und kleine Kinder bekommen kaum noch Kröpfe oder Hörschäden, weil sie fast nie einem Jodmangel ausgesetzt waren. Anders sieht es bei Erwachsenen aus. Vielen fehlte in der Kindheit Jod, sodass sie vielfach unter einer Schilddrüsenunterfunktion oder einer Veränderung des Schilddrüsengewebes leiden.

Wie kann man gegen Joddefizite vorgehen?
Im Haushalt sollte man nur Jodsalz verwenden. Meeresfische gehören zweimal in der Woche auf den Tisch, Milch und Milchprodukte täglich. Verbraucher sollten Lebensmittel kaufen, die mit Jodsalz hergestellt sind – man erkennt sie an der Zutatenliste oder am Jodsiegel. Für nicht gestillte Babys ist mit Jod angereicherte Säuglingsmilch und Beikost wichtig.

Müssen schwangere und stillende Frauwen zusätzlich Jodtabletten einnehmen?
In der Schwangerschaft und während das Stillen ist der Jodbedarf erhöht. Daher ist oft die tägliche Einnahme einer Jodtablette sinnvoll. Schwangere nehmen häufig schon Vitamin- und Mineralstoffpräparate ein, die Jod enthalten. Der Arzt sollte entscheiden, ob die Frau zusätzlich Jod braucht. Im Zweifelsfall kann er einen Bluttest durchführen.

Kann man Jod überdosieren?
Die Wissenschaftler empfehlen für Erwachsene eine tägliche Gabe von 100 bis 200 Mikrogramm, obwohl der obere Grenzwert in Deutschland bei 500 Mikrogramm angesetzt ist. Um diesen Höchstwert an Jod aufzunehmen, müssen beispielsweise 25 Gramm angereichertes Salz konsumiert werden – eine ziemlich unrealistische Menge für den Einzelnen.
Wenn das jodierte Salz wie herkömmliches Speisesalz genutzt wird, treten auch keine Risiken für Menschen mit Schilddrüsenunter- oder -überfunktion auf. Über zusätzliche Tabletten sollte aber mit dem Arzt gesprochen werden.

Wie reagiert der Körper auf zu viel Jod?
Die Haut kann dann zum Beispiel eine Akne entwickeln, wenn mehrere Milligramm Jod pro Tag, also das Vielfache der empfohlenen Menge, aufgenmommen werden. Dazu kann es durch das regelmäßige Verwenden jodhaltiger Desinfektionsmittel oder durch den häufigen Verzehr großer Mengen Algenpräparate kommen.

- Ist die Regelblutung länger als normal? Bleibt sie öfter aus?
- Sind Sie innerlich nervös?
- Ist Ihr Haar trocken? Sind die Fingernägel brüchig?
- Kommen Sie nur schwer ins Schwitzen?
- Ist Ihr Gesicht geschwollen? Sind die Augenlider geschwollen? Sind Arme und Beine geschwollen?
- Haben Sie Übergewicht?
- Sind Ihre Finger öfter taub?
- Haben Sie eine verdickte Zunge?

In den Entwicklungsjahren kann das zu schwerem geistigem Zurückbleiben führen. Auch die Funktion der Geschlechtsorgane ist stark verringert, was zu Unfruchtbarkeit führt. Beim Erwachsenen sind diese Erscheinungen durch künstliche Gaben von Schilddrüsenhormonen meist völlig zu beseitigen. Für die Dauerbehandlung ist heute ein reines Hormonpräparat das Mittel der Wahl.

Hyperthyreose

In vieler Beziehung steht die erhöhte Funktion der erniedrigten Funktion direkt gegenüber: Die Patienten haben einen erhöhten Stoffwechsel, fühlen sich immer warm, haben großen Appetit, sind reizbar und nervös. Herzfrequenz, Schlagvolumen und Blutdruck sind erhöht. In vielen Fällen tritt auch eine Vermehrung des Stützfettes hinter dem Augapfel auf, eine fettige Infiltration der äußeren Augenmuskeln, wodurch der Augapfel nach vorn gedrückt wird (Exophthalmus).
Diagnostisch ist die klassische Hyperthyreose meist aufgrund des typischen Krankheitsbildes leicht zu erkennen. Der Patient versucht häufig, mit zäher Energie seine Schwäche zu meistern. Schwieriger sind leichtere Formen von Hyperthyreose zu erkennen. Oft wird lediglich über nervöse Herzbeschwerden erhöhte Ermüdbarkeit und andere undeutliche Einzelsymptome geklagt.
Die Hyperthyreose kann durch bestimmte Medikamente beeinflusst werden, die die Jodaufnahme oder die Bildung von Zwischenprodukten in der Schilddrüse hemmen, bevor Thyroxin gebildet wird. Auch ein operativer Eingriff, bei dem ein

Teil der überaktiven Schilddrüse entfernt wird, führt häufig zu vollständiger Heilung. Der Exophthalmus ist viel schwerer zu beeinflussen. Durch Kortikosteroidgaben kann manchmal Besserung erzielt werden.

- Sind Sie nervös, öfter schlaflos und innerlich unruhig? Neigen Sie zu heftigen Gefühlsreaktionen?
- Zittern Ihre Finger bei ausgestrecktem Arm?
- Neigen Sie zu Schweißausbrüchen?
- Sind Sie empfindlich gegen Wärme?
- Haben Sie leicht Herzklopfen?
- Erröten Sie leicht?
- Sind Sie schnell ermüdet?
- Leiden Sie unter plötzlichen Schwächezuständen?
- Verlieren Sie leicht an Körpergewicht obwohl Sie guten Appetit haben?
- Haben Sie warme und feuchte Hände?
- Sind Sie schnell kurzatmig?
- Leiden Sie bei körperlicher Belastung schnell unter Atemnot?
- Haben Sie glänzende Augen, die eventuell auch etwas hervortreten?

Thyreoiditis

Zu einer Entzündung der Schilddrüse kann es durch Bakterien, Viren oder Antikörper gegen das eigene Schilddrüsengewebe kommen.

Die akute Thyreoiditis geht mit starken Schmerzen und Schwellung eines Teils oder der ganzen Schilddrüse, Druckempfindlichkeit, Schluckbeschwerden, Heiserkeit und Fieber sowie einer Schwellung der Halslymphknoten einher. Sie ist meist durch Bakterien bedingt. Für ihre Behandlung ist Bettruhe erforderlich. Günstig wirken sich kalte Umschläge und Eiskrawatten auf dem Hals aus. Die Behandlung der chronischen Thyreoiditis ist einfach. Sie besteht in einer lebenslangen Dauermedikation von Schilddrüsenhormonen und gleicht damit der Behandlung einer Schilddrüsenunterfunktion.

Krebs

Der Schilddrüsenkrebs ist selten und betrifft nur 0,4 Prozent aller Krebserkrankungen. Die Behandlung besteht stets aus einer Kombination chirurgischer und strahlentherapeutischer Maßnahmen.

Behandlung

Bei Jodmangel: Jodid

Weil der Jodbedarf über Nahrung und jodiertes Speisesalz nicht immer gedeckt werden kann, sind Jodpräparate aus der Apotheke empfehlenswert. Das gilt vor allem, wenn der Bedarf erhöht ist, in der Schwangerschaft (etwa 250 Mikrogramm statt 200 Mikrogramm) und bei Sportlern. Denn mit jedem Liter Schweiß verliert der Mensch 10 Mikrogramm Jod.

Wer überwiegend Nahrungsmittel verzehrt, die nicht mit Jodsalz zubereitet sind, hat keine Chance, seinen Bedarf zu decken.

Besonders häufig ist das bei Jugendlichen der Fall, die viel Fast Food essen. Industriell hergestellte Fertignahrung wird fast immer mit jodfreiem Salz zubereitet. Besser sieht es bei Bäckern und Fleischern aus: Hier stellen bereits zwei von drei Betrieben ihre Produkte mit Jodsalz her.

Entdeckt der Arzt die Schilddrüsenvergrößerung im Frühstadium, lässt sich die Veränderung durch Jodid verkleinern. Meist sind allerdings zusätzlich Schilddrüsenhormone nötig.

Wer über 40 ist, sollte sich vor der Einnahme von Jodpräparaten vom Arzt untersuchen lassen, ob seine Schilddrüse gesund ist.

Unterfunktion: Hormontherapie mit Tetrajodthyronin

Bildet die Schilddrüse zu wenig Hormone, müssen sie zugeführt werden. Schilddrüsenhormone werden auch eingesetzt, um einen Kropf zu verkleinern. Neun von zehn Kröpfen und die meisten Schilddrüsen-Unterfunktionen sind durch Jodmangel ausgelöst. Deshalb kombinieren Ärzte häufig Jodid und Schilddrüsenhormone. Damit lässt sich die Schilddrüse um bis zu 30 Prozent verkleinern und eine Operation häufig vermeiden. Vorausgesetzt, der Kropf wird früh genug erkannt.

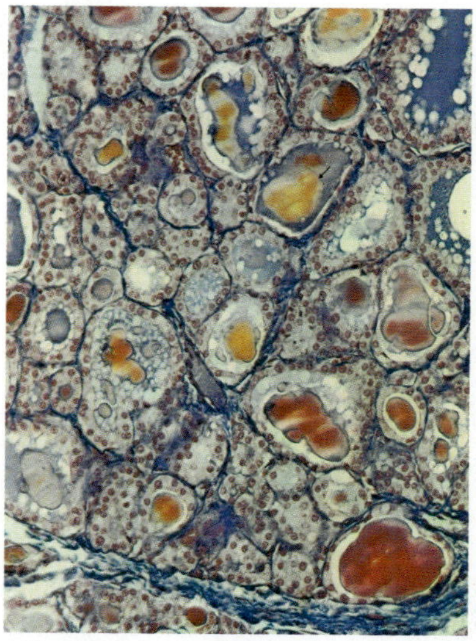

Mikroskopische Aufnahme von Schilddrüsengewebe. In den Bläschen befinden sich Hormone, die an Eiweiß gebunden sind. Die Wände der Follikel bestehen aus einer Lage Deckgewebe.

Viele Nahrungsmittel können die Aufnahme von Schilddrüsenhormonen in den Körper verringern. Deshalb sollten Sie Schilddrüsenhormone etwa eine halbe Stunde vor dem Frühstück einnehmen.

Überfunktion: Hormonhemmer Thyreostatika

Bei einer Überfunktion der Schilddrüse kann der Arzt die Bildung von Schilddrüsenhormonen mit Thyreostatika hemmen. Der Ausdruck heißt übersetzt so viel wie „Mittel, das die Schilddrüse zum Stehen bringt". Die Dosierung muss der Arzt individuell ermitteln. In seltenen Fällen können Thyreostatika die Bildung von weißen Blutkörperchen stören und so das ganze Immunsystem lahmlegen. Diese Nebenwirkung ist extrem selten, aber sehr gefährlich. Deshalb muss der Arzt unter der Behandlung das Blutbild regelmäßig kontrollieren.

Überfunktion: Radiojod

Bei einer Überfunktion der Schilddrüse kann der Arzt radioaktives Jod einsetzen, um das überaktive Gewebe zu zerstören. Auch in der Nachbehandlung nach Tumor-Operationen kommt Radiojod zum Einsatz.

Schlaf

Der Schlaf ist jenes Drittel unseres Daseins, in dem wir uns für die Erhaltung und Tätigkeit in den anderen zwei Drittel erholen. Eine genauere Definition kann noch nicht gegeben werden. Er umfasst zwei wichtige biologische Abschnitte: einen mehr passiven (den traumlosen, orthodoxen, gewöhnlichen, konventionellen, langsamen Schlaf) und einen mehr aktiven Abschnitt (den Traumschlaf, die Traumphasen, den schnellen Schlaf).

Beide Abschnitte des Schlafes spiegeln eine Schlafperiodik bzw. einen Schlafzyklus wider.
Beim „traumlosen" Schlaf (Anführungszeichen, weil man nicht ganz genau weiß, ob dieser Anteil tatsächlich traumlos ist) unterscheidet man Schlaftiefe und Schlafdauer. Schlaftiefe und Schlafdauer bilden einzelne Schlafperioden, die 3- bis 5-mal (und mehr) in einer Nacht vorkommen.

Kleinkinder brauchen tagsüber meistens nur noch einen Mittagsschlaf.

Die Schlaftiefe wird gemäß der bioelektrischen Hirntätigkeit (EEG-Wellen) eingeteilt, und zwar:

- Stadium A – Übergangsstadium, Ermüdigungsstadium;
- Stadium B – Einschlafstadium oder leichtester Schlaf;
- Stadium C – leichter Schlaf;
- Stadium D – mittlerer, mitteltiefer Schlaf;
- Stadium E – tiefer Schlaf.

Schlafperioden

Alle Schlafperioden zusammen gestalten die Gesamtschlafdauer. Das Einschlafen beansprucht zwischen 10 und 20 Minuten, die gesamte erste Schlafperiode zwischen 90 und 120 Minuten; die zweite Schlafperiode zwischen 90 und 120 Minuten; die dritte zwischen 60 und 120 Minuten; die vierte zwischen 60 und 90 Minuten und die fünfte zwischen 40 und 80 Minuten. Eventuelle weitere Schlafperioden sind bei Erwachsenen viel kürzer.
Jede Schlafperiode setzt sich einerseits aus einer Schlafvertiefungsphase und einer Schlafverflachungsphase und andererseits aus einer traumlosen und einer Traumphase zusammen.
Der ganze Schlaf dauert bei gesunden Erwachsenen zwischen 7,5 und 8 Stunden, davon entfallen zwischen 100 und 120 Minuten an den Traumanteil. Längerer Schlaf führt zum Schlafüberschuss, kürzerer zum Schlafdefizit. Beide sollten vermieden werden.
Die beste Zeit des Zu-Bett-Gehens des modernen Menschen liegt zwischen 22–23 Uhr. Fast immer ist der Schlaf für die darauffolgende Nacht nicht normal, wenn man nach 24 Uhr zu Bett geht. Vor 6 Uhr morgens aufzustehen ist ebenfalls nicht zu empfehlen.

Physiologische Aspekte

Schlaflage und Schlafmotorik tragen der Schlafperiodik Rechnung. Nach etwas stärkeren Zuckungen und Bewegungen

der Extremitäten und des Rumpfes beim Einschlafen kommt es zur Verringerung der Körpermotorik im weiteren Schlafverlauf. Gröbere Bewegungen und Zuckungen kommen dann beim Wechseln von einer Schlafperiode zur anderen, feinere in den Traumphasen vor. Im Tiefschlaf sind Bewegungen selten.
Herz- und Atmungsfrequenz zeigen Schwankungen während der Nacht. Die stärkste Schwankung mit Frequenzanstiegen ist während der Traumphasen zu registrieren. Die niedrigsten Frequenzen werden gegen 5 Uhr morgens (nach einem 6- bis 7-stündigen Schlaf) beobachtet. Im Tiefschlaf (eine bis zwei Stunden nach dem Schlafengehen) ist die Frequenz nicht – wie man früher angenommen hat – am niedrigsten.
Die Motilität des Verdauungstraktes scheint während des Schlafes abzunehmen. Die Funktion der übrigen inneren Organe im Schlaf ist noch nicht genau bekannt.

Dimensionen

Der Schlaf hat mehrere Dimensionen:
- die eine Dimension ist seine Dauer;
- eine andere die Schlaftiefe;
- eine dritte ist die Schlafperiodik;
- eine vierte liegt in der Festigkeit des Schlafes (die Weckbarkeit, die den Schlaf von den anderen Bewusstlosigkeiten und Bewusstseinsänderungen unterscheiden lässt);
- eine fünfte Dimension ist die, in der das psychische Leben sehr aktiv ist – der Traum;
- eine sechste ist die Erholung im Schlaf.

Alle Dimensionen zusammen gestalten die Natur des Schlafes. Sobald eine der Dimensionen beeinträchtigt wird, kommt es zu Schlafstörungen, mit denen weitere Folgen verknüpft sind.

Träume

Der Anteil des Schlafes, in dem die psychische Dimension sehr aktiv ist – der Traum – bietet drei sehr bedeutende Komponenten:
- die physiologische;
- die rein psychische;
- die biologische Traumkomponente.

Die physiologische Traumkomponente

Die physiologische Traumkomponente spiegelt sich in der Desynchronisierung der Hirnwellen (Verkleinerung der Amplitude und Beschleunigung der Frequenzen verbunden mit dem Wegfall der Kritik im psychischen Bereich; Änderung des Spiegels und der Aktivität der Neuromodulatoren im Zentralnervensystem (zum Beispiel Adrenalin, Serotonin); Verlust des Muskeltonus; phasisches Ansteigen der Herz- und Atemfrequenz mit großer Variabilität; periodisch vorkommende Erektionen und andere Reaktionen an den Sexualorganen und periodischen Ansteigen der Körpertemperatur.

Die rein psychische Traumkomponente

Die rein psychische Traumkomponente ruft eine Dominanz des emotionalen Lebens hervor, das Rationale wird verdrängt, die Kritik verliert im Traum zum großen Teil oder ganz ihre Wirkung. Der Traum bedient sich der einfacheren Bilder – der Traumsymbolik –, durch die unsere Ängste, Verlegenheiten, Gewissensbisse, Tendenzen, Strebungen, Wünsche zum Ausdruck kommen. Demzufolge bricht im Traum unsere individuelle und kollektive Vergangenheit und/oder individuelle Gegenwart heraus, nicht aber die Zukunft im Sinne eines Voraussehens, Voraussagens. Der Traum kann höchstens die Bestrebungen des Träumers für eine bessere Zukunft, Wünsche zum Erfolg verdeutlichen, weil die Phantasie ungebremst von der Kritik eine freie Entfaltung erfährt.

Die biologische Traumkomponente

Die biologische Traumkomponente hat eine große Bedeutung. Sie zeigt uns, dass der Traum periodisch vorkommt, 20–23 Prozent des Gesamtschlafes einnimmt, als Phänomen nicht von außen ausgelöst wird, dass er in gewissem Sinne als „Wächter" des Schlafes anzusehen ist. Man erkennt in der biologischen Komponente eine ständige Entwicklung von Geburt an bis zum hohen Lebensalter (der Traumteil sinkt in seiner Dauer im Verlaufe des Lebens, gemessen am Gesamtschlaf und an der Tagesrhythmik).

Ab dem 6. Monat sind Kinder in der Lage nachts durchzuschlafen.

Schlafstörungen

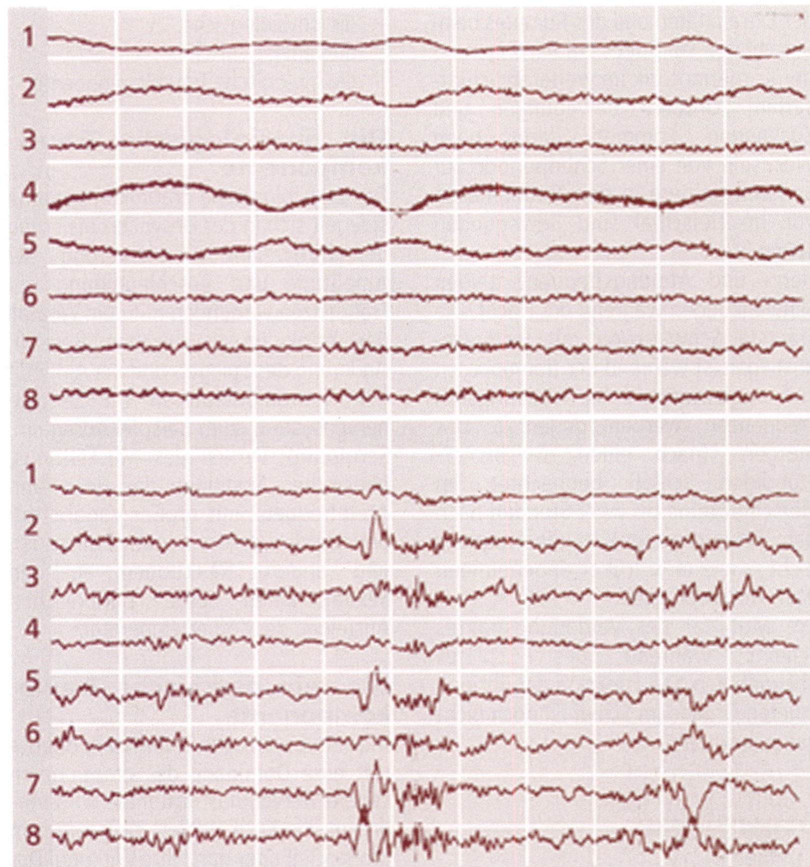

Gehirnstromaktivität in den verschiedenen Phasen des traumlosen Schlafs. Die Werte wurden gleichzeitig an acht verschiedenen Messpunkten mit an der Kopfhaut angebrachten Klebeelektroden abgenommen. Die Diagramme zeigen jeweils einen Ausschnitt von zehn Sekunden.
Im ersten Stadium (oben) zeigen sich rasche Mimimalausschläge, es fehlen jedoch größere Aktivitäten. Das wellenförmige Auf- und Absteigen der Kurven eins, zwei, vier und fünf entsteht durch langsame, rollende Seitwärtsbewegungen der Augen, die für die Einschlafphase charakteristisch sind.
Im zweiten Stadium (unten) besteht eine Hintergrundaktivität aus drei bis sechs Sekunden dauernden Phasen mit geringen Ausschlägen, die durch stärkere Aktivitäten unterbrochen werden und insgesamt ein unruhiges Bild ergeben (leichter Schlaf).

In ihren Ursachen sind Schlafstörungen vielfältig (exogene, funktionelle, psychotische, psycho-organische, organische und symptomatische Schlafstörungen). Quantitativ und qualitativ gesehen bestehen ebenfalls unterschiedliche Störungen, wie:

- Einschlafstörungen – verzögerter Einschlaf von einer bis vier Stunden;
- Durchschlafstörungen – öfteres Aufwachen nach dem ersten Einschlafen mit oberflächlichem und nicht erholsamen Schlaf;
- Aufwachstörungen – vorzeitiges Aufwachen von einer bis vier Stunden;
- Störungen des Traumphasenanteils – mit öfterem Aufwachen aus den Traumphasen und aufregenden Träumen;
- Kombinationen von Einschlaf- und Durchschlafstörungen;
- Kombinationen von Einschlaf-, Durchschlaf- und Störungen des Aufwachens – beim verzögerten Einschlafen, öfterem Aufwachen auch vorzeitiges endgültiges Wachwerden ohne die Fähigkeit wieder einzuschlafen.

Schlaflosigkeit wird definiert als unüberwindliche Schwierigkeiten beim Einschlafen oder Durchschlafen. Schwierigkeiten beim Einschlafen können von innen (organische Störung) oder von außen kommen (Licht, Lärm, Sorgen, Stress).

In der Medizin ist man überzeugt, dass nicht wenige Patienten Schlaflosigkeit nur vortäuschen, um dahinter ihre Alltagsprobleme zu verstecken. Man geht davon aus, dass dieser Personenkreis genügend Schlaf erhält, aber nicht damit zufrieden ist, weil Büro-Ärger und Stress auf angenehme Art durch Schlaf für eine Weile aus dem Bewusstsein verdrängt werden.

Andererseits können diese Faktoren auch dazu führen, dass der Schlafrhythmus ernsthaft gestört wird. Der Griff zur Schlaftablette ist in einem solchen Fall heute die Regel.

In den ersten Tagen ist die Wirkung überzeugend, aber dann lässt sie nach. Die Dosis wird erhöht. Bald ist sie so hoch, dass nicht nur das Einschlafen, sondern auch das Wachbleiben durch Tabletten geregelt werden muss. Am Ende tritt ein, was man nicht wollte. Man ist tagsüber genauso nervös und fahrig wie nachts. Ein Ausbrechen aus dem Teufelskreis gelingt nur in den seltensten Fällen.

- Bei exogenen Schlafstörungen (mit dominierenden Einschlaf- aber auch Durchschlafstörungen oder manchmal Störungen des Aufwachens abhängig von der von außen kommenden Ursache) wird an erster Stelle eine Neutralisierung (Entfernung der Ursachen) vorgenommen. Erst wenn dies nicht möglich ist, versucht der Arzt durch die gezielte Schlafhygiene, durch Psychotherapie den Schlaf zu normalisieren. Vorübergehend kann man von Fall zu Fall Beruhigungsmittel oder Schlafmittel verordnen. Lang andauernde Therapie mit Schlafmitteln ist nicht zu empfehlen, da die Ursache immer wieder von neuem Schlafstörungen hervorrufen kann.
- Bei funktionellen Schlafstörungen (ebenfalls mit dominierenden Einschlaf-, aber auch Durchschlafstörungen) ist es schwieriger, die Ursachen zu entfernen. An erster Stelle wird hier die Psychotherapie

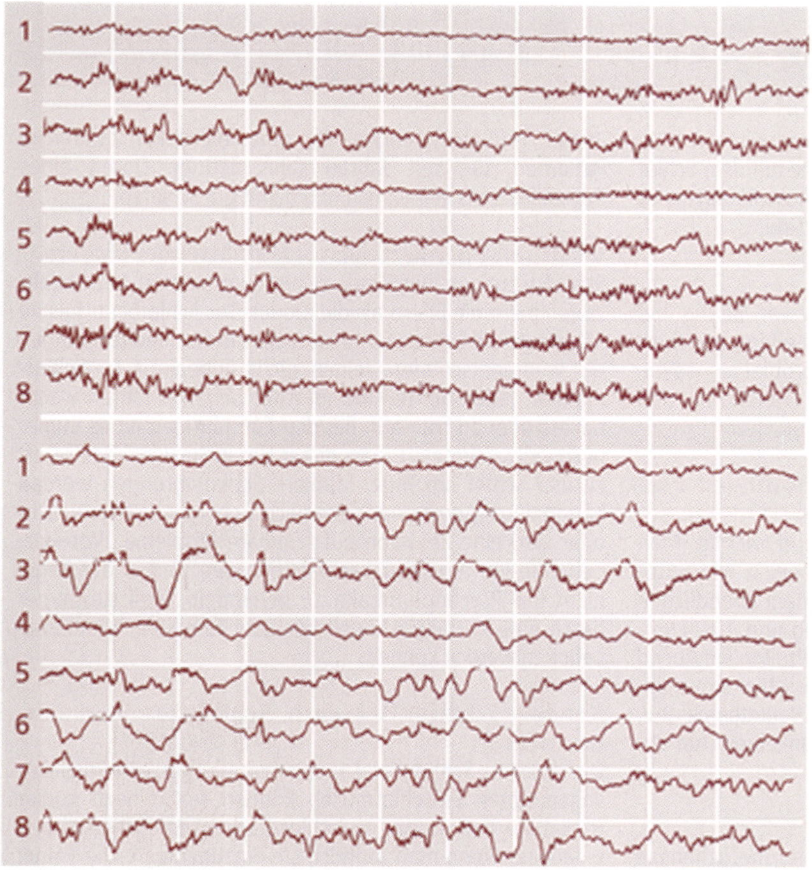

Gehirnstromaktivität in den verschiedenen Phasen des traumlosen Schlafs. Die Werte wurden gleichzeitig an acht verschiedenen Messpunkten mit an der Kopfhaut angebrachten Klebeelektroden abgenommen. Die Diagramme zeigen jeweils einen Ausschnitt von zehn Sekunden.
Stadium drei (oben) ist durch langsamere Bewegungen und eine erhöhte Spannung gekennzeichnet (mittlerer Schlaf).
In vierten Stadium (unten) zeigt sich eine weitere Verlangsamung der Aktivität, die jedoch mit einer Erhöhung der Spannung bis über 100 Mikrovolt einhergeht (Tiefschlaf).

angewandt. Tranquilizer in stärkeren Dosen können verordnet werden bei akuten und akuteren Fällen, um den Patienten vor der Psychotherapie zu stabilisieren.

- Bei Schlafstörungen als Begleitsymptom einer Psychose (mit dominierenden Störungen des Aufwachens, des paradoxalen Schlafes und nicht selten des Durchschlafens) geht man nach den standardisierten Prinzipien der Psychiatrie vor.
- Bei Schlafstörungen organischer Ursache handelt es sich um eine Vielfalt sowohl im genetischen als auch im klinischen Sinne. Ein Rezept gibt es in vielen Fällen nicht. In diese Gruppe fallen Schlafstörungen als Folge der arteriosklerotischen Veränderungen im Gehirn, Epilepsien, bei Traumata, Schlafstörungen in toxischen Fällen.
  Die Therapie muss in Einzelfällen erwogen werden.
- Symptomatische Schlafstörungen erfordern zuerst eine Beseitigung der Ursachen. Der Arzt kann hier Hypnotika geben, da es sich um eine vorübergehende Erkrankung handelt. Anstelle von Hypnotika sind in leichten Fällen auch Tranquilizer angebracht.

Schlafklinik

Schlafkliniken untersuchen, diagnostizieren und behandeln alle möglichen Schlafstörungen. Bei folgenden Symptomen kann die Einweisung in ein solches Schlaflabor sinnvoll sein:

- Schlaflosigkeit
- Abhängigkeit von Schlafmitteln
- Hypersomnie
- Starkes Schnarchen
- Nach Luft ringen
- Alpträume
- Ein Beobachtern zufolge auffälliger Schlaf

Eine erste Untersuchung in der Schlafklinik umfasst vielleicht das Folgende:

- Fragen nach dem früheren und dem jetzigen Schlafrhythmus, oft auch das Führen eines Schlaftagesbuchs
- Fragen nach der allgemeinen gesundheitlichen Vorgeschichte
- Körperliche Untersuchung
- Blut- und Urinuntersuchung
- Schlafuntersuchung in der Klinik

Zwei Beispiele für solche Schlaftests sind die Übernacht-Polysomnographie und ein Mehrfachschlafphasentest. Bei einer Übernacht-Polysomnographie verbringt der Betroffene eine Nacht in der Schlafklinik, wobei Elektroden die Schlafstadien aufzeichnen und weitere physiologische Parameter messen. Mit diesem Test lassen sich Schlafapnoe und Störungen der Motorik im Schlaf begutachten.
Bei einem Mehrfachschlafphasentest bleibt der Betroffene tagsüber in der Schlafklinik und macht in Abständen ein „Nickerchen". Auf diese Weise untersucht man tagsüber auftretende Schläfrigkeit, vor allem bei Narkolepsie. Mittlerweile gibt es auch Geräte, die zu Hause getragen werden können, sodass ein tagelanger Aufenthalt in der Schlafklinik nicht mehr notwendig ist.

Wichtige Fragen und Antworten zum Schlaf

Wann werden Schlafstörungen diagnostiziert?
Wenn der Patient über längere Zeit Probleme mit dem Schlaf hat und dadurch bereits deutliche negative Auswirkungen auf Gesundheit und Wohlbefinden festzustellen sind.

Wer leidet unter Schlafstörungen?
Nervös bedingte Schlafstörungen finden wir häufig bei Patienten mit Stress im Beruf, bei Schichtarbeitern, bei Überlastung in der Familie und Beziehungsproblemen sowie anderen Sorgen und Ängsten. Auch Frauen in den Wechseljahren sind oft Betroffene.

Was kann man tun, um Einschlafstörungen vorzubeugen?
Körperliche und seelische Entspannung sind wichtig. Man kann sie erreichen mit Entspannungstechniken wie Autogenem Training, Yoga oder Meditation, einem abendlichen warmen Bad sowie körperlicher Bewegung und Ausdauersport. Außerdem sollte man auf üppige Mahlzeiten am Abend verzichten, Alkohol meiden und den Mittagsschlaf streichen. Eine angenehme Schlafumgebung, also die Raumtemperatur, ein bequemes Bett sowie Ruhe und Dunkelheit tun ihr Übriges.

Wie behandelt man Schlafstörungen?
Schlafstörungen sind häufig nur ein vorübergehendes Problem und sollten deshalb nicht automatisch durch Einnahme eines Medikaments behandelt werden.
Bei körperlichen Ursachen muss in erster Linie die Krankheit, die zur Schlaflosigkeit führt, behandelt werden. Bei vielen Krankheiten (zum Beispiel Durchblutungsstörungen, Asthma) sind die meisten gängigen Schlafmittel schädlich. Depressionen können durch Schlafmittel verstärkt werden.

Wann verwendet man Medikamente gegen Schlafstörungen?

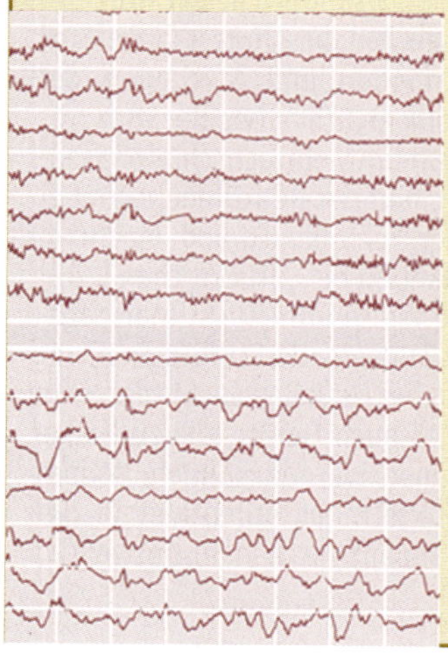

Bevor ein Schlafmittel verordnet wird, sollte der Arzt abklären, was die Ursache der Schlafstörung ist. Schlafmittel sollten nur in Krisensituationen und nur kurz verwendet werden. Die Gründe dafür liegen auf der Hand. Am Anfang wirken die meisten, aber schon nach kurzer Zeit (drei bis vierzehn Tage) verringert sich die Wirkung – der Körper hat sich an die Mittel gewöhnt und benötigt unter Umständen immer größere Mengen. Es gibt allerdings zahlreiche Patienten, die seit Jahren sehr niedrige Dosen eines Benzodiazepins einnehmen und damit gut schlafen.

Verschreibt der Arzt auch Schlafmittel bei Kindern?
Schlafstörungen bei Kindern bis zum siebten Lebensjahr stören mehr die Eltern als die Kinder. Das Schlafbedürfnis im Säuglings- und Kindesalter ist recht unterschiedlich. Kinder, die weniger schlafen, leiden nicht unbedingt an Schlafmangel. Jedes fünfte Kind im Alter bis zwei Jahren wacht nachts oder zu früh auf. Bei den Fünfjährigen ist es immer noch jedes zehnte. Ursache dieser Unregelmäßigkeiten ist oft zu viel Schlaf am Tage. Stärkere Schlafstörungen werden häufig durch Angst und Suche nach Geborgenheit verursacht oder sind eine Reaktion auf familiäre Probleme. Vorübergehende Ein- und Durchschlafstörungen sind in der Regel nicht mit Psychopharmaka zu behandeln, weil sie immer durch eine Korrektur häuslicher oder familiärer Umstände behoben werden können.

Können Schlafmittel auch Schlafstörungen verursachen?
Die meisten Schlafmittel (vor allem die kürzer wirkenden sogenannten Einschlafmittel) können schon nach kurzer Einnahme eine krasse Verschlechterung des Schlafes verursachen, wenn man aufhört, sie einzunehmen. Die Folge: Man nimmt wieder Schlafmittel, diesmal in höheren Dosierungen. Größere Mengen solcher Mittel verändern jedoch den Schlaf in Richtung Narkose.

Welches Schlafmittel?
Rein pflanzliche Präparate sind unschädlich, lang bewährte Naturheilmittel, deren Wirksamkeit streng wissenschaftlich allerdings nicht bewiesen ist. Ihre Verwendung ist dennoch sinnvoll, wenn sie als wirksam empfunden werden und dadurch der Gebrauch anderer, weit schädlicherer Schlafmittel verhindert werden kann. Tees und Teemischungen aus Heilkräutern sind zum Beispiel eine sinnvolle Form der Anwendung. Fast jedes zweite Schlafmittel ist bereits ein pflanzliches.

Wann entsteht Sucht durch Schlafmittel?
Bei den meisten synthetisch hergestellten Schlafmitteln besteht die Gefahr, dass man süchtig wird. Hört man nach längerer täglicher Verwendung mit der Einnahme solcher Mittel plötzlich auf, können sogar lebensbedrohliche Entzugserscheinungen auftreten. Leichte Entzugserscheinungen sind: schwerere Schlafstörungen als vor Beginn der Behandlung, Schwindel, Kopfschmerzen, Zittern, Durchfall, Erbrechen, Magenkrämpfe, Gewichtsverlust, Angst, Alpträume.

3 Wege zum besseren Schlaf

Wer nicht einschlafen kann oder nachts wach liegt und in die Stille horcht, kennt dieses schreckliche Ich-bin-der-einsamste-Mensch-der-Welt-Gefühl. Von wegen allein – Millionen denken gerade dasselbe. Jeder vierte Bundesbürger hat laut Deutscher Gesellschaft für Schlafforschung und Schlafmedizin (DGSM) abends Schwierigkeiten beim Einschlafen, für jeden zehnten gilt: Die Schlafstörung ist so extrem, dass er medizinische Hilfe braucht. Doch gerade bei Ein- und Durchschlafstörungen können in vielen Fällen auch Hausmittel Wunder tun.

1. Sie schlafen nicht ein

Mit Sandmännchen stehen Sie auf Kriegsfuß. Selbst 30 Minuten nach dem Zubettgehen ist kein Schlummer in Sicht. Oft hindert Sie allein die Angst, schon wieder nicht einschlafen zu können, am Einschlafen.

So kommt der Schlaf

- Es hilft, vor dem Zubettgehen Anspannung abzubauen. Kreative Tätigkeiten wie Musizieren oder Malen sind hervorragende Stresskiller. Auch Workout lässt einen das innere Gleichgewicht finden – allerdings sollten Sie in den letzten drei Stunden, bevor Sie das Nachtlager aufschlagen, keinen anstrengenden Sport mehr betreiben.
- Entspannungsbäder schenken Bettschwere. Herrlich beruhigend sind auch Aromatropfen im Badewasser – zum Beispiel Citronella oder Lavendel. Sechs bis zehn Tropfen sind optimal, das Bad sollte nicht länger als 15 Minuten dauern.
- Warme Hände und Füße sind ein erprobtes Schlafmittel. Wenn Ihnen an diesen Körperteilen schnell kalt wird, helfen Sie mit Fußbädern oder einem Paar dicker Socken nach.
- Medikamentöse Schlafmittel taugen nicht als Dauerlösung. Sie machen süchtig und verjagen schließlich den natürlichen Schlaf völlig.
- Verbannen Sie den Fernseher aus dem Schlafzimmer. Auch für Leseabende ist das Sofa besser geeignet. Das Bett ist nur zum Schlafen da – allein oder mit dem Partner.
- Auch Nahrungsmittel können helfen. Wichtig sind Kohlenhydrate, zum Beispiel Bananen oder Vollkornbrot. Sie steuern die Wärmeregulation des Körpers und stimmen auf den Schlaf ein.

2. Sie wachen mitten in der Nacht auf

Prämenstruelles Syndrom (PMS), Menstruationskrämpfe und Stress sind als Schlafräuber bekannt. Auch wegen dieser Ursachen sind Frauen häufiger von Insomnien betroffen als Männer.

So kommt der Schlaf

- Verzichten Sie lieber auf Kaffee und Alkohol, sie können PMS verstärken. Entspannende Tätigkeiten wie Yoga oder Musik hören lindern die Beschwerden.
- Eine volle Blase ist ein starker Weckreiz. Wenn Sie mehr als zweimal pro Nacht auf die Toilette müssen, versuchen Sie, nach dem Abendessen nichts mehr zu trinken. Möglicherweise steckt aber auch eine Blaseninfektion oder eine unerkannte Diabetes hinter dem Harndrang.
- Packen Sie Stress bei der Wurzel. Schieben Sie unangenehme Tätigkeiten nicht auf die lange Bank und delegieren Sie Aufgaben im Job an die Kollegen. Sammeln Sie Wohlfühlerlebnisse wie zum Beispiel einen vergnügten Spieleabend im Freundeskreis.
- Menstruationsschmerzen halten Sie wach? Eine Wärmflasche, die auf den Bauch gelegt wird, oder ein leichtes entzündungshemmendes Medikament schläfern die Schmerzen ein.
- Wenn Sie sich nachts unruhig im Bett hin- und herwerfen, hat das vielleicht auch organische Ursachen. Das könnten Atemschwierigkeiten sein, Arthritis oder das „Ruhelose Beine"-Syndrom, bei dem in der Wadenmuskulatur lauter Ameisen kribbeln. Mit dem Arzt checken!
- Beschränken Sie Ihren Alkoholkonsum auf höchstens zwei Getränke pro Abend. Obwohl Alkohol zunächst beruhigende Wirkung hat, kann sich der Effekt im Lauf der Nacht umkehren.

Auch eine Schwangerschaft muss Sie nicht monatelang um den Schlaf bringen. Drapieren Sie Kissen um sich herum, um Ihren Bauch in den Wochen vor der Geburt zu stabilisieren.

3. Sie kriegen nicht genug Schlaf

Sie kämpfen tagsüber mit bleierner Müdigkeit? Dann gönnen Sie sich zunächst einmal nachts eine Extraportion Schlaf. Untersuchungen zeigen, dass fünf Prozent aller Frauen mehr als acht Stunden Schlummer benötigen, um ausgeruht zu sein. Hilft das auch nicht, liegt es vielleicht an Schlafräubern wie Alkohol oder Apnoe. In letzterem Fall werden die Betroffenen nachts mangels Sauerstoff für Sekunden aus dem Tiefschlaf gerissen, ohne es zu merken. Mit dem Arzt checken!

So kommt der Schlaf

- Nehmen Sie Schlafapnoe nicht auf die leichte Schulter. Apnoiker bekommen so wenig Luft, als ob sie sich gerade auf 12 000 Meter Höhe befinden würden. Wenn Sie keinen Partner haben, der Ihnen verrät, ob Sie im Schlaf schnarchen oder nach Luft schnappen – beides sind Zeichen für Atemstörungen – , dann spielen Sie einfach Big Brother und stellen sich einen Kassettenrekorder mit Mikro neben das Bett. Oder Sie wenden sich an ein Schlaflabor in Ihrer Nähe.

Schlaganfall

Einführung

Kreislaufstörungen des Gehirns und deren Folgezustände sind nach den blastomatösen Erkrankungen und Herzleiden die dritthäufigste Todesursache. Es sind Erkrankungen vorzugsweise des höheren Lebensalters. Mit Zunahme der mittleren Lebenserwartung kommen sie zunehmend öfters vor. Bei dieser Erkrankungsgruppe besitzt auch die Physiotherapie eine große Bedeutung, weil es häufig zu den verschiedenartigsten Defektzuständen – speziell Hemiplegien – kommt, die langsam ausgeglichen oder beseitigt werden. Zwei Dinge spielen bei den Kreislaufstörungen des Gehirns eine gewichtige Rolle: der Bluthochdruck und die degenerativen Veränderungen der Gefäßwand. Beim Bluthochdruck kommt es im Allgemeinen früher zu einer Arteriosklerose und zu Hirnblutungen (wie auch Retinablutungen) als bei normalen Blutdruckverhältnissen. Die degenerativen Prozesse der Gefäßwand lassen sich in Arteriosklerose, Atherosklerose und Hyalinose unterscheiden.

Unterformen

Hirnblutungen können in drei Gruppen eingeteilt werden:

- Die eigentlichen Hirnblutungen auf der Basis degenerativer Veränderungen.
- Subarachnoidalblutungen als Folge der Ruptur eines Gefäßes – meist an der Außenseite des Gehirns und oft im Bereich des Circulus arteriosus. Diese Ruptur kommt vor allem bei Gefäßanomalien zustande.
- Traumatische Hirnblutungen, die in epidurale, subdurale und intrazerebrale Hämatome eingeteilt werden.

Alle Blutungen führen zunächst zu hyperdensen Bezirken bei der Computer-Tomographie (CT-scan) und können mit dieser Untersuchungsmethode besonders gut erfasst werden. Sehr gut zeigt auch die Kernspintomographie (MRI-scan) die Ausdehnung geschädigter Hirnregionen sowohl der zentralen Blutung wie auch des Begleitödems.
Eine besonders wichtige diagnostische Hilfe steht heute mit der Dopplersonographie zur Verfügung, mit der extra- (und zum Teil intra-)kranielle Gefäßeinengungen gut nachzuweisen sind. Auch wird dann gelegentlich eine Strömungsumkehr im Bereich der Arteria supratrochlearis als Ausdruck eines besonderen Kollateralkreislaufs recht deutlich.
Das EEG zeigt bei allen größeren Blutungen und anderen zerebralen Gefäßprozessen deutliche lokale und gelegentlich allgemeine Veränderungen. An wenigen Zentren ist die Untersuchung mittels radioaktiver Isotopen möglich. Sie zeigt noch genauer eine lokale Minder- oder Luxusperfusion.

Gefäßprozess im Hirnstamm. Hirnstamm und Kleinhirn erhalten ihre arterielle Versorgung von den Vertebralarterien, die sich zur unpaaren Arteria basilaris vereinigen. Dieses Gefäßgebiet neigt zu relativ frühzeitigen arteriosklerotischen Veränderungen.

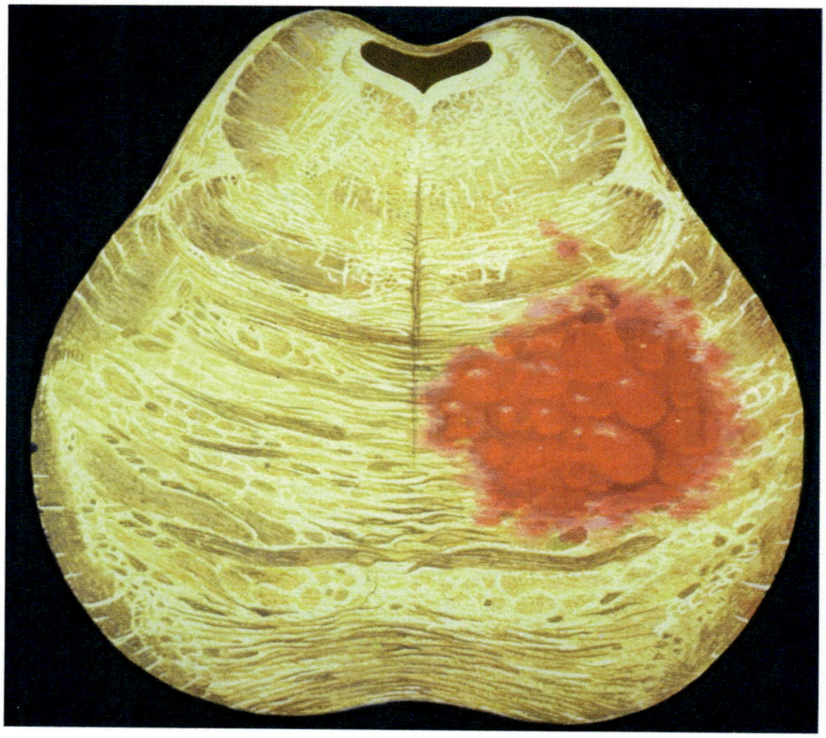

Arterielle Hirnthrombose

Durch die Thrombose einer Hirnarterie oder Gefäßwandödeme kann es zu einem teilweisen oder vollständigen arteriellen Verschluss kommen.
Dieser führt zu örtlichen Sauerstoffmangelzuständen und anderen Stoffwechselstörungen, welches in dem betroffenen Gefäßgebiet Funktionsstörungen, dann isolierte Nervenzell-

untergänge (Erbleichungen) oder eine allgemeine schwere Gewebsschädigung (Erweichung) zur Folge hat.
Es entsteht ein Hirninfarkt. Dabei kann das Randgebiet in günstig gelegenen Fällen durch einen Kollateralkreislauf noch etwas versorgt werden.
Bei vollständigem Gefäßverschluss findet man einen weißen Infarkt („weiße Erweichung"), bei einem unvollständigen Gefäßverschluss häufig einen roten Infarkt („rote Erweichung"), weil hier noch Blut in das Gewebe getragen wird. Die Größe des Infarktbereiches hängt stark vom Kollateralkreislauf ab. Bei einem sehr großen Infarkt gleichen die Symptome mehr oder weniger denen einer Hirnblutung. Häufigste Ursache des Hirninfarktes ist die Arteriosklerose mit oder ohne arterieller Thrombose, gelegentlich aber auch einmal eine entzündliche Erkrankung der Gefäßwand oder ein Trauma.

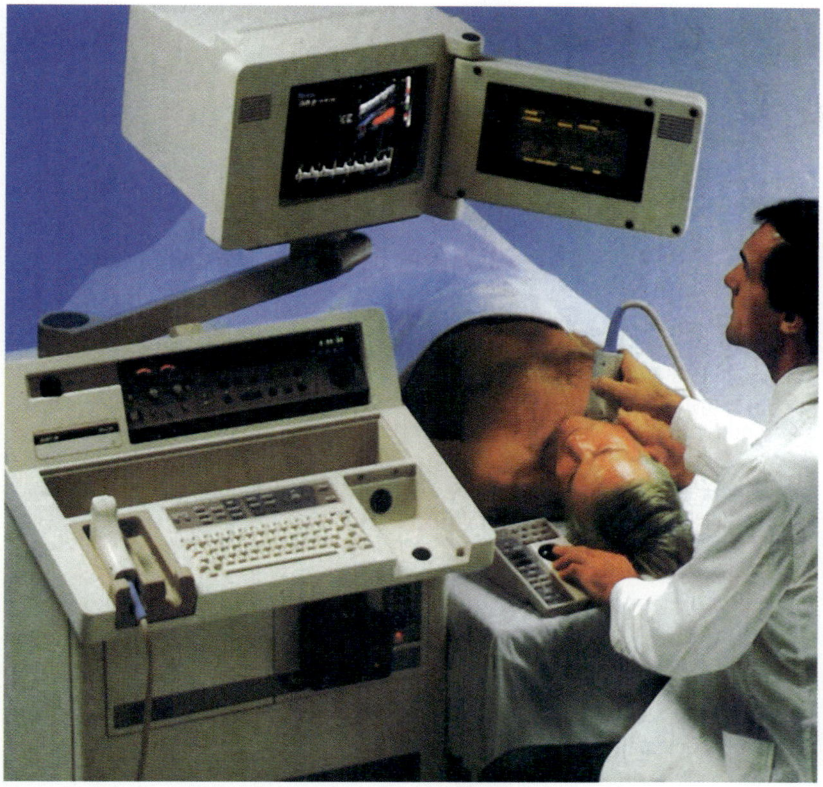
Doppler-Sonographie; Ultraschalldiagnostik der Halsschlagadern

Symptome

- Der Patient ist nicht oder nur kurz bewusstlos. Die Erscheinungen treten vor allem nachts auf, wenn der Blutdruck niedriger ist. Oft werden sie dann erst beim morgendlichen Aufstehen bemerkt.
- Atmung und Kreislauf sind weitgehend unauffällig. Das Gesicht ist oft blass. Der Blutdruck kann vorübergehend etwas ansteigen, sodass man an eine primäre Hypertonie denkt. Im weiteren Verlauf normalisiert der Blutdruck sich in derartigen Fällen.
- Der Patient macht im Allgemeinen keinen sehr kranken Eindruck – abgesehen von den neurologischen Ausfällen.
- Die auftretenden Paresen hängen im Verteilungstyp der Lähmungen von der Lokalisation der Enzephalomalazie ab.
  Die neurologischen Ausfallserscheinungen sind oft weniger ausgeprägt als bei einer Hirnblutung. Bei einer Thrombose der Arteria cerebri media findet man eine Hemiplegie mit Betonung der Gesichts- und Armmuskulatur; das Bein ist im Allgemeinen kaum deutlich betroffen. Man spricht von einem brachiofazialen Typ der Störung.
  Bei einer Thrombose der Arteria cerebri anterior ist die Lähmung des kontralateralen Beins stärker ausgeprägt. Hier kommt es oft auch zu zentralen Störungen der Harnentleerung und gewissen psychischen Auffälligkeiten (Stirnhirnsyndrom).
  Eine Thrombose der Arteria cerebri posterior führt vorwiegend zu kontralateralen Gesichtsfeldausfällen und Sensibilitätsstörungen. Eine Thrombose der Arteria vertebralis oder Arteria basilaris hat Koordinationsstörungen (eine sogenannte Ataxie), Hirnnervenausfälle (eventuell mit Schluck-, Sprach- und Kaustörungen) und eine spastische Tetraparese zur Folge. Bei großen Gefäßverschlüssen hier droht oft bei Mitbeteiligung vegetativer Zentren der schnelle Tod.
  Sind kleinere Arterien, die zur Hirnrinde führen, betroffen, so kann es, vor allem beim Rechtshänder und linkshirnigen Herden zu sehr deutlichen andersartigen Störungen kommen.
  Am bekanntesten ist die motorische Aphasie (Broca). Weniger häufig ist die sensorische Aphasie (Wernicke) und selten das sehr beeindruckende Gerstmann-Syndrom (Akalkulie, Agraphie, Fingeragnosie, Rechts-Linksstörungen u.a.). Am häufigsten sind gemischte oder Globalaphasien.
- Diesen Symptomen gehen manchmal flüchtige Ausfälle voraus. Sie deuten darauf hin, dass eine verminderte Sauerstoffversorgung vorliegt, die aber eben noch für eine normale Funktion des Gehirns ausreicht. Man spricht von einer intermittierenden zerebrovaskulären Insuffizienz, die durch flüchtige Paresen, Sensibilitätsstörungen und Schwindelzustände gekennzeichnet ist.
- Vor allem wenn die Stenose im Bereich der Arteria carotis, dem Carotissiphon oder der Arteria cerebri media liegt, kommt es zu

Wichtige Fragen und Antworten zum Schlaganfall

Wie diagnostiziert der Arzt eine Hirnblutung?
Alle Blutungen führen zunächst zu hyperdensen Bezirken bei der Computer-Tomographie (CT-scan) und können mit dieser Untersuchungsmethode besonders gut erfasst werden. Sehr gut zeigt auch die Kernspintomographie (MRI-scan) die Ausdehnung geschädigter Hirnregionen – sowohl der zentralen Blutung wie auch des Begleitödems.
Eine besonders wichtige diagnostische Hilfe steht heute mit der Dopplersonographie zur Verfügung, mit der extra- (und zum Teil intra-)kranielle Gefäßeinengungen gut nachzuweisen sind. Auch wird dann gelegentlich eine Strömungsumkehr im Bereich der Arteria supratrochlearis als Ausdruck eines besonderen Kollateralkreislaufs recht deutlich.
Das EEG zeigt bei allen größeren Blutungen und anderen zerebralen Gefäßprozessen deutliche lokale und gelegentlich allgemeine Veränderungen. An wenigen Zentren ist die Untersuchung mittels radioaktiver Isotopen möglich. Sie zeigt noch genauer eine lokale Minder- oder Luxusperfusion.

Was sind wichtige Symptome eines Bluthochdrucks seitens des Gehirns?

- Kopfschmerzen, oft auch im Hinterkopfbereich.
- Schwindelanfälle – jedoch meist nicht in Form eines Drehschwindels.
- Geringfügige und anfangs schnell vorübergehende Ausfallerscheinungen. Die neurologischen Symptome haben dabei einen wechselnden Charakter (manchmal liegt eine Hemiparese vor) und im Allgemeinen eine günstige Prognose; es bleiben vielfach keine Restsymptome zurück. Dann lag oft nur ein flüchtiges umschriebenes Hirnödem vor.
- Nehmen die Ausfallerscheinungen langsamer zu, so spricht man von der Hochdruckenzephalopathie, weil anzunehmen ist, dass bleibende anatomische Veränderungen im Gehirn selbst eingetreten sind. Hier kann es dann zu schweren Zustandsbildern mit neurologischen und vor allem psychischen Ausfällen (bis zur Bewusstseinstrübung) kommen.

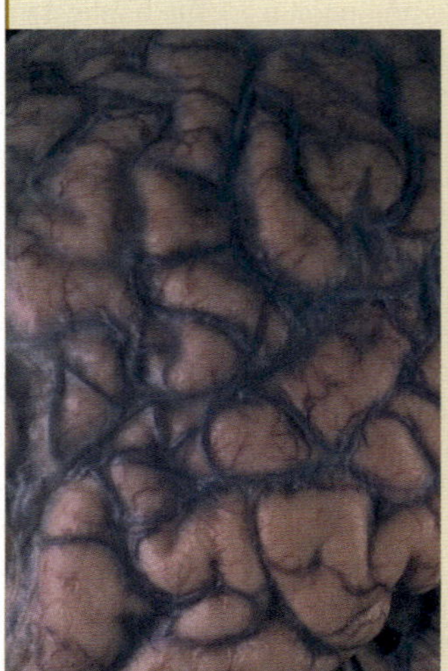

Wie entsteht eine arterielle Hirnthrombose?
Durch die Thrombose einer Hirnarterie oder Gefäßwandödeme kann es zu einem teilweisen oder vollständigen arteriellen Verschluss kommen. Dieser führt zu örtlichen Sauerstoffmangelzuständen und anderen Stoffwechselstörungen, welche in dem betroffenen Gefäßgebiet Funktionsstörungen, dann isolierte Nervenzelluntergänge (Erbleichungen) oder eine allgemeine schwere Gewebsschädigung (Erweichung) zur Folge hat. Es entsteht ein Hirninfarkt.

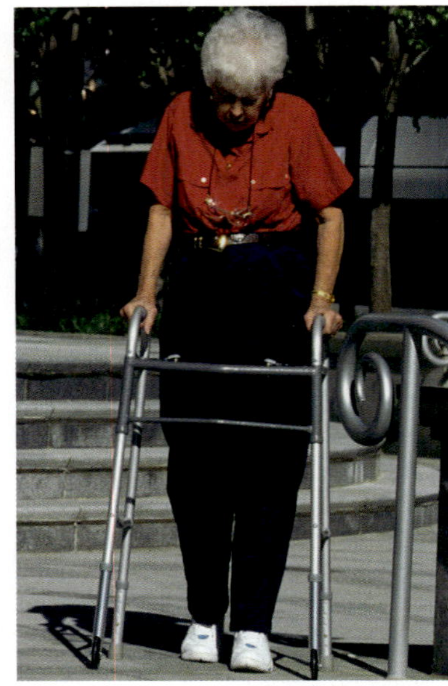

Treppensteigen ist eine Schwierigkeit für den Patienten, die er bewältigen muss. Das Erlernen des Treppengehens ist für das tägliche Leben von außerordentlicher Bedeutung. Mit der Zeit muss der Patient zu einer schnelleren Leistung gebracht werden, besonders beim Bewegen im Freien.

einem progredienten Schlaganfall mit zunehmenden Ausfällen. Hier kann auch ein schubförmiger Verlauf (mit gewissen Remissionen) eintreten. Eine Sofortbehandlung mit Heparin ist zu überlegen.

Behandlung

Die Behandlung der arteriellen Hirnthrombosen hat vor allem das Ziel, extrakranielle Störungsfaktoren des Kreislaufs zu beseitigen, ein Hirnödem möglichst zu vermeiden und etwa eine fortschreitende Thrombenbildung mit ASS medikamentös zu verhindern. Groß ist die Bedeutung der Krankengymnastik, vor allem wenn Ausfälle eingetreten sind. Krankengymnastische Übungen können auch sekundär auf die Hirndurchblutung zurückwirken und diese verbessern.

Hirnblutung

Grundlage ist eine pathologische Veränderung der Gefäßwand, vor allem eine Arteriosklerose, oft verbunden mit

Bluthochdruck. Die Hirnblutung tritt meistens zwischen dem 40. und 55. Lebensjahr auf. Sie geht häufig von einem der senkrecht aufsteigenden Seitenäste der Arteria cerebri media (Arteria thalamostriata oder Arteria lenticulostriata) aus und liegt dann tief in den Hirnhemisphären. Dabei kommt es zu einer Schädigung der durch die Capsula interna laufenden großen Bahnen (speziell der Pyramidenbahnen) und extrapyramidaler Systeme. Gelegentlich liegt ein Hämangiom der Blutung zugrunde.

Symptome

- Schnell auftretende Bewusstlosigkeit, der manchmal heftige Kopfschmerzen vorausgehen.
  Die Hirnblutung kann zu jeder Tageszeit eintreten, besonders nach anstrengender körperlicher Tätigkeit.
- Häufig sieht man eine blasende und schnarchende Atmung; das Gesicht ist kongestioniert (aufgedunsen) und auffallend gerötet. Bei einer Hemiparese bläst der Patient eigenartig die Luft aus der gelähmten Mundseite aus.
- Anfangs allgemeine Hypotonie der Muskulatur und Areflexie; dabei lässt sich abhängig von der Lokalisation der Blutung eine schlaffe Hemiplegie und oft eine Hemianaesthesie auf der Gegenseite nachweisen.
  Wegen des plötzlichen Auftretens sprach man hier gerne von einer Apoplexie (Schlaganfall). Später kommt es dann zur Reflexsteigerung an der gelähmten Seite und zum Auftreten sogenannter Pyramidenbahnzeichen (Babinski'sches Zeichen u.a.). Bei der neurologischen Untersuchung kann man anfangs auch gelegentlich eine Nackensteife und weitere fokale neurologische Symptome je nach Lokalisation der Blutung nachweisen.

Therapie

Bei nicht zu tief liegenden Blutungen kommt eine operative Ausräumung in Frage. Sonst nur symptomatisch: Im Stadium der Lähmungsrückbildung kommt der Krankengymnastik eine ganz besondere Bedeutung zu.

Einseitiges subdurales Hämatom

Beidseitiges subdurales Hämatom nach Schädeltrauma

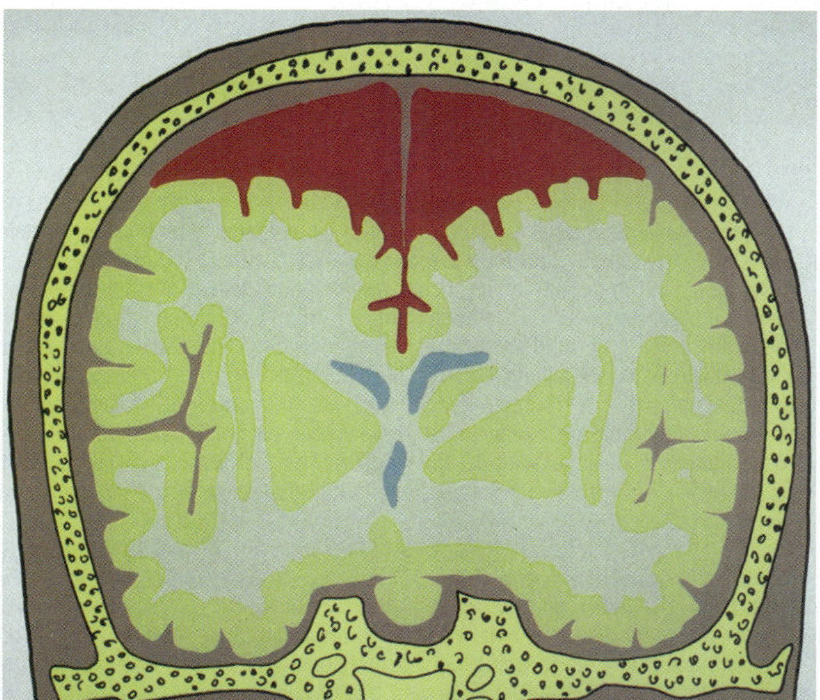

Wichtige Fragen und Antworten zum Schlaganfall

Was sind die Folgen eines Hirninfarkts?

Dabei kann das Randgebiet in günstig gelegenen Fällen durch einen Kollateralkreislauf noch etwas versorgt werden. Bei vollständigem Gefäßverschluss findet man einen weißen Infarkt („weiße Erweichung"), bei einem unvollständigen Gefäßverschluss häufig einen roten Infarkt („rote Erweichung"), weil hier noch Blut in das Gewebe getragen wird. Die Größe des Infarktbereiches hängt stark vom Kollateralkreislauf ab. Bei einem sehr großen Infarkt gleichen die Symptome mehr oder weniger denen einer Hirnblutung.

Häufigste Ursache des Hirninfarktes ist die Arteriosklerose mit oder ohne arterielle Thrombose, gelegentlich aber auch einmal eine entzündliche Erkrankung der Gefäßwand oder ein Trauma.

Welche Symptome eines Hirninfarkts sind bemerkbar?

- Der Patient ist nicht oder nur kurz bewusstlos. Die Erscheinungen treten vor allem nachts auf, wenn der Blutdruck niedriger ist. Oft werden sie dann erst beim morgendlichen Aufstehen bemerkt.
- Atmung und Kreislauf sind weitgehend unauffällig. Das Gesicht ist oft blass. Der Blutdruck kann vorübergehend etwas ansteigen, sodass man an eine primäre Hypertonie denkt. Im weiteren Verlauf normalisiert der Blutdruck sich in derartigen Fällen.
- Der Patient macht im Allgemeinen keinen sehr kranken Eindruck – abgesehen von den neurologischen Ausfällen.
- Die auftretenden Paresen hängen im Verteilungstyp der Lähmungen von der Lokalisation der Enzephalomalazie ab.

Wie wird eine arterielle Hirnthrombose behandelt?

Die Behandlung der arteriellen Hirnthrombosen hat vor allem das Ziel, extrakranielle Störungsfaktoren des Kreislaufs zu beseitigen, ein Hirnödem möglichst zu vermeiden und etwa eine fortschreitende Thrombenbildung mit ASS medikamentös zu verhindern. Groß ist die Bedeutung der Krankengymnastik, vor allem wenn Ausfälle eingetreten sind. Krankengymnastische Übungen können auch sekundär auf die Hirndurchblutung zurückwirken und diese verbessern.

Maßnahmen zur Beeinflussung der Haemodilution sind nicht unumstritten. Komplikationen (etwa Krampfanfälle) müssen vermieden werden.

Wann tritt eine Hirnblutung auf?

Grundlage ist eine pathologische Veränderung der Gefäßwand, vor allem eine Arterio-sklerose, oft verbunden mit Bluthochdruck. Die Hirnblutung tritt meisten zwischen dem 40. und 55. Lebensjahr auf. Sie geht häufig von einem der senkrecht aufsteigenden Seitenäste der Arteria cerebri media (Arteria thalamostriata oder Arteria lenticulostriata) aus und liegt dann tief in den Hirnhemisphären.

Dabei kommt es zu einer Schädigung der durch die Capsula interna laufenden großen Bahnen (speziell der Pyramidenbahnen) und extrapyramidaler Systeme. Gelegentlich liegt ein Hämangiom der Blutung zugrunde.

Was sind die Symptome einer Hirnblutung?

- Schnell auftretende Bewusstlosigkeit, der manchmal heftige Kopfschmerzen vorausgehen. Die Hirnblutung kann zu jeder Tageszeit eintreten, besonders nach anstrengender körperlicher Tätigkeit.
- Häufig sieht man eine blasende und schnarchende Atmung; das Gesicht ist kongestioniert (aufgedunsen) und auffallend gerötet. Bei einer Hemiparese bläst der Patient eigenartig die Luft aus der gelähmten Mundseite aus.
- Anfangs allgemeine Hypotonie der Muskulatur und Areflexie; dabei lässt sich abhängig von der Lokalisation der Blutung eine schlaffe Hemiplegie und oft eine Hemianaesthesie auf der Gegenseite nachweisen.

Wegen des plötzlichen Auftretens sprach man hier gerne von einer Apoplexie (Schlaganfall). Später kommt es dann zur Reflexsteigerung an der gelähmten Seite und zum Auftreten sogenannter Pyramiden-bahnzeichen (Babinski'sches Zeichen u.a.). Bei der neurologischen Untersuchung kann man anfangs auch gelegentlich eine Nackensteife und weitere fokale neurologische Symptome je nach Lokalisation der Blutung nachweisen.

Was ist die Prognose einer Hirnblutung?

Die Prognose ist bei großen Hirnblutungen oft nicht günstig. Knapp 50 Prozent der Kranken versterben, vor allem wenn es zu einem großen Durchbruch der Blutung in die Ventrikel kommt. Jedoch ist nicht jeder Ventrikeleinbruch tödlich wie man früher annahm. Der Tod tritt dann schon nach wenigen Stunden oder Tagen auf. Als Resterscheinungen findet man ausgeprägte Hemiplegien, häufig in der Form einer spastischen Hemiparese auf der Gegenseite des Herdes – aber auch extrapyramidale Störungen und psychische Auffälligkeiten.

Die Kranken können dann ein eigenartiges Gangbild entwickeln, bei dem der gelähmte Arm angewinkelt gehalten wird. Die Finger sind gebeugt, der Kranke kann den Fuß nicht richtig anheben und ist zu einer Zirkumduktion gezwungen.

Wie wird eine Hirnblutung behandelt?

Bei nicht zu tief liegenden Blutungen kommt eine operative Ausräumung in Frage. Sonst nur symptomatisch: Im Stadium der Lähmungsrückbildung kommt der Krankengymnastik eine ganz besondere Bedeutung zu.

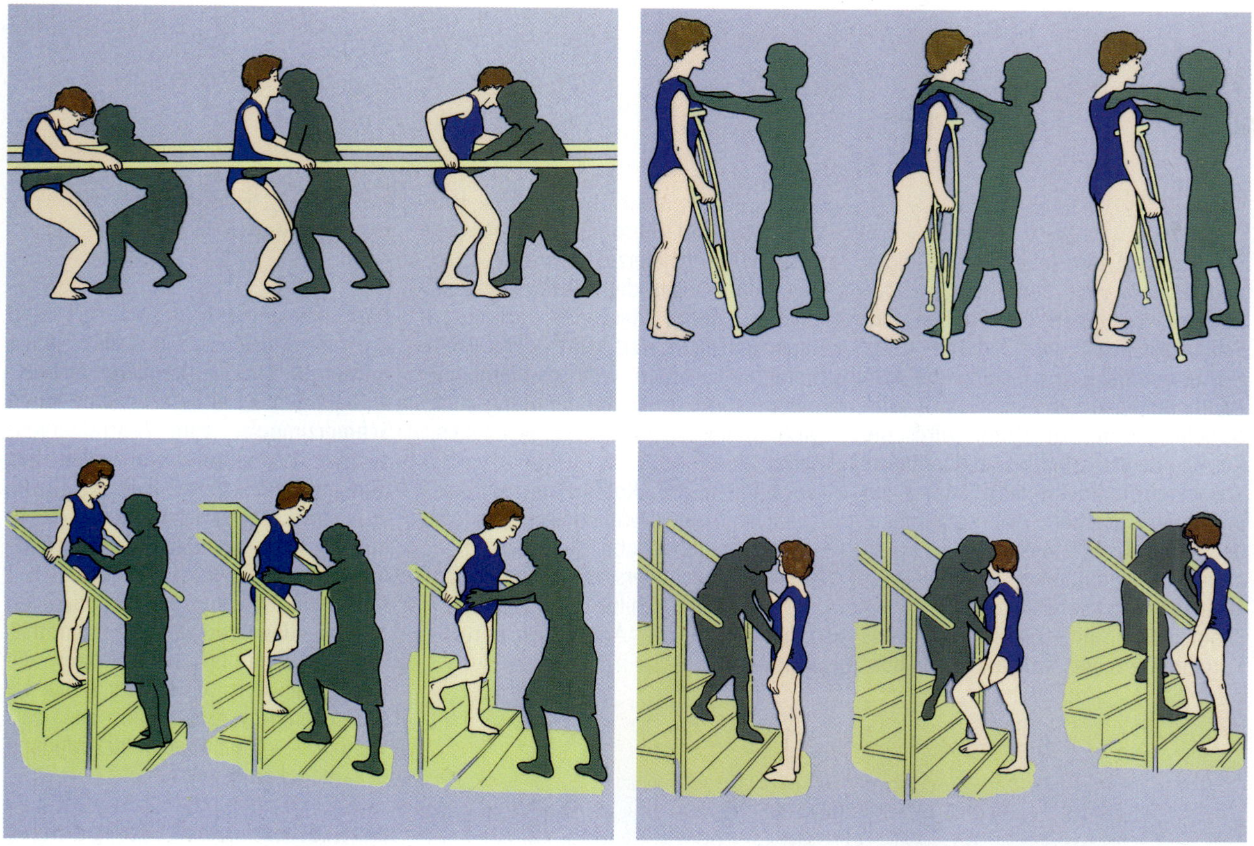

Krankengymnastische Hemiplegie-Behandlung

Der Patient muss wieder zur Selbständigkeit durch entsprechende Übungen angeregt werden. So überwacht die Krankengymnastin mit ihren Anleitungen die sinngemäßen Bewegungen, die ihn ohne Hilfe in den Rollsessel und von dort in das Bett zurückbringen, und schult ihn auf Ausdauer, vor allem im Sitzen am Tisch. Das Gehen wird zunächst im Gehwagen geübt. Sobald wie möglich werden die Krücken verwendet und der

- *Durchschwunggang geübt, wobei er sich mit den Krücken vorn aufstützt und mit beiden Beinen durchschwingt. Dann folgt der*
- *Vierpunktegang nach folgendem Rhythmus: zum Beispiel rechte Krücke vor, linkes Bein nachziehen, linke Krücke vor, rechtes Bein nachziehen usw.*
- *Treppensteigen ist eine weitere Schwierigkeit für den Patienten, die er bewältigen muss. Das Erlernen des Treppengehens ist für das tägliches Leben von außerordentlicher Bedeutung.*

Mit der Zeit muss der Patient zu einer schnelleren Leistung gebracht werden, besonders beim Bewegen im Freien.

TIA (Transitorische ischämische Attacke)

Hirnblutungen und Gefäßverschlüssen im Gehirn gehen oft flüchtige Symptome voraus, die auf transitorische ischämische Attacken zurückgeführt werden. Darunter versteht man Zustände von regionaler zerebrovaskulärer Insuffizienz, die sich in neurologischen Herdsymptomen von weniger als 24 Stunden äußern. Dauern die Symptome länger als 24 Stunden, aber weniger als 3 Wochen, so spricht man von reversiblen Attacken oder einem prolongierten reversiblen neurologischen Defizit (= PRIND). Ein irreversibler Hirninfarkt kann nach mehreren transitorischen ischämischen Attacken folgen.

Bei irreversiblen Schlaganfällen versterben 15 Prozent der Kranken in der akuten Phase. Von den Überlebenden sind 50 Prozent schwerversehrt, 40 Prozent in geringerem Maße und 10% können ihre frühere Tätigkeit wieder voll aufnehmen. Die TIA im Stromgebiet der Arteria carotis führen später häufiger zu einer Apoplexie oder arteriellen Thrombose als die TIA im Vertebro-basilaris-Bereich.

Die Hauptsymptome der TIA im Carotis-Gebiet sind flüchtige einseitige Lähmungen, Gefühlsstörungen, Aphasien, Hemianopsien und kurzdauernde einseitige Erblindungen (Amaurosis fugax). TIA im Vertebralis-Gebiet führen zu Doppelbildern, Dysarthrie und Drehschwindel. Sie treten häufiger auf, sind oft weniger charakteristisch und haben eine bessere Prognose.

Frühdiagnose und Frühbehandlung der TIA sind wichtig. Solche Kranke bekommen später zehnmal so oft als Vergleichspersonen Schlaganfälle, ein Drittel innerhalb von 5 Jahren.

Schmerz

Einführung

Schmerz ist ein lebensnotwendiges Warnsignal vor Bedrohungen des Körpers von innen oder außen. Die Schmerzursache wird durch freie Nervenendigungen (Schmerzpunkte) aufgenommen und zum Gehirn weitergeleitet. Im Großhirn wird die Reizung dann qualitativ und quantitativ ausgewertet. Zuerst wird immer ein stechender Schmerz wahrgenommen, der dann, nach 2–4 Sekunden, durch einen eher dumpfen, aber spezifischeren Schmerz abgelöst wird.
Schmerzen sind Warnsignale des Körpers. Sie zeigen an, dass außen oder innen etwas nicht in Ordnung ist. Schmerzmittel beseitigen nicht die Ursache des Schmerzes.
Die größte Gefahr der Selbstmedikation besteht darin, dass die Schmerzursachen nicht, verspätet oder falsch behandelt werden, weil bei ständiger Schmerzunterdrückung der Gang zum Arzt immer wieder hinausgeschoben wird.
So können z.B. Kopfschmerzen ihre Ursache in einer verminderten Sehkraft der Augen haben, aber die notwendige Brille wird nicht verschrieben, weil sich der Patient mithilfe von Schmerztabletten um den Arztbesuch herumdrückt.

Physiologische Grundlagen

Die Sinnesorgane für Schmerz sind nicht-myelinisierte, in fast allen Körpergeweben vorhandene Nervenendigungen. Zwei Fasersysteme leiten Schmerzimpulse zum Zentralnervensystem: das eine System besteht aus dünnen, myelinisierten A-Fasern (Dicke 2–5ìm, Leistungsgeschwindigkeit 12–30 m/sek), das andere aus nicht-myelinisierten C-Fasern (Dicke 0.4–1.2 ìm). Beide Fasergruppen enden an Nervenzellen des Tractus spinothalamicus lateralis, in welchem die Impulse zu den Kernen des Thalamus (Zwischenhirn) aufsteigen; von dort werden sie zur hinteren Zentralwindung des Gehirnkortex geschaltet.

Schneller und langsamer Schmerz

Die Existenz eines schnell und langsam leitenden Systems erklärt die Beobachtung zweier Schmerzarten. Ein Schmerzreiz verursacht zuerst eine „helle", scharfe, gut lokalisierte Empfindung, auf welche ein dumpfes, bohrendes, diffuses, unangenehmes Gefühl folgt („schneller" und „langsamer", bzw. „erster" und „zweiter" Schmerz). Je entfernter die Reizstelle vom Gehirn, desto größer ist die Zeitdifferenz zwischen beiden Komponenten.

Subkortikale Schmerz-Wahrnehmung

Wahrscheinlich können sensible Reize, insbesondere Schmerzreize auch ohne Mitwirkung des Kortex wahrgenommen werden. Die kortikalen Wahrnehmungsfelder haben offensichtlich mit der Diskrimination und der sinnvollen Interpretation des Schmerzes zu tun, die Wahrnehmung allein jedoch bedarf

Schmerz, was ist die Ursache?

nicht unbedingt der Hirnrinde. Der Schmerz wird von Sherrington als „das psychische Korrelat eines vitalen Schutzreflexes" bezeichnet; schmerzhafte Reize lösen meist heftige Flucht- und Ausweich-Reaktionen aus. Schmerz ist ferner durch eine starke emotionelle Komponente gekennzeichnet; während durch höhere Sinne übermittelte Informationen erst sekundär – je nach Erfahrung – angenehme oder unangenehme Empfindungen hervorrufen können, ist allein in die Schmerzempfindung primär eine unangenehme Komponente gleichsam eingebaut. Wahrscheinlich ist diese affektive Reizantwort von Umschaltungen der Schmerzbahnen im Zwischenhirn (Thalamus) abhängig.

Thalamus-Schädigung kann mit einer übersteigerten Reaktion auf Schmerzreize verbunden sein (Thalamus-Syndrom); hierbei – gewöhnlich als Folge einer Unterbrechung von Blutgefäßen mit Schädigung der hinteren Thalamuskerne – können geringfügige Reize zu lang andauernden, heftigen und quälenden Schmerzen führen. Solche Schmerzanfälle können auch spontan oder zumindest ohne erkennbare Reize auftreten.

Die Schmerzempfindung kann ferner unter Umständen vom unangenehmen subjektiven Affekt getrennt werden; nach Durchschneidung der tief gelegenen Verbindungen zwischen Stirnlappen und dem übrigen Gehirn fühlen Patienten zwar weiterhin den vorher quälenden Schmerz, ohne ihn jedoch emotionell zu bewerten (Schmerz wird nicht mehr störend empfunden).

Diese Operation kann gelegentlich von Nutzen sein, wenn es sich um unerträgliche Schmerzen im Endstadium einer bösartigen Erkrankung handelt.

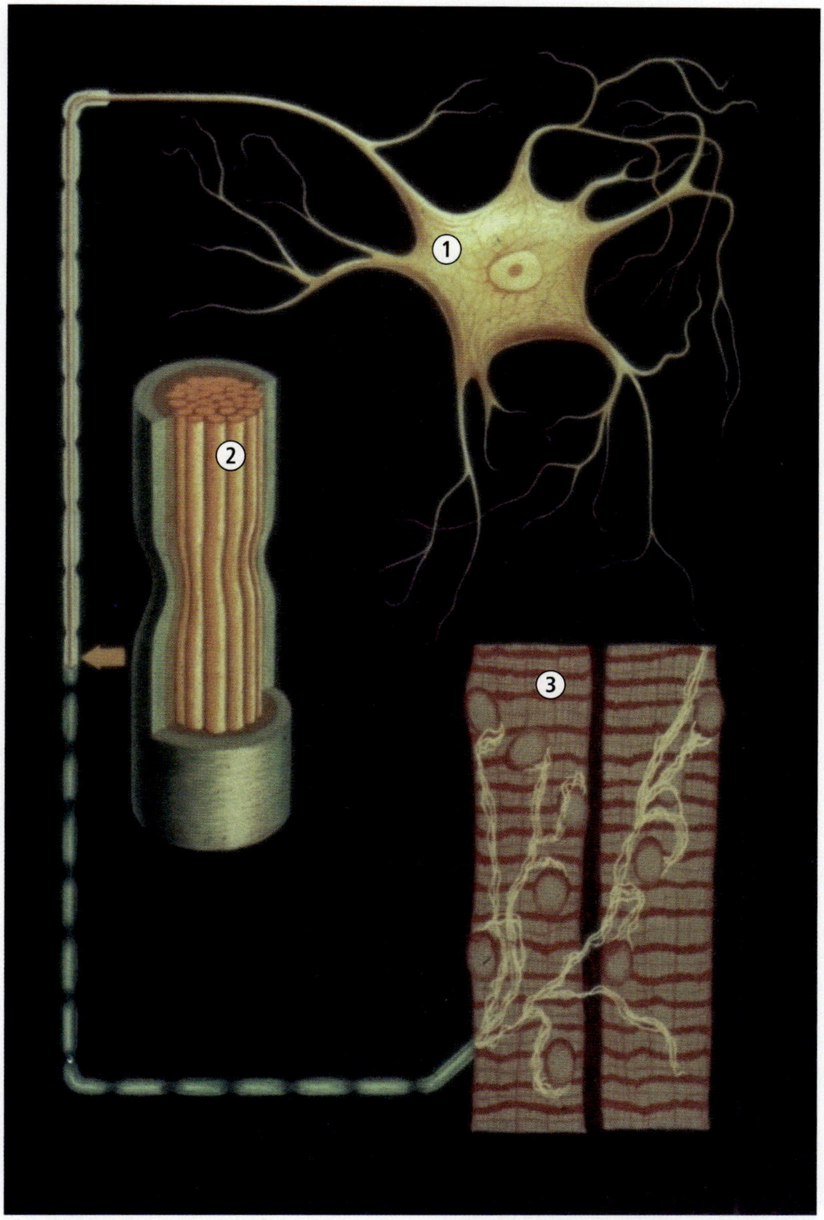

Schematische Darstellung der Nervenversorgung des Muskels. 1 – motorische Vorderhornzelle; 2 – efferente Nervenfasern; 3 – Muskel.

Tiefenschmerz

Der prinzipielle Unterschied zwischen Oberflächen- und Tiefensensibilität kommt deutlicher bei der jeweiligen Schmerzempfindung zum Ausdruck, die durch Oberflächen- bzw. Tiefen-Schmerzreize ausgelöst wird. Tiefenschmerz ist schlecht lokalisiert, erregt Übelkeit und ist oft mit Schweißausbruch und Blutdruckschwankungen verbunden. Bei experimenteller Schmerzauslösung kommt es zu Reflexkontraktionen benachbarter Muskeln ähnlich den bei Knochen-, Sehnen- und Gelenkverletzungen beobachteten Muskelspasmen.

Die in Dauerkontraktion befindlichen Muskeln werden ischämisch, und die Ischämie reizt die Schmerzrezeptoren der Muskeln, und dieser Schmerz verursacht wieder verstärkten Spasmus.

Adäquater Reiz für Schmerzrezeptoren

Die Schmerzrezeptoren binden eine eigene Gruppe von Rezeptoren; es gelingt nicht durch übermäßige Reizung anderer Sinnesrezeptoren, Schmerzempfindungen auszulösen. Der adäquate Reiz für die Schmerzrezeptoren jedoch ist nicht ebenso spezifisch wie dies bei Reizen für andere Rezeptoren der Fall ist. Eine Vielzahl von Reiz-Arten

Wichtige Fragen und Antworten zum Schmerz

Was ist Schmerz?

Schmerz ist eine quälende, zugleich unlustbetonte und antriebsgeladene Empfindung. In der Haut kann der Schmerz (Oberflächenschmerz) von den Schmerzpunkten ausgelöst werden. Der Schmerz gilt als „Hüter der Gesundheit"; jedoch ist diese Deutung begrenzt; lebensbedrohende Krankheiten schmerzen im Beginn oft nicht.

Wie entstehen akute Schmerzen?

Wenn ich mir in den Finger schneide, beim Ski fahren ein Bein breche, beim Fußball spielen die Bänder reiße oder der vereiterte Blinddarm platzt, empfinde ich akute Schmerzen. Der Grund für das unangenehme Sinnes- und Gefühlserlebnis liegt auf der Hand: Die Nervenenden in der verletzten Umgebung schlagen Alarm, beginnen gleichsam zu glühen, die Impulse erreichen das Gehirn, wo die Signale als Schmerz wahrgenommen werden. Schmerzsignale schützen und warnen uns vor unangepasstem Verhalten. Beseitigt man bei Akutfällen den bekannten Auslöser, verschwinden auch die Schmerzen relativ rasch wieder. Das gebrochene Bein wird ruhig gestellt und geschient, die gerissenen Bänder wieder verbunden, der aufgeschlitzte Finger genäht, der Blinddarm entfernt – und der Schmerz verzieht sich in einigen Stunden oder Tagen.

Was geschieht im chronischen Stadium?

Im chronischen Stadium hat der Schmerz seinen Schutz- und Warncharakter verloren. Er hat ein Eigenleben entwickelt, hat im engeren Sinn keine eigentliche Funktion mehr, denn die anfängliche Ursache für den Schmerz ist oft längst behoben. Dauert der Schmerz länger als sechs Monate, so spricht man von chronischen Schmerzen.

Was ist Eingeweideschmerz?

Der Eingeweideschmerz wird von den Nerven des vegetativen Nervensystems vermittelt; er kann im Rückenmark auf die Hautnerven der gleichen Segmente übertragen werden.

Was versteht man unter Schmerzbekämpfung?

Schmerzbekämpfung ist das Verfahren, um Schmerzen zu lindern oder zu beseitigen, um Unempfindlichkeit (Anästhesie) zu erreichen.

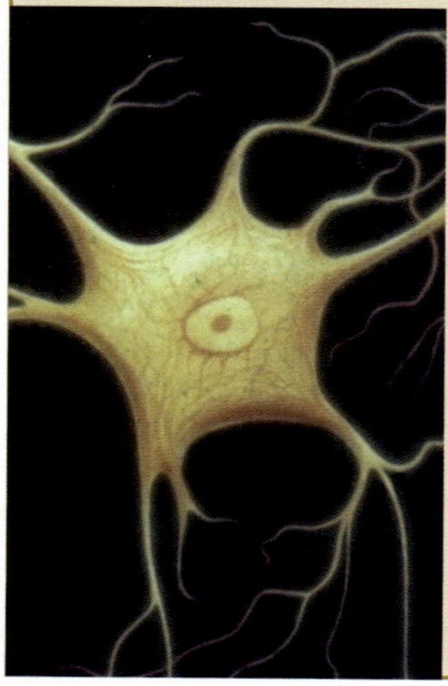

Während bei der allgemeinen Betäubung (Narkose) ein Schlafzustand herbeigeführt wird, bleibt bei der örtlichen Betäubung (Lokalanästhesie) das Bewusstsein erhalten.

Was sind schmerzstillende Mittel?

Schmerzstillende Mittel sind Stoffe, die die Erregbarkeit der Schmerzzentren in der Großhirnrinde herabsetzen oder aufheben. Manche schmerzstillenden Mittel unterstehen dem Betäubungsmittel-(Opium)-Gesetz. Schmerzstillende Mittel die auch fiebersenkend wirken, sind unter anderen Salizylsäure und Parazetamol. In kleinen Mengen gegeben bewirken auch narkotische Mittel Schmerzfreiheit.

kann Schmerz verursachen; so reagieren zum Beispiel Schmerzrezeptoren auf Wärme; ihre Reizschwelle für Wärmeenergie liegt jedoch über 100-mal höher als diejenige der Wärmerezeptoren. Schmerzrezeptoren können durch elektrische, mechanische und insbesondere chemische Energie aktiviert werden.

Es wurde in Betracht gezogen, dass bei der Erregung der Schmerzrezeptoren ein chemischer Überträger beteiligt ist; es könnte daher allen Arten von Schmerzreizen gemeinsam sein, dass sie ein chemisches Agens freisetzen, vielleicht ein Kinin, das Nervenendigungen erregt.

Kinine sind Polypeptide, die aus Eiweißkörpern durch proteolytische Enzyme freigesetzt werden. Durch schädigende Einflüsse können Kinine im Gewebe wirksam werden, sie verursachen unter Umständen heftige Schmerzen, doch sind nach Kinin-Injektionen auftretende Schmerzen gewöhnlich flüchtig.

Auch Histamin wurde mit Schmerzentstehung in Zusammenhang gebracht; es bewirkt nach Injektion ins Gewebe lokale Kininfreisetzung.

Schmerzdiagnose

Schmerzen auf der linken Brust- und Halsseite und am linken Arm deuten darauf hin, dass mit dem Herzen etwas nicht in Ordnung ist.

Dies gilt bereits, wenn die betreffenden Bereiche druckempfindlich sind, aber noch keine Schmerzen wahrnehmbar sind.

Schmerzen oder Druckempfindlichkeit an der rechten Schulter, am rechten Oberbauch und unterhalb des rechten Schulterblatts haben mit der Gallenblase zu tun. Magenleiden äußern sich kurioserweise durch Schmerzen in der Herzgegend und am linken Schulterblatt.

Schmerzen am linken Oberbauch signalisieren eine Störung der Bauchspeicheldrüse. Magenschmerzen, die bis zur Schambeinfuge reichen, lassen eine Infektion der Harnwege befürchten. Und wenn es auf beiden Seiten des Rückens, ziemlich weit unten, weh tut, dann ist etwas mit den Nieren nicht in Ordnung.

Somatische und viszerale Schmerzen

In der Medizin wird zwischen somatischen (körperlichen, im Gegensatz zu seelischen) und viszeralen (die Eingeweide betreffenden) Schmerzen unterschieden.
Der somatische Schmerz kann aus der Hautregion kommen. Er wird dann Oberflächenschmerz genannt. Der Oberflächenschmerz geht meist auf eine äußere Verletzung zurück und ist scharf und stechend. Kommt der somatische Schmerz von den Muskeln, Knochen oder Gelenken, wird er als Tiefenschmerz bezeichnet. In seinem dumpfen, kolikartigen Charakter ist der Tiefenschmerz mit dem viszeralen Schmerz verwandt. Der geläufigste Tiefenschmerz ist der Kopfschmerz.
Die Rezeptoren für Schmerz und andere Sinnesmodalitäten in den Eingeweiden sind denjenigen in der Haut ähnlich, doch bestehen ausgeprägte Unterschiede hinsichtlich ihrer Verteilung. Es gibt in den Eingeweiden keine Propriozeptoren und nur wenig Temperatur- bzw. Druckrezeptoren. Nach Anästhesie der Bauchwand kann die Bauchhöhle geöffnet werden und die Eingeweide lassen sich verlagern, schneiden, ja sogar verbrennen, ohne dass unangenehme Sensationen auftreten. Es sind jedoch Schmerzrezeptoren in den Eingeweiden vorhanden; trotz geringerer Zahl als an der Körper-oberfläche können bestimmte Reizarten heftigen Eingeweideschmerz hervorrufen. Es gibt zahlreiche Pacinische Körperchen im Mesenterium, ihre Funktion ist jedoch unbekannt.
Afferente Fasern von Eingeweiden erreichen das Zentralnervensystem über sympathische und parasympathische Leitungssysteme; ihre Ganglienzellen sind in den Hinterwurzeln lokalisiert bzw. in den entsprechenden Hirnnervenganglien.
Wegen der geringen Zahl von Schmerzrezeptoren in den Eingeweiden ist der viszerale Schmerz wenig lokalisiert,

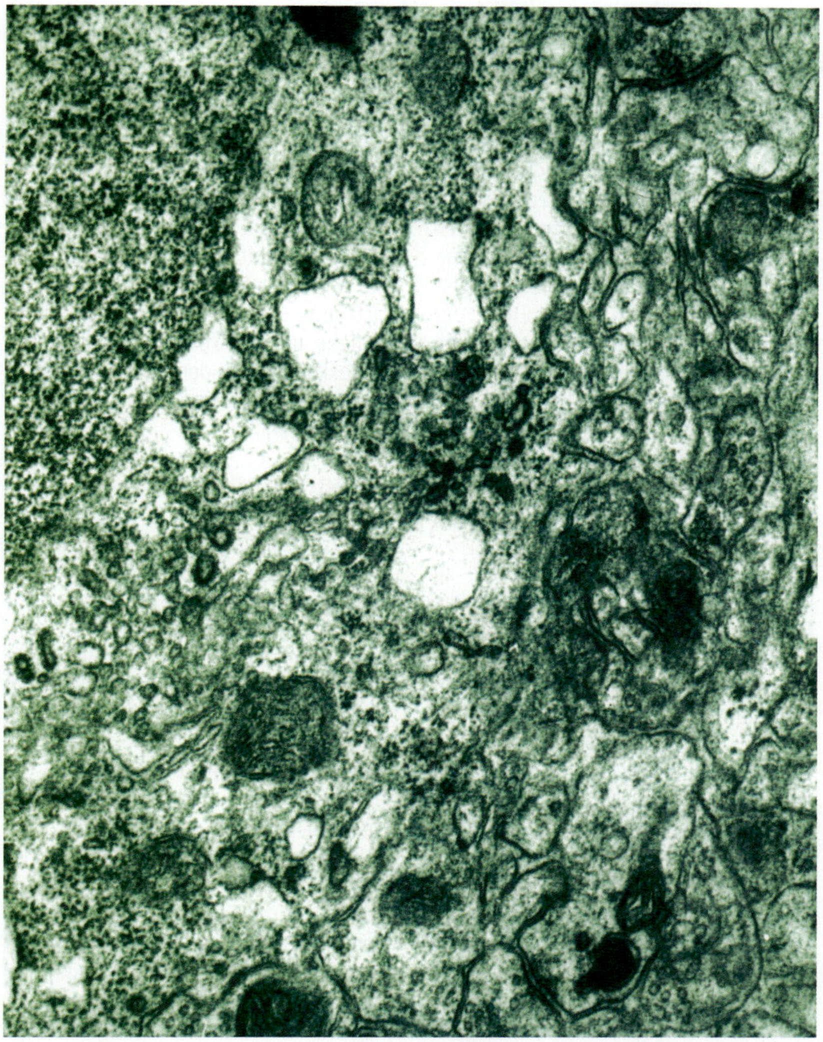

Elektronenmikroskopische Aufnahme von Neuronen und Neuroglia. Nervenschmerzen beruhen auf Schädigung und Degeneration von Nervenzellen und nicht von Neuroglia.

doch kann er sehr heftig sein. Die Rezeptoren in der Wand von Hohlorganen sind besonders empfindlich gegen Dehnung; dies kann experimentell durch Aufblasen eines verschluckten, an eine Schlauchsonde angeschlossenen Ballons demonstriert werden. Auf diese Weise entsteht ein an- und abschwellender Schmerz (intestinale Kolik), während sich der Darm kontrahiert und wieder erschlafft; ähnliche Kolikschmerzen entstehen durch Kontraktion des vor einem Passagehindernis erweiterten Darmes.
Wenn ein inneres Organ entzündet oder hyperämisch ist, können geringfügige Reize schwere Schmerzen hervorrufen; es handelt sich dabei wahrscheinlich um eine Form primärer Hyperalgesie ähnlich derjenigen in somatischen Strukturen. Auch Zerrung des Mesenteriums verursacht angeblich Schmerzen; die Bedeutung dieses Faktors für Entstehung von Eingeweideschmerzen ist jedoch nicht klar.
Viszeraler Schmerz ist nicht nur wegen der allen Schmerzsensationen eigenen affektiven Komponente besonders unangenehm; viszeral durch Erkrankung innerer Organe aktivierte afferente Leitungen besitzen meist auch reflektorische Verbindungen, die Übelkeit, Erbrechen und andere autonome Effekte auslösen.

Muskelschmerz

Auch für die Entstehung des Muskelschmerzes wurden Kinine verantwortlich gemacht. Wenn sich ein Muskel rhythmisch bei ausreichender Blutversorgung kontrahiert, treten gewöhnlich keine Schmerzen auf; wird jedoch die Blutzufuhr unterbrochen, dann kommt es rasch zu Schmerzen. Der Schmerz hält auch nach Ende der Kontraktion so lange an, bis die Durchblutung wiederhergestellt ist. Wird ein normal mit Blut versorgter Muskel zu einer Dauerkontraktion ohne Erholungsperioden veranlasst, dann beginnt er ebenfalls zu schmerzen, da Dauerkontraktion die Durchblutung drosselt.
Die Beobachtungen sind schwer zu interpretieren, außer man nimmt die Freisetzung eines chemischen Agens (P-Faktor) während der Kontraktion an: Ein solches Agens könnte bei Erreichen genügend hoher, lokaler Konzentration Schmerz hervorrufen, während es bei freier Durchblutung ausgewaschen und abgebaut würde.
Klinisch ist der substernale Schmerz, der bei Ischämie des Myocards während Arbeit auftritt (Angina pectoris), ein Beispiel für die Anhäufung von P-Faktor in einem Muskel; der anginöse Herzschmerz schwindet bei Ruhe, da hierdurch der Herzstoffwechsel sinkt und das Blut zum Wegschaffen des Faktors ausreicht. Ähnlich treten bei intermittierendem Hinken beim Gehen Schmerzen auf, die bei Ruhe wieder verschwinden.
Viszerale Schmerzen verursachen so wie somatischer Tiefenschmerz Reflexkontraktionen benachbarter Skelettmuskeln. Ein solcher Reflex-Spasmus tritt häufig in der Bauchwand auf, besonders bei entzündlichen Prozessen mit Beteiligung des Peritoneums, er kann jedoch auch ohne peritoneale Affektion zustande kommen.
Die anatomischen Einzelheiten der Reflexbahnen, über die Impulse aus erkrankten Eingeweiden Muskelspasmen erzeugen, sind ungeklärt. Da der Spasmus die unter der Körperoberfläche liegenden entzündeten Strukturen vor unerwarteten Traumen schützt, wird er auch als „defense" bezeichnet. Die klassischen Entzündungszeichen von Bauchorganen sind Schmerz, Druckempfindlichkeit und vegetative Veränderungen (erniedrigter Blutdruck, Schwitzen etc.) Nach dem bereits Gesagten ist die Ursache dieser Symptome verständlich; Druckempfindlichkeit ist die Folge erhöhter Empfindlichkeit der Schmerzrezeptoren, die vegetativen Erscheinungen ergeben sich aus der Aktivierung viszeraler Reflexe, und der Spasmus ist durch die Reflexkontraktion der Skelettmuskeln in der Bauchwand verursacht.

Hyperalgesie

Hyperalgesie ist gesteigerte Schmerzempfindlichkeit. Unter pathologischen Bedingungen kann die Empfindlichkeit der Schmerzrezeptoren verändert sein. Man unterscheidet dabei 2 Typen der Veränderung, primäre und sekundäre Hyperalgesie.

Primäre Hyperalgesie

In der Umgebung eines entzündeten oder verletzten Gebietes ist die Schmerzwelle erniedrigt, sodass unbedeutende Reize schmerzhaft werden können (primäre Hyperalgesie); dies beobachtet man im Gebiet der Rötung, einer in der Verletzungs-Umgebung bestehenden Zone der Vasodilatation. Im verletzten Gebiet selbst ist die Schmerzentstehung durch chemische Substanzen aus verletzten Zellen bedingt; in der – im unverletzten Bereich befindlichen – Rötungszone handelt es sich um die Wirkung eines durch antidrome Impulse in sensiblen Nervenfasern freigesetzten Agens. Dieses ist vielleicht ein proteolytisches Enzym, das Freisetzung von vasodilatatorischen Kininen bewirkt; die Kinine senken die Reizschwelle der Nervenfasern im betreffenden Gebiet, können aber auch selbst schmerzauslösend wirken. Für diese Hypothese spricht, dass Reizung des peripheren Endes einer durchschnittenen Hinterwurzel im Versorgungsgebiet Vasodilatation verursacht; bei Perfusion dieses subkutanen Gebietes tritt im Perfusat ein Peptid auf, das – in normal innervierte Haut injiziert – Schmerz hervorruft.

Sekundäre Hyperalgesie

Die andere Veränderung der Schmerzempfindung nach Verletzungen ist sekundäre Hyperalgesie; im betroffenen Gebiet ist zwar die Schmerzwelle erhöht, doch ist der Schmerz selbst besonders unangenehm, langanhaltend und heftig. Dieses Phänomen erstreckt sich über ein weit über die verletzte Stelle hinausreichendes Areal; sekundäre Hyperalgesie dauert nicht so lange an wie primäre. Es handelt sich dabei vielleicht um eine Art zentraler Bahnung; diese könnte sich auf diejenigen Komponenten der Schmerzempfindung verantwortlich sind.
Möglicherweise ist dies ein unterschwelliges Randzonen-Phänomen, die Ursache kann aber auch höher im Thalamus oder der Hirnrinde liegen.

Psychischer Schmerz

Das Hauptmerkmal dieser Störung sind Schmerzen, die im Vordergrund des klinischen Bildes stehen und die schwer genug sind, um klinische Beachtung zu rechtfertigen.
Die Schmerzen verursachen bedeutsames Leiden oder Beeinträchtigung in sozialen, beruflichen oder anderen wichtigen Funktionsbereichen.
Psychischen Faktoren wird eine wichtige Rolle für Beginn, Schweregrad, Exazerbation oder Aufrechthaltung der Schmerzen beigemessen.
Die Schmerzen werden nicht absichtlich erzeugt oder vorgetäuscht wie bei der Vorgetäuschten Störung oder der Simulation.
Die Diagnose der Schmerzstörung wird nicht gestellt, wenn der Schmerz besser durch eine Affektive, Angst- oder Psychische Störung erklärt werden kann oder wenn das Erscheinungsbild der Schmerzen die Kriterien für Dyspareunie erfüllt.
Beispiele für Beeinträchtigungen, die aus den Schmerzen resultieren, sind:

- Unfähigkeit zu arbeiten oder die Schule zu besuchen;
- häufige Inanspruchnahme des Gesundheitswesens;
- der Schmerz wird das Zentralthema im Leben der betroffenen Person;
- erheblicher Medikamentenkonsum;

- Beziehungsprobleme wie Ehestreitigkeiten;
- eine Störung des normalen Lebensstils der Familie.

Schmerz kann verschiedene Aspekte des täglichen Lebens schwer beeinträchtigen. Arbeitslosigkeit, Invalidität und familiäre Probleme werden häufig bei Personen mit chronischen Formen der Schmerzstörung angetroffen.

Es können sich iatrogene Abhängigkeit oder Missbrauch von Opiaten und von Benzodiazepinen entwickeln. Personen, deren Schmerzen mit einer schweren Depression einhergehen oder mit einer unheilbaren Krankheit, vor allem Krebs, in Verbindung stehen, scheinen ein erhöhtes Suizidrisiko aufzuweisen.

Personen mit wiederkehrenden akuten oder chronischen Schmerzen sind manchmal davon überzeugt, dass es irgendwo einen Arzt oder sonstigen professionellen Helfer gibt, der ihre Schmerzen heilen kann. Sie investieren unter Umständen beträchtliche Mengen an Zeit und Geld, um ein unerreichbares Ziel zu verfolgen. Die Schmerzen können zu Inaktivität und sozialer Isolation führen, was wiederum zusätzliche psychische Probleme zur Folge haben kann (zum Beispiel Depressionen) sowie eine Reduktion der körperlichen Belastbarkeit, die sich in Müdigkeit und weiteren Schmerzen niederschlägt. Die Schmerzstörung scheint mit anderen psychischen Störungen zusammenzuhängen, besonders Affektiven und Angststörungen.

Chronische Schmerzen scheinen am häufigsten mit Depressiven Störungen zusammenzuhängen, während akute Schmerzen häufiger mit Angststörungen in Verbindung zu stehen scheinen.

Diese anderen psychischen Störungen können der Schmerzstörung vorausgehen (und möglicherweise einen prädisponierenden Faktor darstellen), gleichzeitig mit der Schmerzstörung auftreten oder aus ihr hervorgehen. Sowohl akute als auch chronische Formen der Schmerzstörung gehen häufig mit Schlaflosigkeit einher.

Diagnostische Kriterien für Schmerzstörung

- Schmerzen in einer oder mehreren anatomischen Regionen stehen im Vordergrund des klinischen Bildes und sind von ausreichendem Schweregrad, um klinische Beachtung zu rechtfertigen.
- Der Schmerz verursacht in klinisch bedeutsamer Weise Leiden oder Beeinträchtigungen in sozialen, beruflichen oder anderen wichtigen Funktionsbereichen.
- Psychischen Faktoren wird eine wichtige Rolle für Beginn, Schweregrad, Exazerbation oder Aufrechthaltung der Schmerzen beigemessen.
- Das Symptom oder der Ausfall wird nicht absichtlich erzeugt oder vorgetäuscht.
- Der Schmerz kann nicht besser durch eine Affektive, Angst- oder Psychotische Störung erklärt werden und erfüllt nicht die Kriterien für Dyspareunie.

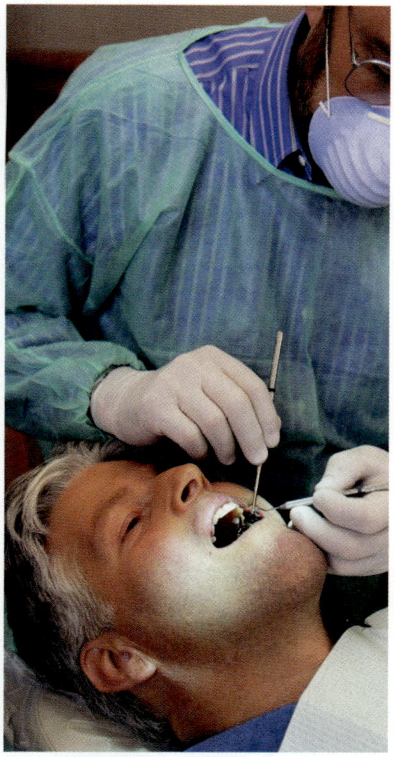

Behandlung von Zahnschmerzen

Schmerzmittel

Schmerzen können auch mit physikalischen Therapien wie Kälte- und Hitzeanwendungen, Gymnastik, Massagen, Entspannungsübungen, Autosuggestion, Hypnose und Psychotherapie wirksam behandelt werden. Schmerzmittel können höchstens die Schmerzempfindung unterdrücken, aber nicht die Ursache des Schmerzens beseitigen. Schmerzmittel sollten nicht länger als eine Woche ohne ärztlichen Rat eingenommen werden. Um die Ursachen zu erkennen und entsprechend zu behandeln, ist ein Arztbesuch und eine eingehende Untersuchung oft unumgänglich.

Werden schmerzstillende Medikamente auf Dauer eingenommen, können die Nieren geschädigt und damit die Zusammensetzung des Blut nachteilig verändert werden. Manchmal leidet dadurch der Sauerstofftransport im Blut und somit die Sauerstoffversorgung des Gehirns. Dabei verstärken sich die Kopfschmerzen und müssen mit noch höheren Dosen des Schmerzmittels bekämpft werden.

Schmerz- und fiebersenkende Mittel

Sie werden oft auch als „milde" oder „schwach wirksame" Schmerzmittel bezeichnet. Das heißt aber nicht, dass sie deswegen harmlos oder gar unschädlich sind. Einfache Schmerzmittel eignen sich zur Linderung von Schmerzen des Bewegungsapparates (Skelettmuskulatur, Knochen, Gelenke), der Haut und von Kopf-, Menstruations- und Zahnschmerzen. Schmerzen der Eingeweide und sehr starke Schmerzen – egal ob akut oder lang andauernd – hemmen sie im Regelfall nicht so gut.

Obwohl viele hundert verschiedene Präparate im Handel sind, gibt es nur wenige Substanzen, die schmerzhemmend wirken. Eine Fülle von Medikamenten ist identisch und trägt nur verschiedene Namen. Das gilt auch für Kombinationspräparate – das sind Mittel, die mehrere Wirkstoffe enthalten. Die meisten einfachen Schmerzmittel (Ausnahme: Paracetamol) wirken auch entzündungshemmend. Durch diese Wirkung werden zum Beispiel schmerzhafte Schwellungen und Rötungen, wie sie durch Entzündungen hervorgerufen werden, vermindert.

Beispiele sind:
- Acetylsalicylsäure;
- Paracetamol;
- Ibuprofen.

Starke Schmerzmittel
Bei sehr starken Schmerzen, die nicht durch bösartige Erkrankungen verursacht sind, sind Opiate sinnvoll, wenn andere Mittel nicht wirken. Solche Schmerzzustände werden zum Beispiel durch Herzinfarkte, durch Koliken (bei Nieren-, Gallensteinen) oder durch schwere Verletzungen ausgelöst. Bei der Einnahme von starken Schmerzmitteln nach Operationen ist Vorsicht geboten, weil Schmerzen in solchen Situationen auch einen wichtigen Hinweis auf mögliche Komplikationen geben können und deshalb erst unterdrückt werden sollten, wenn die Ursache des Schmerzes erklärt ist.
Auf alle Fälle ist bei der Einnahme von starken Schmerzmitteln eine ärztliche Betreuung notwendig. Bei allen bisher bekannten starken Schmerzmitteln besteht Gewöhnungs- und Suchtgefahr. Das Risiko der Entwicklung dauernder körperlicher und psychischer Abhängigkeit von starken Schmerzmitteln ist sehr unterschiedlich. Bei kontrollierter Verabreichung von Opiaten ist es aber sehr gering. Der Wirkstoff Tramadol ist das schwächste Opioid, wird aber sehr häufig verschrieben. Es ist nur kurz wirksam und deshalb für schwere chronische Schmerzen unzureichend.
Codein ist ebenfalls ein morphinähnliches Arzneimittel. Die Gefahr, davon abhängig zu werden, wird als sehr gering eingeschätzt. Es besteht aber eine gewisse Gewöhnungsgefahr. Das heißt, dass nach einiger Zeit eine immer größere Wirkstoffmenge eingenommen werden muss, um die gleiche Wirkung zu erzielen.
Die anderen möglichen Nebenwirkungen der starken Schmerzmittel sind in ihrer Ausprägung ebenfalls jeweils unterschiedlich. Die wichtigsten sind:
- Übelkeit;
- Erbrechen;
- Stuhlverstopfung;
- Müdigkeit;
- Bewusstseinseinschränkungen;
- Euphorie;
- dysphorische Reaktion.

Beispiele sind:
- Dipidolor;
- Dolantin;
- Mundidol retard;
- Temgesic;
- Tilidor;
- Traumadol;
- Valoren;
- Vendal;
- Vilan.

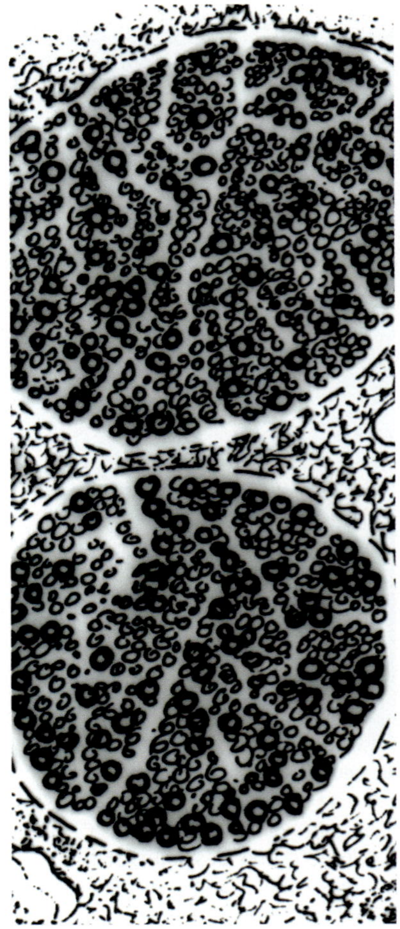

Querschnitt durch periphere Nerven. Man unterscheidet zwei Fasersysteme: die schnell leitenden A-Delta-Nervenfasern (helle Schmerzqualität) und die langsam leitenden C-Fasern (dumpfer Schmerz).

Kopfschmerz- und Migränemittel
Kopfschmerzen mit Tabletten zu unterdrücken und sich damit Freiheit von Schmerzen zu verschaffen, ist längst ein selbstverständlicher Teil des Lebensstils in den Industrieländern geworden – allerdings ein gefahrvoller. Ab und zu eine Schmerztablette einzunehmen, schadet sicher nicht. Oft entstehen Kopfschmerzen gerade durch die Einnahme von Schmerzmitteln. Die Möglichkeiten der Behandlung von Kopfschmerzen ohne Medikamente sind so vielfältig wie ihre Auslöser.
Bei leichten Anfällen hilft oft schon eine eigenhändige Massage im Nackenbereich, ein Massieren der Schläfen, Einreiben von Pfefferminzöl auf die schmerzenden Stellen an Stirn, Schläfen und Nacken, kaltes Wasser, frische Luft oder einfach Ruhe.
Auch bei quälenden, starken Kopfschmerzen sollte auf Dauer nicht zu Schmerzmitteln gegriffen werden. Zu den häufigsten Ursachen zählen Muskelverspannungen im Hals-Nacken-Schulternbereich, die auf Haltungsschäden oder sonstige belastende Lebensgewohnheiten und Umstände zurückzuführen sind, sowie Nikotin- und Alkoholmissbrauch.
Erfolge können auch durch Akupunktur, Heilanästhesie, Mikrowellen- und Ultraschallbestrahlungen erzielt werden. Bäder, Massagen und die Verwendung von Medikamenten ohne Wirkstoff (sogenannte Scheinarzneimittel) und von homöopathischen Arzneimitteln können ebenfalls helfen.
Migräne ist eine besondere Art von Kopfschmerz, die stets anfallsartig und meist auf einer Kopfseite auftritt. Der Anfall kommt nicht ganz plötzlich, er kündigt sich Minuten oder auch Stunden vorher an. Zur Schmerzbekämpfung können bei leichteren Anfällen die Wirkstoffe Acetylsalicylsäure oder Paracetamol verwendet werden. Diese Mittel sollten sofort beim ersten Anzeichen eines Migräneanfalls eingenommen werden. Auch der Wirkstoff Ibuprofen ist geeignet.
Schwere Anfälle können durch die rechtzeitige Anwendung der Wirkstoffe Ergotamin in ihrem Verlauf gemildert werden.
Ein neues Medikament ist Imigran das den Wirkstoff Sumatriptan enthält. Es wirkt auch bei schweren Migränefällen sehr schnell.

Krampflösende Mittel

Eine anhaltende Verkrampfung sowohl der willkürlichen Muskulatur als auch der unwillkürlichen Muskulatur (zum Beispiel im Verdauungssystem) ruft starke Schmerzen hervor. In solchen Fällen kann ein krampflösendes Medikament die Schmerzen lindern.
Beispiele sind:
- Abdomilon;
- Baralgin;
- Buscopan;
- Cholarist;
- Colofac;
- Petadolex;
- Spasman;
- Spasmo-Cibalgin;
- Spasmoplus.

Mittel zur örtlichen Betäubung

Aus vielen Untersuchungen weiß man, dass der Placebo-Effekt bei Injektionen besonders wirksam ist – egal, was gespritzt wird. Vielleicht ist das ein wesentlicher Grund dafür, dass Injektionen bei vielen Patienten sehr beliebt sind. Oft bessern sich dadurch schlagartig die Schmerzen, zumindest für einige Zeit.
Meist werden dazu Mittel zur örtlichen Betäubung verwendet, sogenannte Lokalanästhetika. Sie werden entweder in das Gewebe oder oberflächlich unter der Haut gespritzt. Die Wirkstoffe Bupivacain und Mepivacain gelten als bewährte Standardanästhetika.
Einige dieser Mittel können in Form von Cremes oder Pflaster auf die Haut aufgetragen werden. Dies dient vor allem dazu, Säuglinge und Kleinkinder vor Schmerzen bei Injektionen und Punktionen zu schützen.
Diese Betäubungsmittel, die injiziert werden, können folgende Nebenwirkungen verursachen:
- Unruhe;
- Erregung;
- Übelkeit;
- Erbrechen;
- Kreislaufstörungen.

Mittel zur örtlichen Betäubung sind:
- Carbostesin;
- Emla;
- Mevarin;
- Novanaest-purum;
- Procain;
- Scandicain.

Weitere Therapien gegen den Schmerz

■ Akupunktur

Gegen:
- Migräne;
- Rheuma;
- Arthrose;
- Neuralgien;
- Bandscheibenbeschwerden.

Wirkungsweise:
Die Reizung durch feine Nadeln oder Laserstrahlen bewirkt, dass Botenstoffe, sogenannte Endorphine, ausgeschüttet werden, die die Weiterleitung des Schmerzimpulses vom Rückenmark zum Gehirn verhindern.

■ Neuraltherapie

Gegen:
- Migräne;
- Rückenprobleme;
- Gelenkschmerzen;
- Trigeminus-Neuralgie;
- Gicht.

Wirkungsweise:
Der Arzt spritzt örtlich wirkende Betäubungsmittel in die gestörten Nervenbereiche. Der Schmerz wird so ausgeschaltet.

■ TENS

Transkutane Elektro-Nerven-Stimulation
Gegen:
- Rückenschmerzen;
- Schulterbeschwerden;
- Nackenbeschwerden;
- Ischias-Schmerzen;
- Hexenschuss.

Wirkungsweise:
Strom-Impulse setzen Endorphine frei und verbessern die Durchblutung.

■ Nervenblockade

Gegen starke Narbenschmerzen nach Bandscheiben-Operation oder Wirbelsäulenversteifung. Die Ärzte spritzen ein entzündungshemmendes und schmerzstillendes Mittel unter Röntgenkontrolle in die schmerzende Region.
Wirkungsweise:
Entzündungen werden gemindert, Schmerzen ausgeschaltet. Die Wirkung hält allerdings nur vier Wochen an, dann muss die Therapie wiederholt werden.

■ Lasertherapie

Gegen:
- Schmerzen in den Gelenken;
- Neuralgien;
- Wirbelsäulenbeschwerden.

Wirkungsweise:
Die Durchblutung wird verbessert, der Stoffwechsel angeregt, Schlacken abgebaut.

Sexuell übertragbare Krankheiten

Sexualität

Sexualität ist ein Komplex von Erscheinungen, die mit der Geschlechtlichkeit eines Menschen zusammenhängen und durch sie bestimmt werden.
Der Begriff Sexualität lässt sich von sehr verschiedenen Standpunkten aus betrachten. Für den Biologen steht sie hauptsächlich im Dienste der Fortpflanzung, für den Theologen im Dienste der göttlichen Liebe, der Psychologe sieht in ihr die Möglichkeit, Gefühle von Mensch zu Mensch zu äußern; für den Psychoanalytiker kann die Sexualität der Quell sein, aus welchem die höchsten kulturellen Leistungen des Menschen entstehen. Der Inhalt des Begriffes wird also in hohem Maße von dem abhängen, was der Betrachter in seine Beobachtungen über die Sexualität hineinlegt.
Es ist klar, dass die Sexualität von sehr großer Bedeutung ist und dass es eigentlich keinen einzigen Aspekt des menschlichen Zusammenlebens gibt, der nicht von der Sexualität berührt wird. Dies bedeutet gleichzeitig, dass kein Mensch ohne eine bestimmte Haltung der Sexualität gegenüber auskommt. Dabei ist nicht anzunehmen, dass in jedem Menschen in jeder Phase die gleiche Haltung herrscht. Wenn man Sigmund Freud folgt, unterscheidet man verschiedene Stadien in der kindlichen Sexualität:

- die orale Phase im ersten Lebensjahr, wobei die Wangenschleimhaut im Mund das sexuell empfindlichste Organ bildet;
- dann die anale Phase im zweiten und dritten Lebensjahr, wenn der After und die Schleimhaut des Mastdarms die sensiblen Bezirke sind;
- schließlich die genitale Phase, in der das Kind bewusst den Geschlechtsunterschied entdeckt und die Geschlechtsorgane gefühlsmäßig eine Rolle zu spielen beginnen. Diese Phase dauert ungefähr vom vierten bis zum sechsten Lebensjahr.
- Dann kommt die sogenannte Leerperiode, die bis zum Auftreten der Pubertät dauert – der Phase, die zur Geschlechtsreife führt.

Sexuelles Verlangen ist Bestandteil des Lebens gesunder Menschen. Welche Formen sexuellen Verhaltens und welche Einstellungen zur Sexualität als normal angesehen werden, ist allerdings innerhalb einer Gesellschaft, in verschiedenen Kulturen und zu unterschiedlichen Zeiten sehr variabel.

Biologische Reife

Die biologische Reife (nach der ersten Menstruation und dem ersten Samenerguss kann der eine Mensch den andern befruchten) geht in unserer Gesellschaftsordnung der geistigen und psychologischen Reife voraus. Die sogenannte Adoleszenz (die Zeit vom 10. bis zum 19. Lebensjahr) bildet den Übergang von der Pubertät zur psychologischen Reife, die meist um das 18. Lebensjahr erreicht wird. Danach lässt sich erwarten, dass die sexuellen Gefühle und das Verlangen mit dem übrigen Gefühlsleben in Einklang gebracht werden können.

Psychologische Reife

Der Psychologe kann vom erwachsenen Menschen erwarten, dass er imstande ist, seine sexuellen Gefühle – meist mit einem anderen Erwachsenen, meist vom anderen Geschlecht – auszuleben. In seinen sexuellen Äußerungen wird er imstande sein, dem Partner Glück und Freude zu schenken und alles zu unterlassen, was dem Partner Schaden und Leid zufügen kann.

Sexualität des Erwachsenen

Die Sexualität des Erwachsenen muss man in diesem Zusammenhang als ein Stück Verantwortlichkeit im sozialen Verhalten sehen, und die Geschlechtsorgane sind, in diesem Zusammenhang betrachtet, Organe, mit deren Hilfe man dem Partner seine intimsten Gefühle mitteilen und miterleben lassen kann.
In unserer Gesellschaftsordnung spielt die Verbindung eines Mannes mit einer Frau (Monogamie) die Hauptrolle. Diese monogame sexuelle Beziehung kann zu einer Ehe führen, wobei dann die Kinder eventuell ein dauerndes Band zwischen den beiden Eltern bilden können. In diesem Zusammengehörigkeitsgefühl spielen die sexuellen Gefühle der Kinder ebenfalls eine Rolle.
Die Sexualität behält im menschlichen Gefühlsleben ihre Bedeutung bis ins hohe Alter. Die Art, wie die Sexualität erlebt wird und zum Ausdruck kommt, wird nicht nur durch das biologische Alter, sondern auch durch die Persönlichkeitsstruktur bestimmt.
Es ist klar, dass Sexualität viel mehr einschließt als nur das Verhalten und die Gefühle, die unmittelbar mit den Geschlechtsteilen (Genitalien) zusammenhängen.

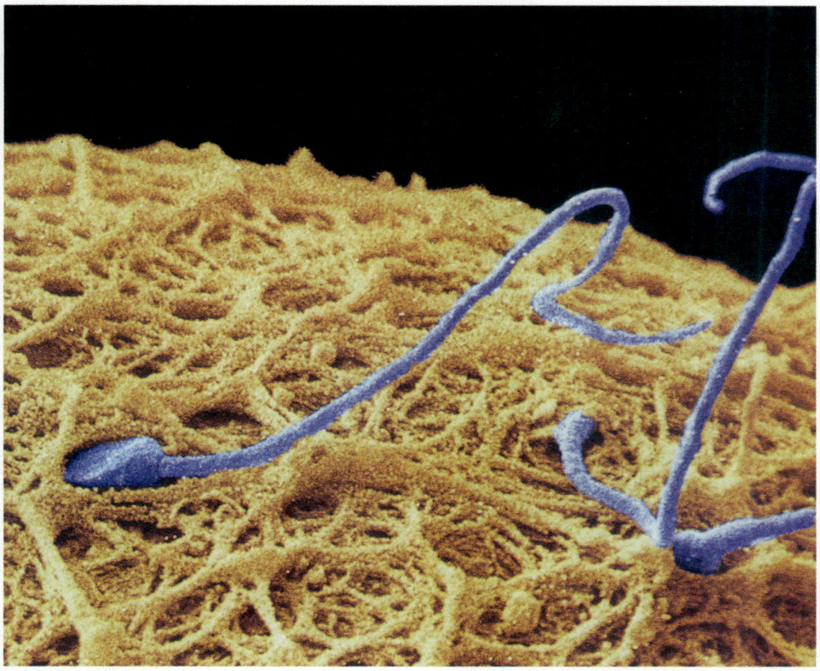

Befruchtung
Mikroskopische Aufnahme mehrerer Samenzellen, die sich auf eine Eizelle zubewegen.

Erotik

Unter Erotik lässt sich die Spannung zwischen zwei Menschen verstehen, die einander körperlich anziehend finden. In den meisten Fällen bedeutet das noch keine sexuelle Beziehung. Bei jeder Freundschaft zwischen Menschen, auch bei gleichgeschlechtlichen, spielen erotische Gefühle eine Rolle. Man könnte die Behauptung aufstellen, dass Freundschaft ohne Erotik nicht besteht.
Die Erotik äußert sich körperlich, indem man es als angenehm empfindet, in der Nähe des anderen zu sein, seine Stimme zu hören, zusammen etwas zu unternehmen. In geistiger Beziehung äußert sich die Erotik darin, dass man glücklich ist, für den Partner etwas tun zu können, etwas für ihn übrig zu haben, ihn zu erfreuen. Bei vielen erotischen Beziehungen zwischen Menschen ist jede Betätigung der Genitalien undenkbar, so z.B. in der normalen Beziehung zwischen Eltern und Kindern.

Geschlechtsverkehr

Geschlechtsverkehr – auch Begattung, Beischlaf, Geschlechtsakt, Kohabitation und Koitus genannt – ist die körperliche Vereinigung von Mann und Frau, bei der das männliche Glied in die weibliche Scheide eingeführt wird. Alle sonstigen Sexualpraktiken in hetero- und homosexuellen Partnerschaften sowie die Masturbation sind im biologischen, christlichen und juristischen Sinne kein Geschlechtsverkehr, da sie nicht die Möglichkeit der Fortpflanzung und Arterhaltung einschließen.
Voraussetzungen für einen kultivierten, innigen Geschlechtsverkehr sind: gegenseitige Liebesbekundungen, ein ausgedehntes Vorspiel, ein gut temperiertes, abgeschiedenes Zimmer, das die Angst ausschließt, gesehen oder gehört zu werden, und schließlich ein gutes Bett. Ausnahmen hiervon (die Vereinigung im Kornfeld, Wald, im Auto oder auf irgendeinem dunklen Hinterhof) können gelegentlich auf ihre eigene Weise reizvoll sein, im Übrigen aber die hier genannte Regel bestätigen.
Das Eindringen des Penis sollte niemals abrupt geschehen oder gar erzwungen werden. Sind beide Partner durch ein langes Vorspiel erregt, wird der Mann üblicherweise eine angemessene Erektion und die Partnerin eine feuchte Scheide haben, sodass die Einführung keinerlei Schwierigkeiten bereitet. Dennoch bevorzugen speziell junge Frauen die Anwendung eines Gleitmittels oder Speichels, um das Eindringen des Gliedes zu erleichtern.
Ist das Glied eingeführt, was nicht immer gleich in voller Länge geschehen muss, sollten beide Partner einen Moment verharren, bevor sie mit typischen Koitusbewegungen (Eindringen, Herausziehen, kreisende Hüftbewegungen, Rhythmusänderungen) beginnen. Keiner der Partner darf Angst- oder Schmerzgefühle aufkommen lassen, ohne dies gegebenenfalls dem anderen mit Gestik oder Worten mitzuteilen. Eine in die Scheide gelangtes Schamhaar oder unterschiedlichste Erkrankungen, die der ärztlichen Behandlung bedürfen, können hier zur

Kohabitation

Veränderungen im Körper während der Erregungsphase vor der geschlechtlichen Vereinigung

Beim Mann
- Zunahme der Anzahl der Herzschläge, Ansteigen des Blutdrucks, entsprechend der sexuellen Erregung.
- Erektion des männlichen Gliedes, Verlängerung des Harnleiters und Zunahme des Durchmessers der Blase.
- Zunahme der Spannung der quergestreiften und der glatten Muskeln.
- Anschwellen der Gewebe der Geschlechtsorgane durch Gefäßstauung.
- Verkürzung des Samenleiters, Hochziehen in Richtung des Damms.

Bei der Frau
- Zunahme der Anzahl der Herzschläge, Ansteigen des Blutdrucks, entsprechend der sexuellen Erregung.
- Anschwellen des Kitzlers.
- Zunahme der Spannung der quergestreiften und der glatten Muskeln.
- Die Scheide wird durch Gefäßstauung mit einer Lage Feuchtigkeit bedeckt.
- Zunahme des Ausmaßes der Gebärmutter in der Bauchhöhle.
- Die großen Schamlippen werden dünner und platter, sie breiten sich aus, ziehen sich nach oben und nach außen.

Veränderungen im Körper während des Geschlechtsverkehr.

Beim Mann
- Anschwellen der Brustwarzen. Verstärkung des Atems. 100–175 Herzschläge pro Minute.
- Ansteigen des Blutdrucks.
- Unwillkürliches Zusammenziehen der Muskeln im Gesicht, an Hals, Brust und Bauch.
- Die Eichel verfärbt sich violett.
- Die Hoden nehmen an Größe zu, sie ziehen sich in Richtung des Damms zusammen.
- Blutstauung in den Gefäßen der Geschlechtsorgane.
- Zusammenziehen der Vorsteherdrüse, wodurch Samenflüssigkeit ausgeschieden wird.

Bei der Frau
- Anschwellen der Brustwarzen. Stärkeres Atmen. 100–175 Herzschläge pro Minute.
- Blutdruckerhöhung.
- Unwillkürliches Zusammenziehen der Muskeln, vor allem der Gesäßmuskeln.
- Der Kitzler zieht sich ganz zurück. Durch unwillkürliche Muskelzusammenziehung schließt sich die Scheide um das männliche Glied.
- Hochziehen der Gebärmutter in der Bauchhöhle, soweit die Bänder und die Stützgewebe es zulassen.
- Weitere Gefäßstauung in den großen Schamlippen, Verfärbung der kleinen Schamlippen von Hellrosa zu Dunkelviolett.

Veränderungen im Körper während des Orgasmus

Beim Mann
- Starke Beschleunigung der Atmung von etwa 15 auf 40 Atemzüge pro Minute. Tiefe und Dauer der Atemzüge sind das Maß für die sexuelle Erregung.
- Die Anzahl der Herzschläge kann sich auf 110–180 pro Minute erhöhen.
- Starkes Ansteigen des Blutdrucks.
- Zusammenziehen der Mastdarmmuskeln.

Bei der Frau
- Starke Beschleunigung der Atmung von etwa 15 auf 30–40 Atemzüge pro Minute. Tiefe und Dauer der Atemzüge sind das Maß für die sexuelle Erregung.
- Die Anzahl der Herzschläge kann sich auf 110–170 pro Minute erhöhen.
- Starkes Ansteigen des Blutdrucks.
- Starke Spannung in den unwillkürlichen Muskeln.
- Zusammenziehen der Mastdarmmuskeln.
- Zusammenziehen der Muskeln von Scheide und Gebärmutter.

Qual werden. Oberstes Gebot beim Geschlechtsverkehr sollte es sein, dem anderen Partner höchstmögliche Wollust zu schenken. Erst wenn sich Glied und Scheide durch die gesteigerte Erregung einander angepasst haben und beide Partner es wünschen, dürfen alle Bewegungen an Schnelligkeit und Einführungstiefe gesteigert werden, wobei sich aufeinander eingespielte Partner durch spontanes Stöhnen und durch Zurufe zu immer mehr Leistungen ermuntern werden.

Orgasmus

Das Bestreben der Frau besteht darin, recht bald ihren ersten Orgasmus zu erreichen, zumal sie ja mehrere Orgasmen hintereinander erleben kann. Diesen Moment sollte sie ihrem Mann oder Partner wiederum mit Gestik oder Worten mitteilen. Nicht nur in erotischen Romanen, sondern vielmehr beim Geschlechtsakt registriert der Mann gern wonnevolles Stöhnen. Es gibt ihm Selbstbestätigung. Im Gegensatz zur Partnerin wird der Mann versuchen, sich möglichst lange zurückzuhalten, zu diesem Zweck gelegentlich das Tempo vermindern, Karezza zu praktizieren oder den Akt zu unterbrechen, ohne dabei sonstige Liebkosungen einzustellen. Schließlich will er mit seinen Kräften haushalten. Auch er sollte getrost stöhnen, mit Worten sein Vergnügen animieren, zumal der Gehörsinn bei aufgeschlossenen Paaren nicht außer Acht gelassen werden darf. Mit dem Orgasmus des Mannes endet zunächst oder überhaupt ein Geschlechtsverkehr. Es ist besonders schön, wenn beide Partner gleichzeitig den Höhepunkt erleben. Doch sollte ein solches Zusammentreffen nicht zu einer Pflichtübung werden.

Bei einem guten Geschlechtsverkehr vereinigen sich nicht nur zwei Leiber, sondern auch zwei Seelen. Die Befriedigung sollte in erster Linie darin liegen, dem anderen das Beste gegeben zu haben, sodass diese Regel in einem Nachspiel ihren Widerall findet. Beide haben liebevolle Worte für einander, und ein inniger Kuss, mit genügend Streicheleinheiten untermalt, bilden den Abschluss eines Geschlechtsverkehrs und schaffen gute Erinnerungen und

Homosexualität wurde von der Medizin lange Zeit und wird noch heute von einigen Religionen als „abartig" angesehen. Sie ist aber nicht krankhaft, sondern eine von Kindheit an bestehende sexuelle Orientierung, die die Erwachsenen dann zu einem homosexuellen Leben führt. Viele Menschen machen in der Jugend Erfahrungen mit Gleichgeschlechtlichen, leben als Erwachsene aber heterosexuell.

Voraussetzungen für den Wunsch, dieses Erlebnis bald wiederholen zu wollen.

Ein zu langes Nachspiel, wie es in älteren Anleitungsbüchern über Gebühr empfohlen wurde, ist nicht das Nonplusultra und lässt eher den Verdacht aufkommen, dass der Geschlechtsverkehr von nicht allzu großer Güte war. Speziell der Mann ist nach dem Akt rechtschaffen ruhebedürftig.

Sexuell übertragbare Krankheiten

Sexuell übertragbare oder venerische Krankheiten sind Infektionen, die zwar nicht nur, aber meistens durch sexuellen Kontakt von einem Mensch auf den anderen übertragen werden. Sexuelle Aktivitäten sind für Krankheitserreger eine günstige Gelegenheit, neue Wirte zu finden; durch sexuellen Kontakt können viele verschiedene Mikroorganismen verbreitet werden.

AIDS

Woran bemerke ich es vor allem?

Die HIV-Infektion hat zuerst meist keine wahrgenommenen Anzeichen und ist nur über den Antikörpertest nachweisbar. In der Regel zeigen sich erst nach vielen Jahren Symptome, zum Beispiel:

- Lymphknotenschwellungen;
- Fieber;
- Durchfall;

und später

- Infektionskrankheiten;
- Tumoren.

Wie überträgt sich diese Krankheit?

Durch Sexualkontakte ohne Kondom (Vaginal-, Oral- und Analverkehr) mit infizierten Personen. Erhöhtes Risiko während der Menstruation und bei gleichzeitiger Infektion mit anderen sexuell übertragbaren Erregern. Durch das Mehrfachbenutzen von Nadeln und Spritzen bei infizierten Drogenabhängigen (Blutreste), jedoch nicht durch Speichel (Küssen, Anhusten), durch Tränen, Kot oder Urin, Mückenstiche.

Wie verläuft diese Krankheit?

Verläuft in Stadien:

- Ansteckung: häufig ohne bemerkte Symptome. Die Latenzzeit kann ohne Behandlung 6–10 Jahre dauern, noch ohne Symptome.
- Krankheitsperiode: die Lymphdrüsen schwellen an, Durchfall, Fieber.
- Vollbild AIDS: zahlreiche Infektionskrankheiten, Tumoren, Tod.

Was muss ich außerdem beachten?

Bisher keine Schutzimpfung und keine Heilung möglich; spezielle Medikamente können aber die Entwicklung der HIV-Krankheit und den Ausbruch von AIDS verzögern sowie Symptome behandeln oder mildern.

Chlamydien-Infektion

Woran bemerke ich es vor allem?

Bei Frauen: Jede zweite Frau mit einer Chlamydien-Infektion ist ohne Beschwerden. Wenn Beschwerden auftreten sind das zum Beispiel:

- Brennen beim Wasserlassen;
- Druck in der Blase;
- undeutliche Unterleibsschmerzen;
- Zwischenblutungen;
- gelber, klebriger oder eitriger Ausfluss;
- Schmerzen beim Geschlechtsverkehr.

Alle Beschwerden können chronisch werden, wenn sie unbehandelt bleiben.

Bei Männern: Folgende Symptome können auftreten:

- Brennen beim Wasserlassen;
- glasiger oder milchig-trüber Ausfluss aus der Harnröhre.

Bei Männern verläuft die Infektion oft symptomlos.

Wie überträgt sich diese Krankheit?

Fast ausschließlich durch Sexualkontakt ohne Kondom.

Wie verläuft diese Krankheit?

Sofern Symptome bemerkt werden, können diese auch längere Zeit nach einer Infektion auftreten.

Was muss ich außerdem beachten?

Unbehandelt mit schweren Folgen:

- Eileiterentzündung;
- Unfruchtbarkeit;
- bei Schwangeren: Ansteckung des Babys bei der Geburt.

Feigwarzen

Woran bemerke ich es vor allem?

Im Aussehen unterschiedlich große schmerzlose Warzen am Glied, an der Scheide oder am After.

Wie überträgt sich diese Krankheit?

Durch ungeschützten sexuellen Kontakt.

Wie verläuft diese Krankheit?

Typische Anzeichen zeigen sich ca. 3 Wochen nach der Ansteckung, manchmal auch erst Monate später.

Was muss ich außerdem beachten?

Die Feigwarzen können auch innerhalb der Scheide oder im Darm auftreten.

Sexuell übertragbare Krankheiten

Filzläuse

Woran bemerke ich es vor allem?
Juckreiz im Bereich der Schamhaare. Läuse und Eier sind beim genauen Hinsehen sichtbar.

Wie überträgt sich diese Krankheit?
Durch sexuelle Kontakte, aber auch über Kleidung, Betten, Handtücher.

Wie verläuft diese Krankheit?
Erste Zeichen ca. 3–6 Tage nach der Übertragung.

Was muss ich außerdem beachten?
Die Kleidung muss mitbehandelt (desinfiziert) werden.

Gonorrhö

Woran bemerke ich es vor allem?
Männer und Frauen:
- Brennen beim Wasserlassen;
- eitriger Ausfluss;
- Rötung.

Nur bei Frauen:
- eventuell Schmierblutung;
- Unterleibsschmerzen.

Kann vor allem bei Frauen auch symptomlos verlaufen.

Wie überträgt sich diese Krankheit?
Durch sexuellen Kontakt ohne Kondom, wenn der Erreger auf warme, feuchte Stellen gelangt: Mund, Scheide, Glied, After.

Wie verläuft diese Krankheit?
Bei Frauen: Die Ansteckung bleibt bei vielen Frauen unbemerkt. Erste Anzeichen 2–5 Tage nach Ansteckung.
Bei Männern: typische Anzeichen nach 2–5 Tagen.

Was muss ich außerdem beachten?
Ein verschleppter Tripper kann unfruchtbar machen.

Hepatitis

Woran bemerke ich es vor allem?
Wichtigste Symptome sind:
- Übelkeit;
- Appetitlosigkeit;
- Muskelschmerzen;
- Gelenkschmerzen;
- Juckreiz;
- Angeschlagenheit;
- Gelbfärbung der Bindehaut;
- der Stuhl entfärbt sich;
- der Urin wird dunkelgelb bis braun.

Wie überträgt sich diese Krankheit?
Über alle Schleimhäute, also auch beim Küssen, Petting beim sexuellen Kontakt ohne Kondom sowie über Blut (auch Spuren), Geschirr, Speichel oder Sperma.
Hepatitis A wird am häufigsten über Kot (auch Spuren) übertragen, während Hepatitis B meist sexuell übertragen wird.

Wie verläuft diese Krankheit?
Abhängig vom Typ der Hepatitis einige Wochen bis Monate.

Was muss ich außerdem beachten?
Die verfügbaren Impfungen gegen Hepatitis A und Hepatitis B (auch als Kombinationsimpfung) sind gut verträglich, wirksam und empfehlenswert.

HIV-Embryopathie; Intrauterine Entwicklungsstörung des Embryos.

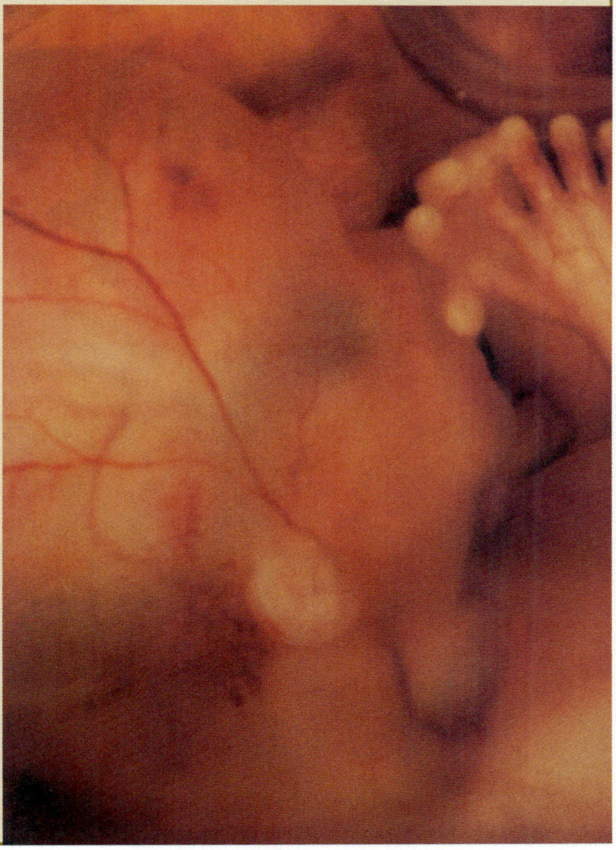

Sexuell übertragbare Krankheiten

Herpes genitalis

Woran bemerke ich es vor allem?
Wichtige Symptome sind:
- Kribbeln der Haut;
- Jucken der Haut;
- Rötung;
- Brennen;
- Ausfluss;
- Bläschen, die erst jucken, dann aufplatzen und Geschwüre bilden.

Wie überträgt sich diese Krankheit?
Durch sexuellen Kontakt ohne Kondom.

Wie verläuft diese Krankheit?
Bei Frauen und Männern gleich: Bläschen treten ca. 3–8 Tage nach der Ansteckung auf. Aufgeplatzte Bläschen können Entzündungen mit Fieber auslösen.

Was muss ich außerdem beachten?
Antivirusmittel helfen.

Das Kondom war vor der Einführung von Pille und Spirale das meistgebrauchte Verhütungsmittel. Heute hat es sich, vor allem als Schutz vor einer HIV-Infektion, wieder den Platz zwei erobert.

Das Diaphragma sieht ähnlich aus wie eine kleine Gummikappe. Es besteht aus einer mit Gummi kuppelartig überzogenen runden Spiral- oder Flachfeder. Das Diaphragma muss nur angewendet werden, wenn es tatsächlich zum Geschlechtsverkehr kommt. Es ist damit auch für Frauen geeignet, die nicht so häufigen Sex haben.

Sexuell übertragbare Krankheiten

Pilzinfekte

Woran bemerke ich es vor allem?
Bei Frauen:
- Rötung;
- Schwellung;
- Juckreiz;
- weißlicher Ausfluss, der brockig sein kann;
- Brennen, schmerzhaftes Wasserlassen.

Bei Männern:
- Rötung der Eichel mit Pünktchen.

Wie überträgt sich diese Krankheit?
Pilzinfektionen der Scheide werden meistens nicht sexuell übertragen; die verursachenden Hefepilze sind praktisch überall vorhanden und können bei Störung des physiologischen Gleichgewichts u.a. in der Scheide zu Krankheitserscheinungen führen.

Wie verläuft diese Krankheit?
Bei Frauen: deutliche Anzeichen bald nach der Ansteckung.
Bei Männern: weniger auffällige Krankheitserscheinungen.

Was muss ich außerdem beachten?
Die Anfälligkeit für Pilze wird durch verschiedene Medikamente erhöht, u.a. die Pille.

Syphilis

Woran bemerke ich es vor allem?
Phase 1
Schmerzlose Knoten an Glied, Scheide oder After, die schnell verschwinden (bedeutet aber keine Heilung).
Phase 2
Anschwellende Lymphknoten und unspezifische Beschwerden des ganzen Körpers:
- Schmerzen;
- Fieber;
- Hautausschlag;
- Haarausfall.

Phase 3
Schwerwiegende Störungen und Ausfallerscheinungen (Knochen, Augen, Gehirn, Herz).

Wie überträgt sich diese Krankheit?
Fast ausschließlich durch sexuellen Kontakt ohne Kondom, bei Verletzungen der Haut ist eine Ansteckung leichter möglich.

Wie verläuft diese Krankheit?
Bei Frauen und Männern gleich: typische Anzeichen zeigen sich innerhalb von 9–21 Tagen nach der Ansteckung: diese Knoten verschwinden (auch ohne Behandlung) innerhalb von 4–5 Wochen, es folgt Phase 2 mit äußeren Krankheitserscheinungen und unspezifischen Beschwerden. Danach Übergang zu Phase 3: Befall der inneren Organe.

Was muss ich außerdem beachten?
So schnell wie möglich zum Arzt; Behandlung mit Antibiotika.

Trichomonaden-Infektion

Woran bemerke ich es vor allem?
Bei Frauen:
- Schmerzen beim Wasserlassen;
- übelriechender, grau-gelblicher schaumiger Ausfluss;
- Juckreiz;
- Brennen.

Bei Männern:
- Schmerzen beim Wasserlassen;
- Harndrang.

Wie überträgt sich diese Krankheit?
Durch sexuellen Kontakt ohne Kondom, aber auch durch feuchte Gegenstände (Toiletten, in Saunen oder Schwimmbädern aber selten).

Wie verläuft diese Krankheit?
Bei Frauen: meist deutliche Anzeichen bald nach der Ansteckung. Bei Männern: die Ansteckung kann unbemerkt bleiben.

Was muss ich außerdem beachten?
Trichomonas-Infektionen kommen häufig vor.

Weicher Schanker

Woran bemerke ich es vor allem?
Schmerzhafte, eitrige Knötchen oder Geschwüre (Ulcus molle), die auch bluten können, an der Stelle, wo der Erreger eingetreten ist.

Wie überträgt sich diese Krankheit?
Durch sexuellen Kontakt ohne Kondom, erhöhtes Risiko bei Wunden oder Verletzungen der Haut.

Wie verläuft diese Krankheit?
Bei Frauen und Männern gleich; typische Anzeichen treten ca. 3–7 Tage nach der Ansteckung auf.

Was muss ich außerdem beachten?
So schnell wie möglich zum Arzt gehen.

Sportverletzungen

Einführung

Eine Sportverletzung ist ein Schaden meist am Bewegungsapparat, den man sich bei der Ausübung des Sports zugezogen hat. Jeder Sport hat seine eigenen Gefahrenmomente und typischen Unfälle, wie zum Beispiel die Beschädigung des Meniskus im Kniegelenk beim Fußballspiel oder die Abschürfung der Strecksehnen der Finger beim Baseball- und beim Basketballspiel. Jede akute Überbeanspruchung oder Überdehnung eines Gelenks kann einen Entzündungsprozess auslösen. Die Knochenenden sind normalerweise mit einer Knorpelschicht bedeckt, die von Gelenkschmiere (Synovia) umgeben ist. Die Gelenkschmiere wird von der Gelenkhaut produziert, die die Gelenkkapsel auskleidet.
Bei Verletzung des Gelenks, etwa durch Einklemmen der Gelenkhaut oder Absplittern eines Knochen- oder Knorpelstückchens an der Gelenkoberfläche, wird die Gelenkhaut gereizt und mehr Gelenkschmiere produziert. Wenn sich Flüssigkeit in und am Gelenk ansammelt, kann es schmerzhaft anschwellen.
Manchmal treten Gelenkschmerzen einen oder zwei Tage nach einer geringfügigen Verletzung auf, die zunächst nicht bemerkt wurde. Solche Schwellungen verschwinden meistens nach einigen Tagen spontan, wenn der Organismus die Flüssigkeit abtransportiert hat.

Entstehung von Verletzungen

Für die Entstehung von Verletzungen beim Sport sind verschiedene Faktoren verantwortlich:

- Ungeschicklichkeit, vor allem bei Anfängern und bei Menschen, die sich für einen bestimmten Sport nicht eignen;
- Rohheit und Übertretung der Spielregeln;
- starke Übermüdung, wodurch die Muskeln empfindlicher und weniger elastisch werden; außerdem lässt die geistige Konzentration nach;
- zu schnelles Training oder Selbstüberschätzung, wodurch man zu schwierige Übungen versucht;
- Kälte;
- zu hohes Alter.

Wenn der Körper trainiert ist, werden die Organe so geübt, dass ihr Leistungsvermögen größer wird. Bei zu hohem Trainingspensum macht jedoch die Müdigkeit ihren Einfluss geltend. Wenn ein Sportler übertrainiert ist, findet man vor allem geistige, aber auch körperliche Erscheinungen. Man unterscheidet drei Stadien:

- Passiver Widerstand, Ungenauigkeit in der Ausführung der Übungen; der Wille, eine höhere Leistung zu vollbringen, ist geschwächt.
- Unverkennbarer Widerstand unter verschiedenen Vorwänden.
- Offensichtlicher Widerstand mit deutlichem Querulantentum; drama-

Selbst bei einem gut trainierten Athleten können Verletzungen vorkommen, so wie in diesem Fall. Ein Kugelstoßer hat einen falschen Schritt gemacht und sich eine Knieverletzung zugezogen.

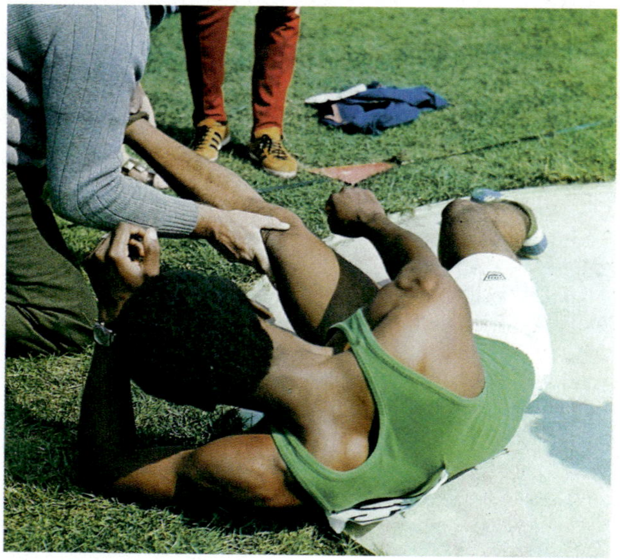

Jeder Sport hat seine eigenen Gefahrenmomente und typischen Unfälle.

tische Ausbrüche. In diesem Stadium kommen Schlaflosigkeit, Mangel an Esslust, Gewichtsverlust, starke Schweißausbrüche, Krämpfe, verschiedene Schmerzen und Darmstörungen vor.

Wiederholt bekommt es der Sportarzt auch mit dem Simulieren eines Unfalls oder mit der vorgetäuschten Verschlimmerung eines wirklichen Unfalls zu tun.
Die Behandlung des zu intensiven Trainierens muss vor allem zu einer Verminderung der Anstrengung oder auch in der Wahl einer anderen Sportart bestehen. Kräftige Ernährung hilft, die ermatteten Lebensgeister wieder aufzurichten.

Einteilung

Man teilt die Sportunfälle in drei Gruppen ein:
- die nicht typischen Verletzungen;
- die typischen Verletzungen, die durch die spezielle Technik des Sports verursacht werden;
- die Folgen lange ausgeübten Sports.

Die Verletzungen als Folge von langanhaltender Ausübung eines Sports betreffen vor allem die Gelenkabnutzung (Arthrosis deformans). Es tritt ein Weichwerden und Verschleiß des Knorpels auf, ferner Wucherungen am Rande des Gelenkes, Verdickung der Gelenkschmiere und Verknöcherung in den Bändern.
Außer der Abnutzung der Gelenke macht sich auch Geweberückgang des Knochens bemerkbar, und manchmal kommt es schon bei geringer Gewaltanwendung zu einem Knochenbruch. Ebenso ist es bei den Muskelrissen, die in einem derartigen Zustand schon bei geringer Kraftaufwendung vorkommen können. Es ist aber wohl anzunehmen, dass eine Beschädigung des Sehnen- und Muskelgewebes schon vorher bestanden hat.

Die häufigsten Sportverletzungen

- Muskelkrampf: Überanstrengung, Überdehnung, Durchblutungsstörung, Kälte, schlechtes Schuhwerk
- Prellung: Gewebequetschung durch Druck, Stoß oder Schlag mit Bluterguss und Schwellung
- Zerrung: durch plötzliche Überdehnung verursachtes Einreißen von Muskelfasern, Bändern und Sehnen
- Verstauchung: durch plötzliches Umknicken im Sprunggelenk, Überdehnung, Zerrung oder Einreißen von Gelenkkapselbändern, gelegentlich mit Bluterguss

Häufig vorkommende Verletzungen

Fußballspiel

Der am meisten ausgeübte Sport ist das Fußballspiel. Bei diesem Sport gibt es eine Reihe typischer Unfälle. Oft sieht man, wie ein Spieler zu Boden fällt und nach Atem ringt, nachdem ihn der Ball oder auch das Knie des Gegners in den Bauch (auf die Bauchwand) getroffen haben (stumpfe Gewalt). Dies ist ein Schockzustand. Da man nie wissen kann, inwieweit innere Organe betroffen sind, ist es falsch, in solchen Fällen künstliche Atmung oder Bauchmassage anzuwenden. Meist verschwindet die Blässe aus dem Gesicht des Verletzten schnell, und der schwache Pulsschlag wird wieder normal. Wenn dies nicht der Fall ist, dann kann ein Riss im geraden Bauchmuskel (Musculus rectus abdominis) oder eine noch ernstere Bauchverletzung wie ein Riss in der Niere, der Leber oder der Milz eingetreten sein.

Anzeichen, die dies verdeutlichen, sind zunehmende Schmerzen, Erbrechen, schneller werdender Pulsschlag und ausschließliches Brustatmen. Es ist wichtig, dass in solchen Fällen keine Morphiuminjektionen gegeben werden, um den Schmerz zu stillen, denn sie würden das Krankheitsbild undeutlich machen. Eine Sportverletzung, die beim Fußballspiel wiederholt vorkommt, ist der Riss des inneren Kniemeniskus. Dieser Riss entsteht zum Beispiel durch das Nach-innen-Drehen des Oberschenkels, während der Unterschenkel durch eine Terrainunebenheit oder durch den Fuß des Gegenspielers, den Ball oder auch den weichen Boden blockiert ist. Dadurch dreht sich der Unterschenkel im Verhältnis zum Oberschenkel nach außen. Der Meniskus, der im gebogenen Knie nach hinten verschoben liegt, wird beim Verdrehen des Unterschenkels vom inneren Höcker des Oberschenkelknochens (Condylus medialis femoris) durchgerissen.

Beim Fußballspiel kommen auch Risse der Seitenbänder und der Kreuzbänder des Knies vor sowie Brüche der Höcker an der Unterseite des Oberschenkelknochens. Die einfache Verdrehung ist dadurch erkennbar, dass das Gelenk schnell anschwillt (durch das austretende Blut). Es gibt auch ein langsameres Auftreten der Schwellung durch austretende Feuchtigkeit infolge der Kapselreizung.

Die beste Behandlung ist das Anbringen eines festen Watteverbandes und einige Tage Ruhe mit dem geschienten Bein.

Sehr oft kommt es beim Fußballspiel auch zum Bruch des Wadenbeins, und zwar durch einen direkten Stoß mit dem Fuß gegen die Außenseite des Unterschenkels.

Hockeyspielen

Beim Hockeyspielen hat der harte Ball schon oft eine Nase oder ein Auge beschädigt. Es kommt auch vor, dass ein oder mehrere Mittelhandknöchelchen oder ein anderer Knochen durch den Stock des Gegenspielers durchgeschlagen wird. Die Verdickungen der Knochenhaut durch Schläge gegen das Schienbein entstehen durch Blutaustritte, denen eine Bindegewebeverformung folgt.

Tennisspiel

Beim Tennisspiel kennt man u.a. das Tennisbein und den Tennisellbogen. Das Tennisbein ist ein Riss im Wadenmuskel. Dieser Schaden kommt nicht nur beim Tennisspiel vor, auch sonst leiden vor allem ältere Menschen daran. Er tritt als Folge einer schnellen Bewegung auf, bei der der Muskel plötzlich heftig angespannt wird. Manchmal fühlt man eine Vertiefung im Wadenmuskel, wenn der Riss oberflächlich ist. Das Beste ist es, diese Stelle dachziegelartig mit Klebepflaster zu umwickeln. Wärmebehandlung hat sich als schmerzlindernd erwiesen.

Der Tennisellbogen ist ein andauernder Schmerz am äußeren Ellbogenhöcker (Epicondylus lateralis humeri) bei jeder noch so geringen Bewegung. Der Rückhandschlag und ein zu dicker Racketgriff werden oft als Ursache angegeben. Beim Strecken des Arms nach oben ist der Schmerz heftig; man fühlt ihn von der Hand bis ins Handgelenk: Lästig ist die allgemeine Müdigkeit des Unterarms. Das Röntgenbild zeigt oft eine deutliche

Erste Hilfe bei Sportverletzungen

In den meisten Fällen einer Sportverletzung ist die Kühlung (Eisbeutel, Kältespray) der betroffenen Stelle die richtige Erstmaßnahme – der weitere Erkrankungsverlauf zeigt dann, ob Kälte- oder Wärmeanwendungen sinnvoll sind.

- ICE = Eis (ice) – Kompression (compression) – Hochlagerung (elevation) – ist die griffige Formel amerikanischer Sportärzte zur Erstversorgung verletzter Sportler.
- Bandage: Benutzen Sie elastische Bandagen, die großzügig angelegt werden: Bei Sprunggelenksverletzung von den Zehen bis in den Unterschenkelbereich, bei Kniegelenksverletzung vom Unterschenkel bis in den Oberschenkelbereich.
- Dehnung: Muskelkrämpfe lösen sich durch Dehnung. Ziehen Sie bei einem Wadenkrampf die Zehenspitzen kräftig in Richtung des Knies oder drücken Sie den Daumen in die vekrampfte Stelle. Darüber hinaus helfen auch eine lockere Massage oder Wärmeanwendungen.
- Prellung: Kühlen Sie den verletzten Körperteil sofort und lagern Sie betroffene Extremitäten hoch. Behandeln Sie die verletzte Stelle etwa nach zwei Tagen mit Wärmeanwendungen und leichten Bewegungsübungen.
- Zerrung und Verstauchung: Kühlung, Hochlagerung und Ruhe sind die besten Erstversorgungsmaßnahmen. Bandagen und Wärmeanwendungen nach etwa zwei Tagen lindern die Beschwerden – vermeiden Sie einige Tage lang Belastungen des betroffenen Körperteils.

Aufwärmen vor anstrengendem Training verhindert Verletzungen. Lockere Übungen von drei bis zehn Minuten Dauer erwärmen die Muskeln, machen sie geschmeidiger und weniger verletzungsanfällig. Dieses aktive Aufwärmen der Muskulatur vor anstrengenden Übungen ist sehr viel wirkungsvoller als passive Methoden wie warmes Wasser, Heizkissen, Ultraschall oder eine Infrarotlampe.

Entzündung der Knochenhaut (Periostitis). Auch bei anderen oft wiederholten Bewegungen, die etwas forciert sind und bei denen die Strecksehnen des Ellbogens stark angespannt werden, tritt dieser lästige Schmerz auf.
In der Regel kann man mit Ruhe, Wärme und Massage die Schmerzen lindern. Beim Tennisspiel kommt oft eine allgemeine Übermüdung des Armes vor, wobei sich Muskelverhärtungen zeigen; Ursache ist wahrscheinlich ein zu hohes Trainingspensum.

Leichtathletik

In der Leichtathletik treten beim Laufen, vor allem beim Start oder bei zu großer Anstrengung beim Endspurt, Abschürfungen von Sehnenbefestigungen und Muskelrisse oder -einrisse auf. So kommt oft eine Abschürfung der verschiedenen Knochenhöcker am Bein vor. Bei der Anspannung der Muskeln, die an diesen beiden Knochenhöckern festsitzen, empfindet der Patient heftige Schmerzen. In der Ruhe hat er keine Beschwerden. Bei vielem Laufen tritt oft eine schmerzhafte Schwellung der Achillessehne – direkt über dem Fersenbein – auf und breitet sich spindelartig bis in den Muskel der Wade aus. Hier helfen nur Ruhe und feuchte Umschläge um den Knöchel. In manchen Fällen ist es nötig, Schuhe mit höheren Absätzen zu tragen. Beim Springen kommt es oft zu Brüchen der Mittelfußknöchelchen.

Basketballspiel

Beim Basketballspiel ist ein typischer Unfall die Abschürfung des Muskels einer langen Strecksehne des Endhöckers der Finger. Der Finger lässt sich danach nicht mehr strecken. Ein fester Verband, der den Finger einige Wochen gestreckt hält, führt zur Heilung. Tritt dann die Heilung nicht ein, muss operiert werden.

Schwimmen

Beim Schwimmen kann einer Zustand von Gefühllosigkeit in den Beinen vorkommen, wenn sich der Schwimmer beim Absprung zu sehr nach hinten gebogen hat; auch ein Fall auf das Wasser kann die Ursache sein. Berüchtigt beim Schwimmen ist der Krampf in den Waden, der jedoch durch Massage bald verschwindet.

Boxsport

Typisch für den Boxsport ist der Bruch des Mittelhandknochens und andere Knochenbrüche, z.B. des Unterkiefers und der Nase. Durch wiederholte Schläge auf die Ohrmuschel entsteht ein Bluterguß, wodurch die Ohrmuschel bleibend verdickt und hart wird (Blumenkohlohr).
Die Anzahl tödlicher Unfälle beim Boxen ist sehr groß, teilweise durch Schock, teilweise durch Blutungen unter der Gehirnhaut. Der sogenannte „Knockout" (K.o.), mit dem ein Boxkampf oft endet, kann durch einen Schlag gegen das Kinn, aber auch durch Schläge in die Herzgegend, gegen den Hals, die Leber und die sogenannten falschen Rippen erfolgen.

Reiten

Für das Reiten ist der Bruch des Schlüsselbeins ein typischer Unfall. Infolge von Blutungen durch kleine Muskelrisse in den Beinmuskeln, die mit dem Sattel in Berührung kommen, kann es zu den sogenannten Reiterbeinen kommen.

Spätfolge

Nach der Beschädigung eines Gelenks entsteht oft auch noch ein gewisser Verschleiß des Gelenks. Bei 45 Prozent der Hochspringer einer Testgruppe konnte man noch zehn Jahre, nachdem sie den Sport aufgegeben hatten, eine Abnutzung des Sprunggelenks wahrnehmen; bei Profifußballern ist der Prozentsatz noch höher – bei ihnen kommt noch die Abnutzung des Kniegelenks hinzu.
Man kann diese Schäden leicht am hörbaren Aneinanderreiben der Gelenkteile erkennen, außerdem an einer gewissen Bewegungseinschränkung und an Knochenauswüchsen an den Rändern der Gelenke.
Es ist bemerkenswert, dass bei Sportlern kein Geweberückgang der Knochen (Spondylose) festzustellen ist.

Häufig vorkommende Sportunfälle, nach Sportarten geordnet

Baseball
■ Finger
Abschürfungen der Sehnen der Streckmuskeln durch eine verkehrte Fangtechnik (Baseballfinger).

Bergsport
■ Allgemein
Erfrierungen; Verletzungen durch Steinschlag; Knochenbrüche.
■ Arme
Verletzungen an den Händen.
■ Beine
Entzündungen im Bereich der Achillessehne.

Boxen
■ Hände
Brüche der Mittelhandknöchelchen.
■ Kopf
Bruch des Kiefers oder des Nasenbeins; Schädelbasisfraktur (Bruch); Schädigung des Gehirns; Schmerzen im Genick; Blumenkohlohr durch Blutaustritt und Risse im Ohrknorpel.

Eishockey
■ Brustkasten
Quetschungen.
■ Kopf
Gehirnerschütterung; Verletzungen im Gesicht durch einen Schlittschuh, den Schläger, die Scheibe oder bei Stürzen.

Eislaufen
■ Allgemein
Rückenschmerzen und Erfrierungen.

Fallschirmspringen
■ Allgemein
Knochenbrüche, vor allem des Fersenbeins, des Sprungbeins und der Wirbel.

Fußballl
■ Allgemein
Quetschungen und Risse der Weichteile der Gelenke, zum Beispiel der Achillessehne.
■ Torwart
Schlüsselbeinbruch und Verenkung der Schulter.
■ Brustkasten
Quetschungen, unter anderem der Rippen.
■ Knöchel
Quetschungen und Brüche.
■ Knie
Einreißen der Gelenkbänder; Meniskusverletzungen.

■ Kopf
Gehirnerschütterung durch „Köpfen" oder Zusammenstoß mit einem Spieler.

Handball
■ Arme
Abschürfungen des inneren Höckers an der Unterseite des Oberarmknochens. Abschürfungen der Sehnen der Streckmuskeln an den Endhöckern durch schlechte Fangtechnik.
■ Schultern
Ausrenken und Abschürfungen der Befestigungen des unteren Schulterblattmuskels durch Blockieren beim Werfen.

Hockey
■ Allgemein
Verletzungen durch einen Stockschlag oder durch den Ball.
■ Hände
Knochenbrüche.
■ Kopf
Brüche im Bereich der Augenhöhle.

Judo
■ Beine
Zerreißen der Kniebänder; Meniskusverletzungen; Knöchelverrenkung.

Leichtathletik
■ Allgemein
Brüche durch Übermüdung.
■ Arme
Schulterschmerzen infolge der Überanstrengung beim Werfen.
■ Beine
Eingerissene Achillessehne, Knochenhautschäden an der Vorder- und Hinterseite des Schienbeins; teilweise Risse an den Beugemuskeln des Knies.
■ Wirbelsäule
Halswirbelschmerzen beim Hochsprung nach rückwärts.

Häufig vorkommende Sportunfälle, nach den Sportarten geordnet

Kunst- und Turmspringen
■ Allgemein
Gehirnerschütterung oder Blutungen als Folge eines verkehrten Sprungs ins Wasser.
■ Beine
Brüche.
■ Ohren
Riss im Trommelfell.
■ Wirbelsäule
Verrenkung; Wirbelbrüche.

Radfahren
■ Allgemein
Ernstliche Hautabschürfungen infolge von Stürzen, Milzverletzung (Lenker gegen den Bauch gedrückt).
■ Arme
Handgelenkverrenkung bei Stürzen.
■ Beine
Krampf im vierköpfigen Schenkelmuskel, Knieverletzungen, verstauchter Knöchel.
■ Brustkasten und Kopf
Schlüsselbeinbrüche; Verletzungen am Schädel.

Reiten
■ Allgemein
Knochenwucherung an der Innenseite des Oberschenkels.
■ Beine
Brüche und Ausrenkung des Fußes und des Knöchels (Hängenbleiben im Steigbügel bei einem Fall).
■ Schultern und Wirbelsäule
Schlüsselbeinbruch; Ausrenken der Schulter; Wirbelbrüche.

Ringen
■ Allgemein
Gerissene Sehnen, Schulterquetschungen und Brüche im Schulterbereich.
■ Brustkasten
Brüche von Schlüsselbein und Rippen.
■ Wirbelsäule
Anschürfungen der Dornfortsätze; Wirbelbrüche.

Rudern
■ Arme
Entzündungen der Sehnen der Unterarmmuskeln.
■ Rücken
Rückenschmerzen.

Schwimmen
■ Allgemein
Verletzungen an Armen und Beinen.

Skilaufen
■ Arme
Brüche und Ausrenkungen.
■ Beine
Risse in den Kniebändern; Meniskusverletzungen; verdrehte (Spiral)brüche des Schienbeins; ausgerenkter Knöchel; Knöchelbruch.

Tennis
■ Arme
Sehnenentzündungen; Tennisarm.
■ Beine
Tennisbein.

Turnen
■ Arme
Auskugeln der Arme bei Hängeübungen.
■ Beine
Verstauchungen und Brüche des Knöchels und des Fußes durch verkehrten Absprung.

Volleyball
■ Hände
Verrenkung der Handgelenke.

Wasserball
■ Allgemein
Krämpfe infolge Abkühlung; Schwimmerekzem.
■ Ohren
Riss des Trommelfells.

Stress

Definition

Stress (englisch, etwa gleich Belastung, Druck, Anspannung, Überforderung) bedeutet nicht notwendigerweise krankhafte Veränderungen: Schon das normale Dasein verursacht Belastung und Verschleiß in der Maschinerie des Körpers. Stress kann sogar Heilwert haben, wie bei der ärztlichen Schockbehandlung, bei einem Aderlass oder im Sport. Seit etwa einem Vierteljahrhundert ist bekannt, dass Stress in der Struktur wie in der chemischen Zusammensetzung des Körpers Veränderungen verursacht, die medizinisch genau nachweisbar sind. Einige dieser Veränderungen sind bloß Zeichen für eine Schädigung, andere offenbaren die Anpassungsreaktionen des Körpers, seinen Abwehrmechanismus gegen Stress.

Mit dem Begriff Stress ist ein von dem kanadischen Endokrinologen Selye entwickeltes physiologisches Modell verbunden, das eine Ausdehnung in den psychosomatischen Bereich erfahren hat.

Begrifflich ist zu unterscheiden zwischen

Psychischer Stress entsteht infolge einer Diskrepanz zwischen spezifischen Anforderungen und subjektivem Bewältigungsverhalten.

- Stress (= körperlicher oder seelischer Zustand der Belastung/Überbelastung);
- Stressor (= der einen Stress erzeugende Faktor);
- Stressreaktion (= die Antwort des Organismus auf den Stressor).

Die in tierexperimentellen Beispielen gezeigte typische Antwort auf Stress ist das allgemeine Adaptationssyndrom. Unter Exposition gegenüber verschiedenen, unspezifischen Noxen kommt es

- zum Alarmstadium mit Schockreaktion und Gegenschockphase;
- danach tritt eine Abwehrreaktion ein, auch Resistenz- oder Anpassungsphase genannt;
- fortdauernde Belastung führt zum Erschöpfungsstadium. Im Rahmen dieses Erschöpfungsstadium sind zum Beispiel Hypertonien, Gefäßkrankheiten, Nephrosklerose, Moykardschäden usw. tierexperimentell nachzuweisen.

Physiologisch wird die Stressreaktion vom Hypophysenvorderlappen-Nebennierenrindensystem gesteuert. Dabei wird die Reaktion auf Stress vom adrenalinproduzierenden Nebennierenmark und von der Hypophyse mit ihren Einwirkungen auf die Nebennieren vermittelt. Die Hypophyse kann über den Hypothalamus durch höhere Gehirnzentren beeinflusst werden.

Das soll die Möglichkeit der Einwirkung von psychischem Stress auf das Adaptationssyndrom darstellen.

In der Phase der Anpassung an einen Stresszustand werden Nebennierenrindenhormone (Glukokortikoide und Mineralokortikoide) freigesetzt. Vermehrte Produktion und Störungen des Gleichgewichts zwischen diesen beiden Hormongruppen führen zu Schädigungen, die nach Selye eben gewissen menschlichen Krankheitszuständen (Adaptionskrankheiten) nahestehen. Hierzu rechnet man Hypertonie (Bluthochdruck), Atherosklerose, peptisches Magengeschwür usw.

Im Seelischen geht die erste Schock- und Kontraschockphase einher mit verschiedenartigen Zuständen wie Bewusstseinsverlust, Stupor, Panik, Schreck und Angst. In die Anpassungsphase fallen die Mehrzahl der psychosomatischen Krankheiten: Bronchialasthma, Geschwür, Hypertonie. In der Erschöpfungsphase werden neurasthenische Zustände, ängstlich gespannte Verstimmungszustände mit vegetativen Funktionsstörungen beschrieben.
Eine Stütze erfahren diese physiologischen Hinweise dadurch, dass bei einigen psychosomatischen Krankheiten (wie zum Beispiel Bronchialasthma) Kortikoide therapeutisch zumindest im akuten Stadium erfolgreich eingesetzt werden können.

Positronenemissionstomographie (PET); Untersuchung von funktionellen zerebralen Stressfaktoren

Risikofaktor

Stress als krankmachender Risikofaktor besitzt zahlreiche Beziehungen zu anderen bekannten Risikofaktoren wie Übergewicht, Bluthochdruck, erhöhten Blutfetten, erhöhtem Blutzucker, Bewegungsmangel und Zigarettenrauchen, die zu einem vorzeitigen Verschleiß des Organismus, insbesondere zur Atherosklerose, führen. Überdies gibt es durchaus auch Zusammenhänge: Ein ständig gehetzter, angespannter Mensch wird sich mit einiger Wahrscheinlichkeit falsch ernähren. Er raucht möglicherweise. Er führt einen Lebensstil mit permanenter Spannung und ohne Entspannung. Man muss sich dieser Gefährdung bewusst werden, denn viele dieser Verhaltensweisen sind durchaus alltäglich.

Anpassungsprogramm

Man versteht unter Stress das komplexe Anpassungsprogramm des Menschen an neuartige Situationen, seine Antwort auf alle Reize, die sein persönliches Gleichgewicht stören. Eigentlich also ein ganz normaler Zustand, denn Spannung, Anspannung und Engagement gehören zu unserem Leben. Ohne sie sind große Leistungen undenkbar, genauso wie starke Gefühle. Sind sie vorüber, folgt meist eine wohltuende Entspannung.

Diese Art kurz- und mittelfristiger Belastung, auch als Eustress bezeichnet, ist ungefährlich. Die Wiederholung derartiger Situationen kann sogar als Trainingseffekt die Widerstandskraft gegenüber psychischen Belastungen erhöhen. Bedenklich wird es, wenn die Anspannung nicht abklingt, wenn Misserfolge registriert werden, negative Gefühle vorherrschen oder keine Erholungspausen folgen. Permanent herrschender Stress, auch als Disstress bezeichnet, kann die Gesundheit gefährden. Chronische Spannungszustände begünstigen zum Beispiel Sauerstoffmangelerscheinungen in den Geweben – vor allem im Gehirn.

Symptome

Die vermehrte Aktivität einzelner Organsysteme lässt sich objektiv registrieren: Die Atmung wird schneller, der Pulsschlag beschleunigt, der Blutdruck erhöht, die Schweißsekretion stärker usw. Im Urin lässt sich eine erhöhte Ausschüttung des sogenannten Fluchthormons Noradrenalin und des Angriffshormon Adrenalin nachweisen.
Bemerkbar macht sich der Stress zunächst nur durch eine Reihe mittelbarer Erscheinungen, von denen rasche Ermüdbarkeit, Störungen des vegetativen Nervensystem, Depressionen, Angstzustände und Neurosen die

Ihr 8-Punkte-Programm gegen Stress

Stress gehört zum Leben, kann sogar die Leistungsfähigkeit erhöhen, wenn Zeiten der Anspannung mit Erholungsphasen abwechseln, gefährlich wird es, wenn diese Balance durch Dauerstress ins Wanken gerät. So kommen Sie aus der Mühle heraus.

1. **Sie sind ein ewiger Grübler? Mischen Sie lieber aktiv mit!**
   Führen Sie sich eines vor Augen: Sie können Ihr Leben selbst gestalten und sind dafür verantwortlich. Grübeln Sie also nicht lange herum. Sie tun, was Sie können, alles Weitere steht nicht in Ihrer Macht.

2. **Sie haben das Gefühl, ewig zu kurz zu kommen? Machen Sie trotzdem das Beste aus Ihrem Leben!**
   Vergleichen Sie sich nicht immer mit anderen, die alles viel „cooler" wegstecken. Geben Sie – jetzt gleich – den Gedanken auf, alle haben es besser, sind gesünder, schöner, wohlhabender. Im Einzelfall mag das stimmen. Aber Sie sind unverwechselbar. Denken Sie an Ihre Schokoladenseiten und freuen Sie sich, dass Sie so nett sind und auch andere Sie liebenswert finden.

3. **Sie sind ein Perfektionist? Lassen Sie auch mal fünf gerade sein!**
   Schrauben Sie Ihre Erwartungen zurück. Überdenken Sie Ihre Ansprüche an sich selbst und an die anderen: Es muss nicht immer alles perfekt sein, weder im Job noch zu Hause. Was Sie in der Werbung sehen, ist „Heile-Welt-Wunschdenken" und hat mit der Wirklichkeit nichts zu tun.

4. **Sie schaffen Ihre Arbeit nicht?**
   Fangen Sie doch erst einmal an! Sie arbeiten zügig, aber nicht oberflächlich. Machen Sie sich keine aufwendigen Zeitpläne, sondern stellen Sie sich eine klare Rangordnung auf. Machen Sie Arbeiten, bei denen Sie sich konzentrieren müssen, vormittags oder nach 16 Uhr. Und denken Sie daran: Überall wird nur mit Wasser gekocht, auch wenn es für Sie manchmal anders scheint.

5. **Sie fühlen sich überfordert? Machen Sie genügend Pausen!**
   Erholung ist notwendig, damit Sie gesund bleiben. Nur wer seine Arbeit auch einmal für ein paar Minuten unterbricht, kann neue Kräfte tanken. Lassen Sie die Gedanken schweifen, und schauen Sie den Wolken nach, beobachten Sie die Vögel. Auch in der Freizeit sind Pausen wichtig: Stopfen Sie Ihre Abende und Wochenenden nicht mit Terminen voll. Suchen Sie sich ein Hobby, bei dem Sie abschalten und vergessen können.

6. **Sie sind verkrampft und können nicht loslassen? Bewegen Sie sich!**
   Bei körperlichen Aktivitäten stellt sich Entspannung meist von selbst ein. Denn Stresshormone werden dabei abgebaut. Suchen Sie sich etwas, das Ihnen Spass macht. Es spielt keine Rolle, ob Sie lieber Ihren Hund ausführen, im Garten buddeln, sich aufs Fahrrad schwingen oder Entspannungstechniken erlernen. Hauptsache, Sie tun's.

7. **Die Angst vor Stress macht Ihnen Stress? Versuchen Sie es mit pflanzlichen Mitteln!**
   Stress wird manchmal zum Selbstläufer: Nicht die Belastung sondern die Angst davor ist der Haupt-stressfaktor. Hier können pflanzliche Mittel mit Kava-Kava oder Johanniskraut das seelische Gleichgewicht wieder herstellen und die Stressanfälligkeit verringern.

8. **Sie haben niemanden, dem Sie Ihr Herz ausschütten können? Suchen Sie Menschen, die Ihnen zuhören!**
   Wenn Sie gute Freunde haben, können Sie sich auch Ihre Probleme von der Seele reden. Falls nicht, beispielsweise weil Sie in der Stadt noch neu sind, suchen Sie sich Gleichgesinnte – warum nicht über eine Kleinanzeige in der Zeitung. Bemühen Sie sich auch außerhalb Ihres Freundeskreises um gute Kontakte: Knüpfen Sie lockere Beziehungen zur Hausgemeinschaft, zu den Nachbarn und zu Bekannten aus dem Verein.

wichtigsten und auffälligsten sind. Sie weisen deutlich darauf hin, dass das Gleichgewicht zwischen Körper und Psyche gestört ist und dass gesundheitliche Schäden eintreten können, wenn die Stresseinwirkung weiter anhält.

Folgende Verhaltensweisen begünstigen das Risiko von Stress und Stressschäden erheblich:

- Grübeln, nicht abschalten können.
- Ständiges Zweifeln, ängstliches In-sich-Hineinhorchen.
- Überkorrektheit, das Bedürfnis, alles immer wieder zu kontrollieren.
- Anderen Menschen immer alles recht machen wollen.
- Schnelles Resignieren, zu leicht aufgeben.
- Alles in sich hineinfressen, Gefühle nicht äußern können.
- Übersteigertes Leistungsstreben.
- Betäubungsmissbrauch, Genussmittelmissbrauch.

Entspannung hilft Ihnen Stress abzubauen.

Persönlichkeit

Die Art und Weise, in der Stress erlebt, verarbeitet und bewältigt wird, hängt ganz entscheidend vom Persönlichkeitstyp ab. Obwohl sich starre Grenzen nicht festlegen lassen, kann man hinsichtlich der Stressgefährdung fünf solcher Persönlichkeitstypen unterscheiden.

Der Lebenskünstler nimmt alles leicht, steckt Probleme und Konflikte rasch weg und ist ohne übertriebenen Ehrgeiz im Beruf. Als Gesellschafter ist er angenehm und verbreitet ringsum gute Stimmung. Er lacht oft und wirkt auf andere häufig ein wenig oberflächlich. Er hat das geringste Risiko, durch Stresseinwirkung krank zu werden.

Der ruhige Typ ist mehr auf sich bezogen und lebt angepasst und eher unauffällig in der Gemeinschaft. Stresseinwirkungen scheinen ihm nichts anzuhaben, dabei frisst er Ärger, Frustrationen und Konflikte in sich hinein.

Obwohl er sich häufig ungerecht behandelt fühlt, setzt er sich nicht zur Wehr. Sein Stressrisiko ist hoch. Neurotische Störungen sowie stressbedingte Erkrankungen des Verdauungssystems wie Magengeschwüre, Reizkolon u.a. können die Folgen sein. Der Stresssüchtige sucht Anerkennung durch Leistung. Dazu flüchtet er sich geradezu in den Dauerstress, fühlt sich stets gefordert und hält sich immer für unersetzbar.

Er kann sich nicht entspannen, ist kaum genussfähig, relativ gefühlsarm und hat es meist schwer, zwischenmenschliche Beziehungen bzw. Partnerschaften zu gestalten. Er ist der typische Kandidat für einen Herzinfarkt im vierten oder fünften Lebensjahrzehnt.

Der Emotionale hat eine schwankende Stimmung – fast immer unkontrolliert - ständig zwischen überschäumender Lebensfreude und tiefer Betrübnis; mal ist er hartnäckig und aggressiv, mal weich und überaus sensibel. Er ist cholerisch, meist sehr von sich überzeugt und will andere beherrschen. Erhöhter Blutdruck und die Neigung zu Fettstoffwechselstörungen sind seine stressbedingten Risiken, die auch in einen Herzinfarkt münden können.

Der Leidende ist übersensibel, ängstlich und immer angepasst, ohne entwickeltes Selbstbewusstsein. Wenn er nicht gerade von Selbstzweifeln geplagt wird, fühlt er sich von anderen ungerecht behandelt. Schon kleine Konflikte können ihn aus der Bahn werfen. Stressbelastung führt bei diesem Persönlichkeitstyp meist zu starken vegetativen Störungen, zu Neurosen oder Depressionen. Es besteht auch die Gefahr psychiatrischer Erkrankungen.

Tuberkulose

Die durch Tuberkelbakterien hervorgerufene Infektionskrankheit heißt Tuberkulose. Charakteristisch für Tuberkulose sind die Tuberkeln, infektiöse Granulationsgeschwülste, die gefäßlos sind und aus Langerhans-Riesenzellen und Epitheloidzellen bestehen. Man unterscheidet drei Stadien der Tuberkulose:

- Primäraffekt, ein begrenzter Herd in der Lunge im frühesten Kindesalter.
- Sekundärstadium, Entwicklung und Vergrößerung des primären Lungenherdes oder Aussaat der Tuberkelbakterien über die Blutbahn von den Lymphknoten aus (in Knochen, Gelenke).
- Tertiärstadium, isolierte Organtuberkulose (Lunge, Niere). Dies ist auch das Stadium der relativen Immunität.

In der Kindheit kann sich die Krankheit in vielen verschiedenen Formen entwickeln. So kann das Skelett angegriffen werden. Bei der Wirbelsäule etwa führt dies zu dem charakteristischen Buckel, wenn Teile der Knochen durch die Tuberkuloseerreger zerstört worden sind. Teilweise erschreckend ist die Vielfalt der Erkrankungsformen, die sich im Bereich des Hirns entwickeln und eine Meningitis (Hirnhautentzündung) verursachen. Diese ist normalerweise tödlich, aber auch wenn sie erfolgreich behandelt wird, kann das Kind bleibende Hirnschäden davontragen. Zur erfolgreichen Therapie der Tuberkulose stehen heute wirksame Antibiotika zur Verfügung.

Erreger

Das von Koch entdeckte *Mycobacterium tuberculosis* ist ein stäbchenförmiger, unbeweglicher Mikroorganismus von 3 bis 4 µm Länge. Er zeichnet sich insbesondere durch seine Beständigkeit gegenüber Säuren und Alkali aus, die nahezu alle anderen Bakterien in kürzester Zeit abtöten.

Heute kennt man alle wichtigen morphologischen und metabolischen Aspekte des Tuberkulosebazillus. Eine aus hygienischer und prophylaktischer Sicht sehr wichtige Tatsache ist, dass er sehr lange außerhalb des Wirtsorganismus lebensfähig bleibt. So kann er im Sputum etwa drei Monate überleben.

Auch Tiere erkranken an Tuberkulose. Neben dem Mycobacterium tuberculosis hominis gibt es noch andere Tuberkulosebazillen, die sich bakteriologisch und biologisch voneinander unterscheiden:

- das *Mycobacterium bovis*, das hauptsächlich Warmblüter befällt;
- das *Mycobacterium avis*, dessen spezifischer Wert Vögel sind.

Diese Mikroorganismen können aber auch in anderen Wirtsorganismen leben. So ist zum Beispiel das Mycobacterium bovis, das häufig in nicht kontrollierter Milch nachgewiesen werden kann, für zahlreiche extrapulmonale Tuberkuloseerkrankungen des Menschen in der frühen Kindheit verantwortlich.

Multiple Tuberkuloseherde (Miliartuberkulose) in den Lungen

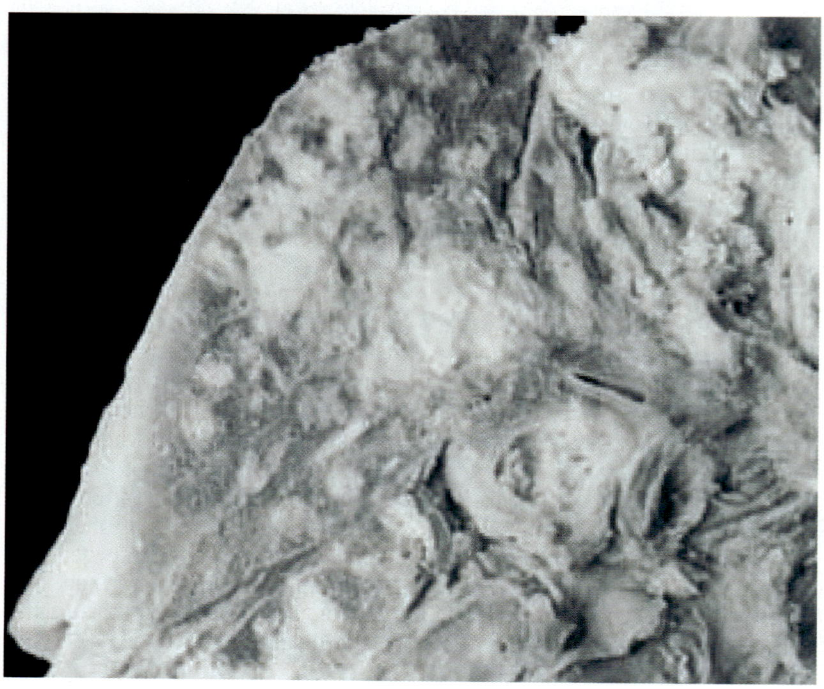

Übertragung

In den meisten Fällen wird der Tuberkulose-Erreger eingeatmet. Der Bazillus haftet auf dem in der Luft schwebenden Staub und wird von Tuberkulose-Kranken direkt beim Sprechen oder Husten über mikroskopisch kleine Speicheltröpfchen an die Umgebung abgegeben.

In den Atemwegen gelangt er bis in die Lungenalveolen, in denen er sich ansammelt und manchmal eine Entzündung auslöst. Die wichtigste Infektionsquelle, von der der Erreger an die Umwelt abgegeben wird, ist sicher-

Symptome und Komplikationen anderer Organe

Außerhalb der Lunge befällt die Tuberkulose am häufigsten Nieren und Lymphknoten. Auch Knochen, Gehirn, Bauchhöhle, Herzbeutel, Gelenke und Geschlechtsorgane können infiziert werden. Eine derartige Tuberkulose ist oft schwer zu diagnostizieren.

Bauchhöle
Symptome oder Komplikationen
- Müdigkeit
- Schwellungen
- Druckempfindlichkeit
- Schmerzen

Blase
Symptome oder Komplikationen
- Schmerzen beim Wasserlassen
- Blut im Urin

Knochen
Symptome oder Komplikationen
- Schwellungen
- leichte Schmerzen

Gehirn
Symptome oder Komplikationen
- Fieber
- Kopfschmerzen
- Übelkeit
- Schläfrigkeit
- unbehandelt: Koma
- unbehandelt: Hirnschäden

Herzbeutel
Symptome oder Komplikationen
- Fieber
- vergrößerte Halsvenen
- Atemnot

Gelenke
Symptome oder Komplikationen
- arthritisähnliche Symptome
- Schmerzen
- Schwellungen

Nieren
Symptome oder Komplikationen
- Nierenschaden
- Infektionen im Gewebe rund um die Nieren
- Druckempfindlichkeit

Lymphknoten
Symptome oder Komplikationen
- schmerzlose rote Schwellungen
- Druckempfindlichkeit
- Schmerzen

Geschlechtsorgane
Symptome oder Komplikationen
- Unfruchtbarkeit
- Knoten im Hodensack

Wirbelsäule
Symptome oder Komplikationen
- Schmerzen
- Wirbelerkrankungen
- Beinlähmung

lich der Mensch. Aus epidemiologischer Sicht sind die offenen Tuberkuloseformen, bei denen die Erreger nicht an die Außenwelt abgegeben werden, bedeutsamer als die geschlossenen Formen, wie zum Beispiel die Meningitis tuberculosa oder alle anderen Formen, die nur die inneren Organe betreffen. Durch die Lungentuberkulose wird der Bazillus am stärksten verbreitet, da die Erreger durch den Husten sehr leicht nach außen gelangen. Bei Tuberkulose-Kranken sind die Bazillen im Allgemeinen auch im Mundbereich angesiedelt, so dass die Krankheit durch Küssen, aber auch durch gemeinsam benutztes Geschirr, Besteck, Gläser oder andere Gegenstände übertragen werden kann. In den meisten Fällen wird die Tuberkulose aber mit dem Sputum verbreitet, da die Bakterien in großen Mengen ausgestoßen werden und in der schleimigen Konsistenz des Sputums günstige Überlebensbedingungen außerhalb des Wirtsorganismus vorfinden.

Behandlung

Antibiotika können normalerweise sogar eine sehr fortgeschrittene Tuberkulose heilen. Die Behandlung muss selbst dann noch lange fortgesetzt werden, wenn sich der Patient bereits vollständig gesund fühlt, denn es dauert eine geraume Zeit, bis alle der langsam wachsenden Bakterien abgetötet sind und das Risiko eines Krankheitsrückfalls gebannt ist.

Zur Behandlung von Tuberkulose werden stets zwei oder mehr Antibiotika mit unterschiedlicher Wirkung gegeben, die gemeinsam praktisch alle Bakterien abtöten. Die am häufigsten angewendeten Antibiotika sind:
- Isoniazid (Isozid)
- Rifampizin (Eremfat)
- Pyrazinamid
- Streptomyzin
- Ethambutol (Myamutol)

Wirbelsäulenerkrankungen

Einführung

Der Wirbelsäule verdanken wir unsere aufrechte Haltung und unsere große Bewegungsmöglichkeit. Um den Anforderungen gerecht zu werden, hat die Wirbelsäule einen entsprechenden Bau. Die Wirbelsäule besteht aus 24 Wirbeln, die je nachdem, zu welchem Abschnitt der Wirbelsäule sie gehören, unterschiedliche Formen aufweisen. Die Wirbelsäule besitzt drei Abschnitte, Hals-, Brust- und Lendenwirbelsäule, und besitzt charakteristische Krümmungen, die an der Hals- und Lendenwirbelsäule nach vorne (Lordose) und im Bereich der Brustwirbelsäule rückwärts (Kyphose) gerichtet sind. So wird die Wirbelsäule zu einem S-förmigen, federnden und elastischen Stab. Die Wirbelkörper sind die tragenden Elemente der Wirbelsäule, die im Halsbereich viereckig, im Brustbereich dreieckig und im Lendenbereich bohnenförmig sind. Durch Zwischenwirbelscheiben (Bandscheiben), die aus Knorpel bestehen, werden die Wirbelkörper miteinander verbunden. Jede Zwischenwirbelscheibe enthält einen gallertartigen Kern. Bei Körperbewegungen funktionieren die Gallertkerne der Zwischenwirbelscheiben wie Wasserkissen, indem sie den Bewegungen folgen und den ausgeübten Druck abfangen und gleichmäßig verteilen. Durch straffe, aber auch elastische Bänder wird die Wirbelsäule vorne und hinten gestärkt und verspannt, wodurch die S-förmige Gestalt der Wirbelsäule aufrechterhalten wird.

Röntgenaufnahmen der Wirbelsäule helfen bei der Diagnose.

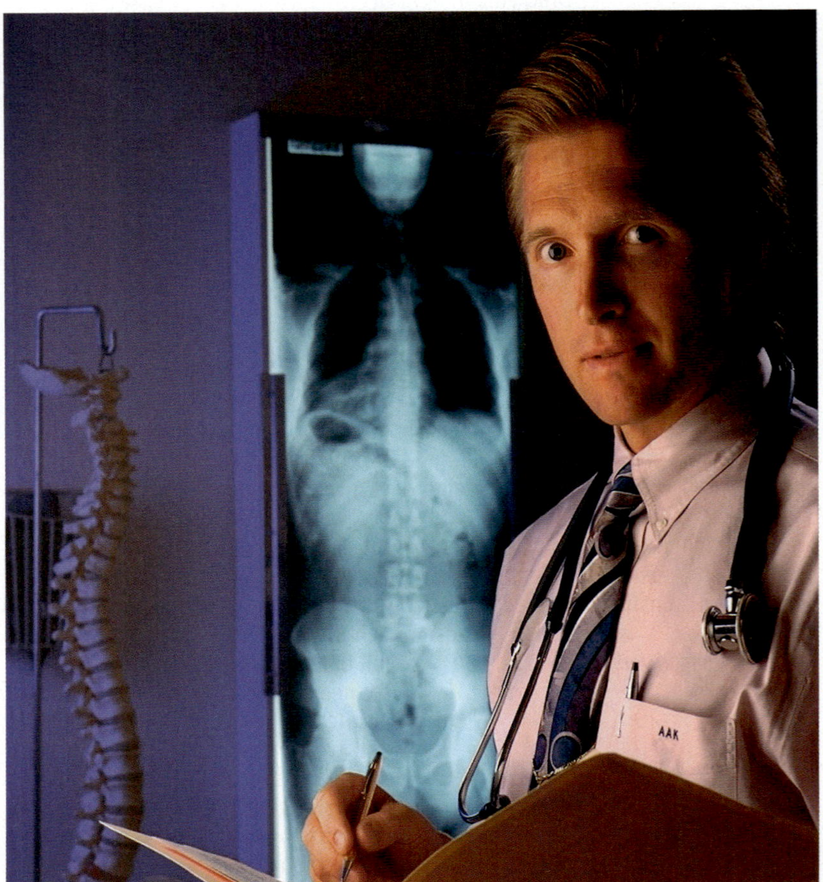

Wirbelsäulenschäden

Die klinisch wichtigsten Veränderungen wie Spondylose und Osteochondrose, Spondylolyse und Spondylolisthesis stehen mit Veränderungen der Bandscheiben in Zusammenhang.

- Spondylose: arthrotische (degenerative Gelenk-)Veränderungen der Wirbelkörper.
- Osteochondrose: Degeneration der Zwischenwirbelscheiben, anfangs Verbreiterung der Zwischenwirbelräume durch Quellung, dann Verschmälerung.
- Spondylolyse: Spaltbildung im Zwischengelenkstück des Wirbelbogens aufgrund einer Verknöcherungsstörung der paarigen Bogenepiphysen.
- Spondylolisthesis: Abgleiten eines Wirbels über den anderen infolge Spondylolyse.

Andere wichtige pathologische Veränderungen finden sich in den kleinen Wirbelgelenken. Als echte Gelenke unterliegen sie denselben Störungen wie alle anderen Gelenke. Die typischen Veränderungen des Knorpels sind: Degeneration und Abnutzungserscheinungen. Wenn reichlich Knorpelstücke entstanden sind, liegt häufig die innere Knochensubstanz (Spongiosa) frei: Es kommt zu deren Verhärtung (Sklerosierung).

Angeborene Missbildungen

Chorda dorsalis

Die Wirbelsäule entsteht unter dem Einfluss des embryonalen Achsenorgan,

der Rückensaite, Chorda dorsalis. Deshalb können Störungen in der Aus- und Rückbildung der Chorda Ursachen einer Fehlentwicklung der Wirberlsäule sein.
Als ageborene Missbildungen findet man:
- Blockwirbel,
- Keilwirbel.

Blockwirbel

Blockwirbel sind Verschmelzungen zweier oder mehrerer Wirbel. Sind davon nur die vorderen Wirbelkörperbereiche betroffen, kommt es bei ungestörter Entwicklung der hinteren Wirbelanteile infolge einer ventralen Wachstumshemmung zur Kyphosierung des entsprechenden Wirbelsäulenabschnitts.
Blockwirbelbildungen können auch auf dem Boden einer Entzündung entstehen; mehrmalige Röntgenkontrollen lassen zwischen angeborenen und erworbenen Blockwirbeln differenzieren.

Keilwirbel

Je nach Lage des Keils bildet sich ein spitzwinkliger Buckel (*Gibbus*) oder eine kurzbogige Skoliose aus, obwohl die benachbarten Wirbelkörper durch reaktive Überholung ihrer entsprechenden Kanten die Deformität zu kompensieren versuchen.
Im Gegensatz zum Block schreitet die Keilbildung mit steigendem Alter fort. Beschwerden treten jedoch erst mit zunehmendem Verschleiß im 2. oder 3. Lebensjahrzehnt auf.
Die Therapie beschränkt sich zunächst auf die auch bei der erworbenen Skoliose angewandte, konservative krankengymnastische Übungsbehandlung (Haltungsschulung, Kräftigung von Rücken- und Bauchmuskulatur). Erst bei einer Progredienz des Leidens ist ein operativer Eingriff angezeigt.

Abweichungen von der Norm

Relativ häufig weist die Wirbelsäule Abweichungen von der Norm, Varianten, auf, die stets an den Übergängen der einzelnen Regionen lokalsiert sind:
- Kopf-Halsbereich,
- Hals-Brustbereich,
- Brust-Lendenbereich,
- Kreuzbeinbereich.

Meist findet dabei eine Verschiebung der Grenzen nach kranial oder kaudal (Kranial- bzw. Kaudalvariation) statt, wobei überwiegend nur eine Regionengrenze betroffen ist.
Die Variationen in der Gesamtwirbelzahl beruhen entweder auf einer vermehrten Anlage von Ursegmenten oder einer gesteigerten Rückbildung von Schwanzsegmenten. Im Kopf-Halsbereich kann der erste Halswirbel (*Atlas*) in die Bildung des Hinterhauptsbein einbezogen sein, sog. Assimilation.

Kranialvarianten

Bei den Kranialvarianten liegt die Regionengrenzen um einen Wirbel höher als normal. Häufig besitzt der 7. Halswirbel dann einen verlängerten Querfortsatz. An dieser Stelle kann sich auch eine frei bewegliche Rippe (sog. Halsrippe) ausbilden, die bis zur Skalenuslücke vorzuragen und die dort hindurchtretenden Versorgungseinrichtungen der oberen Extremität, Plexus brachialis und Arteria subclavia, zu komprimieren vermag.
Auch ist es möglich, das der 5. Lendenwirbel teilweise oder komplett mit dem Kreuzbein verschmolzen ist. Diese sog. Sakralisation kann mit einer Bewegungseinschränkung im Lendenwirbelbereich einhergehen.

Kaudalvarianten

Bei der Kaudalvariation verschiebt sich die Regionengrenze um einen Wirbel nach unten. Der Querfortsatz des 7. Halswirbels ist verkürzt, die 12. Rippe besonders lang. Der 1. Lendenwirbel trägt noch eine kurze Rippe (sog. Lendenrippe); der 1. Sakralwirbel ist zum Teil oder vollständig vom Kreuzbein getrennt (sog. Lumbalisation).

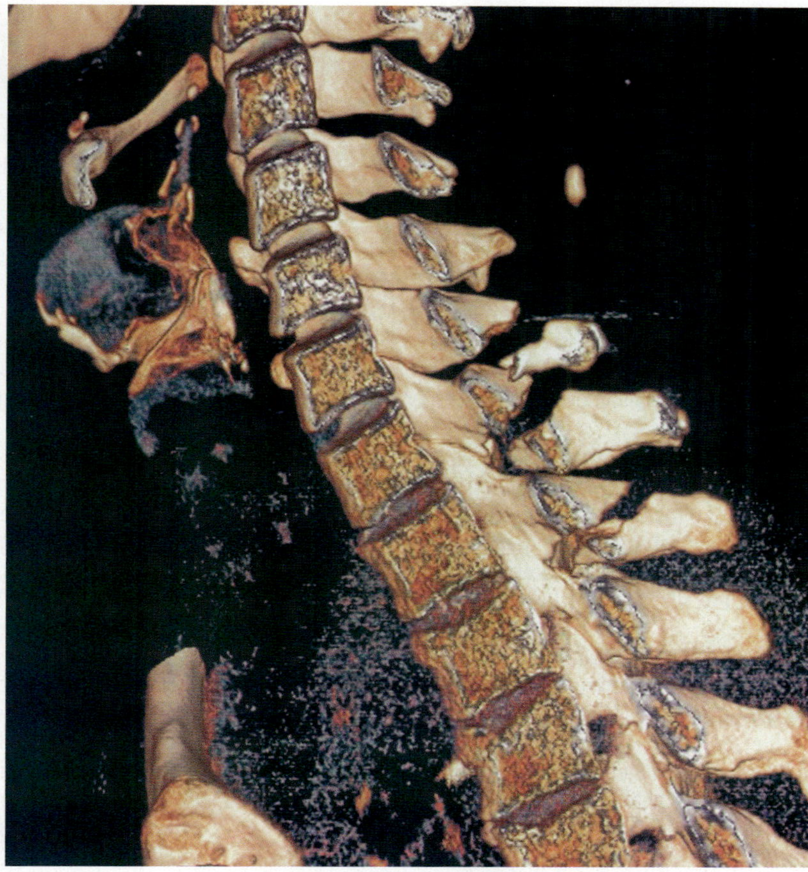

Kernspintomographie der Wirbelsäule; Wirbelbrüche im Zervikalbereich

Wichtige Fragen und Antworten zu Wirbelsäulenerkrankungen

Was sind die Funktionen der Wirbelsäule?
Die Wirbelsäule hat mehrere Aufgaben zu erfüllen: Stütz-, Trage- und Haltefunktion, Schutz des Rückenmarks und der Nerven, die die Wirbelsäule durch die Zwischenwirbellöcher verlassen, Bewegungsfunktionen.
Die Bewegung zwischen den einzelnen Wirbeln ist – nur dank der Gelenke und Bandscheiben – in geriem Maße möglich. Die Drehbewegungen der Längsache sind im Bereich der Lendenwirbelsäule stärker eingeschränkt und führen daher oft zu Verscheißerscheinungen an Gelenken und Bandscheiben.

Was ist eine Skoliose?
Eine Skoliose ist eine seitliche Verkrümmung der Wirbelsäule. Bei der Skoliose ist der Rücken seitlich verbogen, und die Wirbelsäule steht nicht gerade. Sie tritt oft früh im Kindesalter auf, nimmt während der Wachstumsphase zu und kommt erst nach abgeschlossenen Wachstum zum Stillstand.

Was ist das auffälligste Merkmal der Skoliose?
Das auffälligste Merkmal dieser Erkrankung ist im späteren Alter der sogenannte Rippenbuckel. Doch kann die Schiefstellung des Rückens auch zur Verlagerung der Brust- und Bauchorgane und in der Folge zur Beeinträchtigung ihrer Funktion einschließlich der Lunge und des Herzens führen.

Sieht man Skoliose bei Mädchen öfter als bei Knaben?
Ja, sie wird am häufigsten während der Zeit des raschen Längenwachstums am Beginn der Entwicklungsjahre beobachtet.

Korrigiert sich eine Skoliose manchmal von selbst ohne Behandlung?
Nein, aber die Verkrümmung ist in der Mehrzahl der Fälle leicht und erreicht schließlich ein Ruhestadium, in dem sie nicht mehr weiter fortschreitet.

Wie verläuft eine Skoliose, wenn sie nicht operativ behandelt wird?
In den meisten Fällen kommt die Verbiegung der Wirebelsäule zum Stillstand, sobald die Geschlechtsreife erreicht ist, doch kann dann schon eine starke Rückgratsverkrümmung zurückbleiben, die die normale Herz- und Lungenfunktion beeinträchtigt.

Was versteht man unter Flachrücken?
Beim Flachrücken ist, wie der Name schon sagt, der gesamte Rücken abgeflacht. Die normalen Wirbelsäulenkrümmungen fehlen fast völlig. Eine Schwäche der Rückenmuskulatur, bedingt durch Bewegungsmangel dürfte eine der Hauptursachen sein, die zu einem Haltungsfehler und in der Folge zu bleibenden Haltungsschäden führt, zum Beispiel Skoliose. Andere Ursachen leisten nach neueren Erkenntnissen den Haltungsfehlern Vorschub.

Der totale Rundrücken; was versteht man hierunter?
Dieser Rücken weist in der ganzen Länge der Wirbelsäule ein nach hinten gebogenes Profil aus. Der Kopf wird nach vorn gestreckt, die Schultern hängen nach unten, der Brustkorb ist flach, der Bauch nach vorn gewölbt und das Becken nach hinten gekippt.

Was versteht man unter Kyphose?
Bei der Kyphose ist die Wirbelsäule im Brustbereich meist so nach hinten gebogen, dass ein Rundrücken (Buckel) entsteht.

Was versteht man unter Spondylolisthesis?
Von Spondylolisthesis oder Wirbelgleiten spricht man, wenn ein Wirbel infolge eines Baufehlers in der Wirbelsäule über den darunterliegenden Wirbel nach vorn gleitet. Am häufigsten findet sich eine Vorwärtsverschiebung des 5. Wirbels über den 1. Kreuzwirbel.

Wann führt ein Haltungsfehler zu Beschwerden?
Hat sich ein Haltungsfehler, der oft in der Jugend beginnt, erst einmal verfestigt, so führt dies im Erwachsenenalter sehr schnell zu Beschwerden, die den ganzen Organismus in Mitleidenschaft ziehen und die gesamte Lebensqualität beeinträchtigen. Am Ende hat der Betroffene nicht nur die Fähigkeit zum aufrechten Gang verloren, sondern trägt auch Schäden, zum Beispiel an Herz, Lunge oder Kreislauf, davon. Wenn sich aus einem Haltungsfehler eine bleibende Erkrankung entwickelt hat, so spricht man von einem Haltungsschaden.

Was ist die Bechterew-Krankheit?
Die Bechterew-Krankheit ist eine langsam fortschreitende, entzündlich-rheumatische Erkrankung, die vor allem die Wirbelsäule betrifft. Die Erkrankung ist gekennzeichnet durch eine zunehmende Bewegungseinschränkung und Krümmung der Wirbelsäule. Manchmal führt die Erkrankung dazu, dass einzelne oder mehrere Gelenke vollständig steif werden. In der Regel ist ein typisches genetisches Merkmal zu finden (HLA-B27).

Wie entsteht die Bechterew-Krankheit?
Der genaue Mechanismus der Krankheitsentstehung ist nicht bekannt. Vermutlich führt ein gestörtes Wechselspiel zwischen genetischen Anlagen und Umwelteinflüssen zu einer krankhaften Immunreaktion des Organismus. Die Folge ist eine chronischen Entzündung vor allem der Wirbelsäule. 95 Prozent der Patienten mit M. Bechterew haben ein bestimmtes, genetisch bedingtes Gewebemerkmal. Es wird HLA-B27 genannt. Dieses Gewebemerkmal bewirkt, dass der Körper bestimmte Erreger, meist solche, die Infektionen des Magen-Darm-Traktes auslösen, nicht abtöten kann. Dadurch entsteht eine chronische Entzündung. Warum sie gerade die Wirbelsäule befällt, ist unklar.

Scheuermann-Erkrankung

Definition

Bei der Scheuermann-Erkrankung kommt es infolge einer Schwäche der Übergangszone von Bandscheibe in Wirbelkörper zum Deckplatteneinbruch. Er ist eine im Jugendalter auftretende Wachstumsstörung an Grund- und Deckplatten der Wirbelkörper der Brust- und Lendenwirbelsäule.

Der innerhalb des faserknorpeligen Rings (*Annulus fibrosus*), der Bandscheibe, gelegene Gallertkern (*Nucleus pulposus*) ist inkompressibel und steht, besonders bei aufrechter Körperhaltung, stets unter einem hohen Druck. Dadurch vermag es die geschwächten Deckplatten eines Wirbelkörpers einzudrücken und sich in den Körper (als sog. Schmorl-Knötchen) zu verlagern.

Erfolgt dies im ventralen Wirbelkörperanteil, bricht die Vorderkante zusammen; es resultiert eine Keilform des Körpers mit Kyphosierung des betroffenen Wirbelsäulenabschnitts. Bei lateraler Impression kann sich eine Skoliose entwickeln.

Es müssen mindestens drei benachbarte Wirbelkörper betroffen sein, die jeweils einen Keilwirbelwinkel von mindestens 5 Grad aufweisen.

Überwiegend spielen sich sich diese Prozesse im Bereich der Brustwirbelsäule ab, seltener in der Lendenwirbelabteilung.

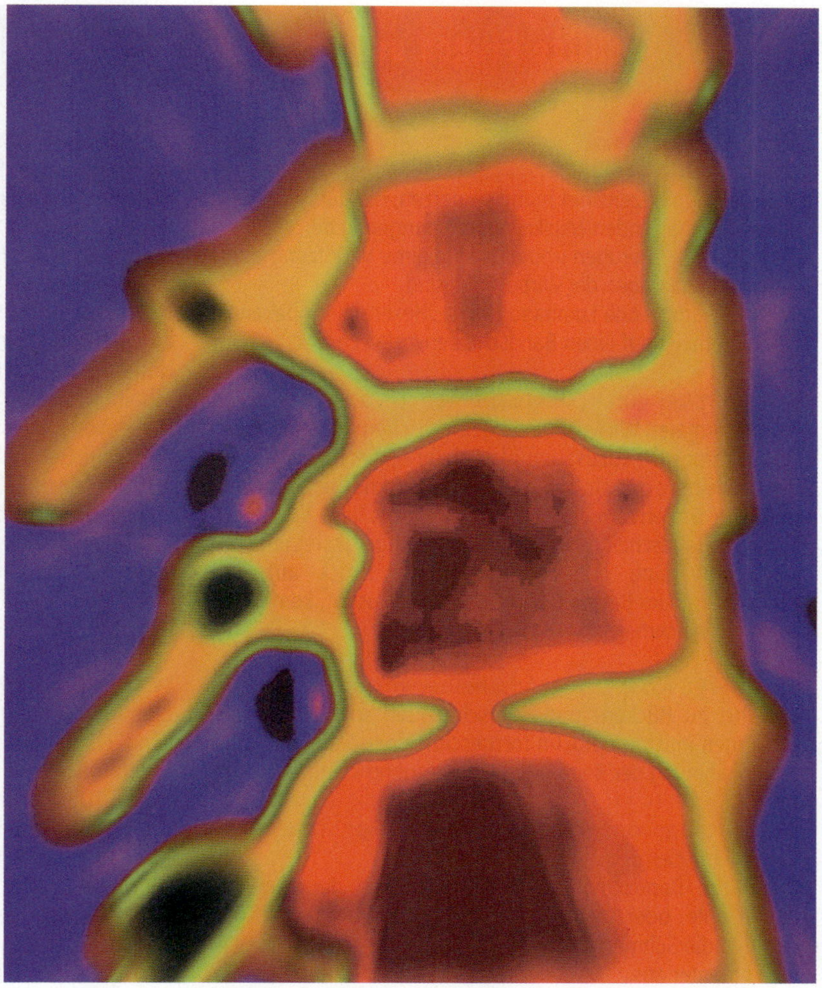

Farbkodierte Kernspintomographie der Wirbelsäule

Ursache

Die eigentliche Ursache der häufig zu beobachtenden Scheuermann-Erkrankung ist bisher noch weitgehend unbekannt. Eine familiäre Häufung spricht für Vererbbarkeit der Anlage, hormonelle Störungen in der Wachstumsphase unterstützen die Krankheitsentwicklung.

Mechanische und genetische Faktoren, Anomalitäten der Wirbelkörperrandleisten, Bandscheibengewebe, dass in die Wirbelkörper gelangt, sowie Vitaminmangelsyndrome usw. können eine Rolle spielen.

Auf dem Röntgenbild imponiert eine Keilwirbelbildung und sogenannte Schmorlsche Knötchen, das in den Wirbelkörper eingedrungenes Bandscheibengewebe darstellt. Letztlich tritt eine Imbalance im Wachstum der vorderen und hinteren Anteile des Wirbelkörpers auf, welche eine Keilwirbelbildung zur Folge hat.

Epidemiologie

Die Scheuermann-Erkrankung ist die häufigste Wirbelsäulenveränderung im Wachstumsalter. Nicht jede Erkrankung geht zwangsläufig mit Symptomen oder Beschwerden einher. Eine Scheuermann-Erkrankung kann bei ca. 20–30 Prozent aller Jugendlichen auf dem Röntgenbild nachgewiesen werden, nur ein geringer Teil entwickelt davon Beschwerden. 4–6 Prozent der Gesamtbevölkerung sind davon betroffen. Das Geschlechtsverhältnis beträgt männlich : weiblich = 2:1.

Das typische Erkrankungsalter liegt zwischen dem 11.–13. Lebensjahr. Klinische und radiologische Veränderungen können ab dem 11. Lebensjahr auftreten. Die krankheitstypischen Veränderungen an den Wirbelkörpern sind zum Wachstumsende stabilisiert. Sekundäre Phänomene durch die kyphotischen Wirbelsäulenfehlstellung können sich auch noch später zeigen.

Symptome

Erste Anzeichen der Scheuermann-Krankheit ist eine Rundrückenbildung zu Beginn des 2. Lebensjahrzehnts, die auf eine (bei Sportlern zunächst kompensierte) Schwäche der Rückenmuskulatur hindeutet. Nach einer gewissen Dauer steifen die betroffenen

Wichtige Fragen und Antworten zu Wirbelsäulenerkrankungen

Was versteht man unter Lumbago und Hexenschuss?
Mit Lumbago bezeichnet man Schmerzen, die auf schweren und langanhaltenden Muskelverspannungen in der unteren Rückengegend beruhen und die Folge einer Verletzung oder Gelenkerkrankungen der Wirbelsäule sind.
Die akut auftretende Lumbago ist als „Hexenschus" bekannt und geht meist auf einen Bandscheibenvorfall zurück.

Was geht bei einem Bandscheibenvorfall vor sich?
In der normalen Wirbelsäule liegen zwischen den einzelnen Wirbelkörpern – sozusagen als Polster – die sogenannten Bandscheiben; das sind ringförmige Faserknorpel, in deren Mitte der Gallertkern oder Nucleus pulposus liegt. Wenn ein Teil einer Bandscheibe aus der normalen Lage gleitet und bei jeder Bewegung des Patienten einen Druck auf die Umgebung (zum Beispiel Nervenwurzeln) ausübt, kommt es zu heftigen Schmerzen.

Wie merke ich einen Bandscheibenvorfall?
Es führt zu Rücken- und Beinschmerzen sowie Gefühlsstörungen im Unterleib. Im fortgeschrittenen Stadium kann es zur Lähmung der Bein- oder Fußbewegung kommen.

Welche Symptome gibt es bei einem Bandscheibenvorfall im Lendenwirbelbereich?
Wenn der Bandscheibenvorfall im Bereich der Lendenwirbelsäule oder gerade über dem Kreuzbein eintritt, strahlen die Schmerzen vom Kreuz in das Gesäß und in das Bein hinunter aus.
Bei Verscheißerscheinungen der Bandscheiben und Verdrehungsverletzungen der Wirbelsäule oder bei besonders starker Beanspruchung der Bandscheiben durch Heben einer schweren Last in gebeugter Stellung verlagert sich eine bereits vorgeschädigte Zwischenwirbelscheibe manchmal derart, dass sie dann auf eine aus dem Wirbelkanal heraustretende Nervenwurzel drückt. Das erzeugt heftige Schmerzen, die sich dem Nervenverlauf entlang hinunterziehen.

Wann hilft bei einem Bandscheibenvorfall noch eine Operation?
Wenn der Blasen- und Afterschließmuskel nicht mehr richtig funktioniert oder man Taubheit im Genital- oder Pobereich spürt. Dann drückt ein Vorfall auf mehrere Nervenwurzeln – und es muss die kaputte Bandscheibe entfernt werden.

Wie kann man im Voraus wissen, ob man für Hexenschuss oder Bandscheibenvorfall anfällig ist?
Meist ist eine Voraussage nicht möglich. In manchen Fällen zeigt das Röntgenbild Fehlbildungen, die einen davor warnen sollten, körperlich anstrengende Arbeiten zu verrichten.

Bei welchen Schmerzen muss ich zum Arzt?
Bei Rücken- und Beinschmerzen, die durch Schmerzmittel, Ruhe und Wärme nach drei Tagen nicht besser werden.

Was ist der Unterschied zwischen Hexenschuss und Ischias?
Eine Ischias oder Ischialgie entsteht in der Mehrzahl der Fälle durch eine Reizung oder durch Druck auf die Wurzeln des Nervus ischiadicus, sehr oft also durch einen Bandscheibenvorfall. Sie geht mit Schmerzen längs des Nervenverlaufs einher, das heißt die Schmerzen strahlen vom Kreuz zur Gesäßbacke, Unterseite des Oberschenkels, Wade und bis in den Fuß aus. Eine Neuritis des Nervus ischadicus erzeugt die gleichen Symptome.
Beim Hexenschuss fehlen Reizerscheinungen der Nerven, die Schmerzen sind auf die untere Rückenregion beschränkt, in der Mitte oder auf einer Seite, strahlen aber nicht in das Bein aus.

Was ist Osteochondrose?
Eine Rückbildung des Knochen-Knorpel-Gewebes, die entzündlich sein kann. Sie kann sich überall bilden, wo Gelenkflächen aufeinandergleiten bzw. gegeneinanderreiben. Die Gelenkflächen sind von einer Knorpelschicht überzogen, die gleichzeitig eine Gleitfähigkeit herstellt. Wenn diese Knorpelschicht faserig wird oder teilweise ganz zugrunde geht sowie durch knöcherne Leisten und Wucherungen ersetzt wird, spricht der Arzt von Osteochondrose, die in allen Gelenken auftreten kann. DerGelenkspalt wird verengt, und die Gleitfähigkeit geht verloren.

Wie verläuft die Bechterew-Krankheit?
Der klassische Verlauf erfolgt in Schüben.

- Nach Monaten bis Jahren verändern sich Körperhaltung und -bewegung in typischer Weise: Während die untere Wirbelsäule (Lendenwirbelsäule) abflacht, krümmt sich zunehmend die Brustwirbelsäule – ein Buckel bildet sich aus. Zum Ausgleich streckt sich der Hals, die Hüft- und Kniegelenke beugen sich.
- Das Blickfeld beim Geradeausblicken kann eingeschränkt sein.
- Große Gelenke wie Hüft- und Kniegelenke sowie Schulter- und Ellengelenke sind zuweilen von einer schmerzhaften Bewegungseinschränkung befallen.
- Manchmal kommt es zu einer Entzündung der Aderhaut der Augen (Uveitis).
- Möglicherweise entzündet sich die Schlagader (Aortitis).
- Zuweilen treten chronische Darm- bzw. Urogenitalerkrankungen auf.

Abschnitte zunehmend ein. Die Beschwerden, vornehmlich ein Müdigkeitsgefühl im Wirbelsäulenbereich, setzen erst relativ spät ein und werden durch degenerative Bandscheibenveränderungen oder Überkompensation in benachbarten Wirbelsäulenabschnitten erklärt. Im Lumbalbereich können Osteochondrosen, insbesondere zwischen L5 und S1, Anlass eines Prolapses (*Nucleus pulposus*) sein.

Folgen der Erkrankung können sein:

- Rundrücken in der Brustwirbelsäule.
- Flachrücken in der Lendenwirbelsäule.
- Eingeschränkte Beweglichkeit in Beugung und Rotation.
- Rückenschmerzen.
- Bandscheibenprobleme.

Diagnose

Die Diagnose wird röntgenologisch oder CT/MRT durch den Nachweis von Aufhellungszapfen (Schmorl-Knötchen), Unregelmäßigkeiten im Deckplattenbereich und keilförmige Wirbeldeformierungen gesichert.

Radiologische Veränderungen bei der Scheuermann-Erkrankung sind:

- typische Schmorlsche Knötchen,
- unregelmäßige Deck- und Grundplatten der Wirbelkörper,
- Keilwirbelbildung,
- Knötchen in der Deck- oder Bodenplatte gegenüber den Schmorl-Knötchen.

Behandlung

Die Therapieziele sind:

- ▲ Verhinderung des Auftretens bzw. des Fortschreitens zu einer schwerwiegenden Wirbelsäulendeformität.
- ▲ Schmerzreduktion bzw. Schmerzbeseitigung.
- ▲ Versuch der Korrektur der Wirbelsäulendeformität.

Therapeutisch sind Kräftigungsübungen der Rücken- und Bauchmuskulatur bei Vermeidung größerer Körperbelastung anzuraten.

So lange das Wachstum nicht abgeschlossen ist, ist theoretisch eine Wachstumskorrektur möglich. Durch muskuläre Stabilisierung kann eine Verbesserung erzielt werden. Bei leichtgradigen Erkrankungen ist eine

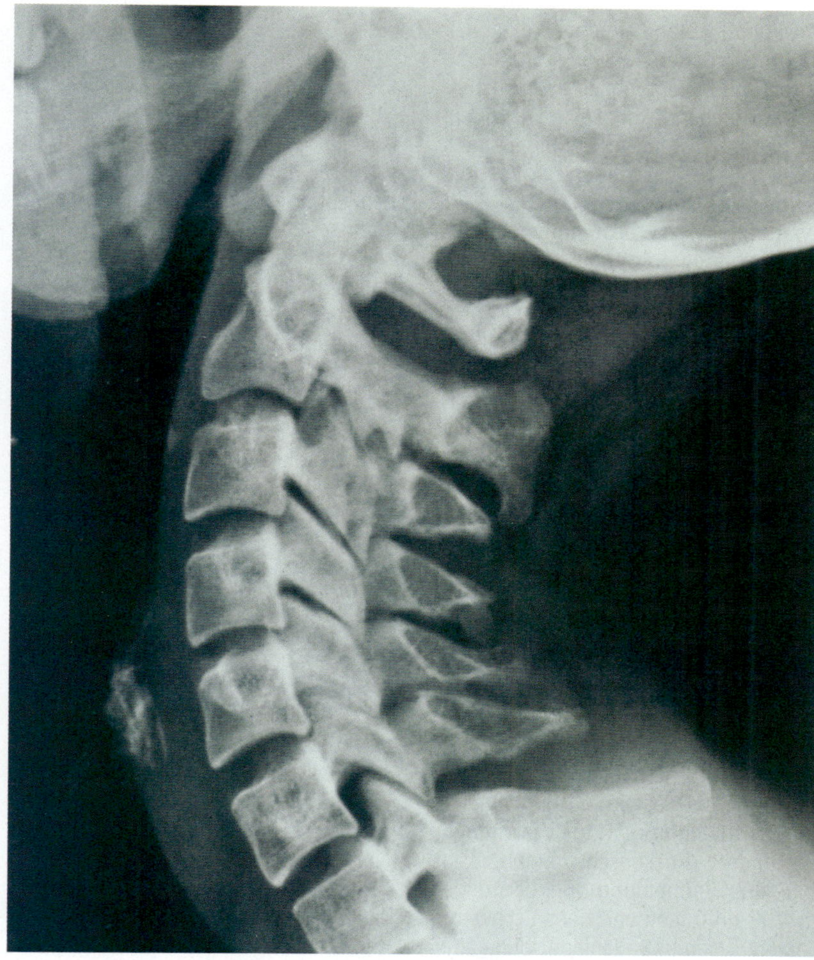

Röntgenaufnahme der Wirbelsäule; Seitenansicht der Halswirbelsäule

Entwicklungsstörung der Wirbelsäule

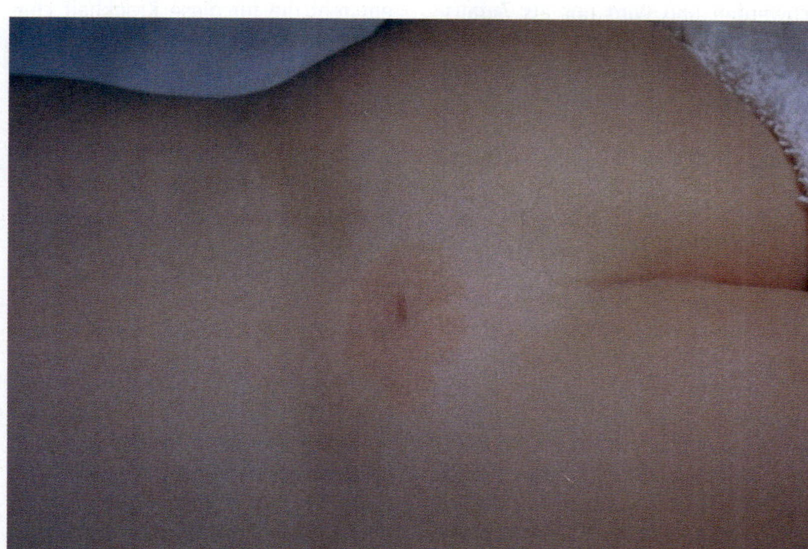

muskuläre Stabilisierung, die den Haltungsschaden ausgleicht in Kombination mit Bewegungsübungen sicherlich ausreichend. Sollte sich jedoch ein ausgeprägter Rundrücken bilden, kann eine Korsettanpassung notwendig werden.
Eventuell sollten bestimmte Lebensgewohnheiten, besonders den Beruf und gewisse sportliche Betätigungen betreffend, geändert werden.
Bei zunehmender Kyphosierung kann eine Behandlung in Gipsliegeschale angezeigt sein. Eine operative Versteifung des betroffenen Wirbelsäulenabschnitts (*Spondylodese*) ist wenigen, stark ausgeprägten Kyphosen vorbehalten.

Vorbeugung und Prognose

Alle in der Therapie genannten Verfahren können selbstverständlich auch aus prophylaktischen Zwecken eingesetzt werden. Ein gutes muskuläres Korsett sollte sich schon in der Kindheit angeeignet werden, damit Beschwerden erst gar nicht aufkommen können.
Insbesondere das Training der Bauch- und Rückenmuskulatur, Schwimmen (besonders Rückenschwimmen, kein Delphin), Vermeidung von Leistungssport, kein Tragen und Heben schwerer Lasten, Lesen in Bauchlage sowie eine angemessene Höhe und Neigung der Schreibtischplatte.
In den meisten Fällen bereitet eine Scheuermann-Erkrankung keine Beschwerden und wird nur als Zufallsdiagnose im Röntgenbild diagnostiziert. Durch Fehlstellungen der Wirbelsäule können sich chronische Rückenbeschwerden oder Bandscheibenvorfälle entwickeln.

Bechterew-Krankheit

Definition

Die Bechterew-Krankheit (*Spondylitis ankylopoetica*) betrifft bevorzugt die oberen und unteren Dornfortsätze benachbarter Wirbel. Sie geht meistens von der Lendenwirbelsäule, in seltenen Fällen auch von der Halswirbelsäule aus und deht sich nach oben und unten aus.
Bereits zu Beginn sind Veränderungen vor allem an den Sakroiliakal-, Hüft-, Knie- und Sprunggelenken, aber auch an peripheren Gelenken zu beobachten.
Die Krankheit führt zu Verdickung der Wirbelsäulenbänder, Verlust der intervertebralen Beweglichkeit und schließlich zum Verschwinden der Zwischenwirbelräume.
Die Krankheit ist unheilbar, schreitet aber nur langsam voran. Kapselfibrose und Verknöcherung der Bänder bewirken die Deformation der Wirbelsäule. Dabei wird die natürliche Krümmung der Wirbelsäule exzessiv verstärkt, wodurch der Patient die charakteristische Fehlhaltung erhält.

Verlauf

Normalerweise dauert es 10 bis 20 Jahre, bis es zur typischen Wirbelsäulenkrümmung kommt. In diesem Zeitraum biegt sich die Wirbelsäule im Bereich der Hals- und Lendenwirbel sehr stark konvex nach vorne (Lordose) bzw. im Bereich der Brustwirbelsäule konvex nach hinten (Kyphose). Dadurch entsteht die für diese Krankheit charakteristische Deformation der Wirbelsäule.
Mit Fortschreiten der Krankheit werden die für die Spondylitis ankylopoetica typischen Symptome deutlicher: verstärkte Neigung zur Bildung von Kapselfibrosen sowie Verkalkung und Verknöcherung der Bänder, was zur Ankylosierung (Versteifung) der Gelenke führt.

Inzidenz

Die Krankheit ist ziemlich gleichmäßig verteilt, tritt aber vor allem bei Männern unter 30 Jahren auf. Ab dem 50. Lebensjahr entsteht sie nur noch in vereinzelten Fällen.
Die Bechterew-Krankheit ist eine seltene Krankheit, an der lediglich 0,5 bis 4 Promille der männlichen und 0,05 bis 0,5 Promille der weiblichen Bevölkerung erkranken.

Kyphose; fixierter Rundrücken mit Verstärkung der physiologischen Kyphose der Brustwirbelsäule

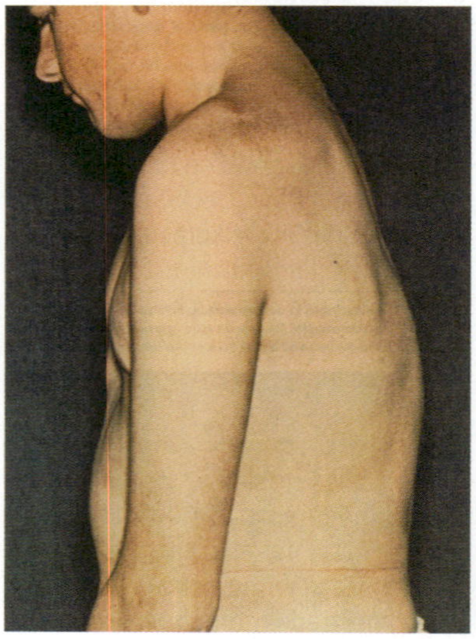

Schädigende Faktoren während der Schwangerschaft

Schädigende Faktoren – besonders in den ersten drei Monaten – sind:
- Sauerstoffmangel
- Viruserkrankungen, zum Beispiel Röteln
- Einwirkung von Röntgen- oder radioaktiver Strahlen
- Stoffwechselkrankheiten der Mutter
- Arzneimittelschädigung des Embryos

Ursache

Jahrelang wurde die Bechterew-Krankheit mit rheumatoider Arthritis in Verbindung gebracht oder mit der weitaus häufigeren Spondylarthrose verwechselt. Heute steht es jedoch zweifelsfrei fest, dass die Bechterew-Krankheit eine eigenständige Krankheit ist, für deren Entstehung in erster Linie genetische Fakoren verantwortlich gemacht werden.

Diese Faktoren hat man zufällig bei der Untersuchung der Gene, durch die die Gewebeverträglichkeit bestimmt wird, entdeckt. Die Gewebeverträglichkeit kommt vor allem bei der immunologischen Untersuchung von Patienten, denen ein Organ implantiert wird, eine entscheidende Funktion zu, da es von ihr abhängt, ob der Empfänger das Transplantat abstößt oder annimmt.

Der Hauptbestandteil dieses menschlichen Histokompatibilitätskomplexes heißt HLA (*Human Leukocyte Antigen*) und wird von einem in kleinen Arm des Chromosoms 6 lokalisierten Genkomplex übertragen. Bei der Untersuchung des HLA-Systems und seiner Untersysteme hat man festgestellt, dass das HLA-B27 bei der Bechterew-Krankheit im fortgeschrittenen Stadium in 88 bis 96 Prozent der Fälle und im Frühstadium in 15 Prozent der Fälle nachgewiesen werden kann, während es sonst nur in 7 Prozent der Bevölkerung auftritt. Diese Entdeckung hat auch in der Diagnose praktischen Nutzen. Bei Verdacht auf Spondylitis ankylopoetica kann nämlich der Nachweis des HLA-B27 bereits als sicheres Indiz für das Vorliegen der Bechterew-Krankheit verstanden werden.

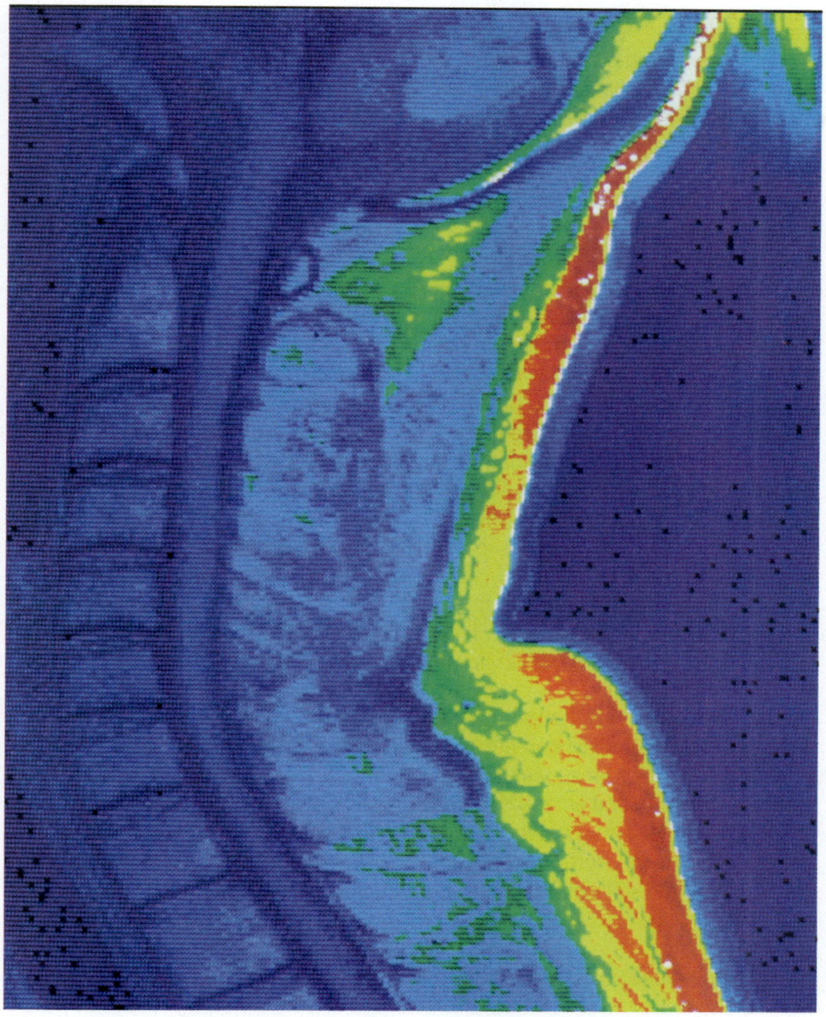

Farbkodierte Kernspintomographie der Wirbelsäule und des Rückenmarks

Symptome

Aus klinischer Sicht können neben Schmerzen, Steifheit und gekrümmter Haltung in Verbindung mit der Bewegungseinschränkung des Patienten auch Atemstörungen auftreten, wenn sich die Krankheit auf die Brustwirbelsäule ausdehnt, deren ungehinderte Beweglichkeit Voraussetzung für die vollständige Ausdehnung der Lunge ist.

Bei manchen Patienten werden nicht nur die Gelenke, sondern auch andere Organe von der Krankheit erfasst.

So sind im Bereich der Augen Entzündungen der Iris und des Ziliarkörpers möglich, oder es kann zu fokalen nekrotischen Prozessen im Bereich der herznahen Aorta führen, wodurch es in wenigen Fällen sogar schon zu Herzklappeninsuffizienz infolge der Aortenklappen gekommen ist.

Häufiger sind jedoch Erregungsleitungsstörungen des Herzens aufgrund atrioventrikulärer Blockaden unterschiedlichen Ausmaßes.

Diagnose

Bereits in anfänglichen Stadien werden die charakteristischen Veränderungen röntgenologisch sichtbar. Als Erstes sind Verknöcherungen zu erkennen, weshalb bei gesunden Sakroiliakalgelenken die Bechterew-Krankheit bei der Diagnose von vornherein ausgeschlossen werden kann.

Sehr früh kann man im Röntgen auch die Sklerosierung der Gelenkbänder sowie die gelenknahen Erosionen feststellen. Bald sind die Gelenkränder nur noch unscharf zu erkennen, während die Zwischenwirbelräume kleiner werden, bis sie schließlich vollkommen verschwinden.

Ebenso sind knöcherne Ankylosierung der kleinen Wirbelgelenke und Verknöcherung der Wirbelsäulenlängsbänder möglich, sodass die derart überbrückten Zwischenwirbelräume das charakteristische CT/MRT oder Röntgenbild eines Bambusstabes erhalten.

Behandlung

Die in ersten Linie physiotherapeutischen Maßnahmen zielen vor allem auf eine Begrenzung der abnormen Rückenkrümmung ab. In der Nacht oder in Ruhestellung muss der Patient ohne Polster gerade auf dem Bauch oder auf dem Rücken liegen.
Um eine maximale Lungenausdehnung zu ermöglichen, versucht die Physiotherapie eine optimale Wirbelsäulenstellung zu erreichen und die paravertebralen Muskeln zu stärken.
Durch regelmäßige Beobachtung der natürlichen Haltung des Patienten lässt sich sehr gut ermessen, wie rasch die Krankheit voranschreitet.
Ziel der medizinischen Therapie ist es, die Schmerzen zu lindern und den entzündlichen Prozess einzudämmen. Es gibt jedoch kein Medikament, das den Krankheitsverlauf entscheidend beeinflussen kann. Im fortgeschrittenen Stadium, wenn die Wirbelsäulenkrümmung durch gymnastische Übungen nicht mehr korrigiert bzw. aufgehalten werden kann, kommen orthopädische Hilfsmittel zum Einsatz.
Im Spätstadium der Krankheit können schließlich schwere Deformationen auch mittels operativer Durchtrennung von Wirbelknochen behoben werden.

Haltungsfehler

Körperhaltung

Die Körperhaltung ist in jedem Lebensalter Ausdruck eines komplexen Zusammenspiel körperlicher und seelischer Faktoren, deren Steuerung vielen Einflüssen unterliegt.
Zum Beispiel spielen die ererbte Qualität des Gewebes, Geschlecht, Alter, Trainingszustand der Muskulatur und die Umgebung, in der wir uns befinden, eine Rolle. Auch seelische Faktoren wie Angst, Freude oder Niedergeschlagenheit drücken sich oft in der Haltung aus.
Außerdem sind Knochenbau, Körpergröße und die angeborene Form der Wirbelsäule von Bedeutung. Die Vielfalt der körperbaulichen Besonderheiten macht deutlich, dass es eine „normaler" Haltung nicht geben kann.
Der Übergang von der sogenannten normalen Haltung zum Haltungsfehler ist fließend.
Haltungsfehler und dadurch bedingte Rückenschmerzen sind also keineswegs allein altersbedingt. Es gibt heute schon Schulkinder, die unter Rückenschmerzen leiden, und immer häufiger kann man Haltungsschäden bei Jugendlichen feststellen.
Der lebende wachsende Organismus trägt eine sehr kräftige Tendenz zur Anpassung und zum funktionellen Ausgleich in sich. Fortschreitende Vergrößerung der schon stark angelegten oder weitere Verflachung ohnehin schwach ausgebildeter Wirbelsäulenbiegungen zum Beispel bedrohen die Gesamtform und leisten zudem der Entstehung von Versteifungen, Weichteilverkürzungen, Bewegungseinschränkung, Organbehinderung am meisten Vorschub. Es können Haltungsschäden entstehen. Die Standardtypen sind:

■ *Rundrücken*
Der mit verstärkter Brustkyphose und tiefem schmalen Brustkorb vorübersinkt, sodass der Kopf etwas zurückgeworfen werden muss, der Schultergürtel aber von den verkürzten Brustmuskeln vorgezogen wird.

■ *Hohlkreuz*
Der vertieften und nach oben verlängerten Lendenlordose mit der übermäßigen Beckenneigung, den überdehnten Bauchmuskeln, die den Thorax nach hinten umsinken lassen, während sich die Knie im Gleichgewichtsausgleich überstrecken.

■ *Hohlrundrücken*
Der das Hohlkreuz, die starke Beckenneigung und das Zurücksinken des Rumpfes mit Rundung des Brustabschnittes mit eingezogenem Thorax und Pektoralisverkürzung vereint.

■ *Totalrunder Rücken*
Der allerdings seltener und weniger ausgeprägt in totaler Rundung den Rumpf über den aufgerichteten Becken vorbeugt, sodass der Kopf mühsam durch übertriebene Lordosierung der

Mikroskopische Aufnahmen verschiedener Entwicklungsstadien der Wirbelsäule. Links (etwa 3 Wochen) sind bereits einige Segmente erkennbar. Rechts (etwa 4 Wochen) haben sich weitere Segmente entwickelt; im oberen Teil zeigt sich außerdem die Anlage des Gehirns.

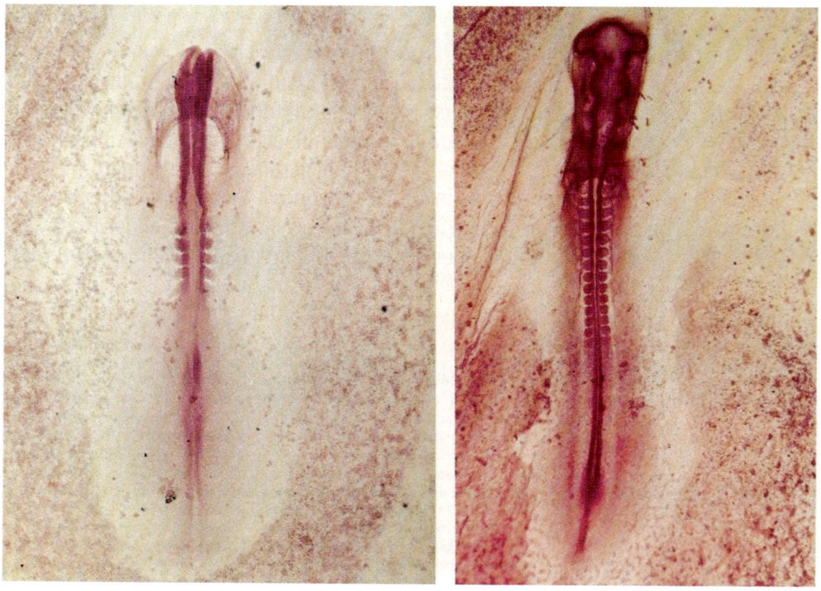

Halswirbelsäule erhoben werden muss und die Schulterblätter auf dem vorne eingezogenen Brustkorb seitlich so weit abgleiten, bis die dadurch in ständiger Verkürzung verhärtenden Brustmuskeln schließlich ihre Rückbewegung verhindern.

Flache Rücken

In weitaus häufiger Zahl und betonter als früher zeigt sich heute der flache Rücken in den verschiedensten Varianten. Am öftesten sieht man den Flachrücken über einem rachitischen Sitzbuckel, also eine Kyphose an Stelle der Lendenlordose, und das Fragment der Letzteren als kurze Einziehung am Übergang zu dem verflachten Brustabschnitt.

Man sieht die flache oder sogar überstreckte Wirbelsäule mit steiler oder verminderter Beckenneigung, mit angelegten Schulterblättern auf zusammengedrücktem Brustkorb oder als Scapulae alatae auf flachem Thorax, immer aber mit steiler Halswirbelsäule und schlecht getragenem Kopf.

Treten die kyphotischen Haltungsfehler als auffallend und unschön in Erscheinung, so findet der Flachrücken in dieser Beziehung kaum Beachtung.

Und trotzdem zieht wahrscheinlich gerade dieser sehr erhebliche Folgen nach sich, und zwar aus folgendem Grund:

Die übergerade, in sich kaum mehr gefederte Wirbelsäule unterliegt viel stärkerer Abnutzung ihrer einzelnen Elemente. Der Verschleiß trifft sowohl Wirbelkörper als auch Bandscheiben.

Die Zunahme der Osteochondrosen und anderer Bandscheibenschäden lässt vermuten, dass der Flachrücken, der ja ebenso häufig auftritt, gerade die Zwischenwirbelscheiben besonders gefährdet und für den gefürchteten Prolaps prädisponiert.

Seitenansicht der Wirbelsäule; 1 - normale Bandscheiben; 2 - Bandscheibenvorfall

Behandlung

Über der Beachtung und Interpretation der körperlichen Haltungsfehler darf man nicht den Träger derselben, das Kind selbst, übersehen. Wichtige Allgemeinsymptome sind:

- Müdigkeit
- Scheu
- Ängstlichkeit
- Unlust
- Reizbarkeit
- Rückenschmerzen
- Übererregung.

Haltungsschäden und Wuchsfehler zu verbessern und zu beseitigen ist Sache der orthopädischen Krankengymnastik. Man verwendet heute für die ortho-

Lokalisierung des Rückenmarks (rot hervorgehoben) in der Wirbelsäule (Querschnitt)

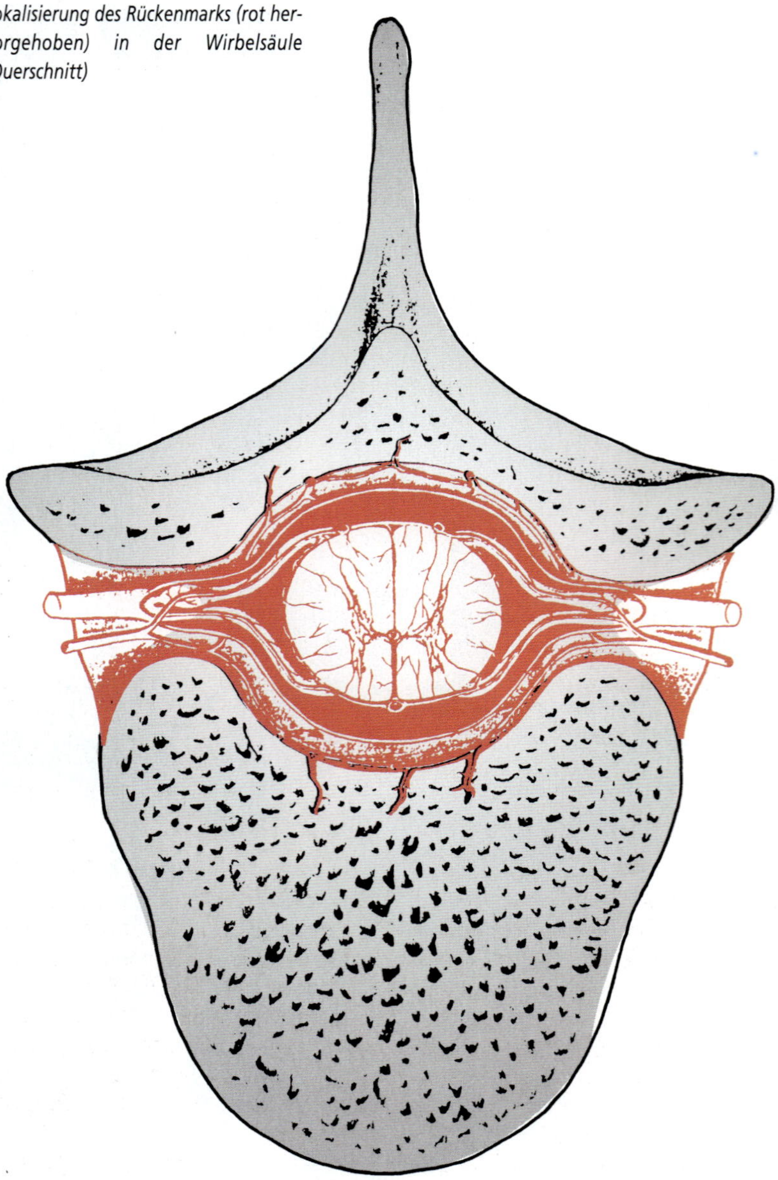

pädische Gymnastik Übungsformen aus allen Gebieten der körperlichen Erziehung, sei es Körperschule, Turnen, Leichtathletik oder Spiel.

Für Kinder mit Flachrücken sind zunächst alle Aufrichte- und Streckübungen ungeeignet. Verlangt man von ihnen Arbeit mit den – allerdings auch untüchtigen – Rückenmuskeln, so überstrecken diese durch ihre Kontraktion noch mehr die Wirbelsäule. Lässt man die Kinder sich mit erhobenen Armen strecken, so fällt der Rumpf dabei nach hinten über. Dieser hängt an den Bauchmuskeln, zieht an ihnen und je richten das Becken immer noch mehr auf.

Kyphose – Lordose – Skoliose

Kyphose

Eine Kyphose ist definiert als fixierter Rundrücken mit Verstärkung der physiologischen Kyphose der Brustwirbelsäule, dabei geht jede ausgeprägte dorsale Kyphose mit einer ausgleichenden verstärkten Lordose im Hals- und Lendenabschnitt einher.

Die Ursachen der Kyphosen sind mannigfach:

■ *Angeborene Kyphosen*
- Infolge der Fehlbildung eines Wirbelkörpers
- Chondrodystrophie
- Enchondrale Dysostose

■ *Erworbene Kyphosen*
- Haltungsfehler
- Adoleszentenkyphose
- Alterskyphose
- Rachitische Kyphose
- Kyphose als Begleiterscheinung von Nervenerkrankungen
- Kyphose als Begleiterscheinung von Muskelerkrankungen

Soweit angeborene Fehlformen von Wirbelkörpern zugrunde liegen, ist es das Hauptziel krankengymnastischer Behandlung, einer zunehmenden Verkrümmung entgegenzuwirken.

Bei den anderen Formen liegt der Schwerpunkt der Behandlung solcher Verkrümmungen in der Zeit vor dem Entstehen einer starren Verbiegung. Daraus ergibt sich die Bedeutung einer frühzeitig gestellten Diagnose, die insbesondere auf röntgenologischen Untersuchungen beruht.

Die juvenile Kyphose (Adoleszentenkyphose), die auch als Scheuermann-Erkrankung (siehe dort) bezeichnet wird, entwickelt sich auf dem Boden angeborener Störungen im Bereich der Zwischenwirbelscheiben und der Wachstumszonen der Wirbelkörper im 10.–14. Lebensjahr.

Im fortgeschrittenen Lebensalter, insbesonder bei Greisen, bilden sich zunehmende Kyphosen infolge von Osteoporose (Siehe dort) aus; sie werden bei Frauen auch im Klimakterium festgestellt und verursachen häufig Rückenschmerzen zwischen den Schulterblättern mit seitlichen Ausstrahlungen in den Brustkorb.

Lordose

Lordose ist eine normale oder zu starke nach vorne konvexe, hohle Krümmung, vor allem im Lendenteil der Wirbelsäule. Fixierte Lordosen können infolge ent-

zündlicher Vorgänge im Lendenwirbelsäulen- und Kreuzbeinabschnitt, im Bereich des Rückenmarks und seiner Wurzeln oder Folgen hier gelegener Geschwülste sein.
Sie sind ferner auf dem Boden angeborener Entwicklungsstörungen zurückzuführen, zum Beispiel fehlerhaft angelegter Halswirbel, formaler Entwicklungsstörungen des Kreuzbeins (bei Hüftverrenkung, Hüftbeugefehlstellungen und Kontrakturen nach Hüftgelenkentzündung), ferner im Zusammenhang mit Gangstörungen bei progressivem Muskelschwund – also als Anpassungsvorgang an die Schwerpunktverlagerung. Ältere fettleibige Menschen mit Hängeleib neigen zur Lendenlordose in Zusammenhang mit verstärkter Beckenneigung.
So muss die krankengymnastische Übungsbehandlung weitgehend die Ursachen der fixierten Lordose berücksichtigen; sie verlangt gegebenenfalls zunächst die Schaffung geeigneter Voraussetzungen, zum Beispiel durch operative Stellungskorrektur bei einer Hüftteilsteife mit Beugefehlstellung.
Man spricht von symptomatischer Lordose, wenn ihr andere Krankheitsursachen zugrunde liegen, wie eine vermehrte Beckenneigung bei veralteter kongenitaler Hüftluxation.
Soweit die Lordose eine Begleiterscheinung der Kyphose ist, sind die vorstehenden entsprechenden Übungen angebracht, die das gemeinsame Ziel haben, durch Kräftigung der Rumpfmuskulatur eine Verbesserung der Haltung zu erreichen.

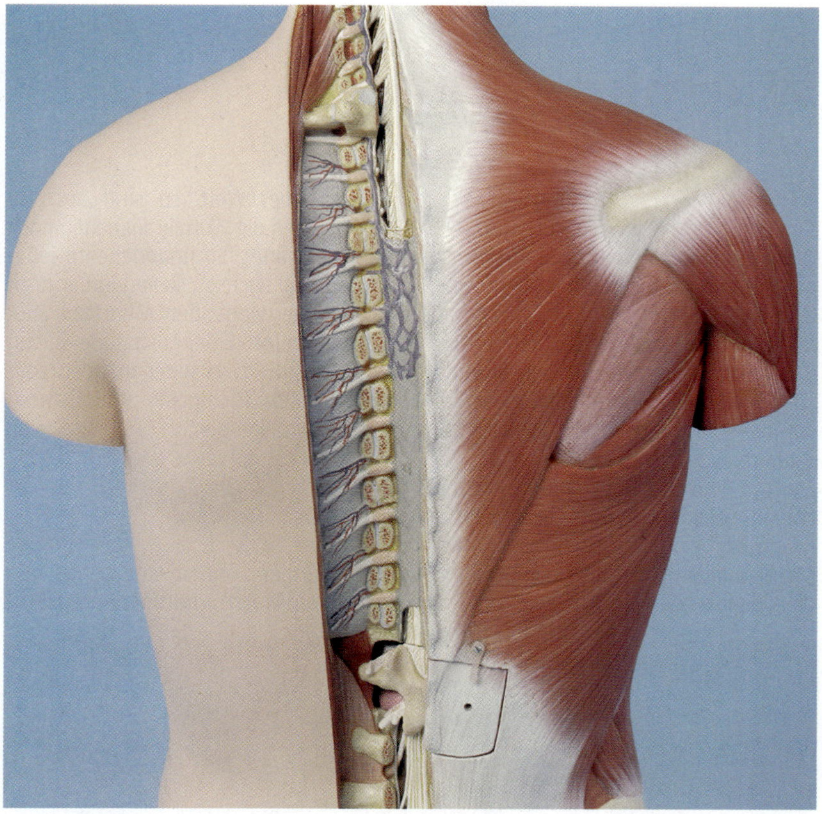
Modell der Wirbelsäule (von hinten gesehen)

Skoliose

Die seitliche Verkrümmung der Wirbelsäule entwickelt sich bereits im Kindes- und Jugendalter, wobei Mädchen häufiger davon betroffen werden als Jungen. Da fast nie Schmerzen auftreten, ist es besonders wichtig, dass die Eltern genau beobachten, ob sich die Wirbelsäulenform ihrer Kinder verändert.
Die Ursachen für diese Veränderungen der Wirbelsäule können sehr unterschiedlich sein. Die einfachste und noch leicht zu korrigierende Form ist die Fehlhaltung. Problematischer wird es jedoch, wenn sich ihre Form verändert hat. Bei der Skoliose ist der Rücken seitlich verbogen, und die Wirbelsäule steht nicht gerade. Sie trifft oft früh im Kindesalter auf, nimmt während der Wachstumsphase zu und kommt erst nach abgeschlossenem Wachstum zum Stillstand.
Das auffälligste Merkmal dieser Erkrankung ist im späteren Alter der sogenannte Rippenbuckel. Doch kann die Schiefstellung des Rückens auch zur Verlagerung der Brust- und Bauchorgane und in der Folge zur Beeinträchtigung ihrer Funktion einschließlich der Lunge und des Herzens führen.
Die Skoliose erkennt man häufig daran, dass die Schultern nicht gleich hoch stehen, sondern das eine Schulter etwas tiefer hängt. Möglicherweise steht auch die Hüfte auf einer Seite etwas stärker hervor. Man unterscheidet zwischen vier Krankheitsursachen:

- Den angeborenen Skoliosen, die infolge der Missbildung einer oder mehrerer Wirbelkörper entstehen.
- Skoliosen, die durch angeborene oder erworbene Verkürzungen eines Beins und dem daraus resultierenden Schiefstand des Beckens bedingt sind.
- Skoliosen, die wähernd der Wachstumsphase entstehen und auch als Rückgratverkrümmungen bezeichnet werden.
- Skoliosen, die durch entzündliche Veränderungen an den Wirbelkörpern oder nach schweren Wirbelkörperbrüchen auftreten.

Angeborene Skoliosen sind nur schwer zu behandeln, unterschiedliche Beinlängen können zum Beispiel durch geeignete Einlagen im Schuh ausgeglichen werden.
Die während der Pubertät auftretenden Skoliosen können am leichtsten kuriert und bei frühzeitiger Erkennung mit therapeutischen Maßnahmen, zum Beispiel Krankengymnastik oder Bewegungsübungen, völlig ausgeheilt werden.

Wurmkrankheiten

Einführung

Wurmkrankheiten nennt man durch parasitische Würmer verursachte Krankheiten.
Meist kommt es durch Aufnahme der Wurmeier oder -larven mit der Nahrung zu einem Wurmbefall, häufiger in warmen Ländern bei schlechten sanitären Verhältnissen.
Es gibt jedoch auch Würmer, deren Larven durch die Haut in den menschlichen Körper gelangen oder die dem Menschen von blutsaugenden Insekten „eingeimpft" werden.

Wie in aller Welt, so sind auch in Deutschland die Wurmkrankheiten noch sehr verbreitet. So unangenehm jeder Wurmbefall auch ist, so verläuft er doch in der überwiegenden Mehrzahl aller Fälle harmlos. Eine Ausnahme bilden allerdings die zwei seltenen, aber recht gefährlichen Trichinose- und Echinococcuserkrankungen.

Bandwürmer

Bandwürmer können eine Länge von mehreren Metern, darunter der Fischbandwurm bis zu zehn Metern, erreichen. Sie haben einen kleinen, gut stecknadelkopfgroßen Kopf, der bei den verschiedenen Arten mit Saugnäpfen oder Haftkränzen ausgerüstet ist. Sie halten sich damit an der Darmwand fest.
An den Kopf schließen sich nach unten zu zahlreiche Bandwurmglieder an. Diese wachsen vom Kopf dauernd nach und werden zum Wurmende hin immer breiter. Hin und wieder fallen die letzten Glieder unten ab und erscheinen im Stuhl.
Jedes Bandwurmglied enthält einen männlichen und einen weiblichen Geschlechtsapparat. Die einzelnen Glieder stellen also einen Zwitter dar und befruchten sich selbst. Hierdurch entwickeln sich in den dem Bandwurmende nahen Gliedern zahlreiche Bandwurmeier, die mit den abgestoßenen Gliedern den Darm verlassen. Ehe sich nun aus diesen Eiern neue im Darm des Menschen (der in diesem Zusammenhang als „Wirt" bezeichnet wird) lebende Bandwürmer entwickeln können, machen diese Gebilde ein Zwischenstadium (Finnenstadium) in einem „Zwischenwirt" (zum Beispiel Rind oder Schwein) durch.
Nach Aufnahme durch den Magen-Darm-Kanal schlüpfen aus den Eiern Embryonen hervor, welche die Darmwand des Zwischenwirtes durchbohren und auf dem Blutweg in die verschiedensten Organe verschleppt werden.
Hier wachsen die Embryonen zu Finnen (Cysticercen) heran. Wird finnenhaltiges Fleisch genossen, so ist die Voraussetzung zur Entwicklung eines neuen Bandwurmes gegeben. Er entsteht aus den mit der Nahrung aufgenommenen Finnen. Für den Rinder-, Schweine- und Fischbandwurm ist der Mensch der

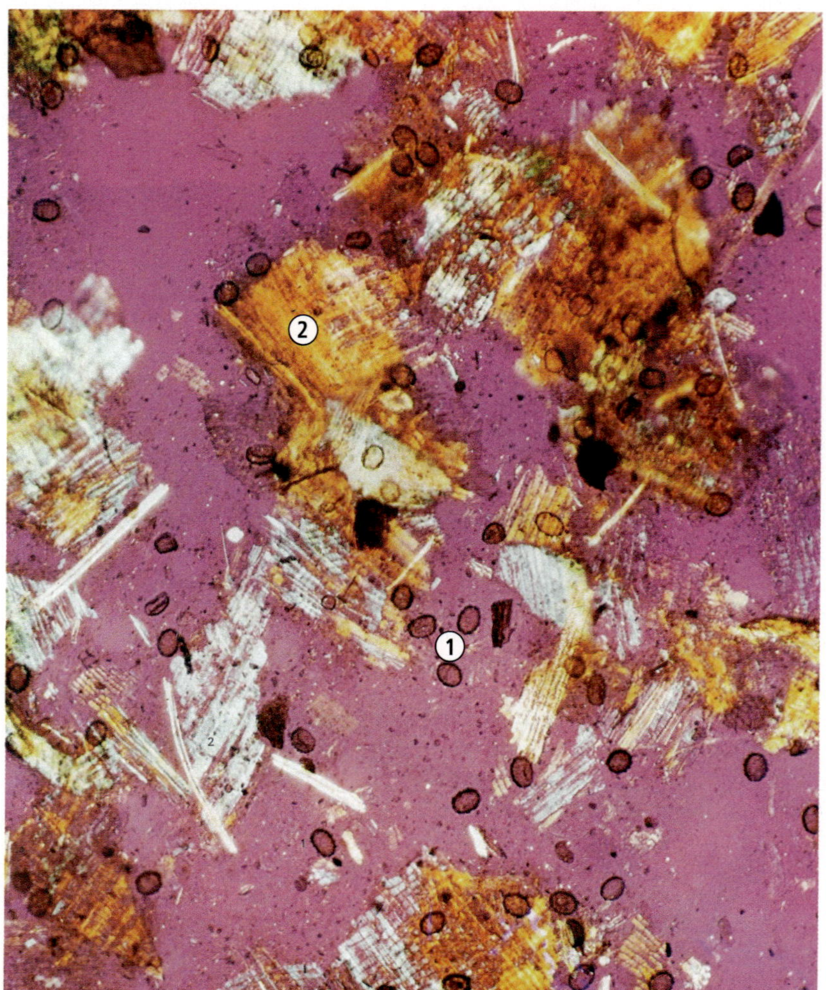

Spulwurmeier, aufgenommen mit polarisiertem Licht.

1 – Spulwurmei; 2 – Hautschuppen

Wirt, während er für den Hundebandwurm der Zwischenwirt, das heißt der Träger des Finnenstadiums, sein kann.
Von den im Darm des Menschen lebenden Bandwürmern kommen in Deutschland hauptsächlich vor:
- Rinderbandwurm (Taenia saginata);
- Schweinebandwurm (Taenia solium);
- Fischbandwurm (Dibothriocephalus latum).

Infektionsweg und Merkmale
Der Rinderbandwurm wird vier bis acht Meter lang. Sein Kopf ist etwa zwei Millimeter, die platten Endglieder sind etwa 15 Millimeter breit. Die Finnen finden sich vor allem im Rindfleisch. Der Wurmbefall (die Infestation) erfolgt durch Genuss von gehacktem rohem oder nicht ausreichend durchbratenem Rindfleisch. Der Schweinebandwurm ist kleiner als der Rinderbandwurm. Er wird etwa drei Meter lang, die platten Endglieder sind nur etwa acht Millimeter breit. Die Finnen befinden sich im Schweinefleisch. Seitdem in Deutschland die Fleischbeschau gesetzlich vorgeschrieben ist, sind die Schweinebandwurmerkrankungen sehr selten geworden. Der Fischbandwurm kommt überall vor, gelangt durch Genuss von Fisch in den menschlichen Darm. Oft wird die Infektion durch den Verzehr von rohen oder ungenügend gebratenen Süßwasserfischen hervorgerufen.
Der ausgewachsene Wurm besitzt mehrere Tausend eierhaltige Glieder (Proglottiden) und ist vier bis neun Meter lang. Aus den Proglottiden werden die Eier innerhalb des Darms freigesetzt und mit dem Stuhl ausgeschieden. Aus Eiern, die im Südwasser heranreifen, schüpfen die Larven, die von kleinen Krebsen gefressen werden. Diese werden wiederum von den Fischen verzehrt. Menschen werden durch den Wurm befallen, indem sie rohen oder ungenügend gebratenen, infizierten Süßwasserfisch essen.

Echinokokkose

Der Hundebandwurm (Echinococcus) befindet sich im Darm von Hunden

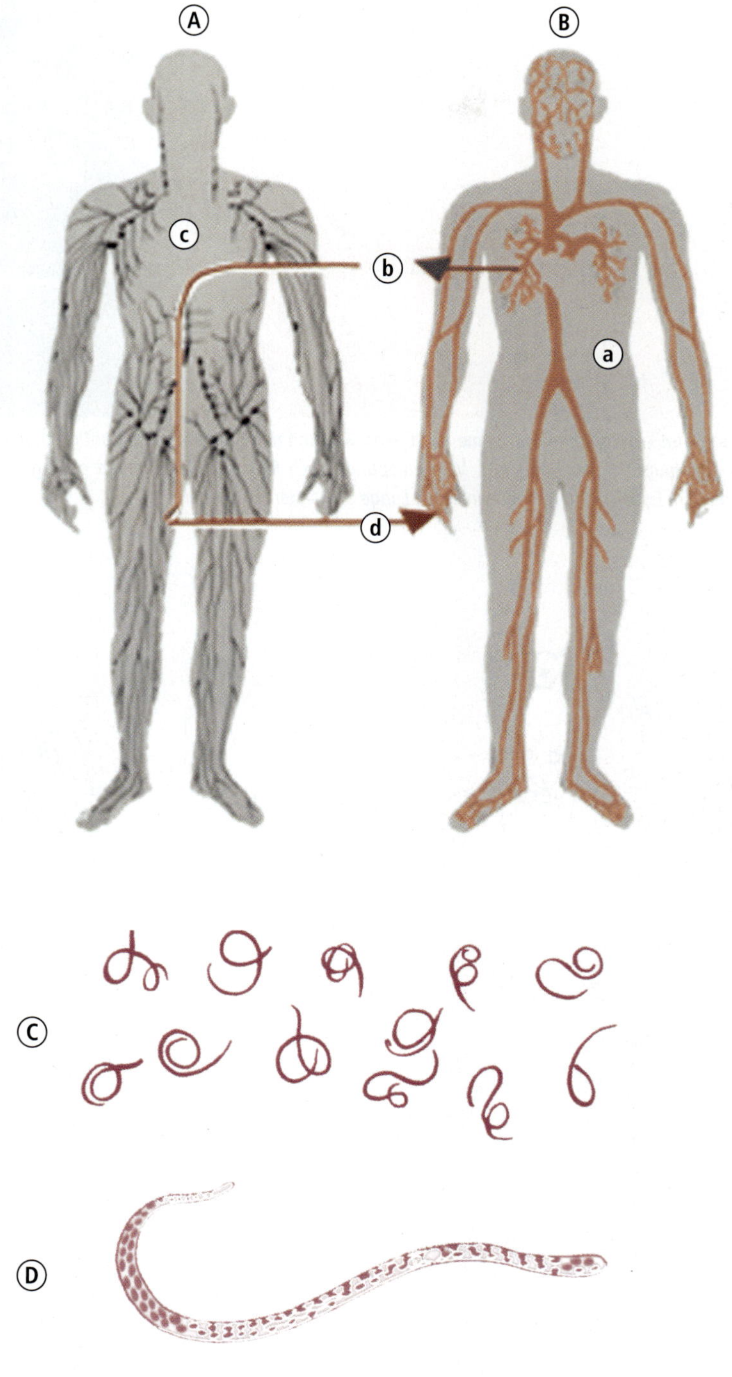

Wurmerkrankung
A – Lymphgefäßsystem; B – Venensystem des Menschen; C – Mikrofilarien; D – Ausgewachsener Fadenwurm (Filaria bancrofti)
Tagsüber halten sich die Mikrofilarien in den großen Blutgefäßen (Lungenvenen) auf (a). Nachts wandern sie in die subkutanen Kapillaren (b), wo sie durch blutsaugende Insekten aufgenommen werden. Nach kurzer Entwicklungszeit überträgt sie das Insekt auf einen neuen Wirt (c), bei dem sie das Lymphsystem befallen, anschließend ist die Weiterübertragung wieder durch Insekten möglich (d).

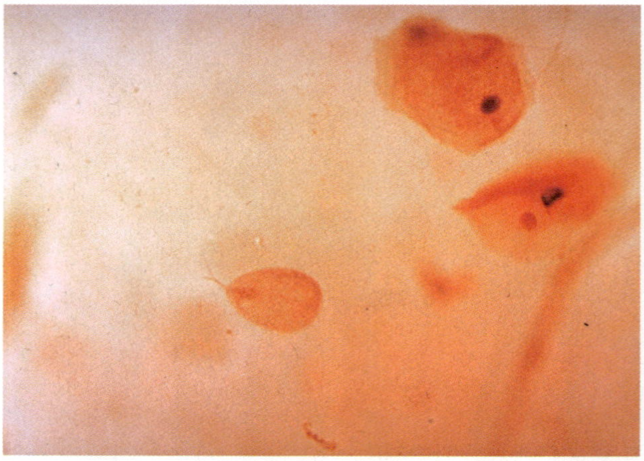

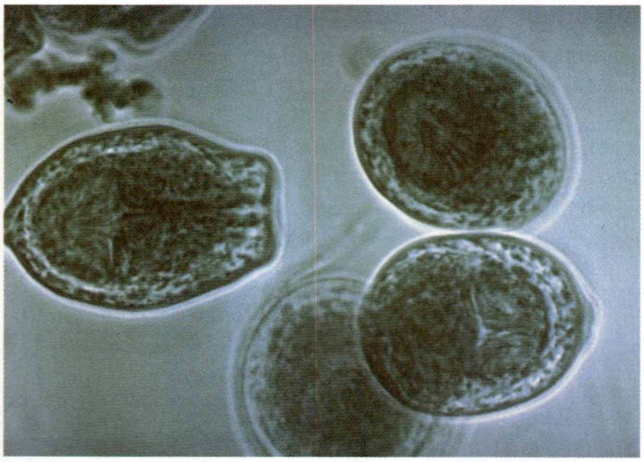

Echinococcus (mikroskopische Aufnahme von Eiern); Gattung der Bandwürmer. Infektion durch Verschlucken von Bandwurmeiern (enger Kontakt mit Hunden, Verstäubung von Hundekot, Verschleppung durch Fliegen); Hakenlarven gelangen mit dem Portalkreislauf in Leber, Lunge und in den Körperkreislauf; Entwicklung zur Finne in Leber, Lunge und anderen Organen.

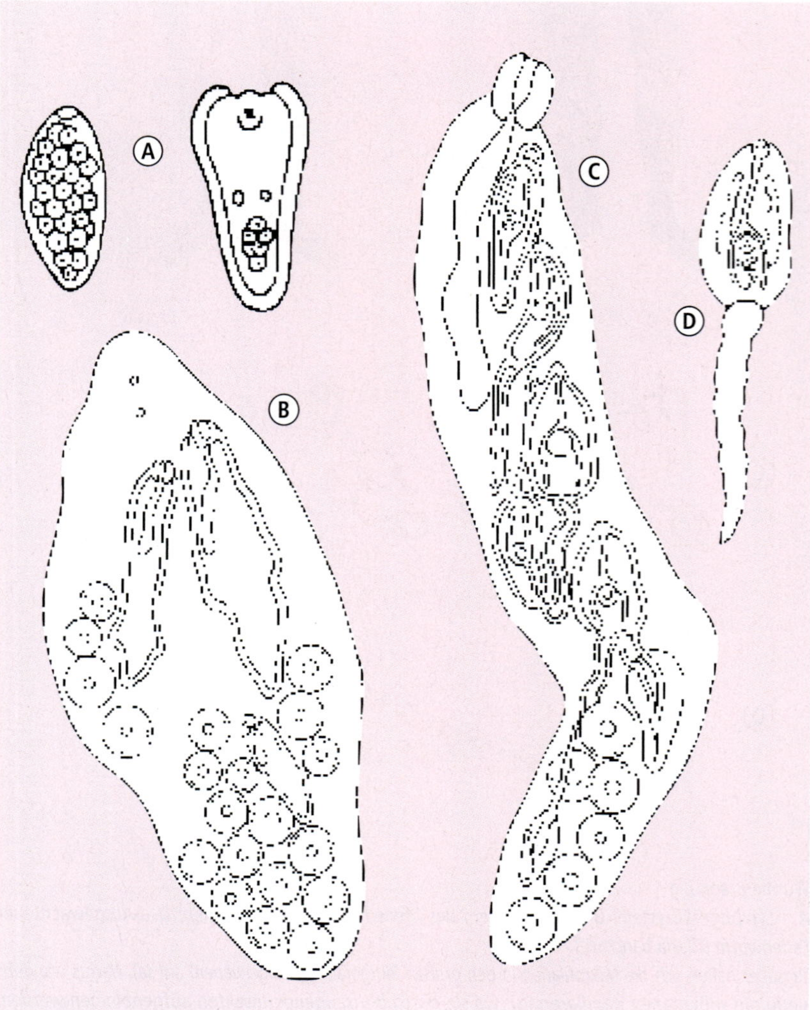

Großer Leberegel Fasciola hepatica.
A – Ei und Mirazidium; B – ausgewachsener Leberegel; C – Redie; D – Zerkarie

(Echionococcus granulosus) und Füchsen (Echinococcus multilocularis). Wird ein Mensch mit den Eiern infiziert, so entwickeln sich bei ihm im Darm Embryonen, welche die Darmwand durchbohren und auf dem Blutweg zunächst in die Leber und dann in verschiedene andere Organe gelangen können. Hier binden sich die Finnen, die in Form von walnuss- bis kindskopfgroßen Blasen (als Echinokokken bezeichnet) auftreten.
Behandlung ist nur in sehr beschränktem Umfang möglich. In besonderen Fällen kommt die operative Entfernung einer Echinokokkenblase in Frage.
Wichtig ist die Vorbeugung: Beim Umgang mit Hunden sollte man auf Sauberkeit besonders achten. Man soll sich nicht von ihnen lecken lassen; kleine Kinder sollte man von Hunden besser ganz fernhalten.

Spulwürmer

Die Spulwürmer sind weißlich-blasse, regenwurmähnlich geformte Gebilde. Das Weibchen wird etwa bis 35 Zentimeter, das Männchen bis etwa 20 Zentimeter lang.
Sie sind in Mitteleuropa noch sehr verbreitet. Der Befall erfolgt durch Eier, die an roh genossenen pflanzlichen Nahrungsmitteln haften. Im Darm entstehen die Larven, die sich durch die

Darmwand bohren und auf dem Blutweg in die Lunge geraten. Hier treten sie durch die Lungenbläschen und werden von dort durch das feine Flimmerepithel der Luftröhrenverzweigungen zum Rachen hin befördert. Vom Rachen aus werden die Larven wieder hinuntergeschluckt. Im Darm entwickeln sich aus ihnen dann die fertigen Würmer.

Behandlung
Sie erfolgt durch Einnahme moderner Wurmmittel. Diese Arzneien sind zuverlässig und entgegen den früher benutzten Farnkrautpräparaten völlig ungefährlich. Vorbeugung ist auch hier besonders wichtig. Da die Infektion stets durch mit Wurmeiern verunreinigte pflanzliche Nahrungsmittel erfolgt, müssen diese gründlich gewaschen werden.

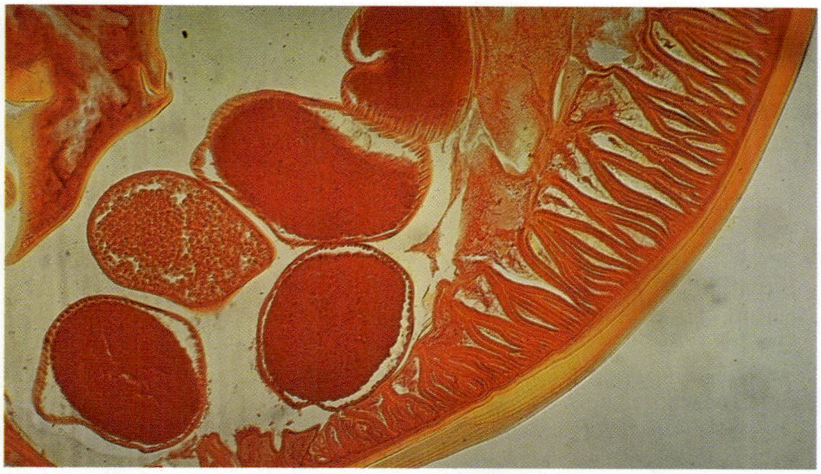
Ascaris lumbricoides (mikroskopische Aufnahme). Larven verlassen im Dünndarm die Eihüllen, durchbohren die Darmwand und wandern auf dem Blutweg durch die Leber in die Lungen und nach Eindringen in das Alveolarlumen über Trachea und Pharynx erneut in den Dünndarm; nach mehreren Häutungen Auswachsen zum geschlechtsreifen Parasiten 6–8 Wochen nach Infektion.

Madenwurm

Häufigste, überall vorkommende Darmparasiten, besonders bei Kindern. Wird durch Unsauberkeit weiterverbreitet; nach Kratzen am Anus gelangen die Eier durch Verschlucken wieder in den Darm. Die kleinen weißen Oxyuren (Männchen sieben Millimeter, Weibchen zwölf Millimeter lang) verursachen häufiges Afterjucken, vor allem vor dem Einschlafen. Die Weibchen kriechen nachts aus dem After hinaus und legen in seiner Umgebung ihre Eier ab.

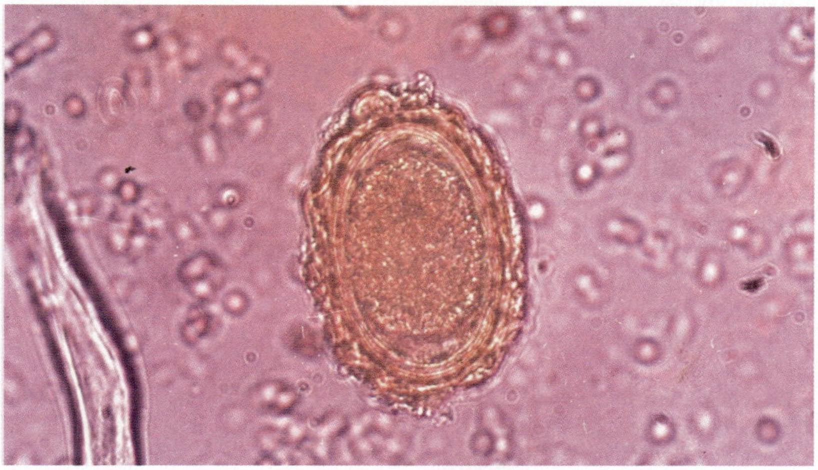
Ascaris lumbricoides (Spulwurm); Nativpräparat eines befruchteten Eis

Behandlung
Abtreiben der Würmer mithilfe einer der zahlreich auf dem Markt befindlichen harmlosen Arzneien. Sofern nicht besondere Vorsichtsmaßnahmen getroffen werden, ist der Erfolg der Wurmkur trotzdem zweifelhaft. Die Schwierigkeit liegt im Verhindern der Neuinfektion. Die in der Aftergegend abgelegten Wurmeier trocknen nämlich etwas ein und verunreinigen – ohne dass der Betroffene etwas bemerkt – in Form von Staub die ganze Bettwäsche bis zum Kissen, so dass die unbewusste Neuinfektion unvermeidlich ist. Hinzu kommt, dass beim Afterjucken häufig gekratzt wird, so dass sich die Eier unter den Fingernägeln festsetzen.

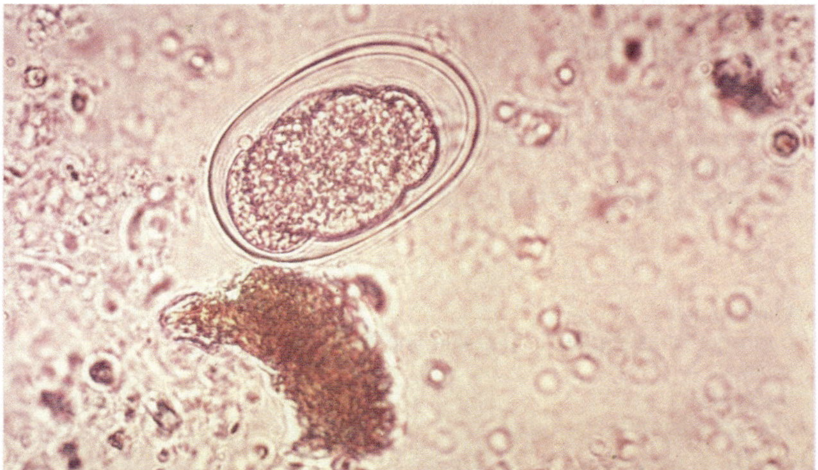
Ei von Ancylostoma duodenale (Hakenwurm) mit Embryo

Wurminfektionen

Bilharziose (Schistosomiasis)

Vorkommen
Asien, Afrika, Lateinamerika.
Herkunft
Verseuchtes Wasser, das gabelschwänzige Zerkarien enthält, die aus Wasserschnecken, ihren Wirten, entlassen werden.
Eintrittstelle
Haut.
Übliche Symptome
- Schwere Durchfälle;
- Vernarbungen der Darm- und Blasenwand oder der Leber;
- Blut im Urin.

Diagnose
Eier, die sich im Stuhl oder Urin entwickeln.
Behandlung
Praziquantel, Oxamniquin, Metrifonat.

Echinokokkose

Vorkommen
Kommt weltweit vor; in Gebieten mit Schafzucht zystische Echinokokkose, in Gebieten mit Rinderzucht alveoläre Echinokokkose.
Herkunft
Hundekot (zystische Echinokokkose), Fuchskot (alveoläre Echinokokkose)
Eintrittstelle
Mund.
Übliche Symptome
Bei beiden Echinokokkose-Arten:
- allergische Hauterscheinungen;
- Schwellungen im Bauch;
- Schmerzen;
- Husten;
- Aushusten von Blut.

Diagnose
Leber- oder Lungenzysten, Antikörper gegen Bandwürmer, Flecken auf der Röntgenaufnahme der Brust.
Behandlung
Mebendazol, operative Entfernung der Zysten.

Egel

Vorkommen
Darmegel-Parasiten, die in Ostasien und den Tropen vorkommen.
Herkunft
Pflanzen oder Süßwasserfische.
Eintrittstelle
Mund.
Übliche Symptome
Gewöhnlich keine Symptome:
- manchmal Bauchschmerzen;
- Durchfall;
- Darmverschluss.

Diagnose
Eier im Stuhl.
Behandlung
Praziquantel.

Leberegel (Opisthorchiasis)

Vorkommen
Kommt im fernen Osten vor.
Herkunft
Süßwasserfische.
Eintrittstelle
Mund.
Übliche Symptome
- Bauchschmerzen;
- Gelbsucht;
- Durchfall.

Diagnose
Eier im Stuhl und im Darminhalt.
Behandlung
Praziquantel.

Lungenegel

Vorkommen
Sind in Afrika, im fernen Osten weit verbreitet, bestimmte Arten auch in Lateinamerika und den USA.
Herkunft
Krabben und Flusskrebse, die Zysten enthalten.
Eintrittstelle
Mund.
Übliche Symptome
- Atembeschwerden;
- Aushusten von Blut.

Diagnose
Unausgereifte Eier im Stuhl oder im Auswurf, positive Bluttestergebnisse.
Behandlung
Praziquantel.

Wurminfektionen

Oxyuriasis (Madenwürmer)

Vorkommen
Kommt weltweit vor, besonders bei Kindern.
Herkunft
Eier von verunreinigten Gegenständen, werden durch Fingerkontakt, etwa vom After zum Mund verteilt.
Eintrittstelle
Mund.
Übliche Symptome
– Juckreiz rund um den After.
Diagnose
Eier werden in der Nähe des Afters abgelegt; ausgewachsene Würmer in Afternähe.
Behandlung
Pyrantel, Mebendazol.

Schafleberegel

Vorkommen
Kommt weltweit in Gebieten mit Rinder- und Schafzucht vor.
Herkunft
Wasserkresse, an denen Zysten hängen.
Eintrittstelle
Mund.
Übliche Symptome
– Akute Bauchschmerzen;
– Gallenblasenentzündung.
Diagnose
Unreife Eier im Stuhl oder in der Galle.
Behandlung
Praziquantel.

Strongyloidose (Fadenwürmer)

Vorkommen
Tritt in feuchten Gebieten der Subtropen und Osteuropas auf; selten in gemäßigten Zonen.
Herkunft
Durch Fäkalien verunreinigte Erde (Larven).
Eintrittstelle
Haut, gewöhnlich die Füße.
Übliche Symptome
– Ausstrahlende Schmerzen in der Magengrube;
– Durchfall;
– Nesselsucht oder Ausschlag in einen bestimmten Muster
Diagnose
Larven im Stuhl oder Zwölffingerdarm.
Behandlung
Thiabendazol.

Zwergbandwurmbefall

Vorkommen
Kommt weltweit vor; durch Fernreisen auch in Europa; vor allem bei Kindern.
Herkunft
Eier, die in der Umwelt vorhanden sind.
Eintrittstelle
Mund.
Übliche Symptome
– Durchfall;
– Bauchbeschwerden bei Kindern mit starkem Befall.
Diagnose
Eier im Stuhl.
Behandlung
Praziquantel, Niclosamid.

Selbstmedikation

Selbstmedikation

Immer mehr Menschen stehen der modernen Medizin kritisch gegenüber, immer mehr Menschen setzen auf die Heilkräfte der Natur: Natürliche Medizin liegt voll im Trend! Hier finden Patienten das, was sie in der „Schulmedizin" vermissen. Bei der Naturheilkunde steht der Mensch mit seinen persönlichen Bedürfnissen – endlich wieder – im Mittelpunkt.

Auch viele Ärzte entdecken heutzutage das teilweise uralte Erfahrungswissen unserer Vorfahren. Entfernte Kulturkreise – allen voran China und Indien – konnten die sanfte Medizin mit ihren Jahrtausende alten und bewährten Heilmethoden bereichern: Um große gesundheitliche Wirkungen zu erzielen, müssen nicht immer große medizinische Eingriffe vorgenommen werden. Eine ganzheitliche Behandlung mit einer Umstellung festgefahrener Lebensgewohnheiten hat schon manchem Kranken mehr geholfen als eine große Operation.

Besonders bewährt haben sich naturheilkundliche Therapien vor allem bei Störungen des Allgemeinbefindens und bei einigen chronischen Erkrankungen. Dabei gelten für die Selbstbehandlung mit naturheilkundlichen Heilmitteln – etwa mit pflanzlichen oder homöopathischen Heilmitteln – die gleichen Regeln wie für die Selbstmedikation mit synthetisch-chemischen Arzneimitteln.

Auch naturheilkundliche Heilmittel sind Arzneimittel! Sie dürfen deshalb auch nicht unkritisch eingenommen werden. Lesen Sie deshalb vor Beginn Ihrer Selbstbehandlung gründlich die Packungsbeilage. Nehmen Sie nicht mehrere Arzneimittel gleichzeitig ein, ohne mögliche Wechselwirkungen abzuwägen. Manche Wirkungen können sich gegenseitig zunichte machen oder ungünstig beeinflussen. Falls es Ihnen nicht gelingt, innerhalb einer Woche Ihre Beschwerden zu lindern, sollten Sie einen Arzt hinzuziehen. Die Gefahr, dass ernste Erkrankungen übersehen werden und deshalb unbehandelt bleiben, ist zu groß.

Wer jedoch verantwortungsvoll mit sich, seinem Körper und seiner Gesundheit, mit naturheilkundlichen Therapieformen und Heilmitteln umgeht, wird einen großen Teil seiner Beschwerden auf sanfte Weise selbst behandeln können – zu Gunsten des eigenen Wohlbefindens!

Inhalt

Natürliche Heilwege

Wer richtig lebt, hat mehr vom Leben, denn richtiges, das heißt naturgemäßes Leben erhält und fördert die Gesundheit, und Gesundheit erhält und mehrt die Lebensfreude. Naturgemäß leben heißt allerdings nicht, dass Sie zum sektiererischen Naturapostel werden müssten. Es bedeutet vielmehr, dass Sie Ihrer menschlichen Natur gemäß leben sollten. Lernen Sie erkennen, was Ihr körperlich-seelisches Gefüge braucht, um im Gleichgewicht zu bleiben. Achten Sie auf die Signale, die Ihr Körper aussendet, wenn eine Störung des Gleichgewichts droht oder bereits eingetreten ist. Und unternehmen Sie dann das Richtige, um den erforderlichen Ausgleich zu schaffen. Was für Sie unter den jeweiligen Gegebenheiten richtig ist, können Sie selbst (oder Ihr Hausarzt, wenn Sie ihn regelmäßig aufsuchen, sodass er Sie gut kennt) besser entscheiden, als dass es für jedermann und für alle Gegebenheiten genau zutreffende Patentrezepte (rezeptpflichtige oder nicht-rezeptpflichtige Medikamente) geben könnte. Gönnen Sie Ihrem Körper ausreichend Licht und Luft, führen Sie ihm durch richtige Atmung genügend Sauerstoff zu. Richten Sie sich bei Ihrer Ernährung nach den Bedürfnissen Ihres Körpers, die je nach Lebensumständen, Alter und Gesundheit unterschiedlich sein können, aber stets eine ausreichende Versorgung mit Vitaminen, Mineralstoffen und Spurenelementen voraussetzen. Sorgen Sie dafür, dass mangelnde oder einseitige körperliche Belastung durch entsprechende Bewegung ausgeglichen wird. Und tun Sie auch etwas für Ihre seelische Gesundheit, kümmern Sie sich um innere Ausgeglichenheit.

Akupunktur gegen Schulterschmerzen

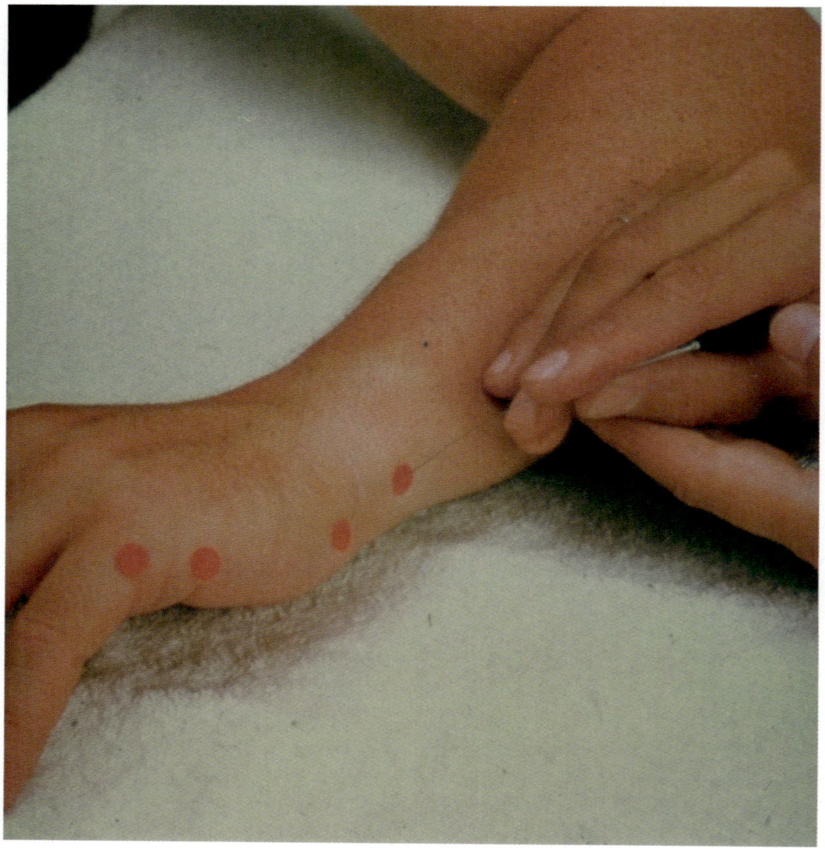

Stress und Verspannung

Das Leben unserer Zeit mit seiner Geheztheit und seinem Leistungsdruck führt zu nervösen Überspannungen, die Ursache zahlreicher Gesundheitsstörungen sind. Das bekannteste Beispiel ist das Magengeschwür, das in der Mehrzahl der Fälle durch solche Verspannungen ausgelöst wird. Ein anderes Beispiel ist die sogenannte Managerkrankheit (nervöse Erschöpfung mit mehr oder weniger starken Schädigungen des Herzens), die freilich nicht nur Manager, sondern auch vom Leistungsdruck der Schule überforderte Jugendliche und gestresste Hausfrauen befallen kann.

Zusätzlich belastet werden wir durch ständige Reizüberflutung, die uns, wenn wir an einer viel befahrenen Straße oder in der Nähe einer Bahnlinie wohnen, bis in den Schlaf hinein verfolgen kann. Verschlimmert wird das Übel, wenn wir tagsüber (zum Beispiel in Warenhäusern, in Büros, aber auch im Haushalt) ständiger Musikberieselung ausgesetzt sind oder einen Großteil unserer Freizeit vor dem Fernsehgerät oder Spielcomputer verbringen. Kein Wunder, dass wir schließlich überhaupt nicht mehr abschalten können.

Unser Körper versucht es zwar, aber beobachten Sie mal einen Menschen beim Schlaf, der den ganzen Tag dauerndem Stress ausgesetzt war: Zuckend bemühen sich die Muskeln, den zur Erholung vom Stress notwendigen Entspannungszustand herzustellen; unstet wandern die Augäpfel unter den geschlossenen Lidern. Unruhig wirft sich der Schlafende hin

und her. Wirklich ausgeruht und frisch erwacht er am nächsten Morgen nicht: Viele Menschen klagen, dass sie, auch wenn ihre Schlafenszeit an sich ausreicht, wie gerädert aufstehen.
Gerade weil uns Alltag und Beruf so hohe Anspannung abfordern, müssen wir mehr denn je darauf bedacht sein, für die notwendige Entspannung zu sorgen, damit wir unser körperlich-seelisches Gleichgewicht bewahren. Ungleichgewicht bewirkt Verspannung, und jede länger anhaltende Verspannung führt zu Schädigungen, die den Organismus, aber auch Geist und Seele beeinträchtigen können.

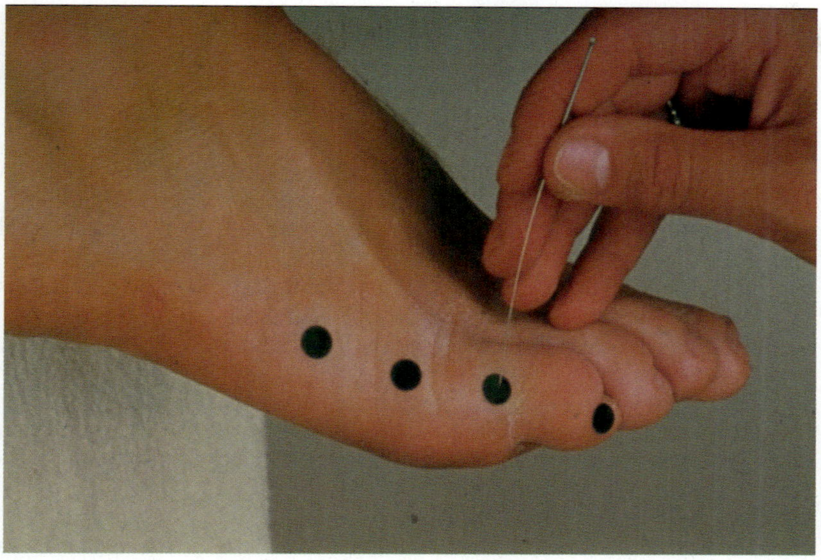
Akupunktur gegen Rückenschmerzen

Behandlungsmittel

Natürliche Behandlungsmittel lassen sich in folgendes vier Gruppen zusammenfassen:
- Physikalische Behandlungsmittel
- Biologische Behandlungsmittel
- Diätetische Behandlungsmittel
- Psychische Behandlungsmittel

Physikalische Behandlungsmittel:
- Wasser (äußerlich und innerlich angewandt)
- Luft-, Licht- und Sonnenbäder
- Künstliche Wärme- und Lichtbestrahlung
- Gymnastik und Massage

Biologische Behandlungsmittel:
- Heilpflanzen
- Andere phytotherapeutische Präparate
- Homöopathisch aufbereitete Arzneien
- Anthroposophische Heilmittel

Diätetische Behandlungsmittel:
- Fasten
- Dursten
- Frischpresssäfte von Obst und Gemüse
- Vegetarische Kost
- Rohkost

Psychische Behandlungsmittel:
- Entspannungsübungen
- Suggestion
- Andere Wege der psychischen Einflussnahme
- Psychotherapie

Alternative Heilmethoden

Akupunktur

Die Behandlung mit hauchfeinen Nadeln gilt als eine der Säulen der Traditionellen Chinesischen Medizin (TCM). Das etwa 5000 Jahre alte Gesundheitskonzept geht davon aus, dass die Kraft des Lebens Qi (sprich tschi) auf genau festgelegten Leitbahnen, den Meridianen, den Körper durchströmt. Jeder Meridian ist einer bestimmten Körperfunktion zugeordnet. Krankheiten entstehen, wenn das Qi nicht mehr fließen kann. Gezielte Reize mit den Nadeln sollen den Fluss wiederherstellen.

■ Wie sie wirkt

Durch die Stiche mit den sterilen Einwegnadeln aus Stahl werden Nervenimpulse ausgelöst, die im Gehirn zur Ausschüttung von stimmungsaufhellenden und schmerzlindernden Substanzen führen. Dass Akupunktur tatsächlich eine eigenständige Wirkung hat, ist nachgewiesen.

■ Wann sie hilft

In der modernen Naturwissenschaft lässt sich die Existenz von Meridianen nicht nachweisen. Ebenso fehlt bei Tinnitus, der Rehabilitation von Schlaganfallpatienten, bei der Suchtentwöhnung oder Behandlung von Übergewicht der wissenschaftlich belegte Nachweis für die Wirksamkeit. Man geht inzwischen aber davon aus, dass Akupunktur im Bereich der Schmerzbekämpfung hilfreich sein kann. Vor allem Menschen mit Rückenbeschwerden, Gelenkerkrankungen, Kopfschmerzen oder Migräne profitieren von der Nadelung. Aber auch Asthmatiker und Heuschnupfler können auf Besserung der Symptome hoffen.

■ Was sie kostet

Eine Akupunktur-Therapie wird von den Kassen in der Regel nicht übernommen, da die wissenschaftliche Grundlage zu vage ist. Allerdings bieten einige Kassen in zeitlich befristeten Modellversuchen eine teilweise Übernahme der Kosten an. Acht bis zehn Sitzungen sollte eine Therapie umfassen. Pro Sitzung muss man mit ca. 50 Euro rechnen.

Alternative Heilmethoden

Alexander-Technik

Die Alexander-Technik kreist um die Verbesserung des Körpergefühls. Denn, so die Lehre, schlechte Angewohnheiten und Haltungsfehler stören das körperliche und seelische Gleichgewicht und sind Auslöser vieler Beschwerden und Krankheiten. Besonders die Achse Kopf-Nacken-Wirbelsäule ist oft angespannt und verspannt. Ziel ist es, die Technik in allen Lebenssituationen anwenden zu können.

■ Wie sie wirkt

Mit einer Mischung aus harmonischer Körperhaltung und harmonischen Bewegungsabläufen werden tief sitzende und für den Körper schädliche Verhaltensmuster ausgelöst und durch bewusste, freiere und natürlichere Bewegungen ersetzt.

■ Wann sie hilft

Die Alexander-Technik zeigt Erfolge vor allem im Bereich stressbedingter körperlicher Beschwerden wie Nacken- und Schulterschmerzen. Aber auch bei Depressionen und Angstzuständen kann sie hilfreich sein.

■ Was sie kostet

Die Kassen übernehmen normalerweise keine Kosten. Einige Aspekte finden sich jedoch in Behandlungsmethoden wie dem autogenen Training oder der progressiven Muskelentspannung wieder. Verordnet der Arzt eine dieser Therapien, tritt die Kasse ein. Fragen Sie Ihre Krankenkasse, ob sie kostenlose Kurse in Alexander-Technik anbietet, wie z.B. die AOK für ihre Mitglieder. Wer sich privat mit dfer Technik vertraut machen möchte, muss mit etwa 35 Euro pro 45 Minuten rechnen.

Chirotherapie

Hinter der Chirotherapie (griechisch cheir = Hand) steht der Gedanke, dass sich fast sämtliche Körperbeschwerden auf Fehlleistungen oder Blockaden von Gelenken zurückführen lassen. In erster Linie handelt es sich dabei om Blockaden in den Gelenken der Wirbelsäule. Die manuelle Therapie wurde Ende des 19. Jahrhunderts in den USA entwickelt und gehört nicht zu den klassischen Naturheilverfahren.

■ Wie sie wirkt

Gelenkblockaden wirken über so genannte Reflexbögen auf das erkrankte Organ. Der Therapeut kann durch einen gezielten Ruck oder eine kleine Drehung die Blockade lösen. Wissenschaftlich erwiesen sind Erfolge aber lediglich im Bereich von Bewegungseinschränkungen der Wirbelsäule.

■ Wann sie hilft

Bei folgenden Symptomen könnte eine Gelenkblockade vorliegen:

- Rückenbeschwerden
- Nackenbeschwerden
- Kopfweh
- Schmerzen im Brustbereich
- Schmerzen im Lendenbereich
- Störungen der Atemfunktion
- Schulterbeschwerden
- Tinnitus
- Schwindelgefühl
- Sehstörungen
- Missempfindungen in den Armen

■ Was sie kostet

Eine chiropraktische Behandlung bei einem Haus- oder Facharzt wird von der Kasse übernommen. Sie sollten darauf achten, dass Ihr Arzt unbedingt eine entsprechende Zusatzausbildung absolviert hat, bevor Sie sich ihm anvertrauen. Die Behandlung ist nicht ganz frei von Risiken.

Akupunktur

Die Behandlung mit hauchfeinen Nadeln gilt als eine der Säulen der Traditionellen Chinesischen Medizin (TCM). Das etwa 5000 Jahre alte Gesundheitskonzept geht davon aus, dass die Kraft des Lebens Qi (sprich tschi) auf genau festgelegten Leitbahnen, den Meridianen, den Körper durchströmt. Jeder Meridian ist einer bestimmten Körperfunktion zugeordnet. Krankheiten entstehen, wenn das Qi nicht mehr fließen kann. Gezielte Reize mit den Nadeln sollen den Fluss wiederherstellen.

■ Wie sie wirkt

Durch die Stiche mit den sterilen Einwegnadeln aus Stahl werden Nervenimpulse ausgelöst, die im Gehirn zur Ausschüttung von stimmungsaufhellenden und schmerzlindernden Substanzen führen. Dass Akupunktur tatsächlich eine eigenständige Wirkung hat, ist nachgewiesen.

■ Wann sie hilft

In der modernen Naturwissenschaft lässt sich die Existenz von Meridianen nicht nachweisen. Ebenso fehlt bei Tinnitus, der Rehabilitation von Schlaganfallpatienten, bei der Suchtentwöhnung oder Behandlung von Übergewicht der wissenschaftlich belegte Nachweis für die Wirksamkeit. Man geht inzwischen aber davon aus, dass Akupunktur im Bereich der Schmerzbekämpfung hilfreich sein kann. Vor allem Menschen mit Rückenbeschwerden, Gelenkerkrankungen, Kopfschmerzen oder Migräne profitieren von der Nadelung. Aber auch Asthmatiker und Heuschnupfler können auf Besserung der Symptome hoffen.

■ Was sie kostet

Eine Akupunktur-Therapie wird von den Kassen in der Regel nicht übernommen, da die wissenschaftliche Grundlage zu vage ist. Allerdings bieten einige Kassen in zeitlich befristeten Modellversuchen eine teilweise Übernahme der Kosten an. Acht bis zehn Sitzungen sollte eine Therapie umfassen. Pro Sitzung muss man mit ca. 50 Euro rechnen.

Alternative Heilmethoden

Elektrotherapie

Bereits in der Antike setzten Ärzte bei Kopfschmerzen und Migräne auf die Heilkräfte der Elektrizität. Die dafür notwendigen Stromschläge wurden von lebenden Fischen wie dem Zitteraal erzeugt. Heute wird der Strom mithilfe von auf die Haut geklebten Elektroden oder Wasser (zum Beispiel Stangerbad, Iontophorese) auf den Körper übertragen.

■ Wie sie wirkt

Der Strom im Körper hat vor allem drei Effekte:

- Ladungsträger (zum Beispiel Natrium- oder Kalium-Ionen) geraten in Bewegung;
- es werden Muskel- und Nervenreizungen ausgelöst;
- das Gewebe erwärmt sich.

Welche Wirkung erzielt wird, hängt von der Frequenz ab (Nieder-, Mittel- oder Hochfrequenz).

■ Wann sie hilft

Die Elektrotherapie wird zum Beispiel bei Neuralgien sowie Arthrosen eingesetzt und hat sich bei rheumatischen Erkrankungen und Wirbelsäulenschäden (zum Beispiel Bandscheibenvorfall) bewährt. Sie fördert die Durchblutung, lindert chronische Rückenschmerzen sowie Ischiasprobleme. Aber auch bei Muskelverspannungen aufgrund von Stress kann Strom entspannend wirken.

■ Was sie kostet

Verordnet ein Arzt die Anwendung einer Elektrotherapie, übernimmt die Kasse die Kosten. Für eine Schmerzbehandlung zu Hause eignet sich vor allem die transkutane elektrische Nervenstimulation (TENS). Der batteriebetriebene Impulsgenerator, der nicht größer ist als eine Zigarettenschachtel, leitet über Elektroden den Strom auf die schmerzenden Stellen. Das tut überhaupt nicht weh, zu spüren ist lediglich ein leichtes Kribbeln. Drei bis vier je 30-minütige Behandlungen pro Tag sind normalerweise ausreichend.

Feldenkrais-Methode

Diese ganzheitliche Heilmethode ist eher ein pädagogisches Bewegungskonzept zur Verbesserung der eigenen Lebensqualität. Gelernt werden soll ein vernünftiger Umgang mit sich selbst. Grundlage ist das Trainieren der richtigen, körpergerechten Bewegung. Denn Bewegung, so der Begründer Moshé Feldenkrais (1904–1984), ist das zentrale Element menschlichen Seins.

■ Wie sie wirkt

Durch Selbstbeobachtung sollen falsche Bewegungsmuster bewusst gemacht und mit neuen Abläufen ersetzt werden. Die Übungen bei weitgehend entspannten Muskeln und Sehnen werden meist im Liegen und ohne großen Kraftaufwand durchgeführt und sind individuell auf die jeweilige Situation des Patienten abgestimmt. Bessern sich die Bewegungsabläufe, soll sich auch die psychische Verfassung bessern.

■ Wann sie hilft

Feldenkrais ist vor allem für Patienten geeignet, die unter Bewegungseinschränkungen und Schmerzen leiden. Damit einher gehen eine gesündere Haltung, optimierte Bewegungskoordination, Stressabbau und emotionales Wohlbefinden. In manchen Kliniken wird die Methode zur Rehabilitation nach Schlaganfällen oder Unfällen eingesetzt.

■ Probieren Sie selbst

Legen Sie sich auf den Rücken und stellen Sie beide Füße auf. Nehmen Sie Ihre Füße und Knie eng zusammen, bewegen Sie die Unterschenkel abwechselnd nach links und rechts, die Knie entgegengesetzt. Die Knie eng zusammenlassen und darauf achten, dass die Fußsohlen vollständigen Kontakt mit dem Boden halten. Diese Übung soll besseres Stehen vermitteln.

■ Was sie kostet

Eine Einzelstunde ist ab 50, ein Gruppenkurs ab 10 Euro zu haben. Die Kassen beteiligen sich nicht, da Feldenkrais nicht als medizinisches Therapieverfahren gilt.

Heliotherapie

Natürliches Sonnenlicht ist das Medium, mit dem in der Heliotherapie gearbeitet wird (im Gegensatz zu den UV- oder Weißlichtlampen, die man aus der Phototherapie kennt). Schon vor 2000 Jahren hatten römische und griechische Mediziner die sowohl für den Körper als auch den Geist heilsame Wirkung des Sonnenlichts (griechisch: leios = Sonne) erkannt und empfohlen.

■ Wie sie wirkt

Vor allem der kurzwellige UV-B-Anteil der Sonnenstrahlung entwickelt seine biologische Wirkung. Er aktiviert das Immunsystem und fördert die Produktion des besonders für den Knochenaufbau wichtigen Vitamin D. Fehlt Sonne völlig, kann daraus ein Vitaminmangel resultieren. Zu intensive Sonneneinwirkung ist allerdings auch nicht gut.

■ Wann sie hilft

Die Heliotherapie wird heute hauptsächlich im Kurbereich im Rahmen einer Klimatherapie eingesetzt. Im Vordergrund steht dabei die Behandlung von Hautkrankheiten wie Neurodermitis oder auch Schuppenflechte. Außerdem wird durch Sonnenlicht die Produktion von Botenstoffen angeregt, die die Seele lächeln lassen.

■ Richtig sonnenbaden

Cremen Sie sich mindestens 20 Minuten vor dem Sonnenbad ein, damit das Lichtschutzmittel genug Zeit hat, in die Haut einzudringen. Bereits bei Faktor 20 werden 95 Prozent der UV-Strahlen herausgefiltert. Extreme Lichtschutzfaktoren bis 60 bieten daher kaum mehr Schutz. Nach dem Gang ins Wasser das Nachcremen nicht vergessen. Achten Sie auf die Lippen, sie sind besonders schutzlos. Zwischen 12 und 15 Uhr die Sonne am besten ganz meiden.

■ Was sie kostet

Wird zum Beispiel vom AOK-Vertragsarzt bei einer Kur eine Heliotherapie verordnet, übernimmt die Kasse die Kosten.

Phytotherapie

Wie jedes Lebewesen, so lebt auch die Pflanze von dem, was sie ihrer Umwelt entzieht. Sie nimmt aus der Luft, vom Wasser und von der Erde Stoffe auf und setzt dann in ihrem Innern äußerst komplizierte Vorgänge in Gang.
Die aufgenommenen Stoffe dienen der Pflanze zur Ernährung. Unter ihnen befinden sich als Hauptnährstoffe chemische Elemente wie Kohlenstoff, Wasserstoff, Sauerstoff, Kalium, Kalzium, Schwefel, Magnesium, Phosphor und Eisen, die in relativ großen Mengen benötigt werden. Weitere, nur in geringen Mengen erforderliche Pflanzennährstoffe sind die Spurenelementen Mangan, Kupfer, Zink ua.
Aus den aufgenommenen Elementen entstehen im lebenden Organismus unter dem Einfluss von Wärme und Licht chemische Verbindungen, die der Pflanze als Energiequelle zum Aufbau organischer Stoffe dienen oder den Stoffwechsel anregen, lenken und beschleunigen. Pflanzen, die sich auf diese Weise aus den aufgenommenen anorganischen Stoffen ernähren und aus ihnen körpereigene organische Substanzen aufbauen können, nennt man autotroph. Jedoch nicht alle Pflanzen sind autotroph, es gibt auch heterotrophe, zur selbstständigen Erarbeitung organischer Stoffe nicht befähigte Organismen, wie zum Beispiel die Pilze, die bei ihrer Ernährung auf die Zufuhr organischer Substanzen pflanzlicher oder tierischer Herkunft angewiesen sind.

Pflanzen als Heilmittel

Eine besondere Gruppe bilden die Pflanzen, die als Ganzes oder in Teilen (zum Beispiel die aus ihnen gewonnenen Substanzen) zur Herstellung von Heilmitteln verwendet werden. Man nennt sie Heilpflanzen oder Arzneipflanzen.
Aus den Heilpflanzen werden meist durch Trocknung, seltener durch andere Arten der Haltbarmachung Drogen gewonnen. Die Drogen oder biogenen Arzneimittel umfassen sowohl pflanzliche als auch tierische Produkte, die arzneilich verwendet werden.
Die Wissenschaft, die sich mit der Herkunft, dem Aussehen, der Zusammensetzung der Drogen befasst, heißt Pharmakognosie oder Drogenkunde (pharmakon = Arznei, Gift; gnosis = Kenntnis, Wissenschaft). Zu ihren Aufgaben gehört auch das Ausfindigmachen von neuen Heilpflanzen, außerdem befasst sie sich mit Problemen des Sammelns und des Anbaus von Heilpflanzen sowie mit der Zubereitung biogener Heilmittel. Schließlich versucht sie, aufgrund der erhaltenen Ergebnisse, allgemeine Gesetzmäßigkeiten aufzufinden und die gewonnenen Erkenntnisse praktisch anzuwenden.

Klostergarten mit Heilpflanzen

Arzneidrogen

Drogen sind alle biogenen Arzneimittel komplexer Natur (Arzneidrogen), sofern sie nicht als Arzneizubereitungen zu betrachten sind, sowie biogene Rohstoffe, die in der Industrie Verwendung finden (Industriedrogen). Die Pflanze, die die Droge liefert, nennt man Stammpflanze. Es versteht sich, daß die Pflanzen bzw. die Pflanzenteile so getrocknet, aufbewahrt und zubereitet werden müssen, dass Menge und Qualität der in ihnen enthaltenen Wirkstoffe nach Möglichkeit erhalten bleiben.

Wirkstoffe und Begleitstoffe

Aus der Sicht ihrer Inhaltsstoffe sind die Drogen ein buntes Gemisch von Stoffwechselprodukten des lebenden Pflanzen- oder Tierkörpers. Ihrer Heilkraft nach teilt man diese Stoffe in Wirk-, Begleit- und Ballaststoffe ein.
Wirkstoffe sind die Träger der Heilkraft der Droge. Begleitstoffe sind an und für sich nur von geringfügiger Heilkraft, unterstützen aber ganz wesentlich die Heilkraft der Wirkstoffe. Die Ballaststoffe sind für den Heileffekt der Droge bedeutungslos oder setzen diesen

herab; einige, wie zum Beispiel Stärke, finden als Deck- oder Schutzstoffe arzneiliche Verwendung.
Drogen werden heute in bedeutend geringerem Maße als früher zur Heilung oder Vorbeugung von Krankheiten gebraucht; man benutzt sie vielmehr als Rohstoffe in der pharmazeutischen Industrie. Die moderne Medizin bevorzugt (nicht immer mit vollem Recht) die aus Heilpflanzen durch Isolation gewonnenen Wirkstoffe oder ähnliche, synthetisch hergestellte Substanzen.
Drogen werden von wildwachsenden oder angebauten Pflanzen gewonnen. Je nach der Wirkungsintensität unterscheidet man toxische (giftige, stark wirksame) und nicht toxische (ungiftige) Drogen. Eine genaue Trennung zwischen diesen beiden Gruppen gibt es jedoch nicht. Toxische Drogen müssen unbedingt deutlich gekennzeichnet und von anderen Drogen getrennt gelagert werden; der Umgang mit ihnen unterliegt besonderen Vorschriften.

Links: Passionsblume (Passiflora incarnata) ; rechts: Maiglöckchen (Convallaria majalis)

Wichtige pflanzliche Inhaltsstoffe

Alte oft tausendjährige Erfahrungen und die Ergebnisse moderner wissenschaftlicher Forschungsarbeiten zeigen, dass zahlreiche pflanzliche Inhaltsstoffe heilkräftig sind. Eine kurze Charakteristik der wichtigsten pflanzlichen Inhaltsstoffe wird unterbeschrieben.

Kohlenhydrate

Kohlenhydrate (Zucker, Saccharide) bilden eine wichtige Gruppe pflanzlicher Inhaltsstoffe, auf die mitunter bis zu 75 Prozent der trockenen Pflanzensubstanz entfallen. Für die Ernährung von Menschen und Tieren sind sie von größter Bedeutung.
Man unterscheidet niedrige, wasserlösliche Kohlenhydrate und höhere, aus vielen Bausteinen aufgebaute, wasserunlösliche Kohlenhydrate. Die wichtigsten wasserlöslichen Kohlenhydrate sind Glukose, Fruktose und Saccharose.

Glukose

Die Glukose, auch Traubenzucker oder Dextrose genannt, ist der in der Natur am häufigsten (vor allem in reifem Obst und in Pflanzensäften) vorkommende wasserlösliche Zucker. Man verwendet sie zum Süßen und als Nähr- und Kräftigungsmittel.

Fruktose

Die Fruktose oder der Fruchtzucker findet sich vor allem in reifem Obst. Fruktose und Glukose kommen häufig zusammen vor.

Saccharose

Die Saccharose, der Rüben- oder Rohrzucker, ist nach der Glukose der in der Natur verbreitetste wasserlösliche Zucker.

Alle drei erwähnten Zucker bilden einen wesentlichen Bestandteil des Bienenhonigs. Die wichtigsten nichtwasserlöslichen Kohlenhydrate sind die Stärke, das Inulin und die Zellulose.

Stärke

Stärke bildet sich in den grünen Pflanzenteilen. Sie ist nach der Zellulose die in größten Mengen in den Pflanzen vorkommende Substanz. Mit ihrem hohen Kaloriengehalt ist sie für die Ernährung der Menschheit von größter Bedeutung. Für therapeutische Zwecke und zur industriellen Verarbeitung wird die sog. Reservestärke verwendet, die von zahlreichen Pflanzen in den Samen, Knollen, Wurzeln und Blättern gespeichert wird. Besonders reich an Stärke sind Kartoffeln und Getreidekörner. Durch Hydrolyse (Spaltung chemischer Verbindungen durch Wasser) kann man aus Stärke Glukose gewinnen.

Inulin

Das Inulin ist ein ähnlicher Reservestoff wie die Stärke. Es besteht aus mehreren Fruktoseeinheiten, in die es aufgespalten werden kann. Das Inulin ist in erster Linie für die Diät von Zuckerkranken von Bedeutung. In größeren Mengen kommt es vor allem in den Wurzeln der Wegwarte (Zichorie), des echten Alant und anderer Korbblütter vor.

Zellulose

Zellulose ist als wichtigste pflanzliche Gerüstsubstanz in der Natur sehr häufig; sie bildet die Zellwände und ist

Verabreichung von Kräutertees

Da Heilpflanztees rezeptfrei zu bekommen sind, eignen sie sich gut zur Selbstbehandlung. Sei es, um Krankheiten vorzubeugen, sei es, um Alltagsbeschwerden zu lindern. Nicht umsonst haben sie einen festen Platz in der „Hausapotheke". Doch eines sollte man wissen: Wie bei fast allen naturheilkundichen Behandlungen darf der Patient auch hier keinen Erfolg von heute auf morgen erwarten. In der Regel wirkt ein Tee erst, wenn der Patient mindestens vier Wochen lang täglich seinen Tee in ausreichender Dosierung getrunken hat. Also ist auch hier Geduld gefragt. Und auf Folgendes sollte man ebenfalls achten:

- Einen Heilpflanzentee kauft man am besten in der Apotheke. Hier kann der Apotheker sachkundig beraten.
- Bei losen Tees nimmt man normalerweise zwei Gramm Kräuter pro Tasse – das entspricht einem gehäuften Teelöffel. Eventuell abweichende Dosisvorschriften kennt der Apotheker, oder sie sind auf der Packung vermerkt.
- Ob man einen Tee mit sprudelnd kochendem oder nur leicht siedendem Wasser aufgießen und wie lange man ihn ziehen lassen muss, sind keine Glaubensfragen. Vielmehr hängen sie von der Art der Kräuter und eventuell von der jeweils gewünschten Wirkung ab. Auch hierüber informierten der Apotheker oder ein Hinweis auf der Packung.
- Harntreibender Tee wird mehrmals täglich verabreicht.
- Appetitanregende, galletreibende und verdauungsfördernde Tees werden in der Regel dreimal täglich zu je 1 dl etwa 15 bis 30 Minuten vor der Mahlzeit genommen.
- Stoffwechselanregende Tees sowie Tees, die bei Arteriosklerose, hohem Blutdruck und einigen Frauenkrankheiten verschrieben werden, trinkt man vor dem Essen schluckweise mehr oder weniger den ganzen Tag hindurch.
- Tees mit schmerzstillender, stopfender und windtreibender Wirkung werden je nach Bedarf einmal täglich in kleinen Mengen genommen.
- Abführende und den Stuhlgang regelnde Tees werden in kleinen Mengen warm am Abend oder morgens auf nüchtern Magen genommen.
- Auswurffördernde Tees werden gesüßt und einmal am Tag (am besten abends) warm getrunken.
- Tees mit antirheumatischer Wirkung trinkt man warm, gezuckert oder ungezuckert am Abend; sie bewirken eine erhöhte Schweißabsonderung.
- Schweißtreibende Tees werden meist gezuckert; man trinkt sie im Bett so heiß wie möglich.
- Nervenberuhigende Tees werden warm je nach Bedarf und, wenn man sie gegen Schlaflosigkeit nimmt, am Abend verabreicht; man kann sie süßen.
- Kräutertees wirken individuell, das heißt nicht bei jedem und auch nicht immer gleich. Man darf daher Kräutertees nicht unüberlegt trinken und darf sie auch nicht an eine bestimmte Mischung gewöhnen.
- Die Zusammensetzung von Kräutermischungen, insbesondere solcher für den täglichen Gebrauch anstelle von schwarzem Tee, ändert man von Zeit zu Zeit, um eine möglichst vielseitige Wirkung zu erzielen.
- Heilkräftige Tees verabreicht man nach Beratung mit dem Arzt; das ist vor allem bei Herz- und Nierenleiden sowie Erkrankungen, bei denen die tägliche Aufnahme von Flüssigkeit geregelt werden muss, unbedingt erforderlich.

ein wichtiger Bestandteil der Holzgewebe höherer Pflanzen. Baumwolle, die wegen ihr Formbeständigkeit hervorragend als Verbandwatte geeignet ist, ist fast reine Zellulose.

Durch Hydrolyse kann man aus Zellulose Glukose gewinnen. Zu den Zuckern zählen auch die vorwiegend in Fruchtsäften enthaltenen Pektine, die unter bestimmten Voraussetzungen Gelee bilden und in der Lebensmittelindustrie Verwendung finden, sowie Schleime.

Letztere kommen unter anderem in den Blättern und Wurzeln des echten Eibisch, in Malvenblättern, in Leinsamen, im Isländischen Moos und im Bockshornklee vor. Schleime üben einen günstigen Einfluss bei Hautentzündungen und Schleimhautentzündungen der oberen Atemwege aus, da sie die entzündete Stelle „einhüllen" und sie so vor mechanischen Reizen und anderen Reizstoffen schützen.

Glykoside

Glykoside kommen in größeren Mengen vor allem im Zellsaft einiger Pflanzen vor, wo sie eine wichtige Speicher- und Schutzfunktion erfüllen. Man teilt sie nach ihrer chemischen Zusammensetzung und physiologischen Wirkung in folgende Gruppen ein:

Cyanogene Glykoside

Bei deren Spaltung entsteht stark giftiger Cyanwasserstoff (Blausäure). Cyanogene Glykoside finden sich zum Beispiel in bitteren Mandeln.

Hautreizende Senfölglykoside

Diese Glykoside kommen zum Beispiel im schwarzen Senf vor.

Anthrachinonglykoside

Diese Glykoside wirken abführend. Sie kommen unter anderem in der Rinde des Faulbaums und den Früchten des Purgierkreuzdorns, in Rhabarberwurzeln und in Sennesblättern vor.

Phenolglykoside

Diese Glykoside sind unter anderem enthalten in den Blättern der Bärentraube, in Preiselbeeren, im Heidekraut und in der Weidenrinde.

Herzwirksame Glykoside
Diese Glykoside finden sich unter anderem im Kraut von Frühlingsadonisröschen, Maiglöckchen und Fingerhut und sind bereits in kleinen Mengen stark giftig.

Bitterstoffglykoside
Sie bilden den Hauptwirkstoff der Enzianwurzel, des Tausendgüldenkrauts, des Fieberklees und anderer Arzneipflanzen.

Schweißtreibende Glykoside
Diese Glykoside sind unter anderem enthalten in Holunder- und Lindenblüten.

Saponinglykoside
Sie haben die Eigenschaft, wie Seife im Wasser zu schäumen, wenn sie mit Blut in Berührung kommen, verursachen sie schon in kleinen Mengen Hämolyse, das heißt die Zerstörung der roten Blutkörperchen. In der Medizin werden Saponinglykoside als schleimlösende und auswurffördernde Mittel bei Katarrhen der oberen Atemwege verordnet. Zu den Saponindrogen gehören ua. die Wurzeln des Seifenkrauts, der Wiesenprimel und des Süßholzes, das Bruchkraut, die Blüten der Königskerze, das Kraut des Feldstiefmütterchens, des Märzveilchens und der Goldrute sowie Birkenblätter.

Cumaringlykoside
Beim Trocknen von Cumarinpflanzen (zum Beispiel Steinklee und Waldmeister) kommt es zur Spaltung der Cumaringlykoside und zur Bildung von Cumarin, das den charakteristischen Geruch der Cumarindrogen verursacht. Das Derivat Dicumarol hat die Eigenschaft eines K-Antivitamins; es hemmt die Blutgerinnung. Von anderen Derivaten, den Hydroxycumarinen, werden in neuester Zeit vor allem das Aesculin bei Krampfadern, Hämorrhoiden und subkutanen Blutungen und das Khellin bei Verletzungen des Herzmuskels und als koronarerweiterndes Mittel gebraucht. Ersteres ist unter anderem in der Zweigrinde der Rosskastanie enthalten, letzteres wird aus der in Ägypten heimischen Pflanze Ammi visnaga gewonnen.

Ginseng (Panax ginseng); Tausendgüldenkraut (Centaurium erythraea)

Flavonglykoside
Diese Glykoside, auch Bioflavonoide genannt, bilden in neuester Zeit den Gegenstand eingehender wissenschaftlicher Untersuchungen. Ihre Wirkung auf den menschlichen Organismus ist vielseitig, aber nicht eindeutig. Im Allgemeinen stärken sie die Wände der Haargefäße, wirken sich hemmend auf Infektionskrankheiten aus und sind harntreibend. Zahlreiche Flavondrogen wie Weißdornfrüchte und -blüten erweitern die Herzkranzgefäße, senken den Blutdruck und wirken herzstärkend; andere, wie die aus der Samenschale der Erdnuss gewonnenen Flavonoide, steigern die Blutgerinnung.

Gerbstoffe
Gerbstoffe sind pflanzliche Bau-, Schutz- und Reservestoffe. Sie kommen in vielen Pflanzen gelöst in Zellsaft oder konzentriert in besonderen Zellsafträumen, den sogenannten Gerbstoffvakuolen, vor. In besonders starker Konzentration findet man sie im Zellsaft kranker oder von Parasiten befallenen Zellen (zum Beispiel in Galläpfeln). Gerbstoffe sind im Pflanzenreich vor allem in der Baumrinde sehr verbreitet. An der Luft zersetzen sie sich unter dem Einfluss des Sauerstoffs; gerbstoffhaltige Drogen müssen dementsprechend aufbewahrt werden. Sehr leicht verbinden sich Gerbstoffe auch mit Eisensalzen und liefern grüne bis schwarze Fällungen. Man muss daher beim Sammeln gerbstoffhaltiger Pflanzen (vor allem von Rinden) nichtrostende Geräte benutzen. Zu den Gerbstoffdrogen gehören unter anderem die Eichenrinde, Heidelbeeren, der Wurzelstock der Blutwurz, des Schlangenknöterichs und des großen Wiesenknopfs, Nussblätter, Galläpfel sowie das Kraut des Odermennigs, des Andorns und des Vogelknöterichs.

Fette und Öle
Fette und Öle treten in den Pflanzen sowohl als Baustoffe als auch als Reservestoffe auf. Sie entstehen in der Pflanze wahrscheinlich schon bei der photosynthetischen Assimilation aus Zucker. Man findet sie vor allem in den wichtigsten Speicherorganen, wie in Samen und Früchten. Bei unfachmäßiger oder langer Lagerung (an der

Luft oder in feuchten und vor allem hellen und warmen Räumen) zersetzen sich die Fette, werden ranzig und unbrauchbar.
Während im Tierreich vorwiegend feste Fette wie Schweinefett, Rindertalg und Butter gebildet werden, finden sich im Pflanzenreich in erster Linie Öle. Zu den ölhaltigen Drogen gehören unter anderem Olivenfrüchte und Rizinus-, Lein- und Sonnenblumensamen.
Zur Gruppe der Fette und Öle zählt man auch die ihnen chemisch nahestehende Wachse, die man als Überzug von Früchten, Blättern, Zweigen und Wurzeln findet und die die Pflanzen gegen das Eindringen von Wasser und gegen Austrocknung schützen, sowie die Phytoserine, die wegen ihrer engen Beziehung zu den Hormonen bemerkenswert sind.

Ätherische Öle

Ätherische Öle sind flüssige pflanzliche Stoffe von mehr oder weniger angenehm aromatischem Geruch, die sich schon bei Zimmertemperatur verflüchtigen.
In den Pflanzen befindet sich ätherisches Öl meistens in besonderen Ölzellen, Drüsen oder Kanälen, wo es als Abfallprodukt des Stoffwechselprozesses abgelagert wird. Der Gehalt an ätherischem Öl schwankt sehr stark je nach Alter der Pflanzen, Jahreszeit und Klima.
Da sich ätherische Öle leicht verflüchtigen, muss das Pflanzenmaterial bei niedriger Temperatur (keinesfalls an der Sonne) schnell getrocknet und die Droge in dicht schließenden Gefäßen aufbewahrt werden; bei langer Lagerung verliert sie ihre Heilkraft. Unter dem Einfluss von Luft und Licht verharzen ätherische Öle leicht.
Ätherische Öle kommen in vielen Pflanzen vor, bei einzelnen besonders reichlich. Pflanzen, die ätherische Öle enthalten, erkennt man leicht an ihrem aromatischen Geruch. Zu den Heilpflanzen, deren wirksame Hauptbestandteile ätherische Öle sind, gehören der Gartenfenchel, die echte Kamille, der echte Lavendel, die Zitronenmelisse und der echte Thymian.
Eine ähnliche Funktion wie die ätherischen Öle erfüllen im Pflanzenkörper die Harze. Harze werden zum Teil von unverletzten Pflanzen ausgeschieden, zum Teil bilden sie sich erst nach Verwundung der Pflanze.

Alkaloide

Alkaloide sind meist komplizierte basische, stickstoffhaltige Substanzen, die zum größten Teil pharmakologische Wirkung besitzen; sie entstehen in vielen Pflanzen als Abfallprodukte des Stoffwechselprozesses.
Es gibt sehr verschiedene, für bestimmte Pflanzenarten, Pflanzengattungen oder Pflanzenfamilien charakteristische Alkaloide.
Am häufigsten findet man Alkaloide in zweikeimblättrigen Gewächsen. Die Zellen, in deren Saft die Alkaloide an organische Säuren gebunden sind, befinden sich meist in den äußeren Geweben (zum Beispiel in der Rinde).
Abgesehen von einigen Ausnahmen sind die Alkaloide stark giftig, schon einige Zehntel oder Hundertstel Gramm können gefährliche Vergiftungen oder gar den Tod bewirken. Diese Tatsache darf beim Umgang mit alkaloidhaltigen Pflanzen und Drogen nicht außer Acht gelassen werden.
Zu den Alkaloiddrogen gehören zum Beispiel die Blätter des Bilsenkrauts, der Tollkirsche und des Stechapfels, des Schöllkrauts, das Kraut der Lobelie, Samen und Knollen der Herbstzeitlose. Die Verabreichung von Alkaloiddrogen darf auf ärztliche Anweisung erfolgen.

Organische Säuren

Organische Säuren sind für den Druckausgleich in der Pflanzenzelle von großer Bedeutung; sie regeln die Wasserdurchlässigkeit der Zellhaut.
Die Wirkung organischer Säuren auf den menschlichen Organismus ist vielseitig und unterschiedlich.
Von den bekanntesten seien an dieser Stelle lediglich die Apfel-, Zitronen-, Oxal- und Weinsäure und deren Derivate erwähnt. Organische Säuren kommen am häufigsten in Früchten vor.

Phytonzide

Phytonzide sind chemisch uneinheitliche pflanzliche Inhaltsstoffe, die eine hemmende Wirkung auf das Wachstum krankheitserregender Mikroorganismen ausüben. Sie dienen der Pflanze offensichtlich als natürliche Abwehrstoffe gegen Krankheitserreger. Ihrer Wirkung nach ähneln sie den von niederen Pflanzen wie Pilzen, Schimmelpilzen und Bodenbakterien gebildeten Antibiotika.
Phytonzide sind unter anderem in Tomaten, in der Küchenzwiebel, im Knoblauch, im Meerrettich und in Zitronen enthalten.

Vitamine

Vitamine gehören zu den Ergonen, das heißt zu jenen Inhaltsstoffen, die der Pflanze nicht als Energiequelle dienen, aber in kleinsten Mengen trotzdem für das normale Leben der Pflanze unerlässlich sind. Sie sind verhältnismäßig komplizierte und meist unbeständige organische Substanzen, die in geringen Mengen im Pflanzenkörper und im Körper einiger weniger Tiere gebildet werden.
Der Mensch und, von wenigen Ausnahmen abgesehen, auch alle Tiere müssen diese aus Vorstufen, sogenannten Provitaminen, bilden. Einige Vitamine entstehen im menschlichen Körper aus Provitaminen durch die Einwirkung von Darmbakterien.
Gänzliches oder weitgehendes Fehlen von Vitaminen in der Nahrung führt bei Mensch und Tier zu schweren Krankheitserscheinungen Mangelkrankheiten oder Avitaminosen). Mangel, jedoch nicht völliges Fehlen von Vitaminen, verursacht Hypovitaminosen, die unter anderem eine Herabsetzung der Widerstandskraft des Organismus gegen Infektionen zur Folge haben. Aber auch die Verabreichung zu hoher Vitamingaben kann zu Störungen im Organismus (Hypervitaminosen) führen.

Enzyme

Ebenso wie die Vitamine gehören auch die Enzyme zu den Ergonen, den biologischen Wirkstoffen, welche die lebensnotwendigen chemischen Umsetzungen im Organismus auslösen und steuern. Sie werden im Zellinnern gebildet, sind in allen Zellen vorhanden und beteiligen sich an sämtlichen chemischen Reaktionen im Organismus. Sie sind oft labil und temperaturempfindlich. Um sie zu erhalten, ist es daher notwendig, das Sammeln, Trocknen und Lagern von Heilpflanzen genau nach den empfohlenen Richtlinien vorzunehmen.

Mineralstoffe

Mineralstoffe treten im Organismus der Pflanze vorwiegend als Salze auf. Am bekanntesten ist die Kieselsäure. Sie ist nur teilweise wasserlöslich, besser löst sie sich in Alkohol oder Äther. Zu den kieselhaltigen Heilpflanzen gehören unter anderem Ackerschachtelhalm, der bunte Hohlzahn, das echte Lungenkraut, der Odermennig und der Vogelknöterich. Kieselkräutertees werden als Abkochung zubereitet.

Milchsäfte

Milchsäfte finden sich in den Milchröhren einiger Gewächse. In der Regel sind sie Emulsionen, das heißt ein Gemenge nicht ineinander löslicher Flüssigkeiten. Milchsäfte können Kautschuk, Fette, Eiweißstoffe, Harze, Zucker, Alkaloide, Schleime und andere Substanzen enthalten. Ein bekannter und pharmazeutisch wichtiger Milchsaft ist das Opium, das durch Anritzen unreifer Kapseln des Schlafmohns gewonnen wird.

Pflanzenfarbstoffe

Pflanzenfarbstoffe, die für das Leben der Pflanze von außerordentlicher Bedeutung sind, werden nach ihrem Vorkommen und ihrer Löslichkeit in zwei Gruppen eingeteilt: in Lipochrome und Hydrochrome.

Heilpflanzen-Drogerie

Lipochrome

Die Lipochrome sind fettartige Farbstoffe, die in den Plasmaorganen der Pflanzenzellen gebildet werden. Zu ihnen gehören das für die Photosynthese unentbehrliche Chlorophyll und die Begleitfarbstoffe Carotin und Xanthophyll. Die grüne Färbung der Pflanzen kommt durch eine Kombination dieser drei Farbstoffe, des grünen Chlorophylls, des gelben Xanthophylls und des orangegelben bis roten Carotins, zustande. Die beiden Letzteren können auch die rote oder gelbe Farbe von Kronblättern, Blütenhüllblättern, Fruchtwänden (zum Beispiel der Hagebutte) und Früchten (Paprika, Kürbis) bewirken. Heute kennt man bereits an die fünfzig verschiedene zu den Lipochromen zählende Pflanzenfarbstoffe.

Hydrochrome

Die Hydrochrome sind zum Unterschied von den Lipochromen wasserlösliche Farbstoffe und befinden sich daher in Zellsaft gelöst in den Vakuolen (Zellsafträumen). Zu ihnen gehören in erster Linie die Anthocyane, die ihre Farbe je nach dem Säuregehalt der Umgebung von Rot bis Blau ändern und denen viele Blumen (zum Beispiel Rosen, Kornblumen, Rittersporn), Früchte (Kirschen, Heidelbeeren und andere) und Blätter ihre schöne Farbe verdanken.

Medizinisch haben die Pflanzenfarbstoffe sehr unterschiedliche Wirkung. Das Chlorophyll besitzt unter anderem antibakterielle Eigenschaften, das Anthocyan der Heidelbeere beschleunigt die Regeneration des Sehpurpurs in der Netzhaut des menschlichen Auges, und das Carotin verwandelt sich im menschlichen Organismus zu Vitamin A.

Aesculaforce-Tabletten

Eigenschaften/Verwendungszweck
Was ist Aesculaforce und wann wird es angewendet?

Aesculaforce-Tabletten sind ein Frischpflanzen-Präparat aus den Samen der Rosskastanie. Jede Tablette enthält 20 mg Aescin, ein natürlicher Wirkstoff der Rosskastanie, der die Spannkraft der Venenwände verbessert und so die Durchblutung fördert.

Aesculaforce-Tabletten sind deshalb angezeigt bei Venenleiden mit Symptomen wie venöse Ödeme (geschwollene Beine), Wadenkrämpfe, Schmerzen und Schweregefühl in den Beinen sowie bei Krampfadern.

Ergänzungen
Was sollte dazu beachtet werden?

Wenn Sie unter venösen Durchblutungsstörungen leiden, sollten Sie für ausreichende Bewegung sorgen (Schwimmen, Wandern), die Beine öfters hochlagern, langes Sitzen oder Stehen vermeiden oder die Beine eventuell einbinden.

Kontraindikationen
Wann darf Aesculaforce nicht angewendet werden?

Bei bestehenden Nierenerkrankungen dürfen Aesculaforce-Tabletten nicht angewendet werden. Ebenso nicht bei einer Überempfindlichkeit gegen einen der Inhaltsstoffe.

Vorsichtsmaßnahmen
Wann ist bei der Einnahme von Aesculaforce Vorsicht geboten?

Informieren Sie Ihren Arzt, Apotheker oder Drogist, wenn Sie an Krankheiten leiden, Allergien haben oder andere Medikamente (auch selbstgekaufte) einnehmen.

Schwangerschaft/Stillzeit
Darf Aesculaforce während einer Schwangerschaft oder in der Stillzeit eingenommen werden?

Aufgrund der bisherigen Erfahrungen ist kein Risiko für das Kind bekannt. Systematische, wissenschaftliche Untersuchungen wurden aber nie durchgeführt.

Vorsichtshalber sollten Sie während der Schwangerschaft und in der Stillzeit möglichst auf Medikamente verzichten oder den Arzt um Rat fragen.

Dosierung/Anwendung
Wie verwenden Sie Aesculaforce? Wenn vom Arzt nicht anders verordnet:

Erwachsene: Zu Beginn der Behandlung 3-mal täglich 2 Tabletten zum Essen mit etwas Flüssigkeit einnehmen. Nach 1–2 Wochen 3-mal täglich 1 Tablette zum Essen mit etwas Flüssigkeit einnehmen. Halten Sie sich an die in der Packungsbeilage angegebene Dosierung. Wenn Sie glauben, das Medikament wirke zu schwach oder zu stark, so sprechen Sie mit Ihrem Arzt, Apotheker oder Drogist.

Unerwünschte Wirkungen
Welche Nebenwirkungen kann Aesculaforce haben?

In seltenen Fällen können Schleimhautreizungen des Magen-Darm-Traktes (leichte Magenbeschwerden) auftreten. Durch die Einnahme der Tabletten mit den Hauptmahlzeiten können diese Störungen weitgehend vermieden werden.

Allgemeine Hinweise
Was ist ferner zu beachten?

Arzneimittel sollten für Kinder unerreichbar aufbewahrt werden. Das Medikament darf nur bis zu dem auf dem Behälter mit EXP bezeichneten Datum verwendet werden. Nicht aufgebrauchte Packungen sollen an Ihren Apotheker oder Drogist zur Entsorgung zurückgebracht werden.

Weitere Auskünfte erteilt Ihnen Ihr Arzt, Apotheker oder Drogist, der über die ausführliche Fachinformation verfügt.

Zusammensetzung
1 Tablette Aesculaforce enthält:
60–90 mg Trockenextrakt aus frischen Rosskastanien-Samen entsprechend 20 mg Aescin sowie Hilfsstoffe zur Tablettierung.

Verkaufsart
In Apotheken und Drogerien, ohne ärztliches Rezept.

Aesculus hippocastanum

Aesculaforce-Tinktur

Eigenschaften/Verwendungszweck
Was ist Aesculaforce und wann wird es angewendet?

Aesculaforce ist ein Frischpflanzen-Präparat und enthält eine Tinktur aus den Samen der Rosskastanie mit dem Wirkstoff Aescin, ein natürlicher Wirkstoff der Rosskastanie, der die Spannkraft der Venenwände verbessert und so die Durchblutung fördert.

Aesculaforce ist deshalb angezeigt bei Venenleiden mit Symptomen wie venöse Ödeme (geschwollene Beine), Wadenkrämpfe, Schmerzen und Schweregefühl in den Beinen sowie bei Krampfadern.

Ergänzungen
Was sollte dazu beachtet werden?

Wenn Sie unter venösen Durchblutungsstörungen leiden, sollten Sie für ausreichende Bewegung sorgen (Schwimmen, Wandern), die Beine öfters hochlagern, langes Sitzen oder Stehen vermeiden oder die Beine eventuell einbinden.

Kontraindikationen
Wann darf Aesculaforce nicht angewendet werden?

Bei bestehenden Nierenerkrankungen darf Aesculaforce nicht angewendet werden. Ebenso nicht bei einer Überempfindlichkeit gegen einen der Inhaltsstoffe.

Vorsichtsmaßnahmen
Wann ist bei der Einnahme von Aesculaforce Vorsicht geboten?

Informieren Sie Ihren Arzt, Apotheker oder Drogist, wenn Sie an Krankheiten leiden, Allergien haben oder andere Medikamente (auch selbstgekaufte) einnehmen.

Schwangerschaft/Stillzeit
Darf Aesculaforce während einer Schwangerschaft oder in der Stillzeit eingenommen werden?

Aufgrund der bisherigen Erfahrungen ist kein Risiko für das Kind bekannt. Systematische, wissenschaftliche Untersuchungen wurden aber nie durchgeführt.

Vorsichtshalber sollten Sie während der Schwangerschaft und in der Stillzeit möglichst auf Medikamente verzichten oder den Arzt um Rat fragen.

Dosierung/Anwendung
Wie verwenden Sie Aesculaforce?

Wenn vom Arzt nicht anders verordnet:
Erwachsene: Zu Beginn der Behandlung 3-mal täglich 20–30 Tropfen zum Essen mit etwas Flüssigkeit einnehmen. Nach 1–2 Wochen 3-mal täglich 15–20 Tropfen zum Essen mit etwas Flüssigkeit einnehmen.

Halten Sie sich an die in der Packungsbeilage angegebene Dosierung. Wenn Sie glauben, das Medikament wirke zu schwach oder zu stark, so sprechen Sie mit Ihrem Arzt, Apotheker oder Drogist.

Unerwünschte Wirkungen
Welche Nebenwirkungen kann Aesculaforce haben?

In seltenen Fällen können Schleimhautreizungen des Magen-Darm-Traktes (leichte Magenbeschwerden) auftreten. Durch die Einnahme der Tabletten mit den Hauptmahlzeiten können diese Störungen weitgehend vermieden werden.

Allgemeine Hinweise
Was ist ferner zu beachten?

Aesculaforce enthält einen herstellungsbedingten Alkoholgehalt von ca. 65 vol.-%. Arzneimittel sollten für Kinder unerreichbar aufbewahrt werden.

Frischpflanzen-Tinkturen können gelegentlich eine Nachtrübung erfahren, welche jedoch die Wirkung nicht beeinträchtigt.

Das Medikament darf nur bis zu dem auf dem Behälter mit EXP bezeichneten Datum verwendet werden. Nicht aufgebrauchte Packungen sollten an Ihren Apotheker oder Drogist zur Entsorgung zurückgebracht werden.

Weitere Auskünfte erteilt Ihnen Ihr Arzt, Apotheker oder Drogist, der über die ausführliche Fachinformation verfügt.

Zusammensetzung
1 ml Aesculaforce enthält die Tinktur aus frischen Samen der Rosskastanie, entsprechend 20 mg Aescin.

Verkaufsart
In Apotheken und Drogerien, ohne ärztliches Rezept.

Aesculus hippocastanum

Aescusan

Eigenschaften/Verwendungszweck
Was ist Aescusan und wann wird es angewendet?

Aescusan-Tabletten sind ein Frischpflanzen-Präparat aus den Samen der Rosskastanie. Jede Tablette enthält 20 mg Aescin, ein natürlicher Wirkstoff der Rosskastanie, der die Spannkraft der Venenwände verbessert und so die Durchblutung fördert.
Aescusan-Tabletten sind deshalb angezeigt bei Venenleiden mit Symptomen wie venöse Ödeme (geschwollene Beine), Wadenkrämpfe, Schmerzen und Schweregefühl in den Beinen sowie bei Krampfadern.

Ergänzungen
Was sollte dazu beachtet werden?

Wenn Sie unter venösen Durchblutungsstörungen leiden, sollten Sie für ausreichende Bewegung sorgen (Schwimmen, Wandern), die Beine öfters hochlagern, langes Sitzen oder Stehen vermeiden oder die Beine eventuell einbinden.

Kontraindikationen
Wann darf Aescusan nicht angewendet werden?

Bei bestehenden Nierenerkrankungen dürfen Aescusan-Tabletten nicht angewendet werden. Ebenso nicht bei einer Überempfindlichkeit gegen einen der Inhaltsstoffe.

Vorsichtsmaßnahmen
Wann ist bei der Einnahme von Aescusan Vorsicht geboten?

Informieren Sie Ihren Arzt, Apotheker oder Drogist, wenn Sie an Krankheiten leiden, Allergien haben oder andere Medikamente (auch selbstgekaufte) einnehmen.

Schwangerschaft/Stillzeit
Darf Aesculaforce während einer Schwangerschaft oder in der Stillzeit eingenommen werden?

Aufgrund der bisherigen Erfahrungen ist kein Risiko für das Kind bekannt. Systematische, wissenschaftliche Untersuchungen wurden aber nie durchgeführt.
Vorsichtshalber sollten Sie während der Schwangerschaft und in der Stillzeit möglichst auf Medikamente verzichten oder den Arzt um Rat fragen.

Dosierung/Anwendung
Wie verwenden Sie Aescusan?
Wenn vom Arzt nicht anders verordnet:

Erwachsene: Zu Beginn der Behandlung 3-mal täglich 2 Tabletten zum Essen mit etwas Flüssigkeit einnehmen. Nach 1–2 Wochen 3-mal täglich 1 Tablette zum Essen mit etwas Flüssigkeit einnehmen. Halten Sie sich an die in der Packungsbeilage angegebene Dosierung. Wenn Sie glauben, das Medikament wirke zu schwach oder zu stark, so sprechen Sie mit Ihrem Arzt, Apotheker oder Drogist.

Unerwünschte Wirkungen
Welche Nebenwirkungen kann Aescusan haben?

In seltenen Fällen können Schleimhautreizungen des Magen-Darm-Traktes (leichte Magenbeschwerden) auftreten. Durch die Einnahme der Tabletten mit den Hauptmahlzeiten können diese Störungen weitgehend vermieden werden.

Allgemeine Hinweise
Was ist ferner zu beachten?

Arzneimittel sollten für Kinder unerreichbar aufbewahrt werden. Das Medikament darf nur bis zu dem auf dem Behälter mit EXP bezeichneten Datum verwendet werden. Nicht aufgebrauchte Packungen sollten an Ihren Apotheker oder Drogist zur Entsorgung zurückgebracht werden.
Weitere Auskünfte erteilt Ihnen Ihr Arzt, Apotheker oder Drogist, der über die ausführliche Fachinformation verfügt.

Zusammensetzung
1 Tablette Aescusan enthält 60–90 mg Trockenextrakt aus frischen Rosskastanien-Samen sowie Hilfsstoffe zur Tablettierung.

Verkaufsart
In Apotheken und Drogerien, ohne ärztliches Rezept.

Aesculus hippocastanum

Agarol

Eigenschaften/Verwendungszweck

Was ist Agarol und wann wird es angewendet?

Agarol (mit Sorbitol und Feige) ist ein osmotisch wirkendes Abführmittel und enthält eine Kombination von Sorbitol und wässrigem Feigenextrakt.

Sorbitol ist ein Zuckeralkohol, der nur zu einem kleinen Teil vom Organismus aufgenommen wird. Das im Darm verbleibende Sorbitol hält Wasser zurück und bewirkt dadurch, dass der Stuhl weich und die Darmentleerung erleichtert wird. Die im Feigenextrakt enthaltenen Schleimstoffe, Fruchtzucker und Fruchtsäure unterstützen diese Wirkung.

Agarol ist geeignet zur Stuhlregulierung bei Neigung zu Verstopfung sowie bei Verstopfung, die durch Veränderung der Lebens- oder Essgewohnheiten (zum Beispiel bei Bettruhe oder auf Reisen) bedingt ist, oder bei Erkrankungen, bei denen ein leichter Stuhlgang erwünscht ist (zum Beispiel Hämorrhoiden).

Ergänzungen

Was sollte dazu beachtet werden?

Wenn Sie an Verstopfung leiden, sollten Sie, wenn mögliche ballaststoffreiche Nahrung (Gemüse, Früchte, Vollkornbrot) sowie viel und regelmäßig Flüssigkeit einnehmen und auf körperliche Betätigung (Sport) achten.

Kontraindikationen

Wann darf Agarol nicht angewendet werden?

Bie entzündlichen Darmkrankheiten und bei Darmverschluss darf Agarol nicht eingenommen werden. Ebenso nicht bei Bauchschmerzen unbekannten Ursprungs, blutigem Stuhl oder wenn Sie einen künstlichen Darmausgang haben.

Es darf nicht bei Kindern unter 6 Jahren angewendet werden.

Da Sorbitol im Körper teilweise in Fruktose umgewandelt wird, darf Agarol bei bekannter Fruktoseintoleranz nicht eingenommen werden.

Vorsichtsmaßnahmen

Wann ist bei der Einnahme von Agarol Vorsicht geboten?

Bei Überdosierung, längerem oder zu häufigem Gebrauch können Durchfälle mit Wasserverlust und Störungen des Mineralstoffhaushaltes (ua. Kaliumverlust) auftreten. Wie bei Abführmitteln ist eine ununterbrochene, langfristige Anwendung ohne ärztliche Beratung zu vermeiden.

Informieren Sie Ihren Arzt, Apotheker oder Drogist, wenn Sie an Krankheiten leiden, Allergien haben oder andere Medikamente (auch selbstgekaufte) einnehmen.

Schwangerschaft/Stillzeit

Darf Agarol während einer Schwangerschaft oder in der Stillzeit eingenommen werden?

Vorsichtshalber sollten Sie während der Schwangerschaft und in der Stillzeit möglichst auf Medikamente verzichten. Falls Sie Agarol während Ihrer Schwangerschaft oder Stillzeit einnehmen wollen, fragen Sie Ihren Arzt um Rat.

Dosierung/Anwendung

Wie verwenden Sie Agarol?

Wenn vom Arzt nicht anders verordnet:

- Erwachsene: täglich 30 ml morgens oder abends.

Ficus carica

- Kinder von 6 bis 12 Jahren: 15 ml.

Agarol soll mit genügend Flüssigkeit (1–2 Gläser pro Dosis) eingenommen werden.

Maximal können Sie pro Tag 30 ml einnehmen; falls Durchfall auftritt, reduzieren Sie die angegebene Dosis.

Halten Sie sich an die in der Packungsbeilage angegebene Dosierung. Wenn Sie glauben, das Medikament wirke zu schwach oder zu stark, so sprechen Sie mit Ihrem Arzt, Apotheker oder Drogist.

Unerwünschte Wirkungen

Welche Nebenwirkungen kann Agarol haben?

Gelegentlich und hauptsächlich zu Beginn der Behandlung kann das Präparat Blähungen oder Bauchkrämpfe verursachen. Durchfälle deuten auf eine Überdosierung hin. In diesem Fall ist die Dosis zu reduzieren.

Allgemeine Hinweise

Was ist ferner zu beachten?

Arzneimittel sollten für Kinder unerreichbar aufbewahrt werden.

Das Medikament darf nur bis zu dem auf dem Behälter mit EXP bezeichneten Datum verwendet werden. Weitere Auskünfte erteilt Ihnen Ihr Arzt, Apotheker oder Drogist, der über die ausführliche Fachinformation verfügt.

Zusammensetzung

30 g Agarol enthält: Sorbitol 21 g wässrigen Extrakt aus 5 g Feigen, Konservierungsmittel Kaliumsorbat, Farbstoff Zuckercoleur.

Verkaufsart

In Apotheken und Drogerien, ohne ärztliches Rezept.

Agiolax

Eigenschaften/Verwendungszweck
Was ist Agiolax und wann wird es angewendet?

Agiolax mit Senna ist ein pflanzliches Abführmittel auf der Basis von Flohsamen und Sennesfrüchte, zur kurzfristigen Verwendung bei gelegentlicher Verstopfung.

Anführmittel kan man sinnvoll einsetzen:

- Vor diagnostischen oder operativen Eingriffen.
- Bei langer Bettlägerigkeit.
- Bei älteren Menschen mit eingeschränkter Beweglichkeit.
- Zur Vermeidung der Bauchpresse bei Krankheiten (Herzinfarkt, Bluthochdruck, Thrombosen, Leistenbruch, Hirnblutung) oder nach Bauchoperationen.
- Bei angeborenen Darmfunktionsstörungen.
- Bei Darmerkrankungen wie Darmausstülpungen (Darmdivertikel).
- Zur Stuhlaufweichung nur kurzfristig bei schmerzhaften Analleiden (Analekzem, Hämorrhoiden).

Ergänzungen
Was sollte dazu beachtet werden?

Wenn Sie an Verstopfung leiden, sollten Sie auf ballaststoffreicher Nahrung (Gemüse, Früchte, Vollkornbrot) sowie auf körperliche Betätigung (Sport) achten und viel und regelmäßig Flüssigkeit einnehmen.

Kontraindikationen
Wann darf Agiolax nicht angewendet werden?

Agiolax darf bei allen Erkrankungen des Magen-Darm-Traktes, insbesondere bei krankhaften Verengungen im Speiseröhren-Magen-Darm-Trakt, großen Zwerchfellbruch, akut entzündlichen Erkrankungen des Darmes (zum Beispiel Crohn-Krankheit, Colitis ulcerosa, Blinddarmentzündung), Bauchschmerzen unbekannter Ursache sowie bei schwer einstellbarer Zuckerkrankheit nicht eingenommen werden.

Vorsichtsmaßnahmen
Wann ist bei der Einnahme von Agiolax Vorsicht geboten?

Abführmittel sollten, wegen einer möglichen Gewöhnung, nur gelegentlich und nicht länger als ein bis zwei Wochen eingenommen werden. Langzeitbehandlungen gehören unter ärztliche Kontrolle.

Bei hohen Dosen, längerem oder zu häufigem Gebrauch können Durchfälle mit Wasserverlust und Störungen des Mineralstoffhaushalts auftreten sowie die Darmschleimhaut beschädigt werden.

Informieren Sie Ihren Arzt, Apotheker oder Drogist, wenn Sie an Krankheiten leiden, Allergien haben oder andere Medikamente (auch selbstgekaufte) einnehmen.

Schwangerschaft/Stillzeit
Darf Agiolax während einer Schwangerschaft oder in der Stillzeit eingenommen werden?

Während der Schwangerschaft und in der Stillzeit darf Agiolax nur nach Befragung Ihres Arztes eingenommen werden.

Dosierung/Anwendung
Wie verwenden Sie Agiolax?

Wenn vom Arzt nicht anders verordnet: Das Medikament mit mindestens ½ Liter Flüssigkeit hinunterschlucken

Senna alexandrina

und anschließend nochmals reichlich Flüssigkeit nachtrinken. Erwachsene und Kinder über 12 Jahre: abends nach dem Essen und morgens vor dem Frühstück 1–2 Messlöffel Agiolax. Maximal 2 Messlöffel pro Tag.

Halten Sie sich an die in der Packungsbeilage angegebene Dosierung. Wenn Sie glauben, das Medikament wirke zu schwach oder zu stark, so sprechen Sie mit Ihrem Arzt, Apotheker oder Drogist.

Bei chronischer Verstopfung ist ein Arzt aufzusuchen, der möglicherweise eine ursächliche Behandlung durchführt.

Unerwünschte Wirkungen
Welche Nebenwirkungen kann Agiolax haben?

Gelegentlich Blähungen und Völlegefühl, insbesondere während der ersten Behandlungstage, in seltenen Fällen Überempfindlichkeitsreaktionen (Hautrötung, Jucken, Ekzem). In diesem Fall ist der Arzt zu informieren.

Allgemeine Hinweise
Was ist ferner zu beachten?

Arzneimittel sollten für Kinder unerreichbar aufbewahrt werden.

Das Medikament darf nur bis zu dem auf dem Behälter mit EXP bezeichneten Datum verwendet werden. Weitere Auskünfte erteilt Ihnen Ihr Arzt, Apotheker oder Drogist, der über die ausführliche Fachinformation verfügt.

Zusammensetzung
1 Messlöffel (5 g Granulat) enthält:

- Indische Flohsamen 2,6 g
- Indische Flohsamenschalen 0,11 g
- Sennesfrüchte 0,5–0,66 g, entsprechend 15 mg Sennosiden

Aromatika:

- Kümmelöl
- Salbeiöl
- Pfefferminzöl

Verkaufsart
In Apotheken und Drogerien, ohne ärztliches Rezept.

Agiolax mite

Eigenschaften/Verwendungszweck
Was ist Agiolax mite und wann wird es angewendet?

Agiolax mite ist ein pflanzliches Abführmittel (Quell- und Gleitmittel) auf der Basis von Flohsamen und Flohsamenschalen

- zur milden Anregung der Darmtätigkeit bei:
  - Reizkolon
  - Divertikulose
  - Verstopfung bei Schwangerschaft
  - Diät und Fastenkuren
  - Bettlägerigkeit
- zur schonenden Darmentleerung bei:
  - Hämorrhoiden
  - Analfissuren
  - chronischer Verstopfung

Ergänzungen
Was sollte dazu beachtet werden?

Wenn Sie an Verstopfung leiden, sollten Sie auf ballaststoffreicher Nahrung (Gemüse, Früchte, Vollkornbrot) sowie auf körperliche Betätigung (Sport) achten und viel und regelmäßig Flüssigkeit einnehmen.

Kontraindikationen
Wann darf Agiolax nicht angewendet werden?

Agiolax darf bei allen Erkrankungen des Magen-Darm-Traktes, insbesondere bei krankhaften Verengungen im Speiseröhren-Magen-Darm-Trakt, großem Zwerchfellbruch, akut entzündlichen Erkrankungen des Darmes (zum Beispiel Crohn-Krankheit, Colitis ulcerosa, Blinddarmentzündung), Bauchschmerzen unbekannter Ursache sowie bei schwer einstellbarer Zuckerkrankheit nicht eingenommen werden.

Vorsichtsmaßnahmen
Wann ist bei der Einnahme von Agiolax Vorsicht geboten?

Abführmittel sollten, wegen einer möglichen Gewöhnung, nur gelegentlich und nicht länger als ein bis zwei Wochen eingenommen werden. Langzeitbehandlungen gehören unter ärztliche Kontrolle.

Bei hohen Dosen, längerem oder zu häufigem Gebrauch können Durchfälle mit Wasserverlust und Störungen des Mineralstoffhaushalts auftreten sowie die Darmschleimhaut beschädigt werden.

Quellmittel und darmbewegungshemmende Mittel gegen Durchfall, zum Beispiel Diphenoxylat, Diphenoxin, Loperamidhydrochlorid, und Opiate dürfen nicht gleichzeitig verabreicht werden.

Informieren Sie Ihren Arzt, Apotheker oder Drogist, wenn Sie an Krankheiten leiden, Allergien haben oder andere Medikamente (auch selbstgekaufte) einnehmen.

Schwangerschaft/Stillzeit
Darf Agiolax während einer Schwangerschaft oder in der Stillzeit eingenommen werden?

Während der Schwangerschaft und in der Stillzeit darf Agiolax nur nach Befragung Ihres Arztes eingenommen werden.

Dosierung/Anwendung
Wie verwenden Sie Agiolax?

Wenn vom Arzt nicht anders verordnet: Das Medikament mit mindestens ½ Liter Flüssigkeit hinunterschlucken und anschließend nochmals reichlich Flüssigkeit nachtrinken.

- Erwachsene und Kinder über 12 jahre: abends nach dem Essen 2 Teelöffel und bei Bedarf zusätzlich 1 bis 2 Teelöffel vor dem Frühstück.
- Kinder ab 6 Jahren die halbe Dosis Granulat unzerkaut mit reichlich Flüssigkeit einnehmen.

Halten Sie sich an die in der Packungsbeilage angegebene Dosierung. Wenn Sie glauben, das Medikament wirke zu schwach oder zu stark, so sprechen Sie mit Ihrem Arzt, Apotheker oder Drogist.

Bei chronischer Verstopfung ist ein Arzt aufzusuchen, der möglicherweise eine ursächliche Behandlung durchführt.

Unerwünschte Wirkungen
Welche Nebenwirkungen kann Agiolax haben?

Gelegentlich Blähungen und Völlegefühl, insbesondere während der ersten Behandlungstage, in seltenen Fällen Überempfindlichkeitsreaktionen (Hautrötung, Jucken, Ekzem). In diesen Fall ist der Arzt zu informieren.

Allgemeine Hinweise
Was ist ferner zu beachten?

Arzneimittel sollten für Kinder unerreichbar aufbewahrt werden. Das Medikament darf nur bis zu dem auf dem Behälter mit EXP bezeichneten Datum verwendet werden. Weitere Auskünfte erteilt Ihnen Ihr Arzt, Apotheker oder Drogist, der über die ausführliche Fachinformation verfügt.

Zusammensetzung
5 g Granulat enthalten:
- Indische Flohsamen 3,25 g
- Indische Flohsamenschalen 0,11 g

Aromatika:
- Kümmelöl
- Salbeiöl
- Pfefferminzöl

Verkaufsart
In Apotheken und Drogerien, ohne ärztliches Rezept.

Arnica Kneipp

Eigenschaften/Verwendungszweck
Was ist Arnica Kneipp und wann wird es angewendet?

Arnica Salbe, Gel oder Balsam enthält vorwiegend pflanzliche Wirkstoffe und wird bei kleinen Hautverletzungen, Schürfungen und kleineren Brandverletzungen angewendet.

Die wichtigsten Inhaltsstoffe der Wurzel sind ätherische Öle, Pflanzensäure, Harze und Gerbstoffe. Inhaltsstoffe der Blüten sind der Bitterstoff Arnicin, Inulin, Gerbstoffe, Harze und Apfelsäure.

Ergänzungen
Was sollte dazu beachtet werden?

Großflächige, stark verschmutzte und tiefe Wunden sowie Biss- und Stichwunden benötigen eine ärztliche Behandlung (Gefahr von Wundstarrkrampf).

Bleibt der Umfang einer Wunde während einiger Zeit unverändert groß oder verheilt die Wunde nicht innerhalb von 10–14 Tagen, ist ebenfalls ein Arztbesuch erforderlich. Ebenso, wenn die Wundränder stark gerötet sind, die Wunde plötzlich anschwillt, stark schmerzhaft ist oder die Verletzung von Fieber begleitet wird (Gefahr einer Blutvergiftung).

Kontraindikationen
Wann darf Arnica nicht angewendet werden?

Bei bekannter Überempfindlichkeit gegenüber einem oder mehreren der in Arnika (Salbe, Gel oder Balsam) enthaltenen Stoffe ist von einer Behandlung mit Arnica-Gel, Arnica-Balsam oder Arnica-Salbe abzusehen.

Vorsichtsmaßnahmen
Wann ist bei der Anwendung von Arnica Vorsicht geboten?

Vorsicht ist geboten bei Neigung zu Allergien sowie bei Kleinkindern. Arnica-Balsam, Arnica-Gel und Arnica-Salbe dürfen nicht mit den Augen in Kontakt kommen.

Nicht auf offene (blutende) Wunden auftragen.

Der Balsam (Gel oder Salbe) ist auf die gereinigte Haut aufzutragen. Eingetrocknete Salben-, Balsam- oder Gelreste können mit Wundbenzin entfernt werden.

Informieren Sie Ihren Arzt, Apotheker oder Drogist, wenn Sie an Krankheiten leiden, Allergien haben oder andere Medikamente (auch selbstgekaufte) einnehmen.

Schwangerschaft/Stillzeit
Darf Arnica während einer Schwangerschaft oder in der Stillzeit eingenommen werden?

Während der Schwangerschaft und in der Stillzeit darf Arnica ohne Befragung Ihres Arztes angewendet werden.

Dosierung/Anwendung
Wie verwenden Sie Arnica?

Arnica (Balsam, Gel oder Salbe) wird zwei- bis dreimal täglich in einer dünnen Schicht auf die verletzte Haut aufgetragen und, wenn nötig, mit einem Verband (steril) abgedeckt.

Halten Sie sich an die in der Packungsbeilage angegebene Anwendung. Wenn Sie glauben, das Medikament wirke zu schwach oder zu stark, so sprechen Sie mit Ihrem Arzt, Apotheker oder Drogist.

Unerwünschte Wirkungen
Welche Nebenwirkungen kann Arnica haben?

Die Wirkstoffe können Hautausschläge (Hautentzündungen, Hautjucken) zur Folge haben. In solchen Fällen ist die Anwendung abzubrechen und gegebenfalls ein Arzt aufzusuchen.

Allgemeine Hinweise
Was ist ferner zu beachten?

Arzneimittel sollten für Kinder unerreichbar aufbewahrt werden.

Das Medikament darf nur bis zu dem auf dem Behälter mit EXP bezeichneten Datum verwendet werden. Weitere Auskünfte erteilt Ihnen Ihr Arzt, Apotheker oder Drogist, der über die ausführliche Fachinformation verfügt.

Zusammensetzung
1 g Arnica-Salbe enthält:
- Menthol 3 mg
- Thymol 3 mg
- Arnicablütenöl 0,25 mg
- Eukalyptusöl 0,15 ml
- Wintergrünöl 0,2 mg.

Verkaufsart
In Apotheken und Drogerien, ohne ärztliches Rezept.

Arnica montana

Baldriparan

Eigenschaften/Verwendungszweck
Was ist Baldriparan und wann wird es angewendet?

Das Medikament enthält Extrakte aus Baldrianwurzeln, Melissenblättern und Hopfenzapfen. Diese pflanzliche Kombination dient zur Beruhigung und zur Förderung der Schlafbereitschaft.

Das Medikament kann angewendet werden bei:
- innerer Unruhe
- nervös bedingten Einschlafstörungen
- Reizbarkeit
- Nervosität
- nervösen Spannungszuständen
- Examensangst
- Flugangst

Ergänzungen
Was sollte dazu beachtet werden?

Falls die Beschwerden länger als einen Monat anhalten, sollten Sie Ihren Arzt konsultieren.

Valeriana officinalis

Kontraindikationen
Wann darf Baldriparan nicht angewendet werden?

Bei Überempfindlichkeit gegenüber einem der Inhaltsstoffe (insbesondere gegen Azofarbstoffe), ferner nicht von Kindern unter 6 Jahren.

Vorsichtsmaßnahmen
Wann ist bei der Einnahme von Baldriparan Vorsicht geboten?

Informieren Sie Ihren Arzt, Apotheker oder Drogist, wenn Sie an Krankheiten leiden, Allergien haben oder andere Medikamente (auch selbstgekaufte) einnehmen.

Schwangerschaft/Stillzeit
Darf Baldriparan während einer Schwangerschaft oder in der Stillzeit eingenommen werden?

Aufgrund der bisherigen Erfahrungen ist kein Risiko für das Kind bekannt. Systematische, wissenschaftliche Untersuchungen wurden aber nie durchgeführt. Vorsichtshalber sollten Sie während der Schwangerschaft und in der Stillzeit möglichst auf Medikamente verzichten oder einem Arzt um Rat fragen.

Dosierung/Anwendung
Wie verwenden Sie Baldriparan?

Wenn vom Arzt nicht anders verordnet:
- Erwachsene und Jugendliche über 14 Jahre je nach Bedarf 2 Dragées bis 3-mal täglich unzerkaut, vor oder nach den Mahlzeiten mit etwas Flüssigkeit.
- Bei nervös bedingten Einschlafstörungen sollten ½ Stunde vor dem Zubettgehen 2 Dragées eingenommen werden.
- Kinder ab 6 Jahren erhalten 1 Dragée bis 3-mal täglich.

Halten Sie sich an die in der Packungsbeilage angegebene Dosierung. Wenn Sie glauben, das Medikament wirke zu schwach oder zu stark, so sprechen Sie mit Ihrem Arzt, Apotheker oder Drogist.

Unerwünschte Wirkungen
Welche Nebenwirkungen kann Baldriparan haben?

Selten Überempfindlichkeitsreaktionen an der Haut und den Atmungsorganen, insbesondere Patienten mit Asthma oder Urticaria.

Allgemeine Hinweise
Was ist ferner zu beachten?

Arzneimittel sollten für Kinder unerreichbar aufbewahrt werden.

Das Medikament darf nur bis zu dem auf dem Behälter mit EXP bezeichneten Datum verwendet werden. Weitere Auskünfte erteilt Ihnen Ihr Arzt, Apotheker oder Drogist, der über die ausführliche Fachinformation verfügt.

Zusammensetzung
1 Dragée enthält:
- Trockenextrakt aus Baldrianwurzeln 95 mg
- Trockenextrakt aus Hopfenzapfen 15 mg
- Trockenextrakt aus Melissenblättern 85 mg

Verkaufsart
In Apotheken und Drogerien, ohne ärztliches Rezept.

Baldrisedon plus

Eigenschaften/Verwendungszweck
Was ist Baldrisedon plus und wann wird es angewendet?
Das Medikament enthält Extrakte aus Baldrianwurzeln, Pfefferminzblättern und Melissenblättern. Diese pflanzliche Kombination dient zur Beruhigung und zur Förderung der Schlafbereitschaft.
Das Medikament kann angewendet werden bei:
- innerer Unruhe
- nervös bedingten Einschlafstörungen
- Reizbarkeit
- Nervosität
- nervösen Spannungszuständen
- Examensangst
- Flugangst

Ergänzungen
Was sollte dazu beachtet werden?
Falls die Beschwerden länger als einen Monat anhalten, sollten Sie Ihren Arzt konsultieren.

Kontraindikationen
Wann darf Baldrisedon plus nicht angewendet werden?
Bei Überempfindlichkeit gegenüber einem der Inhaltsstoffe (insbesondere gegen Azofarbstoffe), ferner nicht von Kindern unter 6 Jahren.

Vorsichtsmaßnahmen
Wann ist bei der Einnahme von Baldrisedon plus Vorsicht geboten?
Informieren Sie Ihren Arzt, Apotheker oder Drogist, wenn Sie an Krankheiten leiden, Allergien haben oder andere Medikamente (auch selbstgekaufte) einnehmen.

Schwangerschaft/Stillzeit
Darf Baldrisedon plus während einer Schwangerschaft oder in der Stillzeit eingenommen werden?
Aufgrund der bisherigen Erfahrungen ist kein Risiko für das Kind bekannt. Systematische, wissenschaftliche Untersuchungen wurden aber nie durchgeführt. Vorsichtshalber sollten Sie während der Schwangerschaft und in der Stillzeit möglichst auf Medikamente verzichten oder einen Arzt um Rat fragen.

Dosierung/Anwendung
Wie verwenden Sie Baldrisedon plus?
Wenn vom Arzt nicht anders verordnet:
- Erwachsene und Jugendliche über 14 Jahre je nach Bedarf 2 Dragées bis 3-mal täglich unzerkaut, vor oder nach den Mahlzeiten mit etwas Flüssigkreit.
- Bei nervös bedingten Einschlafstörungen sollten ½ Stunde vor dem Zubettgehen 2 Dragées eingenommen werden.
- Kinder ab 6 Jahren erhalten 1 Dragée bis 3-mal täglich.

Halten Sie sich an die in der Packungsbeilage angegebene Dosierung. Wenn Sie glauben, das Medikament wirke zu schwach oder zu stark, so sprechen Sie mit Ihrem Arzt, Apotheker oder Drogist.

Unerwünschte Wirkungen
Welche Nebenwirkungen kann Baldrisedon plus haben?
Selten Überempfindlichkeitsreaktionen an der Haut und den Atmungsorganen, insbesondere Patienten mit Asthma oder Urticaria.

Allgemeine Hinweise
Was ist ferner zu beachten?
Arzneimittel sollten für Kinder unerreichbar aufbewahrt werden.
Das Medikament darf nur bis zu dem auf dem Behälter mit EXP bezeichneten Datum verwendet werden. Weitere Auskünfte erteilt Ihnen Ihr Arzt, Apotheker oder Drogist, der über die ausführliche Fachinformation verfügt.

Zusammensetzung
1 Dragée enthält:
- Trockenextrakt aus Baldrianwurzeln 140 mg
- Trockenextrakt aus Pfefferminzblättern 30 mg
- Trockenextrakt aus Melissenblättern 120 mg

Verkaufsart
In Apotheken und Drogerien, ohne ärztliches Rezept.

Balneum Hermal

Eigenschaften/Verwendungszweck

Was ist Balneum Hermal und wann wird es angewendet?

Balneum Hermal ist ein medizinisches Ölbad. Es wurde zur Behandlung trockener und schuppender Hautveränderungen entwickelt. Sein besonderer Vorzug liegt in der angenehmen Weise, der Haut das fehlende Fett zuzuführen. Das enthaltene Pflanzenöl verteilt sich im Badewasser aufs Feinste. Dadurch wird gewährleistet, dass es während des Badens gleichmäßig in die Haut inzieht und leicht in die obersten Zellschichten eindringt. Ein Bad mit Balneum Hermal führt der Haut nachweislich Fett zu, ohne diese jedoch fühlbar fettig zu machen. Das schnelle Verdunsten aufgenommenen Wassers wird verzögert, die Elastizität der Hornschicht wird günstig beeinflusst, Juckreiz wird gelindert.

Balneum Hermal findet daher Anwendung bei:

- trockener Haut
- Juckreiz
- Neurodermitis
- Schuppenflechte
- Ichthyosis
- Milchschorf
- toxisch degenerativen Ekzemen
- allergischen Ekzemen
- Unterschenkelekzem

Kontraindikationen

Wann darf Balneum Hermal nicht angewendet werden?

Balneum Hermal darf nicht verwendet werden bei bekannter Überempfindlichkeit auf einen Bestandteil des Präparates. Das Präparat sollte, wie alle Bäder, nicht angewendet werden bei:

- fieberhaften Erkrankungen
- schweren Infektionskrankheiten
- Tuberkulose
- schweren Herz- und Kreislaufstörungen
- Bluthochdruck
- offenen Wunden
- größeren Hautverletzungen
- akuten Hautkrankheiten

Vorsichtsmaßnahmen

Wann ist bei der Verwendung von Balneum Hermal Vorsicht geboten?

Informieren Sie Ihren Arzt, Apotheker oder Drogist, wenn Sie an anderen Krankheiten leiden, Allergien haben oder andere Medikamente (auch selbstgekaufte) einnehmen oder äußerlich anwenden.

Schwangerschaft/Stillzeit

Darf Balneum Hermal während einer Schwangerschaft oder in der Stillzeit verwendet werden?

Während der Schwangerschaft und in der Stillzeit darf Balneum Hermal ohne Befragung Ihres Arztes verwendet werden.

Dosierung/Anwendung

Wie verwenden Sie Balneum Hermal?

Die Häufigkeit der Anwendung von Balneum Hermal richtet sich nach der Art sowie dem Ausmaß der Beschwerden und sollte fallweise entschieden werden. Soweit nicht anders verordnet, werden im Allgemeinen wöchentlich 2–3 Vollbäder genommen. Gegebenenfalls empfiehlt sich die tägliche Anwendung, zum Beispiel bei Säuglingen und Kleinkindern.

Die Dauer des Badens ist ebenfalls individuell zu bestimmen, soll aber 15–20 Min. nicht übersteigen. Bei Säuglingen und Kleinkindern genügt zumeist eine Anwendungsdauer von nur wenigen Minuten.

Die Badewassertemperatur soll 37 °C niet überschreiten. Eine niedrigere Badewassertemperatur (um 32 °C) ist für die Hautfettung günstiger. Balneum Hermal wird in das Badewasser gegeben (nicht umgekehrt) und gut untergemischt.

Zum Abmessen der erforderlichen Mengen kann der Innenteil des Schraubverschlusse als Messbecher verwendet werden. Für ein Vollbad (ca. 150 Liter) verwendet man 30 ml (= 3 Messbecher), für ein Kinderbad (ca. 25 Liter) verwendet man 5 ml (= ½ Messbecher).

Falls eine besonders hohe Fettung der Haut gewünscht wird, kann die Konzentration um das Doppelte oder Dreifache erhöht werden.

Um die erwünschte hohe Fettung zu beeinflussen, sollte keine Seife verwendet werden. Ebenso sollte ein starkes Abtrocknen vermieden werden, da dadurch ein Teil des Fettfilms abgerieben wird.

Unerwünschte Wirkungen

Welche Nebenwirkungen kann Balneum Hermal haben?

Bei der Anwendung von Balneum Hermal können in Einzelfällen Rötung, Juckreiz und Brennen auftreten.

Allgemeine Hinweise

Was ist ferner zu beachten?

Balneum Hermal darf unverdünnt nicht mit den Augen in Berührung gebracht werden. Bei versehentlichem Kontakt mit den Augen ist sofort mit viel kaltem Wasser zu spülen. Bei Fortbestehen der Reizerscheinungen ist ein Arzt aufzusuchen. Der zusätzliche Gebrauch von Seifen hebt die Wirkung von Ölbädern auf.

Es besteht erhöhte Rutschgefahr durch den Ölfilm in Wannen und Duschen. Die Badewanne, Duschwanne, gegebenenfalls auch die Kinderbadewanne ist nach jedem Bad sofort mit einem herkömmlichen Haushaltsspülmittel zu reinigen und danach mit heißem Wasser auszuwaschen.

Zusammensetzung

1 g Balneum Hermal enthält:

- 847,5 mg Sojaöl
- Butylhydroxytoluol (Antioxidans)
- Aromastoffe
- Propylenglycol

Verkaufsart

In Apotheken und Drogerien, ohne ärztliches Rezept.

Balneum Hermal F

Eigenschaften/Verwendungszweck

Was ist Balneum Hermal und wann wird es angewendet?

Balneum Hermal F (stärker fettend) ist ein medizinisches Ölbad. Es wurde zur Behandlung trockener und schuppender Hautveränderungen entwickelt. Sein besonderer Vorzug liegt in der angenehmen Weise, der Haut das fehlende Fett zuzuführen. Das enthaltene Pflanzenöl verteilt sich im Badewasser aufs Feinste. Dadurch wird gewährleistet, dass es während des Badens gleichmäßig in die Haut inzieht und leicht in die obersten Zellschichten eindringt. Ein Bad mit Balneum Hermal führt der Haut nachweislich Fett zu, ohne diese jedoch fühlbar fettig zu machen. Das schnelle Verdunsten aufgenommenen Wassers wird verzögert, die Elastizität der Hornschicht wird günstig beeinflusst, Juckreiz wird gelindert. Balneum Hermal findet daher Anwendung bei:

- trockener Haut
- Juckreiz
- Neurodermitis
- Schuppenflechte
- Ichthyosis
- Milchschorf
- toxisch degenerativen Ekzemen
- allergischen Ekzemen
- Unterschenkelekzem

Kontraindikationen

Wann darf Balneum Hermal nicht angewendet werden?

Balneum Hermal darf nicht verwendet werden bei bekannter Überempfindlichkeit auf einen Bestandteil des Präparates. Das Präparat sollte, wie alle Bäder, nicht angewendet werden bei:

- fieberhaften Erkrankungen
- schweren Infektionskrankheiten
- Tuberkulose
- schweren Herz- und Kreislaufstörungen
- Bluthochdruck
- offenen Wunden
- größeren Hautverletzungen
- akuten Hautkrankheiten

Vorsichtsmaßnahmen

Wann ist bei der Verwendung von Balneum Hermal Vorsicht geboten?

Informieren Sie Ihren Arzt, Apotheker oder Drogist, wenn Sie an anderen Krankheiten leiden, Allergien haben oder andere Medikamente (auch selbstgekaufte) einnehmen oder äußerlich anwenden.

Schwangerschaft/Stillzeit

Darf Balneum Hermal während einer Schwangerschaft oder in der Stillzeit verwendet werden?

Während der Schwangerschaft und in der Stillzeit darf Balneum Hermal ohne Befragung Ihres Arztes verwendet werden.

Dosierung/Anwendung

Wie verwenden Sie Balneum Hermal?

Die Häufigkeit der Anwendung von Balneum Hermal richtet sich nach der Art sowie dem Ausmaß der Beschwerden und sollte fallweise entschieden werden. Soweit nicht anders verordnet, werden im Allgemeinen wöchentlich 2–3 Vollbäder genommen. Gegebenfalls empfiehlt sich die tägliche Anwendung, zum Beispiel bei Säuglingen und Kleinkindern.

Die Dauer des Badens ist ebenfalls indivuell zu bestimmen, soll aber 15–20 Min. nicht übersteigen. Bei Säuglingen und Kleinkindern genügt zumeist eine Anwendungsdauer von nur wenigen Minuten.

Die Badewassertemperatur soll 37 °C nicht überschreiten. Eine niedrigere Badewassertemperatur (um 32 °C) ist für die Hautfettung günstiger. Balneum Hermal wird in das Badewasser gegeben (nicht umgekehrt) und gut untergemischt.

Zum Abmessen der erforderlichen Mengen kann der Innenteil des Schraubverschlusse als Messbecher verwendet werden. Für ein Vollbad (ca. 150 Liter) verwendet man 30 ml (= 3 Messbecher), für ein Kinderbad (ca. 25 Liter) verwendet man 5 ml (= ½ Meßbecher).

Falls eine besonders hohe Fettung der Haut gewünscht wird, kann die Konzentration um das Doppelte oder Dreifache erhöht werden.

Um die erwünschte hohe Fettung zu beeinflussen, sollte keine Seife verwendet werden. Ebenso sollte ein starkes Abtrocknen vermieden werden, da dadurch ein Teil des Fettfilms abgerieben wird.

Unerwünschte Wirkungen

Welche Nebenwirkungen kann Balneum Hermal haben?

Bei der Anwendung von Balneum Hermal können in Einzelfällen Rötung, Juckreiz und Brennen auftreten.

Allgemeine Hinweise

Was ist ferner zu beachten?

Balneum Hermal darf unverdünnt nicht mit den Augen in Berührung gebracht werden. Bei versehentlichem Kontakt mit den Augen ist sofort mit viel kaltem Wasser zu spülen. Bei Fortbestehen der Reizerscheinungen ist ein Arzt aufzusuchen. Der zusätzliche Gebrauch von Seifen und Syndets hebt die Wirkung von Ölbädern auf.

Es besteht erhöhte Rutschgefahr durch den Ölfilm in Wannen und Duschen. Die Badewanne, Duschwanne, gegebenenfalls auch die Kinderbadewanne ist nach jedem Bad sofort mit einem herkömmlichen Haushaltsspülmittel zu reinigen und danach mit heißem Wasser auszuwaschen.

Zusammensetzung

1 g Balneum Hermal F enthält:

- Erdnussöl 464, 5 mg
- Dünnflüssiges Paraffin 470 mg
- Antioxidans
- Propylenglycol

Verkaufsart

In Apotheken und Drogerien, ohne ärztliches Rezept.

Balneum Hermal Plus

Eigenschaften/Verwendungszweck

Was ist Balneum Hermal und wann wird es angewendet?

Balneum Hermal Plus ist ein medizinisches Ölbad. Es wurde zur Behandlung trockener und schuppender Hautveränderungen entwickelt. Sein besonderer Vorzug liegt in der angenehmen Weise, der Haut das fehlende Fett zuzuführen. Das enthaltene Pflanzenöl verteilt sich im Badewasser aufs Feinste. Dadurch wird gewährleistet, dass es während des Badens gleichmäßig in die Haut inzieht und leicht in die obersten Zellschichten eindringt. Ein Bad mit Balneum Hermal führt der Haut nachweislich Fett zu, ohne diese jedoch fühlbar fettig zu machen. Das schnelle Verdunsten aufgenommenen Wassers wird verzögert, die Elastizität der Hornschicht wird günstig beeinflusst, Juckreiz wird gelindert.

Balneum Hermal Plus findet daher Anwendung bei:

- trockener Haut
- Juckreiz
- Neurodermitis
- Schuppenflechte
- Ichthyosis
- Milchschorf
- toxisch degenerativen Ekzemen
- allergischen Ekzemen
- Unterschenkelekzem

Kontraindikationen

Wann darf Balneum Hermal Plus nicht angewendet werden?

Balneum Hermal Plus darf nicht verwendet werden bei bekannter Überempfindlichkeit auf einen Bestandteil des Präparates. Das Präparat sollte, wie alle Bäder, nicht angewendet werden bei:

- fieberhaften Erkrankungen
- schweren Infektionskrankheiten
- Tuberkulose
- schweren Herz- und Kreislaufstörungen
- Bluthochdruck
- offenen Wunden
- größeren Hautverletzungen
- akuten Hautkrankheiten

Falls der Juckreiz länger als 7 Tage andauert, suchen Sie Ihren Arzt oder Apotheker auf.

Vorsichtsmaßnahmen

Wann ist bei der Verwendung von Balneum Hermal Plus Vorsicht geboten?

Informieren Sie Ihren Arzt, Apotheker oder Drogist, wenn Sie an anderen Krankheiten leiden, Allergien haben oder andere Medikamente (auch selbstgekaufte) einnehmen oder äußerlich anwenden.

Schwangerschaft/Stillzeit

Darf Balneum Hermal Plus während einer Schwangerschaft oder in der Stillzeit verwendet werden?

Wenn Sie schwanger sind oder stillen, sollten Sie Balneum Hermal Plus ausschließlich nach Rücksprache mit dem Arzt verwenden.

Dosierung/Anwendung

Wie verwenden Sie Balneum Hermal Plus?

Die Häufigkeit der Anwendung von Balneum Hermal richtet sich nach der Art sowie dem Ausmaß der Beschwerden und sollte fallweise entschieden werden. Soweit nicht anders verordnet, werden im Allgemeinen wöchentlich 2–3 Vollbäder genommen. Gegebenenfalls empfiehlt sich die tägliche Anwendung, zum Beispiel bei Säuglingen und Kleinkindern. Die Dauer des Badens ist ebenfalls individuell zu bestimmen, soll aber 15–20 Min. nicht übersteigen. Bei Säuglingen und Kleinkindern genügt zumeist eine Anwendungsdauer von nur wenigen Minuten. Die Badewassertemperatur soll 37 °C nicht überschreiten. Eine niedrigere Badewassertemperatur (um 32 °C) ist für die Hautfettung günstiger. Balneum Hermal Plus wird in das Badewasser gegeben (nicht umgekehrt) und gut untergemischt. Zum Abmessen der erforderlichen Mengen kann der Innenteil des Schraubverschlusse als Messbecher verwendet werden. Für ein Vollbad (ca. 150 Liter) verwendet man 30 ml (= 3 Messbecher), für ein Kinderbad (ca. 25 Liter) verwendet man 5 ml (= ½ Messbecher). Falls eine besonders hohe Fettung der Haut gewünscht wird, kann die Konzentration um das Doppelte oder Dreifache erhöht werden. Um die erwünschte hohe Fettung zu beeinflussen, sollte keine Seife verwendet werden. Ebenso sollte ein starkes Abtrocknen vermieden werden, da dadurch ein Teil des Fettfilms abgerieben wird.

Unerwünschte Wirkungen

Welche Nebenwirkungen kann Balneum Hermal Plus haben?

Bei der Anwendung von Balneumn Hermal Plus können in Einzelfällen Rötung, Juckreiz und Brennen auftreten.

Allgemeine Hinweise

Was ist ferner zu beachten?

Balneum Hermal Plus darf unverdünnt nicht mit den Augen in Berührung gebracht werden. Bei versehentlichem Kontakt mit den Augen ist sofort mit viel kaltem Wasser zu spülen. Bei Fortbestehen der Reizerscheinungen ist ein Arzt aufzusuchen. Der zusätzliche Gebrauch von Seifen hebt die Wirkung von Ölbädern auf. Es besteht erhöhte Rutschgefahr durch den Ölfilm in Wannen und Duschen. Die Badewanne, Duschwanne, gegebenenfalls auch die Kinderbadewanne ist nach jedem Bad sofort mit einem herkömmlichen Haushaltsspülmittel zu reinigen und danach mit heißem Wasser auszuwaschen.

Zusammensetzung

1 g Balneum Hermal Plus enthält:

- Sojabohnenöl 829,5 mg
- Polidocanole 150 mg
- Aromastoffe
- Propylenglycol
- Antioxidans E 304

Verkaufsart

In Apotheken und Drogerien, ohne ärztliches Rezept.

Bekunis

Eigenschaften/Verwendungszweck
Was ist Bekunis und wann wird es angewendet?
Bekunis Abführtee enthält den Extrakt der Sennesfrucht mit ihren Wirkstoffen (Sennoside). Er kann zur kurzfristigen Anwendung bei gelegentlicher Verstopfung gebraucht werden.

Ergänzungen
Was sollte dazu beachtet werden?
Wenn Sie an Verstopfung leiden, sollten Sie ballaststoffreiche Nahrung (Gemüse, Früchte, Vollkornbrot) sowie viel und regelmäßig Flüssigkeit einnehmen und auf körperliche Betätigung (Sport) achten.

Kontraindikationen
Wann darf Bekunis nicht angewendet werden?
Bekunis Abführtee darf nicht angewendet werden bei:
- Magenerkrankungen
- Darmerkrankungen
- Störungen des Wasserhaushaltes
- Störungen des Salzhaushaltes

Für Kinder unter 12 Jahren nur auf ärztliche Verordnung.

Vorsichtsmaßnahmen
Wann ist bei der Einnahme von Bekunis Vorsicht geboten?
Anführmittel sollen, wegen einer möglichen Gewöhnung, nur gelegentlich und nicht länger als ein bis zwei Wochen eingenommen werden. Bei länger dauernder Anwendung in höheren als den empfohlenen Dosen können Durchfälle mit Wasserverlust und Störungen des Salzhaushaltes auftreten.
Informieren Sie Ihren Arzt, Apotheker oder Drogist, wenn Sie an Krankheiten leiden, Allergien haben oder andere Medikamente (auch selbstgekaufte) einnehmen.

Schwangerschaft/Stillzeit
Darf Bekunis während einer Schwangerschaft oder in der Stillzeit eingenommen werden?
Während der Schwangerschaft und in der Stillzeit darf Bekunis nur nach Befragung Ihres Arztes eingenommen werden.

Dosierung/Anwendung
Wie verwenden Sie Bekunis?
Wenn vom Arzt nicht anders verordnet:
- Erwachsene und Jugendliche ab 12 Jahren: 325 bis 975 mg (1 bis 3 Dosierlöffel) Pulver in eine Tasse geben, mit kaltem oder warmem Wasser übergießen, umrühren und trinken. Es empfiehlt sich, den Tee vor dem Schlafengehen zu trinken. Tagesdosis: 1 Tasse abends.

Halten Sie sich an die in der Packungsbeilage angegebene Dosierung. Wenn Sie glauben, das Medikament wirke zu schwach oder zu stark, so sprechen Sie mit Ihrem Arzt, Apotheker oder Drogist.

Unerwünschte Wirkungen
Welche Nebenwirkungen kann Bekunis haben?
Gelegentlich können Bauchkrämpfe oder Blähungen auftreten.

Allgemeine Hinweise
Was ist ferner zu beachten?
Arzneimittel sollten für Kinder unerreichbar aufbewahrt werden.
Das Medikament darf nur bis zu dem auf dem Behälter mit EXP bezeichneten Datum verwendet werden. Weitere Auskünfte erteilt Ihnen Ihr Arzt, Apotheker oder Drogist, der über die ausführliche Fachinformation verfügt.

Zusammensetzung
1 Dosierlöffel Pulver (entsprechend 325 mg) enthält:
Extrakt aus Sennesfrüchten standardisiert auf 10 mg Sennoside sowie Gelatine und Maltodextrin.

Verkaufsart
In Apotheken und Drogerien, ohne ärztliches Rezept.

Senna alexandrina

Biovital Ginkgo

Eigenschaften/Verwendungszweck

Was ist Ginkgo und wann wird es angewendet?

Biovital Ginkgo ist ein Aufbaumittel für Erwachsene mit Vitaminen, Eisen und dem Extrakt des japanischen Tempelbaumes Ginkgo biloba. Das Medikament wird verwendet bei:

- Erschöpfungszuständen
- Schwächezuständen
- Gedächtnisschwäche
- Konzentrationsschwäche
- Merkschwäche
- leichter Ermüdbarkeit
- Vergesslichkeit

Ergänzungen

Was sollte dazu beachtet werden?

Vitamine sind lebenswichtige Stoffe. Eisen ist ein wichtiger Mineralstoff für die Funktion der roten Blutkörperchen (Hämoglobin), damit Sauerstoffzufuhr vor der Lunge zu den einzelnen Körperzellen sichergestellt ist. Das Extrakt Ginkgo biloba steigert die geistige Leistungsfähigkeit.

Kontraindikationen

Wann darf Ginkgo nicht angewendet werden?

Das Medikament darf nicht eingenommen werden bei bekannter Überempfindlichkeit auf einen der Inhaltsstoffe.

Vorsichtsmaßnahmen

Wann ist bei der Einnahme von Ginkgo Vorsicht geboten?

Dieses Arzneimittel enthält 15 Prozent Alkohol. Ein gesundheitliches Risiko besteht unter anderem für:

- Leberkranke
- Alkoholkranke
- Epileptiker
- Hirngeschädigte
- Schwangere
- Stillende

Die Wirkung anderer Arzneimittel kann verstärkt oder beeinträchtigt werden. Für Kinder und Jugendliche ist das Medikament nicht geeignet. Das Medikament kann zur Einschränkung der Reaktionsbereitschaft (Verkehrstüchtigkeit) führen. Informieren Sie Ihren Arzt, Apotheker oder Drogist, wenn Sie an Krankheiten leiden, Allergien haben oder andere Medikamente (auch selbstgekaufte) einnehmen.

Schwangerschaft/Stillzeit

Darf Ginkgo während einer Schwangerschaft oder in der Stillzeit eingenommen werden?

Das Medikament enthält als Basis einen Mittelmeerwein mit 15 Prozent Alkohol. Deshalb sollten Sie das Medikament während der Schwangerschaft und der Stillzeit außer auf ausdrückliche ärztliche Verordnung nicht einnehmen.

Dosierung/Anwendung

Wie verwenden Sie Ginkgo?

Wenn vom Arzt nicht anders verordnet:

- Erwachsene 3-mal täglich 20 ml mittels beiliegenden Messbechers vor den Mahlzeiten einnehmen. Die Flasche ist nach Gebrauch zu verschließen und nicht über 25 °C gelagert aufzubewahren.
- Diabetiker: 1 Einzeldosis von 20 ml entspricht 0,3 BW (Brotwerte). Diabetiker können bei gut eingestelltem Kohlenhydrat-Stoffwechsel das Medikament mit Ginkgo einnehmen. Bei labiler diabetischer Stoffwechsellage empfiehlt es sich, vorher den behandelnden Arzt zu konsultieren.

Ginkgo biloba

Halten Sie sich an die in der Packungsbeilage angegebene Dosierung. Wenn Sie glauben, das Medikament wirke zu schwach oder zu stark, so sprechen Sie mit Ihrem Arzt, Apotheker oder Drogist.

Unerwünschte Wirkungen

Welche Nebenwirkungen kann Ginkgo haben?

Es können gelegentlich Magen-Darm-Beschwerden oder allergische Hautreaktionen auftreten. Gelegentlich kann es zu einer geringfügigen Gelbfärbung des Urins kommen, die auf den Gehalt von Vitamin B2 zurückzuführen ist.

Allgemeine Hinweise

Was ist ferner zu beachten?

Arzneimittel sollten für Kinder unerreichbar aufbewahrt werden.

Das Medikament darf nur bis zu dem auf dem Behälter mit EXP bezeichneten Datum verwendet werden. Weitere Auskünfte erteilt Ihnen Ihr Arzt, Apotheker oder Drogist, der über die ausführliche Fachinformation verfügt.

Zusammensetzung

Pro 20 ml:

– Eisen	6	mg
– Vitamin B_1	0,7	mg
– Vitamin B_2	0,86	mg
– Vitamin B_6	0,7	mg
– Vitamin B_{12}	0,7	mg
– Nikotinamid	7	mg
– Vitamin C	20	mg
– Panthenol	4	mg
– Biotin	0,1	mg
– Extrakt Gingko bil.	14	mg
– Süßer Mittelmeerwein		
– Acesulfam kalicum		
– Vanillin		

Verkaufsart

In Apotheken und Drogerien, ohne ärztliches Rezept.

Biovital Ginseng

Eigenschaften/Verwendungszweck
Was ist Ginseng und wann wird es angewendet?

Biovital Ginseng ist ein Aufbaumittel für Erwachsene mit Vitaminen, PCF-Lecithin, Inositol, Rutinsulfat-Natrium, 9 Mineralien, Coffein und dem standardisierten Extrakt der Wurzel der ostasiatischen Heilpflanze Panax Ginseng.
Das Medikament wird verwendet bei: Erschöpfungszustände, Schwächezuständen, Energiemangel, Infektionsanfälligkeit, Gedächtnisschwäche, Konzentrationsschwäche, Merkschwäche, leichter Ermüdbarkeit, Vergesslichkeit.

Ergänzungen
Was sollte dazu beachtet werden?

PCF-Lecithin ist ein 4fach konzentriertes Soyalecithin mit überwiegend mehrfach ungesättigten Fettsäuren. Lecithin ist ein wichtiger Baustein aller Körperzellen. Vitamine sind lebenswichtige Stoffe. Ginseng hat adaptogene Eigenschaften. Dies bedeutet, dass dadurch der Organismus befähigt wird, sich äußerlichen Belastungen besser anzupassen.

Kontraindikationen
Wann darf Ginseng nicht angewendet werden?

Das Medikament darf nicht eingenommen werden bei bekannter Überempfindlichkeit auf einen der Inhaltsstoffe, bei gleichzeitiger Behandlung mit anderen Vitamin-A-haltigen Präparaten oder mit Retinoiden (zum Beispiel gegen Akne) oder wenn eine Überversorgung mit Vitamin A (= Hypervitaminose A) besteht.

Vorsichtsmaßnahmen
Wann ist bei der Einnahme von Ginseng Vorsicht geboten?

Nicht während längerer Zeit in einer höheren als der empfohlenen Dosierung einnehmen. Informieren Sie Ihren Arzt, Apotheker oder Drogist, wenn Sie an Krankheiten leiden, Allergien haben oder andere Medikamente (auch selbstgekaufte) einnehmen.

Schwangerschaft/Stillzeit
Darf Ginseng während einer Schwangerschaft oder in der Stillzeit eingenommen werden?

Die Kapseln enthalten unter anderem Vitamin A. Vitamin A kann in der Schwangerschaft in einer Menge, die dem täglichen Bedarf entspricht, ohne Bedenken eingenommen werden. Dabei ist zu berücksichtigen, dass mit einer ausgewogenen Ernährung der Tagesbedarf an Vitamin A (enthalten zum Beispiel in Leber, Produkten, welche Leber enthalten, Milch und Milchprodukten, Margarine, Eiern, Speiseöl) schon gedeckt bzw. sogar überschritten wird (bei Verzehr von Leber oder eventuell leberhaltigen Erzeugnissen).
Es wurde jedoch festgestellt, dass das Risiko gewisser Missbildungen bei Neugeborenen mit der täglichen Einnahme von hohen Mengen an Vitamin A ansteigt. Wenn Sie schwanger sind oder es werden könnten, dürfen Sie die Kapseln, nach Rücksprache mit Ihren Arzt, in der vorgeschriebenen Dosierung einnehmen. Wenn Sie große Mengen Vitamin-A-haltiger Lebensmittel zu sich nehmen, sollten Sie auf die Einnahme der Kapseln verzichten. Dies gilt insbesondere, wenn Sie Leber essen.

Dosierung/Anwendung
Wie verwenden Sie Ginseng?

Wenn vom Arzt nicht anders verordnet:

- Erwachsene: morgens und mittags je eine Kapsel.
- Jugendliche: morgens eine Kapsel unzerkaut vor den Mahlzeiten mit etwas Flüssigkeit schlucken.

Halten Sie sich an die in der Packungsbeilage angegebene Dosierung. Wenn Sie glauben, das Medikament wirke zu schwach oder zu stark, so sprechen Sie mit Ihrem Arzt, Apotheker oder Drogist.

Unerwünschte Wirkungen
Welche Nebenwirkungen kann Ginkgo haben?

Nebenwirkungen sind bei Einhalten der empfohlenen Dosierung bis heute keine bekannt. Gelegentlich kann es zu einer geringfügigen Gelbfärbung des Urins kommen, die auf den Gehalt von Vitamin B_2 zurückzuführen ist.

Allgemeine Hinweise
Was ist ferner zu beachten?

Arzneimittel sollten für Kinder unerreichbar aufbewahrt werden.
Das Medikament darf nur bis zu dem auf dem Behälter mit EXP bezeichneten Datum verwendet werden. Weitere Auskünfte erteilt Ihnen Ihr Arzt, Apotheker oder Drogist, der über die ausführliche Fachinformation verfügt.

Zusammensetzung

Pro Kapsel:

– Eisen	9,5	mg
– PCF-Lecithin	75,0	mg
– Vitamin A	2100	IE
– Vitamin B_1	1,5	mg
– Vitamin B_2	1,2	mg
– Vitamin B_6	1,2	mg
– Nikotinamid	7,5	mg
– Vitamin C	45,0	mg
– Vitamin E	7,5	mg
– Panthenol	4,5	mg
– Biotin	0,1	mg
– Folsäure	0,5	mg
– Inositol	7,5	mg
– Rutinsulfat-Na	15,0	mg
– Magnesium	60,0	mg
– Coffein	7,0	mg
– Kupfer	0,65	mg
– Mangan	0,90	mg
– Zink	2,70	mg
– Molybdän	0,05	mg
– Kalium	12,00	mg
– Calciumphosphat	30,00	mg

Extrakt Panax Ginseng (5 Prozent Ginsenoside) 150,0 mg

Verkaufsart

In Apotheken und Drogerien, ohne ärztliches Rezept.

Crataegisan

Eigenschaften/Verwendungszweck
Was ist Crataegisan und wann wird es angewendet?

Crataegisan ist ein Frischpflanzen-Präparat aus Weißdornfrüchten. Es wird angewendet bei:
- nervösen Herzbeschwerden
- Druckgefühl in der Herzgegend
- Beklemmungsgefühl in der Herzgegend
- Stechne in der Herzgegend
- raschern Puls

Ergänzungen
Was sollte dazu beachtet werden?

Wenn unregelmäßiger Puls mit starkem Herzklopfen, stechenden Schmerzen in der Herzgegend und Atemnot häufig auftreten oder länger andauern, ist die Konsultation eines Arztes angezeigt. Dieser wird feststellen, ob das Herz oder die Gefäße organisch erkrankt sind oder ob die Beschwerden nervös bedingt sind.

Kontraindikationen
Wann darf Crataegisan nicht angewendet werden?

Das Medikament darf nicht eingenommen werden bei bekannter Überempfindlichkeit auf einen der Inhaltsstoffe.

Vorsichtsmaßnahmen
Wann ist bei der Einnahme von Crataegisan Vorsicht geboten?

Dieses Medikament enthält 49 Volumenprozent Alkohol. Bei Einhaltung der empfohlenen Dosierung wird bei jeder Einnahme eine Alkoholdosis von bis zu 1 g eingenommen. Ein Gesundheitsrisiko besteht unter anderem bei:
- Hepatitispatienten
- Alkoholikern
- Epileptikern
- Patienten mit Schädeltrauma
- schwangeren Frauen
- stillenden Frauen
- Kindern

Informieren Sie Ihren Arzt, Apotheker oder Drogist, wenn Sie an Krankheiten leiden, Allergien (Arzneimittel, Nahrungsmittel, Haushalt, Beruf) haben oder andere Medikamente (auch selbstgekaufte) einnehmen oder wenn die gleichen Beschwerden noch mit anderen Mitteln behandelt werden.

Schwangerschaft/Stillzeit
Darf Crataegisan während einer Schwangerschaft oder in der Stillzeit eingenommen werden?

Während der Schwangerschaft und in der Stillzeit darf Crataegisan nur nach Befragung Ihres Arztes eingenommen werden. Vorsichtshalber sollten Sie während der Schwangerschaft und Stillzeit möglichst auf Medikamente verzichten.

Dosierung/Anwendung
Wie verwenden Sie Crataegisan?

Wenn vom Arzt nicht anders verordnet:
Erwachsene: 3-mal täglich 30 Tropfen in etwas Wasser zirka eine halbe Stunde vor den Mahlzeiten einnehmen.
Halten Sie sich an die in der Packungsbeilage angegebene Dosierung. Wenn Sie glauben, das Medikament wirke zu schwach oder zu stark, so sprechen Sie mit Ihrem Arzt, Apotheker oder Drogist.

Unerwünschte Wirkungen
Welche Nebenwirkungen kann Crataegisan haben?

Für das Medikament sind bisher bei bestimmungsgemäßen Gebrauch keine Nebenwirkungen beobachtet worden.
Das Medikament enthält einen herstellungsbedingten Alkoholgehalt von 49 Vol.-Prozent.
Frischpflanzen-Tinkturen können gelegentlich eine Nachtrübung erfahren, welche jedoch die Wirkung nicht beeinträchtigt.

Allgemeine Hinweise
Was ist ferner zu beachten?

Arzneimittel sollten für Kinder unerreichbar aufbewahrt werden.
Das Medikament darf nur bis zu dem auf dem Behälter mit EXP bezeichneten Datum verwendet werden. Weitere Auskünfte erteilt Ihnen Ihr Arzt, Apotheker oder Drogist, der über die ausführliche Fachinformation verfügt.

Zusammensetzung
1 ml Crataegisan enthält die Tinktur aus frischen Weißdornfrüchten (Crataegus oxyacantha et monogyna); Fructus tinctura 1:3,2) 100 Prozent.
Das Medikament enthält 49 Volumenprozent Alkohol.
1 ml = 41 Tropfen.

Verkaufsart
In Apotheken und Drogerien, ohne ärztliches Rezept.

Crataegus Synpha

Eigenschaften/Verwendungszweck

Was ist Crataegisan und wann wird es angewendet?

Crataegus Synpha wird nach einem Spezialverfahren gewonnen, das die Extraktion der wirksamen Substanzen des Weißdorns (Crataegus oxyacantha) ermöglicht. Crataegus Synpha ist ein Frischpflanzen-Präparat. Es wird angewendet bei:

- nervösen Herzbeschwerden
- Schwindel
- Druckgefühl in der Herzgegend
- Beklemmungsgefühl in der Herzgegend
- Stechen in der Herzgegend
- raschern Puls

Ergänzungen

Was sollte dazu beachtet werden?

Wenn unregelmäßiger Puls mit starkem Herzklopfen, stechenden Schmerzen in der Herzgegend und Atemnot häufig auftreten oder länger andauern, ist die Konsultation eines Arztes angezeigt. Dieser wird feststellen, ob das Herz oder die Gefäße organisch erkrankt sind oder ob die Beschwerden nervös bedingt sind.

Kontraindikationen

Wann darf Crataegus Synpha nicht angewendet werden?

Das Medikament darf nicht eingenommen werden bei bekannter Überempfindlichkeit auf einen der Inhaltsstoffe.

Crataegus Synpha eignet sich nicht für Kinder.

Vorsichtsmaßnahmen

Wann ist bei der Einnahme von Crataegus Synpha Vorsicht geboten?

Dieses Medikament enthält 40 Volumenprozent Alkohol. Bei Einhaltung der empfohlenen Dosierung wird bei jeder Einnahme eine Alkoholdosis von bis zu 1 g eingenommen. Ein Gesundheitsrisiko besteht unter anderem bei:

- Hepatitispatienten
- Alkoholikern
- Epileptikern
- Patienten mit Schädeltrauma
- schwangeren Frauen
- stillenden Frauen
- Kindern

Informieren Sie Ihren Arzt, Apotheker oder Drogist, wenn Sie an Krankheiten leiden, Allergien (Arzneimittel, Nahrungsmittel, Haushalt, Beruf) haben oder andere Medikamente (auch selbstgekaufte) einnehmen oder wenn die gleichen Beschwerden noch mit anderen Mitteln behandelt werden.

Schwangerschaft/Stillzeit

Darf Crataegus Synpha während einer Schwangerschaft oder in der Stillzeit eingenommen werden?

Während der Schwangerschaft und in der Stillzeit darf Crataegus Synpha nur nach Befragung Ihres Arztes eingenommen werden. Vorsichtshalber sollten Sie während der Schwangerschaft und Stillzeit möglichst auf Medikamente verzichten.

Dosierung/Anwendung

Wie verwenden Sie Crataegisan?

Wenn vom Arzt nicht anders verordnet:

- Zu Beginn: 60–70 Tropfen dreimal täglich während 3–4 Tagen.
- Erhaltungstherapie: 20–30 Tropfen 3- bis 4-mal täglich.

Die Tropfen in etwas Wasser verdünnen (20 Tropfen entsprechen 1 ml).

Halten Sie sich an die in der Packungsbeilage angegebene Dosierung. Wenn Sie glauben, das Medikament wirke zu schwach oder zu stark, so sprechen Sie mit Ihrem Arzt, Apotheker oder Drogist.

Unerwünschte Wirkungen

Welche Nebenwirkungen kann Crataegisan haben?

Für das Medikament sind bisher bei bestimmungsgemäßem Gebrauch keine Nebenwirkungen beobachtet worden. Das Medikament enthält einen herstellungsbedingten Alkoholgehalt von 40 Vol.-Prozent.

Frischpflanzen-Tinkturen können gelegentlich eine Nachtrübung erfahren, welche jedoch die Wirkung nicht beeinträchtigt.

Allgemeine Hinweise

Was ist ferner zu beachten?

Arzneimittel sollten für Kinder unerreichbar aufbewahrt werden. Das Medikament darf nur bis zu dem auf dem Behälter mit EXP bezeichneten Datum verwendet werden. Weitere Auskünfte erteilt Ihnen Ihr Arzt, Apotheker oder Drogist, der über die ausführliche Fachinformation verfügt.

Zusammensetzung

Crataegus Synpha ist ein flüssiger alkoholischer Extrakt des Crataegus oxycantha mit 40 Vol.-% Alkohol.

Verkaufsart

In Apotheken und Drogerien, ohne ärztliches Rezept.

Dormeasan

Eigenschaften/Verwendungszweck
Was ist Dormeasan und wann wird es angewendet?
Dormeasan ist ein Frischpflanzen-Präparat aus Baldrian und Hopfen zur Behandlung von Ein- und Durchschlafstörungen mit beruhigenden, entspannenden und ausgleichenden Eigenschaften, auch bei nervöser Unruhe und Reizbarkeit.

Ergänzungen
Was sollte dazu beachtet werden?
Bei Anhalten der Beschwerden über einen Monat sollte ärztliche Hilfe beansprucht werden.

Kontraindikationen
Wann darf Dormeasan nicht angewendet werden?
Sollten Sie auf einen oder mehrere der Inhaltsstoffe von Dormeasan überempfindlich sein oder an nächtlichem Erwachen wegen Unterbrechung der Atmung (Schlafapnoe-Syndrom) leiden, dürfen Sie das Mittel nicht einnehmen.

Vorsichtsmaßnahmen
Wann ist bei der Einnahme von Dormeasan Vorsicht geboten?
Dieses Medikament enthält 62 Volumenprozent Alkohol. Bei Einhaltung der empfohlenen Dosierung wird bei jeder Einnahme eine Alkoholdosis von bis zu 1½ g eingenommen. Ein Gesundheitsrisiko besteht unter anderem bei:
- Hepatitispatienten
- Alkoholikern
- Epileptikern
- Patienten mit Schädeltrauma
- schwangeren Frauen
- stillenden Frauen
- Kindern

Informieren Sie Ihren Arzt, Apotheker oder Drogist, wenn Sie an Krankheiten leiden, Allergien (Arzneimittel, Nahrungsmittel, Haushalt, Beruf) haben oder andere Medikamente (auch selbstgekaufte) einnehmen oder wenn die gleichen Beschwerden noch mit anderen Mitteln behandelt werden.

Humulus lupulus

Schwangerschaft/Stillzeit
Darf Dormeasan während einer Schwangerschaft oder in der Stillzeit eingenommen werden?
Während der Schwangerschaft und in der Stillzeit darf Dormeasan nur nach Befragung Ihres Arztes eingenommen werden.

Dosierung/Anwendung
Wie verwenden Sie Dormeasan?
Wenn vom Arzt nicht anders verordnet:
- Erwachsene: 25 Tropfen, Kinder ab 6 Jahren 10 Tropfen vor dem Schlafengehen in einem viertel Glas Wasser mit Honig gesüßt einnehmen.
- Zur Beruhigung während des Tages 1- bis 2-mal täglich 10–20 Tropfen; Kinder ab 6 Jahren 10 Tropfen.

Halten Sie sich an die in der Packungsbeilage angegebene Dosierung. Wenn Sie glauben, das Medikament wirke zu schwach oder zu stark, so sprechen Sie mit Ihrem Arzt, Apotheker oder Drogist.

Unerwünschte Wirkungen
Welche Nebenwirkungen kann Dormeasan haben?
Für Dormeasan sind bisher bei bestimmungsgemäßem Gebrauch keine Nebenwirkungen beobachtet worden.

Allgemeine Hinweise
Was ist ferner zu beachten?
Die Einnahme von starkem Kaffee oder Schwarztee sollte am späten Nachmittag und am Abend vermieden werden, um die beruhigende Wirkung von Dormeasan nicht zu beeinträchtigen.
Arzneimittel sollten für Kinder unerreichbar aufbewahrt werden.
Das Medikament darf nur bis zu dem auf dem Behälter mit EXP bezeichneten Datum verwendet werden. Weitere Auskünfte erteilt Ihnen Ihr Arzt, Apotheker oder Drogist, der über die ausführliche Fachinformation verfügt.

Zusammensetzung
1 g Dormeasan enthält die Frischpflanzen-Extrakte von Hopfenzapfen (Humulus lupulus) 400 mg und Baldrianwurzel (Valeriana officinalis) 460 mg
1 ml = 25 Tropfen.

Verkaufsart
In Apotheken und Drogerien, ohne ärztliches Rezept.

Echinacin Capsetten/Tropfen

Eigenschaften/Verwendungszweck
Was ist Echinacin und wann wird es angewendet?

Echinacin Capsetten/Tropfen enthalten als Wirkprinzip den Presssaft aus dem Kraut der frischen Echinacea purpurea (Purpursonnenhut-Kraut). Es soll die körpereigene Abwehr kräftigen und die Heilung fördern. Es wird angewendet zur unterstützenden Behandlung bei Anfälligkeit auf Infekte im Bereich der Atemwege (Erkältungen).

Ergänzungen
Was sollte dazu beachtet werden?

Echinacin Capsetten sollten nicht angewendet werden bei fortschreitenden Systemerkrankungen wie:
- Tuberkulose
- Leukämie
- Kollagenosen
- Lupus erythematodes
- Multiple Sklerose

Echinacin soll auch nicht angewendet werden bei bekannter Allergie gegen Korbblütler, zum Beispiel Kamille, Arnika.

Das Präparat ist nicht geeignet für Kleinkinder; nicht anwenden bei bekannter Allergie gegen Cyclamat und/oder Saccharin.

Echinacea purpurea

Kontraindikationen
Wann darf Echinacin nicht angewendet werden?

Bei Erkältungsanfälligkeit von Kindern empfiehlt es sich, einen Arzt zu konsultieren.

Vorsichtsmaßnahmen
Wann ist bei der Einnahme von Echinacin Vorsicht geboten?

Informieren Sie Ihren Arzt, Apotheker oder Drogist, wenn Sie
- an Krankheiten leiden;
- Allergien haben;
- andere Medikamente (auch selbstgekaufte) einnehmen.

Schwangerschaft/Stillzeit
Darf Echinacin während einer Schwangerschaft oder in der Stillzeit eingenommen werden?

Echinacin Capsetten können während der Schwangerschaft und in der Stillzeit eingenommen werden, wenn der Arzt es gestattet.

Dosierung/Anwendung
Wie verwenden Sie Echinacin?

Wenn vom Arzt nicht anders verordnet:
- Erwachsene: 3- bis 4-mal täglich 1 Lutschpastille lutschen oder 20–40 Tropfen.
- Kinder ab 4 Jahren: 1- bis 2-mal täglich 1 Lutschpastille oder 10 Tropfen.

Die Einnahme von Echinacin Capsetten/Tropfen sollte nicht länger als 2 Monate erfolgen.

Halten Sie sich an die in der Packungsbeilage angegebene Dosierung. Wenn Sie glauben, das Medikament wirke zu schwach oder zu stark, so sprechen Sie mit Ihrem Arzt, Apotheker oder Drogist.

Unerwünschte Wirkungen
Welche Nebenwirkungen kann Echinacin haben?

In seltenen Fällen Überempfindlichkeitsreaktionen (Hautausschläge, Gesichtsschwellungen). In diesen Fällen ist Echnacin abzusetzen und ein Arzt aufzusuchen.

Allgemeine Hinweise
Was ist ferner zu beachten?

Arzneimittel sollten für Kinder unerreichbar aufbewahrt werden. Das Medikament darf nur bis zu dem auf dem Behälter mit EXP bezeichneten Datum verwendet werden. Weitere Auskünfte erteilt Ihnen Ihr Arzt, Apotheker oder Drogist, der über die ausführliche Fachinformation verfügt.

Zusammensetzung
1 Lutschpastille enthält:
- Trockenpresssaft aus Pupursonnenhut-Kraut 88,5 mg
- Saccharin, Cyclamat, Aromen
- weitere Hilfsstoffe

1 ml Tropfen enthält:
- Presssaft aus Purpursonnenhut-Kraut 798 mg

Verkaufsart
In Apotheken und Drogerien, ohne ärztliches Rezept.

Echinaforce Tabletten/Tropfen

Eigenschaften/Verwendungszweck
Was sind Echinaforce Tabletten und wann werden sie angewendet?

Das Frischpflanzen-Präparat Echinaforce Tabletten/Tropfen wird hergestellt aus dem frischen, blühenden Kraut und den frischen Wurzeln vom Roten Sonnenhut. Die Tabletten eignen sich bei Anfälligkeit gegen Erkältungskrankheiten. Sie begünstigen ferner den Heilungsprozess bei Erkältungskrankheiten.

Die Tabletten dienen zur Steuerung der körpereigenen Abwehr bei Anfälligkeit gegen Erkältungskrankheiten sowie bei fiebrigen Erkältungskrankheiten.

Ergänzungen
Was sollte dazu beachtet werden?

Bei Erkältungsanfälligkeit von Kindern empfiehlt es sich, einen Arzt zu konsultieren.

Kontraindikationen
Wann darf Echinaforce nicht angewendet werden?

Echinaforce Tabletten/Tropfen dürfen nicht angewendet werden bei einer bekannten Überempfindlichkeit auf einen der Inhaltsstoffe oder allgemein auf Korbblüteter (Compositen, wie zum Beispiel Arnika, Schafgarbe, Echinacea).

Aus grundsätzlichen Erwägungen sollten Echinaforce Tabletten nicht angewendet werden bei:

- Autoimmunkrankheiten
- Leukosen
- Multipler Sklerose

Vorsichtsmaßnahmen
Wann ist bei der Einnahme von Echinaforce Vorsicht geboten?

Bei Erkältungskrankheiten von Kindern empfiehlt es sich, einen Arzt zu konsultieren. Das Präparat ist für Säuglinge nicht geeignet.

Informieren Sie Ihren Arzt, Apotheker oder Drogist, wenn Sie:

- an Krankheiten leiden;
- Allergien haben;
- andere Medikamente (auch selbstgekaufte) einnehmen.

Schwangerschaft/Stillzeit
Darf Echinaforce während einer Schwangerschaft oder in der Stillzeit eingenommen werden?

Vorsichtshalber sollten Sie während der Schwangerschaft und in der Stillzeit möglichst auf Medikamente verzichten oder den Arzt um Rat fragen.

Dosierung/Anwendung
Wie verwenden Sie Echinaforce?

Wenn vom Arzt nicht anders verordnet:

- Erwachsene und Jugendliche ab 12 Jahren bei Anfälligkeit gegen Erkältungen (Vorbeugung): 3-mal täglich 2 Tabletten (20 Tropfen) ca. ½ Stunde vor den Mahlzeiten im Mund zergehen lassen oder mit etwas Flüssigkeit einnehmen.
- Kinder ab 4 Jahren: 3-mal täglich 1 Tablette (10 Tropfen) im Mund zergehen lassen oder mit etwas Flüssigkeit einnehmen.

Bei Erkältungen und fiebrigen Erkältungskrankheiten: 3- bis 5-mal täglich 2 Tabletten (20 Tropfen) im Mund zergehen lassen oder mit etwas Flüssigkeit einnehmen.

Die Einnahme sollte ununterbrochen nicht länger als 2 Monate erfolgen.

Halten Sie sich an die in der Packungsbeilage angegebene Dosierung. Wenn Sie glauben, das Medikament wirke zu schwach oder zu stark, so sprechen Sie mit Ihrem Arzt, Apotheker oder Drogist.

Unerwünschte Wirkungen
Welche Nebenwirkungen kann Echinaforce haben?

In seltenen Fällen wurden bei Echinacea-Zubereitungen Überempfindlichkeitsreaktionen (wie Hautausschläge) beobachtet. In diesem Fall ist die Behandlung sofort zu unterbrechen und ein Arzt aufzusuchen.

Allgemeine Hinweise
Was ist ferner zu beachten?

Arzneimittel sollten für Kinder unerreichbar aufbewahrt werden.

Das Medikament darf nur bis zu dem auf dem Behälter mit EXP bezeichneten Datum verwendet werden. Weitere Auskünfte erteilt Ihnen Ihr Arzt, Apotheker oder Drogist, der über die ausführliche Fachinformation verfügt.

Zusammensetzung
1 Tablette enthält die eingeengten Extrakte entsprechend der Tinktur aus frischem, blühendem Kraut von Rotem Sonnenhut (Echinaceae herbae) 380 mg sowie der Tinktur aus der frischen Wurzel von Rotem Sonnenhut (Echinaceae radicis) 20 mg sowie Hilfsstoffe.

1 ml Tropfen enthalten die Tinktur aus frischem, blühendem Kraut von Rotem Sonnenhut (Echinaceae herbae) 860 mg sowie die Tinktur aus der frischen Wurzel von Rotem Sonnenhut (Echinaceae radicis) 45 mg sowie Hilfsstoffe.

Verkaufsart
In Apotheken und Drogerien, ohne ärztliches Rezept.

Echinacea purpurea

Eucalyptol

Eigenschaften/Verwendungszweck

Was ist Eucalyptol und wann wird es angewendet?

Eucalyptol besteht zu 100 Prozent aus dem Wirkstoff des Eucalyptusöls. Es wird angewandt bei:

- Bronchitis
- Erkältungen
- Husten
- Katarrh

Es wird angewandt in Form von Inhalationen und Einreibungen.

Ergänzungen

Was sollte dazu beachtet werden?

Es kann auch als desinfizierendes Mittel bei Schürfungen oder kleineren Verletzungen verwendet werden.

Kontraindikationen

Wann darf Eucalyptol nicht angewendet werden?

Verwenden Sie Eucalyptol nicht in konzentrierter Form auf den Schleimhäuten. Bei Säuglingen und Kleinkindern sollte Eucalyptol nicht für Inhalationen vewendet und nicht im Bereich von Hals und Gesicht aufgetragen werden.

Vorsichtsmaßnahmen

Wann ist bei der Einnahme von Eucalyptol Vorsicht geboten?

Bei bestimmungsgemäßen Gebrauch sind keine speziellen Vorsichtsmaßnahmen zu beachten. Informieren Sie Ihren Arzt, Apotheker oder Drogist, wenn Sie

- an Krankheiten leiden;
- Allergien haben;
- andere Medikamente (auch selbstgekaufte) einnehmen.

Schwangerschaft/Stillzeit

Darf Eucalyptol während einer Schwangerschaft oder in der Stillzeit eingenommen werden?

Während der Schwangerschaft und in der Stillzeit darf Eucalyptol nur nach Befragung Ihres Arztes verwendet werden.

Dosierung/Anwendung

Wie verwenden Sie Eucalyptol?

Zur Inhalation werden wenige Tropfen in kochendes Wasser gegeben und die Dämpfe eingeatmet. Zu Einreibungen werden einige Tropfen – eventuell mit etwas Öl vermischt – auf Hals, Brust und Rücken eingerieben.

Halten Sie sich an die in der Packungsbeilage angegebene Dosierung. Wenn Sie glauben, das Medikament wirke zu schwach oder zu stark, so sprechen Sie mit Ihrem Arzt, Apotheker oder Drogist.

Unerwünschte Wirkungen

Welche Nebenwirkungen kann Eucalyptol haben?

Bei bestimmungsgemäßen Gebrauch sind keine Nebenwirkungen zu erwarten.

Allgemeine Hinweise

Was ist ferner zu beachten?

Arzneimittel sollten für Kinder unerreichbar aufbewahrt werden.

Das Medikament darf nur bis zu dem auf dem Behälter mit EXP bezeichneten Datum verwendet werden. Weitere Auskünfte erteilt Ihnen Ihr Arzt, Apotheker oder Drogist, der über die ausführliche Fachinformation verfügt.

Zusammensetzung

Eucalyptol besteht zu 100 Prozent aus Eucalyptusöl.

Verkaufsart

In Apotheken und Drogerien, ohne ärztliches Rezept.

Euceta

Eigenschaften/Verwendungszweck

Was ist Euceta und wann wird es angewendet?

Euceta besitzt die angenehm kühlenden und schmerzlindernden Eigenschaften feuchter Umschläge ohne den Nachteil ihrer umständlichen Anwendung.
Die Anwendung von Euceta empfiehlt sich bei:

- Prellungen
- Quetschungen
- Verstauchungen
- Zerrungen
- Hautschürfungen
- Hautreizungen
- Sonnenbrand
- Insektenstichen

Ergänzungen

Was sollte dazu beachtet werden?

Die entzündungshemmende Wirkung der essig-weinsauren Tonerde bringt Schwellungen und Hautreizungen zum Abklingen. Ihre adstringierende (zusammenziehende) Wirkung führt zu einer leichten Gerbung der Haut. Dadurch wird das Eindringen von Infektionserregern erschwert, für deren Entwicklung das säurehaltige Gel zudem einen schlechten Nährboden darstellt. Hierdurch kommt die leicht infektionshemmende Wirkung von Euceta zustande.

Kontraindikationen

Wann darf Euceta nicht angewendet werden?

Das Präparat soll nicht auf offene Verletzungen (blutende Wunden) aufgetragen werden.

Vorsichtsmaßnahmen

Wann ist bei der Einnahme von Euceta Vorsicht geboten?

Informieren Sie Ihren Arzt, Apotheker oder Drogist, wenn Sie:

- an Krankheiten leiden;
- Allergien haben;
- Medikamente (auch selbstgekaufte) einnehmen.

Schwangerschaft/Stillzeit

Darf Euceta während einer Schwangerschaft oder in der Stillzeit eingenommen werden?

Während der Schwangerschaft und in der Stillzeit darf Euceta ohne Befragung Ihres Arztes verwendet werden.

Dosierung/Anwendung

Wie verwenden Sie Euceta?

Wenn vom Arzt nicht anders verordnet: bei kleineren Entzündungen und stumpfen Verletzungen (Schwellungen, Verstauchungen usw.) Gel dick auftragen, mit Gaze bedecken und mit einer Binde befestigen. Bei ausgedehnten Hautentzündungen, Schürfungen und Sonnenbrand Gel in dünner Schicht auftragen und antrocknen lassen oder – an bekleideten Körperstellen – vor dem vollständigen Eintrocknen mit Gaze bedecken. Halten Sie sich an die in der Packungsbeilage angegebene Dosierung. Wenn Sie glauben, das Präparat wirke zu schwach oder zu stark, so sprechen Sie mit Ihrem Arzt, Apotheker oder Drogist.

Unerwünschte Wirkungen

Welche Nebenwirkungen kann Euceta haben?

Bis jetzt sind keine Nebenwirkungen beobachtet worden.

Allgemeine Hinweise

Was ist ferner zu beachten?

Arzneimittel sollten für Kinder unerreichbar aufbewahrt werden.
Das Präparat darf nur bis zu dem auf dem Behälter mit EXP bezeichneten Datum verwendet werden. Weitere Auskünfte erteilt Ihnen Ihr Arzt, Apotheker oder Drogist, der über die ausführliche Fachinformation verfügt.

Zusammensetzung

1 g enthält 50 mg essig-weinsaure Tonerde, Aromastoffe und Hilfsstoffe.

Verkaufsart

In Apotheken und Drogerien, ohne ärztliches Rezept.

Euceta + Kamille + Arnika

Eigenschaften/Verwendungszweck
Was ist Euceta und wann wird es angewendet?

Die Anwendung von Euceta mit Kamille und Arnika empfiehlt sich anstelle feuchter Umschläge bei allen Formen leichterer, stumpfer (unblutiger) Verletzungen wie:
- Prellungen
- Quetschungen und Verstauchungen
- Zerrungen
- Hautschürfungen und Hautreizungen
- Sonnenbrand
- Insektenstichen

Ergänzungen
Was sollte dazu beachtet werden?

Euceta mit Kamille und Arnika bietet in angenehm kühlender Gelform die volle entzündungshemmende Wirkung der bekannten essig-weinsauren Tonerde, ergänzt durch die heilungsfördernden Wirkstoffe von Kamille und Arnika. Die entzündungshemmende Wirkung der essig-weinsauren Tonerde bringt Schwellungen und Hautreizungen zum Abklingen. Ihre adstringierende (zusammenziehende) Wirkung führt zu einer leichten Gerbung der Haut. Dadurch wird das Eindringen von Infektionserregern erschwert, für deren Entwicklung das säurehaltige Gel zudem einen schlechten Närboden darstellt. Hierdurch kommt die leicht infektionshemmende Wirkung von Euceta zustande.
Die heilungsfördernde, entzündungswidrige und schmerzlindernde Kamillenblüte ist seit altersher bekannt und ihre Anwendung in Form von Umschlägen bei kleineren Wunden und Hautinfektionen beliebt.
Die Arnika, in der Volksmedizin ebenfalls seit Jahrhunderten als Wundheilpflanze hoch geschätzt, hat ihren Platz auch im modernen Arzneischatz behauptet. In geeigneter Verdünnung fördert Arnika die Aufsaugung von kleineren Blutergüssen und Gewebeschwellungen nach stumpfen Verletzungen.

Kontraindikationen
Wann darf Euceta nicht angewendet werden?

Das Präparat soll nicht auf offene Verletzungen (blutende Wunden) aufgetragen werden.
Patienten, die von sich wissen, dass sie auf Kamille oder Arnika überempfindlich reagieren, sollten das Präparat nicht anwenden oder Euceta ohne Kamille und Arnika verwenden.

Vorsichtsmaßnahmen
Wann ist bei der Einnahme von Euceta Vorsicht geboten?

Informieren Sie Ihren Arzt, Apotheker oder Drogist, wenn Sie an Krankheiten leiden, Allergien haben oder Medikamente (auch selbstgekaufte) einnehmen.

Schwangerschaft/Stillzeit
Darf Euceta während einer Schwangerschaft oder in der Stillzeit eingenommen werden?

Während der Schwangerschaft und in der Stillzeit darf Euceta ohne Befragung Ihres Arztes verwendet werden.

Matricaria recutita

Dosierung/Anwendung
Wie verwenden Sie Euceta?

Wenn vom Arzt nicht anders verordnet: bei kleineren Entzündungen und stumpfen Verletzungen (Schwellungen, Verstauchungen usw.) Gel dick auftragen, mit Gaze bedecken und mit einer Binde befestigen.
Bei ausgedehnten Hautentzündungen, Schürfungen und Sonnenbrand Gel in dünner Schicht auftragen und antrocknen lassen oder – an bekleideten Körperstellen – vor dem vollständigen Eintrocknen mit Gaze bedecken.
Halten Sie sich an die in der Packungsbeilage angegebene Dosierung. Wenn Sie glauben, das Präparat wirke zu schwach oder zu stark, so sprechen Sie mit Ihrem Arzt, Apotheker oder Drogist.

Unerwünschte Wirkungen
Welche Nebenwirkungen kann Euceta haben?

Bis jetzt sind keine Nebenwirkungen beobachtet worden.

Allgemeine Hinweise
Was ist ferner zu beachten?

Arzneimittel sollten für Kinder unerreichbar aufbewahrt werden. Das Präparat darf nur bis zu dem auf dem Behälter mit EXP bezeichneten Datum verwendet werden. Weitere Auskünfte erteilt Ihnen Ihr Arzt, Apotheker oder Drogist, der über die ausführliche Fachinformation verfügt.

Zusammensetzung
1 g enthält:
- 50 mg essig-weinsaure Tonerde
- 10 mg Kamilleextrakt
- 10 mg Arnikatinktur
- Aromastoffe
- Hilfsstoffe

Verkaufsart
In Apotheken und Drogerien, ohne ärztliches Rezept.

Geriaforce

Eigenschaften/Verwendungszweck
Was ist Geriaforce und wann wird es angewendet?

Geriaforce ist ein Frischpflanzenpräparat aus den Blättern des japanischen Tempelbaumes (Ginkgo biloba). Sie enthalten Wirkstoffe (auch Ginkgoflavonoide), denen durchblutungsfördernde Eigenschaften zugeschrieben werden.
Das Medikament wird verwendet bei:
- Arteriosklerose
- Vergesslichkeit
- Konzentrationsschwäche
- Merkschwäche

Ergänzungen
Was sollte dazu beachtet werden?

Das Extrakt der Blätter des japanischen Tempelbaumes steigert die geistige Leistungsfähigkeit.

Kontraindikationen
Wann darf Geriaforce nicht angewendet werden?

Das Medikament darf nicht eingenommen werden bei bekannter Überempfindlichkeit auf einen der Inhaltsstoffe.

Vorsichtsmaßnahmen
Wann ist bei der Einnahme von Geriaforce Vorsicht geboten?

Dieses Arzneimittel enthält 63 Volumenprozent Alkohol. Bei Beachtung der empfohlenen Dosierung werden bei jeder Einnahme bis zu 2 g Alkohol zugeführt. Ein gesundheitliches Risiko besteht unter anderem für:
- Leberkranke
- Alkoholkranke
- Epileptiker
- Hirngeschädigte
- Schwangere
- Stillende

Die Wirkung anderer Arzneimittel kann verstärkt oder beeinträchtigt werden.
Für Kinder und Jugendliche ist das Medikament nicht geeignet. Das Medikament kann zur Einschränkung der Reaktionsbereitschaft (Verkehrstüchtigkeit) führen.
Informieren Sie Ihren Arzt, Apotheker oder Drogist, wenn Sie an Krankheiten leiden, Allergien haben oder andere Medikamente (auch selbstgekaufte) einnehmen.

Schwangerschaft/Stillzeit
Darf Geriaforce während einer Schwangerschaft oder in der Stillzeit eingenommen werden?

Das Medikament enthält Alkohol. Deshalb sollten Sie das Medikament während der Schwangerschaft und der Stillzeit außer auf ausdrückliche ärztliche Verordnung nicht einnehmen.

Dosierung/Anwendung
Wie verwenden Sie Geriaforce?

Wenn vom Arzt nicht anders verordnet:
- Erwachsene 3-mal täglich 20–30 Tropfen in etwas Wasser einnehmen.

Halten Sie sich an die in der Packungsbeilage angegebene Dosierung. Wenn Sie glauben, das Medikament wirke zu schwach oder zu stark, so sprechen Sie mit Ihrem Arzt, Apotheker oder Drogist.

Unerwünschte Wirkungen
Welche Nebenwirkungen kann Geriaforce haben?

Bei empfindlichen Personen können in seltenen Fällen Kopfschmerzen und Magenbeschwerden auftreten. Beij Auftreten von allergischen Hautreaktionen ist die Behandlung sofort abzubrechen und ein Arzt aufzusuchen.

Allgemeine Hinweise
Was ist ferner zu beachten?

Geriaforce enthält einen herstellungsbedingten Alkoholgehalt von ca. 63 Volumenprozent. Pflanzentinkturen können gelegentlich eine Nachtrübung erfahren, welche jedoch die Wirkung nicht beeinträchtigt.
Arzneimittel sollten für Kinder unerreichbar aufbewahrt werden.
Das Medikament darf nur bis zu dem auf dem Behälter mit EXP bezeichneten Datum verwendet werden. Weitere Auskünfte erteilt Ihnen Ihr Arzt, Apotheker oder Drogist, der über die ausführliche Fachinformation verfügt.

Zusammensetzung

Ein ml Geriaforce enthält die Urtinktur aus den frischen Blättern des japanischen Tempelbaumes zu 100 Prozent.
1 ml = 33 Tropfen.

Verkaufsart

In Apotheken und Drogerien, ohne ärztliches Rezept.

Gingko biloba

Ginkgo Biovital

Eigenschaften/Verwendungszweck

Was ist Ginkgo und wann wird es angewendet?

Ginkgo Biovital ist ein Aufbaumittel für Erwachsene mit Vitaminen, Eisen und dem Extrakt des japanischen Tempelbaumes Ginkgo biloba.

Das Medikament wird verwendet bei:

- Erschöpfungszuständen
- Schwächezuständen
- Gedächtnisschwäche
- Konzentrationsschwäche
- Merkschwäche
- leichter Ermüdbarkeit
- Vergesslichkeit

Ergänzungen

Was sollte dazu beachtet werden?

Vitamine sind lebenswichtige Stoffe. Eisen ist ein wichtiger Mineralstoff für die Funktion der roten Blutkörperchen (Hämoglobin), damit Sauerstoffzufuhr vor der Lunge zu den einzelnen Körperzellen sichergestellt ist. Das Extrakt Ginkgo biloba steigert die geistige Leistungsfähigkeit.

Kontraindikationen

Wann darf Ginkgo nicht angewendet werden?

Das Medikament darf nicht eingenommen werden bei bekannter Überempfindlichkeit auf einen der Inhaltsstoffe.

Vorsichtsmaßnahmen

Wann ist bei der Einnahme von Ginkgo Vorsicht geboten?

Dieses Arzneimittel enthält 15 Prozent Alkohol. Bei Beachtung der empfohlenen Dosierung werden bei jeder Einnahme bis zu 2 g Alkohol zugeführt. Ein gesundheitliches Risiko besteht unter anderem für:

- Leberkranke
- Alkoholkranke
- Epileptiker
- Hirngeschädigte
- Schwangere
- Stillende

Die Wirkung anderer Arzneimittel kann verstärkt oder beeinträchtigt werden.

Für Kinder und Jugendliche ist das Medikament nicht geeignet. Das Medikament kann zur Einschränkung der Reaktionsbereitschaft (Verkehrstüchtigkeit) führen.

Informieren Sie Ihren Arzt, Apotheker oder Drogist, wenn Sie an Krankheiten leiden, Allergien haben oder andere Medikamente (auch selbstgekaufte) einnehmen.

Schwangerschaft/Stillzeit

Darf Ginkgo während einer Schwangerschaft oder in der Stillzeit eingenommen werden?

Das Medikament enthält als Basis einen Mittelmeerwein mit 15 Prozent Alkohol. Deshalb sollten Sie das Medikament während der Schwangerschaft und der Stillzeit außer auf ausdrückliche ärztliche Verordnung nicht einnehmen.

Dosierung/Anwendung

Wie verwenden Sie Ginkgo?

Wenn vom Arzt nicht anders verordnet:

- Erwachsene 3-mal täglich 20 ml mittels beiliegenden Messbechers vor den Mahlzeiten einnehmen. Die Flasche ist nach Gebrauch zu verschließen und nicht über 25 °C gelagert aufzubewahren.
- Diabetiker: 1 Einzeldosis von 20 ml entspricht 0,3 BW (Brotwerte). Diabetiker können bei gut eingestelltem Kohlenhydrat-Stoffwechsel das Medikament mit Ginkgo einnehmen. Bei labiler diabetischer Stoffwechsellage empfiehlt es sich, vorher den behandelnden Arzt zu konsultieren.

Halten Sie sich an die in der Packungsbeilage angegebene Dosierung. Wenn Sie glauben, das Medikament wirke zu schwach oder zu stark, so sprechen Sie mit Ihrem Arzt, Apotheker oder Drogist.

Unerwünschte Wirkungen

Welche Nebenwirkungen kann Ginkgo haben?

Es können gelegentlich Magen-Darm-Beschwerden oder allergische Hautreaktionen auftreten.

Gelegentlich kann es zu einer geringfügigen Gelbfärbung des Urins kommen, die auf den Gehalt von Vitamin B_2 zurückzuführen ist.

Allgemeine Hinweise

Was ist ferner zu beachten?

Arzneimittel sollten für Kinder unerreichbar aufbewahrt werden.

Das Medikament darf nur bis zu dem auf dem Behälter mit EXP bezeichneten Datum verwendet werden. Weitere Auskünfte erteilt Ihnen Ihr Arzt, Apotheker oder Drogist, der über die ausführliche Fachinformation verfügt.

Zusammensetzung

Pro 20 ml:

– Eisen	6	mg
– Vitamin B_1	0,7	mg
– Vitamin B_2	0,86	mg
– Vitamin B_6	0,7	mg
– Vitamin B_{12}	0,7	mg
– Nikotinamid	7	mg
– Vitamin C	20	mg
– Panthenol	4	mg
– Biotin	0,1	mg
– Extrakt Gingko bil.	14	mg
– Süßer Mittelmeerwein		
– Acesulfam kalicum		
– Vanillin		

Verkaufsart

In Apotheken und Drogerien, ohne ärztliches Rezept.

Ginseng Biovital

Eigenschaften/Verwendungszweck

Was ist Ginseng und wann wird es angewendet?

Biovital Ginseng ist ein Aufbaumittel für Erwachsene mit Vitaminen, PCF-Lecithin, Inositol, Rutinsulfat-Natrium, 9 Mineralien, Coffein und dem standardisierten Extrakt der Wurzel der ostasiatischen Heilpflanze Panax Ginseng.

Das Medikament wird verwendet bei:

- Erschöpfungszuständen
- Schwächezuständen
- Energiemangel
- Infektionsanfälligkeit
- Gedächtnisschwäche
- Konzentrationsschwäche
- Merkschwäche
- leichter Ermüdbarkeit
- Vergesslichkeit

Ergänzungen

Was sollte dazu beachtet werden?

PCF-Lecithin ist ein 4fach konzentriertes Soyalecithin mit überwiegend mehrfach ungesättigten Fettsäuren. Lecithin ist ein wichtiger Baustein aller Körperzellen. Vitamine sind lebenswichtige Stoffe. Ginseng hat adaptogene Eigenschaften. Dies bedeutet, dass dadurch der Organismus befähigt wird, sich äußerlichen Belastungen besser anzupassen.

Kontraindikationen

Wann darf Ginseng nicht angewendet werden?

Das Medikament darf nicht eingenommen werden bei bekannter Überempfindlichkeit auf einen der Inhaltsstoffe, bei gleichzeitiger Behandlung mit anderen Vitamin-A-haltigen Präparaten oder mit Retinoiden (zum Beispiel gegen Akne) oder wenn eine Überversorgung mit Vitamin A (= Hypervitaminose A) besteht.

Vorsichtsmaßnahmen

Wann ist bei der Einnahme von Ginseng Vorsicht geboten?

Nicht während längerer Zeit in einer höheren als der empfohlenen Dosierung einnehmen. Informieren Sie Ihren Arzt, Apotheker oder Drogist, wenn Sie an Krankheiten leiden, Allergien haben oder andere Medikamente (auch selbstgekaufte) einnehmen.

Schwangerschaft/Stillzeit

Darf Ginseng Biovital während einer Schwangerschaft oder in der Stillzeit eingenommen werden?

Die Kapseln enthalten unter anderem Vitamin A. Vitamin A kann in der Schwangerschaft in einer Menge, die dem täglichen Bedarf entspricht ohne Bedenken eingenommen werden. Dabei ist zu berücksichtigen, dass mit einer ausgewogenen Ernährung der Tagesbedarf an Vitamin A (enthalten zum Beispiel in Leber, Produkten, welche Leber enthalten, Milch und Milchprodukten, Margarine, Eiern, Speiseöl) schon gedeckt bzw. sogar überschritten wird (bei Verzehr von Leber oder eventuell leberhaltigen Erzeugnissen).

Es wurde jedoch festgestellt, dass das Risiko gewisser Missbildungen bei Neugeborenen mit der täglichen Einnahme von hohen Mengen an Vitamin A ansteigt. Wenn Sie schwanger sind oder es werden könnten, dürfen Sie die Kapseln, nach Rücksprache mit Ihren Arzt, in der vorgeschriebenen Dosierung einnehmen. Wenn Sie große Mengen Vitamin-A-haltiger Lebensmittel zu sich nehmen, sollten Sie auf die Einnahme der Kapseln verzichten. Dies gilt insbesondere, wenn Sie Leber essen.

Dosierung/Anwendung

Wie verwenden Sie Ginseng?

Wenn vom Arzt nicht anders verordnet:

- Erwachsene: morgens und mittags je eine Kapsel.
- Jugendliche: morgens 1 Kapsel unzerkaut vor den Mahlzeiten mit etwas Flüssigkeit schlucken.

Halten Sie sich an die in der Packungsbeilage angegebene Dosierung. Wenn Sie glauben, das Medikament wirke zu schwach oder zu stark, so sprechen Sie mit Ihrem Arzt, Apotheker oder Drogist.

Unerwünschte Wirkungen

Welche Nebenwirkungen kann Ginkgo haben?

Nebenwirkungen sind bei Einhalten der empfohlenen Dosierung bis heute keine bekannt. Gelegentlich kann es zu einer geringfügigen Gelbfärbung des Urins kommen, die auf den Gehalt von Vitamin B_2 zurückzuführen ist.

Allgemeine Hinweise

Was ist ferner zu beachten?

Arzneimittel sollten für Kinder unerreichbar aufbewahrt werden.

Das Medikament darf nur bis zu dem auf dem Behälter mit EXP bezeichneten Datum verwendet werden. Weitere Auskünfte erteilt Ihnen Ihr Arzt, Apotheker oder Drogist, der über die ausführliche Fachinformation verfügt.

Zusammensetzung

Pro Kapsel:

– Eisen	9,5	mg
– PCF–Lecithin	75,0	mg
– Vitamin A	2100	IE
– Vitamin B_1	1,5	mg
– Vitamin B_2	1,2	mg
– Vitamin B_6	1,2	mg
– Nikotinamid	7,5	mg
– Vitamin C	45,0	mg
– Vitamin E	7,5	mg
– Panthenol	4,5	mg
– Biotin	0,1	mg
– Folsäure	0,5	mg
– Inositol	7,5	mg
– Rutinsulfat-Na	15,0	mg
– Magnesium	60,0	mg
– Coffein	7,0	mg
– Kupfer	0,65	mg
– Mangan	0,90	mg
– Zink	2,70	mg
– Molybdän	0,05	mg
– Kalium	12,00	mg
– Calciumphosphat	30,00	mg

Extrakt Panax Ginseng (5 Prozent Ginsenoside) 150,0 mg

Verkaufsart

In Apotheken und Drogerien, ohne ärztliches Rezept.

Heumann Blasen- und Nierentee

Eigenschaften/Verwendungszweck

Was ist Heumann Tee und wann wird es angewendet?

Heumann Blasen- und Nierentee Solubitrat ist ein sofortlöslicher Arzneitee. Er enthält Pflanzenextrakte aus Birkenblättern, Orthosiphonblättern und Riesengoldrutenkraut sowie Fenchelöl als Aromaticum. Die in Heumann Blasen- und Nierentee Solubitrat enthaltenen Arzneipflanzenzubereitungen wirken harntreibend und leicht krampflösend.

Aufgrund dieser Ergenschaften wird Heumann Tee verwendet:

- zur Durchspülung der Harnwege bei Blasenreizung mit Harndrang und Harnbrennen;
- für Trinkkuren bei Nieren- und Blasensteinen.

Ergänzungen

Was sollte dazu beachtet werden?

Bei wiederkehrenden oder mehrere Tagen andauernden Beschwerden sowie bei Fieber ist ein Arzt zu konsultieren. Infektionen der Harnwege können ernsthafte Folgen haben.

Kontraindikationen

Wann darf Heumann Tee nicht angewendet werden?

Wenn Sie bereits an einer chronischen Nieren- oder Harnwegsinfektion leiden oder geschwollene Beine (Ödeme) haben, sollten Sie Heumann Tee nur mit dem ausdrücklichen Einverständnis des Arztes einnehmen.

Betula pendula

Vorsichtsmaßnahmen

Wann ist bei der Einnahme von Heumann Tee Vorsicht geboten?

Informieren Sie Ihren Arzt, Apotheker oder Drogist, wenn Sie:

- an Krankheiten leiden;
- Allergien haben;
- andere Medikamente (auch selbstgekaufte) einnehmen.

Schwangerschaft/Stillzeit

Darf Heumann Tee während einer Schwangerschaft oder in der Stillzeit eingenommen werden?

Zubereitungen mit Fenchelöl sollen in der Schwangerschaft und in der Stillzeit nicht angewendet werden.

Dosierung/Anwendung

Wie verwenden Sie Heumann Tee?

Wenn vom Arzt nicht anders verordnet:
Erwachsene, Kinder ab 6 Jahren: bis zu 5-mal täglich 1 Tasse Heumann Tee trinken.

Zubereitung: 1 Teelöffel Pulver (= 1,2 g) unter Umrühren mit heißem Wasser übergießen und nach Belieben süßen.

Es ist wichtig, dass viel Flüssigkeit (mindestens 1½ Liter pro Tag) getrunken wird.

Halten Sie sich an die in der Packungsbeilage angegebene Dosierung. Wenn Sie glauben, das Medikament wirke zu schwach oder zu stark, so sprechen Sie mit Ihrem Arzt, Apotheker oder Drogist.

Unerwünschte Wirkungen

Welche Nebenwirkungen kann Heumann Tee haben?

In Einzelfällen kann es zu Überempfindlichkeitsreaktionen (Hautjucken, Hautrötung) kommen. In diesem Fall Anwendung unterbrechen und einen Arzt befragen.

Allgemeine Hinweise

Was ist ferner zu beachten?

6 ml Pulver (= 1,2 g = 1 Teelöffel) enthalten ca. 1 g Kohlenhydrate, entsprechend 0,08 BE.

Arzneimittel sollten für Kinder unerreichbar aufbewahrt werden.

Das Medikament darf nur bis zu dem auf dem Behälter mit EXP bezeichneten Datum verwendet werden. Weitere Auskünfte erteilt Ihnen Ihr Arzt, Apotheker oder Drogist, der über die ausführliche Fachinformation verfügt.

Zusammensetzung

6 ml (= 1,2 g = 1 Teelöffel) enthalten:

- Trockenextrakt aus Birkenblättern 80 mg
- Trockenextrakt aus Orthosiphonblättern 40 mg
- Trockenextrakt aus Riesengoldrutenkraut 60 mg
- Aromastoffe
- Fenchelöl
- Maltodextrin
- Saccharin
- Vanillin
- Hilfsstoffe

Verkaufsart

In Apotheken und Drogerien, ohne ärztliches Rezept.

Heumann Bronchialtee

Eigenschaften/Verwendungszweck
Was ist Heumann Tee und wann wird es angewendet?

Heumann Bronchialtee Solubifix ist ein sofortlöslicher Arzneitee. Es enthält Pflanzenextrakte aus Eibischwurzel, Süßwurzel und Primelwurzel sowie Anis- und Thymianöl. Die in Heumann Bronchialtee Solubifix enthaltenen Arzneipflanzenzubereitungen wirken auswurffördernd und schleimlösend; Eibischwurzel wirkt reizlindernd.

Aufgrund dieser Eigenschaften wird Heumann Tee verwendet bei:

- Bronchitis
- Katarrhen der Atemwegen
- Reizhusten
- Heiserkeit

Ergänzungen
Was sollte dazu beachtet werden?

Bei wiederkehrenden oder mehrere Tagen andauernden Beschwerden (Husten) sowie bei Fieber ist ein Arzt zu konsultieren. Infektionen der Atemwege können ernsthafte Folgen haben.

Althaea officinalis

Kontraindikationen
Wann darf Heumann Tee nicht angewendet werden?

Heumann Tee soll nicht angewendet werden bei Überempfindlichkeit gegenüber einem Bestandteil. Ferner nicht bei Kleinkindern.

Vorsichtsmaßnahmen
Wann ist bei der Einnahme von Heumann Tee Vorsicht geboten?

Informieren Sie Ihren Arzt, Apotheker oder Drogist, wenn Sie:

- an Krankheiten leiden;
- Allergien haben;
- andere Medikamente (auch selbstgekaufte) einnehmen.

Schwangerschaft/Stillzeit
Darf Heumann Tee während einer Schwangerschaft oder in der Stillzeit eingenommen werden?

Zubereitungen aus Süßholzwurzel sollen in der Schwangerschaft nicht angewendet werden. In der Stillzeit kann Heumann Tee angewendet werden.

Dosierung/Anwendung
Wie verwenden Sie Heumann Tee?

Wenn vom Arzt nicht anders verordnet:

Erwachsene, Kinder ab 6 Jahren: Mehrmals bis zu 5-mal täglich Heumann Tee trinken.

Zubereitung: 1 Teelöffel Pulver (= 1,2 g) unter Umrühren mit heißem Wasser übergießen und nach Belieben süßen.

Es ist wichtig, dass viel Flüssigkeit (mindestens 1½ Liter pro Tag) getrunken wird.

Halten Sie sich an die in der Packungsbeilage angegebene Dosierung. Wenn Sie glauben, das Medikament wirke zu schwach oder zu stark, so sprechen Sie mit Ihrem Arzt, Apotheker oder Drogist.

Unerwünschte Wirkungen
Welche Nebenwirkungen kann Heumann Tee haben?

In Einzelfällen kann es zu Überempfindlichkeitsreaktionen (Hautjucken, Hautrötung) kommen. In diesem Fall Anwendung unterbrechen und einen Arzt befragen.

Thymus vulgaris

Allgemeine Hinweise
Was ist ferner zu beachten?

6 ml Pulver (= 1,2 g = 1 Teelöffel) enthalten ca. 1 g Kohlenhydrate, entsprechend 0,08 BE.

Arzneimittel sollten für Kinder unerreichbar aufbewahrt werden.

Das Medikament darf nur bis zu dem auf dem Behälter mit EXP bezeichneten Datum verwendet werden. Weitere Auskünfte erteilt Ihnen Ihr Arzt, Apotheker oder Drogist, der über die ausführliche Fachinformation verfügt.

Zusammensetzung
6 ml (= 1,2 g = 1 Teelöffel) enthalten an arzneilich wirksamen Bestandteilen:

– Trockenextrakt aus Eibischwurzel	65	mg
– Trockenextrakt aus Süßholzwurzel	120	mg
– Trockenextrakt aus Primelwurzel	10	mg
– Anisöl	3,6	mg
– Thymianöl	1,2	mg

Verkaufsart
In Apotheken und Drogerien, ohne ärztliches Rezept.

Hypericum Stada

Eigenschaften/Verwendungszweck

Was ist Hypericum Stada und wann wird es angewendet?

Hypericum Stada ist ein Frischpflanzenpräparat aus den frischen Triebspitzen von blühendem Johanniskraut (Hypericum perforatum), aus kontrolliert biologischem Anbau.

Das Präparat wird angewendet bei:

- gedrückter Stimmung
- Antriebsmangel
- Unausgeglichenheit
- Stimmungslabilität
- Spannungszuständen
- nervöser Unruhe
- Schlafstörungen

Ergänzungen

Was sollte dazu beachtet werden?

Bei Anhalten der Beschwerden über einen Monat sollte ärztliche Hilfe beansprucht werden.

Johanniskrautpräparate können die Wirkung zahlreicher anderer Medikamente beeinflussen. Wenn Sie schon andere, insbesondere rezeptpflichtige Medikamente einnehmen, dürfen Sie Hypericum Stada erst anwenden, nachdem Ihr Arzt oder Ihr Apotheker dies gutgeheißen hat.

Kontraindikationen

Wann darf Hypericum Stada nicht angewendet werden?

Bei Kindern und Jugendlichen nur auf ärztlichen Rat.

Vorsichtsmaßnahmen

Wann ist bei der Einnahme von Hypericum Stada Vorsicht geboten?

In sehr seltenen Fällen und vor allem bei hellhäutigen Personen kann es nach Einnahme von Johanniskrautpräparaten und nachfolgender Sonnenlichtbestrahlung zu Hautreaktionen kommen. Lichtempfindliche Personen sollten sich daher in der Zeit der Anwendung vor länger dauernder direkter Sonneneinstrahlung schützen und auf den Besuch von Solarien verzichten.

Wenn Sie Medikamente zur Hemmung der Blutgerinnung (orale Antikoagulantien, zum Beispiel mit den Wirkstoffen Acenocoumarol, Phenprocoumon oder Warfarin) oder Medikamente mit Ciclosporin zur Hemmung des Immunsystems (zum Beispiel nach Organtransplantationen, Autoimmunkrankheiten) einnehmen, kann deren Wirkung durch Hypericum Stada abgeschwächt werden. Dieses Medikament darf in dieser Situation nur nach Rücksprache mit dem Arzt und unter seiner Kontrolle eingenommen werden.

Besonders zu Beginn und nach Absetzen der Behandlung mit Hypericum Stada muss bei der Einnahme gerinnungshemmender Tabletten oder Ciclosporin eine engmaschige ärztliche Überwachung erfolgen.

Wenn Sie neben Hyperiforce noch andere, insbesondere vom Arzt verordnete Medikamente (zum Beispiel orale Kontrazeptiva) einnehmen, besprechen Sie dies bitte mit Ihrem Arzt.

Informieren Sie Ihren Arzt, Apotheker oder Drogist, wenn Sie an Krankheiten leiden, Allergien haben oder andere Medikamente (auch selbstgekaufte) einnehmen.

Schwangerschaft/Stillzeit

Darf Hypericum Stada während einer Schwangerschaft oder in der Stillzeit eingenommen werden?

Aufgrund der bisherigen Erfahrungen ist kein Risiko für das Kind bekannt. Systematische wissenschaftliche Untersuchungen wurden aber nie durchgeführt. Vorsichtshalber sollten Sie während der Schwangerschaft oder der Stillzeit auf Medikamente verzichten oder den Arzt um Rat fragen.

Dosierung/Anwendung

Wie verwenden Sie Hypericum Stada?

Wenn vom Arzt nicht anders verordnet:
Erwachsene: Zu Beginn der Behandlung 3-mal täglich 1 Tablette zu den Mahlzeiten mit etwas Flüssigkeit einnehmen. Das Präparat sollte während mindestens 14 Tagen eingenommen werden, bis es seine Wirkung entfaltet. Nach 2 Wochen 2-mal täglich 1 Tablette.

Es wird eine Therapiedauer von 6 Wochen empfohlen. Eine darüber hinausgehende Behandlung sollte mit dem Arzt besprochen werden.

Halten Sie sich an die in der Packungsbeilage angegebene oder vom Arzt verschriebene Dosierung. Wenn Sie glauben, das Medikament wirke zu schwach oder zu stark, so sprechen Sie mit Ihrem Arzt oder Apotheker.

Unerwünschte Wirkungen

Welche Nebenwirkungen kann Hypericum Stada haben?

In sehr seltenen Fällen und vor allem bei hellhäutigen Personen kann bei nachfolgender Sonnenbestrahlung des Körpers eine Lichtempfindlichkeit (sonnenbrandähnliche Hautrötung) eintreten. In diesem Fall ist das Präparat nicht mehr einzunehmen und ein Arzt zu konsultieren.

Allgemeine Hinweise

Was ist ferner zu beachten?

Arzneimittel sollten für Kinder unerreichbar aufbewahrt werden.

Das Medikament darf nur bis zu dem auf dem Behälter mit EXP bezeichneten Datum verwendet werden. Weitere Auskünfte erteilt Ihnen Ihr Arzt, Apotheker oder Drogist, der über die ausführliche Fachinformation verfügt.

Zusammensetzung

1 Tablette Hypericum Stada enthält: 50–70 mg Trockenextrakt aus frischen Triebspitzen des Johanniskrautes (Hypericum perforatum).

Verkaufsart

In Apotheken und Drogerien, ohne ärztliches Rezept.

Hyperiforce

Eigenschaften/Verwendungszweck
Was ist Hyperiforce und wann wird es angewendet?

Hyperiforce ist ein Frischpflanzenpräparat aus den frischen Triebspitzen von blühenden Johanniskraut (Hypericum perforatum), aus kontrolliert biologischem Anbau.
Das Präparat wird angewendet bei:
- gedrückter Stimmung
- Antriebsmangel
- Unausgeglichenheit
- Stimmungslabilität
- Spannungszuständen
- nervöser Unruhe
- Schlafstörungen

Ergänzungen
Was sollte dazu beachtet werden?

Bei Anhalten der Beschwerden über einen Monat sollte ärztliche Hilfe beansprucht werden.
Johanniskrautpräparate können die Wirkung zahlreicher anderer Medikamente beeinflussen. Wenn Sie schon andere, insbesondere rezeptpflichtige Medikamente einnehmen, dürfen Sie Hyperiforce erst anwenden, nachdem Ihr Arzt oder Ihr Apotheker dies gutgeheißen hat.

Kontraindikationen
Wann darf Hyperiforce nicht angewendet werden?

Bei Kindern und Jugendlichen nur auf ärztlichen Rat.

Vorsichtsmaßnahmen
Wann ist bei der Einnahme von Hyperiforce Vorsicht geboten?

In sehr seltenen Fällen und vor allem bei hellhäutigen Personen kann es nach Einnahme von Johanniskrautpräparaten und nachfolgender Sonnenlichtbestrahlung zu Hautreaktionen kommen. Lichtempfindliche Personen sollten sich daher in der Zeit der Anwendung von länger dauernder direkter Sonneneinstrahlung schützen und auf den Besuch von Solarien verzichten.

Wenn Sie Medikamente zur Hemmung der Blutgerinnung (orale Antikoagulantien, zum Beispiel mit den Wirkstoffen Acenocoumarol, Phenprocoumon oder Warfarin) oder Medikamente mit Ciclosporin zur Hemmung des Immunsystems (zum Beispiel nach Organtransplantationen, Autoimmunkrankheiten) einnehmen, kann deren Wirkung durch Hyperiforce abgeschwächt werden. Dieses Medikament darf in dieser Situation nur nach Rücksprache mit dem Arzt und unter seiner Kontrolle eingenommen werden. Besonders zu Beginn und nach Absetzen der Behandlung mit Hyperiforce muss bei der Einnahme gerinnungshemmender Tabletten oder Ciclosporin eine engmaschige ärztliche Überwachung erfolgen.
Wenn Sie neben Hyperiforce noch andere, insbesondere vom Arzt verordnete Medikamente (zum Beispiel orale Kontrazeptiva) einnehmen, besprechen Sie dies bitte mit Ihrem Arzt.
Informieren Sie Ihren Arzt, Apotheker oder Drogist, wenn Sie an Krankheiten leiden, Allergien haben oder andere Medikamente (auch selbstgekaufte) einnehmen.

Schwangerschaft/Stillzeit
Darf Hyperiforce während einer Schwangerschaft oder in der Stillzeit eingenommen werden?

Aufgrund der bisherigen Erfahrungen ist kein Risiko für das Kind bekannt. Systematische wissenschaftliche Untersuchungen wurden aber nie durchgeführt. Vorsichtshalber sollten Sie während der Schwangerschaft oder der Stillzeit auf Medikamente verzichten oder den Arzt um Rat fragen.

Dosierung/Anwendung
Wie verwenden Sie Hyperiforce?

Wenn vom Arzt nicht anders verordnet:
Erwachsene: Zu Beginn der Behandlung 3-mal täglich 1 Tablette zu den Mahlzeiten mit etwas Flüssigkeit einnehmen. Das Präparat sollte während mindestens 14 Tage eingenommen werden, bis es seine Wirkung entfaltet. Nach 2 Wochen 2-mal täglich 1 Tablette.
Es wird eine Therapiedauer von 6 Wochen empfohlen. Eine darüber hinausgehende Behandlung sollte mit dem Arzt besprochen werden.
Halten Sie sich an die in der Packungsbeilage angegebene oder vom Arzt verschriebene Dosierung. Wenn Sie glauben, das Medikament wirke zu schwach oder zu stark, so sprechen Sie mit Ihrem Arzt oder Apotheker.

Unerwünschte Wirkungen
Welche Nebenwirkungen kann Hyperiforce haben?

In sehr seltenen Fällen und vor allem bei hellhäutigen Personen kann bei nachfolgender Sonnenbestrahlung des Körpers eine Lichtempfindlichkeit (sonnenbrandähnliche Hautrötung) eintreten. In diesem Fall ist das Präparat nicht mehr einzunehmen und ein Arzt zu konsultieren.

Allgemeine Hinweise
Was ist ferner zu beachten?

Arzneimittel sollten für Kinder unerreichbar aufbewahrt werden.
Das Medikament darf nur bis zu dem auf dem Behälter mit EXP bezeichneten Datum verwendet werden. Weitere Auskünfte erteilt Ihnen Ihr Arzt, Apotheker oder Drogist, der über die ausführliche Fachinformation verfügt.

Zusammensetzung
1 Tablette Hyperiforce enthält: 40–75 mg Trockenextrakt aus frischen Triebspitzen des Johanniskrautes (Hypericum perforatum).

Verkaufsart
In Apotheken und Drogerien, ohne ärztliches Rezept.

Imuvit

Eigenschaften/Verwendungszweck
Was ist Imuvit und wann wird es angewendet?

Imuvit ist ein Aufbaumittel für Erwachsene mit Vitaminen, Mineralien, Spurenelementen und dem standardisierten Extrakt der Wurzel der ostasiatischen Heilpflanze Panax Ginseng.
Das Medikament wird verwendet bei:
- Erschöpfungszuständen
- Schwächezuständen
- Energiemangel
- Erkältung
- Grippe
- Infektionsanfälligkeit
- Gedächtnisschwäche
- Konzentrationsschwäche
- Merkschwäche

Ergänzungen
Was sollte dazu beachtet werden?

Der koreanische Ginsengextrakt enthält die Wirkstoffe der Ginsengwurzel (Panax Ginseng). Ginseng hat adaptogene Eigenschaften. Dies bedeutet, dass dadurch der Organismus befähigt wird, sich äußerlichen Belastungen besser anzupassen. Vitamine, Mineralstoffe und Spurenelemente haben im Organismus vielseitige Aufgaben. Sie sind wichtig für die normale Funktion der Organe, für den Stoffwechsel und dienen als Schutzfunktion.

Kontraindikationen
Wann darf Imuvit nicht angewendet werden?

Das Medikament darf nicht eingenommen werden bei bekannter Überempfindlichkeit auf einen der Inhaltsstoffe, bei gleichzeitiger Behandlung mit anderen Vitamin-A-haltigen Präparaten oder mit Retinoiden (zum Beispiel gegen Akne) oder wenn eine Überversorgung mit Vitamin A (= Hypervitaminose A) besteht.

Vorsichtsmaßnahmen
Wann ist bei der Einnahme von Imuvit Vorsicht geboten?

Nicht während längerer Zeit in einer höheren als der empfohlenen Dosierung einnehmen. Informieren Sie Ihren Arzt, Apotheker oder Drogist, wenn Sie an Krankheiten leiden, Allergien haben oder andere Medikamente (auch selbstgekaufte) einnehmen.

Schwangerschaft/Stillzeit
Darf Imuvit während einer Schwangerschaft oder in der Stillzeit eingenommen werden?

Die Kapseln enthalten unter anderem Vitamin A. Vitamin A kann in der Schwangerschaft in einer Menge, die dem täglichen, Bedarf entspricht, ohne Bedenken eingenommen werden. Dabei ist zu berücksichtigen, dass mit einer ausgewogenen Ernährung der Tagesbedarf an Vitamin A (enthalten zum Beispiel in Leber, Produkten, welche Leber enthalten, Milch und Milchprodukten, Margarine, Eiern, Speiseöl) schon gedeckt bzw. sogar überschritten wird (bei Verzehr von Leber oder eventuell leberhaltigen Erzeugnissen).
Es wurde jedoch festgestellt, dass das Risiko gewisser Missbildungen bei Neugeborenen mit der täglichen Einnahme von hohen Mengen an Vitamin A ansteigt.
Wenn Sie schwanger sind oder es werden könnten, dürfen Sie die Kapseln, nach Rücksprache mit Ihrem Arzt, in der vorgeschriebenen Dosierung einnehmen. Wenn Sie große Mengen Vitamin-A-haltiger Lebensmittel zu sich nehmen, sollten Sie auf die Einnahme der Kapseln verzichten. Dies gilt insbesondere, wenn Sie Leber essen.

Dosierung/Anwendung
Wie verwenden Sie Imuvit?

Wenn vom Arzt nicht anders verordnet:
1 Kapsel täglich, vorzugsweise morgens oder mittags zur Mahlzeit, mit etwas Flüssigkeit einnehmen.
Halten Sie sich an die in der Packungsbeilage angegebene Dosierung. Wenn Sie glauben, das Medikament wirke zu schwach oder zu stark, so sprechen Sie mit Ihrem Arzt, Apotheker oder Drogist.

Unerwünschte Wirkungen
Welche Nebenwirkungen kann Ginkgo haben?

Nebenwirkungen sind bei Einhalten der empfohlenen Dosierung bis heute keine bekannt. Gelegentlich kann es zu einer geringfügigen Gelbfärbung des Urins kommen, die auf den Gehalt von Vitamin B_2 zurückzuführen ist.

Allgemeine Hinweise
Was ist ferner zu beachten?

Arzneimittel sollten für Kinder unerreichbar aufbewahrt werden.
Das Medikament darf nur bis zu dem auf dem Behälter mit EXP bezeichneten Datum verwendet werden. Weitere Auskünfte erteilt Ihnen Ihr Arzt, Apotheker oder Drogist, der über die ausführliche Fachinformation verfügt.

Zusammensetzung

Pro Kapsel:

– Eisen	10,0	mg
– Vitamin A	5000	IE
– Vitamin B_1	0,8	mg
– Vitamin B_2	1,0	mg
– Vitamin B_6	1,0	mg
– Vitamin B_{12}	1,5	mg
– Nikotinamid	10,5	mg
– Vitamin C	45,0	mg
– Vitamin D3	200	IE
– Vitamin E	7,5	mg
– Panthenol	4,5	mg
– Biotin	20,0	mg
– Folsäure	200	mg
– Magnesium	50,0	mg
– Kupfer	1,20	mg
– Mangan	1,20	mg
– Chrom	7,50	mg
– Zink	7,50	mg
– Molybdän	7,50	mg
– Kalium	7,50	mg
– Selen	40,00	mg
– Calciumphosphat	30,00	mg

Extrakt Panax Ginseng (Ginsenoside) 80,0 mg

Verkaufsart

In Apotheken und Drogerien, ohne ärztliches Rezept.

Jarsin 300

Eigenschaften/Verwendungszweck

Was ist Jarsin 300 und wann wird es angewendet?

Jarsin 300 enthält einen auf Gesamthypercine standardisierten Trockenextrakt aus den zur Blütezeit geernten oberirdischen Teilen des Johanniskraut (Hypericum perforatum). Durch die Standardisierung des Extrakts wird die gleichbleibende Qualität dieses pflanzlichen Mittels garantiert.

Jarsin wird verwendet bei:

- gedruckter Stimmung
- Stimmungslabilität
- Antriebsmangel
- Unausgeglichenheit
- Spannungszuständen
- innerer Unruhe
- Reizbarkeit
- Ein- und Durchschlafstörungen

Ergänzungen

Was sollte dazu beachtet werden?

Johanniskrautpräparate können die Wirkung zahlreicher anderer Medikamente beeinflussen. Wenn Sie schon andere, insbesondere rezeptpflichtige Medikamente einnehmen, dürfen Sie Jarsin 300 erst anwenden, nachdem Ihr Arzt oder Ihr Apotheker dies gutgeheißen hat.

Kontraindikationen

Wann darf Jarsin 300 nicht angewendet werden?

In sehr seltenen Fällen und vor allem bei hellhäutigen Personen kann es nach Einnahme von Johanniskrautpräparaten und nachfolgender Sonnenlichtbestrahlung zu Hautreaktionen kommen. Lichtempfindliche Personen sollten sich daher in der Zeit der Anwendung vor länger dauernder direkter Sonneneinstrahlung schützen und auf den Besuch von Solarien verzichten.

Wenn Sie Medikamente zur Hemmung der Blutgerinnung (orale Antikoagulantien, zum Beispiel mit den Wirkstoffen Acenocoumarol, Phenprocoumon oder Warfarin) oder Medikamente mit Ciclosporin zur Hemmung des Immunsystems (zum Beispiel nach Organtransplantationen, Autoimmunkrankheiten) einnehmen, kann deren Wirkung durch Jarsin 300 abgeschwächt werden. Dieses Medikament darf in dieser Situation nur nach Rücksprache mit dem Arzt und unter seiner Kontrolle eingenommen werden. Besonders zu Beginn und nach Absetzen der Behandlung mit Jarsin 300 muß bei der Einnahme gerinnungshemmender Tabletten oder Ciclosporin eine engmaschige ärztliche Überwachung erfolgen.

Wenn Sie neben Jarsin 300 noch andere, insbesondere vom Arzt verordnete Medikamente (zum Beispiel orale Kontrazeptiva) einnehmen, besprechen Sie dies bitte mit Ihrem Arzt.

Informieren Sie Ihren Arzt, Apotheker oder Drogist, wenn Sie an Krankheiten leiden, Allergien haben oder andere Medikamente (auch selbstgekaufte) einnehmen.

Schwangerschaft/Stillzeit

Darf Jarsin 300 während einer Schwangerschaft oder in der Stillzeit eingenommen werden?

Aufgrund der bisherigen Erfahrungen ist kein Risiko für das Kind bekannt. Systematische wissenschaftliche Untersuchungen wurden aber nie durchgeführt. Vorsichtshalber sollten Sie während der Schwangerschaft oder der Stillzeit auf Medikamente verzichten oder den Arzt um Rat fragen.

Dosierung/Anwendung

Wie verwenden Sie Hyperiforce?

Wenn vom Arzt nicht anders verordnet:
Erwachsene: Zu Beginn der Behandlung 3-mal täglich 1 Dragée zu den Mahlzeiten mit etwas Flüssigkeit einnehmen. Das Präparat sollte während mindestens 14 Tagen eingenommen werden, bis es seine Wirkung entfaltet. Nach 2 Wochen 2-mal täglich 1 Dragée.

Es wird eine Therapiedauer von 6 Wochen empfohlen. Eine darüber hinausgehende Behandlung sollte mit dem Arzt besprochen werden.

Halten Sie sich an die in der Packungsbeilage angegebene oder vom Arzt verschriebene Dosierung. Wenn Sie glauben, das Medikament wirke zu schwach oder zu stark, so sprechen Sie mit Ihrem Arzt oder Apotheker.

Unerwünschte Wirkungen

Welche Nebenwirkungen kann Hyperiforce haben?

In sehr seltenen Fällen und vor allem bei hellhäutigen Personen kann bei nachfolgender Sonnenbestrahlung des Körpers eine Lichtempfindlichkeit (sonnenbrandähnliche Hautrötung) eintreten. In diesem Fall ist das Präparat nicht mehr einzunehmen und ein Arzt zu konsultieren.

Für Jarsin 300 sind bisher bei bestimmungsgemäßem Gebrauch gelegentlich Magen-Darm-störungen und Müdigkeit beobachtet worden.

Allgemeine Hinweise

Was ist ferner zu beachten?

Arzneimittel sollten für Kinder unerreichbar aufbewahrt werden.

Das Medikament darf nur bis zu dem auf dem Behälter mit EXP bezeichneten Datum verwendet werden. Weitere Auskünfte erteilt Ihnen Ihr Arzt, Apotheker oder Drogist, der über die ausführliche Fachinformation verfügt.

Zusammensetzung

1 Dragée Jarsin 300 enthält: 300 mg Trockenextrakt aus Johanniskraut (Hypericum perforatum), standardisiert auf 900 mg Gesamthypericin, sowie Hilfsstoffe.

Verkaufsart

In Apotheken und Drogerien, ohne ärztliches Rezept.

Kamillosan

Eigenschaften/Verwendungszweck

Was ist Kamillosan und wann wird es angewendet?

Die Kamille wurde schon im Altertum häufig verwendet und war schon damals wegen ihrer schmerzlindernden, krampflösenden, leicht desinfizierenden, wundheilenden und wundreinigenden Eigenschaften geschätzt.
Kamillosan liguidum enthält als wirksamkeitsbestimmende Kamillenbestandteile ätherisches Öl und Flavone in standardisierten Mengen. Kamillosan liquidum ist ein entzündungshemmendes, schmerzlinderndes, juckreizmilderndes, leicht desinfizierendes Mittel mit beruhigender und geruchsbeseitigender Eigenschaft.
Kamillosan liquidum kann somit angewendet werden:

- Äußerlich zur Mundspülung
  Bei Entzündungen der Mundhöhle, des Rachens, des Zahnfleisches, bei üblem Mundgeruch.
- Zum Inhalieren und Gesichtsdampfbad
  - Schnupfen
  - Entzündungen der Nasennebenhöhlen
  - Bronchitis

  Als unterstützende Maßnahme bei unreiner Haut, Pusteln, Mitessern.
- Für Umschläge, Waschungen, Teil- und Ganzbäder
  - Juckreiz
  - Hautentzündungen
  - zur Nachbehandlung offener Abszesse
  - Furunkeln
  - infizierter Wunden
  - bei Verletzungen ersten Grades
- Als Sitzbad
  Zur Linderung der Beschwerden bei:
  - Hämorrhoiden
  - Juckreiz bei Ekzemen
  - Entzündungen im Bereich des Darmausgangs
- Für Spülungen
  Bei entzündlichen Erkrankungen der weiblichen Geschlechtsorgane.
- Als Pinselungen
  Bei Entzündungen:
  - des Zahnfleisches
  - der Mundschleimhaut
  - Paradontose
  - Zahnfleischbluten

Kontraindikationen

Wann darf Kamillosan nicht angewendet werden?

Bei bekannter Überempfindlichkeit gegen Kamille oder Korbblütler darf Kamillosan liquidum nicht angewendet werden. Insbesondere wenn Sie an Asthma leiden, dürfen Sie Kamillosan liquidum deshalb nur nach Rücksprache mit Ihrem Arzt zur Inhalation anwenden. Außerdem darf Kamillosan liquidum nicht für Einläufe (Darmspülung) verwendet werden.
Kamillosan liquidum enthält 43 Volumenprozent Alkohol. Im Bereich der Augen darf es nicht angewendet werden, ebenso ist bei Kleinkindern von Inhalationen und Gesichtsdampfbädern abzusehen.

Vorsichtsmaßnahmen

Wann ist bei der Einnahme von Kamillosan Vorsicht geboten?

Die inhalative Anwendung sollte ausschließlich mittels Wasserdampfinhalationen erfolgen.
Informieren Sie Ihren Arzt, Apotheker oder Drogist, wenn Sie an Krankheiten leiden, Allergien haben oder andere Medikamente (auch selbstgekaufte) einnehmen.

Schwangerschaft/Stillzeit

Darf Kamillosan während einer Schwangerschaft oder in der Stillzeit eingenommen werden?

Während der Schwangerschaft und in der Stillzeit darf Kamillosan ohne Befragung Ihres Arztes angewendet werden.

Matricaria recutita

Dosierung/Anwendung

Wie verwenden Sie Kamillosan?

Wenn vom Arzt nicht anders verordnet:

- 1 Esslöffel (15 ml) Kamillosan liquidum wird mit 1 Liter warmem Wasser verdünnt für (1- bis 2-mal täglich):
  - Gesichtsdampfbäder
  - Umschläge
  - Waschungen
  - Teilbäder
  - Sitzbäder
  - Spülungen
- Für Säuglingsbäder: 1 Esslöffel (15 ml) auf 10 Liter Wasser 1-mal täglich.
- 1 Esslöffel auf ½ Liter heißes Wasser für eine Inhalation (1- bis 3-mal täglich).
- ½ Kaffeelöffel auf 1 Glas warmes Wasser: für Mundspülungen und zum Gurgeln (3-mal oder mehrmals täglich je nach Bedarf).

Halten Sie sich an die in der Packungsbeilage angegebene Dosierung. Wenn Sie glauben, das Medikament wirke zu schwach oder zu stark, so sprechen Sie mit Ihrem Arzt, Apotheker oder Drogist.

Unerwünschte Wirkungen

Welche Nebenwirkungen kann Kamillosan haben?

Selten werden Kontaktallergien beobachtet (Hautreizungen). Bei Patienten mit bekannter Sensibilisierung gegen Pflanzen aus der Familie der Kompositen (Korbblütler), zum Beispiel Beifuß, Schafgarbe, Chrysantheme, Margerite, kann in Einzelfällen durch eine Kreuzreaktion auch gegen Kamille eine Überempfindlichkeitsreaktion auftreten.

Es wurde über Hautreaktionen berichtet und insbesondere bei nicht sachgemäßer Anwendung über Atemnot, Gesichtsschwellung und Blutdruckabfall. In diesem Fall ist das Präparat abzusetzen und gegebenenfalls ein Arzt aufzusuchen.

Allgemeine Hinweise

Was ist ferner zu beachten?

Da Kamillosan liquidum 43 Volumenprozent Alkohol enthält, ist auf die richtige Verdünnung zu achten, um Reizzustände zu vermeiden.

Arzneimittel sollten für Kinder unerreichbar aufbewahrt werden.

Das Medikament darf nur bis zu dem auf dem Behälter mit EXP bezeichneten Datum verwendet werden. Weitere Auskünfte erteilt Ihnen Ihr Arzt, Apotheker oder Drogist, der über die ausführliche Fachinformation verfügt.

Zusammensetzung

1 g Kamillosan enthält 0,5–1,0 mg Kamillenöl entsprechend 50–250 mg Levomenol und 1,5–3,0 mg Apigenin-7-glucosid sowie weitere Hilfsstoffe.

Verkaufsart

In Apotheken und Drogerien, ohne ärztliches Rezept.

Kneipp Arnika Salbe S

Eigenschaften/Verwendungszweck
Was ist Kneipp Arnika Salbe S und wann wird es angewendet?

Kneipp Arnika Salbe S ist eine Salbe, die äußerlich verwendet wird bei:
- Blutergüssen
- Verstauchungen
- Prellungen
- Quetschungen
- Wasseransammlungen im Gewebe infolge von Knochenbrüchen
- rheumatischen Muskelbeschwerden
- rheumatischen Gelenkbeschwerden
- müden, schweren, schmerzenden Beinen
- Insektenstichen

Auf Anraten des Arztes ferner bei:
- lokalen Durchblutungsstörungen
- peripheren Durchblutungsstörungen
- Schwellungen
- Stauungen
- Entzündungen der oberflächlichen Venen
- Furunkeln

Ergänzungen
Was sollte dazu beachtet werden?

In folgenden Situationen sollten Sie den Arzt aufsuchen:
- Rheumatische Muskel- und Gelenkbeschwerden
  Bei neu auftretenden Gelenkbeschwerden, insbesondere wenn gleichzeitig Schwellung, Rötung, Überwärmung oder Fieber vorliegen, sowie bei anhaltenden Beschwerden.
- Entzündungen als Folge von Insektenstichen
  Wenn unter der Behandlung die Entzündungszeichen, wie Schmerzen, Rötung und Schwellung, zunehmen, ein roter Streigen auf der Haut in der Umgebung des Stiches (Lymphangitis) oder Fieber auftritt. Bei rasch zunehmenden Beschwerden oder bei Beschwerden wie zum Beispiel Hautausschlag, Juckreiz, Luftnot und Kreislaufbeschwerden (allergische Reaktion) ist sofortige ärztliche Hilfe notwendig.

Kontraindikationen
Wann darf Kneipp Arnika Salbe S nicht angewendet werden?

Arnika-Allergie: Nicht anwenden bei bekannter Überempfindlichkeit gegenüber Arnika und anderen Korbblütlern. Nicht anwenden bei Überempfindlichkeit gegen Bestandteile der Salbengrundlage.

Nicht im Bereich der Augen auftragen; der Kontakt der Salbe mit Augen und Schleimhäuten sowie offenen Wunden sollte vermieden werden.

Vorsichtsmaßnahmen
Wann ist bei der Verwendung von Kneipp Arnika Salbe S Vorsicht geboten?

Nicht anwenden bei Kleinkindern.

Informieren Sie Ihren Arzt, Apotheker oder Drogist, wenn Sie an Krankheiten leiden, Allergien haben oder andere Medikamente (auch selbstgekaufte) einnehmen.

Schwangerschaft/Stillzeit
Darf Kneipp Arnika Salbe S während einer Schwangerschaft oder in der Stillzeit verwendet werden?

Vorsichtshalber sollten Sie während der Schwangerschaft und in der Stillzeit möglichst auf Medikamente verzichten oder den Arzt um Rat fragen.

Dosierung/Anwendung
Wie verwenden Sie Kneipp Arnika Salbe S?

Erwachsene, Kinder ab 6 Jahre: Soweit nicht anders verordnet, bei Bedarf Kneipp Arnika Salbe S mehrmals täglich in dünner Schicht mit leichter Streichmassage auf die Haut auftragen. Beim Auftragen kann sich zunächst ein weißer Film bilden, der bei weiterem Einreiben verschwindet.

Halten Sie sich an die in der Packungsbeilage angegebene Dosierung. Wenn Sie glauben, das Medikament wirke zu schwach oder zu stark, so sprechen Sie mit Ihrem Arzt, Apotheker oder Drogist. Bei versehentlichem Einbringen der Salbe ins Auge kann diese problemlos mit Wasser ausgespült werden.

Unerwünschte Wirkungen
Welche Nebenwirkungen kann Kneipp Arnika Salbe S haben?

Er können selten Hautreaktionen auftreten. Bei juckenden oder entzündlichen Hautveränderungen sollte der Arzt befragt werden.

Allgemeine Hinweise
Was ist ferner zu beachten?

Arzneimittel sollten für Kinder unerreichbar aufbewahrt werden.

Das Medikament darf nur bis zu dem auf dem Behälter mit EXP bezeichneten Datum verwendet werden. Weitere Auskünfte erteilt Ihnen Ihr Arzt, Apotheker oder Drogist, der über die ausführliche Fachinformation verfügt.

Zusammensetzung
1 g Kneipp Arnika Salbe S enthält:
- Öliger Auszug aus Arnikablüten (1:3,5–4,5) 100 mg
- Auszugsmittel: Sonnenblumenöl

Dieses Präparat enthält zusätzlich Hilfsstoffe wie das Konservierungsmittel Benzylalkohol.

Verkaufsart
In Apotheken und Drogerien, ohne ärztliches Rezept.

Arnica montana

Kneipp Wörisetten S

Eigenschaften/Verwendungszweck
Was sind Kneipp Wörisetten S und wann werden sie angewendet?
Kneipp Wörisetten S enthalten als Wirkstoff einen Trockenextrakt aus Sennesfrüchten mit einem standardisierten Sennosoidgehalt. Das Medikament wird bei gelegentlicher Verstopfung angewendet.

Ergänzungen
Was sollte dazu beachtet werden?
Um öfters wiederkehrende Verstopfung zu vermeiden, sollte auf eine ausgewogene Ernährung mit genügend Ballaststoffen (Gemüse und Früchten) und ausreichend Flüssigkeit sowie auf körperliche Bewegung geachtet werden. Eine sitzende Tätigkeit kann die Neigung zu Verstopfung verstärken. Bei andauernder Verstopfung, die länger als eine Woche dauert, empfiehlt es sich, einen Arzt aufzusuchen und die Ursachen dafür abzuklären zu lassen

Kontraindikationen
Wann dürfen Kneipp Wörisetten S nicht angewendet werden?
Kneipp Wörisetten S dürfen nicht angewendet werden, wenn Sie gegenüber einem der Inhaltsstoffe überempfindlich sind. Kneipp Wörisetten S dürfen bei Magen-Darm-Krankheiten nicht sowie bei Kindern unter 12 Jahren nur nach ärztlicher Verordnung angewendet werden.

Vorsichtsmaßnahmen
Wann ist bei der Einnahme von Kneipp Wörisetten S Vorsicht geboten?
Abführmittel sollen wegen einer möglichen Gewöhnung nur gelegentlich und nicht länger als ein bis zwei Wochen eingenommen werden. Bei länger dauernder Anwendung mit höheren als den empfohlenen Dosen können Durchfälle mit Wasserverlust und Störungen des Salzhaushaltes auftreten.
Informieren Sie Ihren Arzt, Apotheker oder Drogist, wenn Sie an Krankheiten leiden, Allergien haben oder andere Medikamente (auch selbstgekaufte) einnehmen.

Schwangerschaft/Stillzeit
Dürfen Kneipp Wörisetten S während einer Schwangerschaft oder in der Stillzeit eingenommen werden?
Während der Schwangerschaft und in der Stillzeit dürfen Kneipp Wörisetten S nicht eingenommen werden.

Dosierung/Anwendung
Wie verwenden Sie Kneipp Wörisetten S?
Wenn vom Arzt nicht anders verordnet: Erwachsene und Jugendliche ab 12 Jahren nehmen abends vor dem Schlafengehen 1–3 Dragées unzerkaut mit etwas Flüssigkeit ein. Die erwünschte Wirkung tritt dann nach acht bis zwölf Stunden ein.
Halten Sie sich an die in der Packungsbeilage angegebene Dosierung. Wenn Sie glauben, das Medikament wirke zu schwach oder zu stark, so sprechen Sie mit Ihrem Arzt, Apotheker oder Drogist.

Unerwünschte Wirkungen
Welche Nebenwirkungen können Kneipp Wörisetten S haben?
Gelegentlich können Darmkrämpfe und Blähungen auftreten. Insbesondere bei höherer Dosierung und längerer Anwendung können auftreten:
- Bauchkrämpfe
- Durchfall
- Reizungen der Darmschleimhaut
- Störungen des Flüssigkeitshaushaltes
- Störungen des Salzhaushaltes

Allgemeine Hinweise
Was ist ferner zu beachten?
Arzneimittel sollten für Kinder unerreichbar aufbewahrt werden.
Das Medikament darf nur bis zu dem auf dem Behälter mit EXP bezeichneten Datum verwendet werden. Weitere Auskünfte erteilt Ihnen Ihr Arzt, Apotheker oder Drogist, der über die ausführliche Fachinformation verfügt.

Zusammensetzung
1 Dragée Kneipp Wörisetten S enthält 100–170 mg Trockenextrakt aus Tinnevelly-Sennesfrüchten entsprechend 10 mg Hydroxyanthracen-Glykoside berechnet als Sennosid B sowie Hilfsstoffe.

Verkaufsart
In Apotheken und Drogerien, ohne ärztliches Rezept.

Senna alexandrina

Kwai

Eigenschaften/Verwendungszweck
Was ist Kwai und wann wird es angewendet?

Kwai ist ein Dragée, das getrockneten Knoblauch in Form von Knoblauchpulver enthält. Die gesundheitsfördernde Wirkung des Knoblauches ist von altersher bekannt. Kwai Dragées können angewendet werden bei:
- Beschwerden infolge von Arteriosklerose
- Konzentrationsschwäche
- Vergesslichkeit

Ergänzungen
Was sollte dazu beachtet werden?

Wenn Sie an Arteriosklerose leiden, sollten Sie fett- und cholesterinarme Kost zu sich nehmen. Überprüfen Sie Ihre derzeitige Ernährungsweise und passen Sie diese gegebenfalls an.

Vorsichtsmaßnahmen
Wann ist bei der Einnahme von Kwai Vorsicht geboten?

Knoblauch-Präparate sollten nicht eigenmächtig verwendet werden, wenn der Arzt andere Medikamente für die beschriebenen Beschwerden verordnete. Informieren Sie Ihren Arzt, Apotheker oder Drogist, wenn Sie:
- an Krankheiten leiden;
- Allergien haben;
- andere Medikamente (auch selbstgekaufte) einnehmen.

Schwangerschaft/Stillzeit
Darf Kwai während einer Schwangerschaft oder in der Stillzeit eingenommen werden?

Während der Schwangerschaft und in der Stillzeit darf Kwai nur nach Befragung Ihres Arztes eingenommen werden.

Dosierung/Anwendung
Wie verwenden Sie Kwai?

Wenn vom Arzt nicht anders verordnet: Erwachsene nehmen 3-mal täglich 2 Dragées unzerkaut mit etwas Flüssigkeit zu den Mahlzeiten ein. Die Einnahme während längerer Zeit (2–3 Monate) ist empfehlenswert, sollte jedoch mit dem Arzt besprochen werden.
Halten Sie sich an die in der Packungsbeilage angegebene Dosierung. Wenn Sie glauben, das Medikament wirke zu schwach oder zu stark, so sprechen Sie mit Ihrem Arzt, Apotheker oder Drogist.

Unerwünschte Wirkungen
Welche Nebenwirkungen kann Kwai haben?

Gelegentliche Magenbeschwerden oder allergische Hautreaktionen (Jucken, Rötung).

Allgemeine Hinweise
Was ist ferner zu beachten?

Arzneimittel sollten für Kinder unerreichbar aufbewahrt werden.
Das Medikament darf nur bis zu dem auf dem Behälter mit EXP bezeichneten Datum verwendet werden. Weitere Auskünfte erteilt Ihnen Ihr Arzt, Apotheker oder Drogist, der über die ausführliche Fachinformation verfügt.

Zusammensetzung
1 Dragée Kwai enthält: 100 mg Knoblauchpulver sowie Hilfsstoffe.

Verkaufsart
In Apotheken und Drogerien, ohne ärztliches Rezept.

Allium sativum

Kytta Gel

Eigenschaften/Verwendungszweck
Was ist Kytta Gel und wann wird es angewendet?

Kytta Gel ist ein schmerzlinderndes Gel, das Entzündungen hemmt und den Heilungsprozess fördert. Die Durchblutung soll im Bereich der behandelten Stellen verbessert werden und somit auch die Sauerstoffversorgung im Gewebe.

Kytta Gel wird verwendet bei:
- stumpfen Sportverletzungen
- stumpfen Arbeitsverletzungen
- stumpfen Unfallverletzungen
- Prellungen
- Verstauchungen
- Zerrungen
- Muskelkater

Ergänzungen
Was sollte dazu beachtet werden?

Kytta Gel ist fettfrei und hinterlässt keine Flecken auf Kleidern.

Kontraindikationen
Wann darf Kytta Gel nicht angewendet werden?

Nicht auf offenen Wunden verwenden. Ferner nicht bei bekannter Überempfindlichkeit auf einen der Wirkstoffe. Nicht bei Kleinkindern verwenden.

Vorsichtsmaßnahmen
Wann ist bei der Verwendung von Kytta Gel Vorsicht geboten?

Bei bestimmungsgemäßer Anwendung ist keine besondere Vorsicht geboten. Informieren Sie trotzdem Ihren Arzt, Apotheker oder Drogist, wenn Sie:
- an Krankheiten leiden;
- Allergien haben;
- andere Medikamente (auch selbstgekaufte) einnehmen.

Schwangerschaft/Stillzeit
Darf Kytta Gel während einer Schwangerschaft oder in der Stillzeit verwendet werden?

Während der Schwangerschaft und in der Stillzeit darf Kytta Gel ohne Befragung Ihres Arztes verwendet werden.

Hypericum perforatum

Dosierung/Anwendung
Wie verwenden Sie Kytta Gel?

Wenn vom Arzt nicht anders verordnet: Je nach Größe der betroffenen Stellen ein 2–5 cm langes Stück Kytta Gel bis 5-mal täglich auf die betroffenen Stellen einreiben und trocknen lassen.

Halten Sie sich an die in der Packungsbeilage angegebene Dosierung. Wenn Sie glauben, das Medikament wirke zu schwach oder zu stark, so sprechen Sie mit Ihrem Arzt, Apotheker oder Drogist.

Unerwünschte Wirkungen
Welche Nebenwirkungen kann Kytta Gel haben?

Selten allergische Hautreaktionen (Hautrötung, Hautjucken). In diesem Fall Behandlung abbrechen.

Allgemeine Hinweise
Was ist ferner zu beachten?

Arzneimittel sollten für Kinder unerreichbar aufbewahrt werden.

Das Medikament darf nur bis zu dem auf dem Behälter mit EXP bezeichneten Datum verwendet werden. Weitere Auskünfte erteilt Ihnen Ihr Arzt, Apotheker oder Drogist, der über die ausführliche Fachinformation verfügt.

Zusammensetzung
1 g Kytta Gel enthält Urtinkturen aus:

– Wallwurz	350 mg
– Johanniskraut	50 mg
– Ringelblume	50 mg
– Pfefferminz	25 mg
– Purpurroter Sonnenhut	25 mg

Verkaufsart
In Apotheken und Drogerien, ohne ärztliches Rezept.

Linoforce

Eigenschaften/Verwendungszweck
Was ist Linoforce und wann wird es angewendet?
Linoforce ist ein pflanzliches Abführmittel zur kurzzeitigen Anwendung bei gelegentlicher Verstopfung (zum Beispiel bei Kostumstellung, Ortswechsel oder Bettruhe), wobei Leinsamen durch ihre Quellwirkung sowie Sennesblätter und Faulbaumrinde den Dickdarm anregen.

Ergänzungen
Was sollte dazu beachtet werden?
Wenn Sie an Verstopfung leiden, sollten Sie ballaststoffreiche Nahrung (Gemüse, Früchte, Vollkornbrot) sowie viel und regelmäßig Flüssigkeit zu sich nehmen und auf körperliche Betätigung (Sport) achten.

Kontraindikationen
Wann darf Linoforce nicht angewendet werden?
Bei Erkrankungen des Magen-Darm-Traktes darf Linoforce nicht eingenommen werden. Bei einer Überempfindlichkeit auf einen der Inhaltsstoffe (Vanillin) darf Linoforce nicht angewendet werden.

Vorsichtsmaßnahmen
Wann ist bei der Einnahme von Linoforce Vorsicht geboten?
Abführmittel dürfen, wegen einer möglichen Gewöhnung, nur gelegentlich und nicht länger als 1–2 Wochen eingenommen werden. Langzeitbehandlungen gehören unter ärztliche Kontrolle.
Bei hohen Dosen, längerem oder häufigem Gebrauch können Durchfälle mit Wasserverlust und Störungen des Mineralstoffhaushaltes (ua. Kaliumverlust) auftreten sowie die Darmschleimhaut geschädigt werden.
Informieren Sie Ihren Arzt, Apotheker oder Drogist, wenn Sie an Krankheiten leiden, Allergien haben oder andere Medikamente (auch selbstgekaufte) einnehmen.

Schwangerschaft/Stillzeit
Darf Linoforce während einer Schwangerschaft oder in der Stillzeit eingenommen werden?
Während der Schwangerschaft und in der Stillzeit darf Linoforce nur nach Befragung Ihres Arztes eingenommen werden.

Dosierung/Anwendung
Wie verwenden Sie Linoforce?
Wenn vom Arzt nicht anders verordnet:
- Erwachsene und Jugendliche ab 12 Jahren: ½–1 Messlöffel (= 4,8 g) mit viel Flüssigkeit (1 Glas Wasser oder Fruchtsaft) morgens oder abends einnehmen (Wirkungseintritt nach ca. 8 Stunden).
- Für Kinder unter 12 Jahren nur auf ärztliche Verordnung verwenden.

Halten Sie sich an die in der Packungsbeilage angegebene Dosierung. Wenn Sie glauben, das Medikament wirke zu schwach oder zu stark, so sprechen Sie mit Ihrem Arzt, Apotheker oder Drogist.

Frangula alnus

Unerwünschte Wirkungen
Welche Nebenwirkungen kann Linoforce haben?
In seltenen Fällen können Blähungen und Durchfall auftreten.

Allgemeine Hinweise
Was ist ferner zu beachten?
Bei der Einnahme von Linoforce muss unbedingt auf eine genügende Flüssigkeitseinnahme geachtet werden (mindestens 1 Glas Wasser oder Fruchtsaft).
Arzneimittel sollten für Kinder unerreichbar aufbewahrt werden.
Das Medikament darf nur bis zu dem auf dem Behälter mit EXP bezeichneten Datum verwendet werden. Weitere Auskünfte erteilt Ihnen Ihr Arzt, Apotheker oder Drogist, der über die ausführliche Fachinformation verfügt.

Zusammensetzung
1 Messlöffel Linoforce enthält:
- ganze Leinsamen 2,05 g
- Sennesblätter 0,61 g
- Faulbaumrinde 0,05 g
- Zucker (Saccharum) 0,60 g
- Vanillin
- Hilfsstoffe

Verkaufsart
In Apotheken und Drogerien, ohne ärztliches Rezept.

Mucilar

Eigenschaften/Verwendungszweck
Was ist Mucilar und wann wird es angewendet?

Mucilar enthält ein natürliches, stuhlregulierendes Quellmittel in Form von quellfähigen Schalen bestimmter Wegerichsamen (Psyllium). Mit Wasser zusammen quillt es auf das Vierzigfache seines ursprünglichen Volumens und fördert dadurch die Darmtätigkeit. Vor dem Essen eingenommen, füllt es den Magen und hemmt den Appetit.
Mucilar wird eingenommen bei:
- Unregelmäßigkeiten der Darmtätigkeit
- Verstopfung
- Begleittherapie bei Hämorrhoiden
- Reizdarm
- Divertikelkrankheit
- Übergewicht

Ergänzungen
Was sollte dazu beachtet werden?

Wenn Sie an Verstopfung leiden, sollten Sie ballaststoffreiche Nahrung (Gemüse, Früchte, Vollkornbrot) sowie viel und regelmäßig Flüssigkeit einnehmen und auf körperliche Betätigung (Sport) achten.

Kontraindikationen
Wann darf Mucilar nicht angewendet werden?

Bei Erkrankungen des Magen-Darm-Traktes wie Darmeinengung, Darmverschluss und entzündlichen Darmerkrankungen.
Bei bekannnter Überempfindlichkeit auf einen der Inhaltsstoffe.

Vorsichtsmaßnahmen
Wann ist bei der Einnahme von Mucilar Vorsicht geboten?

Informieren Sie Ihren Arzt, Apotheker oder Drogist, wenn Sie:
- an Krankheiten leiden;
- Allergien haben;
- andere Medikamente (auch selbstgekaufte) einnehmen.

Schwangerschaft/Stillzeit
Darf Mucilar während einer Schwangerschaft oder in der Stillzeit eingenommen werden?

Während der Schwangerschaft und in der Stillzeit darf Mucilar nur nach Befragung Ihres Arztes eingenommen werden.

Dosierung/Anwendung
Wie verwenden Sie Mucilar?

Wenn vom Arzt nicht anders verordnet:
- Erwachsene und Jugendliche: 2-mal täglich, 1–2 gestrichene Esslöffel.
- Kinder ab 6 Jahren: 2-mal täglich 1–2 Kaffeelöffel.
- Falls eine Appetithemmung erwünscht ist, Mucilar ½ Stunde vor dem Essen einnehmen.

Mucilar im Getränk Ihrer Wahl (Fruchtsaft, Milch, Wasser) anrühren und sofort trinken. Anschließend mindestens 2 dl Flüssigkeit nachtrinken.
Halten Sie sich an die in der Packungsbeilage angegebene Dosierung. Wenn Sie glauben, das Medikament wirke zu

Plantago lanceolata

schwach oder zu stark, so sprechen Sie mit Ihrem Arzt, Apotheker oder Drogist.

Unerwünschte Wirkungen
Welche Nebenwirkungen kann Mucilar haben?

Blähungen, Völlegefühl und gelegentliche Bauchkrämpfe sind während der ersten Tage möglich. Selten sind allergische Reaktionen (Hautausschläge). In diesem Fall ist ein Arzt zu konsultieren.

Allgemeine Hinweise
Was ist ferner zu beachten?

Arzneimittel sollten für Kinder unerreichbar aufbewahrt werden.
Das Medikament darf nur bis zu dem auf dem Behälter mit EXP bezeichneten Datum verwendet werden. Weitere Auskünfte erteilt Ihnen Ihr Arzt, Apotheker oder Drogist, der über die ausführliche Fachinformation verfügt.

Zusammensetzung
Psyllium-Samenhüllen 4,5 g, Traubenzucker 4,5 g, Aromastoffe, Hilfsstoffe pro 1 gestrichener Esslöffel (= ca 9 g).

Verkaufsart
In Apotheken und Drogerien, ohne ärztliches Rezept.

Mucilar Avena

Eigenschaften/Verwendungszweck
Was ist Mucilar Avena und wann wird es angewendet?

Mucilar Avena enthält ein natürliches, stuhlregulierendes Quellmittel in Form von quellfähigen Schalen bestimmter Wegerichsamen (Psyllium) und Haferkleiepulver als natürlichen Ballaststoff. Mit Wasser zusammen quillt es auf das Vierzigfache seines ursprünglichen Volumens und fördert dadurch die Darmtätigkeit. Vor dem Essen eingenommen, füllt es den Magen und hemmt den Appetit.

Mucilar Avena wird eingenommen bei:

- Unregelmäßigkeiten der Darmtätigkeit
- Verstopfung
- Begleittherapie bei Hämorrhoiden
- Reizdarm
- Divertikelkrankheit
- Übergewicht

Ergänzungen
Was sollte dazu beachtet werden?

Wenn Sie an Verstopfung leiden, sollten Sie ballaststoffreiche Nahrung (Gemüse, Früchte, Vollkornbrot) sowie viel und regelmäßig Flüssigkeit einnehmen und auf körperliche Betätigung (Sport) achten.

Kontraindikationen
Wann darf Mucilar Avena nicht angewendet werden?

Bei Erkrankungen des Magen-Darm-Traktes wie Darmeinengung, Darmverschluss und entzündlichen Darmerkrankungen.

Bei bekannnter Überempfindlichkeit auf einen der Inhaltsstoffe.

Vorsichtsmaßnahmen
Wann ist bei der Einnahme von Mucilar Avena Vorsicht geboten?

Informieren Sie Ihren Arzt, Apotheker oder Drogist, wenn Sie:

- an Krankheiten leiden;
- Allergien haben;
- andere Medikamente (auch selbstgekaufte) einnehmen.

Schwangerschaft/Stillzeit
Darf Mucilar Avena während einer Schwangerschaft oder in der Stillzeit eingenommen werden?

Während der Schwangerschaft und in der Stillzeit darf Mucilar Avena nur nach Befragung Ihres Arztes eingenommen werden.

Dosierung/Anwendung
Wie verwenden Sie Mucilar Avena?

Wenn vom Arzt nicht anders verordnet:

- Erwachsene und Jugendliche: 2- bis 3-mal täglich, 1–2 gehäufte Kaffeelöffel.
- Kinder ab 6 Jahren: 2-mal täglich 1 gehäufter Kaffeelöffel.
- Falls eine Appetithemmung erwünscht ist, Mucilar Avena ½ Stunde vor dem Essen einnehmen.

Mucilar Avena im Getränk Ihrer Wahl (Fruchtsaft, Milch, Wasser) anrühren und sofort trinken. Anschließend mindestens 2 dl Flüssigkeit nachtrinken. Halten Sie sich an die in der Packungsbeilage angegebene Dosierung. Wenn Sie glauben, das Medikament wirke zu schwach oder zu stark, so sprechen Sie mit Ihrem Arzt, Apotheker oder Drogist.

Unerwünschte Wirkungen
Welche Nebenwirkungen kann Mucilar Avena haben?

Blähungen, Völlegefühl und gelegentliche Bauchkrämpfe sind während der ersten Tage möglich. Selten sind allergische Reaktionen (Hautausschläge). In diesem Fall ist ein Arzt zu konsultieren.

Allgemeine Hinweise
Was ist ferner zu beachten?

Arzneimittel sollten für Kinder unerreichbar aufbewahrt werden.

Das Medikament darf nur bis zu dem auf dem Behälter mit EXP bezeichneten Datum verwendet werden. Weitere Auskünfte erteilt Ihnen Ihr Arzt, Apotheker oder Drogist, der über die ausführliche Fachinformation verfügt.

Zusammensetzung

6 g Pulver (= 1 gehäufter Kaffeelöffel) enthalten:

- ca 3,3 g Psyllium-Samenhüllen
- ca. 2,5 g Haferklee
- Aromastoffe
- Süßstoffe
- Hilfsstoffe

Verkaufsart

In Apotheken und Drogerien, ohne ärztliches Rezept.

Plantago lanceolata

Normacol

Eigenschaften/Verwendungszweck

Was ist Normacol und wann wird es angewendet?

Normacol ist ein Abführmittel auf Basis von Sterculia, einem unverdaulichen pflanzlichen Ballaststoff, welcher, bereits in kleiner Menge eingenommen, einen großen Quelleffekt entfaltet. Dadurch nimmt das Stuhlvolumen zu, und der Stuhl bleibt weicher. Durch diesen Fülleffekt werden die Darmbewegungen angeregt und die Verweildauer im Darm verkürzt. Der Zusatz von Faulbaumrindenextrakt (Frangulaextrakt) wirkt abführend (Wirkungseintritt nach ca. 8 Stunden).
Normacol mit Frangula ist geeignet zur kurzfristigen Einnahme bei gelegentlicher Verstopfung.

Ergänzungen

Was sollte dazu beachtet werden?

Wenn Sie an Verstopfung leiden, sollten Sie ballaststoffreiche Nahrung (Gemüse, Früchte, Vollkornbrot) sowie viel und regelmäßig Flüssigkeit einnehmen und auf körperliche Betätigung (Sport) achten.

Kontraindikationen

Wann darf Normacol nicht angewendet werden?

Nicht länger als 2 Wochen einnehmen. Falls Sie an einer chronischen Verstopfung leiden, ist es empfehlenswert, Ihren Arzt zu konsultieren.
Nicht einnehmen bei Darmverschluss sowie Verengungen in der Speiseröhre, im Magen oder Darm, außerdem bei Bauchschmerzen unbekannter Ursache sowie bei Übelkeit und Erbrechen.
Bei Kindern unter 12 Jahren sollte das Medikament nur sofern vom Arzt verschrieben, benutzt werden.

Vorsichtsmaßnahmen

Wann ist bei der Einnahme von Normacol Vorsicht geboten?

Abführmittel, die Anthrachinone enthalten, sollen wegen einer möglichen Gewöhnung nur gelegentlich und nicht länger als 1–2 Wochen eingenommen werden. Bei längerdauernder Anwendung mit höheren als empfohlenen Dosen können Durchfälle mit Wasserverlust und Störungen des Salzhaushaltes auftreten. Bei Überempfindlichkeit gegenüber einem der Inhaltsstoffe sollte das Medikament selbstverständlich nicht eingenommen werden.
Informieren Sie Ihren Arzt, Apotheker oder Drogist, wenn Sie:
- an Krankheiten leiden;
- Allergien haben;
- andere Medikamente (auch selbstgekaufte) einnehmen.

Schwangerschaft/Stillzeit

Darf Normacol während einer Schwangerschaft oder in der Stillzeit eingenommen werden?

Während der Schwangerschaft und in der Stillzeit darf Normacol nur nach Befragung Ihres Arztes eingenommen werden.

Dosierung/Anwendung

Wie verwenden Sie Normacol?

Wenn vom Arzt nicht anders verordnet:
- 1 bis 2 Granulat-Beutel oder 2–3 Kaffeelöffel (375 g Packung) einmal pro Tag, vorzugsweise abends (gilt für Erwachsene und Kinder ab 12 Jahren).
- Das Granulat in den Mund nehmen (nicht kauen) und zusammen mit viel Flüssigkeit schlucken (mindestens ein Glas pro Beutel bzw. Kaffeelöffel Granulat).
- Reichlich Flüssigkeit nachtrinken.

Bei Schluckschwierigkeiten kann es hilfreich sein, das Granulat vor der Einnahme in Joghurt o.Ä. zu verrühren.
Die Einnahme soll vorzugsweise vor dem Essen erfolgen.
Halten Sie sich an die in der Packungsbeilage angegebene Dosierung. Wenn Sie glauben, das Medikament wirke zu schwach oder zu stark, so sprechen Sie mit Ihrem Arzt, Apotheker oder Drogist.

Unerwünschte Wirkungen

Welche Nebenwirkungen kann Normacol haben?

In seltenen Fällen können Blähungen und leichte Bauchschmerzen auftreten.

Allgemeine Hinweise

Was ist ferner zu beachten?

Es ist wichtig, während der Einnahme auf reichliche Flüssigkeitszufuhr zu achten. Eine eventuelle gelblich-rötliche Verfärbung des Urins, verursacht durch den Frangulaextrakt, ist ohne Bedeutung.
Arzneimittel sollten für Kinder unerreichbar aufbewahrt werden.
Das Medikament darf nur bis zu dem auf dem Behälter mit EXP bezeichneten Datum verwendet werden. Weitere Auskünfte erteilt Ihnen Ihr Arzt, Apotheker oder Drogist, der über die ausführliche Fachinformation verfügt.

Zusammensetzung

1 Sachet (6,25 g) Normacol enthält:

– Sterculiagummi	3,81 g
– Faulbaumrinde	214 mg
– Saccharose	
– Hilfsstoffe	

1 g (Packung zu 375 g) Normacol enthält:

– Sterculiagummi	610 mg
– Faulbaumrinde	34 mg
– Saccharose	
– Hilfsstoffe	

Verkaufsart

In Apotheken und Drogerien, ohne ärztliches Rezept.

Normacol mite

Eigenschaften/Verwendungszweck

Was ist Normacol mite und wann wird es angewendet?

Normacol mite ist ein Abführmittel auf Basis von Sterculia, einem unverdaulichen pflanzlichen Ballaststoff, welcher, bereits in kleiner Menge eingenommen, einen großen Quelleffekt entfaltet. Dadurch nimmt das Stuhlvolumen zu und der Stuhl bleibt weicher. Durch diesen Fülleffekt werden die Darmbewegungen angeregt und die Verweildauer im Darm verkürzt. Normacol mite wirkt bei allen Formen von Verstopfung und eignet sich zur Langzeitbehandlung insbesondere zur Stuhlregulierung:

- bei Bettlägigkeit
- in der Schwangerschaft
- in der Stillzeit
- bei Hämorrhoiden
- Darmentzündungen
- Darmausstülpungen
- Reizdarm

Ergänzungen

Was sollte dazu beachtet werden?

Wenn Sie an Verstopfung leiden, sollten Sie ballaststoffreiche Nahrung (Gemüse, Früchte, Vollkornbrot) sowie viel und regelmäßig Flüssigkeit einnehmen und auf körperliche Betätigung (Sport) achten.

Kontraindikationen

Wann darf Normacol mite nicht angewendet werden?

Nicht länger als 2 Wochen einnehmen. Falls Sie an einer chronischen Verstopfung leiden, ist es empfehlenswert Ihren Arzt zu konsultieren. Nicht einnehmen bei Darmverschluss sowie Verengungen in der Speiseröhre, im Magen oder Darm, außerdem bei Bauchschmerzen unbekannter Ursache sowie bei Übelkeit und Erbrechen.

Bei Kindern unter 12 Jahren sollte das Medikament nur, sofern vom Arzt verschrieben, benutzt werden.

Vorsichtsmaßnahmen

Wann ist bei der Einnahme von Normacol mite Vorsicht geboten?

Bei Überempfindlichkeit gegenüber einem der Inhaltsstoffe sollte das Medikament selbstverständlich nicht eingenommen werden.

Informieren Sie Ihren Arzt, Apotheker oder Drogist, wenn Sie an Krankheiten leiden, Allergien haben oder andere Medikamente (auch selbstgekaufte) einnehmen.

Schwangerschaft/Stillzeit

Darf Normacol mite während einer Schwangerschaft oder in der Stillzeit eingenommen werden?

Normacol mite kann sowohl während der Schwangerschaft wie auch in der Stillzeit eingenommen werden. Der Wirkstoff wird nicht resorbiert und geht nicht in die Muttermilch über.

Dosierung/Anwendung

Wie verwenden Sie Normacol mite?

Wenn vom Arzt nicht anders verordnet:

- 1 bis 2 Granulat-Beutel oder 1–2 Kaffeelöffel (500 g Packung) einmal pro Tag, vorzugsweise abends (gilt für Erwachsene und Kinder ab 12 Jahren).
- Kinder ab 6 Jahren ein Drittel der Erwachsenendosis.
- Das Granulat in den Mund nehmen (nicht kauen) und zusammen mit viel Flüssigkeit schlucken (mindestens ein Glas pro Beutel bzw. Kaffeelöffel Granulat).
- Reichlich Flüssigkeit nachtrinken.

Bei Schluckschwierigkeiten kann es hilfreich sein, das Granulat vor der Einnahme in Joghurt o.Ä. zu verrühren. Die Einnahme soll vorzugsweise vor dem Essen erfolgen.

Halten Sie sich an die in der Packungsbeilage angegebene Dosierung. Wenn Sie glauben, das Medikament wirke zu schwach oder zu stark, so sprechen Sie mit Ihrem Arzt, Apotheker oder Drogist.

Unerwünschte Wirkungen

Welche Nebenwirkungen kann Normacol mite haben?

In seltenen Fällen können Blähungen und leichte Bauchschmerzen auftreten.

Allgemeine Hinweise

Was ist ferner zu beachten?

Es ist wichtig, während der Einnahme auf reichliche Flüssigkeitszufuhr zu achten.

Arzneimittel sollten für Kinder unerreichbar aufbewahrt werden. Das Medikament darf nur bis zu dem auf dem Behälter mit EXP bezeichneten Datum verwendet werden. Weitere Auskünfte erteilt Ihnen Ihr Arzt, Apotheker oder Drogist, der über die ausführliche Fachinformation verfügt.

Zusammensetzung

1 g Granulat (Packung zu 375 g) Normacol mite enthält:

- Sterculiagummi 620 mg
- Saccharose und Hilfsstoffe

Verkaufsart

In Apotheken und Drogerien, ohne ärztliches Rezept.

Pelsano Salbe

Eigenschaften/Verwendungszweck
Was ist Pelsano Salbe und wann wird es angewendet?

Pelsano Salbe enthält Dexpanthenol und Sonnenblumenöl. Dexpanthenol wird in den Hautzellen in das Vitamin Panthothensäure umgewandelt. Pantothensäure ist sowohl am Aufbau als auch an der Wiederherstellung der Haut beteiligt.

Pelsano Salbe wird angewendet zur Pflege trockener, empfindlicher oder gereizter Haut.

- In der Säuglingspflege
  Vorbeugung und Behandlung von Wunden, Hautrötungen, nicht infizierten Windelentzündungen oder trockener Haut.
- Beim Stillen
  Vorbeugung und Behandlung von nicht infizierten, wunden oder entzündeten Brustwarzen.

- Allgemein
  Behandlung von Hautreizungen, Sonnenbrand oder kleinen nicht infizierten Wunden, Pflege trockener Haut.

Ergänzungen
Was sollte dazu beachtet werden?

Nach Rücksprache mit Ihrem Arzt kann Pelsano Salbe auch zur unterstützenden Behandlung von Hauterkrankungen (zum Beispiel Milchschorf) verwendet werden.

Kontraindikationen
Wann darf Pelsano Salbe nicht verwendet werden?

Sollten Sie auf einen in der Salbe enthaltenen Wirk- oder Hilfsstoff allergisch sein, dürfen Sie sie nicht benutzen.

Vorsichtsmaßnahmen
Wann ist bei der Verwendung von Pelsano Salbe Vorsicht geboten?

Bei stimmungsgemäßem Gebrauch von Pelsano Salbe sind keine besonderen Vorsichtsmaßnahmen notwendig.

Informieren Sie Ihren Arzt, Apotheker oder Drogist, wenn Sie an Krankheiten leiden, Allergien haben oder Medikamente (auch selbstgekaufte) einnehmen.

Schwangerschaft/Stillzeit
Darf Pelsano Salbe während einer Schwangerschaft oder in der Stillzeit verwendet werden?

Während der Schwangerschaft und in der Stillzeit darf Pelsano Salbe ohne Befragung Ihres Arztes verwendet werden.

Dosierung/Anwendung
Wie verwenden Sie Pelsano Salbe?

Wenn vom Arzt nicht anders verordnet:

- Säuglingspflege
  Bestreichen Sie die entzündeten oder befallenen Hautstellen 1- bis 4-mal täglich mit Pelsano Salbe. Zur Vorbeugung verteilen Sie Pelsano Salbe nach jedem Trockenlegen über das Gesäß und die Genitalregionen des Säuglings, nachdem Sie diese Körperteile gründlich mit Wasser gereinigt haben.
- Beim Stillen
  Bringen Sie nach jedem Anlegen Pelsano Salbe auf ein Stück Gaze auf und bedecken Sie dann die Brustwarzen.
- Allgemein
  Bei trockener Haut können Sie Pelsano Salbe je nach Bedarf mehrmals täglich anwenden. Zur Behandlung von kleineren Wunden oder Sonnenbrand bestreichen Sie die befallenen Hautstellen 1- bis 4-mal täglich mit Pelsano Salbe.

Halten Sie sich an die in der Packungsbeilage angegebene Dosierung. Wenn Sie glauben, das Medikament wirke zu schwach oder zu stark, so sprechen Sie mit Ihrem Arzt, Apotheker oder Drogist.

Unerwünschte Wirkungen
Welche Nebenwirkungen kann Pelsano Salbe haben?

Für Pelsano Salbe sind bisher keine Nebenwirkungen beobachtet worden.

Allgemeine Hinweise
Was ist ferner zu beachten?

Arzneimittel sollten für Kinder unerreichbar aufbewahrt werden. Das Medikament darf nur bis zu dem auf dem Behälter mit EXP bezeichneten Datum verwendet werden. Weitere Auskünfte erteilt Ihnen Ihr Arzt, Apotheker oder Drogist, der über die ausführliche Fachinformation verfügt.

Zusammensetzung
1 g Pelsano Salbe enthält:

– Sonnenblumenöl	250 mg
– Dexpanthenol	50 mg
– Hilfsstoffe	

Verkaufsart
In Apotheken und Drogerien, ohne ärztliches Rezept.

Pilka

Eigenschaften/Verwendungszweck
Was ist Pilka und wann wird es angewendet?
Pilka ist ein Produkt auf der Basis von Extrakten aus 3 Pflanzen: Thymian, Fettkraut und Sonnentau.
Den in Pilka enthaltenen Pflanzen werden traditionsgemäß hustenlindernde, schleimlösende und antimikrobielle Eigenschaften zugeschrieben.
Pilka wird zur Linderung von Reizhusten bei Entzündungen des Kehlkopfs, der Luftröhre und der Bronchien sowie des Hustens bei Erkrankungen verwendet.

Kontraindikationen
Wann darf Pilka nicht angewendet werden?
Bei Überempfindlichkeit gegenüber einem der Inhaltsstoffe darf Pilka nicht angewendet werden. Nicht anwenden bei Krankheiten mit starker Schleimabsonderung.

Vorsichtsmaßnahmen
Wann ist bei der Einnahme von Pilka Vorsicht geboten?
Fragen Sie Ihren Arzt um Rat, wenn der Husten über eine Woche andauert oder von starkem Fieber begleitet ist. Sprechen Sie vor der Verabreichung von Pilka an Kinder unter 2 Jahren mit Ihrem Arzt.
Informieren Sie Ihren Arzt, Apotheker oder Drogist, wenn Sie:
- an Krankheiten leiden;
- Allergien haben;
- andere Medikamente (auch selbstgekaufte) einnehmen.

Schwangerschaft/Stillzeit
Darf Pilka während einer Schwangerschaft oder in der Stillzeit eingenommen werden?
Aufgrund der bisherigen Erfahrung ist kein Risiko für das Kind bekannt. Systematische Untersuchungen wurden aber nie durchgeführt. Vorsichtshalber sollten Sie während der Schwangerschaft und in der Stillzeit möglichst auf Medikamente verzichten oder den Arzt um Rat fragen.

Dosierung/Anwendung
Wie verwenden Sie Pilka?
Wenn vom Arzt nicht anders verordnet:
- Erwachsene: 20 Tropfen, bis zu 5-mal täglich.
- Kinder über 6 Jahren: 10 Tropfen, bis zu 5-mal täglich.
- Kinder von 2 bis 6 Jahren: 2–5 Tropfen, bis zu 5-mal täglich.

Bie Erwachsenen und großen Kindern sind die Tropfen direkt auf die Zunge zu geben oder auf ein Stück Zucker, das langsam im Mund zergehen gelassen wird.
Für Kleinkinder sollte Pilka mit etwas gezuckertem Wasser oder Tee verdünnt werden.
Halten Sie sich an die in der Packungsbeilage angegebene Dosierung. Wenn Sie glauben, das Medikament wirke zu schwach oder zu stark, so sprechen Sie mit Ihrem Arzt, Apotheker oder Drogist.

Thymus vulgaris

Unerwünschte Wirkungen
Welche Nebenwirkungen kann Pilka haben?
Bei bestimmungsgemäßem Gebrauch sind bisher keine Nebenwirkungen beobachtet worden.

Allgemeine Hinweise
Was ist ferner zu beachten?
Arzneimittel sollten für Kinder unerreichbar aufbewahrt werden.
Das Medikament darf nur bis zu dem auf dem Behälter mit EXP bezeichneten Datum verwendet werden. Weitere Auskünfte erteilt Ihnen Ihr Arzt, Apotheker oder Drogist, der über die ausführliche Fachinformation verfügt.

Zusammensetzung
1 ml Pilka enthält:
- Extrakt aus Thymian, Fettkraut, Sonnentau 80 mg
- Thymian-Essenz
- Propylenglykol
- Konservierungsmittel

Verkaufsart
In Apotheken und Drogerien, ohne ärztliches Rezept.

PO-HO-ÖL

Eigenschaften/Verwendungszweck

Was ist PO-HO-Öl und wann wird es angewendet?

PO-HO-Öl ist ein Präparat, das aus verschiedenen ätherischen Ölen von Heilpflanzen zusammengesetzt ist. Diese ätherischen Öle werden durch Destillation aus frisch geernteten Pflanzen gewonnen und sorgfältig gewählt.

PO-HO-Öl ist geeignet zum:

- Einreiben bei:
  - Kopfschmerzen
  - Muskelschmerzen
  - Gelenkschmerzen
- Inhalieren und/oder Einreiben bei:
  - Bronchitis
  - Halsweh
  - Husten
  - Schnupfen
  - Katarrh

Mentha piperita

Kontraindikationen

Wann darf PO-HO-Öl nicht angewendet werden?

Nicht anwenden bei Kindern unter 6 Jahren.

Nicht anwenden bei bekannter Überempfindlichkeit auf eines der ätherischen Öle.

Vorsichtsmaßnahmen

Wann ist bei der Einnahme von PO-HO-Öl Vorsicht geboten?

Patienten mit Veranlagung zu allergischen Reaktionen gegen Arzneimittel oder mit Asthma bronchiale dürfen das Produkt nur nach Rücksprache mit ihrem Arzt anwenden.

Informieren Sie Ihren Arzt, Apotheker oder Drogist, wenn Sie:

- an Krankheiten leiden;
- Allergien haben;
- andere Medikamente (auch selbstgekaufte) einnehmen.

Schwangerschaft/Stillzeit

Darf PO-HO-Öl während einer Schwangerschaft oder in der Stillzeit eingenommen werden?

Aufgrund der bisherigen Erfahrung ist kein Risiko für das Kind bekannt. Systematische Untersuchungen wurden aber nie durchgeführt. Vorsichtshalber sollten Sie während der Schwangerschaft und in der Stillzeit möglichst auf Medikamente verzichten oder den Arzt um Rat fragen.

Dosierung/Anwendung

Wie verwenden Sie PO-HO-Öl?

Wenn vom Arzt nicht anders verordnet:

- Erkältungen, Schnupfen, Katarrh
  Einfachste Anwendung: 3–5 Tropfen Öl auf ein Taschentuch spritzen und inhalieren, Nasenwurzel und Stirn mit 3–5 Tropfen Öl einreiben.
- Schmerzen
  Kopfschmerzen: 5–10 Tropfen auf ein feuchtes Tuch spritzen und damit Stirn, Schläfen und Nacken einreiben.
  Muskel- und Gelenkschmerzen: Mit 10–30 Tropfen einreiben. Eine Wirkung kann auch erzielt werden, wenn auf einen nassen Lappen einige Tropfen Öl gespritzt werden und man damit die schmerzende Stelle einreibt.
- Bronchitis, Halsweh, Husten
  Hals- und Brust mit Öl (10–20 Tropfen) einreiben.

Halten Sie sich an die in der Packungsbeilage angegebene Dosierung. Wenn Sie glauben, das Medikament wirke zu schwach oder zu stark, so sprechen Sie mit Ihrem Arzt, Apotheker oder Drogist.

Unerwünschte Wirkungen

Welche Nebenwirkungen kann PO-HO-Öl haben?

Selten Hautreizungen (Jucken, Rötung). In diesem Fall die Behandlung abbrechen.

Allgemeine Hinweise

Was ist ferner zu beachten?

Arzneimittel sollten für Kinder unerreichbar aufbewahrt werden.

Nicht auf Schleimhäute oder in Nähe der Augen auftragen.

Das Medikament darf nur bis zu dem auf dem Behälter mit EXP bezeichneten Datum verwendet werden. Weitere Auskünfte erteilt Ihnen Ihr Arzt, Apotheker oder Drogist, der über die ausführliche Fachinformation verfügt.

Zusammensetzung

1 g PO-HO-Öl enthält:

– Kamferöl	50 mg
– Eukalyptusöl	480 mg
– Pfefferminzöl	350 mg
– Perpentinöl	80 mg
– Aromastoffe	

Verkaufsart

In Apotheken und Drogerien, ohne ärztliches Rezept.

Prostaflor

Eigenschaften/Verwendungszweck
Was ist Prostaflor und wann wird es angewendet?

Prostaflor Kapseln enthalten fermentierte Blütenpollenextrakte, welche zur Linderung von Beschwerden infolge beginnender Vergrößerung der Prostata verwendet werden, wie zum Beispiel:
- Harndrang
- vermehrtem nächtlichen Harndrang
- erschwertem Harnlassen
- Schmerzen beim Harnlassen
- Abnahme der Stärke des Harnstrahls.

Ergänzungen
Was sollte dazu beachtet werden?

Wenn die Prostatabeschwerden anhalten oder zunehmen, solten Sie Ihren Arzt aufsuchen.

Kontraindikationen
Wann darf Prostaflor nicht angewendet werden?

Bei Prostatitis.

Vorsichtsmaßnahmen
Wann ist bei der Einnahme von Prostraflor Vorsicht geboten?

Patienten mit Veranlagung zu allergischen Reaktionen gegen Arzneimittel dürfen das Produkt nur nach Rücksprache mit Ihrem Arzt anwenden.
Informieren Sie Ihren Arzt, Apotheker oder Drogist, wenn Sie:
- an Krankheiten leiden;
- Allergien haben;
- andere Medikamente (auch selbstgekaufte) einnehmen.

Dosierung/Anwendung
Wie verwenden Sie Prostaflor?

Wenn vom Arzt nicht anders verordnet:
- Anfangstherapie: 2 Kapseln täglich
- Erhaltungstherapie: 1 Kapsel täglich ab der zweiten Woche

Halten Sie sich an die in der Packungsbeilage angegebene Dosierung. Wenn Sie glauben, das Medikament wirke zu schwach oder zu stark, so sprechen Sie mit Ihrem Arzt, Apotheker oder Drogist.

Unerwünschte Wirkungen
Welche Nebenwirkungen kann Prostaflor haben?

Die Inhaltsstoffe von Prostaflor werden im Verlauf der Herstellung einer Fermentation unterzogen, sodass Allergien (wie Asthma, Hautreaktionen) sehr selten auftreten.

Allgemeine Hinweise
Was ist ferner zu beachten?

Arzneimittel sollten für Kinder unerreichbar aufbewahrt werden.
Das Medikament darf nur bis zu dem auf dem Behälter mit EXP bezeichneten Datum verwendet werden. Weitere Auskünfte erteilt Ihnen Ihr Arzt, Apotheker oder Drogist, der über die ausführliche Fachinformation verfügt.

Zusammensetzung
1 Kapsel Prostaflor enthält:
- wasserlöslicher Pollenextrakt 180 mg
- fettlöslicher Pollenextrakt 9 mg

Verkaufsart
In Apotheken und Drogerien, ohne ärztliches Rezept.

Prostasan

Eigenschaften/Verwendungszweck
Was ist Prostasan und wann wird es angewendet?
Prostasan Kapseln sind ein Pflanzenpräparat mit dem lipophilen Extrakt aus der Frucht der amerikanischen Sägepalme zur Linderung von Beschwerden infolge beginnender Prostatavergrößerung bei:
- Harndrang
- vermehrtem nächtlichem Harndrang
- erschwertem Harnlassen
- Schmerzen beim Harnlassen
- Abnahme der Stärke des Harnstrahls.

Ergänzungen
Was sollte dazu beachtet werden?
Wenn die Prostatabeschwerden anhalten oder zunehmen, sollten Sie Ihren Arzt aufsuchen.

Kontraindikationen
Wann darf Prostasan nicht angewendet werden?
Bei Prostatitis.

Vorsichtsmaßnahmen
Wann ist bei der Einnahme von Prostasan Vorsicht geboten?
Bei bestimmungsgemäßen Gebrauch sind keine besonderen Vorsichtsmaßnahmen notwendig.
Informieren Sie Ihren Arzt, Apotheker oder Drogist, wenn Sie:
- an Krankheiten leiden;
- Allergien haben;
- andere Medikamente (auch selbstgekaufte) einnehmen.

Dosierung/Anwendung
Wie verwenden Sie Prostasan?
Wenn vom Arzt nicht anders verordnet:
- Anfangstherapie: 2 Kapseln täglich (nach dem Essen einnehmen).
- Erhaltungstherapie: 1 Kapsel täglich ab der zweiten Woche.

Halten Sie sich an die in der Packungsbeilage angegebene Dosierung. Wenn Sie glauben, das Medikament wirke zu schwach oder zu stark, so sprechen Sie mit Ihrem Arzt, Apotheker oder Drogist.

Serenoa repens

Unerwünschte Wirkungen
Welche Nebenwirkungen kann Prostasan haben?
In Ausnahmefällen können Medikamente, die Sabalfrucht-Extrakt enthalten, leichtes Aufstoßen verursachen.

Allgemeine Hinweise
Was ist ferner zu beachten?
Arzneimittel sollten für Kinder unerreichbar aufbewahrt werden.
Das Medikament darf nur bis zu dem auf dem Behälter mit EXP bezeichneten Datum verwendet werden. Weitere Auskünfte erteilt Ihnen Ihr Arzt, Apotheker oder Drogist, der über die ausführliche Fachinformation verfügt.

Zusammensetzung
1 Kapsel Prostasan enthält:
- Extrakt aus getrockneten Sabalfrüchten 320 mg
- Hilfsstoffe

Verkaufsart
In Apotheken und Drogerien, ohne ärztliches Rezept.

Relax

Eigenschaften/Verwendungszweck
Was ist Relax und wann wird es angewendet?

Relax enthält standardisierte Trockenextrakte aus den Wurzeln der Pestwurz, aus den Wurzeln des Baldrians sowie aus den Kräutern der Melisse und der Passionsblume.
Relax ist daher bei folgenden Beschwerden verwendbar:

- bei nervösen Spannungen
- Unruhezuständen
- Reizbarkeit
- Ein- und Durchschlafstörungen
- Prüfungsangst

Ergänzungen
Was sollte dazu beachtet werden?

Falls Ihre Beschwerden länger als einen Monat andauern, sollten Sie ärztliche Hilfe beanspruchen.

Kontraindikationen
Wann darf Relax nicht angewendet werden?

Bei Überempfindlichkeit auf einen der Inhaltsstoffe, zum Beispiel Farbstoffe.

Vorsichtsmaßnahmen
Wann ist bei der Einnahme von Relax Vorsicht geboten?

Patienten mit Veranlagung zu allergischen Reaktionen gegen Arzneimittel oder mit Asthma bronchiale dürfen das Produkt nur nach Rücksprache mit ihrem Arzt anwenden.
Informieren Sie Ihren Arzt, Apotheker oder Drogist, wenn Sie:

- an Krankheiten leiden;
- Allergien haben;
- andere Medikamente (auch selbstgekaufte) einnehmen.

Schwangerschaft/Stillzeit
Darf Relax während einer Schwangerschaft oder in der Stillzeit eingenommen werden?

Aufgrund der bisherigen Erfahrung ist kein Risiko für das Kind bekannt. Systematische Untersuchungen wurden aber nie durchgeführt. Vorsichtshalber sollten Sie während der Schwangerschaft und in der Stillzeit möglichst auf Medikamente verzichten oder den Arzt um Rat fragen.

Dosierung/Anwendung
Wie verwenden Sie Relax?

Wenn vom Arzt nicht anders verordnet: Für Erwachsene und Kinder ab 6 Jahre beträgt die Einzeldosis 1 Dragée, die empfohlene Tagesdosis 3-mal 1 Dragée. Relax wird vorzugsweise während der Mahlzeiten mit einem Glas Wasser eingenommen.
Halten Sie sich an die in der Packungsbeilage angegebene Dosierung. Wenn Sie glauben, das Medikament wirke zu schwach oder zu stark, so sprechen Sie mit Ihrem Arzt, Apotheker oder Drogist.

Unerwünschte Wirkungen
Welche Nebenwirkungen kann Relax haben?

In seltenen Fällen können allergische Reaktionen (zum Beispiel Hautreaktionen) auftreten. Dann sollten Sie das Präparat absetzen und einen Arzt befragen.

Allgemeine Hinweise
Was ist ferner zu beachten?

Arzneimittel sollten für Kinder unerreichbar aufbewahrt werden.
Das Medikament darf nur bis zu dem auf dem Behälter mit EXP bezeichneten Datum verwendet werden. Weitere Auskünfte erteilt Ihnen Ihr Arzt, Apotheker oder Drogist, der über die ausführliche Fachinformation verfügt.

Zusammensetzung
1 Dragée Relax enthält:

– Pestwurzelextrakt	90 mg
– Baldrianwurzelextrakt	90 mg
– Passionsblumenextrakt	10 mg
– Melissenblätterextrakt	13 mg
– Hilfsstoffe	

Verkaufsart
In Apotheken und Drogerien, ohne ärztliches Rezept.

Valeriana officinalis

Remotiv Johanniskraut-Dragées

Eigenschaften/Verwendungszweck

Was sind Remotiv Johanniskraut Dragées und wann werden sie angewendet?

Remotiv Johanniskraut Dragées enthalten einen standardisierten Trockenextrakt aus den zur Blütezeit geernteten oberirdischen Teilen des Johanniskrautes (Hypericum perforatum), aus kontrolliert biologischem Anbau.
Das Präparat wird angewendet bei:
- gedrückter Stimmung
- Antriebsmangel
- Unausgeglichenheit
- Stimmungslabilität
- Spannungszuständen
- nervöser Unruhe
- Schlafstörungen

Ergänzungen

Was sollte dazu beachtet werden?

Bei Anhalten der Beschwerden über einen Monat soll ärztliche Hilfe beansprucht werden.
Johanniskrautpräparate können die Wirkung zahlreicher anderer Medikamente beeinflussen. Wenn Sie schon andere, insbesondere rezeptpflichtige Medikamente einnehmen, dürfen Sie Remotiv Johanniskraut Dragées erst anwenden, nachdem Ihr Arzt oder Ihr Apotheker dies gutgeheißen hat.

Kontraindikationen

Wann dürfen Remotiv Johanniskraut Dragées nicht angewendet werden?

Bei Kindern und Jugendlichen nur auf ärztlichen Rat.

Vorsichtsmaßnahmen

Wann ist bei der Einnahme von Remotiv Johanniskraut Dragées Vorsicht geboten?

In sehr seltenen Fällen und vor allem bei hellhäutigen Personen kann es nach Einnahme von Johanniskrautpräparaten und nachfolgender Sonnenlichtbestrahlung zu Hautreaktionen kommen. Lichtempfindliche Personen sollten sich daher in der Zeit der Anwendung von länger dauernder direkter Sonneneinstrahlung schützen und auf den Besuch von Solarien verzichten. Wenn Sie Medikamente zur Hemmung der Blutgerinnung (orale Antikoagulantien, zum Beispiel mit den Wirkstoffen Acenocoumarol, Phenprocoumon oder Warfarin) oder Medikamente mit Ciclosporin zur Hemmung des Immunsystems (zum Beispiel nach Organtransplantationen, Autoimmunkrankheiten) einnehmen, kann deren Wirkung durch Remotiv Johanniskraut Dragées abgeschwächt werden. Dieses Medikament darf in dieser Situation nur nach Rücksprache mit dem Arzt und unter seiner Kontrolle eingenommen werden. Besonders zu Beginn und nach Absetzen der Behandlung mit Remotiv Johanniskraut Dragées muss bei der Einnahme gerinnungshemmender Tabletten oder Ciclosporin eine engmaschige ärztliche Überwachung erfolgen. Wenn Sie noch andere, insbesondere vom Arzt verordnete Medikamente (zum Beispiel orale Kontrazeptiva) einnehmen, besprechen Sie dies bitte mit Ihrem Arzt. Informieren Sie Ihren Arzt, Apotheker oder Drogist, wenn Sie an Krankheiten leiden, Allergien haben oder andere Medikamente (auch selbstgekaufte) einnehmen.

Schwangerschaft/Stillzeit

Dürfen Remotiv Johanniskraut Dragées während einer Schwangerschaft oder in der Stillzeit eingenommen werden?

Aufgrund der bisherigen Erfahrungen ist kein Risiko für das Kind bekannt. Systematische wissenschaftliche Untersuchungen wurden aber nie durchgeführt. Vorsichtshalber sollten Sie während der Schwangerschaft oder der Stillzeit auf Medikamente verzichten oder den Arzt um Rat fragen.

Dosierung/Anwendung

Wie verwenden Sie Remotiv Johanniskraut Dragées?

Wenn vom Arzt nicht anders verordnet: Erwachsene nehmen morgens und abends, am besten mit oder nach dem Essen, ein Dragée mit etwas Flüssigkeit ein. Das Präparat sollte während mindestens 14 Tage eingenommen werden, bis es seine Wirkung entfaltet. Es wird eine Therapiedauer von 6 Wochen empfohlen. Eine darüber hinausgehende Behandlung sollte mit dem Arzt besprochen werden.
Halten Sie sich an die in der Packungsbeilage angegebene oder vom Arzt verschriebene Dosierung. Wenn Sie glauben, das Medikament wirke zu schwach oder zu stark, so sprechen Sie mit Ihrem Arzt oder Apotheker.

Unerwünschte Wirkungen

Welche Nebenwirkungen können Remotiv Johanniskraut Dragées haben?

In sehr seltenen Fällen und vor allem bei hellhäutigen Personen kann bei nachfolgender Sonnenbestrahlung des Körpers eine Lichtempfindlichkeit (sonnenbrandähnliche Hautrötung) eintreten. In diesem Fall ist das Präparat nicht mehr einzunehmen und ein Arzt zu konsultieren.

Allgemeine Hinweise

Was ist ferner zu beachten?

Arzneimittel sollten für Kinder unerreichbar aufbewahrt werden.
Das Medikament darf nur bis zu dem auf dem Behälter mit EXP bezeichneten Datum verwendet werden. Weitere Auskünfte erteilt Ihnen Ihr Arzt, Apotheker oder Drogist, der über die ausführliche Fachinformation verfügt.

Zusammensetzung

1 Dragée Remotiv Johanniskraut enthält: 250 mg eines standardisierten Trockenextraktes aus den zur Blütezeit geernteten oberirdischen Teilen des Johanniskrautes (standardisiert auf 0,50 mg Gesamthypericin).

Verkaufsart

In Apotheken und Drogerien, ohne ärztliches Rezept.

Santasapina

Eigenschaften/Verwendungszweck
Was ist Santasapina und wann wird es angewendet?

Santasapina ist ein alkoholfreier Hustensirup mit dem Extrakt aus frischen Fichtenspitzen, Birnendicksaft, Vollrohzucker und Bienenhonig.

Santrasapina kann bei Erkältungshusten mit zäher Verschleimung infolge akuter Bronchitis und Katarrhen der Atmungsorgane angewendet werden.

Ergänzungen
Was sollte dazu beachtet werden?

Sollte der Husten länger als sieben Tage andauern, ist ein Arzt zu konsultieren.

Kontraindikationen
Wann darf Santasapina nicht angewendet werden?

Bei Kindern unter 2 Jahren ist Santasapina (wie jeder Hustensirup) nur nach Befragen des Arztes anzuwenden.

Vorsichtsmaßnahmen
Wann ist bei der Einnahme von Santasapina Vorsicht geboten?

Patienten mit Veranlagung zu allergischen Reaktionen gegen Arzneimittel oder mit Asthma bronchiale dürfen das Produkt nur nach Rücksprache mit ihrem Arzt anwenden. Informieren Sie ihren Arzt, Apotheker oder Drogist, wenn Sie:

- an Krankheiten leiden;
- Allergien haben;
- andere Medikamente (auch selbstgekaufte) einnehmen.

Schwangerschaft/Stillzeit
Darf Santasapina während einer Schwangerschaft oder in der Stillzeit eingenommen werden?

Aufgrund der bisherigen Erfahrung ist kein Risiko für das Kind bekannt. Systematische Untersuchungen wurden aber nie durchgeführt. Vorsichtshalber sollten Sie während der Schwangerschaft und in der Stillzeit möglichst auf Medikamente verzichten oder den Arzt um Rat fragen.

Dosierung/Anwendung
Wie verwenden Sie Santasapina?

Wenn vom Arzt nicht anders verordnet:

- Kinder 2 bis 10 Jahre: 1- bis 2-mal täglich 5 ml.
- Kinder 10 bis 16 Jahre: 2- bis 4-mal 10 ml.
- Erwachsene: 2- bis 4-mal täglich 15 ml mittels beilegendem Messbecher einnehmen,

Die Einnahme vor den Mahlzeiten ist empfehlenswert.

Halten Sie sich an die in der Packungsbeilage angegebene Dosierung. Wenn Sie glauben, das Medikament wirke zu schwach oder zu stark, so sprechen Sie mit Ihrem Arzt, Apotheker oder Drogist.

Unerwünschte Wirkungen
Welche Nebenwirkungen kann Santasapina haben?

Für Santasapina sind bisher bei bestimmungsgemäßem Gebrauch keine Nebenwirkungen beobachtet worden.

Allgemeine Hinweise
Was ist ferner zu beachten?

Arzneimittel sollten für Kinder unerreichbar aufbewahrt werden.

Das Medikament darf nur bis zu dem auf dem Behälter mit EXP bezeichneten Datum verwendet werden. Weitere Auskünfte erteilt Ihnen Ihr Arzt, Apotheker oder Drogist, der über die ausführliche Fachinformation verfügt.

Zusammensetzung
10 ml Santasapina enthält:

– Fichtenspitzenextrakt	7,2	mg
– Vollrohzucker	3,3	g
– Bienenhonig	3,3	g
– Birnendicksaft	3,3	g
– Aromastoffe		

Verkaufsart
In Apotheken und Drogerien, ohne ärztliches Rezept.

Abies alba

Sidroga Bärentraubenblättertee

Eigenschaften/Verwendungszweck

Was ist Sidroga Bärentraubenblättertee und wann wird er angewendet?

Sidroga Bärentraubenblättertee enthält Bärentraubenblätter in getrockneter Form und feingeschnittener Qualität (geprüft nach Arzneibuch). Das Präparat ist antibakteriell und wird bei Schmerzen im Bereich der Blase und Harnröhre mit Harndrang und Brennen beim Wasserlösen sowie als unterstützende Maßnahme bei Blasenentzündungen angewendet.

Ergänzungen

Was sollte dazu beachtet werden?

Bei wiederkehrenden oder mehrere Tagen andauernden Beschwerden sowie bei Fieber ist ein Arzt zu konsultieren. Infektionen der Harnwege können ernsthafte Folgen haben. Wenn Sie bereits an einer chronischen Nieren- und Harnwegsinfektion leiden, sollten Sie das Präparat nur mit dem ausdrücklichen Einverständnis Ihres Arztes einnehmen. Das Präparat soll ohne Rücksprache mit dem Arzt nicht länger als 1 Woche angewendet werden.

Arctostaphylos uva-ursi

Kontraindikationen

Wann darf Sidroga Bärentraubenblättertee nicht angewendet werden?

Das Präparat sollte von magenempfindlichen Personen sowie Kindern nicht verwendet werden.

Vorsichtsmaßnahmen

Wann ist bei der Einnahme von Sidroga Bärentraubenblättertee Vorsicht geboten?

Patienten mit Veranlagung zu allergischen Reaktionen gegen Arzneimittel dürfen das Produkt nur nach Rücksprache mit ihrem Arzt anwenden.
Informieren Sie Ihren Arzt, Apotheker oder Drogist, wenn Sie an Krankheiten leiden, Allergien haben oder andere Medikamente (auch selbstgekaufte) einnehmen.

Schwangerschaft/Stillzeit

Darf Bärentraubenblättertee während einer Schwangerschaft oder in der Stillzeit eingenommen werden?

Aufgrund der bisherigen Erfahrung ist kein Risiko für das Kind bekannt. Systematische Untersuchungen wurden aber nie durchgeführt. Vorsichtshalber sollten Sie während der Schwangerschaft und in der Stillzeit möglichst auf Medikamente verzichten oder den Arzt um Rat fragen.

Dosierung/Anwendung

Wie verwenden Sie Sidroga Bärentraubenblättertee?

Wenn vom Arzt nicht anders verordnet: Erwachsene bis 3-mal täglich 1 Tasse vor oder zwischen den Mahlzeiten.

- Zubereitung
  Übergießen Sie pro Tasse 1 Teebeutel mit siedendem Wasser und lassen Sie den Beutel 5 bis 10 Minuten darin ziehen. Nehmen Sie dann anschließend den Teebeutel heraus und drücken Sie ihn über der Tasse leicht aus. Verwenden Sie pro Tasse Tee nur einen Teebeutel und süßen Sie Ihren Tee erst, nachdem Sie den Teebeutel aus der Tasse genommen haben. Zum Süßen können Sie sowohl natürlichen als auch künstlichen Zucker verwenden.

Zur Erzielung einer vollen Wirkung ist normalerweise ein basischer (alkalischer) Harn erforderlich. Um dies zu erreichen, sollten Sie während der Behandlung reichlich pflanzliche Nahrung wie Früchte und Gemüse zu sich nehmen und gleichzeitig auf den Konsum von Fleisch verzichten. Achten Sie auch auf eine reichliche Flüssigkeitszufuhr (mindestens 2 Liter Flüssigkeit pro Tag).
Halten Sie sich an die in der Packungsbeilage angegebene Dosierung. Wenn Sie glauben, das Medikament wirke zu schwach oder zu stark, so sprechen Sie mit Ihrem Arzt, Apotheker oder Drogist.

Unerwünschte Wirkungen

Welche Nebenwirkungen kann Sidroga Bärentraubenblättertee haben?

Gelegentlich können, besonders bei magenempfindlichen Personen, Übelkeit und Erbrechen auftreten.

Allgemeine Hinweise

Was ist ferner zu beachten?

Arzneimittel sollten für Kinder unerreichbar aufbewahrt werden. Das Medikament darf nur bis zu dem auf dem Behälter mit EXP bezeichneten Datum verwendet werden. Weitere Auskünfte erteilt Ihnen Ihr Arzt, Apotheker oder Drogist, der über die ausführliche Fachinformation verfügt.

Zusammensetzung

1 Doppelkammerbeutel enthält 2,0 Gramm getrocknete und fein geschnittene Bärentraubenblätter.

Verkaufsart

In Apotheken und Drogerien, ohne ärztliches Rezept.

Sidroga Birkenblättertee

Eigenschaften/Verwendungszweck
Was ist Sidroga Birkenblättertee und wann wird er angewendet?

Sidroga Birkenblättertee enthält Birkenblätter in getrockneter Form und feingeschnittener Qualität (geprüft nach Arzneibuch). Das Präparat ist antibakteriell und wird bei Schmerzen im Bereich der Blase und Harnröhre mit Harndrang und Brennen beim Wasserlösen sowie als unterstützende Maßnahme bei Blasen- und Nierensteinen angewendet.

Ergänzungen
Was sollte dazu beachtet werden?

Bei wiederkehrenden oder mehrere Tagen andauernden Beschwerden sowie bei Fieber ist ein Arzt zu konsultieren. Infektionen der Harnwege können ernsthafte Folgen haben. Wenn Sie bereits an einer chronischen Nieren- und Harnwegsinfektion leiden, sollten Sie das Präparat nur mit dem ausdrücklichen Einverständnis Ihres Arztes einnehmen. Das Präparat soll ohne Rücksprache mit dem Arzt nicht länger als 1 Woche angewendet werden.

Kontraindikationen
Wann darf Sidroga Birkenblättertee nicht angewendet werden?

Das Präparat sollte von magenempfindlichen Personen sowie Kindern nicht verwendet werden.

Vorsichtsmaßnahmen
Wann ist bei der Einnahme von Sidroga Birkenblättertee Vorsicht geboten?

Patienten mit Veranlagung zu allergischen Reaktionen gegen Arzneimittel dürfen das Produkt nur nach Rücksprache mit ihrem Arzt anwenden.

Informieren Sie Ihren Arzt, Apotheker oder Drogist, wenn Sie an Krankheiten leiden, Allergien haben oder andere Medikamente (auch selbstgekaufte) einnehmen.

Schwangerschaft/Stillzeit
Darf Birkenblättertee während einer Schwangerschaft oder in der Stillzeit eingenommen werden?

Aufgrund der bisherigen Erfahrung ist kein Risiko für das Kind bekannt. Systematische Untersuchungen wurden aber nie durchgeführt. Vorsichtshalber sollten Sie während der Schwangerschaft und in der Stillzeit möglichst auf Medikamente verzichten oder den Arzt um Rat fragen.

Dosierung/Anwendung
Wie verwenden Sie Sidroga Birkenblättertee?

Wenn vom Arzt nicht anders verordnet: Erwachsene bis 3-mal täglich 1 Tasse vor oder zwischen den Mahlzeiten.

- Zubereitung
  Übergießen Sie pro Tasse 1 Teebeutel mit siedendem Wasser und lassen Sie den Beutel 5 bis 10 Minuten darin ziehen. Nehmen Sie dann anschließend den Teebeutel heraus und drücken Sie ihn über der Tasse leicht aus. Verwenden Sie pro Tasse Tee nur einen Teebeutel und süßen Sie Ihren Tee erst, nachdem Sie den Teebeutel aus der Tasse genommen haben. Zum Süßen können Sie sowohl natürlichen als auch künstlichen Zucker verwenden.

Betula pendula

Zur Erzielung einer vollen Wirkung ist normalerweise ein basischer (alkalischer) Harn erforderlich. Um dies zu erreichen, sollten Sie während der Behandlung reichlich pflanzliche Nahrung wie Früchte und Gemüse zu sich nehmen und gleichzeitig auf den Konsum von Fleisch verzichten. Achten Sie auch auf eine reichliche Flüssigkeitszufuhr (mindestens 2 Liter Flüssigkeit pro Tag).

Halten Sie sich an die in der Packungsbeilage angegebene Dosierung. Wenn Sie glauben, das Medikament wirke zu schwach oder zu stark, so sprechen Sie mit Ihrem Arzt, Apotheker oder Drogist.

Unerwünschte Wirkungen
Welche Nebenwirkungen kann Sidroga Birkenblättertee haben?

Für das Präparat sind bisher bei bestimmungsgemäßem Gebrauch keine Nebenwirkungen beobachtet worden.

Allgemeine Hinweise
Was ist ferner zu beachten?

Arzneimittel sollten für Kinder unerreichbar aufbewahrt werden. Das Medikament darf nur bis zu dem auf dem Behälter mit EXP bezeichneten Datum verwendet werden. Weitere Auskünfte erteilt Ihnen Ihr Arzt, Apotheker oder Drogist, der über die ausführliche Fachinformation verfügt.

Zusammensetzung
1 Doppelkammerbeutel enthält 1,5 Gramm getrocknete und fein geschnittene Birkenblätter.

Verkaufsart
In Apotheken und Drogerien, ohne ärztliches Rezept.

Sidroga Brennnesselkrauttee

Eigenschaften/Verwendungszweck
Was ist Sidroga Brennesselkrauttee und wann wird es angewendet?

Sidroga Brennnesselkrauttee enthält Brennnesselkraut in getrockneter Form und feingeschnittener Qualität (geprüft nach Arzneibuch). Das Präparat ist antibakteriell und wird bei Schmerzen im Bereich der Blase und Harnröhre mit Harndrang und Brennen beim Wasserlösen sowie als unterstützende Maßnahme zum Blasen- und Nierensteinen angewendet.

Ergänzungen
Was sollte dazu beachtet werden?

Bei wiederkehrenden oder mehrere Tagen andauernden Beschwerden sowie bei Fieber ist ein Arzt zu konsultieren. Infektionen der Harnwege können ernsthafte Folgen haben. Wenn Sie bereits an einer chronischen Nieren- und Harnwegsinfektion leiden, sollten Sie das Präparat nur mit dem ausdrücklichen Einverständnis Ihres Arztes einnehmen. Das Präparat soll ohne Rücksprache mit dem Arzt nicht länger als 1 Woche angewendet werden.

Kontraindikationen
Wann darf Sidroga Brennnesselkrauttee nicht angewendet werden?

Das Präparat sollte von magenempfindlichen Personen sowie Kindern nicht verwendet werden.

Vorsichtsmaßnahmen
Wann ist bei der Einnahme von Sidroga Brennnesselkrauttee Vorsicht geboten?

Patienten mit Veranlagung zu allergischen Reaktionen gegen Arzneimittel dürfen das Produkt nur nach Rücksprache mit ihrem Arzt anwenden.
Informieren Sie Ihren Arzt, Apotheker oder Drogist, wenn Sie an Krankheiten leiden, Allergien haben oder andere Medikamente (auch selbstgekaufte) einnehmen.

Schwangerschaft/Stillzeit
Darf Brennnesselkrauttee während einer Schwangerschaft oder in der Stillzeit eingenommen werden?

Aufgrund der bisherigen Erfahrung ist kein Risiko für das Kind bekannt. Systematische Untersuchungen wurden aber nie durchgeführt. Vorsichtshalber sollten Sie während der Schwangerschaft und in der Stillzeit möglichst auf Medikamente verzichten oder den Arzt um Rat fragen.

Dosierung/Anwendung
Wie verwenden Sie Sidroga Brennesselkrauttee?

Wenn vom Arzt nicht anders verordnet: Erwachsene bis 3-mal täglich 1 Tasse vor oder zwischen den Mahlzeiten.

- Zubereitung
  Übergießen Sie pro Tasse 1 Teebeutel mit siedendem Wasser und lassen Sie den Beutel 5 bis 10 Minuten darin ziehen. Nehmen Sie dann anschließend den Teebeutel heraus und drücken Sie ihn über der Tasse leicht aus. Verwenden Sie pro Tasse Tee nur einen Teebeutel und süßen Sie Ihren Tee erst, nachdem Sie den Teebeutel aus der Tasse genommen haben. Zum Süßen können Sie sowohl natürlichen als auch künstlichen Zucker verwenden.

Zur Erzielung einer vollen Wirkung ist normalerweise ein basischer (alkalischer) Harn erforderlich. Um dies zu erreiche,n sollten Sie während der Behandlung reichlich pflanzliche Nahrung wie Früchte und Gemüse zu sich nehmen und gleichzeitig auf den Konsum von Fleisch verzichten. Achten Sie auch auf eine reichliche Flüssigkeitszufuhr (mindestens 2 Liter Flüssigkeit pro Tag).
Halten Sie sich an die in der Packungsbeilage angegebene Dosierung. Wenn Sie glauben, das Medikament wirke zu schwach oder zu stark, so sprechen Sie mit Ihrem Arzt, Apotheker oder Drogist.

Unerwünschte Wirkungen
Welche Nebenwirkungen kann Sidroga Brennnesselkrauttee haben?

Für das Präparat sind bisher bei bestimmungsgemäßem Gebrauch keine Nebenwirkungen beobachtet worden.

Allgemeine Hinweise
Was ist ferner zu beachten?

Arzneimittel sollten für Kinder unerreichbar aufbewahrt werden. Das Medikament darf nur bis zu dem auf dem Behälter mit EXP bezeichneten Datum verwendet werden. Weitere Auskünfte erteilt Ihnen Ihr Arzt, Apotheker oder Drogist, der über die ausführliche Fachinformation verfügt.

Zusammensetzung
1 Dobbelkammerbeutel enthält 1,0 Gramm getrocknete und fein geschnittene Brennnesselkraut.

Verkaufsart
In Apotheken und Drogerien, ohne ärztliches Rezept.

Sidroga Brust- und Hustentee

Eigenschaften/Verwendungszweck

Was ist Sidroga Brust- und Hustentee und wann wird er angewendet?

Sidroga Brust- und Hustentee enthält die folgenden Pflanzenteile in getrockneter Form und feingeschnittener Qualität (geprüft nach Arzneibuch):

- Blätter vom dreilappigen Salbei
- Eibischblätter
- Eibischwurzeln
- Fenchelfrüchte
- Isländisches Moos
- Klatschmohnblüten
- Spitzwegerichblätter
- Steranisfrüchte
- Süßholzwurzeln
- Thymianblätter

Das Präparat ist entzündungshemmend, reizmildernd und schleimlösend und wird bei übermäßiger Bildung von zähem Schleim zum Beispiel bei Erkältungshusten verwendet.

Ergänzungen

Was sollte dazu beachtet werden?

Bei wiederkehrenden oder mehrere Tagen andauernden Beschwerden sowie bei Fieber ist ein Arzt zu konsultieren. Das Präparat sollte ohne Rücksprache mit dem Arzt nicht länger als 1 Woche angewendet werden.

Kontraindikationen

Wann darf Sidroga Brust- und Hustentee nicht angewendet werden?

Das Präparat sollte von magenempfindlichen Personen sowie Kindern nicht verwendet werden.

Vorsichtsmaßnahmen

Wann ist bei der Einnahme von Sidroga Brust- und Hustentee Vorsicht geboten?

Patienten mit Veranlagung zu allergischen Reaktionen gegen Arzneimittel dürfen das Produkt nur nach Rücksprache mit ihrem Arzt anwenden. Informieren Sie Ihren Arzt, Apotheker oder Drogist, wenn Sie:

- an Krankheiten leiden;
- Allergien haben;
- andere Medikamente (auch selbstgekaufte) einnehmen.

Schwangerschaft/Stillzeit

Darf Brust- und Hustentee während einer Schwangerschaft oder in der Stillzeit eingenommen werden?

Aufgrund der bisherigen Erfahrung ist kein Risiko für das Kind bekannt. Systematische Untersuchungen wurden aber nie durchgeführt. Vorsichtshalber sollten Sie während der Schwangerschaft und in der Stillzeit möglichst auf Medikamente verzichten oder den Arzt um Rat fragen.

Dosierung/Anwendung

Wie verwenden Sie Sidroga Brust- und Hustentee?

Wenn vom Arzt nicht anders verordnet:
Erwachsene 3- bis 5-mal täglich 1 Tasse zwischen den Mahlzeiten.

- Zubereitung
  Übergießen Sie pro Tasse 1 Teebeutel mit siedendem Wasser und lassen Sie den Beutel 5 bis 10 Minuten darin ziehen. Nehmen Sie dann anschließend den Teebeutel heraus und drücken Sie ihn über der Tasse leicht aus. Verwenden Sie pro Tasse Tee nur einen Teebeutel und süßen Sie Ihren Tee erst, nachdem Sie den Teebeutel aus der Tasse genommen haben. Zum Süßen können Sie sowohl natürlichen als auch künstlichen Zucker verwenden.

Zur Erzielung einer vollen Wirkung ist normalerweise ein basischer (alkalischer) Harn erforderlich. Um dies zu erreichen sollten Sie während der Behandlung reichlich pflanzliche Nahrung wie Früchte und Gemüse zu sich nehmen und gleichzeitig auf den Konsum von Fleisch verzichten. Achten Sie auch auf eine reichliche Flüssigkeitszufuhr (mindestens 2 Liter Flüssigkeit pro Tag).
Halten Sie sich an die in der Packungsbeilage angegebene Dosierung. Wenn Sie glauben, das Medikament wirke zu schwach oder zu stark, so sprechen Sie mit Ihrem Arzt, Apotheker oder Drogist.

Unerwünschte Wirkungen

Welche Nebenwirkungen kann Sidroga Brust- und Hustentee haben?

Für das Präparat sind bisher bei bestimmungsgemäßem Gebrauch keine Nebenwirkungen beobachtet worden. Gelegentlich Magenbeschwerden. Bei länger andauernder Anwendung und Überdosierung können Bluthochdruck, Schwellungen infolge Wassenansammlung (Ödeme) und Muskelschwäche auftreten.

Allgemeine Hinweise

Was ist ferner zu beachten?

Arzneimittel sollten für Kinder unerreichbar aufbewahrt werden.
Das Medikament darf nur bis zu dem auf dem Behälter mit EXP bezeichneten Datum verwendet werden. Weitere Auskünfte erteilt Ihnen Ihr Arzt, Apotheker oder Drogist, der über die ausführliche Fachinformation verfügt.

Zusammensetzung

1 Doppelkammerbeutel enthält in getrockneter und feingeschnittener Qualität 1,5 Gramm einer Mischung aus:

– Blätter vom dreilappigen Salbei	5,5 Prozent
– Eibischblätter	11,0 Prozent
– Eibischwurzeln	5,5 Prozent
– Fenchelfrüchte	5,5 Prozent
– Isländisches Moos	5,5 Prozent
– Klatschmohnblüten	6,5 Prozent
– Spitzwegerichblätter	11,0 Prozent
– Steranisfrüchte	7,3 Prozent
– Süßholzwurzeln	31,2 Prozent
– Thymianblätter	11,0 Prozent

Verkaufsart

In Apotheken und Drogerien, ohne ärztliches Rezept.

Sidroga Entspannungstee

Eigenschaften/Verwendungszweck
Was ist Sidroga Entspannungstee und wann wird er angewendet?

Sidroga Entspannungstee enthält die folgenden Pflanzenteile in getrockneter Form und feingeschnittener Qualität (geprüft nach Arzneibuch):

- Passionsblumenkraut
- Melissenblätter
- Baldrianwurzel
- Lavendelblüten

Das Präparat ist entspannend und beruhigend und wird bei nervösen Spannungszuständen angewendet.

Ergänzungen
Was sollte dazu beachtet werden?

Bei wiederkehrenden oder immer andauernden nervösen Spannungszuständen empfiehlt es sich, einen Arzt aufzusuchen und die Ursachen dafür abklären zu lassen. Das Präparat soll ohne Rücksprache mit dem Arzt nicht länger als 1 Woche angewendet werden.

Kontraindikationen
Wann darf Sidroga Entspannungstee nicht angewendet werden?

Das Präparat sollte von magenempfindlichen Personen sowie Kindern nicht verwendet werden.

Lavandula angustifolia

Vorsichtsmaßnahmen
Wann ist bei der Einnahme von Sidroga Entspannungstee Vorsicht geboten?

Patienten mit Veranlagung zu allergischen Reaktionen gegen Arzneimittel dürfen das Produkt nur nach Rücksprache mit ihrem Arzt anwenden.

Informieren Sie Ihren Arzt, Apotheker oder Drogist, wenn Sie an Krankheiten leiden, Allergien haben oder andere Medikamente (auch selbstgekaufte) einnehmen.

Schwangerschaft/Stillzeit
Darf Entspannungstee während einer Schwangerschaft oder in der Stillzeit eingenommen werden?

Aufgrund der bisherigen Erfahrung ist kein Risiko für das Kind bekannt. Systematische Untersuchungen wurden aber nie durchgeführt. Vorsichtshalber sollten Sie während der Schwangerschaft und in der Stillzeit möglichst auf Medikamente verzichten oder den Arzt um Rat fragen.

Dosierung/Anwendung
Wie verwenden Sie Sidroga Entspannungstee?

Wenn vom Arzt nicht anders verordnet: Erwachsene 2- bis 3-mal täglich 1 Tasse zwischen den Mahlzeiten und vor dem Schlafengehen.

■ Zubereitung

Übergießen Sie pro Tasse 1 Teebeutel mit siedendem Wasser und lassen Sie den Beutel 5 bis 10 Minuten darin ziehen. Nehmen Sie dann anschließend den Teebeutel heraus und drücken Sie ihn über der Tasse leicht aus. Verwenden Sie pro Tasse Tee nur einen Teebeutel und süßen Sie Ihren Tee erst, nachdem Sie den Teebeutel aus der Tasse genommen haben. Zum Süßen können Sie sowohl natürlichen als auch künstlichen Zucker verwenden.

Unerwünschte Wirkungen
Welche Nebenwirkungen kann Sidroga Entspannungstee haben?

Für das Präparat sind bisher bei bestimmungsgemäßem Gebrauch keine Nebenwirkungen beobachtet worden.

Allgemeine Hinweise
Was ist ferner zu beachten?

Arzneimittel sollten für Kinder unerreichbar aufbewahrt werden. Das Medikament darf nur bis zu dem auf dem Behälter mit EXP bezeichneten Datum verwendet werden. Weitere Auskünfte erteilt Ihnen Ihr Arzt, Apotheker oder Drogist, der über die ausführliche Fachinformation verfügt.

Zusammensetzung
1 Doppelkammerbeutel enthält in getrockneter Form und feingeschnittener Qualität 1,5 Gramm einer Mischung aus:

– Passionsblumenkraut	40 Prozent
– Melissenblättern	30 Prozent
– Baldrianwurzeln	25 Prozent
– Lavendelblüten	5 Prozent

Verkaufsart
In Apotheken und Drogerien, ohne ärztliches Rezept.

Sidroga Erkältungstee

Eigenschaften/Verwendungszweck
Was ist Sidroga Erkältungstee und wann wird es angewendet?

Sidroga Erkältungstee enthält folgende Pflanzenteile in getrockneter Form und feingeschnittener Qualität (geprüft nach Arzneibuch): Hagebutte, Holunderblüten, Kamillenblüten, Lindenblüten, Quendelkraut.

Das Präparat ist schweißtreibend, hustenreizlindernd sowie schleimlösend und wird angewendet bei:
- fiebrigen Erkältungen,
- Erkältungshusten mit übermäßiger Bildung von zähem Schleim.

Ergänzungen
Was sollte dazu beachtet werden?

Bei wiederkehrenden oder immer andauernden fiebrigen Erkältungskrankheiten sowie Husten, der länger als sieben Tage andauert, ist ein Arzt zu konsultieren. Das Präparat soll ohne Rücksprache mit dem Arzt nicht länger als 1 Woche angewendet werden.

Kontraindikationen
Wann darf Sidroga Erkältungstee nicht angewendet werden?

Das Präparat sollte von magenempfindlichen Personen sowie Kindern nicht verwendet werden.

Vorsichtsmaßnahmen
Wann ist bei der Einnahme von Sidroga Erkältungstee Vorsicht geboten?

Patienten mit Veranlagung zu allergischen Reaktionen gegen Arzneimittel dürfen das Produkt nur nach Rücksprache mit ihrem Arzt anwenden.

Informieren Sie Ihren Arzt, Apotheker oder Drogist, wenn Sie an Krankheiten leiden, Allergien haben oder andere Medikamente (auch selbstgekaufte) einnehmen.

Schwangerschaft/Stillzeit
Darf Erkältungstee während einer Schwangerschaft oder in der Stillzeit eingenommen werden?

Aufgrund der bisherigen Erfahrung ist kein Risiko für das Kind bekannt. Systematische Untersuchungen wurden aber nie durchgeführt. Vorsichtshalber sollten Sie während der Schwangerschaft und in der Stillzeit möglichst auf Medikamente verzichten oder den Arzt um Rat fragen.

Dosierung/Anwendung
Wie verwenden Sie Sidroga Erkältungstee?

Wenn vom Arzt nicht anders verordnet: Erwachsene bis 3-mal täglich 1 Tasse vor oder zwischen den Mahlzeiten.

- Zubereitung

  Übergießen Sie pro Tasse 1 Teebeutel mit siedendem Wasser und lassen Sie den Beutel 5 bis 10 Minuten darin ziehen. Nehmen Sie dann anschließend den Teebeutel heraus und drücken Sie ihn über der Tasse leicht aus. Verwenden Sie pro Tasse Tee nur einen Teebeutel und süßen Sie Ihren Tee erst, nachdem Sie den Teebeutel aus der Tasse genommen haben. Zum Süßen können Sie sowohl natürlichen als auch künstlichen Zucker verwenden.

Tilia cordata

Unerwünschte Wirkungen
Welche Nebenwirkungen kann Sidroga Erkältungstee haben?

Für das Präparat sind bisher bei bestimmungsgemäßem Gebrauch keine Nebenwirkungen beobachtet worden.

Allgemeine Hinweise
Was ist ferner zu beachten?

Arzneimittel sollten für Kinder unerreichbar aufbewahrt werden. Das Medikament darf nur bis zu dem auf dem Behälter mit EXP bezeichneten Datum verwendet werden. Weitere Auskünfte erteilt Ihnen Ihr Arzt, Apotheker oder Drogist, der über die ausführliche Fachinformation verfügt.

Zusammensetzung
1 Doppelkammerbeutel enthält in getrockneter und feingeschnittener Qualität 1,8 Gramm einer Mischung aus:

– Hagebutten	20 Prozent
– Holunderblüten	20 Prozent
– Kamillenblüten	20 Prozent
– Lindenblüten	20 Prozent
– Quendelkraut	20 Prozent

Verkaufsart
In Apotheken und Drogerien, ohne ärztliches Rezept.

Sidroga Frauentee

Eigenschaften/Verwendungszweck
Was ist Sidroga Frauentee und wann wird er angewendet?

Sidroga Frauentee enthält die folgenden Pflanzenteile in getrockneter Form und feingeschnittener Qualität (geprüft nach Arzneibuch):
- Gänsefingerkraut
- Kamillenblüten
- Melissenblätter
- Kardamonen
- Lavendelblüten

Das Präparat ist krampflösend und beruhigend und wird bei leichten Monatsbeschwerden angewendet.

Ergänzungen
Was sollte dazu beachtet werden?

Bei wiederkehrenden oder länger andauernden oder anderen unklaren Beschwerden sowie bei Fieber ist ein Arzt zu konsultieren und die Ursachen dafür sollten geklärt werden.

Kontraindikationen
Wann darf Sidroga Frauentee nicht angewendet werden?

Das Präparat sollte von magenempfindlichen Personen sowie Kindern nicht verwendet werden.

Vorsichtsmaßnahmen
Wann ist bei der Einnahme von Sidroga Frauentee Vorsicht geboten?

Patienten mit Veranlagung zu allergischen Reaktionen gegen Arzneimittel dürfen das Produkt nur nach Rücksprache mit ihrem Arzt anwenden.
Informieren Sie Ihren Arzt, Apotheker oder Drogist, wenn Sie an Krankheiten leiden, Allergien haben oder andere Medikamente (auch selbstgekaufte) einnehmen.

Schwangerschaft/Stillzeit
Darf Frauentee während einer Schwangerschaft oder in der Stillzeit eingenommen werden?

Aufgrund der bisherigen Erfahrung ist kein Risiko für das Kind bekannt. Systematische Untersuchungen wurden aber nie durchgeführt. Vorsichtshalber sollten Sie während der Schwangerschaft und in der Stillzeit möglichst auf Medikamente verzichten oder den Arzt um Rat fragen.

Dosierung/Anwendung
Wie verwenden Sie Sidroga Frauentee?

Wenn vom Arzt nicht anders verordnet: Erwachsene 5-mal täglich 1 Tasse zwischen den Mahlzeiten. Eine Einnahme bereits einige Tage vor der Menstruation ist zu empfehlen.

- Zubereitung
  Übergießen Sie pro Tasse 1 Teebeutel mit siedendem Wasser und lassen Sie den Beutel 5 bis 10 Minuten darin ziehen. Nehmen Sie dann anschließend den Teebeutel heraus und drücken Sie ihn über der Tasse leicht aus. Verwenden Sie pro Tasse Tee nur einen Teebeutel und süßen Sie Ihren Tee erst, nachdem Sie den Teebeutel aus der Tasse genommen haben. Zum Süßen können Sie sowohl natürlichen als auch künstlichen Zucker verwenden.

Unerwünschte Wirkungen
Welche Nebenwirkungen kann Sidroga Frauentee haben?

Für das Präparat sind bisher bei bestimmungsgemäßem Gebrauch keine Nebenwirkungen beobachtet worden.

Lavandula angustifolia

Allgemeine Hinweise
Was ist ferner zu beachten?

Arzneimittel sollten für Kinder unerreichbar aufbewahrt werden.
Das Medikament darf nur bis zu dem auf dem Behälter mit EXP bezeichneten Datum verwendet werden. Weitere Auskünfte erteilt Ihnen Ihr Arzt, Apotheker oder Drogist, der über die ausführliche Fachinformation verfügt.

Zusammensetzung
1 Doppelkammerbeutel enthält in getrockneter Form und feingeschnittener Qualität 1,8 Gramm einer Mischung aus:

– Gänsefingerkraut	30 Prozent
– Kamillenblüten	30 Prozent
– Melissenblättern	20 Prozent
– Kardamonfrüchten	10 Prozent
– Lavendelblüten	5 Prozent

Verkaufsart
In Apotheken und Drogerien, ohne ärztliches Rezept.

Sidroga Gallen- und Lebertee

Eigenschaften/Verwendungszweck

Was ist Sidroga Gallen- und Lebertee und wann wird erangewendet?

Sidroga Gallen- und Lebertee enthält die folgenden Pflanzenteile in getrockneter Form und feingeschnittener Qualität (geprüft nach Arzneibuch): Artischockenblätter, Boldoblätter, Löwenzahnkraut mit Wurzeln, Mariendistelfrüchte, Pfefferminzblätter, Schafgarbenkraut.

Das Präparat ist gallensafttreibend und verdauungsfördernd und wird bei Verdauungsstörungen wie Blähungen, Magenschmerzen, Vollegefühl angewendet.

Ergänzungen

Was sollte dazu beachtet werden?

Bei wiederkehrenden oder mehrere Tagen andauernden Beschwerden sowie bei Fieber ist ein Arzt zu konsultieren, um die Ursachen dafür abklären zu lassen. Verdauungsbeschwerden bei Kindern unter 12 Jahren müssen ärztlich abgeklärt werden. Deshalb soll das Präparat in diesen Fällen ohne ärztlichen Rat nicht eingenommen werden.

Cynara cardunculus

Kontraindikationen

Wann darf Sidroga Gallen- und Lebertee nicht angewendet werden?

Das Präparat sollte darf bei schweren Erkrankungen der Verdauungsorgane wie Verschluss der Gallenwege und schwerer Leberschädigung nicht angewendet werden.

Vorsichtsmaßnahmen

Wann ist bei der Einnahme von Sidroga Gallen- und Lebertee Vorsicht geboten?

Patienten mit Veranlagung zu allergischen Reaktionen gegen Arzneimittel dürfen das Produkt nur nach Rücksprache mit ihrem Arzt anwenden.

Informieren Sie Ihren Arzt, Apotheker oder Drogist, wenn Sie an Krankheiten leiden, Allergien haben oder andere Medikamente (auch selbstgekaufte) einnehmen.

Schwangerschaft/Stillzeit

Darf Gallen- und Lebertee während einer Schwangerschaft oder in der Stillzeit eingenommen werden?

Aufgrund der bisherigen Erfahrung ist kein Risiko für das Kind bekannt. Systematische Untersuchungen wurden aber nie durchgeführt. Vorsichtshalber sollten Sie während der Schwangerschaft und in der Stillzeit möglichst auf Medikamente verzichten oder den Arzt um Rat fragen.

Dosierung/Anwendung

Wie verwenden Sie Sidroga Gallen- und Lebertee?

Wenn vom Arzt nicht anders verordnet: Erwachsene und Schulkinder 3-mal täglich 1 Tasse vor oder zwischen den Mahlzeiten.

- Zubereitung
  Übergießen Sie pro Tasse 1 Teebeutel mit siedendem Wasser und lassen Sie den Beutel 5 bis 10 Minuten darin ziehen. Nehmen Sie dann anschließend den Teeubeutel heraus und drücken Sie ihn über der Tasse leicht aus. Verwenden Sie pro Tasse Tee nur einen Teebeutel und süßen Sie Ihren Tee erst, nachdem Sie den Teebeutel aus der Tasse genommen haben. Zum Süßen können Sie sowohl natürlichen als auch künstlichen Zucker verwenden.

Unerwünschte Wirkungen

Welche Nebenwirkungen kann Sidroga Gallen- und Lebertee haben?

Für das Präparat sind bisher bei bestimmungsgemäßem Gebrauch keine Nebenwirkungen beobachtet worden.

Allgemeine Hinweise

Was ist ferner zu beachten?

Arzneimittel sollten für Kinder unerreichbar aufbewahrt werden.

Das Medikament darf nur bis zu dem auf dem Behälter mit EXP bezeichneten Datum verwendet werden. Weitere Auskünfte erteilt Ihnen Ihr Arzt, Apotheker oder Drogist, der über die ausführliche Fachinformation verfügt.

Zusammensetzung

1 Doppelkammerbeutel enthält in getrockneter und feingeschnittener Qualität 1,5 Gramm einer Mischung aus:

– Artischockenblätter	15 Prozent
– Boldoblätter	10 Prozent
– Löwenzahnkraut mit Wurzeln	25 Prozent
– Mariendistelfrüchte	25 Prozent
– Pfefferminzblätter	10 Prozent
– Schafgarbenkraut	15 Prozent

Verkaufsart

In Apotheken und Drogerien, ohne ärztliches Rezept.

Sidroga Nieren- und Blasentee

Eigenschaften/Verwendungszweck
Was ist Sidroga Nieren- und Blasentee und wann wird er angewendet?

Sidroga Nieren- und Blasentee enthält die folgenden Pflanzenteile in getrockneter Form und feingeschnittener Qualität (geprüft nach Arzneibuch): Bärentraubenblätter, Birkenblätter, Indische Nierenteeblätter, Liebstöckelwurzeln, Pfefferminzblättern, Wacholderbeeren.

Das Präparat ist antibakteriell und wird bei Schmerzen im Bereich der Blase und Harnröhre mit Harndrang und Brennen beim Wasserlösen sowie als unterstützende Maßnahme bei Blasen- und Nierensteinen angewendet.

Ergänzungen
Was sollte dazu beachtet werden?

Bei wiederkehrenden oder mehrere Tagen andauernden Beschwerden sowie bei Fieber ist ein Arzt zu konsultieren. Infektionen der Harnwege können ernsthafte Folgen haben. Wenn Sie bereits an einer chronischen Nieren- und Harnwegsinfektion leiden, sollten Sie das Präparat nur mit dem ausdrücklichen Einverständnis Ihres Arztes einnehmen. Das Präparat soll ohne Rücksprache mit dem Arzt nicht länger als 1 Woche angewendet werden.

Kontraindikationen
Wann darf Sidroga Nieren- und Blasentee nicht angewendet werden?

Das Präparat sollte von magenempfindlichen Personen sowie Kindern nicht verwendet werden.

Vorsichtsmaßnahmen
Wann ist bei der Einnahme von Sidroga Nieren- und Blasentee Vorsicht geboten?

Patienten mit Veranlagung zu allergischen Reaktionen gegen Arzneimittel dürfen das Produkt nur nach Rücksprache mit ihrem Arzt anwenden.

Informieren Sie Ihren Arzt, Apotheker oder Drogist, wenn Sie an Krankheiten leiden, Allergien haben oder andere Medikamente (auch selbstgekaufte) einnehmen.

Schwangerschaft/Stillzeit
Darf Nieren- und Blasentee während einer Schwangerschaft oder in der Stillzeit eingenommen werden?

Aufgrund der bisherigen Erfahrung ist kein Risiko für das Kind bekannt. Systematische Untersuchungen wurden aber nie durchgeführt. Vorsichtshalber sollten Sie während der Schwangerschaft und in der Stillzeit möglichst auf Medikamente verzichten oder den Arzt um Rat fragen.

Dosierung/Anwendung
Wie verwenden Sie Sidroga Nieren- und Blasentee?

Wenn vom Arzt nicht anders verordnet: Erwachsene und Schulkinder bis 5-mal täglich 1 bis 2 Tassen zwischen den Mahlzeiten.

Unerwünschte Wirkungen
Welche Nebenwirkungen kann Sidroga Nieren- und Blasentee haben?

Das Präparat ist bei normaler Dosierung im Allgemeinen gut verträglich. Selten können, besonders bei magenempfindlichen Personen, Übelkeit und Erbrechen auftreten.

Levisticum officinale

Allgemeine Hinweise
Was ist ferner zu beachten?

Arzneimittel sollten für Kinder unerreichbar aufbewahrt werden.

Das Medikament darf nur bis zu dem auf dem Behälter mit EXP bezeichneten Datum verwendet werden. Weitere Auskünfte erteilt Ihnen Ihr Arzt, Apotheker oder Drogist, der über die ausführliche Fachinformation verfügt.

Zusammensetzung
1 Doppelkammerbeutel enthält in getrockneter Form und feingeschnittener Qualität 1,5 Gramm einer Mischung aus:

– Bärentraubenblätter	35 Prozent
– Birkenblätter	20 Prozent
– Indischer Nierenteeblätter	20 Prozent
– Liebstöckelwurzeln	10 Prozent
– Pfefferminzblättern	5 Prozent
– Wacholderbeeren	10 Prozent

Verkaufsart
In Apotheken und Drogerien, ohne ärztliches Rezept.

Sidroga Rheumatee

Eigenschaften/Verwendungszweck

Was ist Sidroga Rheumatee und wann wird er angewendet?

Sidroga Rheumatee enthält die folgenden Pflanzenteile in getrockneter Form und feingeschnittener Qualität (geprüft nach Arzneibuch): Krauseminzblätter, Passionsblumenkraut, Süßdostblätter, Weidenrinde.

Das Präparat ist entzündungshemmend und schmerzlindernd und wird bei rheumatischen Beschwerden angewendet.

Ergänzungen

Was sollte dazu beachtet werden?

Bei wiederkehrenden oder andauernden Beschwerden der Gelenke oder Wirbelsäule empfiehlt es sich, einen Arzt aufzusuchen und die Ursachen dafür abklären zu lassen.

Kontraindikationen

Wann darf Sidroga Rheumatee nicht angewendet werden?

Das Präparat sollte von magenempfindlichen Personen sowie Kindern nicht verwendet werden. Sidroga Rheumatee darf bei Überempfindlichkeit gegen Salicylate nicht eingenommen werden.

Passiflora incarnata

Vorsichtsmaßnahmen

Wann ist bei der Einnahme von Sidroga Rheumatee Vorsicht geboten?

Patienten mit Veranlagung zu allergischen Reaktionen gegen Arzneimittel dürfen das Produkt nur nach Rücksprache mit ihrem Arzt anwenden.

Informieren Sie Ihren Arzt, Apotheker oder Drogist, wenn Sie:

- an Krankheiten leiden;
- Allergien haben;
- andere Medikamente (auch selbstgekaufte) einnehmen.

Schwangerschaft/Stillzeit

Darf Rheumatee während einer Schwangerschaft oder in der Stillzeit eingenommen werden?

Aufgrund der bisherigen Erfahrung ist kein Risiko für das Kind bekannt. Systematische Untersuchungen wurden aber nie durchgeführt. Vorsichtshalber sollten Sie während der Schwangerschaft und in der Stillzeit möglichst auf Medikamente verzichten oder den Arzt um Rat fragen.

Dosierung/Anwendung

Wie verwenden Sie Sidroga Rheumatee?

Wenn vom Arzt nicht anders verordnet: Erwachsene 3-mal täglich 2 Tassen nach den Mahlzeiten.

Unerwünschte Wirkungen

Welche Nebenwirkungen kann Sidroga Rheumatee haben?

Das Präparat ist bei normaler Dosierung im Allgemeinen gut verträglich. Bei Personen mit Überempfindlichkeit gegen den Wirkstoff der Weidenrinde (Salicylsäure) können Hautrötungen auftreten. Sollten solche oder andere Nebenwirkungen auftreten, so ist auf die weitere Einnahme von Sidroga Rheumatee zu verzichten und die aufgetretenen Symptome sind von einem Arzt abklären zu lassen.

Allgemeine Hinweise

Was ist ferner zu beachten?

Arzneimittel sollten für Kinder unerreichbar aufbewahrt werden.

Das Medikament darf nur bis zu dem auf dem Behälter mit EXP bezeichneten Datum verwendet werden. Weitere Auskünfte erteilt Ihnen Ihr Arzt, Apotheker oder Drogist, der über die ausführliche Fachinformation verfügt.

Zusammensetzung

1 Doppelkammerbeutel enthält in getrockneter Form und feingeschnittener Qualität 2,0 Gramm einer Mischung aus:

- Krauseminzblättern 4 Prozent
- Passionsblumenkraut 9,5 Prozent
- Süßdostblättern 1,5 Prozent
- Weidenrinde 85 Prozent

Verkaufsart

In Apotheken und Drogerien, ohne ärztliches Rezept.

Sidroga Schlaf- und N entee

Eigenschaften/Verwendungszwec
Was ist Sidroga Schlaf-
Nerventee und wann w
angewendet?
Sidroga Schlaf- und Nerv):
die folgenden Pflanze use-
neter Form und ngen-
Qualität (geprü pannend,
Baldrianwurz ernd und
minzblätter und Schlaf-
blüten. t.
Das
ber achtet werden?
er oder andauernder
und Schlafbeschwer-
es sich, einen Arzt auf-
d die Ursachen dafür

Melissa officinalis

ären zu lassen. Das Präparat sollte ne Rücksprache mit dem Arzt nicht nger als 1 Woche angewendet werden.

Kontraindikationen
Wann darf Sidroga Schlaf- und Nerventee nicht angewendet werden?
Das Präparat sollte von magenempfindlichen Personen sowie Kindern nicht verwendet werden.

Vorsichtsmaßnahmen
Wann ist bei der Einnahme von Sidroga Schlaf- und Nerventee Vorsicht geboten?
Patienten mit Veranlagung zu allergischen Reaktionen gegen Arzneimittel dürfen das Produkt nur nach Rücksprache mit ihrem Arzt anwenden.
Informieren Sie Ihren Arzt, Apotheker oder Drogist, wenn Sie:
- an Krankheiten leiden;
- Allergien haben;
- andere Medikamente (auch selbstgekaufte) einnehmen.

Schwangerschaft/Stillzeit
Darf Schlaf- und Nerventee während einer Schwangerschaft oder in der Stillzeit eingenommen werden?
Aufgrund der bisherigen Erfahrung ist kein Risiko für das Kind bekannt. Systematische Untersuchungen wurden aber nie durchgeführt. Vorsichtshalber sollten Sie während der Schwangerschaft und in der Stillzeit möglichst auf Medikamente verzichten oder den Arzt um Rat fragen.

Dosierung/Anwendung
Wie verwenden Sie Sidroga Schlaf- und Nerventee?
Wenn vom Arzt nicht anders verordnet: Erwachsene und Schulkinder bis 5-mal täglich 1 Tasse zwischen den Mahlzeiten. Zur Schlafförderung sollen 1 bis 2 Tassen eine halbe Stunde vor dem Schlafengehen getrunken werden.

Unerwünschte Wirkungen
Welche Nebenwirkungen kann Sidroga Schlaf- und Nerventee haben?
Das Präparat ist bei normaler Dosierung im Allgemeinen gut verträglich. Selten können, besonders bei magenempfindlichen Personen, Übelkeit und Erbrechen auftreten.

Allgemeine Hinweise
Was ist ferner zu beachten?
Arzneimittel sollten für Kinder unerreichbar aufbewahrt werden.
Das Medikament darf nur bis zu dem auf dem Behälter mit EXP bezeichneten Datum verwendet werden. Weitere Auskünfte erteilt Ihnen Ihr Arzt, Apotheker oder Drogist, der über die ausführliche Fachinformation verfügt.

Zusammensetzung
1 Doppelkammerbeutel enthält in getrockneter Form und feingeschnittener Qualität 1,5 Gramm einer Mischung aus:

– Baldrianwurzeln	15 Prozent
– Hopfenzapfen	35 Prozent
– Krauseminzblätter	25 Prozent
– Melissenblättern	25 Prozent
– Orangenblüten	20 Prozent

Verkaufsart
In Apotheken und Drogerien, ohne ärztliches Rezept.

Sinupret Dragées

Eigenschaften/Verwendungszweck

Was ist Sinupret und wann wird er angewendet?

Sinupret ist ein pflanzliches Heilmittel. Es beinhaltet als Wirkstoffe:

- Enzianwurzel
- Schlüsselblumenblüten
- Sauerampferkraut
- Holunderblüten
- Eisenkraut

Sinupret wirkt schleimlösend (sekretolytisch) und entzündungshemmend (antiphlogistisch). Dadurch löst das Medikament zähen Schleim, lässt verstopfte Nasen abschwellen und gestaute Sekrete leichter abfließen.

Das Medikament wird angewendet bei akuten und chronischen Entzündungen der Nasennebenhöhlen und der Atemwege.

...gänzungen

...s sollte dazu beachtet werden?

...ten die Beschwerden länger als 7 ... andauern oder mit Fieber (über ...) verbunden sein, ist ein Arzt zu ...ieren.

...dikationen

...rf Sinupret nicht angewen...n?

...nden bei Kleinkindern ohne ...s Arztes. Nicht anwenden ... Überempfindlichkeit auf ...tsstoffe.

Vorsichtsmaßnahmen

Wann ist bei der Einnahme von Sinupret Vorsicht geboten?

Patienten mit Veranlagung zu allergischen Reaktionen gegen Arzneimittel oder mit Asthma bronchiale dürfen das Produkt nur nach Rücksprache mit ihrem Arzt anwenden.

Informieren Sie Ihren Arzt, Apotheker oder Drogist, wenn Sie:

- an Krankheiten leiden;
- Allergien haben;
- andere Medikamente (auch selbstgekaufte) einnehmen.

Schwangerschaft/Stillzeit

Darf Sinupret während einer Schwangerschaft oder in der Stillzeit eingenommen werden?

Aufgrund der bisherigen Erfahrung ist kein Risiko für das Kind bekannt. Systematische Untersuchungen wurden aber nie durchgeführt. Vorsichtshalber sollten Sie während der Schwangerschaft und in der Stillzeit möglichst auf Medikamente verzichten oder den Arzt um Rat fragen.

Dosierung/Anwendung

Wie verwenden Sie Sinupret?

Wenn vom Arzt nicht anders verordnet:

- Erwachsene: 3-mal täglich 2 Dragées.
- Schulkinder: 3-mal täglich 1 Dragée.

Die Dragées werden unzerkaut, gegebenenfalls mit etwas Flüssigkeit, geschluckt.

Halten Sie sich an die in der Packungsbeilage angegebene Dosierung. Wenn Sie glauben, das Medikament wirke zu schwach oder zu stark, so sprechen Sie mit Ihrem Arzt, Apotheker oder Drogist.

Unerwünschte Wirkungen

Welche Nebenwirkungen kann Sinupret haben?

In seltenen Fällen sind Magenunverträglichkeiten bekannt geworden. In Einzelfällen sind allergische Hautreaktionen (Hautrötung, Hautausschläge mit Bläschen) beschrieben

worden. In letzteren Fällen ist von der weiteren Einnahme abzusehen und unverzüglich ein Arzt zu konsultieren.

Allgemeine Hinweise

Was ist ferner zu beachten?

Hinweis für Diabetiker: Eine Einzeldosis (2 Dragées) enthält weniger als 0,03 BE.

Arzneimittel sollten für Kinder unerreichbar aufbewahrt werden.

Das Medikament darf nur bis zu dem auf dem Behälter mit EXP bezeichneten Datum verwendet werden. Weitere Auskünfte erteilt Ihnen Ihr Arzt, Apotheker oder Drogist, der über die ausführliche Fachinformation verfügt.

Zusammensetzung

1 Sinupret Dragée enthält pulverisierte Drogen von:

– Enzianwurzel	6 mg
– Schlüsselblumenblüten	18 mg
– Sauerampferkraut	18 mg
– Holunderblüten	18 mg
– Eisenkraut	18 mg

Verkaufsart

In Apotheken und Drogerien, ohne ärztliches Rezept.

Sidroga Schlaf- und Nerventee

Eigenschaften/Verwendungszweck
Was ist Sidroga Schlaf- und Nerventee und wann wird er angewendet?

Sidroga Schlaf- und Nerventee enthält die folgenden Pflanzenteile in getrockneter Form und feingeschnittener Qualität (geprüft nach Arzneibuch): Baldrianwurzel, Hopfenzapfen, Krauseminzblätter, Melissenblätter, Orangenblüten.

Das Präparat ist entspannend, beruhigend und schlaffördernd und wird bei nervöser Unruhe und Schlafbeschwerden angewendet.

Ergänzungen
Was sollte dazu beachtet werden?

Bei wiederkehrender oder andauernder nervöser Unruhe und Schlafbeschwerden empfiehlt es sich, einen Arzt aufzusuchen und die Ursachen dafür abklären zu lassen. Das Präparat sollte ohne Rücksprache mit dem Arzt nicht länger als 1 Woche angewendet werden.

Melissa officinalis

Kontraindikationen
Wann darf Sidroga Schlaf- und Nerventee nicht angewendet werden?

Das Präparat sollte von magenempfindlichen Personen sowie Kindern nicht verwendet werden.

Vorsichtsmaßnahmen
Wann ist bei der Einnahme von Sidroga Schlaf- und Nerventee Vorsicht geboten?

Patienten mit Veranlagung zu allergischen Reaktionen gegen Arzneimittel dürfen das Produkt nur nach Rücksprache mit ihrem Arzt anwenden.

Informieren Sie Ihren Arzt, Apotheker oder Drogist, wenn Sie:
- an Krankheiten leiden;
- Allergien haben;
- andere Medikamente (auch selbstgekaufte) einnehmen.

Schwangerschaft/Stillzeit
Darf Schlaf- und Nerventee während einer Schwangerschaft oder in der Stillzeit eingenommen werden?

Aufgrund der bisherigen Erfahrung ist kein Risiko für das Kind bekannt. Systematische Untersuchungen wurden aber nie durchgeführt. Vorsichtshalber sollten Sie während der Schwangerschaft und in der Stillzeit möglichst auf Medikamente verzichten oder den Arzt um Rat fragen.

Dosierung/Anwendung
Wie verwenden Sie Sidroga Schlaf- und Nerventee?

Wenn vom Arzt nicht anders verordnet: Erwachsene und Schulkinder bis 5-mal täglich 1 Tasse zwischen den Mahlzeiten. Zur Schlafförderung sollen 1 bis 2 Tassen eine halbe Stunde vor dem Schlafengehen getrunken werden.

Unerwünschte Wirkungen
Welche Nebenwirkungen kann Sidroga Schlaf- und Nerventee haben?

Das Präparat ist bei normaler Dosierung im Allgemeinen gut verträglich. Selten können, besonders bei magenempfindlichen Personen, Übelkeit und Erbrechen auftreten.

Allgemeine Hinweise
Was ist ferner zu beachten?

Arzneimittel sollten für Kinder unerreichbar aufbewahrt werden.

Das Medikament darf nur bis zu dem auf dem Behälter mit EXP bezeichneten Datum verwendet werden. Weitere Auskünfte erteilt Ihnen Ihr Arzt, Apotheker oder Drogist, der über die ausführliche Fachinformation verfügt.

Zusammensetzung
1 Doppelkammerbeutel enthält in getrockneter Form und feingeschnittener Qualität 1,5 Gramm einer Mischung aus:

– Baldrianwurzeln	15 Prozent
– Hopfenzapfen	35 Prozent
– Krauseminzblätter	25 Prozent
– Melissenblättern	25 Prozent
– Orangenblüten	20 Prozent

Verkaufsart
In Apotheken und Drogerien, ohne ärztliches Rezept.

Sinupret Dragées

Eigenschaften/Verwendungszweck
Was ist Sinupret und wann wird er angewendet?

Sinupret ist ein pflanzliches Heilmittel. Es beinhaltet als Wirkstoffe:
- Enzianwurzel
- Schlüsselblumenblüten
- Sauerampferkraut
- Holunderblüten
- Eisenkraut

Sinupret wirkt schleimlösend (sekretolytisch) und entzündungshemmend (antiphlogistisch). Dadurch löst das Medikament zähen Schleim, lässt verstopfte Nasen abschwellen und gestaute Sekrete leichter abfließen.
Das Medikament wird angewendet bei akuten und chronischen Entzündungen der Nasennebenhöhlen und der Atemwege.

Ergänzungen
Was sollte dazu beachtet werden?

Sollten die Beschwerden länger als 7 Tage andauern oder mit Fieber (über 38 °C) verbunden sein, ist ein Arzt zu konsultieren.

Kontraindikationen
Wann darf Sinupret nicht angewendet werden?

Nicht anwenden bei Kleinkindern ohne Anraten eines Arztes. Nicht anwenden bei bekannter Überempfindlichkeit auf einen der Inhaltsstoffe.

Gentiana lutea

Vorsichtsmaßnahmen
Wann ist bei der Einnahme von Sinupret Vorsicht geboten?

Patienten mit Veranlagung zu allergischen Reaktionen gegen Arzneimittel oder mit Asthma bronchiale dürfen das Produkt nur nach Rücksprache mit ihrem Arzt anwenden.
Informieren Sie Ihren Arzt, Apotheker oder Drogist, wenn Sie:
- an Krankheiten leiden;
- Allergien haben;
- andere Medikamente (auch selbstgekaufte) einnehmen.

Schwangerschaft/Stillzeit
Darf Sinupret während einer Schwangerschaft oder in der Stillzeit eingenommen werden?

Aufgrund der bisherigen Erfahrung ist kein Risiko für das Kind bekannt. Systematische Untersuchungen wurden aber nie durchgeführt. Vorsichtshalber sollten Sie während der Schwangerschaft und in der Stillzeit möglichst auf Medikamente verzichten oder den Arzt um Rat fragen.

Dosierung/Anwendung
Wie verwenden Sie Sinupret?

Wenn vom Arzt nicht anders verordnet:
- Erwachsene: 3-mal täglich 2 Dragées.
- Schulkinder: 3-mal täglich 1 Dragée.

Die Dragées werden unzerkaut, gegebenenfalls mit etwas Flüssigkeit, geschluckt.
Halten Sie sich an die in der Packungsbeilage angegebene Dosierung. Wenn Sie glauben, das Medikament wirke zu schwach oder zu stark, so sprechen Sie mit Ihrem Arzt, Apotheker oder Drogist.

Unerwünschte Wirkungen
Welche Nebenwirkungen kann Sinupret haben?

In seltenen Fällen sind Magenunverträglichkeiten bekannt geworden. In Einzelfällen sind allergische Hautreaktionen (Hautrötung, Hautausschläge mit Bläschen) beschrieben

worden. In letzteren Fällen ist von der weiteren Einnahme abzusehen und unverzüglich ein Arzt zu konsultieren.

Allgemeine Hinweise
Was ist ferner zu beachten?

Hinweis für Diabetiker: Eine Einzeldosis (2 Dragées) enthält weniger als 0,03 BE.
Arzneimittel sollten für Kinder unerreichbar aufbewahrt werden.
Das Medikament darf nur bis zu dem auf dem Behälter mit EXP bezeichneten Datum verwendet werden. Weitere Auskünfte erteilt Ihnen Ihr Arzt, Apotheker oder Drogist, der über die ausführliche Fachinformation verfügt.

Zusammensetzung
1 Sinupret Dragée enthält pulverisierte Drogen von:

– Enzianwurzel	6 mg
– Schlüsselblumenblüten	18 mg
– Sauerampferkraut	18 mg
– Holunderblüten	18 mg
– Eisenkraut	18 mg

Verkaufsart
In Apotheken und Drogerien, ohne ärztliches Rezept.

Sinupret Tropfen

Eigenschaften/Verwendungszweck
Was ist Sinupret und wann wird es angewendet?

Sinupret ist ein pflanzliches Heilmittel. Es beinhaltet als Wirkstoffe: Enzianwurzel, Schlüsselblumenblüten, Sauerampferkraut, Holunderblüten, Eisenkraut.

Sinupret wirkt schleimlösend (sekretolytisch) und entzündungshemmend (antiphlogistisch). Dadurch löst das Medikament zähen Schleim, lässt verstopfte Nasen abschwellen und gestaute Sekrete leichter abfließen.

Das Medikament wird angewendet bei akuten und chronischen Entzündungen der Nasennebenhöhlen und der Atemwege.

Ergänzungen
Was sollte dazu beachtet werden?

Sollten die Beschwerden länger als 7 Tage andauern oder mit Fieber (über 38 °C) verbunden sein, ist ein Arzt zu konsultieren.

Gentiana lutea

Kontraindikationen
Wann darf Sinupret nicht angewendet werden?

Nicht anwenden bei Kleinkindern ohne Anraten eines Arztes. Nicht anwenden bei bekannter Überempfindlichkeit auf einen der Inhaltsstoffe.

Vorsichtsmaßnahmen
Wann ist bei der Einnahme von Sinupret Vorsicht geboten?

Patienten mit Veranlagung zu allergischen Reaktionen gegen Arzneimittel oder mit Asthma bronchiale dürfen das Produkt nur nach Rücksprache mit ihrem Arzt anwenden.

Informieren Sie Ihren Arzt, Apotheker oder Drogist, wenn Sie an Krankheiten leiden, Allergien haben oder andere Medikamente (auch selbstgekaufte) einnehmen.

Schwangerschaft/Stillzeit
Darf Sinupret während einer Schwangerschaft oder in der Stillzeit eingenommen werden?

Aufgrund der bisherigen Erfahrung ist kein Risiko für das Kind bekannt. Systematische Untersuchungen wurden aber nie durchgeführt. Vorsichtshalber sollten Sie während der Schwangerschaft und in der Stillzeit möglichst auf Medikamente verzichten oder den Arzt um Rat fragen.

Dosierung/Anwendung
Wie verwenden Sie Sinupret?

Wenn vom Arzt nicht anders verordnet:

- Erwachsene: 3-mal täglich 50 Tropfen.
- Schulkinder: 3-mal täglich 25 Tropfen.
- Kinder ab 2 Jahren: 3-mal täglich 15 Tropfen nach Anraten des Arztes.

Die Tropfen werden in der Regel unverdünnt eingenommen. Bei Kindern können die Sinupret Tropfen auch in Saft oder Tee verabreicht werden.

Halten Sie sich an die in der Packungsbeilage angegebene Dosierung. Wenn Sie glauben, das Medikament wirke zu schwach oder zu stark, so sprechen Sie mit Ihrem Arzt, Apotheker oder Drogist.

Unerwünschte Wirkungen
Welche Nebenwirkungen kann Sinupret haben?

In seltenen Fällen sind Magenunverträglichkeiten bekannt geworden. In Einzelfällen sind allergische Hautreaktionen (Hautrötung, Hautausschläge mit Bläschen) beschrieben worden. In letzteren Fällen ist von der weiteren Einnahme abzusehen und unverzüglich ein Arzt zu konsultieren.

Allgemeine Hinweise
Was ist ferner zu beachten?

Hinweis für Diabetiker: Eine Einzeldosis (50 Tropfen) enthält weniger als 0,03 BE.

Flasche zur Entnahme senkrecht halten. Eine leichte Trübung oder Ausflockung kann bei der Lagerung auftreten, sie beeinträchtigt die Wirkung des Präparates nicht.

Arzneimittel sollten für Kinder unerreichbar aufbewahrt werden. Das Medikament darf nur bis zu dem auf dem Behälter mit EXP bezeichneten Datum verwendet werden. Weitere Auskünfte erteilt Ihnen Ihr Arzt, Apotheker oder Drogist, der über die ausführliche Fachinformation verfügt.

Zusammensetzung
1 g (1,020 ml) Sinupret Tropfen enthält 290 mg eines alkoholisch-wäßrigen Auszugs aus:

– Enzianwurzel	2 mg
– Schlüsselblumenblüten	6 mg
– Sauerampferkraut	6 mg
– Holunderblüten	6 mg
– Eisenkraut	6 mg

Sinupret Tropfen enthalten 19 Volumenprozent Alkohol (1 ml entsprechen ca. 16 Tropfen).

Verkaufsart
In Apotheken und Drogerien, ohne ärztliches Rezept.

Sperti Präparation H Salbe

Eigenschaften/Verwendungszweck
Was ist Sperti Präparation H und wann wird es angewendet?

Sperti Präparation H ist ein Arzneimittel, das Schmerz und Juckreiz beseitigt und eine heilende Wirkung auf Haut und Schleimhaut ausübt.

Das Medikament kann angewendet werden bei inneren und äußeren Hämorrhoiden.

Ergänzungen
Was sollte dazu beachtet werden?

Sperti Präparation H Medizinal-Tüchlein wurden speziell für Hämorrhoiden-Leidende entwickelt. Das weiche, mit Hamameliswasser getränkte Wegwerftüchlein pflegt und reinigt die Analgegend sorgfältig.

Kontraindikationen
Wann darf Sperti Präparation H nicht angewendet werden?

Bei entzündungen in der Analgegend.

Vorsichtsmaßnahmen
Wann ist bei der Einnahme von Sperti Präparation H Vorsicht geboten?

Informieren Sie Ihren Arzt, Apotheker oder Drogist, wenn Sie an Krankheiten leiden, Allergien haben oder andere Medikamente (auch selbstgekaufte) einnehmen oder äußerlich anwenden.

Schwangerschaft/Stillzeit
Darf Sperti Präparation H während einer Schwangerschaft oder in der Stillzeit eingenommen werden?

Aufgrund der bisherigen Erfahrung ist kein Risiko für das Kind bekannt. Systematische Untersuchungen wurden aber nie durchgeführt. Vorsichtshalber sollten Sie während der Schwangerschaft und in der Stillzeit möglichst auf Medikamente verzichten oder den Arzt um Rat fragen.

Thymus pulegioides

Dosierung/Anwendung
Wie verwenden Sie Sperti Präparation H?

Soweit nicht anders verordnet, morgens und abends sowie nach jedem Stuhlgang reichlich am und im After auftragen. Bei innerer Anwendung Applikator aufsetzen, mit etwas Salbe bestreichen und in den After einführen. Druck auf die Tube geben und Applikator langsam heranziehen. Applikator nach Gebrauch gut reinigen. Die Behandlung kann 4–6 Wochen fortgesetzt werden. Wenn bis dahin die Beschwerden nicht wesentlich nachgelassen haben, sollte der Arzt aufgesucht werden.

Halten Sie sich an die in der Packungsbeilage angegebene Dosierung. Wenn Sie glauben, das Medikament wirke zu schwach oder zu stark, so sprechen Sie mit Ihrem Arzt, Apotheker oder Drogist

Unerwünschte Wirkungen
Welche Nebenwirkungen kann Sperti Präparation H haben?

Für Sperti Präparation H sind bisher keine Nebenwirkungen beobachtet worden.

Allgemeine Hinweise
Was ist ferner zu beachten?

Nur für örtlichen Gebrauch. Arzneimittel sollten für Kinder unerreichbar aufbewahrt werden.

Das Medikament darf nur bis zu dem auf dem Behälter mit EXP bezeichneten Datum verwendet werden. Weitere Auskünfte erteilt Ihnen Ihr Arzt, Apotheker oder Drogist, der über die ausführliche Fachinformation verfügt.

Zusammensetzung
1 g Sperti Präparation H Salbe enthält:

– Haifischleber-Öl	30 mg
– Extrakt lebender Hefezellen	10 mg
– Thymianöl	1 mg
– Wollfett	
– Chlorhexidinacetat	
– Hilfsstoffe	

Verkaufsart
In Apotheken und Drogerien, ohne ärztliches Rezept.

Sperti Präparation H Suppositorien

Eigenschaften/Verwendungszweck
Was ist Sperti Präparation H und wann wird es angewendet?

Sperti Präparation H ist ein Arzneimittel, das Schmerz und Juckreiz beseitigt und eine heilende Wirkung auf Haut und Schleimhaut ausübt.

Das Medikament kann angewendet werden bei inneren und äußeren Hämorrhoiden.

Ergänzungen
Was sollte dazu beachtet werden?

Sperti Präparation H Medizinal-Tüchlein wurden speziell für Hämorrhoiden-Leidende entwickelt. Das weiche, mit Hamameliswasser getränkte Wegwerftüchlein pflegt und reinigt die Analgegend sorgfältig.

Kontraindikationen
Wann darf Sperti Präparation H nicht angewendet werden?

Bei entzündungen in der Analgegend.

Vorsichtsmaßnahmen
Wann ist bei der Einnahme von Sperti Präparation H Vorsicht geboten?

Informieren Sie Ihren Arzt, Apotheker oder Drogist, wenn Sie an Krankheiten leiden, Allergien haben oder andere Medikamente (auch selbstgekaufte) einnehmen oder äußerlich anwenden.

Schwangerschaft/Stillzeit
Darf Sperti Präparation H während einer Schwangerschaft oder in der Stillzeit eingenommen werden?

Aufgrund der bisherigen Erfahrung ist kein Risiko für das Kind bekannt. Systematische Untersuchungen wurden aber nie durchgeführt. Vorsichtshalber sollten Sie während der Schwangerschaft und in der Stillzeit möglichst auf Medikamente verzichten oder den Arzt um Rat fragen.

Dosierung/Anwendung
Wie verwenden Sie Sperti Präparation H?

Soweit nicht anders verordnet, 1 Zäpfchen morgens und abends sowie nach jedem Stuhlgang in den After einführen.

Die Behandlung kann 4–6 Wochen fortgesetzt werden. Wenn bis dahin die Beschwerden nicht wesentlich nachgelassen haben, sollte der Arzt aufgesucht werden.

Halten Sie sich an die in der Packungsbeilage angegebene Dosierung. Wenn Sie glauben, das Medikament wirke zu schwach oder zu stark, so sprechen Sie mit Ihrem Arzt, Apotheker oder Drogist.

Unerwünschte Wirkungen
Welche Nebenwirkungen kann Sperti Präparation H haben?

Für Sperti Präparation H sind bisher keine Nebenwirkungen beobachtet worden.

Allgemeine Hinweise
Was ist ferner zu beachten?

Nur für örtlichen Gebrauch. Arzneimittel sollten für Kinder unerreichbar aufbewahrt werden.

Das Medikament darf nur bis zu dem auf dem Behälter mit EXP bezeichneten Datum verwendet werden. Weitere Auskünfte erteilt Ihnen Ihr Arzt, Apotheker oder Drogist, der über die ausführliche Fachinformation verfügt.

Zusammensetzung
1 Zäpfchen enthält:

- Haifischleber-Öl 69 mg
- Extrakt lebender Hefezellen 23 mg
- Thymianöl 1 mg
- Chlorhexidinacetat
- Hilfsstoffe

Verkaufsart
In Apotheken und Drogerien, ohne ärztliches Rezept

Tadenan

Eigenschaften/Verwendungszweck
Was ist Tadenan und wann wird es angewendet?

Tadenan ist ein Präparat mit einem Extrakt aus der Rinde des afrikanischen Pflaumenbaums (Pygeum africanum = Prunus africanus).

Tadenan wird zur Linderung von Beschwerden infolge beginnender Vergrößerung der Prostata, wie Harndrang, verzögerter Beginn beim Wasserlassen, schwacher oder unterbrochener Harnstrahl, Nachträufeln, Gefühl der unvollständigen Entleerung, unkontrollierbarer Harnverlust, Inkontinenz, eingesetzt.

Ergänzungen
Was sollte dazu beachtet werden?

Die Anwendung von Tadenan sollte Sie nicht davon abhalten, bei Prostatabeschwerden Ihren Arzt zu konsultieren.

Kontraindikationen
Wann darf Tadenan nicht angewendet werden?

Bei Entzündung der Prostata.

Vorsichtsmaßnahmen
Wann ist bei der Einnahme von Tadenan Vorsicht geboten?

Wenn die Prostatabeschwerden anhalten oder zunehmen, ist eine ärztliche Untersuchung notwendig. Tadenan kann eine Operation nicht ersetzen, wenn diese unentbehrlich ist.

Informieren Sie Ihren Arzt, Apotheker oder Drogist, wenn Sie:
- an Krankheiten leiden;
- Allergien haben;
- andere Medikamente (auch selbstgekaufte) einnehmen.

Dosierung/Anwendung
Wie verwenden Sie Tadenan?

Wenn vom Arzt nicht anders verordnet: Morgens und abends 1 Kapsel vor dem Essen mit einem Glas Wasser einnehmen.

Halten Sie sich an die in der Packungsbeilage angegebene Dosierung. Wenn Sie glauben, das Medikament wirke zu schwach oder zu stark, so sprechen Sie mit Ihrem Arzt, Apotheker oder Drogist.

Unerwünschte Wirkungen
Welche Nebenwirkungen kann Tadenan haben?

In seltenen Fällen sind Magenbeschwerden beobachtet worden (Übelkeit, Verstopfung oder Diarrhöe). Sie sind harmlos und gestatten im Allgemeinen eine Fortsetzung der Behandlung.

Allgemeine Hinweise
Was ist ferner zu beachten?

Arzneimittel sollten für Kinder unerreichbar aufbewahrt werden.

Das Medikament darf nur bis zu dem auf dem Behälter mit EXP bezeichneten Datum verwendet werden. Weitere Auskünfte erteilt Ihnen Ihr Arzt, Apotheker oder Drogist, der über die ausführliche Fachinformation verfügt.

Zusammensetzung

1 Kapsel Tadenan enthält: 50 mg Extrakt aus der Rinde des afrikanischen Pflaumenbaumes (Pygeum africanum).

Verkaufsart

In Apotheken und Drogerien, ohne ärztliches Rezept.

Valdispert Dragées

Eigenschaften/Verwendungszweck

Was sind Valdispert Dragées und wann werden sie angewendet?

Valdispert Dragées enthalten ein Trockenextrakt aus der Wurzel der Baldrianpflanze (Valeriana officinalis). Die Baldrianwurzel ist ein leichtes Beruhigungsmittel bei:

- nervöser Übererregbarkeit
- Unruhezuständen
- Nervosität
- Einschlafstörungen
- Durchschlafstörungen
- Prüfungsangst
- Flugangst

Ergänzungen

Was sollte dazu beachtet werden?

Innere Unruhe, Nervosität verbunden mit Herzbeschwerden oder Verdauungs- und Einschlafstörungen oder Übererregbarkeit beruhen oft auf einer Überbeanspruchung der eigenen Person und der Vorstellung, bestimmten Problemen nicht gewachsen zu sein.

Dieses Arzneimittel kann Ihre Probleme natürlich nicht lösen. Es soll Ihnen lediglich während einer begrenzten Zeit helfen, Belastungen, die zu den obengenannten Beschwerden führen, besser zu bewältigen.

Wenn die Beschwerden (Schlafstörungen und/oder die Unruhezustände) länger andauern (mehr als 2 Wochen), sollte wie bei allen unklaren Beschwerden ein Arzt aufgesucht werden.

Kontraindikationen

Wann darf Valdispert nicht angewendet werden?

Zur Anwendung des Arzneimittels bei Kindern liegen keine ausreichenden Untersuchungen vor. Es soll deshalb bei Kindern unter 12 Jahren nicht angewendet werden.

Bei Überempfindlichkeit gegenüber einem der Bestandteile des Arzneimittels darf das Medikament nicht angewendet werden.

Vorsichtsmaßnahmen

Wann ist bei der Einnahme von Valdispert Vorsicht geboten?

Schlaffördernde Mittel können grundsätzlich, auch bei bestimmungsgemäßem Gebrauch, das Reaktionsvermögen so weit verändern, dass die Fähigkeit zur aktiven Teilnahme am Straßenverkehr oder zum Bedienen von Maschinen beeinträchtigt wird. Das gilt in verstärktem Maße im Zusammenhang mit Alkohol. Vorsicht ist des Weiteren geboten bei Leberstörungen oder schwerer Leberkrankheit.

Informieren Sie Ihren Arzt, Apotheker oder Drogist, wenn Sie:

- an Krankheiten leiden;
- Allergien haben;
- andere Medikamente (auch selbstgekaufte) einnehmen oder äußerlich anwenden.

Schwangerschaft/Stillzeit

Darf Valdispert während einer Schwangerschaft oder in der Stillzeit eingenommen werden?

Aufgrund der bisherigen Erfahrung ist kein Risiko für das Kind bekannt. Systematische Untersuchungen wurden aber nie durchgeführt. Vorsichtshalber sollten Sie während der Schwangerschaft und in der Stillzeit möglichst auf Medikamente verzichten oder den Arzt um Rat fragen.

Dosierung/Anwendung

Wie verwenden Sie Valdispert?

Wenn vom Arzt nicht anders verordnet, gilt für Erwachsene und Jugendliche ab 12 Jahren folgende Dosierung:

- Bei nervös bedingten Einschlafstörungen:
  Eine halbe Stunde vor dem Schlafengehen 3 Dragées Valdispert (entsprechend 375 Trockenextrakt aus Baldrianwurzel) mit etwas Flüssigkeit einnehmen.
- Bei Unruhezuständen:
  1- bis 3-mal täglich 3 Dragées (entsprechend 375 mg Trockenextrakt aus Baldrianwurzel), vorzugsweise nach den Mahlzeiten mit etwas Flüssigkeit einnehmen.

Halten Sie sich an die in der Packungsbeilage angegebene Dosierung. Wenn Sie glauben, das Medikament wirke zu schwach oder zu stark, so sprechen Sie mit Ihrem Arzt, Apotheker oder Drogist.

Unerwünschte Wirkungen

Welche Nebenwirkungen kann Valdispert haben?

Für das Präparat sind bisher bei bestimmungsgemäßem Gebrauch keine Nebenwirkungen beobachtet worden. Wenn sie Nebenwirkungen bemerken, sollten Sie Ihren Arzt, Apotheker oder Drogist informieren.

Allgemeine Hinweise

Was ist ferner zu beachten?

Arzneimittel sollten für Kinder unerreichbar aufbewahrt werden.

Das Medikament darf nur bis zu dem auf dem Behälter mit EXP bezeichneten Datum verwendet werden. Weitere Auskünfte erteilt Ihnen Ihr Arzt, Apotheker oder Drogist, der über die ausführliche Fachinformation verfügt.

Zusammensetzung

1 Dragée enthält 125 mg ethanolischen Trockenextrakt aus der Baldrianwurzel (Radix valerianae officinalis) sowie Hilfsstoffe.

Verkaufsart

In Apotheken und Drogerien, ohne ärztliches Rezept.

Valverde Entspannung Dragées

Eigenschaften/Verwendungszweck

Was sind Valverde Entspannung Dragées und wann werden sie angewendet?

Dieses Heilmittel auf pflanzlicher Basis enthält eine Kombination standardisierter Trockenextrakte aus:
- Passionsblumenkraut
- Baldrianwurzeln
- Melissenblättern
- Pestwurzeln

Den bewährten Heilpflanzen wird traditionsgemäß eine beruhigende Wirkung zugeschrieben. Durch die Standardisierung dieses pflanzlichen Heilmittels wird eine gleichbleibende Qualität erzielt.
Valverde Entspannung Dragées werden angewendet bei:
- nervöser Übererregbarkeit
- Unruhezuständen
- Nervosität
- Einschlafstörungen
- Durchschlafstörungen
- Prüfungsangst
- Flugangst

Ergänzungen

Was sollte dazu beachtet werden?

Innere Unruhe, Nervosität verbunden mit Herzbeschwerden oder Verdauungs- und Einschlafstörungen oder Übererregbarkeit beruhen oft auf einer Überbeanspruchung der eigenen Person und der Vorstellung, bestimmten Problemen nicht gewachsen zu sein.
Dieses Arzneimittel kann Ihre Probleme natürlich nicht lösen. Es soll Ihnen lediglich während einer begrenzten Zeit helfen, Belastungen, die zu den obengenannten Beschwerden führen, besser zu bewältigen.
Wenn die Beschwerden (Schlafstörungen und/oder die Unruhezustände) länger andauern (mehr als 2 Wochen), sollte wie bei allen unklaren Beschwerden ein Arzt aufgesucht werden.

Kontraindikationen

Wann dürfen Valverde Entspannung Dragées nicht angewendet werden?

Zur Anwendung des Arzneimittels bei Kindern liegen keine ausreichenden Untersuchungen vor. Es soll deshalb bei Kindern unter 12 Jahren nicht angewendet werden.
Bei Überempfindlichkeit gegenüber einem der Bestandteile des Arzneimittels darf das Medikament nicht angewendet werden.

Vorsichtsmaßnahmen

Wann ist bei der Einnahme von Valverde Vorsicht geboten?

Schlaffördernde Mittel können grundsätzlich, auch bei bestimmungsgemäßem Gebrauch, das Reaktionsvermögen so weit verändern, dass die Fähigkeit zur aktiven Teilnahme am Straßenverkehr oder zum Bedienen von Maschinen beeinträchtigt wird. Das gilt in verstärktem Maße im Zusammenhang mit Alkohol. Vorsicht ist des Weiteren geboten bei Leberstörungen oder schwerer Leberkrankheit.
Informieren Sie Ihren Arzt, Apotheker oder Drogist, wenn Sie:
- an Krankheiten leiden;
- Allergien haben;
- andere Medikamente (auch selbstgekaufte) einnehmen oder äußerlich anwenden.

Schwangerschaft/Stillzeit

Dürfen Valverde Entspannung Dragées während einer Schwangerschaft oder in der Stillzeit eingenommen werden?

Aufgrund der bisherigen Erfahrung ist kein Risiko für das Kind bekannt. Systematische Untersuchungen wurden aber nie durchgeführt. Vorsichtshalber sollten Sie während der Schwangerschaft und in der Stillzeit möglichst auf Medikamente verzichten oder den Arzt um Rat fragen.

Dosierung/Anwendung

Wie verwenden Sie Valverde Entspannung Dragées?

Wenn vom Arzt nicht anders verordnet, gilt für Erwachsene und Jugendliche ab 12 Jahren folgende Dosierung: 3-mal täglich 1 Dragée, nach dem Essen, mit etwas Flüssigkeit.
Halten Sie sich an die in der Packungsbeilage angegebene Dosierung. Wenn Sie glauben, das Medikament wirke zu schwach oder zu stark, so sprechen Sie mit Ihrem Arzt, Apotheker oder Drogist.

Unerwünschte Wirkungen

Welche Nebenwirkungen kann Valverde Entspannung Dragées haben?

Für das Präparat sind bisher bei bestimmungsgemäßem Gebrauch keine Nebenwirkungen beobachtet worden. Wenn sie Nebenwirkungen bemerken, sollten Sie Ihren Arzt, Apotheker oder Drogist informieren.

Allgemeine Hinweise

Was ist ferner zu beachten?

Arzneimittel sollten für Kinder unerreichbar aufbewahrt werden.
Das Medikament darf nur bis zu dem auf dem Behälter mit EXP bezeichneten Datum verwendet werden. Weitere Auskünfte erteilt Ihnen Ihr Arzt, Apotheker oder Drogist, der über die ausführliche Fachinformation verfügt.

Zusammensetzung

1 Dragée enthält je 90 mg standardisierte Trockenextrakte aus den Wurzeln der Pestwurz, 18 mg Petasin und ähnliche Stoffe aus Passionsblumenkraut und aus Baldrianwurzeln sowie 60 mg Trockenextrakt aus Melissenblättern.

Verkaufsart

In Apotheken und Drogerien, ohne ärztliches Rezept.

Valverde Fieberbläschen Creme

Eigenschaften/Verwendungszweck
Was ist Valverde Fieberbläschen Creme und wann wird sie angewendet?

Dieses Heilmittel auf pflanzlicher Basis enthält einen standardisierten Trockenextrakt aus Melissenblättern. Der in Valverde Fieberbläschen Crème enthaltene Melissen-Extrakt lindert die Symptome einer Lippen-Herpes-Infektion und verkürzt die Heilungsdauer.

Durch die Standardisierung dieses pflanzlichen Heilmittels wird eine gleichbleibende Qualität erzielt.

Valverde Fieberbläschen Creme wird angewendet zur lokalen Behandlung von Fieberbläschen (Lippen-Herpes, auch genannt Herpes simplex oder Herpes labialis).

Ergänzungen
Was sollte dazu beachtet werden?

Der Behandlungserfolg ist am größten, wenn Valverde Fieberbläschen Creme bereits bei den ersten Anzeichen einer Infektion mit Lippen-Herpes wie Spannungsgefühl, Juckreiz, Brennen, Schmerz, Rötung angewendet wird. Falls die Beschwerden über 6–10 Tage hinaus anhalten, sollten Sie den Arzt konsultieren.

Kontraindikationen
Wann darf Valverde Fieberbläschen Creme nicht angewendet werden?

Bei Herpes-Erkrankungen im Auge (Entzündungen der Horn- und Bindehaut) durch Herpes-simplex-Viren (Herpes cornea simplex) darf Valverde Fieberbläschen Creme nicht angewendet werden, sondern muww ein Augenarzt konsultiert werden.

Ebenso darf Valverde Fieberbläschen Creme nicht angewendet werden bei bekannter Überempfindlichkeit auf einen der Inhaltsstoffe.

Vorsichtsmaßnahmen
Wann ist bei der Einnahme von Valverde Fieberbläschen Creme Vorsicht geboten?

Patienten mit Veranlagung zu allergischen Reaktionen gegen Arzneimittel dürfen das Produkt nur nach Rücksprache mit ihrem Arzt anwenden.

Informieren Sie Ihren Arzt, Apotheker oder Drogist, wenn Sie:
- an Krankheiten leiden;
- Allergien haben;
- andere Medikamente (auch selbstgekaufte) einnehmen oder äußerlich anwenden.

Schwangerschaft/Stillzeit
Darf dieses Medikament während einer Schwangerschaft oder in der Stillzeit eingenommen werden?

Aufgrund der bisherigen Erfahrung ist kein Risiko für das Kind bekannt. Systematische Untersuchungen wurden aber nie durchgeführt. Vorsichtshalber sollten Sie während der Schwangerschaft und in der Stillzeit möglichst auf Medikamente verzichten oder den Arzt um Rat fragen.

Melissa officinalis

Dosierung/Anwendung
Wie verwenden Sie Valverde Fieberbläschen Creme?

Wenn vom Arzt nicht anders verordnet: Täglich 2- bis 4-mal dünn auftragen (1–2 mm Creme, entsprechend 10–20 mg pro cm^2 Hautfläche).

Halten Sie sich an die in der Packungsbeilage angegebene Dosierung. Wenn Sie glauben, das Medikament wirke zu schwach oder zu stark, so sprechen Sie mit Ihrem Arzt, Apotheker oder Drogist.

Unerwünschte Wirkungen
Welche Nebenwirkungen kann Valverde Fieberbläschen Creme haben?

Für das Präparat sind bisher bei bestimmungsgemäßem Gebrauch keine Nebenwirkungen beobachtet worden. In seltenen Fällen können lokale Reizerscheinungen auftreten.

Allgemeine Hinweise
Was ist ferner zu beachten?

Nur äußerlich anwenden. Arzneimittel sollten für Kinder unerreichbar aufbewahrt werden.

Das Medikament darf nur bis zu dem auf dem Behälter mit EXP bezeichneten Datum verwendet werden. Weitere Auskünfte erteilt Ihnen Ihr Arzt, Apotheker oder Drogist, der über die ausführliche Fachinformation verfügt.

Zusammensetzung
1 g Creme enthält 10 mg standardisierten Trockenextrakt aus Melissenblättern in eine Cremebasis eingearbeitet. Konservierungsmittel: Benzylalkohol.

Verkaufsart
In Apotheken und Drogerien, ohne ärztliches Rezept.

Valverde Herz Dragées

Eigenschaften/Verwendungszweck
Was sind Valverde Herz Dragées und wann werden sie angewendet?

Dieses Heilmittel auf pflanzlicher Basis enthält standardisierte Trockenextrakte aus Weißdornblättern und -blüten, Weißdornfrüchten, Passionsblumenkraut, Hopfenzapfen und Baldrianwurzeln.

Den bewährten Heilpflanzen wird traditionsgemäß eine beruhigende Wirkung auf das Herz zugeschrieben.

Das Präparat wird angewendet bei:

- nervösen Herzbeschwerden
- nervösen Kreislaufbeschwerden
- Herzklopfen
- Druckgefühl in der Herzgegend
- Beklemmungsgefühl in der Herzgegend
- Stichen in der Herzgegend
- raschem Puls
- Schwindelgefühl
- unruhigem Schlaf
- Einschlafstörungen

Ergänzungen
Was sollte dazu beachtet werden?

Bei wiederkehrenden oder mehrere Tage andauernden Beschwerden ist ein Arzt zu konsultieren. Dieser wird feststellen, ob das Herz oder die Gefäße organisch erkrankt sind oder ob die Beschwerden nervös bedingt sind.

Crataegus

Das Präparat soll ohne Rücksprache mit dem Arzt nicht länger als 1 Woche angewendet werden.

Kontraindikationen
Wann dürfen Valverde Herz Dragées nicht angewendet werden?

Das Präparat sollte von magenempfindlichen Personen sowie Kindern nicht verwendet werden.

Vorsichtsmaßnahmen
Wann ist bei der Einnahme von Valverde Herz Dragées Vorsicht geboten?

Patienten mit Veranlagung zu allergischen Reaktionen gegen Arzneimittel dürfen das Produkt nur nach Rücksprache mit ihrem Arzt anwenden.

Informieren Sie Ihren Arzt, Apotheker oder Drogist, wenn Sie:

- an Krankheiten leiden;
- Allergien haben;
- andere Medikamente (auch selbstgekaufte) einnehmen.

Schwangerschaft/Stillzeit
Darf das Medikament während einer Schwangerschaft oder in der Stillzeit eingenommen werden?

Aufgrund der bisherigen Erfahrung ist kein Risiko für das Kind bekannt. Systematische Untersuchungen wurden aber nie durchgeführt. Vorsichtshalber sollten Sie während der Schwangerschaft und in der Stillzeit möglichst auf Medikamente verzichten oder den Arzt um Rat fragen.

Dosierung/Anwendung
Wie verwenden Sie Valverde Herz Dragées?

Wenn vom Arzt nicht anders verordnet:

Erwachsene: 3-mal täglich 1 Dragée, vor oder nach dem Essen, mit etwas Flüssigkeit.

Halten Sie sich an die in der Packungsbeilage angegebene Dosierung. Wenn Sie glauben, das Medikament wirke zu schwach oder zu stark, so sprechen Sie mit Ihrem Arzt, Apotheker oder Drogist.

Unerwünschte Wirkungen
Welche Nebenwirkungen können Valverde Herz Dragées haben?

Für das Präparat sind bisher bei bestimmungsgemäßem Gebrauch keine Nebenwirkungen beobachtet worden.

Allgemeine Hinweise
Was ist ferner zu beachten?

Arzneimittel sollten für Kinder unerreichbar aufbewahrt werden.

Das Medikament darf nur bis zu dem auf dem Behälter mit EXP bezeichneten Datum verwendet werden. Weitere Auskünfte erteilt Ihnen Ihr Arzt, Apotheker oder Drogist, der über die ausführliche Fachinformation verfügt.

Zusammensetzung
1 Dragée enthält standardisierte Trockenextrakte aus:

– Weißdornblättern und –blüten	90 mg
– Weißdornfrüchten	21 mg
– Baldrianwurzeln	90 mg
– Passionsblumenkraut	60 mg
– Hopfenzapfen	42 mg

Verkaufsart
In Apotheken und Drogerien, ohne ärztliches Rezept.

Valverde Herz Tropfen

Eigenschaften/Verwendungszweck
Was sind Valverde Herz Tropfen und wann werden sie angewendet?

Dieses Heilmittel auf pflanzlicher Basis enthält standardisierte Trockenextrakte aus Weißdornblättern und -blüten, Weißdornfrüchten, Passionsblumenkraut, Hopfenzapfen und Baldrianwurzeln.

Den bewährten Heilpflanzen wird traditionsgemäß eine beruhigende Wirkung auf das Herz zugeschrieben. Das Präparat wird angewendet bei:
- nervösen Herzbeschwerden
- nervösen Kreislaufbeschwerden
- Herzklopfen
- Druckgefühl in der Herzgegend
- Beklemmungsgefühl in der Herzgegend
- Stichen in der Herzgegend
- raschem Puls
- Schwindelgefühl
- unruhigem Schlaf
- Einschlafstörungen

Ergänzungen
Was sollte dazu beachtet werden?

Bei wiederkehrenden oder mehrere Tagen andauernden Beschwerden ist ein Arzt zu konsultieren. Dieser wird feststellen, ob das Herz oder die Gefäße organisch erkrankt sind oder ob die Beschwerden nervös bedingt sind.

Das Präparat soll ohne Rücksprache mit dem Arzt nicht länger als 1 Woche angewendet werden.

Kontraindikationen
Wann dürfen Valverde Herz Tropfen nicht angewendet werden?

Das Präparat sollte von magenempfindlichen Personen sowie Kindern nicht verwendet werden.

Vorsichtsmaßnahmen
Wann ist bei der Einnahme von Valverde Herz Tropfen Vorsicht geboten?

Patienten mit Veranlagung zu allergischen Reaktionen gegen Arzneimittel dürfen das Produkt nur nach Rücksprache mit ihrem Arzt anwenden. Informieren Sie Ihren Arzt, Apotheker oder Drogist, wenn Sie:
- an Krankheiten leiden;
- Allergien haben;
- andere Medikamente (auch selbstgekaufte) einnehmen.

Schwangerschaft/Stillzeit
Darf das Medikament während einer Schwangerschaft oder in der Stillzeit eingenommen werden?

Aufgrund der bisherigen Erfahrung ist kein Risiko für das Kind bekannt. Systematische Untersuchungen wurden aber nie durchgeführt. Vorsichtshalber sollten Sie während der Schwangerschaft und in der Stillzeit möglichst auf Medikamente verzichten oder den Arzt um Rat fragen.

Dosierung/Anwendung
Wie verwenden Sie Valverde Herz Tropfen?

Wenn vom Arzt nicht anders verordnet:
Erwachsene: 3-mal täglich eine Maßpipettenfüllung (= 1 ml) vor dem Essen, mit etwas Flüssigkeit.

Halten Sie sich an die in der Packungsbeilage angegebene Dosierung. Wenn Sie glauben, das Medikament wirke zu schwach oder zu stark, so sprechen Sie mit Ihrem Arzt, Apotheker oder Drogist.

Unerwünschte Wirkungen
Welche Nebenwirkungen können Valverde Herz Tropfen haben?

Für das Präparat sind bisher bei bestimmungsgemäßem Gebrauch keine Nebenwirkungen beobachtet worden.

Allgemeine Hinweise
Was ist ferner zu beachten?

Arzneimittel sollten für Kinder unerreichbar aufbewahrt werden.

Das Medikament darf nur bis zu dem auf dem Behälter mit EXP bezeichneten Datum verwendet werden. Weitere Auskünfte erteilt Ihnen Ihr Arzt, Apotheker oder Drogist, der über die ausführliche Fachinformation verfügt.

Zusammensetzung
1 ml Tropfen enthält standardisierte Flüssigextrakte aus:

– Weißdornblättern und –blüten	260 mg
– Weißdornfrüchten	40 mg
– Passionsblumenkraut	140 mg

Verkaufsart
In Apotheken und Drogerien, ohne ärztliches Rezept.

Crataegus

Valverde Schlaf Dragées

Eigenschaften/Verwendungszweck
Was sind Valverde Schlaf Dragées und wann werden sie angewendet?

Dieses Heilmittel auf pflanzlicher Basis enthält eine Kombination standardisierter Trockenextrakte aus:
- Baldrianwurzeln
- Hopfenzapfen

Den bewährten Heilpflanzen wird traditionsgemäß eine beruhigende und schlaffördernde Wirkung zugeschrieben. Durch die Standardisierung dieses pflanzlichen Heilmittels wird eine gleichbleibende Qualität erzielt.
Valverde Schlaf Dragées werden angewendet bei:
- unruhigem Schlaf
- Einschlafstörungen
- Durchschlafstörungen

Ergänzungen
Was sollte dazu beachtet werden?

Falls Ihre Beschwerden länger als 1 Monat anhalten, sollten Sie Ihren Arzt konsultieren.
Bei Schlafproblemen sollte der Konsum von stimulierenden Getränken (Kaffee, Schwarztee), Nikotin sowie üppigem Essen am Abend vermieden werden. Gewöhnen Sie sich an einen regelmäßigen Schlafrhythmus. Ein kurzer Spaziergang an der frischen Luft, ein beruhigendes Bad oder das Lesen eines Buches in entspannender Atmosphäre fördern die Schlafbereitschaft.

Kontraindikationen
Wann dürfen Valverde Schlaf Dragées nicht angewendet werden?

Zur Anwendung des Arzneimittels bei Kindern liegen keine ausreichenden Untersuchungen vor. Es soll deshalb bei Kindern unter 12 Jahren nicht angewendet werden.
Bei Überempfindlichkeit gegenüber einem der Bestandteile des Arzneimittels darf das Medikament nicht angewendet werden.

Vorsichtsmaßnahmen
Wann ist bei der Einnahme von Valverde Schlaf Dragées Vorsicht geboten?

Schlaffördernde Mittel können grundsätzlich, auch bei bestimmungsgemäßem Gebrauch, das Reaktionsvermögen so weit verändern, dass die Fähigkeit zur aktiven Teilnahme am Straßenverkehr oder zum Bedienen von Maschinen beeinträchtigt wird. Das gilt in verstärktem Maße im Zusammenhang mit Alkohol. Vorsicht ist des Weiteren geboten bei Leberstörungen oder schwerer Leberkrankheit.
Informieren Sie Ihren Arzt, Apotheker oder Drogist, wenn Sie:
- an Krankheiten leiden;
- Allergien haben;
- andere Medikamente (auch selbstgekaufte) einnehmen oder äußerlich anwenden.

Schwangerschaft/Stillzeit
Darf dieses Medikament während einer Schwangerschaft oder in der Stillzeit eingenommen werden?

Aufgrund der bisherigen Erfahrung ist kein Risiko für das Kind bekannt. Systematische Untersuchungen wurden aber nie durchgeführt. Vorsichtshalber sollten Sie während der Schwangerschaft und in der Stillzeit möglichst auf Medikamente verzichten oder den Arzt um Rat fragen.

Dosierung/Anwendung
Wie verwenden Sie Valverde Schlaf Dragées?

Wenn vom Arzt nicht anders verordnet, gilt für Erwachsene und Jugendliche ab 12 Jahren folgende Dosierung: 1-mal täglich 2 Dragées (bei Bedarf 3 Dragées) vor dem Schlafengehen, mit etwas Flüssigkeit.
Halten Sie sich an die in der Packungsbeilage angegebene Dosierung. Wenn Sie glauben, das Medikament wirke zu schwach oder zu stark, so sprechen Sie mit Ihrem Arzt, Apotheker oder Drogist.

Unerwünschte Wirkungen
Welche Nebenwirkungen können Valverde Schlaf Dragées haben?

Für das Präparat sind bisher bei bestimmungsgemäßem Gebrauch keine Nebenwirkungen beobachtet worden. Wenn sie Nebenwirkungen bemerken sollten Sie Ihren Arzt, Apotheker oder Drogist informieren. Aufgrund der eingesetzten Hilfsstoffe können in sehr seltenen Fällen unerwünschte Wirkungen (Hautreaktionen) auftreten.

Allgemeine Hinweise
Was ist ferner zu beachten?

Arzneimittel sollten für Kinder unerreichbar aufbewahrt werden.
Das Medikament darf nur bis zu dem auf dem Behälter mit EXP bezeichneten Datum verwendet werden. Weitere Auskünfte erteilt Ihnen Ihr Arzt, Apotheker oder Drogist, der über die ausführliche Fachinformation verfügt.

Zusammensetzung
1 Dragée enthält 250 mg standardisierten Trockenextrakt aus Baldrianwurzeln und 60 mg standardisierten Trockenextrakt aus Hopfenzapfen.

Verkaufsart
In Apotheken und Drogerien, ohne ärztliches Rezept.

Valverde Schlaf Sirup

Eigenschaften/Verwendungszweck

Was ist Valverde Schlaf Sirup und wann wird er angewendet?

Dieses Heilmittel auf pflanzlicher Basis enthält einen standardisierten Trockenextrakt aus Baldrianwurzeln.

Durch die Standardisierung dieses pflanzlichen Heilmittels wird eine gleichbleibende Qualität erzielt.

Valverde Schlaf Sirup wird angewendet bei:

- unruhigem Schlaf
- Einschlafstörungen
- Durchschlafstörungen

Ergänzungen

Was sollte dazu beachtet werden?

Falls Ihre Beschwerden länger als 1 Monat anhalten, sollten Sie Ihren Arzt konsultieren.

Bei Schlafproblemen sollte der Konsum von stimulierenden Getränken (Kaffee, Schwarztee), Nikotin sowie üppigem Essen am Abend vermieden werden. Gewöhnen Sie sich an einen regelmäßigen Schlafrhythmus. Ein kurzer Spaziergang an der frischen Luft, ein beruhigendes Bad oder das Lesen eines Buches in entspannender Atmosphäre fördern die Schlafbereitschaft.

Kontraindikationen

Wann darf Valverde Schlaf Sirup nicht angewendet werden?

Bei Überempfindlichkeit gegenüber einem der Bestandteile des Arzneimittels darf das Medikament nicht angewendet werden.

Vorsichtsmaßnahmen

Wann ist bei der Einnahme von Valverde Schlaf Sirup Vorsicht geboten?

Schlaffördernde Mittel können grundsätzlich, auch bei bestimmungsgemäßem Gebrauch, das Reaktionsvermögen so weit verändern, dass die Fähigkeit zur aktiven Teilnahme am Straßenverkehr oder zum Bedienen von Maschinen beeinträchtigt wird. Das gilt in verstärktem Maße im Zusammenhang mit Alkohol. Vorsicht ist des Weiteren geboten bei Leberstörungen oder schwerer Leberkrankheit.

Informieren Sie Ihren Arzt, Apotheker oder Drogist, wenn Sie an Krankheiten leiden, Allergien haben oder andere Medikamente (auch selbstgekaufte) einnehmen oder äußerlich anwenden.

Schwangerschaft/Stillzeit

Darf dieses Medikament während einer Schwangerschaft oder in der Stillzeit eingenommen werden?

Aufgrund der bisherigen Erfahrung ist kein Risiko für das Kind bekannt. Systematische Untersuchungen wurden aber nie durchgeführt. Vorsichtshalber sollten Sie während der Schwangerschaft und in der Stillzeit möglichst auf Medikamente verzichten oder den Arzt um Rat fragen.

Dosierung/Anwendung

Wie verwenden Sie Valverde Schlaf Sirop?

- Erwachsene und Jugendliche: 1-mal täglich 10 ml Sirup (bei Bedarf 20 ml) vor dem Schlafengehen, mit etwas Flüssigkeit.
- Kinder ab 6 Jahren: 1-mal täglich 7,5 ml.
- Kleinkinder ab 1 Jahr: 1-mal täglich 5 ml.

Halten Sie sich an die in der Packungsbeilage angegebene Dosierung. Wenn Sie glauben, das Medikament wirke zu schwach oder zu stark, so sprechen Sie mit Ihrem Arzt, Apotheker oder Drogist.

Unerwünschte Wirkungen

Welche Nebenwirkungen kann Valverde Schlaf Sirup haben?

Für das Präparat sind bisher bei bestimmungsgemäßem Gebrauch keine Nebenwirkungen beobachtet worden. Wenn sie Nebenwirkungen bemerken sollten Sie Ihren Arzt, Apotheker oder Drogist informieren. Aufgrund der eingesetzten Hilfsstoffe können in sehr seltenen Fällen unerwünschte Wirkungen (Hautreaktionen) auftreten.

Allgemeine Hinweise

Was ist ferner zu beachten?

Arzneimittel sollten für Kinder unerreichbar aufbewahrt werden. Das Medikament darf nur bis zu dem auf dem Behälter mit EXP bezeichneten Datum verwendet werden. Weitere Auskünfte erteilt Ihnen Ihr Arzt, Apotheker oder Drogist, der über die ausführliche Fachinformation verfügt.

Zusammensetzung

10 ml enthalten 800 mg standardisierten Trockenextrakt aus Baldrianwurzeln sowie Hilfsstoffe wie Orangenaroma und 4,4 g Fruchtzucker. Konservierungsmittel: Kaliumsorbat.

Verkaufsart

In Apotheken und Drogerien, ohne ärztliches Rezept.

Valeriana officinalis

Valverde Verstopfung Dragées

Eigenschaften/Verwendungszweck

Was sind Valverde Verstopfung Dragées und wann werden sie angewendet?

Dieses Heilmittel auf pflanzlicher Basis enthält standardisierte Trockenextrakte aus Sennesblättern und Pestwurzeln sowie getrocknete Feigenfrüchte. Der Extrakt aus Sennesblättern erzeugt in der empfohlenen Dosierung einen weichen gleitfähigen Stuhl. Dieser Effekt wird unterstützt durch die Schleimstoffe, den Fruchtzucker und die Fruchtsäure der getrockneten Feigen.

Durch die Standardisierung dieses pflanzlichen Heilmittels wird eine gleichbleibende Qualität erzielt.

Valverde Verstopfung Dragées werden angewendet bei gelegentlicher Verstopfung (zum Beispiel auf Reisen).

Ergänzungen

Was sollte dazu beachtet werden?

Wenn Sie an Verstopfung leiden, sollten Sie ballaststoffreiche Nahrung (Gemüse, Früchte, Vollkornbrot) sowie viel und regelmäßig Flüssigkeit einnehmen und auf körperliche Betätigung (Sport) achten.

Falls die Beschwerden über 6–10 Tage hinaus anhalten, sollten Sie den Arzt konsultieren.

Kontraindikationen

Wann darf das Medikament nicht angewendet werden?

Bei Erkrankungen des Magen-Darm-Traktes (zum Beispiel bei Darmverschluss, bei entzündlichen Darmerkrankungen) und Kleinkindern darf das Medikament nicht angewendet werden.

Ebenso darf das Medikament nicht angewendet werden bei bekannter Überempfindlichkeit auf einen der Inhaltsstoffe.

Vorsichtsmaßnahmen

Wann ist bei der Einnahme von Valverde Verstopfung Dragées Vorsicht geboten?

Patienten mit Veranlagung zu allergischen Reaktionen gegen Arzneimittel dürfen das Produkt nur nach Rücksprache mit ihrem Arzt anwenden.

Informieren Sie Ihren Arzt, Apotheker oder Drogist, wenn Sie:

- an Krankheiten leiden;
- Allergien haben;
- andere Medikamente (auch selbstgekaufte) einnehmen oder äußerlich anwenden.

Schwangerschaft/Stillzeit

Darf das Medikament während einer Schwangerschaft oder in der Stillzeit eingenommen werden?

Aufgrund der bisherigen Erfahrung ist kein Risiko für das Kind bekannt. Systematische Untersuchungen wurden aber nie durchgeführt. Vorsichtshalber sollten Sie während der Schwangerschaft und in der Stillzeit möglichst auf Medikamente verzichten oder den Arzt um Rat fragen.

Petasites hybridus

Dosierung/Anwendung

Wie verwenden Sie Valverde Verstopfung Dragées?

Wenn vom Arzt nicht anders verordnet:

- Erwachsene und Jugendliche ab 12 Jahren: 1-mal täglich 1–2 Dragées abends vor dem Schlafengehen (Wirkungseintritt nach ca. 8 Stunden), mit genügend Flüssigkeit (mindestens 2 dl).
- Kinder von 6–12 Jahren: 1 Dragée auf ärztliche Verordnung.

Halten Sie sich an die in der Packungsbeilage angegebene Dosierung. Wenn Sie glauben, das Medikament wirke zu schwach oder zu stark, so sprechen Sie mit Ihrem Arzt, Apotheker oder Drogist.

Unerwünschte Wirkungen

Welche Nebenwirkungen können Valverde Verstopfung Dragées haben?

Für das Präparat sind bisher bei bestimmungsgemäßem Gebrauch keine Nebenwirkungen beobachtet worden. In seltenen Fällen können gelegentlich Bauchkrämpfe oder Durchfall auftreten.

Allgemeine Hinweise

Was ist ferner zu beachten?

Arzneimittel sollten für Kinder unerreichbar aufbewahrt werden.

Das Medikament darf nur bis zu dem auf dem Behälter mit EXP bezeichneten Datum verwendet werden. Weitere Auskünfte erteilt Ihnen Ihr Arzt, Apotheker oder Drogist, der über die ausführliche Fachinformation verfügt.

Zusammensetzung

1 Dragée enthält 60 mg standardisierten Trockenextrakt aus Sennesblättern, 40 mg standardisierten Trockenextrakt aus den Wurzeln der Pestwurz, 370 mg getrocknete Feigenfrüchte sowie Hilfsstoffe.

Verkaufsart

In Apotheken und Drogerien, ohne ärztliches Rezept.

Valverde Verstopfung Sirup

Eigenschaften/Verwendungszweck
Was ist Valverde Verstopfung Sirup und wann wird er angewendet?

Dieses Heilmittel auf pflanzlicher Basis enthält einen standardisierten Flüssigextrakt aus Sennesfrüchten und Feigen.
Der Extrakt aus Sennesfrüchten erzeugt in der empfohlenen Dosierung einen weichen gleitfähigen Stuhl. Dieser Effekt wird unterstützt durch die Schleimstoffe, den Fruchtzucker und die Fruchtsäure der getrockneten Feigen.
Durch die Standardisierung dieses pflanzlichen Heilmittels wird eine gleichbleibende Qualität erzielt.
Valverde Verstopfung Sirup wird angewendet bei gelegentlicher Verstopfung (zum Beispiel auf Reisen).

Ergänzungen
Was sollte dazu beachtet werden?

Wenn Sie an Verstopfung leiden, sollten Sie ballaststoffreiche Nahrung (Gemüse, Früchte, Vollkornbrot) sowie viel und regelmäßig Flüssigkeit einnehmen und auf körperliche Betätigung (Sport) achten.
Falls die Beschwerden über 6–10 Tage hinaus anhalten, sollten Sie den Arzt konsultieren.

Kontraindikationen
Wann darf das Medikament nicht angewendet werden?

Bei Erkrankungen des Magen-Darm-Traktes (zum Beispiel bei Darmverschluss, bei entzündlichen Darmerkrankungen) und Kleinkindern darf das Medikament nicht angewendet werden.
Ebenso darf das Medikament nicht angewendet werden bei bekannter Überempfindlichkeit auf einen der Inhaltsstoffe.

Vorsichtsmaßnahmen
Wann ist bei der Einnahme von Valverde Verstopfung Sirup Vorsicht geboten?

Patienten mit Veranlagung zu allergischen Reaktionen gegen Arzneimittel dürfen das Produkt nur nach Rücksprache mit ihrem Arzt anwenden.
Informieren Sie Ihren Arzt, Apotheker oder Drogist, wenn Sie:
- an Krankheiten leiden;
- Allergien haben;
- andere Medikamente (auch selbstgekaufte) einnehmen oder äußerlich anwenden.

Schwangerschaft/Stillzeit
Darf Valverde Verstopfung Sirup während einer Schwangerschaft oder in der Stillzeit eingenommen werden?

Aufgrund der bisherigen Erfahrung ist kein Risiko für das Kind bekannt. Systematische Untersuchungen wurden aber nie durchgeführt. Vorsichtshalber sollten Sie während der Schwangerschaft und in der Stillzeit möglichst auf Medikamente verzichten oder den Arzt um Rat fragen.

Dosierung/Anwendung
Wie verwenden Sie Valverde Verstopfung Sirup?

Wenn vom Arzt nicht anders verordnet:
- Erwachsene und Jugendliche ab 12 Jahren: 1-mal täglich 10–20 ml abends vor dem Schlafengehen (Wirkungseintritt nach ca. 8 Stunden), mit genügend Flüssigkeit (mindestens 2 dl).

Halten Sie sich an die in der Packungsbeilage angegebene Dosierung. Wenn Sie glauben, das Medikament wirke zu schwach oder zu stark, so sprechen Sie mit Ihrem Arzt, Apotheker oder Drogist.

Unerwünschte Wirkungen
Welche Nebenwirkungen kann Valverde Verstopfung Sirup haben?

Für das Präparat sind bisher bei bestimmungsgemäßem Gebrauch keine Nebenwirkungen beobachtet worden. In seltenen Fällen können gelegentlich Bauchkrämpfe oder Durchfall auftreten.

Allgemeine Hinweise
Was ist ferner zu beachten?

Arzneimittel sollten für Kinder unerreichbar aufbewahrt werden.
Das Medikament darf nur bis zu dem auf dem Behälter mit EXP bezeichneten Datum verwendet werden. Weitere Auskünfte erteilt Ihnen Ihr Arzt, Apotheker oder Drogist, der über die ausführliche Fachinformation verfügt.

Zusammensetzung

10 ml Sirup enthält standardisierten Flüssigextrakt aus 960 mg Sennesfrüchten und 1,44 g Feigenfrüchten. Hilfsstoffe: Pflanzliche Tinkturen zur Aromatisierung.

Verkaufsart

In Apotheken und Drogerien, ohne ärztliches Rezept.

Petasites hybridus

Homöopathie

Die Homöopathie ist ein Heilverfahren, das 1796 von Samuel Hahnemann begründet wurde. Kranken werden Arzneimittel in bestimmter, meist nicht messbarer Dosierung gegeben, die in höheren Dosierungen bei Gesunden ein ähnliches Krankheitsbild hervorrufen können. Der Begriff Homöopathie ist aus den griechischen Wörtern „homoios" (ähnlich) und „pathos" (Leiden)

Christian Friedrich Samuel Hahnemann, Begründer der Homöopathie

Hahnemann, geboren am 10. April 1755 in Meißen, gestorben am 2. Juli 1843 in Paris, studierte Medizin in Leipzig, Wien und Erlangen, wo er im August 1779 mit seiner Doktorarbeit „Conspectus affectuum spasmodicorum aetiologicus et therapeuticus" (Eine Betrachtung der Ursachen und der Behandlung von krampfartigen Affektionen) promovierte.

zusammengesetzt und steht im Gegensatz zur Allopathie („allos" anderes und „pathos" Leiden).

Doktor Hahnemann

Der Begründer der Homöopathie, Christian Friedrich Samuel Hahnemann, litt so stark unter den Missständen der damaligen Heilkunde, die vor allem aus Brech- und Abführkuren und übermäßigen Aderlässen bestand, dass er zeitweise nicht praktizierte und es vorzog, seinen Lebensunterhalt als Schriftsteller zu verdienen.

1796 veröffentlichte er ein Werk über den Versuch, ein neues Wirkprinzip von Arzneisubstanzen zu finden – nebst einem Blick auf die bisherigen Wirkprinzipien.

In diesem Werk forderte er seine Kollegen auf, die Wirksamkeit der Arzneistoffe an sich selbst zu prüfen, da man sich auf Chemie ebenso wenig verlassen könne wie auf Tierversuche, und stellte schon damals den Grundsatz auf: „Jedes wirksame Arzneimittel erregt im menschlichen Körper eine Art von eigener Krankheit, die eine andere hinzukommende Krankheit heilt. Man wende in der zu heilenden dasjenige Arzneimittel an, das eine andere, möglichst ähnliche künstliche Krankheit zu erregen imstande ist, und jene wird geheilt werden: similia similibus."

Daraus wurde der Grundsatz der Homöopathie formuliert: Similia similibus curantur: Ähnliches wird mit Ähnlichem geheilt.

1805 erschien die erste homöopathische Arzneimittellehre „De Viribus Medicamentorum Sive In Sano Corpore Humano Observatis", worin Hahnemann 27 Arzneimittel nach meist eigenen Beobachtungen genau beschreibt.

Auf diesem Fundament entstand Hahnemanns Hauptwerk, das 1810 erstmals erschienene „Organon der rationellen Heilkunde", in dem der Autor seine neue Heillehre als „homöopathische Heilkunst" darstellte. Vom Sommer 1811 bis Frühjahr 1821 hielt er in Leipzig wöchentlich zwei Vorlesungen über sein Organon.

Die sechste und letzte Ausgabe desselben wurde von Hahnemann in seiner Pariser Zeit völlig überarbeitet und mit wichtigen Anmerkungen versehen.

Der Kranke und seine Krankheit

Da in der Wissenschaft alles nachvollziehbar beziehungsweise reproduzierbar sein muss, interessiert sich der allopathisch-wissenschaftliche Mediziner nicht für das Einmalige und Einzigartige, das Persönliche und Individuelle des Kranken, sondern für das, was dieser Kranke mit anderen Kranken gemeinsam hat – zum Beispiel das Ekzem, die Lungenentzündung, den Herzinfarkt oder die Migräne.

Folgerichtig bekommen dann zwei konstitutionell ganz verschiedene Kranke (ob Mann oder Frau, Kind oder Greis), wenn sie etwa eine Lungenentzündung haben, dieselbe Therapie mit den gleichen Medikamenten, wobei die Dosierung dem Kranken je nach Körpergewicht und Verträglichkeit angepasst wird.

Wenn nun beispielsweise ein Patient mit Ulcus ventriculi das Magengeschwür seelisch nicht verkraften kann, so hat er mit vielen anderen Kranken wiederum etwas gemeinsam, in diesem Falle etwa „die Depression", und dafür ist dann der Psychiater zuständig.

Der allopathische Arzt lässt gern das, was er nicht versteht oder was ihm nicht in sein Konzept zu passen scheint, unter dem Vorwand der Objektivität stillschweigend (als „unwissenschaftlich") weg, während der ganzheitsmedizinisch denkende und handelnde homöopathische Arzt versucht, den

Allopathie/Homöopathie

Prinzipien der Allopathie

Primärwirkung einer Arznei erwünscht
- Keine Erstverschlimmerung

Sekundärwirkung einer Arznei unerwünscht
- Oft lang anhaltende negative Nachwirkungen und Begleiterscheinungen

Verordnungsweise (Medikation)
- Regelmäßig
- Sobald die Wirkung des Medikaments nachlässt
- Zu Beginn oder während der Verschlimmerungsphase

Therapie gegen eine Krankheit
- Meist der Versuch, die „Schlagkraft des Angreifers" zu schwächen.

Prinzipien der Homöopathie

Primärwirkung einer Arznei ist unvermeidlich
- Erstverschlimmerung oft ausgeprägt (wichtig zum Erkennen der Ansprechbarkeit) – nur bei niedrigen Potenzen

Sekundärwirkung einer Arznei ist erwünscht
- Keine negativen Nachwirkungen

Verordnungsweise (Medikation)
- Individuell
- Sobald die induzierte Heilreaktion des Kranken nachlässt
- Nach der Verschlimmerungsphase zur Vermeidung der nächsten Phase

Therapie gegen eine Krankheit
- Versuch, die Lebenskraft oder die Selbstheilungskräfte zu stärken

Kranken mit seiner Krankheit als ein einmaliges und unteilbares Ganzes zu betrachten und zu behandeln, ohne dabei den Boden der Wissenschaft zu verlassen.
Er nimmt auch das Nicht-Einfühlbare, Nicht-Verständliche und Nicht-ins-Bild-Passende prüfend zur Kenntnis und versucht es zu verstehen.

Das homöopathische Arzneimittelbild

Wie gelangt man zu einem homöopathischen Arzneimittelbild? Dafür kommen mehrere Wege in Betracht:
- Auswertung von akuten oder chronischen Vergiftungen mit der Grundsubstanz.
- Systematische, homöopathische Arzneimittelprüfung am Gesunden mit der Grundsubstanz, mit niedrigen, mittleren oder hohen Potenzen.
- Exakte Beobachtung des Heilverlaufs beim Patienten.

Wenn ein Mensch unter dem Einfluss eines bestimmten Arzneimittels steht, treten gewisse Erscheinungen und Symptome auf – oder sie verschwinden. Die Gesamtheit all dieser auftretenden und verschwindenden Erscheinungen und Symptome nennt man das Arzneimittelbild dieses bestimmten Medikaments.

Die erste Symptomgruppe

Zunächst werden dem Arzt meist ungewöhnliche, typische, oft scheinbar paradoxe Symptome auffallen, die dem Arzneimittelbild sein charakteristisches Gepräge geben, zum Beispiel:
- Trockener Mund, aber der Patient hat dennoch keinen Durst (z.B. Pulsatilla, Nox moschata).
- Die Beschwerden verschlimmern sich durch den Genuss von Bier, aber nicht durch andere alkoholische Getränke (z.B. Kalium bichromicum).
- Große Kälte (objektiv) der Körperoberfläche, dennoch kann der Kranke das Zudecken nicht ertragen (z.B. Secale cornutum).
- Sobald der Patient einschlafen will, stockt seine Atem. Er ringt nach Luft und wird sogleich wieder hellwach (z.B. Lachesis).
- Gefühl des Brennens, das jedoch durch Hitze deutlich gebessert wird (z.B. Arsenicum album).
- Benommenheit und Schläfrigkeit nach Gehen im Wind (z.B. Nox moschata).
- Starke Schweißausbrüche gleich nach dem Einschlafen oder sogar

Die Fabrikation von homöopathischen Präparaten

schon beim Schließen der Augen (z.B. Conium).

- Intensives Frieren und Frösteln bei von den Füßen aufwärts wandernden rheumatischen Beschwerden, dennoch deutliche Besserung durch Kälte und starke Verschlimmerung durch Wärme (z.B. Secale).

Die zweite Symptomgruppe

An zweiter Stelle wenden wir uns deutlich ausgeprägten Geistes- und Gemütssymptomen zu. Allgemeine psychische Symptome wie etwa Ängstlichkeit, Traurigkeit oder Schüchternheit sind dabei nicht von großer Bedeutung, sondern vor allem die auffallenden, oft das Leben, den Tod oder die Selbsterhaltung betreffenden Symptome:

- Gleichgültigkeit oder sogar Abneigung gegenüber dem Ehegatten, der Familie und den liebsten Angehörigen (z.B. Sepia).
- Der Patient ist traurig, niedergeschlagen oder verzweifelt; weint viel, möchte aber nicht angesprochen oder getröstet werden. Sein Zustand wird durch Zuspruch deutlich verschlimmert (z. B. Natrium muriaticum, Sepia, Silicea).
- Der Patient fühlt sich körperlich und geistig viel größer als seine Mitmenschen; besonders bei der Rückkehr von einem Spaziergang erscheint das eigene Zuhause zu klein zu sein, und er glaubt, dass die Angehörigen ihm körperlich und geistig unterlegen sind (z. B. Platinum, Cuprum).
- Die fixe Idee, ständig beobachtet zu werden (z.B. Arsenicum album, Hyoscyamus niger).
- Der Patient scheut sich, an einer Straßenecke vorüberzugehen, weil die Häuserwand vorzuspringen scheint, und er fürchtet, dagegen zu rennen (z.B. Argentum nitricum).
- Obwohl er traurig ist, kann der Patient nicht weinen (z.B. Nux vomica).
- Der Patient hat das Gefühl, er habe zwei Willen (z.B. Anacardium).
- Der Schwerkranke schickt den gerufenen Arzt nach Hause und behauptet, er sei nicht krank (z.B. Arnica, Chamomilla).
- Ausgesprochene Ruhelosigkeit beim Sitzen und in geschlossenen Räumen (z.B. Lycopodium).
- Der Patient kann nichts schnell genug machen (z.B. Acidum sulfuricum).

Die dritte Symptomgruppe

Die dritte Gruppe von Symptomen, diejenige der Allgemeinsymptome, beinhaltet alles, was den Menschen als Ganzes beeinflusst, also seinen Zustand verschlechtert oder verbessert:

- Kälte und Wärme
- Trockenheit und Feuchtigkeit
- Ruhe und Bewegung
- Wachen und Schlafen
- Tagrhythmus und Nachtrythmus
- Essen und Trinken

Diese Symptome werden im Allgemeinen als „Modalitäten" bezeichnet oder als Ausdruck des Menschen in seiner Ganzheit:

- Gewohnheiten und Neigungen
- Seitenbeziehungen, Lateralität
- Liebe, Sexualität, weiblicher Zyklus
- Anfälligkeiten für gewisse Krankheiten
- Lokalisation aller chronischen Krankheiten

Dass dabei verschiedene Einteilungen möglich sind und auch vorgenommen werden, darf uns nicht verwirren. So findet man etwa Trauminhalte und Traumeigentümlichkeiten beim einen Autor unter den Geistessymptomen, beim anderen unter den Allgemeinsymptomen, wobei ein Alptraum nach einem übermäßigen und schweren Essen eher in die Gruppe der Allgemeinsymptome eingeordnet werden müsste. Ein visionärer, unter den verschiedensten Umständen immer wiederkehrender Traum gehört dagegen eher in die Gruppe der Geistessymptome.

Das homöopathische Krankheitsbild

Das homöopathische Krankheitsbild ist die vollständige Erscheinungsform einer Krankheit bei einem ganz bestimmten Menschen.

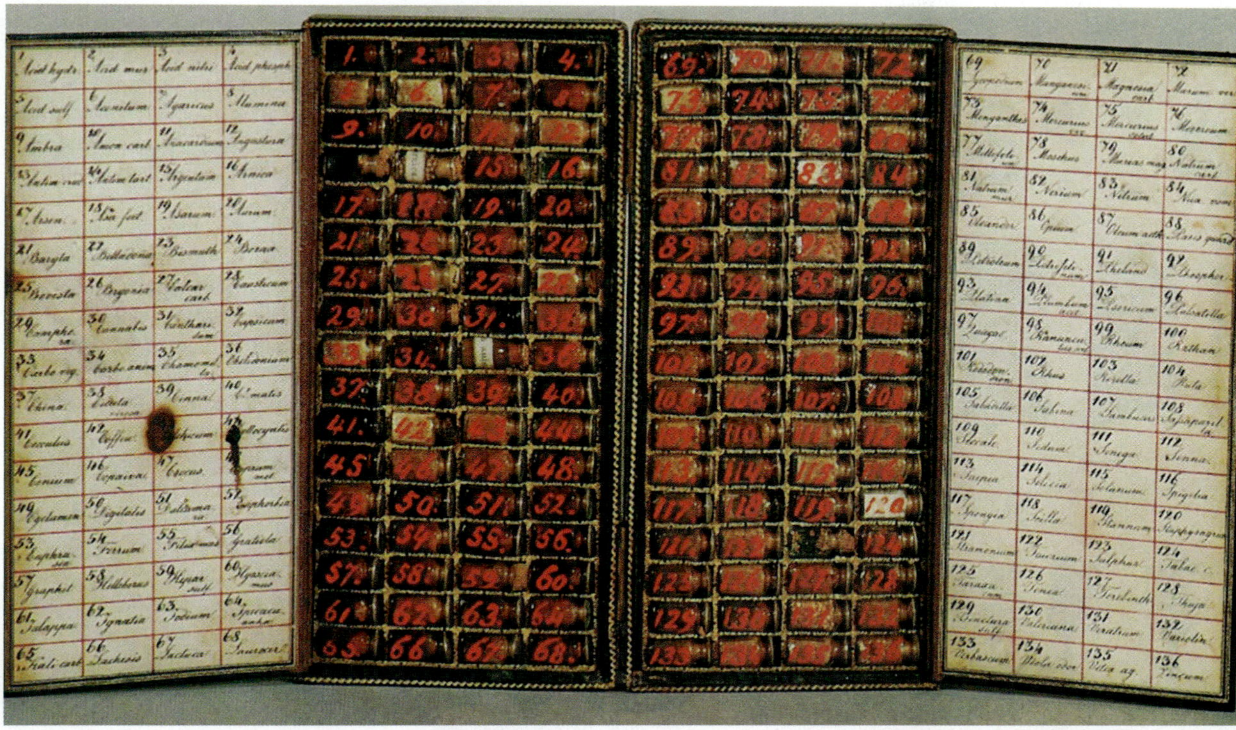

Homöopathische Taschenapotheke nach Dr. S. Hahnemann. Im Innern 136 nummerierte Miniaturflacons mit Arzneien. Im Deckelinnern Verzeichnis der Medikamente. Mitte des 19. Jahrhunderts.

Da man in der Homöopathie nie die Krankheit, sondern immer den Kranken behandelt, sind die persönlichen Symptome, Merkmale und Erscheinungen einer Krankheit mindestens ebenso wichtig wie die unpersönlichen, vergleichbaren, kontrollierbaren – die so genannten objektiven und wissenschaftlich erfassbaren Krankheitserscheinungen. Jeder Mensch ist jederzeit eine Ganzheit und reagiert auch in der speziellen Krankheitssituation als Ganzheit. Das bedeutet, dass der homöopathische Arzt im Bilde sein muss, dass er den Kranken als Ganzes im Bilde erfasst und dementsprechend ganzheitsbewusst behandelt.

Wenn etwa ein Mensch mit Kopfschmerzen und hypotonen Zirkulationsstörungen ein Schmerzmittel mit blutdrucksteigernder Wirkung erhält, werden die Schmerzen nach einer gewissen Latenzzeit mindestens vorübergehend nachlassen oder verschwinden, und es wird ein allgemeines Wohlgefühl entstehen. Erhält derselbe Patient jedoch ein ebenso gutes Schmerzmittel mit blutdrucksenkender Wirkung, wird der Schmerz meist nur psychisch distanziert, und der Kranke fühlt sich oft noch elender als zuvor.

Die homöopathische Therapie verlangt eine möglichst genaue Kenntnis des Krankheitsbildes, wobei – besonders bei chronischen Krankheiten – auch der zeitliche Verlauf in den verschiedenen Stadien berücksichtigt werden muss.

Leider wird die Natur einer Krankheit nicht immer klar deutlich und lässt sich zudem nicht immer eindeutig einem bestimmten Arzneimittelbild zuordnen. Die hohe Kunst der Homöopathie liegt zu einem großen Teil darin begründet, das richtige und wirksame Arzneimittel zu finden.

Homöopathische Arzneimittel

Die spezielle Zubereitung der Arzneimittel in der Homöopathie ergibt sich eigentlich von selbst, wenn man drei wesentliche Voraussetzungen berücksichtigt:

Für Hahnemann – in seinem kosmischen Bewusstsein – sind in der belebten Natur (Pflanzen und Tiere) und der unbelebten Natur (z.B. Mineralien) alle Heilmittel gegeben, deren der Mensch in einem noch beeinflussbaren Krankheitsfall zur Besserung oder Gesundung bedarf. Die Natur befindet sich in einem harmonischen Gleichgewicht, wenn nicht der Mensch mit seinem Willen, die sinnvolle Ganzheit missachtend, aus irgendwelchen Zweckgründen störend in diese Harmonie eingreift.

So übertrifft die Pflanzenwelt als „größte chemische Produktionsstätte" einer unbeschreiblichen Vielfalt von lebensnotwendigen Stoffen wie etwa Nahrungs- und Genussmittel, Baumwolle und Holz, Pharmaka und Kosmetika (ohne die Umwelt mit toxischen Abfallprodukten zu belasten) unsere gesamte chemische Industrie sowohl qualitativ (Vielfalt der Verbindungen und Stoffe) als auch quantitativ (Menge) um ein Vielfaches.

Deshalb bestand für Hahnemann keinerlei Notwendigkeit, weitere Arznei-

Bestandteile für homöopathische Arzneien

mittel zu erfinden oder künstlich herzustellen.

Es galt nur, zuerst die Eigenschaften der von der Natur in großer Vielfalt und im Überfluss gegebenen Arzneien und ihre Wirkungen auf den Menschen genau zu erforschen und anschließend die bestmögliche, dem Kranken und seiner Krankheit entsprechende Arznei und ihre Dosierung zu finden.

Da nach Hahnemann eine echte Heilung nicht durch das Arzneimittel als solches, sondern durch die Selbstheilungskräfte des Organismus zustande kommt, ist nur diejenige Arznei ein wahres Heilmittel, die den kranken Organismus in seinen Selbstheilungstendenzen (sympathisch) unterstützt, und niemals das Arzneimittel, das vorübergehend gegen eine Krankheit (antipathisch oder allopathisch) wirkt und den ohnehin schon geschwächten Organismus oft noch zusätzlich belastet. Wird ein Mensch von einem Leiden befallen, so versucht der Organismus, sich gegen diese Krankheit mit den ihm zur Verfügung stehenden Kräften zu wehren.

Wenn nun diese Selbstheilungskräfte nicht genügen oder zu langsam entwickelt werden, wird in der Homöopathie zunächst eine Gabe derjenigen Arznei in angepasster Dosierung verabreicht, die beim Gesunden eine der zu behandelnden Krankheit möglichst ähnliche Krankheit, also ein ähnliches Krankheitsbild, hervorruft. Dadurch wird der Organismus des Kranken in gewissem Sinne aufgerüttelt, und seine Selbstheilungskräfte des Körpers werden spezifisch aktiviert, und zwar gegen die Krankheit und gegen die eine möglichst ähnliche Krankheit induzierende Arznei. Das bedeutet, dass die Selbstheilungskräfte sowohl von der Krankheit als auch von der Arznei im gleichen Sinne geweckt oder aktiviert werden.

Es gibt auch unspezifische Therapien zur Förderung der Selbstheilungskräfte, wie etwa die Erzeugung künstlichen Fiebers, die Ableitung auf die Haut mittels Hautreizstoffen oder der Aufenthalt in einem Reizklima.

Auch bei diesen ungezielten Therapien ist nicht die Primärwirkung der Therapie, sondern die Sekundärwirkung, die Antwort des Organismus auf die Therapie, von Bedeutung.

Hahnemann entwickelte für seine Zwecke eine sehr praktische und leicht überschaubare Verdünnungsreihe, indem er schrittweise, aber ausschließlich im Verhältnis 1:99 verdünnte. Das heißt, er fügte zu einem Teil Urtinktur 99 Teile Weingeist und schüttelte diese Mischung gut durch. Diese erste Verdünnung (Dilutio) nannte er C 1 (C von centesima), da ihr Arzneigehalt ein Hundertstel beträgt (1 Prozent). Da aber auch wenige Tropfen dieser ersten Verdünnung oft noch sehr toxisch wirkten, verdünnte und verschüttelte er diese C 1 wiederum je im Verhältnis 1:99. So entsteht aus der C 2 die C 3 bis hin zur C 6.

Zur feineren Abstufung und Dosierung wurde später noch die D-Verdünnungsreihe (D von decima) eingeführt, bei der jeweils nur im Verhältnis 1:9 verdünnt und verschüttelt wird (Arzneigehalt: 1/10).

Prinzipien der homöopathischen Anwendung

Aus der Tatsache, dass einerseits homöopathische Arzneimittel oft allopathisch und andererseits allopathische Arzneimittel auch homöopathisch angewendet werden, geht deutlich hervor, dass über diese – an und für sich eindeutigen – Begriffe und Prinzipien recht wenig Klarheit herrscht.

Der Begriff homöopathisches Arzneimittel kann drei verschiedene Arzneiformen beinhalten:

- Ausgangsstoffe für die Zubereitung homöopathischer Präparate (z.B. Urtinkturen)
- Verreibungen (Triturationen) oder Verdünnungen (Dilutionen) und aus diesen angefertigte Globuli
- Hochpotenzen (z.B. D oder C 30, D oder C 200, D oder C 1000) in flüssiger Form (Arzneiträger Alkohol, ebenfalls als Dilutio bezeichnet) oder in fester Form (Arzneiträger Rohrzucker, Globuli)

Die bloße Verordnung oder Verwendung eines so genannten homöopathischen Arzneimittels (aus einer dieser drei Gruppen) bedeutet keineswegs, dass die Therapie damit zwangsläufig eine homöopathische ist.

An erster Stelle entscheidet die Denkweise des Arztes, an zweiter Stelle die Art der Anwendung eines Heilmittels und an dritter Stelle die Arzneiform, ob die Therapie allopathisch oder homöopathisch gestaltet wird.

Indikationen der Homöopathie

Als sekundäre „Neben"-Therapie ist die Homöopathie immer erlaubt, aber oft nicht sinnvoll. Dagegen ist sie als primäre „Haupt"-Therapie kontraindiziert bei allen Verletzungen und Krankheiten, die pharmakologisch nicht beeinflussbar sind und meist chirurgisch angegangen werden müssen, wie zum Beispiel Splitterfrakturen, schwere Hirnblutungen, Magenperforationen oder ein eingeklemmter Leistenbruch sowie bei allen Krankheitszuständen, die unbedingt eine Substitutionstherapie erfordern (z.B. schwerer Diabetes mellitus).

Eine ausschließlich homöopathische Therapie kann bei folgenden Krankheitszuständen sinnvoll und angezeigt sein:

- Bei Kranken, deren Krankheit nicht durch ständige äußere Einflüsse verursacht ist: etwa chronische Intoxikationen bei Genussmittel-, Drogen- und Arzneimittelmissbrauch sowie durch unvermeidbare Exposition gegenüber schädigenden Umwelteinflüssen oder durch chronische Reinfektion; durch ausdauernde Überanstrengung oder Bewegungsarmut.
- Bei Kranken, deren Krankheit nicht durch ständige innere Einflüsse bedingt ist: etwa durch genetisch bedingte Enzymdefekte, angeborene Anomalien oder durch bestimmte psychosomatische Konflikte, bei denen der Mensch nicht die Kraft hat oder nicht fähig ist, seinen Lebensweg zu finden oder seinem Leben einen Sinn abzugewinnen, und in die Krankheit flieht.
- Bei Kranken, deren Krankheit noch heilbar oder deren Zustand zumindest noch besserungsfähig ist: etwa bei Kranken, die noch die Fähigkeit und Kraft besitzen, auf eine durch die – dem Kranken angepasste – Arznei bewirkte Primärwirkung mit einer dieser entgegengesetzten, harmonisierenden und heilenden Sekundärwirkung zu reagieren.
- Bei Kranken, deren Krankheit in einem typischen Krankheitsbild mit ausgeprägten und charakteristischen, subjektiven und objektiven Symptomen in Erscheinung tritt, da bei Symptomlosigkeit eine homöopathische Therapie von vornherein unmöglich und bei Symptomarmut sehr schwierig ist.

Für eine homöopathische Therapie sind jene Patienten am besten geeignet, deren Krankheitsbild eine geradezu unglaubliche Ähnlichkeit mit einem bestimmten homöopathischen Arzneimittelbild aufweist.

Phytotherapeutika und Homöopathika

Bio-Magnesium Phytomed

Eigenschaften/Verwendungszweck
Was ist Bio-Magnesium und wann wird es angewendet?
Gemäß homöopathischem Arzneimittelbild kann Bio-Magnesium Phytomed angewendet werden bei:
- Nachlassen der Merkfähigkeit
- Körperlicher Ermüdung
- Geistiger Überarbeitung
- Konzentrationsmangel

Ergänzungen
Was sollte dazu beachtet werden?
Wenn Ihnen Ihr Arzt andere Medikamente verordnet hat, fragen Sie Ihren Arzt oder Apotheker, ob dieses Medikament gleichzeitig eingenommen werden darf.

Kontraindikationen / Vorsichtsmaßnahmen
Wann darf Bio-Magnesium nicht oder nur mit Vorsicht angewendet werden?
Das Medikament darf bei schweren Nierenschäden nicht angewendet werden. Bio-Magnesium darf nicht bei Überempfindlichkeit gegen einen der Inhaltsststoffe angewendet werden.

Schwangerschaft/Stillzeit
Darf Bio-Magnesium während einer Schwangerschaft oder in der Stillzeit eingenommen werden?
Aufgrund der bisherigen Erfahrungen ist kein Risiko für das Kind bekannt. Klinisch kontrollierte wissenschaftliche Untersuchungen wurden aber nie durchgeführt. Vorsichtshalber sollten Sie während der Schwangerschaft und Stillzeit möglichst auf Medikamente verzichten oder den Arzt um Rat fragen.

Dosierung/Anwendung
Wie verwenden Sie Bio-Magnesium?
Falls vom Arzt anders verordnet morgens nüchtern und abends vor dem Schlafengehen je 1 Tablette im Mund zergehen lassen. Während 2–3 Monaten bis zur Besserung anwenden.

Unerwünschte Wirkungen
Welche Nebenwirkungen kann Bio-Magnesium haben?
Für Bio-Magnesium sind bisher bei bestimmungsgemäßem Gebrauch keine Nebenwirkungen beobachtet worden.
Bei Einnahme von homöopathischen Heilmitteln können sich die Beschwerden vorübergehend verschlimmern (Erstverschlimmerung).
Bei andauernder Verschlechterung setzen Sie Bio-Magnesium ab und informieren Ihren Arzt, Apotheker oder Drogist.

Allgemeine Hinweise
Was ist ferner zu beachten?
Arzneimittel sind für Kinder unerreichbar aufzubewahren. Das Medikament darf nur bis zu dem auf dem Behälter mit EXP bezeichneten Datum verwendet werden. Weitere Auskünfte erteilt Ihnen Ihr Arzt, Apotheker oder Drogist.

Zusammenstellung
1 Tablette enthält:
- Ambra D5 10 mg
- Kalium phosphoricum D5 10 mg
- Magnesium bromatum D4 10 mg
- Magnesium chloratum D1 50 mg
- Magnesium phosphoricum D1 50 mg

Bio-Magnesium erhalten Sie in Apotheken oder Drogerien ohne ärztliches Rezept.

Blasosan Tropfen

Eigenschaften/Verwendungszweck
Was sind Blasosan Tropfen und wann werden sie angewendet?
Gemäß homöopathischem Arzneimittelbild können Blasosan Tropfen angewendet werden bei:
- Bettnässen wie Harnträufeln
- Erschlaffung des Blasenschliessmuskels im Alter
- Reizblase
- Blasenschwäche

Blasenschwäche kann viele Ursachen haben: Erkältungen, nervöse Störungen oder seelische Konflikte können solche Beschwerden auslösen.
Die Zusammensetzung von Blasosan ist so gewählt, dass den Ursachen weitgehendst begegnet werden kann. Auch in hartnäckigen Fällen kann Blasosan bei konstanter Anwendung Heilung bringen.

Ergänzungen
Was sollte dazu beachtet werden?
Wenn Ihnen Ihr Arzt andere Medikamente verordnet hat, fragen Sie Ihren Arzt oder Apotheker, ob dieses Medikament gleichzeitig eingenommen werden darf.

Kontraindikationen / vorsichtsmaßnahmen
Wann dürfen Blasosan Tropfen nicht oder nur mit Vorsicht angewendet werden?
Das Medikament darf bei schweren Nierenschäden nicht angewendet werden. Blasosan Tropfen dürfen nicht bei Überempfindlichkeit gegen einen der Inhaltsstoffe angewendet werden.
Bei Kindern und Jugendlichen ist das Präparat Blasosan Globuli (ohne Alkohol) zu verwenden.

Schwangerschaft/Stillzeit
Dürfen Blasosan Tropfen während einer Schwangerschaft oder in der Stillzeit eingenommen werden?
Aufgrund der bisherigen Erfahrungen ist kein Risiko für das Kind bekannt. Klinisch kontrollierte wissenschaftliche Untersuchungen wurden aber nie durchgeführt. Vorsichtshalber sollten Sie während der Schwangerschaft und Stillzeit möglichst auf Medikamente verzichten oder den Arzt um Rat fragen.

Dosierung/Anwendung
Wie verwenden Sie Blasosan Tropfen?
Allgemeine Regel: Nach 17.00 Uhr so wenig Flüssigkeit wie möglich aufnehmen und vor dem Schlafengehen die Blase entleeren. Etwa eine Stunde vor dem Schlafengehen 25 Tropfen unverdünnt einnehmen. In hartnäckigen Fällen morgens nochmals 25 Tropfen einnehmen. Das Medikament kann während längerer Zeit verabreicht werden.

Unerwünschte Wirkungen
Welche Nebenwirkungen können Blasosan Tropfen haben?
Für Blasosan Tropfen sind bisher bei bestimmungsgemäßem Gebrauch keine Nebenwirkungen beobachtet worden.
Bei Einnahme von homöopathischen Heilmitteln können sich die Beschwerden vorübergehend verschlimmern (Erstverschlimmerung).
Bei andauernder Verschlechterung setzen Sie Blasosan Tropfen ab und informieren Ihren Arzt, Apotheker oder Drogist.

Allgemeine Hinweise
Was ist ferner zu beachten?
Arzneimittel sind für Kinder unerreichbar aufzubewahren. Das Medikament darf nur bis zu dem auf dem Behälter mit EXP bezeichneten Datum verwen-

det werden. Weitere Auskünfte erteilt Ihnen Ihr Arzt, Apotheker oder Drogist.

Zusammenstellung
Tropfen enthalten:
- Calcium carbonicum D11
- Cina D5
- Ferrum phosphoricum D11
- Sepia D11
- Silicea D11
- Uva ursi D5 ana partes 17 mg
- Excipiens ad solutionem pro 1 g
- Aethanolum 47 Prozent V/V

Blasosan Tropfen erhalten Sie in Apotheken oder Drogerien ohne ärztliches Rezept.

Blasosan Globuli

Eigenschaften/Verwendungszweck
Was sind Blasosan Globuli und wann werden sie angewendet?

Gemäß homöopathischem Arzneimittelbild können Blasosan Globuli (Kügelchen) angewendet werden bei:
- Bettnässen wie Harnträufeln
- Erschlaffung des Blasenschliessmuskels im Alter
- Reizblase
- Blasenschwäche bei Jugendlichen und im Alter

Blasenschwäche kann viele Ursachen haben: Erkältungen, nervöse Störungen oder seelische Konflikte können solche Beschwerden auslösen.
Die Zusammensetzung von Blasosan ist so gewählt, dass den Ursachen weitgehendst begegnet werden kann. Auch in hartnäckigen Fällen kann Blasosan bei konstanter Anwendung Heilung bringen.

Ergänzungen
Was sollte dazu beachtet werden?

Wenn Ihnen Ihr Arzt andere Medikamente verordnet hat, fragen Sie Ihren Arzt oder Apotheker, ob dieses Medikament gleichzeitig eingenommen werden darf.

Kontraindikationen / Vorsichtsmaßnahmen
Wann darf Blasosan Globuli nicht oder nur mit Vorsicht angewendet werden?

Das Medikament darf bei schweren Nierenschäden nicht angewendet werden. Blasosan Globuli darf nicht bei Überempfindlichkeit gegen einen der Inhaltsstoffe angewendet werden.
Bei Kindern und Jugendlichen ist das Präparat Blasosan Globuli (ohne Alkohol) zu verwenden.

Schwangerschaft/Stillzeit
Darf Blasosan Globuli während einer Schwangerschaft oder in der Stillzeit eingenommen werden?

Aufgrund der bisherigen Erfahrungen ist kein Risiko für das Kind bekannt. Klinisch kontrollierte wissenschaftliche Untersuchungen wurden aber nie durchgeführt. Vorsichtshalber sollten Sie während der Schwangerschaft und Stillzeit möglichst auf Medikamente verzichten oder den Arzt um Rat fragen.

Dosierung/Anwendung
Wie verwenden Sie Blasosan Globuli?

Allgemeine Regel: Nach 17.00 Uhr so wenig Flüssigkeit wie möglich aufnehmen und vor dem Schlafengehen die Blase entleeren. Etwa eine Stunde vor dem Schlafengehen 25 Kügelchen (Globuli) unverdünnt einnehmen. In hartnäckigen Fällen morgens nochmals 25 Globuli einnehmen. Das Medikament kann während längerer Zeit verabreicht werden.

Unerwünschte Wirkungen
Welche Nebenwirkungen kann Blasosan Globuli haben?

Für Blasosan Globuli sind bisher bei bestimmungsgemäßem Gebrauch keine Nebenwirkungen beobachtet worden.
Bei Einnahme von homöopathischen Heilmitteln können sich die Beschwerden vorübergehend verschlimmern (Erstverschlimmerung).
Bei andauernder Verschlechterung setzen Sie Blasosan Globuli ab und informieren Ihren Arzt, Apotheker oder Drogist.

Allgemeine Hinweise
Was ist ferner zu beachten?

Arzneimittel sind für Kinder unerreichbar aufzubewahren. Das Medikament darf nur bis zu dem auf dem Behälter mit EXP bezeichneten Datum verwendet werden. Weitere Auskünfte erteilt Ihnen Ihr Arzt, Apotheker oder Drogist.

Zusammenstellung
Globuli enthalten:
- Calcium carbonicum D11
- Cina D5
- Ferrum phosphoricum D11
- Sepia D11
- Silicea D11
- Uva ursi D5
- zu gleichen Teilen
- Excipiens ad globulus

Blasosan Globuli erhalten Sie in Apotheken oder Drogerien ohne ärztliches Rezept.

Capella

Eigenschaften/Verwendungszweck
Was ist Capella und wann wird es angewendet?

Gemäß homöopathischem Arzneimittelbild wird Capella angewendet bei:
- Haarwuchsstörungen
- Nagelwuchsstörungen
- Brüchigen Fingernägelen
- Zur Unterstützung des Neuwuchses von Haar und Fingernägeln

Die Zusammensetzung von Capella ist so gewählt, dass den Ursachen weitgehendst begegnet werden kann. Auch in hartnäckigen Fällen kann Capella bei konstanter Anwendung Heilung bringen.

Ergänzungen
Was sollte dazu beachtet werden?

Wenn Ihnen Ihr Arzt andere Medikamente verordnet hat, fragen Sie Ihren Arzt oder Apotheker, ob dieses Medikament gleichzeitig eingenommen werden darf.

Kontraindikationen / Vorsichtsmaßnahmen
Wann darf Capella nicht oder nur mit Vorsicht angewendet werden?

Das Medikament darf bei schweren Nierenschäden nicht angewendet werden. Capella darf nicht bei Überempfindlichkeit gegen einen der Inhaltsstoffe angewendet werden.

Schwangerschaft/Stillzeit
Darf Capella während einer Schwangerschaft oder in der Stillzeit eingenommen werden?

Aufgrund der bisherigen Erfahrungen ist kein Risiko für das Kind bekannt. Klinisch kontrollierte wissenschaftliche Untersuchungen wurden aber nie durchgeführt. Vorsichtshalber sollten Sie während der Schwangerschaft und Stillzeit möglichst auf Medikamente verzichten oder den Arzt zu Rat fragen.

Dosierung/Anwendung
Wie verwenden Sie Capella?
Falls vom Arzt nicht anders verordnet: Für Kinder und Erwachsene: 3- bis 5-mal täglich je 5–7 Kügelchen vor oder zwischen den Mahlzeiten langsam auf der Zunge zergehen lassen. Das Medikament kann während längerer Zeit verabreicht werden.

Unerwünschte Wirkungen
Welche Nebenwirkungen kann Capella haben?
Für Capella sind bisher bei bestimmungsgemäßem Gebrauch keine Nebenwirkungen beobachtet worden.
Bei Einnahme von homöopathischen Heilmitteln können sich die Beschwerden vorübergehend verschlimmern (Erstverschlimmerung).
Bei andauernder Verschlechterung setzen Sie Capella ab und informieren Ihren Arzt, Apotheker oder Drogist.

Allgemeine Hinweise
Was ist ferner zu beachten?
Arzneimittel sind für Kinder unerreichbar aufzubewahren. Das Medikament darf nur bis zu dem auf dem Behälter mit EXP bezeichneten Datum verwendet werden. Weitere Auskünfte erteilt Ihnen Ihr Arzt, Apotheker oder Drogist.

Zusammenstellung
Globuli enthalten:
- Calcium fluoratum D8
- Graphites D10
- Silicea D8
- Thuja D10
- je 25 Prozent
- Excipiens ad globulus

Das Präparat enthält Zucker als Hilfsstoff für Globuli.
Capella erhalten Sie in Apotheken oder Drogerien ohne ärztliches Rezept.

Colchicum comp.

Eigenschaften/Verwendungszweck
Was ist Colchicum comp. und wann wird es angewendet?
Colchicum comp. ist ein homöopathishes Komplexpräparat. Gemäß homöopathischem Arzneimittelbild kann Colchicum comp. angewendet werden bei:
- Lumbago
- Gelenkrheuma
- Arthrosen
- Spondylosen
- Ischias
- Neuralgien
- Bandscheibenschäden
- Wirbelschäden
- Rückenschmerzen
- Weichteilrheuma

Ergänzungen
Was sollte dazu beachtet werden?
Wenn Ihnen Ihr Arzt andere Medikamente verordnet hat, fragen Sie Ihren Arzt oder Apotheker, ob dieses Medikament gleichzeitig eingenommen werden darf.

Kontraindikationen / Vorsichtsmaßnahmen
Wann darf Colchicum comp. nicht oder nur mit Vorsicht angewendet werden?
Das Medikament darf bei schweren Nierenschäden nicht angewendet werden. Colchicum comp. darf nicht bei Überempfindlichkeit gegen einen der Inhaltsststoffe angewendet werden.

Schwangerschaft/Stillzeit
Darf Colchicum comp. während einer Schwangerschaft oder in der Stillzeit eingenommen werden?
Nicht anwenden bei Schwangerschaft. Vorsichtshalber sollten Sie während der Schwangerschaft und Stillzeit möglichst auf Medikamente verzichten oder den Arzt um Rat fragen.

Dosierung/Anwendung
Wie verwenden Sie Colchicum comp.?
Falls vom Arzt nicht anders verordnet dreimal täglich 30–50 Tropfen in heißem Rheumatee oder heißem Wasser einnehmen.

Unerwünschte Wirkungen
Welche Nebenwirkungen kann Colchicum comp. haben?
Für Colchicum comp. sind bisher bei bestimmungsgemäßem Gebrauch keine Nebenwirkungen beobachtet worden.
Bei Einnahme von homöopathischen Heilmitteln können sich die Beschwerden vorübergehend verschlimmern (Erstverschlimmerung).
Bei andauernder Verschlechterung setzen Sie Colchicum comp. ab und informieren Ihren Arzt, Apotheker oder Drogist.
Colchicum comp. enthält 48 vol.-% Alkohol.

Allgemeine Hinweise
Was ist ferner zu beachten?
Arzneimittel sind für Kinder unerreichbar aufzubewahren. Das Medikament darf nur bis zu dem auf dem Behälter mit EXP bezeichneten Datum verwendet werden. Weitere Auskünfte erteilt Ihnen Ihr Arzt, Apotheker oder Drogist.

Zusammenstellung
10 ml enthalten:
- Acidum siliclcum D2 4 ml
- Calcium carbonicum D6 0,9 ml
- Calcium phosphoricum D6 0,9 ml
- Colchicum autumnale D3 0,9 ml
- Equisetum arvense Urt. 0,8 ml
- Gelsemium sempervirens D3 0,4 ml
- Ilex aquifolium Urt. 0,1 ml
- Kalium stibyltartaricum D4 0,9 ml
- Petasites hybridus D6 0,8 ml
- Solidago virgaurea Urt. 0,4 ml
- Symphytum officinale D6 0,9 ml
- Urtica Urens Urt. 0,9 ml

Colchicum comp. erhalten Sie in Apotheken oder Drogerien ohne ärztliches Rezept.

Derivatio H

Eigenschaften/Verwendungszweck
Was ist Derivatio H und wann wird es angewendet?
Derivatio H ein homöopathishes Komplexpräparat. Gemäß homöopathischem Arzneimittelbild kann Derivatio H angewendet werden bei:
- Akuter Cholangitis
- Chronischer Cholangitis
- Leberverhärtung
- Akuter Nephritis
- Chronischer Nephritis

Ergänzungen
Was sollte dazu beachtet werden?
Wenn Ihnen Ihr Arzt andere Medikamente verordnet hat, fragen Sie Ihren Arzt oder Apotheker, ob dieses Medikament gleichzeitig eingenommen werden darf.

Kontraindikationen / vorsichtsmaßnahmen
Wann darf Derivatio H nicht oder nur mit Vorsicht angewendet werden?
Derivatio H darf nicht bei Überempfindlichkeit gegen einen der Inhaltsstoffe angewendet werden.

Schwangerschaft/Stillzeit
Darf Derivatio H während einer Schwangerschaft oder in der Stillzeit eingenommen werden?
Aufgrund der bisherigen Erfahrungen ist kein Risiko für das Kind bekannt. Klinisch kontrollierte wissenschaftliche Untersuchungen wurden aber nie durchgeführt.
Vorsichtshalber sollten Sie während der Schwangerschaft und Stillzeit möglichst auf Medikamente verzichten oder den Arzt um Rat fragen.

Dosierung/Anwendung
Wie verwenden Sie Derivatio H?
Falls vom Arzt nicht anders verordnet dreimal täglich 2 Tabletten einnehmen.

Unerwünschte Wirkungen
Welche Nebenwirkungen kann Derivatio H haben?
Für Derivatio H sind bisher bei bestimmungsgemäßem Gebrauch keine Nebenwirkungen beobachtet worden.
Bei Einnahme von homöopathischen Heilmitteln können sich die Beschwerden vorübergehend verschlimmern (Erstverschlimmerung).
Bei andauernder Verschlechterung setzen Sie Derivatio H ab und informieren Ihren Arzt, Apotheker oder Drogist.

Allgemeine Hinweise
Was ist ferner zu beachten?
Arzneimittel sind für Kinder unerreichbar aufzubewahren. Das Medikament darf nur bis zu dem auf dem Behälter mit EXP bezeichneten Datum verwendet werden. Weitere Auskünfte erteilt Ihnen Ihr Arzt, Apotheker oder Drogist.

Zusammenstellung
1 Tablette enthält:
- Anagallis arvensis D4 15 mg
- Argentum mnetallicum D30 12,5 mg
- Arnica montana D15 12,5 mg
- Aurum metallicum D15 12,5 mg
- Bryonia D4 15 mg
- Carbo vegatabilis D30 12,5 mg
- Chelidonium majus D6 15 mg
- Citrullus colocynthis D5 12,5 mg
- Selenicereus grandiflorus D4 15,0 mg
- Citysus scoparius D6 12,5 mg
- Digitalis purpurea D5 12,5 mg
- Sarsaparilla D6 15,0 m,g
- Stannum metallicum D8 15,0 mg
- Strophantus gratus D6 12,5 mg
- Taraxacum officinale D6 15 mg
- Veronica virginica D4 15 mg
- Viscum album D4 12,5 mg

Derivatio H erhalten Sie in Apotheken oder Drogerien ohne ärztliches Rezept.

Exsepta

Eigenschaften/Verwendungszweck
Was ist Exsepta und wann wird es angewendet?
Gemäß homöopathischem Arzneimittelbild wird Exsepta angewendet bei:
- Hautunreinheiten
- Umläufen
- Eiterungen
- Furunkeln
- Abszessen
- Schlecht heilenden Wunden

Die Zusammensetzung von Exsepta ist so gewählt, dass den Ursachen weitgehendst begegnet werden kann. Auch in hartnäckigen Fällen kann Exsepta bei konstanter Anwendung Heilung bringen.

Ergänzungen
Was sollte dazu beachtet werden?
Wenn Ihnen Ihr Arzt andere Medikamente verordnet hat, fragen Sie Ihren Arzt oder Apotheker, ob dieses Medikament gleichzeitig eingenommen werden darf.

Kontraindikationen / Vorsichtsmaßnahmen
Wann darf Exsepta nicht oder nur mit Vorsicht angewendet werden?
Das Medikament darf bei schweren Nierenschäden nicht angewendet werden. Exsepta darf nicht bei Überempfindlichkeit gegen einen der Inhaltsstoffe angewendet werden.
Das Medikament soll auch nicht angewendet werden bei:
- ▲ Systemerkrankungen wie:
  - Tuberkulose
  - Leukämie
  - Autoimmunkrankheiten
  - Lupus erythematodes
  - multiple Sklerose
- ▲ Bekannter Allergie gegen Korbblüter, zum Beispiel Kamille, Arnika, Echinacea
- ▲ Kleinkindern bis 6 Jahre
- ▲ Ist der Furunkel größer als etwa 0,5 cm im Durchmesser oder befindet er sich im Gesicht, so ist ein Arzt aufzusuchen.

Schwangerschaft/Stillzeit
Darf Exsepta während einer Schwangerschaft oder in der Stillzeit eingenommen werden?
Aufgrund der bisherigen Erfahrungen ist kein Risiko für das Kind bekannt. Klinisch kontrollierte wissenschaftliche Untersuchungen wurden aber nie durchgeführt. Vorsichtshalber sollten Sie während der Schwangerschaft und Stillzeit möglichst auf Medikamente verzichten oder den Arzt um Rat fragen.

Dosierung/Anwendung
Wie verwenden Sie Exsepta?
Falls vom Arzt nicht anders verordnet:
Erwachsene in akuten Fällen: halbstündlich bis stündlich 1 Tablette.
Erwachsene in chronischen Fällen: jeweils eine halbe Stunde vor den 3 Hauptmahlzeiten je 1–2 Tabletten.
Die Tabletten ohne Wasser langsam auf der Zunge zergehen lassen.
Kinder ab 6 Jahren: 1 Tablette.
Das Medikament kann während längerer Zeit verabreicht werden.

Unerwünschte Wirkungen
Welche Nebenwirkungen kann Exsepta haben?
Für Exsepta sind im Allgemeinen bei bestimmungsgemäßem Gebrauch keine Nebenwirkungen beobachtet worden. In seltenen Fällen wurden bei Korbblütler-Zubereitungen Überempfindlichkeitsreaktionen (Hautausschläge, Gesichtsschwellungen) beobachtet. In diesen Fällen ist das Präparat sofort abzusetzen und ein Arzt aufzusuchen.
Bei Einnahme von homöopathischen Heilmitteln können sich die Beschwerden vorübergehend verschlimmern (Erstverschlimmerung).
Bei andauernder Verschlechterung setzen Sie Exsepta ab und informieren Ihren Arzt, Apotheker oder Drogist.

Allgemeine Hinweise
Was ist ferner zu beachten?
Arzneimittel sind für Kinder unerreichbar aufzubewahren. Das Medikament darf nur bis zu dem auf dem Behälter mit EXP bezeichneten Datum verwendet werden. Weitere Auskünfte erteilt Ihnen Ihr Arzt, Apotheker oder Drogist.

Zusammenstellung
Globuli enthalten:
- Arnica montana D6
- Acidum silisicum D12
- Carbo vegetalis D12
- Echinacea angustifolia D3
- Graphites D6
- Myristica sebifera D4
- Sulfuris iodidum D6
- je gleichen Teilen
- Excipiens ad globulus.

Exsepta erhalten Sie in Apotheken oder Drogerien ohne ärztliches Rezept.

Gastronol

Eigenschaften/Verwendungszweck

Was ist Gastronol und wann wird es angewendet?

Gemäß homöopathischem Arzneimittelbild wird Gastronol angewendet bei:
- Magen-Darm-Störungen
- Nervösen Magenbeschwerden
- Bitterem Mundgeschmack
- Belegter Zunge
- Blähungen
- Krämpfen im Magen und/oder Darm
- Gasbildung (Meteorismus)

Die Zusammensetzung von Gastronol ist so gewählt, dass den Ursachen weitgehendst begegnet werden kann. Auch in hartnäckigen Fällen kann Gastronol bei konstanter Anwendung Heilung bringen.

Ergänzungen

Was sollte dazu beachtet werden?

Wenn Ihnen Ihr Arzt andere Medikamente verordnet hat, fragen Sie Ihren Arzt oder Apotheker, ob dieses Medikament gleichzeitig eingenommen werden darf.

Kontraindikationen / Vorsichtsmaßnahmen

Wann darf Gastronol nicht oder nur mit Vorsicht angewendet werden?

Das Medikament darf bei schweren Nierenschäden nicht angewendet werden. Gastronol darf nicht bei Überempfindlichkeit gegen einen der Inhaltsstoffe angewendet werden.
Verdauungsbeschwerden bei Kindern unter 12 Jahren müssen ärztlich abgeklärt werden. Das Präparat soll in diesen Fällen nicht ohne ärztliche Verordnung angewendet werden.

Schwangerschaft/Stillzeit

Darf Gastronol während einer Schwangerschaft oder in der Stillzeit eingenommen werden?

Aufgrund der bisherigen Erfahrungen ist kein Risiko für das Kind bekannt. Klinisch kontrollierte wissenschaftliche Untersuchungen wurden aber nie durchgeführt. Vorsichtshalber sollten Sie während der Schwangerschaft und Stillzeit möglichst auf Medikamente verzichten oder den Arzt um Rat fragen.

Dosierung/Anwendung

Wie verwenden Sie Gastronol?

Falls vom Arzt nicht anders verordnet:
Erwachsene und Kinder ab 12 Jahren: 3- bis 5-mal täglich mindestens eine Viertelstunde vor den Mahlzeiten 2–3 Tabletten unter der Zunge zergehen lassen.

Unerwünschte Wirkungen

Welche Nebenwirkungen kann Gastronol haben?

Für Gastronol sind bei bestimmungsgemäßen Gebrauch keine Nebenwirkungen beobachtet worden. In seltenen Fällen wurden bei Korbblütler-Zubereitungen Überempfindlichkeitsreaktionen (Hautausschläge, Gesichtsschwellungen) beobachtet. In diesen Fällen ist das Präparat sofort abzusetzen und ein Arzt aufzusuchen.
Bei Einnahme von homöopathischen Heilmitteln können sich die Beschwerden vorübergehend verschlimmern (Erstverschlimmerung).
Bei andauernder Verschlechterung setzen Sie Gastronol ab und informieren Ihren Arzt, Apotheker oder Drogist.

Allgemeine Hinweise

Was ist ferner zu beachten?

Arzneimittel sind für Kinder unerreichbar aufzubewahren. Das Medikament darf nur bis zu dem auf dem Behälter mit EXP bezeichneten Datum verwendet werden. Weitere Auskünfte erteilt Ihnen Ihr Arzt, Apotheker oder Drogist.

Zusammenstellung

1 Tablette enthält:
- Aesculus hippocastanum D4 20 mg
- Alumina D8 20 mg
- Argentum nitricum D4 20 mg
- Bryonia cretica D4 10 mg
- Colocynthis D4 10 mg
- Nux vomica D4 20 mg
- zusätzliche Hilfsstoffe.

Gastronol erhalten Sie in Apotheken oder Drogerien ohne ärztliches Rezept.

Girheulit HM

Eigenschaften/Verwendungszweck

Was ist Girheulit HM und wann wird es angewendet?

Girheulit HM ist ein homöopathishes Komplexpräparat. Gemäß homöopathischem Arzneimittelbild kann Girheulit HM angewendet werden bei:
- Gicht
- Gelenkrheuma
- Rheumatismus
- Arthritis

Ergänzungen

Was sollte dazu beachtet werden?

Wenn Ihnen Ihr Arzt andere Medikamente verordnet hat, fragen Sie Ihren Arzt oder Apotheker, ob dieses Medikament gleichzeitig eingenommen werden darf.

Kontraindikationen / Vorsichtsmaßnahmen

Wann darf Girheulit HM nicht oder nur mit Vorsicht angewendet werden?

Das Medikament darf bei schweren Nierenschäden nicht angewendet werden. Girheulit HM darf nicht bei Überempfindlichkeit gegen einen der Inhaltsstoffe angewendet werden. Bei Schilddrüsenerkrankungen nicht ohne medizinischen Rat anwenden.

Schwangerschaft/Stillzeit

Darf Girheulit HM während einer Schwangerschaft oder in der Stillzeit eingenommen werden?

Nicht anwenden bei Schwangerschaft. Vorsichtshalber sollten Sie während der Schwangerschaft und Stillzeit möglichst auf Medikamente verzichten oder den Arzt um Rat fragen.

Dosierung/Anwendung

Wie verwenden Sie Girheulit HM?

Falls vom Arzt nicht anders verordnet dreimal täglich 2 Tabletten nach den Mahlzeiten mit etwas Flüssigkeit einnehmen.

Unerwünschte Wirkungen

Welche Nebenwirkungen kann Girheulit HM haben?

Für Girheulit HM sind bisher bei bestimmungsgemäßem Gebrauch keine Nebenwirkungen beobachtet worden.
Bei Einnahme von homöopathischen Heilmitteln können sich die Beschwerden vorübergehend verschlimmern (Erstverschlimmerung).
Bei andauernder Verschlechterung setzen Sie Girheulit HM ab und informieren Ihren Arzt, Apotheker oder Drogist.
Girheulit HM enthält 48 vol.-% Alkohol.

Allgemeine Hinweise

Was ist ferner zu beachten?

Arzneimittel sind für Kinder unerreichbar aufzubewahren. Das Medikament darf nur bis zu dem auf dem Behälter mit EXP bezeichneten Datum verwendet werden. Weitere Auskünfte erteilt Ihnen Ihr Arzt, Apotheker oder Drogist.

Zusammenstellung
1 Tablette enthält:
- Acidum benzoicum D3 30 mg
- Acidum silicicum D3 5 mg
- Ammonium phosphoricum D2 5 mg
- Calcium phosphoricum D2 5 mg
- Colchicum autumnale D4 40 mg
- Magnesium phosphoricum D2 5 mg
- Natrium phosphoricum D2 5 mg
- Urea pura D1 5 mg
- Kalium iodatum D4 5 mg
- Lithium carbonicum D1 40 mg

Girheulit HM erhalten Sie in Apotheken oder Drogerien ohne ärztliches Rezept.

HerbAllerg

Eigenschaften/Verwendungszweck
Was ist HerbAllerg und wann wird es angewendet?
Gemäß homöopathischem Arzneimittelbild wird HerbAllerg angewendet bei:
- allergischem Schnupfen gegen Pollen
- Heuschnupfen mit Augenbrennen
- Anschwellen der Nasenschleimhäute
- Anschwellen der Augenschleimhäute

Die Zusammensetzung von HerbAllerg ist so gewählt, dass den Ursachen weitgehendst begegnet werden kann. Auch in hartnäckigen Fällen kann HerbAllerg bei konstanter Anwendung Heilung bringen.

Ergänzungen
Was sollte dazu beachtet werden?
Wenn Ihnen Ihr Arzt andere Medikamente verordnet hat, fragen Sie Ihren Arzt oder Apotheker, ob dieses Medikament gleichzeitig eingenommen werden darf.

Kontraindikationen / vorsichtsmaßnahmen
Wann darf HerbAllerg nicht oder nur mit Vorsicht angewendet werden?
Das Medikament darf bei schweren Nierenschäden nicht angewendet werden. HerbAllerg darf nicht bei Überempfindlichkeit gegen einen der Inhaltsstoffe angewendet werden. Nicht anwenden bei Überempfindlichkeit gegen Bienengift. Da HerbAllerg Alkohol enthält, sollten Patienten mit Alkoholkrankheiten den Arzt fragen, ob eine Therapie mit HerbAllerg möglich ist.

Schwangerschaft/Stillzeit
Darf HerbAllerg während einer Schwangerschaft oder in der Stillzeit eingenommen werden?
Zubereitungen mit Alkohol sollten in der Schwangerschaft und Stillzeit nicht angewendet werden.

Dosierung/Anwendung
Wie verwenden Sie HerbAllerg?
Falls vom Arzt nicht anders verordnet: Erwachsene und Jugendliche in akuten Fällen mehrmals täglich 10 Tropfen einnehmen. Mit zunehmender Besserung weniger häufig. Kinder können dreimal täglich 5 Tropfen in Wasser verdünnt einnehmen.

Unerwünschte Wirkungen
Welche Nebenwirkungen kann HerbAllerg haben?
Für HerbAllerg sind im Allgemeinen bei bestimmungsgemäßem Gebrauch keine Nebenwirkungen beobachtet worden. Bei Einnahme von homöopathischen Heilmitteln können sich die Beschwerden vorübergehend verschlimmern (Erstverschlimmerung).
Bei andauernder Verschlechterung setzen Sie HerbAllerg ab und informieren Ihren Arzt, Apotheker oder Drogist.

Allgemeine Hinweise
Was ist ferner zu beachten?
Arzneimittel sind für Kinder unerreichbar aufzubewahren. Das Medikament darf nur bis zu dem auf dem Behälter mit EXP bezeichneten Datum verwendet werden. Weitere Auskünfte erteilt Ihnen Ihr Arzt, Apotheker oder Drogist.

Zusammenstellung
Die Lösung enthält:
- Apis mellifica D4
- Galphimia glauca (Thryalis glauca) D3
- Luffa operculata D4
- Okoubaka aubrevillei D4
- je 25 Prozent
- 50 vol.-% Alkohol

HerbAllerg erhalten Sie in Apotheken oder Drogerien ohne ärztliches Rezept.

Influaforce A

Eigenschaften/Verwendungszweck
Was ist Influaforce A und wann wird es angewendet?
Gemäß homöopathischem Arzneimittelbild wird Influaforce A (Grippe-Tabletten) angewendet bei:
- Akuten Erkältungskrankheiten
- Grippe mit fieberhaften Zuständen
- Muskelschmerzen
- Gliederschmerzen

Die Zusammensetzung von Influaforce A ist so gewählt, dass den Ursachen weitgehendst begegnet werden kann. Auch in hartnäckigen Fällen kann Influaforce A bei konstanter Anwendung Heilung bringen.

Ergänzungen
Was sollte dazu beachtet werden?
Wenn Ihnen Ihr Arzt andere Medikamente verordnet hat, fragen Sie Ihren Arzt oder Apotheker, ob dieses Medikament gleichzeitig eingenommen werden darf.
Bei Erkältungsanfälligkeit bei Kindern empfiehlt es einen Arzt zu konsultieren.

Kontraindikationen / Vorsichtsmaßnahmen
Wann darf Influaforce A nicht oder nur mit Vorsicht angewendet werden?
Das Medikament darf bei schweren Nierenschäden nicht angewendet werden. Influaforce A darf nicht bei Überempfindlichkeit gegen einen der Inhaltsstoffe angewendet werden. Nicht anwenden bei Kindern unter 4 Jahren. Echinacea-Präparate dürfen nicht angewendet werden bei einer bekannten Überempfindlichkeit auf Echinacea. Aus grundsätzlichen Erwägungen sollten Echinacea-Präparaten nicht angewendet werden bei fortschreitenden Systemerkrankungen wie:
- Tuberkulose
- Leukämie
- Kollagenosen
- Autoimmunkrankheiten

Informieren Sie Ihren Arzt, Apotheker oder Drogist, wenn Allergien (Arzneimittel, Nahrungsmittel, Haushalt, Beruf) bekannt sind.

Schwangerschaft/Stillzeit
Darf Influaforce A während einer Schwangerschaft oder in der Stillzeit eingenommen werden?
Aufgrund der bisherigen Erfahrungen ist kein Risiko für das Kind bekannt.

Klinisch kontrollierte wissenschaftliche Untersuchungen wurden aber nie durchgeführt. Vorsichtshalber sollten Sie während der Schwangerschaft und Stillzeit möglichst auf Medikamente verzichten oder den Arzt um Rat fragen.

Dosierung/Anwendung
Wie verwenden Sie Influaforce A?
Falls vom Arzt nicht anders verordnet:
Erwachsene und Kinder ab 4 Jahren: 3- bis 5-mal täglich mindestens eine Viertelstunde vor den Mahlzeiten ein Tablette unter der Zunge zergehen lassen.
Im akuten Stadium alle 1–2 Stunden 1 Tablette unter der Zunge zergehen lassen.

Unerwünschte Wirkungen
Welche Nebenwirkungen kann Influaforce A haben?
Für Influaforce A sind im Allgemeinen bei bestimmungsgemäßem Gebrauch keine Nebenwirkungen beobachtet worden. In seltenen Fällen wurden bei diesen Zubereitungen Überempfindlichkeitsreaktionen (Hautausschläge, Gesichtsschwellungen) beobachtet. In diesen Fällen ist das Präparat sofort abzusetzen und ein Arzt aufzusuchen.
Bei Einnahme von homöopathischen Heilmitteln können sich die Beschwerden vorübergehend verschlimmern (Erstverschlimmerung). Bei andauernder Verschlechterung setzen Sie Influaforce A ab und informieren Ihren Arzt, Apotheker oder Drogist.

Allgemeine Hinweise
Was ist ferner zu beachten?
Arzneimittel sind für Kinder unerreichbar aufzubewahren. Das Medikament darf nur bis zu dem auf dem Behälter mit EXP bezeichneten Datum verwendet werden. Weitere Auskünfte erteilt Ihnen Ihr Arzt, Apotheker oder Drogist.

Zusammenstellung
1 Tablette enthält:
- Aconitum napellus D4 25 mg
- Baptisia tinctoria D3 25 mg
- Bryonia cretica D4 25 mg
- Echinacea purpurea D3 25 mg
- Eupatorium perfoliatum D6 50 mg
- Ferrum phosphoricum D5 50 mg
- Gelsemium D4 25 mg
- Lachesis D10 25 mg
- zusätzliche Hilfsstoffe

Influaforce A erhalten Sie in Apotheken oder Drogerien ohne ärztliches Rezept.

Influaforce B

Eigenschaften/Verwendungszweck
Was ist Influaforce B und wann wird es angewendet?
Gemäß homöopathischem Arzneimittelbild wird Influaforce B (Grippe-Tropfen) angewendet bei:
- Akuten Erkältungskrankheiten
- Grippe mit fieberhaften Zuständen
- Muskelschmerzen
- Gliederschmerzen

Die Zusammensetzung von Influaforce B ist so gewählt, dass den Ursachen weitgehendst begegnet werden kann. Auch in hartnäckigen Fällen kann Influaforce B bei konstanter Anwendung Heilung bringen.

Ergänzungen
Was sollte dazu beachtet werden?
Wenn Ihnen Ihr Arzt andere Medikamente verordnet hat, fragen Sie Ihren Arzt oder Apotheker, ob dieses Medikament gleichzeitig eingenommen werden darf.
Bei Erkältungsanfälligkeit bei Kindern empfiehlt es einen Arzt zu konsultieren.

Kontraindikationen / Vorsichtsmaßnahmen
Wann darf Influaforce B nicht oder nur mit Vorsicht angewendet werden?
Das Medikament darf bei schweren Nierenschäden nicht angewendet werden. Influaforce B darf nicht bei Überempfindlichkeit gegen einen der Inhaltsstoffe angewendet werden. Nicht anwenden bei Kindern unter 4 Jahren.
Echinacea-Präparate dürfen nicht angewendet werden bei einer bekannten Überempfindlichkeit auf Echinacea. Aus grundsätzlichen Erwägungen sollten Echinacea-Präparaten nicht angewendet werden bei fortschreitenden Systemerkrankungen wie:
- Tuberkulose
- Leukämie
- Kollagenosen
- Autoimmunkrankheiten

Informieren Sie Ihren Arzt, Apotheker oder Drogist, wenn Allergien (Arzneimittel, Nahrungsmittel, Haushalt, Beruf) bekannt sind.

Schwangerschaft/Stillzeit
Darf Influaforce B während einer Schwangerschaft oder in der Stillzeit eingenommen werden?
Aufgrund der bisherigen Erfahrungen ist kein Risiko für das Kind bekannt. Klinisch kontrollierte wissenschaftliche Untersuchungen wurden aber nie durchgeführt. Vorsichtshalber sollten Sie während der Schwangerschaft und Stillzeit möglichst auf Medikamente verzichten oder den Arzt um Rat fragen.

Dosierung/Anwendung
Wie verwenden Sie Influaforce B?
Falls vom Arzt nicht anders verordnet:
Erwachsene und Kinder ab 4 Jahren: 3- bis 5-mal täglich mindestens eine Viertelstunde vor den Mahlzeiten 5–10 Tropfen direkt auf die Zunge geben und Gut einspeicheln.
Im akuten Stadium alle 1–2 Stunden 5–10 Tropfen einnehmen.

Unerwünschte Wirkungen
Welche Nebenwirkungen kann Influaforce B haben?
Für Influaforce B sind im Allgemeinen bei bestimmungsgemäßem Gebrauch keine Nebenwirkungen beobachtet worden. In seltenen Fällen wurden bei diesen Zubereitungen Überempfindlichkeitsreaktionen (Hautausschläge, Gesichtsschwellungen) beobachtet. In diesen Fällen ist das Präparat sofort abzusetzen und ein Arzt aufzusuchen.
Bei Einnahme von homöopathischen Heilmitteln können sich die Beschwerden vorübergehend verschlimmern (Erstverschlimmerung). Bei andauernder Verschlechterung setzen Sie Influaforce B ab und informieren Ihren Arzt, Apotheker oder Drogist.

Allgemeine Hinweise
Was ist ferner zu beachten?
Arzneimittel sind für Kinder unerreichbar aufzubewahren. Das Medikament darf nur bis zu dem auf dem Behälter mit EXP bezeichneten Datum verwendet werden. Weitere Auskünfte erteilt Ihnen Ihr Arzt, Apotheker oder Drogist.

Zusammenstellung
1 ml Tropfen enthält:
- Aconitum napellus D4 93,1 mg
- Baptisia tinctoria D3 93,1 mg
- Bryonia cretica D4 93,1 mg
- Echinacea purpurea D3 93,1 mg
- Eupatorium perfoliatum D6 186,2 mg
- Ferrum phosphoricum D5 186,2 mg
- Gelsimium D4 93,1 mg
- Lachesis D10 93,1 mg
- ca. 53 vol.-% Alkohol

Influaforce B erhalten Sie in Apotheken oder Drogerien ohne ärztliches Rezept.

Kellers Goldtropfen

Eigenschaften/Verwendungszweck
Was sind Kellers Goldtropfen und wann werden sie angewendet?

Gemäß homöopathischem Arzneimittelbild werden Kellers Goldtropfen angewendet bei:
- nervösen Herzbeschwerden
- Schwindel

Die Zusammensetzung von Kellers Goldtropfen ist so gewählt, dass den Ursachen weitgehendst begegnet werden kann. Auch in hartnäckigen Fällen kann Kellers Goldtropfen bei konstanter Anwendung Heilung bringen.

Ergänzungen
Was sollte dazu beachtet werden?

Wenn Ihnen Ihr Arzt andere Medikamente verordnet hat, fragen Sie Ihren Arzt oder Apotheker, ob dieses Medikament gleichzeitig eingenommen werden darf.

Kontraindikationen / Vorsichtsmaßnahmen
Wann dürfen Kellers Goldtropfen nicht oder nur mit Vorsicht angewendet werden?

Das Medikament darf bei schweren Nierenschäden nicht angewendet werden. Kellers Goldtropfen dürfen nicht bei Überempfindlichkeit gegen einen der Inhaltsstoffe angewendet werden. Da Kellers Goldtropfen Alkohol enthalten, sollten Patienten mit Alkoholkrankheiten den Arzt fragen ob eine Therapie mit Kellers Goldtropfen möglich ist.

Schwangerschaft/Stillzeit
Dürfen Kellers Goldtropfen während einer Schwangerschaft oder in der Stillzeit eingenommen werden?

Aufgrund der bisherigen Erfahrungen ist kein Risiko für das Kind bekannt. Klinisch kontrollierte wissenschaftliche Untersuchungen wurden aber nie durchgeführt. Vorsichtshalber sollten Sie während der Schwangerschaft und Stillzeit möglichst auf Medikamente verzichten oder den Arzt um Rat fragen.

Dosierung/Anwendung
Wie verwenden Sie Kellers Goldtropfen?

Falls vom Arzt nicht anders verordnet: 3- bis 5-mal täglich 15–25 Tropfen auf Zucker oder mit etwas Wasser.

Unerwünschte Wirkungen
Welche Nebenwirkungen können Kellers Goldtropfen haben?

Für Kellers Goldtropfen sind bei bestimmungsgemäßem Gebrauch keine Nebenwirkungen beobachtet worden. Bei Einnahme von homöopathischen Heilmitteln können sich die Beschwerden vorübergehend verschlimmern (Erstverschlimmerung).
Bei andauernder Verschlechterung setzen Sie Kellers Goldtropfen ab und informieren Ihren Arzt, Apotheker oder Drogist.

Allgemeine Hinweise
Was ist ferner zu beachten?

Arzneimittel sind für Kinder unerreichbar aufzubewahren. Das Medikament darf nur bis zu dem auf dem Behälter mit EXP bezeichneten Datum verwendet werden. Weitere Auskünfte erteilt Ihnen Ihr Arzt, Apotheker oder Drogist.

Zusammenstellung
1 ml Tropfen enthält:
- Natrii tetrachlorauras D4 200 ml
- Camphora D1 5 ml
- Convallaria majalis D4 300 ml
- Selenicereus grandiflora TM 90 ml
- Strophanthus hipidus D4 300 ml
- Valeriana tincturae aetherolea 5 ml
- Excipiens ad solutionem pro 1 ml
- enthält 49 vol.-% Alkohol

Kellers Goldtropfen erhalten Sie in Apotheken oder Drogerien ohne ärztliches Rezept.

Menosan Tabletten

Eigenschaften/Verwendungszweck
Was sind Menosan Tabletten und wann werden sie angewendet?

Gemäß homöopathischem Arzneimittelbild werden Menosan Tabletten angewendet bei:
- Wechseljahr-Beschwerden
- Schlafstörungen
- Hitzewallungen
- Schweißausbrüchen
- Stimmungsschwankungen
- krampfartigen Schmerzen im Bereiche der weiblichen Unterleiborgane

Die Zusammensetzung von Menosan Tabletten ist so gewählt, dass den Ursachen weitgehendst begegnet werden kann. Auch in hartnäckigen Fällen können Menosan Tabletten bei konstanter Anwendung Heilung bringen.

Ergänzungen
Was sollte dazu beachtet werden?

Wenn Ihnen Ihr Arzt andere Medikamente verordnet hat, fragen Sie Ihren Arzt oder Apotheker, ob dieses Medikament gleichzeitig eingenommen werden darf.

Kontraindikationen / Vorsichtsmaßnahmen
Wann dürfen Menosan Tabletten nicht oder nur mit Vorsicht angewendet werden?

Das Medikament darf bei schweren Nierenschäden nicht angewendet werden. Menosan Tabletten dürfen nicht bei Überempfindlichkeit gegen einen der Inhaltsstoffe angewendet werden. Bei bestimmungsgemäßem Gebrauch sind keine besonderen vorsichtsmaßnahmen erforderlich.

Schwangerschaft/Stillzeit
Dürfen Menosan Tabletten während einer Schwangerschaft oder in der Stillzeit eingenommen werden?

Aufgrund der bisherigen Erfahrungen ist kein Risiko für das Kind bekannt. Klinisch kontrollierte wissenschaftliche Untersuchungen wurden aber nie durchgeführt. Vorsichtshalber sollten Sie während der Schwangerschaft und Stillzeit möglichst auf Medikamente verzichten oder den Arzt um Rat fragen.

Dosierung/Anwendung
Wie verwenden Sie Menosan Tabletten?

Falls vom Arzt nicht anders verordnet: 1- bis 3-mal täglich 1–2 Tabletten vor den Mahlzeiten unter der Zunge zergehen lassen. Im akuten Stadium alle ½–1 Stunde 1 Tablette unter der Zunge zergehen lassen.

Unerwünschte Wirkungen
Welche Nebenwirkungen können Menosan Tabletten haben?

Für Menosan Tabletten sind bei bestimmungsgemäßem Gebrauch keine Nebenwirkungen beobachtet worden. Bei Einnahme von homöopathischen Heilmitteln können sich die Beschwerden vorübergehend verschlimmern (Erstverschlimmerung).
Bei andauernder Verschlechterung setzen Sie Menosan Tabletten ab und informieren Ihren Arzt, Apotheker oder Drogist.

Allgemeine Hinweise
Was ist ferner zu beachten?
Arzneimittel sind für Kinder unerreichbar aufzubewahren. Das Medikament darf nur bis zu dem auf dem Behälter mit EXP bezeichneten Datum verwendet werden. Weitere Auskünfte erteilt Ihnen Ihr Arzt, Apotheker oder Drogist.

Zusammenstellung
1 Tablette Menosan enthält die Verreibungen von:
- Agnus castus D4
- Cimicifuga racemosa D6
- Ignatia amara D6
- Lachesis muta D10
- Sanguinaria canadensis D6
- Sepia officinalis D12
- je 41,67 mg sowie Hilfsstoffe

Menosan Tabletten erhalten Sie in Apotheken oder Drogerien ohne ärztliches Rezept.

Menosan Tropfen

Eigenschaften/Verwendungszweck
Was sind Menosan Tropfen und wann werden sie angewendet?
Gemäß homöopathischem Arzneimittelbild werden Menosan Tropfen angewendet bei:
- Wechseljahr-Beschwerden
- Schlafstörungen
- Hitzewallungen
- Schweiß ausbrüchen
- Stimmungsschwankungen
- krampfartigen Schmerzen im Bereiche der weiblichen Unterleiborgane

Die Zusammensetzung von Menosan Tropfen ist so gewählt, dass den Ursachen weitgehendst begegnet werden kann. Auch in hartnäckigen Fällen können Menosan Tropfen bei konstanter Anwendung Heilung bringen.

Ergänzungen
Was sollte dazu beachtet werden?
Wenn Ihnen Ihr Arzt andere Medikamente verordnet hat, fragen Sie Ihren Arzt oder Apotheker, ob dieses Medikament gleichzeitig eingenommen werden darf.

Kontraindikationen / Vorsichtsmaßnahmen
Wann dürfen Menosan Tropfen nicht oder nur mit Vorsicht angewendet werden?
Das Medikament darf bei schweren Nierenschäden nicht angewendet werden. Menosan Tropfen dürfen nicht bei Überempfindlichkeit gegen einen der Inhaltsstoffe angewendet werden. Bei bestimmungsgemäßem Gebrauch sind keine besonderen vorsichtsmaßnahmen erforderlich.

Schwangerschaft/Stillzeit
Dürfen Menosan Tabletten während einer Schwangerschaft oder in der Stillzeit eingenommen werden?
Aufgrund der bisherigen Erfahrungen ist kein Risiko für das Kind bekannt. Klinisch kontrollierte wissenschaftliche Untersuchungen wurden aber nie durchgeführt. Vorsichtshalber sollten Sie während der Schwangerschaft und Stillzeit möglichst auf Medikamente verzichten oder den Arzt um Rat fragen.

Dosierung/Anwendung
Wie verwenden Sie Menosan Tropfen?
Falls vom Arzt nicht anders verordnet: 1- bis 3-mal täglich 10–20 Tropfen vor dem Essen unverdünnt oder in wenig Wasser auf die Zunge geben und vor dem Schlucken gut einspeicheln. Im akuten Stadium alle ½–1 Stunde 10 Tropfen unverdünnt oder in wenig Wasser auf die Zunge geben und vor dem Schlucken gut einspeicheln.

Unerwünschte Wirkungen
Welche Nebenwirkungen können Menosan Tropfen haben?
Für Menosan Tropfen sind bei bestimmungsgemäßem Gebrauch keine Nebenwirkungen beobachtet worden. Bei Einnahme von homöopathischen Heilmitteln können sich die Beschwerden vorübergehend verschlimmern (Erstverschlimmerung). Bei andauernder Verschlechterung setzen Sie Menosan Tropfen ab und informieren Ihren Arzt, Apotheker oder Drogist.

Allgemeine Hinweise
Was ist ferner zu beachten?
Arzneimittel sind für Kinder unerreichbar aufzubewahren. Das Medikament darf nur bis zu dem auf dem Behälter mit EXP bezeichneten Datum verwendet werden. Weitere Auskünfte erteilt Ihnen Ihr Arzt, Apotheker oder Drogist.

Zusammenstellung
Menosan enthält die Verreibungen von:
- Agnus castus D4
- Cimicifuga racemosa D6
- Ignatia amara D6
- Lachesis muta D10
- Sanguinaria canadensis D6
- Sepia officinalis D12
- je 155 mg sowie Hilfsstoffe
- enthält ca. 51 vol.-% Alkohol

Menosan Tropfen erhalten Sie in Apotheken oder Drogerien ohne ärztliches Rezept.

Menstruasan

Eigenschaften/Verwendungszweck
Was ist Menstruasan und wann wird es angewendet?
Gemäß homöopathischem Arzneimittelbild wird Menstruasan angewendet bei:
- Menstruationsbeschwerden
- zu starke Periode
- Unwohlsein
- Spannungsgefühl in den Brüsten
- Reizbarkeit
- krampfartigen Schmerzen im Bereich der weiblichen Unterleiborgane.

Die Zusammensetzung von Menstruasan ist so gewählt, dass den Ursachen weitgehendst begegnet werden kann. Auch in hartnäckigen Fällen kann Menstruasan bei konstanter Anwendung Heilung bringen.

Ergänzungen
Was sollte dazu beachtet werden?
Wenn Ihnen Ihr Arzt andere Medikamente verordnet hat, fragen Sie Ihren Arzt oder Apotheker, ob dieses Medikament gleichzeitig eingenommen werden darf.

Kontraindikationen / Vorsichtsmaßnahmen
Wann darf Menstruasan nicht oder nur mit Vorsicht angewendet werden?
Das Medikament darf bei schweren Nierenschäden nicht angewendet werden. Menstruasan darf nicht bei Überempfindlichkeit gegen einen der Inhaltsstoffe angewendet werden. Bei bestimmungsgemäßem Gebrauch sind keine besonderen vorsichtsmaßnahmen erforderlich.

Schwangerschaft/Stillzeit
Darf Menstruasan während einer Schwangerschaft oder in der Stillzeit eingenommen werden?
Aufgrund der bisherigen Erfahrungen ist kein Risiko für das Kind bekannt. Klinisch kontrollierte wissenschaftliche Untersuchungen wurden aber nie durchgeführt. Vorsichtshalber sollten Sie während der Schwangerschaft und Stillzeit möglichst auf Medikamente verzichten oder den Arzt um Rat fragen.

Dosierung/Anwendung
Wie verwenden Sie Menstruasan?
Falls vom Arzt nicht anders verordnet: 3-mal täglich 1–2 Tabletten im Mund zergehen lassen; in akuten Fällen stündlich 1 Tablette einnehmen.

Unerwünschte Wirkungen
Welche Nebenwirkungen kann Menstruasan haben?
Für Menstruasan sind bei bestimmungsgemäßem Gebrauch keine Nebenwirkungen beobachtet werden. Bei Einnahme von homöopathischen Heilmitteln können sich die Beschwerden vorübergehend verschlimmern (Erstverschlimmerung).
Bei andauernder Verschlechterung setzen Sie Menstruasan ab und informieren Ihren Arzt, Apotheker oder Drogist.

Allgemeine Hinweise
Was ist ferner zu beachten?
Arzneimittel sind für Kinder unerreichbar aufzubewahren. Das Medikament darf nur bis zu dem auf dem Behälter mit EXP bezeichneten Datum verwendet werden. Weitere Auskünfte erteilt Ihnen Ihr Arzt, Apotheker oder Drogist.

Zusammenstellung
1 Tablette Menstruasan enthält die Verreibungen von:
- Aristolochia clematis D12
- Cimicifuga racemosa D6
- Cyclamen europaeum D6
- Lachesis mutus D10
- Potentilla anserina D4
- Pulsatilla pratensis D6
- je 41,75 mg sowie Hilfsstoffe.

Menstruasan erhalten Sie in Apotheken oder Drogerien ohne ärztliches Rezept.

Naranotox Plus

Eigenschaften/Verwendungszweck
Was ist Naranotox Plus und wann wird es angewendet?
Naranotox Plus ein homöopathishes Komplexpräparat. Gemäß homöopathischem Arzneimittelbild kann Naranotox Plus angewendet werden bei:
- Gripperale Infekt
- Bronchitis nach grippalem Infekt
- Angina nach grippalem Infekt
- Tonsillitis nach grippalem Infekt
- Steigerung der körpereigenen Abwehr bei Entzündungen
- Akute Infektionen jeglicher Art

Ergänzungen
Was sollte dazu beachtet werden?
Wenn Ihnen Ihr Arzt andere Medikamente verordnet hat, fragen Sie Ihren Arzt oder Apotheker, ob dieses Medikament gleichzeitig eingenommen werden darf.
Naranotox Plus enthält 43 vol.-% Alkohol.

Kontraindikationen/Vorsichtsmaßnahmen
Wann darf Naranotox Plus nicht oder nur mit Vorsicht angewendet werden?
Naranotox Plus darf nicht bei Überempfindlichkeit gegen einen der Inhaltsstoffe angewendet werden.
Aus grundsätzlichen Erwägungen nicht anwenden bei:
- AIDS
- HIV-Infektion
- Tuberkulose
- Leukosen
- Kollagenosen
- multiple Sklerose
- Autoimmunkrankheiten

Schwangerschaft/Stillzeit
Darf Naranotox Plus während einer Schwangerschaft oder in der Stillzeit eingenommen werden?
Aufgrund der bisherigen Erfahrungen ist kein Risiko für das Kind bekannt. Klinisch kontrollierte wissenschaftliche Untersuchungen wurden aber nie durchgeführt.
Vorsichtshalber sollten Sie während der Schwangerschaft und Stillzeit möglichst auf Medikamente verzichten oder den Arzt um Rat fragen.

Dosierung/Anwendung
Wie verwenden Sie Naranotox Plus?
Falls vom Arzt anders verordnet viermal täglich 30 Tropfen in etwas Flüssigkeit einnehmen.

Unerwünschte Wirkungen
Welche Nebenwirkungen kann Naranotox Plus haben?
Für Naranotox Plus sind bisher bei bestimmungsgemäßem Gebrauch keine Nebenwirkungen beobachtet worden.
Bei Einnahme von homöopathischen Heilmitteln können sich die Beschwerden vorübergehend verschlimmern (Erstverschlimmerung).
Bei andauernder Verschlechterung setzen Sie Naranotox Plus ab und informieren Ihren Arzt, Apotheker oder Drogist.

Allgemeine Hinweise
Was ist ferner zu beachten?
Arzneimittel sind für Kinder unerreichbar aufzubewahren. Das Medikament darf nur bis zu dem auf dem Behälter mit EXP bezeichneten Datum verwendet werden. Weitere Auskünfte erteilt Ihnen Ihr Arzt, Apotheker oder Drogist.

Zusammenstellung
10 g enthalten:
- Acidum silicicum D8 1,5 mg
- Arnica montana D3 0,5 g
- Baptisia D1 2,0 g
- Calendula officinalis Urt. 0,5 g
- Echinacea angustifoilia Urt. 2,0 g
- Ferrum phosphoricum D10 1,5 g
- Lachesis mutus D6 2,0 g

Naranotox Plus erhalten Sie in Apotheken oder Drogerien ohne ärztliches Rezept.

Nervoregin H

Eigenschaften/Verwendungszweck
Was ist Nervoregin H und wann wird es angewendet?
Nervoregin H ist ein homöopathishes Komplexpräparat. Gemäß homöopathischem Arzneimittelbild kann Nervoregin H angewendet werden bei:
- Herzjagen
- Herzklopfen
- Blutdruckkrisen
- Schlafstörungen
- Kopfschmerzen

Ergänzungen
Was sollte dazu beachtet werden?
Wenn Ihnen Ihr Arzt andere Medikamente verordnet hat, fragen Sie Ihren Arzt oder Apotheker, ob dieses Medikament gleichzeitig eingenommen werden darf.

Kontraindikationen / Vorsichtsmaßnahmen
Wann darf Nervoregin H nicht oder nur mit Vorsicht angewendet werden?
Nervoregin H darf nicht bei Überempfindlichkeit gegen einen der Inhaltsststoffe angewendet werden.

Schwangerschaft/Stillzeit
Darf Nervoregin H während einer Schwangerschaft oder in der Stillzeit eingenommen werden?
Aufgrund der bisherigen Erfahrungen ist kein Risiko für das Kind bekannt. Klinisch kontrollierte wissenschaftliche Untersuchungen wurden aber nie durchgeführt.
Vorsichtshalber sollten Sie während der Schwangerschaft und Stillzeit möglichst auf Medikamente verzichten oder den Arzt um Rat fragen.

Dosierung/Anwendung
Wie verwenden Sie Nervoregin H?
Falls vom Arzt anders verordnet: bei akuten Zuständen alle halbe bis ganze Stunde, höchstens 12-mal täglich, je 1 Tablette einnehmen, bei chronischen Verlaufsformen 1- bis 3-mal täglich 1 Tablette einnehmen.

Unerwünschte Wirkungen
Welche Nebenwirkungen kann Nervoregin H haben?
Für Nervoregin H sind bisher bei bestimmungsgemäßem Gebrauch keine Nebenwirkungen beobachtet worden.
Bei Einnahme von homöopathischen Heilmitteln können sich die Beschwerden vorübergehend verschlimmern (Erstverschlimmerung).
Bei andauernder Verschlechterung setzen Sie Nervoregin H ab und informieren Ihren Arzt, Apotheker oder Drogist.

Allgemeine Hinweise
Was ist ferner zu beachten?
Arzneimittel sind für Kinder unerreichbar aufzubewahren. Das Medikament darf nur bis zu dem auf dem Behälter mit EXP bezeichneten Datum verwendet werden. Weitere Auskünfte erteilt Ihnen Ihr Arzt, Apotheker oder Drogist.

Zusammenstellung
1 Tablette enthält:
- Acidum phosphoricum D1 0,16 mg
- Anamirta cocculus D3 10 mg
- Avena sativa Urt. 20 mg
- Hypericum perforatum D1 10 mg
- Passiflora incarnata Urt. 10 mg

Nervoregin H erhalten Sie in Apotheken oder Drogerien ohne ärztliches Rezept.

Nuxal

Eigenschaften/Verwendungszweck
Was ist Nuxal und wann wird es angewendet?
Nuxal ein homöopathishes Komplexpräparat. Gemäß homöopathischem Arzneimittelbild kann Nuxal angewendet werden bei:
- Gastritis
- psychovegetativen Magenbeschwerden
- Magenkoliken
- Übelkeit
- Meteorismus
- Flatulenz

Ergänzungen
Was sollte dazu beachtet werden?
Wenn Ihnen Ihr Arzt andere Medikamente verordnet hat, fragen Sie Ihren Arzt oder Apotheker, ob dieses Medikament gleichzeitig eingenommen werden darf.

Kontraindikationen / Vorsichtsmaßnahmen
Wann darf Nuxal nicht oder nur mit Vorsicht angewendet werden?
Nuxal darf nicht bei Überempfindlichkeit gegen einen der Inhaltsstoffe angewendet werden.

Schwangerschaft/Stillzeit
Darf Nuxal während einer Schwangerschaft oder in der Stillzeit eingenommen werden?
Aufgrund der bisherigen Erfahrungen ist kein Risiko für das Kind bekannt. Klinisch kontrollierte wissenschaftliche Untersuchungen wurden aber nie durchgeführt.
Vorsichtshalber sollten Sie während der Schwangerschaft und Stillzeit möglichst auf Medikamente verzichten oder den Arzt um Rat fragen.

Dosierung/Anwendung
Wie verwenden Sie Nuxal?
Falls vom Arzt nicht anders verordnet dreimal täglich 15–20 Tropfen einnehmen.

Unerwünschte Wirkungen
Welche Nebenwirkungen kann Nuxal haben?
Für Nuxal sind bisher bei bestimmungsgemäßem Gebrauch keine Nebenwirkungen beobachtet worden.
Bei Einnahme von homöopathischen Heilmitteln können sich die Beschwerden vorübergehend verschlimmern (Erstverschlimmerung).
Bei andauernder Verschlechterung setzen Sie Nuxal ab und informieren Ihren Arzt, Apotheker oder Drogist.

Allgemeine Hinweise
Was ist ferner zu beachten?
Arzneimittel sind für Kinder unerreichbar aufzubewahren. Das Medikament darf nur bis zu dem auf dem Behälter mit EXP bezeichneten Datum verwendet werden. Weitere Auskünfte erteilt Ihnen Ihr Arzt, Apotheker oder Drogist.

Zusammenstellung
10 g enthalten
- Atropa belladonna D4 1 g
- Atropa belladonna D29 1 g
- Carbo vegatabilis D11 1 g
- Caulophyllum thalictroides D5 1 g
- Ceanothus americanus D3 1 g
- Colocynthis D5 1 g
- Lycopodium clavatum D11 1 g
- Momordica balsamia D2 1 g
- Stibium sulfuratum nigrum D11 1 g
- Strychnos nox-vomica D4 1 g

Nuxal erhalten Sie in Apotheken oder Drogerien ohne ärztliches Rezept.

Omida Euphrasia Augentropfen

Eigenschaften/Verwendungszweck
Was ist Omida Euphrasia und wann wird es angewendet?
Gemäß homöopathischem Arzneimittelbild werden Omida Euphrasia Augentropfen angewendet bei:
- leichten Reizungen der Augen
- Entzündungen der Augen mit und ohne Rötung
- trockenen Augen

Die Zusammensetzung von Omida Euphrasia ist so gewählt, dass den Ursachen weitgehendst begegnet werden kann. Auch in hartnäckigen Fällen kann Omida Euphrasia bei konstanter Anwendung Heilung bringen.

Ergänzungen
Was sollte dazu beachtet werden?

Wenn Ihnen Ihr Arzt andere Medikamente verordnet hat, fragen Sie Ihren Arzt oder Apotheker, ob dieses Medikament gleichzeitig eingenommen werden darf.
Vor der Behandlung mit Omida Euphrasia Augentropfen sollten die Ursachen der Augenbeschwerden abgeklärt werden.
Bitte beachten Sie, dass Entzündungen bzw. Reizungen des Auges, hervorgerufen durch Infektionen, Fremdkörper oder chemische Einwirkungen auf die Hornhaut unbedingt durch einen Arzt behandelt, werden müssen.

Kontraindikationen / Vorsichtsmaßnahmen
Wann darf Omida Euphrasia nicht oder nur mit Vorsicht angewendet werden?

Das Medikament darf bei schweren Nierenschäden nicht angewendet werden. Omida Euphrasia darf nicht bei Überempfindlichkeit gegen einen der Inhaltsstoffe angewendet werden.
Wenn nach 2–3 Tagen keine Besserung eingetreten ist, ist ein Arzt aufzusuchen. Kommt es zu einer Verschlechterung oder treten neue Symptome auf, zum Beispiel eine Abnahme der Sehschärfe, ist unverzüglich ein Arzt aufzusuchen. Nicht verwenden bei grünem Star oder bei Säuglingen und Kleinkindern.

Schwangerschaft/Stillzeit
Darf Omida Euphrasia während einer Schwangerschaft oder in der Stillzeit eingenommen werden?

Aufgrund der bisherigen Erfahrungen ist kein Risiko für das Kind bekannt. Klinisch kontrollierte wissenschaftliche Untersuchungen wurden aber nie durchgeführt. Vorsichtshalber sollten Sie während der Schwangerschaft und Stillzeit möglichst auf Medikamente verzichten oder den Arzt um Rat fragen.

Dosierung/Anwendung
Wie verwenden Sie Omida Euphrasia?

Falls vom Arzt nicht anders verordnet: 1- bis 3-mal täglich 1 Tropfen in den Bindehautsack des betroffenen Auges einträufeln.

Unerwünschte Wirkungen
Welche Nebenwirkungen kann Omida Euphrasia haben?

Für Omida Euphrasia sind bei bestimmungsgemäßem Gebrauch keine Nebenwirkungen beobachtet worden. Bei Einnahme von homöopathischen Heilmitteln können sich die Beschwerden vorübergehend verschlimmern (Erstverschlimmerung).
Bei andauernder Verschlechterung setzen Sie Omida Euphrasia ab und informieren Ihren Arzt, Apotheker oder Drogist.

Allgemeine Hinweise
Was ist ferner zu beachten?

Arzneimittel sind für Kinder unerreichbar aufzubewahren. Das Medikament darf nur bis zu dem auf dem Behälter mit EXP bezeichneten Datum verwendet werden. Weitere Auskünfte erteilt Ihnen Ihr Arzt, Apotheker oder Drogist.

Zusammenstellung
1 Einzeldosis Omida Euphrasia Augentropfen enthält:
- Euphrasia officinalis (Augentrost) D4 Dilution 0,7 ml
- Natriumchlorid

Omida Euphrasia erhalten Sie in Apotheken oder Drogerien ohne ärztliches Rezept.

Omida Gargalin

Eigenschaften/Verwendungszweck
Was ist Omida Gargalin und wann wird es angewendet?

Gemäß homöopathischem Arzneimittelbild wird Omida Gargalin angewendet bei:
- beginnender Angina
- Entzündungsprozessen in Mund und Hals
- Aphthen
- Mandelentzündungen
- Zahnfleischentzündungen

Die Zusammensetzung von Omida Gargalin ist so gewählt, dass den Ursachen weitgehendst begegnet werden kann. Auch in hartnäckigen Fällen kann Omida Gargalin bei konstanter Anwendung Heilung bringen.

Ergänzungen
Was sollte dazu beachtet werden?

Wenn Ihnen Ihr Arzt andere Medikamente verordnet hat, fragen Sie Ihren Arzt oder Apotheker, ob dieses Medikament gleichzeitig eingenommen werden darf.

Kontraindikationen / Vorsichtsmaßnahmen
Wann darf Omida Gargalin nicht oder nur mit Vorsicht angewendet werden?

Das Medikament darf bei schweren Nierenschäden nicht angewendet werden. Omida Gargalin darf nicht bei Überempfindlichkeit gegen einen der Inhaltsstoffe angewendet werden. Bei bestimmungsgemäßem Gebrauch sind keine besonderen vorsichtsmaßnahmen erforderlich.

Schwangerschaft/Stillzeit
Darf Omida Gargalin während einer Schwangerschaft oder in der Stillzeit eingenommen werden?

Aufgrund der bisherigen Erfahrungen ist kein Risiko für das Kind bekannt. Klinisch kontrollierte wissenschaftliche Untersuchungen wurden aber nie durchgeführt. Vorsichtshalber sollten Sie während der Schwangerschaft und Stillzeit möglichst auf Medikamente verzichten oder den Arzt um Rat fragen.

Dosierung/Anwendung
Wie verwenden Sie Omida Gargalin?

Falls vom Arzt nicht anders verordnet: 3-mal täglich 15–20 Tropfen Gargalin in ½ Glas warmes Wasser geben; in akuten Fällen alle 2 Stunden, bei Nachlassen der Beschwerden 2- bis 3-mal pro Tag gurgeln.

Unerwünschte Wirkungen
Welche Nebenwirkungen kann Omida Gargalin haben?

Für Omida Gargalin sind bei bestimmungsgemäßem Gebrauch keine Nebenwirkungen beobachtet worden. Bei Einnahme von homöopathischen Heilmitteln können sich die Beschwerden vorübergehend verschlimmern (Erstverschlimmerung).
Bei andauernder Verschlechterung setzen Sie Omida Gargalin ab und informieren Ihren Arzt, Apotheker oder Drogist.

Allgemeine Hinweise
Was ist ferner zu beachten?

Arzneimittel sind für Kinder unerreichbar aufzubewahren. Das Medikament darf nur bis zu dem auf dem Behälter mit EXP bezeichneten Datum verwendet werden. Weitere Auskünfte erteilt Ihnen Ihr Arzt, Apotheker oder Drogist.

Zusammenstellung

Tropfen enthälten Tinkturen von:
- Arnica montana 10 %
- Calendula 10 %
- Guajacum 4 %
- Mentha piperita 2,5 %
- 30 vol.-% Alkohol

Omida Gargalin erhalten Sie in Apotheken oder Drogerien ohne ärztliches Rezept.

Omida Halstabletten

Eigenschaften/Verwendungszweck
Was sind Omida Halstabletten und wann werden sie angewendet?

Gemäß homöopathischem Arzneimittelbild werden Omida Halstabletten angewendet bei:
- Heiserkeit
- Rachenkatarrh
- Hustenreiz
- Halsschmerzen
- Entzündungsprozessen in Mund und Hals

Die Zusammensetzung von Omida Halstabletten ist so gewählt, dass den Ursachen weitgehendst begegnet werden kann. Auch in hartnäckigen Fällen kann Omida bei konstanter Anwendung Heilung bringen.

Ergänzungen
Was sollte dazu beachtet werden?

Wenn Ihnen Ihr Arzt andere Medikamente verordnet hat, fragen Sie Ihren Arzt oder Apotheker, ob dieses Medikament gleichzeitig eingenommen werden darf.

Kontraindikationen / Vorsichtsmaßnahmen
Wann dürfen Omida Halstabletten nicht oder nur mit Vorsicht angewendet werden?

Das Medikament darf bei schweren Nierenschäden nicht angewendet werden. Omida Halstabletten dürfen nicht bei Überempfindlichkeit gegen einen der Inhaltsstoffe angewendet werden. Bei bestimmungsgemäßem Gebrauch sind keine besonderen vorsichtsmaßnahmen erforderlich.

Schwangerschaft/Stillzeit
Darf das Medikament während einer Schwangerschaft oder in der Stillzeit eingenommen werden?

Aufgrund der bisherigen Erfahrungen ist kein Risiko für das Kind bekannt. Klinisch kontrollierte wissenschaftliche Untersuchungen wurden aber nie durchgeführt. Vorsichtshalber sollten Sie während der Schwangerschaft und Stillzeit möglichst auf Medikamente verzichten oder den Arzt um Rat fragen.

Dosierung/Anwendung
Wie verwenden Sie Omida Halstabletten?

Falls vom Arzt nicht anders verordnet: in akuten Fällen ½-stündlich 1 Tablette; bei Besserung: 1–2 Stunden 1 Tablette einnehmen.

Unerwünschte Wirkungen
Welche Nebenwirkungen können Omida Halstabletten haben?

Für Omida Halstabletten sind bei bestimmungsgemäßem Gebrauch keine Nebenwirkungen beobachtet worden. Bei Einnahme von homöopathischen Heilmitteln können sich die Beschwerden vorübergehend verschlimmern (Erstverschlimmerung).
Bei andauernder Verschlechterung setzen Sie Omida Halstabletten ab und informieren Ihren Arzt, Apotheker oder Drogist.

Allgemeine Hinweise
Was ist ferner zu beachten?

Arzneimittel sind für Kinder unerreichbar aufzubewahren. Das Medikament darf nur bis zu dem auf dem Behälter mit EXP bezeichneten Datum verwendet werden. Weitere Auskünfte erteilt Ihnen Ihr Arzt, Apotheker oder Drogist.

Zusammenstellung

Tabletten enthalten Tinkturen:
- Ailanthus glandulosa (Ailanthus altissima) D4
- Carbo vegetabilis D3
- Ferrum phosphoricum D6
- Selenium D6
- Ana partes pro compresso

Omida Halstabletten erhalten Sie in Apotheken oder Drogerien ohne ärztliches Rezept.

Omidalin Wundtinktur

Eigenschaften/Verwendungszweck
Was ist Omidalin Wundtinktur und wann wird sie angewendet?

Gemäß homöopathischem Arzneimittelbild wird Omidalin Wundtinktur angewendet bei:
- Schnittwunden
- Risswunden
- Schürfwunden
- Leichten Brandwunden
- Gesprungenen Lippen und Mundwinkeln
- Mückenstichen
- Bienenstichen
- Wespenstichen

Die Zusammensetzung von Omidalin Wundtinktur ist so gewählt, dass den Ursachen weitgehendst begegnet werden kann. Auch in hartnäckigen Fällen kann Omidalin Wundtinktur bei konstanter Anwendung Heilung bringen.

Ergänzungen
Was sollte dazu beachtet werden?

Wenn Ihnen Ihr Arzt andere Medikamente verordnet hat, fragen Sie Ihren Arzt oder Apotheker, ob dieses Medikament gleichzeitig eingenommen werden darf.

Kontraindikationen / Vorsichtsmaßnahmen
Wann darf Omidalin Wundtinktur nicht oder nur mit Vorsicht angewendet werden?

Omidalin Wundtinktur darf nicht bei Überempfindlichkeit gegen einen der Inhaltsstoffe angewendet werden. Bei bestimmungsgemäßem Gebrauch sind keine besonderen vorsichtsmaßnahmen erforderlich.

Schwangerschaft/Stillzeit
Darf das Medikament während einer Schwangerschaft oder in der Stillzeit eingenommen werden?

Aufgrund der bisherigen Erfahrungen ist kein Risiko für das Kind bekannt. Klinisch kontrollierte wissenschaftliche Untersuchungen wurden aber nie durchgeführt. Vorsichtshalber sollten Sie während der Schwangerschaft und Stillzeit möglichst auf Medikamente verzichten oder den Arzt um Rat fragen.

Dosierung/Anwendung
Wie verwenden Sie Omidalin Wundtinktur?

Falls vom Arzt nicht anders verordnet:
- ▲ Wunden: wiederholt ein paar Tropfen Wundtinktur auf die zu behandelnde

Stelle träufeln, dann poröses Wundpflaster oder Verband anlegen.
- ▲ Gesprungene Lippen: diese oft schlecht heilenden Wunden öfters mit Wundtinktur benetzen.
- ▲ Stichen: mit Wundtinktur öfters benetzen, bei bereits vorhandenen Schwellungen Umschläge machen.

Unerwünschte Wirkungen
Welche Nebenwirkungen kann Omidalin Wundtinktur?
Für Omidalin Wundtinktur sind bei bestimmungsgemäßem Gebrauch keine Nebenwirkungen beobachtet worden. Bei Applikation von homöopathischen Heilmitteln können sich die Beschwerden vorübergehend verschlimmern (Erstverschlimmerung).
Bei andauernder Verschlechterung informieren Sie Ihren Arzt, Apotheker oder Drogist.

Allgemeine Hinweise
Was ist ferner zu beachten?
Arzneimittel und Wundtinkturen sind für Kinder unerreichbar aufzubewahren. Das Medikament darf nur bis zu dem auf dem Behälter mit EXP bezeichneten Datum verwendet werden. Weitere Auskünfte erteilt Ihnen Ihr Arzt, Apotheker oder Drogist.

Zusammenstellung
- Echinacea angustifolia 0,125 ml
- Calendula officinalis 0,125
- Ledum palustre 0,150 ml
- Exzipienz ad solutionem 1 ml
- Enthält 30 vol.-% Alkohol

Omidalin Wundtinktur erhalten Sie in Apotheken oder Drogerien ohne ärztliches Rezept.

Omida Nasenspray

Eigenschaften/Verwendungszweck
Was ist Omida Nasenspray und wann wird es angewendet?
Gemäß homöopathischem Arzneimittelbild wird Omida Nasenspray angewendet bei:
- Trockenem Schnupfen
- Borkenbildung am Naseneingang
- Schleimbildung mit Austrocknung
- Trockenheit im Nasen-Rachen-Raum

Die Zusammensetzung von Omida Nasenspray ist so gewählt, dass den Ursachen weitgehendst begegnet werden kann. Auch in hartnäckigen Fällen kann Omida bei konstanter Anwendung Heilung bringen.

Ergänzungen
Was sollte dazu beachtet werden?
Wenn Ihnen Ihr Arzt andere Medikamente verordnet hat, fragen Sie Ihren Arzt oder Apotheker, ob dieses Medikament gleichzeitig eingenommen werden darf.

Kontraindikationen / Vorsichtsmaßnahmen
Wann darf Omida Nasenspray nicht oder nur mit Vorsicht angewendet werden?
Omida darf nicht bei Überempfindlichkeit gegen einen der Inhaltsstoffe angewendet werden. Bei bestimmungsgemäßem Gebrauch sind keine besonderen Vorsichtsmaßnahmen erforderlich.

Schwangerschaft/Stillzeit
Darf das Medikament während einer Schwangerschaft oder in der Stillzeit eingenommen werden?
Aufgrund der bisherigen Erfahrungen ist kein Risiko für das Kind bekannt. Klinisch kontrollierte wissenschaftliche Untersuchungen wurden aber nie durchgeführt. Vorsichtshalber sollten Sie während der Schwangerschaft und Stillzeit möglichst auf Medikamente verzichten oder den Arzt um Rat fragen.

Dosierung/Anwendung
Wie verwenden Sie Omida Nasenspray?
Falls vom Arzt nicht anders verordnet: alle 3 Stunden 1–2 Sprühstöße in jede Nasenöffnung applizieren.

Unerwünschte Wirkungen
Welche Nebenwirkungen kann Omida Nasenspray haben?
Für Omida Nasenspray sind bei bestimmungsgemäßem Gebrauch keine Nebenwirkungen beobachtet worden. Bei Einnahme von homöopathischen Heilmitteln können sich die Beschwerden vorübergehend verschlimmern (Erstverschlimmerung).
Bei andauernder Verschlechterung setzen Sie Omida Nasenspray ab und informieren Ihren Arzt, Apotheker oder Drogist.

Allgemeine Hinweise
Was ist ferner zu beachten?
Arzneimittel sind für Kinder unerreichbar aufzubewahren. Das Medikament darf nur bis zu dem auf dem Behälter mit EXP bezeichneten Datum verwendet werden. Weitere Auskünfte erteilt Ihnen Ihr Arzt, Apotheker oder Drogist.

Zusammenstellung
1 ml Lösung enthält:
- Luffa operculata D4 100 mg
- Natriumhydrogenphosphat
- Dinatriumhydrogenphosphat
- Natriumedetat
- Wasser
- Konservierungsmittel Benzalkoniumchlorid

Omida Nasenspray erhalten Sie in Apotheken oder Drogerien ohne ärztliches Rezept.

Omida Rubiderm Salbe

Eigenschaften/Verwendungszweck
Was ist Omida Rubiderm Salbe und wann wird sie angewendet?
Gemäß homöopathischem Arzneimittelbild wird Omida Rubiderm Salbe angewendet bei:
- trockenen Hautausschlägen
- schuppenden Hautausschlägen
- ekzematösen Hautausschlägen
- Psoriasis

Die Zusammensetzung von Omida Rubiderm Salbe ist so gewählt, dass den Ursachen weitgehendst begegnet werden kann. Auch in hartnäckigen Fällen kann Omida Rubiderm Salbe bei konstanter Anwendung Heilung bringen.

Ergänzungen
Was sollte dazu beachtet werden?
Wenn Ihnen Ihr Arzt andere Medikamente verordnet hat, fragen Sie Ihren Arzt oder Apotheker, ob dieses Medikament gleichzeitig eingenommen werden darf.

Kontraindikationen / Vorsichtsmaßnahmen
Wann darf Omida Rubiderm Salbe nicht oder nur mit Vorsicht angewendet werden?
Niet anwenden bei offenen und bakteriell infizierten Wunden. Omida Rubiderm Salbe darf nicht bei Überempfindlichkeit gegen einen der Inhaltsstoffe angewendet werden. Bei Kindern unter 2 Jahren und bei großflächigen Hautveränderungen, Infektionen oder Verdacht auf den ganzen Körper betreffende Krankheiten soll Omida Rubiderm Salbe nicht ohne ärztlichen Rat angewendet werden.

Schwangerschaft/Stillzeit
Darf das Medikament während einer Schwangerschaft oder in der Stillzeit eingenommen werden?
Aufgrund der bisherigen Erfahrungen ist kein Risiko für das Kind bekannt. Klinisch kontrollierte wissenschaftliche Untersuchungen wurden aber nie durchgeführt. Vorsichtshalber sollten Sie während der Schwangerschaft und Stillzeit möglichst auf Medikamente verzichten oder den Arzt um Rat fragen.

Dosierung/Anwendung
Wie verwenden Sie Omida Rubiderm Salbe?
Falls vom Arzt nicht anders verordnet:
2- bis 3-mal täglich auf die betroffenen Hautpartien dünn auftragen und leicht einmassieren oder einen Salbenverband anlegen (zum Beispiel abends). Die Therapie fortführen bis zum Abklingen der Beschwerden.

Unerwünschte Wirkungen
Welche Nebenwirkungen kann Omida Rubiderm Salbe haben?
Für Omida Rubiderm Salbe sind im Allgemeinen bei bestimmungsgemäßem Gebrauch keine Nebenwirkungen beobachtet worden. In seltenen Fällen können Allergien auf den Wirkstoff oder auf einen Bestandteil der Salbengrundlage (Wollwachs etc.) auftreten.
Bei andauernder Verschlechterung informieren Sie Ihren Arzt, Apotheker oder Drogist.

Allgemeine Hinweise
Was ist ferner zu beachten?
Omida Rubiderm Salbe ist für Kinder unerreichbar aufzubewahren. Das Medikament darf nur bis zu dem auf dem Behälter mit EXP bezeichneten Datum verwendet werden. Weitere Auskünfte erteilt Ihnen Ihr Arzt, Apotheker oder Drogist.

Zusammenstellung
1 g Salbe enthält:
- Mahonia aquifolium 100 mg
- Hilfsstoffe: Wasser, flüssiges Paraffin, Wollwachs, Wollwachsalkoholen, Cetylstearylalkohol und weißes Vaselin

Omida Rubiderm Salbe erhalten Sie in Apotheken oder Drogerien ohne ärztliches Rezept.

Osanit

Eigenschaften/Verwendungszweck
Was ist Osanit und wann wird es angewendet?
Gemäß homöopathischem Arzneimittelbild wird Osanit angewendet bei Zahnungsbeschwerden bei Kleinkindern.
Die Zusammensetzung von Osanit ist so gewählt, dass den Ursachen weitgehendst begegnet werden kann. Auch in hartnäckigen Fällen kann Osanit bei konstanter Anwendung Heilung bringen.

Ergänzungen
Was sollte dazu beachtet werden?
Wenn Ihnen Ihr Arzt andere Medikamente verordnet hat, fragen Sie Ihren Arzt oder Apotheker, ob dieses Medikament gleichzeitig eingenommen werden darf.

Kontraindikationen / Vorsichtsmaßnahmen
Wann darf Osanit nicht oder nur mit Vorsicht angewendet werden?
Osanit darf nicht bei Überempfindlichkeit gegen einen der Inhaltsstoffe angewendet werden. Bei bestimmungsgemäßem Gebrauch sind keine besonderen Vorsichtsmaßnahmen erforderlich.

Dosierung/Anwendung
Wie verwenden Sie Osanit?
Falls vom Arzt nicht anders verordnet:
bei Schmerzen in der Zahnungsperiode halbstündlich; bei akuten Schmerzen viertelstündlich 8 Kügelchen auf die Zunge geben. Die Therapie fortführen bis zum Abklingen der Beschwerden.

Unerwünschte Wirkungen
Welche Nebenwirkungen können Osanit haben?
Für Osanit sind im Allgemeinen bei bestimmungsgemäßem Gebrauch keine Nebenwirkungen beobachtet worden. Bei Einnahme von homöopathischen Heilmitteln können sich die Beschwerden vorübergehend verschlimmern (Erstverschlimmerung).
Bei andauernder Verschlechterung informieren Sie Ihren Arzt, Apotheker oder Drogist.

Allgemeine Hinweise
Was ist ferner zu beachten?
Osanit ist für Kinder unerreichbar aufzubewahren. Das Medikament darf nur bis zu dem auf dem Behälter mit EXP bezeichneten Datum verwendet werden. Weitere Auskünfte erteilt Ihnen Ihr Arzt, Apotheker oder Drogist.

Zusammenstellung
Die Kügelchen enthalten:
- Calciumcarbonaat D5 22,5 %
- Magnesiumphosphat C5 50 %
- Passionsblume D2 22,5 %
- Xylit sowie weitere Hilfsstoffe

Osanit erhalten Sie in Apotheken oder Drogerien ohne ärztliches Rezept.

Oscillococcinum

Eigenschaften/Verwendungszweck
Was ist Oscillococcinum und wann wird es angewendet?
Gemäß homöopathischem Arzneimittelbild wird Oscillococcinum angewendet:
- Zur Vorbeugung einer Grippe
- Bei beginnenden grippalen Beschwerden
- Bei auftretender Grippe-Erkrankung

Die Zusammensetzung von Oscillococcinum ist so gewählt, dass den Ursachen weitgehendst begegnet werden kann. Auch in hartnäckigen Fällen kann Oscillococcinum bei konstanter Anwendung Heilung bringen.

Ergänzungen
Was sollte dazu beachtet werden?
Wenn Ihnen Ihr Arzt andere Medikamente verordnet hat, fragen Sie Ihren Arzt oder Apotheker, ob dieses Medikament gleichzeitig eingenommen werden darf.

Kontraindikationen / Vorsichtsmaßnahmen
Wann darf Oscillococcinum nicht oder nur mit Vorsicht angewendet werden?
Oscillococcinum darf nicht bei Überempfindlichkeit gegen einen der Inhaltsstoffe angewendet werden. Bei bestimmungsgemäßem Gebrauch sind keine besonderen vorsichtsmaßnahmen erforderlich.

Schwangerschaft/Stillzeit
Darf dieses Medikament während einer Schwangerschaft oder in der Stillzeit eingenommen werden?
Aufgrund der bisherigen Erfahrungen ist kein Risiko für das Kind bekannt. Klinisch kontrollierte wissenschaftliche Untersuchungen wurden aber nie durchgeführt. Vorsichtshalber sollten Sie

während der Schwangerschaft und Stillzeit möglichst auf Medikamente verzichten oder den Arzt um Rat fragen.

Dosierung/Anwendung
Wie verwenden Sie Oscillococcinum?

Falls vom Arzt nicht anders verordnet:

- ▲ Zur Vorbeugung: während der Grippezeit 1 Dosis Globuli pro Woche einnehmen.
- ▲ Bei beginnender Grippe: 1 Dosis Globuli so früh als möglich, schon bei den ersten Anzeichen der Grippe einnehmen, eventuell im 6-Stunden-intervall 2 bis 3-mal wiederholen.
- ▲ Bei manifester Grippe: morgens und abends eine Dosis Globuli während 1 bis 3 Tagen einnehmen.

Das Medikament mit zeitlichem Abstand zu den Mahlzeiten einnehmen, entweder eine Viertelstunde vor oder eine Stunde nach dem Essen.
Die Therapie fortführen bis zum Abklingen der Beschwerden.

Unerwünschte Wirkungen
Welche Nebenwirkungen können unter Oscillococcinum auftreten?

Für Oscillococcinum sind im Allgemeinen bei bestimmungsgemäßem Gebrauch keine Nebenwirkungen beobachtet worden. Bei Einnahme von homöopathischen Heilmitteln können sich die Beschwerden vorübergehend verschlimmern (Erstverschlimmerung).
Bei andauernder Verschlechterung informieren Sie Ihren Arzt, Apotheker oder Drogist.

Allgemeine Hinweise
Was ist ferner zu beachten?

Oscillococcinum ist für Kinder unerreichbar aufzubewahren. Das Medikament darf nur bis zu dem auf dem Behälter mit EXP bezeichneten Datum verwendet werden. Weitere Auskünfte erteilt Ihnen Ihr Arzt, Apotheker oder Drogist.

Zusammenstellung

Die Kügelchen enthalten:

- Anas barbariae
- Hepatisextrakt
- Cordisextrakt
- Saccharose und Laktose.

Oscillococcinum erhalten Sie in Apotheken oder Drogerien ohne ärztliches Rezept.

Pollinosan Tabletten

Eigenschaften/Verwendungszweck
Was sind Pollinosan Tabletten und wann wird es angewendet?

Gemäß homöopathischem Arzneimittelbild sind Pollinosan Tabletten angewendet bei allergischem Schnupfen mit Symptomen wie:

- Niesreiz
- Kitzeln im Hals
- Reizhusten
- Brennen der Augen
- Tränen der Augen

Die Zusammensetzung von Pollinosan Tabletten ist so gewählt, dass den Ursachen weitgehendst begegnet werden kann. Auch in hartnäckigen Fällen können Pollinosan Tabletten bei konstanter Anwendung Heilung bringen.

Ergänzungen
Was sollte dazu beachtet werden?

Wenn Ihnen Ihr Arzt andere Medikamente verordnet hat, fragen Sie Ihren Arzt oder Apotheker, ob dieses Medikament gleichzeitig eingenommen werden darf.

Kontraindikationen / Vorsichtsmaßnahmen
Wann darf Pollinosan Tabletten nicht oder nur mit Vorsicht angewendet werden?

Pollinosan Tabletten dürfen nicht bei Überempfindlichkeit gegen einen der Inhaltsstoffe angewendet werden. Bei bestimmungsgemäßem Gebrauch sind keine besonderen Vorsichtsmaßnahmen erforderlich.

Schwangerschaft/Stillzeit
Darf dieses Medikament während einer Schwangerschaft oder in der Stillzeit eingenommen werden?

Aufgrund der bisherigen Erfahrungen ist kein Risiko für das Kind bekannt. Klinisch kontrollierte wissenschaftliche Untersuchungen wurden aber nie durchgeführt. Vorsichtshalber sollten Sie während der Schwangerschaft und Stillzeit möglichst auf Medikamente verzichten oder den Arzt um Rat fragen.

Dosierung/Anwendung
Wie verwenden Sie Pollinosan Tabletten?

Falls vom Arzt nicht anders verordnet:
Erwachsene und Kinder ab 10 Jahren: 3-mal täglich 2 Tabletten vor den Mahlzeiten einnehmen. Die Tabletten langsam im Mund zergehen lassen und mit der Zunge auf den Schleimhäuten verteilen. Im akuten Fall stündlich bis halbstündlich einnehmen.
Kinder bis 10 Jahre: Jeweils 1 Tablette.
Die Therapie fortführen bis zum Abklingen der Beschwerden.

Unerwünschte Wirkungen
Welche Nebenwirkungen können unter Pollinosan Tabletten auftreten?

Für Pollinosan Tabletten sind im Allgemeinen bei bestimmungsgemäßem Gebrauch keine Nebenwirkungen beobachtet worden. Bei Einnahme von homöopathischen Heilmitteln können sich die Beschwerden vorübergehend verschlimmern (Erstverschlimmerung).
Bei andauernder Verschlechterung informieren Sie Ihren Arzt, Apotheker oder Drogist.

Allgemeine Hinweise
Was ist ferner zu beachten?

Pollinosan Tabletten sind für Kinder unerreichbar aufzubewahren. Das Medikament darf nur bis zu dem auf dem Behälter mit EXP bezeichneten Datum verwendet werden. Weitere Auskünfte erteilt Ihnen Ihr Arzt, Apotheker oder Drogist.

Zusammenstellung

1 Tablette enthält:

- Ammi visnaga D1
- Aralia racemosa D2
- Cardiospermum D2
- Luffa operculata D6
- Okoubaka D2
- Paloondo D2
- Thyrallis glauca D3
- je nach 37,5 mg
- zusätzliche Hilfsstoffe

Pollinosan Tabletten erhalten Sie in Apotheken oder Drogerien ohne ärztliches Rezept.

Pollinosan Tropfen

Eigenschaften/Verwendungszweck
Was ist Pollinosan und wann wird es angewendet?

Gemäß homöopathischem Arzneimittelbild sind Pollinosan Tropfen angewendet bei allergischem Schnupfen mit Symptomen wie:

- Niesreiz
- Kitzeln im Hals
- Reizhusten

- Brennen der Augen
- Tränen der Augen

Die Zusammensetzung von Pollinosan Tropfen ist so gewählt, dass den Ursachen weitgehendst begegnet werden können. Auch in hartnäckigen Fällen kann Pollinosan Tropfen bei konstanter Anwendung Heilung bringen.

Ergänzungen
Was sollte dazu beachtet werden?
Wenn Ihnen Ihr Arzt andere Medikamente verordnet hat, fragen Sie Ihren Arzt oder Apotheker, ob dieses Medikament gleichzeitig eingenommen werden darf.

Kontraindikationen / Vorsichtsmaßnahmen
Wann darf Pollinosan Tropfen nicht oder nur mit Vorsicht angewendet werden?
Pollinosan Tropfen dürfen nicht bei Überempfindlichkeit gegen einen der Inhaltsstoffe angewendet werden. Bei bestimmungsgemäßem Gebrauch sind keine besonderen Vorsichtsmaßnahmen erforderlich.

Schwangerschaft/Stillzeit
Darf dieses Medikament während einer Schwangerschaft oder in der Stillzeit eingenommen werden?
Aufgrund der bisherigen Erfahrungen ist kein Risiko für das Kind bekannt. Klinisch kontrollierte wissenschaftliche Untersuchungen wurden aber nie durchgeführt. Vorsichtshalber sollten Sie während der Schwangerschaft und Stillzeit möglichst auf Medikamente verzichten oder den Arzt um Rat fragen.

Dosierung/Anwendung
Wie verwenden Sie Pollinosan Tropfen?
Falls vom Arzt nicht anders verordnet:
Erwachsene und Kinder ab 10 Jahren: 3-mal täglich eine Viertelstunde vor den Mahlzeiten 20 Tropfen in wenig Wasser geben und gut einspeicheln. Im akuten Fall stündlich 20 Tropfen einnehmen.
Kinder bis 10 Jahre: 3-mal täglich 5 Tropfen mit Wasser verdünnt einnehmen.
Die Therapie fortführen bis zum Abklingen der Beschwerden.

Unerwünschte Wirkungen
Welche Nebenwirkungen können unter Pollinosan Tropfen auftreten?
Für Pollinosan Tropfen sind im Allgemeinen bei bestimmungsgemäßem Gebrauch keine Nebenwirkungen beobachtet werden. Bei Einnahme von homöopathischen Heilmitteln können sich die Beschwerden vorübergehend verschlimmern (Erstverschlimmerung).
Bei andauernder Verschlechterung informieren Sie Ihren Ihr Arzt, Apotheker oder Drogist.

Allgemeine Hinweise
Was ist ferner zu beachten?
Pollinosan Tropfen ist für Kinder unerreichbar aufzubewahren. Das Medikament darf nur bis zu dem auf dem Behälter mit EXP bezeichneten Datum verwendet werden. Weitere Auskünfte erteilt Ihnen Arzt, Apotheker oder Drogist.

Zusammenstellung
1 ml Tropfen enthält:
- Ammi visnaga D1
- Aralia racemosa D2
- Cardiospermum D2
- Luffa operculata D6
- Okoubaka D2
- Paloondo D2
- Thyrallis glauca D3
- 60 vol.-% Alkohol

Pollinosan erhalten Sie in Apotheken oder Drogerien ohne ärztliches Rezept.

Rheumed

Eigenschaften/Verwendungszweck
Was ist Rheumed und wann wird es angewendet?
Gemäß homöopathischem Arzneimittelbild wird Rheumed angewendet bei:
- rheumatischen Muskelbeschwerden
- rheumatischen Gelenkbeschwerden

Die Zusammensetzung von Rheumed ist so gewählt, dass den Ursachen weitgehendst begegnet werden kann. Auch in hartnäckigen Fällen kann Rheumed bei konstanter Anwendung Heilung bringen.

Ergänzungen
Was sollte dazu beachtet werden?
Wenn Ihnen Ihr Arzt andere Medikamente verordnet hat, fragen Sie Ihren Arzt oder Apotheker, ob dieses Medikament gleichzeitig eingenommen werden darf.

Kontraindikationen / Vorsichtsmaßnahmen
Wann darf Rheumed nicht oder nur mit Vorsicht angewendet werden?
Rheumed darf nicht bei Überempfindlichkeit gegen einen der Inhaltsstoffe angewendet werden und auch nicht bei Überempfindlichkeit gegen Rhus toxicodendron. Bei bestimmungsgemäßem Gebrauch sind keine besonderen Vorsichtsmaßnahmen erforderlich.

Schwangerschaft/Stillzeit
Darf dieses Medikament während einer Schwangerschaft oder in der Stillzeit eingenommen werden?
Dieses Medikament darf nicht während der Schwangerschaft und Stillzeit angewendet werden.

Dosierung/Anwendung
Wie verwenden Sie Rheumed?
Falls vom Arzt nicht anders verordnet:
Erwachsene 3-mal täglich 1–2 Tabletten im Mund zergehen lassen.
Die Therapie fortführen bis zum Abklingen der Beschwerden.

Unerwünschte Wirkungen
Welche möglichen Nebenwirkungen können unter Rheumed auftreten?
Für Rheumed sind im Allgemeinen bei bestimmungsgemäßem Gebrauch keine Nebenwirkungen beobachtet worden. In seltenen Fällen können Überempfindlichkeitsreaktionen gegen Rhus toxicodendron auftreten. Bei Einnahme von homöopathischen Heilmitteln können sich die Beschwerden vorübergehend verschlimmern (Erstverschlimmerung).
Bei andauernder Verschlechterung informieren Sie Ihren Arzt, Apotheker oder Drogist.

Allgemeine Hinweise
Was ist ferner zu beachten?
Rheumed ist für Kinder unerreichbar aufzubewahren. Das Medikament darf nur bis zu dem auf dem Behälter mit EXP bezeichneten Datum verwendet werden. Weitere Auskünfte erteilt Ihnen Ihr Arzt, Apotheker oder Drogist.

Zusammenstellung
1 Tablette enthält:
- Colchicum autumnale D4 50 mg
- Kalmia latifolia D4 50 mg
- Ledum palustre D2 50 mg
- Rhus toxicodendron D4 50 mg
- Solanum dulcamara D4 50 mg
- Symphytum officinale D6 50 mg
- zusätzliche Hilfsstoffe

Rheumed erhalten Sie in Apotheken oder Drogerien ohne ärztliches Rezept.

Rhinitisan Schnupfen-Tabletten

Eigenschaften/Verwendungszweck
Was ist Rhinitisan und wann wird es angewendet?
Gemäß homöopathischem Arzneimittelbild wird Rhinitisan angewendet bei:
- Erkältungskatarrhen
- Fließschnupfen
- Stockschnupfen
- Akutem Nasenkatarrh

Die Zusammensetzung von Rhinitisan ist so gewählt, dass den Ursachen weitgehendst begegnet werden kann. Auch in hartnäckigen Fällen kann Rhinitisan bei konstanter Anwendung Heilung bringen.

Ergänzungen
Was sollte dazu beachtet werden?
Wenn Ihnen Ihr Arzt andere Medikamente verordnet hat, fragen Sie Ihren Arzt oder Apotheker, ob dieses Medikament gleichzeitig eingenommen werden darf.

Kontraindikationen / Vorsichtsmaßnahmen
Wann darf Rhinitisan nicht oder nur mit Vorsicht angewendet werden?
Rhinitisan darf nicht bei Überempfindlichkeit gegen einen der Inhaltsstoffe angewendet werden. Bei bestimmungsgemäßem Gebrauch sind keine besonderen Vorsichtsmaßnahmen erforderlich.

chwangerschaft/Stillzeit
Darf dieses Medikament während einer Schwangerschaft oder in der Stillzeit eingenommen werden?
Aufgrund der bisherigen Erfahrungen ist kein Risiko für das Kind bekannt. Klinisch kontrollierte wissenschaftliche Untersuchungen wurden aber nie durchgeführt. Vorsichtshalber sollten Sie während der Schwangerschaft und Stillzeit möglichst auf Medikamente verzichten oder den Arzt um Rat fragen.

Dosierung/Anwendung
Wie verwenden Sie Rhinitisan?
Falls vom Arzt nicht anders verordnet:
Erwachsene und Kinder ab 12 Jahren: 3-mal täglich 1–2 Tabletten im Mund zergehen lassen; in akuten Fällen stündlich einnehmen.
Kinder bis zum 6. Lebensjahr erhalten die Hälfte; Kinder zwischen dem 6. und 12. Lebensjahr zwa Drittel der Erwachsenendosis. Die Therapie fortführen bis zum Abklingen der Beschwerden.

Unerwünschte Wirkungen
Welche möglichen Nebenwirkungen können unter Rhinitisan auftreten?
Für Rhinitisan sind im Allgemeinen bei bestimmungsgemäßem Gebrauch keine Nebenwirkungen beobachtet werden. Bei Einnahme von homöopathischen Heilmitteln können sich die Beschwerden vorübergehend verschlimmern (Erstverschlimmerung).
Bei andauernder Verschlechterung informieren Sie Ihren Arzt, Apotheker oder Drogist.

Allgemeine Hinweise
Was ist ferner zu beachten?
Rhinitisan ist für Kinder unerreichbar aufzubewahren. Das Medikament darf nur bis zu dem auf dem Behälter mit EXP bezeichneten Datum verwendet werden. Weitere Auskünfte erteilt Ihnen Ihr Arzt, Apotheker oder Drogist.

Zusammenstellung
1 Tablette enthält:
- Aralia racemosa D2
- Hedera helix D5
- Hydrastis D4
- Luffa D6
- Pulsatilla D6
- Sambucus nigra D2
- Teucrium scorodonia D1
- Je 35,7 mg
- zusätzliche Hilfsstoffe

Rhinitisan Schupfen-Tabletten erhalten Sie in Apotheken oder Drogerien ohne ärztliches Rezept.

Rhinitisan Schnupfen-Tropfen

Eigenschaften/Verwendungszweck
Was ist Rhinitisan und wann wird es angewendet?
Gemäß homöopathischem Arzneimittelbild wird Rhinitisan angewendet bei:
- Erkältungskatarrhen
- Fließschnupfen
- Stockschnupfen
- Akutem Nasenkatarrh

Die Zusammensetzung von Rhinitisan ist so gewählt, dass den Ursachen weitgehendst begegnet werden kann. Auch in hartnäckigen Fällen kann Rhinitisan bei konstanter Anwendung Heilung bringen.

Ergänzungen
Was sollte dazu beachtet werden?
Wenn Ihnen Ihr Arzt andere Medikamente verordnet hat, fragen Sie Ihren Arzt oder Apotheker, ob dieses Medikament gleichzeitig eingenommen werden darf.

Kontraindikationen / Vorsichtsmaßnahmen
Wann darf Rhinitisan nicht oder nur mit Vorsicht angewendet werden?
Rhinitisan darf nicht bei Überempfindlichkeit gegen einen der Inhaltsstoffe angewendet werden. Bei bestimmungsgemäßem Gebrauch sind keine besonderen Vorsichtsmaßnahmen erforderlich.

Schwangerschaft/Stillzeit
Darf dieses Medikament während einer Schwangerschaft oder in der Stillzeit eingenommen werden?
Aufgrund der bisherigen Erfahrungen ist kein Risiko für das Kind bekannt. Klinisch kontrollierte wissenschaftliche Untersuchungen wurden aber nie durchgeführt. Vorsichtshalber sollten Sie während der Schwangerschaft und Stillzeit möglichst auf Medikamente verzichten oder den Arzt um Rat fragen.

Dosierung/Anwendung
Wie verwenden Sie Rhinitisan?
Falls vom Arzt nicht anders verordnet:
Erwachsene und Kinder ab 12 Jahren: 3-mal täglich eine Viertelstunde vor den Mahlzeiten 10–20 Tropfen mit etwas Wasser einnehmen; in akuten Fällen stündlich einnehmen.
Kinder ab dem 6. Lebensjahr erhalten zwei Drittel der Erwachsenendosis. Für Kleinkinder wird die Einnahme als Tabletten empfohlen.
Die Therapie fortführen bis zum Abklingen der Beschwerden.

Unerwünschte Wirkungen
Welche möglichen Nebenwirkungen können unter Rhinitisan auftreten?
Für Rhinitisan sind im Allgemeinen bei bestimmungsgemäßem Gebrauch keine Nebenwirkungen beobachtet worden. Bei Einnahme von homöopathischen Heilmitteln können sich die Beschwerden vorübergehend verschlimmern (Erstverschlimmerung).

Bei andauernder Verschlechterung informieren Sie Ihren Arzt, Apotheker oder Drogist.

Allgemeine Hinweise
Was ist ferner zu beachten?
Rhinitisan ist für Kinder unerreichbar aufzubewahren. Das Medikament darf nur bis zu dem auf dem Behälter mit EXP bezeichneten Datum verwendet werden. Weitere Auskünfte erteilt Ihnen Ihr Arzt, Apotheker oder Drogist.

Zusammenstellung
1 ml enthält:
- Aralia racemosa D2
- Hedera helix D5
- Hydrastis D4
- Luffa D6
- Pulsatilla D6
- Sambucus nigra D2
- Teucrium scorodonia D1
- Zu gleichen Teilen

Rhinitisan Schupfen Tropfen erhalten Sie in Apotheken oder Drogerien ohne ärztliches Rezept.

Sédatif PC

Eigenschaften/Verwendungszweck
Was ist Sédatif PC und wann wird es angewendet?
Gemäß homöopathischem Arzneimittelbild wird Sédatif PC angewendet bei:
- Angstzuständen
- Nervösen Spannungen
- Nervosität

Die Zusammensetzung von Sédatif PC ist so gewählt, dass den Ursachen weitgehendst begegnet werden kann. Auch in hartnäckigen Fällen kann Sédatif PC bei konstanter Anwendung Heilung bringen.

Ergänzungen
Was sollte dazu beachtet werden?
Wenn Ihnen Ihr Arzt andere Medikamente verordnet hat, fragen Sie Ihren Arzt oder Apotheker, ob dieses Medikament gleichzeitig eingenommen werden darf. Falls die Störungen länger als einen Monat andauern, ist es angezeigt, einen Arzt aufzusuchen.

Kontraindikationen / Vorsichtsmaßnahmen
Wann darf Sédatif PC nicht oder nur mit Vorsicht angewendet werden?
Sédatif PC darf nicht bei Überempfindlichkeit gegen einen der Inhaltsstoffe angewendet werden. Bei bestimmungsgemäßem Gebrauch sind keine besonderen Vorsichtsmaßnahmen erforderlich.

Schwangerschaft/Stillzeit
Darf dieses Medikament während einer Schwangerschaft oder in der Stillzeit eingenommen werden?
Aufgrund der bisherigen Erfahrungen ist kein Risiko für das Kind bekannt. Klinisch kontrollierte wissenschaftliche Untersuchungen wurden aber nie durchgeführt. Vorsichtshalber sollten Sie während der Schwangerschaft und Stillzeit möglichst auf Medikamente verzichten oder den Arzt um Rat fragen.

Dosierung/Anwendung
Wie verwenden Sie Sédatif PC?
Falls vom Arzt nicht anders verordnet:
- ▲ Tabletten: alle 2 Stunden 2 Tabletten einnehmen. Die leicht gesüßten Tabletten können gelutscht oder in ein wenig Wasser zerdrückt eingenommen werden.
- ▲ Globuli: außerhalb der Mahlzeiten dreimal täglich 5 Globuli lutschen.

Die Therapie fortführen bis zum Abklingen der Beschwerden.

Unerwünschte Wirkungen
Welche möglichen Nebenwirkungen können unter Sédatif PC auftreten?
Für Sédatif PC sind im Allgemeinen bei bestimmungsgemäßem Gebrauch keine Nebenwirkungen beobachtet worden. Bei Einnahme von homöopathischen Heilmitteln können sich die Beschwerden vorübergehend verschlimmern (Erstverschlimmerung).
Bei andauernder Verschlechterung informieren Sie Ihren Arzt, Apotheker oder Drogist.

Allgemeine Hinweise
Was ist ferner zu beachten?
Sédatif PC ist für Kinder unerreichbar aufzubewahren. Das Medikament darf nur bis zu dem auf dem Behälter mit EXP bezeichneten Datum verwendet werden. Weitere Auskünfte erteilt Ihnen Ihr Arzt, Apotheker oder Drogist.

Zusammenstellung
- Abrus precatorius 6 CH
- Aconitum napellus 6 CH
- Atropa belladonna 6 CH
- Calendula officinalis 6 CH
- Cheilidonium majus 6 CH
- Viburnum opulus 6 CH
- Zu gleichen Teilen

Die Grundlage der Globuli besteht aus Saccharose und Laktose. Die Tabletten enthalten zusätzlich die Hilfsstoffe Saccharose, Laktose und Magnesiumstearat.
Sédatif PC erhalten Sie in Apotheken oder Drogerien ohne ärztliches Rezept.

Sinuforce Tabletten

Eigenschaften/Verwendungszweck
Was ist Sinuforce und wann wird es angewendet?
Gemäß homöopathischem Arzneimittelbild wird Sinuforce angewendet bei:
- Akuten Entzündungen der Nasennebenhöhlen
- Nasennebenhöhlenkatarrh
- Stockschnupfen

Die Zusammensetzung von Sinuforce ist so gewählt, dass den Ursachen weitgehendst begegnet werden kann. Auch in hartnäckigen Fällen kann Sinuforce bei konstanter Anwendung Heilung bringen.

Ergänzungen
Was sollte dazu beachtet werden?
Wenn Ihnen Ihr Arzt andere Medikamente verordnet hat, fragen Sie Ihren Arzt oder Apotheker, ob dieses Medikament gleichzeitig eingenommen werden darf. Falls die Störungen länger als einen Monat andauern, ist es angezeigt, einen Arzt aufzusuchen.

Kontraindikationen / Vorsichtsmaßnahmen
Wann darf Sinuforce nicht oder nur mit Vorsicht angewendet werden?
Sinuforce darf nicht bei Überempfindlichkeit gegen einen der Inhaltsstoffe angewendet werden. Bei bestimmungsgemäßem Gebrauch sind keine besonderen Vorsichtsmaßnahmen erforderlich.

Schwangerschaft/Stillzeit
Darf dieses Medikament während einer Schwangerschaft oder in der Stillzeit eingenommen werden?
Aufgrund der bisherigen Erfahrungen ist kein Risiko für das Kind bekannt. Klinisch kontrollierte wissenschaftliche Untersuchungen wurden aber nie durchgeführt. Vorsichtshalber sollten Sie während der Schwangerschaft und Stillzeit möglichst auf Medikamente verzichten oder den Arzt um Rat fragen.

Dosierung/Anwendung
Wie verwenden Sie Sinuforce?
Falls vom Arzt nicht anders verordnet:
Erwachsene und Kinder ab 12 Jahren: 3-mal täglich 1–2 Tabletten im Mund zer-

gehen lassen; in akuten Fällen stündlich einnehmen.
Falls vom Arzt nicht anders verordnet, erhalten Kinder zwischen dem 6. und 12. Lebensjahr zwei Drittel der Erwachsenendosis und Kleinkinder bis zum 6. Lebensjahr die Hälfte.
Die Therapie fortführen bis zum Abklingen der Beschwerden.

Unerwünschte Wirkungen
Welche möglichen Nebenwirkungen können unter Sinuforce auftreten?
Für Sinuforce sind im Allgemeinen bei bestimmungsgemäßem Gebrauch keine Nebenwirkungen beobachtet worden. Bei Einnahme von homöopathischen Heilmitteln können sich die Beschwerden vorübergehend verschlimmern (Erstverschlimmerung).
Bei andauernder Verschlechterung informieren Sie Ihren Arzt, Apotheker oder Drogist.

Allgemeine Hinweise
Was ist ferner zu beachten?
Sinuforce ist für Kinder unerreichbar aufzubewahren. Das Medikament darf nur bis zu dem auf dem Behälter mit EXP bezeichneten Datum verwendet werden. Weitere Auskünfte erteilt Ihnen Ihr Arzt, Apotheker oder Drogist.

Zusammenstellung
1 Tablette enthält:
- Cinnabaris D8
- Hydrastis canadensis D6
- Kalium bichromicum D6
- Lemna minor D3
- Luffa operculata D6
- Je 50 mg
- zusätzliche Hilfsstoffe.

Sinuforce erhalten Sie in Apotheken oder Drogerien ohne ärztliches Rezept.

Sinuforce Tropfen

Eigenschaften/Verwendungszweck
Was ist Sinuforce und wann wird es angewendet?
Gemäß homöopathischem Arzneimittelbild wird Sinuforce angewendet bei:
- Akuten Entzündungen der Nasennebenhöhlen
- Nasennebenhöhlenkatarrh
- Stockschnupfen

Die Zusammensetzung von Sinuforce ist so gewählt, dass den Ursachen weitgehendst begegnet werden kann. Auch in hartnäckigen Fällen kann Sinuforce bei konstanter Anwendung Heilung bringen.

Ergänzungen
Was sollte dazu beachtet werden?
Wenn Ihnen Ihr Arzt andere Medikamente verordnet hat, fragen Sie Ihren Arzt oder Apotheker, ob dieses Medikament gleichzeitig eingenommen werden darf. Falls die Störungen länger als einen Monat andauern, ist es angezeigt, einen Arzt aufzusuchen.

Kontraindikationen / Vorsichtsmaßnahmen
Wann darf Sinuforce nicht oder nur mit Vorsicht angewendet werden?
Sinuforce darf nicht bei Überempfindlichkeit gegen einen der Inhaltsstoffe angewendet werden. Bei bestimmungsgemäßem Gebrauch sind keine besonderen Vorsichtsmaßnahmen erforderlich.

Schwangerschaft/Stillzeit
Darf dieses Medikament während einer Schwangerschaft oder in der Stillzeit eingenommen werden?
Aufgrund der bisherigen Erfahrungen ist kein Risiko für das Kind bekannt. Klinisch kontrollierte wissenschaftliche Untersuchungen wurden aber nie durchgeführt. Vorsichtshalber sollten Sie während der Schwangerschaft und Stillzeit möglichst auf Medikamente verzichten oder den Arzt um Rat fragen.

Dosierung/Anwendung
Wie verwenden Sie Sinuforce?
Falls vom Arzt nicht anders verordnet:
Erwachsene und Kinder ab 12 Jahren: 3-mal täglich eine Viertelstunde vor den Mahlzeiten 10–20 Tropfen mit etwas Wasser einnehmen; in akuten Fällen stündlich einnehmen.
Falls vom Arzt nicht anders verordnet, erhalten Kinder zwischen dem 6. und 12. Lebensjahr zwei Drittel der Erwachsenendosis und Kleinkinder bis zum 6. Lebensjahr die Hälfte.
Die Therapie fortführen bis zum Abklingen der Beschwerden.

Unerwünschte Wirkungen
Welche möglichen Nebenwirkungen können unter Sinuforce auftreten?
Für Sinuforce sind im Allgemeinen bei bestimmungsgemäßem Gebrauch keine Nebenwirkungen beobachtet worden. Bei Einnahme von homöopathischen Heilmitteln können sich die Beschwerden vorübergehend verschlimmern (Erstverschlimmerung).
Bei andauernder Verschlechterung informieren Sie Ihren Arzt, Apotheker oder Drogist.

Allgemeine Hinweise
Was ist ferner zu beachten?
Sinuforce ist für Kinder unerreichbar aufzubewahren. Das Medikament darf nur bis zu dem auf dem Behälter mit EXP bezeichneten Datum verwendet werden. Weitere Auskünfte erteilt Ihnen Ihr Arzt, Apotheker oder Drogist.

Zusammenstellung
1 Tablette enthält:
- Cinnabaris D8
- Hydrastis canadensis D6
- Kalium bichromicum D6
- Lemna minor D3
- Luffa operculata D6
- Je 50 mg
- zusätzliche Hilfsstoffe

Sinuforce erhalten Sie in Apotheken oder Drogerien ohne ärztliches Rezept.

Strophanthus Phytomed

Eigenschaften/Verwendungszweck
Was ist Strophanthus und wann wird es angewendet?
Gemäß homöopathischem Arzneimittelbild wird Strophanthus angewendet bei nervösen Herzbeschwerden mit Herzstichen und Herzklopfen infolge seelischer Erregungen und bei geistiger oder körperlicher Überanstrengung.
Die Zusammensetzung von Strophanthus ist so gewählt, dass den Ursachen weitgehendst begegnet werden kann. Auch in hartnäckigen Fällen kann Strophanthus bei konstanter Anwendung Heilung bringen.

Ergänzungen
Was sollte dazu beachtet werden?
Wenn Ihnen Ihr Arzt andere Medikamente verordnet hat, fragen Sie Ihren Arzt oder Apotheker, ob dieses Medikament gleichzeitig eingenommen werden darf. Falls die Störungen länger als einen Monat andauern, ist es angezeigt, einen Arzt aufzusuchen.

Kontraindikationen / Vorsichtsmaßnahmen
Wann darf Strophanthus nicht oder nur mit Vorsicht angewendet werden?
Strophanthus darf nicht bei Überempfindlichkeit gegen einen der Inhaltsstoffe angewendet werden. Bei

bestimmungsgemäßem Gebrauch sind keine besonderen vorsichtsmaßnahmen erforderlich.

Schwangerschaft/Stillzeit
Darf dieses Medikament während einer Schwangerschaft oder in der Stillzeit eingenommen werden?

Aufgrund der bisherigen Erfahrungen ist kein Risiko für das Kind bekannt. Klinisch kontrollierte wissenschaftliche Untersuchungen wurden aber nie durchgeführt. Vorsichtshalber sollten Sie während der Schwangerschaft und Stillzeit möglichst auf Medikamente verzichten oder den Arzt um Rat fragen.

Dosierung/Anwendung
Wie verwenden Sie Strophanthus?

Falls vom Arzt nicht anders verordnet:
Erwachsene und Kinder ab 12 Jahren: 3-mal täglich 1–2 Tabletten im Mund zergehen lassen; in akuten Fällen alle 15 Minuten 1 Tablette einnehmen.
Die Therapie fortführen bis zum Abklingen der Beschwerden.

Unerwünschte Wirkungen
Welche möglichen Nebenwirkungen können unter Strophanthus auftreten?

Für Strophanthus sind im Allgemeinen bei bestimmungsgemäßem Gebrauch keine Nebenwirkungen beobachtet worden. Bei Einnahme von homöopathischen Heilmitteln können sich die Beschwerden vorübergehend verschlimmern (Erstverschlimmerung).
Bei andauernder Verschlechterung informieren Sie Ihren Arzt, Apotheker oder Drogist.

Allgemeine Hinweise
Was ist ferner zu beachten?

Strophanthus ist für Kinder unerreichbar aufzubewahren. Das Medikament darf nur bis zu dem auf dem Behälter mit EXP bezeichneten Datum verwendet werden. Weitere Auskünfte erteilt Ihnen Ihr Arzt, Apotheker oder Drogist.

Zusammenstellung
1 Tablette enthält:
- Kalii carbonicas D6 5 mg
- Kalmia latifolia D6 5 mg
- Nitroglycerinum (Glononium) D6 5 mg
- Quabalnum (g-Strophantin) D4 5 mg
- Selenicereus grandiflorus D1 5 mg
- Spigelia anthelmia D4 5 mg
- zusätzliche Hilfsstoffe

Strophanthus erhalten Sie in Apotheken oder Drogerien ohne ärztliches Rezept.

Uomoprost Globuli

Eigenschaften/Verwendungszweck
Was ist Uomoprost und wann wird es angewendet?

Gemäß homöopathischem Arzneimittelbild wird Uomoprost angewendet bei Beschwerden bei beginnender gutartiger Prostatavergrößerung mit Symptomen wie:
- Probleme beim Wasserlassen
- Vermehrtem nächtlichen Harndrang
- Stoßweisem Harnlassen
- Gefühl von unvollständiger Entleerung
- Abnahme der Stärke des Harnstrahls
- Nachträufeln

Die Zusammensetzung von Uomoprost ist so gewählt, dass den Ursachen weitgehendst begegnet werden kann. Auch in hartnäckigen Fällen kann Uomoprost bei konstanter Anwendung Heilung bringen.

Ergänzungen
Was sollte dazu beachtet werden?

Wenn Ihnen Ihr Arzt andere Medikamente verordnet hat, fragen Sie Ihren Arzt oder Apotheker, ob dieses Medikament gleichzeitig eingenommen werden darf. Falls die Störungen länger als einen Monat andauern, ist es angezeigt, einen Arzt aufzusuchen.

Kontraindikationen / Vorsichtsmaßnahmen
Wann darf Uomoprost nicht oder nur mit Vorsicht angewendet werden?

Uomoprost darf nicht bei Überempfindlichkeit gegen einen der Inhaltsstoffe angewendet werden. Bei bestimmungsgemäßem Gebrauch sind keine besonderen vorsichtsmaßnahmen erforderlich.

Dosierung/Anwendung
Wie verwenden Sie Uomoprost?

Falls vom Arzt nicht anders verordnet:
In akuten Situationen: Stündlich 5–7 Globuli im Mund gut einspeicheln. Erhaltungsdosierung: dreimal vor jeder Mahlzeit 5–7 Globuli im Mund gut einspeicheln.
Die Therapie fortführen bis zum Abklingen der Beschwerden.

Unerwünschte Wirkungen
Welche möglichen Nebenwirkungen können unter Uomoprost auftreten?

Für Uomoprost sind im Allgemeinen bei bestimmungsgemäßem Gebrauch keine Nebenwirkungen beobachtet worden. Bei Einnahme von homöopathischen Heilmitteln können sich die Beschwerden vorübergehend verschlimmern (Erstverschlimmerung).
Bei andauernder Verschlechterung informieren Sie Ihren Arzt, Apotheker oder Drogist.

Allgemeine Hinweise
Was ist ferner zu beachten?

Uomoprost ist für Kinder unerreichbar aufzubewahren. Das Medikament darf nur bis zu dem auf dem Behälter mit EXP bezeichneten Datum verwendet werden. Weitere Auskünfte erteilt Ihnen Ihr Arzt, Apotheker oder Drogist.

Zusammenstellung
Globuli enthalten:
- Conium maculatum D12 14,3 %
- Digitalis purpurea D 12 28,55 %
- Selenium metallicum D12 14,3 %
- Serenoa repens D12 28,55 %
- zusätzliche Hilfsstoffe

Uomoprost erhalten Sie in Apotheken oder Drogerien ohne ärztliches Rezept.

Uomoprost Tropfen

Eigenschaften/Verwendungszweck
Was ist Uomoprost und wann wird es angewendet?

Gemäß homöopathischem Arzneimittelbild wird Uomoprost angewendet bei Beschwerden bei beginnender gutartiger Prostatavergrößerung mit Symptomen wie:
- Probleme beim Wasserlassen
- Vermehrtem nächtlichen Harndrang
- Stoßweisem Harnlassen
- Gefühl von unvollständiger Entleerung
- Abnahme der Stärke des Harnstrahls
- Nachträufeln

Die Zusammensetzung von Uomoprost ist so gewählt, dass den Ursachen weitgehendst begegnet werden kann. Auch in hartnäckigen Fällen kann Uomoprost bei konstanter Anwendung Heilung bringen.

Ergänzungen
Was sollte dazu beachtet werden?

Wenn Ihnen Ihr Arzt andere Medikamente verordnet hat, fragen Sie Ihren Arzt oder Apotheker, ob dieses Medikament gleichzeitig eingenommen werden darf. Falls die Störungen länger als einen Monat andauern, ist es angezeigt, einen Arzt aufzusuchen.

Kontraindikationen / Vorsichtsmaßnahmen
Wann darf Uomoprost nicht oder nur mit Vorsicht angewendet werden?
Uomoprost darf nicht bei Überempfindlichkeit gegen einen der Inhaltsstoffe angewendet werden. Bei bestimmungsgemäßem Gebrauch sind keine besonderen vorsichtsmaßnahmen erforderlich.

Dosierung/Anwendung
Wie verwenden Sie Uomoprost?
Falls vom Arzt nicht anders verordnet:
In akuten Situationen: Stündlich 5–7 Tropfen im Munde gut einspeicheln.
Erhaltungsdosierung: dreimal vor jeder Mahlzeit 5–7 Tropfen im Munde gut einspeicheln.
Die Therapie fortführen bis zum Abklingen der Beschwerden.

Unerwünschte Wirkungen
Welche möglichen Nebenwirkungen können unter Uomoprost auftreten?
Für Uomoprost sind im Allgemeinen bei bestimmungsgemäßem Gebrauch keine Nebenwirkungen beobachtet worden. Bei Einnahme von homöopathischen Heilmitteln können sich die Beschwerden vorübergehend verschlimmern (Erstverschlimmerung).
Bei andauernder Verschlechterung informieren Sie Ihren Arzt, Apotheker oder Drogist.

Allgemeine Hinweise
Was ist ferner zu beachten?
Uomoprost ist für Kinder unerreichbar aufzubewahren. Das Medikament darf nur bis zu dem auf dem Behälter mit EXP bezeichneten Datum verwendet werden. Weitere Auskünfte erteilt Ihnen Ihr Arzt, Apotheker oder Drogist.

Zusammenstellung
1 g Tropflösung enthält:
- Conium maculatum D12 143 mg
- Digitalis purpurea D 12 285,5 mg
- Selenium metallicum D12 143 mg
- Serenoa repens D12 285,5 mg
- zusätzliche Hilfsstoffe
- 52 vol.-% Alkohol

Uomoprost erhalten Sie in Apotheken oder Drogerien ohne ärztliches Rezept.

Urticalcin

Eigenschaften/Verwendungszweck
Was ist Urticalcin und wann wird es angewendet?
Gemäß homöopathischem Arzneimittelbild wird Urticalcin angewendet bei:
- Störungen des Kalkstoffwechsels
- Wachstumsbeschwerden vom rachitischen Typ
- Störungen des Zahnaufbaus
- Störungen des Knochenaufbaus
- Im Kindesalter zur Förderung der Knochenbildung und für den Aufbau der Zähne

Die Zusammensetzung von Urticalcin ist so gewählt, dass den Ursachen weitgehendst begegnet werden kann. Auch in hartnäckigen Fällen kann Urticalcin bei konstanter Anwendung Heilung bringen.

Ergänzungen
Was sollte dazu beachtet werden?
Wenn Ihnen Ihr Arzt andere Medikamente verordnet hat, fragen Sie Ihren Arzt oder Apotheker, ob dieses Medikament gleichzeitig eingenommen werden darf. Falls die Störungen länger als einen Monat andauern, ist es angezeigt, einen Arzt aufzusuchen.

Kontraindikationen / Vorsichtsmaßnahmen
Wann darf Urticalcin nicht oder nur mit Vorsicht angewendet werden?
Urticalcin darf nicht bei Überempfindlichkeit gegen einen der Inhaltsstoffe angewendet werden. Bei bestimmungsgemäßem Gebrauch sind keine besonderen Vorsichtsmaßnahmen erforderlich.

Schwangerschaft/Stillzeit
Darf dieses Medikament während einer Schwangerschaft oder in der Stillzeit eingenommen werden?
Aufgrund der bisherigen Erfahrungen ist kein Risiko für das Kind bekannt. Klinisch kontrollierte wissenschaftliche Untersuchungen wurden aber nie durchgeführt. Vorsichtshalber sollten Sie während der Schwangerschaft und Stillzeit möglichst auf Medikamente verzichten oder den Arzt um Rat fragen.

Dosierung/Anwendung
Wie verwenden Sie Urticalcin ?
Falls vom Arzt nicht anders verordnet:
Erwachsene und Kinder ab 12 Jahren: 3-mal täglich vor den Mahlzeiten 2 Tabletten im Mund unter der Zunge zergehen lassen.
Kleinkinder: die Hälfte der Erwachsenendosierung.
Die Therapie fortführen bis zum Abklingen der Beschwerden.

Unerwünschte Wirkungen
Welche möglichen Nebenwirkungen können unter Urticalcin auftreten?
Für Urticalcin sind im Allgemeinen bei bestimmungsgemäßem Gebrauch keine Nebenwirkungen beobachtet worden. Bei Einnahme von homöopathischen Heilmitteln können sich die Beschwerden vorübergehend verschlimmern (Erstverschlimmerung).
Bei andauernder Verschlechterung informieren Sie Ihren Arzt, Apotheker oder Drogist.

Allgemeine Hinweise
Was ist ferner zu beachten?
Urticalcin ist für Kinder unerreichbar aufzubewahren. Das Medikament darf nur bis zu dem auf dem Behälter mit EXP bezeichneten Datum verwendet werden. Weitere Auskünfte erteilt Ihnen Arzt, Apotheker oder Drogist.

Zusammenstellung
1 Tablette enthält:
- Calcium carbonicum D4 0,5 mg
- Calcium phosphoricum D6 0,5 mg
- Natrium phosphoricum D6 0,5 mg
- Silicea D6 2,5 mg
- Urtica dioica D1 10 mg
- Sowie zusätzliche Hilfsstoffe

Urticalcin erhalten Sie in Apotheken oder Drogerien ohne ärztliches Rezept.

Anthroposophische Medizin

Einführung

In dem Buch „Grundlegendes für eine Erweiterung der Heilkunst nach geisteswissenschaftlichen Erkenntnissen", das Rudolf Steiner in Zusammenarbeit mit der Ärztin Frau Dr. Ita Wegman geschrieben hat, heißt es einführend:

Eisenhut – *Aconitum napellus*

„Nicht um eine Opposition gegen die mit den anerkannten wissenschaftlichen Methoden der Gegenwart arbeitenden Medizin handelt es. Diese wird von uns in ihren Prinzipien voll anerkannt. Und wir haben die Meinung, dass das von uns Gegebene nur derjenige in der ärztlichen Kunst verwenden soll, der im Sinne dieser Prinzipien vollgültig Arzt sein kann. Allein wir fügen zu dem, was man mit den heute anerkannten wissenschaftlichen Methoden über den Menschen wissen kann, noch weitere Erkenntnisse hinzu, die durch andere Methoden gefunden werden, und sehen uns daher gezwungen, aus dieser erweiterten Welt- und Menschenerkenntnis auch für eine Erweiterung der ärztlichen Kunst zu arbeiten."

In dieser Grundaussage wird das Verhältnis der anthroposophischen Medizin zur naturwissenschaftlich geprägten heutigen Medizin eindrücklich beschrieben.

Die anthroposophische Medizin ist keine Alternative zur naturwissenschaftlich orientierten Medizin. Es handelt sich auch nicht darum, die Medizin durch Einbeziehung des Glaubens an das Seelisch-Geistige des Menschen zu verändern oder humaner zu gestalten, sondern es besteht der Anspruch, die naturwissenschaftlich ausgerichtete Medizin in eine Wissenschaft vom Menschen zu integrieren, die über die einseitige analysierende naturwissenschaftliche Beratungsweise zur Anschauung und Erforschung des Lebendigen und Seelisch-Geistigen hinausführt. Der ganze Wissensschatz und die enormen Möglichkeiten der heutigen universitären Medizin werden dabei unter dem Licht dieser erweiterten Menschenkunde betrachtet, geschätzt und miteinbezogen.

Der anthroposophischen Menschenkunde liegt eine Gliederung des Menschenwesens nach Leib, Leben, Seele und Geist zugrunde. Diese Vierheit, die in der anthroposophischen Menschenkunde Wesensglieder genannt wird, wirkt im Menschen zusammen. Ihr Zusammenwirken ist aber ein unterschiedliches und differenziertes, je nachdem, auf welchen Bereich des Körpers oder auf welche Phase man in Bezug auf das Leben schaut.

Wie sich der physische Körper des Menschen vielfältig differenziert und gegliedert als Festes, Gestaltetes, Gewordenes darstellt, so muss auch die als Lebensprinzip repräsentierende Lebensorganisation – der Ätherleib – vielfältig differenziert und gegliedert gedacht werden. Wenn man das Sinnes-Nervensystems betrachtet, so kann man wahrnehmen, wie hier das Lebendige, sich ständig wandelnde Prinzip zurücktritt, eher gelähmt wird, und wie auf der anderen Seite im Stoffwechselsystem dieses Lebensprinzip wahrnehmbar ist. Auch zeigt sich diese Differenzierung in der Anschauung des alten Menschen gegenüber dem Kind.

Im Bereich des Lebendigen hat man es aber nun gegenüber dem Physischen nicht mit einem Gestalteten, Gewordenen zu tun, sondern man muss sich dieses Wesensglied als ein tätiges, ein sich ständig wandelndes, werdendes denken. Auch die Wesensglieder, die dem Seelischen und Geistigen des Menschen dienen, sind nicht als Zustände zu denken, sondern ebenfalls als Tätigkeiten.

Im Folgenden kann nur skizzenhaft und unvollständig auf diese anthroposophische Menschenkunde eingegangen werden.

Sonnenblume - Helianthus annuus

Physischer Leib

Dieses Wesensglied ist in der Gestalt des Menschen sinnlich wahrnehmbar. Der Substanz nach ist der physische Leib aus den gleichen Stoffen zusammengesetzt wie die außermenschliche Natur, unterliegt entsprechend den physikalischen Gesetzen und ist dadurch mit den Methoden der Naturwissenschaft analysierbar und quantitativ beschreibbar. Diese physische Gestalt ist zugleich Leib und Ausdruck des Menschenwesens in der physischen Welt. Während des Lebens ist nun dieser physische Leib durchdrungen von dem Lebensleib.

Lebensleib

Dieses zweite Wesensglied, das auch Lebensorganisation bzw. in der anthroposophischen Terminologie Ätherleib genannt wird, ist nicht sinnlich wahrnehmbar. Es ist seinem Wesen nach übersinnlich, zu denken als eine Kräfteorganisation bzw. ein übergeordnetes Kräfte-Ordnungsgefüge.

Lediglich die Wirkungen dieses Wesensgliedes sind sinnlich wahrnehmbar, indem die Substanzen des physischen Leibes in den Stoffwechselprozessen und Lebensvorgängen ständig eine Umwandlung erfahren, auf einem energetischen Niveau erhalten bleiben, das verhindert, dass die hochkomplexen Strukturen zerfallen und der physische Organismus in Verwesung übergeht.

Die wahrnehmbaren Lebensprozesse wie Atmung, Wärmung, Ernährung, Absonderung, Erhaltung, Wachstum und Reproduktion spiegeln die Wirkung

Zitrone – Citrus limon

des Ätherleibes im physischen Leib wider. Seinem Wesen nach ist dieser Ätherleib dem physischen Leib polar entgegengesetzt. Während im Bereich des Physischen die Schwerkraft, die Gesetzmäßigkeit des Nebeneinander, des Gewordenen und Geformten besteht, gilt im Bereich des Lebendigen die Auftriebkraft, das Ineinander des Gleichzeitigen, das Gesetz des Auflösens, Bildens und Werdens. Das Physische erscheint als Gestaltetes im Raum als Raumesgestalt. In der außermenschlichen Natur ist der Repräsentant für das Prinzip des physischen Leibes das Mineralreich. Der Repräsentant für die Tätigkeit der Lebensorganisation ist das Pflanzenreich.

Die Pflanzen zeigen als Ausdruck ihrer Lebensvorgänge Stoffwechsel, Wachstum und Fortpflanzung. Diese finden sich auch bei Tier und Mensch.

Für den Bereich, in dem sich die Gesetze des Lebendigen abspielen, verwendet Rudolf Steiner den Begriff Ätherleib. Das griechische Wort „Äther" bezeichnet den von Sonne und Sternen aufgehellten Himmelsraum. Dieser ist Voraussetzung für alle Lebenstätigkeiten der Pflanzen, die sich nach der Sonne orientieren und ihre Lebensenergie durch Photosynthese von ihr erhalten.

Die Gesetze des Lebens hindern kontinuierlich den physischen Leib an seinem Verfall. Sie erweisen sich dadurch stärker als der Tod. Die Gesetze der Vererbung, des Wachstums, der Regeneration, der rhythmisch sich wiederholenden Organfunktionen sind weitere Charakteristika des Ätherleibes. Hinzu kommt die Zeit als bestimmter Faktor lebendiger Vorgänge. Jede Lebensäußerung ist an einen bestimmten Entwicklungs- bzw. Zeitlauf gebunden. Jeder Organismus, der einen Ätherleib besitzt, hat seine besonderen Zeitstrukturen, die für diesen ebenso charakteristisch sind wie die Raumgestalt für den physischen Leib.

Empfindungsleib

Dieses Wesensglied – in der anthroposophischen Terminologie Astralleib genannt – ist der Träger unserer Gefühle und Empfindungen wie Sympathie, Antipathie, Freude, Schmerz, Glück, Ärger usw. Ihm verdanken wir die Möglichkeit bewusst zu sein und entsprechend in ein Verhältnis zum eigenen Leib und der uns umgebenden Welt zu treten.

Das bewusste Erleben der eigenen Leiblichkeit in Hunger, Durst, wie aber auch im positiven Sinne, zum Beispiel wohligem Gesättigtsein, wird durch den Astralleib ebenso ermöglicht wie das Erleben der Freude an der uns umgebenden Welt, dem Austausch mit anderen Menschen im Sinne des sozialen Miteinanders.

Der Repräsentant in der außermenschlichen Natur ist für dieses Wesensglied das Tierreich. Tier und Mensch folgen aber nicht nur den Gesetzen von Raum und Zeit, sie haben auch seelisches Innenleben.

Wie seelisches Leben sich regt, wo Bewusstsein sich äußert, vollzieht sich

auf der Ebene des Lebens der radikale Umschwung vom pflanzlichen zum tierischen Stoffwechsel, der auf Abbau gegründet ist.
Die Pflanze, die neben dem physischen Leib nur einen Ätherleib besitzt, hat einen assimilierenden Aufbaustoffwechsel. Das Tier hingegen und auch der Mensch verdanken ihre seelische Regsamkeit, ihre Bewegungsfähigkeit und das Vermögen, Laute von sich zu geben, der Atmung, die die „Verbrennung" (oxydativer Abbaustoffwechsel) ermöglicht.
So verfügen Tier und Mensch im Gegensatz zur Pflanze über ein weiteres Wesensglied – dem Empfindungsleib (neben dem physischen Leib und dem Ätherleib, welche auch die Pflanze hat). Rudolf Steiner nennt dieses Wesensglied Astralleib (einem älteren Ausdruck folgend, nach Aster = Stern), um deutlich zu machen, dass er die Gesetze der gesamten kosmischen Ordnungen enthält, in die auch die Erde als Weltenkörper einbezogen ist.
Die den Lebensvorgängen innewohnenden Triebkräfte werden als Begierden, Wünsche, Neigungen ebenso durch diesen Astralleib bewusst gemacht wie die Gesetze der Vernunft und der Moral, Sympathie und Antipathie, das heißt die innere Bewegungsdynamik des Gefühlslebens, sind dabei die bestimmenden, orientierenden Kräfte. Freude und Schmerz, Lust und Unlust sind die bildenden Kräfte des seelischen Erlebens.

Sauerdorn – Berberis vulgaris

Ich-Organisation

Als viertes Wesensglied des Menschen sprechen wir von dem Ich, das allen anderen Wesensgliedern übergeordnet ist und den Menschen aus den Naturreichen heraushebt und ihn zum selbstbewussten Menschen macht. Dieses Wesensglied entspricht dem geistigen Wesenskern des Menschen.
Während das Tier durch seine Organisation, deren höchstes Wesensglied die Empfindungsfähigkeit ist, geprägt und bestimmt wird, kann der Mensch sich selbst erziehen. Er kann auf seine Organisation zurückwirken, gleichsam seine Organe belehren.

Der Astralleib und die Ich-Organisation, deren Tätigkeit uns das Bewusstsein und Selbstbewusstsein ermöglichen, sind nun aber nicht nur im Bereich des Seelischen wirksam, sondern ebenso in der belebten Leiblichkeit, nur wird dort ihr Wirken durch die Lebensvorgänge übertönt, sodass wir in diesem Bereich unbewusst sind.
Während die Tätigkeit des Ätherleibes vorzugsweise in dem Element des Wässrigen ihren Träger benötigt, hat der Astralleib seinen entsprechenden Träger in dem Element des Luftig-Gasigen und die Ich-Organisation in dem Element der Wärme.
Das Auftreten und Handhaben der Ich-Organisation unterscheidet den Menschen grundsätzlich von Tier, Pflanze und Mineral. Sie ist Träger des typisch menschlichen Selbstbewusstseins, womit die Fähigkeit zum lebenslangen Lernen und zur freien Selbstbestimmung verbunden ist.

Lavendel – Lavandula angustifolia

Was die Tiere als trieb- und instinktgebundene Wesen nur ausleben können, so wie es in ihrer Natur veranlagt ist, lernt der Mensch bis zu einem gewissen Grade zu beherrschen und sich frei verfügbar zu machen.
Dies ist ihm möglich, weil er die Gesetzmäßigkeiten der Wärme individuell handhaben kann und zum Träger seiner Persönlichkeit macht. Die höheren Tiere können das nicht, obwohl auch sie schon eine Wärmeorganisation haben. Sie haben aber keine Ich-Organisation, durch die die Wärme individualisiert und zum Ausdruck der Persönlichkeit werden kann.
Je gesünder der Mensch ist, umso fähiger ist er, seinen Charakter und sein Wesen in allen vier Wesensgliedern zu äußern und darzustellen.
Krankheit hingegen bedeutet stets ein Dominantwerden von Naturvorgängen, in dem die Gesetze eines der vier Wesensglieder nicht mehr im Einklang sind mit denen der anderen. Jede Störung ist daher letztlich auch mit einer Störung der Ich-Organisation verbunden, da der Prozess der Integration gestört ist, dessen Träger die Wärme ist.
In dem differenzierten Zusammenwirken der vier Wesensglieder können nun die verschiedenen leiblichen wie auch seelischen Vorgänge im Menschen verstanden werden. Dabei ergibt sich nach einer vorurteilsfreien Anschauung eine weitere Gliederung des Menschen in drei miteinander korrespondierende Systeme, die sich gegenseitig durchdringen, sich aber in ihren Prinzipien in jeweils einem Bereich zentrieren.

Systeme

■ *Stoffwechsel-Gliedmaßensystem*
In den Vorgängen des Stoffwechsels drücken sich die Prozesse des Lebendigen in besonderer Weise aus. Ständige Stoffverwandlungen führen zur Energiebereitstellung und ermöglichen die Regeneration und Reproduktion, die immer fortwährende Bildung und Erhaltung der Leiblichkeit. Diese Vorgänge entziehen sich unserem Bewusstsein. Sie sind einem höheren Ordnungsgefüge einverwoben, und erst bei Störungen nehmen wir sie als Missempfindungen bzw. sogenannte Befindungsstörungen wahr.
Das Zusammenwirken der vier Wesensglieder ist in diesem System so zu denken, dass sich die oberen Wesensglieder Ich-Organisation und Astralleib in ihrer Tätigkeit dem Leib zuwenden und gleichsam in die Leibesvorgänge eingetaucht sind, sodass ein Verschwinden der Bewusstseinsvorgänge die Folge ist. Im Stoffwechselsystem haben sich die vier Wesensglieder eng verbunden.

■ *Nerven-Sinnessystem*
Dieses steht gleichsam dem Stoffwechselsystem polar gegenüber. Die Lebensprozesse treten hier immer weiter zurück, während die Bewusstseinsvorgänge dominanter werden. Wie das Stoffwechselsystem als Kindheit-Jugend des Lebens bezeichnet werden kann, so entspricht das Nerven-Sinnessystem dem Alter.

Analog dazu haben nun die vier Wesensglieder ein anderes Verhältnis zueinander. Die oberen Wesensglieder Ich- und Astralleib haben sich in diesem Bereich mehr und mehr von dem Physisch-Ätherischen befreit und sich in ihrer Tätigkeit der Seele zugewendet.
Während im Stoffwechsel, in den unbewussten Vorgängen, ein stetiger Aufbau der Leiblichkeit geschieht, wird diese durch die Bewusstseinsvorgänge immer wieder abgebaut. Dies bedeutet, dass Bewusstseinsvorgänge eigentlich begleitet sind von Abbauprozessen des Leibes bzw. Sterbeprozessen.

■ *Rhythmisches System*

Zwischen diesen Polen des Stoffwechsel-Gliedmaßensystems und des Nerven-Sinnessystem steht gleichsam vermittelnd das Rhythmische System; im Zentrum repräsentiert durch Zirkulation und Atmung.
Sowohl im Hinblick auf die Lebens- wie die Bewusstseinsprozesse steht es in der Mitte, wobei das Zirkulationssystem mehr zum Stoffwechselbereich hin vermittelnd tätig ist wie das Atmungssystem zum Nerven-Sinnesbereich.
Entsprechend ist in diesem Bereich der Übergang des Bewusstseins in das Unterbewusstseins zu sehen, das mit einem Dämmerbewusstsein bzw. Traumbewusstsein zu beschreiben ist.
In diesem Rhythmischen System verbinden und lösen sich die Wesensglieder im rhythmischen Wechsel. Ich- und Astralleib wenden sich der Leiblichkeit zu und verbinden sich mit ihr in der Einatmung, um sich in der Ausatmung wieder zu lösen.
Es ist ein Abbild im Kleinen von den großen Atmungsvorgängen des Lebens, indem sich das Seelisch-Geistige mit dem ersten Atemzug im Menschen inkarniert, um sich in der Exkarnation mit dem letzten Atemzug wieder zu lösen.

Malve – Malva sylvestris

■ *Magen-Darm-Trakt und Verdauungsprozess*

Der Magen-Darm-Trakt als der Ort, an dem der Verdauungsprozess der aufgenommenen, zunächst körperfremden Nahrung stattfindet, bietet in seiner Form und Funktion, das heißt Anatomie und Physiologie, die idealen Bedingungen dafür. Durch den Verdauungsprozess soll die fremde Substanz vollständig ihrer Fremdartigkeit entkleidet und in den eigenen Lebensorganismus als belebte Substanz aufgenommen werden.
In der durch die Verdauungsenzyme stattfindenden Zerstörung und Aufschlüsselung wird einerseits das Fremdleben überwunden, andererseits aber auch die Nahrungsstofflichkeit immer weiter verfeinert.
Diese Verfeinerung ist gleichsam ein Gang durch die Aggregatzustände bzw. die vier Elemente:
- Erde (fest);
- Wasser (flüssig);
- Luft (gasig);
- Wärme.

Der Apfel zum Beispiel wird in seiner Substanzialität und Form im Mund mechanisch verkleinert, im Magenbereich verflüssigt, im Dünndarm durch weitere enorme Verfeinerung gleichsam

Eiche – Quercus petraea

verluftet, um dann in das Blut, die Wärme bzw. den Wärmeäther, überführt werden zu können.
Der Gang durch die Elemente führt die Stofflichkeit zum Ätherischen des Organismus, bereitet sie vor, im Augenblick des Überganges in das Blut selbst belebte Substanz zu werden.
Mit dem Apfel als Nahrung geschieht gleichzeitig ein Polares. Zum einen wird alles Leben um die Apfeleinzigartigkeit durch auf ihn einwirkende Todesprozesse zerstört. Zum anderen aber wird er schon auf das neue Leben durch die ebenfalls ihn umgebenden Prozesse vorbereitet. So wie Stoff und Form Attribute des Physischen sind, so sind Prozess und Bewegung Attribute des Ätherischen. Indem der Stoff aus dem Prozess und die Form aus der Bewegung zur Ruhe kommen, wird das Physische aus dem Ätherischen herausgebildet. Indem sich der Stoff im Prozess und die Form sich in der Bewegung auflösen, wird das Physische in das Ätherische überführt.
In seiner Anatomie und Funktion spiegelt der Magen-Darm-Trakt nun diese Vorgänge wider. Das starke Formprinzip im Mundbereich weicht im weiteren Verlauf des Magen-Darm-Traktes immer mehr dem Bewegungsprinzip. Der Dünndarm ist ständig bewegt. Die klare Begrenzung im Mund weitet sich sukzessive zu einer enormen Oberflächenvergrößerung im Dünndarm aus. Der Verdauungsvorgang selbst geschieht durch die Tätigkeit der Wesensglieder. Im Mund beginnt die Kohlenhydratverdauung: Hier ist die Ich-Organisation tätig. Überall wo Zucker entsteht, haben wir ein Abbild der Ich-Organisationstätigkeit.
Im Magen beginnt die Eiweißverdauung: Die Ich-Organisation taucht in die des Astralleibes unter und wird von diesem übertönt. Indem nun die Tätigkeit des Magens vom Duodenum fortgeführt wird – das saure Milieu in das neutrale bis alkalische übergeht –, tauchen die astralische Organisation und die Ich-Organisation in den Ätherleib und verbinden sich mit ihm.
Die Verbindung der freien Luft im Magen mit der Flüssigkeit im Dünndarm führt dort zur beobachtbaren Schaumbildung; sie ist hierfür unschaubar physischer Ausdruck. Dieser Prozess ist ein Atmungsvorgang, indem sich der Astralleib mit den Ätherleib verbindetn.
Im Verdauungsprozess verbinden sich gleichsam stufenweise die Wesensglieder Ich-Organisation, Astralleib und Ätherleib. Sie verwandeln fremde Nahrungssubstanz und befähigen sie, eigene belebte Substanz zu werden.
Man kann auch sagen: Indem der Mensch sich in der Ernährung stofflich mit der Welt verbindet, verbindet er sich gleichzeitig seelisch-geistig mit seinem Leib. Verständlich kann dadurch auch werden, dass in dem Bereich des Überganges zum Blut, wo sich die Tätigkeit der Ich-Organisation an der Fremdsubstanz mit dem eigenen Ätherleib verbunden hat, das größte Organ des menschlichen Immunsystems, das darmassozüerte Immunsystem, angesiedelt ist. Gesundheit und Krankheit im Bereich des Verdauungstraktes sollen unter diesen nur anskizzierten Aspekten bewertet werden.

Anthroposophische Pharmazie

■ *Naturkräfte bewirken Heilungsvorgänge*
Die anthroposophische Pharmazie dient einer rationalen Therapie, die auf dem genannten Zusammenhang des Menschen mit den Naturreichen beruht.

Ausgangsstoffe, die dem Mineralreich entnommen werden, haben in homöopathisch zubereiteter Form eine direkte Wirkbeziehung zur Ich-Organisation, indem sie deren Fähigkeit unterstützen, den physischen Leib (wieder) zu beherrschen und die Fülle der Einzelprozesse zu integrieren.

Pflanzliche Ausgangsstoffe wirken primär auf den Astralleib, auf das Seelische, und regulieren dessen Beziehung zu den Lebensvorgängen des Ätherleibes. Ausgangsstoffe tierischer Art wirken im menschlichen Organismus auf die Vitalvorgänge des Ätherleibes und regulieren sein Verhältnis zum Astralleib.

Menschliche Substanzen (Bluttransfusionen, Humanalbumin u.a.) die dem menschlichen Organismus verabreicht werden, haben eine wesentliche Bedeutung für seinen physischen Leib. Aufgrund dieser Beziehungen ergeben sich je nach Krankheitsbild die Zusammenhänge mit bestimmten Ausgangsstoffen aus den Naturreichen für die Arzneimittelzubereitung.

■ *Arzneimittelherstellung*

Eine aus der Natur entnommene Heilsubstanz kann nur in seltenen Fällen ohne Anwendung eines pharmazeutischen Verfahrens im menschlichen Organismus eine Heilwirkung entfalten. Somit ist das Herstellungsverfahren Bindeglied zwischen Natursubstanz und Mensch. Es kommt dabei nicht nur auf die arzneiliche Form an, in der ein Stoff verabreicht wird (Tabletten, Pulver, Tropfen, Salbe usw.), sondern auf die pharmazeutische Bearbeitung, die die Substanz so verwandelt, dass sie, vom menschlichen Organismus aufgenommen, die gewünschte therapeutische Wirksamkeit entfalten kann.

Somit besteht die Aufgabe des Pharmazeuten darin, in Fortsetzung der Naturgesetzmäßigkeit, das gewünschte Heilprinzip in den Stoffzusammenhängen herauszuarbeiten und in eine geeignete arzneiliche Form zu übertragen.

Dazu bedient er sich verschiedenster pharmazeutischer Verfahren, wie zum Beispiel:

- ▲ Verfestigungs- und Mineralisierungs-Prozesse (zum Beispiel kristallisieren, trocknen usw.);
- ▲ Verflüssigungs-Prozesse (zum Beispiel lösen, schmelzen usw.);
- ▲ Verluftungs-Prozesse (zum Beispiel destillieren usw.);
- ▲ Verbrennungsprozesse (zum Beispiel verkohlen, veraschen usw.).

Mandelblüten – Prunus dulcis

Durch die gezielte Anwendung dieser elementar verschiedenen pharmazeutischen Verfahren können die natürlichen Ausgangssubstanzen so zu Arzneimitteln verarbeitet werden, dass besondere menschliche Wesensgliedern entstehen.

Die pharmazeutischen Verfahren nehmen bestimmte, von den Wesensglieder sonst zu leistende physiologische Prozesse vorweg.

Das Potenzierungsverfahren beispielsweise bewirkt, dass die Heilsubstanz stufenweise durch rhythmische Verschüttelung bzw. Verreibung verdünnt wird und dass das dabei verwendete Verdünnungsmedium (zum Beispiel Wasser) dadurch eine neue, dem Ausgangsstoff entsprechende Konfiguration eingeprägt bekommt. Auf diese kommt es bei potenzierten Arzneimitteln vor allem an – nicht allein auf die Stoffmengen, die Verwendung finden.

In der anthroposophischen Pharmazie werden auch Wärmeanwendungen sehr spezifisch zwischen Zimmertemperatur und mehreren 100 Grad Celsius gehandhabt, um der Stofflichkeit dadurch eine bestimmte Qualität zu geben.

Die vielen möglichen pharmazeutischen Prozesse können in vielfältiger Weise kombiniert werden. Das Gleiche gilt naturgemäß auch für die verwendeten Substanzen.

Anaemodoron

Eigenschaften
Was ist Anaemodoron?
Anaemodoron ist ein pflanzliches Kombinationspräparat. Seine Bestandteile können die Stoffwechselprozesse anregen, dadurch die Eisenaufnahme aus dem Verdauungstrakt fördern und somit dem Organismus das Eisen besser verfügbar machen.
Anaemodoron kann als Ergänzung einer bestehenden Eisentherapie oder bei deren Unverträglichkeit (nach Rücksprache mit dem Arzt) als Ersatz angewendet werden. Durch Unterstützung der allgemein aufbauenden Stoffwechselprozesse kann Anaemodoron kräftigend wirken, insbesondere auch bei Kindern mit Appetitlosigkeit und Verdauungsschwäche.

Verwendungszweck
Wann wird Anaemodoron angewendet?
Gemäß der anthroposophischen Menschen- und Naturerkenntnis kann Anaemodoron angewendet werden zur Anregung der Eisenverwertung bei einer Störung der Eisenaufnahme.
Die Zusammensetzung von Anaemodoron ist so gewählt, dass den Ursachen weitgehendst begegnet werden kann. Auch in hartnäckigen Fällen kann Anaemodoron bei konstanter Anwendung Heilung bringen.

Ergänzungen
Was sollte dazu beachtet werden?
Wenn Ihnen Ihr Arzt andere Medikamente verordnet hat, fragen Sie Ihren Arzt oder Apotheker, ob dieses Medikament gleichzeitig eingenommen werden darf.

Kontraindikationen / Vorsichtsmaßnahmen
Wann darf Anaemodoron nicht oder nur mit Vorsicht angewendet werden?
Bis heute sind keine Anwendungsbeschränkungen bekannt. Bei bestimmungsgemäßem Gebrauch sind keine besonderen Vorsichtsmaßnahmen erforderlich. Informieren Sie Ihren Arzt oder Apotheker, wenn Sie an anderen Krankheiten leiden, Allergien haben oder andere Arzneimittel (auch selbstgekaufte) einnehmen.
Wenn nach 2–3 Tagen keine Besserung eingetreten ist, ist ein Arzt aufzusuchen.

Schwangerschaft/Stillzeit
Darf Anaemodoron während einer Schwangerschaft oder in der Stillzeit verwendet werden?
Aufgrund der bisherigen Erfahrungen ist bei bestimmungsgemäßer Anwendung kein Risiko für das Kind bekannt. Klinisch kontrollierte wissenschaftliche Untersuchungen wurden aber nie durchgeführt. Vorsichtshalber sollten Sie während der Schwangerschaft und Stillzeit möglichst auf Medikamente verzichten oder den Arzt um Rat fragen.

Dosierung/Anwendung
Wie verwenden Sie Anaemodoron?
Falls vom Arzt nicht anders verordnet wird Anaemodoron wie folgt eingenommen:
- Erwachsene und Jugendliche ab 12 jahren: 3-mal täglich 10–20 Tropfen in etwas Wasser vor den Mahlzeiten während 2–3 Monaten.
- Kinder ab 6 Jahren: 3-mal täglich 5–10 Tropfen.

Wenn Sie glauben, das Arzneimittel wirke zu schwach oder zu stark, sprechen Sie mit Ihrem Arzt oder Apotheker.

Unerwünschte Wirkungen
Welche Nebenwirkungen kann Anaemodoron haben?
Für Anaemodoron sind bisher bei bestimmungsgemäßem Gebrauch keine Nebenwirkungen beobachtet worden.
Wenn Sie Nebenwirkungen bemerken, die hier nicht beschrieben sind, sollten Sie Ihren Arzt oder Apotheker informieren.
Bei andauernder Verschlechterung setzen Sie Anaemodoron ab und informieren Ihren Arzt oder Apotheker.

Allgemeine Hinweise
Was ist ferner zu beachten?
Arzneimittel sind für Kinder unerreichbar aufzubewahren. Das Medikament darf nur bis zu dem auf dem Behälter mit EXP bezeichneten Datum verwendet werden. Weitere Auskünfte erteilt Ihnen Ihr Arzt, Apotheker oder Drogisten.

Zusammenstellung
1 g Tropfflüssigkeit enthält: alkoholischer Extrakt aus
- 300 mg ganzer, frischer Brennessel
- 150 mg frischen Walderdbeeren und dazu
- 50 mg Honig

Enthält 20 vol.-% Alkohol.
Anaemodoron erhalten Sie in Apotheken ohne ärztliche Verschreibung.

Urtica dioica

Arnica-Essenz

Eigenschaften

Was ist Arnica-Essenz?

Arnica-Essenz (Weleda) wird aus der ganzen, frischen Heilpflanze Arnica montana hergestellt.

Verwendungszweck

Wann wird Arnica-Essenz angewendet?

Gemäß der anthroposophischen Menschen- und Naturerkenntnis kann Arnica-Essenz angewendet werden bei stumpfen Verletzungen wie:

- Prellungen
- Verstauchungen
- Quetschungen
- Blutergüssen

Arnica-Essenz kann man auch anwenden bei Muskel- und Gelenkbeschwerden. Sie wirkt entzündungshemmend und schmerzlindernd.

Die Zusammensetzung von Arnica-Essenz ist so gewählt, dass den Ursachen weitgehendst begegnet werden kann. Auch in hartnäckigen Fällen kann Arnica-Essenz bei konstanter Anwendung Heilung bringen.

Ergänzungen

Was sollte dazu beachtet werden?

Wenn Ihnen Ihr Arzt andere Medikamente verordnet hat, fragen Sie Ihren Arzt oder Apotheker, ob dieses Medikament gleichzeitig verwendet werden darf.

Kontraindikationen / Vorsichtsmaßnahmen

Wann darf Arnica-Essenz nicht oder nur mit Vorsicht angewendet werden?

Bis heute sind keine Anwendungsbeschränkungen bekannt. Bei bestimmungsgemäßem Gebrauch sind keine besonderen Vorsichtsmaßnahmen erforderlich. Informieren Sie Ihren Arzt oder Apotheker, wenn Sie an anderen Krankheiten leiden, Allergien haben oder andere Arzneimittel (auch selbstgekaufte) einnehmen.

Arnica-Essenz darf nicht angewendet werden bei bekannter Überempfindlichkeit gegenüber Asteraceen (Arnica, Calendula).

Wenn nach 2–3 Tagen keine Besserung eingetreten ist, ist ein Arzt aufzusuchen.

Dosierung/Anwendung

Wie verwenden Sie Arnica-Essenz?

Falls vom Arzt nicht anders verordnet wird 1 Esslöffel Arnica-Essenz in 1/4 Liter Wasser verdünnt und für Umschläge verwendet.

Unerwünschte Wirkungen

Welche Nebenwirkungen kann Arnica-Essenz haben?

Für Arnica-Essenz sind bisher bei bestimmungsgemäßem Gebrauch keine Nebenwirkungen beobachtet worden.

Wenn Sie Nebenwirkungen bemerken, die hier nicht beschrieben sind, sollten Sie Ihren Arzt oder Apotheker informieren.

In seltenen Fällen können allergische Hautreaktionen auftreten. In diesen Fällen ist Arnica-Essenz abzusetzen.

Bei andauernder Verschlechterung setzen Sie Arnica-Essenz ab und informieren Ihren Arzt oder Apotheker.

Allgemeine Hinweise

Was ist ferner zu beachten?

Arzneimittel sind für Kinder unerreichbar aufzubewahren. Das Medikament darf nur bis zu dem auf dem Behälter mit EXP bezeichneten Datum verwendet werden. Weitere Auskünfte erteilt Ihnen Ihr Arzt, Apotheker oder Drogisten.

Zusammenstellung

1 g Essenz enthält: alkoholischer Auszug aus: 200 mg Arnica, ganze, frische Pflanze.

Das Präparat enthält 36 vol.-% Alkohol.

Biodoron 5 %

Eigenschaften
Was ist Biodoron 5%?
Biodoron 5% ist ein Kombinationspräparat. Die Tabletten wirken durch ihre drei Komponenten Eisen, Schwefel und Quartz stabilisierend auf vegetative Funktionen und verringern die Häufigkeit des Auftretens von Migräneanfällen.

Verwendungszweck
Wann wird Biodoron 5% angewendet?
Gemäß der anthroposophischen Menschen- und Naturerkenntnis kann Biodoron 5% angewendet werden zur Basis- (Intervall-) und Anfallbehandlung von Migräne, vor allem der klassischen Migräne, und bei vasomotorischen (migräneartigen) Kopfschmerzen.

Die Zusammensetzung von Biodoron 5% ist so gewählt, dass den Ursachen weitgehendst begegnet werden kann. Auch in hartnäckigen Fällen kann Biodoron 5% bei konstanter Anwendung Heilung bringen.

Ergänzungen
Was sollte dazu beachtet werden?
Wenn Ihnen Ihr Arzt andere Medikamente verordnet hat, fragen Sie Ihren Arzt oder Apotheker, ob dieses Medikament gleichzeitig eingenommen werden darf.

Kontraindikationen / Vorsichtsmaßnahmen
Wann darf Biodoron 5% nicht oder nur mit Vorsicht angewendet werden?
Bis heute sind keine Anwendungsbeschränkungen bekannt. Bei bestimmungsgemäßem Gebrauch sind keine besonderen Vorsichtsmaßnahmen erforderlich. Informieren Sie Ihren Arzt oder Apotheker, wenn Sie an anderen Krankheiten leiden, Allergien haben oder andere Arzneimittel (auch selbstgekaufte) einnehmen.

Bei magenempfindlichen Patienten ist bei der Einnahme von Biodoron Tabletten Vorsicht geboten.

Wenn nach 6–7 Tagen keine Besserung eingetreten ist, ist ein Arzt aufzusuchen.

Schwangerschaft/Stillzeit
Darf Biodoron 5% während einer Schwangerschaft oder in der Stillzeit eingenommen werden?
Aufgrund der bisherigen Erfahrungen ist bei bestimmungsgemäßer Anwendung kein Risiko für das Kind bekannt. Klinisch kontrollierte wissenschaftliche Untersuchungen wurden aber nie durchgeführt. Vorsichtshalber sollten Sie während der Schwangerschaft und Stillzeit möglichst auf Medikamente verzichten oder den Arzt um Rat fragen.

Dosierung/Anwendung
Wie verwenden Sie Biodoron 5%?
Falls vom Arzt nicht anders verordnet wird Biodoron 5% wie folgt eingenommen:

- ▲ Erwachsene: 3-mal täglich 1 bis 2 Tabletten, unzerkaut mit Flüssigkeit schlucken.
- ▲ Zur Intervall-Behandlung: 2- bis 3-mal täglich vor dem Essen (morgens, abends und eventuell auch mittags auf nüchternen Magen) je 1 Tablette einnehmen.
- ▲ Bei drohendem Migräneanfall oder während des Migräneanfalls: Mehrmals täglich, eventuell stündlich, je 1–3 Tabletten einnehmen.

Wenn Sie glauben, das Arzneimittel wirke zu schwach oder zu stark, sprechen Sie mit Ihrem Arzt oder Apotheker.

Unerwünschte Wirkungen
Welche Nebenwirkungen kann Biodoron 5% haben?
Für Biodoron 5% sind bisher bei bestimmungsgemäßem Gebrauch keine Nebenwirkungen beobachtet worden.

Wenn Sie Nebenwirkungen bemerken, die hier nicht beschrieben sind, sollten Sie Ihren Arzt oder Apotheker informieren.

Bei magenempfindlichen Personen kann die Einnahme von Bodoron 5 % Tabletten ein Druckgefühl im Magen und Übelkeit auslösen.

Bei andauernder Verschlechterung setzen Sie Biodoron 5% ab und informieren Ihren Arzt oder Apotheker.

Allgemeine Hinweise
Was ist ferner zu beachten?
- ▲ Trinken Sie keinen Schwarztee und keinen Kaffee je ½ Stunde vor und nach der Einnahme von Biodoron 5% Tabletten (wegen des hohen Gerbstoffgehaltes).
- ▲ Die Biodoron 5 % Tabletten können ein leicht braun gesprenkeltes Aussehen aufweisen, was aber keinen Einfluss auf die Wirksamkeit des Präparates hat.
- ▲ Arzneimittel sind für Kinder unerreichbar aufzubewahren.
- ▲ Das Medikament darf nur bis zu dem auf dem Behälter mit EXP bezeichneten Datum verwendet werden. Weitere Auskünfte erteilt Ihnen Ihr Arzt, Apotheker oder Drogist.

Zusammenstellung
1 Tablette enthält:
- 4,0 mg Eisensulfat
- 1,6 mg Quarz

Biodoron 5% erhalten Sie in Apotheken ohne ärztliche Verschreibung.

Bergkristall – Quarz

Biodoron 0,1 %

Eigenschaften
Was ist Biodoron 0,1%?
Biodoron 0,1% ist ein Kombinationspräparat. Die Tabletten wirken durch ihre drei Komponenten Eisen, Schwefel und Quartz stabilisierend auf vegetative Funktionen und verringern die Häufigkeit des Auftretens von Migräneanfällen.

Verwendungszweck
Wann wird Biodoron 0,1% angewendet?
Gemäß der anthroposophischen Menschen- und Naturerkenntnis kann Biodoron 0,1% angewendet werden zur Basis- (Intervall-) und Anfallbehandlung von Migräne, vor allem der klassischen Migräne und bei vasomotorischen (migräneartigen) Kopfschmerzen.
Die Zusammensetzung von Biodoron 0,1% ist so gewählt, dass den Ursachen weitgehendst begegnet werden kann. Auch in hartnäckigen Fällen kann Biodoron 0,1% bei konstanter Anwendung Heilung bringen.

Ergänzungen
Was sollte dazu beachtet werden?
Wenn Ihnen Ihr Arzt andere Medikamente verordnet hat, fragen Sie Ihren Arzt oder Apotheker, ob dieses Medikament gleichzeitig eingenommen werden darf.

Kontraindikationen / Vorsichtsmaßnahmen
Wann darf Biodoron 0,1% nicht oder nur mit Vorsicht angewendet werden?
Bis heute sind keine Anwendungsbeschränkungen bekannt. Bei bestimmungsgemäßem Gebrauch sind keine besonderen Vorsichtsmaßnahmen erforderlich. Informieren Sie Ihren Arzt oder Apotheker, wenn Sie an anderen Krankheiten leiden, Allergien haben oder andere Arzneimittel (auch selbstgekaufte) einnehmen.
Bei magenempfindlichen Patienten ist bei der Einnahme von Biodoron 0,1% Tableten Vorsicht geboten.
Wenn nach 6–7 Tagen keine Besserung eingetreten ist, ist ein Arzt aufzusuchen.

Schwangerschaft/Stillzeit
Darf Biodoron 0,1% während einer Schwangerschaft oder in der Stillzeit eingenommen werden?
Aufgrund der bisherigen Erfahrungen ist bei bestimmungsgemäßer Anwendung kein Risiko für das Kind bekannt. Klinisch kontrollierte wissenschaftliche Untersuchungen wurden aber nie durchgeführt. Vorsichtshalber sollten Sie während der Schwangerschaft und Stillzeit möglichst auf Medikamente verzichten oder den Arzt um Rat fragen.

Dosierung/Anwendung
Wie verwenden Sie Biodoron 0,1%?
Falls vom Arzt nicht anders verordnet wird Biodoron 0,1% wie folgt eingenommen:
- ▲ Kinder ab 6 Jahren und magenempfindliche Patienten: 3-mal täglich 1 bis 2 Tabletten, unzerkaut mit Flüssigkeit schlucken.
- ▲ Zur Intervall-Behandlung: 2- bis 3-mal täglich vor dem Essen (morgens, abends und eventuell auch mittags auf nüchternen Magen) je 1 Tablette einnehmen.
- ▲ Bei drohendem Migräneanfall oder während des Migräneanfalls: Mehrmals täglich, eventuell stündlich, je 1–3 Tabletten einnehmen.

Wenn Sie glauben, das Arzneimittel wirke zu schwach oder zu stark, sprechen Sie mit Ihrem Arzt oder Apotheker.

Unerwünschte Wirkungen
Welche Nebenwirkungen kann Biodoron 0,1% haben?
Für Biodoron 0,1% sind bisher bei bestimmungsgemäßem Gebrauch keine Nebenwirkungen beobachtet worden.
Wenn Sie Nebenwirkungen bemerken, die hier nicht beschrieben sind, sollten Sie Ihren Arzt oder Apotheker informieren.
Bei andauernder Verschlechterung setzen Sie Biodoron ab und informieren Ihren Arzt oder Apotheker.

Allgemeine Hinweise
Was ist ferner zu beachten?
- ▲ Trinken Sie keinen Schwarztee und keinen Kaffee je ½ Stunde vor und nach der Einnahme von Biodoron 0,1% Tabletten (wegen des hohen Gerbstoffgehaltes).
- ▲ Arzneimittel sind für Kinder unerreichbar aufzubewahren.
- ▲ Das Medikament darf nur bis zu dem auf dem Behälter mit EXP bezeichneten Datum verwendet werden. Weitere Auskünfte erteilt Ihnen Ihr Arzt, Apotheker oder Drogisten.

Zusammenstellung
1 Tablette enthält:
- – 0,07 mg Eisensulfat
- – 0,03 mg Quarz

Biodoron 0,1% erhalten Sie in Apotheken ohne ärztliche Verschreibung.

Bergkristall – Quarz

Calendula-Essenz

Eigenschaften
Was ist Calendula-Essenz?
Calendula-Essenz (Weleda) wird aus frischen Ringelblumen (Calendula) hergestellt, wirkt bei Wunden und Entzündungen der Haut unterschiedlichster Art desinfizierend und entzündungshemmend und wundheilungsfördernd.

Verwendungszweck
Wann wird Calendula-Essenz angewendet?
Gemäß der anthroposophischen Menschen- und Naturerkenntnis kann Calendula-Essenz angewendet werden zur Behandlung von:
- Oberflächlichen Verletzungen
- Schlecht heilenden Wunden
- Hautentzündungen, die zu Vereiterung tendieren
- Zahnfleischentzündungen
- Pickeln
- Pusteln

Die Zusammensetzung von Calendula-Essenz ist so gewählt, dass den Ursachen weitgehendst begegnet werden kann. Auch in hartnäckigen Fällen kann Calendula-Essenz bei konstanter Anwendung Heilung bringen.

Ergänzungen
Was sollte dazu beachtet werden?
Wenn Ihnen Ihr Arzt andere Medikamente verordnet hat, fragen Sie Ihren Arzt oder Apotheker, ob dieses Medikament gleichzeitig verwendet werden darf.

Großflächige, stark verschmutzte Wunden sowie Biss- und Stichwunden benötigen eine ärztliche Behandlung (Gefahr von Wundstarrkrampf). Bleibt der Umfang einer Wunde während einiger Zeit unverändert groß oder verheilt die Wunde nicht innerhalb von 10–14 Tagen, ist ebenfalls ein Arztbesuch erforderlich. Ebenso wenn die Wundränder stark gerötet sind, die Wunde plötzlich anschwillt, stark schmerzhaft ist oder die Verletzung von Fieber begleitet wird (Gefahr der Blutvergiftung).

Kontraindikationen / Vorsichtsmaßnahmen
Wann darf Calendula-Essenz nicht oder nur mit Vorsicht angewendet werden?
Bis heute sind keine Anwendungsbeschränkungen bekannt. Bei bestimmungsgemäßem Gebrauch sind keine besonderen Vorsichtsmaßnahmen erforderlich. Informieren Sie Ihren Arzt oder Apotheker, wenn Sie an anderen Krankheiten leiden, Allergien haben oder andere Arzneimittel (auch selbstgekaufte) einnehmen.

Nicht anwenden bei bekannter Überempfindlichkeit gegenüber Calendula (Ringelblume) und anderen Asteraceen (Korbblütlern).

Schwangerschaft/Stillzeit
Darf Calendula-Essenz während einer Schwangerschaft oder in der Stillzeit eingenommen werden?
Aufgrund der bisherigen Erfahrungen ist bei bestimmungsgemäßer Anwendung kein Risiko für das Kind bekannt. Klinisch kontrollierte wissenschaftliche Untersuchungen wurden aber nie durchgeführt.

Dosierung/Anwendung
Wie verwenden Sie Calendula-Essenz?
Falls vom Arzt nicht anders verordnet, kann Calendula-Essenz wie folgt angewendet werden:
- ▲ Für Wundspülungen: Verdünnen Sie 1 Teelöffel Calendula-Essenz in ca. 2½ dl abgekochtem Wasser
- ▲ Für Wundverbände: Benetzen Sie eine sterile Gaze mit der verdünnten Calendula-Essenz und legen Sie diese auf die betroffene Körperstelle. Anschließend befestigen Sie die Kompresse mit einem Verband. Erneuern Sie dem Umschlag mehrmals täglich, sodass er feucht bleibt.
- ▲ Für Mundspülungen: Verdünnen Sie 1/4 Teelöffel Calendula-Essenz auf ein ½ Glas warmes Wasser und spülen Sie damit Ihren Mund einige Minuten lang. Mehrmals täglich wiederholen.
- ▲ Bei Hautpickeln und Pusteln: Tupfen Sie Calendula-Essenz nach Reinigung der Haut mithilfe eines Wattebausches unverdünnt auf.

Unerwünschte Wirkungen
Welche Nebenwirkungen kann Calendula-Essenz haben?
Für Calendula-Essenz sind bisher bei bestimmungsgemäßem Gebrauch keine Nebenwirkungen beobachtet worden. Wenn Sie Nebenwirkungen bemerken, die hier nicht beschrieben sind, sollten Sie Ihren Arzt oder Apotheker informieren.

In seltenen Fällen können allergische Hautreaktionen und Überempfindlichkeit auftreten. In diesen Fällen ist Calendula-Essenz abzusetzen.

Bei andauernder Verschlechterung setzen Sie Calendula-Essenz ab und informieren Ihren Arzt oder Apotheker.

Allgemeine Hinweise
Was ist ferner zu beachten?
- ▲ Anfängliches, schnell abklingendes Brennen bei der Anwendung auf kleinen, offenen Wunden ist durch den Alkoholgehalt bedingt und Teil seiner desinfizierenden Wirkung.
- ▲ Achten Sie darauf, dass Calendula-Essenz nicht mit den Augen in Kontakt kommt.
- ▲ Arzneimittel sind für Kinder unerreichbar aufzubewahren. Das Medikament darf nur bis zu dem auf dem Behälter mit EXP bezeichneten Datum verwendet werden. Weitere Auskünfte erteilt Ihnen Ihr Arzt, Apotheker oder Drogisten.

Zusammenstellung
1 g Flüssigkeit enthält: alkoholischer Auszug aus frischem Kraut der Ringelblume 200 mg.

Enthält 53 vol.-% Alkohol.

Calendula-Essenz erhalten Sie in Apotheken ohne ärztliche Verschreibung.

Calendula-Spray

Eigenschaften
Was ist Calendula-Spray?
Calendula-Spray (Weleda) wird aus frischen Ringelblumen (Calendula) hergestellt, wirkt bei Wunden und Entzündungen der Haut unterschiedlichster Art desinfizierend und entzündungshemmend und wundheilungsfördernd.

Verwendungszweck
Wann wird Calendula-Spray angewendet?
Gemäß der anthroposophischen Menschen- und Naturerkenntnis kann Calendula-Spray angewendet werden zur Behandlung von:
- Oberflächlichen Verletzungen
- Schlecht heilenden Wunden
- Hautentzündungen, die zu Vereiterung tendieren
- Zahnfleischentzündungen
- Pickeln
- Pusteln

Die Zusammensetzung von Calendula-Spray ist so gewählt, dass den Ursachen weitgehendst begegnet werden kann. Auch in hartnäckigen Fällen kann Calendula-Spray bei konstanter Anwendung Heilung bringen.

Ergänzungen
Was sollte dazu beachtet werden?
Wenn Ihnen Ihr Arzt andere Medikamente verordnet hat, fragen Sie Ihren Arzt oder Apotheker, ob dieses Medikament gleichzeitig verwendet werden darf.
Großflächige, stark verschmutzte Wunden sowie Biss- und Stichwunden benötigen eine ärztliche Behandlung (Gefahr von Wundstarrkrampf). Bleibt der Umfang einer Wunde während einiger Zeit unverändert groß oder verheilt die Wunde nicht innerhalb von 10–14 Tagen, ist ebenfalls ein Arztbesuch erforderlich. Ebenso wenn die Wundränder stark gerötet sind, die Wunde plötzlich anschwillt, stark schmerzhaft ist oder die Verletzung von Fieber begleitet wird (Gefahr der Blutvergiftung).

Kontraindikationen / Vorsichtsmaßnahmen
Wann darf Calendula-Spray nicht oder nur mit Vorsicht angewendet werden?
Bis heute sind keine Anwendungsbeschränkungen bekannt. Bei bestimmungsgemäßem Gebrauch sind keine besonderen Vorsichtsmaßnahmen erforderlich. Informieren Sie Ihren Arzt oder Apotheker, wenn Sie an anderen Krankheiten leiden, Allergien haben oder andere Arzneimittel (auch selbstgekaufte) einnehmen.
Nicht anwenden bei bekannter Überempfindlichkeit gegenüber Calendula (Ringelblume) und anderen Asteraceen (Korbblütlern).

Schwangerschaft/Stillzeit
Darf Calendula-Spray während einer Schwangerschaft oder in der Stillzeit eingenommen werden?
Aufgrund der bisherigen Erfahrungen ist bei bestimmungsgemäßer Anwendung kein Risiko für das Kind bekannt. Klinisch kontrollierte wissenschaftliche Untersuchungen wurden aber nie durchgeführt.

Dosierung/Anwendung
Wie verwenden Sie Calendula-Spray?
Falls vom Arzt nicht anders verordnet, kann Calendula-Spray mehrmals täglich direkt auf die zu behandelnde Stelle oder mithilfe einer Kompresse angewendet werden.
- ▲ Zur Sofortbehandlung von kleinen, oberflächlichen Hautwunden: Sprühen Sie Calendula-Spray direkt und unverdünnt auf die zu behandelnde Stelle.
- ▲ Bei Hautpickeln und Pusteln: Nach Reinigung der Haut sprühen Sie Calendula-Spray auf einen Wattebausch und betupfen das mit die zu behandelnde Hautstelle.

Unerwünschte Wirkungen
Welche Nebenwirkungen kann Calendula-Spray haben?
Für Calendula-Spray sind bisher bei bestimmungsgemäßem Gebrauch keine Nebenwirkungen beobachtet werden.
Wenn Sie Nebenwirkungen bemerken, die hier nicht beschrieben sind, sollten Sie Ihren Arzt oder Apotheker informieren.
In seltenen Fällen können allergische Hautreaktionen und Überempfindlichkeit auftreten. In diesen Fällen ist Calendula-Spray abzusetzen.
Bei andauernder Verschlechterung setzen Sie Calendula-Spray ab und informieren Ihren Arzt oder Apotheker.

Allgemeine Hinweise
Was ist ferner zu beachten?
- ▲ Anfängliches, schnell abklingendes Brennen bei der Anwendung auf kleinen, offenen Wunden ist durch den Alkoholgehalt bedingt und Teil seiner desinfizierenden Wirkung.
- ▲ Achten Sie darauf, dass Calendula-Spray nicht mit den Augen in Kontakt kommt.
- ▲ Arzneimittel sind für Kinder unerreichbar aufzubewahren. Das Medikament darf nur bis zu dem auf dem Behälter mit EXP bezeichneten Datum verwendet werden. Weitere Auskünfte erteilt Ihnen Ihr Arzt, Apotheker oder Drogisten.

Zusammenstellung
1 g Flüssigkeit enthält: alkoholischer Auszug aus frischem Kraut der Ringelblume 200 mg.
Enthält 53 vol.-% Alkohol.
Calendula-Spray erhalten Sie in Apotheken ohne ärztliche Verschreibung.

Cardiodoron Tropfen

Eigenschaften
Was ist Cardiodoron?
Cardiodoron ist ein pflanzliches, anthroposophisches Kombinationspräparat. Die Wirkung von Cardiodoron beruht auf der Kombination der drei Heilpflanzen Frühlingsschlüsselblume (Primula veris), Eselsdistel (Onopordum acanthium) und Bilsenkraut (Hyoscyamus niger)

Verwendungszweck
Wann wird Cardiodoron angewendet?
Gemäß der anthroposophischen Menschen- und Naturerkenntnis kann Cardiodoron bei konstitutioneller Kreislauflabilität, zur Kreislaufregulierung und zur Kreislaufunterstützung während und nach fiebrigen Erkrankungen sowie bei erniedrigtem Blutdruck und Neigung zu Pulsunregelmäßigkeiten angewendet werden.
Cardiodoron ist auch für Jugendliche mit orthostatischer Labilität geeignet, das heißt bei Symptomen wie Schwarzwerden vor den Augen, Schwindel oder Ohrensausen beim raschen Aufstehen.
Die Zusammensetzung von Cardiodoron ist so gewählt, dass den Ursachen weitgehendst begegnet werden kann. Auch in hartnäckigen Fällen kann Cardiodoron bei konstanter Anwendung Heilung bringen.

Ergänzungen
Was sollte dazu beachtet werden?
Wenn Ihnen Ihr Arzt andere Medikamente verordnet hat, fragen Sie Ihren Arzt oder Apotheker, ob dieses Medikament gleichzeitig eingenommen werden darf.

Kontraindikationen / Vorsichtsmaßnahmen
Wann darf Cardiodoron nicht oder nur mit Vorsicht angewendet werden?
Bis heute sind keine Anwendungsbeschränkungen bekannt. Bei bestimmungsgemäßem Gebrauch sind keine besonderen Vorsichtsmaßnahmen erforderlich. Informieren Sie Ihren Arzt oder Apotheker, wenn Sie an anderen Krankheiten leiden, Allergien haben oder andere Arzneimittel (auch selbstgekaufte) einnehmen.
Wenn nach 6–7 Tagen keine Besserung eingetreten ist, ist ein Arzt aufzusuchen.

Schwangerschaft/Stillzeit
Darf Cardiodoron während einer Schwangerschaft oder in der Stillzeit eingenommen werden?
Aufgrund der bisherigen Erfahrungen ist bei bestimmungsgemäßer Anwendung kein Risiko für das Kind bekannt. Klinisch kontrollierte wissenschaftliche Untersuchungen wurden aber nie durchgeführt. Vorsichtshalber sollten Sie während der Schwangerschaft und Stillzeit möglichst auf Medikamente verzichten oder den Arzt um Rat fragen.

Dosierung/Anwendung
Wie verwenden Sie Cardiodoron?
Falls vom Arzt nicht anders verschrieben, nehmen Erwachsene und Jugendliche 3-mal täglich 15–20 Tropfen vor dem Essen in etwas lauwarmem Wasser ein.
In akuten Fällen kann häufiger – bis viertelstündlich – eigenommen werden.
Wenn Sie glauben, das Arzneimittel wirke zu schwach oder zu stark, sprechen Sie mit Ihrem Arzt oder Apotheker.

Unerwünschte Wirkungen
Welche Nebenwirkungen kann Cardiodoron haben?
Für Cardiodoron sind bisher bei bestimmungsgemäßem Gebrauch keine Nebenwirkungen beobachtet worden.
Wenn Sie Nebenwirkungen bemerken, die hier nicht beschrieben sind, sollten Sie Ihren Arzt oder Apotheker informieren.
Bei andauernder Verschlechterung setzen Sie Cardiodoron ab und informieren Ihren Arzt oder Apotheker.

Allgemeine Hinweise
Was ist ferner zu beachten?
Arzneimittel sind für Kinder unerreichbar aufzubewahren. Das Medikament darf nur bis zu dem auf dem Behälter mit EXP bezeichneten Datum verwendet werden. Weitere Auskünfte erteilt Ihnen Ihr Arzt, Apotheker oder Drogisten.

Zusammenstellung
1 g Tropfflüssigkeit enthält: alkoholischer Auszug aus
- 25 mg frischen Eselsdistelblüten
- 25 mg frischen Frühlingsschlüsselblüten
- 1 mg frischem Bilsenkraut

Enthält 25 vol.-% Alkohol.
Cardiodoron erhalten Sie in Apotheken ohne ärztliche Verschreibung.

Primula veris

Carvon

Eigenschaften
Was ist Carvon?
In Carvon sind zwei pflanzliche Komponenten enthalten, die sich in ihren therapeutischen Eigenschaften bei übermäßiger Gasbildung und -ansammlung im Magen-Darm-Trakt ergänzen. Kümmelöl (Carvi aetheroleum) wirkt krampflösend und regt die Funktionen der Verdauungsdrüsen an. Birkenkohle (Carbo betulae) kann Gase in großem Maße absorbieren und somit Blähungen verhindern.

Verwendungszweck
Wann wird Carvon angewendet?
Gemäß der anthroposophischen Menschen- und Naturerkenntnis kann Carvon angewendet werden bei
- Blähungen
- Meteorismus
- leichten Krämpfen im Magen-Darm-Bereich
- Verdauungsstörungen

Die Zusammensetzung von Carvon ist so gewählt, dass den Ursachen weitgehendst begegnet werden kann. Auch in hartnäckigen Fällen kann Carvon bei konstanter Anwendung Heilung bringen.

Ergänzungen
Was sollte dazu beachtet werden?
Wenn Ihnen Ihr Arzt andere Medikamente verordnet hat, fragen Sie Ihren Arzt oder Apotheker, ob dieses Medikament gleichzeitig eingenommen werden darf.

Kontraindikationen / Vorsichtsmaßnahmen
Wann darf Carvon nicht oder nur mit Vorsicht angewendet werden?
Bis heute sind keine Anwendungsbeschränkungen bekannt. Bei bestimmungsgemäßem Gebrauch sind keine besonderen Vorsichtsmaßnahmen erforderlich. Informieren Sie Ihren Arzt oder Apotheker, wenn Sie an anderen Krankheiten leiden, Allergien haben oder andere Arzneimittel (auch selbstgekaufte) einnehmen.
Wenn nach 2–3 Tagen keine Besserung eingetreten ist, ist ein Arzt aufzusuchen.

Schwangerschaft/Stillzeit
Darf Carvon während einer Schwangerschaft oder in der Stillzeit eingenommen werden?
Aufgrund der bisherigen Erfahrungen ist bei bestimmungsgemäßer Anwendung kein Risiko für das Kind bekannt. Klinisch kontrollierte wissenschaftliche Untersuchungen wurden aber nie durchgeführt. Vorsichtshalber sollten Sie während der Schwangerschaft und Stillzeit möglichst auf Medikamente verzichten oder den Arzt um Rat fragen.

Dosierung/Anwendung
Wie verwenden Sie Carvon?
Falls vom Arzt nicht anders verordnet, nehmen Kinder (ab 6 Jahren) und Erwachsene 1–2 Tabletten 3- bis 4-mal täglich nach den Mahlzeiten und vor dem Schlafengehen ein. Bei Bedarf kann bis stündlich 1 Tablette eingenommen werden.
Wenn Sie glauben, das Arzneimittel wirke zu schwach oder zu stark, sprechen Sie mit Ihrem Arzt oder Apotheker.

Betula pendula

Unerwünschte Wirkungen
Welche Nebenwirkungen kann Carvon haben?
Für Carvon sind bisher bei bestimmungsgemäßem Gebrauch keine Nebenwirkungen beobachtet worden.
Wenn Sie Nebenwirkungen bemerken, die hier nicht beschrieben sind, sollten Sie Ihren Arzt oder Apotheker informieren.
Bei andauernder Verschlechterung setzen Sie Carvon ab und informieren Sie Ihren Arzt oder Apotheker.

Allgemeine Hinweise
Was ist ferner zu beachten?
Arzneimittel sind für Kinder unerreichbar aufzubewahren. Das Medikament darf nur bis zu dem auf dem Behälter mit EXP bezeichneten Datum verwendet werden. Weitere Auskünfte erteilt Ihnen Ihr Arzt, Apotheker oder Drogisten.

Zusammenstellung
1 Tablette enthält:
- Birkenkohle 10 mg
- Kümmelöl 2 mg

Carvon erhalten Sie in Apotheken ohne ärztliche Verschreibung.

Combudoron

Eigenschaften
Was ist Combudoron?

Combudoron, dessen wirksame Bestandsteile Auszüge der Kleinen Brennessel (Urtica urens) und der Arnika sind, lindert den Schmerz, wirkt entzündungshemmend, regt die Durchblutung an und fördert die Wundheilung.

Bei kleinflächigen Brandwunden vermindert Combudoron die Absonderung des Wundsekretes und wirkt der Blasen- und Narbenbildung entgegen. Es eignet sich insbesondere für die Sofortbehandlung.

Verwendungszweck
Wann wird Combudoron angewendet?

Gemäß der anthroposophischen Menschen- und Naturerkenntnis kann Combudoron angewendet werden bei:

- kleinflächigen Verbrennungen (ersten Grades)
- Sonnenbrand
- Insektenstichen

Die Zusammensetzung von Combudoron ist so gewählt, dass den Ursachen weitgehendst begegnet werden kann. Auch in hartnäckigen Fällen kann Combudoron bei konstanter Anwendung Heilung bringen.

Ergänzungen
Was sollte dazu beachtet werden?

Wenn Ihnen Ihr Arzt andere Medikamente verordnet hat, fragen Sie Ihren Arzt oder Apotheker, ob dieses Medikament gleichzeitig angewendet werden darf.

Großflächige Verbrennungen müssen sofort durch einen Arzt behandelt werden.

Kontraindikationen / Vorsichtsmaßnahmen
Wann darf Combudoron nicht oder nur mit Vorsicht angewendet werden?

Bis heute sind keine Anwendungsbeschränkungen bekannt. Bei bestimmungsgemäßem Gebrauch sind keine besonderen Vorsichtsmaßnahmen erforderlich. Informieren Sie Ihren Arzt oder Apotheker, wenn Sie an anderen Krankheiten leiden, Allergien haben oder andere Arzneimittel (auch selbstgekaufte) einnehmen.

Schwangerschaft/Stillzeit
Darf Combudoron während einer Schwangerschaft oder in der Stillzeit eingenommen werden?

Aufgrund der bisherigen Erfahrungen ist bei bestimmungsgemäßer Anwendung kein Risiko für das Kind bekannt. Klinisch kontrollierte wissenschaftliche Untersuchungen wurden aber nie durchgeführt.

Dosierung/Anwendung
Wie verwenden Sie Combudoron?

Falls vom Arzt nicht anders verordnet, kann Combudoron mehrmals täglich unverdünnt auf die betroffenen Hautparteien angewendet werden

- ▲ Bei kleineren Brandwunden: Besprühen Sie die Brandwunden möglichst sofort. Legen Sie dann eine sterile Gaze auf die betroffene Hautpartie. Besprühen Sie den Gazeverband regelmäßig nach, damit dieser feucht bleibt.
- ▲ Bei Sonnenbrand: Bei den ersten Anzeichen besprühen Sie kurz die betroffenen Stellen. Besprühen Sie wiederholt in halbstündlichen Abständen, bis die Entzündungserscheinungen abgeklungen sind.
- ▲ Bei Insektenstiche: Besprühen Sie nach dem Stich die betroffene Stelle. Wiederholen Sie stündlich die Besprühung, bis Schmerz und Schwellung abklingen.

Wenn Sie glauben, das Arzneimittel wirke zu schwach oder zu stark, sprechen Sie mit Ihrem Arzt oder Apotheker.

Unerwünschte Wirkungen
Welche Nebenwirkungen kann Combudoron haben?

Für Combudoron sind bisher bei bestimmungsgemäßem Gebrauch keine Nebenwirkungen beobachtet worden.

Wenn Sie Nebenwirkungen bemerken, die hier nicht beschrieben sind, sollten Sie Ihren Arzt oder Apotheker informieren.

Allgemeine Hinweise
Was ist ferner zu beachten?

Vermeiden Sie Augenkontakt mit Combudoron.

Arzneimittel sind für Kinder unerreichbar aufzubewahren. Das Medikament darf nur bis zu dem auf dem Behälter mit EXP bezeichneten Datum verwendet werden. Weitere Auskünfte erteilt Ihnen Ihr Arzt, Apotheker oder Drogisten.

Zusammenstellung
1 g Flüssigkeit enthält: wässrig-alkoholischer Auszug aus

- 95 mg frischem Kraut der Kleinen Brennesel
- 5 mg frischer ganzer Arnikapflanze

Enthält 19 vol.-% Alkohol.

Combudoron erhalten Sie in Apotheken ohne ärztliche Verschreibung.

Echinacea Mundspray

Eigenschaften
Was ist Echinacea Mundspray?
Echinacea Mundspray ist ein pflanzliches Präparat auf Grundlage anthroposophischer Erkenntnis, hergestellt unter Anwendung rhythmischer Prozesse.

Verwendungszweck
Wann wird Echinacea Mundspray angewendet?
Gemäß der anthroposophischen Menschen- und Naturerkenntnis kann Echinacea Mundspray angewendet werden zur lokalen Behandlung der Mund- und Rachenhöhle bei Entzündungen des Zahnfleisches, der Mundschleimhaut, der Mandeln und der Rachenschleimhaut.
Die Zusammensetzung von Echinacea Mundspray ist so gewählt, dass den Ursachen weitgehendst begegnet werden kann. Auch in hartnäckigen Fällen kann Echinacea Mundspray bei konstanter Anwendung Heilung bringen.

Ergänzungen
Was sollte dazu beachtet werden?
Wenn Ihnen Ihr Arzt andere Medikamente verordnet hat, fragen Sie Ihren Arzt oder Apotheker, ob dieses Medikament gleichzeitig eingenommen werden darf.

Kontraindikationen / Vorsichtsmaßnahmen
Wann darf Echinacea Mundspray nicht oder nur mit Vorsicht angewendet werden?
Bis heute sind keine Anwendungsbeschränkungen bekannt. Bei bestimmungsgemäßem Gebrauch sind keine besonderen Vorsichtsmaßnahmen erforderlich.
Das Echinacea Mundspray darf nicht angewendet werden bei bekannter Überempfindlichkeit gegen Asteraceen (Korbblütler wie zum Beispiel Arnika, Ringelblume, Sonnenhut etc.).

Schwangerschaft/Stillzeit
Darf Echinacea Mundspray während einer Schwangerschaft oder in der Stillzeit eingenommen werden?
Aufgrund der bisherigen Erfahrungen ist bei bestimmungsgemäßer Anwendung kein Risiko für das Kind bekannt. Klinisch kontrollierte wissenschaftliche Untersuchungen wurden aber nie durchgeführt. Vorsichtshalber sollten Sie während der Schwangerschaft und Stillzeit möglichst auf Medikamente verzichten oder den Arzt um Rat Fragen.

Dosierung/Anwendung
Wie verwenden Sie Echinacea Mundspray?
Falls vom Arzt nicht anders verschrieben, bei akuten Entzündungen mehrmals täglich 2–3 rasch aufeinanderfolgende kurze Sprühstöße auf Zahnfleisch oder Mandeln und Rachenring geben. Dose beim Sprühen senkrecht halten und Sprühventil senkrecht herunterdrücken.
Wenn Sie glauben, das Arzneimittel wirke zu schwach oder zu stark, sprechen Sie mit Ihrem Arzt oder Apotheker.

Unerwünschte Wirkungen
Welche Nebenwirkungen kann Echinacea Mundspray haben?
Bei der Anwendung des Echinacea Mundsprays können Nebenwirkungen auftreten wie Juckreiz, Rötungen (bei Zubereitungen mit Korbblütlern wie Arnika, Ringelblume, Sonnenhut etc.).
Wenn Sie Nebenwirkungen bemerken, die hier nicht beschrieben sind, sollten Sie Ihren Arzt oder Apotheker informieren.
Bei andauernder Verschlechterung setzen Sie Echinacea Mundspray ab und informieren Sie Ihren Arzt oder Apotheker.

Allgemeine Hinweise
Was ist ferner zu beachten?
Arzneimittel sind für Kinder unerreichbar aufzubewahren. Dose steht unter Druck. Vor Sonneneinstrahlung und Erwärmung über 50 °C schützen; nicht in Flammen oder auf glühende Körper sprühen. Von Zündquellen fernhalten – nicht rauchen. Dose nur völlig entleert entsorgen.
Das Medikament darf nur bis zu dem auf dem Behälter mit EXP bezeichneten Datum verwendet werden. Weitere Auskünfte erteilt Ihnen Ihr Arzt, Apotheker oder Drogist.

Zusammenstellung
1 g enthält:
- 100 mg Sonnenhut (Echinacea pallida) 20 %
- 100 mg Ringelblume (Calendula officinalis) 20 %
- 100 mg Salbeiblätter (Salvia officinalis) 20 %
- 10 mg fermentierte Eukalyptusblätter D1
- 10 mg Silbernitrat D13
- 10 mg Gaumenmandeln, Rind D4
- 10 mg Zahnfleisch, Rind D4
- 10 mg Zahnfleisch, Rind D8

Enthält 18 vol.-% Alkohol.
Echinacea Mundspray erhalten Sie in Apotheken ohne ärztliche Verschreibung.

Echinacea purpurea

Euphrasia-Augentropfen

Eigenschaften

Was sind Euphrasia-Augentropfen?

Euphrasia-Augentropfen (Weleda) sind Arzneimittel auf Grundlage anthroposophischer Erkenntnis, hergestellt unter Anwendung rhythmischer Prozesse. Die Augentropfen werden aus der ganzen, blühenden Wildpflanze Augentrost (Euphrasia officinalis) hergestellt, welche seit Jahrhunderten als Heilpflanze zur Behandlung von gereizten Augen verwendet wird.

Verwendungszweck

Wann kann man Euphrasia-Augentropfen anwenden?

Gemäß der anthroposophischen Menschen- und Naturerkenntnis können Euphrasia-Augentropfen angewendet werden bei Reizzuständen der Augenbindehaut wie geröteten, tränenden und müden Augen, bei Schwellungen des Lides sowie bei Fremdkörper- und Austrocknungsgefühl.

Die Zusammensetzung von Euphrasia-Augentropfen ist so gewählt, dass den Ursachen weitgehendst begegnet werden kann. Auch in hartnäckigen Fällen können Euphrasia-Augentropfen bei konstanter Anwendung Heilung bringen.

Ergänzungen

Was sollte dazu beachtet werden?

Wenn Ihnen Ihr Arzt andere Medikamente verordnet hat, fragen Sie Ihren Arzt oder Apotheker, ob dieses Medikament gleichzeitig eingenommen werden darf.

Kontraindikationen / Vorsichtsmaßnahmen

Wann dürfen Euphrasia-Augentropfen nicht oder nur mit Vorsicht angewendet werden?

Bis heute sind keine Anwendungsbeschränkungen bekannt. Bei bestimmungsgemäßem Gebrauch sind keine besonderen Vorsichtsmaßnahmen erforderlich. Informieren Sie Ihren Arzt oder Apotheker, wenn Sie an anderen Krankheiten leiden, Allergien haben oder andere Arzneimittel (auch selbstgekaufte) einnehmen.

Wenn nach 2–3 Tagen keine Besserung eingetreten ist, ist ein Arzt aufzusuchen.

Schwangerschaft/Stillzeit

Dürfen Euphrasia-Augentropfen während einer Schwangerschaft oder in der Stillzeit eingenommen werden?

Aufgrund der bisherigen Erfahrungen ist bei bestimmungsgemäßer Anwendung kein Risiko für das Kind bekannt. Klinisch kontrollierte wissenschaftliche Untersuchungen wurden aber nie durchgeführt. Vorsichtshalber sollten Sie während der Schwangerschaft und Stillzeit möglichst auf Medikamente verzichten oder den Arzt um Rat fragen.

Dosierung/Anwendung

Wie verwenden Sie Euphrasia-Augentropfen?

Falls vom Arzt nicht anders verordnet, 2-mal täglich 1–2 Tropfen in den Bindehautsack einträufeln, am besten morgens und abends. Bei starken, akuten Reizzuständen bis stündlich 1–2 Tropfen einträufeln.

Wenn Sie glauben, das Arzneimittel wirke zu schwach oder zu stark, sprechen Sie mit Ihrem Arzt oder Apotheker.

▲ Hinweise für Kontaktlinsenträger: Kontaktlinsen dürfen während der Anwendung von Augenarzneimitteln (Augentropfen und -salben) im Allgemeinen nicht getragen werden.

Unerwünschte Wirkungen

Welche Nebenwirkungen können Euphrasia-Augentropfen haben?

Für Euphrasia-Augentropfen sind bisher bei bestimmungsgemäßem Gebrauch keine Nebenwirkungen beobachtet worden.

Wenn Sie Nebenwirkungen bemerken, die hier nicht beschrieben sind, sollten Sie Ihren Arzt oder Apotheker informieren. Bei andauernder Verschlechterung setzen Sie Euphrasia-Augentropfen ab und informieren Sie Ihren Arzt oder Apotheker.

Allgemeine Hinweise

Was ist ferner zu beachten?

Nach Anbruch maximal während 4 Wochen weiterverwenden. Die Konservierung wird durch einen Silberring im Tropfer gewährleistet.

Arzneimittel sind für Kinder unerreichbar aufzubewahren. Das Medikament darf nur bis zu dem auf dem Behälter mit EXP bezeichneten Datum verwendet werden. Weitere Auskünfte erteilt Ihnen Ihr Arzt, Apotheker oder Drogist.

Zusammenstellung

1 g Tropfflüssigkeit enthält:

– Augentrost D3 (ganze frische Pflanze).

Euphrasia-Augentropfen erhalten Sie in Apotheken ohne ärztliche Verschreibung.

Augentrost – Euphrasia officinalis

Hämorrhoidal-Suppositorien

Eigenschaften

Was sind Hämorrhoidal-Suppositorien?

Weleda Hämorrhoidal-Suppositorien sind Arzneimittel auf Grundlage anthroposophischer Erkenntnis, hergestellt unter Anwendung rhythmischer Prozesse.

Hämorrhoidal-Suppositorien enthalten Auszüge von Hamamelisblättern (Zauberstrauch) und Rosskastanienrinde, welche sich traditionell als Venentonikum und Venenadstringens (Stärkung und Zusammenziehen der Gefäßwände) bei Hämorrhoiden bewährt haben. Sie wirken lokal gefäßabdichtend, blutstillend und entzündungshemmend. Bei längerem Gebrauch ist die Rückbildung der Hämorrhoidalknoten möglich. Hämorrhoidal-Suppositorien sind gut verträglich und verursachen keinen Juckreiz.

Verwendungszweck

Wann verwendet man Hämorrhoidal-Suppositorien?

Gemäß der anthroposophischen Menschen- und Naturerkenntnis können Hämorrhoidal-Suppositorien angewendet werden zur Behandlung von Hämorrhoiden, insbesondere bei inneren Hämorrhoiden, Rhagaden (oberflächliche Hautverletzungen) und Analfissuren angewendet werden.

Die Zusammensetzung von Hämorrhoidal-Suppositorien ist so gewählt, dass den Ursachen weitgehendst begegnet werden kann. Auch in hartnäckigen Fällen kann Hämorrhoidal-Suppositorien bei konstanter Anwendung Heilung bringen.

Ergänzungen

Was sollte dazu beachtet werden?

Wenn Ihnen Ihr Arzt andere Medikamente verordnet hat, fragen Sie Ihren Arzt oder Apotheker, ob dieses Medikament gleichzeitig eingenommen werden darf.

Bei erstmaligem Auftreten der Beschwerden sollte die Selbstbehandlung nicht länger als 2 Wochen erfolgen. Bei fehlender Besserung ist zur Abklärung ein Arzt zu konsultieren.

Kontraindikationen / Vorsichtsmaßnahmen

Wann dürfen Hämorrhoidal-Suppositorien nicht oder nur mit Vorsicht angewendet werden?

Bis heute sind keine Anwendungsbeschränkungen bekannt. Bei bestimmungsgemäßem Gebrauch sind keine besonderen Vorsichtsmaßnahmen erforderlich.

Bei ausgeprägtem Blutabgang mit dem Stuhl sowie beim gleichseitigem Auftreten von Schmerzen am After und Fieber ist zur Abklärung ein Arzt zu konsultieren.

Schwangerschaft/Stillzeit

Dürfen Hämorrhoidal-Suppositorien während einer Schwangerschaft oder in der Stillzeit eingenommen werden?

Aufgrund der bisherigen Erfahrungen ist bei bestimmungsgemäßer Anwendung kein Risiko für das Kind bekannt. Klinisch kontrollierte wissenschaftliche Untersuchungen wurden aber nie durchgeführt. Vorsichtshalber sollten Sie während der Schwangerschaft und Stillzeit möglichst auf Medikamente verzichten oder den Arzt um Rat fragen.

Dosierung/Anwendung

Wie verwenden Sie Hämorrhoidal-Suppositorien?

Falls vom Arzt nicht anders verordnet, führen Sie 2-mal täglich 1 Zäpfchen in den Darm ein, möglichst nach der Stuhlentleerung und vor dem Schlafengehen.

Wenn Sie glauben, das Arzneimittel wirke zu schwach oder zu stark, sprechen Sie mit Ihrem Arzt oder Apotheker.

Unerwünschte Wirkungen

Welche Nebenwirkungen können Hämorrhoidal-Suppositorien haben?

Für Hämorrhoidal-Suppositorien sind bisher bei bestimmungsgemäßem Gebrauch keine Nebenwirkungen beobachtet worden.

Wenn Sie Nebenwirkungen bemerken, die hier nicht beschrieben sind, sollten Sie Ihren Arzt oder Apotheker informieren.

Bei andauernder Verschlechterung setzen Sie Hämorrhoidal-Suppositorien ab und informieren Ihren Arzt oder Apotheker.

Allgemeine Hinweise

Was ist ferner zu beachten?

Arzneimittel sind für Kinder unerreichbar aufzubewahren. Das Medikament darf nur bis zu dem auf dem Behälter mit EXP bezeichneten Datum verwendet werden. Weitere Auskünfte erteilt Ihnen Ihr Arzt, Apotheker oder Drogist.

Zusammenstellung

1 Zäpfchen à 2 g enthält:

- Wässrig-alkoholischer Auszug aus 20 mg getrockneter Rosskastanienrinde
- 10 mg getrocknete Hamamelisblätter
- 8 mg metallisches Antimon in spezieller Zubereitung.

Hämorrhoidal-Suppositorien erhalten Sie in Apotheken ohne ärztliche Verschreibung.

Zauberstrauch – Hamamelis virginiana

Melissengeist

Eigenschaften

Was ist Melissengeist?

Melissengeist ist ein traditionell bewährtes pflanzliches Heilmittel zur Erleichterung von Unbehaglichkeitsbeschwerden. Es wird durch gemeinsame Destillation der Heil- und Gewürzpflanzen Engelwurz, Nelken, Zimt, Koriander, Muskatnuss und Melisse hergestellt.

Seine abgestimmte Komposition übt eine wohltuende, durchwärmende und krampflösende Wirkung aus, greift so ordnend in den Organismus ein und kann deswegen bei unterschiedlichen Beschwerden angewendet werden.

Verwendungszweck

Wann wird Melissengeist angewendet?

Gemäß der anthroposophischen Menschen- und Naturerkenntnis kann Melissengeist innerlich angewendet werden bei:

- Übelkeit
- Magenbeschwerden
- Verdauungsbeschwerden
- Nervosität
- Einschlafbeschwerden
- Zahnschmerzen
- Menstruationsbeschwerden

Äußerlich kann Melissengeist bei Schwächeanfällen und Kopfschmerzen angewendet werden.

Die Zusammensetzung von Melissengeist ist so gewählt, dass den Ursachen weitgehendst begegnet werden kann. Auch in hartnäckigen Fällen kann Melissengeist bei konstanter Anwendung Heilung bringen.

Ergänzungen

Was sollte dazu beachtet werden?

Wenn Ihnen Ihr Arzt andere Medikamente verordnet hat, fragen Sie Ihren Arzt oder Apotheker, ob dieses Medikament gleichzeitig eingenommen werden darf.

Kontraindikationen / Vorsichtsmaßnahmen

Wann darf Melissengeist nicht oder nur mit Vorsicht angewendet werden?

Bis heute sind keine Anwendungsbeschränkungen bekannt. Bei bestimmungsgemäßem Gebrauch sind keine besonderen Vorsichtsmaßnahmen erforderlich. Informieren Sie Ihren Arzt oder Apotheker, wenn Sie an anderen Krankheiten leiden, Allergien haben oder andere Arzneimittel (auch selbstgekaufte) einnehmen.

Wenn nach 2–3 Tagen keine Besserung eingetreten ist, ist ein Arzt aufzusuchen.

Schwangerschaft/Stillzeit

Darf Melissengeist während einer Schwangerschaft oder in der Stillzeit eingenommen werden?

Aufgrund der bisherigen Erfahrungen ist bei bestimmungsgemäßer Anwendung kein Risiko für das Kind bekannt. Klinisch kontrollierte wissenschaftliche Untersuchungen wurden aber nie durchgeführt. Vorsichtshalber sollten Sie während der Schwangerschaft und Stillzeit möglichst auf Medikamente verzichten oder den Arzt um Rat fragen.

Dosierung/Anwendung

Wie verwenden Sie Melissengeist?

Falls vom Arzt nicht anders verschrieben, gilt folgende Dosierung:

▲ *Innerliche Anwendung*: Erwachsene: 3-mal täglich 10–20 Tropfen auf Zucker oder in etwas Wasser einehmen.

Kinder ab 4–5 Jahren: 3-mal täglich 5 Tropfen in Wasser verdünnt einnehmen.

▲ *Äußerliche Anwendung*: Einige Tropfen auf Schläfen und Stirn geben.

Wenn Sie glauben, das Arzneimittel wirke zu schwach oder zu stark, sprechen Sie mit Ihrem Arzt oder Apotheker.

Unerwünschte Wirkungen

Welche Nebenwirkungen kann Melissengeist haben?

Für Melissengeist sind bisher bei bestimmungsgemäßem Gebrauch keine Nebenwirkungen beobachtet worden.

Wenn Sie Nebenwirkungen bemerken, die hier nicht beschrieben sind, sollten Sie Ihren Arzt oder Apotheker informieren.

Bei andauernder Verschlechterung setzen Sie Melissengeist ab und informieren Ihren Arzt oder Apotheker.

Allgemeine Hinweise

Was ist ferner zu beachten?

Arzneimittel sind für Kinder unerreichbar aufzubewahren. Das Medikament darf nur bis zu dem auf dem Behälter mit EXP bezeichneten Datum verwendet werden. Weitere Auskünfte erteilt Ihnen Ihr Arzt, Apotheker oder Drogist.

Zusammenstellung

1 g Flüssigkeit enthält: Destillat aus:

- 350 mg frischen Zitronenmelissenblättern
- 22 mg getrockneten Muskatnusssamen
- 15 mg getrockneter Zimtrinde
- 11 mg getrockneten Engelwurz-Wurzeln
- 7,5 mg getrockneten Korianderfrüchten
- 5 mg getrockneten Nelkenblüten
- 1 mg Zitronenöl.

Enthält 63 vol.-% Alkohol.

Melissengeist erhalten Sie in Apotheken ohne ärztliche Verschreibung.

Wecesin Puder

Eigenschaften
Was ist Wecesin Puder?
In Wecesin Puder sind als wirksame Bestandteile drei Pflanzenauszüge sowie zwei mineralische Komponenten enthalten. Die wundheilungsfördernden und entzündungshemmenden Eigenschaften von Arnica, Calendula und Echinacea werden durch die gestaltenden und strukturierenden Kräfte von Antimon und Quarz ergänzt. In dieser Kombination unterstützt Wecesin die physiologischen Vorgänge der Haut.

Verwendungszweck
Wann wird Wecesin Puder angewendet?
Gemäß der anthroposophischen Menschen- und Naturerkenntnis kann Wecesin Puder angewendet werden zur Behandlung von oberflächlichen, kleineren Schürfwunden sowie zur Nabelpflege von Neugeborenen.
Die Zusammensetzung von Wecesin Puder ist so gewählt, dass den Ursachen weitgehendst begegnet werden kann. Auch in hartnäckigen Fällen kann Wecesin Puder bei konstanter Anwendung Heilung bringen.

Ergänzungen
Was sollte dazu beachtet werden?
Wenn Ihnen Ihr Arzt andere Medikamente verordnet hat, fragen Sie Ihren Arzt oder Apotheker, ob dieses Medikament gleichzeitig verwendet werden darf.
Bei Verschlimmerung der Symptome oder fehlender Besserung nach 2-3 Wochen ist ein Arzt oder Apotheker aufzusuchen.

Kontraindikationen / Vorsichtsmaßnahmen
Wann darf Wecesin Puder nicht oder nur mit Vorsicht angewendet werden?
Bis heute sind keine Anwendungsbeschränkungen bekannt. Bei bestimmungsgemäßem Gebrauch sind keine besonderen Vorsichtsmaßnahmen erforderlich. Informieren Sie Ihren Arzt oder Apotheker, wenn Sie an anderen Krankheiten leiden, Allergien haben oder andere Arzneimittel (auch selbstgekaufte) einnehmen oder äußerlich anwenden.
Wecesin Puder darf nicht angewendet werden bei Überempfindlichkeit gegenüber Asteraceen (Arnica, Calendula, Echinacea) oder einem anderen Inhaltsstoff.

Schwangerschaft/Stillzeit
Darf Wecesin Puder während einer Schwangerschaft oder in der Stillzeit eingenommen werden?
Aufgrund der bisherigen Erfahrungen ist bei bestimmungsgemäßer Anwendung kein Risiko für das Kind bekannt. Klinisch kontrollierte wissenschaftliche Untersuchungen wurden aber nie durchgeführt. Vorsichtshalber sollten Sie während der Schwangerschaft und Stillzeit möglichst auf Medikamente verzichten oder den Arzt um Rat fragen.

Dosierung/Anwendung
Wie verwenden Sie Wecesin Puder?
Falls vom Arzt nicht anders verordnet, wenden Sie Wecesin Puder wie folgt an:
- ▲ Hautverletzung: die betroffenen Wundflächen direkt dünn bepudern und eventuell mit einer Verbandskompresse abdecken. Bepuderung nach 2–3 Stunden bzw. bei Feuchtwerden der Wunde wiederholen.
- ▲ Zur Nabelpflege: Die ganze Nabelregion einschließlich des Nabelschnurrestes reichlich mit Wecesin Puder bestreuern; die Klemme mittels steriler Kompresse unterpolstern, die ganze Nabelregion einschließlich des Nabelschnurrestes mit einer elastischen Nabelbinde locker verbinden. Verband täglich, oder wenn die Nabelbinde feucht geworden ist, erneuern und Wecesin Puder neu auftragen.

Wenn Sie glauben, das Arzneimittel wirke zu schwach oder zu stark, sprechen Sie mit Ihrem Arzt oder Apotheker.

Unerwünschte Wirkungen
Welche Nebenwirkungen kann Wecesin Puder haben?
Für Wecesin Puder sind bisher bei bestimmungsgemäßem Gebrauch keine Nebenwirkungen beobachtet worden. In seltenen Fällen können allergische Hautreaktionen auftreten. In diesen Fällen ist Wecesin Puder abzusetzen.
Wenn Sie Nebenwirkungen bemerken, die hier nicht beschrieben sind, sollten Sie Ihren Arzt oder Apotheker informieren.

Allgemeine Hinweise
Was ist ferner zu beachten?
Arzneimittel sind für Kinder unerreichbar aufzubewahren. Das Medikament darf nur bis zu dem auf dem Behälter mit EXP bezeichneten Datum verwendet werden. Weitere Auskünfte erteilt Ihnen Ihr Arzt, Apotheker oder Drogist.

Zusammenstellung
1 g Puder enthält: alkoholischer Auszüge aus
- 25 mg ganzer, frischer Arnika
- 17 mg frische Ringelblumenkraut
- 17 mg ganzem, frischem, schmalblättrigem Sonnenhut
- 1 mg Quarz
- 1 mg Antimon

Wecesin Puder erhalten Sie in Apotheken ohne ärztliche Verschreibung.

Arteriosklerose

Krankheitsbild

Die körpereigene differenzierte Wärme ordnet und integriert alle Lebensvorgänge im Organismus. Abweichungen in der harmonischen Wärmeverteilung werden in jungen Jahren in der Regel schnell wieder ausgeglichen, im Alter wird die Regulationsfähigkeit jedoch zunehmend schwächer.
Mögliche Folgen bestehen in einer Einschränkung der inneren und äußeren Beweglichkeit, die häufig mit Ablagerungen und Verhärtungen einhergehen. Diese können sich äußern zum Beispiel in einer Verkalkung der Gefäße (Arteriosklerose), der Gelenke (Arthrose) und Gliedmaßen oder auch im Bereich der Verdauungsorgane.
Therapeutisch kommt es vor allem darauf an, den Wärmeorganismus anzuregen. Durch Förderung von Stoffwechsel und Ausscheidungstätigkeit werden die Prozesse normalisiert. Ablagerungskrankheiten wird vorgebeugt.

Beschwerden

■ *Allgemeinbefinden*
- Nachlassen der Kräfte
- Vergesslichkeit
- Antriebsschwäche
- Wechselnde Stimmungslage
- Mangelndes Durstgefühl
- Gestörter Schlaf-Wach-Rhythmus

Selbstbehandlung

Der Schwerpunkt der Eigenaktivitäten liegt bei allen Formen der Ablagerungskrankheiten in der Vorbeugung. Hier ist körperliche Betätigung ebenso anzuraten wie geistige Regsamkeit: Ob regelmäßiges Spazierengehen, Wandern, Schwimmen, Radfahren – alles ist erlaubt, was Freude bereitet, fordert ohne zu überfordern, was Muskulatur, Atmung und Kreislauf stärkt, die Gelenke jedoch nicht einseitig überlastet. Wichtig ist die Ausgeglichenheit zwischen Phasen der Anspannung und Entspannung, zwischen Herausforderung und Ruhe.
Gleiches gilt für ein aktives geistiges Leben: Sich immer mal wieder dem Alltagsstress entziehen, sich auf Wesentliches besinnen, mit Interesse und Anteilnahme die Umwelt wahrnehmen, seine Mitmenschen begleiten oder Hobbys pflegen hält aufmerksam, wach und beweglich.
Auf eine ausgewogene, ballaststoffreiche Ernährung ohne Überangebot an Fett und Eiweiß, ist zu achten. Diät und das Einhalten einer rhythmischen Lebensweise sind Voraussetzungen dafür, dass die Nahrung wieder zu Ende verdaut werden kann, wodurch die Tendenz zu Ablagerungskrankheiten abnimmt.
In Vergesslichkeit gerät oft die Bedeutung einer ausreichenden Flüssigkeitszufuhr – benötigt werden 2–3 Liter täglich. Doch auch wenn bereits Beschwerden des Bewegungsapparates auftreten, lässt sich etwas tun.
Lindernd wirken hier Massage, Fango- oder Moorpackungen sowie durchwärmende Bäder mit dem Zusatz ätherischer Öle zum Beispiel von Rosmarin oder Edeltanne.

Wann muss der Arzt aufgesucht werden?

- ■ Wenn die Beschwerden sich akut verschlimmern
- ■ Bei rascher Gewichtsabnahme
- ■ Wenn Verwirrtheit auftritt
- ■ Bei unklaren Gelenkbeschwerden

Medikamentöse Therapie

■ *Birken-Elixier Weleda*
Das Medikament empfiehlt sich besonders für Menschen in der zweiten Lebenshälfte. Die Einahme sollte kurmäßig über 6 bis 8 Wochen erfolgen – insbesondere im Frühjahr – und gegebenfalls nach einer Pause von etwa 4 Wochen wiederholt werden.

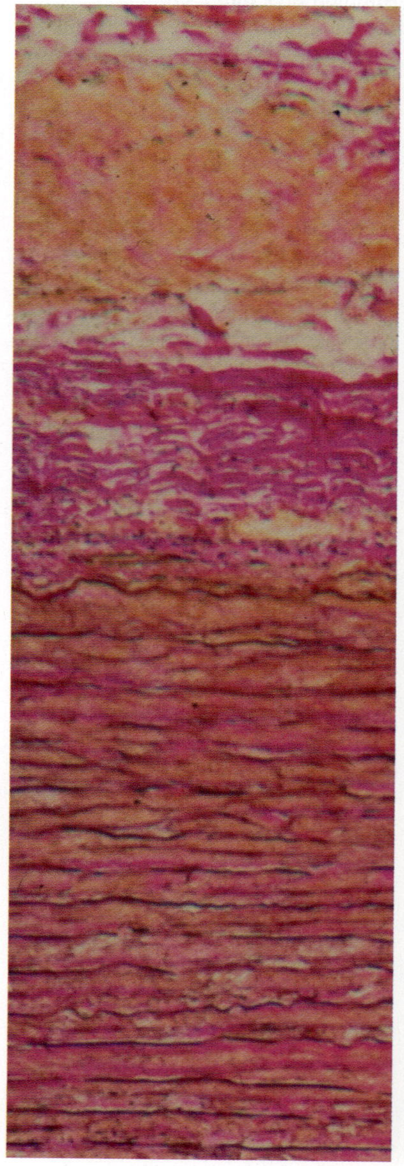

Arthrose

Krankheitsbild

Die körpereigene differenzierte Wärme ordnet und integriert alle Lebensvorgänge im Organismus. Abweichungen in der harmonischen Wärmeverteilung werden in jungen Jahren in der Regel schnell wieder ausgeglichen, im Alter wird die Regulationsfähigkeit jedoch zunehmend schwächer.
Mögliche Folgen bestehen in einer Einschränkung der inneren und äußeren Beweglichkeit, die häufig mit Ablagerungen und Verhärtungen einhergehen.
Diese können sich äußern zum Beispiel in einer Verkalkung der Gefäße (Arteriosklerose), der Gelenke (Arthrose) und Gliedmaßen oder auch im Bereich der Verdauungsorgane.
Therapeutisch kommt es vor allem darauf an, den Wärmeorganismus anzuregen. Durch Förderung von Stoffwechsel und Ausscheidungstätigkeit werden die Prozesse normalisiert. Ablagerungskrankheiten kann man so vorgebeugen.

Beschwerden

■ *Allgemeinbefinden*
- Nachlassen der Kräfte
- Gestörter Schlaf-Wach-Rhythmus

■ *Gelenke und Gliedmaßen*
- Schmerzen in Muskulatur und Gelenken
- Eingeschränkte Beweglichkeit
- Schwellungen im Bereich der Gelenke
- Verformungen an Gelenken
- Steifigkeit der Gelenke

Selbstbehandlung

Der Schwerpunkt der Eigenaktivitäten liegt bei allen Formen der Ablagerungskrankheiten in der Vorbeugung. Hier ist körperliche Betätigung ebenso anzuraten wie geistige Regsamkeit: Ob regelmäßiges Spazierengehen, Wandern, Schwimmen, Radfahren .... – alles ist erlaubt, was Freude bereitet, fordert ohne zu überfordern was Muskulatur, Atmung und Kreislauf stärkt, die Gelenke jedoch nicht einseitig überlastet. Wichtig ist die Ausgeglichenheit zwischen Phasen der Anspannung und Entspannung, zwischen Herausforderung und Ruhe.
Gleiches gilt für ein aktives geistiges Leben: Sich immer mal wieder dem Alltagsstress entziehen, sich auf Wesentliches besinnen, mit Interesse und Anteilnahme die Umwelt wahrnehmen, seine Mitmenschen begleiten oder Hobbys pflegen erhalt aufmerksam, wach und beweglich.
Auf eine ausgewogene, ballaststoffreiche Ernährung ohne Überangebot an Fett und Eiweiss, ist zu achten. Diät und das Einhalten einer rhythmischen Lebensweise sind Voraussetzungen dafür, dass die Nahrung wieder zu Ende verdaut werden kann, wodurch die Tendenz zu Ablagerungskrankheiten abnimmt.

Wann muss der Arzt aufgesucht werden?

■ Wenn die Beschwerden sich akut verschlimmnern.

■ Bei rascher Gewichtsabnahme.

■ Bei unklaren Gelenkbeschwerden.

■ Bei Auftreten von Schwellungen und Rötung an den Gelenken.

■ Wenn schmerzende Gelenke sich heiß anfühlen.

■ Bei Verformungen an Gelenken.

■ Bei unklaren Muskelschmerzen.

In Vergesslichkeit gerät oft die Bedeutung einer ausreichenden Flüssigkeitszufuhr – benötigt werden 2–3 Liter täglich. Doch auch wenn bereits Beschwerden des Bewegungsapparates auftreten, lässt sich etwas tun. Lindernd wirken hier Massage, Fango- oder Moorpackungen sowie durchwärmende Bäder mit dem Zusatz ätherischer Öle zum Beispiel von Rosmarin oder Edeltanne.

Medikamentöse Therapie

■ *Birken-Elixier Weleda*
Das Medikament empfiehlt sich besonders für Menschen in der zweiten Lebenshälfte. Die Einahme sollte kurmäßig über 6 bis 8 Wochen erfolgen – insbesondere im Frühjahr – und gegebenfalls nach einer Pause von etwa 4 Wochen wiederholt werden.

■ *Rheumasalbe (M – Weleda)*
In dieser Salbe ergänzen sich die einzelnen Bestandteile in ihrer Wirkung und führen zusammen mit der mechanischen Reizung durch grobkörniges Meersalz zu einer verstärkten lokalen Durchblutung. Dies wird unmittelbar nach dem Einmassieren als wohltuendes Wärmegefühl spürbar und ist Ausdruck einer Anregung der Stoffwechseltätigkeit in den verspannten und verhärteten Bereichen.

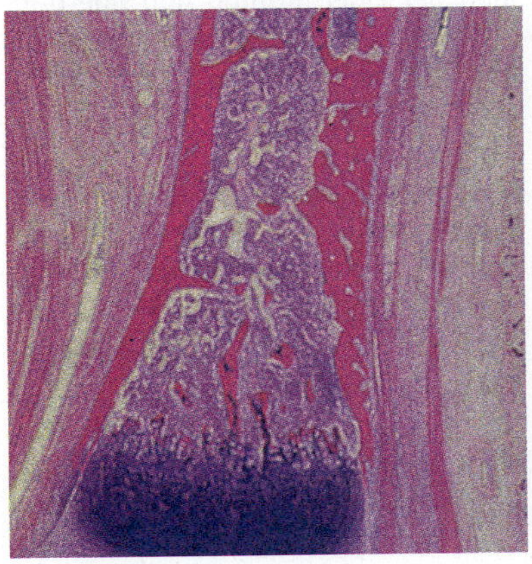

Bindehautentzündung

Krankheitsbild

Die Bindehaut (Konjunktiva) bedeckt das äußere Auge bis zur Hornhaut und die Innenseite der Lider. Die Entzündung der Bindehaut (Konjunktivitis) tritt in verschiedenen Formen auf, die durch deutliche Symptome zu unterscheiden sind.
Die Bindehaut schützt das Auge vor Fremdkörpern und Infektionen, kann selbst aber durch chemische Substanzen oder allergische Reaktionen gereizt oder durch Viren oder Bakterien infiziert werden. Diese Störungen verursachen im Allgemeinen Schmerzen, Juckreiz und Rötung der Augenoberfläche.
Eine Konjunktivitis kann manchmal Monate oder gar Jahre bestehen bleiben. Dieser Form der Bindehautentzündung (chronische Konjunktivitis) kann durch eine Auswärtswendung (Ektropium) oder Einwärtswendung (Entropium) des Augenlids, Störungen der Tränenwege, eine Überempfindlichkeit gegen chemische Substanzen, Kontakt mit Reizstoffen oder eine Infektion mit speziellen Bakterien – meist Chlamydia – verursacht werden.

Beschwerden

■ *Allergische Konjunktivitis*
Eine allergische Konjunktivitis (Conjunctivitis allergica) verursacht eine Schwellung der Lider, Rötung und unerträgliches Jucken. Dabei treten kaum Tränen und keine Absonderungen (Verklebung) auf.

■ *Katarrhalische Konjunktivitis*
Charakteristisch für diese Form der Konjunktivitis ist der starke Tränenfluss und die Lichtempfindlichkeit. Sie tritt auch auf als Begleiterscheinung bei Kinderkrankheiten.

■ *Trockene Konjunktivitis*
Eine trockene Konjunktivitis (Conjunctivitis sicca) kommt häufig vor. Die Tränendrüsen produzieren zu wenig gleitfähige Tränenflüssigkeit. Das Hornhautepithel trocknet aus. Dadurch wird der Patient durch unerträgliches Fremdkörpergefühl geplagt, als wäre Sand im Auge. Dieses Leiden ist besonders bei älteren Menschen sehr verbreitet. Man versucht die Tränendrüse zur Tätigkeit anzuregen durch Arzneimittel.

Selbstbehandlung

Die Augenlieder sollten sanft mit Leitungswasser gesäubert werden, um sie sekretfrei zu halten.

- ▲ Um Augentropfen oder Augensalbe ins Auge zu bringen, sollten Sie den Kopf zurückbeugen und nach oben schauen.
- ▲ Verabreicht eine andere Person das Medikament, legt sich der Patient am besten hin.
- ▲ Das Unterlid wird mit dem sauberen Zeigefinger nach unten gezogen, um die Bindehaut freizulegen.
- ▲ In diese Tasche, und nicht etwa direkt auf das Auge, werden die Augentropfen getropft.
- ▲ Bei Salben wird ein kleiner Strang in die Bindehauttasche des Unterlids gelegt. Durch Blinzeln wird das Medikament im Auge verteilt.

Wann muss der Arzt aufgesucht werden?

- ■ Wenn die Beschwerden sich akut verschlimmern.
- ■ Wenn Bakterien oder Viren eine Rolle spielen.
- ■ Bei brennenden Augen.
- ■ Wenn das Auge blutunterlaufen aussieht.

Medikamentöse Therapie

■ *Allergische Konjunktivitis*
Im akuten Stadium helfen:

- *Quarz D6 Augentropfen*
  Alle 10 Minuten 1 Tropfen in den Bindehautsack träufeln.
- *Gencydo 0,1 % Augentropfen*
  Nach Abklingen der Reizung; 2- bis 3-mal täglich 1 Tropfen in den Bindehautsack träufeln.

■ *Katarrhalische Konjunktivitis*
Zu empfehlen sind folgende Augentropfen:

- *Euphrasia D3 Augentropfen*
  3- bis 5-mal täglich 1 Tropfen in den Bindehautsack träufeln.
- *Euphrasia-Einzeldosis-Augentropfen*
  3- bis 5-mal täglich 1 Tropfen in den Bindehautsack träufeln.

■ *Trockene Konjunktivitis*
Zu empfehlen sind folgende Augentropfen:

- *Chelidonium D4 Augentropfen*
  3- bis 5-mal täglich 1 Tropfen in den Bindehautsack träufeln.
- *Chelidonium comp. Einzeldosis-Augentropfen*
  3- bis 5-mal täglich 1 Tropfen in den Bindehautsack träufeln.
- *Mercurialis-Einzeldosis-Augentropfen*
  3- bis 5-mal täglich 1 Tropfen in den Bindehautsack träufeln.

Colitis ulcerosa

Krankheitsbild

Colitis ulcerosa ist eine in rezidivierenden, akuten Schüben verlaufende chronische ulceröse Kolitis, die charakteristischerweise im Rektum beginnt und kontinuierlich nach oralwärts das Kolon (Dickdarm) befällt. Dabei sind vor allem zwei Lokalisationsformen dominant:

- ▲ die sogenannte linksseitige Kolitis mit Befall vom Rektum bis zur linken Kolonflexur und
- ▲ die Pancolitis mit Befall des gesamten Kolons.

Charakteristischerweise beginnt diese Erkrankung mit blutigen, schleimigen Durchfällen, die auch nachts auftreten.

■ *Symptome*
Der Beginn kann schleichend oder auch massiv sein. Oft wird über Temperaturschübe, vornehmlich am Abend, berichtet. Die Stuhlentleerungen sind häufig von krampfartigen Unterbauchschmerzen begleitet. Imperativer Stuhldrang und die Unmöglichkeit, die Stuhlentleerung bewusst aufzuschieben, führt zu einem typischen entsprechenden Verhaltensmuster dieser Patienten.
Oftmals werden die Schübe durch ein klassisches Erythema nodosum begleitet. Arthralgien, Cholangitiden, Pankreatitis, Hautveränderungen können extraintestinale Begleitsymptome der Colitis ulcerosa sein.

■ *Diagnose*
Die Diagnose wird letztlich durch die endoskopische Untersuchung und Histologie sichergestellt. Auch die Röntgen-Doppelkontrastuntersuchung des Kolons führt zur Diagnose.
Wertvolle Hinweise, auch zur Verlaufsbeurteilung, kann die Sonografie durch Bestimmung der Wanddicke des Kolons und beginnende Engstellungen leisten. Auch im Hinblick auf die Differentialdiagnose zur Crohn's Krankheit ist die Sonografie mit der Möglichkeit der Umgebungsbeurteilung des Darmes und Fistelnachweis enorm hilfreich.

■ *Ursache*
Die Ursache der Colitis ulcerosa ist nicht bekannt. Es wird eine autoimmune Genese der Erkrankung angenommen. In der anthroposophischen Medizin misst man neben dem Befund und dem histologischen Bild auch der Krankheitsgestik einen wesentlichen Stellenwert bei.
Die Colitis ulcerosa zeigt zunächst die Gestik des Sich-Auflösens und Sich-Verlierens mit späterer anschließender Verhärtung; das heißt, erst erscheint eine primär entzündliche Situation mit nachfolgender Sklerose. Die Hauptmanifestation der Erkrankung um das 21. Lebensjahr weist auf die Stellung der Ich-Organisation hin.

■ *Genese und Verlauf*
Während normalerweise die Überwindung des Nahrungsfremdcharakters im Verdauungsprozess abgeschlossen ist und im Kolon nun als Umkehrung der Prozesse im Dünndarm die Stuhlanteile wieder verdichtet, zusammengefasst und ausgeschieden werden, wird die Verdauung bei der Colitis ulcerosa im Kolon fortgesetzt. Sie ist jetzt aber nicht gerichtet auf das Außen der Nahrung, sondern auf das Innen, auf die Kolonschleimhaut.
Wie eingangs ausgeführt, verbindet sich die Ich-Organisation – während sie sich mit der Nahrung auseinandersetzt – mit Astral- und Ätherleib.
Zusammen mit dem Astralleib taucht sie in den Ätherleib ein und prägt diesen. Das darmassoziierte Immunsystem wie auch die individuelle Darmflora sind Ausdruck dieser Prägung des Ätherleibes durch die Ich-Organisation.
In diesem Vorgang scheint nun bei den Patienten mit Colitis ulcerosa eine Störung vorzuliegen, indem es der Ich-Organisation nicht in genügender Weise gelingt, in Verbindung mit der stofflichen Auseinandersetzung der Außenwelt den eigenen Ätherleib zu prägen, zu individualisieren, sodass in diesem Bereich der eigenen Körperlichkeit Fremdartigkeit anhaftet, die nun den Entzündungsprozess als Möglichkeit der Überwindung der Fremdartigkeit in Gang setzt.

Allgemeine Maßnahmen

Die Ernährung muss so abgestimmt sein, dass sie die Verdauungsfähigkeit, das heißt die auf die Nahrung gerichtete abbauende Tätigkeit der oberen Wesensglieder, so fördert, dass die Verbindung der Wesensglieder mit sich selbst begünstigt wird.
Zucker, der schon im Mund aufgenommen wird, regt zwar die Ich-Organisation an, verhindert aber das Eintauchen der Ich-Organisation, die erst durch intensive Verdauungstätigkeit herausgelöst werden kann und die intensive Tätigkeit der Ich-Organisation in Verbindung mit den anderen Wesensgliedern benötigt.
Je nach der Fähigkeit, über die der Patient in der jeweiligen Krankheitsphase verfügt, muss die Ernährung angepasst werden. Unter- wie auch Überforderung würde ihn schwächen. Häufige, kleine, regelmäßige Mahlzeiten sind anzustreben. Während des Essens sollte keine Ablenkung wie Lesen, Gespräche, Fernsehen erfolgen. Es kommt darauf an, dass sich der Patient auf den Schmeck- und Kauprozess konzentriert.
Weitere Allgemeinmaßnahmen können Wärmeanwendungen sein, wie zum Beispiel Schafgarben-Leberwickel nach dem Essen.

Medikamentöse Therapie

Die eigentliche Behandlung ist abhängig vom Stadium der Erkrankung, vom Befund, der Symptomatologie und

dem Zustand des Patienten. Im akuten Zustand mit massiven Entzündungszeichen, Temperaturen, Anämie wird man ohne Kortison nicht auskommen können. In diesem Zustand ist eine stationäre Krankenhausbehandlung angezeigt.
Zur Basistherapie gehört die Behandlung mit 5-Amino-Salicylsäure. Sie ist auch als Rezidivprophylaxe in einer allgemeinen Dosierung von 1,5 bis 2 g/die anzusehen, wobei bei Verschlechterung eine Dosissteigerung bis zu 4 g/die vorzunehmen ist.
Neuerdings gibt es Hinweise, dass eine Präparation eines Escherichia Coli-Stammes (Mutaflor) in gleicher Weise Rezidiven vorzubeugen vermag. Weiterhin ist – von vielen Patienten als hilfreich und wirksam empfunden – auch das Weihrauch-Präparat H15 zu empfehlen.
Neben der notwendigen allopathischen Therapie können mit gutem Erfolg Medikamente der anthroposophischen Medizin eingesetzt werden.

Beim akuten Schub mit vielen Stühlen und Blutabgängen sollte eingesetzt werden:

- *Stibium metallicum D6 Injektionslösung*
  1- bis 2-mal täglich 10 ml intravenös injizieren.
  Die Patienten spüren sehr rasch eine Verbesserung, wobei vor allem diejenigen Patienten profitieren, die in ihrem Habitus wie auch ihrer seelischen Konstitution der Formung und Struktur bedürfen.

Beim Nachlassen der akuten Phase sollte man wechseln auf

- *Stibium arsenicosum D8 Injektionslösung*
  1-mal täglich bis 2-mal wöchentlich 1 ml subcutan injizieren, oder
- *Stibium metallicum D6 Injektionslösung*
  1-mal täglich bis 2-mal wöchentlich 1 ml subkutan injizieren.

Bei einem leichteren Schub kann Wertvolles leisten:

- *Aethiops antimonialis D4*
  2-mal täglich 1 Messerspitze Pulver einnehmen.
  Überhaupt ist Mercurius ein wichtiges Mittel bei der Colitis ulcerosa. Gerne wird es gegeben als:
- *Mercurius vivus comp. Tabletten*
  3-mal täglich 1 bis 2 Tabletten einehmen.

Wegen der neidrigen Potenz von D4 sollte die Anwendungsdauer begrenzt werden.
Im Sinne der oben angeführten Wesensgliederkonstellation wird als Basistherapie eine Leberbehandlung durchgeführt, die auch in der Remissionsphase fortgeführt wird. Hierbei rät man zu:

- *Hepatodoron Tabletten*
  Mittags und abends 2 bis 3 Tabletten kauen, oder auch
- *Carduus marianus Kapseln*
  2- bis 3-mal täglich 1 Kapsel einnehmen.

Das Sich-Verbinden der Ich-Organisation im Stoffwechsel fördert:

- *Geum urbanum*
  3-mal täglich 15 bis 20 Tropfen einnehmen.
  Vor allem bei proctologischer Problemen wie Fistelbildungen und Abszedierung bewähren sich Sitzbäder mit Eichenrinde sowie auch Klysmen mit Kamillentee unter Zusatz von
- *Stilbium metallicum D6 Injektionslösung*
  und
- *Calcium metallicum/Cortex Quercus flüssige Verdünnung zur Injektion*

Diese kann der Patient leicht selbst durchführen mithilfe einer 50 ml Blasenspritze und Frauenkatheter.

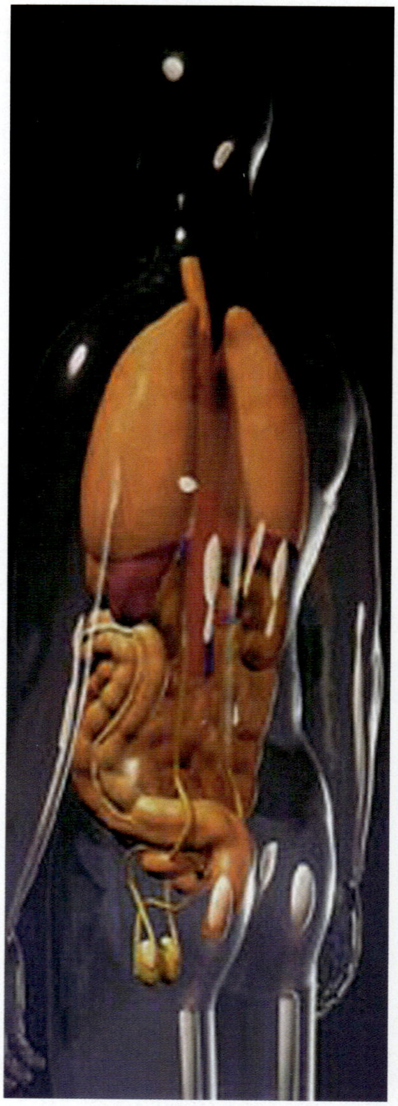

Darmkatarrh

Krankheitsbild

Plötzlich auftretende dünnflüssige Struhlentleerung, verbunden mit krampfartigen Bauchschmerzen, eventuell mit Erbrechen, weisen auf eine infektiöse Genese hin, können aber auch Ausdruck einer Nahrungsmittelunverträglichkeit, Medikamentenfolge oder auch der Beginn einer chronisch entzündlichen Darmerkrankung sein.

Die sorgfältige Anamnese vermag dabei am meisten zur Klärung der Diagnose beizutragen und bestimmt die weiteren diagnostischen Maßnahmen. Die Stuhluntersuchung differenziert und bestätigt die infektiöse Genese der Diarrhoe.

Im Magen-Darm-Trakt findet die Auseinandersetzung mit den aufgenommenen Stoffen und der umgebenden Natur statt. Nichts darf in den eigentlichen inneren Organismus, das heißt jenseits der Darmwand, gelangen, das noch Eigenschaften der Fremdwelt an sich trägt. Stofflich gesprochen muss das Fremdeiweiß vollkommen abgebaut sein. Kommt in den Organismus etwas hinein, das nicht abgebaut bzw. überwunden werden kann, so wird an die Abbaukräfte des Organismus appeliert, die nach außen gerichtet sind. Hier ist vor allem der Astralleib tätig.

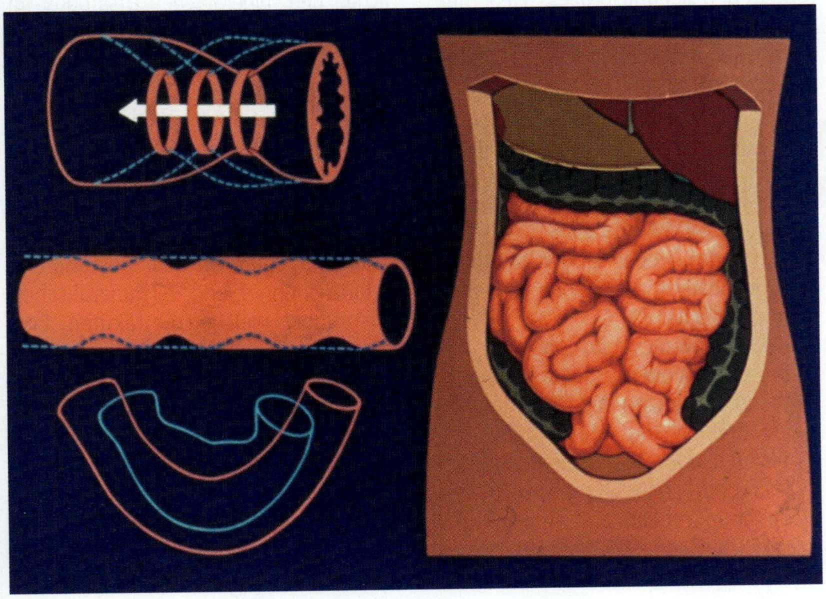

Allgemeine Maßnahmen

Bei leichteren Formen wird man mit Ruhe, warmen Leibwickeln, zum Beispiel als Kamillen- oder Oxaliswickel, strenger Diät mit Zwieback und Kamillentee, eventuell in Verbindung mit Kohle, zurechtkommen.

Medikamentöse Therapie

Bei Übelkeit und Erbrechen hilft zuverlässig:

- *Nux vomica D4 Dilution/Injektionslösung*
  Mehrmals täglich 5 bis 10 Tropfen einnehmen bzw. wiederholt 1 ml subkutan im Epigastriumbereich injizieren. Die Injektionen sind wirksamer als die Dilution.
- *Ipecacuanha D4 Dilution/Injektionslösung*
  Mehrmals täglich 5 bis 10 Tropfen einnehmen bzw. wiederholt 1 ml subkutan im Epigastriumbereich injizieren. Die Injektionen sind wirksamer als die Dilution.

Bei stärkeren krampfartigen Bauchschmerzen, rate man zu:

- *Chamomilla D2, D3 Injektionslösung*
  1- oder mehmals täglich – je nach Intensität und Hartnäckigkeit – 1 ml subkutan in die Gegend des Bauchnabels injizieren.
- *Oxalis D3 Injektionslösung*
  1- oder mehmals täglich – je nach Intensität und Hartnäckigkeit – 1 ml subkutan in die Gegend des Bauchnabels injizieren.

Oral sind hilfreich:

- *Birkenkohle comp. Kapseln*
  3-mal täglich 2 Kapseln mit reichlich Flüssigkeit einnehmen.
- *Arsenicum album D6*
  3-mal täglich 10–15 Tropfen einnehmen.

Bei stärkerer Symptomatik mit Temperaturen, schwerem Krankheitsgefühl empfiehlt sich neben den allgemeinen Maßnahmen, zum Beispiel auch wenn Salmonellen nachgewiesen sind:

- *Aethiops antimonialis D4*
  3- bis 5-mal täglich 1 Messerspitze Pulver einnehmen. Zusätzlich darf nicht fehlen:
- *Stibium metallicum D6 Injektionslösung*
  1- bis 2-mal täglich 10 ml intravenös injizieren.

Erkältung

Krankheitsbild

Erkältungskrankheiten sind oft von Fieber begleitet. Jeder Mensch weiß aus persönlicher Erfahrung, dass die Anfälligkeit individuell und belastungsabhängig sehr verschieden ist.
Eine Erkältung kann sowohl äußerlich-körperlich als auch innerlich-seelisch auftreten. So wird der Organismus zum Beispiel nach körperlicher Überanstrengung und Durchnässung oder in Zeiten mit besonderem Stress, Kummer und Sorgen empfänglicher für die Infektion. Auch ein Schlafdefizit kann die Infektionsbereitschaft steigern. Der Mensch muss also für Ansteckungen (Infekte) immer erst bereit sein.
Bei der hier zu betrachtenden Krankheitsgruppe handelt es sich um Entzündungskrankheiten. Entzündungen gehen immer mit gesteigerten Stoffwechselprozessen einher, die sich bei Erkältungskrankheiten in wässriger oder eitriger Schleimbildung äußern können, zum Beispiel Schnupfen oder Auswurf bei Bronchitis. Häufig beginnen die Krankheitserscheinungen mit Frösteln und Frieren, bevor das Fieber als Antwort auf die Unterkühlung einsetzt. Den im Verlaufe der Krankheit auftretenden Muskel- und Gliederschmerzen dagegen liegen bei näherer Betrachtung örtliche Flüssigkeitsstauungen im Gewebe zugrunde als Ausdruck verlangsamter Stoffwechselprozesse. Therapeutisch kommt es darauf an, über den Wärmeorganismus die Stoffwechselvorgänge wieder zu harmonisieren: das Fieber nicht zu unterdrücken, sondern zu leiten und zu lenken, und sowohl gesteigerte als auch verlangsamte Stoffwechselprozesse zu normalisieren.

Beschwerden

Wichtige Symtome sind:
- Abgeschlagenheit
- Kopf- und Gliederschmerzen
- Fieber
- Schupfen
- Husten
- Halsschmerzen

Selbstbehandlung

Am besten aufgehoben ist der fiebernde Patient in seinem wohlig warmen Bett im gut gelüfteten Schlafzimmer. Ruhe, wenig Sinnesreize, so viel wie möglich schlafen oder schlummern fördern den Heilungsprozess. Fiebernde Kinder sind oft unruhig und wollen nicht liegen bleiben. Hier helfen liebevolle Zuwendung und das Gefühl der Geborgenheit.
Bei Fiebernden ist auf ausreichende Flüssigkeitszufuhr zu achten. Ob Kräuter- oder Früchtetee, aus Elixier, zum Beispiel Sanddorn- oder Schlehen-Elixier, Obst- oder Gemüsesaft – alles Wohlschmeckende ist willkommen. Nur gekühlte oder stark kohlensäurehaltige Getränke sind zu meiden.
Die Nahrung sollte leicht verdaulich und bekömmlich sein. Fett und Eiweiß können in dieser Zeit den Patienten überfordern, stattdessen eignen sich hauptsächlich Kohlenhydrate wie Obst und Gemüse in allen erdenklichen Variationen. Bei Fieber unterstützt Lindenblütentee eine Schwitzkur. Nicht zu vergessen ist, dass Fieber ein wirkungsvolles Mittel ist, den Gesundungsprozess zu unterstützen. Steigt das Fieber jedoch übermäßig und wird belastend, kann mit Wadenwickeln die Körpertemperatur gesenkt werden.

Wann muss der Arzt aufgesucht werden?

- Wenn schwere Grunderkrankungen vorliegen.
- Wenn die Beschwerden besonders heftig sind und darauf hinweisen, dass es sich um eine echte Grippe handelt. Bei ihr besteht ein ausgeprägtes Krankheitsgefühl mit Kopf-, Glieder-, Muskel- und Kreuzschmerzen, sie verläuft mit hohem Fieber und möglicherweise Schüttelfrost.
- Wenn das Fieber länger als drei Tage besteht oder wenn es sehr hoch ist (über 39 °C).
- Bei beschwerlicher Atmung.
- Bei eitrigem oder blutigem Auswurf.
- Wenn Schmerzen und Druckgefühl im Bereich der Stirn und den Wangenknochen auftreten und das Sekret eitrig oder blutig wird.
- Bei andauerndem und ausgeprägtem Schwächegefühl.

Medikamentöse Therapie

Infludo
Infludo vereint in sich Bestandteile pflanzlichen und mineralischen Ursprungs. Im Zusammenwirken aller kommt es zur Linderung der akuten Entzündungszeichen, die vermehrte Schleimbildung wird reguliert, der labile Kreislauf harmonisiert und die Fieberreaktion gelenkt.

Ferrum phosphoricum comp.
Wie Infludo vereint auch Ferrum phosphoricum comp. in sich Bestandteile pflanzlichen und mineralischen Ursprungs, welche die akuten Entzündungszeichen lindern, die vermehrte Schleimbildung regulieren, den labilen Kreislauf harmonisieren und die Fieberreaktion lenken. Da Ferrum phosphoricum comp. milder wirkt als Infludo, eignen sich diese Streukügelchen besonders für Kinder und für Patienten, die bei Fieber zu heftigen Reaktionen oder Unruhe neigen.

Halsschmerzen

Krankheitsbild

Eine Halsentzündung ist eine der häufigsten Begleiterscheinungen bei Erkältungskrankheiten. Bei der hier zu betrachtenden Krankheitsgruppe handelt es sich um Entzündungskrankheiten. Entzündungen gehen immer mit gesteigerten Stoffwechselprozessen einher, die sich bei Erkältungskrankheiten in wässriger oder eitriger Schleimbildung äußern können, zum Beispiel Schnupfen oder Auswurf bei Bronchitis. Häufig beginnen die Krankheitserscheinungen mit Frösteln und Frieren, bevor das Fieber als Antwort auf die Unterkühlung einsetzt. Den im Verlaufe der Krankheit auftretenden Muskel- und Gliederschmerzen dagegen liegen bei näherer Betrachtung örtliche Flüssigkeitsstauungen im Gewebe zugrunde als Ausdruck verlangsamter Stoffwechselprozesse.
Therapeutisch kommt es darauf an, über den Wärmeorganismus die Stoffwechselvorgänge wieder zu harmonisieren: das Fieber nicht zu unterdrücken, sondern zu leiten und zu lenken, und sowohl gesteigerte als auch verlangsamte Stoffwechselprozesse zu normalisieren.

Wann muss der Arzt aufgesucht werden?

- Bei zunehmender Verschlimmerung der Beschwerden.
- Wenn die Stimme schwindet.
- Wenn die Beschwerden länger als eine Woche anhalten.
- Bei hohem Fieber.
- Bei wiederholt auftretenden Beschwerden.

Beschwerden

Wichtige Symptome sind:

- Kratzen im Hals
- Halsschmerzen
- Schluckbeschwerden
- Heiserkeit
- Leichte Temperaturerhöhung

Selbstbehandlung

Allgemein helfen Maßnahmen wie: auf ausreichend warme Kleidung achten, die auch den Hals warmhält, kalte Luft, aber auch kalte Getränke und Speisen meiden; bei Neigung zu Heiserkeit die Stimme schonen.
Lässt sich der Aufenthalt in kalter Luft nicht vermeiden, sollte nach Möglichkeit nur durch die Nase geatmet werden. Erleichtert wird dies durch das Lutschen von Bonbons, zum Beispiel Sanddorn- oder Hustenbonbons. Bei Halsschmerzen verschafft ein warmer Zitronenhalswickel Linderung.

Medikamentöse Therapie

■ *Bolus Eucalypti comp.*
Bolus Eucalypti comp. ist eine Komposition, die Bestandteile der drei Naturreiche in sich vereint: mineralische Tonerde (Bolus alba), Auszüge aus Eukalyptus und Tollkirsche sowie das Gift der Honigbiene. Im Zusammenwirken mildern sie die Beschwerden, regulieren den Entzündungsprozess und beschleunigen die Heilung.

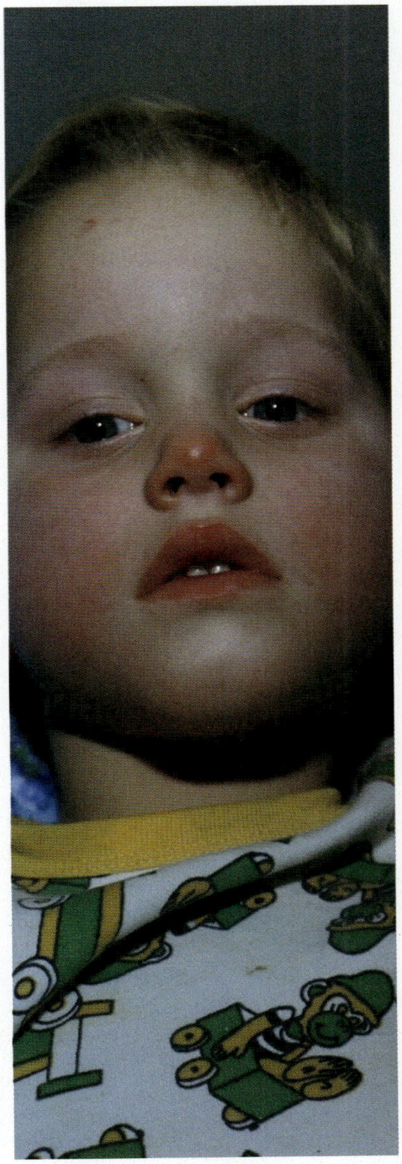

Husten

Krankheitsbild

Husten ist definiert als forcierte Expiration gegen die zunächst verschlossene, dann plötzlich geöffnete Glottis, wobei die ausströmende Atemluft Geschwindigkeiten von bis zu 1000 km/h erreicht. Husten ist eine der häufigsten Begleiterscheinungen bei Erkältungskrankheiten, aber tritt auch auf bei schwerwiegenden Erkrankungen der Atmungsorgane.
Bei der hier zu betrachtenden Krankheitsgruppe handelt es sich um Entzündungskrankheiten. Entzündungen gehen immer mit gesteigerten Stoffwechselprozessen einher, die sich bei Erkältungskrankheiten in wässriger oder eitriger Schleimbildung äußern können, zum Beispiel Schnupfen oder Auswurf bei Bronchitis. Häufig beginnen die Krankheitserscheinungen mit Frösteln und Frieren, bevor das Fieber als Antwort auf die Unterkühlung einsetzt. Den im Verlaufe der Krankheit auftretenden Muskel- und Gliederschmerzen dagegen liegen bei näherer Betrachtung örtliche Flüssigkeitsstauungen im Gewebe zugrunde als Ausdruck verlangsamter Stoffwechselprozesse.
Therapeutisch kommt es darauf an, über den Wärmeorganismus die Stoffwechselvorgänge wieder zu harmonisieren: das Fieber nicht zu unterdrücken, sondern zu leiten und zu lenken, und sowohl gesteigerte als auch verlangsamte Stoffwechselprozesse zu normalisieren.

Wann muss der Arzt aufgesucht werden?

- Da Husten einerseits eine der häufigsten Begleiterscheinungen bei Erkältungskrankheiten ist, andererseits aber auch bei schwerwiegenden Erkrankungen der Atmungsorgane auftritt, sollte geklärt sein, dass es sich nur um Husten im Rahmen einer Erkältungskrankheit handelt. Besteht hierüber Unklarheit, muss der Arzt aufgesucht werden.
- Bei hohem Fieber (über 39 °C)
- Wenn das Atmen schmerzt.
- Bei erschwerter oder beschleunigter Atmung.
- Bei eitrigem oder blutigem Auswurf.
- Wenn der Husten länger als eine Woche gleichbleibend anhält oder zunehmend schlimmer wird.
- Wenn der Husten lange Zeit besteht (chronisch wird) oder häufig wiederkehrt.

Beschwerden

Wichtige Symptome sind:
- Hustenreiz
- Husten in Form von:
  Reizhusten
  Trockenem Husten
  Husten mit schleimigem Auswurf
  Hustenanfällen
- Brustschmerzen beim Husten
- Leichte Temperaturerhöhung

Selbstbehandlung

Wärme ist in dieser Situation allgemein wohltuend. Wichtig ist vor allem, dass die Füße nicht kalt werden. Wenn warme Socken nicht ausreichen, empfiehlt sich ein ansteigendes Fußbad zur Aktivierung der Eigenwärme.
Kalte, trockene wie auch verrauchte Luft gilt zu vermeiden. Geheizte Raumluft ist oft zu trocken. Hier schafft ein Raumbefeuchter – oder, falls dieser fehlt, eine Schale mit Wasser auf die Heizung gestellt – Abhilfe.
Eine ausreichende Flüssigkeitszufuhr unterstützt die Verflüssigung des Hustensekrets und erleichtert das Abhusten. Zu empfehlen sind warme Kräuter- und Früchtetees oder eine heiße Zitrone – je nach Belieben mit Honigzusatz.
Hartnäckiger Hustenreiz kann gelindert werden durch warme Brustwickel. Zusätzlich empfiehlt sich das Lutschen von Hustenbonbons.

Medikamentöse Therapie

■ *Bronchialbalsam (Weleda)*
Bronchialbalsam ist eine Komposition aus ätherischen Ölen verschiedener Heilpflanzen. Seine Wirkung beruht in erster Linie auf der für viele ätherischen Öle typischen lokalen Durchblutungsförderung und Erwärmung. Bronchialbalsam lindert den Hustenreiz, wirkt schleimlösend und führt zu einem raschen Abklingen des Entzündungsgeschehens.

■ *Doron Hustentropfen*
Doron Hustentropfen sind angezeigt bei Husten mit starker Schleimbildung. Die Heilsubstanzen aus dem Mineral- und Pflanzenreich mildern die übermäßige Schleimbildung, fördern den Schleimabfluss und lindern so den Hustenreiz.

■ *Flechtenhonig (Weleda)*
Flechtenhonig greift beruhigend und schleimlösend in den katarrhalisch-entzündlichen Krankheitsprozess ein – besonders, wenn die unteren Atemwege mit betroffen sind – und lindert so den Hustenreiz.

■ *Hustenelixier*
Weleda Hustenelixier stellt ein aus mehreren Heilpflanzenauszügen komponiertes Arzneimittel dar. Es lindert die Verkrampfungsneigung und besänftigt so den Hustenreiz. Wegen der wohltuend milden Wirkung und dank des angenehmen Geschmacks eignet es sich besonders für die Anwendung bei Kindern.

Magenbeschwerden (Gastritis)

Krankheitsbild

Leitsymptome sind plötzlich auftretende, meist krampfartige Oberbauchschmerzen mit Übelkeit und heftigem Erbrechen. Wesentlich ist eine sorgfältige Anamnese, um extragastrointestinale Ursachen auszuschließen. Körperliche Untersuchung, Röntgen, Ultraschall und Labor sind wichtige Untersuchungen, um Ileus, Stenosen oder andere eventuell chirurgisch anzugehende Ursachen aufzuzeigen.
In der Gastroskopie können Zeichen einer akuten erosiven Gastritis oder unter Umständen sogar eines Ulkus gesehen werden. Meist zeigt sich eine ausgeprägte Dysmotorik mit Ausbildung eines Kaskadenmagens und Hypersekretion. Oftmals findet sich aber auch kein pathologischer Schleimhautbefund, sodass ein physisches Korrelat fehlt.
Die Magenfunktion spiegelt vornehmlich die Tätigkeit des Astralleibes wider. Der vorhandene Symptomenkomplex weist auf einen im Magenbereich verstärkt wirksamen Astralleib hin, der nicht in den Ätherleib eintauchen will und somit die abbauende Tätigkeit im Magenbereich nicht auslöst. Die Anspannung führt zu einer hypertonen Magenentleerungsstörung.

Allgemeine Maßnahmen

Äußere Wärmeanwendungen in Form von Wickeln mit Kamille oder Oxalis bringen Linderung. Strenge Diät, eventuell nur Tee, meist als Kamillentee, und Zwieback sind sehr hilfreich.

Medikamentöse Therapie

Medikamentös hilft, wenn das Erbrechen im Vordergrund steht, zuverlässig:
- *Ipecacuanha D4 Injektionslösung*
  1 ml subkutan in den Epigastriumbereich injizieren,

oder
- *Nux vomica D4 Injektionslösung*
  1 ml subkutan in den Epigastriumbereich injizieren.

Die akuten Schmerzen hilft lösen:
- *Chamomilla Cupro culta D2 Injektionslösung*
  mehrmals täglich 1 ml subkutan in den mittleren Oberbauch – je nach Schmerzsituation – injizieren
- *Chamomilla Decoctum D2, D3*
  3- bis 4-mal täglich 5 bis 10 Tropfen einnehmen.

Ebenfalls zur Beruhigung führt die Anwendung von:
- *Cuprum metallicum 0,4 % Salbe Injektionslösung*
  1- bis 2-mal täglich im Oberbauchbereich einreiben

Nach Abklingen der akuten Phase empfehlen sich:
- *Chamomilla/Malachit comp.*
  3- bis 5-mal täglich 10 bis 15 Tropfen vor den Mahlzeiten einnehmen,

sowie
- *Digestodoron Tabletten*
  3- bis 4-mal täglich 2 bis 4 Tabletten vor den Mahlzeiten einnehmen.

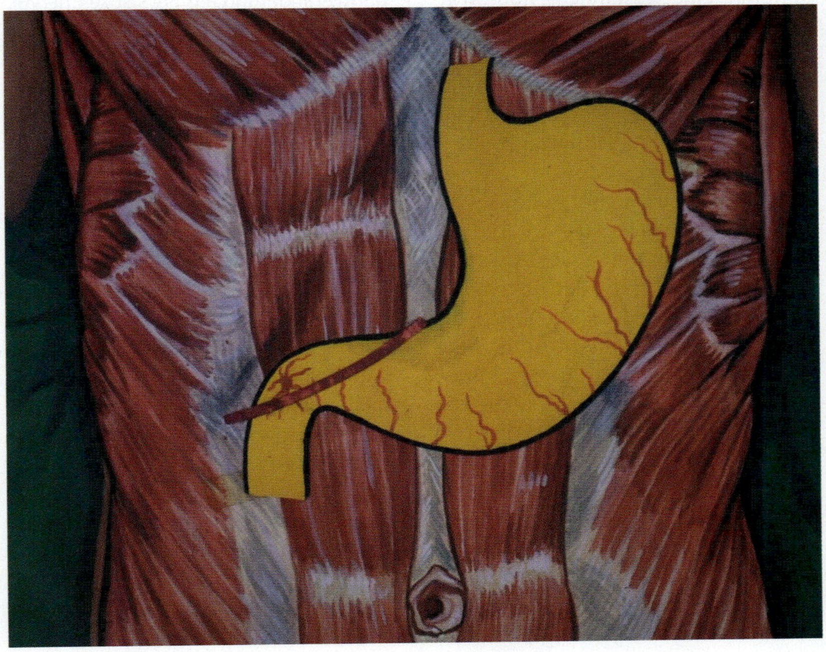

Magengeschwür

Krankheitsbild

Beim Ulcusleiden ist das Haupt-Beschwerdensymptom der epigastrische Schmerz, der krampfenden, brennenden, stechenden oder bohrenden Charakter zeigt. Im Allgemeinen äußert sich das Ulcus duodeni vor allem durch Schmerzsymptomatik mit charakteristischen Nüchternschmerz, während das Ulcus ventrikuli eher Völlegefühl, Übelkeit, Druck im Epigastrium und Verschlimmerung nach Nahrungsaufnahme hervorruft, insbesondere als kaliöses Ulcus beim älteren Patienten.
Je jünger der Patient und je mehr eine Hyperazidität und Hypermotorik vorhanden ist, desto stärker steht im Allgemeinen der Schmerz im Vordergrund. Zur Diagnose gelangt man mittels Endoskopie, bei der heute bei einem Ulcus immer ein Helicobacter-pylori-Test angeschlossen werden sollte.

■ *Ursachen*
Die Ursachen der Ulkuskrankheit sieht man in einer Dysbalance von aggressiven (Säure-) und protektiven (Schleim-) Faktoren. Eine wesentliche Rolle wird dem Helicobacter pylori beigemessen, nachdem deutlich wurde, welche entscheidende Verbesserung seine Eradikation auf die im Allgemeinen rezidivierende Krankheitsverläufe hat.

■ *Ulcus ventriculi*
Im Magenbereich wird die Tätigkeit der Ich-Organisation durch die des Astralleibes übertönt. Nach der ersten Verdauungstätigkeit im Mund, in der die Kohlenhydratverdauung Ausdruck der Ich-Organisationstätigkeit ist, taucht nun nach Vollzug des Schluckaktes die Ich-Organisation unter den Astralleib.
Die Magenfunktion ist jetzt vornehmlich Ausdruck der Tätigkeit des Astralleibes. Die Säuresekretion zeigt die abbauende Wirkung des Astralleibes an, die auf die Nahrung, das heißt die Außenwelt, gerichtet ist. Ist die abbauende Wirkung erfolgt, so verbinden sich Astralleib und Ich-Organisation mit dem Ätherleib. Ausdruck dafür ist der Übertritt des Nahrungsbreies in den Dünndarm.
Die physiologische Trennung von Magenluft und Magensaft im Magen wird überwunden, indem das Luftige in das Wässrige eintaucht und die Schaumbildung im Dünndarm entsteht.

■ *Ulcus duodeni*
Im Duodenum wird die Säure des Magens gepuffert. Dies ist Ausdruck dafür, wie die Wirksamkeit des Astralleibes und mit ihm die der Ich-Organisation vom Ätherleib aufgenommen wird. Ich-Organisation und Astralleib tauchen in den Ätherleib ein, werden von ihm übertönt.
Dies ist der Atmungsvorgang im Verdauungstrakt. Geschieht das nicht, sei es durch zu starke Tätigkeit des Astralleibes, die nicht vollständig vom Ätherleib aufgenommen werden kann, oder sei es durch zu schwache Tätigkeit des Ätherleibes, so tritt die abbauende Wirkung des Astralleibes in der erosiven oder stärker in der ulcerösen Schleimhautveränderung am Physischen hervor. Die Wesensglieder haben in ihrem Zusammenwirken eine Konstellation, die mehr im Nerven-Sinnessystem ihre Berechtigung hat als im Stoffwechsel-Gliedmaßensystem. Die Beschwerdesymptomatik ist hierfür Ausdruck.

Behandlung

Therapeutischerseits kann zum einen über den Ätherleib, aber auch über den Astralleib und die Ich-Organisation Einfluss genommen werden. Eine säureblockierende Therapie mag zunächst hilfreich sein, da der Träger des Astralleibs blockiert wird.
Eine Therapie im Sinne des Kausalen ist dies jedoch nicht. Dem entspricht auch die Rezidivneigung nach Absetzen der Blocker.
Man muss vielmehr dafür sorgen, dass der Astralleib seine Wirkung in Richtung des Stoffwechsels entfaltet, vom „Kopfigen" ablässt und vom Ätherleib auch in der richtigen Weise aufgenommen wird.

Allgemeine Maßnahmen

Man wird versuchen, den Astralleib aus seiner anspannenden Tätigkeit zu lösen. Wärmeanwendungen, äußerlich wie auch innerlich durch Tee, führen zur Entspannung der Muskelspasmen und zur Unterstützung der Ich-Organisationstätigkeit.
Eine strenge Schonkost bzw. eine dem Beschwerdenausmaß angepasste Diät erleichtert es dem Astralleib, seine auf die Außenwelt gerichtete Tätigkeit zurückzunehmen.

Medikamentöse Therapie

Im Hinblick auf die medikamentöse Seite hat man im Kupfer das ideale Medikament zu sehen, das den Ätherleib befähigt, den Astralleib in der richtigen Weise aufzunehmen. Hilfreich eingesetzt werden können:

- *Cuprum metallicum D3*
  1-bis 3-mal täglich 1 Messerspitze Pulver einnehmen, oder
- *Cuprit D3*
  1-bis 3-mal täglich 1 Messerspitze Pulver einnehmen.

Ebenso ist indiziert:

- *Chalkosin D3*
  2- bis 3-mal täglich 1 Messerspitze Pulver einnehmen, oder
- *Chamomilla/Malachit comp.*
  2- bis 5-mal täglich 10 bis 15 Tropfen einnehmen.

Die funktionelle Seite der Beschwerdensymptomatik wie Schmerzen und Spasmen lassen sich häufig positiv beeinflussen durch:

- *Cuprum aceticum D4 Injektionslösung*

bei Bedarf 1- bis mehrmals täglich 1 ml subcutan im Epigastriumbereich injizieren, oder
- *Cupro-Stibium D6*
  4-mal täglich 1 Messerspitze Pulver einnehmen.

Als weitere medikamentöse Maßnahmen sind ratsam:
- *Pulvis stomachicus cum Belladonna*
  3- bis 4-mal täglich 1 Messerspitze Pulver einnehmen, oder
- *Kalium aceticum comp. D3*
  3- bis 4-mal täglich 1 Messerspitze Pulver einnehmen.

Neben den medikamentösen Maßnahmen muss bei diesen Erkrankungen auch großes Gewicht auf die psychische Seite gelegt und entsprechend in die Therapie miteinbezogen werden.

Wesentlich bei der Ulkuserkrankung ist, dass auch dem psychosomatischen Aspekt Rechnung getragen wird. Zeigt sich doch in vielen Fällen, dass der Astralleib Elemente des Seelischen in die Leiblichkeit hineinträgt, die nicht im Seelischen „verdaut" und verarbeitet werden können. Auch leisten die künstlerischen Therapien und die Heileurythmie hier Vorzügliches.

Morbus Crohn

Krankheitsbild

Wie die Colitis ulcerosa ist auch diese Erkrankung eine in Schüben verlaufende chronisch entzündliche Darmerkrankung. Bei ihr ist der Häufigkeitsgipfel ebenfalls um das 21. Lebensjahr.

■ *Symptome*
Meistens beginnt diese Erkrankung mit Schmerzen im rechten Unterbauch, was häufig zu einer Verwechslung mit akuter Appendicitis (Blinddarmentzündung) führt. Klassisch beginnt die Lokalisation der Crohn's Krankheit am terminalen Ileum, kann dann aber den gesamten Magen-Darm-Trakt befallen, wobei der diskontinuierliche Befall typisch ist.
Blutig-schleimige Diarrhoen treten vor allem bei Kolonbefall auf. Bei der Crohn's Krankheit besteht die Tendenz zur Stenosierung, sodass im Krankheitsverlauf die Wahrscheinlichkeit einer Operationsindikation wegen drohendem oder manifestem Ileum zunimmt.
Ein weiteres Problem stellt die Neigung zu Fistelbildungen dar, die ebenfalls wiederholt zur chirurgischen Intervention führen kann. Wie bei der Colitis ulcerosa kann auch die Crohn's Krankheit von extraintestinalen Erkrankungen begleitet oder kompliziert sein. Die Diagnosestellung geschieht durch Endoskopie mit Histologie, Röntgen und Sonografie.

■ *Genese und Verlauf*
Im Gegensatz zur Colitis ulcerosa zeigt sich bei der Crohn's Krankheit zunächst die Gestik des Sich-Verhältnis und Zusammenziehens und sekundär die der Auflösung. Die Ursache ist auch bei der Crohn's Krankheit unbekannt. Die Inzidenz ist im Zunehmen begriffen, und man findet ihn vornehmlich in den industrialisierten Ländern.
Die Crohn-Manifestation zeigt die Tendenz der Sinnesorganbildung. Man kann die Erkrankung als Verlagerung des Nerven-Sinnessystems in das Stoffwechselsystem auffassen. Dies bedeutet, dass die oberen Wesensglieder Ich-Organisation und Astralleib, wie es im Nerven-Sinnessystem normal ist, wie von außen auf den Ätherleib einwirken, das heißt abbauend, anstatt in den Ätherleib atmend und belebend einzutauchen.
Astralleib und Ich-Organisation sind abbauend zu stark auf die eigene Leiblichkeit gerichtet. Als Folge tritt gegenregulatorisch zu diesem Nerven-Sinnesprozess ein Entzündungsprozess auf.
Auf der anderen Seite wird aber auch, durch die verstärkte Richtung der oberen Wesensglieder auf die eigene Leiblichkeit, der von außen kommenden Nahrung zu wenig abbauende Tätigkeit entgegengebracht, so dass ihr vermehrt Fremdartiges anhaftet und in den inneren Organismus aufgenommen wird, was wiederum zur sofortigen Entzündungsreaktion systemischer Art Anlass gibt.

Allgemeine Maßnahmen

Die Allgemeinmaßnahmen müssen dem Krankheitszustand und dem Vermögen der Verdauungstätigkeit angepasst werden.
Die eigentliche Behandlung ist abhängig vom Stadium der Erkrankung, vom Befund, der Symptomatologie und dem Zustand des Patienten.
Im akuten Zustand mit massiven Entzündungszeichen, Temperaturen, Anämie wird man ohne Kortison nicht auskommen können. In diesem Zustand ist eine stationäre Krankenhausbehandlung angezeigt.
Zur Basistherapie gehört die Behandlung mit 5-Amino-Salicylsäure. Sie ist auch als Rezidivprophylaxe in einer allgemeinen Dosierung von 1,5 bis 2 g/die anzusehen, wobei bei Verschlechterung eine Dosissteigerung bis zu 4 g/die vorzunehmen ist. Neuerdings gibt es Hinweise, dass eine Präparation eines Escherichia-coli-Stammes (Mutaflor) in gleicher Weise Rezidiven vorzubeugen vermag. Weiterhin ist – von vielen Patienten als hilfreich und wirksam empfunden – auch das Weihrauch-Präparat H15 zu empfehlen.
Neben der notwendigen allopathischen Therapie können mit gutem Erfolg Medikamente der anthroposophischen Medizin eingesetz werden.

Medikamentöse Therapie

Bei Crohn's Krankheit im akuten Schub wird kaum ohne die übliche schulmedizinische Therapie mit Kortison, 5-Amino-Salicylsäure, Metronidazol auszukommen sein. Dennoch kann mit den Arzneimitteln der anthroposophischen Medizin viel erreicht werden, sowohl im Hinblick auf Reduzierung der Kortison-Dosis als auch auf das Befinden des Patienten und die Remissionsphase.
Medikamentös muss zum einen das Ätherische gegenüber dem Astralischen und der ich-Organisation gestärkt werden und zum anderen das Eintauchen von Ich-Organisation und Astralleib in den Ätherleib entsprechend des Atmungsprozesses gefördert werden.
Dazu ist es notwendig, auch die oberen Wesensglieder aus ihrer nervensinnessystemartigen Tätigkeit im Stoffwechselbereich zu befreien.
Das infrage kommende Arzneimittel – Cuprum sulfuricum comp. – wirkt auf das Ätherische und macht dieses geneigter, den Astralleib aufzunehmen. Es enthält neben Cuprum sulfuricum noch Coffea tosta D1 sowie Plumbum metallicum D15:

- *Cuprum sulfuricum comp. Tabletten*
  3-mal täglich 2 Tabletten einnehmen.

Zu einer Lösung des von außen wirkenden Astralleibes führt die Verabreichung von:

- *Arsenicum album D30*
  1-mal täglich 5 Tropfen einnehmen.

Das richtige Sich-Verbinden der Ich-Organisation und des Astralleibes mit dem Ätherleib kann wiederum durch Bitterstoffe gefördert werden, wobei auch mit Erfolg wegen der feurigen Wirkung von Curcuma als Ausdruck der Ich-Organisationsfähigkeit gegeben wird:

- *Choleodoron Mischung*
  2- bis 4-mal täglich 5 bis 15 Tropfen nach dem Essen einnehmen.

Die Tätigkeit der Ich-Organisation im Überwinden der Fremdartigkeit der Nahrung wird unterstützt von:

- *Ferrum sidereum D10/Pankreas D6 Injektionslösung*
  2-mal wöchentlich bis 1-mal täglich 1 ml subkutan injizieren.

Auch bei der Crohn's Krankheit sollte an eine Misteltherapie gedacht werden:

- *Iscador P Serie 0 oder Serie 1 Injektionslösung*
  3-mal jährlich im schubfreien Intervall über 4 Wochen jeden 2. Tag 1 ml subkutan injizieren.

Der Stoffwechsel wird in seinen regenerierenden und aufbauenden Prozessen vor allem durch Silber angeregt. Dabei empfiehlt sich:

- *Argentum metallicum D4*
  2-mal täglich 1 Messerspitze Pulver einnehmen oder
- *Argenit D4*
  2-mal täglich 1 Messerspitze Pulver einnehmen.

Selbstverständlich ist bei diesen chronisch entzündlichen Darmerkrankungen der seelischen und sozialbiografischen Situation ein hoher Stellenwert beizumessen und entsprechend in die Therapie miteinzubeziehen.

Wie in der Krankheitsgestik so zeigt sich auch in der Seelenkonstitution, dass bei den Kolitis-Patienten die Schwierigkeit das Sich-Abgrenzens und die Gefahr des Sich-Verlierens besteht, während bei den Patienten mit Crohn's Krankheit auch eine Erklärung für das beobachtete Phänomen, da das Rauchen bei Patienten mit Colitis ulcerosa eher einen positiven Einfluss hat, während dies bei Crohn-Patienten ins Negative umschlägt; fördert doch das Rauchen eher das Sich-Abgrenzen und Zu-Sich-Kommen.

Eine ganzheitliche Therapie kann bei diesen Erkrankungen nur durch Einbeziehung auch der künstlerischen Therapien und der Gesprächstherapie erreicht werden.

Nervosität

Krankheitsbild

Unser heutiges Leben ist stark von technischen Einrichtungen geprägt. Der Mensch ist einer Überfülle von Sinneseindrücken ausgesetzt, die alle verarbeitet werden wollen.
Auch Stress und Terminnot am Arbeitsplatz gehen nicht spurlos an ihm vorüber, die Sinne und das Nervensystem werden überfordert.
Nervosität und Unruhe sind leicht die Folge. Damit einhergehende Beschwerden mindern die Lebensqualität und können gesundheitliche Probleme nach sich ziehen.
Besonders belastend erlebt werden Schlafstörungen, denn der richtige Rhythmus von Wachen und Schlafen ist einer der Grundpfeiler unserer Gesundheit. Aber nicht nur ein erholsamer Schlaf ist förderlich, auch in der Gestaltung unseres Alltags liegen Möglichkeiten, dieser „Zeitkrankheit" entgegenzuwirken.

Wann muss der Arzt aufgesucht werden?

- Wenn die Beschwerden sich verschlimmern oder über Wochen anhalten.
- Wenn Schlafstörungen zunehmen oder über längere Zeit nicht besser werden.
- Bei länger anhaltenden depressiven Verstimmungen.
- Wenn es aufgrund der Beschwerden zu häufiger Arzneimitteleinnahme kommt.
- Wenn die Beschwerden begleitet sind von Ohnmachtsneigung, Schwindel, Gewichtsabnahme, Kopfschmerzen, Schnellatmigkeit oder Herzrasen.

Beschwerden

- Innere oder äußere Unruhe
- Immer wiederkehrende Herzklopfen
- Kribbeln in Armen und Beinen
- Schwitzen ohne besondere körperliche Anstrengung
- Kalte Hände und Füsse
- Unregelmäßige Verdauung, Appetitlosigkeit
- Vergesslichkeit
- Konzentrationsschwäche
- Gedankenkreisen
- Abgeschlagenheit, schnelle Erschöpfbarkeit
- Müdigkeit
- Gereiztheit, mangelnde Selbstbeherrschung
- Depressive Verstimmungen
- Schlafstörungen

Selbstbehandlung

Sich in dem Überangebot an Informationen, Unterhaltung, Freizeitgestaltung nicht zu verlieren, sondern den richtigen, das heißt den eigenen Bedürfnissen angepassten Umgang mit den Zeiterscheinungen zu erlernen, ist die Herausforderung unserer Tage.
Einen allgemein gültigen Weg dahin gibt es nicht. Unabdingbar sind jedoch Phasen der Ruhe, der Besinnung, des Nachdenkens. Nicht die ständige Abwechslung suchen, immer mal wieder innezuhalten und sich über den eigenen Standpunkt klar werden, abends den Tag überdenken mit Fragen wie: was war schön? was ist gelungen? was kann ich ändern?, Momente der Stille suchen und geniessen, Schönheit bewusst erleben – all dies hilft, die gewonnenen Eindrücke zu verarbeiten, Erlebtes zu Erfahrungen werden zu lassen, um so den Alltag aktiv und kreativ gestalten zu können.

Zu wenig beachtet wird heute die Bedeutung einer rhythmischen Lebensführung für Wohlbefinden und Gesunderhaltung – angefangen von regelmäßigen, in Ruhe eingenommenen Mahlzeiten bis hin zum geregelten Zubettgehen.
Unterstützen lassen sich die Bemühungen, zur Ruhe zu kommen und sein inneres Gleichgewicht zu finden, durch entspannende Massagen, Vollbäder oder Fußbäder.

Medikamentöse Therapie

■ *Avena sativa comp.*
In den Avena sativa comp. Präparaten ergänzen sich die beruhigenden Wirkungen von vier bewährten Heilpflanzen (Hafer, Hopfen, Passionsblume, Baldrian) mit einer potenzierten Zubereitung aus geröstetem Kaffee.
Sie unterstützen die Stabilisierung des Tag-Nacht-Rhythmus und sind immer dann angezeigt, wenn die Ursachen für Schlafstörungen und Unruhezustände in Erschöpfung und Übermüdung, Kummer und Sorgen oder Reizüberflutung liegen.
Die Beruhigung tritt ein, ohne dass Konzentration und Wahrnehmungsfähigkeit beeinträchtigt werden. Deshalb eignen sich Avena sativa comp. Präparate als Einschlafmittel, aber auch als milde Beruhigungsmittel zur Anwendung während des Tages.

Schnupfen

Krankheitsbild

Schnupfen oder Rhinitis ist ein Katarrh der Nasenschleimhaut. Schnupfen ist eine der häufigsten Begleiterscheinungen bei Erkältungskrankheiten.
Bei der hier zu betrachtenden Krankheitsgruppe handelt es sich um Entzündungskrankheiten. Entzündungen gehen immer mit gesteigerten Stoffwechselprozessen einher, die sich bei Erkältungskrankheiten in wässriger oder eitriger Schleimbildung äußern können, zum Beispiel Schnupfen oder Auswurf bei Bronchitis. Häufig beginnen die Krankheitserscheinungen mit Frösteln und Frieren, bevor das Fieber als Antwort auf die Unterkühlung einsetzt. Den im Verlaufe der Krankheit auftretenden Muskel- und Gliederschmerzen dagegen liegen bei näherer Betrachtung örtliche Flüssigkeitsstauungen im Gewebe zugrunde als Ausdruck verlangsamter Stoffwechselprozesse.
Therapeutisch kommt es darauf an, über den Wärmeorganismus die Stoffwechselvorgänge wieder zu harmonisieren: das Fieber nicht zu unterdrücken, sondern zu leiten und zu lenken, und sowohl gesteigerte als auch verlangsamte Stoffwechselprozesse zu normalisieren.

Wann muss der Arzt aufgesucht werden?

- Wenn der Schnupfen länger anhält oder häufig wiederkehrt.
- Bei hohem Fieber (über 30 °C).
- Bei Schmerzen und Druckgefühl im Bereich der Stirn und der Wangenknochen.
- Bei eitrigem oder blutigem Sekret.

Beschwerden

Wichtige Symptome sind:
- Niesreiz
- Niesen
- Laufende Nase
- Tränende Augen
- Verstopfte Nase
- Geschwollene Schleimhäute
- Kalte Hände und Füße

Selbstbehandlung

Eine der wesentlichsten Maßnahmen bei Schnupfen ist es, stets für warme Füße zu sorgen. Gelingt dies mit warmer Bekleidung nicht, hilft ein ansteigendes Fußbad – gerne auch mit Zusatz von frisch gepresstem Zitronensaft. Ein Spaziergang an frischer Luft schadet nicht, jedoch dies nur warm eingepackt. Auch darf im Winter eine Kopfbedeckung nicht fehlen.
Beheizte Raumluft ist oft zu trocken. Hier schafft ein Raumbefeuchter – oder, falls dieser fehlt, eine Schale mit Wasser auf die Heizung gestellt – Abhilfe.
Sitzt der Schnupfen fest, lindern Kamillendampfbäder die Beschwerden. Ebenfalls empfiehlt sich ein warmes Fußbad mit Senfmehl.
Außerdem sollte genügend getrunken werden, um den Schleim zu verflüssigen: Kräuter- und Früchtetees, Frucht- und Gemüsesäfte sowie Elixiere sind hilfreich.

Medikamentöse Behandlung

■ *Rhinodorn Nasenspray*
Die isotone Salzlösung mit hautpflegender, schützender und regenerierender Aloe vera befeuchtet die Nasenschleimhäute nachhaltig.
Rhinodorn fördert die Wiederherstellung des gesunden feuchten Milieus der Nasenschleimhäute und damit die Beweglichkeit der Flimmerhärchen. So unterstützt Rhinodoron die Befeuchtung der Atemluft und die natürliche Reinigungskraft der Nase. Dank Aloe vera nachhaltiger als Salzlösung allein – und zusätzlich pflegend.

■ *Schnupfencreme*
Die Bestandteile der Schnupfencreme ergänzen sich in ihrer Wirkung. Gesteigerte Stoffwechselprozesse werden abgeschwächt und über ein Abschwellen der Schleimhäute die ungestörte Nasenatmung ermöglicht. Die Schnupfencreme kann wegen ihre harmonisierenden Wirkung auf die Schleimhäute auch bei chronischem Schnupfen angewendet werden.

■ *Weleda Nasenöl*
Weleda Nasenöl bewirkt ein Abschwellen der Schleimhäute und ermöglicht so die ungestörte Nasenatmung. Aufgrund seiner öligen Konsistenz kann es auch zur gelegentlichen, schützenden Pflege trockener Nasenschleimhäute angewendet werden. Wegen seiner besonders milden Bestandteile eignet es sich auch für Kleinkinder.

Unruhe

Krankheitsbild

Unser heutiges Leben ist stark von technischen Einrichtungen geprägt. Der Mensch ist einer Überfülle von Sinneseindrücken ausgesetzt, die alle verarbeitet werden wollen.
Auch Stress und Terminnot am Arbeitsplatz gehen nicht spurlos an ihm vorüber, die Sinne und das Nervensystem werden überfordert.
Nervosität und Unruhe sind leicht die Folge. Damit einhergehende Beschwerden mindern die Lebensqualität und können gesundheitliche Probleme nach sich ziehen.
Besonders belastend erlebt werden Schlafstörungen, denn der richtige Rhythmus von Wachen und Schlafen ist einer der Grundpfeiler unserer Gesundheit. Aber nicht nur ein erholsamer Schlaf ist förderlich, auch in der Gestaltung unseres Alltags liegen Möglichkeiten, dieser „Zeitkrankheit" entgegenzuwirken.

Wann muss der Arzt aufgesucht werden?

- Wenn die Beschwerden sich verschlimmern oder über Wochen anhalten.
- Wenn Schlafstörungen zunehmen oder über längere Zeit nicht besser werden.
- Bei länger anhaltenden depressiven Verstimmungen.
- Wenn es aufgrund der Beschwerden zu häufiger Arzneimitteleinnahme kommt.
- Wenn die Beschwerden begleitet sind von Ohnmachtsneigung, Schwindel, Gewichtsabnahme, Kopfschmerzen, Schnellatmigkeit oder Herzrasen.

Beschwerden

- Innere oder äußere Unruhe
- Immer wiederkehrendes Herzklopfen
- Kribbeln in Armen und Beinen
- Schwitzen ohne besondere körperliche Anstrengung
- Kalte Hände und Füße
- Unregelmäßige Verdauung, Appetitlosigkeit
- Vergesslichkeit
- Konzentrationsschwäche
- Gedankenkreisen
- Abgeschlagenheit, schnelle Erschöpfbarkeit
- Müdigkeit
- Gereiztheit, mangelnde Sebstbeherrschung
- Depressive Verstimmungen
- Schlafstörungen

Selbstbehandlung

Sich in dem Überangebot an Informationen, Unterhaltung, Freizeitgestaltung nicht zu verlieren, sondern den richtigen, das heißt den eigenen Bedürfnissen angepassten Umgang mit den Zeiterscheinungen zu erlernen, ist die Herausforderung unserer Tage.
Einen allgemein gültigen Weg dahin gibt es nicht. Unabdingbar sind jedoch Phasen der Ruhe, der Besinnung, des Nachdenkens. Nicht die ständige Abwechslung suchen, immer mal wieder innezuhalten und sich über den eigenen Standpunkt klar werden, abends den Tag überdenken mit Fragen wie: was war schön? was ist gelungen? was kann ich ändern?, Momente der Stille suchen und genießen, Schönheit bewusst erleben – all dies hilft, die gewonnenen Eindrücke zu verarbeiten, Erlebtes zu Erfahrungen werden zu lassen, um so den Alltag aktiv und kreativ gestalten zu können.
Zu wenig beachtet wird heute die Bedeutung einer rhythmischen Lebensführung für Wohlbefinden und Gesunderhaltung – angefangen von regelmäßigen, in Ruhe eingenommene nMahlzeiten bis hin zum geregelten Zubettgehen.
Unterstützen lassen sich die Bemühungen, zur Ruhe zu kommen und sein inneres Gleichgewicht zu finden, durch entspannende Massagen, Vollbäder oder Fußbäder.

Medikamentöse Therapie

■ *Avena sativa comp.*
In den Avena sativa comp. Präparaten ergänzen sich die beruhigenden Wirkungen von vier bewährten Heilpflanzen (Hafer, Hopfen, Passionsblume, Baldrian) mit einer potenzierten Zubereitung aus geröstetem Kaffee.
Sie unterstützen die Stabilisierung des Tag-Nacht-Rhythmus und sind immer dann angezeigt, wenn die Ursachen für Schlafstörungen und Unruhezustände in Erschöpfung und Übermüdung, Kummer und Sorgen oder Reizüberflutung liegen.
Die Beruhigung tritt ein, ohne dass Konzentration und Wahrnehmungsfähigkeit beeinträchtigt werden. Deshalb eignen sich Avena sativa comp. Präparate als Einschlafmittel, aber auch als milde Beruhigungsmittel zur Anwendung während des Tages.

Venenschwäche

Krankheitsbild

Viele Menschen zeigen eine Veranlagung zur sogenannten Bindegewebsschwäche. Sie neigen u.a. zu Venenerkrankungen wie zum Beispiel Krampfadern. Die heutige Lebensweise mit Bewegungsarmut, überwiegend stehender oder sitzender Tätigkeit begünstigt zusätzlich das Entstehen venöser Beschwerden. Ein erhöhtes Risiko besteht auch während der Schwangerschaft.

Das Krankheitsgeschehen wird charakterisiert durch einen verlangsamten Rückstrom des Blutes in den Venen zum Herzen. Stauungen und Flüssigkeitsansammlungen (Ödeme) im Gewebe sind die Folge. Wenn die Gefäßwände erschlaffen, entstehen Krampfadern.

Es gibt zahlreiche Möglichkeiten, diesen Krankheitsprozess zu beeinflussen und sein Fortschreiten zu verlangsamen. Ihnen gemeinsam ist das Ziel, die venöse Zirkulation anzuregen, Gewebe und Gefäße zu kräftigen.

Wann muss der Arzt aufgesucht werden?

- Wenn die Beschwerden überhand nehmen und sich auch durch Selbstmaßnahmen keine Besserung einstellt.
- Wenn Beschwerden plötzlich und nur an einem Bein auftreten.
- Bei plötzlich auftretenden ziehenden Schmerzen in Wade oder Bein.
- Wenn Hautbereiche wie Pergament erscheinen.
- Bei offenen Stellen am Bein.
- Bei Verfärbung von Fingern oder Zehen.
- Bei Taubheitsgefühl.
- Bei Ohnmachtsneigung und Schwäche

Eine grundsätzlich andere Situation liegt bei Menschen vor mit chronisch kalten Händen und Füßen und Neigung zu niedrigem Blutdruck. Bei ihnen ist der Blutstrom in den Arterien vom Herzen zur Peripherie nicht stark genug. Die therapeutischen Maßnahmen zielen hier auf eine kräftige Anregung des Kreislaufes.

Beschwerden

Wichtige venöse Beschwerden sind:

- Müde, schwere Beine
- Schwellungen an Knöcheln, Füßen oder Beinen
- Spannungsgefühl der Haut
- Nächtliche Wadenkrämpfe
- Krampfadern

Selbstbehandlung

Allgemein empfehlenswert – sowohl bei venösen Beschwerden als auch bei Kreislaufschwäche und Neigung zu niedrigem Blutdruck – ist regelmäßige körperliche Betätigung. Besonders eignen sich Ausdauersportarten wie Spazierengehen, Wandern, Radfahren, Schwimmen, Skilanglauf. Bei venösen Beschwerden aber auch spezielle Beingymnastikübungen.

Bei Neigung zu venösen Beschwerden sollten vor allem längeres Stehen und Sitzen gemieden werden, doch nicht immer ist das möglich.

Im Stehen öfter mal von einem Fuß auf den anderen treten oder abwechselnd von den Zehenspitzen auf die Fersen wippen, sitzend die Zehen im Wechsel krümmen und strecken betätigt die Muskelpumpe der Waden und fördert die Blutzirkulation.

Beim Sitzen sollte man Oberkörper und Knie nie stark anwinkeln und, wann immer möglich, die Beine hochlegen. Zu viel Wärme erweitert die Gefäße und verschlimmert die Beschwerden. Daher gilt es zum Beispiel zu heißes Duschen oder Baden zu vermeiden.

Gleichmäßiges, nicht zu kräftiges Aufwärtsstreichen mit der Handfläche vom Fuß zur Leiste erleichtert den Rückfluss des Blutes zum Herzen und beugt Flüssigkeitsstauungen vor. Regelmäßig und leicht anwendbar ist dies zum Beispiel beim Abtrocknen nach Dusche oder Bad.

Schwellungen der Beine werden gemäßigt durch das Tragen von Stützstrümpfen (eine individuelle Beratung erhalten Sie im Sanitätsfachgeschäft oder in Ihrer Apotheke).

Medikamentöse Therapie

■ *Hauttonikum Lotion*

Im Weleda Hauttonikum liegt ein therapeutisches Pflegemittel vor, das dank seiner Zusammensetzung das Hautorgan in seinen vielfältigen Aufgaben (wie Schutz, Sinneswahrnehmung, Wärmeregulierung u.a.) harmonisiert:

- Schlehe und Zitrone wirken straffend und aufbauend;
- Hamamelis kräftigt die Gefäßwände;
- Klettenwurzel impulsiert die Ernährung der Haut;
- Arnika wirkt abgrenzend und gestaltend;
- der Wurzelstock der Iris hält die Haut feucht und geschmeidig.

Die Durchblutung und Flüssigkeitszirkulation werden gefördert, ein erfrischendes, belebendes Gefühl stellt sich ein.

■ *Balsamischer Melissengeist*

Balsamischer Melissengeist wirkt Kreislaufschwäche, Schwindelgefühl und Ohnmachtsneigung entgegen: Das Destillat aus Melissenblättern und Gewürzkomponenten führt zu einer spürbaren Durchwärmung und zur Stabilisierung des Kreislaufs.

Verdauungsstörungen

Krankheitsbild

Die Verdauungsorgane haben die Aufgabe, die aus den Naturreichen stammende Nahrung schrittweise zu verwandeln, das heißt Pflanzliches, Tierisches und Mineralisches zu vermenschlichen.
Festes wird zunächst zerkleinert und verflüssigt. Die chemischen Verbindungen von Zucker, Eiweiß und Fett müssen in Magen und Dünndarm aufgelöst sein, bis sie als Wasser-Luft-Gemisch resorbiert werden können.
Für diese Vorgänge sind einerseits komplizierte, fein aufeinander abgestimmte rhythmische Bewegungen in der Magen- und Darmmuskulatur erforderlich, andererseits sehr spezielle, differenzierte Sekretionsprozesse:
- Speichel
- Magensäure
- Bauchspeichel
- Galle usw.

Nach ihrer Resorption werden die Nahrungsstoffe durch das weitere Stoffwechselgeschehen in Wärme und körpereigene Substanz verwandelt.

Damit die Verdauung unbemerkt und beschwerdefrei ablaufen kann, müssen Flüssiges und Luftiges überall im richtigen Verhältnis und Wärmemilieu gemischt und wieder getrennt werden.
Sollte die Verdauung einmal aus ihrem Gleichgewicht geraten sein, lässt sich dieses durch die unten beschriebenen Maßnahmen und Arzneimittel wieder herstellen.

Beschwerden

Wichtige Symptome sind:
- Blähungen
- Druck im Oberbauch
- Völlegefühl
- Bauchschmerzen
- Krampfartige Schmerzen im Oberbauch
- Aufstoßen
- Sodbrennen
- Appetitlosigkeit
- Übelbrechen
- Erbrechen
- Durchfall und/oder Verstopfung

Selbstbehandlung

■ *Reizmagen/Oberbauchbeschwerden*
Das oberste Gebot bei derartigen Beschwerden lautet: Ruhe bewahren. Dies gilt sowohl für die Bewältigung des Alltags als auch in besonderem Maße bei der Einnahme der Mahlzeiten. Die Mahlzeiten selber sollten nicht zu üppig ausfallen und stets gut temperiert sein (nicht zu heiß und nicht zu kalt). Alkohol, starke Gewürze, aber auch Hektik werden in der Regel schlecht vertragen.
In akuten Fällen ist Schonkost anzuraten: leicht Verdauliches wie zum Beispiel Haferbrei, Kartoffelpürree, Zwieback oder Bananen.
Linderung verschafft auch Schafgarbentee (1 gestrichener Teelöffel auf 1 Tasse kochendes Wasser, 5 Minuten ziehen lassen)

■ *Blähungen*
Wohltuend wird stets ein feuchtwarmer Bauchwickel erlebt – vor allem von Kindern – aber auch Fencheltee (1 gestrichener Teelöffel frisch gehackte

Wann muss der Arzt aufgesucht werden?

■ *Schmerzen*
- Bei plötzlich auftretenden heftigen Schmerzen.
- Wenn bei sonst geregelter Verdauung kein Stuhlgang erfolgte, der Bauch hart und schmerzhaft wird und Übelkeit und Erbrechen auftreten.
- Wenn Schmerzen in zeitlichen Zusammenhang mit der Nahrungsaufnahme auftreten, nach Nahrungsaufnahme schilimmer oder besser werden.
- Wenn die Beschwerden im Zusammenhang mit bestimmten Nahrungsmitteln auftreten.
- Wenn Schmerzen nächtlich auftreten.

■ *Blähungen*
- Wenn Blähungen länger als eine Woche anhalten oder immer wieder auftreten und mit anderen Beschwerden, zum Beispiel mit Durchfall, Fieber, Appetitlosigkeit etc. verbunden sind.

■ *Übelkeit und Erbrechen*
- Wenn blutig erbrochen wird oder das Erbrochene schwarz (wie Kaffeesatz) ist.
- Wenn Übelkeit und Erbrechen wiederholt auftreten.
- Wenn die Beschwerden länger anhalten.

■ *Durchfall/Verstopfung*
- Wenn Säuglinge oder Kleinkinder betroffen sind.
- Wenn die Beschwerden begleitet sind von Fieber, Übelkeit, Erbrechen
- Bei massiv auftretenden Durchfällen.
- Wenn der Stuhlgang schleimig, teerig oder blutig ist.
- Bei gewohnheitsmäßiger Einnahme von Abführmitteln.

Fenchelsamen auf 1 Tasse Wasser, kurz aufkochen und 5–10 Minuten ziehen lassen).

Bei Zuhilfenahme einer Wärmflasche ist darauf zu achten, dass sie nie zu heiß und nur mit einem schützenden Tuch umwickelt aufgelegt wird. Erleichterung verschafft auch folgende Massage: Mit der warmen Handfläche im Uhrzeigersinn langsam über den Bauch streichen.

■ *Übelkeit/Erbrechen*

In diesen Fällen ist Fasten das Mittel der Wahl. Im akuten Stadium sollte man den Durst mit abgekochtem lauwarmen Wasser oder mit ungesüßtem Fenchel- oder Melissentee löschen.

Erst wenn die Übelkeit und der Brechreiz nachlassen, kann man dem bestehenden Hungergefühl nachgeben und langsam mit Aufbaukost beginnen. Geeignet sind zum Beispiel Schleimsuppen, Zwieback, getoastetes Weißbrot und zerdrückte Bananen. Milch und Milchprodukte sind zunächst zu meiden.

■ *Verstopfung*

Gehen die Beschwerden nicht mit einer anderen Erkrankung einher (zum Beispiel Fieber, Mittelohrenentzündung bei Kindern), liegt ihre Ursache häufig in mangelnder Bewegung, zu geringer Flüssigkeitsaufnahme (benötigt werden 2–3 Liter täglich) oder balaststoffarmer Ernährung.

Oft hilft es, regelmäßig vor dem Frühstück über Nacht in Wasser eingeweichte Dörrpflaumen zu essen oder ein Glas Wasser zu trinken. Quark und Joghurt lassen sich gut mit 1 Esslöffel Weizenklee pro Portion anreichern.

Schokolade, Schwarztee und Weissbrot sind zu meiden. Obst und Gemüse sowie Vollkornprodukte aller Art dagegen anzuraten.

Empfehlenswert ist auch eine regelmäßige, im Stehen oder Sitzen durchführbare Bauchgymnastik: Die Bauchdecke (Unterbauch) abwechselnd anspannen und lockern. Die Übung ist richtig ausgeführt, wenn sich dabei die Atmung nicht verändert und ein gleichmäßig fließendes Sprechen möglich ist.

■ *Durchfall*

Von Bedeutung ist hier, verlorene Flüssigkeit und Salze zu ersetzen. Als Getränk eignet sich besonders ungesüßter Schwarztee. Im akuten Stadium ist von Mineralwasser, Limonade, Milch, Kaffee und frischen Obstsäften dringend abzuraten.

Gut vertragen werden kleine Mahlzeiten aus frisch geriebenem Apfel, in Salzwasser gegartem Reis, Haferschleim, Salzstangen und Toast oder Zwieback.

Erst nach Abklingen der Beschwerden kann die Ernährung langsam wieder auf Normalkost umgestellt werden.

Medikamentöse Behandlung

■ *Balsamischer Melissengeist*

Weleda Balsamischer Melissengeist wirkt akuten Verdauungsbeschwerden entgegen, die sich in Übelkeit, Brechreiz und krampfartigen Schmerzen äußern.

Das Destillat aus Melissenblättern und Gewürzkomponenten greift verbindend und ordnend in den Krankheitsprozess ein, was sich in einer spürbaren Durchwärmung, Krampflösung und Kreislaufstabilisierung zeigt.

■ *Amara-Tropfen*

Diese Komposition aus Heilpflanzen ist besonders geeignet für funktionelle Verdauungsstörungen, wie sie heute bei überwiegend sitzender Tätigkeit und allgemeiner Bewegungsarmut als weit verbreitetes Übel auftreten.

Die verschiedenen Bitterstoffe der Amara-Tropfen greifen vor allem im oberen Verdauungstrakt ein. Sie fördern die Verdauung durch Anregung der Magensaftbildung, der Galletätigkeit und der Sekretion von Bauchspeichel sowie der Magen-Darm-Bewegungen.

Die Tropfen sind deshalb bei Appetitlosigkeit, Völlegefühl, Übelkeit und Verdauungsschwäche hilfreich.

■ *Birkenkohle comp. Kapseln*

Wird die Auseinandersetzung mit den Nahrungsmitteln nicht ausreichend geleistet, zum Beispiel als Folge verdorbener Lebensmittel, Infektionen oder ungewohnter Nahrung auf Reisen, kann es zu Durchfällen kommen.

In einer solchen entzündlichen Krankheitssituation kann der Darm seine grenzbildende Funktion zwischen innen und außen teilweise verlieren und vermehrt durchlässig werden für die körpereigenen Flüssigkeiten und Salze. Dies wird oft von Darmkrämpfen und stärkeren Blähungen begleitet.

Birkenkohle comp. arbeitet diesem Geschehen entgegen: Antimonit wirkt gestaltend und hilft dem Organismus, die Grenze neu aufzubauen. Kamille mildert entzündliche Vorgänge und wirkt entkrampfend.

Birkenkohle regt den Rhythmus des Ein- und Ausscheidens von Flüssigkeiten und Luft im Verdauungsvorgang neu an. Deshalb eignet sich dieses Arzneimittel für die Behandlung akuter Verdauungsstörungen mit Durchfällen, Blähungen und Darmkrämpfen.

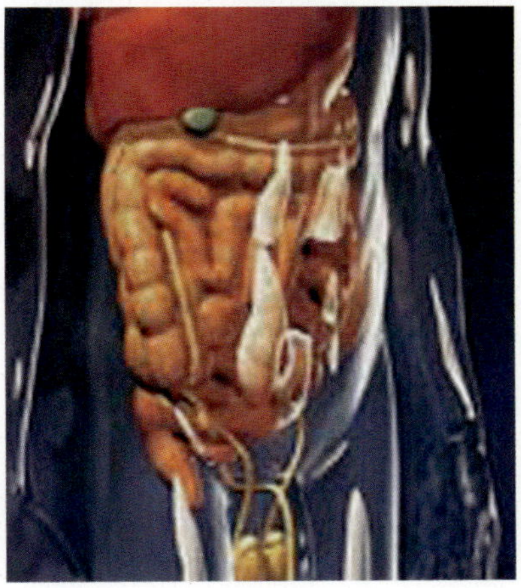

Verletzungen

Krankheitsbild

Das tägliche Leben birgt eine Fülle von Verletzungsrisiken. So ist zum Beispiel die Haut häufig von Abschürfungen, Schnittwunden und Verbrennungen betroffen. Aber auch Prellungen und Zerrungen der Muskulatur und Verstauchungen der Gelenke sind – vor allem bei Sporttreibenden – nicht selten.

Alle Verletzungen sind mit Schmerz verbunden; häufig ist auch der Bewegungsumfang eingeschränkt. Mehr oder weniger stark auftretende Schwellungen zeigen, dass die Zirkulation von Blut und Gewebeflüssigkeit gestört wurde und in der Folge Blutergüsse oder Ödeme entstanden sind. Auch Erwärmung und Rötung als Ausdruck des eintretenden Heilungsprozesses sind häufig in den betroffenen Gebieten zu beobachten.

Bei offenen, blutenden Verletzungen muss der Organismus zunächst für Blutgerinnung und Wundabschluss durch Schorfbildung sorgen. Durch vermehrt auftretende Stoffwechselprozesse wird das verletzte Gewebe abgebaut und neues aufgebaut. Therapeutisch kommt es darauf an, diese Stoffwechselprozesse zu leiten, die Regeneration anzuregen und zu strukturieren.

Wann muss der Arzt bei offenen Wunden aufgesucht werden?

- Bei Bissverletzungen.
- Bei Verätzungen.
- Bei Stromunfällen.
- Bei Kopf- und Augenverletzungen.
- Bei heftigem Nasenbluten.
- Bei tiefgehenden Verletzungen.
- Bei Verletzungen mit tief eingedrungenen Fremdkörpern.
- Wenn die Wunde stark blutet.
- Wenn die Wunde stark verschmutzt ist.
- Wenn die Wunde in den ersten Stunden nicht versorgt wurde.

Beschwerden

Wichtige Beschwerden von Verletzungen sind:

- Schmerzen
- Schwellungen
- Eingeschränkte Beweglichkeit
- Abschürfungen der Haut
- Wunden
- Verbrennungen
- Prellungen
- Zerrungen der Muskeln
- Verstauchung der Gelenke

Behandlung

Calendula-Essenz

Calendula officinalis, die Ringelblume, ist eine seit Jahrhunderten bekannte Heilpflanze. Sie ist bei offenen Wunden unterschiedlichster Art wirksam und wird mit Erfolg bei der Erstversorgung von blutigen Verletzungen eingesetzt – vor allem, wenn diese an den Rändern ausgefranst und nicht ganz sauber sind. Aber auch in der Weiterbehandlung von schlecht heilenden, zur Vereiterung neigenden Wunden oder bei Entzündungen der Schleimhäute erweist sich diese Heilpflanze als hilfreich.

Calendula sorgt für eine Begrenzung und Reinigung des Wundgebietes. Der Entzündungsprozess kommt zur Ruhe, die Regeneration, das heißt die Bildung von gesundem Gewebe, wird angeregt und gefördert. Weleda Calendula Essenz ist hilfreich zur Wundreinigung sowie bei Umschlägen in der akuten Situation. Die Feuchtbehandlung wird solange fortgesetzt, bis der Schmerz nachlässt.

Calendula Wundsalbe

Die Nachbehandlung mit Calendula Wundsalbe (Calendula officinalis) kann beginnen, wenn der Schmerz abgeklungen und die Heilungstendenz der Wunde zu erkennen ist. Sie sollte bis zur vollständigen Abheilung fortgesetzt werden.

Wecesin Pulver

Wecesin Pulver vereinigt die wundheilungsfördernden und entzündungshemmenden Eigenschaften von Arnika, Calendula und Echinacea. Diese pflanzlichen Komponenten werden durch form- und strukturgebende mineralische Substanzen ergänzt: Quarz und Antimon. Im Zusammenspiel aller Bestandteile wird durch Aktivierung der Regenerationsprozesse die natürliche Grenze zwischen innen und außen wiederhergestellt. Wecesin Pulver findet Anwendung bei oberflächlichen Verletzungen und bei der Nabelpflege Neugeborener.

Weleda Heilsalbe

Die Anwendungsmöglichkeiten der Weleda Heilsalbe sind vielfältig. Ihre Wirksamkeit reicht von der raschen Abheilung kleiner, oberflächlicher Verletzungen bis hin zur Reifung und Öffnung schwelender, tiefer liegender, eitriger Prozesse.

Wann muss der Arzt bei stumpfen Verletzungen aufgesucht werden?

- Wenn sich sehr schnell eine Schwellung bildet.
- Bei starken Schmerzen.
- Bei deutlich eingeschränkter Beweglichkeit.
- Bei Verletzungen der Gelenke.
- Bei Verdacht auf Knochenbruch.
- Bei Verletzungen am Kopf.

Was muss man bei offenen Wunden beachten?

- Wunden stets sofort gründlich reinigen, um Entzündungen vorzubeugen.
- Zum Reinigen und Verbinden ausschließlich fusselfreies Material verwenden, zum Beispiel Verbandmull, Mullkompressen oder notfalls auch ein sauberes Stofftaschentuch.
- Schürfwunden nach der Reinigung möglichst an der Luft trocknen lassen, bis die Schorfbildung einsetzt.
- Keine Salbe auf frische Wunden geben.
- Beim Verbinden von Schnitt- oder Platzwunden darauf achten, dass die Wundränder möglichst dicht beieinander liegen.
- Bei starken Blutungen Druckverband anlegen, zum Beispiel mithilfe einer kompakten, nicht ausgerollten Mullbinde.

Wichtige Maßnahmen bei stumpfen Verletzungen

- Sofortige Kühlung lindert die Schmerzen und verzögert das Anschwellen; besonders geeignet sind feucht-kühle Umschläge mit Arnika-Essenz.
- Verletzte Gelenke durch Bandagieren ruhigstellen, die Bandagen jedoch nicht zu straff anlegen, um die Durchblutung nicht zu behindern und den Heilungsprozess nicht zu beeinträchtigen.
- Bei Knöchel- und Fußverletzungen: Den Schuh sofort ausziehen und das Bein hochlagern.
- Nach der Akutphase die Gelenke zunächst bewegen, ohne sie zu belasten, die Bewegung jedoch nicht über die Schmerzgrenze hinaus erzwingen.
- Nach Gelenkverletzungen die Belastung vorsichtig steigern.

Dies ist möglich durch die Komposition der sich ergänzenden Heilkräfte von Calendula, Bingelkraut, Perubalsam, Lärchenharz und Antimon. Je nach Krankheitsgeschehen tritt eine ihrer Wirkungen in den Vordergrund: zum Beispiel bei Furunkeln die Reifung, Öffnung und Abstoßung; bei Eingrenzung und Überwindung des Geschehens; bei Schrunden, zum Beispiel an Brustwarzen, die schnelle Regeneration der trockenen, empfindlichen Haut.

Arnika-Essenz

Stumpfe Verletzungen sind schmerzhaft und führen zu Schwellungen. Arnika (Arnica montana) lindert die Schmerzen und hilft, die gestörte Ordnung im festflüssigen Anteil der verletzten Region wieder herzustellen. Dabei gilt als Grundregel: je früher die Anwendung, desto effektiver die Wirkung.

Umschläge mit verdünnter Arnika-Essenz dienen der Erstversorgung.

Arnika-Gelee

Zur Erstversorgung geringfügiger Verletzungen kann anstelle der Essenz auch Arnika-Gelee angewendet werden.

Arnika-Salbe 10 %

Die Salbe (Arnica montana Urtinktur) hat ihren Schwerpunkt in der Nachbehandlung stumpfer Verletzungen (Prellungen, Zerrungen, Quetzungen, Verstauchungen und Blutergüsse), vor allem auch bei länger andauerndem Heilungsprozess.

Ernährung

Gesunde Ernährung

Wie jedes Lebenwesen muss auch der Mensch Nahrung aufnehmen, damit der Körper sich entwickeln kann und leistungsfähig ist. Wichtige Bestandteile der Nahrung sind Kohlenhydrate, Eiweiße, Fette, Vitamine, Mineralstoffe und Wasser. Beim Verdauungsvorgang werden alle genannten Stoffe den Nahrungsmitteln entzogen.

Energieaufnahme und Energieverbrauch müssen im Gleichgewicht bleiben, denn die Energie, die der Körper nicht verbraucht, wird von ihm festgehalten und als Fett gespeichert. Isst man zu viele kohlenhydratreiche Lebensmittel, nimmt man zu.

Alles, aber auch alles, was wir essen und trinken, und mag es noch so lebendige vollwertige Nahrung sein, stellt für unseren Organismus einen Fremdkörper dar. Auch das allerbeste Stückchen Fleisch oder der feinste Fisch, die köstliche Frucht oder der knackigste Salat, sie sind wie die Tiere und Pflanzen, von denen sie kommen, chemisch komplex aus körperfremden Substanzen aufgebaut und müssen in körpereigene umgewandelt werden.

Tag und Nacht brauchen wir sie – neben dem absolut unentbehrliche Sauerstoff – die vier Makro-Näkrstoffe Kohlenhydrate, Eiweiß, Fett und Wasser. Wir brauchen Sie in relativ großen Mengen (deshalb der Name „Makro"), denn sie werden als unsere Energie- und Wärmespender verheizt. Dazu brauchen wir aber auch noch zwischen 40 und 50 andere Substanzen, die Mikro-Nähr- und -Wirkstoffe, lebensnotwendig. Das sind die Vitamine, Mineralien und Spurenelemente, die essentiellen Fettsäuren und essentiellen Aminosäuren.

Der Mensch von heute ist das Produkt einer Entwicklung, die sich in jahrtausendelanger Anpassung an seine Umwelt vollzogen hat. Einer der wichtigsten Faktoren dieser Umwelt ist aber ohne Zweifel die Nahrung, an die er sich angepasst hat und die er so gewählt hat, wie es dieser Angepasstheit entspricht. Diese Nahrung war bis unserer Zeit doch weitgehend „natürlich", also in ihren wichtigsten Bestandteilen meist unverändert naturbelassen. Man muss davon ausgehen, dass der menschliche Organismus an eine solche Ernährung adaptiert ist, wenn man nicht den Standpunkt zu vertreten sucht, dass sie Voraussetzung für seine Existenz ist: Sie hat diese ja erst ermöglicht.

Man muss bei der Zusammensetzung der Nahrung nicht nur auf die Hauptnährstoffe achten, sondern auch bedenken, dass zu ihrer Verwertung durch den Organismus die Anwesenheit einer ganze Reihe anderer Substanzen nötig ist. Dabei genügt es nicht, wenn man alle diese Ingredienzen einfach zusammenrührt; sie müssen vielmehr in einer ganz bestimmten Beziehung zueinander stehen.

Einführung

Der Mensch braucht zum Leben ständig verschiedene Stoffe, die ihm die nötige Energie für Wärme und Bewegung liefern sowie zum Aufbau von Körperzellen dienen. Er führt sich diese Substanzen über die Nahrung zu. Doch bevor die Nährstoffe im Stoffwechsel verarbeitet werden können, muss die Nahrung über die Verdauung zerkleinert und mithilfe von Enzymen in einfache Bestandteile zerlegt werden, damit sie über die Schleimhaut der Verdauungsorgane aufgenommen werden kann. Störungen in diesem Bereich haben gravierende Folgen für den gesamten Organismus und können eine Vielzahl unterschiedlicher Erkrankungen zur Folge haben.

Die Nahrung setzt sich aus den drei Nährstoffen Kohlenhydrate, Fette und Eiweiß sowie einer Vielzahl von biologischen Wirkstoffen, den sogenannten Vitalstoffen zusammen. Während die Nährstoffe die Grundbausteine für die Körperzellen sowie die notwendige Energie liefern, bilden die Vitalstoffe die Grundvoraussetzung, damit die Nährstoffe verdaut und über den Stoffwechsel richtig verarbeitet werden können. Zu den Vitalstoffen gehören die wasser- und fettlöslichen Vitamine, Mineralstoffe, Spurenelemente, Enzyme beziehungsweise Fermente, ungesättigten Fettsäuren, Aromastoffe und Faserstoffe (sogenannte Ballaststoffe). Bei einem Mangel auch nur eines Teils dieser biologischen Wirkstoffe kommt es auf Dauer zu Störungen bei den Verdauungsvorgängen und im Stoffwechsel. Eine Vielzahl von unterschiedlichsten Erkrankungen kann hierdurch entstehen.

Kohlenhydrate

Kohlenhydrate stellen eine weit verbreitete Gruppe von Naturstoffen dar – neben Nukleinsäuren und Proteinen sind sie die biochemisch wichtigste Stoffklasse. Chemisch sind Kohlenhydrate Polyalkanole, denen ein oder mehrere Wasserstoffatome entzogen wurden. Dabei entsteht ein Aldehyd.

Kohlenhydrate haben häufig die allgemeine Formel $C_m(H^2O)n$. Früher dachte man, dass an jedes Kohlenstoffatom ein Wassermolekül hydratartig gebunden sei, etwa in der Form $C(H_2O)$, daher der Name Kohlen-Hydrate. Manche Kohlenhydrate enthalten auch Stickstoff in Form von Aminogruppen.

Wegen der vielen OH-Gruppen sind die Kohlenhydrate stark hydrophil, die einfachen sind sehr gut wasserlöslich.

Kohlenhydratmoleküle bilden mit anderen Kohlenhydratmolekülen Wasserstoffbrückenbindungen – es herrschen sehr starke intermolekulare Wechselwirkungen.

Bie hohen Temperaturen zersetzen sie sich unter Wasserabspaltung zu braunen bis schwarzen Produkten, der sogenannten Zuckerkohle.

Zucker

Cola, Schokolade, Bonbons – erst durch Zucker werden sie schön süß. Aber ähnlich wie „Salz" chemisch wesentlich mehr umfasst als nur das Salz in der Suppe, so ist in der Chemie auch mit „Zucker" mehr gemeint als nur der Haushaltszucker; Zucker sind verschie-

dene Verbindungen, die alle zu den Kohlenhydraten gehören.
Die einfachsten Zucker bezeichnet man als Triosen, Tetrosen, Pentosen, Hexosen usw., je nachdem, ob ihre Moleküle drei, vier, fünf, sechs usw. Kohlenstoffatome enthalten.
Drei oder vier C-Atome bilden eine Kette, während ab fünf C-Atomen diese durch Ringschluss miteinander verbunden sind.
Alle diese Zucker werden unter dem Sammelbegriff Monosaccharide (*Einfachzucker*) zusammengefasst. Mehrere Monosaccharide können sich unter Abspaltung von Wasser zu Mehrfach- bis Vielfachzuckern, den Di-, Oligo- oder Polysacchariden zusammenfügen.
Es ist nicht einheitlich geregelt, wann ein Kohlenhydrat zu den Zuckern gehört.
Da komplexere Kohlenhydrate letztlich aus den Einfachzuckern zusammengesetzt sind, werden sie teilweise zu den Zuckern gerechnet, eben als Vielfachzucker.

Regeln für eine gesunde Ernährung

- Täglich mehrere kleine Mahlzeiten einnehmen.
- Lieber zu wenig als zu viel essen.
- Langsam essen und gründlich kauen.
- Möglichst wenig Süßigkeiten essen und wenig gesüßte Getränke wie Limonaden trinken.
- Naturbelassene Nahrungsmittel essen:
  - Vollkornbrot
  - Vollkorngetreide
  - Vollkornteigwaren.
- Täglich Rohkost essen, die frisch zubereitet sein sollte.
- Versteckte Fette in Wurstwaren und Käse vermeiden sowie weniger Öle, Streich- und Kochfette verzehren. Stattdessen Pflanzenöle und Pflanzenfette mit einem hohen Anteil an ungesättigten Fettsäuren verwenden.
- Eiweißbedarf durch Milchprodukte, mageres Fleisch, Fisch und fettarmen Käse decken.
- Salzverbrauch verringern, stattdessen Kräuter und andere Gewürze verwenden.
- Genussmittelverbrauch einschränken (Kaffee, Tee, alkoholische Getränke).
- Zur regelmäßigen Gewichtskontrolle am besten eine Personenwaage kaufen.
- Täglichen Kalorienbedarf ermitteln.
- Kaloriengehalt der Lebensmittel und deren gesundheitlichen Wert kennenlernen.

KOHLENHYDRATE

(Gramm pro 100 Gramm eingekaufter Ware – genießbarer Teil)

Höchste Werte		Niedrigste Werte	
Zucker weiß	99,8	Tomatensaft in Dosen	3,0
Rohrzucker	97,4	Tee (indischer)	3,0
Meringe	95,6	Würstchen	3,0
Tapioka	95,0	Stachelbeeren grün	2,9
Sago roh	94,0	Tomaten roh	2,8
Rice-Krispie-Getreideflocken	88,1	Rettich roh	2,8
Ready-Brek-Getreideflocken	88,1	Rosenkohl roh	2,7
Reis	86,8	Artischocke gekocht	2,7
Cornflakes	85,1	Rosé medium	2,5
Glukose	84,7	Brokkoli roh	2,5
Spaghetti roh	84,0	Bolognesesoße	2,5
Gerste	83,6	Zwiebeln roh	2,3
Ovomaltine	81,2	Okra roh	2,3
Makkaroni roh	79,2	Pfeffer grün, gekocht	2,2
Sirup	79,0	Salami	1,9
Weißmehl 40 Prozent	78,0	Gurke roh	1,8
Honig	76,4	Marmite	1,8
Roggenmehl 100 Prozent	75,0	Avocado	1,8
Weißmehl 72 Prozent	74,8	Mandeln	1,6
Lakritze	74,1	Lager-Bier	1,5
Schokolade	73,3	Hering gebacken	1,5
Kartoffelknödelmehl	73,2	Blumenkohl roh	1,5
Hafermehl	72,8	Spinat gekocht	1,4
Marmelade	69,5	Sherry trocken	1,4
Puffed-Wheat-Getreideflocken	68,5	Schmelzkäse	1,4
Pfeffer	68,0	Kopfsalat roh	1,2
Müsli	66,2	Endivie roh	1,0
Weißmehl 100 Prozent	65,8	Rhabarber roh	1,0
Tomaten getrocknet	65,0	Essig	0,6
Rosinen getrocknet	64,4	Sardinen in Tomantensoße	0,5
Datteln getrocknet	63,9	Rotwein	0,3
Johannisbeeren getrocknet	63,1	Mayonnaise	0,1
Kaffee	56,0	Margarine	0,1
Feigen getrocknet	54,9	Whisky	+
Linsen roh	53,2	Rum	+
		Austern	+
		Oliven	+
		Hühnereier	+
		Stilton-Käse	+
		Parmesan	+
		Edamer-Käse	+
		Dänischer Blaukäse	+
		Cheddar	+
		Camembert	+
		Butter	+

+ = Nährstoff ist nur in Spuren enthalten

Eine andere Definition geht aber mehr vom normalen Alltagsbegriff aus: Mono- und Disaccharide sind wegen ihres süßen Geschmacks eindeutig Zucker. Mit steigender Molekülgröße verlieren Kohlenhydrate diesen süßen Geschmack.

Oligo- und Polysaccharide wie Stärke und Zellulose weisen ihn nicht mehr auf. Deshalb werden diese Kohlenhydrate oftmals nicht mehr zu den Zuckern gerechnet. Wir werden im Folgenden die Definition beibehalten, die nur die süß schmeckenden Kohlenhydrate als Zucker bezeichnet.

Setzt man die Süßkraft das Rohrzuckers, die Saccharose, gleich 100 Prozent, so hat Milchzucker (Lactose) eine Süßkraft von 15%, während Malzzucker (Maltose) eine Süßkraft von 50% aufweist. 120% der Süßkraft von Rohrzucker erreicht Fruchtzucker (Fructose).

Saccharin – bekannt als Süßstoff – ist kein Zucker, auch kein Kohlenhydrat, und hat im Vergleich zu Rohrzucker eine Süßkraft von 45.000 Prozent.

Im lebenden Organismus erfüllen Kohlenhydrate lebenswichtige Aufgaben: Sie dienen als Energiequelle, wenn sie „verbrannt" werden. Kohlenhydrate sind die hauptsächliche Speicherform für chemische Energie.

Außerdem sind sie Kohlenstoffquelle bei der Synthese anderer Zellkomponenten, so wird beispielsweise die Zellwand von Pflanzen- und Bakterienzellen aus Zellulose gebildet. Die in der Natur am häufigsten vorkommenden Kohlenhydrate sind die pflanzlichen Polysaccharide Zellulose und Stärke, die beide Polymere der Glucose (Traubenzucker) sind. Während Zellulose als Strukturelement größtenteils stützende Funktionen übernimmt, ist Stärke die hauptsächliche Speicherform für pflanzliche Nährstoffe.

Glucose

Für die meisten Organismen ist Glucose *das* Brennstoffmolekül überhaupt – es ist der biologisch bedeutsamste und häufigste Zucker. Glucose ist eine Hexose mit der Summenformel $C_6H_{12}O_6$. Glucose entsteht neben Sauerstoffgas durch die Photosynthese.

Die umgekehrte Reaktion beschreibt die Atmung: Glucose wird mit Sauerstoff

verbraucht; es entstehen Kohlenstoffdioxid, Wasser und, ganz besonders wichtig, Energie: 2830 Kilojoule pro Mol Glucosemoleküle.
Glucose liegt jedoch nicht nur in der Kettenform vor; in wässriger Lösung bilden sich Ringstrukturen aus, bei denen das erste und fünfte Kohlenstoffatom der Ketten über ein Sauerstoffatom verbunden werden.

Fette

Fette bestehen – wie auch Kohlenhydrate – ausschließlich aus Kohlen-stoff, Sauerstoff und Wasserstoff. Man teilt Fette auf unterschiedliche Arten ein: Beispielsweise in tierische und pflanzliche Fette oder in feste, halbfeste und flüssige Fette – auch Öle genannt.
Man kann sie aber auch nach der Funktion unterteilen in Organ- und Depotfette, denn Fette können als Energiereserven dienen: Energiereiches Fett, das vom Körper nicht verbrannt wird, wird im Körper deponiert.
Der Brennwert von Fetten ist mehr als doppelt so hoch wie der Brennwert von Proteinen und Kohlenhydraten. Chemisch sind Fette Mischungen aus unterschiedlichen Verbindungen von Glycerin und Fettsäuren. Glycerin ist ein dreiwertiger Alkohol, der das Grundgerüst von Fetten bildet.
So kann Glycerin mit einem Typ von Fettsäuren oder mit unterschiedlichen Fettsäuren verestert sein. Fette sind hydrophob (wasserabstoßend) oder – andersherum ausgedrückt – selbstverliebt, also lipophil (fettliebend). Denn bis auf den kleinen Teil, den das Glycerin bildete, bestehen Fette aus langen, apolaren „Schwänzen".
Dies sind C-C-Ketten, die zur Seite und am Ende H-Moleküle tragen, wie zum Beispiel den Ölsäurerest – $C_{17}H_{33}$. So lösen sich Fette in sich selbst ähnlichen, apolaren, lipophilen Lösungsmitteln, wie Ether und Benzin.
Fette haben eine Dichte von etwa 0,9-0,97 g/cm³. Ein Liter Fett wiegt also 900 bis 970 Gramm. Damit ist die fettdichte geringer als die des Wassers – 1 Liter reines Wasser wiegt genau 1 Kilogramm.

Kohlenhydrate sind Obst und Gemüse, Salate, Getreide und Kartoffeln und Hülsenfrüchte, aber auch sogenannte „leere" Kohlenhydrate aus allen Süßigkeiten, zum Beispiel in Säften, Sirup und Honig, Zuckerwaren, Kuchen, Keksen, Pralinen etc. Kohlenhydrate sollten 60 Prozent unserer Nahrung ausmachen, davon sollten höchstens zehn Prozent „leere" Kohlenhydrate sein.

Fett und Wasser stoßen sich ab; Fett sammelt sich an der Oberfläche – Fett schwimmt ja bekanntlich oben.

Einfach ungesättigte Fettsäure

Langkettige, unverzweigte Fettsäuren machen die fettige und ölige Natur der Fette und Öle aus. Die Kettenlänge wird nach der Gesamtzahl der C-Atome bestimmt und kann zwischen 4 und 24 variieren; besonders verbreitet sind C_{16}- und C_{18}-Fettsäuren. In der Natur kommen fast ausschließlich Fettsäuren mit gerader Anzahl C-Atomen vor.
Man unterteilt Fettsäuren in gesättigte und ungesättigte Fettsäuren. Ungesättigte Fettsäuren enthalten eine oder mehrere Doppelbindungen. Die Formeln der Stearinsäure ($C_{17}H_{35}COOH$) und der Ölsäure ($C_{17}H_{33}COOH$) unterscheiden sich nur geringfügig voneinander.
Ölsäure hat eine C-C-Doppelbindung im Molekül. An diese beiden C-Atome ist nur je ein H-Atom gebunden. In der Struktur hat dies sehr große Auswirkungen: Stearinsäure ist nahezu geradkettig, Ölsäure hat mitten im Molekül einen ziemlichen „Knick". Die Säure mit dem „Knick" ist zu unterschiedlichen Anteilen in fast allen natürlichen Fetten enthalten. Neben Ölsäure bilden insbesondere Palmitinsäure und Stearinsäure wichtige tierische Fette.

Gesättigte Fettsäure

Pflanzliche Öle enthalten mehrfach ungesättigte Fettsäuren – also Fettsäuren mit mehr als einem „Knick". Solche Fettsäuren mit mehreren C-C-Doppelbildungen sind leicht verdaulich und für die gesunde Ernährung sehr wichtig.
Ausgehend von der einfach ungesättigten Ölsäure ($C_{17}H_{33}COOH$, Stearinsäure) erhält man die doppelt ungesättigte Linolssäure ($C_{17}H_{31}COOH$) und die dreifach gesättigte Linolensäure ($C_{17}H_{29}COOH$). Alle diese Säuren sind Abkömmlinge der ungesättigten Stearinsäure ($C_{17}H_{33}COOH$).
Je mehr Doppelbindungen in einem Fettmolekül vorliegen, umso niedriger liegt der Schmelzpunkt. Liegt der Schmelzpunkt unter der Raumtemperatur (ca. 20 °C), dann liegen diese Fette flüssig vor. Man bezeichnet sie dann als Öle. Natürlich gewonnene Fette und Öle wie Olivenöl haben keinen festen Schmelzpunkt, da sie eigentlich Gemische aus verschiedenen Fetten mit unterschiedlichem Schmelzpunkt sind.

FETT (Gesamtfett)

(Gramm per 100 Gramm eingekaufter Ware – genießbarer Teil)

Höchste Werte		Niedrigste Werte	
Pflanzliche Öle	99,9	Joghurt	
Lebertran	99,9	Spaghetti roh	1,0
Knochenfett	99,3	Reis poliert, roh	1,0
Nierentalg	99,0	Erbsen	1,0
Schweineschmalz	99,0	Linsen	1,0
Butter	82,0	Austern roh	0,9
Margarine	81,0	Kartoffelknödelpulver	0,8
Speck fett, roh	80,9	Mixed Pickles	0,7
Mayonnaise	78,9	Marmite	0,7
French Dressing	73,0	Minestrone getrocknet	0,7
Lamm fett, roh	71,8	Champignons roh	0,6
Schweinefleisch fett, roh	71,4	Makkaroni gekocht	0,6
Rindfleisch fett, roh	66,9	Spinat gekocht	0,5
Kokosnuss	62,0	Tomaten getrocknet	0,5
Erdnussbutter	53,7	Hefe	0,4
Mandel ohne Schalen	53,5	Pfeffer grün, roh	0,4
Walnüsse ohne Schalen	51,5	Erbsen	0,4
Erdnüsse	49,0	Kopfsalat roh	0,4
Weißfisch gebacken	47,5	Rüben roh	0,3
Schmelzkäse	47,4	Spaghetti gekocht	0,3
Salami	45,2	Reis gekocht	0,3
Trockenvollei	43,3	Jamswurzel roh	0,2
Ente fett, Haut	42,7	Sago	0,2
Stilton-Käse	40,0	Tapioka	0,1
Barcelonanüsse	39,6	Kartoffeln	0,1
Sprotte gebacken	37,9	Magermilch	0,1
Haselnüsse ohne Schalen	36,0	Gurke roh	0,1
Cheddar	33,5	Ananassaft in Dosen	0,1
Zwiebeln gebacken	33,3		
Walnüsse	33,0		
Hühnereidotter roh	30,5		
Parmesan	29,7		
Schokolade	29,2		
Dänischer Blaukäse	29,2		
Senfpulver	28,7		
Würstchen	25,0		
Vollmilchpulver	25,0		

Fette und Öle in der Ernährung

Fette und Öle sind die kalorienreichsten Grundnahrungsstoffe. Sie haben einen Nährwert von 40 kJ/g und tragen so erheblich zum hohen Kalorienkonsum bei. Eine große Bedeutung haben Fette in der Ernährung als Träger der fettlöslichen Vitamine, die ohne Fett nicht aufgenommen werden könnten.

Bei der Fetthärtung werden weiche Fette unter Anlagerung von Wasserstoff mithilfe von Nickel als Katalysator gehärtet. Die in weichen Fetten und Ölen enthaltenen Doppelbindungen werden „addiert" – pro Umwandlung von einer Doppelbindung in eine Einfachbindung kommen zwei zusätzliche Wasserstoffatome ins Fettmolekül. Aus ungesättigten Fettsäuren werden so gesättigte. Man härtet Fette, wenn sie zu weich oder gar flüssig sind, auch Margarine wird so erst fest.

Das Problem dabei ist aber, dass ungesättigte Fettsäuren leichter verdaulich sind. Fette lassen sich durch Kochen, Extrahieren und Pressen gewinnen. Viele Speiseöle werden extrahiert, da so eine höhere Ausbeute an Öl erzielt werden kann. Am wertvollsten für die gesunde Ernährung sind jedoch schonend kaltgepresste Öle.

Aminosäure und Proteine

Der Mensch lebt mit einigen Tausend verschiedenen Proteinen – insgesamt sind über 50.000 charakterisiert. Zieht man das Wasser ab, besteht mehr als die Hälfte des Menschen aus Proteinen: In den meisten Zellen sind die häufigsten Makromoleküle. Dabei haben sie im Körper viele verschiedene Funktionen.

Chemisch sind Proteine aus Aminosäuren aufgebaut. Dabei ergeben sich schier unbegrenzte Kombinationsmöglichkeiten: Proteine, häufig auch Polypeptide genannt, sind die Naturstoffe mit der größten Vielfalt. Der Aufbau der Polypeptide ist schriftartig: Die Aminosäuren kann man mit Buchstabel vergleichen, die Polypeptidabschnitte sind dann Worte und Sätze, die in weiteren Verknüpfungen Dokumente bilden.

Aminosäure

Seit über drei Milliarden Jahren gibt es Aminosäuren auf unserer Erde, doch sind sie auch in Meteoriten und Mondgestein gefunden worden. Chemisch sind sie Carbonsäure, die neben ein oder zwei Carboxygruppen auch ein oder mehrere Aminogruppen in Molekül enthalten.

Aufgrund der stets gleichzeitig vorhandene Säuregruppe -CO(OH) und Aminogruppe $-NH_2$ sind Aminosäuren amphoter: Sie können sowohl als Säuren als auch als Basen wirken.

Üblicherweise bezeichnet man mit dem Begriff „Aminosäure" die insgesamt 20 Carbonsäuren, aus denen sich die Proteine letztlich zusammensetzen.

BBeim Aufbau der Proteine sind die Aminosäuren so verbunden, dass das Amid NH_2, und die Carboxylgruppe COOH den Kopf bzw. den Schwanz bilden. Wenn sich zwei Aminosäureketten in einen Kopf-Schwanz-Muster (Peptid-Bindung) verbinden, wird im Molekül Wasser frei. So kann es mit weiteren Aminosäuren oder anderen Peptiden wiederum Peptidbindungen eingehen.Auf diese Weise können sich Polypeptide mit Hunderten von Aminosäureresten bilden. Neben den Elementen Kohlenstoff, Wasserstoff, Stickstoff und Sauerstoff enthalten Proteine fast immer auch Schwefel, manche zusätzlich noch Phosphor, Eisen, Zink oder Kupfer.

Einfache Proteine ergeben bei Spaltungen durch saure Hydrolyse – einer sauer ablaufenden Spaltung unter Wasseranlagerung – als Endprodukte ausschließlich Aminosäuren.

Zusammengesetzte Proteine ergeben bei der Hydrolyse auch noch andere organische und anorganische Komponenten, die man „prosthetische Gruppen" nennt und die mit den Coenzymen unter der Bezeichnung „Cofaktoren" zusammengefasst sind.

Unsere Energie beziehen wir aus drei Nährstoffen:
- Kohlenhydrate
- Eiweiß
- Fett

Struktur der Proteine

Proteine bilden sehr komplexe räumliche Strukturen. Deren Aufbau kann man in vier Schritten beschreiben, die man Primär-, Sekundär-, Tertiär- und Quartärstruktur nennt.

Die Primärstruktur beschreibt die Sequenz, also die Abfolge der Aminosäuren in einer Polypeptidkette. In der Kette sind die Aminosäuren durch kovalente Bindungen miteinander verbunden.

Bei 20 Aminosäuren als Grundbausteine ergeben sich bei einer Polypeptidkette mit 100 Aminosäureresten bereits unvorstellbar viele Kombinationsmöglichkeiten: 10.130. Zum Vergleich: Im Weltall existieren „nur" etwa 1080 Atome. Die Sekundärstruktur beschreibt die dreidimensionale Anordnung der einzelnen Polypeptidketten. Die häufigste und wichtigste Sekundärstruktur ist die alpha-Helix. Polypeptidketten nehmen spontan durch Ausbildung von Wasserstoffbrückenbildungen eine solche Struktur an: Das Sauerstoffatom einer (C-O)-Gruppe und das Wasserstofatom der (NH)- Gruppe eines anderen Aminosäurerestes bilden eine Wasserstoffbrückenbindung aus. Auf diese Art bilden sich schraubenförmige Windungen, der Aufbau

EIWEISS

(Gramm pro 100 Gramm eingekaufter Ware – genießbarer Teil)

Höchste Werte		Niedrigste Werte	
Gelatine	84,4	Tomaten gebacken	1,0
Soja	45,3	Rettich roh	1,0
Trockenvollei	43,6	Wegerich grün, roh	1,0
Marmite	39,7	Melone roh	1,0
Sojamehl	36,8	Loganbeeren	1,0
Magermilchpulver	36,4	Kopfsalat roh	1,0
Hefe getrocknet	35,6	Johannisbeeren	1,0
Parmesan	35,1	Brombeeren	1,0
Kabeljau getrocknet, gekocht	32,5	Manderinen roh	0,9
Fasan geräuchert	32,2	Himbeeren roh	0,9
Kalbfleisch geräuchert	31,6	Pfeffer grün, roh	0,9
Kalbfleisch gebacken	31,4	Zwiebel roh	0,9
Beefsteak	30,9	Oliven	0,9
Schweinefleisch mager	30,7	Nektarinen roh	0,9
Hase	29,9	Stangensellerie roh	0,9
Gans geräuchert	29,8	Karotten gekocht	0,9
Senfpulver	28,9	Rüben roh	0,8
Truthahn	28,8	Orangen	0,8
Taube geräuchert	27,8	Minestrone getrocknet	0,8
Lamm mager	27,8	Zichorie roh	0,8
Kaninchen	27,3	Tomatensaft in Dosen	0,7
Kalbsleber gebacken	26,9	Aubergine roh	0,7
Vollmilchpulver	26,3	Gurke roh	0,6
Cheddar	26,0	Erdbeeren roh	0,6
Schweineleber	25,6	Rhabarber roh	0,6
Ochsenniere	25,6	Kürbis roh	0,6
Stilton-Käse	25,6	Orangensaft	0,6
Hering gebacken	25,5	Zwiebeln gekocht	0,6
Lachs geräuchert	25,4	Melone roh	0,6
Ente geräuchert	25,3	Loganbeeren in Dosen	0,6
Sprotte gebacken	24,9	Honig	0,6
Lammniere gebacken	24,6	Trauben roh	0,6
Erdnüsse	24,3	Grapefruit roh	0,6
Linsen roh	23,8	Aprikosen roh	0,6
Garnelen gekocht	23,8	Zucker	0,5
Sardinen in Öl	23,7	Ananas	0,5
Forelle	23,5	Grapefruitsaft	0,5
Schellfisch geräuchert	23,3	Essig	0,4
Kammmuscheln	23,2	Tapioka	0,4
Dänischer Blaukäse	23,0	Erdbeeren in Dosen	0,4
Lammleber gebacken	22,9	Preiselbeeren roh	0,4
Thunfisch in Öl	22,8	Butter	0,4
Camembert	22,8	Sirup	0,3
Erdnussbutter	22,6	Sherry süß	0,3
Makrele gebacken	21,5		
Schellfisch geräuchert	21,4		
Aal	20,6		
Brathuhn nur Fleisch	20,5		
Beefburger gebacken	20,4		

erinnert an eine Wendeltreppe. Eine Polypeptidkette mit 100 Aminosäureresten ist 28-mal um sich selbst gewunden, stabilisiert durch Verknüpfungsverbindungen in der Mitte.
Die Tertiärstruktur beschreibt die dreidimensionale Struktur der sogenannten globulären Proteine. Globuläre Proteine sind annähernd kugelförmig und wasser- sowie fettlöslich.
Die Quartärstruktur beschreibt die höchste Strukturform der Proteine. Sie kommt zustande, wenn sich mindestens zwei gleiche oder verschiedene Polypeptidketten zusammenlagern. Dabei binden sich neue Einheiten, die insgesamt andere Eigenschaften haben als die einzelnen Proteine für sich.

Essenzielle und nicht essenzielle Aminosäuren

Pflanzen können alle Aminosäuren aus einfachen Grundbausteinen synthetisieren. Mensch und Tier hingegen können nur acht Aminosäuren selbst herstellen. Dies sind die sogenannten nicht essenziellen Aminosäuren.
Acht weitere Aminosäuren müssen mit der Nahrung aufgenommen werden, man bezeichnet sie als essentielle Aminosäuren. Zwei weitere, die semiessentiellen Aminosäuren, müssen nur in der Wachstumsphase zugeführt werden. Ebenfalls zwei können aus anderen Aminosäuren synthetisiert werden. Amminosäuren sind die Grundbausteine zum Aufbau der Proteine. Fehlen essenzielle Aminosäuren in der Nahrung, kann die Proteinsynthese – der biochemische Aufbau von Proteinen – nicht mehr erfolgen. Ungeborene Kinder bilden ihre Proteine aus Aminosäuren, die sie durch das Blut der Mutter erhalten.
Aminosäuren finden Verwendung als Futtermittelzusätze, aber auch zur Qualitätssteigerung der menschlichen Nahrung. Sie sind die Grundlage für Suppengewürze und Geschmacksverstärker (Natriumglutamat).
Proteine sind die wesentlichen Bestandteile der Zellen aller Lebewesen, als Enzyme, als Wirkstoffe oder als verschiedene Baustoffe von Zellen. Ebenso befinden sich viele wichtige Proteine im Blut. Die Grundlage einer gesunden Ernährung bilden ebenfalls Proteine.

Proteine sind in der Pharmazie als Blutgerinnungsfaktoren und Impfstoffe von großer Bedeutung. Weiterhin finden sie Verwendung als Eiweißfasern und Gelatine, in Kosmetika als Collagene, in Waschmitteln als Tenside und als schäumende Substanzen in modernen Feuerlöschmitteln.

Energiebedarf

Alles tierische und pflanzliche Leben benötigt Energie für sämtliche Lebensvorgänge. Auch der Mensch holt sich täglich zum Leben notwendige Energie – aus der Nahrung.

Denn Menschen und Tiere mögen sich zwar gern von der Sonne bescheinen lassen, aber im Gegensatz zu den Pflanzen können sie mithilfe des Sonnenlichts keine biologische Substanz aufbauen.

Nur über den Umweg der Nahrungsaufnahme ist es Mensch und Tier möglich, Lebensprozesse wie Atmung, Bewegung, Verdauung und Wachstum aufrecht zu erhalten.

Der Energie- und Nährstoffbedarf des Menschen ist abhängig vom Alter, der körperlichen Beanspruchung und vom Körpergewicht. Ein junger Erwachsener, 70 kg schwer, Mitte 20, benötigt etwa 11.000 kJ pro Tag. Der durchschnittliche Energiebedarf sollte zu etwa zwei Dritteln aus Kohlenhydraten (etwa 7300 kJ, dies entspricht 420 g Stärke und Zucker) stammen. Fett sollte etwa ein Fünftel der Energie liefern (ungefähr 2200 kJ, enthalten in etwa 60 g Fett, das sind 75 g Butter). Proteine sollten rund ein Achtel (etwa 1300 kJ, enthalten in ca. 80 g reinem Protein) der Energiezufuhr ausmachen.

Jedoch reicht es nicht aus, eine bestimmte Energiemenge aufzunehmen: Der menschliche Körper benötigt eine Vielzahl von unterschiedlichen Stoffen – unabhängig vom eigentlichen Energiebedarf. Wenn gemäß dem oben genannten Beispiel dem Körper 60 g Fett zugeführt werden, ist der Energiebedarf gedeckt, enthalten diese 60 g Fett jedoch zu weniger als zu einem Fünftel sogenannten essenzielle Fettsäuren, dann ist der Fettnährstoffbedarf trotzdem nicht gedeckt.

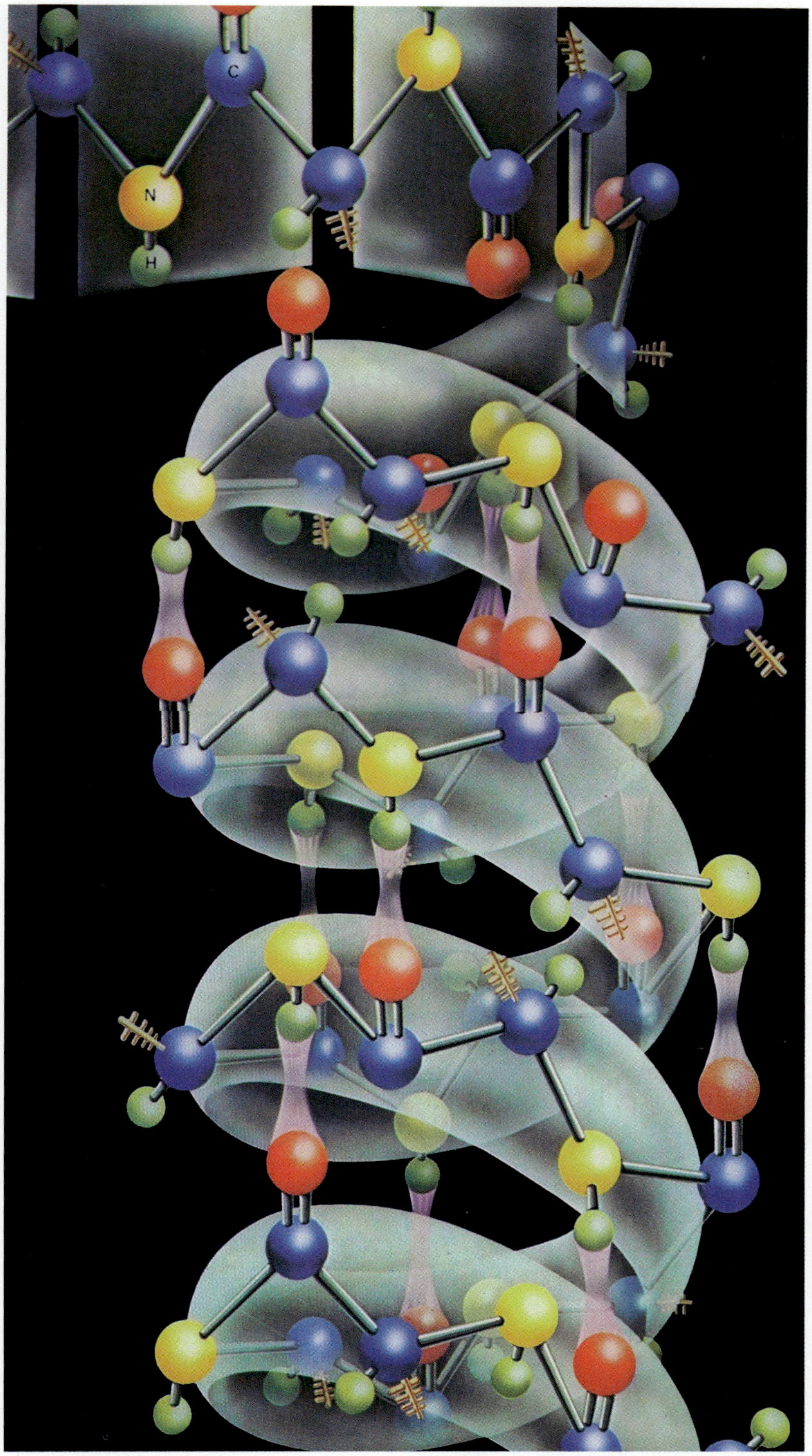

Schematische Darstellung der Spiralstruktur eines Eiweißkörpers. Die Kügelchen bilden Moleküle. Blau: Kohlenstoff (C); rot: Sauerstoff (O); grün: Wasserstoff (H); gelb: Stickstoff (N). Die Seitenketten werden durch die gelben baumähnlichen Symbole wiedergegeben. Die Verbindung zwischen Sauerstoff- und Wasserstoffatomen hat sich in der spiraligen Form ergeben. Im oberen Teil des Diagramms wird eine zweidimensionale Abbildung gezeignet, wobei jede Ebene eine Aminosäure darstellt.

Jemand hat ausgerechnet, dass die Deutschen im Jahr 80 Billionen Kalorien (80 000 000 000 000) zu sich nehmen, die in weit mehr als 20 000 Nahrungsmitteln stecken, von denen eine boomende Industrie täglich immer noch neue herstellt.

Bei den Proteinen liegt der erforderliche Anteil an essenziellen Aminosäuren bei knapp 10 Prozent. Essentielle Stoffe kann der menschliche Organismus nicht selbst herstellen, daher ist eine Aufnahme dieser Stoffe mit der Nahrung notwendig. Zusätzlich zu den Nährstoffen Kohlenhydrate, Fette und Proteine benötgt der menschliche Organismus noch Vitamine, Mineralien und Spurenelemente. Diese Stoffe nennt man auch Wirkstoffe.

Wirkstoffe

Außer Nähr- und Ballaststoffen benötigt der Organismus Wirkstoffe, die den Stoffwechsel regulieren: Vitamine, Mineralstoffe, Spurenelemente.

Vitamine

Energiegewinnung, Nervenleitung oder Verdauung funktionieren nicht ohne Vitamine. Vitamine sind essenzielle Nahrungsbestandteile, die der Körper selbst nicht aufbauen kann. Fehlt eines über einen längeren Zeitraum, kann es zu Mangelerscheinungen und Erkrankungen kommen.

Zu den Vitaminen werden 13 verschiedene Substanzen gerechnet: Vitamine A, D, E, K B_1, B_2, B_6 und B_{12}, Biotin, Niacin, Folsäure, Panthotensäure und Vitamin C.

Mineralstoffe

Der Körper kann auf Mineralstoffe nicht verzichten, weil sie wesentliche Funktionen erfüllen:

- Calcium, Phosphor und Magnesium dienen als wichtiges Baumaterial für Knochen und Zähnen.
- Im weichen Gewebe und in Zellen sind Mineralstoffe am Aufbau von Enzymen und Hormonen beteiligt.
- Als Bestandteil von Körperflüssigkeiten sorgen Mineralstoffe dafür, dass der Flüssigkeitshaushalt funktioniert. Kalium, Natrium, Chlor, Phosphor und Calcium regeln beispielsweise den Transport von verschiedenen lebenswichtigen Substanzen.

Zu Mineralstoffmangel kann es bei normaler Mischkost nicht kommen. Extrem einseitige Speisepläne, Diäten oder starke körperliche Beanspruchungen können jedoch zu einer Unterversorgung führen. Wer viel schwitzt, muss Mineralstoffe zuführen, da sie mit dem Schweiß aus dem Körper gespült werden.

Spurenelementen

Spurenelementen benötigt der menschliche Körper zwar nur in Spuren, sie sind jedoch unerlässlich und werden dem Körper stets in nichtelementarer Form, als Salze, zugeführt. Metallionen wie Eisen und Zink benötigt der menschliche Organismus täglich zu etwa 15 mg, also in sehr geringen Mengen – eben in Spuren. Eisen ist beispielsweise in Leber, Eigelb, Fleisch und grünem Salat enthalten. Hauptaufgabe des

Eisens ist der Aufbau der roten Blutkörperchen, die den Sauertransport im Blut garantieren.
Weitere Spurenelementen sind die Halogene Iod und Fluor, die Nebengruppenmetalle Cobalt, Mangan, Molybdän und Chrom. Erdalkalimetalle wie Natrium und Kalium werden als Makronährelemente täglich zu je etwa 2000 mg (2 g) benötigt.

Vitamine, Mineralstoffe und Spurenelementen sind wichtige Bestandteile einer gesunden Ernährung. Bei einer abwechslungsreichen Speiseauswahl kommt ein Mangel an diesen Nährstoffen kaum vor.

Nahrung beeinflusst Verdauung

Für die Gesunderhaltung ist es notwendig, sowohl auf eine richtig zusammengesetzte Nahrung wie auch auf eine gute Verdauung zu achten. Es ist folglich nicht nur wichtig, was man isst, sondern auch, wie man isst.
Zu den Verdauungsorganen gehören Mundhöhle, Speiseröhre, Magen, Leber, Galle, Bauchspeicheldrüse, Dünn- und Dickdarm. Bei der Verdauung wird die Nahrung zunächst auf Geruch und Geschmack geprüft, zerkleinert und mit Verdauungssäften in Lösung gebracht. Nachdem die zerkleinerte Nahrung geschluckt wurde, erfolgt der Weitertransport des Speisebreis unwillkürlich, also ohne Einfluss unseres Bewusstseins, durch den gesamten Verdauungstrakt, bis schließlich die löslichen Stoffe in das Blut aufgenommen und die unverdaulichen Nahrungsreste über den Stuhl ausgeschieden werden.

Organe müssen zusammenarbeiten

Die Nahrung gelangt vom Magen über den Pförtner in den Zwölffingerdarm. Dort wird der Speisebrei mit Galle und Bauchspeicheldrüsensaft vermischt. Die Bauchspeicheldrüse sondert pro Tag etwa einen halben bis eineinhalb Liter basischen Verdauungssaft ab. Er neutralisiert durch seinen hohen Gehalt an doppelkohlensaurem Natron (Natriumhydrogenkarbonat) die Magensäure und enthält zudem Enzyme für die Verdauung aller drei Nährstoffe, das heißt Kohlenhydrate, Fette und Eiweiß.

Die Bauchspeicheldrüse sondert jedoch nicht nur Verdauungssäfte in den Zwölffingerdarm ab, sondern regelt auch den Blutzuckerspiegel. Hierzu wird Insulin in den sogenannten Langerhans'schen Zellen gebildet und in das Blut abgegeben. Eine der Haupterkrankungen der Bauchspeicheldrüse ist die Zuckerkrankheit (Diabetes mellitus), bei der zu wenig Insulin produziert wird. Aber selbst bei einer schweren Zuckerkrankheit, bei der mitunter künstliches Insulin gespritzt werden muss, haben die Zellen die Insulin- Produktion nie ganz aufgegeben. Durch eine naturheilkundliche Behandlung kann die Funktion der Bauchspeicheldrüse wieder angeregt werden.
Manche Patienten benötigen danach keine Tabletten mehr oder müssen kein Insulin mehr spritzen beziehungsweise kommen zumindest mit weniger Insulin aus. Die Fettverdauung wird unterstützt durch die Gallenflüssigkeit. Sie wird in der Leber vor allem nachts gebildet, in der Gallenblase gesammelt und bei Bedarf abgesondert. Rund ein Liter ebenfalls basisch reagierender Gallenflüssigkeit wird in 24 Stunden gebildet.
Die Galle sorgt für eine Aufschwemmung der Fett-Tröpfchen, sodass fettspaltende Enzyme besser ansetzen können.

Vitamine

Definition

Vitamine sind wie die Mineralstoffe lebenswichtige Substanzen, die der Organismus des Menschen nicht selbst herstellen kann und deshalb mit der Nahrung zugeführt werden müssen – Ausnahmen sind Vitamin K und Folsäure, die im Darm mithilfe von Bakterien produziert werden können. Grundsätzlich sind die Mengen, die der Körper für eine störungsfreie Stoffwechselfunktion benötigt, sehr gering.

- Grundsätzlich ist bei einer Ernährung mit normaler gemischter Kost ein Vitaminmangel nicht zu erwarten. Risikofaktoren wie Rauchen oder Alkoholkonsum sowie beispielsweise akute Infektionskrankheiten können jedoch einen akuten oder chronischen Vitaminmangel verursachen. Ein Mangel oder das vollständige Fehlen von Vitaminen kann zu Beschwerden oder Krankheitserscheinungen führen. Man spricht bei leichteren Mangelerscheinungen von Hypovitaminose und bei schweren Mangelerscheinungen von Avitaminosen.
- Wasserlösliche Vitamine werden über die Nieren mit dem Harn ausgeschieden, sodass ein Vitaminüberangebot im Körper unwahrscheinlich ist.
Fettlösliche Vitamine können jedoch vom Körper, insbesondere von der Leber, gespeichert werden und ein schädliches Vitaminüberangebot (Hypervitaminose) im Organismus verursachen. Eine Vitaminüberdosierung ist vor allem bei Zufuhr zu hoher Dosierungen von Vitamin A und Vitamin D möglich.

Vitaminreiches Obst und Gemüse

Vitamin A

Die Vitamin-A-Versorgung des Körpers erfolgt über die Aufnahme von Retinol (Retinylester) und über Karotinoide, die als Provitamin A vom Organismus in verwertbares Vitamin A umgewandelt werden können. Vitamin A ist für eine ungestörte Funktion des Sehvorgangs, für das Wachstum und den Aufbau der Haut und der Schleimhäute sowie für Teilbereiche der Sexual- und Abwehrfunktionen von großer Bedeutung.

- Vitamin A kann vom Organismus in größerer Menge gespeichert werden, weshalb bei übermäßiger Zufuhr eine Hypervitaminose verursacht werden kann. Vitamin-A-Vergiftungserscheinungen sind in der Regel als Folge einer übermäßigen nahrungsergänzenden Zufuhr möglich. Vor allem bei Kindern sollte eine Überdosierung vermieden werden, da es sonst zu Schälreaktionen der Haut, Appetitlosigkeit, Gewichtsverlust, Blutungsneigung und Leberfunktionsstörungen kommen kann.

Tagesbedarf von Vitamin A

Der Tagesbedarf von Vitamin A wird schon gedeckt durch:
- 1 Glas Karottensaft
- 1 Liter Milch
- 125 g Grünkohl
- 3 mittlere Tomaten
- 50 g Brokkoli
- 1 Portion grünen Salat
- 150 g Spinat
- 300 g Aprikosen
- ½ kleine Cantaloup-Melone

- Ein Vitamin-A-Mangel kann sich durch Sehstörungen (Nachtblindheit), Hornhautdegeneration am Auge, Zahnwachstumsstörungen, Eintrocknung oder Verhornung der Schleimhäute und der Haut, Geschmacks- und Geruchsstörungen sowie Samenzellenreifestörungen äußern.

Vitamin B

Unter dem Begriff Vitamin B oder Vitamin-B-Komplex werden mehrere wasserlösliche Vitamine und vitaminähnliche Substanzen zusammengefasst: Vitamin B_1, B_2, B_3, B_6, B_{12}, Pantothen-, Folsäure, Niacin, Inositol, Cholin und PABA (Paraaminobenzoesäure). Die ausreichende Versorgung mit B-

Vitaminantagonisten

- Die Vitaminantagonisten in der Natur haben wahrscheinlich bedeutende Aufgaben zu erfüllen: Sie unterbrechen den Ablauf von vitaminbedingten Vorgängen, das heißt, sie haben als Gegenspieler eine regulative Wirkung auszuüben und sind damit an der Verhütung von Hypervitaminosen beteiligt.
- Neben den natürlich vorkommenden Vitaminantagonisten gibt es auch synthetische Antivitamine, deren Stellung mit derjenigen der synthetischen Medikamente und allenfalls der synthetischen Gifte verglichen werden kann.
- Bei sehr vielen Antivitaminen handelt es sich um Hemmstoffe, die die Fermentfunktionen der Vitamine hemmen; aus diesem Grunde werden sie zuweilen auch Vitamin-Coenzym-Inhibitoren genannt. Heute sind über drei Dutzend solcher Stoffe bekannt.
- Selbstverständlich können nicht alle Faktoren, die Vitamine inaktivieren und deren Funktionstüchtigkeit beeinträchtigen oder aufergeben können, als Antivitamine bezeichnet werden.
- Dann nämlich müssten auch Luftsauerstoff, sichtbare und ultraviolette Strahlen, ja das Fehlen von Galle (die für die Resorption der fettlöslichen Vitamine notwendig ist), zu den antivitaminotischen Faktoren gezählt werden.
- Als Antivitamine werden daher im allgemeinen Substanzen bezeichnet, die infolge ihrer Ähnlichkeit in der chemischen Struktur oder Reaktionsweise das echte Vitamin verdrängen.
- Der Begriff des Antivitamins oder Vitaminantagonisten enthält die chemische Konkurrenzfähigkeit der Substanz des unechten Vitamins mit derjenigen des eigentlichen Vitamins.

Vitaminen ist für viele lebenswichtige Organfunktionen und Stoffwechselprozesse von größter Bedeutung. Die zusätzliche Zufuhr von Vitamin B sichert den täglichen Basisbedarf, kann Krankheiten vorbeugen und bestimmte Erkrankungen oder Beschwerden günstig beeinflussen. B-Vitamine sind an zahlreichen wichtigen Stoffwechselvorgängen beteiligt: Kohlenhydrat-, Eiweiß-, Fettsäure-, Purin-, Energie- und Hormonstoffwechsel.

Mangel

Bei Nährstoffmangel und Fehlernährung sowie Magen-Darm-Erkrankungen (Fettverdauungsstörung, Malabsorptionssyndrom) und Lebererkrankungen liegt häufig ein schwerer Vitamin-B-Mangel vor.

Bei länger bestehenden Mangelzuständen können zahlreiche Beschwerden auftreten: Appetitmangel, Reizbarkeit, Müdigkeit, Schlaf- und Verdauungsstörungen, Hautentzündungen, Herz-Kreislauf-Störungen (Herzbeklemmung, Herzrasen), neurologische Störungen (Nervenentzündung, Muskelschwäche, -schmerzen, Krämpfe, Lähmungen) und Hirnleistungsstörungen.

- Ein ausgeprägter Niacinmangel führt zur Pellagra-Erkrankung mit entzündlichen Hautveränderungen (wie beim Sonnenbrand) und Symptomen der Blutarmut.
- Durch Vitamin-B_{12}-Mangel oder ein Folsäuredefizit kommt es vor allem zu Störungen der Blutbildung und des Nervensystems.
  Die Blutbildungsstörungen können zu einer Blutarmut (megaloblastische Anämie) führen.
- Die Beschwerden des Biotinmangels umfassen Hauterkrankungen (Dermatitis), Zungenbrennen, Depression, Übelkeit und Haarausfall.

Vitamin B_1

Vitamin B_1 (Thiamin) kommt im menschlichen Körper in vier verschiedenen Formen vor, als freies Thiamin sowie in Form von drei Thiaminphosphatestern, und ist eines der wichtigsten Coenzyme. Da der Körper Vitamin B_1 nur in geringem Umfang speichern kann, muss dieses Vitamin ständig mit der Nahrung zugeführt werden. Getreide und Getreideprodukte decken fast die Hälfte des täglichen Bedarfs ab. Das Vitamin reguliert vor allem den Kohlenhydratstoffwechsel, je mehr Kohlenhydrate konsumiert werden, desto größer ist der Vitamin-B_1-Bedarf. Thiamin ist Funktionsbestandteil von etwa 24 Enzymen und für die ungestörte Nervenfunktion von Bedeutung.

- Bei länger bestehenden leichten (subklinischen) Mangelzuständen können folgende Beschwerden auftreten: Appetitmangel, Reizbarkeit, Müdigkeit, Schlaf- und Verdauungsstörungen. Liegt ein schwerer Vitamin-B_1-Mangel vor, können Herz-Kreislauf-Störungen (Herzbeklemmung, Herzrasen, Ödeme, EKG-Veränderungen), neurologische Störungen (Nervenentzündung, Muskelschwäche, -schmerzen, Krämpfe, Lähmungen) und zentralnervöse Störungen (Wernicke-Enzephalopathie, Korsakow-Syndrom) auftreten – schwere Alkoholiker sind die Hauptrisikogruppe für Hirnleistungsstörungen auf Grund eines Vitamin-B_1-Mangels.

Tagesbedarf von Vitamin B_1

Der Tagesbedarf von Vitamin B_1 wird schon gedeckt durch:

- 1 gehäuften Esslöffel Bierhefe
- 1 gute Portion mageren Schinken
- 1 Portion kalte Hühnerbrust
- 45 g Sonnenblumenkerne
- 50 g Mungbohnensprossen
- 90 g ungeschälten Sesam

Vermutlich zerstört ein Bestandteil des Tabakrauchs das Riboflavin (Vitamin B_2), darum müssen starke Raucher für einen guten Vitaminausgleich mit B_2 sorgen – ebenso wie Menschen, die regelmäßig Alkohol trinken.

Vitamin B_1 im Überblick

- Aneurin, Thiamin
- Eigenschaften: wasserlöslich, empfindlich gegen Sauerstoff, hitzebeständig bis 120 Grad Celsius (pH-abhängig)
- Funktion: Teil eines Enzyms im Kohlenhydratstoffwechsel, lebenswichtig für eine gute Funktion des Nervensystems
- Vorkommen (pro 100 g): Hülsenfrüchte 0,30 mg, dunkles Brot 0,17 mg, Weißbrot 0,10 mg, Eigelb 0,52 mg, Schweinefleisch 1,00 mg, Kartoffeln 0,10 mg, Milch 0,04 mg
- Krankheitserscheinungen bei Vitamin-B_1-Mangel: Störung des Kohlenhydratstoffwechsels mit Appetitmangel und Magen-Darm-Störungen, Veränderungen der Funktion des Nervensystems (Polyneuropathie), Herzfunktionsstörungen und Ödem
- Tagesbedarf

erwachsene Frauen	1,1–1,5 mg
erwachsene Männer	1,2–2,0 mg
schwangere Frauen	1,8 mg
stillende Frauen	2,0 mg
Kinder bis zu 1 Jahr	0,4 mg
Kinder von 1 bis 3 Jahren	0,6 mg
Kinder von 4 bis 9 Jahren	0,8–1,0 mg
Kinder von 10 bis 12 Jahren	1,5–1,7 mg
Jungen von 13 bis 20 Jahren	1,5–1,7 mg
Mädchen von 13 bis 20 Jahren	1,2–1,3 mg

■ Prophylaxe	5–10 mg
■ Therapie leichter Mangelzustände	5–20 mg
■ Therapie schwerer Mangelzustände	50–100 mg
■ Stoßtherapie	0,3–1,2 mg

- Die Einnahme eines Vitamin-B_1-Präparates ist auch in höherer Dosierung ungefährlich und gut verträglich. B-Vitamine können insbesondere bei älteren Menschen mit allgemeiner Leistungsschwäche körperlicher und psychischer Funktionen sinnvoll sein.

Tagesbedarf von Vitamin B_2

Der Tagesbedarf von Vitamin B_2 ist schon gedeckt mit:

- 100 g gedünsteter Kalbsleber
- ½ Liter Milch
- 1 Portion Hering mit Pellkartoffeln
- 1 Gemüseteller mit Ei
- 1 einzigen Esslöffel Bierhefe

Vitamin B_2

Vitamin B_2 (Riboflavin) ist die Sammelbezeichnung für freies Riboflavin und zwei weitere Riboflavinverbindungen. Riboflavin ist in allen pflanzlichen und tierischen Organismen enthalten. Vitamin B_2 ist als Coenzym an zahlreichen wichtigen biologischen Prozessen beteiligt, vor allem am Kohlenhydrat-, Aminosäure-, Fettsäure- und Purinstoffwechsel sowie am Energie- und Hormonstoffwechsel.

- Bei leichtem Vitamin-B_2-Mangel kommt es zu Müdigkeit und Antriebsschwäche. Längerer Vitamin-B_2-Entzug verursacht Entzündungen der Mund- und Nasenschleimhäute, Veränderungen im Verdauungstrakt, Hautbeschwerden (Mundwinkeleinrisse, Entzündungen, Juckreiz) und Veränderungen am Auge (Linsentrübung, Keratitis, Star-Erkrankungen).
- Die Einnahme eines Vitamin-B_2-Präparates ist auch in höherer Dosierung ungefährlich und gut verträglich. Bei älteren Menschen und jungen Frauen besteht häufiger ein erhöhter Vitamin-B_2-Bedarf.

Vitamin B_6

B_6-Vitamine (Pyridoxin) umfassen sechs verschiedene Verbindungen und kommen in fast allen tierischen und pflanzlichen Nahrungsmitteln vor. Vitamin B_6 ist als Koenzym an zahlreichen Stoffwechselprozessen beteiligt, vor allem am Aminosäurestoffwechsel. Darüber hinaus spielt dieses Vitamin auch für die biologische Produktion natürlicher Farbstoffe (Porphyrine, Chlorophyll) und Cobalamin sowie von nervösen Signalstoffen (Neurotransmitter) eine wichtige Rolle.

- Bei Vitamin-B_6-Mangelzuständen kann es zu entzündlichen Hauterkrankungen (seborrhoische Dermatitis) im Nasen-, Augen-, Mundbereich, zu Hauterosionen der Mundschleimhaut, nervösen Störungen (Empfindungsstörungen, Missempfindungen), zu Säuglingskrämpfen und zu gelegentlich zu einer erhöhten Neigung zur Nierensteinbildung kommen.

Tagesbedarf von Vitamin B_6

Der Tagesbedarf von Vitamin B_6 wird schon gedeckt durch:

- 1 Scheibe Lachs mit Kartoffeln und Salat
- ¼ Brathuhn mit Beilagen
- Vollkornbrot mit Quark und Kräutern
- 1 großen Obstssalat

Antibiotika, Röntgenbestrahlungen, Alkohol und Nikotin stören die Vitaminverwertung im Körper schwer. Bei Stress erhöht sich der Bedarf erheblich.

- Die Einnahme eines Vitamin-B_6-Präparates ist auch in höherer Dosierung (bis zu 300 Milligramm pro Tag) ungefährlich und gut verträglich. Bei älteren Menschen und jungen Frauen besteht häufiger ein erhöhter Vitamin-B_6-Bedarf.

Vitamin B_{12}

Vitamin B_{12} (Cobalamin) kann im Körper in der Leber gespeichert werden – 1-3 Milligramm gespeichertes Vitamin B_{12} kann die Vitamin-B_{12}-Versorgung eines Erwachsenen mehrere Jahre lang sicherstellen und gelegentliche Mangelzustände ausgleichen. Bei Kindern und Säuglingen hingegen kann es leichter zum Vitamin-B_{12}-Defizit kommen. Verschiedene natürliche und synthetische Cobalamine können vom menschlichen Organismus problemlos verwertet werden. Vitamin B_{12} ist am Aufbau der roten Blutkörperchen beteiligt und beeinflusst den Eiweißstoffwechsel.

- Ein Vitamin-B_{12}-Mangel kommt bei Erwachsenen, die sich mit vollwertiger gemischter Kost ernähren, nur selten vor. Da bei rein vegetarischer Ernährung kein Vitamin B_{12} zugeführt wird, müssen Vegetarier mit einem Vitamin-B_{12}-Mangelrisiko rechnen. Durch Vitamin-B_{12}-Mangel kommt es vor allem zu Störungen der Blutbildung und des Nerven-

Jede Zelle benötigt den Vitamin-B-Komplex

Vitamin B_{12} im Überblick

- Cobalamin, Extrinsic factor
- Eigenschaften: roter, kristalliner Stoff, der wasserlöslich ist, unempfindlich gegen Sauerstoff und Licht, auch bei hohen Temperaturen hitzebeständig
- Funktion: lebenswichtig für die Bildung der Membran der roten Blutkörperchen; wichtig für den Stoffwechsel des Nervengewebes
- Krankheitserscheinungen bei Mangel: Perniziöse Anämie, Blutarmut, die durch gestörte Verdauung der Speise gekennzeichnet ist, außerdem durch Schleimhautveränderungen und Rückenmarksstörungen. Die Zahl der roten Blutkörperchen ist gegenüber dem Hämoglobinangebot vermindert (Färbeindex größer als eins). Für die perniziöse Anämie sind zwei Faktoren verantwortlich: ein Extrinsic factor (das Vitamin B_{12}) in der Nahrung und ein Intrinsic factor im Magen. Letzterer ist für die Resorption des Vitamin B_{12} verantwortlich. Perniziöse Anämie wird meist durch eine Störung der Magenschleimhaut hervorgerufen, wodurch Vitamin B_{12} nicht resorbiert wird. Therapeutisch gibt man dann auch gleichzeitig den Intrinsic factor und Vitamin B_{12}.
- Tagesbedarf ungefähr 0, 5–1,0 mg

Tagesbedarf ungefähr	0, 5–1,0 mg
Therapeutische Dosierung:	
Anfangsdosis	30 mg
parenterale Erhaltungsdosis	1–5 mg
Totalbedarf in 15-120 Tagen	140 mg

Wichtige Fragen und Antworten zu Vitaminen

Was sind Vitamine?
Vitamine, auch Mikronährstoffe genannt, sind unentbehrlich für den Körper. Mangelerscheinungen sind tückisch, weil sie gar nicht bemerkt werden. Sie können aber für die Entstehung von Krankheiten mitverantwortlich sein.

Was sind die wichtigsten Aufgaben der Vitamine?
Vitamine haben sehr vielfältige Aufgaben. Sie befinden sich an Schlüsselstellen des Stoffwechsels und sorgen dafür, dass alle Stoffe richtig auf- und abgebaut oder weiterverwertet werden.

Wie kann man erkennen, ob man Vitamine braucht?
Vitaminmangelerscheinungen sind oft äußerst schwierig zu diagnostizieren. Es ist für den Patienten völlig unmöglich, selbst die Diagnose korrekt zu stellen.

Welche Vitamine sind fettlöslich?
Fettlöslich sind die Vitamine A, D, E und K. Im Lebensmittel sind sie in den Fettanteil eingebettet. Deshalb enthalten fettreiche Lebensmittel auch vermehrt eben diese Vitamine. Die Ausnahme bildet Vitamin K, das hauptsächlich in grünem Blattgemüse vorkommt.

Welche Vitamine sind wasserlöslich?
Wasserlöslich sind die Vitamine C, B_1, B_2, B_6, B_{12}, Niacin, Folsäure, Pantothensäure und Biotin. Sie sind in den Wasseranteil der Lebensmittel eingebettet. Während die fettlöslichen Vitamine normalerweise nur lichtempfindlich sind, werden die wasserlöslichen häufig durch Hitze, UV-Licht und Wasser beeinträchtigt.

Enthält Milch auch Vitamine?
Milch enthält alle lebenswichtigen Vitamine. Für Vitamin B_2 und B_{12} ist die Milch sogar Hauptlieferant und für Vitamin A und Pantothensäure eine wichtige Quelle. Ohne Milch kann der Bedarf nicht gedeckt werden. Andere Vitamine sind in geringeren Mengen in der Milch enthalten.

Wie groß ist der Vitaminverlust in UHT- und pasteurisierter Milch?
Beim UHT-Verfahren wie auch bei der Pasteurisation der Milch entstehen bei einigen Vitaminen geringe Verluste. Die Mineralstoffe bleiben erhalten. Dennoch bleibt die Milch wichtige Mikronährstoffquelle. Nicht sinnvoll ist das Aufkochen der Rohmilch im Haushalt. Dabei gehen mehr Vitamine verloren als beim UHT-Verfahren oder bei der Pasteurisation.

Verändert sich der Vitamin- und Mineralstoffgehalt bei Homogenisierung?
Durch Homogenisierung wird das Aufrahmen der Milch verhindert. Die Milch wird durch ganz dünne Düsen gespritzt, wobei das Milchfett kleinste Kügelchen bildet und gleichmäßig in der Milch verteilt bleibt. Bei diesem Vorgang werden Vitamine und Mineralstoffe nicht verändert oder zerstört, sondern bleiben in ihrer ursprünglichen Menge erhalten.

systems: Blutarmut und Zungenbrennen (perniziöse Anämie) sowie Missempfindungen (Sensibilitätsstörungen) und periphere Lähmungserscheinungen.
Darüber hinaus treten allgemeine Beschwerden wie Schwächegefühl, Müdigkeit, Gewichtsverlust, Zittern, Geschmacks-, Geruchs- und Gedächtnisstörungen auf.

- Die Einnahme eines Vitamin-B_{12}-Präparates ist auch in höherer Dosierung ungefährlich und gut verträglich. Insbesondere wäre für Vegetarier, die für Vitamin-B_{12}-Mangelzustände stärker gefährdet sind, eine Vitamin-B_{12}-Nahrungsergänzung sinnvoll. B-Vitamine können insbesondere bei älteren Menschen mit allgemeiner Leistungsschwäche körperlicher und psychischer Funktionen empfehlenswert sein.

Vitamin C

Die überragende Bedeutung des Nährstoffes Vitamin C für die Gesundheit des Menschen ist heute unumstritten und vielfach durch wissenschaftliche Untersuchungen nachgewiesen. Vitamin C unterstützt oder stärkt das Nervensystem, die Immunabwehrfunktionen, den Fettstoffwechsel, die Hormon- und Enzymaktivierung, die Kollagenbildung im Bindegewebe und die Verdauung. Vitamin C schützt vor zellschädlichen körpereigenen Stoffwechselprodukten (Sauerstoffradikalen), vor Eiweißverzuckerung in den Blutgefäßen, übermäßiger Blutfettbildung und vor Belastungen durch Umwelt- und Nahrungsschadstoffe (Schwermetalle, Nitrosamine).
Der menschliche Organismus kann das wasserlösliche Vitamin C (Ascorbinsäure) im Gegensatz zu den meisten Tierarten nicht selbst herstellen. Vitamin C wird vom Körper für die störungsfreie Funktion zahlreicher lebenswichtiger, biochemischer und physiologischer Vorgänge benötigt. Unter anderem fördert Vitamin C die Aufnahme von Eisen aus der Nahrung, es stabilisiert das Bindegewebe (Biosynthese von

Kollagen), stärkt das Abwehrsystem, beeinflusst die Produktion von Hormonen und Signalstoffen des Nervensystems günstig und wirkt entgiftend. Darüber hinaus ist Vitamin C auch gegen schädliche Sauerstoffradikale (antioxidativ), die giftigen „Abfallstoffe" des Energiestoffwechsels, wirksam.

Wirkungen

Vitamin C ist einer der wichtigsten Antistress-Nährstoffe und wird im Körper belastungsabhängig verbraucht. Aus diesem Grund muss Vitamin C ständig in ausreichender Menge von außen zugeführt werden.

Vitamin C ist auch als Cofaktor an der Aktivierung von mindestens acht lebensnotwendigen Enzymen beteiligt. Ein Vitamin-C-Defizit führt deshalb zur Störung wichtiger Zellfunktionen:

- Zellschutz: Vitamin C ist das wirkungsvollste Antioxidans, das heißt, Vitamin C neutralisiert die durch oxidative Vorgänge bei Stresszuständen im Körper anfallenden schädlichen Stoffwechselprodukte (freie Sauerstoffradikale). Insbesondere Raucher haben einen durch oxidativen Stress bedingten deutlich erhöhten Vitamin-C-Verbrauch und -Bedarf.
- Bindegewebe: Vitamin C ist für die Produktion von Bindegewebe (Kollagenbiosynthese) von großer Bedeutung, fördert die Gewebe- und Knorpelbildung und stabilisiert die Gefäßwände.
- Fettstoffwechsel: Vitamin C ist an der Carnitin-Synthese beteiligt und beeinflusst die Cholesterin- und Energiebildung durch Fettverbrennung günstig: Unter Vitamin-C-Einfluss sinkt „schlechtes" LDL-Cholesterin im Blut ab und „gutes" HDL-Cholesterin erhöht sich.
- Gefäßerkrankungen: Vitamin C beugt Gefäßschäden vor, die vor allem bei Zuckerkrankheit (Diabetes mellitus) und mit fortschreitender körperlicher Alterung, durch Oxidationsvorgänge des Eiweiß-Zucker-Stoffwechsels (Eiweißverzuckerung) auftreten können.
- Hormonaktivierung: Vitamin C aktiviert zahlreiche Hormone, insbesondere wird die Bildung von Nebennierenhormonen zur Stressbewältigung angeregt. Darüber hinaus werden durch Vitamin C auch Hormone des zentralen Nervensystems wie GNRH (steuert den Menstruationszyklus der Frau), GHRH (steuert Wachstum und Knochenbildung) und CRH (reguliert Stressreaktionen) beeinflusst.
- Nervensystem: Vitamin C wird zur Produktion von Botenstoffen des Nervensystems (Neurotransmitter) benötigt und stärkt die Nervenfunktion.
- Sexualfunktion: Vitamin C ist zur Bildung von männlichen Samenzellen erforderlich.
- Eiweißstoffwechsel: Vitamin C ist notwendiger Bestandteil des Eiweißstoffwechsels.
- Entgiftung: Vitamin C unterstützt die Entgiftung von krebserregenden Stoffen (Nitrosamine, Schwermetalle), leberschädlichen Stoffen, Bakteriengiften und hilft beim Abbau von Alkohol.
- Allergien: Vitamin C senkt den bei allergischen Erkrankungen erhöhten Histamingehalt im Blut.
- Magen-Darm-System: Vitamin C fördert die Verdauungsfunktion im Magen durch Beeinflussung der Magensaftbildung (Gastrin).
- Immunsystem: Vitamin C stärkt das Immunsystem, kann den Heilungsprozess bei Erkrankungen beschleunigen und die Infektabwehr wirksam unterstützen.
- Krebserkrankungen: Vitamin C wirkt vorbeugend gegen gewisse Krebserkrankungen und kann den Alterungsprozess des Körpers verlangsamen.

Mangel

Ein länger bestehender Vitamin-C-Mangel führte bei den Seefahrern früherer Jahrhunderte aufgrund von fehlendem frischem Obst und Gemüse auf dem Speisezettel häufig zu massivem Vitamin-C-Mangel – der gefürchteten und oft tödlich verlaufenden Skorbut-Erkrankung mit Zahnfleischschwund, Zahnausfall und schweren Blutungen im ganzen Körper.

Die Frühbeschwerden von Vitamin-C-Mangel umfassen Müdigkeit, Leistungsschwäche, Appetitlosigkeit, Wundheilungsstörungen, Neigung zu Infektionen, Muskel- und Gelenkschmerzen, Abwehrschwäche und eine Eisenaufnahmestörung, die Blutarmut begünstigt. Bei anhaltendem Vitamin-C-Mangel kommt es zu Zahnfleischbluten

Vitamin-C-Kristalle

Wichtige Fragen und Antworten zu Vitaminen

Welche Krankheiten oder Störungen werden durch Vitamin-B_1-Mangel verursacht?

- Beriberi, eine schwere Mangelkrankheit, die durch hochgradigen Gewichtsverlust, Schwund der Muskelkraft, Nervenentzündungen, geistige Verwirrung und Herzschädigung gekennzeichnet ist.
- Ein leichterer Vitamin-B_1-Mangel führt zu geringerer Gewichtsabnahme, Appetitlosigkeit, Schwäche und Nervenschädigung.

Welche Krankheiten oder Störungen werden durch Vitamin-B_2-Mangel verursacht?

Hautrisse an den Mundwinkeln, schuppige Hautabschilferung in den Falten, die von den Nasenflügeln zum Mund ziehen, ferner Reizung und purpurrote Verfärbung der Mundschleimhaut und Zungenoberfläche.

Welche Krankheiten oder Störungen werden durch Vitamin-B_6-Mangel verursacht?

- Krankheitserscheinungen des Magen-Darm-Trakts
- allgemeine Schwäche
- Nervosität
- Reizbarkeit
- Nervenentzündungen

Welche Krankheiten oder Störungen werden durch Vitamin-B_{12}-Mangel verursacht?

Perniziöse Anämie und Erkrankungen des zentralen und peripheren Nervensystems, zum Beispiel Nervenentzündungen.

Entstehen bei diesen Vitaminmangelzuständen immer die typischen Krankheitsbilder?

Nein. Am häufigsten sieht man heute Fälle, bei denen nur ein leichter Vitaminmangel besteht und die Krankheit nicht voll ausgeprägt in Erscheinung tritt; eher findet man bestimmmte Spurensymptome.

Beschränkt sich ein Vitaminmangelzustand gewöhnlich auf nur ein Vitamin?

Im Allgemeinen ist ein isolierter Vitaminmangel eher die Ausnahme als die Regel. Ein Vitaminmangelzustand betrifft gewöhnlich mehrere Vitamine.

Was versteht man unter dem Tagesmindestbedarf an einem Vitamin?

Die kleinste Menge, die bei ständiger täglicher Zufuhr die Entstehung einer Vitaminmangelkrankheit verhütet.

Was sind therapeutisch dosierte Multivitaminpräparate?

Es gibt Vitaminpräparate, die eine Kombination aller bekannten Vitamine in einer Dosierung, wie sie gewöhnlich zur Behandlung oder Verhütung der meisten Vitaminmangelzustände ausreichend ist, enthalten. Die Dosis entspricht meist einem Vielfachen des Tagesmindestbedarfs.

Soll man diese Vitaminkombinationspräparate routinemäßig nehmen, wenn anscheinend irgendein Vitaminmangel besteht?

Nein. Das wäre kostspielige Vergeudung und wissenschaftlich nicht begründet.

Ist eine Überdosierung von Vitaminen möglich?

Ja. Eine Überdosierung bestimmter Vitamine, besonders Vitamin A und D, kann schwere Vergiftungserscheinungen und manchmal bleibende Schäden hervorrufen.

und -entzündung, Zahnausfall, extremer Ermüdung und Abgeschlagenheit.

Vitamin-C-Mangel tritt heute häufiger infolge eines ungesunden Lebensstils (Alkoholismus, Drogen-, Nikotinsucht, Nährstoffmangel, Junkfood) oder chronischer Krankheiten (rheumatische, allergische, entzündliche Krankheiten, Krebs-, Leber- Magen-Darm-Erkrankungen, Nährstoffmangelsyndrom, Dialyse), einer Arzneimitteltherapie (Acetylsalicylsäure, Diuretika, Antibiotika, Kortisone, Östrogene) oder in bestimmten Lebensphasen auf (Schwangerschaft, Stillzeit).

Vitamin D

D-Vitamine (Calciferole) werden im Organismus unter dem Einfluss ultravioletter Strahlung (Lichtwirkung) aus Provitaminen hergestellt. Provitamin D_2 kann mit der Nahrung aufgenommen werden, und Provitamin D_3 kann auch von der Leber produziert werden. Im Labor werden die Konzentrationen von 25-Hydroxy-Vitamin D (Calcidiol) und von 1,25-Dihydroxycholecalciferol (Calcitriol) bestimmt. Unter dem Einfluss von Sonnenlicht bildet die Haut Vitamin D_3. Aus diesem Grund ist die Vitamin-D-Versorgung jahreszeitlich bedingt unterschiedlich. Vitamin D beeinflusst den Kalzium- und Phosphatstoffwechsel im Körper und ist wichtiger Bestandteil des Knochenstoffwechsels.

- Vitamin-D-Überdosierungserscheinungen sind meist irreversible Verkalkungsvorgänge an verschiedenen Organen (Bauchspeicheldrüse, Auge, zentrales Nervensystem), die unterschiedliche Beschwerden (psychische Störungen) verursachen können. Bei bekannter D-Hypervitaminose und zu hohen Kalzium-Konzentrationen im Blut (Hyperkalzämie) darf keinesfalls zusätzlich Vitamin D zugeführt werden! Hohe Vitamin-D-Dosierungen können bei schwangeren Frauen Spontanaborte verursachen!
- Ein deutlicher Vitamin-D-Mangel führt vor allem am Knochenskelett und am Nervensystem zu Beschwerden: Bei Säuglingen und Kindern kommt es zu Knochen-

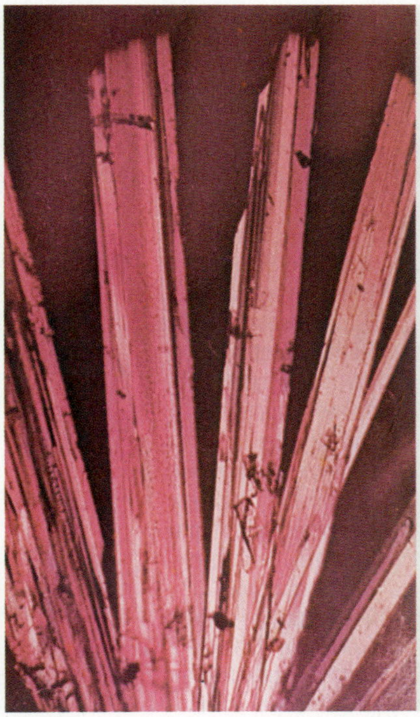

Darstellung von kristallinem Vitamin D mithilfe von polarisiertem Licht
links: Vitamin-D_1-Kristalle; rechts :Vitamin-D_3-Kristalle

Vitamin D

(Mikrogramm pro 100 Gramm eingekaufter Ware – genießbarer Teil)

Höchste Werte	
Lebertran	210
Ovomaltine	30,6
Hering gebacken	25,0
Hering gebraten	25,0
Makrele gebacken	21,1
Makrele roh	17,5
Lachs	12,5
Margarine	7,9
Sardine in Öl	7,5
Hühnervollei getrocknet	6,0
Thunfisch in Öl	5,8
Hühnereidotter	5,0
Hühnervollei roh	1,7
Hühnervollei gebacken	1,7
Hühnervollei gekocht	1,7
Schweineleber	1,1
Würstchen	1,1
Mayonnaise	1,0
Pfefferkuchen	0,9

verkalkungsstörungen (Rachitis) mit Skelettverformung und bei Erwachsenen (Osteomalazie) ebenfalls zu Skelettverformungen (Trichterbrust) sowie zu einer Neigung zu Knochenbrüchen. Kalziummangel-Symptome sind Verkrampfungsneigung und Herzrhythmusstörungen.

Derivate

Durch Zufall entdeckte man, dass sich bei einem Patienten, der mit Vitamin D3 wegen einer Knochenerkrankung (Osteoporose) behandelt wurde, auch die bestehende Schuppenflechte besserte. Vitamin D_3 ist ein Hormon, das in der Haut unter Einwirkung von ultravioletter Strahlung gebildet wird und die Teilung und Verhornung der Hautzellen hemmt.
Calcipotriol, das in Salben und Cremes zur Verfügung steht, ist ein solches Vitamin-D_3-Derivat, das mit sehr großem Erfolg bei Schuppenflechte benutzt wird, vor allem bei leichter bis mittelschwerer chronischer Rundherd-Psoriasis. Bei hartnäckiger Psoriasis kann Calcipotriol auch mit einer UVB-Lichttherapie kombiniert werden – zuerst wird bestrahlt, dann die Salbe aufgetragen. Calcipotriol ist etwa gleich wirksam wie das mittelstarke Kortikoidderivat Betamethason, aber besser verträglich. Auf der Kopfhaut heilen Schuppenflechte-Herde bei Anwendung von Calcipotriol-Salbe vollständig ab.
Im Gesicht sollte Calcipotriol nicht benutzt werden. Calcipotriol ist eines der besten Mittel zur Behandlung der Schuppenflechte.

Vitamin E

Vitamin E, das natürlich vorkommende D-Alpha-Tokopherol, schützt den Körper ähnlich wie Vitamin C als starkes Antioxidans vor allem vor der Wirkung zellschädlicher Sauerstoffradikale und gilt als Anti-Aging-Vitamin. Darüber hinaus beeinflusst Vitamin E auch den Fettstoffwechsel günstig. Vitamin E ist vorbeugend gegen Arterienverkalkung (Arteriosklerose), Herz-Kreislauf- und Krebserkrankungen wirksam und schützt vor degenerativen Krankheiten bei fortschreitendem Lebensalter. Die Nahrungsergänzung mit Vitamin E ist

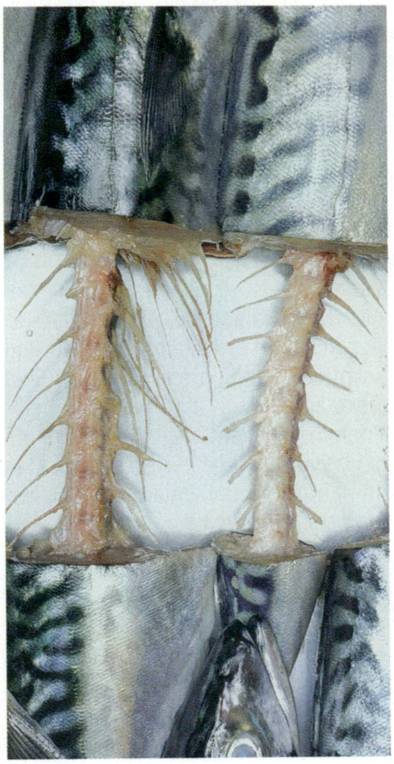

Natürliche Vitamin-E-Quellen

Vitamin E kommt in Spuren fast in jedem Lebensmittel vor:

- Fleisch
- Fisch
- Milch
- Olivenöl
- Eidotter
- Weizenkeime
- Hafer
- Nüsse
- Soja
- Gemüse
- Hülsenfrüchte
- Linsen
- Bohnen
- Erbsen
- Avocados
- Sellerie
- Lauch
- Grünkohl
- Brokkoli
- Spinat

eine gute Vorbeugungsmaßnahme, um bis ins hohe Lebensalter hinein gesund und leistungsfähig zu bleiben (Anti-Aging).

Stoffwechsel

Vitamin E gehört zu der Gruppe der fettlöslichen Vitamine und wird bevorzugt in Muskel- und Fettgewebe gespeichert. Die höchsten Vitamin-E-Konzentrationen finden sich in der Hirnanhangsdrüse (Hypophyse), den Nebennieren und den Hoden.
Aktuelle Forschungsergebnisse weisen darauf hin, dass Vitamin E gegen schädliche oxidative Stoffwechselprodukte (freie Sauerstoffradikale) im Körper vor allem am Gefäßsystem äußerst wirksam ist. Vitamin E beeinflusst darüber hinaus den Fettstoffwechsel (Cholesterinstoffwechsel) günstig und kann deshalb effektiv vor Herz-Kreislauf-Erkrankungen schützen.

Wirkungen

Vitamin E ist einer der wichtigsten Antistress-Nährstoffe. Ein Vitamin-E-Defizit führt deshalb zur Störung wichtiger Zellfunktionen. Vitamin E ist stark antioxidativ wirksam, das heißt Vitamin E neutralisiert die durch oxidative Vorgänge bei Stresszuständen im Körper anfallenden schädlichen Stoffwechselprodukte (freie Sauerstoffradikale) und zahlreiche andere Giftstoffe.

- Vitamin E verlangsamt den Alterungsprozess, erhält die körperlichen Funktionen leistungsfähig und verhindert vorzeitige Alterung. Günstige Wechselwirkungen mit Spurenelementen (Selen) und anderen Vitaminen (Vitamin C, Vitamin A) sowie Enzymaktivierung (Superoxid-Dismutase, SOD) für die Reparatur von Zellschäden erhöhen die antioxidative Kraft von Vitamin E zusätzlich. Vitamin E verhindert darüber hinaus die Entstehung schädlicher Stoffwechselprodukte beim Abbau mehrfach ungesättigter Fettsäuren und schützt vor Giftstoffen wie Schwermetallen (Blei, Quecksilber), krebserregenden Substanzen (Benzene, Ozon, Stickoxide), Luftschadstoffwirkungen und Verbrennungsprodukten (Nitrosamine), die etwa bei Zigarettenrauch oder gebratenem Fleisch anfallen.
- Mehr als 50 wissenschaftliche Studien haben bislang die Rolle von Vitamin E zur Vorbeugung gegen Krebserkrankungen untersucht. Vor allem gegen Haut-, Mund-, Darm- und Brustkrebs erwies sich Vitamin E als äußerst wirksam. Auch bei bereits bestehender Krebserkrankung kommt es zu einer günstigen Wirkung durch eine Vitamin-E-Zufuhr. Darüber hinaus verbessert Vitamin E die Wirksamkeit einer Strahlentherapie und kann vor schweren Nebenwirkungen der Chemotherapie schützen.

Biotin

(Mikrogramm pro 100 Gramm eingekaufter Ware – genießbarer Teil)

Höchste Werte	
Hefe getrocknet	200
Brathuhnleber gebraten	170
Hühnereidotter roh	60
Kalbsleber gebraten	53
Schweineniere	53
Ochsenniere	49
Lammniere gebraten	42
Lammleber gebraten	41
Hühnerei Gesamtinhalt	25
Hühnerei gebacken	25
Hühnerei gekocht	25
Makkaroni gekocht	20
Trockenmagermilch	16
Bran-Getreideflocken	14
Mayonnaise	12
Austern roh	10
Trockenvollmilch	10
Hering roh	10
Hering gebraten	10
Hering geräuchert	10
Makrele gebraten	8
Schafherz	8
Makrele roh	7
Weißmehl 100 Prozent	7
Camembert	6
Roggenmehl 100 Prozent	6
Schellfisch	6
Sardinen	5
Lachs roh	5

- Obwohl noch keine endgültige wissenschaftlich begründete Klarheit über die Schutzeffekte von Vitamin E am Gefäßsystem vorliegt, haben zahlreiche Untersuchungen deutlich gezeigt.

Folsäure

(Mikrogramm pro 100 Gramm eingekaufter Ware – genießbarer Teil)

Höchste Werte		Niedrigste Werte	
Hefe getrocknet	4000	Truthahn	15
Marmite	1010	Thunfisch in Öl	15
Hühnerleber gebacken	500	Tomatensoße	15
Endivie roh	330	Garnelen	15
Kalbsleber gebacken	320	Hühnerei	15
Bran-Getreideflocken	260	Beefburger gebacken	15
Lammleber gebacken	240	Beefsteak	15
Tomatenpüree	140	Karotten roh	15
Spinat gekocht	140	Rice-Krispies-Getreideflocken	14
Rüben gekocht	110	Ready-Brek-Getreideflocken	14
Erdnüsse ohne Schalen	110	Kartoffeln roh	14
Schweineleber	110	Mayonnaise	14
Rosenkohl roh	110	Heilbutt	14
Erbsen roh	100	Spaghetti roh	13
All-Bran-Getreideflocken	100	Sardinen in Tomatensoße	13
Mandeln ohne Schalen	96	Kürbis roh	13
Brokkoli roh	90	Lachs	12
Rote Bete roh	90	Grapefruit roh	12
Lammniere gebraten	79	Kabeljau gebacken	12
Roggenmehl 100 Prozent	78	Ananas	11
Haselnüsse ohne Schalen	72	Pfeffer roh	11
Pastinake roh	67	Makkaroni roh	11
Walnüsse ohne Schalen	66	Johannisbeeren	11
Avocado	66	Hering gebacken	10
Makkaroni gekocht	60	Weißmehl 40 Prozent	10
Camembert	60		
Tomaten getrocknet	52		
Weetabix-Getreideflocken	50		
Dänischer Blaukäse	50		

Pantothensäure

(Milligramm pro 100 Gramm eingekaufter Ware – genießbarer Teil)

Höchste Werte	
Soja	21,1
Trocken-Hefe	11,0
Kalbsleber gebraten	8,8
Lammleber gebraten	7,6
Eier	6,2
Brathuhnleber gebraten	5,5
Lammniere gebraten	5,1
Schweineleber	4,6
Hühnereidotter roh	4,6
Schafherz gebraten	3,8
grüne Bohnen gekocht	3,8
Trockenmagermilch	3,5
Ochsenniere	3,0
Hefe	2,9
Erdnüsse ohne Schalen	2,7
Trockenvollmilch	2,7
Lammherz roh	2,5
Schweineniere	2,4
Kleie	2,4
Sojamehl	2,1
Erdnussbutter	2,1
Lachs roh	2,0
Erbsen getrocknet, roh	2,0
Champignons roh	2,0
Dänischer Blaukäse	2,0

Vitamin K

- Eigenschaften: fettlöslich, nicht hitzebeständig, empfindlich gegen Sauerstoff
- Funktion: Essenziell für die Blutgerinnung. Vitamin K ist für die Bildung des Prothrombins in der Leber verantwortlich. Es ist eines der wichtigsten Teile des Blutgerinnungsmechanismus
- Vorkommen (pro 100 g): grünes Gemüse (Spinat) 3–4,5 mg, Schweineleber 0,5-1 mg, Blumenkohl 4 mg
- Krankheitserscheinungen bei Mangel: Es entstehen Blutungen, da die Resorption des Vitamin K oder die Leberfunktion gestört ist. Die verlängerte Blutgerinnungszeit kann durch Vitamin-K-Gaben reguliert werden (tägliche Dosis 30-40 Milligramm).
- Tagesbedarf
  Erwachsene 4 mg
  davon Zufuhr von außen 0,1 mg
- Prophylaxe bei Erwachsenen 10–20 mg
- Subkutan bei Neugeborenen 5–20 mg
- therapeutische Dosen 10–30 mg
- in dringenden Fällen intravenös 40 mg

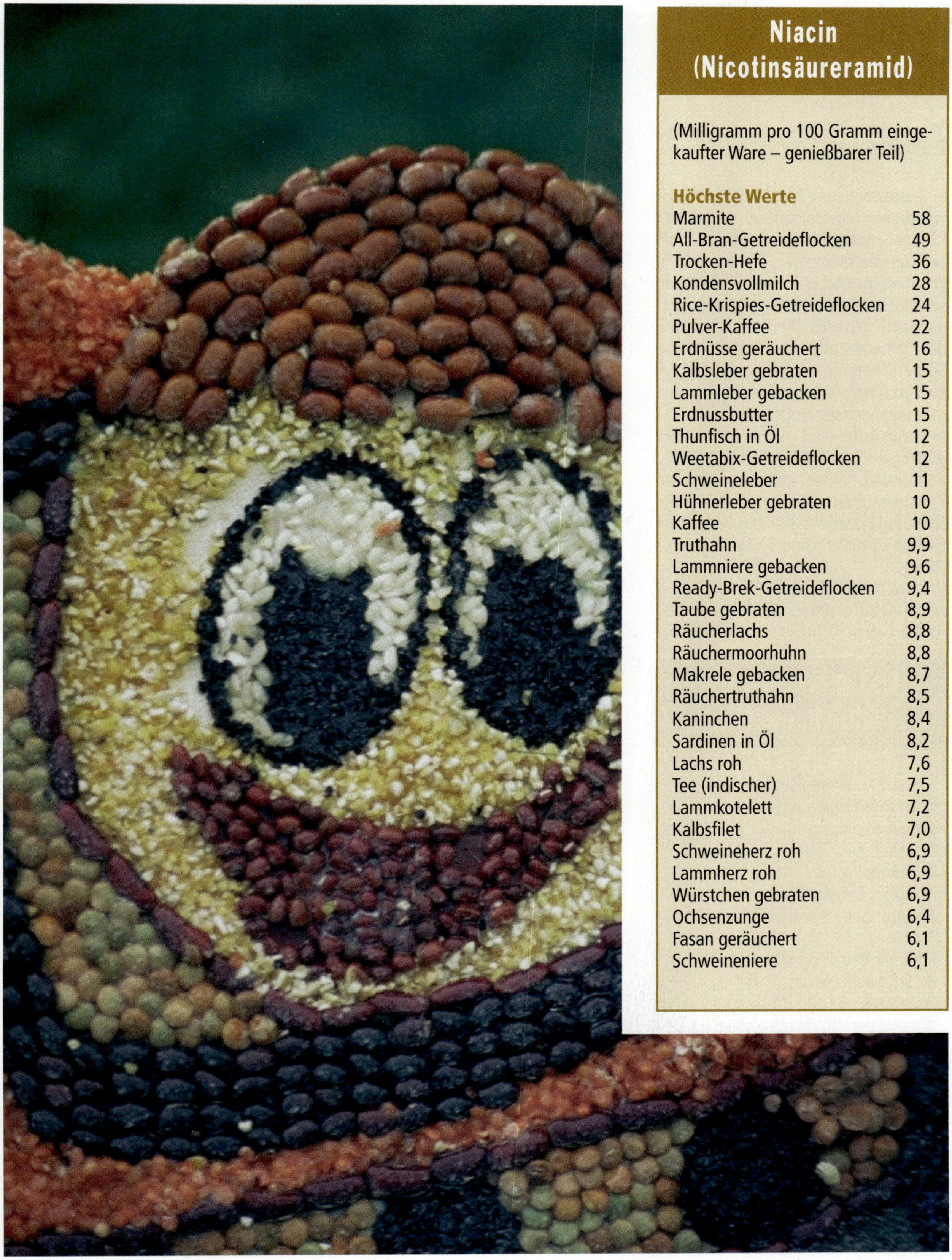

Niacin (Nicotinsäureramid)

(Milligramm pro 100 Gramm eingekaufter Ware – genießbarer Teil)

Höchste Werte

Marmite	58
All-Bran-Getreideflocken	49
Trocken-Hefe	36
Kondensvollmilch	28
Rice-Krispies-Getreideflocken	24
Pulver-Kaffee	22
Erdnüsse geräuchert	16
Kalbsleber gebraten	15
Lammleber gebacken	15
Erdnussbutter	15
Thunfisch in Öl	12
Weetabix-Getreideflocken	12
Schweineleber	11
Hühnerleber gebraten	10
Kaffee	10
Truthahn	9,9
Lammniere gebacken	9,6
Ready-Brek-Getreideflocken	9,4
Taube gebraten	8,9
Räucherlachs	8,8
Räuchermoorhuhn	8,8
Makrele gebacken	8,7
Räuchertruthahn	8,5
Kaninchen	8,4
Sardinen in Öl	8,2
Lachs roh	7,6
Tee (indischer)	7,5
Lammkotelett	7,2
Kalbsfilet	7,0
Schweineherz roh	6,9
Lammherz roh	6,9
Würstchen gebraten	6,9
Ochsenzunge	6,4
Fasan geräuchert	6,1
Schweineniere	6,1

Mineralien

Einführung

Eine ausreichende Menge von lebenswichtigen Mineralstoffen erhält der Körper normalerweise durch die Nahrungsaufnahme. Mineralstoffe kommen im Körper in Gramm-Mengen vor und werden deshalb auch Mengenelemente genannt. Die Unterscheidung der Mineralstoffe in Menschen und Spurenelemente erfolgt nach der Menge ihres Vorkommens im Organismus und nach der Höhe des Bedarfs.
Mineralstoffe sind für eine Vielzahl wichtiger Körperfunktionen von großer Bedeutung, unter anderem für den Knochenaufbau, die Regulierung des Salz- und Wasserhaushalts sowie für die Nerven-, Muskel- und Blutgerinnungsfunktion.
Im Stoffwechsel ergänzen sich viele Mineralstoffe untereinander. Für den Aufbau des Knochenskeletts ist die gleichzeitige Aufnahme von Kalzium, Phosphor und Magnesium erforderlich. 100 Gramm Knochengewebe enthalten einen Anteil von etwa 37 Gramm Kalzium, 50 Gramm Phosphor und 0,6 Gramm Magnesium. Der sich kontinuierlich im Austausch befindliche Körpergesamtbestand besitzt ein mittleres Mengenverhältnis von Natrium zu Chlorid und zu Kalium von 1 : 1 : 1,5.
In gelöster Form, als sogenannte Elektrolyte, sind die Mineralstoffe Chlor und Natrium verantwortlich für die Physik und Chemie in unseren Körperflüssigkeiten und Zellen. Sie sorgen unter anderem für die Elektrizität, die die „Batterie Mensch" immer wieder auflädt, versorgen die Reizleitungen der Körperströme, die zuständig sind für Verdauung und Stoffwechsel, für den osmotischen Austausch zwischen Lymphe, Blut und Zellen.
Zusammen mit den Vitaminen sind die Mineralien essenziell für die Herstellung der sogenannten Neurotransmitter, das sind Überträgersubstanzen, feine Botenstoffe, welche die Nervenimpulse erst ermöglichen und pausenlos Verbindungen schaffen zwischen Gehirn, Rückenmark, Nervenbahnen sowie allen Organen und die uns überhaupt erst lebens- und reaktionsfähig machen. Sie regulieren unseren Herzschlag, unsere Atmung, die Verdauung und die Bewegung jedes kleinen Fingers, auch den Lidschlag unserer Augen – und all das meist ganz ohne unser Zutun. Zu den wichtigsten Voraussetzungen fürs reibungslose Funktionieren der Neurotransmitter zählen die B-Vitamine, gemeinsam mit Kupfer und Zink.
Von diesen lebenswichtigen Mineralstoffen hält der Körper im Normalfall immer einen Vorrat in einer bestimmten Menge gespeichert. Ein Mangel oder ein Überangebot an Mineralstoffen im Körper können die normale Mineralstoffverteilung verändern und unter Umständen zu schweren gesundheitlichen Störungen führen.
Grundsätzlich können sich die Mengenanteile der Mineralstoffe im Körper durch Mineralstoffmangel, erhöhten Bedarf an Mineralstoffen oder Mineralstoffverluste verschieben.

Das Mineralstoff-Gleichgewicht

Mangel an Mineralstoffen
- Mangelernährung
- Fehlernährung
- Diät
- Alkoholismus
- hohes Lebensalter
- chronische Erkrankungen

Erhöhter Bedarf an Mineralstoffen
- Schwangerschaft
- Stillzeit
- schwere körperliche Belastung
- Fieber
- Infektionskrankheiten

Verlust von Mineralstoffen
- Schwitzen
- Erbrechen
- Durchfall
- Nierenerkrankungen
- Arzneimittel

Chlor

Merkmale

1-, 3-, bis 7-wertiges Element (relative Atommasse 35,453). Chlor (Cl) ist ein stechend riechendes (schleimhautreizendes), gelbgrünes, wasserlösliches, gasförmiges Halogen; sehr giftig; bildet bei Reaktion mit Metallen Salze (Chloride).

Funktionen

Chlor beziehungsweise das in Flüssigkeiten negativ geladene Chlorid (Cl_-) ist der wichtigste Bindungspartner für Natrium (Na). Chlorid ist zusammen mit Natrium für die richtige Flüssigkeitsverteilung im Körper von größter Bedeutung und liegt ebenfalls in Körperräumen außerhalb der Zellen (extrazellulär) vor. Chlorid wird über den Darm aufgenommen und über die Nieren ausgeschieden.
Der Chloridwert wird immer zusammen mit Natrium bestimmt:

- Bei erhöhten Chloridwerten im Blut sind in der Regel auch die Natriumwerte erhöht. Die Beschwerden entsprechen den Beschwerden bei einem Natriumüberangebot im Blut.
- Bei verminderten Chloridwerten sind in der Regel auch die Natriumwerte vermindert. Die Beschwerden entsprechen den Beschwerden bei Natriummangel im Blut.

Kalium

Merkmale

1-wertiges chemisches Element (relativer Atommasse 39,10). An der Luft unbeständiges, mit Sauerstoff und Wasser heftig reagierendes Alkali-

Chlor

(Milligramm pro 100 Gramm eingekaufter Ware – genießbarer Teil)

Höchste Werte		Niedrigste Werte	
Salz	59.900	Weißwein trocken	10
Minestrone getrocknet	7670	Makkaroni gekocht	10
Tomaten getrocknet	6620	Guaven	10
Marmite	6600	Orangensaft	10
Garnelen gekocht	5850	Grapefruitsaft	10
Herzmuscheln gekocht	5220	Coca-Cola	10
Oliven	3750	Vermouth trocken	9
Lachs geräuchert	2850	Reis gekocht	9
Speck mittelfett, roh	2800	Rosinen getrocknet	9
Steingarnelen gekocht	2550	Portwein	8
Salami	2460	Erbsen gekocht	8
All-Bran-Getreideflocken	2440	Weißwein süß	7
Dänischer Blaukäse	2390	Weißwein perlend	7
Camembert	2320	Sherry medium	7
Cornflakes Getreideflocken	2240	Rosé medium	7
Schellfisch geräuchert	1900	Erdnüsse ohne Schalen	7
Tomatenketchup	1810	Marmelade	7
Kabeljau geräuchert	1800	Stachelbeeren grün, roh	7
Ochsenzunge	1750	Haselnüsse ohne Schalen	6
Kartoffelstärkemehl	1750	Stachelbeeren grün	6
Stilton-Käse	1720	Kohl gekocht	6
Rice krispies Getreideflocken	1700	Avocado	6
Mixed Pickles	1700	Erdbeeren	5
Schinken	1670	Zwiebel gekocht	5
Kalbfleisch	1650	Nektarinen roh	5

metall, das (in Verbindungen) in den meisten Mineralien enthalten ist. Kalium ist das wichtigstes Kation des Intrazellulärraums, dort insbesondere in Mitochondrien und Ribosomen. Erythrozyten enthalten besonders viel Kalium.

Funktionen

Der Kaliumstoffwechsel ist vor allem für die Aufrechterhaltung des zellulären Raumes sowie bioelektrischer Funktionen der Nervenimpulsleitung, Erregungs- und Kontraktionsvorgänge der Muskulatur sowie für die Enzymaktivierung und Energiegewinnung von Bedeutung.

Kalium wird zum Großteil über den Dünndarm aufgenommen und mit dem Harn ausgeschieden, wobei das Kaliumgleichgewicht außerhalb der Zellen durch die Nieren reguliert wird. Die Kaliumkonzentration im Blut muss innerhalb eines sehr engen Rahmens aufrechterhalten werden. Zu hohe oder zu niedrige Werte können ernste Konsequenzen haben, zum Beispiel Herzrhythmusstörungen und Herzstillstand. Das in den Zellen gelagerte Kalium hilft dem Körper, die Kaliumkonzentration im Blut stabil zu halten.

Wie bei anderen Elektrolyten bleibt das Kaliumgleichgewicht erhalten, wenn mit der Nahrung evenso viel Kalium aufgenommen wird, wie der Körper ausscheidet. Zwar geht im Magen-Darm-Trakt etwas Kalium verloren, aber der Hauptteil wird mit dem Urin ausgeschieden. Normalerweise passen die Nieren die Kaliumausscheidung den Veränderungen in der Kaliumaufnahme durch die Nahrung an.

Kaliummangel

Gesunde Nieren können Kalium hervorragend zurückhalten. Sinkt die Kaliumkonzentration im Blut zu stark ab, liegt es meist daran, dass die Nieren nicht normal funktionieren oder durch den Magen-Darm-Trakt zu viel Kalium verlorenging (zum Beispiel durch Erbrechen, Durchfall, Abführmittelmissbrauch oder Dickdarmpolypen). Es gibt verschiedene Gründe, warum zu viel Kalium im Urin ausgeschieden wird. Am häufigsten ist die Einnahme bestimmter Diuretika, die die Nieren veranlassen, überschlüssiges Natrium, Wasser und Kalium auszuscheiden.

■ *Symptome*

Ein leiches Absinken des Kaliumspiegels im Blut verursacht normalerweise keine Symptome. Schwerer Kaliummangel kann Muskelschwäche, Zuckungen und sogar Lähmungen verursachen.

Besonders herzkranke Menschen können Herzrhythmusstörungen bekommen.

Kaliumüberdosierung

Grundsätzlich ist ein zu hoher Kaliumspiegel im Blut gefährlicher als ein niedriger. Liegt die Konzentration über 5,5 mmol pro Liter, wird das elektrische Reizleitungssystem des Herzens beeinträchtigt. Steigt die Konzentration weiter an, kommmt es zu Herzrhythmusstörungen und Herzstillstand.

Eine leichte Hyperkaliämie entsteht am häufigsten durch Arzneimittel, die die Kaliumausscheidung der Nieren blockieren.

Ein partielles oder vollständiges Nierenversagen kann zur Hyperkaliämie

Natürliche Kaliumquellen

- Kochsalzersatz
- Bananen
- Tomaten
- Orangen
- Melonen
- Kartoffeln
- Spinat
- die Blätter weißer Rüben
- Kohlblätter
- Grünkohl
- Erbsen- und Bohnensorten
- Trockenfrüchte, z.B. Aprikosen

Kalium

(Milligramm pro 100 Gramm eingekaufter Ware – genießbarer Teil)

Höchste Werte		Niedrigste Werte	
Pulver-Kaffee	4000	Garnelen	
Marmite	2600	Himbeeren in Dosen	100
Tee (indischer)	2160	Mangos in Dosen	100
Soja	2030	Weißmehl 40 Prozent	100
Trocken-Hefe	2000	Äpfel gezuckert	100
Aprikosen getrocknet roh	1880	Cornflakes Getreideflocken	99
Currypulver	1830	Würstchen	98
Sojamehl	1660	Zunge	97
Magermilchpulver	1650	Erdbeere	97
Kartoffelknödelmehl	1550	Portwein	97
Tomatenpüree	1540	Loganbeeren in Dosen	97
Kakaopulver	1500	Ananas in Dosen	94
Sirup schwarz	1470	Oliven	91
Vollmilchpulver	1270	Meringe	91
Bran-Getreideflocken	1160	Essig	89
All-Bran-Getreideflocken	1070	Zucker	89
Feigen getrocknet roh	1010	Sherry medium	89
Erbsen getrocknet roh	990	Tomaten getrocknet	89
Senfpulver	940	Weißwein medium	88
Tomaten getrocknet	920	Mandarinorangen	88
Rosinen getrocknet	860	Karotten gekocht	87
Mandeln ohne Schalen	860	Schmelzkäse	82
Ovomaltine	850	Rüben gekocht	78
Minestrone getrocknet	800	Zwiebeln gekocht	78
Datteln getrocknet	750	Rosé medium	75
Johannisbeeren getrocknet	710	Speck fett, roh	75
Erdnussbutter	700	Makkaroni gekocht	67
Aprikosen	700	Minestrone	62
Linsen roh	670	Weißwein trocken	61
Aprikosenkompott	670	Sherry trocken	57
Feigen getrocknet roh	650	Mixed Pickles	55
Müsli	600	Honig	51
Tomatenketchup	590	Spaghetti gekocht	50
Kartoffeln gebacken	550		

führen. Menschen mit Nierenfunktionsstörungen sollten darum kaliumreiche Nahrungsmittel meiden. Hyperkaliämie kann auch entstehen, wenn plötzlich eine große Kaliummenge aus dem Zellinnern freigesetzt wird. Das kann zum Beispiel vorkommen, wenn bei einem Unfall viel Muskulatur zerstört wird, jemand eine schwere Verbrennung erleidet oder eine Überdosis Crack nimmt.

Symptome

Eine leichte Hyperkaliämie verursacht wenig oder keine Symptome. Gewöhnlich wird es bei einer Routineuntersuchung des Blutes festgestellt oder wenn der Arzt Veränderungen im Elektrokardiogramm bemerkt. Gelegentlich treten Herzrhythmusstörungen auf; diese werden von den Betroffenen als Herzklopfen wahrgenommen.

Kalzium

Merkmale

Chemisches Element, Symbol Ca (relative Atommasse 40,08). Kalzium ist ein mit Sauerstoff und Wasser heftig reagierendes, an der Luft unbeständiges, weiches, silberweiß glänzendes, 2-wertiges Erdalkalimetall. Im Organismus vor allem im Knochengewebe deponiert. Der Kalziumbestand (ca. 1,5 Prozent des Körpergewichts) wird durch das Zusammenwirken von Parathormon, Calcitriol und Calcitonin normalerweise in engen Grenzen konstant gehalten. Kalzium ist vor allem in der Milch (pro Liter 1,1 bis 1,3 Gramm), in Milchprodukten und in manchem Gemüse enthalten.

Funktionen

Kalzium ist für den Knochenstoffwechsel beziehungsweise den Aufbau und die Festigkeit des Knochengerüstes und der Zähne erforderlich. 98 Prozent des im Körper befindlichen Kalziums sind in den Knochen gespeichert. Das restliche Kalzium liegt zu etwa 50 Prozent in (positiv geladener) ionisierter Form im Blutserum und zu etwa 45 Prozent an Eiweiß gebunden vor.

Die Freisetzung oder Bindung von Kalzium im Organismus wird hauptsäch-

lich durch Hormone (Parathormon, Calcitonin, Calcitriol) geregelt und beeinflusst.
Kalzium wird im Zwölffingerdarm und im Dünndarm aufgenommen. Die wichtigsten Kalziumquellen sind Milch und Milchprodukte. Da der Kalziumstoffwechsel hormonell – insbesondere durch Östrogene – beeinflusst wird, kann in bestimmten Lebensphasen (Schwangerschaft, Stillzeit, Wechseljahre, Pubertät) ein erhöhter Kalziumbedarf auftreten.
Das ungebundene im Blut befindliche Kalzium ist für eine Reihe wichtiger Funktionen von Bedeutung:

- die Erhaltung der bioelektrischen Nerven- und Muskelfunktion
- Muskelerregbarkeit
- Stabilität des Herzrhythmus
- Aktivierung oder Blockade von Enzymsystemen
- Abwehrfunktionen
- Blutgerinnung

Darüber hinaus reguliert Kalzium auch die Durchlässigkeit der Zellwände.

Natürliche Kalziumquellen

- Milch
- Milchprodukte
- Hartkäse
- Schalentiere
- Sardinen
- Sprotten
- Eigelb
- Haferflocken
- Sojasprossen
- Mandeln
- Nüsse
- Algen
- Hülsenfrüchte
- Melasse
- Datteln
- Rosinen
- Sonnenblumenkerne
- Sellerie
- Karotten
- Okra
- Erbsen
- Lauch
- Kohl

Kalziummangel

Kalzium ist ein wichtiger Grundbaustoff für die Knochensubstanz: 1 bis 1,5 Kilogramm Kalzium liegen im knöchernen Skelett des Menschen als Hydroxylapatit vor, das den Knochen druckfest macht und in Verbindung mit zugfesten Kollagen die architektonische Stabilität des Knochengerüstes sichert.
Liegt ein dauerhafter (ernährungsbedingter) Kalziummangel im Blut vor, wird Kalzium aus der Knochensubstanz herausgelöst, damit das Kalziumgleichgewicht im Körper aufrecherhalten werden kann. Fortbestehender Kalziummangel kann deshalb massiven Knochenabbau zur Folge haben.
Darüber hinaus verschlechtert sich mit zunehmendem Lebensalter die Kalziumaufnahmefähigkeit der Verdauungsorgane, wodurch das Osteoporoserisiko zunimmt. Folgende Ursachen können zu einem Kalziummangel beitragen:

- ▲ ungenügende Kalziumaufnahme mit der Nahrung (Mangelernährung, einseitige Ernährung)
- ▲ verminderte Kalziumaufnahme im Darm (Malabsorpotion, Maldigestion)
- ▲ verminderte Kalziumaufnahme im Darm bei Essstörungen (Anorexia nervosa, Bulimie)

Symptome

Ein ungewöhnlich niedriger Kalziumspiegel braucht keine Symptome zu verursachen. Mit der Zeit kann das aber die Gehirnfunktionen beeinträchtigen und neurologische Symptome hervorrufen:

- Verwirrung
- Gedächtnisverlust
- Delirium
- Depression
- Halluzinationen

Diese Symptome bilden sich zurück, wenn die Kalziumkonzentration wieder ansteigt.
Eine extrem niedrige Kalziumkonzentration (unter 7 Milligramm pro Deziliter Blut – 1,8 mmol) kann Muskelschmerzen und Prickeln verursachen, am meisten in Lippen, Zungen, Fingern und Füßen.
Bei schweren Fällen kann es zu Krampfanfällen, Muskelkrämpfen im Hals und Tetanie kommen. Es können Veränderungen am elektrischen Reizleitungssystem des Herzens auftreten, die im EKG zu sehen sind.

Kalziumüberdosierung

Bei einem Kalziumspiegel von mehr als 10,5 Milligramm pro Deziliter Blut sprechen Mediziner von Hyperkalziämie. Die Ursache ist entweder eine gesteigerte Kalziumaufnahme aus dem Magen-Darm-Trakt oder eine erhöhte Kalziumzufuhr mit der Nahrung. Menschen mit Magengeschwüren trinken häufig viel Milch und nehmen zusätzlich kalziumhaltige Medikamente gegen Magenübersäurung ein. Eine Überdosis Vitamin D kann den Kalziumspiegel im Blut ebenfalls erhöhen, weil es die Aufnahme von Kalzium aus dem Magen-Darm-Trakt verbessert.
Die häufigste Ursache für Hyperkalziämie ist jedoch eine Überfunktion der Nebenschilddrüse. Dabei produziert die Nebenschilddrüse eine ungewöhnlich große Menge Parathormon. Etwa 90 Prozent der Menschen mit Überfunktion der Nebenschilddrüsen haben einen nichtkanzerösen Tumor in einer dieser kleinen Drüsen.

Symptome

Da eine Hyperkalziämie meist keine Symptome verursacht, wird sie gewöhnlich bei einer Routineuntersuchung des Blutes festgestellt.
Die ersten Anzeichen einer Hyperkalziämie sind im Allgemeinen:

- Verstopfung
- Appetitverlust
- Übelkeit
- Erbrechen
- Bauchschmerzen

Bei Menschen mit chronischer Hyperkalziämie können sich kalziumhaltige Nierensteine bilden. Bei schwerer und lange andauernder Nierensteinerkrankung kann in den Nieren Kalzium auskristallisieren und Dauerschäden verursachen.

Magnesium

Merkmale
Chemisches Element, Symbol Mg (relativer Atommasse 24,305), 2-wertiges Erdalkalimetall. Magnesium ist Aktivator von allen Reaktionen im Organismus, an denen ATP beteiligt ist. Die Resorption von Magnesium wird durch Thyroxin gefördert. Der Magnesiumspiegel wird hauptsächlich durch die Ernährung aufrechterhalten. Magnesium wird sowohl im Stuhl als auch im Urin ausgeschieden.

Funktionen
Magnesium ist für die Aktivierung von mehr als 300 Enzymen im menschlichen Organismus von großer Bedeutung. Nur ein Drittel des mit der Nahrung zugeführten Magnesiums wird im Dünndarm aufgenommen, der Rest wird mit dem Stuhl ausgeschieden. Magnesium ist hauptsächlich in Zellen von Knochen- und Weichteilgewebe gespeichert.
Der Magnesium-Stoffwechsel des Körpers wird größtenteils von den Nieren reguliert. Außer für die Enzymaktivierung ist Magnesium auch für den Energie- und Fettstoffwechsel von Bedeutung. Darüber hinaus wirkt Magnesium dämpfend auf die periphere Nervenimpulsüberleitung an der Muskulatur. Am Herz-Kreislauf-System bewirkt Magnesium eine verbesserte Energie- und Sauerstoffausnutzung.
Wenn die Magnesiumwerte im Blut auf mehr als 6,08 Milligram pro Deziliter erhöht sind, können Beschwerden auftreten – bei mehr als 12,2 Milligramm pro Deziliter (5 mmol/l) Magnesium im Blut kommmt es zur Atemlähmung.

Magnesiummangel
In bestimmten Lebensphasen kommt es zu einem erhöhten Magnesiumbedarf, wodurch ein Magnesiummangelzustand ausgelöst werden kann.

- Ein erhöhter Magnesiumbedarf kann vor allem bei Frauen während der Schwangerschaft und der Stillzeit auftreten sowie bei Frauen, die die Antibabypille einnehmen.
- Genussgifte, insbesondere Alkohol, und chronische Durchfälle führen zu Magnesiumverlusten und können zu einem Mineralstoffmangel beitragen.
- Magnesiummangel ist offensichtlich auch an Erkrankungen wie schmerzhafter Muskelverspannung (Fibromyalgie) und dem chronischen Müdigkeitssyndrom beteiligt.
- Psychische Stresszustände vermindern wahrscheinlich auch den Magnesiumspiegel im Blut. Studien mit Kindern haben gezeigt, dass bei Magnesiummangel häufiger Depressionen und Schlafstörungen nachweisbar sind. Bei Erwachsenen kann Magnesiummangel zu Empfindungsstörungen, Muskelkrämpfen, Verspannungen (Kontraktionen), Verwirrtheitszuständen und Verhaltensstörungen führen.
- Magnesium beeinflusst auch die Funktion der Gefäßmuskulatur. Aus diesem Grund kann Magnesiummangel am Gefäßsystem des Herzens und im gesammten Körper Störungen verursachen, die eine Bluthochdruck- oder Herzkranzgefäßerkrankung begünstigen. Darüber hinaus gilt Magnesiummangel als zusätzlicher Risikofaktor für die Gefäßfunktionsstörungen bei Zuckerkrankheit.

Magnesium

(Milligramm pro 100 Gramm eingekaufter Ware – genießbarer Teil)

Höchste Werte		Niedrigste Werte	
Kleie	520	Rüben gekocht	10
Kakaopulver	520	Sirup	10
Pulver-Kaffee	390	Salami	10
All-Bran-Getreideflocken	370	Kartoffeln	10
Soja	290	Mixed Pickles	10
Salz	280	Pfeffer grün, gekocht	10
Currypulver	280	Grapefruit roh	10
Senfpulver	260	Endivie roh	10
Mandeln ohne Schalen	260	Johannisbeeren	10
Tee (indischer)	250	Kirschen	10
Hefe getrocknet	230	Schmelzkäse	10
Erdnüsse	180	Auberginen roh	10
Erdnussbutter	180	Aprikosen	10
Marmite	180	Tomatensaft	10
Ovomaltine	150	Weißwein medium	9
Weißmehl 100 Prozent	140	Würstchen	9
Walnüsse ohne Schalen	130	Mandarinorangen in Dosen	9
Erbsen	130	Gurke roh	9
Ingwer	130	Backpulver	9
Ready-Brek-Getreideflocken	120	Orangensaft in Dosen	9
Marzipan	120	Grapefruitsaft in Dosen	9
Magermilchpulver	117	Weißwein trocken	8
Garnelen gekocht	110	Sherry medium	8
Hafermehl	110	Kürbis roh	8
Müsli	100	Papayas in Dosen	8
Schokolade	100	Zwiebeln roh	8
		Kopfsalat roh	8
		Karotten	8
		Rüben	7
		Rosé medium	7
		Mayonnaise	7
		Mangos in Dosen	7

- ▲ Schwere Organerkrankungen der Nieren, der Leber, entzündliche Darmerkrankungen, Schilddrüsenüberfunktion, Nebenschilddrüsenüberfunktion, Zuckerkrankheit und Nebennierenfunktionsstörungen sind häufig mit einem Magnesiummangel verbunden.

■ *Symptome*
Zu wenig Magnesium im Blut kann führen zu:

- Appetitlosigkeit
- Übelkeit
- Erbrechen
- Schlaflosigkeit
- Schwäche
- Persönlichkeitsveränderungen
- Muskelkrämpfen
- Zittern

Tritt der Magnesiummangel in Verbindung mit einem Kalziummangel auf, muss zuerst das Magnesium ersetzt werden, bevor die Kalziumstörung erfolgreich behandelt werden kann.

Magnesiumüberdosierung

Ein zu hoher Magnesiumspiegel ist ausgesprochen selten. Er kann auftreten, wenn Menschen mit Nierenversagen Magnesiumsalze oder magnesiumhaltige Arzneimittel einnehmen wie Antazida oder Abführmittel.
Hypermagnesiämie kann zu Schwäche, niedrigem Blutdruck und unregelmäßiger Atmung führen. Das Herz kann stehenbleiben, wenn der Magnesiumspiegel über 12 bis 15 mmol pro Liter Blut steigt.

Natrium

Merkmale

Chemisches Element, Symbol Na (relative Atommasse 22,990), mit Sauerstoff und Wasser heftig reagierendes, an der Luft unbeständiges Alkalimetall; wichtigstes Kation des Extrazellulärraums.

Funktionen

Natrium ist überwiegend in Kochsalz (Natriumchlorid beziehungsweise NaCl) enthalten. Natrium kommt überall vor – hauptsächlich in Meerwasser, das zwei bis drei Prozent Kochsalz enthält.
Salze sind einfache chemische Verbindungen aus Atomen mit einer positiven oder negativen Ladung (Ionen). Natriumchlorid zum Beispiel besteht aus positiv geladenen Natriumatomen und negativ geladenen Chloratomen. Trockenes Natriumchlorid bildet Kristalle, aber wie viele andere Salze, die im Körper vorkommen, ist es leicht wasserlöslich.
Im Körper findet sich Natrium zu 98 Prozent außerhalb der Zellen (häufigstes extrazelluläres positives Ion). Der Natriumstoffwechsel ist vor allem für die Regulierung des Wasserhaushaltes und des Säure-Basen-Gleichgewichts im Körper von großer Bedeutung, darüber hinaus auch für das Durstsystem, verschiedene Hormonsysteme (insbesondere der Nieren), die richtige Flüssigkeitsverteilung und bioelektrische Funktionen der Nerven und Muskeln.

■ *Natrium und Blutvolumen*
Ein gestörtes Gleichgewicht zwischen Natriumaufnahme und -ausscheidung beeinflusst den Gesamtnatriumgehalt des Körpers. Veränderungen der Gesamtmenge an Natrium hängen eng mit Veränderungen des Wasseranteils im Blut zusammen. Verringert sich der Gesamtnatriumgehalt des Körpers, muss nicht zwangsläufig auch der Natriumgehalt des Blutes fallen; eher verringert sich das Blutvolumen. Mit dem Blutvolumen fällt der Blutdruck, das Herz schlägt schneller, und manchmal kann es zu Benommenheit oder sogar Schock kommen.
Umgekehrt kann das Blutvolumen ansteigen, wenn zu viel Natrium im Körper ist. Die zusätzliche Flüssigkeit sammelt sich in den Zellzwischenraum; diesen Zustand nennt man Ödem. Ein Ödemzeichen ist, dass Füße, Sprunggelenke und Unterschenkel anschwellen. Wenn der Körper zugleich zu viel Wasser und Natrium zugeführt bekommt oder verliert, kann sich das sowohl auf das Blutvolumen als auch auf die Natriumkonzentration des Blutes auswirken.
Der Körper überwacht Blutvolumen und Natriumgehalt des Blutes ständig. Wird der Natriumgehalt zu hoch, signalisiert das Gehirn Durst und veranlasst den Menschen zu trinken. Rezeptoren in den Blutgefäßen und Nieren stellen fest, wenn das Blutvolumen zu gering wird. Sie lösen eine Kettenreaktion aus, an deren Ende das Bemühen steht, den Flüssigkeitsanteil des Blutes zu erhöhen. Die Nebennieren geben das Hormon Aldosteron ab, das die Nieren veranlasst, Natrium zurückzuhalten.
Die Hirnanhangdrüse setzt ein antidiuretisches Hormon frei; dieses sorgt dafür, dass die Nieren Wasser zurückhalten. Da beide, Wasser und Natrium, zurückgehalten werden, verringert sich die Urinproduktion. Das führt schließlich zu einem Anstieg das Blutvolumens, und der Blutdruck normalisiert sich wieder.

Hauptgründe für einen hohen Natriumspiegel

- ■ Kopfverletzung oder neurochirurgischer Eingriff mit Beteiligung der Hirnanhangdrüse
- ■ Störungen, die andere Elektrolyte betreffen: hoher Kalziumspiegel und niederiger Kaliumspiegel
- ■ Einnahme von Arzneimitteln mit Lithium oder Diuretika
- ■ Extremer Wasserverlust: Durchfall, Erbrechen, Fieber, starkes schwitzen
- ■ Zu geringe Trinkmenge; besonders in Verbindung mit einer der anderen Ursachen

Natriummangel

Wenn das Natrium im Körper durch zu viel Wasser verdünnt wird, sinkt der Natriumspiegel zu weit ab. Dazu kann es kommen, wenn Menschen riesige Mengen Wasser trinken, wie das bei einigen psychisch Kranken der Fall ist, oder wenn Patienten im Krankenhaus intravenös große Mengen Wasser zugeführt bekommen. In beiden Fällen übersteigt die aufgenommene Wassermenge die Fähigkeit der Nieren, den Überschuss auszuscheiden.
Bei Menschen mit Funktionsstörungen der Nieren (wie Nierenversagen) kann bereits die Aufnahme sehr viel

Schwefel

geringerer Wassermengen – manchmal sogar ein Liter am Tag – zur Probleme führen. Bei Menschen, die krankheitsbedingt zu wenig antidiuretisches Hormon ausscheiden, ist der Natriumspiegel ebenfalls zu niedrig. Bei dieser Krankheit setzt die Hirnanhangdrüse zu viel antidiuretisches Hormon frei. Dieses Hormon bewirkt, dass der Körper Wasser zurückhält und die Natriumkonzentration im Blut fällt.

■ *Symptome*

Wie schwer die Symptome sind, hängt davon ab, mit welcher Geschwindigkeit der Natriumspiegel des Blutes sinkt. Wird die Konzentrration langsam geringer, sind die Symptome gewöhnlich weniger schwer und treten erst auf, wenn der Spiegel bereits extrem niedrig ist. Sinkt die Konzentration rasch ab, sind die Symptome schwerer und können sogar auftreten, wenn der Spiegel nur leicht fällt.

Das Gehirn reagiert besonders empfindlich auf Veränderungen des Natriumgehalts im Blut. Daher gehören Lethargie und Verwirrung zu den ersten Symptomen. Wenn der Natriumspiegel weiter absinkt, können Muskelzuckungen und Krampfanfälle auftreten. Bei allerschwersten Erkrankungen kann es zu Bewusstseinsstörungen, Koma und sogar zum Tod kommen.

Natriumüberdosierung

Bei einer Natriumkonzentration von über 145 Millimol pro Liter (Hypernatriämie) enthält der Körper im Verhältnis zur Natriummenge zu wenig Wasser. Der Natriumspiegel im Blut steigt im Allgemeinen ungewöhnlich stark an, wenn mehr Wasser als Natrium ausgeschieden wird. Das ist meist der Fall, wenn man zu wenig trinkt. Eine hohe Natriumkonzentration im Blut legt nahe, dass dieser Mensch entweder keinen Durst verspürt hat, obwohl er das eigentlich sollte, oder dass er durstig war und dennoch nicht genug getrunken hat. Hypernatriämie kommt auch bei Menschen mit Störungen der Nierenfunktion, Durchfall, Erbrechen, Fieber oder starker Schweißbildung vor.

Hypernatreiämie ist bei alten Menschen verbreitet. Meist ist bei ihnen das Durstgefühl weniger stark ausgeprägt als bei jungen Menschen. Alte Menschen, die bettlägerig oder geistig verwirrt sind, können manchmal keine Getränke erreichen, obwohl ihr Durstgefühl funktioniert. Hinzu kommt, dass mit fortschreitendem Alter die Nieren den Urin nicht mehr so stark konzentrieren, sodass alte Menschen Wasser nicht mehr so gut im Körper halten können. Nehmen sie Diuretika (wassertreibende Arzneimittel) ein, also Medikamente, die die Wasserausscheidung durch die Nieren fördern, ist die Gefahr der Hypernatriämie noch größer, besonders bei Hitze, Krankheit oder wenn sie nicht genügend trinken.

■ *Symptome*

Wie bei zu wenig Natrium werden auch bei zu viel Natrium die meisten Symptome durch Fehlfunktionen des Gehirns ausgelöst. Schwere Hypernatriämie kann führen zu:

- Verwirrung
- Muskelzuckungen
- Krampfanfällen
- Koma
- Tod

Phosphor

Merkmale

Chemisches Element, Symbol P (relative Atommasse 30,97); zur Stickstoffgruppe gehörendes 3- und 5-wertiges, in mehreren Modifikationen vorkommendes Nichtmetall.

Funktionen

Phosphor kommt als Phosphat im Blut vor. Das (ionisierte) Phosphat ist im Inneren der Zellen (intrazellulär) vor allem am Zucker- und Fettstoffwechsel beteiligt und der Phosphorstoffwechsel selbst ist eng mit dem Kalziumstoffwechsel verknüpft. Phosphor ist im Körper an zahlreichen wichtigen Stoffwechselprozessen beteiligt und im Knochen an Kalzium gebunden. Milch, Milchprodukte und Fleisch sind die wichtigsten Phosphorlieferanten aus der Nahrung.

Eine zu hohe Phosphoraufnahme mit der Nahrung kann jedoch zu einer Unterversorgung mit Kalzium beitragen. Phosphat reguliert das Säure-Basen-Verhältnis im Blut und im Urin und ist ein grundlegender Mineralstoff für den Energiestoffwechsel, den Aufbau von Zellmembranen und den Knochenstoffwechsel.

Phosphormangel

Bei einem niedrigen Phosphatspiegel (Hypophosphatämie) liegt die Phosphatkonzentration unter 2,5 Milligramm pro Deziliter Blut. Eine chronische Hypophosphatämie kommt bei

einer Überfunktion der Nebenschilddrüsen und der Schilddrüse, bei Nierenfunktionsstörungen und Langzeitgebrauch von Diuretika vor.
Auch die Einnahme von einer großen Menge aluminiumhydroxidhaltiger Magenmittel über längere Zeit kann die Phosphatmenge verringern, vor allem bei Menschen, die auf eine Dialyse angewiesen sind.

■ *Symptome*
Ein Phosphatmangel kann ohne Grunderkrankung vorliegen. Symptome treten erst auf, wenn der Phosphatspiegel stark abgesunken ist. Als erstes Anzeichen verspürt der Betroffene möglicherweise Muskelschwäche.
Später können die Knochen schwach werden, was zu Schmerzen und Brüchen führt. Ein extrem niedriger Phosphatspiegel (unter 1,5 Milligramm pro Deziliter Blut) kann sehr ernste Auswirkungen haben; er führt zu:

- fortschreitender Muskelschwäche
- Stumpfsinn
- Starre
- Koma
- Tod

Phosphorüberdosierung
Gesunde Nieren scheiden Phosphat so hervorragend aus, dass eine Hyperphosphatämie selten ist – es sei denn bei Menschen mit Nierenfunktionsstörungen.
Es gibt nur wenige äußerliche Anzeichen einer Hyperphosphatämie. Kalzium und Phosphat können sich als Kristalle in den Wänden der Blutgefäße ablagern und eine schwere Arteriosklerose (Verhärtung der Arterien) verursachen, die wiederum zu Schlaganfall, Herzinfarkt und Durchblutungsstörungen führt.
Kristalle können sich auch in der Haut bilden und dort Juckreiz verursachen.

Schwefel

Merkmale
Chemisches Element, Symbol S (relative Atommasse 32,06); zur Gruppe der Chalkogene gehörendes 2-, 4-, und 6-wertiges Nichtmetall; Bestandteil einiger Aminosäuren.

ZnS

CaF_2

SiO_2

MnO_2

Spurenelemente

Definition

Spurenelemente sind Elemente, die in sehr geringen Mengen (Anteil an der Körpermasse kleiner als 0,01 Prozent) im Organismus vorkommen; verschiedene Spurenelemente haben physiologische Bedeutung (essenzielle Spurenelemente), ein Entzug ruft Mangelerscheinungen hervor. Spurenelemente werden mit Trinkwasser, Nahrung und Atemluft aufgenommen.
Die Spurenelemente sind für die Aufrechterhaltung des Stoffwechsels, für die Bildung von Enzymen sowie für viele andere Funktionsabläufe im Zellstoffwechsel lebensnotwendig. Spurenelemente wie Zink, Kupfer, Kobalt, Molybdän und Selen sind in ausreichender Menge in der Nahrung von Mitteleuropäern enthalten, und Mangelerscheinungen treten nur bei seltenen Erkrankungen auf.

Die lebensnotwendigen Spurenelemente der Nahrung

Chrom
- Funktionelle Bedeutung
  - Enzymaktivierung
  - Glukosetoleranzfaktor
- Körperbestand
  - 10 bis 45 mg
- Verteilung (Erwachsene)
  - Haut
  - Muskel
  - andere Organe
- Nahrungsquellen
  - Fleisch
  - Vollkornerzeugnisse
  - Honig
  - Bierhefe

Eisen
- Funktionelle Bedeutung
  - Enzymbaustein
  - Hämoglobinbaustein
  - Myoglobinbaustein
- Körperbestand
  - 4 bis 5 g
- Verteilung (Erwachsene)
  - 76 Prozent im Hämoglobin und Myoglobin
  - 16 Prozent im Ferritin und Hämosiderin
- Nahrungsquellen
  - Fleisch
  - Blutwurst
  - Leber
  - Vollkornbrot

Fluor
- Funktionelle Bedeutung
  - Kariesverhütung
  - Enzymhemmung
- Körperbestand
  - 4 bis 5 mg
- Verteilung (Erwachsene)
  - 96 Prozent im Skelett
- Nahrungsquellen
  - Fleisch
  - Eier
  - Obst
  - Gemüse

Iod
- Funktionelle Bedeutung
  - Bindung der Schilddrüsenhormone
- Körperbestand
  - 10 bis 15 mg
- Verteilung (Erwachsene)
  - 99 Prozent in der Schilddrüse
- Nahrungsquellen
  - Seefische
  - Eier
  - Milch
  - Milchprodukte

Kobalt
- Funktionelle Bedeutung
  - Vitamin B12-Baustein
  - Enzymaktivierung
- Körperbestand
  - 1 bis 2 mg
- Verteilung (Erwachsene)
  - Niere
  - andere Organe
- Nahrungsquellen
  - Hülsenfrüchte
  - Wurzelgemüse
  - Nüsse

Kupfer
- Funktionelle Bedeutung
  - Enzymbaustein
  - Hämopoese
  - Elastinbildung
- Körperbestand
  - 80 bis 100 mg
- Verteilung (Erwachsene)
  - 45 Prozent in der Muskulatur
  - 20 Prozent in der Leber
  - 20 Prozent im Skelett
- Nahrungsquellen
  - Hülsenfrüchte
  - Leber
  - Nüsse

Mangan
- Funktionelle Bedeutung
  - Enzymaktivierung
- Körperbestand
  - 10 bis 40 mg
- Verteilung (Erwachsene)
  - Skelett
  - Leber
  - Hypophyse
  - Milchdrüse
- Nahrungsquellen
  - Getreideprodukte
  - Spinat
  - Beerenfrüchte
  - Hülsenfrüchte

Chrom

Merkmale
Chemisches Element, Symbol Cr (relative Atommasse 52,0); essenzielles Spurenelement. Chrom kommt in der Natur in 2 bis 6-wertiger Elementarform vor, der menschliche Organismus benutzt jedoch 3-wertiges Chrom für funktionelle Aufgaben – 6-wertiges Chrom schädigt die Erbsubstanz.
Mit der Nahrung zugeführtes Chrom wird im Dünndarm aufgenommen und im Blut mithilfe von Eiweiß und einem Transporteiweißstoff (Transferrin) vor allem in stark durchblutete Organe transportiert; Chrom wird hauptsächlich mit dem Urin ausgeschieden. Das im Körper gespeicherte Chrom verteilt sich auf Knochen, Leber und Milz.

Funktionen
Chrom gilt als lebenswichtiges Spurenelement, weil es die für den Zuckerstoffwechsel notwendige Insulinwirkung aktiviert. Man nimmt an, dass Chrom auch für den Fett- und Kohlenhydratstoffwechsel eine wichtige Rolle spielt.

Chrommangel
Ein chronischer Chrommangel führt vor allem zu einer schlechteren Aktivierbarkeit des Zuckerstoffwechselhormons Insulin (Insulinresistenz). Dies kann dazu beitragen, dass eine insulinabhängige Zuckerkrankheit schlechter zu kontrollieren ist. Ob ein Chrommangel auch Störungen der peripheren (Neuropathie) und zentralen (Enzaphalopathie) Nervenfunktionen verursacht, ist noch unklar.
Ein schwerer Mangel an Chrom kann hohen Blutdruck und einen hohen Cholesterinspiegel verursachen und damit die Gefahr von Thrombose, Arteriosklerose, von Schlaganfall und Krebs steigern.

Chromüberdosierung
6-wertiges Chrom ist giftiger als 3-wertiges Chrom, wenn es als Überdosis in den Körper gelangt. Die Beschwerden einer Chromvergiftung umfassen:
- Durchfall
- Magenblutungen
- Darmblutungen
- Nierenschäden
- Leberschäden

Natürliche Chromquellen

- Melasse
- Bierhefe
- Weizenkeime
- Leber
- Käse
- rote Rüben
- Karotten
- Pilze
- Mandeln
- Hülsenfrüchte
- Lachs
- Austern
- Shrimps
- Kresse
- Johannisbeeren
- Preiselbeeren

Eisen

Merkmale
Chemisches Element, Symbol Fe (relative Atommasse 55,85); in Verbindungen 2-wertiges (Ferroverbindungen) und 3-wertiges (Ferriverbindungen) essenzielles Spurenelement.
Eisen kommt im Organismus in Enzymen (Cytochromen, Peroxidasen, Katalase), im Hämoglobin und Myoglobin, im Monozyten-Makrophagen-System, insbesondere von Leber, Milz und Knochenmark als Ferritin und Hämosiderin vor. Der Eisengesamtbestand beträgt beim Erwachsenen ca. 4000-5000 mg; im Hämoglobin sind davon ca. 2500 mg, in den Eisendepots

Die lebensnotwendigen Spurenelemente der Nahrung

Molybdän
- Funktionelle Bedeutung
  - Enzymbaustein
  - Enzymaktivierung
- Körperbestand
  - 8 bis 10 mg
- Verteilung (Erwachsene)
  - Leber
  - Nieren
  - andere Organe
- Nahrungsquellen
  - Hülsenfrüchte
  - Getreideprodukte
  - Blattgemüse
  - Leber
  - Nieren

Selen
- Funktionelle Bedeutung
  - Synergist zu Vitamin E
  - Synergist zu schwefelhaltigen Aminosäuren
- Körperbestand
  - 10 bis 15 mg
- Verteilung (Erwachsene)
  - Nieren
  - Schilddrüse
  - andere organe
- Nahrungsquellen
  - Muskelfleisch
  - Getreideprodukte
  - Fische

Zink
- Funktionelle Bedeutung
  - Enzymbaustein
  - Enzymaktivierung
- Körperbestand
  - 2 bis 3 g
- Verteilung (Erwachsene)
  - Retina
  - Iris
  - Bauchspeichelsdrüse
  - Blut
- Nahrungsquellen
  - Rindfeisch
  - Leber
  - Haferflocken
  - Erbsen
  - Linsen

Eisen

(Milligramm pro 100 Gramm eingekaufter Ware – genießbarer Teil)

Höchste Werte		Niedrigste Werte	
Currypulver	75,0	Weißwein medium	1,2
Herzmuschel gekocht	26,0	Kalbsfilet roh	1,2
Trocken-Hefe	20,0	Tomatenketchup	1,2
Taube geräuchert	19,4	Spaghetti roh	1,2
Ingwer	17,2	Sago roh	1,2
Schweineleber	17,0	Himbeeren roh	1,2
Tee (indischer)	15,2	Makrelen gebacken	1,2
Bran-Getreideflocken	12,9	Loganbeeren gezuckert	1,2
Lammniere gebraten	12,0	Linsen	1,2
All-Bran-Getreideflocken	12,0	Schinken	1,2
Senfpulver	10,9	Schellfisch gebraten	1,2
Hase	10,8	Johannisbeeren rot, roh	1,2
Kakaopulver	10,5	Speck mager, roh	1,2
Pfeffer	10,2	Thunfisch in Öl	1,1
Lammleber gebraten	10,0	Himbeeren gezuckert	1,1
Fasan geräuchert	8,4	Johannisbeeren schwarz	1,1
Lakritze	8,1	Salami	1,0
Petersilie roh	8,0	Oliven	1,0
Ochsenniere	8,0	Okra roh	1,0
Eierpulver	7,9	Champignons roh	1,0
Linsen roh	7,6	Hering	1,0
Kalbsleber gebraten	7,5		
Sojamehl	6,9		
Pfirsiche getrocknet, roh	6,8		
Schweineniere	6,4		
Eidotter roh	6,1		
Austern roh	6,0		
Tomatenpüree	5,1		
Garnelen	5,1		

ca. 1200 mg, im Myoglobin ca. 120 mg und in eisenhaltigen Enzymen ca. 8 mg enthalten

Eisen wird im Dünndarm aus der Nahrung aufgenommen, wobei nur etwa 10 Prozent des zugeführten Eisens verwertet (absorbiert) werden. In der Regel wird 2-wertiges Eisen (Fe^{2+}) verwertet, 3-wertiges Eisen (Fe^{3+}) wird im Körper zu 2-wertigem Eisen reduziert und dann absorbiert.

Aus pflanzlichen Nahrungsmitteln kann Eisen schlechter absorbiert werden als aus tierischen, wobei ein ausreichendes Angebot an Vitamin C die Eisenverwertung deutlich verbessert. Eisen gelangt im Blut an ein Transporteiweiß (Transferrin) gebunden zu den Zielzellen und Organen.

Funktionen

Eisen ist ein lebenswichtiges Spurenelement, weshalb der Körper damit sehr sorgfältig umgeht: Eisen aus dem Blutfarbstoff (Hämoglobin) verbrauchter roter Blutkörperchen wird fast vollständig wiederverwertet. Eisen erfüllt vielfältige Aufgaben im menschlichen Körper.

Es ist Bestandteil von Blut- (Hämoglobin) und Muskelfarbstoff (Myoglobin), ist lebenswichtig für den Sauerstofftransport und Kohlendioxidabtransport, nimmt am enzymatischen Energiestoffwechsel teil und ist für eine zuverlässige Abwehrfunktion von großer Bedeutung.

Eisenmangel

Ausschließlich ernährungsbedingte Eisenmangelzustände sind in westlichen Industriestaaten selten. Eisenmangelzustände kommen auch bei gesunden Menschen häufiger vor und sind Ausdruck von Anpassungsvorgängen des Körpers an unterschiedliche Bedarfssituationen.

Zu einem Eisenmangel können Veränderungen der Eisenversorgung, -aufnahme und -verteilung sowie Eisenverlust beitragen. Ein Eisenmangel kann längere Zeit vorliegen, ohne dass es zu Beschwerden kommt (prälatenter Eisenmangel).

Sind die Eisenwerte chronisch vermindert können rasche Ermüdbarkeit, Stimmungsschwankungen und Neigung zu Kopfschmerzen auftreten (latenter Eisenmangel). Wenn die Blut- und Eisenwerte vermindert sind (manifester Eisenmangel), können Beschwerden der Blutarmut auftreten:

- Mundschleimhauteinrisse
- Zungenschleimhauteinrisse
- Verstopfung
- Durchfall
- Infektanfälligkeit

Verminderte Eisenwerte im Blutserum sind nicht gleichbedeutend mit einem Eisenmangel. Für die Diagnose eines Eisenmangels sind zusätzliche Laboruntersuchungen (Transferrin, Ferritin) erforderlich.

Eisenüberdosierung

Zuviel Eisen ist giftig und verursacht Erbrechen, Durchfall und Schäden im Darm. Eisen kann sich im Körper ansammeln, wenn jemand eine hochdosierte oder zu lange andauernde Eisentherapie erhält, mehrere Bluttransfusionen bekommt oder alkoholkrank ist.

Eisenspeicherkrankheit (Hämochromatose) ist eine potenziell tödliche, ober leicht zu behandelnde Erbkrankheit, bei der der Körper zuviel Eisen aufnimmt. Symptome treten meist erst im mittleren Alter auf und entwickeln sich heimtückisch.

Die Haut wird bronzefarben, und Leberzirrhose, Leberkrebs, Diabetes und

Natürliche Eisenquellen

- Fleisch
- Leber
- Herz
- Blutwurst
- Eier
- Schalentiere
- Vollkorn
- Vollreis
- Hülsenfrüchte
- Bohnen
- Linsen
- Kartoffeln
- Trockenobst
- Nüsse
- Algen
- Sesam
- grüne Salate
- grüne Blattgemüsse
- Spargel
- Karotten
- Pilze
- Lauch

Herzschwäche können zu vorzeitigem Tod führen. Zu den Symptomen können gehören:

- Arthritis
- Impotenz
- Unfruchtbarkeit
- Schilddrüsenüberfunktion
- ständige Müdigkeit

Fluor

Merkmale
Chemisches Element, Symbol F (relative Atommasse 18,998), gasförmiges Halogen. Fluor ist ein 1-wertiges Element der Halogen-Gruppe beziehungsweise Fluorid (beispielsweise Kalziumfluorid) ein Salz der Fluorwasserstoffsäure.

Funktionen
Das Spurenelement hemmt die Entwicklung von Zahnfäule (Karies) und fördert die Aushärtung des Zahnschmelzes. Darüber hinaus fördert Fluor auch das Knochenwachstum und ist an zahlreichen Stoffwechselprozessen beteiligt. Fluoride sind vor allem im Zahnschmelz, in Dentin und in Knochen enthalten.

Fluormangel
In der Regel besteht eine nahrungsbedingte Unterversorgung, weshalb in einigen Ländern das Trinkwasser fluoridiert wurde, um Zahnerkrankungen konsequenter vorzubeugen. Darüber hinaus wird Fluor zur Kariesprophylaxe auch Zahnpasten und Mundwässern zugesetzt. Ein ernährungsbedingter Fluoridmangel ist weit verbreitet.

Fluorüberdosierung
Bei einem Fluor-Überangebot im Körper kann sich der Zahnschmelz fleckig verfärben. Darüber hinaus besteht eine Neigung zur Verknöcherung (Knochenfluorose) der Wirbelsäule und Gelenke. Auch Schäden an der Haut, den Nägeln und den Haaren sowie Verstopfung, Empfindungsstörungen in den Händen und Füßen (Kribbeln), Schilddrüsenveränderungen und Nierenschäden können auftreten.

Iod

Merkmale
Chemisches Element, Symbol I (relative Atommasse 126,90), Halogen; in reinem Zustand grau-schwarz glänzende Kristalle. Für Wirbeltier-Organismen besitzt Iod die Funktion eines lebenswichtigen Spurenelements und ist auch Bestandteil der wichtigsten Schilddrüsenhormone (Thyroxin, Trijodthyronin). Der menschliche Körper enthält 10 bis 30 Milligramm Iod, das zu 99 Prozent in der Schilddrüse vorliegt. Da Iod vom Körper nicht selbst hergestellt wird, muss es mit der Nahrung zugeführt werden.

Funktionen
Iod ist Mangelware in unserer Nahrung. Nur wer viel Meeresfisch isst – mindestens zweimal pro Woche – hat gute Chancen, seinen Jodbedarf ausreichend

Natürliche Iodquellen

- Seefische und Meeresfrüchte enthalten am meisten Iod. Beim Kochen geht jedoch mehr Iod verloren als beim Braten. Auch bei Konservierung entstehen hohe Iodverluste. Bevorzugen Sie frischen oder tiefgekühlten Fisch.
- Milch und Milchprodukte, wie Quark und Käse, enthalten außer Iod noch weitere wichtige Nährstoffe, wobei eher fettarme Milchprodukte empfohlen werden. Der Iodgehalt ist hier jedoch niedriger wie bei Fisch – man müsste drei Liter Milch trinken, um 100 Mikrogramm Iod aufzunehmen.
- Iod ist in iodiertem Kochsalz enthalten, das im Haushalt ausschließlich verwendet werden sollte. Kombiniertes Iod-Fluor-Salz schützt zusätzlich vor Karies. Iodiertes Kochsalz ist absolut unbedenklich für die Gesundheit.

Richtwerte für die tägliche Iodaufnahme

- Säuglinge brauchen täglich 50-80 Mikrogramm Iod.
- Kinder bis zum Alter von neun Jahren brauchen täglich 100-140 Mikrogramm Iod.
- Ältere Kinder, Jugendliche und Erwachsene brauchen täglich 180-200 Mikrogramm Iod.
- Schwangere und stillende Frauen brauchen täglich 230-260 Mikrogramm Iod.
- Um den Jodmangel zu bekämpfen, ist als Trägermedium ein Lebensmittel, das allgemein verwendet wird und das jeder braucht, am geeignetsten: Salz. Man wählte zu diesem Zweck das Kochsalz aus, das praktisch in jedem Haushalt vorhanden ist
- Iodtabletten können im Prinzip zu jeder Tageszeit eingenommen werden. Es ist aber besser, eine feste Zeit einzuhalten – zum Beispiel morgens zum Frühstück. Die Tabletten sind gut in Wasser oder Säften löslich. Am besten gibt man sie Kindern zu trinken.
- Haben sie keine Angst vor Nebenwirkungen. Iodtabletten müssen sehr hoch dosiert sein, um im Körper Schäden anzurichten. Die Mengen, die Sie von Ihrem Arzt erhalten, liegen aber weit unter dieser Grenze. Trotzdem sollten Sie die Tabletten aber nicht willkürlich einnehmen, sondern sich immer an die Anweisung Ihres Arztes halten.
- Wenn Sie Ihre Ernährungsgewohnheiten umstellen, zum Beispiel mehr Fisch essen oder iodiertes Speisesalz verwenden, kann die benötigte Tablettenmenge geringer sein. Suchen Sie deshalb Ihren Arzt auf, damit er die Dosis neu einstellen kann.

zu decken. Ansonsten besteht die Gefahr, dass die Schilddrüse den Iodmangel auszugleichen sucht und sich dabei vergrößert. Zur Vorbeugung und Behandlung von Schilddrüsenproblemen kann es daher notwendig sein, Iodtabletten einzunehmen. Diese stehen als sogenanntes Iodid in unterschiedlicher Dosierung zur Verfügung. Wie viel von dem Arzneimittel eingenommen werden soll, bestimmt der Arzt mithilfe seiner Untersuchungsergebnisse.

Zur Vorbeugung ist meist nur eine geringere Dosis an Iodidtabletten nötig. Bei schon bestehender Krankheit kann mehr Iodid notwendig sein.

Iodid wird auch bei Mangelzuständen, Schwangeren, Kleinkindern und Säuglingen gegeben.

Empfehlung für iodreiche Ernährung

- Verwenden Sie im Haushalt nur iodiertes Speisesalz.
- Sie sollten zusätzlich darauf achten, Lebensmittel zu kaufen, die mit iodiertem Speisesalz hergestellt worden sind.
- Darüber hinaus wäre es gut, zweimal in der Woche Seefisch zu essen.
- Mit diesen Empfehlungen ist eine sichere Versorgung immer noch nicht gewährleistet. Aus diesem Grund sollte bei Kindern und Jugendlichen mit dem Arzt besprochen werden, ob zusätzliche Iodtabletten sinnvoll sind.
- Schwangere sind bei einem Iodmangel besonders gefährdet. Das Kind im Mutterleib kann durch Iodmangel schwer geschädigt werden, vor allem durch Reifungsstörungen, insbesondere des Gehirns, was zu Minderbegabung (Kretinismus) führen kann.

Iodmangel

Iodmangel entsteht hauptsächlich durch die Iodarmut des Wassers. Auch in der meisten pflanzlichen und tierischen Nahrung ist kaum Iod enthalten.

Dieser geringe Iodgehalt wird auf das Auswaschen von Iod aus dem Gestein während der Tauzeiten in ehemaligen vergletscherten meerfernen Landteilen zurückgeführt. Dieses ausgewaschsene Iod befindet sich zum Teil in den Ozeanen: Meerwasser enthält ca. 0,05 Gramm Iod pro Tonne Wasser – anderen Angaben zufolge können es auch bis zu 10 Gramm Iod pro Tonne Wasser sein. Einige Meereslebewesen, wie Algen, Tang, Korallen und Schwämme, reichern Iod an.

Die meisten Nahrungsmittel sind iodarm. Durch Seefisch auf dem Speisezettel werden im Durchschnitt lediglich 33 Mikrogamm Iod täglich zugeführt.

Auch der zunehmende Verbrauch an iodiertem Kochsalz in den Privathaushalten kann den Iodbedarf nicht vollständig decken.

Iodüberdosierung

Iodvergiftung wird hervorgerufen durch den täglichen Verzehr von sehr großen Mengen Iodid; manchmal geschieht das bei Küstenbewohnern. Iodüberdosierung kann einen Kropf und gelegentlich Schilddrüsenüberfunktion verursachen.

Kobalt

Merkmale

Chemisches Element, Symbol Co (relative Atommasse 58,93); essenzielles Spurenelement, Schwermetall. Kobalt kommt in der Natur als 2- und 3-wertiger Elementarstoff vor.

Natürliche Kobaltquellen

- Fleisch
- Leber
- Milch
- Austern
- Muscheln
- Algen

Funktionen

Cobalt ist für den menschlichen Organismus lebenswichtig, weil er an bestimmten Enzymreaktionen (Cytochromoxidase) beteiligt und Bestandteil von Vitamin B_{12} (Cobalamin) ist. Kobalt aktiviert eine Reihe von Enzymen, die nicht nur für die Erhaltung und Funktion der roten Blutkörperchen, sondern auch vieler anderer Körperzellen zuständig sind. Kobalt wird im Körper vor allem in der Leber und im Knochenmark gespeichert, im Darm als Cobalamin aufgenommen und hauptsächlich mit dem Stuhl ausgeschieden.

Kobaltmangel

Eine Kobalt-Mangelerkrankung beim Menschen wurde bislang noch nicht beobachtet. Für die Entstehung einer Blutarmut könnte Kobaltmangel beziehungsweise eine verminderte Anwesenheit von Kobalamin eine Rolle spielen.

Kupfer

Merkmale

Chemisches Element, Symbol Cu (relative Atommasse 63,55), rotgoldfarbiges 1- und 2-wertiges Halbedelmetall von großer Dehnbarkeit und mit guter Leitfähigkeit; essenzielles Spurenelement. Kupfer kommt vor beim Menschen als Bestandteil von Caeruloplasmin, Superoxidismutase in Erythrozyten, Zytochromoxidase und anderen Oxidoreduktasen.

Kupfer aus Nahrungsmitteln wird im Dünndarm aufgenommen, zur Leber transportiert und zum Großteil wieder über die Leber ausgeschieden. Ein kleiner Teil des Kupfers wird in der Leber gebunden und als Caeruloplasmin an das Blut abgegeben.

Funktionen

Kupfer ist Bestandteil von mindestens 16 lebenswichtigen Substanzen (Metalloproteine), die der menschliche Organismus für die Bildung von Bindegewebe, die Funktion des zentralen Nervensystems und die Blutbildung benötigt.

Kupfermangel

Zu wenig Kupfer im Nahrungsangebot erhöht vor allem bei Säuglingen in den ersten Lebensmonaten das Risiko für einen Kupfermangel im Körper.

Weil Kupfer die Aminosäure Tyrosin in die dunklen Farbpigmente umwandelt, die für unsere Haut- und Haarfarbe sorgen, sind die ersten Anzeichen eines Kupfermangels oft fette oder früh ergrauende Haare und eine sichtbar alternde Haut.

Kupfermangel kann führen zu:

- Wachstumsstörungen beziehungsweise Störungen der Knochenbildung
- Blutbildungsstörungen
- Skelettveränderungen
- Pigmentstörungen an der Haut und den Haaren
- Nervenstörungen
- erhöhten Anfälligkeit für Infektionen

Menges-Syndrom ist eine Erbkrankheit, die Kupfermangel verursacht. Die

Natürliche Kupferquellen

- mageres Fleisch
- Leber
- Fische
- alle Meeresfrüchte
- Algen
- Vollkornprodukte
- Mais
- Nüsse
- Hülsenfrüchte
- Rote Rüben
- Johannisbeeren
- Rosinen
- grüne Blattgemüse
- Kakao

Symptome umfassen Spindelhaare, geistige Behinderung, niedriger Kupferspiegel im Blut und die Unfähigkeit, Enzyme zu bilden, die Kupfer benötigen.

Kupferrüberdosierung

Kupfer, das nicht an ein Eiweiß gebunden ist, ist giftig. Die Aufnahme von verhältnismäßig kleinen Mengen freien Kupfers kann zu Übelkeit und Erbrechen führen. Säurehaltige Nahrung und Getränke, die länger mit kupferhaltigen Behältnissen, Röhren oder Ventilen in Kontakt waren, können mit Kupfer verunreinigt sein.

Werden größere Mengen von Kupfersalzen aufgenommen, die nicht an Eiweiß gebunden sind, gelangt genügend davon in den Körper, um die Nieren zu schädigen, die Harnproduktion zu hemmen und eine Blutarmut auszulösen, die durch das Platzen von roten Blutkörperchen (Hämolyse) verursacht wird. Dasselbe kann eintreten, wenn auf große Brandwunden Kompressen aufgelegt werden, die mit einer Kupfersalzlösung getränkt sind.

Eine akute Kupfervergiftung (etwa durch Kupfersulfat) kann lebensbedrohlich sein. Möglicherweise spielte in früheren Zeiten die übermäßige nahrungsbedingte Kupferbelastung bei Säuglingen eine Rolle für Wachstumsstörungen auf Grund kupferhaltiger Trinkwasserleitungen.

Mangan

Merkmale

Chemisches Element, Symbol Mn (relative Atommasse 54,94); 1- bis 7-wertiges, silbergraues, hartes und sprödes Schwermetall; essenzielles Spurenelement. Mangan ist Cofaktor von Enzymen (zum Beispiel Superoxidismutase, Arginase, saure Phosphatase). Mangan aktiviert die Glykosyltransferasen im Rahmen der Biosynthese von Oligosacchariden und Glykoproteinen.

Funktionen

Im menschlichen Organismus ist Mangan als Aktivator oder Kofaktor an etwa 60 enzymatischen Reaktionen beteiligt. Darüber hinaus ist Mangan für den Energiestoffwechsel und als Hemmstoff schädlicher Sauerstoffradikale (Antioxidanz) von Bedeutung. Mangan hilft bei der Ernährung von Gehirn und Nerven, beim Aufbau von Sexualhormonen und bei der Synthese der Vitamine Biotin, Thiamin und Vitamin C.

Manganmangel

Manganmangel ist aufgrund der natürlichen weiten Verbreitung dieses Spurenelements eine seltene Erscheinung.

Bei allgemeiner körperlicher Unterversorgung kann ein Manganmangel jedoch zu Spermareifungs- oder Blutgerinnungsstörungen beitragen.

Fehlt Mangan mehrere Wochen lang in der Nahrung, scheint der Körper mit dem Metall erfolgreich zu haushalten.

Hydralazin, ein Medikament gegen Bluthochdruck, kann Manganmangel und ähnliche Nebenwirkungen hervorrufen. Dazu gehören:

- Schmerz, der entlang eines Nervs ausstrahlt
- Gelenkschmerzen
- Fieber
- Ausschlag
- geschwollenen Lymphknoten
- vergrößerte Leber

Manganüberdosierung

Manganvergiftungen können häufiger im Zusammenhang mit dem Abbau und der Verarbeitung manganhaltiger Erze auftreten und psychische sowie neurologische Symptome (Krämpfe, Zittern) verursachen. Langzeitkontakt führt zu Nervenschäden mit Symptomen, die an die Parkinsonkrankheit erinnern: Zittern und Bewegungsprobleme.

Natürliche Manganquellen

- Nüsse
- Keime
- Vollkornprodukte
- Kakao
- Tee
- Eigelb
- grüne Blattgemüse
- Blaukraut
- Rüben

Natürliche Molybdänquellen

- Milch
- Bohnen
- Brot
- Getreideprodukte

Molybdän

Merkmale

Chemisches Element, Symbol Mo (relative Atommasse 95,95); zur Chromgruppe gehörendes silberweißes, hartes und sprödes Metall. Molybdän ist als essenzielles Spurenelement Bestandteil von Xanthinoxidase und anderer Flavinenzymen.

Funktionen

Molybdän wurde erst vor wenigen Jahrzehnten als für den menschlichen Organismus lebenswichtiges Spurenelement erkannt, dass an zahlreichen enzymatischen Prozessen beteiligt ist. Molybdän kommt vorwiegend im knöchernen Skelett und in der Leber vor.

Molybdänmangel

Bei gesunden Menschen wurde noch kein Molybdänmangel aufgrund ungenügender Zufuhr beobachtet.
Unter bestimmten Bedingungen kann jedoch ein Mangel auftreten – wenn zum Beispiel ein schlecht ernährter Patient mit der Crohn-Krankheit über lange Zeit nur intravenös und ohne Molybdängabe ernährt wird. Zu den Symptomen gehören:

- schneller Herzschlag
- Kurzatmigkeit
- Übelkeit
- Erbrechen
- Orientierungslosigkeit
- Koma

Molybdänbedingte Enzymdefekte können Stoffwechselerkrankungen (Purinstoffwechsel und Aminosäurenstoffwechsel) verursachen. Molybdänmangel kommt selten vor.

Molybdänüberdosierung

Vor allem bei Erkrankungen der Leber und der Gallenwege können erhöhte

Molybdänwerte vorkommen. Menschen, die große Mengen Molybdän verzehren, können Symptome entwickeln, die an Gicht erinnern. Dazu gehören ein hoher Harnsäurespiegel im Blut und Gelenkschmerzen.

Selen

Merkmale

Chemisches Element, Symbol Se (relative Atommasse 78,96), essenzielles Spurenelement gehörend zur Gruppe der Chalkogene.
Selen kommt vor in zwei metastabilen, nichtmetallischen Formen und als graues Metall; in Knochen und Zähnen enthalten.
In Nahrungsmitteln ist Selen an Aminosäuren gebunden – anorganische Selenverbindungen werden für therapeutische Zwecke benutzt. Selen wird über den Dünndarm aufgenommen und über Stuhl, Harn und die Atemluft ausgeschieden. Selen findet sich im menschlichen Körper bevorzugt in den Nieren, aber auch in der Leber, den Hoden und der Milz.

Funktionen

Selen ist Bestandteil wichtiger Enzyme. Insbesondere spielt das Metalloenzym Glutathionperoxidase eine wichtige Rolle als antioxidativer Schutzfaktor gegen schädliche Sauerstoffradikale und wirkt offensichtlich auch einer erhöhten Neigung zur Thrombozytenaggregation (Blutgerinnung) entgegen.
Darüber hinaus sind selenhaltige Enzyme auch für den Schilddrüsenstoffwechsel und das Immunsystem von Bedeutung. Ob die langfristige Einnahme von Selen als antioxidativ wirksames Nahrungsergänzungsmittel ohne vorliegenden Selenmangel sinnvolle ist, wurde bislang noch nicht überzeugend nachgewiesen.
Selen und seine Enzyme können offensichtlich helfen, dass Blutplättchen sich nicht zusammenklumpen, und damit bleiben die Arterien sauber. Selen schützt die Augen vor grauem Star, die Nieren, die Leber und auch die Weichteile (vor bestimmten Rheumaformen).

Natürliche Selenquellen

- Bierhefe
- Weizenkeime
- Rindfleisch
- Schaffleisch
- Leber
- Niere
- Fische
- Schalentiere
- Vollmilch
- Quark
- Pilze
- Brokkoli
- Rettich
- braune Bohnen
- Zwiebeln
- Knoblauch

Selenmangel

Die Symptome eines Selenmangels, der aber nur selten auftritt, können weitgehend durch den Mangel an Antioxidantien in Leber, Herz und Muskeln erklärt werden, durch den Gewebe absterben und Organe versagen.
Frühgeborene und Erwachsenen, die ohne Selenzusatz parenteral ernährt werden, sind von Herz und Muskelschäden bedroht, die der Selenmangel verursacht.

Selenüberdosierung

Zuviel Selen kann schädlich wirken. Zeichen einer chronischen Selenvergiftung können bereits auftreten, wenn täglich 800 Mikrogramm Selen eingenommen werden. Zu den Symptomen gehören:
- Übelkeit
- Erbrechen
- Ausfall von Haaren und Nägeln
- Hautausschlag
- Nervenschäden

Zink

Merkmale

Chemisches Element, Symbol Zn (relative Atommasse 65,38), 2-wertiges Metall, essenzielles Spurenelement. Zink ist Bestandteil vieler Enzyme (zum Beispiel Insulin, Carboanhydrase). Zink wird vorwiegend über den Dünndarm aufgenommen und über Verdauungssäfte wieder ausgeschieden. Größere Zinkmengen finden sich bevorzugt in Knochen- und Muskelgewebe sowie in Blutbestandteilen.

Natürliche Zinkquellen

- Fleisch
- Hirn
- Leber
- Milch
- Eier
- Kartoffeln
- Getreide
- Tomaten
- Blumenkohl
- Vollkornprodukte
- Weizenkeime
- Bierhefe
- Sesam
- Tahini (Sesampaste)
- Mandeln
- Erdnüsse
- Kürbiskerne
- Miso
- Heringe
- Austern
- Pilze
- grüne Blattgemüse
- Kohl
- Champignons
- Orangen
- Pfirsiche

Funktionen

Zink gibt es im ganzen Körper, denn es ist ein Baustein von über 100 Enzymen, einschließlich jener, die für die Synthese von RNA und DNA zuständig sind.
Zink spielt vor allem für die Steuerung der Eiweißproduktion des Organismus eine wichtige Rolle und stabilisiert oder hemmt zahlreiche biochemische Funktionen, die für die Erhaltung von Biomembranen von Bedeutung sind.
Zinkhaltige Metalloenzyme beeinflussen den Kohlenhydrat-, Fett- und Eiweißstoffwechsel. Darüber hinaus fördert Zink die Abwehrfunktionen und schützt den Körper durch antioxidative Wirkungen vor schädlichen Sauerstoff-

radikalen. Zink ist unentbehrlich für den Aufbau der roten und weißen Blutkörperchen und für die Wundheilung sowie für die Zellteilung – also für normales Wachstum und die Entwicklung gesunder Kinder. Es ist beteiligt an Abtransport von Kohlendioxid aus der verbrauchten Atemluft im Organismus.

Zinkmangel

Zink gehört laut WHO (Weltgesundheitsorganisation) zu den Hauptmangelelementen. Die Folgen sind:

- Unfruchtbarkeit
- Unfähigkeit zu stillen
- Geschmacksverlust
- schlechte Infektabwehr
- entzündliche Hautveränderungen
- Haarausfall
- Nachtblindheit
- Appetitverlust
- Durchfall
- Infektanfälligkeit
- Wachstumsstörungen

Auch die Funktion der Geschlechtsorgane kann gestört sein, was zu verzögerter sexueller Entwicklung und bei Männern zu verminderter Spermienproduktion führen kann. Das Immunsystem des Körpers und die Wundheilung können gestört sein. Bei Kindern sind die ersten Anzeichen dieses Mangels langsames Wachstum, Appetitlosigkeit und niedriger Zinkgehalt in den Haaren.

Zinküberdosierung

Große Mengen Zink, die meist mit säurehaltiger Nahrung oder Getränken aus verzinkten (galvanisierten) Behältnissen aufgenommen werden, führen zu:

- Übelkeit
- Erbrechen
- Magen-Darm-Entzündungen
- Schwindel
- metallischem Geschmacksempfinden
- Antriebsschwäche
- muskuläre Koordinationsstörungen

Mengen von mehr als einem Gramm können tödlich sein.

Zink

(Milligramm pro 100 Gramm eingekaufter Ware – genießbarer Teil)

Höchste Werte		Niedrigste Werte	
Austern roh	45	Magermilch	0,3
Hafermehl roh	30	Vollmilch	0,3
Bran-Getreideflocken	16	Tomaten in Dosen	0,3
Beefsteak mager	8,7	Spaghetti gekocht	0,3
All-Bran-Getreideflocken	8,4	Kartoffeln	0,3
Schweineleber	8,2	Haferflocken	0,3
Hefe getrocknet	8,0	Papayas	0,3
Kakaopulver	6,9	Orangen roh	0,3
Senfpulver	6,5	Orangensaft	0,3
Kalbsleber gebacken	6,2	Zwiebelsoße	0,3
Krabben gekocht	5,5	Mangos	0,3
Garnelen gekocht	5,3	Makkaroni gekocht	0,3
Trockenvollei	5,0	Kürbis roh	0,2
Schweineniere	4,7	Mehlbanane gekocht	0,2
Lammleber gebraten	4,4	Mixed Pickles	0,2
Beefburger gebacken	4,2	Pfeffer	0,2
Trockenmagermilch	4,1	Litschi	0,2
Lammschnitzel mager	4,1	Kopfsalat	0,2
Lammniere gebraten	4,1	Schokolade	0,2
Parmesan	4,0	Bananen roh	0,2
Edamer	4,0	Aprikosen getrocknet, roh	0,2
Cheddar	4,0	Äpfel	0,2
Beefsteak roh, mager	3,8	Zichorie roh	0,2
Eidotter roh	3,6	Blumenkohl gekocht	0,2
Ochsenzunge	3,5		
Hühnerleber gebacken	3,4		

Diättherapie

Wenn sich durch Selbstbeobachtung Verdachtsmomente auf Unverträglichkeit bestimmter Nahrungsmittel ergeben haben, ist es durchaus sinnvoll, mit Hilfe von Diäten diese Frage zu klären. Wenn eine Nahrungsmittelunverträglichkeit nachgewiesen wurde, sollte man die Ernährung konsequent umstellen. Wird dem Körper dieses Nahrungsmittel nicht mehr gegeben, verliert sich etwa nach zwölf Monaten die allergische Reaktionsbereitschaft

Stufendiät bei entzündeter Bauchspeicheldrüse

Nulldiät
- Prinzip: Völlige Nahrungskarenz, eventuell dünner Pfefferminz-, Fencheltee und schwarzer Tee.

Stufe 1
- Prinzip: Sechs bis acht kleine Mahlzeiten täglich, Zubereitung mit aufgeschlossenen Kohlenhydraten, aber ohne Eiweiß und Fett, außer etwas Salz, keine Gewürze, kein Zucker, Honig oder Marmelade
- Nahrungsstoffe: Wasser-Mondamin- oder Weizenschleim, gesiebter Haferschleim und Reisschleim
- Getränke: Tee

Stufe 2
- Prinzip: Sechs bis acht kleine Mahlzeiten täglich, Zubereitung mit aufgeschlossenen Kohlenhydraten, aber ohne Eiweiß und Fett, außer etwas Salz, keine Gewürze, kein Zucker, Honig oder Marmelade
- Nahrungsstoffe: Wasser-Mondamin- oder Weizenschleim, gesiebter Haferschleim und Reisschleim, Grießbrei, Kartoffelbrei, Zwieback, Toast, Pudding
- Getränke: Tee, Gemüse- und Obstsäfte

Stufe 3
- Prinzip: Sechs bis acht kleine Mahlzeiten täglich, Reduzierung der Zufuhr auf sechs Mahlzeiten möglich, Zulage von Eiweiß (etwa 20 Gramm)
- Nahrungsstoffe: Wasser-Mondamin- oder Weizenschleim, gesiebter Haferschleim und Reisschleim, Schleimzubereitung mit Magermilch, legierte Suppen, Weißbrot (24 Stunden alt), Knäckebrot, Nudeln, Magerquark, Magerjoghurt, Eiereiweiß, ungezuckertes Apfelmus und Birnenmus
- Getränke: Tee, Gemüse- und Obstsaft

Stufe 4
- Prinzip: Zubereitung mit aufgeschlossenen Kohlenhydraten, jedoch ohne Fett, außer etwas Salz, keine Gewürze, kein Zucker, Honig oder Marmelade, Übergang auf Brei und Püree, Eiweißzulage (auf 40 Gramm), Gemüse, Obst
- Nahrungsstoffe: Unpaniertes, mageres, zartes, passiertes Fleisch (Kalbfleisch, Huhn), zarter Fisch (Schell, Kabeljau), Spinat, Spargel (püriert), Blumenkohlröschen, geschmortes Obst, Banane, Gelee
- Getränke: Tee, Gemüse- und Obstsaft, Buttermilch

Stufe 5
- Prinzip: Zubereitung mit aufgeschlossenen Kohlenhydraten, außer etwas Salz, keine Gewürze, kein Zucker, Honig oder Marmelade, Eiweißzulage auf 60 Gramm, Fett 10 bis 20 Gramm, Reduzierung auf fünf Mahlzeiten möglich
- Nahrungsstoffe: Unpaniertes, mageres, zartes, passiertes Fleisch (Kalbfleisch, Rindfeisch, Huhn), zarter Fisch (Schell, Kabeljau, Seelachs), Spinat, Spargel (püriert), Blumenkohlröschen, geschmortes Obst, Banane, Gelee, Streichfett oder Olivenöl bis zu 20 Gramm, fettarmer Weichkäse, weich gekochtes Ei
- Getränke: Tee, Gemüse- und Obstsaft, Buttermilch

Stufe 6
- Prinzip: Übergang auf leicht verdauliche, vitaminreiche, abwechslungsreiche Kost, Zucker (vorsichtig zuführen), Eiweiß an Bedürfnis anpassen (1 bis 1,5 Gramm pro Kilogramm Körpergewicht), Fettzulage (Koch- und Streichfett) zehn grammweise von Woche zu Woche bis auf ein Gramm pro Kilogramm Körpergewicht, Beschränkung der Gewürze, Vermeiden von Kaffee und starkem Tee, Alkohol und eisgekühlte Getränke bleiben weiterhin strikt verboten.
- Nahrungsstoffe: Schwer verträglich und deshalb nach akuter Pankreatitis oft nur vorübergehend, bei chronischer Pankreatitis meist jedoch für lange Zeit, wenn nicht sogar dauernd verboten, sind folgende Nahrungsmittel: Vollkornbrot, Pumpernickel, (gebratenes) Fleisch, (gebratener) Fisch, Marinaden, stark geräucherte Speisen, Fleischextrakte, Sahne, Mayonnaisen, Schmalz und gehärtete Fette

des Körpers – das ehemalige Nahrungsmittelallergen kann dann durchaus wieder vertragen werden. Ohne sichere Anhaltspunkte auf verdächtige Nahrungsmittel sind Diäten nicht zu empfehlen, da sie – vor allem bei Kindern – die Psyche und die Lebensqualität stark belasten können. Man schätzt, dass bei etwa 10-15 Prozent der Kleinkinder mit Neurodermitis eine Diättherapie sinnvoll und erfolgreich ist – bei Erwachsenen deutlich seltener. Nahrungsmittelunverträglichkeiten können mit drei Diättherapien nachgeprüft werden. Die Diät sollte nicht schlimmer als die Krankheit sein!

- Provokationsdiät. Um Juckreiz oder Hautsymptome auszulösen, werden verdächtige Nahrungsmittel absichtlich eingenommen. Mindestens zwei Monate lang wird über den Hautzustand und die Ernährung genau Buch geführt. Trifft eine Hautverschlechterung mit der Zufuhr bestimmter Nahrungsmittel zusammen, gilt dies als Hinweis auf eine Unverträglichkeit – zur Kontrolle wird das Nahrungsmittel dann noch einmal gezielt gegessen.
- Eliminationsdiät. Über einen Zeitraum von zwei bis drei Wochen streicht man verdächtige Nahrungsmittel vom Speiseplan, damit sich der Hautzustand bessern kann. Alle Nahrungsmittel bis auf Tee und Wasser werden dann für einige Tage weggelassen. Anschließend fügt man im Rahmen einer so genannten Aufbaukost alle zwei Tage ein Nahrungsmittel hinzu (etwa Kuhmilch, Eier, Fisch, Schweinefleisch) und beobachtet den Hautzustand. Umgekehrt kann man auch nach und nach auf einzelne verdächtige Nahrungsmittel verzichten, bis sich der Hautzustand bessert.
- Rotationsdiät. Mit einer Rotationsdiät, bei der bestimmte Nahrungsmittel im regelmäßigen Wechsel eingenommen werden, soll die Allergenbelastung verringert werden. Aus diesem Grund werden verdächtige Nahrungsmittel in bestimmten Zeitintervallen (etwa alle zwei oder drei Tage) durch andere Nahrungsmittel mit ähnlichen Nähreigenschaften ersetzt – beispielsweise Sojamilch statt Kuhmilch.

Diättherapien sollten nur in Zusammenarbeit mit dem Haut- oder Hausarzt durchgeführt werden, da starke Allergenreaktionen vorkommen können. Zahlreiche Todesfälle bei Kindern durch Diätfehlernährung sind in der wissenschaftlichen Literatur beschrieben worden – Diättherapien sind keineswegs immer harmlos!

Darüber hinaus können unterschiedliche Nahrungsmittel ähnliche Allergene enthalten (Gruppenallergien) – Beispiel: Bei einer Sellerieallergie sollte man auch auf Karotten verzichten. Jede Zwangsdiät kann schwere Nebenwirkungen oder Mangelerscheinungen verursachen, insbesondere bei Kindern. Die Diättherapie unter ärztlicher Kontrolle ist dringend zu empfehlen.

Bestimmen Sie Ihren persönlichen Body-Mass-Index

Ihren aktuellen BMI-Wert können Sie in der Tabelle ablesen, wenn Sie die Werte für Ihre Körpergröße (waagrecht) und Ihr Körpergewicht (senkrecht) suchen. Bei Zwischenwerten können Sie auf- oder abrunden. Sie sollten aber bei Körpergröße und Gewicht in die gleiche Richtung runden, sonst wird Ihr Ergebnis verfälscht. In der auf Seite 878 unten links stehenden Auswertung erfahren Sie, ob Sie unter-, normal- oder übergewichtig sind.

	1,5 m	**1,55 m**	**1,6 m**	**1,65 m**	**1,7 m**	**1,75 m**	**1,8 m**	**1,85 m**	**1,9 m**	**1,95 m**	**2 m**
30 kg	13,3	12,5	11,7	11,0	10,4	9,8	9,3	8,8	8,3	7,9	7,5
35 kg	15,6	14,6	13,7	12,9	12,1	11,4	10,8	10,2	9,7	9,2	8,8
40 kg	17,8	16,6	15,6	14,7	13,8	13,1	12,3	11,7	11,1	10,5	10,0
45 kg	20,0	18,7	17,6	16,5	15,6	14,7	13,9	13,1	12,5	11,8	11,3
50 kg	22,2	20,8	19,5	18,4	17,3	16,3	15,4	14,6	13,9	13,1	12,5
55 kg	24,4	22,9	21,5	20,2	19,0	18,0	17,0	16,1	15,2	14,5	13,8
60 kg	26,7	25,0	23,4	22,0	20,8	19,6	18,5	17,5	16,6	15,8	15,0
65 kg	28,9	27,1	25,4	23,9	22,5	21,2	20,1	19,0	18,0	17,1	16,3
70 kg	31,1	29,1	27,3	25,7	24,2	22,9	21,6	20,5	19,4	18,4	17,5
75 kg	33,3	31,2	29,3	27,5	26,0	24,5	23,1	21,9	20,8	19,7	18,8
80 kg	35,6	33,3	31,3	29,4	27,7	26,1	24,7	23,4	22,2	21,0	20,0
85 kg	37,8	35,4	33,2	31,2	29,4	27,8	26,2	24,8	23,5	22,4	21,3
90 kg	40,0	37,5	35,2	33,1	31,1	29,4	27,8	26,3	24,9	23,7	22,5
95 kg	42,2	39,5	37,1	34,9	32,9	31,0	29,3	27,8	26,3	25,0	23,8
100 kg	44,4	41,6	39,1	36,7	34,6	32,7	30,9	29,2	27,7	26,3	25,0
105 kg	46,7	43,7	41,0	38,6	36,3	34,3	32,4	30,7	29,1	27,6	26,3
110 kg	48,9	45,8	43,0	40,4	38,1	35,9	34,0	32,1	30,5	28,9	27,5
115 kg	51,1	47,9	44,9	42,2	39,8	37,6	35,5	33,6	31,9	30,2	28,8
120 kg	53,3	49,9	46,9	44,1	41,5	39,2	37,0	35,1	33,2	31,6	30,0

Gewichtstabelle Frauen

Körpergröße (cm)	Körpergewicht in kg A	B	C
148	42,0–44,8	43,8–48,9	47,4–54,3
149	42,3–45,4	44,1–49,4	47,8–54,9
150	42,7–45,9	44,5–50,0	48,2–55,4
151	43,0–46,4	45,1–50,5	48,7–56,9
152	43,4–47,0	45,6–51,0	49,2–56,5
153	43,9–47,5	46,1–51,6	49,8–57,0
154	44,4–48,0	46,7–52,1	50,3–57,6
155	44,9–48,6	47,2–52,6	50,8–58,1
156	45,4–49,1	47,7–53,2	51,3–58,6
157	46,0–49,6	48,2–53,7	51,9–59,1
158	46,5–50,2	48,8–54,3	52,4–59,7
159	47,1–50,7	49,3–54,8	53,0–60,2
160	47,6–51,2	49,9–55,3	53,2–60,8
161	48,2–51,8	50,4–56,0	54,0–61,5
162	48,7–52,3	51,0–56,8	54,6–62,2
163	49,2–52,9	51,5–57,5	55,2–62,9
164	49,8–53,4	52,0–58,2	55,9–63,7
165	50,3–53,9	52,6–58,9	56,7–64,4
166	50,8–54,6	53,3–59,8	57,3–65,1
167	51,4–55,3	54,0–60,7	58,1–65,8
168	52,0–56,0	54,7–61,5	58,8–66,5
169	52,7–56,8	55,4–62,2	59,5–67,2
170	53,4–57,5	56,1–62,9	60,2–67,9
171	54,1–58,2	56,8–63,6	60,9–68,6
172	54,8–58,9	57,5–64,3	61,6–69,3
173	55,5–59,6	58,3–65,1	62,3–70,1
174	56,3–60,3	59,0–65,8	63,1–70,8
175	57,0–61,0	59,7–66,5	63,8–71,5
176	57,7–61,9	60,4–67,2	64,5–72,3
177	58,4–62,8	61,1–67,8	65,2–73,2
178	59,1–63,6	61,8–68,6	65,9–74,1
179	59,8–64,4	62,5–69,3	66,6–75,0
180	60,5–65,1	63,3–70,1	67,3–75,9
181	61,3–65,8	64,0–70,8	68,1–76,8
182	62,0–66,5	64,7–71,6	68,8–77,7
183	62,7–67,2	65,4–72,2	69,5–78,6
184	63,4–67,9	66,1–72,9	70,2–79,5
185	64,1–68,6	66,8–73,6	70,9–80,4

A: Leichter Körperbau
B: Normaler Körperbau
C: Schwerer Körperbau

Gewichtstabelle Männer

Körpergröße (cm)	Körpergewicht in kg A	B	C
157	50,5–54,2	53,3–58,2	56,9–63,7
158	51,1–54,7	53,8–58,9	57,4–64,2
159	51,6–55,2	54,3–59,6	58,0–64,8
160	52,2–55,8	54,9–60,3	58,5–65,3
161	52,7–56,3	55,4–60,9	59,0–66,0
162	53,2–56,9	55,9–61,4	59,6–66,7
163	53,8–57,4	56,5–61,9	60,1–67,5
164	54,3–57,9	57,0–62,5	60,7–68,2
165	54,9–58,5	57,6–63,0	61,2–68,9
166	55,4–59,2	58,1–63,7	61,7–69,6
167	55,9–59,9	58,6–64,4	62,3–70,3
168	56,5–60,6	59,2–65,1	62,9–71,1
169	57,2–61,3	59,9–65,8	63,6–72,0
170	57,9–62,0	60,7–66,6	64,3–72,9
171	58,6–62,7	61,4–67,4	65,1–73,8
172	59,4–63,4	62,1–68,3	66,0–74,7
173	60,1–64,2	62,8–69,1	66,9–75,5
174	60,8–64,9	63,5–69,9	67,6–76,2
175	61,5–65,6	64,2–70,6	68,3–76,9
176	62,2–66,4	64,9–71,3	69,0–77,6
177	62,9–67,3	65,7–72,0	69,7–78,4
178	63,6–68,2	66,4–72,8	70,4–79,1
179	64,4–68,9	67,1–73,6	71,2–80,0
180	65,1–69,6	67,8–74,5	71,9–80,9
181	65,8–70,3	68,5–75,4	72,7–81,8
182	66,5–71,0	69,2–76,3	73,6–82,7
183	67,2–71,8	69,9–77,2	74,5–83,6
184	67,9–72,5	70,7–78,1	75,2–84,5
185	68,6–73,2	71,4–79,0	75,9–85,4
186	69,4–74,0	72,1–79,9	76,7–86,2
187	70,1–74,9	72,8–80,8	77,6–87,1
188	70,8–75,8	73,5–81,7	78,5–88,0
189	71,5–76,5	74,4–82,6	79,4–88,9
190	72,2–77,2	75,3–83,5	80,3–89,8
191	72,9–77,6	76,2–84,4	81,1–90,7
192	73,6–78,6	77,1–85,3	81,8–91,6
193	74,4–79,3	78,0–86,1	82,5–92,5
194	75,1–80,1	78,9–87,0	83,2–93,4

A: Leichter Körperbau
B: Normaler Körperbau
C: Schwerer Körperbau

Arteriosklerose vorbeugen: Diätplan fettarme Diät

1200 Kalorien (5023 kJ) mit Austauschvorschlägen

Frühstück

0 Kalorien	Kaffee	Beliebige
	Tee	Menge
	Mineralwasser	
125 Kal	Brötchen	45 g
523 kJ	Mischbrot	50 g
	Weißbrot	50 g
	Toastbrot	50 g
	Vollkornbrot	50 g
	Knäckebrot	35 g
	Zwieback	25 g
	Cornflakes	25 g
	Haferflocken	25 g
	Grieß	25 g
75 Kal	Margarine	10 g
314 kJ	Halbfettmargarine	20 g
100 Kal	Speisequark mager	120 g
418 kJ	Trinkmilch	150 g
	Joghurt	150 g
	Streichkäse 30 %	40 g
	Weichkäse 20 %	50 g
	Schnittkäse	35 g
	Kalter Braten	50 g
	Cornedbeef	65 g
	Rohschinken mager	70 g
	Lachsschinken	70 g
	Kochschinken	50 g
50 Kal	Marmelade kalorienarm	
209 kJ		40 g
	Apfel 1 kleiner	100 g
	Birne 1 kleine	100 g
	Grapefruit (große)	200 g
	Orange 1 kleine	150 g
	Tomatensaft 1 Glas	220 g
	Orangensaft 1 Glas	100 g
	Tomaten 3 Stück	250 g
	Radieschen	250 g
	Karotten	150 g
	Paprika	180 g

Mittagessen (eventuell als Hauptmahlzeit am Abend)

150 Kal	Kalbfleisch mager	140 g
628 kJ	Rindfleisch mager	120 g
	Schweinefleisch mager	
		90 g
	Wiener Würstchen	60 g
	Hähnchenschlegel	170 g
	Hähnchenbrustfleisch	140 g
	Hirschfleisch	120 g
	Forelle	300 g
	Heilbutt	150 g
	Kabeljau	200 g
	Seelachsfilet	200 g
	Rotbarschfilet	145 g
	Scholle	300 g
	Fischstäbchen	100 g
100 Kal	Margarine	13 g
418 kJ	Öl (1 Esslöffel)	10 g
50 Kal	Blumenkohl	180 g
209 kJ	Bohnen grün	150 g
	Champignons	210 g
	Erbsen grün	55 g
	Schwarzwurzeln	55 g
	Grünkohl	110 g
	Rosenkohl	110 g
	Karotten	140 g
	Wirsingkohl	140 g
	Kohlrabi	350 g
	Paprikaschoten	180 g
	Rotkraut	190 g
	Weißkraut	190 g
	Sauerkraut	190 g
	Sellerie	180 g
	Spargel	250 g
	Spinat	220 g
	Tomaten	250 g
	Radieschen	250 g
50 Kal	Kartoffeln	60 g
209 kJ	Reis	14 g
	Teigwaren	13 g
	Mehl	14 g
	Brot	20 g
	Gemüse	100 g

Nachmittag und Spätmahlzeit

0 Kal	Kaffee	Beliebige
	Mineralwasser	Menge
	Tee	
100 Kal	Magermilch 0,3 %	300 g
418 kJ	Magerjoghurt natur	300 g
	Buttermilch	300 g
	Apfel	300 g
	Birne	200 g
	Beerenobst	250 g
	Steinobst	200 g
	Banane	160 g
	Orange	250 g
	Mandarinen	200 g
	Grapefruit	300 g
	Fruchtsaft (Orange)	200 g
	Karottensaft	350 g
	Tomatensaft	450 g

Abendessen (oder Mittagessen am Arbeitsplatz)

150 Kal	Kochschinken mager	75 g
628 kJ	Lachsschinken	105 g
	Cornedbeef deutsch	100 g
	Kalbsbratenaufschn.	115 g
	Spezialwurst fettarm	75 g
	Rollmops mariniert	70 g
	Thunfisch in Öl	62 g
	Käse 20 %	75 g
	Weichkäse 30 %	65 g
	Schnittkäse	53 g
	Speisequark mager	170 g
	Speisequark 20 %	140 g
	Buttermilch	300 g
	Magermilch	300 g
	Wiener Würstchen	57 g
	Fleischwurst	48 g
	Mortadella	49 g
	Schinkenwurst	40 g
100 Kal	Vollkornbrot	40 g
418 kJ	Mischbrot	40 g
	Knäckebrot	25 g
	Salzletten	28 g
50 Kal	Essiggurke	500 g
209 kJ	Maiskölbchen	200 g
	Mixed Pickles	250 g
	Oliven grün	60 g
	Radieschen	270 g
	Rote Bete eingelegt	90 g
	Tomaten	270 g
	Tomatenpaprika	180 g
	Kopfsalat	350 g
	Chinakohl	350 g
	Grüne Gurke	500 g
	Sauerkraut	190 g
100 Kal	Öl	10 g
418 kJ	Margarine	13 g
	Halbfettmargarine	25 g
0 Kal	Kaffee	Beliebige
0 kJ	Tee	Menge
	Mineralwasser	

Arteriosklerose vorbeugen: Diätplan fettarme Diät

1500 Kalorien (6279 kJ) mit Austauschvorschlägen

Frühstück

0 Kalorien	Kaffee	Beliebige
	Tee	Menge
	Mineralwasser	
125 Kal	Brötchen	45 g
523 kJ	Mischbrot	50 g
	Weißbrot	50 g
	Toastbrot	50 g
	Vollkornbrot	50 g
	Knäckebrot	35 g
	Zwieback	25 g
	Cornflakes	25 g
	Haferflocken	25 g
	Grieß	25 g
75 Kal	Margarine	10 g
314 kJ	Halbfettmargarine	20 g
100 Kal	Speisequark mager	120 g
418 kJ	Trinkmilch	150 g
	Joghurt	150 g
	Streichkäse 30 %	40 g
	Weichkäse 20 %	50 g
	Schnittkäse	35 g
	Kalter Braten	50 g
	Cornedbeef	65 g
	Rohschinken mager	70 g
	Lachsschinken	70 g
	Kochschinken	50 g
50 Kal	Marmelade kalorienarm	
209 kJ		40 g
	Apfel 1 kleiner	100 g
	Birne 1 kleine	100 g
	Grapefruit (große)	200 g
	Orange 1 kleine	150 g
	Tomatensaft 1 Glas	220 g
	Orangensaft 1 Glas	100 g
	Tomaten 3 Stück	250 g
	Radieschen	250 g
	Karotten	150 g
	Paprika	180 g

Mittagessen (eventuell als Hauptmahlzeit am Abend)

150 Kal	Kalbfleisch mager	140 g
628 kJ	Rindfleisch mager	120 g
	Schweinefleisch mager	
		90 g
	Wiener Würstchen	60 g
	Hähnchenschlegel	170 g
	Hähnchenbrustfleisch	140 g
	Hirschfleisch	120 g
	Forelle	300 g
	Heilbutt	150 g
	Kabeljau	200 g
	Seelachsfilet	200 g
	Rotbarschfilet	145 g
	Scholle	300 g
	Fischstäbchen	100 g
100 Kal	Margarine	13 g
418 kJ	Öl (1 Esslöffel)	10 g
50 Kal	Blumenkohl	180 g
209 kJ	Bohnen grün	150 g
	Champignons	210 g
	Erbsen grün	55 g
	Schwarwurzeln	55 g
	Grünkohl	110 g
	Rosenkohl	110 g
	Karotten	140 g
	Wirsingkohl	140 g
	Kohlrabi	350 g
	Paprikaschoten	180 g
	Rotkraut	190 g
	Weißkraut	190 g
	Sauerkraut	190 g
	Sellerie	180 g
	Spargel	250 g
	Spinat	220 g
	Tomaten	250 g
	Radieschen	250 g
100 Kal	Kartoffeln	120 g
418 kJ	Reis	28 g
	Teigwaren	26 g
	Mehl	28 g
	Brot	80 g
	Gemüse	150 g

Nachmittag und Spätmahlzeit

0 Kal	Kaffee	Beliebige
	Mineralwasser	Menge
	Tee	
100 Kal	Magermilch 0,3 %	300 g
418 kJ	Mageryoghurt natur	300 g
	Buttermilch	300 g
	Äpfel	300 g
	Birnen	200 g
	Beerenobst	250 g
	Steinobst	200 g
	Banane	160 g
	Orange	250 g
	Mandarinen	200 g
	Grapefruit	300 g
	Fruchtsaft (Orange)	200 g
	Karottensaft	350 g
	Tomatensaft	450 g

Abendessen (oder Mittagessen am Arbeitsplatz)

150 Kal	Kochschinken mager	75 g
628 kJ	Lachsschinken	105 g
	Cornedbeef deutsch	100 g
	Kalbsbratenaufschn.	115 g
	Spezialwurst fettarm	75 g
	Rollmops mariniert	70 g
	Thunfisch in Öl	62 g
	Käse 20 %	75 g
	Weichkäse 30 %	65 g
	Schnittkäse	53 g
	Speisequark mager	170 g
	Speisequark 20 %	140 g
	Buttermilch	300 g
	Magermilch	300 g
	Wiener Würstchen	57 g
	Fleischwurst	48 g
	Mortadella	49 g
	Schinkenwurst	40 g
100 Kal	Vollkornbrot	40 g
418 kJ	Mischbrot	40 g
	Knäckebrot	25 g
	Salzletten	28 g
50 Kal	Essiggurke	500 g
209 kJ	Maiskölbchen	200 g
	Mixed Pickles	250 g
	Oliven grün	60 g
	Radieschen	270 g
	Rote Bete eingelegt	90 g
	Tomaten	270 g
	Tomatenpaprika	180 g
	Kopfsalat	350 g
	Chinakohl	350 g
	Grüne Gurke	500 g
	Sauerkraut	190 g
100 Kal	Öl	10 g
418 kJ	Margarine	13 g
	Halbfettmargarine	25 g
0 Kal	Kaffee	Beliebige
0 kJ	Tee	Menge
	Mineralwasser	

Arteriosklerose vorbeugen: Diätplan fettarme Diät

1800 Kalorien (7535 kJ) mit Austauschvorschlägen

Frühstück

0 Kalorien	Kaffee	Beliebige
	Tee	Menge
	Mineralwasser	
250 Kal	Brötchen	90 g
946 kJ	Mischbrot	100 g
	Weißbrot	100 g
	Toastbrot	100 g
	Vollkornbrot	100 g
	Knäckebrot	70 g
	Zwieback	50 g
	Cornflakes	50 g
	Haferflocken	50 g
	Grieß	50 g
150 Kal	Margarine	20 g
628 kJ	Halbfettmargarine	40 g
100 Kal	Speisequark mager	120 g
418 kJ	Trinkmilch	150 g
	Yoghurt	150 g
	Streichkäse 30 %	40 g
	Weichkäse 20 %	50 g
	Schnittkäse	35 g
	Kalter Braten	50 g
	Cornedbeef	65 g
	Rohschinken mager	70 g
	Lachsschinken	70 g
	Kochschinken	50 g
50 Kal	Marmelade kalorienarm	
209 kJ		40 g
	Apfel 1 kleiner	100 g
	Birne 1 kleine	100 g
	Grapefruit (große)	200 g
	Orange 1 kleine	150 g
	Tomatensaft 1 Glas	220 g
	Orangensaft 1 Glas	100 g
	Tomaten 3 Stück	250 g
	Radieschen	250 g
	Karotten	150 g
	Paprika	180 g

Mittagessen (eventuell als Hauptmahlzeit am Abend)

200 Kal	Kalbfleisch mager	190 g
836 kJ	Rindfleisch mager	160 g
	Schweinefleisch	120 g
	Wiener Würstchen	80 g
	Hähnchenschlegel	225 g
	Hähnchenbrustfleisch	190 g
	Hirschfleisch	160 g
	Forelle	375 g
	Heilbutt	200 g
	Kabeljau	270 g
	Seelachsfilet	270 g
	Rotbarschfilet	200 g
	Scholle	375 g
	Fischstäbchen	135 g
100 Kal	Margarine	13 g
418 kJ	Öl (1 Esslöffel)	10 g
50 Kal	Blumenkohl	180 g
209 kJ	Bohnen grün	150 g
	Champignons	210 g
	Erbsen grün	55 g
	Schwarzwurzeln	55 g
	Grünkohl	110 g
	Rosenkohl	110 g
	Karotten	140 g
	Wirsingkohl	140 g
	Kohlrabi	350 g
	Paprikaschoten	180 g
	Rotkraut	190 g
	Weißkraut	190 g
	Sauerkraut	190 g
	Sellerie	180 g
	Spargel	250 g
	Spinat	220 g
	Tomaten	250 g
	Radieschen	250 g
100 Kal	Kartoffeln	120 g
418 kJ	Reis	28 g
	Teigwaren	26 g
	Mehl	28 g
	Brot	80 g
	Gemüse	150 g

Nachmittag und Spätmahlzeit

0 Kal	Kaffee	Beliebige
	Mineralwasser	Menge
	Tee	
100 Kal	Magermilch 0,3 %	300 g
418 kJ	Magerjoghurt natur	300 g
	Buttermilch	300 g
	Äpfel	300 g
	Birnen	200 g
	Beerenobst	250 g
	Steinobst	200 g
	Banane	160 g
	Orange	250 g
	Mandarinen	200 g
	Grapefruit	300 g
	Fruchtsaft (Orange)	200 g
	Karottensaft	350 g
	Tomatensaft	450 g

Abendessen (oder Mittagessen am Arbeitsplatz)

150 Kal	Kochschinken mager	75 g
628 kJ	Lachsschinken	105 g
	Cornedbeef deutsch	100 g
	Kalbsbratenaufschn.	115 g
	Spezialwurst fettarm	75 g
	Rollmops mariniert	70 g
	Thunfisch in Öl	62 g
	Käse 20 %	75 g
	Weichkäse 30 %	65 g
	Schnittkäse	53 g
	Speisequark mager	170 g
	Speisequark 20 %	140 g
	Buttermilch	300 g
	Magermilch	300 g
	Wiener Würstchen	57 g
	Fleischwurst	48 g
	Mortadella	49 g
	Schinkenwurst	40 g
100 Kal	Vollkornbrot	40 g
418 kJ	Mischbrot	40 g
	Knäckebrot	25 g
	Salzletten	28 g
50 Kal	Essiggurke	500 g
209 kJ	Maiskölbchen	200 g
	Mixed Pickles	250 g
	Oliven grün	60 g
	Radieschen	270 g
	Rote Bete eingelegt	90 g
	Tomaten	270 g
	Tomatenpaprika	180 g
	Kopfsalat	350 g
	Chinakohl	350 g
	Grüne Gurke	500 g
	Sauerkraut	190 g
100 Kal	Öl	10 g
418 kJ	Margarine	13 g
	Halbfettmargarine	25 g
0 Kal	Kaffee	Beliebige
0 kJ	Tee	Menge
	Mineralwasser	

Tagesbeispiel für eine Diabetesdiät (etwa 1.000 Kalorien)

Nährstoffverteilung

75 g Eiweiß	A
30 g Fett	B
8 Broteinheiten	C
Kalorien	D

		A	B	C	D
Frühstück					
Kaffee oder Tee mit Süßstoff					
Mischbrot	50 g	3,5	0,5	1	120
Magerquark, Kräuter	50 g	8,6	0,3		44
Tomate	50 g	0,4	0,1		9
Mittagessen					
Kalbsleber, Salat, Kompott					
Kalbsleber	120 g	23,0	6,0		172
Öl, Zwiebeln	5 g		5,0		46
Tomaten	100 g	0,9	0,2		19
Gurken	100 g	0,6	0,2		10
Magerjoghurt	59 g	1,7	0,2		20
Apfelkompott mit Süßstoff	100 g	0,3	0,3	1	52
Nachmittag					
Buttermilch	300 g	10,5	1,5	1	108
Abendessen					
Eier-Champignon-Salat					
Ei (gekocht)	1	6,4	5,6		83
Champignon (Dose)	200 g	4,4	1,0		34
Krabben, Kapern, Kräuter	50 g	9,5	1,0		51
Öl	5 g	5,0	46		
Toast	48 g	4,0	0,1	2	125
Tomaten	100 g	0,9	0,2		19
Spätmahlzeit					
Erdbeeren	150 g	1,3	0,6	1	58
Gesamt		76,8	27,9	8	1066

Nährstoffverteilung

75 g Eiweiß	A
30 g Fett	B
8 Broteinheiten	C
Kalorien	D

		A	B	C	D
Frühstück					
Kaffee oder Tee mit Süßstoff					
Graubrot	50 g	3,5	0,5	2	120
Camembert 20 %	50 g	13,2	4,3		100
Mittagessen					
Forelle, Kartoffeln, Salate					
Forelle, Fischsud	250 g	23,9	2,6		130
Kartoffeln	60 g	1,2		1	51
Butter, Kräuter		5 g	4,2		38
Chicorée	100 g	1,3	0,2		16
Kopfsalat	30 g	0,3			4
Tomaten	00 g	0,9	0,2		19
Öl, Essig, Gewürze	5 g		0,5		46
Nachmittag					
Apfelsine mit Schale	170 g	1,3	0,4	1	70
Abendessen					
Magerschinken mit Meerrettichquark					
Magerschinken	50 g	10,0	10,0		140
Magerquark	75 g	12,6	0,5		66
Meerrettich	10 g	0,2			7
Gewürzgurke	100 g	0,8			10
Radieschen	100 g	1,0	0,4		19
Toast	48 g	4,0	0,1	2	125
Spätmahlzeit					
Grapefruitsaft	120 g	0,6	0,1	1	37
Gesamt		75,1	28,8	8	1050

Normalwerte des Body-Mass-Index (BMI)

Wünschenswerter BMI von Erwachsenen entsprechend der höchsten Lebenserwartung nach Altersgruppen:

- 19–24 Jahre 19–24
- 25–34 Jahre 20–25
- 35–44 Jahre 21–26
- 45–54 Jahre 22–27
- 55–64 Jahre 23–28
- älter als 65 Jahre 24–29

Tagesbeispiel für eine Diabetesdiät (etwa 1.000 Kalorien)

Nährstoffverteilung

75 g Eiweiß	A
30 g Fett	B
8 Broteinheiten	C
Kalorien	D

		A	B	C	D
Frühstück					
Kaffee oder Tee mit Süßstoff					
Grahambrot	50 g	4,2	0,5	2	125
Schmelzkäse	30 g	5,2	2,7		59
Mittagessen					
Brathuhn, Salate, Erdbeeren					
Brathuhn (Grill)	200 g	28,0	7,2		188
Champignons	100 g	2,0	1,0		25
Spargel	100 g	1,9	0,3		19
Öl	100 g		5,0		46
Erdbeeren	150 g	1,3	0,6	1	58
Nachmittag					
Buttermilch	300 g	10,5	1,5	1	108
Abendessen					
Käsetoast, Salat					
Toast	48 g	4,0	0,1	2	125
Tomaten	100 g	0,9	0,2		19
Edamer 30 %	50 g	13,2	8,1		140
Kopfsalat	50 g	0,6	0,1		7
Joghurt mager	50 g	2,3	0,2		23
Spätmahlzeit					
Apfelkompott	100 g	0,3	0,3	1	52
Gesamt		75,1	28,1	8	1046

Nährstoffverteilung

75 g Eiweiß	A
30 g Fett	B
8 Broteinheiten	C
Kalorien	D

		A	B	C	D
Frühstück					
Kaffee oder Tee mit Süßstoff					
Toast	48 g	4,0	0,1	2	125
Weiches Ei	1	6,4	5,6		83
Kleine Tomate	50 g	0,4	0,1		9
Mittagessen					
Rehbraten mit Spätzle, Endiviensalat					
Rehfleisch (Keule)	150 g	30,0	1,5		159
Rotwein	20 ml				15
Öl	5 g		5,0		46
Spätzle	16 g	2,4	0,5	1	66
Endiviensalat	50 g	0,2	0,1		8
Öl, Marinade	5 g		5,0		46
Nachmittag					
Grapefruit	1	0,9	0,3	1	42
Abendessen					
Käseplatte					
Edamer Käse 30 %	30 g	7,9	4,9		84
Camembert 20 %	30 g	7,9	2,6		60
Hüttenkäse 20 %	50 g	7,1	2,3		54
Vollkornbrot	50 g	3,6	0,6	2	120
Radieschen	200 g	2,0	0,2		38
Spätmahlzeit					
Grapefruit	1	0,9	0,3	1	42
Gesamt		74,8	29,2	8	1059

Eiweißarme Diät

Verboten
- Molkereiprodukte außer in den erlaubten Mengen;
- Milchpulver, Eipulver;
- Gebäck aus Milch oder Eiern;
- getrocknete Bohnen oder Erbsen; Linsen;
- getrocknete Früchte, Datteln, Korinthen, Rosinen, Feigen
- Nüsse und Marzipan;
- Erdnüsse und Erdnußbutter, Gelatine.

In bestimmten Mengen erlaubt
Die folgenden Speisen enthalten etwa 5 g Eiweiß pro angegebener Portion. Die Anzahl der erlaubten Portionen wird durch den Grad der Eiweißbeschränkung bestimmt. Die Anzahl der Portionen bei einer eiweißarmen Diät von 40 g Eiweiß pro Tag beträgt 8 Portionen.

Fleisch, Fisch und Schalentiere
(rohe, gesäuberte Produkte)

• Fettes Fleisch	35 g
• halbmageres Fleisch	30 g
• fetter Fisch	35 g
• magerer Fisch	25 g

Brot oder andere Produkte

• eiweißarmes Brot	400 g
• normales Brot	60 g
• Haferflocken	40 g
• Nudeln	40 g

Kartoffeln und Gemüse
(rohe, gesäuberte Produkte)

• Kartoffeln	250 g
• Hülsenfrüchte	200 g
• Grünkohl	160 g

Erlaubt
- Butter, Margarine, Öl;
- Rinder- oder Schweinefett;
- Mayonnaise;
- Sahne in kleinen Mengen;
- eiweißarme Mehlspeisen und eiweißarmer Zwieback in normalen Mengen;
- Kartoffelmehl;
- Maizena;
- Vanillemehl;
  alle frischen Gemüse außer denen, die nur in bestimmten Mengen erlaubt sind;
- alle frischen Obstsorten;
- Zucker, Sirup.

Natriumarme (salzarme) Diät

Die natriumarme Diät enthält ungefähr 400 Milligramm Natrium pro 2.000 Kalorien.

Verboten
- Küchensalz, natriumhaltige Ersatzsalze
- Natriumhaltige Medikamente
- normaler Senf
- Englische Sauce, Piccalilli, Selleriesalz
- Silberzwiebeln oder andere saure Gemüse, Bouillonwürfel, Mayonnaise (keine salzarme)
- Normales Brot, normaler Zwieback, normales Gebäck (kein salzarmes)
- Gemüse, die von Natur aus viel Salz enthalten wie Rote Bete, Sellerie, Möhren
- Konserviertes Gemüse wie Sauerkohl
- Melonen, getrocknete Früchte oder Früchte als Marmelade, gekaufte Fruchtsalate
- Gesalzene Nüsse, Kokosnüsse
- Über 1/4 Liter Bier, Cola-Getränke, Limonade oder Wein pro Tag

Erlaubt
- Natriumfreies Ersatzsalz, natriumfreie Süßmittel
- Salzarmes Brot, salzarmer Zwieback
- Salzarmes Gebäck, Mehlspeisen wie Makkaroni oder Spaghetti
- Ungesalzene Butter, salzarme Margarine, Öl
- Ungeschmolzenes Rinder- oder Schweinefett
- Maximal drei Eier pro Woche, Quark, salzarmer Hartkäse, salzarmer Schmierkäse
- Kartoffeln ohne Salz, frisches Fleisch ohne Salz
  Maximal 100 g pro Tag salzarme Fleischkonserven, Hähnchen
- Frischer Fluss- oder Seefisch, ohne Salz zubereitet
  Maximal 100 g pro Tag (an Stelle von Fleisch)
- Alle frischen Gemüse, außer den verbotenen Arten, Tiefkühlgemüse ohne Salz
- Frisches Obst, Tiefkühlfrüchte ohne Salz
- Eingemachtes Obst, salzarme Obstsalate
- 1/4 Liter normale Vollmilch oder Magermilch, Buttermilch oder Joghurt (bei einem höheren Milchverbrauch eine salzarme Sorte)
- Normales Wasser, salzarmes Mineralwasser

Bei noch strengerer Salzeinschränkung von ungefähr 220 Milligramm Natrium pro 2.000 Kalorien, sind Eier verboten. Die erlaubte Menge Milch wird durch salzarme Milch ersetzt.

Bei weniger strenger Salzeinschränkung von 1.000 Milligramm Natrium pro 2.000 Kalorien, darf man 1,5 Gramm Kochsalz (abgewogene Menge) pro Tag nach Wahl den Speisen zufügen.

Leber-Galle Diät

- Die Leber-Galle-Diät muss 30 bis 40 Gramm Eiweiß pro Tag enthalten. Milcheiweiß in Form gesäuerter Milchprodukte, etwa Quark, ist zu bevorzugen. Fettes Fleisch und fetter Fisch sind verboten. Eier nur von Fall zu Fall gestattet.

- Die Fettzufuhr beträgt 50 bis 60 Gramm täglich. Es sollen nur ungehärtete Fette mit einem hohen Anteil an hochungesättigten Fettsäuren (Linolsäuren) und Vitamin E Verwendung finden. Empfehlenswert ist Vitaminöl, ein Gemisch aus Maiskeimöl und Weizenkeimöl.

- Fruchtzucker ist nicht nur ein leberspezifischer Zucker und physiologischer Energiespender, sondern das wichtigste Kohlenhydrat der Leberdiät. Frisches Brot ist zu meiden, abgelagertes Grahambrot oder Knäckebrot zu bevorzugen. Gemüse kann in fein zerkleinerter Form auch als Rohkost gegessen werden. Verboten sind jedoch alle Kohlsorten, Hülsenfrüchte, Zwiebeln und Pilze. Obst kann je nach Verträglichkeit roh zubereitet werden. Verboten sind unreifes Obst, Trockenobst, rohes Steinobst, Nüsse und Mandeln.

- Alle Vitamine, besonders die des B-Komplexes sowie Vitamin A und E, sind wichtig. Natürliche Vitaminzusatzpräparate sind Keimdiät-Weizenkeime, Weizenkeime, Vollextrakt-Kapseln.

- An Getränken kommen Kräutertees, Gemüse- und Fruchtsäfte in Frage. Verboten sind alkoholische Getränke, Bohnenkaffee sowie Cola und stark kohlensäurehaltige Mineralwässer.

- Die Haut Leber-Galle-Kranker ist oft trocken und spröde. Daher ist eine intensive Hautpflege als äußere Diät, als Hautdiät, notwendig, zum Beispiel tägliche Bürstenmassage des ganzen Körpers und anschließend Einölen mit Hautdiät-Öl.

Magen-Darm Diät

- Eine Reihe von Diätforderungen gilt für alle Magen-Darm-Erkrankungen: häufige kleine Mahlzeiten, nicht zu kalte und nicht zu heiße Speisen, gut zerkleinert, gut gekaut sowie ein ausreichendes Angebot an Kalorien, Eiweiß, Vitaminen und Mineralstoffen (Unterernährung vermeiden!).

- Bei Übersäuerung des Magens ist alles zu meiden, was zu einer verstärkten Magensekretion anreizt, zum Beispiel Gebratenes, Geräuchertes, Fleischbrühe, Bohnenkaffee, Alkohol, grobes Vollkornbrot und gezuckerte süße Speisen. Gut vertragen werden Magerquark und gesäuerte Milchprodukte, gekochtes mageres Fleisch, magerer Fisch, Eierspeisen sowie Grahambrot und Knäckebrot.

- Sodbrennen ist nicht nur ein Zeichen von Übersäuerung, sondern kann auch auf einer Empfindlichkeit der Magenschleimhaut beruhen. Hier gilt eine diätetische Einschränkung wie bei einer Übersäuerung des Magens.

- Bei Säuremangel ist die Eiweißverdauung vermindert. Nur leicht verdauliche Eiweißträger kommen in Frage: Milcheiweiß in gesäuerter Form, Quark, magerer Fisch und mageres zartes Fleisch in gekochter Form.

- Bei akuten Magen- und Zwölffingerdarmgeschwüren ist meistens ein Klinikaufenthalt mit strengster Diäteinstellung, eventuell einigen Teefastentagen, notwendig. Anschließend kommt eine Schonkost wie bei Übersäuerung des Magens in Frage.

- Bei Entzündung der Dickdarmschleimhaut (Colitis) und bei Durchfällen muss die Kost schlackenarm sein, damit die Darmschleimhaut nicht durch grobe Zellulose (zum Beispiel Vollkornbrot, grobe Rohkost) gereizt wird.

- Darmträgheit kann auf einer falschen Nahrungszusammensetzung oder einer vegetativ-nervösen Fehlsteuerung beruhen. Im ersten Fall ist eine zellulosereiche Ernährung mit Vollkornbrot, Kleiegerichten, Keimdiät, Bircher-Müsli, Rohkost (angerichtet mit Vitaminöl und Topigran), Frischobst, Trockenobst und gesäuerten Milchprodukten angebracht.

ARTISCHOKE

Nährwerte

Wasser	(g)	84,4
Zucker	(g)	–
Stärke	(g)	0
Faserstoffe	(g)	–
Gesamtstickstoff	(g)	0,18
Energie	kcal	15
	Kj	62
Eiweiß	(g)	1,1
Fett	(g)	+
Kohlenhydrate	(g)	2,7

Mineralien/Spurenelemente

Natrium	(mg)	15
Kalium	(mg)	330
Kalzium	(mg)	44
Magnesium	(mg)	27
Phosphor	(mg)	40
Eisen	(mg)	0,5
Kupfer	(mg)	0,09
Zink	(mg)	–
Schwefel	(mg)	16
Chlor	(mg)	84

Vitamine

Vitamin A	(μg)	0
Carotine	(μg)	90
Vitamin D	(μg)	0
Vitamin B_1 (Thiamin)	(mg)	0,07
Vitamin B_2 (Riboflavin)	(mg)	0,03
Niacin (Nicotinsäureamid)	(mg)	0,01
Vitamin C	(mg)	0,4
Vitamin E	(mg)	3
Vitamin B_6	(mg)	0,07
Vitamin B_{12}	(μg)	0
Folsäure	(μg)	30
Pantothensäure	(mg)	0,21
Biotin	(μg)	4,1

AUBERGINE
roh

Nährwerte

Wasser	(g)	93,4
Zucker	(g)	1,1
Stärke	(g)	0
Faserstoffe	(g)	1,5
Gesamtstickstoff	(g)	0,54
Energie	kcal	14
	kJ	62
Eiweiß	(g)	0,7
Fett	(g)	+
Kohlenhydrate	(g)	3,1

Mineralien/Spurenelemente

Natrium	(mg)	3
Kalium	(mg)	240
Kalzium	(mg)	10
Magnesium	(mg)	10
Phosphor	(mg)	12
Eisen	(mg)	0,4
Kupfer	(mg)	0,08
Zink	(mg)	–
Schwefel	(mg)	9
Chlor	(mg)	61

Vitamine

Vitamin A	(µg)	0
Carotine	(µg)	+
Vitamin D	(µg)	0
Vitamin B_1 (Thiamin)	(mg)	0,05
Vitamin B_2 (Riboflavin)	(mg)	0,03
Niacin (Nicotinsäureamid)	(mg)	0,8
Vitamin C	(mg)	5
Vitamin E	(mg)	–
Vitamin B_6	(mg)	0,08
Vitamin B_{12}	(µg)	0
Folsäure	(µg)	20
Pantothensäure	(mg)	0,22
Biotin	(µg)	–

BETE, rote
gekocht

Nährwerte

Wasser	(g)	82,7
Zucker	(g)	9,9
Stärke	(g)	0
Faserstoffe	(g)	2,5
Gesamtstickstoff	(g)	0,29
Energie	kcal	44
	kJ	189
Eiweiß	(g)	1,8
Fett	(g)	+
Kohlenhydrate	(g)	9,9

Mineralien/Spurenelemente

Natrium	(mg)	64
Kalium	(mg)	350
Kalzium	(mg)	30
Magnesium	(mg)	17
Phosphor	(mg)	36
Eisen	(mg)	0,4
Kupfer	(mg)	0,08
Zink	(mg)	0,4
Schwefel	(mg)	22
Chlor	(mg)	76

Vitamine

Vitamin A	(µg)	0
Carotine	(µg)	+
Vitamin D	(µg)	0
Vitamin B_1 (Thiamin)	(mg)	0,02
Vitamin B_2 (Riboflavin)	(mg)	0,04
Niacin (Nicotinsäureamid)	(mg)	0,1
Vitamin C	(mg)	5
Vitamin E	(mg)	0
Vitamin B_6	(mg)	0,03
Vitamin B_{12}	(µg)	0
Folsäure	(µg)	50
Pantothensäure	(mg)	0,10
Biotin	(µg)	+

BETE, rote
roh

Nährwerte

Wasser	(g)	87,1
Zucker	(g)	6,0
Stärke	(g)	0
Faserstoffe	(g)	3,1
Gesamtstickstoff	(g)	0,21
Energie	kcal	28
	kJ	118
Eiweiß	(g)	1,3
Fett	(g)	+
Kohlenhydrate	(g)	6,0

Mineralien/Spurenelemente

Natrium	(mg)	84
Kalium	(mg)	300
Kalzium	(mg)	25
Magnesium	(mg)	15
Phosphor	(mg)	32
Eisen	(mg)	0,4
Kupfer	(mg)	0,07
Zink	(mg)	0,4
Schwefel	(mg)	–
Chlor	(mg)	59

Vitamine

Vitamin A	(µg)	0
Carotine	(µg)	+
Vitamin D	(µg)	0
Vitamin B_1 (Thiamin)	(mg)	0,03
Vitamin B_2 (Riboflavin)	(mg)	0,05
Niacin (Nicotinsäureamid)	(mg)	0,1
Vitamin C	(mg)	6
Vitamin E	(mg)	0
Vitamin B_6	(mg)	0,05
Vitamin B_{12}	(µg)	0
Folsäure	(µg)	90
Pantothensäure	(mg)	0,12
Biotin	(µg)	+

BLUMENKOHL
gekocht

Nährwerte

Wasser	(g)	94,5
Zucker	(g)	0,8
Stärke	(g)	+
Faserstoffe	(g)	1,8
Gesamtstickstoff	(g)	0,26
Energie	kcal	9
	kJ	40
Eiweiß	(g)	1,6
Fett	(g)	+
Kohlenhydrate	(g)	0,8

Mineralien/Spurenelemente

Natrium	(mg)	4
Kalium	(mg)	180
Kalzium	(mg)	18
Magnesium	(mg)	8
Phosphor	(mg)	32
Eisen	(mg)	0,4
Kupfer	(mg)	0,03
Zink	(mg)	0,2
Schwefel	(mg)	–
Chlor	(mg)	14

Vitamine

Vitamin A	(µg)	0
Carotine	(µg)	30
Vitamin D	(µg)	0
Vitamin B_1 (Thiamin)	(mg)	0,06
Vitamin B_2 (Riboflavin)	(mg)	0,06
Niacin (Nicotinsäureamid)	(mg)	0,4
Vitamin C	(mg)	20
Vitamin E	(mg)	0,1
Vitamin B_6	(mg)	0,12
Vitamin B_{12}	(µg)	0
Folsäure	(µg)	49
Pantothensäure	(mg)	0,42
Biotin	(µg)	1,0

BLUMENKOHL
roh

Nährwerte

Wasser	(g)	92,7
Zucker	(g)	1,5
Stärke	(g)	+
Faserstoffe	(g)	3,7
Gesamtstickstoff	(g)	0,11
Energie	kcal	13
	kJ	56
Eiweiß	(g)	1,9
Fett	(g)	+
Kohlenhydrate	(g)	1,5

Mineralien/Spurenelemente

Natrium	(mg)	8
Kalium	(mg)	350
Kalzium	(mg)	21
Magnesium	(mg)	14
Phosphor	(mg)	45
Eisen	(mg)	0,5
Kupfer	(mg)	0,03
Zink	(mg)	0,3
Schwefel	(mg)	–
Chlor	(mg)	31

Vitamine

Vitamin A	(µg)	0
Carotine	(µg)	30
Vitamin D	(µg)	0
Vitamin B_1 (Thiamin)	(mg)	0,10
Vitamin B_2 (Riboflavin)	(mg)	0,10
Niacin (Nicotinsäureamid)	(mg)	0,6
Vitamin C	(mg)	60
Vitamin E	(mg)	0,2
Vitamin B_6	(mg)	0,20
Vitamin B_{12}	(µg)	0
Folsäure	(µg)	39
Pantothensäure	(mg)	0,60
Biotin	(µg)	1,5

BOHNEN, grüne

Nährwerte

Wasser	(g)	95,5
Zucker	(g)	0,8
Stärke	(g)	0,3
Faserstoffe	(g)	3,2
Gesamtstickstoff	(g)	0,12
Energie	kcal	7
	kJ	31
Eiweiß	(g)	0,8
Fett	(g)	+
Kohlenhydrate	(g)	1,1

Mineralien/Spurenelemente

Natrium	(mg)	3
Kalium	(mg)	100
Kalzium	(mg)	39
Magnesium	(mg)	10
Phosphor	(mg)	15
Eisen	(mg)	0,6
Kupfer	(mg)	0,10
Zink	(mg)	0,3
Schwefel	(mg)	8
Chlor	(mg)	11

Vitamine

Vitamin A	(µg)	0
Carotine	(µg)	400
Vitamin D	(µg)	0
Vitamin B_1 (Thiamin)	(mg)	0,04
Vitamin B_2 (Riboflavin)	(mg)	0,07
Niacin (Nicotinsäureamid)	(mg)	0,3
Vitamin C	(mg)	5
Vitamin E	(mg)	0,2
Vitamin B_6	(mg)	0,06
Vitamin B_{12}	(µg)	0
Folsäure	(µg)	28
Pantothensäure	(mg)	0,07
Biotin	(µg)	0,8

BROKKOLI
gekocht

Nährwerte

Wasser	(g)	91,5
Zucker	(g)	1,6
Stärke	(g)	0,1
Faserstoffe	(g)	2,9
Gesamtstickstoff	(g)	0,45
Energie	kcal	18
	kJ	78
Eiweiß	(g)	2,8
Fett	(g)	+
Kohlenhydrate	(g)	3,5

Mineralien/Spurenelemente

Natrium	(mg)	2
Kalium	(mg)	240
Kalzium	(mg)	25
Magnesium	(mg)	13
Phosphor	(mg)	51
Eisen	(mg)	0,5
Kupfer	(mg)	0,05
Zink	(mg)	0,4
Schwefel	(mg)	78
Chlor	(mg)	16

Vitamine

Vitamin A	(µg)	0
Carotine	(µg)	400
Vitamin D	(µg)	0
Vitamin B_1 (Thiamin)	(mg)	0,06
Vitamin B_2 (Riboflavin)	(mg)	0,10
Niacin (Nicotinsäureamid)	(mg)	0,4
Vitamin C	(mg)	40
Vitamin E	(mg)	0,9
Vitamin B_6	(mg)	0,13
Vitamin B_{12}	(µg)	0
Folsäure	(µg)	87
Pantothensäure	(mg)	0,28
Biotin	(µg)	0,3

BROKKOLI
roh

Nährwerte

Wasser	(g)	89,0
Zucker	(g)	2,5
Stärke	(g)	+
Faserstoffe	(g)	3,6
Gesamtstickstoff	(g)	0,52
Energie	kcal	23
	kJ	96
Eiweiß	(g)	3,3
Fett	(g)	+
Kohlenhydrate	(g)	2,5

Mineralien/Spurenelemente

Natrium	(mg)	12
Kalium	(mg)	340
Kalzium	(mg)	100
Magnesium	(mg)	18
Phosphor	(mg)	67
Eisen	(mg)	1,5
Kupfer	(mg)	0,07
Zink	(mg)	0,6
Schwefel	(mg)	–
Chlor	(mg)	55

Vitamine

Vitamin A	(µg)	0
Carotine	(µg)	2500
Vitamin D	(µg)	0
Vitamin B_1 (Thiamin)	(mg)	0,10
Vitamin B_2 (Riboflavin)	(mg)	0,30
Niacin (Nicotinsäureamid)	(mg)	1,0
Vitamin C	(mg)	110
Vitamin E	(mg)	1,3
Vitamin B_6	(mg)	0,21
Vitamin B_{12}	(µg)	0
Folsäure	(µg)	90
Pantothensäure	(mg)	0,12
Biotin	(µg)	+

BRUNNENKRESSE
roh

Nährwerte

Wasser	(g)	91,1
Zucker	(g)	0,6
Stärke	(g)	0,1
Faserstoffe	(g)	3,3
Gesamtstickstoff	(g)	0,46
Energie	kcal	14
	kJ	61
Eiweiß	(g)	2,9
Fett	(g)	+
Kohlenhydrate	(g)	0,7

Mineralien/Spurenelemente

Natrium	(mg)	60
Kalium	(mg)	310
Kalzium	(mg)	220
Magnesium	(mg)	17
Phosphor	(mg)	52
Eisen	(mg)	1,6
Kupfer	(mg)	0,14
Zink	(mg)	0,2
Schwefel	(mg)	130
Chlor	(mg)	160

Vitamine

Vitamin A	(µg)	0
Carotine	(µg)	3000
Vitamin D	(µg)	0
Vitamin B_1 (Thiamin)	(mg)	0,10
Vitamin B_2 (Riboflavin)	(mg)	0,10
Niacin (Nicotinsäureamid)	(mg)	0,6
Vitamin C	(mg)	60
Vitamin E	(mg)	1,0
Vitamin B_6	(mg)	0,13
Vitamin B_{12}	(µg)	0
Folsäure	(µg)	–
Pantothensäure	(mg)	0,10
Biotin	(µg)	0,4

CHAMPIGNONS
gebacken

Nährwerte		
Wasser	(g)	64,2
Zucker	(g)	0
Stärke	(g)	0
Faserstoffe	(g)	4,0
Gesamtstickstoff	(g)	0,90
Energie	kcal	210
	kJ	863
Eiweiß	(g)	2,2
Fett	(g)	22,3
Kohlenhydrate	(g)	0
Mineralien/Spurenelemente		
Natrium	(mg)	11
Kalium	(mg)	570
Kalzium	(mg)	4
Magnesium	(mg)	16
Phosphor	(mg)	170
Eisen	(mg)	1,3
Kupfer	(mg)	0,78
Zink	(mg)	0,1
Schwefel	(mg)	74
Chlor	(mg)	100
Vitamine		
Vitamin A	(µg)	0
Carotine	(µg)	0
Vitamin D	(µg)	0
Vitamin B_1 (Thiamin)	(mg)	0,10
Vitamin B_2 (Riboflavin)	(mg)	0,40
Niacin (Nicotinsäureamid)	(mg)	4,0
Vitamin C	(mg)	3
Vitamin E	(mg)	+
Vitamin B_6	(mg)	0,06
Vitamin B_{12}	(µg)	0
Folsäure	(µg)	20
Pantothensäure	(mg)	1,4
Biotin	(µg)	–

CHAMPIGNONS
roh

Nährwerte		
Wasser	(g)	91,5
Zucker	(g)	0
Stärke	(g)	0
Faserstoffe	(g)	2,5
Gesamtstickstoff	(g)	0,64
Energie	kcal	13
	kJ	53
Eiweiß	(g)	1,8
Fett	(g)	0,6
Kohlenhydrate	(g)	0
Mineralien/Spurenelemente		
Natrium	(mg)	9
Kalium	(mg)	470
Kalzium	(mg)	3
Magnesium	(mg)	13
Phosphor	(mg)	140
Eisen	(mg)	1,0
Kupfer	(mg)	0,64
Zink	(mg)	0,1
Schwefel	(mg)	34
Chlor	(mg)	85
Vitamine		
Vitamin A	(µg)	0
Carotine	(µg)	0
Vitamin D	(µg)	0
Vitamin B_1 (Thiamin)	(mg)	0,10
Vitamin B_2 (Riboflavin)	(mg)	0,40
Niacin (Nicotinsäureamid)	(mg)	4,0
Vitamin C	(mg)	3
Vitamin E	(mg)	+
Vitamin B_6	(mg)	0,10
Vitamin B_{12}	(µg)	0
Folsäure	(µg)	23
Pantothensäure	(mg)	2,0
Biotin	(µg)	–

CHICOREE
roh

Nährwerte		
Wasser	(g)	96,2
Zucker	(g)	–
Stärke	(g)	0
Faserstoffe	(g)	–
Gesamtstickstoff	(g)	0,12
Energie	kcal	9
	kJ	38
Eiweiß	(g)	0,8
Fett	(g)	+
Kohlenhydrate	(g)	1,5
Mineralien/Spurenelemente		
Natrium	(mg)	7
Kalium	(mg)	180
Kalzium	(mg)	18
Magnesium	(mg)	13
Phosphor	(mg)	21
Eisen	(mg)	0,7
Kupfer	(mg)	0,14
Zink	(mg)	0,2
Schwefel	(mg)	13
Chlor	(mg)	25
Vitamine		
Vitamin A	(µg)	0
Carotine	(µg)	+
Vitamin D	(µg)	0
Vitamin B_1 (Thiamin)	(mg)	0,05
Vitamin B_2 (Riboflavin)	(mg)	0,05
Niacin (Nicotinsäureamid)	(mg)	0,5
Vitamin C	(mg)	4
Vitamin E	(mg)	–
Vitamin B_6	(mg)	0,05
Vitamin B_{12}	(µg)	0
Folsäure	(µg)	52
Pantothensäure	(mg)	–
Biotin	(µg)	–

ENDIVIENSALAT
roh

Nährwerte

Wasser	(g)	93,7
Zucker	(g)	1,0
Stärke	(g)	0
Faserstoffe	(g)	2,2
Gesamtstickstoff	(g)	0,28
Energie	kcal	11
	kJ	47
Eiweiß	(g)	1,8
Fett	(g)	+
Kohlenhydrate	(g)	1,0

Mineralien/Spurenelemente

Natrium	(mg)	10
Kalium	(mg)	380
Kalzium	(mg)	44
Magnesium	(mg)	10
Phosphor	(mg)	67
Eisen	(mg)	2,8
Kupfer	(mg)	0,09
Zink	(mg)	–
Schwefel	(mg)	26
Chlor	(mg)	71

Vitamine

Vitamin A	(μg)	0
Carotine	(μg)	2000
Vitamin D	(μg)	0
Vitamin B_1 (Thiamin)	(mg)	0,06
Vitamin B_2 (Riboflavin)	(mg)	0,10
Niacin (Nicotinsäureamid)	(mg)	0,4
Vitamin C	(mg)	12
Vitamin E	(mg)	–
Vitamin B_6	(mg)	–
Vitamin B_{12}	(μg)	0
Folsäure	(μg)	330
Pantothensäure	(mg)	–
Biotin	(μg)	–

ERBSEN
getrocknet, gekocht

Nährwerte

Wasser	(g)	70,3
Zucker	(g)	0,9
Stärke	(g)	18,2
Faserstoffe	(g)	4,8
Gesamtstickstoff	(g)	1,11
Energie	kcal	103
	kJ	438
Eiweiß	(g)	6,9
Fett	(g)	0,4
Kohlenhydrate	(g)	19,1

Mineralien/Spurenelemente

Natrium	(mg)	13
Kalium	(mg)	270
Kalzium	(mg)	24
Magnesium	(mg)	30
Phosphor	(mg)	110
Eisen	(mg)	1,4
Kupfer	(mg)	0,17
Zink	(mg)	1,0
Schwefel	(mg)	39
Chlor	(mg)	9

Vitamine

Vitamin A	(μg)	0
Carotine	(μg)	80
Vitamin D	(μg)	0
Vitamin B_1 (Thiamin)	(mg)	0,11
Vitamin B_2 (Riboflavin)	(mg)	0,07
Niacin (Nicotinsäureamid)	(mg)	1,0
Vitamin C	(mg)	+
Vitamin E	(mg)	+
Vitamin B_6	(mg)	–
Vitamin B_{12}	(μg)	0
Folsäure	(μg)	–
Pantothensäure	(mg)	–
Biotin	(μg)	–

ERBSEN
getrocknet, roh

Nährwerte

Wasser	(g)	13,3
Zucker	(g)	2,4
Stärke	(g)	47,6
Faserstoffe	(g)	16,7
Gesamtstickstoff	(g)	3,45
Energie	kcal	286
	kJ	1215
Eiweiß	(g)	21,6
Fett	(g)	1,3
Kohlenhydrate	(g)	50,0

Mineralien/Spurenelemente

Natrium	(mg)	38
Kalium	(mg)	990
Kalzium	(mg)	61
Magnesium	(mg)	116
Phosphor	(mg)	300
Eisen	(mg)	4,7
Kupfer	(mg)	0,49
Zink	(mg)	3,5
Schwefel	(mg)	130
Chlor	(mg)	60

Vitamine

Vitamin A	(µg)	0
Carotine	(µg)	250
Vitamin D	(µg)	0
Vitamin B_1 (Thiamin)	(mg)	0,60
Vitamin B_2 (Riboflavin)	(mg)	0,30
Niacin (Nicotinsäureamid)	(mg)	3,0
Vitamin C	(mg)	+
Vitamin E	(mg)	+
Vitamin B_6	(mg)	0,13
Vitamin B_{12}	(µg)	0
Folsäure	(µg)	33
Pantothensäure	(mg)	2,0
Biotin	(µg)	–

ERBSEN, grüne
gekocht

Nährwerte

Wasser	(g)	80,0
Zucker	(g)	1,8
Stärke	(g)	5,9
Faserstoffe	(g)	5,2
Gesamtstickstoff	(g)	0,80
Energie	kcal	52
	kJ	223
Eiweiß	(g)	5,0
Fett	(g)	0,4
Kohlenhydrate	(g)	7,7

Mineralien/Spurenelemente

Natrium	(mg)	+
Kalium	(mg)	170
Kalzium	(mg)	13
Magnesium	(mg)	21
Phosphor	(mg)	83
Eisen	(mg)	1,2
Kupfer	(mg)	0,15
Zink	(mg)	0,5
Schwefel	(mg)	44
Chlor	(mg)	8

Vitamine

Vitamin A	(µg)	0
Carotine	(µg)	300
Vitamin D	(µg)	0
Vitamin B_1 (Thiamin)	(mg)	0,25
Vitamin B_2 (Riboflavin)	(mg)	0,11
Niacin (Nicotinsäureamid)	(mg)	1,5
Vitamin C	(mg)	15
Vitamin E	(mg)	+
Vitamin B_6	(mg)	0,10
Vitamin B_{12}	(µg)	0
Folsäure	(µg)	–
Pantothensäure	(mg)	0,32
Biotin	(µg)	0,4

ERBSEN, grüne
roh

Nährwerte

Wasser	(g)	78,5
Zucker	(g)	4,0
Stärke	(g)	6,6
Faserstoffe	(g)	5,2
Gesamtstickstoff	(g)	0,92
Energie	kcal	67
	kJ	283
Eiweiß	(g)	5,8
Fett	(g)	0,4
Kohlenhydrate	(g)	10,6

Mineralien/Spurenelemente

Natrium	(mg)	1
Kalium	(mg)	340
Kalzium	(mg)	15
Magnesium	(mg)	30
Phosphor	(mg)	100
Eisen	(mg)	1,9
Kupfer	(mg)	0,23
Zink	(mg)	0,7
Schwefel	(mg)	50
Chlor	(mg)	38

Vitamine

Vitamin A	(µg)	0
Carotine	(µg)	300
Vitamin D	(µg)	0
Vitamin B_1 (Thiamin)	(mg)	0,32
Vitamin B_2 (Riboflavin)	(mg)	0,15
Niacin (Nicotinsäureamid)	(mg)	2,5
Vitamin C	(mg)	25
Vitamin E	(mg)	+
Vitamin B_6	(mg)	0,16
Vitamin B_{12}	(µg)	0
Folsäure	(µg)	–
Pantothensäure	(mg)	0,75
Biotin	(µg)	0,5

JAMSWURZEL
gekocht

Nährwerte

Wasser	(g)	65,8
Zucker	(g)	0,2
Stärke	(g)	29,6
Faserstoffe	(g)	3,9
Gesamtstickstoff	(g)	0,25
Energie	kcal	119
	kJ	508
Eiweiß	(g)	1,6
Fett	(g)	0,1
Kohlenhydrate	(g)	29,8

Mineralien/Spurenelemente

Natrium	(mg)	17
Kalium	(mg)	300
Kalzium	(mg)	9
Magnesium	(mg)	14
Phosphor	(mg)	33
Eisen	(mg)	0,3
Kupfer	(mg)	0,15
Zink	(mg)	0,4
Schwefel	(mg)	–
Chlor	(mg)	40

Vitamine

Vitamin A	(µg)	0
Carotine	(µg)	12
Vitamin D	(µg)	0
Vitamin B_1 (Thiamin)	(mg)	0,05
Vitamin B_2 (Riboflavin)	(mg)	0,01
Niacin (Nicotinsäureamid)	(mg)	0,5
Vitamin C	(mg)	2
Vitamin E	(mg)	–
Vitamin B_6	(mg)	–
Vitamin B_{12}	(µg)	0
Folsäure	(µg)	6
Pantothensäure	(mg)	0,44
Biotin	(µg)	–

JAMSWURZEL
roh

Nährwerte

Wasser	(g)	73,0
Zucker	(g)	1,0
Stärke	(g)	31,4
Faserstoffe	(g)	4,1
Gesamtstickstoff	(g)	0,32
Energie	kcal	131
	kJ	560
Eiweiß	(g)	2,0
Fett	(g)	0,2
Kohlenhydrate	(g)	32,4

Mineralien/Spurenelemente

Natrium	(mg)	–
Kalium	(mg)	500
Kalzium	(mg)	10
Magnesium	(mg)	40
Phosphor	(mg)	40
Eisen	(mg)	0,3
Kupfer	(mg)	0,16
Zink	(mg)	0,4
Schwefel	(mg)	–
Chlor	(mg)	–

Vitamine

Vitamin A	(µg)	0
Carotine	(µg)	12
Vitamin D	(µg)	0
Vitamin B_1 (Thiamin)	(mg)	0,10
Vitamin B_2 (Riboflavin)	(mg)	0,03
Niacin (Nicotinsäureamid)	(mg)	0,4
Vitamin C	(mg)	10
Vitamin E	(mg)	–
Vitamin B_6	(mg)	–
Vitamin B_{12}	(µg)	0
Folsäure	(µg)	–
Pantothensäure	(mg)	0,63
Biotin	(µg)	–

KAROTTEN
gekocht

Nährwerte

Wasser	(g)	91,1
Zucker	(g)	4,4
Stärke	(g)	0,1
Faserstoffe	(g)	3,0
Gesamtstickstoff	(g)	0,14
Energie	kcal	20
	kJ	87
Eiweiß	(g)	0,9
Fett	(g)	+
Kohlenhydrate	(g)	4,5

Mineralien/Spurenelemente

Natrium	(mg)	23
Kalium	(mg)	240
Kalzium	(mg)	29
Magnesium	(mg)	8
Phosphor	(mg)	30
Eisen	(mg)	0,4
Kupfer	(mg)	0,08
Zink	(mg)	0,3
Schwefel	(mg)	9
Chlor	(mg)	28

Vitamine

Vitamin A	(µg)	0
Carotine	(µg)	
6,000		
Vitamin D	(µg)	0
Vitamin B_1 (Thiamin)	(mg)	0,05
Vitamin B_2 (Riboflavin)	(mg)	0,04
Niacin (Nicotinsäureamid)	(mg)	0,4
Vitamin C	(mg)	4
Vitamin E	(mg)	0,5
Vitamin B_6	(mg)	0,09
Vitamin B_{12}	(µg)	0
Folsäure	(µg)	8
Pantothensäure	(mg)	0,18
Biotin	(µg)	0,4

KARTOFFELMEHL

Nährwerte

Wasser	(g)	7,2
Zucker	(g)	2,2
Stärke	(g)	71,0
Faserstoffe	(g)	16,5
Gesamtstickstoff	(g)	1,45
Energie	kcal	318
	kJ	1356
Eiweiß	(g)	9,1
Fett	(g)	0,8
Kohlenhydrate	(g)	73,2

Mineralien/Spurenelemente

Natrium	(mg)	1190
Kalium	(mg)	1550
Kalzium	(mg)	89
Magnesium	(mg)	69
Phosphor	(mg)	220
Eisen	(mg)	2,4
Kupfer	(mg)	0,37
Zink	(mg)	1,1
Schwefel	(mg)	–
Chlor	(mg)	1750

Vitamine

Vitamin A	(µg)	0
Carotine	(µg)	+
Vitamin D	(µg)	0
Vitamin B_1 (Thiamin)	(mg)	0,04
Vitamin B_2 (Riboflavin)	(mg)	0,14
Niacin (Nicotinsäureamid)	(mg)	5,6
Vitamin C	(mg)	12
Vitamin E	(mg)	–
Vitamin B_6	(mg)	0,82
Vitamin B_{12}	(µg)	0
Folsäure	(µg)	24
Pantothensäure	(mg)	0,91
Biotin	(µg)	0,5

KARTOFFELMEHL
verzehrfertige Zubereitung

Nährwerte

Wasser	(g)	79,4
Zucker	(g)	0,5
Stärke	(g)	15,6
Faserstoffe	(g)	3,6
Gesamtstickstoff	(g)	0,32
Energie	kcal	70
	kJ	229
Eiweiß	(g)	2,0
Fett	(g)	0,2
Kohlenhydrate	(g)	16,1

Mineralien/Spurenelemente

Natrium	(mg)	260
Kalium	(mg)	340
Kalzium	(mg)	20
Magnesium	(mg)	15
Phosphor	(mg)	48
Eisen	(mg)	0,5
Kupfer	(mg)	0,08
Zink	(mg)	0,2
Schwefel	(mg)	–
Chlor	(mg)	380

Vitamine

Vitamin A	(µg)	0
Carotine	(µg)	+
Vitamin D	(µg)	0
Vitamin B_1 (Thiamin)	(mg)	0,01
Vitamin B_2 (Riboflavin)	(mg)	0,03
Niacin (Nicotinsäureamid)	(mg)	1,2
Vitamin C	(mg)	3
Vitamin E	(mg)	–
Vitamin B_6	(mg)	0,18
Vitamin B_{12}	(µg)	0
Folsäure	(µg)	5
Pantothensäure	(mg)	0,20
Biotin	(µg)	0,1

KARTOFFELN
Chips

Nährwerte

Wasser	(g)	47,0
Zucker	(g)	–
Stärke	(g)	–
Faserstoffe	(g)	–
Gesamtstickstoff	(g)	0,61
Energie	kcal	253
	kJ	1065
Eiweiß	(g)	38
Fett	(g)	10,9
Kohlenhydrate	(g)	37,3

Mineralien/Spurenelemente

Natrium	(mg)	12
Kalium	(mg)	1020
Kalzium	(mg)	14
Magnesium	(mg)	43
Phosphor	(mg)	72
Eisen	(mg)	0,9
Kupfer	(mg)	0,27
Zink	(mg)	0,6
Schwefel	(mg)	45
Chlor	(mg)	140

Vitamine

Vitamin A	(µg)	0
Carotine	(µg)	+
Vitamin D	(µg)	0
Vitamin B_1 (Thiamin)	(mg)	0,10
Vitamin B_2 (Riboflavin)	(mg)	0,04
Niacin (Nicotinsäureamid)	(mg)	1,2
Vitamin C	(mg)	11
Vitamin E	(mg)	0,1
Vitamin B_6	(mg)	0,18
Vitamin B_{12}	(µg)	0
Folsäure	(µg)	10
Pantothensäure	(mg)	0,20
Biotin	(µg)	+

KARTOFFELN, alte
gebacken

Nährwerte		
Wasser	(g)	71,0
Zucker	(g)	0,6
Stärke	(g)	24,4
Faserstoffe	(g)	2,5
Gesamtstickstoff	(g)	0,41
Energie	kcal	105
	kJ	448
Eiweiß	(g)	2,6
Fett	(g)	0,1
Kohlenhydrate	(g)	20,3

Mineralien/Spurenelemente		
Natrium	(mg)	6
Kalium	(mg)	550
Kalzium	(mg)	8
Magnesium	(mg)	24
Phosphor	(mg)	39
Eisen	(mg)	0,6
Kupfer	(mg)	0,15
Zink	(mg)	0,2
Schwefel	(mg)	34
Chlor	(mg)	76

Vitamine		
Vitamin A	(μg)	0
Carotine	(μg)	+
Vitamin D	(μg)	0
Vitamin B_1 (Thiamin)	(mg)	0,08
Vitamin B_2 (Riboflavin)	(mg)	0,03
Niacin (Nicotinsäureamid)	(mg)	1,0
Vitamin C	(mg)	8
Vitamin E	(mg)	0,1
Vitamin B_6	(mg)	0,14
Vitamin B_{12}	(μg)	0
Folsäure	(μg)	9
Pantothensäure	(mg)	0,16
Biotin	(μg)	+

KARTOFFELN, alte
gekocht

Nährwerte		
Wasser	(g)	80,5
Zucker	(g)	0,4
Stärke	(g)	19,3
Faserstoffe	(g)	1,0
Gesamtstickstoff	(g)	0,23
Energie	kcal	80
	kJ	343
Eiweiß	(g)	1,4
Fett	(g)	0,1
Kohlenhydrate	(g)	19,7

Mineralien/Spurenelemente		
Natrium	(mg)	3
Kalium	(mg)	330
Kalzium	(mg)	4
Magnesium	(mg)	15
Phosphor	(mg)	29
Eisen	(mg)	0,3
Kupfer	(mg)	0,11
Zink	(mg)	0,2
Schwefel	(mg)	22
Chlor	(mg)	41

Vitamine		
Vitamin A	(μg)	0
Carotine	(μg)	+
Vitamin D	(μg)	0
Vitamin B_1 (Thiamin)	(mg)	0,08
Vitamin B_2 (Riboflavin)	(mg)	0,03
Niacin (Nicotinsäureamid)	(mg)	0,8
Vitamin C	(mg)	10
Vitamin E	(mg)	0,1
Vitamin B_6	(mg)	0,18
Vitamin B_{12}	(μg)	0
Folsäure	(μg)	10
Pantothensäure	(mg)	0,20
Biotin	(μg)	+

KARTOFFELN, neue
gekocht

Nährwerte		
Wasser	(g)	73,1
Zucker	(g)	0,4
Stärke	(g)	19,2
Faserstoffe	(g)	1,9
Gesamtstickstoff	(g)	0,35
Energie	kcal	76
	kJ	324
Eiweiß	(g)	1,6
Fett	(g)	0,1
Kohlenhydrate	(g)	18,3

Mineralien/Spurenelemente		
Natrium	(mg)	41
Kalium	(mg)	330
Kalzium	(mg)	5
Magnesium	(mg)	20
Phosphor	(mg)	33
Eisen	(mg)	0,4
Kupfer	(mg)	0,15
Zink	(mg)	0,3
Schwefel	(mg)	24
Chlor	(mg)	46

Vitamine		
Vitamin A	(μg)	0
Carotine	(μg)	+
Vitamin D	(μg)	0
Vitamin B_1 (Thiamin)	(mg)	0,11
Vitamin B_2 (Riboflavin)	(mg)	0,03
Niacin (Nicotinsäureamid)	(mg)	1,2
Vitamin C	(mg)	18
Vitamin E	(mg)	0,1
Vitamin B_6	(mg)	0,20
Vitamin B_{12}	(μg)	0
Folsäure	(μg)	10
Pantothensäure	(mg)	0,20
Biotin	(μg)	+

KOPFSALAT
roh

Nährwerte

Wasser	(g)	95,9
Zucker	(g)	1,2
Stärke	(g)	+
Faserstoffe	(g)	1,5
Gesamtstickstoff	(g)	0,16
Energie	kcal	12
	kJ	51
Eiweiß	(g)	1,0
Fett	(g)	0,4
Kohlenhydrate	(g)	1,2

Mineralien/Spurenelemente

Natrium	(mg)	9
Kalium	(mg)	240
Kalzium	(mg)	23
Magnesium	(mg)	8
Phosphor	(mg)	27
Eisen	(mg)	0,9
Kupfer	(mg)	0,03
Zink	(mg)	0,2
Schwefel	(mg)	–
Chlor	(mg)	53

Vitamine

Vitamin A	(μg)	0
Carotine	(μg)	1000
Vitamin D	(μg)	0
Vitamin B_1 (Thiamin)	(mg)	0,07
Vitamin B_2 (Riboflavin)	(mg)	0,08
Niacin (Nicotinsäureamid)	(mg)	0,3
Vitamin C	(mg)	15
Vitamin E	(mg)	0,5
Vitamin B_6	(mg)	0,06
Vitamin B_{12}	(μg)	0
Folsäure	(μg)	34
Pantothensäure	(mg)	0,20
Biotin	(μg)	0,7

KÜRBIS
roh

Nährwerte

Wasser	(g)	94,7
Zucker	(g)	2,7
Stärke	(g)	0,7
Faserstoffe	(g)	0,5
Gesamtstickstoff	(g)	0,10
Energie	kcal	15
	kJ	65
Eiweiß	(g)	0,6
Fett	(g)	+
Kohlenhydrate	(g)	3,4

Mineralien/Spurenelemente

Natrium	(mg)	1
Kalium	(mg)	310
Kalzium	(mg)	39
Magnesium	(mg)	8
Phosphor	(mg)	19
Eisen	(mg)	0,4
Kupfer	(mg)	0,08
Zink	(mg)	0,2
Schwefel	(mg)	10
Chlor	(mg)	37

Vitamine

Vitamin A	(μg)	0
Carotine	(μg)	1500
Vitamin D	(μg)	0
Vitamin B_1 (Thiamin)	(mg)	0,04
Vitamin B_2 (Riboflavin)	(mg)	0,04
Niacin (Nicotinsäureamid)	(mg)	0,4
Vitamin C	(mg)	5
Vitamin E	(mg)	+
Vitamin B_6	(mg)	0,06
Vitamin B_{12}	(μg)	0
Folsäure	(μg)	13
Pantothensäure	(mg)	0,40
Biotin	(μg)	0,4

GURKE
roh

Nährwerte

Wasser	(g)	96,4
Zucker	(g)	1,8
Stärke	(g)	0
Faserstoffe	(g)	0,4
Gesamtstickstoff	(g)	0,10
Energie	kcal	10
	kJ	43
Eiweiß	(g)	0,6
Fett	(g)	0,1
Kohlenhydrate	(g)	1,8

Mineralien/Spurenelemente

Natrium	(mg)	13
Kalium	(mg)	140
Kalzium	(mg)	23
Magnesium	(mg)	9
Phosphor	(mg)	24
Eisen	(mg)	0,3
Kupfer	(mg)	0,09
Zink	(mg)	0,1
Schwefel	(mg)	11
Chlor	(mg)	25

Vitamine

Vitamin A	(μg)	0
Carotine	(μg)	+
Vitamin D	(μg)	0
Vitamin B_1 (Thiamin)	(mg)	0,04
Vitamin B_2 (Riboflavin)	(mg)	0,04
Niacin (Nicotinsäureamid)	(mg)	0,2
Vitamin C	(mg)	8
Vitamin E	(mg)	+
Vitamin B_6	(mg)	0,04
Vitamin B_{12}	(μg)	0
Folsäure	(μg)	16
Pantothensäure	(mg)	0,30
Biotin	(μg)	0,4

LAUCH
gekocht

Nährwerte

Wasser	(g)	90,8
Zucker	(g)	4,6
Stärke	(g)	0
Faserstoffe	(g)	3,9
Gesamtstickstoff	(g)	0,28
Energie	kcal	24
	kJ	104
Eiweiß	(g)	1,8
Fett	(g)	+
Kohlenhydrate	(g)	4,6

Mineralien/Spurenelemente

Natrium	(mg)	6
Kalium	(mg)	280
Kalzium	(mg)	61
Magnesium	(mg)	13
Phosphor	(mg)	28
Eisen	(mg)	2,0
Kupfer	(mg)	0,09
Zink	(mg)	0,1
Schwefel	(mg)	49
Chlor	(mg)	43

Vitamine

Vitamin A	(μg)	0
Carotine	(μg)	40
Vitamin D	(μg)	0
Vitamin B_1 (Thiamin)	(mg)	0,07
Vitamin B_2 (Riboflavin)	(mg)	0,03
Niacin (Nicotinsäureamid)	(mg)	0,4
Vitamin C	(mg)	15
Vitamin E	(mg)	0,8
Vitamin B_6	(mg)	0,15
Vitamin B_{12}	(μg)	0
Folsäure	(μg)	–
Pantothensäure	(mg)	0,10
Biotin	(μg)	1,0

LAUCH
roh

Nährwerte

Wasser	(g)	86,0
Zucker	(g)	6,0
Stärke	(g)	0
Faserstoffe	(g)	3,1
Gesamtstickstoff	(g)	0,31
Energie	kcal	31
	kJ	128
Eiweiß	(g)	1,9
Fett	(g)	+
Kohlenhydrate	(g)	6,0

Mineralien/Spurenelemente

Natrium	(mg)	9
Kalium	(mg)	310
Kalzium	(mg)	63
Magnesium	(mg)	10
Phosphor	(mg)	43
Eisen	(mg)	1,1
Kupfer	(mg)	0,10
Zink	(mg)	0,1
Schwefel	(mg)	–
Chlor	(mg)	43

Vitamine

Vitamin A	(μg)	0
Carotine	(μg)	40
Vitamin D	(μg)	0
Vitamin B_1 (Thiamin)	(mg)	0,10
Vitamin B_2 (Riboflavin)	(mg)	0,05
Niacin (Nicotinsäureamid)	(mg)	0,6
Vitamin C	(mg)	18
Vitamin E	(mg)	0,8
Vitamin B_6	(mg)	0,25
Vitamin B_{12}	(μg)	0
Folsäure	(μg)	–
Pantothensäure	(mg)	0,12
Biotin	(μg)	1,4

LINSEN
roh

Nährwerte

Wasser	(g)	12,2
Zucker	(g)	2,4
Stärke	(g)	50,8
Faserstoffe	(g)	11,7
Gesamtstickstoff	(g)	3,80
Energie	kcal	304
	kJ	1293
Eiweiß	(g)	23,8
Fett	(g)	1,0
Kohlenhydrate	(g)	53,2

Mineralien/Spurenelemente

Natrium	(mg)	36
Kalium	(mg)	670
Kalzium	(mg)	39
Magnesium	(mg)	77
Phosphor	(mg)	240
Eisen	(mg)	7,6
Kupfer	(mg)	0,58
Zink	(mg)	3,1
Schwefel	(mg)	120
Chlor	(mg)	66

Vitamine

Vitamin A	(μg)	0
Carotine	(μg)	60
Vitamin D	(μg)	0
Vitamin B_1 (Thiamin)	(mg)	0,50
Vitamin B_2 (Riboflavin)	(mg)	0,20
Niacin (Nicotinsäureamid)	(mg)	2,0
Vitamin C	(mg)	+
Vitamin E	(mg)	–
Vitamin B_6	(mg)	0,60
Vitamin B_{12}	(μg)	0
Folsäure	(μg)	35
Pantothensäure	(mg)	1,36
Biotin	(μg)	–

LINSEN
gekocht

Nährwerte

Wasser	(g)	72,1
Zucker	(g)	0,8
Stärke	(g)	16,2
Faserstoffe	(g)	3,7
Gesamtstickstoff	(g)	1,22
Energie	kcal	99
	kJ	420
Eiweiß	(g)	23,8
Fett	(g)	1,0
Kohlenhydrate	(g)	53,2

Mineralien/Spurenelemente

Natrium	(mg)	12
Kalium	(mg)	210
Kalzium	(mg)	13
Magnesium	(mg)	25
Phosphor	(mg)	77
Eisen	(mg)	2,4
Kupfer	(mg)	0,19
Zink	(mg)	1,0
Schwefel	(mg)	39
Chlor	(mg)	20

Vitamine

Vitamin A	(µg)	0
Carotine	(µg)	20
Vitamin D	(µg)	0
Vitamin B_1 (Thiamin)	(mg)	0,11
Vitamin B_2 (Riboflavin)	(mg)	0,04
Niacin (Nicotinsäureamid)	(mg)	0,4
Vitamin C	(mg)	+
Vitamin E	(mg)	–
Vitamin B_6	(mg)	0,11
Vitamin B_{12}	(µg)	0
Folsäure	(µg)	5
Pantothensäure	(mg)	0,31
Biotin	(µg)	–

MAIS
gekocht

Nährwerte

Wasser	(g)	65,1
Zucker	(g)	1,7
Stärke	(g)	21,1
Faserstoffe	(g)	4,7
Gesamtstickstoff	(g)	0,65
Energie	kcal	123
	kJ	520
Eiweiß	(g)	4,1
Fett	(g)	2,3
Kohlenhydrate	(g)	22,8

Mineralien/Spurenelemente

Natrium	(mg)	1
Kalium	(mg)	280
Kalzium	(mg)	4
Magnesium	(mg)	45
Phosphor	(mg)	120
Eisen	(mg)	0,9
Kupfer	(mg)	0,15
Zink	(mg)	1,0
Schwefel	(mg)	–
Chlor	(mg)	14

Vitamine

Vitamin A	(µg)	0
Carotine	(µg)	240
Vitamin D	(µg)	0
Vitamin B_1 (Thiamin)	(mg)	0,15
Vitamin B_2 (Riboflavin)	(mg)	0,08
Niacin (Nicotinsäureamid)	(mg)	1,8
Vitamin C	(mg)	12
Vitamin E	(mg)	0,8
Vitamin B_6	(mg)	0,16
Vitamin B_{12}	(µg)	0
Folsäure	(µg)	33
Pantothensäure	(mg)	0,38
Biotin	(µg)	–

MEERRETTICH
roh

Nährwerte

Wasser	(g)	93,3
Zucker	(g)	2,8
Stärke	(g)	0
Faserstoffe	(g)	1,0
Gesamtstickstoff	(g)	0,16
Energie	kcal	15
	kJ	62
Eiweiß	(g)	1,0
Fett	(g)	+
Kohlenhydrate	(g)	2,8

Mineralien/Spurenelemente

Natrium	(mg)	59
Kalium	(mg)	240
Kalzium	(mg)	44
Magnesium	(mg)	11
Phosphor	(mg)	27
Eisen	(mg)	1,9
Kupfer	(mg)	0,13
Zink	(mg)	0,1
Schwefel	(mg)	38
Chlor	(mg)	19

Vitamine

Vitamin A	(µg)	0
Carotine	(µg)	+
Vitamin D	(µg)	0
Vitamin B_1 (Thiamin)	(mg)	0,04
Vitamin B_2 (Riboflavin)	(mg)	0,02
Niacin (Nicotinsäureamid)	(mg)	0,2
Vitamin C	(mg)	25
Vitamin E	(mg)	0
Vitamin B_6	(mg)	0,10
Vitamin B_{12}	(µg)	0
Folsäure	(µg)	24
Pantothensäure	(mg)	0,18
Biotin	(µg)	–

OKRA
roh

Nährwerte

Wasser	(g)	90,0
Zucker	(g)	2,3
Stärke	(g)	+
Faserstoffe	(g)	3,2
Gesamtstickstoff	(g)	0,32
Energie	kcal	17
	kJ	71
Eiweiß	(g)	2,0
Fett	(g)	+
Kohlenhydrate	(g)	2,3

Mineralien/Spurenelemente

Natrium	(mg)	7
Kalium	(mg)	170
Kalzium	(mg)	70
Magnesium	(mg)	60
Phosphor	(mg)	60
Eisen	(mg)	1,0
Kupfer	(mg)	0,19
Zink	(mg)	–
Schwefel	(mg)	30
Chlor	(mg)	41

Vitamine

Vitamin A	(μg)	0
Carotine	(μg)	90
Vitamin D	(μg)	0
Vitamin B_1 (Thiamin)	(mg)	0,10
Vitamin B_2 (Riboflavin)	(mg)	0,10
Niacin (Nicotinsäureamid)	(mg)	1,0
Vitamin C	(mg)	25
Vitamin E	(mg)	–
Vitamin B_6	(mg)	0,10
Vitamin B_{12}	(μg)	0
Folsäure	(μg)	16
Pantothensäure	(mg)	0,14
Biotin	(μg)	0,9

PASTINAKE
gekocht

Nährwerte

Wasser	(g)	83,2
Zucker	(g)	2,7
Stärke	(g)	10,8
Faserstoffe	(g)	2,5
Gesamtstickstoff	(g)	0,20
Energie	kcal	56
	kJ	238
Eiweiß	(g)	1,3
Fett	(g)	+
Kohlenhydrate	(g)	13,5

Mineralien/Spurenelemente

Natrium	(mg)	4
Kalium	(mg)	290
Kalzium	(mg)	36
Magnesium	(mg)	13
Phosphor	(mg)	32
Eisen	(mg)	0,5
Kupfer	(mg)	0,10
Zink	(mg)	0,1
Schwefel	(mg)	15
Chlor	(mg)	33

Vitamine

Vitamin A	(µg)	0
Carotine	(µg)	+
Vitamin D	(µg)	0
Vitamin B_1 (Thiamin)	(mg)	0,07
Vitamin B_2 (Riboflavin)	(mg)	0,06
Niacin (Nicotinsäureamid)	(mg)	0,7
Vitamin C	(mg)	10
Vitamin E	(mg)	1,0
Vitamin B_6	(mg)	0,06
Vitamin B_{12}	(µg)	0
Folsäure	(µg)	–
Pantothensäure	(mg)	0,75
Biotin	(µg)	0,5

PASTINAKE
roh

Nährwerte

Wasser	(g)	78,7
Zucker	(g)	+
Stärke	(g)	0
Faserstoffe	(g)	9,1
Gesamtstickstoff	(g)	0,83
Energie	kcal	49
	kJ	210
Eiweiß	(g)	1,7
Fett	(g)	+
Kohlenhydrate	(g)	11,3

Mineralien/Spurenelemente

Natrium	(mg)	17
Kalium	(mg)	340
Kalzium	(mg)	55
Magnesium	(mg)	22
Phosphor	(mg)	69
Eisen	(mg)	0,6
Kupfer	(mg)	0,10
Zink	(mg)	0,1
Schwefel	(mg)	17
Chlor	(mg)	41

Vitamine

Vitamin A	(µg)	0
Carotine	(µg)	+
Vitamin D	(µg)	0
Vitamin B_1 (Thiamin)	(mg)	0,10
Vitamin B_2 (Riboflavin)	(mg)	0,08
Niacin (Nicotinsäureamid)	(mg)	1,0
Vitamin C	(mg)	15
Vitamin E	(mg)	1,0
Vitamin B_6	(mg)	0,10
Vitamin B_{12}	(µg)	0
Folsäure	(µg)	67
Pantothensäure	(mg)	0,50
Biotin	(µg)	0,1

PETERSILIE
roh

Nährwerte

Wasser	(g)	78,7
Zucker	(g)	+
Stärke	(g)	0
Faserstoffe	(g)	9,1
Gesamtstickstoff	(g)	0,83
Energie	kcal	21
	kJ	88
Eiweiß	(g)	5,2
Fett	(g)	+
Kohlenhydrate	(g)	+

Mineralien/Spurenelemente

Natrium	(mg)	33
Kalium	(mg)	1080
Kalzium	(mg)	330
Magnesium	(mg)	53
Phosphor	(mg)	130
Eisen	(mg)	8,0
Kupfer	(mg)	0,52
Zink	(mg)	0,9
Schwefel	(mg)	–
Chlor	(mg)	160

Vitamine

Vitamin A	(µg)	0
Carotine	(µg)	7000
Vitamin D	(µg)	0
Vitamin B_1 (Thiamin)	(mg)	0,15
Vitamin B_2 (Riboflavin)	(mg)	0,30
Niacin (Nicotinsäureamid)	(mg)	1,0
Vitamin C	(mg)	150
Vitamin E	(mg)	1,8
Vitamin B_6	(mg)	0,20
Vitamin B_{12}	(µg)	0
Folsäure	(µg)	–
Pantothensäure	(mg)	0,30
Biotin	(µg)	0,4

PFEFFER, grüner
gekocht

Nährwerte		
Wasser	(g)	93,7
Zucker	(g)	1,7
Stärke	(g)	0,1
Faserstoffe	(g)	0,9
Gesamtstickstoff	(g)	0,15
Energie	kcal	14
	kJ	59
Eiweiß	(g)	0,9
Fett	(g)	0,4
Kohlenhydrate	(g)	2,2

Mineralien/Spurenelemente		
Natrium	(mg)	2
Kalium	(mg)	170
Kalzium	(mg)	9
Magnesium	(mg)	10
Phosphor	(mg)	22
Eisen	(mg)	0,4
Kupfer	(mg)	0,06
Zink	(mg)	0,2
Schwefel	(mg)	–
Chlor	(mg)	15

Vitamine		
Vitamin A	(µg)	0
Carotine	(µg)	200
Vitamin D	(µg)	0
Vitamin B_1 (Thiamin)	(mg)	0,01
Vitamin B_2 (Riboflavin)	(mg)	0,02
Niacin (Nicotinsäureamid)	(mg)	0,6
Vitamin C	(mg)	60
Vitamin E	(mg)	0,8
Vitamin B_6	(mg)	0,14
Vitamin B_{12}	(µg)	0
Folsäure	(µg)	11
Pantothensäure	(mg)	0,16
Biotin	(µg)	–

PFEFFER, grüner
roh

Nährwerte		
Wasser	(g)	93,5
Zucker	(g)	2,2
Stärke	(g)	+
Faserstoffe	(g)	0,9
Gesamtstickstoff	(g)	0,15
Energie	kcal	15
	kJ	65
Eiweiß	(g)	0,9
Fett	(g)	0,4
Kohlenhydrate	(g)	1,8

Mineralien/Spurenelemente		
Natrium	(mg)	2
Kalium	(mg)	170
Kalzium	(mg)	9
Magnesium	(mg)	11
Phosphor	(mg)	95
Eisen	(mg)	0,4
Kupfer	(mg)	0,07
Zink	(mg)	0,2
Schwefel	(mg)	–
Chlor	(mg)	18

Vitamine		
Vitamin A	(µg)	0
Carotine	(µg)	200
Vitamin D	(µg)	0
Vitamin B_1 (Thiamin)	(mg)	+
Vitamin B_2 (Riboflavin)	(mg)	0,03
Niacin (Nicotinsäureamid)	(mg)	0,7
Vitamin C	(mg)	100
Vitamin E	(mg)	0,8
Vitamin B_6	(mg)	0,17
Vitamin B_{12}	(µg)	0
Folsäure	(µg)	11
Pantothensäure	(mg)	0,23
Biotin	(µg)	–

RADIESCHEN
roh

Nährwerte		
Wasser	(g)	74,7
Zucker	(g)	7,3
Stärke	(g)	3,7
Faserstoffe	(g)	8,3
Gesamtstickstoff	(g)	0,72
Energie	kcal	59
	kJ	253
Eiweiß	(g)	4,5
Fett	(g)	+
Kohlenhydrate	(g)	11,0

Mineralien/Spurenelemente		
Natrium	(mg)	8
Kalium	(mg)	580
Kalzium	(mg)	120
Magnesium	(mg)	36
Phosphor	(mg)	70
Eisen	(mg)	2,0
Kupfer	(mg)	0,14
Zink	(mg)	–
Schwefel	(mg)	210
Chlor	(mg)	19

Vitamine		
Vitamin A	(µg)	0
Carotine	(µg)	0
Vitamin D	(µg)	0
Vitamin B_1 (Thiamin)	(mg)	0,05
Vitamin B_2 (Riboflavin)	(mg)	0,03
Niacin (Nicotinsäureamid)	(mg)	0,5
Vitamin C	(mg)	0,7
Vitamin E	(mg)	120
Vitamin B_6	(mg)	–
Vitamin B_{12}	(µg)	0,15
Folsäure	(µg)	0
Pantothensäure	(mg)	–
Biotin	(µg)	–

ROSENKOHL
roh

Nährwerte

Wasser	(g)	88,1
Zucker	(g)	2,6
Stärke	(g)	0,1
Faserstoffe	(g)	4,2
Gesamtstickstoff	(g)	0,64
Energie	kcal	26
	kJ	111
Eiweiß	(g)	4,0
Fett	(g)	+
Kohlenhydrate	(g)	2,7

Mineralien/Spurenelemente

Natrium	(mg)	4
Kalium	(mg)	380
Kalzium	(mg)	32
Magnesium	(mg)	19
Phosphor	(mg)	65
Eisen	(mg)	0,7
Kupfer	(mg)	0,06
Zink	(mg)	0,5
Schwefel	(mg)	–
Chlor	(mg)	28

Vitamine

Vitamin A	(µg)	0
Carotine	(µg)	400
Vitamin D	(µg)	0
Vitamin B_1 (Thiamin)	(mg)	0,10
Vitamin B_2 (Riboflavin)	(mg)	0,15
Niacin (Nicotinsäureamid)	(mg)	0,7
Vitamin C	(mg)	90
Vitamin E	(mg)	1,0
Vitamin B_6	(mg)	0,28
Vitamin B_{12}	(µg)	0
Folsäure	(µg)	110
Pantothensäure	(mg)	0,40
Biotin	(µg)	0,4

ROSENKOHL
gekocht

Nährwerte

Wasser	(g)	91,5
Zucker	(g)	1,6
Stärke	(g)	0,1
Faserstoffe	(g)	2,9
Gesamtstickstoff	(g)	0,45
Energie	kcal	18
	kJ	75
Eiweiß	(g)	2,8
Fett	(g)	+
Kohlenhydrate	(g)	1,7

Mineralien/Spurenelemente

Natrium	(mg)	2
Kalium	(mg)	240
Kalzium	(mg)	25
Magnesium	(mg)	13
Phosphor	(mg)	51
Eisen	(mg)	0,5
Kupfer	(mg)	0,05
Zink	(mg)	0,4
Schwefel	(mg)	78
Chlor	(mg)	16

Vitamine

Vitamin A	(µg)	0
Carotine	(µg)	400
Vitamin D	(µg)	0
Vitamin B_1 (Thiamin)	(mg)	0,06
Vitamin B_2 (Riboflavin)	(mg)	0,10
Niacin (Nicotinsäureamid)	(mg)	0,4
Vitamin C	(mg)	40
Vitamin E	(mg)	0,9
Vitamin B_6	(mg)	0,17
Vitamin B_{12}	(µg)	0
Folsäure	(µg)	87
Pantothensäure	(mg)	0,28
Biotin	(µg)	0,3

ROTKOHL
roh

Nährwerte

Wasser	(g)	89,7
Zucker	(g)	3,5
Stärke	(g)	+
Faserstoffe	(g)	3,4
Gesamtstickstoff	(g)	0,27
Energie	kcal	20
	kJ	85
Eiweiß	(g)	1,7
Fett	(g)	+
Kohlenhydrate	(g)	3,5

Mineralien/Spurenelemente

Natrium	(mg)	32
Kalium	(mg)	300
Kalzium	(mg)	53
Magnesium	(mg)	17
Phosphor	(mg)	32
Eisen	(mg)	0,6
Kupfer	(mg)	0,09
Zink	(mg)	0,3
Schwefel	(mg)	68
Chlor	(mg)	45

Vitamine

Vitamin A	(µg)	0
Carotine	(µg)	20
Vitamin D	(µg)	0
Vitamin B_1 (Thiamin)	(mg)	0,06
Vitamin B_2 (Riboflavin)	(mg)	0,05
Niacin (Nicotinsäureamid)	(mg)	0,3
Vitamin C	(mg)	55
Vitamin E	(mg)	0,2
Vitamin B_6	(mg)	0,21
Vitamin B_{12}	(µg)	0
Folsäure	(µg)	90
Pantothensäure	(mg)	0,32
Biotin	(µg)	0,1

RÜBE
gekocht

Nährwerte

Wasser	(g)	94,5
Zucker	(g)	2,3
Stärke	(g)	0
Faserstoffe	(g)	2,2
Gesamtstickstoff	(g)	0,11
Energie	kcal	14
	kJ	60
Eiweiß	(g)	0,7
Fett	(g)	0,3
Kohlenhydrate	(g)	2,3

Mineralien/Spurenelemente

Natrium	(mg)	28
Kalium	(mg)	160
Kalzium	(mg)	55
Magnesium	(mg)	7
Phosphor	(mg)	19
Eisen	(mg)	0,4
Kupfer	(mg)	0,04
Zink	(mg)	–
Schwefel	(mg)	21
Chlor	(mg)	31

Vitamine

Vitamin A	(µg)	0
Carotine	(µg)	0
Vitamin D	(µg)	0
Vitamin B_1 (Thiamin)	(mg)	0,03
Vitamin B_2 (Riboflavin)	(mg)	0,04
Niacin (Nicotinsäureamid)	(mg)	0,4
Vitamin C	(mg)	17
Vitamin E	(mg)	0
Vitamin B_6	(mg)	0,06
Vitamin B_{12}	(µg)	0
Folsäure	(µg)	10
Pantothensäure	(mg)	0,14
Biotin	(µg)	+

RÜBE
roh

Nährwerte

Wasser	(g)	93,3
Zucker	(g)	3,8
Stärke	(g)	0
Faserstoffe	(g)	2,8
Gesamtstickstoff	(g)	0,12
Energie	kcal	20
	kJ	86
Eiweiß	(g)	0,8
Fett	(g)	0,3
Kohlenhydrate	(g)	3,8

Mineralien/Spurenelemente

Natrium	(mg)	58
Kalium	(mg)	240
Kalzium	(mg)	59
Magnesium	(mg)	7
Phosphor	(mg)	28
Eisen	(mg)	0,4
Kupfer	(mg)	0,07
Zink	(mg)	–
Schwefel	(mg)	22
Chlor	(mg)	70

Vitamine

Vitamin A	(µg)	0
Carotine	(µg)	0
Vitamin D	(µg)	0
Vitamin B_1 (Thiamin)	(mg)	0,03
Vitamin B_2 (Riboflavin)	(mg)	0,04
Niacin (Nicotinsäureamid)	(mg)	0,4
Vitamin C	(mg)	17
Vitamin E	(mg)	0
Vitamin B_6	(mg)	0,11
Vitamin B_{12}	(µg)	0
Folsäure	(µg)	20
Pantothensäure	(mg)	0,20
Biotin	(µg)	0,1

SCHÄLERBSE
gekocht

Nährwerte

Wasser	(g)	67,3
Zucker	(g)	0,9
Stärke	(g)	21,0
Faserstoffe	(g)	5,1
Gesamtstickstoff	(g)	1,33
Energie	kcal	118
	kJ	503
Eiweiß	(g)	8,3
Fett	(g)	0,3
Kohlenhydrate	(g)	21,9

Mineralien/Spurenelemente

Natrium	(mg)	14
Kalium	(mg)	270
Kalzium	(mg)	11
Magnesium	(mg)	30
Phosphor	(mg)	120
Eisen	(mg)	1,7
Kupfer	(mg)	0,25
Zink	(mg)	1,2
Schwefel	(mg)	46
Chlor	(mg)	10

Vitamine

Vitamin A	(µg)	0
Carotine	(µg)	50
Vitamin D	(µg)	0
Vitamin B_1 (Thiamin)	(mg)	0,11
Vitamin B_2 (Riboflavin)	(mg)	0,06
Niacin (Nicotinsäureamid)	(mg)	1,0
Vitamin C	(mg)	+
Vitamin E	(mg)	+
Vitamin B_6	(mg)	–
Vitamin B_{12}	(µg)	0
Folsäure	(µg)	–
Pantothensäure	(mg)	–
Biotin	(µg)	–

SCHÄLERBSEN
getrocknet, roh

Nährwerte

Wasser	(g)	12,1
Zucker	(g)	1,9
Stärke	(g)	54,7
Faserstoffe	(g)	11,9
Gesamtstickstoff	(g)	3,54
Energie	kcal	310
	kJ	1318
Eiweiß	(g)	22,1
Fett	(g)	1,0
Kohlenhydrate	(g)	56,6

Mineralien/Spurenelemente

Natrium	(mg)	38
Kalium	(mg)	910
Kalzium	(mg)	33
Magnesium	(mg)	130
Phosphor	(mg)	270
Eisen	(mg)	5,4
Kupfer	(mg)	0,58
Zink	(mg)	4,0
Schwefel	(mg)	170
Chlor	(mg)	56

Vitamine

Vitamin A	(μg)	0
Carotine	(μg)	150
Vitamin D	(μg)	0
Vitamin B_1 (Thiamin)	(mg)	0,70
Vitamin B_2 (Riboflavin)	(mg)	0,20
Niacin (Nicotinsäureamid)	(mg)	3,2
Vitamin C	(mg)	+
Vitamin E	(mg)	+
Vitamin B_6	(mg)	0,13
Vitamin B_{12}	(μg)	0
Folsäure	(μg)	33
Pantothensäure	(mg)	2,0
Biotin	(μg)	–

SELLERIE
gekocht

Nährwerte

Wasser	(g)	95,7
Zucker	(g)	0,7
Stärke	(g)	0
Faserstoffe	(g)	2,2
Gesamtstickstoff	(g)	0,10
Energie	kcal	5
	kJ	21
Eiweiß	(g)	0,6
Fett	(g)	+
Kohlenhydrate	(g)	1,3

Mineralien/Spurenelemente

Natrium	(mg)	67
Kalium	(mg)	130
Kalzium	(mg)	52
Magnesium	(mg)	9
Phosphor	(mg)	19
Eisen	(mg)	0,4
Kupfer	(mg)	0,11
Zink	(mg)	0,1
Schwefel	(mg)	8
Chlor	(mg)	100

Vitamine

Vitamin A	(μg)	0
Carotine	(μg)	+
Vitamin D	(μg)	0
Vitamin B_1 (Thiamin)	(mg)	0,02
Vitamin B_2 (Riboflavin)	(mg)	0,02
Niacin (Nicotinsäureamid)	(mg)	0,2
Vitamin C	(mg)	5
Vitamin E	(mg)	0,2
Vitamin B_6	(mg)	0,06
Vitamin B_{12}	(μg)	0
Folsäure	(μg)	6
Pantothensäure	(mg)	0,28
Biotin	(μg)	+

SELLERIE
roh

Nährwerte

Wasser	(g)	93,5
Zucker	(g)	1,2
Stärke	(g)	0,1
Faserstoffe	(g)	1,8
Gesamtstickstoff	(g)	0,15
Energie	kcal	8
	kJ	36
Eiweiß	(g)	0,9
Fett	(g)	+
Kohlenhydrate	(g)	1,3

Mineralien/Spurenelemente

Natrium	(mg)	140
Kalium	(mg)	280
Kalzium	(mg)	52
Magnesium	(mg)	10
Phosphor	(mg)	32
Eisen	(mg)	0,6
Kupfer	(mg)	0,11
Zink	(mg)	0,1
Schwefel	(mg)	15
Chlor	(mg)	180

Vitamine

Vitamin A	(μg)	0
Carotine	(μg)	+
Vitamin D	(μg)	0
Vitamin B_1 (Thiamin)	(mg)	0,03
Vitamin B_2 (Riboflavin)	(mg)	0,03
Niacin (Nicotinsäureamid)	(mg)	0,3
Vitamin C	(mg)	7
Vitamin E	(mg)	0,2
Vitamin B_6	(mg)	0,10
Vitamin B_{12}	(μg)	0
Folsäure	(μg)	12
Pantothensäure	(mg)	0,40
Biotin	(μg)	0,1

SPINAT
gekocht

Nährwerte

Wasser	(g)	85,1
Zucker	(g)	1,2
Stärke	(g)	0,2
Faserstoffe	(g)	6,3
Gesamtstickstoff	(g)	0,81
Energie	kcal	30
	kJ	128
Eiweiß	(g)	5,1
Fett	(g)	0,5
Kohlenhydrate	(g)	1,4

Mineralien/Spurenelemente

Natrium	(mg)	120
Kalium	(mg)	490
Kalzium	(mg)	600
Magnesium	(mg)	59
Phosphor	(mg)	93
Eisen	(mg)	4,0
Kupfer	(mg)	0,26
Zink	(mg)	0,4
Schwefel	(mg)	86
Chlor	(mg)	56

Vitamine

Vitamin A	(µg)	0
Carotine	(µg)	6000
Vitamin D	(µg)	0
Vitamin B_1 (Thiamin)	(mg)	0,07
Vitamin B_2 (Riboflavin)	(mg)	0,15
Niacin (Nicotinsäureamid)	(mg)	0,4
Vitamin C	(mg)	25
Vitamin E	(mg)	2,0
Vitamin B_6	(mg)	0,18
Vitamin B_{12}	(µg)	0
Folsäure	(µg)	140
Pantothensäure	(mg)	0,21
Biotin	(µg)	0,1

TOMATEN
gebacken

Nährwerte

Wasser	(g)	86,5
Zucker	(g)	3,3
Stärke	(g)	+
Faserstoffe	(g)	3,0
Gesamtstickstoff	(g)	0,16
Energie	kcal	69
	kJ	288
Eiweiß	(g)	1,0
Fett	(g)	5,9
Kohlenhydrate	(g)	3,3

Mineralien/Spurenelemente

Natrium	(mg)	3
Kalium	(mg)	340
Kalzium	(mg)	15
Magnesium	(mg)	13
Phosphor	(mg)	25
Eisen	(mg)	0,5
Kupfer	(mg)	0,12
Zink	(mg)	0,2
Schwefel	(mg)	9
Chlor	(mg)	59

Vitamine

Vitamin A	(µg)	0
Carotine	(µg)	–
Vitamin D	(µg)	0
Vitamin B_1 (Thiamin)	(mg)	–
Vitamin B_2 (Riboflavin)	(mg)	–
Niacin (Nicotinsäureamid)	(mg)	–
Vitamin C	(mg)	–
Vitamin E	(mg)	10
Vitamin B_6	(mg)	–
Vitamin B_{12}	(µg)	–
Folsäure	(µg)	0
Pantothensäure	(mg)	0
Biotin	(µg)	–

TOMATEN
roh

Nährwerte

Wasser	(g)	93,4
Zucker	(g)	2,8
Stärke	(g)	+
Faserstoffe	(g)	1,5
Gesamtstickstoff	(g)	0,14
Energie	kcal	14
	kJ	60
Eiweiß	(g)	0,9
Fett	(g)	+
Kohlenhydrate	(g)	2,8

Mineralien/Spurenelemente

Natrium	(mg)	3
Kalium	(mg)	290
Kalzium	(mg)	13
Magnesium	(mg)	11
Phosphor	(mg)	21
Eisen	(mg)	0,4
Kupfer	(mg)	0,10
Zink	(mg)	0,2
Schwefel	(mg)	11
Chlor	(mg)	51

Vitamine

Vitamin A	(µg)	0
Carotine	(µg)	600
Vitamin D	(µg)	0
Vitamin B_1 (Thiamin)	(mg)	0,06
Vitamin B_2 (Riboflavin)	(mg)	0,04
Niacin (Nicotinsäureamid)	(mg)	0,7
Vitamin C	(mg)	20
Vitamin E	(mg)	1,2
Vitamin B_6	(mg)	0,11
Vitamin B_{12}	(µg)	0
Folsäure	(µg)	28
Pantothensäure	(mg)	0,33
Biotin	(µg)	1,5

WEISSKOHL

Nährwerte

Wasser	(g)	90,3
Zucker	(g)	3,7
Stärke	(g)	0,1
Faserstoffe	(g)	2,7
Gesamtstickstoff	(g)	0,31
Energie	kcal	22
	kJ	93
Eiweiß	(g)	1,9
Fett	(g)	+
Kohlenhydrate	(g)	3,8

Mineralien/Spurenelemente

Natrium	(mg)	7
Kalium	(mg)	280
Kalzium	(mg)	44
Magnesium	(mg)	13
Phosphor	(mg)	36
Eisen	(mg)	0,4
Kupfer	(mg)	0,03
Zink	(mg)	0,3
Schwefel	(mg)	–
Chlor	(mg)	23

Vitamine

Vitamin A	(µg)	0
Carotine	(µg)	+
Vitamin D	(µg)	0
Vitamin B_1 (Thiamin)	(mg)	0,06
Vitamin B_2 (Riboflavin)	(mg)	0,05
Niacin (Nicotinsäureamid)	(mg)	0,3
Vitamin C	(mg)	40
Vitamin E	(mg)	0,2
Vitamin B_6	(mg)	0,16
Vitamin B_{12}	(µg)	0
Folsäure	(µg)	26
Pantothensäure	(mg)	0,21
Biotin	(µg)	0,1

WIRSINGKOHL
gekocht

Nährwerte

Wasser	(g)	95,7
Zucker	(g)	1,1
Stärke	(g)	+
Faserstoffe	(g)	2,5
Gesamtstickstoff	(g)	0,21
Energie	kcal	9
	kJ	40
Eiweiß	(g)	1,3
Fett	(g)	+
Kohlenhydrate	(g)	1,1

Mineralien/Spurenelemente

Natrium	(mg)	8
Kalium	(mg)	120
Kalzium	(mg)	53
Magnesium	(mg)	7
Phosphor	(mg)	27
Eisen	(mg)	0,7
Kupfer	(mg)	0,07
Zink	(mg)	0,2
Schwefel	(mg)	30
Chlor	(mg)	9

Vitamine

Vitamin A	(µg)	0
Carotine	(µg)	300
Vitamin D	(µg)	0
Vitamin B_1 (Thiamin)	(mg)	0,03
Vitamin B_2 (Riboflavin)	(mg)	0,03
Niacin (Nicotinsäureamid)	(mg)	0,2
Vitamin C	(mg)	15
Vitamin E	(mg)	0,2
Vitamin B_6	(mg)	0,10
Vitamin B_{12}	(µg)	0
Folsäure	(µg)	35
Pantothensäure	(mg)	0,15
Biotin	(µg)	+

WIRSINGKOHL
roh

Nährwerte

Wasser	(g)	89,9
Zucker	(g)	3,3
Stärke	(g)	+
Faserstoffe	(g)	3,1
Gesamtstickstoff	(g)	0,53
Energie	kcal	26
	kJ	1 09
Eiweiß	(g)	3,3
Fett	(g)	+
Kohlenhydrate	(g)	3,3

Mineralien/Spurenelemente

Natrium	(mg)	23
Kalium	(mg)	260
Kalzium	(mg)	75
Magnesium	(mg)	20
Phosphor	(mg)	68
Eisen	(mg)	0,9
Kupfer	(mg)	0,07
Zink	(mg)	0,3
Schwefel	(mg)	88
Chlor	(mg)	22

Vitamine

Vitamin A	(µg)	0
Carotine	(µg)	300
Vitamin D	(µg)	0
Vitamin B_1 (Thiamin)	(mg)	0,06
Vitamin B_2 (Riboflavin)	(mg)	0,05
Niacin (Nicotinsäureamid)	(mg)	0,3
Vitamin C	(mg)	55
Vitamin E	(mg)	0,2
Vitamin B_6	(mg)	0,16
Vitamin B_{12}	(µg)	0
Folsäure	(µg)	90
Pantothensäure	(mg)	0,21
Biotin	(µg)	0,1

ZWIEBELN
gebacken

Nährwerte

Wasser	(g)	42,0
Zucker	(g)	10,1
Stärke	(g)	0
Faserstoffe	(g)	4,5
Gesamtstickstoff	(g)	0,29
Energie	kcal	345
	kJ	1424
Eiweiß	(g)	1,8
Fett	(g)	33,3
Kohlenhydrate	(g)	10,1

Mineralien/Spurenelemente

Natrium	(mg)	20
Kalium	(mg)	270
Kalzium	(mg)	61
Magnesium	(mg)	15
Phosphor	(mg)	59
Eisen	(mg)	0,6
Kupfer	(mg)	0,16
Zink	(mg)	0,1
Schwefel	(mg)	88
Chlor	(mg)	38

Vitamine

Vitamin A	(µg)	0
Carotine	(µg)	0
Vitamin D	(µg)	0
Vitamin B_1 (Thiamin)	(mg)	–
Vitamin B_2 (Riboflavin)	(mg)	–
Niacin (Nicotinsäureamid)	(mg)	–
Vitamin C	(mg)	–
Vitamin E	(mg)	–
Vitamin B_6	(mg)	–
Vitamin B_{12}	(µg)	0
Folsäure	(µg)	–
Pantothensäure	(mg)	–
Biotin	(µg)	–

ZWIEBELN
gekocht

Nährwerte

Wasser	(g)	96,6
Zucker	(g)	2,7
Stärke	(g)	0
Faserstoffe	(g)	1,3
Gesamtstickstoff	(g)	0,09
Energie	kcal	13
	kJ	53
Eiweiß	(g)	0,6
Fett	(g)	+
Kohlenhydrate	(g)	5,2

Mineralien/Spurenelemente

Natrium	(mg)	7
Kalium	(mg)	78
Kalzium	(mg)	24
Magnesium	(mg)	5
Phosphor	(mg)	16
Eisen	(mg)	0,3
Kupfer	(mg)	0,07
Zink	(mg)	0,1
Schwefel	(mg)	24
Chlor	(mg)	5

Vitamine

Vitamin A	(µg)	0
Carotine	(µg)	0
Vitamin D	(µg)	0
Vitamin B_1 (Thiamin)	(mg)	0,02
Vitamin B_2 (Riboflavin)	(mg)	0,04
Niacin (Nicotinsäureamid)	(mg)	0,1
Vitamin C	(mg)	6
Vitamin E	(mg)	+
Vitamin B_6	(mg)	0,06
Vitamin B_{12}	(µg)	0
Folsäure	(µg)	8
Pantothensäure	(mg)	0,10
Biotin	(µg)	0,6

ZWIEBELN
roh

Nährwerte

Wasser	(g)	92,8
Zucker	(g)	5,2
Stärke	(g)	0
Faserstoffe	(g)	1,3
Gesamtstickstoff	(g)	0,15
Energie	kcal	23
	kJ	99
Eiweiß	(g)	0,9
Fett	(g)	+
Kohlenhydrate	(g)	2,3

Mineralien/Spurenelemente

Natrium	(mg)	10
Kalium	(mg)	140
Kalzium	(mg)	31
Magnesium	(mg)	8
Phosphor	(mg)	30
Eisen	(mg)	0,3
Kupfer	(mg)	0,08
Zink	(mg)	0,1
Schwefel	(mg)	51
Chlor	(mg)	20

Vitamine

Vitamin A	(µg)	0
Carotine	(µg)	0
Vitamin D	(µg)	0
Vitamin B_1 (Thiamin)	(mg)	0,03
Vitamin B_2 (Riboflavin)	(mg)	0,05
Niacin (Nicotinsäureamid)	(mg)	0,2
Vitamin C	(mg)	10
Vitamin E	(mg)	+
Vitamin B_6	(mg)	0,10
Vitamin B_{12}	(µg)	0
Folsäure	(µg)	16
Pantothensäure	(mg)	0,14
Biotin	(µg)	0,9

ANANAS

Nährwerte

Wasser	(g)	77,1
Zucker	(g)	20,2
Stärke	(g)	0
Faserstoffe	(g)	0,9
Gesamtstickstoff	(g)	0,04
Energie	kcal	77
	kJ	328
Eiweiss	(g)	0,3
Fett	(g)	+
Kohlenhydrate	(g)	20,2

Mineralien/Spurenelemente

Natrium	(mg)	1
Kalium	(mg)	94
Kalzium	(mg)	13
Magnesium	(mg)	8
Phosphor	(mg)	5
Eisen	(mg)	0,4
Kupfer	(mg)	0,05
Zink	(mg)	–
Schwefel	(mg)	3
Chlor	(mg)	4

Vitamine

Vitamin A	(µg)	0
Carotine	(µg)	40
Vitamin D	(µg)	0
Vitamin B_1 (Thiamin)	(mg)	0,05
Vitamin B_2 (Riboflavin)	(mg)	0,02
Niacin (Nicotinsäureamid)	(mg)	0,2
Vitamin C	(mg)	12
Vitamin E	(mg)	–
Vitamin B_6	(mg)	0,07
Vitamin B_{12}	(µg)	0
Folsäure	(µg)	–
Pantothensäure	(mg)	0,10
Biotin	(µg)	+

		ANANAS frisch	ÄPFEL	ÄPFEL gebacken mit Zucker
Nährwerte				
Wasser	(g)	84,3	84,3	85,0
Zucker	(g)	11,6	11,8	9,6
Stärke	(g)	0	0,1	0,4
Faserstoffe	(g)	1,2	2,0	2,5
Gesamtstickstoff	(g)	0,08	0,04	0,05
Energie	kcal	46	46	39
	kJ	194	196	165
Eiweiß	(g)	0,5	0,3	0,3
Fett	(g)	+	+	+
Kohlenhydrate	(g)	11,6	11,9	10,0
Mineralien/Spurenelemente				
Natrium	(mg)	2	2	2
Kalium	(mg)	250	120	130
Kalzium	(mg)	12	4	4
Magnesium	(mg)	17	5	3
Phosphor	(mg)	8	8	17
Eisen	(mg)	0,4	0,3	0,3
Kupfer	(mg)	0,08	0,04	0,09
Zink	(mg)	0,1	0,1	0,1
Schwefel	(mg)	3	6	3
Chlor	(mg)	29	1	5
Vitamine				
Vitamin A	(μg)	0	0	0
Carotine	(μg)	60	30	30
Vitamin D	(μg)	0	0	0
Vitamin B_1 (Thiamin)	(mg)	0,08	0,04	0,03
Vitamin B_2 (Riboflavin)	(mg)	0,02	0,02	0,02
Niacin (Nicotinsäureamid)	(mg)	0,2	0,1	0,1
Vitamin C	(mg)	25	3	14
Vitamin E	(mg)	–	0,2	0,2
Vitamin B_6	(mg)	0,09	0,03	0,02
Vitamin B_{12}	(μg)	0	0	0
Folsäure	(μg)	11	5	3
Pantothensäure	(mg)	0,16	0,10	0,09
Biotin	(μg)	+	0,3	0,3

APRIKOSEN
gebacken mit Zucker

Nährwerte

Wasser	(g)	87,9
Zucker	(g)	5,6
Stärke	(g)	0
Faserstoffe	(g)	1,7
Gesamtstickstoff	(g)	0,07
Energie	kcal	23
	kJ	98
Eiweiß	(g)	0,4
Fett	(g)	+
Kohlenhydrate	(g)	5,7

Mineralien/Spurenelemente

Natrium	(mg)	+
Kalium	(mg)	270
Kalzium	(mg)	15
Magnesium	(mg)	10
Phosphor	(mg)	18
Eisen	(mg)	0,3
Kupfer	(mg)	0,09
Zink	(mg)	0,1
Schwefel	(mg)	5
Chlor	(mg)	+

Vitamine

Vitamin A	(μg)	0
Carotine	(μg)	1260
Vitamin D	(μg)	0
Vitamin B_1 (Thiamin)	(mg)	0,03
Vitamin B_2 (Riboflavin)	(mg)	0,04
Niacin (Nicotinsäureamid)	(mg)	0,4
Vitamin C	(mg)	5
Vitamin E	(mg)	–
Vitamin B_6	(mg)	0,04
Vitamin B_{12}	(μg)	0
Folsäure	(μg)	2
Pantothensäure	(mg)	0,22
Biotin	(μg)	–

APRIKOSEN
getrocknet

Nährwerte

Wasser	(g)	14,7
Zucker	(g)	43,4
Stärke	(g)	0
Faserstoffe	(g)	24,0
Gesamtstickstoff	(g)	0,76
Energie	kcal	182
	kJ	776
Eiweiß	(g)	4,8
Fett	(g)	+
Kohlenhydrate	(g)	43,4

Mineralien/Spurenelemente

Natrium	(mg)	56
Kalium	(mg)	1880
Kalzium	(mg)	92
Magnesium	(mg)	65
Phosphor	(mg)	120
Eisen	(mg)	4,1
Kupfer	(mg)	0,27
Zink	(mg)	0,2
Schwefel	(mg)	160
Chlor	(mg)	35

Vitamine

Vitamin A	(μg)	0
Carotine	(μg)	1080
Vitamin D	(μg)	0
Vitamin B_1 (Thiamin)	(mg)	0,03
Vitamin B_2 (Riboflavin)	(mg)	0,04
Niacin (Nicotinsäureamid)	(mg)	0,4
Vitamin C	(mg)	5
Vitamin E	(mg)	–
Vitamin B_6	(mg)	0,04
Vitamin B_{12}	(μg)	0
Folsäure	(μg)	2
Pantothensäure	(mg)	0,20
Biotin	(μg)	–

APRIKOSEN
roh

Nährwerte

Wasser	(g)	86,6
Zucker	(g)	6,7
Stärke	(g)	0
Faserstoffe	(g)	2,1
Gesamtstickstoff	(g)	0,09
Energie	kcal	28
	kJ	117
Eiweiß	(g)	0,6
Fett	(g)	+
Kohlenhydrate	(g)	6,7

Mineralien/Spurenelemente

Natrium	(mg)	+
Kalium	(mg)	320
Kalzium	(mg)	17
Magnesium	(mg)	12
Phosphor	(mg)	21
Eisen	(mg)	0,4
Kupfer	(mg)	0,12
Zink	(mg)	0,1
Schwefel	(mg)	6
Chlor	(mg)	+

Vitamine

Vitamin A	(μg)	0
Carotine	(μg)	1500
Vitamin D	(μg)	0
Vitamin B_1 (Thiamin)	(mg)	0,04
Vitamin B_2 (Riboflavin)	(mg)	0,05
Niacin (Nicotinsäureamid)	(mg)	0,6
Vitamin C	(mg)	7
Vitamin E	(mg)	–
Vitamin B_6	(mg)	0,07
Vitamin B_{12}	(μg)	0
Folsäure	(μg)	5
Pantothensäure	(mg)	0,30
Biotin	(μg)	–

AVOCADO
roh

Nährwerte

Wasser	(g)	68,7
Zucker	(g)	27,7
Stärke	(g)	0
Faserstoffe	(g)	1,3
Gesamtstickstoff	(g)	0,08
Energie	kcal	223
	kJ	922
Eiweiß	(g)	4,2
Fett	(g)	22,2
Kohlenhydrate	(g)	1,8

Mineralien/Spurenelemente

Natrium	(mg)	2
Kalium	(mg)	400
Kalzium	(mg)	15
Magnesium	(mg)	29
Phosphor	(mg)	31
Eisen	(mg)	1,5
Kupfer	(mg)	0,21
Zink	(mg)	–
Schwefel	(mg)	19
Chlor	(mg)	6

Vitamine

Vitamin A	(μg)	0
Carotine	(μg)	100
Vitamin D	(μg)	–
Vitamin B_1 (Thiamin)	(mg)	0,10
Vitamin B_2 (Riboflavin)	(mg)	0,10
Niacin (Nicotinsäureamid)	(mg)	1,0
Vitamin C	(mg)	15
Vitamin E	(mg)	3,2
Vitamin B_6	(mg)	0,42
Vitamin B_{12}	(μg)	0
Folsäure	(μg)	66
Pantothensäure	(mg)	1,07
Biotin	(μg)	3,2

BACKPFLAUME
frisch

Nährwerte

Wasser	(g)	29,3
Zucker	(g)	40,3
Stärke	(g)	0
Faserstoffe	(g)	16,1
Gesamtstickstoff	(g)	0,39
Energie	kcal	161
	kJ	686
Eiweiß	(g)	2,4
Fett	(g)	+
Kohlenhydrate	(g)	40,3

Mineralien/Spurenelemente

Natrium	(mg)	12
Kalium	(mg)	860
Kalzium	(mg)	38
Magnesium	(mg)	27
Phosphor	(mg)	83
Eisen	(mg)	2,9
Kupfer	(mg)	0,16
Zink	(mg)	–
Schwefel	(mg)	19
Chlor	(mg)	3

Vitamine

Vitamin A	(μg)	0
Carotine	(μg)	1000
Vitamin D	(μg)	0
Vitamin B_1 (Thiamin)	(mg)	0,10
Vitamin B_2 (Riboflavin)	(mg)	0,20
Niacin (Nicotinsäureamid)	(mg)	1,5
Vitamin C	(mg)	+
Vitamin E	(mg)	–
Vitamin B_6	(mg)	0,24
Vitamin B_{12}	(μg)	0
Folsäure	(μg)	4
Pantothensäure	(mg)	0,46
Biotin	(μg)	+

BACKPFLAUME
gekocht mit Zucker

Nährwerte

Wasser	(g)	60,5
Zucker	(g)	20,4
Stärke	(g)	0
Faserstoffe	(g)	8,1
Gesamtstickstoff	(g)	0,20
Energie	kcal	82
	Kj	349
Eiweiß	(g)	1,3
Fett	(g)	+
Kohlenhydrate	(g)	20,4

Mineralien/Spurenelemente

Natrium	(mg)	7
Kalium	(mg)	440
Kalzium	(mg)	19
Magnesium	(mg)	13
Phosphor	(mg)	42
Eisen	(mg)	1,4
Kupfer	(mg)	0,08
Zink	(mg)	–
Schwefel	(mg)	9
Chlor	(mg)	1

Vitamine

Vitamin A	(μg)	0
Carotine	(μg)	510
Vitamin D	(μg)	0
Vitamin B_1 (Thiamin)	(mg)	0,04
Vitamin B_2 (Riboflavin)	(mg)	0,09
Niacin (Nicotinsäureamid)	(mg)	0,8
Vitamin C	(mg)	+
Vitamin E	(mg)	–
Vitamin B_6	(mg)	0,10
Vitamin B_{12}	(μg)	0
Folsäure	(μg)	+
Pantothensäure	(mg)	0,21
Biotin	(μg)	+

BANANE
roh

Nährwerte

Wasser	(g)	70,7
Zucker	(g)	16,2
Stärke	(g)	3,0
Faserstoffe	(g)	3,4
Gesamtstickstoff	(g)	0,18
Energie	kcal	79
	kJ	337
Eiweiß	(g)	1,1
Fett	(g)	0,3
Kohlenhydrate	(g)	19,2

Mineralien/Spurenelemente

Natrium	(mg)	1
Kalium	(mg)	350
Kalzium	(mg)	7
Magnesium	(mg)	42
Phosphor	(mg)	28
Eisen	(mg)	0,4
Kupfer	(mg)	0,16
Zink	(mg)	0,2
Schwefel	(mg)	13
Chlor	(mg)	79

Vitamine

Vitamin A	(µg)	0
Carotine	(µg)	200
Vitamin D	(µg)	0
Vitamin B_1 (Thiamin)	(mg)	0,04
Vitamin B_2 (Riboflavin)	(mg)	0,07
Niacin (Nicotinsäureamid)	(mg)	0,6
Vitamin C	(mg)	10
Vitamin E	(mg)	0,2
Vitamin B_6	(mg)	0,51
Vitamin B_{12}	(µg)	0
Folsäure	(µg)	22
Pantothensäure	(mg)	0,26
Biotin	(µg)	–

BIRNE
frisch

Nährwerte

Wasser	(g)	83,2
Zucker	(g)	10,6
Stärke	(g)	0
Faserstoffe	(g)	2,3
Gesamtstickstoff	(g)	0,04
Energie	kcal	41
	kJ	175
Eiweiß	(g)	0,3
Fett	(g)	+
Kohlenhydrate	(g)	10,6

Mineralien/Spurenelemente

Natrium	(mg)	2
Kalium	(mg)	130
Kalzium	(mg)	8
Magnesium	(mg)	7
Phosphor	(mg)	10
Eisen	(mg)	0,2
Kupfer	(mg)	0,15
Zink	(mg)	0,1
Schwefel	(mg)	5
Chlor	(mg)	+

Vitamine

Vitamin A	(µg)	0
Carotine	(µg)	10
Vitamin D	(µg)	0
Vitamin B_1 (Thiamin)	(mg)	0,03
Vitamin B_2 (Riboflavin)	(mg)	0,03
Niacin (Nicotinsäureamid)	(mg)	0,2
Vitamin C	(mg)	3
Vitamin E	(mg)	+
Vitamin B_6	(mg)	0,02
Vitamin B_{12}	(µg)	0
Folsäure	(µg)	11
Pantothensäure	(mg)	0,07
Biotin	(µg)	0,1

BIRNE
gekocht mit Zucker

Nährwerte

Wasser	(g)	85,5
Zucker	(g)	7,9
Stärke	(g)	+
Faserstoffe	(g)	2,5
Gesamtstickstoff	(g)	0,03
Energie	kcal	30
	kJ	130
Eiweiß	(g)	0,2
Fett	(g)	+
Kohlenhydrate	(g)	7,9

Mineralien/Spurenelemente

Natrium	(mg)	3
Kalium	(mg)	85
Kalzium	(mg)	6
Magnesium	(mg)	3
Phosphor	(mg)	13
Eisen	(mg)	0,2
Kupfer	(mg)	0,09
Zink	(mg)	0,1
Schwefel	(mg)	3
Chlor	(mg)	2

Vitamine

Vitamin A	(µg)	0
Carotine	(µg)	9
Vitamin D	(µg)	0
Vitamin B_1 (Thiamin)	(mg)	0,03
Vitamin B_2 (Riboflavin)	(mg)	0,03
Niacin (Nicotinsäureamid)	(mg)	0,2
Vitamin C	(mg)	3
Vitamin E	(mg)	+
Vitamin B_6	(mg)	0,02
Vitamin B_{12}	(µg)	0
Folsäure	(µg)	5
Pantothensäure	(mg)	0,05
Biotin	(µg)	0,1

BROMBEERE
gekocht mit Zucker

Nährwerte

Wasser	(g)	84,6
Zucker	(g)	5,5
Stärke	(g)	0
Faserstoffe	(g)	6,3
Gesamtstickstoff	(g)	0,17
Energie	kcal	25
	kJ	107
Eiweiß	(g)	1,1
Fett	(g)	+
Kohlenhydrate	(g)	5,5

Mineralien/Spurenelemente

Natrium	(mg)	3
Kalium	(mg)	180
Kalzium	(mg)	54
Magnesium	(mg)	26
Phosphor	(mg)	21
Eisen	(mg)	0,8
Kupfer	(mg)	0,10
Zink	(mg)	–
Schwefel	(mg)	8
Chlor	(mg)	19

Vitamine

Vitamin A	(µg)	0
Carotine	(µg)	85
Vitamin D	(µg)	0
Vitamin B_1 (Thiamin)	(mg)	0,03
Vitamin B_2 (Riboflavin)	(mg)	0,03
Niacin (Nicotin-säureamid)	(mg)	0,3
Vitamin C	(mg)	14
Vitamin E	(mg)	3,0
Vitamin B_6	(mg)	0,03
Vitamin B_{12}	(µg)	0
Folsäure	(µg)	–
Pantothensäure	(mg)	0,19
Biotin	(µg)	0,3

BROMBEERE
roh

Nährwerte

Wasser	(g)	82,0
Zucker	(g)	6,4
Stärke	(g)	0
Faserstoffe	(g)	7,3
Gesamtstickstoff	(g)	0,20
Energie	kcal	29
	kJ	125
Eiweiß	(g)	1,3
Fett	(g)	+
Kohlenhydrate	(g)	6,4

Mineralien/Spurenelemente

Natrium	(mg)	4
Kalium	(mg)	210
Kalzium	(mg)	63
Magnesium	(mg)	30
Phosphor	(mg)	24
Eisen	(mg)	0,9
Kupfer	(mg)	0,12
Zink	(mg)	–
Schwefel	(mg)	9
Chlor	(mg)	22

Vitamine

Vitamin A	(µg)	0
Carotine	(µg)	100
Vitamin D	(µg)	0
Vitamin B_1 (Thiamin)	(mg)	0,03
Vitamin B_2 (Riboflavin)	(mg)	0,04
Niacin (Nicotinsäureamid)	(mg)	0,4
Vitamin C	(mg)	20
Vitamin E	(mg)	3,5
Vitamin B_6	(mg)	0,05
Vitamin B_{12}	(µg)	0
Folsäure	(µg)	–
Pantothensäure	(mg)	0,25
Biotin	(µg)	0,4

DATTEL
getrocknet

Nährwerte

Wasser	(g)	14,6
Zucker	(g)	63,9
Stärke	(g)	0
Faserstoffe	(g)	8,7
Gesamtstickstoff	(g)	0,32
Energie	kcal	248
	kJ	1056
Eiweiß	(g)	2,0
Fett	(g)	+
Kohlenhydrate	(g)	63,9

Mineralien/Spurenelemente

Natrium	(mg)	5
Kalium	(mg)	750
Kalzium	(mg)	68
Magnesium	(mg)	59
Phosphor	(mg)	64
Eisen	(mg)	1,6
Kupfer	(mg)	0,21
Zink	(mg)	0,3
Schwefel	(mg)	51
Chlor	(mg)	290

Vitamine

Vitamin A	(µg)	0
Carotine	(µg)	50
Vitamin D	(µg)	0
Vitamin B_1 (Thiamin)	(mg)	0,07
Vitamin B_2 (Riboflavin)	(mg)	0,04
Niacin (Nicotinsäureamid)	(mg)	2,0
Vitamin C	(mg)	0
Vitamin E	(mg)	–
Vitamin B_6	(mg)	0,15
Vitamin B_{12}	(µg)	0
Folsäure	(µg)	21
Pantothensäure	(mg)	0,80
Biotin	(µg)	–

ERDBEERE

Nährwerte

Wasser	(g)	79,4
Zucker	(g)	21,1
Stärke	(g)	0
Faserstoffe	(g)	1,0
Gesamtstickstoff	(g)	0,07
Energie	kcal	81
	kJ	344
Eiweiß	(g)	0,4
Fett	(g)	+
Kohlenhydrate	(g)	21,1

Mineralien/Spurenelemente

Natrium	(mg)	7
Kalium	(mg)	97
Kalzium	(mg)	14
Magnesium	(mg)	7
Phosphor	(mg)	15
Eisen	(mg)	0,9
Kupfer	(mg)	0,03
Zink	(mg)	0,2
Schwefel	(mg)	–
Chlor	(mg)	5

Vitamine

Vitamin A	(µg)	0
Carotine	(µg)	+
Vitamin D	(µg)	0
Vitamin B_1 (Thiamin)	(mg)	0,01
Vitamin B_2 (Riboflavin)	(mg)	0,02
Niacin (Nicotinsäureamid)	(mg)	0,3
Vitamin C	(mg)	21
Vitamin E	(mg)	–
Vitamin B_6	(mg)	0,03
Vitamin B_{12}	(µg)	0
Folsäure	(µg)	20
Pantothensäure	(mg)	0,21
Biotin	(µg)	1,0

ERDBEERE
frisch

Nährwerte

Wasser	(g)	88,9
Zucker	(g)	6,2
Stärke	(g)	0
Faserstoffe	(g)	2,2
Gesamtstickstoff	(g)	0,10
Energie	kcal	26
	kJ	109
Eiweiß	(g)	0,6
Fett	(g)	+
Kohlenhydrate	(g)	6,2

Mineralien/Spurenelemente

Natrium	(mg)	2
Kalium	(mg)	160
Kalzium	(mg)	22
Magnesium	(mg)	12
Phosphor	(mg)	23
Eisen	(mg)	0,7
Kupfer	(mg)	0,13
Zink	(mg)	0,1
Schwefel	(mg)	13
Chlor	(mg)	18

Vitamine

Vitamin A	(µg)	0
Carotine	(µg)	30
Vitamin D	(µg)	0
Vitamin B_1 (Thiamin)	(mg)	0,02
Vitamin B_2 (Riboflavin)	(mg)	0,03
Niacin (Nicotinsäureamid)	(mg)	0,4
Vitamin C	(mg)	60
Vitamin E	(mg)	0,2
Vitamin B_6	(mg)	0,06
Vitamin B_{12}	(µg)	0
Folsäure	(µg)	20
Pantothensäure	(mg)	0,34
Biotin	(µg)	1,1

FEIGEN
roh

Nährwerte

Wasser	(g)	84,6
Zucker	(g)	9,5
Stärke	(g)	0
Faserstoffe	(g)	2,5
Gesamtstickstoff	(g)	0,21
Energie	kcal	41
	kJ	174
Eiweiß	(g)	1,3
Fett	(g)	+
Kohlenhydrate	(g)	9,5

Mineralien/Spurenelemente

Natrium	(mg)	2
Kalium	(mg)	270
Kalzium	(mg)	34
Magnesium	(mg)	20
Phosphor	(mg)	32
Eisen	(mg)	0,4
Kupfer	(mg)	0,06
Zink	(mg)	0,3
Schwefel	(mg)	13
Chlor	(mg)	18

Vitamine

Vitamin A	(µg)	0
Carotine	(µg)	500
Vitamin D	(µg)	0
Vitamin B_1 (Thiamin)	(mg)	0,06
Vitamin B_2 (Riboflavin)	(mg)	0,05
Niacin (Nicotinsäureamid)	(mg)	0,4
Vitamin C	(mg)	2
Vitamin E	(mg)	–
Vitamin B_6	(mg)	0,11
Vitamin B_{12}	(µg)	0
Folsäure	(µg)	–
Pantothensäure	(mg)	0,30
Biotin	(µg)	–

FEIGEN
roh, getrocknet

Nährwerte

Wasser	(g)	16,8
Zucker	(g)	52,9
Stärke	(g)	0
Faserstoffe	(g)	18,5
Gesamtstickstoff	(g)	0,57
Energie	kcal	213
	kJ	909
Eiweiß	(g)	1,7
Fett	(g)	+
Kohlenhydrate	(g)	54,9

Mineralien/Spurenelemente

Natrium	(mg)	4
Kalium	(mg)	650
Kalzium	(mg)	58
Magnesium	(mg)	50
Phosphor	(mg)	55
Eisen	(mg)	1,4
Kupfer	(mg)	0,18
Zink	(mg)	0,3
Schwefel	(mg)	81
Chlor	(mg)	170

Vitamine

Vitamin A	(µg)	0
Carotine	(µg)	50
Vitamin D	(µg)	0
Vitamin B_1 (Thiamin)	(mg)	0,10
Vitamin B_2 (Riboflavin)	(mg)	0,08
Niacin (Nicotinsäureamid)	(mg)	1,7
Vitamin C	(mg)	0
Vitamin E	(mg)	–
Vitamin B_6	(mg)	0,18
Vitamin B_{12}	(µg)	0
Folsäure	(µg)	9
Pantothensäure	(mg)	0,44
Biotin	(µg)	–

GRANATAPFEL

Nährwerte

Wasser	(g)	85,4
Zucker	(g)	11,6
Stärke	(g)	0
Faserstoffe	(g)	0
Gesamtstickstoff	(g)	0,03
Energie	kcal	44
	kJ	189
Eiweiß	(g)	0,2
Fett	(g)	+
Kohlenhydrate	(g)	11,6

Mineralien/Spurenelemente

Natrium	(mg)	1
Kalium	(mg)	200
Kalzium	(mg)	3
Magnesium	(mg)	3
Phosphor	(mg)	8
Eisen	(mg)	0,2
Kupfer	(mg)	0,07
Zink	(mg)	–
Schwefel	(mg)	4
Chlor	(mg)	53

Vitamine

Vitamin A	(µg)	0
Carotine	(µg)	0
Vitamin D	(µg)	0
Vitamin B_1 (Thiamin)	(mg)	0,02
Vitamin B_2 (Riboflavin)	(mg)	0,03
Niacin (Nicotinsäureamid)	(mg)	0,2
Vitamin C	(mg)	8
Vitamin E	(mg)	–
Vitamin B_6	(mg)	–
Vitamin B_{12}	(µg)	–
Folsäure	(µg)	–
Pantothensäure	(mg)	–
Biotin	(µg)	–

GRAPEFRUIT

Nährwerte

Wasser	(g)	81,1
Zucker	(g)	15,5
Stärke	(g)	0
Faserstoffe	(g)	0,4
Gesamtstickstoff	(g)	0,08
Energie	kcal	60
	kJ	257
Eiweiß	(g)	0,5
Fett	(g)	+
Kohlenhydrate	(g)	15,5

Mineralien/Spurenelemente

Natrium	(mg)	10
Kalium	(mg)	79
Kalzium	(mg)	17
Magnesium	(mg)	7
Phosphor	(mg)	13
Eisen	(mg)	0,7
Kupfer	(mg)	0,03
Zink	(mg)	0,4
Schwefel	(mg)	–
Chlor	(mg)	5

Vitamine

Vitamin A	(µg)	0
Carotine	(µg)	+
Vitamin D	(µg)	0
Vitamin B_1 (Thiamin)	(mg)	0,04
Vitamin B_2 (Riboflavin)	(mg)	0,01
Niacin (Nicotinsäureamid)	(mg)	0,2
Vitamin C	(mg)	30
Vitamin E	(mg)	+
Vitamin B_6	(mg)	0,02
Vitamin B_{12}	(µg)	0
Folsäure	(µg)	4
Pantothensäure	(mg)	0,12
Biotin	(µg)	1,0

GRAPEFRUIT

roh

Nährwerte

Wasser	(g)	90,7
Zucker	(g)	5,3
Stärke	(g)	0
Faserstoffe	(g)	0,6
Gesamtstickstoff	(g)	0,10
Energie	kcal	22
	kJ	95
Eiweiß	(g)	0,6
Fett	(g)	+
Kohlenhydrate	(g)	5,3

Mineralien/Spurenelemente

Natrium	(mg)	1
Kalium	(mg)	230
Kalzium	(mg)	17
Magnesium	(mg)	10
Phosphor	(mg)	16
Eisen	(mg)	0,3
Kupfer	(mg)	0,06
Zink	(mg)	0,1
Schwefel	(mg)	5
Chlor	(mg)	1

Vitamine

Vitamin A	(µg)	0
Carotine	(µg)	+
Vitamin D	(µg)	0
Vitamin B_1 (Thiamin)	(mg)	0,05
Vitamin B_2 (Riboflavin)	(mg)	0,02
Niacin (Nicotinsäureamid)	(mg)	0,2
Vitamin C	(mg)	40
Vitamin E	(mg)	0,3
Vitamin B_6	(mg)	0,03
Vitamin B_{12}	(µg)	0
Folsäure	(µg)	12
Pantothensäure	(mg)	0,28
Biotin	(µg)	1,0

GUAVE

Nährwerte

Wasser	(g)	77,6
Zucker	(g)	15,7
Stärke	(g)	+
Faserstoffe	(g)	3,6
Gesamtstickstoff	(g)	0,06
Energie	kcal	60
	kJ	258
Eiweiß	(g)	0,4
Fett	(g)	+
Kohlenhydrate	(g)	15,7

Mineralien/Spurenelemente

Natrium	(mg)	7
Kalium	(mg)	120
Kalzium	(mg)	8
Magnesium	(mg)	6
Phosphor	(mg)	11
Eisen	(mg)	0,5
Kupfer	(mg)	0,10
Zink	(mg)	0,4
Schwefel	(mg)	–
Chlor	(mg)	10

Vitamine

Vitamin A	(μg)	0
Carotine	(μg)	100
Vitamin D	(μg)	0
Vitamin B_1 (Thiamin)	(mg)	0,04
Vitamin B_2 (Riboflavin)	(mg)	0,03
Niacin (Nicotinsäureamid)	(mg)	0,9
Vitamin C	(mg)	180
Vitamin E	(mg)	–
Vitamin B_6	(mg)	–
Vitamin B_{12}	(μg)	0
Folsäure	(μg)	–
Pantothensäure	(mg)	–
Biotin	(μg)	–

HEIDELBEERE

roh

Nährwerte

Wasser	(g)	84,9
Zucker	(g)	14,3
Stärke	(g)	0
Faserstoffe	(g)	–
Gesamtstickstoff	(g)	0,10
Energie	kcal	56
	kJ	240
Eiweiß	(g)	0,6
Fett	(g)	+
Kohlenhydrate	(g)	14,3

Mineralien/Spurenelemente

Natrium	(mg)	1
Kalium	(mg)	65
Kalzium	(mg)	10
Magnesium	(mg)	2
Phosphor	(mg)	9
Eisen	(mg)	0,7
Kupfer	(mg)	0,11
Zink	(mg)	0,1
Schwefel	(mg)	–
Chlor	(mg)	5

Vitamine

Vitamin A	(μg)	0
Carotine	(μg)	130
Vitamin D	(μg)	0
Vitamin B_1 (Thiamin)	(mg)	0,02
Vitamin B_2 (Riboflavin)	(mg)	0,02
Niacin (Nicotinsäureamid)	(mg)	0,4
Vitamin C	(mg)	22
Vitamin E	(mg)	–
Vitamin B_6	(mg)	0,06
Vitamin B_{12}	(μg)	0
Folsäure	(μg)	6
Pantothensäure	(mg)	0,16
Biotin	(μg)	–

JOHANNISBEEREN

getrocknet

Nährwerte

Wasser	(g)	22,0
Zucker	(g)	63,1
Stärke	(g)	0
Faserstoffe	(g)	6,5
Gesamtstickstoff	(g)	0,27
Energie	kcal	243
	kJ	1039
Eiweiß	(g)	1,7
Fett	(g)	+
Kohlenhydrate	(g)	63,1

Mineralien/Spurenelemente

Natrium	(mg)	20
Kalium	(mg)	710
Kalzium	(mg)	95
Magnesium	(mg)	36
Phosphor	(mg)	40
Eisen	(mg)	1,8
Kupfer	(mg)	0,48
Zink	(mg)	0,1
Schwefel	(mg)	31
Chlor	(mg)	16

Vitamine

Vitamin A	(μg)	0
Carotine	(μg)	30
Vitamin D	(μg)	0
Vitamin B_1 (Thiamin)	(mg)	0,03
Vitamin B_2 (Riboflavin)	(mg)	0,08
Niacin (Nicotinsäureamid)	(mg)	0,5
Vitamin C	(mg)	0
Vitamin E	(mg)	–
Vitamin B_6	(mg)	0,30
Vitamin B_{12}	(μg)	0
Folsäure	(μg)	11
Pantothensäure	(mg)	0,10
Biotin	(μg)	–

JOHANNISBEEREN, rote
gekocht mit Zucker

Nährwerte

Wasser	(g)	85,3
Zucker	(g)	3,8
Stärke	(g)	0
Faserstoffe	(g)	7,0
Gesamtstickstoff	(g)	0,15
Energie	kcal	18
	kJ	76
Eiweiß	(g)	0,9
Fett	(g)	+
Kohlenhydrate	(g)	13,3

Mineralien/Spurenelemente

Natrium	(mg)	2
Kalium	(mg)	240
Kalzium	(mg)	31
Magnesium	(mg)	11
Phosphor	(mg)	26
Eisen	(mg)	1,0
Kupfer	(mg)	0,10
Zink	(mg)	–
Schwefel	(mg)	25
Chlor	(mg)	12

Vitamine

Vitamin A	(µg)	0
Carotine	(µg)	60
Vitamin D	(µg)	0
Vitamin B_1 (Thiamin)	(mg)	0,03
Vitamin B_2 (Riboflavin)	(mg)	0,05
Niacin (Nicotinsäureamid)	(mg)	0,1
Vitamin C	(mg)	28
Vitamin E	(mg)	0,1
Vitamin B_6	(mg)	0,03
Vitamin B_{12}	(µg)	0
Folsäure	(µg)	–
Pantothensäure	(mg)	0,05
Biotin	(µg)	2,0

JOHANNISBEEREN, rote
roh

Nährwerte

Wasser	(g)	82,8
Zucker	(g)	4,4
Stärke	(g)	0
Faserstoffe	(g)	8,2
Gesamtstickstoff	(g)	0,18
Energie	kcal	21
	kJ	89
Eiweiß	(g)	1,1
Fett	(g)	+
Kohlenhydrate	(g)	4,4

Mineralien/Spurenelemente

Natrium	(mg)	2
Kalium	(mg)	280
Kalzium	(mg)	36
Magnesium	(mg)	13
Phosphor	(mg)	30
Eisen	(mg)	1,2
Kupfer	(mg)	0,12
Zink	(mg)	–
Schwefel	(mg)	29
Chlor	(mg)	14

Vitamine

Vitamin A	(µg)	0
Carotine	(µg)	70
Vitamin D	(µg)	0
Vitamin B_1 (Thiamin)	(mg)	0,04
Vitamin B_2 (Riboflavin)	(mg)	0,06
Niacin (Nicotinsäureamid)	(mg)	0,1
Vitamin C	(mg)	40
Vitamin E	(mg)	0,1
Vitamin B_6	(mg)	0,05
Vitamin B_{12}	(µg)	0
Folsäure	(µg)	–
Pantothensäure	(mg)	0,06
Biotin	(µg)	2,6

JOHANNISBEEREN, schwarz
gekocht mit Zucker

Nährwerte

Wasser	(g)	80,7
Zucker	(g)	5,6
Stärke	(g)	0
Faserstoffe	(g)	7,4
Gesamtstickstoff	(g)	0,13
Energie	kcal	24
	kJ	103
Eiweiß	(g)	0,8
Fett	(g)	+
Kohlenhydrate	(g)	5,6

Mineralien/Spurenelemente

Natrium	(mg)	3
Kalium	(mg)	320
Kalzium	(mg)	51
Magnesium	(mg)	16
Phosphor	(mg)	37
Eisen	(mg)	1,1
Kupfer	(mg)	0,12
Zink	(mg)	–
Schwefel	(mg)	28
Chlor	(mg)	13

Vitamine

Vitamin A	(µg)	0
Carotine	(µg)	170
Vitamin D	(µg)	0
Vitamin B_1 (Thiamin)	(mg)	0,03
Vitamin B_2 (Riboflavin)	(mg)	0,05
Niacin (Nicotinsäureamid)	(mg)	0,3
Vitamin C	(mg)	150
Vitamin E	(mg)	0,9
Vitamin B_6	(mg)	0,06
Vitamin B_{12}	(µg)	0
Folsäure	(µg)	–
Pantothensäure	(mg)	0,31
Biotin	(µg)	2,1

JOHANNISBEEREN, schwarz
roh

Nährwerte

Wasser	(g)	77,4
Zucker	(g)	6,6
Stärke	(g)	0
Faserstoffe	(g)	8,7
Gesamtstickstoff	(g)	0,15
Energie	kcal	28
	kJ	121
Eiweiß	(g)	0,9
Fett	(g)	+
Kohlenhydrate	(g)	6,6

Mineralien/Spurenelemente

Natrium	(mg)	3
Kalium	(mg)	370
Kalzium	(mg)	60
Magnesium	(mg)	17
Phosphor	(mg)	43
Eisen	(mg)	1,3
Kupfer	(mg)	0,14
Zink	(mg)	–
Schwefel	(mg)	33
Chlor	(mg)	15

Vitamine

Vitamin A	(μg)	0
Carotine	(μg)	200
Vitamin D	(μg)	0
Vitamin B_1 (Thiamin)	(mg)	0,03
Vitamin B_2 (Riboflavin)	(mg)	0,05
Niacin (Nicotinsäureamid)	(mg)	0,3
Vitamin C	(mg)	150
Vitamin E	(mg)	0,9
Vitamin B_6	(mg)	0,08
Vitamin B_{12}	(μg)	0
Folsäure	(μg)	–
Pantothensäure	(mg)	0,40
Biotin	(μg)	2,4

KIRSCHE
gekocht mit Zucker

Nährwerte

Wasser	(g)	83,4
Zucker	(g)	9,7
Stärke	(g)	0
Faserstoffe	(g)	1,4
Gesamtstickstoff	(g)	0,08
Energie	kcal	39
	kJ	165
Eiweiß	(g)	0,5
Fett	(g)	+
Kohlenhydrate	(g)	9,8

Mineralien/Spurenelemente

Natrium	(mg)	3
Kalium	(mg)	250
Kalzium	(mg)	18
Magnesium	(mg)	10
Phosphor	(mg)	17
Eisen	(mg)	0,3
Kupfer	(mg)	0,08
Zink	(mg)	0,1
Schwefel	(mg)	7
Chlor	(mg)	+

Vitamine

Vitamin A	(μg)	0
Carotine	(μg)	100
Vitamin D	(μg)	0
Vitamin B_1 (Thiamin)	(mg)	0,03
Vitamin B_2 (Riboflavin)	(mg)	0,06
Niacin (Nicotinsäureamid)	(mg)	0,3
Vitamin C	(mg)	3
Vitamin E	(mg)	0,1
Vitamin B_6	(mg)	0,02
Vitamin B_{12}	(μg)	0
Folsäure	(μg)	3
Pantothensäure	(mg)	0,20
Biotin	(μg)	0,3

KIRSCHE
roh

Nährwerte

Wasser	(g)	81,5
Zucker	(g)	11,9
Stärke	(g)	0
Faserstoffe	(g)	1,7
Gesamtstickstoff	(g)	0,09
Energie	kcal	41
	kJ	175
Eiweiß	(g)	0,5
Fett	(g)	+
Kohlenhydrate	(g)	11,9

Mineralien/Spurenelemente

Natrium	(mg)	3
Kalium	(mg)	280
Kalzium	(mg)	16
Magnesium	(mg)	10
Phosphor	(mg)	17
Eisen	(mg)	0,4
Kupfer	(mg)	0,07
Zink	(mg)	0,1
Schwefel	(mg)	7
Chlor	(mg)	+

Vitamine

Vitamin A	(μg)	0
Carotine	(μg)	120
Vitamin D	(μg)	0
Vitamin B_1 (Thiamin)	(mg)	0,05
Vitamin B_2 (Riboflavin)	(mg)	0,07
Niacin (Nicotinsäureamid)	(mg)	0,3
Vitamin C	(mg)	5
Vitamin E	(mg)	0,1
Vitamin B_6	(mg)	0,05
Vitamin B_{12}	(μg)	0
Folsäure	(μg)	8
Pantothensäure	(mg)	0,26
Biotin	(μg)	0,4

LITSCHIPFLAUME

Nährwerte

Wasser	(g)	82,0
Zucker	(g)	16,0
Stärke	(g)	0
Faserstoffe	(g)	0,5
Gesamtstickstoff	(g)	0,14
Energie	kcal	64
	kJ	271
Eiweiß	(g)	0,9
Fett	(g)	+
Kohlenhydrate	(g)	16,0

Mineralien/Spurenelemente

Natrium	(mg)	3
Kalium	(mg)	170
Kalzium	(mg)	8
Magnesium	(mg)	10
Phosphor	(mg)	35
Eisen	(mg)	0,5
Kupfer	(mg)	–
Zink	(mg)	–
Schwefel	(mg)	19
Chlor	(mg)	3

Vitamine

Vitamin A	(µg)	0
Carotine	(µg)	+
Vitamin D	(µg)	0
Vitamin B_1 (Thiamin)	(mg)	0,04
Vitamin B_2 (Riboflavin)	(mg)	0,04
Niacin (Nicotin-säureamid)	(mg)	0,3
Vitamin C	(mg)	40
Vitamin E	(mg)	–
Vitamin B_6	(mg)	–
Vitamin B_{12}	(µg)	0
Folsäure	(µg)	–
Pantothensäure	(mg)	–
Biotin	(µg)	–

MANDARINE

Nährwerte

Wasser	(g)	84,3
Zucker	(g)	14,2
Stärke	(g)	0
Faserstoffe	(g)	0,3
Gesamtstickstoff	(g)	0,10
Energie	kcal	56
	kJ	237
Eiweiß	(g)	0,6
Fett	(g)	+
Kohlenhydrate	(g)	14,2

Mineralien/Spurenelemente

Natrium	(mg)	9
Kalium	(mg)	88
Kalzium	(mg)	18
Magnesium	(mg)	9
Phosphor	(mg)	12
Eisen	(mg)	0,4
Kupfer	(mg)	0,05
Zink	(mg)	0,4
Schwefel	(mg)	–
Chlor	(mg)	2

Vitamine

Vitamin A	(µg)	0
Carotine	(µg)	50
Vitamin D	(µg)	0
Vitamin B_1 (Thiamin)	(mg)	0,07
Vitamin B_2 (Riboflavin)	(mg)	0,02
Niacin (Nicotin-säureamid)	(mg)	0,2
Vitamin C	(mg)	14
Vitamin E	(mg)	+
Vitamin B_6	(mg)	0,03
Vitamin B_{12}	(µg)	0
Folsäure	(µg)	5
Pantothensäure	(mg)	0,15
Biotin	(µg)	0,8

MANGO

Nährwerte

Wasser	(g)	74,8
Zucker	(g)	20,2
Stärke	(g)	0,1
Faserstoffe	(g)	1,0
Gesamtstickstoff	(g)	0,05
Energie	kcal	77
	kJ	330
Eiweiß	(g)	0,3
Fett	(g)	+
Kohlenhydrate	(g)	20,3

Mineralien/Spurenelemente

Natrium	(mg)	3
Kalium	(mg)	100
Kalzium	(mg)	10
Magnesium	(mg)	7
Phosphor	(mg)	10
Eisen	(mg)	0,4
Kupfer	(mg)	0,09
Zink	(mg)	0,3
Schwefel	(mg)	–
Chlor	(mg)	5

Vitamine

Vitamin A	(µg)	0
Carotine	(µg)	1200
Vitamin D	(µg)	0
Vitamin B_1 (Thiamin)	(mg)	0,02
Vitamin B_2 (Riboflavin)	(mg)	0,03
Niacin (Nicotin-säureamid)	(mg)	0,2
Vitamin C	(mg)	10
Vitamin E	(mg)	–
Vitamin B_6	(mg)	–
Vitamin B_{12}	(µg)	0
Folsäure	(µg)	–
Pantothensäure	(mg)	–
Biotin	(µg)	–

MANGO
roh

Nährwerte

Wasser	(g)	83,0
Zucker	(g)	15,3
Stärke	(g)	+
Faserstoffe	(g)	1,5
Gesamtstickstoff	(g)	0,08
Energie	kcal	59
	kJ	253
Eiweiß	(g)	0,5
Fett	(g)	+
Kohlenhydrate	(g)	15,3

Mineralien/Spurenelemente

Natrium	(mg)	7
Kalium	(mg)	190
Kalzium	(mg)	10
Magnesium	(mg)	18
Phosphor	(mg)	13
Eisen	(mg)	0,5
Kupfer	(mg)	0,12
Zink	(mg)	–
Schwefel	(mg)	–
Chlor	(mg)	–

Vitamine

Vitamin A	(µg)	0
Carotine	(µg)	1200
Vitamin D	(µg)	0
Vitamin B_1 (Thiamin)	(mg)	0,02
Vitamin B_2 (Riboflavin)	(mg)	0,03
Niacin (Nicotinsäureamid)	(mg)	0,5
Vitamin C	(mg)	25
Vitamin E	(mg)	0,1
Vitamin B_6	(mg)	–
Vitamin B_{12}	(µg)	0
Folsäure	(µg)	–
Pantothensäure	(mg)	0,16
Biotin	(µg)	–

MELONE, cantaloupe
roh

Nährwerte

Wasser	(g)	93,6
Zucker	(g)	5,3
Stärke	(g)	0
Faserstoffe	(g)	1,0
Gesamtstickstoff	(g)	0,16
Energie	kcal	24
	kJ	102
Eiweiß	(g)	1,0
Fett	(g)	+
Kohlenhydrate	(g)	5,3

Mineralien/Spurenelemente

Natrium	(mg)	14
Kalium	(mg)	320
Kalzium	(mg)	19
Magnesium	(mg)	20
Phosphor	(mg)	30
Eisen	(mg)	0,8
Kupfer	(mg)	0,04
Zink	(mg)	0,1
Schwefel	(mg)	12
Chlor	(mg)	44

Vitamine

Vitamin A	(µg)	0
Carotine	(µg)	2000
Vitamin D	(µg)	0
Vitamin B_1 (Thiamin)	(mg)	0,05
Vitamin B_2 (Riboflavin)	(mg)	0,03
Niacin (Nicotinsäureamid)	(mg)	0,5
Vitamin C	(mg)	25
Vitamin E	(mg)	0,1
Vitamin B_6	(mg)	0,07
Vitamin B_{12}	(µg)	0
Folsäure	(µg)	30
Pantothensäure	(mg)	0,23
Biotin	(µg)	–

MELONE, gelbe
roh

Nährwerte

Wasser	(g)	94,2
Zucker	(g)	5,0
Stärke	(g)	0
Faserstoffe	(g)	0,9
Gesamtstickstoff	(g)	0,10
Energie	kcal	21
	kJ	90
Eiweiß	(g)	0,6
Fett	(g)	+
Kohlenhydrate	(g)	5,0

Mineralien/Spurenelemente

Natrium	(mg)	20
Kalium	(mg)	220
Kalzium	(mg)	14
Magnesium	(mg)	13
Phosphor	(mg)	9
Eisen	(mg)	0,2
Kupfer	(mg)	0,04
Zink	(mg)	0,1
Schwefel	(mg)	6
Chlor	(mg)	45

Vitamine

Vitamin A	(µg)	0
Carotine	(µg)	100
Vitamin D	(µg)	0
Vitamin B_1 (Thiamin)	(mg)	0,05
Vitamin B_2 (Riboflavin)	(mg)	0,03
Niacin (Nicotinsäureamid)	(mg)	0,5
Vitamin C	(mg)	25
Vitamin E	(mg)	0,1
Vitamin B_6	(mg)	0,07
Vitamin B_{12}	(µg)	0
Folsäure	(µg)	30
Pantothensäure	(mg)	0,23
Biotin	(µg)	–

MELONE, Wasser
roh

Nährwerte

Wasser	(g)	94,0
Zucker	(g)	5,3
Stärke	(g)	0
Faserstoffe	(g)	–
Gesamtstickstoff	(g)	0,06
Energie	kcal	21
	kJ	92
Eiweiß	(g)	0,4
Fett	(g)	+
Kohlenhydrate	(g)	5,3

Mineralien/Spurenelemente

Natrium	(mg)	4
Kalium	(mg)	120
Kalzium	(mg)	5
Magnesium	(mg)	11
Phosphor	(mg)	8
Eisen	(mg)	0,3
Kupfer	(mg)	0,03
Zink	(mg)	0,1
Schwefel	(mg)	–
Chlor	(mg)	–

Vitamine

Vitamin A	(µg)	0
Carotine	(µg)	20
Vitamin D	(µg)	0
Vitamin B_1 (Thiamin)	(mg)	0,02
Vitamin B_2 (Riboflavin)	(mg)	0,02
Niacin (Nicotinsäureamid)	(mg)	0,2
Vitamin C	(mg)	5
Vitamin E	(mg)	0,1
Vitamin B_6	(mg)	0,07
Vitamin B_{12}	(µg)	0
Folsäure	(µg)	2
Pantothensäure	(mg)	1,55
Biotin	(µg)	–

NEKTARINE
roh

Nährwerte

Wasser	(g)	80,2
Zucker	(g)	12,4
Stärke	(g)	0
Faserstoffe	(g)	2,4
Gesamtstickstoff	(g)	0,15
Energie	kcal	50
	kJ	214
Eiweiß	(g)	0,9
Fett	(g)	+
Kohlenhydrate	(g)	12,4

Mineralien/Spurenelemente

Natrium	(mg)	9
Kalium	(mg)	270
Kalzium	(mg)	4
Magnesium	(mg)	13
Phosphor	(mg)	24
Eisen	(mg)	0,5
Kupfer	(mg)	0,06
Zink	(mg)	0,1
Schwefel	(mg)	10
Chlor	(mg)	5

Vitamine

Vitamin A	(µg)	0
Carotine	(µg)	500
Vitamin D	(µg)	0
Vitamin B_1 (Thiamin)	(mg)	0,02
Vitamin B_2 (Riboflavin)	(mg)	0,05
Niacin (Nicotinsäureamid)	(mg)	1,0
Vitamin C	(mg)	8
Vitamin E	(mg)	–
Vitamin B_6	(mg)	0,02
Vitamin B_{12}	(µg)	0
Folsäure	(µg)	5
Pantothensäure	(mg)	0,15
Biotin	(µg)	–

OLIVE

Nährwerte

Wasser	(g)	76,5
Zucker	(g)	+
Stärke	(g)	0
Faserstoffe	(g)	4,4
Gesamtstickstoff	(g)	0,14
Energie	kcal	103
	kJ	422
Eiweiß	(g)	0,9
Fett	(g)	11,0
Kohlenhydrate	(g)	+

Mineralien/Spurenelemente

Natrium	(mg)	2250
Kalium	(mg)	91
Kalzium	(mg)	61
Magnesium	(mg)	22
Phosphor	(mg)	17
Eisen	(mg)	1,0
Kupfer	(mg)	0,23
Zink	(mg)	–
Schwefel	(mg)	36
Chlor	(mg)	3750

Vitamine

Vitamin A	(µg)	0
Carotine	(µg)	180
Vitamin D	(µg)	0
Vitamin B_1 (Thiamin)	(mg)	+
Vitamin B_2 (Riboflavin)	(mg)	+
Niacin (Nicotinsäureamid)	(mg)	+
Vitamin C	(mg)	0
Vitamin E	(mg)	–
Vitamin B_6	(mg)	0,02
Vitamin B_{12}	(µg)	0
Folsäure	(µg)	–
Pantothensäure	(mg)	0,02
Biotin	(µg)	+

ORANGEN
roh

Nährwerte		
Wasser	(g)	86,1
Zucker	(g)	8,5
Stärke	(g)	0
Faserstoffe	(g)	2,0
Gesamtstickstoff	(g)	0,13
Energie	kcal	35
	kJ	150
Eiweiß	(g)	0,8
Fett	(g)	+
Kohlenhydrate	(g)	8,5

Mineralien/Spurenelemente		
Natrium	(mg)	3
Kalium	(mg)	200
Kalzium	(mg)	41
Magnesium	(mg)	13
Phosphor	(mg)	24
Eisen	(mg)	0,3
Kupfer	(mg)	0,07
Zink	(mg)	0,3
Schwefel	(mg)	9
Chlor	(mg)	3

Vitamine		
Vitamin A	(µg)	0
Carotine	(µg)	50
Vitamin D	(µg)	0
Vitamin B_1 (Thiamin)	(mg)	0,10
Vitamin B_2 (Riboflavin)	(mg)	0,03
Niacin (Nicotinsäureamid)	(mg)	0,2
Vitamin C	(mg)	50
Vitamin E	(mg)	0,2
Vitamin B_6	(mg)	0,06
Vitamin B_{12}	(µg)	0
Folsäure	(µg)	37
Pantothensäure	(mg)	0,25
Biotin	(µg)	1,0

ORANGENSAFT

Nährwerte		
Wasser	(g)	87,7
Zucker	(g)	9,4
Stärke	(g)	0
Faserstoffe	(g)	0
Gesamtstickstoff	(g)	0,10
Energie	kcal	38
	Kj	161
Eiweiß	(g)	0,6
Fett	(g)	+
Kohlenhydrate	(g)	9,4

Mineralien/Spurenelemente		
Natrium	(mg)	2
Kalium	(mg)	180
Kalzium	(mg)	12
Magnesium	(mg)	12
Phosphor	(mg)	22
Eisen	(mg)	0,3
Kupfer	(mg)	0,05
Zink	(mg)	0,2
Schwefel	(mg)	5
Chlor	(mg)	1

Vitamine		
Vitamin A	(µg)	0
Carotine	(µg)	50
Vitamin D	(µg)	0
Vitamin B_1 (Thiamin)	(mg)	0,08
Vitamin B_2 (Riboflavin)	(mg)	0,02
Niacin (Nicotinsäureamid)	(mg)	0,2
Vitamin C	(mg)	50
Vitamin E	(mg)	+
Vitamin B_6	(mg)	0,04
Vitamin B_{12}	(µg)	0
Folsäure	(µg)	37
Pantothensäure	(mg)	0,19
Biotin	(µg)	0,8

PAPAYA

Nährwerte		
Wasser	(g)	80,4
Zucker	(g)	17,0
Stärke	(g)	0
Faserstoffe	(g)	0,5
Gesamtstickstoff	(g)	0,03
Energie	kcal	65
	kJ	275
Eiweiß	(g)	0,2
Fett	(g)	+
Kohlenhydrate	(g)	17,0

Mineralien/Spurenelemente		
Natrium	(mg)	8
Kalium	(mg)	110
Kalzium	(mg)	23
Magnesium	(mg)	8
Phosphor	(mg)	6
Eisen	(mg)	0,4
Kupfer	(mg)	0,10
Zink	(mg)	0,3
Schwefel	(mg)	–
Chlor	(mg)	40

Vitamine		
Vitamin A	(µg)	0
Carotine	(µg)	500
Vitamin D	(µg)	0
Vitamin B_1 (Thiamin)	(mg)	0,02
Vitamin B_2 (Riboflavin)	(mg)	0,02
Niacin (Nicotinsäureamid)	(mg)	0,2
Vitamin C	(mg)	15
Vitamin E	(mg)	–
Vitamin B_6	(mg)	–
Vitamin B_{12}	(µg)	0
Folsäure	(µg)	–
Pantothensäure	(mg)	0,20
Biotin	(µg)	–

PASSIONSFRUCHT
roh

Nährwerte

Wasser	(g)	73,3
Zucker	(g)	6,2
Stärke	(g)	0
Faserstoffe	(g)	15,9
Gesamtstickstoff	(g)	0,44
Energie	kcal	34
	kJ	147
Eiweiß	(g)	2,8
Fett	(g)	+
Kohlenhydrate	(g)	6,2

Mineralien/Spurenelemente

Natrium	(mg)	28
Kalium	(mg)	350
Kalzium	(mg)	16
Magnesium	(mg)	39
Phosphor	(mg)	54
Eisen	(mg)	1,1
Kupfer	(mg)	0,12
Zink	(mg)	–
Schwefel	(mg)	19
Chlor	(mg)	37

Vitamine

Vitamin A	(µg)	0
Carotine	(µg)	10
Vitamin D	(µg)	0
Vitamin B_1 (Thiamin)	(mg)	+
Vitamin B_2 (Riboflavin)	(mg)	0,10
Niacin (Nicotinsäureamid)	(mg)	1,5
Vitamin C	(mg)	20
Vitamin E	(mg)	–
Vitamin B_6	(mg)	–
Vitamin B_{12}	(µg)	0
Folsäure	(µg)	–
Pantothensäure	(mg)	–
Biotin	(µg)	–

PFIRSICH

Nährwerte

Wasser	(g)	86,2
Zucker	(g)	9,1
Stärke	(g)	0
Faserstoffe	(g)	1,4
Gesamtstickstoff	(g)	0,10
Energie	kcal	37
	kJ	156
Eiweiß	(g)	0,6
Fett	(g)	+
Kohlenhydrate	(g)	9,1

Mineralien/Spurenelemente

Natrium	(mg)	3
Kalium	(mg)	260
Kalzium	(mg)	5
Magnesium	(mg)	8
Phosphor	(mg)	19
Eisen	(mg)	0,4
Kupfer	(mg)	0,05
Zink	(mg)	0,1
Schwefel	(mg)	5
Chlor	(mg)	+

Vitamine

Vitamin A	(µg)	0
Carotine	(µg)	500
Vitamin D	(µg)	0
Vitamin B_1 (Thiamin)	(mg)	0,02
Vitamin B_2 (Riboflavin)	(mg)	0,04
Niacin (Nicotinsäureamid)	(mg)	0,9
Vitamin C	(mg)	7
Vitamin E	(mg)	–
Vitamin B_6	(mg)	0,02
Vitamin B_{12}	(µg)	0
Folsäure	(µg)	3
Pantothensäure	(mg)	0,15
Biotin	(µg)	0,2

PFIRSICH
getrocknet

Nährwerte

Wasser	(g)	15,5
Zucker	(g)	53,0
Stärke	(g)	0
Faserstoffe	(g)	14,3
Gesamtstickstoff	(g)	0,55
Energie	kcal	212
	kJ	906
Eiweiß	(g)	3,4
Fett	(g)	+
Kohlenhydrate	(g)	53,0

Mineralien/Spurenelemente

Natrium	(mg)	6
Kalium	(mg)	1100
Kalzium	(mg)	36
Magnesium	(mg)	54
Phosphor	(mg)	120
Eisen	(mg)	6,8
Kupfer	(mg)	0,63
Zink	(mg)	–
Schwefel	(mg)	240
Chlor	(mg)	11

Vitamine

Vitamin A	(µg)	0
Carotine	(µg)	2000
Vitamin D	(µg)	0
Vitamin B_1 (Thiamin)	(mg)	+
Vitamin B_2 (Riboflavin)	(mg)	0,19
Niacin (Nicotinsäureamid)	(mg)	5,3
Vitamin C	(mg)	+
Vitamin E	(mg)	–
Vitamin B_6	(mg)	0,10
Vitamin B_{12}	(µg)	0
Folsäure	(µg)	14
Pantothensäure	(mg)	0,30
Biotin	(µg)	–

PFLAUMEN
frisch

Nährwerte		
Wasser	(g)	84,1
Zucker	(g)	9,6
Stärke	(g)	0
Faserstoffe	(g)	2,1
Gesamtstickstoff	(g)	0,09
Energie	kcal	38
	kJ	164
Eiweiß	(g)	0,6
Fett	(g)	+
Kohlenhydrate	(g)	9,6
Mineralien/Spurenelemente		
Natrium	(mg)	2
Kalium	(mg)	190
Kalzium	(mg)	11
Magnesium	(mg)	7
Phosphor	(mg)	16
Eisen	(mg)	0,4
Kupfer	(mg)	0,10
Zink	(mg)	+
Schwefel	(mg)	4
Chlor	(mg)	+
Vitamine		
Vitamin A	(µg)	0
Carotine	(µg)	220
Vitamin D	(µg)	0
Vitamin B_1 (Thiamin)	(mg)	0,05
Vitamin B_2 (Riboflavin)	(mg)	0,03
Niacin (Nicotinsäureamid)	(mg)	0,5
Vitamin C	(mg)	3
Vitamin E	(mg)	0,7
Vitamin B_6	(mg)	0,05
Vitamin B_{12}	(µg)	0
Folsäure	(µg)	3
Pantothensäure	(mg)	0,15
Biotin	(µg)	+

PFLAUMEN
gekocht mit Zucker

Nährwerte		
Wasser	(g)	86,3
Zucker	(g)	5,2
Stärke	(g)	0
Faserstoffe	(g)	2,2
Gesamtstickstoff	(g)	0,08
Energie	kcal	22
	kJ	92
Eiweiß	(g)	0,5
Fett	(g)	+
Kohlenhydrate	(g)	5,2
Mineralien/Spurenelemente		
Natrium	(mg)	2
Kalium	(mg)	160
Kalzium	(mg)	12
Magnesium	(mg)	6
Phosphor	(mg)	12
Eisen	(mg)	0,3
Kupfer	(mg)	0,08
Zink	(mg)	+
Schwefel	(mg)	3
Chlor	(mg)	+
Vitamine		
Vitamin A	(µg)	0
Carotine	(µg)	180
Vitamin D	(µg)	0
Vitamin B_1 (Thiamin)	(mg)	0,04
Vitamin B_2 (Riboflavin)	(mg)	0,03
Niacin (Nicotinsäureamid)	(mg)	0,5
Vitamin C	(mg)	3
Vitamin E	(mg)	0,5
Vitamin B_6	(mg)	0,03
Vitamin B_{12}	(µg)	0
Folsäure	(µg)	1
Pantothensäure	(mg)	0,12
Biotin	(µg)	+

PREISELBEERE
roh

Nährwerte		
Wasser	(g)	87,0
Zucker	(g)	3,5
Stärke	(g)	0
Faserstoffe	(g)	4,2
Gesamtstickstoff	(g)	0,06
Energie	kcal	15
	kJ	63
Eiweiß	(g)	0,4
Fett	(g)	+
Kohlenhydrate	(g)	3,5
Mineralien/Spurenelemente		
Natrium	(mg)	2
Kalium	(mg)	120
Kalzium	(mg)	15
Magnesium	(mg)	8
Phosphor	(mg)	11
Eisen	(mg)	1,1
Kupfer	(mg)	0,14
Zink	(mg)	–
Schwefel	(mg)	11
Chlor	(mg)	+
Vitamine		
Vitamin A	(µg)	0
Carotine	(µg)	20
Vitamin D	(µg)	0
Vitamin B_1 (Thiamin)	(mg)	0,03
Vitamin B_2 (Riboflavin)	(mg)	0,05
Niacin (Nicotinsäureamid)	(mg)	0,2
Vitamin C	(mg)	3
Vitamin E	(mg)	0,1
Vitamin B_6	(mg)	0,04
Vitamin B_{12}	(µg)	0
Folsäure	(µg)	2
Pantothensäure	(mg)	0,22
Biotin	(µg)	–

RHABARBER
frisch

Nährwerte

Wasser	(g)	94,2
Zucker	(g)	1,0
Stärke	(g)	0
Faserstoffe	(g)	2,6
Gesamtstickstoff	(g)	0,10
Energie	kcal	6
	kJ	26
Eiweiß	(g)	0,6
Fett	(g)	+
Kohlenhydrate	(g)	1,0

Mineralien/Spurenelemente

Natrium	(mg)	2
Kalium	(mg)	430
Kalzium	(mg)	100
Magnesium	(mg)	14
Phosphor	(mg)	41
Eisen	(mg)	0,4
Kupfer	(mg)	0,13
Zink	(mg)	–
Schwefel	(mg)	8
Chlor	(mg)	87

Vitamine

Vitamin A	(μg)	0
Carotine	(μg)	60
Vitamin D	(μg)	0
Vitamin B_1 (Thiamin)	(mg)	0,01
Vitamin B_2 (Riboflavin)	(mg)	0,03
Niacin (Nicotinsäureamid)	(mg)	0,3
Vitamin C	(mg)	10
Vitamin E	(mg)	0,2
Vitamin B_6	(mg)	0,03
Vitamin B_{12}	(μg)	0
Folsäure	(μg)	8
Pantothensäure	(mg)	0,08
Biotin	(μg)	–

RHABARBER
gekocht mit Zucker

Nährwerte

Wasser	(g)	94,6
Zucker	(g)	0,9
Stärke	(g)	0
Faserstoffe	(g)	2,4
Gesamtstickstoff	(g)	0,09
Energie	kcal	6
	kJ	25
Eiweiß	(g)	0,6
Fett	(g)	+
Kohlenhydrate	(g)	0,9

Mineralien/Spurenelemente

Natrium	(mg)	2
Kalium	(mg)	400
Kalzium	(mg)	93
Magnesium	(mg)	13
Phosphor	(mg)	19
Eisen	(mg)	0,4
Kupfer	(mg)	0,12
Zink	(mg)	–
Schwefel	(mg)	7
Chlor	(mg)	81

Vitamine

Vitamin A	(μg)	0
Carotine	(μg)	55
Vitamin D	(μg)	0
Vitamin B_1 (Thiamin)	(mg)	+
Vitamin B_2 (Riboflavin)	(mg)	0,03
Niacin (Nicotinsäureamid)	(mg)	0,3
Vitamin C	(mg)	8
Vitamin E	(mg)	0,2
Vitamin B_6	(mg)	0,02
Vitamin B_{12}	(μg)	0
Folsäure	(μg)	4
Pantothensäure	(mg)	0,05
Biotin	(μg)	–

ROSINEN
getrocknet

Nährwerte

Wasser	(g)	21,5
Zucker	(g)	64,4
Stärke	(g)	0
Faserstoffe	(g)	6,8
Gesamtstickstoff	(g)	0,17
Energie	kcal	246
	kJ	1049
Eiweiß	(g)	1,1
Fett	(g)	+
Kohlenhydrate	(g)	64,4

Mineralien/Spurenelemente

Natrium	(mg)	52
Kalium	(mg)	860
Kalzium	(mg)	61
Magnesium	(mg)	42
Phosphor	(mg)	33
Eisen	(mg)	1,6
Kupfer	(mg)	0,24
Zink	(mg)	0,1
Schwefel	(mg)	23
Chlor	(mg)	9

Vitamine

Vitamin A	(μg)	0
Carotine	(μg)	30
Vitamin D	(μg)	0
Vitamin B_1 (Thiamin)	(mg)	0,10
Vitamin B_2 (Riboflavin)	(mg)	0,08
Niacin (Nicotinsäureamid)	(mg)	0,5
Vitamin C	(mg)	0
Vitamin E	(mg)	–
Vitamin B_6	(mg)	0,30
Vitamin B_{12}	(μg)	0
Folsäure	(μg)	4
Pantothensäure	(mg)	0,10
Biotin	(μg)	–

TRAUBEN, blau
roh

Nährwerte

Wasser	(g)	80,7
Zucker	(g)	15,5
Stärke	(g)	0
Faserstoffe	(g)	0,4
Gesamtstickstoff	(g)	0,09
Energie	kcal	61
	kJ	258
Eiweiß	(g)	0,6
Fett	(g)	+
Kohlenhydrate	(g)	15,5

Mineralien/Spurenelemente

Natrium	(mg)	2
Kalium	(mg)	320
Kalzium	(mg)	4
Magnesium	(mg)	4
Phosphor	(mg)	16
Eisen	(mg)	0,3
Kupfer	(mg)	0,08
Zink	(mg)	0,1
Schwefel	(mg)	7
Chlor	(mg)	+

Vitamine

Vitamin A	(µg)	0
Carotine	(µg)	+
Vitamin D	(µg)	0
Vitamin B_1 (Thiamin)	(mg)	0,04
Vitamin B_2 (Riboflavin)	(mg)	0,02
Niacin (Nicotinsäureamid)	(mg)	0,3
Vitamin C	(mg)	4
Vitamin E	(mg)	–
Vitamin B_6	(mg)	0,10
Vitamin B_{12}	(µg)	0
Folsäure	(µg)	6
Pantothensäure	(mg)	0,05
Biotin	(µg)	0,3

TRAUBEN, weiße
roh

Nährwerte

Wasser	(g)	79,3
Zucker	(g)	16,1
Stärke	(g)	0
Faserstoffe	(g)	0,9
Gesamtstickstoff	(g)	0,10
Energie	kcal	63
	Kj	268
Eiweiß	(g)	0,6
Fett	(g)	+
Kohlenhydrate	(g)	16,1

Mineralien/Spurenelemente

Natrium	(mg)	2
Kalium	(mg)	250
Kalzium	(mg)	19
Magnesium	(mg)	7
Phosphor	(mg)	22
Eisen	(mg)	0,3
Kupfer	(mg)	0,10
Zink	(mg)	0,1
Schwefel	(mg)	9
Chlor	(mg)	+

Vitamine

Vitamin A	(µg)	0
Carotine	(µg)	+
Vitamin D	(µg)	0
Vitamin B_1 (Thiamin)	(mg)	0,04
Vitamin B_2 (Riboflavin)	(mg)	0,02
Niacin (Nicotinsäureamid)	(mg)	0,3
Vitamin C	(mg)	4
Vitamin E	(mg)	–
Vitamin B_6	(mg)	0,10
Vitamin B_{12}	(µg)	0
Folsäure	(µg)	6
Pantothensäure	(mg)	0,05
Biotin	(µg)	0,3

BARCELONANÜSSE
mit Schalen

Nährwerte

Wasser	(g)	3,5
Zucker	(g)	2,1
Stärke	(g)	1,1
Faserstoffe	(g)	6,4
Gesamtstickstoff	(g)	1,28
Energie	kcal	396
	kJ	1632
Eiweiß	(g)	6,8
Fett	(g)	39,6
Kohlenhydrate	(g)	3,2

Mineralien/Spurenelemente

Natrium	(mg)	2
Kalium	(mg)	580
Kalzium	(mg)	110
Magnesium	(mg)	130
Phosphor	(mg)	190
Eisen	(mg)	1,8
Kupfer	(mg)	0,60
Zink	(mg)	–
Schwefel	(mg)	110
Chlor	(mg)	21

Vitamine

Vitamin A	(µg)	0
Carotine	(µg)	0
Vitamin D	(µg)	0
Vitamin B_1 (Thiamin)	(mg)	0,07
Vitamin B_2 (Riboflavin)	(mg)	–
Niacin (Nicotinsäureamid)	(mg)	–
Vitamin C	(mg)	+
Vitamin E	(mg)	–
Vitamin B_6	(mg)	–
Vitamin B_{12}	(µg)	0
Folsäure	(µg)	–
Pantothensäure	(mg)	–
Biotin	(µg)	–

BARCELONANÜSSE
ohne Schalen

Nährwerte

Wasser	(g)	5,7
Zucker	(g)	3,4
Stärke	(g)	1,8
Faserstoffe	(g)	10,3
Gesamtstickstoff	(g)	2,06
Energie	kcal	639
	kJ	2637
Eiweiß	(g)	10,9
Fett	(g)	64,0
Kohlenhydrate	(g)	5,2

Mineralien/Spurenelemente

Natrium	(mg)	3
Kalium	(mg)	940
Kalzium	(mg)	170
Magnesium	(mg)	200
Phosphor	(mg)	300
Eisen	(mg)	3,0
Kupfer	(mg)	0,96
Zink	(mg)	–
Schwefel	(mg)	180
Chlor	(mg)	34

Vitamine

Vitamin A	(µg)	0
Carotine	(µg)	0
Vitamin D	(µg)	0
Vitamin B_1 (Thiamin)	(mg)	0,11
Vitamin B_2 (Riboflavin)	(mg)	–
Niacin (Nicotinsäureamid)	(mg)	–
Vitamin C	(mg)	+
Vitamin E	(mg)	–
Vitamin B_6	(mg)	–
Vitamin B_{12}	(µg)	0
Folsäure	(µg)	–
Pantothensäure	(mg)	–
Biotin	(µg)	–

CASHEWNÜSSE
mit Schalen

Nährwerte		
Wasser	(g)	3,8
Zucker	(g)	0,8
Stärke	(g)	1,1
Faserstoffe	(g)	4,1
Gesamtstickstoff	(g)	0,99
Energie	kcal	277
	kJ	1142
Eiweiß	(g)	5,4
Fett	(g)	27,6
Kohlenhydrate	(g)	1,8

Mineralien/Spurenelemente		
Natrium	(mg)	1
Kalium	(mg)	340
Kalzium	(mg)	79
Magnesium	(mg)	190
Phosphor	(mg)	270
Eisen	(mg)	1,3
Kupfer	(mg)	0,50
Zink	(mg)	1,9
Schwefel	(mg)	130
Chlor	(mg)	27

Vitamine		
Vitamin A	(μg)	0
Carotine	(μg)	0
Vitamin D	(μg)	0
Vitamin B_1 (Thiamin)	(mg)	0,45
Vitamin B_2 (Riboflavin)	(mg)	0,05
Niacin (Nicotinsäureamid)	(mg)	0,7
Vitamin C	(mg)	+
Vitamin E	(mg)	2,9
Vitamin B_6	(mg)	0,08
Vitamin B_{12}	(μg)	0
Folsäure	(μg)	–
Pantothensäure	(mg)	0,10
Biotin	(μg)	–

CASHEWNÜSSE
ohne Schalen

Nährwerte		
Wasser	(g)	8,5
Zucker	(g)	1,7
Stärke	(g)	2,4
Faserstoffe	(g)	9,0
Gesamtstickstoff	(g)	2,21
Energie	kcal	619
	kJ	2545
Eiweiß	(g)	12,0
Fett	(g)	61,5
Kohlenhydrate	(g)	4,1

Mineralien/Spurenelemente		
Natrium	(mg)	2
Kalium	(mg)	760
Kalzium	(mg)	180
Magnesium	(mg)	410
Phosphor	(mg)	590
Eisen	(mg)	2,8
Kupfer	(mg)	1,10
Zink	(mg)	4,2
Schwefel	(mg)	290
Chlor	(mg)	61

Vitamine		
Vitamin A	(μg)	0
Carotine	(μg)	0
Vitamin D	(μg)	0
Vitamin B_1 (Thiamin)	(mg)	1,00
Vitamin B_2 (Riboflavin)	(mg)	0,12
Niacin (Nicotinsäureamid)	(mg)	1,6
Vitamin C	(mg)	+
Vitamin E	(mg)	6,5
Vitamin B_6	(mg)	0,17
Vitamin B_{12}	(μg)	0
Folsäure	(μg)	–
Pantothensäure	(mg)	0,23
Biotin	(μg)	–

ERDNÜSSE
Frisch, ohne Schalen

Nährwerte		
Wasser	(g)	4,5
Zucker	(g)	3,1
Stärke	(g)	5,5
Faserstoffe	(g)	8,1
Gesamtstickstoff	(g)	4,50
Energie	kcal	570
	kJ	2364
Eiweiß	(g)	24,3
Fett	(g)	49,0
Kohlenhydrate	(g)	8,4

Mineralien/Spurenelemente		
Natrium	(mg)	6
Kalium	(mg)	680
Kalzium	(mg)	61
Magnesium	(mg)	180
Phosphor	(mg)	370
Eisen	(mg)	2,0
Kupfer	(mg)	0,27
Zink	(mg)	3,0
Schwefel	(mg)	380
Chlor	(mg)	7

Vitamine		
Vitamin A	(μg)	0
Carotine	(μg)	0
Vitamin D	(μg)	0
Vitamin B_1 (Thiamin)	(mg)	0,90
Vitamin B_2 (Riboflavin)	(mg)	0,10
Niacin (Nicotinsäureamid)	(mg)	16
Vitamin C	(mg)	+
Vitamin E	(mg)	8,1
Vitamin B_6	(mg)	0,50
Vitamin B_{12}	(μg)	0
Folsäure	(μg)	110
Pantothensäure	(mg)	2,7
Biotin	(μg)	–

ERDNÜSSE
geröstet, geschält, + Salz

Nährwerte

Wasser	(g)	4,5
Zucker	(g)	3,1
Stärke	(g)	5,5
Faserstoffe	(g)	8,1
Gesamtstickstoff	(g)	4,50
Energie	kcal	570
	kJ	2364
Eiweiß	(g)	24,3
Fett	(g)	49,0
Kohlenhydrate	(g)	8,6

Mineralien/Spurenelemente

Natrium	(mg)	440
Kalium	(mg)	680
Kalzium	(mg)	61
Magnesium	(mg)	180
Phosphor	(mg)	370
Eisen	(mg)	2,0
Kupfer	(mg)	0,27
Zink	(mg)	3,0
Schwefel	(mg)	380
Chlor	(mg)	660

Vitamine

Vitamin A	(µg)	0
Carotine	(µg)	0
Vitamin D	(µg)	0
Vitamin B_1 (Thiamin)	(mg)	0,23
Vitamin B_2 (Riboflavin)	(mg)	0,10
Niacin (Nicotinsäureamid)	(mg)	16
Vitamin C	(mg)	+
Vitamin E	(mg)	8,1
Vitamin B_6	(mg)	0,40
Vitamin B_{12}	(µg)	0
Folsäure	(µg)	–
Pantothensäure	(mg)	2,1
Biotin	(µg)	–

ERDNÜSSE
mit + Schalen

Nährwerte

Wasser	(g)	3,1
Zucker	(g)	2,1
Stärke	(g)	3,8
Faserstoffe	(g)	5,6
Gesamtstickstoff	(g)	3,10
Energie	kcal	394
	kJ	1631
Eiweiß	(g)	16,8
Fett	(g)	33,8
Kohlenhydrate	(g)	5,9

Mineralien/Spurenelemente

Natrium	(mg)	4
Kalium	(mg)	470
Kalzium	(mg)	42
Magnesium	(mg)	130
Phosphor	(mg)	250
Eisen	(mg)	1,4
Kupfer	(mg)	0,19
Zink	(mg)	2,1
Schwefel	(mg)	260
Chlor	(mg)	5

Vitamine

Vitamin A	(µg)	0
Carotine	(µg)	0
Vitamin D	(µg)	0
Vitamin B_1 (Thiamin)	(mg)	0,62
Vitamin B_2 (Riboflavin)	(mg)	0,07
Niacin (Nicotinsäureamid)	(mg)	11
Vitamin C	(mg)	+
Vitamin E	(mg)	5,6
Vitamin B_6	(mg)	0,35
Vitamin B_{12}	(µg)	0
Folsäure	(µg)	76
Pantothensäure	(mg)	1,9
Biotin	(µg)	–

ERDNUSSBUTTER

Nährwerte

Wasser	(g)	1,1
Zucker	(g)	6,7
Stärke	(g)	6,4
Faserstoffe	(g)	7,6
Gesamtstickstoff	(g)	4,17
Energie	kcal	623
	kJ	2581
Eiweiß	(g)	22,6
Fett	(g)	53,7
Kohlenhydrate	(g)	13,1

Mineralien/Spurenelemente

Natrium	(mg)	350
Kalium	(mg)	700
Kalzium	(mg)	37
Magnesium	(mg)	180
Phosphor	(mg)	330
Eisen	(mg)	2,1
Kupfer	(mg)	0,70
Zink	(mg)	3,0
Schwefel	(mg)	–
Chlor	(mg)	500

Vitamine

Vitamin A	(µg)	0
Carotine	(µg)	0
Vitamin D	(µg)	0
Vitamin B_1 (Thiamin)	(mg)	0,17
Vitamin B_2 (Riboflavin)	(mg)	0,10
Niacin (Nicotinsäureamid)	(mg)	15
Vitamin C	(mg)	+
Vitamin E	(mg)	4,7
Vitamin B_6	(mg)	0,50
Vitamin B_{12}	(µg)	0
Folsäure	(µg)	53
Pantothensäure	(mg)	2,1
Biotin	(µg)	–

HASELNÜSSE
mit Schalen

Nährwerte

Wasser	(g)	14,8
Zucker	(g)	1,7
Stärke	(g)	0,8
Faserstoffe	(g)	2,2
Gesamtstickstoff	(g)	0,52
Energie	kcal	137
	kJ	567
Eiweiß	(g)	2,8
Fett	(g)	13,0
Kohlenhydrate	(g)	2,4

Mineralien/Spurenelemente

Natrium	(mg)	1
Kalium	(mg)	120
Kalzium	(mg)	16
Magnesium	(mg)	20
Phosphor	(mg)	82
Eisen	(mg)	0,4
Kupfer	(mg)	0,08
Zink	(mg)	0,9
Schwefel	(mg)	27
Chlor	(mg)	2

Vitamine

Vitamin A	(μg)	0
Carotine	(μg)	0
Vitamin D	(μg)	0
Vitamin B_1 (Thiamin)	(mg)	0,14
Vitamin B_2 (Riboflavin)	(mg)	–
Niacin (Nicotinsäureamid)	(mg)	0,3
Vitamin C	(mg)	+
Vitamin E	(mg)	7,6
Vitamin B_6	(mg)	0,20
Vitamin B_{12}	(μg)	0
Folsäure	(μg)	26
Pantothensäure	(mg)	0,20
Biotin	(μg)	–

HASELNÜSSE
ohne Schalen

Nährwerte		
Wasser	(g)	41,1
Zucker	(g)	4,7
Stärke	(g)	2,1
Faserstoffe	(g)	6,1
Gesamtstickstoff	(g)	1,44
Energie	kcal	380
	kJ	1570
Eiweiß	(g)	7,6
Fett	(g)	36,0
Kohlenhydrate	(g)	6,8
Mineralien/Spurenelemente		
Natrium	(mg)	1
Kalium	(mg)	350
Kalzium	(mg)	44
Magnesium	(mg)	56
Phosphor	(mg)	230
Eisen	(mg)	1,1
Kupfer	(mg)	0,21
Zink	(mg)	2,4
Schwefel	(mg)	75
Chlor	(mg)	6
Vitamine		
Vitamin A	(µg)	0
Carotine	(µg)	0
Vitamin D	(µg)	0
Vitamin B_1 (Thiamin)	(mg)	0,40
Vitamin B_2 (Riboflavin)	(mg)	–
Niacin (Nicotinsäureamid)	(mg)	0,9
Vitamin C	(mg)	+
Vitamin E	(mg)	21,0
Vitamin B_6	(mg)	0,55
Vitamin B_{12}	(µg)	0
Folsäure	(µg)	72
Pantothensäure	(mg)	1,15
Biotin	(µg)	–

KOKOSNUSS
frisch

Nährwerte		
Wasser	(g)	42,0
Zucker	(g)	3,7
Stärke	(g)	0
Faserstoffe	(g)	13,6
Gesamtstickstoff	(g)	0,61
Energie	kcal	351
	kJ	1446
Eiweiß	(g)	3,2
Fett	(g)	36,0
Kohlenhydrate	(g)	3,7
Mineralien/Spurenelemente		
Natrium	(mg)	17
Kalium	(mg)	440
Kalzium	(mg)	13
Magnesium	(mg)	52
Phosphor	(mg)	94
Eisen	(mg)	2,1
Kupfer	(mg)	0,32
Zink	(mg)	0,5
Schwefel	(mg)	44
Chlor	(mg)	110
Vitamine		
Vitamin A	(µg)	0
Carotine	(µg)	0
Vitamin D	(µg)	0
Vitamin B_1 (Thiamin)	(mg)	0,03
Vitamin B_2 (Riboflavin)	(mg)	0,02
Niacin (Nicotinsäureamid)	(mg)	0,3
Vitamin C	(mg)	2
Vitamin E	(mg)	0,7
Vitamin B_6	(mg)	0,04
Vitamin B_{12}	(µg)	0
Folsäure	(µg)	26
Pantothensäure	(mg)	0,41
Biotin	(µg)	–

KOKOSNUSSMILCH

Nährwerte		
Wasser	(g)	92,2
Zucker	(g)	4,9
Stärke	(g)	0
Faserstoffe	(g)	+
Gesamtstickstoff	(g)	0,06
Energie	kcal	21
	kJ	91
Eiweiß	(g)	0,3
Fett	(g)	0,2
Kohlenhydrate	(g)	4,9
Mineralien/Spurenelemente		
Natrium	(mg)	110
Kalium	(mg)	310
Kalzium	(mg)	29
Magnesium	(mg)	30
Phosphor	(mg)	37
Eisen	(mg)	0,1
Kupfer	(mg)	0,04
Zink	(mg)	–
Schwefel	(mg)	24
Chlor	(mg)	180
Vitamine		
Vitamin A	(µg)	0
Carotine	(µg)	0
Vitamin D	(µg)	0
Vitamin B_1 (Thiamin)	(mg)	+
Vitamin B_2 (Riboflavin)	(mg)	+
Niacin (Nicotinsäureamid)	(mg)	0,1
Vitamin C	(mg)	2
Vitamin E	(mg)	+
Vitamin B_6	(mg)	0,03
Vitamin B_{12}	(µg)	0
Folsäure	(µg)	–
Pantothensäure	(mg)	0,05
Biotin	(µg)	–

MANDEL
mit Schalen

Nährwerte

Wasser	(g)	1,7
Zucker	(g)	1,6
Stärke	(g)	0
Faserstoffe	(g)	5,3
Gesamtstickstoff	(g)	1,21
Energie	kcal	210
	Kj	865
Eiweiß	(g)	6,3
Fett	(g)	19,8
Kohlenhydrate	(g)	1,6

Mineralien/Spurenelemente

Natrium	(mg)	2
Kalium	(mg)	320
Kalzium	(mg)	92
Magnesium	(mg)	95
Phosphor	(mg)	160
Eisen	(mg)	1,6
Kupfer	(mg)	0,05
Zink	(mg)	1,1
Schwefel	(mg)	54
Chlor	(mg)	1

Vitamine

Vitamin A	(µg)	0
Carotine	(µg)	0
Vitamin D	(µg)	0
Vitamin B_1 (Thiamin)	(mg)	0,09
Vitamin B_2 (Riboflavin)	(mg)	0,34
Niacin (Nicotin-säureamid)	(mg)	0,7
Vitamin C	(mg)	+
Vitamin E	(mg)	7,4
Vitamin B_6	(mg)	0,04
Vitamin B_{12}	(µg)	0
Folsäure	(µg)	36
Pantothensäure	(mg)	0,17
Biotin	(µg)	0,1

MANDEL
ohne Schalen

Nährwerte

Wasser	(g)	4,7
Zucker	(g)	4,3
Stärke	(g)	0
Faserstoffe	(g)	14,3
Gesamtstickstoff	(g)	3,27
Energie	kcal	565
	kJ	2336
Eiweiß	(g)	16,9
Fett	(g)	53,5
Kohlenhydrate	(g)	4,3

Mineralien/Spurenelemente

Natrium	(mg)	6
Kalium	(mg)	860
Kalzium	(mg)	250
Magnesium	(mg)	260
Phosphor	(mg)	440
Eisen	(mg)	4,2
Kupfer	(mg)	0,14
Zink	(mg)	3,1
Schwefel	(mg)	150
Chlor	(mg)	2

Vitamine

Vitamin A	(µg)	0
Carotine	(µg)	0
Vitamin D	(µg)	0
Vitamin B_1 (Thiamin)	(mg)	0,24
Vitamin B_2 (Riboflavin)	(mg)	0,92
Niacin (Nicotin-säureamid)	(mg)	2,0
Vitamin C	(mg)	+
Vitamin E	(mg)	20,0
Vitamin B_6	(mg)	0,10
Vitamin B_{12}	(µg)	0
Folsäure	(µg)	96
Pantothensäure	(mg)	0,47
Biotin	(µg)	0,4

MARONE
mit Schalen

Nährwerte

Wasser	(g)	42,8
Zucker	(g)	5,8
Stärke	(g)	24,6
Faserstoffe	(g)	5,7
Gesamtstickstoff	(g)	0,31
Energie	kcal	140
	kJ	595
Eiweiß	(g)	1,6
Fett	(g)	2,2
Kohlenhydrate	(g)	30,4

Mineralien/Spurenelemente

Natrium	(mg)	9
Kalium	(mg)	410
Kalzium	(mg)	38
Magnesium	(mg)	74
Phosphor	(mg)	0,9
Eisen	(mg)	0,23
Kupfer	(mg)	–
Zink	(mg)	29
Schwefel	(mg)	24
Chlor	(mg)	12

Vitamine

Vitamin A	(µg)	0
Carotine	(µg)	0
Vitamin D	(µg)	0
Vitamin B_1 (Thiamin)	(mg)	0,17
Vitamin B_2 (Riboflavin)	(mg)	0,18
Niacin (Nicotin-säureamid)	(mg)	0,2
Vitamin C	(mg)	+
Vitamin E	(mg)	0,4
Vitamin B_6	(mg)	0,27
Vitamin B_{12}	(µg)	0
Folsäure	(µg)	–
Pantothensäure	(mg)	0,39
Biotin	(µg)	1,1

MARONE
ohne Schalen

Nährwerte

Wasser	(g)	51,7
Zucker	(g)	7,0
Stärke	(g)	29,6
Faserstoffe	(g)	6,8
Gesamtstickstoff	(g)	0,37
Energie	kcal	170
	kJ	720
Eiweiß	(g)	2,0
Fett	(g)	2,7
Kohlenhydrate	(g)	39,6

Mineralien/Spurenelemente

Natrium	(mg)	11
Kalium	(mg)	500
Kalzium	(mg)	46
Magnesium	(mg)	33
Phosphor	(mg)	74
Eisen	(mg)	0,9
Kupfer	(mg)	0,23
Zink	(mg)	–
Schwefel	(mg)	29
Chlor	(mg)	15

Vitamine

Vitamin A	(µg)	0
Carotine	(µg)	0
Vitamin D	(µg)	0
Vitamin B_1 (Thiamin)	(mg)	0,20
Vitamin B_2 (Riboflavin)	(mg)	0,22
Niacin (Nicotinsäureamid)	(mg)	0,2
Vitamin C	(mg)	+
Vitamin E	(mg)	0,5
Vitamin B_6	(mg)	0,33
Vitamin B_{12}	(µg)	0
Folsäure	(µg)	–
Pantothensäure	(mg)	0,47
Biotin	(µg)	1,3

WALNÜSSE
mit Schalen

Nährwerte

Wasser	(g)	15,0
Zucker	(g)	2,0
Stärke	(g)	1,2
Faserstoffe	(g)	3,3
Gesamtstickstoff	(g)	1,28
Energie	kcal	336
	kJ	1388
Eiweiß	(g)	6,8
Fett	(g)	33,0
Kohlenhydrate	(g)	3,2

Mineralien/Spurenelemente

Natrium	(mg)	2
Kalium	(mg)	440
Kalzium	(mg)	39
Magnesium	(mg)	84
Phosphor	(mg)	330
Eisen	(mg)	1,5
Kupfer	(mg)	0,20
Zink	(mg)	1,9
Schwefel	(mg)	67
Chlor	(mg)	15

Vitamine

Vitamin A	(µg)	0
Carotine	(µg)	0
Vitamin D	(µg)	0
Vitamin B_1 (Thiamin)	(mg)	0,18
Vitamin B_2 (Riboflavin)	(mg)	0,08
Niacin (Nicotinsäureamid)	(mg)	0,6
Vitamin C	(mg)	+
Vitamin E	(mg)	0,5
Vitamin B_6	(mg)	0,47
Vitamin B_{12}	(µg)	0
Folsäure	(µg)	42
Pantothensäure	(mg)	0,58
Biotin	(µg)	1,3

WALNÜSSE
ohne Schalen

Nährwerte		
Wasser	(g)	23,5
Zucker	(g)	3,2
Stärke	(g)	1,8
Faserstoffe	(g)	5,2
Gesamtstickstoff	(g)	2,00
Energie	kcal	525
	kJ	2166
Eiweiß	(g)	10,6
Fett	(g)	51,5
Kohlenhydrate	(g)	5,0

Mineralien/Spurenelemente		
Natrium	(mg)	3
Kalium	(mg)	690
Kalzium	(mg)	61
Magnesium	(mg)	130
Phosphor	(mg)	510
Eisen	(mg)	2,4
Kupfer	(mg)	0,31
Zink	(mg)	3,0
Schwefel	(mg)	100
Chlor	(mg)	23

Vitamine		
Vitamin A	(µg)	0
Carotine	(µg)	0
Vitamin D	(µg)	0
Vitamin B_1 (Thiamin)	(mg)	0,30
Vitamin B_2 (Riboflavin)	(mg)	0,13
Niacin (Nicotinsäureamid)	(mg)	1,0
Vitamin C	(mg)	+
Vitamin E	(mg)	0,8
Vitamin B_6	(mg)	0,73
Vitamin B_{12}	(µg)	0
Folsäure	(µg)	66
Pantothensäure	(mg)	0,90
Biotin	(µg)	2,0

Süßwaren

BIENENHONIG
Honigwabe

Nährwerte

Wasser	(g)	20,2
Zucker	(g)	74,4
Stärke	(g)	0
Faserstoffe	(g)	–
Gesamtstickstoff	(g)	0,09
Energie	kcal	281
	kJ	1
201		
Eiweiß	(g)	0,6
Fett	(g)	4,6
Kohlenhydrate	(g)	74,4

Mineralien/Spurenelemente

Natrium	(mg)	7
Kalium	(mg)	35
Kalzium	(mg)	8
Magnesium	(mg)	2
Phosphor	(mg)	32
Eisen	(mg)	0,2
Kupfer	(mg)	0,04
Zink	(mg)	–
Schwefel	(mg)	1
Chlor	(mg)	26

Vitamine

Vitamin A	(µg)	0
Carotine	(µg)	0
Vitamin D	(µg)	0
Vitamin B_1 (Thiamin)	(mg)	+
Vitamin B_2 (Riboflavin)	(mg)	0,05
Niacin (Nicotinsäureamid)	(mg)	0,2
Vitamin C	(mg)	+
Vitamin E	(mg)	–
Vitamin B_6	(mg)	–
Vitamin B_{12}	(µg)	0
Folsäure	(µg)	–
Pantothensäure	(mg)	–
Biotin	(µg)	–

BIENENHONIG
In Glas

Nährwerte

Wasser	(g)	23,0
Zucker	(g)	76,4
Stärke	(g)	0
Faserstoffe	(g)	–
Gesamtstickstoff	(g)	0,06
Energie	kcal	288
	kJ	1229
Eiweiß	(g)	0,4
Fett	(g)	+
Kohlenhydrate	(g)	76,4

Mineralien/Spurenelemente

Natrium	(mg)	11
Kalium	(mg)	51
Kalzium	(mg)	5
Magnesium	(mg)	2
Phosphor	(mg)	17
Eisen	(mg)	0,4
Kupfer	(mg)	0,05
Zink	(mg)	–
Schwefel	(mg)	1
Chlor	(mg)	18

Vitamine

Vitamin A	(µg)	0
Carotine	(µg)	0
Vitamin D	(µg)	0
Vitamin B_1 (Thiamin)	(mg)	+
Vitamin B_2 (Riboflavin)	(mg)	0,05
Niacin (Nicotinsäureamid)	(mg)	0,2
Vitamin C	(mg)	+
Vitamin E	(mg)	–
Vitamin B_6	(mg)	–
Vitamin B_{12}	(µg)	0
Folsäure	(µg)	–
Pantothensäure	(mg)	–
Biotin	(µg)	–

BONBONS

Nährwerte

Wasser	(g)	1,2
Zucker	(g)	86,9
Stärke	(g)	0,4
Faserstoffe	(g)	0
Gesamtstickstoff	(g)	0,01
Energie	kcal	327
	kJ	1397
Eiweiß	(g)	+
Fett	(g)	+
Kohlenhydrate	(g)	87,3

Mineralien/Spurenelemente

Natrium	(mg)	25
Kalium	(mg)	8
Kalzium	(mg)	5
Magnesium	(mg)	2
Phosphor	(mg)	12
Eisen	(mg)	0,4
Kupfer	(mg)	0,09
Zink	(mg)	–
Schwefel	(mg)	–
Chlor	(mg)	68

Vitamine

Vitamin A	(µg)	0
Carotine	(µg)	0
Vitamin D	(µg)	0
Vitamin B_1 (Thiamin)	(mg)	0
Vitamin B_2 (Riboflavin)	(mg)	0
Niacin (Nicotinsäureamid)	(mg)	0
Vitamin C	(mg)	0
Vitamin E	(mg)	0
Vitamin B_6	(mg)	0
Vitamin B_{12}	(µg)	0
Folsäure	(µg)	0
Pantothensäure	(mg)	0
Biotin	(µg)	0

BOUNTY-RIEGEL

Nährwerte

Wasser	(g)	7,6
Zucker	(g)	53,7
Stärke	(g)	4,6
Faserstoffe	(g)	–
Gesamtstickstoff	(g)	0,77
Energie	kcal	473
	kJ	1980
Eiweiß	(g)	4,8
Fett	(g)	26,1
Kohlenhydrate	(g)	58,3

Mineralien/Spurenelemente

Natrium	(mg)	180
Kalium	(mg)	320
Kalzium	(mg)	110
Magnesium	(mg)	43
Phosphor	(mg)	140
Eisen	(mg)	1,3
Kupfer	(mg)	0,47
Zink	(mg)	–
Schwefel	(mg)	–
Chlor	(mg)	400

Vitamine

Vitamin A	(µg)	0
Carotine	(µg)	40
Vitamin D	(µg)	+
Vitamin B_1 (Thiamin)	(mg)	0,04
Vitamin B_2 (Riboflavin)	(mg)	0,10
Niacin (Nicotinsäureamid)	(mg)	0,3
Vitamin C	(mg)	0
Vitamin E	(mg)	–
Vitamin B_6	(mg)	0,02
Vitamin B_{12}	(µg)	+
Folsäure	(µg)	–
Pantothensäure	(mg)	0,6
Biotin	(µg)	3

GEBÄCKFÜLLUNG

Nährwerte

Wasser	(g)	27,5
Zucker	(g)	62,1
Stärke	(g)	+
Faserstoffe	(g)	3,3
Gesamtstickstoff	(g)	0,10
Energie	kcal	235
	kJ	1163
Eiweiß	(g)	0,6
Fett	(g)	4,3
Kohlenhydrate	(g)	62,1

Mineralien/Spurenelemente

Natrium	(mg)	140
Kalium	(mg)	190
Kalzium	(mg)	30
Magnesium	(mg)	10
Phosphor	(mg)	17
Eisen	(mg)	1,5
Kupfer	(mg)	0,20
Zink	(mg)	0,2
Schwefel	(mg)	–
Chlor	(mg)	200

Vitamine

Vitamin A	(µg)	0
Carotine	(µg)	10
Vitamin D	(µg)	0
Vitamin B_1 (Thiamin)	(mg)	0,03
Vitamin B_2 (Riboflavin)	(mg)	0,02
Niacin (Nicotinsäureamid)	(mg)	0,2
Vitamin C	(mg)	+
Vitamin E	(mg)	–
Vitamin B_6	(mg)	0,10
Vitamin B_{12}	(µg)	0
Folsäure	(µg)	+
Pantothensäure	(mg)	0,03
Biotin	(µg)	+

KAKAOMILCH

Nährwerte

Wasser	(g)	2,2
Zucker	(g)	56,5
Stärke	(g)	2,9
Faserstoffe	(g)	–
Gesamtstickstoff	(g)	1,35
Energie	kcal	529
	Kj	2214
Eiweiß	(g)	8,4
Fett	(g)	30,3
Kohlenhydrate	(g)	59,4

Mineralien/Spurenelemente

Natrium	(mg)	120
Kalium	(mg)	420
Kalzium	(mg)	220
Magnesium	(mg)	55
Phosphor	(mg)	240
Eisen	(mg)	1,6
Kupfer	(mg)	0,30
Zink	(mg)	0,2
Schwefel	(mg)	–
Chlor	(mg)	270

Vitamine

Vitamin A	(µg)	+
Carotine	(µg)	40
Vitamin D	(µg)	+
Vitamin B_1 (Thiamin)	(mg)	0,10
Vitamin B_2 (Riboflavin)	(mg)	0,23
Niacin (Nicotinsäureamid)	(mg)	0,2
Vitamin C	(mg)	0
Vitamin E	(mg)	0,5
Vitamin B_6	(mg)	0,02
Vitamin B_{12}	(µg)	+
Folsäure	(µg)	9
Pantothensäure	(mg)	0,6
Biotin	(µg)	3

KARAMELBONBONS

Nährwerte

Wasser	(g)	4,8
Zucker	(g)	70,1
Stärke	(g)	1,0
Faserstoffe	(g)	–
Gesamtstickstoff	(g)	0,34
Energie	kcal	430
	kJ	1810
Eiweiß	(g)	2,1
Fett	(g)	17,2
Kohlenhydrate	(g)	71,1

Mineralien/Spurenelemente

Natrium	(mg)	320
Kalium	(mg)	210
Kalzium	(mg)	95
Magnesium	(mg)	25
Phosphor	(mg)	64
Eisen	(mg)	1,5
Kupfer	(mg)	0,40
Zink	(mg)	–
Schwefel	(mg)	–
Chlor	(mg)	480

Vitamine

Vitamin A	(µg)	0
Carotine	(µg)	0
Vitamin D	(µg)	0
Vitamin B_1 (Thiamin)	(mg)	0
Vitamin B_2 (Riboflavin)	(mg)	0
Niacin (Nicotinsäureamid)	(mg)	0
Vitamin C	(mg)	0
Vitamin E	(mg)	0
Vitamin B_6	(mg)	0
Vitamin B_{12}	(µg)	0
Folsäure	(µg)	0
Pantothensäure	(mg)	0
Biotin	(µg)	0

LAKRITZE

Nährwerte

Wasser	(g)	6,6
Zucker	(g)	67,2
Stärke	(g)	6,9
Faserstoffe	(g)	–
Gesamtstickstoff	(g)	0,63
Energie	kcal	313
	kJ	1333
Eiweiß	(g)	3,9
Fett	(g)	2,2
Kohlenhydrate	(g)	74,1

Mineralien/Spurenelemente

Natrium	(mg)	75
Kalium	(mg)	220
Kalzium	(mg)	63
Magnesium	(mg)	38
Phosphor	(mg)	29
Eisen	(mg)	8,1
Kupfer	(mg)	0,39
Zink	(mg)	–
Schwefel	(mg)	–
Chlor	(mg)	120

Vitamine

Vitamin A	(µg)	0
Carotine	(µg)	0
Vitamin D	(µg)	0
Vitamin B_1 (Thiamin)	(mg)	0
Vitamin B_2 (Riboflavin)	(mg)	0
Niacin (Nicotinsäureamid)	(mg)	0
Vitamin C	(mg)	0
Vitamin E	(mg)	0
Vitamin B_6	(mg)	0
Vitamin B_{12}	(µg)	0
Folsäure	(µg)	0
Pantothensäure	(mg)	0
Biotin	(µg)	0

		MARMELADE	MARS-RIEGEL	MARZIPAN
Nährwerte				
Wasser	(g)	29,8	6,9	10,5
Zucker	(g)	69,0	65,8	49,2
Stärke	(g)	0	0,7	0
Faserstoffe	(g)	1,1	–	6,4
Gesamtstickstoff	(g)	0,10	0,84	1,62
Energie	kcal	261	441	443
	kJ	1114	1853	1856
Eiweiß	(g)	0,6	5,3	8,7
Fett	(g)	0	18,9	24,9
Kohlenhydrate	(g)	69,0	66,5	49,2
Mineralien/Spurenelemente				
Natrium	(mg)	16	150	13
Kalium	(mg)	110	250	400
Kalzium	(mg)	24	160	120
Magnesium	(mg)	10	35	120
Phosphor	(mg)	18	150	220
Eisen	(mg)	1,5	1,1	2,0
Kupfer	(mg)	0,23	0,31	0,08
Zink	(mg)	–	–	1,5
Schwefel	(mg)	7	–	81
Chlor	(mg)	9	300	13
Vitamine				
Vitamin A	(µg)	0	0	10
Carotine	(µg)	+	40	0
Vitamin D	(µg)	0	+	0,13
Vitamin B_1 (Thiamin)	(mg)	+	0,05	0,12
Vitamin B_2 (Riboflavin)	(mg)	+	0,20	0,45
Niacin (Nicotinsäureamid)	(mg)	+	0,3	0,9
Vitamin C	(mg)	10	0	2
Vitamin E	(mg)	+	–	9,1
Vitamin B_6	(mg)	+	0,02	0,06
Vitamin B_{12}	(µg)	0	+	+
Folsäure	(µg)	+	–	45
Pantothensäure	(mg)	+	0,6	0,35
Biotin	(µg)	+	3	2

PFEFFERMINZ

Nährwerte

Wasser	(g)	0,2
Zucker	(g)	102,2
Stärke	(g)	0
Faserstoffe	(g)	0
Gesamtstickstoff	(g)	0,08
Energie	kcal	392
	kJ	1670
Eiweiß	(g)	0,5
Fett	(g)	0,7
Kohlenhydrate	(g)	102,2

Mineralien/Spurenelemente

Natrium	(mg)	9
Kalium	(mg)	+
Kalzium	(mg)	7
Magnesium	(mg)	3
Phosphor	(mg)	+
Eisen	(mg)	0,2
Kupfer	(mg)	0,04
Zink	(mg)	–
Schwefel	(mg)	–
Chlor	(mg)	480

Vitamine

Vitamin A	(μg)	0
Carotine	(μg)	0
Vitamin D	(μg)	0
Vitamin B_1 (Thiamin)	(mg)	0
Vitamin B_2 (Riboflavin)	(mg)	0
Niacin (Nicotinsäureamid)	(mg)	0
Vitamin C	(mg)	0
Vitamin E	(mg)	0
Vitamin B_6	(mg)	0
Vitamin B_{12}	(μg)	0
Folsäure	(μg)	0
Pantothensäure	(mg)	0
Biotin	(μg)	0

PRALINEN

Nährwerte

Wasser	(g)	4,5
Zucker	(g)	55,8
Stärke	(g)	0
Faserstoffe	(g)	–
Gesamtstickstoff	(g)	0,10
Energie	kcal	257
	kJ	1096
Eiweiß	(g)	1,2
Fett	(g)	0
Kohlenhydrate	(g)	67,2

Mineralien/Spurenelemente

Natrium	(mg)	66
Kalium	(mg)	18
Kalzium	(mg)	44
Magnesium	(mg)	8
Phosphor	(mg)	18
Eisen	(mg)	2,9
Kupfer	(mg)	1,28
Zink	(mg)	–
Schwefel	(mg)	21
Chlor	(mg)	71

Vitamine

Vitamin A	(μg)	0
Carotine	(μg)	–
Vitamin D	(μg)	0
Vitamin B_1 (Thiamin)	(mg)	+
Vitamin B_2 (Riboflavin)	(mg)	+
Niacin (Nicotinsäureamid)	(mg)	+
Vitamin C	(mg)	+
Vitamin E	(mg)	+
Vitamin B_6	(mg)	+
Vitamin B_{12}	(μg)	0
Folsäure	(μg)	+
Pantothensäure	(mg)	+
Biotin	(μg)	+

SCHOKOLADE
Vollmilch

Nährwerte

Wasser	(g)	0,6
Zucker	(g)	59,5
Stärke	(g)	5,3
Faserstoffe	(g)	–
Gesamtstickstoff	(g)	0,75
Energie	kcal	525
	kJ	2197
Eiweiß	(g)	4,7
Fett	(g)	29,2
Kohlenhydrate	(g)	64,8

Mineralien/Spurenelemente

Natrium	(mg)	11
Kalium	(mg)	300
Kalzium	(mg)	38
Magnesium	(mg)	100
Phosphor	(mg)	140
Eisen	(mg)	2,4
Kupfer	(mg)	0,70
Zink	(mg)	0,2
Schwefel	(mg)	–
Chlor	(mg)	100

Vitamine

Vitamin A	(μg)	0
Carotine	(μg)	40
Vitamin D	(μg)	0
Vitamin B_1 (Thiamin)	(mg)	0,07
Vitamin B_2 (Riboflavin)	(mg)	0,08
Niacin (Nicotinsäureamid)	(mg)	0,4
Vitamin C	(mg)	0
Vitamin E	(mg)	0,5
Vitamin B_6	(mg)	0,02
Vitamin B_{12}	(μg)	0
Folsäure	(μg)	9
Pantothensäure	(mg)	0,6
Biotin	(μg)	3

SCHOKOLADENBONBONS

Nährwerte

Wasser	(g)	5,7
Zucker	(g)	65,8
Stärke	(g)	7,5
Faserstoffe	(g)	–
Gesamtstickstoff	(g)	0,66
Energie	kcal	460
	kJ	1938
Eiweiß	(g)	4,1
Fett	(g)	18,8
Kohlenhydrate	(g)	73,3

Mineralien/Spurenelemente

Natrium	(mg)	60
Kalium	(mg)	240
Kalzium	(mg)	92
Magnesium	(mg)	51
Phosphor	(mg)	120
Eisen	(mg)	1,8
Kupfer	(mg)	0,45
Zink	(mg)	–
Schwefel	(mg)	–
Chlor	(mg)	180

Vitamine

Vitamin A	(µg)	0
Carotine	(µg)	40
Vitamin D	(µg)	+
Vitamin B_1 (Thiamin)	(mg)	0,10
Vitamin B_2 (Riboflavin)	(mg)	0,10
Niacin (Nicotinsäureamid)	(mg)	0,3
Vitamin C	(mg)	0
Vitamin E	(mg)	–
Vitamin B_6	(mg)	0,02
Vitamin B_{12}	(µg)	+
Folsäure	(µg)	–
Pantothensäure	(mg)	0,6
Biotin	(µg)	3

	SIRUP			SIRUP schwarz			TRAUBENZUCKER	
Nährwerte								
Wasser	(g)	20,0		(g)	28,5		(g)	20,4
Zucker	(g)	79,0		(g)	67,2		(g)	40,2
Stärke	(g)	0		(g)	0		(g)	44,5
Faserstoffe	(g)	0		(g)	0		(g)	0
Gesamtstickstoff	(g)	0,05		(g)	0,19		(g)	+
Energie	kcal	298		kcal	257		kcal	318
	kJ	1269		kJ	1096		kJ	1355
Eiweiß	(g)	0,3		(g)	1,2		(g)	+
Fett	(g)	0		(g)	0		(g)	0
Kohlenhydrate	(g)	79,0		(g)	67,2		(g)	84,7
Mineralien/Spurenelemente								
Natrium	(mg)	270		(mg)	96		(mg)	150
Kalium	(mg)	240		(mg)	1470		(mg)	3
Kalzium	(mg)	26		(mg)	500		(mg)	8
Magnesium	(mg)	10		(mg)	140		(mg)	2
Phosphor	(mg)	20		(mg)	31		(mg)	11
Eisen	(mg)	1,5		(mg)	9,2		(mg)	0,5
Kupfer	(mg)	0,09		(mg)	0,43		(mg)	0,09
Zink	(mg)	–		(mg)	–		(mg)	–
Schwefel	(mg)	54		(mg)	69		(mg)	–
Chlor	(mg)	42		(mg)	820		(mg)	190
Vitamine								
Vitamin A	(µg)	0		(µg)	0		(µg)	0
Carotine	(µg)	0		(µg)	0		(µg)	0
Vitamin D	(µg)	0		(µg)	0		(µg)	0
Vitamin B_1 (Thiamin)	(mg)	+		(mg)	+		(mg)	0
Vitamin B_2 (Riboflavin)	(mg)	+		(mg)	+		(mg)	0
Niacin (Nicotinsäureamid)	(mg)	+		(mg)	+		(mg)	0
Vitamin C	(mg)	0		(mg)	0		(mg)	0
Vitamin E	(mg)	0		(mg)	0		(mg)	0
Vitamin B_6	(mg)	+		(mg)	+		(mg)	0
Vitamin B_{12}	(µg)	0		(µg)	0		(µg)	0
Folsäure	(µg)	+		(µg)	+		(µg)	0
Pantothensäure	(mg)	+		(mg)	+		(mg)	0
Biotin	(µg)	+		(µg)	+		(µg)	0

ZITRONENQUARK

Nährwerte

Wasser	(g)	30,1
Zucker	(g)	40,4
Stärke	(g)	22,3
Faserstoffe	(g)	0,2
Gesamtstickstoff	(g)	0,09
Energie	kcal	283
	kJ	1202
Eiweiß	(g)	0,6
Fett	(g)	5,1
Kohlenhydrate	(g)	62,7

Mineralien/Spurenelemente

Natrium	(mg)	65
Kalium	(mg)	11
Kalzium	(mg)	9
Magnesium	(mg)	2
Phosphor	(mg)	15
Eisen	(mg)	0,5
Kupfer	(mg)	0,03
Zink	(mg)	1,3
Schwefel	(mg)	–
Chlor	(mg)	150

Vitamine

Vitamin A	(µg)	10
Carotine	(µg)	0
Vitamin D	(µg)	0,10
Vitamin B_1 (Thiamin)	(mg)	+
Vitamin B_2 (Riboflavin)	(mg)	0,02
Niacin (Nicotinsäureamid)	(mg)	+
Vitamin C	(mg)	+
Vitamin E	(mg)	–
Vitamin B_6	(mg)	+
Vitamin B_{12}	(µg)	+
Folsäure	(µg)	+
Pantothensäure	(mg)	0,10
Biotin	(µg)	1

ZUCKER
(Rohrzucker)

Nährwerte

Wasser	(g)	+
Zucker	(g)	97,4
Stärke	(g)	0
Faserstoffe	(g)	0
Gesamtstickstoff	(g)	0,08
Energie	kcal	394
	Kj	1681
Eiweiß	(g)	0,5
Fett	(g)	0
Kohlenhydrate	(g)	97,4

Mineralien/Spurenelemente

Natrium	(mg)	6
Kalium	(mg)	89
Kalzium	(mg)	53
Magnesium	(mg)	15
Phosphor	(mg)	20
Eisen	(mg)	0,9
Kupfer	(mg)	0,06
Zink	(mg)	–
Schwefel	(mg)	14
Chlor	(mg)	35

Vitamine

Vitamin A	(µg)	0
Carotine	(µg)	0
Vitamin D	(µg)	0
Vitamin B_1 (Thiamin)	(mg)	+
Vitamin B_2 (Riboflavin)	(mg)	+
Niacin (Nicotinsäureamid)	(mg)	+
Vitamin C	(mg)	0
Vitamin E	(mg)	0
Vitamin B_6	(mg)	+
Vitamin B_{12}	(µg)	0
Folsäure	(µg)	+
Pantothensäure	(mg)	+
Biotin	(µg)	+

ZUCKER
weiß

Nährwerte

Wasser	(g)	+
Zucker	(g)	99,8
Stärke	(g)	0
Faserstoffe	(g)	0
Gesamtstickstoff	(g)	+
Energie	kcal	394
	kJ	1681
Eiweiß	(g)	+
Fett	(g)	0
Kohlenhydrate	(g)	99,8

Mineralien/Spurenelemente

Natrium	(mg)	+
Kalium	(mg)	2
Kalzium	(mg)	2
Magnesium	(mg)	+
Phosphor	(mg)	+
Eisen	(mg)	+
Kupfer	(mg)	0,02
Zink	(mg)	–
Schwefel	(mg)	+
Chlor	(mg)	+

Vitamine

Vitamin A	(µg)	0
Carotine	(µg)	0
Vitamin D	(µg)	0
Vitamin B_1 (Thiamin)	(mg)	0
Vitamin B_2 (Riboflavin)	(mg)	0
Niacin (Nicotinsäureamid)	(mg)	0
Vitamin C	(mg)	0
Vitamin E	(mg)	0
Vitamin B_6	(mg)	0
Vitamin B_{12}	(µg)	0
Folsäure	(µg)	0
Pantothensäure	(mg)	0
Biotin	(µg)	0

Säfte und Getränke

ANANASSAFT

Nährwerte

Wasser	(g)	86,1
Zucker	(g)	13,4
Stärke	(g)	+
Faserstoffe	(g)	0
Gesamtstickstoff	(g)	0,05
Energie	kcal	53
	kJ	225
Eiweiß	(g)	0,4
Fett	(g)	0,1
Kohlenhydrate	(g)	13,4

Mineralien/Spurenelemente

Natrium	(mg)	1
Kalium	(mg)	140
Kalzium	(mg)	12
Magnesium	(mg)	12
Phosphor	(mg)	10
Eisen	(mg)	0,7
Kupfer	(mg)	0,09
Zink	(mg)	–
Schwefel	(mg)	–
Chlor	(mg)	38

Vitamine

Vitamin A	(μg)	0
Carotine	(μg)	40
Vitamin D	(μg)	0
Vitamin B_1 (Thiamin)	(mg)	0,05
Vitamin B_2 (Riboflavin)	(mg)	0,02
Niacin (Nicotinsäureamid)	(mg)	0,2
Vitamin C	(mg)	8
Vitamin E	(mg)	–
Vitamin B_6	(mg)	0,10
Vitamin B_{12}	(μg)	0
Folsäure	(μg)	–
Pantothensäure	(mg)	0,10
Biotin	(μg)	–

APFELWEIN

gezuckert

Nährwerte

Spezifisches Gewicht		1,012
Zucker	(g)	4,3
Alcohol	(g)	3,7
Solids	(g)	5,1
Gesamtstickstoff	(g)	+
Energie	kcal	42
	kJ	176
Eiweiß	(g)	+
Fett	(g)	0
Kohlenhydrate	(g)	4,3

Mineralien/Spurenelemente

Natrium	(mg)	7
Kalium	(mg)	72
Kalzium	(mg)	8
Magnesium	(mg)	3
Phosphor	(mg)	3
Eisen	(mg)	0,49
Kupfer	(mg)	0,04
Zink	(mg)	–
Schwefel	(mg)	–
Chlor	(mg)	6

Vitamine

Vitamin A	(μg)	0
Carotine	(μg)	+
Vitamin D	(μg)	0
Vitamin B_1 (Thiamin)	(mg)	+
Vitamin B_2 (Riboflavin)	(mg)	+
Niacin (Nicotinsäureamid)	(mg)	0,01
Vitamin C	(mg)	0
Vitamin E	(mg)	1
Vitamin B_6	(mg)	0,01
Vitamin B_{12}	(μg)	–
Folsäure	(μg)	–
Pantothensäure	(mg)	0,03
Biotin	(μg)	0,6

APFELWEIN
Most

Nährwerte

Spezifisches Gewicht		1,007
Zucker	(g)	2,6
Alcohol	(g)	3,8
Solids	(g)	3,7
Gesamtstickstoff	(g)	+
Energie	kcal	36
	kJ	152
Eiweiß	(g)	+
Fett	(g)	0
Kohlenhydrate	(g)	2,6

Mineralien/Spurenelemente

Natrium	(mg)	7
Kalium	(mg)	72
Kalzium	(mg)	8
Magnesium	(mg)	3
Phosphor	(mg)	3
Eisen	(mg)	0,49
Kupfer	(mg)	0,04
Zink	(mg)	–
Schwefel	(mg)	–
Chlor	(mg)	6

Vitamine

Vitamin A	(μg)	0
Carotine	(μg)	+
Vitamin D	(μg)	0
Vitamin B_1 (Thiamin)	(mg)	+
Vitamin B_2 (Riboflavin)	(mg)	+
Niacin (Nicotinsäureamid)	(mg)	0,01
Vitamin C	(mg)	0
Vitamin E	(mg)	–
Vitamin B_6	(mg)	0,01
Vitamin B_{12}	(μg)	–
Folsäure	(μg)	–
Pantothensäure	(mg)	0,04
Biotin	(μg)	0,6

CHERRY BRANDY

Nährwerte

Spezifisches Gewicht		1,093
Zucker	(g)	32,6
Alcohol	(g)	19,0
Solids	(g)	33,3
Gesamtstickstoff	(g)	+
Energie	kcal	255
	kJ	1073
Eiweiß	(g)	+
Fett	(g)	0
Kohlenhydrate	(g)	32,6

Mineralien/Spurenelemente

Natrium	(mg)	–
Kalium	(mg)	–
Kalzium	(mg)	–
Magnesium	(mg)	–
Phosphor	(mg)	–
Eisen	(mg)	–
Kupfer	(mg)	–
Zink	(mg)	–
Schwefel	(mg)	–
Chlor	(mg)	–

Vitamine

Vitamin A	(μg)	0
Carotine	(μg)	+
Vitamin D	(μg)	0
Vitamin B_1 (Thiamin)	(mg)	+
Vitamin B_2 (Riboflavin)	(mg)	+
Niacin (Nicotinsäureamid)	(mg)	+
Vitamin C	(mg)	0
Vitamin E	(mg)	0
Vitamin B_6	(mg)	+
Vitamin B_{12}	(μg)	+
Folsäure	(μg)	+
Pantothensäure	(mg)	–
Biotin	(μg)	–

COCA-COLA

Nährwerte

Wasser	(g)	89,8
Zucker	(g)	10,5
Stärke	(g)	+
Faserstoffe	(g)	0
Gesamtstickstoff	(g)	+
Energie	kcal	39
	kJ	168
Eiweiß	(g)	+
Fett	(g)	0
Kohlenhydrate	(g)	10,5

Mineralien/Spurenelemente

Natrium	(mg)	8
Kalium	(mg)	1
Kalzium	(mg)	4
Magnesium	(mg)	1
Phosphor	(mg)	15
Eisen	(mg)	+
Kupfer	(mg)	0,03
Zink	(mg)	+
Schwefel	(mg)	–
Chlor	(mg)	10

Vitamine

Vitamin A	(μg)	0
Carotine	(μg)	0
Vitamin D	(μg)	0
Vitamin B_1 (Thiamin)	(mg)	0
Vitamin B_2 (Riboflavin)	(mg)	0
Niacin (Nicotinsäureamid)	(mg)	0
Vitamin C	(mg)	0
Vitamin E	(mg)	0
Vitamin B_6	(mg)	0
Vitamin B_{12}	(μg)	0
Folsäure	(μg)	0
Pantothensäure	(mg)	0
Biotin	(μg)	0

CURACAO
likör

Nährwerte

Spezifisches Gewicht		1,052
Zucker	(g)	28,3
Alcohol	(g)	29,3
Solids	(g)	27,8
Gesamtstickstoff	(g)	+
Energie	kcal	311
	kJ	1303
Eiweiß	(g)	+
Fett	(g)	0
Kohlenhydrate	(g)	28,3

Mineralien/Spurenelemente

Natrium	(mg)	–
Kalium	(mg)	–
Kalzium	(mg)	–
Magnesium	(mg)	–
Phosphor	(mg)	–
Eisen	(mg)	–
Kupfer	(mg)	–
Zink	(mg)	–
Schwefel	(mg)	–
Chlor	(mg)	–

Vitamine

Vitamin A	(µg)	0
Carotine	(µg)	0
Vitamin D	(µg)	0
Vitamin B_1 (Thiamin)	(mg)	0
Vitamin B_2 (Riboflavin)	(mg)	0
Niacin (Nicotinsäureamid)	(mg)	0
Vitamin C	(mg)	0
Vitamin E	(mg)	0
Vitamin B_6	(mg)	0
Vitamin B_{12}	(µg)	0
Folsäure	(µg)	0
Pantothensäure	(mg)	0
Biotin	(µg)	0

EIERLIKÖR

Nährwerte

Spezifisches Gewicht		1,093
Zucker	(g)	28,4
Alcohol	(g)	12,8
Solids	(g)	39,6
Gesamtstickstoff	(g)	0,75
Energie	kcal	272
	kJ	1139
Eiweiß	(g)	4,7
Fett	(g)	6,3
Kohlenhydrate	(g)	28,4

Mineralien/Spurenelemente

Natrium	(mg)	–
Kalium	(mg)	–
Kalzium	(mg)	–
Magnesium	(mg)	–
Phosphor	(mg)	–
Eisen	(mg)	–
Kupfer	(mg)	–
Zink	(mg)	–
Schwefel	(mg)	–
Chlor	(mg)	–

Vitamine

Vitamin A	(µg)	–
Carotine	(µg)	–
Vitamin D	(µg)	+
Vitamin B_1 (Thiamin)	(mg)	–
Vitamin B_2 (Riboflavin)	(mg)	–
Niacin (Nicotinsäureamid)	(mg)	–
Vitamin C	(mg)	0
Vitamin E	(mg)	–
Vitamin B_6	(mg)	–
Vitamin B_{12}	(µg)	–
Folsäure	(µg)	–
Pantothensäure	(mg)	–
Biotin	(µg)	–

FASSBIER
dunkel

Nährwerte

Spezifisches Gewicht		1,009
Zucker	(g)	2,3
Alcohol	(g)	3,1
Solids	(g)	3,6
Gesamtstickstoff	(g)	0,03
Energie	kcal	31
	kJ	129
Eiweiß	(g)	0,3
Fett	(g)	+
Kohlenhydrate	(g)	2,3

Mineralien/Spurenelemente

Natrium	(mg)	8
Kalium	(mg)	35
Kalzium	(mg)	8
Magnesium	(mg)	7
Phosphor	(mg)	0
Eisen	(mg)	0,01
Kupfer	(mg)	0,01
Zink	(mg)	0,02
Schwefel	(mg)	–
Chlor	(mg)	30

Vitamine

Vitamin A	(µg)	0
Carotine	(µg)	+
Vitamin D	(µg)	0
Vitamin B_1 (Thiamin)	(mg)	+
Vitamin B_2 (Riboflavin)	(mg)	0,03
Niacin (Nicotinsäureamid)	(mg)	0,32
Vitamin C	(mg)	0
Vitamin E	(mg)	–
Vitamin B_6	(mg)	0,02
Vitamin B_{12}	(µg)	0,15
Folsäure	(µg)	4,6
Pantothensäure	(mg)	0,10
Biotin	(µg)	0,5

FASSBIER
hell

Nährwerte

Spezifisches Gewicht		1,001
Zucker	(g)	1,6
Alcohol	(g)	2,6
Solids	(g)	2,5
Gesamtstickstoff	(g)	0,03
Energie	kcal	25
	kJ	104
Eiweiß	(g)	0,2
Fett	(g)	+
Kohlenhydrate	(g)	1,6

Mineralien/Spurenelemente

Natrium	(mg)	11
Kalium	(mg)	33
Kalzium	(mg)	10
Magnesium	(mg)	8
Phosphor	(mg)	12
Eisen	(mg)	0,02
Kupfer	(mg)	0,05
Zink	(mg)	–
Schwefel	(mg)	–
Chlor	(mg)	34

Vitamine

Vitamin A	(µg)	0
Carotine	(µg)	+
Vitamin D	(µg)	0
Vitamin B_1 (Thiamin)	(mg)	+
Vitamin B_2 (Riboflavin)	(mg)	0,03
Niacin (Nicotinsäureamid)	(mg)	0,30
Vitamin C	(mg)	0
Vitamin E	(mg)	–
Vitamin B_6	(mg)	0,02
Vitamin B_{12}	(µg)	0,15
Folsäure	(µg)	4,5
Pantothensäure	(mg)	0,10
Biotin	(µg)	0,5

GRAPEFRUITSAFT
gezuckert

Nährwerte

Wasser	(g)	87,3
Zucker	(g)	9,7
Stärke	(g)	+
Faserstoffe	(g)	0
Gesamtstickstoff	(g)	0,08
Energie	kcal	38
	kJ	164
Eiweiß	(g)	0,5
Fett	(g)	+
Kohlenhydrate	(g)	9,7

Mineralien/Spurenelemente

Natrium	(mg)	2
Kalium	(mg)	110
Kalzium	(mg)	9
Magnesium	(mg)	9
Phosphor	(mg)	12
Eisen	(mg)	0,3
Kupfer	(mg)	0,03
Zink	(mg)	0,3
Schwefel	(mg)	–
Chlor	(mg)	10

Vitamine

Vitamin A	(µg)	0
Carotine	(µg)	+
Vitamin D	(µg)	0
Vitamin B_1 (Thiamin)	(mg)	0,04
Vitamin B_2 (Riboflavin)	(mg)	0,01
Niacin (Nicotinsäureamid)	(mg)	0,2
Vitamin C	(mg)	29
Vitamin E	(mg)	+
Vitamin B_6	(mg)	0,01
Vitamin B_{12}	(µg)	0
Folsäure	(µg)	6
Pantothensäure	(mg)	0,12
Biotin	(µg)	1

GRAPEFRUITSAFT
nicht gezuckert

Nährwerte

Wasser	(g)	89,8
Zucker	(g)	7,9
Stärke	(g)	+
Faserstoffe	(g)	0
Gesamtstickstoff	(g)	0,05
Energie	kcal	31
	kJ	132
Eiweiß	(g)	0,3
Fett	(g)	+
Kohlenhydrate	(g)	7,9

Mineralien/Spurenelemente

Natrium	(mg)	3
Kalium	(mg)	110
Kalzium	(mg)	9
Magnesium	(mg)	8
Phosphor	(mg)	12
Eisen	(mg)	0,3
Kupfer	(mg)	0,03
Zink	(mg)	0,4
Schwefel	(mg)	–
Chlor	(mg)	10

Vitamine

Vitamin A	(µg)	0
Carotine	(µg)	+
Vitamin D	(µg)	0
Vitamin B_1 (Thiamin)	(mg)	0,04
Vitamin B_2 (Riboflavin)	(mg)	0,01
Niacin (Nicotinsäureamid)	(mg)	0,2
Vitamin C	(mg)	28
Vitamin E	(mg)	+
Vitamin B_6	(mg)	0,01
Vitamin B_{12}	(µg)	0
Folsäure	(µg)	6
Pantothensäure	(mg)	0,26
Biotin	(µg)	1

KAFFEE

Nährwerte

Wasser	(g)	36,9
Zucker	(g)	53,8
Stärke	(g)	2,2
Faserstoffe	(g)	–
Gesamtstickstoff	(g)	0,33
Energie	kcal	218
	kJ	931
Eiweiß	(g)	1,6
Fett	(g)	0,2
Kohlenhydrate	(g)	56,0

Mineralien/Spurenelemente

Natrium	(mg)	65
Kalium	(mg)	750
Kalzium	(mg)	30
Magnesium	(mg)	39
Phosphor	(mg)	90
Eisen	(mg)	0,7
Kupfer	(mg)	0,6
Zink	(mg)	–
Schwefel	(mg)	–
Chlor	(mg)	85

Vitamine

Vitamin A	(µg)	0
Carotine	(µg)	–
Vitamin D	(µg)	0
Vitamin B_1 (Thiamin)	(mg)	0
Vitamin B_2 (Riboflavin)	(mg)	0,03
Niacin (Nicotinsäureamid)	(mg)	2,8
Vitamin C	(mg)	0
Vitamin E	(mg)	–
Vitamin B_6	(mg)	–
Vitamin B_{12}	(µg)	0
Folsäure	(µg)	–
Pantothensäure	(mg)	–
Biotin	(µg)	–

KAFFEE
instant

Nährwerte

Wasser	(g)	3,4
Zucker	(g)	6,5
Stärke	(g)	4,5
Faserstoffe	(g)	–
Gesamtstickstoff	(g)	3,26
Energie	kcal	100
	kJ	424
Eiweiß	(g)	14,6
Fett	(g)	0
Kohlenhydrate	(g)	11,0

Mineralien/Spurenelemente

Natrium	(mg)	41
Kalium	(mg)	4000
Kalzium	(mg)	160
Magnesium	(mg)	390
Phosphor	(mg)	350
Eisen	(mg)	4,4
Kupfer	(mg)	0,05
Zink	(mg)	0,5
Schwefel	(mg)	–
Chlor	(mg)	50

Vitamine

Vitamin A	(µg)	0
Carotine	(µg)	–
Vitamin D	(µg)	0
Vitamin B_1 (Thiamin)	(mg)	0
Vitamin B_2 (Riboflavin)	(mg)	0,11
Niacin (Nicotinsäureamid)	(mg)	22
Vitamin C	(mg)	0
Vitamin E	(mg)	–
Vitamin B_6	(mg)	0,03
Vitamin B_{12}	(µg)	0
Folsäure	(µg)	–
Pantothensäure	(mg)	0,4
Biotin	(µg)	–

KAFFEEBOHNEN

Nährwerte

Wasser	(g)	4,1
Zucker	(g)	+
Stärke	(g)	28,5
Faserstoffe	(g)	–
Gesamtstickstoff	(g)	2,04
Energie	kcal	287
	kJ	1203
Eiweiß	(g)	10,4
Fett	(g)	15,4
Kohlenhydrate	(g)	28,5

Mineralien/Spurenelemente

Natrium	(mg)	74
Kalium	(mg)	2020
Kalzium	(mg)	130
Magnesium	(mg)	240
Phosphor	(mg)	160
Eisen	(mg)	4,1
Kupfer	(mg)	0,82
Zink	(mg)	–
Schwefel	(mg)	110
Chlor	(mg)	24

Vitamine

Vitamin A	(µg)	0
Carotine	(µg)	–
Vitamin D	(µg)	0
Vitamin B_1 (Thiamin)	(mg)	–
Vitamin B_2 (Riboflavin)	(mg)	0,20
Niacin (Nicotinsäureamid)	(mg)	10
Vitamin C	(mg)	0
Vitamin E	(mg)	–
Vitamin B_6	(mg)	–
Vitamin B_{12}	(µg)	0
Folsäure	(µg)	–
Pantothensäure	(mg)	–
Biotin	(µg)	–

KAKAO
Pulver

Nährwerte

Wasser	(g)	3,4
Zucker	(g)	+
Stärke	(g)	11,5
Faserstoffe	(g)	–
Gesamtstickstoff	(g)	3,70
Energie	kcal	312
	Kj	1301
Eiweiß	(g)	18,5
Fett	(g)	21,7
Kohlenhydrate	(g)	11,5

Mineralien/Spurenelemente

Natrium	(mg)	950
Kalium	(mg)	1500
Kalzium	(mg)	130
Magnesium	(mg)	520
Phosphor	(mg)	660
Eisen	(mg)	10,5
Kupfer	(mg)	3,9
Zink	(mg)	6,9
Schwefel	(mg)	–
Chlor	(mg)	460

Vitamine

Vitamin A	(µg)	0
Carotine	(µg)	40
Vitamin D	(µg)	0
Vitamin B_1 (Thiamin)	(mg)	0,16
Vitamin B_2 (Riboflavin)	(mg)	0,06
Niacin (Nicotinsäureamid)	(mg)	1,7
Vitamin C	(mg)	0
Vitamin E	(mg)	0,4
Vitamin B_6	(mg)	0,07
Vitamin B_{12}	(µg)	0
Folsäure	(µg)	38
Pantothensäure	(mg)	–
Biotin	(µg)	–

LAGER-BIER

Nährwerte

Spezifisches Gewicht		1,005
Zucker	(g)	1,5
Alcohol	(g)	3,2
Solids	(g)	2,4
Gesamtstickstoff	(g)	0,03
Energie	kcal	29
	kJ	120
Eiweiß	(g)	0,2
Fett	(g)	+
Kohlenhydrate	(g)	1,5

Mineralien/Spurenelemente

Natrium	(mg)	4
Kalium	(mg)	34
Kalzium	(mg)	4
Magnesium	(mg)	6
Phosphor	(mg)	12
Eisen	(mg)	+
Kupfer	(mg)	+
Zink	(mg)	–
Schwefel	(mg)	–
Chlor	(mg)	19

Vitamine

Vitamin A	(µg)	0
Carotine	(µg)	+
Vitamin D	(µg)	0
Vitamin B_1 (Thiamin)	(mg)	+
Vitamin B_2 (Riboflavin)	(mg)	0,03
Niacin (Nicotinsäureamid)	(mg)	0,32
Vitamin C	(mg)	0
Vitamin E	(mg)	–
Vitamin B_6	(mg)	0,02
Vitamin B_{12}	(µg)	0,14
Folsäure	(µg)	4,3
Pantothensäure	(mg)	0,10
Biotin	(µg)	0,5

LIMONENSAFT
unverdünnt

Nährwerte

Wasser	(g)	70,5
Zucker	(g)	24,6
Stärke	(g)	+
Faserstoffe	(g)	0
Gesamtstickstoff	(g)	0,01
Energie	kcal	112
	kJ	479
Eiweiß	(g)	0,1
Fett	(g)	0
Kohlenhydrate	(g)	18,0

Mineralien/Spurenelemente

Natrium	(mg)	8
Kalium	(mg)	49
Kalzium	(mg)	9
Magnesium	(mg)	4
Phosphor	(mg)	5
Eisen	(mg)	0,3
Kupfer	(mg)	0,07
Zink	(mg)	–
Schwefel	(mg)	–
Chlor	(mg)	4

Vitamine

Vitamin A	(µg)	0
Carotine	(µg)	+
Vitamin D	(µg)	0
Vitamin B_1 (Thiamin)	(mg)	+
Vitamin B_2 (Riboflavin)	(mg)	+
Niacin (Nicotinsäureamid)	(mg)	+
Vitamin C	(mg)	+
Vitamin E	(mg)	+
Vitamin B_6	(mg)	+
Vitamin B_{12}	(µg)	+
Folsäure	(µg)	+
Pantothensäure	(mg)	+
Biotin	(µg)	+

ORANGENSAFT
gezuckert

Nährwerte		
Wasser	(g)	85,8
Zucker	(g)	12,8
Stärke	(g)	+
Faserstoffe	(g)	0
Gesamtstickstoff	(g)	0,11
Energie	kcal	51
	kJ	217
Eiweiß	(g)	0,7
Fett	(g)	+
Kohlenhydrate	(g)	12,8

Mineralien/Spurenelemente		
Natrium	(mg)	3
Kalium	(mg)	120
Kalzium	(mg)	9
Magnesium	(mg)	8
Phosphor	(mg)	14
Eisen	(mg)	0,3
Kupfer	(mg)	0,03
Zink	(mg)	0,3
Schwefel	(mg)	–
Chlor	(mg)	10

Vitamine		
Vitamin A	(μg)	0
Carotine	(μg)	50
Vitamin D	(μg)	0
Vitamin B_1 (Thiamin)	(mg)	0,07
Vitamin B_2 (Riboflavin)	(mg)	0,02
Niacin (Nicotinsäureamid)	(mg)	0,2
Vitamin C	(mg)	31
Vitamin E	(mg)	+
Vitamin B_6	(mg)	0,04
Vitamin B_{12}	(μg)	0
Folsäure	(μg)	7
Pantothensäure	(mg)	0,15
Biotin	(μg)	1

ORANGENSAFT
nicht gezuckert

Nährwerte		
Wasser	(g)	88,7
Zucker	(g)	8,4
Stärke	(g)	+
Faserstoffe	(g)	0
Gesamtstickstoff	(g)	0,07
Energie	kcal	33
	kJ	143
Eiweiß	(g)	0,4
Fett	(g)	+
Kohlenhydrate	(g)	8,5

Mineralien/Spurenelemente		
Natrium	(mg)	4
Kalium	(mg)	130
Kalzium	(mg)	9
Magnesium	(mg)	9
Phosphor	(mg)	15
Eisen	(mg)	0,5
Kupfer	(mg)	0,03
Zink	(mg)	0,3
Schwefel	(mg)	–
Chlor	(mg)	10

Vitamine		
Vitamin A	(μg)	0
Carotine	(μg)	50
Vitamin D	(μg)	0
Vitamin B_1 (Thiamin)	(mg)	0,07
Vitamin B_2 (Riboflavin)	(mg)	0,02
Niacin (Nicotinsäureamid)	(mg)	0,2
Vitamin C	(mg)	35
Vitamin E	(mg)	+
Vitamin B_6	(mg)	0,04
Vitamin B_{12}	(μg)	0
Folsäure	(μg)	7
Pantothensäure	(mg)	0,15
Biotin	(μg)	1

ORANGENSAFT
unverdünnt

Nährwerte		
Wasser	(g)	71,2
Zucker	(g)	28,5
Stärke	(g)	0
Faserstoffe	(g)	0
Gesamtstickstoff	(g)	+
Energie	kcal	107
	kJ	456
Eiweiß	(g)	+
Fett	(g)	0
Kohlenhydrate	(g)	28,5

Mineralien/Spurenelemente		
Natrium	(mg)	21
Kalium	(mg)	17
Kalzium	(mg)	8
Magnesium	(mg)	3
Phosphor	(mg)	2
Eisen	(mg)	0,1
Kupfer	(mg)	0,01
Zink	(mg)	–
Schwefel	(mg)	–
Chlor	(mg)	4

Vitamine		
Vitamin A	(μg)	0
Carotine	(μg)	–
Vitamin D	(μg)	0
Vitamin B_1 (Thiamin)	(mg)	+
Vitamin B_2 (Riboflavin)	(mg)	+
Niacin (Nicotinsäureamid)	(mg)	+
Vitamin C	(mg)	+
Vitamin E	(mg)	+
Vitamin B_6	(mg)	+
Vitamin B_{12}	(μg)	0
Folsäure	(μg)	+
Pantothensäure	(mg)	+
Biotin	(μg)	+

OVOMALTINE

Nährwerte

Wasser	(g)	2,3
Zucker	(g)	73,0
Stärke	(g)	8,2
Faserstoffe	(g)	–
Gesamtstickstoff	(g)	1,57
Energie	kcal	378
	kJ	1606
Eiweiß	(g)	9,8
Fett	(g)	3,8
Kohlenhydrate	(g)	81,2

Mineralien/Spurenelemente

Natrium	(mg)	150
Kalium	(mg)	850
Kalzium	(mg)	36
Magnesium	(mg)	150
Phosphor	(mg)	400
Eisen	(mg)	2,6
Kupfer	(mg)	1,2
Zink	(mg)	–
Schwefel	(mg)	–
Chlor	(mg)	–

Vitamine

Vitamin A	(µg)	–
Carotine	(µg)	–
Vitamin D	(µg)	30,6
Vitamin B_1 (Thiamin)	(mg)	1,76
Vitamin B_2 (Riboflavin)	(mg)	–
Niacin (Nicotinsäureamid)	(mg)	–
Vitamin C	(mg)	–
Vitamin E	(mg)	–
Vitamin B_6	(mg)	–
Vitamin B_{12}	(µg)	–
Folsäure	(µg)	–
Pantothensäure	(mg)	–
Biotin	(µg)	–

PALE ALE

Nährwerte

Spezifisches Gewicht		1,003
Zucker	(g)	2,0
Alcohol	(g)	3,3
Solids	(g)	3,3
Gesamtstickstoff	(g)	0,05
Energie	kcal	32
	kJ	133
Eiweiß	(g)	0,3
Fett	(g)	+
Kohlenhydrate	(g)	2,0

Mineralien/Spurenelemente

Natrium	(mg)	10
Kalium	(mg)	49
Kalzium	(mg)	9
Magnesium	(mg)	10
Phosphor	(mg)	15
Eisen	(mg)	0,02
Kupfer	(mg)	0,04
Zink	(mg)	–
Schwefel	(mg)	–
Chlor	(mg)	31

Vitamine

Vitamin A	(μg)	0
Carotine	(μg)	+
Vitamin D	(μg)	0
Vitamin B_1 (Thiamin)	(mg)	+
Vitamin B_2 (Riboflavin)	(mg)	0,02
Niacin (Nicotinsäureamid)	(mg)	0,35
Vitamin C	(mg)	0
Vitamin E	(mg)	–
Vitamin B_6	(mg)	0,02
Vitamin B_{12}	(μg)	0,14
Folsäure	(μg)	4,3
Pantothensäure	(mg)	0,10
Biotin	(μg)	0,5

PORTWEIN

Nährwerte

Spezifisches Gewicht		1,026
Zucker	(g)	12,0
Alcohol	(g)	15,9
Solids	(g)	13,0
Gesamtstickstoff	(g)	0,02
Energie	kcal	157
	kJ	655
Eiweiß	(g)	0,1
Fett	(g)	0
Kohlenhydrate	(g)	12,0

Mineralien/Spurenelemente

Natrium	(mg)	4
Kalium	(mg)	97
Kalzium	(mg)	4
Magnesium	(mg)	11
Phosphor	(mg)	12
Eisen	(mg)	0,40
Kupfer	(mg)	0,10
Zink	(mg)	–
Schwefel	(mg)	–
Chlor	(mg)	8

Vitamine

Vitamin A	(μg)	0
Carotine	(μg)	+
Vitamin D	(μg)	0
Vitamin B_1 (Thiamin)	(mg)	+
Vitamin B_2 (Riboflavin)	(mg)	0,01
Niacin (Nicotinsäureamid)	(mg)	0,06
Vitamin C	(mg)	0
Vitamin E	(mg)	0
Vitamin B_6	(mg)	0,01
Vitamin B_{12}	(μg)	+
Folsäure	(μg)	0,1
Pantothensäure	(mg)	–
Biotin	(μg)	–

ROSÉ

Nährwerte

Spezifisches Gewicht		1,003
Zucker	(g)	2,5
Alcohol	(g)	8,7
Solids	(g)	4,0
Gesamtstickstoff	(g)	0,01
Energie	kcal	71
	Kj	294
Eiweiß	(g)	0,1
Fett	(g)	0
Kohlenhydrate	(g)	2,5

Mineralien/Spurenelemente

Natrium	(mg)	4
Kalium	(mg)	75
Kalzium	(mg)	12
Magnesium	(mg)	7
Phosphor	(mg)	6
Eisen	(mg)	0,95
Kupfer	(mg)	0,02
Zink	(mg)	0,04
Schwefel	(mg)	–
Chlor	(mg)	7

Vitamine

Vitamin A	(μg)	0
Carotine	(μg)	+
Vitamin D	(μg)	0
Vitamin B_1 (Thiamin)	(mg)	+
Vitamin B_2 (Riboflavin)	(mg)	0,01
Niacin (Nicotinsäureamid)	(mg)	0,07
Vitamin C	(mg)	0
Vitamin E	(mg)	–
Vitamin B_6	(mg)	0,02
Vitamin B_{12}	(μg)	+
Folsäure	(μg)	0,2
Pantothensäure	(mg)	0,04
Biotin	(μg)	–

ROTWEIN

Nährwerte

Spezifisches Gewicht		0,998
Zucker	(g)	0,3
Alcohol	(g)	9,5
Solids	(g)	2,3
Gesamtstickstoff	(g)	0,03
Energie	kcal	68
	kJ	284
Eiweiß	(g)	0,2
Fett	(g)	0
Kohlenhydrate	(g)	0,3

Mineralien/Spurenelemente

Natrium	(mg)	10
Kalium	(mg)	130
Kalzium	(mg)	7
Magnesium	(mg)	11
Phosphor	(mg)	14
Eisen	(mg)	0,90
Kupfer	(mg)	0,12
Zink	(mg)	–
Schwefel	(mg)	–
Chlor	(mg)	18

Vitamine

Vitamin A	(µg)	0
Carotine	(µg)	+
Vitamin D	(µg)	0
Vitamin B_1 (Thiamin)	(mg)	+
Vitamin B_2 (Riboflavin)	(mg)	0,02
Niacin (Nicotinsäureamid)	(mg)	0,09
Vitamin C	(mg)	0
Vitamin E	(mg)	–
Vitamin B_6	(mg)	0,02
Vitamin B_{12}	(µg)	+
Folsäure	(µg)	0,2
Pantothensäure	(mg)	0,04
Biotin	(µg)	–

RUM

Nährwerte

Spezifisches Gewicht		0,950
Zucker	(g)	+
Alcohol	(g)	31,7
Solids	(g)	+
Gesamtstickstoff	(g)	+
Energie	kcal	222
	kJ	919
Eiweiß	(g)	+
Fett	(g)	0
Kohlenhydrate	(g)	+

Mineralien/Spurenelemente

Natrium	(mg)	+
Kalium	(mg)	+
Kalzium	(mg)	+
Magnesium	(mg)	+
Phosphor	(mg)	+
Eisen	(mg)	+
Kupfer	(mg)	+
Zink	(mg)	+
Schwefel	(mg)	+
Chlor	(mg)	+

Vitamine

Vitamin A	(µg)	0
Carotine	(µg)	0
Vitamin D	(µg)	0
Vitamin B_1 (Thiamin)	(mg)	0
Vitamin B_2 (Riboflavin)	(mg)	0
Niacin (Nicotinsäureamid)	(mg)	0
Vitamin C	(mg)	0
Vitamin E	(mg)	0
Vitamin B_6	(mg)	0
Vitamin B_{12}	(µg)	0
Folsäure	(µg)	0
Pantothensäure	(mg)	0
Biotin	(µg)	0

SCHOKOLADENTRUNK

Nährwerte

Wasser	(g)	2,1
Zucker	(g)	73,8
Stärke	(g)	3,6
Faserstoffe	(g)	–
Gesamtstickstoff	(g)	1,04
Energie	kcal	366
	kJ	1554
Eiweiß	(g)	5,5
Fett	(g)	6,0
Kohlenhydrate	(g)	77,4

Mineralien/Spurenelemente

Natrium	(mg)	250
Kalium	(mg)	410
Kalzium	(mg)	33
Magnesium	(mg)	150
Phosphor	(mg)	190
Eisen	(mg)	2,4
Kupfer	(mg)	1,1
Zink	(mg)	1,9
Schwefel	(mg)	–
Chlor	(mg)	130

Vitamine

Vitamin A	(µg)	0
Carotine	(µg)	–
Vitamin D	(µg)	0
Vitamin B_1 (Thiamin)	(mg)	0,06
Vitamin B_2 (Riboflavin)	(mg)	0,04
Niacin (Nicotinsäureamid)	(mg)	0,5
Vitamin C	(mg)	0
Vitamin E	(mg)	0,1
Vitamin B_6	(mg)	0,02
Vitamin B_{12}	(µg)	0
Folsäure	(µg)	10
Pantothensäure	(mg)	–
Biotin	(µg)	–

SHERRY
medium

Nährwerte

Spezifisches Gewicht		0,998
Zucker	(g)	3,6
Alcohol	(g)	14,8
Solids	(g)	4,7
Gesamtstickstoff	(g)	0,02
Energie	kcal	118
	kJ	489
Eiweiß	(g)	0,1
Fett	(g)	0
Kohlenhydrate	(g)	3,6

Mineralien/Spurenelemente

Natrium	(mg)	6
Kalium	(mg)	89
Kalzium	(mg)	9
Magnesium	(mg)	8
Phosphor	(mg)	7
Eisen	(mg)	0,53
Kupfer	(mg)	0,10
Zink	(mg)	0,27
Schwefel	(mg)	–
Chlor	(mg)	7

Vitamine

Vitamin A	(μg)	0
Carotine	(μg)	+
Vitamin D	(μg)	0
Vitamin B_1 (Thiamin)	(mg)	+
Vitamin B_2 (Riboflavin)	(mg)	0,01
Niacin (Nicotinsäureamid)	(mg)	0,08
Vitamin C	(mg)	0
Vitamin E	(mg)	0
Vitamin B_6	(mg)	0,01
Vitamin B_{12}	(μg)	+
Folsäure	(μg)	0,1
Pantothensäure	(mg)	–
Biotin	(μg)	–

SHERRY
süß

Nährwerte

Spezifisches Gewicht		1,009
Zucker	(g)	6,9
Alcohol	(g)	15,6
Solids	(g)	9,6
Gesamtstickstoff	(g)	0,05
Energie	kcal	136
	kJ	568
Eiweiß	(g)	0,3
Fett	(g)	0
Kohlenhydrate	(g)	6,9

Mineralien/Spurenelemente

Natrium	(mg)	13
Kalium	(mg)	110
Kalzium	(mg)	7
Magnesium	(mg)	11
Phosphor	(mg)	10
Eisen	(mg)	0,37
Kupfer	(mg)	0,11
Zink	(mg)	–
Schwefel	(mg)	–
Chlor	(mg)	14

Vitamine

Vitamin A	(μg)	0
Carotine	(μg)	+
Vitamin D	(μg)	0
Vitamin B_1 (Thiamin)	(mg)	+
Vitamin B_2 (Riboflavin)	(mg)	0,01
Niacin (Nicotinsäureamid)	(mg)	0,07
Vitamin C	(mg)	0
Vitamin E	(mg)	0
Vitamin B_6	(mg)	0,01
Vitamin B_{12}	(μg)	+
Folsäure	(μg)	0,1
Pantothensäure	(mg)	–
Biotin	(μg)	–

SHERRY
trocken

Nährwerte

Spezifisches Gewicht		0,088
Zucker	(g)	1,4
Alcohol	(g)	15,7
Solids	(g)	3,3
Gesamtstickstoff	(g)	0,03
Energie	kcal	116
	kJ	481
Eiweiß	(g)	0,2
Fett	(g)	0
Kohlenhydrate	(g)	1,4

Mineralien/Spurenelemente

Natrium	(mg)	10
Kalium	(mg)	57
Kalzium	(mg)	7
Magnesium	(mg)	13
Phosphor	(mg)	11
Eisen	(mg)	0,39
Kupfer	(mg)	0,03
Zink	(mg)	–
Schwefel	(mg)	–
Chlor	(mg)	12

Vitamine

Vitamin A	(μg)	0
Carotine	(μg)	+
Vitamin D	(μg)	0
Vitamin B_1 (Thiamin)	(mg)	+
Vitamin B_2 (Riboflavin)	(mg)	0,01
Niacin (Nicotinsäureamid)	(mg)	0,10
Vitamin C	(mg)	0
Vitamin E	(mg)	0
Vitamin B_6	(mg)	0,01
Vitamin B_{12}	(μg)	+
Folsäure	(μg)	0,1
Pantothensäure	(mg)	–
Biotin	(μg)	–

TEE
indischer

Nährwerte

Wasser	(g)	9,3
Zucker	(g)	3,0
Stärke	(g)	+
Faserstoffe	(g)	–
Gesamtstickstoff	(g)	4,08
Energie	kcal	108
	kJ	455
Eiweiß	(g)	19,6
Fett	(g)	2,0
Kohlenhydrate	(g)	3,0

Mineralien/Spurenelemente

Natrium	(mg)	45
Kalium	(mg)	2160
Kalzium	(mg)	430
Magnesium	(mg)	250
Phosphor	(mg)	630
Eisen	(mg)	15,2
Kupfer	(mg)	1,6
Zink	(mg)	3,0
Schwefel	(mg)	180
Chlor	(mg)	52

Vitamine

Vitamin A	(µg)	0
Carotine	(µg)	+
Vitamin D	(µg)	0
Vitamin B_1 (Thiamin)	(mg)	0,14
Vitamin B_2 (Riboflavin)	(mg)	1,2
Niacin (Nicotinsäureamid)	(mg)	7,5
Vitamin C	(mg)	+
Vitamin E	(mg)	–
Vitamin B_6	(mg)	–
Vitamin B_{12}	(µg)	0
Folsäure	(µg)	–
Pantothensäure	(mg)	1,3
Biotin	(µg)	–

TOMATENSAFT

Nährwerte

Wasser	(g)	93,3
Zucker	(g)	3,2
Stärke	(g)	0,2
Faserstoffe	(g)	–
Gesamtstickstoff	(g)	0,12
Energie	kcal	16
	kJ	66
Eiweiß	(g)	0,7
Fett	(g)	+
Kohlenhydrate	(g)	3,4

Mineralien/Spurenelemente

Natrium	(mg)	230
Kalium	(mg)	260
Kalzium	(mg)	10
Magnesium	(mg)	10
Phosphor	(mg)	20
Eisen	(mg)	0,5
Kupfer	(mg)	0,05
Zink	(mg)	0,4
Schwefel	(mg)	–
Chlor	(mg)	370

Vitamine

Vitamin A	(µg)	0
Carotine	(µg)	500
Vitamin D	(µg)	0
Vitamin B_1 (Thiamin)	(mg)	0,06
Vitamin B_2 (Riboflavin)	(mg)	0,03
Niacin (Nicotinsäureamid)	(mg)	0,7
Vitamin C	(mg)	20
Vitamin E	(mg)	0,2
Vitamin B_6	(mg)	0,11
Vitamin B_{12}	(µg)	0
Folsäure	(µg)	13
Pantothensäure	(mg)	0,20
Biotin	(µg)	1

VERMOUTH
süß

Nährwerte

Spezifisches Gewicht		1,046
Zucker	(g)	15,9
Alcohol	(g)	13,0
Solids	(g)	16,4
Gesamtstickstoff	(g)	+
Energie	kcal	151
	kJ	631
Eiweiß	(g)	+
Fett	(g)	0
Kohlenhydrate	(g)	15,9

Mineralien/Spurenelemente

Natrium	(mg)	28
Kalium	(mg)	30
Kalzium	(mg)	6
Magnesium	(mg)	4
Phosphor	(mg)	6
Eisen	(mg)	0,36
Kupfer	(mg)	0,04
Zink	(mg)	0,03
Schwefel	(mg)	–
Chlor	(mg)	16

Vitamine

Vitamin A	(µg)	0
Carotine	(µg)	0
Vitamin D	(µg)	0
Vitamin B_1 (Thiamin)	(mg)	+
Vitamin B_2 (Riboflavin)	(mg)	+
Niacin (Nicotinsäureamid)	(mg)	0,04
Vitamin C	(mg)	0
Vitamin E	(mg)	0
Vitamin B_6	(mg)	0,01
Vitamin B_{12}	(µg)	+
Folsäure	(µg)	+
Pantothensäure	(mg)	–
Biotin	(µg)	–

VERMOUTH
trocken

Nährwerte

Spezifisches Gewicht		1,005
Zucker	(g)	5,5
Alcohol	(g)	13,9
Solids	(g)	6,6
Gesamtstickstoff	(g)	0,01
Energie	kcal	118
	kJ	493
Eiweiß	(g)	0,1
Fett	(g)	0
Kohlenhydrate	(g)	5,5

Mineralien/Spurenelemente

Natrium	(mg)	17
Kalium	(mg)	40
Kalzium	(mg)	7
Magnesium	(mg)	5
Phosphor	(mg)	7
Eisen	(mg)	0,34
Kupfer	(mg)	0,06
Zink	(mg)	0,04
Schwefel	(mg)	–
Chlor	(mg)	9

Vitamine

Vitamin A	(μg)	0
Carotine	(μg)	0
Vitamin D	(μg)	0
Vitamin B_1 (Thiamin)	(mg)	+
Vitamin B_2 (Riboflavin)	(mg)	+
Niacin (Nicotinsäureamid)	(mg)	0,04
Vitamin C	(mg)	0
Vitamin E	(mg)	0
Vitamin B_6	(mg)	0,01
Vitamin B_{12}	(μg)	+
Folsäure	(μg)	+
Pantothensäure	(mg)	–
Biotin	(μg)	–

VOLLBIER
dunkel

Nährwerte

Spezifisches Gewicht		1,004
Zucker	(g)	2,3
Alcohol	(g)	3,1
Solids	(g)	3,3
Gesamtstickstoff	(g)	0,04
Energie	kcal	32
	kJ	132
Eiweiß	(g)	0,3
Fett	(g)	+
Kohlenhydrate	(g)	2,3

Mineralien/Spurenelemente

Natrium	(mg)	12
Kalium	(mg)	38
Kalzium	(mg)	11
Magnesium	(mg)	9
Phosphor	(mg)	13
Eisen	(mg)	0,01
Kupfer	(mg)	0,08
Zink	(mg)	–
Schwefel	(mg)	–
Chlor	(mg)	32

Vitamine

Vitamin A	(μg)	0
Carotine	(μg)	+
Vitamin D	(μg)	0
Vitamin B_1 (Thiamin)	(mg)	+
Vitamin B_2 (Riboflavin)	(mg)	0,04
Niacin (Nicotinsäureamid)	(mg)	0,47
Vitamin C	(mg)	0
Vitamin E	(mg)	–
Vitamin B_6	(mg)	0,02
Vitamin B_{12}	(μg)	0,17
Folsäure	(μg)	8,8
Pantothensäure	(mg)	0,10
Biotin	(μg)	0,5

VOLLBIER
hell

Nährwerte

Spezifisches Gewicht		1,008
Zucker	(g)	2,3
Alcohol	(g)	3,1
Solids	(g)	3,3
Gesamtstickstoff	(g)	0,04
Energie	kcal	32
	Kj	132
Eiweiß	(g)	0,3
Fett	(g)	+
Kohlenhydrate	(g)	2,3

Mineralien/Spurenelemente

Natrium	(mg)	9
Kalium	(mg)	37
Kalzium	(mg)	8
Magnesium	(mg)	7
Phosphor	(mg)	11
Eisen	(mg)	0,01
Kupfer	(mg)	+
Zink	(mg)	+
Schwefel	(mg)	–
Chlor	(mg)	–

Vitamine

Vitamin A	(μg)	0
Carotine	(μg)	+
Vitamin D	(μg)	0
Vitamin B_1 (Thiamin)	(mg)	+
Vitamin B_2 (Riboflavin)	(mg)	0,03
Niacin (Nicotinsäureamid)	(mg)	0,30
Vitamin C	(mg)	0
Vitamin E	(mg)	–
Vitamin B_6	(mg)	0,02
Vitamin B_{12}	(μg)	0,15
Folsäure	(μg)	4,0
Pantothensäure	(mg)	0,10
Biotin	(μg)	0,5

WACHOLDERSCHNAPS

Nährwerte

Spezifisches Gewicht		0,950
Zucker	(g)	+
Alcohol	(g)	31,7
Solids	(g)	+
Gesamtstickstoff	(g)	+
Energie	kcal	222
	kJ	919
Eiweiß	(g)	+
Fett	(g)	0
Kohlenhydrate	(g)	+

Mineralien/Spurenelemente

Natrium	(mg)	+
Kalium	(mg)	+
Kalzium	(mg)	+
Magnesium	(mg)	+
Phosphor	(mg)	+
Eisen	(mg)	+
Kupfer	(mg)	+
Zink	(mg)	+
Schwefel	(mg)	+
Chlor	(mg)	+

Vitamine

Vitamin A	(μg)	0
Carotine	(μg)	0
Vitamin D	(μg)	0
Vitamin B_1 (Thiamin)	(mg)	0
Vitamin B_2 (Riboflavin)	(mg)	0
Niacin (Nicotin-säureamid)	(mg)	0
Vitamin C	(mg)	0
Vitamin E	(mg)	0
Vitamin B_6	(mg)	0
Vitamin B_{12}	(μg)	0
Folsäure	(μg)	0
Pantothensäure	(mg)	0
Biotin	(μg)	0

WEINBRAND

Nährwerte

Spezifisches Gewicht		0,950
Zucker	(g)	+
Alcohol	(g)	31,7
Solids	(g)	+
Gesamtstickstoff	(g)	+
Energie	kcal	222
	kJ	919
Eiweiß	(g)	+
Fett	(g)	0
Kohlenhydrate	(g)	+

Mineralien/Spurenelemente

Natrium	(mg)	+
Kalium	(mg)	+
Kalzium	(mg)	+
Magnesium	(mg)	+
Phosphor	(mg)	+
Eisen	(mg)	+
Kupfer	(mg)	+
Zink	(mg)	+
Schwefel	(mg)	+
Chlor	(mg)	+

Vitamine

Vitamin A	(µg)	0
Carotine	(µg)	0
Vitamin D	(µg)	0
Vitamin B_1 (Thiamin)	(mg)	0
Vitamin B_2 (Riboflavin)	(mg)	0
Niacin (Nicotinsäureamid)	(mg)	0
Vitamin C	(mg)	0
Vitamin E	(mg)	0
Vitamin B_6	(mg)	0
Vitamin B_{12}	(µg)	0
Folsäure	(µg)	0
Pantothensäure	(mg)	0
Biotin	(µg)	0

WEISSWEIN
medium

Nährwerte

Spezifisches Gewicht		1,005
Zucker	(g)	3,4
Alcohol	(g)	8,8
Solids	(g)	5,4
Gesamtstickstoff	(g)	0,02
Energie	kcal	75
	kJ	311
Eiweiß	(g)	0,1
Fett	(g)	0
Kohlenhydrate	(g)	3,4

Mineralien/Spurenelemente

Natrium	(mg)	21
Kalium	(mg)	88
Kalzium	(mg)	14
Magnesium	(mg)	9
Phosphor	(mg)	8
Eisen	(mg)	1,21
Kupfer	(mg)	0,01
Zink	(mg)	–
Schwefel	(mg)	–
Chlor	(mg)	4

Vitamine

Vitamin A	(µg)	0
Carotine	(µg)	+
Vitamin D	(µg)	0
Vitamin B_1 (Thiamin)	(mg)	+
Vitamin B_2 (Riboflavin)	(mg)	0,01
Niacin (Nicotinsäureamid)	(mg)	0,08
Vitamin C	(mg)	0
Vitamin E	(mg)	–
Vitamin B_6	(mg)	0,1
Vitamin B_{12}	(µg)	+
Folsäure	(µg)	0,2
Pantothensäure	(mg)	0,03
Biotin	(µg)	–

WEISSWEIN
perlend

Nährwerte

Spezifisches Gewicht		0,995
Zucker	(g)	1,4
Alcohol	(g)	9,9
Solids	(g)	3,3
Gesamtstickstoff	(g)	0,04
Energie	kcal	76
	kJ	315
Eiweiß	(g)	0,3
Fett	(g)	0
Kohlenhydrate	(g)	1,4

Mineralien/Spurenelemente

Natrium	(mg)	4
Kalium	(mg)	57
Kalzium	(mg)	3
Magnesium	(mg)	6
Phosphor	(mg)	7
Eisen	(mg)	0,50
Kupfer	(mg)	0,01
Zink	(mg)	–
Schwefel	(mg)	–
Chlor	(mg)	7

Vitamine

Vitamin A	(µg)	0
Carotine	(µg)	+
Vitamin D	(µg)	0
Vitamin B_1 (Thiamin)	(mg)	+
Vitamin B_2 (Riboflavin)	(mg)	0,01
Niacin (Nicotinsäureamid)	(mg)	0,07
Vitamin C	(mg)	0
Vitamin E	(mg)	–
Vitamin B_6	(mg)	0,01
Vitamin B_{12}	(µg)	+
Folsäure	(µg)	0,1
Pantothensäure	(mg)	0,03
Biotin	(µg)	–

WEISSWEIN
süß

Nährwerte

Spezifisches Gewicht		1,016
Zucker	(g)	5,9
Alcohol	(g)	10,2
Solids	(g)	9,2
Gesamtstickstoff	(g)	0,03
Energie	kcal	94
	kJ	394
Eiweiß	(g)	0,2
Fett	(g)	0
Kohlenhydrate	(g)	5,9

Mineralien/Spurenelemente

Natrium	(mg)	13
Kalium	(mg)	110
Kalzium	(mg)	14
Magnesium	(mg)	11
Phosphor	(mg)	13
Eisen	(mg)	0,58
Kupfer	(mg)	0,05
Zink	(mg)	–
Schwefel	(mg)	–
Chlor	(mg)	7

Vitamine

Vitamin A	(μg)	0
Carotine	(μg)	+
Vitamin D	(μg)	0
Vitamin B_1 (Thiamin)	(mg)	+
Vitamin B_2 (Riboflavin)	(mg)	0,01
Niacin (Nicotinsäureamid)	(mg)	0,08
Vitamin C	(mg)	0
Vitamin E	(mg)	–
Vitamin B_6	(mg)	0,01
Vitamin B_{12}	(μg)	+
Folsäure	(μg)	0,1
Pantothensäure	(mg)	0,03
Biotin	(μg)	–

WEISSWEIN
trocken

Nährwerte

Spezifisches Gewicht		0,995
Zucker	(g)	0,6
Alcohol	(g)	9,1
Solids	(g)	1,8
Gesamtstickstoff	(g)	0,02
Energie	kcal	66
	kJ	275
Eiweiß	(g)	0,1
Fett	(g)	0
Kohlenhydrate	(g)	0,6

Mineralien/Spurenelemente

Natrium	(mg)	4
Kalium	(mg)	61
Kalzium	(mg)	9
Magnesium	(mg)	8
Phosphor	(mg)	6
Eisen	(mg)	0,50
Kupfer	(mg)	0,01
Zink	(mg)	0,01
Schwefel	(mg)	–
Chlor	(mg)	10

Vitamine

Vitamin A	(μg)	0
Carotine	(μg)	+
Vitamin D	(μg)	0
Vitamin B_1 (Thiamin)	(mg)	+
Vitamin B_2 (Riboflavin)	(mg)	0,01
Niacin (Nicotinsäureamid)	(mg)	0,07
Vitamin C	(mg)	0
Vitamin E	(mg)	–
Vitamin B_6	(mg)	0,02
Vitamin B_{12}	(μg)	+
Folsäure	(μg)	0,2
Pantothensäure	(mg)	0,03
Biotin	(μg)	–

WHISKY

Nährwerte

Spezifisches Gewicht		0,950
Zucker	(g)	+
Alcohol	(g)	31,7
Solids	(g)	+
Gesamtstickstoff	(g)	+
Energie	kcal	222
	kJ	919
Eiweiß	(g)	+
Fett	(g)	0
Kohlenhydrate	(g)	+

Mineralien/Spurenelemente

Natrium	(mg)	+
Kalium	(mg)	+
Kalzium	(mg)	+
Magnesium	(mg)	+
Phosphor	(mg)	+
Eisen	(mg)	+
Kupfer	(mg)	+
Zink	(mg)	+
Schwefel	(mg)	+
Chlor	(mg)	+

Vitamine

Vitamin A	(μg)	0
Carotine	(μg)	0
Vitamin D	(μg)	0
Vitamin B_1 (Thiamin)	(mg)	0
Vitamin B_2 (Riboflavin)	(mg)	0
Niacin (Nicotinsäureamid)	(mg)	0
Vitamin C	(mg)	0
Vitamin E	(mg)	0
Vitamin B_6	(mg)	0
Vitamin B_{12}	(μg)	0
Folsäure	(μg)	0
Pantothensäure	(mg)	0
Biotin	(μg)	0

Getreideerzeugnisse

ALL-BRAN
Getreideflocken

Nährwerte

Wasser	(g)	2,3
Zucker	(g)	15,4
Stärke	(g)	27,6
Faserstoffe	(g)	26,7
Gesamtstickstoff	(g)	2,40
Energie	kcal	273
	kJ	1156
Eiweiß	(g)	15,1
Fett	(g)	5,7
Kohlenhydrate	(g)	43,0

Mineralien/Spurenelemente

Natrium	(mg)	1670
Kalium	(mg)	1070
Kalzium	(mg)	74
Magnesium	(mg)	370
Phosphor	(mg)	900
Eisen	(mg)	12,0
Kupfer	(mg)	1,2
Zink	(mg)	8,4
Schwefel	(mg)	–
Chlor	(mg)	2440

Vitamine

Vitamin A	(µg)	0
Carotine	(µg)	0
Vitamin D	(µg)	0
Vitamin B_1 (Thiamin)	(mg)	0,75
Vitamin B_2 (Riboflavin)	(mg)	2,8
Niacin (Nicotinsäureamid)	(mg)	49,0
Vitamin C	(mg)	0
Vitamin E	(mg)	2,0
Vitamin B_6	(mg)	0,83
Vitamin B_{12}	(µg)	0
Folsäure	(µg)	100
Pantothensäure	(mg)	–
Biotin	(µg)	–

BRÖTCHEN

Nährwerte

Wasser	(g)	28,6
Zucker	(g)	2,1
Stärke	(g)	55,1
Faserstoffe	(g)	5,9
Gesamtstickstoff	(g)	2,02
Energie	kcal	289
	kJ	1229
Eiweiß	(g)	11,5
Fett	(g)	3,2
Kohlenhydrate	(g)	57,2

Mineralien/Spurenelemente

Natrium	(mg)	640
Kalium	(mg)	240
Kalzium	(mg)	120
Magnesium	(mg)	86
Phosphor	(mg)	220
Eisen	(mg)	3,2
Kupfer	(mg)	0,26
Zink	(mg)	1,8
Schwefel	(mg)	170
Chlor	(mg)	1030

Vitamine

Vitamin A	(µg)	0
Carotine	(µg)	0
Vitamin D	(µg)	0
Vitamin B_1 (Thiamin)	(mg)	0,23
Vitamin B_2 (Riboflavin)	(mg)	0,15
Niacin (Nicotinsäureamid)	(mg)	2,7
Vitamin C	(mg)	0
Vitamin E	(mg)	+
Vitamin B_6	(mg)	0,15
Vitamin B_{12}	(µg)	0
Folsäure	(µg)	36
Pantothensäure	(mg)	0,3
Biotin	(µg)	3

CORNFLAKES
Getreideflocken

Nährwerte

Wasser	(g)	3,0
Zucker	(g)	7,4
Stärke	(g)	77,7
Faserstoffe	(g)	11,0
Gesamtstickstoff	(g)	1,38
Energie	kcal	368
	kJ	1567
Eiweiß	(g)	8,6
Fett	(g)	1,6
Kohlenhydrate	(g)	85,1

Mineralien/Spurenelemente

Natrium	(mg)	1160
Kalium	(mg)	99
Kalzium	(mg)	3
Magnesium	(mg)	14
Phosphor	(mg)	47
Eisen	(mg)	0,6
Kupfer	(mg)	0,03
Zink	(mg)	0,3
Schwefel	(mg)	–
Chlor	(mg)	2240

Vitamine

Vitamin A	(μg)	0
Carotine	(μg)	0
Vitamin D	(μg)	0
Vitamin B_1 (Thiamin)	(mg)	1,8
Vitamin B_2 (Riboflavin)	(mg)	1,6
Niacin (Nicotinsäureamid)	(mg)	21,0
Vitamin C	(mg)	0
Vitamin E	(mg)	0,4
Vitamin B_6	(mg)	0,03
Vitamin B_{12}	(μg)	0
Folsäure	(μg)	7
Pantothensäure	(mg)	–
Biotin	(μg)	–

GERSTE

Nährwerte

Wasser	(g)	10,6
Zucker	(g)	+
Stärke	(g)	83,6
Faserstoffe	(g)	6,5
Gesamtstickstoff	(g)	1,35
Energie	kcal	360
	kJ	1535
Eiweiß	(g)	7,9
Fett	(g)	1,7
Kohlenhydrate	(g)	83,6

Mineralien/Spurenelemente

Natrium	(mg)	3
Kalium	(mg)	120
Kalzium	(mg)	10
Magnesium	(mg)	20
Phosphor	(mg)	210
Eisen	(mg)	0,7
Kupfer	(mg)	0,12
Zink	(mg)	2,0
Schwefel	(mg)	110
Chlor	(mg)	110

Vitamine

Vitamin A	(μg)	0
Carotine	(μg)	0
Vitamin D	(μg)	0
Vitamin B_1 (Thiamin)	(mg)	0,12
Vitamin B_2 (Riboflavin)	(mg)	0,05
Niacin (Nicotinsäureamid)	(mg)	2,5
Vitamin C	(mg)	0
Vitamin E	(mg)	0,2
Vitamin B_6	(mg)	0,22
Vitamin B_{12}	(μg)	0
Folsäure	(μg)	20
Pantothensäure	(mg)	0,5
Biotin	(μg)	–

GRAPENUTS
Getreideflocken

Nährwerte

Wasser	(g)	3,9
Zucker	(g)	9,5
Stärke	(g)	66,4
Faserstoffe	(g)	7,0
Gesamtstickstoff	(g)	1,85
Energie	kcal	355
	kJ	1510
Eiweiß	(g)	10,8
Fett	(g)	3,0
Kohlenhydrate	(g)	75,9

Mineralien/Spurenelemente

Natrium	(mg)	660
Kalium	(mg)	270
Kalzium	(mg)	37
Magnesium	(mg)	78
Phosphor	(mg)	240
Eisen	(mg)	5,2
Kupfer	(mg)	0,25
Zink	(mg)	2,1
Schwefel	(mg)	–
Chlor	(mg)	1080

Vitamine

Vitamin A	(μg)	1330
Carotine	(μg)	0
Vitamin D	(μg)	3,5
Vitamin B_1 (Thiamin)	(mg)	1,2
Vitamin B_2 (Riboflavin)	(mg)	1,6
Niacin (Nicotinsäureamid)	(mg)	17,0
Vitamin C	(mg)	0
Vitamin E	(mg)	1,6
Vitamin B_6	(mg)	2,81
Vitamin B_{12}	(μg)	5
Folsäure	(μg)	41
Pantothensäure	(mg)	–
Biotin	(μg)	–

HAFERFLOCKENBREI

Nährwerte

Wasser	(g)	89,1
Zucker	(g)	+
Stärke	(g)	8,2
Faserstoffe	(g)	0,8
Gesamtstickstoff	(g)	0,24
Energie	kcal	44
	kJ	188
Eiweiß	(g)	1,4
Fett	(g)	0,9
Kohlenhydrate	(g)	8,2

Mineralien/Spurenelemente

Natrium	(mg)	580
Kalium	(mg)	42
Kalzium	(mg)	6
Magnesium	(mg)	13
Phosphor	(mg)	43
Eisen	(mg)	0,5
Kupfer	(mg)	0,03
Zink	(mg)	0,3
Schwefel	(mg)	18
Chlor	(mg)	890

Vitamine

Vitamin A	(µg)	0
Carotine	(µg)	0
Vitamin D	(µg)	0
Vitamin B_1 (Thiamin)	(mg)	0,05
Vitamin B_2 (Riboflavin)	(mg)	0,01
Niacin (Nicotinsäureamid)	(mg)	0,1
Vitamin C	(mg)	0
Vitamin E	(mg)	0,1
Vitamin B_6	(mg)	0,01
Vitamin B_{12}	(µg)	0
Folsäure	(µg)	6
Pantothensäure	(mg)	0,1
Biotin	(µg)	2

HAFERMEHL

Nährwerte

Wasser	(g)	8,9
Zucker	(g)	+
Stärke	(g)	72,8
Faserstoffe	(g)	7,0
Gesamtstickstoff	(g)	2,12
Energie	kcal	401
	kJ	1698
Eiweiß	(g)	12,4
Fett	(g)	8,6
Kohlenhydrate	(g)	72,8

Mineralien/Spurenelemente

Natrium	(mg)	33
Kalium	(mg)	370
Kalzium	(mg)	55
Magnesium	(mg)	110
Phosphor	(mg)	380
Eisen	(mg)	4,1
Kupfer	(mg)	0,23
Zink	(mg)	30
Schwefel	(mg)	160
Chlor	(mg)	73

Vitamine

Vitamin A	(µg)	0
Carotine	(µg)	0
Vitamin D	(µg)	0
Vitamin B_1 (Thiamin)	(mg)	0,05
Vitamin B_2 (Riboflavin)	(mg)	0,01
Niacin (Nicotinsäureamid)	(mg)	0,1
Vitamin C	(mg)	0
Vitamin E	(mg)	0,1
Vitamin B_6	(mg)	0,12
Vitamin B_{12}	(µg)	0
Folsäure	(µg)	6
Pantothensäure	(mg)	0,1
Biotin	(µg)	2

KLEIE

Nährwerte

Wasser	(g)	8,3
Zucker	(g)	3,8
Stärke	(g)	23,0
Faserstoffe	(g)	44,0
Gesamtstickstoff	(g)	2,24
Energie	kcal	206
	kJ	872
Eiweiß	(g)	14,1
Fett	(g)	5,5
Kohlenhydrate	(g)	26,8

Mineralien/Spurenelemente

Natrium	(mg)	28
Kalium	(mg)	1160
Kalzium	(mg)	110
Magnesium	(mg)	520
Phosphor	(mg)	1200
Eisen	(mg)	12,9
Kupfer	(mg)	1,34
Zink	(mg)	16,2
Schwefel	(mg)	65
Chlor	(mg)	150

Vitamine

Vitamin A	(µg)	0
Carotine	(µg)	0
Vitamin D	(µg)	0
Vitamin B_1 (Thiamin)	(mg)	+
Vitamin B_2 (Riboflavin)	(mg)	+
Niacin (Nicotinsäureamid)	(mg)	+
Vitamin C	(mg)	0
Vitamin E	(mg)	0
Vitamin B_6	(mg)	1,38
Vitamin B_{12}	(µg)	0
Folsäure	(µg)	260
Pantothensäure	(mg)	2,4
Biotin	(µg)	14

MAISBROT

Nährwerte

Wasser	(g)	39,0
Zucker	(g)	18,6
Stärke	(g)	30,8
Faserstoffe	(g)	–
Gesamtstickstoff	(g)	1,46
Energie	kcal	248
	kJ	1054
Eiweiß	(g)	8,3
Fett	(g)	3,3
Kohlenhydrate	(g)	49,4

Mineralien/Spurenelemente

Natrium	(mg)	280
Kalium	(mg)	380
Kalzium	(mg)	94
Magnesium	(mg)	78
Phosphor	(mg)	250
Eisen	(mg)	3,6
Kupfer	(mg)	0,06
Zink	(mg)	0,8
Schwefel	(mg)	110
Chlor	(mg)	530

Vitamine

Vitamin A	(μg)	0
Carotine	(μg)	0
Vitamin D	(μg)	0
Vitamin B_1 (Thiamin)	(mg)	–
Vitamin B_2 (Riboflavin)	(mg)	–
Niacin (Nicotinsäureamid)	(mg)	–
Vitamin C	(mg)	0
Vitamin E	(mg)	+
Vitamin B_6	(mg)	–
Vitamin B_{12}	(μg)	0
Folsäure	(μg)	–
Pantothensäure	(mg)	–
Biotin	(μg)	–

MAISSTÄRKE

Nährwerte

Wasser	(g)	12/5
Zucker	(g)	+
Stärke	(g)	92,0
Faserstoffe	(g)	–
Gesamtstickstoff	(g)	00,9
Energie	kcal	354
	kJ	1508
Eiweiß	(g)	0,6
Fett	(g)	0,7
Kohlenhydrate	(g)	92,0

Mineralien/Spurenelemente

Natrium	(mg)	52
Kalium	(mg)	61
Kalzium	(mg)	15
Magnesium	(mg)	7
Phosphor	(mg)	39
Eisen	(mg)	1,4
Kupfer	(mg)	0,13
Zink	(mg)	+
Schwefel	(mg)	1
Chlor	(mg)	71

Vitamine

Vitamin A	(μg)	0
Carotine	(μg)	0
Vitamin D	(μg)	0
Vitamin B_1 (Thiamin)	(mg)	+
Vitamin B_2 (Riboflavin)	(mg)	+
Niacin (Nicotinsäureamid)	(mg)	+
Vitamin C	(mg)	0
Vitamin E	(mg)	0
Vitamin B_6	(mg)	+
Vitamin B_{12}	(μg)	0
Folsäure	(μg)	+
Pantothensäure	(mg)	+
Biotin	(μg)	+

MAKKARONI

gekocht

Nährwerte

Wasser	(g)	71,5
Zucker	(g)	+
Stärke	(g)	25,2
Faserstoffe	(g)	–
Gesamtstickstoff	(g)	0,75
Energie	kcal	117
	kJ	499
Eiweiß	(g)	4,3
Fett	(g)	0,6
Kohlenhydrate	(g)	25,2

Mineralien/Spurenelemente

Natrium	(mg)	8
Kalium	(mg)	67
Kalzium	(mg)	8
Magnesium	(mg)	18
Phosphor	(mg)	47
Eisen	(mg)	0,5
Kupfer	(mg)	0,02
Zink	(mg)	0,3
Schwefel	(mg)	29
Chlor	(mg)	10

Vitamine

Vitamin A	(μg)	0
Carotine	(μg)	0
Vitamin D	(μg)	0
Vitamin B_1 (Thiamin)	(mg)	0,01
Vitamin B_2 (Riboflavin)	(mg)	0,01
Niacin (Nicotinsäureamid)	(mg)	0,3
Vitamin C	(mg)	0
Vitamin E	(mg)	+
Vitamin B_6	(mg)	0,01
Vitamin B_{12}	(μg)	0
Folsäure	(μg)	60
Pantothensäure	(mg)	1,0
Biotin	(μg)	20

MAKKARONI
roh

Nährwerte

Wasser	(g)	10,4
Zucker	(g)	+
Stärke	(g)	79,2
Faserstoffe	(g)	–
Gesamtstickstoff	(g)	2,41
Energie	kcal	370
	kJ	1574
Eiweiß	(g)	13,7
Fett	(g)	2,0
Kohlenhydrate	(g)	79,2

Mineralien/Spurenelemente

Natrium	(mg)	26
Kalium	(mg)	220
Kalzium	(mg)	26
Magnesium	(mg)	57
Phosphor	(mg)	250
Eisen	(mg)	1,4
Kupfer	(mg)	0,07
Zink	(mg)	1,0
Schwefel	(mg)	95
Chlor	(mg)	31

Vitamine

Vitamin A	(μg)	0
Carotine	(μg)	0
Vitamin D	(μg)	0
Vitamin B_1 (Thiamin)	(mg)	0,14
Vitamin B_2 (Riboflavin)	(mg)	0,06
Niacin (Nicotinsäureamid)	(mg)	2,0
Vitamin C	(mg)	0
Vitamin E	(mg)	+
Vitamin B_6	(mg)	0,06
Vitamin B_{12}	(μg)	0
Folsäure	(μg)	11
Pantothensäure	(mg)	0,3
Biotin	(μg)	1

MISCHBROT

Nährwerte

Wasser	(g)	39,0
Zucker	(g)	1,8
Stärke	(g)	47,9
Faserstoffe	(g)	2,7
Gesamtstickstoff	(g)	1,40
Energie	kcal	233
	kJ	991
Eiweiß	(g)	7,8
Fett	(g)	1,7
Kohlenhydrate	(g)	49,7

Mineralien/Spurenelemente

Natrium	(mg)	540
Kalium	(mg)	100
Kalzium	(mg)	100
Magnesium	(mg)	26
Phosphor	(mg)	97
Eisen	(mg)	1,7
Kupfer	(mg)	0,15
Zink	(mg)	0,8
Schwefel	(mg)	79
Chlor	(mg)	890

Vitamine

Vitamin A	(μg)	0
Carotine	(μg)	0
Vitamin D	(μg)	0
Vitamin B_1 (Thiamin)	(mg)	0,18
Vitamin B_2 (Riboflavin)	(mg)	0,03
Niacin (Nicotinsäureamid)	(mg)	1,4
Vitamin C	(mg)	0
Vitamin E	(mg)	+
Vitamin B_6	(mg)	0,04
Vitamin B_{12}	(μg)	0
Folsäure	(μg)	27
Pantothensäure	(mg)	0,3
Biotin	(μg)	1

MÜSLI

Nährwerte

Wasser	(g)	5,8
Zucker	(g)	26,2
Stärke	(g)	40,0
Faserstoffe	(g)	7,4
Gesamtstickstoff	(g)	2,21
Energie	kcal	368
	kJ	1556
Eiweiß	(g)	12,9
Fett	(g)	7,5
Kohlenhydrate	(g)	66,2

Mineralien/Spurenelemente

Natrium	(mg)	180
Kalium	(mg)	600
Kalzium	(mg)	200
Magnesium	(mg)	100
Phosphor	(mg)	380
Eisen	(mg)	4,6
Kupfer	(mg)	0,41
Zink	(mg)	2,2
Schwefel	(mg)	–
Chlor	(mg)	330

Vitamine

Vitamin A	(μg)	0
Carotine	(μg)	0
Vitamin D	(μg)	0
Vitamin B_1 (Thiamin)	(mg)	0,33
Vitamin B_2 (Riboflavin)	(mg)	0,27
Niacin (Nicotinsäureamid)	(mg)	2,7
Vitamin C	(mg)	+
Vitamin E	(mg)	3,2
Vitamin B_6	(mg)	0,14
Vitamin B_{12}	(μg)	0
Folsäure	(μg)	48
Pantothensäure	(mg)	–
Biotin	(μg)	–

PUFFWEIZEN
Getreideflocken

Nährwerte

Wasser	(g)	2,5
Zucker	(g)	1,5
Stärke	(g)	67,0
Faserstoffe	(g)	15,4
Gesamtstickstoff	(g)	2,44
Energie	kcal	325
	kJ	1386
Eiweiß	(g)	14,2
Fett	(g)	1,3
Kohlenhydrate	(g)	68,5

Mineralien/Spurenelemente

Natrium	(mg)	4
Kalium	(mg)	390
Kalzium	(mg)	26
Magnesium	(mg)	140
Phosphor	(mg)	350
Eisen	(mg)	4,6
Kupfer	(mg)	0,56
Zink	(mg)	2,8
Schwefel	(mg)	–
Chlor	(mg)	50

Vitamine

Vitamin A	(μg)	0
Carotine	(μg)	0
Vitamin D	(μg)	0
Vitamin B_1 (Thiamin)	(mg)	+
Vitamin B_2 (Riboflavin)	(mg)	0,06
Niacin (Nicotin-säureamid)	(mg)	5,2
Vitamin C	(mg)	0
Vitamin E	(mg)	1,7
Vitamin B_6	(mg)	0,14
Vitamin B_{12}	(μg)	0
Folsäure	(μg)	19
Pantothensäure	(mg)	–
Biotin	(μg)	–

READY BREK
Getreideflocken

Nährwerte

Wasser	(g)	6,3
Zucker	(g)	2,2
Stärke	(g)	67,7
Faserstoffe	(g)	7,6
Gesamtstickstoff	(g)	2,12
Energie	kcal	390
	kJ	1651
Eiweiß	(g)	5,9
Fett	(g)	2,0
Kohlenhydrate	(g)	88,1

Mineralien/Spurenelemente

Natrium	(mg)	23
Kalium	(mg)	390
Kalzium	(mg)	64
Magnesium	(mg)	120
Phosphor	(mg)	420
Eisen	(mg)	4,9
Kupfer	(mg)	0,41
Zink	(mg)	2,7
Schwefel	(mg)	–
Chlor	(mg)	66

Vitamine

Vitamin A	(μg)	0
Carotine	(μg)	0
Vitamin D	(μg)	0
Vitamin B_1 (Thiamin)	(mg)	1,5
Vitamin B_2 (Riboflavin)	(mg)	0,09
Niacin (Nicotin-säureamid)	(mg)	9,4
Vitamin C	(mg)	0
Vitamin E	(mg)	1,2
Vitamin B_6	(mg)	1,5
Vitamin B_{12}	(μg)	0
Folsäure	(μg)	14
Pantothensäure	(mg)	–
Biotin	(μg)	–

REIS
gekocht

Nährwerte

Wasser	(g)	69,9
Zucker	(g)	+
Stärke	(g)	29,6
Faserstoffe	(g)	0,8
Gesamtstickstoff	(g)	0,37
Energie	kcal	123
	kJ	522
Eiweiß	(g)	2,2
Fett	(g)	0,3
Kohlenhydrate	(g)	29,6

Mineralien/Spurenelemente

Natrium	(mg)	2
Kalium	(mg)	38
Kalzium	(mg)	1
Magnesium	(mg)	4
Phosphor	(mg)	34
Eisen	(mg)	0,2
Kupfer	(mg)	0,02
Zink	(mg)	0,4
Schwefel	(mg)	27
Chlor	(mg)	9

Vitamine

Vitamin A	(μg)	0
Carotine	(μg)	0
Vitamin D	(μg)	0
Vitamin B_1 (Thiamin)	(mg)	0,01
Vitamin B_2 (Riboflavin)	(mg)	0,01
Niacin (Nicotin-säureamid)	(mg)	0,3
Vitamin C	(mg)	0
Vitamin E	(mg)	0,1
Vitamin B_6	(mg)	0,05
Vitamin B_{12}	(μg)	0
Folsäure	(μg)	6
Pantothensäure	(mg)	0,2
Biotin	(μg)	1

REIS
poliert, roh

Nährwerte

Wasser	(g)	11,7
Zucker	(g)	+
Stärke	(g)	86,8
Faserstoffe	(g)	2,4
Gesamtstickstoff	(g)	1,09
Energie	kcal	361
	kJ	1536
Eiweiß	(g)	6,5
Fett	(g)	1,0
Kohlenhydrate	(g)	86,8

Mineralien/Spurenelemente

Natrium	(mg)	6
Kalium	(mg)	110
Kalzium	(mg)	4
Magnesium	(mg)	13
Phosphor	(mg)	100
Eisen	(mg)	0,5
Kupfer	(mg)	0,06
Zink	(mg)	1,3
Schwefel	(mg)	7,8
Chlor	(mg)	27

Vitamine

Vitamin A	(µg)	0
Carotine	(µg)	0
Vitamin D	(µg)	0
Vitamin B_1 (Thiamin)	(mg)	0,08
Vitamin B_2 (Riboflavin)	(mg)	0,03
Niacin (Nicotinsäureamid)	(mg)	1,5
Vitamin C	(mg)	0
Vitamin E	(mg)	0,3
Vitamin B_6	(mg)	0,30
Vitamin B_{12}	(µg)	0
Folsäure	(µg)	29
Pantothensäure	(mg)	0,6
Biotin	(µg)	3

RICE CRISPIES
getreideflocken

Nährwerte

Wasser	(g)	3,8
Zucker	(g)	9,0
Stärke	(g)	79,1
Faserstoffe	(g)	4,5
Gesamtstickstoff	(g)	0,99
Energie	kcal	372
	kJ	1584
Eiweiß	(g)	5,9
Fett	(g)	2,0
Kohlenhydrate	(g)	88,1

Mineralien/Spurenelemente

Natrium	(mg)	1110
Kalium	(mg)	160
Kalzium	(mg)	7
Magnesium	(mg)	50
Phosphor	(mg)	150
Eisen	(mg)	0,7
Kupfer	(mg)	0,12
Zink	(mg)	1,1
Schwefel	(mg)	–
Chlor	(mg)	1700

Vitamine

Vitamin A	(µg)	0
Carotine	(µg)	0
Vitamin D	(µg)	0
Vitamin B_1 (Thiamin)	(mg)	2,3
Vitamin B_2 (Riboflavin)	(mg)	1,7
Niacin (Nicotinsäureamid)	(mg)	24,0
Vitamin C	(mg)	0
Vitamin E	(mg)	0,6
Vitamin B_6	(mg)	0,19
Vitamin B_{12}	(µg)	0
Folsäure	(µg)	14
Pantothensäure	(mg)	–
Biotin	(µg)	–

ROGGENMEHL
100 Prozent

Nährwerte

Wasser	(g)	15,0
Zucker	(g)	+
Stärke	(g)	75,9
Faserstoffe	(g)	–
Gesamtstickstoff	(g)	1,40
Energie	kcal	335
	kJ	1428
Eiweiß	(g)	8,2
Fett	(g)	2,0
Kohlenhydrate	(g)	75,0

Mineralien/Spurenelemente

Natrium	(mg)	1
Kalium	(mg)	410
Kalzium	(mg)	32
Magnesium	(mg)	92
Phosphor	(mg)	360
Eisen	(mg)	2,7
Kupfer	(mg)	0,42
Zink	(mg)	2,8
Schwefel	(mg)	–
Chlor	(mg)	–

Vitamine

Vitamin A	(µg)	0
Carotine	(µg)	0
Vitamin D	(µg)	0
Vitamin B_1 (Thiamin)	(mg)	0,40
Vitamin B_2 (Riboflavin)	(mg)	0,22
Niacin (Nicotinsäureamid)	(mg)	1,0
Vitamin C	(mg)	0
Vitamin E	(mg)	0,8
Vitamin B_6	(mg)	0,35
Vitamin B_{12}	(µg)	0
Folsäure	(µg)	78
Pantothensäure	(mg)	1,0
Biotin	(µg)	6

ROGGENVOLLKORNBROT

Nährwerte

Wasser	(g)	39,0
Zucker	(g)	1,8
Stärke	(g)	42,9
Faserstoffe	(g)	5,1
Gesamtstickstoff	(g)	1,56
Energie	kcal	223
	kJ	948
Eiweiß	(g)	8,9
Fett	(g)	2,2
Kohlenhydrate	(g)	44,7

Mineralien/Spurenelemente

Natrium	(mg)	540
Kalium	(mg)	220
Kalzium	(mg)	100
Magnesium	(mg)	75
Phosphor	(mg)	190
Eisen	(mg)	2,5
Kupfer	(mg)	0,23
Zink	(mg)	1,6
Schwefel	(mg)	85
Chlor	(mg)	880

Vitamine

Vitamin A	(µg)	0
Carotine	(µg)	0
Vitamin D	(µg)	0
Vitamin B_1 (Thiamin)	(mg)	0,24
Vitamin B_2 (Riboflavin)	(mg)	0,06
Niacin (Nicotinsäureamid)	(mg)	2,9
Vitamin C	(mg)	0
Vitamin E	(mg)	+
Vitamin B_6	(mg)	0,08
Vitamin B_{12}	(µg)	0
Folsäure	(µg)	36
Pantothensäure	(mg)	0,3
Biotin	(µg)	3

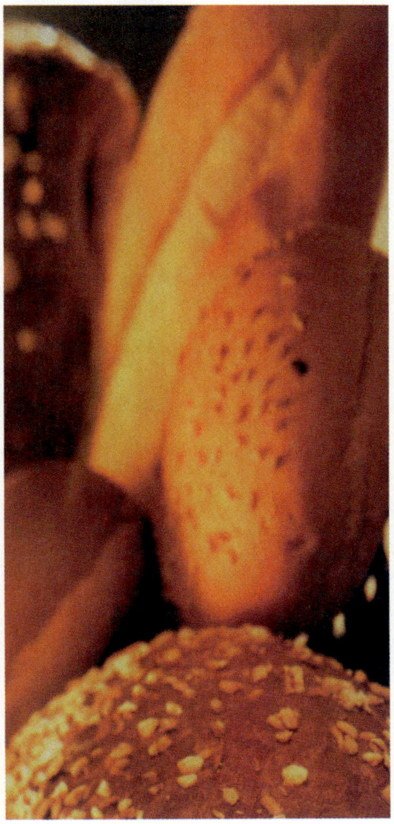

SAGO
roh

Nährwerte		
Wasser	(g)	12,6
Zucker	(g)	+
Stärke	(g)	94,0
Faserstoffe	(g)	–
Gesamtstickstoff	(g)	0,04
Energie	kcal	355
	kJ	1515
Eiweiß	(g)	0,2
Fett	(g)	0,2
Kohlenhydrate	(g)	94,0

Mineralien/Spurenelemente		
Natrium	(mg)	3
Kalium	(mg)	5
Kalzium	(mg)	10
Magnesium	(mg)	3
Phosphor	(mg)	29
Eisen	(mg)	1,2
Kupfer	(mg)	0,03
Zink	(mg)	–
Schwefel	(mg)	1
Chlor	(mg)	13

Vitamine		
Vitamin A	(µg)	0
Carotine	(µg)	0
Vitamin D	(µg)	0
Vitamin B_1 (Thiamin)	(mg)	+
Vitamin B_2 (Riboflavin)	(mg)	+
Niacin (Nicotinsäureamid)	(mg)	+
Vitamin C	(mg)	+
Vitamin E	(mg)	0
Vitamin B_6	(mg)	+
Vitamin B_{12}	(µg)	+
Folsäure	(µg)	0
Pantothensäure	(mg)	+
Biotin	(µg)	+

SHREDDED WHEAT
Getreideflocken

Nährwerte		
Wasser	(g)	7,6
Zucker	(g)	0,4
Stärke	(g)	67,5
Faserstoffe	(g)	12,3
Gesamtstickstoff	(g)	1,81
Energie	kcal	324
	kJ	1378
Eiweiß	(g)	10,6
Fett	(g)	3,0
Kohlenhydrate	(g)	67,9

Mineralien/Spurenelemente		
Natrium	(mg)	8
Kalium	(mg)	330
Kalzium	(mg)	38
Magnesium	(mg)	130
Phosphor	(mg)	340
Eisen	(mg)	4,2
Kupfer	(mg)	0,40
Zink	(mg)	2,3
Schwefel	(mg)	–
Chlor	(mg)	53

Vitamine		
Vitamin A	(µg)	0
Carotine	(µg)	0
Vitamin D	(µg)	0
Vitamin B_1 (Thiamin)	(mg)	0,27
Vitamin B_2 (Riboflavin)	(mg)	0,05
Niacin (Nicotinsäureamid)	(mg)	4,5
Vitamin C	(mg)	0
Vitamin E	(mg)	1,0
Vitamin B_6	(mg)	0,24
Vitamin B_{12}	(µg)	0
Folsäure	(µg)	29
Pantothensäure	(mg)	–
Biotin	(µg)	–

SOJABROT
mit Backpulver gebackenes Brot

NährwerteWasser(g)		34,2
Zucker	(g)	3,0
Stärke	(g)	53,3
Faserstoffe	(g)	2,3
Gesamtstickstoff	(g)	1,37
Energie	kcal	264
	kJ	1122
Eiweiß	(g)	8,0
Fett	(g)	2,3
Kohlenhydrate	(g)	56,3

Mineralien/Spurenelemente		
Natrium	(mg)	410
Kalium	(mg)	270
Kalzium	(mg)	150
Magnesium	(mg)	20
Phosphor	(mg)	110
Eisen	(mg)	1,7
Kupfer	(mg)	0,13
Zink	(mg)	0,6
Schwefel	(mg)	–
Chlor	(mg)	480

Vitamine		
Vitamin A	(µg)	10
Carotine	(µg)	10
Vitamin D	(µg)	0,01
Vitamin B_1 (Thiamin)	(mg)	+
Vitamin B_2 (Riboflavin)	(mg)	0,06
Niacin (Nicotinsäureamid)	(mg)	1,3
Vitamin C	(mg)	0
Vitamin E	(mg)	+
Vitamin B_6	(mg)	0,09
Vitamin B_{12}	(µg)	0
Folsäure	(µg)	9
Pantothensäure	(mg)	0,3
Biotin	(µg)	1

SOJAMEHL
fett

Nährwerte

Wasser	(g)	7,0
Zucker	(g)	11,2
Stärke	(g)	12,3
Faserstoffe	(g)	11,9
Gesamtstickstoff	(g)	6,45
Energie	kcal	447
	kJ	1871
Eiweiß	(g)	36,8
Fett	(g)	23,5
Kohlenhydrate	(g)	23,5

Mineralien/Spurenelemente

Natrium	(mg)	1
Kalium	(mg)	1660
Kalzium	(mg)	210
Magnesium	(mg)	240
Phosphor	(mg)	600
Eisen	(mg)	6,9
Kupfer	(mg)	–
Zink	(mg)	–
Schwefel	(mg)	–
Chlor	(mg)	–

Vitamine

Vitamin A	(µg)	0
Carotine	(µg)	–
Vitamin D	(µg)	0
Vitamin B_1 (Thiamin)	(mg)	0,75
Vitamin B_2 (Riboflavin)	(mg)	0,31
Niacin (Nicotinsäureamid)	(mg)	2,0
Vitamin C	(mg)	0
Vitamin E	(mg)	–
Vitamin B_6	(mg)	0,57
Vitamin B_{12}	(µg)	0
Folsäure	(µg)	–
Pantothensäure	(mg)	2,1
Biotin	(µg)	–

SOJAMEHL
fettarm

Nährwerte

Wasser	(g)	7,0
Zucker	(g)	13,4
Stärke	(g)	14,8
Faserstoffe	(g)	14,3
Gesamtstickstoff	(g)	7,94
Energie	kcal	352
	kJ	1488
Eiweiß	(g)	45,3
Fett	(g)	7,2
Kohlenhydrate	(g)	28,2

Mineralien/Spurenelemente

Natrium	(mg)	1
Kalium	(mg)	2030
Kalzium	(mg)	240
Magnesium	(mg)	290
Phosphor	(mg)	640
Eisen	(mg)	9,1
Kupfer	(mg)	–
Zink	(mg)	–
Schwefel	(mg)	–
Chlor	(mg)	–

Vitamine

Vitamin A	(µg)	0
Carotine	(µg)	–
Vitamin D	(µg)	0
Vitamin B_1 (Thiamin)	(mg)	0,90
Vitamin B_2 (Riboflavin)	(mg)	0,36
Niacin (Nicotinsäureamid)	(mg)	2,4
Vitamin C	(mg)	0
Vitamin E	(mg)	–
Vitamin B_6	(mg)	0,68
Vitamin B_{12}	(µg)	0
Folsäure	(µg)	–
Pantothensäure	(mg)	21
Biotin	(µg)	–

SPAGHETTI
gekocht

Nährwerte

Wasser	(g)	71,7
Zucker	(g)	0,8
Stärke	(g)	25,2
Faserstoffe	(g)	–
Gesamtstickstoff	(g)	0,74
Energie	kcal	117
	kJ	499
Eiweiß	(g)	4,2
Fett	(g)	0,3
Kohlenhydrate	(g)	26,0

Mineralien/Spurenelemente

Natrium	(mg)	2
Kalium	(mg)	50
Kalzium	(mg)	7
Magnesium	(mg)	11
Phosphor	(mg)	37
Eisen	(mg)	0,4
Kupfer	(mg)	0,08
Zink	(mg)	0,3
Schwefel	(mg)	30
Chlor	(mg)	20

Vitamine

Vitamin A	(µg)	0
Carotine	(µg)	0
Vitamin D	(µg)	0
Vitamin B_1 (Thiamin)	(mg)	0,01
Vitamin B_2 (Riboflavin)	(mg)	0,01
Niacin (Nicotinsäureamid)	(mg)	0,3
Vitamin C	(mg)	+
Vitamin E	(mg)	–
Vitamin B_6	(mg)	0,01
Vitamin B_{12}	(µg)	0
Folsäure	(µg)	2
Pantothensäure	(mg)	+
Biotin	(µg)	+

SPAGHETTI
mit Tomatensoße

Nährwerte		
Wasser	(g)	83,1
Zucker	(g)	3,4
Stärke	(g)	8,8
Faserstoffe	(g)	–
Gesamtstickstoff	(g)	0,07
Energie	kcal	59
	kJ	250
Eiweiß	(g)	1,7
Fett	(g)	0,7
Kohlenhydrate	(g)	12,2
Mineralien/Spurenelemente		
Natrium	(mg)	500
Kalium	(mg)	130
Kalzium	(mg)	21
Magnesium	(mg)	11
Phosphor	(mg)	30
Eisen	(mg)	0,4
Kupfer	(mg)	0,13
Zink	(mg)	–
Schwefel	(mg)	–
Chlor	(mg)	800
Vitamine		
Vitamin A	(µg)	0
Carotine	(µg)	+
Vitamin D	(µg)	0
Vitamin B_1 (Thiamin)	(mg)	0,01
Vitamin B_2 (Riboflavin)	(mg)	0,01
Niacin (Nicotinsäureamid)	(mg)	0,3
Vitamin C	(mg)	+
Vitamin E	(mg)	–
Vitamin B_6	(mg)	0,01
Vitamin B_{12}	(µg)	0
Folsäure	(µg)	+
Pantothensäure	(mg)	+
Biotin	(µg)	+

SPAGHETTI
roh

Nährwerte		
Wasser	(g)	10,5
Zucker	(g)	2,7
Stärke	(g)	81,3
Faserstoffe	(g)	–
Gesamtstickstoff	(g)	2,39
Energie	kcal	378
	kJ	1612
Eiweiß	(g)	13,6
Fett	(g)	1,0
Kohlenhydrate	(g)	84,0
Mineralien/Spurenelemente		
Natrium	(mg)	5
Kalium	(mg)	160
Kalzium	(mg)	23
Magnesium	(mg)	35
Phosphor	(mg)	120
Eisen	(mg)	1,2
Kupfer	(mg)	0,27
Zink	(mg)	1,0
Schwefel	(mg)	97
Chlor	(mg)	63
Vitamine		
Vitamin A	(µg)	0
Carotine	(µg)	0
Vitamin D	(µg)	0
Vitamin B_1 (Thiamin)	(mg)	0,14
Vitamin B_2 (Riboflavin)	(mg)	0,06
Niacin (Nicotinsäureamid)	(mg)	2,0
Vitamin C	(mg)	0
Vitamin E	(mg)	–
Vitamin B_6	(mg)	0,06
Vitamin B_{12}	(µg)	0
Folsäure	(µg)	13
Pantothensäure	(mg)	0,3
Biotin	(µg)	1

SUGAR PUFFS
Getreideflocken

Nährwerte		
Wasser	(g)	1,8
Zucker	(g)	56,5
Stärke	(g)	28,0
Faserstoffe	(g)	6,1
Gesamtstickstoff	(g)	1,01
Energie	kcal	348
	kJ	1482
Eiweiß	(g)	5,9
Fett	(g)	0,8
Kohlenhydrate	(g)	84,5
Mineralien/Spurenelemente		
Natrium	(mg)	9
Kalium	(mg)	160
Kalzium	(mg)	14
Magnesium	(mg)	55
Phosphor	(mg)	140
Eisen	(mg)	2,1
Kupfer	(mg)	0,23
Zink	(mg)	1,5
Schwefel	(mg)	–
Chlor	(mg)	41
Vitamine		
Vitamin A	(µg)	0
Carotine	(µg)	0
Vitamin D	(µg)	0
Vitamin B_1 (Thiamin)	(mg)	+
Vitamin B_2 (Riboflavin)	(mg)	0,03
Niacin (Nicotinsäureamid)	(mg)	2,5
Vitamin C	(mg)	0
Vitamin E	(mg)	0,2
Vitamin B_6	(mg)	0,05
Vitamin B_{12}	(µg)	0
Folsäure	(µg)	12
Pantothensäure	(mg)	0
Biotin	(µg)	0

TAPIOKA
roh

Nährwerte

Wasser	(g)	12,2
Zucker	(g)	+
Stärke	(g)	95,0
Faserstoffe	(g)	–
Gesamtstickstoff	(g)	0,07
Energie	kcal	359
	kJ	1531
Eiweiß	(g)	0,4
Fett	(g)	0,1
Kohlenhydrate	(g)	95,0

Mineralien/Spurenelemente

Natrium	(mg)	4
Kalium	(mg)	20
Kalzium	(mg)	8
Magnesium	(mg)	2
Phosphor	(mg)	30
Eisen	(mg)	0,3
Kupfer	(mg)	0,07
Zink	(mg)	–
Schwefel	(mg)	4
Chlor	(mg)	13

Vitamine

Vitamin A	(µg)	0
Carotine	(µg)	0
Vitamin D	(µg)	0
Vitamin B_1 (Thiamin)	(mg)	+
Vitamin B_2 (Riboflavin)	(mg)	+
Niacin (Nicotinsäureamid)	(mg)	+
Vitamin C	(mg)	0
Vitamin E	(mg)	+
Vitamin B_6	(mg)	+
Vitamin B_{12}	(µg)	0
Folsäure	(µg)	+
Pantothensäure	(mg)	+
Biotin	(µg)	+

WEETABIX
Getreideflocken

Nährwerte

Wasser	(g)	3,8
Zucker	(g)	6,1
Stärke	(g)	66,5
Faserstoffe	(g)	12,7
Gesamtstickstoff	(g)	1,96
Energie	kcal	340
	kJ	1444
Eiweiß	(g)	11,4
Fett	(g)	3,4
Kohlenhydrate	(g)	70,3

Mineralien/Spurenelemente

Natrium	(mg)	360
Kalium	(mg)	420
Kalzium	(mg)	33
Magnesium	(mg)	120
Phosphor	(mg)	300
Eisen	(mg)	7,6
Kupfer	(mg)	0,54
Zink	(mg)	2,1
Schwefel	(mg)	–
Chlor	(mg)	570

Vitamine

Vitamin A	(µg)	0
Carotine	(µg)	0
Vitamin D	(µg)	0
Vitamin B_1 (Thiamin)	(mg)	1,0
Vitamin B_2 (Riboflavin)	(mg)	1,5
Niacin (Nicotinsäureamid)	(mg)	12,0
Vitamin C	(mg)	0
Vitamin E	(mg)	1,8
Vitamin B_6	(mg)	0,24
Vitamin B_{12}	(µg)	0
Folsäure	(µg)	50
Pantothensäure	(mg)	–
Biotin	(µg)	–

WEIZENGRIESS
roh

Nährwerte

Wasser	(g)	14,0
Zucker	(g)	+
Stärke	(g)	77,5
Faserstoffe	(g)	–
Gesamtstickstoff	(g)	1,87
Energie	kcal	350
	kJ	1489
Eiweiß	(g)	10,7
Fett	(g)	1,8
Kohlenhydrate	(g)	77,5

Mineralien/Spurenelemente

Natrium	(mg)	12
Kalium	(mg)	170
Kalzium	(mg)	18
Magnesium	(mg)	32
Phosphor	(mg)	110
Eisen	(mg)	1,0
Kupfer	(mg)	0,15
Zink	(mg)	–
Schwefel	(mg)	92
Chlor	(mg)	71

Vitamine

Vitamin A	(µg)	0
Carotine	(µg)	0
Vitamin D	(µg)	0
Vitamin B_1 (Thiamin)	(mg)	0,10
Vitamin B_2 (Riboflavin)	(mg)	0,02
Niacin (Nicotinsäureamid)	(mg)	0,7
Vitamin C	(mg)	0
Vitamin E	(mg)	+
Vitamin B_6	(mg)	0,15
Vitamin B_{12}	(µg)	0
Folsäure	(µg)	25
Pantothensäure	(mg)	0,3
Biotin	(µg)	1

WEIZENMEHL
Brotmehl, 72 Prozent

Nährwerte		
Wasser	(g)	14,5
Zucker	(g)	1,5
Stärke	(g)	73,3
Faserstoffe	(g)	3,0
Gesamtstickstoff	(g)	1,98
Energie	kcal	337
	kJ	1433
Eiweiß	(g)	11,3
Fett	(g)	1,2
Kohlenhydrate	(g)	74,8

Mineralien/Spurenelemente		
Natrium	(mg)	3
Kalium	(mg)	130
Kalzium	(mg)	140
Magnesium	(mg)	36
Phosphor	(mg)	130
Eisen	(mg)	2,2
Kupfer	(mg)	0,22
Zink	(mg)	0,9
Schwefel	(mg)	110
Chlor	(mg)	62

Vitamine		
Vitamin A	(μg)	0
Carotine	(μg)	0
Vitamin D	(μg)	0
Vitamin B_1 (Thiamin)	(mg)	0,31
Vitamin B_2 (Riboflavin)	(mg)	0,03
Niacin (Nicotinsäureamid)	(mg)	2,0
Vitamin C	(mg)	0
Vitamin E	(mg)	+
Vitamin B_6	(mg)	0,15
Vitamin B_{12}	(μg)	0
Folsäure	(μg)	31
Pantothensäure	(mg)	0,3
Biotin	(μg)	1

WEIZENMEHL
mit bereits beigemischtem Backpulver

Nährwerte		
Wasser	(g)	13,0
Zucker	(g)	1,4
Stärke	(g)	76,1
Faserstoffe	(g)	3,7
Gesamtstickstoff	(g)	1,63
Energie	kcal	339
	kJ	1443
Eiweiß	(g)	9,3
Fett	(g)	1,2
Kohlenhydrate	(g)	77,5

Mineralien/Spurenelemente		
Natrium	(mg)	350
Kalium	(mg)	170
Kalzium	(mg)	350
Magnesium	(mg)	42
Phosphor	(mg)	510
Eisen	(mg)	2,6
Kupfer	(mg)	0,15
Zink	(mg)	0,6
Schwefel	(mg)	–
Chlor	(mg)	45

Vitamine		
Vitamin A	(μg)	0
Carotine	(μg)	0
Vitamin D	(μg)	0
Vitamin B_1 (Thiamin)	(mg)	0,28
Vitamin B_2 (Riboflavin)	(mg)	0,02
Niacin (Nicotinsäureamid)	(mg)	1,5
Vitamin C	(mg)	0
Vitamin E	(mg)	+
Vitamin B_6	(mg)	0,15
Vitamin B_{12}	(μg)	0
Folsäure	(μg)	10
Pantothensäure	(mg)	0,3
Biotin	(μg)	1

WEIZENMEHL
patent, 40 Prozent

Nährwerte		
Wasser	(g)	14,1
Zucker	(g)	1,4
Stärke	(g)	79,2
Faserstoffe	(g)	–
Gesamtstickstoff	(g)	1,89
Energie	kcal	347
	kJ	1480
Eiweiß	(g)	10,8
Fett	(g)	1,3
Kohlenhydrate	(g)	78,0

Mineralien/Spurenelemente		
Natrium	(mg)	3
Kalium	(mg)	100
Kalzium	(mg)	110
Magnesium	(mg)	19
Phosphor	(mg)	89
Eisen	(mg)	1,7
Kupfer	(mg)	0,11
Zink	(mg)	–
Schwefel	(mg)	110
Chlor	(mg)	60

Vitamine		
Vitamin A	(μg)	0
Carotine	(μg)	0
Vitamin D	(μg)	0
Vitamin B_1 (Thiamin)	(mg)	0,32
Vitamin B_2 (Riboflavin)	(mg)	0,02
Niacin (Nicotinsäureamid)	(mg)	2,0
Vitamin C	(mg)	0
Vitamin E	(mg)	+
Vitamin B_6	(mg)	0,10
Vitamin B_{12}	(μg)	0
Folsäure	(μg)	10
Pantothensäure	(mg)	0,3
Biotin	(μg)	1

WEIZENMEHL
85 Prozent

Nährwerte

Wasser	(g)	14,0
Zucker	(g)	1,9
Stärke	(g)	66,9
Faserstoffe	(g)	7,5
Gesamtstickstoff	(g)	2,25
Energie	kcal	3,27
	kJ	1392
Eiweiß	(g)	12,8
Fett	(g)	2,0
Kohlenhydrate	(g)	69

Mineralien/Spurenelemente

Natrium	(mg)	4
Kalium	(mg)	280
Kalzium	(mg)	150
Magnesium	(mg)	110
Phosphor	(mg)	270
Eisen	(mg)	3,6
Kupfer	(mg)	0,35
Zink	(mg)	2,4
Schwefel	(mg)	–
Chlor	(mg)	45

Vitamine

Vitamin A	(μg)	0
Carotine	(μg)	0
Vitamin D	(μg)	0
Vitamin B_1 (Thiamin)	(mg)	0,42
Vitamin B_2 (Riboflavin)	(mg)	0,06
Niacin (Nicotinsäureamid)	(mg)	4,2
Vitamin C	(mg)	0
Vitamin E	(mg)	+
Vitamin B_6	(mg)	0,30
Vitamin B_{12}	(μg)	0
Folsäure	(μg)	51
Pantothensäure	(mg)	0,4
Biotin	(μg)	3

WEIZENMEHL
100 Prozent

Nährwerte

Wasser	(g)	14,0
Zucker	(g)	2,3
Stärke	(g)	63,5
Faserstoffe	(g)	9,6
Gesamtstickstoff	(g)	2,26
Energie	kcal	318
	kJ	1351
Eiweiß	(g)	13,2
Fett	(g)	2,0
Kohlenhydrate	(g)	65,8

Mineralien/Spurenelemente

Natrium	(mg)	3
Kalium	(mg)	360
Kalzium	(mg)	35
Magnesium	(mg)	140
Phosphor	(mg)	340
Eisen	(mg)	4,0
Kupfer	(mg)	0,40
Zink	(mg)	3,0
Schwefel	(mg)	–
Chlor	(mg)	38

Vitamine

Vitamin A	(μg)	0
Carotine	(μg)	0
Vitamin D	(μg)	0
Vitamin B_1 (Thiamin)	(mg)	0,46
Vitamin B_2 (Riboflavin)	(mg)	0,08
Niacin (Nicotinsäureamid)	(mg)	5,6
Vitamin C	(mg)	0
Vitamin E	(mg)	1,0
Vitamin B_6	(mg)	0,50
Vitamin B_{12}	(μg)	0
Folsäure	(μg)	57
Pantothensäure	(mg)	0,8
Biotin	(μg)	7

WEIZENVOLLKORNBROT

Nährwerte

Wasser	(g)	40,0
Zucker	(g)	2,1
Stärke	(g)	39,7
Faserstoffe	(g)	8,5
Gesamtstickstoff	(g)	1,51
Energie	kcal	216
	kJ	918
Eiweiß	(g)	8,8
Fett	(g)	2,7
Kohlenhydrate	(g)	41,8

Mineralien/Spurenelemente

Natrium	(mg)	540
Kalium	(mg)	220
Kalzium	(mg)	23
Magnesium	(mg)	93
Phosphor	(mg)	230
Eisen	(mg)	2,5
Kupfer	(mg)	0,27
Zink	(mg)	2,0
Schwefel	(mg)	81
Chlor	(mg)	860

Vitamine

Vitamin A	(μg)	0
Carotine	(μg)	0
Vitamin D	(μg)	0
Vitamin B_1 (Thiamin)	(mg)	0,26
Vitamin B_2 (Riboflavin)	(mg)	0,08
Niacin (Nicotinsäureamid)	(mg)	3,9
Vitamin C	(mg)	0
Vitamin E	(mg)	0,2
Vitamin B_6	(mg)	0,14
Vitamin B_{12}	(μg)	0
Folsäure	(μg)	39
Pantothensäure	(mg)	0,6
Biotin	(μg)	6

Milch, Milchprodukte, Eier

BUTTER
Markenbutter, Molkereibutter

Nährwerte

Wasser	(g)	15,4
Laktose	(g)	+
Andere Zucker	(g)	0
Gesamtstickstoff	(g)	0,07
Energie	kcal	740
	kJ	3041
Eiweiß	(g)	0,4
Fett	(g)	82,0
Kohlenhydrate	(g)	+

Mineralien/Spurenelemente

Natrium	(mg)	870
Kalium	(mg)	15
Kalzium	(mg)	15
Magnesium	(mg)	2
Phosphor	(mg)	24
Eisen	(mg)	0,16
Kupfer	(mg)	0,03
Zink	(mg)	0,15
Schwefel	(mg)	9
Chlor	(mg)	1340

Vitamine

Vitamin A	(µg)	750
Carotine	(µg)	470
Vitamin D	(µg)	0,76
Vitamin B_1 (Thiamin)	(mg)	+
Vitamin B_2 (Riboflavin)	(mg)	+
Niacin (Nicotinsäureamid)	(mg)	+
Vitamin C	(mg)	+
Vitamin E	(mg)	2,0
Vitamin B_6	(mg)	+
Vitamin B_{12}	(µg)	+
Folsäure	(µg)	+
Pantothensäure	(mg)	+
Biotin	(µg)	+

CAMEMBERT
45 Prozent Fett

Nährwerte

Wasser	(g)	47,5
Laktose	(g)	+
Andere Zucker	(g)	0
Gesamtstickstoff	(g)	3,58
Energie	kcal	300
	kJ	1246
Eiweiß	(g)	22,8
Fett	(g)	23,2
Kohlenhydrate	(g)	+

Mineralien/Spurenelemente

Natrium	(mg)	1410
Kalium	(mg)	110
Kalzium	(mg)	380
Magnesium	(mg)	17
Phosphor	(mg)	290
Eisen	(mg)	0,76
Kupfer	(mg)	0,08
Zink	(mg)	3,0
Schwefel	(mg)	–
Chlor	(mg)	2320

Vitamine

Vitamin A	(µg)	215
Carotine	(µg)	135
Vitamin D	(µg)	0,18
Vitamin B_1 (Thiamin)	(mg)	0,05
Vitamin B_2 (Riboflavin)	(mg)	0,60
Niacin (Nicotinsäureamid)	(mg)	0,80
Vitamin C	(mg)	0
Vitamin E	(mg)	0,6
Vitamin B_6	(mg)	0,20
Vitamin B_{12}	(µg)	1,2
Folsäure	(µg)	60
Pantothensäure	(mg)	1,4
Biotin	(µg)	6,0

CHEDDAR KÄSE

Nährwerte

Wasser	(g)	37,0
Laktose	(g)	+
Andere Zucker	(g)	0
Gesamtstickstoff	(g)	4,08
Energie	kcal	406
	kJ	1682
Eiweiß	(g)	26,0
Fett	(g)	33,5
Kohlenhydrate	(g)	+

Mineralien/Spurenelemente

Natrium	(mg)	610
Kalium	(mg)	120
Kalzium	(mg)	800
Magnesium	(mg)	25
Phosphor	(mg)	520
Eisen	(mg)	0,40
Kupfer	(mg)	0,03
Zink	(mg)	4,0
Schwefel	(mg)	230
Chlor	(mg)	1060

Vitamine

Vitamin A	(µg)	310
Carotine	(µg)	205
Vitamin D	(µg)	0,26
Vitamin B_1 (Thiamin)	(mg)	0,04
Vitamin B_2 (Riboflavin)	(mg)	0,50
Niacin (Nicotinsäureamid)	(mg)	0,10
Vitamin C	(mg)	0
Vitamin E	(mg)	0,8
Vitamin B_6	(mg)	0,08
Vitamin B_{12}	(µg)	1,5
Folsäure	(µg)	20
Pantothensäure	(mg)	0,30
Biotin	(µg)	1,7

DÄNISCHER BLAUKÄSE

Nährwerte

Wasser	(g)	40,5
Laktose	(g)	+
Andere Zucker	(g)	0
Gesamtstickstoff	(g)	3,61
Energie	kcal	355
	kJ	1471
Eiweiß	(g)	23,0
Fett	(g)	29,2
Kohlenhydrate	(g)	+

Mineralien/Spurenelemente

Natrium	(mg)	1420
Kalium	(mg)	190
Kalzium	(mg)	580
Magnesium	(mg)	20
Phosphor	(mg)	430
Eisen	(mg)	0,17
Kupfer	(mg)	0,09
Zink	(mg)	–
Schwefel	(mg)	–
Chlor	(mg)	2390

Vitamine

Vitamin A	(µg)	270
Carotine	(µg)	170
Vitamin D	(µg)	0,23
Vitamin B_1 (Thiamin)	(mg)	0,03
Vitamin B_2 (Riboflavin)	(mg)	0,60
Niacin (Nicotinsäureamid)	(mg)	0,90
Vitamin C	(mg)	0
Vitamin E	(mg)	0,7
Vitamin B_6	(mg)	0,15
Vitamin B_{12}	(µg)	1,2
Folsäure	(µg)	50
Pantothensäure	(mg)	2,0
Biotin	(µg)	1,5

DOPPELRAHMFRISCHKÄSE

Nährwerte

Wasser	(g)	78,8
Laktose	(g)	1,4
Andere Zucker	(g)	0
Gesamtstickstoff	(g)	2,14
Energie	kcal	96
	kJ	402
Eiweiß	(g)	13,6
Fett	(g)	4,0
Kohlenhydrate	(g)	1,4

Mineralien/Spurenelemente

Natrium	(mg)	450
Kalium	(mg)	54
Kalzium	(mg)	60
Magnesium	(mg)	6
Phosphor	(mg)	140
Eisen	(mg)	0,10
Kupfer	(mg)	0,02
Zink	(mg)	0,47
Schwefel	(mg)	–
Chlor	(mg)	670

Vitamine

Vitamin A	(µg)	32
Carotine	(µg)	18
Vitamin D	(µg)	0,02
Vitamin B_1 (Thiamin)	(mg)	0,02
Vitamin B_2 (Riboflavin)	(mg)	0,19
Niacin (Nicotinsäureamid)	(mg)	0,08
Vitamin C	(mg)	0
Vitamin E	(mg)	–
Vitamin B_6	(mg)	0,01
Vitamin B_{12}	(µg)	0,5
Folsäure	(µg)	9
Pantothensäure	(mg)	–
Biotin	(µg)	–

EDAMER KÄSE

Nährwerte

Wasser	(g)	43,7
Laktose	(g)	+
Andere Zucker	(g)	0
Gesamtstickstoff	(g)	3,82
Energie	kcal	304
	kJ	1262
Eiweiß	(g)	24,4
Fett	(g)	22,9
Kohlenhydrate	(g)	+

Mineralien/Spurenelemente

Natrium	(mg)	980
Kalium	(mg)	160
Kalzium	(mg)	740
Magnesium	(mg)	28
Phosphor	(mg)	520
Eisen	(mg)	0,21
Kupfer	(mg)	0,03
Zink	(mg)	4,0
Schwefel	(mg)	250
Chlor	(mg)	1110

Vitamine

Vitamin A	(µg)	215
Carotine	(µg)	135
Vitamin D	(µg)	0,18
Vitamin B_1 (Thiamin)	(mg)	0,04
Vitamin B_2 (Riboflavin)	(mg)	0,40
Niacin (Nicotinsäureamid)	(mg)	0,06
Vitamin C	(mg)	0
Vitamin E	(mg)	0,8
Vitamin B_6	(mg)	0,08
Vitamin B_{12}	(µg)	1,4
Folsäure	(µg)	20
Pantothensäure	(mg)	0,30
Biotin	(µg)	1,5

FRÜCHTEJOGHURT
niedriger Fettgehalt

Nährwerte

Wasser	(g)	73,4
Laktose(g)		3,3
Andere Zucker	(g)	14,6
Gesamtstickstoff	(g)	0,76
Energie	kcal	95
	kJ	405
Eiweiß	(g)	4,8
Fett	(g)	1,0
Kohlenhydrate	(g)	17,9

Mineralien/Spurenelemente

Natrium	(mg)	64
Kalium	(mg)	220
Kalzium	(mg)	160
Magnesium	(mg)	17
Phosphor	(mg)	140
Eisen	(mg)	0,24
Kupfer	(mg)	0,07
Zink	(mg)	0,63
Schwefel	(mg)	–
Chlor	(mg)	150

Vitamine

Vitamin A	(µg)	8
Carotine	(µg)	28
Vitamin D	(µg)	+
Vitamin B_1 (Thiamin)	(mg)	0,05
Vitamin B_2 (Riboflavin)	(mg)	0,23
Niacin (Nicotinsäureamid)	(mg)	0,11
Vitamin C	(mg)	1,8
Vitamin E	(mg)	0,07
Vitamin B_6	(mg)	0,04
Vitamin B_{12}	(µg)	+
Folsäure	(µg)	3
Pantothensäure	(mg)	–
Biotin	(µg)	–

HASELNUSSJOGHURT
niedriger Fettgehalt

Nährwerte

Wasser	(g)	73,4
Laktose	(g)	3,2
Andere Zucker	(g)	13,3
Gesamtstickstoff	(g)	0,82
Energie	kcal	106
	kJ	449
Eiweiß	(g)	5,2
Fett	(g)	2,6
Kohlenhydrate	(g)	16,5

Mineralien/Spurenelemente

Natrium	(mg)	70
Kalium	(mg)	240
Kalzium	(mg)	180
Magnesium	(mg)	20
Phosphor	(mg)	140
Eisen	(mg)	0,23
Kupfer	(mg)	0,09
Zink	(mg)	0,69
Schwefel	(mg)	–
Chlor	(mg)	160

Vitamine

Vitamin A	(µg)	8
Carotine	(µg)	5
Vitamin D	(µg)	+
Vitamin B_1 (Thiamin)	(mg)	0,06
Vitamin B_2 (Riboflavin)	(mg)	0,27
Niacin (Nicotinsäureamid)	(mg)	0,12
Vitamin C	(mg)	0,4
Vitamin E	(mg)	0,58
Vitamin B_6	(mg)	0,04
Vitamin B_{12}	(µg)	+
Folsäure	(µg)	5
Pantothensäure	(mg)	–
Biotin	(µg)	–

HÜHNEREI
Flüssigeigelb, roh

Nährwerte		
Wasser	(g)	51,0
Gesamtstickstoff	(g)	2,58
Energie	kcal	339
	kJ	1402
Eiweiß	(g)	16,1
Fett	(g)	30,5
Kohlenhydrate	(g)	+
Mineralien/Spurenelemente		
Natrium	(mg)	50
Kalium	(mg)	120
Kalzium	(mg)	130
Magnesium	(mg)	15
Phosphor	(mg)	500
Eisen	(mg)	6,1
Kupfer	(mg)	0,30
Zink	(mg)	3,6
Schwefel	(mg)	170
Chlor	(mg)	140
Vitamine		
Vitamin A	(µg)	400
Carotine	(µg)	+
Vitamin D	(µg)	5,0
Vitamin B_1 (Thiamin)	(mg)	0,30
Vitamin B_2 (Riboflavin)	(mg)	0,54
Niacin (Nicotinsäureamid)	(mg)	0,02
Vitamin C	(mg)	0
Vitamin E	(mg)	4,6
Vitamin B_6	(mg)	0,30
Vitamin B_{12}	(µg)	4,9
Folsäure	(µg)	52
Pantothensäure	(mg)	4,6
Biotin	(µg)	60

HÜHNEREI
Flüssigeiweiß, roh

Nährwerte		
Wasser	(g)	88,3
Gesamtstickstoff	(g)	1,44
Energie	kcal	36
	kJ	153
Eiweiß	(g)	9,0
Fett	(g)	+
Kohlenhydrate	(g)	+
Mineralien/Spurenelemente		
Natrium	(mg)	190
Kalium	(mg)	150
Kalzium	(mg)	5
Magnesium	(mg)	11
Phosphor	(mg)	33
Eisen	(mg)	0,1
Kupfer	(mg)	0,05
Zink	(mg)	0,03
Schwefel	(mg)	180
Chlor	(mg)	170
Vitamine		
Vitamin A	(µg)	0
Carotine	(µg)	0
Vitamin D	(µg)	0
Vitamin B_1 (Thiamin)	(mg)	0
Vitamin B_2 (Riboflavin)	(mg)	0,43
Niacin (Nicotinsäureamid)	(mg)	0,09
Vitamin C	(mg)	0
Vitamin E	(mg)	0
Vitamin B_6	(mg)	+
Vitamin B_{12}	(µg)	0,1
Folsäure	(µg)	1
Pantothensäure	(mg)	0,3
Biotin	(µg)	+

HÜHNEREI
gebacken

Nährwerte		
Wasser	(g)	63,3
Gesamtstickstoff	(g)	2,26
Energie	kcal	232
	kJ	961
Eiweiß	(g)	14,1
Fett	(g)	19,5
Kohlenhydrate	(g)	+
Mineralien/Spurenelemente		
Natrium	(mg)	220
Kalium	(mg)	180
Kalzium	(mg)	64
Magnesium	(mg)	14
Phosphor	(mg)	260
Eisen	(mg)	2,5
Kupfer	(mg)	0,12
Zink	(mg)	1,8
Schwefel	(mg)	210
Chlor	(mg)	200
Vitamine		
Vitamin A	(µg)	140
Carotine	(µg)	+
Vitamin D	(µg)	1,75
Vitamin B_1 (Thiamin)	(mg)	0,07
Vitamin B_2 (Riboflavin)	(mg)	0,42
Niacin (Nicotinsäureamid)	(mg)	0,07
Vitamin C	(mg)	0
Vitamin E	(mg)	1,6
Vitamin B_6	(mg)	0,09
Vitamin B_{12}	(µg)	1,7
Folsäure	(µg)	17
Pantothensäure	(mg)	1,4
Biotin	(µg)	25

HÜHNEREI
gekocht

Nährwerte

Wasser	(g)	74,8
Gesamtstickstoff	(g)	1,97
Energie	kcal	147
	kJ	612
Eiweiß	(g)	12,3
Fett	(g)	10,9
Kohlenhydrate	(g)	+

Mineralien/Spurenelemente

Natrium	(mg)	140
Kalium	(mg)	140
Kalzium	(mg)	52
Magnesium	(mg)	12
Phosphor	(mg)	220
Eisen	(mg)	2,0
Kupfer	(mg)	0,10
Zink	(mg)	1,5
Schwefel	(mg)	180
Chlor	(mg)	160

Vitamine

Vitamin A	(μg)	140
Carotine	(μg)	+
Vitamin D	(μg)	1,75
Vitamin B_1 (Thiamin)	(mg)	0,08
Vitamin B_2 (Riboflavin)	(mg)	0,45
Niacin (Nicotinsäureamid)	(mg)	0,07
Vitamin C	(mg)	0
Vitamin E	(mg)	1,6
Vitamin B_6	(mg)	0,10
Vitamin B_{12}	(μg)	1,7
Folsäure	(μg)	22
Pantothensäure	(mg)	1,6
Biotin	(μg)	25

HÜHNEREI
Gesamtei-Inhalt, roh

Nährwerte

Wasser	(g)	74,8
Gesamtstickstoff	(g)	1,97
Energie	kcal	147
	kJ	612
Eiweiß	(g)	12,3
Fett	(g)	10,9
Kohlenhydrate	(g)	+

Mineralien/Spurenelemente

Natrium	(mg)	140
Kalium	(mg)	140
Kalzium	(mg)	52
Magnesium	(mg)	12
Phosphor	(mg)	220
Eisen	(mg)	2,0
Kupfer	(mg)	0,10
Zink	(mg)	1,5
Schwefel	(mg)	180
Chlor	(mg)	160

Vitamine

Vitamin A	(μg)	140
Carotine	(μg)	+
Vitamin D	(μg)	1,75
Vitamin B_1 (Thiamin)	(mg)	0,09
Vitamin B_2 (Riboflavin)	(mg)	0,47
Niacin (Nicotinsäureamid)	(mg)	0,07
Vitamin C	(mg)	0
Vitamin E	(mg)	1,6
Vitamin B_6	(mg)	0,11
Vitamin B_{12}	(μg)	1,7
Folsäure	(μg)	25
Pantothensäure	(mg)	1,8
Biotin	(μg)	25

HÜHNEREI
getrocknet

Nährwerte

Wasser	(g)	7,0
Gesamtstickstoff	(g)	6,97
Energie	kcal	564
	kJ	2343
Eiweiß	(g)	43,6
Fett	(g)	43,3
Kohlenhydrate	(g)	+

Mineralien/Spurenelemente

Natrium	(mg)	520
Kalium	(mg)	480
Kalzium	(mg)	190
Magnesium	(mg)	41
Phosphor	(mg)	800
Eisen	(mg)	7,9
Kupfer	(mg)	0,18
Zink	(mg)	5,0
Schwefel	(mg)	630
Chlor	(mg)	590

Vitamine

Vitamin A	(μg)	490
Carotine	(μg)	+
Vitamin D	(μg)	6,0
Vitamin B_1 (Thiamin)	(mg)	0,35
Vitamin B_2 (Riboflavin)	(mg)	1,2
Niacin (Nicotinsäureamid)	(mg)	0,20
Vitamin C	(mg)	0
Vitamin E	(mg)	5,6
Vitamin B_6	(mg)	0,40
Vitamin B_{12}	(μg)	7,0
Folsäure	(μg)	–
Pantothensäure	(mg)	6,2
Biotin	(μg)	–

HÜHNEREI
verrührt

Nährwerte

Wasser	(g)	62,2
Gesamtstickstoff	(g)	1,67
Energie	kcal	246
	kJ	1018
Eiweiß	(g)	10,5
Fett	(g)	22,7
Kohlenhydrate	(g)	+

Mineralien/Spurenelemente

Natrium	(mg)	1050
Kalium	(mg)	130
Kalzium	(mg)	60
Magnesium	(mg)	17
Phosphor	(mg)	190
Eisen	(mg)	1,7
Kupfer	(mg)	0,09
Zink	(mg)	1,3
Schwefel	(mg)	150
Chlor	(mg)	1580

Vitamine

Vitamin A	(µg)	130
Carotine	(µg)	80
Vitamin D	(µg)	1,54
Vitamin B_1 (Thiamin)	(mg)	0,07
Vitamin B_2 (Riboflavin)	(mg)	0,33
Niacin (Nicotinsäureamid)	(mg)	0,07
Vitamin C	(mg)	+
Vitamin E	(mg)	1,6
Vitamin B_6	(mg)	0,09
Vitamin B_{12}	(µg)	1,4
Folsäure	(µg)	15
Pantothensäure	(mg)	1,3
Biotin	(µg)	20

JOGHURT
aus entrahmter Milch

Nährwerte

Wasser	(g)	85,7
Laktose	(g)	4,6
Andere Zucker	(g)	1,6
Gesamtstickstoff	(g)	0,78
Energie	kcal	52
	kJ	216
Eiweiß	(g)	5,0
Fett	(g)	1,0
Kohlenhydrate	(g)	6,2

Mineralien/Spurenelemente

Natrium	(mg)	76
Kalium	(mg)	240
Kalzium	(mg)	180
Magnesium	(mg)	17
Phosphor	(mg)	140
Eisen	(mg)	0,09
Kupfer	(mg)	0,04
Zink	(mg)	0,60
Schwefel	(mg)	–
Chlor	(mg)	180

Vitamine

Vitamin A	(µg)	8
Carotine	(µg)	5
Vitamin D	(µg)	+
Vitamin B_1 (Thiamin)	(mg)	0,05
Vitamin B_2 (Riboflavin)	(mg)	0,26
Niacin (Nicotinsäureamid)	(mg)	0,12
Vitamin C	(mg)	0,4
Vitamin E	(mg)	0,03
Vitamin B_6	(mg)	0,04
Vitamin B_{12}	(µg)	+
Folsäure	(µg)	2
Pantothensäure	(mg)	–
Biotin	(µg)	–

KONDENSMILCH
gezuckert

Nährwerte

Wasser	(g)	25,8
Laktose	(g)	10,2
Andere Zucker	(g)	45,3
Gesamtstickstoff	(g)	1,30
Energie	kcal	322
	kJ	1362
Eiweiß	(g)	8,3
Fett	(g)	9,0
Kohlenhydrate	(g)	55,5

Mineralien/Spurenelemente

Natrium	(mg)	130
Kalium	(mg)	390
Kalzium	(mg)	280
Magnesium	(mg)	27
Phosphor	(mg)	220
Eisen	(mg)	0,20
Kupfer	(mg)	0,04
Zink	(mg)	1,0
Schwefel	(mg)	81
Chlor	(mg)	260

Vitamine

Vitamin A	(µg)	99
Carotine	(µg)	49
Vitamin D	(µg)	0,08
Vitamin B_1 (Thiamin)	(mg)	0,08
Vitamin B_2 (Riboflavin)	(mg)	0,48
Niacin (Nicotinsäureamid)	(mg)	0,22
Vitamin C	(mg)	2,0
Vitamin E	(mg)	0,42
Vitamin B_6	(mg)	0,02
Vitamin B_{12}	(µg)	0,5
Folsäure	(µg)	10
Pantothensäure	(mg)	1,0
Biotin	(µg)	3,6

KONDENSMILCH
mager

Nährwerte

Wasser	(g)	27,0
Laktose	(g)	12,0
Andere Zucker	(g)	48,0
Gesamtstickstoff	(g)	1,55
Energie	kcal	267
	kJ	1139
Eiweiß	(g)	9,9
Fett	(g)	0,3
Kohlenhydrate	(g)	60,0

Mineralien/Spurenelemente

Natrium	(mg)	180
Kalium	(mg)	500
Kalzium	(mg)	380
Magnesium	(mg)	38
Phosphor	(mg)	270
Eisen	(mg)	0,29
Kupfer	(mg)	0,03
Zink	(mg)	1,2
Schwefel	(mg)	94
Chlor	(mg)	310

Vitamine

Vitamin A	(µg)	+
Carotine	(µg)	+
Vitamin D	(µg)	+
Vitamin B_1 (Thiamin)	(mg)	0,10
Vitamin B_2 (Riboflavin)	(mg)	0,58
Niacin (Nicotinsäureamid)	(mg)	0,26
Vitamin C	(mg)	2,4
Vitamin E	(mg)	+
Vitamin B_6	(mg)	0,02
Vitamin B_{12}	(µg)	0,5
Folsäure	(µg)	10
Pantothensäure	(mg)	1,0
Biotin	(µg)	3,6

MAGERMILCH

Nährwerte

Wasser	(g)	90,9
Laktose	(g)	5,0
Andere Zucker	(g)	0
Gesamtstickstoff	(g)	0,52
Energie	kcal	33
	kJ	142
Eiweiß	(g)	3,4
Fett	(g)	0,1
Kohlenhydrate	(g)	5,0

Mineralien/Spurenelemente

Natrium	(mg)	50
Kalium	(mg)	140
Kalzium	(mg)	120
Magnesium	(mg)	12
Phosphor	(mg)	100
Eisen	(mg)	0,05
Kupfer	(mg)	0,02
Zink	(mg)	0,36
Schwefel	(mg)	31
Chlor	(mg)	100

Vitamine

Vitamin A	(µg)	31
Carotine	(µg)	18
Vitamin D	(µg)	0,02
Vitamin B_1 (Thiamin)	(mg)	0,04
Vitamin B_2 (Riboflavin)	(mg)	0,20
Niacin (Nicotinsäureamid)	(mg)	0,08
Vitamin C	(mg)	1,5
Vitamin E	(mg)	0,09
Vitamin B_6	(mg)	0,04
Vitamin B_{12}	(µg)	0,3
Folsäure	(µg)	5
Pantothensäure	(mg)	0,36
Biotin	(µg)	2,0

MILCH
Mensch

Nährwerte

Wasser	(g)	87,1
Laktose	(g)	7,2
Andere Zucker	(g)	0
Gesamtstickstoff	(g)	0,20
Energie	kcal	69
	kJ	289
Eiweiß	(g)	1,3
Fett	(g)	4,1
Kohlenhydrate	(g)	7,2

Mineralien/Spurenelemente

Natrium	(mg)	14
Kalium	(mg)	58
Kalzium	(mg)	34
Magnesium	(mg)	3
Phosphor	(mg)	14
Eisen	(mg)	0,07
Kupfer	(mg)	0,04
Zink	(mg)	0,28
Schwefel	(mg)	–
Chlor	(mg)	42

Vitamine

Vitamin A	(µg)	60
Carotine	(µg)	0
Vitamin D	(µg)	0,02
Vitamin B_1 (Thiamin)	(mg)	0,02
Vitamin B_2 (Riboflavin)	(mg)	0,03
Niacin (Nicotinsäureamid)	(mg)	0,22
Vitamin C	(mg)	3,7
Vitamin E	(mg)	0,34
Vitamin B_6	(mg)	0,01
Vitamin B_{12}	(µg)	+
Folsäure	(µg)	5
Pantothensäure	(mg)	0,25
Biotin	(µg)	0,7

OMELETTE

Hühnereier

Nährwerte

Wasser	(g)	68,8
Gesamtstickstoff	(g)	1,70
Energie	kcal	190
	kJ	787
Eiweiß	(g)	10,6
Fett	(g)	16,4
Kohlenhydrate	(g)	+

Mineralien/Spurenelemente

Natrium	(mg)	1030
Kalium	(mg)	120
Kalzium	(mg)	47
Magnesium	(mg)	18
Phosphor	(mg)	190
Eisen	(mg)	1,7
Kupfer	(mg)	0,09
Zink	(mg)	1,3
Schwefel	(mg)	160
Chlor	(mg)	1540

Vitamine

Vitamin A	(µg)	190
Carotine	(µg)	40
Vitamin D	(µg)	1,57
Vitamin B_1 (Thiamin)	(mg)	0,07
Vitamin B_2 (Riboflavin)	(mg)	0,32
Niacin (Nicotinsäureamid)	(mg)	0,06
Vitamin C	(mg)	0
Vitamin E	(mg)	1,5
Vitamin B_6	(mg)	0,08
Vitamin B_{12}	(µg)	1,5
Folsäure	(µg)	15
Pantothensäure	(mg)	1,3
Biotin	(µg)	22

PARMESAN KÄSE

Nährwerte

Wasser	(g)	28,0
Laktose	(g)	+
Andere Zucker	(g)	0
Gesamtstickstoff	(g)	5,50
Energie	kcal	408
	kJ	1696
Eiweiß	(g)	35,1
Fett	(g)	29,7
Kohlenhydrate	(g)	+

Mineralien/Spurenelemente

Natrium	(mg)	760
Kalium	(mg)	150
Kalzium	(mg)	1220
Magnesium	(mg)	50
Phosphor	(mg)	770
Eisen	(mg)	0,37
Kupfer	(mg)	–
Zink	(mg)	4,0
Schwefel	(mg)	250
Chlor	(mg)	1110

Vitamine

Vitamin A	(µg)	325
Carotine	(µg)	195
Vitamin D	(µg)	0,27
Vitamin B_1 (Thiamin)	(mg)	0,02
Vitamin B_2 (Riboflavin)	(mg)	0,50
Niacin (Nicotinsäureamid)	(mg)	0,30
Vitamin C	(mg)	0
Vitamin E	(mg)	0,9
Vitamin B_6	(mg)	0,10
Vitamin B_{12}	(µg)	1,5
Folsäure	(µg)	20
Pantothensäure	(mg)	0,30
Biotin	(µg)	1,7

SAHNE

Nährwerte

Wasser	(g)	71,9
Laktose	(g)	3,2
Andere Zucker	(g)	0
Gesamtstickstoff	(g)	0,38
Energie	kcal	212
	kJ	876
Eiweiß	(g)	2,4
Fett	(g)	21,2
Kohlenhydrate	(g)	3,2

Mineralien/Spurenelemente

Natrium	(mg)	42
Kalium	(mg)	120
Kalzium	(mg)	79
Magnesium	(mg)	6
Phosphor	(mg)	44
Eisen	(mg)	0,31
Kupfer	(mg)	0,20
Zink	(mg)	0,26
Schwefel	(mg)	–
Chlor	(mg)	72

Vitamine

Vitamin A	(µg)	200
Carotine	(µg)	125
Vitamin D	(µg)	0,16
Vitamin B_1 (Thiamin)	(mg)	0,03
Vitamin B_2 (Riboflavin)	(mg)	0,12
Niacin (Nicotinsäureamid)	(mg)	0,07
Vitamin C	(mg)	1,2
Vitamin E	(mg)	0,5
Vitamin B_6	(mg)	0,03
Vitamin B_{12}	(µg)	0,2
Folsäure	(µg)	4
Pantothensäure	(mg)	0,30
Biotin	(µg)	1,4

SAHNE
sterilisiert

Nährwerte

Wasser	(g)	69,8
Laktose	(g)	2,7
Andere Zucker	(g)	0
Gesamtstickstoff	(g)	0,40
Energie	kcal	230
	kJ	950
Eiweiß	(g)	2,6
Fett	(g)	23,3
Kohlenhydrate	(g)	2,7

Mineralien/Spurenelemente

Natrium	(mg)	56
Kalium	(mg)	120
Kalzium	(mg)	80
Magnesium	(mg)	6
Phosphor	(mg)	44
Eisen	(mg)	0,30
Kupfer	(mg)	0,20
Zink	(mg)	0,26
Schwefel	(mg)	–
Chlor	(mg)	140

Vitamine

Vitamin A	(µg)	190
Carotine	(µg)	110
Vitamin D	(µg)	0,14
Vitamin B_1 (Thiamin)	(mg)	0,01
Vitamin B_2 (Riboflavin)	(mg)	0,10
Niacin (Nicotinsäureamid)	(mg)	0,06
Vitamin C	(mg)	+
Vitamin E	(mg)	0,5
Vitamin B_6	(mg)	0,01
Vitamin B_{12}	(µg)	+
Folsäure	(µg)	+
Pantothensäure	(mg)	0,28
Biotin	(µg)	1,3

SCHLAGSAHNE

Nährwerte

Wasser	(g)	61,5
Laktose	(g)	2,5
Andere Zucker	(g)	0
Gesamtstickstoff	(g)	0,30
Energie	kcal	332
	kJ	1367
Eiweiß	(g)	1,9
Fett	(g)	35,0
Kohlenhydrate	(g)	2,5

Mineralien/Spurenelemente

Natrium	(mg)	34
Kalium	(mg)	100
Kalzium	(mg)	63
Magnesium	(mg)	5
Phosphor	(mg)	27
Eisen	(mg)	0,25
Kupfer	(mg)	0,16
Zink	(mg)	0,21
Schwefel	(mg)	–
Chlor	(mg)	58

Vitamine

Vitamin A	(µg)	325
Carotine	(µg)	205
Vitamin D	(µg)	0,27
Vitamin B_1 (Thiamin)	(mg)	0,02
Vitamin B_2 (Riboflavin)	(mg)	0,09
Niacin (Nicotinsäureamid)	(mg)	0,05
Vitamin C	(mg)	0,9
Vitamin E	(mg)	0,8
Vitamin B_6	(mg)	0,02
Vitamin B_{12}	(µg)	0,2
Folsäure	(µg)	3
Pantothensäure	(mg)	0,21
Biotin	(µg)	0,9

SCHMELZKÄSE

Nährwerte

Wasser	(g)	51,0
Laktose(g)	0,9	
Andere Zucker	(g)	0
Gesamtstickstoff	(g)	2,87
Energie	kcal	283
	kJ	1173
Eiweiß	(g)	18,3
Fett	(g)	22,9
Kohlenhydrate	(g)	0,9

Mineralien/Spurenelemente

Natrium	(mg)	1170
Kalium	(mg)	150
Kalzium	(mg)	510
Magnesium	(mg)	25
Phosphor	(mg)	440
Eisen	(mg)	0,69
Kupfer	(mg)	0,09
Zink	(mg)	–
Schwefel	(mg)	–
Chlor	(mg)	760

Vitamine

Vitamin A	(µg)	180
Carotine	(µg)	105
Vitamin D	(µg)	0,13
Vitamin B_1 (Thiamin)	(mg)	0,02
Vitamin B_2 (Riboflavin)	(mg)	0,24
Niacin (Nicotin-säureamid)	(mg)	0,06
Vitamin C	(mg)	0
Vitamin E	(mg)	–
Vitamin B_6	(mg)	–
Vitamin B_{12}	(µg)	–
Folsäure	(µg)	–
Pantothensäure	(mg)	–
Biotin	(µg)	–

STILTON KÄSE

Nährwerte

Wasser	(g)	28,2
Laktose	(g)	+
Andere Zucker	(g)	0
Gesamtstickstoff	(g)	4,02
Energie	kcal	462
	kJ	1915
Eiweiß	(g)	25,6
Fett	(g)	40,0
Kohlenhydrate	(g)	+

Mineralien/Spurenelemente

Natrium	(mg)	1150
Kalium	(mg)	160
Kalzium	(mg)	360
Magnesium	(mg)	27
Phosphor	(mg)	300
Eisen	(mg)	0,46
Kupfer	(mg)	0,03
Zink	(mg)	–
Schwefel	(mg)	230
Chlor	(mg)	1720

Vitamine

Vitamin A	(µg)	370
Carotine	(µg)	230
Vitamin D	(µg)	0,31
Vitamin B_1 (Thiamin)	(mg)	0,07
Vitamin B_2 (Riboflavin)	(mg)	0,30
Niacin (Nicotin-säureamid)	(mg)	–
Vitamin C	(mg)	0
Vitamin E	(mg)	1,0
Vitamin B_6	(mg)	–
Vitamin B_{12}	(µg)	–
Folsäure	(µg)	–
Pantothensäure	(mg)	–
Biotin	(µg)	–

VERLORENE EIER

Nährwerte

Wasser	(g)	74,7
Gesamtstickstoff	(g)	1,99
Energie	kcal	155
	kJ	644
Eiweiß	(g)	12,4
Fett	(g)	11,7
Kohlenhydrate	(g)	+

Mineralien/Spurenelemente

Natrium	(mg)	110
Kalium	(mg)	120
Kalzium	(mg)	52
Magnesium	(mg)	11
Phosphor	(mg)	240
Eisen	(mg)	2,3
Kupfer	(mg)	0,10
Zink	(mg)	1,5
Schwefel	(mg)	180
Chlor	(mg)	160

Vitamine

Vitamin A	(µg)	140
Carotine	(µg)	+
Vitamin D	(µg)	1,75
Vitamin B_1 (Thiamin)	(mg)	0,07
Vitamin B_2 (Riboflavin)	(mg)	0,38
Niacin (Nicotin-säureamid)	(mg)	0,07
Vitamin C	(mg)	0
Vitamin E	(mg)	1,6
Vitamin B_6	(mg)	0,09
Vitamin B_{12}	(µg)	1,7
Folsäure	(µg)	16
Pantothensäure	(mg)	1,4
Biotin	(µg)	25

VOLLMILCH
frisch

Nährwerte

Wasser	(g)	87,6
Laktose	(g)	4,7
Andere Zucker	(g)	0
Gesamtstickstoff	(g)	0,52
Energie	kcal	65
	kJ	272
Eiweiß	(g)	3,3
Fett	(g)	3,8
Kohlenhydrate	(g)	4,7

Mineralien/Spurenelemente

Natrium	(mg)	50
Kalium	(mg)	150
Kalzium	(mg)	120
Magnesium	(mg)	12
Phosphor	(mg)	95
Eisen	(mg)	0,05
Kupfer	(mg)	0,02
Zink	(mg)	0,35
Schwefel	(mg)	30
Chlor	(mg)	95

Vitamine

Vitamin A	(µg)	35
Carotine	(µg)	22
Vitamin D	(µg)	0,03
Vitamin B_1 (Thiamin)	(mg)	0,04
Vitamin B_2 (Riboflavin)	(mg)	0,19
Niacin (Nicotinsäureamid)	(mg)	0,08
Vitamin C	(mg)	1,5
Vitamin E	(mg)	0,10
Vitamin B_6	(mg)	0,04
Vitamin B_{12}	(µg)	0,3
Folsäure	(µg)	5
Pantothensäure	(mg)	0,35
Biotin	(µg)	2,0

VOLLMILCH
sterilisiert

Nährwerte

Wasser	(g)	86,3
Laktose	(g)	4,7
Andere Zucker	(g)	0
Gesamtstickstoff	(g)	0,52
Energie	kcal	65
	kJ	274
Eiweiß	(g)	3,3
Fett	(g)	3,8
Kohlenhydrate	(g)	4,7

Mineralien/Spurenelemente

Natrium	(mg)	50
Kalium	(mg)	140
Kalzium	(mg)	120
Magnesium	(mg)	12
Phosphor	(mg)	95
Eisen	(mg)	0,05
Kupfer	(mg)	0,02
Zink	(mg)	0,35
Schwefel	(mg)	30
Chlor	(mg)	100

Vitamine

Vitamin A	(µg)	31
Carotine	(µg)	18
Vitamin D	(µg)	0,02
Vitamin B_1 (Thiamin)	(mg)	0,03
Vitamin B_2 (Riboflavin)	(mg)	0,19
Niacin (Nicotinsäureamid)	(mg)	0,08
Vitamin C	(mg)	1,5
Vitamin E	(mg)	0,09
Vitamin B_6	(mg)	0,03
Vitamin B_{12}	(µg)	0,2
Folsäure	(µg)	4
Pantothensäure	(mg)	0,35
Biotin	(µg)	2,0

VOLLMILCHPULVER
3,5 Prozent Fett

Nährwerte

Wasser	(g)	2,9
Laktose	(g)	39,4
Andere Zucker	(g)	0
Gesamtstickstoff	(g)	4,12
Energie	kcal	490
	kJ	2015
Eiweiß	(g)	26,3
Fett	(g)	25
Kohlenhydrate	(g)	39,4

Mineralien/Spurenelemente

Natrium	(mg)	440
Kalium	(mg)	1270
Kalzium	(mg)	1020
Magnesium	(mg)	84
Phosphor	(mg)	740
Eisen	(mg)	0,40
Kupfer	(mg)	0,14
Zink	(mg)	3,2
Schwefel	(mg)	240
Chlor	(mg)	810

Vitamine

Vitamin A	(µg)	290
Carotine	(µg)	170
Vitamin D	(µg)	0,24
Vitamin B_1 (Thiamin)	(mg)	0,33
Vitamin B_2 (Riboflavin)	(mg)	1,1
Niacin (Nicotinsäureamid)	(mg)	0,60
Vitamin C	(mg)	10,0
Vitamin E	(mg)	0,61
Vitamin B_6	(mg)	0,23
Vitamin B_{12}	(µg)	2,0
Folsäure	(µg)	40
Pantothensäure	(mg)	2,7
Biotin	(µg)	10

WEICHKÄSE

Nährwerte

Wasser	(g)	45,5
Laktose	(g)	+
Andere Zucker	(g)	0
Gesamtstickstoff	(g)	0,49
Energie	kcal	439
	kJ	1807
Eiweiß	(g)	3,1
Fett	(g)	47,4
Kohlenhydrate	(g)	+

Mineralien/Spurenelemente

Natrium	(mg)	300
Kalium	(mg)	160
Kalzium	(mg)	98
Magnesium	(mg)	10
Phosphor	(mg)	100
Eisen	(mg)	0,12
Kupfer	(mg)	0,04
Zink	(mg)	0,48
Schwefel	(mg)	–
Chlor	(mg)	480

Vitamine

Vitamin A	(µg)	385
Carotine	(µg)	220
Vitamin D	(µg)	0,28
Vitamin B_1 (Thiamin)	(mg)	0,02
Vitamin B_2 (Riboflavin)	(mg)	0,14
Niacin (Nicotinsäureamid)	(mg)	0,08
Vitamin C	(mg)	0
Vitamin E	(mg)	1,0
Vitamin B_6	(mg)	0,01
Vitamin B_{12}	(µg)	0,3
Folsäure	(µg)	5
Pantothensäure	(mg)	–
Biotin	(µg)	–

ZIEGENMILCH

Nährwerte

Wasser	(g)	87,0
Laktose	(g)	4,6
Andere Zucker	(g)	0
Gesamtstickstoff	(g)	0,52
Energie	kcal	71
	kJ	296
Eiweiß	(g)	3,3
Fett	(g)	4,5
Kohlenhydrate	(g)	4,6

Mineralien/Spurenelemente

Natrium	(mg)	40
Kalium	(mg)	180
Kalzium	(mg)	130
Magnesium	(mg)	20
Phosphor	(mg)	110
Eisen	(mg)	0,04
Kupfer	(mg)	0,05
Zink	(mg)	0,30
Schwefel	(mg)	–
Chlor	(mg)	130

Vitamine

Vitamin A	(µg)	40
Carotine	(µg)	0
Vitamin D	(µg)	0,06
Vitamin B_1 (Thiamin)	(mg)	0,04
Vitamin B_2 (Riboflavin)	(mg)	0,15
Niacin (Nicotinsäureamid)	(mg)	0,19
Vitamin C	(mg)	1,5
Vitamin E	(mg)	–
Vitamin B_6	(mg)	0,04
Vitamin B_{12}	(µg)	+
Folsäure	(µg)	1
Pantothensäure	(mg)	0,34
Biotin	(µg)	2,0

Fleisch und Fleischwaren

KALBFLEISCH
gebraten, Filet

Nährwerte

Wasser	(g)	55,1
Genießbarer Teil	(%)	75
Gesamtstickstoff	(g)	5,05
Energie	kcal	230
	kJ	963
Eiweiß	(g)	31,6
Fett	(g)	11,5
Kohlenhydrate	(g)	0

Mineralien/Spurenelemente

Natrium	(mg)	97
Kalium	(mg)	430
Kalzium	(mg)	14
Magnesium	(mg)	28
Phosphor	(mg)	360
Eisen	(mg)	1,6
Kupfer	(mg)	–
Zink	(mg)	–
Schwefel	(mg)	330
Chlor	(mg)	110

Vitamine

Vitamin A	(µg)	+
Carotine	(µg)	+
Vitamin D	(µg)	+
Vitamin B_1 (Thiamin)	(mg)	0,06
Vitamin B_2 (Riboflavin)	(mg)	0,27
Niacin (Nicotinsäureamid)	(mg)	7,0
Vitamin C	(mg)	0
Vitamin E	(mg)	–
Vitamin B_6	(mg)	0,32
Vitamin B_{12}	(µg)	1
Folsäure	(µg)	4
Pantothensäure	(mg)	0,5
Biotin	(µg)	+

KALBFLEISCH
roh, Filet

Nährwerte

Wasser	(g)	74,9
Genießbarer Teil	(%)	98
Gesamtstickstoff	(g)	3,37
Energie	kcal	109
	kJ	459
Eiweiß	(g)	21,1
Fett	(g)	2,7
Kohlenhydrate	(g)	0

Mineralien/Spurenelemente

Natrium	(mg)	110
Kalium	(mg)	360
Kalzium	(mg)	8
Magnesium	(mg)	25
Phosphor	(mg)	260
Eisen	(mg)	1,2
Kupfer	(mg)	–
Zink	(mg)	–
Schwefel	(mg)	220
Chlor	(mg)	68

Vitamine

Vitamin A	(µg)	+
Carotine	(µg)	+
Vitamin D	(µg)	+
Vitamin B_1 (Thiamin)	(mg)	0,10
Vitamin B_2 (Riboflavin)	(mg)	0,25
Niacin (Nicotinsäureamid)	(mg)	7,0
Vitamin C	(mg)	0
Vitamin E	(mg)	–
Vitamin B_6	(mg)	0,30
Vitamin B_{12}	(µg)	1
Folsäure	(µg)	4
Pantothensäure	(mg)	0,5
Biotin	(µg)	+

KALBFLEISCHKOTELETT
gebraten

Nährwerte

Wasser	(g)	54,6
Genießbarer Teil	(%)	0,74
Gesamtstickstoff	(g)	5,02
Energie	kcal	215
	kJ	904
Eiweiß	(g)	31,4
Fett	(g)	8,1
Kohlenhydrate	(g)	4,4

Mineralien/Spurenelemente

Natrium	(mg)	110
Kalium	(mg)	420
Kalzium	(mg)	10
Magnesium	(mg)	33
Phosphor	(mg)	280
Eisen	(mg)	1,6
Kupfer	(mg)	–
Zink	(mg)	–
Schwefel	(mg)	330
Chlor	(mg)	120

Vitamine

Vitamin A	(µg)	+
Carotine	(µg)	+
Vitamin D	(µg)	+
Vitamin B_1 (Thiamin)	(mg)	–
Vitamin B_2 (Riboflavin)	(mg)	–
Niacin (Nicotinsäureamid)	(mg)	–
Vitamin C	(mg)	0
Vitamin E	(mg)	–
Vitamin B_6	(mg)	–
Vitamin B_{12}	(µg)	1
Folsäure	(µg)	–
Pantothensäure	(mg)	–
Biotin	(µg)	+

KALBSHIRN
gekocht

Nährwerte

Wasser	(g)	73,4
Genießbarer Teil	(%)	80
Gesamtstickstoff	(g)	2,03
Energie	kcal	152
	kJ	630
Eiweiß	(g)	12,7
Fett	(g)	11,2
Kohlenhydrate	(g)	0

Mineralien/Spurenelemente

Natrium	(mg)	210
Kalium	(mg)	190
Kalzium	(mg)	16
Magnesium	(mg)	15
Phosphor	(mg)	380
Eisen	(mg)	2,3
Kupfer	(mg)	0,42
Zink	(mg)	1,5
Schwefel	(mg)	–
Chlor	(mg)	200

Vitamine

Vitamin A	(µg)	+
Carotine	(µg)	+
Vitamin D	(µg)	+
Vitamin B_1 (Thiamin)	(mg)	0,08
Vitamin B_2 (Riboflavin)	(mg)	0,19
Niacin (Nicotinsäureamid)	(mg)	2,2
Vitamin C	(mg)	17
Vitamin E	(mg)	2,3
Vitamin B_6	(mg)	0,12
Vitamin B_{12}	(µg)	7
Folsäure	(µg)	3
Pantothensäure	(mg)	1,4
Biotin	(µg)	3

KALBSLEBER
gebratet

Nährwerte

Wasser	(g)	52,6
Genießbarer Teil	(%)	84
Gesamtstickstoff	(g)	4,31
Energie	kcal	254
	kJ	1063
Eiweiß	(g)	26,9
Fett	(g)	13,2
Kohlenhydrate	(g)	7,3

Mineralien/Spurenelemente

Natrium	(mg)	170
Kalium	(mg)	410
Kalzium	(mg)	15
Magnesium	(mg)	26
Phosphor	(mg)	470
Eisen	(mg)	7,5
Kupfer	(mg)	12,0
Zink	(mg)	6,2
Schwefel	(mg)	300
Chlor	(mg)	210

Vitamine

Vitamin A	(µg)	17,50
Carotine	(µg)	100
Vitamin D	(µg)	0,25
Vitamin B_1 (Thiamin)	(mg)	0,27
Vitamin B_2 (Riboflavin)	(mg)	4,2
Niacin (Nicotinsäureamid)	(mg)	15,6
Vitamin C	(mg)	14
Vitamin E	(mg)	0,50
Vitamin B_6	(mg)	0,73
Vitamin B_{12}	(µg)	87
Folsäure	(µg)	320
Pantothensäure	(mg)	8,8
Biotin	(µg)	53

LAMM
Bein, gebraten, mittelfett

Nährwerte

Wasser	(g)	55,3
Genießbarer Teil	(%)	53
Gesamtstickstoff	(g)	4,18
Energie	kcal	266
	kJ	1106
Eiweiß	(g)	26,1
Fett	(g)	17,9
Kohlenhydrate	(g)	0

Mineralien/Spurenelemente

Natrium	(mg)	65
Kalium	(mg)	310
Kalzium	(mg)	8
Magnesium	(mg)	25
Phosphor	(mg)	200
Eisen	(mg)	2,5
Kupfer	(mg)	0,28
Zink	(mg)	4,6
Schwefel	(mg)	–
Chlor	(mg)	62

Vitamine

Vitamin A	(µg)	+
Carotine	(µg)	+
Vitamin D	(µg)	+
Vitamin B_1 (Thiamin)	(mg)	0,12
Vitamin B_2 (Riboflavin)	(mg)	0,31
Niacin (Nicotinsäureamid)	(mg)	5,4
Vitamin C	(mg)	0
Vitamin E	(mg)	0,11
Vitamin B_6	(mg)	0,18
Vitamin B_{12}	(µg)	2
Folsäure	(µg)	3
Pantothensäure	(mg)	0,6
Biotin	(µg)	1

LAMM
Bein, mager

Nährwerte

Wasser	(g)	61,8
Genießbarer Teil	(%)	43
Gesamtstickstoff	(g)	4,71
Energie	kcal	191
	kJ	800
Eiweiß	(g)	29,4
Fett	(g)	8,1
Kohlenhydrate	(g)	0

Mineralien/Spurenelemente

Natrium	(mg)	67
Kalium	(mg)	340
Kalzium	(mg)	8
Magnesium	(mg)	28
Phosphor	(mg)	220
Eisen	(mg)	2,7
Kupfer	(mg)	0,31
Zink	(mg)	5,3
Schwefel	(mg)	290
Chlor	(mg)	64

Vitamine

Vitamin A	(µg)	+
Carotine	(µg)	+
Vitamin D	(µg)	+
Vitamin B_1 (Thiamin)	(mg)	0,14
Vitamin B_2 (Riboflavin)	(mg)	0,25
Niacin (Nicotinsäureamid)	(mg)	5,7
Vitamin C	(mg)	0
Vitamin E	(mg)	0,11
Vitamin B_6	(mg)	0,22
Vitamin B_{12}	(µg)	2
Folsäure	(µg)	4
Pantothensäure	(mg)	0,7
Biotin	(µg)	2

LAMM
Bein, roh, mittelfett

Nährwerte

Wasser	(g)	63,1
Genießbarer Teil	(%)	77
Gesamtstickstoff	(g)	2,86
Energie	kcal	240
	kJ	996
Eiweiß	(g)	17,9
Fett	(g)	18,7
Kohlenhydrate	(g)	0

Mineralien/Spurenelemente

Natrium	(mg)	52
Kalium	(mg)	310
Kalzium	(mg)	6
Magnesium	(mg)	22
Phosphor	(mg)	170
Eisen	(mg)	1,7
Kupfer	(mg)	0,14
Zink	(mg)	2,8
Schwefel	(mg)	–
Chlor	(mg)	54

Vitamine

Vitamin A	(µg)	+
Carotine	(µg)	+
Vitamin D	(µg)	+
Vitamin B_1 (Thiamin)	(mg)	0,14
Vitamin B_2 (Riboflavin)	(mg)	0,25
Niacin (Nicotinsäureamid)	(mg)	5,7
Vitamin C	(mg)	0
Vitamin E	(mg)	0,14
Vitamin B_6	(mg)	0,20
Vitamin B_{12}	(µg)	2
Folsäure	(µg)	4
Pantothensäure	(mg)	0,6
Biotin	(µg)	1

LAMM
roh, mager

Nährwerte

Wasser	(g)	70,1
Genießbarer Teil	(%)	95
Gesamtstickstoff	(g)	3,33
Energie	kcal	162
	kJ	679
Eiweiß	(g)	20,8
Fett	(g)	8,8
Kohlenhydrate	(g)	0

Mineralien/Spurenelemente

Natrium	(mg)	88
Kalium	(mg)	350
Kalzium	(mg)	7
Magnesium	(mg)	24
Phosphor	(mg)	190
Eisen	(mg)	1,6
Kupfer	(mg)	0,17
Zink	(mg)	4,0
Schwefel	(mg)	210
Chlor	(mg)	76

Vitamine

Vitamin A	(μg)	+
Carotine	(μg)	+
Vitamin D	(μg)	+
Vitamin B_1 (Thiamin)	(mg)	0,14
Vitamin B_2 (Riboflavin)	(mg)	0,28
Niacin (Nicotinsäureamid)	(mg)	6,0
Vitamin C	(mg)	0
Vitamin E	(mg)	0,10
Vitamin B_6	(mg)	0,25
Vitamin B_{12}	(μg)	2
Folsäure	(μg)	5
Pantothensäure	(mg)	0,7
Biotin	(μg)	2

LAMM
roh, mittelfett

Nährwerte

Wasser	(g)	21,2
Genießbarer Teil	(%)	95
Gesamtstickstoff	(g)	0,99
Energie	kcal	671
	kJ	2762
Eiweiß	(g)	6,2
Fett	(g)	71,8
Kohlenhydrate	(g)	0

Mineralien/Spurenelemente

Natrium	(mg)	36
Kalium	(mg)	96
Kalzium	(mg)	7
Magnesium	(mg)	6
Phosphor	(mg)	54
Eisen	(mg)	0,7
Kupfer	(mg)	0,15
Zink	(mg)	0,8
Schwefel	(mg)	–
Chlor	(mg)	37

Vitamine

Vitamin A	(μg)	–
Carotine	(μg)	–
Vitamin D	(μg)	–
Vitamin B_1 (Thiamin)	(mg)	–
Vitamin B_2 (Riboflavin)	(mg)	–
Niacin (Nicotinsäureamid)	(mg)-	
Vitamin C	(mg)	0
Vitamin E	(mg)	0,26
Vitamin B_6	(mg)	–
Vitamin B_{12}	(μg)	+
Folsäure	(μg)	–
Pantothensäure	(mg)	–
Biotin	(μg)	+

LAMM, Fett
meat

Nährwerte

Wasser	(g)	24,6
Genießbarer Teil	(%)	95
Gesamtstickstoff	(g)	1,81
Energie	kcal	616
	kJ	2538
Eiweiß	(g)	11,3
Fett	(g)	63,4
Kohlenhydrate	(g)	0

Mineralien/Spurenelemente

Natrium	(mg)	56
Kalium	(mg)	150
Kalzium	(mg)	11
Magnesium	(mg)	12
Phosphor	(mg)	120
Eisen	(mg)	1,4
Kupfer	(mg)	0,16
Zink	(mg)	1,4
Schwefel	(mg)	–
Chlor	(mg)	53

Vitamine

Vitamin A	(μg)	–
Carotine	(μg)	–
Vitamin D	(μg)	–
Vitamin B_1 (Thiamin)	(mg)	–
Vitamin B_2 (Riboflavin)	(mg)	–
Niacin (Nicotinsäureamid)	(mg)	–
Vitamin C	(mg)	0
Vitamin E	(mg)	0,18
Vitamin B_6	(mg)	–
Vitamin B_{12}	(μg)	+
Folsäure	(μg)	–
Pantothensäure	(mg)	–
Biotin	(μg)	+

LAMMBRUST
gebraten, mittelfett

Nährwerte

Wasser	(g)	43,6
Genießbarer Teil	(%)	77
Gesamtstickstoff	(g)	3,05
Energie	kcal	410
	kJ	1697
Eiweiß	(g)	19,1
Fett	(g)	37,1
Kohlenhydrate	(g)	0

Mineralien/Spurenelemente

Natrium	(mg)	73
Kalium	(mg)	250
Kalzium	(mg)	10
Magnesium	(mg)	18
Phosphor	(mg)	150
Eisen	(mg)	1,5
Kupfer	(mg)	0,19
Zink	(mg)	3,6
Schwefel	(mg)	–
Chlor	(mg)	74

Vitamine

Vitamin A	(µg)	+
Carotine	(µg)	+
Vitamin D	(µg)	+
Vitamin B_1 (Thiamin)	(mg)	0,06
Vitamin B_2 (Riboflavin)	(mg)	0,17
Niacin (Nicotinsäureamid)	(mg)	3,4
Vitamin C	(mg)	0
Vitamin E	(mg)	0,13
Vitamin B_6	(mg)	0,13
Vitamin B_{12}	(µg)	1
Folsäure	(µg)	3
Pantothensäure	(mg)	0,4
Biotin	(µg)	1

LAMMBRUST
mager

Nährwerte

Wasser	(g)	57,8
Genießbarer Teil	(%)	45
Gesamtstickstoff	(g)	4,09
Energie	kcal	252
	kJ	1049
Eiweiß	(g)	25,6
Fett	(g)	16,6
Kohlenhydrate	(g)	0

Mineralien/Spurenelemente

Natrium	(mg)	86
Kalium	(mg)	330
Kalzium	(mg)	10
Magnesium	(mg)	24
Phosphor	(mg)	200
Eisen	(mg)	1,7
Kupfer	(mg)	0,23
Zink	(mg)	5,3
Schwefel	(mg)	240
Chlor	(mg)	89

Vitamine

Vitamin A	(µg)	+
Carotine	(µg)	+
Vitamin D	(µg)	+
Vitamin B_1 (Thiamin)	(mg)	0,10
Vitamin B_2 (Riboflavin)	(mg)	0,29
Niacin (Nicotinsäureamid)	(mg)	5,6
Vitamin C	(mg)	0
Vitamin E	(mg)	0,10
Vitamin B_6	(mg)	0,22
Vitamin B_{12}	(µg)	2
Folsäure	(µg)	4
Pantothensäure	(mg)	0,7
Biotin	(µg)	2

LAMMBRUST
roh, mittelfett

Nährwerte

Wasser	(g)	48,3
Genießbarer Teil	(%)	96
Gesamtstickstoff	(g)	2,67
Energie	kcal	378
	kJ	1564
Eiweiß	(g)	16,7
Fett	(g)	34,6
Kohlenhydrate	(g)	0

Mineralien/Spurenelemente

Natrium	(mg)	100
Kalium	(mg)	270
Kalzium	(mg)	8
Magnesium	(mg)	18
Phosphor	(mg)	150
Eisen	(mg)	1,3
Kupfer	(mg)	0,16
Zink	(mg)	3,2
Schwefel	(mg)	–
Chlor	(mg)	77

Vitamine

Vitamin A	(µg)	+
Carotine	(µg)	+
Vitamin D	(µg)	+
Vitamin B_1 (Thiamin)	(mg)	0,08
Vitamin B_2 (Riboflavin)	(mg)	0,17
Niacin (Nicotinsäureamid)	(mg)	3,8
Vitamin C	(mg)	0
Vitamin E	(mg)	0,18
Vitamin B_6	(mg)	0,15
Vitamin B_{12}	(µg)	1
Folsäure	(µg)	3
Pantothensäure	(mg)	0,4
Biotin	(µg)	1

LAMMHERZ
roh

Nährwerte

Wasser	(g)	75,6
Genießbarer Teil	(%)	73
Gesamtstickstoff	(g)	2,73
Energie	kcal	119
	kJ	498
Eiweiß	(g)	17,1
Fett	(g)	5,6
Kohlenhydrate	(g)	0

Mineralien/Spurenelemente

Natrium	(mg)	140
Kalium	(mg)	280
Kalzium	(mg)	7
Magnesium	(mg)	21
Phosphor	(mg)	210
Eisen	(mg)	3,6
Kupfer	(mg)	0,52
Zink	(mg)	2,0
Schwefel	(mg)	200
Chlor	(mg)	140

Vitamine

Vitamin A	(μg)	+
Carotine	(μg)	+
Vitamin D	(μg)	–
Vitamin B_1 (Thiamin)	(mg)	0,48
Vitamin B_2 (Riboflavin)	(mg)	0,9
Niacin (Nicotinsäureamid)	(mg)	6,9
Vitamin C	(mg)	7
Vitamin E	(mg)	0,37
Vitamin B_6	(mg)	0,29
Vitamin B_{12}	(μg)	8
Folsäure	(μg)	2
Pantothensäure	(mg)	2,5
Biotin	(μg)	4

LAMMHIRN
gekocht

Nährwerte

Wasser	(g)	77,0
Genießbarer Teil	(%)	81
Gesamtstickstoff	(g)	1,86
Energie	kcal	126
	kJ	523
Eiweiß	(g)	11,6
Fett	(g)	8,8
Kohlenhydrate	(g)	0

Mineralien/Spurenelemente

Natrium	(mg)	210
Kalium	(mg)	190
Kalzium	(mg)	11
Magnesium	(mg)	15
Phosphor	(mg)	320
Eisen	(mg)	1,4
Kupfer	(mg)	0,23
Zink	(mg)	1,4
Schwefel	(mg)	–
Chlor	(mg)	250

Vitamine

Vitamin A	(μg)	+
Carotine	(μg)	+
Vitamin D	(μg)	+
Vitamin B_1 (Thiamin)	(mg)	0,10
Vitamin B_2 (Riboflavin)	(mg)	0,24
Niacin (Nicotinsäureamid)	(mg)	2,1
Vitamin C	(mg)	17
Vitamin E	(mg)	1,1
Vitamin B_6	(mg)	0,08
Vitamin B_{12}	(μg)	8
Folsäure	(μg)	6
Pantothensäure	(mg)	1,4
Biotin	(μg)	3

LAMMKOTELETT
Lende, gegrillt, mittelfett

Nährwerte

Wasser	(g)	46,6
Genießbarer Teil	(%)	54
Gesamtstickstoff	(g)	3,76
Energie	kcal	355
	kJ	1473
Eiweiß	(g)	23,5
Fett	(g)	29,0
Kohlenhydrate	(g)	0

Mineralien/Spurenelemente

Natrium	(mg)	72
Kalium	(mg)	320
Kalzium	(mg)	9
Magnesium	(mg)	24
Phosphor	(mg)	210
Eisen	(mg)	1,9
Kupfer	(mg)	0,17
Zink	(mg)	3,4
Schwefel	(mg)	–
Chlor	(mg)	83

Vitamine

Vitamin A	(µg)	+
Carotine	(µg)	+
Vitamin D	(µg)	+
Vitamin B_1 (Thiamin)	(mg)	0,11
Vitamin B_2 (Riboflavin)	(mg)	0,21
Niacin (Nicotinsäureamid)	(mg)	5,1
Vitamin C	(mg)	0
Vitamin E	(mg)	0,12
Vitamin B_6	(mg)	0,15
Vitamin B_{12}	(µg)	2
Folsäure	(µg)	3
Pantothensäure	(mg)	0,4
Biotin	(µg)	1

LAMMKOTELETT
Lende, mager

Nährwerte

Wasser	(g)	58,9
Genießbarer Teil	(%)	38
Gesamtstickstoff	(g)	4,44
Energie	kcal	222
	kJ	928
Eiweiß	(g)	27,8
Fett	(g)	12,3
Kohlenhydrate	(g)	0

Mineralien/Spurenelemente

Natrium	(mg)	75
Kalium	(mg)	380
Kalzium	(mg)	9
Magnesium	(mg)	28
Phosphor	(mg)	240
Eisen	(mg)	2,1
Kupfer	(mg)	0,19
Zink	(mg)	4,1
Schwefel	(mg)	270
Chlor	(mg)	90

Vitamine

Vitamin A	(µg)	+
Carotine	(µg)	+
Vitamin D	(µg)	+
Vitamin B_1 (Thiamin)	(mg)	0,15
Vitamin B_2 (Riboflavin)	(mg)	0,30
Niacin (Nicotinsäureamid)	(mg)	7,2
Vitamin C	(mg)	0
Vitamin E	(mg)	0,10
Vitamin B_6	(mg)	0,22
Vitamin B_{12}	(µg)	2
Folsäure	(µg)	4
Pantothensäure	(mg)	0,7
Biotin	(µg)	2

LAMMKOTELETT
roh, mittelfett

Nährwerte

Wasser	(g)	49,5
Genießbarer Teil	(%)	82
Gesamtstickstoff	(g)	2,34
Energie	kcal	377
	kJ	1558
Eiweiß	(g)	14,6
Fett	(g)	35,4
Kohlenhydrate	(g)	0

Mineralien/Spurenelemente

Natrium	(mg)	61
Kalium	(mg)	230
Kalzium	(mg)	7
Magnesium	(mg)	17
Phosphor	(mg)	140
Eisen	(mg)	1,2
Kupfer	(mg)	0,16
Zink	(mg)	2,1
Schwefel	(mg)	–
Chlor	(mg)	60

Vitamine

Vitamin A	(µg)	+
Carotine	(µg)	+
Vitamin D	(µg)	+
Vitamin B_1 (Thiamin)	(mg)	0,09
Vitamin B_2 (Riboflavin)	(mg)	0,16
Niacin (Nicotinsäureamid)	(mg)	4,0
Vitamin C	(mg)	0
Vitamin E	(mg)	0,18
Vitamin B_6	(mg)	0,15
Vitamin B_{12}	(µg)	1
Folsäure	(µg)	3
Pantothensäure	(mg)	0,4
Biotin	(µg)	1

LAMMLEBER
gebraten

Nährwerte

Wasser	(g)	58,4
Genießbarer Teil	(%)	88
Gesamtstickstoff	(g)	3,67
Energie	kcal	232
	kJ	970
Eiweiß	(g)	22,9
Fett	(g)	14,0
Kohlenhydrate	(g)	3,9

Mineralien/Spurenelemente

Natrium	(mg)	190
Kalium	(mg)	300
Kalzium	(mg)	12
Magnesium	(mg)	22
Phosphor	(mg)	400
Eisen	(mg)	10,0
Kupfer	(mg)	9,9
Zink	(mg)	4,4
Schwefel	(mg)	270
Chlor	(mg)	250

Vitamine

Vitamin A	(µg)	20,50
Carotine	(µg)	60
Vitamin D	(µg)	0,50
Vitamin B_1 (Thiamin)	(mg)	0,26
Vitamin B_2 (Riboflavin)	(mg)	4,4
Niacin (Nicotinsäureamid)	(mg)	15,2
Vitamin C	(mg)	12
Vitamin E	(mg)	0,32
Vitamin B_6	(mg)	0,49
Vitamin B_{12}	(µg)	81
Folsäure	(µg)	240
Pantothensäure	(mg)	7,6
Biotin	(µg)	41

LAMMNIERE
gebraten

Nährwerte

Wasser	(g)	66,5
Genießbarer Teil	(%)	59
Gesamtstickstoff	(g)	3,94
Energie	kcal	155
	kJ	651
Eiweiß	(g)	24,6
Fett	(g)	6,3
Kohlenhydrate	(g)	0

Mineralien/Spurenelemente

Natrium	(mg)	270
Kalium	(mg)	340
Kalzium	(mg)	13
Magnesium	(mg)	29
Phosphor	(mg)	360
Eisen	(mg)	12,0
Kupfer	(mg)	0,65
Zink	(mg)	4,1
Schwefel	(mg)	290
Chlor	(mg)	330

Vitamine

Vitamin A	(µg)	160
Carotine	(µg)	–
Vitamin D	(µg)	–
Vitamin B_1 (Thiamin)	(mg)	0,56
Vitamin B_2 (Riboflavin)	(mg)	2,3
Niacin (Nicotinsäureamid)	(mg)	9,6
Vitamin C	(mg)	9
Vitamin E	(mg)	0,41
Vitamin B_6	(mg)	0,30
Vitamin B_{12}	(µg)	79
Folsäure	(µg)	79
Pantothensäure	(mg)	5,1
Biotin	(µg)	42

LAMMZUNGE
roh

Nährwerte

Wasser	(g)	67,9
Genießbarer Teil	(%)	57
Gesamtstickstoff	(g)	2,45
Energie	kcal	193
	kJ	800
Eiweiß	(g)	15,3
Fett	(g)	14,6
Kohlenhydrate	(g)	0

Mineralien/Spurenelemente

Natrium	(mg)	420
Kalium	(mg)	250
Kalzium	(mg)	6
Magnesium	(mg)	33
Phosphor	(mg)	170
Eisen	(mg)	2,2
Kupfer	(mg)	0,64
Zink	(mg)	2,7
Schwefel	(mg)	190
Chlor	(mg)	550

Vitamine

Vitamin A	(µg)	+
Carotine	(µg)	+
Vitamin D	(µg)	+
Vitamin B_1 (Thiamin)	(mg)	0,17
Vitamin B_2 (Riboflavin)	(mg)	0,49
Niacin (Nicotinsäureamid)	(mg)	4,9
Vitamin C	(mg)	7
Vitamin E	(mg)	0,21
Vitamin B_6	(mg)	0,17
Vitamin B_{12}	(µg)	7
Folsäure	(µg)	4
Pantothensäure	(mg)	1,0
Biotin	(µg)	1

OCHSENHERZ
gekocht

Nährwerte

Wasser	(g)	61,5
Genießbarer Teil	(%)	50
Gesamtstickstoff	(g)	5,02
Energie	kcal	179
	kJ	752
Eiweiß	(g)	31,4
Fett	(g)	5,9
Kohlenhydrate	(g)	0

Mineralien/Spurenelemente

Natrium	(mg)	180
Kalium	(mg)	210
Kalzium	(mg)	7
Magnesium	(mg)	29
Phosphor	(mg)	270
Eisen	(mg)	7,7
Kupfer	(mg)	0,73
Zink	(mg)	3,5
Schwefel	(mg)	310
Chlor	(mg)	210

Vitamine

Vitamin A	(µg)	+
Carotine	(µg)	+
Vitamin D	(µg)	–
Vitamin B_1 (Thiamin)	(mg)	0,21
Vitamin B_2 (Riboflavin)	(mg)	1,1
Niacin (Nicotinsäureamid)	(mg)	4,7
Vitamin C	(mg)	6
Vitamin E	(mg)	0,72
Vitamin B_6	(mg)	0,11
Vitamin B_{12}	(µg)	15
Folsäure	(µg)	2
Pantothensäure	(mg)	1,6
Biotin	(µg)	4

OCHSENNIERE
gekocht

Nährwerte

Wasser	(g)	64,1
Genießbarer Teil	(%)	51
Gesamtstickstoff	(g)	4,09
Energie	kcal	172
	kJ	720
Eiweiß	(g)	25,6
Fett	(g)	7,7
Kohlenhydrate	(g)	0

Mineralien/Spurenelemente

Natrium	(mg)	400
Kalium	(mg)	180
Kalzium	(mg)	16
Magnesium	(mg)	19
Phosphor	(mg)	300
Eisen	(mg)	8,0
Kupfer	(mg)	0,66
Zink	(mg)	3,0
Schwefel	(mg)	270
Chlor	(mg)	520

Vitamine

Vitamin A	(µg)	250
Carotine	(µg)	–
Vitamin D	(µg)	–
Vitamin B_1 (Thiamin)	(mg)	0,25
Vitamin B_2 (Riboflavin)	(mg)	2,1
Niacin (Nicotinsäureamid)	(mg)	4,8
Vitamin C	(mg)	10
Vitamin E	(mg)	0,42
Vitamin B_6	(mg)	0,30
Vitamin B_{12}	(µg)	31
Folsäure	(µg)	75
Pantothensäure	(mg)	3,0
Biotin	(µg)	49

OCHSENZUNGE
gekocht

Nährwerte

Wasser	(g)	48,6
Genießbarer Teil	(%)	38
Gesamtstickstoff	(g)	3,12
Energie	kcal	293
	kJ	1216
Eiweiß	(g)	19,5
Fett	(g)	23,9
Kohlenhydrate	(g)	0

Mineralien/Spurenelemente

Natrium	(mg)	1000
Kalium	(mg)	150
Kalzium	(mg)	31
Magnesium	(mg)	16
Phosphor	(mg)	230
Eisen	(mg)	3,0
Kupfer	(mg)	–
Zink	(mg)	–
Schwefel	(mg)	200
Chlor	(mg)	1450

Vitamine

Vitamin A	(µg)	+
Carotine	(µg)	+
Vitamin D	(µg)	+
Vitamin B_1 (Thiamin)	(mg)	0,06
Vitamin B_2 (Riboflavin)	(mg)	0,29
Niacin (Nicotinsäureamid)	(mg)	4,1
Vitamin C	(mg)	2
Vitamin E	(mg)	0,35
Vitamin B_6	(mg)	0,09
Vitamin B_{12}	(µg)	4
Folsäure	(µg)	5
Pantothensäure	(mg)	0,5
Biotin	(µg)	3

RINDFLEISCH
fett, gekocht

Nährwerte

Wasser	(g)	25,2
Genießbarer Teil	(%)	99
Gesamtstickstoff	(g)	1,91
Energie	kcal	613
	kJ	2526
Eiweiß	(g)	11,9,
Fett	(g)	62,8
Kohlenhydrate	(g)	0

Mineralien/Spurenelemente

Natrium	(mg)	50
Kalium	(mg)	160
Kalzium	(mg)	14
Magnesium	(mg)	11
Phosphor	(mg)	90
Eisen	(mg)	1,4
Kupfer	(mg)	0,14
Zink	(mg)	1,4
Schwefel	(mg)	–
Chlor	(mg)	56

Vitamine

Vitamin A	(µg)	–
Carotine	(µg)	–
Vitamin D	(µg)	–
Vitamin B_1 (Thiamin)	(mg)	–
Vitamin B_2 (Riboflavin)	(mg)	–
Niacin (Nicotinsäureamid)	(mg)	–
Vitamin C	(mg)	0
Vitamin E	(mg)	0,55
Vitamin B_6	(mg)	–
Vitamin B_{12}	(µg)	+
Folsäure	(µg)	–
Pantothensäure	(mg)	–
Biotin	(µg)	+

RINDFLEISCH
Lendenstück, gebraten, mittelfett

Nährwerte

Wasser	(g)	54,3
Genießbarer Teil	(%)	72
Gesamtstickstoff	(g)	3,77
Energie	kcal	284
	kJ	1182
Eiweiß	(g)	23,6
Fett	(g)	21,1
Kohlenhydrate	(g)	0

Mineralien/Spurenelemente

Natrium	(mg)	54
Kalium	(mg)	300
Kalzium	(mg)	10
Magnesium	(mg)	19
Phosphor	(mg)	170
Eisen	(mg)	1,9
Kupfer	(mg)	0,18
Zink	(mg)	4,6
Schwefel	(mg)	–
Chlor	(mg)	64

Vitamine

Vitamin A	(µg)	+
Carotine	(µg)	+
Vitamin D	(µg)	+
Vitamin B_1 (Thiamin)	(mg)	0,06
Vitamin B_2 (Riboflavin)	(mg)	0,25
Niacin (Nicotin-säureamid)	(mg)	4,8
Vitamin C	(mg)	0
Vitamin E	(mg)	0,34
Vitamin B_6	(mg)	0,26
Vitamin B_{12}	(µg)	2
Folsäure	(µg)	14
Pantothensäure	(mg)	0,7
Biotin	(µg)	+

RINDFLEISCH
Lendenstück, mager

Nährwerte

Wasser	(g)	62,0
Genießbarer Teil	(%)	58
Gesamtstickstoff	(g)	4,41
Energie	kcal	192
	kJ	806
Eiweiß	(g)	27,6
Fett	(g)	9,1
Kohlenhydrate	(g)	0

Mineralien/Spurenelemente

Natrium	(mg)	59
Kalium	(mg)	350
Kalzium	(mg)	10
Magnesium	(mg)	22
Phosphor	(mg)	190
Eisen	(mg)	2,1
Kupfer	(mg)	0,19
Zink	(mg)	5,5
Schwefel	(mg)	270
Chlor	(mg)	65

Vitamine

Vitamin A	(µg)	+
Carotine	(µg)	+
Vitamin D	(µg)	+
Vitamin B_1 (Thiamin)	(mg)	0,07
Vitamin B_2 (Riboflavin)	(mg)	0,31
Niacin (Nicotin-säureamid)	(mg)	6,0
Vitamin C	(mg)	0
Vitamin E	(mg)	0,29
Vitamin B_6	(mg)	0,33
Vitamin B_{12}	(µg)	2
Folsäure	(µg)	17
Pantothensäure	(mg)	0,9
Biotin	(µg)	+

RINDFLEISCH
Lendenstück, mittelfett

Nährwerte

Wasser	(g)	59,4
Genießbarer Teil	(%)	92
Gesamtstickstoff	(g)	2,65
Energie	kcal	272
	kJ	1126
Eiweiß	(g)	16,6
Fett	(g)	22,8
Kohlenhydrate	(g)	0

Mineralien/Spurenelemente

Natrium	(mg)	49
Kalium	(mg)	260
Kalzium	(mg)	9
Magnesium	(mg)	16
Phosphor	(mg)	150
Eisen	(mg)	1,6
Kupfer	(mg)	0,13
Zink	(mg)	3,1
Schwefel	(mg)	–
Chlor	(mg)	52

Vitamine

Vitamin A	(µg)	+
Carotine	(µg)	+
Vitamin D	(µg)	+
Vitamin B_1 (Thiamin)	(mg)	0,04
Vitamin B_2 (Riboflavin)	(mg)	0,17
Niacin (Nicotin-säureamid)	(mg)	4,2
Vitamin C	(mg)	0
Vitamin E	(mg)	0,20
Vitamin B_6	(mg)	0,23
Vitamin B_{12}	(µg)	1
Folsäure	(µg)	7
Pantothensäure	(mg)	0,5
Biotin	(µg)	+

RINDFLEISCH
roh

Nährwerte		
Wasser	(g)	58,6
Genießbarer Teil	(%)	83
Gesamtstickstoff	(g)	2,52
Energie	kcal	282
	kJ	1168
Eiweiß	(g)	15,8
Fett	(g)	24,3
Kohlenhydrate	(g)	0

Mineralien/Spurenelemente		
Natrium	(mg)	55
Kalium	(mg)	280
Kalzium	(mg)	7
Magnesium	(mg)	17
Phosphor	(mg)	150
Eisen	(mg)	1,9
Kupfer	(mg)	0,13
Zink	(mg)	3,3
Schwefel	(mg)	–
Chlor	(mg)	55

Vitamine		
Vitamin A	(µg)	4
Carotine	(µg)	+
Vitamin D	(µg)	+
Vitamin B_1 (Thiamin)	(mg)	0,05
Vitamin B_2 (Riboflavin)	(mg)	0,20
Niacin (Nicotinsäureamid)	(mg)	3,8
Vitamin C	(mg)	0
Vitamin E	(mg)	0,19
Vitamin B_6	(mg)	0,23
Vitamin B_{12}	(µg)	1
Folsäure	(µg)	10
Pantothensäure	(mg)	0,5
Biotin	(µg)	+

RINDFLEISCH
roh, fett

Nährwerte		
Wasser	(g)	24,0
Genießbarer Teil	(%)	99
Gesamtstickstoff	(g)	1,40
Energie	kcal	637
	kJ	2625
Eiweiß	(g)	8,8
Fett	(g)	66,9
Kohlenhydrate	(g)	0

Mineralien/Spurenelemente		
Natrium	(mg)	33
Kalium	(mg)	100
Kalzium	(mg)	10
Magnesium	(mg)	7
Phosphor	(mg)	60
Eisen	(mg)	1,0
Kupfer	(mg)	0,11
Zink	(mg)	1,0
Schwefel	(mg)	–
Chlor	(mg)	39

Vitamine		
Vitamin A	(µg)	–
Carotine	(µg)	–
Vitamin D	(µg)	–
Vitamin B_1 (Thiamin)	(mg)	–
Vitamin B_2 (Riboflavin)	(mg)	–
Niacin (Nicotinsäureamid)	(mg)	–
Vitamin C	(mg)	–
Vitamin E	(mg)	0,32
Vitamin B_6	(mg)	–
Vitamin B_{12}	(µg)	+
Folsäure	(µg)	–
Pantothensäure	(mg)	–
Biotin	(µg)	+

RINDFLEISCH
gebraten, mager, Rumpsteak

Nährwerte		
Wasser	(g)	61,1
Genießbarer Teil	(%)	60
Gesamtstickstoff	(g)	4,92
Energie	kcal	190
	kJ	797
Eiweiß	(g)	30,8
Fett	(g)	7,4
Kohlenhydrate	(g)	0

Mineralien/Spurenelemente		
Natrium	(mg)	57
Kalium	(mg)	390
Kalzium	(mg)	6
Magnesium	(mg)	25
Phosphor	(mg)	240
Eisen	(mg)	3,4
Kupfer	(mg)	0,15
Zink	(mg)	5,9
Schwefel	(mg)	280
Chlor	(mg)	58

Vitamine		
Vitamin A	(µg)	+
Carotine	(µg)	+
Vitamin D	(µg)	+
Vitamin B_1 (Thiamin)	(mg)	0,09
Vitamin B_2 (Riboflavin)	(mg)	0,40
Niacin (Nicotinsäureamid)	(mg)	6,3
Vitamin C	(mg)	0
Vitamin E	(mg)	0,29
Vitamin B_6	(mg)	0,33
Vitamin B_{12}	(µg)	2
Folsäure	(µg)	17
Pantothensäure	(mg)	0,9
Biotin	(µg)	+

RINDFLEISCH
gebraten, mittelfett, Rumpsteak

Nährwerte		
Wasser	(g)	56,2
Genießbarer Teil	(%)	70
Gesamtstickstoff	(g)	4,58
Energie	kcal	246
	kJ	1026
Eiweiß	(g)	28,6
Fett	(g)	14,6
Kohlenhydrate	(g)	0
Mineralien/Spurenelemente		
Natrium	(mg)	54
Kalium	(mg)	360
Kalzium	(mg)	7
Magnesium	(mg)	24
Phosphor	(mg)	220
Eisen	(mg)	3,2
Kupfer	(mg)	0,15
Zink	(mg)	5,9
Schwefel	(mg)	280
Chlor	(mg)	58
Vitamine		
Vitamin A	(µg)	+
Carotine	(µg)	+
Vitamin D	(µg)	+
Vitamin B_1 (Thiamin)	(mg)	0,08
Vitamin B_2 (Riboflavin)	(mg)	0,35
Niacin (Nicotinsäureamid)	(mg)	5,5
Vitamin C	(mg)	0
Vitamin E	(mg)	0,33
Vitamin B_6	(mg)	0,29
Vitamin B_{12}	(µg)	2
Folsäure	(µg)	15
Pantothensäure	(mg)	0,8
Biotin	(µg)	+

RINDFLEISCH
roh, Hackfleisch

Nährwerte		
Wasser	(g)	64,5
Genießbarer Teil	(%)	100
Gesamtstickstoff	(g)	3,01
Energie	kcal	221
	kJ	919
Eiweiß	(g)	18,8
Fett	(g)	16,2
Kohlenhydrate	(g)	0
Mineralien/Spurenelemente		
Natrium	(mg)	86
Kalium	(mg)	290
Kalzium	(mg)	15
Magnesium	(mg)	17
Phosphor	(mg)	160
Eisen	(mg)	2,7
Kupfer	(mg)	0,15
Zink	(mg)	4,3
Schwefel	(mg)	180
Chlor	(mg)	86
Vitamine		
Vitamin A	(µg)	+
Carotine	(µg)	+
Vitamin D	(µg)	+
Vitamin B_1 (Thiamin)	(mg)	0,06
Vitamin B_2 (Riboflavin)	(mg)	0,31
Niacin (Nicotinsäureamid)	(mg)	4,0
Vitamin C	(mg)	0
Vitamin E	(mg)	0,18
Vitamin B_6	(mg)	0,27
Vitamin B_{12}	(µg)	2
Folsäure	(µg)	9
Pantothensäure	(mg)	0,6
Biotin	(µg)	+

RINDFLEISCH
roh, mittelfett

Nährwerte		
Wasser	(g)	74,0
Genießbarer Teil	(%)	99
Gesamtstickstoff	(g)	3,25
Energie	kcal	123
	kJ	517
Eiweiß	(g)	20,3
Fett	(g)	4,6
Kohlenhydrate	(g)	0
Mineralien/Spurenelemente		
Natrium	(mg)	61
Kalium	(mg)	350
Kalzium	(mg)	7
Magnesium	(mg)	20
Phosphor	(mg)	180
Eisen	(mg)	2,1
Kupfer	(mg)	0,14
Zink	(mg)	4,3
Schwefel	(mg)	190
Chlor	(mg)	59
Vitamine		
Vitamin A	(µg)	+
Carotine	(µg)	+
Vitamin D	(µg)	+
Vitamin B_1 (Thiamin)	(mg)	0,07
Vitamin B_2 (Riboflavin)	(mg)	0,24
Niacin (Nicotinsäureamid)	(mg)	5,2
Vitamin C	(mg)	0
Vitamin E	(mg)	0,15
Vitamin B_6	(mg)	0,32
Vitamin B_{12}	(µg)	2
Folsäure	(µg)	10
Pantothensäure	(mg)	0,7
Biotin	(µg)	+

RINDFLEISCH
roh, mittelfett, Rumpsteak

Nährwerte

Wasser	(g)	66,7
Genießbarer Teil	(%)	95
Gesamtstickstoff	(g)	3,02
Energie	kcal	197
	kJ	821
Eiweiß	(g)	18,9
Fett	(g)	13,5
Kohlenhydrate	(g)	0

Mineralien/Spurenelemente

Natrium	(mg)	51
Kalium	(mg)	330
Kalzium	(mg)	6
Magnesium	(mg)	20
Phosphor	(mg)	210
Eisen	(mg)	2,3
Kupfer	(mg)	0,14
Zink	(mg)	4,6
Schwefel	(mg)	–
Chlor	(mg)	49

Vitamine

Vitamin A	(μg)	+
Carotine	(μg)	+
Vitamin D	(μg)	+
Vitamin B_1 (Thiamin)	(mg)	0,08
Vitamin B_2 (Riboflavin)	(mg)	0,26
Niacin (Nicotinsäureamid)	(mg)	4,2
Vitamin C	(mg)	0
Vitamin E	(mg)	0,17
Vitamin B_6	(mg)	0,27
Vitamin B_{12}	(μg)	2
Folsäure	(μg)	9
Pantothensäure	(mg)	0,6
Biotin	(μg)	+

SCHAFHERZ
gebraten

Nährwerte

Wasser	(g)	57,3
Genießbarer Teil	(%)	53
Gesamtstickstoff	(g)	4,18
Energie	kcal	237
	kJ	988
Eiweiß	(g)	26,1
Fett	(g)	14,5
Kohlenhydrate	(g)	0

Mineralien/Spurenelemente

Natrium	(mg)	150
Kalium	(mg)	370
Kalzium	(mg)	10
Magnesium	(mg)	35
Phosphor	(mg)	390
Eisen	(mg)	8,1
Kupfer	(mg)	–
Zink	(mg)	–
Schwefel	(mg)	300
Chlor	(mg)	130

Vitamine

Vitamin A	(μg)	+
Carotine	(μg)	+
Vitamin D	(μg)	–
Vitamin B_1 (Thiamin)	(mg)	0,48
Vitamin B_2 (Riboflavin)	(mg)	0,9
Niacin (Nicotinsäureamid)	(mg)	6,9
Vitamin C	(mg)	7
Vitamin E	(mg)	0,37
Vitamin B_6	(mg)	0,38
Vitamin B_{12}	(μg)	14
Folsäure	(μg)	4
Pantothensäure	(mg)	3,8
Biotin	(μg)	8

SCHAFZUNGE
gekocht

Nährwerte

Wasser	(g)	56,9
Genießbarer Teil	(%)	33
Gesamtstickstoff	(g)	2,91
Energie	kcal	289
	kJ	1197
Eiweiß	(g)	18,2
Fett	(g)	24,0
Kohlenhydrate	(g)	0

Mineralien/Spurenelemente

Natrium	(mg)	80
Kalium	(mg)	110
Kalzium	(mg)	11
Magnesium	(mg)	13
Phosphor	(mg)	200
Eisen	(mg)	3,4
Kupfer	(mg)	–
Zink	(mg)	–
Schwefel	(mg)	190
Chlor	(mg)	80

Vitamine

Vitamin A	(μg)	+
Carotine	(μg)	+
Vitamin D	(μg)	+
Vitamin B_1 (Thiamin)	(mg)	0,13
Vitamin B_2 (Riboflavin)	(mg)	0,45
Niacin (Nicotinsäureamid)	(mg)	3,7
Vitamin C	(mg)	6
Vitamin E	(mg)	0,32
Vitamin B_6	(mg)	0,10
Vitamin B_{12}	(μg)	7
Folsäure	(μg)	4
Pantothensäure	(mg)	0,8
Biotin	(μg)	2

SCHWEINEFLEISCH
Bein, gebraten, mittelfett

Nährwerte		
Wasser	(g)	51,9
Genießbarer Teil	(%)	60
Gesamtstickstoff	(g)	4,30
Energie	kcal	286
	kJ	1190
Eiweiß	(g)	26,9
Fett	(g)	19,8
Kohlenhydrate	(g)	0
Mineralien/Spurenelemente		
Natrium	(mg)	79
Kalium	(mg)	350
Kalzium	(mg)	10
Magnesium	(mg)	22
Phosphor	(mg)	200
Eisen	(mg)	1,3
Kupfer	(mg)	0,25
Zink	(mg)	2,9
Schwefel	(mg)	–
Chlor	(mg)	79
Vitamine		
Vitamin A	(µg)	+
Carotine	(µg)	+
Vitamin D	(µg)	+
Vitamin B_1 (Thiamin)	(mg)	0,65
Vitamin B_2 (Riboflavin)	(mg)	0,27
Niacin (Nicotinsäureamid)	(mg)	5,0
Vitamin C	(mg)	0
Vitamin E	(mg)	0,03
Vitamin B_6	(mg)	0,31
Vitamin B_{12}	(µg)	1
Folsäure	(µg)	6
Pantothensäure	(mg)	1,0
Biotin	(µg)	2

SCHWEINEFLEISCH
Bein, mager

Nährwerte		
Wasser	(g)	61,6
Genießbarer Teil	(%)	45
Gesamtstickstoff	(g)	4,91
Energie	kcal	185
	kJ	777
Eiweiß	(g)	30,7
Fett	(g)	6,9
Kohlenhydrate	(g)	0
Mineralien/Spurenelemente		
Natrium	(mg)	79
Kalium	(mg)	390
Kalzium	(mg)	9
Magnesium	(mg)	25
Phosphor	(mg)	230
Eisen	(mg)	1,3
Kupfer	(mg)	0,29
Zink	(mg)	3,5
Schwefel	(mg)	300
Chlor	(mg)	76
Vitamine		
Vitamin A	(µg)	+
Carotine	(µg)	+
Vitamin D	(µg)	+
Vitamin B_1 (Thiamin)	(mg)	0,85
Vitamin B_2 (Riboflavin)	(mg)	0,35
Niacin (Nicotinsäureamid)	(mg)	6,6
Vitamin C	(mg)	0
Vitamin E	(mg)	0
Vitamin B_6	(mg)	0,41
Vitamin B_{12}	(µg)	2
Folsäure	(µg)	7
Pantothensäure	(mg)	1,3
Biotin	(µg)	3

SCHWEINEFLEISCH
roh, fett

Nährwerte		
Wasser	(g)	21,1
Genießbarer Teil	(%)	84
Gesamtstickstoff	(g)	1,08
Energie	kcal	670
	kJ	2757
Eiweiß	(g)	6,8
Fett	(g)	71,4
Kohlenhydrate	(g)	0
Mineralien/Spurenelemente		
Natrium	(mg)	38
Kalium	(mg)	87
Kalzium	(mg)	7
Magnesium	(mg)	5
Phosphor	(mg)	49
Eisen	(mg)	0,7
Kupfer	(mg)	0,10
Zink	(mg)	0,4
Schwefel	(mg)	–
Chlor	(mg)	44
Vitamine		
Vitamin A	(µg)	+
Carotine	(µg)	+
Vitamin D	(µg)	+
Vitamin B_1 (Thiamin)	(mg)	–
Vitamin B_2 (Riboflavin)	(mg)	–
Niacin (Nicotinsäureamid)	(mg)	–
Vitamin C	(mg)	0
Vitamin E	(mg)	0,03
Vitamin B_6	(mg)	–
Vitamin B_{12}	(µg)	+
Folsäure	(µg)	–
Pantothensäure	(mg)	–
Biotin	(µg)	+

SCHWEINEFLEISCH
roh, mittelfett

Nährwerte

Wasser	(g)	71,5
Genießbarer Teil	(%)	85
Gesamtstickstoff	(g)	3,29
Energie	kcal	147
	kJ	615
Eiweiß	(g)	20,7
Fett	(g)	7,1
Kohlenhydrate	(g)	0

Mineralien/Spurenelemente

Natrium	(mg)	76
Kalium	(mg)	370
Kalzium	(mg)	8
Magnesium	(mg)	22
Phosphor	(mg)	200
Eisen	(mg)	0,9
Kupfer	(mg)	0,15
Zink	(mg)	2,4
Schwefel	(mg)	200
Chlor	(mg)	71

Vitamine

Vitamin A	(μg)	+
Carotine	(μg)	+
Vitamin D	(μg)	+
Vitamin B_1 (Thiamin)	(mg)	0,89
Vitamin B_2 (Riboflavin)	(mg)	0,25
Niacin (Nicotinsäureamid)	(mg)	6,2
Vitamin C	(mg)	0
Vitamin E	(mg)	0
Vitamin B_6	(mg)	0,45
Vitamin B_{12}	(μg)	3
Folsäure	(μg)	5
Pantothensäure	(mg)	1,1
Biotin	(μg)	3

SCHWEINEHERZ
roh

Nährwerte

Wasser	(g)	79,2
Genießbarer Teil	(%)	81
Gesamtstickstoff	(g)	2,74
Energie	kcal	93
	kJ	391
Eiweiß	(g)	17,1
Fett	(g)	2,7
Kohlenhydrate	(g)	0

Mineralien/Spurenelemente

Natrium	(mg)	80
Kalium	(mg)	300
Kalzium	(mg)	6
Magnesium	(mg)	20
Phosphor	(mg)	220
Eisen	(mg)	4,8
Kupfer	(mg)	–
Zink	(mg)	–
Schwefel	(mg)	200
Chlor	(mg)	110

Vitamine

Vitamin A	(μg)	+
Carotine	(μg)	0
Vitamin D	(μg)	–
Vitamin B_1 (Thiamin)	(mg)	0,48
Vitamin B_2 (Riboflavin)	(mg)	0,9
Niacin (Nicotinsäureamid)	(mg)	6,9
Vitamin C	(mg)	5
Vitamin E	(mg)	0,37
Vitamin B_6	(mg)	0,29
Vitamin B_{12}	(μg)	8
Folsäure	(μg)	2
Pantothensäure	(mg)	1,6
Biotin	(μg)	4

SCHWEINELEBER
gebraten

Nährwerte

Wasser	(g)	62,1
Genießbarer Teil	(%)	79
Gesamtstickstoff	(g)	4,09
Energie	kcal	189
	kJ	793
Eiweiß	(g)	25,6
Fett	(g)	8,1
Kohlenhydrate	(g)	3,6

Mineralien/Spurenelemente

Natrium	(mg)	130
Kalium	(mg)	250
Kalzium	(mg)	11
Magnesium	(mg)	22
Phosphor	(mg)	390
Eisen	(mg)	17,0
Kupfer	(mg)	2,5
Zink	(mg)	8,2
Schwefel	(mg)	280
Chlor	(mg)	150

Vitamine

Vitamin A	(µg)	11,50
Carotine	(µg)	0
Vitamin D	(µg)	1,13
Vitamin B_1 (Thiamin)	(mg)	0,21
Vitamin B_2 (Riboflavin)	(mg)	3,1
Niacin (Nicotinsäureamid)	(mg)	11,5
Vitamin C	(mg)	9
Vitamin E	(mg)	0,16
Vitamin B_6	(mg)	0,64
Vitamin B_{12}	(µg)	26
Folsäure	(µg)	110
Pantothensäure	(mg)	4,6
Biotin	(µg)	34

SCHWEINENIERE
gekocht

Nährwerte

Wasser	(g)	66,3
Genießbarer Teil	(%)	56
Gesamtstickstoff	(g)	3,91
Energie	kcal	153
	kJ	641
Eiweiß	(g)	24,4
Fett	(g)	6,1
Kohlenhydrate	(g)	0

Mineralien/Spurenelemente

Natrium	(mg)	370
Kalium	(mg)	190
Kalzium	(mg)	13
Magnesium	(mg)	21
Phosphor	(mg)	330
Eisen	(mg)	6,4
Kupfer	(mg)	0,84
Zink	(mg)	4,7
Schwefel	(mg)	–
Chlor	(mg)	480

Vitamine

Vitamin A	(µg)	140
Carotine	(µg)	0
Vitamin D	(µg)	–
Vitamin B_1 (Thiamin)	(mg)	0,19
Vitamin B_2 (Riboflavin)	(mg)	2,1
Niacin (Nicotinsäureamid)	(mg)	6,1
Vitamin C	(mg)	11
Vitamin E	(mg)	0,36
Vitamin B_6	(mg)	0,28
Vitamin B_{12}	(µg)	15
Folsäure	(µg)	43
Pantothensäure	(mg)	2,4
Biotin	(µg)	53

SPECK
Fett

Nährwerte

Wasser	(g)	12,8
Genießbarer Teil	(%)	100
Ni+ogen	(g)	0,76
Energie	kcal	747
	kJ	3076
Eiweiß	(g)	4,8
Fett	(g)	80,9
Kohlenhydrate	(g)	0

Mineralien/Spurenelemente

Natrium	(mg)	560
Kalium	(mg)	75
Kalzium	(mg)	3
Magnesium	(mg)	4
Phosphor	(mg)	38
Eisen	(mg)	0,7
Kupfer	(mg)	0,06
Zink	(mg)	0,6
Schwefel	(mg)	–
Chlor	(mg)	810

Vitamine

Vitamin A	(µg)	+
Carotine	(µg)	+
Vitamin D	(µg)	+
Vitamin B_1 (Thiamin)	(mg)	–
Vitamin B_2 (Riboflavin)	(mg)	–
Niacin (Nicotinsäureamid)	(mg)	–
Vitamin C	(mg)	0
Vitamin E	(mg)	0,11
Vitamin B_6	(mg)	–
Vitamin B_{12}	(µg)	+
Folsäure	(µg)	+
Pantothensäure	(mg)	–
Biotin	(µg)	+

SPECK
mager, roh

Nährwerte

Wasser	(g)	67,0
Genießbarer Teil	(%)	100
Gesamtstickstoff	(g)	3,23
Energie	kcal	147
	kJ	617
Eiweiß	(g)	20,2
Fett	(g)	7,4
Kohlenhydrate	(g)	0

Mineralien/Spurenelemente

Natrium	(mg)	1870
Kalium	(mg)	350
Kalzium	(mg)	9
Magnesium	(mg)	22
Phosphor	(mg)	180
Eisen	(mg)	1,2
Kupfer	(mg)	0,12
Zink	(mg)	2,5
Schwefel	(mg)	200
Chlor	(mg)	2800

Vitamine

Vitamin A	(µg)	+
Carotine	(µg)	+
Vitamin D	(µg)	+
Vitamin B_1 (Thiamin)	(mg)	0,65
Vitamin B_2 (Riboflavin)	(mg)	0,25
Niacin (Nicotinsäureamid)	(mg)	4,7
Vitamin C	(mg)	0
Vitamin E	(mg)	0,06
Vitamin B_6	(mg)	0,45
Vitamin B_{12}	(µg)	+
Folsäure	(µg)	3
Pantothensäure	(mg)	0,6
Biotin	(µg)	2

SPECK
roh, durchwachsener

Nährwerte

Wasser	(g)	48,8
Genießbarer Teil	(%)	89
Gesamtstickstoff	(g)	2,08
Energie	kcal	352
	kJ	1453
Eiweiß	(g)	13,0
Fett	(g)	33,3
Kohlenhydrate	(g)	0

Mineralien/Spurenelemente

Natrium	(mg)	1400
Kalium	(mg)	250
Kalzium	(mg)	7
Magnesium	(mg)	16
Phosphor	(mg)	130
Eisen	(mg)	1,0
Kupfer	(mg)	0,10
Zink	(mg)	1,8
Schwefel	(mg)	–
Chlor	(mg)	2090

Vitamine

Vitamin A	(µg)	+
Carotine	(µg)	+
Vitamin D	(µg)	+
Vitamin B_1 (Thiamin)	(mg)	0,40
Vitamin B_2 (Riboflavin)	(mg)	0,16
Niacin (Nicotinsäureamid)	(mg)	2,9
Vitamin C	(mg)	0
Vitamin E	(mg)	0,08
Vitamin B_6	(mg)	0,30
Vitamin B_{12}	(µg)	+
Folsäure	(µg)	2
Pantothensäure	(mg)	0,3
Biotin	(µg)	1

BRATHUHN
dunkles Fleisch

Nährwerte Wasser	**(g)**	**74,5**
Genießbarer Teil	(%)	21
Gesamtstickstoff	(g)	3,06
Energie	kcal	126
	kJ	528
Eiweiß	(g)	19,1
Fett	(g)	5,5
Kohlenhydrate	(g)	0

Mineralien/Spurenelemente

Natrium	(mg)	89
Kalium	(mg)	300
Kalzium	(mg)	11
Magnesium	(mg)	22
Phosphor	(mg)	180
Eisen	(mg)	0,9
Kupfer	(mg)	0,25
Zink	(mg)	1,6
Schwefel	(mg)	220
Chlor	(mg)	86

Vitamine

Vitamin A	(μg)	+
Carotine	(μg)	+
Vitamin D	(μg)	+
Vitamin B_1 (Thiamin)	(mg)	0,11
Vitamin B_2 (Riboflavin)	(mg)	0,22
Niacin (Nicotinsäureamid)	(mg)	5,4
Vitamin C	(mg)	0
Vitamin E	(mg)	0,13
Vitamin B_6	(mg)	0,30
Vitamin B_{12}	(μg)	1
Folsäure	(μg)	12
Pantothensäure	(mg)	1,3
Biotin	(μg)	3

BRATHUHN
Fleisch und Haut

Nährwerte

Wasser	(g)	64,4
Genießbarer Teil	(%)	64
Gesamtstickstoff	(g)	2,82
Energie	kcal	230
	kJ	954
Eiweiß	(g)	17,6
Fett	(g)	17,7
Kohlenhydrate	(g)	0

Mineralien/Spurenelemente

Natrium	(mg)	70
Kalium	(mg)	260
Kalzium	(mg)	10
Magnesium	(mg)	20
Phosphor	(mg)	160
Eisen	(mg)	0,7
Kupfer	(mg)	0,16
Zink	(mg)	1,0
Schwefel	(mg)	–
Chlor	(mg)	69

Vitamine

Vitamin A	(μg)	+
Carotine	(μg)	+
Vitamin D	(μg)	+
Vitamin B_1 (Thiamin)	(mg)	0,08
Vitamin B_2 (Riboflavin)	(mg)	0,14
Niacin (Nicotinsäureamid)	(mg)	6,0
Vitamin C	(mg)	0
Vitamin E	(mg)	–
Vitamin B_6	(mg)	0,30
Vitamin B_{12}	(μg)	+
Folsäure	(μg)	8
Pantothensäure	(mg)	0,9
Biotin	(μg)	2

BRATHUHN
roh, nur Fleisch

Nährwerte

Wasser	(g)	74,4
Genießbarer Teil	(%)	44
Gesamtstickstoff	(g)	3,28
Energie	kcal	121
	kJ	508
Eiweiß	(g)	20,5
Fett	(g)	4,3
Kohlenhydrate	(g)	0

Mineralien/Spurenelemente

Natrium	(mg)	81
Kalium	(mg)	320
Kalzium	(mg)	10
Magnesium	(mg)	25
Phosphor	(mg)	200
Eisen	(mg)	0,7
Kupfer	(mg)	0,19
Zink	(mg)	1,1
Schwefel	(mg)	220
Chlor	(mg)	78

Vitamine

Vitamin A	(µg)	+
Carotine	(µg)	+
Vitamin D	(µg)	+
Vitamin B_1 (Thiamin)	(mg)	0,10
Vitamin B_2 (Riboflavin)	(mg)	0,16
Niacin (Nicotinsäureamid)	(mg)	7,8
Vitamin C	(mg)	0
Vitamin E	(mg)	0,10
Vitamin B_6	(mg)	0,42
Vitamin B_{12}	(µg)	+
Folsäure	(µg)	12
Pantothensäure	(mg)	1,2
Biotin	(µg)	2

BRATHUHN
weißes Fleisch

Nährwerte

Wasser	(g)	74,4
Genießbarer Teil	(%)	23
Gesamtstickstoff	(g)	3,49
Energie	kcal	116
	kJ	489
Eiweiß	(g)	21,8
Fett	(g)	3,2
Kohlenhydrate	(g)	0

Mineralien/Spurenelemente

Natrium	(mg)	89
Kalium	(mg)	300
Kalzium	(mg)	11
Magnesium	(mg)	22
Phosphor	(mg)	180
Eisen	(mg)	0,9
Kupfer	(mg)	0,25
Zink	(mg)	1,6
Schwefel	(mg)	220
Chlor	(mg)	86

Vitamine

Vitamin A	(µg)	+
Carotine	(µg)	+
Vitamin D	(µg)	+
Vitamin B_1 (Thiamin)	(mg)	0,10
Vitamin B_2 (Riboflavin)	(mg)	0,10
Niacin (Nicotinsäureamid)	(mg)	9,9
Vitamin C	(mg)	0
Vitamin E	(mg)	0,08
Vitamin B_6	(mg)	0,53
Vitamin B_{12}	(µg)	+
Folsäure	(µg)	12
Pantothensäure	(mg)	1,2
Biotin	(µg)	2

ENTE
Fleisch, Fett, Haut

Nährwerte

Wasser	(g)	43,9
Genießbarer Teil	(%)	67
Gesamtstickstoff	(g)	1,80
Energie	kcal	430
	kJ	1772
Eiweiß	(g)	11,3
Fett	(g)	42,7
Kohlenhydrate	(g)	0

Mineralien/Spurenelemente

Natrium	(mg)	77
Kalium	(mg)	210
Kalzium	(mg)	11
Magnesium	(mg)	14
Phosphor	(mg)	130
Eisen	(mg)	2,4
Kupfer	(mg)	0,27
Zink	(mg)	1,3
Schwefel	(mg)	–
Chlor	(mg)	75

Vitamine

Vitamin A	(µg)	–
Carotine	(µg)	–
Vitamin D	(µg)	–
Vitamin B_1 (Thiamin)	(mg)	–
Vitamin B_2 (Riboflavin)	(mg)	–
Niacin (Nicotinsäureamid)	(mg)	–
Vitamin C	(mg)	0
Vitamin E	(mg)	–
Vitamin B_6	(mg)	–
Vitamin B_{12}	(µg)	–
Folsäure	(µg)	–
Pantothensäure	(mg)	–
Biotin	(µg)	–

ENTE
gebraten, nur Fleisch

Nährwerte

Wasser	(g)	64,2
Genießbarer Teil	(%)	21
Gesamtstickstoff	(g)	4,05
Energie	kcal	189
	kJ	789
Eiweiß	(g)	25,3
Fett	(g)	9,7
Kohlenhydrate	(g)	0

Mineralien/Spurenelemente

Natrium	(mg)	96
Kalium	(mg)	270
Kalzium	(mg)	11
Magnesium	(mg)	14
Phosphor	(mg)	130
Eisen	(mg)	2,4
Kupfer	(mg)	0,27
Zink	(mg)	1,3
Schwefel	(mg)	–
Chlor	(mg)	69

Vitamine

Vitamin A	(µg)	–
Carotine	(µg)	–
Vitamin D	(µg)	–
Vitamin B_1 (Thiamin)	(mg)	0,26
Vitamin B_2 (Riboflavin)	(mg)	0,47
Niacin (Nicotin-säureamid)	(mg)	5,1
Vitamin C	(mg)	0
Vitamin E	(mg)	0,02
Vitamin B_6	(mg)	0,25
Vitamin B_{12}	(µg)	3
Folsäure	(µg)	10
Pantothensäure	(mg)	1,5
Biotin	(µg)	4

ENTE
roh, nur Fleisch

Nährwerte

Wasser	(g)	75,0
Genießbarer Teil	(%)	28
Gesamtstickstoff	(g)	3,15
Energie	kcal	122
	kJ	513
Eiweiß	(g)	19,7
Fett	(g)	4,/8
Kohlenhydrate	(g)	0

Mineralien/Spurenelemente

Natrium	(mg)	110
Kalium	(mg)	290
Kalzium	(mg)	12
Magnesium	(mg)	19
Phosphor	(mg)	200
Eisen	(mg)	2,4
Kupfer	(mg)	0,34
Zink	(mg)	1,9
Schwefel	(mg)	210
Chlor	(mg)	98

Vitamine

Vitamin A	(µg)	–
Carotine	(µg)	–
Vitamin D	(µg)	–
Vitamin B_1 (Thiamin)	(mg)	0,36
Vitamin B_2 (Riboflavin)	(mg)	0,45
Niacin (Nicotin-säureamid)	(mg)	5,3
Vitamin C	(mg)	0
Vitamin E	(mg)	0
Vitamin B_6	(mg)	0,34
Vitamin B_{12}	(µg)	3
Folsäure	(µg)	25
Pantothensäure	(mg)	1,6
Biotin	(µg)	6

GANS
gebraten

Nährwerte

Wasser	(g)	46,7
Genießbarer Teil	(%)	39
Gesamtstickstoff	(g)	4,69
Energie	kcal	319
	kJ	1327
Eiweiß	(g)	29,3
Fett	(g)	22,4
Kohlenhydrate	(g)	0

Mineralien/Spurenelemente

Natrium	(mg)	150
Kalium	(mg)	410
Kalzium	(mg)	10
Magnesium	(mg)	31
Phosphor	(mg)	270
Eisen	(mg)	4,6
Kupfer	(mg)	0,49
Zink	(mg)	–
Schwefel	(mg)	320
Chlor	(mg)	160

Vitamine

Vitamin A	(µg)	–
Carotine	(µg)	–
Vitamin D	(µg)	–
Vitamin B_1 (Thiamin)	(mg)	–
Vitamin B_2 (Riboflavin)	(mg)	–
Niacin (Nicotin-säureamid)	(mg)	–
Vitamin C	(mg)	–
Vitamin E	(mg)	–
Vitamin B_6	(mg)	0,43
Vitamin B_{12}	(µg)	–
Folsäure	(µg)	–
Pantothensäure	(mg)	–
Biotin	(µg)	–

HASE
gekocht

Nährwerte

Wasser	(g)	60,7
Genießbarer Teil	(%)	44
Gesamtstickstoff	(g)	4,78
Energie	kcal	192
	kJ	804
Eiweiß	(g)	29,9
Fett	(g)	8,0
Kohlenhydrate	(g)	0

Mineralien/Spurenelemente

Natrium	(mg)	40
Kalium	(mg)	210
Kalzium	(mg)	21
Magnesium	(mg)	22
Phosphor	(mg)	250
Eisen	(mg)	10,8
Kupfer	(mg)	–
Zink	(mg)	–
Schwefel	(mg)	320
Chlor	(mg)	74

Vitamine

Vitamin A	(µg)	–
Carotine	(µg)	–
Vitamin D	(µg)	–
Vitamin B_1 (Thiamin)	(mg)	–
Vitamin B_2 (Riboflavin)	(mg)	–
Niacin (Nicotinsäureamid)	(mg)	–
Vitamin C	(mg)	0
Vitamin E	(mg)	–
Vitamin B_6	(mg)	–
Vitamin B_{12}	(µg)	–
Folsäure	(µg)	–
Pantothensäure	(mg)	–
Biotin	(µg)	–

KANINCHEN
roh

Nährwerte

Wasser	(g)	74,6
Genießbarer Teil	(%)	62
Gesamtstickstoff	(g)	3,50
Energie	kcal	124
	kJ	520
Eiweiß	(g)	21,9
Fett	(g)	4,0
Kohlenhydrate	(g)	0

Mineralien/Spurenelemente

Natrium	(mg)	67
Kalium	(mg)	360
Kalzium	(mg)	22
Magnesium	(mg)	25
Phosphor	(mg)	220
Eisen	(mg)	1,0
Kupfer	(mg)	0,54
Zink	(mg)	1,4
Schwefel	(mg)	200
Chlor	(mg)	74

Vitamine

Vitamin A	(µg)	–
Carotine	(µg)	–
Vitamin D	(µg)	–
Vitamin B_1 (Thiamin)	(mg)	0,10
Vitamin B_2 (Riboflavin)	(mg)	0,19
Niacin (Nicotinsäureamid)	(mg)	8,4
Vitamin C	(mg)	0
Vitamin E	(mg)	0,13
Vitamin B_6	(mg)	0,50
Vitamin B_{12}	(µg)	10
Folsäure	(µg)	5
Pantothensäure	(mg)	0,8
Biotin	(µg)	1

MOORHUHN
gebraten

Nährwerte

Wasser	(g)	61,6
Genießbarer Teil	(%)	51
Gesamtstickstoff	(g)	5,00
Energie	kcal	173
	kJ	728
Eiweiß	(g)	31,3
Fett	(g)	5,3
Kohlenhydrate	(g)	0

Mineralien/Spurenelemente

Natrium	(mg)	96
Kalium	(mg)	470
Kalzium	(mg)	30
Magnesium	(mg)	41
Phosphor	(mg)	340
Eisen	(mg)	7,6
Kupfer	(mg)	–
Zink	(mg)	–
Schwefel	(mg)	340
Chlor	(mg)	130

Vitamine

Vitamin A	(µg)	–
Carotine	(µg)	–
Vitamin D	(µg)	–
Vitamin B_1 (Thiamin)	(mg)	0,32
Vitamin B_2 (Riboflavin)	(mg)	0,54
Niacin (Nicotinsäureamid)	(mg)	8,8
Vitamin C	(mg)	–
Vitamin E	(mg)	–
Vitamin B_6	(mg)	–
Vitamin B_{12}	(µg)	–
Folsäure	(µg)	–
Pantothensäure	(mg)	–
Biotin	(µg)	–

FASAN
gebraten

Nährwerte

Wasser	(g)	56,9
Genießbarer Teil	(%)	45
Gesamtstickstoff	(g)	5,15
Energie	kcal	213
	kJ	892
Eiweiß	(g)	32,2
Fett	(g)	9,3
Kohlenhydrate	(g)	0

Mineralien/Spurenelemente

Natrium	(mg)	100
Kalium	(mg)	410
Kalzium	(mg)	49
Magnesium	(mg)	35
Phosphor	(mg)	310
Eisen	(mg)	8,4
Kupfer	(mg)	–
Zink	(mg)	–
Schwefel	(mg)	310
Chlor	(mg)	110

Vitamine

Vitamin A	(µg)	–
Carotine	(µg)	–
Vitamin D	(µg)	–
Vitamin B_1 (Thiamin)	(mg)	0,04
Vitamin B_2 (Riboflavin)	(mg)	0,15
Niacin (Nicotinsäureamid)	(mg)	6,1
Vitamin C	(mg)	0
Vitamin E	(mg)	–
Vitamin B_6	(mg)	–
Vitamin B_{12}	(µg)	–
Folsäure	(µg)	–
Pantothensäure	(mg)	–
Biotin	(µg)	–

REBHUHN
gebraten

Nährwerte

Wasser	(g)	54,5
Genießbarer Teil	(%)	39
Gesamtstickstoff	(g)	5,87
Energie	kcal	212
	kJ	890
Eiweiß	(g)	36,7
Fett	(g)	7,2
Kohlenhydrate	(g)	0

Mineralien/Spurenelemente

Natrium	(mg)	100
Kalium	(mg)	410
Kalzium	(mg)	46
Magnesium	(mg)	36
Phosphor	(mg)	310
Eisen	(mg)	7,7
Kupfer	(mg)	–
Zink	(mg)	–
Schwefel	(mg)	400
Chlor	(mg)	99

Vitamine

Vitamin A	(µg)	–
Carotine	(µg)	–
Vitamin D	(µg)	–
Vitamin B_1 (Thiamin)	(mg)	–
Vitamin B_2 (Riboflavin)	(mg)	–
Niacin (Nicotinsäureamid)	(mg)	–
Vitamin C	(mg)	–
Vitamin E	(mg)	–
Vitamin B_6	(mg)	–
Vitamin B_{12}	(µg)	–
Folsäure	(µg)	–
Pantothensäure	(mg)	–
Biotin	(µg)	–

TAUBE
gebraten

Nährwerte

Wasser	(g)	57,2
Genießbarer Teil	(%)	28
Gesamtstickstoff	(g)	4,44
Energie	kcal	230
	kJ	961
Eiweiß	(g)	27,8
Fett	(g)	13,2
Kohlenhydrate	(g)	0

Mineralien/Spurenelemente

Natrium	(mg)	110
Kalium	(mg)	410
Kalzium	(mg)	16
Magnesium	(mg)	34
Phosphor	(mg)	400
Eisen	(mg)	19,4
Kupfer	(mg)	–
Zink	(mg)	–
Schwefel	(mg)	300
Chlor	(mg)	99

Vitamine

Vitamin A	(µg)	–
Carotine	(µg)	–
Vitamin D	(µg)	–
Vitamin B_1 (Thiamin)	(mg)	–
Vitamin B_2 (Riboflavin)	(mg)	–
Niacin (Nicotinsäureamid)	(mg)	8,9
Vitamin C	(mg)	0
Vitamin E	(mg)	+
Vitamin B_6	(mg)	–
Vitamin B_{12}	(µg)	–
Folsäure	(µg)	–
Pantothensäure	(mg)	–
Biotin	(µg)	–

TRUTHAHN
gebraten, dunkles Fleisch

Nährwerte

Wasser	(g)	67,7
Genießbarer Teil	(%)	21
Gesamtstickstoff	(g)	4,44
Energie	kcal	148
	kJ	624
Eiweiß	(g)	27,8
Fett	(g)	4,1
Kohlenhydrate	(g)	0

Mineralien/Spurenelemente

Natrium	(mg)	71
Kalium	(mg)	270
Kalzium	(mg)	12
Magnesium	(mg)	23
Phosphor	(mg)	210
Eisen	(mg)	1,4
Kupfer	(mg)	0,16
Zink	(mg)	3,5
Schwefel	(mg)	300
Chlor	(mg)	62

Vitamine

Vitamin A	(µg)	+
Carotine	(µg)	+
Vitamin D	(µg)	+
Vitamin B_1 (Thiamin)	(mg)	0,07
Vitamin B_2 (Riboflavin)	(mg)	0,29
Niacin (Nicotinsäureamid)	(mg)	6,7
Vitamin C	(mg)	0
Vitamin E	(mg)	+
Vitamin B_6	(mg)	0,32
Vitamin B_{12}	(µg)	3
Folsäure	(µg)	17
Pantothensäure	(mg)	0,9
Biotin	(µg)	2

TRUTHAHN
gebraten, Haut und Fleisch

Nährwerte

Wasser	(g)	65,0
Genießbarer Teil	(%)	57
Gesamtstickstoff	(g)	4,48
Energie	kcal	171
	kJ	717
Eiweiß	(g)	28,0
Fett	(g)	6,5
Kohlenhydrate	(g)	0

Mineralien/Spurenelemente

Natrium	(mg)	52
Kalium	(mg)	280
Kalzium	(mg)	9
Magnesium	(mg)	24
Phosphor	(mg)	200
Eisen	(mg)	0,9
Kupfer	(mg)	0,14
Zink	(mg)	2,1
Schwefel	(mg)	–
Chlor	(mg)	47

Vitamine

Vitamin A	(µg)	–
Carotine	(µg)	–
Vitamin D	(µg)	–
Vitamin B_1 (Thiamin)	(mg)	–
Vitamin B_2 (Riboflavin)	(mg)	–
Niacin (Nicotinsäureamid)	(mg)	–
Vitamin C	(mg)	0
Vitamin E	(mg)	–
Vitamin B_6	(mg)	–
Vitamin B_{12}	(µg)	–
Folsäure	(µg)	–
Pantothensäure	(mg)	–
Biotin	(µg)	–

TRUTHAHN
gebraten, nur Fleisch

Nährwerte

Wasser	(g)	68,0
Genießbarer Teil	(%)	0,46
Gesamtstickstoff	(g)	4,61
Energie	kcal	140
	kJ	590
Eiweiß	(g)	28,8
Fett	(g)	2,7
Kohlenhydrate	(g)	0

Mineralien/Spurenelemente

Natrium	(mg)	57
Kalium	(mg)	310
Kalzium	(mg)	9
Magnesium	(mg)	27
Phosphor	(mg)	220
Eisen	(mg)	0,9
Kupfer	(mg)	0,15
Zink	(mg)	2,4
Schwefel	(mg)	290
Chlor	(mg)	53

Vitamine

Vitamin A	(μg)	+
Carotine	(μg)	+
Vitamin D	(μg)	+
Vitamin B_1 (Thiamin)	(mg)	0,07
Vitamin B_2 (Riboflavin)	(mg)	0,21
Niacin (Nicotinsäureamid)	(mg)	8,5
Vitamin C	(mg)	0
Vitamin E	(mg)	+
Vitamin B_6	(mg)	0,32
Vitamin B_{12}	(μg)	2
Folsäure	(μg)	15
Pantothensäure	(mg)	0,8
Biotin	(μg)	2

TRUTHAHN
gebraten, weißes Fleisch

Nährwerte

Wasser	(g)	68,4
Genießbarer Teil	(%)	25
Gesamtstickstoff	(g)	4,76
Energie	kcal	132
	kJ	558
Eiweiß	(g)	29,8
Fett	(g)	1,4
Kohlenhydrate	(g)	0

Mineralien/Spurenelemente

Natrium	(mg)	45
Kalium	(mg)	340
Kalzium	(mg)	7
Magnesium	(mg)	29
Phosphor	(mg)	230
Eisen	(mg)	0,5
Kupfer	(mg)	0,14
Zink	(mg)	1,5
Schwefel	(mg)	280
Chlor	(mg)	42

Vitamine

Vitamin A	(μg)	+
Carotine	(μg)	+
Vitamin D	(μg)	+
Vitamin B_1 (Thiamin)	(mg)	0,07
Vitamin B_2 (Riboflavin)	(mg)	0,14
Niacin (Nicotinsäureamid)	(mg)	10,0
Vitamin C	(mg)	0
Vitamin E	(mg)	0,02
Vitamin B_6	(mg)	0,31
Vitamin B_{12}	(μg)	1
Folsäure	(μg)	13
Pantothensäure	(mg)	0,7
Biotin	(μg)	1

TRUTHAHN
roh, dunkles Fleisch

Nährwerte

Wasser	(g)	75,9
Genießbarer Teil	(%)	25
Gesamtstickstoff	(g)	3,24
Energie	kcal	114
	kJ	478
Eiweiß	(g)	20,3
Fett	(g)	3,6
Kohlenhydrate	(g)	0

Mineralien/Spurenelemente

Natrium	(mg)	68
Kalium	(mg)	270
Kalzium	(mg)	11
Magnesium	(mg)	21
Phosphor	(mg)	180
Eisen	(mg)	1,2
Kupfer	(mg)	0,16
Zink	(mg)	2,4
Schwefel	(mg)	220
Chlor	(mg)	55

Vitamine

Vitamin A	(μg)	+
Carotine	(μg)	+
Vitamin D	(μg)	+
Vitamin B_1 (Thiamin)	(mg)	0,10
Vitamin B_2 (Riboflavin)	(mg)	0,23
Niacin (Nicotinsäureamid)	(mg)	5,2
Vitamin C	(mg)	0
Vitamin E	(mg)	+
Vitamin B_6	(mg)	0,32
Vitamin B_{12}	(μg)	2
Folsäure	(μg)	15
Pantothensäure	(mg)	0,8
Biotin	(μg)	2

TRUTHAHN
roh, Fleisch, Haut

Nährwerte

Wasser	(g)	72,0
Genießbarer Teil	(%)	70
Gesamtstickstoff	(g)	3,29
Energie	kcal	145
	kJ	606
Eiweiß	(g)	20,6
Fett	(g)	6,9
Kohlenhydrate	(g)	0

Mineralien/Spurenelemente

Natrium	(mg)	49
Kalium	(mg)	270
Kalzium	(mg)	9
Magnesium	(mg)	19
Phosphor	(mg)	170
Eisen	(mg)	0,8
Kupfer	(mg)	0,12
Zink	(mg)	1,6
Schwefel	(mg)	–
Chlor	(mg)	43

Vitamine

Vitamin A	(μg)	–
Carotine	(μg)	–
Vitamin D	(μg)	–
Vitamin B_1 (Thiamin)	(mg)	–
Vitamin B_2 (Riboflavin)	(mg)	–
Niacin (Nicotinsäureamid)	(mg)	–
Vitamin C	(mg)	0
Vitamin E	(mg)	–
Vitamin B_6	(mg)	–
Vitamin B_{12}	(μg)	–
Folsäure	(μg)	–
Pantothensäure	(mg)	–
Biotin	(μg)	–

TRUTHAHN
roh, nur Fleisch

Nährwerte

Wasser	(g)	75,5
Genießbarer Teil	(%)	57
Gesamtstickstoff	(g)	3,51
Energie	kcal	107
	kJ	454
Eiweiß	(g)	21,9
Fett	(g)	2,2
Kohlenhydrate	(g)	0

Mineralien/Spurenelemente

Natrium	(mg)	54
Kalium	(mg)	300
Kalzium	(mg)	8
Magnesium	(mg)	23
Phosphor	(mg)	190
Eisen	(mg)	0,8
Kupfer	(mg)	0,13
Zink	(mg)	1,7
Schwefel	(mg)	220
Chlor	(mg)	48

Vitamine

Vitamin A	(μg)	+
Carotine	(μg)	+
Vitamin D	(μg)	+
Vitamin B_1 (Thiamin)	(mg)	0,09
Vitamin B_2 (Riboflavin)	(mg)	0,16
Niacin (Nicotinsäureamid)	(mg)	7,9
Vitamin C	(mg)	0
Vitamin E	(mg)	+
Vitamin B_6	(mg)	0,46
Vitamin B_{12}	(μg)	2
Folsäure	(μg)	15
Pantothensäure	(mg)	0,8
Biotin	(μg)	2

TRUTHAHN
roh, weißes Fleisch

Nährwerte

Wasser	(g)	75,2
Genießbarer Teil	(%)	32
Gesamtstickstoff	(g)	3,71
Energie	kcal	103
	kJ	435
Eiweiß	(g)	23,2
Fett	(g)	1,1
Kohlenhydrate	(g)	0

Mineralien/Spurenelemente

Natrium	(mg)	43
Kalium	(mg)	320
Kalzium	(mg)	6
Magnesium	(mg)	25
Phosphor	(mg)	200
Eisen	(mg)	0,5
Kupfer	(mg)	0,11
Zink	(mg)	1,2
Schwefel	(mg)	210
Chlor	(mg)	43

Vitamine

Vitamin A	(μg)	+
Carotine	(μg)	+
Vitamin D	(μg)	+
Vitamin B_1 (Thiamin)	(mg)	0,08
Vitamin B_2 (Riboflavin)	(mg)	0,11
Niacin (Nicotinsäureamid)	(mg)	9,9
Vitamin C	(mg)	0
Vitamin E	(mg)	+
Vitamin B_6	(mg)	0,59
Vitamin B_{12}	(μg)	1
Folsäure	(μg)	8
Pantothensäure	(mg)	0,8
Biotin	(μg)	1

Fische und Fischwaren

AAL
gekocht

Nährwerte

Wasser	(g)	61,3
Genießbarer Teil	(%)	93
Gesamtstickstoff	(g)	3,30
Energie	kcal	201
	kJ	839
Eiweiß	(g)	20,6
Fett	(g)	13,2
Kohlenhydrate	(g)	0

Mineralien/Spurenelemente

Natrium	(mg)	84
Kalium	(mg)	250
Kalzium	(mg)	21
Magnesium	(mg)	20
Phosphor	(mg)	230
Eisen	(mg)	0,9
Kupfer	(mg)	0,06
Zink	(mg)	0,6
Schwefel	(mg)	230
Chlor	(mg)	53

Vitamine

Vitamin A	(µg)	1900
Carotine	(µg)	+
Vitamin D	(µg)	–
Vitamin B_1 (Thiamin)	(mg)	0,13
Vitamin B_2 (Riboflavin)	(mg)	0,40
Niacin (Nicotinsäureamid)	(mg)	2,8
Vitamin C	(mg)	+
Vitamin E	(mg)	–
Vitamin B_6	(mg)	0,24
Vitamin B_{12}	(µg)	1
Folsäure	(µg)	–
Pantothensäure	(mg)	0,17
Biotin	(µg)	–

AAL
roh

Nährwerte

Wasser	(g)	71,3
Genießbarer Teil	(%)	67
Gesamtstickstoff	(g)	2,66
Energie	kcal	168
	kJ	700
Eiweiß	(g)	16,6
Fett	(g)	11,3
Kohlenhydrate	(g)	0

Mineralien/Spurenelemente

Natrium	(mg)	89
Kalium	(mg)	270
Kalzium	(mg)	19
Magnesium	(mg)	19
Phosphor	(mg)	220
Eisen	(mg)	0,7
Kupfer	(mg)	0,05
Zink	(mg)	0,5
Schwefel	(mg)	190
Chlor	(mg)	57

Vitamine

Vitamin A	(µg)	1200
Carotine	(µg)	+
Vitamin D	(µg)	–
Vitamin B_1 (Thiamin)	(mg)	0,20
Vitamin B_2 (Riboflavin)	(mg)	0,35
Niacin (Nicotinsäureamid)	(mg)	3,5
Vitamin C	(mg)	+
Vitamin E	(mg)	–
Vitamin B_6	(mg)	0,30
Vitamin B_{12}	(µg)	1
Folsäure	(µg)	–
Pantothensäure	(mg)	0,15
Biotin	(µg)	–

HEILBUTT
gekocht

Nährwerte

Wasser	(g)	70,9
Genießbarer Teil	(%)	66
Gesamtstickstoff	(g)	3,80
Energie	kcal	131
	kJ	553
Eiweiß	(g)	23,8
Fett	(g)	4,0
Kohlenhydrate	(g)	0

Mineralien/Spurenelemente

Natrium	(mg)	110
Kalium	(mg)	340
Kalzium	(mg)	13
Magnesium	(mg)	23
Phosphor	(mg)	260
Eisen	(mg)	0,6
Kupfer	(mg)	0,07
Zink	(mg)	–
Schwefel	(mg)	260
Chlor	(mg)	80

Vitamine

Vitamin A	(µg)	+
Carotine	(µg)	+
Vitamin D	(µg)	+
Vitamin B_1 (Thiamin)	(mg)	0,08
Vitamin B_2 (Riboflavin)	(mg)	0,11
Niacin (Nicotinsäureamid)	(mg)	5,2
Vitamin C	(mg)	+
Vitamin E	(mg)	1,0
Vitamin B_6	(mg)	0,23
Vitamin B_{12}	(µg)	1
Folsäure	(µg)	14
Pantothensäure	(mg)	0,28
Biotin	(µg)	5

HERING
gebacken

Nährwerte

Wasser	(g)	58,7
Genießbarer Teil	(%)	77
Gesamtstickstoff	(g)	3,69
Energie	kcal	234
	kJ	975
Eiweiß	(g)	23,1
Fett	(g)	15,1
Kohlenhydrate	(g)	1,5

Mineralien/Spurenelemente

Natrium	(mg)	100
Kalium	(mg)	420
Kalzium	(mg)	39
Magnesium	(mg)	35
Phosphor	(mg)	340
Eisen	(mg)	1,0
Kupfer	(mg)	–
Zink	(mg)	–
Schwefel	(mg)	260
Chlor	(mg)	130

Vitamine

Vitamin A	(µg)	49
Carotine	(µg)	+
Vitamin D	(µg)	25,0
Vitamin B_1 (Thiamin)	(mg)	+
Vitamin B_2 (Riboflavin)	(mg)	0,18
Niacin (Nicotinsäureamid)	(mg)	4,0
Vitamin C	(mg)	+
Vitamin E	(mg)	0,30
Vitamin B_6	(mg)	0,57
Vitamin B_{12}	(µg)	11
Folsäure	(µg)	10
Pantothensäure	(mg)	0,88
Biotin	(µg)	10

HERING
gegrillt

Nährwerte

Wasser	(g)	65,5
Genießbarer Teil	(%)	53
Gesamtstickstoff	(g)	3,26
Energie	kcal	199
	kJ	828
Eiweiß	(g)	20,4
Fett	(g)	13,0
Kohlenhydrate	(g)	0

Mineralien/Spurenelemente

Natrium	(mg)	170
Kalium	(mg)	370
Kalzium	(mg)	33
Magnesium	(mg)	32
Phosphor	(mg)	240
Eisen	(mg)	1,0
Kupfer	(mg)	0,11
Zink	(mg)	0,5
Schwefel	(mg)	230
Chlor	(mg)	220

Vitamine

Vitamin A	(µg)	49
Carotine	(µg)	+
Vitamin D	(µg)	22,0
Vitamin B_1 (Thiamin)	(mg)	+
Vitamin B_2 (Riboflavin)	(mg)	0,16
Niacin (Nicotinsäureamid)	(mg)	4,0
Vitamin C	(mg)	+
Vitamin E	(mg)	0,30
Vitamin B_6	(mg)	0,57
Vitamin B_{12}	(µg)	11
Folsäure	(µg)	10
Pantothensäure	(mg)	0,88
Biotin	(µg)	10

HERING
geräucherter

Nährwerte		
Wasser	(g)	55,6
Genießbarer Teil	(%)	65
Gesamtstickstoff	(g)	3,76
Energie	kcal	251
	kJ	1043
Eiweiß	(g)	23,5
Fett	(g)	17,4
Kohlenhydrate	(g)	0

Mineralien/Spurenelemente		
Natrium	(mg)	700
Kalium	(mg)	450
Kalzium	(mg)	120
Magnesium	(mg)	45
Phosphor	(mg)	360
Eisen	(mg)	2,2
Kupfer	(mg)	–
Zink	(mg)	–
Schwefel	(mg)	310
Chlor	(mg)	1130

Vitamine		
Vitamin A	(µg)	49
Carotine	(µg)	+
Vitamin D	(µg)	25,0
Vitamin B_1 (Thiamin)	(mg)	+
Vitamin B_2 (Riboflavin)	(mg)	0,18
Niacin (Nicotinsäureamid)	(mg)	4,0
Vitamin C	(mg)	+
Vitamin E	(mg)	0,30
Vitamin B_6	(mg)	0,57
Vitamin B_{12}	(µg)	11
Folsäure	(µg)	10
Pantothensäure	(mg)	0,88
Biotin	(µg)	10

HERING
roh

Nährwerte		
Wasser	(g)	63,9
Genießbarer Teil	(%)	55
Gesamtstickstoff	(g)	2,69
Energie	kcal	234
	kJ	970
Eiweiß	(g)	16,8
Fett	(g)	18,5
Kohlenhydrate	(g)	0

Mineralien/Spurenelemente		
Natrium	(mg)	67
Kalium	(mg)	340
Kalzium	(mg)	33
Magnesium	(mg)	29
Phosphor	(mg)	210
Eisen	(mg)	0,8
Kupfer	(mg)	0,12
Zink	(mg)	0,5
Schwefel	(mg)	190
Chlor	(mg)	76

Vitamine		
Vitamin A	(µg)	45
Carotine	(µg)	+
Vitamin D	(µg)	–
Vitamin B_1 (Thiamin)	(mg)	0,13
Vitamin B_2 (Riboflavin)	(mg)	0,40
Niacin (Nicotinsäureamid)	(mg)	2,8
Vitamin C	(mg)	+
Vitamin E	(mg)	–
Vitamin B_6	(mg)	0,45
Vitamin B_{12}	(µg)	6
Folsäure	(µg)	5
Pantothensäure	(mg)	1,0
Biotin	(µg)	10

KABELJAU
Filet

Nährwerte		
Wasser	(g)	83,9
Genießbarer Teil	(%)	100
Gesamtstickstoff	(g)	2,49
Energie	kcal	68
	kJ	287
Eiweiß	(g)	15,6
Fett	(g)	0,6
Kohlenhydrate	(g)	0

Mineralien/Spurenelemente		
Natrium	(mg)	68
Kalium	(mg)	310
Kalzium	(mg)	11
Magnesium	(mg)	22
Phosphor	(mg)	160
Eisen	(mg)	0,3
Kupfer	(mg)	0,06
Zink	(mg)	0,3
Schwefel	(mg)	180
Chlor	(mg)	95

Vitamine		
Vitamin A	(µg)	+
Carotine	(µg)	+
Vitamin D	(µg)	+
Vitamin B_1 (Thiamin)	(mg)	0,06
Vitamin B_2 (Riboflavin)	(mg)	0,05
Niacin (Nicotinsäureamid)	(mg)	1,5
Vitamin C	(mg)	+
Vitamin E	(mg)	–
Vitamin B_6	(mg)	0,34
Vitamin B_{12}	(µg)	1
Folsäure	(µg)	6
Pantothensäure	(mg)	0,20
Biotin	(µg)	3

KABELJAU
gebacken

Nährwerte

Wasser	(g)	76,6
Genießbarer Teil	(%)	69
Gesamtstickstoff	(g)	3,43
Energie	kcal	96
	kJ	408
Eiweiß	(g)	21,4
Fett	(g)	1,2
Kohlenhydrate	(g)	0

Mineralien/Spurenelemente

Natrium	(mg)	340
Kalium	(mg)	350
Kalzium	(mg)	22
Magnesium	(mg)	26
Phosphor	(mg)	190
Eisen	(mg)	0,4
Kupfer	(mg)	0,07
Zink	(mg)	0,5
Schwefel	(mg)	230
Chlor	(mg)	520

Vitamine

Vitamin A	(µg)	+
Carotine	(µg)	+
Vitamin D	(µg)	+
Vitamin B_1 (Thiamin)	(mg)	0,07
Vitamin B_2 (Riboflavin)	(mg)	0,07
Niacin (Nicotinsäureamid)	(mg)	1,7
Vitamin C	(mg)	+
Vitamin E	(mg)	0,59
Vitamin B_6	(mg)	0,38
Vitamin B_{12}	(µg)	2
Folsäure	(µg)	12
Pantothensäure	(mg)	0,20
Biotin	(µg)	3

KABELJAU
gebraten

Nährwerte

Wasser	(g)	60,9
Genießbarer Teil	(%)	100
Gesamtstickstoff	(g)	3,14
Energie	kcal	199
	kJ	834
Eiweiß	(g)	19,6
Fett	(g)	10,3
Kohlenhydrate	(g)	7,5

Mineralien/Spurenelemente

Natrium	(mg)	100
Kalium	(mg)	370
Kalzium	(mg)	80
Magnesium	(mg)	24
Phosphor	(mg)	200
Eisen	(mg)	0,5
Kupfer	(mg)	0,07
Zink	(mg)	–
Schwefel	(mg)	–
Chlor	(mg)	150

Vitamine

Vitamin A	(µg)	+
Carotine	(µg)	+
Vitamin D	(µg)	+
Vitamin B_1 (Thiamin)	(mg)	–
Vitamin B_2 (Riboflavin)	(mg)	–
Niacin (Nicotinsäureamid)	(mg)	–
Vitamin C	(mg)	+
Vitamin E	(mg)	–
Vitamin B_6	(mg)	–
Vitamin B_{12}	(µg)	–
Folsäure	(µg)	–
Pantothensäure	(mg)	–
Biotin	(µg)	–

KABELJAU
geräuchert

Nährwerte

Wasser	(g)	78,0
Genießbarer Teil	(%)	99
Gesamtstickstoff	(g)	2,93
Energie	kcal	101
	kJ	426
Eiweiß	(g)	21,6
Fett	(g)	1,6
Kohlenhydrate	(g)	0

Mineralien/Spurenelemente

Natrium	(mg)	1200
Kalium	(mg)	360
Kalzium	(mg)	25
Magnesium	(mg)	25
Phosphor	(mg)	190
Eisen	(mg)	0,5
Kupfer	(mg)	0,23
Zink	(mg)	0,6
Schwefel	(mg)	250
Chlor	(mg)	1800

Vitamine

Vitamin A	(µg)	+
Carotine	(µg)	+
Vitamin D	(µg)	+
Vitamin B_1 (Thiamin)	(mg)	0,10
Vitamin B_2 (Riboflavin)	(mg)	0,11
Niacin (Nicotinsäureamid)	(mg)	1,7
Vitamin C	(mg)	+
Vitamin E	(mg)	–
Vitamin B_6	(mg)	0,35
Vitamin B_{12}	(µg)	3
Folsäure	(µg)	5
Pantothensäure	(mg)	0,20
Biotin	(µg)	3

		KABELJAU getrocknet	LACHS roh	LACHS gedämpft
Nährwerte				
Wasser	(g)	64,9	68,0	65,4
Genießbarer Teil	(%)	99	55	73
Gesamtstickstoff	(g)	5,20	2,94	3,21
Energie	kcal	138	182	197
	kJ	586	757	823
Eiweiß	(g)	32,5	18,4	20,1
Fett	(g)	0,9	12,0	13,0
Kohlenhydrate	(g)	0	0	0
Mineralien/Spurenelemente				
Natrium	(mg)	400	98	110
Kalium	(mg)	31	310	330
Kalzium	(mg)	22	27	29
Magnesium	(mg)	35	26	29
Phosphor	(mg)	160	280	300
Eisen	(mg)	1,8	0,7	0,8
Kupfer	(mg)	–	0,20	–
Zink	(mg)	–	0,8	–
Schwefel	(mg)	370	170	190
Chlor	(mg)	670	59	64
Vitamine				
Vitamin A	(µg)	+	+	+
Carotine	(µg)	+	+	+
Vitamin D	(µg)	+	+	+
Vitamin B_1 (Thiamin)	(mg)	+	0,20	0,20
Vitamin B_2 (Riboflavin)	(mg)	+	0,29	0,11
Niacin (Nicotinsäureamid)	(mg)	–	7,6	7,0
Vitamin C	(mg)	+	+	+
Vitamin E	(mg)	–	0,70	–
Vitamin B_6	(mg)	–	0,75	0,83
Vitamin B_{12}	(µg)	+	5	6
Folsäure	(µg)	+	26	29
Pantothensäure	(mg)	+	2,0	1,8
Biotin	(µg)	–	5	4

LACHS
geräucherter

Nährwerte

Wasser	(g)	64,9
Genießbarer Teil	(%)	100
Gesamtstickstoff	(g)	4,06
Energie	kcal	142
	kJ	598
Eiweiß	(g)	25,4
Fett	(g)	4,5
Kohlenhydrate	(g)	0

Mineralien/Spurenelemente

Natrium	(mg)	1880
Kalium	(mg)	420
Kalzium	(mg)	19
Magnesium	(mg)	32
Phosphor	(mg)	250
Eisen	(mg)	0,6
Kupfer	(mg)	0,09
Zink	(mg)	0,4
Schwefel	(mg)	–
Chlor	(mg)	2850

Vitamine

Vitamin A	(μg)	+
Carotine	(μg)	+
Vitamin D	(μg)	+
Vitamin B_1 (Thiamin)	(mg)	0,16
Vitamin B_2 (Riboflavin)	(mg)	0,17
Niacin (Nicotinsäureamid)	(mg)	8,8
Vitamin C	(mg)	+
Vitamin E	(mg)	–
Vitamin B_6	(mg)	–
Vitamin B_{12}	(μg)	–
Folsäure	(μg)	–
Pantothensäure	(mg)	–
Biotin	(μg)	–

LACHS
in Dosen

Nährwerte

Wasser	(g)	70,4
Genießbarer Teil	(%)	94
Gesamtstickstoff	(g)	3,24
Energie	kcal	155
	kJ	649
Eiweiß	(g)	20,3
Fett	(g)	8,2
Kohlenhydrate	(g)	0

Mineralien/Spurenelemente

Natrium	(mg)	570
Kalium	(mg)	300
Kalzium	(mg)	93
Magnesium	(mg)	30
Phosphor	(mg)	240
Eisen	(mg)	1,4
Kupfer	(mg)	0,09
Zink	(mg)	0,9
Schwefel	(mg)	220
Chlor	(mg)	880

Vitamine

Vitamin A	(μg)	90
Carotine	(μg)	+
Vitamin D	(μg)	12,5
Vitamin B_1 (Thiamin)	(mg)	0,04
Vitamin B_2 (Riboflavin)	(mg)	0,18
Niacin (Nicotinsäureamid)	(mg)	7,0
Vitamin C	(mg)	+
Vitamin E	(mg)	1,5
Vitamin B_6	(mg)	0,45
Vitamin B_{12}	(μg)	4
Folsäure	(μg)	12
Pantothensäure	(mg)	0,50
Biotin	(μg)	5

MAKRELE
gebraten

Nährwerte

Wasser	(g)	65,6
Genießbarer Teil	(%)	61
Gesamtstickstoff	(g)	3,44
Energie	kcal	188
	kJ	784
Eiweiß	(g)	21,5
Fett	(g)	11,3
Kohlenhydrate	(g)	0

Mineralien/Spurenelemente

Natrium	(mg)	150
Kalium	(mg)	420
Kalzium	(mg)	28
Magnesium	(mg)	35
Phosphor	(mg)	280
Eisen	(mg)	1,2
Kupfer	(mg)	0,20
Zink	(mg)	–
Schwefel	(mg)	210
Chlor	(mg)	110

Vitamine

Vitamin A	(μg)	52
Carotine	(μg)	+
Vitamin D	(μg)	21,1
Vitamin B_1 (Thiamin)	(mg)	0,09
Vitamin B_2 (Riboflavin)	(mg)	0,38
Niacin (Nicotinsäureamid)	(mg)	8,7
Vitamin C	(mg)	+
Vitamin E	(mg)	–
Vitamin B_6	(mg)	0,84
Vitamin B_{12}	(μg)	12
Folsäure	(μg)	–
Pantothensäure	(mg)	0,96
Biotin	(μg)	8

MAKRELE
roh

Nährwerte

Wasser	(g)	64,0
Genießbarer Teil	(%)	45
Gesamtstickstoff	(g)	3,04
Energie	kcal	223
	kJ	926
Eiweiß	(g)	19,0
Fett	(g)	16,3
Kohlenhydrate	(g)	0

Mineralien/Spurenelemente

Natrium	(mg)	130
Kalium	(mg)	360
Kalzium	(mg)	24
Magnesium	(mg)	30
Phosphor	(mg)	240
Eisen	(mg)	1,0
Kupfer	(mg)	0,19
Zink	(mg)	0,5
Schwefel	(mg)	180
Chlor	(mg)	97

Vitamine

Vitamin A	(µg)	45
Carotine	(µg)	+
Vitamin D	(µg)	17,5
Vitamin B_1 (Thiamin)	(mg)	0,09
Vitamin B_2 (Riboflavin)	(mg)	0,35
Niacin (Nicotinsäureamid)	(mg)	8,0
Vitamin C	(mg)	+
Vitamin E	(mg)	–
Vitamin B_6	(mg)	0,70
Vitamin B_{12}	(µg)	10
Folsäure	(µg)	–
Pantothensäure	(mg)	1,0
Biotin	(µg)	7

PILCHARDS
in Dosen

Nährwerte

Wasser	(g)	70,0
Genießbarer Teil	(%)	100
Gesamtstickstoff	(g)	3,01
Energie	kcal	126
	kJ	531
Eiweiß	(g)	18,8
Fett	(g)	5,4
Kohlenhydrate	(g)	0,7

Mineralien/Spurenelemente

Natrium	(mg)	370
Kalium	(mg)	420
Kalzium	(mg)	300
Magnesium	(mg)	39
Phosphor	(mg)	350
Eisen	(mg)	2,7
Kupfer	(mg)	0,19
Zink	(mg)	1,6
Schwefel	(mg)	–
Chlor	(mg)	580

Vitamine

Vitamin A	(µg)	+
Carotine	(µg)	+
Vitamin D	(µg)	+
Vitamin B_1 (Thiamin)	(mg)	0,20
Vitamin B_2 (Riboflavin)	(mg)	0,11
Niacin (Nicotinsäureamid)	(mg)	7,0
Vitamin C	(mg)	+
Vitamin E	(mg)	–
Vitamin B_6	(mg)	–
Vitamin B_{12}	(µg)	12
Folsäure	(µg)	–
Pantothensäure	(mg)	–
Biotin	(µg)	–

RÄUCHERHERING

Nährwerte

Wasser	(g)	58,7
Genießbarer Teil	(%)	45
Gesamtstickstoff	(g)	4,08
Energie	kcal	205
	kJ	855
Eiweiß	(g)	25,5
Fett	(g)	11,4
Kohlenhydrate	(g)	0

Mineralien/Spurenelemente

Natrium	(mg)	990
Kalium	(mg)	520
Kalzium	(mg)	65
Magnesium	(mg)	48
Phosphor	(mg)	430
Eisen	(mg)	1,4
Kupfer	(mg)	–
Zink	(mg)	–
Schwefel	(mg)	280
Chlor	(mg)	1520

Vitamine

Vitamin A	(µg)	49
Carotine	(µg)	+
Vitamin D	(µg)	25,0
Vitamin B_1 (Thiamin)	(mg)	+
Vitamin B_2 (Riboflavin)	(mg)	0,18
Niacin (Nicotinsäureamid)	(mg)	4,0
Vitamin C	(mg)	+
Vitamin E	(mg)	0,30
Vitamin B_6	(mg)	0,57
Vitamin B_{12}	(µg)	11
Folsäure	(µg)	10
Pantothensäure	(mg)	0,88
Biotin	(µg)	10

ROCHEN
gebraten

Nährwerte

Wasser	(g)	50,7
Genießbarer Teil	(%)	82
Gesamtstickstoff	(g)	3,01
Energie	kcal	163
	kJ	680
Eiweiß	(g)	14,7
Fett	(g)	9,9
Kohlenhydrate	(g)	4,0

Mineralien/Spurenelemente

Natrium	(mg)	110
Kalium	(mg)	200
Kalzium	(mg)	40
Magnesium	(mg)	22
Phosphor	(mg)	150
Eisen	(mg)	0,8
Kupfer	(mg)	0,07
Zink	(mg)	0,7
Schwefel	(mg)	210
Chlor	(mg)	140

Vitamine

Vitamin A	(µg)	–
Carotine	(µg)	+
Vitamin D	(µg)	–
Vitamin B_1 (Thiamin)	(mg)	0,02
Vitamin B_2 (Riboflavin)	(mg)	0,08
Niacin (Nicotinsäureamid)	(mg)	2,0
Vitamin C	(mg)	+
Vitamin E	(mg)	1,0
Vitamin B_6	(mg)	–
Vitamin B_{12}	(µg)	–
Folsäure	(µg)	–
Pantothensäure	(mg)	–
Biotin	(µg)	–

SARDINE
in Dosen mit Öl

Nährwerte

Wasser	(g)	58,4
Genießbarer Teil	(%)	83
Gesamtstickstoff	(g)	3,79
Energie	kcal	217
	kJ	906
Eiweiß	(g)	23,7
Fett	(g)	13,6
Kohlenhydrate	(g)	0

Mineralien/Spurenelemente

Natrium	(mg)	650
Kalium	(mg)	430
Kalzium	(mg)	550
Magnesium	(mg)	52
Phosphor	(mg)	520
Eisen	(mg)	2,9
Kupfer	(mg)	0,19
Zink	(mg)	3,0
Schwefel	(mg)	310
Chlor	(mg)	1000

Vitamine

Vitamin A	(µg)	+
Carotine	(µg)	+
Vitamin D	(µg)	7,5
Vitamin B_1 (Thiamin)	(mg)	0,04
Vitamin B_2 (Riboflavin)	(mg)	0,36
Niacin (Nicotinsäureamid)	(mg)	8,2
Vitamin C	(mg)	+
Vitamin E	(mg)	0,30
Vitamin B_6	(mg)	0,48
Vitamin B_{12}	(µg)	28
Folsäure	(µg)	8
Pantothensäure	(mg)	0,50
Biotin	(µg)	5

SARDINE
in Dosen mit Tomatensoße

Nährwerte

Wasser	(g)	65,0
Genießbarer Teil	(%)	100
Gesamtstickstoff	(g)	2,84
Energie	kcal	177
	kJ	740
Eiweiß	(g)	17,8
Fett	(g)	11,6
Kohlenhydrate	(g)	0,5

Mineralien/Spurenelemente

Natrium	(mg)	700
Kalium	(mg)	410
Kalzium	(mg)	460
Magnesium	(mg)	51
Phosphor	(mg)	400
Eisen	(mg)	4,6
Kupfer	(mg)	0,23
Zink	(mg)	2,7
Schwefel	(mg)	230
Chlor	(mg)	1110

Vitamine

Vitamin A	(µg)	+
Carotine	(µg)	+
Vitamin D	(µg)	7,5
Vitamin B_1 (Thiamin)	(mg)	0,04
Vitamin B_2 (Riboflavin)	(mg)	0,36
Niacin (Nicotinsäureamid)	(mg)	8,2
Vitamin C	(mg)	+
Vitamin E	(mg)	0,30
Vitamin B_6	(mg)	0,35
Vitamin B_{12}	(µg)	14
Folsäure	(µg)	13
Pantothensäure	(mg)	0,50
Biotin	(µg)	5

SCHELLFISCH
gebraten

Nährwerte

Wasser	(g)	65,1
Genießbarer Teil	(%)	99
Gesamtstickstoff	(g)	3,42
Energie	kcal	174
	kJ	729
Eiweiß	(g)	21,4
Fett	(g)	8,3
Kohlenhydrate	(g)	3,6

Mineralien/Spurenelemente

Natrium	(mg)	180
Kalium	(mg)	350
Kalzium	(mg)	110
Magnesium	(mg)	31
Phosphor	(mg)	250
Eisen	(mg)	1,2
Kupfer	(mg)	–
Zink	(mg)	–
Schwefel	(mg)	290
Chlor	(mg)	180

Vitamine

Vitamin A	(µg)	+
Carotine	(µg)	+
Vitamin D	(µg)	+
Vitamin B_1 (Thiamin)	(mg)	–
Vitamin B_2 (Riboflavin)	(mg)	–
Niacin (Nicotinsäureamid)	(mg)	–
Vitamin C	(mg)	+
Vitamin E	(mg)	–
Vitamin B_6	(mg)	–
Vitamin B_{12}	(µg)	–
Folsäure	(µg)	–
Pantothensäure	(mg)	–
Biotin	(µg)	–

SCHELLFISCH
gekocht

Nährwerte

Wasser	(g)	75,1
Genießbarer Teil	(%)	59
Gesamtstickstoff	(g)	3,65
Energie	kcal	98
	kJ	417
Eiweiß	(g)	22,8
Fett	(g)	0,8
Kohlenhydrate	(g)	0

Mineralien/Spurenelemente

Natrium	(mg)	120
Kalium	(mg)	320
Kalzium	(mg)	55
Magnesium	(mg)	28
Phosphor	(mg)	230
Eisen	(mg)	0,7
Kupfer	(mg)	0,13
Zink	(mg)	0,4
Schwefel	(mg)	300
Chlor	(mg)	140

Vitamine

Vitamin A	(µg)	+
Carotine	(µg)	+
Vitamin D	(µg)	+
Vitamin B_1 (Thiamin)	(mg)	0,08
Vitamin B_2 (Riboflavin)	(mg)	0,13
Niacin (Nicotinsäureamid)	(mg)	5,1
Vitamin C	(mg)	+
Vitamin E	(mg)	–
Vitamin B_6	(mg)	0,25
Vitamin B_{12}	(µg)	1
Folsäure	(µg)	16
Pantothensäure	(mg)	0,20
Biotin	(µg)	6

	Einheit	SCHELLFISCH geräuchert	SCHOLLE gebraten	SCHOLLE gekocht
Nährwerte				
Wasser	(g)	71,6	52,4	78,0
Genießbarer Teil	(%)	55	100	49
Gesamtstickstoff	(g)	3,73	2,52	3,02
Energie	kcal	101	279	93
	kJ	429	1165	392
Eiweiß	(g)	23,3	15,8	18,9
Fett	(g)	0,9	18,0	1,9
Kohlenhydrate	(g)	0	14,4	0
Mineralien/Spurenelemente				
Natrium	(mg)	1220	220	120
Kalium	(mg)	290	230	280
Kalzium	(mg)	58	93	38
Magnesium	(mg)	25	21	24
Phosphor	(mg)	250	170	250
Eisen	(mg)	1,0	1,0	0,6
Kupfer	(mg)	–	0,17	–
Zink	(mg)	–	1,0	–
Schwefel	(mg)	250	210	250
Chlor	(mg)	1900	280	110
Vitamine				
Vitamin A	(μg)	+	+	+
Carotine	(μg)	+	+	+
Vitamin D	(μg)	+	+	+
Vitamin B_1 (Thiamin)	(mg)	0,10	0,20	0,30
Vitamin B_2 (Riboflavin)	(mg)	0,11	0,15	0,11
Niacin (Nicotinsäureamid)	(mg)	1,7	2,0	3,2
Vitamin C	(mg)	+	+	+
Vitamin E	(mg)	–	–	–
Vitamin B_6	(mg)	0,35	–	0,47
Vitamin B_{12}	(μg)	3	–	2
Folsäure	(μg)	5	–	11
Pantothensäure	(mg)	0,20	–	0,70
Biotin	(μg)	3	–	–

SEEZUNGE
gebraten

Nährwerte

Wasser	(g)	60,4
Genießbarer Teil	(%)	91
Gesamtstickstoff	(g)	2,57
Energie	kcal	216
	kJ	904
Eiweiß	(g)	16,1
Fett	(g)	13,0
Kohlenhydrate	(g)	9,3

Mineralien/Spurenelemente

Natrium	(mg)	140
Kalium	(mg)	250
Kalzium	(mg)	95
Magnesium	(mg)	22
Phosphor	(mg)	240
Eisen	(mg)	1,1
Kupfer	(mg)	0,16
Zink	(mg)	–
Schwefel	(mg)	190
Chlor	(mg)	120

Vitamine

Vitamin A	(µg)	+
Carotine	(µg)	+
Vitamin D	(µg)	+
Vitamin B_1 (Thiamin)	(mg)	–
Vitamin B_2 (Riboflavin)	(mg)	–
Niacin (Nicotinsäureamid)	(mg)	–
Vitamin C	(mg)	+
Vitamin E	(mg)	–
Vitamin B_6	(mg)	–
Vitamin B_{12}	(µg)	–
Folsäure	(µg)	–
Pantothensäure	(mg)	–
Biotin	(µg)	–

SEEZUNGE
gekocht

Nährwerte

Wasser	(g)	77,2
Genießbarer Teil	(%)	62
Gesamtstickstoff	(g)	2,34
Energie	kcal	91
	kJ	384
Eiweiß	(g)	20,6
Fett	(g)	0,9
Kohlenhydrate	(g)	0

Mineralien/Spurenelemente

Natrium	(mg)	82
Kalium	(mg)	200
Kalzium	(mg)	15
Magnesium	(mg)	14
Phosphor	(mg)	180
Eisen	(mg)	0,4
Kupfer	(mg)	0,09
Zink	(mg)	–
Schwefel	(mg)	240
Chlor	(mg)	120

Vitamine

Vitamin A	(µg)	+
Carotine	(µg)	+
Vitamin D	(µg)	+
Vitamin B_1 (Thiamin)	(mg)	0,09
Vitamin B_2 (Riboflavin)	(mg)	0,09
Niacin (Nicotinsäureamid)	(mg)	3,6
Vitamin C	(mg)	+
Vitamin E	(mg)	–
Vitamin B_6	(mg)	–
Vitamin B_{12}	(µg)	1
Folsäure	(µg)	9
Pantothensäure	(mg)	0,22
Biotin	(µg)	4

SPROTTE
gebacken

Nährwerte

Wasser	(g)	33,7
Genießbarer Teil	(%)	59
Gesamtstickstoff	(g)	3,98
Energie	kcal	441
	kJ	1826
Eiweiß	(g)	24,9
Fett	(g)	37,9
Kohlenhydrate	(g)	0

Mineralien/Spurenelemente

Natrium	(mg)	130
Kalium	(mg)	410
Kalzium	(mg)	710
Magnesium	(mg)	46
Phosphor	(mg)	640
Eisen	(mg)	4,5
Kupfer	(mg)	–
Zink	(mg)	–
Schwefel	(mg)	280
Chlor	(mg)	180

Vitamine

Vitamin A	(µg)	–
Carotine	(µg)	+
Vitamin D	(µg)	–
Vitamin B_1 (Thiamin)	(mg)	–
Vitamin B_2 (Riboflavin)	(mg)	–
Niacin (Nicotinsäureamid)	(mg)	–
Vitamin C	(mg)	+
Vitamin E	(mg)	–
Vitamin B_6	(mg)	–
Vitamin B_{12}	(µg)	–
Folsäure	(µg)	–
Pantothensäure	(mg)	–
Biotin	(µg)	–

THUNFISCH
in Dosen mit Öl

Nährwerte

Wasser	(g)	54,6
Genießbarer Teil	(%)	100
Gesamtstickstoff	(g)	3,65
Energie	kcal	289
	kJ	1202
Eiweiß	(g)	22,8
Fett	(g)	22,0
Kohlenhydrate	(g)	0

Mineralien/Spurenelemente

Natrium	(mg)	420
Kalium	(mg)	280
Kalzium	(mg)	7
Magnesium	(mg)	28
Phosphor	(mg)	190
Eisen	(mg)	1,1
Kupfer	(mg)	0,09
Zink	(mg)	0,8
Schwefel	(mg)	–
Chlor	(mg)	690

Vitamine

Vitamin A	(μg)	–
Carotine	(μg)	+
Vitamin D	(μg)	5,8
Vitamin B_1 (Thiamin)	(mg)	0,04
Vitamin B_2 (Riboflavin)	(mg)	0,11
Niacin (Nicotinsäureamid)	(mg)	12,9
Vitamin C	(mg)	+
Vitamin E	(mg)	6,3
Vitamin B_6	(mg)	0,44
Vitamin B_{12}	(μg)	5
Folsäure	(μg)	15
Pantothensäure	(mg)	0,42
Biotin	(μg)	3

WITTLING
gebraten

Nährwerte

Wasser	(g)	63,0
Genießbarer Teil	(%)	1,02
Gesamtstickstoff	(g)	2,90
Energie	kcal	191
	kJ	801
Eiweiß	(g)	18,1
Fett	(g)	10,3
Kohlenhydrate	(g)	7,0

Mineralien/Spurenelemente

Natrium	(mg)	200
Kalium	(mg)	320
Kalzium	(mg)	48
Magnesium	(mg)	33
Phosphor	(mg)	260
Eisen	(mg)	0,7
Kupfer	(mg)	–
Zink	(mg)	–
Schwefel	(mg)	270
Chlor	(mg)	190

Vitamine

Vitamin A	(μg)	+
Carotine	(μg)	+
Vitamin D	(μg)	+
Vitamin B_1 (Thiamin)	(mg)	–
Vitamin B_2 (Riboflavin)	(mg)	–
Niacin (Nicotinsäureamid)	(mg)	–
Vitamin C	(mg)	+
Vitamin E	(mg)	–
Vitamin B_6	(mg)	–
Vitamin B_{12}	(μg)	–
Folsäure	(μg)	–
Pantothensäure	(mg)	–
Biotin	(μg)	–

WITTLING
gekocht

Nährwerte

Wasser	(g)	76,9
Genießbarer Teil	(%)	57
Gesamtstickstoff	(g)	3,35
Energie	kcal	92
	kJ	389
Eiweiß	(g)	20,9
Fett	(g)	0,9
Kohlenhydrate	(g)	0

Mineralien/Spurenelemente

Natrium	(mg)	130
Kalium	(mg)	300
Kalzium	(mg)	42
Magnesium	(mg)	28
Phosphor	(mg)	190
Eisen	(mg)	1,0
Kupfer	(mg)	–
Zink	(mg)	–
Schwefel	(mg)	310
Chlor	(mg)	93

Vitamine

Vitamin A	(μg)	+
Carotine	(μg)	+
Vitamin D	(μg)	+
Vitamin B_1 (Thiamin)	(mg)	–
Vitamin B_2 (Riboflavin)	(mg)	–
Niacin (Nicotinsäureamid)	(mg)	–
Vitamin C	(mg)	+
Vitamin E	(mg)	–
Vitamin B_6	(mg)	–
Vitamin B_{12}	(μg)	–
Folsäure	(μg)	–
Pantothensäure	(mg)	–
Biotin	(μg)	–

Schalen- und Weichtiere

AUSTER
roh

Nährwerte

Wasser	(g)	85,7
Genießbarer Teil	(%)	12
Gesamtstickstoff	(g)	1,72
Energie	kcal	51
	kJ	217
Eiweiß	(g)	10,8
Fett	(g)	0,9
Kohlenhydrate	(g)	+

Mineralien/Spurenelemente

Natrium	(mg)	510
Kalium	(mg)	260
Kalzium	(mg)	190
Magnesium	(mg)	42
Phosphor	(mg)	270
Eisen	(mg)	6,0
Kupfer	(mg)	7,6
Zink	(mg)	45,0
Schwefel	(mg)	250
Chlor	(mg)	820

Vitamine

Vitamin A	(µg)	75
Carotine	(µg)	+
Vitamin D	(µg)	+
Vitamin B_1 (Thiamin)	(mg)	0,10
Vitamin B_2 (Riboflavin)	(mg)	0,20
Niacin (Nicotinsäureamid)	(mg)	1,5
Vitamin C	(mg)	+
Vitamin E	(mg)	0,85
Vitamin B_6	(mg)	0,03
Vitamin B_{12}	(µg)	15
Folsäure	(µg)	–
Pantothensäure	(mg)	0,50
Biotin	(µg)	10

GARNELE
gekocht

Nährwerte

Wasser	(g)	70,0
Genießbarer Teil	(%)	38
Gesamtstickstoff	(g)	3,62
Energie	kcal	107
	kJ	451
Eiweiß	(g)	22,6
Fett	(g)	1,8
Kohlenhydrate	(g)	0

Mineralien/Spurenelemente

Natrium	(mg)	1590
Kalium	(mg)	260
Kalzium	(mg)	150
Magnesium	(mg)	42
Phosphor	(mg)	350
Eisen	(mg)	1,1
Kupfer	(mg)	0,70
Zink	(mg)	1,6
Schwefel	(mg)	370
Chlor	(mg)	2550

Vitamine

Vitamin A	(µg)	+
Carotine	(µg)	+
Vitamin D	(µg)	+
Vitamin B_1 (Thiamin)	(mg)	–
Vitamin B_2 (Riboflavin)	(mg)	–
Niacin (Nicotinsäureamid)	(mg)	–
Vitamin C	(mg)	+
Vitamin E	(mg)	–
Vitamin B_6	(mg)	–
Vitamin B_{12}	(µg)	–
Folsäure	(µg)	–
Pantothensäure	(mg)	–
Biotin	(µg)	–

HERZMUSCHEL
gekocht

Nährwerte

Wasser	(g)	78,9
Genießbarer Teil	(%)	100
Gesamtstickstoff	(g)	1,80
Energie	kcal	48
	kJ	203
Eiweiß	(g)	11,3
Fett	(g)	0,3
Kohlenhydrate	(g)	+

Mineralien/Spurenelemente

Natrium	(mg)	3520
Kalium	(mg)	43
Kalzium	(mg)	130
Magnesium	(mg)	51
Phosphor	(mg)	200
Eisen	(mg)	26,0
Kupfer	(mg)	0,28
Zink	(mg)	1,2
Schwefel	(mg)	320
Chlor	(mg)	5220

Vitamine

Vitamin A	(µg)	–
Carotine	(µg)	+
Vitamin D	(µg)	+
Vitamin B_1 (Thiamin)	(mg)	–
Vitamin B_2 (Riboflavin)	(mg)	–
Niacin (Nicotinsäureamid)	(mg)	–
Vitamin C	(mg)	+
Vitamin E	(mg)	–
Vitamin B_6	(mg)	–
Vitamin B_{12}	(µg)	+
Folsäure	(µg)	–
Pantothensäure	(mg)	–
Biotin	(µg)	–

HUMMER
gekocht

Nährwerte

Wasser	(g)	72,4
Genießbarer Teil	(%)	29
Gesamtstickstoff	(g)	3,54
Energie	kcal	119
	kJ	502
Eiweiß	(g)	22,1
Fett	(g)	3,4
Kohlenhydrate	(g)	0

Mineralien/Spurenelemente

Natrium	(mg)	330
Kalium	(mg)	260
Kalzium	(mg)	62
Magnesium	(mg)	34
Phosphor	(mg)	280
Eisen	(mg)	0,8
Kupfer	(mg)	1,7
Zink	(mg)	1,8
Schwefel	(mg)	510
Chlor	(mg)	530

Vitamine

Vitamin A	(µg)	+
Carotine	(µg)	+
Vitamin D	(µg)	+
Vitamin B_1 (Thiamin)	(mg)	0,08
Vitamin B_2 (Riboflavin)	(mg)	0,05
Niacin (Nicotinsäureamid)	(mg)	1,5
Vitamin C	(mg)	+
Vitamin E	(mg)	1,5
Vitamin B_6	(mg)	–
Vitamin B_{12}	(µg)	1
Folsäure	(µg)	17
Pantothensäure	(mg)	1,63
Biotin	(µg)	5

KAMMMUSCHEL
gekocht

Nährwerte

Wasser	(g)	73,1
Genießbarer Teil	(%)	56
Gesamtstickstoff	(g)	3,71
Energie	kcal	105
	kJ	446
Eiweiß	(g)	23,2
Fett	(g)	1,4
Kohlenhydrate	(g)	+

Mineralien/Spurenelemente

Natrium	(mg)	270
Kalium	(mg)	480
Kalzium	(mg)	120
Magnesium	(mg)	38
Phosphor	(mg)	340
Eisen	(mg)	3,0
Kupfer	(mg)	–
Zink	(mg)	–
Schwefel	(mg)	570
Chlor	(mg)	410

Vitamine

Vitamin A	(µg)	–
Carotine	(µg)	+
Vitamin D	(µg)	+
Vitamin B_1 (Thiamin)	(mg)	–
Vitamin B_2 (Riboflavin)	(mg)	–
Niacin (Nicotinsäureamid)	(mg)	–
Vitamin C	(mg)	+
Vitamin E	(mg)	–
Vitamin B_6	(mg)	–
Vitamin B_{12}	(µg)	–
Folsäure	(µg)	17
Pantothensäure	(mg)	0,14
Biotin	(µg)	+

KRABBE
gekocht

Nährwerte		
Wasser	(g)	72,5
Genießbarer Teil	(%)	16
Gesamtstickstoff	(g)	3,21
Energie	kcal	127
	kJ	534
Eiweiß	(g)	20,1
Fett	(g)	5,2
Kohlenhydrate	(g)	0
Mineralien/Spurenelemente		
Natrium	(mg)	370
Kalium	(mg)	270
Kalzium	(mg)	29
Magnesium	(mg)	48
Phosphor	(mg)	350
Eisen	(mg)	1,3
Kupfer	(mg)	4,8
Zink	(mg)	5,5
Schwefel	(mg)	470
Chlor	(mg)	570
Vitamine		
Vitamin A	(µg)	+
Carotine	(µg)	+
Vitamin D	(µg)	+
Vitamin B_1 (Thiamin)	(mg)	0,10
Vitamin B_2 (Riboflavin)	(mg)	0,15
Niacin (Nicotinsäureamid)	(mg)	2,5
Vitamin C	(mg)	+
Vitamin E	(mg)	–
Vitamin B_6	(mg)	0,35
Vitamin B_{12}	(µg)	+
Folsäure	(µg)	20
Pantothensäure	(mg)	0,60
Biotin	(µg)	+

MUSCHEL
gekocht

Nährwerte		
Wasser	(g)	79,0
Genießbarer Teil	(%)	20
Gesamtstickstoff	(g)	2,75
Energie	kcal	87
	kJ	366
Eiweiß	(g)	17,2
Fett	(g)	2,0
Kohlenhydrate	(g)	+
Mineralien/Spurenelemente		
Natrium	(mg)	210
Kalium	(mg)	92
Kalzium	(mg)	200
Magnesium	(mg)	25
Phosphor	(mg)	330
Eisen	(mg)	7,7
Kupfer	(mg)	0,48
Zink	(mg)	2,1
Schwefel	(mg)	350
Chlor	(mg)	320
Vitamine		
Vitamin A	(µg)	–
Carotine	(µg)	+
Vitamin D	(µg)	+
Vitamin B_1 (Thiamin)	(mg)	–
Vitamin B_2 (Riboflavin)	(mg)	–
Niacin (Nicotinsäureamid)	(mg)	–
Vitamin C	(mg)	+
Vitamin E	(mg)	1,2
Vitamin B_6	(mg)	–
Vitamin B_{12}	(µg)	–
Folsäure	(µg)	–
Pantothensäure	(mg)	–
Biotin	(µg)	–

MUSCHEL
roh

Nährwerte		
Wasser	(g)	84,1
Genießbarer Teil	(%)	32
Gesamtstickstoff	(g)	1,93
Energie	kcal	66
	kJ	276
Eiweiß	(g)	12,1
Fett	(g)	1,9
Kohlenhydrate	(g)	+
Mineralien/Spurenelemente		
Natrium	(mg)	290
Kalium	(mg)	320
Kalzium	(mg)	88
Magnesium	(mg)	23
Phosphor	(mg)	240
Eisen	(mg)	5,8
Kupfer	(mg)	0,36
Zink	(mg)	1,6
Schwefel	(mg)	370
Chlor	(mg)	460
Vitamine		
Vitamin A	(µg)	–
Carotine	(µg)	+
Vitamin D	(µg)	+
Vitamin B_1 (Thiamin)	(mg)	–
Vitamin B_2 (Riboflavin)	(mg)	–
Niacin (Nicotinsäureamid)	(mg)	–
Vitamin C	(mg)	+
Vitamin E	(mg)	–
Vitamin B_6	(mg)	–
Vitamin B_{12}	(µg)	–
Folsäure	(µg)	–
Pantothensäure	(mg)	–
Biotin	(µg)	–

SCAMPI
gebraten

Nährwerte

Wasser	(g)	39,4
Genießbarer Teil	(%)	78
Gesamtstickstoff	(g)	1,95
Energie	kcal	316
	kJ	1321
Eiweiß	(g)	12,2
Fett	(g)	17,6
Kohlenhydrate	(g)	28,9

Mineralien/Spurenelemente

Natrium	(mg)	380
Kalium	(mg)	390
Kalzium	(mg)	99
Magnesium	(mg)	30
Phosphor	(mg)	310
Eisen	(mg)	1,1
Kupfer	(mg)	0,22
Zink	(mg)	0,6
Schwefel	(mg)	–
Chlor	(mg)	740

Vitamine

Vitamin A	(µg)	+
Carotine	(µg)	+
Vitamin D	(µg)	+
Vitamin B_1 (Thiamin)	(mg)	0,08
Vitamin B_2 (Riboflavin)	(mg)	0,05
Niacin (Nicotinsäureamid)	(mg)	1,3
Vitamin C	(mg)	+
Vitamin E	(mg)	–
Vitamin B_6	(mg)	–
Vitamin B_{12}	(µg)	–
Folsäure	(µg)	–
Pantothensäure	(mg)	–
Biotin	(µg)	–

SHRIMPS
gekocht

Nährwerte

Wasser	(g)	62,5
Genießbarer Teil	(%)	33
Gesamtstickstoff	(g)	3,80
Energie	kcal	117
	kJ	493
Eiweiß	(g)	23,8
Fett	(g)	2,4
Kohlenhydrate	(g)	0

Mineralien/Spurenelemente

Natrium	(mg)	3840
Kalium	(mg)	400
Kalzium	(mg)	320
Magnesium	(mg)	110
Phosphor	(mg)	270
Eisen	(mg)	1,8
Kupfer	(mg)	0,80
Zink	(mg)	5,3
Schwefel	(mg)	340
Chlor	(mg)	5850

Vitamine

Vitamin A	(µg)	+
Carotine	(µg)	+
Vitamin D	(µg)	+
Vitamin B_1 (Thiamin)	(mg)	0,03
Vitamin B_2 (Riboflavin)	(mg)	0,03
Niacin (Nicotinsäureamid)	(mg)	3,0
Vitamin C	(mg)	+
Vitamin E	(mg)	–
Vitamin B_6	(mg)	0,10
Vitamin B_{12}	(µg)	1
Folsäure	(µg)	–
Pantothensäure	(mg)	0,10
Biotin	(µg)	+

SHRIMPS
in Dosen

Nährwerte

Wasser	(g)	74,9
Genießbarer Teil	(%)	100
Gesamtstickstoff	(g)	1,80
Energie	kcal	94
	kJ	398
Eiweiß	(g)	20,8
Fett	(g)	1,2
Kohlenhydrate	(g)	0

Mineralien/Spurenelemente

Natrium	(mg)	980
Kalium	(mg)	100
Kalzium	(mg)	110
Magnesium	(mg)	49
Phosphor	(mg)	150
Eisen	(mg)	5,1
Kupfer	(mg)	0,23
Zink	(mg)	2,4
Schwefel	(mg)	–
Chlor	(mg)	1510

Vitamine

Vitamin A	(µg)	+
Carotine	(µg)	+
Vitamin D	(µg)	+
Vitamin B_1 (Thiamin)	(mg)	0,01
Vitamin B_2 (Riboflavin)	(mg)	0,02
Niacin (Nicotinsäureamid)	(mg)	0,8
Vitamin C	(mg)	+
Vitamin E	(mg)	–
Vitamin B_6	(mg)	0,03
Vitamin B_{12}	(µg)	2
Folsäure	(µg)	15
Pantothensäure	(mg)	0,35
Biotin	(µg)	+

BACKPULVER

Nährwerte

Wasser	(g)	6,3
Zucker	(g)	+
Stärke	(g)	37,8
Faserstoffe	(g)	–
Gesamtstickstoff	(g)	0,91
Energie	kcal	163
	kJ	693
Eiweiß	(g)	5,2
Fett	(g)	+
Kohlenhydrate	(g)	37,8

Mineralien/Spurenelemente

Natrium	(mg)	11,80
Kalium	(mg)	49
Kalzium	(mg)	11,30
Magnesium	(mg)	9
Phosphor	(mg)	8430
Eisen	(mg)	tr
Kupfer	(mg)	tr
Zink	(mg)	–
Schwefel	(mg)	–
Chlor	(mg)	29

Vitamine

Vitamin A	(µg)	0
Carotine	(µg)	0
Vitamin D	(µg)	0
Vitamin B_1 (Thiamin)	(mg)	tr
Vitamin B_2 (Riboflavin)	(mg)	tr
Niacin (Nicotinsäureamid)	(mg)	+
Vitamin C	(mg)	0
Vitamin E	(mg)	+
Vitamin B_6	(mg)	+
Vitamin B_{12}	(µg)	0
Folsäure	(µg)	+
Pantothensäure	(mg)	+
Biotin	(µg)	+

CHUTNEYSOSSE

Nährwerte

Wasser	(g)	45,0
Zucker	(g)	50,1
Stärke	(g)	0,4
Faserstoffe	(g)	1,8
Gesamtstickstoff	(g)	0,12
Energie	kcal	193
	kJ	824
Eiweiß	(g)	0,7
Fett	(g)	0,1
Kohlenhydrate	(g)	39,7

Mineralien/Spurenelemente

Natrium	(mg)	180
Kalium	(mg)	200
Kalzium	(mg)	26
Magnesium	(mg)	18
Phosphor	(mg)	30
Eisen	(mg)	0,9
Kupfer	(mg)	0,10
Zink	(mg)	0,1
Schwefel	(mg)	29
Chlor	(mg)	280

Vitamine

Vitamin A	(µg)	0
Carotine	(µg)	10
Vitamin D	(µg)	0
Vitamin B_1 (Thiamin)	(mg)	0,02
Vitamin B_2 (Riboflavin)	(mg)	0,03
Niacin (Nicotinsäureamid)	(mg)	0,1
Vitamin C	(mg)	4
Vitamin E	(mg)	0,1
Vitamin B_6	(mg)	0,05
Vitamin B_{12}	(µg)	0
Folsäure	(µg)	4
Pantothensäure	(mg)	0,1
Biotin	(µg)	+

CURRYPULVER

Nährwerte

Wasser	(g)	–
Zucker	(g)	–
Stärke	(g)	–
Faserstoffe	(g)	–
Gesamtstickstoff	(g)	1,52
Energie	kcal	233
	kJ	979
Eiweiß	(g)	9,5
Fett	(g)	10,8
Kohlenhydrate	(g)	26,1

Mineralien/Spurenelemente

Natrium	(mg)	450
Kalium	(mg)	1830
Kalzium	(mg)	640
Magnesium	(mg)	280
Phosphor	(mg)	270
Eisen	(mg)	75,0
Kupfer	(mg)	1,04
Zink	(mg)	–
Schwefel	(mg)	86
Chlor	(mg)	470

Vitamine

Vitamin A	(μg)	0
Carotine	(μg)	–
Vitamin D	(μg)	–
Vitamin B_1 (Thiamin)	(mg)	–
Vitamin B_2 (Riboflavin)	(mg)	–
Niacin (Nicotinsäureamid)	(mg)-	
Vitamin C	(mg)	0
Vitamin E	(mg)	–
Vitamin B_6	(mg)	–
Vitamin B_{12}	(μg)	0
Folsäure	(μg)	–
Pantothensäure	(mg)	–
Biotin	(μg)	–

ESSIG

Nährwerte

Wasser	(g)	–
Zucker	(g)	0,6
Stärke	(g)	0
Faserstoffe	(g)	0
Gesamtstickstoff	(g)	0,07
Energie	kcal	4
	kJ	16
Eiweiß	(g)	0,4
Fett	(g)	0
Kohlenhydrate	(g)	0,6

Mineralien/Spurenelemente

Natrium	(mg)	20
Kalium	(mg)	89
Kalzium	(mg)	15
Magnesium	(mg)	22
Phosphor	(mg)	32
Eisen	(mg)	0,5
Kupfer	(mg)	0,04
Zink	(mg)	–
Schwefel	(mg)	19
Chlor	(mg)	47

Vitamine

Vitamin A	(μg)	0
Carotine	(μg)	0
Vitamin D	(μg)	0
Vitamin B_1 (Thiamin)	(mg)	0
Vitamin B_2 (Riboflavin)	(mg)	0
Niacin (Nicotinsäureamid)	(mg)	0
Vitamin C	(mg)	0
Vitamin E	(mg)	0
Vitamin B_6	(mg)	0
Vitamin B_{12}	(μg)	0
Folsäure	(μg)	0
Pantothensäure	(mg)	0
Biotin	(μg)	0

FRENCH DRESSING

Soße

Nährwerte

Wasser	(g)	23,5
Zucker	(g)	0,2
Stärke	(g)	0
Faserstoffe	(g)	0
Gesamtstickstoff	(g)	0,02
Energie	kcal	658
	kJ	2706
Eiweiß	(g)	0,1
Fett	(g)	73,0
Kohlenhydrate	(g)	0,2

Mineralien/Spurenelemente

Natrium	(mg)	960
Kalium	(mg)	22
Kalzium	(mg)	5
Magnesium	(mg)	13
Phosphor	(mg)	8
Eisen	(mg)	0,1
Kupfer	(mg)	0,01
Zink	(mg)	–
Schwefel	(mg)	6
Chlor	(mg)	1480

Vitamine

Vitamin A	(μg)	0
Carotine	(μg)	0
Vitamin D	(μg)	0
Vitamin B_1 (Thiamin)	(mg)	0
Vitamin B_2 (Riboflavin)	(mg)	0
Niacin (Nicotinsäureamid)	(mg)	0
Vitamin C	(mg)	0
Vitamin E	(mg)	3,9
Vitamin B_6	(mg)	0
Vitamin B_{12}	(μg)	0
Folsäure	(μg)	0
Pantothensäure	(mg)	0
Biotin	(μg)	0

GELATINE

Nährwerte

Wasser	(g)	13,0
Zucker	(g)	0
Stärke	(g)	0
Faserstoffe	(g)	0
Gesamtstickstoff	(g)	15,20
Energie	kcal	338
	kJ	1435
Eiweiß	(g)	84,4
Fett	(g)	+
Kohlenhydrate	(g)	0

Mineralien/Spurenelemente

Natrium	(mg)	
Kalium	(mg)	
Kalzium	(mg)	
Magnesium	(mg)	
Phosphor	(mg)	
Eisen	(mg)	
Kupfer	(mg)	
Zink	(mg)	
Schwefel	(mg)	
Chlor	(mg)	

Vitamine

Vitamin A	(µg)	
Carotine	(µg)	
Vitamin D	(µg)	
Vitamin B_1 (Thiamin)	(mg)	
Vitamin B_2 (Riboflavin)	(mg)	
Niacin (Nicotinsäureamid)	(mg)	
Vitamin C	(mg)	
Vitamin E	(mg)	
Vitamin B_6	(mg)	
Vitamin B_{12}	(µg)	
Folsäure	(µg)	
Pantothensäure	(mg)	
Biotin	(µg)	

INGWER

Nährwerte

Wasser	(g)	–
Zucker	(g)	–
Stärke	(g)	–
Faserstoffe	(g)	–
Gesamtstickstoff	(g)	1,19
Energie	kcal	258
	kJ	1101
Eiweiß	(g)	7,4
Fett	(g)	3,3
Kohlenhydrate	(g)	60,0

Mineralien/Spurenelemente

Natrium	(mg)	34
Kalium	(mg)	910
Kalzium	(mg)	97
Magnesium	(mg)	130
Phosphor	(mg)	140
Eisen	(mg)	17,2
Kupfer	(mg)	0,45
Zink	(mg)	6,8
Schwefel	(mg)	150
Chlor	(mg)	40

Vitamine

Vitamin A	(µg)	0
Carotine	(µg)	0
Vitamin D	(µg)	0
Vitamin B_1 (Thiamin)	(mg)	+
Vitamin B_2 (Riboflavin)	(mg)	+
Niacin (Nicotinsäureamid)	(mg)	+
Vitamin C	(mg)	0
Vitamin E	(mg)	0
Vitamin B_6	(mg)	+
Vitamin B_{12}	(µg)	0
Folsäure	(µg)	+
Pantothensäure	(mg)	+
Biotin	(µg)	+

HEFE

Nährwerte

Wasser	(g)	70,0
Zucker	(g)	+
Stärke	(g)	1,1
Faserstoffe	(g)	6,9
Gesamtstickstoff	(g)	2,02
Energie	kcal	53
	kJ	226
Eiweiß	(g)	11,4
Fett	(g)	0,4
Kohlenhydrate	(g)	1,1

Mineralien/Spurenelemente

Natrium	(mg)	16
Kalium	(mg)	610
Kalzium	(mg)	25
Magnesium	(mg)	59
Phosphor	(mg)	390
Eisen	(mg)	5,0
Kupfer	(mg)	1,6
Zink	(mg)	2,6
Schwefel	(mg)	–
Chlor	(mg)	–

Vitamine

Vitamin A	(µg)	0
Carotine	(µg)	+
Vitamin D	(µg)	0
Vitamin B_1 (Thiamin)	(mg)	0,71
Vitamin B_2 (Riboflavin)	(mg)	1,7
Niacin (Nicotinsäureamid)	(mg)	11
Vitamin C	(mg)	+
Vitamin E	(mg)	+
Vitamin B_6	(mg)	0,6
Vitamin B_{12}	(µg)	+
Folsäure	(µg)	1250
Pantothensäure	(mg)	2,9
Biotin	(µg)	60

HEFE
getrocknet

Nährwerte

Wasser	(g)	5,0
Zucker	(g)	+
Stärke	(g)	3,5
Faserstoffe	(g)	21,9
Gesamtstickstoff	(g)	6,32
Energie	kcal	169
	kJ	717
Eiweiß	(g)	35,6
Fett	(g)	1,5
Kohlenhydrate	(g)	3,5

Mineralien/Spurenelemente

Natrium	(mg)	50
Kalium	(mg)	2000
Kalzium	(mg)	80
Magnesium	(mg)	230
Phosphor	(mg)	1290
Eisen	(mg)	20,0
Kupfer	(mg)	5,0
Zink	(mg)	8,0
Schwefel	(mg)	–
Chlor	(mg)	–

Vitamine

Vitamin A	(µg)	0
Carotine	(µg)	+
Vitamin D	(µg)	0
Vitamin B_1 (Thiamin)	(mg)	2,33
Vitamin B_2 (Riboflavin)	(mg)	4,0
Niacin (Nicotinsäureamid)	(mg)	36
Vitamin C	(mg)	+
Vitamin E	(mg)	+
Vitamin B_6	(mg)	2,0
Vitamin B_{12}	(µg)	+
Folsäure	(µg)	4000
Pantothensäure	(mg)	11,0
Biotin	(µg)	200

KÄSESOSSE

Nährwerte

Wasser	(g)	66,5
Zucker	(g)	4,2
Stärke	(g)	4,8
Faserstoffe	(g)	0,2
Gesamtstickstoff	(g)	1,31
Energie	kcal	198
	kJ	824
Eiweiß	(g)	0,7
Fett	(g)	0,1
Kohlenhydrate	(g)	50,5

Mineralien/Spurenelemente

Natrium	(mg)	450
Kalium	(mg)	150
Kalzium	(mg)	260
Magnesium	(mg)	18
Phosphor	(mg)	190
Eisen	(mg)	0,3
Kupfer	(mg)	0,03
Zink	(mg)	1,1
Schwefel	(mg)	–
Chlor	(mg)	730

Vitamine

Vitamin A	(µg)	140
Carotine	(µg)	50
Vitamin D	(µg)	0,56
Vitamin B_1 (Thiamin)	(mg)	0,05
Vitamin B_2 (Riboflavin)	(mg)	0,23
Niacin (Nicotinsäureamid)	(mg)	0,2
Vitamin C	(mg)	+
Vitamin E	(mg)	0,6
Vitamin B_6	(mg)	0,05
Vitamin B_{12}	(µg)	0
Folsäure	(µg)	4
Pantothensäure	(mg)	0,1
Biotin	(µg)	+

MARMITE

Nährwerte

Wasser	(g)	25,4
Zucker	(g)	0
Stärke	(g)	1,8
Faserstoffe	(g)	–
Gesamtstickstoff	(g)	6,62
Energie	kcal	179
	kJ	759
Eiweiß	(g)	39,7
Fett	(g)	0,7
Kohlenhydrate	(g)	1,8

Mineralien/Spurenelemente

Natrium	(mg)	4500
Kalium	(mg)	2600
Kalzium	(mg)	95
Magnesium	(mg)	180
Phosphor	(mg)	1700
Eisen	(mg)	3,7
Kupfer	(mg)	0,30
Zink	(mg)	2,1
Schwefel	(mg)	–
Chlor	(mg)	6600

Vitamine

Vitamin A	(µg)	0
Carotine	(µg)	0
Vitamin D	(µg)	0
Vitamin B_1 (Thiamin)	(mg)	3,1
Vitamin B_2 (Riboflavin)	(mg)	11
Niacin (Nicotinsäureamid)	(mg)	58
Vitamin C	(mg)	0
Vitamin E	(mg)	–
Vitamin B_6	(mg)	1,3
Vitamin B_{12}	(µg)	0,5
Folsäure	(µg)	1010
Pantothensäure	(mg)	–
Biotin	(µg)	–

MAYONNAISE

Nährwerte

Wasser	(g)	28,0
Zucker	(g)	0,1
Stärke	(g)	0
Faserstoffe	(g)	0
Gesamtstickstoff	(g)	0,02
Energie	kcal	718
	kJ	2952
Eiweiß	(g)	1,8
Fett	(g)	78,9
Kohlenhydrate	(g)	0,1

Mineralien/Spurenelemente

Natrium	(mg)	360
Kalium	(mg)	24
Kalzium	(mg)	16
Magnesium	(mg)	7
Phosphor	(mg)	59
Eisen	(mg)	0,7
Kupfer	(mg)	0,03
Zink	(mg)	0,4
Schwefel	(mg)	21
Chlor	(mg)	570

Vitamine

Vitamin A	(µg)	80
Carotine	(µg)	+
Vitamin D	(µg)	1,0
Vitamin B_1 (Thiamin)	(mg)	0,06
Vitamin B_2 (Riboflavin)	(mg)	0,11
Niacin (Nicotinsäureamid)	(mg)	+
Vitamin C	(mg)	0
Vitamin E	(mg)	4,9
Vitamin B_6	(mg)	0,10
Vitamin B_{12}	(µg)	1
Folsäure	(µg)	14
Pantothensäure	(mg)	1,0
Biotin	(µg)	12

PFEFFER

Nährwerte

Wasser	(g)	–
Zucker	(g)	–
Stärke	(g)	–
Faserstoffe	(g)	–
Gesamtstickstoff	(g)	1,40
Energie	kcal	308
	kJ	1312
Eiweiß	(g)	8,8
Fett	(g)	6,5
Kohlenhydrate	(g)	68,0

Mineralien/Spurenelemente

Natrium	(mg)	7
Kalium	(mg)	42
Kalzium	(mg)	130
Magnesium	(mg)	45
Phosphor	(mg)	130
Eisen	(mg)	10,2
Kupfer	(mg)	1,13
Zink	(mg)	1,8
Schwefel	(mg)	99
Chlor	(mg)	60

Vitamine

Vitamin A	(µg)	0
Carotine	(µg)	–
Vitamin D	(µg)	0
Vitamin B_1 (Thiamin)	(mg)	–
Vitamin B_2 (Riboflavin)	(mg)	–
Niacin (Nicotinsäureamid)	(mg)	–
Vitamin C	(mg)	0
Vitamin E	(mg)	–
Vitamin B_6	(mg)	–
Vitamin B_{12}	(µg)	0
Folsäure	(µg)	–
Pantothensäure	(mg)	–
Biotin	(µg)	–

PICCALILLI

Nährwerte

Wasser	(g)	86,4
Zucker	(g)	2,6
Stärke	(g)	3,4
Faserstoffe	(g)	1,9
Gesamtstickstoff	(g)	0,18
Energie	kcal	33
	kJ	141
Eiweiß	(g)	1,1
Fett	(g)	0,7
Kohlenhydrate	(g)	6,0

Mineralien/Spurenelemente

Natrium	(mg)	1200
Kalium	(mg)	55
Kalzium	(mg)	24
Magnesium	(mg)	10
Phosphor	(mg)	23
Eisen	(mg)	0,9
Kupfer	(mg)	0,10
Zink	(mg)	0,2
Schwefel	(mg)	–
Chlor	(mg)	1700

Vitamine

Vitamin A	(µg)	0
Carotine	(µg)	–
Vitamin D	(µg)	–
Vitamin B_1 (Thiamin)	(mg)	0,16
Vitamin B_2 (Riboflavin)	(mg)	0,01
Niacin (Nicotinsäureamid)	(mg)	0,2
Vitamin C	(mg)	+
Vitamin E	(mg)	–
Vitamin B_6	(mg)	–
Vitamin B_{12}	(µg)	0
Folsäure	(µg)	–
Pantothensäure	(mg)	–
Biotin	(µg)	+

SENF

Nährwerte

Wasser	(g)	–
Zucker	(g)	–
Stärke	(g)	–
Faserstoffe	(g)	–
Gesamtstickstoff	(g)	4,62
Energie	kcal	452
	kJ	1884
Eiweiß	(g)	28,9
Fett	(g)	28,7
Kohlenhydrate	(g)	20,7

Mineralien/Spurenelemente

Natrium	(mg)	5
Kalium	(mg)	940
Kalzium	(mg)	330
Magnesium	(mg)	260
Phosphor	(mg)	180
Eisen	(mg)	10,9
Kupfer	(mg)	0,20
Zink	(mg)	6,5
Schwefel	(mg)	1280
Chlor	(mg)	62

Vitamine

Vitamin A	(µg)	0
Carotine	(µg)	–
Vitamin D	(µg)	0
Vitamin B_1 (Thiamin)	(mg)	–
Vitamin B_2 (Riboflavin)	(mg)	–
Niacin (Nicotinsäureamid)	(mg)	–
Vitamin C	(mg)	0
Vitamin E	(mg)	–
Vitamin B_6	(mg)	–
Vitamin B_{12}	(µg)	0
Folsäure	(µg)	–
Pantothensäure	(mg)	–
Biotin	(µg)	–

TOMATENKETCHUP

Nährwerte

Wasser	(g)	64,8
Zucker	(g)	22,9
Stärke	(g)	1,1
Faserstoffe	(g)	–
Gesamtstickstoff	(g)	0,34
Energie	kcal	98
	kJ	420
Eiweiß	(g)	2,1
Fett	(g)	+
Kohlenhydrate	(g)	24,0

Mineralien/Spurenelemente

Natrium	(mg)	1120
Kalium	(mg)	590
Kalzium	(mg)	25
Magnesium	(mg)	19
Phosphor	(mg)	43
Eisen	(mg)	1,2
Kupfer	(mg)	0,40
Zink	(mg)	–
Schwefel	(mg)	–
Chlor	(mg)	1810

Vitamine

Vitamin A	(µg)	0
Carotine	(µg)	–
Vitamin D	(µg)	0
Vitamin B_1 (Thiamin)	(mg)	–
Vitamin B_2 (Riboflavin)	(mg)	–
Niacin (Nicotinsäureamid)	(mg)	–
Vitamin C	(mg)	–
Vitamin E	(mg)	–
Vitamin B_6	(mg)	–
Vitamin B_{12}	(µg)	0
Folsäure	(µg)	–
Pantothensäure	(mg)	–
Biotin	(µg)	–

ZWIEBELSOSSE

Nährwerte

Wasser	(g)	81,5
Zucker	(g)	4,2
Stärke	(g)	3,7
Faserstoffe	(g)	0,7
Gesamtstickstoff	(g)	0,46
Energie	kcal	99
	kJ	413
Eiweiß	(g)	2,9
Fett	(g)	6,4
Kohlenhydrate	(g)	7,9

Mineralien/Spurenelemente

Natrium	(mg)	440
Kalium	(mg)	130
Kalzium	(mg)	96
Magnesium	(mg)	14
Phosphor	(mg)	75
Eisen	(mg)	0,3
Kupfer	(mg)	0,05
Zink	(mg)	0,3
Schwefel	(mg)	–
Chlor	(mg)	690

Vitamine

Vitamin A	(µg)	60
Carotine	(µg)	10
Vitamin D	(µg)	0,39
Vitamin B_1 (Thiamin)	(mg)	0,04
Vitamin B_2 (Riboflavin)	(mg)	0,12
Niacin (Nicotinsäureamid)	(mg)	0,2
Vitamin C	(mg)	2
Vitamin E	(mg)	1,0
Vitamin B_6	(mg)	0,05
Vitamin B_{12}	(µg)	+
Folsäure	(µg)	4
Pantothensäure	(mg)	0,3
Biotin	(µg)	1

Register

Register

Der Fettdruck weist darauf hin, dass es sich um selbstständige Kapitel handelt; der Kursivdruck weist auf Unterkapitel hin.

Feststehende oder durch das Adjektiv geprägte Begriffe (zum Beispiel: Multiple Sklerose) sind im Alphabet beim Adjektiv zu finden.

A

B

C

D

F

G

H

I

J

L

M

N

O

P

Q

R

S

W

X

Y

Z